Collins
PORTUGUESE
CONCISE
DICTIONARY

HarperCollins Publishers
Westerhill Road
Bishopbriggs
Glasgow
G64 2QT

First Edition 2013
Second Edition 2018

10 9 8 7 6 5 4 3 2 1

© HarperCollins Publishers 2018

ISBN 978-0-00-826768-1

Collins® is a registered trademark of HarperCollins Publishers Limited

www.collins.co.uk

A catalogue record for this book is available from the British Library

Disal – Distribuidores Associados de Livros S.A.
Av. Marginal Direita do Tietê, 800
Jaguara – CEP 05118-100
São Paulo – SP – Brazil

ISBN 978-0-00-797070-4
www.disal.com.br

Collins Portuguese Concise Dictionary, Seventh Edition 2019
ISBN 978-0-06-293827-5

HarperCollins Publishers
195 Broadway
New York
NY 10007

Typeset by Davidson Publishing Solutions, Glasgow

Printed in China by RR Donnelley APS

Acknowledgements
We would like to thank those authors and publishers who kindly gave permission for copyright material to be used in the Collins Corpus. We would also like to thank Times Newspapers Ltd for providing valuable data.

All rights reserved. No part of this book may be reproduced, stored in a retrieval system, or transmitted in any form or by any means, electronic, mechanical, photocopying, recording or otherwise, without the prior permission in writing of the Publisher. This book is sold subject to the conditions that it shall not, by way of trade or otherwise, be lent, re-sold, hired out or otherwise circulated without the Publisher's prior consent in any form of binding or cover other than that in which it is published and without a similar condition including this condition being imposed on the subsequent purchaser.

HarperCollins does not warrant that www.collinsdictionary.com, www.collins.co.uk or any other website mentioned in this title will be provided uninterrupted, that any website will be error free, that defects will be corrected, or that the website or the server that makes it available are free of viruses or bugs. For full terms and conditions please refer to the site terms provided on the website.

SUMÁRIO

Introdução	v
Abreviaturas	vi
Pronúncia	viii
Ortografia do português	xiii
Verbos ingleses	xiv
Verbos portugueses	xvi
Números	xix
INGLÊS–PORTUGUÊS	1–426
Gramática inglesa	1–64
Gramática portuguesa	65–128
PORTUGUÊS–INGLÊS	427–812

CONTENTS

Introduction	v
Abbreviations	vi
Pronunciation guide	viii
Portuguese spelling	xiii
English verb forms	xiv
Portuguese verb forms	xvi
Numbers	xix
ENGLISH–PORTUGUESE	1–426
English grammar guide	1–64
Portuguese grammar guide	65–128
PORTUGUESE–ENGLISH	427–812

MARCAS REGISTRADAS
As palavras que acreditamos constituir marcas registradas foram assim denominadas. Todavia, não se deve supor que a presença ou a ausência dessa denominação possa afetar o status legal de qualquer marca.

NOTE ON TRADEMARKS
Words which we have reason to believe constitute trademarks have been designated as such. However, neither the presence nor the absence of such designation should be regarded as affecting the legal status of any trademark.

GERÊNCIA DE PROJETO/PROJECT MANAGEMENT
Teresa Álvarez García

COLABORADORES/CONTRIBUTORS
Ana Frankenberg-García
Sinda López

**PARA AS EDIÇÕES ANTERIORES/
FOR PREVIOUS EDITIONS**
Gaëlle Amiot-Cadey
Susie Beattie
Gerard Breslin
Vitoria Davies
Carla Gaspar
Daniel Grassi
Orin Hargraves
Mike Harland
Jane Horwood
Cordelia Lilly
Amos Maidantchik
Helio Leoncio Martins
Dr Euzi Rodrigues Moraes
Helen Newstead
Nelly Wanderley Fernandes Porto
Carlos Ramires
Adriana Ceschin Rieche
Maggie Seaton
Ana Maria de Mello e Souza
Daniel Veloso
John Whitlam
Lígia Xavier

**GRAMÁTICA PORTUGUESA/
PORTUGUESE GRAMMAR GUIDE**
Manuela Cook

COMPUTAÇÃO/COMPUTING
Agnieszka Urbanowicz

PARA A EDITORA/FOR THE PUBLISHER
Gerry Breslin
Helen Newstead
Sarah Woods

INTRODUÇÃO

PARA COMPREENDER O INGLÊS
A nova edição atualizada deste dicionário oferece ao leitor uma cobertura ampla e prática dos usos linguísticos mais comuns, incluindo terminologia da área de negócios e da informática, além de uma seleção abrangente de abreviaturas, siglas e topônimos de uso frequente. As formas irregulares de verbos e substantivos ingleses também foram incluídas na nomenclatura, com remissão à forma de base, onde se encontra a tradução. As notas adicionais ajudam a entender algumas referências culturais.

PARA EXPRESSAR-SE EM INGLÊS
A fim de ajudar o leitor a expressar-se de forma correta e idiomática em inglês, foram incluídas várias indicações para orientá-lo quanto à tradução mais apropriada em um determinado contexto. Todas as palavras mais frequentes receberam um tratamento detalhado, com muitos exemplos de uso típicos.

UM COMPANHEIRO DE TRABALHO
Todo o cuidado foi tomado para fazer deste dicionário da editora Collins uma obra totalmente confiável, fácil de ser usada e útil para o trabalho e os estudos do leitor. Esperamos que ele seja de grande ajuda na compreensão e no uso do inglês.

SUPLEMENTOS DE GRAMÁTICA
Os suplementos de gramática para aprendizes tanto do inglês quanto do português trazem explicações claras dos principais pontos gramaticais e exemplos reais de seu uso.

INTRODUCTION

UNDERSTANDING PORTUGUESE
This new, updated edition of the dictionary provides the user with wide-ranging, practical coverage of current usage, including business and IT terminology, and a comprehensive selection of common abbreviations, acronyms and geographical names. You will also find irregular forms of Portuguese verbs and nouns with a cross-reference to the basic form where a translation is given. Additional notes are given to help you understand some cultural references.

EXPRESSING YOURSELF IN PORTUGUESE
To help you express yourself correctly and idiomatically in Portuguese, numerous labels or signposts guide you to the most appropriate translation for your context. All the most commonly used words are given detailed treatment, with many examples of typical usage.

A WORKING COMPANION
Much care has been taken to make this Collins dictionary thoroughly reliable, easy to use and relevant to your work and study. We hope it will help you understand and communicate better.

HELPFUL GRAMMAR SUPPLEMENTS
The grammar supplements for learners of both English and Portuguese give clear explanations of the main grammatical issues and provide real examples to demonstrate their use.

ABREVIATURAS / ABBREVIATIONS

Português	Abrev.	English
abreviatura	AB(B)R	abbreviation
adjetivo	ADJ	adjective
administração	Admin	administration
advérbio, locução adverbial	ADV	adverb, adverbial phrase
aeronáutica	Aer	flying, air travel
agricultura	Agr	agriculture
anatomia	Anat	anatomy
arquitetura	Arq, Arch	architecture
artigo definido	ART DEF	definite article
artigo indefinido	ART INDEF	indefinite article
uso atributivo do substantivo	ATR	compound element
Austrália	Aust	Australia
automobilismo	Aut(o)	the motor car and motoring
auxiliar	AUX	auxiliary
aeronáutica	Aviat	flying, air travel
biologia	Bio	biology
botânica, flores	Bot	botany
português do Brasil	BR	Brazilian Portuguese
inglês britânico	BRIT	British English
química	Chem	chemistry
linguagem coloquial	col	colloquial
comércio, finanças, bancos	Com(m)	commerce, finance, banking
comparativo	compar	comparative
computação	Comput	computing
conjunção	CONJ	conjunction
construção	Constr	building
uso atributivo do substantivo	CPD	compound element
cozinha	Culin	cookery
artigo definido	DEF ART	definite article
economia	Econ	economics
educação, escola e universidade	Educ	schooling, schools and universities
eletricidade, eletrônica	Elet, Elec	electricity, electronics
especialmente	esp	especially
exclamação	excl	exclamation
feminino	f	feminine
ferrovia	Ferro	railways
uso figurado	fig	figurative use
física	Fís	physics
fisiologia	Fisiol	physiology
fotografia	Foto	photography
(verbo inglês) do qual a partícula é inseparável	FUS	(phrasal verb) where the particle is inseparable
geralmente	gen	generally
geografia, geologia	Geo	geography, geology
geometria	Geom	geometry
geralmente	ger	generally
impessoal	IMPESS, IMPERS	impersonal
artigo indefinido	INDEF ART	indefinite article
linguagem coloquial	inf	colloquial
infinitivo	infin	infinitive
invariável	INV	invariable

irregular	*irreg*	irregular
jurídico	*Jur*	law
gramática, linguística	*Ling*	grammar, linguistics
masculino	*m*	masculine
matemática	*Mat(h)*	mathematics
medicina	*Med*	medicine
masculino ou feminino, dependendo do sexo da pessoa	*m/f*	masculine/feminine
militar, exército	*Mil*	military matters
música	*Mús, Mus*	music
substantivo	N	noun
navegação, náutica	*Náut, Naut*	sailing, navigation
adjetivo ou substantivo numérico	NUM	numeral adjective or noun
Nova Zelândia	*NZ*	New Zealand
	o.s.	oneself
pejorativo	*pej*	pejorative
fotografia	*Phot*	photography
física	*Phys*	physics
fisiologia	*Physiol*	physiology
plural	*pl*	plural
política	*Pol*	politics
particípio passado	*pp*	past participle
preposição	PREP	preposition
pronome	PRON	pronoun
psicologia, psiquiatria	*Psico, Psych*	psychology, psychiatry
português de Portugal	PT	European Portuguese
pretérito	*pt*	past tense
química	*Quím*	chemistry
religião e cultos	*Rel*	religion, church services
	sb	somebody
educação, escola e universidade	*Sch*	schooling, schools and universities
singular	*sg*	singular
	sth	something
sujeito (gramatical)	*su(b)j*	(grammatical) subject
subjuntivo, conjuntivo	*sub(jun)*	subjunctive
superlativo	*superl*	superlative
também	*tb*	also
técnica, tecnologia	*Tec(h)*	technical term, technology
telecomunicações	*Tel*	telecommunications
tipografia, imprensa	*Tip*	typography, printing
televisão	*TV*	television
tipografia, imprensa	*Typ*	typography, printing
inglês americano	US	American English
ver	*V*	see
verbo	VB	verb
verbo intransitivo	VI	intransitive verb
verbo reflexivo	VR	reflexive verb
verbo transitivo	VT	transitive verb
zoologia	*Zool*	zoology
marca registrada	®	registered trademark
equivalente cultural	≈	cultural equivalent
linguagem ofensiva	!	offensive

PRONÚNCIA INGLESA

Em geral, damos a pronúncia de cada entrada em colchetes logo após a palavra em questão. Todavia, quando a entrada for composta de duas ou mais palavras, e cada uma delas aparecer em outro lugar no dicionário, o leitor encontrará a pronúncia de cada palavra na sua posição alfabética.

VOGAIS

	Exemplo Inglês	Explicação
[ɑː]	father	Entre o *a* de p*a*dre e o *o* de n*ó*; como em f*a*da
[ʌ]	but, come	Aproximadamente como o primeiro *a* de c*a*ma
[æ]	man, cat	Som entre o *a* de l*á* e o *e* de p*é*
[ə]	father, ago	Som parecido com o *e* final do português de Portugal
[əː]	bird, heard	Entre o *e* aberto e o *o* fechado
[ɛ]	get, bed	Como em p*é*
[ɪ]	it, big	Mais breve do que em s*i*
[iː]	tea, see	Como em f*i*no
[ɔ]	hot, wash	Como em p*ó*
[ɔː]	saw, all	Como o *o* de p*o*rte
[u]	put, book	Som breve e mais fechado do que em b*u*rro
[uː]	too, you	Som aberto como em j*u*ro

DITONGOS

	Exemplo Inglês	Explicação
[aɪ]	fly, high	Como em b*ai*le
[au]	how, house	Como em c*au*sa
[ɛə]	there, bear	Como o *e* de a*e*roporto
[eɪ]	day, obey	Como o *ei* de l*ei*
[ɪə]	here, hear	Como *ia* de companh*ia*
[əu]	go, note	[ə] seguido de um *u* breve
[ɔɪ]	boy, oil	Como em b*oia*
[uə]	poor, sure	Como *ua* em s*ua*

CONSOANTES

	Exemplo Inglês	Explicação
[d]	men**d**e**d**	Como em *d*a*d*o, an*d*ar
[g]	**g**et, bi**g**	Como em *g*rande
[dʒ]	**g**in, **j**udge	Como em i*d*a*d*e
[ŋ]	si**ng**	Como em ci*n*co
[h]	**h**ouse, **h**e	*h* aspirado
[j]	**y**oung, **y**es	Como em *i*ogurte
[k]	**c**ome, mo**ck**	Como em *c*ama
[r]	**r**ed, **tr**ead	*r* como em para, mas pronunciado no céu da boca
[s]	**s**and, ye**s**	Como em *s*ala
[z]	ro**s**e, **z**ebra	Como em *z*ebra
[ʃ]	**sh**e, ma**ch**ine	Como em *ch*apéu
[tʃ]	**ch**in, ri**ch**	Como *t* em *t*imbre
[w]	**w**ater, **wh**ich	Como o *u* em ág*u*a
[ʒ]	vi**s**ion	Como em *j*á
[θ]	**th**ink, my**th**	Sem equivalente, aproximadamente como um *s* pronunciado entre os dentes
[ð]	**th**is, **th**e	Sem equivalente, aproximadamente como um *z* pronunciado entre os dentes

b, f, l, m, n, p, t, v pronunciam-se como em português.

O sinal [*] indica que o r final escrito não se pronuncia em inglês britânico, exceto quando a palavra seguinte começa por uma vogal. O sinal ['] indica a sílaba acentuada.

BRAZILIAN PORTUGUESE PRONUNCIATION

CONSONANTS

c	[k]	café	c before a, o, u is pronounced as in cat
ce, ci	[s]	cego	c before e or i, as in receive
ç	[s]	raça	ç is pronounced as in receive
ch	[ʃ]	chave	ch is pronounced as in shock
d	[d]	data	as in English EXCEPT
de, di	[dʒ]	difícil cidade	d before an i sound or final unstressed e is pronounced as in judge
g	[g]	gado	g before a, o, u as in gap
ge, gi	[ʒ]	gíria	g before e or i, as s in leisure
h		humano	h is always silent in Portuguese
j	[ʒ]	jogo	j is pronounced as s in leisure
l	[l]	limpo, janela	as in English EXCEPT
	[w]	falta, total	l after a vowel tends to become w
lh	[ʎ]	trabalho	lh is pronounced like the lli in million
m	[m]	animal, massa	as in English EXCEPT
	[ãw]	cantam	m at the end of a syllable preceded by a
	[ĩ]	sim	vowel nasalizes the preceding vowel
n	[n]	nadar, penal	as in English EXCEPT
	[ã]	cansar	n at the end of a syllable, preceded by a
	[ẽ]	alento	vowel and followed by a consonant, nasalizes the preceding vowel
nh	[˜]	tamanho	nh is pronounced like the ni in onion
q	[k]	queijo	qu before i or e is usually pronounced as in kick
q	[kw]	quanto cinquenta	qu before a or o, and sometimes before e or i, is pronounced as in queen
-r-	[r]	compra	r preceded by a consonant (except n) and followed by a vowel is pronounced with a single trill
r-, -r-	[h]	rato, arpão	initial r, r followed by a consonant and
rr	[h]	borracha	rr are pronounced like h in house
-r	[r]	pintar, dizer	word-final r can sometimes be heard as a single trill, but usually it is not pronounced at all in colloquial speech
s-	[s]	sol escada livros	as in English EXCEPT
-s-	[z]	mesa rasgar, desmaio	intervocalic s and s before b, d, g, l, m, n, r, and v, as in rose
-ss-	[s]	nosso	double s is always pronounced as in boss
t	[t]	todo	as in English EXCEPT
te, ti	[tʃ]	amante tipo	t followed by an i sound or final unstressed e is pronounced as ch in cheer
x-	[ʃ]	xarope	initial x is pronounced like sh in ship
-x-	[s]	exceto explorar	x before a consonant is pronounced like s in sail
ex-	[z]	exame	x in the prefix ex before a vowel is pronounced as z in squeeze
-x-	[ʃ]	relaxar	x in any other position may be
	[ks]	fixo	pronounced as in ship, axe or sail
	[s]	auxiliar	

| z | [z] | **z**angar
carta**z** | as in English |

b, f, k, p, v, w are pronounced as in English.

VOWELS

a, á, à, â	[a]	m**a**ta	*a* is normally pronounced as in f*a*ther
ã	[ã]	irm**ã**	*ã* is pronounced approximately as in s*u*ng
e	[e]	v**e**jo	unstressed (except final) *e* is pronounced like *e* in th*e*y, stressed *e* is pronounced either as in th*e*y or as in b*e*t
-e	[i]	fom**e**	final *e* is pronounced as in mon*ey*
é	[ɛ]	mis**é**ria	*é* is pronounced as in b*e*t
ê	[e]	p**ê**lo	*ê* is pronounced as in th*e*y
i	[i]	v**i**da	*i* is pronounced as in m*ea*n
o	[o]	loc**o**motiva	unstressed (except final) *o* is pronounced as in l*o*cal;
	[ɔ]	l**o**ja	stressed *o* is pronounced either as in
	[o]	gl**o**bo	l*o*cal or as in r*o*ck
-o	[u]	livr**o**	final *o* is pronounced as in f*oo*t
ó	[ɔ]	**ó**leo	*ó* is pronounced as in r*o*ck
ô	[o]	col**ô**nia	*ô* is pronounced as in l*o*cal
u	[u]	l**u**va	*u* is pronounced as in r*u*le
	[w]	ling**u**iça freq**u**ente	it is usually silent as in g*u*e, g*u*i, q*u*e, q*u*i but in some words it is pronounced as a *w* sound in this position

DIPHTHONGS

ãe	[ãj]	m**ãe**	nasalized, approximately as in fl*ying*
ai	[aj]	v**ai**	as is r*ide*
ao, au	[aw]	**ao**s, **au**xílio	as is sh*out*
ão	[ãw]	v**ão**	nasalized, approximately as in r*ound*
ei	[ej]	f**ei**ra	as is th*ey*
eu	[ew]	d**eu**sa	both elements pronounced
oi	[oj]	b**oi**	as is t*oy*
ou	[o]	cen**ou**ra	as is l*ocal*
õe	[õj]	avi**õe**s	nasalized, approximately as in 'b*oing!*'

STRESS

The rules of stress in Portuguese are as follows:

(a) when a word ends in *a, e, o, m* (except *im, um* and their plural forms) or *s*, the second last syllable is stressed;
camara*da*; camara*das*
par*te*; par*tem*
(b) when a word ends in *i, u, im* (and plural), *um* (and plural), *n* or a consonant other than *m* or *s*, the stress falls on the last syllable:
ven*di*, al*gum*, al*guns*, fa*lar*
(c) when the rules set out in (a) and (b) are not applicable, an acute or circumflex accent appears over the stressed vowel:
*ó*tica, *â*nimo, in*glês*

In the phonetic transcription, the symbol ['] precedes the syllable on which the stress falls.

xi

EUROPEAN PORTUGUESE PRONUNCIATION

The pronunciation of Brazilian Portuguese differs quite markedly from the Portuguese spoken in Portugal itself and in the African and island states. The more phonetic nature of Brazilian means that words nearly always retain their set pronunciation; in European Portuguese, on the other hand, vowels can often be unpronounced or weakened and consonants can change their sound, all depending on their position within a word or whether they are being elided with a following word. The major differences in pronunciation of European Portuguese are as follows:-

CONSONANTS: as in Brazilian, except:

-b-	[β]	cu**b**a	*b* between vowels is a softer sound, closer to *have*
d	[d]	**d**ança, di**f**ícil	as in English EXCEPT *d* between vowels is softer,
-d-	[ð]	fa**d**o, ci**d**a**d**e	approximately as in *the*
-g-	[ɣ]	sa**g**a	*g* between vowels is a softer sound, approximately as in la*g*er
gu	[ɣw]	a**gu**entar	in certain words *gu* is pronounced as in *Gw*ent
qu	[kw]	tran**qu**ilo	in certain words *qu* is pronounced as in *qu*oits
r-, rr	[R]		initial *r* and double *r* are pronounced either like the
	[rr]		French *r* or strongly trilled as in Scottish *R*ory; pronunciation varies according to region
-r-, -r	[ɾ]	**r**ato, a**r**ma	*r* in any other position is slightly trilled
t	[t]	**t**odo, aman**t**e	*t* is pronounced as in English
z	[ʒ]	**z**angar	as in English EXCEPT final *z* is pronounced as *sh* in fla*sh*
	[ʃ]	carta**z**	

VOWELS: as in Brazilian, except:

a	[a]	fal**a**r	stressed *a* is pronounced either as in f*a*ther or as
	[ɐ]	c**a**ma	*u* in f*u*rther
-a-, -a	[ə]	f**a**lar, fal**a**	unstressed or final *a* is pronounced as *e* in furth*e*r
e	[ə]	m**e**dir	unstressed *e* is a very short *i* sound as in rabb*i*t
-e	[ə]	art**e**, regim**e**	final *e* is barely pronounced; these would sound like English *art* and *regim*
o	[u]	poç**o**, p**o**der	unstressed or final *o* is pronounced as in f*oo*t

PORTUGUESE SPELLING

In 2009, a spelling reform was introduced in all the Portuguese-speaking countries with the aim of eliminating the differences which existed between Brazilian and European Portuguese spelling. The following table summarizes these differences, which you will come across in texts written before the 2009 reform:

Description	Brazilian spelling pre-2009	European Portuguese spelling pre-2009	Universal spelling post-2009
The combinations -gue-, -gui-, -que-, -qui- when u is pronounced	With trema, e.g. lingüiça, freqüente etc.	Without trema, e.g. linguiça, frequente etc.	Without trema, e.g. linguiça, frequente etc.
Stressed -ei- and -oi- in penultimate syllables	With acute accent, e.g. idéia, heróico	Without acute accent, e.g. ideia, heroico	Without acute accent, e.g. ideia, heroico
Stressed o followed by unstressed o	First o has circumflex accent, e.g vôo, abençôo	No written accent, e.g. voo, abençoo	No written accent, e.g. voo, abençoo
First person plural preterite tense of -ar verbs	Without accent, e.g. amamos, jogamos	With acute accent, e.g. amámos, jogámos	Without accent, e.g. amamos, jogamos
comum + mente	comumente	comummente	comumente
com + nós	conosco	connosco	conosco
(h)úmido and derivatives	úmido, umidade	húmido, humidade	úmido, umidade
Latin consonant group -ct-	Simplified to -c-/-ç- or -t-, e.g. acionar, ação, ator	Silent -c- retained, e.g. accionar, acção, actor	Simplified spelling, e.g. acionar, ação, ator
Latin consonant group -pt-	Simplified to -ç- or -t-, e.g. exceção, ótimo	Silent -p- retained, e.g. excepção, óptimo	Simplified spelling, e.g. exceção, ótimo
Months of the year	e.g. janeiro, dezembro	e.g. Janeiro, Dezembro	e.g. janeiro, dezembro

One important difference between Brazilian and Portuguese spelling which still applies even after the reform is that, when a written accent is required on stressed e and o before m or n, Brazilian uses the circumflex while European uses the acute accent, reflecting the difference in the way the sounds are pronounced, e.g. ténis (BR), ténis (PT); econômico (BR), económico (PT). In addition, there are cases where two different spellings are permitted in European Portuguese to reflect two possible pronunciations, e.g. súdito/súbdito, sutil/subtil, anistia/amnistia.

VERBOS IRREGULARES EM INGLÊS

PRESENT	PT	PP	PRESENT	PT	PP
arise	arose	arisen	**find**	found	found
awake	awoke	awoken	**fling**	flung	flung
be (am, is, are; being)	was, were	been	**fly**	flew	flown
			forbid	forbad(e)	forbidden
bear	bore	born(e)	**forecast**	forecast	forecast
beat	beat	beaten	**forget**	forgot	forgotten
begin	began	begun	**forgive**	forgave	forgiven
bend	bent	bent	**freeze**	froze	frozen
bet	bet, betted	bet, betted	**get**	got	got, (US) gotten
bid (*at auction*)	bid	bid	**give**	gave	given
bind	bound	bound	**go** (goes)	went	gone
bite	bit	bitten	**grind**	ground	ground
bleed	bled	bled	**grow**	grew	grown
blow	blew	blown	**hang**	hung	hung
break	broke	broken	**hang** (*execute*)	hanged	hanged
breed	bred	bred	**have**	had	had
bring	brought	brought	**hear**	heard	heard
build	built	built	**hide**	hid	hidden
burn	burnt, burned	burnt, burned	**hit**	hit	hit
			hold	held	held
burst	burst	burst	**hurt**	hurt	hurt
buy	bought	bought	**keep**	kept	kept
can	could	(been able)	**kneel**	knelt, kneeled	knelt, kneeled
cast	cast	cast			
catch	caught	caught	**know**	knew	known
choose	chose	chosen	**lay**	laid	laid
cling	clung	clung	**lead**	led	led
come	came	come	**lean**	leant, leaned	leant, leaned
cost	cost	cost			
creep	crept	crept	**leap**	leapt, leaped	leapt, leaped
cut	cut	cut			
deal	dealt	dealt	**learn**	learnt, learned	learnt, learned
dig	dug	dug			
do (does)	did	done	**leave**	left	left
draw	drew	drawn	**lend**	lent	lent
dream	dreamed, dreamt	dreamed, dreamt	**let**	let	let
			lie (*lying*)	lay	lain
drink	drank	drunk	**light**	lit, lighted	lit, lighted
drive	drove	driven			
eat	ate	eaten	**lose**	lost	lost
fall	fell	fallen	**make**	made	made
feed	fed	fed	**may**	might	–
feel	felt	felt	**mean**	meant	meant
fight	fought	fought	**meet**	met	met

PRESENT	PT	PP	PRESENT	PT	PP
mistake	mistook	mistaken	speed	sped, speeded	sped, speeded
mow	mowed	mown, mowed	spell	spelt, spelled	spelt, spelled
must	(had to)	(had to)	spend	spent	spent
pay	paid	paid	spill	spilt, spilled	spilt, spilled
put	put	put	spin	spun	spun
quit	quit, quitted	quit, quitted	spit	spat	spat
read	read	read	spoil	spoiled, spoilt	spoiled, spoilt
rid	rid	rid	spread	spread	spread
ride	rode	ridden	spring	sprang	sprung
ring	rang	rung	stand	stood	stood
rise	rose	risen	steal	stole	stolen
run	ran	run	stick	stuck	stuck
saw	sawed	sawed, sawn	sting	stung	stung
say	said	said	stink	stank	stunk
see	saw	seen	stride	strode	stridden
sell	sold	sold	strike	struck	struck
send	sent	sent	swear	swore	sworn
set	set	set	sweep	swept	swept
sew	sewed	sewn	swell	swelled	swollen, swelled
shake	shook	shaken	swim	swam	swum
shear	sheared	shorn, sheared	swing	swung	swung
shed	shed	shed	take	took	taken
shine	shone	shone	teach	taught	taught
shoot	shot	shot	tear	tore	torn
show	showed	shown	tell	told	told
shrink	shrank	shrunk	think	thought	thought
shut	shut	shut	throw	threw	thrown
sing	sang	sung	thrust	thrust	thrust
sink	sank	sunk	tread	trod	trodden
sit	sat	sat	wake	woke, waked	woken, waked
sleep	slept	slept	wear	wore	worn
slide	slid	slid	weave	wove	woven
sling	slung	slung	weep	wept	wept
slit	slit	slit	win	won	won
smell	smelt, smelled	smelt, smelled	wind	wound	wound
sow	sowed	sown, sowed	wring	wrung	wrung
speak	spoke	spoken	write	wrote	written

PORTUGUESE VERB FORMS

1 Gerund. 2 Imperative. 3 Present. 4 Imperfect. 5 Preterite. 6 Future.
7 Present subjunctive. 8 Imperfect subjunctive. 9 Future subjunctive.
10 Past participle. 11 Pluperfect. 12 Personal infinitive.

etc indicates that the irregular root is used for all persons of the tense, e.g. **ouvir 7** ouça *etc* = ouça, ouças, ouça, ouçamos, ouçais, ouçam.

abrir 10 aberto
acudir 2 acode **3** acudo, acodes, acode, acodem
aderir 3 adiro **7** adira
advertir 3 advirto **7** advirta *etc*
agir 3 ajo **7** aja *etc*
agradecer 3 agradeço **7** agradeça *etc*
agredir 2 agride **3** agrido, agrides, agride, agridem **7** agrida *etc*
AMAR 1 amando **2** ama, amai **3** amo, amas, ama, amamos, amais, amam **4** amava, amavas, amava, amávamos, amavéis, amavam **5** amei, amaste, amou, amamos, amastes, amaram **6** amarei, amarás, amará, amaremos, amareis, amarão **7** ame, ames, ame, amemos, ameis, amem **8** amasse, amasses, amasse, amássemos, amásseis, amassem **9** amar, amares, amar, ámarmos, amardes, amarem **10** amado **11** amara, amaras, amara, amáramos, amáreis, amaram **12** amar, amares, amar, amarmos, amardes, amarem
ameaçar 5 ameacei **7** ameace *etc*
ansiar 2 anseia **3** anseio, anseias, anseia, anseiam **7** anseie *etc*
arrancar 7 arranque *etc*
arruinar 2 arruína **3** arruíno, arruínas, arruína, arruínam **7** arruíne, arruínes, arruíne, arruínem
atribuir 3 atribuo, atribuis, atribui, atribuímos, atribuís, atribuem
bulir 2 bole **3** bulo, boles, bole, bolem
caber 3 caibo **5** coube *etc* **7** caiba *etc* **8** coubesse *etc* **9** couber *etc*
cair 2 cai **3** caio, cais, cai, caímos, caís, caem **4** caía *etc* **5** caí, caíste **7** caia *etc* **8** caisse *etc*

cobrir 3 cubro **7** cubra *etc* **10** coberto
compelir 3 compilo **7** compila *etc*
crer 2 crê **3** creio, crês, crê, cremos, credes, creem **5** cri, creste, creu, cremos, crestes, creram **7** creia *etc*
cuspir 2 cospe **3** cuspo, cospes, cospe, cospem
dar 2 dá **3** dou, dás, dá, damos, dais, dão **5** dei, deste, deu, demos, destes, deram **7** dê, dês, dê, demos, deis, deem **8** desse *etc* **9** der *etc* **11** dera *etc*
deduzir 2 deduz **3** deduzo, deduzes, deduz
denegrir 2 denigre **3** denigro, denigres, denigre, denigrem **7** denigre *etc*
despir 3 dispo **7** dispa *etc*
dizer 2 diz (dize) **3** digo, dizes, diz, dizemos, dizeis, dizem **5** disse *etc* **6** direi *etc* **7** diga *etc* **8** dissesse *etc* **9** disser *etc* **10** dito
doer 2 dói **3** doo, dóis, dói
dormir 3 durmo **7** durma *etc*
emergir 3 emirjo **7** emirja *etc*
escrever 10 escrito
ESTAR 2 está **3** estou, estás, está, estamos, estais, estão **4** estava *etc* **5** estive, estiveste, esteve, estivemos, estivestes, estiveram **7** esteja *etc* **8** estivesse *etc* **9** estiver *etc* **11** estivera *etc*
extorquir 3 exturco **7** exturca *etc*
FAZER 3 faço **5** fiz, fizeste, fez, fizemos, fizestes, fizeram **6** farei *etc* **7** faça *etc* **8** fizesse *etc* **9** fizer *etc* **10** feito **11** fizera *etc*
ferir 3 firo **7** fira *etc*
fluir 3 fluo, fluis, flui, fluímos, fluís, fluem
fugir 2 foge **3** fujo, foges, foge, fogem **7** fuja *etc*

ganhar 10 ganho
gastar 10 gasto
gerir 3 giro **7** gira *etc*
haver 2 há **3** hei, hás, há, havemos, haveis, hão **4** havia *etc* **5** houve, houveste, houve, houvemos, houvestes, houveram **7** haja *etc* **8** houvesse *etc* **9** houver *etc* **11** houvera *etc*
ir 1 indo **2** vai **3** vou, vais, vai, vamos, ides, vão **4** ia *etc* **5** fui, foste, foi, fomos, fostes, foram **7** vá, vás, vá, vamos, vades, vão **8** fosse, fosses, fosse, fôssemos, fôsseis, fossem **9** for *etc* **10** ido **11** fora *etc*
ler 2 lê **3** leio, lês, lê, lemos, ledes, leem **5** li, leste, leu, lemos, lestes, leram **7** leia *etc*
medir 3 meço, **7** meça *etc*
mentir 3 minto **7** minta *etc*
ouvir 3 ouço **7** ouça *etc*
pagar 10 pago
parir 3 pairo **7** paira *etc*
pecar 7 peque *etc*
pedir 3 peço **7** peça *etc*
perder 3 perco **7** perca *etc*
poder 3 posso **5** pude, pudeste, pôde, pudemos, pudestes, puderam **7** possa *etc* **8** pudesse *etc* **9** puder *etc* **11** pudera *etc*
polir 2 pule **3** pulo, pules, pule, pulem **7** pula *etc*
pôr 1 pondo **2** põe **3** ponho, pões, põe, pomos, pondes, põem **4** punha *etc* **5** pus, puseste, pôs, pusemos, pusestes, puseram **6** porei *etc* **7** ponha *etc* **8** pusesse *etc* **9** puser *etc* **10** posto **11** pusera *etc*
preferir 3 prefiro **7** prefire *etc*
prevenir 2 previne **3** previno, prevines, previne, previnem **7** previna *etc*
prover 2 provê **3** provejo, provês, provê, provemos, provedes, proveem **5** provi, proveste, proveu, provemos, provestes, proveram **7** proveja *etc* **8** provesse *etc* **9** prover *etc*
querer 3 quero, queres, quer **5** quis, quiseste, quis, quisemos, quisestes, quiseram **7** queira *etc* **8** quisesse *etc* **9** quiser *etc* **11** quisera *etc*
refletir 3 reflito **7** reflita *etc*
repetir 3 repito **7** repita *etc*
requerer 3 requeiro, requeres, requer **7** requeira *etc*
reunir 2 reúne **3** reúno, reúnes, reúne, reúnem **7** reúna *etc*
rir 2 ri **3** rio, ris, ri, rimos, rides, ridem **5** ri, riste, riu, rimos, ristes, riram **7** ria *etc*
saber 3 sei, sabes, sabe, sabemos, sabeis, sabem **5** soube, soubeste, soube, soubemos, soubestes, souberam **7** saiba *etc* **8** soubesse *etc* **9** souber *etc* **11** soubera *etc*
seguir 3 sigo **7** siga *etc*
sentir 3 sinto **7** sinta *etc*
ser 2 sê **3** sou, és, é, somos, sois, são **4** era *etc* **5** fui, foste, foi, fomos, fostes, foram **7** seja *etc* **8** fosse *etc* **9** for *etc* **11** fora *etc*
servir 3 sirvo **7** sirva *etc*
subir 2 sobe **3** subo, sobes, sobe, sobem
suster 2 sustém **3** sustenho, sustens, sustém, sustendes, sustêm **5** sustive, sustiveste, susteve, sustivemos, sustivestes, sustiveram **7** sustenha *etc*
ter 2 tem **3** tenho, tens, tem, temos, tendes, têm **4** tinha *etc* **5** tive, tiveste, teve, tivemos, tivestes, tiveram **6** terei *etc* **7** tenha *etc* **8** tivesse *etc* **9** tiver *etc* **11** tivera *etc*
torcer 3 torço **7** torça *etc*
tossir 3 tusso **7** tussa *etc*
trair 2 trai **3** traio, trais, trai, traímos, traís, traem **7** traia *etc*
trazer 2 (traze) traz **3** trago, trazes, traz, **5** trouxe, trouxeste, trouxe, trouxemos, trouxestes, trouxeram **6** trarei *etc* **7** traga *etc* **8** trouxesse *etc* **9** trouxer *etc* **11** trouxera *etc*
UNIR 1 unindo **2** une, uni **3** uno, unes, une, unimos, unis, unem **4** unia, unias, unia, uníamos, uníeis, uniam **5** uni, uniste, uniu, unimos, unistes, uniram **6** unirei, unirás, unirá,

uniremos, unireis, unirão **7** una, unas, una, unamos, unais, unam **8** unisse, unisses, unisse, uníssemos, unísseis, unissem **9** unir, unires, unir, unirmos, unirdes, unirem **10** unido **11** unira, uniras, unira, uníramos, uníreis, uniram **12** unir, unires, unir, unirmos, unirdes, unirem

valer 3 valho **7** valha *etc*

ver 2 vê **3** vejo, vês, vê, vemos, vedes, veem **4** via *etc* **5** vi, viste, viu, vimos, vistes, viram **7** veja *etc* **8** visse *etc* **9** vir *etc* **10** visto **11** vira

vir 1 vindo, **2** vem **3** venho, vens, vem, vimos, vindes, vêm **4** vinha *etc* **5** vim, vieste, veio, viemos, viestes, vieram **7** venha *etc* **8** viesse *etc* **9** vier *etc* **10** vindo **11** viera *etc*

VIVER 1 vivendo **2** vive, vivei **3** vivo, vives, vive, vivemos, viveis, vivem **4** vivia, vivias, vivia, vivíamos, vivíeis, viviam **5** vivi, viveste, viveu, vivemos, vivestes, viveram **6** viverei, viverás, viverá, viveremos, vivereis, viverão **7** viva, vivas, viva, vivamos, vivais, vivam **8** vivesse, vivesses, vivesse, vivêssemos, vivêsseis, vivessem **9** viver, viveres, viver, vivermos, viverdes, viverem **10** vivido **11** vivera, viveras, vivera, vivêramos, vivêreis, viveram **12** viver, viveres, viver, vivermos, viverdes, viverem

NÚMEROS

NÚMEROS CARDINAIS

um (uma)	1
dois (duas)	2
três	3
quatro	4
cinco	5
seis	6
sete	7
oito	8
nove	9
dez	10
onze	11
doze	12
treze	13
catorze	14
quinze	15
dezesseis (BR), dezasseis (PT)	16
dezessete (BR), dezassete (PT)	17
dezoito	18
dezenove (BR), dezanove (PT)	19
vinte	20
vinte e um (uma)	21
trinta	30
quarenta	40
cinquenta	50
sessenta	60
setenta	70
oitenta	80
noventa	90
cem	100
cento e um (uma)	101
duzentos(-as)	200
trezentos(-as)	300
quinhentos(-as)	500
mil	1.000/1,000
um milhão	1.000.000/1,000,000

NUMBERS

CARDINAL NUMBERS

one	
two	
three	
four	
five	
six	
seven	
eight	
nine	
ten	
eleven	
twelve	
thirteen	
fourteen	
fifteen	
sixteen	
seventeen	
eighteen	
nineteen	
twenty	
twenty-one	
thirty	
forty	
fifty	
sixty	
seventy	
eighty	
ninety	
a hundred	
a hundred and one	
two hundred	
three hundred	
five hundred	
a thousand	
a million	

NÚMEROS

FRAÇÕES ETC
zero vírgula cinco	0,5/0.5
três vírgula quatro	3,4/3.4
dez por cento	10%
cem por cento	100%

NÚMEROS ORDINAIS
primeiro	1°/1st
segundo	2°/2nd
terceiro	3°/3rd
quarto	4°/4th
quinto	5°/5th
sexto	6°/6th
sétimo	7°/7th
oitavo	8°/8th
nono	9°/9th
décimo	10°/10th
décimo primeiro	11°/11th
vigésimo	20°/20th
trigésimo	30°/30th
quadragésimo	40°/40th
quinquagésimo	50°/50th
centésimo	100°/100th
centésimo primeiro	101°/101st
milésimo	1000°/1000th

NUMBERS

FRACTIONS ETC
- zero point five
- three point four
- ten per cent
- a hundred per cent

ORDINAL NUMBERS
- first
- second
- third
- fourth
- fifth
- sixth
- seventh
- eighth
- ninth
- tenth
- eleventh
- twentieth
- thirtieth
- fortieth
- fiftieth
- hundredth
- hundred-and-first
- thousandth

English – Portuguese
Inglês – Português

Aa

A, a [eɪ] N (*letter*) A, a *m*; (*Mus*): **A** lá *m*; **A for Andrew** (BRIT) *or* **Able** (US) A de Antônio; **A road** (BRIT *Aut*) via expressa; **A shares** (BRIT *Stock Exchange*) ações *fpl* preferenciais

[KEYWORD]

a [eɪ, ə] INDEF ART (*before vowel or silent h:* **an**)
1 um(a); **a book/girl/mirror** um livro/uma menina/um espelho; **an apple** uma maçã; **she's a doctor** ela é médica
2 (*instead of the number "one"*) um(a); **a year ago** há um ano, um ano atrás; **a hundred/thousand** *etc* **pounds** cem/mil *etc* libras
3 (*in expressing ratios, prices etc*): **3 a day/week** 3 por dia/semana; **10 km an hour** 10 km por hora; **30p a kilo** 30p o quilo

a. ABBR = **acre**
AA N ABBR (= *Alcoholics Anonymous*) AA *m*; (BRIT: = *Automobile Association*) ≈ TCB *m* (BR), ≈ ACP *m* (PT); (US: = *Associate in/of Arts*) título universitário; (= *anti-aircraft*) AA
AAA N ABBR (= *American Automobile Association*) ≈ TCB *m* (BR), ≈ ACP *m* (PT); (BRIT) = **Amateur Athletics Association**
AAUP N ABBR (= *American Association of University Professors*) sindicato universitário
AB ABBR (BRIT) = **able-bodied seaman**; (CANADA) = **Alberta**
abaci ['æbəsaɪ] NPL *of* **abacus**
aback [ə'bæk] ADV: **to be taken ~** ficar surpreendido, sobressaltar-se
abacus ['æbəkəs] (*pl* **abaci**) N ábaco
abandon [ə'bændən] VT abandonar ▶ N (*wild behaviour*): **with ~** com desenfreio; **to ~ ship** abandonar o navio
abandoned [ə'bændənd] ADJ (*child, house*) abandonado; (*unrestrained*) desenfreado
abase [ə'beɪs] VT: **to ~ o.s. (so far as to do)** rebaixar-se (até o ponto de fazer)
abashed [ə'bæʃt] ADJ envergonhado
abate [ə'beɪt] VI (*lessen*) diminuir; (*calm down*) acalmar-se
abatement [ə'beɪtmənt] N *see* **noise abatement**
abattoir ['æbətwɑː^r] (BRIT) N matadouro
abbey ['æbɪ] N abadia, mosteiro
abbot ['æbət] N abade *m*
abbreviate [ə'briːvɪeɪt] VT (*essay*) resumir; (*word*) abreviar
abbreviation [əbriːvɪ'eɪʃən] N (*short form*) abreviatura; (*act*) abreviação *f*
ABC N ABBR (= *American Broadcasting Company*) rede de televisão
abdicate ['æbdɪkeɪt] VT abdicar, renunciar a ▶ VI abdicar, renunciar ao trono
abdication [æbdɪ'keɪʃən] N abdicação *f*
abdomen ['æbdəmən] N abdômen *m*
abdominal [æb'dɔmɪnl] ADJ abdominal
abduct [æb'dʌkt] VT sequestrar
abduction [æb'dʌkʃən] N sequestro
Aberdonian [æbə'dəunɪən] ADJ de Aberdeen ▶ N natural *m/f* de Aberdeen
aberration [æbə'reɪʃən] N aberração *f*; **in a moment of mental ~** num momento de desatino
abet [ə'bɛt] VT *see* **aid**
abeyance [ə'beɪəns] N: **in ~** (*law*) em desuso; (*matter*) suspenso
abhor [əb'hɔː^r] VT detestar, odiar
abhorrent [əb'hɔrənt] ADJ detestável, repugnante
abide [ə'baɪd] VT aguentar, suportar; **I can't ~ him** eu não o soporto
▶ **abide by** VT FUS (*promise, word*) cumprir; (*law, rules*) ater-se a
ability [ə'bɪlɪtɪ] N habilidade *f*, capacidade *f*; (*talent*) talento; (*skill*) perícia; **to the best of my ~** o melhor que eu puder *or* pudesse
abject ['æbdʒɛkt] ADJ (*poverty*) miserável; (*coward*) desprezível, vil; **an ~ apology** um pedido de desculpa humilde
ablaze [ə'bleɪz] ADJ em chamas; **~ with light** resplandecente
able ['eɪbl] ADJ capaz; (*skilled*) hábil, competente; **to be ~ to do sth** poder fazer algo
able-bodied [-'bɔdɪd] ADJ são/sã; **~ seaman** (BRIT) marinheiro experimentado
ably ['eɪblɪ] ADV habilmente
ABM N ABBR = **anti-ballistic missile**
abnormal [æb'nɔːməl] ADJ anormal
abnormality [æbnɔː'mælɪtɪ] N anormalidade *f*
aboard [ə'bɔːd] ADV a bordo ▶ PREP a bordo de; (*train*) dentro de
abode [ə'bəud] N (*old*) residência, domicílio; (*Law*): **of no fixed ~** sem domicílio fixo

abolish [əˈbɒlɪʃ] VT abolir
abolition [æbəˈlɪʃən] N abolição f
abominable [əˈbɒmɪnəbl] ADJ abominável, detestável
aborigine [æbəˈrɪdʒɪnɪ] N aborígene m/f
abort [əˈbɔːt] VT (Med) abortar; (plan) cancelar
abortion [əˈbɔːʃən] N aborto; **to have an ~** fazer um aborto
abortive [əˈbɔːtɪv] ADJ (failed) fracassado; (fruitless) inútil
abound [əˈbaund] VI: **to ~ (in** or **with)** abundar (em)

[KEYWORD]

about [əˈbaut] ADV **1** (approximately) aproximadamente; **it takes about 10 hours** leva mais ou menos 10 horas; **at about 2 o'clock** aproximadamente às duas horas; **it's just about finished** está quase terminado
2 (referring to place) por toda parte, por todo lado; **to run/walk** etc **about** correr/andar etc por todos os lados
3: **to be about to do sth** estar a ponto de fazer algo
▶ PREP **1** (relating to) acerca de, sobre; **a book about London** um livro sobre Londres; **what is it about?** do que se trata?, é sobre o quê?; **we talked about it** nós falamos sobre isso; **what** or **how about doing this?** que tal se fizermos isso?
2 (place) em redor de, por; **to walk about the town** andar pela cidade

about face N (Mil) meia-volta; (fig) reviravolta
about turn N = **about face**
above [əˈbʌv] ADV em or por cima, acima
▶ PREP acima de, por cima de; **mentioned ~** acima mencionado; **costing ~ £10** que custa mais de £10; **~ all** sobretudo
aboveboard [əˈbʌvˈbɔːd] ADJ legítimo, limpo
abrasion [əˈbreɪʒən] N (on skin) esfoladura
abrasive [əˈbreɪzɪv] ADJ abrasivo; (fig: person) cáustico; (: manner) mordaz
abreast [əˈbrɛst] ADV lado a lado; **to keep ~ of** (fig) estar a par de
abridge [əˈbrɪdʒ] VT resumir, abreviar
abroad [əˈbrɔːd] ADV (be abroad) no estrangeiro; (go abroad) ao estrangeiro; **there is a rumour ~ that ...** (fig) corre o boato de que ...
abrupt [əˈbrʌpt] ADJ (sudden) brusco; (curt) ríspido
abruptly [əˈbrʌptlɪ] ADV bruscamente
abscess [ˈæbsɪs] N abscesso (BR), acesso (PT)
abscond [əbˈskɒnd] VI: **to ~ with** sumir com; **to ~ from** fugir de
absence [ˈæbsəns] N ausência; **in the ~ of** (person) na ausência de; (thing) na falta de
absent [ˈæbsənt] ADJ ausente; **~ without leave** ausente sem permissão oficial; **to be ~** faltar
absentee [æbsənˈtiː] N ausente m/f
absenteeism [æbsənˈtiːɪzəm] N absenteísmo

absent-minded ADJ distraído
absent-mindedness [-ˈmaɪndɪdnɪs] N distração f
absolute [ˈæbsəluːt] ADJ absoluto
absolutely [æbsəˈluːtlɪ] ADV absolutamente; **oh, yes, ~!** claro que sim!
absolve [əbˈzɒlv] VT: **to ~ sb (from)** (sin etc) absolver alguém (de); (blame) isentar alguém (de); **to ~ sb from** (oath) desobrigar alguém de
absorb [əbˈzɔːb] VT absorver; (group, business) incorporar; (changes) assimilar; (information) digerir; **to be ~ed in a book** estar absorvido num livro
absorbent [əbˈzɔːbənt] ADJ absorvente
absorbent cotton (US) N algodão m hidrófilo
absorbing [əbˈzɔːbɪŋ] ADJ (book, film etc) absorvente, cativante
absorption [əbˈzɔːpʃən] N absorção f; (interest) fascinação f
abstain [əbˈsteɪn] VI: **to ~ (from)** abster-se (de)
abstemious [əbˈstiːmɪəs] ADJ abstinente
abstention [əbˈstɛnʃən] N abstenção f
abstinence [ˈæbstɪnəns] N abstinência, sobriedade f
abstract [adj, n ˈæbstrækt, vt æbˈstrækt] ADJ abstrato ▶ N resumo ▶ VT (remove) abstrair; (summarize) resumir; (steal) surripiar
absurd [əbˈsəːd] ADJ absurdo
absurdity [əbˈsəːdɪtɪ] N absurdo
ABTA [ˈæbtə] N ABBR = **Association of British Travel Agents**
Abu Dhabi [ˈæbuːˈdɑːbɪ] N Abu Dabi (no article)
abundance [əˈbʌndəns] N abundância
abundant [əˈbʌndənt] ADJ abundante
abuse [n əˈbjuːs, vt əˈbjuːz] N (insults) insultos mpl; (misuse) abuso; (ill-treatment) maus-tratos mpl ▶ VT insultar; maltratar; abusar; **open to ~** aberto ao abuso
abusive [əˈbjuːsɪv] ADJ ofensivo
abysmal [əˈbɪzməl] ADJ (ignorance) profundo, total; (very bad) péssimo
abyss [əˈbɪs] N abismo
AC N ABBR (US) = **athletic club** ▶ ABBR (= alternating current) CA
a/c ABBR (Banking etc: = account) c/
academic [ækəˈdɛmɪk] ADJ acadêmico; (pej: issue) teórico ▶ N universitário(-a)
academic freedom N liberdade de cátedra
academic year N ano letivo
academy [əˈkædəmɪ] N (learned body) academia; (school) instituto, academia, colégio; **military/naval ~** academia militar/escola naval; **~ of music** conservatório
ACAS [ˈeɪkæs] (BRIT) N ABBR (= Advisory, Conciliation and Arbitration Service) ≈ Justiça do Trabalho
accede [ækˈsiːd] VI: **to ~ to** (request) consentir em, aceder a; (throne) subir a
accelerate [ækˈsɛləreɪt] VT, VI acelerar
acceleration [æksɛləˈreɪʃən] N aceleração f

accelerator [æk'sɛləreɪtə'] N acelerador m
accent ['æksɛnt] N (written) acento; (pronunciation) sotaque m; (fig: emphasis) ênfase f
accentuate [æk'sɛntjueɪt] VT (syllable) acentuar; (need, difference etc) ressaltar, salientar
accept [ək'sɛpt] VT aceitar; (responsibility) assumir
acceptable [ək'sɛptəbl] ADJ (offer) bem-vindo; (risk) assumir, aceitável
acceptance [ək'sɛptəns] N aceitação f; **to meet with general ~** ter aprovação geral
access ['æksɛs] N acesso ▶ VT (Comput) acessar; **to have ~ to** ter acesso a; **the burglars gained ~ through a window** os ladrões conseguiram entrar por uma janela
accessible [æk'sɛsəbl] ADJ acessível; (available) disponível
accession [æk'sɛʃən] N acessão f; (of king) elevação f ao trono; (to library) aquisição f
accessory [æk'sɛsərɪ] N acessório; (Law): **~ to** cúmplice m/f de; **toilet accessories** (BRIT) artigos de toalete
access road N via de acesso
accident ['æksɪdənt] N acidente m; (chance) casualidade f; **to meet with** or **have an ~** sofrer or ter um acidente; **~s at work** acidentes de trabalho; **by ~** (unintentionally) sem querer; (by coincidence) por acaso
accidental [æksɪ'dɛntl] ADJ acidental
accidentally [æksɪ'dɛntəlɪ] ADV (by accident) sem querer; (by chance) casualmente
Accident and Emergency Department N (BRIT) pronto-socorro
accident insurance N seguro contra acidentes
accident-prone ADJ com tendência para sofrer or causar acidente, desastrado
acclaim [ə'kleɪm] VT aclamar ▶ N aclamação f; **to be ~ed for one's achievements** ser aclamado por seus fatas
acclamation [æklə'meɪʃən] N (approval) aclamação f; (applause) aplausos mpl
acclimate [ə'klaɪmət] (US) VT = **acclimatize**
acclimatize [ə'klaɪmətaɪz] (BRIT) VT: **to become ~d (to)** aclimatar-se (a)
accolade ['ækəleɪd] N louvor m, honra
accommodate [ə'kɔmədeɪt] VT alojar; (reconcile: subj: car, hotel, etc) acomodar, conciliar; (oblige, help) comprazer a; (adapt): **to ~ one's plans to** acomodar seus projetos a; **this car ~s 4 people** este carro tem lugar para 4 pessoas
accommodating [ə'kɔmədeɪtɪŋ] ADJ complacente, serviçal
accommodation [əkɔmə'deɪʃən] (BRIT) N, (US) **accommodations** [əkɔmə'deɪʃənz] NPL alojamento; (space) lugar m (BR), sítio (PT); **he's found ~** ele já encontrou um lugar para morar; **"~ to let"** "aluga-se (apartamento etc)"; **they have ~ for 500** têm lugar para 500 pessoas; **seating ~** lugares mpl sentados

accompaniment [ə'kʌmpənɪmənt] N acompanhamento
accompanist [ə'kʌmpənɪst] N acompanhador(a) m/f, acompanhante m/f
accompany [ə'kʌmpənɪ] VT acompanhar
accomplice [ə'kʌmplɪs] N cúmplice m/f
accomplish [ə'kʌmplɪʃ] VT (task) concluir; (goal) alcançar
accomplished [ə'kʌmplɪʃt] ADJ (person) talentoso; (performance) brilhante
accomplishment [ə'kʌmplɪʃmənt] N (bringing about) realização f; (achievement) proeza; **accomplishments** NPL (skills) talentos mpl
accord [ə'kɔ:d] N tratado ▶ VT conceder; **of his own ~** por sua iniciativa; **with one ~** de comum acordo
accordance [ə'kɔ:dəns] N: **in ~ with** de acordo com, conforme
according [ə'kɔ:dɪŋ] PREP: **~ to** segundo; (in accordance with) conforme; **~ to plan** como previsto
accordingly [ə'kɔ:dɪŋlɪ] ADV (thus) por conseguinte; (appropriately) do modo devido
accordion [ə'kɔ:dɪən] N acordeão m
accost [ə'kɔst] VT abordar
account [ə'kaunt] N conta; (report) relato; **accounts** NPL (books, department) contabilidade f; **"~ payee only"** (BRIT) "cheque não endossável" (a ser creditado na conta do favorecido); **to keep an ~ of** anotar, registrar; **to bring sb to ~ for sth/for having done sth** chamar alguém a contas por algo/por ter feito algo; **by all ~s** segundo dizem todos; **of little ~** sem importância; **on his own ~** por sua conta; **to pay £50 on ~** pagar £50 por conta; **to buy sth on ~** comprar algo a crédito; **of no ~** sem importância; **on ~** por conta; **on no ~** de modo nenhum; **on ~ of** por causa de; **to take into ~, take ~ of** levar em conta ▶ **account for** VT FUS (explain) explicar; (represent) representar; **all the children were ~ed for** nenhuma das crianças faltava; **4 people are still not ~ed for** 4 pessoas ainda não foram encontradas
accountability [əkauntə'bɪlɪtɪ] N responsabilidade f
accountable [ə'kauntəbl] ADJ: **~ (to)** responsável (por)
accountancy [ə'kauntənsɪ] N contabilidade f
accountant [ə'kauntənt] N contador(a) m/f (BR), contabilista m/f (PT)
accounting [ə'kauntɪŋ] N contabilidade f
accounting period N exercício
account number N número de conta
account payable N conta a pagar
account receivable N conta a receber
accredited [ə'krɛdɪtɪd] ADJ (agent) autorizado
accretion [ə'kri:ʃən] N acresção f
accrue [ə'kru:] VI aumentar; (mount up) acumular-se; **to ~ to** advir a
accrued interest [ə'kru:d-] N juros mpl acumulados

accumulate [əˈkjuːmjuleɪt] VT acumular ▶ VI acumular-se
accumulation [əkjuːmjuˈleɪʃən] N acumulação f
accuracy [ˈækjurəsɪ] N exatidão f, precisão f
accurate [ˈækjurɪt] ADJ (number) exato; (description) correto; (person, device) preciso; (shot) certeiro
accurately [ˈækjurətlɪ] ADV com precisão
accusation [ækjuˈzeɪʃən] N acusação f; (instance) incriminação f
accusative [əˈkjuːzətɪv] N (Ling) acusativo
accuse [əˈkjuːz] VT: **to ~ sb (of sth)** acusar alguém (de algo)
accused [əˈkjuːzd] N: **the ~** o/a acusado/a
accustom [əˈkʌstəm] VT acostumar; **to ~ o.s. to sth** acostumar-se a algo
accustomed [əˈkʌstəmd] ADJ (usual) habitual; **~ to** acostumado a
AC/DC ABBR (= alternating current/direct current) CA/CC
ACE [eɪs] N ABBR = **American Council on Education**
ace [eɪs] N ás m; **to be** or **come within an ~ of doing** (BRIT) não fazer por um triz
acerbic [əˈsəːbɪk] ADJ (also fig) acerbo
acetate [ˈæsɪteɪt] N acetato
ache [eɪk] N dor f ▶ VI doer; (yearn): **to ~ to do sth** ansiar por fazer algo; **I've got (a) stomach ~** eu estou com dor de barriga; **my head ~s** dói-me a cabeça; **I'm aching all over** estou todo dolorido
achieve [əˈtʃiːv] VT (reach) alcançar; (realize) realizar; (victory, success) obter
achievement [əˈtʃiːvmənt] N (of aims) realização f; (success) proeza
acid [ˈæsɪd] ADJ, N ácido
acidity [əˈsɪdɪtɪ] N acidez f
acid rain N chuva ácida
acknowledge [əkˈnɔlɪdʒ] VT (fact) reconhecer; (person) cumprimentar; (also: **acknowledge receipt of**) acusar o recebimento de (BR) or a receção de (PT)
acknowledgement [əkˈnɔlɪdʒmənt] N (of letter) notificação f de recebimento; **acknowledgements** NPL (in book) agradecimentos mpl
ACLU N ABBR (= American Civil Liberties Union) associação que defende os direitos humanos
acme [ˈækmɪ] N acme m
acne [ˈæknɪ] N acne f
acorn [ˈeɪkɔːn] N bolota
acoustic [əˈkuːstɪk] ADJ acústico
acoustics [əˈkuːstɪks] N, NPL acústica
acquaint [əˈkweɪnt] VT: **to ~ sb with sth** (inform) pôr alguém ao corrente de alguma coisa; **to be ~ed with** (person) conhecer; (fact) saber
acquaintance [əˈkweɪntəns] N conhecimento; (person) conhecido(-a); **to make sb's ~** conhecer alguém
acquiesce [ækwɪˈɛs] VI: **to ~ (to)** condescender (a); (request) ceder (a)

acquire [əˈkwaɪəʳ] VT adquirir; (interest, skill) desenvolver
acquired [əˈkwaɪəd] ADJ adquirido; **an ~ taste** um gosto cultivado
acquisition [ækwɪˈzɪʃən] N aquisição f
acquisitive [əˈkwɪzɪtɪv] ADJ cobiçoso
acquit [əˈkwɪt] VT absolver; **to ~ o.s. well** desempenhar-se bem
acquittal [əˈkwɪtəl] N absolvição f
acre [ˈeɪkəʳ] N acre m (= 4047m²)
acreage [ˈeɪkərɪdʒ] N extensão f (em acres)
acrid [ˈækrɪd] ADJ (smell) acre; (fig) mordaz
acrimonious [ækrɪˈməunɪəs] ADJ (remark) mordaz; (argument) acrimonioso
acrobat [ˈækrəbæt] N acrobata m/f
acrobatic [ækrəˈbætɪk] ADJ acrobático
acrobatics [ækrəˈbætɪks] NPL acrobacia
Acropolis [əˈkrɔpəlɪs] N: **the ~** a Acrópole
across [əˈkrɔs] PREP (from one side to the other of) de um lado para outro de; (on the other side of) no outro lado de; (crosswise) através de ▶ ADV de um lado ao outro; **to walk ~ (the road)** atravessar (a rua); **to run/swim ~** atravessar correndo/a nado; **the lake is 12 km ~** o lago tem 12 km de largura; **~ from** em frente de; **to get sth ~ (to sb)** conseguir comunicar algo (a alguém)
acrylic [əˈkrɪlɪk] ADJ acrílico ▶ N acrílico
ACT N ABBR (= American College Test) ≈ vestibular m
act [ækt] N ação f; (Theatre) ato; (in show) número; (Law) lei f ▶ VI tomar ação; (behave, have effect) agir; (Theatre) representar; (pretend) fingir ▶ VT (part) representar; **in the ~ of** no ato de; **~ of God** (Law) força maior; **to catch sb in the ~** apanhar alguém em flagrante, flagrar alguém; **it's only an ~** é só encenação; **to ~ Hamlet** (BRIT) representar Hamlet; **to ~ the fool** (BRIT) fazer-se de bobo; **to ~ as** servir de; **it ~s as a deterrent** serve para dissuadir; **~ing in my capacity as chairman, I ...** na qualidade de presidente, eu ...
▶ **act on** VT FUS: **to ~ on sth** agir de acordo com algo
▶ **act out** VT (event) representar; (fantasy) realizar
acting [ˈæktɪŋ] ADJ interino ▶ N (performance) representação f, atuação f; (activity): **to do some ~** fazer teatro
action [ˈækʃən] N ação f; (Mil) batalha, combate m; (Law) ação judicial; **to bring an ~ against sb** (Law) intentar ação judicial contra alguém; **killed in ~** (Mil) morto em combate; **out of ~** (person) fora de combate; (thing) com defeito; **to take ~** tomar atitude; **to put a plan into ~** pôr um plano em ação
action replay (BRIT) N (TV) replay m
activate [ˈæktɪveɪt] VT (mechanism) acionar; (Chem, Phys) ativar
active [ˈæktɪv] ADJ ativo; (volcano) em atividade
active duty (US) N (Mil) ativa
actively [ˈæktɪvlɪ] ADV ativamente

active partner N (*Comm*) comanditado(-a)
active service (BRIT) N (*Mil*) ativa
activist ['æktɪvɪst] N ativista *m/f*, militante *m/f*
activity [æk'tɪvɪtɪ] N atividade *f*
actor ['æktə^r] N ator *m*
actress ['æktrɪs] N atriz *f*
actual ['æktjuəl] ADJ real
actually ['æktjuəlɪ] ADV realmente; (*in fact*) na verdade; (*even*) mesmo
actuary ['æktjuərɪ] N atuário(-a)
actuate ['æktjueɪt] VT atuar, acionar
acuity [ə'kju:ɪtɪ] N acuidade *f*
acumen ['ækjumən] N perspicácia; **business ~** tino para os negócios
acupuncture ['ækjupʌŋktʃə^r] N acupuntura
acute [ə'kju:t] ADJ agudo; (*person*) perspicaz
ad [æd] N ABBR = **advertisement**
A.D. ADV ABBR (= *Anno Domini*) d.C. ▶ N ABBR (*US Mil*) = **active duty**
adamant ['ædəmənt] ADJ inflexível
Adam's apple ['ædəmz-] N pomo-de-Adão *m* (BR), maçã-de-Adão *f* (PT)
adapt [ə'dæpt] VT adaptar ▶ VI: **to ~ (to)** adaptar-se (a)
adaptability [ədæptə'bɪlɪtɪ] N adaptabilidade *f*
adaptable [ə'dæptəbl] ADJ (*device*) ajustável; (*person*) adaptável
adaptation [ædæp'teɪʃən] N adaptação *f*
adapter [ə'dæptə^r] N (*Elec*) adaptador *m*
ADC N ABBR (*Mil*) = **aide-de-camp**; (*US*: = *Aid to Dependent Children*) auxílio a crianças dependentes
add [æd] VT acrescentar; (*figures: also*: **add up**) somar ▶ VI: **to ~ to** (*increase*) aumentar
▶ **add on** VT acrescentar, adicionar
▶ **add up** VT (*figures*) somar ▶ VI (*fig*): **it doesn't ~ up** não faz sentido; **it doesn't ~ up to much** é pouca coisa
adder ['ædə^r] N víbora
addict ['ædɪkt] N viciado(-a); **heroin ~** viciado(-a) em heroína; **drug ~** toxicômano(-a)
addicted [ə'dɪktɪd] ADJ: **to be/become ~ to** ser/ficar viciado em
addiction [ə'dɪkʃən] N (*Med*) dependência
addictive ADJ que causa dependência
adding machine ['ædɪŋ-] N máquina de somar
Addis Ababa ['ædɪs'æbəbə] N Adis-Abeba
addition [ə'dɪʃən] N (*adding up*) adição *f*; (*thing added*) acréscimo; **in ~** além disso; **in ~ to** além de
additional [ə'dɪʃnl] ADJ adicional
additive ['ædɪtɪv] N aditivo
address [ə'drɛs] N endereço; (*speech*) discurso ▶ VT (*letter*) endereçar; (*speak to*) dirigir-se a, dirigir a palavra a; **form of ~** tratamento; **to ~ (o.s. to)** (*problem, issue*) enfocar
addressee [ædrɛ'si:] N destinatário(-a)
Aden ['eɪdən] N Áden (*no article*); **Gulf of ~** golfo de Áden
adenoids ['ædɪnɔɪdz] NPL adenoides *fpl*
adept ['ædɛpt] ADJ: **~ at** hábil *or* competente em

7 | **active partner – admission**

adequate ['ædɪkwɪt] ADJ (*enough*) suficiente; (*suitable*) adequado; (*satisfactory*) satisfatório; **to feel ~ to the task** sentir-se à altura da tarefa
adequately ['ædɪkwɪtlɪ] ADV adequadamente
adhere [əd'hɪə^r] VI: **to ~ to** aderir a; (*abide by*) ater-se a
adhesion [əd'hi:ʒən] N adesão *f*
adhesive [əd'hi:zɪv] ADJ, N adesivo
adhesive tape N (BRIT) durex® *m*, fita adesiva; (US) esparadrapo
ad hoc [-hɔk] ADJ (*decision*) para o caso; (*committee*) ad hoc
ad infinitum [-ɪnfɪ'naɪtəm] ADV ad infinitum
adjacent [ə'dʒeɪsənt] ADJ: **~ (to)** adjacente (a)
adjective ['ædʒɛktɪv] N adjetivo
adjoin [ə'dʒɔɪn] VT ser contíguo a
adjoining [ə'dʒɔɪnɪŋ] ADJ adjacente
adjourn [ə'dʒə:n] VT (*postpone*) adiar; (*session*) suspender ▶ VI encerrar a sessão; (*go*) deslocar-se; **they ~ed to the pub** (BRIT *inf*) deslocaram-se para o bar
adjournment [ə'dʒə:nmənt] N (*period*) recesso
Adjt ABBR (*Mil*: = *adjutant*) Ajte
adjudicate [ə'dʒu:dɪkeɪt] VT, VI julgar
adjudication [ədʒu:dɪ'keɪʃən] N julgamento
adjust [ə'dʒʌst] VT (*change*) ajustar; (*clothes*) arrumar; (*machine*) regular ▶ VI: **to ~ (to)** adaptar-se (a)
adjustable [ə'dʒʌstəbl] ADJ ajustável
adjuster [ə'dʒʌstə^r] N *see* **loss adjuster**
adjustment [ə'dʒʌstmənt] N ajuste *m*; (*of engine*) regulagem *f*; (*of prices, wages*) reajuste *m*; (*of person*) adaptação *f*
adjutant ['ædʒətənt] N ajudante *m*
ad-lib [-lɪb] VT, VI improvisar ▶ N improviso; (*Theatre*) caco ▶ ADV: **ad lib** à vontade
adman ['ædmæn] (*inf*) N (*irreg: like* **man**) N publicitário
admin ['ædmɪn] (*inf*) N ABBR = **administration**
administer [əd'mɪnɪstə^r] VT administrar; (*justice*) aplicar; (*drug*) ministrar
administration [ədmɪnɪs'treɪʃən] N administração *f*; (US: *government*) governo
administrative [əd'mɪnɪstrətɪv] ADJ administrativo
administrator [əd'mɪnɪstreɪtə^r] N administrador(a) *m/f*
admirable ['ædmərəbl] ADJ admirável
admiral ['ædmərəl] N almirante *m*
Admiralty ['ædmərəltɪ] (BRIT) N (*also*: **Admiralty Board**) Ministério da Marinha, Almirantado
admiration [ædmə'reɪʃən] N admiração *f*
admire [əd'maɪə^r] VT (*respect*) respeitar; (*appreciate*) admirar
admirer [əd'maɪərə^r] N (*suitor*) pretendente *m/f*; (*fan*) admirador(a) *m/f*
admission [əd'mɪʃən] N (*admittance*) entrada; (*fee*) ingresso; (*enrolment*) admissão *f*; (*confession*) confissão *f*; **"~ free", "free ~"** "entrada gratuita", "ingresso gratuito"; **by his own ~ he drinks too much** ele mesmo reconhece que bebe demais

admit [əd'mɪt] VT admitir; (*acknowledge*) reconhecer; (*accept*) aceitar; (*confess*) confessar; **"children not ~ted"** "entrada proibida a menores de idade"; **this ticket ~s two** este ingresso é válido para duas pessoas; **I must ~ that ...** devo admitir *or* reconhecer que ...
▶ **admit of** VT FUS admitir
▶ **admit to** VT FUS confessar
admittance [əd'mɪtəns] N entrada; **"no ~"** "entrada proibida"
admittedly [əd'mɪtədlɪ] ADV evidentemente
admonish [əd'mɔnɪʃ] VT admoestar
ad nauseam [æd'nɔːsɪæm] ADV sem parar
ado [ə'duː] N: **without further** *or* **(any) more ~** sem mais cerimônias
adolescence [ædəu'lɛsns] N adolescência
adolescent [ædəu'lɛsnt] ADJ, N adolescente *m/f*
adopt [ə'dɔpt] VT adotar
adopted [ə'dɔptɪd] ADJ adotivo
adoption [ə'dɔpʃən] N adoção *f*
adoptive [ə'dɔptɪv] ADJ adotivo
adorable [ə'dɔːrəbl] ADJ encantador(a)
adoration [ædə'reɪʃən] N adoração *f*
adore [ə'dɔːʳ] VT adorar
adoring [ə'dɔːrɪŋ] ADJ devotado
adoringly [ə'dɔːrɪŋlɪ] ADV com adoração
adorn [ə'dɔːn] VT adornar, enfeitar
adornment [ə'dɔːnmənt] N enfeite *m*, adorno
ADP N ABBR = **automatic data processing**
adrenalin [ə'drɛnəlɪn] N adrenalina
Adriatic [eɪdrɪ'ætɪk], **Adriatic Sea** N (mar *m*) Adriático
adrift [ə'drɪft] ADV à deriva; **to come ~** desprender-se
adroit [ə'drɔɪt] ADJ hábil
ADSL N ABBR (= *asymmetric digital subscriber line*) ADSL *m*
ADT (US) ABBR (= *Atlantic Daylight Time*) hora de verão de Nova Iorque.
adult ['ædʌlt] N adulto(-a) ▶ ADJ adulto; (*literature, education*) para adultos
adult education N educação *f* para adultos
adulterate [ə'dʌltəreɪt] VT adulterar
adulterer [ə'dʌltərəʳ] N adúltero
adulteress [ə'dʌltərɪs] N adúltera
adultery [ə'dʌltərɪ] N adultério
adulthood ['ædʌlthud] N idade *f* adulta
advance [əd'vɑːns] N avanço; (*money: payment in advance*) adiantamento; (: *loan*) empréstimo; (*Mil*) avançada ▶ ADJ antecipado ▶ VT (*develop*) desenvolver, promover; (*money*) adiantar ▶ VI (*move forward*) avançar; (*progress*) progredir; **in ~** com antecedência; **to make ~s to sb** (*gen*) fazer propostas a alguém; (*amorously*) fazer propostas amorosas a alguém
advanced [əd'vɑːnst] ADJ avançado; (*studies, country*) adiantado; **~ in years** de idade avançada
advancement [əd'vɑːnsmənt] N (*improvement*) progresso; (*in rank*) promoção *f*
advance notice N aviso prévio

advantage [əd'vɑːntɪdʒ] N vantagem *f*; (*supremacy*) supremacia; (*advantage*) benefício; (*Tennis*) vantagem *f*; **to take ~ of** (*use*) aproveitar, aproveitar-se de; (*gain by*) tirar proveito de; **it's to our ~ (to do)** é vantajoso para nós (fazer)
advantageous [ædvən'teɪdʒəs] ADJ: **~ (to)** vantajoso (para)
advent ['ædvənt] N advento, chegada; **A~** (*Rel*) Advento
Advent calendar N calendário do Advento
adventure [əd'vɛntʃəʳ] N aventura
adventurous [əd'vɛntʃərəs] ADJ aventureiro
adverb ['ædvəːb] N advérbio
adversary ['ædvəsərɪ] N adversário(-a)
adverse ['ædvəːs] ADJ (*effect*) contrário; (*weather, publicity*) desfavorável; **~ to** contrário a
adversity [əd'vəːsɪtɪ] N adversidade *f*
advert ['ædvəːt] (BRIT) N ABBR = **advertisement**
advertise ['ædvətaɪz] VI anunciar, fazer propaganda; (*in newspaper etc*) anunciar ▶ VT (*event, job*) anunciar; (*product*) fazer a propaganda de; **to ~ for** (*staff*) procurar
advertisement [əd'vəːtɪsmənt] N (*classified*) anúncio; (*display, TV*) propaganda, anúncio
advertiser ['ædvətaɪzəʳ] N anunciante *m/f*
advertising ['ædvətaɪzɪŋ] N publicidade *f*
advertising agency N agência de publicidade
advertising campaign N campanha publicitária
advice [əd'vaɪs] N conselhos *mpl*; (*notification*) aviso; **piece of ~** conselho; **to ask (sb) for ~** pedir conselho (a alguém); **to take legal ~** consultar um advogado
advice note (BRIT) N aviso
advisable [əd'vaɪzəbl] ADJ aconselhável
advise [əd'vaɪz] VT aconselhar; (*inform*): **to ~ sb of sth** avisar alguém de algo; **to ~ sb against sth** desaconselhar algo a alguém; **to ~ sb against doing sth** aconselhar alguém a não fazer algo; **you would be well/ill ~d to go** seria melhor você ir/você não ir
advisedly [əd'vaɪzɪdlɪ] ADV de propósito
adviser, advisor [əd'vaɪzəʳ] N conselheiro(-a); (*consultant*) consultor(a) *m/f*; (*political*) assessor(a) *m/f*
advisory [əd'vaɪzərɪ] ADJ consultivo; **in an ~ capacity** na qualidade de assessor(a) *or* consultor(a)
advocate [vt 'ædvəkeɪt, n 'ædvəkɪt] VT defender; (*recommend*) advogar ▶ N advogado(-a); (*supporter*) defensor(a) *m/f*
advt. ABBR = **advertisement**
AEA (BRIT) N ABBR (= *Atomic Energy Authority*) ≈ CNEN *f*
AEC (US) N ABBR (= *Atomic Energy Commission*) ≈ CNEN *f*
Aegean [iː'dʒiːən] N: **the ~ (Sea)** o (mar) Egeu
aegis ['iːdʒɪs] N: **under the ~ of** sob a égide de

aeon ['i:ən] N eternidade f
aerial ['ɛərɪəl] N antena ▶ ADJ aéreo
aerobatics [ɛərəʊ'bætɪks] NPL acrobacias fpl aéreas
aerobics [ɛə'rəʊbɪks] N ginástica
aerodrome ['ɛərədrəʊm] (BRIT) N aeródromo
aerodynamic [ɛərəʊdaɪ'næmɪk] ADJ aerodinâmico
aerodynamics [ɛərəʊdaɪ'næmɪks] N, NPL aerodinâmica
aeronautics [ɛərə'nɔ:tɪks] N aeronáutica
aeroplane ['ɛərəpleɪn] (BRIT) N avião m
aerosol ['ɛərəsɔl] N aerossol m
aerospace industry ['ɛərəʊspeɪs-] N indústria aeroespacial
aesthetic [i:s'θɛtɪk] ADJ estético
aesthetics [i:s'θɛtɪks] N, NPL estética
afar [ə'fɑ:ʳ] ADV: **from ~** de longe
AFB (US) N ABBR = **Air Force Base**
AFDC (US) N ABBR (= *Aid to Families with Dependent Children*) auxílio-família m
affable ['æfəbl] ADJ afável; (*behaviour*) simpático
affair [ə'fɛəʳ] N (*matter*) assunto; (*business*) negócio; (*question*) questão f; (*also*: **love affair**) caso; **~s** (*matters*) assuntos mpl; (*personal concerns*) vida; **that is my ~** isso é comigo; **the Watergate ~** o caso Watergate
affect [ə'fɛkt] VT afetar; (*move*) comover
affectation [æfɛk'teɪʃən] N afetação f
affected [ə'fɛktɪd] ADJ afetado
affection [ə'fɛkʃən] N afeto, afeição f
affectionate [ə'fɛkʃənət] ADJ afetuoso, carinhoso
affectionately [ə'fɛkʃənətlɪ] ADV carinhosamente
affidavit [æfɪ'deɪvɪt] N (*Law*) declaração f escrita e juramentada
affiliated [ə'fɪlɪeɪtɪd] ADJ: **~ (to)** afiliado (a); **~ company** filial f
affinity [ə'fɪnɪtɪ] N afinidade f; **to have an ~ with** (*rapport*) ter afinidade com; (*resemblance*) ter semelhança com
affirm [ə'fə:m] VT afirmar
affirmation [æfə'meɪʃən] N afirmação f
affirmative [ə'fə:mətɪv] ADJ afirmativo ▶ N: **in the ~** afirmativamente
affix [ə'fɪks] VT (*signature*) apor; (*stamp*) colar
afflict [ə'flɪkt] VT afligir; **to be ~ed with** sofrer de
affliction [ə'flɪkʃən] N aflição f; (*illness*) doença
affluence ['æfluəns] N riqueza
affluent ['æfluənt] ADJ rico; **the ~ society** a sociedade de abundância
afford [ə'fɔ:d] VT (*provide*) fornecer; (*goods etc*) ter dinheiro suficiente para; (*permit o.s.*): **I can't ~ the time** não tenho tempo; **can we ~ a car?** temos dinheiro para comprar um carro?; **we can ~ to wait** podemos permitir-nos esperar
affordable [ə'fɔ:dəbl] ADJ acessível
affray [ə'freɪ] (BRIT) N (*Law*) desordem f, tumulto
affront [ə'frʌnt] N ofensa
affronted [ə'frʌntɪd] ADJ afrontado, ofendido
Afghan ['æfgæn] ADJ, N afegão(-gã) m/f
Afghanistan [æf'gænɪstæn] N Afeganistão m
afield [ə'fi:ld] ADV: **far ~** muito longe
AFL-CIO N ABBR (= *American Federation of Labor and Congress of Industrial Organizations*) confederação sindical
afloat [ə'fləʊt] ADV (*floating*) flutuando; (*at sea*) no mar; **to stay ~** continuar flutuando; **to keep/get ~** (*business*) manter financeiramente equilibrado/estabelecer
afoot [ə'fʊt] ADV: **there is something ~** está acontecendo algo
aforementioned [ə'fɔ:mɛnʃənd] ADJ acima mencionado
aforesaid [ə'fɔ:sɛd] ADJ supracitado, referido
afraid [ə'freɪd] ADJ (*frightened*) assustado; (*fearful*) receoso; **to be ~ of/to** ter medo de; **I am ~ that** lamento que; **I'm ~ so/not** receio que sim/não
afresh [ə'frɛʃ] ADV de novo
Africa ['æfrɪkə] N África
African ['æfrɪkən] ADJ, N africano(-a)
Afrikaans [æfrɪ'kɑ:ns] N (*Ling*) afrikaan m
Afrikaner [æfrɪ'kɑ:nəʳ] N africânder m/f
Afro-American ['æfrəʊ-] ADJ afro-americano
AFT N ABBR (= *American Federation of Teachers*) sindicato dos professores
aft [ɑ:ft] ADV a ré
after [ɑ:ftəʳ] PREP (*time*) depois de ▶ ADV depois ▶ CONJ depois que; **~ dinner** depois do jantar; **the day ~ tomorrow** depois de amanhã; **day ~ day** dia após dia; **time ~ time** repetidas vezes; **a quarter ~ two** (US) duas e quinze; **what are you ~?** o que você quer?; **who are you ~?** quem procura?; **~ having done** feito feito; **the police are ~ him** a polícia está atrás dele; **to ask ~ sb** perguntar por alguém; **~ all** afinal (de contas); **~ you!** passe primeiro!
afterbirth ['ɑ:ftəbə:θ] N placenta
aftercare ['ɑ:ftəkɛəʳ] (BRIT) N (*Med*) assistência pós-operatória
after-effects NPL (*of illness etc*) efeitos mpl secundários
afterlife ['ɑ:ftəlaɪf] N vida após a morte
aftermath ['ɑ:ftəmæθ] N consequências fpl; **in the ~ of** no período depois de
afternoon [ɑ:ftə'nu:n] N tarde f; **good ~!** boa tarde!
afters ['ɑ:ftəz] (BRIT inf) N (*dessert*) sobremesa
after-sales service (BRIT) N serviço pós-vendas; (*of computers etc*) assistência técnica
after-shave, after-shave lotion N loção f após-barba
aftershock ['ɑ:ftəʃɔk] N abalo secundário
aftersun ['ɑ:ftəsʌn] N loção f pós-sol
afterthought ['ɑ:ftəθɔ:t] N reflexão f posterior *or* tardia
afterwards ['ɑ:ftəwədz] ADV depois; **immediately ~** logo depois

again [əˈgɛn] ADV (*once more*) outra vez; (*repeatedly*) de novo; **to do sth ~** voltar a fazer algo; **~ and ~** repetidas vezes; **now and ~** de vez em quando

against [əˈgɛnst] PREP contra; (*compared to*) em contraste com; **~ a blue background** sobre um fundo azul; **(as) ~** (BRIT) em contraste com

age [eɪdʒ] N idade *f*; (*old age*) velhice *f*; (*period*) época ▶ VT, VI envelhecer; **he's 20 years of ~** ele tem 20 anos de idade; **at the ~ of 20** aos 20 anos de idade; **under ~** menor de idade; **to come of ~** atingir a maioridade; **it's been ~s since I saw him** faz muito tempo que eu não o vejo; **~d 10** de 10 anos de idade

aged [ˈeɪdʒɪd] ADJ idoso ▶ NPL: **the ~** os idosos

age group N faixa etária; **the 40 to 50 ~** a faixa etária dos 40 aos 50 anos

ageless [ˈeɪdʒlɪs] ADJ (*eternal*) eterno; (*ever young*) sempre jovem

age limit N idade *f* mínima/máxima

agency [ˈeɪdʒənsɪ] N agência; (*government body*) órgão *m*; **through** *or* **by the ~ of** por meio de

agenda [əˈdʒɛndə] N ordem *f* do dia

agent [ˈeɪdʒənt] N agente *m/f*; (*spy*) agente *m/f* secreto(-a)

aggravate [ˈægrəveɪt] VT agravar; (*annoy*) irritar

aggravation [ægrəˈveɪʃən] N irritação *f*

aggregate [ˈægrɪgət] N (*whole*) conjunto; **on ~** (*Sport*) no total dos pontos

aggression [əˈgrɛʃən] N agressão *f*

aggressive [əˈgrɛsɪv] ADJ agressivo

aggressiveness [əˈgrɛsɪvnɪs] N agressividade *f*

aggrieved [əˈgriːvd] ADJ aflito

aggro [ˈægrəʊ] N (*inf: physical*) porrada; (: *hassle*) chateação *f*

aghast [əˈgɑːst] ADJ horrorizado

agile [ˈædʒaɪl] ADJ ágil

agitate [ˈædʒɪteɪt] VT agitar; (*trouble*) perturbar ▶ VI: **to ~ for/against** fazer agitação a favor de/contra de

agitation [ædʒɪˈteɪʃən] N agitação *f*

agitator [ˈædʒɪteɪtər] N agitador(a) *m/f*

AGM N ABBR (= *annual general meeting*) AGO *f*

agnostic [ægˈnɔstɪk] N agnóstico

ago [əˈgəʊ] ADV **2 days ~** há 2 dias (atrás); **not long ~** há pouco tempo; **as long ~ as 1960** já em 1960; **how long ~?** há quanto tempo?

agog [əˈgɔg] ADJ (*eager*) ávido; (*impatient*): **~ to** ansioso para; (*excited*): **(all) ~** entusiasmado

agonize [ˈægənaɪz] VI: **to ~ over sth** agoniar-se *or* angustiar-se com algo

agonizing [ˈægənaɪzɪŋ] ADJ (*pain*) agudo; (*wait*) angustiante

agony [ˈægənɪ] N (*pain*) dor *f*; (*distress*) angústia; **to be in ~** sofrer dores terríveis

agony column N correspondência sentimental

agree [əˈgriː] VT (*price, date*) combinar ▶ VI concordar; (*correspond*) corresponder; (*statements etc*) combinar; **to ~ (with)** (*person, Ling*) concordar (com); **to ~ to do** aceitar fazer; **to ~ to sth** consentir algo; **to ~ that** (*admit*) concordar *or* admitir que; **it was ~d that ...** foi combinado que ...; **they ~ on this** concordam *or* estão de acordo nisso; **garlic doesn't ~ with me** não me dou bem com o alho

agreeable [əˈgriːəbl] ADJ agradável; (*willing*) disposto; **are you ~ to this?** você concorda *or* está de acordo com isso?

agreed [əˈgriːd] ADJ (*time, place*) combinado; **to be ~** concordar, estar de acordo

agreement [əˈgriːmənt] N acordo; (*Comm*) contrato; **in ~** de acordo; **by mutual ~** de comum acordo

agricultural [ægrɪˈkʌltʃərəl] ADJ (*of crops*) agrícola; (*of crops and cattle*) agropecuário

agriculture [ˈægrɪkʌltʃər] N (*of crops*) agricultura; (*of crops and cattle*) agropecuária

aground [əˈgraʊnd] ADV: **to run ~** encalhar

ahead [əˈhɛd] ADV adiante; **go right** *or* **straight ~** siga em frente; **go ~!** (*fig*) vá em frente! (: *speak*) pode falar!; **~ of** na frente de; (*fig: schedule etc*) antes de; **~ of time** antes do tempo; **to go ~ (with)** prosseguir (com); **to be ~ of sb** (*fig*) ter vantagem sobre alguém

AI N ABBR = **Amnesty International**; (*Comput*) = **artificial intelligence**

AID N ABBR = **artificial insemination by donor**; (US) = **Agency for International Development**

aid [eɪd] N ajuda ▶ VT ajudar; **with the ~ of** com a ajuda de; **in ~ of** em benefício de; **to ~ and abet** (*Law*) ser cúmplice de; *see also* **hearing aid**

aide [eɪd] N (*person*) assessor(a) *m/f*

AIDS [eɪdz] N ABBR (= *acquired immune deficiency syndrome*) AIDS *f* (BR), SIDA *f* (PT)

AIH N ABBR = **artificial insemination by husband**

ailing [ˈeɪlɪŋ] ADJ enfermo

ailment [ˈeɪlmənt] N achaque *m*

aim [eɪm] VT: **to ~ sth (at)** (*gun, camera, blow*) apontar algo (para); (*missile, remark*) dirigir algo (a) ▶ VI (*also*: **take aim**) apontar ▶ N (*skill*) pontaria; (*objective*) objetivo, meta; **to ~ at** (*with weapon*) mirar; **to ~ to do** pretender fazer

aimless [ˈeɪmlɪs] ADJ sem objetivo

aimlessly [ˈeɪmlɪslɪ] ADV à toa

ain't [eɪnt] (*inf*) = **am not**; **aren't**; **isn't**

air [ɛər] N ar *m*; (*appearance*) aparência, aspecto ▶ VT arejar; (*grievances, ideas*) discutir ▶ CPD (*currents, attack etc*) aéreo; **to throw sth into the ~** jogar algo para cima; **by ~** (*travel*) de avião; (*send*) por via aérea; **to be on the ~** (*Radio, TV: programme, station*) estar no ar

air base N base *f* aérea

air bed [ˈɛəbɛd] (BRIT) N colchão *m* de ar

airborne ['ɛəbɔ:n] ADJ (in the air) no ar; (plane) em voo; (troops) aerotransportado
air cargo N frete m aéreo
air-conditioned [-kən'dɪʃənd] ADJ com ar condicionado
air conditioning [-kən'dɪʃənɪŋ] N ar-condicionado
air-cooled [-ku:ld] ADJ refrigerado a ar
aircraft ['ɛəkrɑ:ft] N INV aeronave f
aircraft carrier N porta-aviões m inv
air cushion N almofada de ar
airfield ['ɛəfi:ld] N campo de aviação
Air Force N Força Aérea, Aeronáutica
air freight N frete m aéreo
air freshener [-'frɛʃnə'] N perfumador m de ar
air gun ['ɛəɡʌn] N espingarda de ar comprimido
air hostess (BRIT) N aeromoça (BR), hospedeira (PT)
airily ['ɛərɪlɪ] ADV levianamente
airing ['ɛərɪŋ] N: **to give an ~ to** arejar; (fig: ideas, views) discutir
air letter (BRIT) N aerograma m
airlift ['ɛəlɪft] N ponte aérea
airline ['ɛəlaɪn] N linha aérea
airliner ['ɛəlaɪnə'] N avião m de passageiros
airlock ['ɛəlɔk] N (blockage) entupimento de ar
airmail ['ɛəmeɪl] N: **by ~** por via aérea
air mattress N colchão m de ar
airplane ['ɛəpleɪn] (US) N avião m
air pocket N bolsa de ar
airport ['ɛəpɔ:t] N aeroporto
air raid N ataque m aéreo
airsick ['ɛəsɪk] ADJ: **to be ~** enjoar-se (no avião)
airspace ['ɛəspeɪs] N espaço aéreo
airstrip ['ɛəstrɪp] N pista (de aterrissar)
air terminal N terminal m aéreo
airtight ['ɛətaɪt] ADJ hermético
air traffic control N controle m de tráfego aéreo
air traffic controller N controlador(a) m/f de tráfego aéreo
airy ['ɛərɪ] ADJ (room) arejado; (manner) leviano
aisle [aɪl] N (of church) nave f; (of theatre etc) corredor m, coxia
ajar [ə'dʒɑ:'] ADJ entreaberto
AK (US) ABBR (Post) = **Alaska**
aka ABBR (= also known as) vulgo
akin [ə'kɪn] ADJ: **~ to** parecido com
AL (US) ABBR (Post) = **Alabama**
ALA N ABBR = **American Library Association**
à la carte [ælɑ:'kɑ:t] ADJ, ADV à la carte
alacrity [ə'lækrɪtɪ] N alacridade f; **with ~** prontamente
alarm [ə'lɑ:m] N alarme m; (anxiety) inquietação f ▶ VT alarmar, inquietar
alarm call N (in hotel etc) sinal m de alarme
alarm clock N despertador m
alarming [ə'lɑ:mɪŋ] ADJ alarmante
alarmist [ə'lɑ:mɪst] ADJ, N alarmista m/f
alas [ə'læs] EXCL ai, ai de mim

Alaska [ə'læskə] N Alasca m
Albania [æl'beɪnɪə] N Albânia
Albanian [æl'beɪnɪən] ADJ albanês(-esa) ▶ N albanês(-esa) m/f; (Ling) albanês m
albeit [ɔ:l'bi:ɪt] CONJ embora
album ['ælbəm] N (for stamps etc) álbum m; (record) elepê m
albumen ['ælbjumɪn] N albumina; (of egg) albume m
alchemy ['ælkɪmɪ] N alquimia
alcohol ['ælkəhɔl] N álcool m
alcohol-free ADJ sem álcool
alcoholic [ælkə'hɔlɪk] ADJ alcoólico ▶ N alcoólatra m/f
alcoholism ['ælkəhɔlɪzəm] N alcoolismo
alcove ['ælkəuv] N alcova
Ald. ABBR = **alderman**
alderman ['ɔ:ldəmən] (irreg: like **man**) N vereador m
ale [eɪl] N cerveja
alert [ə'lə:t] ADJ atento; (to danger, opportunity) alerta; (sharp) esperto; (watchful) vigilante ▶ N alerta m ▶ VT: **to ~ sb (to sth)** alertar alguém (de or sobre algo); **to be on the ~** estar alerta; (Mil) ficar de prontidão
Aleutian Islands [ə'lu:ʃən-] NPL ilhas fpl Aleútas
A levels NPL = ENEM m
Alexandria [ælɪɡ'zɑ:ndrɪə] N Alexandria
alfresco [æl'frɛskəu] ADJ, ADV ao ar livre
Algarve [æl'gɑ:v] N: **the ~** o Algarve
algebra ['ældʒɪbrə] N álgebra
Algeria [æl'dʒɪərɪə] N Argélia
Algerian [æl'dʒɪərɪən] ADJ, N argelino(-a)
Algiers [æl'dʒɪəz] N Argel
algorithm ['ælɡərɪðəm] N algoritmo
alias ['eɪlɪəs] ADV também chamado ▶ N (of criminal) alcunha; (of writer) pseudônimo
alibi ['ælɪbaɪ] N álibi m
alien ['eɪlɪən] N estrangeiro(-a); (from space) alienígena m/f ▶ ADJ: **~ to** alheio a
alienate ['eɪlɪəneɪt] VT alienar
alienation [eɪlɪə'neɪʃən] N alienação f
alight [ə'laɪt] ADJ em chamas; (eyes) aceso; (expression) intento ▶ VI (passenger) descer (de um veículo); (bird) pousar
align [ə'laɪn] VT alinhar
alignment [ə'laɪnmənt] N alinhamento
alike [ə'laɪk] ADJ semelhante; (identical) igual ▶ ADV similarmente, igualmente; **to look ~** parecer-se
alimony ['ælɪmənɪ] N (payment) pensão f alimentícia
alive [ə'laɪv] ADJ vivo; (lively) alegre; **to be ~ with** fervilhar de; **~ to** sensível a
alkali ['ælkəlaɪ] N álcali m

(KEYWORD)

all [ɔ:l] ADJ (singular) todo(-a); (plural) todos(-as); **all day/night** o dia inteiro/a noite inteira; **all men** todos os homens; **all five came** todos os cinco vieram; **all the books/food** todos os livros/toda a comida;

all the time/his life o tempo todo/toda a sua vida
▶ PRON **1** tudo; **I ate it all, I ate all of it** comi tudo; **all of us/the boys went** todos nós fomos/todos os meninos foram; **we all sat down** nós todos sentamos; **is that all?** é só isso?; (*in shop*) mais alguma coisa? **2** (*in phrases*): **above all** sobretudo; **after all** afinal (de contas); **not at all** (*in answer to question*) em absoluto, absolutamente não; **I'm not at all tired** não estou nada cansado; **anything at all will do** qualquer coisa serve; **all in all** ao todo
▶ ADV todo, completamente; **all alone** completamente só; **it's not as hard as all that** não é tão difícil assim; **all the more** ainda mais; **all the better** tanto melhor, melhor ainda; **all but** quase; **the score is 2 all** o jogo está empatado em 2 a 2

allay [ə'leɪ] VT (*fears*) acalmar; (*pain*) aliviar
all clear N sinal *m* de tudo limpo; (*after air raid*) sinal de fim de alerta aérea
allegation [ælɪ'geɪʃən] N alegação *f*
allege [ə'lɛdʒ] VT alegar; **he is ~d to have said** afirma-se que ele disse
alleged [ə'lɛdʒd] ADJ pretenso
allegedly [ə'lɛdʒdlɪ] ADV segundo dizem
allegiance [ə'li:dʒəns] N lealdade *f*
allegory [ˈælɪgərɪ] N alegoria
all-embracing [-ɪm'breɪsɪŋ] ADJ universal
allergic [ə'lə:dʒɪk] ADJ: **~ (to)** alérgico (a)
allergy [ˈælədʒɪ] N alergia
alleviate [ə'li:vieɪt] VT (*pain*) aliviar; (*difficulty*) minorar
alley [ˈælɪ] N (*street*) viela; (*in garden*) passeio
alliance [ə'laɪəns] N aliança
allied [ˈælaɪd] ADJ aliado; (*related*) afim, aparentado
alligator [ˈælɪgeɪtəʳ] N aligátor *m*; (*in Brazil*) jacaré *m*
all-important ADJ importantíssimo
all-in (BRIT) ADJ, ADV (*charge*) tudo incluído
all-in wrestling (BRIT) N luta livre
alliteration [əlɪtə'reɪʃən] N aliteração *f*
all-night ADJ (*café*) aberto toda a noite; (*party*) que dura toda a noite
allocate [ˈæləkeɪt] VT (*earmark*) destinar; (*share out*) distribuir
allocation [ælə'keɪʃən] N (*of money*) repartição *f*; (*distribution*) distribuição *f*; (*money*) verbas *fpl*
allot [ə'lɔt] VT distribuir, repartir; **to ~ to** designar para; **in the ~ted time** no tempo designado
allotment [ə'lɔtmənt] N (*share*) partilha; (*garden*) lote *m*
all-out ADJ (*effort etc*) máximo; (*attack etc*) irrestrito ▶ ADV: **all out** com toda a força
allow [ə'lau] VT (*practice, behaviour*) permitir; (*sum to spend etc*) dar, conceder; (*claim, goal*) admitir; (*sum, time estimated*) calcular; (*concede*): **to ~ that** reconhecer que; **to ~ sb to do** permitir a alguém fazer; **he is ~ed to do** é permitido que ele faça, ele pode fazer; **smoking is not ~ed** é proibido fumar; **we must ~ 3 days for the journey** temos que calcular três dias para a viagem
▶ **allow for** VT FUS levar em conta
allowance [ə'lauəns] N ajuda de custo; (*welfare, payment*) pensão *f*, auxílio; (*Tax*) abatimento; **to make ~s for** levar em consideração
alloy [ˈælɔɪ] N liga
all right ADV (*well*) bem; (*correctly*) corretamente; (*as answer*) está bem!
all-round ADJ (*view*) geral, amplo; (*person*) consumado
all-rounder (BRIT) N: **to be a good ~** ser homem/mulher para tudo
allspice [ˈɔ:lspaɪs] N pimenta da Jamaica
all-time ADJ (*record*) de todos os tempos
allude [ə'lu:d] VI: **to ~ to** aludir a
alluring [ə'ljuərɪŋ] ADJ tentador(a)
allusion [ə'lu:ʒən] N alusão *f*
alluvium [ə'lu:vɪəm] N aluvião *m*
ally [*n* ˈælaɪ, *vt* ə'laɪ] N aliado ▶ VT: **to ~ o.s. with** aliar-se com
almighty [ɔ:l'maɪtɪ] ADJ onipotente; (*row etc*) maior
almond [ˈɑ:mənd] N (*fruit*) amêndoa; (*tree*) amendoeira
almost [ˈɔ:lməust] ADV quase
alms [ɑ:mz] NPL esmolas *fpl*, esmola
aloft [ə'lɔft] ADV em cima
alone [ə'ləun] ADJ só, sozinho ▶ ADV só, somente; **to leave sb ~** deixar alguém em paz; **to leave sth ~** não tocar em algo; **let ~ ...** sem falar em ...
along [ə'lɔŋ] PREP por, ao longo de ▶ ADV: **is he coming ~?** ele vem conosco?; **he was hopping/limping ~** ele ia pulando/coxeando; **~ with** junto com; **all ~** (*all the time*) o tempo tudo
alongside [ələŋ'saɪd] PREP ao lado de ▶ ADV (*Naut*) encostado
aloof [ə'lu:f] ADJ afastado, altivo ▶ ADV: **to stand ~** afastar-se
aloofness [ə'lu:fnɪs] N afastamento, altivez *f*
aloud [ə'laud] ADV em voz alta
alphabet [ˈælfəbɛt] N alfabeto
alphabetical [ælfə'bɛtɪkəl] ADJ alfabético; **in ~ order** em ordem alfabética
alphanumeric [ˈælfənju:'mɛrɪk] ADJ alfanumérico
alpine [ˈælpaɪn] ADJ alpino
Alps [ælps] NPL: **the ~** os Alpes
already [ɔ:l'rɛdɪ] ADV já
alright [ˈɔ:l'raɪt] (BRIT) ADV = **all right**
Alsatian [æl'seɪʃən] (BRIT) N (*dog*) pastor *m* alemão
also [ˈɔ:lsəu] ADV também; (*moreover*) além disso
altar [ˈɔltəʳ] N altar *m*
alter [ˈɔltəʳ] VT alterar ▶ VI modificar-se
alteration [ɔltə'reɪʃən] N (*to plan*) mudança; (*to clothes*) conserto; (*to building*) reforma;

timetable subject to ~ horário sujeito a mudanças
alternate [adj ɔl'tə:nɪt, vi 'ɔltə:neɪt] ADJ alternado; (US: alternative) alternativo ▶ VI: **to ~ with** alternar-se (com); **on ~ days** em dias alternados
alternately [ɔl'tə:nɪtlɪ] ADV alternadamente
alternating ['ɔltə:neɪtɪŋ] ADJ: **~ current** corrente f alternada
alternative [ɔl'tə:nətɪv] ADJ alternativo ▶ N alternativa
alternatively [ɔl'tə:nətɪvlɪ] ADV: **~ one could ...** por outro lado se podia ...
alternator ['ɔltə:neɪtə'] N (Aut) alternador m
although [ɔ:l'ðəu] CONJ embora; (given that) se bem que
altitude ['æltɪtju:d] N altitude f
alto ['æltəu] N (female) contralto f; (male) alto
altogether [ɔ:ltə'gɛðə'] ADV (completely) totalmente; (on the whole) no total; **how much is that ~?** qual é a soma total?
altruistic [æltru'ɪstɪk] ADJ (person) altruísta; (behaviour) altruístico
aluminium [ælju'mɪnɪəm] (BRIT) N alumínio
aluminum [ə'lu:mɪnəm] (US) N = **aluminium**
always ['ɔ:lweɪz] ADV sempre
Alzheimer's ['æltshaɪməz], **Alzheimer's disease** N mal m de Alzheimer
AM ABBR = **amplitude modulation**
am [æm] VB see **be**
a.m. ADV ABBR (= ante meridiem) da manhã
AMA N ABBR = **American Medical Association**
amalgam [ə'mælgəm] N amálgama m
amalgamate [ə'mælgəmeɪt] VI amalgamar-se ▶ VT amalgamar, unir
amalgamation [əmælgə'meɪʃən] N (Comm) amalgamação f, união f
amass [ə'mæs] VT acumular
amateur ['æmətə'] ADJ, N amador(a) m/f
amateur dramatics N teatro amador
amateurish ['æmətərɪʃ] (pej) ADJ amador(a)
amaze [ə'meɪz] VT pasmar; **to be ~d (at)** espantar-se (de or com)
amazement [ə'meɪzmənt] N pasmo, espanto; **to my ~** para o meu espanto
amazing [ə'meɪzɪŋ] ADJ (surprising) surpreendente; (fantastic) fantástico; (incredible) incrível
amazingly [ə'meɪzɪŋlɪ] ADV (surprisingly) surpreendentemente; (incredibly) incrivelmente
Amazon ['æməzən] N (Geo) Amazonas m; (Mythology) amazona f ▶ CPD amazônico, do Amazonas; **the ~ basin** a bacia amazônica; **the ~ jungle** a selva amazônica
Amazonian [æmə'zeunɪən] ADJ (of river, region) amazônico; (of state) amazonense ▶ N amazonense m/f
ambassador [æm'bæsədə'] N embaixador/embaixatriz m/f
amber ['æmbə'] N âmbar m; **at ~** (BRIT Aut) em amarelo

ambidextrous [æmbɪ'dɛkstrəs] ADJ ambidestro
ambience ['æmbɪəns] N ambiente m
ambiguity [æmbɪ'gjuɪtɪ] N ambiguidade f
ambiguous [æm'bɪgjuəs] ADJ ambíguo
ambition [æm'bɪʃən] N ambição f
ambitious [æm'bɪʃəs] ADJ ambicioso; (plan) grandioso
ambivalent [æm'bɪvələnt] ADJ ambivalente; (pej) equívoco
amble ['æmbl] VI (also: **amble along**) andar a furta-passo
ambulance ['æmbjuləns] N ambulância
ambush ['æmbuʃ] N emboscada ▶ VT emboscar
ameba [ə'mi:bə] (US) N = **amoeba**
ameliorate [ə'mi:lɪəreɪt] VT melhorar
amen ['ɑ:'mɛn] EXCL amém
amenable [ə'mi:nəbl] ADJ: **~ to** (advice etc) receptivo a
amend [ə'mɛnd] VT (law, text) emendar; (habits) corrigir; see also **amends**
amendment [ə'mɛndmənt] N (to law etc) emenda; (text) correção f
amends [ə'mɛndz] N: **to make ~ (for)** compensar; **to make ~ to sb for sth** compensar alguém por algo
amenity [ə'mi:nɪtɪ] N amenidade f; **amenities** NPL (features, facilities) atrações fpl, comodidades fpl
America [ə'mɛrɪkə] N (continent) América; (USA) Estados Unidos mpl
American [ə'mɛrɪkən] ADJ americano; (from USA) norte-americano, estadunidense ▶ N americano(-a); (from USA) norte-americano(-a)
Americanize [ə'mɛrɪkənaɪz] VT americanizar
amethyst ['æmɪθɪst] N ametista
Amex ['æmɛks] N ABBR = **American Stock Exchange**
amiable ['eɪmɪəbl] ADJ amável
amicable ['æmɪkəbl] ADJ amigável; (person) amigo
amid [ə'mɪd], **amidst** [ə'mɪdst] PREP em meio a
amiss [ə'mɪs] ADV: **to take sth ~** levar algo a mal; **there's something ~** aí tem coisa
ammo ['æməu] (inf) N ABBR = **ammunition**
ammonia [ə'məunɪə] N (gas) amoníaco; (liquid) amônia
ammunition [æmju'nɪʃən] N munição f; (fig) argumentos mpl
ammunition dump N depósito de munições
amnesia [æm'ni:zɪə] N amnésia
amnesty ['æmnɪstɪ] N anistia; **to grant an ~ to** anistiar
amoeba, (US) **ameba** [ə'mi:bə] N ameba
amok [ə'mɔk] ADV: **to run ~** enlouquecer
among [ə'mʌŋ], **amongst** [ə'mʌŋst] PREP entre, no meio de
amoral [æ'mɔrəl] ADJ amoral
amorous ['æmərəs] ADJ amoroso; (in love) apaixonado, enamorado

amorphous [əˈmɔːfəs] ADJ amorfo
amortization [əmɔːtaɪˈzeɪʃən] N amortização f
amount [əˈmaʊnt] N quantidade f; (of money etc) quantia, importância, montante m ▶ VI: **to ~ to** (reach) chegar a; (total) montar a; (be same as) equivaler a, significar; **this ~s to a refusal** isto equivale a uma recusa; **the total ~** (of money) o total
amp [ˈæmp], **ampère** [ˈæmpɛəʳ] N ampère m; **a 13 ~ plug** um plugue com fusível de 13 ampères
ampersand [ˈæmpəsænd] N "e" m comercial
amphibian [æmˈfɪbɪən] N anfíbio
amphibious [æmˈfɪbɪəs] ADJ anfíbio
amphitheatre, (US) **amphitheater** [ˈæmfɪθɪətəʳ] N anfiteatro
ample [ˈæmpl] ADJ amplo; (abundant) abundante; (enough) suficiente; **this is ~** isso é mais do que suficiente; **to have ~ time/room** ter tempo/lugar de sobra
amplifier [ˈæmplɪfaɪəʳ] N amplificador m
amplify [ˈæmplɪfaɪ] VT amplificar
amply [ˈæmplɪ] ADV amplamente
ampoule, (US) **ampule** [ˈæmpuːl] N (Med) ampola
amputate [ˈæmpjuteɪt] VT amputar
Amsterdam [ˈæmstədæm] N Amsterdã (BR), Amsterdão (PT)
amt ABBR = **amount**
amuck [əˈmʌk] ADV = **amok**
amuse [əˈmjuːz] VT divertir; (distract) distrair; **to ~ o.s. with sth/by doing sth** divertir-se com algo/em fazer algo; **to be ~d at** achar graça em; **he was not ~d** ele ficou sem graça
amusement [əˈmjuːzmənt] N diversão f; (pleasure) divertimento; (pastime) passatempo; (laughter) riso; **much to my ~** para grande diversão minha
amusement arcade N fliperama m
amusement park N parque m de diversões
amusing [əˈmjuːzɪŋ] ADJ divertido
an [æn, ən, n] INDEF ART see **a**
ANA N ABBR = **American Newspaper Association**; **American Nurses Association**
anachronism [əˈnækrənɪzəm] N anacronismo
anaemia, (US) **anemia** [əˈniːmɪə] N anemia
anaemic, (US) **anemic** [əˈniːmɪk] ADJ anêmico
anaesthetic, (US) **anesthetic** [ænɪsˈθɛtɪk] ADJ, N anestésico; **under ~** sob anestesia; **local/general ~** anestesia local/geral
anaesthetist, (US) **anesthetist** [æˈniːsθɪtɪst] N anestesista m/f
anagram [ˈænəgræm] N anagrama m
analgesic [ænælˈdʒiːsɪk] ADJ anaalgésica ▶ N analgésico
analog, analogue [ˈænələg] ADJ (watch, computer) analógico
analogy [əˈnælədʒɪ] N analogia f; **to draw** or **make an ~ between** fazer uma analogia entre
analyse, (US) **analyze** [ˈænəlaɪz] VT analisar

analyses [əˈnæləsiːz] NPL of **analysis**
analysis [əˈnæləsɪs] (pl **analyses**) N análise f; **in the last** or **final ~** em última análise
analyst [ˈænəlɪst] N analista m/f; (psychoanalyst) psicanalista m/f
analytic [ænəˈlɪtɪk], **analytical** [ænəˈlɪtɪkəl] ADJ analítico
analyze [ˈænəlaɪz] (US) VT = **analyse**
anarchic [əˈnɑːkɪk] ADJ anárquico
anarchist [ˈænəkɪst] ADJ, N anarquista m/f
anarchy [ˈænəkɪ] N anarquia
anathema [əˈnæθɪmə] N: **it is ~ to him** ele tem horror disso
anatomical [ænəˈtɔmɪkəl] ADJ anatômico
anatomy [əˈnætəmɪ] N anatomia
ANC N ABBR (= African National Congress) CNA m
ancestor [ˈænsɪstəʳ] N antepassado
ancestral [ænˈsɛstrəl] ADJ ancestral
ancestry [ˈænsɪstrɪ] N ascendência, ancestrais mpl
anchor [ˈæŋkəʳ] N âncora ▶ VI (also: **to drop anchor**) ancorar, fundear ▶ VT (boat) ancorar; (fig): **to ~ sth to** firmar algo em; **to weigh ~** levantar âncoras; **to drop ~** fundear
anchorage [ˈæŋkərɪdʒ] N ancoradouro
anchor man (irreg: like **man**), **anchor woman** (irreg: like **woman**) N (TV, Radio) âncora m/f
anchovy [ˈæntʃəvɪ] N enchova
ancient [ˈeɪnʃənt] ADJ antigo; (person, car) velho; **~ monument** monumento antigo
ancillary [ænˈsɪlərɪ] ADJ auxiliar
and [ænd] CONJ e; **~ so on** e assim por diante; **try ~ come** tente vir; **he talked ~ talked** ele falou sem parar; **better ~ better** cada vez melhor
Andes [ˈændiːz] NPL: **the ~** os Andes
anecdote [ˈænɪkdəʊt] N anedota
anemia [əˈniːmɪə] (US) N = **anaemia**
anemic [əˈniːmɪk] (US) ADJ = **anaemic**
anemone [əˈnɛmənɪ] N (Bot) anêmona
anesthetic [ænɪsˈθɛtɪk] (US) ADJ, N = **anaesthetic**
anesthetist [æˈniːsθɪtɪst] (US) N = **anaesthetist**
anew [əˈnjuː] ADV de novo
angel [ˈeɪndʒəl] N anjo
anger [ˈæŋɡəʳ] N raiva ▶ VT zangar
angina [ænˈdʒaɪnə] N angina (de peito)
angle [ˈæŋɡl] N ângulo; (viewpoint): **from their ~** do ponto de vista deles ▶ VI: **to ~ for** (fish, compliments) pescar
angler [ˈæŋɡləʳ] N pescador(a) m/f de vara (BR) or à linha (PT)
Anglican [ˈæŋɡlɪkən] ADJ, N anglicano(-a)
anglicize [ˈæŋɡlɪsaɪz] VT anglicizar
angling [ˈæŋɡlɪŋ] N pesca à vara (BR) or à linha (PT)
Anglo- [ˈæŋɡləʊ] PREFIX anglo-
Anglo-Brazilian ADJ anglo-brasileiro
Anglo-Portuguese ADJ anglo-português(-esa)
Anglo-Saxon [-ˈsæksən] ADJ anglo-saxão(-xôni(c)a) ▶ N anglo-saxão(-xôni(c)a) m/f; (Ling) anglo-saxão m

Angola [æŋˈgəʊlə] N Angola (*no article*)
Angolan [æŋˈgəʊlən] ADJ, N angolano(-a)
angrily [ˈæŋgrɪlɪ] ADV com raiva
angry [ˈæŋgrɪ] ADJ zangado; **to be ~ with sb/at sth** estar zangado com alguém/algo; **to get ~** zangar-se; **to make sb ~** zangar alguém
anguish [ˈæŋgwɪʃ] N (*physical*) dor f, sofrimento; (*mental*) angústia
angular [ˈæŋgjʊləʳ] ADJ (*shape*) angular; (*features*) anguloso
animal [ˈænɪməl] N animal m, bicho ▶ ADJ animal
animate [vt ˈænɪmeɪt, adj ˈænɪmɪt] ADJ animado ▶ VT animar
animated [ˈænɪmeɪtɪd] ADJ animado
animation [ænɪˈmeɪʃən] N animação f
animosity [ænɪˈmɔsɪtɪ] N animosidade f
aniseed [ˈænɪsiːd] N erva-doce f, anis f
Ankara [ˈæŋkərə] N Ancara
ankle [ˈæŋkl] N tornozelo
ankle sock N soquete f
annex [n ˈænɛks, vt əˈnɛks] N (BRIT: *building*) anexo ▶ VT anexar
annexation [ænɛksˈeɪʃən] N anexação f
annexe [ˈænɛks] (BRIT) N = **annex**
annihilate [əˈnaɪəleɪt] VT aniquilar
anniversary [ænɪˈvəːsərɪ] N aniversário
annotate [ˈænəʊteɪt] VT anotar
announce [əˈnaʊns] VT anunciar; **he ~d that he wasn't going** ele declarou que não iria
announcement [əˈnaʊnsmənt] N anúncio; (*official*) comunicação f; (*in letter etc*) aviso; **to make an ~** anunciar alguma coisa
announcer [əˈnaʊnsəʳ] N (*Radio, TV*) locutor(a) m/f
annoy [əˈnɔɪ] VT aborrecer; **to get ~ed (at sth/with sb)** aborrecer-se (com algo/alguém); **don't get ~ed!** não se aborreça!
annoyance [əˈnɔɪəns] N aborrecimento; (*thing*) moléstia
annoying [əˈnɔɪɪŋ] ADJ irritante; (*person*) importuno
annual [ˈænjuəl] ADJ anual ▶ N (*Bot*) anual f; (*book*) anuário
annual general meeting (BRIT) N assembleia geral ordinária
annually [ˈænjuəlɪ] ADV anualmente
annual report N relatório anual
annuity [əˈnjuːɪtɪ] N anuidade f or renda anual; **life ~** renda vitalícia
annul [əˈnʌl] VT anular; (*law*) revogar
annulment [əˈnʌlmənt] N anulação f; (*of law*) revogação f
annum [ˈænəm] N *see* **per**
Annunciation [ənʌnsɪˈeɪʃən] N Anunciação f
anode [ˈænəʊd] N anodo
anoint [əˈnɔɪnt] VT ungir
anomalous [əˈnɔmələs] ADJ anômalo
anomaly [əˈnɔməlɪ] N anomalia
anon [əˈnɔn] ADV daqui a pouco
anon. [əˈnɔn] ABBR = **anonymous**
anonymity [ænəˈnɪmɪtɪ] N anonimato

anonymous [əˈnɔnɪməs] ADJ anônimo; **to remain ~** ficar no anonimato
anorak [ˈænəræk] N anoraque m (BR), anorak m (PT)
anorexia [ænəˈrɛksɪə] N (Med: *also*: **anorexia nervosa**) anorexia
another [əˈnʌðəʳ] ADJ: **~ book** (*one more*) outro livro, mais um livro; (*a different one*) um outro livro, um livro diferente ▶ PRON outro; **~ drink?** outra bebida?, mais uma bebida?; **in ~ 5 years** daqui a 5 anos; *see also* **one**
ANSI N ABBR (= *American National Standards Institute*) instituto de padrões
answer [ˈɑːnsəʳ] N resposta; (*to problem*) solução f ▶ VI responder ▶ VT (*reply to*) responder a; (*problem*) resolver; **in ~ to your letter** em resposta or respondendo à sua carta; **to ~ the phone** atender o telefone; **to ~ the bell** or **the door** atender à porta
▶ **answer back** VI replicar, retrucar
▶ **answer for** VT FUS responder por, responsabilizar-se por
▶ **answer to** VT FUS (*description*) corresponder a; (*needs*) satisfazer
answerable [ˈɑːnsərəbl] ADJ: **~ (to sb/for sth)** responsável (perante alguém/por algo); **I am ~ to no-one** não tenho que dar satisfações a ninguém
answering machine [ˈɑːnsərɪŋ-] N secretária eletrônica
answerphone [ˈɑːnsəfəʊn] N (*esp* BRIT) secretária eletrônica
ant [ænt] N formiga
ANTA N ABBR = **American National Theater and Academy**
antacid [æntˈæsɪd] ADJ antiácido
antagonism [ænˈtægənɪzəm] N antagonismo
antagonist [ænˈtægənɪst] N antagonista m/f, adversário(-a)
antagonistic [æntægəˈnɪstɪk] ADJ antagônico, hostil; (*opposed*) oposto, contrário
antagonize [ænˈtægənaɪz] VT contrariar, hostilizar
Antarctic [æntˈɑːktɪk] ADJ antártico ▶ N: **the ~** o Antártico
Antarctica [æntˈɑːktɪkə] N Antártica
Antarctic Circle N Círculo Polar Antártico
Antarctic Ocean N oceano Antártico
ante [ˈæntɪ] N: **to up the ~** apostar mais alto
ante... [ˈæntɪ] PREFIX ante..., pré...
anteater [ˈæntiːtəʳ] N tamanduá m
antecedent [æntɪˈsiːdənt] N antecedente m
antechamber [ˈæntɪtʃeɪmbəʳ] N antecâmara
antelope [ˈæntɪləʊp] N antílope m
antenatal [ˈæntɪˈneɪtl] ADJ pré-natal
antenatal clinic N clínica pré-natal
antenna [ænˈtɛnə] (*pl* **antennae**) N antena
antennae [ænˈtɛniː] NPL *of* **antenna**
anthem [ˈænθəm] N motete m; **national ~** hino nacional
ant hill N formigueiro
anthology [ænˈθɔlədʒɪ] N antologia

anthropologist [ænθrə'pɔlədʒɪst] N antropologista m/f, antropólogo(-a)
anthropology [ænθrə'pɔlədʒɪ] N antropologia
anti... [æntɪ] PREFIX anti...
anti-aircraft ADJ antiaéreo
anti-aircraft defence N defesa antiaérea
anti-ballistic missile ['æntɪbə'lɪstɪk-] N míssil m antimíssil
antibiotic [æntɪbaɪ'ɔtɪk] ADJ, N antibiótico
antibody ['æntɪbɔdɪ] N anticorpo
anticipate [æn'tɪsɪpeɪt] VT (foresee) prever; (expect) esperar; (forestall) antecipar; (look forward to) aguardar, esperar; **this is worse than I ~d** isso é pior do que eu esperava; **as ~d** como previsto
anticipation [æntɪsɪ'peɪʃən] N (expectation) expectativa; (eagerness) entusiasmo; **thanking you in ~** antecipadamente grato(s), agradeço (or agradecemos) antecipadamente a atenção de V.Sª
anticlimax [æntɪ'klaɪmæks] N desapontamento
anticlockwise [æntɪ'klɔkwaɪz] (BRIT) ADV em sentido anti-horário
antics ['æntɪks] NPL bobices fpl; (of child) travessuras fpl
anticyclone [æntɪ'saɪkləun] N anticiclone m
antidote ['æntɪdəut] N antídoto
antifreeze ['æntɪfriːz] N anticongelante m
antiglobalization N antiglobalização m; **~ protesters** manifestantes antiglobalização
antihistamine [æntɪ'hɪstəmiːn] N anti-histamínico
Antilles [æn'tɪliːz] NPL: **the ~** as Antilhas
antipathy [æn'tɪpəθɪ] N antipatia
Antipodean [æntɪpə'diːən] ADJ australiano e neozelandês
Antipodes [æn'tɪpədiːz] NPL: **the ~** a Austrália e a Nova Zelândia
antiquarian [æntɪ'kwɛərɪən] ADJ: **~ bookshop** livraria de livros usados, sebo (BR) ▶ N antiquário(-a)
antiquated ['æntɪkweɪtɪd] ADJ antiquado
antique [æn'tiːk] N antiguidade f ▶ ADJ antigo
antique dealer N antiquário(-a)
antique shop N loja de antiguidades
antiquity [æn'tɪkwɪtɪ] N antiguidade f
anti-Semitic [-sɪ'mɪtɪk] ADJ (person) antissemita; (views, publications etc) antissemítico
anti-Semitism [-'sɛmɪtɪzəm] N antissemitismo
antiseptic [æntɪ'sɛptɪk] ADJ, N antisséptico
antisocial [æntɪ'səuʃəl] ADJ insociável; (against society) antissocial
antitank ['æntɪ'tæŋk] ADJ antitanque inv
antitheses [æn'tɪθɪsɪːz] NPL of **antithesis**
antithesis [æn'tɪθɪsɪs] (pl **antitheses**) N antítese f
antitrust legislation ['æntɪ'trʌst-] N legislação f antitruste

antivirus ['æntɪ'vaɪərəs] ADJ antivírus m inv; **~ software** software antivírus
antlers ['æntləz] NPL esgalhos mpl, chifres mpl
Antwerp ['æntwəːp] N Antuérpia
anus ['eɪnəs] N ânus m
anvil ['ænvɪl] N bigorna
anxiety [æŋ'zaɪətɪ] N (worry) inquietude f; (eagerness) ânsia; (Med) ansiedade f; **~ to do** ânsia de fazer
anxious ['æŋkʃəs] ADJ (worried) preocupado, apreensivo; (worrying) angustiante; (keen) ansioso; **~ to do/for sth** ansioso para fazer/por algo; **to be ~ that** desejar que; **I'm very ~ about you** estou muito preocupado com você
anxiously ['æŋkʃəslɪ] ADV ansiosamente

(KEYWORD)

any ['ɛnɪ] ADJ **1** (in questions etc) algum(a); **have you any butter/children?** você tem manteiga/filhos?; **if there are any tickets left** se houver alguns bilhetes sobrando
2 (with negative) nenhum(a); **I haven't any money/books** não tenho dinheiro/livros
3 (no matter which) qualquer; **choose any book you like** escolha qualquer livro que quiser
4 (in phrases): **in any case** em todo o caso; **any day now** qualquer dia desses; **at any moment** a qualquer momento; **at any rate** de qualquer modo; **any time** a qualquer momento; (whenever) quando quer que seja
▶ PRON **1** (in questions etc) algum(a); **have you got any?** tem algum?; **can any of you sing?** algum de vocês sabe cantar?
2 (with negative) nenhum(a); **I haven't any (of them)** não tenho nenhum (deles)
3 (no matter which one(s)): **take any of those books (you like)** leve qualquer um desses livros (que você quiser)
▶ ADV **1** (in questions etc) algo; **do you want any more soup/sandwiches?** quer mais sopa/sanduíches?; **are you feeling any better?** você está se sentindo melhor?
2 (with negative) nada; **I can't hear him any more** não consigo mais ouvi-lo

anybody ['ɛnɪbɔdɪ] PRON qualquer um, qualquer pessoa; (in interrogative sentences) alguém; (in negative sentences): **I don't see ~** não vejo ninguém
anyhow ['ɛnɪhau] ADV (at any rate) de qualquer modo, de qualquer maneira; (haphazard) de qualquer jeito; **I shall go ~** eu irei de qualquer jeito; **she leaves things just ~** ela deixa as coisas de qualquer maneira
anyone ['ɛnɪwʌn] PRON (in questions etc) alguém; (with negative) ninguém; (no matter who) quem quer que seja; **I can't see ~** não vejo ninguém; **can you see ~?** você pode ver alguém?; **if ~ should phone ...** se alguém telefonar; **~ could do it** qualquer um(a)

poderia fazer isso; **I could teach ~ to do it** eu poderia ensimar qualquer um(a) a fazer isso

anyplace ['ɛnɪpleɪs] (US) ADV em qualquer parte; (*negative sense*) em parte nenhuma; (*everywhere*) em or por toda a parte

anything ['ɛnɪθɪŋ] PRON (*in questions etc*) alguma coisa; (*with negative*) nada; (*no matter what*) qualquer coisa; **can you see ~?** você pode ver alguma coisa?; **if ~ happens to me ...** se alguma coisa me acontecer ...; **I can't see ~** não posso ver nada; **you can say ~ you like** você pode dizer o que quiser; **~ will do** qualquer coisa serve

anytime ['ɛnɪtaɪm] ADV (*at any moment*) a qualquer momento; (*whenever*) não importa quando

anyway ['ɛnɪweɪ] ADV (*at any rate*) de qualquer modo; (*besides*) além disso; **I shall go ~** eu irei de qualquer jeito; **~, I couldn't come even if I wanted to** além disso, mesmo se eu quisesse, não poderia vir

anywhere ['ɛnɪwɛəʳ] ADV (*in questions etc*) em algum lugar; (*with negative*) em parte nenhuma; (*no matter where*) não importa onde, onde quer que seja; **can you see him ~?** você pode vê-lo em algum lugar?; **I can't see him ~** não o vejo em parte nenhuma; **~ in the world** em qualquer lugar do mundo; **put the books down ~** colegue os livros em qualquer lugar

Anzac ['ænzæk] N ABBR (= *Australia-New Zealand Army Corps*) soldado da tropa ANZAC

> 25 de abril é **Anzac Day**, um dos feriados mais importantes na Austrália e Nova Zelândia. Nele se presta homenagem aos mortos em campanha na Batalha de Gallipoli, em 1915, durante a Primeira Guerra Mundial. **ANZAC** é o nome dado às tropas conjuntas da Austrália e Nova Zelândia.

apart [ə'pɑːt] ADV à parte, à distância; (*separately*) separado; **10 miles ~** a uma distância de 10 milhas um do outro; **to take ~** desmontar; **they are living ~** estão separados; **~ from** além de, à parte de

apartheid [ə'pɑːteɪt] N apartheid m

apartment [ə'pɑːtmənt] (US) N apartamento

apartment building (US) N prédio or edifício (de apartamentos)

apathetic [æpə'θɛtɪk] ADJ apático

apathy ['æpəθɪ] N apatia, indiferença

APB (US) N ABBR (= *all points bulletin*) expressão usada pela polícia significando "descubram e prendam o suspeito"

ape [eɪp] N macaco ▶ VT macaquear, imitar

Apennines ['æpənaɪnz] NPL: **the ~** os Apeninos

aperitif [ə'pɛrɪtɪv] N aperitivo

aperture ['æpətʃjuəʳ] N orifício; (*Phot*) abertura

apex ['eɪpɛks] N ápice m

aphid ['eɪfɪd] N pulgão m

aphrodisiac [æfrəu'dɪzɪæk] ADJ afrodisíaco ▶ N afrodisíaco

API N ABBR = **American Press Institute**

apiece [ə'piːs] ADV (*for each person*) cada um, por cabeça; (*for each item*) cada

aplomb [ə'plɔm] N desenvoltura

apocalypse [ə'pɔkəlɪps] N apocalipse m

apolitical [eɪpə'lɪtɪkl] ADJ apolítico

apologetic [əpɔlə'dʒɛtɪk] ADJ cheio de desculpas

apologetically [əpɔlə'dʒɛtɪklɪ] ADV (*say*) desculpando-se; (*smile*) como quem pede desculpas

apologize [ə'pɔlədʒaɪz] VI: **to ~ (for sth to sb)** desculpar-se or pedir desculpas (por or de algo a alguém)

apology [ə'pɔlədʒɪ] N desculpas fpl; **please accept my apologies for ...** peço desculpas por ...; **to send one's apologies** apresentar desculpas

apoplectic [æpə'plɛktɪk] ADJ (*Med*) apopléctico; (*inf*): **~ with rage** enraivecido

apoplexy ['æpəplɛksɪ] N (*Med*) apoplexia

apostle [ə'pɔsl] N apóstolo

apostrophe [ə'pɔstrəfɪ] N apóstrofo

app [æp] (*inf*) N ABBR (= *application program*) aplicativo (BR), aplicação f (PT)

appal [ə'pɔːl] VT horrorizar

Appalachian Mountains [æpə'leɪʃən-] NPL: **the ~** os montes Apalaches

appalling [ə'pɔːlɪŋ] ADJ (*shocking*) chocante; (*awful*) terrível; **she's an ~ cook** ela é uma péssima cozinheira

apparatus [æpə'reɪtəs] N aparelho; (*in gym*) aparelhos mpl; (*organization*) aparato

apparel [ə'pærl] (US) N vestuário, roupa

apparent [ə'pærənt] ADJ aparente; (*obvious*) claro, patente; **it is ~ that ...** é claro or evidente que ...

apparently [ə'pærəntlɪ] ADV aparentemente, pelo(s) visto(s)

apparition [æpə'rɪʃən] N aparição f; (*ghost*) fantasma m

appeal [ə'piːl] VI (*Law*) apelar, recorrer ▶ N (*Law*) recurso, apelação f; (*request*) pedido; (*plea*) súplica; (*charm*) atração f; **to ~ (to sb) for** suplicar (a alguém); **to ~ to** (*subj: person*) suplicar a; (*be attractive to*) atrair; **to ~ to sb for mercy** pedir misericórdia a alguém; **it doesn't ~ to me** não me atrai; **right of ~** direito a recorrer or apelar

appealing [ə'piːlɪŋ] ADJ (*attractive*) atraente; (*touching*) comovedor(a), comovente

appear [ə'pɪəʳ] VI (*come into view*) aparecer; (*be present*) comparecer; (*Law*) apresentar-se, comparecer; (*publication*) ser publicado; (*seem*) parecer; **it would ~ that ...** pareceria que ...; **to ~ in "Hamlet"** trabalhar em "Hamlet"; **to ~ on TV** (*person, news item*) sair na televisão; (*programme*) passar na televisão

appearance [ə'pɪərəns] N (*coming into view*) aparecimento; (*presence*) comparecimento; (*look, aspect*) aparência; **to put in** or **make an ~** comparecer; **in order of ~** (*Theatre*) por

appease – approved school | 18

ordem de entrar em cena; **to keep up ~s** manter as aparências; **to all ~s** ao que tudo indica

appease [ə'piːz] VT (*pacify*) apaziguar; (*satisfy*) satisfazer

appeasement [ə'piːzmənt] N apaziguamento

append [ə'pɛnd] VT anexar

appendage [ə'pɛndɪdʒ] N apêndice *m*

appendices [ə'pɛndɪsiːz] NPL *of* **appendix**

appendicitis [əpɛndɪ'saɪtɪs] N apendicite *f*

appendix [ə'pɛndɪks] (*pl* **appendices**) N apêndice *m*; **to have one's ~ out** tirar o apêndice

appetite ['æpɪtaɪt] N apetite *m*; (*fig*) desejo; **that walk has given me an ~** essa caminhada me abriu o apetite

appetizer ['æpɪtaɪzəʳ] N (*food*) tira-gosto; (*drink*) aperitivo

appetizing ['æpɪtaɪzɪŋ] ADJ apetitoso

applaud [ə'plɔːd] VI aplaudir ▶ VT aplaudir; (*praise*) admirar

applause [ə'plɔːz] N aplausos *mpl*

apple ['æpl] N maçã *f*; (*also*: **apple tree**) macieira; **she's the ~ of his eye** ela é a menina dos olhos dele

apple tree N macieira

apple turnover N pastel *m* de maçã

appliance [ə'plaɪəns] N (*Tech*) aparelho; **electrical** *or* **domestic ~s** eletrodomésticos *mpl*

applicable [ə'plɪkəbl] ADJ aplicável; (*relevant*) apropriado; **the law is ~ from January** a lei entrará em vigor a partir de janeiro; **to be ~ to** valer para

applicant ['æplɪkənt] N: **~ (for)** (*for post*) candidato(-a) (a); (*Admin: for benefit etc*) requerente *m/f* (de)

application [æplɪ'keɪʃən] N aplicação *f*; (*for a job, a grant etc*) candidatura, requerimento; (*hard work*) empenho; (*Comput*) aplicativo (BR), aplicação *f* (PT); **on ~** a pedido

application form N (formulário de) requerimento

applications package N (*Comput*) pacote *m* de aplicativos

applied [ə'plaɪd] ADJ aplicado

apply [ə'plaɪ] VT (*paint etc*) usar; (*law etc*) pôr em prática ▶ VI: **to ~ to** apresentar-se a; (*be suitable for*) ser aplicável a; (*be relevant to*) valer para; (*ask*) pedir; **to ~ for** (*permit, grant*) solicitar, pedir; (*job*) candidatar-se a; **to ~ the brakes** frear (BR), travar (PT); **to ~ o.s. to** aplicar-se a, dedicar-se a

appoint [ə'pɔɪnt] VT (*to post*) nomear; (*date, place*) marcar

appointed [ə'pɔɪntɪd] ADJ: **at the ~ time** à hora marcada

appointee [əpɔɪn'tiː] N nomeado(-a)

appointment [ə'pɔɪntmənt] N (*engagement*) encontro, compromisso; (*at doctor's etc*) hora marcada; (*act*) nomeação *f*; (*post*) cargo; **to make an ~ (with sb)** marcar um encontro (com alguém); (*with doctor, hairdresser etc*) marcar hora (com alguém); **"~s (vacant)"** (*Press*) "ofertas de emprego"; **by ~** com hora marcada

apportion [ə'pɔːʃən] VT repartir, distribuir; (*blame*) pôr; **to ~ sth to sb** atribuir algo a alguém

appraisal [ə'preɪzl] N avaliação *f*

appraise [ə'preɪz] VT avaliar

appreciable [ə'priːʃəbl] ADJ apreciável, notável

appreciate [ə'priːʃɪeɪt] VT (*like*) apreciar, estimar; (*be grateful for*) agradecer; (*understand*) compreender ▶ VI (*Comm*) valorizar-se; **I ~ your help** agradeço-lhe a *or* pela sua ajuda

appreciation [əpriːʃɪ'eɪʃən] N apreciação *f*, estima; (*understanding*) compreensão *f*; (*gratitude*) agradecimento; (*Comm*) valorização *f*

appreciative [ə'priːʃɪətɪv] ADJ (*person*) agradecido; (*comment*) elogioso

apprehend [æprɪ'hɛnd] VT (*understand*) perceber, compreender; (*arrest*) prender

apprehension [æprɪ'hɛnʃən] N apreensão *f*

apprehensive [æprɪ'hɛnsɪv] ADJ apreensivo, receoso

apprentice [ə'prɛntɪs] N aprendiz *m/f* ▶ VT: **to be ~d to** ser aprendiz de

apprenticeship [ə'prɛntɪsʃɪp] N aprendizado, aprendizagem *f*; **to serve one's ~** fazer seu aprendizado

appro. ['æprəu] (BRIT *inf*) ABBR (*Comm*) = **approval**

approach [ə'prəutʃ] VI aproximar-se ▶ VT aproximar-se de; (*be approximate*) aproximar-se a; (*ask, apply to*) dirigir-se a; (*subject, passer-by*) abordar ▶ N aproximação *f*; (*access*) acesso; (*proposal*) proposição *f*; (*to problem, situation*) enfoque *m*; **to ~ sb about sth** falar com alguém sobre algo

approachable [ə'prəutʃəbl] ADJ (*person*) tratável; (*place*) acessível

approach road N via de acesso

approbation [æprə'beɪʃən] N aprovação *f*

appropriate [*adj* ə'prəuprɪɪt, *vt* ə'prəuprɪeɪt] ADJ (*apt*) apropriado; (*relevant*) adequado ▶ VT (*take*) apropriar-se de; (*allot*): **to ~ sth for** destinar algo a; **it would not be ~ for me to comment** não seria conveniente eu comentar

appropriately [ə'prəuprɪɪtlɪ] ADV adequadamente

appropriation [əprəuprɪ'eɪʃən] N (*confiscation*) apropriação *f*; (*of funds for sth*) dotação *f*

approval [ə'pruːvəl] N aprovação *f*; (*permission*) consentimento; **on ~** (*Comm*) a contento; **to meet with sb's ~** (*proposal etc*) ser aprovado por alguém, obter a aprovação de alguém

approve [ə'pruːv] VT (*publication, product*) autorizar; (*motion, decision*) aprovar
▶ **approve of** VT FUS aprovar

approved school [ə'pruːvd-] (BRIT) N reformatório

approvingly [ə'pru:vɪŋlɪ] ADV com aprovação
approx. ABBR = **approximately**
approximate [*adj* ə'prɒksɪmɪt, *vt* ə'prɒksɪmeɪt] ADJ aproximado ▶ VT aproximar
approximately [ə'prɒksɪmɪtlɪ] ADV aproximadamente
approximation [əprɒksɪ'meɪʃən] N aproximação *f*
apr N ABBR (= *annual percentage rate*) taxa *de* juros anual
Apr. ABBR = **April**
apricot ['eɪprɪkɒt] N damasco
April ['eɪprəl] N abril *m*; *see also* **July**
April Fool's Day N Primeiro-de-abril *m*
apron ['eɪprən] N avental *m*; (*Aviat*) pátio de estacionamento
apse [æps] N (*Arch*) abside *f*
apt [æpt] ADJ (*suitable*) adequado; (*appropriate*) a propósito, apropriado; (*likely*): ~ **to do** sujeito a fazer
Apt. ABBR (= *apartment*) ap., apto.
aptitude ['æptɪtju:d] N aptidão *f*, talento
aptitude test N teste *m* de aptidão
aptly ['æptlɪ] ADV (*express*) acertadamente; ~ **named** apropriadamente chamado
aqualung ['ækwəlʌŋ] N aparelho respiratório autônomo
aquarium [ə'kwɛərɪəm] N aquário
Aquarius [ə'kwɛərɪəs] N Aquário
aquatic [ə'kwætɪk] ADJ aquático
aqueduct ['ækwɪdʌkt] N aqueduto
AR (US) ABBR (*Post*) = **Arkansas**
ARA (BRIT) N ABBR = **Associate of the Royal Academy**
Arab ['ærəb] ADJ, N árabe *m/f*
Arabia [ə'reɪbɪə] N Arábia
Arabian [ə'reɪbɪən] ADJ árabe
Arabian Desert N deserto da Arábia
Arabian Sea N mar *m* Arábico
Arabic ['ærəbɪk] ADJ árabe; (*numerals*) arábico ▶ N (*Ling*) árabe *m*
Arabic numerals NPL algarismos *mpl* arábicos
arable ['ærəbl] ADJ cultivável
ARAM (BRIT) N ABBR = **Associate of the Royal Academy of Music**
arbiter ['a:bɪtə^r] N árbitro
arbitrary ['a:bɪtrərɪ] ADJ arbitrário
arbitrate ['a:bɪtreɪt] VI arbitrar
arbitration [a:bɪ'treɪʃən] N arbitragem *f*; **the dispute went to** ~ o litígio foi submetido a arbitragem
arbitrator ['a:bɪtreɪtə^r] N árbitro
ARC N ABBR = **American Red Cross**
arc [a:k] N arco
arcade [a:'keɪd] N arcada; (*round a square*) arcos *mpl*; (*passage with shops*) galeria
arch [a:tʃ] N arco; (*of foot*) curvatura ▶ VT arquear, curvar ▶ ADJ malicioso ▶ PREFIX: ~(-) arce..., arqui...; **pointed** ~ ogiva
archaeological, (US) **archeological** [a:kɪə'lɒdʒɪkl] ADJ arqueológico

archaeologist, (US) **archeologist** [a:kɪ'ɔlədʒɪst] N arqueólogo(-a)
archaeology, (US) **archeology** [a:kɪ'ɔlədʒɪ] N arqueologia
archaic [a:'keɪɪk] ADJ arcaico
archangel ['a:keɪndʒəl] N arcanjo
archbishop [a:tʃ'bɪʃəp] N arcebispo
arch-enemy N arqui-inimigo(-a)
archeology [a:kɪ'ɔlədʒɪ] (US) N = **archaeology**
archer ['a:tʃə^r] N arqueiro(-a)
archery ['a:tʃərɪ] N tiro de arco
archetypal ['a:kɪtaɪpəl] ADJ arquetípico
archetype ['a:kɪtaɪp] N arquétipo
archipelago [a:kɪ'pɛlɪɡəu] N arquipélago
architect ['a:kɪtɛkt] N arquiteto(-a)
architectural [a:kɪ'tɛktʃərəl] ADJ arquitetônico
architecture ['a:kɪtɛktʃə^r] N arquitetura
archives ['a:kaɪvz] NPL arquivo
archivist ['a:kɪvɪst] N arquivista *m/f*
archway ['a:tʃweɪ] N arco
ARCM (BRIT) N ABBR = **Associate of the Royal College of Music**
Arctic ['a:ktɪk] ADJ ártico ▶ N: **the** ~ o Ártico
Arctic Circle N Círculo Polar Ártico
Arctic Ocean N oceano Ártico
ARD (US) N ABBR (*Med*) = **acute respiratory disease**
ardent ['a:dənt] ADJ (*admirer*) ardente; (*discussion*) acalorado; (*fervent*) fervoroso
ardour, (US) **ardor** ['a:də^r] N (*passion*) ardor *m*; (*fervour*) fervor *m*
arduous ['a:djuəs] ADJ árduo
are [a:^r] VB *see* **be**
area ['ɛərɪə] N (*zone*) zona, região *f*; (*part of place*) região; (*in room, of knowledge, experience*) área; (*Math*) superfície *f*, extensão *f*; **dining** ~ área de jantar; **the London** ~ a região de Londres
area code (US) N (*Tel*) (código) DDD (BR), indicativo (PT)
arena [ə'ri:nə] N arena; (*of circus*) picadeiro (BR), pista (PT); (*for bullfight*) arena (BR), praça (PT)
aren't [a:nt] = **are not**
Argentina [a:dʒən'ti:nə] N Argentina
Argentinian [a:dʒən'tɪnɪən] ADJ, N argentino(-a)
arguable ['a:gjuəbl] ADJ discutível
arguably ['a:gjuəblɪ] ADV possivelmente
argue ['a:gju:] VI (*quarrel*) discutir; (*reason*) argumentar; **to ~ about sth (with sb)** discutir sobre algo (com alguém); **to ~ that** sustentar que
argument ['a:gjumənt] N (*reasons*) argumento; (*quarrel*) briga, discussão *f*; (*debate*) debate *m*; ~ **for/against** argumento a favor de/contra
argumentative [a:gju'mɛntətɪv] ADJ (*person*) que gosta de discutir
aria ['a:rɪə] N (*Mus*) ária
ARIBA (BRIT) N ABBR = **Associate of the Royal Institute of British Architects**

arid ['ærɪd] ADJ árido
aridity [ə'rɪdɪtɪ] N aridez f
Aries ['eərɪz] N Áries m
arise [ə'raɪz] (pt **arose**, pp **arisen**) VI (rise up) levantar-se, erguer-se; (emerge) surgir; **to ~ from** resultar de; **should the need ~** se for necessário
arisen [ə'rɪzn] PP of **arise**
aristocracy [ærɪs'tɒkrəsɪ] N aristocracia
aristocrat ['ærɪstəkræt] N aristocrata m/f
aristocratic [ærɪstə'krætɪk] ADJ aristocrático
arithmetic [ə'rɪθmətɪk] N aritmética
arithmetical [ærɪθ'mɛtɪkl] ADJ aritmético
ark [ɑːk] N: **Noah's A~** arca de Noé
arm [ɑːm] N braço; (of clothing); (of organization etc) divisão f ▶ VT armar; **arms** NPL (weapons) armas fpl; (Heraldry) brasão m; **~ in ~** de braços dados
armaments ['ɑːməmənts] NPL (weapons) armamento
armband ['ɑːmbænd] N faixa de braço, braçadeira; (for swimming) boia de braço
armchair ['ɑːmtʃɛəʳ] N poltrona
armed [ɑːmd] ADJ armado; **the ~ forces** as forças armadas
armed robbery N assalto à mão armada
Armenia [ɑː'miːnɪə] N Armênia
Armenian [ɑː'miːnɪən] ADJ armênio ▶ N armênio(-a); (Ling) armênio
armful ['ɑːmful] N braçada
armistice ['ɑːmɪstɪs] N armistício
armour, (US) **armor** ['ɑːməʳ] N armadura; (also: **armour plating**) blindagem f
armoured car, (US) **armored car** ['ɑːməd-] N carro blindado
armoury, (US) **armory** ['ɑːmərɪ] N arsenal m
armpit ['ɑːmpɪt] N sovaco
armrest ['ɑːmrɛst] N braço (de poltrona)
arms control N controle m de armas
arms race N corrida armamentista
army ['ɑːmɪ] N exército
aroma [ə'rəumə] N aroma
aromatherapy N aromaterapia
aromatic [ærə'mætɪk] ADJ aromático
arose [ə'rəuz] PT of **arise**
around [ə'raund] ADV em volta; (in the area) perto ▶ PREP em volta de; (near) perto de; (fig: about) cerca de; **is he ~?** ele está por aí?
arouse [ə'rauz] VT despertar; (anger) provocar
arrange [ə'reɪndʒ] VT arranjar; (organize) organizar; (put in order) arrumar ▶ VI: **we have ~d for a car to pick you up** providenciamos um carro para buscá-lo; **it was ~d that ...** foi combinado que ...; **to ~ to do sth** combinar em or ficar de fazer algo
arrangement [ə'reɪndʒmənt] N (agreement) acordo; (order, layout) disposição f; **arrangements** NPL (plans) planos mpl; (preparations) preparativos mpl; **to come to an ~ (with sb)** chegar a um acordo (com alguém); **home deliveries by ~** entregas a domicílio por convênio; **I'll make all the necessary ~s** eu vou tomar todas as providências necessárias
array [ə'reɪ] N: **~ of** (of things, people) variedade f de; (Math, Comput) tabela
arrears [ə'rɪəz] NPL atrasos mpl; **to be in ~ with one's rent** estar atrasado com o aluguel
arrest [ə'rɛst] VT prender, deter; (sb's attention) chamar, prender ▶ N detenção f, prisão f; **under ~** preso
arresting [ə'rɛstɪŋ] ADJ (fig: beauty) cativante; (: painting, novel) impressionante
arrival [ə'raɪvəl] N chegada; **new ~** recém-chegado; (baby) recém-nascido
arrive [ə'raɪv] VI chegar
▶ **arrive at** VT FUS (fig) chegar a
arrogance ['ærəgəns] N arrogância
arrogant ['ærəgənt] ADJ arrogante
arrow ['ærəu] N flecha; (sign) seta
arse [ɑːs] (BRIT!) N cu m (!)
arsenal ['ɑːsɪnl] N arsenal m
arsenic ['ɑːsnɪk] N arsênico
arson ['ɑːsn] N incêndio premeditado
art [ɑːt] N arte f; (craft) ofício; (skill) habilidade f, jeito; **Arts** NPL (Sch) letras fpl; **work of ~** obra de arte
artefact ['ɑːtɪfækt] N artefato
arterial [ɑː'tɪərɪəl] ADJ (Anat) arterial; **~ road** estrada mestra
artery ['ɑːtərɪ] N (Med) artéria; (fig) estrada principal
artful ['ɑːtful] ADJ ardiloso, esperto
art gallery N museu m de belas artes; (small, private) galeria de arte
arthritis [ɑː'θraɪtɪs] N artrite f
artichoke ['ɑːtɪtʃəuk] N (globe artichoke) alcachofra; (also: **Jerusalem artichoke**) topinambo
article ['ɑːtɪkl] N artigo; **articles** NPL (BRIT Law: training) contrato de aprendizagem; **~s of clothing** peças fpl de vestuário; **~s of association** (Comm) estatutos mpl sociais
articulate [adj ɑː'tɪkjulɪt, vt ɑː'tɪkjuleɪt] ADJ (speech) bem articulado; (writing) bem escrito; (person) eloquente ▶ VT expressar
articulated lorry [ɑː'tɪkjuleɪtɪd-] (BRIT) N caminhão m or camião m (PT) articulado, jamanta
artifice ['ɑːtɪfɪs] N ardil m, artifício
artificial [ɑːtɪ'fɪʃəl] ADJ artificial; (limb) postiço; (person, manner) afetado
artificial insemination [-ɪnsɛmɪ'neɪʃən] N inseminação f artificial
artificial intelligence N inteligência artificial
artificial respiration N respiração f artificial
artillery [ɑː'tɪlərɪ] N artilharia
artisan ['ɑːtɪzæn] N artesão(-sã) m/f
artist ['ɑːtɪst] N artista m/f; (Mus) intérprete m/f
artistic [ɑː'tɪstɪk] ADJ artístico
artistry ['ɑːtɪstrɪ] N arte f, mestria
artless ['ɑːtlɪs] ADJ (innocent) natural, simples; (clumsy) desajeitado

art school N = escola de artes
ARV N ABBR (= *American Revised Version*) tradução norte-americana da Bíblia
AS (US) N ABBR (*Sch*: = *Associate in/of Science*) título universitário ▶ ABBR (*Post*) = **American Samoa**

(KEYWORD)

as [æz, əz] CONJ **1** (*referring to time*) quando; **as the years went by** no decorrer dos anos; **he came in as I was leaving** ele chegou quando eu estava saindo; **as from tomorrow** a partir de amanhã
2 (*in comparisons*) tão ... como, tanto(s) ... como; **as big as** tão grande como; **twice as big as** duas vezes maior que; **as much/many as** tanto/tantos como; **as much money/many books as** tanto dinheiro quanto/tantos livros quanto; **as soon as** logo que, assim que
3 (*since, because*) como; **as you can't come, I'll go without you** como você não pode vir, eu vou sem você
4 (*referring to manner, way*) como; **do as you wish** faça como quiser; **as she said** como ela disse
5 (*concerning*): **as for** or **to that** quanto a isso
6: **as if** or **though** como se; **he looked as if he was ill** ele parecia doente
▶ PREP (*in the capacity of*): **he works as a driver** ele trabalha como motorista; **he gave it to me as a present** ele me deu isso de presente; *see also* **long, such, well**

ASA N ABBR (= *American Standards Association*) associação de padronização
a.s.a.p. ABBR = **as soon as possible**
asbestos [æzˈbɛstəs] N asbesto, amianto
ascend [əˈsɛnd] VT subir; (*throne*) ascender
ascendancy [əˈsɛndənsɪ] N predomínio, ascendência
ascendant [əˈsɛndənt] N: **to be in the ~** estar em alta
Ascension [əˈsɛnʃən] N (*Rel*): **the ~** a Ascensão
Ascension Island N ilha da Ascensão
ascent [əˈsɛnt] N subida; (*slope*) rampa; (*promotion*) ascensão f
ascertain [æsəˈteɪn] VT averiguar, verificar
ascetic [əˈsɛtɪk] ADJ ascético
asceticism [əˈsɛtɪsɪzəm] N ascetismo
ASCII [ˈæskiː] N ABBR (= *American Standard Code for Information Interchange*) ASCII *m*
ascribe [əˈskraɪb] VT: **to ~ sth to** atribuir algo a
ASE N ABBR = **American Stock Exchange**
ASH [æʃ] (BRIT) N ABBR (= *Action on Smoking and Health*) liga antitabagista
ash [æʃ] N cinza; (*tree, wood*) freixo
ashamed [əˈʃeɪmd] ADJ envergonhado; **to be ~ of** ter vergonha de; **to be ~ (of o.s.) for having done** ter vergonha de ter feito
ashen [ˈæʃn] ADJ cinzento
ashore [əˈʃɔːʳ] ADV em terra; **to go ~** descer à terra, desembarcar

ashtray [ˈæʃtreɪ] N cinzeiro
Ash Wednesday N quarta-feira de cinzas
Asia [ˈeɪʃə] N Ásia
Asia Minor N Ásia Menor
Asian [ˈeɪʃən] ADJ, N asiático(-a)
Asiatic [eɪsɪˈætɪk] ADJ asiático(-a)
aside [əˈsaɪd] ADV à parte, de lado ▶ N aparte *m*; **~ from** além de
ask [ɑːsk] VT perguntar; (*invite*) convidar; **to ~ sb sth** perguntar algo a alguém; **to ~ sb for sth** pedir algo a alguém; **to ~ sb to do sth** pedir para alguém fazer algo; **to ~ sb the time** perguntar as horas a alguém; **to ~ sb about sth** perguntar a alguém sobre algo; **to ~ about the price** perguntar pelo preço; **to ~ (sb) a question** fazer uma pergunta (a alguém); **to ~ sb out to dinner** convidar alguém para jantar
▶ **ask after** VT FUS perguntar por
▶ **ask for** VT FUS pedir; **it's just ~ing for it** or **trouble** é procurar encrenca
askance [əˈskɑːns] ADV: **to look ~ at sb/sth** olhar alguém/algo de soslaio
askew [əˈskjuː] ADV torto
asking price [ˈɑːskɪŋ-] N preço pedido
asleep [əˈsliːp] ADJ dormindo; **to fall ~** dormir, adormecer
asp [æsp] N áspide *m* or *f*
asparagus [əsˈpærəgəs] N aspargo (BR), espargo (PT)
asparagus tips NPL aspargos *mpl*
ASPCA N ABBR = **American Society for the Prevention of Cruelty to Animals**
aspect [ˈæspɛkt] N aspecto; (*direction in which a building etc faces*) direção *f*
aspersions [əsˈpəːʃənz] NPL: **to cast ~ on** difamar, caluniar
asphalt [ˈæsfælt] N asfalto
asphyxia [æsˈfɪksɪə] N asfixia
asphyxiate [æsˈfɪksɪeɪt] VT asfixiar ▶ VI asfixiar-se
asphyxiation [æsfɪksɪˈeɪʃən] N asfixia
aspirations [æspəˈreɪʃənz] N (*hopes*) esperança; (*ambitions*) aspirações *fpl*
aspire [əsˈpaɪəʳ] VI: **to ~ to** aspirar a
aspirin [ˈæsprɪn] N aspirina
aspiring [əsˈpaɪərɪŋ] ADJ (= *ambitious*) ambicioso; (= *budding*) em ascensão; **this is good news for any ~ politician** esta é uma boa notícia para qualquer político em ascensão
ass [æs] N jumento, burro; (*inf*) imbecil *m/f*; (US !) cu *m* (!)
assail [əˈseɪl] VT assaltar, atacar
assailant [əˈseɪlənt] N (*attacker*) assaltante *m/f*, atacante *m/f*; (*aggressor*) agressor(a) *m/f*
assassin [əˈsæsɪn] N assassino(-a)
assassinate [əˈsæsɪneɪt] VT assassinar
assassination [əsæsɪˈneɪʃən] N assassinato, assassínio
assault [əˈsɔːlt] N assalto; (*Law*): **~ (and battery)** vias *fpl* de fato ▶ VT assaltar, atacar; (*sexually*) agredir, violar

assemble [əˈsɛmbl] VT (*people*) reunir; (*objects*) juntar; (*Tech*) montar ▶ VI reunir-se

assembly [əˈsɛmblɪ] N (*meeting*) reunião *f*; (*institution*) assembleia; (*people*) congregação *f*; (*construction*) montagem *f*

assembly language N (*Comput*) linguagem *f* de montagem

assembly line N linha de montagem

assent [əˈsɛnt] N aprovação *f* ▶ VI: **to ~ (to sth)** consentir *or* assentir (em algo)

assert [əˈsəːt] VT afirmar; (*claim etc*) fazer valer; **to ~ o.s.** impor-se

assertion [əˈsəːʃən] N afirmação *f*

assertive [əˈsəːtɪv] ADJ (*vigorous*) enérgico; (*forceful*) agressivo; (*dogmatic*) peremptório

assess [əˈsɛs] VT avaliar

assessment [əˈsɛsmənt] N avaliação *f*

assessor [əˈsɛsər] N avaliador(a) *m/f*; (*of tax*) avaliador(a) do fisco

asset [ˈæsɛt] N (*property*) bem *m*; (*quality*) vantagem *f*, trunfo; **assets** NPL (*property, funds*) bens *mpl*; (*Comm*) ativo

asset-stripping [-ˈstrɪpɪŋ] N (*Comm*) venda em parcelas do patrimônio social

assiduous [əˈsɪdjuəs] ADJ assíduo

assign [əˈsaɪn] VT (*date*) fixar; **to ~ (to)** (*task*) designar (a); (*resources*) destinar (a); (*cause, meaning*) atribuir (a)

assignment [əˈsaɪnmənt] N tarefa

assimilate [əˈsɪmɪleɪt] VT assimilar; (*absorb: immigrants*) integrar

assimilation [əsɪmɪˈleɪʃən] N assimilação *f*

assist [əˈsɪst] VT ajudar; (*progress etc*) auxiliar; (*injured person etc*) socorrer

assistance [əˈsɪstəns] N ajuda, auxílio; (*welfare*) subsídio; (*to injured person*) socorro

assistant [əˈsɪstənt] N assistente *m/f*, auxiliar *m/f*; (BRIT: *also*: **shop assistant**) vendedor(a) *m/f*

assistant manager N subgerente *m/f*

assizes [əˈsaɪzɪz] NPL sessão *f* de tribunal superior

associate [*adj* əˈsəuʃɪɪt, *vt, vi* əˈsəuʃɪeɪt] ADJ associado; (*professor, director etc*) adjunto ▶ N (*colleague*) colega *m/f*; (*at work, member*) sócio(-a); (*in crime*) cúmplice *m/f* ▶ VI: **to ~ with sb** associar-se com alguém ▶ VT associar; **~ company** companhia ligada; **~ director** diretor(a) *m/f* associado(-a)

associated company [əˈsəuʃɪeɪtɪd-] N companhia ligada

association [əsəusɪˈeɪʃən] N associação *f*; (*link*) ligação *f*; (*Comm*) sociedade *f*; **in ~ with** em parceria com

association football (BRIT) N futebol *m*

assorted [əˈsɔːtɪd] ADJ sortido; **in ~ sizes** em vários tamanhos

assortment [əˈsɔːtmənt] N (*of shapes, colours*) sortimento; (*of books, people*) variedade *f*

Asst. ABBR = **assistant**

assuage [əˈsweɪdʒ] VT (*grief, pain*) aliviar, abrandar; (*thirst*) matar

assume [əˈsjuːm] VT (*suppose*) supor, presumir; (*responsibilities etc*) assumir; (*attitude, name*) adotar, tomar

assumed name [əˈsjuːmd-] N nome *m* falso

assumption [əˈsʌmpʃən] N (*supposition*) suposição *f*, presunção *f*; **on the ~ that** na suposição *or* hipótese que; (*on condition that*) com a condição de que

assurance [əˈʃuərəns] N garantia; (*confidence*) confiança; (*insurance*) seguro

assure [əˈʃuər] VT assegurar; (*guarantee*) garantir; **to ~ sb that** garantir *or* assegurar a alguém que

AST (US) ABBR (= *Atlantic Standard Time*) hora de inverno de Nova Iorque

asterisk [ˈæstərɪsk] N asterisco

astern [əˈstəːn] ADV à popa; (*direction*) à ré

asteroid [ˈæstərɔɪd] N asteroide *m*

asthma [ˈæsmə] N asma

asthmatic [æsˈmætɪk] ADJ, N asmático(-a)

astigmatism [əˈstɪgmətɪzəm] N astigmatismo

astir [əˈstəːr] ADV em agitação

astonish [əˈstɔnɪʃ] VT assombrar, espantar

astonishing [əˈstɔnɪʃɪŋ] ADJ espantoso, surpreendente

astonishingly [əˈstɔnɪʃɪŋlɪ] ADV surpreendentemente

astonishment [əˈstɔnɪʃmənt] N assombro, espanto; **to my ~** para minha grande surpresa

astound [əˈstaund] VT pasmar, estarrecer

astray [əˈstreɪ] ADV: **to go ~** (*person*) perder-se; (*letter etc*) extraviar-se; **to go ~ in one's calculations** cometer um erro em seus cálculos; **to lead ~** (*morally*) desencaminhar

astride [əˈstraɪd] PREP montado *or* a cavalo sobre

astringent [əˈstrɪndʒənt] ADJ adstringente ▶ N adstringente *m*

astrologer [əsˈtrɔlədʒər] N astrólogo(-a)

astrology [əsˈtrɔlədʒɪ] N astrologia

astronaut [ˈæstrənɔːt] N astronauta *m/f*

astronomer [əsˈtrɔnəmər] N astrônomo(-a)

astronomical [æstrəˈnɔmɪkəl] ADJ astronômico

astronomy [əsˈtrɔnəmɪ] N astronomia

astrophysics [ˈæstrəuˈfɪzɪks] N astrofísica

astute [əsˈtjuːt] ADJ astuto

asunder [əˈsʌndər] ADV: **to put ~** separar; **to tear ~** rasgar

ASV N ABBR (= *American Standard Version*) tradução da Bíblia

asylum [əˈsaɪləm] N (*refuge*) asilo; (*hospital*) manicômio; *see also* **political asylum**

asylum seeker [-siːkər] N solicitante *m/f* de asilo

asymmetric [eɪsɪˈmɛtrɪk], **asymmetrical** [eɪsɪˈmɛtrɪkl] ADJ assimétrico

───────
KEYWORD
───────

at [æt] PREP **1** (*referring to position*) em; (*referring to direction*) a; **at the top** em cima; **at home/school** em casa/na escola; **at the baker's**

na padaria; **to look at sth** olhar para algo **2** (*referring to time*): **at 4 o'clock** às quatro horas; **at night** à noite; **at Christmas** no Natal; **at times** às vezes **3** (*referring to rates, speed etc*): **at £1 a kilo** a uma libra o quilo; **two at a time** de dois em dois **4** (*referring to manner*): **at a stroke** de um golpe; **at peace** em paz **5** (*referring to activity*): **to be at work** estar no trabalho; **to play at cowboys** brincar de mocinho; **to be good at sth** ser bom em algo **6** (*referring to cause*): **to be shocked/surprised/annoyed at sth** ficar chocado/surpreso/chateado com algo; **I went at his suggestion** eu fui por causa da sugestão dele
▶ N (*symbol @*) arroba

ate [eɪt] PT *of* **eat**
atheism ['eɪθiɪzəm] N ateísmo
atheist ['eɪθɪɪst] N ateu/ateia m/f
Athenian [ə'θiːnɪən] ADJ, N ateniense m/f
Athens ['æθɪnz] N Atenas
athlete ['æθliːt] N atleta m/f
athletic [æθ'lɛtɪk] ADJ atlético
athletics [æθ'lɛtɪks] N atletismo
Atlantic [ət'læntɪk] ADJ atlântico ▶ N: **the ~ (Ocean)** o (oceano) Atlântico
atlas ['ætləs] N atlas m *inv*
Atlas Mountains NPL: **the ~** os montes Atlas
ATM ABBR (= *automated teller machine*) caixa eletrônico m
atmosphere ['ætməsfɪər] N atmosfera; (*fig*) ambiente m
atmospheric [ætməs'fɛrɪk] ADJ atmosférico
atmospherics [ætməs'fɛrɪks] NPL (*Radio*) estática
atoll ['ætɔl] N atol m
atom ['ætəm] N átomo
atom bomb, atomic bomb N bomba atômica
atomic [ə'tɔmɪk] ADJ atômico
atomic bomb N = **atom bomb**
atomizer ['ætəmaɪzər] N atomizador m, pulverizador m
atone [ə'təun] VI: **to ~ for** (*sin*) expiar; (*mistake*) reparar
atonement [ə'təunmənt] N expiação f
ATP N ABBR (= *Association of Tennis Professionals*) Associação f de Tenistas Profissionais
atrocious [ə'trəuʃəs] ADJ atroz; (*very bad*) péssimo
atrocity [ə'trɔsɪtɪ] N atrocidade f
atrophy ['ætrəfɪ] N atrofia ▶ VT atrofiar ▶ VI atrofiar-se
attach [ə'tætʃ] VT (*fasten*) prender; (*document, letter*) juntar, anexar; (*importance etc*) dar; (*employee, troops*) adir; **to be ~ed to sb/sth** (*like*) ter afeição por alguém/algo; **to ~ a file to an email** anexar um arquivo a um e-mail; **the ~ed letter** a carta junta *or* anexa
attaché [ə'tæʃeɪ] N adido(-a)
attaché case N pasta

attachment [ə'tætʃmənt] N (*tool*) acessório; (*to email*) anexo; (*love*): **~ (to)** afeição f (por)
attack [ə'tæk] VT atacar; (*subj: criminal*) assaltar; (*task etc*) empreender ▶ N ataque m; (*mugging etc*) assalto; (*on sb's life*) atentado; **heart ~** ataque cardíaco *or* de coração
attacker [ə'tækər] N agressor(a) m/f; (*criminal*) assaltante m/f
attain [ə'teɪn] VT (*also*: **attain to**: *happiness, results*) alcançar, atingir; (: *knowledge*) obter
attainments [ə'teɪnmənts] NPL feito
attempt [ə'tɛmpt] N tentativa ▶ VT tentar; **to make an ~ on sb's life** atentar contra a vida de alguém; **he made no ~ to help** ele não fez nada para ajudar
attempted [ə'ɛmptɪd] ADJ: **~ theft** *etc* (*Law*) tentativa de roubo *etc*
attend [ə'tɛnd] VT (*lectures*) assistir a; (*party*) presenciar; (*school*) cursar; (*church*) ir a; (*course*) fazer; (*patient*) tratar; **to ~ (up)on** acompanhar, servir
▶ **attend to** VT FUS (*matter*) encarregar-se de; (*speech etc*) prestar atenção a; (*needs, customer*) atender a; (*patient*) tratar de
attendance [ə'tɛndəns] N (*being present*) comparecimento; (*people present*) assistência
attendant [ə'tɛndənt] N servidor(a) m/f; (*Theatre*) arrumador(a) m/f ▶ ADJ concomitante
attention [ə'tɛnʃən] N atenção f; (*care*) cuidados mpl ▶ EXCL (*Mil*) sentido!; **at ~** (*Mil*) em posição de sentido; **for the ~ of ...** (*Admin*) atenção ...; **it has come to my ~ that ...** constatei que ...
attentive [ə'tɛntɪv] ADJ atento; (*polite*) cortês
attentively [ə'tɛntɪvlɪ] ADV atentamente
attenuate [ə'tɛnjueɪt] VT atenuar ▶ VI atenuar-se
attest [ə'tɛst] VI: **to ~ to** atestar
attic ['ætɪk] N sótão m
attire [ə'taɪər] N traje m, roupa
attitude ['ætɪtjuːd] N atitude f; (*view*): **~ (to)** atitude (para com)
attorney [ə'təːnɪ] N (*US: lawyer*) advogado(-a); (*having proxy*) procurador(a) m/f
Attorney General N (*BRIT*) procurador(a) m/f geral da Justiça, (*US*) Secretário de Justiça
attract [ə'trækt] VT atrair, chamar
attraction [ə'trækʃən] N atração f; (*good point*) atrativo; **~ towards sth** atração por algo
attractive [ə'træktɪv] ADJ atraente; (*idea, offer*) interessante
attribute [n 'ætrɪbjuːt, vt ə'trɪbjuːt] N atributo ▶ VT: **to ~ sth to** atribuir algo a
attrition [ə'trɪʃən] N: **war of ~** guerra de atrição
Atty. Gen. ABBR = **Attorney General**
ATV N ABBR (= *all terrain vehicle*) veículo todo-terreno
aubergine ['əubəʒiːn] N beringela
auburn ['ɔːbən] ADJ castanho-avermelhado
auction ['ɔːkʃən] N (*also*: **sale by auction**) leilão m ▶ VT leiloar; **to sell by ~** vender em leilão; **to put up for ~** pôr em leilão

auctioneer [ɔːkʃəˈnɪər] N leiloeiro(-a)
auction room N local *m* de leilão
audacious [ɔːˈdeɪʃəs] ADJ audaz, atrevido; *(pej)* descarado
audacity [ɔːˈdæsɪtɪ] N audácia, atrevimento; *(pej)* descaramento
audible [ˈɔːdɪbl] ADJ audível
audience [ˈɔːdɪəns] N *(in theatre, concert etc)* plateia; *(of TV, radio programme)* audiência; *(of speech etc)* auditório; *(of writer, magazine)* público; *(interview)* audiência
audio-typist [ˈɔːdɪəʊ-] N datilógrafo(-a) *(de textos ditados em fita)*
audiovisual [ɔːdɪəʊˈvɪzjʊəl] ADJ audiovisual
audiovisual aid [ˈɔːdɪəʊvɪzjʊəl-] N recursos *mpl* audiovisuais
audit [ˈɔːdɪt] VT fazer a auditoria de ▶ N auditoria
audition [ɔːˈdɪʃən] N audição *f*
auditor [ˈɔːdɪtər] N auditor(a) *m/f*
auditorium [ɔːdɪˈtɔːrɪəm] *(pl* **auditoria**) N auditório
Aug. ABBR = **August**
augment [ɔːgˈmɛnt] VT, VI aumentar
augur [ˈɔːgər] VI: **it ~s well** é de bom augúrio ▶ VT *(be a sign of)* augurar, pressagiar
August [ˈɔːgəst] N agosto; *see also* **July**
august [ɔːˈgʌst] ADJ augusto, imponente
aunt [ɑːnt] N tia
auntie [ˈɑːntɪ] N titia
aunty [ˈɑːntɪ] N titia
au pair [ˈəʊˈpɛər] N *(also:* **au pair girl***)* au pair *f*
aura [ˈɔːrə] N *(of person)* ar *m*, aspecto; *(of place)* ambiente *m*
auspices [ˈɔːspɪsɪz] NPL: **under the ~ of** sob os auspícios de
auspicious [ɔːsˈpɪʃəs] ADJ favorável; *(occasion)* propício
austere [ɔsˈtɪər] ADJ austero; *(manner)* severo
austerity [ɔsˈtɛrətɪ] N simplicidade *f*; *(Econ)* privação *f*
Australasia [ɔːstrəˈleɪzɪə] N Australásia
Australia [ɔsˈtreɪlɪə] N Austrália
Australian [ɔsˈtreɪlɪən] ADJ, N australiano(-a)
Austria [ˈɔstrɪə] N Áustria
Austrian [ˈɔstrɪən] ADJ, N austríaco(-a)
authentic [ɔːˈθɛntɪk] ADJ autêntico
authenticate [ɔːˈθɛntɪkeɪt] VT autenticar
authenticity [ɔːθɛnˈtɪsɪtɪ] N autenticidade *f*
author [ˈɔːθə] N autor(a) *m/f*
authoritarian [ɔːθɔrɪˈtɛərɪən] ADJ autoritário
authoritative [ɔːˈθɔrɪtətɪv] ADJ *(account)* autorizado; *(manner)* autoritário
authority [ɔːˈθɔrɪtɪ] N autoridade *f*; *(government body)* jurisdição *f*; *(permission)* autorização *f*; **the authorities** NPL *(ruling body)* as autoridades; **to have ~ to do sth** ter autorização para fazer algo
authorization [ɔːθəraɪˈzeɪʃən] N autorização *f*
authorize [ˈɔːθəraɪz] VT autorizar
authorized capital [ˈɔːθəraɪzd-] N *(Comm)* capital *m* autorizado
authorship [ˈɔːθəʃɪp] N autoria

autistic [ɔːˈtɪstɪk] ADJ autista
auto [ˈɔːtəʊ] *(US)* N carro, automóvel *m* ▶ CPD *(industry)* automobilístico
autobiographical [ɔːtəbaɪəˈgræfɪkl] ADJ autobiográfico
autobiography [ɔːtəbaɪˈɔgrəfɪ] N autobiografia
autocratic [ɔːtəˈkrætɪk] ADJ autocrático
autograph [ˈɔːtəgrɑːf] N autógrafo ▶ VT *(photo etc)* autografar
automat [ˈɔːtəmæt] N *(vending machine)* autômato; *(US: restaurant)* restaurante *m* automático
automata [ɔːˈtɔmətə] NPL *of* **automaton**
automated [ˈɔːtəmeɪtɪd] ADJ automatizado
automatic [ɔːtəˈmætɪk] ADJ automático ▶ N *(gun)* pistola automática; *(washing machine)* máquina de lavar automática; *(BRIT: car)* carro automático
automatically [ɔːtəˈmætɪklɪ] ADV automaticamente
automatic data processing N processamento automático de dados
automation [ɔːtəˈmeɪʃən] N automação *f*
automaton [ɔːˈtɔmətən] *(pl* **automata**) N autômato
automobile [ˈɔːtəməbiːl] *(US)* N carro, automóvel *m* ▶ CPD *(industry, accident)* automobilístico
autonomous [ɔːˈtɔnəməs] ADJ autônomo
autonomy [ɔːˈtɔnəmɪ] N autonomia
autopsy [ˈɔːtɔpsɪ] N autópsia
autumn [ˈɔːtəm] N outono
auxiliary [ɔːgˈzɪlɪərɪ] ADJ, N auxiliar *m/f*
AV N ABBR *(= Authorized Version)* tradução inglesa da Bíblia ▶ ABBR = **audiovisual**
Av. ABBR *(= avenue)* Av., Avda.
avail [əˈveɪl] VT: **to ~ o.s. of** aproveitar, valer-se de ▶ N: **to no ~** em vão, inutilmente
availability [əveɪləˈbɪlɪtɪ] N disponibilidade *f*
available [əˈveɪləbl] ADJ disponível; *(time)* livre; **every ~ means** todos os recursos à sua *(or* nossa *etc)* disposição; **is the manager ~?** o gerente pode me atender?; *(on phone)* queria falar com o gerente; **to make sth ~ to sb** pôr algo à disposição de alguém
avalanche [ˈævəlɑːnʃ] N avalanche *f*
avant-garde [ˈævãŋˈgɑːd] ADJ de vanguarda
avarice [ˈævərɪs] N avareza
avaricious [ævəˈrɪʃəs] ADJ avarento, avaro
avatar [ˈævətɑː] N *(Comput)* avatar *m*
Ave. ABBR *(= avenue)* Av., Avda.
avenge [əˈvɛndʒ] VT vingar
avenue [ˈævənjuː] N avenida; *(drive)* caminho; *(means)* solução *f*
average [ˈævərɪdʒ] N média ▶ ADJ *(mean)* médio; *(ordinary)* regular ▶ VT alcançar uma média de; *(calculate)* calcular a média de; **on ~** em média; **above/below (the) ~** acima/abaixo da média
▶ **average out** VT calcular a média de ▶ VI: **to ~ out at** dar uma média de

averse [ə'vɜːs] ADJ: **to be ~ to sth/doing sth** ser avesso or pouco disposto a algo/a fazer algo; **I wouldn't be ~ to a drink** eu aceitaria uma bebida
aversion [ə'vɜːʃən] N aversão f
avert [ə'vɜːt] VT prevenir; (blow, one's eyes) desviar
aviary ['eɪvɪərɪ] N aviário, viveiro de aves
aviation [eɪvɪ'eɪʃən] N aviação f
avid ['ævɪd] ADJ ávido
avidly ['ævɪdlɪ] ADV avidamente
avocado [ævə'kɑːdəʊ] N (BRIT: also: **avocado pear**) abacate m
avoid [ə'vɔɪd] VT evitar
avoidable [ə'vɔɪdəbl] ADJ evitável
avoidance [ə'vɔɪdəns] N evitação f
avowed [ə'vaʊd] ADJ confesso, declarado
AVP (US) N ABBR = **assistant vice-president**
AWACS ['eɪwæks] N ABBR (= airborne warning and control system) AWACS m (sistema aerotransportado de alerta e de controle)
await [ə'weɪt] VT esperar, aguardar; **~ing attention/delivery** (Comm) a ser(em) atendido(s)/entregue(s); **long ~ed** longamente esperado
awake [ə'weɪk] ADJ acordado ▶ VT, VI (pt **awoke**, pp **awoken**) despertar, acordar; **~ to** atento a; **to be ~** estar acordado; **he was still ~** ele ainda estava acordado
awakening [ə'weɪkənɪŋ] N despertar m
award [ə'wɔːd] N (prize) prêmio, condecoração f; (Law: damages) sentença; (act) concessão f ▶ VT outorgar, conceder; (damages) determinar o pagamento de
aware [ə'wɛər] ADJ: **~ of** (conscious) consciente de; (informed) informado de or sobre; **to become ~ of** reparar em, saber de; **politically/socially ~** conscientizado politicamente/socialmente; **I am fully ~ that ...** eu compreendo perfeitamente que ...
awareness [ə'wɛənɪs] N consciência; (knowledge) conhecimento; **to develop people's ~ (of)** conscientizar o público (de)
awash [ə'wɔʃ] ADJ: **~ with** (also fig) inundado de
away [ə'weɪ] ADV fora; (faraway) muito longe; **two kilometres ~** a dois quilômetros de distância; **two hours ~ by car** a duas horas de carro; **the holiday was two weeks ~** faltavam duas semanas para as férias; **~ from** longe de; **he's ~ for a week** está ausente uma semana; **he's ~ in Miami** ele foi para Miami; **to take ~** levar; **to work/pedal etc ~** trabalhar/pedalar etc sem parar; **to fade ~** (colour) desbotar; (enthusiasm, sound) diminuir
away game N (Sport) jogo de fora
away match N (Sport) jogo de fora
awe [ɔː] N temor m respeitoso
awe-inspiring ADJ imponente
awesome ['ɔːsəm] ADJ = awe-inspiring
awestruck ['ɔːstrʌk] ADJ pasmado
awful ['ɔːfəl] ADJ terrível, horrível; (quantity): **an ~ lot of** um monte de
awfully ['ɔːfəlɪ] ADV (very) muito
awhile [ə'waɪl] ADV por algum tempo, um pouco
awkward ['ɔːkwəd] ADJ (person, movement) desajeitado; (shape) incômodo; (problem) difícil; (situation) embaraçoso, delicado
awkwardness ['ɔːkwədnəs] N (embarrassment) embaraço
awl [ɔːl] N sovela
awning ['ɔːnɪŋ] N toldo
awoke [ə'wəʊk] PT of **awake**
awoken [ə'wəʊkən] PP of **awake**
AWOL ['eɪwɔl] ABBR (Mil) = **absent without leave**
awry [ə'raɪ] ADV: **to be ~** estar de viés or de esguelha; **to go ~** sair mal
axe, (US) **ax** [æks] N machado ▶ VT (employee) despedir; (project etc) abandonar; (jobs) reduzir; **to have an ~ to grind** (fig) ter interesse pessoal, puxar a brasa para a sua sardinha (inf)
axes[1] ['æksɪz] NPL of **axe**
axes[2] ['æksɪːz] NPL of **axis**
axiom ['æksɪəm] N axioma m
axiomatic [æksɪəʊ'mætɪk] ADJ axiomático
axis ['æksɪs] (pl **axes**) N eixo
axle ['æksl] N (Aut) eixo
ay, aye [aɪ] EXCL (yes) sim ▶ N: **the ayes** os votos a favor
AYH N ABBR = **American Youth Hostels**
AZ (US) ABBR (Post) = **Arizona**
azalea [ə'zeɪlɪə] N azaleia
Azores [ə'zɔːz] NPL: **the ~** os Açores
Aztec ['æztɛk] ADJ, N asteca m/f
azure ['eɪʒər] ADJ azul-celeste inv

Bb

B, b [biː] N (*letter*) B, b m; (*Mus*): **B** si m; **B for Benjamin** (BRIT) *or* **Baker** (US) B de Beatriz; **B road** (BRIT Aut) via secundária

b. ABBR = **born**

BA N ABBR = **British Academy**; (*Sch*) = **Bachelor of Arts**

babble [ˈbæbl] VI balbuciar; (*brook*) murmurinhar ▶ N balbucio

baboon [bəˈbuːn] N babuíno

baby [ˈbeɪbɪ] N neném m/f, nenê m/f, bebê m/f; (US inf) querido(-a)

baby carriage (US) N carrinho de bebê

baby food N papinha de bebê

baby grand N (*also*: **baby grand piano**) piano de ¼ de cauda

babyhood [ˈbeɪbɪhʊd] N primeira infância

babyish [ˈbeɪbɪɪʃ] ADJ infantil

baby-minder (BRIT) N = **babá** f

baby-sit (*irreg: like* **sit**) VI tomar conta da(s) criança(s)

baby-sitter N baby-sitter m/f

baby wipe N lenço umedecido

bachelor [ˈbætʃələʳ] N solteiro; (*Sch*): **B~ of Arts** ≈ bacharel m em Letras; **B~ of Science** ≈ bacharel m em Ciências

bachelorhood [ˈbætʃələhʊd] N celibato

bachelor party (US) N despedida de solteiro

back [bæk] N (*of person*) costas fpl; (*of animal*) lombo; (*of hand*) dorso; (*of car, train*) parte f traseira; (*of house*) fundos mpl; (*of chair*) encosto; (*of page*) verso; (*of book*) lombada; (*of crowd*) fundo; (*of coin*) reverso; (*Football*) zagueiro (BR), defesa m (PT) ▶ VT (*financially*) patrocinar; (*candidate: also*: **back up**) apoiar; (*horse: at races*) apostar em; (*car*) dar ré com ▶ VI (*car etc: also*: **back up**) dar ré (BR), fazer marcha atrás (PT) ▶ CPD (*payment*) atrasado; (*Aut: seats, wheels*) de trás ▶ ADV (*not forward*) para trás; (*returned*) de volta; **he's ~** ele voltou; **throw the ball ~** devolva a bola; **he called ~** (*again*) chamou de novo; **to have one's ~ to the wall** (*fig*) estar acuado; **to break the ~ of a job** (BRIT) fazer o mais difícil de um trabalho; **at the ~ of my mind was the thought that ...** no meu íntimo havia a ideia que ...; **~ to front** pelo avesso, às avessas; **~ garden/room** jardim m / quarto dos fundos; **to take a ~ seat** (*fig*) colocar-se em segundo plano; **when will you be ~?** quando você estará de volta?; **he ran ~** voltou correndo; **can I have it ~?** pode devolvê-lo?
▶ **back down** VI desistir
▶ **back on to** VT FUS: **the house ~s on to the golf course** a casa dá fundos para o campo de golfe
▶ **back out** VI (*of promise*) voltar atrás, recuar
▶ **back up** VT (*support*) apoiar; (*Comput*) fazer um backup de

backache [ˈbækeɪk] N dor f nas costas

backbencher [bækˈbɛntʃəʳ] (BRIT) N membro do parlamento sem pasta

backbiting [ˈbækbaɪtɪŋ] N maledicência

backbone [ˈbækbəʊn] N coluna vertebral; (*fig*) esteio; **he's the ~ of the organization** ele é o pilar *or* esteio da organização

backchat [ˈbæktʃæt] (BRIT inf) N insolências fpl

backcloth (BRIT) N pano de fundo

backcomb [ˈbækkəʊm] (BRIT) VT encrespar

backdate [bækˈdeɪt] VT (*letter*) antedatar; **~d pay rise** aumento de vencimento com efeito retroativo

backdrop [ˈbækdrɔp] N = **backcloth**

backer [ˈbækəʳ] N (*supporter*) partidário(-a); (*Comm: in partnership*) comanditário(-a); (: *financier*) financiador(a) m/f

backfire [bækˈfaɪəʳ] VI (*Aut*) engasgar; (*plan*) sair pela culatra

backgammon [bækˈgæmən] N gamão m

background [ˈbækgraʊnd] N fundo; (*of events*) antecedentes mpl; (*basic knowledge*) bases fpl; (*experience*) conhecimentos mpl, experiência ▶ CPD (*noise, music*) de fundo; **~ reading** leitura de fundo; **family ~** antecedentes mpl familiares

backhand [ˈbækhænd] N (*Tennis: also*: **backhand stroke**) revés m

backhanded [ˈbækhændɪd] ADJ (*fig*) ambíguo

backhander [ˈbækhændəʳ] (BRIT) N (*bribe*) propina, peita (PT)

backing [ˈbækɪŋ] N (*fig*) apoio; (*Comm*) patrocínio; (*Mus*) fundo (musical)

backlash [ˈbæklæʃ] N reação f

backlog [ˈbæklɔg] N: **~ of work** atrasos mpl

back number N (*of magazine etc*) número atrasado

backpack [ˈbækpæk] N mochila

backpacker ['bækpækə'] N excursionista m/f com mochila
back pay N salário atrasado
backpedal ['bækpedl] VI (fig) recuar, voltar atrás
backside [bæk'saɪd] (inf) N traseiro
backslash ['bækslæʃ] N contrabarra
backslide ['bækslaɪd] (irreg: like **slide**) VI ter uma recaída
backspace ['bækspeɪs] VI (Typing) retroceder
backstage [bæk'steɪdʒ] ADV nos bastidores
back-street ADJ (abortion) clandestino; ~ **abortionist** aborteiro(-a)
backstroke ['bækstrəʊk] N nado de costas
backtrack ['bæktræk] VI (fig) = **backpedal**
backup ['bækʌp] ADJ (train, plane) reserva inv; (Comput) de backup ▶ N (support) apoio; (Comput: also: **backup file**) backup m; (US: congestion) congestionamento
backward ['bækwəd] ADJ (movement) para trás; (person, country) atrasado; (shy) tímido; ~ **and forward movement** movimento de vaivém
backwards ['bækwədz] ADV (move, go) para trás; (read a list) às avessas; (fall) de costas; **to know sth ~** (BRIT) or ~ **and forwards** (US) (inf) saber algo de cor e salteado
backwater ['bækwɔːtə'] N (fig: backward place) lugar m atrasado; (: remote place) fim-do-mundo m
backyard [bæk'jɑːd] N quintal m
bacon ['beɪkən] N toucinho, bacon m
bacteria [bæk'tɪərɪə] NPL bactérias fpl
bacteriology [bæktɪərɪ'ɔlədʒɪ] N bacteriologia
bad [bæd] ADJ mau/má, ruim; (child) levado; (mistake, injury) grave; (meat, food) estragado; **his ~ leg** sua perna machucada; **to go ~** estragar-se; **to have a ~ time of it** passar um mau pedaço; **I feel ~ about it** (guilty) eu me sinto culpado (por isso); **in ~ faith** de má fé
bad debt N crédito duvidoso
bade [bæd] PT of **bid**
badge [bædʒ] N (of school etc) emblema m; (policeman's) crachá m
badger ['bædʒə'] N texugo ▶ VT acossar
badly ['bædlɪ] ADV mal; ~ **wounded** gravemente ferido; **he needs it ~** faz-lhe grande falta; **things are going ~** as coisas vão mal; **to be ~ off (for money)** estar com pouco dinheiro
bad-mannered [-'mænəd] ADJ mal-educado, sem modas
badminton ['bædmɪntən] N badminton m
bad-tempered ADJ mal humorado; (temporary) de mau humor
baffle ['bæfl] VT (puzzle) deixar perplexo, desconcertar
baffled ['bæfld] ADJ perplexo
baffling ['bæflɪŋ] ADJ desconcertante
bag [bæg] N saco, bolsa; (handbag) bolsa; (satchel, shopping bag) sacola; (case) mala; (of hunter) caça ▶ VT (inf: take) pegar; (game) matar; (Tech) ensacar; **~s of ...** (inf: lots of) ... de sobra; **to pack one's ~s** fazer as malas; **~s under the eyes** olheiras fpl
bagful ['bægful] N saco cheio
baggage ['bægɪdʒ] N bagagem f
baggage allowance N franquia de bagagem
baggage checkroom [-'tʃɛkruːm] (US) N depósito de bagagem
baggage claim N (at airport) recebimento de bagagem
baggy ['bægɪ] ADJ folgado, largo
Baghdad [bæg'dæd] N Bagdá f
bagpipes ['bægpaɪps] NPL gaita de foles
bag-snatcher [-'snætʃə'] (BRIT) N trombadinha m
bag-snatching [-'snætʃɪŋ] (BRIT) N roubo de bolsa
Bahamas [bə'hɑːməz] NPL: **the ~** as Bahamas
Bahrain [bɑː'reɪn] N Barein m
bail [beɪl] N (payment) fiança; (release) liberdade f sob fiança ▶ VT (prisoner: grant bail to) libertar sob fiança; (boat: also: **bail out**) baldear a água de; **on ~** sob fiança; **to be released on ~** ser posto em liberdade mediante fiança; see also **bale**
▶ **bail out** VT (prisoner) afiançar; (fig: help out) socorrer
bailiff ['beɪlɪf] N (Law: BRIT) oficial m/f de justiça (BR) or de diligências (PT); (: US) funcionário encarregado de acompanhar presos no tribunal
bait [beɪt] N isca, engodo; (for criminal etc) atrativo, chamariz m ▶ VT iscar, cevar; (person) apoquentar
bake [beɪk] VT cozinhar ao forno; (Tech: clay etc) cozer ▶ VI assar; (be hot) fazer um calor terrível
baked beans [beɪkt-] NPL feijão m cozido com molho de tomate
baked potato N batata assada com a casca
baker ['beɪkə'] N padeiro(-a)
bakery ['beɪkərɪ] N (for bread) padaria; (for cakes) confeitaria
baking ['beɪkɪŋ] N (act) cozimento; (batch) fornada
baking powder N fermento em pó
baking tin N (for cake) fôrma; (for meat) assadeira
baking tray N tabuleiro
balaclava [bælə'klɑːvə] N (also: **balaclava helmet**) capuz f
balance ['bæləns] N equilíbrio; (scales) balança; (Comm) balanço; (remainder) resto, saldo ▶ VT equilibrar; (budget) nivelar; (account) fazer o balanço de; (compensate) contrabalançar; (pros and cons) pesar; **~ of trade/payments** balança comercial/balanço de pagamentos; **~ carried forward** transporte; **~ brought forward** transporte; **to ~ the books** fazer o balanço dos livros
balanced ['bælənst] ADJ (report) objetivo; (personality, diet) equilibrado
balance sheet N balanço geral

balcony ['bælkənı] N *(open)* varanda; *(closed)* galeria; *(in theatre)* balcão m
bald [bɔ:ld] ADJ calvo, careca; *(tyre)* careca
baldness ['bɔ:ldnɪs] N calvície f
bale [beɪl] N *(Agr)* fardo
▶ **bale out** VI *(of a plane)* atirar-se de para-quedas ▶ VT *(Naut: water)* baldear; *(: boat)* baldear a água de
Balearic Islands [bælɪ'ærɪk-] NPL: **the ~** as ilhas Baleares
baleful ['beɪlful] ADJ *(look)* triste; *(sinister)* funesto, sinistro
balk [bɔ:k] VI: **to ~ (at)** *(subj: person)* relutar (contra); *(: horse)* refugar, empacar (diante de); **to ~ at doing** relutar em fazer
Balkan ['bɔ:lkən] ADJ balcânico ▶ N: **the ~s** os Balcãs
ball [bɔ:l] N bola; *(of wool, string)* novelo; *(dance)* baile m; **to play ~ with sb** jogar bola com alguém; *(fig)* fazer o jogo de alguém; **to be on the ~** *(fig: competent)* ser competente or batuta *(inf)*; *(: alert)* estar alerta; **to start the ~ rolling** *(fig)* dar começo, dar o pontapé inicial; **the ~ is in their court** *(fig)* é a vez deles de agir
ballad ['bæləd] N balada
ballast ['bæləst] N lastro
ball bearings NPL rolimã m
ball cock N torneira com boia
ballerina [bælə'ri:nə] N bailarina
ballet ['bæleɪ] N balé m
ballet dancer N bailarino(-a)
ballistic [bə'lɪstɪk] ADJ balístico
ballistics [bə'lɪstɪks] N balística
balloon [bə'lu:n] N balão m; *(hot air balloon)* balão de ar quente ▶ VI *(sails etc)* inflar(-se); *(prices)* disparar
balloonist [bə'lu:nɪst] N aeróstata m/f
ballot ['bælət] N votação f
ballot box N urna
ballot paper N cédula eleitoral
ballpark ['bɔ:lpɑ:k] *(US)* N estádio de beisebol
ballpark figure *(inf)* N número aproximado
ballpoint ['bɔ:lpɔɪnt], **ballpoint pen** N (caneta) esferográfica
balls [bɔ:lz] *(!)* NPL colhões mpl *(!)*, ovos mpl *(!)*
balm [bɑ:m] N bálsamo
balmy ['bɑ:mɪ] ADJ *(breeze, air)* suave, fragrante; *(BRIT inf)* = **barmy**
BALPA ['bælpə] N ABBR (= *British Airline Pilots' Association*) sindicato dos aeronautas
balsa ['bɔ:lsə], **balsa wood** N pau-de-balsa m
balsam ['bɔ:lsəm] N bálsamo
Baltic ['bɔ:ltɪk] N: **the ~ (Sea)** o (mar) Báltico
balustrade ['bæləstreɪd] N balaustrada
bamboo [bæm'bu:] N bambu m
bamboozle [bæm'bu:zl] *(inf)* VT embromar, trapacear
ban [bæn] N proibição f, interdição f; *(suspension, exclusion)* exclusão f ▶ VT proibir, interditar; *(exclude)* excluir; **he was ~ned from driving** *(BRIT)* cassaram-lhe a carteira de motorista

banal [bə'nɑ:l] ADJ banal
banana [bə'nɑ:nə] N banana
band [bænd] N *(group)* bando, banda; *(gang)* quadrilha; *(at a dance)* orquestra; *(Mil)* banda; *(strip)* faixa, cinta
▶ **band together** VI juntar-se, associar-se
bandage ['bændɪdʒ] N atadura *(BR)*, ligadura *(PT)* ▶ VT enfaixar
Band-Aid® ['bændeɪd] *(US)* N esparadrapo
B & B N ABBR = **bed and breakfast**
bandit ['bændɪt] N bandido
bandstand ['bændstænd] N coreto
bandwagon ['bændwægən] N: **to jump on the ~** *(fig)* entrar na roda, ir na onda
bandy ['bændɪ] VT *(jokes, insults)* trocar
▶ **bandy about** VT usar a torto e a direito
bandy-legged ADJ cambaio, de pernas tortas
bane [beɪn] N: **it** (or **he** etc) **is the ~ of my life** é a maldição da minha vida
bang [bæŋ] N estalo; *(of door)* estrondo; *(of gun, exhaust)* explosão f; *(blow)* pancada ▶ EXCL bum!, bumba! ▶ VT bater com força; *(door)* fechar com violência ▶ VI produzir estrondo; *(door)* bater; *(fireworks)* soltar ▶ ADV *(BRIT inf)*: **to be ~ on time** chegar na hora exata; **to ~ at the door** bater à porta com violência; **to ~ into sth** bater em algo
banger ['bæŋə^r] N *(BRIT: car; also:* **old banger***)* calhambeque m, lata-velha; *(inf: sausage)* salsicha; *(firework)* bomba (de São João)
Bangkok [bæŋ'kɔk] N Bangcoc
Bangladesh [bæŋglə'dɛʃ] N Bangladesh m *(no article)*
bangle ['bæŋgl] N bracelete m
bangs [bæŋz] *(US)* NPL *(fringe)* franja
banish ['bænɪʃ] VT banir
banister ['bænɪstə^r] N, **banisters** ['bænɪstəz] NPL corrimão m
banjo ['bændʒəu] *(pl* **banjoes** *or* **banjos***)* N banjo
bank [bæŋk] N banco; *(of river, lake)* margem f; *(of earth)* rampa, ladeira ▶ VI *(Aviat)* ladear-se; *(Comm)*: **they ~ with Pitt's** eles têm conta no banco Pitt's
▶ **bank on** VT FUS contar com, apostar em
bank account N conta bancária
bank card N cartão m de garantia de cheques
bank charges *(BRIT)* NPL encargos mpl bancários
bank draft N saque m bancário
banker ['bæŋkə^r] N banqueiro(-a); **~'s card** *(BRIT)* cartão m de garantia de cheques; **~'s order** *(BRIT)* ordem f bancária
bank giro N transferência bancária
Bank holiday *(BRIT)* N feriado nacional
banking ['bæŋkɪŋ] N transações fpl bancárias; *(job)* profissão f de banqueiro
banking hours NPL horário de banco
bank loan N empréstimo bancário
bank manager N gerente m/f de banco
banknote ['bæŋknaut] N nota (bancária)
bank rate N taxa bancária

bankrupt ['bæŋkrʌpt] N falido(-a), quebrado(-a) ▶ ADJ falido, quebrado; **to go ~** falir; **to be ~** estar falido/quebrado
bankruptcy ['bæŋkrʌptsɪ] N falência; (*fraudulent*) bancarrota
bank statement N extrato bancário
banner ['bænə^r] N faixa
bannister ['bænɪstə^r] N, **bannisters** ['bænɪstəz] NPL = **banister**
banns [bænz] NPL proclamas *fpl*
banquet ['bæŋkwɪt] N banquete *m*
bantamweight ['bæntəmweɪt] N peso-galo
banter ['bæntə^r] N caçoada
baptism ['bæptɪzəm] N batismo
Baptist ['bæptɪst] N batista *m/f*
baptize [bæp'taɪz] VT batizar
bar [bɑː^r] N (*gen, of chocolate*) barra; (*rod*) vara; (*of window etc*) grade *f*; (*fig: hindrance*) obstáculo; (*: prohibition*) impedimento; (*pub*) bar *m*; (*counter: in pub*) balcão *m* ▶ VT (*road*) obstruir; (*window*) trancar; (*person*) excluir; (*activity*) proibir ▶ PREP: **~ none** sem exceção; **~ of soap** sabonete *m*; **behind ~s** (*prisoner*) atrás das grades; **the B~** (*Law: profession*) a advocacia; (*people*) o corpo dos advogados
Barbados [bɑː'beɪdɔs] N Barbados *m* (*no article*)
barbaric [bɑː'bærɪk] ADJ bárbaro
barbarous ['bɑːbərəs] ADJ bárbaro
barbecue ['bɑːbɪkjuː] N churrasco
barbed wire ['bɑːbd-] N arame *m* farpado
barber ['bɑːbə^r] N barbeiro, cabeleireiro
barbiturate [bɑː'bɪtjurɪt] N barbitúrico
Barcelona [bɑːsə'ləunə] N Barcelona
bar chart N gráfico de barras
bar code N código de barras
bare [bɛə^r] ADJ despido; (*head*) descoberto; (*trees, vegetation*) sem vegetação; (*minimum*) básico ▶ VT (*body, teeth*) mostrar; **the ~ essentials** o imprescindível
bareback ['bɛəbæk] ADV em pelo, sem arreios
barefaced ['bɛəfeɪst] ADJ descarado
barefoot ['bɛəfut] ADJ, ADV descalço
bareheaded [bɛə'hɛdɪd] ADJ, ADV de cabeça descoberta
barely ['bɛəlɪ] ADV apenas, mal
Barents Sea ['bærənts-] N: **the ~** o mar de Barents
bargain ['bɑːgɪn] N (*deal*) negócio; (*agreement*) acordo; (*good buy*) pechincha ▶ VI (*trade*) negociar; (*haggle*) regatear; (*negotiate*): **to ~ (with sb)** pechinchar (com alguém); **into the ~** ainda por cima
▶ **bargain for** (*inf*) VT FUS: **he got more than he ~ed for** ele conseguiu mais do que pediu
bargaining ['bɑːgənɪŋ] N (*haggling*) regateio; (*talks*) negociações *fpl*
barge [bɑːdʒ] N barcaça
▶ **barge in** VI irromper
▶ **barge into** VT FUS (*collide with*) atropelar; (*interrupt*) intrometer-se em
baritone ['bærɪtəun] N barítono
barium meal ['bɛərɪəm-] N contraste *m* de bário

bark [bɑːk] N (*of tree*) casca; (*of dog*) latido ▶ VI latir
barley ['bɑːlɪ] N cevada
barley sugar N maltose *f*
barmaid ['bɑːmeɪd] N garçonete *f* (BR), empregada (de bar) (PT)
barman ['bɑːmən] (*irreg: like* **man**) N garçom *m* (BR), empregado (de bar) (PT)
barmy ['bɑːmɪ] (BRIT *inf*) ADJ maluco
barn [bɑːn] N celeiro
barnacle ['bɑːnəkl] N craca
barometer [bə'rɔmɪtə^r] N barômetro
baron ['bærən] N barão *m*; (*of press, industry*) magnata *m*
baroness ['bærənɪs] N baronesa
barracks ['bærəks] NPL quartel *m*, caserna
barrage ['bærɑːʒ] N (*Mil*) fogo de barragem; (*dam*) barragem *f*; (*fig*): **a ~ of questions** uma saraivada de perguntas
barrel ['bærəl] N barril *m*; (*of gun*) cano
barrel organ N realejo
barren ['bærən] ADJ (*sterile*) estéril; (*land*) árido
barricade [bærɪ'keɪd] N barricada ▶ VT barricar; **to ~ o.s. (in)** basrricar-se (em)
barrier ['bærɪə^r] N barreira; (*fig: to progress etc*) obstáculo; (BRIT: *also*: **crash barrier**) cerca entre as pistas
barrier cream (BRIT) N creme *m* protetor
barring ['bɑːrɪŋ] PREP exceto, salvo
barrister ['bærɪstə^r] (BRIT) N advogado(-a), causídico(-a)
barrow ['bærəu] N (*wheelbarrow*) carrinho (de mão)
bar stool N tamborete *m* de bar
bartender ['bɑːtɛndə^r] (US) N garçom *m* (BR), empregado (de bar) (PT)
barter ['bɑːtə^r] N permuta, troca ▶ VT: **to ~ sth for sth** trocar algo por algo
base [beɪs] N base *f* ▶ VT (*troops*): **to be ~d at** estar estacionado em; (*opinion, belief*): **to ~ sth on** basear *or* fundamentar algo em ▶ ADJ (*thoughts*) sujo, baixo, vil; **coffee-~d** à base de café; **a Rio-~d firm** uma empresa sediada no Rio; **I'm ~d in London** estou sediado em Londres
baseball ['beɪsbɔːl] N beisebol *m*
baseboard ['beɪsbɔːd] (US) N rodapé *m*
base camp N base *f* de operações
Basel ['bɑːzl] N = **Basle**
basement ['beɪsmənt] N (*in house*) porão *m*; (*in shop etc*) subsolo
base rate N taxa de base
bases[1] ['beɪsɪz] NPL *of* **base**
bases[2] ['beɪsiːz] NPL *of* **basis**
bash [bæʃ] (*inf*) VT (*with fist*) dar soco *or* murro em; (*with object*) bater em ▶ N (BRIT): **I'll have a ~ (at it)** vou tentar (fazê-lo); **~ed in** amassado
▶ **bash up** (*inf*) VT (*car*) arrebentar; (BRIT: *person*) dar uma surra em, espancar
bashful ['bæʃful] ADJ tímido, envergonhado
bashing ['bæʃɪŋ] (*inf*) N surra

BASIC ['beɪsɪk] N (Comput) BASIC m
basic ['beɪsɪk] ADJ básico; (facilities) mínimo; (vocabulary, rate) de base
basically ['beɪsɪkəlɪ] ADV basicamente; (really) no fundo
basic rate N (of tax) alíquota de base
basics ['beɪsɪks] NPL: **the ~** o essencial
basil ['bæzl] N manjericão m
basin ['beɪsn] N (vessel) bacia; (dock, Geo) bacia; (also: **washbasin**) pia
basis ['beɪsɪs] (pl **bases**) N base f; **on a part-time ~** num esquema de meio-expediente; **on a trial ~** em experiência; **on the ~ of what you've said** com base no que você disse
bask [bɑːsk] VI: **to ~ in the sun** tomar sol
basket ['bɑːskɪt] N cesto; (with handle) cesta
basketball ['bɑːskɪtbɔːl] N basquete(bol) m
basketball player N jogador(a) m/f de basquete
basketwork ['bɑːskɪtwəːk] N obra de verga, trabalho de vime
Basle [bɑːl] N Basileia
Basque [bæsk] ADJ, N basco(-a)
bass [beɪs] N (Mus) baixo
bass clef N clave f de fá
bassoon [bə'suːn] N fagote m
bastard ['bɑːstəd] N bastardo(-a); (!) filho da puta m (!)
baste [beɪst] VT (Culin) untar; (Sewing) alinhavar
bastion ['bæstɪən] N baluarte m
bat [bæt] N (Zool) morcego; (for ball games) bastão m; (BRIT: for table tennis) raquete f ▶ VT: **he didn't ~ an eyelid** ele nem pestanejou; **off one's own ~** por iniciativa própria
batch [bætʃ] N (of bread) fornada; (of papers) monte m; (lot) remessa, lote m
batch processing N (Comput) processamento batch
bated ['beɪtɪd] ADJ: **with ~ breath** contendo a respiração
bath [bɑːθ] N (pl **baths** [bɑːðz, bɑːθs]) banho; (bathtub) banheira ▶ VT banhar; **to have a ~** tomar banho (de banheira); **baths** NPL (also: **swimming baths**) banhos mpl públicos
bath chair N cadeira de rodas
bathe [beɪð] VI banhar-se; (US: have a bath) tomar banho (de banheira) ▶ VT banhar; (wound) lavar
bather ['beɪðə^r] N banhista m/f
bathing ['beɪðɪŋ] N banho
bathing cap N touca de banho
bathing costume, (US) **bathing suit** N (woman's) maiô m (BR), fato de banho (PT)
bath mat N tapete m de banheiro
bathrobe ['bɑːθrəub] N roupão m de banho
bathroom ['bɑːθrum] N banheiro (BR), casa de banho (PT)
bath towel N toalha de banho
bathtub ['bɑːθtʌb] N banheira
batman ['bætmən] (BRIT) (irreg: like **man**) N ordenança m

baton ['bætən] N (Mus) batuta; (Athletics) bastão m; (truncheon) cassetete m
battalion [bə'tælɪən] N batalhão m
batten ['bætn] N (Carpentry) caibro
 ▶ **batten down** VT (Naut): **to ~ down the hatches** correr as escotilhas
batter ['bætə^r] VT espancar; (subj: wind, rain) castigar ▶ N massa (mole)
battered ['bætəd] ADJ (hat, pan) amassado, surrado; **~ wife/child** mulher/criança seviciada
battering ram ['bætərɪŋ] N aríete m
battery ['bætərɪ] N bateria; (of torch) pilha
battery charger N carregador m de bateria
battery farming N criação f intensiva
battle ['bætl] N batalha; (fig) luta ▶ VI lutar; **that's half the ~** (fig) é meio caminho andado; **it's a** or **we're fighting a losing ~** estamos lutando em vão
battle dress N uniforme m de combate
battlefield ['bætlfiːld] N campo de batalha
battlements ['bætlmənts] NPL ameias fpl
battleship ['bætlʃɪp] N couraçado
bauble ['bɔːbl] N bugiganga
baud [bɔːd] N (Comput) baud m
baud rate N (Comput) índice m de baud, taxa de transmissão
baulk [bɔːlk] VI = **balk**
bauxite ['bɔːksaɪt] N bauxita
bawdy ['bɔːdɪ] ADJ indecente; (joke) imoral
bawl [bɔːl] VI gritar; (child) berrar
bay [beɪ] N (Geo) baía; (Bot) louro; (BRIT: for parking) área de estacionamento; (: for loading) vão m de carregamento ▶ VI ladrar; **to hold sb at ~** manter alguém a distância; **the B~ of Biscay** o golfo de Biscaia
bay leaf (irreg: like **leaf**) N louro
bayonet ['beɪənɪt] N baioneta
bay tree N loureiro
bay window N janela saliente
bazaar [bə'zɑː^r] N bazar m
bazooka [bə'zuːkə] N bazuca
BB (BRIT) N ABBR (= Boys' Brigade) movimento de meninos
BBB (US) N ABBR (= Better Business Bureau) organização de defesa ao consumidor
BBC N ABBR (= British Broadcasting Corporation) companhia britânica de rádio e televisão
B.C. ADV ABBR (= before Christ) a.C. ▶ ABBR (CANADA) = **British Columbia**
BCG N ABBR (= Bacillus Calmette-Guérin) BCG m
BD N ABBR (= Bachelor of Divinity) título universitário
B/D ABBR = **bank draft**
BDS N ABBR (= Bachelor of Dental Surgery) título universitário

(KEYWORD)

be [biː] (pt **was** or **were**, pp **been**) AUX VB **1** (with present participle: forming continuous tense) estar; **what are you doing?** o que você está fazendo (BR) or a fazer (PT)?; **it is raining** está chovendo (BR) or a chover (PT); **I've been**

waiting for you for hours há horas que eu espero por você

2 (*with pp: forming passives*): **to be killed** ser morto; **the box had been opened** a caixa tinha sido aberta; **the thief was nowhere to be seen** tinha sumido o ladrão

3 (*in tag questions*): **it was fun, wasn't it?** foi divertido, não foi?; **she's back again, is she?** ela voltou novamente, é?

4 (*+ to + infin*): **the house is to be sold** a casa está para ser vendida; **you're to be congratulated for all your work** você devia ser cumprimentado pelo seu trabalho; **he's not to open it** ele não pode abrir isso

▶ VB + COMPLEMENT **1** (*gen*): **I'm English** sou inglês; **I'm tired** estou cansado; **I'm hot/cold** estou com calor/frio; **he's a doctor** ele é médico; **2 and 2 are 4** dois e dois são quatro; **she's tall/pretty** ela é alta/bonita; **be careful!** tome cuidado!; **be quiet!** fique quieto!, fique calado!; **be good!** seja bonzinho!

2 (*of health*) estar; **how are you?** como está?; **he's very ill** ele está muito doente

3 (*of age*): **how old are you?** quantos anos você tem?; **I'm twenty (years old)** tenho vinte anos

4 (*cost*) ser; **how much was the meal?** quanto foi a refeição?; **that'll be £5.75, please** são £5.75, por favor

▶ VI **1** (*exist, occur etc*) existir, haver; **the best singer that ever was** o maior cantor de todos os tempos; **is there a God?** Deus existe?; **be that as it may** ... de qualquer forma ...; **so be it** que seja assim

2 (*referring to place*) estar; **I won't be here tomorrow** eu não estarei aqui amanhã; **Edinburgh is in Scotland** Edinburgo é *or* fica na Escócia; **it's on the table** está na mesa

3 (*referring to movement*) ir; **where have you been?** onde você foi?; **I've been to the post office/to China** fui ao correio/à China; **I've been in the garden** estava no quintal

▶ IMPERS VB **1** (*referring to time*) ser; **it's 8 o'clock** são 8 horas; **it's the 28th of April** é 28 de abril

2 (*referring to distance*) ficar; **it's 10 km to the village** o lugarejo fica a 10 km de distância

3 (*referring to the weather*) estar; **it's too hot/cold** está quente/frio demais

4 (*emphatic*): **it's only me** sou eu!; **it's only the postman** é apenas o carteiro; **it was Maria who paid the bill** foi Maria quem pagou a conta

B/E ABBR = **bill of exchange**

beach [biːtʃ] N praia ▶ VT puxar para a terra *or* praia, encalhar

beachcomber ['biːtʃkəumər] N vagabundo(-a) de praia

beachwear ['biːtʃwɛər] N roupa de praia

beacon ['biːkən] N (*lighthouse*) farol *m*; (*marker*) baliza; (*also*: **radio beacon**) radiofarol *m*

bead [biːd] N (*of necklace*) conta; (*of sweat*) gota; **beads** NPL (*necklace*) colar *m*

beady ['biːdɪ] ADJ: ~ **eyes** olhinhos vivos

beagle ['biːgl] N bigle *m*

beak [biːk] N bico

beaker ['biːkər] N copo com bico

beam [biːm] N (*Arch*) viga; (*of light*) raio; (*Naut*) través *m*; (*Radio*) feixe *m* direcional ▶ VI brilhar; (*smile*) sorrir; **to drive on full** *or* **main** ~ (BRIT), **to drive on high** ~ (US) transitar com os faróis altos

beaming ['biːmɪŋ] ADJ (*sun, smile*) radiante

bean [biːn] N feijão *m*; (*of coffee*) grão *m*; **runner/broad** ~ vagem *f*/fava

bean shoots NPL brotos *mpl* de feijão

bean sprouts NPL brotos *mpl* de feijão

bear [bɛər] (*pt* **bore**, *pp* **borne**) N urso; (*Stock Exchange*) baixista *m/f* ▶ VT (*carry, support*) arcar com; (*tolerate*) suportar; (*fruit*) dar; (*name, title*) trazer; (*traces, signs*) apresentar, trazer; (*children*) ter, dar à luz; (*Comm: interest*) render ▶ VI: **to ~ right/left** virar à direita/à esquerda; **to ~ the responsibility of** assumir a responsabilidade de; **to ~ comparison with** comparar-se a; **I can't ~ him** eu não o aguento; **to bring pressure to ~ on sb** exercer pressão sobre alguém

▶ **bear out** VT (*theory, suspicion*) confirmar, corroborar

▶ **bear up** VI aguentar, resistir

▶ **bear with** VT FUS (*sb's moods, temper*) ter paciência com; ~ **with me a minute** só um momentinho, por favor

bearable ['bɛərəbl] ADJ suportável, tolerável

beard [bɪəd] N barba

bearded ['bɪədɪd] ADJ barbado, barbudo

bearer ['bɛərər] N portador(a) *m/f*; (*of title*) detentor(a) *m/f*

bearing ['bɛərɪŋ] N porte *m*, comportamento; (*connection*) relação *f*; **bearings** NPL (*also*: **ball bearings**) rolimã *m*; **to take a** ~ fazer marcação; **to find one's ~s** orientar-se

beast [biːst] N bicho; (*inf*) fera

beastly ['biːstlɪ] ADJ horrível

beat [biːt] N (*pt* **beat**, *pp* **beaten**) N (*of heart*) batida; (*Mus*) ritmo, compasso; (*of policeman*) ronda ▶ VT (*hit*) bater em; (*eggs*) bater; (*defeat*) vencer, derrotar; (*better*) superar, ultrapassar; (*drum*) tocar; (*rhythm*) marcar ▶ VI (*heart*) bater; **to ~ about the bush** falar com rodeios (BR), fazer rodeios (PT); **to ~ it** (*inf*) cair fora; **off the ~en track** fora de mão; **to ~ time** marcar o compasso; **that ~s everything!** isso é o cúmulo!

▶ **beat down** VT (*door*) arrombar; (*price*) conseguir que seja abatido; (*seller*) conseguir que abata o preço ▶ VI (*rain*) cair a cântaros; (*sun*) bater de chapa

▶ **beat off** VT repelir

▶ **beat up** VT (*inf: person*) espancar; (*eggs*) bater

beaten ['biːtn] PP *of* **beat**

beater ['bi:tə'] N (for eggs, cream) batedeira
beating ['bi:tɪŋ] N batida; (thrashing) surra; **to take a ~** levar uma surra
beat-up (inf) ADJ (car) caindo aos pedaços; (suitcase etc) surrado
beautician [bju:'tɪʃən] N esteticista m/f
beautiful ['bju:tɪful] ADJ belo, lindo, formoso
beautify ['bju:tɪfaɪ] VT embelezar
beauty ['bju:tɪ] N beleza; (person) beldade f, beleza; **the ~ of it is that ...** o atrativo disso é que ...
beauty contest N concurso de beleza
beauty queen N miss f, rainha de beleza
beauty salon [-sælɔn] N salão m de beleza
beauty spot N sinal m (de beleza na pele); (BRIT Tourism) lugar m de beleza excepcional
beaver ['bi:və'] N castor m
becalmed [bɪ'kɑ:md] ADJ parado devido a calmaria
became [bɪ'keɪm] PT of **become**
because [bɪ'kɔz] CONJ porque; **~ of** por causa de
beck [bɛk] N: **to be at sb's ~ and call** estar às ordens de alguém
beckon ['bɛkən] VT (also: **beckon to**) chamar com sinais, acenar para
become [bɪ'kʌm] (irreg: like **come**) VT (suit) favorecer a ▶ VI (+n) virar, fazer-se, tornar-se; (+adj) tornar-se, ficar; **to ~ fat/thin** ficar gordo/magro; **to ~ angry** zangar-se, ficar com raiva; **it became known that** soube-se que; **what has ~ of him?** o que é feito dele?, o que aconteceu a ele?
becoming [bɪ'kʌmɪŋ] ADJ (behaviour) decoroso; (clothes) favorecedor(a), elegante
BEd N ABBR (= Bachelor of Education) habilitação ao magistério
bed [bɛd] N cama; (of flowers) canteiro; (of coal, clay) camada, base f; (of sea, lake) fundo; (of river) leito; **to go to ~** ir dormir, deitar(-se)
▶ **bed down** VI deitar-se
bed and breakfast N (place) pensão f; (terms) cama e café da manhã (BR) or pequeno almoço (PT)
bedbug ['bɛdbʌg] N percevejo
bedclothes ['bɛdkləuðz] NPL roupa de cama
bed cover N colcha
bedding ['bɛdɪŋ] N roupa de cama
bedevil [bɪ'dɛvl] VT (harass) acossar; **to be ~led by** ser vítima de
bedfellow ['bɛdfɛləu] N: **they are strange ~s** (fig) eles formam uma dupla estranha
bedlam ['bɛdləm] N confusão f
bedpan ['bɛdpæn] N comadre f
bedpost ['bɛdpəust] N pé m de cama
bedraggled [bɪ'drægld] ADJ molhado, ensopado; (dirty) enlameado
bedridden ['bɛdrɪdn] ADJ acamado
bedrock ['bɛdrɔk] N (fig) fundamento, alicerce m; (Geo) leito de rocha firme
bedroom ['bɛdrum] N quarto, dormitório
Beds (BRIT) ABBR = **Bedfordshire**
bedside ['bɛdsaɪd] N: **at sb's ~** à cabeceira de alguém ▶ CPD (book, lamp) de cabeceira

bedsit ['bɛdsɪt], **bedsitter** ['bɛdsɪtə'] N (BRIT) conjugado

> Um **bedsit** é um quarto mobiliado cujo aluguel inclui uso de cozinha e banheiro comuns. Esse sistema de alojamento é muito comum no Reino Unido entre estudantes, jovens profissionais liberais etc.

bedspread ['bɛdsprɛd] N colcha
bedtime ['bɛdtaɪm] N hora de ir para cama
bee [bi:] N abelha; **to have a ~ in one's bonnet (about sth)** estar obcecado (por algo)
beech [bi:tʃ] N faia
beef [bi:f] N carne f de vaca; **roast ~** rosbife m
▶ **beef up** (inf) VT (support) reforçar; (essay) desenvolver mais
beefburger ['bi:fbə:gə'] N hambúrguer m
beefeater ['bi:fi:tə'] N alabardeiro (da guarda da Torre de Londres)
beehive ['bi:haɪv] N colmeia
bee-keeping ['bi:ki:pɪŋ] N apicultura
beeline ['bi:laɪn] N: **to make a ~ for** ir direto a
been [bi:n] PP of **be**
beer [bɪə'] N cerveja
beer can N lata de cerveja
beet [bi:t] (US) N beterraba
beetle ['bi:tl] N besouro
beetroot ['bi:tru:t] (BRIT) N beterraba
befall [bɪ'fɔ:l] (irreg: like **fall**) VT acontecer a
befit [bɪ'fɪt] VT convir a
before [bɪ'fɔ:'] PREP (of time) antes de; (of space) diante de ▶ CONJ antes que ▶ ADV antes, anteriormente; à frente, na dianteira; **~ going** antes de ir; **~ she goes** antes dela sair; **the week ~** a semana anterior; **I've seen it ~** eu já vi isso (antes); **I've never seen it ~** nunca vi isso antes
beforehand [bɪ'fɔ:hænd] ADV antes
befriend [bɪ'frɛnd] VT fazer amizade com
befuddled [bɪ'fʌdld] ADJ atordoado, aturdido
beg [bɛg] VI mendigar, pedir esmola ▶ VT (also: **beg for**) mendigar; (favour) pedir; (entreat) suplicar; **to ~ sb to do sth** implorar a alguém para fazer algo; **that ~s the question of ...** isso dá por resolvida a questão de ...; see also **pardon**
began [bɪ'gæn] PT of **begin**
beggar ['bɛgə'] N (also: **beggarman, beggarwoman**) mendigo(-a)
begin [bɪ'gɪn] (pt **began**, pp **begun**) VT, VI começar, iniciar; **to ~ doing** or **to do sth** começar a fazer algo; **~ning (from) Monday** a partir de segunda-feira; **I can't ~ to thank you** não sei como agradecer-lhe; **to ~ with** em primeiro lugar
beginner [bɪ'gɪnə'] N principiante m/f
beginning [bɪ'gɪnɪŋ] N início, começo; **right from the ~** desde o início
begrudge [bɪ'grʌdʒ] VT: **to ~ sb sth** (envy) invejar algo de alguém; (give grudgingly) dar algo a alguém de má vontade

beguile [bɪˈgaɪl] VT *(enchant)* encantar
beguiling [bɪˈgaɪlɪŋ] ADJ *(charming)* sedutor(a), encantador(a)
begun [bɪˈgʌn] PP *of* **begin**
behalf [bɪˈhɑːf] N: **on** *or* **in** (US) **~ of** *(as representative of)* em nome de; *(for benefit of)* no interesse de; *(in aid of)* em favor de; **on my/his ~** em meu nome/no nome dele
behave [bɪˈheɪv] VI comportar-se; *(well: also:* **behave o.s.**) comportar-se (bem)
behaviour, (US) **behavior** [bɪˈheɪvjəʳ] N comportamento
behead [bɪˈhɛd] VT decapitar, degolar
beheld [bɪˈhɛld] PT, PP *of* **behold**
behind [bɪˈhaɪnd] PREP atrás de ▶ ADV atrás; *(move)* para trás ▶ N traseiro; **~ (time)** atrasado; **to be ~ (schedule) with sth** estar atrasado *or* com atraso em algo; **~ the scenes** nos bastidores; **to leave sth ~** *(forget)* esquecer algo; *(run ahead of)* deixar algo para trás
behold [bɪˈhəʊld] *(irreg: like* **hold**) VT contemplar
beige [beɪʒ] ADJ bege
Beijing [beɪˈʒɪŋ] N Pequim
being [ˈbiːɪŋ] N *(state)* existência; *(entity)* ser *m*; **to come into ~** nascer, aparecer
Beirut [beɪˈruːt] N Beirute
belated [bɪˈleɪtɪd] ADJ atrasado
belch [bɛltʃ] VI arrotar ▶ VT *(also:* **belch out**: *smoke etc)* vomitar
beleaguered [bɪˈliːgəd] ADJ *(city, fig)* assediado; *(army)* cercado
Belfast [ˈbɛlfɑːst] N Belfast
belfry [ˈbɛlfrɪ] N campanário
Belgian [ˈbɛldʒən] ADJ, N belga *m/f*
Belgium [ˈbɛldʒəm] N Bélgica
Belgrade [bɛlˈgreɪd] N Belgrado
belie [bɪˈlaɪ] VT *(contradict)* contradizer; *(disprove)* desmentir; *(obscure)* ocultar
belief [bɪˈliːf] N *(opinion)* opinião *f*; *(trust, faith)* fé *f*; *(acceptance as true)* crença, convicção *f*; **it's beyond ~** é inacreditável; **in the ~ that** na convicção de que
believe [bɪˈliːv] VT: **to ~ sth/sb** acreditar algo/em alguém ▶ VI: **to ~ in** *(God, ghosts)* crer em; *(method, person)* acreditar em; **I ~ (that)** … *(think)* eu acho que …; **I don't ~ in corporal punishment** não sou partidário de castigos corporais; **he is ~d to be abroad** acredita-se que ele esteja no exterior
believer [bɪˈliːvəʳ] N *(Rel)* crente *m/f*, fiel *m/f*; *(in idea, activity)*: **~ in** partidário(-a) de
belittle [bɪˈlɪtl] VT diminuir, depreciar
Belize [bɛˈliːz] N Belize *m (no article)*
bell [bɛl] N sino; *(small, doorbell)* campainha; *(animal's, on toy)* guizo, sininho; **that rings a ~** *(fig)* tenho uma vaga lembrança disso; **the name rings a ~** o nome não me é estranho
bell-bottoms NPL calça boca-de-sino
bellboy [ˈbɛlbɔɪ] (BRIT) N boy *m* (de hotel) (BR), groom *m* (PT)

bellhop [ˈbɛlhɔp] (US) N = **bellboy**
belligerent [bɪˈlɪdʒərənt] ADJ *(at war)* beligerante; *(fig)* agressivo
bellow [ˈbɛləʊ] VI mugir; *(person)* bramar ▶ VT *(orders)* gritar, berrar
bellows [ˈbɛləʊz] NPL fole *m*
bell pepper N *(esp US)* pimentão *m*
bell push (BRIT) N botão *m* de campainha
belly [ˈbɛlɪ] N barriga, ventre *m*
bellyache [ˈbɛlɪeɪk] *(inf)* N dor *f* de barriga ▶ VI bufar
belly button [ˈbɛlɪbʌtn] N umbigo
belong [bɪˈlɔŋ] VI: **to ~ to** pertencer a; *(club etc)* ser sócio de; **the book ~s here** o livro fica guardado aqui
belongings [bɪˈlɔŋɪŋz] NPL pertences *mpl*
beloved [bɪˈlʌvɪd] ADJ querido, amado ▶ N bem-amado(-a)
below [bɪˈləʊ] PREP *(beneath)* embaixo de; *(lower than, less than)* abaixo de; *(covered by)* debaixo de ▶ ADV em baixo; **see ~** ver abaixo; **temperatures ~ normal** temperaturas abaixo da normal
belt [bɛlt] N cinto; *(of land)* faixa; *(Tech)* correia ▶ VT *(thrash)* surrar ▶ VI (BRIT *inf*): **to ~ along** ir a toda, correr; **industrial ~** zona industrial
▶ **belt out** VT *(song)* cantar a plenos pulmões
▶ **belt up** (BRIT *inf*) VI calar a boca
beltway [ˈbɛltweɪ] (US) N via circular
bemoan [bɪˈməʊn] VT lamentar
bemused [bɪˈmjuːzd] ADJ bestificado, estupidificado
bench [bɛntʃ] N banco; *(work bench)* bancada (de carpinteiro); (BRIT *Pol*) assento num Parlamento; **the B~** *(Law)* o tribunal; *(people)* os magistrados, o corpo de magistrados
benchmark N referência
bend [bɛnd] *(pt, pp* **bent**) VT *(leg, arm)* dobrar; *(pipe)* curvar ▶ VI dobrar-se, inclinar-se ▶ N curva; *(in pipe)* curvatura; **bends** NPL mal-dos-mergulhadores *m*
▶ **bend down** VI abaixar-se; *(squat)* agachar-se
▶ **bend over** VI debruçar-se
beneath [bɪˈniːθ] PREP *(position)* abaixo de; *(covered by)* debaixo de; *(unworthy of)* indigno de ▶ ADV em baixo
benefactor [ˈbɛnɪfæktəʳ] N benfeitor(a) *m/f*
benefactress [ˈbɛnɪfæktrɪs] N benfeitora
beneficial [bɛnɪˈfɪʃəl] ADJ: **~ (to)** benéfico (a)
beneficiary [bɛnɪˈfɪʃərɪ] N *(Law)* beneficiário(-a)
benefit [ˈbɛnɪfɪt] N benefício, vantagem *f*; *(as part of salary etc)* benefício; *(money)* subsídio, auxílio; *(also:* **benefit performance**) apresentação *f* beneficente ▶ VT beneficiar ▶ VI: **to ~ from sth** beneficiar-se de algo
benefit performance N apresentação *f* beneficente
Benelux [ˈbɛnɪlʌks] N Benelux *m*
benevolent [bɪˈnɛvələnt] ADJ benévolo

BEng N ABBR (= *Bachelor of Engineering*) título universitário
benign [bɪ'naɪn] ADJ (*person, smile*) afável, bondoso; (*Med*) benigno
bent [bɛnt] PT, PP *of* **bend** ▶ N inclinação *f*
▶ ADJ (*wire, pipe*) torto; (*inf: dishonest*) corrupto; **to be ~ on** estar empenhado em; **to have a ~ for** ter queda para
bequeath [bɪ'kwiːð] VT legar
bequest [bɪ'kwɛst] N legado
bereaved [bɪ'riːvd] NPL: **the ~** os enlutados
▶ ADJ enlutado
bereavement [bɪ'riːvmənt] N luto
beret ['bɛreɪ] N boina
Bering Sea ['beɪrɪŋ-] N: **the ~** o mar de Bering
Berks (BRIT) ABBR = **Berkshire**
Berlin [bəː'lɪn] N Berlim
berm [bəːm] (US) N acostamento (BR), berma (PT)
Bermuda [bəː'mjuːdə] N Bermudas *fpl*
Bermuda shorts NPL bermuda
Bern [bəːn] N Berna
berry ['bɛrɪ] N baga
berserk [bəˈsəːk] ADJ: **to go ~** perder as estribeiras
berth [bəːθ] N (*bed*) beliche *m*; (*cabin*) cabine *f*; (*on train*) leito; (*for ship*) ancoradouro ▶ VI (*in harbour*) atracar, encostar-se; (*at anchor*) ancorar; **to give sb a wide ~** (*fig*) evitar alguém
beseech [bɪ'siːtʃ] (*pt, pp* **besought**) VT suplicar, implorar
beset [bɪ'sɛt] VT (*pt, pp* **beset**) (*subj: problems, difficulties*) acossar ▶ ADJ: **a policy ~ with dangers** uma política cercada de perigos
besetting [bɪ'sɛtɪŋ] ADJ: **his ~ sin** seu grande vício
beside [bɪ'saɪd] PREP (*next to*) junto de, ao lado de, ao pé de; (*compared with*) em comparação com; **to be ~ o.s. (with anger)** estar fora de si; **that's ~ the point** isso não tem nada a ver
besides [bɪ'saɪdz] ADV além disso ▶ PREP (*as well as*) além de; (*except*) salvo, exceto
besiege [bɪ'siːdʒ] VT (*town*) sitiar, pôr cerco a; (*fig*) assediar
besotted [bɪ'sɔtɪd] (BRIT) ADJ: **~ with** gamado em, louco por
besought [bɪ'sɔːt] PT, PP *of* **beseech**
bespectacled [bɪ'spɛktɪkld] ADJ de óculos
bespoke [bɪ'spəuk] (BRIT) ADJ (*garment*) feito sob medida; **~ software** software *m* sob medida; **~ tailor** alfaiate *m* que confecciona roupa sob medida
best [bɛst] ADJ melhor ▶ ADV (o) melhor; **the ~ part of** (*quantity*) a maior parte de; **at ~** na melhor das hipóteses; **to make the ~ of sth** tirar o maior partido possível de algo; **to do one's ~** fazer o possível; **to the ~ of my knowledge** que eu saiba; **to the ~ of my ability** o melhor que eu puder; **he's not exactly patient at the ~ of times** mesmo nos seus melhores momentos ele não é muito paciente; **the ~ thing to do is ...** o melhor é ...
best-before date N validade *f*
best man N padrinho de casamento
bestow [bɪ'stəu] VT (*affection*) dar, oferecer; (*honour, title*): **to ~ sth on sb** outorgar algo a alguém
bestseller ['bɛst'sɛləʳ] N (*book*) best-seller *m*
bet [bɛt] (*pt, pp* **bet** *or* **betted**) VT: **to ~ sb sth** apostar algo com alguém ▶ VI: **to ~ (on)** apostar (em) ▶ N aposta; **to ~ money on sth** apostar dinheiro em algo; **it's a safe ~** (*fig*) é coisa segura, é dinheiro ganho
Bethlehem ['bɛθlɪhɛm] N Belém
betray [bɪ'treɪ] VT trair; (*denounce*) delatar
betrayal [bɪ'treɪəl] N traição *f*
better ['bɛtəʳ] ADJ, ADV melhor ▶ VT melhorar; (*go above*) superar ▶ N: **to get the ~ of sb** vencer alguém; **you had ~ do it** é melhor você fazer isso; **he thought ~ of it** pensou melhor, mudou de opinião; **to get ~** melhorar; **you'd be ~ off this way** seria melhor para você assim; **that's ~!** isso!
betting ['bɛtɪŋ] N jogo
betting shop (BRIT) N agência de apostas
between [bɪ'twiːn] PREP no meio de, entre
▶ ADV no meio; **the road ~ here and London** a estrada daqui a Londres; **we only had 5 ~ us** juntos só tínhamos 5; **~ you and me** cá entre nós
bevel ['bɛvəl] N (*also*: **bevel edge**) bisel *m*
beverage ['bɛvərɪdʒ] N bebida
bevy ['bɛvɪ] N: **a ~ of** um grupo *or* bando de
bewail [bɪ'weɪl] VT lamentar
beware [bɪ'wɛəʳ] VT, VI: **to ~ (of)** precaver-se (de), ter cuidado (com) ▶ EXCL cuidado!; **"~ of the dog"** "cuidado com o cachorro"
bewildered [bɪ'wɪldəd] ADJ atordoado(a); (*confused*) confuso
bewildering [bɪ'wɪldərɪŋ] ADJ atordoador(a), desnorteante
bewitching [bɪ'wɪtʃɪŋ] ADJ encantador(a), sedutor(a)
beyond [bɪ'jɔnd] PREP (*in space, exceeding*) além de; (*exceeding*) acima de, fora de; (*date*) mais tarde que; (*above*) acima de ▶ ADV além; (*in time*) mais longe, mais adiante; **~ doubt** fora de qualquer dúvida; **to be ~ repair** não ter conserto
b/f ABBR = **brought forward**
BFPO N ABBR (= *British Forces Post Office*) serviço postal do exército
bhp N ABBR (*Aut*: = *brake horsepower*) potência efetiva ao freio
bi... [baɪ] PREFIX bi...
biannual [baɪ'ænjuəl] ADJ semestral
bias ['baɪəs] N (*prejudice*) parcialidade; (*preference*) prevenção *f*
biased, biassed ['baɪəst] ADJ parcial; **to be bias(s)ed against** ter preconceito contra
bib [bɪb] N babadouro, babador *m*
Bible ['baɪbl] N Bíblia
bibliography [bɪblɪ'ɔgrəfɪ] N bibliografia

bicarbonate of soda [baɪˈkɑːbənɪt-] N bicarbonato de sódio
bicentenary [baɪsɛnˈtiːnərɪ] N bicentenário
bicentennial [baɪsɛnˈtɛnɪəl] N bicentenário
biceps [ˈbaɪsɛps] N bíceps *m inv*
bicker [ˈbɪkəʳ] VI brigar
bicycle [ˈbaɪsɪkl] N bicicleta
bicycle path N ciclovia
bicycle pump N bomba de bicicleta
bicycle track N ciclovia
bid [bɪd] N oferta; (*at auction*) lance *m*; (*attempt*) tentativa ▶ VI (*pt, pp* **bid**) fazer uma oferta; fazer lance; (*Comm*) licitar, fazer uma licitação ▶ VT (*pt* **bade** [bæd], *pp* **bidden** [ˈbɪdn]) (*price*) oferecer; (*order*) mandar, ordenar; **to ~ sb good day** dar bom dia a alguém
bidder [ˈbɪdəʳ] N (*Comm*) licitante *m/f*; **the highest ~** quem oferece mais
bidding [ˈbɪdɪŋ] N (*at auction*) lances *mpl*; (*Comm*) licitação *f*; (*order*) ordem *f*
bide [baɪd] VT: **to ~ one's time** esperar o momento adequado
bidet [ˈbiːdeɪ] N bidê *m*
bidirectional [ˈbaɪdɪˈrɛkʃənl] ADJ bidirecional
biennial [baɪˈɛnɪəl] ADJ bienal ▶ N (*plant*) planta bienal
bier [bɪəʳ] N féretro
bifocals [baɪˈfəuklz] NPL óculos *mpl* bifocais
big [bɪg] ADJ grande; (*bulky*) volumoso; **~ brother/sister** irmão/irmã mais velho/a; **to do things in a ~ way** fazer as coisas em grande escala
bigamy [ˈbɪgəmɪ] N bigamia
big dipper [-ˈdɪpəʳ] N montanha-russa
big end N (*Aut*) cabeça de biela
bigheaded [ˈbɪgˈhɛdɪd] ADJ convencido
big-hearted [ˈbɪgˈhɑːtɪd] ADJ magnânimo
bigot [ˈbɪgət] N fanático, intolerante *m/f*
bigoted [ˈbɪgətɪd] ADJ fanático, intolerante
bigotry [ˈbɪgətrɪ] N fanatismo, intolerância
big toe N dedão *m* do pé
big top N tenda de circo
big wheel N (*at fair*) roda gigante
bigwig [ˈbɪgwɪg] (*inf*) N mandachuva *m*
bike [baɪk] N bicicleta
bikini [bɪˈkiːnɪ] N biquíni *m*
bilateral [baɪˈlætrəl] ADJ bilateral
bile [baɪl] N bílis *f*
bilingual [baɪˈlɪŋgwəl] ADJ bilíngue
bilious [ˈbɪlɪəs] ADJ bilioso
bill [bɪl] N conta; (*invoice*) fatura; (*Pol*) projeto de lei; (*US: banknote*) bilhete *m*, nota; (*in restaurant*) conta, notinha; (*notice*) cartaz *m*; (*of bird*) bico ▶ VT (*item*) faturar; (*customer*) enviar fatura a; **may I have the ~ please?** a conta *or* a notinha, por favor?; **"stick** *or* **post no ~s"** "é proibido afixar cartazes"; **to fit** *or* **fill the ~** (*fig*) servir; **~ of exchange** letra de câmbio; **~ of lading** conhecimento de carga; **~ of sale** nota de venda; (*formal*) escritura de venda
billboard [ˈbɪlbɔːd] N quadro para cartazes

billet [ˈbɪlɪt] N alojamento ▶ VT alojar, quartelar
billfold [ˈbɪlfəuld] (US) N carteira
billiards [ˈbɪlɪədz] N bilhar *m*
billion [ˈbɪlɪən] N (= 1,000,000,000) bilhão *m* (BR), mil milhão *m* (PT)
billow [ˈbɪləu] N (*of smoke*) bulcão *m* ▶ VI (*smoke*) redemoinhar; (*sail*) enfunar-se
billy goat [ˈbɪlɪ-] N bode *m*
bin [bɪn] N caixa; (BRIT: *also*: **dustbin, litter bin**) lata de lixo; *see also* **breadbin**
binary [ˈbaɪnərɪ] ADJ binário
bind [baɪnd] (*pt, pp* **bound**) VT atar, amarrar; (*wound*) enfaixar; (*oblige*) obrigar; (*book*) encadernar ▶ N (*inf*) saco
  ▶ **bind over** VT (*Law*) pôr em liberdade condicional
  ▶ **bind up** VT (*wound*) enfaixar; **to be bound up with** estar vinculado a
binder [ˈbaɪndəʳ] N (*file*) fichário
binding [ˈbaɪndɪŋ] ADJ (*contract*) sujeitante ▶ N (*of book*) encadernação *f*
binge [bɪndʒ] (*inf*) N: **to go on a ~** tomar uma bebedeira
bingo [ˈbɪŋgəu] N bingo
binoculars [bɪˈnɔkjuləz] NPL binóculo
bio... [baɪəu] PREFIX bio...
biochemistry [baɪəˈkɛmɪstrɪ] N bioquímica
biodegradable [ˈbaɪəudɪˈgreɪdəbl] ADJ biodegradável
biodiesel [ˈbaɪəudiːzl] N biodiesel *m*
biodiversity [ˈbaɪəudaɪˈvəːsɪtɪ] N biodiversidade *f*
biofuel [ˈbaɪəufjuəl] N biocombustível *m*
biographer [baɪˈɔgrəfəʳ] N biógrafo(-a)
biographic [baɪəˈgræfɪk], **biographical** [baɪəˈgræfɪkl] ADJ biográfico
biography [baɪˈɔgrəfɪ] N biografia
biological [baɪəˈlɔdʒɪkəl] ADJ biológico
biologist [baɪˈɔlədʒɪst] N biólogo(-a)
biology [baɪˈɔlədʒɪ] N biologia
biometric [ˈbaɪəuˈmɛtrɪk] ADJ biométrico
biophysics [ˈbaɪəuˈfɪzɪks] N biofísica
biopsy [ˈbaɪɔpsɪ] N biopsia
biotechnology [ˈbaɪəutɛkˈnɔlədʒɪ] N biotecnia
bipolar [baiˈpəulə] ADJ bipolar
birch [bəːtʃ] N bétula; (*cane*) vara de vidoeiro
bird [bəːd] N ave *f*, pássaro; (BRIT pej: *girl*) gatinha
birdcage [ˈbəːdkeɪdʒ] N gaiola
bird flu N gripe *f* aviária
bird's-eye view N vista aérea; (*overview*) vista geral
bird watcher [-ˈwɔtʃəʳ] N ornitófilo(-a)
Biro® [ˈbaɪərəu] N caneta esferográfica
birth [bəːθ] N nascimento; (*Med*) parto; **to give ~ to** dar à luz, parir
birth certificate N certidão *f* de nascimento
birth control N controle *m* de natalidade; (*methods*) métodos *mpl* anticoncepcionais
birthday [ˈbəːθdeɪ] N aniversário (BR), dia *m* de anos (PT) ▶ CPD de aniversário; *see also* **happy**

birthmark ['bə:θmɑ:k] N nevo
birthplace ['bə:θpleɪs] N lugar m de nascimento
birth rate N índice m de natalidade f
Biscay ['bɪskeɪ] N: **the Bay of ~** o golfo de Biscaia
biscuit ['bɪskɪt] N (BRIT) bolacha, biscoito; (US) pão m doce
bisect [baɪ'sɛkt] VT dividir ao meio
bishop ['bɪʃəp] N bispo
bit [bɪt] PT of **bite** ▶ N pedaço, bocado; (of tool) broca; (of horse) freio; (Comput) bit m; **a ~ of** (a little) um pouco de; **a ~ mad/dangerous** um pouco doido/perigoso; **~ by ~** pouco a pouco; **to come to ~s** (break) cair aos pedaços; **bring all your ~s and pieces** traz todos os teus troços; **to do one's ~** fazer sua parte
bitch [bɪtʃ] N (dog) cadela, cachorra; (!: woman) cadela (!), vagabunda (!)
bitcoin ['bɪtkɔɪn] N (Comput) bitcoin m
bite [baɪt] VT, VI (pt **bit**, pp **bitten**) morder; (insect etc) picar ▶ N mordida; (insect bite) picada; (mouthful) bocado; **to ~ one's nails** roer as unhas; **let's have a ~ (to eat)** (inf) vamos fazer uma boquinha
biting ['baɪtɪŋ] ADJ (wind) penetrante; (wit) mordaz
bit part N (Theatre) ponta
bitten ['bɪtn] PP of **bite**
bitter ['bɪtə'] ADJ amargo; (wind, criticism) cortante, penetrante; (battle) encarniçado ▶ N (BRIT: beer) cerveja amarga; **to the ~ end** até o fim
bitterly ['bɪtəlɪ] ADV (complain, weep) amargamente; (criticize) asperamente; (oppose) implacavelmente; (jealous, disappointed) extremamente; **it's ~ cold** faz um frio glacial
bitterness ['bɪtənɪs] N amargor m; (anger) rancor m
bittersweet ['bɪtəswi:t] ADJ agridoce
bitty ['bɪtɪ] (BRIT inf) ADJ sem nexo
bitumen ['bɪtjumɪn] N betume m
bivouac ['bɪvuæk] N bivaque m
bizarre [bɪ'zɑ:'] ADJ esquisito
bk ABBR = **bank**; **book**
BL N ABBR (= Bachelor of Laws, Bachelor of Letters) título universitário; (US: = Bachelor of Literature) título universitário
bl ABBR = **bill of lading**
blab [blæb] VI dar or bater com a língua nos dentes ▶ VT (also: **blab out**) revelar, badalar
black [blæk] ADJ preto; (humour) negro ▶ N (colour) cor f preta; ▶ VT (shoes) lustrar (BR), engraxar (PT); (BRIT Industry) boicotar; **to give sb a ~ eye** esmurrar alguém e deixá-lo de olho roxo; **~ and blue** contuso, contundido; **there it is in ~ and white** (fig) aí está preto no branco; **to be in the ~** (in credit) estar com saldo credor
▶ **black out** VI (faint) desmaiar
black belt (US) N zona de negros

blackberry ['blækbərɪ] N amora(-preta) (BR), amora silvestre (PT)
blackbird ['blækbə:d] N melro
blackboard ['blækbɔ:d] N quadro(-negro)
black box N (Aviat) caixa preta
black coffee N café m preto
Black Country (BRIT) N: **the ~** zona industrial na região central da Inglaterra
blackcurrant [blæk'kʌrənt] N groselha negra
black economy (BRIT) N economia invisível
blacken ['blækən] VT enegrecer; (fig) denegrir
Black Forest N: **the ~** a Floresta Negra
blackhead ['blækhɛd] N cravo
black ice N gelo negro
blackjack ['blækdʒæk] N (Cards) vinte-e-um m; (US: truncheon) cassetete m
blackleg ['blæklɛg] (BRIT) N fura-greve m/f
blacklist ['blæklɪst] N lista negra ▶ VT colocar na lista negra
blackmail ['blækmeɪl] N chantagem f ▶ VT fazer chantagem a
blackmailer ['blækmeɪlə'] N chantagista m/f
black market N mercado or câmbio negro
blackout ['blækaʊt] N blecaute m; (fainting) desmaio; (of radio signal) desvanecimento
Black Sea N: **the ~** o mar Negro
black sheep N (fig) ovelha negra
blacksmith ['blæksmɪθ] N ferreiro
black spot N (Aut) lugar m perigoso; (for unemployment etc) área crítica
bladder ['blædə'] N bexiga
blade [bleɪd] N folha; (of knife, sword) lâmina; (of oar, rotor) pá f; **a ~ of grass** uma folha de relva
blame [bleɪm] N culpa ▶ VT: **to ~ sb for sth** culpar alguém por algo; **to be to ~** ter a culpa
blameless ['bleɪmlɪs] ADJ (person) inocente
blanch [blɑ:ntʃ] VI (person, face) empalidecer ▶ VT (Culin) escaldar
bland [blænd] ADJ suave; (taste) brando
blank [blæŋk] ADJ em branco; (shot) sem bala; (look) sem expressão; (of memory): **to go ~** dar um branco ▶ N (on form) espaço em branco; (cartridge) bala de festim; **we drew a ~** (fig) chegamos a lugar nenhum
blank cheque, (US) **blank check** N cheque m em branco; **to give sb a ~ to do ...** dar carta branca a alguém para fazer ...
blanket ['blæŋkɪt] N (for bed) cobertor m; (for travelling etc) manta; (of snow, fog) camada ▶ ADJ (statement, agreement) global, geral; **to give ~ cover** (subj: insurance policy) dar cobertura geral
blare [blɛə'] VI (horn, radio) clangorar
blasé ['blɑ:zeɪ] ADJ indiferente
blasphemous ['blæsfɪməs] ADJ blasfemo
blasphemy ['blæsfɪmɪ] N blasfêmia
blast [blɑ:st] N (of wind) rajada; (of whistle) toque m; (of explosive) explosão f; (shock wave) sopro; (of air, steam) jato ▶ VT (blow up) fazer voar; (blow open) abrir com uma carga explosiva ▶ EXCL (BRIT inf) droga!; **(at) full ~**

(*play music etc*) no volume máximo; (*fig*) a todo vapor
▶ **blast off** VI (*Space*) decolar
blast-off N (*Space*) lançamento
blatant ['bleɪtənt] ADJ descarado
blatantly ['bleɪtəntlɪ] ADV (*lie*) descaradamente; **it's ~ obvious** é de toda a evidência, está na cara
blaze [bleɪz] N (*fire*) fogo; (*in building etc*) incêndio; (*flames*) chamas *fpl*; (*fig: of colour*) esplendor *m*; (: *of glory, publicity*) explosão *f* ▶ VI (*fire*) arder; (*guns*) descarregar; (*eyes*) brilhar ▶ VT: **to ~ a trail** (*fig*) abrir (um) caminho; **in a ~ of publicity** numa explosão de publicidade
blazer ['bleɪzə^r] N casaco esportivo, blazer *m*
bleach [bli:tʃ] N (*also*: **household bleach**) água sanitária ▶ VT (*linen*) branquear
bleached [bli:tʃt] ADJ (*hair*) oxigenado; (*linen*) branqueado, alvejado
bleachers ['bli:tʃəz] (US) NPL (*Sport*) arquibancada descoberta
bleak [bli:k] ADJ (*countryside*) desolado; (*prospect*) desanimador(a), sombrio; (*weather*) ruim; (*smile*) sem graça, amarelo
bleary-eyed ['blɪərɪ'aɪd] ADJ de olhos injetados
bleat [bli:t] VI balir ▶ N balido
bled [blɛd] PT, PP of **bleed**
bleed [bli:d] (*pt, pp* **bled**) VT, VI sangrar; **my nose is ~ing** eu estou sangrando do nariz
bleeper ['bli:pə^r] N (*of doctor etc*) bip *m*
blemish ['blɛmɪʃ] N mancha; (*on reputation*) mácula
blend [blɛnd] N mistura ▶ VT misturar ▶ VI (*colours etc: also*: **blend in**) combinar-se, misturar-se
blender ['blɛndə^r] N (*Culin*) liquidificador *m*
bless [blɛs] (*pt, pp* **blessed**) VT abençoar; **~ you!** (*after sneeze*) saúde!
blessed[1] [blɛst] PT, PP of **bless**; **to be ~ with** estar dotado de
blessed[2] ['blɛsɪd] ADJ (*Rel: holy*) bendito, bento; (*happy*) afortunado; **it rains every ~ day** chove cada santo dia
blessing ['blɛsɪŋ] N bênção *f*; (*godsend*) graça, dádiva; (*approval*) aprovação *f*; **to count one's ~s** dar graças a Deus; **it was a ~ in disguise** Deus escreve certo por linhas tortas
blest [blɛst] PT, PP of **bless**
blew [blu:] PT of **blow**
blight [blaɪt] VT (*hopes etc*) frustrar, gorar ▶ N (*of plants*) ferrugem *f*
blimey ['blaɪmɪ] (BRIT *inf*) EXCL nossa!
blind [blaɪnd] ADJ cego ▶ N (*for window*) persiana; (*also*: **Venetian blind**) veneziana ▶ VT cegar; (*dazzle*) deslumbrar; **~ people** os cegos; **to turn a ~ eye (on** or **to)** fazer vista grossa (a)
blind alley N beco sem saída *m*
blind corner (BRIT) N curva sem visibilidade
blind date N encontro às cegas

blindfold ['blaɪndfəuld] N venda ▶ ADJ, ADV com os olhos vendados, às cegas ▶ VT vendar os olhos a
blindly ['blaɪndlɪ] ADV às cegas; (*without thinking*) cegamente
blindness ['blaɪndnɪs] N cegueira
blind spot N (*Aut*) local *m* pouco visível; (*fig*) ponto fraco
blink [blɪŋk] VI piscar ▶ N (*inf*): **the TV's on the ~** a TV está com defeito
blinkers ['blɪŋkəz] NPL antolhos *mpl*
blinking ['blɪŋkɪŋ] (BRIT *inf*) ADJ: **this ~ ...** este danado ...
bliss [blɪs] N felicidade *f*
blissful ['blɪsful] ADJ (*event, day*) maravilhoso; (*sigh, smile*) contente; **in ~ ignorance** numa bendita ignorância
blissfully ['blɪsfulɪ] ADV (*smile*) ditosamente; (*happy*) maravilhosamente
blister ['blɪstə^r] N (*on skin*) bolha; (*in paint, rubber*) empola ▶ VI (*paint*) empolar-se
BLit, BLitt N ABBR (= *Bachelor of Literature*) título universitário
blithe [blaɪð] ADJ alegre
blithely ['blaɪðlɪ] ADV (*unconcernedly*) tranquilamente; (*joyfully*) alegremente
blithering ['blɪðərɪŋ] (*inf*) ADJ: **this ~ idiot** esta besta quadrada
blitz [blɪts] N bombardeio aéreo; (*fig*): **to have a ~ on sth** dar um jeito em algo
blizzard ['blɪzəd] N nevasca
BLM (US) N ABBR = **Bureau of Land Management**
bloated ['bləutɪd] ADJ (*swollen*) inchado; (*full*) empanturrado
blob [blɔb] N (*drop*) gota; (*stain, spot*) mancha; (*indistinct shape*) ponto
bloc [blɔk] N (*Pol*) bloco
block [blɔk] N (*of wood*) bloco; (*of stone*) laje *f*; (*in pipes*) entupimento; (*toy*) cubo; (*of buildings*) quarteirão *m* ▶ VT obstruir, bloquear; (*pipe*) entupir; (*progress*) impedir; **~ of flats** (BRIT) prédio (de apartamentos); **3 ~s from here** a três quarteirões daqui; **mental ~** bloqueio; **~ and tackle** (*Tech*) talha
▶ **block up** VT (*hole*) tampar; (*pipe*) entupir; (*road*) bloquear
blockade [blɔ'keɪd] N bloqueio ▶ VT bloquear
blockage ['blɔkɪdʒ] N obstrução *f*
block booking N reserva em bloco
blockbuster ['blɔkbʌstə^r] N grande sucesso
block capitals NPL letras *fpl* de forma
blockhead ['blɔkhɛd] N imbecil *m/f*
block letters NPL letras *fpl* maiúsculas
block release (BRIT) N licença para fins de aperfeiçoamento profissional
block vote (BRIT) N voto em bloco
blog ['blɔg] N blog *m*, blogue *m* ▶ VI blogar
blogger ['blɔgə^r] N (*person*) blogueiro(-a)
blogosphere ['blɔgəsfɪə^r] N blogosfera
blogpost ['blɔgpəust] N (*Comput*) post *m* de blog
bloke [bləuk] (BRIT *inf*) N cara *m* (BR), gajo (PT)
blond, blonde [blɔnd] ADJ, N louro(-a)

blood [blʌd] N sangue *m*
bloodcurdling ['blʌdkəːdlɪŋ] ADJ horripilante, de fazer gelar o sangue nas veias
blood donor N doador(a) *m/f* de sangue
blood group N grupo sanguíneo
bloodhound ['blʌdhaund] N sabujo
bloodless ['blʌdlɪs] ADJ (*victory*) incruento; (*pale*) pálido
bloodletting ['blʌdlɛtɪŋ] N (*Med*) sangria; (*fig*) derramamento de sangue
blood poisoning N toxemia
blood pressure N pressão *f* arterial *or* sanguínea
bloodshed ['blʌdʃɛd] N matança, carnificina
bloodshot ['blʌdʃɔt] ADJ (*eyes*) injetado
bloodstained ['blʌdsteɪnd] ADJ manchado de sangue
bloodstream ['blʌdstriːm] N corrente *f* sanguínea
blood test N exame *m* de sangue
bloodthirsty ['blʌdθəːstɪ] ADJ sanguinário
blood transfusion N transfusão *f* de sangue
blood vessel N vaso sanguíneo
bloody ['blʌdɪ] ADJ sangrento; (*nose*) ensanguentado; (*BRIT!*): **this ~ ...** essa droga de ..., esse maldito ...; **~ strong/good** forte/bom pra burro (*inf*)
bloody-minded ['blʌdɪ'maɪndɪd] (*BRIT inf*) ADJ espírito de porco *inv*
bloom [bluːm] N flor *f*; (*fig*) florescimento, viço ▶ VI florescer
blooming ['bluːmɪŋ] (*inf*) ADJ: **this ~ ...** esse maldito ..., esse miserável ...
blossom ['blɔsəm] N flor *f* ▶ VI florescer; (*fig*) desabrochar-se; **to ~ into** (*fig*) tornar-se
blot [blɔt] N borrão *m*; (*fig*) mancha ▶ VT borrar; (*ink*) secar; **a ~ on the landscape** um aleijão na paisagem; **to ~ one's copy book** (*fig*) manchar sua reputação
▶ **blot out** VT (*view*) tapar; (*memory*) apagar
blotchy ['blɔtʃɪ] ADJ (*complexion*) cheio de manchas
blotter ['blɔtə^r] N mata-borrão *m*
blotting paper ['blɔtɪŋ-] N mata-borrão *m*
blouse [blauz] N blusa
blow [bləu] (*pt* **blew**, *pp* **blown**) N golpe *m*; (*punch*) soco ▶ VI soprar ▶ VT (*subj: wind*) soprar; (*instrument*) tocar; (*fuse*) queimar; (*glass*) soprar; **to ~ one's nose** assoar o nariz; **to come to ~s** chegar às vias de fato
▶ **blow away** VT levar, arrancar ▶ VI ser levado pelo vento
▶ **blow down** VT derrubar
▶ **blow off** VT levar ▶ VI ser levado
▶ **blow out** VI (*candle*) apagar-se; (*tyre*) estourar ▶ VT (*candle*) apagar
▶ **blow over** VI passar
▶ **blow up** VI explodir; (*fig*) perder a paciência ▶ VT explodir; (*tyre*) encher; (*Phot*) ampliar
blow-dry N escova ▶ VT fazer escova em
blowlamp ['bləulæmp] (*BRIT*) N maçarico
blown [bləun] PP *of* **blow**
blow-out N (*of tyre*) furo; (*inf: big meal*) rega-bofe *m*
blowtorch ['bləutɔːtʃ] N = **blowlamp**
blowzy ['blauzɪ] (*BRIT*) ADJ balofa
BLS (*US*) N ABBR = **Bureau of Labor Statistics**
blubber ['blʌbə^r] N óleo de baleia ▶ VI (*pej*) choramingar
bludgeon ['blʌdʒən] VT bater em
blue [bluː] ADJ azul; (*depressed*) deprimido; **blues** N (*Mus*): **the ~s** o blues; **to have the ~s** (*inf: feeling*) estar na fossa, estar de baixo astral; **(only) once in a ~ moon** uma vez na vida e outra na morte; **out of the ~** (*fig*) de estalo, inesperadamente
blue baby N criança azul
bluebell ['bluːbɛl] N campainha
bluebottle ['bluːbɔtl] N varejeira azul
blue cheese N queijo tipo roquefort
blue-chip ADJ: **~ investment** investimento de primeira ordem
blue-collar worker N operário(-a)
blue film N filme picante
blue jeans NPL jeans *m* (BR), jeans *mpl* (PT)
blueprint ['bluːprɪnt] N anteprojeto; (*fig*): **~ (for)** esquema *m* (de)
bluff [blʌf] VI blefar ▶ N blefe *m*; (*crag*) penhasco ▶ ADJ (*person*) brusco; **to call sb's ~** pagar para ver alguém
blunder ['blʌndə^r] N gafe *f* ▶ VI cometer *or* fazer uma gafe; **to ~ into sb/sth** esbarrar com alguém/algo
blunt [blʌnt] ADJ (*knife*) cego; (*pencil*) rombudo; (*person*) franco, direto ▶ VT embotar; **~ instrument** (*Law*) arma imprópria
bluntly ['blʌntlɪ] ADV sem rodeios
bluntness ['blʌntnɪs] N (*of person*) franqueza, rudeza
blur [bləː^r] N borrão *m* ▶ VT borrar, nublar; (*vision*) embaçar
blurb [bləːb] N (*for book*) dizeres *mpl* de propaganda
blurred [bləːd] ADJ indistinto, borrado
blurt out [bləːt-] VT (*reveal*) deixar escapar; (*say*) balbuciar
blush [blʌʃ] VI corar, ruborizar-se ▶ N rubor *m*, vermelhidão *f*
blusher ['blʌʃə^r] N blusher *m*
bluster ['blʌstə^r] N fanfarronada, bazófia ▶ VI fanfarronar
blustering ['blʌstərɪŋ] ADJ (*person*) fanfarrão(-rona)
blustery ['blʌstərɪ] ADJ (*weather*) borrascoso, tormentoso
Blvd ABBR = **boulevard**
BM N ABBR = **British Museum**; (*Sch*: = *Bachelor of Medicine*) título universitário
BMA N ABBR = **British Medical Association**
BMI N ABBR (*Med*: = *body mass index*) IMC *m*
BMJ N ABBR = **British Medical Journal**
BMus N ABBR (= *Bachelor of Music*) título universitário
BO N ABBR (*inf*: = *body odour*) fartum *m*, c.c. *m*; (*US*) = **box office**
boar [bɔː^r] N javali *m*

board [bɔːd] N (*wooden*) tábua; (*blackboard*) quadro; (*notice board*) quadro de avisos; (*for chess etc*) tabuleiro; (*committee*) junta, conselho; (*in firm*) diretoria, conselho administrativo; (*Naut, Aviat*): **on ~** a bordo ▶ VT embarcar em; **full ~** (BRIT) pensão *f* completa; **half ~** (BRIT) meia-pensão *f*; **~ and lodging** casa e comida; **above ~** (*fig*) limpo; **across the ~** *adj* geral; *adv* de uma maneira geral; **to go by the ~** ficar abandonado, dançar (*inf*)
▶ **board up** VT (*door*) entabuar

boarder ['bɔːdə^r] N hóspede *m/f*; (*Sch*) interno(-a)

board game N jogo de tabuleiro

boarding card ['bɔːdɪŋ-] N = **boarding pass**

boarding house ['bɔːdɪŋ-] N pensão *m*

boarding pass ['bɔːdɪŋ-] (BRIT) N (*Aviat, Naut*) cartão *m* de embarque

boarding school ['bɔːdɪŋ-] N internato

board meeting N reunião *f* da diretoria

board room N sala da diretoria

boardwalk ['bɔːdwɔːk] (US) N passeio de tábuas

boast [bəust] VI contar vantagem ▶ VT ostentar ▶ N jactância, bazófia; **to ~** (*about or of*) gabar-se (de), jactar-se (de)

boastful ['bəustful] ADJ vaidoso, jactancioso

boastfulness ['bəustfulnɪs] N bazófia, jactância

boat [bəut] N barco *m*; (*ship*) navio; **to go by ~** ir de barco; **to be in the same ~** (*fig*) estar no mesmo barco

boater ['bəutə^r] N (*hat*) chapéu *m* de palha

boating ['bəutɪŋ] N passeio de barco

boatman ['bəutmən] (*irreg: like* **man**) N barqueiro

boatswain ['bəusn] N contramestre *m*

bob [bɔb] VI (*boat, cork on water: also:* **bob up and down**) balouçar-se ▶ N (BRIT *inf*) = **shilling**
▶ **bob up** VI aparecer, surgir

bobbin ['bɔbɪn] N bobina, carretel *m*

bobby ['bɔbɪ] (BRIT *inf*) N policial *m/f* (BR), polícia *m* (PT)

bobsleigh ['bɔbsleɪ] N bob *m*, trenó *m* duplo

bode [bəud] VI: **to ~ well/ill (for)** ser de bom/ mau agouro (para)

bodice ['bɔdɪs] N corpete *m*

bodily ['bɔdɪlɪ] ADJ corporal; (*pain*) físico; (*needs*) material ▶ ADV (*lift*) em peso

body ['bɔdɪ] N corpo; (*corpse*) cadáver *m*; (*of car*) carroceria; (*of plane*) fuselagem *f*; (*fig: group*) grupo; (: *organization*) organização *f*; (: *quantity*) conjunto; (: *of wine*) corpo; **in a ~** todos juntos

body-building N musculação *f*

bodyguard ['bɔdɪɡɑːd] N guarda-costas *m inv*

body language N linguagem *f* corporal

body repairs NPL lanternagem *f*

bodywork ['bɔdɪwəːk] N lataria

boffin ['bɔfɪn] (BRIT) N cientista *m/f*

bog [bɔɡ] N pântano, atoleiro ▶ VT: **to get ~ged down (in)** (*fig*) atolar-se (em)

bogey ['bəuɡɪ] N (*worry*) espectro; (BRIT *inf: dried mucus*) meleca

boggle ['bɔɡl] VI: **the mind ~s** (*wonder*) não dá para imaginar; (*innuendo*) nem quero pensar

bogie ['bəuɡɪ] N (*Rail*) truque *m*

Bogotá [bɔɡə'tɑː] N Bogotá

bogus ['bəuɡəs] ADJ falso; (*workman etc*) farsante

Bohemia [bəu'hiːmɪə] N Boêmia

Bohemian [bəu'hiːmɪən] ADJ, N boêmio(-a)

boil [bɔɪl] VT ferver; (*eggs*) cozinhar ▶ VI ferver ▶ N (*Med*) furúnculo; **to bring to the** (BRIT) *or* **a** (US) **~** deixar ferver; **to come to the** (BRIT) *or* **a** (US) **~** começar a ferver
▶ **boil down to** VT FUS (*fig*) reduzir-se a
▶ **boil over** VI transbordar

boiled egg [bɔɪld-] N ovo cozido

boiled potatoes [bɔɪld-] NPL batatas *fpl* cozidas

boiler ['bɔɪlə^r] N caldeira; (*for central heating*) boiler *m*

boiler suit (BRIT) N macacão *m* (BR), fato macaco (PT)

boiling ['bɔɪlɪŋ] ADJ: **it's ~** (*weather*) está um calor horrível; **I'm ~ (hot)** (*inf*) estou morrendo de calor

boiling point N ponto de ebulição

boisterous ['bɔɪstərəs] ADJ (*noisy*) barulhento; (*excitable*) agitado; (*crowd*) turbulento

bold [bəuld] ADJ corajoso; (*pej*) atrevido, insolente; (*outline, colour*) forte

boldness ['bəuldnɪs] N arrojo, coragem *f*; (*cheek*) audácia, descaramento

bold type N (*Typ*) negrito

Bolivia [bə'lɪvɪə] N Bolívia

Bolivian [bə'lɪvɪən] ADJ, N boliviano(-a)

bollard ['bɔləd] (BRIT) N (*Aut*) poste *m* de sinalização; (*Naut*) poste de amarração

bolster ['bəulstə^r] N travesseiro
▶ **bolster up** VT sustentar

bolt [bəult] N (*lock*) trinco, ferrolho; (*with nut*) parafuso, cavilha ▶ ADV: **~ upright** direito como um fuso ▶ VT (*door*) fechar a ferrolho, trancar; (*food*) engolir às pressas ▶ VI fugir; (*horse*) disparar; **to be a ~ from the blue** (*fig*) cair como uma bomba, ser uma bomba

bomb [bɔm] N bomba ▶ VT bombardear

bombard [bɔm'bɑːd] VT bombardear

bombardment [bɔm'bɑːdmənt] N bombardeio

bombastic [bɔm'bæstɪk] ADJ bombástico

bomb disposal N: **~ expert** perito(-a) em desmontagem de explosivos; **~ unit** unidade *f* de desmontagem de explosivos

bomber ['bɔmə^r] N (*Aviat*) bombardeiro; (*terrorist*) terrorista *m/f*

bombing ['bɔmɪŋ] N bombardeio; (*by terrorists*) atentado a bomba

bomb scare N ameaça de bomba

bombshell ['bɔmʃɛl] N granada de artilharia; (*fig*) bomba

bomb site N zona bombardeada

bona fide ['bəunə'faɪdɪ] ADJ genuíno, autêntico

bonanza [bə'nænzə] N boom m
bond [bɔnd] N (*binding promise*) compromisso; (*link*) vínculo, laço; (*Finance*) obrigação f; (*Comm*): **in ~** (*goods*) retido sob caução na alfândega
bondage ['bɔndɪdʒ] N escravidão f
bonded warehouse ['bɔndɪd-] N depósito da alfândega, entreposto aduaneiro
bone [bəun] N osso; (*of fish*) espinha ▶ VT desossar; tirar as espinhas de
bone china N porcelana com mistura de cinza de ossos
bone-dry ADJ completamente seco
bone idle ADJ preguiçoso
boner ['bəunər] (US) N gafe f
bonfire ['bɔnfaɪər] N fogueira
Bonn [bɔn] N Bonn
bonnet ['bɔnɪt] N toucado; (BRIT: *of car*) capô m
bonny ['bɔnɪ] (SCOTLAND) ADJ bonitinho
bonus ['bəunəs] N (*payment*) bônus m; (*fig*) gratificação f; (*on salary*) prêmio, gratificação f
bony ['bəunɪ] ADJ (*arm, face*, Med: *tissue*) ossudo; (*meat*) cheio de ossos; (*fish*) cheio de espinhas
boo [bu:] VT vaiar ▶ N vaia ▶ EXCL ruuh!, bu!
boob [bu:b] (*inf*) N (*breast*) seio; (BRIT: *mistake*) besteira, gafe f
booby prize ['bu:bɪ-] N prêmio de consolação
booby trap ['bu:bɪ-] N armadilha explosiva
booby-trapped ['bu:bɪtræpt] ADJ que tem armadilha explosiva
book [buk] N livro; (*of stamps, tickets*) talão m; (*notebook*) caderno ▶ VT reservar; (*driver*) autuar; (*football player*) mostrar o cartão amarelo a; **books** NPL (*Comm*) contas fpl, contabilidade f; **to keep the ~s** fazer a escrituração *or* contabilidade; **by the ~** de acordo com o regulamento, corretamente; **to throw the ~ at sb** condenar alguém à pena máxima

▶ **book in** (BRIT) VI (*at hotel*) registrar (BR), registar (PT)

▶ **book up** VT reservar; **all seats are ~ed up** todos os lugares estão tomados; **the hotel is ~ed up** o hotel está lotado
bookable ['bukəbl] ADJ: **seats are ~** lugares podem ser reservados
bookcase ['bukkeɪs] N estante f (para livros)
book ends NPL suportes mpl de livros
booking ['bukɪŋ] (BRIT) N reserva
booking office (BRIT) N (Rail, *Theatre*) bilheteria (BR), bilheteira (PT)
book-keeping N escrituração f, contabilidade f
booklet ['buklɪt] N livrinho, brochura
bookmaker ['bukmeɪkər] N book(maker) m (BR), agenciador m de apostas (PT)
bookmark ['bukmɑ:k] N (*for book*) marcador m de livro; (*Comput*) favorito, bookmark m
bookseller ['buksɛlər] N livreiro(-a)
bookshop, bookstore N livraria
bookstall ['bukstɔ:l] N banca de livros
bookstore ['bukstɔ:r] N = **bookshop**
book token N vale m para livro
book value N valor m contábil
boom [bu:m] N (*noise*) barulho, estrondo; (*in sales etc*) aumento rápido; (*Econ*) boom m, fase f or aumento de prosperidade ▶ VI (*sound*) retumbar; (*business*) tomar surto
boomerang ['bu:məræŋ] N bumerangue m
boom town N cidade f de rápido crescimento econômico
boon [bu:n] N dádiva, benefício
boorish ['buərɪʃ] ADJ rude
boost [bu:st] N estímulo ▶ VT estimular; **to give a ~ to sb's spirits** *or* **to sb** dar uma força a alguém
booster ['bu:stər] N (*Med*) revacinação f; (*TV*) amplificador m (de sinal); (*Elec*) sobrevoltador m; (*also*: **booster rocket**) foguete m auxiliar
booster seat N (*Aut: for children*) assento de carro para crianças maiores
boot [bu:t] N bota; (*for football*) chuteira; (*for walking*) bota (para caminhar); (*ankle boot*) botina; (BRIT: *of car*) porta-malas m (BR), mala (BR *inf*), porta-bagagem m (PT) ▶ VT (*kick*) dar pontapé em; (*Comput*) iniciar; **to ~ ...** (*in addition*) ainda por cima ...; **to give sb the ~** (*inf*) botar alguém na rua
booth [bu:ð] N (*at fair*) barraca; (*telephone booth, voting booth*) cabine f
bootleg ['bu:tlɛg] ADJ de contrabando; **~ recording** gravação f pirata
booty ['bu:tɪ] N despojos mpl, pilhagem f
booze [bu:z] (*inf*) N bebida alcoólica ▶ VI embebedar-se
boozer ['bu:zər] (*inf*) N (*person*) beberrão/beberrona m/f; (BRIT: *pub*) pub m
border ['bɔ:dər] N margem f; (*for flowers*) borda; (*of a country*) fronteira; (*on cloth etc*) debrum m, remate m ▶ VT (*also*: **border on**) limitar-se com ▶ CPD (*town, region*) fronteiriço; **the B~s** a região fronteiriça entre a Escócia e a Inglaterra

▶ **border on** VT FUS (*fig*) chegar às raias de
borderline ['bɔ:dəlaɪn] N (*fig*) fronteira
borderline case N caso-limite m
bore [bɔ:r] PT *of* **bear** ▶ VT (*hole*) abrir; (*well*) cavar; (*person*) aborrecer ▶ N (*person*) chato(-a), maçante m/f; (*of gun*) calibre m; **what a ~!** (*inf*) que chato! (BR), que saco! (BR), que maçada! (PT)
bored [bɔ:d] ADJ entediado; **to be ~ to tears** *or* **~ to death** *or* **~ stiff** estar muito entediado
boredom ['bɔ:dəm] N tédio, aborrecimento
boring ['bɔ:rɪŋ] ADJ chato, maçante
born [bɔ:n] ADJ: **to be ~** nascer; **I was ~ in 1990** nasci em 1990; **~ blind** cego de nascença; **a ~ leader** um líder nato
born-again [bɔ:nə'gɛn] ADJ: **~ Christian** evangélico(-a), crente m/f
borne [bɔ:n] PP *of* **bear**
Borneo ['bɔ:nɪəu] N Bornéu
borough ['bʌrə] N município

borrow ['bɔrəu] VT: **to ~ sth (from sb)** pedir algo emprestado a alguém; **may I ~ your car?** você pode me emprestar o seu carro?
borrower ['bɔrəuə'] N tomador(a) m/f de empréstimo
borrowing ['bɔrəuɪŋ] N empréstimo(s) m(pl)
borstal ['bɔːstl] (BRIT) N reformatório (de menores)
bosom ['buzəm] N peito
bosom friend N amigo(-a) íntimo(-a) or do peito
boss [bɔs] N chefe m/f; (employer) patrão(-troa) m/f; (in agriculture, industry etc) capataz m ▶ VT (also: **boss about, boss around**) mandar em
bossy ['bɔsɪ] ADJ mandão(-dona)
bosun ['bəusn] N contramestre m
botanical [bə'tænɪkl] ADJ botânico
botanist ['bɔtənɪst] N botânico(-a)
botany ['bɔtənɪ] N botânica
botch [bɔtʃ] VT (also: **botch up**) estropiar, atamancar
both [bəuθ] ADJ, PRON ambos(-as), os dois/as duas ▶ ADV: **~ A and B** tanto A como B; **~ of us went, we ~ went** nós dois fomos, ambos fomos
bother ['bɔðə'] VT (worry) preocupar; (irritate) incomodar, molestar; (disturb) atrapalhar ▶ VI (also: **bother o.s.**) preocupar-se ▶ N (trouble) preocupação f; (nuisance) amolação f, inconveniente m ▶ EXCL bolas!; **to ~ about** preocupar-se com; **I'm sorry to ~ you** lamento incomodá-lo; **please don't ~** por favor, não se preocupe, não se dê ao trabalho; **don't ~** não vale a pena; **to ~ doing** dar-se ao trabalho de fazer; **it's no ~** não tem problema
Botswana [bɔt'swɑːnə] N Botsuana
bottle ['bɔtl] N garrafa; (of perfume, medicine) frasco; (baby's) mamadeira (BR), biberão m (PT) ▶ VT engarrafar
▶ **bottle up** VT conter, refrear
bottle bank N depósito de vidro para reciclagem, vidrão m (PT)
bottleneck ['bɔtlnɛk] N (traffic) engarrafamento; (fig) obstáculo, problema m
bottle-opener N abridor m (de garrafas) (BR), abre-garrafas m inv (PT)
bottom ['bɔtəm] N (of container, sea) fundo; (buttocks) traseiro, bunda (inf); (of page, list) pé m; (of class) nível m mais baixo; (of mountain, hill) sopé m ▶ ADJ (low) inferior, mais baixo; (last) último; **to get to the ~ of sth** (fig) tirar algo a limpo
bottomless ['bɔtəmlɪs] ADJ sem fundo; (fig) insondável; (funds) ilimitado
bough [bau] N ramo
bought [bɔːt] PT, PP of **buy**
boulder ['bəuldə'] N pedregulho, matacão m
bounce [bauns] VI (ball) saltar, quicar; (cheque) ser devolvido (por insuficiência de fundos) ▶ VT fazer saltar ▶ N (rebound) salto; **he's got plenty of ~** (fig) ele tem pique
bouncer ['baunsə'] (inf) N leão de chácara m

bound [baund] PT, PP of **bind** ▶ N (leap) pulo, salto; (gen pl: limit) limite m ▶ VI (leap) pular, saltar ▶ VT (border) demarcar; (limit) limitar ▶ ADJ: **~ by** (law, regulation) limitado por; **to be ~ to do sth** (obliged) ter a obrigação de fazer algo; (likely) na certa ir fazer algo; **~ for** com destino a; **out of ~s** fora dos limites
boundary ['baundrɪ] N limite m, fronteira
boundless ['baundlɪs] ADJ ilimitado
bountiful ['bauntɪful] ADJ (person) generoso; (supply) farto
bounty ['bauntɪ] N (generosity) generosidade f; (wealth) fartura
bouquet ['bukeɪ] N (of flowers) buquê m, ramalhete m; (of wine) buquê m, aroma m
bourbon ['buəbən] (US) N (also: **bourbon whiskey**) uísque m (BR) or whisky m (PT) (norte-americano)
bourgeois ['buəʒwɑː] ADJ burguês(-guesa)
bout [baut] N período; (of malaria etc) ataque m; (of activity) explosão f; (Boxing etc) combate m
boutique [buːˈtiːk] N butique f
bow¹ [bəu] N (knot) laço; (weapon, Mus) arco
bow² [bau] N (of the body) reverência; (of the head) inclinação f; (Naut: also: **bows**) proa ▶ VI curvar-se, fazer uma reverência; (yield): **to ~ to** or **before** ceder ante, submeter-se a; **to ~ to the inevitable** curvar-se ao inevitável
bowels ['bauəlz] NPL intestinos mpl, tripas fpl; (fig) entranhas fpl
bowl [bəul] N (for washing) bacia; (ball) bola; (of pipe) fornilho; (US: stadium) estádio ▶ VI (Cricket) arremessar a bola
▶ **bowl over** VT (fig) impressionar, comover
bow-legged ADJ cambaio, de pernas tortas
bowler ['bəulə'] N jogador(a) m/f de bolas; (Cricket) lançador m (da bola); (BRIT: also: **bowler hat**) chapéu-coco m
bowling ['bəulɪŋ] N (game) boliche m
bowling alley N boliche m
bowling green N gramado (BR) or relvado (PT) para jogo de bolas
bowls [bəulz] N jogo de bolas
bow tie ['bəu-] N gravata-borboleta
box [bɔks] N caixa; (crate) caixote m; (for jewels) estojo; (for money) cofre m; (Theatre) camarote m ▶ VT encaixotar; (Sport) boxear contra ▶ VI (Sport) boxear
boxer ['bɔksə'] N (person) boxeador m, pugilista m; (dog) boxer m
boxer shorts NPL cueca samba-canção
boxing ['bɔksɪŋ] N (Sport) boxe m, pugilismo
Boxing Day (BRIT) N Dia de Santo Estêvão (26 de dezembro)
boxing gloves NPL luvas fpl de boxe
boxing ring N ringue m de boxe
box number N (for advertisements) caixa postal
box office N bilheteria (BR), bilheteira (PT)
boxroom ['bɔksrum] N quarto pequeno
boy [bɔɪ] N (young) menino, garoto; (older) moço, rapaz m; (son) filho; (servant) criado

boycott ['bɔɪkɔt] N boicote m, boicotagem f ▶ VT boicotar
boyfriend ['bɔɪfrɛnd] N namorado
boyish ['bɔɪɪʃ] ADJ (man) jovial; (looks) pueril; (woman) como ares de menino
Bp ABBR = **bishop**
BPOE (US) N ABBR (= *Benevolent and Protective Order of Elks*) associação beneficente
BR ABBR = **British Rail**
Br. ABBR (*Rel*: = *brother*) Fr.
bra [bra:] N sutiã m (BR), soutien m (PT)
brace [breɪs] N reforço, braçadeira; (*on teeth*) aparelho; (*tool*) arco de pua; (*Typ: also*: **brace bracket**) chave f ▶ VT firmar, reforçar; (*knees, shoulders*) retesar; **braces** NPL (BRIT) suspensórios mpl; **to ~ o.s.** (*for weight, fig*) preparar-se
bracelet ['breɪslɪt] N pulseira
bracing ['breɪsɪŋ] ADJ tonificante
bracken ['brækən] N samambaia (BR), feto (PT)
bracket ['brækɪt] N (*Tech*) suporte m; (*group*) classe f, categoria; (*range*) faixa; (*also*: **brace bracket**) chave f; (*also*: **round bracket**) parêntese m; (*also*: **square bracket**) colchete m ▶ VT pôr entre parênteses; (*fig: also*: **bracket together**) agrupar; **in ~s** entre parênteses (*or* colchetes)
brackish ['brækɪʃ] ADJ (*water*) salobro
brag [bræg] VI gabar-se, contar vantagem
braid [breɪd] N (*trimming*) galão m; (*of hair*) trança
Braille [breɪl] N braile m
brain [breɪn] N cérebro; **brains** NPL (*Culin*) miolos mpl; (*intelligence*) inteligência, miolos; **he's got ~s** ele é inteligente
brainchild ['breɪntʃaɪld] N ideia original
brainless ['breɪnlɪs] ADJ estúpido, desmiolado
brainstorm ['breɪnstɔ:m] N (*fig*) momento de distração; (US: *brainwave*) ideia luminosa
brainwash ['breɪnwɔʃ] VT fazer uma lavagem cerebral em
brainwave ['breɪnweɪv] N inspiração f, ideia luminosa *or* brilhante
brainy ['breɪnɪ] ADJ inteligente
braise [breɪz] VT assar na panela
brake [breɪk] N freio (BR), travão m (PT) ▶ VT, VI frear (BR), travar (PT)
brake fluid N óleo de freio (BR) *or* dos travões (PT)
brake light N farol m do freio (BR), farolim m de travagem (PT)
brake pedal N pedal m do freio (BR), travão m de pé (PT)
bramble ['bræmbl] N amora-preta
bran [bræn] N farelo
branch [bra:ntʃ] N ramo, galho; (*road*) ramal m; (*Comm*) sucursal f, filial f; (: *bank*) agência ▶ VI bifurcar-se
▶ **branch out** VI (*fig*) diversificar suas atividades; **to ~ out into** estender suas atividades a
branch line N (*Rail*) ramal m
branch manager N gerente m/f de sucursal *or* filial

brand [brænd] N marca; (*fig: type*) tipo ▶ VT (*cattle*) marcar com ferro quente; (*fig: pej*): **to ~ sb a communist** etc estigmatizar alguém de comunista etc
brandish ['brændɪʃ] VT brandir
brand name N marca de fábrica, griffe f
brand-new ADJ novo em folha, novinho
brandy ['brændɪ] N conhaque m
brash [bræʃ] ADJ (*rough*) grosseiro; (*forward*) descarado
Brasilia [brə'zɪlɪə] N Brasília
brass [brɑ:s] N latão m; **the ~** (*Mus*) os metais; **the top ~** as altas patentes
brass band N banda de música
brassiere ['bræsɪə^r] N sutiã m (BR), soutien m (PT)
brass tacks NPL: **to get down to ~** passar ao que interessa, entrar no assunto principal
brat [bræt] (*pej*) N pirralho(-a), fedelho(-a)
bravado [brə'vɑ:dəʊ] N bravata
brave [breɪv] ADJ valente, corajoso ▶ N guerreiro pele-vermelha ▶ VT (*face up to*) desafiar; (*resist*) encarar
bravery ['breɪvərɪ] N coragem f, bravura
bravo [brɑ:'vəʊ] EXCL bravo!
brawl [brɔ:l] N briga, pancadaria ▶ VI brigar
brawn [brɔ:n] N força; (*meat*) patê m de carne
brawny ['brɔ:nɪ] ADJ musculoso, carnudo
bray [breɪ] N zurro, ornejo ▶ VI zurrar, ornejar
brazen ['breɪzn] ADJ descarado ▶ VT: **to ~ it out** defender-se descaradamente
brazier ['breɪzɪə^r] N braseiro
Brazil [brə'zɪl] N Brasil m
Brazilian [brə'zɪljən] ADJ, N brasileiro(-a)
Brazil nut N castanha-do-pará f
breach [bri:tʃ] VT abrir brecha em ▶ N (*gap*) brecha; (*estrangement*) rompimento; (*breaking*): **~ of contract** inadimplência (BR), inadimplemento (PT); **~ of the peace** perturbação f da ordem pública
bread [brɛd] N pão m; (*inf: money*) grana; **to earn one's daily ~** ganhar o pão *or* a vida; **to know which side one's ~ is buttered (on)** saber o que lhe convém
bread and butter N pão m com manteiga; (*fig*) ganha-pão m
breadbin ['brɛdbɪn] (BRIT) N caixa de pão
breadboard ['brɛdbɔ:d] N tábua de pão
breadbox ['brɛdbɔks] (US) N caixa de pão
breadcrumbs ['brɛdkrʌmz] NPL migalhas fpl; (*Culin*) farinha de rosca
breadline ['brɛdlaɪn] N: **to be on the ~** viver na miséria
breadth [brɛtθ] N largura; (*fig*) amplitude f
breadwinner ['brɛdwɪnə^r] N arrimo de família
break [breɪk] (*pt* **broke**, *pp* **broken**) VT quebrar (BR), partir (PT); (*split*) partir; (*promise*) quebrar; (*word*) faltar a; (*fall*) amortecer; (*journey*) interromper; (*law*) violar, transgredir; (*record*) bater; (*news*) revelar ▶ VI quebrar-se, partir-se; (*storm*) estourar; (*weather*) mudar; (*dawn*) amanhecer;

(*story, news*) revelar ▶ N (*gap*) abertura; (*crack*) fenda; (*fracture*) fratura; (*breakdown*) ruptura, rompimento; (*rest*) descanso; (*interval*) intervalo; (*at school*) recreio; (*chance*) oportunidade *f*; **to ~ one's leg** *etc* quebrar a perna *etc*; **to ~ with sb** romper com alguém; **to ~ the news to sb** dar a notícia a alguém; **to ~ even** sair sem ganhar nem perder; **to ~ free** *or* **loose** soltar-se; **to ~ open** (*door etc*) arrombar; **to take a ~** (*few minutes*) descansar um pouco, fazer uma pausa; (*holiday*) tirar férias para descansar; **without a ~** sem parar
▶ **break down** VT (*door etc*) arrombar; (*figures, data*) analisar; (*resistance*) acabar com ▶ VI (*go awry*) desarranjar-se; (*machine, Aut*) enguiçar, pifar (*inf*); (*Med*) sofrer uma crise nervosa; (*person: cry*) desatar a chorar; (*talks*) fracassar
▶ **break in** VT (*horse etc*) domar; (US: *car*) fazer a rodagem de ▶ VI (*burglar*) forçar uma entrada; (*interrupt*) interromper
▶ **break into** VT FUS (*house*) arrombar
▶ **break off** VI (*speaker*) parar-se, deter-se; (*branch*) partir ▶ VT (*talks*) suspender; (*relations*) cortar; (*engagement*) terminar, acabar com
▶ **break out** VI (*war*) estourar; (*prisoner*) libertar-se; **to ~ out in spots/a rash** aparecer coberto de manchas/brotoejas
▶ **break through** VI: **the sun broke through** o sol apareceu, o tempo abriu ▶ VT FUS (*defences, barrier*) transpor; (*crowd*) abrir passagem por
▶ **break up** VI despedaçar-se; (*ship*) partir-se; (*partnership*) acabar; (*marriage*) desmanchar-se; (*friends*) separar-se, brigar, falhar ▶ VT (*rocks*) partir; (*biscuit etc*) quebrar; (*journey*) romper; (*fight*) intervir em; (*marriage*) desmanchar; **you're ~ing up** sua voz está falhando

breakable ['breɪkəbl] ADJ quebradiço, frágil ▶ N: **~s** artigos *mpl* frágeis
breakage ['breɪkɪdʒ] N quebradura; (*Comm*) quebra; **to pay for ~s** pagar indenização por quebras
breakaway ['breɪkəweɪ] ADJ (*group etc*) dissidente
breakdown ['breɪkdaʊn] N (*Aut*) enguiço, avaria; (*in communications*) interrupção *f*; (*of marriage*) fracasso, término; (*machine*) enguiço; (*Med*: *also*: **nervous breakdown**) esgotamento nervoso; (*of figures*) discriminação *f*, desdobramento
breakdown service (BRIT) N autossocorro (BR), pronto socorro (PT)
breakdown van (BRIT) N reboque *m* (BR), pronto socorro (PT)
breaker ['breɪkə*r*] N onda grande
breakeven ['breɪk'i:vn] CPD: **~ chart** gráfico do ponto de equilíbrio; **~ point** ponto de equilíbrio
breakfast ['brɛkfəst] N café *m* da manhã (BR), pequeno-almoço (PT)

breakfast cereal N cereais *mpl*
break-in N roubo com arrombamento
breaking point ['breɪkɪŋ-] N limite *m*
breakthrough ['breɪkθru:] N ruptura; (*fig*) avanço, novo progresso
break-up N (*of partnership, marriage*) dissolução *f*
break-up value N (*Comm*) valor *m* de liquidação
breakwater ['breɪkwɔ:tə*r*] N quebra-mar *m*
breast [brɛst] N (*of woman*) peito, seio; (*chest, meat*) peito
breast-feed (*irreg: like* **feed**) VT, VI amamentar
breast pocket N bolso sobre o peito
breaststroke ['brɛststrəʊk] N nado de peito
breath [brɛθ] N fôlego, respiração *f*; **to go out for a ~ of air** sair para tomar fôlego; **out of ~** ofegante, sem fôlego
Breathalyser® ['brɛθəlaɪzə*r*] N bafômetro
breathe [bri:ð] VT, VI respirar; **I won't ~ a word about it** não vou abrir a boca, eu sou um túmulo
▶ **breathe in** VT, VI inspirar
▶ **breathe out** VT, VI expirar
breather ['bri:ðə*r*] N pausa
breathing ['bri:ðɪŋ] N respiração *f*
breathing space N (*fig*) descanso, repouso
breathless ['brɛθlɪs] ADJ sem fôlego; (*Med*) ofegante
breathtaking ['brɛθteɪkɪŋ] ADJ comovedor(a), emocionante
bred [brɛd] PT, PP *of* **breed**
-bred [brɛd] SUFFIX: **well/ill~** bem-/mal-educado
breed [bri:d] (*pt, pp* **bred**) VT (*animals*) criar; (*plants*) multiplicar; (*hate, suspicion*) gerar ▶ VI acasalar-se ▶ N raça
breeder ['bri:də*r*] N (*person*) criador(a) *m/f*; (*Phys*: *also*: **breeder reactor**) reator *m* regenerador
breeding ['bri:dɪŋ] N reprodução *f*; (*raising*) criação *f*; (*upbringing*) educação *f*
breeze [bri:z] N brisa, aragem *f*
breezy ['bri:zɪ] ADJ (*person*) despreocupado, animado; (*weather*) ventoso
Breton ['brɛtən] ADJ bretão(-tã) ▶ N bretão(-tã); (*Ling*) bretão *m*
brevity ['brɛvɪtɪ] N brevidade *f*
brew [bru:] VT (*tea*) fazer; (*beer*) fermentar; (*plot*) armar, tramar ▶ VI (*tea*) fazer-se, preparar-se; (*beer*) fermentar; (*storm, fig*) armar-se
brewer ['bru:ə*r*] N cervejeiro(-a)
brewery ['bruərɪ] N cervejaria
briar ['braɪə*r*] N (*thorny bush*) urze-branca *f*; (*wild rose*) roseira-brava
bribe [braɪb] N suborno ▶ VT subornar; **to ~ sb to do sth** subornar alguém para fazer algo
bribery ['braɪbərɪ] N suborno
bric-a-brac ['brɪkəbræk] N bricabraque *m*
brick [brɪk] N tijolo
bricklayer ['brɪkleɪə*r*] N pedreiro
brickwork ['brɪkwə:k] N alvenaria

brickworks [ˈbrɪkwəːkz] N fábrica de tijolos
bridal [ˈbraɪdl] ADJ nupcial
bride [braɪd] N noiva
bridegroom [ˈbraɪdgrum] N noivo
bridesmaid [ˈbraɪdzmeɪd] N dama de honra
bridge [brɪdʒ] N (Arch, Dentistry) ponte f; (Naut) ponte de comando; (Cards) bridge m; (of nose) cavalete m ▶ VT (river) lançar uma ponte sobre; (gap) transpor
bridging loan [ˈbrɪdʒɪŋ-] (BRIT) N empréstimo a curto prazo
bridle [ˈbraɪdl] N cabeçada, freio ▶ VT enfrear; (fig) refrear, conter
bridle path N senda
brief [briːf] ADJ breve ▶ N (Law) causa; (task) tarefa ▶ VT (inform) informar; (instruct) instruir; **briefs** NPL (for men) cueca (BR), cuecas fpl (PT); (for women) calcinha (BR), cuecas fpl (PT); **in ~ ...** em resumo ...; **to ~ sb about sth** informar alguém sobre algo
briefcase [ˈbriːfkeɪs] N pasta
briefing [ˈbriːfɪŋ] N instruções fpl; (Press) informações fpl
briefly [ˈbriːflɪ] ADV (glance) rapidamente; (say) em poucas palavras; **to glimpse ~** vislumbrar
briefness [ˈbriːfnɪs] N brevidade f
Brig. ABBR (= brigadier) Brig.
brigade [brɪˈgeɪd] N (Mil) brigada
brigadier [brɪgəˈdɪər] N general m de brigada, brigadeiro
bright [braɪt] ADJ claro, brilhante; (weather) resplandecente; (person: clever) inteligente; (: lively) alegre, animado; (colour) vivo; (future) promissor(a), favorável; **to look on the ~ side** considerar o lado positivo
brighten [ˈbraɪtən], **brighten up** VT (room) tornar mais alegre; (event) animar, alegrar ▶ VI (weather) clarear; (person) animar-se, alegrar-se; (face) iluminar-se; (prospects) tornar-se animado or favorável
brightly [ˈbraɪtlɪ] ADV brilhantemente
brightness [ˈbraɪtnɪs] N claridade f
brilliance [ˈbrɪljəns] N brilho, claridade f
brilliant [ˈbrɪljənt] ADJ brilhante; (clever) inteligente; (inf: great) sensacional
brim [brɪm] N borda; (of hat) aba
brimful [ˈbrɪmful] ADJ cheio até as bordas; (fig) repleto
brine [braɪn] N (Culin) salmoura
bring [brɪŋ] (pt, pp **brought**) VT trazer; **to ~ sth to an end** acabar com algo; **I can't ~ myself to fire him** não posso me resolver a despedi-lo
▶ **bring about** VT ocasionar, produzir
▶ **bring back** VT (restore) restabelecer; (return) devolver
▶ **bring down** VT (price) abaixar; (Mil: plane) abater, derrubar; (government, plane) derrubar
▶ **bring forward** VT adiantar; (Bookkeeping) transportar
▶ **bring in** VT (person) fazer entrar; (object) trazer; (Pol: legislation) introduzir; (: bill) apresentar; (Law: verdict) pronunciar; (produce: income) render; (harvest) recolher
▶ **bring off** VT (task, plan) levar a cabo; (deal) fechar
▶ **bring out** VT (object) tirar; (meaning) salientar; (new product, book) lançar
▶ **bring round** VT (unconscious person) fazer voltar a si; (convince) convencer
▶ **bring to** VT (unconscious person) fazer voltar a si
▶ **bring up** VT (person) educar, criar; (carry up) subir; (question) introduzir; (food) vomitar
brink [brɪŋk] N beira; **on the ~ of doing** a ponto de fazer, à beira de fazer; **she was on the ~ of tears** ela estava à beira de desatar em prantos
brisk [brɪsk] ADJ vigoroso; (tone, person) enérgico; (speedy) rápido; (trade, business) ativo
bristle [ˈbrɪsl] N (of animal) pelo rijo; (of beard) pelo de barba curta; (of brush) cerda ▶ VI (in anger) encolerizar-se; **to ~ with** estar cheio de
bristly [ˈbrɪslɪ] ADJ (beard, hair) eriçado
Brit [brɪt] (inf) N ABBR (= British person) britânico(-a)
Britain [ˈbrɪtən] N (also: **Great Britain**) Grã-Bretanha; **in ~** na Grã-Bretanha
British [ˈbrɪtɪʃ] ADJ britânico ▶ NPL: **the ~** os britânicos
British Isles NPL: **the ~** as ilhas Britânicas
British Rail N (Hist) companhia ferroviária britânica
Briton [ˈbrɪtən] N britânico(-a)
Brittany [ˈbrɪtənɪ] N Bretanha
brittle [ˈbrɪtl] ADJ quebradiço, frágil
Bro. ABBR (Rel: = brother) Fr.
broach [brəʊtʃ] VT (subject) abordar, tocar em
broad [brɔːd] ADJ (street, range) amplo; (shoulders, smile) largo; (distinction, outline) geral; (accent) carregado ▶ N (US pej) sujeita; **~ hint** indireta transparente; **in ~ daylight** em plena luz do dia
broadband [ˈbrɔːdbænd] N banda larga
broad bean N fava
broadcast [ˈbrɔːdkɑːst] (pt, pp **broadcast**) VT (Radio, TV) transmitir ▶ VI transmitir ▶ N transmissão f
broadcasting [ˈbrɔːdkɑːstɪŋ] N radiodifusão f, transmissão f
broadcasting station N emissora
broaden [ˈbrɔːdən] VT alargar ▶ VI alargar-se; **to ~ one's mind** abrir os horizontes
broadly [ˈbrɔːdlɪ] ADV em geral
broad-minded ADJ tolerante, liberal
broccoli [ˈbrɔkəlɪ] N brócolis mpl (BR), brócolos mpl (PT)
brochure [ˈbrəʊʃjʊər] N folheto, brochura
brogue [brəʊg] N (accent) sotaque m regional; (shoe) chanca
broil [brɔɪl] (US) VT grelhar
broke [brəʊk] PT of **break** ▶ ADJ (inf) sem um vintém, duro; (: company): **to go ~** quebrar
broken [ˈbrəʊkən] PP of **break** ▶ ADJ quebrado; (marriage) desfeito; **~ leg** perna quebrada;

a ~ home um lar desfeito; **children from ~ homes** filhos de pais separados; **in ~ English** num inglês mascavado
broken-down ADJ (*car*) enguiçado; (*machine*) com defeito; (*house*) desmoronado, caindo aos pedaços
broken-hearted ADJ com o coração partido
broker ['brəukə^r] N corretor(a) *m/f*
brokerage ['brəukrɪdʒ] N corretagem *f*
brolly ['brɔlɪ] (BRIT *inf*) N guarda-chuva *m*
bromance ['brəuəmæns] N bromance *m*
bronchitis [brɔŋ'kaɪtɪs] N bronquite *f*
bronze [brɔnz] N bronze *m*; (*sculpture*) estátua feita de bronze
bronzed ['brɔnzd] ADJ bronzeado
brooch [brəutʃ] N broche *m*
brood [bru:d] N ninhada; (*children*) filhos *mpl*; (*pej*) prole *f* ▶ VI (*hen*) chocar; (*person*) cismar, remoer
broody ['bru:dɪ] ADJ (*fig*) taciturno, melancólico
brook [bruk] N arroio, ribeiro
broom [brum] N vassoura; (*Bot*) giesta-das-vassouras *f*
broomstick ['brumstɪk] N cabo de vassoura
Bros. ABBR (*Comm*: = *brothers*) Irmãos
broth [brɔθ] N caldo
brothel ['brɔθl] N bordel *m*
brother ['brʌðə^r] N irmão *m*
brotherhood ['brʌðəhud] N (*association, Rel*) confraria
brother-in-law (*pl* **brothers-in-law**) N cunhado
brotherly ['brʌðəlɪ] ADJ fraternal, fraterno
brought [brɔ:t] PT, PP *of* **bring**
brow [brau] N (*forehead*) fronte *f*, testa; (*rare: gen*: *eyebrow*) sobrancelha; (*of hill*) cimo, cume *m*
browbeat ['braubi:t] (*irreg: like* **beat**) VT intimidar, amedrontar
brown [braun] ADJ marrom (BR), castanho (PT); (*hair*) castanho; (*tanned*) bronzeado, moreno; (*rice, bread, flour*) integral ▶ N (*colour*) cor *f* marrom (BR) or castanha (PT) ▶ VT tostar; (*tan*) bronzear; (*Culin*) dourar; **to go ~** (*person*) bronzear-se, ficar moreno; (*leaves*) secar
brown bread N pão *m* integral
Brownie ['braunɪ] N (*also*: **Brownie Guide**) fadinha de bandeirante
brownie ['braunɪ] (US) N (*cake*) docinho de chocolate com amêndoas
brown paper N papel *m* pardo
brown sugar N açúcar *m* mascavo
browse [brauz] VI (*in shop*) dar uma olhada; (*among books*) folhear livros; (*animal*) pastar; **to ~ through a book** folhear um livro
browser ['brauzə^r] N (*Comput*) browser *m*
bruise [bru:z] N hematoma *m*, contusão *f* ▶ VT machucar; (*fig*) magoar ▶ VI (*fruit*) amassar
Brum [brʌm] (*inf*) N ABBR = **Birmingham**
Brummagem ['brʌmədʒəm] (*inf*) N = **Birmingham**
Brummie ['brʌmɪ] (*inf*) N natural *m/f* de Birmingham
brunch [brʌntʃ] N brunch *m*

brunette [bru:'nɛt] N morena
brunt [brʌnt] N: **the ~ of** (*greater part*) a maior parte de
brush [brʌʃ] N escova; (*for painting, shaving etc*) pincel *m*; (*Bot*) mato rasteiro; (*quarrel*) bate-boca *m* ▶ VT (*sweep*) varrer; (*groom*) escovar; (*also*: **brush past, brush against**) tocar ao passar, roçar; **to have a ~ with sb** bater boca com alguém; **to have a ~ with the police** ser indiciado pela polícia
▶ **brush aside** VT afastar, não fazer caso de
▶ **brush up** VT (*knowledge*) retocar, revisar
brushed [brʌʃt] ADJ (*Tech: steel, chrome etc*) escovado; (*nylon, denim etc*) felpudo
brush-off (*inf*) N: **to give sb the ~** dar o fora em alguém
brushwood ['brʌʃwud] N (*bushes*) mato; (*sticks*) lenha, gravetos *mpl*
brusque [bru:sk] ADJ ríspido; (*apology*) abrupto
Brussels ['brʌslz] N Bruxelas
Brussels sprout N couve-de-bruxelas *f*
brutal ['bru:tl] ADJ brutal
brutality [bru:'tælɪtɪ] N brutalidade *f*
brute [bru:t] N bruto; (*person*) animal *m* ▶ ADJ: **by ~ force** por força bruta
brutish ['bru:tɪʃ] ADJ grosseiro, bruto
BS (US) N ABBR = **Bachelor of Science**
bs ABBR = **bill of sale**
BSA N ABBR = **Boy Scouts of America**
BSc N ABBR = **Bachelor of Science**
BSI N ABBR (= *British Standards Institution*) instituto britânico de padrões
BST ABBR (= *British Summer Time*) hora de verão
btu N ABBR (= *British thermal unit*) BTU *f* (1054.2 *joules*)
bubble ['bʌbl] N bolha (BR), borbulha (PT)
▶ VI borbulhar
bubble bath N banho de espuma
bubble gum N chiclete *m* (de bola) (BR), pastilha elástica (PT)
Bucharest [bu:kə'rɛst] N Bucareste
buck [bʌk] N (*rabbit*) macho; (*deer*) cervo; (US *inf*) dólar *m* ▶ VI corcovear; **to pass the ~** fazer o jogo de empurra
▶ **buck up** VI (*cheer up*) animar-se, cobrar ânimo ▶ VT: **to ~ one's ideas up** tomar jeito
bucket ['bʌkɪt] N balde *m* ▶ VI (BRIT *inf*): **the rain is ~ing down** está chovendo a cântaros
bucket list N bucket list *f* (*lista de coisas que se quer fazer antes de morrer*)
buckle ['bʌkl] N fivela ▶ VT afivelar ▶ VI torcer-se, cambar-se
▶ **buckle down** VI empenhar-se
Bucks [bʌks] (BRIT) ABBR = **Buckinghamshire**
bud [bʌd] N broto; (*of flower*) botão *m* ▶ VI brotar, desabrochar; (*fig*) florescer
Budapest [bju:də'pɛst] N Budapeste
Buddha ['budə] N Buda *m*
Buddhism ['budɪzəm] N budismo
Buddhist ['budɪst] ADJ (*person*) budista; (*scripture, thought etc*) budístico ▶ N budista *m/f*
budding ['bʌdɪŋ] ADJ (*flower*) em botão; (*passion etc*) nascente; (*poet etc*) em ascensão

buddy ['bʌdɪ] (US) N camarada m, companheiro
budge [bʌdʒ] VT mover ▶ VI mexer-se
budgerigar ['bʌdʒərɪgɑːʳ] N periquito
budget ['bʌdʒɪt] N orçamento ▶ VI: **to ~ for sth** incluir algo no orçamento; **she works out her ~ every month** ela calcula seu orçamento todos es meses; **I'm on a tight ~** estou com o orçamento apertado
budget airline N companhia aérea de baixo custo
budgie ['bʌdʒɪ] N = **budgerigar**
Buenos Aires ['bwɛnəˈsaɪrɪz] N Buenos Aires
buff [bʌf] ADJ (colour) cor de camurça ▶ N (inf: enthusiast) aficionado(-a)
buffalo ['bʌfələu] (pl **buffalo** or **buffaloes**) N (BRIT) búfalo; (US: bison) bisão m
buffer ['bʌfəʳ] N para-choque m; (Comput) buffer m
buffering ['bʌfərɪŋ] N (Comput) buffering m, armazenamento intermediário
buffer state N estado-tampão m
buffet¹ ['bufeɪ] (BRIT) N (in station) bar m; (food) bufê m
buffet² ['bʌfɪt] VT (subj: wind etc) fustigar
buffet car (BRIT) N vagão-restaurante m
buffet lunch N almoço americano
buffoon [bəˈfuːn] N bufão m
bug [bʌg] N (esp US: insect) bicho; (fig: germ) micróbio; (spy device) microfone m oculto; (tap) escuta clandestina; (Comput: of program) erro; (: of equipment) defeito ▶ VT (inf: annoy) apoquentar, incomodar; (room) colocar microfones em; (phone) grampear; **I've got the travel ~** peguei a mania de viajar
bugbear ['bʌgbɛəʳ] N pesadelo, fantasma m
bugger ['bʌgəʳ] (!) N filho-da-puta m (!) ▶ VT: **~ (it)!** merda! (!); **~ all** (nothing) chongas (!)
▶ **bugger off** (!) VI: **~ off!** vai a merda! (!)
buggy ['bʌgɪ] N (for baby) carrinho (desdobrável) de bebê
bugle ['bjuːgl] N trompa, corneta
build [bɪld] (pt, pp **built**) VT construir, edificar
▶ N (of person) talhe m, estatura
▶ **build on** VT FUS (fig) explorar, aproveitar
▶ **build up** VT (Med) fortalecer; (stocks) acumular; (business) desenvolver; (reputation) estabelecer
builder ['bɪldəʳ] N (contractor) construtor(a) m/f, empreiteiro(-a); (worker) pedreiro
building ['bɪldɪŋ] N (act, industry) construção f; (residential, offices) edifício, prédio
building contractor N empreiteiro(-a) de obras; (company) construtora
building industry N construção f
building site N terreno de construção
building society (BRIT) N sociedade f de crédito imobiliário, financiadora
building trade N construção f
build-up N (of gas etc) acumulação f; (publicity): **to give sb/sth a good ~** fazer muita propaganda de alguém/algo
built [bɪlt] PT, PP of **build** ▶ ADJ: **~-in** (cupboard) embutido; (device) incorporado, embutido

built-up area N zona urbanizada
bulb [bʌlb] N (Bot) bulbo; (Elec) lâmpada
bulbous ['bʌlbəs] ADJ bojudo
Bulgaria [bʌlˈgɛərɪə] N Bulgária
Bulgarian [bʌlˈgɛərɪən] ADJ búlgaro ▶ N búlgaro(-a); (Ling) búlgaro
bulge [bʌldʒ] N bojo, saliência; (in birth rate, sales) disparo ▶ VI inchar-se; (pocket etc) fazer bojo; **to be bulging with** estar abarrotado de
bulimia [buːˈlɪmɪə] N bulimia
bulk [bʌlk] N (mass) massa, volume m; **in ~** (Comm) a granel; **the ~ of** a maior parte de
bulk buying [-ˈbaɪɪŋ] N compra a granel
bulkhead ['bʌlkhɛd] N antepara
bulky ['bʌlkɪ] ADJ volumoso; (person) corpulento
bull [bul] N touro; (Stock Exchange) altista m/f; (Rel) bula
bulldog ['buldɔg] N buldogue m
bulldoze ['buldəuz] VT arrasar (com buldôzer); **I was ~d into doing it** (fig: inf) fui forçado or obrigado a fazê-lo
bulldozer ['buldəuzəʳ] N buldôzer m, escavadora
bullet ['bulɪt] N bala
bulletin ['bulɪtɪn] N noticiário; (journal) boletim m
bulletin board N (US) quadro de anúncios; (Comput) fórum m
bulletproof ['bulɪtpruːf] ADJ à prova de balas; **~ vest** colete m à prova de balas
bullet wound N ferida de bala
bullfight ['bulfaɪt] N tourada
bullfighter ['bulfaɪtəʳ] N toureiro
bullfighting ['bulfaɪtɪŋ] N (art) tauromaquia
bullion ['buljən] N ouro (or prata) em barras
bullock ['bulək] N boi m, novilho
bullring ['bulrɪŋ] N praça de touros
bull's-eye N centro do alvo, mosca (do alvo) (BR)
bully ['bulɪ] N fanfarrão m, valentão m ▶ VT intimidar, tiranizar
bullying ['bulɪɪŋ] N provocação f, implicância
bum [bʌm] N (inf: backside) bumbum m; (esp US: tramp) vagabundo(-a), vadio(-a)
▶ **bum around** (inf) VI vadiar
bumblebee ['bʌmblbiː] N mamangaba
bumf [bʌmf] (inf) N (forms etc) papelada
bump [bʌmp] N (blow) choque m, embate m, baque m; (in car: minor accident) batida; (jolt) sacudida; (on head) galo; (on road) elevação f; (sound) baque ▶ VT (strike) bater contra, dar encontrão em ▶ VI dar sacudidas
▶ **bump along** VI mover-se aos solavancos
▶ **bump into** VT FUS chocar-se com or contra, colidir com; (inf: person) dar com, topar com
bumper ['bʌmpəʳ] N (BRIT) para-choque m
▶ ADJ: **~ crop/harvest** supersafra
bumper cars NPL carros mpl de trombada
bumph [bʌmf] N = **bumf**
bumptious ['bʌmpfəs] ADJ presunçoso
bumpy ['bʌmpɪ] ADJ (road) acidentado, cheio de altos e baixos; (journey) cheio de solavancos; (flight) turbulento

bun [bʌn] N pão m doce (BR), pãozinho (PT); (in hair) coque m

bunch [bʌntʃ] N (of flowers) ramo; (of keys) molho; (of bananas, grapes) cacho; (of people) grupo; **bunches** NPL (in hair) cachos mpl

bundle ['bʌndl] N trouxa, embrulho; (of sticks) feixe m; (of papers) maço ▶ VT (also: **bundle up**) embrulhar, atar; (put): **to ~ sth/sb into** meter or enfiar algo/alguém correndo em
▶ **bundle off** VT (person) despachar sem cerimônia
▶ **bundle out** VT expulsar sem cerimônia

bung [bʌŋ] N tampão m, batoque m ▶ VT (also: **bung up**: pipe, hole) tapar; (BRIT inf: throw) jogar; **my nose is ~ed up** estou com o nariz entupido

bungalow ['bʌŋɡələu] N bangalô m, chalé m

bungle ['bʌŋɡl] VT estropear, estragar

bunion ['bʌnjən] N joanete m

bunk [bʌŋk] N beliche m

bunk beds NPL beliche m, cama-beliche f

bunker ['bʌŋkəʳ] N (coal store) carvoeira; (Mil) abrigo, casamata; (Golf) bunker m

bunny ['bʌnɪ] N (also: **bunny rabbit**) coelhinho

bunny girl (BRIT) N coelhinha

bunny hill (US) N (Ski) pista para principiantes

bunting ['bʌntɪŋ] N bandeiras fpl

buoy [bɔɪ] N boia
▶ **buoy up** VT fazer boiar; (fig) animar

buoyancy ['bɔɪənsɪ] N flutuabilidade f

buoyant ['bɔɪənt] ADJ flutuante; (person) alegre; (market) animado; (currency, prices) firme

burden ['bə:dn] N (responsibility) responsabilidade f, fardo; (load) carga ▶ VT carregar; (oppress) sobrecarregar; (trouble): **to be a ~ to sb** ser um estorvo para alguém

bureau [bjuə'rəu] (pl **bureaux**) N (BRIT: desk) secretária, escrivaninha; (US: chest of drawers) cômoda; (office) escritório, agência

bureaucracy [bjuə'rɔkrəsɪ] N burocracia

bureaucrat ['bjuərəkræt] N burocrata m/f

bureaucratic [bjuərə'krætɪk] ADJ burocrático

bureau de change [-də'ʃɑ̃ʒ] (pl **bureaux de change**) N casa de câmbio

bureaux [bjuə'rəuz] NPL of **bureau**

burgeon ['bə:dʒən] VI florescer

burger ['bə:ɡəʳ] N hambúrguer m

burglar ['bə:ɡləʳ] N ladrão/ladrona m/f

burglar alarm N alarma de roubo

burglarize ['bə:ɡləraɪz] (US) VT assaltar, arrombar

burglary ['bə:ɡlərɪ] N roubo

burgle ['bə:ɡl] VT assaltar, arrombar

Burgundy ['bə:ɡəndɪ] N (wine) borgonha m

burial ['bɛrɪəl] N enterro

burial ground N cemitério

burly ['bə:lɪ] ADJ robusto, forte

Burma ['bə:mə] N Birmânia

Burmese [bə:'mi:z] ADJ birmanês(-esa) ▶ N INV birmanês(-esa) m/f; (Ling) birmanês m

burn [bə:n] (pt, pp **burned** or **burnt**) VT queimar; (house) incendiar ▶ VI queimar-se, arder; (sting) arder, picar ▶ N queimadura; **the cigarette ~t a hole in her dress** o cigarro fez um buraco no vestido dela; **I've ~t myself!** eu me queimei!
▶ **burn down** VT incendiar
▶ **burn out** VT (subj: writer etc): **to ~ o.s. out** desgastar-se

burner ['bə:nəʳ] N (on cooker, heater) bico de gás, fogo

burning ['bə:nɪŋ] ADJ ardente; (hot: sand etc) abrasador(a); (ambition) grande

burnish ['bə:nɪʃ] VT polir, lustrar

burnt [bə:nt] PT, PP of **burn**

burnt sugar (BRIT) N caramelo

burp [bə:p] (inf) N arroto ▶ VI arrotar

burrow ['bʌrəu] N toca, lura ▶ VI fazer uma toca, cavar; (rummage) esquadrinhar

bursar ['bə:səʳ] N tesoureiro(-a); (BRIT: student) bolsista m/f (BR), bolseiro(-a) (PT)

bursary ['bə:sərɪ] (BRIT) N (Sch) bolsa

burst [bə:st] (pt, pp **burst**) VT (balloon, pipe) arrebentar; (banks etc) romper ▶ VI estourar; (tyre) furar; (bomb) estourar, explodir ▶ N estouro; (of shots) rajada; **to ~ into flames** incendiar-se de repente; **to ~ into tears** desatar a chorar; **to ~ out laughing** cair na gargalhada; **to be ~ing with** (emotion) estar tomado de; (subj: room, container) estar abarrotado de; **to be ~ing with health/energy** estar esbanjando saúde/energia; **the door ~ open** a porta abriu-se de repente; **a ~ of applause** una salva de palmas; **a ~ of energy/speed/enthusiasm** uma explosão de energia/velocidade/entusiasmo
▶ **burst into** VT FUS (room etc) irromper em
▶ **burst out of** VT FUS sair precipitadamente de

bury ['bɛrɪ] VT enterrar; (at funeral) sepultar; **to ~ one's head in one's hands** cobrir o rosto com as mãos; **to ~ one's head in the sand** (fig) bancar avestruz; **to ~ the hatchet** (fig) fazer as pazes

bus [bʌs] N ônibus m inv (BR), autocarro (PT)

bus conductor N cobrador(a) m/f de ônibus

bush [buʃ] N arbusto, mata; (scrubland) sertão m; **to beat about the ~** ser evasivo

bushel ['buʃl] N alqueire m

bushy ['buʃɪ] ADJ (thick) espesso

busily ['bɪzɪlɪ] ADV atarefadamente

business ['bɪznɪs] N (matter) negócio; (trading) comércio, negócios mpl; (firm) empresa; (occupation) profissão f; (affair) assunto; **to be away on ~** estar fora a negócios; **he's in the insurance ~** ele trabalha com seguros; **to do ~ with sb** fazer negócios com alguém; **it's my ~ to ...** encarrego-me de ...; **it's none of my ~** eu não tenho nada com isto; **that's my ~** isso é cá comigo; **he means ~** fala a sério

business address N endereço profissional

business card N cartão m de visita

business class N (on plane) classe f executiva

businesslike ['bɪznɪslaɪk] ADJ eficiente, metódico, sério

businessman ['bɪznɪsmən] (*irreg: like* **man**) N homem *m* de negócios
business trip N viagem *f* de negócios
businesswoman ['bɪznɪswumən] (*irreg: like* **woman**) N mulher *f* de negócios
busker ['bʌskər] (BRIT) N artista *m/f* de rua
bus lane N pista reservada aos ônibus (BR) *or* autocarros (PT)
bus shelter N abrigo
bus station N rodoviária
bus-stop N ponto de ônibus (BR), paragem *f* de autocarro (PT)
bust [bʌst] N (*Anat*) busto ▶ ADJ (*inf: broken*) quebrado ▶ VT (*inf: Police: arrest*) prender, grampear; **to go ~** falir
bustle ['bʌsl] N animação *f*, movimento ▶ VI apressar-se, andar azafamado
bustling ['bʌslɪŋ] ADJ (*town*) animado, movimentado
bust-up (BRIT *inf*) N bate-boca *m*
busy ['bɪzɪ] ADJ (*person*) ocupado, atarefado; (*shop, street*) animado, movimentado; (*US Tel*) ocupado (BR), impedido (PT) ▶ VT: **to ~ o.s. with** ocupar-se em *or* de
busybody ['bɪzɪbɔdɪ] N intrometido(-a)
busy signal (US) N sinal *m* de ocupado (BR) *or* impedido (PT)

(KEYWORD)

but [bʌt] CONJ **1** (*yet*) mas, porém; **he's not very bright, but he's hard-working** ele não é muito inteligente mas é trabalhador; **he's tired but Paul isn't** ele está cansado mas Paul não; **the trip was enjoyable but tiring** a viagem foi agradável porém cansativa
2 (*however*) mas; **I'd love to come, but I'm busy** eu adoraria vir, mas estou ocupado
3 (*showing disagreement, surprise etc*) mas; **but that's far too expensive!** mas isso é caro demais!
▶ PREP (*apart from, except*) exceto, menos; **he was/we've had nothing but trouble** ele só deu problema/nós só tivemos problema; **no-one but him** só ele, ninguém a não ser ele; **who but a lunatic would do such a thing?** quem, exceto um louco, faria tal coisa?; **but for** sem, se não fosse; **but for you** se não fosse você; **(I'll do) anything but that** (eu faria) qualquer coisa menos isso
▶ ADV (*just, only*) apenas; **she's but a child** ela é apenas uma criança; **had I but known** se eu soubesse; **I can but try** a única coisa que eu posso fazer é tentar; **all but finished** quase acabado

butane ['bju:teɪn] N butano
butcher ['butʃər] N açougueiro (BR), homem *m* do talho (PT) ▶ VT (*prisoners etc*) chacinar, massacrar; (*cattle etc for meat*) abater e carnear
butcher's, butcher's shop N açougue *m* (BR), talho (PT)
butler ['bʌtlər] N mordomo
butt [bʌt] N (*cask*) tonel *m*; (*for rain*) barril *m*; (*thick end*) cabo, extremidade *f*; (*of gun*) coronha; (*of cigarette*) toco (BR), ponta (PT); (BRIT *fig: target*) alvo ▶ VT (*subj: goat*) marrar; (: *person*) dar uma cabeçada em
▶ **butt in** VI (*interrupt*) interromper
butter ['bʌtər] N manteiga ▶ VT untar com manteiga
butter bean N fava
buttercup ['bʌtəkʌp] N botão-de-ouro *m*, ranúnculo
butter dish N manteigueira
butterfingers ['bʌtəfɪŋgəz] (*inf*) N mão-furada *m/f*
butterfly ['bʌtəflaɪ] N borboleta; (*Swimming: also:* **butterfly stroke**) nado borboleta
buttocks ['bʌtəks] NPL nádegas *fpl*
button ['bʌtn] N botão *m*; (US: *badge*) emblema *m* ▶ VT (*also:* **button up**) abotoar ▶ VI ter botões
buttonhole ['bʌtnhəul] N casa de botão, botoeira; (*flower*) flor *f* na lapela ▶ VT obrigar a ouvir
buttress ['bʌtrɪs] N contraforte *m*
buxom ['bʌksəm] ADJ (*baby*) saudável; (*woman*) rechonchudo
buy [baɪ] (*pt, pp* **bought**) VT comprar ▶ N compra; **to ~ sb sth/sth from sb** comprar algo para alguém/algo a alguém; **to ~ sb a drink** pagar um drinque para alguém
▶ **buy back** VT comprar de volta; (*Comm*) recomprar
▶ **buy in** (BRIT) VT (*goods*) comprar, abastecer-se com
▶ **buy into** (BRIT) VT FUS (*Comm*) comprar ações de
▶ **buy off** VT (*partner*) comprar a parte de; (*business*) comprar o fundo de comércio de
▶ **buy up** VT comprar em grande quantidade
buyer ['baɪər] N comprador(a) *m/f*; **~'s market** mercado de comprador
buzz [bʌz] N zumbido; (*inf: phone call*): **to give sb a ~** dar uma ligada para alguém ▶ VI zumbir ▶ VT (*call on intercom*) chamar no interfone; (*Aviat: plane, building*) voar baixo sobre
▶ **buzz off** (*inf*) VI cair fora
buzzard ['bʌzəd] N abutre *m*, urubu *m*
buzzer ['bʌzər] N cigarra, vibrador *m*; (*doorbell*) campainha
buzz word N modismo

(KEYWORD)

by [baɪ] PREP **1** (*referring to cause, agent*) por, de; **killed by lightning** morto por um raio; **a painting by Picasso** um quadro de Picasso
2 (*referring to method, manner, means*) de, com; **by bus/car/train** de ônibus/carro/trem; **to pay by cheque** pagar com cheque; **by moonlight/candlelight** sob o luar/à luz de vela; **by saving hard, he** ...

economizando muito, ele ...
3 (*via, through*) por, via; **we came by Dover** viemos por *or* via Dover
4 (*close to*) perto de, ao pé de; **the house by the river** a casa perto do rio; **a holiday by the sea** férias à beira-mar; **she sat by his bed** ela sentou-se ao lado de seu leito
5 (*past*) por; **she rushed by me** ela passou por mim correndo
6 (*not later than*): **by 4 o'clock** antes das quatro; **by this time tomorrow** esta mesma hora amanhã; **by the time I got here it was too late** quando eu cheguei aqui, já era tarde demais
7 (*during*): **by daylight** durante o dia
8 (*amount*) por; **by the kilometre** por quilômetro; **paid by the hour** pago por hora
9 (*Math, measure*) por; **to divide/multiply by 3** dividir/multiplicar por 3; **it's broader by a metre** tem um metro a mais de largura
10 (*according to*) segundo, de acordo com; **it's all right by me** por mim tudo bem
11: **(all) by oneself** *etc* (completamente) só, sozinho; **he did it (all) by himself** ele fez tudo sozinho
12: **by the way** a propósito; **this wasn't my idea, by the way** a propósito, essa não era a minha ideia

▶ ADV **1** *see* **go, pass** *etc*
2: **by and by** logo, mais tarde; **by and large** (*on the whole*) em geral; **Britain has a poor image abroad, by and large** de uma maneira geral, a Grã-Bretanha tem uma imagem ruim no exterior

bye ['baɪ], **bye-bye** ['baɪ'baɪ] EXCL até logo! (BR), tchau! (BR), adeus! (PT)
bye-law N lei *f* de município
by-election (BRIT) N eleição *f* parlamentar complementar
bygone ['baɪgɔn] ADJ passado, antigo ▶ N: **let ~s be ~s** o que passou passou
by-law N = **bye-law**
bypass ['baɪpɑːs] N via secundária, desvio; (*Med*) ponte *f* de safena ▶ VT evitar
by-product N subproduto, produto derivado; (*of situation*) subproduto
byre ['baɪəʳ] (BRIT) N estábulo (de vacas)
bystander ['baɪstændəʳ] N circunstante *m/f*; (*observer*) espectador(a) *m/f*; **a crowd of ~s** um grupo de curiosos
byte [baɪt] N (*Comput*) byte *m*
byway ['baɪweɪ] N caminho secundário
byword ['baɪwəːd] N: **to be a ~ for** ser sinônimo de
by-your-leave N: **without so much as a ~** sem mais aquela

Cc

C¹, c [si:] N (*letter*) C, c m; (*Sch: mark*) ≈ 5, 6; (*Mus*): **C** dó m; **C for Charlie** C de Carlos
C² ABBR (= *Celsius, centigrade*) C
c ABBR (= *century*) séc.; (= *circa*) ca.; (US: = *cent*) cent
CA N ABBR = **Central America**; (BRIT) = **chartered accountant** ▶ ABBR (US Post) = **California**
ca. ABBR (= *circa*) c.
c/a ABBR = **capital account**; **credit account**; (= *current account*) c/c
CAA N ABBR (BRIT) = **Civil Aviation Authority**; (US: = *Civil Aeronautics Authority*) ≈ DAC m
CAB (BRIT) N ABBR (= *Citizens' Advice Bureau*) serviço de informação do consumidor
cab [kæb] N táxi m; (*of truck etc*) boleia; (*of train*) cabina de maquinista; (*horse-drawn*) cabriolé m
cabaret ['kæbəreɪ] N cabaré m
cabbage ['kæbɪdʒ] N repolho (BR), couve f (PT)
cabbie, cabby ['kæbɪ], **cab driver** N (*inf*) taxista m/f
cabin ['kæbɪn] N cabana; (*on ship*) camarote m; (*on plane*) cabina de passageiros
cabin crew N (*Aviat*) tripulação f
cabin cruiser N lancha a motor com cabine
cabinet ['kæbɪnɪt] N (*Pol*) gabinete m; (*furniture*) armário; (*also*: **display cabinet**) armário com vitrina; **~ reshuffle** reforma ministerial
cabinet-maker N marceneiro(-a)
cabinet minister N ministro(-a) (*integrante do gabinete*)
cable ['keɪbl] N cabo; (*telegram*) cabograma m ▶ VT enviar cabograma para
cable-car N bonde m (BR), teleférico (PT)
cablegram ['keɪblgræm] N cabograma m
cable railway (BRIT) N funicular m
cable television N televisão f a cabo
cache [kæʃ] N esconderijo; **a ~ of arms** *etc* um depósito secreto de armas *etc*
cackle ['kækl] VI gargalhar; (*hen*) cacarejar
cacti ['kæktaɪ] NPL *of* **cactus**
cactus ['kæktəs] (*pl* **cacti**) N cacto
CAD N ABBR (= *computer-aided design*) CAD m
caddie ['kædɪ] N corregador m de tracos
caddy ['kædɪ] N = **caddie**
cadet [kə'dɛt] N (*Mil*) cadete m
cadge [kædʒ] (*inf*) VT: **to ~ (from** *or* **off)** filar (de)

cadre ['kɑːdəʳ] N funcionários mpl qualificados
Caesarean, (US) **Cesarean** [siː'zɛərɪən] ADJ, N: **~ (section)** cesariana
CAF (BRIT) ABBR (= *cost and freight*) custo e frete
café ['kæfeɪ] N café m
cafeteria [kæfɪ'tɪərɪə] N lanchonete f
caffein, caffeine ['kæfiːn] N cafeína
cage [keɪdʒ] N (*bird cage*) gaiola; (*for large animals*) jaula; (*of lift*) cabina ▶ VT engaiolar; enjaular
cagey ['keɪdʒɪ] (*inf*) ADJ cuidadoso, reservado, desconfiado
cagoule [kə'guːl] N casaco de náilon
CAI N ABBR (= *computer-aided instruction*) CAI m
Cairo ['kaɪərəu] N o Cairo
cajole [kə'dʒəul] VT lisonjear
cake [keɪk] N (*large*) bolo; (*small*) doce m, bolinho; **it's a piece of ~** (*inf*) é moleza or sopa; **he wants to have his ~ and eat it (too)** (*fig*) ele quer chupar cana e assoviar ao mesmo tempo; **a ~ of soap** um sabonete
caked [keɪkt] ADJ: **~ with** encrostado de
cake mix N massa pronta de bolo
cake shop N confeitaria
calamitous [kə'læmɪtəs] ADJ calamitoso
calamity [kə'læmɪtɪ] N calamidade f
calcium ['kælsɪəm] N cálcio
calculate ['kælkjuleɪt] VT calcular; (*estimate: chances, effect*) avaliar
▶ **calculate on** VT FUS: **to ~ on sth/on doing sth** contar com algo/em fazer algo
calculated ['kælkjuleɪtɪd] ADJ (*insult, action*) intencional; **a ~ risk** um risco calculado
calculating ['kælkjuleɪtɪŋ] ADJ (*scheming*) maquinador(a), calculista; (*clever*) matreiro
calculation [kælkju'leɪʃən] N cálculo
calculator ['kælkjuleɪtəʳ] N calculador m
calculus ['kælkjuləs] N cálculo; **integral/differential ~** cálculo integral/diferencial
calendar ['kæləndəʳ] N calendário
calendar month N mês m civil
calendar year N ano civil
calf [kɑːf] (*pl* **calves**) N (*of cow*) bezerro, vitela; (*of other animals*) cria; (*also*: **calfskin**) pele f or couro de bezerro; (*Anat*) barriga da perna
caliber ['kælɪbəʳ] (US) N = **calibre**
calibrate ['kælɪbreɪt] VT calibrar

calibre, (US) **caliber** ['kælɪbə'] N (*of person*) capacidade *f*, competência, calibre *m*
calico ['kælɪkəu] N (BRIT) morim *m*; (US) chita
California [kælɪ'fɔ:nɪə] N Califórnia
calipers ['kælɪpəz] (US) NPL = **callipers**
call [kɔ:l] VT chamar; (*label*) qualificar, descrever; (*Tel*) telefonar a, ligar para; (*summon: witness*) citar; (*announce: flight*) anunciar; (*meeting, strike*) convocar ▶ VI chamar; (*shout*) gritar; (*Tel*) telefonar; (*visit: also:* **call in, call round**) dar um pulo ▶ N (*shout, announcement*) chamada; (*also:* **telephone call**) chamada, telefonema *m*; (*of bird*) canto; (*visit*) visita; (*fig: appeal*) chamamento, apelo; **to be ~ed** chamar-se; **she's ~ed Suzanna** ela se chama Suzanna; **to ~ (for)** passar (para buscar); **who is ~ing?** (*Tel*) quem fala?; **London ~ing** (*Radio*) aqui fala Londres; **on ~** (*nurse, doctor etc*) de plantão; **please give me a ~ at 7** acorde-me às 7.00 por favor; **to make a ~** telefonar; **to pay a ~ on sb** visitar alguém, dar um pulo na casa de alguém; **there's not much ~ for these items** não há muita procura para esses artigos
  ▶ **call at** VT FUS (*subj: ship*) fazer escala em; (: *train*) parar em
  ▶ **call back** VI (*return*) voltar, passar de novo; (*Tel*) ligar de volta ▶ VT (*Tel*) ligar de volta para
  ▶ **call for** VT FUS (*demand*) requerer, exigir; (*fetch*) ir buscar
  ▶ **call in** VT (*doctor, expert, police*) chamar
  ▶ **call off** VT (*cancel*) cancelar
  ▶ **call on** VT FUS (*visit*) visitar; (*appeal to*) pedir; (*turn to*) recorrer a; **to ~ on sb to do** pedir para alguém fazer
  ▶ **call out** VI gritar, bradar ▶ VT (*doctor, police, troops*) chamar
  ▶ **call up** VT (*Mil*) chamar às fileiras; (*Tel*) ligar para
call box (BRIT) N cabine *f* telefônica
call centre (BRIT) N (*Tel*) central *f* de chamadas
caller ['kɔ:lə'] N visita *m/f*; (*Tel*) chamador(a) *m/f*
call girl N call girl *f*, prostituta
call-in (US) N (*Radio*) programa com participação dos ouvintes; (*TV*) programa com participação dos espectadores
calling ['kɔ:lɪŋ] N vocação *f*; (*trade*) profissão *f*
calling card (US) N cartão *m* de visita
callipers, (US) **calipers** ['kælɪpəz] NPL (*Math*) compasso de calibre; (*Med*) aparelho ortopédico
callous ['kæləs] ADJ cruel, insensível
callousness ['kæləsnɪs] N crueldade *f*, insensibilidade *f*
callow ['kæləu] ADJ inexperiente
calm [ka:m] ADJ calmo; (*peaceful*) tranquilo; (*weather*) estável ▶ N calma ▶ VT acalmar; (*fears, grief*) abrandar
  ▶ **calm down** VT acalmar, tranquilizar ▶ VI acalmar-se
calmly ['ka:mlɪ] ADV tranquilamente, com calma
calmness ['ka:mnɪs] N tranquilidade *f*
Calor gas® ['kælə'-] N butano
calorie ['kælərɪ] N caloria
calve [ka:v] VI parir
calves [ka:vz] NPL *of* **calf**
CAM N ABBR (= *computer-aided manufacture*) CAM *m*
camber ['kæmbə'] N (*of road*) abaulamento
Cambodia [kæm'bəudjə] N Camboja
Cambodian [kæm'bəudɪən] ADJ, N cambojano(-a)
Cambs (BRIT) ABBR = **Cambridgeshire**
camcorder ['kæmkɔ:də'] N filmadora, máquina de filmar
came [keɪm] PT *of* **come**
camel ['kæməl] N camelo
cameo ['kæmɪəu] N camafeu *m*
camera ['kæmərə] N máquina fotográfica; (*Cinema, TV*) câmera; **in ~** (*Law*) em câmara
cameraman ['kæmərəmən] (*irreg: like* **man**) N cinegrafista *m*
camera phone N celular *m* com câmera
Cameroon [kæmə'ru:n] N Camarões *m*
Cameroun [kæmə'ru:n] N = **Cameroon**
camouflage ['kæməfla:ʒ] N camuflagem *f* ▶ VT camuflar
camp [kæmp] N campo, acampamento; (*for prisoners*) campo; (*faction*) facção *f* ▶ VI acampar ▶ ADJ (*inf*) afeminado
campaign [kæm'peɪn] N (*Mil, Pol etc*) campanha ▶ VI fazer campanha
campaigner [kæm'peɪnə'] N: **~ for** partidário(-a) de; **~ against** oponente *m/f* de
campbed (BRIT) N cama de campanha
camper ['kæmpə'] N campista *m/f*; (*vehicle*) reboque *m*
camping ['kæmpɪŋ] N camping *m* (BR), campismo (PT); **to go ~** acampar
camping site N camping *m* (BR), parque *m* de campismo (PT)
campsite ['kæmpsaɪt] N camping *m* (BR), parque *m* de campismo (PT)
campus ['kæmpəs] N campus *m*, cidade *f* universitária
camshaft ['kæmʃa:ft] N eixo de ressaltos
can¹ [kæn] N (*of oil, food*) lata ▶ VT enlatar; (*preserve*) conservar em latas; **to carry the ~** (BRIT *inf*) assumir a responsabilidade

(KEYWORD)

can² [kæn] (*negative* **can't** *or* **cannot**, *pt, conditional* **could**) AUX VB **1** (*be able to*) poder; **you can do it if you try** se você tentar, você consegue fazê-lo; **I'll help you all I can** ajudarei você em tudo que eu puder; **she couldn't sleep that night** ela não conseguiu dormir aquela noite; **I can't go on any longer** não posso continuar mais; **can you hear me?** você está me ouvindo?; **I can see you tomorrow, if you're free** posso vê-lo amanhã, se você estiver livre

Canada – capacity | 52

2 (*know how to*) saber; **I can swim** sei nadar; **can you speak Portuguese?** você fala português?
3 (*may*): **can I use your phone?** posso usar o telefone?; **could I have a word with you?** será que eu podia falar com você?; **you can smoke if you like** você pode fumar se quiser; **can I help you with that?** posso ajudá-lo?
4 (*expressing disbelief, puzzlement*): **it CAN'T be true!** não pode ser verdade!; **what CAN he want?** o que é que ele quer?
5 (*expressing possibility, suggestion etc*): **he could be in the library** ele talvez esteja na biblioteca; **they could have forgotten** eles podiam ter esquecido

Canada ['kænədə] N Canadá *m*
Canadian [kə'neɪdɪən] ADJ, N canadense *m/f*
canal [kə'næl] N canal *m*
Canaries [kə'nɛərɪz] NPL = **Canary Islands**
canary [kə'nɛərɪ] N canário
Canary Islands NPL: **the ~** as (ilhas) Canárias
Canberra ['kænbərə] N Canberra
cancel ['kænsəl] VT cancelar; (*contract*) anular; (*cross out*) riscar, invalidar; (*stamp*) contrasselar
▶ **cancel out** VT anular; **they ~ each other out** eles se anulam
cancellation [kænsə'leɪʃən] N cancelamento; (*of contract*) anulação *f*
cancer ['kænsə^r] N câncer *m* (BR), cancro (PT); **C~** (*Astrology*) Câncer
cancerous ['kænsrəs] ADJ canceroso
cancer patient N canceroso(-a)
cancer research N pesquisa sobre o câncer (BR) or cancro (PT)
candid ['kændɪd] ADJ franco, sincero
candidacy ['kændɪdəsɪ] N candidatura
candidate ['kændɪdeɪt] N candidato(-a)
candidature ['kændɪdətʃə^r] (BRIT) N = **candidacy**
candied ['kændɪd] ADJ cristalizado; **~ apple** (US) maçã *f* do amor
candle ['kændl] N vela; (*in church*) círio
candle holder N (*single*) castiçal *m*; (*bigger, more ornate*) candelabro, lustre *m*
candlelight ['kændllaɪt] N: **by ~** à luz de vela; (*dinner*) à luz de vela
candlestick ['kændlstɪk] N (*plain*) castiçal *m*; (*bigger, ornate*) candelabro, lustre *m*
candour, (US) **candor** ['kændə^r] N franqueza
C & W N ABBR = **country and western**
candy ['kændɪ] N (*also*: **sugar candy**) açúcar *m* cristalizado; (US) bala (BR), rebuçado (PT)
candy-floss [-flɔs] (BRIT) N algodão-doce *m*
candy store (US) N confeitaria
cane [keɪn] N (*Bot*) cana; (*stick*) bengala; (*for chairs etc*) palhinha ▶ VT (BRIT Sch) castigar (com bengala)
canine ['keɪnaɪn] ADJ canino
canister ['kænɪstə^r] N lata

cannabis ['kænəbɪs] N (*also*: **cannabis plant**) cânhamo; (*drug*) maconha
canned [kænd] ADJ (*food*) em lata, enlatado; (*inf: music*) gravado; (BRIT *inf: drunk*) bêbado; (US *inf: worker*) despedido
cannibal ['kænɪbəl] N canibal *m/f*
cannibalism ['kænɪbəlɪzəm] N canibalismo
cannon ['kænən] (*pl* **cannon** *or* **cannons**) N canhão *m*
cannonball ['kænənbɔːl] N bala (de canhão)
cannon fodder N bucha para canhão
cannot ['kænɔt] = **can not**
canny ['kænɪ] ADJ astuto
canoe [kə'nuː] N canoa
canoeing [kə'nuːɪŋ] N (*Sport*) canoagem *f*
canoeist [kə'nuːɪst] N canoísta *m/f*
canon ['kænən] N (*clergyman*) cônego; (*standard*) cânone *m*
canonize ['kænənaɪz] VT canonizar
can opener N abridor *m* de latas (BR), abre-latas *m inv* (PT)
canopy ['kænəpɪ] N dossel *m*; (*Arch*) baldaquino
cant [kænt] N jargão *m*
can't [kɑːnt] = **can not**
Cantab. (BRIT) ABBR = **cantabrigiensis**; **of Cambridge**
cantankerous [kæn'tæŋkərəs] ADJ rabugento, irritável
canteen [kæn'tiːn] N cantina; (*bottle*) cantil *m*; (BRIT: *of cutlery*) jogo (de talheres)
canter ['kæntə^r] N meio galope ▶ VI ir a meio galope
cantilever ['kæntɪliːvə^r] N cantiléver *m*
canvas ['kænvəs] N (*material*) lona; (*for painting*) tela; (*Naut*) velas *fpl*; **under ~** (*camping*) em barracas
canvass ['kænvəs] VI (*Pol*): **to ~ for** fazer campanha por ▶ VT (*Pol: district*) fazer campanha em; (: *person*) angariar; (*investigate: opinions*) sondar
canvasser ['kænvəsə^r] N cabo eleitoral
canvassing ['kænvəsɪŋ] N (*Pol*) angariação *f* de votos; (*Comm*) pesquisa de mercado
canyon ['kænjən] N canhão *m*, garganta, desfiladeiro
CAP N ABBR (= *Common Agricultural Policy*) PAC *f*
cap [kæp] N gorro; (*peaked*) boné *m*; (*of pen, bottle*) tampa; (*contraceptive: also*: **Dutch cap**) diafragma *m*; (*for toy gun*) cartucho; (BRIT *Football*): **he won his England ~** ele foi escalado para jogar na seleção inglesa ▶ VT (*outdo*) superar; (*put limit on*) limitar; **and to ~ it all, he ...** (BRIT) e para completar *or* culminar, ele ...
capability [keɪpə'bɪlɪtɪ] N capacidade *f*
capable ['keɪpəbl] ADJ (*of sth*) capaz; (*competent*) competente, hábil; **~ of** (*interpretation etc*) suscetível de, passível de
capacious [kə'peɪʃəs] ADJ vasto
capacity [kə'pæsɪtɪ] N capacidade *f*; (*of stadium etc*) lotação *f*; (*role*) condição *f*, posição *f*; **filled to ~** lotado; **in his ~ as**

em sua condição de; **this work is beyond my ~** este trabalho está além das minhas limitações; **in an advisory ~** na condição de consultor; **to work at full ~** trabalhar com máximo rendimento
cape [keɪp] N capa; (*Geo*) cabo
Cape of Good Hope N Cabo da Boa Esperança
caper ['keɪpəʳ] N (*Culin: gen pl*) alcaparra; (*prank*) travessura
Cape Town N Cidade f do Cabo
capita ['kæpɪtə] *see* **per capita**
capital ['kæpɪtl] N (*also*: **capital city**) capital f; (*money*) capital m; (*also*: **capital letter**) maiúscula
capital account N conta de capital
capital allowance N desconto para depreciação
capital assets NPL bens mpl imobilizados, ativo fixo
capital expenditure N despesas fpl or dispêndio de capital
capital gains tax N imposto sobre ganhos de capital
capital goods NPL bens mpl de capital
capital-intensive ADJ intensivo de capital
capitalism ['kæpɪtəlɪzəm] N capitalismo
capitalist ['kæpɪtəlɪst] ADJ, N capitalista m/f
capitalize ['kæpɪtəlaɪz] VT capitalizar ▶ VI: **to ~ on** (*fig*) aproveitar, explorar
capital punishment N pena de morte
capital transfer tax (*BRIT*) N imposto sobre transferências de capital
Capitol ['kæpɪtl] N *ver nota*

O Capitólio (**Capitol**) é a sede do Congresso dos Estados Unidos, localizado no monte Capitólio (*Capitol Hill*), em Washington.

capitulate [kə'pɪtjuleɪt] VI capitular
capitulation [kəpɪtju'leɪʃən] N capitulação f
capricious [kə'prɪʃəs] ADJ caprichoso
Capricorn ['kæprɪkɔːn] N Capricórnio
caps [kæps] ABBR = **capital letters**
capsize [kæp'saɪz] VT, VI emborcar, virar
capstan ['kæpstən] N cabrestante m
capsule ['kæpsjuːl] N cápsula
Capt. ABBR (= *captain*) Cap.
captain ['kæptɪn] N capitão m ▶ VT capitanear, ser o capitão de
caption ['kæpʃən] N (*heading*) título; (*to picture*) legenda
captivate ['kæptɪveɪt] VT cativar
captive ['kæptɪv] ADJ, N cativo(-a)
captivity [kæp'tɪvɪtɪ] N cativeiro
captor ['kæptəʳ] N capturador(a) m/f
capture ['kæptʃəʳ] VT prender, aprisionar; (*person*) capturar; (*place*) tomar; (*attention*) atrair, chamar ▶ N captura; (*of place*) tomada; (*thing taken*) presa
car [kaːʳ] N carro, automóvel m; (*Rail*) vagão m; **by ~** de carro
Caracas [kə'rækəs] N Caracas
carafe [kə'ræf] N garrafa de mesa
caramel ['kærəməl] N (*sweet*) caramelo; (*burnt sugar*) caramelado

carat ['kærət] N quilate m; **18 ~ gold** ouro de 18 quilates
caravan ['kærəvæn] N reboque m (*BR*), trailer m (*BR*), rulote f (*PT*); (*in desert*) caravana
caravan site (*BRIT*) N parque m de campismo
caraway ['kærəweɪ] N: **~ seed** sementes fpl de alcaravia
carb [kaːb] (*inf*) N ABBR (= *carbohydrate*) carboidrato
carbohydrate [kaːbəu'haɪdreɪt] N hidrato de carbono; (*food*) carboidrato
carbolic acid [kaː'bɔlɪk-] N ácido carbólico, fenol m
car bomb N carro-bomba m
carbon ['kaːbən] N carbono
carbonated ['kaːbəneɪtɪd] ADJ (*drink*) gasoso
carbon copy N cópia de papel carbono
carbon dioxide [-daɪ'ɔksaɪd] N dióxido de carbono
carbon footprint N pegada de carbono
carbon monoxide [-mə'nɔksaɪd] N monóxido de carbono
carbon-neutral [kaː.bn'njuːtrəl] ADJ sem emissão de carbono
carbon offset N compensação f de emissão de carbono
carbon paper N papel m carbono
carbon ribbon N fita carbono
carburettor, (*US*) **carburetor** [kaːbju'rɛtəʳ] N carburador m
carcass ['kaːkəs] N carcaça
carcinogenic [kaːsɪnə'dʒɛnɪk] ADJ carcinogênico
card [kaːd] N (*also*: **playing card**) carta; (*visiting card, postcard etc*) cartão m; (*membership card etc*) carteira; (*thin cardboard*) cartolina; **to play ~s** jogar cartas
cardamom ['kaːdəməm] N cardamomo
cardboard ['kaːdbɔːd] N cartão m, papelão m
cardboard box N caixa de papelão
card-carrying member [-'kærɪɪŋ-] N membro ativo
card game N jogo de cartas
cardiac ['kaːdɪæk] ADJ cardíaco
cardigan ['kaːdɪgən] N casaco de lã, cardigã m
cardinal ['kaːdɪnl] ADJ cardeal; (*Math*) cardinal ▶ N (*Rel*) cardeal m; (*Math*) número cardinal
card index N index m fichário
Cards (*BRIT*) ABBR = **Cardiganshire**
cardsharp ['kaːdʃaːp] N batoteiro(-a), trapaceiro(-a)
card vote (*BRIT*) N votação f de delegados
CARE [kɛəʳ] N ABBR (= *Cooperative for American Relief Everywhere*) associação beneficente
care [kɛəʳ] N cuidado; (*worry*) preocupação f; (*charge*) encargo, custódia ▶ VI: **to ~ about** (*person, animal*) preocupar-se com; (*thing, idea*) ter interesse em; **would you ~ to/for ...?** você quer ...?; **I wouldn't ~ to do it** eu não gostaria de fazê-lo; **~ of** (*on letter*) aos cuidados de; **in sb's ~** a cargo de alguém; **"with ~"** "frágil"; **to take ~ (to do)**

cuidar-se *or* ter o cuidado (de fazer); **to take ~ of** (*person*) cuidar de; (*situation*) encarregar-se de; **the child has been taken into ~** a criança foi entregue aos cuidados da Assistência Social; **I don't ~** não me importa; **I couldn't ~ less** não dou a mínima
▶ **care for** VT FUS cuidar de; (*like*) gostar de
careen [kə'riːn] VI (*ship*) dar de quilha, querenar ▶ VT querenar
career [kə'rɪər] N carreira ▶ VI (*also*: **career along**) correr a toda velocidade
career girl N moça disposta a fazer carreira
careers officer N orientador(a) *m/f* vocacional
career woman (*irreg: like* **woman**) N mulher *f* com profissão liberal
carefree ['kɛəfriː] ADJ despreocupado
careful ['kɛəful] ADJ (*thorough*) cuidadoso; (*cautious*) cauteloso; (**be**) **~!** tenha cuidado!
carefully ['kɛəfulɪ] ADV cuidadosamente; cautelosamente
careless ['kɛəlɪs] ADJ descuidado; (*heedless*) desatento
carelessly ['kɛəlɪslɪ] ADV sem cuidado; (*without worry*) sem preocupação
carelessness ['kɛəlɪsnɪs] N descuido, falta de atenção
carer ['kɛərər] N (*professional*) acompanhante *m/f*; (*unpaid*) cuidador(a) *m/f*
caress [kə'rɛs] N carícia ▶ VT acariciar
caretaker ['kɛəteɪkər] N zelador(a) *m/f*
caretaker government (BRIT) N governo interino
car-ferry N barca para carros (BR), barco de passagem (PT)
cargo ['kɑːgəu] (*pl* **cargoes**) N carga; (*freight*) frete *m*
cargo boat N cargueiro
cargo plane N avião *m* de carga
car hire (BRIT) N aluguel *m* (BR) *or* aluguer *m* (PT) de carros
Caribbean [kærɪ'biːən] ADJ caraíba ▶ N: **the ~ (Sea)** o Caribe
caricature ['kærɪkətjuər] N caricatura
caring ['kɛərɪŋ] ADJ (*person*) bondoso; (*society*) humanitário
carnage ['kɑːnɪdʒ] N carnificina, matança
carnal ['kɑːnl] ADJ carnal
carnation [kɑː'neɪʃən] N cravo
carnival ['kɑːnɪvəl] N carnaval *m*; (US: *funfair*) parque *m* de diversões
carnivorous [kɑː'nɪvərəs] ADJ carnívoro
carol ['kærəl] N: (**Christmas**) **~** cântico de Natal
carouse [kə'rauz] VI farrear
carousel [kærə'sɛl] (US) N carrossel *m*
carp [kɑːp] N INV (*fish*) carpa
▶ **carp at** VT FUS criticar
car park (BRIT) N estacionamento
carpenter ['kɑːpɪntər] N carpinteiro
carpentry ['kɑːpɪntrɪ] N carpintaria
carpet ['kɑːpɪt] N tapete *m* ▶ VT atapetar; (*with fitted carpet*) acarpetar; **fitted ~** (BRIT) carpete *m*

carpet slippers NPL chinelos *mpl*
carpet sweeper [-'swiːpər] N limpador *m* de tapetes
car rental (US) N aluguel *m* (BR) *or* aluguer *m* (PT) de carros
carriage ['kærɪdʒ] N carruagem *f*; (BRIT Rail) vagão *m*; (*of goods*) transporte *m*; (: *cost*) porte *m*; (*of typewriter*) carro; (*bearing*) porte *m*; **~ forward** frete a pagar; **~ free** franco de porte; **~ paid** frete *or* porte pago
carriage return N retorno do carro
carriageway ['kærɪdʒweɪ] (BRIT) N (*part of road*) pista
carrier ['kærɪər] N transportador(a) *m/f*; (*company*) empresa de transportes, transportadora; (*Med*) portador(a) *m/f*; (*Naut*) porta-aviões *m inv*
carrier bag (BRIT) N saco, sacola
carrier pigeon N pombo-correio
carrion ['kærɪən] N carniça
carrot ['kærət] N cenoura
carry ['kærɪ] VT carregar; (*take*) levar; (*transport*) transportar; (*a motion, bill*) aprovar; (*involve: responsibilities etc*) implicar; (*Math: figure*) levar; (*Comm: interest*) render ▶ VI (*sound*) projetar-se; **to get carried away** (*fig*) exagerar
▶ **carry forward** VT transportar
▶ **carry on** VI (*continue*) seguir, continuar; (*inf: complain*) queixar-se, criar caso ▶ VT prosseguir, continuar
▶ **carry out** VT (*orders*) cumprir; (*investigation*) levar a cabo, realizar; (*idea, threat*) executar
carrycot ['kærɪkɔt] (BRIT) N moisés *m inv*
carry-on (*inf*) N alvoroço, rebuliço
cart [kɑːt] N carroça, carreta; (US: *for luggage*) carrinho ▶ VT transportar (em carroça)
carte blanche ['kɑːt'blɒnʃ] N: **to give sb ~** dar carta branca a alguém
cartel [kɑː'tɛl] N (*Comm*) cartel *m*
cartilage ['kɑːtɪlɪdʒ] N cartilagem *f*
cartographer [kɑː'tɔgrəfər] N cartógrafo(-a)
cartography [kɑː'tɔgrəfɪ] N cartografia
carton ['kɑːtən] N (*box*) caixa (de papelão); (*of yogurt*) pote *m*; (*of milk*) caixa; (*packet*) pacote *m*
cartoon [kɑː'tuːn] N (*drawing*) desenho; (*Press*) charge *f*; (*satirical*) caricatura; (BRIT: *comic strip*) história em quadrinhos (BR), banda desenhada (PT); (*film*) desenho animado
cartoonist [kɑː'tuːnɪst] N caricaturista *m/f*, cartunista *m/f*; (*Press*) chargista *m/f*
cartridge ['kɑːtrɪdʒ] N cartucho; (*of record player*) cápsula
cartwheel [kɑː'twiːl] N pirueta, cabriola; **to turn a ~** fazer uma pirueta
carve [kɑːv] VT (*meat*) trinchar; (*wood, stone*) cinzelar, esculpir; (*initials, design*) gravar
▶ **carve up** VT dividir, repartir
carving ['kɑːvɪŋ] N (*object*) escultura; (*design*) talha, entalhe *m*
carving knife (*irreg: like* **knife**) N trinchante *m*, faca de trinchar

car wash N lavagem f de carros
cascade [kæs'keɪd] N cascata ▶ VI cascatear, cair em cascata
case [keɪs] N (*instance, investigation, Med*) caso; (*for spectacles etc*) estojo; (*Law*) causa; (BRIT: *also*: **suitcase**) mala; (*of wine etc*) caixa; (*Typ*) **lower/upper ~** caixa baixa/alta; **to have a good ~** ter bons argumentos; **there's a strong ~ for ...** há bons argumentos para ...; **in ~ (of)** em caso (de); **in any ~** em todo o caso; **just in ~** *conj* se por acaso; *adv* por via das dúvidas
case history N (*Med*) anamnese f
case study N (*Med*) caso clínico; (*Sociology*) estudo sociológico
cash [kæʃ] N dinheiro (em espécie) ▶ VT descontar; **to pay (in) ~** pagar em dinheiro; **~ on delivery** pagamento contra entrega; **to be short of ~** estar sem dinheiro
  ▶ **cash in** VT (*insurance policy etc*) resgatar
  ▶ **cash in on** VT FUS lucrar com, explorar
cash account N conta de caixa
cash-book N livro-caixa m
cash box N cofre m
cash card (BRIT) N cartão m de saque
cash desk (BRIT) N caixa
cash discount N desconto por pagamento à vista
cash dispenser N caixa automática or eletrônica
cashew [kæ'ʃu:] N (*also*: **cashew nut**) castanha de caju
cash flow N fluxo de caixa
cashier [kæ'ʃɪər] N caixa m/f ▶ VT (*Mil*) exonerar
cashless ['kæʃlɪs] ADJ (*Finance: society, environment*) sem dinheiro
cashmere ['kæʃmɪər] N caxemira, cachemira
cash payment N (*in money*) pagamento em dinheiro; (*in one go*) pagamento à vista
cash point N caixa m eletrônico
cash price N preço à vista
cash register N caixa registradora
cash sale N venda à vista
casing ['keɪsɪŋ] N invólucro; (*of boiler etc*) revestimento
casino [kə'si:nəu] N cassino
cask [kɑ:sk] N barril m
casket ['kɑ:skɪt] N cofre m, porta-joias m inv; (US: *coffin*) caixão m
Caspian Sea ['kæspɪən-] N: **the ~** o mar Cáspio
casserole ['kæsərəul] N panela de ir ao forno; (*food*) ensopado (BR) no forno, guisado (PT) no forno
cassette [kæ'sɛt] N fita-cassete f
cassette deck N toca-fitas m inv
cassette player N toca-fitas m inv
cassette recorder N gravador m
cassock ['kæsək] N sotaina, batina
cast [kɑ:st] (*pt, pp* **cast**) VT (*throw*) lançar, atirar; (*skin*) mudar, perder; (*metal*) fundir; (*Theatre*): **to ~ sb as Hamlet** dar a alguém o papel de Hamlet ▶ VI (*Fishing*) lançar ▶ N (*Theatre*) elenco; (*mould*) forma, molde m; (*also*: **plaster cast**) gesso; **to ~ loose** soltar; **to ~ one's vote** votar
  ▶ **cast aside** VT rejeitar
  ▶ **cast away** VT desperdiçar
  ▶ **cast down** VT abater, desalentar
  ▶ **cast off** VI (*Naut*) soltar o cabo; (*Knitting*) rematar os pontos ▶ VT (*Knitting*) rematar
  ▶ **cast on** VT (*Knitting*) montar ▶ VI montar os pontos
castanets [kæstə'nɛts] NPL castanholas fpl
castaway ['kɑ:stəweɪ] N náufrago(-a)
caste [kɑ:st] N casta
caster sugar ['kɑ:stər-] (BRIT) N açúcar m branco refinado
casting vote ['kɑ:stɪŋ-] (BRIT) N voto decisivo, voto de minerva
cast iron N ferro fundido ▶ ADJ: **cast-iron** (*fig: will*) de ferro; (: *alibi*) forte
castle ['kɑ:sl] N castelo; (*Chess*) torre f
castor ['kɑ:stər] N (*wheel*) rodízio
castor oil N óleo de rícino
castor sugar (BRIT) N = **caster sugar**
castrate [kæs'treɪt] VT castrar
casual ['kæʒjul] ADJ (*by chance*) fortuito; (*irregular: work etc*) eventual; (*unconcerned*) despreocupado; (*informal: clothes etc*) descontraído, informal; **~ wear** roupas fpl esportivas
casual labour N mão-de-obra f ocasional
casually ['kæʒjulɪ] ADV (*in a relaxed way*) casualmente; (*dress*) informalmente
casualty ['kæʒjultɪ] N (*wounded*) ferido(-a); (*dead*) morto(-a); (*of situation: victim*) vítima; (*Med: department*) pronto-socorro; (*Mil*) baixa; **casualties** NPL perdas fpl
casualty ward (BRIT) N setor m de emergência, pronto-socorro
cat [kæt] N gato
catacombs ['kætəku:mz] NPL catacumbas fpl
Catalan ['kætələn] ADJ catalão(-lã) ▶ N catalão(-lã) m/f; (*Ling*) catalão m
catalogue, (US) **catalog** ['kætəlɔg] N catálogo ▶ VT catalogar
Catalonia [kætə'ləunɪə] N Catalunha
catalyst ['kætəlɪst] N catalisador m
catapult ['kætəpʌlt] (BRIT) N catapulta; (*sling*) atiradeira
cataract ['kætərækt] N (*also Med*) catarata
catarrh [kə'tɑ:r] N catarro
catastrophe [kə'tæstrəfɪ] N catástrofe f
catastrophic [kætə'strɔfɪk] ADJ catastrófico
catcall ['kætkɔ:l] N assobio
catch [kætʃ] (*pt, pp* **caught**) VT (*ball, train, illness*) pegar (BR), apanhar (PT); (*fish*) pescar; (*arrest*) prender, deter; (*person: by surprise*) flagrar, surpreender; (*attention*) atrair; (*hear*) ouvir; (*understand*) compreender; (*get entangled*) prender; (*also*: **catch up**) alcançar ▶ VI (*fire*) pegar; (*in branches etc*) ficar preso, prender-se ▶ N (*fish etc*) pesca; (*act of catching*) captura; (*game*) manha, armadilha; (*of lock*) trinco, lingueta; **to ~ sb's attention** *or* **eye** chamar a atenção de alguém; **to ~ fire** pegar fogo;

(*building*) incendiar-se; **to ~ sight of** avistar
▶ **catch on** VI (*understand*) entender (BR), perceber (PT); (*grow popular*) pegar
▶ **catch out** (BRIT) VT (*with trick question*) apanhar em erro
▶ **catch up** VI equiparar-se; (*make up for lost time*) recuperar o tempo perdido ▶ VT (*also:* **catch up with**) alcançar

catch-22 [-twentɪ'tu:] N: **it's a ~ situation** é uma situação do tipo se correr, o bicho pega, se ficar, o bicho come
catching ['kætʃɪŋ] ADJ (*Med*) contagioso
catchment area ['kætʃmənt-] N (BRIT) *área atendida por um hospital, uma escola etc*
catch phrase N clichê *m*, slogan *m*
catchy ['kætʃɪ] ADJ (*tune*) que pega fácil, que gruda no ouvido
catechism ['kætɪkɪzəm] N (*Rel*) catecismo
categoric [kætɪ'gɔrɪk], **categorical** [kætɪ'gɔrɪkəl] ADJ categórico, terminante
categorize ['kætɪgəraɪz] VT classificar
category ['kætɪgərɪ] N categoria
cater ['keɪtər] VI preparar comida
▶ **cater for** VT FUS (*needs*) atender a; (*consumers*) satisfazer
caterer ['keɪtərər] N (*service*) serviço de bufê
catering ['keɪtərɪŋ] N serviço de bufê; (*trade*) abastecimento
caterpillar ['kætəpɪlər] N lagarta ▶ CPD (*vehicle*) de lagartas
caterpillar track N lagarta
cathedral [kə'θi:drəl] N catedral *f*
cathode ['kæθəud] N cátodo
cathode ray tube N tubo de raios catódicos
Catholic ['kæθəlɪk] ADJ, N (*Rel*) católico(-a)
catholic ['kæθəlɪk] ADJ eclético
cat's-eye (BRIT) N (*Aut*) catadióptrico
catsup ['kætsəp] (US) N ketchup *m*
cattle ['kætl] NPL gado
catty ['kætɪ] ADJ malicioso
catwalk ['kætwɔ:k] N passarela
Caucasian [kɔ:'keɪʒn] ADJ, N caucasoide *m/f*
Caucasus ['kɔ:kəsəs] N Cáucaso
caucus ['kɔ:kəs] N (*Pol: group*) panelinha (de políticos); (: US) comitê *m* eleitoral (para indicar candidatos)
caught [kɔ:t] PT, PP *of* **catch**
cauliflower ['kɔlɪflauər] N couve-flor *f*
cause [kɔ:z] N causa; (*reason*) motivo, razão *f*
▶ VT causar, provocar; **there is no ~ for concern** não há motivo de preocupação; **to ~ sth to be done** fazer com que algo seja feito; **to ~ sb to do sth** fazer com que alguém faça algo
causeway ['kɔ:zweɪ] N (*road*) calçada; (*embankment*) banqueta
caustic ['kɔ:stɪk] ADJ cáustico; (*fig*) mordaz
caution ['kɔ:ʃən] N cautela, prudência; (*warning*) aviso ▶ VT acautelar, avisar
cautious ['kɔ:ʃəs] ADJ cauteloso, prudente, precavido
cautiously ['kɔ:ʃəslɪ] ADV com cautela
cautiousness ['kɔ:ʃəsnɪs] N cautela, prudência

cavalier [kævə'lɪər] ADJ arrogante ▶ N (*knight*) cavaleiro
cavalry ['kævəlrɪ] N cavalaria
cave [keɪv] N caverna, gruta
▶ **cave in** VI dar de si; (*roof etc*) ceder
caveman ['keɪvmæn] (*irreg: like* **man**) N troglodita *m*, homem *m* das cavernas
cavern ['kævən] N caverna
caviar, caviare ['kævɪɑ:r] N caviar *m*
cavity ['kævɪtɪ] N cavidade *f*; (*in tooth*) cárie *f*
cavort [kə'vɔ:t] VI cabriolar
cayenne [keɪ'en] N (*also:* **cayenne pepper**) pimenta-de-caiena
CB N ABBR = **Citizens' Band (Radio)**; (BRIT: = *Companion of (the Order of the Bath)*) *título honorífico*
CBC N ABBR = **Canadian Broadcasting Corporation**
CBE N ABBR (= *Companion of (the Order of) the British Empire*) *título honorífico*
CBI N ABBR (= *Confederation of British Industry*) *federação de indústria*
CBS (US) N ABBR (= *Columbia Broadcasting System*) *emissora de televisão*
CC (BRIT) ABBR = **County Council**
cc ABBR (= *cubic centimetre*) cc; (*on letter etc*) = **carbon copy**
CCA (US) N ABBR (= *Circuit Court of Appeals*) *tribunal de recursos itinerante*
CCTV N ABBR (= *closed-circuit television*) CFTV
CCTV camera N câmera de segurança
CCU N ABBR (= *coronary care unit*) unidade de cardiologia
CD N ABBR = **compact disc**; (*Mil: BRIT*) = **Civil Defence (Corps)**; (US) = **Civil Defense** ▶ ABBR (BRIT: = *Corps Diplomatique*)
CD burner, CD writer N gravador *m* de CD
CDC (US) N ABBR = **center for disease control**
CD player N toca-discos *m inv* laser
Cdr. ABBR (= *commander*) Com.
CD-ROM N ABBR (= *compact disc read-only memory*) CD-ROM *m*
CDT (US) N ABBR (= *Central Daylight Time*) hora de verão do centro
cease [si:s] VT, VI cessar
ceasefire [si:s'faɪər] N cessar-fogo *m*
ceaseless ['si:slɪs] ADJ contínuo, incessante
ceaselessly ['si:slɪslɪ] ADV sem parar, sem cessar
CED (US) N ABBR = **Committee for Economic Development**
cedar ['si:dər] N cedro
cede [si:d] VT ceder
cedilla [sɪ'dɪlə] N cedilha
CEEB (US) N ABBR (= *College Entry Examination Board*) *comissão de admissão ao ensino superior*
ceiling ['si:lɪŋ] N (*also fig*) teto
celebrate ['sɛlɪbreɪt] VT celebrar ▶ VI celebrar; (*birthday, anniversary etc*) festejar; (*Rel: mass*) rezar
celebrated ['sɛlɪbreɪtɪd] ADJ célebre
celebration [sɛlɪ'breɪʃən] N (*act*) celebração *f*; (*party*) festa

celebrity [sɪˈlɛbrɪtɪ] N (*person, fame*) celebridade f ▶ CPD (*couple, magazine*) de celebridades; **~ guests** celebridades convidadas
celeriac [səˈlɛrɪæk] N aipo-rábano
celery [ˈsɛlərɪ] N aipo
celestial [sɪˈlɛstɪəl] ADJ (*of sky*) celeste; (*divine*) celestial
celibacy [ˈsɛlɪbəsɪ] N celibato
cell [sɛl] N cela; (*Bio*) célula; (*Elec*) pilha, elemento; (*US: cellphone*) celular m (BR), telemóvel m (PT)
cellar [ˈsɛləʳ] N porão m; (*for wine*) adega
'cellist [ˈtʃɛlɪst] N violoncelista m/f
'cello [ˈtʃɛləu] N violoncelo
cellophane [ˈsɛləfeɪn] N celofane m
cellphone [ˈsɛlfəun] N (telefone) celular m (BR), telemóvel m (PT)
cell tower (US) N (*Tel*) torre f de celular
cellular [ˈsɛljuləʳ] ADJ celular
cellulose [ˈsɛljuləus] N celulose f
Celsius [ˈsɛlsɪəs] ADJ Célsius *inv*
Celt [kɛlt] ADJ, N celta m/f
Celtic [ˈkɛltɪk] ADJ celta ▶ N (*Ling*) celta m
cement [səˈmɛnt] N cimento ▶ VT cimentar; (*fig*) cimentar, fortalecer
cement mixer N betoneira
cemetery [ˈsɛmɪtrɪ] N cemitério
cenotaph [ˈsɛnətɑːf] N cenotáfio
censor [ˈsɛnsəʳ] N (*person*) censor(a) m/f; (*concept*): **the ~** a censura ▶ VT censurar
censorship [ˈsɛnsəʃɪp] N censura
censure [ˈsɛnʃəʳ] VT criticar
census [ˈsɛnsəs] N censo
cent [sɛnt] N (*US: of dollar*) centavo; (*of euro*) cêntimo; *see also* **per cent**
centenary [sɛnˈtiːnərɪ] N centenário
centennial [sɛnˈtɛnɪəl] N centenário
center [ˈsɛntəʳ] (US) = **centre**
centigrade [ˈsɛntɪgreɪd] ADJ centígrado
centilitre, (US) **centiliter** [ˈsɛntɪliːtəʳ] N centilitro
centimetre, (US) **centimeter** [ˈsɛntɪmiːtəʳ] N centímetro
centipede [ˈsɛntɪpiːd] N centopeia
central [ˈsɛntrəl] ADJ central
Central African Republic N República Centro-Africana
Central America N América Central
Central American ADJ centroamericano
central heating N aquecimento central
centralize [ˈsɛntrəlaɪz] VT centralizar
central processing unit N (*Comput*) unidade f central de processamento
central reservation (BRIT) N (*Aut*) canteiro divisor
centre, (US) **center** [ˈsɛntəʳ] N centro; (*of room, circle etc*) meio ▶ VT centrar ▶ VI (*concentrate*): **to ~ (on)** concentrar (em)
centrefold, (US) **centerfold** [ˈsɛntəfəuld] N poster m central
centre-forward N (*Sport*) centroavante m, centro

centre-half N (*Sport: centro*) médio
centrepiece, (US) **centerpiece** [ˈsɛntəpiːs] N centro de mesa
centre spread (BRIT) N páginas *fpl* centrais
centrifugal [sɛntrɪˈfjuːgl] ADJ centrífugo
centrifuge [ˈsɛntrɪfjuːʒ] N centrífuga
century [ˈsɛntjurɪ] N século; **20th ~** século vinte
CEO N ABBR = **chief executive officer**
ceramic [sɪˈræmɪk] ADJ cerâmico
ceramics [sɪˈræmɪks] N cerâmica
cereal [ˈsiːrɪəl] N cereal m
cerebral [ˈsɛrɪbrəl] ADJ cerebral; (*intellectual*) intelectual
ceremonial [sɛrɪˈməunɪəl] N cerimonial m; (*rite*) rito
ceremony [ˈsɛrɪmənɪ] N cerimônia; (*ritual*) rito; **to stand on ~** fazer cerimônia
cert [səːt] (BRIT *inf*) N: **it's a dead ~** é barbada, é coisa certa
certain [ˈsəːtən] ADJ (*sure*) seguro; (*person*): **a ~ Mr Smith** um certo Sr. Smith; (*particular*): **~ days/places** certos dias/lugares; (*some*): **a ~ coldness/pleasure** uma certa frieza/um certo prazer; **to make ~ of** assegurar-se de; **for ~** com certeza
certainly [ˈsəːtənlɪ] ADV certamente, com certeza
certainty [ˈsəːtəntɪ] N certeza
certificate [səˈtɪfɪkɪt] N certidão f, diploma m
certified mail [ˈsəːtɪfaɪd-] (US) N correio registrado
certified public accountant [ˈsəːtɪfaɪd-] (US) N perito-contador m/perita-contadora f
certify [ˈsəːtɪfaɪ] VT certificar ▶ VI: **to ~ to** atestar
cervical [ˈsəːvɪkl] ADJ: **~ cancer** câncer m (BR) *or* cancro (PT) do colo do útero; **~ smear** exame m de lâmina, esfregaço
cervix [ˈsəːvɪks] N cerviz f
Cesarean [sɪˈzɛərɪən] (US) ADJ, N = **Caesarean**
cessation [səˈseɪʃən] N cessação f, suspensão f
cesspit [ˈsɛspɪt] N fossa séptica
CET ABBR (= *Central European Time*) hora da Europa Central
Ceylon [sɪˈlɔn] N (*old*) Ceilão m
cf. ABBR (= *compare*) cf.
c/f ABBR (*Comm*: = *carry forward*) a transportar
CFC N ABBR (= *chlorofluorocarbon*) CFC m
CG (US) N ABBR = **coastguard**
cg ABBR (= *centigram*) cg
CH (BRIT) N ABBR (= *Companion of Honour*) título honorífico
ch (BRIT) ABBR = **central heating**
ch. ABBR (= *chapter*) cap.
Chad [tʃæd] N Chad m
chafe [tʃeɪf] VT (*rub*) roçar; (*wear*) gastar; (*irritate*) irritar ▶ VI (*fig*): **to ~ at sth** irritar-se com algo
chaffinch [ˈtʃæfɪntʃ] N tentilhão m
chagrin [ˈʃægrɪn] N desgosto
chain [tʃeɪn] N corrente f; (*of islands*) grupo; (*of mountains*) cordilheira; (*of shops*) cadeia;

chain reaction (*of events*) série *f* ▶ VT (*also:* **chain up**) acorrentar

chain reaction N reação *f* em cadeia

chain-smoke VI fumar um (cigarro) atrás do outro

chain store N magazine *m* (BR), grande armazem *f* (PT)

chair [tʃɛəʳ] N cadeira; (*armchair*) poltrona; (*of university*) cátedra; (*of meeting*) presidência, mesa ▶ VT (*meeting*) presidir; **the ~** (US: *electric chair*) a cadeira elétrica

chairlift ['tʃɛəlɪft] N teleférico

chairman ['tʃɛəmən] (*irreg: like* **man**) N presidente *m*

chairperson ['tʃɛəpə:sn] N presidente *m/f*

chairwoman ['tʃɛəwumən] (*irreg: like* **woman**) N presidenta, presidente *f*

chalet ['ʃæleɪ] N chalé *m*

chalice ['tʃælɪs] N cálice *m*

chalk [tʃɔːk] N (*Geo*) greda; (*for writing*) giz *m* ▶ **chalk up** VT escrever a giz; (*fig: success*) obter

challenge ['tʃælɪndʒ] N desafio ▶ VT desafiar; (*statement, right*) disputar, contestar; **to ~ sb to sth/to do sth** desafiar alguém para algo/a fazer algo

challenger ['tʃælɪndʒəʳ] N (*Sport*) competidor(a) *m/f*

challenging ['tʃælɪndʒɪŋ] ADJ desafiante; (*tone*) de desafio

chamber ['tʃeɪmbəʳ] N câmara; (BRIT *Law: gen pl*) sala de audiências

chambermaid ['tʃeɪmbəmeɪd] N arrumadeira (BR), empregada (PT)

chamber music N música de câmara

chamber of commerce N câmara de comércio

chamber pot N urinol *m*

chameleon [kə'miːlɪən] N camaleão *m*

chamois ['ʃæmwɑː] N camurça

chamois leather ['ʃæmɪ-] N camurça

champagne [ʃæm'peɪn] N champanhe *m* or *f*

champion ['tʃæmpɪən] N campeão(-peã) *m/f*; (*of cause*) defensor(a) *m/f* ▶ VT defender, lutar por

championship ['tʃæmpɪənʃɪp] N campeonato

chance [tʃɑːns] N (*luck*) acaso, casualidade *f*; (*opportunity*) oportunidade, ocasião *f*; (*likelihood*) chance *f*; (*risk*) risco ▶ VT arriscar ▶ ADJ fortuito, casual; **there is little ~ of his coming** é pouco provável que ele venha; **to take a ~** arriscar-se; **it's the ~ of a lifetime** é uma chance que só se tem uma vez na vida; **by ~** por acaso; **to ~ it** arriscar-se; **to ~ to do** fazer por acaso
▶ **chance on, chance upon** VT FUS dar com, encontrar por acaso

chancel ['tʃɑːnsəl] N coro, capela-mor *f*

chancellor ['tʃɑːnsələʳ] N chanceler *m*; **C~ of the Exchequer** (BRIT) Ministro da Economia (Fazenda e Planejamento)

chandelier [ʃændə'lɪəʳ] N lustre *m*

change [tʃeɪndʒ] VT (*alter*) mudar; (*wheel, bulb, money*) trocar; (*replace*) substituir; (*clothes, house*) mudar de, trocar de; (*nappy*) mudar, trocar; (*transform*) **to ~ sb into** transformar alguém em ▶ VI mudar(-se); (*change clothes*) trocar-se; (*trains*) fazer baldeação (BR), mudar (PT); (*be transformed*) **to ~ into** transformar-se em ▶ N mudança; (*exchange*) troca; (*difference*) diferença; (*of clothes*) muda; (*modification*) modificação *f*; (*transformation*) transformação *f*; (*coins: also:* **small change**) trocado; **to ~ gear** (*Aut*) trocar de marcha; **to ~ one's mind** mudar de ideia; **for a ~** para variar; **she ~d into an old skirt** ela (trocou de roupa e) vestiu uma saia velha; **a ~ of clothes** uma muda de roupa; **to give sb ~ for** or **of £10** trocar £10 para alguém

changeable ['tʃeɪndʒəbl] ADJ (*weather*) instável; (*mood*) inconstante

change machine N máquina que fornece trocado

changeover ['tʃeɪndʒəuvəʳ] N (*to new system*) mudança

changing ['tʃeɪndʒɪŋ] ADJ variável

changing room (BRIT) N (*Sport*) vestiário; (*in shop*) cabine *f* de provas

channel ['tʃænl] N (TV) canal *m*; (*of river*) leito; (*for boats*) canal; (*of sea*) canal, estreito; (*groove*) ranhura; (*fig: medium*) meio, via ▶ VT (*money, resources*): **to ~ (into)** canalizar (para); **to go through the usual ~s** seguir os trâmites normais; **green/red ~** (*Customs*) canal verde/vermelho; **the (English) C~** o Canal da Mancha

Channel Islands NPL: **the ~** as ilhas Anglo-Normandas

chant [tʃɑːnt] N (*of crowd*) canto; (*Rel*) cântico ▶ VT cantar; (*word, slogan*) entoar

chaos ['keɪɔs] N caos *m*

chaotic [keɪ'ɔtɪk] ADJ caótico

chap [tʃæp] N (BRIT *inf: man*) sujeito (BR), tipo (PT); (*term of address*): **old ~** meu velho ▶ VT (*skin*) rachar

chapel ['tʃæpəl] N capela

chaperon, chaperone ['ʃæpərəun] N mulher *f* acompanhante ▶ VT acompanhar

chaplain ['tʃæplɪn] N capelão *m*

chapped [tʃæpt] ADJ ressecado

chapter ['tʃæptəʳ] N capítulo

char [tʃɑːʳ] VT (*burn*) tostar, queimar ▶ VI (BRIT) trabalhar como diarista ▶ N (BRIT) = **charlady**

character ['kærɪktəʳ] N caráter *m*; (*in novel, film*) personagem *m/f*; (*role*) papel *m*; (*eccentric*): **to be a (real) ~** ser um número; (*letter*) letra; **a person of good ~** uma pessoa de bom caráter

character code N (*Comput*) código de caráter

characteristic [kærɪktə'rɪstɪk] ADJ característico ▶ N característica

characterize ['kærɪktəraɪz] VT caracterizar

charade [ʃə'rɑːd] N charada

charcoal ['tʃɑːkəul] N carvão *m* de lenha; (*Art*) carvão *m*

charge [tʃɑːdʒ] N (*of gun, electrical, Mil: attack*) carga; (*Law*) encargo, acusação *f*; (*fee*) preço, custo; (*responsibility*) encargo; (*task*)

incumbência ▶ VT (*battery*) carregar; (*Mil: enemy*) atacar; (*price*) cobrar; (*customer*) cobrar dinheiro de; (*sb with task*) incumbir, encarregar; (*Law*) : **to ~ sb (with)** acusar alguém (de) ▶ VI precipitar-se; (*make pay*) cobrar; **charges** NPL: **bank ~s** taxas *fpl* bancárias; **labour ~s** custos *mpl* de mão-de-obra; **free of ~** grátis; **is there a ~?** se tem que pagar?; **there's no ~** é de graça; **extra ~** sobretaxa; **to reverse the ~s** (*BRIT Tel*) ligar a cobrar; **how much do you ~?** quanto você cobra?; **to ~ an expense (up) to sb's account** pôr a despesa na conta de alguém; **to take ~ of** encarregar-se de, tomar conta de; **to be in ~ of** estar a cargo de *or* encarregado de; **they ~d us £50 for the dinner** cobraram £50 pelo jantar; **to ~ in/out** precipitar-se para dentro/fora
charge account N conta de crédito
charge card N cartão *m* de crédito (*emitido por uma loja*)
chargé d'affaires [ˈʃɑːʒeɪdæˈfɛəʳ] N encarregado(-a) de negócios
chargehand [ˈtʃɑːdʒhænd] (*BRIT*) N capataz *m*
charger [ˈtʃɑːdʒəʳ] N (*also*: **battery charger**) carregador *m*; (*old: warhorse*) cavalo de batalha
charisma [kəˈrɪzmə] N carisma *m*
charitable [ˈtʃærɪtəbl] ADJ caritativo; (*organization*) beneficente
charity [ˈtʃærɪtɪ] N caridade *f*; (*organization*) obra de caridade; (*kindness*) compaixão *f*; (*money, gifts*) donativo
charlady [ˈtʃɑːleɪdɪ] (*BRIT*) N diarista
charlatan [ˈʃɑːlətən] N charlatão *m*
charm [tʃɑːm] N (*quality*) charme *m*; (*attraction*) encanto, atrativo; (*spell*) feitiço; (*talisman*) amuleto; (*on bracelet*) berloque *m* ▶ VT encantar, deliciar
charm bracelet N pulseira de berloques
charming [ˈtʃɑːmɪŋ] ADJ encantador(a)
chart [tʃɑːt] N (*table*) quadro; (*graph*) gráfico; (*diagram*) diagrama *m*; (*map*) carta de navegação; (*weather chart*) carta meteorológica *or* de tempo ▶ VT fazer um gráfico de; (*course, progress*) traçar; **charts** NPL (*hit parade*) paradas *fpl* (de sucesso); **to be in the ~s** (*record, pop group*) estar nas paradas (de sucesso)
charter [ˈtʃɑːtəʳ] VT fretar ▶ N (*document*) carta, alvará *m*; **on ~** (*plane*) fretado
chartered accountant [ˈtʃɑːtəd-] (*BRIT*) N perito-contador/perita-contadora *m/f*
charter flight N voo charter *or* fretado
charwoman [ˈtʃɑːwumən] (*irreg: like* **woman**) N = **charlady**
chase [tʃeɪs] VT (*pursue*) perseguir; (*hunt*) caçar, dar caça a; (*also*: **chase away**) enxotar ▶ VI: **to ~ after** correr atrás de ▶ N perseguição *f*, caça
▶ **chase down** (*US*) VT = **chase up**
▶ **chase up** (*BRIT*) VT (*person*) ficar atrás de; (*information*) pesquisar

chasm [ˈkæzəm] N abismo
chassis [ˈʃæsɪ] N chassi *m*
chaste [tʃeɪst] ADJ casto
chastened [ˈtʃeɪsnd] ADJ: **to be ~ by an experience** aprender uma lição com uma experiência
chastening [ˈtʃeɪsnɪŋ] ADJ: **it was a ~ experience** foi uma lição
chastise [tʃæsˈtaɪz] VT castigar
chastity [ˈtʃæstɪtɪ] N castidade *f*
chat [tʃæt] VI (*also*: **have a chat**) conversar, bater papo (*BR*), cavaquear (*PT*); (*on the Internet*) bater papo, conversar ▶ N conversa, bate-papo *m* (*BR*), cavaqueira (*PT*)
▶ **chat up** (*BRIT inf*) VT (*girl*) paquerar
chatroom N sala *f* de bate-papo (*BR*), sala *f* de conversação (*PT*)
chat show (*BRIT*) N programa *m* de entrevistas
chattel [ˈtʃætl] N: **goods and ~s** bens móveis
chatter [ˈtʃætəʳ] VI (*person*) tagarelar; (*animal*) emitir sons; (*teeth*) tiritar ▶ N tagarelice *f*; emissão *f* de sons; (*of birds*) chilro
chatterbox [ˈtʃætəbɔks] N tagarela *m/f*
chatty [ˈtʃætɪ] ADJ (*style*) informal; (*person*) conversador(a)
chauffeur [ˈʃəufəʳ] N chofer *m*, motorista *m/f*
chauvinism [ˈʃəuvɪnɪzəm] N (*also*: **male chauvinism**) machismo; (*nationalism*) chauvinismo
chauvinist [ˈʃəuvɪnɪst] N (*also*: **male chauvinist**) machista *m*; (*nationalist*) chauvinista *m/f*
ChE ABBR = **chemical engineer**
cheap [tʃiːp] ADJ barato; (*ticket etc*) a preço reduzido; (*poor quality*) barato, de pouca qualidade; (*behaviour*) vulgar; (*joke*) de mau gosto ▶ ADV barato; **a ~ trick** uma sujeira, uma sacanagem
cheapen [ˈtʃiːpən] VT baixar o preço de, rebaixar; **to ~ o.s.** rebaixar-se
cheaply [ˈtʃiːplɪ] ADV barato, por baixo preço
cheat [tʃiːt] VI trapacear; (*at cards*) roubar (*BR*), fazer batota (*PT*); (*in exam*) colar (*BR*), cabular (*PT*) ▶ VT defraudar, enganar ▶ N fraude *f*; (*person*) trapaceiro(-a); **to ~ sb out of sth** defraudar alguém de algo; **to ~ on sb** (*inf: husband, wife etc*) trair alguém
cheating [ˈtʃiːtɪŋ] N trapaça
check [tʃɛk] VT (*examine*) controlar; (*facts*) verificar; (*count*) contar; (*halt*) conter, impedir; (*restrain*) parar, refrear ▶ VI verificar ▶ N (*inspection*) controle *m*, inspeção *f*; (*curb*) freio; (*US: bill*) conta; (*Chess*) xeque *m*; (*token*) ficha, talão *m*; (*pattern: gen pl*) xadrez *m*; (*US*) = **cheque** ▶ ADJ (*also*: **checked**: *pattern, cloth*) xadrez *inv*; **to ~ with sb** perguntar a alguém; **to keep a ~ on sb/sth** controlar alguém/algo
▶ **check in** VI (*at hotel*) registrar-se; (*at airport*) apresentar-se ▶ VT (*luggage*) entregar
▶ **check off** VT checar
▶ **check out** VI (*of hotel*) pagar a conta e sair ▶ VT (*story*) verificar; (*person*) investigar;

checkbook – chilling | 60

~ it out (see for yourself) confira
▶ **check up** VI: **to ~ up on sth** verificar algo; **to ~ up on sb** investigar alguém
checkbook ['tʃɛkbuk] (US) N = **chequebook**
checkered ['tʃɛkəd] (US) ADJ = **chequered**
checkers ['tʃɛkəz] (US) N (jogo de) damas fpl
check guarantee card (US) N cartão m (de garantia) de cheques
check-in, check-in desk N (at airport) check-in m
checking account ['tʃɛkɪŋ-] (US) N conta corrente
checklist ['tʃɛklɪst] N lista de conferência
checkmate ['tʃɛkmeɪt] N xeque-mate m
checkout ['tʃɛkaut] N caixa
checkpoint ['tʃɛkpɔɪnt] N (ponto de) controle m
checkroom ['tʃɛkrum] (US) N depósito de bagagem
checkup ['tʃɛkʌp] N (Med) check-up m; (of machine) revisão f
cheek [tʃi:k] N bochecha; (impudence) folga, descaramento; **what a ~!** que folga!
cheekbone ['tʃi:kbəun] N maçã f do rosto
cheeky ['tʃi:kɪ] ADJ insolente, descarado
cheep [tʃi:p] N (of bird) pio ▶ VI piar
cheer [tʃɪə'] VT dar vivas a, aplaudir; (gladden) alegrar, animar ▶ VI gritar com entusiasmo
▶ N (gen pl) gritos mpl de entusiasmo; **cheers** NPL (of crowd) aplausos mpl; **~s!** saúde!
▶ **cheer on** VT torcer por
▶ **cheer up** VI animar-se, alegrar-se ▶ VT alegrar, animar
cheerful ['tʃɪəful] ADJ alegre
cheerfulness ['tʃɪəfulnɪs] N alegria
cheerio [tʃɪərɪ'əu] (BRIT) EXCL tchau! (BR), adeus! (PT)
cheerleader ['tʃɪəli:də'] N animador(a) de torcida m/f
cheerless ['tʃɪəlɪs] ADJ triste, sombrio
cheese [tʃi:z] N queijo
cheeseboard ['tʃi:zbɔ:d] N (in restaurant) sortimento de queijos
cheesecake ['tʃi:zkeɪk] N queijada, torta de queijo
cheetah ['tʃi:tə] N chitá m
chef [ʃɛf] N cozinheiro-chefe/cozinheira-chefe m/f
chemical ['kɛmɪkəl] ADJ químico ▶ N produto químico
chemist ['kɛmɪst] N (BRIT: pharmacist) farmacêutico(-a); (scientist) químico(-a)
chemistry ['kɛmɪstrɪ] N química
chemist's, chemist's shop (BRIT) N farmácia
cheque [tʃɛk] (BRIT) N cheque m; **to pay by ~** pagar com cheque
chequebook ['tʃɛkbuk] (BRIT) N talão m (BR) or livro (PT) de cheques
cheque card, cheque guarantee card N (BRIT) cartão m (de garantia) de cheques
chequered, (US) **checkered** ['tʃɛkəd] ADJ (fig) variado, acidentado
cherish ['tʃɛrɪʃ] VT (person) tratar com carinho; (memory) lembrar (com prazer); (love)

apreciar; (protect) cuidar; (hope etc) acalentar
cheroot [ʃə'ru:t] N charuto
cherry ['tʃɛrɪ] N cereja; (also: **cherry tree**) cerejeira
Ches (BRIT) ABBR = **Cheshire**
chess [tʃɛs] N xadrez m
chessboard ['tʃɛsbɔ:d] N tabuleiro de xadrez
chessman ['tʃɛsmæn] (irreg: like **man**) N peça, pedra (de xadrez)
chess player N xadrezista m/f
chest [tʃɛst] N (Anat) peito; (box) caixa, cofre m; **to get sth off one's ~** (inf) desabafar algo
chest measurement N medida de peito
chestnut ['tʃɛsnʌt] N castanha; (also: **chestnut tree**) castanheiro; (colour) castanho ▶ ADJ castanho
chest of drawers N cômoda
chew [tʃu:] VT mastigar
chewing gum ['tʃu:ɪŋ-] N chiclete m (BR), pastilha elástica (PT)
chic [ʃɪk] ADJ elegante, chique
chick [tʃɪk] N pinto; (inf: girl) broto
chicken ['tʃɪkɪn] N galinha; (food) galinha, frango; (inf: coward) covarde m/f, galinha
▶ **chicken out** (inf) VI agalinhar-se
chicken feed N (fig) dinheiro miúdo
chickenpox ['tʃɪkɪnpɔks] N catapora (BR), varicela (PT)
chickpea ['tʃɪkpi:] N grão-de-bico m
chicory ['tʃɪkərɪ] N chicória
chide [tʃaɪd] VT repreender, censurar
chief [tʃi:f] N (of tribe) cacique m, morubixaba m; (of organization) chefe m/f ▶ ADJ principal; **C~ of Staff** (Mil) chefe m do Estado-Maior
chief constable (BRIT) N chefe m/f de polícia
chief executive (BRIT), **chief executive officer** N diretor(a) m/f geral
chiefly ['tʃi:flɪ] ADV principalmente
chiffon ['ʃɪfɔn] N gaze f
chilblain ['tʃɪlbleɪn] N frieira
child [tʃaɪld] (pl **children**) N criança; (offspring) filho(-a); **do you have any ~ren?** você tem filhos?
childbirth ['tʃaɪldbə:θ] N parto
childcare ['tʃaɪldkɛə'] N serviço de cuidado infantil
childhood ['tʃaɪldhud] N infância
childish ['tʃaɪldɪʃ] ADJ infantil
childless ['tʃaɪldlɪs] ADJ sem filhos
childlike ['tʃaɪldlaɪk] ADJ infantil, ingênuo
child minder (BRIT) N cuidadora de crianças
children ['tʃɪldrən] NPL of **child**
Chile ['tʃɪlɪ] N Chile m
Chilean ['tʃɪlɪən] ADJ, N chileno(-a)
chili ['tʃɪlɪ] (US) N = **chilli**
chill [tʃɪl] N frio, friagem f; (Med) resfriamento
▶ VT (Culin) semi-congelar; (person) congelar
▶ ADJ frio, glacial; **"serve -ed"** "servir fresco"
chilli, (US) **chili** ['tʃɪlɪ] N pimentão m picante
chilling ['tʃɪlɪŋ] ADJ (wind) gelado; (look) arrepiante; (smile, thought) horripilante

chilly ['tʃɪlɪ] ADJ frio; (*person*) friorento; **to feel ~** estar com frio
chime [tʃaɪm] N (*of bell*) repique *m*; (*of clock*) soar *m* ▶ VI repicar; soar
chimney ['tʃɪmnɪ] N chaminé *f*
chimney sweep N limpador *m* de chaminés
chimpanzee [tʃɪmpæn'ziː] N chimpanzé *m*
chin [tʃɪn] N queixo
China ['tʃaɪnə] N China
china ['tʃaɪnə] N porcelana; (*crockery*) louça fina
Chinese [tʃaɪ'niːz] ADJ chinês(-esa) ▶ N INV chinês(-esa) *m/f*; (*Ling*) chinês *m*
chink [tʃɪŋk] N (*opening*) fenda, fissura; (*noise*) tinir *m*
chip [tʃɪp] N (*gen pl: BRIT Culin*) batata frita; (*US: also:* **potato chip**) batatinha frita; (*of wood*) lasca; (*of glass, stone*) lasca, pedaço; (*at poker*) ficha; (*Comput: also:* **microchip**) chip *m* ▶ VT (*cup, plate*) lascar; **when the ~s are down** (*fig*) na hora H
▶ **chip in** (*inf*) VI interromper; (*contribute*) compartilhar as despesas
chipboard ['tʃɪpbɔːd] N compensado
chipmunk ['tʃɪpmʌŋk] N tâmia *m*
chippings ['tʃɪpɪŋz] NPL: **"loose ~"** "projeção de cascalho"
chiropodist [kɪ'rɔpədɪst] (*BRIT*) N pedicuro(-a)
chiropody [kɪ'rɔpədɪ] (*BRIT*) N quiropodia
chirp [tʃəːp] VI chilrar, piar; (*cricket*) chilrear ▶ N chilro
chirpy ['tʃəːpɪ] ADJ alegre, animado
chisel ['tʃɪzl] N (*for wood*) formão *m*; (*for stone*) cinzel *m*
chit [tʃɪt] N talão *m*
chitchat ['tʃɪttʃæt] N conversa fiada
chivalrous ['ʃɪvəlrəs] ADJ cavalheiresco
chivalry ['ʃɪvəlrɪ] N cavalheirismo
chives [tʃaɪvz] NPL cebolinha
chloride ['klɔːraɪd] N cloreto
chlorinate ['klɔrɪneɪt] VT clorar
chlorine ['klɔːriːn] N cloro
chock [tʃɔk] N cunha
chock-a-block ADJ abarrotado, apinhado
chock-full ADJ = **chock-a-block**
chocolate ['tʃɔklɪt] N chocolate *m*
choice [tʃɔɪs] N (*selection*) seleção *f*; (*option*) escolha; (*preference*) preferência ▶ ADJ seleto, escolhido; **by** *or* **from ~** de preferência; **a wide ~** uma grande variedade
choir ['kwaɪə*r*] N coro
choirboy ['kwaɪəbɔɪ] N menino de coro
choke [tʃəuk] VI sufocar-se; (*on food*) engasgar ▶ VT estrangular; (*block*) obstruir ▶ N (*Aut*) afogador *m* (BR), ar *m* (PT)
choker ['tʃəukə*r*] N (*necklace*) colar *m* curto
cholera ['kɔlərə] N cólera *m*
cholesterol [kə'lɛstərɔl] N colesterol *m*
choose [tʃuːz] (*pt* **chose**, *pp* **chosen**) VT escolher ▶ VI: **to ~ between** escolher entre; **to ~ to do** optar por fazer
choosy ['tʃuːzɪ] ADJ exigente

chop [tʃɔp] VT (*wood*) cortar, talhar; (*Culin: also:* **chop up**) cortar em pedaços; (*meat*) picar ▶ N golpe *m*; (*Culin*) costeleta; **chops** NPL (*inf: jaws*) beiços *mpl*; **to get the ~** (*BRIT inf: project*) ser cancelado; (: *person: be sacked*) ser posto na rua
▶ **chop down** VT (*tree*) abater, derrubar
choppy ['tʃɔpɪ] ADJ (*sea*) agitado
chopsticks ['tʃɔpstɪks] NPL pauzinhos *mpl*, palitos *mpl*
choral ['kɔːrəl] ADJ coral
chord [kɔːd] N (*Mus*) acorde *m*
chore [tʃɔː*r*] N tarefa; (*routine task*) trabalho de rotina; **household ~s** afazeres *mpl* domésticos
choreographer [kɔrɪ'ɔgrəfə*r*] N coreógrafo(-a)
choreography [kɔrɪ'ɔgrəfɪ] N coreografia
chorister ['kɔrɪstə*r*] N corista *m/f*
chortle ['tʃɔːtl] VI rir, gargalhar
chorus ['kɔːrəs] N (*group*) coro; (*song*) coral *m*; (*refrain*) estribilho
chose [tʃəuz] PT *of* **choose**
chosen ['tʃəuzn] PP *of* **choose**
chowder ['tʃaudə*r*] N sopa (de peixe)
Christ [kraɪst] N Cristo
christen ['krɪsn] VT batizar; (*nickname*) apelidar
christening ['krɪsnɪŋ] N batismo
Christian ['krɪstɪən] ADJ, N cristão(-tã) *m/f*
Christianity [krɪstɪ'ænɪtɪ] N cristianismo
Christian name N prenome *m*, nome *m* de batismo
Christmas ['krɪsməs] N Natal *m*; **Happy** *or* **Merry ~!** Feliz Natal!
Christmas card N cartão *m* de Natal
Christmas cracker N *ver nota*

Um **Christmas cracker** é um cilindro de papelão que ao ser aberto faz estourar uma bombinha. Contém uma lembrancinha e um chapéu de papel que cada convidado coloca na cabeça durante o jantar de Natal.

Christmas Day N dia *m* de Natal
Christmas Eve N véspera de Natal
Christmas Island N ilha de Christmas
Christmas tree N árvore *f* de Natal
chrome [krəum] N = **chromium**
chromium ['krəumɪəm] N cromo
chromosome ['krəuməsəum] N cromossomo
chronic ['krɔnɪk] ADJ crônico; (*fig: drunkenness*) inveterado
chronicle ['krɔnɪkl] N crônica
chronological [krɔnə'lɔdʒɪkəl] ADJ cronológico
chrysanthemum [krɪ'sænθəməm] N crisântemo
chubby ['tʃʌbɪ] ADJ roliço, gorducho
chuck [tʃʌk] VT jogar (BR), deitar (PT); (*BRIT: also:* **chuck up, chuck in**: *job*) largar; (: *person*) acabar com
▶ **chuck out** VT (*thing*) jogar (BR) *or* deitar (PT) fora; (*person*) expulsar
chuckle ['tʃʌkl] VI rir

chuffed [tʃʌft] (inf) ADJ: ~ **(about sth)** encantado (com algo)
chug [tʃʌg] VI mover-se fazendo ruído de descarga; (car, boat: also: **chug along**) ir indo
chum [tʃʌm] N camarada m/f
chump [tʃʌmp] (inf) N imbecil m/f, boboca m/f
chunk [tʃʌŋk] N pedaço, naco
chunky ['tʃʌŋkɪ] ADJ (furniture) pesado; (person) atarracado; (knitwear) grosso
church [tʃə:tʃ] N igreja; **the C~ of England** a Igreja Anglicana
churchyard ['tʃə:tʃjɑ:d] N adro, cemitério
churlish ['tʃə:lɪʃ] ADJ (silence) constrangedor(a); (behaviour) grosseiro, rude
churn [tʃə:n] N (for butter) batedeira; (also: **milk churn**) lata, vasilha ▶ VT bater, agitar
▶ **churn out** VT produzir em série
chute [ʃu:t] N rampa; (also: **rubbish chute**) despejador m
chutney ['tʃʌtnɪ] N conserva picante
CIA (US) N ABBR (= Central Intelligence Agency) CIA f
CID (BRIT) N ABBR = **Criminal Investigation Department**
cider ['saɪdə^r] N sidra
CIF ABBR (= cost, insurance and freight) CIF
cigar [sɪ'gɑ:^r] N charuto
cigarette [sɪgə'ret] N cigarro
cigarette case N cigarreira
cigarette end N ponta de cigarro, guimba (BR)
cigarette holder N piteira (BR), boquilha (PT)
C-in-C ABBR = **commander-in-chief**
cinch [sɪntʃ] (inf) N: **it's a ~** é sopa, é moleza
Cinderella [sɪndə'relə] N Gata Borralheira
cinders ['sɪndəz] NPL cinzas fpl
cine-camera ['sɪnɪ-] (BRIT) N câmera (cinematográfica)
cine-film ['sɪnɪ-] (BRIT) N filme m cinematográfico
cinema ['sɪnəmə] N cinema m
cine-projector ['sɪnɪ-] (BRIT) N projetor m cinematográfico
cinnamon ['sɪnəmən] N canela
cipher ['saɪfə^r] N cifra; **in ~** cifrado
circa ['sə:kə] PREP cerca de
circle ['sə:kl] N círculo; (in cinema) balcão m ▶ VI dar voltas ▶ VT (surround) rodear, cercar; (move round) dar a volta de
circuit ['sə:kɪt] N circuito; (tour, lap) volta; (track) pista
circuit board N placa
circuitous [sə:'kjuɪtəs] ADJ tortuoso
circular ['sə:kjulə^r] ADJ circular ▶ N (carta) circular f
circulate ['sə:kjuleɪt] VT, VI circular
circulation [sə:kju'leɪʃən] N circulação f; (of newspaper, book etc) tiragem f
circumcise ['sə:kəmsaɪz] VT circuncidar
circumference [sə'kʌmfərəns] N circunferência
circumflex ['sə:kəmfleks] N (also: **circumflex accent**) (acento) circunflexo

circumscribe ['sə:kəmskraɪb] VT circunscrever
circumspect ['sə:kəmspekt] ADJ prudente, cauteloso
circumstances ['sə:kəmstənsɪz] NPL circunstâncias fpl; (conditions) condições fpl; (financial condition) situação f econômica; **in the ~** em tais circunstâncias, assim sendo, neste caso; **under no ~** de modo algum, de jeito nenhum
circumstantial [sə:kəm'stænʃl] ADJ (report) circunstanciado; **~ evidence** prova circunstancial
circumvent [sə:kəm'vent] VT (rule etc) driblar, burlar
circus ['sə:kəs] N circo; (also: **Circus**: in place names) praça
cistern ['sɪstən] N tanque m; (in toilet) caixa d'água
citation [saɪ'teɪʃən] N (commendation) menção f; (US Law) intimação f; (quotation) citação f
cite [saɪt] VT citar; (Law) intimar
citizen ['sɪtɪzn] N (of country) cidadão(-dã) m/f; (of town) habitante m/f
citizenship ['sɪtɪznʃɪp] N cidadania
citric acid ['sɪtrɪk-] N ácido cítrico
citrus fruit ['sɪtrəs-] N citrino
city ['sɪtɪ] N cidade f; **the C~** centro financeiro de Londres
city centre N centro (da cidade)
City Hall N (US) ≈ a Prefeitura
civic ['sɪvɪk] ADJ cívico, municipal
civic centre (BRIT) N sede f do município
civil ['sɪvɪl] ADJ civil; (polite) delicado, cortês
civil disobedience N resistência passiva
civil engineer N engenheiro(-a) civil
civil engineering N engenharia civil
civilian [sɪ'vɪlɪən] ADJ, N civil m/f
civilization [sɪvɪlaɪ'zeɪʃən] N civilização f
civilized ['sɪvɪlaɪzd] ADJ civilizado
civil law N direito civil
civil rights NPL direitos mpl civis
civil servant N funcionário(-a) público(-a)
Civil Service N administração f pública
civil war N guerra civil
cl ABBR (= centilitre) cl
clad [klæd] ADJ: **~ (in)** vestido (de)
claim [kleɪm] VT exigir, reclamar; (rights etc) reivindicar; (responsibility) assumir; (assert): **to ~ that/to be** afirmar que/ser ▶ VI (for insurance) reclamar ▶ N reclamação f; (Law) direito; (pretension) pretensão f; (assertion) afirmação f; (wage claim etc) reivindicação f; **(insurance) ~** reclamação f; **to put in a ~ for** (pay rise etc) reivindicar
claimant ['kleɪmənt] N (Admin, Law) requerente m/f
claim form N formulário de requerimento; (Insurance) formulário para reclamações
clairvoyant [kleə'vɔɪənt] N clarividente m/f
clam [klæm] N molusco
▶ **clam up** (inf) VI ficar calado
clamber ['klæmbə^r] VI subir; (up hill etc) escalar

clammy ['klæmɪ] ADJ *(hands, face)* úmido e pegajoso; *(sticky)* pegajoso
clamour, *(US)* **clamor** ['klæmə^r] N clamor *m*
▶ VI: **to ~ for** clamar
clamp [klæmp] N grampo ▶ VT prender
▶ **clamp down on** VT FUS reprimir
clan [klæn] N clã *m*
clandestine [klæn'dɛstɪn] ADJ clandestino
clang [klæŋ] N retintim *m*, som metálico ▶ VI retinir
clansman ['klænzmən] *(irreg: like* **man***)* N membro de um clã escocês
clap [klæp] VI bater palmas, aplaudir ▶ VT *(performer)* aplaudir ▶ N *(of hands)* palmas *fpl*; **to ~ one's hands** bater palmas; **a ~ of thunder** uma trovoada
clapping ['klæpɪŋ] N aplausos *mpl*, palmas *fpl*
claret ['klærət] N clarete *m*
clarification [klærɪfɪ'keɪʃən] N esclarecimento
clarify ['klærɪfaɪ] VT esclarecer
clarinet [klærɪ'nɛt] N clarinete *m*
clarity ['klærɪtɪ] N clareza
clash [klæʃ] N *(fight)* confronto; *(disagreement)* desavença; *(of beliefs)* divergência; *(of colours, styles)* choque *m*; *(of dates)* coincidência; *(of metal)* estridor *m* ▶ VI *(gangs, beliefs)* chocar-se; *(disagree)* entrar em conflito, ter uma desavença; *(colours)* não combinar; *(dates, events)* coincidir; *(weapons, cymbals etc)* ressoar
clasp [klɑːsp] N fecho; *(embrace)* abraço ▶ VT *(hold)* prender; *(hand)* apertar; *(embrace)* abraçar
class [klɑːs] N classe *f*; *(lesson)* aula; *(type)* tipo ▶ CPD de classe ▶ VT classificar
class-conscious ADJ que tem consciência de classe
class consciousness N consciência de classe
classic ['klæsɪk] ADJ clássico ▶ N *(author, work, race etc)* clássico; **classics** NPL *(Sch)* línguas *fpl* clássicas
classical ['klæsɪkl] ADJ clássico
classification [klæsɪfɪ'keɪʃən] N classificação *f*
classified ['klæsɪfaɪd] ADJ *(information)* secreto
classified advertisement N classificado
classify ['klæsɪfaɪ] VT classificar
classmate ['klɑːsmeɪt] N colega *m/f* de aula
classroom ['klɑːsrum] N sala de aula
classy ['klɑːsɪ] *(inf)* ADJ *(person)* classudo; *(flat, clothes)* chique, incrementado
clatter ['klætə^r] N ruído, barulho; *(of hooves)* tropel *m* ▶ VI fazer barulho *or* ruído
clause [klɔːz] N cláusula; *(Ling)* oração *f*
claustrophobia [klɔːstrə'fəubɪə] N claustrofobia
claw [klɔː] N *(of animal)* pata; *(of bird of prey)* garra; *(of lobster)* pinça; *(Tech)* unha ▶ VT arranhar
▶ **claw at** VT FUS arranhar; *(tear)* rasgar
clay [kleɪ] N argila
clean [kliːn] ADJ limpo; *(clear)* nítido, bem definido ▶ VT limpar; *(hands, face etc)* lavar
▶ ADV: **he ~ forgot** ele esqueceu completamente; **to come ~** *(inf: own up)* abrir o jogo; **to ~ one's teeth** *(BRIT)* escovar os dentes; **~ driving licence** *(BRIT)*, **~ record** *(US)* carteira de motorista sem infrações
▶ **clean off** VT tirar
▶ **clean out** VT limpar
▶ **clean up** VT limpar, assear ▶ VI *(fig: make profit)*: **to ~ up on** faturar com, lucrar com
clean-cut ADJ *(person)* alinhado
cleaner ['kliːnə^r] N *(person)* faxineiro(-a); *(product)* limpador *m*
cleaner's ['kliːnəz] N *(also:* **dry cleaner's***)* tinturaria
cleaning ['kliːnɪŋ] N limpeza
cleaning lady N faxineira
cleanliness ['klɛnlɪnɪs] N limpeza
cleanly ['kliːnlɪ] ADV perfeitamente; *(without mess)* limpamente
cleanse [klɛnz] VT limpar; *(purify)* purificar
cleanser ['klɛnzə^r] N limpador *m*; *(for face)* creme *m* de limpeza
clean-shaven [-'ʃeɪvn] ADJ sem barba, de cara raspada
cleansing department ['klɛnzɪŋ-] *(BRIT)* N departamento de limpeza
clean technology N tecnologia limpa
clean-up N limpeza geral
clear [klɪə^r] ADJ claro; *(footprint, photograph)* nítido; *(obvious)* evidente; *(glass, water)* transparente; *(road, way)* limpo, livre; *(conscience)* tranquilo; *(skin)* macio; *(profit)* líquido; *(majority)* absoluto ▶ VT *(space)* abrir; *(desk etc)* limpar; *(room)* esvaziar; *(Law: suspect)* absolver; *(fence, wall)* saltar, transpor; *(obstacle)* salvar, passar sobre; *(debt)* liquidar; *(woodland)* desmatar; *(cheque)* compensar; *(Comm: goods)* liquidar ▶ VI *(weather)* abrir; *(sky)* clarear; *(fog etc)* dissipar-se ▶ ADV: **~ of** a salvo de ▶ N: **to be in the ~** *(out of debt)* estar sem dívidas; *(out of suspicion)* estar livre de suspeita; *(out of danger)* estar fora de perigo; **to ~ the table** tirar a mesa; **to ~ one's throat** pigarrear; **to ~ a profit** fazer um lucro líquido; **let me make myself ~** deixe-me explicar melhor; **do I make myself ~?** entendeu?; **to make o.s. ~** fazer-se entender bem; **to make it ~ to sb that ...** deixar bem claro para alguém que ...; **I have a ~ day tomorrow** *(BRIT)* não tenho compromisso amanhã; **to keep ~ of sb/sth** evitar alguém/algo
▶ **clear off** *(inf)* VI *(leave)* cair fora
▶ **clear up** VT limpar; *(mystery)* resolver, esclarecer
clearance ['klɪərəns] N *(of trees, slums)* remoção *f*; *(permission)* permissão *f*
clearance sale N *(Comm)* liquidação *f*
clear-cut ADJ bem definido, nítido
clearing ['klɪərɪŋ] N *(in wood)* clareira; *(BRIT Banking)* compensação *f*
clearing bank *(BRIT)* N câmara de compensação

clearly ['klɪəlɪ] ADV (*distinctly*) distintamente; (*obviously*) claramente; (*coherently*) coerentemente

clearway ['klɪəweɪ] (BRIT) N estrada onde não se pode estacionar

cleavage ['kli:vɪdʒ] N (*of dress*) decote m; (*of woman*) colo

cleaver ['kli:və] N cutelo (de açougueiro)

clef [klɛf] N (*Mus*) clave f

cleft [klɛft] N (*in rock*) fissura

clemency ['klɛmənsɪ] N clemência

clement ['klɛmənt] ADJ (*weather*) ameno

clench [klɛntʃ] VT apertar, cerrar; (*teeth*) trincar

clergy ['klə:dʒɪ] N clero

clergyman ['klə:dʒɪmən] (*irreg: like* **man**) N clérigo, pastor m

clerical ['klɛrɪkəl] ADJ de escritório; (*Rel*) clerical

clerk [klɑ:k, (US) klə:rk] N auxiliar m/f de escritório; (US: *sales person*) balconista m/f; **C~ of Court** (*Law*) escrivão(-vã) m/f (do tribunal)

clever ['klɛvə'] ADJ (*mentally*) inteligente; (*deft, crafty*) hábil; (*device, arrangement*) engenhoso

clew [klu:] (US) N = **clue**

cliché ['kli:ʃeɪ] N clichê m, frase f feita

click [klɪk] VT (*tongue*) estalar; (*heels*) bater; (*Comput*) clicar em ▶ VI (*make sound*) estalar; (*Comput*) clicar

client ['klaɪənt] N cliente m/f

clientele [kli:ɑ:n'tɛl] N clientela

cliff [klɪf] N penhasco

cliffhanger ['klɪfhæŋə'] N (*TV, fig*) história de suspense

climactic [klaɪ'mæktɪk] ADJ culminante

climate ['klaɪmɪt] N clima m

climate change N mudanças fpl climáticas

climax ['klaɪmæks] N clímax m, ponto culminante; (*sexual*) clímax

climb [klaɪm] VI subir; (*plant*) trepar; (*plane*) ganhar altitude; (*prices etc*) escalar; (*move with effort*): **to ~ over a wall/into a car** passar por cima de um muro/entrar num carro ▶ VT (*stairs*) subir; (*tree*) trepar em; (*hill*) escalar ▶ N subida; (*of prices etc*) escalada

▶ **climb down** VI descer; (BRIT *fig*) recuar, ceder

climb-down (BRIT) N retração f

climber ['klaɪmə'] N alpinista m/f; (*plant*) trepadeira

climbing ['klaɪmɪŋ] N alpinismo

clinch [klɪntʃ] VT (*deal*) fechar; (*argument*) decidir, resolver

cling [klɪŋ] (*pt, pp* **clung**) VI: **to ~ to** pegar-se a, aderir a; (*hold on to: support, idea*) agarrar-se a; (*clothes*) ajustar-se a

Clingfilm® ['klɪŋfɪlm] N papel m filme

clinic ['klɪnɪk] N clínica; (*consultation*) consulta

clinical ['klɪnɪkl] ADJ clínico; (*fig*) frio, impessoal

clink [klɪŋk] VI tinir

clip [klɪp] N (*for hair*) grampo (BR), gancho (PT); (*also*: **paper clip**) mola, clipe m; (*TV, Cinema*) clipe; (*on necklace etc*) fecho; (*Aut: holding hose etc*) braçadeira ▶ VT (*cut*) aparar; (*also*: **clip together**: *papers*) grampear

clippers ['klɪpəz] NPL (*for gardening*) podadeira; (*for hair*) máquina; (*also*: **nail clippers**) alicate m de unhas

clipping ['klɪpɪŋ] N recorte m

clique [kli:k] N panelinha

cloak [kləuk] N capa, manto ▶ VT (*fig*) encobrir

cloakroom ['kləukrum] N vestiário; (BRIT: WC) sanitários mpl (BR), lavatórios mpl (PT)

clock [klɔk] N relógio; (*in taxi*) taxímetro; **round the ~** (*work etc*) dia e noite, ininterruptamente; **30,000 on the ~** (BRIT *Aut*) 30.000 milhas rodadas; **to work against the ~** trabalhar contra o tempo

▶ **clock in, clock on** (BRIT) VI assinar o ponto na entrada

▶ **clock off, clock out** (BRIT) VI assinar o ponto na saída

▶ **clock up** VT (*miles, hours etc*) fazer

clockwise ['klɔkwaɪz] ADV em sentido horário

clockwork ['klɔkwə:k] N mecanismo de relógio ▶ ADJ de corda

clog [klɔg] N tamanco ▶ VT entupir ▶ VI (*also*: **clog up**) entupir-se

cloister ['klɔɪstə'] N claustro

clone [kləun] N clone m

close [*adj, adv* kləus, *vb, n* kləuz] ADJ próximo; (*print, weave*) denso, compacto; (*friend*) íntimo; (*connection*) estreito; (*examination*) minucioso; (*watch*) atento; (*contest*) apertado; (*weather*) abafado; (*atmosphere*) sufocante; (*room*) mal arejado ▶ ADV perto ▶ VT (*shut*) fechar; (*end*) encerrar ▶ VI (*shop, door etc*) fechar; (*end*) concluir-se, terminar-se ▶ N (*end*) fim m, conclusão f, terminação f; **~ by, ~ at hand** perto, pertinho; **how ~ is Edinburgh to Glasgow?** qual é a distância entre Edimburgo e Glasgow?; **to have a ~ shave** (*fig*) livrar-se por um triz; **at ~ quarters** de perto; **~ to** perto de; **to bring sth to a ~** dar fim a algo

▶ **close down** VT, VI fechar definitivamente

▶ **close in** VI (*hunters*) apertar o cerco; (*night, fog*) cair; **the days are closing in** os dias estão ficando mais curtos; **to ~ in on sb** aproximar-se de alguém, cercar alguém

▶ **close off** VT (*area*) isolar

closed [kləuzd] ADJ fechado

closed-circuit ADJ: **~ television** televisão f de circuito fechado

closed shop N estabelecimento industrial que só admite empregados sindicalizados

close-knit ADJ (*family, community*) muito unido

closely ['kləuslɪ] ADV (*exactly*) fielmente; (*carefully*) rigorosamente; (*watch*) de perto; **we are ~ related** somos parentes próximos; **a ~ guarded secret** um segredo bem guardado

closet ['klɔzɪt] N (*cupboard*) armário; (*walk-in*) closet m

close-up [kləus-] N close m, close-up m
closing ['kləuzɪŋ] ADJ (stages, remarks) final; **~ price** (Stock Exchange) cotação f de fechamento
closing-down sale (BRIT) N liquidação f (por motivo de fechamento)
closure ['kləuʒəʳ] N (of factory etc) fechamento
clot [klɔt] N (gen: blood clot) coágulo; (inf: idiot) imbecil m/f ▶ VI (blood) coagular-se
cloth [klɔθ] N (material) tecido, fazenda; (rag) pano; (also: **tablecloth**) toalha
clothe [kləuð] VT vestir; (fig) revestir
clothes [kləuðz] NPL roupa; **to put one's ~ on** vestir-se; **to take one's ~ off** tirar a roupa
clothes brush N escova (para a roupa)
clothes line N corda (para estender a roupa)
clothes peg, (US) **clothes pin** N pregador m
clothing ['kləuðɪŋ] N = **clothes**
clotted cream ['klɔtɪd-] (BRIT) N creme m coalhado
cloud [klaud] N nuvem f ▶ VT (liquid) turvar; **to ~ the issue** confundir or complicar as coisas; **every ~ has a silver lining** (proverb) Deus escreve certo por linhas tortas
▶ **cloud over** VI (also: fig) fechar
cloudburst ['klaudbə:st] N aguaceiro
cloud computing N computação f em nuvem
cloud-cuckoo-land (BRIT) N: **to live in ~** viver no mundo da lua
cloudy ['klaudɪ] ADJ nublado; (liquid) turvo
clout [klaut] VT dar uma bofetada em ▶ N (blow) bofetada; (fig) influência
clove [kləuv] N cravo
clove of garlic N dente m de alho
clover ['kləuvəʳ] N trevo
cloverleaf ['kləuvəli:f] (irreg: like **leaf**) N (Aut) trevo rodoviário
clown [klaun] N palhaço ▶ VI (also: **clown about, clown around**) fazer palhaçadas
cloying ['klɔɪɪŋ] ADJ (taste, smell) enjoativo, nauseabundo
club [klʌb] N (society) clube m; (weapon) cacete m; (also: **golf club**) taco ▶ VT esbordoar
▶ VI: **to ~ together** cotizar-se; **clubs** NPL (Cards) paus mpl
club car (US) N (Rail) vagão-restaurante m
clubhouse ['klʌbhaus] N sede f do clube
cluck [klʌk] VI cacarejar
clue [klu:] N indício, pista; (in crossword) definição f; **I haven't a ~** não faço ideia
clued up, (US) **clued in** (inf) [klu:d-] ADJ entendido
clueless ['klu:lɪs] (inf) ADJ burro
clump [klʌmp] N (of trees etc) grupo
clumsy ['klʌmzɪ] ADJ (person) desajeitado; (movement) deselegante, mal-feito; (attempt) inábil
clung [klʌŋ] PT, PP of **cling**
cluster ['klʌstəʳ] N grupo; (of flowers) ramo ▶ VI agrupar-se, apinhar-se
clutch [klʌtʃ] N (grip, grasp) garra; (Aut) embreagem f (BR), embraiagem f (PT); (pedal) pedal m de embreagem (BR) or embraiagem

(PT) ▶ VT empunhar, pegar em ▶ VI: **to ~ at** agarrar-se a
clutter ['klʌtəʳ] VT (also: **clutter up**) abarrotar, encher desordenadamente ▶ N bagunça, desordem f
CM (US) ABBR (Post) = **North Mariana Islands**
cm ABBR (= centimetre) cm
CNAA (BRIT) N ABBR (= Council for National Academic Awards) órgão não universitário que outorga diplomas
CND N ABBR = **Campaign for Nuclear Disarmament**
CO N ABBR (= commanding officer) Com.; (BRIT) = **Commonwealth Office** ▶ ABBR (US Post) = **Colorado**
Co. ABBR = **county**; (= company) Cia.
c/o ABBR (= care of) a/c
coach [kəutʃ] N (bus) ônibus m (BR), autocarro (PT); (horse-drawn) carruagem f, coche m; (of train) vagão m; (Sport) treinador(a) m/f, instrutor(a) m/f; (tutor) professor(a) m/f particular ▶ VT (Sport) treinar; (student) preparar, ensinar
coach station (BRIT) N rodoviária
coach trip N passeio de ônibus (BR) or autocarro (PT)
coagulate [kəu'ægjuleɪt] VI coagular-se ▶ VT coagular
coal [kəul] N carvão m
coal face N frente f de carvão
coalfield ['kəulfi:ld] N região f carbonífera
coalition [kəuə'lɪʃən] N coalizão f, coligação f
coalman ['kəulmæn] (irreg: like **man**) N carvoeiro
coal merchant N = **coalman**
coalmine ['kəulmaɪn] N mina de carvão
coal miner N mineiro de carvão
coal mining N mineração f de carvão
coarse [kɔ:s] ADJ grosso, áspero; (vulgar) grosseiro, ordinário
coast [kəust] N costa, litoral m ▶ VI (Aut) ir em ponto morto
coastal ['kəustəl] ADJ costeiro
coaster ['kəustəʳ] N embarcação f costeira, barco de cabotagem; (for glass) descanso
coastguard ['kəustga:d] N (service) guarda costeira; (person) guarda-costeira m/f
coastline ['kəustlaɪn] N litoral m
coat [kəut] N (jacket) casaco; (overcoat) sobretudo; (of animal) pelo; (of paint) demão f, camada ▶ VT cobrir, revestir
coat hanger N cabide m
coating ['kəutɪŋ] N camada
coat of arms N brasão m
co-author [kəu-] N coautor(a) m/f
coax [kəuks] VT persuadir com meiguice
cob [kɔb] N see **corn**
cobbler ['kɔbləʳ] N sapateiro
cobbles ['kɔblz] NPL pedras fpl arredondadas
cobblestones ['kɔblstəunz] NPL = **cobbles**
COBOL ['kəubɔl] N COBOL m
cobra ['kəubrə] N naja
cobweb ['kɔbwɛb] N teia de aranha

cocaine [kɔ'keɪn] N cocaína
cock [kɔk] N (*rooster*) galo; (*male bird*) macho ▶ VT (*gun*) engatilhar; **to ~ one's ears** (*fig*) prestar atenção
cock-a-hoop ADJ exultante, eufórico
cockerel ['kɔkərəl] N frango, galo pequeno
cock-eyed [-aɪd] ADJ (*crooked*) torto; (*fig: idea*) absurdo
cockle ['kɔkl] N berbigão m
cockney ['kɔknɪ] N londrino(-a) (*nativo dos bairros populares do leste de Londres*)
cockpit ['kɔkpɪt] N (*in aircraft*) cabina
cockroach ['kɔkrəʊtʃ] N barata
cocktail ['kɔkteɪl] N coquetel m (BR), cocktail m (PT)
cocktail cabinet N móvel-bar m
cocktail party N coquetel m (BR), cocktail m (BR)
cocktail shaker [-ʃeɪkəʳ] N coqueteleira
cocoa ['kəʊkəʊ] N cacau m; (*drink*) chocolate m
coconut ['kəʊkənʌt] N coco
cocoon [kə'ku:n] N casulo
COD ABBR (*BRIT*) = **cash on delivery**; (*US*) = **collect on delivery**
cod [kɔd] N INV bacalhau m
code [kəʊd] N cifra; (*Comput, dialling code, post code*) código ▶ VI (*Comput*) escrever código
codeine ['kəʊdi:n] N codeína
code of practice N deontologia
codicil ['kɔdɪsɪl] N codicilo
codify ['kəʊdɪfaɪ] VT codificar
cod-liver oil N óleo de fígado de bacalhau
co-driver [kəʊ-] N (*in race*) co-piloto; (*in lorry*) segundo motorista m
co-ed ['kəʊ'ɛd] ADJ ABBR = **coeducational** ▶ N (*US: female student*) aluna de escola mista; (*BRIT: school*) escola mista
coeducational ['kəʊɛdju'keɪʃənl] ADJ misto
coerce [kəʊ'ə:s] VT coagir
coercion [kəʊ'ə:ʃən] N coerção f
coexistence ['kəʊɪg'zɪstəns] N coexistência
C. of C. N ABBR = **chamber of commerce**
C of E ABBR = **Church of England**
coffee ['kɔfɪ] N café m; **white ~** (BRIT) *or* **~ with cream** (US) café com leite
coffee bar (BRIT) N café m, lanchonete f
coffee bean N grão m de café
coffee break N hora do café
coffee cake (US) N pão m doce com passas
coffee cup N xícara (BR) *or* chávena (PT) de café
coffee grounds NPL borras fpl de café
coffee plant N pé m de café
coffeepot ['kɔfɪpɔt] N cafeteira
coffee table N mesinha de centro
coffin ['kɔfɪn] N caixão m
C of I ABBR = **Church of Ireland**
C of S ABBR = **Church of Scotland**
cog [kɔg] N (*tooth*) dente m; (*wheel*) roda dentada
cogent ['kəʊdʒənt] ADJ convincente
cognac ['kɔnjæk] N conhaque m
cognitive ['kɔgnɪtɪv] ADJ cognitivo
cogwheel ['kɔgwi:l] N roda dentada

cohabit [kəʊ'hæbɪt] VI (*formal*): **to ~ (with sb)** coabitar (com alguém)
coherent [kəʊ'hɪərənt] ADJ coerente
cohesion [kəʊ'hi:ʒən] N coesão f
cohesive [kəʊ'hi:sɪv] ADJ coeso
COI (BRIT) N ABBR (= *Central Office of Information*) *serviço de informação governamental*
coil [kɔɪl] N rolo; (*rope*) corda enrolada; (*of smoke*) espiral f; (*Elec*) bobina; (*contraceptive*) DIU m ▶ VT enrolar ▶ VI enrolar-se, espiralar-se
coin [kɔɪn] N moeda ▶ VT (*word*) cunhar, criar
coinage ['kɔɪnɪdʒ] N moeda, sistema m monetário
coin box (BRIT) N telefone m público
coincide [kəʊɪn'saɪd] VI coincidir
coincidence [kəʊ'ɪnsɪdəns] N coincidência
coin-operated [-'ɔpəreɪtɪd] ADJ (*machine, laundry*) automático, que funciona com moedas
Coke® [kəʊk] N coca
coke [kəʊk] N (*coal*) coque m
Col. ABBR (= *colonel*) Cel.
COLA (US) N ABBR (= *cost-of-living adjustment*) ≈ URP f
colander ['kɔləndəʳ] N coador m, passador m
cold [kəʊld] ADJ frio ▶ N frio; (*Med*) resfriado (BR), constipação f (PT); **it's ~** está frio; **to be** *or* **feel ~** (*person*) estar com frio; (*object*) estar frio; **to catch ~** pegar friagem; **to catch a ~** ficar resfriado (BR), apanhar uma constipação (PT); **in ~ blood** a sangue frio; **to have ~ feet** (*fig*) estar com medo; **to give sb the ~ shoulder** tratar alguém com frieza, dar um gelo em alguém (*inf*)
cold-blooded [-'blʌdɪd] ADJ (*Zool*) de sangue frio; (*murder*) a sangue frio
cold cream N creme m de limpeza
coldly ['kəʊldlɪ] ADV friamente
cold-shoulder VT tratar com frieza
cold sore N herpes m labial
coleslaw ['kəʊlslɔ:] N salada de repolho cru
colic ['kɔlɪk] N cólica
collaborate [kə'læbəreɪt] VI colaborar
collaboration [kəlæbə'reɪʃən] N colaboração f
collaborator [kə'læbəreɪtəʳ] N colaborador(a) m/f
collage [kɔ'lɑ:ʒ] N colagem f
collagen ['kɔlədʒən] N colágeno
collapse [kə'læps] VI cair, tombar; (*roof*) dar de si, desabar; (*building*) desabar; (*Med*) desmaiar ▶ N desabamento, desmoronamento; (*of government*) queda; (*Med*) colapso
collapsible [kə'læpsəbl] ADJ dobrável
collar ['kɔləʳ] N (*of shirt*) colarinho; (*of coat etc*) gola; (*for dog*) coleira; (*Tech*) aro, colar m ▶ VT (*inf: person*) prender
collarbone ['kɔləbəʊn] N clavícula
collate [kɔ'leɪt] VT cotejar
collateral [kə'lætrəl] N garantia subsidiária *or* pignoratícia
collation [kə'leɪʃən] N colação f

colleague ['kɔli:g] N colega m/f

collect [kə'lɛkt] VT reunir; (as a hobby) colecionar; (gather) recolher; (wages, debts) cobrar; (donations, subscriptions) colher; (mail) coletar; (BRIT: call for) (ir) buscar ▶ VI (people) reunir-se; (dust, dirt) acumular-se ▶ ADV: **to call ~** (us Tel) ligar a cobrar; **to ~ one's thoughts** refletir; **~ on delivery** (us Comm) pagamento na entrega

collected [kə'lɛktɪd] ADJ: **~ works** obra completa

collection [kə'lɛkʃən] N coleção f; (of people) grupo; (of donations) arrecadação f; (of post, for charity) coleta; (of writings) coletânea

collective [kə'lɛktɪv] ADJ coletivo

collective bargaining N negociação f coletiva

collector [kə'lɛktə^r] N colecionador(a) m/f; (of taxes etc) cobrador(a) m/f; **~'s item** or **piece** peça de coleção

college ['kɔlɪdʒ] N (of university) faculdade f; (of technology, agriculture) escola profissionalizante; **to go to ~** fazer faculdade; ver nota

> Além de "universidade", no Reino Unido **college** também se refere a um centro de educação superior para jovens que terminaram a educação obrigatória, *secondary school*. Alguns oferecem cursos de especialização em matérias técnicas, artísticas ou comerciais, outros oferecem disciplinas universitárias.

college of education N faculdade f de educação

collide [kə'laɪd] VI: **to ~ (with)** colidir (com)

collie ['kɔlɪ] N collie m

colliery ['kɔlɪərɪ] (BRIT) N mina de carvão

collision [kə'lɪʒən] N colisão f; **to be on a ~ course** estar em curso de colisão

colloquial [kə'ləukwɪəl] ADJ coloquial

collusion [kə'lu:ʒən] N colusão f, conluio; **in ~ with** em conluio com

cologne [kə'ləun] N (also: **eau-de-cologne**) (água de) colônia

Colombia [kə'lɔmbɪə] N Colômbia

Colombian [kə'lɔmbɪən] ADJ, N colombiano(-a)

colon ['kəulən] N (sign) dois pontos; (Med) cólon m

colonel ['kə:nl] N coronel m

colonial [kə'ləunɪəl] ADJ colonial

colonize ['kɔlənaɪz] VT colonizar

colony ['kɔlənɪ] N colônia

color ['kʌlə^r] (us) = **colour**

Colorado beetle [kɔlə'rɑ:dəu-] N besouro da batata, dorífora

colossal [kə'lɔsl] ADJ colossal

colour, (us) **color** ['kʌlə^r] N cor f ▶ VT colorir; (with crayons) colorir, pintar; (dye) tingir; (fig: account) falsear ▶ VI (blush) corar; **colours** NPL (of party, club) cores fpl; **in ~** (photograph etc) a cores

▶ **colour in** VT (drawing) colorir

colour bar, (us) **color bar** N discriminação f racial

colour-blind, (us) **color-blind** ['kʌləblaɪnd] ADJ daltônico

coloured, (us) **colored** ['kʌləd] ADJ colorido; (!: person) de cor

colour film, (us) **color film** N filme m a cores

colourful, (us) **colorful** ['kʌləful] ADJ colorido; (account) vívido; (personality) vivo, animado

colouring, (us) **coloring** ['kʌlərɪŋ] N colorido; (complexion) tez f; (in food) corante m

colourless, (us) **colorless** ['kʌləlɪs] ADJ sem cor, pálido

colour scheme, (us) **color scheme** N distribuição f de cores

colour supplement (BRIT) N (Press) revista, suplemento a cores

colour television, (us) **color television** N televisão f a cores

colt [kəult] N potro

column ['kɔləm] N coluna; (of smoke) faixa; (of people) fila; **the editorial ~** o editorial

columnist ['kɔləmnɪst] N cronista m/f

coma ['kəumə] N coma m; **to be in a ~** estar em coma

comb [kəum] N pente m; (ornamental) crista; (of cock) crista ▶ VT (hair) pentear; (area) vasculhar

combat ['kɔmbæt] N combate m ▶ VT combater

combination [kɔmbɪ'neɪʃən] N combinação f; (of safe) segredo

combination lock N fechadura de combinação

combine [vt, vi kəm'baɪn, n 'kɔmbaɪn] VT combinar; (qualities) reunir ▶ VI combinar-se ▶ N (Econ) associação f; (pej) monopólio; **a ~d effort** um esforço conjunto

combine harvester N ceifeira debulhadora

combo ['kɔmbəu] N (Jazz etc) conjunto

combustible [kəm'bʌstɪbl] ADJ combustível

combustion [kəm'bʌstʃən] N combustão f

(KEYWORD)

come [kʌm] (pt **came**, pp **come**) VI **1** (movement towards) vir; **come here!** vem aqui!; **I've only come for an hour** eu só vim por uma hora; **come with me** vem comigo; **are you coming to my party?** você vem à minha festa?; **to come running** vir correndo

2 (arrive) chegar; **he's just come from Aberdeen** ele acabou de chegar de Aberdeen; **she's come here to work** ela veio aqui para trabalhar; **they came to a river** eles chegaram num rio; **to come home** chegar em casa

3 (reach): **to come to** chegar a; **the bill came to £40** a conta deu £40; **her hair came to her waist** o cabelo dela batia na cintura; **to come to power** chegar ao poder; **to come to a decision** chegar a uma decisão

4 (*occur*): **an idea came to me** uma ideia me ocorreu
5 (*be, become*) ficar; **to come loose/undone** soltar-se/desfazer-se; **I've come to like him** passei a gostar dele
▶ **come about** VI suceder, acontecer
▶ **come across** VT FUS (*person*) topar com; (*thing*) encontrar
▶ **come away** VI (*leave*) ir-se embora; (*become detached*) desprender-se, soltar-se
▶ **come back** VI (*return*) voltar
▶ **come by** VT FUS (*acquire*) conseguir
▶ **come down** VI (*price*) baixar; (*tree*) cair; (*building*) desmoronar-se
▶ **come forward** VI (*volunteer*) apresentar-se
▶ **come from** VT FUS (*place, source etc: subj: person*) ser de; (: *thing*) originar-se de
▶ **come in** VI (*visitor*) entrar; (*on deal etc*) participar; (*be involved*) estar envolvido
▶ **come in for** VT FUS (*criticism etc*) receber
▶ **come into** VT FUS (*money*) herdar; (*fashion*) ser; (*be involved*) estar envolvido em
▶ **come off** VI (*button*) desprender-se, soltar-se; (*attempt*) dar certo
▶ **come on** VI (*pupil, work, project*) avançar; (*lights, electricity*) ser ligado; **come on!** vamos!, vai!
▶ **come out** VI (*fact*) vir à tona; (*book*) ser publicado; (*stain, sun*) sair
▶ **come round** VI (*after faint, operation*) voltar a si
▶ **come to** VI (*regain consciousness*) voltar a si
▶ **come up** VI (*sun*) nascer; (*problem, subject*) surgir; (*event*) acontecer
▶ **come up against** VT FUS (*resistance, difficulties*) enfrentar, esbarrar em
▶ **come upon** VT FUS (*find*) encontrar, achar
▶ **come up with** VT FUS (*idea*) propor, sugerir; (*money*) contribuir

comeback ['kʌmbæk] N (*of film star etc*) volta; (*reaction*) reação f; (*response*) resposta
comedian [kə'mi:dɪən] N cômico, humorista m
comedienne [kəmi:dɪ'ɛn] N cômica, humorista
comedown ['kʌmdaun] (*inf*) N revés m, humilhação f
comedy ['kɔmɪdɪ] N comédia; (*humour*) humor m
comet ['kɔmɪt] N cometa m
comeuppance [kʌm'ʌpəns] N: **to get one's ~ (for sth)** pagar (por algo)
comfort ['kʌmfət] N comodidade f, conforto; (*well-being*) bem-estar m; (*solace*) consolo; (*relief*) alívio ▶ VT consolar, confortar; **comforts** NPL (*of home etc*) conforto
comfortable ['kʌmfətəbl] ADJ confortável; (*financially*) tranquilo; (*walk, climb etc*) fácil; **I don't feel very ~ about it** não estou completamente conformado com isso
comfortably ['kʌmfətəblɪ] ADV confortavelmente

comforter ['kʌmfətər] (US) N edredom m (BR), edredão m (PT)
comfort station (US) N banheiro (BR), lavatórios mpl (PT)
comic ['kɔmɪk] ADJ (*also*: **comical**) cômico ▶ N (*person*) humorista m/f; (BRIT: *magazine*) revista em quadrinhos (BR), revista de banda desenhada (PT), gibi m (BR *inf*)
comical ['kɔmɪkl] ADJ engraçado, cômico
comic strip N história em quadrinhos (BR), banda desenhada (PT)
coming ['kʌmɪŋ] N vinda, chegada ▶ ADJ que vem, vindouro; **in the ~ weeks** nas próximas semanas
coming and going N, **comings and goings** NPL vaivém m, azáfama
Comintern ['kɔmɪntə:n] N Comintern m
comma ['kɔmə] N vírgula
command [kə'mɑ:nd] N ordem f, mandado; (*control*) controle m; (*Mil: authority*) comando; (*mastery*) domínio; (*Comput*) comando ▶ VT (*troops*) mandar; (*give orders to*) mandar, ordenar; (*dispose of*) dispor de; (*deserve*) merecer; **to ~ sb to do** mandar alguém fazer; **to have/take ~ of** ter/assumir o controle de; **to have at one's ~** (*money, resources etc*) dispor de
commandeer [kɔmən'dɪər] VT requisitar
commander [kə'mɑ:ndər] N (*Mil*) comandante m/f
commander-in-chief N (*Mil*) comandante-em-chefe m/f, comandante-chefe m/f
commanding [kə'mɑ:ndɪŋ] ADJ (*appearance*) imponente; (*voice, tone*) autoritário, imperioso; (*lead, position*) dominante
commanding officer N comandante m/f
commandment [kə'mɑ:ndmənt] N (*Rel*) mandamento
command module N (*Space*) módulo de comando
commando [kə'mɑ:ndəu] N (*group*) comando; (*soldier*) soldado
commemorate [kə'mɛmərɛɪt] VT (*with monument*) comemorar; (*with celebration*) celebrar
commemoration [kəmɛmə'reɪʃən] N comemoração f
commemorative [kə'mɛmərətɪv] ADJ comemorativo
commence [kə'mɛns] VT, VI começar, iniciar
commend [kə'mɛnd] VT (*praise*) elogiar, louvar; (*entrust*) encomendar; (*recommend*) recomendar
commendable [kə'mɛndəbl] ADJ louvável
commendation [kɔmɛn'deɪʃən] N elogio, louvor m
commensurate [kə'mɛnʃərɪt] ADJ: **~ with** compatível com
comment ['kɔmɛnt] N comentário ▶ VI comentar; **to ~ on sth** comentar algo; **to ~ that** observar que; **"no ~"** "sem comentário"
commentary ['kɔməntərɪ] N comentário

commentator ['kɔmənteɪtə^r] N comentarista *m/f*
commerce ['kɔmə:s] N comércio
commercial [kə'mə:ʃəl] ADJ comercial ▶ N anúncio, comercial *m*
commercial bank N banco comercial
commercial break N intervalo para os comerciais
commercial college N escola de comércio
commercialism [kə'mə:ʃəlɪzəm] N mercantilismo
commercialize [kə'mə:ʃəlaɪz] VT comercializar
commercial radio N rádio *f* comercial
commercial television N televisão *f* comercial
commercial traveller N caixeiro/a-viajante *m/f*
commercial vehicle N veículo utilitário
commiserate [kə'mɪzəreɪt] VI: **to ~ with** comiserar-se de, condoer-se de
commission [kə'mɪʃən] N *(body, fee)* comissão *f*; *(act)* incumbência; *(order for work of art etc)* empreitada, encomenda ▶ VT *(Mil)* dar patente oficial a; *(work of art)* encomendar; *(artist)* incumbir; **out of ~** *(Naut)* fora do serviço ativo; *(not working)* com defeito; **to ~ sb to do sth** mandar alguém fazer algo; **to ~ sth from sb** encomendar algo a alguém; **~ of inquiry** *(BRIT)* comissão de inquérito
commissionaire [kəmɪʃə'nɛə^r] *(BRIT)* N porteiro
commissioner [kə'mɪʃənə^r] N comissário(-a)
commit [kə'mɪt] VT *(act)* cometer; *(money, resources)* alocar; *(to sb's care)* entregar; **to ~ o.s. (to doing)** comprometer-se (a fazer); **to ~ suicide** suicidar-se; **to ~ to writing** pôr por escrito, pôr no papel; **to ~ sb for trial** levar alguém a julgamento
commitment [kə'mɪtmənt] N *(obligation)* compromisso; *(political etc)* engajamento; *(undertaking)* promessa
committed [kə'mɪtɪd] ADJ *(writer, politician etc)* engajado
committee [kə'mɪtɪ] N comitê *m*; **to be on a ~** ser membro de um comitê
committee meeting N reunião *f* de comitê
commodity [kə'mɔdɪtɪ] N mercadoria; **commodities** NPL *(Comm)* commodities *mpl*
commodity exchange N bolsa de mercadorias
common ['kɔmən] ADJ comum; *(vulgar)* ordinário, vulgar ▶ N *área verde aberta ao público*; **Commons** NPL *(BRIT Pol)*: **the (House of) C~s** a Câmara dos Comuns; **to have sth in ~ (with sb)** ter algo em comum (con alguém); **in ~ use** de uso corrente; **it's ~ knowledge that** todos sabem que; **to the ~ good** para o bem comum
common denominator N *(fig)* elemento comum
commoner ['kɔmənə^r] N plebeu(-beia) *m/f*
common ground N *(fig)* consenso
common law N lei *f* consuetudinária ▶ ADJ:
common-law wife concubina

commonly ['kɔmənlɪ] ADV geralmente
Common Market N Mercado Comum
commonplace ['kɔmənpleɪs] ADJ vulgar, trivial ▶ N lugar-comum *m*
common room N sala comum; *(Sch)* sala dos professores *(or* estudantes*)*
common sense N bom senso
Commonwealth ['kɔmənwɛlθ] N: **the ~** a Comunidade Britânica
commotion [kə'məuʃən] N tumulto, confusão *f*
communal ['kɔmju:nl] ADJ *(life)* comunal; *(shared)* comun
commune [*n* 'kɔmju:n, *vi* kə'mju:n] N *(group)* comuna ▶ VI: **to ~ with** comunicar-se com
communicate [kə'mju:nɪkeɪt] VT comunicar ▶ VI: **to ~ (with)** comunicar-se (com)
communication [kəmju:nɪ'keɪʃən] N comunicação *f*; *(letter, call)* mensagem *f*
communication cord *(BRIT)* N sinal *m* de alarme
communications network N rede *f* de comunicações
communications satellite N satélite *m* de comunicações
communicative [kə'mju:nɪkətɪv] ADJ comunicativo
communion [kə'mju:nɪən] N *(also:* **Holy Communion***)* comunhão *f*
communiqué [kə'mju:nɪkeɪ] N comunicado
communism ['kɔmjunɪzəm] N comunismo
communist ['kɔmjunɪst] ADJ, N comunista *m/f*
community [kə'mju:nɪtɪ] N comunidade *f*; *(within larger group)* sociedade *f*
community centre N centro social
community chest *(US)* N fundo de assistência social
community health centre N centro de saúde comunitário
community service N serviços *mpl* comunitários
community spirit N espírito comunitário
commutation ticket [kɔmju'teɪʃən-] *(US)* N passe *m*, bilhete *m* de assinatura
commute [kə'mju:t] VI viajar diariamente ▶ VT comutar
commuter [kə'mju:tə^r] N viajante *m/f* habitual
compact [*adj* kəm'pækt, *n* 'kɔmpækt] ADJ compacto; *(style)* conciso ▶ N *(pact)* pacto; *(also:* **powder compact***)* estojo
compact disc N disco laser
compact disc player N som cd *m*
companion [kəm'pænɪən] N companheiro(-a)
companionship [kəm'pænɪənʃɪp] N companhia, companheirismo; *(spirit)* camaradagem *f*
companionway [kəm'pænjənweɪ] N *(Naut)* escada de tombadilho
company ['kʌmpənɪ] N companhia; *(Comm)* sociedade *f*, companhia; **he's good ~** ele é uma boa companhia; **we have ~** temos

visita; **to keep sb ~** fazer companhia a alguém; **to part ~ with** separar-se de; **Smith and C~** Smith e Companhia
company car N carro da companhia
company director N administrador(a) m/f de companhia
company secretary N (*Comm*) secretário(-a) geral (*de uma companhia*)
comparable ['kɔmpərəbl] ADJ comparável
comparative [kəm'pærətɪv] ADJ (*study*) comparativo; (*peace, safety*) relativo
comparatively [kəm'pærətɪvlɪ] ADJ (*relatively*) relativamente
compare [kəm'pɛəʳ] VT comparar; (*contrast*): **to ~ (to/with)** comparar (a/com) ▶ VI: **to ~ with** comparar-se com; **how do the prices ~?** qual é a diferença entre os preços?; **~d with** or **to** em comparação com
comparison [kəm'pærɪsn] N comparação f; **in ~ (with)** em comparação (com), comparado (com)
compartment [kəm'pɑ:tmənt] N (*Rail, of fridge*) compartimento; (*of wallet*) divisão f
compass ['kʌmpəs] N bússola; **within the ~ of** no âmbito de
compasses ['kʌmpəsɪz] NPL compasso
compassion [kəm'pæʃən] N compaixão f
compassionate [kəm'pæʃənət] ADJ compassivo; **on ~ grounds** por motivos humanitários
compatibility [kəmpætɪ'bɪlɪtɪ] N compatibilidade f
compatible [kəm'pætɪbl] ADJ compatível
compel [kəm'pɛl] VT obrigar
compelling [kəm'pɛlɪŋ] ADJ (*fig: argument*) convincente
compendium [kəm'pɛndɪəm] N compêndio
compensate ['kɔmpənseɪt] VT (*employee, victim*) indenizar ▶ VI: **to ~ for** compensar
compensation [kɔmpən'seɪʃən] N compensação f; (*damages*) indenização f
compère ['kɔmpɛəʳ] N apresentador(a) m/f
compete [kəm'pi:t] VI (*take part*) competir; (*vie*): **to ~ (with)** competir (com), fazer competição (com)
competence ['kɔmpɪtəns] N competência, capacidade f
competent ['kɔmpɪtənt] ADJ competente
competition [kɔmpɪ'tɪʃən] N (*contest*) concurso; (*Econ*) concorrência; (*rivalry*) competição f; **in ~ with** em competição com
competitive [kəm'pɛtɪtɪv] ADJ competitivo; (*person*) competidor(a)
competitive examination N concurso
competitor [kəm'pɛtɪtəʳ] N (*rival*) competidor(a) m/f; (*participant, Econ*) concorrente m/f; **our ~s** (*Comm*) a (nossa) concorrência
compile [kəm'paɪl] VT compilar, compor
complacency [kəm'pleɪsnsɪ] N satisfação f consigo mesmo
complacent [kəm'pleɪsənt] ADJ relaxado, acomodado

complain [kəm'pleɪn] VI queixar-se; (*in shop etc*) reclamar; **to ~ of** (*pain*) queixar-se de
complaint [kəm'pleɪnt] N (*objection*) objeção f; (*criticism*) queixa; (*in shop etc*) reclamação f; (*Law*) querela; (*Med*) achaque m, doença
complement ['kɔmplɪmənt] N complemento; (*esp ship's crew*) tripulação f ▶ VT complementar
complementary [kɔmplɪ'mɛntərɪ] ADJ complementar
complete [kəm'pli:t] ADJ completo; (*finished*) acabado ▶ VT (*finish: building, task*) acabar; (*set, group*) completar; (*a form*) preencher; **a ~ disaster** um desastre total
completely [kəm'pli:tlɪ] ADV completamente
completion [kəm'pli:ʃən] N conclusão f, término; (*of contract etc*) realização f; **to be nearing ~** estar quase pronto; **on ~ of contract** na assinatura do contrato; (*for house*) na escritura
complex ['kɔmplɛks] ADJ complexo ▶ N (*Psych, of ideas etc*) complexo; (*of buildings*) conjunto
complexion [kəm'plɛkʃən] N (*of face*) cor f, tez f; (*fig*) aspecto
complexity [kəm'plɛksɪtɪ] N complexidade f
compliance [kəm'plaɪəns] N (*submission*) submissão f; (*agreement*) conformidade f; **in ~ with** de acordo com, conforme
compliant [kəm'plaɪənt] ADJ complacente, submisso
complicate ['kɔmplɪkeɪt] VT complicar
complicated ['kɔmplɪkeɪtɪd] ADJ complicado
complication [kɔmplɪ'keɪʃən] N problema m; (*Med*) complicação f
compliment [n 'kɔmplɪmənt, vt 'kɔmplɪmɛnt] N (*formal*) cumprimento; (*praise*) elogio ▶ VT elogiar; **compliments** NPL cumprimentos mpl; **to pay sb a ~** elogiar alguém; **to ~ sb (on sth/on doing sth)** cumprimentar or elogiar alguém (por algo/por ter feito algo)
complimentary [kɔmplɪ'mɛntərɪ] ADJ lisonjeiro; (*free*) gratuito
complimentary ticket N entrada de favor or de cortesia
compliments slip N memorando
comply [kəm'plaɪ] VI: **to ~ with** cumprir com
component [kəm'pəunənt] ADJ componente ▶ N (*part*) peça; (*element*) componente m
compose [kəm'pəuz] VT compor; **to be ~d of** compor-se de; **to ~ o.s.** tranquilizar-se
composed [kəm'pəuzd] ADJ calmo
composer [kəm'pəuzəʳ] N (*Mus*) compositor(a) m/f
composite ['kɔmpəzɪt] ADJ composto
composition [kɔmpə'zɪʃən] N composição f
compost ['kɔmpɔst] N adubo
composure [kəm'pəuʒəʳ] N serenidade f, calma
compound [n, adj 'kɔmpaund, vt kəm'paund] N (*Chem, Ling*) composto; (*enclosure*) recinto ▶ ADJ composto; (*fracture*) complicado ▶ VT (*fig: problem etc*) agravar
compound interest N juro composto

comprehend [kɔmprɪ'hɛnd] VT compreender
comprehension [kɔmprɪ'hɛnʃən] N compreensão f
comprehensive [kɔmprɪ'hɛnsɪv] ADJ abrangente; (*Insurance*) total
comprehensive insurance policy N apólice f de seguro com cobertura total
comprehensive school (*BRIT*) N *escola secundária de amplo programa*

> Criadas na década de 1960 pelo governo trabalhista da época, as **comprehensive schools** são estabelecimentos de ensino secundário polivalentes concebidos para acolher todos os alunos sem distinção por mérito acadêmico, em oposição ao sistema seletivo das *grammar schools*.

compress [vt kəm'prɛs, n 'kɔmprɛs] VT comprimir; (*text, information etc*) reduzir ▶ N (*Med*) compressa
compression [kəm'prɛʃən] N compressão f
comprise [kəm'praɪz] VT (*also*: **be comprised of**) compreender, constar de; (*constitute*) constituir
compromise ['kɔmprəmaɪz] N meio-termo ▶ VT comprometer ▶ VI chegar a um meio-termo ▶ CPD (*decision, solution*) de meio-termo
compulsion [kəm'pʌlʃən] N compulsão f; (*force*) coação f, força; **under ~** sob coação, à força
compulsive [kəm'pʌlsɪv] ADJ compulsivo; **he's a ~ smoker** ele não pode deixar de fumar
compulsory [kəm'pʌlsərɪ] ADJ obrigatório; (*retirement*) compulsório
compulsory purchase N compra compulsória
compunction [kəm'pʌŋkʃən] N compunção; **to have no ~ about doing sth** não hesitar em fazer algo
computer [kəm'pju:tə^r] N computador m
computer game N game m
computerize [kəm'pju:təraɪz] VT informatizar, computadorizar
computer language N linguagem f de máquina
computer literate ADJ capaz de lidar com um computador
computer peripheral N periférico
computer program N programa m de computador
computer programmer, computer programer N programador(a) m/f
computer programming, computer programing N programação f
computer science N informática, computação f
computer scientist N cientista m/f da computação
computing [kəm'pju:tɪŋ] N computação f; (*science*) informática
comrade ['kɔmrɪd] N camarada m/f

comradeship ['kɔmrɪdʃɪp] N camaradagem f
comsat® ['kɔmsæt] N ABBR = **communications satellite**
con [kɔn] VT enganar; (*cheat*) trapacear ▶ N vigarice f; **cons** NPL *see* **convenience, pro**; **to ~ sb into doing sth** convencer alguém a fazer algo (por artimanhas)
concave [kɔn'keɪv] ADJ côncavo
conceal [kən'si:l] VT ocultar; (*information*) omitir
concede [kən'si:d] VT (*admit*) reconhecer, admitir ▶ VI ceder
conceit [kən'si:t] N presunção f
conceited [kən'si:tɪd] ADJ vaidoso
conceivable [kən'si:vəbl] ADJ concebível; **it is ~ that** é possível que
conceivably [kən'si:vəblɪ] ADV: **he may ~ be right** é possível que ele tenha razão
conceive [kən'si:v] VT conceber ▶ VI conceber, engravidar; **to ~ of sth/of doing sth** conceber algo/fazer ideia de fazer algo
concentrate ['kɔnsəntreɪt] VI concentrar-se ▶ VT concentrar
concentration [kɔnsən'treɪʃən] N concentração f
concentration camp N campo de concentração
concentric [kɔn'sɛntrɪk] ADJ concêntrico
concept ['kɔnsɛpt] N conceito
conception [kən'sɛpʃən] N (*idea*) conceito, ideia; (*Bio*) concepção f
concern [kən'sə:n] N (*matter*) assunto; (*Comm*) empresa; (*anxiety*) preocupação f ▶ VT (*worry*) preocupar; (*involve*) envolver; (*relate to*) dizer respeito a; **to be ~ed (about)** preocupar-se (com); **"to whom it may ~"** "a quem interessar possa"; **as far as I'm ~ed** no que me diz respeito, quanto a mim; **to be ~ed with** (*person: involved with*) ocupar-se de; (*book: be about*) tratar de; **the department ~ed** (*under discussion*) o departamento em questão; (*relevant*) o departamento competente
concerning [kən'sə:nɪŋ] PREP sobre, a respeito de, acerca de
concert ['kɔnsət] N concerto; **in ~** de comum acordo
concerted [kən'sə:tɪd] ADJ (*joint*) conjunto; (*strong*) sério
concert hall N sala de concertos
concertina [kɔnsə'ti:nə] N sanfona ▶ VI engavetar-se
concert master (*US*) N primeiro violino de uma orquestra
concerto [kən'tʃə:təu] N concerto
concession [kən'sɛʃən] N concessão f; **tax ~** redução no imposto
concessionaire [kənsɛʃə'nɛə^r] N concessionário(-a)
concessionary [kən'sɛʃənrɪ] ADJ (*ticket, fare*) a preço reduzido
conciliation [kənsɪlɪ'eɪʃən] N conciliação f
conciliatory [kən'sɪlɪətrɪ] ADJ conciliador(a)
concise [kən'saɪs] ADJ conciso

conclave ['kɔnkleɪv] N conclave m
conclude [kən'klu:d] VT (finish) acabar, concluir; (treaty etc) firmar; (agreement) chegar a; (decide) decidir ▶ VI terminar, acabar; **to ~ that** chegar à conclusão de que
conclusion [kən'klu:ʒən] N conclusão f; **to come to the ~ that** chegar à conclusão de que
conclusive [kən'klu:sɪv] ADJ conclusivo, decisivo
concoct [kən'kɔkt] VT (excuse) fabricar; (plot) tramar; (meal) preparar
concoction [kən'kɔkʃən] N (mixture) mistura
concord ['kɔŋkɔ:d] N (harmony) concórdia; (treaty) acordo
concourse ['kɔŋkɔ:s] N (hall) saguão m; (crowd) multidão f
concrete ['kɔnkri:t] N concreto (BR), betão m (PT) ▶ ADJ concreto
concrete mixer N betoneira
concur [kən'kə:ʳ] VI estar de acordo, concordar
concurrently [kən'kʌrntlɪ] ADV ao mesmo tempo, simultaneamente
concussion [kən'kʌʃən] N (Med) concussão f cerebral
condemn [kən'dɛm] VT (denounce) denunciar; (prisoner, building) condenar
condemnation [kɔndɛm'neɪʃən] N condenação f; (blame) censura
condensation [kɔndɛn'seɪʃən] N condensação f
condense [kən'dɛns] VI condensar-se ▶ VT condensar
condensed milk [kən'dɛnst-] N leite m condensado
condescend [kɔndɪ'sɛnd] VI condescender, dignar-se; **to ~ to do sth** condescender a fazer algo
condescending [kɔndɪ'sɛndɪŋ] ADJ condescendente
condition [kən'dɪʃən] N condição f; (health) estado de saúde; (Med: illness) doença ▶ VT condicionar; **conditions** NPL (circumstances) circunstâncias fpl; **on ~ that** com a condição (de) que; **in good/poor ~** em bom/mau estado (de conservação); **a heart ~** um problema no coração; **weather ~s** condições fpl meteorológicas
conditional [kən'dɪʃənl] ADJ condicional; **to be ~ upon** depender de
conditioner [kən'dɪʃənəʳ] N (for hair) condicionador m; (for fabrics) amaciante m
condo ['kɔndəu] (US inf) N ABBR = **condominium**
condolences [kən'dəulənsɪz] NPL pêsames mpl
condom ['kɔndɔm] N preservativo, camisinha
condominium [kɔndə'mɪnɪəm] (US) N (building) edifício; (rooms) apartamento
condone [kən'dəun] VT admitir, aceitar
conducive [kən'dju:sɪv] ADJ: **~ to** conducente para or a
conduct [n 'kɔndʌkt, vt, vi kən'dʌkt] N conduta, comportamento ▶ VT (research etc)

fazer; (heat, electricity) conduzir; (manage) dirigir; (Mus) reger ▶ VI (Mus) reger uma orquestra; **to ~ o.s.** comportar-se
conducted tour [kən'dʌktɪd-] N viagem f organizada; (of building etc) visita guiada
conductor [kən'dʌktəʳ] N (of orchestra) regente m/f; (on bus) cobrador(a) m/f; (US Rail) revisor(a) m/f; (Elec) condutor m
conductress [kən'dʌktrɪs] N (on bus) cobradora
conduit ['kɔndɪt] N conduto
cone [kəun] N cone m; (Bot) pinha; (for ice-cream) casquinha; **pine ~** pinha
confectioner [kən'fɛkʃənəʳ] N confeiteiro(-a) (BR), pasteleiro(-a) (PT)
confectioner's, confectioner's shop N confeitaria (BR), pastelaria (PT); (sweet shop) confeitaria
confectionery [kən'fɛkʃnərɪ] N (sweets) balas fpl; (sweetmeats) doces mpl
confederate [kən'fɛdrɪt] ADJ confederado ▶ N cúmplice m/f; (US History) confederado(-a) (sulista)
confederation [kənfɛdə'reɪʃən] N confederação f
confer [kən'fə:ʳ] VT: **to ~ on** outorgar a ▶ VI conferenciar
conference ['kɔnfərns] N (meeting) congresso; **to be in ~** estar em conferência
conference room N sala de conferência
confess [kən'fɛs] VT confessar ▶ VI (admit) admitir
confession [kən'fɛʃən] N admissão f; (Rel) confissão f
confessional [kən'fɛʃənl] N confessionário
confessor [kən'fɛsəʳ] N confessor m
confetti [kən'fɛtɪ] N confete m
confide [kən'faɪd] VI: **to ~ in** confiar em, fiar-se em
confidence ['kɔnfɪdns] N confiança f; (faith) fé f; (secret) confidência; **to have (every) ~ that** ter certeza de que; **motion of no ~** moção de não confiança; **in ~** em confidência
confidence trick N conto do vigário
confident ['kɔnfɪdnt] ADJ confiante, convicto; (positive) seguro
confidential [kɔnfɪ'dɛnʃəl] ADJ confidencial; (secretary) de confiança
confidentiality ['kɔnfɪdɛnʃɪ'ælɪtɪ] N sigilo
configuration [kən'fɪgju'reɪʃən] N (also Comput) configuração f
confine [kən'faɪn] VT (shut up) encarcerar; (limit): **to ~ (to)** confinar (a); **to ~ o.s. to (doing) sth** limitar-se a (fazer) algo
confined [kən'faɪnd] ADJ (space) reduzido
confinement [kən'faɪnmənt] N (imprisonment) prisão f; (enclosure) reclusão f; (Med) parto
confines ['kɔnfaɪnz] NPL confins mpl
confirm [kən'fə:m] VT confirmar
confirmation [kɔnfə'meɪʃən] N confirmação f; (Rel) crisma
confirmed [kən'fə:md] ADJ inveterado

confiscate ['kɔnfɪskeɪt] VT confiscar
confiscation [kɔnfɪs'keɪʃən] N confiscação f
conflagration [kɔnflə'greɪʃən] N conflagração f
conflict [n 'kɔnflɪkt, vi kən'flɪkt] N (*disagreement*) divergência; (*of interests, loyalties*) conflito; (*fighting*) combate m ▶ VI estar em conflito; (*opinions*) divergir
conflicting [kən'flɪktɪŋ] ADJ (*reports*) divergente; (*interests*) oposto; (*account*) discrepante
conform [kən'fɔ:m] VI conformar-se; **to ~ to** ajustar-se a, acomodar-se a
conformist [kən'fɔ:mɪst] N conformista m/f
confound [kən'faund] VT confundir; (*amaze*) desconcertar
confounded [kən'faundɪd] ADJ maldito
confront [kən'frʌnt] VT (*problems*) enfrentar; (*enemy, danger*) defrontar-se com
confrontation [kɔnfrən'teɪʃən] N confrontação f
confrontational [kɔnfrən'teɪʃənl] ADJ agressivo
confuse [kən'fju:z] VT (*perplex*) desconcertar; (*mix up*) confundir, misturar; (*complicate*) complicar
confused [kən'fju:zd] ADJ confuso; (*person*) perplexo, confuso
confusing [kən'fju:zɪŋ] ADJ confuso
confusion [kən'fju:ʒən] N (*mix-up*) mal-entendido; (*perplexity*) perplexidade f; (*disorder*) confusão f
congeal [kən'dʒi:l] VI (*freeze*) congelar-se; (*coagulate*) coagular-se
congenial [kən'dʒi:nɪəl] ADJ simpático, agradável
congenital [kən'dʒɛnɪtl] ADJ congênito
conger eel ['kɔŋgər-] N congro
congested [kən'dʒɛstɪd] ADJ congestionado
congestion [kən'dʒɛstʃən] N (*Med*) congestão f; (*traffic*) congestionamento
conglomerate [kən'glɔmərɪt] N (*Comm*) conglomerado
conglomeration [kənglɔmə'reɪʃən] N conglomeração f, aglomeração f
Congo ['kɔŋgəu] N (*state*) Congo
congratulate [kən'grætjuleɪt] VT parabenizar; **to ~ sb (on)** felicitar *or* parabenizar alguém (por)
congratulations [kəngrætju'leɪʃənz] NPL parabéns mpl ▶ EXCL parabéns!
congregate ['kɔŋgrɪgeɪt] VI reunir-se
congregation [kɔŋgrɪ'geɪʃən] N (*in church*) fiéis mpl; (*assembly*) congregação f, reunião f
congress ['kɔŋgrɛs] N congresso; (*US*): **C~** Congresso

> O Congresso (**Congress**) é o Parlamento dos Estados Unidos. Consiste na *House of Representatives* e no Senado (*Senate*). Os representantes e senadores são eleitos por sufrágio universal direto. O Congresso se reúne no *Capitol*, em Washington.

congressman ['kɔŋgrɛsmən] (US) (*irreg: like* **man**) N deputado
congresswoman ['kɔŋgrɛswumən] (US) (*irreg: like* **woman**) N deputada
conical ['kɔnɪkl] ADJ cônico
conifer ['kɔnɪfər] N conífera
coniferous [kə'nɪfərəs] ADJ (*forest*) conífero
conjecture [kən'dʒɛktʃər] N conjetura ▶ VT, VI conjeturar
conjugal ['kɔndʒugl] ADJ conjugal
conjugate ['kɔndʒugeɪt] VT conjugar
conjugation [kɔndʒu'geɪʃən] N conjugação f
conjunction [kən'dʒʌŋkʃən] N conjunção f; **in ~ with** junto com
conjunctivitis [kəndʒʌŋktɪ'vaɪtɪs] N conjuntivite f
conjure ['kʌndʒər] VI fazer truques ▶ VT fazer aparecer
 ▶ **conjure up** VT (*ghost, spirit*) fazer aparecer, invocar; (*memories*) evocar
conjurer ['kʌndʒərər] N mágico(-a), prestidigitador(a) m/f
conjuring trick ['kʌndʒərɪŋ-] N mágica
conker ['kɔŋkər] (BRIT) N castanha-da-índia
conk out [kɔŋk-] (*inf*) VI pifar
con man ['kɔn-] (*irreg: like* **man**) N vigarista m
connect [kə'nɛkt] VT (*Elec, Tel*) ligar; (*fig: associate*) associar; (*join*): **to ~ sth (to)** juntar *or* unir algo (a) ▶ VI: **to ~ with** (*train*) conectar com; **to be ~ed with** estar relacionado com; **I'm trying to ~ you** (*Tel*) estou tentando completar a ligação
connecting flight N conexão f
connection [kə'nɛkʃən] N ligação f; (*Comput, Elec, Rail*) conexão f; (*Tel*) ligação f; (*fig*) relação f; **in ~ with** com relação a; **what is the ~ between them?** qual é a relação entre eles?; **business ~s** contatos de trabalho
connexion [kə'nɛkʃən] (BRIT) N = **connection**
conning tower ['kɔnɪŋ-] N torre f de comando
connive [kə'naɪv] VI: **to ~ at** ser conivente em
connoisseur [kɔnɪ'sər] N conhecedor(a) m/f, apreciador(a) m/f
connotation [kɔnə'teɪʃən] N conotação f
connubial [kə'nju:bɪəl] ADJ conjugal
conquer ['kɔŋkər] VT conquistar; (*enemy*) vencer; (*feelings*) superar
conqueror ['kɔŋkərər] N conquistador(a) m/f
conquest ['kɔŋkwɛst] N conquista
cons [kɔnz] NPL *see* **convenience**
conscience ['kɔnʃəns] N consciência; **in all ~** em sã consciência
conscientious [kɔnʃɪ'ɛnʃəs] ADJ consciencioso; (*objection*) de consciência
conscientious objector N *aquele que faz uma objeção de consciência à sua participação nas forças armadas*
conscious ['kɔnʃəs] ADJ: **~ (of)** consciente (de); (*deliberate: insult, error*) intencional; **to become ~ of** tornar-se consciente de, conscientizar-se de
consciousness ['kɔnʃəsnɪs] N consciência; **to lose/regain ~** perder/recuperar os sentidos

conscript ['kɔnskrɪpt] N recruta *m/f*
conscription [kən'skrɪpʃən] N serviço militar obrigatório
consecrate ['kɔnsɪkreɪt] VT consagrar
consecutive [kən'sɛkjutɪv] ADJ consecutivo
consensus [kən'sɛnsəs] N consenso; **the ~ (of opinion)** o consenso (de opiniões)
consent [kən'sɛnt] N consentimento ▶ VI: **to ~ to** consentir em; **age of ~** maioridade; **by common ~** de comum acordo
consequence ['kɔnsɪkwəns] N consequência; *(significance)*: **of ~** de importância; **in ~** por consequência
consequently ['kɔnsɪkwəntlɪ] ADV por conseguinte
conservation [kɔnsə'veɪʃən] N *(of energy, paintings etc)* conservação *f*; *(of the environment)* preservação *f*; *(also:* **nature conservation***)* proteção *f* do meio ambiente; **energy ~** conservação da energia
conservationist [kɔnsə'veɪʃənɪst] N conservacionista *m/f*
conservative [kən'sə:vətɪv] ADJ conservador(a); *(cautious)* moderado; (BRIT *Pol*): **C~** conservador(a) ▶ N (BRIT *Pol*) conservador(a) *m/f*
conservatory [kən'sə:vətrɪ] N *(Mus)* conservatório; *(greenhouse)* estufa
conserve [kən'sə:v] VT conservar; *(preserve)* preservar; *(supplies, energy)* poupar ▶ N conserva
consider [kən'sɪdə^r] VT considerar; *(believe)* acreditar; *(take into account)* levar em consideração; *(study)* estudar, examinar; **to ~ doing sth** pensar em fazer algo; **~ yourself lucky** dê-se por sortudo; **all things ~ed** afinal de contas
considerable [kən'sɪdərəbl] ADJ considerável; *(sum)* importante
considerably [kən'sɪdərəblɪ] ADV consideravelmente
considerate [kən'sɪdərɪt] ADJ atencioso
consideration [kənsɪdə'reɪʃən] N consideração *f*; *(deliberation)* deliberação *f*; *(factor)* fator *m*; *(reward)* remuneração *f*; **out of ~ for** em consideração a; **to be under ~** estar em apreciação; **my first ~ is my family** minha maior preocupação é a minha família
considering [kən'sɪdərɪŋ] PREP em vista de ▶ CONJ: **~ (that)** apesar de que, considerando que
consign [kən'saɪn] VT consignar; **to ~ to** *(to a place)* relegar para; *(to sb's care, to poverty)* confiar a
consignee [kɔnsaɪ'ni:] N consignatário(-a)
consignment [kən'saɪnmənt] N consignação *f*
consignment note N *(Comm)* guia de remessa
consignor [kən'saɪnə^r] N consignador(a) *m/f*
consist [kən'sɪst] VI: **to ~ of** *(comprise)* consistir em
consistency [kən'sɪstənsɪ] N *(of policies etc)* coerência; *(thickness)* consistência

consistent [kən'sɪstənt] ADJ *(person)* coerente, estável; *(argument, idea)* sólido; *(even)* constante; **~ with** compatível com, de acordo com
consolation [kɔnsə'leɪʃən] N conforto
console [*vt* kən'səul, *n* 'kɔnsəul] VT confortar ▶ N consolo
consolidate [kən'sɔlɪdeɪt] VT consolidar
consols ['kɔnsɔlz] (BRIT) NPL *(Stock Exchange)* consolidados *mpl*
consommé [kən'sɔmeɪ] N consomê *m*, caldo
consonant ['kɔnsənənt] N consoante *f*
consort [*n* 'kɔnsɔ:t, *vi* kən'sɔ:t] N consorte *m/f* ▶ VI: **to ~ with** ter ligações com, conviver com; **prince ~** príncipe *m* consorte
consortia [kən'sɔ:tɪə] NPL *of* **consortium**
consortium [kən'sɔ:tɪəm] *(pl* **consortiums** *or* **consortia)** N consórcio
conspicuous [kən'spɪkjuəs] ADJ *(noticeable)* conspícuo; *(visible)* visível; *(garish)* berrante; *(outstanding)* notável; **to make o.s. ~** fazer-se notar
conspiracy [kən'spɪrəsɪ] N conspiração *f*, trama
conspiratorial [kən'spɪrə'tɔ:rɪəl] ADJ conspirador(a)
conspire [kən'spaɪə^r] VI conspirar
constable ['kʌnstəbl] (BRIT) N policial *m/f* (BR), polícia *m/f* (PT); **chief ~** chefe *m/f* de polícia
constabulary [kən'stæbjulərɪ] N polícia (distrital)
constant ['kɔnstənt] ADJ constante; *(loyal)* leal, fiel
constantly ['kɔnstəntlɪ] ADV constantemente
constellation [kɔnstə'leɪʃən] N constelação *f*
consternation [kɔnstə'neɪʃən] N consternação *f*
constipated ['kɔnstɪpeɪtəd] ADJ com prisão de ventre
constipation [kɔnstɪ'peɪʃən] N prisão *f* de ventre
constituency [kən'stɪtjuənsɪ] N *(Pol)* distrito eleitoral; *(people)* eleitorado
constituency party N partido local
constituent [kən'stɪtjuənt] N *(Pol)* eleitor(a) *m/f*; *(component)* componente *m*
constitute ['kɔnstɪtju:t] VT *(represent)* representar; *(make up)* constituir
constitution [kɔnstɪ'tju:ʃən] N constituição *f*; *(health)* compleição *f*
constitutional [kɔnstɪ'tju:ʃnl] ADJ constitucional
constrain [kən'streɪn] VT obrigar
constrained [kən'streɪnd] ADJ: **to feel ~ to ...** sentir-se compelido a ...
constraint [kən'streɪnt] N *(compulsion)* coação *f*, pressão *f*; *(restriction)* limitação *f*; *(shyness)* constrangimento
constrict [kən'strɪkt] VT apertar, constringir
construct [kən'strʌkt] VT construir
construction [kən'strʌkʃən] N construção *f*; *(structure)* estrutura; *(fig: interpretation)* interpretação *f*; **under ~** em construção

construction industry N construção f
constructive [kən'strʌktɪv] ADJ construtivo
construe [kən'stru:] VT interpretar
consul ['kɒnsl] N cônsul m/f
consulate ['kɒnsjulɪt] N consulado
consult [kən'sʌlt] VT, VI consultar
consultancy [kən'sʌltənsɪ] N consultoria
consultancy fee N honorário de consultor
consultant [kən'sʌltənt] N (Med) (médico(-a)) especialista m/f; (other specialist) assessor(a) m/f, consultor(a) m/f ▶ CPD: ~ **engineer** engenheiro-consultor/engenheira-consultora m/f; ~ **paediatrician** pediatra m/f; **legal/management** ~ assessor jurídico/consultor em administração
consultation [kɒnsəl'teɪʃən] N (Med) consulta; (discussion) discussão f; **in** ~ **with** em consulta com
consulting room [kən'sʌltɪŋ-] (BRIT) N consultório
consume [kən'sju:m] VT (eat) comer; (drink) beber; (fire etc, Comm) consumir
consumer [kən'sju:mə[r]] N consumidor(a) m/f
consumer credit N crédito ao consumidor
consumer durables NPL bens mpl de consumo duráveis
consumer goods NPL bens mpl de consumo
consumerism [kən'sju:mərɪzəm] N (Econ) consumismo; (consumer protection) proteção f ao consumidor
consumer society N sociedade f de consumo
consummate ['kɒnsəmeɪt] VT consumar
consumption [kən'sʌmpʃən] N consumo; (Med) tuberculose f; **not fit for human** ~ impróprio para consumo
cont. ABBR = **continued**
contact ['kɒntækt] N contato ▶ VT entrar or pôr-se em contato com; **to be in** ~ **with sb** estar em contato com alguém; **he has good ~s** tem boas relações
contact lenses NPL lentes fpl de contato
contactless ['kɒntæktlɪs] ADJ sem contato
contagious [kən'teɪdʒəs] ADJ contagioso; (fig: laughter etc) contagiante
contain [kən'teɪn] VT conter; **to** ~ **o.s.** conter-se
container [kən'teɪnə[r]] N recipiente m; (for shipping etc) container m, cofre m de carga
containerize [kən'teɪnəraɪz] VT containerizar
contaminate [kən'tæmɪneɪt] VT contaminar
contamination [kəntæmɪ'neɪʃən] N contaminação f
cont'd ABBR = **continued**
contemplate ['kɒntəmpleɪt] VT (idea) considerar; (person, painting etc) contemplar; (expect) contar com; (intend) pretender, pensar em
contemplation [kɒntəm'pleɪʃən] N contemplação f
contemporary [kən'tempərərɪ] ADJ contemporâneo; (design etc) moderno ▶ N contemporâneo(-a)
contempt [kən'tempt] N desprezo

contemptible [kən'temptəbl] ADJ desprezível
contempt of court N (Law) desacato à autoridade do tribunal
contemptuous [kən'temptjuəs] ADJ desdenhoso
contend [kən'tend] VT (assert): **to** ~ **that** afirmar que ▶ VI: **to** ~ **with** (struggle) lutar com; (difficulty) enfrentar; (compete): **to** ~ **for** competir por; **to have to** ~ **with** arcar com, lidar com; **he has a lot to** ~ **with** ele tem muito o que enfrentar
contender [kən'tendə[r]] N contendor(a) m/f
content [adj, vt kən'tent, n 'kɒntent] ADJ (happy) contente; (satisfied) satisfeito ▶ VT contentar, satisfazer ▶ N conteúdo; (fat content, moisture content etc) quantidade f; **contents** NPL (of packet, book) conteúdo; **(table of)** ~**s** índice m das matérias; **to be** ~ **with** estar contente or satisfeito com; **to** ~ **o.s. with sth/with doing sth** contentar-se com algo/em fazer algo
contented [kən'tentɪd] ADJ contente, satisfeito
contentedly [kən'tentɪdlɪ] ADV contentemente
contention [kən'tenʃən] N (assertion) asserção f; (disagreement) contenda; **bone of** ~ pomo da discórdia
contentious [kən'tenʃəs] ADJ controvertido
contentment [kən'tentmənt] N contentamento
contest [n 'kɒntest, vt kən'test] N contenda; (competition) concurso ▶ VT (dispute) disputar; (legal case) defender; (Pol) ser candidato a; (competition) disputar; (statement, decision) contestar
contestant [kən'testənt] N competidor(a) m/f; (in fight) adversário(-a)
context ['kɒntekst] N contexto; **in/out of** ~ em/fora de contexto
continent ['kɒntɪnənt] N continente m; **the C**~ (BRIT) o continente europeu; **on the C**~ na Europa (continental)
continental [kɒntɪ'nentl] ADJ continental ▶ N (BRIT) europeu(-peia) m/f
continental breakfast N café m da manhã (BR), pequeno almoço (PT de pão, geleia e café)
continental quilt (BRIT) N edredom m (BR), edredão m (PT)
contingency [kən'tɪndʒənsɪ] N contingência
contingency plan N plano de contingência
contingent [kən'tɪndʒənt] N contingente m ▶ ADJ contingente; **to be** ~ **upon** depender de
continual [kən'tɪnjuəl] ADJ contínuo
continually [kən'tɪnjuəlɪ] ADV constantemente
continuation [kəntɪnju'eɪʃən] N prolongamento; (after interruption) continuação f, retomada
continue [kən'tɪnju:] VI prosseguir, continuar ▶ VT continuar; (start again) recomeçar, retomar; **to be** ~**d** (story) segue; ~**d on page 10** continua na página 10

continuity [kɒntɪ'njuːɪtɪ] N (also Cinema, TV) continuidade f
continuity girl N (Cinema) continuista
continuous [kən'tɪnjuəs] ADJ contínuo; ~ **performance** (Cinema) sessão f contínua; ~ **stationery** (Comput) formulários mpl contínuos
continuously [kən'tɪnjuəslɪ] ADV (repeatedly) repetidamente; (uninterruptedly) continuamente
contort [kən'tɔːt] VT contorcer
contortion [kən'tɔːʃən] N contorção f
contortionist [kən'tɔːʃənɪst] N contorcionista m/f
contour ['kɒntuər] N (outline: gen pl) contorno; (also: **contour line**) curva de nível
contraband ['kɒntrəbænd] N contrabando ▶ ADJ de contrabando, contrabandeado
contraception [kɒntrə'sɛpʃən] N anticoncepção f
contraceptive [kɒntrə'sɛptɪv] ADJ anticoncepcional ▶ N anticoncepcional m
contract [n, cpd 'kɒntrækt, vt, vi kən'trækt] N contrato ▶ CPD (price, date) contratual; (work) de empreitada ▶ VI (become smaller) contrair-se, encolher-se; (Comm): **to ~ to do sth** comprometer-se por contrato a fazer algo ▶ VT contrair; ~ **of employment** or **service** contrato de trabalho, = vínculo empregatício
▶ **contract in** VI comprometer-se por contrato
▶ **contract out** VI desobrigar-se por contrato; (from pension scheme) optar por não participar
contraction [kən'trækʃən] N contração f
contractor [kən'træktər] N contratante m/f
contractual [kən'træktjuəl] ADJ contratual
contradict [kɒntrə'dɪkt] VT contradizer, desmentir
contradiction [kɒntrə'dɪkʃən] N contradição f; **to be in ~ with** contradizer
contradictory [kɒntrə'dɪktərɪ] ADJ contraditório
contralto [kən'træltəu] N contralto
contraption [kən'træpʃən] (pej) N engenhoca, geringonça
contrary[1] ['kɒntrərɪ] ADJ contrário ▶ N contrário; **on the ~** muito pelo contrário; **unless you hear to the ~** salvo aviso contrário; **~ to what we thought** ao contrário do que pensamos
contrary[2] [kən'trɛərɪ] ADJ teimoso
contrast [n 'kɒntrɑːst, vt kən'trɑːst] N contraste m ▶ VT comparar; **in ~ to** or **with** em contraste com, ao contrário de
contrasting [kən'trɑːstɪŋ] ADJ contrastante
contravene [kɒntrə'viːn] VT infringir
contravention [kɒntrə'vɛnʃən] N contravenção f, infração f
contribute [kən'trɪbjuːt] VT contribuir ▶ VI dar; **to ~ to** (charity) contribuir para; (newspaper) escrever para; (discussion) participar de

contribution [kɒntrɪ'bjuːʃən] N (donation) doação f; (BRIT: for social security) contribuição f; (to debate) intervenção f; (to journal) colaboração f
contributor [kən'trɪbjutər] N (to newspaper) colaborador(a) m/f
contributory [kən'trɪbjutərɪ] ADJ: **it was a ~ factor in ...** era um fator que contribuiu para ...
contributory pension scheme (BRIT) N sistema m de pensão contributária
contrite ['kɒntraɪt] ADJ arrependido, contrito
contrivance [kən'traɪvəns] N (scheme) maquinação f; (device) aparelho, dispositivo
contrive [kən'traɪv] VT (invent) idealizar; (carry out) efetuar; (plot) tramar ▶ VI: **to ~ to do** chegar a fazer
control [kən'trəul] VT controlar; (traffic etc) dirigir; (machinery) regular; (temper) dominar ▶ N controle m; (of car) direção f (BR), condução f (PT); (check) freio, controle; **controls** NPL (of vehicle) comandos mpl; (on radio, television etc) controle; **to take ~ of** assumir o controle de; **to be in ~ of** ter o controle de; (in charge of) ser responsável por; **to ~ o.s.** controlar-se; **out of/under ~** fora de/sob controle; **through circumstances beyond our ~** por motivos alheios à nossa vontade
control key N (Comput) tecla de controle
controller [kən'trəulər] N controlador(a) m/f
controlling interest [kən'trəulɪŋ-] N (Comm) controle m acionário
control panel N painel m de instrumentos
control point N ponto de controle
control room N sala de comando; (Radio, TV) sala de controle
control tower N (Aviat) torre f de controle
control unit N (Comput) unidade f de controle
controversial [kɒntrə'vəːʃl] ADJ controvertido, polêmico
controversy ['kɒntrəvəːsɪ] N controvérsia, polêmica
conurbation [kɒnə'beɪʃən] N conurbação f
convalesce [kɒnvə'lɛs] VI convalescer
convalescence [kɒnvə'lɛsns] N convalescença
convalescent [kɒnvə'lɛsnt] ADJ, N convalescente m/f
convector [kən'vɛktər] N (heater) aquecedor m de convecção
convene [kən'viːn] VT convocar ▶ VI convocar-se
convener [kən'viːnər] N organizador(a) m/f
convenience [kən'viːnɪəns] N (easiness) facilidade f; (suitability) conveniência; (comfort) comodidade f; (advantage) vantagem f, conveniência; **at your ~** quando lhe convier; **at your earliest ~** (Comm) o mais cedo que lhe for possível; **all modern ~s** (also: BRIT inf: **all mod cons**) com todos os confortos
convenience foods NPL alimentos mpl semiprontos

convenient [kən'vi:nɪənt] ADJ conveniente; (*useful*) útil; (*place*) acessível; (*time*) oportuno, conveniente; **if it is ~ to you** se isso lhe convier, se isso não lhe for incômodo
conveniently [kən'vi:nɪəntlɪ] ADV convenientemente
convent ['kɔnvənt] N convento
convention [kən'vɛnʃən] N (*custom*) costume *m*; (*agreement*) convenção *f*; (*meeting*) assembleia
conventional [kən'vɛnʃənl] ADJ convencional
convent school N colégio de freiras
converge [kən'və:dʒ] VI convergir; (*people*): **to ~ on** convergir para
conversant [kən'və:snt] ADJ: **to be ~ with** estar familiarizado com
conversation [kɔnvə'seɪʃən] N conversação *f*, conversa
conversational [kɔnvə'seɪʃənl] ADJ de conversa; (*familiar*) familiar; (*talkative*) loquaz
conversationalist [kɔnvə'seɪʃnəlɪst] N conversador(a) *m/f*; **she's a good ~** ela tem muita conversa
converse [*n* 'kɔnvə:s, *vi* kən'və:s] N inverso ▶ VI conversar
conversely [kɔn'və:slɪ] ADV pelo contrário, inversamente
conversion [kən'və:ʃən] N conversão *f*; (BRIT: *of house*) transformação *f*
conversion table N tabela de conversão
convert [*vt* kən'və:t, *n* 'kɔnvə:t] VT converter ▶ N convertido(-a)
convertible [kən'və:təbl] ADJ convertível ▶ N conversível *m*
convex [kɔn'vɛks] ADJ convexo
convey [kən'veɪ] VT transportar, levar; (*thanks*) expressar; (*information*) passar
conveyance [kən'veɪəns] N (*of goods*) transporte *m*; (*vehicle*) meio de transporte, veículo
conveyancing [kən'veɪənsɪŋ] N (*Law*) transferência de bens imóveis
conveyor belt ['kənveɪəʳ-] N correia transportadora
convict [*vt* kən'vɪkt, *n* 'kɔnvɪkt] VT condenar; (*sentence*) declarar culpado ▶ N presidiário(-a)
conviction [kən'vɪkʃən] N condenação *f*; (*belief*) convicção *f*; (*certainty*) certeza
convince [kən'vɪns] VT (*assure*) assegurar; (*persuade*) convencer; **to ~ sb of sth/that** convencer alguém de algo/de que
convinced [kən'vɪnst] ADJ: **~ of/that** convencido de/de que
convincing [kən'vɪnsɪŋ] ADJ convincente
convincingly [kən'vɪnsɪŋlɪ] ADV convincentemente
convivial [kən'vɪvɪəl] ADJ jovial, alegre
convoluted ['kɔnvəlu:tɪd] ADJ (*shape*) curvilíneo; (*argument*) complicado
convoy ['kɔnvɔɪ] N escolta
convulse [kən'vʌls] VT convulsionar; **to be ~d with laughter/pain** morrer de rir/dor
convulsion [kən'vʌlʃən] N convulsão *f*; (*laughter*) ataque *m*, acesso
coo [ku:] VI arrulhar; (*person*) falar suavemente
cook [kuk] VT cozinhar; (*meal*) preparar ▶ VI cozinhar ▶ N cozinheiro(-a)
▶ **cook up** (*inf*) VT (*excuse, story*) bolar
cookbook ['kukbuk] N livro de receitas
cooker ['kukəʳ] N fogão *m*
cookery ['kukərɪ] N (*dishes*) cozinha; (*art*) culinária
cookery book (BRIT) N = **cookbook**
cookie ['kukɪ] (US) N (*Culin*) bolacha, biscoito; (*Comput*) cookie *m*
cooking ['kukɪŋ] N cozinha ▶ CPD (*apples, chocolate*) para cozinhar; (*utensils, salt*) de cozinha
cookout ['kukaut] (US) N churrasco
cool [ku:l] ADJ fresco; (*not hot*) tépido; (*calm*) calmo; (*unfriendly*) frio ▶ VT resfriar ▶ VI esfriar; **it's ~** (*weather*) está fresco
▶ **cool down** VI esfriar; (*fig: person, situation*) acalmar-se
cool box (BRIT) N mala frigorífica
cooler ['ku:ləʳ] (US) N mala frigorífica
cooling tower ['ku:lɪŋ-] N torre *f* de esfriamento
coolly ['ku:lɪ] ADV (*calmly*) calmamente; (*audaciously*) descaradamente; (*unenthusiastically*) friamente
coolness ['ku:lnɪs] N frescura; (*hostility*) frieza; (*indifference*) indiferença
coop [ku:p] N (*for poultry*) galinheiro; (*for rabbits*) capoeira
▶ **coop up** VT (*fig*) confinar
co-op ['kəuɔp] N ABBR = **cooperative**
cooperate [kəu'ɔpəreɪt] VI colaborar; (*assist*) ajudar
cooperation [kəuɔpə'reɪʃən] N cooperação *f*, colaboração *f*
cooperative [kəu'ɔpərətɪv] ADJ cooperativo ▶ N cooperativa
coopt [kəu'ɔpt] VT: **to ~ sb onto a committee** cooptar alguém para fazer parte de um comitê
coordinate [*vt* kəu'ɔ:dɪneɪt, *n* kəu'ɔdɪnət] VT coordenar ▶ N (*Math*) coordenada; **coordinates** NPL (*clothes*) coordenados *mpl*
coordination [kəuɔ:dɪ'neɪʃən] N coordenação *f*
coot [ku:t] N galeirão *m*
co-ownership [kəu-] N co-propriedade *f*, condomínio
cop [kɔp] (*inf*) N policial *m/f* (BR), polícia *m/f* (PT), tira *m* (*inf*)
cope [kəup] VI sair-se, dar-se; **to ~ with** poder com, arcar com; (*problem*) estar à altura de
Copenhagen ['kəupn'heɪgən] N Copenhague
copier ['kɔpɪəʳ] N (*also:* **photocopier**) copiador *m*
co-pilot [kəu-] N co-piloto(-a)
copious ['kəupɪəs] ADJ copioso, abundante

copper ['kɔpə'] N (*metal*) cobre *m*; (BRIT *inf*: *policeman/woman*) policial *m/f* (BR), polícia *m/f* (PT); **coppers** NPL (*coins*) moedas *fpl* de pouco valor
coppice ['kɔpɪs] N bosquete *m*
copse [kɔps] N = **coppice**
copulate ['kɔpjuleɪt] VI copular
copulation [kɔpju'leɪʃən] N cópula
copy ['kɔpɪ] N cópia; (*duplicate*) duplicata; (*of book etc*) exemplar *m*; (*of writing*) originais *mpl* ▶ VT copiar; (*imitate*) imitar; **to make good ~** (*Press*) fazer uma boa matéria
▶ **copy out** VT copiar
copycat ['kɔpɪkæt] (*inf*) N macaco
copyright ['kɔpɪraɪt] N direitos *mpl* autorais, copirraite *m*; **~ reserved** todos os direitos reservados
copy typist N datilógrafo(-a)
copywriter ['kɔpɪraɪtə'] N redator(a) *m/f* de material publicitário
coral ['kɔrəl] N coral *m*
coral reef N recife *m* de coral
Coral Sea N: **the ~** o mar de Coral
cord [kɔːd] N corda; (*Elec*) fio, cabo; (*fabric*) veludo cotelê; **cords** NPL (*trousers*) calça (BR) *or* calças *fpl* (PT) de veludo cotelê
cordial ['kɔːdɪəl] ADJ cordial ▶ N cordial *m*
cordless ['kɔːdlɪs] ADJ sem fio
cordon ['kɔːdn] N cordão *m*
▶ **cordon off** VT isolar
corduroy ['kɔːdərɔɪ] N veludo cotelê
CORE [kɔː'] (US) N ABBR = **Congress of Racial Equality**
core [kɔː'] N centro, núcleo; (*of fruit*) caroço; (*of problem*) âmago ▶ VT descaroçar; **rotten to the ~** completamente podre
Corfu [kɔː'fuː] N Corfu *f* (*no article*)
coriander [kɔrɪ'ændə'] N coentro
cork [kɔːk] N rolha; (*tree*) cortiça
corkage ['kɔːkɪdʒ] N taxa cobrada num restaurante pela abertura das garrafas levadas pelo cliente
corked [kɔːkt] (BRIT) ADJ que tem gosto de rolha
corkscrew ['kɔːkskruː] N saca-rolhas *m inv*
corky ['kɔːkɪ] (US) ADJ que tem gosto de rolha
cormorant ['kɔːmərnt] N cormorão *m*, corvo marinho
corn [kɔːn] N (BRIT: *wheat*) trigo; (US: *maize*) milho; (*cereals*) grão *m*, cereal *m*; (*on foot*) calo; **~ on the cob** (*Culin*) espiga de milho
cornea ['kɔːnɪə] N córnea
corned beef ['kɔːnd-] N carne *f* de boi enlatada
corner ['kɔːnə'] N (*outside*) esquina; (*inside*) canto; (*in road*) curva; (*Football etc*: *also*: **corner kick**) córner *m* ▶ VT (*trap*) encurralar; (*Comm*) açambarcar, monopolizar ▶ VI (*in car*) fazer uma curva; **to cut ~s** (*fig*) matar o serviço
corner flag N (*Football*) bandeira de escanteio
corner kick N (*Football*) córner *m*
cornerstone ['kɔːnəstəun] N pedra angular; (*fig*) base *f*, fundamento

cornet ['kɔːnɪt] N (*Mus*) cornetim *m*; (BRIT: *of ice-cream*) casquinha
cornflakes ['kɔːnfleɪks] NPL flocos *mpl* de milho
cornflour ['kɔːnflauə'] (BRIT) N farinha de milho, maisena®
cornice ['kɔːnɪs] N cornija
Cornish ['kɔːnɪʃ] ADJ de Cornualha ▶ N (*Ling*) córnico
corn oil N óleo de milho
cornstarch ['kɔːnstɑːtʃ] (US) N = **cornflour**
cornucopia [kɔːnju'kəupɪə] N cornucópia
Cornwall ['kɔːnwəl] N Cornualha
corny ['kɔːnɪ] (*inf*) ADJ velho, gasto
corollary [kə'rɔlərɪ] N corolário
coronary ['kɔrənərɪ] N: **~ (thrombosis)** trombose *f* (coronária)
coronation [kɔrə'neɪʃən] N coroação *f*
coroner ['kɔrənə'] N magistrado que investiga mortes suspeitas
coronet ['kɔrənɪt] N coroa aberta, diadema *m*
Corp. ABBR = **corporation**
corporal ['kɔːpərl] N cabo ▶ ADJ: **~ punishment** castigo corporal
corporate ['kɔːpərɪt] ADJ (*finance*) corporativo; (*action*) coletivo; (*image*) da empresa
corporate identity N imagem *f* da empresa
corporate image N imagem *f* da empresa
corporation [kɔːpə'reɪʃən] N (*of town*) município, junta; (*Comm*) sociedade *f*
corporation tax N imposto sobre a renda de sociedades
corps [kɔː'] (*pl* **corps** [kɔːz]) N (*Mil*) unidade *f*; (*diplomatic*) corpo; **the press ~** a imprensa
corpse [kɔːps] N cadáver *m*
corpuscle ['kɔːpʌsl] N corpúsculo
corral [kə'rɑːl] N curral *m*
correct [kə'rɛkt] ADJ exato; (*proper*) correto ▶ VT corrigir; **you are ~** você tem razão
correction [kə'rɛkʃən] N correção *f*; (*erasure*) emenda
correlate ['kɔrɪleɪt] VT correlacionar ▶ VI: **to ~ with** corresponder a
correlation [kɔrɪ'leɪʃən] N correlação *f*
correspond [kɔrɪs'pɔnd] VI (*write*): **to ~ (with)** corresponder-se (com); (*be equal to*): **to ~ to** corresponder a; (*be in accordance*): **to ~ (with)** corresponder (a)
correspondence [kɔrɪs'pɔndəns] N correspondência; (*relationship*) relação *f*
correspondence course N curso por correspondência
correspondent [kɔrɪs'pɔndənt] N correspondente *m/f*
corresponding [kɔrɪs'pɔndɪŋ] ADJ correspondente
corridor ['kɔrɪdɔː'] N corredor *m*
corroborate [kə'rɔbəreɪt] VT corroborar
corrode [kə'rəud] VT corroer ▶ VI corroer-se
corrosion [kə'rəuʒən] N corrosão *f*
corrosive [kə'rəuzɪv] ADJ corrosivo
corrugated ['kɔrəgeɪtɪd] ADJ corrugado

corrugated iron N chapa ondulada or corrugada

corrupt [kə'rʌpt] ADJ corrupto; (*Comput*) corrupto, danificado ▶ VT corromper; (*bribe*) subornar; (*data*) corromper, destruir; **~ practices** corrupção f

corruption [kə'rʌpʃən] N corrupção f

corset ['kɔːsɪt] N espartilho; (*Med*) colete m

Corsica ['kɔːsɪkə] N Córsega

Corsican ['kɔːsɪkən] ADJ, N córsico(-a)

cortège [kɔː'teɪʒ] N séquito, cortejo

cortisone ['kɔːtɪzəun] N cortisona

coruscating ['kɔrəskeɪtɪŋ] ADJ cintilante

c.o.s. ABBR (= *cash on shipment*) pagamento na expedição

cosh [kɔʃ] (BRIT) N cassetete m

cosignatory ['kəu'sɪgnətərɪ] N cossignatário(-a)

cosiness, (US) **coziness** ['kəuzɪnɪs] N conforto; (*atmosphere*) aconchego, conforto

cos lettuce [kɔs-] N alface m (cos)

cosmetic [kɔz'mɛtɪk] N cosmético ▶ ADJ (*preparation*) cosmético; (*fig: measure, improvement*) simbólico, superficial; **~ surgery** cirurgia plástica embelezadora

cosmic ['kɔzmɪk] ADJ cósmico

cosmonaut ['kɔzmənɔːt] N cosmonauta m/f

cosmopolitan [kɔzmə'pɔlɪtn] ADJ cosmopolita

cosmos ['kɔzmɔs] N cosmo

cosset ['kɔsɪt] VT paparicar

cost [kɔst] (*pt, pp* **cost**) VI custar ▶ VT custar; (*determine cost of*) determinar o custo de ▶ N (*gen*) custo; (*price*) preço; **costs** NPL (*Comm*) custos mpl; (*Law*) custas fpl; **how much does it ~?** quanto custa?; **it ~s £5/too much** custa £5/é muito caro; **to ~ sb time/ effort** custar tempo/esforço a alguém; **it ~ him his life/job** custou-lhe a vida/o emprego; **at the ~ of** à custa de; **the ~ of living** o custo de vida; **at all ~s** custe o que custar

cost accountant N contador(a) m/f de custos

co-star [kəu-] N coestrela m/f

Costa Rica ['kɔstə'riːkə] N Costa Rica

Costa Rican ['kɔstə'riːkən] ADJ, N costarriquenho(-a)

cost centre N centro de custo

cost control N controle m dos custos

cost-effective ADJ rentável

cost-effectiveness N rentabilidade f

costly ['kɔstlɪ] ADJ (*expensive*) caro, custoso; (*valuable*) suntuoso

cost-of-living ADJ: **~ allowance** ajuda de custo; **~ index** índice m de preços ao consumidor

cost price (BRIT) N preço de custo

costume ['kɔstjuːm] N traje m; (BRIT: *also*: **swimming costume**: *woman's*) maiô m (BR), fato de banho (PT); (: *man's*) calção m (de banho) (BR), calções mpl de banho (PT)

costume jewellery N bijuteria

cosy, (US) **cozy** ['kəuzɪ] ADJ cômodo; (*atmosphere*) aconchegante; (*life*) folgado, confortável

cot [kɔt] N (BRIT: *child's*) cama (de criança), berço; (US: *campbed*) cama de lona

Cotswolds ['kɔtswəuldz] NPL: **the ~** região de colinas em Gloucestershire

cottage ['kɔtɪdʒ] N casa de campo; (*rustic*) cabana

cottage cheese N queijo tipo cottage (BR), queijo creme (PT)

cottage industry N indústria artesanal

cottage pie N prato de carne picada com batata

cotton ['kɔtn] N algodão m; (*thread*) fio, linha ▶ CPD de algodão
▶ **cotton on** (*inf*) VI: **to ~ on (to sth)** sacar (algo)

cotton bud (BRIT) N cotonete® m

cotton candy (US) N algodão m doce

cotton wool (BRIT) N algodão m (hidrófilo)

couch [kautʃ] N sofá m; (*doctor's*) cama; (*psychiatrist's*) divã m ▶ VT formular

couchette [kuː'ʃɛt] N leito

cough [kɔf] VI tossir ▶ N tosse f
▶ **cough up** VT expelir; (*inf: money*) desembolsar

cough drop N pastilha para a tosse

cough mixture N xarope m (para a tosse)

cough syrup N xarope m (para a tosse)

could [kud] PT, CONDITIONAL *of* **can**²

couldn't ['kudnt] = **could not**

council ['kaunsl] N conselho; **city** *or* **town ~** câmara municipal; **C~ of Europe** Conselho da Europa

council estate (BRIT) N conjunto habitacional

council house (BRIT) N casa popular

councillor ['kaunsələʳ] N vereador(a) m/f

counsel ['kaunsl] N (*advice*) conselho; (*lawyer*) advogado(-a) ▶ VT: **to ~ sth/sb to do sth** aconselhar algo/alguém a fazer algo; **~ for the defence/the prosecution** advogado(-a) m/f de defesa/promotor(a) m/f público(-a)

counsellor, (US) **counselor** ['kaunsələʳ] N conselheiro(-a); (US *Law*) advogado(-a)

count [kaunt] VT contar; (*include*) incluir ▶ VI contar ▶ N (*of votes etc*) contagem f; (*of pollen, alcohol*) nível m; (*nobleman*) conde m; (*sum*) total m, soma; **not ~ing the children** sem contar as crianças; **10 ~ing him** 10 contando com ele; **it ~s for very little** conta muito pouco; **~ yourself lucky** considere-se sortudo; **that doesn't ~!** isso não vale!
▶ **count on** VT FUS contar com; **to ~ on doing sth** contar em fazer algo
▶ **count up** VT contar

countdown ['kauntdaun] N contagem f regressiva

countenance ['kauntɪnəns] N expressão f ▶ VT tolerar

counter ['kauntəʳ] N (*in shop*) balcão m; (*in post office etc*) guichê m; (*in games*) ficha ▶ VT contrariar; (*blow*) parar ▶ ADV: **~ to** ao

contrário de; **to buy under the ~** (fig) comprar por baixo do pano or da mesa
counteract [kauntər'ækt] VT neutralizar
counterattack ['kauntərətæk] N contra-ataque m ▶ VI contra-atacar
counterbalance [kauntə'bæləns] N contrapeso
counter-clockwise ADV ao contrário dos ponteiros do relógio
counter-espionage N contraespionagem f
counterfeit ['kauntəfɪt] N falsificação f ▶ VT falsificar ▶ ADJ falso, falsificado
counterfoil ['kauntəfɔɪl] N canhoto (BR), talão m (PT)
counterintelligence ['kauntərɪn'tɛlɪdʒəns] N contrainformação f
countermand ['kauntəmɑːnd] VT revogar
countermeasure ['kauntəmɛʒəʳ] N contramedida
counteroffensive ['kauntərə'fɛnsɪv] N contraofensiva
counterpane ['kauntəpeɪn] N colcha
counterpart ['kauntəpɑːt] N (opposite number) homólogo(-a); (equivalent) equivalente m/f
counterproductive ['kauntəprə'dʌktɪv] ADJ contraproducente
counterproposal ['kauntəprə'pəuzl] N contraproposta
countersign ['kauntəsaɪn] VT autenticar
countersink ['kauntəsɪŋk] (irreg: like **sink**) VT escarear
counterterrorism [kauntə'tɛrərɪzəm] N antiterrorismo
countess ['kauntɪs] N condessa
countless ['kauntlɪs] ADJ inumerável
countrified ['kʌntrɪfaɪd] ADJ bucólico, rústico
country ['kʌntrɪ] N país m; (nation) nação f; (native land) terra; (as opposed to town) campo; (region) região f, terra; **in the ~** no campo; (esp in Brazil) no interior; **mountainous ~** região montanhosa
country and western, country and western music N música country
country dancing (BRIT) N dança folclórica
country house N casa de campo
countryman ['kʌntrɪmən] (irreg: like **man**) N (national) compatriota m; (rural) camponês m
countryside ['kʌntrɪsaɪd] N campo
country-wide ADJ em todo o país; (problem) de escala nacional ▶ ADV em todo o país
county ['kauntɪ] N condado
county town (BRIT) N capital f do condado
coup [kuː] N golpe m de mestre; (also: **coup d'état**) golpe (de estado)
coupé ['kuːpeɪ] N (Aut) cupê m
couple ['kʌpl] N (of things, people) par m; (married couple, courting couple) casal m ▶ VT (ideas, names) unir, juntar; (machinery) ligar, juntar; **a ~ of** um par de; (a few) alguns/algumas
couplet ['kʌplɪt] N dístico
coupling ['kʌplɪŋ] N (Rail) engate m
coupon ['kuːpɔn] N cupom m (BR), cupão m (PT); (pools coupon) talão m; (voucher) vale m

courage ['kʌrɪdʒ] N coragem f
courageous [kə'reɪdʒəs] ADJ corajoso
courgette [kuə'ʒɛt] (BRIT) N abobrinha
courier ['kurɪəʳ] N correio; (diplomatic) mala; (for tourists) guia m/f, agente m/f de turismo
course [kɔːs] N (direction) direção f; (process) desenvolvimento; (of river, Sch) curso; (of ship) rumo; (of bullet) trajetória; (fig) procedimento; (Golf) campo; (part of meal) prato; **of ~** naturalmente; (certainly) certamente; **of ~!** claro!, lógico!; **(no) of ~ not!** claro que não!; **in due ~** oportunamente, no devido tempo; **first ~** entrada; **in the ~ of the next few days** no decorrer dos próximos dias; **the best ~ would be to do ...** o melhor seria fazer ...; **we have no other ~ but to ...** não temos nenhuma outra opção senão ...
course of action N atitude f
court [kɔːt] N (royal) corte f; (Law) tribunal m; (Tennis etc) quadra ▶ VT (woman) cortejar, namorar; (danger etc) procurar; **out of ~** (Law: settle) extrajudicialmente; **to take to ~** demandar, levar a julgamento; **~ of appeal** tribunal de recursos
courteous ['kəːtɪəs] ADJ cortês(-esa)
courtesan [kɔːtɪ'zæn] N cortesã f
courtesy ['kəːtəsɪ] N cortesia; **(by) ~ of** com permissão de
courtesy coach N ônibus m (BR) or autocarro (PT) gratuito
courtesy light N (Aut) luz f interior
court-house (US) N palácio de justiça
courtier ['kɔːtɪəʳ] N cortesão m
court martial N (pl **courts martial**) conselho de guerra ▶ VT submeter a conselho de guerra
courtroom ['kɔːtrum] N sala de tribunal
court shoe N escarpim m
courtyard ['kɔːtjɑːd] N pátio
cousin ['kʌzn] N primo(-a) m/f; **first ~** primo-irmão/prima-irmã m/f
cove [kəuv] N angra, enseada
covenant ['kʌvənənt] N convênio ▶ VT: **to ~ £2000 per year to a charity** comprometer-se a doar £2000 por ano para uma obra de caridade
Coventry ['kɔvəntrɪ] N: **to send sb to ~** (fig) relegar alguém ao ostracismo
cover ['kʌvəʳ] VT (gen, Press, costs) cobrir; (with lid) tampar; (chairs etc) revestir; (distance) percorrer; (include) abranger; (protect) abrigar; (issues) tratar ▶ N (gen, Press, Comm) cobertura; (lid) tampa; (for chair etc) capa; (for bed) cobertor m; (envelope) envelope m; (of book, magazine) capa; (shelter) abrigo; (Insurance) cobertura; **to take ~** abrigar-se; **under ~** (indoors) abrigado; **under ~ of** sob o abrigo de; (fig) sob capa de; **under separate ~** (Comm) em separado; **£10 will ~ everything** £10 vão dar para tudo
▶ **cover up** VT (person, object): **to ~ up (with)** cobrir (com); (fig: truth, facts) abafar, encobrir
▶ VI: **to ~ up for sb** (fig) cobrir alguém

coverage ['kʌvərɪdʒ] N (*Press, Insurance*) cobertura
cover charge N couvert *m*
covering ['kʌvərɪŋ] N cobertura; (*of snow, dust etc*) comada
covering letter, (US) **cover letter** N carta de cobertura
cover note N (*Insurance*) nota de cobertura
cover price N preço de capa
covert ['kəuvə:t] ADJ (*threat*) velado; (*action*) oculto, secreto
cover-up N encobrimento (dos fatos)
covet ['kʌvɪt] VT cobiçar
cow [kau] N vaca ▶ CPD fêmea ▶ VT intimidar
coward ['kauəd] N covarde *m/f*
cowardice ['kauədɪs] N covardia
cowardly ['kauədlɪ] ADJ covarde
cowboy ['kaubɔɪ] N vaqueiro
cower ['kauəʳ] VI encolher-se (de medo)
cowshed ['kauʃɛd] N estábulo
cowslip ['kauslɪp] N (*Bot*) primavera
cox [kɔks] N ABBR = **coxswain**
coxswain ['kɔksn] N timoneiro(-a)
coy [kɔɪ] ADJ tímido
coyote [kɔɪ'əutɪ] N coiote *m*
coziness ['kəuzɪnɪs] (US) N = **cosiness**
cozy ['kəuzɪ] (US) ADJ = **cosy**
CP N ABBR (= *Communist Party*) PC *m*
cp. ABBR (= *compare*) cp.
c/p (BRIT) ABBR = **carriage paid**
CPA (US) N ABBR = **certified public accountant**
CPI N ABBR (= *Consumer Price Index*) IPC *m*
Cpl. ABBR = **Corporal**
CP/M N ABBR (= *Central Program for Microprocessors*) CP/M *m*
c.p.s. ABBR (= *characters per second*) c.p.s
CPSA (BRIT) N ABBR (= *Civil and Public Services Association*) sindicato dos funcionários públicos
CPU N ABBR = **Central Processing Unit** (*of PC*) torre *f*
cr. ABBR = **credit; creditor**
crab [kræb] N caranguejo
crab apple N maçã ácida
crack [kræk] N rachadura; (*gap*) brecha; (*noise*) estalo; (*joke*) piada; (*drug*) crack *m*; (*inf: attempt*): **to have a ~ (at sth)** tentar (fazer algo) ▶ VT quebrar; (*nut*) partir, descascar; (*wall*) rachar; (*safe*) arrombar; (*whip etc*) estalar; (*knuckles*) estalar, partir; (*joke*) soltar; (*mystery*) resolver; (*code*) decifrar ▶ ADJ (*expert*) de primeira classe; **to get ~ing** (*inf*) pôr mãos à obra
▶ **crack down on** VT FUS (*crime*) ser linha dura com; (*spending*) cortar
▶ **crack up** VI (*Psych*) sofrer um colapso nervoso
crackdown ['krækdaun] N: **~ (on)** (*on crime*) repressão (contra); (*on spending*) arrocho (a)
cracked [krækt] (*inf*) ADJ doido
cracker ['krækəʳ] N (*biscuit*) biscoito; (*Christmas cracker*) busca pé surpresa *m*; (*firework*) busca-pé *m*; **a ~ of a ...** (BRIT *inf*) um(a) ... sensacional

crackers ['krækəz] (BRIT *inf*) ADJ: **he's ~** ele é maluco
crackle ['krækl] VI crepitar
crackling ['kræklɪŋ] N (*of fire*) crepitação *f*; (*of leaves etc*) estalidos *mpl*; (*of pork*) torresmo
cradle ['kreɪdl] N berço ▶ VT (*child*) embalar; (*object*) segurar com cuidado
craft [krɑ:ft] N (*skill*) arte *f*; (*trade*) ofício; (*cunning*) astúcia; (*boat*) barco
craftsman ['krɑ:ftsmən] (*irreg: like* **man**) N artífice *m*, artesão *m*
craftsmanship ['krɑ:ftsmənʃɪp] N acabamento
craftsmen ['krɑ:ftsmɛn] NPL *of* **craftsman**
crafty ['krɑ:ftɪ] ADJ astuto, malandro, esperto
crag [kræg] N penhasco
cram [kræm] VT (*fill*): **to ~ sth with** encher *or* abarrotar algo de; (*put*): **to ~ sth into** enfiar algo em ▶ VI (*for exams*) estudar na última hora
cramming ['kræmɪŋ] N (*for exams*) virada final
cramp [kræmp] N (*Med*) cãibra; (*Tech*) grampo ▶ VT (*limit*) restringir; (*annoy*) estorvar
cramped [kræmpt] ADJ apertado, confinado
crampon ['kræmpən] N gato de ferro
cranberry ['krænbərɪ] N oxicoco
crane [kreɪn] N (*Tech*) guindaste *m*; (*bird*) grou *m* ▶ VT, VI: **to ~ forward, to ~ one's neck** espichar-se, espichar o pescoço
crania ['kreɪnɪə] NPL *of* **cranium**
cranium ['kreɪnɪəm] (*pl* **crania**) N crânio
crank [kræŋk] N manivela; (*person*) excêntrico(-a)
crankshaft ['kræŋkʃɑ:ft] N virabrequim *m*
cranky ['kræŋkɪ] ADJ (*eccentric*) excêntrico; (*bad-tempered*) irritadiço
cranny ['krænɪ] N *see* **nook**
crap [kræp] (!) N papo furado; **to have a ~** cagar (!)
crappy ['kræpɪ] (!) ADJ fuleiro
crash [kræʃ] N (*noise*) estrondo; (*of car*) batida; (*of plane*) desastre *m* de avião; (*Comm*) falência, quebra; (*Stock Exchange*) craque *m* ▶ VT (*car*) bater com; (*plane*) jogar ▶ VI (*car*) bater; (*plane*) cair; (*two cars*) colidir, bater; (*Comm*) falir, quebrar; (*fall noisily*) cair (com estrondo); (*fig*) despencar; **to ~ into** bater em; **he ~ed into a wall** ele bateu com o carro num muro
crash barrier (BRIT) N (*Aut*) cerca de proteção
crash course N curso intensivo
crash helmet N capacete *m*
crash landing N aterrissagem *f* forçada (BR), aterragem *f* forçosa (PT)
crass [kræs] ADJ grosseiro
crate [kreɪt] N caixote *m*; (*inf: old car*) lata-velha; (*for bottles*) engradado
crater ['kreɪtəʳ] N cratera
cravat, cravate [krə'væt] N gravata
crave [kreɪv] VT, VI: **to ~ for** ansiar por
craving ['kreɪvɪŋ] N (*of pregnant woman*) desejo
crawl [krɔ:l] VI arrastar-se; (*child*) engatinhar; (*insect*) andar; (*vehicle*) andar a passo de

tartaruga ▶ N rastejo; (Swimming) crawl m; **to ~ to sb** (inf) puxar o saco de alguém
crayfish ['kreɪfɪʃ] N INV (freshwater) camarão-d'água-doce m; (saltwater) lagostim m
crayon ['kreɪən] N lápis m de cera, crayon m
craze [kreɪz] N mania; (fashion) moda
crazed [kreɪzd] ADJ (look, person) enlouquecido; (pottery, glaze) craquelê
crazy ['kreɪzɪ] ADJ (person) louco, maluco, doido; (idea) disparatado; **to go ~** enlouquecer; **to be ~ about sb/sth** (inf) ser louco por alguém/algo
crazy paving (BRIT) N pavimento irregular
creak [kriːk] VI ranger
cream [kriːm] N (of milk) nata; (artificial, cosmetic) creme m; (élite): **the ~ of** a fina flor de ▶ ADJ (colour) creme inv
▶ **cream off** VT (fig) tirar
cream cake N bolo de creme
cream cheese N ricota (BR), queijo creme (PT)
creamery ['kriːmərɪ] N (shop) leiteria; (factory) fábrica de laticínios
creamy ['kriːmɪ] ADJ (colour) creme inv; (taste) cremoso
crease [kriːs] N (fold) dobra, vinco; (in trousers) vinco; (wrinkle) ruga ▶ VT (fold) dobrar, vincar; (wrinkle) amassar, amarrotar ▶ VI (wrinkle up) amassar-se, amarrotar-se
crease-resistant ADJ: **a ~ fabric** um tecido que não amarrota
create [kriː'eɪt] VT criar; (produce) produzir
creation [kriː'eɪʃən] N criação f
creative [kriː'eɪtɪv] ADJ criativo; (inventive) inventivo
creativity [kriːeɪ'tɪvɪtɪ] N criatividade f
creator [kriː'eɪtə^r] N criador(a) m/f; (inventor) inventor(a) m/f
creature ['kriːtʃə^r] N (animal) animal m, bicho; (living thing) criatura
crèche [krɛʃ] N creche f
credence ['kriːdns] N: **to lend** or **give ~ to** dar crédito a
credentials [krɪ'dɛnʃlz] NPL credenciais fpl
credibility [krɛdɪ'bɪlɪtɪ] N credibilidade f
credible ['krɛdɪbl] ADJ acreditável; (trustworthy) digno de crédito
credit ['krɛdɪt] N (gen, Comm) crédito; (merit) mérito ▶ VT (believe: also: **give credit to**) acreditar; (Comm) creditar ▶ CPD crediticio; **credits** NPL (Cinema, TV) crédito; **to ~ sb with sth** (fig) atribuir algo a alguém; **to ~ £5 to sb** creditar £5 a alguém; **to be in ~** (person, bank account) ter fundos; **on ~** a crédito; **to one's ~** honra lhe seja; **to take the ~ for sth** atribuir-se o mérito de; **it does him ~** é motivo de honra para ele; **he's a ~ to his family** ele é um orgulho para a família
creditable ['krɛdɪtəbl] ADJ louvável
credit account N conta de crédito
credit agency (BRIT) N agência de crédito
credit balance N saldo credor
credit bureau (US) (irreg: like **bureau**) N = **credit agency**

credit card N cartão m de crédito
credit control N controle m de crédito
credit crunch N contração f do crédito
credit facilities NPL crediário
credit limit N limite m de crédito
credit note N nota de crédito
creditor ['krɛdɪtə^r] N credor(a) m/f
credit rating N notação f de crédito
credit transfer N transferência
creditworthy ['krɛdɪtwəːðɪ] ADJ merecedor(a) de crédito
credulity [krɪ'djuːlɪtɪ] N credulidade f
creed [kriːd] N credo
creek [kriːk] N enseada; (US) riacho
creel [kriːl] N cesto de pescador
creep [kriːp] VI (pt, pp **crept**) (animal) rastejar; (person) deslizar(-se); (plant) trepar ▶ N (pej) puxa-saco m; **to ~ up on sb** pegar alguém de surpresa; **it gives me the ~s** me dá arrepios
creeper ['kriːpə^r] N trepadeira; **creepers** NPL (US: for baby) macacão m (BR), fato macaco (PT)
creepy ['kriːpɪ] ADJ (frightening) horripilante
creepy-crawly [-'krɔːlɪ] (inf) N bichinho
cremate [krɪ'meɪt] VT cremar
cremation [krə'meɪʃən] N cremação f
crematoria [krɛmə'tɔːrɪə] NPL of **crematorium**
crematorium [krɛmə'tɔːrɪəm] (pl **crematoria**) N crematório
creosote ['krɪəsəut] N creosoto
crêpe [kreɪp] N (fabric) crepe m; (paper) papel crepom m
crêpe bandage (BRIT) N atadura de crepe
crêpe paper N papel m crepom
crêpe sole N sola de crepe
crept [krɛpt] PT, PP of **creep**
crescendo [krɪ'ʃɛndəu] N crescendo
crescent ['krɛsnt] N meia-lua; (street) rua semicircular
cress [krɛs] N agrião m
crest [krɛst] N (of bird) crista; (of hill) cimo, topo; (of helmet) cimeira; (of coat of arms) timbre m
crestfallen ['krɛstfɔːlən] ADJ abatido, cabisbaixo
Crete [kriːt] N Creta
crevasse [krɪ'væs] N fenda
crevice ['krɛvɪs] N (crack) fenda; (gap) greta
crew [kruː] N (of ship etc) tripulação f; (gang) bando, quadrilha; (Mil) guarnição f; (Cinema) equipe f
crew-cut N corte m à escovinha
crew-neck N gola arredondada
crib [krɪb] N manjedoura, presépio; (US: cot) berço ▶ VT (inf) colar
cribbage ['krɪbɪdʒ] N jogo de cartas
crick [krɪk] N cãibra; **~ in the neck** torcicolo
cricket ['krɪkɪt] N (insect) grilo; (game) críquete m, cricket m
cricketer ['krɪkɪtə^r] N jogador(a) m/f de críquete
crime [kraɪm] N (no pl: illegal activities) crime m; (offence) delito; (crime in general) criminalidade f; (fig) pecado, maldade f

crime wave N onda de criminalidade
criminal ['krɪmɪnl] N criminoso ▶ ADJ criminal; (*law*) penal; (*morally wrong*) imoral; **the C~ Investigation Department** (BRIT) a Brigada de Investigação Criminal
crimp [krɪmp] VT (*hair*) frisar
crimson ['krɪmzn] ADJ carmesim *inv*
cringe [krɪndʒ] VI encolher-se
crinkle ['krɪŋkl] VT amassar, enrugar
cripple ['krɪpl] N (!) aleijado(-a) ▶ VT aleijar; (*ship, plane*) inutilizar; (*industry, exports*) paralisar
crippling ['krɪplɪŋ] ADJ (*disease*) devastador(a); (*taxation, debts*) excessivo
crises ['kraɪsiːz] NPL *of* **crisis**
crisis ['kraɪsɪs] (*pl* **crises**) N crise *f*
crisp [krɪsp] ADJ (*crunchy*) crocante; (*vegetables, fruit*) fresco; (*bacon etc*) torrado; (*manner*) seco
crisps [krɪsps] (BRIT) NPL batatinhas *fpl* fritas
crispy ['krɪspɪ] ADJ crocante
criss-cross [krɪs-] ADJ (*design*) entrecruzado; (*pattern*) em xadrez ▶ VT entrecruzar; **~ pattern** padrão *m* em xadrez
criteria [kraɪ'tɪərɪə] NPL *of* **criterion**
criterion [kraɪ'tɪərɪən] (*pl* **criteria**) N critério
critic ['krɪtɪk] N crítico(-a)
critical ['krɪtɪkl] ADJ crítico; (*illness*) grave; **to be ~ of sth/sb** criticar algo/alguém
critically ['krɪtɪkəlɪ] ADV (*examine*) criteriosamente; (*speak*) criticamente; (*ill*) gravemente
criticism ['krɪtɪsɪzm] N crítica
criticize ['krɪtɪsaɪz] VT criticar
critique [krɪ'tiːk] N crítica
croak [krəuk] VI (*frog*) coaxar; (*bird*) crocitar; (*person*) falar lugubremente ▶ N grasnido
Croatia [krəu'eɪʃə] N Croácia
crochet ['krəuʃeɪ] N crochê *m*
crock [krɔk] N jarro; (*inf: also:* **old crock**: *person*) caco velho; (: *car*) calhambeque *m*
crockery ['krɔkərɪ] N louça
crocodile ['krɔkədaɪl] N crocodilo
crocus ['krəukəs] N açafrão-da-primavera *m*
croft [krɔft] (BRIT) N pequena chácara
crofter ['krɔftə{r}] (BRIT) N arrendatário
croissant ['krwasã] N croissant *m*
crone [krəun] N velha encarquilhada
crony ['krəunɪ] (*inf, pej*) N camarada *m/f*, compadre *m*
crook [kruk] N (*inf: criminal*) vigarista *m/f*; (*of shepherd*) cajado; (*of arm*) curva
crooked ['krukɪd] ADJ (*bent*) torto; (*path*) tortuoso; (*dishonest*) desonesto
crop [krɔp] N (*produce*) colheita; (*amount produced*) safra; (*riding crop*) chicotinho; (*of bird*) papo ▶ VT cortar
▶ **crop up** VI surgir
cropper ['krɔpə{r}] N: **to come a ~** (*inf*) dar com os burros n'água, entrar pelo cano
crop spraying [-'spreɪɪŋ] N pulverização *f* das culturas
croquet ['krəukeɪ] (BRIT) N croquet *m*, croquê *m*
croquette [krə'kɛt] N croquete *m*

cross [krɔs] N cruz *f*; (*hybrid*) cruzamento ▶ VT cruzar; (*street etc*) atravessar; (*thwart: person, plan*) contrariar ▶ VI atravessar ▶ ADJ zangado, mal-humorado; **to ~ o.s.** persignar-se; **they've got their lines ~ed** eles têm um mal-entendido
▶ **cross out** VT riscar
▶ **cross over** VI atravessar
crossbar ['krɔsbɑː{r}] N travessa; (*Sport*) barra transversal
crossbreed ['krɔsbriːd] N raça cruzada
cross-Channel ferry N barca que faz a travessia do Canal da Mancha
cross-check N conferição *f* ▶ VT conferir
cross-country, cross-country race N corrida pelo campo
cross-examination N interrogatório; (*Law*) repergunta
cross-examine VT interrogar; (*Law*) reperguntar
cross-eyed [-aɪd] ADJ vesgo
crossfire ['krɔsfaɪə{r}] N fogo cruzado
crossing ['krɔsɪŋ] N (*road*) cruzamento; (*rail*) passagem *f* de nível; (*sea passage*) travessia; (*also:* **pedestrian crossing**) faixa (para pedestres) (BR), passadeira (PT)
crossing guard (US) N guarda *m/f* para pedestres
cross-purposes NPL: **to be at ~ (with sb)** não entender-se (com alguém); **we're (talking) at ~** não falamos da mesma coisa
cross-reference N referência remissiva
crossroads ['krɔsrəudz] N cruzamento
cross section N (*of object*) corte *m* transversal; (*of population*) grupo representativo
crosswalk ['krɔswɔːk] (US) N faixa (para pedestres) (BR), passadeira (PT)
crosswind ['krɔswɪnd] N vento costal
crosswise ['krɔswaɪz] ADV transversalmente
crossword ['krɔswəːd] N palavras *fpl* cruzadas
crotch [krɔtʃ] N (*of garment*) fundilho
crotchet ['krɔtʃɪt] N (*Mus*) semínima
crotchety ['krɔtʃɪtɪ] ADJ (*person*) rabugento
crouch [krautʃ] VI agachar-se
croup [kruːp] N (*Med*) crupe *m*
croupier ['kruːpɪə] N crupiê *m/f*
crouton ['kruːtɔn] N crouton *m*
crow [krəu] N (*bird*) corvo; (*of cock*) canto, cocoricó *m* ▶ VI (*cock*) cantar, cocoricar; (*fig*) contar vantagem
crowbar ['krəubɑː{r}] N pé-de-cabra *m*
crowd [kraud] N multidão *f*; (*Sport*) público, galera (*inf*); (*unruly*) tropel *m*; (*common herd*) turba, vulgo ▶ VT (*fill*) apinhar ▶ VI (*gather*) amontoar-se; (*cram*): **to ~ in** apinhar-se; **~s of people** um grande número de pessoas
crowded ['kraudɪd] ADJ (*full*) lotado; (*well-attended*) concorrido; (*densely populated*) superlotado
crowdfunding ['kraudfʌndɪŋ] N crowdfunding *m*, angariação *f* de fundos através da Internet
crowd scene N (*Cinema, Theatre*) cena de multidão

crowdsource ['kraudsɔːs] VT angariar através da Internet
crown [kraun] N coroa; (of head, hill) topo; (of hat) copa ▸ VT coroar; (tooth) pôr uma coroa artificial em; (fig) rematar
crown court (BRIT) N Tribunal m de Justiça
crowning ['kraunɪŋ] ADJ (achievement, glory) supremo
crown jewels NPL joias fpl reais
crown prince N príncipe m herdeiro
crow's-feet NPL pés-de-galinha mpl
crow's-nest N (on ship) cesto de gávea
crucial ['kruːʃl] ADJ (decision) vital; (vote) decisivo; ~ **to** vital para
crucifix ['kruːsɪfɪks] N crucifixo
crucifixion [kruːsɪ'fɪkʃən] N crucificação f
crucify ['kruːsɪfaɪ] VT crucificar
crude [kruːd] ADJ (materials) bruto; (fig: basic) tosco; (: vulgar) grosseiro ▸ N (also: **crude oil**) petróleo em bruto
crude oil N petróleo em bruto
cruel ['kruəl] ADJ cruel
cruelty ['kruəltɪ] N crueldade f
cruet ['kruːɪt] N galheta
cruise [kruːz] N cruzeiro ▸ VI (ship) fazer um cruzeiro; (aircraft) voar; (car): **to ~ at ... km/h** ir a ... km por hora
cruise missile N míssil m Cruise
cruiser ['kruːzə^r] N cruzador m
cruising speed ['kruːzɪŋ-] N velocidade f de cruzeiro
crumb [krʌm] N (of bread) migalha; (of cake) farelo
crumble ['krʌmbl] VT esfarelar ▸ VI (building) desmoronar-se; (plaster, earth) esfacelar-se; (fig) desintegrar-se
crumbly ['krʌmblɪ] ADJ farelento
crummy ['krʌmɪ] (inf) ADJ mixa; (unwell) podre
crumpet ['krʌmpɪt] N bolo leve
crumple ['krʌmpl] VT (paper) amassar; (material) amarrotar
crunch [krʌntʃ] VT (food etc) mastigar; (underfoot) esmagar ▸ N (fig): **the ~** o momento decisivo
crunchy ['krʌntʃɪ] ADJ crocante
crusade [kruː'seɪd] N cruzada; (campaign) campanha ▸ VI (fig): **to ~ for/against** batalhar por/contra
crusader [kruː'seɪdə^r] N cruzado; (fig): ~ **(for)** batalhador(a) m/f (por)
crush [krʌʃ] N (people) esmagamento; (crowd) aglomeração f; (love): **to have a ~ on sb** ter um rabicho por alguém; (drink): **lemon ~** limonada ▸ VT (press) esmagar; (squeeze) espremer; (paper) amassar; (cloth) enrugar; (army, opposition) aniquilar; (hopes) destruir; (person) arrasar
crushing ['krʌʃɪŋ] ADJ (burden) esmagador(a)
crust [krʌst] N côdea; (of bread) casca; (of snow, earth) crosta
crustacean [krʌs'teɪʃən] N crustáceo
crusty ['krʌstɪ] ADJ cascudo
crutch [krʌtʃ] N muleta; (of garment: also: **crotch**) fundilho

crux [krʌks] N ponto crucial
cry [kraɪ] VI chorar; (shout: also: **cry out**) gritar ▸ N grito; (of bird) pio; (of animal) voz f; **to ~ for help** gritar por socorro; **it's a far ~ from ...** (fig) é totalmente diferente de ...
▸ **cry off** VI desistir
crying ['kraɪɪŋ] ADJ (fig) flagrante
crypt [krɪpt] N cripta
cryptic ['krɪptɪk] ADJ enigmático
crystal ['krɪstl] N cristal m
crystal-clear ADJ cristalino, claro
crystallize ['krɪstəlaɪz] VT cristalizar ▸ VI cristalizar-se
CSA N ABBR = **Confederate States of America**
CSC N ABBR (= Civil Service Commission) comissão de recrutamento de funcionários públicos
CSE (BRIT) N ABBR = **Certificate of Secondary Education**
CS gas (BRIT) N gás m CS
CST (US) N ABBR (= Central Standard Time) fuso horário
CT (US) ABBR (Post) = **Connecticut**
ct ABBR = **carat**
cu. ABBR = **cubic**
cub [kʌb] N filhote m; (also: **cub scout**) lobinho
Cuba ['kjuːbə] N Cuba
Cuban ['kjuːbən] ADJ, N cubano(-a)
cubbyhole ['kʌbɪhəul] N esconderijo
cube [kjuːb] N cubo ▸ VT (Math) elevar ao cubo
cube root N raiz f cúbica
cubic ['kjuːbɪk] ADJ cúbico; ~ **metre** etc metro cúbico etc
cubicle ['kjuːbɪkl] N cubículo; (shower cubicle) boxe m
cuckoo ['kuku:] N cuco
cuckoo clock N relógio de cuco
cucumber ['kjuːkʌmbə^r] N pepino
cud [kʌd] N: **to chew the ~** ruminar
cuddle ['kʌdl] VT abraçar ▸ VI abraçar-se
cuddly ['kʌdlɪ] ADJ fofo
cudgel ['kʌdʒəl] N cacete m ▸ VT: **to ~ one's brains** quebrar a cabeça
cue [kjuː] N (Snooker) taco; (Theatre etc) deixa
cuff [kʌf] N (of shirt, coat etc) punho; (US: on trousers) bainha; (blow) bofetada ▸ VT esbofetear; **off the ~** (de) improviso
cuff links NPL abotoaduras fpl
cu. in. ABBR = **cubic inches**
cuisine [kwɪ'ziːn] N cozinha
cul-de-sac ['kʌldəsæk] N beco sem saída
culinary ['kʌlɪnərɪ] ADJ culinário
cull [kʌl] VT (flowers) escolher; (story, idea) escolher, selecionar; (kill) matar seletivamente ▸ N (of animals) matança seletiva
culminate ['kʌlmɪneɪt] VI: **to ~ in** terminar em; (lead to) resultar em
culmination [kʌlmɪ'neɪʃən] N (of career) auge m; (of process) conclusão f
culottes [kjuː'lɔts] NPL saia-calça
culpable ['kʌlpəbl] ADJ culpável
culprit ['kʌlprɪt] N culpado(-a)
cult [kʌlt] N culto

cult figure N ídolo
cultivate ['kʌltɪveɪt] VT (*also fig*) cultivar
cultivation [kʌltɪ'veɪʃən] N cultivo; (*fig*) cultura
cultural ['kʌltʃərəl] ADJ cultural
culture ['kʌltʃəʳ] N (*also fig*) cultura
cultured ['kʌltʃəd] ADJ culto
cumbersome ['kʌmbəsəm] ADJ pesado, desajeitado; (*person*) lente, ineficiente
cumin ['kʌmɪn] N cominho
cumulative ['kju:mjulətɪv] ADJ cumulativo
cunning ['kʌnɪŋ] N astúcia ▶ ADJ astuto, malandro; (*device, idea*) engenhoso
cup [kʌp] N xícara (BR), chávena (PT); (*prize, of bra*) taça
cupboard ['kʌbəd] N armário; (*for crockery*) guarda-louça
cup final (BRIT) N final *f*
Cupid ['kju:pɪd] N Cupido
cupidity [kju:'pɪdɪtɪ] N cupidez *f*
cupola ['kju:pələ] N cúpula
cuppa ['kʌpə] N (BRIT inf): **a ~** um chá
cup tie (BRIT) N jogo eliminatório
curable ['kjuərəbl] ADJ curável
curate ['kjuə:rɪt] N coadjutor *m*
curator [kjuə'reɪtəʳ] N diretor(a) *m/f*
curb [kə:b] VT refrear ▶ N freio; (US) = **kerb**
curdle ['kə:dl] VI coalhar
curds [kə:dz] NPL coalho
cure [kjuəʳ] VT curar ▶ N tratamento, cura; **to be ~d of sth** sarar(-se) de algo
cure-all N (*fig*) panaceia
curfew ['kə:fju:] N toque *m* de recolher
curio ['kjuərɪəu] N antiguidade *f*
curiosity [kjuərɪ'ɒsɪtɪ] N curiosidade *f*
curious ['kjuərɪəs] ADJ (*interested*) curioso; (*nosy*) abelhudo; (*unusual*) estranho
curiously ['kjuərɪəslɪ] ADV curiosamente; **~ enough, ...** por estranho que pareça, ...
curl [kə:l] N (*of hair*) cacho ▶ VT (*hair: loosely*) frisar; (*: tightly*) encrespar; (*paper*) enrolar; (*lip*) torcer ▶ VI (*hair*) encaracolar
▶ **curl up** VI frisar-se; (*person*) encaracolar-se
curler ['kə:ləʳ] N rolo, bobe *m*
curlew ['kə:lu:] N maçarico
curling ['kə:lɪŋ] N (*Sport*) curling *m*
curling tongs, (US) **curling irons** NPL ferros *mpl* de frisar cabelo
curly ['kə:lɪ] ADJ cacheado, crespo
currant ['kʌrnt] N passa de corinto; (*blackcurrant, redcurrant*) groselha
currency ['kʌrnsɪ] N moeda; **foreign ~** câmbio, divisas; **to gain ~** (*fig*) consagrar-se
current ['kʌrnt] N corrente *f*; (*in river*) correnteza ▶ ADJ corrente; (*present*) atual; (*accepted*) corrente; **in ~ usage** de uso corrente
current account (BRIT) N conta corrente
current affairs NPL atualidades *fpl*
current assets NPL (*Comm*) ativo corrente
current liabilities NPL (*Comm*) passivo corrente
currently ['kʌrntlɪ] ADV atualmente

curricula [kə'rɪkjulə] NPL *of* **curriculum**
curriculum [kə'rɪkjuləm] (*pl* **curriculums** *or* **curricula**) N programa *m* de estudos
curriculum vitae [-'vi:taɪ] N currículo
curry ['kʌrɪ] N caril *m* ▶ VT: **to ~ favour with** captar simpatia de
curry powder N pós *mpl* de caril, curry *m*
curse [kə:s] VI xingar (BR), praguejar (PT) ▶ VT (*swear at*) xingar (BR), praguejar a (PT); (*bemoan*) amaldiçoar ▶ N maldição *f*; (*swearword*) palavrão *m* (BR), baixo calão *m* (PT); (*problem*) castigo
cursor ['kə:səʳ] N (*Comput*) cursor *m*
cursory ['kə:sərɪ] ADJ rápido, superficial
curt [kə:t] ADJ seco, brusco
curtail [kə:'teɪl] VT (*freedom, rights*) restringir; (*visit etc*) abreviar, encurtar; (*expenses etc*) reduzir
curtain ['kə:tn] N cortina; (*Theatre*) pano
curtain call N (*Theatre*) chamada à ribalta
curtain ring N argola
curtsy, curtsey ['kə:tsɪ] N mesura, reverência ▶ VI fazer reverência
curvature ['kə:vətʃəʳ] N curvatura
curve [kə:v] N curva ▶ VT encurvar, torcer ▶ VI encurvar-se, torcer-se; (*road*) fazer (uma) curva
curved [kə:vd] ADJ curvado, curvo
cushion ['kuʃən] N almofada; (*Snooker*) tabela ▶ VT (*seat*) escorar com almofada; (*shock, fall etc*) amortecer
cushy ['kuʃɪ] (*inf*) ADJ: **a ~ job** uma boca; **to have a ~ time** estar na moleza
custard ['kʌstəd] N (*for pouring*) nata, creme *m*
custard powder (BRIT) N pó *m* para fazer creme
custodian [kʌs'təudɪən] N guarda *m/f*
custody ['kʌstədɪ] N custódia; (*for offenders*) prisão *f* preventiva; **to take into ~** deter
custom ['kʌstəm] N (*tradition*) tradição *f*; (*convention*) costume *m*; (*habit*) hábito; (*Comm*) clientela
customary ['kʌstəmərɪ] ADJ costumeiro; **it is ~ to do it** é costume fazê-lo
custom-built ADJ feito sob encomenda
customer ['kʌstəməʳ] N cliente *m/f*; **he's an awkward ~** (*inf*) ele é um cara difícil
customize ['kʌstəmaɪz] VT personalizar
customized ['kʌstəmaɪzd] ADJ personalizado, feito sob encomenda
custom-made ADJ (*car*) feito sob encomenda; (*clothes*) feito sob medida
customs ['kʌstəmz] NPL alfândega
Customs and Excise (BRIT) N autoridades *fpl* alfandegárias
customs duty N imposto alfandegário
customs officer N inspetor(a) *m/f* da alfândega, aduaneiro(-a)
cut [kʌt] (*pt, pp* **cut**) VT cortar; (*price*) baixar; (*record*) gravar; (*reduce*) reduzir; (*inf: class*) matar ▶ VI cortar; (*intersect*) interceptar-se ▶ N corte *m*; (*in spending*) redução *f*; (*of garment*) tacho; **cold cuts** NPL (US) frios *mpl* sortidos;

to ~ a tooth estar com um dente nascendo;
to ~ one's finger cortar o dedo; **to get one's hair ~** cortar o cabelo; **to ~ sth short** abreviar algo; **to ~ sb dead** fingir que não conhece alguém
▶ **cut back** VT (*plants*) podar; (*production, expenditure*) cortar
▶ **cut down** VT (*tree*) derrubar; (*reduce*) reduzir; **to ~ sb down to size** (*fig*) abaixar a crista de alguém, colocar alguém no seu lugar
▶ **cut in** VI: **to ~ in (on)** interromper; (*Aut*) cortar
▶ **cut off** VT (*piece, Tel*) cortar; (*person, village*) isolar; (*supply*) suspender; (*retreat*) impedir; (*troops*) cercar; **we've been ~ off** (*Tel*) fomos cortados
▶ **cut out** VT (*shape*) recortar; (*activity etc*) suprimir; (*remove*) remover
▶ **cut through** VI abrir caminho
▶ **cut up** VT cortar em pedaços
cut-and-dried ADJ (*also*: **cut-and-dry**) todo resolvido
cutaway ['kʌtəweɪ] ADJ, N: **~ (drawing)** vista diagramática
cutback ['kʌtbæk] N redução f, corte m
cute [kju:t] ADJ bonitinho; (*shrewd*) astuto
cut glass N cristal m lapidado
cuticle ['kju:tɪkl] N cutícula
cuticle remover N produto para tirar as cutículas
cutlery ['kʌtlərɪ] N talheres mpl
cutlet ['kʌtlɪt] N costeleta
cutoff ['kʌtɔf] N (*also*: **cutoff point**) ponto de corte
cutoff switch N interruptor m
cutout ['kʌtaut] N (*shape*) figura para recortar; (*switch*) interruptor m
cut-price, (US) **cut-rate** ADJ a preço reduzido
cut-throat N assassino(-a) ▶ ADJ feroz
cutting ['kʌtɪŋ] ADJ cortante; (*remark*) mordaz ▶ N (BRIT: *from newspaper*) recorte m; (: *Rail*) corte m; (*Cinema*) corte m; (*from plant*) muda
cutting edge N (*of knife*) fio de corte; **on** or **at the ~ of** na ponta de
cutting-edge ADJ (*technology, research*) de ponta
cuttlefish ['kʌtlfɪʃ] N sita
cut-up ADJ arrasado, aflito
CV N ABBR = **curriculum vitae**
cwo ABBR (*Comm*) = **cash with order**
cwt ABBR = **hundredweight**
cyanide ['saɪənaɪd] N cianeto
cyber attack ['saɪbərətæk] N ciberataque m
cyberbullying ['saɪbəbulɪɪŋ] N cyberbullying, bullying m cibernético
cybercafé ['saɪbəkæfeɪ] N cibercafé m
cybercrime ['saibəkraim] N crime m virtual
cybernetics [saɪbə'netɪks] N cibernética
cybersecurity [saɪbəsɪ'kjurɪtɪ] N cibersegurança
cyberspace ['saɪbəspeɪs] N ciberespaço
cyclamen ['sɪkləmən] N cíclame m
cycle ['saɪkl] N ciclo; (*bicycle*) bicicleta ▶ VI andar de bicicleta
cycle lane, **cycle path** N ciclovia f
cycle race N corrida de bicicletas
cycle rack N engradado para guardar bicicletas
cycling ['saɪklɪŋ] N ciclismo
cyclist ['saɪklɪst] N ciclista m/f
cyclone ['saɪkləun] N ciclone m
cygnet ['sɪgnɪt] N cisne m novo
cylinder ['sɪlɪndə'] N cilindro; (*of gas*) bujão m
cylinder capacity N capacidade f cilíndrica, cilindrada
cylinder head N cilíndrico
cylinder-head gasket N culatra
cymbals ['sɪmblz] NPL pratos mpl
cynic ['sɪnɪk] N cínico(-a)
cynical ['sɪnɪkl] ADJ cínico, sarcástico
cynicism ['sɪnɪsɪzəm] N cinismo
CYO (US) N ABBR = **Catholic Youth Organization**
cypress ['saɪprɪs] N cipreste m
Cypriot ['sɪprɪət] ADJ, N cipriota m/f
Cyprus ['saɪprəs] N Chipre f
cyst [sɪst] N cisto
cystitis [sɪs'taɪtɪs] N cistite f
CZ (US) N ABBR (= *Canal Zone*) zona do canal do Panamá
czar [zɑː^r] N czar m
Czech [tʃɛk] ADJ tcheco ▶ N tcheco(-a); (*Ling*) tcheco
Czechoslovak [tʃɛkə'sləuvæk] ADJ, N = **Czechoslovakian**
Czechoslovakia [tʃɛkəslə'vækɪə] N Tchecoslováquia
Czechoslovakian [tʃɛkəslə'vækɪən] ADJ, N tchecoslovaco(-a)
Czech Republic N: **the ~** a República Tcheca

Dd

D¹, d [diː] N (*letter*) D, d m; (*Mus*): **D** ré m; **D for David** (BRIT) or **Dog** (US) D de dado
D² (US) ABBR (*Pol*) = **democrat; democratic**
d (BRIT) ABBR (*old*) = **penny**
d. ABBR = **died**
DA (US) N ABBR = **district attorney**
dab [dæb] VT (*eyes, wound*) tocar (de leve); (*paint, cream*) aplicar de leve ▶ N (*of paint*) pincelada; (*of liquid*) gota; (*amount*) pequena quantidade f
dabble ['dæbl] VI: **to ~ in** interessar-se por
dachshund ['dækshund] N bassê m
dad [dæd] (*inf*) N papai m
daddy ['dædɪ] N = **dad**
daddy-long-legs N INV pernilongo
daffodil ['dæfədɪl] N narciso-dos-prados m
daft [dɑːft] ADJ bobo, besta; **to be ~ about** ser louco por
dagger ['dægə^r] N punhal m, adaga; **to look ~s at sb** olhar feio para alguém; **to be at ~s drawn with sb** andar às turras com alguém
dahlia ['deɪljə] N dália
daily ['deɪlɪ] ADJ diário ▶ N (*paper*) jornal m, diário; (BRIT: *domestic help*) diarista (BR), mulher f a dias (PT) ▶ ADV diariamente; **twice ~** duas vezes por dia
dainty ['deɪntɪ] ADJ delicado; (*tasteful*) elegante, gracioso
dairy ['dɛərɪ] N leiteria ▶ ADJ (*industry*) de laticínios; (*cattle*) leiteiro
dairy cow N vaca leiteira
dairy farm N fazenda de gado leiteiro
dairy products NPL laticínios mpl
dairy store (US) N leiteria
dais ['deɪɪs] N estrado
daisy ['deɪzɪ] N margarida
daisy wheel N (*on printer*) margarida
daisy-wheel printer N impressora margarida
Dakar ['dækə^r] N Dacar
dale [deɪl] (BRIT) N vale m
dally ['dælɪ] VI vadiar
dalmatian [dæl'meɪʃən] N (*dog*) dálmata m
dam [dæm] N represa, barragem f ▶ VT represar
damage ['dæmɪdʒ] N (*physical*) danos mpl; (*harm*) prejuízo; (*dents etc*) avaria ▶ VT (*spoil, break*) danificar; (*harm*) prejudicar; **damages** NPL (*Law*) indenização f por perdas e danos; **to pay £5,000 in ~s** pagar £5,000 de indenização; **~ to property** danos materiais
damaging ['dæmɪdʒɪŋ] ADJ: **~ (to)** prejudicial (a)
Damascus [də'mɑːskəs] N Damasco
dame [deɪm] N (*title*) título honorífico dado a uma membra da Ordem do Império Britânico; título honorífico dado à esposa de um cavalheiro ou baronete; (US *inf*) dona; (*Theatre*) dama
damn [dæm] VT condenar; (*curse*) maldizer ▶ N (*inf*): **I don't give a ~** não dou a mínima, estou me lixando ▶ ADJ (*inf: also:* **damned**) danado, maldito; **~ (it)!** (que) droga!
damnable ['dæmnəbl] (*inf*) ADJ (*behaviour*) condenável; (*weather*) horrível
damnation [dæm'neɪʃən] N (*Rel*) danação f ▶ EXCL (*inf*) droga!
damning ['dæmɪŋ] ADJ (*evidence*) prejudicial; (*criticism*) condenador(a)
damp [dæmp] ADJ úmido ▶ N umidade f ▶ VT (*also:* **dampen**: *cloth, rag*) umedecer; (: *enthusiasm etc*) jogar água fria em
dampcourse ['dæmpkɔːs] N impermeabilização f
damper ['dæmpə^r] N (*Mus*) abafador m; (*of fire*) registro; **to put a ~ on** (*fig: atmosphere*) criar um mal-estar em; (: *party*) acabar com a animação de; (: *enthusiasm*) cortar
dampness ['dæmpnɪs] N umidade f
damson ['dæmzən] N ameixa pequena
dance [dɑːns] N dança; (*party etc*) baile m ▶ VI dançar; **to ~ about** saltitar
dance hall N salão m de baile
dancer ['dɑːnsə^r] N dançarino(-a); (*professional*) bailarino(-a)
dancing ['dɑːnsɪŋ] N dança
D and C N ABBR (*Med: = dilation and curettage*) dilatação f e curetagem f
dandelion ['dændɪlaɪən] N dente-de-leão m
dandruff ['dændrəf] N caspa
dandy ['dændɪ] N dândi m ▶ ADJ (US *inf*) bacana
Dane [deɪn] N dinamarquês(-esa) m/f
danger ['deɪndʒə^r] N perigo; (*risk*) risco; (*possibility*): **there is a ~ of ...** há o risco de ...; **"~!"** (*on sign*) "perigo!"; **to be in ~ of** correr o risco de; **in ~** em perigo; **out of ~** fora de perigo
danger list N (*Med*): **on the ~** na lista dos pacientes graves

dangerous ['deɪndʒərəs] ADJ perigoso
dangerously ['deɪndʒərəslɪ] ADV perigosamente; **~ ill** gravemente doente
danger zone N zona de perigo
dangle ['dæŋgl] VT balançar ▶ VI pender balançando
Danish ['deɪnɪʃ] ADJ dinamarquês(-esa) ▶ N (Ling) dinamarquês m
Danish pastry N doce m (de massa com frutas)
dank [dæŋk] ADJ frio e úmido
Danube ['dænjuːb] N: **the ~** o Danúbio
dapper ['dæpəʳ] ADJ garboso; (appearance) esmerado
dare [dɛəʳ] VT: **to ~ sb to do sth** desafiar alguém a fazer algo ▶ VI: **to ~ (to) do sth** atrever-se a fazer algo, ousar fazer algo; **I ~ say** (I suppose) acho provável que; **I ~n't tell him** (BRIT) eu não ouso dizê-lo a ele; **I ~ say he'll turn up** acho provável que ele venha
daredevil ['dɛədɛvl] N intrépido, atrevido
Dar-es-Salaam ['dɑːrɛssə'lɑːm] N Dar-es-Salaam
daring ['dɛərɪŋ] ADJ (audacious) audacioso; (bold) ousado ▶ N atrevimento, audácia, ousadia; (courage) coragem f, destemor m
dark [dɑːk] ADJ (gen, hair) escuro; (complexion) moreno; (cheerless) triste, sombrio; (fig) sombrio ▶ N escuro; **in the ~** no escuro; **in the ~ about** (fig) no escuro sobre; **after ~** depois de escurecer; **it is/is getting ~** está escuro/está escurecendo
dark chocolate N chocolate m amargo
darken ['dɑːkən] VT escurecer; (colour) fazer mais escuro ▶ VI escurecer(-se)
dark glasses NPL óculos mpl escuros
darkly ['dɑːklɪ] ADV (gloomily) sombriamente; (in a sinister way) sinistramente
darkness ['dɑːknɪs] N escuridão f
darkroom N câmara escura
darling ['dɑːlɪŋ] ADJ querido ▶ N querido(-a); (favourite): **to be the ~ of** ser o queridinho de
darn [dɑːn] VT cerzir
dart [dɑːt] N dardo; (in sewing) alinhavo ▶ VI precipitar-se; **to ~ away/along** ir-se/seguir precipitadamente
dartboard ['dɑːtbɔːd] N alvo (para jogo de dardos)
darts N (game) jogo de dardos
dash [dæʃ] N (sign) hífen m; (: long) travessão m; (rush) correria; (small quantity) pontinha ▶ VT (throw) arremessar; (hopes) frustrar ▶ VI precipitar-se, correr
▶ **dash away** VI sair apressado
▶ **dash off** VT (letter, essay) escrever a toda ▶ VI = **dash away**
dashboard ['dæʃbɔːd] N painel m de instrumentos
dashing ['dæʃɪŋ] ADJ arrojado
dastardly ['dæstədlɪ] ADJ vil
data ['deɪtə] NPL dados mpl
database ['deɪtəbeɪs] N banco de dados
data capture N entrada de dados

data processing N processamento de dados
data transmission N transmissão f de dados
date [deɪt] N (day) data; (with friend) encontro; (fruit) tâmara; (tree) tamareira ▶ VT datar; (person) namorar; **what's the ~ today?** que dia é hoje?; **~ of birth** data de nascimento; **closing ~** data de encerramento; **to ~** até agora; **out of ~** desatualizado; **up to ~** (correspondence etc) em dia; (dictionary, phone book etc) atualizado; (method, technology) moderno; **to bring up to ~** (correspondence, person) pôr em dia; (method) modernizar; **letter ~d 5th July** (BRIT) or **July 5th** (US) carta de 5 de julho
dated ['deɪtɪd] ADJ antiquado
dateline ['deɪtlaɪn] N meridiano or linha de data
date rape N estupro cometido pelo acompanhante da vítima, geralmente após encontro romântico
date stamp N carimbo datador
daub [dɔːb] VT borrar
daughter ['dɔːtəʳ] N filha
daughter-in-law (pl **daughters-in-law**) N nora
daunt [dɔːnt] VT desalentar, desencorajar
daunting ['dɔːntɪŋ] ADJ desanimador(a)
dauntless ['dɔːntlɪs] ADJ intrépido, destemido
dawdle ['dɔːdl] VI (waste time) fazer cera; (go slow) vadiar
dawn [dɔːn] N alvorada, amanhecer m; (of period, situation) surgimento, início ▶ VI (day) amanhecer; (fig): **it ~ed on him that ...** começou a perceber que ...; **at ~** ao amanhecer; **from ~ to dusk** de manhã à noite
dawn chorus (BRIT) N canto dos pássaros na alvorada
day [deɪ] N dia m; (working day) jornada, dia útil; **the ~ before/after** a véspera/o dia seguinte; **the ~ before yesterday** anteontem; **the ~ after tomorrow** depois de amanhã; **the following ~** o dia seguinte; **(on) the ~ that ...** (n)o dia em que ...; **~ by ~** dia a dia; **by ~** de dia; **paid by the ~** pago por dia; **these ~s, in the present ~** hoje em dia
daybook ['deɪbuk] (BRIT) N diário
day boy N (Sch) externo
daybreak ['deɪbreɪk] N amanhecer m
day-care centre ['deɪkɛə-] N (for elderly etc) centro de convivência; (for children) creche f
daydream ['deɪdriːm] N devaneio ▶ VI devanear
day girl N (Sch) externa
daylight ['deɪlaɪt] N luz f (do dia)
Daylight Saving Time (US) N hora de verão
day release N: **to be on ~** ter licença de um dia por semana para fins de aperfeiçoamento profissional
day return (BRIT) N (ticket) bilhete m de ida e volta no mesmo dia
day shift N turno diurno

daytime ['deɪtaɪm] N dia m ▶ ADJ de dia, diurno
day-to-day ADJ (*life, expenses*) cotidiano; **the ~ routine** o dia-a-dia; **on a ~ basis** dia a dia, diariamente
day trip N excursão f (de um dia)
day tripper N excursionista m/f
daze [deɪz] VT (*stun*) aturdir ▶ N: **in a ~** aturdido
dazzle ['dæzl] VT (*bewitch*) deslumbrar; (*blind*) ofuscar
dazzling ['dæzlɪŋ] ADJ deslumbrante, ofuscante
DC ABBR (*Elec*) = **direct current**; (*US Post*) = **District of Columbia**
DD N ABBR (= *Doctor of Divinity*) título universitário
dd. ABBR (*Comm*: = *delivered*) entregue
D/D ABBR = **direct debit**
D-day ['di:deɪ] N o dia D
DDS (US) N ABBR (= *Doctor of Dental Science, Doctor of Dental Surgery*) títulos universitários
DDT N ABBR (= *dichlorodiphenyltrichloroethane*) DDT m
DE (US) ABBR (*Post*) = **Delaware**
DEA (US) N ABBR (= *Drug Enforcement Administration*) ≈ Conselho Nacional de Entorpecentes
deacon ['di:kən] N diácono
dead [dɛd] ADJ morto; (*deceased*) falecido; (*numb*) dormente; (*telephone*) cortado; (*Elec*) sem corrente ▶ ADV (*very*) totalmente; (*completely*) completamente; (*exactly*) absolutamente ▶ NPL: **the ~** os mortos; **to shoot sb ~** matar alguém a tiro; **the line has gone ~** (*Tel*) caiu a ligação; **~ tired** morto de cansado; **to stop ~** estacar; **~ on time** na hora em ponto
deaden ['dɛdn] VT (*blow, sound*) amortecer; (*pain*) anestesiar
dead end N beco sem saída ▶ ADJ: **a dead-end job** um emprego sem perspectivas
dead heat N (*Sport*) empate m; **to finish in a ~** (*race*) ser empatado
dead-letter office N seção f de cartas não reclamadas
deadline ['dɛdlaɪn] N prazo final; **to work to a ~** trabalhar com prazo estabelecido
deadlock ['dɛdlɔk] N impasse m
dead loss (*inf*) N: **to be a ~** não ser de nada
deadly ['dɛdlɪ] ADJ mortal, fatal; (*weapon*) mortífero ▶ ADV: **~ dull** tediosíssimo, chatíssimo
deadpan [dɛd'pæn] ADJ sem expressão
Dead Sea N: **the ~** o mar Morto
deaf [dɛf] ADJ surdo
deaf-aid (BRIT) N aparelho para a surdez
deaf-and-dumb (!) ADJ surdo-mudo; **~ alphabet** alfabeto de surdos-mudos
deafen ['dɛfn] VT ensurdecer
deafening ['dɛfnɪŋ] ADJ ensurdecedor(a)
deaf-mute (!) N surdo-mudo/surda-muda
deafness ['dɛfnɪs] N surdez f
deal [di:l] (*pt, pp* **dealt**) N (*agreement*) acordo; (*business*) negócio ▶ VT (*cards, blows*) dar; **to strike a ~ with sb** fechar um negócio com alguém; **it's a ~!** (*inf*) negócio fechado; **he got a fair/bad ~ from them** ele foi/não foi bem tratado por eles; **a good** *or* **great ~ (of)** bastante, muito
▶ **deal in** VT FUS (*Comm*) negociar em *or* com
▶ **deal with** VT FUS (*people*) tratar com; (*problem*) ocupar-se de; (*subject*) tratar de; (*Comm*) negociar com; (*punish*) castigar
dealbreaker ['di:lbreɪkər] N causa f de rompimento de acordo; **it was a ~** aquilo levou ao rompimento do acordo
dealer ['di:lər] N negociante m/f; (*for cars*) concessionário(-a); (*for products*) revendedor(a) m/f; (*Cards*) carteador(a) m/f, banqueiro(-a)
dealership ['di:ləʃɪp] N concessionária
dealings ['di:lɪŋz] NPL transações fpl
dealt [dɛlt] PT, PP *of* **deal**
dean [di:n] N (*Rel*) decano / (*Sch*: BRIT) reitor(a) m/f; (: US) orientador(a) m/f de estudos
dear [dɪər] ADJ querido, caro; (*expensive*) caro ▶ N: **my ~** meu querido/minha querida ▶ EXCL: **~ me!** ai, meu Deus!; **D~ Sir/Madam** (*in letter*) Prezado Senhor/Prezada Senhora (BR), Exmo. Senhor/Exma. Senhora (PT); **D~ Mr/Mrs X** Prezado Sr. X/Prezada Sra. X
dearly ['dɪəlɪ] ADV (*love*) ternamente; (*pay*) caro
dearth [də:θ] N escassez f
death [dɛθ] N morte f; (*Admin*) óbito
deathbed ['dɛθbɛd] N leito de morte
death certificate N certidão f de óbito
death duties NPL (BRIT) impostos mpl sobre inventário
deathly ['dɛθlɪ] ADJ (*colour*) pálido; (*silence*) profundo ▶ ADV (*quiet*) completamente
death penalty N pena de morte
death rate N (índice m de) mortalidade f
death row (US) N corredor m da morte
death sentence N sentença de morte
death toll N número de mortos (*en acidentes*)
deathtrap ['dɛθtræp] N perigo
deb [dɛb] (*inf*) N ABBR = **debutante**
debacle [deɪ'bɑ:kl] N fracasso
debar [dɪ'bɑ:r] VT (*exclude*) excluir; **to ~ sb from doing sth** proibir a alguém fazer algo *or* que faça algo
debase [dɪ'beɪs] VT degradar; (*value*) desvalorizar; (*quality*) piorar
debatable [dɪ'beɪtəbl] ADJ discutível
debate [dɪ'beɪt] N debate m ▶ VT debater ▶ VI (*consider*): **to ~ whether** perguntar-se se
debauchery [dɪ'bɔ:tʃərɪ] N decadência
debenture [dɪ'bɛntʃər] N (*Comm*) debênture f
debilitate [dɪ'bɪlɪteɪt] VT debilitar
debit ['dɛbɪt] N débito ▶ VT: **to ~ a sum to sb** *or* **to sb's account** lançar uma quantia ao débito de alguém *or* à conta de alguém; *see also* **direct debit**
debit balance N saldo devedor
debit card N cartão m de débito
debit note N nota de débito
debrief [di:'bri:f] VT interrogar
debriefing [di:'bri:fɪŋ] N interrogatório
debris ['dɛbri:] N escombros mpl

debt [dɛt] N (*sum*) dívida; (*state*) endividiamento; **to be in ~** ter dívidas, estar endividado; **bad ~** dívida incobrável
debt collector N cobrador(a) *m/f* de dívidas
debtor ['dɛtəʳ] N devedor(a) *m/f*
debug [di:'bʌg] VT (*Comput*) depurar
debunk [di:'bʌŋk] VT (*myths, ideas*) desmacarar
début ['deɪbju:] N estreia
debutante ['dɛbjutænt] N debutante *f*
Dec. ABBR (= *December*) dez.
decade ['dɛkeɪd] N década
decadence ['dɛkədəns] N decadência
decadent ['dɛkədənt] ADJ decadente
decaf ['di:kæf] (*inf*) N descafeinado *m*
decaffeinated [dɪ'kæfɪneɪtɪd] ADJ descafeinado
decamp [dɪ'kæmp] (*inf*) VI safar-se
decant [dɪ'kænt] VT (*wine*) decantar
decanter [dɪ'kæntəʳ] N garrafa ornamental
decarbonize [di:'kɑ:bənaɪz] VT (*Aut*) descarbonizar
decathlon [dɪ'kæθlən] N decatlo
decay [dɪ'keɪ] N decadência; (*of building*) ruína; (*fig*) deterioração *f*; (*rotting*) podridão *f*; (*also*: **tooth decay**) cárie *f* ▶ VI (*rot*) apodrecer-se; (*fig*) decair
decease [dɪ'si:s] N falecimento, óbito
deceased [dɪ'si:st] N: **the ~** o falecido/a falecida
deceit [dɪ'si:t] N engano; (*duplicity*) fraude *f*
deceitful [dɪ'si:tful] ADJ enganador(a)
deceive [dɪ'si:v] VT enganar
decelerate [di:'sɛləreɪt] VT moderar a marcha de, desacelerar ▶ VI diminuir a velocidade
December [dɪ'sɛmbəʳ] N dezembro; *see also* **July**
decency ['di:sənsɪ] N decência; (*kindness*) bondade *f*
decent ['di:sənt] ADJ (*proper*) decente; (*kind, honest*) honesto, amável
decently ['di:səntlɪ] ADV (*respectably*) decentemente; (*kindly*) gentilmente
decentralization ['di:sɛntrəlaɪ'zeɪʃən] N descentralização *f*
decentralize [di:'sɛntrəlaɪz] VT descentralizar
deception [dɪ'sɛpʃən] N engano; (*deceitful act*) fraude *f*
deceptive [dɪ'sɛptɪv] ADJ enganador(a)
decibel ['dɛsɪbɛl] N decibel *m*
decide [dɪ'saɪd] VT (*person*) convencer; (*question, argument*) resolver ▶ VI decidir; **to ~ to do/that** decidir fazer/que; **to ~ on sth** decidir-se por algo; **to ~ on doing** decidir fazer; **to ~ against doing** decidir não fazer
decided [dɪ'saɪdɪd] ADJ (*resolute*) decidido; (*clear, definite*) claro, definido
decidedly [dɪ'saɪdɪdlɪ] ADV (*distinctly*) claramente; (*emphatically*) decididamente
deciding [dɪ'saɪdɪŋ] ADJ decisivo
deciduous [dɪ'sɪdjuəs] ADJ decíduo
decimal ['dɛsɪməl] ADJ decimal ▶ N decimal *m*; **to 3 ~ places** com 3 casas decimais
decimalize ['dɛsɪməlaɪz] (*BRIT*) VT decimalizar
decimal point N vírgula de decimais
decimate ['dɛsɪmeɪt] VT dizimar
decipher [dɪ'saɪfəʳ] VT decifrar
decision [dɪ'sɪʒən] N (*choice*) escolha; (*act of choosing*) decisão *f*; (*decisiveness*) resolução *f*; **to make a ~** tomar uma decisão
decisive [dɪ'saɪsɪv] ADJ (*action*) decisivo; (*person*) decidido; (*manner, reply*) categórico
deck [dɛk] N (*Naut*) convés *m*; (*of bus*): **top ~** andar *m* de cima; (*of cards*) baralho; **to go up on ~** subir ao convés; **below ~** abaixo do convés principal; **record/cassette ~** toca-discos *m inv*/toca-fitas *m inv*
deck chair N cadeira de lona, espreguiçadeira
deck hand N taifeiro(-a)
declaration [dɛklə'reɪʃən] N declaração *f*; (*public announcement*) pronunciamento
declare [dɪ'klɛəʳ] VT (*intention*) revelar; (*result*) divulgar; (*income, at customs*) declarar
declassify [di:'klæsɪfaɪ] VT tornar público
decline [dɪ'klaɪn] N declínio; (*lessening*) diminuição *f*, baixa ▶ VT recusar ▶ VI diminuir; (*fall*) baixar; **~ in living standards** queda dos padrões de vida; **to ~ to do sth** recusar-se a fazer algo
declutch [di:'klʌtʃ] (*BRIT*) VI debrear
declutter [di:'klʌtər] VT fazer uma faxina (*BR*) or limpeza (*PT*) geral em ▶ VI livrar-se de tralha
decode [di:'kəud] VT decifrar; (*TV signal etc*) decodificar
decoder [di:'kəudəʳ] N decodificador *m*
decompose [di:kəm'pəuz] VI decompor-se
decomposition [di:kɔmpə'zɪʃən] N decomposição *f*
decompression [di:kəm'prɛʃən] N descompressão *f*
decompression chamber N câmara de descompressão
decongestant [di:kən'dʒɛstənt] N descongestionante *m*
decontaminate [di:kən'tæmɪneɪt] VT descontaminar
decontrol [di:kən'trəul] VT (*prices etc*) liberar
décor ['deɪkɔ:ʳ] N decoração *f*; (*Theatre*) cenário
decorate ['dɛkəreɪt] VT (*adorn*): **to ~ (with)** adornar (com); (*give medal to*) condecorar; (*paint*) pintar; (*paper*) decorar com papel
decoration [dɛkə'reɪʃən] N decoração *f*, adorno; (*on tree, dress etc*) enfeite *m*; (*act*) decoração; (*medal*) condecoração *f*
decorative ['dɛkərətɪv] ADJ decorativo
decorator ['dɛkəreɪtəʳ] N (*painter*) pintor(a) *m/f*
decorum [dɪ'kɔ:rəm] N decoro
decoy ['di:kɔɪ] N engodo, chamariz *m*
decrease [*n* 'di:kri:s, *vt, vi* di:'kri:s] N: **~ (in)** diminuição *f* (de) ▶ VT reduzir ▶ VI diminuir; **to be on the ~** estar diminuindo
decreasing [di:'kri:sɪŋ] ADJ decrescente
decree [dɪ'kri:] N decreto ▶ VT: **to ~ (that)** decretar (que); **~ absolute** sentença final de divórcio
decree nisi N ordem *f* provisória de divórcio
decrepit [dɪ'krɛpɪt] ADJ decrépito; (*building*) (que está) caindo aos pedaços

decry [dɪ'kraɪ] VT execrar; *(disparage)* denegrir
decrypt [di:'krɪpt] VT *(Comput, Tel)* desencriptar
dedicate ['dɛdɪkeɪt] VT dedicar
dedicated ['dɛdɪkeɪtɪd] ADJ *(person, Comput)* dedicado; ~ **word processor** processador *m* de texto dedicado
dedication [dɛdɪ'keɪʃən] N *(devotion)* dedicação *f*; *(in book)* dedicatória; *(on radio)* mensagem *f*
deduce [dɪ'dju:s] VT deduzir
deduct [dɪ'dʌkt] VT deduzir; *(from wage etc)* descontar
deduction [dɪ'dʌkʃən] N *(deducting)* redução *f*; *(amount)* subtração *f*; *(deducing)* dedução *f*; *(from wage etc)* desconto; *(conclusion)* conclusão *f*, dedução *f*
deed [di:d] N feito; *(Law)* escritura, título
deed of covenant N escritura de transferência
deem [di:m] VT julgar, estimar; **to ~ it wise to do** julgar prudente fazer
deep [di:p] ADJ profundo; *(in measurements)* de profundidade; *(voice)* baixo, grave; *(person)* fechado; *(breath)* fundo; *(colour)* forte, carregado ▶ ADV: **the spectators stood 20 ~** havia 20 fileiras de espectadores; **knee-~ in water** com água até os joelhos; **to be 4 metres ~** ter 4 metros de profundidade; **he took a ~ breath** ele respirou fundo
deepen ['di:pən] VT aprofundar ▶ VI *(mystery)* aumentar
deep-freeze N congelador *m*, freezer *m* (BR)
deep-fry VT fritar em recipiente fundo
deeply ['di:plɪ] ADV *(breathe)* fundo; *(interested, moved)* profundamente
deep-rooted [-'ru:tɪd] ADJ *(prejudice)* enraizado; *(affection)* profundo
deep-sea diver N escafandrista *m/f*
deep-sea diving N mergulho com escafandro
deep-sea fishing N pesca de alto-mar
deep-seated [-'si:tɪd] ADJ *(beliefs etc)* arraigado
deep-set ADJ *(eyes)* fundo
deer [dɪə^r] N INV veado, cervo
deerskin ['dɪəskɪn] N camurça, pele *f* de cervo
deerstalker ['dɪəstɔ:kə^r] N *tipo de chapéu como o de Sherlock Holmes*
deface [dɪ'feɪs] VT desfigurar
defamation [dɛfə'meɪʃən] N difamação *f*
defamatory [dɪ'fæmətrɪ] ADJ difamatório
default [dɪ'fɔ:lt] VI *(Law)* inadimplir; *(Sport)* não comparecer ▶ N *(Comput)* default *m*, padrão *m*; **by ~** *(win)* por desistência; *(Law)* à revelia; *(Sport)* por ausência; **to ~ on a debt** deixar de pagar uma dívida
defaulter [dɪ'fɔ:ltə^r] N *(in debt)* devedor(a) *m/f* inadimplente
default option N *(Comput)* opção *f* padrão
defeat [dɪ'fi:t] N derrota; *(failure)* malogro ▶ VT derrotar, vencer; *(fig: efforts)* frustrar
defeatism [dɪ'fi:tɪzm] N derrotismo
defeatist [dɪ'fi:tɪst] ADJ, N derrotista *m/f*
defect [*n* 'di:fɛkt, *vi* dɪ'fɛkt] N defeito ▶ VI: **to ~ to the enemy** desertar para se juntar ao inimigo; **physical/mental ~** *(pej)* defeito físico/mental
defective [dɪ'fɛktɪv] ADJ defeituoso
defector [dɪ'fɛktə^r] N trânsfuga *m/f*
defence, (US) **defense** [dɪ'fɛns] N defesa; **in ~ of** em defesa de; **witness for the ~** testemunha de defesa; **the Ministry of D~** (BRIT), **the Department of Defense** (US) o Ministério da Defesa
defenceless [dɪ'fɛnslɪs] ADJ indefeso
defend [dɪ'fɛnd] VT defender; *(Law)* contestar
defendant [dɪ'fɛndənt] N acusado(-a); *(in civil case)* réu/ré *m/f*
defender [dɪ'fɛndə^r] N defensor(a) *m/f*; *(Sport)* defesa
defending champion [dɪ'fɛndɪŋ-] N *(Sport)* atual campeão(-peã) *m/f*
defending counsel [dɪ'fɛndɪŋ-] N *(Law)* advogado(-a) de defesa
defense [dɪ'fɛns] (US) N = **defence**
defensive [dɪ'fɛnsɪv] ADJ defensivo ▶ N: **on the ~** na defensiva
defer [dɪ'fə:^r] VT *(postpone)* adiar ▶ VI *(submit)*: **to ~ to** submeter-se a
deference ['dɛfərəns] N deferência; **out of** or **in ~ to** por or em deferência a
defiance [dɪ'faɪəns] N desafio; *(rebellion)* rebeldia; **in ~ of** sem respeito por; *(despite)* a despeito de
defiant [dɪ'faɪənt] ADJ *(insolent)* desafiante, insolente; *(challenging)* desafiador(a)
defiantly [dɪ'faɪəntlɪ] ADV desafiadoramente
deficiency [dɪ'fɪʃənsɪ] N *(lack)* deficiência, falta; *(defect)* defeito; *(Comm)* déficit *m*
deficiency disease N doença de carência
deficient [dɪ'fɪʃənt] ADJ *(inadequate)* deficiente; *(incomplete)* incompleto; *(defective)* imperfeito; *(defective)*: **~ in** falto de, carente de
deficit ['dɛfɪsɪt] N déficit *m*
defile [*vt, vi* dɪ'faɪl, *n* 'di:faɪl] VT *(memory)* desonrar; *(statue etc)* profanar ▶ VI desfilar ▶ N desfile *m*
define [dɪ'faɪn] VT definir
definite ['dɛfɪnɪt] ADJ *(fixed)* definitivo; *(clear, obvious)* claro, categórico; *(certain)* certo; *(Ling)* definido; **he was ~ about it** ele foi categórico
definitely ['dɛfɪnɪtlɪ] ADV sem dúvida
definition [dɛfɪ'nɪʃən] N definição *f*
definitive [dɪ'fɪnɪtɪv] ADJ conclusivo
deflate [di:'fleɪt] VT esvaziar; *(person)* fazer perder o rebolado; *(Econ)* deflacionar
deflation [di:'fleɪʃən] N *(Econ)* deflação *f*
deflationary [di:'fleɪʃənrɪ] ADJ *(Econ)* deflacionário
deflect [dɪ'flɛkt] VT desviar
defog ['di:fɔg] (US) VT desembaçar
defogger [di:'fɔgə^r] (US) N *(Aut)* desembaçador *m*
deform [dɪ'fɔ:m] VT distorcer
deformed [dɪ'fɔ:md] ADJ deformado
deformity [dɪ'fɔ:mɪtɪ] N deformidade *f*

defraud [dɪ'frɔːd] VT: **to ~ sb (of sth)** trapacear alguém (por causa de algo)
defray [dɪ'freɪ] VT (*costs, expenses*) correr com
defriend [diː'frɛnd] VT (*on social network*) excluir (*em rede social*)
defrost [diː'frɔst] VT descongelar
deft [dɛft] ADJ (*hands*) destro; (*movement*) hábil
defunct [dɪ'fʌŋkt] ADJ extinto
defuse [diː'fjuːz] VT tirar o estopim *or* a espoleta de; (*situation*) neutralizar
defy [dɪ'faɪ] VT desafiar; (*resist*) opor-se a; (*order*) desobedecer
degenerate [*vi* dɪ'dʒɛnəreɪt, *adj* dɪ'dʒɛnərɪt] VI deteriorar ▶ ADJ degenerado
degradation [dɛgrə'deɪʃən] N degradação *f*
degrade [dɪ'greɪd] VT degradar
degrading [dɪ'greɪdɪŋ] ADJ degradante
degree [dɪ'griː] N grau *m*; (*Sch*) diploma *m*, título; **~ in maths** formatura em matemática; **10 ~s below (zero)** 10 graus abaixo de zero; **a considerable ~ of risk** um grau considerável de risco; **by ~s** (*gradually*) pouco a pouco; **to some ~, to a certain ~** até certo ponto
dehydrated [diːhaɪ'dreɪtɪd] ADJ desidratado; (*milk*) em pó
dehydration [diːhaɪ'dreɪʃən] N desidratação *f*
de-ice VT (*windscreen*) descongelar
de-icer [-'aɪsəʳ] N descongelador *m*
deign [deɪn] VI: **to ~ to do** dignar-se a fazer
deity ['diːɪtɪ] N divindade *f*, deidade *f*
dejected [dɪ'dʒɛktɪd] ADJ (*depressed*) deprimado; (*face*) triste
dejection [dɪ'dʒɛkʃən] N desânimo
del. ABBR = **delete**
delay [dɪ'leɪ] VT (*decision etc*) retardar, atrasar; (*train, person*) atrasar ▶ VI hesitar ▶ N demora; (*postponement*) adiamento; **to be ~ed** estar atrasado; **without ~** sem demora *or* atraso
delayed-action [dɪ'leɪd-] ADJ de retardo, de ação retardada
delectable [dɪ'lɛktəbl] ADJ (*person*) gostoso; (*food*) delicioso
delegate [*n* 'dɛlɪgɪt, *vt* 'dɛlɪgeɪt] N delegado(-a) ▶ VT (*person*) autorizar; (*task*) delegar; **to ~ sth to sb/sb to do sth** delegar algo a alguém/alguém para fazer algo
delegation [dɛlɪ'geɪʃən] N (*group*) delegação *f*; (*by leader*) autorização *f*
delete [dɪ'liːt] VT eliminar, riscar; (*Comput*) deletar, excluir
Delhi ['dɛlɪ] N Délhi
deliberate [*adj* dɪ'lɪbərɪt, *vi* dɪ'lɪbəreɪt] ADJ (*intentional*) intencional; (*slow*) pausado, lento ▶ VI deliberar; (*consider*) considerar
deliberately [dɪ'lɪbərɪtlɪ] ADV (*on purpose*) de propósito; (*slowly*) lentamente
deliberation [dɪlɪbə'reɪʃən] N deliberação *f*
delicacy ['dɛlɪkəsɪ] N delicadeza; (*of problem*) dificuldade *f*; (*choice food*) iguaria
delicate ['dɛlɪkɪt] ADJ delicado; (*health*) frágil; (*skilled*) fino
delicately ['dɛlɪkɪtlɪ] ADV delicadamente
delicatessen [dɛlɪkə'tɛsn] N delicatessen *m*
delicious [dɪ'lɪʃəs] ADJ delicioso; (*food*) saboroso
delight [dɪ'laɪt] N (*feeling*) prazer *m*, deleite *m*; (*person*) encanto; (*experience*) delícia ▶ VT encantar, deleitar; **to take (a) ~ in** deleitar-se com
delighted [dɪ'laɪtɪd] ADJ: **~ (at *or* with sth)** encantado (com algo); **to be ~ to do sth/that** ter muito prazer em fazer algo/ficar muito contente que; **I'd be ~** eu adoraria
delightful [dɪ'laɪtful] ADJ encantador(a), delicioso
delimit [diː'lɪmɪt] VT delimitar
delineate [dɪ'lɪnɪeɪt] VT delinear; (*fig: describe*) descrever, definir
delinquency [dɪ'lɪŋkwənsɪ] N delinquência
delinquent [dɪ'lɪŋkwənt] ADJ, N delinquente *m/f*
delirious [dɪ'lɪrɪəs] ADJ delirante; **to be ~** delirar
delirium [dɪ'lɪrɪəm] N delírio
deliver [dɪ'lɪvəʳ] VT (*distribute*) distribuir; (*hand over*) entregar; (*message*) comunicar; (*speech*) proferir; (*free*) livrar; (*Med*) partejar; **to ~ the goods** (*fig*) dar conta do recado
deliverance [dɪ'lɪvrəns] N libertação *f*, livramento
delivery [dɪ'lɪvərɪ] N entrega; (*of mail*) distribuição *f*; (*of speaker*) enunciação *f*; (*Med*) parto; **to take ~ of** receber
delivery note N guia *or* nota de entrega
delivery van, (US) **delivery truck** N furgão *m* de entrega
delta ['dɛltə] N delta *m*
delude [dɪ'luːd] VT iludir, enganar; **to ~ o.s.** iludir-se
deluge ['dɛljuːdʒ] N dilúvio; (*fig*) enxurrada ▶ VT (*fig*): **to ~ (with)** inundar (de)
delusion [dɪ'luːʒən] N ilusão *f*; **to have ~s of grandeur** ter mania de grandeza
de luxe [də'lʌks] ADJ de luxo
delve [dɛlv] VI: **to ~ into** (*subject*) investigar, pesquisar; (*cupboard etc*) vasculhar
Dem. (US) ABBR (*Pol*) = **democrat**; = **democratic**
demagogue ['dɛməgɔg] N demagogo(-a)
demand [dɪ'mɑːnd] VT exigir; (*rights*) reivindicar, reclamar ▶ N exigência; (*claim*) reivindicação *f*; (*Econ*) procura; **to ~ sth (from *or* of sb)** exigir algo (de alguém); **to be in ~** estar em demanda; **on ~** à vista
demanding [dɪ'mɑːndɪŋ] ADJ (*boss*) exigente; (*work*) absorvente
demarcation [diːmɑː'keɪʃən] N demarcação *f*
demarcation dispute N (*Industry*) dissídio coletivo
demean [dɪ'miːn] VT: **to ~ o.s.** rebaixar-se
demeanour, (US) **demeanor** [dɪ'miːnəʳ] N conduta, comportamento
demented [dɪ'mɛntɪd] ADJ demente, doido
demilitarized zone [diː'mɪlɪtəraɪzd-] N zona desmilitarizada

93 | demise – depopulate

demise [dɪˈmaɪz] N falecimento
demist [diːˈmɪst] (BRIT) VT desembaçar
demister [diːˈmɪstə^r] (BRIT) N (Aut) desembaçador m de para-brisa
demo [ˈdɛməu] (inf) N ABBR (= demonstration: protest) passeata; (: Comput) demonstração f
demobilize [diːˈməubɪlaɪz] VT desmobilizar
democracy [dɪˈmɔkrəsɪ] N democracia
democrat [ˈdɛməkræt] N democrata m/f
democratic [dɛməˈkrætɪk] ADJ democrático
demography [dɪˈmɔgrəfɪ] N demografia
demolish [dɪˈmɔlɪʃ] VT demolir, derrubar; (fig: argument) refutar, contestar
demolition [dɛməˈlɪʃən] N demolição f; (of argument) contestação f
demon [ˈdiːmən] N demônio ▶ CPD: **a ~ squash player** um(a) craque em squash
demonstrate [ˈdɛmənstreɪt] VT demonstrar ▶ VI: **to ~ (for/against)** manifestar-se (a favor de/contra)
demonstration [dɛmənˈstreɪʃən] N (Pol) manifestação f; (: march) passeata; (proof) demonstração f; (exhibition) exibição f; **to hold a ~** realizar uma passeata
demonstrative [dɪˈmɔnstrətɪv] ADJ demonstrativo
demonstrator [ˈdɛmənstreɪtə^r] N (Pol) manifestante m/f; (Comm: sales person) demonstrador(a) m/f; (: car, computer etc) modelo de demonstração
demoralize [dɪˈmɔrəlaɪz] VT desmoralizar
demote [dɪˈməut] VT rebaixar de posto
demotion [dɪˈməuʃən] N rebaixamento
demur [dɪˈməː^r] VI: **to ~ (at sth)** objetar (a algo), opor-se (a algo) ▶ N: **without ~** sem objeção
demure [dɪˈmjuə^r] ADJ recatado
demurrage [dɪˈmʌrɪdʒ] N sobre-estadia
den [dɛn] N (of animal) covil m; (of thieves) antro, esconderijo; (room) aposento privado, cantinho
denationalization [ˈdiːnæʃnələˈzeɪʃən] N desnacionalização f, desestatização f
denationalize [diːˈnæʃnəlaɪz] VT desnacionalizar, desestatizar
denial [dɪˈnaɪəl] N refutação f; (refusal) negativa; (of report etc) desmentido
denier [ˈdɛnɪə^r] N denier m; **15 ~ stockings** meias de 15 deniers
denigrate [ˈdɛnɪgreɪt] VT denegrir
denim [ˈdɛnɪm] N brim m, zuarte m; **denims** NPL jeans m (BR), jeans mpl (PT)
denim jacket N jaqueta de brim
denizen [ˈdɛnɪzn] N habitante m/f
Denmark [ˈdɛnmɑːk] N Dinamarca
denomination [dɪnɔmɪˈneɪʃən] N valor m, denominação f; (Rel) confissão f, seita
denominator [dɪˈnɔmɪneɪtə^r] N denominador m
denote [dɪˈnəut] VT (indicate) denotar, indicar; (represent) representar; (mean) significar
denounce [dɪˈnauns] VT denunciar
dense [dɛns] ADJ (crowd) denso; (smoke, foliage etc) denso, espesso; (inf: stupid) estúpido, bronco

densely [ˈdɛnslɪ] ADV: **~ populated** com grande densidade de população; **~ wooded** coberto de florestas densas
density [ˈdɛnsɪtɪ] N densidade f
dent [dɛnt] N amolgadura, depressão f ▶ VT (also: **make a dent in**) amolgar, dentar; **to make a ~ in** (fig) reduzir
dental [ˈdɛntl] ADJ (treatment) dentário; (hygiene) dental
dental floss [-flɔs] N fio dental
dental surgeon N cirurgião(-giã) m/f dentista
dentist [ˈdɛntɪst] N dentista m/f; **~'s surgery** (BRIT) consultório dentário
dentistry [ˈdɛntɪstrɪ] N odontologia
dentures [ˈdɛntʃəz] NPL dentadura
denunciation [dɪnʌnsɪˈeɪʃən] N denúncia
deny [dɪˈnaɪ] VT negar; (report) desmentir; (refuse) recusar; **he denies having said it** ele nega ter dito isso
deodorant [diːˈəudərənt] N desodorante m (BR), desodorizante m (PT)
depart [dɪˈpɑːt] VI ir-se, partir; (train etc) sair; **to ~ from** (fig: differ from) afastar-se de
department [dɪˈpɑːtmənt] N (Sch) departamento; (Comm) seção f; (Pol) repartição f; **that's not my ~** (fig) este não é o meu departamento; **D~ of State** (US) Departamento de Estado
departmental [diːpɑːtˈmɛntl] ADJ departamental; **~ manager** chefe m/f de serviço
department store N magazine m (BR), grande armazém m (PT)
departure [dɪˈpɑːtʃə^r] N partida, ida; (of train etc, of employee) saída; (fig): **~ from** afastamento de; **a new ~** uma nova orientação
departure lounge N sala de embarque
departures board, (US) **departure board** N horário de saídas
depend [dɪˈpɛnd] VI: **to ~ (up)on** depender de; (rely on) contar com; **it ~s** depende; **~ing on the result ...** dependendo do resultado ...
dependable [dɪˈpɛndəbl] ADJ (person) de confiança, seguro; (watch, car) confiável
dependant [dɪˈpɛndənt] N dependente m/f
dependence [dɪˈpɛndəns] N dependência
dependent [dɪˈpɛndənt] ADJ: **to be ~ (on)** depender (de), ser dependente (de) ▶ N = **dependant**
depict [dɪˈpɪkt] VT (in picture) retratar, representar; (describe) descrever
depilatory [dɪˈpɪlətrɪ] N (also: **depilatory cream**) depilatório
depleted [dɪˈpliːtɪd] ADJ esgotado
deplorable [dɪˈplɔːrəbl] ADJ (disgraceful) deplorável; (regrettable) lamentável
deplore [dɪˈplɔː^r] VT (condemn) deplorar; (regret) lamentar
deploy [dɪˈplɔɪ] VT dispor; (missiles) instalar
depopulate [diːˈpɔpjuleɪt] VT despovoar

depopulation ['di:pɔpju'leɪʃən] N despovoamento

deport [dɪ'pɔ:t] VT deportar

deportation [dɪpɔ:'teɪʃən] N deportação f

deportation order N ordem f de deportação

deportment [dɪ'pɔ:tmənt] N comportamento; (*way of walking*) modo de andar

depose [dɪ'pəuz] VT depor

deposit [dɪ'pɔzɪt] N (*Comm, Geo*) depósito; (*Chem*) sedimento; (*of ore, oil*) jazida; (*down payment*) sinal m; (*for hired goods etc*) caução f ▶ VT depositar; (*luggage*) guardar; **to put down a ~ of £50** pagar um sinal de £50

deposit account N conta de depósito a prazo

depositor [dɪ'pɔzɪtəʳ] N depositante m/f

depository [dɪ'pɔzɪtərɪ] N (*person*) depositário(-a); (*place*) depósito

depot ['dɛpəu] N (*storehouse*) depósito, armazém m; (*for vehicles*) garagem f, parque m; (*US*) estação f

depraved [dɪ'preɪvd] ADJ depravado, viciado

depravity [dɪ'prævɪtɪ] N depravação f, vício

deprecate ['dɛprɪkeɪt] VT desaprovar

deprecating ['dɛprɪkeɪtɪŋ] ADJ desaprovador(a)

depreciate [dɪ'pri:ʃɪeɪt] VT depreciar ▶ VI depreciar-se, desvalorizar-se

depreciation [dɪpri:ʃɪ'eɪʃən] N depreciação f

depress [dɪ'prɛs] VT deprimir; (*press down*) apertar

depressant [dɪ'prɛsnt] N (*Med*) depressor m

depressed [dɪ'prɛst] ADJ (*person*) deprimido; (*area, market, trade*) em depressão

depressing [dɪ'prɛsɪŋ] ADJ deprimente

depression [dɪ'prɛʃən] N (*also Econ*) depressão f; (*hollow*) achatamento

deprivation [dɛprɪ'veɪʃən] N privação f; (*loss*) perda

deprive [dɪ'praɪv] VT: **to ~ sb of** privar alguém de

deprived [dɪ'praɪvd] ADJ carente

dept. ABBR (= *department*) depto.

depth [dɛpθ] N profundidade f; (*of feeling*) intensidade f; (*of room etc*) comprimento; **in the ~s of despair** no auge do desespero; **at a ~ of 3 metres** a uma profundidade de 3 metros; **to be out of one's ~** (*BRIT: swimmer*) estar sem pé; (*fig*) estar voando; **to study sth in ~** estudar algo em profundidade

depth charge N carga de profundidade

deputation [dɛpju'teɪʃən] N delegação f

deputize ['dɛpjutaɪz] VI: **to ~ for sb** substituir alguém

deputy ['dɛpjutɪ] ADJ: **~ chairman** vice-presidente(-a) m/f ▶ N (*assistant*) adjunto; (*replacement*) substituto(-a), suplente m/f; (*Pol: MP*) deputado(-a); (*second in command*) vice m/f

deputy head (BRIT) N (*Sch*) diretor adjunto/diretora adjunta m/f

deputy leader (BRIT) N (*Pol*) vice-líder m/f

derail [dɪ'reɪl] VT descarrilhar; **to be ~ed** descarrilhar

derailment [dɪ'reɪlmənt] N descarrilhamento

deranged [dɪ'reɪndʒd] ADJ (*person*) louco, transtornado

derby ['də:bɪ] (US) N chapéu-coco

deregulate [dɪ'rɛgjuleɪt] VT liberar

deregulation [dɪ'rɛgju'leɪʃən] N liberação f

derelict ['dɛrɪlɪkt] ADJ abandonado

deride [dɪ'raɪd] VT ridicularizar, zombar de

derision [dɪ'rɪʒən] N irrisão f, escárnio

derisive [dɪ'raɪsɪv] ADJ zombeteiro

derisory [dɪ'raɪsərɪ] ADJ (*sum*) irrisório; (*person, smile*) zombeteiro

derivation [dɛrɪ'veɪʃən] N derivação f

derivative [dɪ'rɪvətɪv] N derivado ▶ ADJ derivado; (*work*) pouco original

derive [dɪ'raɪv] VT: **to ~ (from)** obter or tirar (de) ▶ VI: **to ~ from** derivar-se de

dermatitis [də:mə'taɪtɪs] N dermatite f

dermatology [də:mə'tɔlədʒɪ] N dermatologia

derogatory [dɪ'rɔgətərɪ] ADJ depreciativo

derrick ['dɛrɪk] N (*crane*) guindaste m; (*oil derrick*) torre f de perfurar

derv [də:v] (BRIT) N gasóleo

DES (BRIT) N ABBR (= *Department of Education and Science*) Ministério da Educação e das Ciências

desalination [di:sælɪ'neɪʃən] N dessalinização f

descend [dɪ'sɛnd] VT, VI descer; **to ~ from** descer de; **to ~ to** descambar em; **in ~ing order** em ordem decrescente
▶ **descend on** VT FUS (*subj: enemy, angry person*) cair sobre; (: *misfortune*) abater-se sobre; (: *gloom, silence*) invadir; **visitors ~ed (up)on us** visitas invadiram nossa casa

descendant [dɪ'sɛndənt] N descendente m/f

descent [dɪ'sɛnt] N descida; (*slope*) declive m, ladeira; (*origin*) descendência

describe [dɪs'kraɪb] VT descrever

description [dɪs'krɪpʃən] N descrição f; (*sort*) classe f, espécie f; **of every ~** de toda a sorte, de todo o tipo

descriptive [dɪs'krɪptɪv] ADJ descritivo

desecrate ['dɛsɪkreɪt] VT profanar

desert [n 'dɛzət, vt, vi dɪ'zə:t] N deserto ▶ VT (*place*) desertar; (*partner, family*) abandonar ▶ VI (*Mil*) desertar

deserter [dɪ'zə:təʳ] N desertor m

desertion [dɪ'zə:ʃən] N (*Mil*) deserção f; (*Law*) abandono do lar

desert island N ilha deserta

deserts [dɪ'zə:ts] NPL: **to get one's just ~** receber o que merece

deserve [dɪ'zə:v] VT merecer

deservedly [dɪ'zə:vɪdlɪ] ADJ merecidamente

deserving [dɪ'zə:vɪŋ] ADJ (*person*) merecedor(a), digno; (*action, cause*) meritório

desiccated ['dɛsɪkeɪtɪd] ADJ dessecado

design [dɪ'zaɪn] N (*sketch*) desenho, esboço; (*layout, shape*) plano, projeto; (*pattern*) desenho, padrão m; (*of dress, car etc*) modelo; (*art*) design m; (*intention*) propósito, intenção f ▶ VT desenhar; (*plan*) projetar; **to have ~s on** ter a mira em; **well-~ed** bem projetado; **to**

be ~ed for sb/sth (*intended*) ser destinado a alguém/algo
designate [*vt* 'dɛzɪgneɪt, *adj* 'dɛzɪgnɪt] VT (*point to*) apontar; (*appoint*) nomear; (*destine*) designar ▶ ADJ designado
designation [dɛzɪg'neɪʃən] N (*appointment*) nomeação *f*; (*name*) designação *f*
designer [dɪ'zaɪnəʳ] N (*Art*) artista *m/f* gráfico(-a); (*Tech*) desenhista *m/f*, projetista *m/f*; (*fashion designer*) estilista *m/f*
desirability [dɪzaɪrə'bɪlɪtɪ] N necessidade *f*
desirable [dɪ'zaɪərəbl] ADJ (*proper*) desejável; (*attractive*) atraente
desire [dɪ'zaɪəʳ] N anseio; (*sexual*) desejo ▶ VT querer; (*lust after*) desejar, cobiçar; **to ~ to do sth/that** desejar fazer algo/que
desirous [dɪ'zaɪərəs] ADJ: **~ of** desejoso de
desk [dɛsk] N (*in office*) mesa, secretária; (*for pupil*) carteira *f*; (*at airport*) balcão *m*; (*in hotel*) recepção *f*; (BRIT: *in shop, restaurant*) caixa
desktop ['dɛsktɔp] N (*Comput*) área (BR) or ambiente *m* (PT) de trabalho
desktop publishing N editoração *f* eletrônica, desktop publishing *m*
desolate ['dɛsəlɪt] ADJ (*place*) deserto; (*person*) desolado
desolation [dɛsə'leɪʃən] N (*of place*) desolação *f*; (*of person*) aflição *f*
despair [dɪs'pɛəʳ] N desesperança ▶ VI: **to ~ of** desesperar-se de; **to be in ~** estar desesperado
despatch [dɪs'pætʃ] N, VT = **dispatch**
desperate ['dɛspərɪt] ADJ desesperado; (*situation*) desesperador(a); **to be ~ for sth/to do** estar louco por algo/para fazer
desperately ['dɛspərɪtlɪ] ADV desesperadamente; (*very: unhappy*) terrivelmente; (: *ill*) gravemente
desperation [dɛspə'reɪʃən] N desespero, desesperança; **in (sheer) ~** desesperado
despicable [dɪs'pɪkəbl] ADJ desprezível
despise [dɪs'paɪz] VT desprezar
despite [dɪs'paɪt] PREP apesar de, a despeito de
despondent [dɪs'pɔndənt] ADJ abatido, desanimado
despot ['dɛspɔt] N déspota *m/f*
dessert [dɪ'zəːt] N sobremesa
dessertspoon [dɪ'zəːtspuːn] N colher *f* de sobremesa
destabilize [diː'steɪbɪlaɪz] VT desestabilizar
destination [dɛstɪ'neɪʃən] N destino
destine ['dɛstɪn] VT destinar
destined ['dɛstɪnd] ADJ: **to be ~ to do sth** estar destinado a fazer algo; **~ for** com destino a
destiny ['dɛstɪnɪ] N destino
destitute ['dɛstɪtjuːt] ADJ indigente, necessitado; **~ of** desprovido de
destroy [dɪs'trɔɪ] VT destruir; (*animal*) sacrificar
destroyer [dɪs'trɔɪəʳ] N (*Naut*) contratorpedeiro
destruction [dɪs'trʌkʃən] N destruição *f*
destructive [dɪs'trʌktɪv] ADJ (*capacity, criticism*) destrutivo; (*force, child*) destruidor(a)

desultory ['dɛsəltərɪ] ADJ (*reading, conversation*) desconexo; (*contact*) irregular
detach [dɪ'tætʃ] VT separar; (*unstick*) desprender
detachable [dɪ'tætʃəbl] ADJ separável; (*Tech*) desmontável
detached [dɪ'tætʃt] ADJ (*attitude*) imparcial, objetivo; (*house*) independente, isolado
detachment [dɪ'tætʃmənt] N distanciamento; (*Mil*) destacamento; (*fig*) objetividade *f*, imparcialidade *f*
detail ['diːteɪl] N detalhe *m*; (*trifle*) bobagem *f*; (*Mil*) destacamento ▶ VT detalhar; (*Mil*): **to ~ sb (for)** destacar alguém (para); **in ~** pormenorizado, em detalhe; **to go into ~(s)** entrar em detalhes
detailed ['diːteɪld] ADJ detalhado
detain [dɪ'teɪn] VT deter; (*in captivity*) prender; (*in hospital*) hospitalizar
detainee [diːteɪ'niː] N detido(-a)
detect [dɪ'tɛkt] VT perceber; (*Med, Police*) identificar; (*Mil, Radar, Tech*) detectar
detection [dɪ'tɛkʃən] N descoberta; (*Med, Police*) identificação *f*; (*Mil, Radar, Tech*) detecção *f*; **to escape ~** evitar ser descoberto; **crime ~** investigação *f* de crimes
detective [dɪ'tɛktɪv] N detetive *m/f*; **private ~** detetive particular
detective story N romance *m* policial
detector [dɪ'tɛktəʳ] N detetor *m*
detention [dɪ'tɛnʃən] N detenção *f*, prisão *f*; (*Sch*) castigo
deter [dɪ'təːʳ] VT (*discourage*) desanimar; (*dissuade*) dissuadir; (*prevent*) impedir
detergent [dɪ'təːdʒənt] N detergente *m*
deteriorate [dɪ'tɪərɪəreɪt] VI deteriorar-se
deterioration [dɪtɪərɪə'reɪʃən] N deterioração *f*
determination [dɪtəːmɪ'neɪʃən] N determinação *f*; (*resolve*) resolução *f*
determine [dɪ'təːmɪn] VT determinar; (*facts*) descobrir; (*limits etc*) demarcar; **to ~ to do** resolver fazer, determinar-se de fazer
determined [dɪ'təːmɪnd] ADJ (*person*) resoluto; (*quantity*) determinado; (*effort*) grande; **~ to do** decidido a fazer
deterrence [dɪ'tɛrəns] N dissuasão *f*
deterrent [dɪ'tɛrənt] N dissuasivo
detest [dɪ'tɛst] VT detestar
detestable [dɪ'tɛstəbl] ADJ detestável
detonate ['dɛtəneɪt] VI explodir, estalar ▶ VT detonar
detonator ['dɛtəneɪtəʳ] N detonador *m*
detour ['diːtuəʳ] N desvio
detox ['diːtɔks] N detox *m*
detract [dɪ'trækt] VI: **to ~ from** (*merits, reputation*) depreciar; (*quality, pleasure*) diminuir
detractor [dɪ'træktəʳ] N detrator(a) *m/f*
detriment ['dɛtrɪmənt] N: **to the ~ of** em detrimento de; **without ~ to** sem detrimento de
detrimental [dɛtrɪ'mɛntl] ADJ: **~ (to)** prejudicial (a)

deuce [djuːs] N (*Tennis*) empate *m*, iguais
devaluation [dɪvælju'eɪʃən] N desvalorização *f*
devalue [dɪ'vælju:] VT desvalorizar
devastate ['dɛvəsteɪt] VT devastar; (*fig*): **to be ~d by** estar arrasado com; **he was ~d by the news** as notícias deixaram-no desolado
devastating ['dɛvəsteɪtɪŋ] ADJ devastador(a); (*fig*) assolador(a)
devastation [dɛvəs'teɪʃən] N devastação *f*
develop [dɪ'vɛləp] VT desenvolver; (*Phot*) revelar; (*disease*) contrair; (*resources*) explotar; (*engine trouble*) começar a ter ▶ VI desenvolver-se; (*advance*) progredir; (*evolve*) evoluir; (*appear*) aparecer
developer [dɪ'vɛləpəʳ] N (*Phot*) revelador *m*; (*also*: **property developer**) empresário(-a) de imóveis
developing country [dɪ'vɛləpɪŋ-] N país *m* em desenvolvimento
development [dɪ'vɛləpmənt] N desenvolvimento; (*advance*) progresso; (*of land*) urbanização *f*
development area N zona a ser urbanizada
deviate ['di:vɪeɪt] VI desviar-se
deviation [di:vɪ'eɪʃən] N desvio
device [dɪ'vaɪs] N (*scheme*) estratagema *m*, plano; (*apparatus*) aparelho, dispositivo; **explosive ~** dispositivo explosivo
devil ['dɛvl] N diabo
devilish ['dɛvlɪʃ] ADJ diabólico
devil-may-care ADJ despreocupado
devious ['di:vɪəs] ADJ (*means*) intricado, indireto; (*person*) malandro, esperto
devise [dɪ'vaɪz] VT (*plan*) criar; (*machine*) inventar
devoid [dɪ'vɔɪd] ADJ: **~ of** destituído de
devolution [di:və'lu:ʃən] N (*Pol*) descentralização *f*
devolve [dɪ'vɔlv] VI: **to ~ (up)on** passar a ser da competência de
devote [dɪ'vəut] VT: **to ~ sth to** dedicar algo a
devoted [dɪ'vəutɪd] ADJ (*friendship*) leal; (*partner*) fiel; **to be ~ to** (*love*) estar devotado a; **the book is ~ to politics** o livro trata de política
devotee [dɛvəu'ti:] N adepto(-a), entusiasta *m/f*; (*Rel*) devoto
devotion [dɪ'vəuʃən] N devoção *f*; (*to duty*) dedicação *f*
devour [dɪ'vauəʳ] VT devorar
devout [dɪ'vaut] ADJ devoto
dew [djuː] N orvalho
dexterity [dɛks'tɛrɪtɪ] N destreza
dexterous, dextrous ['dɛkstrəs] ADJ destro
dg ABBR (= *decigram*) dg
diabetes [daɪə'bi:ti:z] N diabete *f*
diabetic [daɪə'bɛtɪk] ADJ (*person*) diabético; (*chocolate, jam*) para diabéticos ▶ N diabético(-a)
diabolical [daɪə'bɔlɪkl] ADJ diabólico; (*inf*: *dreadful*) horrível
diagnose [daɪəg'nəuz] VT diagnosticar

diagnoses [daɪəg'nəsi:z] NPL *of* **diagnosis**
diagnosis [daɪəg'nəusɪs] (*pl* **diagnoses**) N diagnóstico
diagonal [daɪ'ægənl] ADJ diagonal ▶ N diagonal *f*
diagram ['daɪəgræm] N diagrama *m*, esquema *m*
dial ['daɪəl] N disco ▶ VT (*number*) discar (BR), marcar (PT); **to ~ a wrong number** discar (BR) *or* marcar (PT) um número errado; **can I ~ London direct?** é possível discar direto para Londres?
dial. ABBR = **dialect**
dial code (US) N = **dialling code**
dialect ['daɪəlɛkt] N dialeto
dialling code ['daɪəlɪŋ-] (BRIT) N código de discagem
dialling tone ['daɪəlɪŋ-] (BRIT) N sinal *m* de discagem (BR) *or* de marcar (PT)
dialogue, (US) **dialog** ['daɪəlɔg] N diálogo; (*conversation*) conversa
dial tone (US) N = **dialling tone**
dialysis [daɪ'ælɪsɪs] N diálise *f*
diameter [daɪ'æmɪtəʳ] N diâmetro
diametrically [daɪə'mɛtrɪklɪ] ADV: **~ opposed (to)** diametralmente oposto (a)
diamond ['daɪəmənd] N diamante *m*; (*shape*) losango, rombo; **diamonds** NPL (*Cards*) ouros *mpl*
diamond ring N anel *m* de brilhante
diaper ['daɪəpəʳ] (US) N fralda
diaphragm ['daɪəfræm] N diafragma *m*
diarrhoea, (US) **diarrhea** [daɪə'ri:ə] N diarreia
diary ['daɪərɪ] N (*daily account*) diário; (*engagements book*) agenda; **to keep a ~** ter um diário
diatribe ['daɪətraɪb] N diatribe *f*
dice [daɪs] NPL *of* **die** ▶ N INV dado ▶ VT (*Culin*) cortar em cubos
dicey ['daɪsɪ] (*inf*) ADJ: **it's a bit ~** é um pouco arriscado
dichotomy [daɪ'kɔtəmɪ] N dicotomia
Dictaphone® ['dɪktəfəun] N ditafone® *m*, máquina de ditar
dictate [dɪk'teɪt] VT ditar ▶ VI: **to ~ to** (*person*) dar ordens a; **I won't be ~d to** não vou acatar ordens
dictates ['dɪkteɪts] NPL ditames *mpl*
dictation [dɪk'teɪʃən] N ditado; **at ~ speed** com a velocidade de ditado
dictator [dɪk'teɪtəʳ] N ditador(a) *m/f*
dictatorship [dɪk'teɪtəʃɪp] N ditadura
diction ['dɪkʃən] N dicção *f*
dictionary ['dɪkʃənrɪ] N dicionário
did [dɪd] PT *of* **do**
didactic [daɪ'dæktɪk] ADJ didático
didn't ['dɪdnt] = **did not**
die [daɪ] N (*pl* **dice**) dado; (*pl* **dies**) cunho, molde *m* ▶ VI morrer; (*fig: fade*) murchar; **to ~ of** *or* **from** morrer de; **to be dying for sth/to do sth** estar louco por algo/para fazer algo
▶ **die away** VI (*sound, light*) extinguir-se lentamente

▶ **die down** VI (fire) apagar-se; (wind) abrandar; (excitement) diminuir
▶ **die out** VI desaparecer; (animal, bird) extinguir-se
diehard ['daɪhɑːd] N reacionário(-a), reaça m/f (inf)
diesel ['diːzl] N diesel m; (also: **diesel fuel, diesel oil**) óleo diesel
diesel engine ['diːzəl-] N motor m diesel
diesel fuel N óleo diesel
diet ['daɪət] N dieta; (restricted food) regime m
▶ VI (also: **be on a diet**) estar de dieta, fazer regime; **to live on a ~ of** alimentar-se de
dietician [daɪə'tɪʃən] N dietista m/f
differ ['dɪfə'] VI (be different): **to ~ from sth** ser diferente de algo, diferenciar-se de algo; (disagree): **to ~ (about)** discordar (sobre)
difference ['dɪfərəns] N diferença; (disagreement) divergência; (quarrel) desacordo; **it makes no ~ to me** não faz diferença para mim, para mim dá no mesmo; **to settle one's ~s** resolver as diferenças
different ['dɪfərənt] ADJ diferente
differential [dɪfə'rɛnʃəl] N (Aut) diferencial m; **wage/price ~s** diferenças de salário/preço
differentiate [dɪfə'rɛnʃɪeɪt] VT diferenciar, distinguir ▶ VI: **to ~ (between)** distinguir (entre)
differently ['dɪfərəntlɪ] ADV de outro modo, de forma diferente
difficult ['dɪfɪkəlt] ADJ difícil; **~ to understand** difícil de (se) entender
difficulty ['dɪfɪkəltɪ] N dificuldade f; **to have difficulties with** ter problemas com; **to be in ~** estar em dificuldade
diffidence ['dɪfɪdəns] N timidez f
diffident ['dɪfɪdənt] ADJ tímido
diffuse [adj dɪ'fjuːs, vt dɪ'fjuːz] ADJ difuso ▶ VT difundir
dig [dɪɡ] (pt, pp **dug**) VT (hole, garden) cavar; (coal) escavar; (nails etc) cravar ▶ N (prod) pontada; (archaeological) escavação f; (remark) alfinetada; **to ~ into one's pockets for sth** enfiar as mãos nos bolsos à procura de algo; **to ~ one's nails into** cravar as unhas em
▶ **dig in** VI (Mil) cavar trincheiras; (inf: eat) atacar ▶ VT (compost) misturar; (knife, claw) cravar; **to ~ in one's heels** (fig) bater o pé; **~ in!** vai lá!
▶ **dig into** VT FUS (savings) gastar
▶ **dig out** VT escavar
▶ **dig up** VT (plant) arrancar; (information) trazer à tona
digest [vt daɪ'dʒɛst, n 'daɪdʒɛst] VT (food) digerir; (facts) assimilar ▶ N sumário
digestible [dɪ'dʒɛstəbl] ADJ digerível
digestion [dɪ'dʒɛstʃən] N digestão f
digestive [dɪ'dʒɛstɪv] ADJ digestivo
digit ['dɪdʒɪt] N (Math) dígito; (finger) dedo
digital ['dɪdʒɪtəl] ADJ digital
digital camera N câmara digital
digital computer N computador m digital

97 | **diehard – dinner party**

digital TV N televisão f digital
dignified ['dɪɡnɪfaɪd] ADJ digno
dignitary ['dɪɡnɪtərɪ] N dignitário(-a)
dignity ['dɪɡnɪtɪ] N dignidade f
digress [daɪ'ɡrɛs] VI: **to ~ from** afastar-se de
digression [daɪ'ɡrɛʃən] N digressão f
digs [dɪɡz] (BRIT inf) NPL pensão f, alojamento
dike [daɪk] N = **dyke**
dilapidated [dɪ'læpɪdeɪtɪd] ADJ arruinado
dilate [daɪ'leɪt] VT dilatar ▶ VI dilatar-se
dilatory ['dɪlətərɪ] ADJ retardio
dilemma [daɪ'lɛmə] N dilema m; **to be in a ~** estar num dilema
diligent ['dɪlɪdʒənt] ADJ (worker) diligente; (research) cuidadoso
dill [dɪl] N endro, aneto
dilly-dally ['dɪlɪ'dælɪ] VI (loiter) vadiar; (hesitate) vacilar
dilute [daɪ'luːt] VT diluir ▶ ADJ diluído
dim [dɪm] ADJ (light, eyesight) fraco; (outline) indistinto; (memory) vago; (room) escuro; (inf: person) burro ▶ VT (light) diminuir; (US Aut) baixar; **to take a ~ view of sth** desaprovar algo
dime [daɪm] (US) N (moeda de) dez centavos
dimension [dɪ'mɛnʃən] N dimensão f; (measurement) medida; (also: **dimensions**: scale, size) tamanho
-dimensional [dɪ'mɛnʃənl] SUFFIX: **two~** bidimensional
diminish [dɪ'mɪnɪʃ] VT, VI diminuir
diminished [dɪ'mɪnɪʃt] ADJ: **~ responsibility** (Law) responsabilidade f reduzida
diminutive [dɪ'mɪnjutɪv] ADJ diminuto ▶ N (Ling) diminutivo
dimly ['dɪmlɪ] ADV fracamente; (not clearly) indistintamente
dimmers ['dɪməz] (US) NPL (Aut: headlights) faróis mpl baixos
dimple ['dɪmpl] N covinha
dim-witted [-'wɪtɪd] (inf) ADJ burro
din [dɪn] N zoeira ▶ VT: **to ~ sth into sb** (inf) meter algo na cabeça de alguém, repisar algo a alguém
dine [daɪn] VI jantar
diner ['daɪnə'] N (person) comensal m/f; (Rail) vagão-restaurante m; (US: eating place) lanchonete f
dinghy ['dɪŋɡɪ] N dingue m, bote m; **rubber ~** bote de borracha; (also: **sailing dinghy**) barco a vela
dingy ['dɪndʒɪ] ADJ (room) sombrio, lúgubre; (clothes, curtains etc) sujo; (dull) descolorido
dining car ['daɪnɪŋ-] (BRIT) N (Rail) vagão-restaurante m
dining room ['daɪnɪŋ-] N sala de jantar
dinkum ['dɪŋkəm] (AUST inf) ADJ (also: **fair dinkum**) de verdade
dinner ['dɪnə'] N (evening meal) jantar m; (lunch) almoço; (banquet) banquete m; **~'s ready!** está na mesa!
dinner jacket N smoking m
dinner party N jantar m

dinner time N (*midday*) hora de almoçar; (*evening*) hora de jantar
dinosaur ['daɪnəsɔːʳ] N dinossauro
dint [dɪnt] N: **by- of** à força de
diocese ['daɪəsɪs] N diocese *f*
dioxide [daɪ'ɔksaɪd] N dióxido
dip [dɪp] N (*slope*) inclinação *f*; (*in sea*) mergulho; (*Culin*) pasta para servir com salgadinhos ▶ VT (*in water*) mergulhar; (*ladle etc*) meter; (*BRIT Aut: lights*) baixar ▶ VI (*ground, road*) descer subitamente
Dip. (*BRIT*) ABBR = **diploma**
diphtheria [dɪfˈθɪərɪə] N difteria
diphthong ['dɪfθɔŋ] N ditongo
diploma [dɪˈpləʊmə] N diploma *m*
diplomacy [dɪˈpləʊməsɪ] N diplomacia
diplomat ['dɪpləmæt] (*BRIT*) N diplomata *m/f*
diplomatic [dɪpləˈmætɪk] ADJ diplomático; **to break off - relations (with)** romper relações diplomáticas (com)
dipstick ['dɪpstɪk] N (*Aut*) vareta medidora
dipswitch ['dɪpswɪtʃ] (*BRIT*) N (*Aut*) interruptor *m* de luz alta e baixa
dire [daɪəʳ] ADJ terrível; (*very bad*) péssimo
direct [daɪˈrɛkt] ADJ direto; (*route*) reto; (*manner*) franco, sincero ▶ VT dirigir; (*order*): **to - sb to do sth** ordenar alguém para fazer algo ▶ ADV direto; **can you - me to ...?** pode me indicar o caminho a ...?
direct cost N (*Comm*) custo direto
direct current N (*Elec*) corrente *f* contínua
direct debit (*BRIT*) N (*Banking*) débito direto
direct dialling N (*Tel*) discagem *f* direta (*BR*), marcação *f* directa (*PT*)
direct hit N (*Mil*) acerto direto
direction [dɪˈrɛkʃən] N (*way*) indicação *f*; (*TV, Radio, Cinema*) direção *f*; **directions** NPL (*to a place*) indicação *f*; (*instructions*) instruções *fpl*; **-s for use** modo de usar; **to ask for -s** pedir uma indicação, perguntar o caminho; **sense of -** senso de direção; **in the - of** na direção de
directive [dɪˈrɛktɪv] N diretriz *f*
direct labour N mão-de-obra direta
directly [dɪˈrɛktlɪ] ADV (*in a straight line*) diretamente; (*at once*) imediatamente
direct mail N mala direta
direct mailshot (*BRIT*) N mailing *m*
directness [daɪˈrɛktnɪs] N (*of person, speech*) franqueza
director [dɪˈrɛktəʳ] N diretor(a) *m/f*; **D- of Public Prosecutions** (*BRIT*) ≈ procurador(a) *m/f* de República
directory [dɪˈrɛktərɪ] N (*Tel*) lista (telefônica); (*also*: **street directory**) lista de endereços; (*Comm*) anuário comercial; (*Comput*) diretório
directory enquiries, (*US*) **directory assistance** N (serviço de) informações *fpl*
dirt [dəːt] N sujeira (*BR*), sujidade (*PT*); **to treat sb like -** espezinhar alguém
dirt-cheap ADJ baratíssimo
dirt road N estrada de terra

dirty ['dəːtɪ] ADJ sujo; (*joke*) indecente ▶ VT sujar
dirty trick N golpe *m* baixo, sujeira
disability [dɪsəˈbɪlɪtɪ] N incapacidade *f*
disability allowance N pensão *f* de invalidez
disable [dɪsˈeɪbl] VT (*subj: illness, accident*) incapacitar; (*tank, gun*) inutilizar
disabled [dɪsˈeɪbld] ADJ deficiente; **- people** os deficientes
disadvantage [dɪsədˈvɑːntɪdʒ] N desvantagem *f*; (*prejudice*) inconveniente *m*
disadvantaged [dɪsədˈvɑːntɪdʒd] ADJ (*person*) menos favorecido
disadvantageous [dɪsædvɑːnˈteɪdʒəs] ADJ desvantajoso
disaffected [dɪsəˈfɛktɪd] ADJ: **- (to** or **towards)** descontente (de)
disaffection [dɪsəˈfɛkʃən] N descontentamento
disagree [dɪsəˈɡriː] VI (*differ*) diferir; (*be against, think otherwise*): **to - (with)** não concordar (com), discordar (de); **garlic -s with me** o alho me faz mal, o alho não me convém
disagreeable [dɪsəˈɡriːəbl] ADJ desagradável
disagreement [dɪsəˈɡriːmənt] N desacordo; (*quarrel*) desavença
disallow ['dɪsəˈlaʊ] VT não admitir; (*Law*) vetar, proibir; (*BRIT: goal*) anular
disappear [dɪsəˈpɪəʳ] VI desaparecer, sumir; (*custom etc*) acabar
disappearance [dɪsəˈpɪərəns] N desaparecimento, desaparição *f*
disappoint [dɪsəˈpɔɪnt] VT (*cause to regret*) desapontar; (*let down*) decepcionar; (*hopes*) frustrar
disappointed [dɪsəˈpɔɪntɪd] ADJ decepcionado
disappointing [dɪsəˈpɔɪntɪŋ] ADJ decepcionante
disappointment [dɪsəˈpɔɪntmənt] N decepção *f*; (*cause*) desapontamento
disapproval [dɪsəˈpruːvəl] N desaprovação *f*
disapprove [dɪsəˈpruːv] VI: **to - of** desaprovar
disapproving [dɪsəˈpruːvɪŋ] ADJ desaprovativo, de desaprovação
disarm [dɪsˈɑːm] VT desarmar
disarmament [dɪsˈɑːməmənt] N desarmamento
disarming [dɪsˈɑːmɪŋ] ADJ (*smile*) encantador(a)
disarray [dɪsəˈreɪ] N desordem *f*; **in - (***troops*) desbaratado; (*organization*) desorganizado, caótico; (*thoughts*) confuso; (*clothes*) em desalinho; **to throw into - (***troops*) desbaratar; (*government etc*) deixar em polvorosa
disaster [dɪˈzɑːstəʳ] N (*accident*) desastre *m*; (*natural*) catástrofe *f*
disastrous [dɪˈzɑːstrəs] ADJ desastroso
disband [dɪsˈbænd] VT dispersar ▶ VI dispersar-se, desfazer-se
disbelief [dɪsbəˈliːf] N incredulidade *f*; **in -** com incredulidade, incrédulo

disbelieve [dɪsbə'li:v] VT não acreditar em
disc [dɪsk] N disco; (*Comput*) = **disk**
disc. ABBR (*Comm*) = **discount**
discard [dɪs'kɑ:d] VT (*old things*) desfazer-se de; (*fig*) descartar
disc brake N freio de disco (BR), travão *m* de discos (PT)
discern [dɪ'sə:n] VT perceber; (*identify*) identificar
discernible [dɪ'sə:nəbl] ADJ perceptível; (*object*) visível
discerning [dɪ'sə:nɪŋ] ADJ perspicaz
discharge [vt dɪs'tʃɑ:dʒ, n 'dɪstʃɑ:dʒ] VT (*duties*) cumprir, desempenhar; (*settle: debt*) saldar, quitar; (*patient*) dar alta a; (*employee*) despedir; (*soldier*) dar baixa em, dispensar; (*defendant*) pôr em liberdade; (*waste etc*) descarregar, despejar ▶ N (*Elec*) descarga; (*dismissal*) despedida; (*of duty*) desempenho; (*of debt*) quitação *f*; (*from hospital*) alta; (*from army*) baixa; (*Law*) absolvição *f*; (*Med*) secreção *f*; (*also*: **vaginal discharge**) corrimento; **to ~ one's gun** descarregar a arma, disparar; **~d bankrupt** falido(-a) reabilitado(-a)
disciple [dɪ'saɪpl] N discípulo(-a)
disciplinary ['dɪsɪplɪnərɪ] ADJ disciplinar; **to take ~ action against sb** mover ação disciplinar contra alguém
discipline ['dɪsɪplɪn] N disciplina; (*self-discipline*) auto-disciplina ▶ VT disciplinar; (*punish*) punir; **to ~ o.s. to do sth** disciplinar-se para fazer algo
disc jockey N (*on radio*) radialista *m/f*; (*in discotheque*) discotecário(-a)
disclaim [dɪs'kleɪm] VT negar
disclaimer [dɪs'kleɪmə^r] N desmentido; **to issue a ~** publicar um desmentido
disclose [dɪs'kləuz] VT revelar
disclosure [dɪs'kləuʒə^r] N revelação *f*
disco ['dɪskəu] N ABBR = **discotheque**
discolour, (US) **discolor** [dɪs'kʌlə^r] VT descolorir; (*fade: fabric*) desbotar; (*yellow: teeth*) amarelar; (*stain*) manchar ▶ VI (*fabric*) desbotar; (*teeth etc*) amarelar
discolouration, (US) **discoloration** [dɪskʌlə'reɪʃən] N (*of fabric*) desbotamento; (*stain*) mancha
discoloured, (US) **discolored** [dɪs'kʌləd] ADJ descolorado; (*teeth etc*) amarelado
discomfort [dɪs'kʌmfət] N (*unease*) inquietação *f*; (*physical*) desconforto
disconcert [dɪskən'sə:t] VT desconcertar
disconnect [dɪskə'nɛkt] VT desligar; (*pipe, tap*) desmembrar; (*gas, water*) cortar
disconnected [dɪskə'nɛktɪd] ADJ (*speech, thoughts*) desconexo, incoerente
disconsolate [dɪs'kɔnsəlɪt] ADJ desconsolado, inconsolável
discontent [dɪskən'tɛnt] N descontentamento
discontented [dɪskən'tɛntɪd] ADJ descontente

discontinue [dɪskən'tɪnju:] VT interromper; (*payments*) suspender; **"~d"** (*Comm*) "fora de linha"
discord ['dɪskɔ:d] N discórdia; (*Mus*) dissonância
discordant [dɪs'kɔ:dənt] ADJ dissonante
discotheque ['dɪskəutɛk] N discoteca
discount [*n* 'dɪskaunt, *vt* dɪs'kaunt] N desconto ▶ VT descontar; (*idea*) ignorar; **to give sb a ~ on sth** dar or conceder um desconto a alguém por algo; **~ for cash** desconto por pagamento à vista; **at a ~** com desconto
discount house N (*Finance*) agência corretora de descontos; (*Comm*: *also*: **discount store**) loja de descontos
discount rate N taxa de desconto
discourage [dɪs'kʌrɪdʒ] VT (*dishearten*) desanimar; (*dissuade*) dissuadir; (*deter*) desincentivar; (*theft etc*) desencorajar; (*advise against*): **to ~ sth/sb from doing** desaconselhar algo/alguém a fazer
discouragement [dɪs'kʌrɪdʒmənt] N (*depression*) desânimo, desalento; **to act as a ~ to sb** dissuadir alguém
discouraging [dɪs'kʌrɪdʒɪŋ] ADJ desanimador(a)
discourteous [dɪs'kə:tɪəs] ADJ descortês
discover [dɪs'kʌvə^r] VT descobrir; (*missing person*) encontrar; (*mistake*) achar
discovery [dɪs'kʌvərɪ] N (*act*) descobrimento, descoberta; (*of object etc*) achado; (*thing found*) descoberta
discredit [dɪs'krɛdɪt] VT desacreditar; (*claim*) desmerecer ▶ N descrédito
discreet [dɪ'skri:t] ADJ discreto; (*careful*) cauteloso
discreetly [dɪ'skri:tlɪ] ADV discretamente
discrepancy [dɪ'skrɛpənsɪ] N (*difference*) diferença; (*disagreement*) discrepância
discretion [dɪ'skrɛʃən] N discrição *f*; **at the ~ of** ao arbítrio de; **use your ~** aja segundo o seu critério
discretionary [dɪ'skrɛʃənrɪ] ADJ (*powers*) discricionário
discriminate [dɪ'skrɪmɪneɪt] VI: **to ~ between** fazer distinção entre; **to ~ against** discriminar contra
discriminating [dɪ'skrɪmɪneɪtɪŋ] ADJ (*public, audience*) criterioso
discrimination [dɪskrɪmɪ'neɪʃən] N (*discernment*) discernimento; (*bias*) discriminação *f*; **racial/sexual ~** discriminação racial/sexual
discus ['dɪskəs] N disco; (*event*) arremesso do disco
discuss [dɪ'skʌs] VT discutir; (*analyse*) analisar
discussion [dɪ'skʌʃən] N discussão *f*; (*debate*) debate *m*; **under ~** em discussão
disdain [dɪs'deɪn] N desdém *m* ▶ VT desdenhar
disease [dɪ'zi:z] N doença
diseased [dɪ'zi:zd] ADJ doente
disembark [dɪsɪm'bɑ:k] VT, VI desembarcar

disembarkation [dɪsembɑː'keɪʃən] N desembarque m
disembodied ['dɪsɪm'bɒdɪd] ADJ desencarnado
disembowel ['dɪsɪm'baʊəl] VT estripar, eviscerar
disenchanted ['dɪsɪn'tʃɑːntɪd] ADJ: ~ **(with)** desencantado (de)
disenfranchise ['dɪsɪn'fræntʃaɪz] VT privar do privilégio do voto; (*Comm*) retirar a concessão de
disengage [dɪsɪn'ɡeɪdʒ] VT soltar; (*Tech*) desengrenar; (*Aut*): **to ~ the clutch** desembrear
disentangle [dɪsɪn'tæŋɡl] VT (*from wreckage*) desvencilhar; (*wool, wire*) desembaraçar
disfavour, (US) **disfavor** [dɪs'feɪvər] N desfavor m
disfigure [dɪs'fɪɡər] VT (*person*) desfigurar; (*object*) estragar, enfear
disgorge [dɪs'ɡɔːdʒ] VT descarregar, despejar
disgrace [dɪs'ɡreɪs] N ignomínia; (*downfall*) queda; (*shame*) vergonha, desonra ▶ VT (*family*) envergonhar; (*name, country*) desonrar
disgraceful [dɪs'ɡreɪsful] ADJ vergonhoso; (*behaviour*) escandaloso
disgruntled [dɪs'ɡrʌntld] ADJ descontente
disguise [dɪs'ɡaɪz] N disfarce m ▶ VT disfarçar; **to ~ o.s. (as)** disfarçar-se (de); **in ~** disfarçado; **there's no disguising the fact that ...** não há como esconder o fato de que ...
disgust [dɪs'ɡʌst] N repugnância ▶ VT repugnar a, dar nojo em
disgusting [dɪs'ɡʌstɪŋ] ADJ (*revolting*) repugnante; (*unacceptable*) inaceitável
dish [dɪʃ] N prato; (*serving dish*) travessa; **to do** *or* **wash the ~es** lavar os pratos *or* a louça
▶ **dish out** VT repartir
▶ **dish up** VT servir; (*facts, statistics*) apresentar
dishcloth ['dɪʃklɒθ] N pano de prato *or* de louça
dishearten [dɪs'hɑːtn] VT desanimar
dishevelled, (US) **disheveled** [dɪ'ʃɛvəld] ADJ (*hair*) despenteado; (*clothes*) desalinhado
dishonest [dɪs'ɒnɪst] ADJ (*person*) desonesto; (*means*) fraudulento
dishonesty [dɪs'ɒnɪstɪ] N desonestidade f
dishonour, (US) **dishonor** [dɪs'ɒnər] N desonra
dishonourable, (US) **dishonorable** [dɪs'ɒnərəbl] ADJ (*person*) desonesto, vil; (*behaviour*) desonroso
dish soap (US) N detergente m
dishtowel [dɪʃ'taʊəl] (US) N pano de prato
dishwasher ['dɪʃwɒʃər] N máquina de lavar louça *or* pratos
dishy ['dɪʃɪ] ADJ (BRIT *inf*) bonitão
disillusion [dɪsɪ'luːʒən] VT desiludir ▶ N desilusão f; **to become ~ed** ficar desiludido, desiludir-se
disillusionment [dɪsɪ'luːʒənmənt] N desilusão f

disincentive [dɪsɪn'sɛntɪv] N desincentivo; **to be a ~ to sb** desincentivar alguém
disinclined ['dɪsɪn'klaɪnd] ADJ: **to be ~ to do** estar pouco disposto a fazer
disinfect [dɪsɪn'fɛkt] VT desinfetar
disinfectant [dɪsɪn'fɛktənt] N desinfetante m
disinflation [dɪsɪn'fleɪʃən] N desinflação f
disinherit [dɪsɪn'hɛrɪt] VT deserdar
disintegrate [dɪs'ɪntɪɡreɪt] VI desintegrar-se
disinterested [dɪs'ɪntrəstɪd] ADJ imparcial
disjointed [dɪs'dʒɔɪntɪd] ADJ desconexo
disk [dɪsk] N (*Comput*) disco; (*removable*) disquete m
disk drive N unidade f de disco
diskette [dɪs'kɛt] (US) N (*Comput*) disquete m
disk operating system N sistema m operacional residente em disco
dislike [dɪs'laɪk] N desagrado ▶ VT antipatizar com, não gostar de; **to take a ~ to sb/sth** tomar antipatia por alguém/algo; **I ~ the idea** não gosto da ideia
dislocate ['dɪsləkeɪt] VT deslocar; **he has ~d his shoulder** ele deslocou o ombro
dislodge [dɪs'lɒdʒ] VT mover, deslocar; (*enemy*) desalojar
disloyal [dɪs'lɔɪəl] ADJ desleal
dismal ['dɪzml] ADJ (*dull*) sombrio, lúgubre; (*depressing*) deprimente; (*very bad*) horrível
dismantle [dɪs'mæntl] VT desmontar, desmantelar
dismay [dɪs'meɪ] N consternação f ▶ VT consternar; **much to my ~** para minha grande consternação
dismiss [dɪs'mɪs] VT (*worker*) despedir; (*pupils*) dispensar; (*soldiers*) dar baixa a; (*official*) demitir; (*Law, possibility*) rejeitar ▶ VI (*Mil*) sair de forma
dismissal [dɪs'mɪsəl] N (*of worker*) despedida; (*of official*) demissão f
dismount [dɪs'maʊnt] VI (*from horse*) desmontar; (*from bicycle*) descer
disobedience [dɪsə'biːdɪəns] N desobediência
disobedient [dɪsə'biːdɪənt] ADJ desobediente
disobey [dɪsə'beɪ] VT desobedecer a; (*rules*) transgredir, desrespeitar
disorder [dɪs'ɔːdər] N desordem f; (*rioting*) distúrbios mpl, tumulto; (*Med*) distúrbio; **stomach ~** problema estomacal
disorderly [dɪs'ɔːdəlɪ] ADJ (*untidy*) desarrumado; (*meeting*) tumultuado; (*behaviour*) escandaloso
disorderly conduct N (*Law*) perturbação f da ordem, ofensa à moral
disorganized [dɪs'ɔːɡənaɪzd] ADJ desorganizado
disorientated [dɪs'ɔːrɪɛnteɪtəd] ADJ desorientado
disown [dɪs'əʊn] VT repudiar; (*child*) rejeitar
disparaging [dɪs'pærɪdʒɪŋ] ADJ depreciativo; **to be ~ about sb/sth** fazer pouco de alguém/algo, depreciar alguém/algo
disparate ['dɪspərɪt] ADJ (*groups*) diverso; (*levels*) desigual

disparity [dɪsˈpærɪtɪ] N desigualdade f
dispassionate [dɪsˈpæʃənət] ADJ (calm) calmo, controlado; (impartial) imparcial
dispatch [dɪsˈpætʃ] VT (person, business) despachar; (send: parcel etc) expedir; (: messenger) enviar ▶ N (sending) remessa; (speed) rapidez f, urgência; (Press) comunicado; (Mil) parte f
dispatch department N (serviço de) expedição f
dispatch rider N (Mil) estafeta m/f
dispel [dɪsˈpɛl] VT dissipar
dispensary [dɪsˈpɛnsərɪ] N dispensário, farmácia
dispense [dɪsˈpɛns] VT (give out) dispensar; (medicine) preparar (e vender); **to ~ sb from** dispensar alguém de
▶ **dispense with** VT FUS prescindir de
dispenser [dɪsˈpɛnsə^r] N (device) distribuidor m automático
dispensing chemist [dɪsˈpɛnsɪŋ-] (BRIT) N farmácia
dispersal [dɪsˈpəːsl] N dispersão f
disperse [dɪsˈpəːs] VT (objects) espalhar; (crowd) dispersar ▶ VI dispersar-se
dispirited [dɪsˈpɪrɪtɪd] ADJ desanimado
displace [dɪsˈpleɪs] VT (shift) deslocar
displaced person [dɪsˈpleɪst-] N (Pol) deslocado(-a) de guerra
displacement [dɪsˈpleɪsmənt] N deslocamento
display [dɪsˈpleɪ] N (in shop) mostra; (exhibition) exposição f; (Comput: information) apresentação f visual; (: device) display m; (Mil) parada; (of feeling) manifestação f; (pej) ostentação f; (show, spectacle) espetáculo ▶ VT mostrar; (goods) expor; (feelings, tastes) manifestar; (ostentatiously) ostentar; (results, departure times) expor; **on ~** (visible) à mostra; (goods, paintings etc) em exposição
display advertising N anúncios mpl
displease [dɪsˈpliːz] VT desagradar, desgostar; (offend) ofender; (annoy) aborrecer
displeased [dɪsˈpliːzd] ADJ: **~ with** descontente com; (disappointed) aborrecido
displeasure [dɪsˈplɛʒə^r] N desgosto
disposable [dɪsˈpəuzəbl] ADJ descartável; (income) disponível
disposable nappy (BRIT) N fralda descartável
disposal [dɪsˈpəuzl] N (availability, arrangement) disposição f; (of rubbish) destruição f; (of property etc: by selling) venda, traspasse m; (: by giving away) cessão f; **at sb's ~** à disposição de alguém; **to put sth at sb's ~** pôr algo à disposição de alguém
dispose [dɪsˈpəuz]: **to ~ of** VT FUS (time, money) dispor de; (unwanted goods) desfazer-se de; (throw away) jogar (BR) or tirar (PT) fora; (Comm: stock) vender; (problem, task) lidar; (argument) derrubar
disposed [dɪsˈpəuzd] ADJ: **~ to do** disposto a fazer; **to be well ~ towards sb** estar predisposto a favor de alguém

disposition [dɪspəˈzɪʃən] N (inclination) disposição f; (temperament) índole f
dispossess [ˈdɪspəzɛs] VT: **to ~ sb (of)** despojar alguém (de)
disproportion [dɪsprəˈpɔːʃən] N desproporção f
disproportionate [dɪsprəˈpɔːʃənət] ADJ desproporcionado
disprove [dɪsˈpruːv] VT refutar
dispute [dɪsˈpjuːt] N disputa; (verbal) discussão f; (domestic) briga; (also: **industrial dispute**) conflito, disputa ▶ VT disputar; (argue) discutir; (question) questionar; **to be in** or **under ~** (matter) estar em discussão; (territory) estar em disputa, ser disputado
disqualification [dɪskwɔlɪfɪˈkeɪʃən] N (Law) inabilitação f, incapacitação f; (Sport) desclassificação f; **~ (from driving)** (BRIT) cassação f da carteira (de motorista)
disqualify [dɪsˈkwɔlɪfaɪ] VT (Sport) desclassificar; **to ~ sb for sth/from doing sth** desqualificar alguém para algo/de fazer algo; **to ~ sb (from driving)** (BRIT) cassar a carteira (de motorista) a alguém
disquiet [dɪsˈkwaɪət] N inquietação f
disquieting [dɪsˈkwaɪətɪŋ] ADJ inquietante, alarmante
disregard [dɪsrɪˈgɑːd] VT ignorar ▶ N (indifference): **~ (for)** (feelings) desconsideração f (por); (danger) indiferença (a); (money) menosprezo (por)
disrepair [dɪsrɪˈpɛə^r] N: **to fall into ~** ficar dilapidado
disreputable [dɪsˈrɛpjutəbl] ADJ (person) de má fama; (behaviour) vergonhoso
disrepute [ˈdɪsrɪpjuːt] N descrédito, desonra; **to bring into ~** desacreditar, desprestigiar
disrespect [dɪsrɪˈspɛkt] N: **~ (for)** desrespeito (por)
disrespectful [dɪsrɪˈspɛktful] ADJ desrespeitoso
disrupt [dɪsˈrʌpt] VT (plans) desfazer; (conversation, proceedings) perturbar, interromper
disruption [dɪsˈrʌpʃən] N (interruption) interrupção f; (disturbance) perturbação f
disruptive [dɪsˈrʌptɪv] ADJ (influence) maléfico; (strike) perturbador(a)
dissatisfaction [dɪssætɪsˈfækʃən] N descontentamento
dissatisfied [dɪsˈsætɪsfaɪd] ADJ: **~ (with)** descontente (com)
dissect [dɪˈsɛkt] VT dissecar
disseminate [dɪˈsɛmɪneɪt] VT divulgar
dissent [dɪˈsɛnt] N dissensão f
dissenter [dɪˈsɛntə^r] N (Rel, Pol etc) dissidente m/f
dissertation [dɪsəˈteɪʃən] N (also Sch) dissertação f, tese f
disservice [dɪsˈsəːvɪs] N: **to do sb a ~** prejudicar alguém
dissident [ˈdɪsɪdnt] ADJ, N dissidente m/f
dissimilar [dɪˈsɪmɪlə^r] ADJ: **~ (to)** dessemelhante (de), diferente (de)

dissipate – divide | 102

dissipate ['dɪsɪpeɪt] VT dissipar; *(money, effort)* desperdiçar ▶ VI dissipar-se
dissipated ['dɪsɪpeɪtɪd] ADJ *(person)* dissoluto
dissociate [dɪ'səʊʃɪeɪt] VT dissociar, separar; **to ~ o.s. from** desassociar-se de, distanciar-se de
dissolute ['dɪsəluːt] ADJ dissoluto
dissolution [dɪsə'luːʃən] N dissolução *f*
dissolve [dɪ'zɔlv] VT dissolver ▶ VI dissolver-se; *(fig: problem etc)* desaparecer; **to ~ in(to) tears** debulhar-se em lágrimas
dissuade [dɪ'sweɪd] VT: **to ~ sb (from)** dissuadir alguém (de)
distance ['dɪstns] N distância; **in the ~** ao longe; **what's the ~ to London?** qual é a distância daqui a Londres?; **it's within walking ~** pode-se ir a pé, dá para ir a pé *(inf)*
distant ['dɪstnt] ADJ distante; *(manner)* afastado, reservado
distaste [dɪs'teɪst] N repugnância
distasteful [dɪs'teɪstful] ADJ repugnante
Dist. Atty. *(US)* ABBR = **district attorney**
distemper [dɪs'tɛmpəʳ] N *(paint)* tinta plástica; *(of dogs)* cinomose *f*
distended [dɪs'tɛndɪd] ADJ inchado
distil, *(US)* **distill** [dɪs'tɪl] VT destilar
distillery [dɪs'tɪlərɪ] N destilaria
distinct [dɪs'tɪŋkt] ADJ *(different)* distinto; *(clear)* claro; *(unmistakable)* nítido; **as ~ from** em oposição a
distinction [dɪs'tɪŋkʃən] N *(difference)* diferença; *(honour)* honra; *(in exam)* distinção *f*; **to draw a ~ between** fazer distinção entre; **a writer of ~** um escritor de destaque
distinctive [dɪs'tɪŋktɪv] ADJ distintivo
distinctly [dɪs'tɪŋktlɪ] ADV claramente, nitidamente
distinguish [dɪs'tɪŋgwɪʃ] VT distinguir; *(differentiate)* diferenciar; *(identify)* identificar ▶ VI: **to ~ between** *(concepts)* distinguir entre, fazer distinção entre; **to ~ o.s.** distinguir-se
distinguished [dɪs'tɪŋgwɪʃt] ADJ *(eminent)* eminente; *(in appearance)* distinto; *(career)* notável
distinguishing [dɪs'tɪŋgwɪʃɪŋ] ADJ *(feature)* distintivo
distort [dɪs'tɔːt] VT distorcer
distortion [dɪs'tɔːʃən] N detorção *f*; *(of sound)* deturpação *f*
distract [dɪs'trækt] VT distrair; *(attention)* desviar; *(bewilder)* aturdir
distracted [dɪs'træktɪd] ADJ distraído; *(anxious)* aturdido
distraction [dɪs'trækʃən] N distração *f*; *(confusion)* aturdimento, perplexidade *f*; *(amusement)* divertimento; **to drive sb to ~** deixar alguém louco
distraught [dɪs'trɔːt] ADJ desesperado
distress [dɪs'trɛs] N *(anguish)* angústia; *(misfortune)* desgraça; *(want)* miséria; *(pain)* dor *f* ▶ VT *(cause anguish)* afligir; **in ~** *(ship)* em perigo; **~ed area** *(BRIT)* área de baixo nível socioeconômico

distressing [dɪs'trɛsɪŋ] ADJ angustiante
distress signal N sinal *m* de socorro
distribute [dɪs'trɪbjuːt] VT distribuir; *(share out)* repartir, dividir
distribution [dɪstrɪ'bjuːʃən] N distribuição *f*; *(of profits etc)* repartição *f*
distribution cost N custo de distribuição
distributor [dɪ'strɪbjutəʳ] N *(Aut)* distribuidor *m*; *(Comm)* distribuidor(a) *m/f*; *(: company)* distribuidora
district ['dɪstrɪkt] N *(of country)* região *f*; *(of town)* zona; *(Admin)* distrito
district attorney *(US)* N promotor(a) *m/f* público(-a)
district council *(BRIT)* N ≈ município *(BR)*, câmara municipal *(PT)*
district nurse *(BRIT)* N enfermeiro/a do Serviço Nacional que visita os pacientes em casa
distrust [dɪs'trʌst] N desconfiança ▶ VT desconfiar de
distrustful [dɪs'trʌstful] ADJ desconfiado
disturb [dɪs'təːb] VT *(disorganize)* perturbar; *(upset)* incomodar; *(interrupt)* atrapalhar; **sorry to ~ you** desculpe incomodá-lo
disturbance [dɪs'təːbəns] N perturbação *f*; *(upheaval)* convulsão *f*; *(political, violent)* distúrbio; *(of mind)* transtorno; **to cause a ~** perturbar a ordem
disturbed [dɪs'təːbd] ADJ perturbado; *(child)* infeliz; **to be emotionally ~** ter problemas emocionais
disturbing [dɪs'təːbɪŋ] ADJ perturbador(a)
disuse [dɪs'juːs] N: **to fall into ~** cair em desuso
disused [dɪs'juːzd] ADJ abandonado
ditch [dɪtʃ] N fosso; *(irrigation ditch)* rego ▶ VT *(inf: partner)* abandonar; *(: car, plan etc)* desfazer-se de
dither ['dɪðəʳ] VI vacilar
ditto ['dɪtəʊ] ADV idem
divan [dɪ'væn] N *(also:* **divan bed)** divã *m*
dive [daɪv] N *(from board)* salto; *(underwater, of submarine)* mergulho; *(Aviat)* picada; *(pej: café, bar etc)* espelunca ▶ VI mergulhar; picar; **to ~ into** *(bag, drawer etc)* enfiar a mão em; *(shop, car etc)* enfiar-se em
diver ['daɪvəʳ] N *(Sport)* saltador(a) *m/f*; *(underwater)* mergulhador(a) *m/f*
diverge [daɪ'vəːdʒ] VI divergir
divergent [daɪ'vəːdʒənt] ADJ divergente
diverse [daɪ'vəːs] ADJ diverso; *(group)* heterogêneo
diversification [daɪvəːsɪfɪ'keɪʃən] N diversificação *f*
diversify [daɪ'vəːsɪfaɪ] VT, VI diversificar
diversion [daɪ'vəːʃən] N *(BRIT Aut)* desvio; *(distraction, Mil)* diversão *f*; *(of funds)* desvio
diversity [daɪ'vəːsɪtɪ] N diversidade *f*
divert [daɪ'vəːt] VT desviar; *(amuse)* divertir
divest [daɪ'vɛst] VT: **to ~ sb of sth** privar alguém de algo
divide [dɪ'vaɪd] VT *(Math)* dividir; *(separate)* separar; *(share out)* repartir ▶ VI dividir-se;

(road) bifurcar-se; **to ~ (between** or **among)** dividir or repartir (entre); **40 ~d by 5** 40 dividido por 5
▶ **divide out** VT: **to ~ out (between** or **among)** distribuir or repartir (entre)
divided [dɪˈvaɪdɪd] ADJ (fig) dividido
divided highway (US) N pista dupla
divided skirt N saia-calça
dividend [ˈdɪvɪdɛnd] N dividendo; (fig) lucro; **to pay ~s** valer a pena
dividend cover N cobertura para pagamento de dividendos
dividers [dɪˈvaɪdəz] NPL compasso de ponta seca; (between pages) divisórias fpl
divine [dɪˈvaɪn] ADJ (also fig) divino ▶ VT (future, truth) adivinhar; (water, metal) descobrir
diving [ˈdaɪvɪŋ] N (Sport) salto; (underwater) mergulho
diving board N trampolim m
diving suit N escafandro
divinity [dɪˈvɪnɪtɪ] N divindade f; (Sch) teologia
division [dɪˈvɪʒən] N divisão f; (sharing out) repartição f; (disagreement) discórdia; (Football) grupo; (BRIT Pol) votação f; **~ of labour** divisão do trabalho
divisive [dɪˈvaɪsɪv] ADJ que causa divisão
divorce [dɪˈvɔːs] N divórcio ▶ VT divorciar-se de; (dissociate) dissociar
divorced [dɪˈvɔːst] ADJ divorciado
divorcee [dɪvɔːˈsiː] N divorciado(-a)
divulge [daɪˈvʌldʒ] VT (information) divulgar; (secret) revelar
DIY (BRIT) ADJ ABBR, N ABBR = **do-it-yourself**
dizziness [ˈdɪzɪnɪs] N vertigem f, tontura
dizzy [ˈdɪzɪ] ADJ (person) tonto; (height) vertiginoso; **to feel ~** sentir-se tonto, sentir-se atordoado; **to make sb ~** dar vertigem a alguém
DJ N ABBR = **disc jockey**
Djakarta [dʒəˈkɑːtə] N Jacarta
DJIA (US) N ABBR (Stock Exchange) = **Dow Jones Industrial Average**
dl ABBR (= decilitre) dl
DLit, DLitt N ABBR (= Doctor of Literature, Doctor of Letters) títulos universitários
DLO N ABBR = **dead-letter office**
dm ABBR (= decimetre) dm
DMus N ABBR (= Doctor of Music) título universitário
DMZ N ABBR = **demilitarized zone**
DNA N ABBR (= deoxyribonucleic acid) ADN m

(KEYWORD)

do [duː] (pt **did**, pp **done**) AUX VB **1** (in negative constructions): **I don't understand** eu não compreendo
2 (to form questions): **didn't you know?** você não sabia?; **what do you think?** o que você acha?
3 (for emphasis, in polite expressions): **people do make mistakes sometimes** é impossível não cometer erros de vez em quando; **she does seem rather late** ela está muito atrasada; **do sit down/help yourself** sente-se/sirva-se; **do take care!** tome cuidado!; **oh do shut up!** cale a boca!
4 (used to avoid repeating vb): **she swims better than I do** ela nada melhor que eu; **do you agree? — yes, I do/no, I don't** você concorda? — sim, concordo/não, não concordo; **she lives in Glasgow — so do I** ela mora em Glasgow — eu também; **who broke it? — I did** quem quebrou isso? — (fui) eu
5 (in question tags): **you like him, don't you?** você gosta dele, não é?; **he laughed, didn't he?** ele riu, não foi?
▶ VT **1** (gen: carry out, perform etc) fazer; **what are you doing tonight?** o que você vai fazer hoje à noite?; **to do the washing-up/cooking** lavar a louça/cozinhar; **to do one's teeth/nails** escovar os dentes/fazer as unhas; **to do one's hair** (comb) pentear-se; (style) fazer um penteado; **we're doing Othello at school** (studying) nós estamos estudando Otelo na escola; (performing) nós vamos encenar Otelo na escola
2 (Aut etc): **the car was doing 190** o carro andava a 190 por hora; **we've done 200 km already** já percorremos 200 km; **he can do 190 km/h in that car** ele consegue chegar a 190 km/h naquele carro
▶ VI **1** (act, behave) fazer; **do as I do** faça como eu faço
2 (get on, fare) ir; **how do you do?** como você está indo?
3 (suit) servir; **will it do?** serve?
4 (be sufficient) bastar; **will £10 do?** £10 dá?; **that'll do** é suficiente; **that'll do!** (in annoyance) basta!, chega!; **to make do (with)** contentar-se (com)
▶ N (inf: party etc) festa; **we're having a little do on Saturday** nós vamos dar uma festinha no sábado; **it was rather a do** foi uma festança
▶ **do away with** VT FUS (kill) matar; (abolish: law etc) abolir; (withdraw) retirar
▶ **do up** VT (laces) atar; (zip) fechar; (dress, skirt) abotoar; (renovate: room, house) arrumar, renovar
▶ **do with** VT FUS (be connected) ter a ver com; (need): **I could do with a drink/some help** eu bem que gostaria de tomar alguma coisa/eu bem que precisaria de uma ajuda; **what has it got to do with you?** o que é que isso tem a ver com você?
▶ **do without** VI: **if you're late for tea then you'll do without** se você chegar atrasado ficará sem almoço ▶ VT FUS passar sem; **I can do without a car** eu posso ficar sem um carro; **we'll have to do without a holiday this year** não poderemos ter férias esse ano

do. ABBR = **ditto**
DOA ABBR (= dead on arrival) ≈ já era cadáver

d.o.b. ABBR = **date of birth**
docile ['dəusaɪl] ADJ dócil
dock [dɔk] N (*Naut*) doca; (*wharf*) cais *m*; (*Law*) banco (dos réus) ▶ VI (*arrive*) chegar; (*Naut: enter dock*) atracar; (*Space*) unir-se no espaço ▶ VT (*pay etc*) deduzir; **docks** NPL docas *fpl*
dock dues NPL direitos *mpl* portuários
docker ['dɔkə^r] N portuário, estivador *m*
docket ['dɔkɪt] N (*of delivery etc*) guia
dockyard ['dɔkjɑːd] N estaleiro
doctor ['dɔktə^r] N médico(-a); (*PhD etc*) doutor(a) *m/f* ▶ VT (*fig*) tratar, falsificar; (*drink etc*) falsificar; (*cat*) castrar; **~'s office** (*US*) consultório
doctorate ['dɔktərɪt] N doutorado
Doctor of Philosophy N (*degree*) doutorado; (*person*) doutor(a) *m/f*
doctrine ['dɔktrɪn] N doutrina
document [*n* 'dɔkjumənt, *vt* 'dɔkjumɛnt] N documento ▶ VT documentar
documentary [dɔkju'mɛntərɪ] ADJ documental ▶ N documentário
documentation [dɔkjumɛn'teɪʃən] N documentação *f*
DOD (*US*) N ABBR = **Department of Defense**
doddering ['dɔdərɪŋ] ADJ (*senile*) caquético, caduco
Dodecanese [dəudɪkə'niːz] N, **Dodecanese Islands** NPL (ilhas *fpl* do) Dodecaneso
dodge [dɔdʒ] N (*of body*) evasiva; (*trick*) trapaça ▶ VT esquivar-se de, evitar; (*tax*) sonegar; (*blow*) furtar-se a ▶ VI: **to ~ out of the way** esquivar-se; **to ~ the traffic** ziguezaguear por entre os carros
dodgems ['dɔdʒəmz] (*BRIT*) NPL carros *mpl* de choque
dodgy ['dɔdʒɪ] ADJ arriscado
DOE N ABBR (*BRIT*) = **Department of the Environment**; (*US*) = **Department of Energy**
doe [dəu] N (*deer*) corça; (*rabbit*) coelha
does [dʌz] VB *see* **do**
doesn't ['dʌznt] = **does not**
dog [dɔg] N cachorro, cão *m* ▶ VT (*subj: person*) seguir; (: *bad luck*) perseguir; **to go to the ~s** (*nation etc*) degringolar
dog biscuits NPL biscoitos *mpl* para cachorro
dog collar N coleira de cachorro; (*of priest*) gola de padre
dog-eared [-ɪəd] ADJ surrado
dog food N ração *f* para cachorro
dogged ['dɔgɪd] ADJ tenaz, persistente
doggy bag ['dɔgɪ-] N quentinha
dogma ['dɔgmə] N dogma *m*
dogmatic [dɔg'mætɪk] ADJ dogmático
do-gooder [-'gudə^r] (*pej*) N bom/boa samaritano(-a)
dogsbody ['dɔgzbɔdɪ] (*BRIT inf*) N faz-tudo *m/f*
doing ['duɪŋ] N: **this is your ~** foi você que fez isso; **doings** NPL (*events*) acontecimentos *mpl*; (*activities*) atividades *fpl*
do-it-yourself N sistema *m* faça-você-mesmo ▶ ADJ do tipo faça-você-mesmo

doldrums ['dɔldrəmz] NPL: **to be in the ~** (*person*) estar abatido; (*business*) estar parado *or* estagnado
dole [dəul] (*BRIT*) N (*payment*) subsídio de desemprego; **on the ~** desempregado ▶ **dole out** VT distribuir
doleful ['dəulful] ADJ triste, lúgubre
doll [dɔl] N boneca; (*US inf: woman*) gatinha ▶ **doll up** VT: **to ~ o.s. up** embonecar-se (*BR*), ataviar-se (*PT*)
dollar ['dɔlə^r] N dólar *m*
dollar area N zona do dólar
dolled up [dɔld-] (*inf*) ADJ embonecado
dolphin ['dɔlfɪn] N golfinho
domain [də'meɪn] N domínio; (*fig*) campo
dome [dəum] N (*Arch*) cúpula; (*shape*) abóbada
domestic [də'mɛstɪk] ADJ doméstico; (*national*) nacional; (*home-loving*) caseiro; (*strife*) interno
domesticated [də'mɛstɪkeɪtɪd] ADJ domesticado; (*home-loving*) prendado; **he's very ~** ele é muito prendado (no lar)
domesticity [dɔmɛs'tɪsɪtɪ] N vida caseira
domestic servant N empregado(-a) doméstico(-a)
domicile ['dɔmɪsaɪl] N domicílio
dominant ['dɔmɪnənt] ADJ dominante
dominate ['dɔmɪneɪt] VT dominar
domination [dɔmɪ'neɪʃən] N dominação *f*
domineering [dɔmɪ'nɪərɪŋ] ADJ dominante, mandão(-dona)
Dominican Republic [də'mɪnɪkən-] N República Dominicana
dominion [də'mɪnɪən] N domínio; (*territory*) império
domino ['dɔmɪnəu] (*pl* **dominoes**) N peça de dominó; **dominoes** N (*game*) dominó *m*
don [dɔn] N (*BRIT*) professor(a) *m/f* universitário(-a) ▶ VT vestir
donate [də'neɪt] VT doar
donation [də'neɪʃən] N doação *f*; (*contribution*) contribuição *f*
done [dʌn] PP *of* **do**
dongle ['dɔŋgl] N ABBR (*Comput: for internet access*) modem USB *m*; (*protecting software*) dongle *m*
donkey ['dɔŋkɪ] N burro
donkey-work (*BRIT inf*) N labuta
donor ['dəunə^r] N doador(a) *m/f*
donor card N cartão *m* de doador
don't [dəunt] = **do not**
doodle ['duːdl] N rabisco ▶ VI rabiscar
doom [duːm] N (*fate*) destino; (*ruin*) ruína ▶ VT: **to be ~ed to failure** estar destinado *or* fadado ao fracasso
doomsday ['duːmzdeɪ] N o Juízo Final
door [dɔː^r] N porta; (*entry*) entrada; **next ~** na casa ao lado; **to go from ~ to ~** ir de porta em porta
doorbell ['dɔːbɛl] N campainha
door handle N maçaneta (*BR*), puxador *m* (*PT*); (*of car*) maçaneta
door knocker N aldrava

doorman ['dɔːmæn] (irreg: like **man**) N porteiro
doormat ['dɔːmæt] N capacho
doormen ['dɔːmɛn] NPL of **doorman**
doorpost ['dɔːpəust] N batente m de porta
doorstep ['dɔːstɛp] N degrau m da porta, soleira
door-to-door ADJ: ~ **selling** venda de porta em porta
doorway ['dɔːweɪ] N vão m da porta, entrada
dope [dəup] N (inf: person) imbecil m/f; (: drugs) maconha; (: information) dica, macete m ▶ VT (horse etc) dopar
dopey ['dəupɪ] (inf) ADJ (groggy) zonzo; (stupid) imbecil
dormant ['dɔːmənt] ADJ inativo; (latent) latente
dormer ['dɔːmə'] N (also: **dormer window**) água-furtada, trapeira
dormice ['dɔːmaɪs] NPL of **dormouse**
dormitory ['dɔːmɪtrɪ] N dormitório; (US) residência universitária
dormouse ['dɔːmaus] (pl **dormice**) N rato (de campo)
DOS [dɔs] N ABBR (= disk operating system) DOS m
dosage ['dəusɪdʒ] N dosagem, posologia; (on label) posologia
dose [dəus] N dose f; (BRIT: bout) ataque m ▶ VT: **to ~ o.s.** medicar-se; **a ~ of flu** uma gripe
doss house ['dɔs-] (BRIT) N pensão f barata or de malta (PT)
dossier ['dɔsɪeɪ] N dossiê
DOT (US) N ABBR = **Department of Transportation**
dot [dɔt] N ponto; (speck) pontinho ▶ VT: ~**ted with** salpicado de; **on the ~** em ponto
dotcom [dɔt'kɔm] N empresa pontocom
dote [dəut]: **to ~ on** VT FUS adorar, idolatrar
dotted line ['dɔtɪd-] N linha pontilhada; **to sign on the ~** (fig) firmar o compromisso
dotty ['dɔtɪ] (inf) ADJ lelé, doido
double ['dʌbl] ADJ duplo ▶ ADV (twice): **to cost ~ (sth)** custar o dobro (de algo) ▶ N dobro; (person) duplo(-a); (Cinema) substituto(-a) ▶ VT dobrar; (efforts) duplicar ▶ VI dobrar; (have two uses): **to ~ as** servir também de; **~ five two six (5526)** (BRIT Tel) cinco cinco dois meia; **it's spelt with a ~ "l"** escreve-se com dois ls; **at the ~** (BRIT), **on the ~** em passo acelerado; see also **doubles**
 ▶ **double back** VI (person) voltar atrás
 ▶ **double up** VI (bend over) dobrar-se; (share room) dividir o quarto
double bass N contrabaixo
double bed N cama de casal
double bend (BRIT) N curva dupla, curva em "s"
double-breasted [-'brɛstɪd] ADJ trespassado
double-check VT, VI verificar de novo
double-click VI (Comput) clicar duas vezes
double-clutch (US) VI fazer embreagem dupla
double cream (BRIT) N creme m de leite

double-cross [dʌbl'krɔs] VT (trick) enganar; (betray) atraiçoar
double-decker [dʌbl'dɛkə'] N ônibus m (BR) or autocarro (PT) de dois andares
double-declutch (BRIT) VI fazer embreagem dupla
double exposure N (Phot) dupla exposição f
double glazing [-'gleɪzɪŋ] (BRIT) N (janelas fpl de) vidro duplo
double room N quarto de casal
doubles N (Tennis) dupla
double whammy [-'wæmɪ] N (inf) baque m duplo
doubly ['dʌblɪ] ADV duplamente
doubt [daut] N dúvida ▶ VT duvidar; (suspect) desconfiar de; **without (a) ~** sem dúvida; **beyond ~** adv sem dúvida alguma; adj indubitável; **there is no ~ that** não há dúvida que; **to ~ that ...** duvidar que ...; **I ~ it very much** duvido muito
doubtful ['dautful] ADJ duvidoso; **to be ~ about sth** ter dúvidas or estar em dúvida sobre algo; **I'm a bit ~** duvido
doubtless ['dautlɪs] ADV sem dúvida
dough [dəu] N massa; (inf: money) grana
doughnut, (US) **donut** ['dəunʌt] N sonho (BR), bola de Berlim (PT)
dour [duə'] ADJ austero
douse [daus] VT (with water) encharcar; (flames) apagar
dove [dʌv] N pomba
dovetail ['dʌvteɪl] VI (fig) encaixar-se ▶ N: **~ joint** sambladura em cauda de andorinha
dowager ['dauədʒə'] N mulher que herda o título do marido falecido
dowdy ['daudɪ] ADJ desalinhado; (inelegant) deselegante, pouco elegante
Dow-Jones average ['dau'dʒəunz-] (US) N índice m da bolsa de valores de Nova Iorque
down [daun] ADV abaixo; (downwards) para baixo; (on the ground) por terra ▶ PREP por, abaixo ▶ VT (inf: drink) tomar de um gole só; (: food) devorar ▶ N (fluff) lanugem f; (feathers) penugem f; (hill) colina; **Downs** NPL (BRIT): **the ~** chapada gredosa do sul da Inglaterra; **~ there** lá em baixo; **~ here** aqui em baixo; **the price of meat is ~** o preço da carne baixou; **I've got it ~ in my diary** já o anotei na minha agenda; **to pay £2 ~** pagar £2 de entrada; **England are two goals ~** a Inglaterra está perdendo por dois gols; **to ~ tools** (BRIT) cruzar os braços; **~ with X!** abaixo X!
down-and-out N (tramp) vagabundo(-a)
down-at-heel ADJ descuidado, desmazelado; (appearance) deselegante
downbeat ['daunbiːt] N (Mus) tempo forte ▶ ADJ sombrio, negativo
downcast ['daunkɑːst] ADJ abatido
downer ['daunə'] (inf) N (drug) calmante m; **to be on a ~** (depressed) estar na fossa, estar de baixo astral
downfall ['daunfɔːl] N queda, ruína

downgrade ['daungreɪd] VT (*reduce*) reduzir; (*devalue*) desvalorizar, depreciar

downhearted [daun'hɑ:tɪd] ADJ desanimado

downhill ['daun'hɪl] ADV para baixo ▶ N (*Ski: also*: **downhill race**) descida; **to go ~** descer, ir morro abaixo; (*fig: business*) degringolar

Downing Street ['daunɪŋ-] (BRIT) N *ver nota*

> **Downing Street** é a rua de Londres onde estão localizadas as residências oficiais do Primeiro-ministro (número 10) e do Ministro da Fazenda (número 11). O termo **Downing Street** é frequentemente utilizado para designar o governo britânico.

download ['daunləud] VT (*Comput*) baixar, fazer o download de

downloadable ADJ (*Comput*) baixável

down-market ADJ destinado a consumidores de renda baixa

down payment N entrada, sinal *m*

downplay ['daunpleɪ] (US) VT minimizar

downpour ['daunpɔ:r] N aguaceiro

downright ['daunraɪt] ADJ (*lie*) patente; (*refusal*) categórico ▶ ADV francamente

downsize [daun'saɪz] VT enxugar, reestruturar

Down's syndrome [daunz-] N síndrome *f* de Down

downstairs ['daun'stɛəz] ADV (*below*) lá em baixo; (*direction*) para baixo; **to come** *or* **go ~** descer

downstream ['daun'stri:m] ADV água *or* rio abaixo

downtime ['dauntaɪm] N (*of machine, person*) tempo ocioso

down-to-earth ADJ prático, realista

downtown ['daun'taun] ADV no centro da cidade ▶ ADJ (US): **~ Chicago** o centro comercial de Chicago

downtrodden ['dauntrɔdn] ADJ oprimido

down under ADV na Austrália (*or* Nova Zelândia)

downward ['daunwəd] ADJ, ADV para baixo; **a ~ trend** uma tendência para a baixa

downwards ['daunwədz] ADV = **downward**

dowry ['dauri] N dote *m*

doz. ABBR (= *dozen*) dz.

doze [dəuz] VI dormitar
▶ **doze off** VI cochilar

dozen ['dʌzn] N dúzia; **a ~ books** uma dúzia de livros; **80p a ~** 80p a dúzia; **~s of times** milhares de vezes

DPh N ABBR (= *Doctor of Philosophy*) título universitário

DPhil N ABBR = **DPh**

DPP (BRIT) N ABBR = **Director of Public Prosecutions**

DPT N ABBR (*Med*: = *diphtheria, pertussis, tetanus*) espécie de vacina

Dr ABBR (= *doctor*) Dr(a).

dr ABBR (*Comm*) = **debtor**

Dr. ABBR (*in street names*) = **drive**; (= *doctor*) Dr(a).

drab [dræb] ADJ sombrio

draft [drɑ:ft] N (*first copy*) rascunho; (*Pol: of bill*) projeto de lei; (*bank draft*) saque *m*, letra; (US: *call-up*) recrutamento ▶ VT (*plan*) esboçar; (*speech, letter*) rascunhar; *see also* **draught**

draftsman ['drɑ:ftsmən] (US) N = **draughtsman**

drag [dræg] VT arrastar; (*river*) dragar ▶ VI arrastar-se ▶ N (*inf*) chatice *f* (BR), maçada (PT); (*of cigarette*) tragada; (*Aviat, Naut*) resistência; (*women's clothing*): **in ~** em travesti

▶ **drag away** VT: **to ~ away (from)** desgrudar (de)

▶ **drag on** VI arrastar-se

dragnet ['drægnɛt] N rede *f* de arrasto; (*by police*) diligência policial

dragon ['drægən] N dragão *m*

dragonfly ['drægənflaɪ] N libélula

dragoon [drə'gu:n] N (*cavalryman*) dragão *m*
▶ VT: **to ~ sb into doing sth** (BRIT) forçar alguém a fazer algo

drain [dreɪn] N (*drain pipe*) cano de esgoto; (*underground*) esgoto; (*in street*) bueiro; (*source of loss*) sorvedouro ▶ VT (*land, marshes, Med*) drenar; (*reservoir*) esvaziar; (*vegetables*) coar; (*fig*) esgotar ▶ VI (*water*) escorrer, escoar-se; **to feel ~ed** sentir-se esgotado *or* estafado

drainage ['dreɪnɪdʒ] N (*act*) drenagem *f*; (*Med, Agr*) dreno; (*system*) esgoto

drainboard ['dreɪnbɔ:d] (US) N = **draining board**

draining board ['dreɪnɪŋ-] (BRIT) N escorredor *m*

drainpipe ['dreɪnpaɪp] N cano de esgoto

drake [dreɪk] N pato (macho)

dram [dræm] N (*drink*) trago

drama ['drɑ:mə] N (*art*) teatro; (*play, event*) drama *m*

dramatic [drə'mætɪk] ADJ dramático; (*theatrical*) teatral

dramatically [drə'mætɪklɪ] ADV dramaticamente

dramatist ['dræmətɪst] N dramaturgo(-a)

dramatize ['dræmətaɪz] VT dramatizar

drank [dræŋk] PT *of* **drink**

drape [dreɪp] VT ornar, cobrir ▶ VI cair

draper ['dreɪpər] (BRIT) N fanqueiro(-a)

drapes [dreɪps] (US) NPL cortinas *fpl*

drastic ['dræstɪk] ADJ drástico

drastically ['dræstɪklɪ] ADV drasticamente

draught, (US) **draft** [drɑ:ft] N (*of air*) corrente *f*; (*drink*) trago; (*Naut*) calado; (*beer*) chope *m*; **on ~** (*beer*) de barril

draughtboard ['drɑ:ftbɔ:d] (BRIT) N tabuleiro de damas

draughts (BRIT) N (jogo de) damas *fpl*

draughtsman, (US) **draftsman** ['drɑ:ftsmən] (*irreg: like* **man**) N desenhista *m/f* industrial

draughtsmanship, (US) **draftsmanship** ['drɑ:ftsmənʃɪp] N (*art*) desenho industrial; (*technique*) habilidade *f* de desenhista

draughtsmen, (US) **draftsmen** ['drɑ:ftsmɛn] NPL *of* **draughtsman**

draw [drɔ:] (pt **drew**, pp **drawn**) VT (picture) desenhar; (cart) puxar; (curtain) fechar; (gun) sacar; (attract) atrair; (money) tirar; (: from bank) sacar; (wages) receber; (comparison, distinction) fazer ▶ VI (Sport) empatar ▶ N (Sport) empate m; (lottery) sorteio; (attraction) atração f; **to ~ to a close** tender para o fim; **to ~ near** aproximar-se
▶ **draw back** VI (move back): **to ~ back (from)** recuar (de)
▶ **draw in** VI (BRIT: car) encostar; (: train) entrar na estação ▶ VT (involve) envolver
▶ **draw on** VT FUS (resources) recorrer a, lançar mão de; (person, imagination) recorrer a
▶ **draw out** VI (car, train) sair ▶ VT (lengthen) esticar, alargar; (money) sacar; (confession, truth) arrancar; (shy person) desacanhar, desinibir
▶ **draw up** VI (stop) parar(-se) ▶ VT (chair etc) puxar; (document) redigir; (plans) esboçar
drawback ['drɔ:bæk] N inconveniente m, desvantagem f
drawbridge ['drɔ:brɪdʒ] N ponte f levadiça
drawee [drɔ:'i:] N sacado
drawer¹ [drɔ:ʳ] N gaveta
drawer² ['drɔ:əʳ] N (of cheque) sacador(a) m/f, emitente m/f
drawing ['drɔ:ɪŋ] N desenho
drawing board N prancheta
drawing pin (BRIT) N tachinha (BR), pionés m (PT)
drawing room N sala de visitas
drawl [drɔ:l] N fala arrastada
drawn [drɔ:n] PP of **draw** ▶ ADJ (haggard) abatido
drawstring ['drɔ:strɪŋ] N cordão m
dread [drɛd] N medo, pavor m ▶ VT temer, recear, ter medo de
dreadful ['drɛdful] ADJ terrível
dream [dri:m] (pt, pp **dreamed** or **dreamt**) N sonho ▶ VT, VI sonhar; **to have a ~ about sb/sth**, **to ~ about sb/sth** sonhar com alguém/algo; **sweet ~s!** sonha com os anjos!
▶ **dream up** VT inventar, bolar (inf)
dreamer ['dri:məʳ] N sonhador(a) m/f
dreamt [drɛmt] PT, PP of **dream**
dreamy ['dri:mɪ] ADJ (expression, person) sonhador(a), distraído; (music) sentimental
dreary ['drɪərɪ] ADJ (talk, time) monótono; (weather) sombrio
dredge [drɛdʒ] VT dragar
▶ **dredge up** VT tirar do fundo; (fig: unpleasant facts) trazer à tona, descobrir
dredger ['drɛdʒəʳ] N (ship) draga; (BRIT: also: **sugar dredger**) polvilhador m
dregs [drɛgz] NPL lia; (of humanity) escória, ralé f
drench [drɛntʃ] VT encharcar; **to get ~ed** encharcar-se
dress [drɛs] N vestido; (no pl: clothing) traje m ▶ VT vestir; (wound) fazer curativo em; (Culin) preparar, temperar ▶ VI vestir-se; **to ~ o.s.**, **to get ~ed** vestir-se; **to ~ a shop window** adornar uma vitrina
▶ **dress up** VI vestir-se com elegância; (in fancy dress) fantasiar-se
dress circle (BRIT) N balcão m nobre
dress designer N estilista m/f
dresser ['drɛsəʳ] N (Theatre) camareiro(-a); (also: **window dresser**) vitrinista m/f; (BRIT: cupboard) aparador m; (US: chest of drawers) cômoda de espelho
dressing ['drɛsɪŋ] N (Med) curativo; (Culin) molho
dressing gown (BRIT) N roupão m; (woman's) peignoir m
dressing room N (Theatre) camarim m; (Sport) vestiário
dressing table N penteadeira (BR), toucador m (PT)
dressmaker ['drɛsmeɪkəʳ] N costureiro(-a)
dressmaking ['drɛsmeɪkɪŋ] N (arte f da) costura
dress rehearsal N ensaio geral
dress shirt N camisa social
dressy ['drɛsɪ] (inf) ADJ (clothes) chique
drew [dru:] PT of **draw**
dribble ['drɪbl] VI gotejar, pingar; (baby) babar ▶ VT (ball) driblar
dried [draɪd] ADJ seco; (eggs, milk) em pó
drier ['draɪəʳ] N = **dryer**
drift [drɪft] N (of current etc) força; (of snow, sand etc) monte m; (distance off course) deriva; (meaning) sentido ▶ VI (boat) derivar; (sand, snow) amontoar-se; **to let things ~** deixar o barco correr; **to ~ apart** (friends, lovers) afastar-se um do outro; **I get** or **catch your ~** eu entendo mais ou menos o que você está dizendo
drifter ['drɪftəʳ] N nômade m/f
driftwood ['drɪftwud] N madeira flutuante
drill [drɪl] N furadeira; (bit, of dentist) broca; (for mining etc) broca, furadeira; (Mil) exercícios mpl militares ▶ VT furar, brocar; (Mil) exercitar ▶ VI (for oil) perfurar
drilling ['drɪlɪŋ] N (for oil) perfuração f
drilling rig N torre f de perfurar
drink [drɪŋk] (pt **drank**, pp **drunk**) N bebida ▶ VT, VI beber; **to have a ~** tomar uma bebida; **a ~ of water** um copo d'água; **would you like something to ~?** você quer beber or tomar alguma coisa?; **to ~ to sb/sth** brindar alguém/algo
▶ **drink in** VT embeber-se em
drinkable ['drɪŋkəbl] ADJ (not dangerous) potável; (palatable) bebível
drinker ['drɪŋkəʳ] N bebedor(a) m/f
drinking ['drɪŋkɪŋ] N (drunkenness) alcoolismo
drinking fountain N bebedouro
drinking water N água potável
drip [drɪp] N gotejar m; (one drop) gota, pingo; (Med) gota a gota m; (inf: person) mané m, banana m ▶ VI gotejar, pingar
drip-dry ADJ (shirt) de lavar e vestir
drip-feed (irreg: like **feed**) VT alimentar intravenosamente
dripping ['drɪpɪŋ] N gordura ▶ ADJ: **~ wet** encharcado

drive [draɪv] (pt **drove**, pp **driven**) N passeio (de automóvel); (journey) trajeto, percurso; (also: **driveway**) entrada; (energy) energia, vigor m; (Psych) impulso; (Sport) drive m; (campaign) campanha; (Tech) propulsão f; (Comput) drive m ▶ VT conduzir; (car) dirigir (BR), guiar (PT); (urge) fazer trabalhar; (by power) impelir; (push) empurrar; (Tech: motor) acionar; (nail): **to ~ sth into** cravar algo em ▶ VI (Aut: at controls) dirigir (BR), guiar (PT); (: travel) ir de carro; **to go for a ~** dar um passeio (de carro); **it's 3 hours' ~ from London** fica a 3 horas de carro de Londres; **left-/right-hand ~** direção à esquerda/direita; **front-/rear-wheel ~** (Aut) tração dianteira/traseira; **to ~ sb to do sth** impelir alguém a fazer algo; **to ~ sb mad** deixar alguém louco

▶ **drive at** VT FUS (fig: intend, mean) querer dizer; **what are you driving at?** onde é que voce queria chegar?

▶ **drive on** VI seguir adiante ▶ VT impelir
drive-in ADJ drive-in ▶ N (cinema) drive-in m
drive-in window (US) N balcão m drive-in
drivel ['drɪvl] (inf) N bobagem f, besteira
driven ['drɪvn] PP of **drive**
driver ['draɪvəʳ] N motorista m/f; (Rail) maquinista m
driver's license (US) N carteira de motorista (BR), carta de condução (PT)
driveway ['draɪvweɪ] N entrada
driving ['draɪvɪŋ] N direção f (BR), condução f (PT) ▶ ADJ: **~ rain** chuva torrencial
driving force N (fig) mola
driving instructor N instrutor(a) m/f de autoescola (BR) or de condução (PT)
driving lesson N aula de direção (BR) or de condução (PT)
driving licence (BRIT) N carteira de motorista (BR), carta de condução (PT)
driving mirror (BRIT) N retrovisor m
driving school N autoescola f
driving test N exame m de motorista
drizzle ['drɪzl] N chuvisco ▶ VI chuviscar
droll [drəul] ADJ engraçado
dromedary ['drɒmədərɪ] N dromedário
drone [drəun] N (sound) zumbido; (male bee) zangão m ▶ VI (bee, engine) zumbir; (also: **drone on**) falar monotonamente
drool [dru:l] VI babar(-se); **to ~ over sth** babar por algo
droop [dru:p] VI pender
drop [drɒp] N (of water) gota; (lessening) diminuição f; (fall: distance) declive m; (: in prices) baixa, queda; (: in salary) redução f; (also: **parachute drop**) salto ▶ VT (allow to fall) deixar cair; (voice, eyes, price) baixar; (set down from car) deixar (saltar/descer); (omit) omitir ▶ VI cair; (price, temperature) baixar; (wind) parar; **drops** NPL (Med) gotas fpl; **cough ~s** pastilhas para tosse; **a ~ of 10%** uma queda de 10%; **to ~ sb a line** escrever (umas linhas) para alguém

▶ **drop in** (inf) VI (visit): **to ~ in (on)** dar um pulo (na casa de)

▶ **drop off** VI (sleep) cochilar ▶ VT (passenger) deixar

▶ **drop out** VI (withdraw) retirar-se; (student etc) largar tudo
droplet ['drɒplɪt] N gotícula
drop-out N pessoa que abandona o trabalho, os estudos etc
dropper ['drɒpəʳ] N conta-gotas m inv
droppings ['drɒpɪŋz] NPL fezes fpl (de animal)
dross [drɒs] N escória
drought [draut] N seca
drove [drəuv] PT of **drive** ▶ N: **~s of people** uma quantidade de gente
drown [draun] VT afogar; (also: **drown out**: sound) encobrir ▶ VI afogar-se
drowse [drauz] VI dormitar
drowsy ['drauzɪ] ADJ sonolento; **to be ~** estar com sono
drudge [drʌdʒ] N burro-de-carga m
drudgery ['drʌdʒərɪ] N trabalho enfadonho
drug [drʌg] N remédio, medicamento; (narcotic) droga; (: Med, Admin) entorpecente m ▶ VT drogar; **to be on ~s** (an addict) estar viciado em drogas; (Med) estar sob medicação; **hard/soft ~s** drogas pesadas/leves
drug addict N toxicômano(-a)
druggist ['drʌgɪst] (US) N farmacêutico(-a)
drug peddler N traficante m/f de drogas
drugstore ['drʌgstɔ:] (US) N drogaria
drum [drʌm] N tambor m; (large) bombo; (for oil, petrol) tambor, barril m ▶ VI (with fingers) tamborilar ▶ VT: **to ~ sth into sb** incutir algo em alguém; **drums** NPL (kit) bateria

▶ **drum up** VT (enthusiasm, support) angariar
drummer ['drʌməʳ] N baterista m/f
drum roll N rufo de tambor
drumstick ['drʌmstɪk] N (Mus) baqueta; (of chicken) perna
drunk [drʌŋk] PP of **drink** ▶ ADJ bêbado ▶ N (drunkard) bêbado(-a); **to get ~** ficar bêbado, encher a cara (inf)
drunkard ['drʌŋkəd] N beberrão(-a)
drunken ['drʌŋkən] ADJ (laughter) de bêbado; (party) com muita bebida; (person) bêbado; **~ driving** embriaguez f no volante
drunkenness ['drʌŋkənnɪs] N embriaguez f
dry [draɪ] ADJ seco; (day) sem chuva; (uninteresting) insípido; (humour) irônico ▶ VT secar, enxugar; (tears) limpar ▶ VI secar; **on ~ land** em terra firme; **to ~ one's hands/hair/eyes** enxugar as mãos/o cabelo/as lágrimas

▶ **dry up** VI secar completamente; (supply) esgotar-se; (in speech) calar-se; (dishes) enxugar (a louça)
dry-clean VT lavar a seco
dry-cleaner N tintureiro(-a)
dry-cleaner's N tinturaria, lavanderia
dry-cleaning N lavagem f a seco

dry dock N (*Naut*) dique *m* seco
dryer ['draɪəʳ] N secador *m*; (*also:* **spin-dryer**) secadora
dry goods NPL (*Comm*) fazendas *fpl* e artigos *mpl* de armarinho
dry goods store (US) N armarinho
dry ice N gelo seco
dryness ['draɪnɪs] N secura
dry rot N putrefação *f* fungosa
dry run N (*fig*) ensaio, prova
dry ski slope N pista de esqui artificial
DSc N ABBR (= *Doctor of Science*) título universitário
DST (US) ABBR (= *Daylight Saving Time*) hora de verão
DT N ABBR (*Comput*) = **data transmission**
DTP N ABBR (= *desktop publishing*) DTP *m*
DT's (*inf*) NPL ABBR (= *delirium tremens*) delirium tremens *m*
dual ['djuəl] ADJ dual, duplo
dual carriageway (BRIT) N pista dupla
dual-control ADJ de duplo comando
dual nationality N dupla nacionalidade *f*
dual-purpose ADJ de duplo uso
dubbed [dʌbd] ADJ (*Cinema*) dublado; (*nicknamed*) apelidado
dubious ['dju:bɪəs] ADJ duvidoso; (*reputation, company*) suspeitoso; **I'm very ~ about it** eu tenho muitas dúvidas a respeito
Dublin ['dʌblɪn] N Dublin
Dubliner ['dʌblɪnəʳ] N natural *m/f* de Dublin
duchess ['dʌtʃɪs] N duquesa
duchy ['dʌtʃɪ] N ducado
duck [dʌk] N pato ▶ VI (*also:* **duck down**) abaixar-se repentinamente ▶ VT mergulhar
duckling ['dʌklɪŋ] N patinho
duct [dʌkt] N conduto, canal *m*; (*Anat*) ducto
dud [dʌd] N (*shell*) bomba falhada; (*object, tool*): **it's a ~** não presta ▶ ADJ (BRIT: *coin, note*) falso; **~ cheque** cheque *m* sem fundos, cheque *m* voador (*inf*)
dude [du:d] N (US *inf*) cara *m* (*inf*)
due [dju:] ADJ (*proper*) devido; (*expected*) esperado; (*fitting*) conveniente, oportuno ▶ N: **to give sb his/her ~** ser justo com alguém ▶ ADV: **~ north** exatamente ao norte; **dues** NPL (*for club, union*) quota; (*in harbour*) direitos *mpl*; **in ~ course** no devido tempo; (*eventually*) no final; **~ to** devido a; **the rent is ~ on the 30th** o aluguel vence no dia 30; **the train is ~ at 8** o trem deve chegar às 8; **I am ~ 6 days' leave** eu tenho direito a 6 dias de folga
due date N (*data de*) vencimento
duel ['djuəl] N duelo; (*fig*) batalha
duet [dju:'ɛt] N dueto
duff [dʌf] (BRIT *inf*) ADJ de nada
duffel bag ['dʌfl-] N mochila
duffel coat ['dʌfl-] N casaco de baeta
duffer ['dʌfəʳ] (*inf*) N zero (à esquerda)
duffle bag ['dʌfl-] N = **duffel bag**
duffle coat ['dʌfl-] N = **duffel coat**
dug [dʌg] PT, PP *of* **dig**

duke [dju:k] N duque *m*
dull [dʌl] ADJ (*light*) sombrio; (*intelligence, wit*) lento; (*boring*) enfadonho; (*sound, pain*) surdo; (*weather, day*) nublado, carregado; (*blade*) embotado, cego ▶ VT (*pain, grief*) aliviar; (*mind, senses*) entorpecer
duly ['dju:lɪ] ADV devidamente; (*on time*) no devido tempo
dumb [dʌm] ADJ (!) mudo; (*stupid*) estúpido; **to be struck ~** (*fig*) ficar pasmo
dumbbell ['dʌmbɛl] N (*Sport*) haltere *m*
dumbfounded [dʌm'faundɪd] ADJ pasmado
dummy ['dʌmɪ] N (*tailor's model*) manequim *m*; (*mock-up*) modelo; (BRIT: *for baby*) chupeta; (*Cards*) morto ▶ ADJ falso
dummy run N prova, ensaio
dump [dʌmp] N (*heap*) montão *m*; (*also:* **rubbish dump**) depósito de lixo; (*inf: place*) chiqueiro; (*Mil*) depósito ▶ VT (*put down*) depositar, descarregar; (*get rid of*) desfazer-se de; (*Comm: goods*) fazer dumping de; **to be (down) in the ~s** (*inf*) estar na fossa
dumping ['dʌmpɪŋ] N (*Econ*) dumping *m*; (*of rubbish*): **"no ~"** "proibido jogar lixo" (BR), "proibido deitar lixo" (PT)
dumpling ['dʌmplɪŋ] N bolinho cozido
dumpy ['dʌmpɪ] ADJ gorducho
dunce [dʌns] N burro, ignorante *m/f*
dune [dju:n] N duna
dung [dʌŋ] N estrume *m*
dungarees [dʌŋgə'ri:z] NPL macacão *m* (BR), fato macaco (PT)
dungeon ['dʌndʒən] N calabouço
dunk [dʌŋk] VT mergulhar
duo ['dju:əu] N (*gen*) dupla; (*Mus*) duo
duodenal [dju:ə'di:nl] ADJ duodenal
dupe [dju:p] N (*victim*) otário(-a), trouxa *m/f* ▶ VT enganar
duplex ['dju:plɛks] (US) N (*house*) casa geminada; (*also:* **duplex apartment**) duplex *m*
duplicate [*n* 'dju:plɪkət, *vt* 'dju:plɪkeɪt] N (*of document*) duplicata; (*of key*) cópia ▶ VT duplicar; (*photocopy*) multigrafar; (*repeat*) reproduzir; **in ~** em duplicata; **~ key** cópia de chave
duplicating machine ['dju:plɪkeɪtɪŋ-] N duplicador *m*
duplicator ['dju:plɪkeɪtəʳ] N duplicador *m*
duplicity [dju:'plɪsɪtɪ] N falsidade *f*
durability [djuərə'bɪlɪtɪ] N durabilidade *f*, solidez *f*
durable ['djuərəbl] ADJ durável; (*clothes, metal*) resistente
duration [djuə'reɪʃən] N duração *f*
duress [djuə'rɛs] N: **under ~** sob coação
during ['djuərɪŋ] PREP durante
dusk [dʌsk] N crepúsculo, anoitecer *m*
dusky ['dʌskɪ] ADJ (*sky, room*) sombrio; (*person, complexion*) moreno
dust [dʌst] N pó *m*, poeira ▶ VT (*furniture*) tirar o pó de; (*cake etc*): **to ~ with** polvilhar com
▶ **dust off** VT (*dirt*) tirar

dustbin ['dʌstbɪn] N (BRIT) lata de lixo
duster ['dʌstə^r] N pano de pó
dust jacket N sobrecapa
dustman ['dʌstmən] (BRIT) (irreg: like **man**) N lixeiro, gari m (BR inf)
dustpan ['dʌstpæn] N pá f de lixo
dusty ['dʌstɪ] ADJ empoeirado
Dutch [dʌtʃ] ADJ holandês(-esa) ▶ N (Ling) holandês m ▶ ADV: **let's go ~** (inf) cada um paga o seu, vamos rachar; **the Dutch** NPL (people) os holandeses
Dutch auction N leilão m em que os ertantes oferecem cada vez menos
Dutchman ['dʌtʃmən] (irreg: like **man**) N holandês m
Dutchwoman ['dʌtʃwumən] (irreg: like **woman**) N holandesa
dutiable ['djuːtɪəbl] ADJ (taxable) tributável; (by customs) sujeito a impostos alfandegários
dutiful ['djuːtɪful] ADJ (child) respeitoso; (husband, wife) atencioso; (employee) zeloso, consciente
duty ['djuːtɪ] N dever m; (tax) taxa; (customs) taxa alfandegária; **duties** NPL funções fpl; **to make it one's ~ to do sth** dar-se a responsabilidade de fazer algo; **to pay ~ on sth** pagar imposto sobre algo; **on ~** de serviço; (at night etc) de plantão; **off ~** de folga
duty-free ADJ livre de impostos; **~ shop** duty-free f
duty officer N (Mil etc) oficial m de serviço
duvet ['duːveɪ] (BRIT) N edredom m (BR), edredão m (PT)
DV ABBR (= Deo volente) se Deus quiser
DVD N ABBR (= digital versatile or video disc) DVD m
DVD burner N gravador m de DVD
DVD player N DVD player m
DVD writer N gravador m de DVD
DVM (US) N ABBR (= Doctor of Veterinary Medicine) título universitário
dwarf [dwɔːf] N (pl **dwarves**) (!) anão/anã m/f ▶ VT ananicar
dwarves [dwɔːvz] NPL of **dwarf**
dwell [dwɛl] (pt, pp **dwelt**) VI morar
▶ **dwell on** VT FUS estender-se sobre
dweller ['dwɛlə^r] N habitante m/f
dwelling ['dwɛlɪŋ] N residência
dwelt [dwɛlt] PT, PP of **dwell**
dwindle ['dwɪndl] VI diminuir
dwindling ['dwɪndlɪŋ] ADJ descrescente, minguante
dye [daɪ] N tintura, tinta ▶ VT tingir; **hair ~** tintura para o cabelo
dyestuffs ['daɪstʌfs] NPL corantes mpl
dying ['daɪɪŋ] ADJ moribundo, agonizante; (moments) final; (words) último
dyke [daɪk] (BRIT) N (embankment) dique m, represa
dynamic [daɪ'næmɪk] ADJ dinâmico
dynamics [daɪ'næmɪks] N, NPL dinâmica
dynamite ['daɪnəmaɪt] N dinamite f ▶ VT dinamitar
dynamo ['daɪnəməu] N dínamo
dynasty ['dɪnəstɪ] N dinastia
dysentery ['dɪsntrɪ] N disenteria
dyslexia [dɪs'lɛksɪə] N dislexia
dyslexic [dɪs'lɛksɪk] ADJ, N dislético(-a), disléxico(-a)
dyspepsia [dɪs'pɛpsɪə] N dispepsia
dystrophy ['dɪstrəfɪ] N distrofia; see also **muscular dystrophy**

Ee

E¹, e [i:] N (*letter*) E, e *m*; (*Mus*): **E** mi *m*; **E for Edward** (BRIT) *or* **Easy** (US) E de Eliane
E² ABBR (= *east*) E
ea. ABBR = **each**
E.A. (US) N ABBR (= *educational age*) idade educacional
each [i:tʃ] ADJ cada *inv* ▶ PRON cada um(a); **~ one** cada um; **~ other** um ao outro; **they hate ~ other** (eles) se odeiam; **you are jealous of ~ other** vocês têm ciume um do outro; **~ day** cada dia; **they have 2 books ~** eles têm 2 livros cada um; **they cost £5 ~** custam £5 cada; **~ of us** cada um de nós
eager ['i:gəʳ] ADJ ávido; (*hopeful*) desejoso; (*ambitious*) ambicioso; (*pupil*) empolgado; **to be ~ to do sth** ansiar por fazer algo; **to be ~ for** ansiar por
eagle ['i:gl] N águia
E and OE ABBR (= *errors and omissions excepted*) SEO
ear [ɪəʳ] N (*external*) orelha; (*inner, fig*) ouvido; (*of corn*) espiga; **to play by ~** tocar de ouvido; **up to one's ~s in debt** endividado até o pescoço
earache ['ɪəreɪk] N dor *f* de ouvidos
eardrum ['ɪədrʌm] N tímpano
earl [ə:l] N conde *m*
earlier ['ə:lɪəʳ] ADJ (*date etc*) mais adiantado; (*edition etc*) anterior ▶ ADV mais cedo
early ['ə:lɪ] ADV cedo; (*before time*) com antecedência ▶ ADJ (*sooner than expected*) prematuro; (*reply*) pronto; (*Christians, settlers*) primeiro; (*man*) primitivo; (*life, work*) juvenil; **to have an ~ night/start** vá para cama cedo/saia de manhã cedo; **in the ~** *or* **~ in the spring/19th century** no princípio da primavera/do século dezenove; **as ~ as possible** o mais cedo possível; **you're ~!** você chegou cedo!; **~ in the morning** de manhã cedo; **she's in her ~ forties** ela tem pouco mais de 40 anos; **at your earliest convenience** (*Comm*) o mais cedo que lhe for possível
early retirement N aposentadoria antecipada
early warning system N sistema *m* de alerta antecipado
earmark ['ɪəmɑ:k] VT: **to ~ sth for** reservar *or* destinar algo para

earn [ə:n] VT ganhar; (*Comm: interest*) render; (*praise, reward*) merecer; **to ~ one's living** ganhar a vida
earned income [ə:nd-] N rendimento do trabalho individual
earnest ['ə:nɪst] ADJ (*wish*) intenso; (*manner*) sério ▶ N (*also*: **earnest money**) sinal *m* em dinheiro; **in ~** a sério
earnings ['ə:nɪŋz] NPL (*personal*) vencimentos *mpl*, salário, ordenado; (*of company*) lucro
ear nose and throat specialist N otorrinolaringologista *m/f*, otorrino *m/f*
earphones ['ɪəfəunz] NPL fones *mpl* de ouvido
earplugs ['ɪəplʌgz] NPL borrachinhas *fpl* (de ouvido)
earring ['ɪərɪŋ] N brinco
earshot ['ɪəʃɔt] N: **out of/within ~** fora do/ao alcance do ouvido *or* da voz
earth [ə:θ] N terra; (BRIT *Elec*) fio terra ▶ VT (BRIT *Elec*) ligar à terra; **what on ~!** que diabo!
earthenware ['ə:θənwɛəʳ] N louça de barro ▶ ADJ de barro
earthly ['ə:θlɪ] ADJ terrestre; **~ paradise** paraíso terrestre; **there is no ~ reason to think ...** não há a mínima razão para se pensar que ...
earthquake ['ə:θkweɪk] N terremoto (BR), terramoto (PT)
earth-shattering ['ə:θʃætərɪŋ] ADJ bombástico
earth tremor N tremor *m*, abalo sísmico
earthworks ['ə:θwə:ks] NPL trabalhos *mpl* de terraplenagem
earthworm ['ə:θwə:m] N minhoca
earthy ['ə:θɪ] ADJ (*fig: vulgar*) grosseiro; (: *natural*) natural
earwax ['ɪəwæks] N cerume *m*
earwig ['ɪəwɪg] N lacrainha
ease [i:z] N facilidade *f*; (*relaxed state*) sossego ▶ VT facilitar; (*relieve: pressure*) afrouxar; (: *pain, tension*) aliviar; (*help pass*): **to ~ sth in/out** meter/tirar algo com cuidado ▶ VI (*situation*) abrandar; **at ~!** (*Mil*) descansar!; **to be at ~** estar à vontade; **with ~** com facilidade
▶ **ease off** VI acalmar-se; (*at work*) deixar de trabalhar tanto; (*wind*) baixar; (*rain*) moderar-se
▶ **ease up** VI = **ease off**

easel ['iːzl] N cavalete m
easily ['iːzɪlɪ] ADV facilmente, fácil (inf)
easiness ['iːzɪnɪs] N facilidade f; (of manner) desenvoltura
east [iːst] N leste m ▶ ADJ (region) leste; (wind) do leste ▶ ADV para o leste; **the E~** o Oriente; (Pol) o leste
Easter ['iːstə'] N Páscoa ▶ ADJ (holidays) da Páscoa; (traditions) pascal
Easter egg N ovo de Páscoa
Easter Island N ilha da Páscoa
easterly ['iːstəlɪ] ADJ (to the east) para o leste; (from the east) do Leste
Easter Monday N Segunda-Feira da Páscoa
eastern ['iːstən] ADJ do leste, oriental; **E~ Europe** a Europa Oriental; **the E~ bloc** (Pol) o Bloco Oriental
Easter Sunday N Domingo da Páscoa
East Germany N Alemanha Oriental
eastward ['iːstwəd], **eastwards** ['iːstwədz] ADV ao leste
easy ['iːzɪ] ADJ fácil; (comfortable) folgado, cômodo, (relaxed) natural, complacente; (victim, prey) desprotegido ▶ ADV: **to take it** or **things ~** (not worry) levar as coisas com calma; (go slowly) ir devagar; (rest) descansar; **payment on ~ terms** (Comm) pagamento facilitado; **that's easier said than done** é mais fácil falar do que fazer; **I'm ~** (inf) para mim, tanto faz
easy chair N poltrona
easy-going ADJ pacato, fácil
eat [iːt] (pt **ate**, pp **eaten**) VT, VI comer
▶ **eat away** VT corroer
▶ **eat away at** VT FUS corroer
▶ **eat into** VT FUS = **eat away at**
▶ **eat out** VI jantar fora
▶ **eat up** VT (food) acabar; **it ~s up electricity** consome eletricidade demais
eatable ['iːtəbl] ADJ comestível
eau de Cologne [əudə-] N (água de) Colônia
eaves [iːvz] NPL beira, beiral m
eavesdrop ['iːvzdrɔp] VI: **to ~ (on)** escutar às escondidas
ebb [ɛb] N refluxo ▶ VI baixar; (fig: also: **ebb away**) declinar; **the ~ and flow** o fluxo e refluxo; **to be at a low ~** (fig: person) estar de maré baixa; (: business, relations etc) ir mal
ebb tide N baixa-mar f, maré f vazante
Ebola virus [iːˈbəulə vaɪərəs] N (Med) ebola vírus m (BR), vírus m ébola (PT)
ebony ['ɛbənɪ] N ébano
e-book ['iːbuk] N livro eletrônico
ebullient [ɪˈbʌlɪənt] ADJ vivo, enérgico
EC N ABBR (= European Community) CE f
e-card ['iːkɑːd] N cartão m eletrônico
ECB N ABBR (= European Central Bank) BCE m, Banco Central Europeu
eccentric [ɪkˈsɛntrɪk] ADJ, N excêntrico(-a)
ecclesiastic [ɪkliːzɪˈæstɪk], **ecclesiastical** [ɪkliːzɪˈæstɪkəl] ADJ eclesiástico
ECG N ABBR (= electrocardiogram) eletro
ECGD N ABBR (= Export Credits Guarantee Department) serviço de garantia financeira para exportações
echo ['ɛkəu] N (pl **echoes**) eco ▶ VT (sound) ecoar, repetir ▶ VI ressoar, repetir
e-cigarette ['iːsɪgərɛt] N cigarro eletrônico
éclair [eɪˈklɛə'] N (Culin) bomba
eclipse [ɪˈklɪps] N eclipse m ▶ VT eclipsar
ECM (US) N ABBR = **European Common Market**
eco-friendly [iːkəuˈfrɛndlɪ] ADJ ecológico
ecological [iːkəˈlɔdʒɪkəl] ADJ ecológico
ecologist [ɪˈkɔlədʒɪst] N ecologista m/f
ecology [ɪˈkɔlədʒɪ] N ecologia
e-commerce N ABBR (= electronic commerce) comércio eletrônico
economic [iːkəˈnɔmɪk] ADJ econômico; (business etc) rentável
economical [iːkəˈnɔmɪkəl] ADJ econômico; (proposition etc) rentável
economically [iːkəˈnɔmɪklɪ] ADV economicamente
economics [iːkəˈnɔmɪks] N economia ▶ NPL aspectos mpl econômicos
economist [ɪˈkɔnəmɪst] N economista m/f
economize [ɪˈkɔnəmaɪz] VI economizar, fazer economias
economy [ɪˈkɔnəmɪ] N economia; **economies of scale** economias de escala
economy class N (Aviat) classe f econômica
economy size N tamanho econômico
ecosystem ['iːkəusɪstəm] N ecossistema m
ecstasy ['ɛkstəsɪ] N êxtase m; **to go into ecstasies over** extasiar-se com
ecstatic [ɛksˈtætɪk] ADJ extasiado
ECT N ABBR = **electroconvulsive therapy**
Ecuador ['ɛkwədɔː'] N Equador m
Ecuadorian [ɛkwəˈdɔːrɪən] ADJ, N equatoriano(-a)
ecumenical [iːkjuˈmɛnɪkl] ADJ ecumênico
eczema ['ɛksɪmə] N eczema m
eddy ['ɛdɪ] N rodamoinho
edge [ɛdʒ] N (of knife etc) fio; (of table, chair etc) borda; (of lake etc) margem f ▶ VT (trim) embainhar ▶ VI: **to ~ forward** avançar pouco a pouco; **on ~** (fig) = **edgy**; **to have the ~ on** (fig) levar vantagem sobre; **to ~ away from** afastar-se pouco a pouco de
edgeways ['ɛdʒweɪz] ADV lateralmente; **he couldn't get a word in ~** não pôde entrar na conversa
edging ['ɛdʒɪŋ] N (Sewing) debrum m; (of path) borda
edgy ['ɛdʒɪ] ADJ nervoso, inquieto
edible ['ɛdɪbl] ADJ comestível
edict ['iːdɪkt] N édito
edifice ['ɛdɪfɪs] N edifício
edifying ['ɛdɪfaɪɪŋ] ADJ edificante
Edinburgh ['ɛdɪnbərə] N Edimburgo
edit ['ɛdɪt] VT (be editor of) dirigir; (cut) cortar, redigir; (Comput, TV) editar; (Cinema) montar
edition [ɪˈdɪʃən] N (gen) edição f; (number printed) tiragem f
editor ['ɛdɪtə'] N redator(a) m/f; (of newspaper) diretor(a) m/f; (of column) editor(a) m/f;

113 | editorial – elated

(of book) organizador(a) m/f da edição; (also: **film editor**) montador(a) m/f
editorial [ɛdɪ'tɔːrɪəl] ADJ editorial ▶ N editorial m; **the ~ staff** a redação
EDP N ABBR = **electronic data processing**
EDT (US) ABBR (= Eastern Daylight Time) hora de verão de Nova Iorque
educate ['ɛdjukeɪt] VT educar; **~d at ...** que cursou ...
education [ɛdju'keɪʃən] N educação f; (schooling) ensino; (science) pedagogia; **primary** (BRIT) or **elementary** (US) **~** ensino de 1º/2º grau
educational [ɛdju'keɪʃənl] ADJ (policy, experience) educacional; (teaching) docente; (toy etc) educativo; **~ technology** tecnologia educacional
Edwardian [ɛd'wɔːdɪən] ADJ da época do rei Eduardo VII, dos anos 1900
EEG N ABBR (= electroencephalogram) eletro
eel [iːl] N enguia
EENT (US) N ABBR (Med) = **eye, ear, nose and throat**
EEOC (US) N ABBR = **Equal Employment Opportunity Commission**
eerie ['ɪərɪ] ADJ (strange) estranho; (mysterious) misterioso
EET N ABBR (= Eastern European Time) hora da Europa Oriental
effect [ɪ'fɛkt] N efeito ▶ VT (repairs) fazer; (savings) efetuar; **effects** NPL (Theatre) efeitos mpl; (property) bens mpl móveis, pertences mpl; **to take ~** (law) entrar em vigor; (drug) fazer efeito; **to put into ~** (plan) pôr em ação or prática; **to have an ~ on sb/sth** produzir efeito em alguém/algo; **in ~** na realidade; **his letter is to the ~ that ...** a carta dele informa que ...
effective [ɪ'fɛktɪv] ADJ (successful) eficaz; (striking) impressionante; (actual) efetivo; **to become ~** (Law) entrar em vigor; **~ date** data de entrada em vigor
effectively [ɪ'fɛktɪvlɪ] ADV (successfully) eficazmente; (in reality) efetivamente
effectiveness [ɪ'fɛktɪvnɪs] N eficácia
effeminate [ɪ'fɛmɪnɪt] ADJ efeminado
effervescent [ɛfə'vɛsnt] ADJ efervescente
efficacy ['ɛfɪkəsɪ] N eficácia
efficiency [ɪ'fɪʃənsɪ] N eficiência; (of machine) rendimento
efficiency apartment (US) N kitchenette f
efficient [ɪ'fɪʃənt] ADJ eficiente; (machine) rentável
efficiently [ɪ'fɪʃəntlɪ] ADV eficientemente
effigy ['ɛfɪdʒɪ] N efígie f
effluent ['ɛfluənt] N efluente m
effort ['ɛfət] N esforço; **to make an ~ to** esforçar-se para
effortless ['ɛfətlɪs] ADJ fácil
effrontery [ɪ'frʌntərɪ] N descaramento
effusive [ɪ'fjuːsɪv] ADJ efusivo; (welcome) caloroso
EFL N ABBR (Sch) = **English as a foreign language**

EFTA ['ɛftə] N ABBR (= European Free Trade Association) AELC f
e.g. ADV ABBR (= exempli gratia) p. ex.
egalitarian [ɪɡælɪ'tɛərɪən] ADJ igualitário
egg [ɛɡ] N ovo; **hard-boiled/soft-boiled ~** ovo duro/mole
▶ **egg on** VT incitar
eggcup ['ɛɡkʌp] N oveiro
eggplant ['ɛɡplɑːnt] (esp US) N beringela
eggshell ['ɛɡʃɛl] N casca de ovo
egg white N clara (de ovo)
egg yolk N gema
ego ['iːɡəu] N ego
egocentric ['iːɡəu'sɛntrɪk, ɛɡəu'sɛntrɪk] ADJ egocêntrico
egoism ['iːɡəuɪzəm] N egoísmo
egoist ['iːɡəuɪst] N egoísta m/f
egotism ['ɛɡəutɪzəm] N egotismo m
egotist ['ɛɡəutɪst] N egotista m/f
Egypt ['iːdʒɪpt] N Egito
Egyptian [ɪ'dʒɪpʃən] ADJ, N egípcio(-a)
eiderdown ['aɪdədaun] N edredom m (BR), edredão m (PT)
eight [eɪt] NUM oito; see also **five**
eighteen ['eɪ'tiːn] NUM dezoito; see also **five**
eighteenth ['eɪ'tiːnθ] NUM décimo oitavo
eighth [eɪtθ] NUM oitavo; see also **fifth**
eightieth ['eɪtɪɪθ] NUM octogésimo
eighty ['eɪtɪ] NUM oitenta; see also **fifty**
Eire ['ɛərə] N (República da) Irlanda
EIS N ABBR (= Educational Institute of Scotland) sindicato dos professores escoceses
either ['aɪðə'] ADJ (one or other) um ou outro; (each) cada; (any) qualquer; (both) ambos
▶ PRON: **~ (of them)** qualquer (dos dois)
▶ ADV: **no, I don't ~** eu também não ▶ CONJ: **~ yes or no** ou sim ou não; **on ~ side** de ambos os lados; **I don't like ~** não gosto nem de um nem do outro; **I haven't seen ~ one or the other** eu não vi nem um nem o outro
ejaculate [ɪ'dʒækjuleɪt] VI ejacular
ejaculation [ɪdʒækju'leɪʃən] N (Physiol) ejaculação f
eject [ɪ'dʒɛkt] VT expulsar ▶ VI (pilot) ser ejetado
ejector seat [ɪ'dʒɛktə'-] N assento ejetor
eke [iːk]: **to ~ out** VT (money) economizar; (food) economizar em; (add to) complementar
EKG (US) N ABBR (= electrocardiogram) eletro
el [ɛl] (US inf) N ABBR = **elevated railroad**
elaborate [adj ɪ'læbərɪt, vt, vi ɪ'læbəreɪt] ADJ complicado; (decorated) rebuscado ▶ VT elaborar; (expand) expandir; (refine) aperfeiçoar ▶ VI: **to ~ on** acrescentar detalhes a
elapse [ɪ'læps] VI transcorrer
elastic [ɪ'læstɪk] ADJ elástico; (adaptable) flexível, adaptável ▶ N elástico
elastic band (BRIT) N elástico
elasticity [ɪlæs'tɪsɪtɪ] N elasticidade f
elated [ɪ'leɪtɪd] ADJ: **to be ~** rejubilar-se

elation [ɪ'leɪʃən] N exaltação f
elbow ['ɛlbəu] N cotovelo ▶ VT: **to ~ one's way through the crowd** abrir passagem pela multidão com os cotovelos
elbow room N (fig) liberdade f
elder ['ɛldə^r] ADJ mais velho ▶ N (tree) sabugueiro; (person) o/a mais velho(-a); (of tribe) ancião; (of church) presbítero
elderly ['ɛldəlɪ] ADJ idoso, de idade; **~ people** as pessoas de idade, os idosos
eldest ['ɛldɪst] ADJ mais velho ▶ N o/a mais velho(-a)
elect [ɪ'lɛkt] VT eleger ▶ ADJ: **the president ~** o presidente eleito; **to ~ to do** (choose) optar por fazer
election [ɪ'lɛkʃən] N (voting) votação f; (installation) eleição f; **to hold an ~** realizar uma eleição
election campaign N campanha eleitoral
electioneering [ɪlɛkʃə'nɪərɪŋ] N campanha or propaganda eleitoral
elector [ɪ'lɛktə^r] N eleitor(a) m/f
electoral [ɪ'lɛktərəl] ADJ eleitoral
electoral college N colégio eleitoral
electoral roll (BRIT) N lista de eleitores
electorate [ɪ'lɛktərɪt] N eleitorado
electric [ɪ'lɛktrɪk] ADJ elétrico
electrical [ɪ'lɛktrɪkəl] ADJ elétrico
electrical engineer N engenheiro(-a) eletricista
electrical failure N pane f elétrica
electric blanket N cobertor m elétrico
electric chair (US) N cadeira elétrica
electric cooker N fogão m elétrico
electric current N corrente f elétrica
electric fire (BRIT) N aquecedor m elétrico
electrician [ɪlɛk'trɪʃən] N eletricista m/f
electricity [ɪlɛk'trɪsɪtɪ] N eletricidade f
electricity board (BRIT) N empresa de energia elétrica
electric light N luz f elétrica
electric shock N choque m elétrico
electrify [ɪ'lɛktrɪfaɪ] VT (fence, Rail) eletrificar; (audience) eletrizar
electro... [ɪ'lɛktrəu] PREFIX eletro...
electrocardiogram [ɪ'lɛktrəu'kɑ:dɪəgræm] N eletrocardiograma m
electroconvulsive therapy N eletrochoques mpl
electrocute [ɪ'lɛktrəkju:t] VT eletrocutar
electrode [ɪ'lɛktrəud] N eletrodo (BR), eléctrodo (PT)
electroencephalogram [ɪ'lɛktrəuɛn'sɛfələgræm] N eletroencefalograma m
electrolysis [ɪlɛk'trɔlɪsɪs] N eletrólise f
electromagnetic [ɪlɛktrəumæg'nɛtɪk] ADJ eletromagnético
electron [ɪ'lɛktrɔn] N elétron m (BR), electrão m (PT)
electronic [ɪlɛk'trɔnɪk] ADJ eletrônico
electronic data processing N processamento de dados eletrônico
electronic mail N correio eletrônico
electronics [ɪlɛk'trɔnɪks] N eletrônica
electron microscope N microscópio eletrônico
electroplated [ɪ'lɛktrəu'pleɪtɪd] ADJ galvanizado
electrotherapy [ɪ'lɛktrəu'θɛrəpɪ] N eletroterapia
elegance ['ɛlɪgəns] N elegância
elegant ['ɛlɪgənt] ADJ (person, building) elegante; (idea) refinado
element ['ɛlɪmənt] N elemento; **to brave the ~s** enfrentar intempérie
elementary [ɛlɪ'mɛntərɪ] ADJ (gen) elementar; (primitive) rudimentar; (school, education) primário
elementary school (US) N ver nota

> Nos Estados Unidos e no Canadá, uma **elementary school** (também chamada de grade school ou grammar school nos Estados Unidos) é uma escola pública onde os alunos passam de seis a oito dos primeiros anos escolares.

elephant ['ɛlɪfənt] N elefante m
elevate ['ɛlɪveɪt] VT elevar; (in rank) promover
elevated railroad (US) N ferrovia elevada
elevation [ɛlɪ'veɪʃən] N elevação f; (land) eminência; (height) altura
elevator ['ɛlɪveɪtə^r] (US) N elevador m
eleven [ɪ'lɛvn] NUM onze; see also **five**
elevenses [ɪ'lɛvənzɪz] (BRIT) NPL refeição leve da manhã
eleventh [ɪ'lɛvnθ] NUM décimo-primeiro; **at the ~ hour** (fig) no último momento, na hora H; see also **fifth**
elf [ɛlf] (pl **elves**) N elfo, duende m
elicit [ɪ'lɪsɪt] VT: **to ~ (from)** (information) extrair (de); (response, reaction) provocar (de)
eligible ['ɛlɪdʒəbl] ADJ elegível, apto; **to be ~ for sth** (job etc) ter qualificações para algo; (pension etc) ter direito a algo
eliminate [ɪ'lɪmɪneɪt] VT (poverty, smoking) erradicar; (candidate, team) eliminar; (strike out) suprimir; (suspect) eliminar, excluir
elimination [ɪlɪmɪ'neɪʃən] N eliminação f; **by a process of ~** por eliminação
élite [eɪ'li:t] N elite f
élitist [eɪ'li:tɪst] (pej) ADJ elitista
elixir [ɪ'lɪksə^r] N elixir m
Elizabethan [ɪlɪzə'bi:θən] ADJ elisabetano
ellipse [ɪ'lɪps] N elipse f
elliptical [ɪ'lɪptɪkl] ADJ elíptico
elm [ɛlm] N olmo
elocution [ɛlə'kju:ʃən] N elocução f
elongated ['i:lɔŋgeɪtɪd] ADJ alongado
elope [ɪ'ləup] VI fugir
elopement [ɪ'ləupmənt] N fuga do lar paterno
eloquence ['ɛləkwəns] N eloquência
eloquent ['ɛləkwənt] ADJ eloquente
El Salvador [ɛl'sælvədɔ:^r] N El Salvador
else [ɛls] ADV outro, mais; **something ~** outra coisa; **somewhere ~** em outro lugar (BR),

noutro sítio (PT); **everywhere** ~ por todo o lado (menos aqui); **everyone** ~ todos os outros; **where** ~? onde mais?; **what** ~ **can we do?** que mais podemos fazer?; **or** ~ senão; **there was little** ~ **to do** não havia outra coisa a fazer; **nobody** ~ **spoke** ninguém mais falou
elsewhere [ɛls'wɛəʳ] ADV (be) em outro lugar (BR), noutro sítio (PT); (go) para outro lugar (BR), a outro sítio (PT)
ELT N ABBR (Sch) = **English Language Teaching**
elucidate [ɪ'luːsɪdeɪt] VT esclarecer, elucidar
elude [ɪ'luːd] VT (pursuer) escapar de, esquivar-se de; (subj: fact, idea) evadir
elusive [ɪ'luːsɪv] ADJ esquivo; (quality) indescritível; (answer) evasivo
elves [ɛlvz] NPL of **elf**
emaciated [ɪ'meɪsɪeɪtɪd] ADJ emaciado, macilento
email ['iːmeɪl] N e-mail m, correio eletrônico ▶ VT (person) enviar um e-mail a
email account N conta de e-mail, conta de correio eletrônico
email address N e-mail m, endereço eletrônico
emanate ['ɛməneɪt] VI: **to** ~ **from** emanar de
emancipate [ɪ'mænsɪpeɪt] VT libertar; (women) emancipar
emancipated [ɪ'mænsɪpeɪtɪd] ADJ emancipado
emancipation [ɪmænsɪ'peɪʃən] N emancipação f
emasculate [ɪ'mæskjuleɪt] VT emascular
embalm [ɪm'bɑːm] VT embalsamar
embankment [ɪm'bæŋkmənt] N aterro; (of river) dique m
embargo [ɪm'bɑːgəu] N (pl **embargoes**) (Naut) embargo; (Comm) proibição f ▶ VT boicotear; **to put an** ~ **on sth** proibir algo
embark [ɪm'bɑːk] VI embarcar ▶ VT embarcar; **to** ~ **on** (fig) empreender, começar
embarkation [ɛmbɑː'keɪʃən] N (of people, goods) embarque m
embarkation card N cartão m de embarque
embarrass [ɪm'bærəs] VT (politician) embaraçar; (emotionally) constranger
embarrassed [ɪm'bærəst] ADJ (laugh, silence) desconfortável; **to be financially** ~ estar com dificuldades financeiras
embarrassing [ɪm'bærəsɪŋ] ADJ embaraçoso, constrangedor(a)
embarrassment [ɪm'bærəsmənt] N embaraço, constrangimento; (financial) dificuldades fpl
embassy ['ɛmbəsɪ] N embaixada
embed [ɪm'bɛd] VT embutir; (teeth etc) cravar
embedded [ɪm'bɛdɪd] ADJ encravado
embellish [ɪm'bɛlɪʃ] VT embelezar; (fig: story) florear
embers ['ɛmbəz] NPL brasa, borralho, cinzas fpl
embezzle [ɪm'bɛzl] VT desviar
embezzlement [ɪm'bɛzlmənt] N desvio (de fundos)

embezzler [ɪm'bɛzləʳ] N malversador(a) m/f
embitter [ɪm'bɪtəʳ] VT (person) amargurar; (relations) azedar
embittered [ɪm'bɪtəd] ADJ amargurado
emblem ['ɛmbləm] N emblema m
embodiment [ɪm'bɔdɪmənt] N encarnação f
embody [ɪm'bɔdɪ] VT (features) incorporar; (ideas) expressar
embolden [ɪm'bəuldn] VT encorajar, animar
embolism ['ɛmbəlɪzəm] N embolia
embossed [ɪm'bɔst] ADJ realçado; ~ **with** ornado com relevos de
embrace [ɪm'breɪs] VT abraçar, dar um abraço em; (include) abarcar, abranger; (adopt: idea) adotar ▶ VI abraçar-se ▶ N abraço
embroider [ɪm'brɔɪdəʳ] VT bordar; (fig: story) florear
embroidery [ɪm'brɔɪdərɪ] N bordado
embroil [ɪm'brɔɪl] VT: **to become** ~**ed** (**in sth**) ficar envolvido (em algo)
embryo ['ɛmbrɪəu] N (fig) embrião m
emend [ɪ'mɛnd] VT emendar
emerald ['ɛmərəld] N esmeralda
emerge [ɪ'məːdʒ] VI sair; (from sleep) acordar; (fact, idea) emergir; **it** ~**s that** ... (BRIT) veio à tona que ...
emergence [ɪ'məːdʒəns] N surgimento, aparecimento; (of a nation) nascimento
emergency [ɪ'məːdʒənsɪ] N emergência; **in an** ~ em caso de urgência; **state of** ~ estado de emergência
emergency cord (US) N sinal m de alarme
emergency exit N saída de emergência
emergency landing N aterrissagem f forçada (BR), aterragem f forçosa (PT)
emergency lane (US) N (Aut) acostamento (BR), berma (PT)
emergency meeting N reunião f extraordinária
emergency road service (US) N autossocorro (BR), pronto socorro (PT)
emergency services NPL serviços mpl de emergência
emergency stop (BRIT) N (Aut) parada de emergência
emergent [ɪ'məːdʒənt] ADJ (nation) em desenvolvimento; (group) emergente
emery board ['ɛmərɪ-] N lixa de unhas
emery paper ['ɛmərɪ-] N lixa or papel m de esmeril
emetic [ɪ'mɛtɪk] N emético
emigrant ['ɛmɪgrənt] N emigrante m/f
emigrate ['ɛmɪgreɪt] VI emigrar
emigration [ɛmɪ'greɪʃən] N emigração f
émigré ['ɛmɪgreɪ] N emigrado(-a)
eminence ['ɛmɪnəns] N eminência
eminent ['ɛmɪnənt] ADJ eminente
eminently ['ɛmɪnəntlɪ] ADV eminentemente
emirate ['ɛmɪrɪt] N emirado
emission [ɪ'mɪʃən] N emissão f
emit [ɪ'mɪt] VT (gen) emitir; (smoke) soltar; (smell) exalar; (sound) produzir

emoji [ɪˈməʊdʒɪ] N (*Comput*) emoji *m*
emolument [ɪˈmɒljumənt] N (*often pl: formal: fee*) honorário; (*salary*) remuneração *f*
emoticon [ɪˈməʊtɪkən] N (*Comput*) emoticon *m*
emotion [ɪˈməʊʃən] N emoção *f*
emotional [ɪˈməʊʃənəl] ADJ (*needs, exhaustion*) emocional; (*person*) sentimental, emotivo; (*scene*) comovente; (*tone*) emocionante
emotionally [ɪˈməʊʃənəlɪ] ADV (*disturbed, involved*) emocionalmente; (*behave*) emotivamente; (*speak*) com emoção
emotive [ɪˈməʊtɪv] ADJ que sensibiliza; **~ power** capacidade *f* de comover
empathy [ˈɛmpəθɪ] N empatia; **to feel ~ with sb** ter afinidade com alguém
emperor [ˈɛmpərəʳ] N imperador *m*
emphases [ˈɛmfəsiːz] NPL *of* **emphasis**
emphasis [ˈɛmfəsɪs] (*pl* **emphases**) N ênfase *f*; (*stress*) acentuação *f*; **to lay** *or* **place ~ on sth** dar ênfase a; **the ~ is on reading** a leitura ocupa um lugar de destaque
emphasize [ˈɛmfəsaɪz] VT (*word, point*) enfatizar, acentuar; (*feature*) salientar
emphatic [ɛmˈfætɪk] ADJ (*statement*) vigoroso, expressivo; (*person*) convincente; (*manner*) enfático
emphatically [ɛmˈfætɪkəlɪ] ADV com ênfase; (*certainly*) certamente
empire [ˈɛmpaɪəʳ] N império
empirical [ɛmˈpɪrɪkl] ADJ empírico
employ [ɪmˈplɔɪ] VT empregar; (*tool*) utilizar; **he's ~ed in a bank** ele trabalha num banco
employee [ɪmplɔɪˈiː] N empregado(-a)
employer [ɪmˈplɔɪəʳ] N empregador(a) *m/f*, patrão(-troa) *m/f*
employment [ɪmˈplɔɪmənt] N (*gen*) emprego; (*work*) trabalho; **to find ~** encontrar um emprego; **without ~** sem emprego, desempregado; **place of ~** local de trabalho
employment agency N agência de empregos
employment exchange (BRIT) N bolsa de trabalho
empower [ɪmˈpauəʳ] VT: **to ~ sb to do sth** autorizar alguém para fazer algo
empress [ˈɛmprɪs] N imperatriz *f*
emptiness [ˈɛmptɪnɪs] N vazio, vácuo
empty [ˈɛmptɪ] ADJ vazio; (*place*) deserto; (*house*) desocupado; (*threat*) vão/vã ▶ N (*bottle*) vazio ▶ VT esvaziar; (*place*) evacuar ▶ VI esvaziar-se; (*place*) ficar deserto; **on an ~ stomach** em jejum, com o estômago vazio; **to ~ into** (*river*) desaguar em
empty-handed [-ˈhændɪd] ADJ de mãos vazias
empty-headed [-ˈhɛdɪd] ADJ de cabeça oca
EMT N ABBR = **emergency medical technician**
emulate [ˈɛmjuleɪt] VT (*person*) emular com
emulsion [ɪˈmʌlʃən] N emulsão *f*; (*also*: **emulsion paint**) tinta plástica
enable [ɪˈneɪbl] VT: **to ~ sb to do sth** (*allow*) permitir que alguém faça algo; (*prepare*) capacitar alguém para fazer algo
enact [ɪnˈækt] VT (*law*) pôr em vigor, promulgar; (*play*) representar; (*role*) fazer

enamel [ɪˈnæməl] N esmalte *m*
enamel paint N esmalte *m*
enamoured [ɪˈnæməd] ADJ: **to be ~ of** (*person*) estar apaixonado por; (*activity etc*) ser louco por; (*idea*) encantar-se com
enc. ABBR (*in letters etc*) = **enclosed**; **enclosure**
encampment [ɪnˈkæmpmənt] N acampamento
encased [ɪnˈkeɪst] ADJ: **~ in** (*enclosed*) encaixado em; (*covered*) revestido de
enchant [ɪnˈtʃɑːnt] VT encantar
enchanted [ɪnˈtʃɑːntɪd] ADJ encantado
enchanting [ɪnˈtʃɑːntɪŋ] ADJ encantador(a)
encircle [ɪnˈsəːkl] VT cercar, circundar; (*waist*) rodear
encl. ABBR (*in letters etc*) = **enclosed**; **enclosure**
enclave [ˈɛnkleɪv] N: **an ~ of** um encrave de
enclose [ɪnˈkləʊz] VT (*land*) cercar; (*with letter etc*) anexar (BR), enviar junto (PT); **please find ~d** segue junto
enclosure [ɪnˈkləʊʒəʳ] N cercado; (*Comm*) documento anexo
encoder [ɪnˈkəʊdəʳ] N (*Comput*) codificador *m*
encompass [ɪnˈkʌmpəs] VT abranger, encerrar
encore [ɔŋˈkɔːʳ] EXCL bis!, outra! ▶ N bis *m*
encounter [ɪnˈkauntəʳ] N encontro ▶ VT encontrar, topar com; (*difficulty*) enfrentar
encourage [ɪnˈkʌrɪdʒ] VT (*activity*) encorajar; (*growth*) estimular; (*person*): **to ~ sb to do sth** animar alguém a fazer algo
encouragement [ɪnˈkʌrɪdʒmənt] N estímulo
encouraging [ɪnˈkʌrɪdʒɪŋ] ADJ animador(a)
encroach [ɪnˈkrəʊtʃ] VI: **to ~ (up)on** invadir; (*time*) ocupar
encrusted [ɪnˈkrʌstəd] ADJ: **~ with** incrustado de
encrypt [ɪnˈkrɪpt] VT (*Comput, Tel*) criptografar
encumber [ɪnˈkʌmbəʳ] VT: **to be ~ed with** (*carry*) estar carregado de; (*debts*) estar sobrecarregado de
encyclopaedia, encyclopedia [ɛnsaɪkləʊˈpiːdɪə] N enciclopédia
end [ɛnd] N (*gen, also aim*) fim *m*; (*of table, line, rope etc*) ponta; (*of street, town*) final *m*; (*Sport*) ponta ▶ VT acabar, terminar; (*also*: **bring to an end, put an end to**) acabar com, pôr fim a ▶ VI terminar, acabar; **from ~ to ~** de ponta a ponta; **to come to an ~** acabar; **to be at an ~** estar no fim, estar terminado; **in the ~** ao fim, por fim, finalmente; **on ~** (*object*) na ponta; **to stand on ~** (*hair*) arrepiar-se; **for hours on ~** por horas a fio; **at the ~ of the day** (BRIT *fig*) no final das contas; **to this ~**, **with this ~ in view** a este fim
▶ **end up** VI: **to ~ up in** terminar em; (*place*) ir parar em
endanger [ɪnˈdeɪndʒəʳ] VT pôr em perigo; **an ~ed species** uma espécie ameaçada de extinção
endear [ɪnˈdɪəʳ] VT: **to ~ o.s. to sb** conquistar a afeição de alguém, cativar alguém
endearing [ɪnˈdɪərɪŋ] ADJ simpático, atrativo

endearment [ɪn'dɪəmənt] N: **to whisper ~s** sussurrar palavras carinhosas; **term of ~** palavra carinhosa

endeavour, (US) **endeavor** [ɪn'dɛvə^r] N esforço; *(attempt)* tentativa; *(striving)* empenho ▶ VI: **to ~ to do** esforçar-se para fazer; *(try)* tentar fazer

endemic [ɛn'dɛmɪk] ADJ endêmico

ending ['ɛndɪŋ] N fim *m*, conclusão *f*; *(of book)* desenlace *m*; *(Ling)* terminação *f*

endive ['ɛndaɪv] N *(curly)* chicória; *(smooth, flat)* endívia

endless ['ɛndlɪs] ADJ interminável; *(possibilities)* infinito

endorse [ɪn'dɔːs] VT *(cheque)* endossar; *(approve)* aprovar

endorsee [ɪndɔː'siː] N endossado(-a), endossatário(-a)

endorsement [ɪn'dɔːsmənt] N *(BRIT: on driving licence)* descrição *f* das multas; *(approval)* aval *m*; *(signature)* endosso

endorser [ɪn'dɔːsə^r] N endossante *m/f*, endossador(a) *m/f*

endow [ɪn'dau] VT *(provide with money)* dotar; (: *institution)* fundar; **to be ~ed with** ser dotado de

endowment [ɪn'daumənt] N dotação *f*

endowment assurance N seguro dotal

end product N *(Industry)* produto final; *(fig)* resultado

end result N resultado final

endurable [ɪn'djuərəbl] ADJ suportável

endurance [ɪn'djuərəns] N resistência

endurance test N teste *m* de resistência

endure [ɪn'djuə^r] VT *(bear)* aguentar, suportar ▶ VI *(last)* durar; *(resist)* resistir

end user N *(Comput)* usuário(-a) (BR) *or* utente *m/f* (PT) final

enema ['ɛnɪmə] N *(Med)* enema *m*, clister *m*

enemy ['ɛnəmɪ] ADJ, N inimigo(-a); **to make an ~ of sb** fazer de alguém um inimigo

energetic [ɛnə'dʒɛtɪk] ADJ energético

energy ['ɛnədʒɪ] N energia; **Department of E~** Ministério da Energia

energy crisis N crise *f* de energia

energy drink N energético, bebida energética

energy-saving ADJ *(policy)* de economia de energia; *(device)* que economiza energia

enervating ['ɛnəveɪtɪŋ] ADJ enervante

enforce [ɪn'fɔːs] VT *(Law)* fazer cumprir

enforced [ɪn'fɔːst] ADJ forçoso

enfranchise [ɪn'fræntʃaɪz] VT conferir o direito de voto a; *(set free)* emancipar

engage [ɪn'geɪdʒ] VT *(attention)* chamar; *(interest)* atrair; *(lawyer)* contratar; *(clutch)* engrenar ▶ VI *(Tech)* engrenar; **to ~ in** dedicar-se a, ocupar-se com; **to ~ sb in conversation** travar conversa com alguém

engaged [ɪn'geɪdʒd] ADJ *(BRIT: phone)* ocupado (BR), impedido (PT); (: *toilet)* ocupado; *(betrothed)* noivo; **to get ~** ficar noivo; **he is ~ in research** dedica-se à pesquisa

engaged tone (BRIT) N *(Tel)* sinal *m* de ocupado (BR) *or* de impedido (PT)

engagement [ɪn'geɪdʒmənt] N *(appointment)* encontro; *(booking)* contrato; *(battle)* combate *m*; *(to marry)* noivado; **I have a previous ~** já tenho compromisso

engagement ring N aliança de noivado

engaging [ɪn'geɪdʒɪŋ] ADJ atraente, simpático

engender [ɪn'dʒɛndə^r] VT engendrar, gerar

engine ['ɛndʒɪn] N *(Aut)* motor *m*; *(Rail)* locomotiva

engine driver (BRIT) N maquinista *m/f*

engineer [ɛndʒɪ'nɪə^r] N engenheiro(-a); *(US Rail)* maquinista *m/f*; (BRIT: for repairs) técnico(-a); (: *for domestic appliances)* consertador(a) *m/f* (de aparelhos domésticos)

engineering [ɛndʒɪ'nɪərɪŋ] N engenharia ▶ CPD: **~ works** *or* **factory** fábrica de construção de máquinas

engine failure N falha do motor

engine trouble N enguiço

England ['ɪŋglənd] N Inglaterra

English ['ɪŋglɪʃ] ADJ inglês(-esa) ▶ N *(Ling)* inglês *m*; **the English** NPL *(people)* os ingleses; **an ~ speaker** uma pessoa de língua inglesa

English Channel N: **the ~** o Canal da Mancha

Englishman ['ɪŋglɪʃmən] *(irreg: like* **man**) N inglês *m*

English-speaking ADJ de língua inglesa

Englishwoman ['ɪŋglɪʃwumən] *(irreg: like* **woman**) N inglesa

engrave [ɪn'greɪv] VT gravar

engraving [ɪn'greɪvɪŋ] N gravura

engrossed [ɪn'grəust] ADJ: **~ in** absorto em

engulf [ɪn'gʌlf] VT *(subj: fire, water)* engolfar, tragar; (: *panic, fear)* tomar conta de

enhance [ɪn'hɑːns] VT *(gen)* ressaltar, salientar; *(beauty)* realçar; *(position)* melhorar; *(add to)* aumentar

enigma [ɪ'nɪgmə] N enigma *m*

enigmatic [ɛnɪg'mætɪk] ADJ enigmático

enjoy [ɪn'dʒɔɪ] VT *(like)* gostar de; *(have: health, privilege)* desfrutar de; *(food)* comer com gosto; **to ~ o.s.** divertir-se

enjoyable [ɪn'dʒɔɪəbl] ADJ *(pleasant)* agradável; *(amusing)* divertido

enjoyment [ɪn'dʒɔɪmənt] N *(joy)* prazer *m*; *(use)* gozo

enlarge [ɪn'lɑːdʒ] VT aumentar; *(broaden)* estender, alargar; *(Phot)* ampliar ▶ VI: **to ~ on** *(subject)* desenvolver, estender-se sobre

enlarged [ɪn'lɑːdʒd] ADJ *(edition)* ampliado; *(Med: organ, gland)* dilatado, hipertrofiado

enlargement [ɪn'lɑːdʒmənt] N *(Phot)* ampliação *f*

enlighten [ɪn'laɪtn] VT *(inform)* informar, instruir

enlightened [ɪn'laɪtnd] ADJ *(cultured)* culto; *(knowledgeable)* bem informado; *(tolerant)* compreensivo

enlightening [ɪn'laɪtnɪŋ] ADJ esclarecedor(a)

enlightenment [ɪn'laɪtənmənt] N esclarecimento; (*History*): **the E~** o Século das Luzes
enlist [ɪn'lɪst] VT alistar; (*support*) conseguir, aliciar ▶ VI alistar-se; **~ed man** (*US Mil*) praça *m*
enliven [ɪn'laɪvn] VT animar, agitar
enmity ['ɛnmɪtɪ] N inimizade *f*
ennoble [ɪ'nəubl] VT (*with title*) nobilitar
enormity [ɪ'nɔːmɪtɪ] N enormidade *f*
enormous [ɪ'nɔːməs] ADJ enorme
enormously [ɪ'nɔːməslɪ] ADV imensamente
enough [ɪ'nʌf] ADJ: **~ time/books** tempo suficiente/livros suficientes ▶ PRON: **have you got ~?** você tem o suficiente? ▶ ADV: **big ~** suficientemente grande; **will 5 be ~?** com 5 dá?; **~!** basta!, chega!; **that's ~, thanks** chega, obrigado; **I've had ~!** não aguento mais!; **I've had ~ of him** estou farto dele; **he has not worked ~** não tem trabalhado o suficiente; **it's hot ~ (as it is)!** já está tão quente!; **he was kind ~ to lend me the money** ele teve a gentileza de me emprestar o dinheiro; **which, funnily or oddly ~ ...** o que, por estranho que pareça ...
enquire [ɪn'kwaɪə^r] VT, VI = **inquire**
enrage [ɪn'reɪdʒ] VT enfurecer, enraivecer
enrich [ɪn'rɪtʃ] VT enriquecer
enrol, (*US*) **enroll** [ɪn'rəul] VT inscrever; (*Sch*) matricular ▶ VI inscrever-se; matricular-se
enrolment, (*US*) **enrollment** [ɪn'rəulmənt] N inscrição *f*; (*Sch*) matrícula
en route [ɔn-] ADV (*on the way*) no caminho; **~ for** or **to** a caminho de
ensconced [ɪn'skɔnst] ADJ: **~ in** acomodado em
enshrine [ɪn'ʃraɪn] VT (*fig*) conservar, resguardar
ensign ['ɛnsaɪn] N (*flag*) bandeira; (*Mil*) insígnia; (*US Naut*) guarda-marinha *m*
enslave [ɪn'sleɪv] VT escravizar
ensue [ɪn'sjuː] VI seguir-se; (*result*) resultar; (*happen*) acontecer
ensure [ɪn'ʃuə^r] VT assegurar; **to ~ that** verificar-se que
ENT N ABBR (= *Ear, Nose & Throat*) otorrinolaringologia
entail [ɪn'teɪl] VT (*involve*) implicar; (*result in*) acarretar
entangle [ɪn'tæŋgl] VT enredar, emaranhar; **to get ~d in sth** (*fig*) ficar enrolado em algo
enter ['ɛntə^r] VT (*room*) entrar em; (*club*) ficar or fazer-se sócio de; (*army*) alistar-se em; (*competition*) inscrever-se em; (*sb for a competition*) inscrever; (*write down*) completar; (*Comput*) digitar ▶ VI entrar
▶ **enter for** VT FUS inscrever-se em
▶ **enter into** VT FUS (*relations*) estabelecer; (*plans*) fazer parte de; (*debate, negotiations*) entrar em; (*agreement*) chegar a, firmar
▶ **enter on** VT FUS (*career*) entrar para
▶ **enter up** VT lançar
▶ **enter upon** VT FUS = **enter on**

enteritis [ɛntə'raɪtɪs] N enterite *f*
enterprise ['ɛntəpraɪz] N empresa; (*undertaking*) empreendimento; (*initiative*) iniciativa; **free/private ~** livre-empresa/empresa privada
enterprising ['ɛntəpraɪzɪŋ] ADJ empreendedor(a)
entertain [ɛntə'teɪn] VT (*amuse*) divertir, entreter; (*invite: guest*) receber (em casa); (*idea, plan*) estudar
entertainer [ɛntə'teɪnə^r] N artista *m/f*
entertaining [ɛntə'teɪnɪŋ] ADJ divertido ▶ N: **to do a lot of ~** receber com frequência
entertainment [ɛntə'teɪnmənt] N (*amusement*) entretenimento, diversão *f*; (*show*) espetáculo
entertainment allowance N verba de representação
enthralled [ɪn'θrɔːld] ADJ encantado, cativado
enthralling [ɪn'θrɔːlɪŋ] ADJ cativante, encantador(a)
enthuse [ɪn'θuːz] VI: **to ~ about** or **over** entusiasmar-se com or por
enthusiasm [ɪn'θuːzɪæzəm] N entusiasmo
enthusiast [ɪn'θuːzɪæst] N entusiasta *m/f*; **a jazz** etc **~** um(-a) aficionado(a) de jazz etc
enthusiastic [ɪnθuːzɪ'æstɪk] ADJ entusiasmado; **to be ~ about** entusiasmar-se por
entice [ɪn'taɪs] VT atrair, tentar; (*seduce*) seduzir
enticing [ɪn'taɪsɪŋ] ADJ sedutor(a), tentador(a)
entire [ɪn'taɪə^r] ADJ inteiro
entirely [ɪn'taɪəlɪ] ADV totalmente, completamente
entirety [ɪn'taɪərətɪ] N: **in its ~** na sua totalidade
entitle [ɪn'taɪtl] VT: **to ~ sb to sth** dar a alguém direito a algo; **to ~ sb to do** dar a alguém direito de fazer
entitled [ɪn'taɪtld] ADJ (*book etc*) intitulado; **to be ~ to sth/to do sth** ter direito a algo/de fazer algo
entity ['ɛntɪtɪ] N ente *m*
entourage [ɔntu'rɑːʒ] N séquito
entrails ['ɛntreɪlz] NPL entranhas *fpl*
entrance [*n* 'ɛntrəns, *vt* ɪn'trɑːns] N entrada; (*arrival*) chegada ▶ VT encantar, fascinar; **to gain ~ to** (*university etc*) ser admitido em
entrance examination N exame *m* de admissão
entrance fee N joia; (*to museum etc*) (preço da) entrada
entrance ramp (*US*) N (*Aut*) entrada (para a rodovia)
entrancing [ɪn'trɑːnsɪŋ] ADJ encantador(a), fascinante
entrant ['ɛntrənt] N participante *m/f*; (*BRIT: in exam*) candidato(-a)
entreat [ɛn'triːt] VT: **to ~ sb to do** suplicar con alguém para fazer
entreaty [ɛn'triːtɪ] N rogo, súplica
entrée ['ɔntreɪ] N (*Culin*) entrada

entrenched [ɛn'trɛntʃd] ADJ *(position, power)* fortalecido; *(idea)* arraigado
entrepreneur [ɔntrəprə'nəːʳ] N empresário(-a)
entrepreneurial [ɔntrəprə'nəːrɪəl] ADJ empreendedor(a)
entrust [ɪn'trʌst] VT: **to ~ sth to sb** confiar algo a alguém
entry ['ɛntrɪ] N entrada; *(permission to enter)* acesso; *(in register)* registro, assentamento; *(in account)* lançamento; *(in dictionary)* verbete *m*; **"no ~"** "entrada proibida"; *(Aut)* "contramão" (BR), "entrada proibida" (PT); **single/double ~ book-keeping** escrituração por partidas simples/dobradas
entry form N formulário de inscrição
entry phone *(BRIT)* N interfone *m (em apartamento)*
entwine [ɪn'twaɪn] VT entrelaçar
enumerate [ɪ'njuːməreɪt] VT enumerar
enunciate [ɪ'nʌnsɪeɪt] VT pronunciar; *(principle etc)* enunciar
envelop [ɪn'vɛləp] VT envolver
envelope ['ɛnvələup] N envelope *m*
enviable ['ɛnvɪəbl] ADJ invejável
envious ['ɛnvɪəs] ADJ invejoso; *(look)* de inveja
environment [ɪn'vaɪərnmənt] N meio ambiente *m*; **Department of the E~** *(BRIT)* Ministério da Habitação, Urbanismo e Meio Ambiente
environmental [ɪnvaɪərn'mɛntl] ADJ ambiental; **~ studies** *(Sch)* ecologia
environmentalist [ɪnvaɪərn'mɛntəlɪst] N ecologista *m/f*
Environmental Protection Agency *(US)* N = Secretaria Especial do Meio Ambiente
envisage [ɪn'vɪzɪdʒ] VT *(foresee)* prever; *(imagine)* conceber, imaginar
envision [ɪn'vɪʒən] *(US)* VT = **envisage**
envoy ['ɛnvɔɪ] N enviado(-a)
envy ['ɛnvɪ] N inveja ▶ VT ter inveja de; **to ~ sb sth** invejar alguém por algo, cobiçar algo de alguém
enzyme ['ɛnzaɪm] N enzima
EPA *(US)* N ABBR *(= Environmental Protection Agency)* = SEMA
ephemeral [ɪ'fɛmərl] ADJ efêmero
epic ['ɛpɪk] N epopeia ▶ ADJ épico
epicentre, *(US)* **epicenter** ['ɛpɪsɛntəʳ] N epicentro
epidemic [ɛpɪ'dɛmɪk] N epidemia
epilepsy ['ɛpɪlɛpsɪ] N epilepsia
epileptic [ɛpɪ'lɛptɪk] ADJ, N epilético(-a)
epilogue ['ɛpɪlɔg] N epílogo
episcopal [ɪ'pɪskəpl] ADJ episcopal
episode ['ɛpɪsəud] N episódio; *(instalment)* capítulo
epistle [ɪ'pɪsl] N epístola
epitaph ['ɛpɪtɑːf] N epitáfio
epithet ['ɛpɪθɛt] N epíteto
epitome [ɪ'pɪtəmɪ] N epítome *m*
epitomize [ɪ'pɪtəmaɪz] VT epitomar, resumir
epoch ['iːpɔk] N época

epoch-making ADJ que marca época, marcante
eponymous [ɪ'pɔnɪməs] ADJ epônimo
equable ['ɛkwəbl] ADJ *(climate)* uniforme; *(temper, reply)* equânime; *(character)* tranquilo, calmo
equal ['iːkwl] ADJ igual; *(treatment)* equitativo, equivalente ▶ N igual *m/f* ▶ VT ser igual a; **to be ~ to** *(task)* estar à altura de; **~ to doing** capaz de fazer
equality [iː'kwɔlɪtɪ] N igualdade *f*
equalize ['iːkwəlaɪz] VT, VI igualar; *(Sport)* empatar
equalizer ['iːkwəlaɪzəʳ] N gol *m* (BR) *or* golo (PT) de empate
equally ['iːkwəlɪ] ADV igualmente; *(share etc)* por igual
Equal Opportunities Commission, *(US)* **Equal Employment Opportunity Commission** N comissão para a não-discriminação no trabalho
equal sign, equals sign N sinal *m* de igualdade
equanimity [ɛkwə'nɪmɪtɪ] N equanimidade *f*
equate [ɪ'kweɪt] VT: **to ~ sth with** equiparar algo com; **to ~ sth to** igualar algo a
equation [ɪ'kweɪʒən] N *(Math)* equação *f*
equator [ɪ'kweɪtəʳ] N equador *m*
equatorial [ɛkwə'tɔːrɪəl] ADJ equatorial
Equatorial Guinea N Guiné *f* Equatorial
equestrian [ɪ'kwɛstrɪən] ADJ equestre; *(sport)* hípico ▶ N *(man)* ginete *m*; *(woman)* amazona
equilibrium [iːkwɪ'lɪbrɪəm] N equilíbrio
equinox ['iːkwɪnɔks] N equinócio
equip [ɪ'kwɪp] VT equipar; *(person)* prover, munir; **to ~ sb/sth with** equipar alguém/algo com, munir alguém/algo de; **to be well ~ped** estar bem preparado *or* equipado
equipment [ɪ'kwɪpmənt] N equipamento; *(machines etc)* equipagem *mpl*, aparelhagem *f*
equitable ['ɛkwɪtəbl] ADJ equitativo
equities ['ɛkwɪtɪz] *(BRIT)* NPL *(Comm)* ações *fpl* ordinárias
equity capital N capital *m* próprio
equivalent [ɪ'kwɪvəlnt] ADJ equivalente ▶ N equivalente *m*; **to be ~ to** ser equivalente a
equivocal [ɪ'kwɪvəkl] ADJ equívoco; *(open to suspicion)* ambíguo
equivocate [ɪ'kwɪvəkeɪt] VI sofismar
equivocation [ɪkwɪvə'keɪʃən] N sofismas *mpl*
ER *(BRIT)* ABBR *(= Elizabeth Regina)* a rainha Elisabete
ERA *(US)* N ABBR *(Pol: = equal rights amendment)* emenda sobre a igualdade das mulheres
era ['ɪərə] N era, época
eradicate [ɪ'rædɪkeɪt] VT erradicar, eliminar
erase [ɪ'reɪz] VT apagar
eraser [ɪ'reɪzəʳ] N borracha (de apagar)
e-reader, eReader ['iːˈriːdəʳ] N leitor *m* digital
erect [ɪ'rɛkt] ADJ *(posture)* ereto; *(tail, ears)* levantado ▶ VT erigir, levantar; *(assemble)* montar; *(tent)* armar

erection [ɪ'rɛkʃən] N construção f; (assembly) montagem f; (structure) edifício; (Physiol) ereção f
ergonomics [ə:gə'nɔmɪks] N ergonomia
ERISA (US) N ABBR (= Employee Retirement Income Security Act) lei referente às aposentadorias
ermine ['ə:mɪn] N arminho
ERNIE ['ə:nɪ] (BRIT) N ABBR (= Electronic Random Number Indicator Equipment) computador que serve para o sorteio dos "premium bonds"
erode [ɪ'rəud] VT (Geo) causar erosão em; (confidence) minar; (salary) corroer
erosion [ɪ'rəuʒən] N erosão f; (fig) corrosão f
erotic [ɪ'rɔtɪk] ADJ erótico
eroticism [ɪ'rɔtɪsɪzm] N erotismo
err [ə:ʳ] VI errar, enganar-se; (Rel) pecar
errand ['ɛrnd] N recado, mensagem f; **to run ~s** fazer incumbências; **~ of mercy** missão f de caridade
errand boy N mensageiro
erratic [ɪ'rætɪk] ADJ imprevisível
erroneous [ɪ'rəunɪəs] ADJ errôneo
error ['ɛrəʳ] N erro; **typing/spelling ~** erro de datilografia/ortografia; **in ~** por engano; **~s and omissions excepted** salvo erro ou omissão
error message N (Comput) mensagem f de erro
erstwhile ['ə:stwaɪl] ADJ antigo
erudite ['ɛrjudaɪt] ADJ erudito
erupt [ɪ'rʌpt] VI entrar em erupção; (fig) explodir, estourar
eruption [ɪ'rʌpʃən] N erupção f; (fig) explosão f
ESA N ABBR (= European Space Agency) AEE f
escalate ['ɛskəleɪt] VI intensificar-se; (costs, prices) disparar
escalation [ɛskə'leɪʃən] N escalada, intensificação f
escalation clause N cláusula de reajustamento
escalator ['ɛskəleɪtəʳ] N escada rolante
escapade [ɛskə'peɪd] N peripécia
escape [ɪ'skeɪp] N fuga; (from duties) escapatória; (from chase) fuga, evasão f; (of gas) escapatória ▶ VI escapar; (flee) fugir, evadir-se; (leak) vazar, escapar ▶ VT evitar, fugir de; (consequences) fugir de; (elude): **his name ~s me** o nome dele me foge a memória; **to ~ from** (place) escapar de; (person) escapulir de; (clutches) livrar-se de; **to ~ to** fugir para; **to ~ to safety** salvar-se; **to ~ notice** passar despercebido
escape artist N ilusionista m/f
escape clause N cláusula que permite revogação do contrato
escape key N (Comput) tecla de saída
escape route N (from fire) saída de emergência; (of prisoners) roteiro da fuga
escapism [ɪ'skeɪpɪzəm] N escapismo, fuga à realidade
escapist [ɪ'skeɪpɪst] ADJ (person) que foge da realidade; (literature) de evasão
escapologist [ɛskə'pɔlədʒɪst] (BRIT) N ilusionista m/f
escarpment [ɪs'ka:pmənt] N escarpa
eschew [ɪs'tʃu:] VT evitar
escort [n 'ɛskɔ:t, vt ɪ'skɔ:t] N acompanhante m/f; (Mil, Naut) escolta ▶ VT acompanhar; (Mil, Naut) escoltar
escort agency N agência de escorte
Eskimo ['ɛskɪməu] (often!) ADJ esquimó ▶ N esquimó m/f; (Ling) esquimó m
ESL N ABBR (Sch) = **English as a Second Language**
esophagus [i:'sɔfəgəs] (US) N = **oesophagus**
esoteric [ɛsə'tɛrɪk] ADJ esotérico
ESP N ABBR = **extrasensory perception**
esp. ABBR = **especially**
especially [ɪ'spɛʃlɪ] ADV (gen) especialmente; (above all) sobretudo; (particularly) em particular
espionage ['ɛspɪəna:ʒ] N espionagem f
esplanade [ɛsplə'neɪd] N (by sea) avenida beira-mar, esplanada
espouse [ɪ'spauz] VT (policy, idea) adotar; (cause) abraçar
Esq. (BRIT) ABBR (= Esquire) Sr.
Esquire [ɪ'skwaɪəʳ] (BRIT) N (abbr Esq.): **J. Brown, ~ Sr. J. Brown**
essay ['ɛseɪ] N (Sch, Literature) ensaio
essence ['ɛsns] N essência; **in ~** em sua essência; **speed is of the ~** a rapidez é fundamental
essential [ɪ'sɛnʃl] ADJ (necessary) indispensável; (basic) essencial ▶ N elemento essencial; **it is ~ that** é indispensável que (+sub)
essentially [ɪ'sɛnʃəlɪ] ADV essencialmente
EST (US) ABBR (= Eastern Standard Time) hora de inverno de Nova Iorque
est ABBR = **estimated**; **established**
establish [ɪ'stæblɪʃ] VT estabelecer; (facts) verificar; (proof) demonstrar; (reputation) firmar
established [ɪ'stæblɪʃt] ADJ consagrado; (staff) fixo
establishment [ɪ'stæblɪʃmənt] N estabelecimento; **the E~** a classe dirigente
estate [ɪ'steɪt] N (land) fazenda (BR), propriedade f (PT); (property) propriedade; (Law) herança; (Pol) estado; (BRIT: also: **housing estate**) conjunto habitacional
estate agency (BRIT) N imobiliária, corretora de imóveis
estate agent (BRIT) N corretor(a) m/f de imóveis (BR), agente m/f imobiliário(-a) (PT)
estate car (BRIT) N perua (BR), canadiana (PT)
esteem [ɪ'sti:m] N estima ▶ VT estimar; **to hold sb in high ~** estimar muito alguém
esthetic [ɪs'θɛtɪk] (US) ADJ = **aesthetic**
estimate [n 'ɛstɪmət, vb 'ɛstɪmeɪt] N (assessment) avaliação f; (calculation) cálculo; (Comm) orçamento ▶ VT estimar, avaliar, calcular ▶ VI (BRIT Comm): **to ~ for a job** orçar uma obra; **at a rough ~** numa estimativa aproximada
estimation [ɛstɪ'meɪʃən] N opinião f; (calculation) cálculo; (esteem) apreço; **in my ~** na minha opinião

Estonia [ɛ'stəunɪə] N Estônia
estranged [ɪ'streɪndʒd] ADJ (couple) separado; (husband, wife) de quem se separou
estrangement [ɪ'streɪndʒmənt] N separação f
estrogen ['i:strəudʒen] (US) N = **oestrogen**
estuary ['ɛstjuərɪ] N estuário
ET (US) ABBR (= Eastern Time) hora de Nova Iorque
ETA N ABBR = **estimated time of arrival**
et al. ABBR (= et alii) e outras pessoas
etc. ABBR (= et cetera) etc.
etch [ɛtʃ] VT gravar com água-forte
etching ['ɛtʃɪŋ] N água-forte f
ETD N ABBR = **estimated time of departure**
eternal [ɪ'tə:nl] ADJ eterno; (unchanging) absoluto
eternity [ɪ'tə:nɪtɪ] N eternidade f
ether ['i:θə^r] N éter m
ethereal [ɪ'θɪərɪəl] ADJ etéreo
ethical ['ɛθɪkl] ADJ ético; (honest) honrado
ethics ['ɛθɪks] N ética ▶ NPL moral f
Ethiopia [i:θɪ'əupɪə] N Etiópia
Ethiopian [i:θɪ'əupɪən] ADJ, N etíope m/f
ethnic ['ɛθnɪk] ADJ étnico; (culture) folclórico; (food) exótico
ethnology [ɛθ'nɔlədʒɪ] N etnologia
ethos ['i:θɔs] N sistema m de valores
e-ticket ['i:tɪkɪt] N bilhete m eletrônico
etiquette ['ɛtɪkɛt] N etiqueta
ETV (US) N ABBR (= Educational Television) TV f educativa
etymology [ɛtɪ'mɔlədʒɪ] N etimologia
EU ABBR (= European Union) UE f
eucalyptus [ju:kə'lɪptəs] N eucalipto
euphemism ['ju:fəmɪzm] N eufemismo
euphemistic [ju:fə'mɪstɪk] ADJ eufêmico
euphoria [ju:'fɔ:rɪə] N euforia
Eurasia [juə'reɪʒə] N Eurásia
Eurasian [juə'reɪʒən] ADJ (person) eurasiático; (continent) eurásio ▶ N eurasiático(-a)
Euratom [juə'rætəm] N ABBR (= European Atomic Energy Community) EURATOM f
euro ['juərəu] N (currency) euro m
Eurocheque ['juərəutʃɛk] N eurocheque m
Eurocrat ['juərəukræt] N eurocrata m/f, funcionário(-a) da CEE
Eurodollar ['juərəudɔlə^r] N eurodólar m
Europe ['juərəp] N Europa
European [juərə'pi:ən] ADJ, N europeu(-peia)
European Court of Justice N Tribunal m Europeu de Justiça
European Union N: **the ~** a União Europeia
euthanasia [ju:θə'neɪzɪə] N eutanásia
evacuate [ɪ'vækjueɪt] VT evacuar
evacuation [ɪvækju'eɪʃən] N evacuação f
evade [ɪ'veɪd] VT (person) evitar; (question, duties) esquivar-se de; (tax) sonegar
evaluate [ɪ'væljueɪt] VT avaliar; (evidence) interpretar
evangelist [ɪ'vændʒəlɪst] N evangelista m/f; (preacher) evangelizador(a) m/f
evangelize [ɪ'vændʒəlaɪz] VT evangelizar
evaporate [ɪ'væpəreɪt] VI evaporar-se ▶ VT evaporar

evaporated milk [ɪ'væpəreɪtɪd-] N leite m desidratado
evaporation [ɪvæpə'reɪʃən] N evaporação f
evasion [ɪ'veɪʒən] N evasão f, fuga; (of tax) sonegação f; (fig) evasiva
evasive [ɪ'veɪsɪv] ADJ evasivo
eve [i:v] N: **on the ~ of** na véspera de
even ['i:vn] ADJ (level) plano; (smooth) liso; (speed, temperature) uniforme; (equal, Sport) igual; (number) par; (nature) equilibrado
▶ ADV até, mesmo; **~ if** mesmo que;
~ though mesmo que, embora; **~ more** ainda mais; **~ faster** ainda mais rápido, mais rápido ainda; **~ so** mesmo assim;
never ~ nem sequer; **not ~** nem; **~ he was there** até ele esteve ali; **~ on Sundays** até nos domingos; **to get ~ with sb** ficar quite com alguém; **to break ~** sair sem lucros nem prejuízos
▶ **even out** VI nivelar-se
evening ['i:vnɪŋ] N (early) tarde f; (late) noite f; (before six) tarde f; (event) noitada f; **in the ~** à noite; **this ~** hoje à noite; **tomorrow/yesterday ~** amanhã/ontem à noite
evening class N aula noturna
evening dress N (man's) traje m de rigor (BR) or de cerimónia (PT); (woman's) vestido de noite
evenly ['i:vnlɪ] ADV uniformemente; (space) regularmente; (divide) por igual
evensong ['i:vnsɔŋ] N oração f da tarde
event [ɪ'vɛnt] N acontecimento; (Sport) prova;
in the course of ~s no decorrer dos acontecimentos; **in the ~ of** no caso de; **in the ~** de fato, na realidade; **at all ~s** (BRIT), **in any ~** em todo o caso
eventful [ɪ'vɛntful] ADJ cheio de acontecimentos; (game etc) cheio de emoção, agitado
eventing [ɪ'vɛntɪŋ] N (Horseriding) concurso completo (hipismo)
eventual [ɪ'vɛntʃuəl] ADJ (outcome) final; (resulting) definitivo
eventuality [ɪvɛntʃu'ælɪtɪ] N eventualidade f
eventually [ɪ'vɛntʃuəlɪ] ADV (finally) finalmente; (in time) por fim
ever ['ɛvə^r] ADV já, alguma vez; (in negative) nunca, jamais; (always) sempre; (at any time) em qualquer momento; (in question): **why ~ not?** por que não, ora?; **the best ~** o melhor que já se viu; **have you ~ seen it?** você alguma vez já viu isto?; **better than ~** melhor que nunca; **for ~** para sempre;
hardly ~ quase nunca; **~ since** adv desde então; conj depois que; **~ so pretty** tão bonitinho; **thank you ~ so much** muitíssimo obrigado, obrigadão (inf);
yours ~ (BRIT: in letters) sempre seu/sua
Everest ['ɛvərɪst] N (also: **Mount Everest**) o monte Everest
evergreen ['ɛvəgri:n] N sempre-verde f
everlasting [ɛvə'lɑ:stɪŋ] ADJ eterno, perpétuo

(KEYWORD)

every ['ɛvrɪ] ADJ **1** (*each*) cada; **every one of them** cada um deles; **every shop in the town was closed** todas as lojas da cidade estavam fechadas
2 (*all possible*) todo(-a); **I gave you every assistance** eu lhe dei toda assistência; **I have every confidence in her** tenho absoluta confiança nela; **we wish you every success** desejamos-lhe o maior sucesso; **he's every bit as clever as his brother** ele é tão inteligente quanto o irmão
3 (*showing recurrence*) todo(-a); **every day/week** todo dia/toda semana; **every other car had been broken into** cada dois carros foram arrombados; **she visits me every other/third day** ele me visita cada dois/três dias; **every now and then** de vez em quando

everybody ['ɛvrɪbɔdɪ] PRON todos, todo mundo (BR), toda a gente (PT); ~ **knows about it** todo o mundo já sabe; ~ **else** todos os outros
everyday [ɛvrɪdeɪ] ADJ (*daily*) diário; (*usual*) corrente; (*common*) comum; (*routine*) rotineiro
everyone ['ɛvrɪwʌn] PRON = **everybody**
everything ['ɛvrɪθɪŋ] PRON tudo; ~ **is ready** tudo está pronto; **he did ~ possible** ele fez todo o possível
everywhere ['ɛvrɪwɛə'] ADV (*be*) em todo lugar (BR), em toda a parte (PT); (*go*) a todo lugar (BR), a toda a parte (PT); (*wherever*): ~ **you go you meet ...** aonde quer que se vá, encontra-se ...
evict [ɪ'vɪkt] VT despejar
eviction [ɪ'vɪkʃən] N despejo
eviction notice N notificação f de despejo
evidence ['ɛvɪdəns] N (*proof*) prova(s) f(pl); (*of witness*) testemunho, depoimento; (*indication*) sinal m; (*facts*) dados mpl, evidência; **to give ~** testemunhar, prestar depoimento; **in ~** (*obvious*) em evidência, evidente
evident ['ɛvɪdənt] ADJ evidente
evidently ['ɛvɪdəntlɪ] ADV evidentemente; (*apparently*) aparentemente
evil ['iːvl] ADJ mau/má; (*person*) perverso; (*system, influence*) nocivo; (*smell*) horrível ▶ N mal m, maldade f
evildoer ['iːvldu:ə'] N malfeitor(a) m/f
evince [ɪ'vɪns] VT evidenciar
evocative [ɪ'vɔkətɪv] ADJ evocativo, sugestivo
evoke [ɪ'vəuk] VT evocar
evolution [iːvə'luːʃən] N evolução f; (*development*) desenvolvimento
evolve [ɪ'vɔlv] VT desenvolver ▶ VI desenvolver-se
ewe [juː] N ovelha
ex- [ɛks] PREFIX (*former*) ex-; (*out of*): **the price ~works** o preço na porta da fábrica
exacerbate [ɛks'æsəbeɪt] VT (*pain, illness*) exacerbar; (*fig*) agravar

exact [ɪg'zækt] ADJ exato; (*person*) meticuloso ▶ VT: **to ~ sth (from)** exigir algo (de)
exacting [ɪg'zæktɪŋ] ADJ exigente; (*conditions*) difícil
exactitude [ɪg'zæktɪtjuːd] N exatidão f
exactly [ɪg'zæktlɪ] ADV exatamente; (*time*) em ponto; (*indicating agreement*) isso mesmo
exaggerate [ɪg'zædʒəreɪt] VT, VI exagerar
exaggeration [ɪgzædʒə'reɪʃən] N exagero
exalted [ɪg'zɔːltɪd] ADJ exaltado
exam [ɪg'zæm] N ABBR = **examination**
examination [ɪgzæmɪ'neɪʃən] N (*Sch, Med*) exame m; (*Law*) inquirição f; (*inquiry*) investigação f; **to sit** (BRIT) or **take an ~** submeter-se a um exame; **the matter is under ~** o assunto está sendo examinado
examine [ɪg'zæmɪn] VT examinar; (*inspect*) inspecionar; (*Law: person*) interrogar; (*at customs: luggage*) revistar; (*: passport*) controlar
examiner [ɪg'zæmɪnə'] N examinador(a) m/f
example [ɪg'zɑːmpl] N exemplo; **for ~** por exemplo; **to set a good/bad ~** dar um bom/mau exemplo
exasperate [ɪg'zɑːspəreɪt] VT exasperar, irritar
exasperating [ɪg'zɑːspəreɪtɪŋ] ADJ irritante
exasperation [ɪgzɑːspə'reɪʃən] N exasperação f, irritação f
excavate ['ɛkskəveɪt] VT escavar
excavation [ɛkskə'veɪʃən] N escavação f
excavator ['ɛkskəveɪtə'] N (*machine*) escavadeira
exceed [ɪk'siːd] VT exceder; (*number*) ser superior a; (*speed limit*) ultrapassar; (*limits*) ir além de; (*powers*) exceder-se em; (*hopes*) superar
exceedingly [ɪk'siːdɪŋlɪ] ADV extremamente
excel [ɪk'sɛl] VI sobressair, distinguir-se ▶ VT superar; **to ~ o.s.** (BRIT) destacar-se
excellence ['ɛksələns] N excelência
Excellency ['ɛksələnsɪ] N: **His/Her ~** Sua Excelência
excellent ['ɛksələnt] ADJ excelente
except [ɪk'sɛpt] PREP (*also*: **except for, excepting**) exceto, a não ser ▶ VT: **to ~ sb from** excluir alguém de; ~ **if/when** a menos que, a não ser que; ~ **that** exceto que
exception [ɪk'sɛpʃən] N exceção f; **to take ~ to** ressentir-se de; **with the ~ of** à exceção de; **to make an ~** fazer exceção
exceptional [ɪk'sɛpʃənl] ADJ excepcional
excerpt ['ɛksəːpt] N trecho
excess [ɪk'sɛs] N excesso; (*Comm*) excedente m; **in ~ of** mais de
excess baggage N excesso de bagagem
excess fare (BRIT) N sobretaxa de excesso
excessive [ɪk'sɛsɪv] ADJ excessivo
excess supply N oferta excedente
exchange [ɪks'tʃeɪndʒ] N troca; (*of teachers, students*) intercâmbio; (*also*: **telephone exchange**) estação f telefônica (BR), central f telefónica (PT) ▶ VT: **to ~ (for)** trocar (por);

in ~ for em troca de; **foreign ~** (*Comm*) divisas *fpl*, câmbio
exchange control N controle *m* de câmbio
exchange market N mercado cambial *or* de câmbio
exchange rate N (taxa de) câmbio
Exchequer [ɪks'tʃɛkəʳ] (*BRIT*) N: **the ~** ≈ o Tesouro Nacional
excisable [ɪk'saɪzəbl] ADJ tributável
excise [*n* 'ɛksaɪz, *vt* ɛk'saɪz] N imposto de consumo ▸ VT cortar (fora)
excise duties NPL impostos *mpl* indiretos
excitable [ɪk'saɪtəbl] ADJ excitável; (*edgy*) nervoso
excite [ɪk'saɪt] VT (*stimulate, arouse*) excitar; (*awaken*) despertar; (*move*) entusiasmar; **to get ~d** entusiasmar-se
excitement [ɪk'saɪtmənt] N emoções *fpl*; (*anticipation*) expectativa; (*agitation*) agitação *f*
exciting [ɪk'saɪtɪŋ] ADJ emocionante, empolgante
excl. ABBR = **excluding; exclusive**
exclaim [ɪk'skleɪm] VI exclamar
exclamation [ɛksklə'meɪʃən] N exclamação *f*
exclamation mark N ponto de exclamação
exclude [ɪk'sklu:d] VT excluir; (*except*) excetuar
excluding [ɪk'sklu:dɪŋ] PREP: **~ tax** imposto excluído
exclusion [ɪk'sklu:ʒən] N exclusão *f*; **to the ~ of** a ponto de excluir
exclusion clause N cláusula de exclusão
exclusive [ɪk'sklu:sɪv] ADJ exclusivo; (*club, district*) privativo; (*item of news*) com exclusividade; **~ of tax** sem incluir os impostos; **~ of postage** tarifas postais excluídas; **from 1st to 15th March ~** entre o dia 1º e 15 de março; **~ rights** (*Comm*) exclusividade *f*
exclusively [ɪk'sklu:sɪvlɪ] ADV unicamente
excommunicate [ɛkskə'mju:nɪkeɪt] VT excomungar
excrement ['ɛkskrəmənt] N excremento
excrete [ɪk'skri:t] VI excretar
excruciating [ɪk'skru:ʃɪeɪtɪŋ] ADJ (*pain*) doloroso, martirizante
excursion [ɪk'skə:ʃən] N excursão *f*
excursion ticket N passagem *f* de excursão
excusable [ɪk'skju:zəbl] ADJ perdoável, excusável
excuse [*n* ɪk'skju:s, *vt* ɪk'skju:z] N desculpa; (*evasion*) pretexto ▸ VT desculpar, perdoar; **to ~ sb from doing sth** dispensar alguém de fazer algo; **~ me!** (*attracting attention, apology*) desculpe!; (*asking permission*) (com) licença; **if you will ~ me ...** com a sua licença ...; **to make ~s for sb** apresentar desculpas por alguém; **to ~ o.s. for sth/for doing sth** desculpar-se de algo/de fazer algo
ex-directory (*BRIT*) ADJ: **~ (phone) number** número que não figura na lista telefônica
execute ['ɛksɪkju:t] VT (*plan*) realizar; (*order*) cumprir; (*person, movement*) executar

execution [ɛksɪ'kju:ʃən] N realização *f*; (*killing*) execução *f*
executioner [ɛksɪ'kju:ʃənəʳ] N verdugo, carrasco
executive [ɪg'zɛkjutɪv] N (*Comm, Pol*) executivo(-a) ▸ ADJ executivo
executive director N diretor(a) *m/f* executivo(-a)
executor [ɪg'zɛkjutəʳ] N executor(a) *m/f* testamentário(-a), testamenteiro(-a)
exemplary [ɪg'zɛmplərɪ] ADJ exemplar
exemplify [ɪg'zɛmplɪfaɪ] VT exemplificar; (*illustrate*) ilustrar
exempt [ɪg'zɛmpt] ADJ: **~ from** isento de ▸ VT: **to ~ sb from** dispensar *or* isentar alguém de
exemption [ɪg'zɛmpʃən] N (*from taxes etc*) isenção *f*; (*from military service*) dispensa; (*immunity*) imunidade *f*
exercise ['ɛksəsaɪz] N exercício ▸ VT exercer; (*right*) valer-se de; (*dog*) levar para passear ▸ VI (*also*: **to take exercise**) fazer exercício
exercise bike N bicicleta ergométrica
exercise book N caderno
exert [ɪg'zə:t] VT exercer; **to ~ o.s.** esforçar-se, empenhar-se
exertion [ɪg'zə:ʃən] N esforço
ex gratia [-'greɪʃə] ADJ: **~ payment** gratificação *f*
exhale [ɛks'heɪl] VT, VI expirar
exhaust [ɪg'zɔ:st] N (*Aut: also*: **exhaust pipe**) escape *m*, exaustor *m*; (*fumes*) escapamento (de gás) ▸ VT esgotar; **to ~ o.s.** esgotar-se; **~ manifold** (*Aut etc*) cano de descarga
exhausted [ɪg'zɔ:stɪd] ADJ esgotado
exhausting [ɪg'zɔ:stɪŋ] ADJ exaustivo, estafante
exhaustion [ɪg'zɔ:stʃən] N exaustão *f*
exhaustive [ɪg'zɔ:stɪv] ADJ exaustivo
exhibit [ɪg'zɪbɪt] N (*Art*) obra exposta; (*Law*) objeto exposto ▸ VT (*courage etc*) manifestar, mostrar; (*quality, emotion*) demonstrar; (*film*) apresentar; (*paintings*) expor
exhibition [ɛksɪ'bɪʃən] N exposição *f*
exhibitionist [ɛksɪ'bɪʃənɪst] N exibicionista *m/f*; (*of talent etc*) mostra
exhibitor [ɪg'zɪbɪtəʳ] N expositor(a) *m/f*
exhilarating [ɪg'zɪləreɪtɪŋ] ADJ estimulante, tônico
exhilaration [ɛgzɪlə'reɪʃən] N euforia
exhort [ɪg'zɔ:t] VT exortar
exile ['ɛksaɪl] N exílio; (*person*) exilado(-a) ▸ VT desterrar, exilar; **in ~** em exílio, exilado
exist [ɪg'zɪst] VI existir; (*live*) viver
existence [ɪg'zɪstəns] N existência; (*life*) vida; **to be in ~** existir
existentialism [ɛgzɪs'tɛnʃlɪzəm] N existencialismo
existing [ɪg'zɪstɪŋ] ADJ (*laws*) existente; (*system, regime*) atual
exit ['ɛksɪt] N saída ▸ VI (*Comput, Theatre*) sair
exit ramp (*US*) N (*Aut*) saída da rodovia
exit visa N visto de saída

exodus ['ɛksədəs] N êxodo
ex officio [-ə'fɪʃɪəu] ADJ, ADV ex-officio, por dever do cargo
exonerate [ɪg'zɒnəreɪt] VT: **to ~ from** (*responsibility*) desobrigar; (*guilt*) isentar
exorbitant [ɪg'zɔːbɪtənt] ADJ exorbitante
exorcize ['ɛksɔːsaɪz] VT exorcizar
exotic [ɪg'zɔtɪk] ADJ exótico
expand [ɪk'spænd] VT (*widen*) ampliar; (*number*) aumentar; (*influence etc*) estender ▶ VI (*population, business*) aumentar; (*trade, gas etc*) expandir-se; (*metal*) dilatar-se; **to ~ on** (*notes, story etc*) estender-se sobre
expanse [ɪk'spæns] N extensão f
expansion [ɪk'spænʃən] N (*of town*) desenvolvimento; (*of trade*) expansão f; (*of population*) aumento; (*of metal*) dilatação f
expansionism [ɪk'spænʃənɪzəm] N expansionismo
expansionist [ɪk'spænʃənɪst] ADJ expansionista
expatriate [*n* ɛks'pætrɪət, *vt* ɛks'pætrɪeɪt] N expatriado(-a) ▶ VT expatriar
expect [ɪk'spɛkt] VT (*gen*) esperar; (*count on*) contar com; (*suppose*) supor; (*require*) exigir ▶ VI: **to be ~ing** estar grávida; **to ~ sb to do** (*anticipate*) esperar que alguém faça; (*demand*) esperar de alguém que faça; **to ~ to do sth** esperar fazer algo; **as ~ed** como previsto; **I ~ so** suponho que sim
expectancy [ɪks'pɛktənsɪ] N expectativa; **life ~** expectativa de vida
expectant [ɪk'spɛktənt] ADJ expectante; **~ mother** gestante f
expectantly [ɪk'spɛktəntlɪ] ADV cheio de expectativa
expectation [ɛkspɛk'teɪʃən] N (*hope*) esperança; (*belief*) expectativa; **in ~ of** na expectativa de; **against** *or* **contrary to all ~(s)** contra todas as expectativas; **to come** *or* **live up to one's ~s** corresponder à expectativa de alguém
expedience [ɛk'spiːdɪəns] N = **expediency**
expediency [ɛk'spiːdɪənsɪ] N conveniência; **for the sake of ~** por ser mais conveniente
expedient [ɛk'spiːdɪənt] ADJ conveniente, oportuno ▶ N expediente *m*, recurso
expedite ['ɛkspədaɪt] VT acelerar
expedition [ɛkspə'dɪʃən] N expedição f
expeditionary force [ɛkspə'dɪʃənrɪ-] N força expedicionária
expeditious [ɛkspə'dɪʃəs] ADJ eficiente
expel [ɪk'spɛl] VT expelir; (*from place, school*) expulsar
expend [ɪk'spɛnd] VT gastar; (*use up*) consumir
expendable [ɪk'spɛndəbl] ADJ prescindível
expenditure [ɪk'spɛndɪtʃəʳ] N gastos *mpl*; (*of energy*) consumo
expense [ɪk'spɛns] N gasto, despesa; (*high cost*) custo; (*expenditure*) despesas *fpl*; **expenses** NPL (*Comm: costs*) despesas *fpl*; (: *paid to employee*) ajuda de custo; **at the ~ of** à custa de; **to go to the ~ of** fazer a despesa de; **to meet the ~ of** arcar com a despesa de
expense account N relatório de despesas
expensive [ɪk'spɛnsɪv] ADJ caro
experience [ɪk'spɪərɪəns] N experiência ▶ VT (*situation*) enfrentar; (*feeling*) sentir; **to learn by ~** aprender com a experiência
experienced [ɪk'spɪərɪənst] ADJ experiente
experiment [ɪk'spɛrɪmənt] N experimento, experiência ▶ VI: **to ~ (with/on)** fazer experiências (com/em)
experimental [ɪkspɛrɪ'mɛntl] ADJ experimental
expert ['ɛkspəːt] ADJ hábil, perito ▶ N perito(-a); (*specialist*) especialista *m/f*; **~ in** *or* **at doing sth** perito em fazer algo; **an ~ on sth** um perito em algo
expertise [ɛkspəː'tiːz] N perícia
expert witness N (*Law*) perito(-a)
expire [ɪk'spaɪəʳ] VI (*gen*) expirar; (*end*) terminar; (*run out*) vencer
expiry [ɪk'spaɪərɪ] N expiração f, vencimento
explain [ɪk'spleɪn] VT explicar; (*clarify*) esclarecer; (*demonstrate*) expor
▶ **explain away** VT justificar
explanation [ɛksplə'neɪʃən] N explicação f; **to find an ~ for sth** achar uma explicação para algo
explanatory [ɪk'splænətrɪ] ADJ explicativo
explicit [ɪk'splɪsɪt] ADJ explícito
explode [ɪk'spləud] VI estourar, explodir; (*fig*) explodir ▶ VT detonar, fazer explodir; (*fig: theory*) derrubar; (: *myth*) destruir
exploit [*n* 'ɛksplɔɪt, *vt* ɪk'splɔɪt] N façanha ▶ VT explorar
exploitation [ɛksplɔɪ'teɪʃən] N exploração f
exploration [ɛksplə'reɪʃən] N exploração f
exploratory [ɪk'splɔrətrɪ] ADJ (*talks*) exploratório, de pesquisa; (*Med: operation*) exploratório
explore [ɪk'splɔːʳ] VT explorar; (*fig*) examinar, pesquisar
explorer [ɪk'splɔːrəʳ] N explorador(a) *m/f*
explosion [ɪk'spləuʒən] N explosão f
explosive [ɪk'spləusɪv] ADJ explosivo ▶ N explosivo
exponent [ɪk'spəunənt] N (*of theory etc*) representante *m/f*, defensor(a) *m/f*; (*of skill*) expoente *m/f*; (*Math*) expoente *m*
export [*vt* ɛk'spɔːt, *n, cpd* 'ɛkspɔːt] VT exportar ▶ N exportação f ▶ CPD de exportação
exportation [ɛkspɔː'teɪʃən] N exportação f
exporter [ɛk'spɔːtəʳ] N exportador(a) *m/f*
export licence N licença de exportação
expose [ɪk'spəuz] VT expor; (*unmask*) desmascarar
exposed [ɪk'spəuzd] ADJ exposto; (*house etc*) desabrigado; (*wire*) descascado; (*pipes, beams*) aparente
exposition [ɛkspə'zɪʃən] N exposição f
exposure [ɪk'spəuʒəʳ] N exposição f; (*publicity*) publicidade f; (*Phot*) revelação f; (: *shot*) fotografia; **to die from ~** (*Med*) morrer de frio

exposure meter N fotômetro
expound [ɪk'spaʊnd] VT expor, explicar
express [ɪk'sprɛs] ADJ (*definite*) expresso, explícito; (BRIT: *letter etc*) urgente ▶ N (*train*) rápido ▶ ADV (*send*) por via expressa ▶ VT exprimir, expressar; (*quantity*) representar; **to ~ o.s.** expressar-se
expression [ɪk'sprɛʃən] N expressão *f*
expressionism [ɪk'sprɛʃənɪzəm] N expressionismo
expressive [ɪk'sprɛsɪv] ADJ expressivo
expressly [ɪk'sprɛslɪ] ADV expressamente
expressway [ɪk'sprɛsweɪ] (US) N rodovia (BR), autoestrada (PT)
expropriate [ɛks'prəʊprɪeɪt] VT expropriar
expulsion [ɪk'spʌlʃən] N expulsão *f*; (*of gas, liquid*) emissão *f*
exquisite [ɛk'skwɪzɪt] ADJ requintado
ex-serviceman (*irreg: like* **man**) N veterano (de guerra)
ext ABBR (*Tel: extension*) r. (BR), int. (PT)
extemporize [ɪk'stɛmpəraɪz] VI improvisar
extend [ɪk'stɛnd] VT (*visit, street*) prolongar; (*building*) aumentar; (*offer*) fazer; (*hand*) estender; (*Comm: credit*) conceder; (: *period of loan*) prorrogar ▶ VI (*land*) estender-se
extension [ɪk'stɛnʃən] N (*Elec*) extensão *f*; (*building*) acréscimo, expansão *f*; (*of rights*) ampliação *f*; (*Tel*) ramal *m* (BR), extensão *f* (PT); (*of deadline, campaign*) prolongamento, prorrogação *f*
extension cable N cabo de extensão
extensive [ɪk'stɛnsɪv] ADJ extenso; (*damage*) considerável; (*broad*) vasto, amplo; (*frequent*) geral, comum
extensively [ɪk'stɛnsɪvlɪ] ADV (*altered, damaged etc*) amplamente; **he's travelled ~** ele já viajou bastante
extent [ɪk'stɛnt] N (*breadth*) extensão *f*; (*of damage etc*) dimensão *f*; (*scope*) alcance *m*; **to some** *or* **to a certain ~** até certo ponto; **to the ~ of ...** a ponto de ...; **to a large ~** em grande parte; **to what ~?** até que ponto?; **to such an ~ that ...** a tal ponto que ...; **debts to the ~ of £5,000** dívidas da ordem de £5,000
extenuating [ɪks'tɛnjueɪtɪŋ] ADJ: **~ circumstances** circunstâncias *fpl* atenuantes
exterior [ɛk'stɪərɪəʳ] ADJ externo ▶ N exterior *m*; (*appearance*) aspecto
exterminate [ɪks'tə:mɪneɪt] VT exterminar
extermination [ɪkstə:mɪ'neɪʃən] N extermínio
external [ɛk'stə:nl] ADJ externo; (*foreign*) exterior ▶ N: **the ~s** as aparências; **for ~ use only** (*Med*) exclusivamente para uso externo
externally [ɛk'stə:nəlɪ] ADV por fora
extinct [ɪk'stɪŋkt] ADJ extinto
extinction [ɪk'stɪŋkʃən] N extinção *f*
extinguish [ɪk'stɪŋgwɪʃ] VT extinguir
extinguisher [ɪk'stɪŋgwɪʃəʳ] N (*also*: **fire extinguisher**) extintor *m*

extol, (US) **extoll** [ɪk'stəʊl] VT (*merits*) exaltar; (*person*) elogiar
extort [ɪk'stɔ:t] VT: **to ~ sth (from sb)** extorquir algo (a *or* de alguém)
extortion [ɪk'stɔ:ʃən] N extorsão *f*
extortionate [ɪk'stɔ:ʃnət] ADJ extorsivo, excessivo
extra ['ɛkstrə] ADJ adicional; (*excessive*) de mais, extra; (*bonus: payment*) extraordinário ▶ ADV (*in addition*) adicionalmente ▶ N (*surcharge*) extra *m*, suplemento; (*Cinema, Theatre*) figurante *m/f*; (*newspaper*) edição *f* extra; **the wine will cost ~** o vinho não está incluído no preço; **~ large sizes** tamanhos extra grandes
extra... [ɛkstrə] PREFIX extra...
extract [vt ɪk'strækt, n 'ɛkstrækt] VT tirar, extrair; (*tooth*) arrancar; (*mineral*) extrair; (*money*) extorquir; (*promise*) conseguir, obter; (*confession*) arrancar, obter ▶ N extrato
extraction [ɪk'strækʃən] N extração *f*; (*of tooth*) arrancamento; (*descent*) descendência
extracurricular ['ɛkstrəkə'rɪkjʊləʳ] ADJ (*Sch*) extracurricular
extradite ['ɛkstrədaɪt] VT (*from country*) extraditar; (*to country*) obter a extradição de
extradition [ɛkstrə'dɪʃən] N extradição *f*
extramarital [ɛkstrə'mærɪtl] ADJ extramatrimonial
extramural [ɛkstrə'mjuərl] ADJ (*course*) de extensão universitária
extraneous [ɛk'streɪnɪəs] ADJ: **~ to** alheio a
extraordinary [ɪk'strɔ:dnrɪ] ADJ extraordinário; (*odd*) estranho
extraordinary general meeting N assembleia geral extraordinária
extrapolation [ɛkstræpə'leɪʃən] N extrapolação *f*
extrasensory perception ['ɛkstrə'sɛnsərɪ-] N percepção *f* extrassensorial
extra time N (*Football*) prorrogação *f*
extravagance [ɪk'strævəgəns] N extravagância; (*no pl: spending*) esbanjamento
extravagant [ɪk'strævəgənt] ADJ (*lavish*) extravagante; (*wasteful*) gastador(a), esbanjador(a); (*price*) exorbitante; (*praise*) excessivo; (*odd*) excêntrico, estranho
extreme [ɪk'stri:m] ADJ extremo; (*case*) excessivo ▶ N extremo; **the ~ left/right** (*Pol*) a extrema esquerda/direita; **~s of temperature** temperaturas extremas
extremely [ɪk'stri:mlɪ] ADV muito, extremamente
extremist [ɪk'stri:mɪst] ADJ, N extremista *m/f*
extremity [ɪk'strɛmətɪ] N extremidade *f*; (*need*) apuro, necessidade *f*
extricate ['ɛkstrɪkeɪt] VT: **to ~ sb/sth (from)** (*trap*) libertar alguém/algo de; (*situation*) livrar alguém/algo de
extrovert ['ɛkstrəvə:t] N extrovertido(-a)
exuberance [ɪg'zju:bərəns] N exuberância
exuberant [ɪg'zju:bərənt] ADJ (*person*) eufórico; (*style*) exuberante

exude [ɪg'zjuːd] VT exsudar; *(confidence)* esbanjar; **the charm** *etc* **he ~s** o charme que emana dele *etc*

exult [ɪg'zʌlt] VI: **to ~ (in)** regozijar-se (em)

exultant [ɪg'zʌltənt] ADJ exultante, triunfante

exultation [ɛgzʌl'teɪʃən] N exultação f, regozijo

eye [aɪ] N olho; *(of needle)* buraco ▶ VT olhar, observar; **as far as the ~ can see** a perder de vista; **to keep an ~ on** vigiar, ficar de olho em; **to have an ~ for sth** ter faro para algo; **in the public ~** conhecido pelo público; **with an ~ to doing** (BRIT) com vista a fazer; **there's more to this than meets the ~** a coisa é mais complicada do que parece

eyeball ['aɪbɔːl] N globo ocular

eyebath ['aɪbɑːθ] (BRIT) N copinho *(para lavar o olho)*

eyebrow ['aɪbrau] N sobrancelha

eyebrow pencil N lápis *m* de sobrancelha

eye-catching ADJ chamativo, vistoso

eye cup (US) N copinho *(para lavar o olho)*

eyedrops NPL gotas *fpl* para os olhos

eyeglass ['aɪglɑːs] N monóculo; **eyeglasses** NPL (US) óculos *mpl*

eyelash ['aɪlæʃ] N cílio

eyelet ['aɪlɪt] N ilhós *m*

eye-level ADJ à altura dos olhos

eyelid ['aɪlɪd] N pálpebra

eyeliner ['aɪlaɪnə^r] N delineador *m*

eye-opener N revelação *f*, grande surpresa

eye shadow N sombra de olhos

eyesight ['aɪsaɪt] N vista, visão *f*

eyesore ['aɪsɔː^r] N monstruosidade *f*

eyestrain ['aɪstreɪn] N cansaço ocular

eyetooth ['aɪtuːθ] *(irreg: like* **tooth***)* N dente *m* canino superior; **to give one's eyeteeth for sth/to do sth** *(fig)* dar tudo por algo/para fazer algo

eyewash ['aɪwɔʃ] N colírio; *(fig)* disparates *mpl*, maluquices *fpl*

eye witness N testemunha *f* ocular

eyrie ['ɪərɪ] N ninho de ave de rapina

Ff

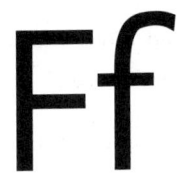

F¹, f [ɛf] N (*letter*) F, f m; (*Mus*): **F** fá m; **F for Frederick** (BRIT) *or* **Fox** (US) F de Francisco
F² ABBR = **Fahrenheit**
FA (BRIT) N ABBR (= *Football Association*) confederação de futebol
FAA (US) N ABBR = **Federal Aviation Administration**
fable ['feɪbl] N fábula
fabric ['fæbrɪk] N tecido, pano; (*of building*) estrutura
fabricate ['fæbrɪkeɪt] VT inventar
fabrication [fæbrɪ'keɪʃən] N invencionice f
fabric conditioner N amaciante m de pano
fabulous ['fæbjuləs] ADJ fabuloso; (*inf: super*) sensacional
façade [fə'sɑ:d] N fachada
face [feɪs] N (*Anat*) cara, rosto; (*grimace*) careta; (*of clock*) mostrador m; (*side, surface*) superfície f; (*of building*) frente f, fachada ▶ VT (*facts, problem*) enfrentar; (*particular direction, building*) dar para; **~ down** (*person*) de bruços; (*card*) virado para baixo; **to lose ~** perder o prestígio; **to save ~** salvar as aparências; **to make** *or* **pull a ~** fazer careta; **in the ~ of** (*difficulties etc*) diante de, à vista de; **on the ~ of it** a julgar pelas aparências, à primeira vista; **~ to ~** face a face; **we are ~d with serious problems** estamos enfrentando sérios problemas, temos sérios problemas pela frente
 ▶ **face up to** VT FUS enfrentar
face cloth (BRIT) N pano de rosto
face cream N creme m facial
face lift N (operação f) plástica; (*of façade*) remodelamento
face pack (BRIT) N máscara facial
face powder N pó m de arroz
face-saving ADJ para salvar as aparências
facet ['fæsɪt] N faceta
facetious [fə'si:ʃəs] ADJ jocoso
face-to-face ADV face a face, cara a cara
face value N (*of coin, stamp*) valor m nominal; **to take sth at ~** (*fig*) tomar algo em sentido literal
facia ['feɪʃə] N = **fascia**
facial ['feɪʃəl] ADJ facial
facile ['fæsaɪl] ADJ superficial
facilitate [fə'sɪlɪteɪt] VT facilitar
facilities [fə'sɪlɪtɪz] NPL facilidades *fpl*, instalações *fpl*; **credit ~** crediário
facility [fə'sɪlɪtɪ] N facilidade f; (*factory*) usina; (*for sports, research*) espaço
facing ['feɪsɪŋ] PREP de frente para ▶ N (*of wall etc*) revestimento; (*Sewing*) forro
facsimile [fæk'sɪmɪlɪ] N (*copy, machine, document*) fac-símile m
fact [fækt] N fato; **in ~** realmente, na verdade; **to know for a ~ that ...** saber com certeza que ...; **~s and figures** dados e números
fact-finding ADJ: **a ~ tour** *or* **mission** uma missão de pesquisa
faction ['fækʃən] N facção f
factor ['fæktə^r] N fator m; (*Comm*) comissário financiador, empresa que compra contas a receber; (: *agent*) corretor(a) m/f ▶ VI comprar contas a receber; **safety ~** fator de segurança
factory ['fæktəri] N fábrica
factory farming (BRIT) N criação f intensiva
factory ship N navio-fábrica m
factual ['fæktjuəl] ADJ real, fatual
faculty ['fækəltɪ] N faculdade f; (US: *teaching staff*) corpo docente
fad [fæd] (*inf*) N mania, modismo
fade [feɪd] VI (*colour, cloth*) desbotar; (*sound, hope*) desvanecer-se; (*light*) apagar-se; (*flower*) murchar
 ▶ **fade in** VT (*sound*) subir; (*picture*) clarear
 ▶ **fade out** VT (*sound*) abaixar; (*picture*) escurecer
faeces, (US) **feces** ['fi:si:z] NPL fezes *fpl*
fag [fæg] (*inf*) N (*cigarette*) cigarro; (US!: *homosexual*) bicha; (*chore*): **what a ~!** que saco!
fag end (BRIT *inf*) N ponta de cigarro, guimba
fagged out [fægd-] (BRIT *inf*) ADJ estafado
fail [feɪl] VT (*candidate*) reprovar; (*exam*) não passar em, ser reprovado em; (*subj: leader*) fracassar; (*courage*) carecer; (: *memory*) falhar ▶ VI (*candidate, attempt*) fracassar; (*business*) falir; (*supply*) acabar; (*engine, brakes, voice*) falhar; (*patient*) enfraquecer-se; **to ~ to do sth** (*neglect*) deixar de fazer algo; (*be unable*) não conseguir fazer algo; **without ~** sem falta
failing ['feɪlɪŋ] N defeito ▶ PREP na *or* à falta de; **~ that** senão

failsafe ['feɪlseɪf] ADJ (*device etc*) de segurança contra falhas

failure ['feɪljəʳ] N fracasso; (*in exam*) reprovação f; (*of crop*) perda; (*mechanical etc*) falha; **his ~ to turn up** o fato dele não ter vindo; **heart ~** parada cardíaca

failure rate N taxa de reprovados

faint [feɪnt] ADJ fraco; (*recollection*) vago; (*mark*) indistinto; (*smell, trace*) leve; (*dizzy*) tonto ▶ N desmaio ▶ VI desmaiar; **to feel ~** sentir tonteira

faint-hearted ADJ pusilânime

faintly ['feɪntlɪ] ADV indistintamente, vagamente

faintness ['feɪntnɪs] N fraqueza

fair [fɛəʳ] ADJ justo; (*hair*) louro; (*complexion*) branco; (*weather*) bom; (*good enough*) razoável; (*sizeable*) considerável ▶ ADV: **to play ~** fazer jogo limpo ▶ N (*also*: **trade fair**) feira; (BRIT: *funfair*) parque m de diversões; **a ~ amount of time** bastante tempo; **it's not ~!** não é justo!

fair copy N cópia a limpo

fair-haired ADJ (*de cabelo*) louro

fairly ['fɛəlɪ] ADV (*justly*) com justiça; (*share*) igualmente; (*quite*) bastante; **I'm ~ sure** tenho quase certeza

fairness ['fɛənɪs] N justiça; (*impartiality*) imparcialidade f; **in all ~** com toda a justiça

fair play N jogo limpo

fair trade N comércio justo

fairy ['fɛərɪ] N fada

fairy godmother N fada-madrinha

fairy lights (BRIT) NPL lâmpadas fpl coloridas de enfeite

fairy tale N conto de fadas

faith [feɪθ] N fé f; (*trust*) confiança; (*denomination*) seita; **to have ~ in sb/sth** ter fé or confiança em alguém/algo

faithful ['feɪθful] ADJ fiel; (*account*) exato

faithfully ['feɪθfulɪ] ADV fielmente; **yours ~** (BRIT: *in letters*) atenciosamente

faith healer N curandeiro(-a)

fake [feɪk] N (*painting etc*) falsificação f; (*person*) impostor(a) m/f ▶ ADJ falso ▶ VT fingir; (*painting etc*) falsificar; **his illness is a ~** sua doença é fingimento or um embuste

falcon ['fɔːlkən] N falcão m

Falkland Islands ['fɔːlklənd-] NPL: **the ~** as (ilhas) Malvinas *or* Falkland

fall [fɔːl] (*pt* **fell**, *pp* **fallen**) VI cair; (*price*) baixar ▶ N queda; (US: *autumn*) outono; **falls** NPL (*waterfall*) cascata, queda d'água; **to ~ flat** (*on one's face*) cair de cara no chão; (*plan*) falhar; (*joke*) não agradar; **to ~ short of** (*sb's expectations*) não corresponder a, ficar abaixo de; **a ~ of snow** (BRIT) uma nevasca

▶ **fall apart** VI cair aos pedaços; (*inf: emotionally*) descontrolar-se completamente

▶ **fall back** VI retroceder

▶ **fall back on** VT FUS (*remedy etc*) recorrer a

▶ **fall behind** VI ficar para trás

▶ **fall down** VI (*person*) cair; (*building*) desabar; (*hopes*) cair por terra

▶ **fall for** VT FUS (*trick*) cair em; (*person*) enamorar-se de

▶ **fall in** VI (*roof*) ruir; (*Mil*) alinhar-se

▶ **fall in with** VT FUS (*sb's plans etc*) conformar-se com

▶ **fall off** VI cair; (*diminish*) declinar, diminuir

▶ **fall out** VI (*hair, teeth*) cair; (*friends etc*) brigar; (*Mil*) sair da fila

▶ **fall over** VI cair por terra, tombar

▶ **fall through** VI (*plan, project*) furar

fallacy ['fæləsɪ] N (*error*) erro; (*lie*) mentira, falácia

fallback ['fɔːlbæk] ADJ: **~ position** alternativa

fallen ['fɔːlən] PP *of* **fall**

fallible ['fæləbl] ADJ (*person*) falível; (*memory*) falha

falling-off ['fɔːlɪŋ-] N declínio

fallopian tube [fə'ləupɪən-] N (*Anat*) trompa de Falópio

fallout ['fɔːlaut] N chuva radioativa

fallout shelter N refúgio contra chuva radioativa

fallow ['fæləu] ADJ alqueivado, de pousio

false [fɔːls] ADJ falso; (*impression, hair, teeth etc*) postiço; (*disloyal*) desleal, traidor(a)

false alarm N alarme m falso

falsehood ['fɔːlshud] N (*lie*) mentira; (*falseness*) falsidade f

falsely ['fɔːlslɪ] ADV falsamente

false pretences NPL: **under ~** sob falsos pretextos

false teeth (BRIT) NPL dentadura postiça

falsify ['fɔːlsɪfaɪ] VT falsificar

falter ['fɔːltəʳ] VI (*engine*) falhar; (*person*) vacilar

fame [feɪm] N fama

familiar [fə'mɪlɪəʳ] ADJ (*well-known*) conhecido; (*tone*) familiar, íntimo; **to be ~ with** (*subject*) estar familiarizado com; **to make o.s. ~ with sth** familiarizar-se com algo; **to be on ~ terms with sb** ter intimidade com alguém

familiarity [fəmɪlɪ'ærɪtɪ] N familiaridade f

familiarize [fə'mɪlɪəraɪz] VT: **to ~ o.s. with** familiarizar-se com

family ['fæmɪlɪ] N família

family allowance (BRIT) N abono-família m

family business N negócio de família

family doctor N médico(-a) da família

family life N vida familiar

family planning N planejamento familiar; **~ clinic** clínica de planejamento familiar

family tree N árvore f genealógica

famine ['fæmɪn] N fome f

famished ['fæmɪʃt] ADJ faminto; **I'm ~!** (*inf*) estou morrendo de fome

famous ['feɪməs] ADJ famoso, célebre

famously ['feɪməslɪ] ADV (*get on*) maravilhosamente

fan [fæn] N (*hand-held*) leque m; (*Elec*) ventilador m; (*person*) fã mf; (*Sport*)

torcedor(a) *m/f* (BR), adepto(a) (PT) ▶ VT abanar; *(fire, quarrel)* atiçar
▶ **fan out** VI espalhar-se
fanatic [fə'nætɪk] N fanático(-a)
fanatical [fə'nætɪkəl] ADJ fanático
fan belt N correia do ventilador (BR) or da ventoinha (PT)
fancied ['fænsɪd] ADJ imaginário
fanciful ['fænsɪful] ADJ *(notion)* irreal; *(design)* extravagante
fan club N fã-clube *m*
fancy ['fænsɪ] N *(whim)* capricho; *(taste)* inclinação *f*, gosto; *(imagination)* imaginação *f*; *(fantasy)* fantasia ▶ ADJ *(decorative)* ornamental; *(luxury)* luxuoso; *(as decoration)* como decoração ▶ VT *(feel like, want)* desejar, querer; *(imagine)* imaginar; *(think)* acreditar, achar; **to take a ~ to** tomar gosto por; **it took** or **caught my ~** gostei disso; **when the ~ takes him** quando lhe dá na veneta; **to ~ that ...** imaginar que ...; **he fancies her** *(inf)* ele está a fim dela
fancy dress N fantasia
fancy-dress ball N baile *m* à fantasia
fancy goods NPL artigos *mpl* de fantasia
fanfare ['fænfɛə^r] N fanfarra
fanfold paper ['fænfəuld-] N formulários *mpl* contínuos
fang [fæŋ] N presa
fan heater (BRIT) N aquecedor *m* de ventoinha
fanlight ['fænlaɪt] N *(window)* basculante *f*
fantasize ['fæntəsaɪz] VI fantasiar
fantastic [fæn'tæstɪk] ADJ *(enormous)* enorme; *(strange, wonderful)* fantástico
fantasy ['fæntəsɪ] N *(dream)* sonho; *(unreality)* fantasia; *(imagination)* imaginação *f*
FAO N ABBR (= *Food and Agriculture Organization*) FAO *f*
FAQ ABBR (= *free at quay*) posto no cais
far [fɑː^r] ADJ *(distant)* distante ▶ ADV *(also:* **far away, far off**) longe; **the ~ side/end** o lado de lá/a outra ponta; **the ~ left/right** *(Pol)* a extrema esquerda/direita; **is it ~ to London?** Londres é longe daqui?; **it's not ~ (from here)** não é longe (daqui); **~ better** muito melhor; **~ from** longe de; **by ~** de longe; **go as ~ as the farm** vá até a (BR) or à (PT) fazenda; **as ~ as I know** que eu saiba; **as ~ as possible** na medida do possível; **how ~?** até onde?; *(fig)* até que ponto?
faraway ['fɑːrəweɪ] ADJ remoto, distante
farce [fɑːs] N farsa
farcical ['fɑːsɪkəl] ADJ farsante
fare [fɛə^r] N *(on trains, buses)* preço (da passagem); *(in taxi: cost)* tarifa; (: *passenger*) passageiro(-a); *(food)* comida ▶ VI sair-se; **half/full ~** meia/inteira passagem
Far East N: **the ~** o Extremo Oriente
farewell [fɛə'wɛl] EXCL adeus ▶ N despedida ▶ CPD *(party etc)* de despedida
far-fetched [-fɛtʃt] ADJ inverossímil
farm [fɑːm] N fazenda (BR), quinta (PT) ▶ VT cultivar

▶ **farm out** VT *(work etc)* dar de empreitada
farmer ['fɑːmə^r] N fazendeiro(-a), agricultor *m*
farmhand ['fɑːmhænd] N lavrador(a) *m/f*, trabalhador(a) *m/f* rural
farmhouse ['fɑːmhaus] *(irreg: like* **house**) N casa da fazenda (BR) or da quinta (PT)
farming ['fɑːmɪŋ] N agricultura; *(tilling)* cultura; *(of animals)* criação *f*; **intensive ~** cultura intensiva; **sheep ~** criação de ovelhas, ovinocultura
farm labourer N lavrador(a) *m/f*, trabalhador(a) *m/f* rural
farmland ['fɑːmlænd] N terra de cultivo
farm produce N produtos *mpl* agrícolas
farm worker N = **farmhand**
farmyard ['fɑːmjɑːd] N curral *m*
Faroe Islands ['fɛərəu-] NPL: **the ~** as (ilhas) Faroë
Faroes ['fɛərəuz] NPL = **Faroe Islands**
far-reaching [-'riːtʃɪŋ] ADJ de grande alcance, abrangente
far-sighted ADJ presbita; *(fig)* previdente
fart [fɑːt] (!) N peido (!) ▶ VI soltar um peido (!), peidar (!)
farther ['fɑːðə^r] ADV mais longe ▶ ADJ mais distante, mais afastado
farthest ['fɑːðɪst] SUPERL of **far**
FAS (BRIT) ABBR (= *free alongside ship*) FAS
fascia ['feɪʃə] N *(Aut)* painel *m*
fascinate ['fæsɪneɪt] VT fascinar
fascinating ['fæsɪneɪtɪŋ] ADJ fascinante
fascination [fæsɪ'neɪʃən] N fascinação *f*, fascínio
fascism ['fæʃɪzəm] N fascismo
fascist ['fæʃɪst] ADJ, N fascista *m/f*
fashion ['fæʃən] N moda; *(fashion industry)* indústria da moda; *(manner)* maneira ▶ VT modelar, dar feitio a; **in ~** na moda; **out of ~** fora da moda; **in the Greek ~** à grega, à maneira dos gregos; **after a ~** *(finish, manage etc)* até certo ponto
fashionable ['fæʃənəbl] ADJ da moda, elegante; *(writer, café)* da moda
fashion designer N estilista *m/f*
fashion show N desfile *m* de modas
fast [fɑːst] ADJ rápido; *(dye, colour)* firme, permanente; *(Phot: film)* de alta sensibilidade; *(clock)*: **to be ~** estar adiantado ▶ ADV rápido, rapidamente, depressa; *(stuck, held)* firmemente ▶ N jejum *m* ▶ VI jejuar; **my watch is 5 minutes ~** meu relógio está 5 minutos adiantado; **~ asleep** dormindo profundamente; **as ~ as I can** o mais rápido possível; **to make a boat ~** (BRIT) amarrar um barco
fasten ['fɑːsn] VT fixar, prender; *(coat)* fechar; *(belt)* apertar ▶ VI prender-se, fixar-se
▶ **fasten on, fasten upon** VT FUS *(idea)* agarrar-se a
fastener ['fɑːsnə^r] N presilha, fecho; *(of door etc)* fechadura; **zip ~** (BRIT) fecho ecler (BR) or éclair (PT)

fastening ['fɑːsnɪŋ] N = **fastener**
fast food N fast food f
fastidious [fæs'tɪdɪəs] ADJ (fussy) meticuloso; (demanding) exigente
fast lane N (Aut) pista de velocidade
fat [fæt] ADJ gordo; (meat) com muita gordura; (greasy) gorduroso; (book) grosso; (wallet) recheado; (profit) grande ▶ N (on person, Chem) gordura; (lard) banha, gordura; **to live off the ~ of the land** viver na abundância
fatal ['feɪtl] ADJ fatal; (injury) mortal; (consequence) funesto
fatalism ['feɪtəlɪzəm] N fatalismo
fatality [fə'tælɪtɪ] N (road death etc) vítima m/f
fatally ['feɪtəlɪ] ADV: **~ injured** mortalmente ferido
fate [feɪt] N destino; (of person) sorte f
fated ['feɪtɪd] ADJ (person) condenado; (project) fadado ao fracasso
fateful ['feɪtful] ADJ fatídico
father ['fɑːðəʳ] N pai m
Father Christmas N Papai m Noel
fatherhood ['fɑːðəhud] N paternidade f
father-in-law (pl **fathers-in-law**) N sogro
fatherland ['fɑːðəlænd] N pátria
fatherly ['fɑːðəlɪ] ADJ paternal
fathom ['fæðəm] N braça ▶ VT (Naut) sondar; (unravel) penetrar, deslindar; (understand) compreender
fatigue [fə'tiːg] N fadiga, cansaço; (Mil) faxina; **metal ~** fadiga do metal
fatness ['fætnɪs] N gordura
fatten ['fætn] VT, VI engordar; **chocolate is ~ing** o chocolate engorda
fatty ['fætɪ] ADJ (food) gorduroso ▶ N (pej) gorducho(-a)
fatuous ['fætjuəs] ADJ fátuo
faucet ['fɔːsɪt] (US) N torneira
fault [fɔːlt] N (error) defeito, falta; (blame) culpa; (defect) defeito; (Geo) falha; (Tennis) falta, bola fora ▶ VT criticar; **it's my ~** é minha culpa; **to find ~ with** criticar, queixar-se de; **at ~** culpado; **to a ~** em demasia
faultless ['fɔːltlɪs] ADJ (action) impecável; (person) irrepreensível
faulty ['fɔːltɪ] ADJ defeituoso
fauna ['fɔːnə] N fauna
faux pas ['fəu'pɑː] N INV gafe f
favour, (US) **favor** ['feɪvəʳ] N favor m ▶ VT (proposition) favorecer, aprovar; (person etc) favorecer; (assist) auxiliar; **to ask a ~ of** pedir um favor a; **to do sb a ~** fazer favor a alguém; **to be in ~ of sth/of doing sth** estar a favor de algo/de fazer algo; **to find ~ with** cair nas boas graças de; **in ~ of** em favor de
favourable, (US) **favorable** ['feɪuərəbl] ADJ favorável
favourably, (US) **favorably** ['feɪvərəblɪ] ADV favoravelmente
favourite, (US) **favorite** ['feɪvərɪt] ADJ predileto ▶ N favorito(-a)

favouritism, (US) **favoritism** ['feɪvərɪtɪzəm] N favoritismo
fawn [fɔːn] N cervo novo, cervato ▶ ADJ (also: **fawn-coloured**) castanho-claro inv ▶ VI: **to ~ (up)on** bajular
fax [fæks] N (document, machine) fax m, fac-símile m ▶ VT enviar por fax or fac-símile
FBI (US) N ABBR (= Federal Bureau of Investigation) FBI m
FCC (US) N ABBR = **Federal Communications Commission**
FCO (BRIT) N ABBR (= Foreign and Commonwealth Office) ministério das Relações Exteriores
FD (US) N ABBR = **fire department**
FDA (US) N ABBR (= Food and Drug Administration) órgão controlador de medicamentos e gêneros alimentícios
fear [fɪəʳ] N medo; (misgiving) temor m ▶ VT ter medo de, temer ▶ VI: **to ~ for** recear or temer por; **to ~ that** temer que; **~ of heights** medo das alturas, vertigem f; **for ~ of** com medo de
fearful ['fɪəful] ADJ medonho, temível; (cowardly) medroso; (awful) terrível; **to be ~ of** temer, ter medo de
fearfully ['fɪəfəlɪ] ADV (timidly) timidamente; (inf: very) muito, terrivelmente
fearless ['fɪəlɪs] ADJ sem medo, intrépido; (bold) audaz
fearsome ['fɪəsəm] ADJ (opponent) medonho, temível; (sight) espantoso
feasibility [fiːzə'bɪlɪtɪ] N viabilidade f
feasibility study N estudo de viabilidade
feasible ['fiːzəbl] ADJ viável
feast [fiːst] N banquete m; (Rel: also: **feast day**) festa ▶ VI banquetear-se
feat [fiːt] N façanha, feito
feather ['fɛðəʳ] N pena, pluma ▶ VT: **to ~ one's nest** (fig) acumular riquezas ▶ CPD (bed etc) de penas
feather-weight N (Boxing) peso-pena m
feature ['fiːtʃəʳ] N característica; (Anat) feição f, traço; (article) reportagem f ▶ VT (subj: film) apresentar ▶ VI figurar; **features** NPL (of face) feições fpl; **it ~d prominently in ...** ocupou um lugar de destaque em ...
feature film N longa-metragem f
featureless ['fiːtʃəlɪs] ADJ anônimo
Feb. ABBR (= February) fev.
February ['fɛbruərɪ] N fevereiro; see also **July**
feces ['fiːsiːz] (US) NPL = **faeces**
feckless ['fɛklɪs] ADJ displicente
Fed (US) ABBR = **federal; federation**
fed [fɛd] PT, PP of **feed**
Fed. [fɛd] (US inf) N ABBR = **Federal Reserve Board**
federal ['fɛdərəl] ADJ federal
Federal Reserve Board (US) N órgão controlador do banco central dos EUA
Federal Trade Commission (US) N órgão regulador de práticas comerciais
federation [fɛdə'reɪʃən] N federação f

fed up ADJ: **to be ~** estar (de saco) cheio (BR), estar farto (PT)
fee [fi:] N taxa (BR), propina (PT); *(of school)* matrícula; *(of doctor, lawyer)* honorários *mpl*; **entrance ~** *(to club)* joia; *(to museum etc)* entrada; **membership ~** *(to join)* joia; *(annual etc)* quota; **for a small ~** em troca de uma pequena taxa
feeble ['fi:bl] ADJ fraco, débil; *(attempt)* ineficaz
feeble-minded ADJ imbecil
feed [fi:d] *(pt, pp* **fed**) N comida; *(of baby)* alimento infantil; *(of animal)* ração *f*; *(on printer)* mecanismo alimentador ▶ VT *(gen, machine)* alimentar; *(baby: breastfeed)* amamentar; *(animal)* dar de comer a; *(data, information)*: **to ~ into** introduzir em
▶ **feed on** VT FUS alimentar-se de
feedback ['fi:dbæk] N *(Elec)* feedback *m*; *(from person)* reação *f*
feeder ['fi:dəʳ] N *(bib)* babador *m*
feeding bottle ['fi:dɪŋ-] *(BRIT)* N mamadeira
feel [fi:l] *(pt, pp* **felt**) VT *(touch)* tocar, apalpar; *(anger, pain etc)* sentir; *(think, believe)* achar, acreditar ▶ N *(sensation)* sensação *f*; *(sense of touch)* tato; *(impression)* impressão *f*; **to ~ (that)** achar (que); **I ~ that you ought to do it** eu acho que você deveria fazê-lo; **to ~ hungry/cold** estar com fome/frio (BR), ter fome/frio (PT); **to ~ lonely/better** sentir-se só/melhor; **to ~ sorry for** ter pena de; **I don't ~ well** não estou me sentindo bem; **it ~s soft** é macio; **it ~s colder here** sente-se mais frio aqui; **it ~s like velvet** parece veludo; **to ~ like** *(want)* querer; **to ~ about** *or* **around** apalpar, tatear; **I'm still ~ing my way** *(fig)* ainda estou me ambientando; **to get the ~ of sth** *(fig)* acostumar-se a algo
feeler ['fi:ləʳ] N *(of insect)* antena; **to put out ~s** *or* **a ~** *(fig)* sondar opiniões, lançar um balão-de-ensaio
feeling ['fi:lɪŋ] N sensação *f*; *(foreboding)* pressentimento; *(opinion)* opinião *f*; *(emotion)* sentimento; *(impression)* impressão *f*; **to hurt sb's ~s** magoar alguém; **~s ran high about it** os sentimentos se esquentaram a respeito disso; **what are your ~s about the matter?** qual é a sua opinião sobre o assunto?; **my ~ is that ...** eu acho que ...; **I have a ~ that ...** tenho a impressão de que ...
feet [fi:t] NPL *of* **foot**
feign [feɪn] VT fingir
felicitous [fɪ'lɪsɪtəs] ADJ feliz
feline ['fi:laɪn] ADJ felino
fell [fɛl] PT *of* **fall** ▶ VT *(tree)* lançar por terra, derrubar ▶ N *(BRIT: mountain)* montanha; *(: moorland)*: **the ~s** a charneca ▶ ADJ: **with one ~ blow** de um só golpe
fellow ['fɛləu] N *(gen)* camarada *m/f*; *(inf: man)* cara *m* (BR), tipo (PT); *(of learned society)* membro; *(of university)* membro do conselho universitário ▶ CPD: **~ students** colegas *mpl/fpl* de curso; **his ~ workers** seus colegas de trabalho
fellow citizen N concidadão(-dã) *m/f*
fellow countryman *(irreg: like* **man**) N compatriota *m*
fellow feeling N simpatia
fellow men NPL semelhantes *mpl*
fellowship ['fɛləuʃɪp] N *(comradeship)* amizade *f*; *(grant)* bolsa de estudo; *(society)* associação *f*
fellow traveller, *(US)* **fellow traveler** N companheiro(-a) de viagem; *(Pol)* simpatizante *m/f*
fell-walking *(BRIT)* N caminhadas *fpl* nas montanhas
felon ['fɛlən] N *(Law)* criminoso(-a)
felony ['fɛlənɪ] N *(Law)* crime *m*
felt [fɛlt] PT, PP *of* **feel** ▶ N feltro
felt-tip pen N caneta pilot® (BR) *or* de feltro (PT)
female ['fi:meɪl] N *(pej: woman)* mulher *f*; *(Zool)* fêmea ▶ ADJ *(Bio, Elec)* fêmeo(-a); *(sex, character)* feminino; *(vote etc)* das mulheres; *(child etc)* do sexo feminino; **male and ~ teachers** professores e professoras
female impersonator N *(Theatre)* travesti *m*
feminine ['fɛmɪnɪn] ADJ feminino; *(womanly)* feminil ▶ N feminino
femininity [fɛmɪ'nɪnɪtɪ] N feminilidade *f*
feminism ['fɛmɪnɪzəm] N feminismo
feminist ['fɛmɪnɪst] N feminista *m/f*
fen [fɛn] *(BRIT)* N: **the F~s** os pântanos de Norfolk
fence [fɛns] N cerca; *(Sport)* obstáculo; *(inf: person)* receptor(a) *m/f* ▶ VT *(also:* **fence in**) cercar ▶ VI esgrimir; **to sit on the ~** *(fig)* ficar no muro
fencing ['fɛnsɪŋ] N *(sport)* esgrima
fend [fɛnd] VI: **to ~ for o.s.** defender-se, virar-se
▶ **fend off** VT *(attack, attacker)* defender-se de
fender ['fɛndəʳ] N *(of fireplace)* guarda-fogo *m*; *(on boat)* defesa de embarcação; *(US: Aut)* para-lama *m*; *(: Rail)* limpa-trilhos *m inv*
fennel ['fɛnl] N erva-doce *f*, funcho
ferment [*vi* fə'mɛnt, *n* 'fə:mɛnt] VI fermentar ▶ N *(fig)* agitação *f*
fermentation [fə:mən'teɪʃən] N fermentação *f*
fern [fə:n] N samambaia (BR), feto (PT)
ferocious [fə'rəuʃəs] ADJ feroz
ferocity [fə'rɔsɪtɪ] N ferocidade *f*
ferret ['fɛrɪt] N furão *m*
▶ **ferret about** *(BRIT)* VI = **ferret around**
▶ **ferret around** VI: **to ~ around in sth** vasculhar algo
▶ **ferret out** VT *(information)* desenterrar, descobrir
ferry ['fɛrɪ] N *(small)* barco (de travessia); *(large: also:* **ferryboat**) balsa ▶ VT transportar; **to ~ sth/sb across** *or* **over** transportar algo/alguém para o outro lado
ferryman ['fɛrɪmən] *(irreg: like* **man**) N barqueiro, balseiro
fertile ['fə:taɪl] ADJ fértil; *(Bio)* fecundo

fertility [fəˈtɪlɪtɪ] N fertilidade f; (Bio) fecundidade f
fertility drug N droga que propicia a fecundação
fertilize [ˈfəːtɪlaɪz] VT fertilizar; (Bio) fecundar
fertilizer [ˈfəːtɪlaɪzəʳ] N adubo, fertilizante m
fervent [ˈfəːvənt] ADJ ardente, apaixonado
fervour, (US) **fervor** [ˈfəːvəʳ] N fervor m
fester [ˈfɛstəʳ] VI inflamar-se
festival [ˈfɛstɪvəl] N (Rel) festa; (Art, Mus) festival m
festive [ˈfɛstɪv] ADJ festivo; **the ~ season** (BRIT: Christmas) a época do Natal
festivities [fɛsˈtɪvɪtɪz] NPL festas fpl, festividades fpl
festoon [fɛsˈtuːn] VT: **to ~ with** engrinaldar de or com
fetch [fɛtʃ] VT ir buscar, trazer; (BRIT: sell for) alcançar; **how much did it ~?** quanto rendeu?, por quanto foi vendido?
▶ **fetch up** (US) VI ir parar
fetching [ˈfɛtʃɪŋ] ADJ atraente
fête [feɪt] N festa
fetid [ˈfɛtɪd] ADJ fétido
fetish [ˈfɛtɪʃ] N fetiche m
fetter [ˈfɛtəʳ] VT restringir, refrear
fetters [ˈfɛtəz] NPL grilhões mpl
fettle [ˈfɛtl] (BRIT) N: **in fine ~** (car etc) em bom estado; (person) em forma
fetus [ˈfiːtəs] (US) N = **foetus**
feud [fjuːd] N (hostility) inimizade f; (quarrel) disputa, rixa ▶ VI brigar; **a family ~** uma briga de família
feudal [ˈfjuːdl] ADJ feudal
feudalism [ˈfjuːdəlɪzəm] N feudalismo
fever [ˈfiːvəʳ] N febre f; **he has a ~** ele está com febre
feverish [ˈfiːvərɪʃ] ADJ febril; (activity) febril
few [fjuː] ADJ, PRON poucos(-as); **a ~ ...** alguns/algumas ...; **I know a ~** conheço alguns; **quite a ~ ...** vários(-as) ...; **in the next ~ days** nos próximos dias; **in the past ~ days** nos últimos dias; **every ~ days/months** cada dois ou três dias/meses; **a ~ more ...** mais alguns/algumas ...
fewer [ˈfjuːəʳ] ADJ, PRON menos
fewest [ˈfjuːɪst] ADJ o menor número de
FFA N ABBR = **Future Farmers of America**
FH (BRIT) ABBR = **fire hydrant**
FHA (US) N ABBR (= Federal Housing Administration) secretaria federal da habitação
fiancé [fɪˈãːŋseɪ] N noivo
fiancée [fɪˈãːŋseɪ] N noiva
fiasco [fɪˈæskəu] N fiasco
fib [fɪb] N lorota
fibre, (US) **fiber** [ˈfaɪbəʳ] N fibra
fibreboard, (US) **fiberboard** [ˈfaɪbəbɔːd] N madeira compensada, compensado
fibre-glass, (US) **fiber-glass** N fibra de vidro
fibrositis [faɪbrəˈsaɪtɪs] N aponeurosite f
FICA (US) N ABBR = **Federal Insurance Contributions Act**

fickle [ˈfɪkl] ADJ inconstante; (weather) instável
fiction [ˈfɪkʃən] N ficção f; (invention) invenção f
fictional [ˈfɪkʃənl] ADJ de ficção
fictionalize [ˈfɪkʃnəlaɪz] VT romancear
fictitious [fɪkˈtɪʃəs] ADJ fictício
fiddle [ˈfɪdl] N (Mus) violino; (cheating) fraude f, embuste m; (swindle) trapaça ▶ VT (BRIT: accounts) falsificar
▶ **fiddle with** VT FUS brincar com
fiddler [ˈfɪdləʳ] N violinista m/f
fiddly [ˈfɪdlɪ] ADJ (task) espinhoso
fidelity [fɪˈdɛlɪtɪ] N fidelidade f
fidget [ˈfɪdʒɪt] VI estar irrequieto, mexer-se
fidgety [ˈfɪdʒɪtɪ] ADJ inquieto, nervoso
fiduciary [fɪˈdjuːʃɪərɪ] N fiduciário(-a)
field [fiːld] N campo; (fig) área, esfera, especialidade f; **to lead the ~** (Sport) tomar a dianteira; (Comm) liderar; **to have a ~ day** (fig) fazer a festa
field glasses NPL binóculo
field marshal N marechal-de-campo
fieldwork [ˈfiːldwəːk] N trabalho de campo
fiend [fiːnd] N demônio
fiendish [ˈfiːndɪʃ] ADJ diabólico
fierce [fɪəs] ADJ feroz; (wind, attack) violento; (heat) intenso; (fighting, enemy) feroz, violento
fiery [ˈfaɪərɪ] ADJ (burning) ardente; (temperament) fogoso
FIFA [ˈfiːfə] N ABBR (= Fédération Internationale de Football Association) FIFA
fifteen [fɪfˈtiːn] NUM quinze; see also **five**
fifth [fɪfθ] NUM quinto; **I was (the) ~ to arrive** eu fui o quinto a chegar; **he came ~ in the competition** ele tirou o quinto lugar; (in race) ele chegou em quinto lugar; **Henry the F~** Henrique Quinto; **the ~ of July, July the ~** dia cinco de julho; **I wrote to him on the ~** eu lhe escrevi no dia cinco
fiftieth [ˈfɪftɪɪθ] NUM quinquagésimo; see also **fifth**
fifty [ˈfɪftɪ] NUM cinquenta; **about ~ people** umas cinquenta pessoas; **he'll be ~ (years old) next birthday** ele fará cinquenta anos no seu próximo aniversário; **he's about ~** ele tem uns cinquenta anos; **the fifties** os anos 50; **to be in one's fifties** estar na casa dos cinquenta anos; **the temperature was in the fifties** a temperatura estava na faixa dos cinquenta graus; **to do ~** (Aut) ir a 50 (quilômetros por hora)
fifty-fifty [ˈfɪftɪˈfɪftɪ] ADV: **to share** or **go ~ with sb** dividir meio a meio com alguém, rachar com alguém ▶ ADJ: **to have a ~ chance** ter 50% de chance
fig [fɪg] N figo
fight [faɪt] (pt, pp **fought**) N briga; (Mil) combate m; (struggle: against illness etc) luta ▶ VT lutar contra; (cancer, alcoholism) combater; (election) competir; (Law: case) defender ▶ VI brigar, bater-se; (fig): **to ~ (for/against)** lutar (por/contra)

133 | fighter – finely

▶ **fight back** VI revidar; (Sport, from illness etc) reagir ▶ VT (tears) tentar reter
▶ **fight off** VT (attack, attacker) repelir; (illness, sleep, urge) lutar contra
▶ **fight out** VT: **to ~ it out** resolver a questão pela briga
fighter ['faɪtə^r] N combatente m/f; (fig) lutador(a) m/f; (plane) caça m
fighter pilot N piloto de caça
fighting ['faɪtɪŋ] N (battle) batalha; (brawl) briga
figment ['fɪgmənt] N: **a ~ of the imagination** um produto da imaginação
figurative ['fɪgjurətɪv] ADJ (expression) figurado; (style) figurativo
figure ['fɪgə^r] N (Drawing, Math) figura, desenho; (numeral) algarismo; (number, cipher) número, cifra; (outline) forma; (of woman) corpo; (person) personagem m ▶ VT (esp US) imaginar ▶ VI (appear) figurar; (US: make sense) fazer sentido; **public ~** personalidade f
▶ **figure on** (US) VT FUS: **to ~ on doing** contar em fazer
▶ **figure out** VT compreender
figurehead ['fɪgəhed] N (Naut) carranca de proa; (pej: leader) chefe m nominal
figure of speech N figura de linguagem
figure skating N movimentos mpl de patinação
Fiji ['fi:dʒi:] N Fiji
Fiji Islands NPL (ilhas fpl) Fiji (no article)
filament ['fɪləmənt] N filamento
filch [fɪltʃ] (inf) VT surripiar, afanar
file [faɪl] N (tool) lixa; (dossier) dossiê m, pasta; (folder) pasta; (: binder) fichário; (Comput) arquivo; (row) fila, coluna ▶ VT (wood, nails) lixar; (papers) arquivar; (Law: claim) apresentar, dar entrada em; (store) arquivar
▶ VI: **to ~ in/out** entrar/sair em fila; **to ~ past** desfilar em frente de; **to ~ a suit against sb** (Law) abrir processo contra alguém
file name N (Comput) nome m do arquivo
file sharing [-ʃɛərɪŋ] N (Comput) compartilhamento de arquivos
filibuster ['fɪlɪbʌstə^r] (esp US) N (Pol) obstrucionista m/f ▶ VI obstruir
filing ['faɪlɪŋ] N arquivamento; **filings** NPL (of iron etc) limalha
filing cabinet N fichário, arquivo
filing clerk N arquivista m/f
Filipino [fɪlɪ'pi:nəu] N (person) filipino(-a); (Ling) filipino
fill [fɪl] VT encher; (vacancy) preencher; (order) atender; (need) satisfazer ▶ N: **to eat one's ~** encher-se ou fartar-se de comer; **~ed with admiration** cheio de admiração
▶ **fill in** VT (form) preencher; (hole) tapar; (time) encher
▶ **fill up** VT encher ▶ VI (Aut) abastecer o carro; **~ it up, please** (Aut) pode encher (o tanque), por favor

fillet ['fɪlɪt] N filete m, filé m ▶ VT preparar em filés
fillet steak N filé m
filling ['fɪlɪŋ] N (Culin) recheio; (for tooth) obturação f (BR), chumbo (PT)
filling station N posto de gasolina
fillip ['fɪlɪp] N estímulo, incentivo
filly ['fɪlɪ] N potranca
film [fɪlm] N filme m; (of liquid etc) camada fina, véu m ▶ VT (scene) rodar, filmar ▶ VI filmar
film star N astro/estrela do cinema
film strip N diafilme m
film studio N estúdio (de cinema)
filter ['fɪltə^r] N filtro ▶ VT filtrar
filter coffee N café m filtro
filter lane (BRIT) N (Aut) pista para se dobrar à esquerda (or à direita)
filter tip N filtro
filter-tipped ADJ filtrado
filth [fɪlθ] N sujeira (BR), sujidade f (PT)
filthy ['fɪlθɪ] ADJ sujo; (language) indecente, obsceno
fin [fɪn] N barbatana
final ['faɪnl] ADJ final, último; (definitive) definitivo ▶ N (Sport) final f; **finals** NPL (Sch) exames mpl finais
final demand N (on invoice etc) demanda final
finale [fɪ'nɑ:lɪ] N final m
finalist ['faɪnəlɪst] N (Sport) finalista m/f
finalize ['faɪnəlaɪz] VT concluir, completar
finally ['faɪnəlɪ] ADV (lastly) finalmente, por fim; (eventually) por fim; (irrevocably) definitivamente
finance [faɪ'næns] N (money) fundos mpl; (money management) finanças fpl ▶ VT financiar; **finances** NPL (personal finances) finanças
financial [faɪ'nænʃəl] ADJ financeiro; **~ statement** demonstração financeira
financially [faɪ'nænʃəlɪ] ADV financeiramente
financial year N ano fiscal, exercício
financier [fɪ'nænsɪə^r] N financista m/f; (backer) financiador(a) m/f
find [faɪnd] (pt, pp **found**) VT encontrar, achar; (discover) descobrir ▶ N achado, descoberta; **to ~ sb guilty** (Law) declarar alguém culpado
▶ **find out** VT descobrir; (person) desmascarar
▶ VI: **to ~ out about** informar-se sobre; (by chance) saber de
findings ['faɪndɪŋz] NPL (Law) veredito, decisão f; (of report) constatações fpl
fine [faɪn] ADJ fino; (excellent) excelente; (good) bom/boa; (beautiful) bonito ▶ ADV (well) muito bem ▶ N (Law) multa ▶ VT (Law) multar; **to be ~** (person) estar bem; (weather) estar bom; **you're doing ~** você se dá bem; **to cut it ~** deixar pouca margem; (arrive just in time) chegar em cima da hora
fine arts NPL belas artes fpl
finely ['faɪnlɪ] ADV (tune) finamente; **~ chopped** picado

finery ['faɪnərɪ] N enfeites mpl
finesse [fɪ'nɛs] N sutileza
fine-tooth comb N: **to go through sth with a ~** (fig) passar o pente fino em algo
finger ['fɪŋgə^r] N dedo ▶ VT (touch) manusear; (Mus) dedilhar; **little/index ~** dedo mínimo/indicador
fingermark ['fɪŋgəmɑːk] N dedada
fingernail ['fɪŋgəneɪl] N unha
fingerprint ['fɪŋgəprɪnt] N impressão f digital ▶ VT (person) tirar as impressões digitais de
fingerstall ['fɪŋgəstɔːl] N dedeira
fingertip ['fɪŋgətɪp] N ponta do dedo; **to have sth at one's ~s** ter algo à sua disposição, dispor de algo; (knowledge) saber algo na ponta da língua
finicky ['fɪnɪkɪ] ADJ (fussy) fresco, cheio de coisas
finish ['fɪnɪʃ] N (end) fim m; (Sport) chegada; (on wood etc) acabamento ▶ VT, VI terminar, acabar; **to ~ doing sth** terminar de fazer algo; **to ~ with sb** (end relationship) acabar com alguém; **to ~ third** chegar no terceiro lugar
▶ **finish off** VT terminar; (kill) liquidar
▶ **finish up** VT acabar ▶ VI acabar; (in place) ir parar
finished product ['fɪnɪʃt-] N produto acabado
finishing line ['fɪnɪʃɪŋ-] N linha de chegada, meta
finishing school ['fɪnɪʃɪŋ-] N escola de aperfeiçoamento (para moças)
finishing touches ['fɪnɪʃɪŋ-] NPL últimos retoques mpl
finite ['faɪnaɪt] ADJ finito
Finland ['fɪnlənd] N Finlândia
Finn [fɪn] N finlandês(-esa) m/f
Finnish ['fɪnɪʃ] ADJ finlandês(-esa) ▶ N (Ling) finlandês m
fiord [fjɔːd] N = **fjord**
fir [fəː^r] N abeto
fire ['faɪə^r] N fogo; (accidental) incêndio; (gas fire, electric fire) aquecedor m ▶ VT (gun) disparar; (arrow) atirar; (interest) estimular; (dismiss) despedir; (excite): **to ~ sb with enthusiasm** encher alguém de entusiasmo ▶ VI disparar ▶ CPD: **~ hazard, ~ risk** perigo or risco de incêndio; **on ~** em chamas; **to set ~ to sth, set sth on ~** incendiar algo; **insured against ~** segurado contra fogo; **to come under ~ (from)** (fig) ser atacado (por)
fire alarm N alarme m de incêndio
firearm ['faɪərɑːm] N arma de fogo
fire brigade N (corpo de) bombeiros mpl
fire chief (US) N = **fire master**
fire department (US) N = **fire brigade**
fire drill N treinamento de incêndio
fire engine N carro de bombeiro
fire escape N escada de incêndio
fire exit N saída de emergência
fire extinguisher N extintor m de incêndio
firefighter ['faɪəfaɪtə^r] N bombeiro(-a)
fireguard ['faɪəgɑːd] (BRIT) N guarda-fogo m

fire insurance N seguro contra fogo
fireman ['faɪəmɛn] (irreg: like **man**) N bombeiro
fire master (BRIT) N capitão m dos bombeiros
firemen ['faɪəmɛn] NPL of **fireman**
fireplace ['faɪəpleɪs] N lareira
fireproof ['faɪəpruːf] ADJ à prova de fogo
fire regulations NPL normas fpl preventivas contra incêndio
fire screen N guarda-fogo m
fireside ['faɪəsaɪd] N lugar m junto à lareira
fire station N posto de bombeiros
firewall ['faɪəwɔːl] N (Comput) firewall m
firewood ['faɪəwud] N lenha
fireworks ['faɪəwəːks] NPL fogos mpl de artifício; (display) queima de fogos
firing ['faɪərɪŋ] N (Mil) tiros mpl, tiroteio
firing line N (Mil) linha de fogo; **to be in the ~** (fig) estar na linha de frente
firing squad N pelotão m de fuzilamento
firm [fəːm] ADJ firme ▶ N firma; **to be a ~ believer in sth** ser partidário perseverante de algo; **to stand ~** or **take a ~ stand on sth** (fig) manter-se firme em algo
firmly ['fəːmlɪ] ADV firmemente
firmness ['fəːmnɪs] N firmeza
first [fəːst] ADJ primeiro ▶ ADV (before others) primeiro; (when listing reasons etc) em primeiro lugar ▶ N (person: in race) primeiro(-a); (Aut) primeira; (BRIT Sch) menção f honrosa; **the ~ of January** primeiro de janeiro (BR), dia um de Janeiro (PT); **at ~** no início; **~ of all** antes de tudo, antes de mais nada; **in the ~ place** em primeiro lugar; **I'll do it ~ thing tomorrow** vou fazê-lo amanhã cedo; **head ~** com a cabeça para a frente; **for the ~ time** pela primeira vez; **from the (very) ~** desde o início; see also **fifth**
first aid N primeiros socorros mpl
first-aid kit N estojo de primeiros socorros
first-aid post N pronto-socorro
first-class ADJ de primeira classe
first-class mail N correspondência prioritária
first-hand ADJ de primeira mão
first lady (US) N primeira dama
firstly ['fəːstlɪ] ADV primeiramente, em primeiro lugar
first name N primeiro nome m
first night N (Theatre) estreia
first-rate ADJ de primeira categoria
fir tree N abeto
FIS (BRIT) N ABBR (= Family Income Supplement) abono-família m
fiscal ['fɪskəl] ADJ fiscal; **~ year** ano-fiscal
fish [fɪʃ] N INV peixe m ▶ VT, VI pescar; **to go ~ing** ir pescar
▶ **fish out** VT (from water) pescar; (from box etc) tirar
fish bone N espinha de peixe
fisherman ['fɪʃəmən] (irreg: like **man**) N pescador m
fishery ['fɪʃərɪ] N pescaria

fish factory (BRIT) N fábrica de processamento de pescados
fish farm N viveiro (de piscicultura)
fish fingers (BRIT) NPL filezinhos *mpl* de peixe
fish hook N anzol *m*
fishing boat ['fɪʃɪŋ-] N barco de pesca
fishing industry ['fɪʃɪŋ-] N indústria da pesca
fishing line ['fɪʃɪŋ-] N linha de pesca
fishing net ['fɪʃɪŋ-] N rede *f* de pesca
fishing rod ['fɪʃɪŋ-] N vara (de pesca)
fishing tackle ['fɪʃɪŋ-] N apetrechos *mpl* (de pesca)
fish market N mercado de peixe
fishmonger ['fɪʃmʌŋgəʳ] N peixeiro(-a); **~'s (shop)** peixaria
fish sticks (US) NPL = **fish fingers**
fishy ['fɪʃɪ] (*inf*) ADJ (*tale*) suspeito
fission ['fɪʃən] N fissão *f*; **nuclear ~** fissão nuclear
fissure ['fɪʃəʳ] N fenda, fissura
fist [fɪst] N punho
fistfight ['fɪstfaɪt] N briga de socos
fit [fɪt] ADJ (*healthy; also* boa) forma; (*suitable*) adequado, apropriado ▶ VT (*subj: clothes*) caber em; (*try on: clothes*) experimentar, provar; (*facts*) enquadrar-se *or* condizer com; (*accommodate*) ajustar, adaptar; (*correspond exactly*) encaixar em; (*put in, attach*) colocar; (*equip*) equipar ▶ VI (*clothes*) servir; (*parts*) ajustar-se; (*in space, gap*) caber; (*correspond*) encaixar-se ▶ N (*Med*) ataque *m*; **~ to** bom para; **~ for** adequado para; **a ~ of anger/pride** um acesso de raiva/orgulho; **to have a ~** (*Med*) sofrer *or* ter um ataque; (*fig: inf*) fazer escândalo; **this dress is a good/tight ~** este vestido tem um bom corte/está um pouco justo; **do as you think** *or* **see ~** faça como você achar melhor; **by ~s and starts** espasmodicamente
▶ **fit in** VI encaixar-se; (*fig: person*) dar-se bem (com todos)
▶ **fit out** (BRIT) VT (*also*: **fit up**) equipar
fitful ['fɪtful] ADJ espasmódico, intermitente
fitment ['fɪtmənt] N móvel *m*
fitness ['fɪtnɪs] N (*Med*) saúde *f*, boa forma; (*of remark*) conveniência
fitness instructor N instrutor(a) *m/f* de academia, instrutor(a) *m/f* de fitness
fitted ['fɪtɪd] ADJ (*cupboards*) embutido; (BRIT: *kitchen*) com armários embutidos; **~ carpet** carpete *m*
fitted kitchen ['fɪtɪd-] (BRIT) N cozinha planejada
fitter ['fɪtəʳ] N ajustador(a) *m/f*, montador(a) *m/f*; (*also*: **gas fitter**) gasista *m/f*
fitting ['fɪtɪŋ] ADJ apropriado ▶ N (*of dress*) prova; **fittings** NPL (*in building*) instalações *fpl*, acessórios *mpl*
fitting room N (*in shop*) cabine *f* (para experimentar roupa)
five [faɪv] NUM cinco; **she is ~ (years old)** ela tem cinco anos; **they live at number ~/ at ~ Green Street** eles moram no número cinco/na Green Street número cinco; **there are ~ of us** somos cinco; **all ~ of them came** todos os cinco vieram; **it costs ~ pounds** custa cinco libras; **~ and a quarter/half** cinco e um quarto/e meio; **it's ~ (o'clock)** são cinco horas; **to divide sth into ~** dividir algo em cinco partes; **they are sold in ~s** eles são vendidos em pacotes de cinco
five-day week N semana de cinco dias
fiver ['faɪvəʳ] (*inf*) N (BRIT) nota de cinco libras; (US) nota de cinco dólares
fix [fɪks] VT (*secure*) fixar, colocar; (*arrange*) arranjar; (*mend*) consertar; (*meal, drink*) preparar; (*inf: game etc*) arranjar ▶ N: **to be in a ~** estar em apuros; **the fight was a ~** a luta foi uma marmelada; **to ~ sth in one's mind** gravar algo
▶ **fix up** VT (*meeting*) marcar; **to ~ sb up with sth** arranjar algo para alguém
fixation [fɪk'seɪʃən] N fixação *f*
fixative ['fɪksətɪv] N fixador *m*
fixed [fɪkst] ADJ (*prices, smile*) fixo; **how are you ~ for money?** (*inf*) a quantas anda você em matéria de dinheiro?
fixed assets NPL ativo fixo
fixture ['fɪkstʃəʳ] N coisa fixa; (*furniture*) móvel *m* fixo; (*Sport*) desafio, encontro
fizz [fɪz] VI efervescer
fizzle ['fɪzl] VI chiar
fizzle out VI fracassar; (*interest*) diminuir
fizzy ['fɪzɪ] ADJ (*drink*) com gás, gasoso; (*gen*) efervescente
fjord [fjɔːd] N fiorde *m*
FL (US) ABBR (*Post*) = **Florida**
flabbergasted ['flæbəgɑːstɪd] ADJ pasmado
flabby ['flæbɪ] ADJ flácido
flag [flæg] N bandeira; (*for signalling*) bandeirola; (*flagstone*) laje *f* ▶ VI acabar-se, descair; **~ of convenience** bandeira de conveniência
▶ **flag down** VT: **to ~ sb down** fazer sinais a alguém para que pare
flagon ['flægən] N garrafão *m*
flagpole ['flægpəul] N mastro de bandeira
flagrant ['fleɪgrənt] ADJ flagrante
flagship ['flægʃɪp] N nau *f* capitânia; (*fig*) carro-chefe *m*
flag stop (US) N (*for bus*) parada facultativa
flair [flɛəʳ] N (*talent*) talento; (*style*) habilidade *f*
flak [flæk] N (*Mil*) fogo antiaéreo; (*inf: criticism*) críticas *fpl*
flake [fleɪk] N (*of rust, paint*) lasca; (*of snow, soap powder*) floco ▶ VI (*also*: **flake off**) lascar, descamar-se
flaky ['fleɪkɪ] ADJ (*paintwork*) laminoso; (*skin*) escamoso; (*pastry*) folhado
flamboyant [flæm'bɔɪənt] ADJ (*dress*) espalhafatoso; (*person*) extravagante
flame [fleɪm] N chama; **to burst into ~s** irromper em chamas; **old ~** (*inf*) velha paixão *f*

flamingo [fləˈmɪŋgəʊ] (pl **flamingoes**) N flamingo

flammable [ˈflæməbl] ADJ inflamável

flan [flæn] (BRIT) N torta

flange [flændʒ] N flange m

flank [flæŋk] N flanco; (of person) lado ▸ VT ladear

flannel [ˈflænl] N (BRIT: also: **face flannel**) pano de rosto; (fabric) flanela; (BRIT inf) conversa fiada; **flannels** NPL calça (BR) or calças fpl (PT) de flanela

flannelette [flænəˈlɛt] N baetilha

flap [flæp] N (of pocket, table) aba; (of envelope) dobra; (wing movement) bater m; (Aviat) flap m ▸ VT (arms) oscilar; (wings) bater ▸ VI (sail, flag) ondular; (inf: also: **be in a flap**) estar atarantado

flapjack [ˈflæpdʒæk] N (US: pancake) panqueca; (BRIT: biscuit) biscoito de aveia

flare [flɛəʳ] N fogacho, chama; (Mil) foguete m sinalizador; (in skirt etc) folga
▸ **flare up** VI chamejar; (fig: person) encolerizar-se; (: violence) irromper

flared [ˈflɛəd] ADJ (trousers) com roda; (skirt) rodado

flash [flæʃ] N (of lightning) clarão m; (also: **news flash**) notícias fpl de última hora; (Phot) flash m; (of inspiration) lampejo ▸ VT (light, headlights) piscar; (torch) acender; (news, message) transmitir; (look, smile) brilhar ▸ VI brilhar; (light on ambulance, eyes etc) piscar; **in a ~** num instante; **to ~ by** or **past** passar como um raio; **to ~ sth about** (fig: inf) ostentar or exibir algo

flashback [ˈflæʃbæk] N flashback m

flashbulb [ˈflæʃbʌlb] N lâmpada de flash

flash card N (Sch) cartão m

flashcube [ˈflæʃkjuːb] N cubo de flash

flash drive N (Comput) pen drive m

flasher [ˈflæʃəʳ] N (Aut) pisca-pisca m

flashlight [ˈflæʃlaɪt] N lanterna de bolso

flash point N ponto de centelha

flashy [ˈflæʃɪ] (pej) ADJ espalhafatoso

flask [flɑːsk] N frasco; (also: **vacuum flask**) garrafa térmica (BR), termo (PT)

flat [flæt] ADJ plano; (smooth) liso; (battery) descarregado; (tyre) vazio; (beer) choco; (denial) categórico; (Mus) abemolado; (: voice) desafinado; (rate) único; (fee) fixo ▸ N (BRIT: apartment) apartamento; (Mus) bemol m; (Aut) pneu m furado; **~ out** (work) a toque de caixa; (race) a toda; **~ rate of pay** (Comm) salário fixo

flat-footed [-ˈfutɪd] ADJ de pés chatos

flatly [ˈflætlɪ] ADV terminantemente

flatmate [ˈflætmeɪt] (BRIT) N companheiro(-a) de apartamento

flatness [ˈflætnɪs] N (of land) planura, lisura

flatscreen [ˈflætskriːn] ADJ (TV) de tela (BR) or ecrã (PT) plana

flatten [ˈflætn] VT (also: **flatten out**) aplanar; (smooth out) alisar; (demolish) arrasar; (defeat) derrubar

flatter [ˈflætəʳ] VT lisonjear; (show to advantage) favorecer

flatterer [ˈflætərəʳ] N lisonjeador(a) m/f

flattering [ˈflætərɪŋ] ADJ lisonjeiro; (clothes etc) favorecedor(a)

flattery [ˈflætərɪ] N bajulação f

flatulence [ˈflætjuləns] N flatulência

flaunt [flɔːnt] VT ostentar, pavonear

flavour, (US) **flavor** [ˈfleɪvəʳ] N sabor m ▸ VT condimentar, aromatizar; **strawberry-~ed** com sabor de morango

flavouring, (US) **flavoring** [ˈfleɪvərɪŋ] N condimento; (synthetic) aromatizante m

flaw [flɔː] N (in cloth, glass) defeito m; (in character) falha; (in argument) erro

flawless [ˈflɔːlɪs] ADJ impecável

flax [flæks] N linho

flaxen [ˈflæksən] ADJ da cor de linho

flea [fliː] N pulga

flea market N feira de quinquilharias

fleck [flɛk] N (mark) mancha, sinal m; (of dust) partícula; (of mud) salpico; (of paint) pontinho ▸ VT salpicar; **brown ~ed with white** marrom salpicado de branco

fled [flɛd] PT, PP of **flee**

fledgeling, **fledgling** [ˈflɛdʒlɪŋ] N ave f recém-emplumada

flee [fliː] (pt, pp **fled**) VT fugir de ▸ VI fugir

fleece [fliːs] N tosão m; (coat) velo; (wool) lã f ▸ VT (inf) espoliar

fleecy [ˈfliːsɪ] ADJ (blanket) felpudo; (cloud) fofo

fleet [fliːt] N (gen, of lorries etc) frota; (of ships) esquadra

fleeting [ˈfliːtɪŋ] ADJ fugaz

Flemish [ˈflɛmɪʃ] ADJ flamengo ▸ N (Ling) flamengo; **the Flemish** NPL os flamengos

flesh [flɛʃ] N carne f; (of fruit) polpa; **of ~ and blood** de carne e osso

flesh wound N ferimento de superfície

flew [fluː] PT of **fly**

flex [flɛks] N fio ▸ VT (muscles) flexionar

flexibility [flɛksɪˈbɪlɪtɪ] N flexibilidade f

flexible [ˈflɛksɪbl] ADJ flexível

flick [flɪk] N pancada leve; (with finger) peteleco, piparote m; (with whip) chicotada ▸ VT dar um peteleco; (switch) apertar; **flicks** NPL (BRIT inf) cinema m
▸ **flick through** VT FUS folhear

flicker [ˈflɪkəʳ] VI (light, flame) tremular; (eyelids) tremer ▸ N tremulação f; **a ~ of light** um fio de luz

flick knife (BRIT) (irreg: like **knife**) N canivete m de mola

flier [ˈflaɪəʳ] N aviador(a) m/f

flight [flaɪt] N voo m; (escape) fuga; (of steps) lance m; **to take ~** fugir, pôr-se em fuga; **to put to ~** pôr em fuga

flight attendant (US) N comissário(-a) de bordo

flight crew N tripulação f

flight deck N (Aviat) cabine f do piloto; (Naut) pista de aterrissagem (BR) or aterragem (PT)

flight recorder N gravador m de voo

flimsy [ˈflɪmzɪ] ADJ (thin) delgado, franzino; (weak) débil; (excuse) fraco

flinch [flɪntʃ] VI encolher-se; **to ~ from sth/from doing sth** vacilar diante de algo/em fazer algo

fling [flɪŋ] VT (pt, pp **flung**) lançar ▶ N (love affair) caso

flint [flɪnt] N pederneira; (in lighter) pedra

flip [flɪp] VT (turn over) dar a volta em; (throw) jogar; **to ~ a coin** tirar cara ou coroa ▶ **flip through** VT FUS folhear

flip-flops ['flɪpflɔps] (esp BRIT) NPL chinelo (de dedo)

flippant ['flɪpənt] ADJ petulante, irreverente

flipper ['flɪpəʳ] N (of animal) nadadeira; (for swimmer) pé de pato, nadadeira

flip side N (of record) outro lado

flirt [flə:t] VI flertar ▶ N namorador(a) m/f, paquerador(a) m/f

flirtation [flə:'teɪʃən] N flerte m, paquera

flit [flɪt] VI esvoaçar

float [fləut] N boia; (in procession) carro alegórico; (sum of money) caixa ▶ VI flutuar; (swimmer) boiar ▶ VT fazer flutuar; (company) lançar (na Bolsa)

floating ['fləutɪŋ] ADJ flutuante; **~ vote** voto oscilante; **~ voter** indeciso(-a)

flock [flɔk] N (of sheep, Rel) rebanho; (of birds) bando; (of people) multidão f ▶ VI: **to ~ to** afluir a

floe [fləu] N (also: **ice floe**) banquisa

flog [flɔg] VT açoitar; (inf) vender

flood [flʌd] N enchente f, inundação f; (of words, tears etc) torrente m ▶ VT inundar, alagar; (Aut: carburettor) afogar ▶ VI (place) alagar; (people, goods): **to ~ into** inundar; **to ~ the market** (Comm) inundar o mercado; **in ~** transbordante

flooding ['flʌdɪŋ] N inundação f

floodlight ['flʌdlaɪt] (irreg: like **light**) N refletor m, holofote m ▶ VT iluminar com holofotes

floodlit ['flʌdlɪt] PT, PP of **floodlight** ▶ ADJ iluminado (por holofotes)

flood tide N maré f enchente

floor [flɔ:ʳ] N chão m; (in house) soalho; (storey) andar m; (of sea) fundo m; (dance floor) pista de dança ▶ VT (fig: confuse) confundir, pasmar; **ground ~** (BRIT) or **first ~** (US) andar térreo (BR), rés-do-chão (PT); **first ~** (BRIT) or **second ~** (US) primeiro andar; **top ~** último andar; **to have the ~** (speaker) ter a palavra

floorboard ['flɔ:bɔ:d] N tábua de assoalho

flooring ['flɔ:rɪŋ] N piso

floor lamp (US) N abajur m de pé

floor show N show m

floorwalker ['flɔ:wɔ:kəʳ] (esp US) N supervisor(a) m/f (numa loja de departamentos)

flop [flɔp] N fracasso ▶ VI (fail) fracassar; (into chair etc) cair pesadamente

floppy ['flɔpɪ] ADJ frouxo, mole

floppy disk N disquete m

flora ['flɔ:rə] N flora

floral ['flɔ:rl] ADJ floral

Florence ['flɔrəns] N Florença

florid ['flɔrɪd] ADJ (style) florido; (complexion) corado

florist ['flɔrɪst] N florista m/f

florist's, florist's shop N floricultura

flotation [fləu'teɪʃən] N (of shares) emissão f; (of company) lançamento (na Bolsa)

flounce [flauns] N babado, debrum m ▶ **flounce out** VI sair indignado

flounder ['flaundəʳ] N (pl **flounder** or **flounders**) (Zool) linguado ▶ VI (swimmer) debater-se; (fig) atrapalhar-se

flour ['flauəʳ] N farinha

flourish ['flʌrɪʃ] VI florescer ▶ VT brandir, menear ▶ N floreio; (bold gesture): **with a ~** con gestos floreados; (of trumpets) fanfarra

flourishing ['flʌrɪʃɪŋ] ADJ próspero

flout [flaut] VT (law) desrespeitar; (offer) desprezar

flow [fləu] N (of tide, traffic) fluxo; (direction) curso; (of river, Elec) corrente f; (of blood) circulação f ▶ VI correr; (traffic) fluir; (blood, Elec) circular; (clothes, hair) ondular

flow chart N fluxograma m

flow diagram N fluxograma m

flower ['flauəʳ] N flor f ▶ VI florescer, florir; **in ~** em flor

flower bed N canteiro

flowerpot ['flauəpɔt] N vaso

flowery ['flauərɪ] ADJ (perfume) a base de flor; (pattern) florido; (speech) floreado

flown [fləun] PP of **fly**

flu [flu:] N gripe f

fluctuate ['flʌktjueɪt] VI flutuar; (temperature) variar

fluctuation [flʌktju'eɪʃən] N flutuação f, oscilação f

flue [flu:] N fumeiro

fluency ['flu:ənsɪ] N fluência

fluent ['flu:ənt] ADJ (speech) fluente; **he speaks ~ French, he's ~ in French** ele fala francês fluentemente

fluently ['flu:əntlɪ] ADV fluentemente

fluff [flʌf] N felpa, penugem f

fluffy ['flʌfɪ] ADJ macio, fofo; **~ toy** brinquedo de pelúcia

fluid ['flu:ɪd] ADJ fluido ▶ N fluido; (in diet) líquido

fluid ounce (BRIT) N (= 0.028 l) 0.05 pints

fluke [flu:k] (inf) N sorte f

flummox ['flʌməks] VT desconcertar

flung [flʌŋ] PT, PP of **fling**

flunky ['flʌŋkɪ] N lacaio

fluorescent [fluə'rɛsnt] ADJ fluorescente

fluoride ['fluəraɪd] N fluoreto ▶ CPD: **~ toothpaste** pasta de dentes com flúor

fluorine ['fluəri:n] N flúor m

flurry ['flʌrɪ] N (of snow) lufada; (haste) agitação f; **~ of activity/excitement** muita atividade/animação

flush [flʌʃ] N (on face) rubor m; (plenty) abundância ▶ VT lavar com água ▶ VI ruborizar-se ▶ ADJ: **~ with** rente com;

to ~ the toilet dar descarga; **hot ~es** (Med) calores
▶ **flush out** VT levantar
flushed [flʌʃt] ADJ ruborizado, corado
fluster ['flʌstəʳ] N agitação f ▶ VT atrapalhar, desconcertar
flustered ['flʌstəd] ADJ atrapalhado
flute [fluːt] N flauta
fluted ['fluːtɪd] ADJ acanelado
flutter ['flʌtəʳ] N agitação f; (of wings) bater m; (inf: bet) aposta ▶ VI esvoaçar
flux [flʌks] N fluxo; **in a state of ~** mudando continuamente
fly [flaɪ] (pt **flew**, pp **flown**) N (insect) mosca; (on trousers: also: **flies**) braguilha ▶ VT (plane) pilotar; (passengers, cargo) transportar (de avião); (flag) hastear; (distances) percorrer; (kite) soltar, empinar ▶ VI voar; (passengers) ir de avião; (escape) fugir; (flag) hastear-se; **to ~ open** abrir-se bruscamente; **to ~ off the handle** perder as estribeiras
▶ **fly away** VI voar
▶ **fly in** VI chegar
▶ **fly off** VI = **fly away**
▶ **fly out** VI sair (de avião)
fly-fishing N pesca com iscas artificiais
flying ['flaɪɪŋ] N (activity) aviação f ▶ ADJ: **~ visit** visita de médico; **with ~ colours** brilhantemente; **he doesn't like ~** ele não gosta de andar de avião
flying buttress N arcobotante m
flying saucer N disco voador
flying start N: **to get off to a ~** (in race) disparar; (fig) começar muito bem
fly leaf ['flaɪliːf] (irreg: like **leaf**) N guarda (num livro)
flyover ['flaɪəuvəʳ] (BRIT) N (bridge) viaduto
flypast ['flaɪpɑːst] N desfile m aéreo
fly sheet N (for tent) duplo teto
flywheel ['flaɪwiːl] N volante m
FM ABBR (BRIT Mil) = **field marshal**; (Radio: = frequency modulation) FM
FMB (US) N ABBR = **Federal Maritime Board**
FMCS (US) N ABBR (= Federal Mediation and Conciliation Service) ≈ Justiça do Trabalho
FO (BRIT) N ABBR = **Foreign Office**
foal [fəul] N potro
foam [fəum] N espuma ▶ VI espumar
foam rubber N espuma de borracha
FOB ABBR (= free on board) FOB
fob [fɔb] VT: **to ~ sb off with sth** despachar alguém com algo; **to ~ sth off on sb** impingir algo a alguém
foc (BRIT) ABBR = **free of charge**
focal ['fəukəl] ADJ focal
focal point N foco
focus ['fəukəs] N (pl **focuses**) foco ▶ VT (field glasses etc) enfocar ▶ VI: **to ~ on** enfocar, focalizar; **in/out of ~** em foco/fora de foco
fodder ['fɔdəʳ] N forragem f
FOE N ABBR (= Friends of the Earth) organizacão ecologista; (US: = Fraternal Order of Eagles) associação beneficente
foe [fəu] N inimigo

foetus, (US) **fetus** ['fiːtəs] N feto
fog [fɔg] N nevoeiro
fogbound ['fɔgbaund] ADJ imobilizado pelo nevoeiro
foggy ['fɔgɪ] ADJ nevoento
fog lamp, (US) **fog light** N farol m de neblina
foible ['fɔɪbl] N fraqueza, ponto fraco
foil [fɔɪl] VT frustrar ▶ N folha metálica; (also: **kitchen foil**) folha or papel m de alumínio; (complement) contraste m, complemento; (Fencing) florete m; **to act as a ~ to** (fig) dar realce a
foist [fɔɪst] VT: **to ~ sth on sb** impingir algo a alguém
fold [fəuld] N (bend, crease) dobra, vinco, prega; (of skin) ruga; (Agr) redil m, curral m ▶ VT dobrar; **to ~ one's arms** cruzar os braços
▶ **fold up** VI (map etc) dobrar; (business) abrir falência ▶ VT (map etc) dobrar
folder ['fəuldəʳ] N (for papers) pasta; (: binder) fichário; (brochure) folheto
folding ['fəuldɪŋ] ADJ (chair, bed) dobrável
foliage ['fəulɪɪdʒ] N folhagem f
folk [fəuk] NPL gente f ▶ CPD popular, folclórico; **folks** NPL (family) família, parentes mpl; (people) gente f
folklore ['fəuklɔːʳ] N folclore m
folk song N canção f popular or folclórica
follow ['fɔləu] VT (gen, on social media) seguir ▶ VI seguir; (result) resultar; **to ~ sb's advice** seguir o conselho de alguém; **I don't quite ~ you** não consigo acompanhar o seu raciocínio; **to ~ in sb's footsteps** seguir os passos de alguém; **it doesn't ~ that ...** (isso) não quer dizer que ...; **to ~ suit** fazer o mesmo
▶ **follow out** VT (idea, plan) levar a cabo, executar
▶ **follow through** VT levar a cabo, executar
▶ **follow up** VT (letter) responder a; (offer) levar adiante; (case) acompanhar
follower ['fɔləuəʳ] N (gen, on social media) seguidor(a) m/f; (Pol) partidário(-a)
following ['fɔləuɪŋ] ADJ seguinte ▶ N adeptos mpl
follow-up N continuação f ▶ CPD: **~ letter** carta suplementar de reforço
folly ['fɔlɪ] N loucura
fond [fɔnd] ADJ (memory, look) carinhoso; (hopes) absurdo, descabido; **to be ~ of** gostar de
fondle ['fɔndl] VT acariciar
fondly ['fɔndlɪ] ADV (lovingly) afetuosamente; (naïvely): **he ~ believed that ...** ele acreditava piamente que ...
fondness ['fɔndnɪs] N (for things) gosto, afeição f; (for people) carinho
font [fɔnt] N (Rel) pia batismal; (Typ) fonte f, família
food [fuːd] N comida
food bank N banco alimentar
food miles N distância entre o local de produção e consumo de alimentos
food mixer N batedeira
food poisoning N intoxicação f alimentar

food processor N multiprocessador m de cozinha
foodstuffs ['fu:dstʌfs] NPL gêneros mpl alimentícios
fool [fu:l] N tolo(-a); (History: of king) bobo; (Culin) purê m de frutas com creme ▶ VT enganar ▶ VI (gen: fool around) brincar; (waste time) fazer bagunça; **to make a ~ of sb** (ridicule) ridicularizar alguém; (trick) fazer alguém de bobo; **to make a ~ of o.s.** fazer papel de bobo, fazer-se de bobo; **you can't ~ me** você não pode me fazer de bobo
▶ **fool about** (pej) VI (waste time) fazer bagunça; (behave foolishly) fazer-se de bobo
▶ **fool around** (pej) VI (waste time) fazer bagunça; (behave foolishly) fazer-se de bobo
foolhardy ['fu:lhɑ:dɪ] ADJ temerário
foolish ['fu:lɪʃ] ADJ bobo; (stupid) burro; (careless) imprudente
foolishly ['fu:lɪʃlɪ] ADV imprudentemente
foolishness ['fu:lɪʃnɪs] N tolice f
foolproof ['fu:lpru:f] ADJ (plan etc) infalível
foolscap ['fu:lskæp] N papel m ofício
foot [fut] N (pl **feet**) pé m; (of animal) pata; (measure) pé (304 mm; 12 inches) ▶ VT (bill) pagar; **on ~** a pé; **to find one's feet** (fig) ambientar-se; **to put one's ~ down** (Aut) acelerar; (say no) bater o pé
footage ['futɪdʒ] N (Cinema: length) = metragem f; (: material) sequências fpl
foot and mouth, foot and mouth disease N febre f aftosa
football ['futbɔ:l] N bola; (game: BRIT) futebol m; (: US) futebol norte-americano
footballer ['futbɔ:lə^r], **football player** N futebolista m, jogador m de futebol
football ground N campo de futebol
football match (BRIT) N partida de futebol
foot brake N freio (BR) or travão m (PT) de pé
footbridge ['futbrɪdʒ] N passarela
foothills ['futhɪlz] NPL contraforte m
foothold ['futhəuld] N apoio para o pé
footing ['futɪŋ] N (fig) posição f; **to lose one's ~** escorregar; **on an equal ~** em pé de igualdade
footlights ['futlaɪts] NPL ribalta
footman ['futmən] (irreg: like **man**) N lacaio
footnote ['futnəut] N nota ao pé da página, nota de rodapé
footpath ['futpɑ:θ] N caminho, atalho; (pavement) calçada
footprint ['futprɪnt] N pegada
footrest ['futrest] N suporte m para os pés
footsore ['futsɔ:^r] ADJ com os pés doloridos
footstep ['futstep] N passo
footwear ['futwɛə^r] N calçados mpl
FOR ABBR (= free on rail) franco sobre vagão

(KEYWORD)

for [fɔ:^r] PREP **1** (indicating destination, direction) para; **the train for London** o trem para Londres; **he went for the paper** foi pegar o jornal; **is this for me?** é para mim?; **it's time for lunch** é hora de almoçar
2 (indicating purpose) para; **what's it for?** para quê serve?; **to pray for peace** orar pela paz
3 (on behalf of, representing) por; **the MP for Hove** o MP por Hove; **he works for the government/a local firm** ele trabalha para o governo/uma firma local; **I'll ask him for you** vou pedir a ele por você; **G for George** G de George
4 (because of) por; **for this reason** por esta razão; **for fear of being criticized** com medo de ser criticado
5 (with regard to) para; **it's cold for July** está frio para julho; **for everyone who voted yes, 50 voted no** para cada um que votou sim, cinquenta votaram não
6 (in exchange for) por; **it was sold for £5** foi vendido por £5
7 (in favour of) a favor de; **are you for or against us?** você está a favor de ou contra nós?; **I'm all for it** concordo plenamente, tem todo o meu apoio; **vote for X** vote em X
8 (referring to distance): **there are road works for 5 km** há obras na estrada por 5 quilômetros; **we walked for miles** andamos quilômetros
9 (referring to time): **he was away for 2 years** esteve fora 2 anos; **she will be away for a month** ela ficará fora um mês; **I have known her for years** eu a conheço há anos; **can you do it for tomorrow?** você pode fazer isso para amanhã?
10 (with infinite clause): **it is not for me to decide** não cabe a mim decidir; **it would be best for you to leave** seria melhor que você fosse embora; **there is still time for you to do it** ainda há tempo para você fazer isso; **for this to be possible ...** para que isso seja possível ...
11 (in spite of) apesar de; **for all his complaints ...** apesar de suas reclamações, ...
▶ CONJ (since, as: rather formal) pois, porque; **she was very angry, for he was late again** ela estava muito zangada pois ele se atrasou novamente

forage ['fɔrɪdʒ] N forragem f ▶ VI ir à procura de alimentos
forage cap N casquete m
foray ['fɔreɪ] N incursão f
forbad(e), forbade [fə'bæd] PT of **forbid**
forbearing [fɔ:'bɛərɪŋ] ADJ indulgente
forbid [fə'bɪd] (pt **forbad(e)**, pp **forbidden**) VT proibir; **to ~ sb to do sth** proibir alguém de fazer algo
forbidden [fə'bɪdn] PP of **forbid** ▶ ADJ proibido
forbidding [fə'bɪdɪŋ] ADJ (look, prospect) sombrio; (severe) severo
force [fɔ:s] N força ▶ VT (gen, smile) forçar; (confession) arrancar à força; **the Forces** (BRIT) NPL as Forças Armadas; **to ~ sb to do** forçar

alguém a fazer; **in ~** em vigor; **to come into ~** entrar em vigor; **a ~ 5 wind** um vento força 5; **the sales ~** (*Comm*) a equipe de vendas; **to join ~s** unir forças; **by ~** à força
▶ **force back** VT (*crowd, enemy*) fazer recuar; (*tears*) reprimir
▶ **force down** VT (*food*) forçar-se a comer
forced ['fɔ:st] ADJ forçado
force-feed ['fɔ:sfi:d] (*irreg: like* **feed**) VT alimentar à força
forceful ['fɔ:sful] ADJ enérgico, vigoroso
forcemeat ['fɔ:smi:t] (BRIT) N (*Culin*) recheio
forceps ['fɔ:sɛps] NPL fórceps *m inv*
forcibly ['fɔ:səblɪ] ADV à força
ford [fɔ:d] N vau *m* ▶ VT vadear
fore [fɔ:ʳ] N: **to bring to the ~** pôr em evidência; **to come to the ~** (*person*) salientar-se
forearm ['fɔ:rɑ:m] N antebraço
forebear ['fɔ:bɛəʳ] N antepassado
foreboding [fɔ:'bəudɪŋ] N mau presságio
forecast ['fɔ:kɑ:st] (*irreg: like* **cast**) N prognóstico, previsão *f*; (*also:* **weather forecast**) previsão do tempo ▶ VT prognosticar, prever
foreclose [fɔ:'kləuz] VT (*Law: also:* **foreclose on**) executar
foreclosure [fɔ:'kləuʒəʳ] N execução *f* de uma hipoteca
forecourt ['fɔ:kɔ:t] N (*of garage*) área de estacionamento
forefathers ['fɔ:fɑ:ðəz] NPL antepassados *mpl*
forefinger ['fɔ:fɪŋgəʳ] N (dedo) indicador *m*
forefront ['fɔ:frʌnt] N: **in the ~ of** em primeiro plano em
forego [fɔ:'gəu] (*irreg: like* **go**) VT (*give up*) renunciar a; (*go without*) abster-se de
foregoing ['fɔ:gəuɪŋ] ADJ acima mencionado ▶ N: **the ~** o supracitado
foregone ['fɔ:gɔn] PP *of* **forego** ▶ ADJ: **it's a ~ conclusion** é uma conclusão inevitável
foreground ['fɔ:graund] N primeiro plano ▶ CPD (*Comput*) de primeiro plano
forehand ['fɔ:hænd] N (*Tennis*) golpe *m* de frente
forehead ['fɔrɪd] N testa
foreign ['fɔrɪn] ADJ estrangeiro; (*trade*) exterior
foreign body N corpo estranho
foreign currency N câmbio, divisas *fpl*
foreigner ['fɔrɪnəʳ] N estrangeiro(-a)
foreign exchange N (*system*) câmbio; (*money*) divisas *fpl*
foreign exchange market N mercado de câmbio
foreign exchange rate N taxa de câmbio
foreign investment N investimento estrangeiro
Foreign Office (BRIT) N Ministério das Relações Exteriores
foreign secretary (BRIT) N ministro das Relações Exteriores
foreleg ['fɔ:lɛg] N perna dianteira
foreman ['fɔ:mən] (*irreg: like* **man**) N capataz *m*; (*in construction*) contramestre *m*; (*Law: of jury*) primeiro jurado
foremost ['fɔ:məust] ADJ principal ▶ ADV: **first and ~** antes de mais nada
forename ['fɔ:neɪm] N prenome *m*
forensic [fə'rɛnsɪk] ADJ forense; **~ medicine** medicina legal; **~ expert** perito(-a) criminal
foreplay ['fɔ:pleɪ] N preliminares *fpl*
forerunner ['fɔ:rʌnəʳ] N precursor(a) *m/f*
foresee [fɔ:'si:] (*irreg: like* **see**) VT prever
foreseeable [fɔ:'si:əbl] ADJ previsível
foreshadow [fɔ:'ʃædəu] VT prefigurar
foreshorten [fɔ:'ʃɔ:tn] VT escorçar
foresight ['fɔ:saɪt] N previdência
foreskin ['fɔ:skɪn] N (*Anat*) prepúcio
forest ['fɔrɪst] N floresta
forestall [fɔ:'stɔ:l] VT prevenir
forestry ['fɔrɪstrɪ] N silvicultura
foretaste ['fɔ:teɪst] N antegosto, antegozo; (*sample*) amostra
foretell [fɔ:'tɛl] (*irreg: like* **tell**) VT predizer, profetizar
forethought ['fɔ:θɔ:t] N previdência
foretold [fɔ:'təuld] PT, PP *of* **foretell**
forever [fə'rɛvəʳ] ADV para sempre; (*a long time*) muito tempo, um tempão (*inf*); **he's ~ forgetting my name** ele vive esquecendo o meu nome
forewarn [fɔ:'wɔ:n] VT prevenir
forewent [fɔ:'wɛnt] PT *of* **forego**
foreword ['fɔ:wə:d] N prefácio
forfeit ['fɔ:fɪt] N prenda, perda; (*fine*) multa ▶ VT perder (direito a); (*one's life, health*) pagar com
forgave [fə'geɪv] PT *of* **forgive**
forge [fɔ:dʒ] N forja; (*smithy*) ferraria ▶ VT (*signature, money*) falsificar; (*metal*) forjar
▶ **forge ahead** VI avançar constantemente
forger ['fɔ:dʒəʳ] N falsificador(a) *m/f*
forgery ['fɔ:dʒərɪ] N falsificação *f*
forget [fə'gɛt] (*pt* **forgot**, *pp* **forgotten**) VT, VI esquecer
forgetful [fə'gɛtful] ADJ esquecido
forgetfulness [fə'gɛtfulnɪs] N esquecimento
forget-me-not N miosótis *m*
forgive [fə'gɪv] (*pt* **forgave**, *pp* **forgiven**) VT perdoar; **to ~ sb for sth** perdoar algo a alguém, perdoar alguém de algo
forgiveness [fə'gɪvnɪs] N perdão *m*
forgiving [fə'gɪvɪŋ] ADJ clemente
forgo [fɔ:'gəu] (*irreg: like* **go**) VT = **forego**
forgot [fə'gɔt] PT *of* **forget**
forgotten [fə'gɔtn] PP *of* **forget**
fork [fɔ:k] N (*for eating*) garfo; (*for gardening*) forquilha; (*of roads etc*) bifurcação *f* ▶ VI (*road*) bifurcar-se
▶ **fork out** (*inf*) VT (*pay*) desembolsar, morrer em ~ ▶ VI (*pay*) descolar uma grana
forked [fɔ:kt] ADJ (*lightning*) em ziguezague
fork-lift truck N empilhadeira
forlorn [fə'lɔ:n] ADJ (*person, place*) desolado; (*attempt*) desesperado; (*hope*) último

form [fɔ:m] N forma; (*type*) tipo; (*Sch*) série *f*; (*questionnaire*) formulário ▶ VT formar; (*organization*) criar; **in the ~ of** na forma de; **to ~ part of sth** fazer parte de algo; **to ~ a queue** (BRIT) fazer fila; **to be in good ~** (*Sport, fig*) estar em forma; **in top ~** em plena forma

formal ['fɔ:məl] ADJ (*offer, receipt*) oficial; (*person etc*) cerimonioso; (*occasion, education*) formal; (*dress*) a rigor (BR), de cerimônia (PT); (*garden*) simétrico

formalities [fɔ:'mælɪtɪz] NPL (*procedures*) formalidades *fpl*

formality [fɔ:'mælɪtɪ] N (*of person*) formalismo; (*formal requirement*) formalidade *f*; (*ceremony*) cerimônia

formalize ['fɔ:məlaɪz] VT formalizar

formally ['fɔ:məlɪ] ADV oficialmente, formalmente; (*in a formal way*) formalmente

format ['fɔ:mæt] N formato ▶ VT (*Comput*) formatar

formation [fɔ:'meɪʃən] N formação *f*

formative ['fɔ:mətɪv] ADJ (*years*) formativo

former ['fɔ:məʳ] ADJ anterior; (*earlier*) antigo; (*ex*) ex-; **the ~ ... the latter ...** aquele ... este ...; **the ~ president** o ex-presidente

formerly ['fɔ:məlɪ] ADV anteriormente

form feed N (*on printer*) alimentar formulário

formidable ['fɔ:mɪdəbl] ADJ terrível, temível

formula ['fɔ:mjulə] (*pl* **formulas** *or* **formulae**) N fórmula; **F~ One** (*Aut*) Fórmula Um

formulate ['fɔ:mjuleɪt] VT formular

fornicate ['fɔ:nɪkeɪt] VI fornicar

forsake [fə'seɪk] (*pt* **forsook**, *pp* **forsaken**) VT abandonar; (*plan*) renunciar a

forsaken [fə'seɪkən] PP *of* **forsake**

forsook [fə'suk] PT *of* **forsake**

fort [fɔ:t] N forte *m*; **to hold the ~** (*fig*) aguentar a mão

forte ['fɔ:tɪ] N forte *m*

forth [fɔ:θ] ADV para adiante; **back and ~** de cá para lá; **and so ~** e assim por diante

forthcoming ['fɔ:θ'kʌmɪŋ] ADJ próximo, que está para aparecer; (*help*) disponível; (*person*) comunicativo; (*book*) a ser publicado

forthright ['fɔ:θraɪt] ADJ franco

forthwith ['fɔ:θ'wɪθ] ADV em seguida

fortieth ['fɔ:tɪɪθ] NUM quadragésimo; *see also* **fifth**

fortification [fɔ:tɪfɪ'keɪʃən] N fortificação *f*

fortified wine ['fɔ:tɪfaɪd-] N vinho generoso

fortify ['fɔ:tɪfaɪ] VT (*city*) fortificar; (*person*) fortalecer

fortitude ['fɔ:tɪtju:d] N fortaleza

fortnight ['fɔ:tnaɪt] (BRIT) N quinzena, quinze dias *mpl*

fortnightly ['fɔ:tnaɪtlɪ] ADJ quinzenal ▶ ADV quinzenalmente

FORTRAN ['fɔ:træn] N FORTRAN *m*

fortress ['fɔ:trɪs] N fortaleza

fortuitous [fɔ:'tju:ɪtəs] ADJ fortuito

fortunate ['fɔ:tʃənɪt] ADJ (*event*) feliz; (*person*): **to be ~** ter sorte; **it is ~ that ...** é uma sorte que ...

fortunately ['fɔ:tʃənɪtlɪ] ADV felizmente

fortune ['fɔ:tʃən] N sorte *f*; (*wealth*) fortuna; **to make a ~** fazer fortuna

fortune-teller N adivinho(-a)

forty ['fɔ:tɪ] NUM quarenta; *see also* **fifty**

forum ['fɔ:rəm] N foro

forward ['fɔ:wəd] ADJ (*movement*) para a frente; (*position*) avançado; (*front*) dianteiro; (*not shy*) imodesto, presunçoso; (*Comm: delivery*) futuro; (: *sales, exchange*) a termo ▶ N (*Sport*) atacante *m* ▶ ADV para a frente ▶ VT (*letter*) remeter; (*goods, parcel*) expedir; (*career*) promover ~; (*plans*) ativar; **to move ~** avançar; **"please ~"** "por favor remeta a novo endereço"; **~ planning** planejamento para o futuro

forwards ['fɔ:wədz] ADV para a frente

forward slash N barra

forwent [fɔ:'wɛnt] PT *of* **forgo**

fossil ['fɔsl] N fóssil *m*

fossil fuel N combustível *m* fóssil

foster ['fɔstəʳ] VT tutelar; (*activity*) promover

foster brother N irmão *m* de criação

foster child (*irreg: like* **child**) N tutelado(-a)

foster mother N tutora

foster sister N irmã *f* de criação

fought [fɔ:t] PT, PP *of* **fight**

foul [faul] ADJ sujo, porco; (*food*) podre; (*weather*) horrível; (*language*) obsceno; (*deed*) infame ▶ N (*Sport*) falta ▶ VT (*dirty*) sujar; (*block*) entupir; (*football player*) cometer uma falta contra; (*entangle: anchor, propeller*) enredar

foul play N (*Sport*) jogada suja; (*Law*) crime *m*

found [faund] PT, PP *of* **find** ▶ VT (*establish*) fundar

foundation [faun'deɪʃən] N (*act*) fundação *f*; (*base*) base *f*; (*also:* **foundation cream**) creme *m* base; **foundations** NPL (*of building*) alicerces *mpl*; **to lay the ~s** (*fig*) lançar os alicerces

foundation stone N pedra fundamental

founder ['faundəʳ] N fundador(a) *m/f* ▶ VI naufragar

founding ['faundɪŋ] N fundação *f* ▶ ADJ fundador(a)

foundry ['faundrɪ] N fundição *f*

fount [faunt] N fonte *f*

fountain ['fauntɪn] N chafariz *m*

fountain pen N caneta-tinteiro *f*

four [fɔ:ʳ] NUM quatro; **on all ~s** de quatro; *see also* **five**

four-by-four [fɔ:baɪ'fɔ:ʳ] N 4x4 *m* (*quatro por quatro*)

four-letter word ['fɔ:lɛtə-] N palavrão *m*

four-poster N (*also:* **four-poster bed**) cama com colunas

foursome ['fɔ:səm] N grupo de quatro pessoas

fourteen ['fɔ:'ti:n] NUM catorze; *see also* **five**

fourteenth ['fɔ:'ti:nθ] NUM décimo-quarto; *see also* **fifth**

fourth [fɔ:θ] NUM quarto ▶ N (*Aut: also:* **fourth gear**) quarta; *see also* **fifth**

four-wheel drive N (*Aut*): **with** ~ com tração nas quatro rodas
fowl [faul] N ave f (doméstica)
fox [fɔks] N raposa ▶ VT deixar perplexo
fox fur N raposa
foxglove ['fɔksglʌv] N (*Bot*) dedaleira
fox-hunting N caça à raposa
foxtrot ['fɔkstrɔt] N foxtrote m
foyer ['fɔɪeɪ] N saguão m
FP N ABBR (*BRIT*) = **former pupil**; (*US*) = **fireplug**
FPA (*BRIT*) N ABBR = **Family Planning Association**
Fr. ABBR (*Rel*: = *father*) P.; (= *friar*) Fr.
fr. ABBR (= *franc*) fr.
fracas ['fræka:] N desordem f, rixa
fracking ['frækɪŋ] N fraturação f hidráulica
fraction ['frækʃən] N fração f
fractionally ['frækʃnəlɪ] ADV ligeiramente
fractious ['frækʃəs] ADJ irascível
fracture ['fræktʃəʳ] N fratura ▶ VT fraturar
fragile ['frædʒaɪl] ADJ frágil
fragment ['frægmənt] N fragmento
fragmentary ['frægməntərɪ] ADJ fragmentário
fragrance ['freɪgrəns] N fragrância
fragrant ['freɪgrənt] ADJ fragrante, perfumado
frail [freɪl] ADJ (*person*) fraco; (*structure*) frágil; (*weak*) delicado
frame [freɪm] N (*of building*) estrutura; (*body*) corpo; (*Tech*) armação f; (*of picture, door*) moldura; (*of spectacles: also*: **frames**) armação f, aro ▶ VT enquadrar, encaixilhar; (*picture*) emoldurar; (*reply*) formular; (*inf*) incriminar
frame of mind N estado de espírito
framework ['freɪmwə:k] N armação f; (*fig*) sistema m, quadro
France [frɑ:ns] N França
franchise ['fræntʃaɪz] N (*Pol*) direito de voto; (*Comm*) concessão f
franchisee [fræntʃaɪ'zi:] N concessionário(-a)
franchiser ['fræntʃaɪzəʳ] N concedente m/f
frank [fræŋk] ADJ franco ▶ VT (*letter*) franquear
Frankfurt ['fræŋkfə:t] N Frankfurt (*BR*), Francoforte (*PT*)
frankfurter ['fræŋkfə:təʳ] N salsicha de cachorro quente
franking machine ['fræŋkɪŋ-] N máquina de selagem
frankly ['fræŋklɪ] ADV francamente; (*candidly*) abertamente
frankness ['fræŋknɪs] N franqueza
frantic ['fræntɪk] ADJ frenético; (*person*) fora de si
frantically ['fræntɪklɪ] ADV freneticamente
fraternal [frə'tə:nl] ADJ fraterno
fraternity [frə'tə:nɪtɪ] N (*club*) fraternidade f; (*US*) clube m de estudantes; (*guild*) confraria
fraternize ['frætənaɪz] VI confraternizar
fraud [frɔ:d] N fraude f; (*person*) impostor(a) m/f
fraudulent ['frɔ:djulənt] ADJ fraudulento

fraught [frɔ:t] ADJ tenso; ~ **with** repleto de
fray [freɪ] N combate m, luta ▶ VT esfiapar ▶ VI esfiapar-se; **tempers were ~ed** estavam com os nervos em frangalhos
FRB (*US*) N ABBR = **Federal Reserve Board**
FRCM (*BRIT*) N ABBR = **Fellow of the Royal College of Music**
FRCO (*BRIT*) N ABBR = **Fellow of the Royal College of Organists**
FRCP (*BRIT*) N ABBR = **Fellow of the Royal College of Physicians**
FRCS (*BRIT*) N ABBR = **Fellow of the Royal College of Surgeons**
freak [fri:k] N (*person*) anormal m/f; (*event*) anomalia; (*thing*) aberração f; (*pej: enthusiast*): **health ~** maníaco(-a) com a saúde
▶ **freak out** (*inf*) VI (*on drugs*) baratinar-se; (*get angry*) ficar uma fera
freakish ['fri:kɪʃ] ADJ anormal
freckle ['frɛkl] N sarda
free [fri:] ADJ livre; (*seat*) desocupado; (*not fixed*) solto; (*costing nothing*) gratis, gratuito; (*liberal*) generoso ▶ VT (*prisoner etc*) pôr em liberdade; (*jammed object*) soltar; **to give sb a ~ hand** dar carta branca a alguém; **~ and easy** informal; **admission ~** entrada livre; **~ (of charge)** (*for free*) grátis, de graça
freebie ['fri:bɪ] (*inf*) N brinde m; (*trip etc*): **it's a ~** está tudo pago
freedom ['fri:dəm] N liberdade f
freedom fighter N lutador(a) m/f pela liberdade
free enterprise N livre iniciativa
free-for-all N quebra-quebra m
free gift N brinde m
freehold ['fri:həuld] N propriedade f livre e alodial
free kick N (tiro) livre m
freelance ['fri:lɑ:ns] ADJ freelance
freelancer ['fri:lɑ:nsəʳ] N freelance m/f
freeloader ['fri:ləudəʳ] (*pej*) N sanguessuga m
freely ['fri:lɪ] ADV livremente
freemason ['fri:meɪsən] N maçom m
freemasonry ['fri:meɪsnrɪ] N maçonaria
Freepost® ['fri:pəust] N porte m pago
free-range N (*egg*) caseiro
free sample N amostra grátis
free speech N liberdade f de expressão
free trade N livre comércio
freeway ['fri:weɪ] (*US*) N via expressa
freewheel [fri:'wi:l] VI ir em ponto morto
freewheeling [fri:'wi:lɪŋ] ADJ independente, livre
free will N livre arbítrio; **of one's own ~** por sua própria vontade
freeze [fri:z] (*pt* **froze**, *pp* **frozen**) VI gelar(-se), congelar-se ▶ VT gelar; (*prices, food, salaries*) congelar ▶ N geada; (*on arms, wages*) congelamento
▶ **freeze over** VI (*lake, river*) gelar; (*windscreen*) cobrir-se de gelo
▶ **freeze up** VI gelar

143 | freeze-dried – frolic

freeze-dried ADJ liofilizado
freezer ['fri:zəʳ] N congelador m, freezer m (BR)
freezing ['fri:zɪŋ] ADJ: ~ **(cold)** (weather) glacial; (water) gelado; **3 degrees below ~** 3 graus abaixo de zero
freezing point N ponto de congelamento
freight [freɪt] N (goods) carga; (money charged) frete m; **~ forward** frete pago na chegada; **~ inward** frete incluído no preço
freight car (US) N vagão m de carga
freighter ['freɪtəʳ] N cargueiro
freight forwarder [-'fɔ:wədəʳ] N despachante m/f
freight train (US) N trem m de carga
French [frɛntʃ] ADJ francês(-esa) ▶ N (Ling) francês m; **the French** NPL os franceses
French bean (BRIT) N feijão m comum
French-Canadian ADJ franco-canadense ▶ N canadense m/f francês(-esa) or da parte francesa; (Ling) francês m do Canadá
French dressing N (Culin) molho francês (de salada)
French fried potatoes, French fries (esp US) NPL batatas fpl fritas
French Guiana [-gaɪ'ænə] N Guiana Francesa
French kiss N beijo de língua
Frenchman ['frɛntʃmən] (irreg: like **man**) N francês m
French Riviera N: **the ~** a Costa Azul
French window N porta-janela, janela de batente
Frenchwoman ['frɛntʃwumən] (irreg: like **woman**) N francesa
frenetic [frə'nɛtɪk] ADJ frenético
frenzy ['frɛnzɪ] N frenesi m
frequency ['fri:kwənsɪ] N frequência
frequency modulation N frequência modulada
frequent [adj 'fri:kwənt, vt frɪ'kwɛnt] ADJ frequente ▶ VT frequentar
frequently ['fri:kwəntlɪ] ADV frequentemente, a miúdo
fresco ['frɛskəu] N fresco
fresh [frɛʃ] ADJ fresco; (new) novo; (cheeky) atrevido; **to make a ~ start** começar de novo
freshen ['frɛʃən] VI (wind, air) tornar-se mais forte
  ▶ **freshen up** VI (person) lavar-se, refrescar-se
freshener ['frɛʃnəʳ] N: **skin ~** refrescante m da pele; **air ~** purificador m de ar
fresher ['frɛʃəʳ] (BRIT inf) N (Sch) calouro(-a)
freshly ['frɛʃlɪ] ADV (newly) novamente; (recently) recentemente, há pouco
freshman ['frɛʃmən] (US) (irreg: like **man**) N = **fresher**
freshness ['frɛʃnɪs] N frescor m
freshwater ['frɛʃwɔ:təʳ] ADJ de água doce
fret [frɛt] VI afligir-se
fretful ['frɛtful] ADJ irritável
Freudian ['frɔɪdɪən] ADJ freudiano; **~ slip** ato falho

FRG N ABBR (= Federal Republic of Germany) RFA f
Fri. ABBR (= Friday) sex.
friar ['fraɪəʳ] N frade m; (before name) frei m
friction ['frɪkʃən] N fricção f; (between people) atrito
friction feed N (on printer) alimentação f por fricção
Friday ['fraɪdɪ] N sexta-feira f; see also **Tuesday**
fridge [frɪdʒ] N geladeira (BR), frigorífico (PT)
fried [fraɪd] PT, PP of **fry** ▶ ADJ frito; **~ egg** ovo estrelado or frito
friend [frɛnd] N amigo(-a) ▶ VT (on social network) adicionar como amigo; **to make ~s with sb** fazer amizade com alguém
friendliness ['frɛndlɪnɪs] N simpatia
friendly ['frɛndlɪ] ADJ (kind) simpático; (relations, behaviour) amigável ▶ N (also: **friendly match**) amistoso; **to be ~ with** ser amigo de; **to be ~ to** ser simpático com
friendly society N sociedade f mutuante, mútua
friendship ['frɛndʃɪp] N amizade f
fries [fraɪz] (esp US) NPL = **French fried potatoes**
frieze [fri:z] N friso
frigate ['frɪgɪt] N fragata
fright [fraɪt] N (terror) terror m; (scare) pavor m; **to take ~** assustar-se
frighten ['fraɪtən] VT assustar
  ▶ **frighten away** VT espantar
  ▶ **frighten off** VT espantar
frightened ['fraɪtnd] ADJ: **to be ~ of** ter medo de
frightening ['fraɪtnɪŋ] ADJ assustador(a)
frightful ['fraɪtful] ADJ terrível, horrível
frightfully ['fraɪtfulɪ] ADV terrivelmente
frigid ['frɪdʒɪd] ADJ (Med) frígido, frio
frigidity [frɪ'dʒɪdɪtɪ] N (Med) frigidez f
frill [frɪl] N babado; **without ~s** (fig: car) sem nenhum luxo; (: dinner) simples; (: service) sem mordomias; (: holiday) sem extras
fringe [frɪndʒ] N franja; (on shawl etc) beira, orla; (edge: of forest etc) margem f; (fig): **on the ~ of** à margem de
fringe benefits NPL benefícios mpl adicionais
fringe theatre N teatro de vanguarda
frisk [frɪsk] VT revistar
frisky ['frɪskɪ] ADJ alegre, animado
fritter ['frɪtəʳ] N bolinho frito
  ▶ **fritter away** VT desperdiçar
frivolity [frɪ'vɔlɪtɪ] N frivolidade f
frivolous ['frɪvələs] ADJ frívolo; (activity) fútil
frizzy ['frɪzɪ] ADJ frisado
fro [frəu] ADJ see **to**
frock [frɔk] N vestido
frog [frɔg] N rā f; **to have a ~ in one's throat** ter pigarro
frogman ['frɔgmən] (irreg: like **man**) N homem-rã m
frogmarch ['frɔgmɑ:tʃ] (BRIT) VT: **to ~ sb in/out** arrastar alguém para dentro/para fora
frolic ['frɔlɪk] VI brincar

from – full | 144

(KEYWORD)

from [frɔm] PREP **1** (*indicating starting place*) de; **where do you come from?** de onde você é?; **we flew from London to Glasgow** fomos de avião de Londres para Glasgow; **to escape from sth/sb** escapar de algo/alguém
2 (*indicating origin etc*) de; **a letter/telephone call from my sister** uma carta/um telefonema da minha irmã; **tell him from me that ...** diga a ele que da minha parte ...; **to drink from the bottle** beber na garrafa
3 (*indicating time*): **from one o'clock to** or **until** or **till two** da uma hora até às duas; **from January (on)** a partir de janeiro
4 (*indicating distance*) de; **we're still a long way from home** ainda estamos muito longe de casa
5 (*indicating price, number etc*) de; **prices range from £10 to £50** os preços vão de £10 a £50; **the interest rate was increased from 9% to 10%** a taxa de juros foi aumentada de 9% para 10%
6 (*indicating difference*) de; **he can't tell red from green** ele não pode diferenciar vermelho do verde; **to be different from sb/sth** ser diferente de alguém/algo
7 (*because of/on the basis of*): **from what he says** pelo que ele diz; **from what I understand** pelo que eu entendo; **to act from conviction** agir por convicção; **weak from hunger** fraco de fome

frond [frɔnd] N fronde f
front [frʌnt] N (*of dress*) frente f; (*of vehicle*) parte f dianteira; (*of house*) fachada; (*of book*) capa; (*promenade: also:* **sea front**) orla marítima; (*Mil, Pol, Meteorology, of dress*) frente f; (*fig: appearances*) fachada ▶ ADJ dianteiro, da frente ▶ VI: **to ~ onto sth** dar para algo; **in ~ (of)** em frente (de)
frontage ['frʌntɪdʒ] N fachada
frontal ['frʌntəl] ADJ frontal
front bench (BRIT) N (*Pol*) os dirigentes do partido no poder ou da oposição
front desk (US) N (*in hotel, at doctor's*) recepção f
front door N porta principal; (*of car*) porta dianteira
frontier ['frʌntɪəʳ] N fronteira
frontispiece ['frʌntɪspiːs] N frontispício
front page N primeira página
front room (BRIT) N salão m, sala de estar
front runner N (*fig*) favorito(-a)
front-wheel drive N tração f dianteira
frost [frɔst] N geada; (*also:* **hoarfrost**) gelo
frostbite ['frɔstbaɪt] N ulceração f produzida pelo frio
frosted ['frɔstɪd] ADJ (*glass*) fosco; (*esp US: cake*) com cobertura
frosting ['frɔstɪŋ] (*esp US*) N (*on cake*) glacê f
frosty ['frɔstɪ] ADJ (*window*) coberto de geada; (*welcome*) glacial
froth [frɔθ] N espuma

frown [fraun] N olhar m carrancudo, cara amarrada ▶ VI franzir as sobrancelhas, amarrar a cara
▶ **frown on** VT FUS (*fig*) desaprovar, não ver com bons olhos
froze [frəuz] PT *of* **freeze**
frozen ['frəuzn] PP *of* **freeze** ▶ ADJ congelado; **~ foods** congelados mpl
FRS N ABBR (BRIT: = *Fellow of the Royal Society*) membro de associação promovedora de pesquisa científica; (US: = *Federal Reserve System*) banco central dos EUA
frugal ['fruːgəl] ADJ frugal
fruit [fruːt] N INV fruta; (*fig: results*) fruto
fruiterer ['fruːtərəʳ] N fruteiro(-a); **~'s (shop)** fruterio (BR), frutaria (PT)
fruitful ['fruːtful] ADJ proveitoso
fruition [fruːˈɪʃən] N: **to come to ~** realizar-se
fruit juice N suco (BR) or sumo (PT) de frutas
fruitless ['fruːtlɪs] ADJ inútil, vão(-vã)
fruit machine (BRIT) N caça-níqueis m inv (BR), máquina de jogo (PT)
fruit salad N salada de frutas
frump [frʌmp] N careta (*mulher antiquada*)
frustrate [frʌsˈtreɪt] VT frustrar
frustrated [frʌsˈtreɪtɪd] ADJ frustrado
frustrating [frʌsˈtreɪtɪŋ] ADJ frustrante
frustration [frʌsˈtreɪʃən] N frustração f; (*disappointment*) decepção f
fry [fraɪ] (*pt, pp* **fried**) VT fritar; *see also* **small fry**
frying pan ['fraɪɪŋ-] N frigideira
FT (BRIT) N ABBR (= *Financial Times*) jornal financeiro; **the FT index** o índice da Bolsa de Valores de Londres
ft. ABBR = **foot**; **feet**
FTC (US) N ABBR = **Federal Trade Commission**
fuchsia ['fjuːʃə] N fúcsia
fuck [fʌk] (!) VI trepar (!) ▶ VT trepar com (!); **~ off** vai tomar no cu! (!)
fuddled ['fʌdld] ADJ (*muddled*) confuso, enrolado
fuddy-duddy ['fʌdɪdʌdɪ] (*pej*) ADJ, N careta m/f
fudge [fʌdʒ] N (*Culin*) ≈ doce m de leite ▶ VT (*issue, problem*) evadir
fuel [fjuəl] N (*gen, for heating*) combustível m; (*for propelling*) carburante m
fuel oil N óleo combustível
fuel pump N (*Aut*) bomba de gasolina
fuel tank N depósito de combustível
fug [fʌg] (BRIT) N bafio
fugitive ['fjuːdʒɪtɪv] N fugitivo(-a)
fulfil, (US) **fulfill** [fulˈfɪl] VT (*function*) cumprir; (*condition*) satisfazer; (*wish, desire*) realizar
fulfilled [fulˈfɪld] ADJ (*person*) realizado
fulfilment, (US) **fulfillment** [fulˈfɪlmənt] N satisfação f; (*of wish, desire*) realização f
full [ful] ADJ cheio; (*fig*) pleno; (*use, volume*) máximo; (*complete*) completo; (*information*) detalhado; (*price*) integral; (*skirt*) folgado ▶ ADV: **~ well** perfeitamente; **I'm ~ (up)** estou satisfeito; **~ (up)** (*hotel etc*) lotado; **~ employment** pleno emprego; **~ fare**

passagem completa; **a ~ two hours** duas horas completas; **at ~ speed** a toda a velocidade; **in ~** (*reproduce, quote*) integralmente; (*name*) por completo; **~ employment** pleno emprego
fullback ['fulbæk] N zagueiro (BR), defesa m (PT)
full-blooded [-'blʌdɪd] ADJ (*vigorous*) vigoroso
full-cream (BRIT) ADJ: **~ milk** leite m integral
full-grown ADJ crescido, adulto
full-length ADJ (*portrait*) de corpo inteiro; (*coat*) longo; **~ (feature) film** longa-metragem m
full moon N lua cheia
full-scale ADJ (*model*) em tamanho natural; (*war*) em grande escala
full-sized [-saɪzd] ADJ (*portrait etc*) em tamanho natural
full stop N ponto (final)
full-time ADJ (*work*) de tempo completo *or* integral ▶ N: **full time** (*Sport*) final m
fully ['fulɪ] ADV completamente; (*at least*) pelo menos
fully-fledged [-flɛdʒd] ADJ (*teacher, barrister*) diplomado; (*citizen, member*) verdadeiro
fulsome ['fulsəm] (*pej*) ADJ extravagante
fumble ['fʌmbl] VI atrapalhar-se ▶ VT (*ball*) atrapalhar-se com, apanhar de (*inf*)
 ▶ **fumble with** VT FUS atrapalhar-se com, apanhar de (*inf*)
fume [fju:m] VI fumegar; (*be angry*) estar com raiva; **fumes** NPL gases mpl
fumigate ['fju:mɪgeɪt] VT fumigar; (*against pests etc*) pulverizar
fun [fʌn] N (*amusement*) divertimento; (*joy*) alegria; **to have ~** divertir-se; **for ~** de brincadeira; **it's not much ~** não tem graça; **to make ~ of** fazer troça de, zombar de
function ['fʌŋkʃən] N função f; (*reception, dinner*) recepção f ▶ VI funcionar; **to ~ as** funcionar como
functional ['fʌŋkʃənəl] ADJ funcional; (*practical*) prático
function key N (*Comput*) tecla de função
fund [fʌnd] N fundo; (*source, store*) fonte f; **funds** NPL (*money*) fundos mpl
fundamental [fʌndə'mɛntl] ADJ fundamental
fundamentalist [fʌndə'mɛntəlɪst] N fundamentalista m/f
fundamentally [fʌndə'mɛntəlɪ] ADV fundamentalmente
fundamentals [fʌndə'mɛntlz] NPL fundamentos mpl
fund-raising [-reɪzɪŋ] N angariação f de fundos
funeral ['fju:nərəl] N (*burial*) enterro; (*ceremony*) exéquias fpl
funeral director N agente m/f funerário(-a)
funeral parlour N casa funerária
funeral service N missa fúnebre
funereal [fju:'nɪərɪəl] ADJ fúnebre, funéreo
funfair ['fʌnfɛəʳ] (BRIT) N parque m de diversões

fungi ['fʌŋgaɪ] NPL of **fungus**
fungus ['fʌŋgəs] (*pl* **fungi**) N fungo; (*mould*) bolor m, mofo
funicular [fju:'nɪkjuləʳ] N (*also*: **funicular railway**) funicular m
funky ['fʌŋkɪ] ADJ (*music*) funkado; (*esp* US *inf*: *unusual*) superdiferente
funnel ['fʌnl] N funil m; (*of ship*) chaminé f
funnily ['fʌnɪlɪ] ADV: **~ enough** por incrível que pareça
funny ['fʌnɪ] ADJ engraçado, divertido; (*strange*) esquisito, estranho
funny bone N parte sensível do cotovelo
fur [fəːʳ] N pele f; (BRIT: *in kettle etc*) depósito, crosta
fur coat N casaco de peles
furious ['fjuərɪəs] ADJ furioso; (*effort*) incrível
furiously ['fjuərɪəslɪ] ADV com fúria; (*argue*) com violência
furl [fəːl] VT enrolar; (*Naut*) colher
furlong ['fəːlɔŋ] N 201.17m
furlough ['fəːləu] N licença
furnace ['fəːnɪs] N forno
furnish ['fəːnɪʃ] VT mobiliar (BR), mobilar (PT); (*supply*): **to ~ sb with sth** fornecer algo a alguém; **~ed flat** (BRIT) *or* **apartment** (US) apartamento mobiliado (BR) *or* mobilado (PT)
furnishings ['fəːnɪʃɪŋz] NPL mobília
furniture ['fəːnɪtʃəʳ] N mobília, móveis mpl; **piece of ~** móvel m
furniture polish N cera de lustrar móveis
furore [fjuə'rɔːrɪ] N furor m
furrier ['fʌrɪəʳ] N peleiro(-a)
furrow ['fʌrəu] N (*in field*) rego; (*in skin*) sulco
furry ['fəːrɪ] ADJ peludo; (*toy*) de pelúcia
further ['fəːðəʳ] ADJ (*new*) novo, adicional
 ▶ ADV mais longe; (*more*) mais; (*moreover*) além disso ▶ VT promover; **how much ~ is it?** quanto mais tem que se ir?; **until ~ notice** até novo aviso; **~ to your letter of ...** (*Comm*) em resposta à sua carta de ...
further education (BRIT) N educação f superior
furthermore [fəːðə'mɔːʳ] ADV além disso
furthermost ['fəːðəməust] ADJ mais distante
furthest ['fəːðɪst] SUPERL of **far**
furtive ['fəːtɪv] ADJ furtivo
furtively ['fəːtɪvlɪ] ADV furtivamente
fury ['fjuərɪ] N fúria
fuse, (US) **fuze** [fjuːz] N fusível m; (*for bomb etc*) espoleta, mecha ▶ VT fundir; (*fig*) unir ▶ VI (*metal*) fundir-se; unir-se; **to ~ the lights** (BRIT *Elec*) queimar as luzes; **a ~ has blown** queimou um fusível
fuse box N caixa de fusíveis
fuselage ['fjuːzəlɑːʒ] N fuselagem f
fuse wire N fio fusível
fusillade [fjuːzɪ'leɪd] N fuzilada; (*fig*) saraivada
fusion ['fjuːʒən] N fusão f
fuss [fʌs] N (*uproar*) rebuliço; (*excitement*) estardalhaço; (*complaining*) escândalo ▶ VI criar caso; **to make a ~** criar caso; **to make**

a ~ of sb paparicar alguém
▶ **fuss over** VT FUS (*person*) paparicar
fussy ['fʌsɪ] ADJ (*person*) exigente, complicado, cheio de coisas (*inf*); (*dress, style*) espalhafatoso; **I'm not ~** (*inf*) para mim, tanto faz
futile ['fju:taɪl] ADJ (*existence*) fútil; (*attempt*) inútil, fútil
futility [fju:'tɪlɪtɪ] N inutilidade *f*
future ['fju:tʃər] ADJ futuro ▶ N futuro; (*prospects*) perspectiva; **futures** NPL (*Comm*) operações *fpl* a termo; **in (the) ~** no futuro; **in the near/immediate ~** em futuro próximo/imediato
futuristic [fju:tʃə'rɪstɪk] ADJ futurístico
fuze [fju:z] (US) N, VT, VI = **fuse**
fuzzy ['fʌzɪ] ADJ (*Phot*) indistinto; (*hair*) frisado, encrespado
fwd. ABBR = **forward**
fwy (US) ABBR = **freeway**
FY ABBR = **fiscal year**
FYI ABBR (= *for your information*) para seu conhecimento

Gg

G¹, g [dʒiː] N (*letter*) G, g *m*; (*Mus*): **G** sol *m*; **G for George** G de Gomes
G² N ABBR (*BRIT Sch*) = **good**; (*US Cinema*: = *general (audience)*) livre
g ABBR (= *gram*) g; (= *gravity*) g
GA (*US*) ABBR (*Post*) = **Georgia**
gab [gæb] (*inf*) N: **to have the gift of the ~** ter lábia, ser bom de bico
gabble ['gæbl] VI tagarelar
gaberdine [gæbə'diːn] N gabardina, gabardine *f*
gable ['geɪbl] N cumeeira
Gabon [gə'bɔn] N Gabão *m*
gad about [gæd-] (*inf*) VI badalar
gadget ['gædʒɪt] N aparelho, engenhoca; (*in kitchen*) pequeno utensílio
Gaelic ['geɪlɪk] ADJ gaélico(-a) ▶ N (*Ling*) gaélico
gaffe [gæf] N gafe *f*
gag [gæg] N (*on mouth*) mordaça; (*joke*) piada ▶ VT amordaçar
gaga [ˈgɑːgɑː] ADJ: **to go ~** ficar gagá
gaiety ['geɪɪtɪ] N alegria
gaily ['geɪlɪ] ADV alegremente; (*coloured*) vivamente
gain [geɪn] N ganho; (*profit*) lucro ▶ VT ganhar ▶ VI (*watch*) adiantar-se; (*benefit*): **to ~ from sth** tirar proveito de algo; **to ~ on sb** aproximar-se de alguém; **to ~ 3lbs (in weight)** engordar 3 libras; **to ~ ground** ganhar terreno
gainful ['geɪnful] ADJ lucrativo, proveitoso
gainsay [geɪn'seɪ] (*irreg*: *like* **say**) VT (*contradict*) contradizer; (*deny*) negar
gait [geɪt] N modo de andar
gal. ABBR = **gallon**
gala ['gɑːlə] N festa, gala; **swimming ~** festival de natação
Galapagos [gə'læpəgəs], **Galapagos Islands** NPL: **the ~ (Islands)** as ilhas Galápagos
galaxy ['gæləksɪ] N galáxia
gale [geɪl] N (*wind*) ventania; **~ force 10** vento de força 10
gall [gɔːl] N (*Anat*) fel *m*, bílis *f*; (*fig*) descaramento ▶ VT irritar
gall. ABBR = **gallon**
gallant ['gælənt] ADJ valente; (*polite*) galante
gallantry ['gæləntrɪ] N valentia; (*courtesy*) galanteria
gall bladder [gɔːl-] N vesícula biliar
galleon ['gælɪən] N galeão *m*
gallery ['gælərɪ] N (*in theatre etc*) galeria; (*also*: **art gallery**: *public*) museu *m*; (: *private*) galeria (de arte)
galley ['gælɪ] N (*ship's kitchen*) cozinha; (*ship*) galé *f*; (*also*: **galley proof**) paquê *m*
Gallic ['gælɪk] ADJ francês(-esa)
galling ['gɔːlɪŋ] ADJ irritante
gallon ['gæln] N galão *m* (Brit = 4.5 litros, US = 3.8 litros)
gallop ['gæləp] N galope *m* ▶ VI galopar; **~ing inflation** inflação galopante
gallows ['gæləuz] N forca
gallstone ['gɔːlstəun] N cálculo biliar
galore [gə'lɔːʳ] ADV à beça
galvanize ['gælvənaɪz] VT galvanizar; (*person, support*) arrebatar; **to ~ sb into action** galvanizar *or* eletrizar alguém
Gambia ['gæmbɪə] N Gâmbia (*no article*)
gambit ['gæmbɪt] N (*fig*): **(opening) ~** início (de conversa)
gamble ['gæmbl] N (*risk*) risco; (*bet*) aposta ▶ VT, VI jogar, arriscar; (*Comm*) especular; **to ~ on** apostar em
gambler ['gæmbləʳ] N jogador(a) *m/f*
gambling ['gæmblɪŋ] N jogo
gambol ['gæmbl] VI cabriolar
game [geɪm] N jogo; (*match*) partida; (*Tennis*) jogada; (*strategy*) plano, esquema *m*; (*Hunting*) caça ▶ ADJ valente; (*willing*): **to be ~ for anything** topar qualquer parada; **games** NPL (*Sch*) esporte *m* (BR), desporto (PT); **I'm ~** eu topo; **big ~** caça grossa
game bird N ave *f* de caça
gamekeeper ['geɪmkiːpəʳ] N guarda-caça *m*
gamely ['geɪmlɪ] ADV valentemente
game reserve N reserva de caça
games console [geɪmz-] N console *m* de videogames (BR), consola de videojogos (PT)
game show ['geɪmʃəu] N game show *m*
gamesmanship ['geɪmzmənʃɪp] N tática
gaming ['geɪmɪŋ] N (*with video games*) jogos *mpl* de computador; (*gambling*) jogo
gammon ['gæmən] N (*bacon*) toucinho (defumado); (*ham*) presunto
gamut ['gæmət] N gama
gang [gæŋ] N bando, grupo; (*of criminals*) gangue *f*; (*of workmen*) turma ▶ VI: **to ~ up on sb** conspirar contra alguém

Ganges ['gændʒi:z] N: **the ~** o Ganges
gangling ['gæŋglɪŋ] ADJ desengonçado
gangplank ['gæŋplæŋk] N prancha (de desembarque)
gangrene ['gæŋgri:n] N gangrena
gangster ['gæŋstə^r] N gângster m, bandido
gangway ['gæŋweɪ] N (BRIT: in cinema, bus) corredor m; (on ship) passadiço; (on dock) portaló m
gantry ['gæntrɪ] N pórtico; (for rocket) guindaste m
GAO (US) N ABBR (= General Accounting Office) ≈ Tribunal m de Contas da União
gaol [dʒeɪl] (BRIT) N, VT = **jail**
gap [gæp] N brecha, fenda; (in trees, traffic) abertura; (in time) intervalo; (fig) lacuna; (difference): **~ (between)** diferença (entre)
gape [geɪp] VI (person) estar or ficar boquiaberto; (hole) abrir-se
gaping ['geɪpɪŋ] ADJ (hole) muito aberto
gap year N ano sabático (antes de começar a estudar na universidade)
garage ['gærɑ:ʒ] N garagem f; (for car repairs) oficina (mecânica)
garb [gɑ:b] N traje m
garbage ['gɑ:bɪdʒ] N (US) lixo; (inf: nonsense) disparates mpl; **the book/film is ~** o livro/filme é uma droga
garbage can (US) N lata de lixo
garbage collector (US) N lixeiro(-a)
garbage disposal, garbage disposal unit N triturador m de lixo
garbage truck N (US) caminhão m do lixo
garbled ['gɑ:bld] ADJ (account) deturpado, destorcido
garden ['gɑ:dn] N jardim m ▶ VI jardinar; **gardens** NPL (public park) jardim público, parque m
garden centre N loja de jardinagem
gardener ['gɑ:dnə^r] N jardineiro(-a)
gardening ['gɑ:dnɪŋ] N jardinagem f
gargle ['gɑ:gl] VI gargarejar ▶ N gargarejo
gargoyle ['gɑ:gɔɪl] N gárgula
garish ['gɛərɪʃ] ADJ vistoso, chamativo; (colour) berrante; (light) brilhante
garland ['gɑ:lənd] N guirlanda
garlic ['gɑ:lɪk] N alho
garment ['gɑ:mənt] N peça de roupa
garner ['gɑ:nə^r] VT acumular, amontoar
garnish ['gɑ:nɪʃ] VT adornar; (food) enfeitar
garret ['gærət] N mansarda
garrison ['gærɪsn] N guarnição f ▶ VT guarnecer
garrulous ['gærjuləs] ADJ tagarela
garter ['gɑ:tə^r] N liga
garter belt (US) N cinta-liga
gas [gæs] N gás m; (US: gasoline) gasolina ▶ VT asfixiar com gás; (Mil) gasear
gas cooker (BRIT) N fogão m a gás
gas cylinder N bujão m de gás
gaseous ['gæsɪəs] ADJ gasoso
gas fire (BRIT) N aquecedor m a gás
gash [gæʃ] N talho; (tear) corte m ▶ VT talhar; cortar

gasket ['gæskɪt] N (Aut) junta, gaxeta
gas mask N máscara antigás
gas meter N medidor m de gás
gasoline ['gæsəli:n] (US) N gasolina
gasp [gɑ:sp] N arfada ▶ VI arfar
▶ **gasp out** VT (say) dizer com voz entrecortada
gas ring N boca de gás
gas station (US) N posto de gasolina
gas stove N (cooker) fogão m a gás; (heater) aquecedor m a gás
gassy ['gæsɪ] ADJ gasoso
gas tank (US) N (Aut) tanque m de gasolina
gas tap N torneira do gás
gastric ['gæstrɪk] ADJ gástrico
gastric band N (Med) banda gástrica
gastric ulcer N úlcera gástrica
gastroenteritis ['gæstrəuɛntə'raɪtɪs] N gastrenterite f
gastronomy [gæs'trɔnəmɪ] N gastronomia
gasworks ['gæswə:ks] N, NPL usina de gás, gasômetro
gate [geɪt] N portão m; (Rail) barreira; (of town, castle) porta; (at airport) portão m; (of lock) comporta
gateau ['gætəu] (pl **-x**) N bolo com creme e frutas
gateaux ['gætəuz] NPL of **gateau**
gatecrash ['geɪtkræʃ] (BRIT) VT entrar de penetra em
gated community ['geɪtɪd-] N condomínio fechado
gateway ['geɪtweɪ] N portão m, passagem f
gather ['gæðə^r] VT (flowers, fruit) colher; (assemble) reunir; (pick up) colher; (Sewing) franzir; (understand) compreender ▶ VI (assemble) reunir-se; (dust, clouds) acumular-se; **to ~ (from/that)** concluir or depreender (de/que); **as far as I can ~** ao que eu entendo; **to ~ speed** acelerar(-se)
gathering ['gæðərɪŋ] N reunião f, assembleia
gauche [gəuʃ] ADJ desajeitado
gaudy ['gɔ:dɪ] ADJ chamativo; (pej) cafona
gauge [geɪdʒ] N (instrument) medidor m; (measure, also fig) medida; (Rail) bitola ▶ VT medir; (fig: sb's capabilities, character) avaliar; **to ~ the right moment** calcular o momento azado; **petrol** (BRIT) or **gas** (US) **~** medidor de gasolina
gaunt [gɔ:nt] ADJ descarnado; (bare, stark) desolado
gauntlet ['gɔ:ntlɪt] N luva; (fig): **to run the ~** expôr-se (à crítica); **to throw down the ~** lançar um desafio
gauze [gɔ:z] N gaze f
gave [geɪv] PT of **give**
gawky ['gɔ:kɪ] ADJ desengonçado
gawp [gɔ:p] VI: **to ~ at** olhar boquiaberto para
gay [geɪ] ADJ gay; (old-fashioned: cheerful) alegre; (colour) vistoso; (music) vivo

gaze [geɪz] N olhar *m* fixo ▶ VI: **to ~ at sth** fitar algo
gazelle [gəˈzɛl] N gazela
gazette [gəˈzɛt] N (*newspaper*) jornal *m*; (*official publication*) boletim *m* oficial
gazetteer [gæzəˈtɪəʳ] N dicionário geográfico
GB ABBR = **Great Britain**
GBH (*BRIT inf*) N ABBR (*Law*) = **grievous bodily harm**
GC (*BRIT*) N ABBR (= *George Cross*) distinção militar
GCE (*BRIT*) N ABBR = **General Certificate of Education**
GCHQ (*BRIT*) N ABBR (= *Government Communications Headquarters*) centro de intercepção de radiotransmissões estrangeiras
GCSE (*BRIT*) N ABBR = **General Certificate of Secondary Education**
GDP N ABBR = **gross domestic product**
GDR N ABBR (= *German Democratic Republic*) RDA *f*
gear [gɪəʳ] N equipamento; (*Tech*) engrenagem *f*; (*Aut*) velocidade *f*, marcha (*BR*), mudança (*PT*) ▶ VT (*fig: adapt*): **to ~ sth to** preparar algo para; **our service is ~ed to meet the needs of the disabled** o nosso serviço está adequado às necessidades dos deficientes físicos; **top** (*BRIT*) *or* **high** (*US*)/**low ~** quinta/primeira (marcha); **in ~** engrenado; **out of ~** desengrenado
▶ **gear up** VI: **to ~ up to do** preparar-se para fazer
gearbox [ˈgɪəbɔks] N caixa de mudança (*BR*) *or* velocidades (*PT*)
gear lever, (*US*) **gear shift** N alavanca de mudança (*BR*) *or* mudanças (*PT*)
GED (*US*) N ABBR (*Sch*) = **general educational development**
geese [giːs] NPL *of* **goose**
Geiger counter [ˈgaɪgə-] N contador *m* Geiger
gel [dʒɛl] N gel *m*
gelatin, gelatine [ˈdʒɛləti:n] N gelatina
gelignite [ˈdʒɛlɪgnaɪt] N gelignite *f*
gem [dʒɛm] N joia, gema
Gemini [ˈdʒɛmɪnaɪ] N Gêminis *m*, Gêmeos *mpl*
gen [dʒɛn] (*BRIT inf*) N: **to give sb the ~ on sth** pôr alguém a par de algo
Gen. ABBR (*Mil*: = *general*) Gal.
gen. ABBR (= *general, generally*) ger.
gender [ˈdʒɛndəʳ] N gênero
gene [dʒiːn] N (*Bio*) gene *m*
genealogy [dʒiːnɪˈælədʒɪ] N genealogia
general [ˈdʒɛnərl] N general *m* ▶ ADJ geral; **in ~** em geral; **the ~ public** o grande público; **~ audit** (*Comm*) exame *m* geral de auditoria
general anaesthetic, (*US*) **general anesthetic** N anestesia geral
general delivery (*US*) N posta-restante
general election N eleições *fpl* gerais
generalization [dʒɛnrəlaɪˈzeɪʃən] N generalização *f*
generalize [ˈdʒɛnrəlaɪz] VI generalizar
generally [ˈdʒɛnrəlɪ] ADV geralmente

general manager N diretor(a) *m/f* geral
general practitioner N clínico(-a) geral
general strike N greve *f* geral
generate [ˈdʒɛnəreɪt] VT gerar; (*fig*) produzir
generation [dʒɛnəˈreɪʃən] N geração *f*
generator [ˈdʒɛnəreɪtəʳ] N gerador *m*
generic [dʒəˈnɛrɪk] ADJ genérico
generosity [dʒɛnəˈrɔsɪtɪ] N generosidade *f*
generous [ˈdʒɛnərəs] ADJ generoso; (*measure etc*) abundante
genesis [ˈdʒɛnəsɪs] N gênese *f*
genetic [dʒəˈnɛtɪk] ADJ genético;
~ engineering engenharia genética
genetically [dʒɪˈnɛtɪklɪ] ADV: **~ modified** (*food etc*) transgênico
genetics [dʒɪˈnɛtɪks] N genética
Geneva [dʒɪˈniːvə] N Genebra
genial [ˈdʒiːnɪəl] ADJ cordial, simpático
genitals [ˈdʒɛnɪtlz] NPL órgãos *mpl* genitais
genitive [ˈdʒɛnətɪv] N genitivo
genius [ˈdʒiːnɪəs] N gênio
genocide [ˈdʒɛnəusaɪd] N genocídio
genome [ˈdʒiːnəum] N genoma *m*
gent [dʒɛnt] N ABBR = **gentleman**
genteel [dʒɛnˈtiːl] ADJ fino
gentle [ˈdʒɛntl] ADJ (*sweet*) amável, doce; (*touch, breeze*) leve, suave; (*landscape*) suave; (*animal*) manso
gentleman [ˈdʒɛntlmən] (*irreg: like* **man**) N senhor *m*; (*referring to social position*) fidalgo; (*well-bred man*) cavalheiro; **~'s agreement** acordo de cavalharias
gentlemanly [ˈdʒɛntlmənlɪ] ADJ cavalheiresco
gentlemen [ˈdʒɛntlmɛn] NPL *of* **gentleman**
gentleness [ˈdʒɛntlnɪs] N doçura, meiguice *f*; (*of touch*) suavidade *f*; (*of animal*) mansidão *f*
gently [ˈdʒɛntlɪ] ADV suavemente
gentry [ˈdʒɛntrɪ] N pequena nobreza
gents [dʒɛnts] N banheiro de homens (*BR*), casa de banho dos homens (*PT*)
genuine [ˈdʒɛnjuɪn] ADJ autêntico; (*person*) sincero
genuinely [ˈdʒɛnjuɪnlɪ] ADJ sinceramente, realmente
geographer [dʒɪˈɔgrəfəʳ] N geógrafo(-a)
geographic [dʒɪəˈgræfɪk], **geographical** [dʒɪəˈgræfɪkl] ADJ geográfico
geography [dʒɪˈɔgrəfɪ] N geografia
geolocate [dʒiːəlɔuˈkeɪt] VT geolocalizar
geological [dʒɪəˈlɔdʒɪkl] ADJ geológico
geologist [dʒɪˈɔlədʒɪst] N geólogo(-a)
geology [dʒɪˈɔlədʒɪ] N geologia
geometric [dʒɪəˈmɛtrɪk], **geometrical** [dʒɪəˈmɛtrɪkl] ADJ geométrico
geometry [dʒɪˈɔmətrɪ] N geometria
Geordie [ˈdʒɔːdɪ] (*BRIT inf*) N natural *m/f* da cidade de Newcastle-upon-Tyne
geranium [dʒɪˈreɪnjəm] N gerânio
geriatric [dʒɛrɪˈætrɪk] ADJ geriátrico
germ [dʒəːm] N micróbio, bacilo; (*Bio: fig*) germe *m*
German [ˈdʒəːmən] ADJ alemão(-mã) ▶ N alemão(-mã) *m/f*; (*Ling*) alemão *m*

German measles N rubéola
Germany ['dʒə:mənɪ] N Alemanha
germination [dʒə:mɪ'neɪʃən] N germinação f
germ warfare N guerra bacteriológica
gerrymandering ['dʒerɪmændərɪŋ] N *reorganização dos distritos eleitorais para garantir a vitória do próprio partido*
gestation [dʒes'teɪʃən] N gestação f
gesticulate [dʒes'tɪkjuleɪt] VI gesticular
gesture ['dʒestjəʳ] N gesto; **as a ~ of friendship** em sinal de amizade

(KEYWORD)

get [gɛt] (*pt, pp* **got** or *US pp* **gotten**) VI **1** (*become, be*) ficar, tornar-se; **to get old/tired/cold** envelhecer/cansar-se/resfriar-se; **to get annoyed/bored** aborrecer-se/amuar-se; **to get drunk** embebedar-se; **to get dirty** sujar-se; **to get killed/married** ser morto/casar-se; **when do I get paid?** quando eu recebo?, quando eu vou ser pago?; **it's getting late** está ficando tarde
2 (*go*): **to get to/from** ir para/de; **to get home** chegar em casa
3 (*begin*) começar a; **to get to know sb** começar a conhecer alguém; **let's get going** *or* **started** vamos lá!
▶ MODAL AUX VB: **you've got to do it** você tem que fazê-lo
▶ VT **1**: **to get sth done** (*do*) fazer algo; (*have done*) mandar fazer algo; **to get the washing/dishes done** lavar roupa/a louça; **to get one's hair cut** cortar o cabelo; **to get the car going** *or* **to go** fazer o carro andar; **to get sb to do sth** convencer alguém a fazer algo; **to get sth/sb ready** preparar algo/arrumar alguém; **to get sb drunk/into trouble** embebedar alguém/meter alguém em confusão
2 (*obtain: money, permission, results*) ter; (*find: job, flat*) achar; (*fetch: person, doctor, object*) buscar; **to get sth for sb** arranjar algo para alguém; (*fetch*) ir buscar algo para alguém; **he got a job in London** ele arrumou um emprego em Londres; **get me Mr Harris, please** (*Tel*) pode chamar o Sr Harris, por favor; **can I get you a drink?** você está servido?
3 (*receive: present, letter*) receber; (*acquire: reputation, prize*) ganhar; **how much did you get for the painting?** quanto você recebeu pela pintura?
4 (*catch*) agarrar; (*hit: target etc*) pegar; **to get sb by the arm/throat** agarrar alguém pelo braço/pela garganta; **get him!** pega ele!; **the bullet got him in the leg** a bala pegou na perna dele
5 (*take, move*) levar; **to get sth to sb** levar algo para alguém; **I can't get it in/out/through** não consigo enfiá-lo/tirá-lo/passá-lo; **do you think we'll get it through the door?** você acha que conseguiremos passar isto na porta?; **we must get him to**
a hospital temos que levá-lo para um hospital
6 (*plane, bus etc*) pegar, tomar; **where do I get the train to Birmingham?** onde eu pego o trem para Birmingham?
7 (*understand*) entender; (*hear*) ouvir; **I've got it** entendi; **I don't get your meaning** não entendo o que você quer dizer
8 (*have, possess*): **to have got** ter; **how many have you got?** quantos você tem?
▶ **get about** VI (*news*) espalhar-se
▶ **get along** VI (*agree*) entender-se; (*depart*) ir embora; (*manage*) = **get by**
▶ **get around** = **get round**
▶ **get at** VT FUS (*attack, criticize*) atacar; (*reach*) alcançar; **what are you getting at?** o que você está querendo dizer?
▶ **get away** VI (*leave*) partir; (*escape*) escapar
▶ **get away with** VT FUS conseguir fazer impunemente
▶ **get back** VI (*return*) regressar, voltar ▶ VT receber de volta, recobrar
▶ **get by** VI (*pass*) passar; (*manage*) virar-se
▶ **get down** VI descer ▶ VT FUS abaixar ▶ VT (*object*) abaixar, descer; (*depress: person*) deprimir
▶ **get down to** VT FUS (*work*) pôr-se a (fazer)
▶ **get in** VI entrar; (*train*) chegar; (*arrive home*) voltar para casa
▶ **get into** VT FUS entrar em; (*vehicle*) subir em; (*clothes*) pôr, vestir, enfiar; **to get into bed/a rage** meter-se na cama/ficar com raiva
▶ **get off** VI (*from train etc*) saltar (BR), descer (PT); (*depart: person, car*) sair; (*escape*) escapar ▶ VT (*remove: clothes, stain*) tirar; (*send off*) mandar ▶ VT FUS (*train, bus*) saltar de (BR), sair de (PT)
▶ **get on** VI (*at exam etc*): **how are you getting on?** como vai?; (*agree*): **to get on (with)** entender-se (com) ▶ VT FUS (*train etc*) subir em (BR), subir para (PT); (*horse*) montar em
▶ **get out** VI (*of place, vehicle*) sair ▶ VT (*take out*) tirar
▶ **get out of** VT FUS (*duty etc*) escapar de
▶ **get over** VT FUS (*illness*) restabelecer-se de
▶ **get round** VT FUS rodear; (*fig: person*) convencer
▶ **get through** VI (*Tel*) completar a ligação
▶ **get through to** VT FUS (*Tel*) comunicar-se com
▶ **get together** VI (*people*) reunir-se ▶ VT reunir
▶ **get up** VI levantar-se ▶ VT FUS levantar
▶ **get up to** VT FUS (*reach*) chegar a; (*BRIT: prank etc*) fazer

getaway ['gɛtəweɪ] N fuga, escape *m*
getaway car N carro de fuga
get-together N reunião *f*
get-up (*inf*) N (*outfit*) roupa
get-well card N cartão *m* com votos de melhoras

geyser ['giːzə'] N (Geo) gêiser m; (BRIT) aquecedor m de água
Ghana ['gɑːnə] N Gana (no article)
Ghanaian [gɑːˈneɪən] ADJ, N ganense m/f
ghastly ['gɑːstlɪ] ADJ horrível; (building) medonho; (appearance) horripilante; (pale) pálido
gherkin ['gəːkɪn] N pepino em vinagre
ghetto ['gɛtəu] N gueto
ghost [gəust] N fantasma m ▶ VT (sb else's book) escrever
ghostly ['gəustlɪ] ADJ fantasmal
ghostwriter ['gəustraɪtə'] N escritor(a) m/f cujos trabalhos são assinados por outrem
ghoul [guːl] N assombração f
ghoulish ['guːlɪʃ] ADJ (tastes etc) macabro
GHQ N ABBR (Mil) = **general headquarters**
GI (US inf) N ABBR (= government issue) soldado do exército americano
giant ['dʒaɪənt] N gigante m ▶ ADJ gigantesco, gigante; **~ (size) packet** pacote tamanho gigante
gibber ['dʒɪbə'] VI algaraviar
gibberish ['dʒɪbərɪʃ] N algaravia
gibe [dʒaɪb] N deboche m ▶ VI: **to ~ at** debochar de
giblets ['dʒɪblɪts] NPL miúdos mpl
Gibraltar [dʒɪˈbrɔːltə'] N Gibraltar m (no article)
giddiness ['gɪdɪnɪs] N vertigem f
giddy ['gɪdɪ] ADJ (dizzy) tonto; (speed) vertiginoso; (frivolous) frívolo; **it makes me ~** me dá vertigem; **to be** or **feel ~** estar com vertigem
gift [gɪft] N presente m, dádiva; (offering) oferta; (ability) dom m, talento; (Comm: also: **free gift**) brinde m; **to have a ~ for sth** ter o dom de algo, ter facilidade para algo
gifted ['gɪftɪd] ADJ bem-dotado
gift shop, (US) **gift store** N loja de presentes
gift token N vale m para presente
gift voucher N = **gift token**
gig [gɪg] (inf) N (of musician) show m
gigabyte ['gɪgəbaɪt] N gigabyte m
gigantic [dʒaɪˈgæntɪk] ADJ gigantesco
giggle ['gɪgl] VI dar risadinha boba ▶ N risadinha boba
gild [gɪld] VT dourar
gill [dʒɪl] N (measure) = 0.25 pints (Brit = 0.148l, US = 0.118l)
gills [gɪlz] NPL (of fish) guelras fpl, brânquias fpl
gilt [gɪlt] ADJ dourado ▶ N dourado
gilt-edged [-ˈɛdʒd] ADJ (stocks, securities) do Estado, de toda confiança
gimlet ['gɪmlɪt] N verruma
gimmick ['gɪmɪk] N truque m or macete m (publicitário)
gin [dʒɪn] N gim m, genebra
ginger ['dʒɪndʒə'] N gengibre m
▶ **ginger up** VT animar
ginger ale N cerveja de gengibre
ginger beer N cerveja de gengibre
gingerbread ['dʒɪndʒəbrɛd] N (cake) pão m de gengibre; (biscuit) biscoito de gengibre

ginger-haired ADJ ruivo
gingerly ['dʒɪndʒəlɪ] ADV cuidadosamente
gingham ['gɪŋəm] N riscadinho
gipsy ['dʒɪpsɪ] N cigano ▶ CPD (caravan, camp) de ciganos
giraffe [dʒɪˈrɑːf] N girafa
girder ['gəːdə'] N viga, trave f
girdle ['gəːdl] N (corset) cinta ▶ VT cintar
girl [gəːl] N (small) menina (BR), rapariga (PT); (young woman) jovem f, moça; (daughter) filha; **an English ~** uma moça inglesa
girlfriend ['gəːlfrɛnd] N (of girl) amiga; (of boy) namorada
Girl Guide (BRIT) N bandeirante f
girlish ['gəːlɪʃ] ADJ ameninado, de menina
Girl Scout (US) N escoteira
Giro ['dʒaɪrəu] N: **the National ~** (BRIT) serviço bancário do correio
giro ['dʒaɪrəu] N (bank giro) transferência bancária; (post office giro) transferência postal; (BRIT: welfare cheque) cheque do governo destinado a desempregados
girth [gəːθ] N circunferência; (stoutness) gordura; (of horse) cilha
gist [dʒɪst] N essencial m

(KEYWORD)

give [gɪv] (pt **gave**, pp **given**) VT **1** (hand over) dar; **to give sb sth, give sth to sb** dar algo a alguém; **give it to him, give him it** dê isso a ele/dê-lhe isso; **I'll give you £5 for it** eu te dou £5 por isso

2 (used with n to replace a vb): **to give a cry/sigh/push** etc dar um grito/suspiro/empurrão etc; **to give a groan/shrug/shout** dar um gemido/de ombros/um grito; **to give a speech/a lecture** fazer um discurso/uma palestra; **to give three cheers** dar três vivas

3 (tell, deliver: news, advice, message etc) dar; **did you give him the message/the news?** você deu a mensagem/notícia a ele?; **to give the right/wrong answer** dar a resposta certa/errada

4 (supply, provide: opportunity, surprise, job etc) dar; (bestow: title, honour, right) conceder; **the sun gives warmth and light** o sol fornece calor e luz; **that's given me an idea** isso me deu uma ideia

5 (dedicate: time, one's life/attention) dedicar; **she gave it all her attention** ela dedicou toda sua atenção a isto

6 (organize): **to give a party/dinner** etc dar uma festa/jantar etc

▶ VI **1** (also: **give way**: break, collapse) dar folga; **his legs gave beneath him** suas pernas bambearam; **the roof/floor gave as I stepped on it** o telhado/chão desabou quando eu pisei nele

2 (stretch: fabric) dar de si

▶ **give away** VT (money, opportunity) dar; (secret, information) revelar

▶ **give back** VT devolver

▶ **give in** VI *(yield)* ceder ▶ VT *(essay etc)* entregar
▶ **give off** VT *(heat, smoke)* soltar
▶ **give out** VT *(distribute)* distribuir; *(make known)* divulgar
▶ **give up** VI *(surrender)* desistir, dar-se por vencido ▶ VT *(job, boyfriend, habit)* renunciar a; *(idea, hope)* abandonar; **to give up smoking** deixar de fumar; **to give o.s. up** entregar-se
▶ **give way** VI *(yield)* ceder; *(break, collapse: rope)* arrebentar; (: *ladder*) quebrar; (BRIT *Aut*) dar a preferência (BR), dar prioridade (PT)

give-and-take N toma-lá-dá-cá m
giveaway ['gɪvəweɪ] CPD: ~ **prices** preços de liquidação ▶ N *(inf)*: **her expression was a ~** a expressão dela a atraiçoava; **the exam was a ~**! o exame foi sopa!
given ['gɪvn] PP of **give** ▶ ADJ *(fixed: time, amount)* dado, determinado ▶ CONJ: **~ the circumstances ...** dadas as circunstâncias ...; **~ that ...** dado que ..., já que ...
glacial ['gleɪsɪəl] ADJ *(Geo)* glaciário; *(wind, weather)* glacial
glacier ['glæsɪəʳ] N glaciar m, geleira
glad [glæd] ADJ contente; **to be ~ about sth/that** estar contente com algo/contente que; **I was ~ of his help** eu lhe agradeci (por) sua ajuda
gladden ['glædən] VT alegrar
glade [gleɪd] N clareira
gladioli [glædɪ'əʊlaɪ] NPL gladíolos mpl
gladly ['glædlɪ] ADV com muito prazer
glamorous ['glæmərəs] ADJ encantador(a), glamouroso
glamour ['glæməʳ] N encanto, glamour m
glance [glɑːns] N relance m, vista de olhos ▶ VI: **to ~ at** olhar (de relance)
▶ **glance off** VT FUS *(bullet)* ricochetear de
glancing ['glɑːnsɪŋ] ADJ *(blow)* oblíquo
gland [glænd] N glândula
glandular fever ['glændjulə^r-] (BRIT) ADJ mononucleose f infecciosa
glare [glɛəʳ] N *(of anger)* olhar m furioso; *(of light)* luminosidade f; *(of publicity)* foco ▶ VI brilhar; **to ~ at** olhar furiosamente para
glaring ['glɛərɪŋ] ADJ *(mistake)* notório
glass [glɑːs] N vidro, cristal m; *(for drinking)* copo; (: *with stem*) cálice m; (also: **looking glass**) espelho; **glasses** NPL *(spectacles)* óculos mpl
glass-blowing [-bləʊɪŋ] N modelagem f de vidro a quente
glass fibre N fibra de vidro
glasshouse ['glɑːshaʊs] N estufa
glassware ['glɑːswɛəʳ] N objetos mpl de cristal
glassy ['glɑːsɪ] ADJ *(eyes)* vidrado
Glaswegian [glæs'wiːdʒən] ADJ de Glasgow ▶ N natural m/f de Glasgow
glaze [gleɪz] VT *(door)* envidraçar; *(pottery)* vitrificar; *(Culin)* glaçar ▶ N verniz m; *(Culin)* glacê m

glazed [gleɪzd] ADJ *(eye)* vidrado; *(pottery)* vitrificado
glazier ['gleɪzɪəʳ] N vidraceiro(-a)
gleam [gliːm] N brilho ▶ VI brilhar; **a ~ of hope** um fio de esperança
gleaming ['gliːmɪŋ] ADJ brilhante
glean [gliːn] VT *(information)* colher
glee [gliː] N alegria, regozijo
gleeful ['gliːful] ADJ alegre
glen [glɛn] N vale m
glib [glɪb] ADJ *(answer)* pronto; *(person)* labioso
glide [glaɪd] VI deslizar; *(Aviat: birds)* planar
▶ N deslizamento; *(Aviat)* voo planado
glider ['glaɪdəʳ] N *(Aviat)* planador m
gliding ['glaɪdɪŋ] N *(Aviat)* voo sem motor
glimmer ['glɪməʳ] N luz f trêmula; *(of interest, hope)* lampejo ▶ VI tremeluzir
glimpse [glɪmps] N vista rápida, vislumbre m
▶ VT vislumbrar, ver de relance; **to catch a ~ of** vislumbrar
glint [glɪnt] N brilho; *(in the eye)* cintilação f
▶ VI cintilar
glisten ['glɪsn] VI brilhar
glitter ['glɪtəʳ] VI reluzir, brilhar ▶ N brilho
glitz [glɪts] *(inf)* N cafonice f
gloat [gləʊt] VI: **to ~ (over)** exultar (com)
global ['gləʊbl] ADJ *(worldwide)* mundial; *(overall)* global
globalization [gləʊbəlaɪ'zeɪʃən] N globalização f
global warming N aquecimento global
globe [gləʊb] N globo, esfera
globetrotter ['gləʊbtrɔtəʳ] N pessoa que corre mundo
globule ['glɔbjuːl] N glóbulo
gloom [gluːm] N escuridão f; *(sadness)* tristeza
gloomy ['gluːmɪ] ADJ *(dark)* escuro; *(sad)* triste; *(pessimistic)* pessimista; **to feel ~** estar abatido
glorification [glɔːrɪfɪ'keɪʃən] N glorificação f
glorify ['glɔːrɪfaɪ] VT glorificar; *(praise)* adorar
glorious ['glɔːrɪəs] ADJ *(weather)* magnífico; *(future)* glorioso; *(splendid)* excelente
glory ['glɔːrɪ] N glória ▶ VI: **to ~ in** gloriar-se de
glory hole *(inf)* N zona
Glos (BRIT) ABBR = **Gloucestershire**
gloss [glɔs] N *(shine)* brilho; (also: **gloss paint**) pintura brilhante, esmalte m
▶ **gloss over** VT FUS encobrir
glossary ['glɔsərɪ] N glossário
glossy ['glɔsɪ] ADJ lustroso ▶ N (also: **glossy magazine**) revista de luxo
glove [glʌv] N luva
glove compartment N *(Aut)* porta-luvas m inv
glow [gləʊ] VI *(shine)* brilhar; *(fire)* arder ▶ N brilho
glower ['glaʊəʳ] VI: **to ~ at (sb)** olhar (alguém) de modo ameaçador
glowing ['gləʊɪŋ] ADJ *(fire)* ardente; *(complexion)* afogueado; *(report, description etc)* entusiástico
glow-worm N pirilampo, vaga-lume m

glucose ['glu:kəus] N glicose f
glue [glu:] N cola ▶ VT colar
glue-sniffing [-'snɪfɪŋ] N cheira-cola m
glum [glʌm] ADJ (mood) abatido; (person, tone) triste
glut [glʌt] N abundância, fartura ▶ VT (market) saturar
glutinous ['glu:tɪnəs] ADJ glutinoso
glutton ['glʌtn] N glutão(-ona) m/f; **a ~ for work/punishment** um(a) trabalhador(a) incansável/um(a) masoquista
gluttonous ['glʌtənəs] ADJ glutão(-ona)
gluttony ['glʌtənɪ] N gula
glycerin, glycerine ['glɪsəri:n] N glicerina
GM ADJ ABBR (= *genetically modified*) geneticamente modificado
gm ABBR (= *gram*) g
GMAT (US) N ABBR (= *Graduate Management Admissions Test*) exame de admissão aos cursos de pós-graduação
GMB (BRIT) N ABBR (= *General Municipal Boilermakers and Allied Trade Union*) sindicato dos empregados dos municípios
GM crop N plantação f geneticamente modificada
GM foods NPL alimentos mpl geneticamente modificados
GMT ABBR (= *Greenwich Mean Time*) GMT m
gnarled [nɑ:ld] ADJ (tree) nodoso; (tree) retorcido
gnash [næʃ] VT: **to ~ one's teeth** ranger os dentes
gnat [næt] N mosquito
gnaw [nɔ:] VT roer
gnome [nəum] N gnomo
GNP N ABBR = **gross national product**

(KEYWORD)

go [gəu] (pt **went**, pp **gone**) VI **1** ir; (travel, move) viajar; **a car went by** um carro passou; **he has gone to Aberdeen** ele foi para Aberdeen

2 (depart) sair, ir embora; **"I must go,"** she said "preciso ir" ela disse; **our plane went at 6pm** nosso avião saiu às 6 da tarde; **they came at 8 and went at 9** eles chegaram às 8 e foram embora às 9

3 (attend) ir; **she went to university in Rio** ela fez universidade no Rio; **she goes to her dancing class on Tuesdays** ela vai a aula de dança às terças-feiras; **he goes to the local church** ele frequenta a igreja local

4 (take part in an activity) ir; **to go for a walk** ir passear

5 (work) funcionar; **the clock stopped going** o relógio parou de funcionar; **the bell went just then** a campainha acabou de tocar

6 (become): **to go pale/mouldy** ficar pálido/mofado

7 (be sold): **to go for £10** ser vendido por £10

8 (fit, suit): **to go with** acompanhar, combinar com

9 (be about to, intend to): **he's going to do it** ele vai fazê-lo; **we're going to leave in an hour** vamos partir dentro de uma hora; **are you going to come?** você vem?

10 (time) passar

11 (event, activity) ser; **how did it go?** como foi?

12 (be given) ir (ser dado); **the job is to go to someone else** o emprego vai ser dado para outra pessoa

13 (break) romper-se; **the fuse went** o fusível queimou; **the leg of the chair went** a perna da cadeira quebrou

14 (be placed): **where does this cup go?** onde é que põe esta xícara?; **the milk goes in the fridge** pode guardar o leite na geladeira

▶ N (pl **goes**) **1** (try): **to have a go (at)** tentar
2 (turn) vez f; **whose go is it?** de quem é a vez?
3 (move): **to be on the go** ter muito para fazer

▶ **go about** VI (also: **go around**: rumour) espalhar-se ▶ VT FUS: **how do I go about this?** como é que eu faço isto?

▶ **go ahead** VI (make progress) progredir; (get going) ir em frente

▶ **go along** VI ir ▶ VT FUS ladear; **to go along with** (agree with: plan, idea, policy) concordar com

▶ **go away** VI (leave) ir-se, ir embora

▶ **go back** VI (return) voltar; (go again) ir de novo

▶ **go back on** VT FUS (promise) faltar com

▶ **go by** VI (years, time) passar ▶ VT FUS (book, rule) guiar-se por

▶ **go down** VI (descend) descer, baixar; (ship) afundar; (sun) pôr-se ▶ VT FUS (stairs, ladder) descer

▶ **go for** VT FUS (fetch) ir buscar; (like) gostar de; (attack) atacar

▶ **go in** VI (enter) entrar

▶ **go in for** VT FUS (competition) inscrever-se em; (like) gostar de

▶ **go into** VT FUS (enter) entrar em; (investigate) investigar; (embark on) embarcar em

▶ **go off** VI (leave) ir-se; (food) estragar, apodrecer; (bomb, gun) explodir; (event) realizar-se ▶ VT FUS (person, place, food etc) deixar de gostar de

▶ **go on** VI (continue) seguir, continuar; (happen) acontecer, ocorrer; **to go on doing sth** continuar fazendo or a fazer algo

▶ **go out** VI (leave: room, building) sair; (for entertainment): **are you going out tonight?** você vai sair hoje à noite?; (couple): **they went out for 3 years** eles namoraram durante 3 anos; (fire, light) apagar-se

▶ **go over** VI (ship) soçobrar ▶ VT FUS (check) revisar

▶ **go round** VI (news, rumour) circular

▶ **go through** VT FUS (town etc) atravessar; (search through: files, papers) vasculhar; (examine: list, book, story) percorrer de cabo a rabo

▶ **go up** VI (*ascend*) subir; (*price, level*) aumentar
▶ **go without** VT FUS (*food, treats*) passar sem

goad [gəud] VT aguilhoar
go-ahead ADJ empreendedor(a) ▶ N luz f verde
goal [gəul] N meta, alvo; (*Sport*) gol m (BR), golo (PT)
goal difference N diferença de gols
goalie ['gəulɪ] N (*inf*) goleiro(-a)
goalkeeper ['gəulki:pəʳ] N goleiro(-a) (BR), guarda-redes m/f inv (PT)
goalpost ['gəulpəust] N trave f
goat [gəut] N cabra; (*also*: **billy goat**) bode m
gobble ['gɔbl] VT (*also*: **gobble down, gobble up**) engolir rapidamente, devorar
go-between N intermediário(-a)
Gobi Desert ['gəubɪ-] N Deserto de Gobi
goblet ['gɔblɪt] N cálice m
goblin ['gɔblɪn] N duende m
go-cart N kart m ▶ CPD: ~ **racing** kartismo
god [gɔd] N deus m; **G~** Deus
godchild ['gɔdtʃaɪld] (*irreg: like* child) N afilhado(-a)
goddamn ['gɔddæm], **goddamned** ['gɔddæmd] EXCL (*esp US inf*): ~ **(it)!** cacete!
▶ ADJ maldito ▶ ADV pra cacete
goddaughter ['gɔddɔ:təʳ] N afilhada
goddess ['gɔdɪs] N deusa
godfather ['gɔdfɑ:ðəʳ] N padrinho
god-forsaken [-fə'seɪkən] ADJ miserável, abandonado
godmother ['gɔdmʌðəʳ] N madrinha
godparents ['gɔdpɛərənts] NPL padrinhos mpl
godsend ['gɔdsɛnd] N dádiva do céu
godson ['gɔdsʌn] N afilhado
goes [gəuz] VB *see* **go**
go-getter [-'gɛtəʳ] N pessoa dinâmica, pessoa furona (*inf*)
goggle ['gɔgl] VI: **to ~ at** olhar de olhos esbugalhados
goggles ['gɔglz] NPL óculos mpl de proteção
going ['gəuɪŋ] N (*conditions*) estado do terreno
▶ ADJ: **the ~ rate** tarifa corrente *or* em vigor; **~ concern** empresa em funcionamento, empresa com fundo de comérico; **it was slow ~** ia devagar
goings-on (*inf*) NPL maquinações fpl
go-kart [-kɑ:t] N = **go-cart**
gold [gəuld] N ouro ▶ ADJ de ouro
golden ['gəuldən] ADJ (*made of gold*) de ouro; (*gold in colour*) dourado
golden age N idade f de ouro
golden handshake (BRIT) N bolada
golden rule N regra de ouro
goldfish ['gəuldfɪʃ] N INV peixe-dourado m
gold leaf N ouro em folha
gold medal N (*Sport*) medalha de ouro
gold mine N mina de ouro
gold-plated [-'pleɪtɪd] ADJ plaquê inv
gold-rush N corrida do ouro
goldsmith ['gəuldsmɪθ] N ourives m/f inv
gold standard N padrão-ouro m

golf [gɔlf] N golfe m
golf ball N bola de golfe; (*on typewriter*) esfera
golf club N clube m de golfe; (*stick*) taco
golf course N campo de golfe
golfer ['gɔlfəʳ] N jogador(a) m/f de golfe, golfista m/f
gondola ['gɔndələ] N gôndola
gondolier [gɔndə'lɪəʳ] N gondoleiro
gone [gɔn] PP *of* **go**
gong [gɔŋ] N gongo
good [gud] ADJ bom/boa; (*kind*) bom, bondoso; (*well-behaved*) educado; (*useful*) útil ▶ N bem m; **goods** NPL (*possessions*) bens mpl; (*Comm*) mercadorias fpl; **~s and chattels** bens móveis; **~!** bom!; **to be ~ at** ser bom em; **to be ~ for** servir para; **it's ~ for you** faz-lhe bem; **would you be ~ enough to …?** podia fazer-me o favor de …?, poderia me fazer a gentileza de …?; **it's a ~ thing you were there** ainda bem que você estava lá; **she is ~ with children/her hands** ela tem habilidade com crianças/com as mãos; **to feel ~** sentir-se bem, estar bom; **it's ~ to see you** é bom ver você; (*formal*) prazer em vê-lo; **he's up to no ~** ele tem más intenções; **for the common ~** para o bem comum; **that's very ~ of you** é muita bondade sua; **is this any ~?** (*will it do?*) será que isso serve?; (*what's it like?*) será que vale a pena?; **a ~ deal (of)** muito; **a ~ many** muitos; **to make ~** reparar; **it's no ~ complaining** não adianta se queixar; **for ~** (*forever*) para sempre, definitivamente; (*once and for all*) de uma vez por todas; **~ morning/afternoon!** bom dia/boa tarde!; **~ evening!** boa noite!; **~ night!** boa noite!
goodbye [gud'baɪ] EXCL até logo (BR), adeus (PT); **to say ~** despedir-se
good faith N boa fé
good-for-nothing ADJ imprestável
Good Friday N Sexta-Feira Santa
good-humoured [-'hju:məd] ADJ (*person*) alegre; (*remark, joke*) sem malícia
good-looking [-'lukɪŋ] ADJ bonito
good-natured ADJ (*person*) de bom gênio; (*pet*) de boa índole; (*discussion*) cordial
goodness ['gudnɪs] N (*of person*) bondade f; **for ~ sake!** pelo amor de Deus!; **~ gracious!** meu Deus do céu!, nossa (senhora)!
goods train (BRIT) N trem m de carga
goodwill [gud'wɪl] N boa vontade f; (*Comm*) fundo de comércio, aviamento
goody-goody ['gudɪgudɪ] (*pej*) N puxa-saco m
Google® ['gu:gəl] VT, VI pesquisar no Google®
goose [gu:s] (*pl* **geese**) N ganso
gooseberry ['guzbərɪ] N groselha; **to play ~** (BRIT) ficar de vela, segurar a vela
gooseflesh ['gu:sflɛʃ] N = **goose pimples**
goose pimples NPL pele f arrepiada
goose step N (*Mil*) passo de ganso
GOP (*US inf*) N ABBR (*Pol*: = *Grand Old Party*) partido republicano
gore [gɔ:ʳ] VT escornar ▶ N sangue m

gorge [gɔːdʒ] N desfiladeiro ▶ VT: **to ~ o.s. (on)** empanturrar-se (de)
gorgeous ['gɔːdʒəs] ADJ magnífico, maravilhoso; (*person*) lindo
gorilla [gə'rɪlə] N gorila *m*
gormless ['gɔːmlɪs] (*BRIT inf*) ADJ burro
gorse [gɔːs] N tojo
gory ['gɔːrɪ] ADJ sangrento
gosh [gɔʃ] (*inf*) EXCL puxa
go-slow (*BRIT*) N greve *f* de trabalho lento, operação *f* tartaruga
gospel ['gɔspl] N evangelho
gossamer ['gɔsəmə^r] N (*cobweb*) teia de aranha; (*cloth*) tecido diáfano, gaze *f* fina
gossip ['gɔsɪp] N (*scandal*) fofocas *fpl* (*BR*), mexericos *mpl* (*PT*); (*chat*) conversa; (*scandalmonger*) fofoqueiro(-a) (*BR*), mexeriqueiro(-a) (*PT*) ▶ VI (*spread scandal*) fofocar (*BR*), mexericar (*PT*); (*chat*) bater (um) papo (*BR*), cavaquear (*PT*); **a piece of ~** uma fofoca (*BR*), um mexerico (*PT*)
gossip column N (*Press*) coluna social
got [gɔt] PT, PP *of* **get**
Gothic ['gɔθɪk] ADJ gótico
gotten ['gɔtn] (*US*) PP *of* **get**
gouge [gaudʒ] VT (*also*: **gouge out**: *hole etc*) abrir; (: *initials*) talhar; **to ~ sb's eyes out** arrancar os olhos de alguém
gourd [guəd] N cabaça, cucúrbita
gourmet ['guəmeɪ] N gourmet *m*, gastrônomo(-a)
gout [gaut] N gota
govern ['gʌvən] VT governar; (*event*) controlar
governess ['gʌvənɪs] N governanta
governing ['gʌvənɪŋ] ADJ (*Pol*) no governo, ao poder; **~ body** conselho de administração
government ['gʌvnmənt] N governo ▶ CPD (*of administration*) governamental; (*of state*) do Estado; **local ~** governo municipal
governmental [gʌvn'mɛntl] ADJ governamental
government housing (*US*) N casas *fpl* populares
government stock N títulos *mpl* do governo
governor ['gʌvənə^r] N governador(a) *m/f*; (*of school, hospital, jail*) diretor(a) *m/f*
Govt ABBR = **government**
gown [gaun] N vestido; (*of teacher, judge*) toga
GP N ABBR (*Med*) = **general practitioner**
GPO N ABBR (*BRIT: old*) = **General Post Office**; (*US*) = **Government Printing Office**
GPS N ABBR (= *global positioning system*) GPS *m*
gr. ABBR (*Comm*) = **gross**
grab [græb] VT agarrar ▶ VI: **to ~ at** tentar agarrar
grace [greɪs] N (*Rel*) graça; (*gracefulness*) elegância, fineza ▶ VT (*honour*) honrar; (*adorn*) adornar; **5 days' ~** um prazo de 5 dias; **to say ~** dar graças (antes de comer); **with a good/bad ~** de bom/mau grado; **his sense of humour is his saving ~** seu único mérito é seu senso de humor
graceful ['greɪsful] ADJ elegante, gracioso

155 | gorge - grandstand

gracious ['greɪʃəs] ADJ gracioso, afável; (*benevolent*) bondoso, complacente; (*formal: God*) misericordioso ▶ EXCL: **(good) ~!** meu Deus do céu!, nossa (senhora)!
gradation [grə'deɪʃn] N gradação *f*
grade [greɪd] N (*quality*) classe *f*, qualidade *f*; (*degree*) grau *m*; (*US: Sch*) série *f*, classe; (: *gradient*) declive *m* ▶ VT classificar; **to make the ~** (*fig*) ter sucesso
grade crossing (*US*) N passagem *f* de nível
grade school (*US*) N escola primária
gradient ['greɪdɪənt] N declive *m*; (*Geom*) gradiente *m*
gradual ['grædjuəl] ADJ gradual, gradativo
gradually ['grædjuəlɪ] ADV gradualmente, gradativamente, pouco a pouco
graduate [n 'grædjuɪt, vi 'grædjueɪt] N graduado, licenciado; (*US*) diplomado do colégio ▶ VI formar-se, licenciar-se
graduated pension ['grædjueɪtɪd-] N *aposentadoria calculada em função dos últimos salários*
graduation [grædju'eɪʃən] N formatura
graffiti [grə'fiːtɪ] N, NPL pichações *fpl*
graft [grɑːft] N (*Agr, Med*) enxerto; (*BRIT inf*) trabalho pesado; (*bribery*) suborno ▶ VT enxertar; **hard ~** (*inf*) labuta
grain [greɪn] N grão *m*; (*no pl: cereals*) cereais *mpl*; (*US: corn*) trigo; (*in wood*) veio, fibra; **it goes against the ~** é contra a sua (*or* minha *etc*) natureza
gram [græm] N grama *m*
grammar ['græmə^r] N gramática
grammar school N (*BRIT*) ≈ liceo
grammatical [grə'mætɪkl] ADJ gramatical
gramme [græm] N = **gram**
gramophone ['græməfəun] (*BRIT*) N (*old*) gramofone *m*
gran [græn] (*BRIT inf*) N vó *f*
granary ['grænərɪ] N celeiro
grand [grænd] ADJ grandioso; (*inf: wonderful*) ótimo ▶ N (*inf: thousand*) mil libras *fpl* (*or* dólares *mpl*)
grandchild ['græntʃaɪld] (*irreg: like* **child**) N neto(-a)
granddad ['grændæd] N vovô *m*
granddaughter ['grændɔːtə^r] N neta
grandeur ['grændjə^r] N grandeza, magnificência; (*of event*) grandiosidade *f*; (*of house, style*) imponência
grandfather ['grænfɑːðə^r] N avô *m*
grandiose ['grændɪəuz] ADJ grandioso; (*pej*) pomposo; (*house, style*) imponente
grand jury (*US*) N júri *m* de instrução
grandma ['grænmɑː] N avó *f*, vovó *f*
grandmother ['grænmʌðə^r] N avó *f*
grandpa ['grænpɑː] N = **granddad**
grandparents ['grændpɛərənts] NPL avós *mpl*
grand piano N piano de cauda
Grand Prix ['grɑ̃ː'priː] N (*Aut*) Grande Prêmio
grandson ['grænsʌn] N neto
grandstand ['grænstænd] N (*Sport*) tribuna principal

grand total N total *m* geral *or* global
granite ['grænɪt] N granito
granny ['grænɪ] (*inf*) N avó *f*, vovó *f*
grant [grɑːnt] VT (*concede*) conceder; (*a request etc*) anuir a; (*admit*) admitir ▶ N (*Sch*) bolsa; (*Admin*) subvenção *f*, subsídio; **to take sth for ~ed** dar algo por certo; **to ~ that** admitir que
granulated sugar ['grænjuleɪtɪd-] N açúcar *m* granulado
granule ['grænjuːl] N grânulo
grape [greɪp] N uva; **sour ~s** (*fig*) inveja; **a bunch of ~s** um cacho de uvas
grapefruit ['greɪpfruːt] N toranja, grapefruit *m* (BR)
grapevine ['greɪpvaɪn] N parreira; **I heard it on** *or* **through the ~** (*fig*) um passarinho me contou
graph [grɑːf] N gráfico
graphic ['græfɪk] ADJ gráfico
graphic designer N desenhista *m/f* industrial
graphics ['græfɪks] N (*art*) artes *fpl* gráficas ▶ NPL (*drawings*) desenhos *mpl*; (: *Comput*) gráficos *mpl*
graphite ['græfaɪt] N grafita
graph paper N papel *m* quadriculado
grapple ['græpl] VI: **to ~ with sth** estar às voltas com algo
grappling iron ['græplɪŋ-] N (*Naut*) arpéu *m*
grasp [grɑːsp] VT agarrar, segurar; (*understand*) compreender, entender ▶ N (*grip*) mão *f*; (*reach*) alcance *m*; (*understanding*) compreensão *f*; **to have sth within one's ~** ter algo ao seu alcance; **to have a good ~ of sth** (*fig*) ter um bom domínio de algo, dominar algo
▶ **grasp at** VT FUS (*rope etc*) tentar agarrar; (*opportunity*) agarrar
grasping ['grɑːspɪŋ] ADJ avaro
grass [grɑːs] N grama (BR), relva (PT); (*uncultivated*) cupim *m*; (*lawn*) gramado (BR), relvado (PT); (BRIT *inf: informer*) dedo-duro *m*
grasshopper ['grɑːshɔpəʳ] N gafanhoto
grassland ['grɑːslænd] N pradaria
grass roots NPL (*fig*) raízes *fpl*, base *f* ▶ ADJ: **grass-roots** popular
grass snake N serpente *f*
grassy ['grɑːsɪ] ADJ coberto de grama (BR) *or* de relva (PT)
grate [greɪt] N (*fireplace*) lareira; (*of iron*) grelha ▶ VI ranger ▶ VT (*Culin*) ralar
grateful ['greɪtful] ADJ agradecido, grato
gratefully ['greɪtfəlɪ] ADV agradecidamente
grater ['greɪtəʳ] N ralador *m*
gratification [grætɪfɪ'keɪʃən] N satisfação *f*
gratify ['grætɪfaɪ] VT gratificar; (*whim*) satisfazer
gratifying ['grætɪfaɪɪŋ] ADJ gratificante
grating ['greɪtɪŋ] N (*iron bars*) grade *f* ▶ ADJ (*noise*) áspero
gratitude ['grætɪtjuːd] N agradecimento
gratuitous [grə'tjuːɪtəs] ADJ gratuito
gratuity [grə'tjuːɪtɪ] N gratificação *f*, gorjeta

grave [greɪv] N cova, sepultura ▶ ADJ sério; (*mistake*) grave
grave digger N coveiro
gravel ['grævl] N cascalho
gravely ['greɪvlɪ] ADV gravemente; **~ ill** gravemente doente
gravestone ['greɪvstəun] N lápide *f*
graveyard ['greɪvjɑːd] N cemitério
gravitate ['grævɪteɪt] VI: **to ~ towards** ser atraído por
gravity ['grævɪtɪ] N (*Phys*) gravidade *f*; (*seriousness*) seriedade *f*, gravidade *f*
gravy ['greɪvɪ] N molho (de carne)
gravy boat N molheira
gravy train (*inf*) N: **to be on** *or* **ride the ~** ter achado uma mina
gray [greɪ] (US) ADJ = **grey**
graze [greɪz] VI pastar ▶ VT (*touch lightly*) roçar; (*scrape*) raspar; (*Med*) esfolar ▶ N (*Med*) esfoladura, arranhadura
grazing ['greɪzɪŋ] N (*pasture*) pasto, pastagem *f*
grease [griːs] N (*fat*) gordura; (*lubricant*) graxa, lubrificante *m* ▶ VT (*Culin: dish*) untar; (*Tech: brakes etc*) lubrificar, engraxar
grease gun N bomba de graxa
greasepaint [griːspeɪnt] N maquilagem *f* (para o teatro)
greaseproof paper ['griːspruːf-] (BRIT) N papel *m* de cera (vegetal)
greasy ['griːzɪ] ADJ gordurento, gorduroso; (*skin, hair*) oleoso; (*hands, clothes*) engordurado; (BRIT: *road, surface*) escorregadio
great [greɪt] ADJ grande; (*inf*) genial; (*pain, heat*) forte; (*important*) importante; **they're ~ friends** eles são grandes amigos; **we had a ~ time** nos divertimos à beça; **it was ~!** foi ótimo, foi um barato (*inf*); **the ~ thing is that ...** o melhor é que ...
Great Barrier Reef N: **the ~** a Grande Barreira
Great Britain N Grã-Bretanha

A Grã-Bretanha, **Great Britain** em inglês, designa a maior das ilhas britânicas e, portanto, engloba a Inglaterra, a Escócia e o País de Gales. Junto com a Irlanda, a ilha de Man e as ilhas Anglo-normandas, a Grã-Bretanha forma as ilhas Britânicas, ou *British Isles*. Reino Unido, em inglês *United Kingdom* ou *UK*, é o nome oficial da entidade política que compreende a Grã-Bretanha e a Irlanda do Norte.

great-grandchild (*irreg*: *like* **child**) N bisneto(-a)
great-grandfather N bisavô *m*
great-grandmother N bisavó *f*
Great Lakes NPL: **the ~** os Grandes Lagos
greatly ['greɪtlɪ] ADV imensamente, muito
greatness ['greɪtnɪs] N grandeza
Grecian ['griːʃən] ADJ grego
Greece [griːs] N Grécia
greed [griːd] N (*also*: **greediness**) avidez *f*, cobiça; (*for food*) gula

greedily ['gri:dɪlɪ] ADV com avidez; (*eat*) gulosamente
greedy ['gri:dɪ] ADJ avarento; (*for food*) guloso
Greek [gri:k] ADJ grego ▶ N grego(-a); (*Ling*) grego; **ancient/modern ~** grego clássico/moderno
green [gri:n] ADJ verde; (*inexperienced*) inexperiente, ingênuo ▶ N verde *m*; (*stretch of grass*) gramado (BR), relvado (PT); (*on golf course*) green *m*; (*also:* **village green**) ≈ praça; **greens** NPL (*vegetables*) verduras *fpl*; **to have ~ fingers** (BRIT) *or* **a ~ thumb** (US) ter mão boa (para plantar)
green belt N (*round town*) cinturão *m* verde
green card N (BRIT Aut) carta verde; (US) autorização *f* de residência
greenery ['gri:nərɪ] N verdura
greenfly ['gri:nflaɪ] (BRIT) N pulgão *m*
greengage ['gri:ngeɪdʒ] N rainha-cláudia
greengrocer ['gri:ngrəʊsə^r] (BRIT) N verdureiro(-a)
greenhouse ['gri:nhaʊs] N estufa
greenhouse effect N: **the ~** o efeito estufa
greenhouse gas N gás *m* de efeito estufa
greenish ['gri:nɪʃ] ADJ esverdeado
Greenland ['gri:nlənd] N Groenlândia
Greenlander ['gri:nləndə^r] N groenlandês(-esa) *m/f*
green pepper N pimentão *m* verde
green tax N imposto ecológico
greet [gri:t] VT saudar; (*welcome*) acolher; (*news*) receber
greeting ['gri:tɪŋ] N cumprimento; (*welcome*) acolhimento; **Christmas/birthday ~s** votos de boas festas/feliz aniversário
greeting card, greetings card N cartão *m* comemorativo
gregarious [grə'gɛərɪəs] ADJ gregário
grenade [grə'neɪd] N (*also:* **hand grenade**) granada
grew [gru:] PT *of* **grow**
grey, (US) **gray** [greɪ] ADJ cinzento; (*dismal*) sombrio; **to go ~** (*hair, person*) ficar grisalho
grey-haired ADJ grisalho
greyhound ['greɪhaʊnd] N galgo
grey vote N voto dos idosos
grid [grɪd] N grade *f*; (*Elec*) rede *f*; (US Aut) cruzamento
griddle ['grɪdl] N (*on cooker*) chapa de assar
gridiron ['grɪdaɪən] N grelha; (US Football) campo
gridlock ['grɪdlɔk] N (*traffic jam*) paralisia do trânsito
grief [gri:f] N dor *f*, pesar *m*; **to come to ~** fracassar
grievance ['gri:vəns] N motivo de queixa, agravo
grieve [gri:v] VI sofrer ▶ VT dar pena a, afligir; **to ~ for** chorar por
grievous ['gri:vəs] ADJ penoso; **~ bodily harm** (*Law*) lesão *f* corporal (grave)
grill [grɪl] N (*on cooker*) grelha; (*also:* **mixed grill**) prato de grelhados; (*also:* **grillroom**) grill-room *m*, ≈ churrascaria ▶ VT (BRIT) grelhar; (*question*) interrogar cerradamente
grille [grɪl] N grade *f*; (Aut) grelha
grillroom ['grɪlrum] N grill-room *m*, ≈ churrascaria
grim [grɪm] ADJ sinistro, lúgubre; (*unpleasant*) desagradável; (*unattractive*) feio; (*stern*) severo; (*inf: dreadful*) horrível
grimace [grɪ'meɪs] N careta ▶ VI fazer caretas
grime [graɪm] N sujeira (BR), sujidade *f* (PT)
grimy ['graɪmɪ] ADJ sujo, encardido
grin [grɪn] N sorriso largo ▶ VI sorrir abertamente; **to ~ (at)** dar um sorriso largo (para)
grind [graɪnd] (*pt, pp* **ground**) VT (*crush*) triturar; (*coffee, pepper etc*) moer; (*make sharp*) afiar; (*: meat*) picar; (*polish: gem*) lapidar; (*: lens*) polir ▶ VI (*car gears*) ranger ▶ N (*work*) trabalho (repetitivo e maçante); **to ~ one's teeth** ranger os dentes; **to ~ to a halt** (*vehicle*) parar com um ranger de freios; (*fig: work, production*) paralisar-se; (*: talks, process*) empacar; **the daily ~** (*inf*) a labuta diária
grinder ['graɪndə^r] N (*machine: for coffee*) moinho; (*: for waste disposal*) triturador *m*
grindstone ['graɪndstəʊn] N: **to keep one's nose to the ~** trabalhar sem descanso
grip [grɪp] N (*of hands*) aperto; (*handle*) punho; (*of racquet etc*) cabo; (*of tyre, shoe*) aderência; (*holdall*) valise *f* ▶ VT agarrar; (*attention*) prender; **to come** *or* **get to ~s with** arcar com; **to ~ the road** (Aut) aderir à estrada; **to lose one's ~** perder a pega; (*fig*) perder a eficiência
gripe [graɪp] N (*Med*) cólicas *fpl*; (*inf: complaint*) queixa ▶ VI (*inf*) bufar
gripping ['grɪpɪŋ] ADJ absorvente, emocionante
grisly ['grɪzlɪ] ADJ horrendo, medonho
grist [grɪst] N (*fig*): **it's (all) ~ to his mill** ele se vale de tudo
gristle ['grɪsl] N cartilagem *f*, nervo
grit [grɪt] N areia, grão *m* de areia; (*courage*) coragem *f* ▶ VT (*road*) pôr areia em; **grits** NPL (US) canjica; **to ~ one's teeth** cerrar os dentes; **to have a piece of ~ in one's eye** ter uma pedrinha no olho
grizzle ['grɪzl] (BRIT) VI choramingar
grizzly ['grɪzlɪ] N (*also:* **grizzly bear**) urso pardo
groan [grəʊn] N gemido ▶ VI gemer
grocer ['grəʊsə^r] N dono(-a) de mercearia
grocer's, grocer's shop N mercearia
grocery ['grəʊsərɪ] N mercearia; **groceries** NPL comestíveis *mpl*
grog [grɔg] N grogue *m*
groggy ['grɔgɪ] ADJ grogue
groin [grɔɪn] N virilha
groom [gru:m] N cavalariço; (*also:* **bridegroom**) noivo ▶ VT (*horse*) tratar; (*fig*): **to ~ sb for sth** preparar alguém para algo; **well-~ed** bem-posto
groove [gru:v] N ranhura, entalhe *m*

grope [grəup] VI tatear; **to ~ for** procurar às cegas

gross [grəus] ADJ grosso; *(flagrant)* grave; *(vulgar)* vulgar; (: *building*) de mau-gosto; *(Comm)* bruto ▶ N INV *(twelve dozen)* grosa ▶ VT *(Comm)*: **to ~ £500,000** dar uma receita bruta de £500,000

gross domestic product N produto interno bruto

grossly ['grəuslɪ] ADV *(greatly)* enormemente, gritantemente

gross national product N produto nacional bruto

grotesque [grə'tɛsk] ADJ grotesco

grotto ['grɔtəu] N gruta

grotty ['grɔtɪ] (BRIT *inf*) ADJ vagabundo; *(room etc)* mixa; **I'm feeling ~** estou me sentindo podre

grouch [grautʃ] *(inf)* VI ralhar ▶ N *(person)* pessoa geniosa, rabugento(-a)

ground [graund] PT, PP *of* **grind** ▶ N terra, chão *m*; *(Sport)* campo; *(land)* terreno; *(reason: gen pl)* motivo, razão *f*; (US: *also*: **ground wire**) (ligação *f* à) terra, fio-terra *m* ▶ VT *(plane)* manter em terra; (US *Elec*) ligar à terra ▶ VI *(ship)* encalhar ▶ ADJ *(coffee etc)* moído; (US: *meat*) picado; **grounds** NPL *(of coffee etc)* borra; *(gardens etc)* jardins *mpl*, parque *m*; **on the ~** no chão; **to the ~** por terra; **below ~** embaixo da terra; **to gain/lose ~** ganhar/perder terreno; **common ~** consenso; **he covered a lot of ~ in his lecture** sua palestra cobriu uma área considerável

ground cloth (US) N = **groundsheet**

ground control N *(Aviat, Space)* controle *m* de solo *or* terra

ground floor N andar *m* térreo (BR), rés do chão *m* (PT)

grounding ['graundɪŋ] N *(Sch)* conhecimentos *mpl* básicos

groundless ['graundlɪs] ADJ infundado

groundnut ['graundnʌt] N amendoim *m*

ground rent (BRIT) N foro

groundsheet ['graundʃiːt] (BRIT) N capa impermeável

grounds keeper (US) N *(Sport)* zelador *m* de um campo esportivo

groundsman ['graundzmən] (*irreg: like* **man**) N *(Sport)* zelador *m* de um campo esportivo

ground staff N pessoal *m* de terra

ground swell N *(of opinion)* onda

ground-to-ground missile N míssil *m* terra-terra

groundwork ['graundwəːk] N base *f*, preparação *f*

group [gruːp] N grupo; (*also*: **pop group**) conjunto ▶ VT (*also*: **group together**) agrupar ▶ VI (*also*: **group together**) agrupar-se

grouse [graus] N INV *(bird)* tetraz *m*, galo-silvestre *m* ▶ VI *(complain)* queixar-se, resmungar

grove [grəuv] N arvoredo

grovel ['grɔvl] VI *(fig)* humilhar-se; **to ~ (before)** abaixar-se (diante de)

grow [grəu] *(pt* **grew**, *pp* **grown**) VI crescer; *(increase)* aumentar; *(develop)*: **to ~ (out of/from)** originar-se (de) ▶ VT plantar, cultivar; *(beard)* deixar crescer; **to ~ rich/weak** enriquecer(-se)/enfraquecer-se

▶ **grow apart** VI *(fig)* afastar-se (um do outro)

▶ **grow away from** VT FUS *(fig)* afastar-se de

▶ **grow on** VT FUS: **that painting is ~ing on me** estou gostando cada vez mais daquele quadro

▶ **grow out of** VT FUS *(clothes)* ficar muito grande para; *(habit)* superar com *or* perder o tempo

▶ **grow up** VI crescer, fazer-se homem/mulher

grower ['grəuə^r] N cultivador(a) *m/f*, produtor(a) *m/f*

growing ['grəuɪŋ] ADJ crescente; **~ pains** *(Med)* dores *fpl* do crescimento; *(fig)* dificuldades *fpl* iniciais

growl [graul] VI rosnar

grown [grəun] PP *of* **grow** ▶ ADJ crescido, adulto

grown-up N adulto(-a), pessoa mais velha

growth [grəuθ] N crescimento; *(what has grown)* crescimento; *(increase)* aumento; *(Med)* abcesso, tumor *m*

growth rate N taxa de crescimento

GRSM (BRIT) N ABBR = **Graduate of the Royal Schools of Music**

grub [grʌb] N larva, lagarta; *(inf: food)* comida, rango (BR)

grubby ['grʌbɪ] ADJ encardido

grudge [grʌdʒ] N motivo de rancor ▶ VT: **to ~ sb sth** dar algo a alguém de má vontade, invejar algo a alguém; **to bear sb a ~ for sth** guardar rancor de alguém por algo; **he ~s (giving) the money** ele dá dinheiro de má vontade

grudgingly ['grʌdʒɪŋlɪ] ADV de má vontade

gruelling, (US) **grueling** ['gruəlɪŋ] ADJ duro, árduo

gruesome ['gruːsəm] ADJ horrível

gruff [grʌf] ADJ *(voice)* rouco; *(manner)* brusco

grumble ['grʌmbl] VI resmungar, bufar

grumpy ['grʌmpɪ] ADJ rabugento

grunt [grʌnt] VI grunhir ▶ N grunhido

G-string N *(garment)* tapa-sexo *m*

GSUSA N ABBR = **Girl Scouts of the United States of America**

GU (US) ABBR *(Post)* = **Guam**

guarantee [gærən'tiː] N garantia ▶ VT garantir

guarantor [gærən'tɔː^r] N fiador(a) *m/f*

guard [gɑːd] N guarda; *(one person)* guarda *m*; (BRIT *Rail)* guarda-freio; *(on machine)* dispositivo de segurança; (*also*: **fireguard**) guarda-fogo ▶ VT guardar; *(protect)*: **to ~ (against)** proteger (contra); *(prisoner)* vigiar; **to be on one's ~** estar prevenido

▶ **guard against** VT FUS prevenir-se contra;

to ~ against doing sth guardar-se de fazer algo
guard dog N cão m de guarda
guarded ['gɑ:dɪd] ADJ (*statement*) cauteloso
guardian ['gɑ:dɪən] N protetor(a) m/f; (*of minor*) tutor(a) m/f
guard's van (BRIT) N (*Rail*) vagão m de freio
Guatemala [gwɒtə'mɑ:lə] N Guatemala
Guernsey ['gə:nzɪ] N Guernsey f (*no article*)
guerrilla [gə'rɪlə] N guerrilheiro(-a)
guerrilla warfare N guerrilha
guess [gɛs] VT, VI (*estimate*) avaliar, conjeturar; (*correct answer*) adivinhar; (US: *suppose*) achar, supor ▶ N suposição f, conjetura; **to take** *or* **have a ~** adivinhar, chutar (*inf*); **to keep sb ~ing** não contar a alguém; **my ~ is that ...** meu palpite é que ...; **to ~ right/wrong** acertar/errar
guesstimate ['gɛstɪmɪt] (*inf*) N estimativa aproximada
guesswork ['gɛswə:k] N conjeturas fpl; **I got the answer by ~** obtive a resposta por adivinhação
guest [gɛst] N convidado(-a); (*in hotel*) hóspede m/f; **be my ~** fique à vontade
guest-house N pensão f
guest room N quarto de hóspedes
guffaw [gʌ'fɔ:] N gargalhada ▶ VI dar gargalhadas
guidance ['gaɪdəns] N orientação f; (*advice*) conselhos mpl; **under the ~ of** sob a direção de, orientado por; **vocational** *or* **careers ~** orientação vocacional; **marriage ~** aconselhamento conjugal
guide [gaɪd] N (*person*) guia m/f; (*book, fig*) guia m; (BRIT: *also*: **girl guide**) escoteira ▶ VT guiar; **to be ~d by sb/sth** orientar-se com alguém/por algo
guidebook ['gaɪdbuk] N guia m
guided missile ['gaɪdɪd-] N (*internally controlled*) míssil m guiado; (*remote-controlled*) míssil m teleguiado
guide dog N cão m de guia
guided tour N visita guiada
guidelines ['gaɪdlaɪnz] NPL (*advice*) orientação f; (*fig*) princípios mpl gerais, diretrizes fpl
guild [gɪld] N grêmio
guildhall ['gɪldhɔ:l] (BRIT) N sede f da prefeitura
guile [gaɪl] N astúcia
guileless ['gaɪllɪs] ADJ ingênuo, cândido
guillotine ['gɪləti:n] N guilhotina
guilt [gɪlt] N culpa
guilty ['gɪltɪ] ADJ culpado; **to plead ~/not ~** declarar-se culpado/inocente
Guinea ['gɪnɪ] N: **Republic of ~** (República da) Guiné f
guinea ['gɪnɪ] (BRIT) N guinéu m (= 21 *shillings*: antiga unidade monetária equivalente a £1.05)
guinea pig ['gɪnɪpɪg] N porquinho-da-Índia m, cobaia; (*fig*) cobaia
guise [gaɪz] N: **in** *or* **under the ~ of** sob a aparência de, sob o pretexto de

guitar [gɪ'tɑ:ʳ] N violão m
guitarist [gɪ'tɑ:rɪst] N violonista m/f
gulch [gʌltʃ] (US) N ravina
gulf [gʌlf] N golfo; (*abyss: also fig*) abismo; **the (Persian) G~** o Golfo Pérsico
Gulf States NPL: **the ~** (*in Middle East*) os países do Golfo Pérsico
Gulf Stream N: **the ~** a corrente do Golfo
gull [gʌl] N gaivota
gullet ['gʌlɪt] N esôfago
gullibility [gʌlə'bɪlɪtɪ] N credulidade f
gullible ['gʌlɪbl] ADJ crédulo
gully ['gʌlɪ] N barranco
gulp [gʌlp] VI engolir em seco ▶ VT (*also*: **gulp down**) engolir ▶ N (*of drink*) gole m; **at one ~** de um gole só
gum [gʌm] N (*Anat*) gengiva; (*glue*) goma; (*also*: **gum drop**) bala de goma; (*also*: **chewing-gum**) chiclete m (BR), pastilha elástica (PT) ▶ VT colar
▶ **gum up** VT: **to ~ up the works** (*inf*) estragar tudo
gumboil ['gʌmbɔɪl] N abscesso gengival, parúlide f
gumboots ['gʌmbu:ts] (BRIT) NPL botas fpl de borracha, galochas fpl
gumption ['gʌmpʃən] N juízo, bom senso
gun [gʌn] N (*gen*) arma (de fogo); (*revolver*) revólver m; (*small*) pistola; (*rifle*) espingarda; (*cannon*) canhão m ▶ VT (*also*: **gun down**) balear; **to stick to one's ~s** (*fig*) não dar o braço a torcer, ser durão (*inf*)
gunboat ['gʌnbəut] N canhoneira
gun dog N cão m de caça
gunfire ['gʌnfaɪəʳ] N tiroteio
gunk [gʌŋk] (*inf*) N sujeira (BR), sujidade f (PT)
gunman ['gʌnmən] (*irreg: like* **man**) N pistoleiro
gunner ['gʌnəʳ] N artilheiro
gunpoint ['gʌnpɔɪnt] N: **at ~** sob a ameaça de uma arma
gunpowder ['gʌnpaudəʳ] N pólvora
gunrunner ['gʌnrʌnəʳ] N contrabandista m/f de armas
gunrunning ['gʌnrʌnɪŋ] N contrabando de armas
gunshot ['gʌnʃɔt] N tiro (de arma de fogo); **within ~** ao alcance do tiro
gunsmith ['gʌnsmɪθ] N armeiro(-a)
gurgle ['gə:gl] VI (*baby*) balbuciar; (*water*) gorgolejar ▶ N gorgolejo
guru ['guru:] N guru m
gush [gʌʃ] VI jorrar; (*fig*) alvoroçar-se ▶ N jorro
gusset ['gʌsɪt] N nesga; (*of tights, pants*) entreperna
gust [gʌst] N (*of wind*) rajada
gusto ['gʌstəu] N: **with ~** com garra
gut [gʌt] N intestino, tripa; (*Mus etc*) corda de tripa ▶ VT (*poultry, fish*) estripar; (*building*) destruir o interior de; **guts** NPL (*Anat*) entranhas fpl; (*inf: courage*) coragem f, raça (*inf*); **to hate sb's ~s** ter alguém atravessado

na garganta, não poder ver alguém nem pintado
gut reaction N reação f instintiva
gutted ['gʌtɪd] (inf) ADJ (disappointed) arrasado
gutter ['gʌtəʳ] N (of roof) calha; (in street) sarjeta
guttural ['gʌtərl] ADJ gutural
guy [gaɪ] N (also: **guyrope**) corda; (inf: man) cara m (BR), tipo (PT)
Guyana [gaɪ'ænə] N Guiana
Guy Fawkes' Night N ver nota

> A **Guy Fawkes' Night**, também chamada de bonfire night, é a ocasião em que se comemora o fracasso da conspiração (a Gunpowder Plot) contra James I e o Parlamento, em 5 de novembro de 1605. Um dos conspiradores, Guy Fawkes, foi surpreendido no porão do Parlamento quando estava prestes a atear fogo a explosivos. Todo ano, na noite de 5 de novembro, as pessoas se reúnem em torno de uma fogueira e são lançados fogos de artifício.

guzzle ['gʌzl] VI comer or beber com gula ▶ VT engolir com gula
gym [dʒɪm] N (also: **gymnasium**) ginásio; (also: **gymnastics**) ginástica
gymkhana [dʒɪm'kɑːnə] N gincana
gymnasium [dʒɪm'neɪzɪəm] N ginásio
gymnast ['dʒɪmnæst] N ginasta m/f
gymnastics [dʒɪm'næstɪks] N ginástica
gym shoes NPL tênis mpl
gym slip (BRIT) N uniforme m escolar
gynaecologist, (US) **gynecologist** [gaɪnɪ'kɔlədʒɪst] N ginecologista m/f
gynaecology, (US) **gynecology** [gaɪnə'kɔlədʒɪ] N ginecologia
gypsy ['dʒɪpsɪ] N, CPD = **gipsy**
gyrate [dʒaɪ'reɪt] VI girar
gyroscope ['dʒaɪərəskəup] N giroscópio

Hh

H, h [eɪtʃ] N (*letter*) H, h *m*; **H for Harry** (BRIT), **H for How** (US) H de Henrique
habeas corpus [ˈheɪbɪəsˈkɔːpəs] N (*Law*) habeas-corpus *m*
haberdashery [ˈhæbəˈdæʃərɪ] (BRIT) N armarinho
habit [ˈhæbɪt] N hábito, costume *m*; (*addiction*) vício; (*Rel*) hábito; **to get out of/into the ~ of doing sth** perder/criar o hábito de fazer algo
habitable [ˈhæbɪtəbl] ADJ habitável
habitat [ˈhæbɪtæt] N habitat *m*
habitation [hæbɪˈteɪʃən] N habitação *f*
habitual [həˈbɪtjuəl] ADJ habitual, costumeiro; (*drinker, liar*) inveterado
habitually [həˈbɪtjuəlɪ] ADV habitualmente
hack [hæk] VT (*cut*) cortar; (*chop*) talhar ▶ N corte *m*; (*axe blow*) talho; (*pej: writer*) escrevinhador(a) *m/f*; (*old horse*) metungo
hacker [ˈhækəʳ] N (*Comput*) hacker *m*
hackles [ˈhæklz] NPL: **to make sb's ~ rise** (*fig*) enfurecer alguém
hackney cab [ˈhæknɪ-] N fiacre *m*
hackneyed [ˈhæknɪd] ADJ corriqueiro, batido
had [hæd] PT, PP *of* **have**
haddock [ˈhædək] (*pl* **haddocks** *or* **haddock**) N hadoque *m* (BR), eglefim *m* (PT)
hadn't [ˈhædnt] = **had not**
haematology, (US) **hematology** [ˈhiːməˈtɔlədʒɪ] N hematologia
haemoglobin, (US) **hemoglobin** [ˈhiːməˈɡləubɪn] N hemoglobina
haemophilia, (US) **hemophilia** [ˈhiːməˈfɪlɪə] N hemofilia
haemorrhage, (US) **hemorrhage** [ˈhɛmərɪdʒ] N hemorragia
haemorrhoids, (US) **hemorrhoids** [ˈhɛmərɔɪdz] NPL hemorróidas *fpl*
hag [hæg] N (*ugly*) bruxa; (*nasty*) megera; (*witch*) bruxa
haggard [ˈhæɡəd] ADJ emaciado, macilento
haggis [ˈhæɡɪs] N *miúdos de carneiro com aveia, cozidos no estômago do animal*
haggle [ˈhæɡl] VI (*bargain*) pechinchar, regatear; **to ~ over** discutir sobre
haggling [ˈhæɡlɪŋ] N regateio
Hague [heɪɡ] N: **The ~** Haia
hail [heɪl] N (*weather*) granizo; (*of objects*) chuva; (*of criticism*) torrente *f* ▶ VT (*greet*) cumprimentar, saudar; (*call*) chamar ▶ VI chover granizo; (*originate*): **he ~s from Scotland** ele é originário da Escócia
hailstone [ˈheɪlstəun] N pedra de granizo
hailstorm [ˈheɪlstɔːm] N tempestade *f* de granizo
hair [hɛəʳ] N (*of human*) cabelo; (*of animal, on legs*) pelo; (*one hair*) fio de cabelo, pelo; (*head of hair*) cabeleira; **grey ~** cabelo grisalho; **to do one's ~** pentear-se
hairbrush [ˈhɛəbrʌʃ] N escova de cabelo
haircut [ˈhɛəkʌt] N corte *m* de cabelo
hairdo [ˈhɛəduː] N penteado
hairdresser [ˈhɛədrɛsəʳ] N cabeleireiro(-a)
hairdresser's N cabeleireiro
hair dryer N secador *m* de cabelo
-haired [hɛəd] SUFFIX: **fair/long~** de cabelo louro/comprido
hair gel N gel *m* para o cabelo
hairgrip [ˈhɛəɡrɪp] N grampo (BR), gancho (PT)
hairline [ˈhɛəlaɪn] N contorno do couro cabeludo
hairline fracture N fratura muito fina
hairnet [ˈhɛənɛt] N rede *f* de cabelo
hair oil N óleo para o cabelo
hairpiece [ˈhɛəpiːs] N aplique *m*
hairpin [ˈhɛəpɪn] N grampo (BR), gancho (PT)
hairpin bend, (US) **hairpin curve** N curva fechada
hair-raising [-ˈreɪzɪŋ] ADJ horripilante, de arrepiar os cabelos
hair remover N (creme *m*) depilatório
hair spray N laquê *m* (BR), laca (PT)
hairstyle [ˈhɛəstaɪl] N penteado
hairy [ˈhɛərɪ] ADJ cabeludo, peludo; (*inf: situation*) perigoso
Haiti [ˈheɪtɪ] N Haiti *m*
haka (AUST) [ˈhɑːkə] N haka *m* or *f*, canto entoado *por jogadores de rúgbi antes de uma partida*
hake [heɪk] (*pl* **hakes** *or* **hake**) N abrótea
halcyon [ˈhælsɪən] ADJ tranquilo
hale [heɪl] ADJ: **~ and hearty** robusto, em ótima forma
half [hɑːf] N (*pl* **halves**) metade *f*; (*Sport: of match*) tempo; (*of ground*) lado ▶ ADJ meio ▶ ADV meio, pela metade; **~-an-hour** meia hora; **~ a pound** meia libra; **two and a ~** dois e meio; **~ a dozen** meia-dúzia; **a week and a ~** uma semana e meia; **~ (of it)** a

half-back – handkerchief | 162

metade; ~ **(of)** a metade de; ~ **the amount of** a metade de; **to cut sth in** ~ cortar algo ao meio; ~ **past three** três e meia; ~ **asleep/empty/closed** meio adormecido/vazio/fechado; **to go halves (with sb)** rachar as despesas (com alguém)
half-back N (*Sport*) meio-de-campo
half-baked (*inf*) ADJ (*idea, scheme*) mal planejado
half-breed (!) N mestiço(-a)
half-brother N meio-irmão m
half-caste (!) N mestiço(-a)
half-hearted ADJ irresoluto, indiferente
half-hour N meia hora
half-mast N: **at ~** (*flag*) a meio-pau
halfpenny ['heɪpnɪ] N meio pêni m
half-price ADJ pela metade do preço ▶ ADV (*also*: **at half-price**) pela metade do preço
half term (BRIT) N (*Sch*) *dias de folga no meio do semestre*
half-time N meio tempo
halfway [hɑːfˈweɪ] ADV a meio caminho; (*in time*) no meio; **to meet sb ~** (*fig*) chegar a um meio-termo com alguém
half-yearly ADV semestralmente ▶ ADJ semestral
halibut ['hælɪbət] N INV hipoglosso
halitosis [hælɪ'təʊsɪs] N halitose f, mau hálito
hall [hɔːl] N (*for concerts*) sala; (*entrance way*) hall m, entrada; (*corridor*) corredor m; **town ~** prefeitura (BR), câmara municipal (PT)
hallmark ['hɔːlmɑːk] N (*also fig*) marca
hallo [hə'ləʊ] EXCL = **hello**
hall of residence (*pl* **halls of residence**) (BRIT) N residência universitária
Hallowe'en ['hæləʊ'iːn] N Dia m das Bruxas (31 de outubro)

> Segundo a tradição, **Hallowe'en** é a noite dos fantasmas e dos bruxos. No Reino Unido e nos Estados Unidos, as crianças, para festejar o **Hallowe'en**, se fantasiam e batem de porta em porta pedindo prendas (chocolates, maçãs etc).

hallucination [həluːsɪ'neɪʃən] N alucinação f
hallway ['hɔːlweɪ] N hall m, entrada; (*corridor*) corredor m
halo ['heɪləʊ] N (*of saint etc*) auréola; (*of sun*) halo
halt [hɔːlt] N (*stop*) parada (BR), paragem f (PT); (*Rail*) pequena parada; (*Mil*) alto ▶ VI parar; (*Mil*) fazer alto ▶ VT deter; (*process*) interromper; **to call a ~ to sth** (*fig*) pôr um fim a algo
halter ['hɔːltə^r] N (*for horse*) cabresto
halter-neck ['hɔːltənɛk] ADJ (*dress*) frente-única *inv*
halve [hɑːv] VT (*divide*) dividir ao meio; (*reduce by half*) reduzir à metade
halves [hɑːvz] NPL *of* **half**
ham [hæm] N presunto, fiambre m (PT); (*inf*: *actor, actress*) canastrão(-trona) m/f; (*also*: **radio ham**) radioamador(a) m/f
hamburger ['hæmbəːɡə^r] N hambúrguer m
ham-fisted [-'fɪstɪd] (BRIT) ADJ desajeitado
ham-handed [-'hændɪd] (US) ADJ desajeitado
hamlet ['hæmlɪt] N aldeola, lugarejo
hammer ['hæmə^r] N martelo ▶ VT martelar; (*fig*) dar uma surra em ▶ VI (*on door*) bater insistentemente; **to ~ a point home to sb** fincar uma ideia na mente de alguém
▶ **hammer out** VT (*metal*) malhar; (*fig*: *solution*) elaborar
hammock ['hæmək] N rede f
hamper ['hæmpə^r] VT dificultar, atrapalhar ▶ N cesto
hamster ['hæmstə^r] N hamster m
hamstring ['hæmstrɪŋ] N (*Anat*) tendão m do jarrete
hand [hænd] N mão f; (*of clock*) ponteiro; (*writing*) letra; (*applause*) aplauso; (*of cards*) cartas *fpl*; (*worker*) trabalhador m; (*measurement*) palmo ▶ VT (*give*) dar, passar; (*deliver*) entregar; **to give** *or* **lend sb a ~** dar uma mãozinha a alguém, dar uma ajuda a alguém; **at ~** à mão, disponível; **in ~** livre; (*situation*) sob controle; (*Comm*) em caixa, à disposição; **to be on ~** (*person*) estar disponível; (*emergency services*) estar num estado de prontidão; **to ~** (*information*) à mão; **to force sb's ~** forçar alguém a agir; **to have a free ~** ter carta branca; **to have sth in one's ~** ter algo na mão; **on the one ~ ..., on the other ~ ...** por um lado ..., por outro (lado) ...
▶ **hand down** VT passar; (*tradition, heirloom*) transmitir; (US: *sentence, verdict*) proferir
▶ **hand in** VT entregar
▶ **hand out** VT distribuir
▶ **hand over** VT (*deliver*) entregar; (*surrender*) ceder; (*powers etc*) transmitir
▶ **hand round** (BRIT) VT (*information*) fazer circular; (*chocolates*) oferecer
handbag ['hændbæɡ] N bolsa
handball ['hændbɔːl] N handebol m
hand basin ['hændbeɪsn] N pia (BR), lavatório (PT)
handbook ['hændbuk] N manual m
handbrake ['hændbreɪk] N freio (BR) or travão m (PT) de mão
h & c (BRIT) ABBR = **hot and cold (water)**
hand cream N creme m para as mãos
handcuffs ['hændkʌfs] NPL algemas *fpl*
handful ['hændful] N punhado; (*of people*) grupo
handicap ['hændɪkæp] N (*Med*) incapacidade f; (*disadvantage*) desvantagem f; (*Sport*) handicap m ▶ VT prejudicar; **mentally/physically ~ped** (*pej*) deficiente mental/físico
handicraft ['hændɪkrɑːft] N artesanato, trabalho manual
handiwork ['hændɪwəːk] N obra; **this looks like his ~** (*pej*) isso parece coisa dele
handkerchief ['hæŋkətʃɪf] N lenço

handle ['hændl] N (*of door etc*) maçaneta; (*of bag etc*) alça; (*of cup etc*) asa; (*of knife etc*) cabo; (*for winding*) manivela; (*inf: name*) título ▶ VT manusear; (*deal with*) tratar de; (*treat: people*) lidar com; **"~ with care"** "cuidado – frágil"; **to fly off the ~** perder as estribeiras
handlebar ['hɑːndlbɑːʳ] N, **handlebars** ['hɑːndlbɑːz] NPL guidom m (BR), guidão m (PT)
handling charges ['hændlɪŋ-] NPL taxa de manuseio; (*Banking*) comissão f
hand-luggage N bagagem f de mão
handmade ['hændmeɪd] ADJ feito a mão
handout ['hændaʊt] N (*money, food*) doação f, esmola; (*leaflet*) folheto; (*at lecture*) apostila
hand-picked [-'pɪkt] ADJ (*fruit*) colhido à mão; (*staff*) escolhido a dedo
handrail ['hændreɪl] N (*on staircase*) corrimão m
hands-free kit ['hændzfriː-] N viva-voz m
handshake ['hændʃeɪk] N aperto de mão; (*Comput*) handshake m
handsome ['hænsəm] ADJ bonito; (*woman*) vistoso; (*gift*) generoso; (*building*) imponente, elegante; (*profit*) considerável
handstand ['hændstænd] N: **to do a ~** plantar bananeira
hand-to-mouth ADJ (*existence*) ao deus-dará
handwriting ['hændraɪtɪŋ] N letra, caligrafia
handwritten ['hændrɪtn] ADJ escrito à mão, manuscrito
handy ['hændɪ] ADJ (*close at hand*) à mão; (*useful*) útil; (*skilful*) habilidoso, hábil; **to come in ~** ser útil
handyman ['hændɪmæn] (*irreg: like* **man**) N faz-tudo m; (*in hotel etc*) biscateiro
hang [hæŋ] (*pt, pp* **hung**) VT pendurar; (*on wall etc*) prender; (*head*) baixar; (*criminal: pt, pp* **hanged**) enforcar ▶ VI estar pendurado; (*hair, drapery*) cair ▶ N (*inf*): **to get the ~ of (doing) sth** pegar o jeito de (fazer) algo
  ▶ **hang about** VI vadiar, vagabundear; **~ about!** (*inf*) 'pera aí!
  ▶ **hang around** VI = **hang about**
  ▶ **hang back** VI (*hesitate*): **to ~ back from (doing) sth** vacilar em (fazer) algo
  ▶ **hang on** VI (*wait*) esperar ▶ VT FUS (*depend on*) depender de; **to ~ on to** (*keep hold of*) não soltar, segurar; (*keep*) ficar com
  ▶ **hang out** VT (*washing*) estender ▶ VI (*be visible*) aparecer; (*inf: spend time*) fazer ponto
  ▶ **hang together** VI (*argument etc*) ser coerente
  ▶ **hang up** VT (*coat*) pendurar ▶ VI (*Tel*) desligar; **to ~ up on sb** bater o telefone na cara de alguém
hangar ['hæŋəʳ] N hangar m
hangdog ['hæŋdɔg] ADJ (*look, expression*) envergonhado
hanger ['hæŋəʳ] N cabide m
hanger-on N parasita m/f, filão(-lona) m/f
hang-glider ['hæŋglaɪdəʳ] N asa-delta
hang-gliding N voo livre
hanging ['hæŋɪŋ] N enforcamento

163 | handle – hardboard

hangman ['hæŋmən] (*irreg: like* **man**) N carrasco
hangover ['hæŋəʊvəʳ] N (*after drinking*) ressaca; **to have a ~** estar de ressaca
hang-up N grilo
hank [hæŋk] N meada
hanker ['hæŋkəʳ] VI: **to ~ after** (*miss*) sentir saudade de; (*long for*) ansiar por
hankie ['hæŋkɪ] N ABBR = **handkerchief**
hanky ['hæŋkɪ] N ABBR = **handkerchief**
Hants (BRIT) ABBR = **Hampshire**
haphazard [hæp'hæzəd] ADJ (*random*) fortuito; (*disorganized*) desorganizado
hapless ['hæplɪs] ADJ desafortunado
happen ['hæpən] VI acontecer; **what's ~ing?** o que é que está acontecendo?; **she ~ed to be in London** aconteceu que estava em Londres; **if anything ~ed to him** se lhe acontecesse alguma coisa; **as it ~s ...** acontece que ...
  ▶ **happen on, happen upon** VT FUS dar com
happening ['hæpənɪŋ] N acontecimento, ocorrência
happily ['hæpɪlɪ] ADV (*luckily*) felizmente; (*cheerfully*) alegremente
happiness ['hæpɪnɪs] N felicidade f; (*joy*) alegria
happy ['hæpɪ] ADJ feliz; (*cheerful*) contente; **to be ~ (with)** estar contente (com); **to be ~ to do** (*willing*) estar disposto a fazer; **yes, I'd be ~ to** sim, com muito prazer; **~ birthday!** feliz aniversário; (*said to somebody*) parabéns!; **~ Christmas/New Year** feliz Natal/Ano Novo
happy-go-lucky ADJ despreocupado
harangue [hə'ræŋ] VT arengar
harass ['hærəs] VT (*bother*) importunar; (*pursue*) acossar
harassed ['hærəst] ADJ chateado
harassment ['hærəsmənt] N perseguição f; (*worry*) preocupação f
harbour, (US) **harbor** ['hɑːbəʳ] N porto ▶ VT (*hope etc*) abrigar; (*hide*) esconder; **to ~ a grudge against sb** guardar rancor a alguém
harbour dues, (US) **harbor dues** NPL direitos mpl portuários
harbour master, (US) **harbor master** N capitão m do porto
hard [hɑːd] ADJ duro; (*difficult*) difícil; (*work*) árduo; (*person*) severo, cruel; (*facts*) verdadeiro ▶ ADV (*work*) muito, diligentemente; (*think, try*) seriamente; **to look ~ at** olhar firme *or* fixamente para; **~ luck!** azar!; **no ~ feelings!** sem ressentimentos!; **to be ~ of hearing** ser surdo; **to be ~ done by** ser tratado injustamente; **to be ~ on sb** ser rigoroso com alguém; **I find it ~ to believe that ...** acho difícil acreditar que ...
hard-and-fast ADJ rígido
hardback ['hɑːdbæk] N livro de capa dura
hardboard ['hɑːdbɔːd] N madeira compensada

hard-boiled egg [-'bɔɪld-] N ovo cozido
hard cash N dinheiro vivo or em espécie
hard copy N (*Comput*) cópia impressa
hard-core ADJ (*pornography*) pesado; (*supporters*) ferrenho
hard court N (*Tennis*) quadra de cimento
hard disk N (*Comput*) disco rígido
hard drive N (*Comput*) disco rígido
harden ['hɑːdən] VT endurecer; (*steel*) temperar; (*fig*) tornar insensível ▶ VI endurecer-se
hardened ['hɑːdnd] ADJ (*criminal, drinker*) inveterado; **to be ~ to sth** ser insensível a algo
hardening ['hɑːdnɪŋ] N endurecimento
hard-headed [-'hɛdɪd] ADJ prático
hard-hearted ADJ empedernido, insensível
hard labour N trabalhos *mpl* forçados
hardliner [hɑːd'laɪnəʳ] N intransigente *m/f*
hardly ['hɑːdlɪ] ADV (*scarcely*) apenas; (*no sooner*) mal; **that can ~ be true** dificilmente pode ser verdade; **~ ever** quase nunca; **I can ~ believe it** mal posso acreditar nisso
hardness ['hɑːdnɪs] N dureza
hard-pressed ['hɑːd'prɛst] ADJ massacrado; **be ~ to do** dificilmente poder fazer
hard sell N venda agressiva
hardship ['hɑːdʃɪp] N (*difficulty*) privação *f*
hard shoulder (BRIT) N (*Aut*) acostamento (BR), berma (PT)
hard up (*inf*) ADJ duro (BR), liso (PT)
hardware ['hɑːdwɛəʳ] N ferragens *fpl*; (*Comput*) hardware *m*
hardware shop N loja de ferragens
hard-wearing [-'wɛərɪŋ] ADJ resistente
hard-working ADJ trabalhador(a); (*student*) aplicado
hardy ['hɑːdɪ] ADJ forte; (*plant*) resistente
hare [hɛəʳ] N lebre *f*
hare-brained [-breɪnd] ADJ maluco, absurdo
harelip ['hɛəlɪp] N (*Med*) lábio leporino
harem [hɑː'riːm] N harém *m*
hark back [hɑːk-] VI: **to ~ to** (*reminisce*) recordar; (*be reminiscent of*) lembrar
harm [hɑːm] N mal *m*; (*damage*) dano ▶ VT (*person*) fazer mal a, prejudicar; (*thing*) danificar; **to mean no ~** ter boas intenções; **there's no ~ in trying** não faz mal tentar; **out of ~'s way** a salvo
harmful ['hɑːmful] ADJ prejudicial, nocivo; (*plant, weed*) daninho
harmless ['hɑːmlɪs] ADJ inofensivo; (*activity*) inofensivo
harmonic [hɑː'mɔnɪk] ADJ harmônico
harmonica [hɑː'mɔnɪkə] N gaita de boca, harmônica
harmonics [hɑː'mɔnɪks] NPL harmônicos *mpl*
harmonious [hɑː'məunɪəs] ADJ harmonioso
harmonium [hɑː'məunɪəm] N harmônio
harmonize ['hɑːmənaɪz] VT, VI harmonizar
harmony ['hɑːmənɪ] N harmonia
harness ['hɑːnɪs] N (*for horse*) arreios *mpl*; (*for child*) correia; (*safety harness*) correia de segurança ▶ VT (*horse*) arrear, pôr arreios em; (*resources*) aproveitar
harp [hɑːp] N harpa ▶ VI: **to ~ on about** bater sempre na mesma tecla sobre
harpist ['hɑːpɪst] N harpista *m/f*
harpoon [hɑː'puːn] N arpão *m* ▶ VT arpoar
harpsichord ['hɑːpsɪkɔːd] N cravo, clavecino
harrow ['hærəu] N (*Agr*) grade *f*, rastelo
harrowing ['hærəuɪŋ] ADJ doloroso, pungente
harry ['hærɪ] VT (*Mil, fig*) assolar
harsh [hɑːʃ] ADJ (*life*) duro; (*judge, criticism*) severo; (*rough: surface, taste*) áspero; (: *sound*) desarmonioso
harshly ['hɑːʃlɪ] ADV severamente
harshness ['hɑːʃnɪs] N dureza, severidade *f*; (*roughness*) aspereza
harvest ['hɑːvɪst] N colheita; (*of grapes*) vindima ▶ VT, VI colher
harvester ['hɑːvɪstəʳ] N (*machine*) segadora; (*also:* **combine harvester**) ceifeira-debulhadora; (*person*) segador(a) *m/f*
has [hæz] VB *see* **have**
has-been (*inf*) N (*person*): **he/she's a ~** ele/ela já era
hash [hæʃ] N (*Culin*) picadinho; (*fig: mess*) confusão *f*; (*symbol*) sustenido ▶ N ABBR (*inf*) = **hashish**
hashish ['hæʃɪʃ] N haxixe *m*
hashtag ['hæʃtæg] N (*on Twitter*) hashtag *f*
hasn't ['hæznt] = **has not**
hassle ['hæsl] (*inf*) N (*fuss, problems*) complicação *f* ▶ VT molestar, chatear
haste [heɪst] N pressa; **in ~** às pressas
hasten ['heɪsn] VT acelerar ▶ VI: **to ~ to do sth** apressar-se em fazer algo
hastily ['heɪstɪlɪ] ADV depressa
hasty ['heɪstɪ] ADJ apressado; (*rash*) precipitado
hat [hæt] N chapéu *m*
hatbox ['hætbɔks] N chapeleira
hatch [hætʃ] N (*Naut: also:* **hatchway**) escotilha; (*also:* **service hatch**) comunicação *f* entre a cozinha e a sala de jantar ▶ VI sair do ovo, chocar ▶ VT chocar; (*plot*) tramar, arquitetar
hatchback ['hætʃbæk] N (*Aut*) camionete *f*, hatch *m*
hatchet ['hætʃɪt] N machadinha
hate [heɪt] VT odiar, detestar ▶ N ódio; **to ~ to do** *or* **doing** odiar *or* detestar fazer; **I ~ to trouble you, but ...** desculpe incomodá-lo, mas ...
hateful ['heɪtful] ADJ odioso
hatred ['heɪtrɪd] N ódio
hat trick (BRIT) N (*Sport, fig*) três vitórias (*or* gols *etc*) consecutivas
haughty ['hɔːtɪ] ADJ soberbo, arrogante
haul [hɔːl] VT puxar; (*by lorry*) carregar, fretar; (*Naut*) levar à orça ▶ N (*of fish*) redada; (*of stolen goods etc*) pilhagem *f*, presa
haulage ['hɔːlɪdʒ] N transporte *m* (rodoviário); (*costs*) gasto com transporte

165 | **haulage contractor – head**

haulage contractor (BRIT) N (firm) transportadora; (person) transportador(a) m/f
hauler ['hɔːləʳ] (US) N = **haulier**
haulier ['hɔːljəʳ] (BRIT) N (firm) transportadora; (person) transportador(a) m/f
haunch [hɔːntʃ] N anca, quadril m; (of meat) quarto traseiro
haunt [hɔːnt] VT (subj: ghost) assombrar; (: problem, memory) perseguir; (frequent) frequentar; (obsess) obcecar ▶ N reduto; (haunted house) casa mal-assombrada
haunted ['hɔːntɪd] ADJ (castle etc) mal-assombrado
haunting ['hɔːntɪŋ] ADJ (sight, music) obcecante
Havana [hə'vænə] N Havana

(KEYWORD)

have [hæv] (pt, pp **had**) AUX VB **1** (gen) ter; **to have arrived/gone/eaten/slept** ter chegado/ido/comido/dormido; **he has been kind/promoted** ele foi bondoso/promovido; **having finished** or **when he had finished, he left** quando ele terminou, foi embora
2 (in tag questions): **you've done it, haven't you?** você fez isto, não fez?; **he hasn't done it, has he?** ele não fez isto, fez?
3 (in short questions and answers): **you've made a mistake — no I haven't/so I have** você fez um erro — não, eu não fiz/sim, eu fiz; **I've been there before, have you?** eu já estive lá, e você?

▶ MODAL AUX VB (be obliged): **to have (got) to do sth** ter que fazer algo; **I haven't got** or **I don't have to wear glasses** eu não preciso usar óculos; **this has to be a mistake** isto tem que ser um erro

▶ VT **1** (possess) ter; **he has (got) blue eyes/dark hair** ele tem olhos azuis/cabelo escuro
2 (referring to meals etc): **to have breakfast** tomar café (BR), tomar o pequeno almoço (PT); **to have lunch/dinner** almoçar/jantar; **to have a drink/a cigarette** tomar um drinque/fumar um cigarro
3 (receive, obtain etc): **may I have your address?** pode me dar seu endereço?; **you can have it for 5 pounds** você pode levá-lo por 5 libras; **I must have it by tomorrow** preciso ter isto até amanhã; **to have a baby** dar à luz (BR), ter um nenê or bebê (PT)
4 (maintain, allow): **he will have it that he is right** ele vai insistir que ele está certo; **I won't have this/this nonsense!** não vou aguentar isso/este absurdo!; **we can't have that** não podemos permitir isto
5: **to have sth done** mandar fazer algo; **to have one's hair cut** ir cortar o cabelo; **to have sb do sth** mandar alguém fazer algo; **he soon had them all laughing/working** logo ele tinha feito com que todos rissem/trabalhassem
6 (experience, suffer): **to have a cold/flu** estar resfriado (BR) or constipado (PT)/com gripe; **she had her bag stolen/her arm broken** ela teve sua bolsa roubada/ela quebrou o braço; **to have an operation** fazer uma operação
7 (+ n: take, hold etc): **to have a swim/walk/bath/rest** ir nadar/passear/tomar um banho/descansar; **let's have a look** vamos dar uma olhada; **to have a party** fazer uma festa; **to have a meeting** ter um encontro; **let me have a try** deixe-me tentar
8 (inf: dupe): **he's been had** ele comprou gato por lebre

▶ **have out** VT: **to have it out with sb** (settle a problem) explicar-se com alguém

haven ['heɪvn] N porto; (fig) abrigo, refúgio
haven't ['hævnt] = **have not**
haversack ['hævəsæk] N mochila
havoc ['hævək] N destruição f; **to play ~ with** (fig) estragar
Hawaii [hə'waɪiː] N Havaí m
Hawaiian [hə'waɪjən] ADJ, N havaiano(-a)
hawk [hɔːk] N falcão m ▶ VT (goods for sale) mascatear
hawker ['hɔːkəʳ] N camelô m, mascate m
hawthorn ['hɔːθɔːn] N pilriteiro, estripeiro
hay [heɪ] N feno
hay fever N febre f de feno
haystack ['heɪstæk] N palheiro
haywire ['heɪwaɪəʳ] (inf) ADJ: **to go ~** (person) ficar maluco; (plan) desorganizar-se, degringolar
hazard ['hæzəd] N (danger) perigo, risco; (chance) acaso ▶ VT aventurar, arriscar; **to be a health/fire ~** ser um risco para a saúde/de incêndio; **to ~ a guess** arriscar um palpite
hazardous ['hæzədəs] ADJ (dangerous) perigoso; (risky) arriscado
hazard pay (US) N adicional m por insalubridade
hazard warning lights NPL (Aut) pisca-alerta m
haze [heɪz] N névoa
hazel [heɪzl] N (tree) aveleira ▶ ADJ (eyes) castanho-claro inv
hazelnut ['heɪzlnʌt] N avelã f
hazy ['heɪzɪ] ADJ nublado; (idea) confuso
H-bomb N bomba de hidrogênio
HE ABBR = **high explosive** (Rel, Diplomacy) = **His/Her Excellency**
he [hiː] PRON ele; **he who ...** quem ..., aquele que ...; **he-bear** etc n urso macho etc
head [hɛd] N cabeça; (of table) cabeceira; (of queue) frente f; (of organization) chefe m/f; (of school) diretor(a) m/f ▶ VT (list) encabeçar; (group) liderar; **~s or tails** cara ou coroa; **~ first** de cabeça; **~ over heels** de pernas para o ar; **~ over heels in love** apaixonadíssimo; **to ~ the ball** cabecear a bola; **£10 a** or **per ~** £10 por pessoa or cabeça; **to sit at the ~ of the table** sentar-se à cabeceira da mesa; **to have a ~ for business**

headache – heat | 166

ter tino para negócios; **to have no ~ for heights** não suportar alturas; **to come to a ~** (*fig: situation etc*) chegar a um ponto crítico; **on your ~ be it** você que arque com as consequências
▶ **head for** VT FUS dirigir-se a; (*disaster*) estar procurando
▶ **head off** VT (*danger, threat*) desviar

headache ['hɛdeɪk] N dor f de cabeça; **to have a ~** estar com dor de cabeça

head cold N resfriado (BR), constipação f (PT)

headdress ['hɛddrɛs] N (*of Indian etc*) cocar m; (*of bride*) grinalda

header ['hɛdə^r] N (BRIT inf: Football) cabeçada; (*on page*) cabeçalho

headhunter ['hɛdhʌntə^r] N caçador m de cabeças

heading ['hɛdɪŋ] N título, cabeçalho; (*subject title*) rubrica

headlamp ['hɛdlæmp] (BRIT) N = **headlight**

headland ['hɛdlənd] N promontório

headlight ['hɛdlaɪt] N farol m

headline ['hɛdlaɪn] N manchete f

headlong ['hɛdlɔŋ] ADV (*fall*) de cabeça; (*rush*) precipitadamente

headmaster [hɛd'mɑːstə^r] N diretor m (de escola)

headmistress [hɛd'mɪstrɪs] N diretora f (de escola)

head office N matriz f

head-on ADJ (*collision*) de frente; (*confrontation*) direto

headphones ['hɛdfəunz] NPL fones mpl de ouvido

headquarters [hɛd'kwɔːtəz] NPL (*of business etc*) sede f; (*Mil*) quartel m general

headrest ['hɛdrɛst] N apoio para a cabeça

headroom ['hɛdrum] N (*in car*) espaço (para a cabeça); (*under bridge*) vão m livre

headscarf ['hɛdskɑːf] (*irreg: like* **scarf**) N lenço de cabeça

headset ['hɛdsɛt] N fones mpl de ouvido

headstone ['hɛdstəun] N lápide f de ponta cabeça

headstrong ['hɛdstrɔŋ] ADJ voluntarioso, teimoso

head waiter N maitre m (BR), chefe m de mesa (PT)

headway ['hɛdweɪ] N progresso; **to make ~** avançar

headwind ['hɛdwɪnd] N vento contrário

heady ['hɛdɪ] ADJ (*exciting*) emocionante; (*intoxicating*) estonteante

heal [hiːl] VT curar ▶ VI cicatrizar

health [hɛlθ] N saúde f; **good ~!** saúde!; **Department of H~** (US) ≈ Ministério da Saúde

health care N assistência médica

health centre (BRIT) N posto de saúde

health food N, **health foods** NPL alimentos mpl naturais

health food shop N loja de comida natural

health hazard N risco para a saúde

Health Service (BRIT) N: **the ~** o Serviço Nacional da Saúde, ≈ a Previdência Social

healthy ['hɛlθɪ] ADJ (*person*) saudável; (*air, walk*) sadio; (*economy*) próspero, forte

heap [hiːp] N pilha, montão m ▶ VT amontoar, empilhar; (*plate*) encher; **~s (of)** (*inf: lots*) um monte (de); **to ~ favours/praise/gifts** *etc* **on sb** cobrir *or* cumular alguém de favores/elogios/presentes *etc*

hear [hɪə^r] (*pt, pp* **heard**) VT ouvir; (*listen to*) escutar; (*news*) saber; (*lecture*) assistir a ▶ VI ouvir; **to ~ about** ouvir falar de; **when did you ~ about this?** quando você soube disso?; **to ~ from sb** ter notícias de alguém; **I've never ~d of the book** eu nunca ouvi falar no livro
▶ **hear out** VT ouvir sem interromper

heard [həːd] PT, PP *of* **hear**

hearing ['hɪərɪŋ] N (*sense*) audição f; (*Law*) audiência; **to give sb a ~** (BRIT) ouvir alguém

hearing aid N aparelho para a surdez

hearsay ['hɪəseɪ] N boato, ouvir-dizer m; **by ~** por ouvir dizer

hearse [həːs] N carro fúnebre

heart [hɑːt] N coração m; (*of problem, city*) centro; **hearts** NPL (*Cards*) copas fpl; **to lose/take ~** perder o ânimo/criar coragem; **at ~** no fundo; **by ~** (*learn, know*) de cor; **to set one's ~ on sth/on doing sth** decidir-se por algo/a fazer algo; **the ~ of the matter** a essência da questão

heart attack N ataque m de coração

heartbeat ['hɑːtbiːt] N batida do coração

heartbreak ['hɑːtbreɪk] N desgosto, dor f

heartbreaking ['hɑːtbreɪkɪŋ] ADJ desolador(a)

heartbroken ['hɑːtbrəukən] ADJ: **to be ~** estar inconsolável

heartburn ['hɑːtbəːn] N azia

-hearted ['hɑːtɪd] SUFFIX: **kind~** bondoso

heartening ['hɑːtnɪŋ] ADJ animador(a)

heart failure N parada cardíaca

heartfelt ['hɑːtfɛlt] ADJ (*cordial*) cordial; (*deeply felt*) sincero

hearth [hɑːθ] N lar m; (*fireplace*) lareira

heartily ['hɑːtɪlɪ] ADV sinceramente, cordialmente; (*laugh*) a gargalhadas, com vontade; (*eat*) apetitosamente; **I ~ agree** concordo completamente; **to be ~ sick of** (BRIT) estar farto de

heartland ['hɑːtlænd] N coração m (do país)

heartless ['hɑːtlɪs] ADJ cruel, sem coração

heartthrob ['hɑːtθrɔb] N gatão m

heart-to-heart ADJ (*conversation*) franco, sincero ▶ N conversa franca

heart transplant N transplante m de coração

heartwarming ['hɑːtwɔːmɪŋ] ADJ emocionante

hearty ['hɑːtɪ] ADJ (*person*) energético; (*laugh*) animado; (*appetite*) bom/boa; (*welcome*) sincero; (*dislike*) absoluto

heat [hiːt] N calor m; (*excitement*) ardor m; (*Sport: also:* **qualifying heat**) (prova)

eliminatória; (Zool): **in ~, on ~** (BRIT) no cio ▶ VT esquentar; (room, house) aquecer; (fig) acalorar
▶ **heat up** VI aquecer-se, esquentar ▶ VT esquentar
heated ['hi:tɪd] ADJ aquecido; (fig) acalorado
heater ['hi:tə'] N aquecedor m
heath [hi:θ] (BRIT) N charneca
heathen ['hi:ðn] ADJ, N pagão/pagã m/f
heather ['hɛðə'] N urze f
heating ['hi:tɪŋ] N aquecimento, calefação f
heat-resistant ADJ resistente ao calor
heatstroke ['hi:tstrəuk] N insolação f
heat wave N onda de calor
heave [hi:v] VT (pull) puxar; (push) empurrar (com esforço); (lift) levantar (com esforço) ▶ VI (water) agitar-se; (retch) ter ânsias de vômito ▶ N puxão m; empurrão m; **to ~ a sigh** soltar um suspiro
▶ **heave to** VI (Naut) capear
heaven ['hɛvn] N céu m, paraíso; **~ forbid!** Deus me livre!; **thank ~!** graças a Deus!; **for ~'s sake!** pelo amor de Deus!
heavenly ['hɛvnlɪ] ADJ celestial; (Rel) divino
heavily ['hɛvɪlɪ] ADV pesadamente; (drink, smoke) excessivamente; (sleep, depend) profundamente
heavy ['hɛvɪ] ADJ pesado; (work) duro; (responsibility) grande; (sea) violento; (rain, meal) forte; (drinker, smoker) inveterado; (weather) carregado; **it's ~ going** é difícil
heavy cream (US) N creme m de leite
heavy-duty ADJ de serviço pesado
heavy goods vehicle (BRIT) N caminhão m de carga pesada
heavy-handed [-'hændɪd] ADJ (fig) desajeitado, sem tato
heavy-set ['hɛvɪ'sɛt] ADJ (esp US) parrudo
heavyweight ['hɛvɪweɪt] N (Sport) peso-pesado
Hebrew ['hi:bru:] ADJ hebreu/hebreia; (Ling) hebraico ▶ N (Ling) hebraico
Hebrides ['hɛbrɪdi:z] NPL: **the ~** as (ilhas) Hébridas
heckle ['hɛkl] VT apartear
heckler ['hɛklə'] N pessoa que aparteia
hectare ['hɛktɛə'] (BRIT) N hectare m
hectic ['hɛktɪk] ADJ agitado
hector ['hɛktə'] VT importunar, implicar com
he'd [hi:d] = **he would**; **he had**
hedge [hɛdʒ] N cerca viva, sebe f ▶ VI dar evasivas ▶ VT: **to ~ one's bets** (fig) resguardar-se; **as a ~ against inflation** para precaver-se da inflação
▶ **hedge in** VT cercar com uma sebe
hedgehog ['hɛdʒhɔg] N ouriço
hedgerow ['hɛdʒrəu] N cercas fpl vivas, sebes fpl
hedonism ['hi:dənɪzm] N hedonismo
heed [hi:d] VT (also: **take heed of**: attend to) prestar atenção a; (: bear in mind) levar em consideração

167 | **heated – he-man**

heedless ['hi:dlɪs] ADJ desatento, negligente
heel [hi:l] N (of shoe) salto; (of foot) calcanhar m ▶ VT (shoe) pôr salto em; **to take to one's ~s** dar no pé or aos calcanhares
hefty ['hɛftɪ] ADJ (person) robusto; (parcel) pesado; (piece) grande; (profit) alto
heifer ['hɛfə'] N novilha, bezerra
height [haɪt] N (of person) estatura; (of building, tree) altura; (of plane) altitude f; (high ground) monte m; (altitude) altitude f; (fig: of power) auge m; (: of luxury) máximo; (: of stupidity) cúmulo; **what ~ are you?** quanto você tem de altura?; **of average ~** de estatura mediana; **to be afraid of ~s** ter medo de alturas; **it's the ~ of fashion** é a última palavra or moda
heighten ['haɪtən] VT elevar; (fig) aumentar
heinous ['hi:nəs] ADJ hediondo, abominável
heir [ɛə'] N herdeiro
heir apparent N herdeiro presuntivo
heiress ['ɛərɪs] N herdeira
heirloom ['ɛəlu:m] N relíquia de família
heist [haɪst] (US inf) N (hold-up) assalto
held [hɛld] PT, PP of **hold**
helicopter ['hɛlɪkɔptə'] N helicóptero
heliport ['hɛlɪpɔ:t] N (Aviat) heliporto
helium ['hi:lɪəm] N hélio
hell [hɛl] N inferno; **a ~ of a ...** (inf) um ... danado; **~!** (inf) droga!
he'll [hi:l] = **he will**; **he shall**
hellish ['hɛlɪʃ] ADJ infernal; (inf) terrível
hello [hə'ləu] EXCL oi! (BR), olá! (PT); (on phone) alô! (BR), está! (PT); (surprise) ora essa!
helm [hɛlm] N (Naut) timão m, leme m
helmet ['hɛlmɪt] N capacete m
helmsman ['hɛlmzmən] (irreg: like **man**) N timoneiro
help [hɛlp] N ajuda; (charwoman) faxineira; (assistant) auxiliar m/f ▶ VT ajudar; **~!** socorro!; **~ yourself** sirva-se; **can I ~ you?** (in shop) deseja alguma coisa?; **with the ~ of** com a ajuda de; **to be of ~ to sb** ajudar alguém, ser útil a alguém; **to ~ sb (to) do sth** ajudar alguém a fazer algo; **he can't ~ it** não tem culpa
help desk N atendimento telefônico
helper ['hɛlpə'] N ajudante m/f
helpful ['hɛlpful] ADJ (person) prestativo; (advice) útil
helping ['hɛlpɪŋ] N porção f
helpless ['hɛlplɪs] ADJ (incapable) incapaz; (defenceless) indefeso; (baby) desamparado
helplessly ['hɛlplɪslɪ] ADV (watch) sem poder fazer nada
helpline ['hɛlplaɪn] N disque-ajuda m (BR), linha de apoio (PT)
Helsinki [hɛl'sɪŋkɪ] N Helsinque
helter-skelter ['hɛltə'skɛltə'] (BRIT) N (at amusement park) tobogã m
hem [hɛm] N bainha ▶ VT embainhar
▶ **hem in** VT cercar, encurralar; **to feel ~med in** sentir-se acuado
he-man (irreg: like **man**) N macho

hematology – hide-and-seek | 168

hematology ['hi:mə'tɔlədʒɪ] (US) N
= **haematology**
hemisphere ['hɛmɪsfɪər] N hemisfério
hemlock ['hɛmlɔk] N cicuta
hemoglobin ['hi:mə'gləʊbɪn] (US) N
= **haemoglobin**
hemophilia ['hi:mə'fɪlɪə] (US) N
= **haemophilia**
hemorrhage ['hɛmərɪdʒ] (US) N
= **haemorrhage**
hemorrhoids ['hɛmərɔɪdz] (US) NPL
= **haemorrhoids**
hemp [hɛmp] N cânhamo
hen [hɛn] N galinha; *(female bird)* fêmea
hence [hɛns] ADV *(therefore)* daí, portanto;
2 years ~ daqui a 2 anos
henceforth ['hɛns'fɔ:θ] ADV de agora em diante, doravante
henchman ['hɛntʃmən] *(pej) (irreg: like* **man**) N jagunço, capanga m
henna ['hɛnə] N hena
hen party *(inf)* N reunião f de mulheres
henpecked ['hɛnpɛkt] ADJ dominado pela esposa
hepatitis [hɛpə'taɪtɪs] N hepatite f
her [hə:r] PRON *(direct)* a; *(indirect)* lhe; *(stressed, after prep)* ela ▶ ADJ seu/sua, dela; **~ name** o nome dela; **I see ~** vejo-a, vejo ela (BR *inf*); **give ~ a book** dá-lhe um livro, dá um livro a ela; *see also* **me, my**
herald ['hɛrəld] N *(forerunner)* precursor(a) m/f ▶ VT anunciar
heraldic [hɛ'rældɪk] ADJ heráldico
heraldry ['hɛrəldrɪ] N heráldica
herb [hə:b] N erva
herbaceous [hə:'beɪʃəs] ADJ herbáceo
herbal ['hə:bəl] ADJ herbáceo; **~ tea** tisana
herd [hə:d] N rebanho ▶ VT *(drive: animals, people)* conduzir; *(gather)* arrebanhar
here [hɪər] ADV aqui; *(to this place)* para cá; *(at this point)* nesse ponto ▶ EXCL toma!; **~!** *(present)* presente!; **~ is/are** aqui está/estão; **~ he/she is!** aqui está ele/ela!; **~ she comes** lá vem ela; **come ~!** vem cá!; **~ and there** aqui e ali
hereabouts ['hɪərə'baʊts] ADV por aqui
hereafter [hɪər'ɑ:ftər] ADV daqui por diante ▶ N: **the ~** a vida de além-túmulo
hereby [hɪə'baɪ] ADV *(in letter)* por este meio
hereditary [hɪ'rɛdɪtrɪ] ADJ hereditário
heredity [hɪ'rɛdɪtɪ] N hereditariedade f
heresy ['hɛrəsɪ] N heresia
heretic ['hɛrətɪk] N herege m/f
heretical [hɪ'rɛtɪkl] ADJ herético
herewith [hɪə'wɪð] ADV em anexo, junto
heritage ['hɛrɪtɪdʒ] N herança; *(fig)* patrimônio; **our national ~** nosso patrimônio nacional
hermetically [hə:'mɛtɪklɪ] ADV hermeticamente; **~ sealed** hermeticamente fechado
hermit ['hə:mɪt] N eremita m/f
hernia ['hə:nɪə] N hérnia

hero ['hɪərəʊ] *(pl* **heroes**) N herói m; *(of book, film)* protagonista m
heroic [hɪ'rəʊɪk] ADJ heroico
heroin ['hɛrəʊɪn] N heroína
heroin addict N viciado(-a) em heroína
heroine ['hɛrəʊɪn] N heroína; *(of book, film)* protagonista f
heroism ['hɛrəʊɪzm] N heroísmo
heron ['hɛrən] N garça
hero worship N culto de heróis
herring ['hɛrɪŋ] *(pl* **herrings** *or* **herring**) N arenque m
hers [hə:z] PRON (o) seu/(a) sua, (o/a) dela; **a friend of ~** uma amiga dela; **this is ~** isto é dela; *see also* **mine¹**
herself [hə:'sɛlf] PRON *(reflexive)* se; *(emphatic)* ela mesma; *(after prep)* si (mesma); *see also* **oneself**
Herts (BRIT) ABBR = **Hertfordshire**
he's [hi:z] = **he is**; **he has**
hesitant ['hɛzɪtənt] ADJ hesitante, indeciso; **to be ~ about doing sth** hesitar em fazer algo
hesitate ['hɛzɪteɪt] VI hesitar; **to ~ to do** hesitar em fazer; **don't ~ to phone** não deixe de telefonar
hesitation [hɛzɪ'teɪʃən] N hesitação f, indecisão f; **I have no ~ in saying (that)** ... não hesito em dizer (que) ...
hessian ['hɛsɪən] N aniagem f
heterogeneous ['hɛtərə'dʒi:nɪəs] ADJ heterogêneo
heterosexual ['hɛtərəʊ'sɛksjuəl] ADJ heterossexual ▶ N heterossexual m/f
het up [hɛt-] *(inf)* ADJ excitado
hew [hju:] *(pp* **hewed** *or* **hewn**) VT cortar (com machado)
hex [hɛks] (US) N feitiço ▶ VT enfeitiçar
hexagon ['hɛksəgən] N hexágono
hexagonal [hɛk'sægənl] ADJ hexagonal
hey [heɪ] EXCL eh! ei!
heyday ['heɪdeɪ] N: **the ~ of** o auge *or* apogeu de
HF N ABBR (= *high frequency*) HF f
HGV (BRIT) N ABBR = **heavy goods vehicle**
HHS (US) N ABBR (= *Department of Health and Human Services*) *ministério da saúde, da educação e da previdência social*
HI (US) ABBR *(Post)* = **Hawaii**
hi [haɪ] EXCL oi!
hiatus [haɪ'eɪtəs] N hiato
hibernate ['haɪbəneɪt] VI hibernar
hibernation [haɪbə'neɪʃən] N hibernação f
hiccough ['hɪkʌp] = **hiccup**
hiccup ['hɪkʌp] VI soluçar ▶ NPL: **~s** soluço; **to have (the) ~s** estar com soluço
hid [hɪd] PT *of* **hide**
hidden ['hɪdn] PP *of* **hide** ▶ ADJ *(costs)* oculto
hide [haɪd] *(pt* **hid**, *pp* **hidden**) VT esconder, ocultar; *(view)* obscurecer ▶ VI: **to ~ (from sb)** esconder-se *or* ocultar-se (de alguém) ▶ N *(skin)* pele f
hide-and-seek N esconde-esconde m

169 | hideaway – hinder

hideaway ['haɪdəweɪ] N esconderijo
hideous ['hɪdɪəs] ADJ horrível
hide-out N esconderijo
hiding ['haɪdɪŋ] N (*beating*) surra; **to be in ~** (*concealed*) estar escondido
hiding place N esconderijo
hierarchy ['haɪərɑ:kɪ] N hierarquia
hieroglyphic [haɪərə'glɪfɪk] ADJ hieroglífico
hieroglyphics [haɪərə'glɪfɪks] NPL hieroglifos mpl
hi-fi ['haɪfaɪ] ABBR = **high fidelity** ▶ N alta-fidelidade f; (*system*) som m ▶ ADJ de alta-fidelidade
higgledy-piggledy ['hɪgldɪ'pɪgldɪ] ADV desordenadamente
high [haɪ] ADJ alto; (*number*) grande; (*price*) alto, elevado; (*wind*) forte; (*voice*) agudo; (*opinion*) ótimo; (*principles*) nobre; (*inf: person: on drugs*) alto, baratinado; (BRIT: *Culin: meat, game*) faisandé *inv*; (: *spoilt*) estragado ▶ ADV alto, a grande altura ▶ N: **exports have reached a new ~** as exportações atingiram um novo pico; **it is 20 m ~** tem 20 m de altura; **~ in the air** nas alturas; **to pay a ~ price for sth** pagar caro por algo
highball ['haɪbɔ:l] (US) N uísque com soda
highboy ['haɪbɔɪ] (US) N comoda alta
highbrow ['haɪbraʊ] ADJ intelectual, erudito
highchair ['haɪtʃɛəʳ] N cadeira alta (para criança)
high-class ADJ (*neighbourhood*) nobre; (*hotel*) de primeira categoria; (*person*) da classe alta; (*performance etc*) de alto nível
high court N (*Law*) tribunal m superior
higher ['haɪəʳ] ADJ (*form of life, study etc*) superior ▶ ADV mais alto
higher education N ensino superior
high finance N altas finanças *fpl*
high-flier N estudante *m/f* (*or* empregado(-a)) talentoso(-a) e ambicioso(-a)
high-flying ADJ (*fig*) ambicioso, talentoso
high-handed [-'hændɪd] ADJ despótico
high-heeled [-'hi:ld] ADJ de salto alto
highjack ['haɪdʒæk] N, VT = **hijack**
high jump N (*Sport*) salto em altura
highlands ['haɪləndz] NPL serrania, serra; **the H~** (*in Scotland*) a Alta Escócia
high-level ADJ de alto nível; **~ language** (*Comput*) linguagem *f* de alto nível
highlight ['haɪlaɪt] N (*fig: of event*) ponto alto; (*in hair*) mecha ▶ VT realçar, ressaltar; **the ~s of the match** os melhores lances do jogo
highlighter ['haɪlaɪtəʳ] N (*pen*) caneta marca-texto
highly ['haɪlɪ] ADV altamente; (*very*) muito; **~ paid** muito bem pago; **to speak ~ of** falar elogiosamente de
highly strung ADJ tenso, irritadiço
High Mass N missa cantada
highness ['haɪnɪs] N altura; **Her** (*or* **His**) **H~** Sua Alteza
high-pitched ADJ agudo

high-powered ADJ (*engine*) muito potente, de alta potência; (*fig: person*) dinâmico; (: *job, businessman*) muito importante
high-pressure ADJ de alta pressão
high-rise ADJ alto
high-rise block N edifício alto, espigão m
high school N (BRIT) escola secundária; (US) escola de ensino médio

> Uma **high school** é um estabelecimento de ensino secundário. Nos Estados Unidos, existem a *Junior High School*, que equivale aproximadamente aos dois últimos anos do primeiro grau, e a *Senior High School*, que corresponde ao segundo grau. No Reino Unido, esse termo às vezes é utilizado para as escolas secundárias.

high season (BRIT) N alta estação *f*
high spirits NPL alegria; **to be in ~** estar alegre
high street (BRIT) N rua principal
highway ['haɪweɪ] (US) N (*between states, towns*) estrada; (*main road*) rodovia
Highway Code (BRIT) N Código Nacional de Trânsito
highwayman ['haɪweɪmən] (*irreg: like* **man**) N salteador m de estrada
hijab [hɪ'dʒæb] N lenço islâmico
hijack ['haɪdʒæk] VT sequestrar ▶ N (*also:* **hijacking**) sequestro (de avião)
hijacker ['haɪdʒækəʳ] N sequestrador(a) *m/f* (de avião)
hike [haɪk] VI (*go walking*) caminhar ▶ N caminhada, excursão *f* a pé; (*inf: in prices etc*) aumento ▶ VT (*inf*) aumentar
hiker ['haɪkəʳ] N caminhante *m/f*, andarilho(-a)
hiking ['haɪkɪŋ] N excursões *fpl* a pé, caminhar m
hilarious [hɪ'lɛərɪəs] ADJ (*behaviour, event*) hilariante
hilarity [hɪ'lærɪtɪ] N hilaridade *f*
hill [hɪl] N colina; (*high*) montanha; (*slope*) ladeira, rampa
hillbilly ['hɪlbɪlɪ] (US) N montanhês(-esa) *m/f*; (*pej*) caipira *m/f*, jeca *m/f*
hillock ['hɪlək] N morro pequeno
hillside ['hɪlsaɪd] N vertente *f*
hill start N (*Aut*) partida em ladeira
hilly ['hɪlɪ] ADJ montanhoso; (*uneven*) acidentado
hilt [hɪlt] N (*of sword*) punho, guarda; **to the ~** (*fig: support*) plenamente
him [hɪm] PRON (*direct*) o; (*indirect*) lhe; (*stressed, after prep*) ele; **I see ~** vejo-o, vejo ele (BR *inf*); **give ~ a book** dá-lhe um livro, dá um livro a ele; *see also* **me**
Himalayas [hɪmə'leɪəz] NPL: **the ~** o Himalaia
himself [hɪm'sɛlf] PRON (*reflexive*) se; (*emphatic*) ele mesmo; (*after prep*) si (mesmo); *see also* **oneself**
hind [haɪnd] ADJ traseiro ▶ N corça
hinder ['hɪndəʳ] VT atrapalhar; (*delay*) retardar

hindquarters ['haɪnd'kwɔːtəz] NPL (Zool) quartos mpl traseiros

hindrance ['hɪndrəns] N (nuisance) estorvo; (interruption) impedimento

hindsight ['haɪndsaɪt] N: **with (the benefit of)** ~ em retrospecto

Hindu ['hɪnduː] ADJ hindu ▶ N hindu m/f

hinge [hɪndʒ] N dobradiça ▶ VI (fig): **to ~ on** depender de

hint [hɪnt] N (suggestion) indireta; (advice) dica; (sign) sinal m ▶ VT: **to ~ that** insinuar que ▶ VI dar indiretas; **to ~ at** fazer alusão a; **to drop a ~** dar uma indireta; **give me a ~** (clue) me dá uma pista

hip [hɪp] N quadril m

hip flask N cantil m

hippie ['hɪpɪ] N hippie m/f

hip pocket N bolso traseiro

hippopotami [hɪpə'pɔtəmaɪ] NPL of **hippopotamus**

hippopotamus [hɪpə'pɔtəməs] (pl **hippopotamuses** or **hippopotami**) N hipopótamo

hippy ['hɪpɪ] N = **hippie**

hipster ['hɪpstə] N (inf) hipster m/f

hire ['haɪəʳ] VT (BRIT: car, equipment) alugar; (worker) contratar ▶ N aluguel m; (of person) contratação f; **for ~** aluga-se; (taxi) livre; **on ~** alugado
▶ **hire out** VT alugar

hire car, hired car ['haɪəd-] (BRIT) N carro alugado

hire purchase (BRIT) N compra a prazo; **to buy sth on ~** comprar algo a prazo or pelo crediário

his [hɪz] PRON (o) seu/(a) sua, (o/a) dele ▶ ADJ seu/sua, dele; **~ name** o nome dele; **it's ~** é dele; see also **my, mine¹**

Hispanic [hɪs'pænɪk] ADJ hispânico

hiss [hɪs] VI (snake, fat) assoviar; (gas) silvar; (boo) vaiar ▶ N silvo; vaia

histogram ['hɪstəgræm] N histograma m

historian [hɪ'stɔːrɪən] N historiador(a) m/f

historic [hɪ'stɔrɪk], **historical** [hɪ'stɔrɪkl] ADJ histórico

history ['hɪstərɪ] N história; (of illness etc) histórico; **medical ~** (of patient) histórico médico

histrionics [hɪstrɪ'ɔnɪks] N teatro

hit [hɪt] (pt, pp **hit**) VT (strike: person, thing) bater em; (reach: target) acertar, alcançar; (collide with: car) bater em, colidir com; (fig: affect) atingir ▶ N (blow) golpe m; (success) sucesso, grande êxito; (song) sucesso; (internet visit) visita; **to ~ it off with sb** dar-se bem com alguém; **to ~ the headlines** virar or fazer manchete; **to ~ the road** (inf) dar o fora, mandar-se
▶ **hit back** VI: **to ~ back at sb** revidar ao ataque (or à crítica etc) de alguém
▶ **hit on** VT FUS (answer) descobrir
▶ **hit out at** VT FUS tentar bater em; (fig) criticar veementemente
▶ **hit upon** VT FUS = **hit on**

hit-and-miss ['hɪtænd'mɪs] ADJ (not failsafe) sem garantia de sucesso

hit-and-run driver N motorista que atropela alguém e foge da cena do acidente

hitch [hɪtʃ] VT (fasten) atar, amarrar; (also: **hitch up**) levantar ▶ N (difficulty) dificuldade f; **to ~ a lift** pegar carona (BR), arranjar uma boleia (PT); **technical ~** probleminha técnico
▶ **hitch up** VT (horse, cart) atrelar; see also **hitch**

hitch-hike VI pegar carona (BR), andar à boleia (PT)

hitch-hiker N carona m/f (BR), viajante m/f à boleia (PT)

hi-tech ADJ tecnologicamente avançado ▶ N alta tecnologia

hitherto [hɪðə'tuː] ADV até agora

hit-man ['hɪtmæn] (irreg: like **man**) N sicário

hit-or-miss ['hɪtə'mɪs] ADJ (not failsafe) sem garantia de sucesso; **it's ~ whether ...** não há garantia de que ...

hit parade N parada de sucessos

HIV ABBR: **~-negative/-positive** HIV negativo/positivo

hive [haɪv] N colmeia; **the shop was a ~ of activity** (fig) a loja fervilhava de atividade
▶ **hive off** (inf) VT transferir

hl ABBR (= hectolitre) hl

HM ABBR (= His (or Her) Majesty) SM

HMG (BRIT) ABBR = **His (or Her) Majesty's Government**

HMI (BRIT) ABBR (Sch) = **His (or Her) Majesty's Inspector**

HMO (US) N ABBR (= health maintenance organization) órgão que garante a manutenção de saúde

HMS (BRIT) ABBR = **His (or Her) Majesty's Ship**

HMSO (BRIT) N ABBR (= His (or Her) Majesty's Stationery Office) imprensa do governo

HNC (BRIT) N ABBR = **Higher National Certificate**

HND (BRIT) N ABBR = **Higher National Diploma**

hoard [hɔːd] N provisão f; (of money) tesouro
▶ VT acumular

hoarding ['hɔːdɪŋ] (BRIT) N tapume m, outdoor m

hoarfrost ['hɔːfrɔst] N geada

hoarse [hɔːs] ADJ rouco

hoax [həuks] N trote m

hob [hɔb] N parte de cima do fogão

hobble ['hɔbl] VI coxear

hobby ['hɔbɪ] N hobby m, passatempo predileto

hobby-horse N cavalinho-de-pau; (fig) tema m favorito

hobnob ['hɔbnɔb] VI: **to ~ with** ter intimidade com

hobo ['həubəu] (pl **hobos** or **hoboes**) (US) N vagabundo

hock [hɔk] N (BRIT: wine) vinho branco do Reno; (of animal, Culin) jarrete m; (inf): **to be in ~** (person) estar endividado; (object) estar no prego or empenhado

hockey ['hɔkɪ] N hóquei *m*
hocus-pocus ['həukəs'pəukəs] N (*trickery*) tapeação *f*; (*words*) embromação *f*
hodgepodge ['hɔdʒpɔdʒ] N = **hotchpotch**
hoe [həu] N enxada ▶ VT trabalhar com enxada, capinar
hog [hɔg] N porco; (*person*) glutão(-ona) *m/f* ▶ VT (*fig*) monopolizar; **to go the whole ~** ir até o fim
hoist [hɔɪst] N (*lift*) guincho; (*crane*) guindaste *m* ▶ VT içar
hold [həuld] (*pt, pp* **held**) VT segurar; (*contain*) conter; (*keep back*) reter; (*believe*) sustentar; (*have*) ter; (*record etc*) deter; (*take weight*) aguentar; (*meeting*) realizar; (*detain*) deter; (*consider*): **to ~ sb responsible (for sth)** responsabilizar alguém (por algo) ▶ VI (*withstand pressure*) resistir; (*be valid*) ser válido ▶ N (*handle*) apoio (para a mão); (*fig: grasp*) influência, domínio; (*of ship*) porão *m*; (*of plane*) compartimento para cargo; **to ~ office** (*Pol*) exercer um cargo; **he ~s the view that ...** ele sustenta que ...; **~ the line!** (*Tel*) não desligue!; **to ~ one's own** (*fig*) virar-se, sair-se bem; **to ~ firm** *or* **fast** aguentar; **to catch** *or* **get (a) ~ of** agarrar, pegar; **to get ~ of** (*fig*) arranjar; **to get ~ of o.s.** controlar-se
▶ **hold back** VT reter; (*secret*) manter, guardar; **to ~ sb back from doing sth** impedir alguém de fazer algo
▶ **hold down** VT (*person*) segurar; (*job*) manter
▶ **hold forth** VI discursar, deitar falação
▶ **hold off** VT (*enemy*) afastar, repelir ▶ VI (*rain*): **if the rain ~s off** se não chover
▶ **hold on** VI agarrar-se; (*wait*) esperar; **~ on!** espera aí!; (*Tel*) não desligue!
▶ **hold on to** VT FUS agarrar-se a; (*keep*) guardar, ficar com
▶ **hold out** VT estender ▶ VI (*resist*) resistir; **to ~ out (against)** defender-se (contra)
▶ **hold over** VT (*meeting etc*) adiar
▶ **hold up** VT (*raise*) levantar; (*support*) apoiar; (*delay*) atrasar; (*traffic*) reter; (*rob*) assaltar
holdall ['həuldɔːl] (BRIT) N bolsa de viagem
holder ['həuldə'] N (*of ticket*) portador(a) *m/f*; (*of record*) detentor(a) *m/f*; (*of office, title etc*) titular *m/f*
holding ['həuldɪŋ] N (*share*) participação *f*; **holdings** NPL posses *fpl*
holding company N holding *f*
hold-up ['həuldʌp] N (*robbery*) assalto; (*delay*) demora; (BRIT: *in traffic*) engarrafamento
hole [həul] N buraco; (*small: in sock etc*) furo ▶ VT esburacar; **~ in the heart** (*Med*) defeito na membrana cardíaca; **to pick ~s (in)** (*fig*) botar defeito (em)
▶ **hole up** VI esconder-se
holiday ['hɔlədɪ] N (BRIT: *vacation*) férias *fpl*; (*day off*) dia *m* de folga; (*public holiday*) feriado; **to be on ~** estar de férias; **tomorrow is a ~** amanhã é feriado
holiday camp (BRIT) N colônia de férias

holiday-maker (BRIT) N pessoa (que está) de férias
holiday pay N salário de férias
holiday resort N local *m* de férias
holiday season N temporada de férias
holiness ['həulɪnɪs] N santidade *f*
Holland ['hɔlənd] N Holanda
holler ['hɔlə'] VI (*inf*) berrar
hollow ['hɔləu] ADJ oco, vazio; (*cheeks*) côncavo; (*eyes*) fundo; (*sound*) surdo; (*laugh, claim*) falso ▶ N buraco; (*in ground*) cavidade *f*, depressão *f* ▶ VT: **to ~ out** escavar
holly ['hɔlɪ] N azevinho
hollyhock ['hɔlɪhɔk] N malva-rosa
holocaust ['hɔləkɔːst] N holocausto
hologram ['hɔləgræm] N holograma *m*
hols [hɔlz] NPL (*inf*) férias *fpl*
holster ['həulstə'] N coldre *m*
holy ['həulɪ] ADJ sagrado; (*person*) santo; (*water*) bento
Holy Ghost N Espírito Santo
Holy Land N: **the ~** a Terra Santa
holy orders NPL ordens *fpl* sacras
Holy Spirit N = **Holy Ghost**
homage ['hɔmɪdʒ] N homenagem *f*; **to pay ~ to** prestar homenagem a, homenagear
home [həum] N casa, lar *m*; (*country*) pátria; (*institution*) asilo ▶ CPD (*domestic*) caseiro, doméstico; (*of family*) familiar; (*heating, computer etc*) residencial; (*Econ, Pol*) nacional, interno; (*Sport: team*) de casa; (: *game*) no próprio campo ▶ ADV (*direction*) para casa; (*right in: nail etc*) até o fundo; **to go/come ~** ir/vir para casa; **at ~** em casa; **make yourself at ~** fique à vontade; **near my ~** perto da minha casa
▶ **home in on** VT FUS (*missiles*) dirigir-se automaticamente para
home address N endereço residencial
home-brew N (*wine*) vinho feito em casa; (*beer*) cerveja feita em casa
homecoming ['həumkʌmɪŋ] N regresso ao lar
home computer N computador *m* residencial
Home Counties NPL *os condados por volta de Londres*
home economics N economia doméstica
home-grown ADJ (*not foreign*) nacional; (*from garden*) plantado em casa
homeland ['həumlænd] N terra (natal)
homeless ['həumlɪs] ADJ sem casa, desabrigado ▶ NPL: **the ~** os desabrigados
home loan N crédito imobiliário, financiamento habitacional
homely ['həumlɪ] ADJ (*domestic*) caseiro; (*simple*) simples *inv*
home-made ADJ caseiro
Home Office (BRIT) N Ministério do Interior
homeopathy [həumɪ'ɔpəθɪ] (US) = **homoeopathy**
home page N (*Comput*) página inicial
home rule N autonomia

Home Secretary (BRIT) N Ministro(a) do Interior

homesick ['həʊmsɪk] ADJ: **to be ~** estar com saudades (do lar)

homestead ['həʊmstɛd] N propriedade f; (farm) fazenda

home town N cidade f natal

homeward ['həʊmwəd] ADJ (journey) para casa, para a terra natal ▶ ADV para casa

homewards ['həʊmwədz] ADV para casa

homework ['həʊmwəːk] N dever m de casa

homicidal [hɔmɪ'saɪdl] ADJ homicida

homicide ['hɔmɪsaɪd] (US) N homicídio

homily ['hɔmɪlɪ] N homilia

homing ['həʊmɪŋ] ADJ (device, missile) de correção de rumo; **~ pigeon** pombo-correio

homoeopath, (US) **homeopath** ['həʊmɪəpæθ] N homeopata m/f

homoeopathic, (US) **homeopathic** [həʊmɪə'pæθɪk] ADJ homeopático

homoeopathy, (US) **homeopathy** [həʊmɪ'ɔpəθɪ] N homeopatia

homogeneous [hɔməʊ'dʒiːnɪəs] ADJ homogêneo

homogenize [hə'mɔdʒənaɪz] VT homogeneizar

homosexual [hɔməʊ'sɛksjʊəl] ADJ, N homossexual m/f

homosexuality [hɔməsɛksju'ælətɪ] N homossexualidade f

Hon. ABBR = **honourable**; **honorary**

Honduras [hɔn'djʊərəs] N Honduras m (no article)

hone [həʊn] VT amolar, afiar

honest ['ɔnɪst] ADJ (truthful) franco; (trustworthy) honesto; (sincere) sincero, franco; **to be quite ~ with you ...** para falar a verdade ...

honestly ['ɔnɪstlɪ] ADV honestamente, francamente

honesty ['ɔnɪstɪ] N honestidade f, sinceridade f

honey ['hʌnɪ] N mel m; (US inf: darling) querido(-a)

honeycomb ['hʌnɪkəʊm] N favo de mel; (pattern) em forma de favo ▶ VT (fig): **to ~ with** crivar de

honeymoon ['hʌnɪmuːn] N lua-de-mel f; (trip) viagem f de lua-de-mel

honeysuckle ['hʌnɪsʌkl] N madressilva

Hong Kong ['hɔŋ'kɔŋ] N Hong Kong (no article)

honk [hɔŋk] N buzinada ▶ VI (Aut) buzinar

Honolulu [hɔnə'luːluː] N Honolulu

honor ['ɔnər] (US) VT, N = **honour**

honorary ['ɔnərərɪ] ADJ (unpaid) não remunerado; (duty, title) honorário

honour, (US) **honor** ['ɔnər] VT honrar ▶ N honra; **in ~ of** em honra de

honourable, (US) **honorable** ['ɔnərəbl] ADJ honrado

honour-bound, (US) **honor-bound** ADJ: **to be ~ to do** estar moralmente obrigado a fazer

honours degree N (Sch) diploma m com distinção

Hons. ABBR (Sch) = **honours degree**

hood [hud] N capuz m; (of cooker) tampa; (BRIT Aut) capota; (US Aut) capô m; (inf: hoodlum) pinta-brava m

hooded ['hudɪd] ADJ encapuzado, mascarado

hoodlum ['huːdləm] N pinta-brava m

hoodwink ['hudwɪŋk] VT tapear

hoof [huːf] (pl **hooves**) N casco, pata

hook [huk] N gancho; (on dress) colchete m; (for fishing) anzol m ▶ VT (fasten) prender com gancho (or colchete); (fish) fisgar; **~ and eye** colchete m; **by ~ or by crook** custe o que custar; **to be ~ed (on)** (inf) estar viciado (em); (person) estar fissurado (em)
▶ **hook up** VT ligar

hooligan ['huːlɪgən] N desordeiro(-a), bagunceiro(-a)

hooliganism ['huːlɪgənɪzm] N vandalismo

hoop [huːp] N arco

hooray [huː'reɪ] EXCL = **hurrah**

hoot [huːt] VI (Aut) buzinar; (siren) tocar; (owl) piar ▶ VT (jeer at) vaiar ▶ N buzinada; toque m de sirena; **to ~ with laughter** morrer de rir

hooter ['huːtər] N (BRIT Aut) buzina; (Naut, factory) sirena

hoover® ['huːvər] (BRIT) N aspirador m (de pó)
▶ VT passar o aspirador em

hooves [huːvz] NPL of **hoof**

hop [hɔp] VI saltar, pular; (on one foot) pular num pé só ▶ N salto, pulo

hope [həʊp] VT: **to ~ that/to do** esperar que/ fazer ▶ VI esperar ▶ N esperança; **I ~ so/not** espero que sim/não

hopeful ['həʊpful] ADJ (person) otimista, esperançoso; (situation) promissor(a); **I'm ~ that she'll manage to come** acredito que ela conseguirá vir

hopefully ['həʊpfulɪ] ADV (with hope) esperançosamente; (one hopes): **~, they'll come back** é de esperar or esperamos que voltem

hopeless ['həʊplɪs] ADJ desesperado, irremediável; (useless) inútil; (bad) péssimo

hopelessly ['həʊpləslɪ] ADV (confused, involved) irremediavelmente

hopper ['hɔpər] N tremonha

hops [hɔps] NPL (Bot) lúpulo

horde [hɔːd] N multidão f

horizon [hə'raɪzn] N horizonte m

horizontal [hɔrɪ'zɔntl] ADJ horizontal

hormone ['hɔːməʊn] N hormônio

hormone replacement therapy N terapia de reposição hormonal

horn [hɔːn] N corno, chifre m; (material) chifre; (Mus) trompa; (Aut) buzina

horned [hɔːnd] ADJ (animal) com chifres, chifrudo

hornet ['hɔːnɪt] N vespão m

horny ['hɔːnɪ] ADJ (material) córneo; (hands) calejado; (inf: aroused) excitado (sexualmente), com tesão (BR !)

horoscope ['hɔrəskəup] N horóscopo
horrendous [hə'rɛndəs] ADJ horrendo
horrible ['hɔrɪbl] ADJ horrível; *(terrifying)* terrível
horrid ['hɔrɪd] ADJ horrível
horrific [hə'rɪfɪk] ADJ horroroso
horrify ['hɔrɪfaɪ] VT horrorizar
horrifying ['hɔrɪfaɪɪŋ] ADJ horripilante
horror ['hɔrə^r] N horror m
horror film N filme m de terror
horror-stricken ADJ = **horror-struck**
horror-struck ADJ horrorizado
hors d'œuvre [ɔː'dəːvrə] N entrada
horse [hɔːs] N cavalo
horseback ['hɔːsbæk]: **on ~** ADJ, ADV a cavalo
horsebox ['hɔːsbɔks] N reboque m (para transportar cavalos)
horse chestnut N castanha-da-índia
horse-drawn ADJ puxado a cavalo
horsefly ['hɔːsflaɪ] N mutuca
horseman ['hɔːsmən] *(irreg: like **man**)* N cavaleiro; *(skilled)* ginete m
horsemanship ['hɔːsmənʃɪp] N equitação f
horsemen ['hɔːsmən] NPL of **horseman**
horseplay ['hɔːspleɪ] N zona, bagunça *(brincadeiras etc)*
horsepower ['hɔːspauə^r] N cavalo-vapor m
horse-racing N corridas fpl de cavalo, turfe m
horseradish ['hɔːsrædɪʃ] N rábano-bastardo
horseshoe ['hɔːsʃuː] N ferradura
horse show N concurso hípico
horse-trading N regateio
horse trials NPL = **horse show**
horsewhip ['hɔːswɪp] VT chicotear
horsewoman ['hɔːswumən] *(irreg: like **woman**)* N amazona
horsey ['hɔːsɪ] ADJ aficionado por cavalos; *(appearance)* com cara de cavalo
horticulture ['hɔːtɪkʌltʃə^r] N horticultura
hose [həuz] N *(also: **hosepipe**)* mangueira
▶ **hose down** VT lavar com mangueira
hosiery ['həuzɪərɪ] N meias fpl e roupa de baixo
hospice ['hɔspɪs] N asilo
hospitable ['hɔspɪtəbl] ADJ hospitaleiro
hospital ['hɔspɪtl] N hospital m
hospitality [hɔspɪ'tælɪtɪ] N hospitalidade f
hospitalize ['hɔspɪtəlaɪz] VT hospitalizar
host [həust] N anfitrião m; *(in hotel etc)* hospedeiro; *(TV, Radio)* apresentador(a) m/f; *(Rel)* hóstia; *(large number)*: **a ~ of** uma multidão de ▶ VT *(TV programme)* apresentar, animar
hostage ['hɔstɪdʒ] N refém m/f
host country N país m anfitrião
hostel ['hɔstl] N hospedaria; *(for students)* residência; *(for the homeless)* albergue m, abrigo; *(also: **youth hostel**)* albergue da juventude
hostelling ['hɔstlɪŋ] N: **to go (youth) ~** viajar de férias pernoitando em albergues de juventude
hostess ['həustɪs] N anfitriã f; (BRIT: air hostess) aeromoça (BR), hospedeira de bordo (PT); *(TV, Radio)* apresentadora; *(in nightclub)* taxi-girl f
hostile ['hɔstaɪl] ADJ hostil
hostility [hɔ'stɪlɪtɪ] N hostilidade f
hot [hɔt] ADJ quente; *(as opposed to only warm)* muito quente; *(spicy)* picante; *(fierce)* ardente; **to be ~** *(person)* estar com calor; *(thing, weather)* estar quente
▶ **hot up** (BRIT inf) VI *(party, debate)* esquentar
▶ VT *(pace)* acelerar; *(engine)* envenenar
hot-air balloon N balão m de ar quente
hotbed ['hɔtbɛd] N *(fig)* foco, ninho
hotchpotch ['hɔtʃpɔtʃ] (BRIT) N mixórdia, salada
hot dog N cachorro-quente m
hotel [həu'tɛl] N hotel m
hotelier [hɔ'tɛljeɪ] N hoteleiro(-a); *(manager)* gerente m/f
hotel industry N indústria hoteleira
hotel room N quarto de hotel
hotfoot ['hɔtfut] ADV a mil, a toda
hot-headed [-'hɛdɪd] ADJ impetuoso
hothouse ['hɔthaus] N estufa
hot line N *(Pol)* telefone m vermelho, linha direta
hotly ['hɔtlɪ] ADV ardentemente, apaixonadamente
hotplate ['hɔtpleɪt] N *(on cooker)* chapa elétrica
hotpot ['hɔtpɔt] (BRIT) N *(Culin)* ragu m
hot seat N *(fig)* posição f de responsabilidade
hotspot ['hɔtspɔt] N área de tensão; *(Comput: also: **wireless hotspot**)* hotspot m *(local público com acesso à Internet sem fio)*
hot spring N fonte f termal
hot-tempered ADJ esquentado, de pavio curto
hot-water bottle N bolsa de água quente
hound [haund] VT acossar, perseguir ▶ N cão m de caça, sabujo
hour ['auə^r] N hora; **at 30 miles an ~** ≈ a 50 km por hora; **lunch ~** hora do almoço; **to pay sb by the ~** pagar alguém por hora
hourly ['auəlɪ] ADV de hora em hora ▶ ADJ de hora em hora; *(rate)* por hora
house [n haus, pl hauzɪz, vt hauz] N *(gen, firm)* casa; *(Pol)* câmara; *(Theatre)* assistência, lotação f ▶ VT *(person)* alojar; *(collection)* abrigar; **to/at my ~** para a/na minha casa; **the H~ of (Commons)** (BRIT) a Câmara dos Comuns; **the H~ of (Representatives)** (US) a Câmara de Deputados; **on the ~** *(fig)* por conta da casa
house arrest N prisão f domiciliar
houseboat ['hausbəut] N casa flutuante
housebound ['hausbaund] ADJ preso em casa
housebreaking ['hausbreɪkɪŋ] N arrombamento de domicílio
house-broken (US) ADJ = **house-trained**
housecoat ['hauskəut] N roupão m
household ['haushəuld] N família; *(house)* casa
householder ['haushəuldə^r] N *(owner)* dono(-a) de casa; *(head of family)* chefe m/f de família

household name – humour | 174

household name N nome m conhecido por todos
house-hunting ['haʊshʌntɪŋ] N: **to go ~** procurar casa para morar
housekeeper ['haʊskiːpəʳ] N governanta
housekeeping ['haʊskiːpɪŋ] N (*work*) trabalhos mpl domésticos; (*money*) economia doméstica
houseman ['haʊsmən] (BRIT) (*irreg: like* **man**) N (*Med*) interno
house-proud ADJ preocupado com a aparência da casa
house-to-house ADJ (*enquiries*) de porta em porta; (*search*) de casa em casa
house-trained (BRIT) ADJ (*animal*) domesticado
house-warming [-'wɔːmɪŋ], **house-warming party** N festa de inauguração de uma casa
housewife ['haʊswaɪf] (*irreg: like* **wife**) N dona de casa
housework ['haʊswəːk] N trabalhos mpl domésticos
housing ['haʊzɪŋ] N (*provision*) alojamento; (*houses*) residências fpl; (*as issue*) habitação f
▶ CPD (*problem, shortage*) habitacional
housing association N organização beneficente que vende ou aluga casas
housing conditions NPL condições fpl de habitação
housing development N conjunto residencial
housing estate (BRIT) N = **housing development**
hovel ['hɔvl] N casebre m
hover ['hɔvəʳ] VI pairar; (*person*) rondar
hovercraft ['hɔvəkrɑːft] N aerobarco
hoverport ['hɔvəpɔːt] N porto para aerobarcos

[KEYWORD]

how [haʊ] ADV **1** (*in what way*) como; **how was the film?** que tal o filme?; **how are you?** como vai?
2 (*to what degree*) quanto; **how much milk/many people?** quanto de leite/quantas pessoas?; **how long have you been here?** há quanto tempo você está aqui?; **how old are you?** quantos anos você tem?; **how tall is he?** qual é a altura dele?; **how lovely/awful!** que ótimo/terrível!

however [haʊ'ɛvəʳ] ADV de qualquer modo; (+ *adj*) por mais ... que; (*in questions*) como ▶ CONJ no entanto, contudo, todavia
howitzer ['haʊɪtsəʳ] N (*Mil*) morteiro, obus m
howl [haʊl] N uivo ▶ VI uivar
howler ['haʊləʳ] N besteira, erro
H.P. (BRIT) N ABBR = **hire purchase**
h.p. ABBR (*Aut*: = *horsepower*) CV
HQ N ABBR (= *headquarters*) QG m
HR (US) N ABBR = **House of Representatives**
hr ABBR (= *hour*) h
HRH ABBR (= *His (or Her) Royal Highness*) SAR
hrs ABBR (= *hours*) hs

HRT N ABBR = **hormone replacement therapy**; TRH f
HS (US) ABBR = **high school**
HST (US) ABBR (= *Hawaiian Standard Time*) hora do Havaí
HTML N ABBR (= *Hypertext Mark-up Language*) HTML f
hub [hʌb] N (*of wheel*) cubo; (*fig*) centro
hubbub ['hʌbʌb] N algazarra, vozerio
hubcap ['hʌbkæp] N (*Aut*) calota
HUD (US) N ABBR (= *Department of Housing and Urban Development*) ministério do urbanismo e da habitação
huddle ['hʌdl] VI: **to ~ together** aconchegar-se
hue [hjuː] N cor f, matiz m
hue and cry N clamor m público
huff [hʌf] N: **in a ~** com raiva; **to take the ~** ficar sem graça
hug [hʌg] VT abraçar; (*thing*) agarrar, prender ▶ N abraço; **to give sb a ~** dar um abraço em alguém, abraçar alguém
huge [hjuːdʒ] ADJ enorme, imenso
hulk [hʌlk] N (*wreck*) navio velho; (*hull*) casco, carcaça; (*person*) brutamontes m inv; (*building*) trambolho
hulking ['hʌlkɪŋ] ADJ pesado, grandão(-ona)
hull [hʌl] N (*of ship*) casco
hullabaloo ['hʌləbə'luː] (*inf*) N algazarra
hullo [hə'ləʊ] EXCL = **hello**
hum [hʌm] VT (*tune*) cantarolar ▶ VI cantarolar; (*insect, machine etc*) zumbir ▶ N zumbido
human ['hjuːmən] ADJ humano ▶ N (*also:* **human being**) ser m humano
humane [hjuː'meɪn] ADJ humano
humanism ['hjuːmənɪzm] N humanismo
humanitarian [hjuːmænɪ'tɛərɪən] ADJ humanitário
humanity [hjuː'mænɪtɪ] N humanidade f
humanly ['hjuːmənlɪ] ADV humanamente
humanoid ['hjuːmənɔɪd] ADJ, N humanoide m/f
human rights NPL direitos mpl humanos
humble ['hʌmbl] ADJ humilde ▶ VT humilhar
humbly ['hʌmblɪ] ADV humildemente
humbug ['hʌmbʌg] N fraude f, embuste m; (BRIT: *sweet*) bala de hortelã
humdrum ['hʌmdrʌm] ADJ (*boring*) monótono, enfadonho; (*routine*) rotineiro
humid ['hjuːmɪd] ADJ úmido
humidifier [hjuː'mɪdɪfaɪəʳ] N umidificador m
humidity [hjuː'mɪdɪtɪ] N umidade f
humiliate [hjuː'mɪlɪeɪt] VT humilhar
humiliation [hjuːmɪlɪ'eɪʃən] N humilhação f
humility [hjuː'mɪlɪtɪ] N humildade f
humor ['hjuːməʳ] (US) N, VT = **humour**
humorist ['hjuːmərɪst] N humorista m/f
humorous ['hjuːmərəs] ADJ humorístico; (*person*) engraçado
humour, (US) **humor** ['hjuːməʳ] N humorismo, senso de humor; (*mood*) humor m ▶ VT (*person*) fazer a vontade de; **sense of ~** senso de humor; **to be in a**

good/bad ~ estar de bom/mau humor
humourless, (US) **humorless** ['hju:mǝlɛs] ADJ sem senso de humor
hump [hʌmp] N (in ground) elevação f; (camel's) corcova, giba; (deformity) corcunda
humpback ['hʌmpbæk] N corcunda m/f
humpbacked ['hʌmpbækt] ADJ: **~ bridge** ponte pequena e muito arqueada
humus ['hju:mǝs] N húmus m, humo
hunch [hʌntʃ] N (premonition) pressentimento, palpite m
hunchback ['hʌntʃbæk] N corcunda m/f
hunched [hʌntʃt] ADJ corcunda
hundred ['hʌndrǝd] NUM cem; (before lower numbers) cento; (collective) centena; **~s of people** centenas de pessoas; **I'm a ~ per cent sure** tenho certeza absoluta
hundredth [-ɪdθ] NUM centésimo
hundredweight ['hʌndrǝdweɪt] N (BRIT) 50.8 kg; 112 lb; (US) = 45.3 kg; 100 lb
hung [hʌŋ] PT, PP of **hang**
Hungarian [hʌŋ'gɛǝrɪǝn] ADJ húngaro ▸ N húngaro(-a); (Ling) húngaro
Hungary ['hʌŋgǝrɪ] N Hungria
hunger ['hʌŋgǝʳ] N fome f ▸ VI: **to ~ for** ter fome de; (desire) desejar ardentemente
hunger strike N greve f de fome
hungover [hʌŋ'ǝuvǝʳ] ADJ (inf): **to be ~** estar de ressaca
hungrily ['hʌŋgrǝlɪ] ADV (eat) vorazmente; (fig) avidamente
hungry ['hʌŋgrɪ] ADJ faminto, esfomeado; (keen): **~ for** (fig) ávido de, ansioso por; **to be ~** estar com fome
hung up (inf) ADJ complexado, grilado
hunk [hʌŋk] N naco; (inf: man) gatão m
hunt [hʌnt] VT (seek) buscar, perseguir; (Sport) caçar ▸ VI caçar ▸ N caça, caçada
▸ **hunt down** VT acossar
hunter ['hʌntǝʳ] N caçador(a) m/f; (BRIT: horse) cavalo de caça
hunting ['hʌntɪŋ] N caça
hurdle ['hǝ:dl] N (Sport) barreira; (fig) obstáculo
hurl [hǝ:l] VT arremessar, lançar; (abuse) gritar
hurrah [hu'rɑ:] EXCL oba!, viva!
hurray [hu'reɪ] EXCL = **hurrah**
hurricane ['hʌrɪkǝn] N furacão m
hurried ['hʌrɪd] ADJ (fast) apressado; (rushed) feito às pressas
hurriedly ['hʌrɪdlɪ] ADV depressa, apressadamente
hurry ['hʌrɪ] N pressa ▸ VI (also: **hurry up**) apressar-se ▸ VT (also: **hurry up**: person) apressar; (: work) acelerar; **to be in a ~** estar com pressa; **to do sth in a ~** fazer algo às pressas; **to ~ in/out** entrar/sair correndo; **to ~ home** correr para casa
▸ **hurry along** VI andar às pressas
▸ **hurry away** VI sair correndo
▸ **hurry off** VI sair correndo
▸ **hurry up** VI apressar-se

175 | **humourless – hypochondriac**

hurt [hǝ:t] (pt, pp **hurt**) VT machucar; (injure) ferir; (damage: business etc) prejudicar; (fig) magoar ▸ VI doer ▸ ADJ machucado, ferido; **I ~ my arm** machuquei o braço; **where does it ~?** onde é que dói?
hurtful ['hǝ:tful] ADJ (remark) que magoa, ofensivo
hurtle ['hǝ:tl] VI correr; **to ~ past** passar como um raio; **to ~ down** cair com violência
husband ['hʌzbǝnd] N marido, esposo
hush [hʌʃ] N silêncio, quietude f ▸ VT silenciar, fazer calar; **~!** silêncio!, psiu!
▸ **hush up** VT (fact) abafar, encobrir
hushed [hʌʃt] ADJ (tone) baixo
hush-hush ADJ secreto
husk [hʌsk] N (of wheat) casca; (of maize) palha
husky ['hʌskɪ] ADJ rouco; (burly) robusto ▸ N cão m esquimó
hustings ['hʌstɪŋz] (BRIT) NPL (Pol) campanha (eleitoral)
hustle ['hʌsl] VT (push) empurrar; (hurry) apressar ▸ N agitação f, atividade f febril; **~ and bustle** grande movimento
hut [hʌt] N cabana, choupana; (shed) alpendre m
hutch [hʌtʃ] N coelheira
hyacinth ['haɪǝsɪnθ] N jacinto
hybrid ['haɪbrɪd] ADJ, N híbrido; (mixture) combinação f
hydrant ['haɪdrǝnt] N: **fire ~** hidrante m
hydraulic [haɪ'drɔ:lɪk] ADJ hidráulico
hydraulics [haɪ'drɔ:lɪks] N hidráulica
hydrochloric acid ['haɪdrǝu'klɔrɪk-] N ácido clorídrico
hydroelectric [haɪdrǝuɪ'lɛktrɪk] ADJ hidroelétrico
hydrofoil ['haɪdrǝfɔɪl] N hidrofoil m, aliscafo
hydrogen ['haɪdrǝdʒǝn] N hidrogênio
hydrogen bomb N bomba de hidrogênio
hydrophobia ['haɪdrǝ'fǝubɪǝ] N hidrofobia
hydroplane ['haɪdrǝpleɪn] N lancha planadora
hyena [haɪ'i:nǝ] N hiena
hygiene ['haɪdʒi:n] N higiene f
hygienic [haɪ'dʒi:nɪk] ADJ higiênico
hymn [hɪm] N hino
hype [haɪp] (inf) N tititi m, falatório
hyperactive ['haɪpǝr'æktɪv] ADJ hiperativo
hyperlink ['haɪpǝlɪŋk] N hiperlink m
hypermarket ['haɪpǝmɑ:kɪt] (BRIT) N hipermercado
hypertension ['haɪpǝ'tɛnʃǝn] N (Med) hipertensão f
hyphen ['haɪfn] N hífen m
hypnosis [hɪp'nǝusɪs] N hipnose f
hypnotic [hɪp'nɔtɪk] ADJ hipnótico
hypnotism ['hɪpnǝtɪzm] N hipnotismo
hypnotist ['hɪpnǝtɪst] N hipnotizador(a) m/f
hypnotize ['hɪpnǝtaɪz] VT hipnotizar
hypoallergenic ['haɪpǝuælǝ'dʒɛnɪk] ADJ hipoalergênico
hypochondriac [haɪpǝ'kɔndrɪæk] N hipocondríaco(-a)

hypocrisy [hɪˈpɔkrɪsɪ] N hipocrisia
hypocrite [ˈhɪpəkrɪt] N hipócrita m/f
hypocritical [hɪpəˈkrɪtɪkl] ADJ hipócrita
hypodermic [haɪpəˈdəːmɪk] ADJ hipodérmico
▶ N seringa hipodérmica
hypothermia [haɪpəˈθəːmɪə] N hipotermia
hypotheses [haɪˈpɔθɪsiːz] NPL *of* **hypothesis**
hypothesis [haɪˈpɔθɪsɪs] (*pl* **hypotheses**) N hipótese *f*

hypothetical [haɪpəuˈθɛtɪkl] ADJ hipotético
hysterectomy [hɪstəˈrɛktəmɪ] N histerectomia
hysteria [hɪˈstɪərɪə] N histeria
hysterical [hɪˈstɛrɪkl] ADJ histérico; *(funny)* hilariante
hysterics [hɪˈstɛrɪks] NPL *(nervous)* crise *f* histérica; *(laughter)* ataque *m* de riso; **to be in** *or* **have ~** ter uma crise histérica
Hz ABBR (= *hertz*) Hz

I i

I¹, i [aɪ] N (*letter*) I, i m; **I for Isaac** (BRIT) *or* **Item** (US) I de Irene
I² [aɪ] PRON eu ▶ ABBR (= *island, isle*) I
IA (US) ABBR (*Post*) = **Iowa**
IAEA N ABBR (= *International Atomic Energy Agency*) IAEA f
Iberian [aɪˈbɪərɪən] ADJ ibérico
Iberian Peninsula N: **the ~** a península Ibérica
IBEW (US) N ABBR (= *International Brotherhood of Electrical Workers*) sindicato internacional dos eletricistas
i/c (BRIT) ABBR = **in charge**
ICC N ABBR = **International Chamber of Commerce**; (US) = **Interstate Commerce Commission**
ice [aɪs] N gelo; (*ice cream*) sorvete m ▶ VT (*cake*) cobrir com glacê; (*drink*) gelar ▶ VI (*also*: **ice over, ice up**) gelar; **to put sth on ~** (*fig*) engavetar algo
ice age N era glacial
ice axe N picareta para o gelo
iceberg [ˈaɪsbəːg] N iceberg m; **this is just the tip of the ~** isso é só a ponta do iceberg
icebox [ˈaɪsbɔks] N (US) geladeira; (BRIT: *in fridge*) congelador m; (*insulated box*) geladeira portátil
icebreaker [ˈaɪsbreɪkəʳ] N navio quebra-gelo m
ice bucket N balde m de gelo
ice-cold ADJ gelado
ice cream N sorvete m (BR), gelado (PT)
ice cube N pedra de gelo
iced [aɪst] ADJ (*drink*) gelado; (*cake*) glaçado
ice hockey N hóquei m sobre o gelo
Iceland [ˈaɪslənd] N Islândia
Icelander [ˈaɪsləndəʳ] N islandês(-esa) m/f
Icelandic [aɪsˈlændɪk] ADJ islandês(-esa) ▶ N (*Ling*) islandês m
ice lolly (BRIT) N picolé m
ice pick N furador m de gelo
ice rink N pista de gelo, rinque m
ice-skate N patim m (para o gelo) ▶ VI patinar no gelo
ice-skating N patinação f no gelo
icicle [ˈaɪsɪkl] N pingente m de gelo
icing [ˈaɪsɪŋ] N (*Culin*) glacê m; (*Aviat etc*) formação f de gelo
icing sugar (BRIT) N açúcar m glacê

ICJ N ABBR = **International Court of Justice**
icon [ˈaɪkɔn] N (*gen, Comput*) ícone m
ICR (US) N ABBR = **Institute for Cancer Research**
ICT N ABBR (= *Information and Communication(s) Technology*) TIC f
ICU N ABBR (= *intensive care unit*) UTI f
icy [ˈaɪsɪ] ADJ gelado; (*fig*) glacial, indiferente
ID (US) ABBR (*Post*) = **Idaho**
I'd [aɪd] = **I would; I had**
ID card N = **identity card**
IDD (BRIT) N ABBR (*Tel*: = *international direct dialling*) DDI f
idea [aɪˈdɪə] N ideia; **good ~!** boa ideia!; **to have an ~ that ...** ter a impressão de que ...; **I haven't the least ~** não tenho a mínima ideia
ideal [aɪˈdɪəl] N ideal m ▶ ADJ ideal
idealist [aɪˈdɪəlɪst] N idealista m/f
idealize [aɪˈdɪəlaɪz] VT idealizar
ideally [aɪˈdɪəlɪ] ADV de preferência; **~ the book should have ...** seria ideal que o livro tivesse ...
identical [aɪˈdɛntɪkl] ADJ idêntico
identification [aɪdɛntɪfɪˈkeɪʃən] N identificação f; **means of ~** documentos pessoais
identify [aɪˈdɛntɪfaɪ] VT identificar ▶ VI: **to ~ with** identificar-se com
Identikit® [aɪˈdɛntɪkɪt] N: **~ picture** retrato falado
identity [aɪˈdɛntɪtɪ] N identidade f
identity card N carteira de identidade
identity parade (BRIT) N identificação f
identity theft N roubo de identidade
ideological [aɪdɪəˈlɔdʒɪkəl] ADJ ideológico
ideology [aɪdɪˈɔlədʒɪ] N ideologia
idiocy [ˈɪdɪəsɪ] N idiotice f; (*stupid act*) estupidez f
idiom [ˈɪdɪəm] N expressão f idiomática; (*style of speaking*) idioma m, linguagem f
idiomatic [ɪdɪəˈmætɪk] ADJ idiomático
idiosyncrasy [ɪdɪəuˈsɪŋkrəsɪ] N idiossincrasia
idiot [ˈɪdɪət] N idiota m/f
idiotic [ɪdɪˈɔtɪk] ADJ idiota
idle [ˈaɪdl] ADJ ocioso; (*lazy*) preguiçoso; (*unemployed*) desempregado; (*pointless*) inútil, vão/vã ▶ VI (*machine*) funcionar com a transmissão desligada

idleness - imitator | 178

▶ **idle away** vt: **to ~ away the time** perder or desperdiçar tempo
idleness ['aɪdlnɪs] N ociosidade f; preguiça; (*pointlessness*) inutilidade f
idler ['aɪdlə'] N preguiçoso(-a)
idle time N (*Comm*) tempo ocioso
idol ['aɪdl] N ídolo
idolize ['aɪdəlaɪz] vt idolatrar
idyllic [ɪ'dɪlɪk] ADJ idílico
i.e. ABBR (= *id est*) i.e., isto é

(KEYWORD)

if [ɪf] CONJ **1** (*conditional use*) se; **I'll go if you come with me** irei se você vier comigo; **if necessary** se necessário; **if I were you** se eu fôsse você
2 (*whenever*) quando
3 (*although*): **(even) if** mesmo que; **I like it, (even) if you don't** eu gosto disto, mesmo que você não goste
4 (*whether*) se
5: **if so/not** sendo assim/do contrário; **if only** se pelo menos; *see also* **as**

iffy ['ɪfɪ] ADJ (*inf: uncertain*) duvidoso; (*not good*) de qualidade duvidosa
igloo ['ɪgluː] N iglu m
ignite [ɪg'naɪt] vt acender; (*set fire to*) incendiar ▶ vi acender
ignition [ɪg'nɪʃən] N (*Aut*) ignição f; **to switch on/off the ~** ligar/desligar o motor
ignition key N (*Aut*) chave f de ignição
ignoble [ɪg'nəubl] ADJ ignóbil
ignominious [ɪgnə'mɪnɪəs] ADJ vergonhoso, humilhante
ignoramus [ɪgnə'reɪməs] N ignorante m/f
ignorance ['ɪgnərəns] N ignorância; **to keep sb in ~ of sth** deixar alguém na ignorância de algo
ignorant ['ɪgnərənt] ADJ ignorante; **to be ~ of** ignorar
ignore [ɪg'nɔː'] vt (*person*) não fazer caso de; (*fact*) não levar em consideração, ignorar
ikon ['aɪkɔn] N = **icon**
IL (US) ABBR (*Post*) = **Illinois**
ILA (US) N ABBR (= *International Longshoremen's Association*) sindicato internacional dos portuários
ill [ɪl] ADJ doente; (*slightly ill*) indisposto; (*bad*) mau/má; (*harmful: effects*) nocivo ▶ N mal m; (*fig*) desgraça ▶ ADV: **to speak/think ~ of sb** falar/pensar mal de alguém; **to take** or **be taken ~** ficar doente
I'll [aɪl] = **I will; I shall**
ill-advised [-əd'vaɪzd] ADJ pouco recomendado; (*misled*) mal aconselhado
ill-at-ease ADJ constrangido, pouco à vontade
ill-considered [-kən'sɪdəd] ADJ (*plan*) imponderado
ill-disposed ADJ: **to be ~ towards sb/sth** ser desfavorável a alguém/algo
illegal [ɪ'liːgl] ADJ ilegal
illegally [ɪ'liːgəlɪ] ADV ilegalmente
illegible [ɪ'lɛdʒɪbl] ADJ ilegível

illegitimate [ɪlɪ'dʒɪtɪmət] ADJ ilegítimo
ill-fated ADJ malfadado
ill-favoured, (US) **ill-favored** [-'feɪvəd] ADJ desagradável
ill feeling N má vontade f, rancor m
ill-gotten ADJ (*gains etc*) mal adquirido
illicit [ɪ'lɪsɪt] ADJ ilícito
ill-informed ADJ mal informado
illiterate [ɪ'lɪtərət] ADJ analfabeto
ill-mannered [-'mænəd] ADJ mal-educado, grosseiro
illness ['ɪlnɪs] N doença
illogical [ɪ'lɔdʒɪkl] ADJ ilógico
ill-suited [-'suːtɪd] ADJ (*couple*) desajustado; **he is ~ to the job** ele é inadequado para o cargo
ill-timed [-taɪmd] ADJ inoportuno
ill-treat vt maltratar
ill-treatment N maus tratos mpl
illuminate [ɪ'luːmɪneɪt] vt (*room, street*) iluminar, clarear; (*subject*) esclarecer; **~d sign** anúncio luminoso
illuminating [ɪ'luːmɪneɪtɪŋ] ADJ esclarecedor
illumination [ɪluːmɪ'neɪʃən] N iluminação f; **illuminations** NPL (*decorative lights*) luminárias fpl
illusion [ɪ'luːʒən] N ilusão f; **to be under the ~ that ...** estar com a ilusão de que ...
illusive [ɪ'luːsɪv] ADJ ilusório
illusory [ɪ'luːsərɪ] ADJ ilusório
illustrate ['ɪləstreɪt] vt ilustrar; (*subject*) esclarecer; (*point*) exemplificar
illustration [ɪlə'streɪʃən] N (*art*) ilustração f; (*example*) exemplo; (*explanation*) esclarecimento; (*in book*) gravura, ilustração
illustrator ['ɪləstreɪtə'] N ilustrador(a) m/f
illustrious [ɪ'lʌstrɪəs] ADJ ilustre
ill will N animosidade f
ILO N ABBR (= *International Labour Organization*) OIT f
ILWU (US) N ABBR (= *International Longshoremen's and Warehousemen's Union*) sindicato dos portuários
I'm [aɪm] = **I am**
image ['ɪmɪdʒ] N imagem f
imagery ['ɪmɪdʒərɪ] N imagens fpl
imaginable [ɪ'mædʒɪnəbl] ADJ imaginável, concebível
imaginary [ɪ'mædʒɪnərɪ] ADJ imaginário
imagination [ɪmædʒɪ'neɪʃən] N imaginação f; (*inventiveness*) inventividade f; (*illusion*) fantasia
imaginative [ɪ'mædʒɪnətɪv] ADJ imaginativo
imagine [ɪ'mædʒɪn] vt imaginar; (*delude o.s.*) fantasiar
imam [ɪ'mɑːm] N (*Rel*) imã m
imbalance [ɪm'bæləns] N desequilíbrio; (*inequality*) desigualdade f
imbecile ['ɪmbəsiːl] N imbecil m/f
imbue [ɪm'bjuː] vt: **to ~ sth with** imbuir or impregnar algo de
IMF N ABBR (= *International Monetary Fund*) FMI m
imitate ['ɪmɪteɪt] vt imitar
imitation [ɪmɪ'teɪʃən] N imitação f; (*copy*) cópia; (*mimicry*) mímica
imitator ['ɪmɪteɪtə'] N imitador(a) m/f

immaculate [ɪˈmækjulət] ADJ impecável; (Rel) imaculado
immaterial [ɪməˈtɪərɪəl] ADJ irrelevante; **it is ~ whether ...** é indiferente se ...
immature [ɪməˈtjuər] ADJ (person, organism) imaturo; (fruit) verde; (of one's youth) juvenil
immaturity [ɪməˈtjuərɪtɪ] N imaturidade f
immeasurable [ɪˈmɛʒrəbl] ADJ incomensurável, imensurável
immediacy [ɪˈmiːdɪəsɪ] N (of events etc) proximidade f; urgência
immediate [ɪˈmiːdɪət] ADJ imediato; (pressing) urgente, premente; (neighbourhood, family) próximo
immediately [ɪˈmiːdɪətlɪ] ADV (at once) imediatamente; **~ next to** bem junto a
immense [ɪˈmɛns] ADJ imenso; (importance) enorme
immensity [ɪˈmɛnsətɪ] N imensidade f
immerse [ɪˈməːs] VT (submerge) submergir; (sink) imergir, mergulhar; **to be ~d in** (fig) estar absorto em
immersion heater [ɪˈməːʃn-] (BRIT) N aquecedor m de imersão
immigrant [ˈɪmɪgrənt] N imigrante m/f
immigrate [ˈɪmɪgreɪt] VI imigrar
immigration [ɪmɪˈgreɪʃən] N imigração f
immigration authorities NPL fiscais mpl de imigração, ≈ polícia federal
immigration laws NPL leis fpl imigratórias
imminent [ˈɪmɪnənt] ADJ iminente
immobile [ɪˈməubaɪl] ADJ imóvel
immobilize [ɪˈməubɪlaɪz] VT imobilizar
immoderate [ɪˈmɔdərət] ADJ imoderado
immodest [ɪˈmɔdɪst] ADJ (indecent) indecente, impudico; (person: boasting) presumido, arrogante
immoral [ɪˈmɔrl] ADJ imoral
immorality [ɪməˈrælɪtɪ] N imoralidade f
immortal [ɪˈmɔːtl] ADJ imortal
immortalize [ɪˈmɔːtəlaɪz] VT imortalizar
immovable [ɪˈmuːvəbl] ADJ (object) imóvel, fixo; (person) inflexível
immune [ɪˈmjuːn] ADJ: **~ to** imune a, imunizado contra
immune system N sistema m imunológico
immunity [ɪˈmjuːnɪtɪ] N (Med) imunidade f; (Comm) isenção f; **diplomatic ~** imunidade diplomática
immunization [ɪmjunaɪˈzeɪʃən] N imunização f
immunize [ˈɪmjunaɪz] VT imunizar
imp [ɪmp] N diabinho, criança levada
impact [ˈɪmpækt] N impacto (BR), impacte m (PT)
impair [ɪmˈpɛər] VT prejudicar
impale [ɪmˈpeɪl] VT perfurar, empalar
impart [ɪmˈpɑːt] VT (make known) comunicar; (bestow) dar
impartial [ɪmˈpɑːʃl] ADJ imparcial
impartiality [ɪmpɑːʃɪˈælɪtɪ] N imparcialidade f
impassable [ɪmˈpɑːsəbl] ADJ (barrier, river) intransponível; (road) intransitável
impasse [æmˈpɑːs] N (fig) impasse m
impassioned [ɪmˈpæʃənd] ADJ ardente, veemente
impassive [ɪmˈpæsɪv] ADJ impassível
impatience [ɪmˈpeɪʃəns] N impaciência
impatient [ɪmˈpeɪʃənt] ADJ impaciente; **to get** or **grow ~** impacientar-se
impeach [ɪmˈpiːtʃ] VT impugnar; (public official) levar a juízo
impeachment [ɪmˈpiːtʃmənt] N (Law) impeachment m
impeccable [ɪmˈpɛkəbl] ADJ impecável
impecunious [ɪmpəˈkjuːnɪəs] ADJ impecunioso, sem recursos
impede [ɪmˈpiːd] VT impedir, estorvar
impediment [ɪmˈpɛdɪmənt] N obstáculo; (also: **speech impediment**) defeito (de fala)
impel [ɪmˈpɛl] VT (force): **to ~ sb (to do sth)** impelir alguém (a fazer algo)
impending [ɪmˈpɛndɪŋ] ADJ (near) iminente, próximo
impenetrable [ɪmˈpɛnɪtrəbl] ADJ impenetrável; (fig) incompreensível
imperative [ɪmˈpɛrətɪv] ADJ (tone) imperioso, obrigatório; (necessary) indispensável; (pressing) premente ▶ N (Ling) imperativo
imperceptible [ɪmpəˈsɛptɪbl] ADJ imperceptível
imperfect [ɪmˈpəːfɪkt] ADJ imperfeito; (goods etc) defeituoso ▶ N (Ling: also: **imperfect tense**) imperfeito
imperfection [ɪmpəˈfɛkʃən] N (blemish) defeito; (state) imperfeição f
imperial [ɪmˈpɪərɪəl] ADJ imperial
imperialism [ɪmˈpɪərɪəlɪzəm] N imperialismo
imperil [ɪmˈpɛrɪl] VT pôr em perigo, arriscar
imperious [ɪmˈpɪərɪəs] ADJ imperioso
impersonal [ɪmˈpəːsənl] ADJ impessoal
impersonate [ɪmˈpəːsəneɪt] VT fazer-se passar por, personificar; (Theatre) imitar
impersonation [ɪmpəːsəˈneɪʃən] N (Law) impostura; (Theatre) imitacão f
impersonator [ɪmˈpəːsəneɪtər] N impostor(a) m/f; (Theatre) imitador(a) m/f
impertinence [ɪmˈpəːtɪnəns] N impertinência, insolência
impertinent [ɪmˈpəːtɪnənt] ADJ impertinente, insolente
imperturbable [ɪmpəˈtəːbəbl] ADJ imperturbável, inabalável
impervious [ɪmˈpəːvɪəs] ADJ impenetrável; (fig): **~ to** insensível a
impetuous [ɪmˈpɛtjuəs] ADJ impetuoso, precipitado
impetus [ˈɪmpətəs] N ímpeto; (fig) impulso
impinge [ɪmˈpɪndʒ]: **to ~ on** VT FUS impressionar, impingir em; (affect) afetar
impish [ˈɪmpɪʃ] ADJ levado, travesso
implacable [ɪmˈplækəbl] ADJ implacável, impiedoso
implant [vt ɪmˈplɑːnt, n ˈɪmplɑːnt] VT (Med) implantar; (fig) inculcar ▶ N implante m

implausible [ɪmˈplɔːzɪbl] ADJ inverossímil (BR), inverosímil (PT)
implement [n ˈɪmplɪmənt, vt ˈɪmplɪmɛnt] N instrumento, ferramenta; (for cooking) utensílio ▸ VT efetivar; (carry out) realizar, executar
implicate [ˈɪmplɪkeɪt] VT (compromise) comprometer; (involve) implicar, envolver
implication [ɪmplɪˈkeɪʃən] N implicação f, consequência; (involvement) involvimento; **by ~** por consequência
implicit [ɪmˈplɪsɪt] ADJ implícito; (complete) absoluto
implicitly [ɪmˈplɪsɪtlɪ] ADV implicitamente; (completely) completamente
implore [ɪmˈplɔːʳ] VT (person) implorar, suplicar
imply [ɪmˈplaɪ] VT (involve) implicar; (mean) significar; (hint) dar a entender que; **it is implied** se subentende
impolite [ɪmpəˈlaɪt] ADJ indelicado, mal-educado
imponderable [ɪmˈpɔndərəbl] ADJ imponderável
import [vt ɪmˈpɔːt, n, cpd ˈɪmpɔːt] VT importar ▸ N (Comm) importação f; (: article) mercadoria importada; (meaning) significado, sentido ▸ CPD (duty, licence etc) de importação
importance [ɪmˈpɔːtəns] N importância; **o be of great/little ~** ser de grande/pouca importância
important [ɪmˈpɔːtənt] ADJ importante; **it is ~ that ...** é importante or importa que ...; **it's not ~** não tem importância, não importa
importantly [ɪmˈpɔːtəntlɪ] ADV: **but, more ~ ...** mas, o que é mais importante ...
importation [ɪmpɔːˈteɪʃən] N importação f
imported [ɪmˈpɔːtɪd] ADJ importado
importer [ɪmˈpɔːtəʳ] N importador(a) m/f
impose [ɪmˈpəʊz] VT impor ▸ VI: **to ~ on sb** abusar de alguém
imposing [ɪmˈpəʊzɪŋ] ADJ imponente
imposition [ɪmpəˈzɪʃən] N (of tax etc) imposição f; **to be an ~ on sb** (person) abusar de alguém
impossibility [ɪmpɔsɪˈbɪlɪtɪ] N impossibilidade f
impossible [ɪmˈpɔsɪbl] ADJ impossível; (situation) inviável; (person) insuportável; **it's ~ for me to leave** é-me impossível sair, não dá para eu sair (inf)
impostor [ɪmˈpɔstəʳ] N impostor(a) m/f
impotence [ˈɪmpətəns] N impotência
impotent [ˈɪmpətənt] ADJ impotente
impound [ɪmˈpaʊnd] VT confiscar
impoverished [ɪmˈpɔvərɪʃt] ADJ empobrecido; (land) esgotado
impracticable [ɪmˈpræktɪkəbl] ADJ impraticável, inexequível
impractical [ɪmˈpræktɪkl] ADJ pouco prático
imprecise [ɪmprɪˈsaɪs] ADJ impreciso, inexato

impregnable [ɪmˈprɛgnəbl] ADJ invulnerável; (castle) inexpugnável
impregnate [ˈɪmprɛgneɪt] VT (gen) impregnar; (soak) embeber; (fertilize) fecundar
impresario [ɪmprɪˈsɑːrɪəʊ] N empresário(-a)
impress [ɪmˈprɛs] VT impressionar; (mark) imprimir ▸ VI causar boa impressão; **to ~ sth on sb** inculcar algo em alguém; **it ~ed itself on me** fiquei com isso gravado (na memória)
impression [ɪmˈprɛʃən] N impressão f; (footprint etc) marca; (print run) edição f; **to make a good/bad ~ on sb** causar boa/má impressão em alguém; **to be under the ~ that** estar com a impressão de que
impressionable [ɪmˈprɛʃənəbl] ADJ impressionável; (sensitive) sensível
impressionist [ɪmˈprɛʃənɪst] N impressionista m/f
impressive [ɪmˈprɛsɪv] ADJ impressionante
imprint [ˈɪmprɪnt] N impressão f, marca; (Publishing) nome m (da coleção)
imprinted [ɪmˈprɪntɪd] ADJ: **~ on** imprimido em; (fig) gravado em
imprison [ɪmˈprɪzn] VT encarcerar
imprisonment [ɪmˈprɪznmənt] N prisão f
improbable [ɪmˈprɔbəbl] ADJ improvável; (story) inverossímil (BR), inverosímil (PT)
impromptu [ɪmˈprɔmptjuː] ADJ improvisado ▸ ADV de improviso
improper [ɪmˈprɔpəʳ] ADJ (unsuitable) impróprio; (dishonest) desonesto; (unseemly) indecoroso; (indecent) indecente
impropriety [ɪmprəˈpraɪətɪ] N falta de decoro, inconveniência; (indecency) indecência; (of language) impropriedade f
improve [ɪmˈpruːv] VT melhorar ▸ VI melhorar; (pupils) progredir
  ▸ **improve on, improve upon** VT FUS melhorar
improvement [ɪmˈpruːvmənt] N melhora; (of pupils) progresso; **to make ~s to** melhorar
improvisation [ɪmprəvaɪˈzeɪʃən] N improvisação f
improvise [ˈɪmprəvaɪz] VT, VI improvisar
imprudence [ɪmˈpruːdns] N imprudência
imprudent [ɪmˈpruːdnt] ADJ imprudente
impudent [ˈɪmpjudnt] ADJ insolente, impudente
impugn [ɪmˈpjuːn] VT impugnar, contestar
impulse [ˈɪmpʌls] N impulso, ímpeto; (Elec) impulso; **to act on ~** agir sem pensar or num impulso
impulse buy N compra por impulso
impulsive [ɪmˈpʌlsɪv] ADJ impulsivo
impunity [ɪmˈpjuːnɪtɪ] N: **with ~** impunemente
impure [ɪmˈpjuəʳ] ADJ (adulterated) adulterado; (not pure) impuro
impurity [ɪmˈpjuərɪtɪ] N impureza
IN (US) ABBR (Post) = **Indiana**

(KEYWORD)

in [ɪn] PREP **1** (*indicating place, position*) em; **in the house/garden** na casa/no jardim; **I have the money in my hand** estou com o dinheiro na mão; **in here/there** aqui dentro/lá dentro
2 (*with place names: of town, country, region*) em; **in London** em Londres; **in England/Japan/Canada/the United States** na Inglaterra/no Japão/no Canadá/nos Estados Unidos; **in Rio** no Rio
3 (*indicating time: during*) em; **in spring/autumn** na primavera/no outono; **in 1988** em 1988; **in May** em maio; **I'll see you in July** até julho; **in the morning** de manhã; **at 4 o'clock in the afternoon** às 4 da tarde
4 (*indicating time: in the space of*) em; **I did it in 3 hours/days** fiz isto em 3 horas/dias; **in 2 weeks, in 2 weeks' time** daqui a 2 semanas
5 (*indicating manner etc*): **in a loud/soft voice** em voz alta/numa voz suave; **written in pencil/ink** escrito a lápis/à caneta; **in English/Portuguese** em inglês/português; **the boy in the blue shirt** o menino de camisa azul
6 (*indicating circumstances*): **in the sun** ao or sob o sol; **in the rain** na chuva; **a rise in prices** um aumento nos preços
7 (*indicating mood, state*): **in tears** aos prantos; **in anger/despair** com raiva/desesperado; **in good condition** em boas condições; **to live in luxury** viver no luxo
8 (*with ratios, numbers*): **1 in 10** 1 em 10, 1 em cada 10; **20 pence in the pound** vinte pênis numa libra; **they lined up in twos** eles se alinharam dois a dois
9 (*referring to people, works*) em; **in (the works of)** Dickens nas obras de Dickens
10 (*indicating profession etc*): **to be in teaching/publishing** ser professor/trabalhar numa editora
11 (*after superl*): **the best pupil in the class** o melhor aluno da classe; **the biggest/smallest in Europe** o maior/menor na Europa
12 (*with present participle*): **in saying this** ao dizer isto
▶ ADV: **to be in** (*person: at home*) estar em casa; (: *at work*) estar no trabalho; (*fashion*) estar na moda; (*ship, plane, train*): **it's in** chegou; **is he in?** ele está?; **to ask sb in** convidar alguém para entrar; **to run/limp** *etc* **in** entrar correndo/mancando *etc*
▶ N: **the ins and outs** (*of proposal, situation etc*) os cantos e recantos, os pormenores

in. ABBR = **inch**
inability [ɪnə'bɪlɪtɪ] N: ~ **(to do)** incapacidade *f* (de fazer); ~ **to pay** impossibilidade de pagar
inaccessible [ɪnək'sɛsɪbl] ADJ inacessível
inaccuracy [ɪn'ækjurəsɪ] N inexatidão *f*, imprecisão *f*

181 | **in – incarnate**

inaccurate [ɪn'ækjurət] ADJ inexato, impreciso
inaction [ɪn'ækʃən] N inação *f*
inactivity [ɪnæk'tɪvɪtɪ] N inatividade *f*
inadequacy [ɪn'ædɪkwəsɪ] ADJ (*insufficiency*) insuficiência
inadequate [ɪn'ædɪkwət] ADJ (*insufficient*) insuficiente; (*unsuitable*) inadequado; (*person*) impróprio
inadmissible [ɪnəd'mɪsəbl] ADJ inadmissível
inadvertent [ɪnəd'vəːtənt] ADJ (*mistake*) cometido sem querer
inadvertently [ɪnəd'vəːtntlɪ] ADV inadvertidamente, sem querer
inadvisable [ɪnəd'vaɪzəbl] ADJ desaconselhável, inoportuno
inane [ɪ'neɪn] ADJ tolo; (*fatuous*) vazio
inanimate [ɪn'ænɪmət] ADJ inanimado
inapplicable [ɪn'æplɪkəbl] ADJ inaplicável
inappropriate [ɪnə'prəuprɪət] ADJ inadequado; (*word, expression*) impróprio
inapt [ɪn'æpt] ADJ inapto
inaptitude [ɪn'æptɪtjuːd] N incapacidade *f*, inaptidão *f*
inarticulate [ɪnɑː'tɪkjulət] ADJ (*person*) incapaz de expressar-se (bem); (*speech*) inarticulado
inasmuch as [ɪnəz'mʌtʃ-] ADV, CONJ (*given that*) visto que; (*since*) desde que, já que
inattention [ɪnə'tɛnʃən] N inatenção *f*
inattentive [ɪnə'tɛntɪv] ADJ desatento
inaudible [ɪn'ɔːdɪbl] ADJ inaudível
inaugural [ɪ'nɔːgjuərəl] ADJ (*speech*) inaugural; (: *of president*) de posse
inaugurate [ɪ'nɔːgjureɪt] VT inaugurar; (*president, official*) empossar
inauguration [ɪnɔːgju'reɪʃən] N inauguração *f*; (*of president, official*) posse *f*
inauspicious [ɪnɔːs'pɪʃəs] ADJ infausto
in-between [ɪn'bɪtwiːn] ADJ intermediário
inborn [ɪn'bɔːn] ADJ (*feeling*) inato; (*defect*) congênito
inbox ['ɪnbɔks] N (*Comput*) caixa de entrada; (US: *for papers*) cesta para correspondência de entrada
inbred [ɪn'brɛd] ADJ inato; (*family*) de procriação consanguínea
inbreeding [ɪn'briːdɪŋ] N endogamia
Inc. ABBR = **incorporated**
Inca ['ɪŋkə] ADJ (*also*: **Incan**) inca, incaico ▶ N inca *m/f*
incalculable [ɪn'kælkjuləbl] ADJ incalculável
incapability [ɪnkeɪpə'bɪlɪtɪ] N incapacidade *f*
incapable [ɪn'keɪpəbl] ADJ incapaz; ~ **of doing** incapaz de fazer
incapacitate [ɪnkə'pæsɪteɪt] VT incapacitar
incapacitated [ɪnkə'pæsɪteɪtɪd] ADJ (*Law*) incapacitado
incapacity [ɪnkə'pæsɪtɪ] N (*inability*) incapacidade *f*
incarcerate [ɪn'kɑːsəreɪt] VT encarcerar
incarnate [*adj* ɪn'kɑːnɪt, *vt* 'ɪnkɑːneɪt] ADJ encarnado, personificado ▶ VT encarnar

incarnation [ɪnkɑː'neɪʃən] N encarnação f
incendiary [ɪn'sɛndɪərɪ] ADJ incendiário ▶ N (*bomb*) bomba incendiária
incense [*n* 'ɪnsɛns, *vt* ɪn'sɛns] N incenso ▶ VT (*anger*) exasperar, enraivecer
incense burner N incensório
incentive [ɪn'sɛntɪv] N incentivo, estímulo
incentive scheme N plano de incentivos
inception [ɪn'sɛpʃən] N começo, início
incessant [ɪn'sɛsnt] ADJ incessante, contínuo
incessantly [ɪn'sɛsntlɪ] ADV constantemente
incest ['ɪnsɛst] N incesto
inch [ɪntʃ] N polegada (= 25 mm; 12 in a foot); **to be within an ~ of** estar a um passo de; **he didn't give an ~** ele não cedeu nem um milímetro
▶ **inch forward** VI avançar palmo a palmo
inch tape (*BRIT*) N fita métrica
incidence ['ɪnsɪdns] N (*of crime, disease*) incidência
incident ['ɪnsɪdnt] N incidente *m*, evento; (*in book*) episódio
incidental [ɪnsɪ'dɛntl] ADJ acessório, não essencial; (*unplanned*) acidental, casual; **~ expenses** despesas *fpl* adicionais
incidentally [ɪnsɪ'dɛntəlɪ] ADV (*by the way*) a propósito
incidental music N música de cena *or* de fundo
incinerate [ɪn'sɪnəreɪt] VT incinerar
incinerator [ɪn'sɪnəreɪtəʳ] N incinerador *m*
incipient [ɪn'sɪpɪənt] ADJ incipiente
incision [ɪn'sɪʒən] N incisão f
incisive [ɪn'saɪsɪv] ADJ (*mind*) penetrante, perspicaz; (*tone*) mordaz, sarcástico; (*remark etc*) incisivo
incisor [ɪn'saɪzəʳ] N incisivo
incite [ɪn'saɪt] VT (*rioters*) incitar; (*violence*) provocar
incl. ABBR = **including**; **inclusive**
inclement [ɪn'klɛmənt] ADJ (*weather*) inclemente
inclination [ɪnklɪ'neɪʃən] N (*tendency*) tendência; (*disposition*) inclinação f
incline [*n* 'ɪnklaɪn, *vt, vi* ɪn'klaɪn] N inclinação f, ladeira ▶ VT (*slope*) inclinar; (*head*) curvar, inclinar ▶ VI inclinar-se; **to be ~d to** (*tend*) tender a, ser propenso a; (*be willing*) estar disposto a
include [ɪn'kluːd] VT incluir; **the service is/is not ~d** o serviço está/não está incluído
including [ɪn'kluːdɪŋ] PREP inclusive; **~ tip** gorjeta incluída
inclusion [ɪn'kluːʒən] N inclusão f
inclusive [ɪn'kluːsɪv] ADJ incluído, incluso
▶ ADV inclusive; **~ of** incluindo; **£50 ~ of all surcharges** £50, incluídas todas as sobretaxas
inclusive terms (*BRIT*) NPL preço global
incognito [ɪnkɔg'niːtəu] ADV incógnito
incoherent [ɪnkəu'hɪərənt] ADJ incoerente
income ['ɪŋkʌm] N (*earnings*) renda, rendimentos *mpl*; (*unearned*) renda; (*profit*) lucro; **gross/net ~** renda bruta/líquida; **~ and expenditure account** conta de receitas e despesas
income bracket N faixa salarial
income tax N imposto de renda (*BR*), imposto complementar (*PT*)
income tax inspector N fiscal *m/f* do imposto de renda
income tax return N declaração f do imposto de renda
incoming ['ɪnkʌmɪŋ] ADJ (*flight, passenger*) de chegada; (*mail*) de entrada; (*government, tenant*) novo; **~ tide** maré enchente
incommunicado [ɪnkəmjunɪ'kɑːdəu] ADJ incomunicável
incomparable [ɪn'kɔmpərəbl] ADJ incomparável
incompatible [ɪnkəm'pætɪbl] ADJ incompatível
incompetence [ɪn'kɔmpɪtəns] N incompetência
incompetent [ɪn'kɔmpɪtənt] ADJ incompetente
incomplete [ɪnkəm'pliːt] ADJ incompleto; (*unfinished*) por terminar
incomprehensible [ɪnkɔmprɪ'hɛnsɪbl] ADJ incompreensível
inconceivable [ɪnkən'siːvəbl] ADJ inconcebível
inconclusive [ɪnkən'kluːsɪv] ADJ inconclusivo; (*argument*) pouco convincente
incongruous [ɪn'kɔŋgruəs] ADJ (*foolish*) ridículo, absurdo; (*situation, figure*) incongruente; (*remark, act*) impróprio
inconsequential [ɪnkɔnsɪ'kwɛnʃl] ADJ sem importância
inconsiderable [ɪnkən'sɪdərəbl] ADJ: **not ~** importante
inconsiderate [ɪnkən'sɪdərət] ADJ sem consideração; **how ~ of him!** que falta de consideração (de sua parte)!
inconsistency [ɪnkən'sɪstənsɪ] N inconsistência
inconsistent [ɪnkən'sɪstnt] ADJ inconsistente; **~ with** (*beliefs*) incompatível com
inconsolable [ɪnkən'səuləbl] ADJ inconsolável
inconspicuous [ɪnkən'spɪkjuəs] ADJ modesto, discreto; (*more intensely: modest*) modesto; **to make o.s. ~** não chamar a atenção
inconstant [ɪn'kɔnstnt] ADJ inconstante
incontinence [ɪn'kɔntɪnəns] N incontinência
incontinent [ɪn'kɔntɪnənt] ADJ incontinente
incontrovertible [ɪnkɔntrə'vəːtəbl] ADJ incontestável
inconvenience [ɪnkən'viːnjəns] N (*quality*) inconveniência; (*problem*) inconveniente *m*
▶ VT incomodar; **don't ~ yourself** não se incomode
inconvenient [ɪnkən'viːnjənt] ADJ inconveniente, incômodo; (*time, place*) inoportuno; **that time is very ~ for me** esse horário me é muito inconveniente

incorporate [ɪnˈkɔːpəreɪt] VT incorporar; (*contain*) compreender; (*add*) incluir
incorporated company [ɪnˈkɔːpəreɪtɪd-] (US) N ≈ sociedade *f* anônima
incorrect [ɪnkəˈrɛkt] ADJ incorreto
incorrigible [ɪnˈkɔrɪdʒɪbl] ADJ incorrigível
incorruptible [ɪnkəˈrʌptɪbl] ADJ incorruptível; (*not open to bribes*) insubornável
increase [*n* ˈɪnkriːs, *vi*, *vt* ɪnˈkriːs] N aumento ▶ VI, VT aumentar; **an ~ of 5%** um aumento de 5%; **to be on the ~** estar em crescimento *or* alta
increasing [ɪnˈkriːsɪŋ] ADJ (*number*) crescente, em aumento
increasingly [ɪnˈkriːsɪŋlɪ] ADV (*more intensely*) progressivamente; (*more often*) cada vez mais
incredible [ɪnˈkrɛdɪbl] ADJ inacreditável; (*enormous*) incrível
incredulous [ɪnˈkrɛdjuləs] ADJ incrédulo
increment [ˈɪnkrɪmənt] N aumento, incremento
incriminate [ɪnˈkrɪmɪneɪt] VT incriminar
incriminating [ɪnˈkrɪmɪneɪtɪŋ] ADJ incriminador(a)
incubate [ˈɪnkjubeɪt] VT, VI incubar
incubation [ɪnkjuˈbeɪʃən] N incubação *f*
incubation period N período de incubação
incubator [ˈɪnkjubeɪtə^r] N incubadora; (*for eggs*) chocadeira
inculcate [ˈɪnkʌlkeɪt] VT: **to ~ sth in sb** inculcar algo a alguém
incumbent [ɪnˈkʌmbənt] N titular *m/f* ▶ ADJ: **it is ~ on him to ...** cabe a ele ...
incur [ɪnˈkəː^r] VT incorrer em; (*expenses*) contrair
incurable [ɪnˈkjuərəbl] ADJ incurável; (*fig*) irremediável
incursion [ɪnˈkəːʃən] N incursão *f*
indebted [ɪnˈdɛtɪd] ADJ: **to be ~ to sb** estar em dívida com alguém, dever obrigação a alguém
indecency [ɪnˈdiːsnsɪ] N indecência
indecent [ɪnˈdiːsnt] ADJ indecente
indecent assault (BRIT) N atentado contra o pudor
indecent exposure N exibição *f* obscena, exibicionismo
indecipherable [ɪndɪˈsaɪfərəbl] ADJ indecifrável
indecision [ɪndɪˈsɪʒən] N indecisão *f*
indecisive [ɪndɪˈsaɪsɪv] ADJ indeciso; (*discussion*) inconcludente, sem resultados
indeed [ɪnˈdiːd] ADV de fato; (*certainly*) certamente; (*furthermore*) aliás; **yes ~!** claro que sim!
indefatigable [ɪndɪˈfætɪɡəbl] ADJ incansável
indefensible [ɪndɪˈfɛnsɪbl] ADJ indefensível
indefinable [ɪndɪˈfaɪnəbl] ADJ indefinível
indefinite [ɪnˈdɛfɪnɪt] ADJ indefinido; (*uncertain*) impreciso; (*period*, *number*) indeterminado
indefinitely [ɪnˈdɛfɪnɪtlɪ] ADV (*wait*) indefinidamente

indelible [ɪnˈdɛlɪbl] ADJ indelével
indelicate [ɪnˈdɛlɪkɪt] ADJ (*tactless*) inábil; (*not polite*) indelicado, rude
indemnify [ɪnˈdɛmnɪfaɪ] VT indenizar, compensar
indemnity [ɪnˈdɛmnɪtɪ] N (*insurance*) garantia, seguro; (*compensation*) indenização *f*
indent [ɪnˈdɛnt] VT (*text*) recolher ▶ VI: **to ~ for sth** (*Comm*) encomendar algo
indentation [ɪndɛnˈteɪʃən] N entalhe *m*, recorte *m*; (*Typ*) parágrafo, recuo
indenture [ɪnˈdɛntʃə^r] N contrato de aprendizagem
independence [ɪndɪˈpɛndns] N independência
Independence Day N *ver nota*

> O dia da Independência (**Independence Day**) é a festa nacional dos Estados Unidos. Todo dia 4 de julho, os americanos comemoram a adoção, em 1776, da declaração de Independência escrita por Thomas Jefferson, que proclamava a separação das 13 colônias americanas da Grã-Bretanha.

independent [ɪndɪˈpɛndnt] ADJ independente; (*business*, *school*) privado; (*inquiry*) imparcial; **to become ~** tornar-se independente
independently [ɪndɪˈpɛndntlɪ] ADV independentemente
in-depth [ˈɪndɛpθ] ADJ aprofundado
indescribable [ɪndɪˈskraɪbəbl] ADJ indescritível
indestructible [ɪndɪˈstrʌktəbl] ADJ indestrutível
indeterminate [ɪndɪˈtəːmɪnɪt] ADJ indeterminado
index [ˈɪndɛks] N (*pl* **indexes**) (*in book*) índice *m*; (*in library etc*) catálogo; (*pl* **indices** [ˈɪndɪsiːz]) (*ratio*, *sign*) índice *m*, expoente *m*
index card N ficha de arquivo
indexed [ˈɪndɛkst] (US) ADJ = **index-linked**
index finger N dedo indicador
index-linked [-lɪŋkt] (BRIT) ADJ vinculado ao índice (do custo de vida)
India [ˈɪndɪə] N Índia
Indian [ˈɪndɪən] ADJ, N (*from India*) indiano(-a); (*American*, *Brazilian*) índio(-a); **Red ~** índio(-a) pele vermelha
Indian ink N tinta nanquim
Indian Ocean N: **the ~** o oceano Índico
Indian summer N (*fig*) veranico
India paper N papel *m* da China
India rubber N borracha
indicate [ˈɪndɪkeɪt] VT (*show*) sugerir; (*point to*) indicar; (*mention*) mencionar ▶ VI (BRIT *Aut*): **to ~ left/right** indicar para a esquerda/direita
indication [ɪndɪˈkeɪʃən] N indício, sinal *m*
indicative [ɪnˈdɪkətɪv] ADJ indicativo ▶ N (*Ling*) indicativo; **to be ~ of sth** ser sintomático de algo

indicator ['ɪndɪkeɪtəʳ] N indicador m; (Aut) pisca-pisca m
indices ['ɪndɪsiːz] NPL of **index**
indict [ɪnˈdaɪt] VT acusar
indictable [ɪnˈdaɪtəbl] ADJ (person) culpado; ~ **offence** crime sujeito às penas da lei
indictment [ɪnˈdaɪtmənt] N acusação f, denúncia
indifference [ɪnˈdɪfrəns] N indiferença
indifferent [ɪnˈdɪfrənt] ADJ indiferente; (quality) medíocre
indigenous [ɪnˈdɪdʒɪnəs] ADJ indígena, nativo
indigestible [ɪndɪˈdʒɛstɪbl] ADJ indigesto
indigestion [ɪndɪˈdʒɛstʃən] N indigestão f
indignant [ɪnˈdɪgnənt] ADJ: **to be ~ about sth/with sb** estar indignado com algo/alguém, indignar-se de algo/alguém
indignation [ɪndɪgˈneɪʃən] N indignação f
indignity [ɪnˈdɪgnɪtɪ] N indignidade f; (insult) ultraje m, afronta
indigo ['ɪndɪgəu] ADJ cor de anil inv ▶ N anil m
indirect [ɪndɪˈrɛkt] ADJ indireto
indirectly [ɪndɪˈrɛktlɪ] ADV indiretamente
indiscreet [ɪndɪˈskriːt] ADJ indiscreto; (rash) imprudente
indiscretion [ɪndɪˈskrɛʃən] N indiscrição f; imprudência
indiscriminate [ɪndɪˈskrɪmɪnət] ADJ indiscriminado
indispensable [ɪndɪˈspɛnsəbl] ADJ indispensável, imprescindível
indisposed [ɪndɪˈspəuzd] ADJ (unwell) indisposto
indisposition [ɪndɪspəˈzɪʃən] N (illness) mal-estar m, indisposição f
indisputable [ɪndɪˈspjuːtəbl] ADJ incontestável
indistinct [ɪndɪˈstɪŋkt] ADJ indistinto; (memory, noise) confuso, vago
indistinguishable [ɪndɪˈstɪŋwɪʃəbl] ADJ indistinguível
individual [ɪndɪˈvɪdjuəl] N indivíduo ▶ ADJ individual; (personal) pessoal; (characteristic) particular
individualist [ɪndɪˈvɪdjuəlɪst] N individualista m/f
individuality [ɪndɪvɪdjuˈælɪtɪ] N individualidade f
individually [ɪndɪˈvɪdjuəlɪ] ADV individualmente, particularmente
indivisible [ɪndɪˈvɪzɪbl] ADJ indivisível
Indo-China ['ɪndəu-] N Indochina
indoctrinate [ɪnˈdɔktrɪneɪt] VT doutrinar
indoctrination [ɪndɔktrɪˈneɪʃən] N doutrinação f
indolent ['ɪndələnt] ADJ indolente, preguiçoso
Indonesia [ɪndəˈniːzɪə] N Indonésia
Indonesian [ɪndəˈniːzɪən] ADJ indonésio ▶ N indonésio(-a); (Ling) indonésio
indoor ['ɪndɔːʳ] ADJ (inner) interno, interior; (inside) dentro de casa; (swimming pool) coberto; (games, sport) de salão
indoors [ɪnˈdɔːz] ADV em lugar fechado; (at home) em casa

indubitable [ɪnˈdjuːbɪtəbl] ADJ indubitável
induce [ɪnˈdjuːs] VT (Med) induzir; (bring about) causar, produzir; (provoke) provocar; **to ~ sb to do sth** induzir alguém a fazer algo
inducement [ɪnˈdjuːsmənt] N (incentive) incentivo
induct [ɪnˈdʌkt] VT instalar
induction [ɪnˈdʌkʃən] N (Med: of birth) indução f
induction course (BRIT) N curso de indução
indulge [ɪnˈdʌldʒ] VT (desire) satisfazer; (whim) condescender com; (person) comprazer; (child) fazer a vontade de ▶ VI: **to ~ in** entregar-se a, satisfazer-se com
indulgence [ɪnˈdʌldʒəns] N (of desire) satisfação f; (leniency) indulgência, tolerância
indulgent [ɪnˈdʌldʒənt] ADJ indulgente
industrial [ɪnˈdʌstrɪəl] ADJ industrial; (injury) de trabalho; (dispute) trabalhista
industrial action N greve f
industrial design N desenho industrial
industrial estate (BRIT) N zona industrial
industrialist [ɪnˈdʌstrɪəlɪst] N industrial m/f
industrialize [ɪnˈdʌstrɪəlaɪz] VT industrializar
industrial park (US) N = **industrial estate**
industrial relations NPL relações fpl industriais
industrial tribunal (BRIT) N ≈ tribunal m do trabalho
industrial unrest (BRIT) N agitação f operária
industrious [ɪnˈdʌstrɪəs] ADJ trabalhador(a); (student) aplicado
industry ['ɪndəstrɪ] N indústria; (diligence) aplicação f, diligência
inebriated [ɪˈniːbrɪeɪtɪd] ADJ embriagado, bêbado
inedible [ɪnˈɛdɪbl] ADJ não-comestível
ineffective [ɪnɪˈfɛktɪv] ADJ ineficaz
ineffectual [ɪnɪˈfɛktʃuəl] ADJ = **ineffective**
inefficiency [ɪnɪˈfɪʃənsɪ] N ineficiência
inefficient [ɪnɪˈfɪʃənt] ADJ ineficiente
inelegant [ɪnˈɛlɪgənt] ADJ deselegante
ineligible [ɪnˈɛlɪdʒɪbl] ADJ (candidate) inelegível; **to be ~ for sth** não estar qualificado para algo
inept [ɪˈnɛpt] ADJ inepto
ineptitude [ɪˈnɛptɪtjuːd] N inépcia, incompetência
inequality [ɪnɪˈkwɔlɪtɪ] N desigualdade f
inequitable [ɪnˈɛkwɪtəbl] ADJ injusto, iníquo
ineradicable [ɪnɪˈrædɪkəbl] ADJ inerradicável
inert [ɪˈnəːt] ADJ inerte; (immobile) imóvel
inertia [ɪˈnəːʃə] N inércia; (laziness) lerdeza
inertia-reel seat belt N cinto de segurança retrátil
inescapable [ɪnɪˈskeɪpəbl] ADJ inevitável
inessential [ɪnɪˈsɛnʃl] ADJ desnecessário
inestimable [ɪnˈɛstɪməbl] ADJ inestimável, incalculável
inevitable [ɪnˈɛvɪtəbl] ADJ inevitável; (necessary) forçoso, necessário
inevitably [ɪnˈɛvɪtəblɪ] ADV inevitavelmente
inexact [ɪnɪgˈzækt] ADJ inexato

inexcusable [ɪnɪks'kjuːzəbl] ADJ imperdoável, indesculpável
inexhaustible [ɪnɪg'zɔːstɪbl] ADJ inesgotável, inexaurível
inexorable [ɪn'ɛksərəbl] ADJ inexorável
inexpensive [ɪnɪk'spɛnsɪv] ADJ barato, econômico
inexperience [ɪnɪk'spɪərɪəns] N inexperiência, falta de experiência
inexperienced [ɪnɪk'spɪərɪənst] ADJ inexperiente
inexplicable [ɪnɪk'splɪkəbl] ADJ inexplicável
inexpressible [ɪnɪk'sprɛsɪbl] ADJ inexprimível
inextricable [ɪnɪk'strɪkəbl] ADJ inextricável
infallibility [ɪnfælə'bɪlɪtɪ] N infalibilidade f
infallible [ɪn'fælɪbl] ADJ infalível
infamous ['ɪnfəməs] ADJ infame, abominável
infamy ['ɪnfəmɪ] N infâmia
infancy ['ɪnfənsɪ] N infância
infant ['ɪnfənt] N (baby) bebê m; (young child) criança
infantile ['ɪnfəntaɪl] ADJ infantil; (pej) acriançado
infant mortality N mortalidade f infantil
infantry ['ɪnfəntrɪ] N infantaria
infantryman ['ɪnfəntrɪmən] (irreg: like **man**) N soldado de infantaria
infant school (BRIT) N pré-escola
infatuated [ɪn'fætjueɪtɪd] ADJ: ~ **with** apaixonado por
infatuation [ɪnfætju'eɪʃən] N gamação f, paixão f louca
infect [ɪn'fɛkt] VT (wound) infeccionar, infetar; (person) contagiar; (food) contaminar; (fig: pej) corromper, contaminar; ~**ed with** (illness) contagiado por; **to become ~ed** (wound) infeccionar(-se), infetar(-se)
infection [ɪn'fɛkʃən] N infecção f; (fig) contágio
infectious [ɪn'fɛkʃəs] ADJ contagioso; (fig) infeccioso
infer [ɪn'fəːʳ] VT deduzir, inferir
inference ['ɪnfərəns] N dedução f, inferência
inferior [ɪn'fɪərɪəʳ] ADJ inferior; (goods) de qualidade inferior ▶ N inferior m/f; (in rank) subalterno(-a); **to feel ~** sentir-se inferior
inferiority [ɪnfɪərɪ'ɔrətɪ] N inferioridade f
inferiority complex N complexo de inferioridade
infernal [ɪn'fəːnl] ADJ infernal
infernally [ɪn'fəːnəlɪ] ADV (very) muito
inferno [ɪn'fəːnəu] N inferno; (fig) inferno de chamas
infertile [ɪn'fəːtaɪl] ADJ infértil; (person, animal) estéril
infertility [ɪnfə'tɪlɪtɪ] N infertilidade f; (of person, animal) esterilidade f
infested [ɪn'fɛstɪd] ADJ: ~ (**with**) infestado (de), assolado (por)
infidelity [ɪnfɪ'dɛlɪtɪ] N infidelidade f
in-fighting N lutas fpl internas, conflitos mpl internos
infiltrate ['ɪnfɪltreɪt] VT (troops etc) infiltrar-se em ▶ VI infiltrar-se

infinite ['ɪnfɪnɪt] ADJ infinito; (time, money) ilimitado
infinitely ['ɪnfɪnɪtlɪ] ADV infinitamente
infinitesimal [ɪnfɪnɪ'tɛsɪməl] ADJ infinitésimo
infinitive [ɪn'fɪnɪtɪv] N infinitivo
infinity [ɪn'fɪnɪtɪ] N (also Math) infinito; (an infinity) infinidade f
infirm [ɪn'fəːm] ADJ enfermo, fraco
infirmary [ɪn'fəːmərɪ] N enfermaria, hospital m
infirmity [ɪn'fəːmɪtɪ] N fraqueza; (illness) enfermidade f, achaque m
inflame [ɪn'fleɪm] VT inflamar
inflamed [ɪn'fleɪmd] ADJ inflamado
inflammable [ɪn'flæməbl] (BRIT) ADJ inflamável
inflammation [ɪnflə'meɪʃən] N inflamação f
inflammatory [ɪn'flæmətərɪ] ADJ (speech) incendiário
inflatable [ɪn'fleɪtəbl] ADJ inflável
inflate [ɪn'fleɪt] VT (tyre, balloon) inflar, encher; (price) inflar
inflated [ɪn'fleɪtɪd] ADJ (style) empolado, pomposo; (value) excessivo
inflation [ɪn'fleɪʃən] N (Econ) inflação f
inflationary [ɪn'fleɪʃənərɪ] ADJ inflacionário
inflexible [ɪn'flɛksɪbl] ADJ inflexível
inflict [ɪn'flɪkt] VT: **to ~ sth on sb** infligir algo em alguém; (tax etc) impor algo a alguém
infliction [ɪn'flɪkʃən] N imposição f, inflição f
in-flight ADJ (refuelling) em voo; (movie) exibido durante o voo; (service) de bordo
inflow ['ɪnfləu] N afluência
influence ['ɪnfluəns] N influência ▶ VT influir em, influenciar; (persuade) persuadir; **under the ~ of alcohol** sob o efeito do álcool
influential [ɪnflu'ɛnʃl] ADJ influente
influenza [ɪnflu'ɛnzə] N gripe f
influx ['ɪnflʌks] N (of refugees) afluxo; (of funds) influxo
infomercial ['ɪnfəuməːʃl] (US) N (for product) infomercial m
inform [ɪn'fɔːm] VT: **to ~ sb of sth** informar alguém de algo; (warn) avisar alguém de algo; (communicate) comunicar algo a alguém ▶ VI: **to ~ on sb** delatar alguém; **to ~ sb about** informar alguém sobre
informal [ɪn'fɔːml] ADJ informal; (visit, discussion) extraoficial; (intimate) familiar; **"dress ~"** "traje de passeio"
informality [ɪnfɔː'mælɪtɪ] N falta de cerimônia; (intimacy) intimidade f; (familiarity) familiaridade f; (ease) informalidade f
informally [ɪn'fɔːməlɪ] ADV sem formalidade; (unofficially) não oficialmente
informant [ɪn'fɔːmənt] N informante m/f; (to police) delator(a) m/f
information [ɪnfə'meɪʃən] N informação f, informações fpl; (news) notícias fpl; (knowledge) conhecimento; **a piece of ~**

uma informação; **for your ~** para a sua informação, para o seu governo
information bureau N balcão m de informações
information office N escritório de informações
information processing N processamento de informações
information retrieval N recuperação f de informações
information technology N informática
informative [ɪnˈfɔːmətɪv] ADJ informativo
informed [ɪnˈfɔːmd] ADJ informado; **an ~ guess** um palpite baseado em conhecimento dos fatos
informer [ɪnˈfɔːməʳ] N delator(a) m/f
infra dig [ˈɪnfrə-] (*inf*) ADJ ABBR (= *infra dignitatem*) abaixo da minha (*or* sua *etc*) dignidade
infra-red [ˈɪnfrə-] ADJ infravermelho
infrastructure [ˈɪnfrəstrʌktʃəʳ] N infraestrutura
infrequent [ɪnˈfriːkwənt] ADJ infrequente
infringe [ɪnˈfrɪndʒ] VT infringir, transgredir ▶ VI: **to ~ on** violar
infringement [ɪnˈfrɪndʒmənt] N transgressão f; (*of rights*) violação f; (*Sport*) infração f
infuriate [ɪnˈfjuərɪeɪt] VT enfurecer, enraivecer
infuriating [ɪnˈfjuərɪeɪtɪŋ] ADJ de dar raiva, enfurecedor(a)
infuse [ɪnˈfjuːz] VT: **to ~ sb with sth** (*fig*) inspirar *or* infundir algo em alguém
infusion [ɪnˈfjuːʒən] N (*tea etc*) infusão f
ingenious [ɪnˈdʒiːnjəs] ADJ engenhoso
ingenuity [ɪndʒɪˈnjuːɪtɪ] N engenho, habilidade f
ingenuous [ɪnˈdʒɛnjuəs] ADJ ingênuo
ingot [ˈɪŋɡət] N lingote m
ingrained [ɪnˈɡreɪnd] ADJ arraigado, enraizado
ingratiate [ɪnˈɡreɪʃɪeɪt] VT: **to ~ o.s. with** cair nas (boas) graças de
ingratiating [ɪnˈɡreɪʃɪeɪtɪŋ] ADJ insinuante
ingratitude [ɪnˈɡrætɪtjuːd] N ingratidão f
ingredient [ɪnˈɡriːdɪənt] N ingrediente m; (*of situation*) fator m
ingrowing toenail [ˈɪnɡrəʊɪŋ-], **ingrown toenail** [ˈɪnɡrəʊn-] N unha encravada
inhabit [ɪnˈhæbɪt] VT habitar; (*occupy*) ocupar
inhabitable [ɪnˈhæbɪtəbl] ADJ habitável
inhabitant [ɪnˈhæbɪtənt] N habitante m/f
inhale [ɪnˈheɪl] VT inalar ▶ VI (*in smoking*) tragar
inhaler [ɪnˈheɪləʳ] N inalador m
inherent [ɪnˈhɪərənt] ADJ: **~ in** *or* **to** inerente a
inherently [ɪnˈhɪərəntlɪ] ADV inerentemente, em si
inherit [ɪnˈhɛrɪt] VT herdar
inheritance [ɪnˈhɛrɪtəns] N herança; (*fig*) patrimônio
inhibit [ɪnˈhɪbɪt] VT inibir; **to ~ sb from doing sth** impedir alguém de fazer algo

inhibited [ɪnˈhɪbɪtɪd] ADJ inibido
inhibiting [ɪnˈhɪbɪtɪŋ] ADJ constrangedor(a)
inhibition [ɪnhɪˈbɪʃən] N inibição f
inhospitable [ɪnhɔsˈpɪtəbl] ADJ (*person*) inospitaleiro; (*place*) inóspito
inhuman [ɪnˈhjuːmən] ADJ inumano, desumano
inhumane [ɪnhjuːˈmeɪn] ADJ desumano
inimitable [ɪˈnɪmɪtəbl] ADJ inimitável
iniquity [ɪˈnɪkwɪtɪ] N iniquidade f; (*injustice*) injustiça
initial [ɪˈnɪʃl] ADJ inicial; (*first*) primeiro ▶ N inicial f ▶ VT marcar com iniciais; **initials** NPL (*of name*) iniciais fpl; (*abbreviation*) abreviatura, sigla
initialize [ɪˈnɪʃəlaɪz] VT (*Comput*) inicializar
initially [ɪˈnɪʃəlɪ] ADV inicialmente, no início; (*first*) primeiramente
initiate [ɪˈnɪʃɪeɪt] VT (*start*) iniciar, começar; (*person*) iniciar; **to ~ sb into a secret** revelar um segredo a alguém; **to ~ proceedings against sb** (*Law*) abrir um processo contra alguém
initiation [ɪnɪʃɪˈeɪʃən] N (*into secret etc*) iniciação f; (*beginning*) começo, início
initiative [ɪˈnɪʃətɪv] N iniciativa; **to take the ~** tomar a iniciativa
inject [ɪnˈdʒɛkt] VT (*liquid, fig: money*) injetar; (*person*) dar uma injeção em; (*fig: put in*) introduzir
injection [ɪnˈdʒɛkʃən] N injeção f; **to have an ~** tomar uma injeção
injudicious [ɪndʒuˈdɪʃəs] ADJ imprudente
injunction [ɪnˈdʒʌŋkʃən] N injunção f, ordem f
injure [ˈɪndʒəʳ] VT ferir; (*damage: reputation etc*) prejudicar; (*offend*) ofender, magoar; **to ~ o.s.** ferir-se
injured [ˈɪndʒəd] ADJ (*person, leg*) ferido; (*feelings*) ofendido, magoado; **~ party** (*Law*) parte f lesada
injurious [ɪnˈdʒuərɪəs] ADJ: **~ (to)** prejudicial (a)
injury [ˈɪndʒərɪ] N ferida; (*wrong*) dano, prejuízo; **to escape without ~** escapar ileso
injury time N (*Sport*) desconto
injustice [ɪnˈdʒʌstɪs] N injustiça; **to do sb an ~** fazer mau juízo de alguém
ink [ɪŋk] N tinta
ink-jet printer N impressora a tinta
inkling [ˈɪŋklɪŋ] N suspeita; (*idea*): **to have an ~ of** ter uma vaga ideia de
ink pad N almofada de tinta
inky [ˈɪŋkɪ] ADJ manchado de tinta
inlaid [ˈɪnleɪd] ADJ (*with gems*) incrustado; (*table etc*) marchetado
inland [*adj* ˈɪnlənd, *adv* ɪnˈlænd] ADJ interior, interno ▶ ADV para o interior; **~ waterways** hidrovias fpl
Inland Revenue (BRIT) N ≈ fisco, ≈ receita federal (BR)
in-laws NPL sogros mpl
inlet [ˈɪnlɛt] N (*Geo*) enseada, angra; (*Tech*) entrada

inlet pipe N tubo de admissão
inmate ['ɪnmeɪt] N (*in prison*) presidiário(-a); (*in asylum*) internado(-a)
inmost ['ɪnməʊst] ADJ mais íntimo
inn [ɪn] N hospedaria, taberna
innards ['ɪnədʒ] (*inf*) NPL entranhas *fpl*
innate [ɪ'neɪt] ADJ inato
inner ['ɪnə^r] ADJ (*place*) interno; (*feeling*) interior
inner city N aglomeração *f* urbana, metrópole *f*
innermost ['ɪnəməʊst] ADJ mais íntimo
inner tube N (*of tyre*) câmara de ar
innings ['ɪnɪŋz] N (*Sport*) turno; (*BRIT fig*): **he's had a good ~** ele aproveitou bem a vida
innocence ['ɪnəsns] N inocência
innocent ['ɪnəsnt] ADJ inocente
innocuous [ɪ'nɔkjuəs] ADJ inócuo
innovation [ɪnəʊ'veɪʃən] N inovação *f*, novidade *f*
innuendo [ɪnju'ɛndəʊ] (*pl* **innuendoes**) N insinuação *f*, indireta
innumerable [ɪ'nju:mrəbl] ADJ incontável
inoculate [ɪ'nɔkjuleɪt] VT: **to ~ sb with sth** inocular algo em alguém; **to ~ sb against sth** vacinar alguém contra algo
inoculation [ɪnɔkju'leɪʃən] N inoculação *f*, vacinação *f*
inoffensive [ɪnə'fɛnsɪv] ADJ inofensivo
inopportune [ɪn'ɔpətju:n] ADJ inoportuno
inordinate [ɪn'ɔ:dɪnət] ADJ desmesurado, excessivo
inordinately [ɪ'nɔ:dɪnətlɪ] ADV desmedidamente, excessivamente
inorganic [ɪnɔ:'gænɪk] ADJ inorgânico
in-patient N paciente *m/f* interno(-a)
input ['ɪnpʊt] N (*information*, *Comput*) entrada; (*resources*) investimento ▶ VT (*Comput*) entrar com
inquest ['ɪnkwɛst] N inquérito policial; (*coroner's*) inquérito judicial
inquire [ɪn'kwaɪə^r] VI pedir informação ▶ VT (*ask*) perguntar; **to ~ when/where/whether** perguntar quando/onde/se
▶ **inquire after** VT FUS (*person*) perguntar por
▶ **inquire into** VT FUS investigar, indagar
inquiring [ɪn'kwaɪərɪŋ] ADJ (*mind*) inquiridor(a); (*look*) interrogativo
inquiry [ɪn'kwaɪərɪ] N pergunta; (*Law*) investigação *f*, inquérito; (*commission*) comissão *f* de inquérito; **to hold an ~ into sth** realizar uma investigação sobre algo
inquiry desk (*BRIT*) N balcão *m* de informações
inquiry office (*BRIT*) N seção *f* de informações
inquisition [ɪnkwɪ'zɪʃən] N inquérito; (*Rel*): **the I~** a Inquisição
inquisitive [ɪn'kwɪzɪtɪv] ADJ (*curious*) curioso, perguntador(a); (*prying*) indiscreto, intrometido
inroads ['ɪnrəʊdz] NPL: **to make ~ into** (*savings*, *supplies*) consumir parte de
ins. ABBR = **inches**

insane [ɪn'seɪn] ADJ louco, doido; (*Med*) demente, insano
insanitary [ɪn'sænɪtərɪ] ADJ insalubre
insanity [ɪn'sænɪtɪ] N loucura; (*Med*) insanidade *f*, demência
insatiable [ɪn'seɪʃəbl] ADJ insaciável
inscribe [ɪn'skraɪb] VT inscrever; (*book etc*): **to ~ (to sb)** dedicar (a alguém)
inscription [ɪn'skrɪpʃən] N inscrição *f*; (*in book*) dedicatória
inscrutable [ɪn'skru:təbl] ADJ inescrutável, impenetrável
inseam measurement ['ɪnsi:m-] (*US*) N altura de entrepernas
insect ['ɪnsɛkt] N inseto
insect bite N picada de inseto
insecticide [ɪn'sɛktɪsaɪd] N inseticida *m*
insect repellent N repelente *m* contra insetos, insetífugo
insecure [ɪnsɪ'kjʊə^r] ADJ inseguro
insecurity [ɪnsɪ'kjʊərətɪ] N insegurança
insemination [ɪnsɛmɪ'neɪʃən] N: **artificial ~** inseminação *f* artificial
insensible [ɪn'sɛnsɪbl] ADJ impassível, insensível; (*unconscious*) inconsciente
insensitive [ɪn'sɛnsɪtɪv] ADJ insensível
insensitivity [ɪnsɛnsɪ'tɪvɪtɪ] N insensibilidade *f*
inseparable [ɪn'sɛprəbl] ADJ inseparável
insert [*vt* ɪn'sə:t, *n* 'ɪnsə:t] VT (*between things*) intercalar; (*into sth*) introduzir, inserir; (*in paper*) publicar; (: *advert*) pôr ▶ N folha solta
insertion [ɪn'sə:ʃən] N inserção *f*; (*publication*) publicação *f*; (*of pages*) matéria inserida
in-service ADJ (*training*) contínuo; (*course*) de aperfeiçoamento, de reciclagem
inshore [ɪn'ʃɔ:^r] ADJ perto da costa, costeiro ▶ ADV (*be*) perto da costa; (*move*) em direção à costa
inside ['ɪn'saɪd] N interior *m*; (*lining*) forro; (*of road*: *in Britain*) lado esquerdo (da estrada); (: *in US*, *Europe etc*) lado direito (da estrada) ▶ ADJ interior, interno; (*secret*) secreto ▶ ADV (*be*) dentro; (*go*) para dentro; (*inf*: *in prison*) na prisão ▶ PREP dentro de; (*of time*): **~ 10 minutes** em menos de 10 minutos; **insides** NPL (*inf*) entranhas *fpl*; **the ~ story** a verdade sobre os fatos
inside forward N (*Sport*) centro avante
inside information N informação *f* privilegiada
inside lane N (*Aut*: *in Britain*) pista da esquerda; (: *in US*, *Europe etc*) pista da direita
inside leg measurement (*BRIT*) N altura de entrepernas
inside out ADV ás avessas; (*know*) muito bem; **to turn sth ~** virar algo pelo avesso
insider [ɪn'saɪdə^r] N iniciado(-a)
insider dealing N (*Stock Exchange*) uso de informações privilegiadas
insidious [ɪn'sɪdɪəs] ADJ insidioso; (*underground*) clandestino

insight ['ɪnsaɪt] N (*into situation*) insight *m*; (*quality*) discernimento; **an ~ into sth** uma ideia de algo
insignia [ɪn'sɪgnɪə] N INV insígnias *fpl*
insignificant [ɪnsɪg'nɪfɪknt] ADJ insignificante
insincere [ɪnsɪn'sɪə^r] ADJ insincero
insincerity [ɪnsɪn'sɛrɪtɪ] N insinceridade *f*
insinuate [ɪn'sɪnjueɪt] VT insinuar
insinuation [ɪnsɪnju'eɪʃən] N insinuação *f*; (*hint*) indireta
insipid [ɪn'sɪpɪd] ADJ insípido, insosso; (*person*) sem graça
insist [ɪn'sɪst] VI insistir; **to ~ on doing** insistir em fazer; (*stubbornly*) teimar em fazer; **to ~ that** insistir que; (*claim*) cismar que
insistence [ɪn'sɪstəns] N insistência; (*stubbornness*) teimosia
insistent [ɪn'sɪstənt] ADJ insistente, pertinaz; (*continual*) persistente
insole ['ɪnsəul] N palmilha
insolence ['ɪnsələns] N insolência, atrevimento
insolent ['ɪnsələnt] ADJ insolente, atrevido
insoluble [ɪn'sɔljubl] ADJ insolúvel
insolvency [ɪn'sɔlvənsɪ] N insolvência
insolvent [ɪn'sɔlvənt] ADJ insolvente
insomnia [ɪn'sɔmnɪə] N insônia
insomniac [ɪn'sɔmnɪæk] N insone *m/f*
inspect [ɪn'spɛkt] VT inspecionar; (*building*) vistoriar; (BRIT: *tickets*) fiscalizar; (*troops*) passar revista em
inspection [ɪn'spɛkʃən] N inspeção *f*; (*of building*) vistoria; (BRIT: *of tickets*) fiscalização *f*
inspector [ɪn'spɛktə^r] N inspetor(a) *m/f*; (BRIT: *on buses, trains*) fiscal *m*
inspiration [ɪnspə'reɪʃən] N inspiração *f*
inspire [ɪn'spaɪə^r] VT inspirar
inspired [ɪn'spaɪəd] ADJ (*writer, book etc*) inspirado; **in an ~ moment** num momento de inspiração
inspiring [ɪn'spaɪərɪŋ] ADJ inspirador(a)
inst. (BRIT) ABBR (*Comm*) = **instant**
instability [ɪnstə'bɪlɪtɪ] N instabilidade *f*
install [ɪn'stɔ:l] VT instalar; (*official*) nomear
installation [ɪnstə'leɪʃən] N instalação *f*
installment [ɪn'stɔ:lmənt] (US) N = **instalment**
installment plan (US) N crediário
instalment [ɪn'stɔ:lmənt] (BRIT) N (*of money*) prestação *f*; (*of story*) fascículo; (*of TV serial etc*) capítulo; **in ~s** (*pay*) a prestações; (*receive*) em várias vezes
instance ['ɪnstəns] N (*example*) exemplo; (*case*) caso; **for ~** por exemplo; **in many ~s** em muitos casos; **in that ~** naquele caso; **in the first ~** em primeiro lugar
instant ['ɪnstənt] N instante *m*, momento ▶ ADJ imediato; (*coffee*) instantâneo; **of the 10th ~** (BRIT *Comm*) de 10 do corrente
instantaneous [ɪnstən'teɪnɪəs] ADJ instantâneo

instantly ['ɪnstəntlɪ] ADV imediatamente
instant message N mensagem *f* instantânea
instant messaging N sistema *m* de mensagens instantâneas
instant replay (US) N (TV) replay *m*
instead [ɪn'stɛd] ADV em vez disso; **~ of** em vez de, em lugar de
instep ['ɪnstɛp] N peito do pé; (*of shoe*) parte *f* de dentro
instigate ['ɪnstɪgeɪt] VT (*rebellion, strike*) fomentar; (*new ideas*) suscitar
instigation [ɪnstɪ'geɪʃən] N instigação *f*; **at sb's ~** por incitação de alguém
instil [ɪn'stɪl] VT: **to ~ sth (into)** infundir or incutir algo (em)
instinct ['ɪnstɪŋkt] N instinto
instinctive [ɪn'stɪŋktɪv] ADJ instintivo
instinctively [ɪn'stɪŋktɪvlɪ] ADV por instinto, instintivamente
institute ['ɪnstɪtjuːt] N instituto; (*professional body*) associação *f* ▶ VT (*inquiry*) começar, iniciar; (*proceedings*) instituir, estabelecer
institution [ɪnstɪ'tjuːʃən] N instituição *f*; (*beginning*) início; (*organization*) instituto; (*Med: home*) asilo; (*asylum*) manicômio; (*custom*) costume *m*
institutional [ɪnstɪ'tjuːʃənəl] ADJ institucional
instruct [ɪn'strʌkt] VT: **to ~ sb in sth** instruir alguém em or sobre algo; **to ~ sb to do sth** dar instruções a alguém para fazer algo
instruction [ɪn'strʌkʃən] N (*teaching*) instrução *f*; **instructions** NPL ordens *fpl*; **~s (for use)** modo de usar
instruction book N livro de instruções
instructive [ɪn'strʌktɪv] ADJ instrutivo
instructor [ɪn'strʌktə^r] N instrutor(a) *m/f*
instrument ['ɪnstrumənt] N instrumento
instrumental [ɪnstru'mɛntl] ADJ (*Mus*) instrumental; **to be ~ in** contribuir para
instrumentalist [ɪnstru'mɛntəlɪst] N instrumentalista *m/f*
instrument panel N painel *m* de instrumentos
insubordinate [ɪnsə'bɔːdənɪt] ADJ insubordinado
insubordination [ɪnsəbɔːdə'neɪʃən] N insubordinação *f*
insufferable [ɪn'sʌfrəbl] ADJ insuportável
insufficient [ɪnsə'fɪʃənt] ADJ insuficiente
insufficiently [ɪnsə'fɪʃəntlɪ] ADV insuficientemente
insular ['ɪnsjulə^r] ADJ insular; (*outlook*) estreito; (*person*) de mente limitada
insulate ['ɪnsjuleɪt] VT isolar; (*protect: person, group*) segregar
insulating tape ['ɪnsjuleɪtɪŋ-] N fita isolante
insulation [ɪnsju'leɪʃən] N isolamento
insulin ['ɪnsjulɪn] N insulina
insult [*n* 'ɪnsʌlt, *vt* ɪn'sʌlt] N insulto; (*offence*) ofensa ▶ VT insultar, ofender
insulting [ɪn'sʌltɪŋ] ADJ insultante, ofensivo
insuperable [ɪn'sjuːprəbl] ADJ insuperável

insurance [ɪnˈʃuərəns] N seguro; **fire/life ~** seguro contra incêndio/de vida; **to take out ~ (against)** segurar-se or fazer seguro (contra)
insurance agent N agente m/f de seguros
insurance broker N corretor(a) m/f de seguros
insurance company N seguradora
insurance policy N apólice f de seguro
insurance premium N prêmio de seguro
insure [ɪnˈʃuər] VT segurar; **to ~ sb/sb's life** segurar alguém/a vida de alguém; **to be ~d for £5000** estar segurado em £5000
insured [ɪnˈʃuəd] N: **the ~** o(-a) segurado/a
insurer [ɪnˈʃuərər] N (person) segurador(a) m/f; (company) seguradora
insurgent [ɪnˈsəːdʒənt] ADJ, N insurgente m/f
insurmountable [ɪnsəˈmauntəbl] ADJ insuperável
insurrection [ɪnsəˈrɛkʃən] N insurreição f
intact [ɪnˈtækt] ADJ intacto, íntegro; (unharmed) ileso, são e salvo
intake [ˈɪnteɪk] N (Tech) entrada, tomada; (: pipe) tubo de entrada; (of food) quantidade f ingerida; (BRIT Sch): **an ~ of 200 a year** 200 matriculados por ano
intangible [ɪnˈtændʒɪbl] ADJ intangível
integral [ˈɪntɪɡrəl] ADJ (whole) integral, total; (part) integrante, essencial
integrate [ˈɪntɪɡreɪt] VT integrar ▶ VI integrar-se
integrated circuit [ˈɪntɪɡreɪtɪd-] N (Comput) circuito integrado
integration [ɪntɪˈɡreɪʃən] N integração f; **racial ~** integração racial
integrity [ɪnˈtɛɡrɪtɪ] N integridade f, honestidade f, retidão f
intellect [ˈɪntəlɛkt] N intelecto; (cleverness) inteligência
intellectual [ɪntəˈlɛktjuəl] ADJ, N intelectual m/f
intelligence [ɪnˈtɛlɪdʒəns] N inteligência; (Mil etc) informações fpl
intelligence quotient N quociente m de inteligência
intelligence service N serviço de informações
intelligence test N teste m de inteligência
intelligent [ɪnˈtɛlɪdʒənt] ADJ inteligente
intelligently [ɪnˈtɛlɪdʒəntlɪ] ADV inteligentemente
intelligentsia [ɪntɛlɪˈdʒɛntsɪə] N: **the ~** a intelligentsia
intelligible [ɪnˈtɛlɪdʒɪbl] ADJ inteligível, compreensível
intemperate [ɪnˈtɛmpərət] ADJ imoderado; (with alcohol) intemperado
intend [ɪnˈtɛnd] VT (gift etc): **to ~ sth for** destinar algo a; **to ~ to do sth** tencionar or pretender fazer algo; (plan) planejar fazer algo
intended [ɪnˈtɛndɪd] ADJ (effect) desejado; (insult) intencional ▶ N noivo(-a)
intense [ɪnˈtɛns] ADJ intenso; (person) muito emotivo
intensely [ɪnˈtɛnslɪ] ADV intensamente; (very) extremamente
intensify [ɪnˈtɛnsɪfaɪ] VT intensificar; (increase) aumentar
intensity [ɪnˈtɛnsɪtɪ] N intensidade f; (of emotion) força, veemência
intensive [ɪnˈtɛnsɪv] ADJ intensivo
intensive care N: **to be in ~** estar na UTI
intensive care unit N unidade f de tratamento intensivo
intent [ɪnˈtɛnt] N intenção f ▶ ADJ (absorbed) absorto; (attentive) atento; **to be ~ on doing sth** estar resolvido a fazer algo; **to all ~s and purposes** para todos os efeitos
intention [ɪnˈtɛnʃən] N intenção f, propósito
intentional [ɪnˈtɛnʃənl] ADJ intencional, propositado
intentionally [ɪnˈtɛnʃənəlɪ] ADV de propósito
intently [ɪnˈtɛntlɪ] ADV atentamente
inter [ɪnˈtəːr] VT enterrar
interact [ɪntərˈækt] VI interagir
interaction [ɪntərˈækʃən] N interação f, ação f recíproca
interactive [ɪntərˈæktɪv] ADJ interativo
intercede [ɪntəˈsiːd] VI: **to ~ (with sb/on behalf of sb)** interceder (junto a alguém/em favor de alguém)
intercept [ɪntəˈsɛpt] VT interceptar; (person) deter
interception [ɪntəˈsɛpʃən] N interceptação f; (of person) detenção f
interchange [n ˈɪntətʃeɪndʒ, vt ɪntəˈtʃeɪndʒ] N intercâmbio; (exchange) troca, permuta; (on motorway) trevo ▶ VT intercambiar, trocar
interchangeable [ɪntəˈtʃeɪndʒəbl] ADJ permutável
intercity [ɪntəˈsɪtɪ], **intercity train** N expresso
intercom [ˈɪntəkɔm] N interfone m
interconnect [ɪntəkəˈnɛkt] VI interligar
intercontinental [ɪntəkɔntɪˈnɛntl] ADJ intercontinental
intercourse [ˈɪntəkɔːs] N (social) relacionamento; **sexual ~** relações fpl sexuais
interdependent [ɪntədɪˈpɛndənt] ADJ interdependente
interest [ˈɪntrɪst] N interesse m; (Comm: sum of money) juros mpl; (: in company) participação f ▶ VT interessar; **to be ~ed in** interessar-se por, estar interessado em; **compound/simple ~** juros compostos/simples; **British ~s in the Middle East** os interesses britânicos no Oriente Médio
interested [ˈɪntrɪstɪd] ADJ interessado; **to be ~ in** interessar-se por, estar interessado em
interest-free ADJ sem juros
interesting [ˈɪntrɪstɪŋ] ADJ interessante
interest rate N taxa de juros
interface [ˈɪntəfeɪs] N (Comput) interface f
interfere [ɪntəˈfɪər] VI: **to ~ in** (quarrel, other people's business) interferir or intrometer-se em; **to ~ with** (objects) mexer em; (hinder)

interference – into | 190

impedir; (*plans*) interferir em; **don't ~** não se meta
interference [ɪntə'fɪərəns] N intromissão f; (*Radio, TV*) interferência
interfering [ɪntə'fɪərɪŋ] ADJ intrometido
interim ['ɪntərɪm] ADJ interino, provisório ▶ N: **in the ~** neste ínterim, nesse meio tempo
interior [ɪn'tɪərɪə^r] N interior m ▶ ADJ interno; (*ministry*) do interior
interior decorator N decorador(a) m/f, arquiteto(-a) de interiores
interior designer N arquiteto(-a) de interiores
interject [ɪntə'dʒɛkt] VT inserir, interpor
interjection [ɪntə'dʒɛkʃən] N interrupção f; (*Ling*) interjeição f, exclamação f
interlock [ɪntə'lɔk] VI entrelaçar-se; (*wheels etc*) engatar-se, engrenar-se ▶ VT engrenar
interloper ['ɪntələupə^r] N intruso(-a)
interlude ['ɪntəlu:d] N interlúdio; (*rest*) descanso; (*Theatre*) intervalo
intermarry [ɪntə'mærɪ] VI ligar-se por casamento
intermediary [ɪntə'mi:dɪərɪ] N intermediário(-a)
intermediate [ɪntə'mi:dɪət] ADJ intermediário
interminable [ɪn'tə:mɪnəbl] ADJ interminável
intermission [ɪntə'mɪʃən] N intervalo
intermittent [ɪntə'mɪtnt] ADJ intermitente; (*publication*) periódico
intermittently [ɪntə'mɪtntlɪ] ADV intermitentemente, a intervalos
intern [*vt* ɪn'tə:n, *n* 'ɪntə:n] VT internar; (*enclose*) encerrar ▶ N (*US: in hospital*) médico interno/médica interna; (*on work placement*) estagiário(-a)
internal [ɪn'tə:nl] ADJ interno; **~ injuries** ferimentos *mpl* internos
internally [ɪn'tə:nəlɪ] ADV interiormente; **"not to be taken ~"** "uso externo"
Internal Revenue, (US) Internal Revenue Service N ≈ fisco, ≈ receita federal (BR)
international [ɪntə'næʃənl] ADJ internacional ▶ N (BRIT *Sport: game*) jogo internacional; (: *player*) jogador(a) m/f internacional
International Atomic Energy Agency N Agência Internacional de Energia Atômica
International Court of Justice N Corte f Internacional de Justiça
international date line N linha internacional de mudança de data
internationally [ɪntə'næʃnəlɪ] ADV internacionalmente
International Monetary Fund N Fundo Monetário Internacional
internecine [ɪntə'ni:saɪn] ADJ mutuamente destrutivo
internee [ɪntə:'ni:] N internado(-a)
Internet ['ɪntənɛt] N: **the ~** a Internet
Internet café N cibercafé m
Internet Service Provider N provedor de acesso à Internet

Internet user N internauta m/f
internment [ɪn'tə:nmənt] N internamento
interplay ['ɪntəpleɪ] N interação f
Interpol ['ɪntəpɔl] N Interpol m
interpret [ɪn'tə:prɪt] VT interpretar; (*translate*) traduzir ▶ VI interpretar
interpretation [ɪntə:prɪ'teɪʃən] N interpretação f; (*translation*) tradução f
interpreter [ɪn'tə:prɪtə^r] N intérprete m/f
interpreting [ɪn'tə:prɪtɪŋ] N (*profession*) interpretação f
interrelated [ɪntərɪ'leɪtɪd] ADJ inter-relacionado
interrogate [ɪn'tɛrəugeɪt] VT interrogar
interrogation [ɪntɛrə'geɪʃən] N interrogatório
interrogative [ɪntə'rɔgətɪv] ADJ interrogativo ▶ N (*Ling*) interrogativo
interrogator [ɪn'tɛrəgeɪtə^r] N interrogador(a) m/f
interrupt [ɪntə'rʌpt] VT, VI interromper
interruption [ɪntə'rʌpʃən] N interrupção f
intersect [ɪntə'sɛkt] VT cruzar ▶ VI (*roads*) cruzar-se
intersection [ɪntə'sɛkʃən] N intersecção f; (*of roads*) cruzamento
intersperse [ɪntə'spə:s] VT entremear; **to ~ with** entremear com *or* de
intertwine [ɪntə'twaɪn] VT entrelaçar ▶ VI entrelaçar-se
interval ['ɪntəvl] N intervalo; (BRIT *Sch*) recreio; (: *Theatre, Sport*) intervalo; **sunny ~s** (*in weather*) períodos de melhoria; **at ~s** a intervalos
intervene [ɪntə'vi:n] VI intervir; (*event*) ocorrer; (*time*) decorrer
intervention [ɪntə'vɛnʃən] N intervenção f
interview ['ɪntəvju:] N entrevista ▶ VT entrevistar
interviewee [ɪntəvju:'i:] N entrevistado(-a)
interviewer ['ɪntəvju:ə^r] N entrevistador(a) m/f
intestate [ɪn'tɛsteɪt] ADJ intestado
intestinal [ɪn'tɛstɪnl] ADJ intestinal
intestine [ɪn'tɛstɪn] N intestino; **large/small ~** intestino grosso/delgado
intimacy ['ɪntɪməsɪ] N intimidade f
intimate [*adj* 'ɪntɪmət, *vt* 'ɪntɪmeɪt] ADJ íntimo; (*knowledge*) profundo ▶ VT insinuar, sugerir
intimately ['ɪntɪmətlɪ] ADV intimamente
intimation [ɪntɪ'meɪʃən] N insinuação f, sugestão f
intimidate [ɪn'tɪmɪdeɪt] VT amedrontar
intimidation [ɪntɪmɪ'deɪʃən] N intimidação f

KEYWORD

into ['ɪntu] PREP em **1** (*indicating motion or direction*) em; **come into the house/garden** venha para dentro/o jardim; **go into town** ir para a cidade; **he got into the car** ele entrou na carro; **throw it into the fire** jogue isto na fogueira; **research into cancer** pesquisa sobre o câncer; **he worked late into the night** ele trabalhou até altas horas; **the car bumped into the wall** o carro bateu no muro; **she poured tea into the cup** ela botou o chá na xícara **2** (*indicating change of condition, result*): **she burst into tears** ela desatou a chorar; **he was shocked into silence** ele ficou mudo de choque; **into 3 pieces/French** em 3 pedaços/ para o francês; **they got into trouble** eles se deram mal

intolerable [ɪnˈtɔlərəbl] ADJ intolerável, insuportável
intolerance [ɪnˈtɔlərəns] N intolerância
intolerant [ɪnˈtɔlərənt] ADJ: **~ (of)** intolerante (com or para com)
intonation [ɪntəuˈneɪʃən] N entonação f, inflexão f
intoxicate [ɪnˈtɔksɪkeɪt] VT embriagar
intoxicated [ɪnˈtɔksɪkeɪtɪd] ADJ embriagado
intoxication [ɪntɔksɪˈkeɪʃən] N intoxicação f, embriaguez f
intractable [ɪnˈtræktəbl] ADJ (*child, illness*) intratável; (*material*) difícil de trabalhar; (*problem*) espinhoso
intranet [ˈɪntrənet] N intranet f
intransigent [ɪnˈtrænsɪdʒənt] ADJ intransigente
intransitive [ɪnˈtrænsɪtɪv] ADJ intransitivo
intra-uterine device [ˈɪntrəˈjuːtəraɪn-] N dispositivo intrauterino
intravenous [ɪntrəˈviːnəs] ADJ intravenoso
in-tray N cesta para correspondência de entrada
intrepid [ɪnˈtrepɪd] ADJ intrépido
intricacy [ˈɪntrɪkəsɪ] N complexidade f
intricate [ˈɪntrɪkət] ADJ complexo, complicado
intrigue [ɪnˈtriːg] N intriga ▶ VT intrigar ▶ VI fazer intriga
intriguing [ɪnˈtriːgɪŋ] ADJ intrigante
intrinsic [ɪnˈtrɪnsɪk] ADJ intrínseco
introduce [ɪntrəˈdjuːs] VT introduzir; **to ~ sb (to sb)** apresentar alguém (a alguém); **to ~ sb to** (*pastime, technique*) iniciar alguém em; **may I ~ ...?** permita-me apresentar...
introduction [ɪntrəˈdʌkʃən] N introdução f; (*of person*) apresentação f; **a letter of ~** uma carta de recomendação
introductory [ɪntrəˈdʌktərɪ] ADJ introdutório; **~ remarks** observações preliminares; **~ offer** oferta de lançamento
introspection [ɪntrəuˈspekʃən] N introspecção f
introspective [ɪntrəuˈspektɪv] ADJ introspectivo
introvert [ˈɪntrəuvəːt] N introvertido(-a) ▶ ADJ (*also:* **introverted**) introvertido
intrude [ɪnˈtruːd] VI: **to ~ (on** or **into)** intrometer-se (em)
intruder [ɪnˈtruːdər] N intruso(-a)
intrusion [ɪnˈtruːʒən] N intromissão f
intrusive [ɪnˈtruːsɪv] ADJ intruso
intuition [ɪntjuːˈɪʃən] N intuição f
intuitive [ɪnˈtjuːɪtɪv] ADJ intuitivo

inundate [ˈɪnʌndeɪt] VT: **to ~ with** inundar de
inure [ɪnˈjuər] VT: **to ~ (to)** habituar (a)
invade [ɪnˈveɪd] VT invadir
invader [ɪnˈveɪdər] N invasor(a) m/f
invalid [n ˈɪnvəlɪd, adj ɪnˈvælɪd] N inválido(-a) ▶ ADJ (*not valid*) inválido, nulo
invalidate [ɪnˈvælɪdeɪt] VT invalidar, anular
invalid chair [ˈɪnvəlɪd-] (BRIT) N cadeira de rodas
invaluable [ɪnˈvæljuəbl] ADJ valioso, inestimável
invariable [ɪnˈvɛərɪəbl] ADJ invariável
invariably [ɪnˈvɛərɪəblɪ] ADV invariavelmente; **she is ~ late** ela sempre chega atrasada
invasion [ɪnˈveɪʒən] N invasão f
invective [ɪnˈvektɪv] N invectiva
inveigle [ɪnˈviːgl] VT: **to ~ sb into (doing) sth** aliciar alguém para (fazer) algo
invent [ɪnˈvent] VT inventar
invention [ɪnˈvenʃən] N invenção f; (*inventiveness*) engenho; (*lie*) ficção f, mentira
inventive [ɪnˈventɪv] ADJ engenhoso
inventiveness [ɪnˈventɪvnɪs] N engenhosidade f, inventiva
inventor [ɪnˈventər] N inventor(a) m/f
inventory [ˈɪnvəntrɪ] N inventário, relação f
inventory control N (*Comm*) controle m de estoques
inverse [ɪnˈvəːs] ADJ, N inverso; **in ~ proportion to** em proporção inversa a
inversely [ɪnˈvəːslɪ] ADV inversamente
invert [ɪnˈvəːt] VT inverter
invertebrate [ɪnˈvəːtɪbrət] N invertebrado
inverted commas [ɪnˈvəːtɪd-] (BRIT) NPL aspas fpl
invest [ɪnˈvest] VT investir; (*endow*): **to ~ sb with sth** conferir algo a alguém, investir alguém de algo ▶ VI investir; **to ~ in** investir em; (*acquire*) comprar
investigate [ɪnˈvestɪgeɪt] VT investigar; (*study*) estudar, examinar
investigation [ɪnvestɪˈgeɪʃən] N investigação f
investigative journalism [ɪnˈvestɪgətɪv-] N jornalismo de investigação
investigator [ɪnˈvestɪgeɪtər] N investigador(a) m/f; **private ~** detetive particular
investiture [ɪnˈvestɪtʃər] N investidura
investment [ɪnˈvestmənt] N investimento
investment income N rendimento de investimentos
investment trust N fundo mútuo
investor [ɪnˈvestər] N investidor(a) m/f
inveterate [ɪnˈvetərət] ADJ inveterado
invidious [ɪnˈvɪdɪəs] ADJ injusto; (*task*) desagradável
invigilate [ɪnˈvɪdʒɪleɪt] (BRIT) VT fiscalizar ▶ VI fiscalizar o exame
invigilator [ɪnˈvɪdʒɪleɪtər] N fiscal m/f (de exame)
invigorating [ɪnˈvɪgəreɪtɪŋ] ADJ revigorante
invincible [ɪnˈvɪnsɪbl] ADJ invencível
inviolate [ɪnˈvaɪələt] ADJ inviolado
invisible [ɪnˈvɪzɪbl] ADJ invisível

invisible assets (BRIT) NPL ativo intangível
invisible ink N tinta invisível
invisible mending N cerzidura
invitation [ɪnvɪ'teɪʃən] N convite m; **by ~ only** estritamente mediante convite; **at sb's ~** a convite de alguém
invite [ɪn'vaɪt] VT convidar; (*opinions etc*) solicitar, pedir; (*trouble*) pedir; **to ~ sb to do** convidar alguém para fazer; **to ~ sb to dinner** convidar alguém para jantar
▶ **invite out** VT convidar *or* chamar para sair
▶ **invite over** VT chamar
inviting [ɪn'vaɪtɪŋ] ADJ convidativo
invoice ['ɪnvɔɪs] N fatura ▶ VT faturar; **to ~ sb for goods** faturar mercadorias em nome de alguém
invoke [ɪn'vəuk] VT invocar; (*aid*) implorar; (*law*) apelar para
involuntary [ɪn'vɔləntrɪ] ADJ involuntário
involve [ɪn'vɔlv] VT (*entail*) implicar; (*require*) exigir; **to ~ sb (in)** envolver alguém (em)
involved [ɪn'vɔlvd] ADJ envolvido; (*emotionally*) comprometido; (*complex*) complexo; **to be/get ~ in sth** estar/ficar envolvido em algo
involvement [ɪn'vɔlvmənt] N envolvimento; (*obligation*) compromisso
invulnerable [ɪn'vʌlnərəbl] ADJ invulnerável
inward ['ɪnwəd] ADJ (*movement*) interior, interno; (*thought, feeling*) íntimo ▶ ADV para dentro
inwardly ['ɪnwədlɪ] ADV (*feel, think etc*) para si, para dentro
inwards ['ɪnwədz] ADV para dentro
I/O ABBR (*Comput: = input/output*) E/S, I/O
IOC N ABBR (*= International Olympic® Committee*) COI m
iodine ['aɪəudiːn] N iodo
ion ['aɪən] N íon m, ião m (PT)
Ionian Sea [aɪ'əunɪən-] N: **the ~** o mar Iônico
iota [aɪ'əutə] N (*fig*) pouquinho, tiquinho
IOU N ABBR (*= I owe you*) vale m
IOW (BRIT) ABBR = **Isle of Wight**
IPA N ABBR (*= International Phonetic Alphabet*) AFI m
iPod® ['aɪpɔd] N iPod® m
IQ N ABBR (*= intelligence quotient*) QI m
IRA N ABBR (*= Irish Republican Army*) IRA m; (US) = **individual retirement account**
Iran [ɪ'rɑːn] N Irã m (BR), Irão m (PT)
Iranian [ɪ'reɪnɪən] ADJ iraniano ▶ N iraniano(-a); (*Ling*) iraniano
Iraq [ɪ'rɑːk] N Iraque m
Iraqi [ɪ'rɑːkɪ] ADJ, N iraquiano(-a)
irascible [ɪ'ræsɪbl] ADJ irascível
irate [aɪ'reɪt] ADJ irado, enfurecido
Ireland ['aɪələnd] N Irlanda; **Republic of ~** República da Irlanda
iris ['aɪrɪs] (*pl* **irises**) N íris f
Irish ['aɪrɪʃ] ADJ irlandês(-esa) ▶ N (*Ling*) irlandês m; **the Irish** NPL os irlandeses
Irishman ['aɪrɪʃmən] (*irreg: like* **man**) N irlandês m
Irish Sea N: **the ~** o mar da Irlanda
Irishwoman ['aɪrɪʃwumən] (*irreg: like* **woman**) N irlandesa
irk [əːk] VT aborrecer
irksome ['əːksəm] ADJ aborrecido
IRN (BRIT) N ABBR (*= Independent Radio News*) agência de notícias radiofônicas
IRO (US) N ABBR = **International Refugee Organization**
iron ['aɪən] N ferro; (*for clothes*) ferro de passar roupa ▶ ADJ de ferro ▶ VT (*clothes*) passar; **irons** NPL (*chains*) grilhões mpl
▶ **iron out** VT (*crease*) tirar; (*fig: problem*) resolver
Iron Curtain N: **the ~** a cortina de ferro
iron foundry N fundição f
ironic [aɪ'rɔnɪk], **ironical** [aɪ'rɔnɪkl] ADJ irônico
ironically [aɪ'rɔnɪklɪ] ADV ironicamente
ironing ['aɪənɪŋ] N (*activity*) passar roupa; (*clothes*) roupa passada; (*to be ironed*) roupa a ser passada
ironing board N tábua de passar roupa
ironmonger ['aɪənmʌŋgəʳ] (BRIT) N ferreiro(-a)
ironmonger's, (BRIT) **ironmonger's shop** N loja de ferragens
iron ore N minério de ferro
ironworks ['aɪənwəːks] N siderúrgica
irony ['aɪərnɪ] N ironia; **the ~ of it is that ...** o irônico é que ...
irrational [ɪ'ræʃənl] ADJ irracional
irreconcilable [ɪrɛkən'saɪləbl] ADJ (*disagreement*) irreconciliável; (*ideas*) incompatível
irredeemable [ɪrɪ'diːməbl] ADJ (*Comm*) irresgatável
irrefutable [ɪrɪ'fjuːtəbl] ADJ irrefutável
irregular [ɪ'rɛgjuləʳ] ADJ irregular; (*surface*) desigual; (*illegal*) ilegal
irregularity [ɪrɛgju'lærɪtɪ] N irregularidade f; (*of surface*) desigualdade f
irrelevance [ɪ'rɛləvəns] N irrelevância
irrelevant [ɪ'rɛləvənt] ADJ irrelevante
irreligious [ɪrɪ'lɪdʒəs] ADJ irreligioso
irreparable [ɪ'rɛprəbl] ADJ irreparável
irreplaceable [ɪrɪ'pleɪsəbl] ADJ insubstituível
irrepressible [ɪrɪ'prɛsəbl] ADJ irreprimível, irrefreável
irreproachable [ɪrɪ'prəutʃəbl] ADJ irrepreensível
irresistible [ɪrɪ'zɪstɪbl] ADJ irresistível
irresolute [ɪ'rɛzəluːt] ADJ irresoluto
irrespective [ɪrɪ'spɛktɪv]: **~ of** PREP independente de, sem considerar
irresponsible [ɪrɪ'spɔnsɪbl] ADJ (*act, person*) irresponsável
irretrievable [ɪrɪ'triːvəbl] ADJ (*object*) irrecuperável; (*loss, damage*) irreparável
irreverent [ɪ'rɛvərnt] ADJ irreverente, desrespeitoso
irrevocable [ɪ'rɛvəkəbl] ADJ irrevogável
irrigate ['ɪrɪgeɪt] VT irrigar
irrigation [ɪrɪ'geɪʃən] N irrigação f

irritable ['ɪrɪtəbl] ADJ irritável; (*mood*) de mal humor, nervoso
irritate ['ɪrɪteɪt] VT irritar
irritating ['ɪrɪteɪtɪŋ] ADJ irritante
irritation [ɪrɪ'teɪʃən] N irritação f
IRS (US) N ABBR = **Internal Revenue Service**; see **Internal Revenue**
is [ɪz] VB see **be**
ISBN N ABBR (= *International Standard Book Number*) ISBN m
ISDN N ABBR (= *Integrated Services Digital Network*) RDSI f, ISDN f
Islam ['ɪzlɑ:m] N islamismo
Islamic [ɪz'læmɪk] ADJ islâmico(-a)
island ['aɪlənd] N ilha; (*also*: **traffic island**) abrigo
islander ['aɪləndə^r] N ilhéu/ilhoa m/f
isle [aɪl] N ilhota, ilha
isn't ['ɪznt] = **is not**
isolate ['aɪsəleɪt] VT isolar
isolated ['aɪsəleɪtɪd] ADJ isolado
isolation [aɪsə'leɪʃən] N isolamento
isolationism [aɪsə'leɪʃənɪzm] N isolacionismo
isotope ['aɪsəutəup] N isótopo
ISP N ABBR (= *Internet Service Provider*) ISP m
Israel ['ɪzreɪl] N Israel
Israeli [ɪz'reɪlɪ] ADJ, N israelense m/f
issue ['ɪsju:] N questão f, tema m; (*outcome*) resultado; (*of book*) edição f; (*of stamps*) emissão f; (*of newspaper etc*) número; (*offspring*) sucessão f, descendência ▶ VT (*rations, equipment*) distribuir; (*orders*) dar; (*certificate*) emitir; (*decree*) promulgar; (*book*) publicar; (*cheques, banknotes, stamps*) emitir ▶ VI: **to ~ from** (*smell, liquid*) emanar de; **at ~** em debate; **to avoid the ~** contornar o problema; **to take ~ with sb (over sth)** discordar de alguém (sobre algo); **to make an ~ of sth** criar caso com algo; **to confuse** or **obscure the ~** complicar as coisas
Istanbul [ɪstæn'bu:l] N Istambul
isthmus ['ɪsməs] N istmo
IT N ABBR = **information technology**

(KEYWORD)

it [ɪt] PRON **1** (*specific: subject*) ele/ela; (: *direct object*) o/a; (: *indirect object*) lhe; **it's on the table** está em cima da mesa; **I can't find it** não consigo achá-lo; **give it to me** dê-mo; **about/from it** sobre/de isto; **did you go to**

193 | **irritable – Ivy League**

it? (*party, concert etc*) você foi?
2 (*impers*) isto, isso; (*after prep*) ele, ela; **it's raining** está chovendo (BR) or a chover (PT); **it's cold today** está frio hoje; **it's Friday tomorrow** amanhã é sexta-feira; **it's six o'clock/the 10th of August** são seis horas/hoje é (dia) 10 de agosto; **who is it? — it's me** quem é? — sou eu

ITA (BRIT) N ABBR (= *initial teaching alphabet*) alfabeto modificado utilizado na alfabetização
Italian [ɪ'tæljən] ADJ italiano ▶ N italiano(-a); (*Ling*) italiano
italic [ɪ'tælɪk] ADJ itálico
italics [ɪ'tælɪks] NPL itálico
Italy ['ɪtəlɪ] N Itália
itch [ɪtʃ] N comichão f, coceira ▶ VI (*person*) estar com or sentir comichão or coceira; (*part of body*) comichar, coçar; **I'm ~ing to do something** estou louco para fazer algo
itching ['ɪtʃɪŋ] N comichão f, coceira
itchy ['ɪtʃɪ] ADJ que coça; **to be ~** (*person*) estar com or sentir comichão or coceira; (*part of body*) comichar, coçar
it'd ['ɪtd] = **it would**; **it had**
item ['aɪtəm] N item m; (*on agenda*) assunto; (*in programme*) número; (*also*: **news item**) notícia; **~s of clothing** artigos de vestuário
itemize ['aɪtəmaɪz] VT detalhar, especificar
itinerant [ɪ'tɪnərənt] ADJ itinerante
itinerary [aɪ'tɪnərərɪ] N itinerário
it'll ['ɪtl] = **it will**; **it shall**
ITN (BRIT) N ABBR (= *Independent Television News*) agência de notícias televisivas
its [ɪts] ADJ seu/sua, dele/dela ▶ PRON o seu/a sua, o dele/a dela
it's [ɪts] = **it is**; **it has**
itself [ɪt'sɛlf] PRON (*reflexive*) si mesmo(-a); (*emphatic*) ele mesmo/ela mesma
ITV (BRIT) N ABBR (= *Independent Television*) canal de televisão comercial
IUD N ABBR (= *intra-uterine device*) DIU m
I've [aɪv] = **I have**
ivory ['aɪvərɪ] N marfim m; (*colour*) cor f de marfim
Ivory Coast N Costa do Marfim
ivory tower N (*fig*) torre f de marfim
ivy ['aɪvɪ] N hera
Ivy League (US) N *as grandes faculdades (Harvard, Yale, Princeton etc) do nordeste dos EUA*

J j

J, j [dʒeɪ] N (*letter*) J, j *m*; **J for Jack** (BRIT) *or* **Jig** (US) J de José
JA N ABBR = **judge advocate**
J/A ABBR = **joint account**
jab [dʒæb] VT (*elbow*) cutucar; (*punch*) esmurrar, socar ▶ N cotovelada, murro; (*Med: inf*) injeção *f*; **to ~ sth into sth** cravar algo em algo
jabber ['dʒæbə'] VT, VI tagarelar
jack [dʒæk] N (*Aut*) macaco; (*Bowling*) bola branca; (*Cards*) valete *m*
▶ **jack in** (*inf*) VT largar
▶ **jack up** VT (*Aut*) levantar com macaco; (*raise: prices*) aumentar
jackal ['dʒækl] N chacal *m*
jackass ['dʒækæs] N (*fig*) burro
jackdaw ['dʒækdɔ:] N gralha
jacket ['dʒækɪt] N jaqueta, casaco curto; (*of boiler etc*) capa, forro; (*of book*) sobrecapa; **potatoes in their ~s** (BRIT) batatas com casca
jack-in-the-box N caixa de surpresas
jack-knife (*irreg: like* **knife**) N canivete *m* ▶ VI: **the lorry ~d** o reboque do caminhão deu uma guinada
jack-of-all-trades N pau *m* para toda obra, homem *m* dos sete instrumentos
jack plug N pino
jackpot ['dʒækpɔt] N bolada, sorte *f* grande
jacuzzi® [dʒə'ku:zɪ] N jacuzzi® *m*, banheira de hidromassagem
jade [dʒeɪd] N (*stone*) jade *m*
jaded ['dʒeɪdɪd] ADJ (*tired*) cansado; (*fed-up*) aborrecido, amolado
jagged ['dʒægɪd] ADJ dentado, denteado
jaguar ['dʒægjuə'] N jaguar *m*
jail [dʒeɪl] N prisão *f*, cadeia ▶ VT encarcerar
jailbird ['dʒeɪlbə:d] N criminoso inveterado
jailbreak ['dʒeɪlbreɪk] N fuga da prisão
jailer ['dʒeɪlə'] N carcereiro
jalopy [dʒə'lɔpɪ] (*inf*) N calhambeque *m*
jam [dʒæm] N geleia; (*also:* **traffic jam**) engarrafamento; (*inf: difficulty*) apuro ▶ VT (*passage etc*) obstruir, atravancar; (*mechanism*) emperrar; (*Radio*) bloquear, interferir ▶ VI (*mechanism, drawer etc*) emperrar; **to get sb out of a ~** (*inf*) tirar alguém de uma enrascada; **to ~ sth into sth** forçar algo dentro de algo; **the telephone lines are ~med** as linhas telefônicas estão congestionadas
Jamaica [dʒə'meɪkə] N Jamaica
Jamaican [dʒə'meɪkən] ADJ, N jamaicano(-a) *m/f*
jamb ['dʒæm] N umbral *m*
jam-packed ADJ: **~ (with)** abarrotado (de)
jam session N jam session *m*
Jan. ABBR (= *January*) jan.
jangle ['dʒæŋgl] VI soar estridentemente
janitor ['dʒænɪtə'] N (*caretaker*) zelador *m*; (*doorman*) porteiro
January ['dʒænjuərɪ] N janeiro; *see also* **July**
Japan [dʒə'pæn] N Japão *m*
Japanese [dʒæpə'ni:z] ADJ japonês(-esa) ▶ N INV japonês(-esa) *m/f*; (*Ling*) japonês *m*
jar [dʒɑ:'] N (*glass container: large*) jarro; (*: small*) pote *m* ▶ VI (*sound*) ranger, chiar; (*colours*) destoar ▶ VT (*shake*) abalar
jargon ['dʒɑ:gən] N jargão *m*
jarring ['dʒɑ:rɪŋ] ADJ (*sound, colour*) destoante
Jas. ABBR = **James**
jasmine, jasmin ['dʒæzmɪn] N jasmim *m*
jaundice ['dʒɔ:ndɪs] N icterícia
jaundiced ['dʒɔ:ndɪst] ADJ (*fig: unenthusiastic*) desanimado; (*: embittered*) amargurado, despeitado; (*: disillusioned*) desiludido
jaunt [dʒɔ:nt] N excursão *f*
jaunty ['dʒɔ:ntɪ] ADJ alegre, jovial; (*step*) enérgico
Java ['dʒɑ:və] N Java (*no article*)
javelin ['dʒævlɪn] N dardo de arremesso
jaw [dʒɔ:] N mandíbula, maxilar *m*
jawbone ['dʒɔ:bəun] N osso maxilar, maxila
jay [dʒeɪ] N gaio
jaywalker ['dʒeɪwɔ:kə'] N pedestre *m/f* imprudente (BR), peão *m* imprudente (PT)
jazz [dʒæz] N jazz *m*
▶ **jazz up** VT (*liven up*) animar, avivar
jazz band N banda de jazz
jazzy ['dʒæzɪ] ADJ (*of jazz*) jazzístico; (*bright*) de cor berrante
JCB® N escavadeira
JCS (US) N ABBR = **Joint Chiefs of Staff**
JD (US) N ABBR (= *Doctor of Laws*) título universitário; (= *Justice Department*) ministério da Justiça
jealous ['dʒɛləs] ADJ ciumento; (*envious*) invejoso; **to be ~** estar com ciúmes

jealously ['dʒɛləslɪ] ADV (*enviously*) invejosamente; (*guard*) zelosamente
jealousy ['dʒɛləsɪ] N ciúmes *mpl*; (*envy*) inveja
jeans [dʒi:nz] NPL jeans *m* (BR), jeans *mpl* (PT)
jeep® [dʒi:p] N jipe® *m*
jeer [dʒɪəʳ] VI: **to ~ (at)** (*boo*) vaiar; (*mock*) zombar (de)
jeering ['dʒɪərɪŋ] ADJ vaiador(a) ▸ N vaias *fpl*
jeers ['dʒɪəz] NPL (*boos*) vaias *fpl*; (*mocking*) zombarias *fpl*
jelly ['dʒɛlɪ] N (*jam*) geleia
jellyfish ['dʒɛlɪfɪʃ] N INV água-viva
jeopardize ['dʒɛpədaɪz] VT arriscar, pôr em perigo
jeopardy ['dʒɛpədɪ] N: **to be in ~** estar em perigo, estar correndo risco
jerk [dʒəːk] N (*jolt*) solavanco, sacudida; (*wrench*) puxão *m*; (*pej: idiot*) babaca *m* ▸ VT sacudir ▸ VI (*vehicle*) dar um solavanco
jerkin ['dʒəːkɪn] N jaqueta
jerky ['dʒəːkɪ] ADJ espasmódico, aos arrancos
jerry-built ['dʒɛrɪ-] ADJ mal construído
jerry can ['dʒɛrɪ-] N lata
Jersey ['dʒəːzɪ] N Jersey (*no article*)
jersey ['dʒəːzɪ] N suéter *m* (BR), camisola (PT); (*fabric*) jérsei *m*, malha
Jerusalem [dʒəˈruːsələm] N Jerusalém
Jerusalem artichoke N topinambo
jest [dʒɛst] N gracejo, brincadeira; **in ~** de brincadeira
jester ['dʒɛstəʳ] N (*History*) bobo
Jesus ['dʒiːzəs], **Jesus Christ** N Jesus *m* (Cristo)
jet [dʒɛt] N (*of gas, liquid*) jato; (*Aviat*) (avião *m* a) jato; (*stone*) azeviche *m*
jet-black ADJ da cor do azeviche
jet engine N motor *m* a jato
jet lag N cansaço devido à diferença de fuso horário
jetsam ['dʒɛtsəm] N objetos *mpl* alijados ao mar
jettison ['dʒɛtɪsn] VT alijar
jetty ['dʒɛtɪ] N quebra-mar *m*, cais *m*
Jew [dʒuː] N judeu(-dia) *m/f*
jewel ['dʒuːəl] N joia; (*in watch*) rubi *m*
jeweller, (US) **jeweler** ['dʒuːələʳ] N joalheiro(-a)
jeweller's, jeweller's shop N joalheria
jewellery, (US) **jewelry** ['dʒuːəlrɪ] N joias *fpl*, pedrarias *fpl*
Jewess (*!*) ['dʒuːɪs] N judia
Jewish ['dʒuːɪʃ] ADJ judeu/judia
JFK (US) N ABBR = **John Fitzgerald Kennedy International Airport**
jib [dʒɪb] N (*Naut*) bujarrona; (*of crane*) lança ▸ VI (*horse*) empacar; **to ~ at doing sth** relutar em fazer algo
jibe [dʒaɪb] N = **gibe**
jiffy ['dʒɪfɪ] (*inf*) N: **in a ~** num instante
jig [dʒɪg] N jiga
jigsaw ['dʒɪgsɔː] N (*also*: **jigsaw puzzle**) quebra-cabeça *m*; (*tool*) serra de vaivém
jihad [dʒɪˈhæd] N (*Rel*) jihad *f*
jilt [dʒɪlt] VT dar o fora em

jingle ['dʒɪŋgl] N (*for advert*) música de propaganda ▸ VI tilintar, retinir
jingoism ['dʒɪŋgəuɪzm] N jingoísmo
jinx [dʒɪŋks] (*inf*) N caipora, pé *m* frio
jitters ['dʒɪtəz] (*inf*) NPL: **to get the ~** ficar muito nervoso
jittery ['dʒɪtərɪ] (*inf*) ADJ nervoso
jiu-jitsu [dʒuːˈdʒɪtsuː] N jiu-jítsu *m*
job [dʒɔb] N trabalho; (*task*) tarefa; (*duty*) dever *m*; (*post*) emprego; (*inf: difficulty*): **you'll have a ~ to do that** não vai ser fácil você fazer isso; **it's not my ~** não faz parte das minhas funções; **a part-time/full-time ~** um trabalho de meio-expediente/de tempo integral; **it's a good ~ that ...** ainda bem que ...; **just the ~!** justo o que queria!
jobber ['dʒɔbəʳ] (BRIT) N (*Stock Exchange*) operador(a) *m/f* intermediário(-a)
jobbing ['dʒɔbɪŋ] (BRIT) ADJ (*workman*) tarefeiro, pago por tarefa
job centre ['dʒɔbsɛntəʳ] N agência de emprego
job creation scheme N plano para a criação de empregos
job description N descrição *f* do cargo
jobless ['dʒɔblɪs] ADJ desempregado
job lot N lote *m* (de mercadorias variadas)
job satisfaction N satisfação *f* profissional
job security N estabilidade *f* de emprego
job specification N especificação *f* do cargo
jockey ['dʒɔkɪ] N jóquei *m* ▸ VI: **to ~ for position** manobrar para conseguir uma posição
jockey box (US) N (*Aut*) porta-luvas *m inv*
jockstrap ['dʒɔkstræp] N suporte *m* atlético
jocular ['dʒɔkjuləʳ] ADJ (*remark*) jocoso, divertido; (*person*) alegre
jog [dʒɔg] VT empurrar, sacudir ▸ VI (*run*) fazer jogging *or* cooper; **to ~ sb's memory** refrescar a memória de alguém
▸ **jog along** VI ir levando
jogger ['dʒɔgəʳ] N corredor(a) *m/f*, praticante *m/f* de jogging
jogging ['dʒɔgɪŋ] N jogging *m*
john [dʒɔn] (US *inf*) N trono *m* (*inf: no banheiro*)
join [dʒɔɪn] VT (*things*) juntar, unir; (*queue*) entrar em; (*become member of*) associar-se a; (*meet*) encontrar-se com; (*accompany*) juntar-se a ▸ VI (*roads, rivers*) confluir ▸ N junção *f*; **will you ~ us for dinner?** você janta conosco?; **I'll ~ you later** vou me encontrar com você mais tarde; **to ~ forces (with)** associar-se (com)
▸ **join in** VI participar ▸ VT FUS participar em
▸ **join up** VI unir-se; (*Mil*) alistar-se
joiner ['dʒɔɪnəʳ] (BRIT) N marceneiro
joinery ['dʒɔɪnərɪ] N marcenaria
joint [dʒɔɪnt] N (*Tech*) junta, união *f*; (*wood*) encaixe *m*; (*Anat*) articulação *f*; (BRIT *Culin*) quarto; (*inf: place*) espelunca; (*: marijuana cigarette*) baseado ▸ ADJ (*common*) comum; (*combined*) conjunto; (*committee*) misto;
by ~ agreement por comum acordo;
~ responsibility corresponsabilidade *f*

joint account N conta conjunta
jointly ['dʒɔɪntlɪ] ADV em comum; (*collectively*) coletivamente; (*together*) conjuntamente
joint ownership N co-propriedade *f*, condomínio
joint-stock company N sociedade *f* anônima por ações
joint venture N joint venture *m*
joist [dʒɔɪst] N barrote *m*
joke [dʒəuk] N piada; (*also*: **practical joke**) brincadeira, peça ▶ VI brincar; **to play a ~ on** pregar uma peça em
joker ['dʒəukə'] N piadista *m/f*, brincalhão(-lhona) *m/f*; (*Cards*) curingão *m*
joking ['dʒəukɪŋ] N brincadeira
jollity ['dʒɔlɪtɪ] N alegria
jolly ['dʒɔlɪ] ADJ (*merry*) alegre; (*enjoyable*) divertido ▶ ADV (BRIT *inf*) muito, extremamente ▶ VT (BRIT): **to ~ sb along** animar alguém; **~ good!** (BRIT) excelente!
jolt [dʒəult] N (*shake*) solavanco; (*shock*) susto ▶ VT sacudir; (*emotionally*) abalar
Jordan ['dʒɔːdən] N Jordânia; (*river*) Jordão *m*
Jordanian [dʒɔː'deɪnɪən] ADJ, N jordaniano(-a)
joss stick [dʒɔs-] N palito perfumado
jostle ['dʒɔsl] VT acotovelar, empurrar
jot [dʒɔt] N: **not one ~** nem um pouquinho
▶ **jot down** VT anotar
jotter ['dʒɔtə'] (BRIT) N bloco (de anotações)
journal ['dʒəːnl] N (*paper*) jornal *m*; (*magazine*) revista; (*diary*) diário
journalese [dʒəːnə'liːz] (*pej*) N linguagem *f* jornalística
journalism ['dʒəːnəlɪzəm] N jornalismo
journalist ['dʒəːnəlɪst] N jornalista *m/f*
journey ['dʒəːnɪ] N viagem *f*; (*distance covered*) trajeto ▶ VI viajar; **return ~** volta; **a 5-hour ~** 5 horas de viagem
jovial ['dʒəuvɪəl] ADJ jovial, alegre
jowl [dʒaul] N papada
joy [dʒɔɪ] N alegria
joyful ['dʒɔɪful] ADJ alegre
joyous ['dʒɔɪəs] ADJ alegre
joyride ['dʒɔɪraɪd] N passeio de carro; (*illegal*) passeio (*com veículo roubado*)
joystick ['dʒɔɪstɪk] N (*Aviat*) manche *m*, alavanca de controle; (*Comput*) joystick *m*
JP N ABBR = **Justice of the Peace**
Jr ABBR = **junior**
jubilant ['dʒuːbɪlnt] ADJ jubilante
jubilation [dʒuːbɪ'leɪʃən] N júbilo, regozijo
jubilee ['dʒuːbɪliː] N jubileu *m*; **silver ~** jubileu de prata
judge [dʒʌdʒ] N juiz/juíza *m/f*; (*in competition*) árbitro; (*fig: expert*) especialista *m/f*, conhecedor(a) *m/f* ▶ VT julgar; (*competition*) arbitrar; (*estimate: weight, size etc*) avaliar; (*consider*) considerar ▶ VI: **judging** or **to ~ by ...** a julgar por ...; **as far as I can ~** ao que me parece, no meu entender; **I ~d it necessary to inform him** julguei necessário informá-lo
judge advocate N (*Mil*) auditor *m* de guerra

Judge Advocate General N (*Mil*) procurador *m* geral da Justiça Militar
judgement, judgment ['dʒʌdʒmənt] N juízo; (*punishment*) decisão *f*, sentença; (*opinion*) opinião *f*; (*discernment*) discernimento; **in my judg(e)ment** na minha opinião; **to pass judg(e)ment on** (*Law*) julgar, dar sentença sobre
judicial [dʒuː'dɪʃl] ADJ judicial; (*fair*) imparcial
judiciary [dʒuː'dɪʃɪərɪ] N poder *m* judiciário
judicious [dʒuː'dɪʃəs] ADJ judicioso
judo ['dʒuːdəu] N judô *m*
jug [dʒʌg] N jarro
jugged hare [dʒʌgd-] (BRIT) N guisado de lebre
juggernaut ['dʒʌgənɔːt] (BRIT) N (*huge truck*) jamanta
juggle ['dʒʌgl] VI fazer malabarismos
juggler ['dʒʌglə'] N malabarista *m/f*
Jugoslav ['juːgəuslɑːv] ADJ, N = **Yugoslav**
jugular ['dʒʌgjulə'], **jugular vein** N veia jugular
juice [dʒuːs] N suco (BR), sumo (PT); (*inf: petrol*): **we've run out of ~** estamos sem gasolina
juicy ['dʒuːsɪ] ADJ suculento
jukebox ['dʒuːkbɔks] N juke-box *m*
Jul. ABBR (= *July*) Jul.
July [dʒuː'laɪ] N julho; **the first of ~** dia primeiro de julho; **(on) the eleventh of ~** (n)o dia onze de julho; **in the month of ~** no mês de julho; **at the beginning/end of ~** no começo/fim de julho; **in the middle of ~** em meados de julho; **during ~** durante o mês de julho; **in ~ of next year** em julho do ano que vem; **each** or **every ~** todo ano em julho; **~ was wet this year** choveu muito em julho deste ano
jumble ['dʒʌmbl] N confusão *f*, mixórdia ▶ VT (*also*: **jumble up**: *mix up*) misturar; (: *disarrange*) desorganizar
jumble sale (BRIT) N bazar *m*

As **jumble sales** têm lugar dentro de igrejas, salões de festa e escolas, onde são vendidos diversos tipos de mercadorias, em geral baratas e sobretudo de segunda mão, a fim de coletar dinheiro para uma obra de caridade, uma escola ou uma igreja.

jumbo ['dʒʌmbəu], **jumbo jet** N avião *m* jumbo
jump [dʒʌmp] VI saltar, pular; (*start*) sobressaltar-se; (*increase*) disparar ▶ VT pular, saltar ▶ N pulo, salto; (*increase*) alta; (*fence*) obstáculo; **to ~ the queue** (BRIT) furar a fila (BR), pôr-se à frente (PT); **to ~ for joy** pular de alegria
▶ **jump about** VI saltitar
▶ **jump at** VT FUS (*offer*) aceitar imediatamente; (*chance*) agarrar
▶ **jump down** VI pular para baixo
▶ **jump up** VI levantar-se num ímpeto
jumped-up [dʒʌmpt-] (BRIT *pej*) ADJ arrivista
jumper ['dʒʌmpə'] N (BRIT: *pullover*) suéter *m* (BR), camisola (PT); (US: *pinafore dress*) avental *m*; (*Sport*) saltador(a) *m/f*

jumper cables (US), (BRIT) **jump leads** NPL cabos mpl para ligar a bateria
jump-start ['dʒʌmpstɑːt] VT (car: push) fazer pegar no tranco; (: with jump leads) fazer chupeta em; (fig: project, situation) alavancar
jumpy ['dʒʌmpɪ] ADJ nervoso
Jun. ABBR = **June; junior**
junction ['dʒʌŋkʃən] (BRIT) N (of roads) cruzamento; (: on motorway) trevo; (Rail) entroncamento
juncture ['dʒʌŋktʃəʳ] N: **at this ~** neste momento, nesta conjuntura
June [dʒuːn] N junho; see also **July**
jungle ['dʒʌŋgl] N selva, mato
junior ['dʒuːnɪəʳ] ADJ (in age) mais novo or moço; (competition) juvenil; (position) subalterno ▶ N jovem m/f; (Sport) júnior m; **he's ~ to me (by 2 years), he's (2 years) my ~** ele é (dois anos) mais novo do que eu; **he's ~ to me** (seniority) tenho mais antiguidade do que ele
junior executive N executivo(-a) júnior
junior high school (US) N ≈ colégio (2° e 3° ginasial)
junior minister (BRIT) N ministro(-a) subalterno(-a)
junior partner N sócio(-a) minoritário(-a)
junior school (BRIT) N escola primária
junior sizes NPL (Comm) tamanhos mpl para crianças
juniper ['dʒuːnɪpəʳ] N junípero
junk [dʒʌŋk] N (cheap goods) tranqueira, velharias fpl; (lumber) trastes mpl; (rubbish) lixo; (ship) junco ▶ VT (inf) jogar no lixo
junk dealer N belchior m
junket ['dʒʌŋkɪt] N (Culin) coalhada; (BRIT inf): **to go on a ~** viajar à custa do governo ▶ VI (BRIT inf): **to go ~ing** = **to go on a junket**
junk food N comida pronta de baixo valor nutritivo
junkie ['dʒʌŋkɪ] (inf) N drogado(-a)
junk mail N correspondência não-solicitada
junk room (US) N quarto de despejo
junk shop N loja de objetos usados
Junr ABBR = **junior**
junta ['dʒʌntə] N junta
Jupiter ['dʒuːpɪtəʳ] N Júpiter m
jurisdiction [dʒuərɪs'dɪkʃən] N jurisdição f; **it falls** or **comes within/outside our ~** é/não é da nossa competência
jurisprudence [dʒuərɪs'pruːdəns] N jurisprudência
juror ['dʒuərəʳ] N jurado(-a)

jury ['dʒuərɪ] N júri m
jury box N banca dos jurados
juryman ['dʒuərɪmən] (irreg: like **man**) N = **juror**
just [dʒʌst] ADJ justo ▶ ADV (exactly) justamente, exatamente; (only) apenas, somente; **he's ~ done it/left** ele acabou (BR) or acaba (PT) de fazê-lo/ir; **~ as I expected** exatamente como eu esperava; **~ right** perfeito; **~ two o'clock** duas (horas) em ponto; **she's ~ as clever as you** ela é tão inteligente como você; **it's ~ as good** é igualmente bom; **~ as well that ...** ainda bem que ...; **I was ~ about to phone** eu já ia telefonar; **we were ~ leaving** estávamos de saída; **~ as he was leaving** no momento em que ele saía; **~ before/enough** justo antes/o suficiente; **~ here** bem aqui; **it's ~ a mistake** não passa de um erro; **he ~ missed** falhou por pouco; **~ listen** escute aqui!; **~ ask someone the way** é só pedir uma indicação; **not ~ now** não neste momento; **~ a minute!, ~ one moment!** só um minuto!, espera aí!, peraí! (inf)
justice ['dʒʌstɪs] N justiça; (US: judge) juiz/juíza m/f; **Lord Chief J~** (BRIT) presidente do tribunal de recursos; **to do ~ to** (fig) apreciar devidamente; **this photo doesn't do you ~** esta foto não te faz justiça
Justice of the Peace N juiz/juíza m/f de paz
justifiable [dʒʌstɪ'faɪəbl] ADJ justificável
justifiably [dʒʌstɪ'faɪəblɪ] ADV justificadamente
justification [dʒʌstɪfɪ'keɪʃən] N (reason) justificativa; (action) justificação f
justify ['dʒʌstɪfaɪ] VT justificar; **to be justified in doing sth** ter razão de fazer algo
justly ['dʒʌstlɪ] ADV justamente; (with reason) com razão
justness ['dʒʌstnɪs] N justiça
jut [dʒʌt] VI (also: **jut out**) sobressair
jute [dʒuːt] N juta
juvenile ['dʒuːvənaɪl] ADJ juvenil; (court) de menores; (books) para adolescentes ▶ N jovem m/f; (Law) menor m/f de idade
juvenile delinquency N delinquência juvenil
juvenile delinquent N delinquente m/f juvenil
juxtapose ['dʒʌkstəpəuz] VT justapor
juxtaposition [dʒʌkstəpə'zɪʃən] N justaposição f

Kk

K¹, k [keɪ] N (*letter*) K, k *m*; **K for King** K de Kátia
K² ABBR (= *kilobyte*) K; (BRIT: = *Knight*) título honorífico ▶ N ABBR (= *one thousand*) mil
kaftan ['kæftæn] N cafetã *m*
Kalahari Desert [kælə'hɑ:rɪ-] N deserto de Kalahari
kale [keɪl] N couve *f*
kaleidoscope [kə'laɪdəskəʊp] N calidoscópio, caleidoscópio
Kampala [kæm'pɑ:lə] N Campala
Kampuchea [kæmpu'tʃɪə] N Kampuchea *m*, Camboja *m*
kangaroo [kæŋgə'ru:] N canguru *m*
kaput [kə'put] (*inf*) ADJ pifado
karate [kə'rɑ:tɪ] N karatê *m*
Kashmir [kæʃ'mɪəʳ] N Cachemira
KC (BRIT) N ABBR (*Law*: = *King's Counsel*) título dado a certos advogados
kd ABBR (= *knocked down*) em pedaços
kebab [kə'bæb] N churrasquinho, espetinho
keel [ki:l] N quilha; **on an even ~** (*fig*) em equilíbrio
▶ **keel over** VI (*Naut*) emborcar; (*person*) desmaiar
keen [ki:n] ADJ (*interest, desire*) grande, vivo; (*eye, intelligence*) penetrante; (*competition*) acirrado, intenso; (*edge*) afiado; (*eager*) entusiasmado; **to be ~ to do** *or* **on doing sth** sentir muita vontade de fazer algo; **to be ~ on sth/sb** gostar de algo/alguém; **I'm not ~ on going** não estou a fim de ir
keenly ['ki:nlɪ] ADV (*enthusiastically*) com entusiasmo; (*feel*) profundamente, agudamente
keenness ['ki:nnɪs] N (*eagerness*) entusiasmo, interesse *m*; **~ to do** vontade de fazer
keep [ki:p] (*pt, pp* **kept**) VT (*retain*) ficar com; (*maintain: house etc*) cuidar; (*detain*) deter; (*look after: shop etc*) tomar conta de; (*preserve*) conservar; (*hold back*) reter; (*accounts, diary*) manter; (*support: family etc*) manter; (*promise*) cumprir; (*chickens, bees etc*) criar; (*prevent*): **to ~ sb from doing sth** impedir alguém de fazer algo ▶ VI (*food*) conservar-se; (*remain*) ficar ▶ N (*of castle*) torre *f* de menagem; (*food etc*): **to earn one's ~** ganhar a vida; (*inf*): **for ~s** para sempre; **to ~ doing sth** continuar fazendo algo; **to ~ sth from happening** impedir que algo aconteça; **to ~ sb happy** manter alguém satisfeito; **to ~ a place tidy** manter um lugar limpo; **to ~ sb waiting** deixar alguém esperando; **to ~ an appointment** manter um compromisso; **to ~ a record of sth** anotar algo; **to ~ sth to o.s.** guardar algo para si mesmo; **to ~ sth (back) from sb** ocultar algo de alguém; **to ~ time** (*clock*) marcar a hora exata
▶ **keep away** VT: **to ~ sth/sb away from sb** manter algo/alguém afastado de alguém
▶ VI: **to ~ away (from)** manter-se afastado (de)
▶ **keep back** VT (*crowd, tears*) conter; (*money*) reter ▶ VI manter-se afastado
▶ **keep down** VT (*control: prices, spending*) limitar, controlar ▶ VI não se levantar; **I can't ~ my food down** o que como não para no estômago
▶ **keep in** VT (*invalid, child*) não deixar sair; (*Sch*) reter ▶ VI: **to ~ in with sb** manter boas relações com alguém
▶ **keep off** VI não se aproximar ▶ VT afastar; **"~ off the grass"** "não pise na grama"; **~ your hands off!** tira a mão!
▶ **keep on** VI: **to ~ on doing** continuar fazendo
▶ **keep out** VT impedir de entrar ▶ VI (*stay out*) permanecer fora; **"~ out"** "entrada proibida"
▶ **keep up** VT manter ▶ VI não atrasar-se, acompanhar; **to ~ up with** (*pace*) acompanhar; (*level*) manter-se ao nível de
keeper ['ki:pəʳ] N guarda *m*, guardião(-diã) *m/f*
keep fit N ginástica
keeping ['ki:pɪŋ] N (*care*) cuidado; **in ~ with** de acordo com
keepsake ['ki:pseɪk] N lembrança
keg [kɛg] N barrilete *m*, barril *m* pequeno
kennel ['kɛnl] N casa de cachorro; **kennels** N (*establishment*) canil *m*
Kenya ['kɛnjə] N Quênia *m*
Kenyan ['kɛnjən] ADJ, N queniano(-a) *m/f*
kept [kɛpt] PT, PP *of* **keep**
kerb [kə:b] (BRIT) N meio-fio (BR), borda do passeio (PT)
kernel ['kə:nl] N amêndoa; (*fig*) cerne *m*
kerosene ['kɛrəsi:n] N querosene *m*

ketchup ['kɛtʃəp] N molho de tomate, catsup *m*
kettle ['kɛtl] N chaleira
kettle drums NPL tímpanos *mpl*
key [ki:] N chave *f*; (*Mus*) clave *f*; (*of piano, typewriter*) tecla; (*on map*) legenda ▶ CPD (*issue etc*) chave ▶ VT (*also*: **key in**) digitar
keyboard ['ki:bɔ:d] N teclado ▶ VT (*text*) teclar, digitar
keyed up [ki:d-] ADJ: **to be (all) ~** estar excitado or ligado (*inf*)
keyhole ['ki:həʊl] N buraco da fechadura
keyhole surgery N *laparoscopia*
keynote ['ki:nəʊt] N (*Mus*) tônica; (*fig*) ideia fundamental ▶ CPD: **~ speech** discurso programático
keypad ['ki:pæd] N teclado complementar
keyring ['ki:rɪŋ] N chaveiro
keystone ['ki:stəʊn] N pedra angular
keystroke ['ki:strəʊk] N batida de tecla
kg ABBR (= *kilogram*) kg
KGB N ABBR KGB *f*
khaki ['kɑ:kɪ] ADJ cáqui
kibbutz [kɪ'bʊts] (*pl* **kibbutzim**) N kibutz *m*
kick [kɪk] VT (*person*) dar um pontapé em; (*ball*) chutar; (*inf: habit*) conseguir superar ▶ VI (*horse*) dar coices ▶ N (*from person*) pontapé *m*; (*from animal*) coice *m*, patada; (*to ball*) chute *m*; (*of rifle*) recuo; (*inf: thrill*): **he does it for ~s** faz isso para curtir
▶ **kick around** (*inf*) VI ficar por aí
▶ **kick off** VI (*Sport*) dar o chute inicial
kick-off N (*Sport*) chute *m* inicial
kick-start N (*also*: **kick-starter**) arranque *m* ▶ VT dar partida em
kid [kɪd] N (*inf: child*) criança; (*animal*) cabrito; (*leather*) pelica ▶ VI (*inf*) brincar
kidnap ['kɪdnæp] VT sequestrar
kidnapper ['kɪdnæpə*ʳ*] N sequestrador(a) *m/f*
kidnapping ['kɪdnæpɪŋ] N sequestro
kidney ['kɪdnɪ] N rim *m*
kidney bean N feijão *m* roxo
kidney machine N (*Med*) aparelho de hemodiálise
Kilimanjaro [kɪlɪmən'dʒɑ:rəʊ] N: **Mount ~** Kilimanjaro
kill [kɪl] VT matar; (*murder*) assassinar; (*destroy*) destruir; (*finish off*) acabar com, aniquilar ▶ N ato de matar; **to ~ time** matar o tempo
▶ **kill off** VT aniquilar; (*fig*) eliminar
killer ['kɪlə*ʳ*] N assassino(-a)
killing ['kɪlɪŋ] N (*one*) assassinato; (*several*) matança; (*instance*) morte *f* ▶ ADJ (*funny*) divertido, engraçado; **to make a ~** (*inf*) faturar uma boa nota
killjoy ['kɪldʒɔɪ] N desmancha-prazeres *m inv*
kiln [kɪln] N forno
kilo ['ki:ləʊ] N quilo
kilobyte ['ki:ləʊbaɪt] N kilobyte *m*
kilogram, kilogramme ['kɪləʊgræm] N quilograma *m*
kilometre, (*US*) **kilometer** ['kɪləmi:tə*ʳ*] N quilômetro

kilowatt ['kɪləʊwɔt] N quilowatt *m*
kilt [kɪlt] N saiote *m* escocês
kimono [kɪ'məʊnəʊ] N quimono
kin [kɪn] N parentela; *see* **kith**, **next-of-kin**
kind [kaɪnd] ADJ (*friendly*) gentil; (*generous*) generoso; (*good*) bom/boa, bondoso, amável ▶ N espécie *f*, classe *f*; (*species*) gênero; **in ~** (*Comm*) em espécie; **a ~ of** uma espécie de; **two of a ~** dois da mesma espécie; **would you be ~ enough to ...?**, **would you be so ~ as to ...?** pode me fazer a gentileza de ...?; **it's very ~ of you (to do)** é muito gentil da sua parte (fazer); **to repay sb in ~** (*fig*) pagar alguém na mesma moeda
kindergarten ['kɪndəgɑ:tn] N jardim *m* de infância
kind-hearted ADJ de bom coração, bondoso
kindle ['kɪndl] VT acender; (*emotion*) despertar
kindling ['kɪndlɪŋ] N gravetos *mpl*
kindly ['kaɪndlɪ] ADJ (*good*) bom/boa, bondoso; (*gentle*) gentil, carinhoso ▶ ADV bondosamente, amavelmente; **will you ~ ...** você pode fazer o favor de ...; **he didn't take it ~** não gostou
kindness ['kaɪndnɪs] N bondade *f*, gentileza
kindred ['kɪndrɪd] ADJ aparentado; **~ spirit** pessoa com os mesmos gostos
kinetic [kɪ'nɛtɪk] ADJ cinético
king [kɪŋ] N rei *m*
kingdom ['kɪŋdəm] N reino
kingfisher ['kɪŋfɪʃə*ʳ*] N martim-pescador *m*
kingpin ['kɪŋpɪn] N (*Tech*) pino mestre; (*fig*) mandachuva *m*
king-size [-saɪz], **king-sized** [-saɪzd] ADJ tamanho grande; (*cigarettes*) king-size
kink [kɪŋk] N (*of rope*) dobra, coca; (*inf: fig*) mania
kinky ['kɪŋkɪ] (*pej*) ADJ (*odd*) excêntrico, esquisito; (*sexually*) pervertido
kinship ['kɪnʃɪp] N parentesco
kinsman ['kɪnzmən] (*irreg: like* **man**) N parente *m*
kinswoman ['kɪnzwumən] (*irreg: like* **woman**) N parenta
kiosk ['ki:ɔsk] N banca (BR), quiosque *m* (PT); (BRIT: *also*: **telephone kiosk**) cabine *f*
kipper ['kɪpə*ʳ*] N *tipo de arenque defumado*
kiss [kɪs] N beijo ▶ VT beijar; **to ~ (each other)** beijar-se; **to ~ sb goodbye** despedir-se de alguém com beijos
kiss of life (BRIT) N respiração *f* boca-a-boca
kit [kɪt] N apetrechos *mpl*; (*clothes: for sport etc*) kit *m*; (*equipment*) equipamento; (*set of tools etc*) caixa de ferramentas; (*for assembly*) kit *m* para montar
▶ **kit out** (BRIT) VT equipar
kitbag ['kɪtbæg] N saco de viagem
kitchen ['kɪtʃɪn] N cozinha
kitchen garden N horta
kitchen sink N pia (de cozinha)
kitchen unit (BRIT) N módulo de cozinha
kitchenware ['kɪtʃɪnwɛə*ʳ*] N bateria de cozinha

kite [kaɪt] N (*toy*) papagaio, pipa; (*Zool*) milhafre m
kith [kɪθ] N: **~ and kin** amigos e parentes mpl
kitten ['kɪtn] N gatinho
kitty ['kɪtɪ] N (*pool of money*) fundo comum, vaquinha; (*Cards*) bolo
KKK (US) N ABBR = **Ku Klux Klan**
Kleenex® ['kli:nɛks] N lenço de papel
kleptomaniac [klɛptəu'meɪnɪæk] N cleptomaníaco(-a)
km ABBR (= *kilometre*) km
km/h ABBR (= *kilometres per hour*) km/h
knack [næk] N: **to have the ~ of doing sth** ter um jeito or queda para fazer algo; **there's a ~ (to it)** tem um jeito
knackered ['nækəd] ADJ (*inf*) exausto, podre
knapsack ['næpsæk] N mochila
knave [neɪv] N (*Cards*) valete m
knead [ni:d] VT amassar
knee [ni:] N joelho
kneecap ['ni:kæp] N rótula
knee-deep ADJ: **the water was ~** a água batia no joelho
kneel [ni:l] (*pt, pp* **knelt**) VI (*also:* **kneel down**) ajoelhar-se
kneepad ['ni:pæd] N joelheira
knell [nɛl] N dobre m de finados
knelt [nɛlt] PT, PP of **kneel**
knew [nju:] PT of **know**
knickers ['nɪkəz] (BRIT) NPL calcinha (BR), cuecas fpl (PT)
knick-knack ['nɪk-] N bibelô m
knife [naɪf] (*pl* **knives**) N faca ▶ VT esfaquear; **~, fork and spoon** talher m
knight [naɪt] N cavaleiro; (*Chess*) cavalo
knighthood ['naɪthud] (BRIT) N cavalaria; (*title*): **to get a ~** receber o título de Sir
knit [nɪt] VT tricotar; (*brows*) franzir ▶ VI tricotar (BR), fazer malha (PT); (*bones*) consolidar-se; **to ~ together** (*fig*) unir, juntar
knitted ['nɪtɪd] ADJ de malha
knitting ['nɪtɪŋ] N ato de tricotar, tricô (BR), malha (PT)
knitting machine N máquina de tricotar
knitting needle N agulha de tricô (BR) or de malha (PT)
knitting pattern N molde m para tricotar
knitwear ['nɪtwɛəʳ] N roupa de malha
knives [naɪvz] NPL of **knife**
knob [nɔb] N (*of door*) maçaneta; (*of drawer*) puxador m; (*of stick*) castão m; (*on radio, TV etc*) botão m; (*lump*) calombo; **a ~ of butter** (BRIT) uma porção de manteiga
knobbly ['nɔblɪ] (BRIT) ADJ (*wood, surface*) nodoso; (*knees*) ossudo
knobby ['nɔbɪ] (US) ADJ = **knobbly**
knock [nɔk] VT (*strike*) bater em; (*bump into*) colidir com; (*inf: criticize*) criticar, malhar ▶ N pancada, golpe m; (*on door*) batida ▶ VI: **to ~ at** or **on the door** bater à porta; **to ~ a hole in sth** abrir um buraco em algo; **to ~ a nail into** pregar um prego em
 ▶ **knock down** VT derrubar; (*price*) abater; (*pedestrian*) atropelar
 ▶ **knock off** VI (*inf: finish*) terminar ▶ VT (*inf: steal*) abafar; (*vase*) derrubar; (*from price*): **to ~ off £10** dar um desconto de £10
 ▶ **knock out** VT pôr nocaute, nocautear; (*defeat*) eliminar
 ▶ **knock over** VT (*object*) derrubar; (*pedestrian*) atropelar
knockdown ['nɔkdaun] ADJ (*price*) de liquidação, de queima (*inf*)
knocker ['nɔkəʳ] N (*on door*) aldrava
knocking ['nɔkɪŋ] N pancadas fpl
knock-kneed [-ni:d] ADJ cambaio
knockout ['nɔkaut] N (*Boxing*) nocaute m
 ▶ CPD (*competition*) com eliminatórias
knock-up N (*Tennis*) bate-bola m
knot [nɔt] N nó m ▶ VT dar nó em; **to tie a ~** dar or fazer um nó
knotty ['nɔtɪ] ADJ (*fig*) cabeludo, espinhoso
know [nəu] (*pt* **knew**, *pp* **known**) VT saber; (*person, author, place*) conhecer; (*recognize*) reconhecer ▶ VI: **to ~ about** or **of sth** saber de algo; **to ~ that ...** saber que ...; **to ~ how to swim** saber nadar; **to get to ~ sth** (*fact*) saber, descobrir; (*place*) conhecer; **I don't ~ him** não o conheço; **to ~ right from wrong** saber distinguir o bem e o mal; **as far as I ~ ...** que eu saiba ...
know-all (BRIT *pej*) N sabichão(-chona) m/f
know-how N know-how m, experiência
knowing ['nəuɪŋ] ADJ (*look: of complicity*) de cumplicidade
knowingly ['nəuɪŋlɪ] ADV (*purposely*) de propósito; (*spitefully*) maliciosamente
know-it-all (US) N = **know-all**
knowledge ['nɔlɪdʒ] N conhecimento; (*range of learning*) saber m, conhecimentos mpl; **to have no ~ of** não ter conhecimento de; **not to my ~** que eu saiba, não; **without my ~** sem eu saber; **to have a working ~ of Portuguese** ter um conhecimento básico do português; **it's common ~ that ...** todos sabem que ...; **it has come to my ~ that ...** chegou ao meu conhecimento que ...
knowledgeable ['nɔlɪdʒəbl] ADJ entendido, versado
known [nəun] PP of **know** ▶ ADJ (*thief*) famigerado; (*fact*) conhecido
knuckle ['nʌkl] N nó m
 ▶ **knuckle under** (*inf*) VI ceder
knuckleduster ['nʌkldʌstəʳ] N soco inglês
K.O. N ABBR = **knockout** ▶ VT nocautear, pôr nocaute
koala [kəu'ɑ:lə] N (*also:* **koala bear**) coala m
kook [ku:k] (US *inf*) N maluco(-a), biruta (*inf*)
Koran [kɔ'rɑ:n] N: **the ~** o Alcorão
Korea [kə'rɪə] N Coreia; **North/South ~** Coreia do Norte/Sul
Korean [kə'rɪən] ADJ coreano ▶ N coreano(-a); (*Ling*) coreano
kosher ['kəuʃəʳ] ADJ kosher *inv*
Kosovo ['kɔsɔvəu] N Kosovo m

kowtow ['kau'tau] VI: **to ~ to sb** bajular alguém
Kremlin ['krɛmlɪn] N: **the ~** o Kremlin
KS (US) ABBR (Post) = **Kansas**
Kt (BRIT) ABBR (= Knight) título honorífico
Kuala Lumpur ['kwɑː'lə'lumpuəʳ] N Cuala Lumpur
kudos ['kjuːdɔs] N glória, fama
Kuwait [ku'weɪt] N Kuweit m
Kuwaiti [ku'weɪtɪ] ADJ, N kuweitiano(-a)
kW ABBR (= kilowatt) kW
KY (US) ABBR (Post) = **Kentucky**

Ll

L¹, l [ɛl] N (*letter*) L, l *m*; **L for Lucy** (BRIT) *or* **Love** (US) L de Lúcia
L² ABBR (= *lake*) L; (= *large*) G; (= *left*) esq; (BRIT Aut: = *learner*) (condutor(a) *m/f*) aprendiz *m/f*
l ABBR (= *litre*) l
LA (US) N ABBR = **Los Angeles** ► ABBR (*Post*) = **Louisiana**
lab [læb] N ABBR = **laboratory**
label ['leɪbl] N etiqueta, rótulo; (*brand: of record*) selo ► VT etiquetar, rotular; **to ~ sb a ...** rotular alguém de ...
labor ['leɪbəʳ] (US) = **labour**
laboratory [lə'bɔrətərɪ] N laboratório
Labor Day (US) N Dia *m* do Trabalho
laborious [lə'bɔːrɪəs] ADJ laborioso
labor union (US) N sindicato
labour, (US) **labor** ['leɪbəʳ] N (*task*) trabalho; (*work force*) mão-de-obra *f*; (*workers*) trabalhadores *mpl*; (*Med*): **to be in ~** estar em trabalho de parto ► VI: **to ~ (at)** trabalhar (em) ► VT insistir em; **L~, the L~ Party** (BRIT) o Partido Trabalhista
labour camp, (US) **labor camp** N campo de trabalhos forçados
labour cost, (US) **labor cost** N custo de mão-de-obra
laboured, (US) **labored** ['leɪbəd] ADJ (*movement*) forçado; (*style*) elaborado
labourer, (US) **laborer** ['leɪbərəʳ] N operário; **farm ~** trabalhador *m* rural, peão *m*; **day ~** diarista *m*
labour force, (US) **labor force** N mão-de-obra *f*
labour-intensive, (US) **labor-intensive** ADJ intensivo de mão-de-obra
labour market, (US) **labor market** N mercado de trabalho
labour pains, (US) **labor pains** NPL dores *fpl* do parto
labour relations, (US) **labor relations** NPL relações *fpl* trabalhistas
labour-saving, (US) **labor-saving** ADJ que poupa trabalho
labour unrest, (US) **labor unrest** N agitação *f* operária
labyrinth ['læbɪrɪnθ] N labirinto
lace [leɪs] N renda; (*of shoe etc*) cadarço ► VT (*shoe*) amarrar; (*drink*) misturar aguardente a
lace-making ['leɪsmeɪkɪŋ] N feitura de renda
laceration [læsə'reɪʃən] N laceração *f*

lace-up ADJ (*shoes etc*) de cordões
lack [læk] N falta ► VT (*money, confidence*) faltar; (*intelligence*) carecer de; **through** *or* **for ~ of** por falta de; **to be ~ing** faltar; **to be ~ing in** carecer de
lackadaisical [lækə'deɪzɪkl] ADJ (*careless*) descuidado; (*indifferent*) apático, indiferente
lackey ['lækɪ] N (*fig*) lacaio
lacklustre ['læklʌstəʳ] ADJ sem brilho, insosso
laconic [lə'kɔnɪk] ADJ lacônico
lacquer ['lækəʳ] N laca; (*hair*) fixador *m*
lacy ['leɪsɪ] ADJ rendado
lad [læd] N menino, rapaz *m*, moço; (BRIT: *in stable etc*) empregado
ladder ['lædəʳ] N escada *f* de mão; (BRIT: *in tights*) defeito (em forma de escada) ► VT (BRIT: *tights*) desfiar ► VI (BRIT: *tights*) desfiar
laden ['leɪdn] ADJ: **~ (with)** carregado (de); **fully ~** (*truck, ship*) completamente carregado, com a carga máxima
ladle ['leɪdl] N concha (de sopa)
lady ['leɪdɪ] N senhora; (*distinguished, noble*) dama; (*in address*): **ladies and gentlemen, ...** senhoras e senhores, ...; **young ~** senhorita; **L~ Smith** a lady Smith; **"ladies' (toilets)"** "senhoras"; **a ~ doctor** uma médica
ladybird ['leɪdɪbəːd], (US) **ladybug** ['leɪdɪbʌg] N joaninha
lady-in-waiting N dama de companhia
lady-killer ['leɪdɪkɪləʳ] N mulherengo
ladylike ['leɪdɪlaɪk] ADJ elegante, refinado
ladyship ['leɪdɪʃɪp] N: **your ~** Sua Senhoria
lag [læg] N (*period of time*) atraso, retardamento ► VI (*also*: **lag behind**) ficar para trás ► VT (*pipes*) revestir com isolante térmico
lager ['lɑːgəʳ] N cerveja leve e clara
lagging ['lægɪŋ] N revestimento
lagoon [lə'guːn] N lagoa
Lagos ['leɪgɔs] N Lagos
laid [leɪd] PT, PP *of* **lay**
laid-back (*inf*) ADJ descontraído
laid up ADJ: **to be ~ with flu** ficar de cama com gripe
lain [leɪn] PP *of* **lie**
lair [lɛəʳ] N covil *m*, toca
laissez-faire [lɛseɪ'fɛəʳ] N laissez-faire *m*
laity ['leɪətɪ] N leigos *mpl*
lake [leɪk] N lago
Lake District (BRIT) N: **the ~** a região dos Lagos

lamb [læm] N cordeiro
lamb chop N costeleta de cordeiro
lambskin ['læmskɪn] N pele f de cordeiro
lambswool ['læmzwul] N lã f de cordeiro
lame [leɪm] ADJ coxo, manco; *(excuse, argument)* pouco convincente, fraco; ~ **duck** *(fig)* pessoa incapaz
lamely ['leɪmlɪ] ADV *(fig)* sem convicção
lament [lə'mɛnt] N lamento, queixa ▶ VT lamentar-se de
lamentable ['læməntəbl] ADJ lamentável
laminated ['læmɪneɪtɪd] ADJ laminado
lamp [læmp] N lâmpada
lamplight ['læmplaɪt] N: **by** ~ à luz da lâmpada
lampoon [læm'puːn] VT satirizar
lamppost ['læmppəust] (BRIT) N poste m
lampshade ['læmpʃeɪd] N abajur m, quebra-luz m
lance [lɑːns] N lança ▶ VT *(Med)* lancetar
lance corporal (BRIT) N cabo
lancet ['lɑːnsɪt] N *(Med)* bisturi, lanceta
Lancs [læŋks] (BRIT) ABBR = **Lancashire**
land [lænd] N terra; *(country)* país m; *(piece of land)* terreno; *(estate)* terras fpl, propriedades fpl; *(Agr)* solo ▶ VI *(from ship)* desembarcar; *(Aviat)* pousar, aterrissar (BR), aterrar (PT); *(fig: arrive unexpectedly)* cair, terminar ▶ VT *(obtain)* conseguir; *(passengers, goods)* desembarcar; **to go/travel by** ~ ir/viajar por terra; **to own** ~ ter propriedades; **to** ~ **on one's feet** *(fig)* dar-se bem, cair de pé; **to** ~ **sb with sth** *(inf)* sobrecarregar alguém com algo
▶ **land up** VI: **to** ~ **up in/at** ir parar em
landed gentry ['lændɪd-] N proprietários mpl de terras
landfill site ['lændfɪl-] N aterro sanitário
landing ['lændɪŋ] N *(from ship)* desembarque m; *(Aviat)* pouso, aterrissagem f (BR), aterragem f (PT); *(of staircase)* patamar m
landing card N cartão m de desembarque
landing craft N navio para desembarque
landing gear N trem m de aterrissagem (BR) or de aterragem (PT)
landing stage (BRIT) N cais m de desembarque
landing strip N pista de aterrissagem (BR) or de aterragem (PT)
landlady ['lændleɪdɪ] N *(of rented property)* senhoria; *(of pub)* dona, proprietária
landline ['lændlaɪn] N telefone m fixo
landlocked ['lændlɔkt] ADJ cercado de terra
landlord ['lændlɔːd] N senhorio, locador m; *(of pub etc)* dono, proprietário
landlubber ['lændlʌbəʳ] N pessoa desacostumada ao mar
landmark ['lændmɑːk] N lugar m conhecido; *(fig)* marco
landowner ['lændəunəʳ] N latifundiário(-a)
landscape ['lændskeɪp] N paisagem f
landscape architect N paisagista m/f
landscaped ['lændskeɪpt] ADJ projetado paisagisticamente
landscape gardener N paisagista m/f
landscape painting N *(Art: genre)* paisagismo; *(: picture)* paisagem f
landslide ['lændslaɪd] N *(Geo)* desmoronamento, desabamento; *(fig: Pol)* vitória esmagadora
lane [leɪn] N *(in country)* caminho, estrada estreita; *(in town)* ruela; *(Aut)* pista; *(in race)* raia; *(for air or sea traffic)* rota
language ['læŋgwɪdʒ] N língua; *(way one speaks, Comput, style)* linguagem f; **bad** ~ palavrões mpl
language laboratory N laboratório de línguas
language school N escola de línguas
languid ['læŋgwɪd] ADJ lânguido
languish ['læŋgwɪʃ] VI elanguescer, debilitar-se
lank [læŋk] ADJ *(hair)* liso
lanky ['læŋkɪ] ADJ magricela
lanolin, lanoline ['lænəlɪn] N lanolina
lantern ['læntn] N lanterna
Laos [laus] N Laos m
lap [læp] N *(of track)* volta; *(of person)* colo ▶ VT *(also: lap up)* lamber ▶ VI *(waves)* marulhar
▶ **lap up** VT *(fig: food)* comer sofregamente; *(: compliments)* receber com sofreguidão
La Paz [læ'pæz] N La Paz
lapdog ['læpdɔg] N cãozinho de estimação
lapel [lə'pɛl] N lapela
Lapland ['læplænd] N Lapônia
Lapp [læp] ADJ, N lapão(-ona) m/f
lapse [læps] N lapso; *(bad behaviour)* deslize m
▶ VI *(expire)* caducar; *(law)* prescrever; *(morally)* decair; **to** ~ **into bad habits** adquirir maus hábitos; ~ **of time** lapso, intervalo; **a** ~ **of memory** um lapso de memória
laptop ['læptɔp], **laptop computer** N laptop m
larceny ['lɑːsənɪ] N furto; **petty** ~ delito leve
larch [lɑːtʃ] N lariço
lard [lɑːd] N banha de porco
larder ['lɑːdəʳ] N despensa
large [lɑːdʒ] ADJ grande; *(fat)* gordo; **at** ~ *(free)* em liberdade; *(generally)* em geral; **to make** ~**r** ampliar; **a** ~ **number of people** um grande número de pessoas; **by and** ~ de modo geral; **on a** ~ **scale** em grande escala
largely ['lɑːdʒlɪ] ADV em grande parte; *(introducing reason)* principalmente
large-scale ADJ *(map)* em grande escala; *(fig)* importante, de grande alcance
largesse [lɑː'ʒɛs] N generosidade f
lark [lɑːk] N *(bird)* cotovia; *(joke)* brincadeira, peça
▶ **lark about** VI divertir-se, brincar
larva ['lɑːvə] *(pl* **larvae***)* N larva
larvae ['lɑːviː] NPL *of* **larva**
laryngitis [lærɪn'dʒaɪtɪs] N laringite f
larynx ['lærɪŋks] N laringe f
lascivious [lə'sɪvɪəs] ADJ lascivo
laser ['leɪzəʳ] N laser m
laser beam N raio laser

laser printer N impressora a laser
lash [læʃ] N chicote m, açoite m; (blow) chicotada; (also: **eyelash**) pestana, cílio ▶ VT chicotear, açoitar; (subj: rain, wind) castigar; (tie) atar
▶ **lash down** VT atar, amarrar ▶ VI (rain) cair em bátegas
▶ **lash out** VI: **to ~ out (at sb)** atacar (alguém) violentamente; **to ~ out at** or **against sb** (criticize) atacar alguém verbalmente; **to ~ out (on sth)** (inf: spend) esbanjar dinheiro (em algo)
lashings ['læʃɪŋz] (BRIT inf) NPL: **~ of** (cream etc) montes mpl de, um montão de
lass [læs] (BRIT) N moça
lasso [læ'suː] N laço ▶ VT laçar
last [lɑːst] ADJ último; (final) derradeiro ▶ ADV em último lugar ▶ VI (endure) durar; (continue) continuar; **~ week** na semana passada; **~ night** ontem à noite; **at ~** finalmente; **at ~!** até que enfim!; **~ but one** penúltimo; **the ~ time** a última vez; **it ~s (for) 2 hours** dura 2 horas
last-ditch ADJ desesperado, derradeiro
lasting ['lɑːstɪŋ] ADJ duradouro
lastly ['lɑːstlɪ] ADV (last of all) por fim, por último; (finally) finalmente
last-minute ADJ de última hora
latch [lætʃ] N trinco, fecho, tranca
▶ **latch on to** VT FUS (cling to: person) grudar em; (: idea) agarrar-se a
latchkey ['lætʃkiː] N chave f de trinco
late [leɪt] ADJ (not on time) atrasado; (far on in day etc) tardio; (hour) avançado; (recent) recente; (former) antigo, ex-, anterior; (dead) falecido ▶ ADV tarde; (behind time, schedule) atrasado; **to be ~** estar atrasado, atrasar; **to be 10 minutes ~** estar atrasado dez minutos; **to work ~** trabalhar até tarde; **~ in life** com idade avançada; **it was too ~** já era tarde; **of ~** recentemente; **in ~ May** no final de maio; **the ~ Mr X** o falecido Sr X
latecomer ['leɪtkʌmər] N retardatário(-a)
lately ['leɪtlɪ] ADV ultimamente
lateness ['leɪtnɪs] N (of person) atraso; (of event) hora avançada
latent ['leɪtnt] ADJ latente
later ['leɪtər] ADJ (date etc) posterior; (version etc) mais recente ▶ ADV mais tarde, depois; **~ on** mais tarde
lateral ['lætərl] ADJ lateral
latest ['leɪtɪst] ADJ último; **the ~ news** as últimas novidades; **at the ~** no mais tardar
latex ['leɪtɛks] N látex m
lath [læθ] (pl **laths** [læðz]) N ripa
lathe [leɪð] N torno
lather ['lɑːðər] N espuma (de sabão) ▶ VT ensaboar ▶ VI fazer espuma
Latin ['lætɪn] N (Ling) latim m ▶ ADJ latino
Latin America N América Latina
Latin American ADJ, N latino-americano(-a)
latitude ['lætɪtjuːd] N (also fig) latitude f
latrine [lə'triːn] N latrina

latter ['lætər] ADJ último; (of two) segundo ▶ N: **the ~** o último, este
latterly ['lætəlɪ] ADV ultimamente
lattice ['lætɪs] N treliça
lattice window N janela com treliça de chumbo
Latvia ['lætvɪə] N Letônia
laudable ['lɔːdəbl] ADJ louvável
laudatory ['lɔːdətrɪ] ADJ laudatório, elogioso
laugh [lɑːf] N riso, risada; (loud) gargalhada ▶ VI rir, dar risada (or gargalhada); **(to do sth) for a ~** (fazer algo) só de curtição
▶ **laugh at** VT FUS rir de
▶ **laugh off** VT disfarçar sorrindo
laughable ['lɑːfəbl] ADJ ridículo, absurdo
laughing ['lɑːfɪŋ] ADJ risonho; **this is no ~ matter** isto não é para rir
laughing gas N gás m hilariante
laughing stock N alvo de riso
laughter ['lɑːftər] N riso, risada; (people laughing) risos mpl
launch [lɔːntʃ] N (boat) lancha; (Comm, of rocket etc) lançamento ▶ VT (ship, rocket, plan) lançar
▶ **launch into** VT FUS lançar-se a
▶ **launch out** VI: **to ~ out (into)** lançar-se (a)
launching ['lɔːntʃɪŋ] N (of rocket etc) lançamento
launching pad, launch pad N plataforma de lançamento
launder ['lɔːndər] VT lavar e passar; (money) lavar
Launderette® [lɔːn'drɛt] (BRIT) N lavanderia automática
Laundromat® ['lɔːndrəmæt] (US) N lavanderia automática
laundry ['lɔːndrɪ] N lavanderia; (clothes) roupa para lavar; **to do the ~** lavar a roupa
laureate ['lɔːrɪət] ADJ see **poet**
laurel ['lɔrl] N louro; (Bot) loureiro; **to rest on one's ~s** dormir sobre os louros
lava ['lɑːvə] N lava
lavatory ['lævətərɪ] N privada (BR), casa de banho (PT); **lavatories** NPL (public) sanitários mpl (BR), lavabos mpl (PT)
lavatory paper (BRIT) N papel m higiênico
lavender ['lævəndər] N lavanda
lavish ['lævɪʃ] ADJ (amount) generoso; (person): **~ with** pródigo em, generoso com ▶ VT: **to ~ sth on sb** encher or cobrir alguém de algo
lavishly ['lævɪʃlɪ] ADV (give, spend) prodigamente; (furnished) luxuosamente
law [lɔː] N lei f; (rule) regra; (Sch) direito; **against the ~** contra a lei; **to study ~** estudar direito; **to go to ~** (BRIT) recorrer à justiça
law-abiding [-ə'baɪdɪŋ] ADJ obediente à lei
law and order N a ordem pública
lawbreaker ['lɔːbreɪkər] N infrator(a) m/f (da lei)
law court N tribunal m de justiça
lawful ['lɔːful] ADJ legal, lícito
lawfully ['lɔːfulɪ] ADV legalmente
lawless ['lɔːlɪs] ADJ (act) ilegal; (person) rebelde; (country) sem lei, desordenado

lawmaker ['lɔːmeɪkə^r] N legislador(a) m/f
lawn [lɔːn] N gramado (BR), relvado (PT)
lawnmower ['lɔːnməuə^r] N cortador m de grama (BR) or de relva (PT)
lawn tennis N tênis m de gramado (BR) or de relvado (PT)
law school (US) N faculdade f de direito
law student N estudante m/f de direito
lawsuit ['lɔːsuːt] N ação f judicial, processo; **to bring a ~ against** mover processo contra
lawyer ['lɔːjə^r] N advogado(-a); (for sales, wills etc) notário(-a), tabelião(-liã) m/f
lax [læks] ADJ (discipline) relaxado; (person) negligente
laxative ['læksətɪv] N laxante m
laxity ['læksɪtɪ] N: **moral ~** falta de escrúpulo or caráter
lay [leɪ] (pt, pp **laid**) VT (place) colocar; (eggs, table) pôr; (trap) armar; (plan) traçar ▶ PT of **lie** ▶ ADJ leigo; **to ~ the table** pôr a mesa; **to ~ the facts/one's proposals before sb** apresentar os fatos/suas propostas a alguém; **to get laid** (!) trepar (!)
▶ **lay aside** VT pôr de lado
▶ **lay by** VT = **lay aside**
▶ **lay down** VT (object) depositar; (flat) deitar; (arms) depor; (rules etc) impor, estabelecer; **to ~ down the law** (pej) impor regras; **to ~ down one's life** sacrificar voluntariamenta a vida
▶ **lay in** VT armazenar, abastecer-se de
▶ **lay into** (inf) VT FUS (attack) surrar, espancar; (scold) dar uma bronca em
▶ **lay off** VT (workers) demitir
▶ **lay on** VT (water, gas) instalar; (meal, entertainment) prover; (paint) aplicar
▶ **lay out** VT (spread out) dispor em ordem; (design) planejar; (display) expor; (spend) esbanjar
▶ **lay up** VT (store) estocar; (ship) pôr fora de serviço; (subj: illness) acometer
layabout ['leɪəbaut] (inf) N vadio(-a), preguiçoso(-a)
lay-by (BRIT) N acostamento
lay days NPL (Naut) dias mpl de estadia
layer ['leɪə^r] N camada
layette [leɪ'ɛt] N enxoval m de bebê
layman ['leɪmən] (irreg: like **man**) N leigo
lay-off N demissão f
layout ['leɪaut] N (of garden, building) desenho; (of piece of writing) leiaute m; (disposition) disposição f; (Press) composição f
laze [leɪz] VI descansar; (also: **laze about**) vadiar
laziness ['leɪzɪnɪs] N preguiça
lazy ['leɪzɪ] ADJ preguiçoso; (movement) lento
lb. ABBR (weight) = **pound**
lbw ABBR (Cricket: = leg before wicket) falta em que o batedor está com a perna em frente da meta
LC (US) N ABBR = **Library of Congress**
L/C ABBR = **letter of credit**
LCD N ABBR = **liquid crystal display**
Ld (BRIT) ABBR (= lord) título honorífico

LDS N ABBR (= Licentiate in Dental Surgery) diploma universitário; (= Latter-day Saints) os Santos dos Últimos Dias
LEA (BRIT) N ABBR (= local education authority) departamento de ensino do município
lead¹ [liːd] (pt, pp **led**) N (front position) dianteira; (Sport) liderança; (fig) vantagem f; (clue) pista; (Elec) fio; (for dog) correia; (in play, film) papel m principal ▶ VT conduzir; (guide) levar; (induce) levar, induzir; (be leader of) chefiar; (start, guide: activity) encabeçar; (Sport) liderar; (orchestra: BRIT) ser a primeira figura de; (: US) reger ▶ VI encabeçar; **to ~ sb astray** desencaminhar alguém; **to be in the ~** (Sport: in race) estar na frente; (: in match) estar ganhando; **to take the ~** (Sport) disparar na frente; (fig) tomar a dianteira; **to ~ the way** assumir a direção; **to ~ sb to believe that ...** levar alguém a acreditar que ...; **to ~ sb to do sth** levar alguém a fazer algo
▶ **lead away** VT levar
▶ **lead back** VT levar de volta
▶ **lead off** VI (in game etc) começar
▶ **lead on** VT (tease) provocar; **to ~ sb on to** induzir alguém a
▶ **lead to** VT FUS levar a, conduzir a
▶ **lead up to** VT FUS conduzir a
lead² [lɛd] N chumbo; (in pencil) grafite f
leaded ['lɛdɪd] ADJ (petrol) com chumbo; **~ window** janela com pequenas lâminas de vidro presas por tiras de chumbo
leaden ['lɛdən] ADJ (sky, sea) cor de chumbo, cinzento
leader ['liːdə^r] N líder m/f, chefe m/f; (of party, union etc) líder m/f; (of gang) cabeça m/f; (of newspaper) artigo de fundo; **they are ~s in their field** são os líderes na área em que atuam; **the L~ of the House** (BRIT) o chefe dos ministros na Câmara
leadership ['liːdəʃɪp] N liderança; (quality) poder m de liderança; **under the ~ of ...** sob a liderança de ...; (army) sob o comando de ...; **qualities of ~** qualidades de liderança
lead-free [lɛd-] ADJ sem chumbo
leading ['liːdɪŋ] ADJ (main) principal; (role) de destaque; (first, front) primeiro, dianteiro; **a ~ question** uma pergunta capciosa; **~ role** papel de destaque
leading lady N (Theatre) primeira atriz f
leading light N (person) figura principal, destaque m
leading man (irreg: like **man**) N (Theatre) ator m principal
lead pencil [lɛd-] N lápis f de grafite
lead poisoning [lɛd-] N saturnismo
lead singer [liːd-] N (in pop group) cantor(a) m/f
lead time [liːd-] N (Comm) prazo de entrega
lead weight [lɛd-] N peso de chumbo
leaf [liːf] N (pl **leaves**) folha; (of table) aba ▶ VI: **to ~ through** (book) folhear; **to turn over a new ~** mudar de vida, partir para outra (inf); **to take a ~ out of sb's book** (fig) seguir o exemplo de alguém

leaflet ['li:flɪt] N folheto
leafy ['li:fɪ] ADJ folhoso, folhudo
league [li:g] N liga; (Football: championship) campeonato; (: table) classificação f; **to be in ~ with** estar de comum acordo com
leak [li:k] N (of liquid, gas) escape m, vazamento; (hole) buraco, rombo; (in roof) goteira; (fig: of information) vazamento ▶ VI (ship) fazer água; (shoe) deixar entrar água; (roof) gotejar; (pipe, container, liquid) vazar; (gas) escapar; (fig: news) vazar ▶ VT (news) vazar; **the information was ~ed to the enemy** as informações foram passadas para o inimigo
▶ **leak out** VI vazar
leakage ['li:kɪdʒ] N (fig) vazamento
leaky ['li:kɪ] ADJ (pipe, shoe, boat) furado; (roof) com goteira
lean [li:n] (pt, pp **leaned** or **leant**) ADJ magro ▶ N (of meat) carne f magra ▶ VT: **to ~ sth on** encostar or apoiar algo em ▶ VI (slope) inclinar-se; **to ~ against** encostar-se or apoiar-se contra; **to ~ on** encostar-se or apoiar-se em
▶ **lean back** VI (move body) inclinar-se para trás; (against wall, in chair) recostar-se
▶ **lean forward** VI inclinar-se para frente
▶ **lean out** VI: **to ~ out (of)** inclinar-se para fora (de)
▶ **lean over** VI debruçar-se ▶ VT FUS debruçar-se sobre
leaning ['li:nɪŋ] ADJ inclinado ▶ N: **~ (towards)** inclinação f (para); **the L~ Tower of Pisa** a torre inclinada de Pisa
leant [lɛnt] PT, PP of **lean**
lean-to N alpendre m
leap [li:p] (pt, pp **leaped** or **leapt**) N salto, pulo ▶ VI saltar
▶ **leap at** VT FUS: **to ~ at an offer** agarrar uma oferta
▶ **leap up** VI (person) levantar-se num ímpeto
leapfrog ['li:pfrɔg] N jogo de pular carniça
leapt [lɛpt] PT, PP of **leap**
leap year N ano bissexto
learn [lə:n] (pt, pp **learned** or **learnt**) VT aprender; (by heart) decorar ▶ VI aprender; **to ~ about sth** (Sch) instruir-se sobre algo; (hear, read) saber de algo; **we were sorry to ~ that …** sentimos tomar conhecimento de que …; **to ~ to do sth** aprender a fazer algo
learned ['lə:nɪd] ADJ erudito
learner ['lə:nə^r] N principiante m/f; (BRIT: also: **learner driver**) aprendiz m/f de motorista
learning ['lə:nɪŋ] N (process) aprendizagem f; (quality) erudição f; (knowledge) saber m
learning difficulties, learning disabilities NPL dificuldades fpl de aprendizagem
learnt [lə:nt] PT, PP of **learn**
lease [li:s] N arrendamento ▶ VT arrendar; **on ~** em arrendamento
▶ **lease back** VT vender e alugar do comprador
leaseback ['li:sbæk] N venda de uma propriedade com a condição do comprador alugá-la ao vendedor

leasehold ['li:shəuld] N (contract) arrendamento ▶ ADJ arrendado
leash [li:ʃ] N correia
least [li:st] ADJ: **the ~** (+n) o/a menor; (smallest amount of) a menor quantidade de ▶ ADV: **the ~** (+adj) o/a menos; **the ~ money** o menos dinheiro de todos; **the ~ expensive** o menos caro/a menos cara; **the ~ possible effort** o menor esforço possível; **at ~** pelo menos; **you could at ~ have written** você poderia pelo menos ter escrito; **not in the ~** de maneira nenhuma
leather ['lɛðə^r] N couro ▶ CPD de couro; **~ goods** artigos mpl de couro
leave [li:v] (pt, pp **left**) VT deixar; (go away from) abandonar ▶ VI ir-se, sair; (train) sair ▶ N (consent) permissão f, licença; (time off, Mil) licença; **to ~ sth to sb** (money etc) deixar algo para alguém; **to be left** sobrar; **there's some milk left over** sobrou um pouco de leite; **to ~ school** sair da escola; **~ it to me!** deixe comigo!; **on ~** de licença; **to take one's ~ of** despedir-se de
▶ **leave behind** VT (also fig) deixar para trás; (forget) esquecer
▶ **leave off** VT (lid, cover) não colocar; (heating) não ligar; (light) deixar apagado; (BRIT inf: stop): **to ~ off (doing sth)** parar (de fazer algo)
▶ **leave on** VT (coat etc) ficar com, não tirar; (lid) não tirar; (light, fire) deixar aceso; (radio) deixar ligado
▶ **leave out** VT omitir
leave of absence N licença excepcional
leaves [li:vz] NPL of **leaf**
Lebanese [lɛbə'ni:z] ADJ, N INV libanês(-esa) m/f
Lebanon ['lɛbənən] N Líbano
lecherous ['lɛtʃərəs] (pej) ADJ lascivo
lectern ['lɛktə:n] N atril m
lecture ['lɛktʃə^r] N conferência, palestra; (Sch) aula ▶ VI dar aulas, lecionar ▶ VT (scold) passar um sermão em; **to give a ~ on** dar uma conferência sobre
lecture hall N salão m de conferências, anfiteatro
lecturer ['lɛktʃərə^r] N conferencista m/f (BR), conferente m/f (PT); (BRIT: at university) professor(a) m/f; **assistant ~** (BRIT) assistente m/f; **senior ~** (BRIT) lente m/f
lecture theatre N = **lecture hall**
LED N ABBR (= light-emitting diode) LED m
led [lɛd] PT, PP of **lead**¹
ledge [lɛdʒ] N (of window) peitoril m; (of mountain) saliência, proeminência
ledger ['lɛdʒə^r] N livro-razão m, razão m
lee [li:] N sotavento; **in the ~ of** ao abrigo de
leech [li:tʃ] N sanguessuga
leek [li:k] N alho-poró m
leer [lɪə^r] VI: **to ~ at sb** olhar maliciosamente para alguém
leeward ['li:wəd] ADJ de sotavento ▶ ADV a sotavento ▶ N sotavento; **to ~** para sotavento
leeway ['li:weɪ] N (fig): **to make up ~** reduzir o atraso; **to have some ~** ter certa liberdade de ação

left [lɛft] PT, PP of **leave** ▶ ADJ esquerdo ▶ N esquerda ▶ ADV à esquerda; **on the ~** à esquerda; **to the ~** para a esquerda; **the L~** (Pol) a Esquerda
left-hand drive (BRIT) N direção f do lado esquerdo
left-handed [-'hændɪd] ADJ canhoto; (scissors etc) para canhotos
left-hand side N lado esquerdo
leftie ['lɛftɪ] N (inf) esquerdista m/f
leftist ['lɛftɪst] ADJ (Pol) esquerdista
left-luggage, (BRIT) **left-luggage office** N depósito de bagagem
leftovers ['lɛftəuvəz] NPL sobras fpl
left wing N (Mil, Sport) ala esquerda; (Pol) esquerda
left-wing ADJ (Pol) de esquerda, esquerdista
left-winger N (Pol) esquerdista m/f; (Sport) ponta-esquerda m/f
leg [lɛg] N perna; (of animal) pata; (of chair) pé m; (Culin: of meat) perna; (of journey) etapa; **1st/2nd ~** (Sport) primeiro/segundo turno; **to pull sb's ~** brincar or mexer com alguém; **to stretch one's ~s** esticar as pernas
legacy ['lɛgəsɪ] N legado; (fig) herança
legal ['liːgl] ADJ (lawful, of law) legal; (terminology, enquiry etc) jurídico; **to take ~ proceedings** or **action against sb** instaurar processo contra alguém
legal adviser N consultor(a) m/f jurídico(-a)
legal holiday (US) N feriado
legality [lɪ'gælɪtɪ] N legalidade f
legalize ['liːgəlaɪz] VT legalizar
legally ['liːgəlɪ] ADV legalmente; (in terms of law) de acordo com a lei
legal tender N moeda corrente
legation [lə'geɪʃən] N legação f
legend ['lɛdʒənd] N lenda; (person) mito
legendary ['lɛdʒəndərɪ] ADJ legendário
-legged ['lɛgɪd] SUFFIX: **two-** de duas patas (or pernas)
leggings ['lɛgɪŋz] NPL (over-trousers) perneiras fpl; (women's) legging f
legibility [lɛdʒɪ'bɪlɪtɪ] N legibilidade f
legible ['lɛdʒəbl] ADJ legível
legibly ['lɛdʒəblɪ] ADV legivelmente
legion ['liːdʒən] N legião f
legionnaire [liːdʒə'nɛər] N legionário; **~'s disease** doença rara parecida à pneumonia
legislate ['lɛdʒɪsleɪt] VI legislar
legislation [lɛdʒɪs'leɪʃən] N legislação f; **a piece of ~** uma lei
legislative ['lɛdʒɪslətɪv] ADJ legislativo
legislator ['lɛdʒɪsleɪtər] N legislador(a) m/f
legislature ['lɛdʒɪslətʃər] N legislatura
legitimacy [lɪ'dʒɪtɪməsɪ] N legitimidade f
legitimate [lɪ'dʒɪtɪmət] ADJ legítimo
legitimize [lɪ'dʒɪtɪmaɪz] VT legitimar
legless ['lɛglɪs] ADJ (BRIT inf) bêbum
leg-room N espaço para as pernas
Leics (BRIT) ABBR = **Leicestershire**
leisure ['lɛʒər] N lazer m; **at ~** desocupado, livre

leisure centre N centro de lazer
leisurely ['lɛʒəlɪ] ADJ calmo, vagaroso
leisure suit (BRIT) N jogging m
lemon ['lɛmən] N limão(-galego) m
lemonade [lɛmə'neɪd] N limonada
lemon cheese N coalho or pasta de limão
lemon curd N coalho or pasta de limão
lemon juice N suco (BR) or sumo (PT) de limão
lemon squeezer [-'skwiːzər] N espremedor m de limão
lemon tea N chá m de limão
lend [lɛnd] (pt, pp **lent**) VT: **to ~ sth to sb** emprestar algo a alguém; **to ~ a hand** dar uma ajuda
lender ['lɛndər] N emprestador(a) m/f
lending library ['lɛndɪŋ] N biblioteca circulante
length [lɛŋθ] N comprimento, extensão f; (of swimming pool) extensão f; (piece: of wood, string etc) comprimento; (section: of road, pipe etc) trecho; (amount of time) duração f; **what ~ is it?** de que comprimento é?; **it is 2 metres in ~** tem dois metros de comprimento; **to fall full ~** cair estirado; **at ~** (at last) finalmente, afinal; (lengthily) por extenso; **to go to any ~(s) to do sth** fazer qualquer coisa para fazer algo
lengthen ['lɛŋθən] VT encompridar, alongar ▶ VI encompridar-se
lengthways ['lɛŋθweɪz] ADV longitudinalmente, ao comprido
lengthy ['lɛŋθɪ] ADJ comprido, longo; (meeting) prolongado
leniency ['liːnɪənsɪ] N indulgência
lenient ['liːnɪənt] ADJ indulgente
leniently ['liːnɪəntlɪ] ADV com indulgência
lens [lɛnz] N (of spectacles) lente f; (of camera) objetiva
Lent [lɛnt] N Quaresma
lent [lɛnt] PT, PP of **lend**
lentil ['lɛntl] N lentilha
Leo ['liːəu] N Leão m
leopard ['lɛpəd] N leopardo
leotard ['liːətɑːd] N collant m
leper ['lɛpər] N leproso(-a)
leper colony N leprosário
leprosy ['lɛprəsɪ] N lepra
lesbian ['lɛzbɪən] ADJ lésbico ▶ N lésbica
lesion ['liːʒən] N (Med) lesão f
Lesotho [lɪ'suːtuː] N Lesoto
less [lɛs] ADJ, PRON, ADV menos ▶ PREP: **~ tax/10% discount** menos imposto/10% de desconto; **~ than that/you** menos que isso/você; **~ than half** menos da metade; **~ than ever** menos do que nunca; **~ than 1/a kilo/3 metres** menos de um/um quilo/3 metros; **~ and ~** cada vez menos; **the ~ he works ...** quanto menos trabalha ...; **income ~ expenses** renda menos despesas
lessee [lɛ'siː] N arrendatário(-a), locatário(-a)
lessen ['lɛsn] VI diminuir, minguar ▶ VT diminuir, reduzir

lesser ['lɛsəʳ] ADJ menor; **to a ~ extent** or **degree** nem tanto

lesson ['lɛsn] N aula; *(example, warning)* lição *f*; **a maths ~** uma aula *or* uma lição de matemática; **to give ~s in** dar aulas de; **to teach sb a ~** *(fig)* dar uma lição em alguém

lessor ['lɛsɔʳ] N arrendador(a) *m/f*, locador(a) *m/f*

lest [lɛst] CONJ: **~ it happen** para que não aconteça; **I was afraid ~ he forget** temi que ele esquecesse

let [lɛt] *(pt, pp* **let)** VT *(allow)* deixar; *(BRIT: lease)* alugar; **to ~ sb do sth** deixar alguém fazer algo; **to ~ sb know sth** avisar alguém de algo; **he ~ me go** ele me deixou ir; **~ the water boil and …** deixe ferver a água e …; **~'s go!** vamos!; **~ him come!** deixa ele vir!; **"to ~"** "aluga-se"

▶ **let down** VT *(lower)* abaixar; *(dress)* encompridar; *(BRIT: tyre)* esvaziar; *(hair)* soltar; *(disappoint)* desapontar

▶ **let go** VT, VI soltar

▶ **let in** VT deixar entrar; *(visitor etc)* fazer entrar; **what have you ~ yourself in for?** onde você foi se meter?

▶ **let off** VT *(allow to leave)* deixar ir; *(culprit)* perdoar; *(subj: bus driver)* deixar (saltar); *(firework etc)* soltar; **to ~ off steam** *(fig)* desabafar

▶ **let on** VI revelar ▶ VT *(inf)*: **to ~ on that …** dizer por aí que …, contar que …

▶ **let out** VT deixar sair; *(dress)* alargar; *(scream)* soltar; *(rent out)* alugar

▶ **let up** VI cessar, afrouxar

let-down N *(disappointment)* decepção *f*

lethal ['li:θl] ADJ letal; *(wound)* mortal

lethargic [lɛ'θɑ:dʒɪk] ADJ letárgico

lethargy ['lɛθədʒɪ] N letargia

letter ['lɛtəʳ] N *(of alphabet)* letra; *(correspondence)* carta; **small/capital ~** minúscula/maiúscula

letter bomb N carta-bomba

letterbox ['lɛtəbɔks] *(BRIT)* N caixa do correio

letterhead ['lɛtəhɛd] N cabeçalho

lettering ['lɛtərɪŋ] N letras *fpl*

letter opener N corta-papel *m*

letterpress ['lɛtəprɛs] N *(method)* impressão *f* tipográfica

letter quality N qualidade *f* carta

letters patent N carta patente

lettuce ['lɛtɪs] N alface *f*

let-up N diminuição *f*, afrouxamento

leukaemia, (US) **leukemia** [lu:'ki:mɪə] N leucemia

level ['lɛvl] ADJ *(flat)* plano; *(flattened)* nivelado; *(uniform)* uniforme ▶ ADV no mesmo nível ▶ N nível *m*; *(height)* altura; *(flat place)* plano; *(also:* **spirit level)** nível de bolha ▶ VT aplanar; *(gun)* apontar; *(accusation)*: **to ~ (against)** dirigir *or* lançar (contra) ▶ VI *(inf)*: **to ~ with sb** ser franco com alguém; **"A" ~s** *(npl: BRIT)* ≈ vestibular *m*; **"O" ~s** *(npl: BRIT)* provas prestadas no final do ensino fundamental; **a ~ spoonful** *(Culin)* uma colherada rasa; **to be ~ with** estar no mesmo nível que; **to draw ~ with** *(team)* empatar com; *(runner, car)* alcançar; **on the ~** em nível; *(fig: honest)* sincero

▶ **level off** VI *(prices etc)* estabilizar-se ▶ VT *(ground)* nivelar, aplanar

▶ **level out** VI, VT = **level off**

level crossing *(BRIT)* N passagem *f* de nível

level-headed [-'hɛdɪd] ADJ sensato

levelling, (US) **leveling** ['lɛvlɪŋ] ADJ *(process)* de nivelamento; *(effect)* nivelador(a)

lever ['li:vəʳ] N alavanca; *(fig)* estratagema *m*

▶ VT: **to ~ up** levantar com alavanca

leverage ['li:vərɪdʒ] N força de uma alavanca; *(fig: influence)* influência

levity ['lɛvɪtɪ] N leviandade *f*, frivolidade *f*

levy ['lɛvɪ] N imposto, tributo ▶ VT arrecadar, cobrar

lewd [lu:d] ADJ obsceno, lascivo

LI (US) ABBR = **Long Island**

liability [laɪə'bɪlətɪ] N responsabilidade *f*; *(handicap)* desvantagem *f*; **liabilities** NPL *(Comm)* exigibilidades *fpl*, obrigações *fpl*; *(on balance sheet)* passivo

liable ['laɪəbl] ADJ *(subject)*: **~ to** sujeito a; *(responsible)*: **~ for** responsável por; *(likely)*: **~ to do** capaz de fazer; **to be ~ to a fine** ser passível de *or* sujeito a uma multa

liaise [li:'eɪz] VI: **to ~ (with)** cooperar (com)

liaison [li:'eɪzɔn] N *(coordination)* ligação *f*; *(affair)* relação *f* amorosa

liar ['laɪəʳ] N mentiroso(-a)

libel ['laɪbl] N difamação *f* ▶ VT caluniar, difamar

libellous, (US) **libelous** ['laɪbləs] ADJ difamatório

liberal ['lɪbərl] ADJ liberal; *(generous)* generoso ▶ N: **L~** *(Pol)* Liberal *m/f*

liberality [lɪbə'rælɪtɪ] N *(generosity)* generosidade *f*

liberalize ['lɪbərəlaɪz] VT liberalizar

liberal-minded ADJ liberal

liberate ['lɪbəreɪt] VT libertar

liberation [lɪbə'reɪʃən] N liberação *f*, libertação *f*

Liberia [laɪ'bɪərɪə] N Libéria

Liberian [laɪ'bɪərɪən] ADJ, N liberiano(-a)

liberty ['lɪbətɪ] N liberdade *f*; *(criminal)*: **to be at ~** estar livre; **to be at ~ to do** ser livre de fazer; **to take the ~ of doing sth** tomar a liberdade de fazer algo

libido [lɪ'bi:dəu] N libido *f*

Libra ['li:brə] N Libra, Balança

librarian [laɪ'brɛərɪən] N bibliotecário(-a)

library ['laɪbrərɪ] N biblioteca

library book N livro de biblioteca

libretto [lɪ'brɛtəu] N libreto

Libya ['lɪbɪə] N Líbia

Libyan ['lɪbɪən] ADJ, N líbio(-a)

lice [laɪs] NPL *of* **louse**

licence, (US) **license** ['laɪsns] N *(gen, Comm)* licença; *(Aut)* carta de motorista *(BR)*, carta de condução (PT); (excessive freedom) libertinagem f; **produced under ~** fabricado sob licença

licence number (BRIT) N (Aut) número da placa

license ['laɪsns] N (US) = **licence** ▶ VT autorizar, dar licença a; (car) licenciar

licensed ['laɪsnst] ADJ (car) autorizado oficialmente; (for alcohol) autorizado para vender bebidas alcoólicas

licensee [laɪsən'siː] (BRIT) N (in a pub) dono(-a)

license plate (US) N (Aut) placa (de identificação) (do carro)

licentious [laɪ'sɛnʃəs] ADJ licencioso

lichen ['laɪkən] N líquen m

lick [lɪk] VT lamber; (inf: defeat) arrasar, surrar ▶ N lambida; **to ~ one's lips** (also fig) lamber os beiços; **a ~ of paint** uma mão de pintura

licorice ['lɪkərɪs] (US) N = **liquorice**

lid [lɪd] N (of box, case, pan) tampa; (eyelid) pálpebra; **to take the ~ off sth** (fig) desvendar algo

lido ['laɪdəu] N piscina pública ao ar livre

lie [laɪ] VI (pt **lay**, pp **lain**) (act) deitar-se; (state) estar deitado; (object: be situated) estar, encontrar-se; (fig: problem, cause) residir; (in race, league) ocupar; (pt, pp **lied**) (: tell lies) mentir ▶ N mentira; **to ~ low** (also fig) esconder-se; **to tell ~s** dizer mentiras, mentir

▶ **lie about** VI (things) estar espalhado; (people) vadiar

▶ **lie around** VI = **lie about**

▶ **lie back** VI recostar-se

▶ **lie down** VI deitar-se

Liechtenstein ['lɪktənstaɪn] N Liechtenstein m

lie detector N detector m de mentiras

lie-down (BRIT) N: **to have a ~** descansar

lie-in (BRIT) N: **to have a ~** dormir até tarde

lieu [luː]: **in ~ of** PREP em vez de

Lieut. ABBR (= lieutenant) Ten.

lieutenant [lɛf'tɛnənt, (US) luː'tɛnənt] N (Mil) tenente m

lieutenant-colonel N tenente-coronel m

life [laɪf] N (pl **lives**) vida ▶ CPD (imprisonment) perpétuo; (style) de vida; **true to ~** fiel à realidade; **to come to ~** (fig) animar-se; **to paint from ~** pintar copiando a natureza; **to be sent to prison for ~** ser condenado a prisão perpétua; **country/city ~** vida campestre/urbana

life annuity N renda vitalícia

life assurance (BRIT) N = **life insurance**

lifebelt ['laɪfbɛlt] (BRIT) N cinto salva-vidas

lifeblood ['laɪfblʌd] N (fig) força vital

lifeboat ['laɪfbəut] N barco salva-vidas

lifebuoy ['laɪfbɔɪ] N boia salva-vidas

life expectancy N expectativa de vida

lifeguard ['laɪfgɑːd] N salva-vidas m/f

life imprisonment N prisão f perpétua

life insurance N seguro de vida

life jacket N colete m salva-vidas

lifeless ['laɪflɪs] ADJ sem vida; (fig) sem graça

lifelike ['laɪflaɪk] ADJ natural; (realistic) realista

lifeline ['laɪflaɪn] N corda salva-vidas

lifelong ['laɪflɔŋ] ADJ que dura todo a vida

life preserver [-prɪ'zəːvəʳ] (US) N = **lifebelt**; **life jacket**

life-raft N balsa salva-vidas

life-saver [-'seɪvəʳ] N (guarda m) salva-vidas m/f

life sentence N pena de prisão perpétua

life-size [-saɪz], **life-sized** [-saɪzd] ADJ de tamanho natural

life-span N vida, duração f

life style N estilo de vida

life support system N (Med) sistema m de respiração artificial

lifetime ['laɪftaɪm] N vida; **in his ~** durante a sua vida; **once in a ~** uma vez na vida; **the chance of a ~** uma oportunidade única

lift [lɪft] VT levantar; (steal) roubar ▶ VI (fog) dispersar-se, dissipar-se ▶ N (BRIT: elevator) elevador m; **to give sb a ~** (BRIT) dar uma carona para alguém (BR), dar uma boleia a alguém (PT)

▶ **lift off** VI (rocket, helicopter) decolar

▶ **lift out** VT tirar; (troops etc) evacuar de avião or helicóptero

▶ **lift up** VT levantar

lift-off ['lɪftɔf] N decolagem f

ligament ['lɪgəmənt] N ligamento

light [laɪt] (pt, pp **lit**) N luz f; (lamp) luz, lâmpada; (daylight) (luz do) dia m; (Aut: headlight) farol m; (: rear light) luz traseira; (for cigarette etc): **have you got a ~?** tem fogo? ▶ VT (candle, cigarette, fire) acender; (room) iluminar ▶ ADJ (colour, room) claro; (not heavy: also fig) leve; (rain, traffic) fraco; (movement, action) delicado ▶ ADV (travel) com pouca bagagem; **lights** NPL (Aut) sinal m de trânsito; **to turn the ~ on/off** acender/apagar a luz; **to cast** or **shed** or **throw ~ on** esclarecer; **to come to ~** vir à tona; **in the ~ of** à luz de; **to make ~ of sth** (fig) não levar algo a sério, fazer pouco caso de algo

▶ **light up** VI (smoke) acender um cigarro; (face) iluminar-se ▶ VT (illuminate) iluminar; (cigarette etc) acender

light bulb N lâmpada

lighten ['laɪtən] VI (grow light) clarear ▶ VT (give light to) iluminar; (make lighter) clarear; (make less heavy) tornar mais leve

lighter ['laɪtəʳ] N (also: **cigarette lighter**) isqueiro, acendedor m; (boat) chata

light-fingered [-'fɪŋgəd] ADJ gatuno; **to be ~** ter mão leve

light-headed [-'hɛdɪd] ADJ (dizzy) aturdido, tonto; (excited) exaltado; (by nature) estouvado

light-hearted ADJ alegre, despreocupado

lighthouse ['laɪthaus] N farol m

lighting ['laɪtɪŋ] N (act, system) iluminação f

lighting-up time (BRIT) N hora oficial hora oficial do anoitecer

lightly ['laɪtlɪ] ADV *(touch)* ligeiramente; *(thoughtlessly)* despreocupadamente; *(slightly)* levemente; *(not seriously)* levianamente; **to get off ~** conseguir se safar, livrar a cara *(inf)*

light meter N *(Phot)* fotômetro

lightness ['laɪtnɪs] N claridade *f*; *(in weight)* leveza

lightning ['laɪtnɪŋ] N relâmpago, raio

lightning conductor N para-raios *m inv*

lightning rod (US) N = **lightning conductor**

lightning strike (BRIT) N greve *f* relâmpago

light pen N caneta leitora

lightship ['laɪtʃɪp] N navio-farol *m*

lightweight ['laɪtweɪt] ADJ *(suit)* leve; *(Boxing)* peso-leve

light year N ano-luz *m*

like [laɪk] VT gostar de ▶ PREP como; *(such as)* tal qual ▶ ADJ parecido, semelhante ▶ N: **the ~** coisas *fpl* parecidas; **his ~s and dislikes** seus gostos e aversões; **I would ~, I'd ~** *(eu)* (eu) gostaria de; **would you ~ a coffee?**; **to be** or **look ~ sb/sth** parecer-se com alguém/algo, parecer alguém/algo; **what does it look/taste/sound ~?** como é que é?/tem gosto de quê?/como é que soa?; **what's the weather ~?** como está o tempo?; **that's just ~ him** é típico dele; **something ~ that** uma coisa dessas; **do it ~ this** faça isso assim; **I feel ~ a drink** estou com vontade de tomar um drinque; **it is nothing ~ ...** não se parece nada com ...

likeable ['laɪkəbl] ADJ simpático, agradável

likelihood ['laɪklɪhud] N probabilidade *f*

likely ['laɪklɪ] ADJ provável; *(excuse)* plausível; **he's ~ to leave** é provável que ele se vá; **not ~!** *(inf)* nem morto!

like-minded ADJ da mesma opinião

liken ['laɪkən] VT: **to ~ sth to sth** comparar algo com algo

likeness ['laɪknɪs] N semelhança; **that's a good ~** tem uma grande semelhança

likewise ['laɪkwaɪz] ADV igualmente; **to do ~** fazer o mesmo

liking ['laɪkɪŋ] N afeição *f*, simpatia; **to take a ~ to sb** simpatizar com alguém; **to be to sb's ~** ser ao gosto de alguém

lilac ['laɪlək] N lilás *m* ▶ ADJ *(colour)* de cor lilás

lilt [lɪlt] N cadência

lilting ['lɪltɪŋ] N cadenciado

lily ['lɪlɪ] N lírio, açucena

lily of the valley N lírio-do-vale *m*

Lima ['liːmə] N Lima

limb [lɪm] N membro; **to be out on a ~** *(fig)* estar isolado

limber up ['lɪmbər-] VI *(Sport)* fazer aquecimento

limbo ['lɪmbəu] N: **to be in ~** *(fig)* viver na expectativa

lime [laɪm] N *(tree)* limeira; *(fruit)* limão *m*; *(also:* **lime juice**) suco (BR) or sumo (PT) de limão; *(Geo)* cal *f*

limelight ['laɪmlaɪt] N: **to be in the ~** *(fig)* ser o centro das atenções

limerick ['lɪmərɪk] N quintilha humorística

limestone ['laɪmstəun] N pedra calcária

limit ['lɪmɪt] N limite *m* ▶ VT limitar; **weight/speed ~** limite de peso/de velocidade

limitation [lɪmɪ'teɪʃən] N limitação *f*

limited ['lɪmɪtɪd] ADJ limitado; **to be ~ to** limitar-se a; **~ edition** edição *f* limitada

limited company, (BRIT) **limited liability company** N ≈ sociedade *f* anônima

limitless ['lɪmɪtlɪs] ADJ ilimitado

limousine ['lɪməziːn] N limusine *f*

limp [lɪmp] N: **to have a ~** mancar, ser coxo ▶ VI mancar ▶ ADJ frouxo

limpet ['lɪmpɪt] N lapa

limpid ['lɪmpɪd] ADJ límpido, cristalino

linchpin ['lɪntʃpɪn] N cavilha; *(fig)* pivô *m*

Lincs [lɪŋks] (BRIT) ABBR = **Lincolnshire**

line [laɪn] N linha; *(straight line)* reta; *(rope)* corda; *(for fishing)* linha; *(US: queue)* fila (BR), bicha (PT); *(wire)* fio; *(row)* fila, fileira; *(of writing)* linha; *(on face)* ruga; *(speciality)* ramo (de negócio); *(Comm: type of goods)* linha ▶ VT *(road, room)* encarreirar; *(container, clothing)*: **to ~ sth (with)** forrar algo (de); **to ~ the streets** ladear as ruas; **in ~** em fila; **to cut in ~** (US) furar a fila (BR), pôr-se à frente (PT); **in his ~ of business** no ramo dele; **on the right ~s** no caminho certo; **a new ~ in cosmetics** uma nova linha de cosméticos; **hold the ~ please** (BRIT Tel) não desligue; **to be in ~ for sth** estar na bica para algo; **in ~ with** de acordo com; **to bring sth into ~ with sth** alinhar algo com algo; **to draw the ~ at doing sth** *(fig)* recusar-se a fazer algo; **to take the ~ that ...** ser de opinião que ...

▶ **line up** VI enfileirar-se ▶ VT enfileirar; *(set up, have ready)* preparar, arranjar; **to have sth/sb ~d up** ter algo programado/alguém em vista

linear ['lɪnɪər] ADJ linear

lined [laɪnd] ADJ *(face)* enrugado; *(paper)* pautado; *(clothes)* forrado

line feed N *(Comput)* entrelinha

linen ['lɪnɪn] N *artigos de cama e mesa*; *(cloth)* linho

line printer N impressora de linha

liner ['laɪnər] N navio de linha regular; *(also:* **bin liner**) saco para lata de lixo

linesman ['laɪnzmən] *(irreg: like* **man**) N *(Sport)* juiz *m* de linha

line-up N formação *f* em linha, alinhamento; *(Sport)* escalação *f*

linger ['lɪŋgər] VI demorar-se, retardar-se; *(smell, tradition)* persistir

lingerie ['lænʒəriː] N lingerie *f*, roupa de baixo (de mulher)

lingering ['lɪŋgərɪŋ] ADJ persistente; *(death)* lento, vagaroso

lingo ['lɪŋgəu] *(pl* **lingoes**: *inf)* N língua

linguist ['lɪŋgwɪst] N linguista *m/f*

linguistic [lɪŋ'gwɪstɪk] ADJ linguístico
linguistics [lɪŋ'gwɪstɪks] N linguística
lining ['laɪnɪŋ] N forro; *(Anat)* parede *f*; *(Tech)* revestimento; *(: of brakes)* lona
link [lɪŋk] N *(of a chain)* elo; *(connection)* conexão *f*; *(bond)* vínculo, laço ▶ VT vincular, unir; *(associate)*: **to ~ with** *or* **to** unir a; **links** NPL *(Golf)* campo de golfe; **rail ~** ligação ferroviária
  ▶ **link up** VT acoplar ▶ VI unir-se
link-up N ligação *f*; *(in space)* acoplamento; *(of roads)* junção *f*, confluência; *(Radio, TV)* transmissão *f* em rede
lino ['laɪnəʊ] N = **linoleum**
linoleum [lɪ'nəʊlɪəm] N linóleo
linseed oil ['lɪnsi:d-] N óleo de linhaça
lint [lɪnt] N fibra de algodão; *(thread)* fio
lintel ['lɪntl] N verga
lion ['laɪən] N leão *m*
lion cub N filhote *m* de leão
lioness ['laɪənɪs] N leoa
lip [lɪp] N lábio; *(of jug)* bico; *(of cup etc)* borda; *(insolence)* insolência
liposuction ['lɪpəʊsʌkʃən] N lipoaspiração *f*
lipread ['lɪpri:d] *(irreg: like* **read***)* VI ler os lábios
lip salve N pomada para os lábios
lip service N: **to pay ~ to sth** devotar-se a *or* elogiar algo falsamente
lipstick ['lɪpstɪk] N batom *m*
liquefy ['lɪkwɪfaɪ] VT liquefazer ▶ VI liquefazer-se
liqueur [lɪ'kjʊər] N licor *m*
liquid ['lɪkwɪd] ADJ líquido ▶ N líquido
liquid assets NPL ativo disponível, disponibilidades *fpl*
liquidate ['lɪkwɪdeɪt] VT liquidar
liquidation [lɪkwɪ'deɪʃən] N: **to go into ~** entrar em liquidação
liquidator ['lɪkwɪdeɪtər] N liquidador(a) *m/f*
liquid crystal display N display *m* digital em cristal líquido
liquidity [lɪ'kwɪdətɪ] N *(Comm)* liquidez *f*
liquidize ['lɪkwɪdaɪz] *(BRIT)* VT *(Culin)* liquidificar, passar no liquidificador
liquidizer ['lɪkwɪdaɪzər] *(BRIT)* N *(Culin)* liquidificador *m*
liquor ['lɪkər] N licor *m*, bebida alcoólica
liquorice ['lɪkərɪs] *(BRIT)* N alcaçuz *m*
liquor store *(US)* N loja que vende bebidas alcoólicas
Lisbon ['lɪzbən] N Lisboa
lisp [lɪsp] N ceceio ▶ VI cecear, falar com a língua presa
lissom ['lɪsəm] ADJ gracioso, ágil
list [lɪst] N lista; *(of ship)* inclinação *f* ▶ VT *(write down)* fazer uma lista *or* relação de; *(enumerate)* enumerar; *(Comput)* listar ▶ VI *(ship)* inclinar-se, adernar; **shopping ~** lista de compras
listed building ['lɪstɪd-] *(BRIT)* N prédio tombado
listed company ['lɪstɪd-] N = sociedade *f* de capital aberto, sociedade cotada na Bolsa

211 | **linguistic – live**

listen ['lɪsn] VI escutar, ouvir; *(pay attention)* prestar atenção; **to ~ to** escutar
listener ['lɪsnər] N ouvinte *m/f*
listing ['lɪstɪŋ] N *(Comput)* listagem *f*
listless ['lɪstlɪs] ADJ apático, indiferente
listlessly ['lɪstlɪslɪ] ADV apaticamente
list price N preço de tabela
lit [lɪt] PT, PP *of* **light**
litany ['lɪtənɪ] N ladainha, litania
liter ['li:tər] *(US)* N = **litre**
literacy ['lɪtərəsɪ] N capacidade *f* de ler e escrever, alfabetização *f*
literacy campaign N campanha de alfabetização
literal ['lɪtərl] ADJ literal
literally ['lɪtərəlɪ] ADV literalmente
literary ['lɪtərərɪ] ADJ literário
literate ['lɪtərət] ADJ alfabetizado, instruído; *(educated)* culto, letrado
literature ['lɪtərɪtʃər] N literatura; *(brochures etc)* folhetos *mpl*
lithe [laɪð] ADJ ágil
lithography [lɪ'θɔgrəfɪ] N litografia
Lithuania [lɪθju'eɪnɪə] N Lituânia
litigate ['lɪtɪgeɪt] VT, VI litigar
litigation [lɪtɪ'geɪʃən] N litígio
litmus paper ['lɪtməs-] N papel *m* de tornassol
litre, *(US)* **liter** ['li:tər] N litro
litter ['lɪtər] N *(rubbish)* lixo; *(paper)* papéis *mpl*; *(young animals)* ninhada; *(stretcher)* maca, padiola ▶ VT *(subj: person)* jogar lixo em; *(: papers etc)* estar espalhado por; **~ed with** *(scattered)* semeado de; *(covered)* coberto de
litter bin *(BRIT)* N lata de lixo
litterbug ['lɪtəbʌg] N sujismundo
litter lout *(BRIT)* N = **litterbug**
little ['lɪtl] ADJ *(small)* pequeno; *(not much)* pouco ▶ ADV pouco; **a ~** um pouco (de); **~ milk** pouco leite; **a ~ milk** um pouco de leite; **~ house** casinha; **for a ~ while** por um instante; **with ~ difficulty** com pouca dificuldade; **as ~ as possible** o menos possível; **~ by ~** pouco a pouco; **to make ~ of** fazer pouco de
little finger N dedo mindinho
liturgy ['lɪtədʒɪ] N liturgia
live [*vi, vt* lɪv, *adj* laɪv] VI viver; *(reside)* morar ▶ VT *(a life)* levar; *(experience)* viver ▶ ADJ *(animal)* vivo; *(wire)* eletrizado; *(broadcast)* ao vivo; *(shell)* carregado; **to ~ in London** morar em Londres; **to ~ with sb** morar com alguém; **~ ammunition** munição de guerra
  ▶ **live down** VT redimir
  ▶ **live in** VI *(maid)* dormir no emprego; *(student, nurse)* ser interno(-a)
  ▶ **live off** VT FUS *(land, fish etc)* viver de; *(pej: parents etc)* viver às custas de
  ▶ **live on** VT FUS *(food)* viver de, alimentar-se de ▶ VI continuar vivo; **to ~ on £50 a week** viver com £50 por semana
  ▶ **live out** VI *(BRIT: student)* ser externo ▶ VT: **to ~ out one's days** *or* **life** viver o resto de seus dias

livelihood – lodge | 212

▶ **live together** VI viver juntos
▶ **live up** (*inf*) VT: **to ~ it up** cair na farra
▶ **live up to** VT FUS (*fulfil*) cumprir; (*justify*) justificar
livelihood ['laɪvlɪhud] N meio de vida, subsistência
liveliness ['laɪvlɪnɛs] N vivacidade *f*
lively ['laɪvlɪ] ADJ vivo; (*talk*) animado; (*pace*) rápido; (*party, tune*) alegre
liven up ['laɪvn-] VT (*room*) dar nova vida a; (*discussion, evening*) animar ▶ VI animar-se
liver ['lɪvəʳ] N fígado
liverish ['lɪvərɪʃ] ADJ (*fig*) rabugento, mal-humorado
Liverpudlian [lɪvə'pʌdlɪən] ADJ de Liverpool ▶ N natural *m/f* de Liverpool
livery ['lɪvərɪ] N libré *f*
lives [laɪvz] NPL *of* **life**
livestock ['laɪvstɔk] N gado
livestream ['laɪvstriːm] (*Comput*) N transmissão *f* ao vivo pela Internet ▶ VT transmitir ao vivo pela Internet
livid ['lɪvɪd] ADJ lívido; (*inf: furious*) furioso
living ['lɪvɪŋ] ADJ (*alive*) vivo ▶ N: **to earn** *or* **make a ~** ganhar a vida; **cost of ~** custo de vida; **within ~ memory** na memória de pessoas ainda vivas
living conditions NPL condições *fpl* de vida
living expenses NPL despesas *fpl* para sobrevivência quotidiana
living room N sala de estar
living standards NPL padrão *m or* nível *m* de vida
living wage N salário de subsistência
living will N testamento em vida
lizard ['lɪzəd] N lagarto
llama ['lɑːmə] N lhama
LLB N ABBR (= *Bachelor of Laws*) título universitário
LLD N ABBR (= *Doctor of Laws*) título universitário
LMT (US) ABBR (= *Local Mean Time*) hora local
load [ləud] N carga; (*weight*) peso ▶ VT (*gen, Comput*) carregar; (*fig*) cumular, encher; **a ~ of rubbish** um monte de besteira; **a ~ of, ~s of** (*fig*) um monte de, uma porção de
loaded ['ləudɪd] ADJ (*dice*) viciado; (*question, word*) intencionado; (*inf: rich*) cheio da nota; (: *drunk*) de porre; (*vehicle*): **to be ~ with** estar carregado de
loading bay ['ləudɪŋ-] N vão *m* de carregamento
loaf [ləuf] N (*pl* **loaves**) pão-de-forma *m* ▶ VI (*also*: **loaf about, loaf around**) vadiar, vagabundar
loam [ləum] N marga
loan [ləun] N empréstimo ▶ VT emprestar; **on ~** emprestado; **to raise a ~** levantar um empréstimo
loan account N conta de empréstimo
loan capital N capital-obrigações *m*
loath [ləuθ] ADJ: **to be ~ to do sth** estar pouco inclinado a fazer algo, relutar em fazer algo
loathe [ləuð] VT detestar, odiar

loathing ['ləuðɪŋ] N ódio; **it fills me with ~** me dá (um) ódio
loathsome ['ləuðsəm] ADJ repugnante, asqueroso
loaves [ləuvz] NPL *of* **loaf**
lob [lɔb] N (*Tennis*) lobe *m* ▶ VT: **to ~ the ball** dar um lobe
lobby ['lɔbɪ] N vestíbulo, saguão *m*; (*Pol: pressure group*) grupo de pressão, lobby *m* ▶ VT pressionar
lobbyist ['lɔbɪɪst] N membro de um grupo de pressão
lobe [ləub] N lóbulo
lobster ['lɔbstəʳ] N lagostim *m*; (*large*) lagosta
lobster pot N armadilha para pegar lagosta
local ['ləukl] ADJ local ▶ N (*pub*) bar *m* (local); **the locals** NPL (*local inhabitants*) os moradores locais
local anaesthetic, (US) **local anesthetic** N anestesia local
local authority N município
local call N (*Tel*) ligação *f* local
local government N administração *f* municipal
locality [ləu'kælɪtɪ] N localidade *f*
localize ['ləukəlaɪz] VT localizar
locally ['ləukəlɪ] ADV nos arredores, na vizinhança
locate [ləu'keɪt] VT (*find*) localizar, situar; (*situate*): **to be ~d in** estar localizado em
location [ləu'keɪʃən] N local *m*, posição *f*; **on ~** (*Cinema*) em externas
loch [lɔx] N lago
lock [lɔk] N (*of door, box*) fechadura; (*of canal*) eclusa; (*of hair*) anel *m*, mecha ▶ VT (*with key*) trancar; (*immobilize*) travar ▶ VI (*door etc*) fechar-se à chave; (*wheels*) travar-se; **~, stock and barrel** (*fig*) com tudo; **on full ~** (BRIT *Aut*) com o volante virado ao máximo
▶ **lock away** VT (*valuables*) guardar a sete chaves; (*person*) encarcerar
▶ **lock in** VT trancar dentro
▶ **lock out** VT trancar do lado de fora; (*on purpose*) deixar na rua; (: *workers*) recusar trabalho a
▶ **lock up** VT (*criminal, mental patient*) prender; (*house*) trancar ▶ VI fechar tudo
locker ['lɔkəʳ] N compartimento com chave
locker-room ['lɔkəʳruːm] (US) N (*Sport*) vestiário
locket ['lɔkɪt] N medalhão *m*
lockjaw ['lɔkdʒɔː] N trismo
lockout ['lɔkaut] N greve *f* de patrões, lockout *m*
locksmith ['lɔksmɪθ] N serralheiro(-a)
lockup ['lɔkʌp] N (*prison*) prisão *f*; (*cell*) cela; (*also*: **lockup garage**) compartimento seguro
locomotive [ləukə'məutɪv] N locomotiva
locum ['ləukəm] N (*Med*) (médico(-a)) interino(-a)
locust ['ləukəst] N gafanhoto
lodge [lɔdʒ] N casa do guarda, guarita; (*hunting lodge*) pavilhão *m* de caça; (*porter's*) portaria; (*Freemasonry*) loja ▶ VI (*person*): **to ~ (with)** alojar-se (na casa de) ▶ VT (*complaint*)

apresentar; **to ~ (itself) in/between** cravar-se em/entre

lodger ['lɔdʒəʳ] N inquilino(-a), hóspede m/f

lodging ['lɔdʒɪŋ] N alojamento; **lodgings** NPL quarto (mobiliado); *see also* **board**

lodging house (BRIT) N casa de hóspedes

loft [lɔft] N sótão m

lofty ['lɔftɪ] ADJ alto, elevado; (*haughty*) altivo, arrogante; (*sentiments, aims*) nobre

log [lɔg] N (*of wood*) tora; (*book*) = **logbook** ▶ N ABBR (= *logarithm*) log m ▶ VT registrar
▶ **log in** VI (*Comput*) fazer o login
▶ **log off** VI (*Comput*) fazer logoff
▶ **log on** VI (*Comput*) fazer o login
▶ **log out** VI (*Comput*) fazer logoff

logarithm ['lɔgərɪðəm] N logaritmo

logbook ['lɔgbuk] N (*Naut*) diário de bordo; (*Aviat*) diário de voo; (*of car*) documentação f (do carro)

log cabin N cabana de madeira

log fire N fogueira

loggerheads ['lɔgəhɛdz] NPL: **at ~ (with)** às turras (com)

logic ['lɔdʒɪk] N lógica

logical ['lɔdʒɪkl] ADJ lógico

logically ['lɔdʒɪkəlɪ] ADV logicamente

login ['lɔgɪn] N (*Comput*) login m

logistics [lɔ'dʒɪstɪks] N logística

logo ['ləugəu] N logotipo

loin [lɔɪn] N (*Culin*) (carne f de) lombo; **loins** NPL lombos mpl

loin cloth N tanga

loiter ['lɔɪtəʳ] VI perder tempo; (*pej*) vadiar, vagabundar

LOL (*inf*) ABBR (= *laugh out loud*) rs, LOL

loll [lɔl] VI (*also*: **loll about**) refestelar-se, reclinar-se

lollipop ['lɔlɪpɔp] N pirulito (BR), chupa-chupa m (PT); (*iced*) picolé m

lollipop lady (BRIT) N *mulher que ajuda as crianças a atravessarem a rua*

lollipop man (BRIT) N *homem que ajuda as crianças a atravessarem a rua*

> Lollipop men/ladies são as pessoas que ajudam as crianças a atravessar a rua nas proximidades das escolas na hora da entrada e da saída. São facilmente localizados graças à placa redonda com a qual pedem aos motoristas que parem. São chamados assim por causa da forma circular da placa, que lembra um pirulito (*lollipop*).

lollop ['lɔləp] (BRIT) VI andar com pachorra

lolly ['lɔlɪ] (*inf*) N (*ice*) picolé m; (*lollipop*) pirulito; (*money*) dindim m

London ['lʌndən] N Londres

Londoner ['lʌndənəʳ] N londrino(-a)

lone [ləun] ADJ (*person*) solitário; (*thing*) único

loneliness ['ləunlɪnɪs] N solidão f, isolamento

lonely ['ləunlɪ] ADJ (*person*) só; (*place, childhood*) solitário, isolado; **to feel ~** sentir-se só

loner ['ləunəʳ] N solitário(-a)

lonesome ['ləunsəm] ADJ (*person*) só; (*place, childhood*) solitário

long [lɔŋ] ADJ longo; (*road, hair, table*) comprido ▶ ADV muito tempo ▶ N: **the ~ and the short of it is that ...** (*fig*) em poucas palavras ... ▶ VI: **to ~ for sth** ansiar *or* suspirar por algo; **he had ~ understood that ...** fazia muito tempo que ele entendia ...; **how ~ is the street?** qual é a extensão da rua?; **how ~ is the lesson?** quanto dura a lição?; **6 metres ~** de 6 metros de comprimento; **6 months ~** de 6 meses de duração; **all night ~** a noite inteira; **he no ~er comes** ele não vem mais; **~ before/after** muito antes/depois; **before ~** (+ *future*) dentro de pouco; (+ *past*) pouco tempo depois; **~ ago** há muito tempo atrás; **don't be ~!** não demore!; **I shan't be ~** não vou demorar; **at ~ last** por fim, no final; **in the ~ run** no final de contas; **so** *or* **as ~ as** contanto que

long-distance ADJ (*travel*) de longa distância; (*call*) interurbano

longevity [lɔn'dʒɛvɪtɪ] N longevidade f

long-haired ADJ (*person*) cabeludo; (*animal*) peludo

longhand ['lɔŋhænd] N escrita usual

longing ['lɔŋɪŋ] N desejo, anseio; (*nostalgia*) saudade f ▶ ADJ saudoso

longingly ['lɔŋɪŋlɪ] ADV ansiosamente; (*nostalgically*) saudosamente

longitude ['lɔŋgɪtjuːd] N longitude f

long johns [-dʒɔnz] NPL ceroulas fpl

long jump N salto em distância

long-life ADJ (*milk, batteries*) longa vida

long-lost ADJ perdido há muito (tempo)

long-playing record [-'pleɪɪŋ-] N elepê m (BR), LP m (PT)

long-range ADJ de longo alcance; (*forecast*) a longo prazo

longshoreman ['lɔŋʃɔːmən] (US) (*irreg*: *like* **man**) N estivador m, portuário

long-sighted ADJ presbita; (*fig*) previdente

long-standing ADJ de muito tempo

long-suffering ADJ paciente, resignado

long-term ADJ a longo prazo

long wave N (*Radio*) onda longa

long-winded [-'wɪndɪd] ADJ prolixo, cansativo

loo [luː] (BRIT *inf*) N banheiro (BR), casa de banho (PT)

loofah ['luːfə] N tipo de esponja

look [luk] VI olhar; (*seem*) parecer; (*building etc*): **to ~ south/(out) onto the sea** dar para o sul/o mar ▶ N olhar m; (*glance*) olhada, vista de olhos; (*appearance*) aparência, aspecto; (*style*) visual m; **looks** NPL (*good looks*) físico, aparência; **~ (here)!** (*annoyance*) escuta aqui!; **~!** (*surprise*) olha!; **to ~ like sb** parecer-se com alguém; **it ~s like him** parece ele; **it ~s about 4 metres long** deve ter uns 4 metros de comprimento; **it ~s all right to me** para mim está bem; **to have a ~ at sth** dar uma olhada em algo; **to have a ~ for sth**

procurar algo; **to ~ ahead** olhar para a frente; (*fig*) pensar no futuro
▶ **look after** VT FUS cuidar de; (*deal with*) lidar com; (*luggage etc: watch over*) ficar de olho em
▶ **look around** VI olhar em torno; (*in shop*) dar uma olhada
▶ **look at** VT FUS olhar (para); (*read quickly*) ler rapidamente; (*consider*) considerar
▶ **look back** VI: **to ~ back at sth/sb** voltar-se para ver algo/alguém; **to ~ back on** (*remember*) recordar, rever
▶ **look down on** VT FUS (*fig*) desdenhar, desprezar
▶ **look for** VT FUS procurar
▶ **look forward to** VT FUS aguardar com prazer, ansiar por; (*in letter*): **we ~ forward to hearing from you** no aguardo de suas notícias; **to ~ forward to doing sth** não ver a hora de fazer algo; **I'm not ~ing forward to it** não estou nada animado com isso
▶ **look in** VI: **to ~ in on sb** dar uma passada na casa de alguém
▶ **look into** VT FUS investigar
▶ **look on** VI assistir
▶ **look out** VI (*beware*): **to ~ out (for)** tomar cuidado (com)
▶ **look out for** VT FUS (*seek*) procurar; (*await*) esperar
▶ **look over** VT (*essay*) dar uma olhada em; (*town, building*) visitar; (*person*) olhar da cabeça aos pés
▶ **look round** VI virar a cabeça, voltar-se; **to ~ round for sth** procurar algo
▶ **look through** VT FUS (*papers, book*) examinar; (: *briefly*) folhear; (*telescope*) olhar através de
▶ **look to** VT FUS cuidar de; (*rely on*) contar com
▶ **look up** VI levantar os olhos; (*improve*) melhorar ▶ VT (*word*) procurar; (*friend*) visitar
▶ **look up to** VT FUS admirar, respeitar
lookout ['lukaut] N posto de observação, guarita; (*person*) vigia *m*; **to be on the ~ for sth** estar na expectativa de algo
look-up table N (*Comput*) tabela de pesquisa
loom [lu:m] N tear *m* ▶ VI (*also*: **loom up**) agigantar-se; (*event*) aproximar-se; (*threaten*) ameaçar
loony ['lu:nɪ] (!) ADJ meio doido ▶ N debil *m/f* mental
loop [lu:p] N laço; (*bend*) volta, curva; (*contraceptive*) DIU *m* ▶ VT: **to ~ sth round sth** prender algo em torno de algo
loophole ['lu:phəul] N escapatória
loose [lu:s] ADJ (*not fixed*) solto; (*not tight*) frouxo; (*animal, hair*) solto; (*clothes*) folgado; (*morals, discipline*) relaxado; (*sense*) impreciso
▶ N: **to be on the ~** estar solto ▶ VT (*free*) soltar; (*slacken*) afrouxar; **~ connection** (*Elec*) conexão solta; **to tie up ~ ends (of sth)** (*fig*) amarrar (algo)
loose change N trocado
loose chippings [-'tʃɪpɪŋz] NPL (*on road*) pedrinhas *fpl* soltas

loose end N: **to be at a ~** (BRIT) *or* **at ~s** (US *fig*) não ter o que fazer
loose-fitting ADJ (*clothes*) folgado, largo
loose-leaf ADJ: **~ binder** *or* **folder** pasta de folhas soltas
loose-limbed [-'lɪmd] ADJ ágil
loosely ['lu:slɪ] ADV frouxamente, folgadamente; (*not closely*) aproximativamente
loosen ['lu:sən] VT (*free*) soltar; (*untie*) desatar; (*slacken*) afrouxar
▶ **loosen up** VI (*before game*) aquecer; (*inf: relax*) descontrair-se
loot [lu:t] N saque *m*, despojo ▶ VT saquear, pilhar
looter ['lu:tə^r] N saqueador(a) *m/f*
looting ['lu:tɪŋ] N saque *m*, pilhagem *f*
lop off [lɔp-] VT cortar; (*branches*) podar
lop-sided [lɔp'saɪdɪd] ADJ torto
lord [lɔ:d] N senhor *m*; **L~ Smith** Lord Smith; **the L~** (*Rel*) o Senhor; **good L~!** Deus meu!; **the (House of) L~s** (BRIT) a Câmara dos Lordes
lordly ['lɔ:dlɪ] ADJ senhorial; (*arrogant*) arrogante
lordship ['lɔ:dʃɪp] (BRIT) N: **Your L~** Vossa senhoria
lore [lɔ:^r] N sabedoria popular, tradições *fpl*
lorry ['lɔrɪ] (BRIT) N caminhão *m* (BR), camião *m* (PT)
lorry driver (BRIT) N caminhoneiro (BR), camionista *m/f* (PT)
lose [lu:z] (*pt, pp* **lost**) VT, VI perder; **to ~ (time)** (*clock*) atrasar-se; **to ~ no time (in doing sth)** não demorar (a fazer algo); **to get lost** (*person*) perder-se; (*thing*) extraviar-se
loser ['lu:zə^r] N perdedor(a) *m/f*; (*inf: failure*) derrotado(-a), fracassado(-a); **to be a good/bad ~** ser bom/mau perdedor
loss [lɔs] N perda; (*Comm*): **to make a ~** sair com prejuízo; **to cut one's ~es** reduzir os prejuízos; **to sell sth at a ~** vender algo com prejuízo; **heavy ~es** (*Mil*) grandes perdas; **to be at a ~** estar perplexo; **to be at a ~ to do** ser incapaz de fazer; **to be a dead ~** ser totalmente inútil
loss adjuster N (*Insurance*) árbitro regulador de avarias
loss leader N (*Comm*) chamariz *m*
lost [lɔst] PT, PP *of* **lose** ▶ ADJ perdido; **~ in thought** perdido em seus pensamentos; **~ and found property** (US) (objetos *mpl*) perdidos e achados *mpl*; **~ and found** (US) (seção *f* de) perdidos e achados *mpl*
lost property (BRIT) N (objetos *mpl*) perdidos e achados *mpl*; **~ office** *or* **department** (seção *f* de) perdidos e achados *mpl*
lot [lɔt] N (*set of things*) porção *f*; (*at auctions*) lote *m*; (*destiny*) destino, sorte *f*; **the ~** tudo, todos(-as); **a ~** muito, bastante; **a ~ of, ~s of** muito(s); **I read a ~** leio bastante; **to draw ~s** tirar à sorte; **parking ~** (US) estacionamento

lotion ['ləuʃən] N loção f

lottery ['lɔtərɪ] N loteria

loud [laud] ADJ (*voice*) alto; (*shout*) forte; (*noise*) barulhento; (*support, condemnation*) veemente; (*gaudy*) berrante ▶ ADV alto; **out ~** em voz alta

loud-hailer [-'heɪləʳ] (BRIT) N megafone m

loudly ['laudlɪ] ADV (*noisily*) ruidosamente; (*aloud*) em voz alta

loudspeaker [laud'spi:kəʳ] N alto-falante m

lounge [laundʒ] N sala de estar f; (*of airport*) salão m; (BRIT: *also*: **lounge bar**) bar m social ▶ VI recostar-se, espreguiçar-se
▶ **lounge about, lounge around** VI ficar à-toa

lounge suit (BRIT) N terno (BR), fato (PT)

louse [laus] N (*pl* **lice**) piolho
▶ **louse up** (*inf*) VT estragar

lousy ['lauzɪ] (*inf*) ADJ ruim, péssimo; (*ill*): **to feel ~** sentir-se mal

lout [laut] N rústico, grosseiro

louvre, (US) **louver** ['lu:vəʳ] ADJ: **~ door** porta de veneziana; **~ window** veneziana

lovable ['lʌvəbl] ADJ adorável, simpático

love [lʌv] N amor m ▶ VT amar; (*like a lot*) adorar; **to ~ to do** adorar fazer; **~ (from) Anne** (*on letter*) um abraço *or* um beijo, Anne; **I ~ you** eu te amo; **I ~ coffee** adoro o café; **I'd ~ to come** gostaria muito de ir; **"15 ~"** (*Tennis*) "15 a zero"; **to be in ~ with** estar apaixonado por; **to fall in ~ with** apaixonar-se por; **to make ~** fazer amor; **~ at first sight** amor à primeira vista; **for the ~ of** pelo amor de; **to send one's ~ to sb** mandar um abraço para alguém

love affair N aventura (amorosa), caso (de amor)

loved ones ['lʌvdwʌnz] NPL entes mpl queridos

love letter N carta de amor

love life N vida sentimental

lovely ['lʌvlɪ] ADJ (*delightful*) encantador(a), delicioso; (*beautiful*) lindo, belo; (*holiday, surprise*) muito agradável, maravilhoso; **we had a ~ time** foi maravilhoso, nós nos divertimos muito

lover ['lʌvəʳ] N amante m/f; **a ~ of art/music** um(a) apreciador(a) de *or* um(a) amante de arte/música

lovesick ['lʌvsɪk] ADJ perdido de amor

love song N canção f de amor

loving ['lʌvɪŋ] ADJ carinhoso, afetuoso; (*actions*) dedicado

low [ləu] ADJ baixo; (*depressed*) deprimido; (*ill*) doente ▶ ADV baixo ▶ N (*Meteorology*) área de baixa pressão ▶ VI (*cow*) mugir; **to turn (down) ~** baixar, diminuir; **to be ~ on** (*supplies*) ter pouco; **to reach a new** *or* **an all-time ~** cair para o seu nível mais baixo

low-alcohol ADJ de baixo teor alcoólico

lowbrow ['ləubrau] ADJ sem pretensões intelectuais

low-calorie ADJ baixo em calorias, de baixo teor calórico

215 | **lotion – luckily**

low-carb (*inf*) ADJ (*diet, meal*) com baixo carboidrato

low-cut ADJ (*dress*) decotado

low-down N (*inf*): **he gave me the ~ on it** me deu a dica sobre isso ▶ ADJ (*mean*) vil, desprezível

lower¹ ['ləuəʳ] ADJ mais baixo; (*less important*) inferior ▶ VT abaixar; (*reduce*) reduzir, diminuir; **to ~ o.s. to** (*fig*) rebaixar-se a

lower² ['lauəʳ] VI (*sky, clouds*) escurecer; (*person*): **to ~ at sb** olhar para alguém com raiva

low-fat ADJ magro

low-grade ADJ de baixa qualidade

low-key ADJ discreto

lowlands ['ləuləndz] NPL planície f

low-level ADJ de baixo nível, baixo; (*flying*) a baixa altura

lowly ['ləulɪ] ADJ humilde

low-lying ADJ de baixo nível

low-paid ADJ (*person*) de renda baixa; (*work*) mal pago

loyal ['lɔɪəl] ADJ leal

loyalist ['lɔɪəlɪst] N legalista m/f

loyalty ['lɔɪəltɪ] N lealdade f

loyalty card (BRIT) N cartão m de fidelidade

lozenge ['lɔzɪndʒ] N (*Med*) pastilha; (*Geom*) losango, rombo

LP N ABBR = **long-playing record**

L-plates ['ɛlpleɪts] (BRIT) NPL placas fpl de aprendiz de motorista

> As **L-plates** são placas quadradas com um "L" vermelho que são colocadas na parte de trás do carro para mostrar que a pessoa ao volante ainda não tem carteira de motorista. Até à obtenção da carteira, o motorista aprendiz possui uma permissão provisória e não tem direito de dirigir sem um motorista qualificado ao lado. Os motoristas aprendizes não podem dirigir em estradas mesmo que estejam acompanhados.

LPN (US) N ABBR (= *Licensed Practical Nurse*) enfermeiro(-a) diplomado(-a)

LRAM (BRIT) N ABBR = **Licentiate of the Royal Academy of Music**

LSAT (US) N ABBR = **Law Schools Admissions Test**

LSD N ABBR (= *lysergic acid diethylamide*) LSD m; (BRIT: = *pounds, shillings and pence*) sistema monetário usado na Grã-Bretanha até 1971

LSE N ABBR = **London School of Economics**

LT ABBR (*Elec*: = *low tension*) BT

Lt. ABBR (= *lieutenant*) Ten.

Ltd (BRIT) ABBR (= *limited (liability) company*) SA

lubricant ['lu:brɪkənt] N lubrificante m

lubricate ['lu:brɪkeɪt] VT lubrificar

lucid ['lu:sɪd] ADJ lúcido

lucidity [lu:'sɪdɪtɪ] N lucidez f

luck [lʌk] N sorte f; **bad ~** azar m; **good ~!** boa sorte!; **to be in ~** ter *or* dar sorte; **to be out of ~** ter azar; **bad** *or* **hard** *or* **tough ~!** que azar!

luckily ['lʌkɪlɪ] ADV por sorte, felizmente

lucky ['lʌkɪ] ADJ (*person*) sortudo; (*coincidence*) feliz; (*situation*) afortunado; (*object*) de sorte
lucrative ['lu:krətɪv] ADJ lucrativo
ludicrous ['lu:dɪkrəs] ADJ ridículo
ludo ['lu:dəu] N ludo
lug [lʌg] (*inf*) VT (*drag*) arrastar; (*pull*) puxar
luggage ['lʌgɪdʒ] N bagagem *f*
luggage car (US) N (*Rail*) vagão *m* de bagagens
luggage rack N (*in train*) rede *f* para bagagem; (*on car*) porta-bagagem *m*, bagageiro
luggage van (BRIT) N (*Rail*) vagão *m* de bagagens
lugubrious [lu'gu:brɪəs] ADJ lúgubre
lukewarm ['lu:kwɔ:m] ADJ morno, tépido; (*fig*) indiferente
lull [lʌl] N pausa, interrupção *f* ▶ VT: **to ~ sb to sleep** acalentar alguém; **to be ~ed into a false sense of security** ser acalmado com uma falsa sensação de segurança
lullaby ['lʌləbaɪ] N canção *f* de ninar
lumbago [lʌm'beɪgəu] N lumbago
lumber ['lʌmbə*r*] N (*junk*) trastes *mpl* velhos; (*wood*) madeira serrada, tábua ▶ VT: **to ~ sb with sth/sb** empurrar algo/alguém para cima de alguém ▶ VI (*also*: **lumber about, lumber along**) mover-se pesadamente
lumberjack ['lʌmbədʒæk] N madeireiro, lenhador *m*
lumber room (BRIT) N quarto de despejo
lumber yard N depósito de madeira
luminous ['lu:mɪnəs] ADJ luminoso
lump [lʌmp] N torrão *m*; (*fragment*) pedaço; (*in sauce*) caroço; (*in throat*) nó *m*; (*on body*) galo, caroço; (*also*: **sugar lump**) cubo de açúcar ▶ VT: **to ~ together** amontoar
lump sum N montante *m* único
lumpy ['lʌmpɪ] ADJ (*sauce, bed*) encaroçado
lunacy ['lu:nəsɪ] N loucura
lunar ['lu:nə*r*] ADJ lunar
lunatic ['lu:nətɪk] (!) ADJ, N louco(-a)
lunatic asylum (!) N manicômio, hospício
lunch [lʌntʃ] N almoço ▶ VI almoçar; **to invite sb for ~** convidar alguém para almoçar
lunch break, lunch hour N hora do almoço
luncheon ['lʌntʃən] N almoço formal
luncheon meat N bolo de carne

luncheon voucher (BRIT) N vale *m* para refeição, ticket *m* restaurante
lunch hour N hora do almoço
lunch time N hora do almoço
lung [lʌŋ] N pulmão *m*
lung cancer N câncer *m* (BR) *or* cancro (PT) de pulmão
lunge [lʌndʒ] VI (*also*: **lunge forward**) dar estocada *or* bote; **to ~ at** arremeter-se contra
lupin ['lu:pɪn] N tremoço
lurch [lə:tʃ] VI balançar ▶ N solavanco; **to leave sb in the ~** deixar alguém em apuros, deixar alguém na mão (*inf*)
lure [luə*r*] N (*bait*) isca; (*decoy*) chamariz *m*, engodo ▶ VT atrair, seduzir
lurid ['luərɪd] ADJ (*account*) sensacional; (*detail*) horrível
lurk [lə:k] VI (*hide*) esconder-se; (*wait*) estar à espreita
luscious ['lʌʃəs] ADJ (*person, thing*) atraente; (*food*) delicioso
lush [lʌʃ] ADJ exuberante
lust [lʌst] N luxúria; (*greed*) cobiça
▶ **lust after** VT FUS cobiçar
▶ **lust for** VT FUS = **lust after**
luster ['lʌstə*r*] (US) N = **lustre**
lustful ['lʌstful] ADJ lascivo, sensual
lustre, (US) **luster** ['lʌstə*r*] N lustre *m*, brilho
lusty ['lʌstɪ] ADJ robusto, forte
lute [lu:t] N alaúde *m*
Luxembourg ['lʌksəmbə:g] N Luxemburgo
luxuriant [lʌg'zjuərɪənt] ADJ luxuriante, exuberante
luxurious [lʌg'zjuərɪəs] ADJ luxuoso
luxury ['lʌkʃərɪ] N luxo ▶ CPD de luxo
LV (BRIT) N ABBR = **luncheon voucher**
LW ABBR (*Radio*: = *long wave*) OL
lying ['laɪɪŋ] N mentira(s) *f(pl)* ▶ ADJ mentiroso, falso
lynch [lɪntʃ] VT linchar
lynching ['lɪntʃɪŋ] N linchamento
lynx [lɪŋks] N lince *m*
lyre ['laɪə*r*] N lira
lyric ['lɪrɪk] ADJ lírico
lyrical ['lɪrɪkəl] ADJ lírico
lyricism ['lɪrɪsɪzəm] N lirismo
lyrics ['lɪrɪks] NPL (*of song*) letra

Mm

M¹, m [ɛm] N (*letter*) M, m *m*; **M for Mary** (BRIT) *or* **Mike** (US) M de Maria
M² N ABBR (BRIT) = **motorway**; **the M8** ≈ BR 8 *f*; (= *medium*) M
m ABBR (= *metre*) m; (= *mile*) mil.; = **million**
M.A. ABBR (*Sch*) = **Master of Arts**; (US) = **military academy**; (: *Post*) = **Massachusetts**
mac [mæk] (BRIT) N capa impermeável
macabre [mə'kɑ:brə] ADJ macabro
Macao [mə'kau] N Macau
macaroni [mækə'rəunɪ] N macarrão *m*
macaroon [mækə'ru:n] N biscoitinho de amêndoas
mace [meɪs] N (*Bot*) macis *m*; (*sceptre*) bastão *m*
machinations [mækɪ'neɪʃənz] NPL maquinações *fpl*, intrigas *fpl*
machine [mə'ʃi:n] N máquina ▶ VT (*dress etc*) costurar à máquina; (*Tech*) usinar
machine code N (*Comput*) código de máquina
machine gun N metralhadora
machine language N (*Comput*) linguagem *f* de máquina
machine readable ADJ (*Comput*) legível por máquina
machinery [mə'ʃi:nərɪ] N maquinaria; (*fig*) máquina
machine shop N oficina mecânica
machine tool N máquina-ferramenta *f*
machine washable ADJ (*garment*) lavável à máquina
machinist [mə'ʃi:nɪst] N operário(-a) (de máquina); (*Rail*) maquinista *m/f*
macho ['mætʃəu] ADJ machista
mackerel ['mækrl] N INV cavala
mackintosh ['mækɪntɔʃ] (BRIT) N capa impermeável
macro... ['mækrəu] PREFIX macro...
macro-economics N macroeconomia
mad [mæd] ADJ louco; (*foolish*) tolo; (*angry*) furioso, brabo; (*keen*): **to be ~ about** ser louco por; **to go ~** enlouquecer
madam ['mædəm] N senhora, madame *f*; **yes, ~** sim, senhora; **M~ Chairman** Senhora Presidente; **can I help you, ~?** a senhora já foi atendida?
madden ['mædn] VT exasperar
maddening ['mædnɪŋ] ADJ exasperante
made [meɪd] PT, PP *of* **make**

Madeira [mə'dɪərə] N (*Geo*) Madeira; (*wine*) (vinho) Madeira *m*
Madeiran [mə'dɪərən] ADJ, N madeirense *m/f*
made-to-measure (BRIT) ADJ feito sob medida
made-up ['meɪdʌp] ADJ (*story*) inventado
madly ['mædlɪ] ADV loucamente; **~ in love** louco de amor
madman ['mædmən] (*irreg: like* **man**) N louco
madness ['mædnɪs] N loucura; (*foolishness*) tolice *f*
Madrid [mə'drɪd] N Madri (BR), Madrid (PT)
Mafia ['mæfɪə] N máfia
mag. [mæg] (BRIT *inf*) N ABBR = **magazine**
magazine [mægə'zi:n] N (*Press*) revista; (*Radio, TV*) programa *m* de atualidades; (*Mil: store*) depósito; (*of firearm*) câmara
magazine rack N porta-revistas *m inv*
maggot ['mægət] N larva de inseto
magic ['mædʒɪk] N magia, mágica ▶ ADJ mágico
magical ['mædʒɪkl] ADJ mágico
magician [mə'dʒɪʃən] N mago(-a); (*entertainer*) mágico(-a)
magistrate ['mædʒɪstreɪt] N magistrado(-a), juiz/juíza *m/f*
magnanimous [mæg'nænɪməs] ADJ magnânimo
magnate ['mægneɪt] N magnata *m*
magnesium [mæg'ni:zɪəm] N magnésio
magnet ['mægnɪt] N ímã *m*, iman *m* (PT)
magnetic [mæg'nɛtɪk] ADJ magnético
magnetic tape N fita magnética
magnetism ['mægnɪtɪzəm] N magnetismo
magnification [mægnɪfɪ'keɪʃən] N aumento
magnificence [mæg'nɪfɪsns] N magnificência
magnificent [mæg'nɪfɪsnt] ADJ magnífico
magnify ['mægnɪfaɪ] VT aumentar
magnifying glass ['mægnɪfaɪɪŋ-] N lupa, lente *f* de aumento
magnitude ['mægnɪtju:d] N magnitude *f*
magnolia [mæg'nəulɪə] N magnólia
magpie ['mægpaɪ] N pega
mahogany [mə'hɔgənɪ] N mogno, acaju *m* ▶ CPD de mogno *or* acaju
maid [meɪd] N empregada; **old ~** (*pej*) solteirona
maiden ['meɪdn] N moça, donzela ▶ ADJ (*aunt etc*) solteirona; (*speech, voyage*) inaugural

maiden name ['meɪdn-] N nome m de solteira

mail [meɪl] N correio; (*letters*) cartas fpl ▶ VT (*post*) pôr no correio; (*send*) mandar pelo correio; **by ~** pelo correio

mailbox ['meɪlbɔks] N (US: *for letters*) caixa do correio; (*Comput*) caixa de entrada

mailing list ['meɪlɪŋ-] N lista de clientes, mailing list m

mailman ['meɪlmæn] (US) (*irreg: like* **man**) N carteiro

mail order N pedido por reembolso postal; (*business*) venda por correspondência ▶ CPD: **mail-order firm** or **house** firma de vendas por correspondência

mailshot ['meɪlʃɔt] (BRIT) N mailing m

mail train N trem-correio, trem m postal

mail truck (US) N (*Aut*) = **mail van**

mail van (BRIT) N (*Aut*) furgão m do correio; (*Rail*) vagão m postal

maim [meɪm] VT mutilar, aleijar

main [meɪn] ADJ principal ▶ N (*pipe*) cano or esgoto principal; **the mains** NPL (*Elec, gas, water*) a rede; **in the ~** na maior parte

main course N (*Culin*) prato principal

mainframe ['meɪnfreɪm] N (*Comput*) mainframe m

mainland ['meɪnlənd] N: **the ~** o continente

mainline ['meɪnlaɪn] (*inf*) VT (*heroin*) picar-se com ▶ VI picar-se

main line N (*Rail*) linha-tronco f ▶ ADJ: **main-line** de linha-tronco

mainly ['meɪnlɪ] ADV principalmente

main road N estrada principal

mainstay ['meɪnsteɪ] N (*fig*) esteio

mainstream ['meɪnstriːm] N corrente f principal

maintain [meɪn'teɪn] VT manter; (*keep up*) conservar (em bom estado); (*affirm*) sustentar, afirmar; **to ~ that ...** afirmar que ...

maintenance ['meɪntənəns] N manutenção f; (*Law: alimony*) alimentos mpl, pensão f alimentícia

maintenance contract N contrato de assistência técnica

maintenance order N (*Law*) ordem f de pensão

maisonette [meɪzə'nɛt] (BRIT) N duplex m

maize [meɪz] N milho

Maj. ABBR (*Mil*) = **major**

majestic [mə'dʒɛstɪk] ADJ majestoso

majesty ['mædʒɪstɪ] N majestade f; (*title*): **Your M~** Sua Majestade

major ['meɪdʒəʳ] N (*Mil*) major m ▶ ADJ (*main*) principal; (*considerable*) importante; (*great*) grande; (*Mus*) maior ▶ VI (*US Sch*): **to ~ (in)** especializar-se (em); **a ~ operation** (*Med*) uma operação séria

Majorca [mə'jɔːkə] N Maiorca

major general N (*Mil*) general-de-divisão m

majority [mə'dʒɔrɪtɪ] N maioria ▶ CPD (*verdict, holding*) majoritário

make [meɪk] (*pt, pp* **made**) VT fazer; (*manufacture*) fabricar, produzir; (*cause to be*): **to ~ sb sad** entristecer alguém, fazer alguém ficar triste; (*force*): **to ~ sb do sth** fazer com que alguém faça algo; (*equal*): **2 and 2 ~ 4** dois e dois são quatro ▶ N marca; **to ~ the bed** fazer a cama; **to ~ a fool of sb** fazer alguém de bobo; **to ~ a profit/loss** ter um lucro/uma perda; **to ~ it** (*arrive*) chegar; (*succeed*) ter sucesso; **what time do you ~ it?** que horas você tem?; **to ~ good** (*succeed*) dar-se bem; (*losses*) indenizar; **to ~ do with** contentar-se com

▶ **make for** VT FUS (*place*) dirigir-se a

▶ **make off** VI fugir

▶ **make out** VT (*decipher*) decifrar; (*understand*) compreender; (*see*) divisar, avistar; (*write out: prescription*) escrever; (: *form, cheque*) preencher; (*claim, imply*) afirmar; (*pretend*) fazer de conta; **to ~ out a case for sth** argumentar em favor de algo, defender algo

▶ **make over** VT (*assign*): **to ~ over (to)** transferir (para)

▶ **make up** VT (*constitute*) constituir; (*invent*) inventar; (*parcel*) embrulhar ▶ VI reconciliar-se; (*with cosmetics*) maquilar-se (BR), maquilhar-se (PT); **to be made up of** compor-se de, ser composto de; **to ~ up one's mind** decidir-se

▶ **make up for** VT FUS compensar

make-believe ADJ fingido, simulado ▶ N: **a world of ~** um mundo de faz-de-conta; **it's just ~** é pura ilusão

maker ['meɪkəʳ] N (*of film, programme*) criador m; (*manufacturer*) fabricante m/f

makeshift ['meɪkʃɪft] ADJ provisório

make-up ['meɪkʌp] N maquilagem f (BR), maquilhagem f (PT)

make-up bag N bolsa de maquilagem (BR), bolsa de maquilhagem (PT)

make-up remover N removidor m de maquilagem

making ['meɪkɪŋ] N (*fig*): **in the ~** em vias de formação; **he has the ~s of an actor** ele tem tudo para ser ator

maladjusted [mælə'dʒʌstɪd] ADJ inadaptado, desajustado

malaise [mæ'leɪz] N mal-estar m, indisposição f

malaria [mə'lɛərɪə] N malária

Malawi [mə'lɑːwɪ] N Malavi m

Malay [mə'leɪ] ADJ malaio ▶ N malaio(-a); (*Ling*) malaio

Malaya [mə'leɪə] N Malaia

Malayan [mə'leɪən] ADJ, N = **Malay**

Malaysia [mə'leɪzɪə] N Malaísia (BR), Malásia (PT)

Malaysian [mə'leɪzɪən] ADJ, N malaísio(-a)

Maldives ['mɔːldaɪvz] NPL: **the ~** as ilhas Maldivas

male [meɪl] N (*Bio, Elec*) macho ▶ ADJ (*sex, attitude*) masculino; (*animal*) macho; (*child etc*) do sexo masculino

male chauvinist N machista m

male nurse N enfermeiro

malevolence [mə'lɛvələns] N malevolência
malevolent [mə'lɛvələnt] ADJ malévolo
malfunction [mæl'fʌŋkʃən] N funcionamento defeituoso
malice ['mælɪs] N (ill will) malícia; (rancour) rancor m
malicious [mə'lɪʃəs] ADJ malevolente; (Law) com intenção criminosa
malign [mə'laɪn] VT caluniar, difamar
malignant [mə'lɪgnənt] ADJ (Med) maligno
malingerer [mə'lɪŋgərər] N doente m/f fingido(-a)
mall [mɔ:l] N (also: **shopping mall**) shopping m
malleable ['mælɪəbl] ADJ maleável
mallet ['mælɪt] N maço, marreta
malnutrition [mælnju:'trɪʃən] N desnutrição f
malpractice [mæl'præktɪs] N falta profissional
malt [mɔ:lt] N malte m; (malt whisky) uísque m de malte
Malta ['mɔ:ltə] N Malta
Maltese [mɔ:l'ti:z] ADJ maltês(-esa) ▶ N INV maltês(-esa) m/f; (Ling) maltês m
maltreat [mæl'tri:t] VT maltratar
malware ['mælwɛər] N (Comput) software m malicioso
mammal ['mæml] N mamífero
mammoth ['mæməθ] N mamute m ▶ ADJ gigantesco, imenso
man [mæn] N (pl **men**) homem m; (Chess) peça ▶ VT (Naut) tripular; (Mil) guarnecer; (operate: machine) operar; **an old ~** um velho; **a young ~** um jovem; **~ and wife** marido e mulher
manacles ['mænəklz] NPL grilhões mpl
manage ['mænɪdʒ] VI arranjar-se, virar-se ▶ VT (be in charge of) dirigir, administrar; (business) gerenciar; (ship, person) controlar; (device) manusear; (carry) carregar; **to ~ to do sth** conseguir fazer algo; **to ~ without sb/sth** passar sem alguém/algo; **can you ~?** você consegue?
manageable ['mænɪdʒəbl] ADJ manejável; (task etc) viável
management ['mænɪdʒmənt] N administração f, direção f, gerência; **"under new ~"** "sob nova direção"
management accounting N contabilidade f administrativa or gerencial
management consultant N consultor(a) m/f em administração
manager ['mænɪdʒər] N gerente m/f; (Sport) técnico(-a); (of project) superintendente m/f; (of department, unit) chefe m/f, diretor(a) m/f; (of artist) empresário(-a); **sales ~** gerente de vendas
manageress [mænɪdʒə'rɛs] N gerente f
managerial [mænə'dʒɪərɪəl] ADJ administrativo, gerencial
managing director ['mænɪdʒɪŋ-] N diretor(a) m/f, diretor-gerente/diretora-gerente m/f
Mancunian [mæŋ'kju:nɪən] ADJ de Manchester ▶ N natural m/f de Manchester

mandarin ['mændərɪn] N (also: **mandarin orange**) tangerina; (person) mandarim m
mandate ['mændeɪt] N mandato
mandatory ['mændətərɪ] ADJ obrigatório; (powers etc) mandatário
mandolin, mandoline ['mændəlɪn] N bandolim m
mane [meɪn] N (of horse) crina; (of lion) juba
maneuver [mə'nu:vər] (US) VB, N = **manoeuvre**
manfully ['mænfəlɪ] ADV valentemente
manganese ['mæŋgəni:z] N manganês m
mangle ['mæŋgl] VT mutilar, estropiar ▶ N calandra
mango ['mæŋgəu] (pl **mangoes**) N manga
mangrove ['mæŋgrəuv] N mangue m
mangy ['meɪndʒɪ] ADJ sarnento, esfarrapado
manhandle ['mænhændl] VT (mistreat) maltratar; (move by hand) manipular
manhole ['mænhəul] N poço de inspeção
manhood ['mænhud] N (age) idade f adulta; (masculinity) virilidade f
man-hour N hora-homem f
manhunt ['mænhʌnt] N caça ao homem
mania ['meɪnɪə] N mania
maniac ['meɪnɪæk] N maníaco(-a); (fig) louco(-a)
manic ['mænɪk] ADJ maníaco
manic-depressive ADJ, N maníaco-depressivo(-a)
manicure ['mænɪkjuər] N manicure f (BR), manicura (PT)
manicure set N estojo de manicure (BR) or manicura (PT)
manifest ['mænɪfɛst] VT manifestar, mostrar ▶ ADJ manifesto, evidente ▶ N (Aviat, Naut) manifesto
manifestation [mænɪfɛs'teɪʃən] N manifestação f
manifesto [mænɪ'fɛstəu] (pl **manifestos** or **manifestoes**) N manifesto
manifold ['mænɪfəuld] ADJ múltiplo ▶ N (Aut etc) see **exhaust**
Manila [mə'nɪlə] N Manilha
manila [mə'nɪlə] ADJ: **~ paper** papel-manilha m
manipulate [mə'nɪpjuleɪt] VT manipular
manipulation [mənɪpju'leɪʃən] N manipulação f
mankind [mæn'kaɪnd] N humanidade f, raça humana
manliness ['mænlɪnɪs] N virilidade f
manly ['mænlɪ] ADJ másculo, viril
man-made ADJ sintético, artificial
manna ['mænə] N maná m
mannequin ['mænɪkɪn] N manequim m
manner ['mænər] N modo, maneira; (behaviour) conduta, comportamento; **manners** NPL (conduct) boas maneiras fpl, educação f; **bad ~s** falta de educação; **all ~ of** todo tipo de; **all ~ of things** todos os tipos de coisa
mannerism ['mænərɪzəm] N maneirismo, hábito

mannerly ['mænəlɪ] ADJ polido, educado
manoeuvrable, (US) **maneuverable** [mə'nu:vrəbl] ADJ manobrável
manoeuvre, (US) **maneuver** [mə'nu:vəʳ] VT manobrar; (*manipulate*) manipular ▶ VI manobrar ▶ N manobra; **to ~ sb into doing sth** induzir alguém a fazer algo
manor ['mænəʳ] N (*also:* **manor house**) casa senhorial, solar *m*
manpower ['mænpauəʳ] N potencial *m* humano, mão-de-obra *f*
manservant ['mænsə:vənt] (*pl* **menservants**) N criado
mansion ['mænʃən] N mansão *f*, palacete *m*
manslaughter ['mænslɔ:təʳ] N homicídio involuntário
mantelpiece ['mæntlpi:s] N consolo da lareira
mantle ['mæntl] N manto; (*fig*) camada
man-to-man ADJ, ADV de homem para homem
manual ['mænjuəl] ADJ manual ▶ N manual *m*; (*Mus*) teclado
manual worker N trabalhador(a) *m/f* braçal
manufacture [mænju'fæktʃəʳ] VT manufaturar, fabricar ▶ N fabricação *f*
manufactured goods [mænju'fæktʃəd-] NPL produtos *mpl* industrializados
manufacturer [mænju'fæktʃərəʳ] N fabricante *m/f*
manufacturing industries [mænju'fæktʃərɪŋ] NPL indústrias *fpl* de transformação
manure [mə'njuəʳ] N estrume *m*, adubo
manuscript ['mænjuskrɪpt] N manuscrito
many ['mɛnɪ] ADJ, PRON muitos(-as); **how ~?** quantos(-as)?; **a great ~** muitíssimos; **twice as ~** *adj* duas vezes mais; *pron* o dobro; **~ a time** muitas vezes
map [mæp] N mapa *m* ▶ VT fazer o mapa de ▶ **map out** VT traçar; (*fig: career, holiday*) planejar
maple ['meɪpl] N bordo
mar [mɑːʳ] VT estragar
Mar. ABBR = **March**
marathon ['mærəθən] N maratona ▶ ADJ: **a ~ session** uma sessão exaustiva
marathon runner N corredor(a) *m/f* de maratona, maratonista *m/f*
marauder [mə'rɔ:dəʳ] N saqueador(a) *m/f*
marble ['mɑ:bl] N mármore *m*; (*toy*) bola de gude; **marbles** N (*game*) jogo de gude
March [mɑːtʃ] N março; *see also* **July**
march [mɑːtʃ] VI (*Mil*) marchar; (*demonstrators*) desfilar ▶ N marcha; (*demonstration*) passeata; **to ~ out of/into** *etc* sair de/entrar em marchando *etc*
marcher ['mɑ:tʃəʳ] N (*demonstrator*) manifestante *m/f*
marching ['mɑ:tʃɪŋ] N: **to give sb his ~ orders** (*fig*) dar um bilhete azul a alguém, mandar passear alguém
march-past N desfile *m*
mare [mɛəʳ] N égua

marg. [mɑːdʒ] (*inf*) N ABBR = **margarine**
margarine [mɑːdʒə'riːn] N margarina
margin ['mɑːdʒɪn] N margem *f*
marginal ['mɑːdʒɪnl] ADJ marginal; **~ seat** (*Pol*) cadeira ganha por pequena maioria
marginally ['mɑːdʒɪnəlɪ] ADV ligeiramente
marigold ['mærɪɡəuld] N malmequer *m*
marijuana [mærɪ'wɑːnə] N maconha
marina [mə'riːnə] N marina
marinade [*n* mærɪ'neɪd, *vt* 'mærɪneɪd] N escabeche *m* ▶ VT = **marinate**
marinate ['mærɪneɪt] VT marinar, pôr em escabeche
marine [mə'riːn] ADJ (*in the sea*) marinho; (*engineer*) naval; (*of seafaring*) marítimo ▶ N fuzileiro naval
marine insurance N seguro marítimo
marital ['mærɪtl] ADJ matrimonial, marital; **~ status** estado civil
maritime ['mærɪtaɪm] ADJ marítimo
maritime law N direito marítimo
marjoram ['mɑːdʒərəm] N manjerona
mark [mɑːk] N marca, sinal *m*; (*imprint*) impressão *f*; (*stain*) mancha; (BRIT *Sch*) nota; (*currency*) marco; (BRIT *Tech*): **M~ 2** 2ª versão ▶ VT (*also Sport: player*) marcar; (*stain*) manchar; (*indicate*) indicar; (*commemorate*) comemorar; (BRIT *Sch: grade*) dar nota em; (: *correct*) corrigir; **to ~ time** marcar passo; **to be quick off the ~** (**in doing**) (*fig*) não perder tempo (para fazer); **up to the ~** (*in efficiency*) à altura das exigências
▶ **mark down** VT (*prices, goods*) rebaixar, remarcar para baixo
▶ **mark off** VT (*tick off*) ticar
▶ **mark out** VT (*trace*) traçar; (*designate*) destinar
▶ **mark up** VT (*price*) aumentar, remarcar
marked [mɑːkt] ADJ acentuado
markedly ['mɑːkɪdlɪ] ADV marcadamente
marker ['mɑːkəʳ] N (*sign*) marcador *m*, marca; (*bookmark*) marcador
market ['mɑːkɪt] N mercado ▶ VT (*Comm*) comercializar; **to be on the ~** estar à venda; **on the open ~** no mercado livre; **to play the ~** especular na bolsa de valores
marketable ['mɑːkɪtəbl] ADJ comercializável
market analysis N análise *f* de mercado
market day N dia *m* de mercado
market demand N procura de mercado
market forces NPL forças *fpl* do mercado
market garden (BRIT) N horta
marketing ['mɑːkɪtɪŋ] N marketing *m*
market leader N líder *m* do mercado
marketplace ['mɑːkɪtpleɪs] N mercado
market price N preço de mercado
market research N pesquisa de mercado
market value N valor *m* de mercado
marking ['mɑːkɪŋ] N (*on animal*) marcação *f*; (*on road*) marca
marksman ['mɑːksmən] (*irreg: like* **man**) N bom atirador *m*
marksmanship ['mɑːksmənʃɪp] N boa pontaria

marksmen ['mɑːksmɛn] NPL *of* **marksman**
mark-up ['mɑːkʌp] N (*Comm: margin*) margem f (de lucro), markup m; (: *increase*) remarcação f, aumento
marmalade ['mɑːməleɪd] N geleia de laranja
maroon [məˈruːn] VT: **to be ~ed** ficar abandonado (numa ilha) ▶ ADJ vinho *inv*
marquee [mɑːˈkiː] N toldo, tenda
marquess ['mɑːkwɪs] N marquês m
marquis ['mɑːkwɪs] N = **marquess**
marriage ['mærɪdʒ] N casamento
marriage bureau (*irreg: like* **bureau**) N agência matrimonial
marriage certificate N certidão f de casamento
marriage counselling (US) N = **marriage guidance**
marriage guidance (BRIT) N orientação f matrimonial
married ['mærɪd] ADJ casado; (*life, love*) conjugal; **to get ~** casar(-se)
marrow ['mærəu] N medula f; (*vegetable*) abóbora
marry ['mærɪ] VT casar(-se) com; (*subj: father, priest etc*) casar, unir ▶ VI (*also:* **get married**) casar(-se)
Mars [mɑːz] N (*planet*) Marte m
marsh [mɑːʃ] N pântano; (*salt marsh*) marisma
marshal ['mɑːʃl] N (*Mil: also:* **field marshal**) marechal m; (*at sports meeting etc*) oficial m ▶ VT (*thoughts, support*) organizar; (*soldiers*) formar
marshalling yard ['mɑːʃlɪŋ-] N (*Rail*) local m de manobras
marshmallow [mɑːʃˈmæləu] N espécie de doce de malvavisco
marshy ['mɑːʃɪ] ADJ pantanoso
marsupial [mɑːˈsuːpɪəl] ADJ marsupial ▶ N marsupial m
martial ['mɑːʃl] ADJ marcial
martial arts NPL artes fpl marciais
martial law N lei f marcial
Martian ['mɑːʃən] N marciano(-a)
martin ['mɑːtɪn] N (*also:* **house martin**) andorinha-de-casa
martyr ['mɑːtə^r] N mártir m/f ▶ VT martirizar
martyrdom ['mɑːtədəm] N martírio
marvel ['mɑːvl] N maravilha ▶ VI: **to ~ (at)** maravilhar-se (de or com)
marvellous, (US) **marvelous** ['mɑːvələs] ADJ maravilhoso
Marxism ['mɑːksɪzəm] N marxismo
Marxist ['mɑːksɪst] ADJ, N marxista m/f
marzipan ['mɑːzɪpæn] N maçapão m
mascara [mæsˈkɑːrə] N rímel m
mascot ['mæskət] N mascote f
masculine ['mæskjulɪn] ADJ, N masculino
masculinity [mæskjuˈlɪnɪtɪ] N masculinidade f
mash [mæʃ] VT (*Culin*) fazer um purê de; (*crush*) amassar
mashed potatoes [mæʃt-] N purê m de batatas

mask [mɑːsk] N máscara ▶ VT (*face*) encobrir; (*feelings*) esconder, ocultar
masochism ['mæsəkɪzəm] N masoquismo
masochist ['mæsəkɪst] N masoquista m/f
masochistic [mæsəˈkɪstɪk] ADJ masoquista
mason ['meɪsn] N (*also:* **stone mason**) pedreiro(-a); (*also:* **freemason**) maçom m
masonic [məˈsɔnɪk] ADJ maçônico
masonry ['meɪsənrɪ] N (*also:* **freemasonry**) maçonaria; (*building*) alvenaria
masquerade [mæskəˈreɪd] N baile m de máscaras; (*fig*) farsa, embuste m ▶ VI: **to ~ as** disfarçar-se de, fazer-se passar por
mass [mæs] N (*of papers etc*) quantidade f; (*people*) multidão f; (*Phys*) massa; (*Rel*) missa; (*great quantity*) montão m ▶ CPD de massa ▶ VI reunir-se; (*Mil*) concentrar-se; **the masses** NPL (*ordinary people*) as massas; **~es of** (*inf*) montes de; **to go to ~** ir à missa
massacre ['mæsəkə^r] N massacre m, carnificina ▶ VT massacrar
massage ['mæsɑːʒ] N massagem f ▶ VT fazer massagem em, massagear
masseur [mæˈsəː^r] N massagista m
masseuse [mæˈsəːz] N massagista f
massive ['mæsɪv] ADJ (*large*) enorme; (*support*) massivo
mass market N mercado de consumo em massa
mass media NPL meios mpl de comunicação de massa, mídia
mass meeting N concentração f de massa
mass-produce VT produzir em massa, fabricar em série
mass-production N produção f em massa, fabricação f em série
mast [mɑːst] N (*Naut*) mastro; (*Radio etc*) antena
master ['mɑːstə^r] N mestre m; (*landowner*) senhor m, dono; (*fig: of situation*) dono; (*in secondary school*) professor m; (*title for boys*): **M- X** o menino X ▶ VT controlar; (*learn*) conhecer a fundo; **~ of ceremonies** mestre de cerimônias; **M-'s degree** mestrado
masterful ['mɑːstəful] ADJ autoritário, imperioso
master key N chave f mestra
masterly ['mɑːstəlɪ] ADJ magistral
mastermind ['mɑːstəmaɪnd] N (*fig*) cabeça ▶ VT dirigir, planejar
Master of Arts/Science N detentor(a) m/f de mestrado em letras/ciências; (*degree*) mestrado
masterpiece ['mɑːstəpiːs] N obra-prima
master plan N plano piloto
master stroke N golpe m de mestre
mastery ['mɑːstərɪ] N domínio
mastiff ['mæstɪf] N mastim m
masturbate ['mæstəbeɪt] VI masturbar-se
masturbation [mæstəˈbeɪʃən] N masturbação f
mat [mæt] N esteira; (*also:* **doormat**) capacho; (*also:* **table mat**) descanso ▶ ADJ = **matt**

match [mætʃ] N fósforo; *(game)* jogo, partida; *(equal)* igual m/f ▶ VT *(also:* **match up***)* casar, emparelhar; *(go well with)* combinar com; *(equal)* igualar; *(correspond to)* corresponder a ▶ VI combinar; **to be a good ~** *(couple)* formar um bom casal
▶ **match up** VT casar, emparelhar
matchbox ['mætʃbɒks] N caixa de fósforos
matching ['mætʃɪŋ] ADJ que combina (com)
matchless ['mætʃlɪs] ADJ sem igual, incomparável
mate [meɪt] N *(inf)* colega m/f; *(assistant)* ajudante m/f; *(Chess)* mate m; *(animal)* macho/fêmea; *(in merchant navy)* imediato ▶ VI acasalar-se ▶ VT acasalar
material [mə'tɪərɪəl] N *(substance)* matéria; *(equipment)* material m; *(cloth)* pano, tecido; *(data)* dados mpl ▶ ADJ material; *(important)* importante; **materials** NPL *(equipment)* material; **reading ~** (material de) leitura
materialistic [mətɪərɪə'lɪstɪk] ADJ materialista
materialize [mə'tɪərɪəlaɪz] VI materializar-se, concretizar-se
materially [mə'tɪərɪəlɪ] ADV materialmente
maternal [mə'tə:nl] ADJ maternal
maternity [mə'tə:nɪtɪ] N maternidade f ▶ CPD de maternidade, de gravidez
maternity benefit N auxílio-maternidade m
maternity dress N vestido de gestante
maternity hospital N maternidade f
matey ['meɪtɪ] *(BRIT inf)* ADJ chapinha
math [mæθ] *(US)* N = **maths**
mathematical [mæθə'mætɪkl] ADJ matemático
mathematician [mæθəmə'tɪʃən] N matemático(-a)
mathematics [mæθə'mætɪks] N matemática
maths, *(US)* **math** [mæθs] N matemática
matinée ['mætɪneɪ] N matinê f
mating ['meɪtɪŋ] N acasalamento
mating call N chamado do macho
mating season N época de cio
matriarchal [meɪtrɪ'ɑ:kl] ADJ matriarcal
matrices ['meɪtrɪsi:z] NPL of **matrix**
matriculation [mətrɪkju'leɪʃən] N matrícula
matrimonial [mætrɪ'məunɪəl] ADJ matrimonial
matrimony ['mætrɪmənɪ] N matrimônio, casamento
matrix ['meɪtrɪks] *(pl* **matrices***)* N matriz f
matron ['meɪtrən] N *(in hospital)* enfermeira-chefe f; *(in school)* inspetora
matronly ['meɪtrənlɪ] ADJ matronal; *(fig: figure)* corpulento
matt [mæt] ADJ fosco, sem brilho
matted ['mætɪd] ADJ embaraçado
matter ['mætə'] N questão f, assunto; *(Phys)* matéria; *(substance)* substância; *(content)* conteúdo; *(reading matter etc)* material m; *(Med: pus)* pus m ▶ VI importar; **matters** NPL *(affairs)* questões fpl; **it doesn't ~** não importa; *(I don't mind)* tanto faz; **what's the ~?** o que (é que) há?, qual é o problema?; **no ~ what** aconteça o que acontecer; **as a ~ of course** o que é de se esperar; *(routine)* por rotina; **as a ~ of fact** na realidade, de fato; **it's a ~ of habit** é uma questão de hábito; **printed ~** impressos; **reading ~** *(BRIT)* (material de) leitura
matter-of-fact [mætərə'fækt] ADJ prosaico, prático
matting ['mætɪŋ] N esteira
mattress ['mætrɪs] N colchão m
mature [mə'tjuə'] ADJ maduro; *(cheese, wine)* amadurecido ▶ VI amadurecer
maturity [mə'tjuərɪtɪ] N maturidade f
maudlin ['mɔ:dlɪn] ADJ *(film, book)* piegas inv; *(person)* chorão(-rona)
maul [mɔ:l] VT machucar, maltratar
Mauritania [mɔ:rɪ'teɪnɪə] N Mauritânia
Mauritius [mə'rɪʃəs] N Maurício f *(no article)*
mausoleum [mɔ:sə'lɪəm] N mausoléu m
mauve [məuv] ADJ cor de malva inv
maverick ['mævrɪk] N *(fig)* dissidente m/f
mawkish ['mɔ:kɪʃ] ADJ piegas inv
max. ABBR = **maximum**
maxim ['mæksɪm] N máxima
maxima ['mæksɪmə] NPL of **maximum**
maximize ['mæksɪmaɪz] VT maximizar
maximum ['mæksɪməm] N *(pl* **maxima** or **maximums***)* máximo ▶ ADJ máximo
May [meɪ] N maio; *see also* **July**
may [meɪ] *(conditional* **might***)* AUX VB *(indicating possibility)*: **he ~ come** pode ser que ele venha, é capaz de vir; *(be allowed to)*: **~ I smoke?** posso fumar?; *(wishes)*: **~ God bless you!** que Deus lhe abençoe; **he might be there** ele poderia estar lá, ele é capaz de estar lá; **I might as well go** mais vale que eu vá; **you might like to try** talvez você queira tentar
maybe ['meɪbi:] ADV talvez; **~ he'll come** talvez ele venha; **~ not** talvez não
mayday ['meɪdeɪ] N S.O.S. m *(chamada de socorro internacional)*
May Day N dia m primeiro de maio
mayhem ['meɪhem] N caos m
mayonnaise [meɪə'neɪz] N maionese f
mayor [mɛə'] N prefeito *(BR)*, presidente m do município *(PT)*
mayoress ['mɛərɪs] N prefeita *(BR)*, presidenta do município *(PT)*
maypole ['meɪpəul] N mastro erguido no dia primeiro de maio
maze [meɪz] N labirinto
MB ABBR *(Comput)* = **megabyte**; *(CANADA)* = **Manitoba**
MBA N ABBR (= *Master of Business Administration*) grau universitário
MBBS *(BRIT)* N ABBR (= *Bachelor of Medicine and Surgery*) grau universitário
MBChB *(BRIT)* N ABBR (= *Bachelor of Medicine and Surgery*) grau universitário
MBE *(BRIT)* N ABBR (= *Member of the Order of the British Empire*) título honorífico
MC N ABBR = **master of ceremonies**

MCAT (US) N ABBR = **Medical College Admissions Test**
MCP (BRIT inf) N ABBR (= *male chauvinist pig*) machista m
MD N ABBR = **Doctor of Medicine**; (Comm) = **managing director** ▶ ABBR (US Post) = **Maryland**
MDT (US) ABBR (= *Mountain Daylight Time*) hora de verão nas montanhas Rochosas
ME (US) ABBR (Post) = **Maine** ▶ N ABBR (Med) = **medical examiner**

(KEYWORD)

me [mi:] PRON **1** (*direct*) me; **can you hear me?** você pode me ouvir?; **he heard me** ele me ouviu; **he heard ME!** (*not anyone else*) ele me ouviu; **it's me** sou eu
2 (*indirect*) me; **he gave me the money** ele me deu o dinheiro; **he gave the money to me** ele deu o dinheiro para mim; **give it to me** dá isso para mim
3 (*stressed, after prep*) mim; **it's for me** é para mim; **with me** comigo; **without me** sem mim

meadow ['mɛdəu] N prado, campina
meagre, (US) **meager** ['mi:gə^r] ADJ escasso
meal [mi:l] N refeição f; (*flour*) farinha; **to go out for a ~** jantar fora
mealtime ['mi:ltaɪm] N hora da refeição
mealy-mouthed ['mi:lɪmauðd] ADJ insincero
mean [mi:n] VT (*pt, pp* **meant**) (*signify*) significar, querer dizer; (*refer to*): **I thought you ~t her** eu pensei que você estivesse se referindo a ela; (*intend*): **to ~ to do sth** pretender *or* tencionar fazer algo ▶ ADJ (*with money*) sovina, avarento, pão-duro *inv* (BR); (*unkind*) mesquinho; (*shabby*) malcuidado, dilapidado; (*of poor quality*) inferior; (*average*) médio ▶ N meio, meio termo; **means** NPL (*way, money*) meio; **do you ~ it?** você está falando sério?; **what do you ~?** o que você quer dizer?; **to be ~t for** estar destinado a; **by ~s of** por meio de, mediante; **by all ~s!** claro que sim!, pois não
meander [mɪ'ændə^r] VI (*river*) serpentear; (*person*) vadiar, perambular
meaning ['mi:nɪŋ] N sentido, significado
meaningful ['mi:nɪŋful] ADJ significativo; (*relationship*) sério
meaningless ['mi:nɪŋlɪs] ADJ sem sentido
meanness ['mi:nnɪs] N (*with money*) avareza, sovinice f; (*shabbiness*) pobreza, miséria; (*unkindness*) maldade f, mesquinharia
means test N (*Admin*) avaliação f de rendimento
meant [mɛnt] PT, PP *of* **mean**
meantime ['mi:ntaɪm] ADV (*also*: **in the meantime**) entretanto, enquanto isso
meanwhile ['mi:nwaɪl] ADV = **meantime**
measles ['mi:zlz] N sarampo
measly ['mi:zlɪ] (*inf*) ADJ miserável

measure ['mɛʒə^r] VT medir; (*for clothes etc*) tirar as medidas de; (*consider*) avaliar, ponderar ▶ VI medir ▶ N medida; (*also*: **tape measure**) fita métrica; **a litre ~** um litro; **some ~ of success** certo grau de sucesso; **to take ~s to do sth** tomar medidas *or* providências para fazer algo
▶ **measure up** VI: **to ~ up (to)** corresponder (a)
measured ['mɛʒəd] ADJ medido, calculado; (*tone*) ponderado
measurement ['mɛʒəmənt] N (*act*) medição f; (*dimension*) medida; **measurements** NPL (*size*) medidas fpl; **to take sb's ~s** tirar as medidas de alguém; **chest/hip ~** medida de peito/quadris
meat [mi:t] N carne f; **cold ~s** (BRIT) frios; **crab ~** caranguejo
meatball ['mi:tbɔ:l] N almôndega
meat pie N bolo de carne
meaty ['mi:tɪ] ADJ carnudo; (*fig*) substancial
Mecca ['mɛkə] N Meca; (*fig*): **a ~ (for)** a meca (de)
mechanic [mɪ'kænɪk] N mecânico
mechanical [mɪ'kænɪkl] ADJ mecânico
mechanical engineer N engenheiro(-a) mecânico(-a)
mechanical engineering N (*science*) mecânica; (*industry*) engenharia mecânica
mechanics [mɪ'kænɪks] N mecânica ▶ NPL mecanismo
mechanism ['mɛkənɪzəm] N mecanismo
mechanization [mɛkənaɪ'zeɪʃən] N mecanização f
MEd N ABBR (= *Master of Education*) grau universitário
medal ['mɛdl] N medalha
medalist ['mɛdəlɪst] (US) N = **medallist**
medallion [mɪ'dælɪən] N medalhão m
medallist, (US) **medalist** ['mɛdəlɪst] N (*Sport*) ganhador(a) m/f de medalha
meddle ['mɛdl] VI: **to ~ in** meter-se em, intrometer-se em; **to ~ with sth** mexer em algo
meddlesome ['mɛdlsəm] ADJ intrometido
meddling ['mɛdlɪŋ] ADJ intrometido
media ['mi:dɪə] NPL meios mpl de comunicação, mídia
mediaeval [mɛdɪ'i:vl] ADJ = **medieval**
median ['mi:dɪən] (US) N (*also*: **median strip**) canteiro divisor
media research N pesquisa de audiência
mediate ['mi:dɪeɪt] VI mediar
mediation [mi:dɪ'eɪʃən] N mediação f
mediator ['mi:dɪeɪtə^r] N mediador(a) m/f
Medicaid ['mɛdɪkeɪd] (US) N programa de ajuda médica.
medical ['mɛdɪkl] ADJ médico ▶ N (*examination*) exame m médico
medical certificate N atestado médico
medical student N estudante m/f de medicina
Medicare ['mɛdɪkɛə^r] (US) N *sistema federal de seguro saúde*

medicated ['mɛdɪkeɪtɪd] ADJ medicinal, higienizado
medication [mɛdɪ'keɪʃən] N (*drugs etc*) medicação f
medicinal [mɛ'dɪsɪnl] ADJ medicinal
medicine ['mɛdsɪn] N medicina; (*drug*) remédio, medicamento
medicine chest N armário de remédios
medicine man (*irreg: like* **man**) N curandeiro m, pajé m
medieval [mɛdɪ'i:vl] ADJ medieval
mediocre [mi:dɪ'əukəʳ] ADJ medíocre
mediocrity [mi:dɪ'ɔkrɪtɪ] N mediocridade f
meditate ['mɛdɪteɪt] VI meditar
meditation [mɛdɪ'teɪʃən] N meditação f
Mediterranean [mɛdɪtə'reɪnɪən] ADJ mediterrâneo; **the ~ (Sea)** o (mar) Mediterrâneo
medium ['mi:dɪəm] ADJ médio ▶ N (*pl* **media** *or* **mediums**) (*means*) meio; (*pl* **mediums**) (*person*) médium m/f; **the happy ~** o justo meio
medium-sized [-saɪzd] ADJ de tamanho médio
medium wave N (*Radio*) onda média
medley ['mɛdlɪ] N mistura; (*Mus*) pot-pourri m
meek [mi:k] ADJ manso, dócil
meet [mi:t] (*pt, pp* **met**) VT (*gen*) encontrar; (*accidentally*) topar com, dar de cara com; (*by arrangement*) encontrar-se com, ir ao encontro de; (*for the first time*) conhecer; (*go and fetch*) ir buscar; (*opponent, problem*) enfrentar; (*obligations*) cumprir; (*need*) satisfazer ▶ VI encontrar-se; (*for talks*) reunir-se; (*join: objects*) unir-se; (*get to know*) conhecer-se ▶ N (BRIT *Hunting*) reunião f de caçadores; (US *Sport*) promoção f, competição f; **pleased to ~ you!** prazer em conhecê-lo/-la
▶ **meet up** VI: **to ~ up with sb** encontrar-se com alguém
▶ **meet with** VT FUS reunir-se com; (*face: difficulty*) encontrar
meeting ['mi:tɪŋ] N encontro; (*session: of club, Comm*) reunião f; (*assembly: of people, Pol*) assembleia; (*interview*) entrevista; (*Sport*) corrida; **she's in** *or* **at a ~** ela está em conferência; **to call a ~** convocar uma reunião
meeting place N ponto de encontro
megabyte ['mɛgəbaɪt] N (*Comput*) megabyte m
megalomaniac [mɛgələu'meɪnɪæk] ADJ, N megalomaníaco(-a)
megaphone ['mɛgəfəun] N megafone m
megapixel ['mɛgəpɪksl] N megapixel m
melancholy ['mɛlənkəlɪ] N melancolia ▶ ADJ melancólico
melee ['mɛleɪ] N briga, refrega
mellow ['mɛləu] ADJ (*sound*) melodioso, suave; (*colour, wine*) suave; (*fruit*) maduro ▶ VI (*person*) amadurecer
melodious [mɪ'ləudɪəs] ADJ melodioso
melodrama ['mɛləudrɑ:mə] ADJ melodrama m
melodramatic [mɛlədrə'mætɪk] ADJ melodramático

melody ['mɛlədɪ] N melodia
melon ['mɛlən] N melão m
melt [mɛlt] VI (*metal*) fundir-se; (*snow*) derreter; (*fig*) desvanecer-se ▶ VT derreter
▶ **melt away** VI desaparecer
▶ **melt down** VT fundir
meltdown ['mɛltdaun] N fusão f
melting point ['mɛltɪŋ-] N ponto de fusão
melting pot ['mɛltɪŋ-] N (*fig*) mistura
member ['mɛmbəʳ] N membro(-a); (*of club*) sócio(-a); (*Anat*) membro ▶ CPD: **~ state** estado membro; **M~ of Parliament** (BRIT) deputado(-a); **M~ of the European Parliament** (BRIT) Membro(-a) do Parlamento Europeu; **M~ of the House of Representatives** (US) membro(-a) da Câmara dos representantes
membership ['mɛmbəʃɪp] N (*state*) adesão f; (*of club*) associação f; (*members*) número de sócios; **to seek ~ of** candidatar-se a sócio de
membership card N carteira de sócio
membrane ['mɛmbreɪn] N membrana
meme [mi:m] N (*Comput*) meme m
memento [mə'mɛntəu] (*pl* **mementos** *or* **mementoes**) N lembrança
memo ['mɛməu] N memorando, nota
memoirs ['mɛmwɑ:z] NPL memórias fpl
memo pad N bloco de memorando
memorable ['mɛmərəbl] ADJ memorável
memoranda [mɛmə'rændə] NPL *of* **memorandum**
memorandum [mɛmə'rændəm] (*pl* **memoranda**) N memorando
memorial [mɪ'mɔ:rɪəl] N monumento comemorativo ▶ ADJ comemorativo
Memorial Day (US) N *ver nota*

> **Memorial Day** é um feriado nos Estados Unidos, a última segunda-feira de maio na maior parte dos estados, em memória aos soldados americanos mortos em combate.

memorize ['mɛməraɪz] VT decorar, aprender de cor
memory ['mɛmərɪ] N memória; (*recollection*) lembrança; (*of dead person*): **in ~ of** em memória de; **to have a good/bad ~** ter memória boa/ruim; **loss of ~** perda de memória
memory stick N (*Comput: flash pen*) pen drive m; (*card*) cartão m de memória
men [mɛn] NPL *of* **man**
menace ['mɛnəs] N ameaça; (*nuisance*) droga ▶ VT ameaçar
menacing ['mɛnəsɪŋ] ADJ ameaçador(a)
menagerie [mə'nædʒərɪ] N coleção f de animais
mend [mɛnd] VT consertar, reparar; (*darn*) remendar ▶ N remendo; **to be on the ~** estar melhorando
mending ['mɛndɪŋ] N conserto, reparo; (*clothes*) roupas fpl por consertar
menial ['mi:nɪəl] ADJ (*often pej*) humilde, subalterno
meningitis [mɛnɪn'dʒaɪtɪs] N meningite f

menopause ['mɛnəupɔːz] N menopausa
menservants ['mɛnsəːvənts] NPL *of* **manservant**
menstruate ['mɛnstrueɪt] VI menstruar
menstruation [mɛnstru'eɪʃən] N menstruação *f*
mental ['mɛntl] ADJ mental; **~ illness** doença mental
mentality [mɛn'tælɪtɪ] N mentalidade *f*
mentally ['mɛntlɪ] ADV: **to be ~ handicapped** (*pej*) ser deficiente mental
menthol ['mɛnθɔl] N mentol *m*
mention ['mɛnʃən] N menção *f* ▶ VT mencionar; (*speak of*) falar de; **don't ~ it!** não tem de quê!, de nada!; **I need hardly ~ that ...** não preciso dizer que ...; **not to ~ ..., without ~ing ...** para não falar de ..., sem falar de ...
mentor ['mɛntɔː^r] N mentor *m* ▶ VT aconselhar
menu ['mɛnjuː] N (*set menu, Comput*) menu *m*; (*printed*) cardápio (BR), ementa (PT)
menu-driven ADJ (*Comput*) que se navega através de menus
MEP N ABBR (= *Member of the European Parliament*) deputado(-a)
mercantile ['məːkəntaɪl] ADJ mercantil; (*law*) comercial
mercenary ['məːsɪnərɪ] ADJ mercenário ▶ N mercenário
merchandise ['məːtʃəndaɪz] N mercadorias *fpl* ▶ VT comercializar
merchandiser ['məːtʃəndaɪzə^r] N comerciante *m/f*
merchant ['məːtʃənt] N comerciante *m/f*; **timber/wine ~** negociante de madeira/vinhos
merchant bank (BRIT) N banco mercantil
merchantman ['məːtʃəntmən] (*irreg: like* **man**) N navio mercante
merchant navy, (US) **merchant marine** N marinha mercante
merciful ['məːsɪful] ADJ (*person*) misericordioso, humano; (*release*) afortunado
mercifully ['məːsɪflɪ] ADV misericordiosamente, generosamente; (*fortunately*) graças a Deus, felizmente
merciless ['məːsɪlɪs] ADJ desumano, inclemente
mercurial [məːˈkjuərɪəl] ADJ volúvel; (*lively*) vivo
mercury ['məːkjurɪ] N mercúrio
mercy ['məːsɪ] N piedade *f*; (*Rel*) misericórdia; **to have ~ on sb** apiedar-se de alguém; **at the ~ of** à mercê de
mercy killing N eutanásia
mere [mɪə^r] ADJ mero, simples *inv*
merely ['mɪəlɪ] ADV simplesmente, somente, apenas
merge [məːdʒ] VT (*join*) unir; (*mix*) misturar; (*Comm*) fundir; (*Comput*) intercalar ▶ VI unir-se; (*Comm*) fundir-se
merger ['məːdʒə^r] N (*Comm*) fusão *f*

meridian [mə'rɪdɪən] N meridiano
meringue [mə'ræŋ] N suspiro, merengue *m*
merit ['mɛrɪt] N mérito; (*advantage*) vantagem *f* ▶ VT merecer
meritocracy [mɛrɪ'tɔkrəsɪ] N sistema *m* social baseado no mérito
mermaid ['məːmeɪd] N sereia
merrily ['mɛrɪlɪ] ADV alegremente, com alegria
merriment ['mɛrɪmənt] N alegria
merry ['mɛrɪ] ADJ alegre; **M~ Christmas!** Feliz Natal!
merry-go-round N carrossel *m*
mesh [mɛʃ] N malha; (*Tech*) engrenagem *f* ▶ VI (*gears*) engrenar
mesmerize ['mɛzməraɪz] VT hipnotizar
mess [mɛs] N (*situation*) confusão *f*; (*of objects*) desordem *f*; (*in room*) bagunça; (*Mil*) rancho; **to be in a ~** (*untidy*) ser uma bagunça, estar numa bagunça; (*fig: marriage, life*) estar bagunçado; **to be/get o.s. in a ~** (*fig*) meter-se numa encrenca
▶ **mess about** (*inf*) VI perder tempo; (*pass the time*) vadiar
▶ **mess about with** (*inf*) VT FUS mexer com
▶ **mess around** (*inf*) VI = **mess about**
▶ **mess around with** (*inf*) VT FUS = **mess about with**
▶ **mess up** VT (*disarrange*) desarrumar; (*spoil*) estragar; (*dirty*) sujar
message ['mɛsɪdʒ] N recado, mensagem *f* ▶ VT (*contact*) enviar uma mensagem para; **to get the ~** (*fig: inf*) sacar, pescar
message board N (*on Internet*) fórum *m* de discussão
messenger ['mɛsɪndʒə^r] N mensageiro(-a)
Messiah [mɪ'saɪə] N Messias *m*
Messrs ['mɛsəz] ABBR (*on letters:* = *messieurs*) Srs
messy ['mɛsɪ] ADJ (*dirty*) sujo; (*untidy*) desarrumado; (*confused*) bagunçado
Met [mɛt] (US) N ABBR = **Metropolitan Opera**
met [mɛt] PT, PP *of* **meet** ▶ ADJ ABBR = **meteorological**
metabolism [mɛ'tæbəlɪzəm] N metabolismo
metal ['mɛtl] N metal *m* ▶ VT (*road*) empedrar
metallic [mɛ'tælɪk] ADJ metálico
metallurgy [mɛ'tælədʒɪ] N metalurgia
metalwork ['mɛtlwəːk] N (*craft*) trabalho em metal
metamorphosis [mɛtə'mɔːfəsɪs] (*pl* **metamorphoses**) N metamorfose *f*
metaphor ['mɛtəfə^r] N metáfora
metaphysics [mɛtə'fɪzɪks] N metafísica
meteor ['miːtɪə^r] N meteoro
meteoric [miːtɪ'ɔrɪk] ADJ (*fig*) meteórico
meteorite ['miːtɪəraɪt] N meteorito
meteorological [miːtɪərə'lɔdʒɪkl] ADJ meteorológico
meteorology [miːtɪə'rɔlədʒɪ] N meteorologia
mete out [miːt-] VT infligir
meter ['miːtə^r] N (*instrument*) medidor *m*; (*also:* **parking meter**) parcômetro; (*US: unit*) = **metre**

methane ['mi:θeɪn] N metano
method ['mɛθəd] N método; **~ of payment** modalidade de pagamento
methodical [mɪ'θɒdɪkl] ADJ metódico
Methodist ['mɛθədɪst] ADJ, N metodista m/f
methodology [mɛθəd'ɒlədʒɪ] N metodologia
meths [mɛθs] (BRIT) N = **methylated spirit**
methylated spirit ['mɛθɪleɪtɪd-] (BRIT) N álcool m metílico or desnaturado
meticulous [mɛ'tɪkjuləs] ADJ meticuloso
metre, (US) **meter** ['mi:tə^r] N metro
metric ['mɛtrɪk] ADJ métrico; **to go ~** adotar o sistema métrico decimal
metrical ['mɛtrɪkl] ADJ métrico
metrication [mɛtrɪ'keɪʃən] N conversão f ao sistema métrico decimal
metric system N sistema m métrico decimal
metric ton N tonelada (métrica)
metronome ['mɛtrənəum] N metrônomo
metropolis [mɪ'trɒpəlɪs] N metrópole f
metropolitan [mɛtrə'pɒlɪtən] ADJ metropolitano
Metropolitan Police (BRIT) N: **the ~** a polícia de Londres
mettle ['mɛtl] N (spirit) caráter m, têmpera; (courage) coragem f
mew [mju:] VI (cat) miar
mews [mju:z] (BRIT) N: **~ cottage** pequena casa resultante de reforma de antigos estábulos
Mexican ['mɛksɪkən] ADJ, N mexicano(-a)
Mexico ['mɛksɪkəu] N México
Mexico City N Cidade f do México
mezzanine ['mɛtsəni:n] N sobreloja, mezanino
MFA (US) N ABBR (= Master of Fine Arts) grau universitário
mfr ABBR = **manufacture; manufacturer**
mg ABBR (= milligram) mg
Mgr ABBR = **Monseigneur; Monsignor**; (= manager) dir
MHR (US) N ABBR = **Member of the House of Representatives**
MHz ABBR (= megahertz) MHz
MI (US) ABBR (Post) = **Michigan**
MI5 (BRIT) N ABBR (= Military Intelligence 5) ≈ SNI m
MI6 (BRIT) N ABBR (= Military Intelligence 6) ≈ SNI m
MIA ABBR = **missing in action**
miaow [mi:'au] VI miar
mice [maɪs] NPL of **mouse**
micro ['maɪkrəu] N (also: **microcomputer**) micro(computador) m
micro... [maɪkrəu] PREFIX micro
microbe ['maɪkrəub] N micróbio
microbiology [maɪkrəubaɪ'ɒlədʒɪ] N microbiologia
microblog ['maɪkrəublɒg] N microblog(ue) m
microchip ['maɪkrəutʃɪp] N microchip m
microcomputer ['maɪkrəukəm'pju:tə^r] N microcomputador m
microcosm ['maɪkrəukɒzəm] N microcosmo
microeconomics [maɪkrəuɪ:kə'nɒmɪks] N microeconomia
microfiche ['maɪkrəufi:ʃ] N microficha

microfilm ['maɪkrəufɪlm] N microfilme m
▶ VT microfilmar
microlight ['maɪkrəulaɪt] N ultraleve m
micrometer [maɪ'krɒmɪtə^r] N micrômetro
microphone ['maɪkrəfəun] N microfone m
microprocessor [maɪkrəu'prəusɛsə^r] N microprocessador m
microscope ['maɪkrəskəup] N microscópio; **under the ~** com microscópio
microscopic [maɪkrə'skɒpɪk] ADJ microscópico
microwave ['maɪkrəuweɪv] N (also: **microwave oven**) micro-ondas m inv
mid [mɪd] ADJ: **in ~ May** em meados de maio; **in ~ afternoon** no meio da tarde; **in ~ air** em pleno ar; **he's in his ~ thirties** ele tem trinta e poucos anos
midday ['mɪddeɪ] N meio-dia m
middle ['mɪdl] N meio; (waist) cintura ▶ ADJ meio; (quantity, size) médio, mediano; **in the ~ of the night** no meio da noite; **I'm in the ~ of reading it** estou no meio da leitura
middle age N meia-idade f ▶ CPD: **middle-age spread** barriga de meia-idade
middle-aged ADJ de meia-idade
Middle Ages NPL: **the ~** a Idade Média
middle class N: **the ~(es)** a classe média ▶ ADJ (also: **middle-class**) de classe média
Middle East N: **the ~** o Oriente Médio
middleman ['mɪdlmæn] (irreg: like **man**) N intermediário; (Comm) atravessador m
middle management N escalão gerencial intermediário
middlemen ['mɪdlmɛn] NPL of **middleman**
middle name N segundo nome m
middle-of-the-road ADJ (policy) de meio-termo; (music) romântico
middleweight ['mɪdlweɪt] N (Boxing) peso médio
middling ['mɪdlɪŋ] ADJ mediano
midge [mɪdʒ] N mosquito
midget ['mɪdʒɪt] N (!) anão/anã m/f ▶ ADJ minúsculo
Midlands ['mɪdləndz] NPL região central da Inglaterra
midnight ['mɪdnaɪt] N meia-noite f; **at ~** à meia-noite
midriff ['mɪdrɪf] N barriga
midst [mɪdst] N: **in the ~ of** no meio de, entre
midsummer [mɪd'sʌmə^r] N: **a ~ day** um dia em pleno verão
midway [mɪd'weɪ] ADJ, ADV: **~ (between)** no meio do caminho (entre)
midweek [mɪd'wi:k] ADV no meio da semana
midwife ['mɪdwaɪf] (pl **midwives**) N parteira
midwifery ['mɪdwɪfərɪ] N trabalho de parteira, obstetrícia
midwinter [mɪd'wɪntə^r] N: **in ~** em pleno inverno
midwives ['mɪdwaɪvz] NPL of **midwife**
might [maɪt] VB see **may** ▶ N poder m, força

mighty ['maɪtɪ] ADJ poderoso, forte ▶ ADV (inf): ~ ... ... pra burro
migraine ['mi:greɪn] N enxaqueca
migrant ['maɪgrənt] N (bird) ave f de arribação; (person) emigrante m/f; (fig) nômade m/f ▶ ADJ migratório; (worker) emigrante
migrate [maɪ'greɪt] VI emigrar; (birds) arribar
migration [maɪ'greɪʃən] N emigração f; (of birds) arribação f
mike [maɪk] N ABBR = **microphone**
mild [maɪld] ADJ (character) pacífico; (climate) temperado; (slight) ligeiro; (taste) suave; (illness) leve, benigno; (interest) pequeno ▶ N cerveja ligeira
mildew ['mɪldju:] N mofo; (Bot) míldio
mildly ['maɪldlɪ] ADV brandamente; (slightly) ligeiramente, um tanto; **to put it ~** (inf) para não dizer coisa pior
mildness ['maɪldnɪs] N (softness) suavidade f; (gentleness) doçura; (quiet character) brandura
mile [maɪl] N milha (1609 m); **to do 30 ~s per gallon** ≈ fazer 10,64 quilômetros por litro
mileage ['maɪlɪdʒ] N número de milhas; (Aut) ≈ quilometragem f
mileage allowance N ≈ ajuda de custo com base na quilometragem rodada
mileometer [maɪ'lɔmɪtə^r] (BRIT) N ≈ conta-quilômetros m inv
milestone ['maɪlstəun] N marco miliário; (event) marco
milieu ['mi:ljə:] (pl **milieus** or **milieux**) N meio, meio social
milieux ['mi:ljə:z] NPL of **milieu**
militant ['mɪlɪtnt] ADJ, N militante m/f
militarism ['mɪlɪtərɪzəm] N militarismo
militaristic [mɪlɪtə'rɪstɪk] ADJ militarista
military ['mɪlɪtərɪ] ADJ militar ▶ N: **the ~** as forças armadas, os militares
militate ['mɪlɪteɪt] VI: **to ~ against** militar contra
militia [mɪ'lɪʃə] N milícia
milk [mɪlk] N leite m ▶ VT (cow) ordenhar; (fig) explorar, chupar
milk chocolate N chocolate m de leite
milk float (BRIT) N furgão m de leiteiro
milking ['mɪlkɪŋ] N ordenhação f, ordenha
milkman ['mɪlkmən] (irreg: like **man**) N leiteiro
milk shake N milk-shake m, leite m batido com sorvete
milk tooth (irreg: like **tooth**) N dente m de leite
milk truck (US) N = **milk float**
milky ['mɪlkɪ] ADJ leitoso
Milky Way N Via Láctea
mill [mɪl] N (windmill etc) moinho; (coffee mill) moedor m de café; (factory) moinho, engenho; (spinning mill) fábrica de tecelagem, fiação f ▶ VT moer ▶ VI (also: **mill about**) aglomerar-se, remoinhar
millennia [mɪ'lɛnɪə] NPL of **millennium**
millennium [mɪ'lɛnɪəm] (pl **millenniums** or **millennia**) N milênio, milenário
miller ['mɪlə^r] N moleiro(-a)
millet ['mɪlɪt] N milhete m

---

227 | mighty – mind-boggling

milli... ['mɪlɪ] PREFIX mili...
milligram, milligramme ['mɪlɪgræm] N miligrama m
millilitre, (US) **milliliter** ['mɪlɪli:tə^r] N mililitro
millimetre, (US) **millimeter** ['mɪlɪmi:tə^r] N milímetro
milliner ['mɪlɪnə^r] N chapeleiro(-a) de senhoras
millinery ['mɪlɪnərɪ] N chapelaria de senhoras
million ['mɪljən] N milhão m; **a ~ times** um milhão de vezes
millionaire [mɪljə'nɛə^r] N milionário(-a)
millionth [-θ] NUM milionésimo
millipede ['mɪlɪpi:d] N embuá m
millstone ['mɪlstəun] N mó f, pedra (de moinho)
millwheel ['mɪlwi:l] N roda de azenha
milometer [maɪ'lɔmɪtə^r] N = **mileometer**
mime [maɪm] N mimo; (actor) mímico(-a), comediante m/f ▶ VT imitar ▶ VI fazer mímica
mimic ['mɪmɪk] N mímico(-a), imitador(a) m/f ▶ VT imitar, parodiar
mimicry ['mɪmɪkrɪ] N imitação f; (Zool) mimetismo
Min. (BRIT) ABBR (Pol) = **ministry**
min. ABBR (= minute, minimum) min.
minaret [mɪnə'rɛt] N minarete m
mince [mɪns] VT moer ▶ VI (in walking) andar com afetação ▶ N (BRIT Culin) carne f moída; **he does not ~ (his) words** ele não tem papas na língua
mincemeat ['mɪnsmi:t] N recheio de sebo e frutas picadas; (US: meat) carne f moída
mince pie N pastel com recheio de sebo e frutas picadas
mincer ['mɪnsə^r] N moedor m de carne
mincing ['mɪnsɪŋ] ADJ afetado
mind [maɪnd] N mente f; (intellect) intelecto; (opinion): **to my ~** a meu ver; (sanity): **to be out of one's ~** estar fora de si ▶ VT (attend to, look after) tomar conta de, cuidar de; (be careful of) ter cuidado com; (object to): **I don't ~ the noise** o barulho não me incomoda; **do you ~ if ...?** você se incomoda se ...?; **it is on my ~** não me sai da cabeça; **to keep** or **bear sth in ~** levar algo em consideração, não esquecer-se de algo; **to make up one's ~** decidir-se; **I don't ~** (it doesn't worry me) eu nem ligo; (it's all the same to me) para mim tanto faz; **~ you, ...** se bem que ...; **never ~!** não faz mal, não importa!; (don't worry) não se preocupe!; **to change one's ~** mudar de ideia; **to be in two ~s about sth** (BRIT) estar dividido em relação a algo; **to have sb/sth in ~** ter alguém/algo em mente; **to have in ~ to do** pretender fazer; **it went right out of my ~** saiu-me totalmente da cabeça; **to bring** or **call sth to ~** lembrar algo; **"~ the step"** "cuidado com o degrau"
mind-boggling ['maɪndbɔglɪŋ] ADJ (inf) alucinante

-minded ['maɪndɪd] SUFFIX: **fair~** imparcial, justo; **an industrially~ nation** uma nação de vocação industrial

minder ['maɪndəʳ] N (*childminder*) pessoa que toma conta de crianças; (*bodyguard*) guarda-costas *m/f inv*

mindful ['maɪndful] ADJ: **~ of** consciente de, atento a

mindfulness ['maɪndfulnəs] N mindfulness *f*, atenção *f* plena

mindless ['maɪndlɪs] ADJ estúpido; (*violence, crime*) insensato; (*job*) monótono

mine¹ [maɪn] PRON o meu/a minha; **that book is ~** esso livro é meu; **these cases are ~** estas caixas são minhas; **this is ~** este é meu; **yours is red, ~ is green** o seu é vermelho, o meu é verde; **a friend of ~** um amigo meu

mine² [maɪn] N mina ▶ VT (*coal*) extrair, explorar; (*ship, beach*) minar

mine detector N detector *m* de minas

minefield ['maɪnfiːld] N campo minado; (*fig*) área delicada

miner ['maɪnəʳ] N mineiro

mineral ['mɪnərəl] ADJ mineral ▶ N mineral *m*; **minerals** NPL (BRIT: *soft drinks*) refrigerantes *mpl*

mineralogy [mɪnəˈrælədʒɪ] N mineralogia

mineral water N água mineral

minesweeper ['maɪnswiːpəʳ] N caça-minas *m inv*

mingle ['mɪŋgl] VT misturar ▶ VI: **to ~ with** misturar-se com

mingy ['mɪndʒɪ] (*inf*) ADJ sovina, pão-duro *inv* (BR)

miniature ['mɪnətʃəʳ] ADJ em miniatura ▶ N miniatura

minibus ['mɪnɪbʌs] N micro-ônibus *m*

minicab ['mɪnɪkæb] (BRIT) N ≈ (táxi *m*) cooperativado

minicomputer ['mɪnɪkəmˈpjuːtəʳ] N minicomputador *m*, míni *m*

MiniDisc® ['mɪnɪdɪsk] N MiniDisc® *m*

minim ['mɪnɪm] N (*Mus*) mínima

minima ['mɪnɪmə] NPL of **minimum**

minimal ['mɪnɪml] ADJ mínimo

minimize ['mɪnɪmaɪz] VT minimizar

minimum ['mɪnɪməm] ADJ mínimo ▶ N (*pl* **minima**) mínimo; **to reduce to a ~** reduzir ao mínimo

minimum lending rate N (*Econ*) taxa mínima de empréstimos

minimum wage N salário mínimo

mining ['maɪnɪŋ] N exploração *f* de minas ▶ ADJ mineiro

minion ['mɪnjən] (*pej*) N lacaio

miniscule ['mɪnəskjuːl] ADJ minúsculo

miniskirt ['mɪnɪskəːt] N minissaia

minister ['mɪnɪstəʳ] N (BRIT Pol) ministro(-a); (*Rel*) pastor *m* ▶ VI: **to ~ to sb** prestar assistência a alguém; **to ~ to sb's needs** atender às necessidades de alguém

ministerial [mɪnɪsˈtɪərɪəl] (BRIT) ADJ (*Pol*) ministerial

ministry ['mɪnɪstrɪ] N (BRIT Pol) ministério; (*Rel*): **to go into the ~** ingressar no sacerdócio

mink [mɪŋk] N marta

mink coat N casaco de marta

minnow ['mɪnəu] N peixinho (de água doce)

minor ['maɪnəʳ] ADJ menor; (*unimportant*) de pouca importância; (*inferior*) inferior; (*Mus*) menor ▶ N (*Law*) menor *m/f* de idade

Minorca [mɪˈnɔːkə] N Minorca

minority [maɪˈnɔrɪtɪ] N minoria; (*age*) menoridade *f*; **to be in a ~** estar em minoria

minster ['mɪnstəʳ] N catedral *f*

minstrel ['mɪnstrəl] N menestrel *m*

mint [mɪnt] N (*plant*) hortelã *f*; (*sweet*) bala de hortelã ▶ VT (*coins*) cunhar; **the (Royal) M~** (BRIT) or **the (US) M~** (US) ≈ a Casa da Moeda; **in ~ condition** em perfeito estado

mint sauce N molho de hortelã

minuet [mɪnjuˈet] N minueto

minus ['maɪnəs] N (*also*: **minus sign**) sinal *m* de subtração ▶ PREP menos; (*without*) sem

minute¹ ['mɪnɪt] N minuto; (*official record*) ata; **minutes** NPL (*of meeting*) atas *fpl*; **it is 5 ~s past 3** são 3 e 5; **wait a ~!** (espere) um minuto *or* minutinho!; **at the last ~** no último momento; **to leave sth till the last ~** deixar algo até em cima da hora; **up to the ~** (*fashion*) último; (*news*) de última hora; **up to the ~ technology** a última tecnologia

minute² [maɪˈnjuːt] ADJ miúdo, diminuto; (*search*) minucioso; **in ~ detail** por miúdo, em miúdos

minute book N livro de atas

minute hand N ponteiro dos minutos

minutely [maɪˈnjuːtlɪ] ADV (*by a small amount*) ligeiramente; (*in detail*) minuciosamente

miracle ['mɪrəkl] N milagre *m*

miraculous [mɪˈrækjuləs] ADJ milagroso

mirage ['mɪrɑːʒ] N miragem *f*

mire ['maɪəʳ] N lamaçal *m*

mirror ['mɪrəʳ] N espelho; (*in car*) retrovisor *m* ▶ VT refletir

mirror image N imagem *f* de espelho

mirth [məːθ] N alegria; (*laughter*) risada

misadventure [mɪsədˈventʃəʳ] N desgraça, infortúnio; **death by ~** (BRIT) morte acidental

misanthropist [mɪˈzænθrəpɪst] N misantropo(-a)

misapply [mɪsəˈplaɪ] VT empregar mal

misapprehension [mɪsæprɪˈhɛnʃən] N mal-entendido, equívoco

misappropriate [mɪsəˈprəuprɪeɪt] VT desviar

misappropriation [mɪsəprəuprɪˈeɪʃən] N desvio

misbehave [mɪsbɪˈheɪv] VI comportar-se mal

misbehaviour, (US) **misbehavior** [mɪsbɪˈheɪvjəʳ] N mau comportamento

misc. ABBR = **miscellaneous**

miscalculate [mɪsˈkælkjuleɪt] VT calcular mal

miscalculation [mɪskælkjuˈleɪʃən] N erro de cálculo

miscarriage ['mɪskærɪdʒ] N (Med) aborto (espontâneo); (failure): ~ **of justice** erro judicial

miscarry [mɪs'kærɪ] VI (Med) abortar espontaneamente; (fail: plans) fracassar

miscellaneous [mɪsɪ'leɪnɪəs] ADJ (items, expenses) diverso; (selection) variado

miscellany [mɪ'sɛlənɪ] N coletânea

mischance [mɪs'tʃɑːns] N infelicidade f, azar m

mischief ['mɪstʃɪf] N (naughtiness) travessura; (fun) diabrura; (harm) dano, prejuízo; (maliciousness) malícia

mischievous ['mɪstʃɪvəs] ADJ malicioso; (naughty) travesso; (playful) traquino

misconception [mɪskən'sɛpʃən] N concepção f errada, conceito errado

misconduct [mɪs'kɔndʌkt] N comportamento impróprio; **professional** ~ má conduta profissional

misconstrue [mɪskən'struː] VT interpretar mal

miscount [mɪs'kaunt] VT, VI contar mal

misdeed [mɪs'diːd] N delito, ofensa

misdemeanour, (US) **misdemeanor** [mɪsdɪ'miːnəʳ] N má ação, contravenção f

misdirect [mɪsdɪ'rɛkt] VT (person) orientar or informar mal; (letter) endereçar mal

miser ['maɪzəʳ] N avaro(-a), sovina m/f

miserable ['mɪzərəbl] ADJ (unhappy) triste; (wretched) miserável; (unpleasant: weather, person) deprimente; (contemptible: offer) desprezível; (: failure) humilhante; **to feel** ~ estar na fossa, estar de baixo astral

miserably ['mɪzərəblɪ] ADV (smile, answer) tristemente; (fail, live, pay) miseravelmente

miserly ['maɪzəlɪ] ADJ avarento, mesquinho

misery ['mɪzərɪ] N (unhappiness) tristeza; (wretchedness) miséria

misfire [mɪs'faɪəʳ] VI falhar

misfit ['mɪsfɪt] N (person) inadaptado(-a), deslocado(-a)

misfortune [mɪs'fɔːtʃən] N desgraça, infortúnio

misgiving [mɪs'gɪvɪŋ] N, **misgivings** NPL (mistrust) desconfiança, receio; (apprehension) mau pressentimento; **to have ~s about sth** ter desconfianças em relação a algo

misguided [mɪs'gaɪdɪd] ADJ enganado

mishandle [mɪs'hændl] VT (treat roughly) maltratar; (mismanage) manejar mal

mishap ['mɪshæp] N desgraça, contratempo

mishear [mɪs'hɪəʳ] (irreg: like **hear**) VT ouvir mal

mishmash ['mɪʃmæʃ] (inf) N mixórdia, salada

misinform [mɪsɪn'fɔːm] VT informar mal

misinterpret [mɪsɪn'təːprɪt] VT interpretar mal

misinterpretation [mɪsɪntəːprɪ'teɪʃən] N interpretação f errônea

misjudge [mɪs'dʒʌdʒ] VT fazer um juízo errado de, julgar mal

mislay [mɪs'leɪ] (irreg: like **lay**) VT extraviar, perder

mislead [mɪs'liːd] (irreg: like **lead**) VT induzir em erro, enganar

misleading [mɪs'liːdɪŋ] ADJ enganoso, errôneo

misled [mɪs'lɛd] PT, PP of **mislead**

mismanage [mɪs'mænɪdʒ] VT administrar mal; (situation) tratar de modo ineficiente

mismanagement [mɪs'mænɪdʒmənt] N má administração f

misnomer [mɪs'nəuməʳ] N termo impróprio or errado

misogynist [mɪ'sɔdʒɪnɪst] N misógino

misplace [mɪs'pleɪs] VT (lose) extraviar, perder; (wrongly) colocar em lugar errado; **to be ~d** (trust etc) ser imerecido

misprint ['mɪsprɪnt] N erro tipográfico

mispronounce [mɪsprə'nauns] VT pronunciar mal

misquote [mɪs'kwəut] VT citar incorretamente

misread [mɪs'riːd] (irreg: like **read**) VT interpretar or ler mal

misrepresent [mɪsrɛprɪ'zɛnt] VT desvirtuar, deturpar

Miss [mɪs] N Senhorita (BR), a menina (PT); **Dear ~ Smith** Ilma. Srta. Smith (BR), Exma. Sra. Smith (PT)

miss [mɪs] VT (train, class, opportunity) perder; (fail to hit) errar, não acertar em; (fail to see): **you can't ~ it** e impossível não ver; (notice loss of: money etc) dar por falta de; (regret the absence of): **I ~ him** sinto a falta dele ▶ VI falhar ▶ N (shot) tiro perdido or errado; (fig): **that was a near ~** (near accident) essa foi por pouco; **the bus just ~ed the wall** o ônibus por pouco não bateu no muro; **you're ~ing the point** você não está entendendo
▶ **miss out** (BRIT) VT omitir
▶ **miss out on** VT FUS perder, ficar por fora de

missal ['mɪsl] N missal m

misshapen [mɪs'ʃeɪpən] ADJ disforme

missile ['mɪsaɪl] N (Mil) míssil m; (object thrown) projétil m

missile base N base f de mísseis

missile launcher [-'lɔːntʃəʳ] N plataforma para lançamento de mísseis

missing ['mɪsɪŋ] ADJ (pupil) ausente; (thing) perdido; (removed) que está faltando; (Mil) desaparecido; **to be ~** estar desaparecido; **to go ~** desaparecer; **~ person** pessoa desaparecida

mission ['mɪʃən] N missão f; (official representatives) delegação f; **on a ~ to sb** em missão a alguém

missionary ['mɪʃənərɪ] N missionário(-a)

missive ['mɪsɪv] N missiva

misspell [mɪs'spɛl] (irreg: like **spell**) VT escrever errado, errar na ortografia de

misspent [mɪs'spɛnt] ADJ: **his ~ youth** sua juventude desperdiçada

mist [mɪst] N (light) neblina; (heavy) névoa; (at sea) bruma ▶ VI (eyes: also: **mist over**) enevoar-se; (BRIT: also: **mist over**, **mist up**: windows) embaçar

mistake [mɪsˈteɪk] (irreg: like **take**) N erro, engano ▶ VT entender or interpretar mal; **by ~** por engano; **to make a ~** fazer um erro; **to make a ~ about sb/sth** enganar-se a respeito de alguém/algo; **to ~ A for B** confundir A com B

mistaken [mɪsˈteɪkən] PP of **mistake** ▶ ADJ (idea etc) errado; (person) enganado; **to be ~** enganar-se, equivocar-se

mistaken identity N identidade f errada

mistakenly [mɪsˈteɪkənlɪ] ADV por engano

mister [ˈmɪstəʳ] (inf) N senhor m; see **Mr**

mistletoe [ˈmɪsltəu] N visco

mistook [mɪsˈtuk] PT of **mistake**

mistranslation [mɪstrænsˈleɪʃən] N erro de tradução, tradução f incorreta

mistreat [mɪsˈtriːt] VT maltratar

mistreatment [mɪsˈtriːtmənt] N maus tratos mpl

mistress [ˈmɪstrɪs] N (lover) amante f; (of house) dona (da casa); (BRIT: in school) professora, mestra; (of situation) dona; see **Mrs**

mistrust [mɪsˈtrʌst] VT desconfiar de ▶ N: **~ (of)** desconfiança (em relação a)

mistrustful [mɪsˈtrʌstful] ADJ: **~ (of)** desconfiado (em relação a)

misty [ˈmɪstɪ] ADJ enevoado, nebuloso; (day) nublado; (glasses etc) embaçado

misty-eyed [-aɪd] ADJ (fig) sentimental

misunderstand [mɪsʌndəˈstænd] (irreg: like **stand**) VT, VI entender or interpretar mal

misunderstanding [mɪsʌndəˈstændɪŋ] N mal-entendido; (disagreement) desentendimento

misunderstood [mɪsʌndəˈstud] PT, PP of **misunderstand**

misuse [n mɪsˈjuːs, vt mɪsˈjuːz] N uso impróprio; (of power) abuso; (of funds) desvio ▶ VT (use wrongly) empregar mal; abusar de; desviar

MIT (US) N ABBR = **Massachusetts Institute of Technology**

mite [maɪt] N (small quantity) pingo; (BRIT: small child) criancinha

miter [ˈmaɪtəʳ] (US) N = **mitre**

mitigate [ˈmɪtɪgeɪt] VT mitigar, atenuar; **mitigating circumstances** circunstâncias fpl atenuantes

mitigation [mɪtɪˈgeɪʃən] N abrandamento, mitigação f

mitre, (US) **miter** [ˈmaɪtəʳ] N mitra; (Carpentry) meia-esquadria

mitt [ˈmɪt], **mitten** [ˈmɪtn] N mitene f

mix [mɪks] VT (gen) misturar; (combine) combinar ▶ VI misturar-se; (people) entrosar-se ▶ N mistura; (combination) combinação f; **to ~ sth with sth** misturar algo com algo; **to ~ business with pleasure** misturar trabalho com divertimento
▶ **mix in** VT misturar
▶ **mix up** VT (confuse: things) misturar; (: people) confundir; **to be ~ed up in sth** estar envolvido or metido em algo

mixed [mɪkst] ADJ misto; (assorted) sortido, variado

mixed blessing N: **it's a ~** é uma faca de dois gumes

mixed doubles NPL (Sport) duplas fpl mistas

mixed economy N economia mista

mixed grill (BRIT) N carnes fpl grelhadas

mixed-up ADJ (confused) confuso

mixer [ˈmɪksəʳ] N (for food) batedeira; (person) pessoa sociável

mixture [ˈmɪkstʃəʳ] N mistura; (Med) preparado

mix-up N trapalhada, confusão f

Mk (BRIT) ABBR (Tech) = **mark**

mk ABBR (currency) = **mark**

mkt ABBR = **market**

MLitt N ABBR (= Master of Literature, Master of Letters) grau universitário

MLR (BRIT) N ABBR = **minimum lending rate**

mm ABBR (= millimetre) mm

MN ABBR (BRIT) = **merchant navy**; (US Post) = **Minnesota**

MO N ABBR (Med) = **medical officer**; (US inf: = modus operandi) método ▶ ABBR (US Post) = **Missouri**

M.O. ABBR = **money order**

moan [məun] N gemido ▶ VI gemer; (inf: complain): **to ~ (about)** queixar-se (de), bufar (sobre) (inf)

moaning [ˈməunɪŋ] N gemidos mpl; (inf: complaining) queixas fpl

moat [məut] N fosso

mob [mɔb] N multidão f; (pej): **the ~** (masses) o povinho; (mafia) a máfia ▶ VT cercar

mob. ABBR (= mobile phone) cel.

mobbing [ˈmɔbɪŋ] N assédio moral

mobile [ˈməubaɪl] ADJ móvel ▶ N móvel m; **applicants must be ~** (BRIT) os candidatos devem estar dispostos a aceitar qualquer deslocamento

mobile home N trailer m, casa móvel

mobile phone N telefone m celular (BR), telemóvel m (PT)

mobile shop (BRIT) N loja circulante

mobility [məuˈbɪlɪtɪ] N mobilidade f

mobilize [ˈməubɪlaɪz] VT mobilizar ▶ VI mobilizar-se; (Mil) ser mobilizado

moccasin [ˈmɔkəsɪn] N mocassim m

mock [mɔk] VT (make ridiculous) ridicularizar; (laugh at) zombar de, gozar de ▶ ADJ falso, fingido; (exam, battle) simulado

mockery [ˈmɔkərɪ] N zombaria; **to make a ~ of sth** ridicularizar algo

mocking [ˈmɔkɪŋ] ADJ zombeteiro

mockingbird [ˈmɔkɪŋbəːd] N tordo-dos-remédios m

mock-up N maqueta, modelo

MOD (BRIT) N ABBR = **Ministry of Defence**

mod cons [mɔd-] (BRIT) NPL ABBR = **modern conveniences**; see **convenience**

mode [məud] N modo; (of transport) meio

model [ˈmɔdl] N modelo; (Arch) maqueta; (person: for fashion, Art) modelo m/f ▶ ADJ (car, toy) de brinquedo; (child, factory etc) exemplar

231 | **modeller – monochrome**

▶ VT modelar; (copy): **to ~ o.s. on** mirar-se em ▶ VI servir de modelo; (in fashion) trabalhar como modelo; **to ~ clothes** desfilar apresentando modelos; **to ~ sb/sth on** modelar alguém/algo a or por

modeller, (US) **modeler** ['mɔdləʳ] N modelador(a) m/f; (model maker) maquetista m/f

model railway N trenzinho de brinquedo

modem ['məudɛm] N modem m

moderate [adj, n 'mɔdərət, vi, vt 'mɔdəreɪt] ADJ, N moderado(-a) ▶ VI moderar-se, acalmar-se ▶ VT moderar

moderately ['mɔdərətlɪ] ADV (act) com moderação, moderadamente; (pleased, happy) razoavelmente; **~ priced** de preço médio or razoável

moderation [mɔdə'reɪʃən] N moderação f; **in ~** com moderação

modern ['mɔdən] ADJ moderno; **~ languages** línguas fpl vivas

modernization [mɔdənaɪ'zeɪʃən] N modernização f

modernize ['mɔdənaɪz] VT modernizar, atualizar

modest ['mɔdɪst] ADJ modesto

modesty ['mɔdɪstɪ] N modéstia

modicum ['mɔdɪkəm] N: **a ~ of** um mínimo de

modification [mɔdɪfɪ'keɪʃən] N modificação f

modify ['mɔdɪfaɪ] VT modificar

Mods [mɔdz] (BRIT) N ABBR (= (Honour) Moderations) primeiro exame universitário (em Oxford)

modular ['mɔdjuləʳ] ADJ (filing, unit) modular

modulate ['mɔdjuleɪt] VT modular

modulation [mɔdju'leɪʃən] N modulação f

module ['mɔdju:l] N módulo

mogul ['məugl] N (fig) magnata m

MOH (BRIT) N ABBR = **Medical Officer of Health**

mohair ['məuhɛəʳ] N mohair m, angorá m

Mohammed [mə'hæmɪd] N Maomé m

moist [mɔɪst] ADJ úmido (BR), húmido (PT), molhado

moisten ['mɔɪsn] VT umedecer (BR), humedecer (PT)

moisture ['mɔɪstʃəʳ] N umidade f (BR), humidade f (PT)

moisturize ['mɔɪstʃəraɪz] VT (skin) hidratar

moisturizer ['mɔɪstʃəraɪzəʳ] N creme m hidratante

mojo ['məudʒəu] (pl **mojos** or **mojoes**) (inf) N (fig: power) magia f

molar ['məuləʳ] N molar m

molasses [məu'læsɪz] N melaço, melado

mold [məuld] (US) N, VT = **mould**

mole [məul] N (animal) toupeira; (spot) sinal m, lunar m; (fig) espião(-piã) m/f

molecule ['mɔlɪkju:l] N molécula

molehill ['məulhɪl] N montículo (feito por uma toupeira)

molest [məu'lɛst] VT molestar; (attack sexually) atacar sexualmente

mollusc ['mɔləsk] N molusco

mollycoddle ['mɔlɪkɔdl] VT mimar

molt [məult] (US) VI = **moult**

molten ['məultən] ADJ fundido; (lava) liquefeito

mom [mɔm] (US) N = **mum**

moment ['məumənt] N momento; (importance) importância; **at the ~** neste momento; **for the ~** por enquanto; **in a ~** num instante; **"one ~ please"** (Tel) "não desligue"

momentarily ['məumənt rɪlɪ] ADV momentaneamente; (US: soon) daqui a pouco

momentary ['məuməntəri] ADJ momentâneo

momentous [məu'mɛntəs] ADJ importantíssimo

momentum [məu'mɛntəm] N momento; (fig) ímpeto; **to gather ~** ganhar ímpeto

mommy ['mɔmɪ] (US) N = **mummy**

Mon. ABBR (= Monday) seg., 2ª

Monaco ['mɔnəkəu] N Mônaco (no article)

monarch ['mɔnək] N monarca m/f

monarchist ['mɔnəkɪst] N monarquista m/f

monarchy ['mɔnəkɪ] N monarquia

monastery ['mɔnəstəri] N mosteiro, convento

monastic [mə'næstɪk] ADJ monástico

Monday ['mʌndɪ] N segunda-feira; see also **Tuesday**

monetarist ['mʌnɪtərɪst] N monetarista m/f

monetary ['mʌnɪtərɪ] ADJ monetário

monetize ['mʌnɪtaɪz] VT monetizar

money ['mʌnɪ] N dinheiro; (currency) moeda; **to make ~** ganhar dinheiro; **I've got no ~ left** não tenho mais dinheiro

moneyed ['mʌnɪd] ADJ rico, endinheirado

moneylender ['mʌnɪlɛndəʳ] N agiota m/f

moneymaking ['mʌnɪmeɪkɪŋ] ADJ lucrativo, rendoso

money market N mercado financeiro

money order N vale m (postal)

money-spinner (inf) N mina

money supply N meios mpl de pagamento, suprimento monetário

Mongol ['mɔŋɡəl] N mongol m/f; (Ling) mongol m

mongol ['mɔŋɡəl] (!) ADJ, N mongoloide m/f (!)

Mongolia [mɔŋ'ɡəulɪə] N Mongólia

Mongolian [mɔŋ'ɡəulɪən] ADJ mongol ▶ N mongol m/f; (Ling) mongol m

mongoose ['mɔŋɡu:s] N mangusto

mongrel ['mʌŋɡrəl] N (dog) vira-lata m

monitor ['mɔnɪtəʳ] N (Sch) monitor(a) m/f; (Comput) monitor m ▶ VT (heartbeat, pulse) controlar; (broadcasts, progress) monitorar

monk [mʌŋk] N monge m

monkey ['mʌŋkɪ] N macaco

monkey business N trapaça, travessura

monkey nut (BRIT) N amendoim m

monkey wrench N chave f inglesa

mono ['mɔnəu] ADJ mono inv

mono... ['mɔnəu] PREFIX mono...

monochrome ['mɔnəkrəum] ADJ monocromático

monocle ['mɒnəkl] N monóculo
monogamous [mɒ'nɒgəməs] ADJ monogâmico
monogamy [mɒ'nɒgəmɪ] N monogamia
monogram ['mɒnəgræm] N monograma m
monolith ['mɒnəlɪθ] N monólito
monologue ['mɒnəlɒg] N monólogo
monoplane ['mɒnəpleɪn] N monoplano
monopolize [mə'nɒpəlaɪz] VT monopolizar
monopoly [mə'nɒpəlɪ] N monopólio
monorail ['mɒnəureɪl] N monotrilho
monosodium glutamate [mɒnə'səudɪəm 'glu:təmeɪt] N glutamato de monossódio
monosyllabic [mɒnəusɪ'læbɪk] ADJ monossilábico; (person) lacônico
monosyllable ['mɒnəsɪləbl] N monossílabo
monotone ['mɒnətəun] N monotonia; **to speak in a ~** falar num tom monótono
monotonous [mə'nɒtənəs] ADJ monótono
monotony [mə'nɒtənɪ] N monotonia
monoxide [mɒ'nɒksaɪd] N see **carbon monoxide**
monsoon [mɒn'su:n] N monção f
monster ['mɒnstə'] N monstro
monstrosity [mɒns'trɒsɪtɪ] N monstruosidade f
monstrous ['mɒnstrəs] ADJ (huge) descomunal; (atrocious) monstruoso
montage [mɒn'tɑ:ʒ] N montagem f
Mont Blanc [mɔ̃blɑ̃] N Monte m Branco
Montevideo ['mɒnteɪvɪ'deɪəu] N Montevidéu
month [mʌnθ] N mês m; **every ~** todo mês; **300 dollars a ~** 300 dólares mensais or por mês
monthly ['mʌnθlɪ] ADJ mensal ▶ ADV mensalmente ▶ N (magazine) revista mensal; **twice ~** duas vezes por mês
monument ['mɒnjumənt] N monumento
monumental [mɒnju'mentl] ADJ monumental; (terrific) terrível
monumental mason N marmorista m/f
moo [mu:] VI mugir
mood [mu:d] N humor m; (of crowd) atmosfera; **to be in a good/bad ~** estar de bom/mau humor; **to be in the ~ for** estar a fim or com vontade de
moody ['mu:dɪ] ADJ (variable) caprichoso, de veneta; (sullen) rabugento
moon [mu:n] N lua
moonbeam ['mu:nbi:m] N raio de lua
moon landing N alunissagem f
moonlight ['mu:nlaɪt] N luar m ▶ VI ter dois empregos, ter um bico
moonlighting ['mu:nlaɪtɪŋ] N trabalho adicional, bico
moonlit ['mu:nlɪt] ADJ enluarado; **a ~ night** uma noite de lua
moonshot ['mu:nʃɒt] N (Space) lançamento de nave para a lua
moonstruck ['mu:nstrʌk] ADJ lunático, aluado
Moor [muə'] N mouro(-a)

moor [muə'] N charneca ▶ VT (ship) amarrar ▶ VI fundear, atracar
mooring ['muərɪŋ] N (place) ancoradouro; **moorings** NPL (chains) amarras fpl
Moorish ['muərɪʃ] ADJ mouro; (architecture) mourisco
moorland ['muələnd] N charneca
moose [mu:s] N INV alce m
moot [mu:t] VT levantar ▶ ADJ **~ point** ponto discutível
mop [mɒp] N esfregão m; (for dishes) esponja com cabeça; (of hair) grenha ▶ VT esfregar
▶ **mop up** VT limpar
mope [məup] VI estar or andar deprimido or desanimado
▶ **mope about** VI andar por aí desanimado
▶ **mope around** VI = **mope about**
moped ['məupɛd] N moto f pequena (BR), motorizada (PT)
moral ['mɒrl] ADJ moral ▶ N moral f; **morals** NPL (principles) moralidade f, costumes mpl
morale [mɒ'rɑ:l] N moral f, estado de espírito
morality [mə'rælɪtɪ] N moralidade f; (correctness) retidão f, probidade f
moralize ['mɒrəlaɪz] VI: **to ~ (about)** dar lições de moral (sobre)
morally ['mɒrəlɪ] ADV moralmente
morass [mə'ræs] N pântano, brejo
moratorium [mɒrə'tɔ:rɪəm] (pl **moratoriums** or **moratoria**) N moratória
morbid ['mɔ:bɪd] ADJ mórbido

(KEYWORD)

more [mɔ:'] ADJ **1** (greater in number etc) mais; **more people/work/letters than we expected** mais pessoas/trabalho/cartas do que esperávamos; **I have more wine/money than you** tenho mais vinho/dinheiro do que você
2 (additional) mais; **do you want (some) more tea?** você quer mais chá?; **I have no** or **I don't have any more money** não tenho mais dinheiro; **it'll take a few more weeks** levará mais algumas semanas
▶ PRON **1** (greater amount) mais; **more than 10** mais de 10; **it cost more than we expected** custou mais do que esperávamos
2 (further or additional amount) mais; **is there any more?** tem ainda mais?; **there's no more** não tem mais; **many/much more** muitos/muito mais
▶ ADV mais; **more dangerous/difficult** etc **than** mais perigoso/difícil etc do que; **more easily/economically/quickly (than)** mais fácil/econômico/rápido (do que); **more and more** cada vez mais; **more or less** mais ou menos; **more than ever** mais do que nunca; **more beautiful than ever** mais bonito do que nunca

moreover [mɔ:'rəuvə'] ADV além do mais, além disso
morgue [mɔ:g] N necrotério

MORI ['mɔrɪ] (BRIT) N ABBR (= *Market and Opinion Research Institute*) ≈ IBOPE *m*
moribund ['mɔrɪbʌnd] ADJ agonizante
Mormon ['mɔ:mən] N mórmon *m/f*
morning ['mɔ:nɪŋ] N manhã *f*; (*early morning*) madrugada ▶ CPD da manhã; **good ~** bom dia; **in the ~** de manhã; **7 o'clock in the ~** (as) 7 da manhã; **3 o'clock in the ~** (as) 3 da madrugada; **tomorrow ~** amanhã de manhã; **this ~** hoje de manhã
morning sickness N náusea matinal
Moroccan [mə'rɔkən] ADJ, N marroquino(-a)
Morocco [mə'rɔkəu] N Marrocos *m*
moron ['mɔ:rɔn] (!) N débil mental *m/f*, idiota *m/f*
moronic [mə'rɔnɪk] (!) ADJ imbecil, idiota
morose [mə'rəus] ADJ taciturno, rabugento
morphine ['mɔ:fi:n] N morfina
Morse [mɔ:s] N (*also*: **Morse code**) código Morse
morsel ['mɔ:sl] N (*of food*) bocado
mortal ['mɔ:tl] ADJ, N mortal *m/f*
mortality [mɔ:'tælɪtɪ] N mortalidade *f*
mortality rate N (taxa de) mortalidade *f*
mortar ['mɔ:tə'] N (*cannon*) morteiro; (*Constr*) argamassa; (*dish*) pilão *m*, almofariz *m*
mortgage ['mɔ:gɪdʒ] N hipoteca; (*for house*) financiamento ▶ VT hipotecar; **to take out a ~** fazer um crédito imobiliário
mortgage company (US) N sociedade *f* de crédito imobiliário
mortgagee [mɔ:gə'dʒi:] N credor(a) *m/f* hipotecário(-a)
mortgagor ['mɔ:gədʒə'] N devedor(a) *m/f* hipotecário(-a)
mortician [mɔ:'tɪʃən] (US) N agente *m/f* funerário(-a)
mortified ['mɔ:tɪfaɪd] ADJ morto de vergonha
mortify ['mɔ:tɪfaɪ] VT motrificar
mortise lock ['mɔ:tɪs-] N fechadura embutida
mortuary ['mɔ:tjuərɪ] N necrotério
mosaic [məu'zeɪɪk] N mosaico
Moscow ['mɔskəu] N Moscou (BR), Moscovo (PT)
Moslem ['mɔzləm] ADJ, N = **Muslim**
mosque [mɔsk] N mesquita
mosquito [mɔs'ki:təu] (*pl* **mosquitoes**) N mosquito
mosquito net N mosquiteiro
moss [mɔs] N musgo
mossy ['mɔsɪ] ADJ musgoso, musguento

KEYWORD

most [məust] ADJ **1** (*almost all: people, things etc*) a maior parte de, a maioria de; **most people** a maioria das pessoas

2 (*largest, greatest: interest*) máximo; (*money*): **who has (the) most money?** quem é que tem mais dinheiro?; **he derived the most pleasure from her visit** ele teve o maior prazer em recebê-la

▶ PRON (*greatest quantity, number*) a maior parte, a maioria; **most of it/them** a maioria dele/deles; **most of the money** a maior parte do dinheiro; **most of her friends** a maioria dos seus amigos; **do the most you can** faça o máximo que você puder; **I saw the most** vi mais; **to make the most of sth** aproveitar algo ao máximo; **at the (very) most** quando muito, no máximo

▶ ADV (+ *vb, adj, adv*) o mais; **the most intelligent/expensive** *etc* o mais inteligente/caro *etc*; (*very: polite, interesting etc*) muito; **a most interesting book** um livro interessantíssimo

mostly ['məustlɪ] ADV principalmente, na maior parte
MOT (BRIT) N ABBR = **Ministry of Transport**; **the ~** (*test*) vistoria anual dos veículos automotores
motel [məu'tɛl] N motel *m*
moth [mɔθ] N mariposa; (*clothes moth*) traça
mothball ['mɔθbɔ:l] N bola de naftalina
moth-eaten ADJ roído pelas traças
mother ['mʌðə'] N mãe *f* ▶ ADJ materno ▶ VT (*care for*) cuidar de (como uma mãe)
mother board N (*Comput*) placa-mãe *f*
motherhood ['mʌðəhud] N maternidade *f*
mother-in-law (*pl* **mothers-in-law**) N sogra
motherly ['mʌðəlɪ] ADJ maternal
mother-of-pearl N madrepérola
mother-to-be (*pl* **mothers-to-be**) N futura mamãe *f*
mother tongue N língua materna
mothproof ['mɔθpru:f] ADJ à prova de traças
motif [məu'ti:f] N motivo
motion ['məuʃən] N movimento; (*gesture*) gesto, sinal *m*; (*at meeting*) moção *f*; (BRIT: *of bowels*) fezes *fpl* ▶ VT, VI: **to ~ (to) sb to do sth** fazer sinal a alguém para que faça algo; **to be in ~** (*vehicle*) estar em movimento; **to set in ~** pôr em movimento; **to go through the ~s of doing sth** (*fig*) fazer algo automaticamente ou sem convicção
motionless ['məuʃənlɪs] ADJ imóvel
motion picture N filme *m* (cinematográfico)
motivate ['məutɪveɪt] VT motivar
motivated ['məutɪveɪtɪd] ADJ: **~ (by)** motivado (por)
motivation [məutɪ'veɪʃən] N motivação *f*
motive ['məutɪv] N motivo ▶ ADJ motor/motriz; **from the best (of) ~s** com as melhores intenções
motley ['mɔtlɪ] ADJ variado, heterogêneo
motor ['məutə'] N motor *m*; (BRIT inf: *vehicle*) carro, automóvel *m* ▶ CPD (*industry*) de automóvel ▶ ADJ motor/motriz
motorbike ['məutəbaɪk] N moto(cicleta) *f*, motoca (inf)
motorboat ['məutəbəut] N barco a motor
motorcar ['məutəka:] (BRIT) N carro, automóvel *m*
motorcoach ['məutəkəutʃ] N ônibus *m* turístico
motorcycle ['məutəsaɪkl] N motocicleta

motorcycle racing N corrida de motocicleta
motorcyclist ['məʊtəsaɪklɪst] N motociclista m/f
motoring ['məʊtərɪŋ] (BRIT) N automobilismo ▶ ADJ (*accident, offence*) de trânsito; **~ holiday** passeio de carro
motorist ['məʊtərɪst] N motorista m/f
motorize ['məʊtəraɪz] VT motorizar
motor oil N óleo de motor
motor racing (BRIT) N corrida de carros, automobilismo
motor scooter N lambreta (BR), motoreta (PT)
motor vehicle N automóvel m, veículo automotor
motorway ['məʊtəweɪ] (BRIT) N rodovia (BR), autoestrada (PT)
mottled ['mɔtld] ADJ mosqueado, em furta-cores
motto ['mɔtəʊ] (*pl* **mottoes**) N lema m
mould, (US) **mold** [məʊld] N molde m; (*mildew*) mofo, bolor m ▶ VT moldar; (*fig*) moldar
moulder, (US) **molder** ['məʊldə^r] VI (*decay*) desfazer-se
moulding, (US) **molding** ['məʊldɪŋ] N moldura
mouldy, (US) **moldy** ['məʊldɪ] ADJ mofado
moult, (US) **molt** [məʊlt] VI mudar (de penas *etc*)
mound [maʊnd] N (*of earth*) monte m; (*of blankets, leaves etc*) pilha, montanha
mount [maʊnt] N monte m; (*horse*) montaria; (*for jewel etc*) engaste m; (*for picture*) moldura ▶ VT (*horse etc*) montar em, subir a; (*stairs*) subir; (*exhibition*) montar; (*attack*) montar, desfechar; (*picture*) emoldurar ▶ VI (*increase*) aumentar
▶ **mount up** VI aumentar
mountain ['maʊntɪn] N montanha ▶ CPD de montanha; **to make a ~ out of a molehill** (*fig*) fazer um bicho de sete cabeças *or* um cavalo de batalha (de algo)
mountain bike N mountain bike f
mountaineer [maʊntɪ'nɪə^r] N alpinista m/f, montanhista m/f
mountaineering [maʊntɪ'nɪərɪŋ] N alpinismo; **to go ~** praticar o alpinismo
mountainous ['maʊntɪnəs] ADJ montanhoso
mountain rescue team N equipe m de socorro para alpinistas
mountainside ['maʊntɪnsaɪd] N lado da montanha
mounted ['maʊntɪd] ADJ montado
Mount Everest N monte m Everest
mourn [mɔːn] VT chorar, lamentar ▶ VI: **to ~ for** chorar *or* lamentar a morte de
mourner ['mɔːnə^r] N parente(-a) m/f *or* amigo(-a) do defunto
mournful ['mɔːnful] ADJ desolado, triste
mourning ['mɔːnɪŋ] N luto ▶ CPD (*dress*) de luto; **(to be) in ~** (estar) de luto
mouse [maʊs] (*pl* **mice**) N camundongo (BR), rato (PT); (*Comput*) mouse m

mouse mat, mouse pad N (*Comput*) mouse pad m
mousetrap ['maʊstræp] N ratoeira
mousse [muːs] N musse f; (*for hair*) mousse f
moustache, (US) **mustache** [məs'tɑːʃ] N bigode m
mousy ['maʊsɪ] ADJ (*person*) tímido; (*hair*) pardacento
mouth [maʊθ] (*pl* **mouths** [maʊðz]) N boca; (*of cave, hole*) entrada; (*of river*) desembocadura
mouthful ['maʊθful] N bocado
mouth organ N gaita
mouthpiece ['maʊθpiːs] N (*of musical instrument*) bocal m; (*representative*) porta-voz m/f
mouth-to-mouth ADJ: **~ resuscitation** respiração f boca-a-boca
mouthwash ['maʊθwɔʃ] N colutório
mouth-watering ADJ de dar água na boca
movable ['muːvəbl] ADJ móvel
move [muːv] N (*movement*) movimento; (*in game*) lance m, jogada; (*: turn to play*) turno, vez f; (*change: of house, job*) mudança ▶ VT (*change position of*) mudar; (*in game*) jogar; (*hand etc*) mexer, mover; (*from one place to another*) deslocar; (*emotionally*) comover; (*Pol: resolution etc*) propor ▶ VI mexer-se, mover-se; (*traffic*) circular; (*also:* **move house**) mudar-se; (*develop: situation*) desenvolver; **to ~ sb to do sth** convencer alguém a fazer algo; **to get a ~ on** apressar-se; **to be ~d** (*emotionally*) ficar comovido
▶ **move about** VI (*fidget*) mexer-se; (*travel*) deslocar-se
▶ **move along** VI avançar
▶ **move around** VI = **move about**
▶ **move away** VI afastar-se
▶ **move back** VI (*step back*) recuar; (*return*) voltar
▶ **move down** VT abaixar; (*demote*) rebaixar
▶ **move forward** VI avançar ▶ VT adiantar
▶ **move in** VI (*to a house*) instalar-se (numa casa)
▶ **move off** VI partir
▶ **move on** VI ir andando ▶ VT (*onlookers*) afastar
▶ **move out** VI (*of house*) sair (de uma casa)
▶ **move over** VI afastar-se; **~ over!** (*towards speaker*) chega mais para cá!; (*away from speaker*) chega mais para lá!
▶ **move up** VI subir; (*employee*) ser promovido; (*move aside*) chegar mais para lá *or* cá
moveable ['muːvəbl] ADJ = **movable**
movement ['muːvmənt] N movimento; (*gesture*) gesto; (*of goods*) transporte m; (*in attitude, policy*) mudança; (*Tech*) mecanismo; (*Med: also:* **bowel movement**) defecação f
mover ['muːvə^r] N autor(a) m/f de proposta
movie ['muːvɪ] N filme m; **to go to the ~s** ir ao cinema

movie camera N câmara cinematográfica
moviegoer ['muːvɪɡəʊəʳ] (US) N frequentador(a) m/f de cinema
moving ['muːvɪŋ] ADJ (*emotional*) comovente; (*that moves*) móvel; (*in motion*) em movimento
▶ N (US) mudança
mow [məʊ] (*pt* **mowed**, *pp* **mowed** *or* **mown**) VT (*grass*) cortar; (*corn*) ceifar
▶ **mow down** VT ceifar; (*massacre*) chacinar
mower ['məʊəʳ] N ceifeira; (*also:* **lawnmower**) cortador m de grama (BR) *or* de relva (PT)
mown [məʊn] PP *of* **mow**
Mozambique [məʊzəm'biːk] N Moçambique m (*no article*)
MP N ABBR (= *Military Police*) PM f; (BRIT) = **Member of Parliament**; (CANADA) = **Mounted Police**
MP3 N (*Comput*) MP3 m
MP3 player N tocador m de MP3
MP4 N (*Comput*) MP4 m; ~ **file** arquivo MP4
mpg N ABBR = **miles per gallon**
mph ABBR = **miles per hour**
MPhil N ABBR (= *Master of Philosophy*) grau universitário
MPS (BRIT) N ABBR = **Member of the Pharmaceutical Society**
Mr, (US) **Mr.** ['mɪstəʳ] N: **Mr Smith** (o) Sr. Smith
MRC (BRIT) N ABBR = **Medical Research Council**
MRCP (BRIT) N ABBR = **Member of the Royal College of Physicians**
MRCS (BRIT) N ABBR = **Member of the Royal College of Surgeons**
MRCVS (BRIT) N ABBR = **Member of the Royal College of Veterinary Surgeons**
Mrs, (US) **Mrs.** ['mɪsɪz] N: ~ **Smith** (a) Sra. Smith
MS N ABBR (= *manuscript*) ms; = **multiple sclerosis**; (US: = *Master of Science*) grau universitário ▶ ABBR (US *Post*) = **Mississippi**
Ms, (US) **Ms.** [mɪz] N (= *Miss or Mrs*): **Ms X** (a) Sra. X

> **Ms** é um título utilizado em lugar de *Mrs* (senhora) ou de *Miss* (senhorita) para evitar a distinção tradicional entre mulheres casadas e solteiras. É aceito, portanto, como o equivalente de *Mr* (senhor) para os homens. Inicialmente criticado por ter surgido como manifestação de um feminismo exacerbado, é uma forma de tratamento muito comum hoje em dia.

MSA (US) N ABBR (= *Master of Science in Agriculture*) grau universitário
MSc N ABBR = **Master of Science**
MSG N ABBR = **monosodium glutamate**
MST (US) ABBR (= *Mountain Standard Time*) hora de inverno das montanhas Rochosas
MSW (US) N ABBR (= *Master of Social Work*) grau universitário
MT N ABBR = **machine translation** ▶ ABBR (US *Post*) = **Montana**
Mt ABBR (*Geo*: = *mount*) Mt

(KEYWORD)

much [mʌtʃ] ADJ (*time, money, effort*) muito; **how much money/time do you need?** quanto dinheiro/tempo você precisa?; **he's done so much work for the charity** ele trabalhou muito para a obra de caridade; **as much as** tanto como
▶ PRON muito; **there isn't much to do** não há muito o que fazer; **much has been gained from our discussions** nossas discussões foram muito proveitosas; **how much does it cost? — too much** quanto custa isso? — caro demais; **how much is it?** quanto é?, quanto custa?
▶ ADV **1** (*greatly, a great deal*) muito; **thank you very much** muito obrigado(-a); **we are very much looking forward to your visit** estamos aguardando a sua visita com muito ansiedade; **he is very much the gentleman/politician** ele é muito cavalheiro/político; **as much as** tanto como; **as much as you** tanto quanto você; **I read as much as possible/as I can/as ever** leio o máximo possível/que eu posso/como nunca; **he is as much part of the community as you** ele faz parte da comunidade tanto quanto você
2 (*by far*) de longe; **I'm much better now** estou bem melhor agora
3 (*almost*) quase; **the view is much as it was 10 years ago** a vista é quase a mesma que há dez anos; **how are you feeling? — much the same** como você está (se sentindo)? — do mesmo jeito

muck [mʌk] N (*dirt*) sujeira (BR), sujidade f (PT); (*manure*) estrume m; (*fig*) porcaria
▶ **muck about** (*inf*) VI (*fool about*) fazer besteiras; (*waste time*) fazer cera; (*tinker*) mexer
▶ **muck around** VI = **muck about**
▶ **muck in** (BRIT *inf*) VI dar uma ajuda
▶ **muck out** VT (*stable*) limpar
▶ **muck up** (*inf*) VT (*ruin*) estragar; (*dirty*) sujar
muckraking ['mʌkreɪkɪŋ] (*inf*) N (*Press*) sensacionalismo
mucky ['mʌkɪ] ADJ (*dirty*) sujo
mucus ['mjuːkəs] N muco
mud [mʌd] N lama
muddle ['mʌdl] N confusão f, bagunça; (*mix-up*) trapalhada ▶ VT (*also:* **muddle up**: *person, story*) confundir; (: *things*) misturar; **to be in a** ~ (*person*) estar confuso; **to get in a** ~ (*while explaining etc*) enrolar-se
▶ **muddle along** VI viver sem rumo
▶ **muddle through** VI virar-se
muddle-headed [-'hɛdɪd] ADJ (*person*) confuso
muddy ['mʌdɪ] ADJ (*road*) lamacento; (*person, clothes*) enlameado
mud flats NPL extensão f de terra lamacenta
mudguard ['mʌdɡɑːd] N para-lama m
mudpack ['mʌdpæk] N máscara (de beleza)
mud-slinging [-slɪŋɪŋ] N difamação f, injúria

muesli ['mju:zlɪ] N muesli m
muff [mʌf] N regalo ▶ VT (*chance*) desperdiçar, perder; (*lines*) estropiar
muffin ['mʌfɪn] N *bolinho redondo e chato*
muffle ['mʌfl] VT (*sound*) abafar; (*against cold*) agasalhar
muffled ['mʌfld] ADJ abafado, surdo
muffler ['mʌflə^r] N (*scarf*) cachecol m; (*US Aut*) silencioso (BR), panela de escape (PT)
mufti ['mʌftɪ] N: **in ~** vestido à paisana
mug [mʌg] N (*cup*) caneca; (*for beer*) caneco, canecão; (*inf: face*) careta; (: *fool*) bobo(-a) ▶ VT (*assault*) assaltar
▶ **mug up** (BRIT inf) VT (*also:* **mug up on**) decorar
mugger ['mʌgə^r] N assaltante m/f
mugging ['mʌgɪŋ] N assalto
muggy ['mʌgɪ] ADJ abafado
mulberry ['mʌlbrɪ] N (*fruit*) amora; (*tree*) amoreira
mule [mju:l] N mula
mulled [mʌld] ADJ: **~ wine** quentão m
mull over [mʌl-] VT meditar sobre
multi... [mʌltɪ] PREFIX multi...
multi-access ADJ (*Comput*) de múltiplo acesso
multicoloured, (US) **multicolored** ['mʌltɪkʌləd] ADJ multicolor
multifarious [mʌltɪ'fɛərɪəs] ADJ diverso, variado
multilateral [mʌltɪ'lætrəl] ADJ (*Pol*) multilateral
multi-level (US) ADJ = **multistorey**
multimedia [mʌltɪ'mi:dɪə] ADJ multimídia
multimillionaire [mʌltɪmɪljə'nɛə^r] N multimilionário(-a)
multinational [mʌltɪ'næʃənl] N multinacional f ▶ ADJ multinacional
multiple ['mʌltɪpl] ADJ múltiplo ▶ N múltiplo
multiple choice N múltipla escolha
multiple crash N engavetamento
multiple sclerosis [-sklɪ'rəusɪs] N esclerose f múltipla
multiplication [mʌltɪplɪ'keɪʃən] N multiplicação f
multiplication table N tabela de multiplicação
multiplicity [mʌltɪ'plɪsɪtɪ] N multiplicidade f
multiply ['mʌltɪplaɪ] VT multiplicar ▶ VI multiplicar-se
multiracial [mʌltɪ'reɪʃl] ADJ multirracial
multistorey ['mʌltɪ'stɔ:rɪ] (BRIT) ADJ de vários andares
multitask ['mʌltɪtɑ:sk] VI fazer mais de uma coisa ao mesmo tempo
multitude ['mʌltɪtju:d] N multidão f; (*large number*): **a ~ of** um grande número de
mum [mʌm] N (BRIT inf) mamãe f ▶ ADJ: **to keep ~** ficar calado; **~'s the word!** bico calado!
mumble ['mʌmbl] VT, VI resmungar, murmurar

mummify ['mʌmɪfaɪ] VT mumificar
mummy ['mʌmɪ] N (BRIT: *mother*) mamãe f; (*embalmed*) múmia
mumps [mʌmps] N caxumba
munch [mʌntʃ] VT, VI mascar
mundane [mʌn'deɪn] ADJ banal, mundano
municipal [mju:'nɪsɪpl] ADJ municipal
municipality [mju:nɪsɪ'pælɪtɪ] N municipalidade f; (*area*) município
munitions [mju:'nɪʃənz] NPL munições fpl
mural ['mjuərl] N mural m
murder ['mə:də^r] N assassinato; (*Law*) homicídio ▶ VT assassinar; (*spoil*) estragar; **to commit ~** cometer um assassinato
murderer ['mə:dərə^r] N assassino
murderess ['mə:dərɪs] N assassina
murderous ['mə:dərəs] ADJ homicida
murk [mə:k] N escuridão f
murky ['mə:kɪ] ADJ escuro; (*water*) turvo; (*fig*) sombrio
murmur ['mə:mə^r] N murmúrio ▶ VT, VI murmurar; **heart ~** (*Med*) sopro cardíaco or no coração
MusB, MusBac N ABBR (= *Bachelor of Music*) grau universitário
muscle ['mʌsl] N músculo; (*fig: strength*) força (muscular)
▶ **muscle in** VI imiscuir-se, impor-se
muscular ['mʌskjulə^r] ADJ muscular; (*person*) musculoso
muscular dystrophy N distrofia muscular
MusD, MusDoc N ABBR (= *Doctor of Music*) grau universitário
muse [mju:z] VI meditar ▶ N musa
museum [mju:'zɪəm] N museu m
mush [mʌʃ] N pasta, papa; (*fig*) pieguice f
mushroom ['mʌʃrum] N cogumelo ▶ VI (*fig*) crescer da noite para o dia, pipocar
mushy ['mʌʃɪ] ADJ mole; (*pej*) piegas inv
music ['mju:zɪk] N música
musical ['mju:zɪkl] ADJ (*of music, person*) musical; (*harmonious*) melodioso ▶ N (*show*) musical m
musical instrument N instrumento musical
music box N caixinha de música
music hall N teatro de variedades
musician [mju:'zɪʃən] N músico(-a)
music stand N atril m, estante f de música
musk [mʌsk] N almíscar m
musket ['mʌskɪt] N mosquete m
muskrat ['mʌskræt] N rato almiscarado
musk rose N (*Bot*) rosa-moscada
Muslim ['mʌzlɪm] ADJ, N muçulmano(-a)
muslin ['mʌzlɪn] N musselina
musquash ['mʌskwɔʃ] N rato almiscarado; (*fur*) pele f de rato almiscarado
mussel ['mʌsl] N mexilhão m
must [mʌst] AUX VB (*obligation*): **I ~ do it** tenho que or devo fazer isso; (*probability*): **he ~ be there by now** ele já deve estar lá; (*suggestion, invitation*): **you ~ come and see me soon** você tem que vir me ver em breve; (*indicating sth unwelcome*): **why ~ he behave so badly?**

por que ele tem que se comportar tão mal? ▶ N *(necessity)* necessidade f; **it's a ~** é imprescindível; **I ~ have made a mistake** eu devo ter feito um erro
mustache ['mʌstæʃ] (US) N = **moustache**
mustard ['mʌstəd] N mostarda
mustard gas N gás m de mostarda
muster ['mʌstə'] VT *(support)* reunir; *(energy)* juntar; *(Mil)* formar; *(also:* **muster up***: strength, courage)* criar, juntar
mustiness ['mʌstɪnɪs] N mofo
mustn't ['mʌsnt] = **must not**
musty ['mʌstɪ] ADJ mofado, com cheiro de bolor
mutant ['mju:tənt] ADJ, N mutante m/f
mutate [mju:'teɪt] VI sofrer mutação genética
mutation [mju:'teɪʃən] N mutação f
mute [mju:t] ADJ mudo(-a)
muted ['mju:tɪd] ADJ *(colour)* suave; *(reaction)* moderado; *(noise, Mus)* abafado; *(criticism)* velado
mutilate ['mju:tɪleɪt] VT mutilar
mutilation [mju:tɪ'leɪʃən] N mutilação f
mutinous ['mju:tɪnəs] ADJ *(troops)* amotinado; *(attitude)* rebelde
mutiny ['mju:tɪnɪ] N motim m, rebelião f ▶ VI amotinar-se
mutter ['mʌtə'] VT, VI resmungar, murmurar
mutton ['mʌtn] N carne f de carneiro
mutual ['mju:tʃuəl] ADJ mútuo; *(shared)* comum
mutually ['mju:tʃuəlɪ] ADV mutuamente, reciprocamente
muzzle ['mʌzl] N *(of animal)* focinho; *(guard: for dog)* focinheira; *(of gun)* boca ▶ VT *(press etc)* amordaçar; *(dog)* pôr focinheira em
MVP (US) N ABBR *(Sport)* = **most valuable player**
MW ABBR (= *medium wave*) OM
my [maɪ] ADJ meu/minha; **this is my house/car/brother** esta é a minha casa/meu carro/meu irmão; **I've washed my hair/cut my finger** lavei meu cabelo/cortei meu dedo; **is this my pen or yours?** esta caneta é minha ou sua?
myopic [maɪ'ɔpɪk] ADJ míope
myriad ['mɪrɪəd] N miríade f
myself [maɪ'sɛlf] PRON *(reflexive)* me; *(emphatic)* eu mesmo; *(after prep)* mim mesmo; *see also* **oneself**
mysterious [mɪs'tɪərɪəs] ADJ misterioso
mystery ['mɪstərɪ] N mistério
mystery story N romance m policial
mystic ['mɪstɪk] ADJ, N místico(-a)
mystical ['mɪstɪkl] ADJ místico
mystify ['mɪstɪfaɪ] VT *(perplex)* mistificar, confundir; *(disconcert)* desconcertar
mystique [mɪs'ti:k] N mística
myth [mɪθ] N mito
mythical ['mɪθɪkəl] ADJ mítico
mythological [mɪθə'lɔdʒɪkl] ADJ mitológico
mythology [mɪ'θɔlədʒɪ] N mitologia

Nn

N¹, n [ɛn] N (*letter*) N, n *m*; **N for Nellie** (BRIT) or **Nan** (US) N de Nair

N² ABBR (= *north*) N

NA (US) N ABBR (= *Narcotics Anonymous*) *associação de assistência aos toxicômanos*; = **National Academy**

n/a ABBR = **not applicable**; (*Comm etc*) = **no account**

NAACP (US) N ABBR = **National Association for the Advancement of Colored People**

NAAFI ['næfɪ] (BRIT) N ABBR (= *Navy, Army & Air Force Institute*) *órgão responsável pelas lojas e cantinas do exército*

nab [næb] (*inf*) VT pegar, prender

NACU (US) N ABBR = **National Association of Colleges and Universities**

nadir ['neɪdɪəʳ] N (*Astronomy, fig*) nadir *m*

naff [næf] (BRIT *inf*) ADJ brega

nag [næg] N (*pej: horse*) rocim *m* ▶ VT ralhar, apoquentar

nagging ['nægɪŋ] ADJ (*doubt*) persistente; (*pain*) contínuo ▶ N queixas *fpl*, censuras *fpl*, apoquentação *f*

nail [neɪl] N (*human*) unha; (*metal*) prego ▶ VT pregar; **to ~ sb down to a date/price** conseguir que alguém se defina sobre a data/o preço; **to pay cash on the ~** (BRIT) pagar na bucha

nailbrush ['neɪlbrʌʃ] N escova de unhas

nailfile ['neɪlfaɪl] N lixa de unhas

nail polish N esmalte *m* (BR) or verniz *m* (PT) de unhas

nail polish remover N removedor *m* de esmalte (BR) or verniz (PT)

nail scissors NPL tesourinha de unhas

nail varnish (BRIT) N = **nail polish**

Nairobi [naɪ'rəubɪ] N Nairóbi

naïve [naɪ'iːv] ADJ ingênuo

naïveté [naɪ'iːvteɪ] N = **naïvety**

naïvety [naɪ'iːvətɪ], **naïveté** N ingenuidade *f*

naked ['neɪkɪd] ADJ nu(a); **with the ~ eye** a olho nu

nakedness ['neɪkɪdnɪs] N nudez *f*

NAM (US) N ABBR = **National Association of Manufacturers**

name [neɪm] N nome *m*; (*surname*) sobrenome *m*; (*reputation*) reputação *f*, fama ▶ VT (*child*) pôr nome em; (*criminal*) apontar; (*appoint*) nomear; (*price*) fixar; (*date*) marcar; **what's your ~?** qual é o seu nome?, como (você) se chama?; **my ~ is Peter** eu me chamo Peter; **by ~** de nome; **in the ~ of** em nome de; **to give one's ~ and address** (*to police etc*) dar o seu nome e endereço; **to make a ~ for o.s.** fazer nome; **to get (o.s.) a bad ~** fazer má reputação; **to call sb ~s** xingar alguém

name-dropping [-'drɒpɪŋ] N: **she loves ~** ela adora esnobar conhecimento de gente importante

nameless ['neɪmlɪs] ADJ (*unknown*) sem nome; (*anonymous*) anônimo

namely ['neɪmlɪ] ADV a saber, isto é

nameplate ['neɪmpleɪt] N (*on door etc*) placa

namesake ['neɪmseɪk] N xará *m/f* (BR), homónimo(-a) (PT)

nanny ['nænɪ] N babá *f*

nanny goat N cabra

nap [næp] N (*sleep*) soneca; (*of cloth*) felpa ▶ VI: **to be caught ~ping** ser pego de surpresa

NAPA (US) N ABBR (= *National Association of Performing Artists*) *sindicato dos artistas de teatro e de cinema*

napalm ['neɪpɑːm] N napalm *m*

nape [neɪp] N: **~ of the neck** nuca

napkin ['næpkɪn] N (*also*: **table napkin**) guardanapo

nappy ['næpɪ] (BRIT) N fralda

nappy liner (BRIT) N gaze *f*

nappy rash (BRIT) N assadura

narcissi [nɑː'sɪsaɪ] NPL *of* **narcissus**

narcissistic [nɑːsɪ'sɪstɪk] ADJ narcisista

narcissus [nɑː'sɪsəs] (*pl* **narcissi**) N narciso

narcotic [nɑː'kɔtɪk] ADJ narcótico ▶ N narcótico; **narcotics** NPL (*drugs*) entorpecentes *mpl*

nark [nɑːk] (BRIT *inf*) VT encher o saco de

narrate [nə'reɪt] VT narrar, contar

narration [nə'reɪʃən] N narração *f*

narrative ['nærətɪv] N narrativa ▶ ADJ narrativo

narrator [nə'reɪtəʳ] N narrador(a) *m/f*

narrow ['nærəu] ADJ estreito; (*shoe*) apertado; (*fig: majority*) pequeno; (: *ideas*) tacanho ▶ VI (*road*) estreitar-se; (*difference*) diminuir; **to have a ~ escape** escapar por um triz; **to ~ sth down to** restringir *or* reduzir algo a

narrow gauge ADJ (*Rail*) de bitola estreita

narrowly ['nærəʊlɪ] ADV *(miss)* por pouco; **he ~ missed injury/the tree** por pouco não se machucou/não bateu na árvore
narrow-minded [-'maɪndɪd] ADJ de visão limitada, bitolado
NAS *(US)* N ABBR = **National Academy of Sciences**
NASA ['næsə] *(US)* N ABBR *(= National Aeronautics and Space Administration)* NASA *f*
nasal ['neɪzl] ADJ nasal
Nassau ['næsɔː] N *(in Bahamas)* Nassau
nastily ['nɑːstɪlɪ] ADV *(say, act)* maldosamente
nastiness ['nɑːstɪnɪs] N *(malice)* maldade *f*; *(rudeness)* grosseria
nasturtium [nəs'tɜːʃəm] N chagas *fpl*, capuchinha
nasty ['nɑːstɪ] ADJ *(unpleasant: remark)* desagradável; *(: person)* mau, ruim; *(malicious)* maldoso; *(rude)* grosseiro, obsceno; *(revolting: taste, smell)* repugnante, asqueroso; *(wound, disease etc)* grave, sério; **to turn ~** *(situation, weather)* ficar feio; *(person)* engrossar
NAS/UWT *(BRIT)* N ABBR *(= National Association of Schoolmasters/Union of Women Teachers)* sindicato dos professores
nation ['neɪʃən] N nação *f*
national ['næʃənl] ADJ, N nacional *m/f*
national anthem N hino nacional
national debt N dívida pública
national dress N traje *m* nacional
National Guard *(US)* N guarda nacional
National Health Service *(BRIT)* N serviço nacional de saúde
National Insurance *(BRIT)* N previdência social
nationalism ['næʃənəlɪzəm] N nacionalismo
nationalist ['næʃənəlɪst] ADJ, N nacionalista *m/f*
nationality [næʃə'nælɪtɪ] N nacionalidade *f*
nationalization [næʃənəlaɪ'zeɪʃən] N nacionalização *f*
nationalize ['næʃənəlaɪz] VT nacionalizar
nationally ['næʃənəlɪ] ADV *(nationwide)* de âmbito nacional; *(as a nation)* nacionalmente, como nação
national park N parque *m* nacional
national press N imprensa nacional
National Security Council *(US)* N conselho nacional de segurança
national service N *(Mil)* serviço militar
National Trust *(BRIT)* N *ver nota*

> O **National Trust** é uma instituição britânica independente, sem fins lucrativos, cuja missão é proteger e valorizar os monumentos e a paisagem devido a seu interesse histórico ou beleza natural.

nationwide ['neɪʃənwaɪd] ADJ de âmbito *or* a nível nacional ▶ ADV em todo o país
native ['neɪtɪv] N *(local inhabitant)* natural *m/f*, nativo(-a); *(!: in colonies)* indígena *m/f*, nativo(-a) ▶ ADJ *(indigenous)* indígena; *(of one's birth)* natal; *(language)* materno; *(innate)* inato, natural; **a ~ of Russia** um natural da Rússia; **a ~ speaker of Portuguese** uma pessoa de língua (materna) portuguesa
Nativity [nə'tɪvɪtɪ] N *(Rel)*: **the ~** a Natividade
NATO ['neɪtəʊ] N ABBR *(= North Atlantic Treaty Organization)* OTAN *f*
natter ['nætə^r] *(BRIT)* VI conversar fiado
natural ['nætʃrəl] ADJ natural; **death from ~ causes** morte *f* natural
natural childbirth N parto natural
natural gas N gás *m* natural
naturalist ['nætʃrəlɪst] N naturalista *m/f*
naturalization [nætʃrəlaɪ'zeɪʃən] N naturalização *f*
naturalize ['nætʃrəlaɪz] VT: **to become ~d** *(person)* naturalizar-se
naturally ['nætʃrəlɪ] ADV naturalmente; *(of course)* claro, evidentemente; *(instinctively)* por instinto, espontaneamente
naturalness ['nætʃrəlnɪs] N naturalidade *f*
natural resources NPL recursos *mpl* naturais
natural wastage N *(Industry)* afastamentos *mpl* naturais e voluntários
nature ['neɪtʃə^r] N natureza; *(character)* caráter *m*, índole *f*; **by ~** por natureza; **documents of a confidential ~** documentos de caráter confidencial
-natured ['neɪtʃəd] SUFFIX: **ill~** de mau caráter
nature reserve *(BRIT)* N reserva natural
nature trail N trilha *de descoberta da natureza*
naturist ['neɪtʃərɪst] N naturista *m/f*
naught [nɔːt] N = **nought**
naughtiness ['nɔːtɪnɪs] N *(of child)* travessura, mau comportamento; *(of story etc)* picante *m*
naughty ['nɔːtɪ] ADJ *(child)* travesso, levado; *(story, film)* picante
nausea ['nɔːsɪə] N náusea
nauseate ['nɔːsɪeɪt] VT dar náuseas a; *(fig)* repugnar
nauseating ['nɔːsɪeɪtɪŋ] ADJ nauseabundo, enjoativo; *(fig)* nojento, repugnante
nauseous ['nɔːsɪəs] ADJ *(nauseating)* nauseabundo, enjoativo; *(feeling sick)*: **to be ~** estar enjoado
nautical ['nɔːtɪkl] ADJ náutico
nautical mile N milha marítima *(1853 m)*
naval ['neɪvl] ADJ naval
naval officer N oficial *m* de marinha
nave [neɪv] N nave *f*
navel ['neɪvl] N umbigo
navigable ['nævɪɡəbl] ADJ navegável
navigate ['nævɪɡeɪt] VT *(ship)* pilotar; *(sea)* navegar ▶ VI navegar; *(Aut)* ler o mapa
navigation [nævɪ'ɡeɪʃən] N *(action)* navegação *f*; *(science)* náutica
navigator ['nævɪɡeɪtə^r] N navegador(a) *m/f*
navvy ['nævɪ] *(BRIT)* N trabalhador *m* braçal, cavouqueiro
navy ['neɪvɪ] N marinha (de guerra); *(ships)* armada, frota ▶ ADJ *(also:* **navy-blue***)* azul-marinho *inv*; **Department of the N~** *(US)* ministério da Marinha
navy-blue ADJ azul-marinho *inv*

Nazareth ['næzərəθ] N Nazaré
Nazi ['nɑːtsɪ] ADJ, N nazista *m/f* (BR), nazi *m/f* (PT)
Nazism ['nɑːtsɪzəm] N nazismo
NB ABBR (= *nota bene*) NB; (CANADA) = **New Brunswick**
NBA (US) N ABBR = **National Basketball Association; National Boxing Association**
NBC (US) N ABBR (= *National Broadcasting Company*) rede de televisão
NC (US) ABBR (*Post*) = **North Carolina**
NCC (US) N ABBR = **National Council of Churches**
NCCL (BRIT) N ABBR (= *National Council for Civil Liberties*) associação de defesa das liberdades civis
NCO N ABBR = **non-commissioned officer**
ND (US) ABBR (*Post*) = **North Dakota**
NE (US) ABBR (*Post*) = **Nebraska; New England**
NEA (US) N ABBR = **National Education Association**
neap tide [niːp-] N maré *f* morta
near [nɪərʳ] ADJ (*place*) vizinho; (*time*) próximo; (*relation*) íntimo ▶ ADV perto ▶ PREP (*also*: **near to**: *space*) perto de; (: *time*) perto de, quase ▶ VT aproximar-se de; ~ **here/there** aqui/ali perto; **£25,000 or ~est offer** (BRIT) £25,000 ou melhor oferta; **in the ~ future** no próximo futuro; **the building is ~ing completion** o edifício está quase pronto; **to come ~** aproximar-se
nearby [nɪə'baɪ] ADJ próximo, vizinho ▶ ADV à mão, perto
Near East N: **the ~** o Oriente Próximo
nearer ['nɪərəʳ] ADJ que fica mais perto ▶ ADV mais perto
nearly ['nɪəlɪ] ADV quase; **I ~ fell** quase que caí; **it's not ~ big enough** é pequeno demais
near miss N (*of planes*) quase-colisão *f*; (*shot*) tiro que passou de raspão
nearness ['nɪənɪs] N proximidade *f*; (*relationship*) intimidade *f*
nearside ['nɪəsaɪd] N (*Aut: right-hand drive*) lado esquerdo; (: *left-hand drive*) lado direito ▶ ADJ esquerdo; direito
near-sighted [-'saɪtɪd] ADJ míope
neat [niːt] ADJ (*place*) arrumado, em ordem; (*person*) asseado, arrumado; (*work*) caprichado; (*plan*) engenhoso, bem bolado; (*spirits*) puro
neatly ['niːtlɪ] ADV caprichosamente, com capricho; (*skilfully*) habilmente
neatness ['niːtnɪs] N (*tidiness*) asseio; (*skilfulness*) habilidade *f*
nebulous ['nɛbjuləs] ADJ nebuloso; (*fig*) vago, confuso
necessarily ['nɛsɪsrɪlɪ] ADV necessariamente; **not ~** não necessariamente
necessary ['nɛsɪsrɪ] ADJ necessário; **he did all that was ~** fez tudo o que foi necessário; **if ~** se necessário for
necessitate [nɪ'sɛsɪteɪt] VT exigir, tornar necessário
necessity [nɪ'sɛsɪtɪ] N (*thing needed*) necessidade *f*, requisito; (*compelling circumstances*) necessidade; **necessities** NPL (*essentials*) artigos *mpl* de primeira necessidade; **in case of ~** em caso de necessidade
neck [nɛk] N (*Anat*) pescoço; (*of garment*) gola; (*of bottle*) gargalo ▶ VI (*inf*) ficar de agarramento; ~ **and** ~ emparelhados; **to stick one's ~ out** (*inf*) arriscar-se
necklace ['nɛklɪs] N colar *m*
neckline ['nɛklaɪn] N decote *m*
necktie ['nɛktaɪ] (*esp* US) N gravata
nectar ['nɛktəʳ] N néctar *m*
nectarine ['nɛktərɪn] N nectarina
née [neɪ] ADJ: ~ **Scott** em solteira Scott
need [niːd] N (*lack*) falta, carência; (*necessity*) necessidade *f*; (*thing needed*) requisito, necessidade ▶ VT (*require*) precisar de; **I ~ to do it** preciso fazê-lo; **you don't ~ to go** você não precisa ir; **a signature is ~ed** é necessária uma assinatura; **to be in ~ of** *or* **have ~ of** estar precisando de; **to meet sb's ~s** atender às necessidades de alguém; **in case of ~** em caso de necessidade; **there's no ~ to do ...** não é preciso fazer ...; **there's no ~ for that** isso não é necessário
needle ['niːdl] N agulha ▶ VT (*inf*) provocar, alfinetar
needlecord ['niːdlkɔːd] (BRIT) N veludo cotelê
needless ['niːdlɪs] ADJ inútil, desnecessário; **~ to say ...** desnecessário dizer que ...
needlessly ['niːdlɪslɪ] ADV desnecessariamente, à toa
needlework ['niːdlwəːk] N costura
needn't ['niːdnt] = **need not**
needy ['niːdɪ] ADJ necessitado, carente
negation [nɪ'geɪʃən] N negação *f*
negative ['nɛɡətɪv] ADJ negativo ▶ N (*Phot*) negativo; (*Ling*) negativa; **to answer in the ~** responder negativamente
neglect [nɪ'ɡlɛkt] VT (*one's duty*) negligenciar, não cumprir com; (*child*) descuidar, esquecer-se de ▶ N (*of child*) descuido, desatenção *f*; (*personal*) desleixo; (*of house etc*) abandono; (*of duty*) negligência; **to ~ to do sth** omitir de fazer algo
neglected [nɪ'ɡlɛktɪd] ADJ abandonado
neglectful [nɪ'ɡlɛktful] ADJ negligente; **to be ~ of sb/sth** descuidar de alguém/algo
negligee ['nɛɡlɪʒeɪ] N négligé *m*
negligence ['nɛɡlɪdʒəns] N negligência, descuido
negligent ['nɛɡlɪdʒənt] ADJ negligente
negligently ['nɛɡlɪdʒəntlɪ] ADV por negligência; (*offhandedly*) negligentemente
negligible ['nɛɡlɪdʒɪbl] ADJ insignificante, desprezível, ínfimo
negotiable [nɪ'ɡəuʃɪəbl] ADJ (*cheque*) negociável; (*road*) transitável
negotiate [nɪ'ɡəuʃɪeɪt] VI negociar ▶ VT (*treaty, transaction*) negociar; (*obstacle*) contornar; (*bend in road*) fazer; **to ~ with sb for sth** negociar com alguém para obter algo

negotiation [nɪgəʊʃɪ'eɪʃən] N negociação f; **to enter into ~s with sb** entrar em negociações com alguém
negotiator [nɪ'gəʊʃɪeɪtəʳ] N negociador(a) m/f
Negress ['niːgrɪs] (!) N negra
Negro ['niːgrəʊ] (pl **Negroes**) (!) ADJ, N negro(-a)
neigh [neɪ] N relincho ▶ VI relinchar
neighbour, (US) **neighbor** ['neɪbəʳ] N vizinho(-a)
neighbourhood, (US) **neighborhood** ['neɪbəhud] N (place) vizinhança, bairro; (people) vizinhos mpl
neighbouring, (US) **neighboring** ['neɪbərɪŋ] ADJ vizinho
neighbourly, (US) **neighborly** ['neɪbəlɪ] ADJ amistoso, prestativo
neither ['naɪðəʳ] CONJ: **I didn't move and ~ did he** não me movi nem ele ▶ ADJ, PRON nenhum (dos dois), nem um nem outro ▶ ADV: **~ good nor bad** nem bom nem mau; **~ story is true** nenhuma das estórias é verdade
neo... [niːəu] PREFIX neo-
neolithic [niːəu'lɪθɪk] ADJ neolítico
neologism [nɪ'ɔlədʒɪzəm] N neologismo
neon ['niːɔn] N neônio, néon m
neon light N luz f de neônio
neon sign N anúncio luminoso a neônio
Nepal [nɪ'pɔːl] N Nepal m
nephew ['nɛvjuː] N sobrinho
nepotism ['nɛpətɪzm] N nepotismo
nerd [nəːd] N (pej) nerd m/f
nerve [nəːv] N (Anat) nervo; (courage) coragem f; (impudence) descaramento, atrevimento; **he gets on my ~s** ele me irrita, ele me dá nos nervos; **to have a fit of ~s** ter uma crise nervosa; **to lose one's ~** (self-confidence) perder o sangue frio
nerve centre, (US) **nerve center** N (Anat) centro nervoso; (fig) centro de operações
nerve gas N gás m tóxico
nerve-racking [-'rækɪŋ] ADJ angustiante
nervous ['nəːvəs] ADJ (Anat) nervoso; (anxious) apreensivo; (timid) tímido, acanhado; **~ exhaustion** esgotamento nervoso
nervous breakdown N esgotamento nervoso
nervously ['nəːvəslɪ] ADV nervosamente; (timidly) timidamente
nervousness ['nəːvəsnɪs] N nervosismo; (timidity) timidez f
nervous wreck N: **to be a ~** estar uma pilha de nervos
nest [nɛst] VI aninhar-se ▶ N (of bird) ninho; (of wasp) vespeiro
nest egg N (fig) pé-de-meia m
nestle ['nɛsl] VI: **to ~ up to sb** aconchegar-se a alguém
nestling ['nɛstlɪŋ] N filhote m (de passarinho)
net [nɛt] N rede f; (fabric) filó m ▶ ADJ (Comm) líquido ▶ VT pegar na rede; (money: subj: person) faturar; (: deal, sale) render; **~ of tax** isento de impostos; **he earns £10,000 ~ per year** ele ganha £10,000 líquidas por ano; **the Net** (Internet) a Rede
netball ['nɛtbɔːl] N espécie de basquetebol
net curtains NPL cortinas fpl de voile
Netherlands ['nɛðələndz] NPL: **the ~** os Países Baixos
net profit N lucro líquido
nett [nɛt] ADJ = **net**
netting ['nɛtɪŋ] N rede f, redes fpl; (fabric) voile m
nettle ['nɛtl] N urtiga
network ['nɛtwəːk] N rede f ▶ VT (Radio, TV) transmitir em rede; (computers) interligar; **there's no ~ coverage here** (Tel) aqui não tem cobertura
networking ['nɛtwəːkɪŋ] N networking m, bons relacionamentos mpl
neuralgia [njuə'rældʒə] N neuralgia
neurological [njuərə'lɔdʒɪkl] ADJ neurológico
neurologist [njuə'rɔlədʒɪst] N neurologista m/f
neurology [njuə'rɔlədʒɪ] N neurologia
neuroses [njuə'rəusiːz] NPL of **neurosis**
neurosis [njuə'rəusɪs] (pl **neuroses**) N neurose f
neurotic [njuə'rɔtɪk] ADJ, N neurótico(-a)
neuter ['njuːtəʳ] ADJ neutro ▶ N neutro ▶ VT (cat etc) castrar, capar
neutral ['njuːtrəl] ADJ neutro ▶ N (Aut) ponto morto
neutrality [njuː'trælɪtɪ] N neutralidade f
neutralize ['njuːtrəlaɪz] VT neutralizar
neutron bomb N bomba de nêutrons (BR) or neutrões (PT)
never ['nɛvəʳ] ADV nunca; **I ~ went** nunca fui; **~ again** nunca mais; **~ in my life** nunca na minha vida; see also **mind**
never-ending [-'ɛndɪŋ] ADJ sem fim, interminável
nevertheless [nɛvəðə'lɛs] ADV todavia, contudo
new [njuː] ADJ novo; **as good as ~** como novo
New Age N esoterismo
newborn ['njuːbɔːn] ADJ recém-nascido
newcomer ['njuːkʌməʳ] N recém-chegado(-a), novato(-a)
new-fangled [-'fæŋgld] (pej) ADJ ultramoderno
new-found ADJ (friend) novo; (enthusiasm) recente
Newfoundland ['njuːfənlənd] N Terra Nova
New Guinea N Nova Guiné f
newly ['njuːlɪ] ADV recém, novamente
newly-weds NPL recém-casados mpl
new moon N lua nova
newness ['njuːnɪs] N novidade f
news [njuːz] N notícias fpl; (Radio, TV) noticiário; **a piece of ~** uma notícia; **good/bad ~** boa/má notícia; **financial ~** noticiário financeiro
news agency N agência de notícias
newsagent ['njuːzeɪdʒənt] (BRIT) N jornaleiro(-a)
news bulletin N (Radio, TV) noticiário
newscaster ['njuːzkɑːstəʳ] N locutor(a) m/f

newsdealer ['nju:zdi:lə^r] (US) N = **newsagent**
news flash N notícia de última hora
newsletter ['nju:zlɛtə^r] N boletim *m* informativo
newspaper ['nju:zpeɪpə^r] N jornal *m*; (*material*) papel *m* de jornal; **daily ~** diário; **weekly ~** semanário
newsprint ['nju:zprɪnt] N papel *m* de jornal
newsreader ['nju:zri:də^r] N = **newscaster**
newsreel ['nju:zri:l] N jornal *m* cinematográfico, atualidades *fpl*
newsroom ['nju:zru:m] N (*Press*) sala da redação; (*TV*) estúdio
news stand N banca de jornais
newt [nju:t] N tritão *m*
New Year N ano novo; **Happy ~!** Feliz Ano Novo!; **to wish sb a happy ~** desejar feliz ano novo a alguém
New Year's Day N dia *m* de ano novo
New Year's Eve N véspera de ano novo
New York [-jɔ:k] N Nova Iorque
New Zealand [-'zi:lənd] N Nova Zelândia ▶ CPD neozelandês(-esa)
New Zealander [-'zi:ləndə^r] N neozelandês(-esa) *m/f*
next [nɛkst] ADJ (*in space*) próximo, vizinho; (*in time*) seguinte, próximo ▶ ADV depois; **the ~ day** o dia seguinte; **~ time** na próxima vez; **~ year** o ano que vem; **"turn to the ~ page"** "vire para a página seguinte"; **the week after ~** sem ser a semana que vem, a outra; **~ to** ao lado de; **~ to nothing** quase nada; **who's ~?** quem é o próximo?; **~ please!** próximo, por favor!; **when do we meet ~?** quando é que nós nos reencontramos?
next door ADV na casa do lado ▶ ADJ vizinho
next-of-kin N parentes *mpl* mais próximos
NF N ABBR (BRIT *Pol*: = *National Front*) *partido político da extrema direita* ▶ ABBR (CANADA) = **Newfoundland**
NFL (US) N ABBR = **National Football League**
NG (US) ABBR = **National Guard**
NGO N ABBR (= *non-governmental organization*) ONG *f*
NH (US) ABBR (*Post*) = **New Hampshire**
NHL (US) N ABBR = **National Hockey League**
NHS (BRIT) N ABBR = **National Health Service**
NI ABBR = **Northern Ireland**; (BRIT) = **National Insurance**
Niagara Falls [naɪ'ægrə-] NPL: **the ~** as cataratas do Niagara
nib [nɪb] N ponta *or* bico da pena
nibble ['nɪbl] VT mordiscar, beliscar; (*animal*) roer
Nicaragua [nɪkə'rægjuə] N Nicarágua
Nicaraguan [nɪkə'rægjuən] ADJ, N nicaraguense *m/f*
nice [naɪs] ADJ (*likeable*) simpático; (*kind*) amável, atencioso; (*pleasant*) agradável; (*attractive*) bonito; (*subtle*) sutil, fino
nice-looking [-'lukɪŋ] ADJ bonito
nicely ['naɪslɪ] ADV agradavelmente, bem;

that will do ~ isso será perfeito
niceties ['naɪsɪtɪz] NPL sutilezas *fpl*
niche [ni:ʃ] N nicho
nick [nɪk] N (*wound*) corte *m*; (*cut, indentation*) entalhe *m*, incisão *f*; (BRIT *inf*): **in good ~** em bom estado ▶ VT (*cut*) entalhar; (*inf: steal*) furtar; (: BRIT: *arrest*) prender; **in the ~ of time** na hora H, em cima da hora; **to ~ o.s.** cortar-se
nickel ['nɪkl] N níquel *m*; (US) moeda de 5 centavos
nickname ['nɪkneɪm] N apelido (BR), alcunha (PT) ▶ VT apelidar de (BR), alcunhar de (PT)
Nicosia [nɪkə'si:ə] N Nicósia
nicotine ['nɪkəti:n] N nicotina
niece [ni:s] N sobrinha
nifty ['nɪftɪ] (*inf*) ADJ (*car, jacket*) chique; (*gadget, tool*) jeitoso
Niger ['naɪdʒə^r] N (*country, river*) Níger *m*
Nigeria [naɪ'dʒɪərɪə] N Nigéria
Nigerian [naɪ'dʒɪərɪən] ADJ, N nigeriano(-a)
niggardly ['nɪgədlɪ] ADJ (*person*) avarento, sovina; (*amount*) miserável
nigger ['nɪgə^r] (!) N crioulo(-a)
niggle ['nɪgl] VI (*find fault*) botar defeito; (*fuss*) fazer histórias ▶ VT irritar
niggling ['nɪglɪŋ] ADJ (*trifling*) insignificante, mesquinho; (*annoying*) irritante; (*pain, doubt*) persistente
night [naɪt] N noite *f*; **at** *or* **by ~** à *or* de noite; **in** *or* **during the ~** durante a noite; **last ~** ontem à noite; **the ~ before last** anteontem à noite; **good ~!** boa noite!
night-bird N (*Zool*) ave *f* noturna; (*fig*) noctívago(-a)
nightcap ['naɪtkæp] N *bebida tomada antes de dormir*
nightclub ['naɪtklʌb] N boate *f*
nightdress ['naɪtdrɛs] N camisola (BR), camisa de noite (PT)
nightfall ['naɪtfɔ:l] N anoitecer *m*
nightgown ['naɪtgaun] N = **nightdress**
nightie ['naɪtɪ] N = **nightdress**
nightingale ['naɪtɪŋgeɪl] N rouxinol *m*
nightlife ['naɪtlaɪf] N vida noturna
nightly ['naɪtlɪ] ADJ noturno, de noite ▶ ADV todas as noites, cada noite
nightmare ['naɪtmɛə^r] N pesadelo
night porter N porteiro da noite
night safe N cofre *m* noturno
night school N escola noturna
nightshade ['naɪtʃeɪd] N: **deadly ~** (*Bot*) beladona
night shift N turno da noite
night-time N noite *f*
night watchman (*irreg: like* **man**) N vigia *m*, guarda-noturno *m*
nihilism ['naɪɪlɪzm] N niilismo
nil [nɪl] N nada; (BRIT *Sport*) zero
Nile [naɪl] N: **the ~** o Nilo
nimble ['nɪmbl] ADJ (*agile*) ágil, ligeiro; (*skilful*) hábil, esperto
nine [naɪn] NUM nove; *see also* **five**

nineteen [naɪn'ti:n] NUM dezenove (BR), dezanove (PT); *see also* **five**
nineteenth [naɪn'ti:nθ] NUM décimo nono
ninetieth ['naɪntɪɪθ] NUM nonagésimo
ninety ['naɪntɪ] NUM noventa; *see also* **fifty**
ninth [naɪnθ] NUM nono; *see also* **fifth**
nip [nɪp] VT (*pinch*) beliscar; (*bite*) morder ▶ VI (BRIT *inf*): **to ~ out/down/up** dar uma saidinha/descida/subida ▶ N (*drink*) gole *m*, trago; **to ~ into a shop** dar um pulo numa loja
nipple ['nɪpl] N (*Anat*) bico do seio, mamilo; (*of bottle*) bocal *m*, bico; (*Tech*) bocal (roscado)
nippy ['nɪpɪ] (BRIT) ADJ (*person*) rápido, ágil; (*cold*) friozinho
niqab [nɪ'ka:b] N (*Rel*) niqab *m*
nit [nɪt] N (*in hair*) lêndea, ovo de piolho; (*inf: idiot*) imbecil *m/f*, idiota *m/f*
nit-pick (*inf*) VI ser implicante
nitrate ['naɪtreɪt] N nitrato
nitrogen ['naɪtrədʒən] N nitrogênio
nitroglycerin, nitroglycerine [naɪtrəu'glɪsəri:n] N nitroglicerina
nitty-gritty ['nɪtɪ'grɪtɪ] (*inf*) N: **to get down to the ~** chegar ao âmago
nitwit ['nɪtwɪt] (*inf*) N pateta *m/f*, bobalhão(-ona) *m/f*
NJ (US) ABBR (*Post*) = **New Jersey**
NLF N ABBR = **National Liberation Front**
NLQ ABBR (= *near letter quality*) qualidade *f* carta
NLRB (US) N ABBR (= *National Labor Relations Board*) *órgão de proteção aos trabalhadores*
NM (US) ABBR (*Post*) = **New Mexico**

[KEYWORD]

no [nəu] ADV (*opposite of "yes"*) não; **are you coming? — no (I'm not)** você vem? — não (não vou); **no thank you** não obrigado
▶ ADJ (*not any*) nenhum(a), não ... algum(a); **I have no more money/time/books** não tenho mais dinheiro/tempo/livros; **no other man would have done it** nenhum outro homem teria feito isto; **"no entry"** "entrada proibida"; **"no smoking"** "é proibido fumar"
▶ N (*pl* **noes**) não *m*, negativa; **there were 20 noes and one "don't know"** houve 20 nãos e um "não sei"

no. ABBR (= *number*) nº
nobble ['nɔbl] (BRIT *inf*) VT (*bribe*) subornar; (*person: speak to*) agarrar; (*Racing: horse*) incapacitar (*com drogas*)
Nobel prize [nəu'bɛl-] N prêmio Nobel
nobility [nəu'bɪlɪtɪ] N nobreza
noble ['nəubl] ADJ (*person*) nobre; (*title*) de nobreza
nobleman ['nəublmən] (*irreg: like* **man**) N nobre *m*, fidalgo
nobly ['nəublɪ] ADV nobremente
nobody ['nəubədɪ] PRON ninguém
no-brainer [nəu'breɪnəʳ] (*inf*) N: **it's a ~** isso é meio óbvio
no-claims bonus N bonificação *f* (*por não ter reclamado indenização*)

nocturnal [nɔk'tə:nəl] ADJ noturno
nod [nɔd] VI (*greeting*) cumprimentar com a cabeça; (*in agreement*) acenar (que sim) com a cabeça; (*doze*) cochilar, dormitar ▶ VT: **to ~ one's head** inclinar a cabeça ▶ N inclinação *f* da cabeça; **they ~ded their agreement** inclinaram a cabeça afirmando seu acordo
▶ **nod off** VI cochilar
noise [nɔɪz] N barulho
noise abatement N luta contra a poluição sonora
noiseless ['nɔɪzlɪs] ADJ silencioso
noisily ['nɔɪzɪlɪ] ADV ruidosamente, com muito barulho
noisy ['nɔɪzɪ] ADJ barulhento
nomad ['nəumæd] N nômade *m/f*
nomadic [nəu'mædɪk] ADJ nômade
no man's land N terra de ninguém
nominal ['nɔmɪnl] ADJ nominal
nominate ['nɔmɪneɪt] VT (*propose*) propor; (*appoint*) nomear
nomination [nɔmɪ'neɪʃən] N (*proposal*) proposta; (*appointment*) nomeação *f*
nominee [nɔmɪ'ni:] N pessoa nomeada, candidato(-a)
non... [nɔn] PREFIX não-, des..., in..., anti-...
non-alcoholic ADJ não-alcoólico
non-breakable ADJ inquebrável
nonce word ['nɔns-] N palavra criada para a ocasião
nonchalant ['nɔnʃələnt] ADJ despreocupado
non-commissioned [-kə'mɪʃənd] ADJ: **~ officer** oficial *m* subalterno
non-committal [-kə'mɪtl] ADJ evasivo
nonconformist [nɔnkən'fɔ:mɪst] ADJ não-conformista, dissidente ▶ N não-conformista *m/f*
non-contributory ADJ: **~ pension scheme** (BRIT) *or* **plan** (US) caixa de aposentadoria não-contributária
non-cooperation N não-cooperação *f*
nondescript ['nɔndɪskrɪpt] ADJ qualquer; (*pej*) medíocre
none [nʌn] PRON (*person*) ninguém; (*thing*) nenhum(a), nada; **~ of you** nenhum de vocês; **I have ~** não tenho; **I've ~ left** não tenho mais; **~ at all** (*not one*) nenhum; **how much milk? — ~ at all** quanto leite? — nada; **he's ~ the worse for it** isso não o afetou
nonentity [nɔ'nɛntɪtɪ] N nulidade *f*, zero à esquerda *m*
non-essential ADJ não essencial, dispensável
▶ NPL: **~s** desnecessários *mpl*
nonetheless [nʌnðə'lɛs] ADV no entanto, apesar disso, contudo
non-executive ADJ: **~ director** administrador(a) *m/f*, conselheiro(-a)
non-existent [-ɪg'zɪstənt] ADJ inexistente
non-fiction [nɔn-] N literatura de não-ficção
non-flammable ADJ não inflamável
non-intervention N não-intervenção *f*

non obst. ABBR (= *non obstante, notwithstanding*) não obstante
non-payment N falta de pagamento
nonplussed [nɒn'plʌst] ADJ perplexo, pasmado
non-profit-making ADJ sem fins lucrativos
nonsense ['nɒnsəns] N disparate *m*, besteira, absurdo; ~! bobagem!, que nada!; **it's ~ to say ...** é um absurdo dizer que ...
non-shrink (BRIT) ADJ que não encolhe
non-skid ADJ antiderrapante
non-smoker N não-fumante *m/f*
nonstarter [nɒn'stɑːtə^r] N: **it's a ~** está fadado ao fracasso
non-stick ADJ tefal®, não-aderente
non-stop ADJ ininterrupto; (*Rail*) direto; (*Aviat*) sem escala ▶ ADV sem parar
non-taxable income N renda não-tributável
non-U (BRIT *inf*) ADJ ABBR (= *non-upper class*) que não se diz (or se faz)
non-voting shares NPL ações *fpl* sem direito de voto
non-white (!) ADJ, N não-branco(-a)
noodles ['nuːdlz] NPL talharim *m*
nook [nuk] N canto, recanto; **~s and crannies** esconderijos *mpl*
noon [nuːn] N meio-dia *m*
no-one PRON = **nobody**
noose [nuːs] N laço corrediço; (*hangman's*) corda da forca
nor [nɔː^r] CONJ = **neither** ▶ ADV *see* **neither**
norm [nɔːm] N (*convention*) norma; (*requirement*) regra
normal ['nɔːml] ADJ normal ▶ N: **to return to ~** normalizar-se
normality [nɔː'mælɪtɪ] N normalidade *f*
normally ['nɔːməlɪ] ADV normalmente
Normandy ['nɔːməndɪ] N Normandia
north [nɔːθ] N norte *m* ▶ ADJ do norte, setentrional ▶ ADV ao or para o norte
North Africa N África do Norte
North African ADJ, N norte-africano(-a)
North America N América do Norte
North American ADJ, N norte-americano(-a)
Northants [nɔː'θænts] (BRIT) ABBR = **Northamptonshire**
northbound ['nɔːθbaund] ADJ em direção norte
north-east N nordeste *m*
northerly ['nɔːðəlɪ] ADJ (*wind, course*) norte
northern ['nɔːðən] ADJ do norte, setentrional
Northern Ireland N Irlanda do Norte
North Pole N: **the ~** o Pólo Norte
North Sea N: **the ~** o Mar do Norte
North Sea oil N petróleo do Mar do Norte
northward ['nɔːθwəd], **northwards** ['nɔːθwədz] ADV em direção norte
north-west N noroeste *m*
Norway ['nɔːweɪ] N Noruega
Norwegian [nɔː'wiːdʒən] ADJ norueguês(-esa) ▶ N norueguês(-esa) *m/f*; (*Ling*) norueguês *m*
nos. ABBR (= *numbers*) n^o
nose [nəuz] N (*Anat*) nariz *m*; (*Zool*) focinho; (*sense of smell: of person*) olfato; (: *of animal*) faro

▶ VI (*also*: **nose one's way**) avançar cautelosamente; **to turn up one's ~ at** desdenhar; **to pay through the ~ (for sth)** (*inf*) pagar os olhos da cara por algo
▶ **nose about** VI bisbilhotar
▶ **nose around** VI = **nose about**
nosebleed ['nəuzbliːd] N hemorragia nasal
nose-dive N (*deliberate*) voo picado; (*involuntary*) parafuso
nose drops NPL gotas *fpl* para o nariz
nosey ['nəuzɪ] (*inf*) ADJ = **nosy**
nostalgia [nɔs'tældʒɪə] N nostalgia
nostalgic [nɔs'tældʒɪk] ADJ nostálgico
nostril ['nɔstrɪl] N narina
nosy ['nəuzɪ] (*inf*) ADJ intrometido, abelhudo
not [nɒt] ADV não; **he is ~** or **isn't here** ele não está aqui; **you must ~** or **mustn't do that** você não deve fazer isso; **it's too late, isn't it?** é muito tarde, não?; **he asked me ~ to do it** ele me pediu para não fazer isto; **~ that (I don't like him/he isn't interesting)** não é que (eu não goste dele/ ele não seja interessante); **~ yet/now** ainda/ agora não; *see also* **all, only**
notable ['nəutəbl] ADJ notável
notably ['nəutəblɪ] ADV (*particularly*) particularmente; (*markedly*) notavelmente
notary ['nəutərɪ] N (*also*: **notary public**) tabelião/tabelioa *m/f*, notário(-a)
notation [nəu'teɪʃən] N notação *f*
notch [nɔtʃ] N (*in wood*) entalhe *m*; (*in blade*) corte *m*
▶ **notch up** VT (*score*) marcar; (*victory*) registrar
note [nəut] N (*Mus, banknote*) nota; (*letter*) nota, bilhete *m*; (*record*) nota, anotação *f*; (*tone*) tom *m* ▶ VT (*observe*) observar, reparar em; (*also*: **note down**) anotar, tomar nota de; **just a quick ~ to let you know ...** apenas um bilhete rápido para avisá-lo ...; **to take ~s** tomar notas; **to compare ~s** (*fig*) trocar impressões; **to take ~ of** fazer caso de; **a person of ~** uma pessoa eminente
notebook ['nəutbuk] N caderno
note-case (BRIT) N carteira
noted ['nəutɪd] ADJ célebre, conhecido
notepad ['nəutpæd] N bloco de anotações
notepaper ['nəutpeɪpə^r] N papel *m* de carta
noteworthy ['nəutwəːθɪ] ADJ notável
nothing ['nʌθɪŋ] N nada; (*zero*) zero; **he does ~** ele não faz nada; **~ new/much** nada de novo/de mais; **for ~** (*free*) de graça, grátis; (*in vain*) à toa, por nada; **~ at all** absolutamente nada, coisa nenhuma
notice ['nəutɪs] N (*sign*) aviso, anúncio; (*warning*) aviso; (*of leaving or losing job*) aviso prévio; (BRIT: *review: of play etc*) resenha ▶ VT (*observe*) reparar em, notar; **without ~** sem aviso prévio; **advance ~** aviso prévio, preaviso; **to give sb ~ of sth** dar aviso a alguém de algo; **at short ~** de repente, em cima da hora; **until further ~** até nova ordem; **to hand in** or **give one's ~** (*subj*:

employee) demitir, pedir a demissão; **to take ~ of** prestar atenção a, fazer caso de; **to bring sth to sb's ~** conhecimento de alguém; **it has come to my ~ that ...** tornei-me ciente que ...; **to escape** *or* **avoid ~** passar desapercebido
noticeable ['nəʊtɪsəbl] ADJ evidente, visível
notice board (BRIT) N quadro de avisos
notification [nəʊtɪfɪ'keɪʃən] N aviso, notificação *f*
notify ['nəʊtɪfaɪ] VT avisar, notificar; **to ~ sth to sb** notificar algo a alguém; **to ~ sb of sth** avisar alguém de algo
notion ['nəʊʃən] N noção *f*, ideia; **notions** NPL (US) miudezas *fpl*
notoriety [nəʊtə'raɪətɪ] N notoriedade *f*, má fama
notorious [nəʊ'tɔːrɪəs] ADJ notório
notoriously [nəʊ'tɔːrɪəslɪ] ADV notoriamente
Notts [nɔts] (BRIT) ABBR = **Nottinghamshire**
notwithstanding [nɔtwɪθ'stændɪŋ] ADV no entanto, não obstante ▶ PREP: **~ this** apesar disto
nougat ['nuːgɑː] N torrone *m*, nugá *m*
nought [nɔːt] N zero
noun [naʊn] N substantivo
nourish ['nʌrɪʃ] VT nutrir, alimentar; (*fig*) fomentar, alentar
nourishing ['nʌrɪʃɪŋ] ADJ nutritivo, alimentício
nourishment ['nʌrɪʃmənt] N alimento, nutrimento
Nov. ABBR (= *November*) nov.
Nova Scotia ['nəʊvə'skəʊʃə] N Nova Escócia
novel ['nɔvl] N romance *m*; (*short*) novela ▶ ADJ (*new*) novo, recente; (*unexpected*) insólito
novelist ['nɔvəlɪst] N romancista *m/f*
novelty ['nɔvəltɪ] N novidade *f*
November [nəʊ'vɛmbə^r] N novembro; *see also* **July**
novice ['nɔvɪs] N principiante *m/f*, novato(-a); (*Rel*) noviço(-a)
NOW [naʊ] (US) N ABBR = **National Organization for Women**
now [naʊ] ADV (*at the present time*) agora; (*these days*) atualmente, hoje em dia ▶ CONJ: **~ (that)** agora que; **right ~** agora mesmo; **by ~** já; **just ~** agora; **that's the fashion just ~** é a moda atualmente; **I saw her just ~** eu a vi agora, acabei de vê-la; **~ and then, ~ and again** de vez em quando; **from ~ on** de agora em diante; **in 3 days from ~** daqui a 3 dias; **between ~ and Monday** até segunda-feira; **that's all for ~** por agora é tudo
nowadays ['naʊədeɪz] ADV hoje em dia
nowhere ['nəʊwɛə^r] ADV (*go*) a lugar nenhum; (*be*) em nenhum lugar; **~ else** em nenhum outro lugar
no-win situation [nəʊ'wɪn-] N beco sem saída; **we're in a ~** se correr o bicho pega, se ficar o bicho come
noxious ['nɔkʃəs] ADJ nocivo

nozzle ['nɔzl] N bico, bocal *m*; (*Tech*) tubeira; (: *hose*) agulheta
NP N ABBR = **notary public**
NS (CANADA) ABBR = **Nova Scotia**
NSC (US) N ABBR = **National Security Council**
NSF (US) N ABBR = **National Science Foundation**
NSPCC (BRIT) N ABBR = **National Society for the Prevention of Cruelty to Children**
NSW (AUST) ABBR = **New South Wales**
NT N ABBR (= *New Testament*) NT
nth [ɛnθ] ADJ: **for the ~ time** pela enésima vez
NUAAW (BRIT) N ABBR (= *National Union of Agricultural and Allied Workers*) sindicato da agropecuária
nuance ['njuːɑːns] N nuança, matiz *m*
NUBE (BRIT) N ABBR (= *National Union of Bank Employees*) sindicato dos bancários
nubile ['njuːbaɪl] ADJ (*woman*) jovem e bela
nuclear ['njuːklɪə^r] ADJ nuclear
nuclear disarmament N desarmamento nuclear
nuclei ['njuːklɪaɪ] NPL *of* **nucleus**
nucleus ['njuːklɪəs] (*pl* **nuclei**) N núcleo
nude [njuːd] ADJ nu(a) ▶ N (*Art*) nu *m*; **in the ~** nu, pelado
nudge [nʌdʒ] VT acotovelar, cutucar (BR)
nudist ['njuːdɪst] N nudista *m/f*
nudist colony N colonia nudista
nudity ['njuːdɪtɪ] N nudez *f*
nugget ['nʌgɪt] N pepita
nuisance ['njuːsns] N amolação *f*, aborrecimento; (*person*) chato; **what a ~!** que saco! (BR), que chatice! (PT)
NUJ (BRIT) N ABBR (= *National Union of Journalists*) sindicato dos jornalistas
nuke [njuːk] (*inf*) N usina nuclear
null [nʌl] ADJ: **~ and void** írrito e nulo
nullify ['nʌlɪfaɪ] VT anular, invalidar
NUM (BRIT) N ABBR (= *National Union of Mineworkers*) sindicato dos mineiros
numb [nʌm] ADJ dormente, entorpecido; (*fig*) estupefato ▶ VT adormecer, entorpecer; **~ with cold** duro de frio; **~ with fear** paralisado de medo
number ['nʌmbə^r] N número; (*numeral*) algarismo ▶ VT (*pages etc*) numerar; (*amount to*) montar a; **a ~ of** vários, muitos; **to be ~ed among** figurar entre; **they were ten in ~** eram em número de dez; **wrong ~** (*Tel*) engano
numbered account ['nʌmbəd-] N (*in bank*) conta numerada
number plate (BRIT) N placa (do carro)
Number Ten (BRIT) N (= *10 Downing Street*) *residência do primeiro-ministro*
numbness ['nʌmnɪs] N torpor *m*, dormência; (*fig*) insensibilidade *f*
numeral ['njuːmərəl] N algarismo
numerate ['njuːmərɪt] (BRIT) ADJ: **to be ~** ter uma noção básica da aritmética
numerical [njuː'mɛrɪkl] ADJ numérico

numerous ['nju:mərəs] ADJ numeroso
nun [nʌn] N freira
nuptial ['nʌpʃəl] ADJ nupcial
nurse [nə:s] N enfermeiro(-a); (*also*: **nursemaid**) ama-seca, babá *f* ▶ VT (*patient*) cuidar de, tratar de; (*baby: feed*) criar, amamentar; (: BRIT: *rock*) embalar; (*fig*) alimentar; **wet ~** ama de leite
nursery ['nə:səri] N (*institution*) creche *f*; (*room*) quarto das crianças; (*for plants*) viveiro
nursery rhyme N poesia infantil
nursery school N escola maternal
nursery slope (BRIT) N (*Ski*) rampa para principiantes
nursing ['nə:sɪŋ] N (*profession*) enfermagem *f*; (*care*) cuidado, assistência
nursing home N sanatório, clínica de repouso
nursing mother N lactante *f*
nurture ['nə:tʃə^r] VT alimentar
NUS (BRIT) N ABBR (= *National Union of Seamen*) sindicato dos marinheiros; (= *National Union of Students*) sindicato dos estudantes
NUT (BRIT) N ABBR (= *National Union of Teachers*) sindicato dos professores
nut [nʌt] N (*Tech*) porca; (*Bot*) noz *f* ▶ CPD (*chocolate etc*) de nozes
nutcase ['nʌtkeɪs] (*inf*) N doido(-a), biruta *m/f*

nutcrackers ['nʌtkrækəz] NPL quebra-nozes *m inv*
nutmeg ['nʌtmɛg] N noz-moscada
nutrient ['nju:trɪənt] N nutrimento ▶ ADJ nutritivo
nutrition [nju:'trɪʃən] N (*diet*) alimentação *f*; (*nourishment*) nutrição *f*
nutritionist [nju:'trɪʃənɪst] N nutricionista *m/f*
nutritious [nju:'trɪʃəs] ADJ nutritivo
nuts [nʌts] (*inf*) ADJ: **he's ~** ele é doido
nutshell ['nʌtʃɛl] N casca de noz; **in a ~** (*fig*) em poucas palavras
nuzzle ['nʌzl] VI: **to ~ up to** aconchegar-se com
NV (US) ABBR (*Post*) = **Nevada**
NWT (CANADA) ABBR = **Northwest Territories**
NY (US) ABBR (*Post*) = **New York**
NYC (US) ABBR (*Post*) = **New York City**
nylon ['naɪlɔn] N náilon *m* (BR), nylon *m* (PT) ▶ ADJ de náilon *or* nylon; **nylons** NPL (*stockings*) meias *fpl* (de náilon)
nymph [nɪmf] N ninfa
nymphomaniac [nɪmfəu'meɪnɪæk] N ninfômana
NYSE (US) N ABBR = **New York Stock Exchange**
NZ ABBR = **New Zealand**

Oo

O, o [əu] N (*letter*) O, o m; (US *Sch*)
= **outstanding**; **O for Olive** (BRIT) or **Oboe**
(US) O de Osvaldo
oaf [əuf] N imbecil m/f
oak [əuk] N carvalho ▶ ADJ de carvalho
OAP (BRIT) N ABBR = **old-age pensioner**
oar [ɔːʳ] N remo; **to put** or **shove one's ~ in**
(*fig*: *inf*) meter o bedelho or a colher
oarsman ['ɔːzmən] (*irreg*: *like* **man**) N
remador m
oarswoman ['ɔːzwumən] (*irreg*: *like* **woman**) N
remadora
OAS N ABBR (= *Organization of American States*)
OEA f
oases [əu'eɪsiːz] NPL *of* **oasis**
oasis [əu'eɪsɪs] (*pl* **oases**) N oásis m inv
oath [əuθ] N juramento; (*swear word*) palavrão m;
(*curse*) praga; **on** (BRIT) or **under ~** sob
juramento; **to take an ~** prestar juramento
oatmeal ['əutmiːl] N farinha or mingau m de
aveia
oats [əuts] N aveia
OAU N ABBR (= *Organization of African Unity*)
OUA f
obdurate ['ɔbdjurɪt] ADJ (*obstinate*) teimoso;
(*sinner*) empedernido; (*unyielding*) inflexível
obedience [ə'biːdɪəns] N obediência; **in ~ to**
em conformidade com
obedient [ə'biːdɪənt] ADJ obediente; **to be ~
to sb/sth** obedecer a alguém/algo
obelisk ['ɔbɪlɪsk] N obelisco
obese [əu'biːs] ADJ obeso
obesity [əu'biːsɪtɪ] N obesidade f
obey [ə'beɪ] VT obedecer a; (*instructions,
regulations*) cumprir ▶ VI obedecer
obituary [ə'bɪtjuərɪ] N necrológio
object [n 'ɔbdʒɪkt, vi əb'dʒɛkt] N (*gen, Ling*)
objeto; (*purpose*) objetivo ▶ VI: **to ~ to**
(*attitude*) desaprovar, objetar a; (*proposal*)
opor-se a; **I ~!** protesto!; **he ~ed that ...** ele
objetou que ...; **do you ~ to my smoking?**
você se incomoda que eu fume?; **what's the
~ of doing that?** qual o objetivo de fazer
isso?; **expense is no ~** o preço não é
problema
objection [əb'dʒɛkʃən] N objeção f; (*drawback*)
inconveniente m; **I have no ~ to ...** não
tenho nada contra ...; **to make** or **raise an ~**
fazer or levantar uma objeção

objectionable [əb'dʒɛkʃənəbl] ADJ
desagradável; (*conduct*) censurável
objective [əb'dʒɛktɪv] ADJ objetivo ▶ N
objetivo
objectivity [ɔbdʒɪk'tɪvɪtɪ] N objetividade f
object lesson N (*fig*): **~ (in)** demonstração f
(de)
objector [əb'dʒɛktəʳ] N opositor(a) m/f
obligation [ɔblɪ'geɪʃən] N obrigação f; (*debt*)
dívida (de gratidão); **without ~** sem
compromisso; **to be under an ~ to do sth**
ser obrigado a fazer algo
obligatory [ə'blɪgətərɪ] ADJ obrigatório
oblige [ə'blaɪdʒ] VT (*do a favour for*) obsequiar,
fazer um favor a; (*force*) obrigar, forçar; **to ~
sb to do sth** obrigar or forçar alguém a fazer
algo; **to be ~d to sb for doing sth** ficar
agradecido por alguém fazer algo; **anything
to ~!** (*inf*) estou à sua disposição!
obliging [ə'blaɪdʒɪŋ] ADJ prestativo
oblique [ə'bliːk] ADJ oblíquo; (*allusion*)
indireto
obliterate [ə'blɪtəreɪt] VT (*erase*) apagar;
(*destroy*) destruir
oblivion [ə'blɪvɪən] N esquecimento
oblivious [ə'blɪvɪəs] ADJ: **~ of** inconsciente de,
esquecido de
oblong ['ɔblɔŋ] ADJ oblongo, retangular ▶ N
retângulo
obnoxious [əb'nɔkʃəs] ADJ odioso, detestável;
(*smell*) enjoativo
o.b.o (US) ABBR (= *or best offer*) ou melhor oferta
oboe ['əubəu] N oboé m
obscene [əb'siːn] ADJ obsceno
obscenity [əb'sɛnɪtɪ] N obscenidade f
obscure [əb'skjuəʳ] ADJ obscuro,
desconhecido; (*difficult to understand*) pouco
claro ▶ VT ocultar, escurecer; (*hide*: *sun etc*)
esconder
obscurity [əb'skjuərɪtɪ] N obscuridade f;
(*darkness*) escuridão f
obsequious [əb'siːkwɪəs] ADJ obsequioso,
servil
observable [əb'zəːvəbl] ADJ observável;
(*appreciable*) perceptível
observance [əb'zəːvns] N observância,
cumprimento; (*ritual*) prática, hábito;
religious ~s observância religiosa
observant [əb'zəːvnt] ADJ observador(a)

observation [ɔbzə'veɪʃən] N observação f; (by police etc) vigilância; (Med) exame m
observation post N (Mil) posto de observação
observatory [əb'zɜːvətrɪ] N observatório
observe [əb'zɜːv] VT observar; (rule) cumprir
observer [əb'zɜːvəʳ] N observador(a) m/f
obsess [əb'sɛs] VT obsedar, obcecar; **to be ~ed by** or **with sb/sth** estar obcecado por or com alguém/algo
obsession [əb'sɛʃən] N obsessão f, ideia fixa
obsessive [əb'sɛsɪv] ADJ obsessivo
obsolescence [ɔbsə'lɛsns] N obsolescência; **built-in** or **planned ~** (Comm) obsolescência pré-incorporada
obsolescent [ɔbsə'lɛsnt] ADJ obsolescente, antiquado
obsolete [ˈɔbsəliːt] ADJ obsoleto; **to become ~** cair em desuso
obstacle ['ɔbstəkl] N obstáculo; (hindrance) estorvo, impedimento
obstacle race N corrida de obstáculos
obstetrician [ɔbstə'trɪʃən] N obstetra m/f
obstetrics [ɔb'stɛtrɪks] N obstetrícia
obstinacy ['ɔbstɪnəsɪ] N teimosia, obstinação f
obstinate ['ɔbstɪnɪt] ADJ obstinado
obstreperous [əb'strɛpərəs] ADJ turbulento
obstruct [əb'strʌkt] VT obstruir; (block: pipe) entupir; (hinder) estorvar
obstruction [əb'strʌkʃən] N obstrução f; (object) obstáculo
obstructive [əb'strʌktɪv] ADJ obstrutor(a)
obtain [əb'teɪn] VT (get) obter; (achieve) conseguir ▶ VI prevalecer
obtainable [əb'teɪnəbl] ADJ disponível
obtrusive [əb'truːsɪv] ADJ (person) intrometido, intruso; (building etc) que dá muito na vista
obtuse [əb'tjuːs] ADJ obtuso
obverse ['ɔbvəːs] N (of medal, coin) obverso; (fig) contrapartida
obviate ['ɔbvɪeɪt] VT obviar a, prevenir
obvious ['ɔbvɪəs] ADJ (clear) óbvio, evidente; (unsubtle) nada sutil
obviously ['ɔbvɪəslɪ] ADV evidentemente; **~, he was not drunk** or **he was ~ not drunk** certamente ele não estava bêbado; **he was not ~ drunk** ele não aparentava estar bêbado; **~!** claro!, lógico!; **~ not!** (é)claro que não!
OCAS N ABBR (= Organization of Central American States) ODECA f
occasion [ə'keɪʒən] N ocasião f; (event) acontecimento ▶ VT ocasionar, causar; **on that ~** naquela ocasião; **to rise to the ~** mostrar-se à altura da situação
occasional [ə'keɪʒənl] ADJ de vez em quando
occasionally [ə'keɪʒənəlɪ] ADV de vez em quando; **very ~** raramente
occasional table N mesinha
occult [ɔ'kʌlt] ADJ oculto ▶ N: **the ~** as ciências ocultas
occupancy ['ɔkjupənsɪ] N ocupação f, posse f
occupant ['ɔkjupənt] N (of house) inquilino(-a); (of car) ocupante m/f

occupation [ɔkju'peɪʃən] N ocupação f; (job) profissão f; **unfit for ~** (house) inabitável
occupational [ɔkju'peɪʃnl] ADJ (accident) de trabalho; (disease) profissional
occupational guidance (BRIT) N orientação f vocacional
occupational hazard N risco profissional
occupational pension N pensão f profissional
occupational therapy N terapia ocupacional
occupier ['ɔkjupaɪəʳ] N inquilino(-a)
occupy ['ɔkjupaɪ] VT ocupar; (house) morar em; **to ~ o.s. in doing** (as job) dedicar-se a fazer; (be busy with) ocupar-se de fazer; **to be occupied with sth** ocupar-se de algo
occur [ə'kəːʳ] VI (event) ocorrer; (phenomenon) acontecer; (difficulty, opportunity) surgir; **to ~ to sb** ocorrer a alguém; **it ~s to me that ...** ocorre-me que ...
occurrence [ə'kʌrəns] N (event) ocorrência, acontecimento; (existence) existência
OCD N ABBR [ˈəusiːˈdiː] (= obsessive compulsive disorder) TOC m
ocean ['əuʃən] N oceano; **~s of** (inf) um monte de
ocean bed N fundo do oceano
ocean-going [-'gəuɪŋ] ADJ de longo curso
Oceania [əuʃɪ'eɪnɪə] N Oceania
ocean liner N transatlântico
ochre, (US) **ocher** ['əukəʳ] ADJ cor de ocre inv
o'clock [ə'klɔk] ADV: **it is 5 ~** são cinco horas
OCR N ABBR = **optical character reader; optical character recognition**
Oct. ABBR (= October) out.
octagonal [ɔk'tægənl] ADJ octogonal
octane ['ɔkteɪn] N octano; **high-~ petrol** (BRIT) or **gas** (US) gasolina de alto índice de octana
octave ['ɔktɪv] N oitava
October [ɔk'təubəʳ] N outubro; see also **July**
octogenarian [ɔktəudʒɪ'nɛərɪən] N octogenário(-a)
octopus ['ɔktəpəs] N polvo
odd [ɔd] ADJ (strange) estranho, esquisito; (number) ímpar; (sock etc) desemparelhado; (left over) avulso, de sobra; **60-~** 60 e tantos; **at ~ times** às vezes, de vez em quando; **to be the ~ one out** ficar sobrando, ser a exceção
oddball ['ɔdbɔːl] (inf) N excêntrico(-a), esquisitão(-ona) m/f
oddity ['ɔdɪtɪ] N coisa estranha, esquisitice f; (person) excêntrico(-a)
odd-job man (irreg: like **man**) N faz-tudo m
odd jobs NPL biscates mpl, bicos mpl
oddly ['ɔdlɪ] ADV curiosamente; see also **enough**
oddments ['ɔdmənts] (BRIT) NPL (Comm) retalhos mpl
odds [ɔdz] NPL (in betting) pontos mpl de vantagem; **the ~ are against his coming** é pouco provável que ele venha; **it makes no ~** dá no mesmo; **to succeed against all the ~** conseguir contra todas as expectativas; **at ~** brigados(-as), de mal

odds and ends NPL miudezas *fpl*
ode [əud] N ode *f*
odious ['əudɪəs] ADJ odioso
odometer [əu'dɔmɪtəʳ] N conta-quilômetros *m inv*
odour, (US) **odor** ['əudəʳ] N odor *m*, cheiro; *(unpleasant)* fedor *m*
odourless, (US) **odorless** ['əudəlɪs] ADJ inodoro
OECD N ABBR (= *Organization for Economic Cooperation and Development*) OCDE *f*
oesophagus, (US) **esophagus** [iː'sɔfəgəs] N esôfago
oestrogen, (US) **estrogen** ['iːstrəudʒən] N estrogênio

(KEYWORD)

of [ɔv, əv] PREP **1** *(gen)* de; **the history of France** a história da França; **a friend of ours** um amigo nosso; **a boy of 10** um menino de 10 anos; **that was very kind of you** foi muito gentil da sua parte; **the city of New York** a cidade de Nova Iorque
2 *(expressing quantity, amount, dates etc)* de; **a kilo of flour** um quilo de farinha; **how much of this do you need?** de quanto você precisa?; **3 of them** 3 deles; **3 of us went** 3 de nós foram; **a cup of tea/vase of flowers** uma xícara de chá/um vaso de flores; **the 5th of July** dia 5 de julho
3 *(from, out of)* de; **a statue of marble** uma estátua de mármore; **made of wood** feito de madeira

(KEYWORD)

off [ɔf] ADV **1** *(distance, time)*: **it's a long way off** fica bem longe; **the game is 3 days off** o jogo é daqui a 3 dias
2 *(departure)*: **I'm off** estou de partida; **to go off to Paris/Italy** ir para Paris/a Itália; **I must be off** devo ir-me
3 *(removal)*: **to take off one's hat/coat/clothes** tirar o chapéu/o casaco/a roupa; **the button came off** o botão caiu; **10% off** *(Comm)* 10% de abatimento *or* desconto
4 *(not at work: on holiday)* **to have a day off** tirar um dia de folga; (: *sick)*: **to be off sick** estar ausente por motivo de saúde; **I'm off on Fridays** estou de folga às sextas-feiras
▶ ADJ **1** *(not turned on: machine, water, gas)* desligado; (: *light)* apagado; (: *tap)* fechado
2 *(cancelled: meeting, match, agreement)* cancelado
3 (BRIT: *not fresh: food)* passado; (: *milk)* talhado, anulado
4: **today I had an off day** *(not as good as usual)* hoje não foi o meu dia
▶ PREP **1** *(indicating motion, removal, etc)* de; **the button came off my coat** o botão do meu casaco caiu
2 *(distant from)* de; **5 km off (the road)** a 5 km (da estrada); **off the coast** em frente à costa
3: **to be off meat** *(no longer eat it)* não comer mais carne; *(no longer like it)* enjoar de carne

offal ['ɔfl] N *(Culin)* sobras *fpl*, restos *mpl*
offbeat ['ɔfbiːt] ADJ excêntrico
off-centre, (US) **off-center** ADJ descentrado, excêntrico
off chance N: **on the ~ ...** na eventualidade de ...; **I came on the ~ I'd see her** vim na eventualidade de poder encontrá-la
off-colour (BRIT) ADJ *(ill)* indisposto
offence, (US) **offense** [ə'fɛns] N *(crime)* delito; *(insult)* insulto, ofensa; **to give ~ to** ofender; **to take ~ at** ofender-se com, melindrar-se com; **to commit an ~** cometer uma infração
offend [ə'fɛnd] VT *(person)* ofender ▶ VI: **to ~ against** *(law, rule)* pecar contra, transgredir
offender [ə'fɛndəʳ] N delinquente *m/f*; *(against regulations)* infrator(a) *m/f*
offending [ə'fɛndɪŋ] ADJ polêmico
offense [ə'fɛns] (US) N = **offence**
offensive [ə'fɛnsɪv] ADJ *(weapon, remark)* ofensivo; *(smell etc)* repugnante ▶ N *(Mil)* ofensiva
offer ['ɔfəʳ] N oferta; *(proposal)* proposta ▶ VT oferecer; *(opportunity)* proporcionar; **to make an ~ for sth** fazer uma oferta por algo; **to ~ sth to sb, ~ sb sth** oferecer algo a alguém; **to ~ to do sth** oferecer-se para fazer algo; **"on ~"** *(Comm)* "em oferta"
offering ['ɔfərɪŋ] N oferenda
offertory ['ɔfətərɪ] N *(Rel)* ofertório
offhand [ɔf'hænd] ADJ informal ▶ ADV de improviso; **I can't tell you ~** não posso te dizer assim de improviso
office ['ɔfɪs] N *(place)* escritório; *(room)* gabinete *m*; *(position)* cargo, função *f*; **to take ~** tomar posse; **doctor's ~** (US) consultório; **through his good ~s** *(fig)* graças aos grandes préstimos dele
office automation N automação *f* de escritórios
office bearer N *(of club etc)* detentor(a) *m/f* de um cargo
office block, (US) **office building** N conjunto de escritórios
office boy N contínuo, bói *m*
office building (US) N conjunto de escritórios
office hours NPL (horas *fpl* de) expediente *m*; (US *Med)* horas *fpl* de consulta
office manager N gerente *m/f* de escritório
officer ['ɔfɪsəʳ] N *(Mil etc)* oficial *m/f*; *(of organization)* diretor(a) *m/f*; *(also:* **police officer**) agente *m/f* policial *or* de polícia
office work N trabalho de escritório
office worker N empregado(-a) *or* funcionário(-a) de escritório
official [ə'fɪʃl] ADJ oficial ▶ N oficial *m/f*; *(civil servant)* funcionário(-a) público(-a)
officialdom [ə'fɪʃldəm] *(pej)* N burocracia
officially [ə'fɪʃəlɪ] ADV oficialmente
official receiver N síndico(-a) de massa falida

officiate [əˈfɪʃɪeɪt] vɪ (Rel) oficiar; **to ~ as Mayor** exercer as funções de prefeito; **to ~ at a marriage** celebrar um casamento
officious [əˈfɪʃəs] ADJ intrometido
offing [ˈɔfɪŋ] N: **in the ~** (fig) em perspectiva
off-key ADJ, ADV desafinado
off-licence (BRIT) N (shop) loja de bebidas alcoólicas

> Uma **off-licence** vende bebidas alcoólicas e também se pode comprar bebidas não-alcoólicas, cigarros, batatas fritas, balas, chocolates etc.

off-limits (esp US) ADJ proibido
offline [ˈɔflaɪn] ADJ, ADV (Comput) off-line; (switched off) desligado
off-load VT: **to ~ sth (onto)** (goods) descarregar algo (sobre); (job) descarregar algo (em)
off-peak ADJ (heating etc) de período de pouco consumo; (ticket, train) de período de pouco movimento
off-putting [-ˈputɪŋ] (BRIT) ADJ desconcertante
off-season ADJ, ADV fora de estação or temporada
offset [ˈɔfsɛt] (irreg: like **set**) VT (counteract) compensar, contrabalançar ▶ N (also: **offset printing**) ofsete m
offshoot [ˈɔfʃuːt] (fig) N desdobramento
offshore [ɔfˈʃɔː] ADV a pouca distância da costa, ao largo ▶ ADJ (breeze) de terra; (island) perto do litoral; (fishing) costeiro; **~ oilfield** campo petrolífero ao largo
offside [ˈɔfsaɪd] N (Aut) lado do motorista ▶ ADJ (Sport) impedido; (Aut) do lado do motorista
offspring [ˈɔfsprɪŋ] N descendência, prole f
offstage [ˈɔfsteɪdʒ] ADV nos bastidores
off-the-cuff ADJ improvisado ▶ ADV de improviso
off-the-job training N treinamento fora do local de trabalho
off-the-peg, (US) **off-the-rack** ADJ pronto
off-white ADJ quase branco
often [ˈɔfn] ADV muitas vezes, frequentemente; **how ~ do you go?** com que frequência você vai?; **as ~ as not** quase sempre; **very ~** com muita frequência
ogle [ˈəugl] VT comer com os olhos
ogre [ˈəugə^r] N ogre m
OH (US) ABBR (Post) = **Ohio**
oh [əu] EXCL oh!, ô!, ah!
OHMS (BRIT) ABBR = **On His (or Her) Majesty's Service**
oil [ɔɪl] N (Culin) azeite m; (petroleum) petróleo; (for heating) óleo ▶ VT (machine) lubrificar
oilcan [ˈɔɪlkæn] N almotolia; (for storing) lata
oil change N mudança de óleo
oilfield [ˈɔɪlfiːld] N campo petrolífero
oil filter N (Aut) filtro de óleo
oil-fired [-ˈfaɪəd] ADJ que usa óleo combustível
oil gauge N indicador m do nível de óleo
oil industry N indústria petroleira

oil level N nível m de óleo
oil painting N pintura a óleo
oil refinery N refinaria de petróleo
oil rig N torre f de perfuração
oilskins [ˈɔɪlskɪnz] NPL capa de oleado
oil slick N mancha de óleo
oil tanker N (ship) petroleiro; (truck) carro-tanque m de petróleo
oil well N poço petrolífero
oily [ˈɔɪlɪ] ADJ oleoso; (food) gorduroso
ointment [ˈɔɪntmənt] N pomada
OK (US) ABBR (Post) = **Oklahoma**
O.K. [ˈəuˈkeɪ] EXCL está bem, está bom, tá (bem or bom) (inf) ▶ ADJ bom; (correct) certo ▶ VT aprovar ▶ N: **to give sth the ~** dar luz verde a algo; **is it ~?** tá bom?; **are you ~?** você está bem?; **are you ~ for money?** você está bem de dinheiro?; **it's ~ with** or **by me** para mim tudo bem
okay [ˈəuˈkeɪ] = **O.K.**
old [əuld] ADJ velho; (former) antigo, anterior; **how ~ are you?** quantos anos você tem?; **he's 10 years ~** ele tem 10 anos; **~er brother** irmão mais velho; **any ~ thing will do** qualquer coisa serve
old age N velhice f
old-age pensioner (BRIT) N aposentado(-a) (BR), reformado(-a) (PT)
old-fashioned [-ˈfæʃnd] ADJ fora de moda; (person) antiquado; (values) obsoleto, retrógrado
old people's home N asilo de velhos
old-time ADJ antigo, do tempo antigo
old-timer N veterano
old wives' tale N conto da carochinha
olive [ˈɔlɪv] N (fruit) azeitona; (tree) oliveira ▶ ADJ (also: **olive-green**) verde-oliva inv
olive oil N azeite m de oliva
Olympic® [əuˈlɪmpɪk] ADJ olímpico; **the ~ Games®, the ~s®** os Jogos Olímpicos, as Olimpíadas
OM (BRIT) N ABBR (= Order of Merit) título honorífico
Oman [əuˈmɑːn] N Omã m (BR), Oman m (PT)
OMB (US) N ABBR (= Office of Management and Budget) serviço que assessora o presidente em assuntos orçamentários
omelette, (US) **omelet** [ˈɔmlɪt] N omelete f
omen [ˈəumən] N presságio, agouro
OMG (inf) ABBR (= Oh my God!) OMG
ominous [ˈɔmɪnəs] ADJ (menacing) preocupante; (event) de mau agouro
omission [əuˈmɪʃən] N omissão f; (error) descuido, negligência
omit [əuˈmɪt] VT omitir; (by mistake) esquecer; **to ~ to do sth** deixar de fazer algo
omnivorous [ɔmˈnɪvərəs] ADJ onívoro
ON (CANADA) ABBR = **Ontario**

(KEYWORD)

on [ɔn] PREP **1** (indicating position) sobre, em (cima de); **on the wall** na parede; **on the left** à esquerda; **the house is on the main**

road a casa fica na rua principal
2 (*indicating means, method, condition etc*): **on foot** a pé; **on the train/plane** no trem/avião; **on the telephone/radio** no telefone/rádio; **on television** na televisão; **to be on drugs** (*addicted*) ser viciado em drogas; (*Med*) estar sob medicação; **to be on holiday/business** estar de férias/a negócio
3 (*referring to time*): **on Friday** na sexta-feira; **a week on Friday** sem ser esta sexta-feira, a outra; **on arrival** ao chegar; **on seeing this** ao ver isto
4 (*about, concerning*) sobre
▶ ADV 1 (*referring to dress*): **to have one's coat on** estar de casaco; **what's she got on?** o que ela está usando?; **she put her boots on** ela calçou as botas; **he put his gloves/hat on** ele colocou as luvas/o chapéu
2 (*referring to covering*): **screw the lid on tightly** atarraxar bem a tampa
3 (*further, continuously*): **to walk/drive on** continuar andando/dirigindo; **to go on** continuar (em frente); **to read on** continuar a ler
▶ ADJ 1 (*functioning, in operation: machine*) em funcionamento; (: *light*) aceso; (: *radio*) ligado; (: *tap*) aberto; (: *brakes: of car etc*): **to be on** estar freado; (*event*): **is the meeting still on?** (*in progress*) a reunião ainda está sendo realizada?; (*not cancelled*) ainda vai haver reunião?; **there's a good film on at the cinema** tem um bom filme passando no cinema
2: **that's not on!** (*inf: of behaviour*) isso não se faz!

ONC (BRIT) N ABBR = **Ordinary National Certificate**
once [wʌns] ADV uma vez; (*formerly*) outrora ▶ CONJ depois que; **~ he had left/it was done** depois que ele saiu/foi feito; **at ~** imediatamente; (*simultaneously*) de uma vez, ao mesmo tempo; **all at ~** de repente; **~ a week** uma vez por semana; **~ more** mais uma vez; **I knew him ~** eu o conheci antigamente; **~ and for all** uma vez por todas, definitivamente; **~ upon a time** era uma vez
oncoming [ˈɔnkʌmɪŋ] ADJ (*traffic*) que vem de frente
OND (BRIT) N ABBR = **Ordinary National Diploma**

(KEYWORD)

one [wʌn] NUM um(a); **one hundred and fifty** cento e cinquenta; **one by one** um por um
▶ ADJ 1 (*sole*) único; **the one book which ...** o único livro que ...
2 (*same*) mesmo; **they came in the one car** eles vieram no mesmo carro
▶ PRON 1 um(a); **this one** este/esta; **that one** esse/essa, aquele/aquela; **I've already got one/a red one** eu já tenho um/um vermelho
2: **one another** um ao outro; **do you two ever see one another?** vocês dois se veem de vez em quando?; **the boys didn't dare look at one another** os meninos não ousaram olhar um para o outro
3 (*impers*): **one never knows** nunca se sabe; **to cut one's finger** cortar o dedo; **one needs to eat** é preciso comer

one-armed bandit N caça-níqueis *m inv*
one-day excursion (US) N bilhete *m* de ida e volta
one-man ADJ (*business*) individual
one-man band N homem-orquestra *m*
one-off (BRIT *inf*) N exemplar *m* único ▶ ADJ único
one-piece ADJ: **~ bathing suit** maiô inteiro
onerous [ˈəʊnərəs] ADJ (*task, duty*) incômodo; (*responsibility*) pesado
oneself [wʌnˈsɛlf] PRON (*reflexive*) se; (*after prep, emphatic*) si (mesmo(-a)); **by ~** sozinho(-a); **to hurt ~** ferir-se; **to keep sth for ~** guardar algo para si mesmo; **to talk to ~** falar consigo mesmo
one-sided [-ˈsaɪdɪd] ADJ (*decision*) unilateral; (*judgement, account*) parcial; (*contest*) desigual
onesie [ˈwʌnzi] N onesie *m*, macacão
one-time ADJ antigo
one-to-one ADJ (*relationship*) individual
one-upmanship [-ˈʌpmənʃɪp] N: **the art of ~** a arte de aparentar ser melhor do que os outros
one-way ADJ (*street, traffic*) de mão única (BR), de sentido único (PT)
ongoing [ˈɔngəʊɪŋ] ADJ (*project*) em andamento; (*situation*) existente
onion [ˈʌnjən] N cebola
online [ˈɔnlaɪn] ADJ, ADV (*Comput*) on-line, online; (*switched on*) ligado
online banking N netbanking *m*
onlooker [ˈɔnlʊkəʳ] N espectador(a) *m/f*
only [ˈəʊnlɪ] ADV somente, apenas ▶ ADJ único, só ▶ CONJ só que, porém; **an ~ child** um filho único; **not ~ ... but also ...** não só ... mas também ...; **I saw her ~ yesterday** apenas ontem eu a vi; **I'd be ~ too pleased to help** eu teria muitíssimo prazer em ajudar; **I would come, ~ I'm very busy** eu iria, porém estou muito ocupado
ono ABBR (= *or nearest offer*) ou melhor oferta
onset [ˈɔnsɛt] N (*beginning*) começo; (*attack*) ataque *m*
onshore [ˈɔnʃɔːʳ] ADJ (*wind*) do mar
onslaught [ˈɔnslɔːt] N investida, arremetida
on-the-job training N treinamento no serviço
onto [ˈɔntu] PREP = **on to**
onus [ˈəʊnəs] N responsabilidade *f*; **the ~ is upon him to prove it** cabe a ele comprová-lo
onward [ˈɔnwəd], **onwards** [ˈɔnwədz] ADV (*move*) para diante, para a frente; **from this time ~(s)** de (ag)ora em diante

onyx ['ɔnɪks] N ônix m

ooze [u:z] VI ressumar, filtrar-se; **to ~ a feeling** mostrar um sentimento exagerado

opacity [əu'pæsɪtɪ] N opacidade f

opal ['əupl] N opala

opaque [əu'peɪk] ADJ opaco, fosco

OPEC ['əupɛk] N ABBR (= *Organization of Petroleum-Exporting Countries*) OPEP f

open ['əupn] ADJ aberto; (*car*) descoberto; (*road*) livre; (*fig: frank*) aberto, franco; (*meeting*) aberto, sem restrições; (*admiration*) declarado; (*question*) discutível; (*enemy*) assumido ▶ VT abrir ▶ VI (*gen*) abrir(-se); (*shop*) abrir; (*book etc: commence*) começar; **in the ~ (air)** ao ar livre; **the ~ sea** o largo; **~ ground** (*among trees*) clareira, abertura; (*waste ground*) terreno baldio; **to have an ~ mind (on sth)** estar imparcial (quanto a algo)
▶ **open on to** VT FUS (*subj: room, door*) dar para
▶ **open out** VT abrir ▶ VI abrir-se
▶ **open up** VT abrir; (*blocked road*) desobstruir ▶ VI (*Comm*) abrir

open-air ADJ a céu aberto

open-and-shut ADJ: **~ case** caso evidente

open day (BRIT) N dia m de visita

open-ended [-'ɛndɪd] ADJ (*fig*) não limitado

opener ['əupnə'] N (*also*: **can opener, tin opener**) abridor m de latas (BR), abre-latas m inv (PT)

open-heart surgery N cirurgia de coração aberto

opening ['əupnɪŋ] ADJ de abertura ▶ N abertura; (*start*) início; (*opportunity*) oportunidade f; (*job*) vaga

opening night N (*Theatre*) estreia

openly ['əupnlɪ] ADV abertamente

open-minded [-'maɪndɪd] ADJ aberto, imparcial

open-necked [-nɛkt] ADJ aberto no colo

openness ['əupnnɪs] N abertura, sinceridade f

open-plan ADJ sem paredes divisórias

open sandwich N canapê m

open shop N *empresa que admite trabalhadores não sindicalizados*

Open University (BRIT) N *ver nota*

Fundada em 1969, a **Open University** é uma universidade britânica de ensino à distância, em que os conteúdos dos cursos são disponibilizados através da Internet. Os alunos também entregam seus trabalhos e recebem apoio dos professores através da Internet. Podem haver algumas aulas presenciais pontuais em alguns cursos.

opera ['ɔpərə] N ópera

opera glasses NPL binóculo de teatro

opera house N teatro lírico *or* de ópera

opera singer N cantor(a) m/f de ópera

operate ['ɔpəreɪt] VT (*machine*) fazer funcionar, pôr em funcionamento; (*company*) dirigir ▶ VI funcionar; (*drug*) fazer efeito; (*Med*): **to ~ on sb** operar alguém

operatic [ɔpə'rætɪk] ADJ lírico, operístico

operating ['ɔpəreɪtɪŋ] ADJ (*Comm: costs, profit*) operacional

operating system N (*Comput*) sistema m operacional

operating table N mesa de operações

operating theatre N sala de operações

operation [ɔpə'reɪʃən] N operação f; (*of machine*) funcionamento; **to have an ~** fazer uma operação; **to be in ~** (*system*) estar em vigor; (*machine*) estar funcionando

operational [ɔpə'reɪʃənl] ADJ operacional; **when the service is fully ~** quando o serviço estiver com toda a sua eficácia

operative ['ɔpərətɪv] ADJ (*measure*) em vigor ▶ N (*in factory*) operário(-a); **the ~ word** a palavra mais importante *or* atuante

operator ['ɔpəreɪtə'] N (*of machine*) operador(a) m/f, manipulador(a) m/f; (*Tel*) telefonista m/f

operetta [ɔpə'rɛtə] N opereta

ophthalmic [ɔf'θælmɪk] ADJ oftálmico

ophthalmologist [ɔfθæl'mɔlədʒɪst] N oftalmologista m/f, oftalmólogo(-a)

opinion [ə'pɪnɪən] N opinião f; **in my ~** na minha opinião, a meu ver; **to seek a second ~** procurar uma segunda opinião

opinionated [ə'pɪnɪəneɪtɪd] ADJ opinioso

opinion poll N pesquisa, levantamento

opium ['əupɪəm] N ópio

opponent [ə'pəunənt] N oponente m/f; (*Mil, Sport*) adversário(-a)

opportune ['ɔpətju:n] ADJ oportuno

opportunism [ɔpə'tju:nɪzəm] N oportunismo

opportunist [ɔpə'tju:nɪst] N (*pej*) oportunista m/f

opportunity [ɔpə'tju:nɪtɪ] N oportunidade f; **to take the ~ of doing** aproveitar a oportunidade para fazer

oppose [ə'pəuz] VT opor-se a; **to be ~d to sth** opor-se a algo, estar contra algo; **as ~d to** em oposição a

opposing [ə'pəuzɪŋ] ADJ (*side*) oposto, contrário

opposite ['ɔpəzɪt] ADJ oposto; (*house etc*) em frente ▶ ADV (lá) em frente ▶ PREP em frente de, defronte de ▶ N oposto, contrário; **the ~ sex** o sexo oposto

opposite number (BRIT) N homólogo(-a)

opposition [ɔpə'zɪʃən] N oposição f

oppress [ə'prɛs] VT oprimir

oppression [ə'prɛʃən] N opressão f

oppressive [ə'prɛsɪv] ADJ opressivo

opprobrium [ə'prəubrɪəm] N (*formal*) opróbrio

opt [ɔpt] VI: **to ~ for** optar por; **to ~ to do** optar por fazer
▶ **opt out** VI: **to ~ out of doing sth** optar por não fazer algo

optical ['ɔptɪkl] ADJ ótico

optical character reader N leitora de caracteres óticos
optical character recognition N reconhecimento de caracteres óticos
optical fibre N fibra ótica
optical illusion N ilusão f ótica
optician [ɔpˈtɪʃən] N oculista m/f
optics [ˈɔptɪks] N ótica
optimism [ˈɔptɪmɪzəm] N otimismo
optimist [ˈɔptɪmɪst] N otimista m/f
optimistic [ɔptɪˈmɪstɪk] ADJ otimista
optimum [ˈɔptɪməm] ADJ ótimo
option [ˈɔpʃən] N opção f; **to keep one's ~s open** (fig) manter as opções em aberto; **I have no ~** não tenho opção or escolha
optional [ˈɔpʃənəl] ADJ opcional, facultativo; **~ extras** acessórios mpl opcionais
opulence [ˈɔpjuləns] N opulência
opulent [ˈɔpjulənt] ADJ opulento
OR (US) ABBR (Post) = **Oregon**
or [ɔːʳ] CONJ ou; (with negative): **he hasn't seen or heard anything** ele não viu nem ouviu nada; **or else** senão; **either ..., or else** ou ..., ou (então)
oracle [ˈɔrəkl] N oráculo
oral [ˈɔːrəl] ADJ oral ▸ N prova f oral
orange [ˈɔrɪndʒ] N (fruit) laranja ▸ ADJ cor de laranja inv, alaranjado
orangeade [ɔrɪndʒˈeɪd] N laranjada
oration [ɔːˈreɪʃən] N oração f
orator [ˈɔrətəʳ] N orador(a) m/f
oratorio [ɔrəˈtɔːrɪəu] N oratório
orb [ɔːb] N orbe m
orbit [ˈɔːbɪt] N órbita ▸ VT, VI orbitar; **to be/go into ~ (around)** estar/entrar em órbita (em torno de)
orchard [ˈɔːtʃəd] N pomar m; **apple ~** pomar de macieiras
orchestra [ˈɔːkɪstrə] N orquestra; (US: seating) plateia
orchestral [ɔːˈkɛstrəl] ADJ orquestral; (concert) sinfônico
orchestrate [ˈɔːkɪstreɪt] VT (Mus, fig) orquestrar
orchid [ˈɔːkɪd] N orquídea
ordain [ɔːˈdeɪn] VT ordenar, decretar; (decide) decidir, mandar
ordeal [ɔːˈdiːl] N experiência penosa, provação f
order [ˈɔːdəʳ] N (gen) ordem f; (Comm) encomenda ▸ VT (also: **put in order**) pôr em ordem, arrumar; (in restaurant) pedir; (Comm) encomendar; (command) mandar, ordenar; **in ~** em ordem; **in (working) ~** em bom estado; **in ~ of preference** por ordem de preferência; **in ~ to do/that** para fazer/que (+ sub); **good ~** bom estado; **on ~** (Comm) encomendado; **out of ~** com defeito, enguiçado; **to ~ sb to do sth** mandar alguém fazer algo; **to place an ~ for sth with sb** fazer uma encomenda a alguém para algo, encomendar algo a alguém; **made to ~** feito sob encomenda; **to be**

253 | **optical character reader – ornate**

under ~s to do sth ter ordens para fazer algo; **a point of ~** uma questão de ordem; **to the ~ of** (Banking) à ordem de
order book N livro de encomendas
order form N impresso para encomendas
orderly [ˈɔːdəlɪ] N (Mil) ordenança m; (Med) servente m/f ▸ ADJ (room) arrumado, ordenado; (person) metódico
order number N número de encomenda
ordinal [ˈɔːdɪnl] ADJ (number) ordinal
ordinary [ˈɔːdnrɪ] ADJ comum, usual; (pej) ordinário, medíocre; **out of the ~** fora do comum, extraordinário
ordinary seaman (BRIT) (irreg: like **man**) N marinheiro de segunda classe
ordinary shares NPL ações fpl ordinárias
ordination [ɔːdɪˈneɪʃən] N ordenação f
ordnance [ˈɔːdnəns] N (Mil: unit) artilharia
Ordnance Survey (BRIT) N serviço oficial de topografia e cartografia
ore [ɔːʳ] N minério
organ [ˈɔːgən] N (gen) órgão m
organic [ɔːˈgænɪk] ADJ orgânico
organism [ˈɔːgənɪzəm] N organismo
organist [ˈɔːgənɪst] N organista m/f
organization [ɔːgənaɪˈzeɪʃən] N organização f
organization chart N organograma m
organize [ˈɔːgənaɪz] VT organizar; **to get ~d** organizar-se
organized crime [ˈɔːgənaɪzd-] N crime m organizado
organized labour [ˈɔːgənaɪzd-] N mão-de-obra f sindicalizada
organizer [ˈɔːgənaɪzəʳ] N organizador(a) m/f
orgasm [ˈɔːgæzəm] N orgasmo
orgy [ˈɔːdʒɪ] N orgia
Orient [ˈɔːrɪənt] N: **the ~** o Oriente
oriental [ɔːrɪˈɛntl] ADJ, N oriental m/f
orientate [ˈɔːrɪənteɪt] VT: **to ~ o.s.** orientar-se
orifice [ˈɔrɪfɪs] N orifício
origin [ˈɔrɪdʒɪn] N origem f; (point of departure) procedência; **country of ~** país de origem
original [əˈrɪdʒɪnl] ADJ original ▸ N original m
originality [ərɪdʒɪˈnælɪtɪ] N originalidade f
originally [əˈrɪdʒɪnəlɪ] ADV (at first) originalmente; (with originality) com originalidade
originate [əˈrɪdʒɪneɪt] VI: **to ~ from** originar-se de, surgir de; **to ~ in** ter origem em
originator [əˈrɪdʒɪneɪtəʳ] N iniciador(a) m/f
Orkney [ˈɔːknɪ] N (also: **the Orkney Islands, the Orkneys**) as ilhas Órcadas
ornament [ˈɔːnəmənt] N ornamento; (trinket) quinquilharia; (on dress) enfeite m
ornamental [ɔːnəˈmɛntl] ADJ decorativo, ornamental
ornamentation [ɔːnəmɛnˈteɪʃən] N ornamentação f
ornate [ɔːˈneɪt] ADJ enfeitado, requintado

ornithologist [ɔːnɪˈθɒlədʒɪst] N ornitólogo(-a)
ornithology [ɔːnɪˈθɒlədʒɪ] N ornitologia
orphan [ˈɔːfn] N órfão/órfã m/f ▶ VT: **to be ~ed** ficar órfão
orphanage [ˈɔːfənɪdʒ] N orfanato
orthodox [ˈɔːθədɒks] ADJ ortodoxo
orthopaedic, (US) **orthopedic** [ɔːθəˈpiːdɪk] ADJ ortopédico
OS (BRIT) ABBR = **Ordnance Survey**; (Naut) = **ordinary seaman**; (Dress) = **outsize**
O/S ABBR = **out of stock**
oscillate [ˈɒsɪleɪt] VI oscilar; (person) vacilar, hesitar
OSHA (US) N ABBR (= Occupational Safety and Health Administration) órgão que supervisiona a higiene e a segurança do trabalho
Oslo [ˈɒzləu] N Oslo
ostensible [ɒsˈtɛnsɪbl] ADJ aparente
ostensibly [ɒsˈtɛnsɪblɪ] ADV aparentemente
ostentation [ɒstɛnˈteɪʃən] N ostentação f
ostentatious [ɒstɛnˈteɪʃəs] ADJ pomposo, espalhafatoso; (person) ostentoso
osteopath [ˈɒstɪəpæθ] N osteopata m/f
ostracize [ˈɒstrəsaɪz] VT condenar ao ostracismo
ostrich [ˈɒstrɪtʃ] N avestruz m/f
OT N ABBR (= Old Testament) AT m
OTB (US) N ABBR (= off-track betting) apostas tomadas fora da pista de corridas
other [ˈʌðər] ADJ outro ▶ PRON: **the ~ (one)** o outro/a outra ▶ ADV (usually in negatives): **~ than** (apart from) além de; (anything but) exceto; **~s** (other people) outros; **some ~ people have still to arrive** outras pessoas ainda não chegaram; **the ~ day** outro dia; **some actor or ~** um certo ator; **somebody or ~** não sei quem, alguém; **the car was none ~ than John's** o carro não era nenhum outro senão o de João
otherwise [ˈʌðəwaɪz] ADV (in a different way) de outra maneira; (apart from that) além disso ▶ CONJ (if not) senão; **an ~ good piece of work** sob outros aspectos um trabalho bem feito
OTT (inf) ABBR = **over the top**; see **top**
otter [ˈɒtər] N lontra
OU (BRIT) N ABBR = **Open University**
ouch [autʃ] EXCL ai!
ought [ɔːt] (pt **ought**) AUX VB: **I ~ to do it** eu deveria fazê-lo; **this ~ to have been corrected** isto deveria ter sido corrigido; **he ~ to win** (probability) ele deve ganhar; **you ~ to go and see it** você deveria ir vê-lo
ounce [auns] N onça (= 28.35g)
our [ˈauər] ADJ nosso; see also **my**
ours [ˈauəz] PRON (o) nosso/(a) nossa etc; see also **mine¹**
ourselves [auəˈsɛlvz] PRON PL (reflexive, after prep) nós; (emphatic) nós mesmos(-as); **we did it (all) by ~** nós fizemos isso sozinhos; see also **oneself**
oust [aust] VT expulsar

(KEYWORD)

out [aut] ADV **1** (not in) fora; **(to stand) out in the rain/snow** (estar em pé) na chuva/neve; **it's cold out here/out in the desert** está frio aqui fora/faz frio lá no deserto; **out here/there** aqui/lá fora; **to go/come** etc **out** sair/vir etc para fora; **out loud** em voz alta
2 (not at home, absent) fora (de casa); **Mr Green is out at the moment** Sr. Green não está no momento; **to have a day/night out** passar o dia fora/sair à noite
3 (indicating distance): **the boat was 10 km out** o barco estava a 10 km da costa; **3 days out from Plymouth** a 3 dias de Plymouth
4 (Sport): **the ball is/has gone out** a bola caiu fora; **out!** (Tennis etc) fora!
▶ ADJ **1**: **to be out** (unconscious) estar inconsciente; (out of game) estar fora; (out of fashion) estar fora de moda
2 (have appeared: news, secret) do conhecimento público; **the flowers are out** as flores desabrocharam
3 (extinguished: light, fire) apagado; **before the week was out** (finished) antes da semana acabar
4: **to be out to do sth** (intend) pretender fazer algo; **to be out in one's calculations** (wrong) enganar-se nos cálculos
▶ **out of** PREP **1** (outside, beyond) fora de; **to go out of the house** sair da casa; **to look out of the window** olhar pela janela
2 (cause, motive) por; **out of curiosity/fear/greed** por curiosidade/medo/ganância
3 (origin): **to drink sth out of a cup** beber algo na xícara; **to copy sth out of a book** copiar algo de um livro
4 (from among): **1 out of every 3 smokers** 1 entre 3 fumantes; **out of 100 cars sold, only one had any faults** dos 100 carros vendidos, só um tinha defeito
5 (without) sem; **to be out of milk/sugar/petrol** etc não ter leite/açúcar/gasolina etc

outage [ˈautɪdʒ] (esp US) N (power failure) blecaute m
out-and-out ADJ (liar etc) completo, rematado
outback [ˈautbæk] N (in Australia): **the ~** o interior
outbid [autˈbɪd] (pt, pp **outbid**) VT sobrepujar
outboard [ˈautbɔːd] N (also: **outboard motor**) motor m de popa
outbox [ˈautbɒks] N (Comput) caixa de saída; (US: for papers) cesta de saída
outbreak [ˈautbreɪk] N (of war) deflagração f; (of disease) surto; (of violence) explosão f
outbuilding [ˈautbɪldɪŋ] N dependência
outburst [ˈautbəːst] N explosão f
outcast [ˈautkɑːst] N pária m/f
outclass [autˈklɑːs] VT ultrapassar, superar
outcome [ˈautkʌm] N resultado
outcrop [ˈautkrɒp] N afloramento
outcry [ˈautkraɪ] N clamor m (de protesto)

outdated [aut'deɪtɪd] ADJ antiquado, fora de moda
outdistance [aut'dɪstəns] VT deixar para trás
outdo [aut'du:] (*irreg: like* **do**) VT ultrapassar, exceder
outdoor [aut'dɔːʳ] ADJ ao ar livre; (*clothes*) de sair
outdoors [aut'dɔːz] ADV ao ar livre
outer ['autəʳ] ADJ exterior, externo
outer space N espaço (exterior)
outfit ['autfɪt] N roupa, traje *m*; (*inf: Comm*) firma
outfitter's ['autfɪtəz] (BRIT) N fornecedor *m* de roupas
outgoing ['autgəuɪŋ] ADJ (*president, tenant*) de saída; (*character*) extrovertido, sociável
outgoings ['autgəuɪŋz] (BRIT) NPL despesas *fpl*
outgrow [aut'grəu] (*irreg: like* **grow**) VT: **he has ~n his clothes** a roupa ficou pequena para ele
outhouse ['authaus] N anexo
outing ['autɪŋ] N (*going out*) saída; (*excursion*) excursão *f*
outlandish [aut'lændɪʃ] ADJ estranho, bizarro
outlast [aut'lɑːst] VT sobreviver a
outlaw ['autlɔː] N fora-da-lei *m/f* ▶ VT (*person*) declarar fora da lei; (*practice*) declarar ilegal
outlay ['autleɪ] N despesas *fpl*
outlet ['autlɛt] N saída, escape *m*; (*of pipe*) desague *m*, escoadouro; (*US Elec*) tomada; (*also:* **retail outlet**) posto de venda
outline ['autlaɪn] N (*shape*) contorno, perfil *m*; (*of plan*) traçado *f*, (*sketch*) esboço, linhas *fpl* gerais ▶ VT (*theory, plan*) traçar, delinear
outlive [aut'lɪv] VT sobreviver a
outlook ['autluk] N (*attitude*) ponto de vista; (*fig: prospects*) perspectiva; (: *for weather*) previsão *f*
outlying ['autlaɪɪŋ] ADJ afastado, remoto
outmanoeuvre, (US) **outmaneuver** [autmə'nuːvəʳ] VT (*rival etc*) passar a perna em
outmoded [aut'məudɪd] ADJ antiquado, fora de moda, obsoleto
outnumber [aut'nʌmbəʳ] VT exceder em número
out-of-court [autəv'kɔːt] ADJ extrajudicial ▶ ADV extrajudicialmente
out-of-date ADJ (*passport, ticket*) sem validade; (*theory, idea*) antiquado, superado; (*custom*) antiquado; (*clothes*) fora de moda
out-of-the-way ADJ remoto, afastado; (*fig*) insólito
outpatient ['autpeɪʃənt] N paciente *m/f* externo(-a) *or* de ambulatório
outpost ['autpəust] N posto avançado
output ['autput] N (*volume m* de) produção *f*; (*Tech*) rendimento; (*Comput*) saída ▶ VT (*Comput*) dar saída em
outrage ['autreɪdʒ] N (*scandal*) escândalo; (*atrocity*) atrocidade *f* ▶ VT ultrajar
outrageous [aut'reɪdʒəs] ADJ ultrajante, escandaloso
outrider ['autraɪdəʳ] N (*on motorcycle*) batedor(a) *m/f*

outright [*adv* aut'raɪt, *adj* 'autraɪt] ADV (*kill, win*) completamente; (*ask, refuse*) abertamente ▶ ADJ completo; franco
outrun [aut'rʌn] (*irreg: like* **run**) VT ultrapassar
outset ['autsɛt] N início, princípio
outshine [aut'ʃaɪn] (*irreg: like* **shine**) VT (*fig*) eclipsar
outside [aut'saɪd] N exterior *m* ▶ ADJ exterior, externo; (*contractor etc*) de fora ▶ ADV (lá) fora ▶ PREP fora de; (*beyond*) além (dos limites) de; **at the ~** (*fig*) no máximo; **an ~ chance** uma possibilidade remota
outside broadcast N (*Radio, TV*) transmissão *f* de exteriores
outside lane N (*Aut: in Britain*) pista da direita; (: *in US, Europe*) pista da esquerda
outside left N (*Football*) extremo-esquerdo
outside line N (*Tel*) linha de saída
outsider [aut'saɪdəʳ] N (*stranger*) estranho(-a), forasteiro(-a); (*in race etc*) outsider *m*
outsize ['autsaɪz] ADJ (*clothes*) de tamanho extra-grande *or* especial
outskirts ['autskəːts] NPL arredores *mpl*, subúrbios *mpl*
outsmart [aut'smɑːt] VT passar a perna em
outsource [aut'sɔːs] VT terceirizar (BR), externalizar (PT)
outspoken [aut'spəukən] ADJ franco, sem rodeios
outspread [aut'sprɛd] ADJ estendido
outstanding [aut'stændɪŋ] ADJ excepcional; (*work, debt*) pendente; **your account is still ~** a sua conta ainda não está liquidada
outstay [aut'steɪ] VT: **to ~ one's welcome** abusar da hospitalidade (demorando mais tempo)
outstretched [aut'strɛtʃt] ADJ (*hand*) estendido; (*body*) esticado
outstrip [aut'strɪp] VT (*competitors, demand*) ultrapassar
out tray N cesta de saída
outvote [aut'vəut] VT: **to ~ sb (by ...)** vencer alguém (por ... votos); **to ~ sth (by ...)** rejeitar algo (por ... votos)
outward ['autwəd] ADJ (*sign, appearances*) externo; (*journey*) de ida
outwardly ['autwədlɪ] ADV para fora
outwards ['autwədz] (*esp* BRIT) ADV para fora
outweigh [aut'weɪ] VT ter mais valor do que
outwit [aut'wɪt] VT passar a perna em
oval ['əuvl] ADJ ovalado ▶ N oval *m*
Oval Office N *ver nota*

> O Salão Oval (**Oval Office**) é o escritório particular do presidente dos Estados Unidos na Casa Branca, assim chamado devido a sua forma oval. Por extensão, o termo se refere à presidência em si.

ovary ['əuvərɪ] N ovário
ovation [əu'veɪʃən] N ovação *f*
oven ['ʌvn] N forno
ovenproof ['ʌvnpruːf] ADJ refratário
oven-ready ADJ pronto para o forno
ovenware ['ʌvnwɛəʳ] N louça refratária

(KEYWORD)

over ['əuvə'] ADV **1** (across: walk, jump, fly etc) por cima; **to cross over to the other side of the road** atravessar para o outro lado da rua; **over here** por aqui, cá; **over there** por ali, lá; **to ask sb over** (to one's home) convidar alguém

2: **to fall over** cair; **to knock over** derrubar; **to turn over** virar; **to bend over** curvar-se, debruçar-se

3 (finished): **to be over** estar acabado

4 (excessively: clever, rich, fat etc) muito, demais; **she's not over intelligent** ela não é superdotada

5 (remaining: money, food etc): **there are 3 over** tem 3 sobrando/sobraram 3; **is there any cake left over?** sobrou bolo?

6: **all over** (everywhere) por todos os lados; **over and over (again)** repetidamente

▶ PREP **1** (on top of) sobre; (above) acima de **2** (on the other side of) no outro lado de; **he jumped over the wall** ele pulou o muro **3** (more than) mais de; **over and above** além de; **this order is over and above what we have already ordered** esta encomenda está acima do que já havíamos pedido **4** (during) durante; **let's discuss it over dinner** vamos discutir isto durante o jantar

over... [əuvə'] PREFIX sobre..., super...
overabundant [əuvərə'bʌndənt] ADJ superabundante
overact [əuvər'ækt] VI (Theatre) exagerar
overall [n, adj 'əuvərɔ:l, adv əuvər'ɔ:l] ADJ (length) total; (study) global ▶ ADV (view) globalmente; (measure, paint) totalmente; **overalls** NPL macacão m (BR), (fato) macaco (PT)
overanxious [əuvər'æŋkʃəs] ADJ muito ansioso
overawe [əuvər'ɔ:] VT intimidar
overbalance [əuvə'bæləns] VI perder o equilíbrio, desequilibrar-se
overbearing [əuvə'bɛərɪŋ] ADJ autoritário, dominador(a); (arrogant) arrogante
overboard ['əuvəbɔ:d] ADV (Naut) ao mar; **man ~!** homem ao mar!; **to go ~ for sth** (fig) empolgar-se com algo
overbook [əuvə'buk] VI reservar em excesso
overcapitalize [əuvə'kæpɪtəlaɪz] VT sobrecapitalizar
overcast ['əuvəkɑ:st] ADJ nublado, fechado
overcharge [əuvə'tʃɑ:dʒ] VT: **to ~ sb** cobrar em excesso a alguém
overcoat ['əuvəkəut] N sobretudo
overcome [əuvə'kʌm] (irreg: like **come**) VT vencer, dominar; (difficulty) superar ▶ ADJ (emotionally) assolado; **~ with grief** tomado pela dor
overconfident [əuvə'kɔnfɪdənt] ADJ confiante em excesso
overcrowded [əuvə'kraudɪd] ADJ superlotado; (country) superpovoado

overcrowding [əuvə'kraudɪŋ] N superlotação f; (in country) superpovoamento
overdo [əuvə'du:] (irreg: like **do**) VT exagerar; (overcook) cozinhar demais; **to ~ it, to ~ things** (work too hard) exceder-se; (go too far) exagerar
overdose ['əuvədəus] N overdose f, dose f excessiva
overdraft ['əuvədrɑ:ft] N saldo negativo
overdrawn [əuvə'drɔ:n] ADJ (account) sem fundos, a descoberto
overdue [əuvə'dju:] ADJ atrasado; (Comm) vencido; (change) tardio; **that change was long ~** essa mudança foi muito protelada
overestimate [əuvər'ɛstɪmeɪt] VT sobrestimar
overexcited [əuvərɪk'saɪtɪd] ADJ superexcitado
over-exertion [əuvərɪg'zə:ʃən] N estafa
overexpose [əuvərɪk'spəuz] VT (Phot) expor demais (à luz)
overflow [vi əuvə'fləu, n 'əuvəfləu] VI transbordar ▶ N (excess) excesso; (also: **overflow pipe**) tubo de descarga, ladrão m
overfly [əuvə'flaɪ] (irreg: like **fly**) VT sobrevoar
overgenerous [əuvə'dʒɛnərəs] ADJ pródigo; (offer) excessivo
overgrown [əuvə'grəun] ADJ (garden) coberto de vegetação; **he's just an ~ schoolboy** (fig) ele é apenas um garotão de escola
overhang [vt, vi əuvə'hæŋ, n 'əuvəhæŋ] (irreg: like **hang**) VT sobrepairar ▶ VI sobressair ▶ N saliência, ressalto
overhaul [vt əuvə'hɔ:l, n 'əuvəhɔ:l] VT revisar ▶ N revisão f
overhead [adv əuvə'hɛd, adj, n 'əuvəhɛd] ADV por cima, em cima; (in the sky) no céu ▶ ADJ (lighting) superior; (railway) suspenso ▶ N (US) = **overheads**
overheads ['əuvəhɛdz] NPL (expenses) despesas fpl gerais
overhear [əuvə'hɪə'] (irreg: like **hear**) VT ouvir por acaso
overheat [əuvə'hi:t] VI ficar superaquecido; (engine) aquecer demais
overjoyed [əuvə'dʒɔɪd] ADJ: **to be ~ (at)** estar muito alegre (com)
overkill ['əuvəkɪl] N (fig): **it would be ~** seria exagero, seria matar mosquito com tiro de canhão
overland ['əuvəlænd] ADJ, ADV por terra
overlap [vi əuvə'læp, n 'əuvəlæp] VI (edges) sobrepor-se em parte; (fig) coincidir ▶ N sobreposição f
overleaf [əuvə'li:f] ADV no verso
overload [əuvə'ləud] VT sobrecarregar
overlook [əuvə'luk] VT (have view on) dar para; (miss) omitir; (forgive) fazer vista grossa a
overlord ['əuvəlɔ:d] N suserano
overmanning [əuvə'mænɪŋ] N excesso de pessoal
overnight [adv əuvə'naɪt, adj 'əuvənaɪt] ADV durante a noite; (fig: suddenly) da noite para

o dia ▶ ADJ de uma (or de) noite; (decision) tomada da noite para o dia; **to stay ~** passar a noite, pernoitar; **if you travel ~ ...** se você viajar de noite ...; **he'll be away ~** ele não voltará hoje

overpaid [əuvə'peɪd] PT, PP of **overpay**

overpass ['əuvəpɑːs] (esp US) N viaduto

overpay [əuvə'peɪ] (irreg: like **pay**) VT: **to ~ sb by £50** pagar £50 em excesso a alguém

overpower [əuvə'pauə^r] VT dominar, subjugar; (fig) assolar

overpowering [əuvə'pauərɪŋ] ADJ (heat, stench) sufocante

overproduction [əuvəprə'dʌkʃən] N super-produção f

overrate [əuvə'reɪt] VT sobrestimar, supervalorizar

overreach [əuvə'riːtʃ] VT: **to ~ o.s.** exceder-se

overreact [əuvəriː'ækt] VI reagir com exagero

override [əuvə'raɪd] (irreg: like **ride**) VT (order, objection) não fazer caso de, ignorar; (decision) anular

overriding [əuvə'raɪdɪŋ] ADJ primordial

overrule [əuvə'ruːl] VT (decision) anular; (claim) indeferir

overrun [əuvə'rʌn] (irreg: like **run**) VT (country etc) invadir; (time limit) ultrapassar, exceder ▶ VI ultrapassar o devido tempo; **the town is ~ with tourists** a cidade está infestada de turistas

overseas [əuvə'siːz] ADV (abroad) no estrangeiro, no exterior ▶ ADJ (trade) exterior; (visitor) estrangeiro

overseer ['əuvəsɪə^r] N (in factory) superintendente m/f; (foreman) capataz m

overshadow [əuvə'ʃædəu] VT ofuscar

overshoot [əuvə'ʃuːt] (irreg: like **shoot**) VT passar

oversight ['əuvəsaɪt] N descuido; **due to an ~** devido a um descuido or uma inadvertência

oversimplify [əuvə'sɪmplɪfaɪ] VT simplificar demais

oversleep [əuvə'sliːp] (irreg: like **sleep**) VI dormir além da hora

overspend [əuvə'spɛnd] (irreg: like **spend**) VI gastar demais; **we have overspent by $5000** gastamos $5000 além dos nossos recursos

overspill ['əuvəspɪl] N excesso (de população)

overstaffed [əuvə'stɑːft] ADJ: **to be ~** ter um excesso de pessoal

overstate [əuvə'steɪt] VT exagerar

overstatement [əuvə'steɪtmənt] N exagero

overstep [əuvə'stɛp] VT: **to ~ the mark** ultrapassar o limite

overstock [əuvə'stɔk] VT estocar em excesso

overstrike [n 'əuvəstraɪk, vt əuvə'straɪk] (irreg: like **strike**) N (on printer) batida múltipla ▶ VT sobreimprimir

overt [əu'vəːt] ADJ aberto, indissimulado

overtake [əuvə'teɪk] (irreg: like **take**) VT ultrapassar

overtaking [əuvə'teɪkɪŋ] N (Aut) ultrapassagem f

overtax [əuvə'tæks] VT (Econ) sobrecarregar de impostos; (fig: strength, patience) abusar de; (: person) exigir demais de; **to ~ o.s.** exceder-se

overthrow [əuvə'θrəu] (irreg: like **throw**) VT (government) derrubar

overtime ['əuvətaɪm] N horas fpl extras; **to do** or **work ~** fazer horas extras

overtime ban N recusa de fazer horas extras

overtone ['əuvətəun] N (fig: also: **overtones**) implicação f, tom m

overture ['əuvətʃuə^r] N (Mus) abertura; (fig) proposta, oferta

overturn [əuvə'təːn] VT virar; (system) derrubar; (decision) anular ▶ VI virar; (car) capotar

overweight [əuvə'weɪt] ADJ acima do peso; (luggage) com excesso de peso

overwhelm [əuvə'wɛlm] VT (defeat) esmagar, assolar; (affect deeply) esmagar, sufocar

overwhelming [əuvə'wɛlmɪŋ] ADJ (victory, defeat) esmagador(a); (heat) sufocante; (desire) irresistível; **one's ~ impression is of heat** a impressão mais forte é de calor

overwhelmingly [əuvə'wɛlmɪŋlɪ] ADV (vote) em massa; (win) esmagadoramente

overwork [əuvə'wəːk] N excesso de trabalho ▶ VT sobrecarregar de trabalho ▶ VI trabalhar demais

overwrite [əuvə'raɪt] (irreg: like **write**) VT (Comput) gravar em cima de

overwrought [əuvə'rɔːt] ADJ extenuado, superexcitado

ovulation [ɔvju'leɪʃən] N ovulação f

owe [əu] VT dever; **to ~ sb sth, to ~ sth to sb** dever algo a alguém

owing to ['əuɪŋ-] PREP devido a, por causa de

owl [aul] N coruja

own [əun] ADJ próprio ▶ VI (BRIT): **to ~ to (having done) sth** confessar (ter feito) algo ▶ VT possuir, ter; **a room of my ~** meu próprio quarto; **can I have it for my (very) ~?** posso ficar com isso para mim?; **to get one's ~ back** ir à forra; **on one's ~** sozinho; **to come into one's ~** revelar-se
▶ **own up** VI: **to ~ up to sth** confessar algo; **to ~ up to having done sth** confessar ter feito algo

own brand N (Comm) marca de distribuidora

owner ['əunə^r] N dono(-a), proprietário(-a)

owner-occupier N proprietário(-a) com posse e uso

ownership ['əunəʃɪp] N posse f; **it's under new ~** (shop etc) está sob novo proprietário

ox [ɔks] (pl **oxen**) N boi m

oxen ['ɔksn] NPL of **ox**

Oxfam ['ɔksfæm] (BRIT) N ABBR (= Oxford Committee for Famine Relief) associação de assistência

oxide [ˈɔksaɪd] N óxido
Oxon. [ˈɔksn] (BRIT) ABBR = **Oxoniensis, of Oxford**
oxtail [ˈɔksteɪl] N: **~ soup** sopa de rabada
oxyacetylene [ɔksɪəˈsɛtɪliːn] N oxiacetileno
▶ CPD: **~ burner**, **~ torch** maçarico oxiacetilênico

oxygen [ˈɔksɪdʒən] N oxigênio
oxygen mask N máscara de oxigênio
oxygen tent N tenda de oxigênio
oyster [ˈɔɪstə^r] N ostra
oz. ABBR = **ounce**
ozone [ˈəuzəun] N ozônio
ozone layer N camada de ozônio

Pp

P¹, p [piː] N (*letter*) P, p *m*; **P for Peter** P de Pedro
P² ABBR = **president; prince**
p [piː] ABBR (= *page*) p; (BRIT) = **penny; pence**
PA N ABBR = **personal assistant; public address system** ▶ ABBR (*US Post*) = **Pennsylvania**
pa [pɑː] (*inf*) N papai *m*
p.a. ABBR (= *per annum*) por ano
PAC (US) N ABBR = **political action committee**
pace [peɪs] N (*step*) passo; (*speed*) velocidade *f*; (*rhythm*) ritmo ▶ VI: **to ~ up and down** andar de um lado para o outro; **to keep ~ with** acompanhar o passo de; (*events*) manter-se inteirado de *or* atualizado com; **to set the ~** (*running*) regular a marcha; (*fig*) dar o tom; **to put sb through his ~s** (*fig*) pôr alguém à prova
pacemaker ['peɪsmeɪkə'] N (*Med*) marcapasso *m*
Pacific [pə'sɪfɪk] ADJ pacífico ▶ N: **the ~ (Ocean)** o (Oceano) Pacífico
pacification [pæsɪfɪ'keɪʃən] N pacificação *f*
pacifier ['pæsɪfaɪə'] (US) N chupeta
pacifist ['pæsɪfɪst] N pacifista *m/f*
pacify ['pæsɪfaɪ] VT (*soothe*) acalmar, serenar; (*country*) pacificar
pack [pæk] N pacote *m*, embrulho; (*US: packet*) pacote *m*; (: *of cigarettes*) maço; (*of hounds*) matilha; (*of thieves etc*) bando, quadrilha; (*of cards*) baralho; (*bundle*) trouxa; (*backpack*) mochila ▶ VT (*wrap*) empacotar, embrulhar; (*fill*) encher; (*in suitcase etc*) arrumar (na mala); (*cram*): **to ~ into** entupir de, entulhar com; (*fig: room etc*) lotar ▶ VI: **to ~ (one's bags)** fazer as malas; **to ~ into** (*room, stadium*) apinhar-se em; **to send sb ~ing** (*inf*) dar o fora em alguém
▶ **pack in** (BRIT *inf*) VI (*machine*) pifar ▶ VT (*boyfriend*) dar o fora em; **~ it in!** para com isso!
▶ **pack off** VT (*person*) despedir
▶ **pack up** VI (BRIT *inf: machine*) pifar; (: *person*) desistir, parar ▶ VT (*belongings*) arrumar; (*goods, presents*) empacotar, embrulhar
package ['pækɪdʒ] N pacote *m*; (*bulky*) embrulho, fardo; (*also*: **package deal**) pacote; (*Comput*) pacote ▶ VT (*goods*) empacotar, acondicionar

package holiday (BRIT) N pacote *m* (de férias)
package tour (BRIT) N excursão *f* organizada
packaging ['pækɪdʒɪŋ] N embalagem *f*
packed [pækt] ADJ (*crowded*) lotado, apinhado
packed lunch [pækt-] (BRIT) N merenda
packer ['pækə'] N (*person*) empacotador(a) *m/f*
packet ['pækɪt] N pacote *m*; (*of cigarettes*) maço; (*of washing powder etc*) caixa; (*Naut*) paquete *m*
pack ice N gelo flutuante
packing ['pækɪŋ] N embalagem *f*; (*internal*) enchimento; (*act*) empacotamento
packing case N caixa de embalagem
pact [pækt] N pacto, (*Comm*) convênio
pad [pæd] N (*of paper*) bloco; (*for inking*) almofada; (*launch pad*) plataforma (de lançamento); (*to prevent friction*) acolchoado; (*inf: home*) casa ▶ VT acolchoar, enchumaçar ▶ VI: **to ~ in/about** *etc* entrar/andar *etc* sem ruído
padding ['pædɪŋ] N enchimento; (*fig*) palavreado inútil
paddle ['pædl] N (*oar*) remo curto; (*US: for table tennis*) raquete *f* ▶ VT remar ▶ VI (*with feet*) patinhar
paddle steamer N vapor *m* movido a rodas
paddling pool ['pædlɪŋ-] (BRIT) N lago de recreação
paddock ['pædək] N cercado; (*at race course*) paddock *m*
paddy field ['pædɪ-] N arrozal *m*
padlock ['pædlɔk] N cadeado ▶ VT fechar com cadeado
padre ['pɑːdrɪ] N capelão *m*, padre *m*
paediatrics, (US) **pediatrics** [piːdɪ'ætrɪks] N pediatria
paedophile, (US) **pedophile** ['piːdəufaɪl] N pedófilo(-a)
pagan ['peɪgən] ADJ, N pagão/pagã *m/f*
page [peɪdʒ] N página; (*also*: **page boy**) mensageiro; (*at wedding*) pajem *m* ▶ VT (*in hotel etc*) mandar chamar
pageant ['pædʒənt] N (*procession*) cortejo suntuoso; (*show*) desfile *m* alegórico
pageantry ['pædʒəntrɪ] N pompa, fausto
page break N quebra de página
pager ['peɪdʒə'] N bip *m*
paginate ['pædʒɪneɪt] VT paginar
pagination [pædʒɪ'neɪʃən] N paginação *f*

pagoda [pə'gəudə] N pagode m
paid [peɪd] PT, PP of **pay** ▶ ADJ (work) remunerado; (holiday) pago; (official) assalariado; **to put ~ to** (BRIT) acabar com
paid-up, (US) **paid-in** ADJ (member) efetivo; (shares) integralizado; **~ capital** capital m realizado
pail [peɪl] N balde m
pain [peɪn] N dor f; **to be in ~** sofrer or sentir dor; **to have a ~ in** estar com uma dor em; **on ~ of death** sob pena de morte; **to take ~s to do sth** dar-se ao trabalho de fazer algo
pained [peɪnd] ADJ (expression) magoado, aflito
painful ['peɪnful] ADJ doloroso; (laborious) penoso; (unpleasant) desagradável
painfully ['peɪnfulɪ] ADV (fig: very) terrivelmente
painkiller ['peɪnkɪlə^r] N analgésico
painless ['peɪnlɪs] ADJ sem dor, indolor
painstaking ['peɪnzteɪkɪŋ] ADJ (work) esmerado; (person) meticuloso
paint [peɪnt] N pintura ▶ VT pintar; **to ~ the door blue** pintar a porta de azul; **to ~ the town red** (fig) cair na farra
paintbox ['peɪntbɔks] N estojo de tintas
paintbrush ['peɪntbrʌʃ] N (artist's) pincel m; (decorator's) broxa
painter ['peɪntə^r] N pintor(a) m/f
painting ['peɪntɪŋ] N pintura; (picture) tela, quadro
paint-stripper N removedor m de tinta
paintwork ['peɪntwə:k] N pintura
pair [pɛə^r] N (of shoes, gloves etc) par m; (of people) casal m; (twosome) dupla; **a ~ of scissors** uma tesoura; **a ~ of trousers** uma calça (BR), umas calças (PT)
▶ **pair off** VI formar pares
pajamas [pɪ'dʒɑ:məz] (US) NPL pijama m
Pakistan [pɑ:kɪ'stɑ:n] N Paquistão m
Pakistani [pɑ:kɪ'stɑ:nɪ] ADJ, N paquistanês(-esa) m/f
PAL [pæl] N ABBR (TV: phase alternation line) PAL m
pal [pæl] (inf) N camarada m/f, colega m/f
palace ['pæləs] N palácio
palatable ['pælɪtəbl] ADJ saboroso, apetitoso; (acceptable) aceitável
palate ['pælɪt] N paladar m
palatial [pə'leɪʃəl] ADJ suntuoso, magnífico
palaver [pə'lɑ:və^r] (inf) N (fuss) confusão f; (hindrances) complicação f
pale [peɪl] ADJ (face) pálido; (colour) claro; (light) fraco ▶ VI empalidecer ▶ N: **to be beyond the ~** passar dos limites; **to grow** or **turn ~** empalidecer; **~ blue** azul claro inv; **to ~ into insignificance (beside)** perder a importância (diante de)
paleness ['peɪlnɪs] N palidez f
Palestine ['pælɪstaɪn] N Palestina
Palestinian [pælɪs'tɪnɪən] ADJ, N palestino(-a)
palette ['pælɪt] N palheta
paling ['peɪlɪŋ] N (stake) estaca; **palings** NPL (fence) cerca

palisade [pælɪ'seɪd] N paliçada
pall [pɔ:l] N (of smoke) manto ▶ VI perder a graça
pallet ['pælɪt] N (for goods) paleta
pallid ['pælɪd] ADJ pálido, descorado
pallor ['pælə^r] N palidez f
pally ['pælɪ] (inf) ADJ chapinha
palm [pɑ:m] N (hand, leaf) palma; (also: **palm tree**) palmeira ▶ VT: **to ~ sth off on sb** (inf) impingir algo a alguém
palmist ['pɑ:mɪst] N quiromante m/f
Palm Sunday N Domingo de Ramos
palpable ['pælpəbl] ADJ palpável
palpitations [pælpɪ'teɪʃənz] NPL palpitações fpl; **to have ~** sentir palpitações
paltry ['pɔ:ltrɪ] ADJ irrisório
pamper ['pæmpə^r] VT paparicar, mimar
pamphlet ['pæmflət] N panfleto
pan [pæn] N (also: **saucepan**) panela (BR), caçarola (PT); (also: **frying pan**) frigideira; (of lavatory) vaso ▶ VI (Cinema) tomar uma panorâmica ▶ VT (inf: book, film) arrasar com; **to ~ for gold** batear à procura de ouro
panacea [pænə'sɪə] N panaceia
panache [pə'næʃ] N desenvoltura
Panama ['pænəmɑ:] N Panamá m
Panama Canal N canal m do Panamá
pancake ['pænkeɪk] N panqueca
Pancake Day (BRIT) N terça-feira de Carnaval
pancreas ['pæŋkrɪəs] N pâncreas m inv
panda ['pændə] N panda m/f
panda car (BRIT) N patrulhinha, carro policial
pandemic [pæn'dɛmɪk] N pandemia
pandemonium [pændɪ'məunɪəm] N (noise) pandemônio; (mess) caos m
pander ['pændə^r] VI: **to ~ to** favorecer
p & h (US) ABBR = **postage and handling**
P&L ABBR = **profit and loss**
p&p (BRIT) ABBR (= postage and packing) porte e embalagem
pane [peɪn] N vidraça, vidro
panel ['pænl] N (of wood, Radio, TV) painel m; (of cloth) pano
panel game (BRIT) N jogo em painel
panelling, (US) **paneling** ['pænəlɪŋ] N painéis mpl
panellist, (US) **panelist** ['pænəlɪst] N convidado(-a), integrante m/f do painel
pang [pæŋ] N: **a ~ of regret** uma sensação de pesar; **~s of hunger** fome aguda
panic ['pænɪk] N pânico ▶ VI entrar em pânico
panicky ['pænɪkɪ] ADJ (person) assustadiço, apavorado
panic-stricken [-'strɪkən] ADJ tomado de pânico
pannier ['pænɪə^r] N (on bicycle) cesta; (on mule etc) cesto, alcofa
panorama [pænə'rɑ:mə] N panorama m
panoramic [pænə'ræmɪk] ADJ panorâmico
pansy ['pænzɪ] N (Bot) amor-perfeito; (!) bicha (BR), maricas m (PT)
pant [pænt] VI arquejar, ofegar

pantechnicon [pæn'tɛknɪkən] (BRIT) N caminhão m de mudanças
panther ['pænθəʳ] N pantera
panties ['pæntɪz] NPL calcinha (BR), cuecas fpl (PT)
pantihose ['pæntɪhəʊz] (US) N meia-calça (BR), collants mpl (PT)
pantomime ['pæntəmaɪm] (BRIT) N pantomima

> Uma **pantomime**, também chamada simplesmente de *panto*, é uma peça de teatro para crianças comum na época do Natal no Reino Unido. Caracteriza-se por representações cômicas de contos tradicionais (por exemplo, Cinderela) e participação ativa por parte do público.

pantry ['pæntrɪ] N despensa
pants [pænts] NPL (BRIT: *underwear: woman's*) calcinha (BR), cuecas fpl (PT); (: *man's*) cueca (BR), cuecas (PT); (US: *trousers*) calça (BR), calças fpl (PT)
pantsuit ['pæntsuːt] (US) N terninho (de mulher)
papacy ['peɪpəsɪ] N papado
papal ['peɪpəl] ADJ papal
paper ['peɪpəʳ] N papel m; (*also*: **newspaper**) jornal m; (*also*: **wallpaper**) papel de parede; (*study, article*) artigo, dissertação f; (*exam*) exame m, prova ▶ ADJ de papel ▶ VT (*room*) revestir (com papel de parede); **papers** NPL (*also*: **identity papers**) documentos mpl; **a piece of ~** um papel; **to put sth down on ~** pôr algo por escrito
paper advance N (*on printer*) avançar formulário
paperback ['peɪpəbæk] N livro de capa mole ▶ ADJ: **~ edition** edição f brochada
paper bag N saco de papel
paperboy ['peɪpəbɔɪ] N jornaleiro
paper clip N clipe m
paper hankie N lenço de papel
paper mill N fábrica de papel
paper money N papel-moeda m
paper profit N lucro fictício
paperweight ['peɪpəweɪt] N pesa-papéis m inv
paperwork ['peɪpəwəːk] N trabalho burocrático; (*pej*) papelada
papier-mâché ['pæpɪeɪ'mæʃeɪ] N papel m machê
paprika ['pæprɪkə] N páprica, pimentão-doce m
Pap smear [pæp-] N (*Med*) esfregaço
Pap test [pæp-] N (*Med*) esfregaço
par [paːʳ] N (*equality of value*) paridade f, igualdade f; (*Golf*) média f; **on a ~ with** em pé de igualdade com; **at ~** ao par; **above/below ~** acima/abaixo do par; **to feel below** *or* **under** *or* **not up to ~** não se sentir bem
parable ['pærəbl] N parábola
parabola [pə'ræbələ] N parábola
parachute ['pærəʃuːt] N para-quedas m inv ▶ VI saltar de para-quedas
parachute jump N salto de para-quedas

parachutist ['pærəʃuːtɪst] N para-quedista m/f
parade [pə'reɪd] N desfile m ▶ VT desfilar; (*show off*) exibir ▶ VI desfilar; (*Mil*) passar revista
parade ground N praça de armas
paradise ['pærədaɪs] N paraíso
paradox ['pærədɔks] N paradoxo
paradoxical [pærə'dɔksɪkl] ADJ paradoxal
paradoxically [pærə'dɔksɪklɪ] ADV paradoxalmente
paraffin ['pærəfɪn] (BRIT) N: **~ (oil)** querosene m; **liquid ~** óleo de parafina
paraffin heater (BRIT) N aquecedor m a parafina
paraffin lamp (BRIT) N lâmpada de parafina
paragon ['pærəgən] N modelo
paragraph ['pærəɡrɑːf] N parágrafo
Paraguay ['pærəɡwaɪ] N Paraguai m
Paraguayan [pærə'ɡwaɪən] ADJ, N paraguaio(-a)
parallel ['pærəlɛl] ADJ (*lines etc*) paralelo; (*fig*) correspondente ▶ N paralela; correspondência
paralyse ['pærəlaɪz] (BRIT) VT paralisar
paralyses [pə'rælɪsiːz] NPL *of* **paralysis**
paralysis [pə'rælɪsɪs] (*pl* **paralyses**) N paralisia
paralytic [pærə'lɪtɪk] ADJ paralítico; (BRIT *inf*: *drunk*) de cara cheia
paralyze ['pærəlaɪz] (US) VT = **paralyse**
parameter [pə'ræmɪtəʳ] N parâmetro
paramilitary [pærə'mɪlɪtərɪ] ADJ paramilitar
paramount ['pærəmaunt] ADJ primordial; **of ~ importance** de suma importância
paranoia [pærə'nɔɪə] N paranoia
paranoid ['pærənɔɪd] ADJ paranoico
paranormal [pærə'nɔːməl] ADJ paranormal
parapet ['pærəpɪt] N parapeito, balaustrada
paraphernalia [pærəfə'neɪlɪə] N (*gear*) acessórios mpl, parafernália, equipamento
paraphrase ['pærəfreɪz] VT parafrasear
paraplegic [pærə'pliːdʒɪk] N paraplégico(-a)
parapsychology [pærəsaɪ'kɔlədʒɪ] N parapsicologia
parasite ['pærəsaɪt] N parasito(-a)
parasol ['pærəsɔl] N guarda-sol m, sombrinha
paratrooper ['pærətruːpəʳ] N para-quedista m/f
parcel ['pɑːsl] N pacote m ▶ VT (*also*: **parcel up**) embrulhar, empacotar
▶ **parcel out** VT repartir, distribuir
parcel bomb (BRIT) N pacote-bomba m
parcel post N serviço de encomenda postal
parch [pɑːtʃ] VT secar, ressecar
parched [pɑːtʃt] ADJ (*person*) morto de sede
parchment ['pɑːtʃmənt] N pergaminho
pardon ['pɑːdn] N perdão m; (*Law*) indulto
▶ VT perdoar; (*Law*) indultar; **~!** desculpe!; **~ me!, I beg your ~** (*apologizing*) desculpe(-me); **(I beg your) ~?** (BRIT), **~ me?** (US: *not hearing*) como?, como disse?

pare [pɛəʳ] VT (BRIT: nails) aparar; (fruit etc) descascar; (fig: costs etc) reduzir, cortar
parent ['pɛərənt] N (father) pai m; (mother) mãe f; **parents** NPL (mother and father) pais mpl
parentage ['pɛərəntɪdʒ] N ascendência; **of unknown ~** de pais desconhecidos
parental [pəˈrɛntl] ADJ paternal (or maternal), dos pais
parent company N (empresa) matriz f
parentheses [pəˈrɛnθɪsiːz] NPL **of parenthesis**
parenthesis [pəˈrɛnθɪsɪs] (pl **parentheses**) N parêntese m; **in parentheses** entre parênteses
parenthood ['pɛərənthud] N paternidade f (or maternidade f)
parenting ['pɛərəntɪŋ] N trabalho de ser pai (or mãe)
Paris ['pærɪs] N Paris
parish ['pærɪʃ] N paróquia, freguesia ▶ ADJ paroquial
parish council (BRIT) N ≈ junta da freguesia
parishioner [pəˈrɪʃənəʳ] N paroquiano(-a)
Parisian [pəˈrɪzɪən] ADJ, N parisiense m/f
parity ['pærɪtɪ] N paridade f, igualdade f
park [pɑːk] N parque m ▶ VT, VI estacionar
parka ['pɑːkə] N parka m
park and ride N esquema de transporte feito parcialmente com carro, que em seguida é estacionado para o uso de transporte público
parking ['pɑːkɪŋ] N estacionamento; **"no ~"** "estacionamento proibido"
parking lights NPL luzes fpl de estacionamento
parking lot (US) N (parque m de) estacionamento
parking meter N parquímetro
parking offence (BRIT) N = **parking offence**
parking place N vaga
parking ticket N multa por estacionamento proibido
parking violation (US) N infração f por estacionamento não permitido
Parkinson's ['pɑːkɪnsənz] N (also: **Parkinson's disease**) mal m de Parkinson
parkour [pɑːˈkuəʳ] N parkour m
parkway ['pɑːkweɪ] (US) N rodovia arborizada
parlance ['pɑːləns] N: **in common/modern ~** na linguagem cotidiana or corrente/moderna
parliament ['pɑːləmənt] (BRIT) N parlamento
parliamentary [pɑːləˈmɛntərɪ] ADJ parlamentar
parlour, (US) **parlor** ['pɑːləʳ] N sala de visitas, salão m, saleta
parlous ['pɑːləs] ADJ (formal) precário
Parmesan [pɑːmɪˈzæn] N (also: **Parmesan cheese**) parmesão m
parochial [pəˈrəukɪəl] ADJ paroquial; (pej) provinciano
parody ['pærədɪ] N paródia ▶ VT parodiar
parole [pəˈrəul] N: **on ~** em liberdade condicional, sob promessa

paroxysm ['pærəksɪzəm] N paroxismo; (of anger, coughing) acesso
parquet ['pɑːkeɪ] N: **~ floor(ing)** parquete m, assoalho de tacos
parrot ['pærət] N papagaio
parrot fashion ADV mecanicamente, feito papagaio
parry ['pærɪ] VT aparar, desviar
parsimonious [pɑːsɪˈməunɪəs] ADJ sovina, parsimonioso
parsley ['pɑːslɪ] N salsa
parsnip ['pɑːsnɪp] N cherivia, pastinaga
parson ['pɑːsn] N padre m, clérigo; (in Church of England) pastor m
parsonage ['pɑːsnɪdʒ] N presbitério
part [pɑːt] N (gen, Mus) parte f; (of machine) peça; (Theatre etc) papel m; (of serial) capítulo; (US: in hair) risca, repartido ▶ ADJ parcial
▶ ADV = **partly** ▶ VT dividir; (break) partir; (hair) repartir ▶ VI (people) separar-se; (roads) bifurcar-se; (crowd) dispersar-se; (break) partir-se; **to take ~ in** participar de, tomar parte em; **to take sb's ~** defender alguém; **on his ~** da sua parte; **for my ~** pela minha parte; **for the most ~** na maior parte; **for the better ~ of the day** durante a maior parte do dia; **to be ~ and parcel of** fazer parte de; **to take sth in good ~** não se ofender com algo; **~ of speech** (Ling) categoria gramatical
▶ **part with** VT FUS ceder, entregar; (money) pagar
partake [pɑːˈteɪk] (irreg: like **take**) VI (formal): **to ~ of sth** participar de algo
part exchange (BRIT) N: **in ~** como parte do pagamento
partial ['pɑːʃl] ADJ parcial; **to be ~ to** gostar de, ser apreciador(a) de
partially ['pɑːʃəlɪ] ADV parcialmente
participant [pɑːˈtɪsɪpənt] N participante m/f
participate [pɑːˈtɪsɪpeɪt] VI: **to ~ in** participar de
participation [pɑːtɪsɪˈpeɪʃən] N participação f
participle ['pɑːtɪsɪpl] N particípio
particle ['pɑːtɪkl] N partícula; (of dust) grão m
particular [pəˈtɪkjuləʳ] ADJ (special) especial; (specific) específico; (given) determinado; (fussy) exigente, minucioso; **in ~** em particular; **I'm not ~** para mim tanto faz
particularly [pəˈtɪkjuləlɪ] ADV em particular, especialmente
particulars [pəˈtɪkjuləz] NPL detalhes mpl; (personal details) dados mpl pessoais
parting ['pɑːtɪŋ] N (act) separação f; (farewell) despedida; (BRIT: in hair) risca, repartido
▶ ADJ de despedida; **~ shot** (fig) flecha de parto
partisan [pɑːtɪˈzæn] ADJ partidário ▶ N partidário(-a); (in war) guerrilheiro(-a)
partition [pɑːˈtɪʃən] N (Pol) divisão f; (wall) tabique m, divisória ▶ VT separar com tabique; (fig) dividir

partly ['pɑːtlɪ] ADV em parte
partner ['pɑːtnə^r] N (Comm) sócio(-a); (Sport) parceiro(-a); (at dance) par m; (spouse) cônjuge m/f; (friend etc) companheiro(-a) ▶ VT acompanhar
partnership ['pɑːtnəʃɪp] N associação f, parceria; (Comm) sociedade f; **to go into** or **form a ~ (with)** associar-se (com), formar sociedade (com)
part payment N parcela, prestação f
partridge ['pɑːtrɪdʒ] N perdiz f
part-time ADJ, ADV de meio expediente
part-timer N (also: **part-time worker**) trabalhador(a) m/f de meio expediente
party ['pɑːtɪ] N (Pol) partido; (celebration) festa; (group) grupo; (Law) parte f interessada, litigante m/f ▶ CPD (Pol) do partido, partidário; **dinner ~** jantar m; **to give** or **have** or **throw a ~** dar uma festa; **to be a ~ to a crime** ser cúmplice num crime
▶ **pass away** VI falecer
▶ **pass by** VI passar ▶ VT (ignore) passar por cima de
▶ **pass down** VT (customs, inheritance) passar
▶ **pass for** VT FUS passar por
▶ **pass on** VI (die) falecer ▶ VT (hand on: news, illness) transmitir; (object) passar para; (price rises) repassar
▶ **pass out** VI desmaiar; (BRIT Mil) sair (de uma escola militar)
▶ **pass over** VT (ignore) passar por cima de
▶ **pass up** VT deixar passar
passable ['pɑːsəbl] ADJ (road) transitável; (work) aceitável
passage ['pæsɪdʒ] N (also: **passageway**: indoors) corredor m; (: outdoors) passagem f; (Anat) via; (act of passing) trânsito; (in book) trecho; (fare) passagem (BR), bilhete m (PT); (by boat) travessia; (Mechanics, Med) conduto
passbook ['pɑːsbuk] N caderneta
passenger ['pæsɪndʒə^r] N passageiro(-a)
passer-by ['pɑːsə^r-] (pl **passers-by**) N transeunte m/f
passing ['pɑːsɪŋ] ADJ (fleeting) passageiro, fugaz; **in ~** de passagem
passing place N trecho de ultrapassagem

---

263 | **partly - patent medicine**

passion ['pæʃən] N paixão f; **to have a ~ for sth** ser aficionado(-a) de algo
passionate ['pæʃənɪt] ADJ apaixonado
passion fruit N maracujá m
passive ['pæsɪv] ADJ (also Ling) passivo
passkey ['pɑːskiː] N chave f mestra
Passover ['pɑːsəuvə^r] N Páscoa (dos judeus)
passport ['pɑːspɔːt] N passaporte m
passport control N controle m dos passaportes
password ['pɑːswəːd] N senha
past [pɑːst] PREP (drive, walk etc: in front of) por; (: beyond, further than) mais além de; (later than) depois de ▶ ADJ passado; (president etc) ex-, anterior ▶ N passado; **he's ~ forty** ele tem mais de quarenta anos; **ten/quarter ~ four** quatro e dez/quinze; **for the ~ few/3 days** nos últimos/3 dias; **to run ~** passar correndo (por); **it's ~ midnight** é mais de meia-noite; **in the ~** no passado; **I'm ~ caring** já não ligo mais; **he's ~ it** (BRIT inf: person) ele já passou da idade
pasta ['pæstə] N massa
paste [peɪst] N pasta; (glue) grude m, cola; (jewellery) vidro ▶ VT (stick) grudar; (glue) colar; **tomato ~** massa de tomate
pastel ['pæstl] ADJ pastel; (painting) a pastel
pasteurized ['pæstəraɪzd] ADJ pasteurizado
pastille ['pæstl] N pastilha
pastime ['pɑːstaɪm] N passatempo
past master (BRIT) N: **to be a ~ at** ser perito em
pastor ['pɑːstə^r] N pastor(a) m/f
pastoral ['pɑːstərl] ADJ pastoral
pastry ['peɪstrɪ] N massa; (cake) bolo
pasture ['pɑːstʃə^r] N (grass) pasto; (land) pastagem f, pasto
pasty [n 'pæstɪ, adj 'peɪstɪ] N empadão m de carne ▶ ADJ pastoso; (complexion) pálido
pat [pæt] VT dar palmadinhas em; (dog etc) fazer festa em ▶ N (of butter) porção f ▶ ADV: **he knows it off ~** (BRIT), **he has it down ~** (US) ele sabe isso de cor; **to give sb a ~ on the back** (fig) animar alguém
patch [pætʃ] N (of material) retalho; (eye patch) tapa-olho m; (area) área pequena; (spot) mancha; (mend) remendo; (of land) lote m, terreno ▶ VT (clothes) remendar; **(to go through) a bad ~** (passar por) um mau pedaço
▶ **patch up** VT (mend temporarily) consertar provisoriamente; (quarrel) resolver
patchwork ['pætʃwəːk] N colcha de retalhos ▶ ADJ (feito) de retalhos
patchy ['pætʃɪ] ADJ (colour) desigual; (information) incompleto
pate [peɪt] N: **a bald ~** uma calva, uma careca
pâté ['pæteɪ] N patê m
patent ['peɪtnt] N patente f ▶ VT patentear ▶ ADJ patente, evidente
patent leather N verniz m
patently ['peɪtntlɪ] ADV claramente
patent medicine N medicamento registrado

patent office N escritório de registro de patentes
paternal [pə'tə:nl] ADJ paternal; (relation) paterno
paternity [pə'tə:nɪtɪ] N paternidade f
paternity suit N (Law) processo de paternidade
path [pɑ:θ] N caminho; (trail, track) trilha, senda; (trajectory) trajetória; (of planet) órbita
pathetic [pə'θɛtɪk] ADJ (pitiful) patético, digno de pena; (very bad) péssimo; (moving) comovente
pathological [pæθə'lɔdʒɪkl] ADJ patológico
pathologist [pə'θɔlədʒɪst] N patologista m/f
pathology [pə'θɔlədʒɪ] N patologia
pathos ['peɪθɔs] N patos m, patético
pathway ['pɑ:θweɪ] N caminho, trilha
patience ['peɪʃns] N paciência; **to lose one's ~** perder a paciência
patient ['peɪʃnt] ADJ, N paciente m/f
patiently ['peɪʃntlɪ] ADV pacientemente
patio ['pætɪəu] N pátio
patriot ['peɪtrɪət] N patriota m/f
patriotic [pætrɪ'ɔtɪk] ADJ patriótico
patriotism ['pætrɪətɪzəm] N patriotismo
patrol [pə'trəul] N patrulha ▶ VT patrulhar; **to be on ~** fazer ronda, patrulhar
patrol boat N barco de patrulha
patrol car N carro de patrulha
patrolman [pə'trəulmən] (US) (irreg: like **man**) N guarda m, policial m (BR), polícia m (PT)
patron ['peɪtrən] N (customer) cliente m/f, freguês(-esa) m/f; (of charity) benfeitor(a) m/f; **~ of the arts** mecenas m
patronage ['pætrənɪdʒ] N patrocínio m
patronize ['pætrənaɪz] VT (pej: look down on) tratar com ar de superioridade; (shop) ser cliente de; (business, artist) patrocinar
patronizing ['pætrənaɪzɪŋ] ADJ condescendente
patron saint N (santo(-a)) padroeiro(-a)
patter ['pætəʳ] N (of rain) tamborilada; (of feet) passos miúdos mpl; (sales talk) jargão m profissional ▶ VI correr dando passinhos; (rain) tamborilar
pattern ['pætən] N modelo, padrão m; (Sewing) molde m; (design) desenho; (sample) amostra; **behaviour ~** modo de comportamento
patterned ['pætənd] ADJ padronizado
paucity ['pɔ:sɪtɪ] N penúria, escassez f
paunch [pɔ:ntʃ] N pança, barriga
pauper ['pɔ:pəʳ] N pobre m/f; **~'s grave** vala comum
pause [pɔ:z] N pausa; (interval) intervalo ▶ VI fazer uma pausa; **to ~ for breath** tomar fôlego; (fig) fazer uma pausa
pave [peɪv] VT pavimentar; **to ~ the way for** preparar o terreno para
pavement ['peɪvmənt] N (BRIT) calçada (BR), passeio (PT); (US) pavimento
pavilion [pə'vɪlɪən] N pavilhão m; (for band etc) coreto; (Sport) barraca
paving ['peɪvɪŋ] N pavimento, calçamento

paving stone N laje f, paralelepípedo
paw [pɔ:] N pata; (of cat) garra ▶ VT passar a pata em; (touch) manusear; (amorously) apalpar
pawn [pɔ:n] N (Chess) peão m; (fig) títere m ▶ VT empenhar
pawnbroker ['pɔ:nbrəukəʳ] N agiota m/f
pawnshop ['pɔ:nʃɔp] N loja de penhores
pay [peɪ] (pt, pp **paid**) N salário; (of manual worker) paga ▶ VT pagar; (debt) liquidar, saldar; (visit) fazer ▶ VI pagar; (be profitable) valer a pena, render; **how much did you ~ for it?** quanto você pagou por isso?; **I paid £5 for that record** paguei or dei £5 por esse disco; **to ~ one's way** pagar sua parte; (company) render; **to ~ dividends** (fig) trazer vantagens or benefícios; **it won't ~ you to do that** não vale a pena você fazer isso; **to ~ attention (to)** prestar atenção (a); **to ~ one's respects to sb** fazer uma visita de cortesia a alguém
▶ **pay back** VT (money) devolver; (person) pagar; (debt) saldar
▶ **pay for** VT FUS pagar a; (fig) recompensar
▶ **pay in** VT depositar
▶ **pay off** VT (debts) saldar, liquidar; (mortgage) resgatar; (creditor) pagar, reembolsar; (worker) despedir ▶ VI (plan, patience) valer a pena; **to ~ sth off in instalments** pagar algo a prazo
▶ **pay out** VT (money) pagar, desembolsar; (rope) dar
▶ **pay up** VT (debts) pagar, liquidar; (amount) pagar
payable ['peɪəbl] ADJ pagável; (cheque): **~ to** nominal em favor de
payday N dia m do pagamento; **~ loan** (BRIT Finance) empréstimo no final do mês
PAYE (BRIT) N ABBR (= pay as you earn) tributação na fonte
payee [peɪ'i:] N beneficiário(-a)
pay envelope (US) N = **pay packet**
paying ['peɪɪŋ] ADJ pagador(a); (business) rendoso; **~ guest** pensionista m/f
payload ['peɪləud] N carga paga
payment ['peɪmənt] N pagamento; **advance ~** (part sum) entrada; (total sum) pagamento adiantado; **deferred ~, ~ by instalments** pagamento a prazo; **monthly ~** pagamento mensal; **in ~ for** or **of** em pagamento por; **on ~ of £5** contra pagamento de £5
pay packet (BRIT) N envelope m de pagamento
pay-per-click N (Comput) sistema m pague por clique
pay phone ['peɪfəun] N telefone m público
payroll ['peɪrəul] N folha de pagamento; **to be on a firm's ~** receber salário de uma firma
pay slip (BRIT) N contracheque m
pay station (US) N cabine f telefônica, orelhão m (BR)

pay television N televisão f por assinatura
paywall ['peɪwɔːl] N (Comput) paywall m or (PT) f, muro de cobrança (BR)
PBS (US) N ABBR = **Public Broadcasting Service**
PC N ABBR (= personal computer) PC m; (BRIT) = **police constable** ▶ ABBR (BRIT) = **Privy Councillor**
pc ABBR = **per cent**; **postcard**
p/c ABBR = **petty cash**
PCB N ABBR = **printed circuit board**
PD (US) N ABBR = **police department**
pd ABBR = **paid**
PDA N ABBR (= personal digital assistant) PDA m (assistente digital pessoal)
PDSA (BRIT) N ABBR = **People's Dispensary for Sick Animals**
PDT (US) ABBR (= Pacific Daylight Time) hora de verão do Pacífico
PE N ABBR = **physical education** ▶ ABBR (CANADA) = **Prince Edward Island**
pea [piː] N ervilha
peace [piːs] N paz f; (calm) tranquilidade f, quietude f; **to be at ~ with sb/sth** estar em paz com alguém/algo; **to keep the ~** (subj: policeman) manter a ordem; (: citizen) não perturbar a ordem pública
peaceable ['piːsəbl] ADJ pacato
peaceful ['piːsful] ADJ (person) tranquilo, pacífico; (place, time) tranquilo, sossegado
peace-keeping [-'kiːpɪŋ] N pacificação f
peace offering N proposta de paz
peach [piːtʃ] N pêssego
peacock ['piːkɔk] N pavão m
peak [piːk] N (of mountain: top) cume m; (: point) pico; (of cap) pala, viseira; (fig: of career, fame) apogeu m; (: highest level) máximo
peak-hour ADJ (traffic etc) no horário de maior movimento, na hora de pique
peak hours NPL horário de maior movimento
peak period N período de pique
peaky ['piːkɪ] (BRIT inf) ADJ adoentado
peal [piːl] N (of bells) repique m, toque m; **~ of laughter** gargalhada
peanut ['piːnʌt] N amendoim m
peanut butter N manteiga de amendoim
pear [pɛəʳ] N pera
pearl [pəːl] N pérola
pear tree N pereira
peasant ['pɛznt] N camponês(-esa) m/f
peat [piːt] N turfa
pebble ['pɛbl] N seixo, calhau m
peck [pɛk] VT (also: **peck at**) bicar, dar bicadas em; (food) beliscar ▶ N bicada; (kiss) beijoca
pecking order ['pɛkɪŋ-] N ordem f de hierarquia
peckish ['pɛkɪʃ] (BRIT inf) ADJ: **I feel ~** estou a fim de comer alguma coisa
peculiar [pɪ'kjuːlɪəʳ] ADJ (strange) estranho, esquisito; (marked) especial; **~ to** (belonging to) próprio de
peculiarity [pɪkjuːlɪ'ærɪtɪ] N (distinctive feature) peculiaridade f; (oddity) excentricidade f

pecuniary [pɪ'kjuːnɪərɪ] ADJ pecuniário
pedal ['pɛdl] N pedal m ▶ VI pedalar
pedal bin (BRIT) N lata de lixo com pedal
pedantic [pɪ'dæntɪk] ADJ pedante
peddle ['pɛdl] VT vender nas ruas, mascatear; (drugs) traficar, fazer tráfico de
peddler ['pɛdləʳ] N (also: **drugs peddler**) mascate m/f, camelô m
pedestal ['pɛdəstl] N pedestal m
pedestrian [pɪ'dɛstrɪən] N pedestre m/f (BR), peão m (PT) ▶ ADJ pedestre (BR), para peões (PT); (fig) prosaico
pedestrian crossing (BRIT) N passagem f para pedestres (BR), passadeira (PT)
pediatrics [piːdɪ'ætrɪks] (US) N = **paediatrics**
pedigree ['pɛdɪgriː] N (of animal) raça; (fig) genealogia ▶ CPD (animal) de raça
pedlar ['pɛdləʳ] N = **peddler**
pedophile ['piːdəufaɪl] (US) N = **paedophile**
pee [piː] (inf) VI fazer xixi, mijar
peek [piːk] VI: **to ~ at** espiar, espreitar; **to ~ over/into** espiar por cima de/dentro, espreitar por cima de/dentro
peel [piːl] N casca ▶ VT descascar ▶ VI (paint, skin) descascar; (wallpaper) desprender-se
▶ **peel back** VT descascar
peeler ['piːləʳ] N (potato etc peeler) descascador m
peelings ['piːlɪŋz] NPL cascas fpl
peep [piːp] N (BRIT: look) espiadela; (sound) pio ▶ VI (BRIT: look) espreitar; (sound) piar
▶ **peep out** (BRIT) VI mostrar-se, surgir
peephole ['piːphəul] N vigia, olho mágico
peer [pɪəʳ] VI: **to ~ at** perscrutar, fitar ▶ N (noble) par m/f; (equal) igual m/f; (contemporary) contemporâneo(-a)
peerage ['pɪərɪdʒ] N pariato
peerless ['pɪəlɪs] ADJ sem igual
peeved [piːvd] ADJ irritado
peevish ['piːvɪʃ] ADJ rabugento
peg [pɛg] N cavilha; (for coat etc) cabide m; (BRIT: also: **clothes peg**) pregador m; (tent peg) estaca ▶ VT (clothes) prender; (BRIT: groundsheet) segurar com estacas; (fig: prices, wages) fixar, tabelar
pejorative [pɪ'dʒɔrətɪv] ADJ pejorativo
Pekin [piː'kɪn] N Pequim
Pekinese, Pekingese [piːkɪ'niːz] N pequinês m
Peking [piː'kɪŋ] N = **Pekin**
pelican ['pɛlɪkən] N pelicano
pelican crossing (BRIT) N (Aut) passagem f sinalizada para pedestres (BR), passadeira para peões (PT)
pellet ['pɛlɪt] N bolinha; (for shotgun) pelota de chumbo
pell-mell ['pɛl'mɛl] ADV a esmo
pelmet ['pɛlmɪt] N sanefa
pelt [pɛlt] VT: **to ~ sb with sth** atirar algo em alguém ▶ VI (rain: also: **pelt down**) chover a cântaros; (inf: run) correr ▶ N pele f (não curtida)

pelvis ['pɛlvɪs] N pelvis f, bacia
pen [pɛn] N caneta; (for sheep etc) redil m, cercado; (us inf: prison) cadeia; **to put ~ to paper** escrever
▶ **pen in** VT encurralar
penal ['pi:nl] ADJ penal
penalize ['pi:nəlaɪz] VT impor penalidade a; (Sport) penalizar; (fig) prejudicar
penal servitude [-'sə:vɪtju:d] N pena de trabalhos forçados
penalty ['pɛnltɪ] N pena, penalidade f; (fine) multa; (Sport) punição f; (Football) pênalti m; **to take a ~** cobrar um pênalti
penalty area (BRIT) N área de pênalti
penalty clause N cláusula penal
penalty kick N (Rugby) chute m de pênalti; (Football) cobrança de pênalti
penalty shoot-out [-'ʃu:taut] N (Football) decisão f por pênaltis
penance ['pɛnəns] N penitência
pence [pɛns] (BRIT) NPL of **penny**
penchant ['pɑ̃:ɪʃɑ̃:ŋ] N pendor m, queda
pencil ['pɛnsl] N lápis m ▶ VT: **to ~ sth in** anotar algo a lápis
pencil case N lapiseira, porta-lápis m inv
pencil sharpener N apontador m (de lápis) (BR), apara-lápis m inv (PT)
pendant ['pɛndnt] N pingente m
pending ['pɛndɪŋ] PREP (during) durante; (until) até ▶ ADJ pendente
pendulum ['pɛndjuləm] N pêndulo
penetrate ['pɛnɪtreɪt] VT penetrar
penetrating ['pɛnɪtreɪtɪŋ] ADJ penetrante
penetration [pɛnɪ'treɪʃən] N penetração f
penfriend ['pɛnfrɛnd] (BRIT) N amigo(-a) por correspondência
penguin ['pɛŋgwɪn] N pinguim m
penicillin [pɛnɪ'sɪlɪn] N penicilina
peninsula [pə'nɪnsjulə] N península
penis ['pi:nɪs] N pênis m
penitence ['pɛnɪtns] N penitência
penitent ['pɛnɪtnt] ADJ arrependido; (Rel) penitente
penitentiary [pɛnɪ'tɛnʃərɪ] (US) N penitenciária, presídio
penknife ['pɛnnaɪf] (irreg: like **knife**) N canivete m
pen name N pseudônimo
pennant ['pɛnənt] N flâmula
penniless ['pɛnɪlɪs] ADJ sem dinheiro, sem um tostão
Pennines ['pɛnaɪnz] NPL: **the ~** as Pennines
penny ['pɛnɪ] (pl **pennies** or BRIT **pence**) N pêni m; (US) cêntimo
penpal ['pɛnpæl] N amigo(-a) por correspondência
pension ['pɛnʃən] N pensão f; (old-age pension) aposentadoria; (Mil) reserva
▶ **pension off** VT aposentar
pensionable ['pɛnʃnəbl] ADJ (person) com direito a uma pensão; (age) de aposentadoria
pensioner ['pɛnʃənə'] (BRIT) N aposentado(-a) (BR), reformado(-a) (PT)
pension fund N fundo da aposentadoria

pensive ['pɛnsɪv] ADJ pensativo; (withdrawn) absorto
Pentagon ['pɛntəgən] N: **the ~** o Pentágono
O Pentágono (**Pentagon**) é o nome dado aos escritórios do Ministério da Defesa americano, localizados em Arlington, no estado da Virgínia, por causa da forma pentagonal do edifício onde se encontram. Por extensão, o termo é utilizado também para se referir ao ministério.

pentathlon [pɛn'tæθlən] N pentatlo
Pentecost ['pɛntɪkɔst] N Pentecostes m
penthouse ['pɛnthaus] N cobertura
pent-up [pɛnt-] ADJ (feelings) reprimido
penultimate [pɛ'nʌltɪmət] ADJ penúltimo
penury ['pɛnjurɪ] N pobreza, miséria
people ['pi:pl] NPL gente f, pessoas fpl; (inhabitants) habitantes mpl/fpl; (citizens) povo; (Pol): **the ~** o povo ▶ N (nation, race) povo ▶ VT povoar; **several ~ came** vieram várias pessoas; **I know ~ who ...** conheço gente que ...; **~ say that ...** dizem que ...; **old ~** os idosos; **young ~** os jovens; **a man of the ~** um homem do povo
pep [pɛp] (inf) N pique m, energia, dinamismo
▶ **pep up** VT animar
pepper ['pɛpə'] N pimenta; (vegetable) pimentão m ▶ VT apimentar; (fig): **to ~ with** salpicar de
peppermint ['pɛpəmɪnt] N hortelã-pimenta; (sweet) bala de hortelã
pepper pot N pimenteiro
pep talk ['pɛptɔ:k] (inf) N conversa para levantar o espírito
per [pə:'] PREP por; **~ day/person** por dia/pessoa; **~ annum** por ano; **as ~ your instructions** conforme suas instruções
per capita ADJ, ADV per capita, por pessoa
perceive [pə'si:v] VT perceber; (notice) notar; (realize) compreender
per cent N por cento; **a 20 ~ discount** um desconto de 20 por cento
percentage [pə'sɛntɪdʒ] N porcentagem f, percentagem f; **on a ~ basis** na base de percentagem
perceptible [pə'sɛptɪbl] ADJ perceptível, sensível
perception [pə'sɛpʃən] N percepção f; (insight) perspicácia
perceptive [pə'sɛptɪv] ADJ perceptivo
perch [pə:tʃ] N (pl **perches**) (for bird) poleiro; (fish) perca ▶ VI: **to ~ (on)** (bird) empoleirar-se (em); (person) encarapitar-se (em)
percolate ['pə:kəleɪt] VT, VI passar
percolator ['pə:kəleɪtə'] N (also: **coffee percolator**) cafeteira de filtro
percussion [pə'kʌʃən] N percussão f
peremptory [pə'rɛmptərɪ] ADJ peremptório; (person: imperious) autoritário
perennial [pə'rɛnɪəl] ADJ perene; (fig) constante ▶ N planta perene
perfect [adj, n 'pə:fɪkt, vt pə'fɛkt] ADJ perfeito; (utter) completo ▶ N (also: **perfect tense**)

perfeito ▶ VT aperfeiçoar; **a ~ stranger** uma pessoa completamente desconhecida
perfection [pə'fɛkʃən] N perfeição f
perfectionist [pə'fɛkʃənɪst] N perfeccionista m/f
perfectly ['pə:fɪktlɪ] ADV perfeitamente; **I'm ~ happy with the situation** estou completamente satisfeito com a situação; **you know ~ well** você sabe muito bem
perforate ['pə:fəreɪt] VT perfurar
perforated ['pə:fəreɪtɪd] ADJ (stamp) picotado
perforated ulcer N (Med) úlcera perfurada
perforation [pə:fə'reɪʃən] N perfuração f; (line of holes) picote m
perform [pə'fɔ:m] VT (carry out) realizar, fazer; (concert etc) executar; (piece of music) interpretar ▶ VI (well, badly) interpretar; (animal) fazer truques de amestramento; (Theatre) representar; (Tech) funcionar
performance [pə'fɔ:məns] N (of engine, athlete, economy) desempenho; (of play, by artist) atuação f; (of car) performance f
performer [pə'fɔ:mə^r] N (actor) artista m/f, ator/atriz m/f; (Mus) intérprete m/f
performing [pə'fɔ:mɪŋ] ADJ (animal) amestrado, adestrado
performing arts NPL: **the ~** as artes cênicas
perfume ['pə:fju:m] N perfume m ▶ VT perfumar
perfunctory [pə'fʌŋktərɪ] ADJ superficial, negligente
perhaps [pə'hæps] ADV talvez; **~ he'll come** talvez ele venha; **~ so/not** talvez seja assim/talvez não
peril ['pɛrɪl] N perigo, risco
perilous ['pɛrɪləs] ADJ perigoso
perilously ['pɛrɪləslɪ] ADV: **they came ~ close to being caught** não foram presos por um triz
perimeter [pə'rɪmɪtə^r] N perímetro
perimeter wall N muro periférico
period ['pɪərɪəd] N período; (History) época; (time limit) prazo; (Sch) aula; (US: full stop) ponto final; (Med) menstruação f, regra ▶ ADJ (costume, furniture) da época; **for a ~ of three weeks** por um período de três semanas; **the holiday ~** (BRIT) o período de férias
periodic [pɪərɪ'ɔdɪk] ADJ periódico
periodical [pɪərɪ'ɔdɪkl] N periódico ▶ ADJ periódico
periodically [pɪərɪ'ɔdɪklɪ] ADV periodicamente, de vez em quando
period pains (BRIT) NPL cólicas fpl menstruais
peripatetic [pɛrɪpə'tɛtɪk] ADJ (salesman) viajante; (teacher) que trabalha em vários lugares
peripheral [pə'rɪfərəl] ADJ periférico ▶ N (Comput) periférico
periphery [pə'rɪfərɪ] N periferia
periscope ['pɛrɪskəup] N periscópio
perish ['pɛrɪʃ] VI perecer; (decay) deteriorar-se
perishable ['pɛrɪʃəbl] ADJ perecível, deteriorável
perishables ['pɛrɪʃəblz] NPL perecíveis mpl

267 | **perfection – persistent**

perishing ['pɛrɪʃɪŋ] (BRIT inf) ADJ (cold) gelado, glacial
peritonitis [pɛrɪtə'naɪtɪs] N peritonite f
perjure ['pə:dʒə^r] VT: **to ~ o.s.** prestar falso testemunho
perjury ['pə:dʒərɪ] N (Law) perjúrio, falso testemunho
perk [pə:k] (inf) N mordomia, regalia ▶ **perk up** VI (cheer up) animar-se; (in health) recuperar-se
perky ['pə:kɪ] ADJ (cheerful) animado, alegre
perm [pə:m] N permanente f ▶ VT: **to have one's hair ~ed** fazer permanente (no cabelo)
permanence ['pə:mənəns] N permanência, continuidade f
permanent ['pə:mənənt] ADJ permanente; **I'm not ~ here** não estou aqui em caráter permanente
permanently ['pə:mənəntlɪ] ADV permanentemente
permeable ['pə:mɪəbl] ADJ permeável
permeate ['pə:mɪeɪt] VI difundir-se ▶ VT penetrar; (subj: idea) difundir
permissible [pə'mɪsɪbl] ADJ permissível, lícito
permission [pə'mɪʃən] N permissão f; (authorization) autorização f; **to give sb ~ to do sth** dar permissão a alguém para fazer algo
permissive [pə'mɪsɪv] ADJ permissivo
permit [n 'pə:mɪt, vt pə'mɪt] N permissão f; (for fishing, export etc) licença; (to enter) passe m ▶ VT permitir; (authorize) autorizar; **to ~ sb to do sth** permitir a alguém para or que faça algo; **weather ~ting** se o tempo permitir
permutation [pə:mju'teɪʃən] N permutação f
pernicious [pə:'nɪʃəs] ADJ nocivo; (Med) pernicioso, maligno
pernickety [pə'nɪkɪtɪ] (inf) ADJ cheio de nove-horas or luxo; (task) minucioso
perpendicular [pə:pən'dɪkjulə^r] ADJ perpendicular ▶ N perpendicular f
perpetrate ['pə:pɪtreɪt] VT cometer
perpetual [pə'pɛtjuəl] ADJ perpétuo
perpetuate [pə'pɛtjueɪt] VT perpetuar
perpetuity [pə:pɪ'tju:ɪtɪ] N: **in ~** para sempre
perplex [pə'plɛks] VT deixar perplexo
perplexing [pə'plɛksɪŋ] ADJ desconcertante
perquisites ['pə:kwɪzɪts] NPL (also: **perks**) mordomias fpl, regalias fpl
persecute ['pə:sɪkju:t] VT perseguir
persecution [pə:sɪ'kju:ʃən] N perseguição f
perseverance [pə:sɪ'vɪərəns] N perseverança
persevere [pə:sɪ'vɪə^r] VI perseverar
Persia ['pə:ʃə] N Pérsia
Persian ['pə:ʃən] ADJ persa ▶ N (Ling) persa m; **the (~) Gulf** o golfo Pérsico
persist [pə'sɪst] VI: **to ~ (in doing sth)** persistir (em fazer algo)
persistence [pə'sɪstəns] N persistência; (of disease) insistência; (obstinacy) teimosia
persistent [pə'sɪstənt] ADJ persistente; (determined) teimoso; (disease) insistente, persistente; **~ offender** (Law) infrator(a) m/f contumaz

persnickety [pə'snɪkɪtɪ] (US inf) ADJ
= **pernickety**
person ['pɜːsn] N pessoa; **in ~** em pessoa; **on** or **about one's ~** consigo; **~ to ~ call** (Tel) chamada pessoal
personable ['pɜːsənəbl] ADJ atraente, bem apessoado
personal ['pɜːsənəl] ADJ pessoal; (private) particular; (visit) em pessoa, pessoal; **~ belongings** or **effects** pertences mpl particulares; **~ hygiene** higiene f íntima; **a ~ interview** uma entrevista particular
personal allowance N (Tax) abatimento da renda de pessoa física
personal assistant N secretário(-a) particular
personal call N (Tel) chamada pessoal
personal column N anúncios mpl pessoais
personal computer N computador m pessoal
personal details NPL (on form etc) dados mpl pessoais
personal identification number N (Comput, Banking) senha
personality [pɜːsə'nælɪtɪ] N personalidade f
personally ['pɜːsənəlɪ] ADV pessoalmente; **to take sth ~** ofender-se
personal organizer N agenda
personal property N bens mpl móveis
personal stereo N Walkman® m
personify [pɜː'sɔnɪfaɪ] VT personificar
personnel [pɜːsə'nɛl] N pessoal m
personnel department N departamento de pessoal
personnel manager N gerente m/f de pessoal
perspective [pə'spɛktɪv] N perspectiva; **to get sth into ~** colocar algo em perspectiva
Perspex® ['pɜːspɛks] (BRIT) N acrílico
perspicacity [pɜːspɪ'kæsɪtɪ] N perspicácia
perspiration [pɜːspɪ'reɪʃən] N transpiração f
perspire [pə'spaɪər] VI transpirar
persuade [pə'sweɪd] VT persuadir; **to ~ sb to do sth** persuadir alguém a fazer algo; **to ~ sb that/of sth** persuadir alguém que/de algo
persuasion [pə'sweɪʒən] N persuasão f; (persuasiveness) poder m de persuasão; (creed) convicção f, crença
persuasive [pə'sweɪsɪv] ADJ persuasivo
pert [pɜːt] ADJ atrevido, descarado
pertaining [pɜː'teɪnɪŋ] PREP: **~ to** relativo a
pertinent ['pɜːtɪnənt] ADJ pertinente, a propósito
perturb [pə'tɜːb] VT inquietar
perturbing [pə'tɜːbɪŋ] ADJ inquietante
Peru [pə'ruː] N Peru m
perusal [pə'ruːzl] N leitura
peruse [pə'ruːz] VT ler com atenção, examinar
Peruvian [pə'ruːvjən] ADJ, N peruano(-a)
pervade [pə'veɪd] VT impregnar, penetrar em
pervasive [pə'veɪsɪv] ADJ (smell) penetrante; (influence, ideas, gloom) difundido
perverse [pə'vɜːs] ADJ perverso; (stubborn) teimoso; (wayward) caprichoso

perversion [pə'vɜːʃən] N perversão f; (of truth) currupção f
perversity [pə'vɜːsɪtɪ] N perversidade f
pervert [n 'pɜːvɜːt, vt pə'vɜːt] N pervertido(-a) ▶ VT perverter, corromper; (truth) distorcer
pessary ['pɛsərɪ] N pessário
pessimism ['pɛsɪmɪzəm] N pessimismo
pessimist ['pɛsɪmɪst] N pessimista m/f
pessimistic [pɛsɪ'mɪstɪk] ADJ pessimista
pest [pɛst] N (animal) praga; (fig) peste f
pest control N dedetização f; (for mice) desratização f
pester ['pɛstər] VT incomodar
pesticide ['pɛstɪsaɪd] N pesticida m
pestilent ['pɛstɪlənt] (inf) ADJ (exasperating) chato
pestle ['pɛsl] N mão f (de almofariz)
pet [pɛt] N animal m de estimação ▶ CPD predileto ▶ VT acariciar ▶ VI (inf) acariciar-se; **teacher's ~** (favourite) preferido(-a) do professor; **~ lion** etc leão etc de estimação; **my ~ hate** a coisa que eu mais odeio
petal ['pɛtl] N pétala
peter out ['piːtər-] VI (conversation) esgotar-se; (road etc) acabar-se
petite [pə'tiːt] ADJ delicado, mignon
petition [pə'tɪʃən] N petição f; (list of signatures) abaixo-assinado ▶ VT apresentar uma petição a ▶ VI: **to ~ for divorce** requerer divórcio
pet name (BRIT) N apelido carinhoso
petrified ['pɛtrɪfaɪd] ADJ (fig) petrificado, paralisado
petrify ['pɛtrɪfaɪ] VT paralisar; (frighten) petrificar
petrochemical [pɛtrə'kɛmɪkl] ADJ petroquímico
petrodollars ['pɛtrəudɔləz] NPL petrodólares mpl
petrol ['pɛtrəl] (BRIT) N gasolina; **two/four-star ~** gasolina comum/premium
petrol can (BRIT) N lata de gasolina
petrol engine (BRIT) N motor m a gasolina
petroleum [pə'trəʊlɪəm] N petróleo
petroleum jelly N vaselina®
petrol pump (BRIT) N (in car, at garage) bomba de gasolina
petrol station (BRIT) N posto (BR) or bomba (PT) de gasolina
petrol tank (BRIT) N tanque m de gasolina
petticoat ['pɛtɪkəʊt] N anágua; (slip) combinação f
pettifogging ['pɛtɪfɔgɪŋ] ADJ chicaneiro
pettiness ['pɛtɪnɪs] N mesquinharia f
petty ['pɛtɪ] ADJ (mean) mesquinho; (unimportant) insignificante
petty cash N fundo para despesas miúdas, caixa pequena, fundo de caixa
petty officer N suboficial m da marinha
petulant ['pɛtjulənt] ADJ irascível
pew [pjuː] N banco (de igreja)
pewter ['pjuːtər] N peltre m
Pfc (US) ABBR (Mil) = **private first class**

PG N ABBR (*Cinema*: = *parental guidance*) aviso dos pais recomendado
PGA N ABBR = **Professional Golfers' Association**
PH (US) N ABBR (*Mil*: = *Purple Heart*) condecoração para feridos em combate
PHA (US) N ABBR (= *Public Housing Administration*) órgão que supervisiona a construção
phallic ['fælɪk] ADJ fálico
phantom ['fæntəm] N fantasma m
Pharaoh ['fɛərəu] N faraó m
pharmaceutical [fɑːməˈsjuːtɪkl] ADJ farmacêutico
pharmaceuticals [fɑːməˈsjuːtɪklz] NPL farmacêuticos mpl
pharmacist ['fɑːməsɪst] N farmacêutico(-a)
pharmacy ['fɑːməsɪ] N farmácia
phase [feɪz] N fase f ▶ VT: **to ~ in/out** introduzir/retirar por etapas
PhD N ABBR (= *Doctor of Philosophy*) ≈ doutorado
pheasant ['fɛznt] N faisão m
phenomena [fəˈnɒmɪnə] NPL of **phenomenon**
phenomenal [fəˈnɒmɪnəl] ADJ fenomenal
phenomenon [fəˈnɒmɪnən] (*pl* **phenomena**) N fenômeno
phew [fjuː] EXCL ufa!
phial ['faɪəl] N frasco
philanderer [fɪˈlændərər] N mulherengo
philanthropic [fɪlənˈθrɒpɪk] ADJ filantrópico
philanthropist [fɪˈlænθrəpɪst] N filantropo(-a)
philatelist [fɪˈlætəlɪst] N filatelista m/f
philately [fɪˈlætəlɪ] N filatelia
Philippines ['fɪlɪpiːnz] NPL (*also*: **Philippine Islands**): **the ~** as Filipinas
philosopher [fɪˈlɒsəfər] N filósofo(-a)
philosophical [fɪləˈsɒfɪkl] ADJ filosófico; (*fig*) calmo, sereno
philosophy [fɪˈlɒsəfɪ] N filosofia
phishing [fɪʃɪŋ] N phishing m; **~ attack** golpe m de phishing
phlegm [flɛm] N fleuma
phlegmatic [flɛgˈmætɪk] ADJ fleumático
phobia ['fəubjə] N fobia
phone [fəun] N telefone m ▶ VT telefonar para, ligar para ▶ VI telefonar, ligar; **to be on the ~** ter telefone; (*be calling*) estar no telefone
▶ **phone back** VT, VI ligar de volta
▶ **phone up** VT telefonar para ▶ VI telefonar
phone book N lista telefônica
phone booth N cabine f telefônica
phone box (BRIT) N cabine f telefônica
phone call N telefonema m, ligação f
phone card N cartão m telefônico
phone-in (BRIT) N (*Radio*) programa com participação dos ouvintes; (*TV*) programa com participação dos espectadores
phone number N número de telefone
phonetics [fəˈnɛtɪks] N fonética
phoney ['fəunɪ] ADJ falso; (*person*) fingido ▶ N (*person*) impostor(a) m/f

phonograph ['fəunəgrɑːf] (US) N vitrola
phony ['fəunɪ] ADJ, N = **phoney**
phosphate ['fɒsfeɪt] N fosfato
phosphorus ['fɒsfərəs] N fósforo
photo ['fəutəu] N foto f
photo... ['fəutəu] PREFIX foto...
photobomb VT estragar a fotografia de (*aparecendo na foto sem ser solicitado*)
photocopier ['fəutəukɒpɪər] N fotocopiadora f
photocopy ['fəutəukɒpɪ] N fotocópia, xerox® m ▶ VT fotocopiar, xerocar
photoelectric [fəutəuɪˈlɛktrɪk] ADJ fotoelétrico; **~ cell** célula fotoelétrica
photogenic [fəutəuˈdʒɛnɪk] ADJ fotogênico
photograph ['fəutəgrɑːf] N fotografia ▶ VT fotografar; **to take a ~ of sb** bater or tirar uma foto de alguém
photographer [fəˈtɒgrəfər] N fotógrafo(-a)
photographic [fəutəˈgræfɪk] ADJ fotográfico
photography [fəˈtɒgrəfɪ] N fotografia
photostat ['fəutəustæt] N cópia fotostática
photosynthesis [fəutəuˈsɪnθəsɪs] N fotossíntese f
phrase [freɪz] N frase f ▶ VT expressar; (*letter*) redigir
phrase book N livro de expressões idiomáticas (para turistas)
physical ['fɪzɪkl] ADJ físico; **~ examination** exame m físico; **~ exercise** exercício físico, movimento
physical education N educação f física
physically ['fɪzɪklɪ] ADV fisicamente
physician [fɪˈzɪʃən] N médico(-a)
physicist ['fɪzɪsɪst] N físico(-a)
physics ['fɪzɪks] N física
physiological [fɪzɪəˈlɒdʒɪkl] ADJ fisiológico
physiology [fɪzɪˈɒlədʒɪ] N fisiologia
physiotherapist [fɪzɪəuˈθɛrəpɪst] N fisioterapeuta m/f
physiotherapy [fɪzɪəuˈθɛrəpɪ] N fisioterapia
physique [fɪˈziːk] N físico
pianist ['piːənɪst] N pianista m/f
piano [pɪˈænəu] N piano
piano accordion (BRIT) N acordeão m, sanfona
piccolo ['pɪkələu] N flautim m
pick [pɪk] N (*also*: **pickaxe**) picareta ▶ VT (*select*) escolher, selecionar; (*gather*) colher; (*remove*) tirar; (*lock*) forçar; **take your ~** escolha o que quiser; **the ~ of** o melhor de; **to ~ a bone** roer um osso; **to ~ one's nose** colocar o dedo no nariz; **to ~ one's teeth** palitar os dentes; **to ~ sb's brains** aproveitar os conhecimentos de alguém; **to ~ pockets** roubar or bater carteira; **to ~ a quarrel** or **a fight with sb** comprar uma briga com alguém; **to ~ and choose** ser exigente
▶ **pick at** VT FUS (*food*) beliscar
▶ **pick off** VT (*kill*) matar de um tiro
▶ **pick on** VT FUS (*person: criticize*) criticar; (: *treat badly*) azucrinar, aporrinhar
▶ **pick out** VT escolher; (*distinguish*) distinguir
▶ **pick up** VI (*improve*) melhorar ▶ VT (*from floor*, Aut) apanhar; (*Police*) prender; (*telephone*)

pickaxe – pilot | 270

atender, tirar do gancho; (*collect*) buscar; (*for sexual encounter*) paquerar; (*learn*) aprender; (*Radio, TV, Tel*) pegar; **to ~ up speed** acelerar; **to ~ o.s. up** levantar-se; **to ~ up where one left off** continuar do ponto onde se parou

pickaxe, (US) **pickax** ['pɪkæks] N picareta

picket ['pɪkɪt] N (*in strike*) piquete m; (*person*) piqueteiro(-a) ▶ VT formar piquete em frente de

picket line N piquete m

pickings ['pɪkɪŋz] NPL: **there are rich ~ to be had for investors in gold** os investidores em ouro vão se dar bem

pickle ['pɪkl] N (*also:* **pickles**: *as condiment*) picles mpl; (*fig: mess*) apuro ▶ VT (*in vinegar*) conservar em vinagre; (*in salt*) conservar em sal e água

pick-me-up N estimulante m

pickpocket ['pɪkpɔkɪt] N batedor(a) m/f de carteira (BR), carteirista m/f (PT)

pickup ['pɪkʌp] N (*on record player*) pick-up m; (*small truck: also:* **pickup truck, pickup van**) camioneta, pick-up m

picnic ['pɪknɪk] N piquenique m ▶ VI fazer um piquenique

picnicker ['pɪknɪkə^r] N pessoa que faz piquenique

pictorial [pɪk'tɔːrɪəl] ADJ pictórico; (*magazine etc*) ilustrado

picture ['pɪktʃə^r] N quadro; (*painting*) pintura; (*drawing*) desenho; (*etching*) água-forte f; (*photograph*) foto(grafia) f; (*TV*) imagem f; (*film*) filme m; (*fig: description*) descrição f; (: *situation*) conjuntura ▶ VT imaginar-se; (*describe*) retratar; **the pictures** NPL (BRIT *inf*) o cinema; **to take a ~ of sb/sth** tirar uma foto de alguém/algo; **the overall ~** o quadro geral; **to put sb in the ~** pôr alguém a par da situação

picture book N livro de figuras

picture messaging N serviço de mensagens multimídia

picturesque [pɪktʃə'rɛsk] ADJ pitoresco

picture window N janela panorâmica

piddling ['pɪdlɪŋ] (*inf*) ADJ irrisório

pidgin ['pɪdʒɪn] ADJ: **~ English** forma achinesada do inglês usada entre comerciantes

pie [paɪ] N (*vegetable*) pastelão m; (*fruit*) torta; (*meat*) empadão m

piebald ['paɪbɔːld] ADJ malhado

piece [piːs] N pedaço; (*portion*) fatia; (*of land*) lote m, parcela; (*Chess etc*) peça; (*item*): **a ~ of clothing/furniture/advice** uma roupa/um móvel/um conselho ▶ VT: **to ~ together** juntar; (*Tech*) montar; **in ~s** (*broken*) em pedaços; (*not yet assembled*) desmontado; **to fall to ~s** cair aos pedaços; **to take to ~s** desmontar; **in one ~** (*object*) inteiro; (*person*) ileso; **a 10p ~** (BRIT) uma moeda de 10p; **~ by ~** pedaço por pedaço; **a six-~ band** um sexteto; **to say one's ~** vender o seu peixe

piecemeal ['piːsmiːl] ADV pouco a pouco

piece rate N salário por peça

piecework ['piːswəːk] N trabalho por empreitada or peça

pie chart N gráfico de setores

pier [pɪə^r] N cais m; (*jetty*) embarcadouro, molhe m; (*of bridge etc*) pilar m, pilastra

pierce [pɪəs] VT furar, perfurar; **to have one's ears ~d** furar as orelhas

piercing ['pɪəsɪŋ] ADJ (*cry*) penetrante, agudo; (*stare*) penetrante; (*wind*) cortante

piety ['paɪətɪ] N piedade f

piffling ['pɪflɪŋ] ADJ irrisório

pig [pɪg] N porco; (*fig*) porcalhão(-lhona) m/f; (*pej: unkind person*) grosseiro(-a); (: *greedy person*) ganancioso(-a)

pigeon ['pɪdʒən] N pombo

pigeonhole ['pɪdʒənhəul] N escaninho

pigeon-toed [-təud] ADJ com pé de pombo

piggy bank ['pɪgɪ-] N cofre em forma de porquinho

pig-headed [-'hɛdɪd] (*pej*) ADJ teimoso, cabeçudo

piglet ['pɪglɪt] N porquinho, leitão m

pigment ['pɪgmənt] N pigmento

pigmentation [pɪgmən'teɪʃən] N pigmentação f

pigmy ['pɪgmɪ] N = **pygmy**

pigskin ['pɪgskɪn] N couro de porco

pigsty ['pɪgstaɪ] N chiqueiro

pigtail ['pɪgteɪl] N (*girl's*) rabo-de-cavalo, trança; (*Chinese*) rabicho

pike [paɪk] N (*pl* **pike** *or* **pikes**) N (*spear*) lança, pique m; (*fish*) lúcio

pilchard ['pɪltʃəd] N sardinha

pile [paɪl] N (*of books*) pilha; (*heap*) monte m; (*of carpet*) pelo; (*of cloth*) lado felpudo; (*support: in building*) estaca ▶ VT (*also:* **pile up**) empilhar; (*heap*) amontoar; (*fig*) acumular ▶ VI (*also:* **pile up**: *objects*) empilhar-se; (: *problems, work*) acumular-se; **in a ~** numa pilha
  ▶ **pile into** VT FUS (*car*) apinhar-se
  ▶ **pile on** VT: **to ~ it on** (*inf*) exagerar

piles [paɪlz] NPL (*Med*) hemorróidas fpl

pile-up N (*Aut*) engavetamento

pilfer ['pɪlfə^r] VT, VI furtar, afanar, surripiar

pilfering ['pɪlfərɪŋ] N furto

pilgrim ['pɪlgrɪm] N peregrino(-a)

pilgrimage ['pɪlgrɪmɪdʒ] N peregrinação f, romaria

pill [pɪl] N pílula; **the ~** a pílula; **to be on the ~** usar *or* tomar a pílula

pillage ['pɪlɪdʒ] N pilhagem f ▶ VT saquear, pilhar

pillar ['pɪlə^r] N pilar m; (*concrete*) coluna

pillar box (BRIT) N caixa coletora (do correio) (BR), marco do correio (PT)

pillion ['pɪljən] N (*of motor cycle*) garupa; **to ride ~** andar na garupa

pillory ['pɪlərɪ] N pelourinho ▶ VT expor ao ridículo

pillow ['pɪləu] N travesseiro (BR), almofada (PT)

pillowcase ['pɪləukeɪs] N fronha

pillowslip ['pɪləuslɪp] N fronha

pilot ['paɪlət] N piloto(-a) ▶ CPD (*scheme etc*) piloto inv ▶ VT pilotar; (*fig*) guiar

pilot boat N barco-piloto
pilot light N piloto
pimento [pɪˈmɛntəʊ] N pimentão-doce m
pimp [pɪmp] N cafetão m (BR), cáften m (PT)
pimple [ˈpɪmpl] N espinha
pimply [ˈpɪmplɪ] ADJ espinhento
PIN N ABBR (= *personal identification number*) senha
pin [pɪn] N alfinete m; (*Tech*) cavilha; (*wooden, BRIT Elec: of plug*) pino ▶ VT alfinetar; **~s and needles** comichão f, sensação f de formigamento; **to ~ sb against** *or* **to** apertar alguém contra; **to ~ sth on sb** (*fig*) culpar alguém de algo
▶ **pin down** VT (*fig*): **to ~ sb down** conseguir que alguém se defina *or* tome atitude; **there's something strange here but I can't quite ~ it down** há alguma coisa estranha aqui mas não consigo precisar o quê
pinafore [ˈpɪnəfɔːʳ] N (*also:* **pinafore dress**) avental m
pinball [ˈpɪnbɔːl] N fliper m, fliperama m
pincers [ˈpɪnsəz] NPL pinça f, tenaz f
pinch [pɪntʃ] N beliscão m; (*of salt etc*) pitada ▶ VT beliscar; (*inf: steal*) afanar ▶ VI (*shoe*) apertar; **at a ~** em último caso; **to feel the ~** (*fig*) apertar o cinto, passar por um aperto
pinched [pɪntʃt] ADJ (*drawn*) abatido; **~ with cold** transido de frio; **~ for money** desprovido de dinheiro; **to be ~ for space** não dispor de muito espaço
pincushion [ˈpɪnkuʃən] N alfineteira
pine [paɪn] N (*also:* **pine tree**) pinho; (*wood*) madeira de pinho ▶ VI: **to ~ for** ansiar por
▶ **pine away** VI consumir-se, definhar
pineapple [ˈpaɪnæpl] N abacaxi m (BR), ananás m (PT)
ping [pɪŋ] N (*noise*) silvo, sibilo
ping-pong® N pingue-pongue m
pink [pɪŋk] ADJ cor de rosa inv ▶ N (*colour*) cor f de rosa; (*Bot*) cravo, cravina
pinking scissors [ˈpɪŋkɪŋ-] NPL tesoura para picotar
pinking shears [ˈpɪŋkɪŋ-] NPL tesoura para picotar
pin money (*BRIT*) N dinheiro extra
pinnacle [ˈpɪnəkl] N cume m; (*fig*) auge m
pinpoint [ˈpɪnpɔɪnt] VT (*discover*) descobrir; (*explain*) identificar; (*locate*) localizar com precisão
pinstripe [ˈpɪnstraɪp] N tecido listrado ▶ ADJ listrado
pint [paɪnt] N quartilho (*Brit* = 568cc, *US* = 473cc); **to go for a ~** (*BRIT inf*) ir tomar uma cerveja
pin-up N pin-up f, retrato de mulher atraente
pioneer [paɪəˈnɪəʳ] N pioneiro(-a) ▶ VT ser pioneiro de
pious [ˈpaɪəs] ADJ pio, devoto
pip [pɪp] N (*seed*) caroço, semente f; **the pips** NPL (*BRIT: time signal on radio*) ≈ o toque de seis segundos
pipe [paɪp] N cano; (*for smoking*) cachimbo; (*Mus*) flauta ▶ VT canalizar, encanar;
pipes NPL (*also:* **bagpipes**) gaita de foles
▶ **pipe down** (*inf*) VI calar o bico, meter a viola no saco
pipe cleaner N limpa-cachimbo
piped music [paɪpt-] N música enlatada
pipe dream N sonho impossível, castelo no ar
pipeline [ˈpaɪplaɪn] N (*for oil*) oleoduto; (*for gas*) gaseoduto; **it's in the ~** (*fig*) está na bica (*inf*)
piper [ˈpaɪpəʳ] N (*gen*) flautista m/f; (*of bagpipes*) gaiteiro(-a)
pipe tobacco N fumo (BR) *or* tabaco (PT) para cachimbo
piping [ˈpaɪpɪŋ] ADV: **~ hot** chiando de quente
piquant [ˈpiːkənt] ADJ picante
pique [piːk] N ressentimento, melindre m
piracy [ˈpaɪrəsɪ] N pirataria
pirate [ˈpaɪərət] N pirata m ▶ VT (*record, video, book*) piratear
pirate radio (*BRIT*) N rádio pirata
pirouette [pɪruˈɛt] N pirueta ▶ VI fazer pirueta(s)
Pisces [ˈpaɪsiːz] N Pisces m, Peixes mpl
piss [pɪs] (!) VI mijar; **~ off!** vai à merda (!)
pissed [pɪst] (!) ADJ (*drunk*) bêbado, de porre
pistol [ˈpɪstl] N pistola
piston [ˈpɪstən] N pistão m, êmbolo
pit [pɪt] N cova, fossa; (*quarry, hole in surface of sth*) buraco; (*also:* **coal pit**) mina de carvão; (*also:* **orchestra pit**) fosso ▶ VT: **to ~ one's wits against sb** competir em conhecimento *or* inteligência contra alguém; **pits** NPL (*Aut*) box m; **to ~ A against B** opor A a B; **to ~ o.s. against** opor-se a
pitapat [ˈpɪtəˈpæt] (*BRIT*) ADV: **to go ~** (*heart*) disparar; (*rain*) tiquetaquear
pitch [pɪtʃ] N (*throw*) arremesso, lance m; (*Mus*) tom m; (*of voice*) altura; (*fig: degree*) intensidade f; (*also:* **sales pitch**) papo (de vendedor); (*BRIT Sport*) campo m; (*tar*) piche m, breu m; (*Naut*) arfada; (*in market etc*) barraca ▶ VT (*throw*) arremessar, lançar; (*tent*) armar; (*set: price, message*) adaptar ▶ VI (*fall forwards*) cair (para frente); (*Naut*) jogar, arfar; **to be ~ed forward** ser jogado para frente; **at this ~** neste pique *or* ritmo; **to ~ one's aspirations too high** colocar as aspirações alto demais
▶ **pitch in** VI contribuir
pitch-black ADJ escuro como o breu
pitched battle [pɪtʃt-] N batalha campal
pitcher [ˈpɪtʃəʳ] N jarro, cântaro; (*US Baseball*) arremessador m
pitchfork [ˈpɪtʃfɔːk] N forcado
piteous [ˈpɪtɪəs] ADJ lastimável
pitfall [ˈpɪtfɔːl] N perigo (imprevisto), armadilha
pith [pɪθ] N (*of orange*) casca interna e branca; (*fig*) essência, parte f essencial
pithead [ˈpɪthɛd] (*BRIT*) N boca do poço
pithy [ˈpɪθɪ] ADJ substancial
pitiable [ˈpɪtɪəbl] ADJ deplorável
pitiful [ˈpɪtɪful] ADJ (*touching*) comovente, tocante; (*contemptible*) desprezível, lamentável

pitifully ['pɪtɪfəlɪ] ADV lamentavelmente, deploravelmente

pitiless ['pɪtɪlɪs] ADJ impiedoso

pittance ['pɪtns] N ninharia, miséria

pitted ['pɪtɪd] ADJ: **~ with** (*chickenpox*) marcado com; (*rust*) picado de; **~ with potholes** esburacado

pity ['pɪtɪ] N (*compassion*) compaixão f, piedade f; (*shame*) pena ▶ VT ter pena de, compadecer-se de; **what a ~!** que pena!; **it's a ~ (that) you can't come** é uma pena que você não possa vir; **to have** or **take ~ on sb** ter pena de alguém

pitying ['pɪtɪɪŋ] ADJ compassivo, compadecido

pivot ['pɪvət] N pino, eixo; (*fig*) pivô m ▶ VI: **to ~ on** girar sobre; (*fig*) depender de

pixel ['pɪksl] N (*Comput*) pixel m

pixie ['pɪksɪ] N duende m

pizza ['piːtsə] N pizza

placard ['plækɑːd] N placar m; (*in march etc*) cartaz m

placate [plə'keɪt] VT apaziguar, aplacar

placatory [plə'keɪtərɪ] ADJ apaziguador(a), aplacador(a)

place [pleɪs] N lugar m; (*rank, position*) posição f; (*post*) posto; (*role*) papel m; (*home*): **at/to his ~** na/para a casa dele ▶ VT (*object*) pôr, colocar; (*identify*) identificar, situar; (*find a post for*) colocar; **to take ~** realizar-se; (*occur*) ocorrer; **from ~ to ~** de lugar em lugar; **all over the ~** em tudo quanto é lugar; **out of ~** (*not suitable*) fora de lugar, deslocado; **I feel out of ~ here** eu me sinto deslocado aqui; **in the first ~** em primeiro lugar; **to change ~s with sb** trocar de lugar com alguém; **to put sb in his ~** (*fig*) pôr alguém no seu lugar; **he's going ~s** (*fig*) ele vai se dar bem; **it's not my ~ to do it** não me compete fazê-lo; **to ~ an order with sb for sth** (*Comm*) encomendar algo a alguém; **to be ~d** (*in race, exam*) classificar-se; **how are you ~d next week?** você tem tempo na semana que vem?

placebo [plə'siːbəu] N placebo

place mat N descanso

placement ['pleɪsmənt] N (*placing*) colocação f; (*job*) cargo

place name N topônimo

placenta [plə'sɛntə] N placenta

place of birth N local m de nascimento

placid ['plæsɪd] ADJ plácido, sereno

placidity [plə'sɪdɪtɪ] N placidez f

plagiarism ['pleɪdʒərɪzm] N plágio

plagiarist ['pleɪdʒərɪst] N plagiário(-a)

plagiarize ['pleɪdʒəraɪz] VT plagiar

plague [pleɪg] N (*Med*) peste f; (*fig*) praga ▶ VT (*fig*) atormentar, importunar; **to ~ sb with questions** importunar alguém com perguntas

plaice [pleɪs] N INV solha

plaid [plæd] N (*material*) tecido de xadrez; (*pattern*) xadrez m escocês

plain [pleɪn] ADJ (*unpatterned*) liso; (*clear*) claro, evidente; (*simple*) simples inv, despretensioso; (*frank*) franco, sem rodeios; (*not handsome*) sem atrativos; (*pure*) puro, natural ▶ ADV claramente, com franqueza ▶ N planície f, campina; **to make sth ~ to sb** dar claramente a entender algo a alguém

plain chocolate N chocolate m amargo

plain-clothes ADJ (*police officer*) à paisana

plainly ['pleɪnlɪ] ADV claramente, obviamente; (*hear, see*) facilmente; (*state*) francamente

plainness ['pleɪnnɪs] N clareza; (*simplicity*) simplicidade f; (*frankness*) franqueza

plaintiff ['pleɪntɪf] N querelante m/f, queixoso(-a)

plaintive ['pleɪntɪv] ADJ (*voice, tone*) queixoso; (*song*) lamentoso; (*look*) tristonho

plait [plæt] N trança, dobra ▶ VT trançar

plan [plæn] N plano; (*scheme*) projeto; (*schedule*) programa m ▶ VT planejar (BR), planear (PT) ▶ VI fazer planos; **to ~ to do** pretender fazer; **how long do you ~ to stay?** quanto tempo você pretende ficar?

plane [pleɪn] N (*Aviat*) avião m; (*also*: **plane tree**) plátano; (*fig: level*) nível m; (*tool*) plaina; (*Math*) plano ▶ ADJ plano ▶ VT (*with tool*) aplainar

planet ['plænɪt] N planeta m

planetarium [plænɪ'tɛərɪəm] N planetário

plank [plæŋk] N tábua; (*Pol*) item m da plataforma política

plankton ['plæŋktən] N plâncton m

planner ['plænə^r] N planejador(a) m/f (BR), planeador(a) m/f (PT); (*chart*) agenda (*quadro*); (*town planner*) urbanista m/f; (*of TV programme, project*) programador(a) m/f

planning ['plænɪŋ] N planejamento (BR), planeamento (PT); **family ~** planejamento or planeamento familiar

planning permission (BRIT) N autorização f para construir

plant [plɑːnt] N planta; (*machinery*) maquinaria; (*factory*) usina, fábrica ▶ VT plantar; (*field*) semear; (*bomb*) colocar, pôr; (*inf*) pôr às escondidas; (*incriminating evidence*) incriminar

plantation [plæn'teɪʃən] N plantação f; (*estate*) fazenda; (*area of trees*) bosque m

plant hire N locação f de equipamentos

plant pot (BRIT) N vaso para planta

plaque [plæk] N placa, insígnia; (*also*: **dental plaque**) placa dental

plasma ['plæzmə] N plasma m

plaster ['plɑːstə^r] N (*for walls*) reboco; (*also*: **plaster of Paris**) gesso; (BRIT: *also*: **sticking plaster**) esparadrapo, band-aid m ▶ VT rebocar; (*cover*): **to ~ with** encher o cobrir de; **in ~** (BRIT: *leg etc*) engessado; **~ of Paris** gesso

plaster cast N (*Med*) aparelho de gesso; (*Art*) molde m de gesso

plastered ['plɑːstəd] (*inf*) ADJ bêbado, de porre

plasterer ['plɑːstərəʳ] N rebocador(a) m/f, caiador(a) m/f
plastic ['plæstɪk] N plástico ▸ ADJ de plástico; *(flexible)* plástico; *(art)* plástico
plastic bag N sacola de plástico
Plasticine® ['plæstɪsiːn] N plasticina®
plastic surgery N cirurgia plástica
plate [pleɪt] N prato; *(on door, dental, Phot)* chapa; *(Typ)* clichê m; *(in book)* gravura; *(Aut: number plate)* placa; **gold/silver** ~ placa de ouro/prata
plateau ['plætəʊ] *(pl* **plateaus** *or* **plateaux)** N planalto
plateaux ['plætəʊz] NPL *of* **plateau**
plateful ['pleɪtfʊl] N pratada
plate glass N vidro laminado
platen ['plætən] N *(on typewriter, printer)* rolo
plate rack N escorredor m de pratos
platform ['plætfɔːm] N *(Rail)* plataforma (BR), cais m (PT); *(stage)* estrado; *(at meeting)* tribuna; *(raised structure: for landing etc)* plataforma; (BRIT: *of bus)* plataforma; *(Pol)* programa m partidário
platform ticket (BRIT) N bilhete m de plataforma (BR) *or* cais (PT)
platinum ['plætɪnəm] N platina
platitude ['plætɪtjuːd] N lugar m comum, chavão m
platonic [plə'tɔnɪk] ADJ platônico
platoon [plə'tuːn] N pelotão m
platter ['plætəʳ] N travessa
plaudits ['plɔːdɪts] NPL aclamações fpl, aplausos mpl
plausible ['plɔːzɪbl] ADJ plausível; *(person)* convincente
play [pleɪ] N jogo; *(Theatre)* obra, peça ▸ VT jogar; *(team, opponent)* jogar contra; *(instrument, music, record)* tocar; *(Theatre)* representar; *(: role)* fazer o papel de; *(fig)* desempenhar ▸ VI *(sport, game)* jogar; *(music)* tocar; *(frolic)* brincar; **to bring** *or* **call into** ~ *(plan)* acionar; *(emotions)* detonar; ~ **on words** jogo de palavras, trocadilho; **to** ~ **a trick on sb** pregar uma peça em alguém; **they're** ~**ing at soldiers** eles estão brincando de soldados; **to** ~ **for time** *(fig)* tentar ganhar tempo, protelar; **to** ~ **into sb's hands** *(fig)* fazer o jogo de alguém; **to** ~ **the fool/ innocent** bancar o tolo/inocente; **to** ~ **safe** não se arriscar, não correr riscos
▸ **play about** VI brincar
▸ **play along** VI *(fig)*: **to** ~ **along with sb** fazer o jogo de alguém ▸ VT *(fig)*: **to** ~ **sb along** fazer alguém de criança
▸ **play around** VI brincar
▸ **play back** VT repetir
▸ **play down** VT minimizar
▸ **play on** VT FUS *(sb's feelings, credulity)* tirar proveito de, usar
▸ **play up** VI *(person)* dar trabalho; *(TV, car)* estar com defeito
playact ['pleɪækt] VI fazer fita
playboy ['pleɪbɔɪ] N playboy m

played-out [pleɪd-] ADJ gasto
player ['pleɪəʳ] N jogador(a) m/f; *(Theatre)* ator/ atriz m/f; *(Mus)* músico(-a)
playful ['pleɪful] ADJ brincalhão(-lhona)
playgoer ['pleɪɡəʊəʳ] N frequentador(a) m/f de teatro
playground ['pleɪɡraʊnd] N *(in park)* playground m; *(in school)* pátio de recreio
playgroup ['pleɪɡruːp] N espécie de jardim de infância
playing card ['pleɪɪŋ-] N carta de baralho
playing field ['pleɪɪŋ-] N campo de esportes (BR) *or* jogos (PT)
playmate ['pleɪmeɪt] N colega m/f, camarada m/f
play-off N *(Sport)* partida de desempate
playpen ['pleɪpɛn] N cercado para crianças
playroom ['pleɪruːm] N sala de jogos
plaything ['pleɪθɪŋ] N brinquedo; *(fig)* joguete m
playtime ['pleɪtaɪm] N *(Sch)* recreio
playwright ['pleɪraɪt] N dramaturgo(-a)
plc ABBR = **public limited company**
plea [pliː] N *(request)* apelo, petição f; *(excuse)* justificativa; *(Law: defence)* defesa
plead [pliːd] VT *(Law)* defender, advogar; *(give as excuse)* alegar ▸ VI *(Law)* declarar-se; *(beg)*: **to** ~ **with sb** suplicar *or* rogar a alguém; **to** ~ **guilty/not guilty** declarar-se culpado/ inocente
pleasant ['plɛznt] ADJ agradável; *(person)* simpático
pleasantly ['plɛzntlɪ] ADV agradavelmente
pleasantness ['plɛzntnɪs] N *(of person)* amabilidade f, simpatia; *(of place)* encanto
pleasantry ['plɛzntrɪ] N *(joke)* brincadeira; **pleasantries** NPL *(polite remarks)* amenidades fpl (na conversa)
please [pliːz] EXCL por favor ▸ VT *(give pleasure to)* agradar a, dar prazer a ▸ VI agradar, dar prazer; *(think fit)*: **do as you** ~ faça o que *or* como quiser; ~ **yourself!** *(inf)* como você quiser!, você que sabe!
pleased [pliːzd] ADJ *(happy)* satisfeito, contente; ~ **(with)** satisfeito (com); ~ **to meet you** prazer (em conhecê-lo); **we are** ~ **to inform you that ...** temos a satisfação de informá-lo de que ...
pleasing ['pliːzɪŋ] ADJ agradável
pleasurable ['plɛʒərəbl] ADJ agradável
pleasure ['plɛʒəʳ] N prazer m; **"it's a** ~**"** "não tem de quê"; **with** ~ com muito prazer; **is this trip for business or** ~? esta viagem é de negócios ou de recreio?
pleasure boat N barco de recreio
pleasure steamer N vapor m de recreio
pleat [pliːt] N prega
plebiscite ['plɛbɪsɪt] N plebiscito
plebs [plɛbz] *(pej)* NPL plebe f
plectrum ['plɛktrəm] N plectro
pledge [plɛdʒ] N *(object)* penhor m; *(promise)* promessa ▸ VT *(invest)* empenhar; *(promise)* prometer; **to** ~ **support for sb** empenhar-

se a apoiar alguém; **to ~ sb to secrecy** comprometer alguém a guardar sigilo

plenary ['pli:nərɪ] ADJ: **in ~ session** no plenário

plentiful ['plɛntɪfʊl] ADJ abundante

plenty ['plɛntɪ] N abundância; **~ of** (*food, money*) bastante; (*jobs, people*) muitos(-as); **we've got ~ of time** temos tempo de sobra

pleurisy ['pluərɪsɪ] N pleurisia

Plexiglas® ['plɛksɪɡlɑːs] (US) N Blindex® *m*

pliable ['plaɪəbl] ADJ flexível; (*fig: person*) adaptável, moldável

pliant ['plaɪənt] ADJ = **pliable**

pliers ['plaɪəz] NPL alicate *m*

plight [plaɪt] N situação *f* difícil, apuro

plimsolls ['plɪmsəlz] (BRIT) NPL tênis *mpl*

plinth [plɪnθ] N peinto

PLO N ABBR (= *Palestine Liberation Organization*) OLP *f*

plod [plɔd] VI caminhar pesadamente; (*fig*) trabalhar laboriosamente

plodder ['plɔdə^r] N burro-de-carga *m*

plodding ['plɔdɪŋ] ADJ mourejador(a)

plonk [plɔŋk] (*inf*) N (BRIT: *wine*) zurrapa ▶ VT: **to ~ sth down** deixar cair algo (pesadamente)

plot [plɔt] N (*scheme*) conspiração *f*, complô *m*; (*of story, play*) enredo, trama; (*of land*) lote *m* ▶ VT (*mark out*) traçar; (*conspire*) tramar, planejar (BR), planear (PT); (*Aviat, Naut, Math*) plotar ▶ VI conspirar; **a vegetable ~** (BRIT) uma horta

plotter ['plɔtə^r] N conspirador(a) *m/f*; (*instrument*) plotadora; (*Comput*) plotter *m*, plotadora

plough, (US) **plow** [plau] N arado ▶ VT (*earth*) arar; **to ~ money into** investir dinheiro em
▶ **plough back** VT (*Comm*) reinvestir
▶ **plough through** VT FUS (*crowd*) abrir caminho por; (*snow*) avançar penosamente por

ploughing, (US) **plowing** ['plauɪŋ] N aradura

ploughman, (US) **plowman** (*irreg: like* **man**) ['plaumən] N lavrador *m*

ploughman's lunch (BRIT) N lanche de pão, queijo e picles

plow [plau] (US) = **plough**

ploy [plɔɪ] N estratagema *m*

pls ABBR (= *please*) por favor

pluck [plʌk] VT (*fruit*) colher; (*musical instrument*) dedilhar; (*bird*) depenar ▶ N coragem *f*, puxão *m*; **to ~ one's eyebrows** fazer as sobrancelhas; **to ~ up courage** criar coragem

plucky ['plʌkɪ] ADJ corajoso, valente

plug [plʌɡ] N tampão *m*; (*Elec*) tomada (BR), ficha (PT); (*in sink*) tampa; (*Aut: also*: **spark(ing) plug**) vela (de ignição) ▶ VT (*hole*) tapar; (*inf: advertise*) fazer propaganda de; **to give sb/sth a ~** (*inf*) fazer propaganda de alguém/algo
▶ **plug in** VT (*Elec*) ligar

plughole ['plʌɡhəul] (BRIT) N (*in sink*) escoadouro

plug-in N ['plʌɡɪn] (*Comput*) plug-in *m*

plum [plʌm] N (*fruit*) ameixa ▶ CPD (*inf*): **a ~ job** um emprego joia

plumage ['plu:mɪdʒ] N plumagem *f*

plumb [plʌm] ADJ vertical ▶ N prumo ▶ ADV (*exactly*) exatamente ▶ VT sondar; **to ~ the depths** (*fig*) chegar ao extremo
▶ **plumb in** VT (*washing machine*) instalar

plumber ['plʌmə^r] N bombeiro(-a) (BR), encanador(a) *m/f* (BR), canalizador(a) *m/f* (PT)

plumbing ['plʌmɪŋ] N (*trade*) ofício de encanador; (*piping*) encanamento

plumb line N fio de prumo

plume [plu:m] N pluma; (*on helmet*) penacho

plummet ['plʌmɪt] VI: **to ~ (down)** (*bird, aircraft*) cair rapidamente; (*price*) baixar rapidamente

plump [plʌmp] ADJ roliço, rechonchudo ▶ VT: **to ~ sth (down) on** deixar cair algo em ▶ VI: **to ~ for** (*inf: choose*) escolher, optar por
▶ **plump up** VT (*cushion*) afofar

plunder ['plʌndə^r] N pilhagem *f*; (*loot*) despojo ▶ VT pilhar, espoliar

plunge [plʌndʒ] N (*dive*) salto; (*submersion*) mergulho; (*fig*) queda ▶ VT (*hand, knife*) enfiar, meter ▶ VI (*fall, fig*) cair; (*dive*) mergulhar; **to take the ~** topar a parada; **to ~ a room into darkness** mergulhar um aposento na escuridão

plunger ['plʌndʒə^r] N êmbolo; (*for blocked sink*) desentupidor *m*

plunging ['plʌndʒɪŋ] ADJ (*neckline*) decotado

pluperfect [plu:'pə:fɪkt] N mais-que-perfeito

plural ['pluərl] ADJ plural ▶ N plural *m*

plus [plʌs] N (*also*: **plus sign**) sinal *m* de adição ▶ PREP mais; **ten/twenty ~** dez/vinte e tantos; **it's a ~** é uma vantagem

plus fours NPL calça (BR) *or* calças *fpl* (PT) de golfe

plush [plʌʃ] ADJ de pelúcia; (*car, hotel etc*) suntuoso ▶ N pelúcia

plus-one ['plʌs'wʌn] (*inf*) N acompanhante *m/f*

plutonium [plu:'təunɪəm] N plutônio

ply [plaɪ] N (*of wool*) fio; (*of wood*) espessura ▶ VT (*a trade*) exercer ▶ VI (*ship*) ir e vir; **three ~** (*wool*) de três fios; **to ~ sb with drink/questions** bombardear alguém com bebidas/perguntas

plywood ['plaɪwud] N madeira compensada

PM (BRIT) N ABBR = **Prime Minister**

p.m. ADV ABBR (= *post meridiem*) da tarde, da noite

PMT N ABBR (= *premenstrual tension*) TPM *f*, tensão *f* pré-menstrual

pneumatic [njuː'mætɪk] ADJ pneumático

pneumatic drill [njuː'mætɪk drɪl] N perfuratriz *f*

pneumonia [njuː'məunɪə] N pneumonia

PO N ABBR = **Post Office**; (*Mil*) = **petty officer**

po ABBR = **postal order**

POA (BRIT) N ABBR = **Prison Officers' Association**

poach [pəutʃ] VT (cook: fish) escaldar; (: eggs) fazer pochê (BR), escalfar (PT); (steal) furtar ▶ VI caçar (or pescar) em propriedade alheia

poached [pəutʃt] ADJ (egg) pochê (BR), escalfado (PT)

poacher ['pəutʃəʳ] N caçador m (or pescador m) furtivo

poaching ['pəutʃɪŋ] N caça (or pesca) furtiva

PO Box N ABBR = **post office box**

pocket ['pɔkɪt] N bolso; (fig: small area) pedaço; (Billiards) caçapa, ventanilha ▶ VT meter no bolso; (steal) embolsar; (Billiards) encaçapar; **to be out of ~** (BRIT) ter prejuízo; **~ of resistance** foco de resistência

pocketbook ['pɔkɪtbuk] (US) N carteira

pocket calculator N calculadora de bolsa

pocket knife (irreg: like **knife**) N canivete m

pocket money N dinheiro para despesas miúdas; (for child) mesada

pockmarked ['pɔkmɑːkt] ADJ (face) com marcas de varíola

pod [pɔd] N vagem f ▶ VT descascar

podcast [pɔdka:st] N podcast m

podcasting ['pɔdka:stɪŋ] N podcasting m

podgy ['pɔdʒɪ] (inf) ADJ gorducho, rechanchudo

podiatrist [pɔ'diːətrɪst] (US) N pedicuro(-a)

podiatry [pɔ'diːətrɪ] (US) N podiatria

podium ['pəudɪəm] N pódio

POE N ABBR = **port of embarkation**; **port of entry**

poem ['pəuɪm] N poema m

poet ['pəuɪt] N poeta/poetisa m/f

poetess ['pəuɪtɪs] N poetisa

poetic [pəu'ɛtɪk] ADJ poético

poet laureate [-'lɔːrɪət] N poeta m laureado

poetry ['pəuɪtrɪ] N poesia

poignant ['pɔɪnjənt] ADJ comovente; (sharp) agudo

point [pɔɪnt] N (gen) ponto; (of needle, knife etc) ponta; (purpose) finalidade f; (significant part) ponto principal; (position, place) lugar m, posição f; (moment) momento; (stage) estágio; (BRIT Elec: also: **power point**) tomada; (also: **decimal point**): **2 ~ 3 (2.3)** dois vírgula três ▶ VT (show, mark) mostrar; (gun etc) tomar com argamassa; (gun etc): **to ~ sth at sb** apontar algo para alguém ▶ VI apontar; **points** NPL (Aut) platinado, contato; (Rail) agulhas fpl; **to ~ at** apontar para; **good ~s** qualidades; **to be on the ~ of doing sth** estar prestes a or a ponto de fazer algo; **to make a ~** fazer uma observação; **to make a ~ of** fazer questão de, insistir em; **to make one's ~** dar sua opinião; **you've made your ~** você já disse o que queria, você já falou (inf); **to get the ~** perceber; **to miss the ~** compreender mal; **to come to the ~** ir ao assunto; **when it comes to the ~** na hora; **there's no ~ (in doing)** não há razão (para fazer); **that's the whole ~!** aí é que está a questão!, aí é que 'tá! (inf); **to be beside the ~** estar fora do assunto; **you've got a ~ there!** você tem razão!; **in ~ of fact** na verdade, na realidade; **~ of departure** ponto de partida; **~ of sale** (Comm) ponto de venda; **~ of view** ponto de vista ▶ **point out** VT (indicate) indicar; (in debate etc) ressaltar ▶ **point to** VT FUS apontar para; (fig) indicar

point-blank ADV categoricamente; (also: **at point-blank range**) à queima-roupa ▶ ADJ (fig) categórico

point duty (BRIT) N: **to be on ~** estar de serviço no controle do trânsito

pointed ['pɔɪntɪd] ADJ (stick etc) pontudo; (remark) mordaz

pointedly ['pɔɪntɪdlɪ] ADV sugestivamente

pointer ['pɔɪntəʳ] N (on chart) indicador m; (on machine) ponteiro; (needle) agulha; (dog) pointer m; (fig) dica

pointless ['pɔɪntlɪs] ADJ (useless) inútil; (senseless) sem sentido; (motiveless) sem razão

poise [pɔɪz] N (composure) elegância; (balance) equilíbrio; (of head, body) porte m; (calmness) serenidade f ▶ VT pôr em equilíbrio; **to be ~d for** (fig) estar pronto para

poison ['pɔɪzn] N veneno ▶ VT envenenar

poisoning ['pɔɪznɪŋ] N envenenamento

poisonous ['pɔɪzənəs] ADJ venenoso; (fumes etc) tóxico; (fig) pernicioso

poke [pəuk] VT (fire) atiçar; (jab with finger, stick etc) cutucar; (put): **to ~ sth in(to)** enfiar or meter algo em ▶ N (to fire) remexida; (jab) cutucada; (with elbow) cotovelada; **to ~ one's nose into** meter o nariz em; **to ~ one's head out of the window** meter a cabeça para fora da janela; **to ~ fun at sb** ridicularizar or fazer troça de alguém ▶ **poke about** VI escarafunchar, espionar

poker ['pəukəʳ] N atiçador m (de brasas); (Cards) pôquer m

poker-faced [-feɪst] ADJ com rosto impassível

poky ['pəukɪ] (pej) ADJ apertado

Poland ['pəulənd] N Polônia

polar ['pəuləʳ] ADJ polar

polar bear N urso polar

polarize ['pəuləraɪz] VT polarizar

Pole [pəul] N polonês(-esa) m/f

pole [pəul] N vara; (Geo) polo; (telegraph pole) poste m; (flagpole) mastro; (tent pole) estaca

pole bean (US) N feijão-trepador m

polecat ['pəulkæt] N furão-bravo

Pol. Econ. ['pɔlɪkɔn] N ABBR = **political economy**

polemic [pɔ'lɛmɪk] N polêmica

pole star N estrela Polar

pole vault N salto com vara

police [pə'liːs] N polícia ▶ VT policiar

police car N rádio-patrulha f

police constable (BRIT) N policial m/f (BR), polícia m/f (PT)

police department (US) N polícia

police force N polícia

policeman [pə'liːsmən] (irreg: like **man**) N policial m (BR), polícia m (PT)

police officer N policial m/f (BR), polícia m/f (PT)
police record N ficha na polícia
police state N estado policial
police station N delegacia (de polícia) (BR), esquadra (PT)
policewoman [pə'li:swumən] (irreg: like **woman**) N policial f (feminina) (BR), mulher f polícia (PT)
policy ['pɔlɪsɪ] N política; (also: **insurance policy**) apólice f; (of newspaper, company) orientação f; **to take out a ~** (Insurance) fazer uma apólice or um contrato de seguro
policy holder N segurado(-a)
polio ['pəʊlɪəʊ] N polio(mielite) f
Polish ['pəʊlɪʃ] ADJ polonês(-esa) ▶ N (Ling) polonês m
polish ['pɔlɪʃ] N (for shoes) graxa; (for floor) cera (para encerar); (for nails) esmalte m; (shine) brilho; (fig: refinement) refinamento, requinte m ▶ VT (shoes) engraxar; (make shiny) lustrar, dar brilho a; (fig: improve) refinar, polir
  ▶ **polish off** VT (work) dar os arremates a; (food) raspar
polished ['pɔlɪʃt] ADJ (fig: person) culto; (: manners) refinado
polite [pə'laɪt] ADJ educado; (formal) cortês; (company, society) refinado; **it's not ~ to do that** é falta de educação fazer isso
politely [pə'laɪtlɪ] ADV educadamente
politeness [pə'laɪtnɪs] N gentileza, cortesia
politic ['pɔlɪtɪk] ADJ prudente
political [pə'lɪtɪkl] ADJ político
political asylum N asilo político; **to seek ~** pedir asilo político
politically [pə'lɪtɪklɪ] ADV politicamente
politician [pɔlɪ'tɪʃən] N político(-a)
politics ['pɔlɪtɪks] N, NPL política
polka ['pɔlkə] N polca
polka dot N bolinha
poll [pəʊl] N (votes) votação f; (also: **opinion poll**) pesquisa, sondagem f ▶ VT (votes) receber, obter; **to go to the ~s** (voters) ir às urnas; (government) convocar eleições
pollen ['pɔlən] N pólen m
pollen count N contagem f de pólen
pollination [pɔlɪ'neɪʃən] N polinização f
polling ['pəʊlɪŋ] N (BRIT Pol) votação f; (Tel) apuração f
polling booth (BRIT) N cabine f de votar
polling day (BRIT) N dia m de eleição
polling station (BRIT) N centro eleitoral
pollute [pə'lu:t] VT poluir
pollution [pə'lu:ʃən] N poluição f
polo ['pəʊləʊ] N (sport) polo
polo neck N gola rulê ▶ ADJ: **polo-neck** de gola rulê
polo-necked [-nɛkt] ADJ de gola rulê
poltergeist ['pɔltəɡaɪst] N espírito pertubador (espécie de fantasma)
poly ['pɔlɪ] (BRIT) N ABBR = **polytechnic**
polyester [pɔlɪ'ɛstər] N poliéster m
polyethylene [pɔlɪ'ɛθɪli:n] (US) N polietileno

polygamy [pə'lɪɡəmɪ] N poligamia
Polynesia [pɔlɪ'ni:zɪə] N Polinésia
Polynesian [pɔlɪ'ni:zɪən] ADJ, N polinésio(-a)
polyp ['pɔlɪp] N (Med) pólipo
polystyrene [pɔlɪ'staɪri:n] N isopor® m
polytechnic [pɔlɪ'tɛknɪk] N politécnico, escola politécnica
polythene ['pɔlɪθi:n] N politeno
polythene bag N bolsa de plástico
polyurethane [pɔlɪ'jʊərəθeɪn] N poliuretano
pomegranate ['pɔmɪɡrænɪt] N romã f
pommel ['pɔml] N botão m; (saddle) maçaneta
  ▶ VT = **pummel**
pomp [pɔmp] N pompa, fausto
pompom ['pɔmpɔm] N pompom m
pompon ['pɔmpɔn] N = **pompom**
pompous ['pɔmpəs] (pej) ADJ pomposo
pond [pɔnd] N (natural) lago pequeno; (artificial) tanque m
ponder ['pɔndər] VT, VI ponderar, meditar (sobre)
ponderous ['pɔndərəs] ADJ pesado
pong [pɔŋ] (BRIT inf) N fedor m, fartum m (inf), catinga (inf) ▶ VI feder
pontiff ['pɔntɪf] N pontífice m
pontificate [pɔn'tɪfɪkeɪt] VI (fig): **to ~ (about)** pontificar (sobre)
pontoon [pɔn'tu:n] N pontão m; (BRIT: card game) vinte-e-um m
pony ['pəʊnɪ] N pônei m
ponytail ['pəʊnɪteɪl] N rabo-de-cavalo
pony trekking [-'trɛkɪŋ] (BRIT) N excursão f em pônei
poodle ['pu:dl] N cão-d'água m
pooh-pooh [pu:'pu:] VT desprezar
pool [pu:l] N (puddle) poça, charco; (pond) lago; (also: **swimming pool**) piscina; (fig: of light) feixe m; (: of liquid) poça; (Sport) sinuca; (sth shared) fundo comum; (money at cards) bolo; (Comm: consortium) consórcio, pool m; (US: monopoly trust) truste m ▶ VT juntar; **pools** NPL (football pools) loteria esportiva (BR), totobola (PT); **typing** (BRIT) or **secretary** (US) **~** seção f de datilografia
poor [pʊər] ADJ pobre; (bad) inferior, mau
  ▶ NPL: **the ~** os pobres; **~ in** (resources etc) deficiente em
poorly ['pʊəlɪ] ADJ adoentado, indisposto
  ▶ ADV mal
pop [pɔp] N (sound) estalo, estouro; (Mus) pop m; (US inf: father) papai m; (inf: fizzy drink) bebida gasosa ▶ VT: **to ~ sth into/onto** etc (put) pôr algo em/sobre etc ▶ VI estourar; (cork) saltar; **she ~ped her head out of the window** ela meteu a cabeça fora da janela
  ▶ **pop in** VI dar um pulo
  ▶ **pop out** VI dar uma saída
  ▶ **pop up** VI surgir, aparecer inesperadamente
pop concert N concerto pop
popcorn ['pɔpkɔ:n] N pipoca
pope [pəʊp] N papa m
poplar ['pɔplər] N álamo, choupo

poplin ['pɒplɪn] N popeline f
popper ['pɒpə^r] (BRIT) N presilha
poppy ['pɒpɪ] N papoula
poppycock ['pɒpɪkɒk] (inf) N conversa fiada, papo furado
popsicle® ['pɒpsɪkl] (US) N picolé m
pop star N pop star m/f
populace ['pɒpjuləs] N povo
popular ['pɒpjulə^r] ADJ popular; (person) querido; (fashionable) badalado; **to be ~ (with)** (person) fazer sucesso (com); (decision) ser aplaudido (por)
popularity [pɒpju'lærɪtɪ] N popularidade f
popularize ['pɒpjulətaɪz] VT popularizar; (science) vulgarizar
populate ['pɒpjuleɪt] VT povoar
population [pɒpju'leɪʃən] N população f
population explosion N explosão f demográfica
populous ['pɒpjuləs] ADJ populoso
pop-up ['pɒpʌp] ADJ (Comput) (de) pop-up ▶ N pop-up m
porcelain ['pɔːslɪn] N porcelana
porch [pɔːtʃ] N pórtico; (US: verandah) varanda
porcupine ['pɔːkjupaɪn] N porco-espinho
pore [pɔː^r] N poro ▶ VI: **to ~ over** examinar minuciosamente
pork [pɔːk] N carne f de porco
pork chop N costeleta de porco
pornographic [pɔːnə'græfɪk] ADJ pornográfico
pornography [pɔː'nɒgrəfɪ] N pornografia
porous ['pɔːrəs] ADJ poroso
porpoise ['pɔːpəs] N golfinho, boto
porridge ['pɒrɪdʒ] N mingau m (de aveia)
port [pɔːt] N (harbour) porto; (Naut: left side) bombordo; (wine) vinho do Porto; (Comput) porta ▶ CPD portuário; **to ~** (Naut) a bombordo; **~ of call** porto de escala
portable ['pɔːtəbl] ADJ portátil
portal ['pɔːtl] N portal m
portcullis [pɔːt'kʌlɪs] N grade f levadiça
portend [pɔː'tɛnd] VT pressagiar
portent ['pɔːtɛnt] N presságio, portento
porter ['pɔːtə^r] N (for luggage) carregador m; (doorkeeper) porteiro
portfolio [pɔːt'fəulɪəu] N (case) pasta; (Pol) pasta ministerial; (Finance) carteira de ações ou títulos; (of artist) pasta, portfolió
porthole ['pɔːthəul] N vigia
portico ['pɔːtɪkəu] N pórtico
portion ['pɔːʃən] N porção f, quinhão m; (of food) ração f
portly ['pɔːtlɪ] ADJ corpulento
portrait ['pɔːtreɪt] N retrato
portray [pɔː'treɪ] VT retratar; (act) interpretar
portrayal [pɔː'treɪəl] N retrato; (actor's) interpretação f; (in book, film) representação f
Portugal ['pɔːtjugl] N Portugal m (no article)
Portuguese [pɔːtju'giːz] ADJ português(-esa) ▶ N INV português(-esa) m/f; (Ling) português m
Portuguese man-of-war (irreg: like **man**) N (jellyfish) urtiga-do-mar f, caravela

pose [pəuz] N postura, pose f; (pej) pose, afetação f ▶ VI posar; (pretend): **to ~ as** fazer-se passar por ▶ VT (question) fazer; (problem) causar; **to strike a ~** fazer pose; **to ~ for** (painting) posar para
poser ['pəuzə^r] N problema m, abacaxi m (BR inf); (person) = **poseur**
poseur [pəu'zəː^r] (pej) N posudo(-a), pessoa afetada
posh [pɒʃ] (inf) ADJ fino, chique; (upper-class) de classe alta; **to talk ~** falar com sotaque fino
position [pə'zɪʃən] N posição f; (job) cargo; (situation) situação f ▶ VT colocar, situar; **to be in a ~ to do sth** estar em posição de fazer algo
positive ['pɒzɪtɪv] ADJ positivo; (certain) certo; (definite) definitivo; **I'm ~** tenho certeza absoluta
posse ['pɒsɪ] (US) N pelotão m de civis armados
possess [pə'zɛs] VT possuir; **like one ~ed** como um possuído do demônio; **whatever can have ~ed you?** o que é que te deu?
possession [pə'zɛʃən] N posse f, possessão f; (object) bem m, posse; **possessions** NPL (belongings) pertences mpl; **to take ~ of sth** tomar posse de algo
possessive [pə'zɛsɪv] ADJ possessivo
possessively [pə'zɛsɪvlɪ] ADV possessivamente
possessor [pə'zɛsə^r] N possuidor(a) m/f
possibility [pɒsɪ'bɪlɪtɪ] N possibilidade f; (of sth happening) probabilidade f
possible ['pɒsɪbl] ADJ possível; **it is ~ to do it** é possível fazê-lo; **as far as ~** tanto quanto possível, na medida do possível; **if ~** se for possível; **as big as ~** o maior possível
possibly ['pɒsɪblɪ] ADV (perhaps) pode ser, talvez; (surprise): **what could they ~ want with me?** o que eles podem querer comigo?; (emphasizing effort): **they did everything they ~ could** eles fizeram tudo o que podiam; **if you ~ can** se lhe for possível; **could you ~ come over?** será que você podia vir para ca?; **I cannot ~ go** não posso ir de jeito nenhum
post [pəust] N (BRIT: mail) correio; (job) cargo, posto; (pole) poste m; (on internet) post m; (Mil) nomeação f; (trading post) entreposto comercial ▶ VT (BRIT: send by post) pôr no correio; (Mil) nomear; (bills) afixar, pregar; (on internet) postar; (BRIT: appoint): **to ~ to** destinar a; **by ~** (BRIT) pelo correio; **by return of ~** (BRIT) na volta do correio; **to keep sb ~ed** manter alguém informado
post- [pəust] PREFIX pós...; **~1990** depois de 1990
postage ['pəustɪdʒ] N porte m, franquia; **~ paid** porte pago; **~ prepaid** (US) franquia de porte
postage stamp N selo postal
postal ['pəustəl] ADJ postal
postal order N vale m postal
postbag ['pəustbæg] (BRIT) N mala de correio; (postman's) sacola

postbox ['pəustbɔks] (BRIT) N caixa de correio
postcard ['pəustkɑːd] N cartão m postal
postcode ['pəustkəud] (BRIT) N código postal, ≈ CEP m (BR)
postdate [pəust'deɪt] VT (cheque) pós-datar
poster ['pəustə^r] N cartaz m; (as decoration) pôster m
poste restante [pəust'rɛstɑ̃ːnt] (BRIT) N posta-restante f
posterior [pɔs'tɪərɪə^r] (inf) N traseiro, nádegas fpl
posterity [pɔs'tɛrɪtɪ] N posteridade f
poster paint N guache m
post exchange (US) N (Mil) loja do exército
post-free (BRIT) ADJ franco de porte
postgraduate [pəust'grædjuət] N pós-graduado(-a)
posthumous ['pɔstjuməs] ADJ póstumo
posthumously ['pɔstjuməslɪ] ADV postumamente
posting ['pəustɪŋ] (BRIT) N nomeação f
postman ['pəustmən] (irreg: like **man**) N carteiro
postmark ['pəustmɑːk] N carimbo do correio
postmaster ['pəustmɑːstə^r] N agente m (BR) or chefe m (PT) do correio
postmen ['pəustmɛn] NPL of **postman**
postmistress ['pəustmɪstrɪs] N agente f (BR) or chefe f (PT) do correio
postmortem [pəust'mɔːtəm] N autópsia
postnatal [pəust'neɪtl] ADJ pós-natal
post office N (building) agência do correio, correio; (organization) ≈ Empresa Nacional dos Correios e Telégrafos (BR), ≈ Correios, Telégrafos e Telefones (PT)
post office box N caixa postal
post-paid (BRIT) ADJ porte pago
postpone [pəs'pəun] VT adiar
postponement [pəs'pəunmənt] N adiamento
postscript ['pəustskrɪpt] N pós-escrito
postulate ['pɔstjuleɪt] VT postular
posture ['pɔstʃə^r] N postura; (fig) atitude f ▶ VI posar
posturing ['pɔstʃə'rɪŋ] N pose f; **the threat to dispatch troops is mere ~** a ameaça de enviar tropas é só pose
postwar [pəust'wɔː^r] ADJ de após-guerra
posy ['pəuzɪ] N ramalhete m
pot [pɔt] N (for cooking) panela; (for flowers) vaso; (container) pote m; (teapot) bule m; (inf: marijuana) maconha ▶ VT (plant) plantar em vaso; (conserve) pôr em conserva; **to go to ~** (inf: country, economy) arruinar-se, degringolar; **the town has gone to ~** a cidade nixou, o ~**s of ...** (BRIT inf) ... aos potes
potash ['pɔtæʃ] N potassa
potassium [pə'tæsɪəm] N potássio
potato [pə'teɪtəu] (pl **potatoes**) N batata
potato crisps, (US) **potato chips** NPL batatinhas fpl fritas
potato flour N fécula (de batata)
potato peeler N descascador m de batatas

potbellied ['pɔtbɛlɪd] ADJ barrigudo
potency ['pəutənsɪ] N potência; (of drink) teor m alcoólico
potent ['pəutnt] ADJ (weapon, argument) poderoso; (drink) forte; (man) potente
potentate ['pəutnteɪt] N potentado
potential [pə'tɛnʃl] ADJ potencial ▶ N potencial m; **to have ~** ser promissor
potentially [pə'tɛnʃəlɪ] ADV potencialmente
pothole ['pɔthəul] N (in road) buraco; (BRIT: underground) caldeirão m, cova
potholer ['pɔthəulə^r] (BRIT) N espeleologista m/f
potholing ['pɔthəulɪŋ] (BRIT) N: **to go ~** dedicar-se à espeleologia
potion ['pəuʃən] N poção f
potluck [pɔt'lʌk] N: **to take ~** contentar-se com o que houver
potpourri [pəu'puːriː] N potpourri m (de pétalas e folhas secas para perfumar o ambiente)
pot roast N carne f assada
potshot ['pɔtʃɔt] N: **to take a ~ at sth** atirar em algo a esmo
potted ['pɔtɪd] ADJ (food) em conserva; (plant) de vaso; (fig: shortened) resumido
potter ['pɔtə^r] N (artistic) ceramista m/f; (artisan) oleiro(-a) ▶ VI (BRIT): **to ~ around, ~ about** ocupar-se com pequenos trabalhos; **~'s wheel** roda or torno de oleiro
pottery ['pɔtərɪ] N cerâmica; (factory) olaria; **a piece of ~** uma cerâmica
potty ['pɔtɪ] ADJ (inf: mad) maluco, doido ▶ N penico
potty-training N treino (da criança) para o uso do urinol
pouch [pautʃ] N (Zool) bolsa; (for tobacco) tabaqueira
pouf, pouffe [puːf] N (Brit: seat) pufe m
poultice ['pəultɪs] N cataplasma
poultry ['pəultrɪ] N aves fpl domésticas; (meat) carne f de aves domésticas
poultry farm N granja avícola
poultry farmer N avicultor(a) m/f
pounce [pauns] VI: **to ~ on** lançar-se sobre; (person) agarrar em; (fig: mistake etc) apontar ▶ N salto, arremetida
pound [paund] N libra (weight = 453g, 16 ounces; money = 100 pence); (for dogs) canil m; (for cars) depósito ▶ VT (beat) socar, esmurrar; (crush) triturar ▶ VI (heart) bater; **half a ~ (of)** meia libra (de); **a five-~ note** uma nota de cinco libras
pounding ['paundɪŋ] N: **to take a ~** (fig) levar uma surra
pound sterling N libra esterlina
pour [pɔː^r] VT despejar; (drink) servir ▶ VI correr, jorrar; (rain) chover a cântaros; **to ~ sb a drink** servir uma bebida a alguém
▶ **pour away** VT esvaziar, decantar
▶ **pour in** VI (people) entrar numa enxurrada; (information) chegar numa enxurrada
▶ **pour off** VT esvaziar, decantar
▶ **pour out** VI (people) sair aos borbotões ▶ VT (drink) servir; (water etc) esvaziar; (fig) extravasar

pouring ['pɔːrɪŋ] ADJ: ~ **rain** chuva torrencial
pout [paut] VI fazer beicinho or biquinho
poverty ['pɒvətɪ] N pobreza, miséria
poverty-stricken ADJ muito pobre, carente
poverty trap (BRIT) N armadilha da pobreza
POW N ABBR = **prisoner of war**
powder ['paudə^r] N pó m; (face powder) pó-de-arroz m; (gunpowder) pólvora ▶ VT pulverizar; (face) empoar, passar pó em; **to ~ one's nose** empoar-se; (euphemism) ir ao banheiro
powder compact N estojo m de pó-de-arroz
powdered milk ['paudəd-] N leite m em pó
powder puff N esponja de pó-de-arroz
powder room N toucador m, banheiro de senhoras
powdery ['paudərɪ] ADJ poeirento
power ['pauə^r] N poder m; (of explosion, engine) força, potência; (nation) potência; (ability, Pol: of party, leader) poder; (of speech, thought) faculdade f; (Math, Tech) potência; (electricity) força ▶ VT (Elec) alimentar; (engine, machine) acionar; (car, plane) propulsionar; **to do all in one's ~ to help sb** fazer tudo que tiver ao seu alcance para ajudar alguém; **the world ~s** as grandes potências; **to be in ~** estar no poder; **~ of attorney** procuração f
powerboat ['pauəbəut] (BRIT) N barco a motor
power cut (BRIT) N corte m de energia, blecaute m (BR)
power-driven ADJ movido a motor; (Elec) elétrico
powered ['pauəd] ADJ: ~ **by** movido a; **nuclear-~ submarine** submarino nuclear
power failure N corte m de energia
powerful ['pauəful] ADJ poderoso; (engine) potente; (body) vigoroso; (blow) violento; (argument) convincente; (emotion) intenso
powerhouse ['pauəhaus] N (fig: person) poço de energia; **a ~ of ideas** um poço de ideias
powerless ['pauəlɪs] ADJ impotente
power line N fio de alta tensão
power point (BRIT) N tomada
power station N central f elétrica
power steering N direção f hidráulica
powwow ['pauwau] N reunião f
pox [pɒks] (inf) N sífilis f; see also **chickenpox, smallpox**
pp ABBR (= per procurationem) p.p.; = **pages**
PPE (BRIT) N ABBR (Sch) = **philosophy, politics and economics**
PPS N ABBR (= post postscriptum) PPS; (BRIT: = parliamentary private secretary) parlamentário no serviço de um ministro
PQ (CANADA) ABBR = **Province of Quebec**
PR N ABBR = **proportional representation; public relations** ▶ ABBR (US Post) = **Puerto Rico**
Pr. ABBR (= prince) P.R.
practicability [præktɪkə'bɪlɪtɪ] N viabilidade f
practicable ['præktɪkəbl] ADJ (scheme) viável

practical ['præktɪkl] ADJ prático
practicality [præktɪ'kælɪtɪ] N (of plan) viabilidade f; (of person) índole f prática; **practicalities** NPL (of situation) aspectos mpl práticos
practical joke N brincadeira, peça
practically ['præktɪkəlɪ] ADV (almost) praticamente
practice ['præktɪs] N (habit, Rel) costume m, hábito; (exercise) prática; (of profession) exercício; (training) treinamento; (Med) consultório; (Law) escritório ▶ VT, VI (US) = **practise**; **in ~** (in reality) na prática; **out of ~** destreinado; **it's common ~** é comum; **to put sth into ~** pôr algo em prática; **to set up in ~** abrir consultório
practice match N jogo de treinamento
practise, (US) **practice** ['præktɪs] VT praticar; (profession) exercer; (sport) treinar ▶ VI (doctor) ter consultório; (lawyer) ter escritório; (train) treinar, praticar
practised ['præktɪst] (BRIT) ADJ (person) experiente, experimentado; (performance) competente; (liar) contumaz; **with a ~ eye** com olhar de entendedor
practising ['præktɪsɪŋ] ADJ (Christian etc) praticante; (lawyer) que exerce; (homosexual) assumido
practitioner [præk'tɪʃənə^r] N praticante m/f; (Med) médico(-a)
pragmatic [præg'mætɪk] ADJ pragmático
Prague [prɑːɡ] N Praga
prairie ['prɛərɪ] N campina, pradaria
praise [preɪz] N (approval) louvor m; (admiration) elogio ▶ VT elogiar, louvar
praiseworthy ['preɪzwəːðɪ] ADJ louvável, digno de elogio
pram [præm] (BRIT) N carrinho de bebê
prance [prɑːns] VI: **to ~ about/up and down** etc (horse) curvetear, fazer cabriolas; (person) andar espalhafatosamente
prank [præŋk] N travessura, peça
prattle ['prætl] VI tagarelar; (child) balbuciar
prawn [prɔːn] N pitu m; (small) camarão m
pray [preɪ] VI: **to ~ for/that** rezar por/para que
prayer [prɛə^r] N (activity) reza; (words) oração f, prece f; (entreaty) súplica, rogo
prayer book N missal m, livro de orações
pre- ['priː] PREFIX pré-; **~1970** antes de 1970
preach [priːtʃ] VT pregar ▶ VI pregar; (pej: moralize) catequizar; **to ~ at sb** fazer sermões a alguém
preacher ['priːtʃə^r] N pregador(a) m/f; (US: clergyman) pastor m
preamble [prɪ'æmbl] N preâmbulo
prearranged [priːə'reɪndʒd] ADJ combinado de antemão
precarious [prɪ'kɛərɪəs] ADJ precário
precaution [prɪ'kɔːʃən] N precaução f
precautionary [prɪ'kɔːʃənrɪ] ADJ (measure) de precaução
precede [prɪ'siːd] VT, VI preceder

precedence ['prɛsɪdəns] N precedência; (*priority*) prioridade *f*
precedent ['prɛsɪdənt] N precedente *m*; **to establish** *or* **set a ~** estabelecer *or* abrir precedente
preceding [prɪ'si:dɪŋ] ADJ anterior
precept ['pri:sɛpt] N preceito
precinct ['pri:sɪŋkt] N (*round church*) recinto; (US: *district*) distrito policial; **precincts** NPL (*of large building*) arredores *mpl*; **pedestrian ~** (BRIT) zona para pedestres (BR) *or* peões (PT); **shopping ~** (BRIT) zona comercial
precious ['prɛʃəs] ADJ precioso; (*stylized*) afetado ▸ ADV (*inf*): **~ little** muito pouco, pouquíssimo; **your ~ dog** (*ironic*) seu adorado cãozinho
precipice ['prɛsɪpɪs] N precipício
precipitate [*adj* prɪ'sɪpɪtɪt, *vt* prɪ'sɪpɪteɪt] ADJ (*hasty*) precipitado, apressado ▸ VT (*hasten*) precipitar, acelerar; (*bring about*) causar
precipitation [prɪsɪpɪ'teɪʃən] N precipitação *f*
precipitous [prɪ'sɪpɪtəs] ADJ (*steep*) íngreme, escarpado
précis ['preɪsi:] N INV resumo, sumário
precise [prɪ'saɪs] ADJ exato, preciso; (*plans*) detalhado; (*person*) escrupuloso, meticuloso
precisely [prɪ'saɪslɪ] ADV precisamente; (*exactly*) exatamente
precision [prɪ'sɪʒən] N precisão *f*
preclude [prɪ'klu:d] VT excluir; **to ~ sb from doing** impedir que alguém faça
precocious [prɪ'kəuʃəs] ADJ precoce
preconceived [pri:kən'si:vd] ADJ (*idea*) preconcebido
preconception [pri:kən'sɛpʃən] N preconceito
precondition [pri:kən'dɪʃən] N condição *f* prévia
precursor [pri:'kə:səʳ] N precursor(a) *m/f*
predate ['pri:deɪt] VT (*precede*) preceder
predator ['prɛdətəʳ] N predador *m*
predatory ['prɛdətərɪ] ADJ predatório, rapace
predecessor ['pri:dɪsɛsəʳ] N predecessor(a) *m/f*, antepassado(-a)
predestination [pri:dɛstɪ'neɪʃən] N predestinação *f*, destino
predetermine [pri:dɪ'tə:mɪn] VT predeterminar, predispor
predicament [prɪ'dɪkəmənt] N situação *f* difícil, apuro
predicate ['prɛdɪkɪt] N (*Ling*) predicado
predict [prɪ'dɪkt] VT prever, predizer, prognosticar
predictable [prɪ'dɪktəbl] ADJ previsível
predictably [prɪ'dɪktəblɪ] ADV (*behave, react*) de maneira previsível; **~ she didn't come** como era de se esperar, ela não veio
prediction [prɪ'dɪkʃən] N previsão *f*, prognóstico
predispose [pri:dɪs'pəuz] VT predispor
predominance [prɪ'dɔmɪnəns] N predominância, preponderância
predominant [prɪ'dɔmɪnənt] ADJ predominante, preponderante

predominantly [prɪ'dɔmɪnəntlɪ] ADV predominantemente; (*for the most part*) na maioria; (*above all*) sobretudo
predominate [prɪ'dɔmɪneɪt] VI predominar
pre-eminent ADJ preeminente
pre-empt [-ɛmt] (BRIT) VT (*obtain*) adquirir por preempção *or* de antemão; (*fig*): **to ~ sb/sth** antecipar-se a alguém/antecipar algo
pre-emptive [-ɛmtɪv] ADJ: **~ strike** ataque *m* preventivo
preen [pri:n] VT: **to ~ itself** (*bird*) limpar e alisar as penas (com o bico); **to ~ o.s.** enfeitar-se, envaidecer-se
prefab ['pri:fæb] N casa pré-fabricada
prefabricated [pri:'fæbrɪkeɪtɪd] ADJ pré-fabricado
preface ['prɛfəs] N prefácio
prefect ['pri:fɛkt] N (BRIT *Sch*) monitor(a) *m/f*, tutor(a) *m/f*; (*in Brazil*) prefeito(-a)
prefer [prɪ'fə:ʳ] VT preferir; (*Law*): **to ~ charges** intentar uma ação judicial; **to ~ coffee to tea** preferir café a chá
preferable ['prɛfrəbl] ADJ preferível
preferably ['prɛfrəblɪ] ADV de preferência
preference ['prɛfrəns] N preferência; **in ~ to sth** de preferência a algo
preference shares (BRIT) NPL ações *fpl* preferenciais
preferential [prɛfə'rɛnʃəl] ADJ preferencial; **~ treatment** preferência
preferred stock [prɪ'fə:d-] (US) NPL ações *fpl* preferenciais
prefix ['pri:fɪks] N prefixo
pregnancy ['prɛgnənsɪ] N gravidez *f*; (*animal*) prenhez *f*
pregnant ['prɛgnənt] ADJ grávida; (*animal*) prenha; **3 months ~** grávida de 3 meses; **~ with** rico de, cheio de
prehistoric [pri:hɪs'tɔrɪk] ADJ pré-histórico
prehistory [pri:'hɪstərɪ] N pré-história
prejudge [pri:'dʒʌdʒ] VT fazer um juízo antecipado de, prejulgar
prejudice ['prɛdʒudɪs] N (*bias*) preconceito; (*harm*) prejuízo ▸ VT (*predispose*) predispor; (*harm*) prejudicar; **to ~ sb in favour of/ against** predispor alguém a favor de/ contra
prejudiced ['prɛdʒudɪst] ADJ (*person*) preconceituoso; (*view*) parcial, preconcebido; **to be ~ against sb/sth** estar com prevenção contra alguém/algo
prelate ['prɛlət] N prelado
preliminaries [prɪ'lɪmɪnərɪz] NPL preliminares *fpl*
preliminary [prɪ'lɪmɪnərɪ] ADJ preliminar, prévio
prelude ['prɛlju:d] N prelúdio
premarital [pri:'mærɪtl] ADJ pré-nupcial
premature ['prɛmətʃuəʳ] ADJ prematuro; **to be ~ (in doing sth)** precipitar-se (em fazer algo)
premeditated [pri:'mɛdɪteɪtɪd] ADJ premeditado

premeditation [pri:mɛdɪ'teɪʃən] N premeditação f

premenstrual [pri:'mɛnstruəl] ADJ pré-menstrual

premenstrual tension N tensão f pré-menstrual

premier ['prɛmɪəʳ] ADJ primeiro, principal ▶ N (*Pol*) primeiro-ministro/primeira-ministra

première ['prɛmɪɛəʳ] N estreia

premise ['prɛmɪs] N premissa; **premises** NPL (*of business, institution*) local *m*; (*house*) casa; (*shop*) loja; **on the ~s** no local; **business ~s** local utilizado para fins comerciais

premium ['pri:mɪəm] N prêmio; **to be at a ~** ser caro; **to sell at a ~** (*shares*) vender acima do par

premium bond (BRIT) N obrigação qué dá direito a prêmio mediante sorteio

premium deal N (*Comm*) oferta especial

premium gasoline (US) N gasolina azul *or* super

premonition [prɛmə'nɪʃən] N presságio, pressentimento

preoccupation [pri:ɔkju'peɪʃən] N preocupação f

preoccupied [pri:'ɔkjupaɪd] ADJ (*worried*) preocupado, apreensivo; (*absorbed*) absorto

prep [prɛp] ADJ ABBR: **~ school** = **preparatory school** ▶ N (*Sch*: = *study*) deveres *mpl*

prepackaged [pri:'pækɪdʒd] ADJ embalado para venda ao consumidor

prepaid [pri:'peɪd] ADJ com porte pago

preparation [prɛpə'reɪʃən] N preparação f; **preparations** NPL (*arrangements*) preparativos *mpl*; **in ~ for** em preparação para

preparatory [prɪ'pærətərɪ] ADJ preparatório; **~ to** antes de

preparatory school N *escola particular para crianças até 11 ou 13 anod de idade*

prepare [prɪ'pɛəʳ] VT preparar ▶ VI: **to ~ for** preparar-se *or* aprontar-se para; (*make preparations*) fazer preparativos para; **~d to** disposto a; **~d for** pronto para

preponderance [prɪ'pɔndərns] N predomínio

preposition [prɛpə'zɪʃən] N preposição f

prepossessing [pri:pə'zɛsɪŋ] ADJ atraente

preposterous [prɪ'pɔstərəs] ADJ absurdo, disparatado

prep school N = **preparatory school**

prerecorded ['pri:rɪ'kɔ:dɪd] ADJ pré-gravado

prerequisite [pri:'rɛkwɪzɪt] N pré-requisito, condição f prévia

prerogative [prɪ'rɔgətɪv] N prerrogativa

presbyterian [prɛzbɪ'tɪərɪən] ADJ, N presbiteriano(-a)

presbytery ['prɛzbɪtərɪ] N presbitério

preschool ['pri:'sku:l] ADJ (*education, age*) pré-escolar; (*child*) de idade pré-escolar

prescribe [prɪ'skraɪb] VT prescrever; (*Med*) receitar; **~d books** (BRIT *Sch*) livros *mpl* requisitados

prescription [prɪ'skrɪpʃən] N prescrição f, ordem f; (*Med*) receita; **to make up** (BRIT) *or* **fill** (US) **a ~** aviar uma receita; **"only available on ~"** "venda exclusivamente mediante receita médica"

prescription charges (BRIT) NPL participação f no preço das receitas médicas

prescriptive [prɪ'skrɪptɪv] ADJ prescritivo

presence ['prɛzns] N presença; (*spirit*) espectro

presence of mind N presença de espírito

present [*adj, n* 'prɛznt, *vt* prɪ'zɛnt] ADJ (*in attendance*) presente; (*current*) atual ▶ N (*gift*) presente *m*; (*actuality*): **the ~** o presente ▶ VT (*give*): **to ~ sth to sb, to ~ sb with sth** (*as gift*) presentear alguém com algo; (*as prize*) entregar algo a alguém; (*expound*) expor; (*information, programme, person, difficulty, threat*) apresentar; (*describe*) descrever; (*Theatre*) representar; **at ~** no momento, agora; **for the ~** por enquanto; **to be ~ at** estar presente a, presenciar; **to give sb a ~** presentear alguém

presentable [prɪ'zɛntəbl] ADJ apresentável

presentation [prɛzn'teɪʃən] N apresentação f; (*gift*) presente *m*; (*ceremony*) entrega; (*of plan etc*) exposição f; (*Theatre*) representação f; **on ~ of** mediante apresentação de

present-day ADJ atual, de hoje

presenter [prɪ'zɛntəʳ] N (*Radio, TV*) apresentador(a) *m/f*

presently ['prɛzntlɪ] ADV (*soon after*) logo depois; (*soon*) logo, em breve; (*now*) atualmente

preservation [prɛzə'veɪʃən] N conservação f, preservação f

preservative [prɪ'zə:vətɪv] N conservante *m*

preserve [prɪ'zə:v] VT (*situation*) conservar, manter; (*building, manuscript*) preservar; (*food*) pôr em conserva; (*in salt*) conservar em sal, salgar ▶ N (*for game*) reserva de caça; (*often pl*: *jam*) geleia; (: *fruit*) compota, conserva

preshrunk ['pri:'ʃrʌŋk] ADJ pré-encolhido

preside [prɪ'zaɪd] VI: **to ~ (over)** presidir

presidency ['prɛzɪdənsɪ] N presidência

president ['prɛzɪdənt] N presidente(-a) *m/f*

presidential [prɛzɪ'dɛnʃl] ADJ presidencial

press [prɛs] N (*tool, machine*) prensa; (*printer's*) imprensa, prelo; (*newspapers*) imprensa; (*of switch*) pressão f; (*crowd*) turba, apinhamento; (*of hand*) apertão *m* ▶ VT apertar; (*squeeze: fruit etc*) espremer; (*clothes: iron*) passar; (*put pressure on: person*) pressionar; (*Tech*) prensar; (*harry*) assediar; (*insist*): **to ~ sth on sb** insistir para que alguém aceite algo; (*urge*): **to ~ sb to do** *or* **into doing sth** impelir *or* pressionar alguém a fazer algo ▶ VI (*squeeze*) apertar; (*pressurize*): **to ~ for** pressionar por; **we are ~ed for time/money** estamos com pouco tempo/dinheiro; **to ~ for sth** pressionar por algo; **to ~ sb for an answer** pressionar alguém por uma resposta; **to ~ charges against sb** (*Law*) intentar ação judicial contra alguém; **to go to ~** (*newspaper*) ir para o prelo; **to be in the ~**

estar no prelo; **to appear in the ~** sair no jornal
▶ **press on** vi continuar
press agency N agência de informações
press clipping N recorte m de jornal
press conference N entrevista coletiva (para a imprensa)
press cutting N recorte m de jornal
press-gang N *pelotão de recrutamento da marinha*
▶ vt: **to be ~ed into doing** ser impelido a fazer
pressing ['prɛsɪŋ] ADJ urgente ▶ N ação f (or serviço m) de passar roupa etc
pressman ['prɛsmæn] (*irreg: like* **man**) N jornalista m
press release N release m or comunicado à imprensa
press stud (BRIT) N botão m de pressão
press-up (BRIT) N flexão f
pressure ['prɛʃəʳ] N pressão f ▶ vt = **to put pressure on**; **to put ~ on sb (to do sth)** pressionar alguém (a fazer algo)
pressure cooker N panela de pressão
pressure gauge N manômetro
pressure group N grupo de pressão
pressurize ['prɛʃəraɪz] vt pressurizar; (BRIT fig): **to ~ sb (into doing sth)** pressionar alguém (a fazer algo)
pressurized ['prɛʃəraɪzd] ADJ pressurizado
prestige [prɛs'tiːʒ] N prestígio
prestigious [prɛs'tɪdʒəs] ADJ prestigioso
presumably [prɪ'zjuːmblɪ] ADV presumivelmente, provavelmente; **~ he did it** é de se presumir que ele o fez
presume [prɪ'zjuːm] vt supor; **to ~ to do** (*dare*) ousar fazer, atrever-se a fazer; (*set out to*) pretender fazer
presumption [prɪ'zʌmpʃən] N suposição f; (*pretension*) presunção f; (*boldness*) atrevimento, audácia
presumptuous [prɪ'zʌmpʃəs] ADJ presunçoso
presuppose [priːsə'pəuz] vt pressupor
pre-tax ADJ antes de impostos
pretence, (US) **pretense** [prɪ'tɛns] N (*claim*) pretensão f; (*display*) ostentação f; (*pretext*) pretexto; (*make-believe*) fingimento; **under false ~s** por meios fraudulentos; **on the ~ of** sob o máscara de; **to make a ~ of doing** fingir fazer
pretend [prɪ'tɛnd] vt fingir ▶ vi (*feign*) fingir; (*claim*): **to ~ to** aspirar a or pretender a algo; **to ~ to do** fingir fazer
pretense [prɪ'tɛns] (US) N = **pretence**
pretension [prɪ'tɛnʃən] N (*presumption*) presunção f; (*claim*) pretensão f; **to have no ~s to sth/to being sth** não ter pretensão a algo/a ser algo
pretentious [prɪ'tɛnʃəs] ADJ pretensioso, presunçoso
preterite ['prɛtərɪt] N pretérito
pretext ['priːtɛkst] N pretexto; **on** or **under the ~ of doing sth** sob o or a pretexto de fazer algo

pretty ['prɪtɪ] ADJ bonito ▶ ADV (*quite*) bastante
prevail [prɪ'veɪl] vi (*gain acceptance*) triunfar; (*be current*) imperar; (*be usual*) prevalecer, vigorar; (*persuade*): **to ~ (up)on sb to do sth** persuadir alguém a fazer algo
prevailing [prɪ'veɪlɪŋ] ADJ (*wind*) dominante; (*fashion, attitude*) predominante; (*usual*) corrente
prevalent ['prɛvələnt] ADJ (*common*) predominante; (*usual*) corrente; (*fashionable*) da moda
prevarication [prɪværɪ'keɪʃən] N embromação f
prevent [prɪ'vɛnt] vt impedir; **to ~ sb from doing sth** impedir alguém de fazer algo; **to ~ sth from happening** impedir que algo aconteça
preventable [prɪ'vɛntəbl] ADJ evitável
preventative [prɪ'vɛntətɪv] ADJ = **preventive**
prevention [prɪ'vɛnʃən] N prevenção f
preventive [prɪ'vɛntɪv] ADJ preventivo
preview ['priːvjuː] N (*of film etc*) pré-estreia; (*fig*) antecipação f
previous ['priːvɪəs] ADJ (*experience, notice*) prévio; (*earlier*) anterior; **I have a ~ engagement** já tenho compromisso; **~ to doing** antes de fazer
previously ['priːvɪəslɪ] ADV (*before*) previamente; (*in the past*) anteriormente
prewar [priː'wɔːʳ] ADJ anterior à guerra
prey [preɪ] N presa ▶ vi: **to ~ on** viver às custas de; (*feed on*) alimentar-se de; (*plunder*) saquear, pilhar; **it was ~ing on his mind** preocupava-o, atormentava-o
price [praɪs] N preço; (*of shares*) cotação f ▶ vt fixar o preço de; **what is the ~ of ...?** qual é o preço de ...?, quanto é ...?; **to go up** or **rise in ~** subir de preço; **to put a ~ on sth** determinar o preço de algo; **to be ~d out of the market** (*article*) não ser competitivo; (*producer, country*) perder freguesia por causa de preços muito altos; **what ~ his promises now?** que valem suas promessas agora?; **he regained his freedom, but at a ~** ele recobrou a liberdade, mas pagou caro; **at any ~** por qualquer preço
price control N controle m de preços
price-cutting N corte m de preços
priceless ['praɪslɪs] ADJ inestimável; (*inf: amusing*) impagável
price list N lista or tabela de preços
price range N gama de preços; **it's within my ~** está dentro do meu preço
price tag N etiqueta de preço
price war N guerra de preços
pricey ['praɪsɪ] (*inf*) ADJ salgado
prick [prɪk] N picada; (*with pin*) alfinetada; (!: *penis*) pau m (!); (!: *person*) filho-da-puta m (!) ▶ vt picar; (*make hole in*) furar; **to ~ up one's ears** aguçar os ouvidos
prickle ['prɪkl] N (*sensation*) comichão f, ardência; (*Bot*) espinho
prickly ['prɪklɪ] ADJ espinhoso; (*fig: person*) irritadiço

prickly heat N brotoeja
prickly pear N opúncia
pride [praɪd] N orgulho; *(pej)* soberba ▶ VT: **to ~ o.s. on** orgulhar-se de; **to take (a) ~ in** orgulhar-se de, sentir orgulho em; **to have ~ of place** *(BRIT)* ocupar o lugar de destaque, ter destaque; **her ~ and joy** seu tesouro
priest [priːst] N *(Christian)* padre *m*; *(non-Christian)* sacerdote *m*
priestess ['priːstɪs] N sacerdotisa
priesthood ['priːsthud] N *(practice)* sacerdócio; *(priests)* clero
prig [prɪg] N esnobe *m/f*
prim [prɪm] *(pej)* ADJ *(formal)* empertigado; *(affected)* afetado; *(easily shocked)* pudico
prima facie ['praɪmə'feɪʃɪ] ADJ: **to have a ~ case** *(Law)* ter uma causa convincente
primarily ['praɪmərɪlɪ] ADV *(above all)* principalmente; *(firstly)* em primeiro lugar
primary ['praɪmərɪ] ADJ primário; *(first in importance)* principal ▶ N *(US: election)* eleição *f* primária
primary colour N cor *f* primária
primary products NPL produtos *mpl* básicos
primary school *(BRIT)* N escola primária

> As **primary schools** do Reino Unido acolhem crianças de 5 a 11 anos. Assinalam o início do ciclo escolar obrigatório e normalmente são compostas de duas partes: a pré-escola *(infant school)* e o primário *(junior school)*.

primate¹ ['praɪmɪt] N *(Rel)* primaz *m*
primate² ['praɪmeɪt] N *(Zool)* primata *m*
prime [praɪm] ADJ primeiro, principal; *(basic)* fundamental, primário; *(excellent)* de primeira ▶ VT *(wood)* imprimar; *(gun, pump)* escorvar; *(fig)* preparar ▶ N: **in the ~ of life** na primavera da vida; **~ example** exemplo típico
prime minister N primeiro-ministro/primeira-ministra
primer ['praɪmə'] N *(book)* livro de leitura; *(paint)* pintura de base; *(of gun)* escorva
prime time N *(Radio, TV)* horário nobre
primeval [praɪ'miːvl] ADJ primitivo
primitive ['prɪmɪtɪv] ADJ primitivo; *(crude)* rudimentar; *(uncivilized)* grosseiro, inculto
primrose ['prɪmrəuz] N prímula, primavera
primus® ['praɪməs], *(BRIT)* **primus stove** N fogão *m* portátil movido à parafina
prince [prɪns] N príncipe *m*
princess [prɪn'sɛs] N princesa
principal ['prɪnsɪpl] ADJ principal ▶ N *(of school, college)* diretor(a) *m/f*; *(in play)* papel *m* principal; *(money)* principal *m*
principality [prɪnsɪ'pælɪtɪ] N principado
principally ['prɪnsɪplɪ] ADV principalmente
principle ['prɪnsɪpl] N princípio; **in ~** em princípio; **on ~** por princípio
print [prɪnt] N *(impression)* impressão *f*, marca; *(letters)* letra de forma; *(fabric)* estampado; *(Art)* estampa, gravura; *(Phot)* cópia; *(footprint)* pegada; *(fingerprint)* impressão *f* digital ▶ VT imprimir; *(write in capitals)* escrever em letra de imprensa; **out of ~** esgotado
▶ **print out** VT *(Comput)* imprimir
printed circuit board ['prɪntɪd-] N placa de circuito impresso
printed matter ['prɪntɪd-] N impressos *mpl*
printer ['prɪntə'] N *(person)* impressor(a) *m/f*; *(firm)* gráfica; *(machine)* impressora
printhead ['prɪnthɛd] N cabeçote *m* de impressão
printing ['prɪntɪŋ] N *(art)* imprensa; *(act)* impressão *f*; *(quantity)* tiragem *f*
printing press N prelo, máquina impressora
printout ['prɪntaut] N *(Comput)* cópia impressa
print wheel N margarida
prior ['praɪə'] ADJ anterior, prévio; *(more important)* prioritário ▶ N *(Rel)* prior *m*; **~ to doing** antes de fazer; **without ~ notice** sem aviso prévio; **to have a ~ claim to sth** ter prioridade na reivindicação de algo
priority [praɪ'ɔrɪtɪ] N prioridade *f*; **to have ~ (over)** ter prioridade (sobre)
priory ['praɪərɪ] N priorado
prise [praɪz] VT: **to ~ open** arrombar
prism ['prɪzəm] N prisma *m*
prison ['prɪzn] N prisão *f* ▶ CPD carcerário
prison camp N campo de prisioneiros
prisoner ['prɪzənə'] N *(in prison)* preso(-a), presidiário(-a); *(under arrest)* detido(-a); *(in dock)* acusado(-a), réu(-ré) *m/f*; **to take sb ~** aprisionar alguém, prender alguém
prisoner of war N prisioneiro de guerra
prissy ['prɪsɪ] ADJ fresco, cheio de luxo
pristine ['prɪstiːn] ADJ imaculado
privacy ['prɪvəsɪ] N *(seclusion)* isolamento, solidão *f*; *(intimacy)* intimidade *f*, privacidade *f*
private ['praɪvɪt] ADJ privado; *(personal)* particular; *(confidential)* confidencial, reservado; *(lesson, car)* particular; *(personal: belongings)* pessoal; (: *thoughts, plans)* secreto, íntimo; *(place)* isolado; *(quiet: person)* reservado; *(intimate)* privado, íntimo; *(sitting etc)* a portas fechadas ▶ N soldado raso; **"~"** *(on envelope)* "confidencial"; *(on door)* "privativo"; **in ~** em particular; **in (his) ~ life** em (sua) vida particular; **he is a very ~ person** ele é uma pessoa muito reservada; **to be in ~ practice** ter clínica particular
private enterprise N iniciativa privada
private eye N detetive *m/f* particular
private hearing N *(Law)* audiência em segredo da justiça
private limited company *(BRIT)* N sociedade *f* anônima fechada
privately ['praɪvɪtlɪ] ADV em particular; *(in oneself)* no fundo
private parts NPL partes *fpl* (pudendas)
private property N propriedade *f* privada
private school N escola particular
privation [praɪ'veɪʃən] N privação *f*

privatize ['praɪvɪtaɪz] VT privatizar
privet ['prɪvɪt] N alfena
privilege ['prɪvɪlɪdʒ] N privilégio
privileged ['prɪvɪlɪdʒd] ADJ privilegiado
privy ['prɪvɪ] ADJ: **to be ~ to** estar inteirado de
Privy Council (BRIT) N Conselho Privado
prize [praɪz] N prêmio ▶ ADJ (*bull, novel*) premiado; (*first class*) de primeira classe; (*example*) perfeito ▶ VT valorizar
prize fight N luta de boxe profissional
prize-giving [-'gɪvɪŋ] N distribuição f dos prêmios
prize money N dinheiro do prêmio
prizewinner ['praɪzwɪnə^r] N premiado(-a)
prizewinning ['praɪzwɪnɪŋ] ADJ premiado
PRO N ABBR (= *public relations officer*) RP m/f inv
pro [prəu] N (*Sport*) profissional m/f ▶ PREP a favor de; **the ~s and cons** os prós e os contras
pro- [prəu] PREFIX (*in favour of*) pró-
pro-active [prəu'æktɪv] ADJ proativo
probability [prɔbə'bɪlɪtɪ] N probabilidade f; **in all ~** com toda a probabilidade
probable ['prɔbəbl] ADJ provável; (*plausible*) verossímil; **it is ~/hardly ~ that ...** é provável/pouco provável que ...
probably ['prɔbəblɪ] ADV provavelmente
probate ['prəubɪt] N (*Law*) homologação f, legitimação f
probation [prə'beɪʃən] N (*in employment*) estágio probatório; (*Law*) liberdade f condicional; (*Rel*) noviciado; **on ~** (*employee*) em estágio probatório; (*Law*) em liberdade condicional
probationary [prə'beɪʃənrɪ] ADJ (*period*) probatório
probe [prəub] N (*Med, Space*) sonda; (*enquiry*) pesquisa ▶ VT investigar, esquadrinhar
probity ['prəubɪtɪ] N probidade f
problem ['prɔbləm] N problema m; **what's the ~?** qual é o problema?; **I had no ~ in finding her** não foi difícil encontrá-la; **no ~!** não tem problema!
problematic [prɔblə'mætɪk], **problematical** [prɔblə'mætɪkəl] ADJ problemático
procedure [prə'siːdʒə^r] N (*Admin, Law*) procedimento; (*method*) método, processo; **cashing a cheque is a simple ~** descontar um cheque é uma operação simples
proceed [prə'siːd] VI (*do afterwards*): **to ~ to do sth** passar a fazer algo; (*continue*): **to ~ (with)** continuar or prosseguir (com); (*activity, event: carry on*) continuar; (*act*) proceder; **I am not sure how to ~** não sei como proceder; **to ~ against sb** (*Law*) processar alguém, instaurar processo contra alguém
proceedings [prə'siːdɪŋz] NPL (*organized events*) evento, acontecimento; (*Law*) processo
proceeds ['prəusiːdz] NPL produto, proventos mpl
process [n, vt 'prəusɛs, vi prə'sɛs] N processo ▶ VT processar ▶ VI (BRIT: *formal: go in procession*) desfilar; **in ~** em andamento; **we are in the ~ of moving to Rio** estamos de mudança para o Rio
processed cheese ['prəusɛst-] N ≈ requeijão m
processing ['prəusɛsɪŋ] N processamento
procession [prə'sɛʃən] N desfile m, procissão f; **funeral ~** cortejo fúnebre
proclaim [prə'kleɪm] VT proclamar; (*announce*) anunciar
proclamation [prɔklə'meɪʃən] N proclamação f; (*written*) promulgação f
proclivity [prə'klɪvɪtɪ] N inclinação f
procrastinate [prəu'kræstɪneɪt] VI protelar
procrastination [prəukræstɪ'neɪʃən] N protelação f
procreation [prəukrɪ'eɪʃən] N procriação f
procure [prə'kjuə^r] VT obter
procurement [prə'kjuəmənt] N obtenção f; (*purchase*) compra
prod [prɔd] VT (*push*) empurrar; (*with elbow*) acotovelar; (*with finger, stick*) cutucar; (*jab*) espetar ▶ N empurrão m; cotovelada; espetada
prodigal ['prɔdɪgl] ADJ pródigo
prodigious [prə'dɪdʒəs] ADJ colossal, extraordinário
prodigy ['prɔdɪdʒɪ] N prodígio
produce [n 'prɔdjuːs, vt prə'djuːs] N (*Agr*) produtos mpl agrícolas ▶ VT produzir; (*profit*) render; (*cause*) provocar; (*evidence, argument*) apresentar, mostrar; (*show*) apresentar, exibir; (*Theatre*) pôr em cena or em cartaz; (*offspring*) dar à luz
producer [prə'djuːsə^r] N (*Theatre*) diretor(a) m/f; (*Agr, Cinema, of record*) produtor(a) m/f; (*country*) produtor m
product ['prɔdʌkt] N produto
production [prə'dʌkʃən] N produção f; (*of electricity*) geração f; (*thing*) produto; (*Theatre*) encenação f; **to put into ~** (*goods*) passar a fabricar
production agreement (US) N acordo sobre produtividade
production control N controle m de produção
production line N linha de produção or de montagem
production manager N gerente m/f de produção
productive [prə'dʌktɪv] ADJ produtivo
productivity [prɔdʌk'tɪvɪtɪ] N produtividade f
productivity agreement (BRIT) N acordo sobre produtividade
productivity bonus N prêmio de produção
Prof. [prɔf] ABBR (= *professor*) Prof.
profane [prə'feɪn] ADJ profano; (*language etc*) irreverente, sacrílego
profess [prə'fɛs] VT professar; (*feeling, opinion*) manifestar; **I do not ~ to be an expert** não me tenho na conta de entendido
professed [prə'fɛst] ADJ (*self-declared*) assumido
profession [prə'fɛʃən] N profissão f; (*people*) classe f; **the professions** NPL as profissões liberais

professional [prəˈfɛʃənl] N profissional m/f
▶ ADJ profissional; (work) de profissional;
he's a ~ man ele exerce uma profissão
liberal; **to take ~ advice** consultar um
profissional
professionalism [prəˈfɛʃnəlɪzm] N
profissionalismo
professionally [prəˈfɛʃnəlɪ] ADV
profissionalmente; (as a job) de profissão;
I only know him ~ eu só conheço ele pelo
trabalho
professor [prəˈfɛsəʳ] N (BRIT) catedrático(-a);
(US, CANADA) professor(a) m/f
professorship [prəˈfɛsəʃɪp] N cátedra
proffer [ˈprɔfəʳ] VT (hand) estender; (remark)
fazer; (apologies) apresentar
proficiency [prəˈfɪʃənsɪ] N competência,
proficiência
proficient [prəˈfɪʃənt] ADJ competente,
proficiente
profile [ˈprəufaɪl] N perfil m; **to keep a high ~**
destacar-se; **to keep a low ~** sair de
circulação
profit [ˈprɔfɪt] N (Comm) lucro; (fig) proveito,
vantagem f ▶ VI: **to ~ by** or **from** (financially)
lucrar com; (benefit) aproveitar-se de, tirar
proveito de; **~ and loss account** conta de
lucros e perdas; **to make a ~** lucrar; **to sell
sth at a ~** vender algo com lucro
profitability [prɔfɪtəˈbɪlɪtɪ] N rentabilidade f
profitable [ˈprɔfɪtəbl] ADJ (Econ) lucrativo,
rendoso; (useful) proveitoso
profit centre N centro de lucro
profiteering [prɔfɪˈtɪərɪŋ] N mercantilismo,
exploração f
profit-making ADJ com fins lucrativos
profit margin N margem f de lucro
profit-sharing [-ˈʃɛərɪŋ] N participação f nos
lucros
profits tax (BRIT) N imposto sobre os lucros
profligate [ˈprɔflɪgɪt] ADJ (behaviour, person)
devasso; (extravagant): **~ (with)** pródigo (de)
pro forma [-ˈfɔːmə] ADJ: **~ invoice** fatura
pro-forma or simulada
profound [prəˈfaund] ADJ profundo
profuse [prəˈfjuːs] ADJ abundante
profusely [prəˈfjuːslɪ] ADV profusamente
profusion [prəˈfjuːʒən] N profusão f,
abundância
progeny [ˈprɔdʒɪnɪ] N prole f, progênie f
prognoses [prɔgˈnəusiːz] NPL of **prognosis**
prognosis [prɔgˈnəusɪs] (pl **prognoses**) N
prognóstico
programme, (US or Comput) **program**
[ˈprəugræm] N programa m ▶ VT programar
programmer, (US) **programer** [ˈprəugræməʳ]
N programador(a) m/f
programming, (US) **programing**
[ˈprəugræmɪŋ] N programação f
programming language, (US) **programing
language** N linguagem f de programação
progress [n ˈprəugrɛs, vi prəˈgrɛs] N progresso
▶ VI progredir, avançar; **in ~** em andamento;

to make ~ fazer progressos; **as the match
~ed** à medida que o jogo se desenvolvia
progression [prəˈgrɛʃən] N progressão f
progressive [prəˈgrɛsɪv] ADJ progressivo;
(person) progressista
progressively [prəˈgrɛsɪvlɪ] ADV
progressivamente
progress report N (Med) boletim m médico;
(Admin) relatório sobre o andamento dos
trabalhos
prohibit [prəˈhɪbɪt] VT proibir; **to ~ sb from
doing sth** proibir alguém de fazer algo;
"smoking ~ed" "proibido fumar"
prohibition [prəuɪˈbɪʃən] N proibição f; (US):
P~ lei f seca
prohibitive [prəˈhɪbɪtɪv] ADJ (price etc)
proibitivo
project [n ˈprɔdʒɛkt, vt, vi prəˈdʒɛkt] N projeto;
(Sch: research) pesquisa ▶ VT projetar; (figure)
estimar ▶ VI (stick out) ressaltar, sobressair
projectile [prəˈdʒɛktaɪl] N projétil m
projection [prəˈdʒɛkʃən] N projeção f;
(overhang) saliência
projectionist [prəˈdʒɛkʃənɪst] N operador(a)
m/f de projetor
projection room N (Cinema) sala de projeção
projector [prəˈdʒɛktəʳ] N projetor m
proletarian [prəulɪˈtɛərɪən] ADJ, N
proletário(-a)
proletariat [prəulɪˈtɛərɪət] N proletariado
proliferate [prəˈlɪfəreɪt] VI proliferar
proliferation [prəlɪfəˈreɪʃən] N proliferação f
prolific [prəˈlɪfɪk] ADJ prolífico
prologue, (US) **prolog** [ˈprəulɔg] N prólogo
prolong [prəˈlɔŋ] VT prolongar
prom [prɔm] N ABBR = **promenade**;
promenade concert; (US: ball) baile m de
estudantes
promenade [prɔməˈnɑːd] N (by sea) passeio
(à orla marítima)
promenade concert (BRIT) N concerto (de
música clássica)

No Reino Unido, um **promenade concert**
(ou **prom**) é um concerto de música
clássica, assim chamado porque
originalmente o público não ficava
sentado, mas de pé ou caminhando. Hoje
em dia, uma parte do público permanece
de pé, mas há também lugares sentados
(mais caros). Os **Proms** mais conhecidos
são os londrinos. A última sessão (the Last
Night of the Proms) é um acontecimento
carregado de emoção, quando são
executadas árias tradicionais e
patrióticas. Nos Estados Unidos e no
Canadá, o **prom**, ou **promenade**, é um
baile organizado pelas escolas
secundárias.

promenade deck N (Naut) convés m superior
prominence [ˈprɔmɪnəns] N eminência,
importância
prominent [ˈprɔmɪnənt] ADJ (standing out)
proeminente; (important) eminente, notório;

he is ~ in the field of ... ele é muito conhecido no campo de ...
prominently ['prɒmɪnəntlɪ] ADV *(display, set)* bem à vista; **he figured ~ in the case** ele teve um papel importante no caso
promiscuity [prɒmɪ'skjuːɪtɪ] N promiscuidade *f*
promiscuous [prə'mɪskjuəs] ADJ promíscuo
promise ['prɒmɪs] N promessa; *(hope)* esperança ▶ VT, VI prometer; **to make sb a ~** fazer uma promessa a alguém; **to ~ sb sth, ~ sth to sb** prometer a alguém algo, prometer algo a alguém; **to ~ (sb) to do sth/that** prometer (a alguém) fazer algo/que; **a young man of ~** um jovem que promete; **to ~ well** prometer
promising ['prɒmɪsɪŋ] ADJ promissor(a), prometedor(a)
promissory note ['prɒmɪsərɪ-] N *(nota)* promissória
promontory ['prɒməntrɪ] N promontório
promote [prə'məʊt] VT promover; *(product)* promover, fazer propaganda de; *(event)* patrocinar
promoter [prə'məʊtər] N *(of sporting event etc)* patrocinador(a) *m/f*; *(of cause etc)* partidário(-a)
promotion [prə'məʊʃən] N promoção *f*
prompt [prɒmpt] ADJ pronto, rápido ▶ ADV *(exactly)* em ponto, pontualmente ▶ N *(Comput)* sinal *m* de orientação, prompt *m* ▶ VT *(urge)* incitar, impelir; *(cause)* provocar, ocasionar; *(Theatre)* servir de ponto a; **to ~ sb to do sth** induzir alguém a fazer algo; **he's very ~** *(punctual)* ele é pontual; **at 8 o'clock ~** às 8 horas em ponto; **he was ~ to accept** ele não hesitou em aceitar
prompter ['prɒmptər] N *(Theatre)* ponto
promptly ['prɒmptlɪ] ADV *(immediately)* imediatamente; *(exactly)* pontualmente; *(rapidly)* rapidamente
promptness ['prɒmptnɪs] N *(punctuality)* pontualidade *f*; *(rapidity)* rapidez *f*
promulgate ['prɒməlɡeɪt] VT promulgar
prone [prəʊn] ADJ *(lying)* de bruços; **~ to** propenso a, predisposto a; **she is ~ to burst into tears if ...** ela tende a desatar a chorar se ...
prong [prɒŋ] N ponta; *(of fork)* dente *m*
pronoun ['prəʊnaʊn] N pronome *m*
pronounce [prə'naʊns] VT pronunciar; *(verdict, opinion)* declarar ▶ VI: **to ~ (up)on** pronunciar-se sobre
pronounced [prə'naʊnst] ADJ *(marked)* pronunciado, marcado
pronouncement [prə'naʊnsmənt] N pronunciamento
pronunciation [prənʌnsɪ'eɪʃən] N pronúncia
proof [pruːf] N prova; *(of alcohol)* teor *m* alcoólico ▶ ADJ: **~ against** à prova de ▶ VT *(BRIT: tent, anorak)* impermeabilizar; **to be 70° ~** ter 70° de gradação
proofreader ['pruːfriːdər] N revisor(a) *m/f* de provas

prop [prɒp] N suporte *m*, escora; *(fig)* amparo, apoio ▶ VT *(also:* **prop up***)* apoiar, escorar; *(lean):* **to ~ sth against** apoiar algo contra
Prop. ABBR *(Comm)* = **proprietor**
propaganda [prɒpə'ɡændə] N propaganda
propagate ['prɒpəɡeɪt] VT propagar
propel [prə'pɛl] VT propelir, propulsionar; *(fig)* impelir
propeller [prə'pɛlər] N hélice *f*
propelling pencil [prə'pɛlɪŋ-] *(BRIT)* N lapiseira
propensity [prə'pɛnsɪtɪ] N: **a ~ for/to/to do** uma propensão para/a/para fazer
proper ['prɒpər] ADJ *(correct)* correto; *(socially acceptable)* respeitável, digno; *(authentic)* genuíno, autêntico; *(referring to place):* **the village ~** a cidadezinha propriamente dita; **physics ~** a física propriamente dita; **to go through the ~ channels** *(Admin)* seguir os trâmites oficiais
properly ['prɒpəlɪ] ADV *(eat, study)* bem; *(behave)* decentemente
proper noun N nome *m* próprio
property ['prɒpətɪ] N *(possessions, quality)* propriedade *f*; *(goods)* posses *fpl*, bens *mpl*; *(buildings)* imóveis *mpl*; *(estate)* propriedade *f*, fazenda; **it's their ~** é deles, pertence a eles
property developer *(BRIT)* N empresário(-a) de imóveis
property owner N proprietário(-a)
property tax N imposto predial e territorial
prophecy ['prɒfɪsɪ] N profecia
prophesy ['prɒfɪsaɪ] VT profetizar; *(fig)* predizer ▶ VI profetizar
prophet ['prɒfɪt] N profeta *m/f*
prophetic [prə'fɛtɪk] ADJ profético
proportion [prə'pɔːʃən] N proporção *f*; *(share)* parte *f*, porção *f* ▶ VT proporcionar; **in ~ to** or **with sth** em proporção *or* proporcional a algo; **out of ~** desproporcionado; **to see sth in ~** *(fig)* ter a visão adequada de algo
proportional [prə'pɔːʃənl] ADJ proporcional
proportional representation N *(Pol)* representação *f* proporcional
proportionate [prə'pɔːʃənɪt] ADJ: **~ (to)** proporcionado(-a)
proposal [prə'pəʊzl] N proposta; *(of marriage)* pedido
propose [prə'pəʊz] VT propor; *(toast)* erguer ▶ VI propor casamento; **to ~ to do** propor-se fazer
proposer [prə'pəʊzər] *(BRIT)* N *(of motion etc)* apresentador(a) *m/f*
proposition [prɒpə'zɪʃən] N proposta, proposição *f*; *(offer)* oferta; **to make sb a ~** fazer uma proposta a alguém
propound [prə'paʊnd] VT propor
proprietary [prə'praɪətrɪ] ADJ: **~ brand** marca registrada; **~ product** produto patenteado
proprietor [prə'praɪətər] N proprietário(-a), dono(-a)
propriety [prə'praɪətɪ] N propriedade *f*
propulsion [prə'pʌlʃən] N propulsão *f*

pro rata [-'rɑ:tə] ADV pro rata, proporcionalmente
prosaic [prəu'zeɪɪk] ADJ prosaico
Pros. Atty. (US) ABBR = **prosecuting attorney**
proscribe [prə'skraɪb] VT proscrever
prose [prəuz] N prosa
prosecute ['prɔsɪkju:t] VT (Law) processar
prosecuting attorney ['prɔsɪkju:tɪŋ-] (US) N promotor(a) m/f público(-a)
prosecution [prɔsɪ'kju:ʃən] N acusação f; (accusing side) autor m da demanda
prosecutor ['prɔsɪkju:tə^r] N promotor(a) m/f; (also: **public prosecutor**) promotor(a) m/f público(-a)
prospect [n 'prɔspɛkt, vt, vi prə'spɛkt] N (chance) probabilidade f; (outlook, potential) perspectiva ▶ VT explorar ▶ VI: **to ~ (for)** prospectar (por); **prospects** NPL (for work etc) perspectivas fpl; **we are faced with the ~ of ...** nós estamos diante da perspectiva de ...; **there is every ~ of an early victory** há toda probabilidade de uma vitória rápida
prospecting [prə'spɛktɪŋ] N prospecção f
prospective [prə'spɛktɪv] ADJ (possible) provável; (future) futuro
prospector [prə'spɛktə^r] N garimpeiro(-a)
prospectus [prə'spɛktəs] N prospecto, programa m
prosper ['prɔspə^r] VI prosperar
prosperity [prɔ'spɛrɪtɪ] N prosperidade f
prosperous ['prɔspərəs] ADJ próspero
prostate ['prɔsteɪt] N (also: **prostate gland**) próstata
prostitute ['prɔstɪtju:t] N prostituta; **male ~** prostituto
prostitution [prɔstɪ'tju:ʃən] N prostituição f
prostrate [adj 'prɔstreɪt, vt prɔ'streɪt] ADJ prostrado; (fig) abatido, aniquilado ▶ VT: **to ~ o.s. (before sb)** prostrar-se (diante de alguém)
protagonist [prə'tægənɪst] N protagonista m/f; (leading participant) líder m/f
protect [prə'tɛkt] VT proteger
protection [prə'tɛkʃən] N proteção f; **to be under sb's ~** estar sob a proteção de alguém
protectionism [prə'tɛkʃənɪzm] N protecionismo
protection racket N extorsão f
protective [prə'tɛktɪv] ADJ protetor(a); **~ custody** (Law) prisão f preventiva
protector [prə'tɛktə^r] N protetor(a) m/f
protégé ['prəuteʒeɪ] N protegido
protégée ['prəuteʒeɪ] N protegida
protein ['prəuti:n] N proteína
pro tem [-tɛm] ADV ABBR (= pro tempore) provisoriamente
protest [n 'prəutɛst, vi, vt prə'tɛst] N protesto ▶ VI protestar ▶ VT (insist) insistir; **to ~ about** or **against** or **at** protestar contra
Protestant ['prɔtɪstənt] ADJ, N protestante m/f
protester [prə'tɛstə^r] N manifestante m/f
protest march N passeata
protestor [prə'tɛstə^r] N = **protester**

287 | pro rata – provoking

protocol ['prəutəkɔl] N protocolo
prototype ['prəutətaɪp] N protótipo
protracted [prə'træktɪd] ADJ prolongado, demorado
protractor [prə'træktə^r] N (Geom) transferidor m
protrude [prə'tru:d] VI projetar-se
protuberance [prə'tju:bərəns] N protuberância
proud [praud] ADJ orgulhoso; (pej) vaidoso, soberbo; **to be ~ to do sth** sentir-se orgulhoso de fazer algo; **to do sb ~** (inf) fazer muita festa a alguém
proudly ['praudlɪ] ADV orgulhosamente
prove [pru:v] VT comprovar ▶ VI: **to ~ (to be) correct** etc vir a ser correto etc; **to ~ o.s.** mostrar seu valor; **to ~ itself (to be) useful** etc revelar-se or mostrar-se útil etc; **he was ~d right in the end** no final deram-lhe razão
proverb ['prɔvə:b] N provérbio
proverbial [prə'və:bɪəl] ADJ proverbial
provide [prə'vaɪd] VT fornecer, proporcionar; **to ~ sb with sth** fornecer alguém de algo, fornecer algo a alguém; **to be ~d with** estar munido de
▶ **provide for** VT FUS (person) prover à subsistência de; (emergency) prevenir
provided [prə'vaɪdɪd], **provided that** CONJ contanto que (+sub), sob condição de (que) (+sub)
Providence ['prɔvɪdəns] N a Divina Providência
providing [prə'vaɪdɪŋ] CONJ: **~ (that)** contanto que (+sub)
province ['prɔvɪns] N província; (fig) esfera
provincial [prə'vɪnʃəl] ADJ provincial; (pej) provinciano
provision [prə'vɪʒən] N provisão f; (supply) fornecimento; (supplying) abastecimento; (in contract) cláusula, condição f; **provisions** NPL (food) mantimentos mpl; **to make ~ for** fazer provisão para; **there's no ~ for this in the contract** não há cláusula nesse sentido no contrato
provisional [prə'vɪʒənəl] ADJ provisório, interino; (agreement, licence) provisório ▶ N: **P~** (IRELAND Pol) militante do braço armado do IRA
provisional licence (BRIT) N (Aut) licença prévia para aprendizagem
provisionally [prə'vɪʒnəlɪ] ADV provisoriamente
proviso [prə'vaɪzəu] N condição f; (reservation) ressalva; (Law) cláusula; **with the ~ that** com a ressalva que
Provo ['prɔvəu] (pej) N ABBR = **Provisional**
provocation [prɔvə'keɪʃən] N provocação f
provocative [prə'vɔkətɪv] ADJ provocante; (sexually) excitante
provoke [prə'vəuk] VT provocar; (cause) causar; **to ~ sb to sth/to do** or **into doing sth** provocar alguém a algo/a fazer algo
provoking [prə'vəukɪŋ] ADJ provocante

provost ['prɒvəst] N (BRIT: *of university*) reitor(a) m/f; (SCOTLAND) prefeito(-a)
prow [prau] N proa
prowess ['prauɪs] N destreza, perícia
prowl [praul] VI (*also:* **prowl about, prowl around**) rondar, andar à espreita ▶ N: **on the ~** de ronda, rondando
prowler ['praulə^r] N tarado(-a)
proximity [prɒk'sɪmɪtɪ] N proximidade f
proxy ['prɒksɪ] N procuração f; (*person*) procurador(a) m/f; **by ~** por procuração
prude [pru:d] N pudico(-a)
prudence ['pru:dns] N prudência
prudent ['pru:dənt] ADJ prudente
prudish ['pru:dɪʃ] ADJ pudico(-a)
prune [pru:n] N ameixa seca ▶ VT podar
pry [praɪ] VI: **to ~ (into)** intrometer-se (em)
PS N ABBR (= *postscript*) PS m
psalm [sɑ:m] N salmo
PSAT (US) N ABBR = **Preliminary Scholastic Aptitude Test**
PSBR (BRIT) N ABBR (= *public sector borrowing requirement*) necessidade f de empréstimos no setor público
pseud [sju:d] (BRIT *inf*) N posudo(-a)
pseudo- [sju:dəu] PREFIX pseudo-
pseudonym ['sju:dənɪm] N pseudônimo
PST (US) ABBR (= *Pacific Standard Time*) hora de inverno do Pacífico
PSV (BRIT) N ABBR = **public service vehicle**
psyche ['saɪkɪ] N psiquismo
psychiatric [saɪkɪ'ætrɪk] ADJ psiquiátrico
psychiatrist [saɪ'kaɪətrɪst] N psiquiatra m/f
psychiatry [saɪ'kaɪətrɪ] N psiquiatria
psychic ['saɪkɪk] ADJ psíquico; (*person*) sensível a forças psíquicas ▶ N médium m/f
psychoanalyse [saɪkəu'ænəlaɪz] VT psicanalisar
psychoanalysis [saɪkəuə'nælɪsɪs] N psicanálise f
psychoanalyst [saɪkəu'ænəlɪst] N psicanalista m/f
psychological [saɪkə'lɔdʒɪkl] ADJ psicológico
psychologist [saɪ'kɔlədʒɪst] N psicólogo(-a)
psychology [saɪ'kɔlədʒɪ] N psicologia
psychopath ['saɪkəupæθ] N psicopata m/f
psychoses [saɪ'kəusi:z] NPL *of* **psychosis**
psychosis [saɪ'kəusɪs] (*pl* **psychoses**) N psicose f
psychosomatic [saɪkəusə'mætɪk] ADJ psicossomático
psychotherapy [saɪkəu'θɛrəpɪ] N psicoterapia
psychotic [saɪ'kɔtɪk] ADJ, N psicótico(-a)
PT (BRIT) N ABBR = **physical training**
pt ABBR = **pint**; **point**
Pt. ABBR (*in place names*: = *Point*) pt
PTA N ABBR = **Parent-Teacher Association**
Pte. (BRIT) ABBR (*Mil*) = **private**
PTO ABBR (= *please turn over*) v.v., vire
PTV (US) N ABBR = **public television**; **pay television**

pub [pʌb] N ABBR (= *public house*) pub m, bar m
Um **pub** é um bar com ambiente acolhedor onde as pessoas se encontram para conversar e beber diversos tipos de cerveja e outras bebidas (alcoólicas e não alcoólicas). Em alguns pubs há também jogos como bilhar e dardos, jardim exterior e música ao vivo. Nos pubs que servem refeições, é permitido levar crianças. Em geral os pubs funcionam das 11 às 23 horas, mas isso pode variar de acordo com sua licença de funcionamento.
puberty ['pju:bətɪ] N puberdade f
pubic ['pju:bɪk] ADJ púbico, pubiano
public ['pʌblɪk] ADJ público ▶ N público; **in ~** em público; **to make ~** tornar público; **the general ~** o grande público; **to be ~ knowledge** ser de conhecimento público; **to go ~** (*Comm*) tornar-se uma companhia de capital aberto, passar a ser cotado na Bolsa de Valores
public address system N sistema m (de reforço) de som
publican ['pʌblɪkən] N dono(-a) de pub
publication [pʌblɪ'keɪʃən] N publicação f
public company N sociedade f anônima aberta
public convenience (BRIT) N banheiro público
public holiday N feriado
public house (BRIT) N pub m, bar m, taberna
publicity [pʌb'lɪsɪtɪ] N publicidade f
publicize ['pʌblɪsaɪz] VT divulgar; (*product*) promover
public limited company N sociedade f anônima aberta
publicly ['pʌblɪklɪ] ADV publicamente
public opinion N opinião f pública
public ownership N: **to be taken into ~** ser estatizado
public relations N relações fpl públicas
public relations officer N relações-públicas m/f inv
public school N (BRIT) escola particular; (US) escola pública
public sector N setor m público
public service vehicle (BRIT) N veículo para o transporte público
public-spirited [-'spɪrɪtɪd] ADJ zeloso pelo bem-estar público
public transport, (US) **public transportation** N transporte m coletivo
public utility N (serviço de) utilidade f pública
public works NPL obras fpl públicas
publish ['pʌblɪʃ] VT publicar
publisher ['pʌblɪʃə^r] N editor(a) m/f; (*company*) editora
publishing ['pʌblɪʃɪŋ] N (*industry*) a indústria editorial
publishing company N editora
puce [pju:s] ADJ roxo

puck [pʌk] N (elf) duende m; (Ice Hockey) disco
pucker ['pʌkə'] VT (fabric) amarrotar; (brow etc) franzir
pudding ['pudɪŋ] N (BRIT: dessert) sobremesa; (cake) pudim m, doce m; **black** (BRIT) or **blood** (US) **~** morcela; **rice ~** arroz doce
puddle ['pʌdl] N poça
puerile ['pjuəraɪl] ADJ infantil
Puerto Rican ['pwə:tə'ri:kən] ADJ, N porto-riquenho(-a)
Puerto Rico ['pwə:təu'ri:kəu] N Porto Rico (no article)
puff [pʌf] N sopro; (of cigarette) baforada; (of air, smoke) lufada; (gust) rajada, lufada; (sound) sopro; (also: **powder puff**) pompom m
▶ VT: **to ~ one's pipe** tirar baforadas do cachimbo ▶ VI soprar; (pant) arquejar
▶ **puff out** VT (sails) enfunar; (cheeks) encher; **to ~ out smoke** lançar baforadas
▶ **puff up** VT inflar
puffed [pʌft] (inf) ADJ (out of breath) sem fôlego
puffin ['pʌfɪn] N papagaio-do-mar m
puff pastry, (US) **puff paste** N massa folhada
puffy ['pʌfɪ] ADJ inchado, entumecido
pugnacious [pʌg'neɪʃəs] ADJ pugnaz, brigão(-ona)
pull [pul] N (of magnet, sea etc) atração f; (influence) influência; (tug): **to give sth a ~** dar um puxão em algo ▶ VT puxar; (trigger) apertar; (curtain, blind) fechar; (muscle) distender ▶ VI puxar, dar um puxão; **to ~ a face** fazer careta; **to ~ to pieces** picar em pedacinhos; **to ~ one's punches** não usar toda a força; **to ~ one's weight** fazer a sua parte; **to ~ o.s. together** recompor-se; **to ~ sb's leg** (fig) brincar com alguém, sacanear alguém (inf); **to ~ strings for sb** mexer os pauzinhos para alguém
▶ **pull about** (BRIT) VT (handle roughly) maltratar
▶ **pull apart** VT separar; (break) romper
▶ **pull down** VT abaixar; (building) demolir, derrubar; (tree) abater, derrubar
▶ **pull in** VI (Aut: at the kerb) encostar; (Rail) chegar (na plataforma)
▶ **pull off** VT tirar; (fig: deal etc) acertar
▶ **pull out** VI arrancar, partir; (withdraw) retirar-se; (Aut: from kerb) sair; (Rail) partir
▶ VT tirar, arrancar; **to ~ out in front of sb** (Aut) dar uma fechada em alguém
▶ **pull over** VI (Aut) encostar
▶ **pull round** VI (unconscious person) voltar a si; (sick person) recuperar-se
▶ **pull through** VI sair-se bem (de um aperto); (Med) sobreviver
▶ **pull up** VI (stop) deter-se, parar ▶ VT levantar; (uproot) desarraigar, arrancar; (stop) parar
pulley ['pulɪ] N roldana
pull-out N (withdrawal) retirada; (section: in magazine, newspaper) encarte m ▶ CPD (magazine, pages) destacável
pullover ['puləuvə'] N pulôver m

pulp [pʌlp] N (of fruit) polpa; (for paper) pasta, massa; **to reduce sth to a ~** amassar algo
pulpit ['pulpɪt] N púlpito
pulsate [pʌl'seɪt] VI pulsar, palpitar; (music) vibrar
pulse [pʌls] N (Anat) pulso; (of music, engine) cadência; (Bot) legume m; **to feel** or **take sb's ~** tomar o pulso de alguém
pulse rate N frequência de pulsos
pulverize ['pʌlvəraɪz] VT pulverizar; (fig) esmagar, aniquilar
puma ['pju:mə] N puma, onça-parda
pumice ['pʌmɪs] N (also: **pumice stone**) pedra-pomes f
pummel ['pʌml] VT esmurrar, socar
pump [pʌmp] N bomba; (shoe) sapatilha (de dança) ▶ VT bombear; (fig: inf) sondar; **to ~ sb for information** tentar extrair informações de alguém
▶ **pump up** VT encher
pumpkin ['pʌmpkɪn] N abóbora
pun [pʌn] N jogo de palavras, trocadilho
punch [pʌntʃ] N (blow) soco, murro; (tool) punção m; (for tickets) furador m; (drink) ponche m; (fig: force) vigor m, força ▶ VT (make a hole in) perfurar, picotar; (hit): **to ~ sb/sth** esmurrar or socar alguém/algo
▶ **punch in** (US) VI assinar o ponto na entrada
▶ **punch out** (US) VI assinar o ponto na saída
punch card N cartão m perfurado
punch-drunk (BRIT) ADJ estupidificado
punched card [pʌntʃt-] N = **punch card**
punch line N (of joke) remate m
punch-up (BRIT inf) N briga
punctual ['pʌŋktjuəl] ADJ pontual
punctuality [pʌŋktju'ælɪtɪ] N pontualidade f
punctually ['pʌŋktjuəlɪ] ADV pontualmente; **it will start ~ at 6** começará às 6 horas em ponto
punctuate ['pʌŋktjueɪt] VT pontuar
punctuation [pʌŋktju'eɪʃən] N pontuação f
punctuation marks NPL sinais mpl de pontuação
puncture ['pʌŋktʃə'] N picada; (flat tyre) furo
▶ VT picar, furar; (tyre) furar; **I have a ~** (Aut) estou com um pneu furado
pundit ['pʌndɪt] N entendedor(a) m/f
pungent ['pʌndʒənt] ADJ (smell, taste) acre; (fig) mordaz
punish ['pʌnɪʃ] VT punir, castigar; **to ~ sb for sth/for doing sth** punir alguém por algo/por ter feito algo
punishable ['pʌnɪʃəbl] ADJ punível, castigável
punishing ['pʌnɪʃɪŋ] ADJ (fig: exhausting) desgastante ▶ N punição f
punishment ['pʌnɪʃmənt] N castigo, punição f; (fig: wear) desgaste m
punk [pʌŋk] N (also: **punk rocker**) punk m/f; (also: **punk rock**) punk m; (US inf: hoodlum) pinta-brava m
punt [pʌnt] N (boat) chalana

punter ['pʌntə'] N (BRIT: gambler) jogador(a) m/f; (inf: client) cliente m/f
puny ['pju:nı] ADJ débil, fraco
pup [pʌp] N (dog) cachorrinho (BR), cachorro (PT); (seal etc) filhote m
pupil ['pju:pl] N aluno(-a); (of eye) pupila
puppet ['pʌpıt] N marionete f, títere m; (fig) fantoche m
puppet government N governo fantoche or títere
puppy ['pʌpı] N cachorrinho (BR), cachorro (PT)
purchase ['pə:tʃıs] N compra; (grip) ponto de apoio ▶ VT comprar; **to get a ~ on** apoiar-se em
purchase order N ordem f de compra
purchase price N preço de compra
purchaser ['pə:tʃısə'] N comprador(a) m/f
purchase tax (BRIT) N ≈ imposto de circulação de mercadorias
purchasing power ['pə:tʃısıŋ-] N poder m aquisitivo
pure [pjuə'] ADJ puro; **a ~ wool jumper** um pulôver de pura lã; **~ and simple** puro e simples
purebred ['pjuəbrɛd] ADJ de sangue puro
purée ['pjuəreı] N purê m
purely ['pjuəlı] ADV puramente; (only) meramente
purgatory ['pə:gətərı] N purgatório; (fig) inferno
purge [pə:dʒ] N (Med) purgante m; (Pol) expurgo ▶ VT purgar; (Pol) expurgar
purification [pjuərıfı'keıʃən] N purificação f, depuração f
purify ['pjuərıfaı] VT purificar, depurar
purist ['pjuərıst] N purista m/f
puritan ['pjuərıtən] N puritano(-a)
puritanical [pjuərı'tænıkl] ADJ puritano
purity ['pjuərıtı] N pureza
purl [pə:l] N ponto reverso ▶ VT fazer ponto de tricô
purloin [pə:'lɔın] VT surripiar
purple ['pə:pl] ADJ roxo, purpúreo
purport [pə:'pɔ:t] VI: **to ~ to be/do** dar a entender que é/faz
purpose ['pə:pəs] N propósito, objetivo; **on ~** de propósito; **for teaching ~s** para fins pedagógicos; **for the ~s of this meeting** para esta reunião; **to no ~** em vão
purpose-built (BRIT) ADJ feito sob medida
purposeful ['pə:pəsful] ADJ decidido, resoluto
purposely ['pə:pəslı] ADV de propósito
purr [pə:'] N ronrom m ▶ VI ronronar
purse [pə:s] N (BRIT: for money) carteira; (US: bag) bolsa ▶ VT enrugar, franzir
purser ['pə:sə'] N (Naut) comissário de bordo
purse snatcher [-'snætʃə'] N trombadinha m/f
pursue [pə'sju:] VT perseguir; (fig: activity) exercer; (: interest, plan) dedicar-se a; (: result) lutar por
pursuer [pə'sju:ə'] N perseguidor(a) m/f

pursuit [pə'sju:t] N (chase) perseguição f; (fig) busca; (occupation) ocupação f, atividade f; (pastime) passatempo; **in (the) ~ of sth** em busca de algo
purveyor [pə'veıə'] N fornecedor(a) m/f
pus [pʌs] N pus m
push [puʃ] N empurrão m; (of button) aperto; (attack) ataque m, arremetida; (advance) avanço ▶ VT empurrar; (button) apertar; (promote) promover; (thrust): **to ~ sth (into)** enfiar algo (em) ▶ VI empurrar; (press) apertar; (fig): **to ~ for** reivindicar; **to ~ a door open/shut** abrir/fechar uma porta empurrando-a; **"~"** (on door) "empurre"; (on bell) "aperte"; **to be ~ed for time/money** estar com pouco tempo/dinheiro; **she is ~ing fifty** (inf) ela está beirando os 50; **at a ~** (BRIT inf) em último caso
▶ **push aside** VT afastar com a mão
▶ **push in** VI furar a fila
▶ **push off** (inf) VI dar o fora
▶ **push on** VI (continue) prosseguir
▶ **push over** VT derrubar
▶ **push through** VI abrir caminho ▶ VT (measure) forçar a aceitação de
▶ **push up** VT (total, prices) forçar a alta de
push-bike (BRIT) N bicicleta
push-button ADJ por botões de pressão
pushchair ['puʃtʃɛə'] (BRIT) N carrinho
pusher ['puʃə'] N (also: **drug pusher**) traficante m/f
pushing ['puʃıŋ] ADJ empreendedor(a)
pushover ['puʃəuvə'] (inf) N: **it's a ~** é sopa
push-up (US) N flexão f
pushy ['puʃı] (pej) ADJ intrometido, agressivo
puss [pus] (inf) N gatinho
pussy ['pusı], **pussycat** ['pusıkæt] (inf) N gatinho
put [put] (pt, pp **put**) VT (place) pôr, colocar; (put into) meter; (person: in institution etc) internar; (say) dizer, expressar; (case) expor; (question) fazer; (person: in situation) colocar; (estimate) avaliar, calcular; (write, type etc) colocar; **to ~ sb in a good/bad mood** deixar alguém de bom/mau humor; **to ~ sb to bed** pôr alguém para dormir; **to ~ sb to a lot of trouble** incomodar alguém; **how shall I ~ it?** como dizer?; **to ~ a lot of time into sth** investir muito tempo em algo; **to ~ money on a horse** apostar num cavalo; **I ~ it to you that ...** (BRIT) eu gostaria de colocar que ...; **to stay ~** não se mexer
▶ **put about** VI (Naut) mudar de rumo ▶ VT (rumour) espalhar
▶ **put across** VT (ideas) comunicar
▶ **put aside** VT deixar de lado
▶ **put away** VT (store) guardar
▶ **put back** VT (replace) repor; (postpone) adiar; (delay) atrasar
▶ **put by** VT (money etc) poupar, pôr de lado
▶ **put down** VT pôr em; (pay) pagar; (animal) sacrificar; (in writing) anotar, inscrever;

(revolt etc) sufocar; (attribute): **to ~ sth down to** atribuir algo a
▶ **put forward** VT (ideas) apresentar, propor; (date, clock) adiantar
▶ **put in** VT (application, complaint) apresentar; (time, effort) investir, gastar; (gas, electricity) instalar
▶ **put in for** VT FUS (job) candidatar-se a; (promotion, pay rise) solicitar
▶ **put off** VT (light) apagar; (postpone) adiar, protelar; (discourage) desanimar
▶ **put on** VT (clothes, make-up, dinner) pôr; (light) acender; (play) encenar; (food, meal) preparar; (weight) ganhar; (brake) aplicar; (record, video, kettle) ligar; (attitude) fingir, simular; (accent, manner) assumir; (inf: tease) fazer de criança; (inform): **to ~ sb on to sth** indicar algo a alguém
▶ **put out** VT (take out) colocar fora; (fire, cigarette, light) apagar; (one's hand) estender; (news) anunciar; (rumour) espalhar; (tongue etc) mostrar; (person: inconvenience) incomodar; (BRIT: dislocate) deslocar; (inf: person): **to be ~ out** estar aborrecido ▶ VI (Naut): **to ~ out to sea** fazer-se ao mar; **to ~ out from Plymouth** zarpar de Plymouth
▶ **put through** VT (call) transferir; (plan) aprovar; **I'd like to ~ a call through to Brazil** eu gostaria de fazer uma ligação para o Brasil
▶ **put together** VT colocar junto(s); (assemble) montar; (meal) preparar
▶ **put up** VT (raise) levantar, erguer; (hang) prender; (build) construir, edificar; (tent) armar; (increase) aumentar; (accommodate) hospedar; **to ~ sb up to doing sth** incitar alguém a fazer algo; **to ~ sth up for sale** pôr algo à venda
▶ **put upon** VT FUS: **to be ~ upon** sofrer abusos
▶ **put up with** VT FUS suportar, aguentar
putrid ['pju:trɪd] ADJ pútrido, podre
putt [pʌt] VT (Golf) fazer um putt ▶ N putt *m*, tacada leve
putter ['pʌtər] N (Golf) putter *m*
putting green ['pʌtɪŋ-] N campo de golfe em miniatura
putty ['pʌtɪ] N massa de vidraceiro, betume *m*
put-up ADJ: **~ job** (BRIT) embuste *m*
puzzle ['pʌzl] N (riddle) charada; (jigsaw) quebra-cabeça *m*; (also: **crossword puzzle**) palavras cruzadas *fpl*; (mystery) mistério ▶ VT desconcertar, confundir ▶ VI: **to ~ over sth** tentar entender algo; **to be ~d about sth** estar perplexo com algo
puzzling ['pʌzlɪŋ] ADJ (thing, action) intrigante, confuso; (mysterious) enigmático, misterioso; (unnerving) desconcertante; (incomprehensible) incompreensível
PVC N ABBR (= polyvinyl chloride) PVC *m*
Pvt. (US) ABBR (Mil) = **private**
pw ABBR (= per week) por semana
PX (US) N ABBR (Mil) = **post exchange**
pygmy ['pɪgmɪ] N pigmeu(-meia) *m/f*
pyjamas, (US) **pajamas** [pɪ'dʒɑ:məz] NPL pijama *m or f*
pylon ['paɪlən] N pilono, poste *m*, torre *f*
pyramid ['pɪrəmɪd] N pirâmide *f*
Pyrenees [pɪrə'ni:z] NPL: **the ~** os Pirineus
Pyrex® ['paɪrɛks] N Pirex® *m* ▶ CPD: **a ~ dish** um pirex
python ['paɪθən] N pitão *m*

Qq

Q, q [kjuː] N (*letter*) Q, q m; **Q for Queen** Q de Quinteta
Qatar [kæˈtɑːʳ] N Catar m
QC (BRIT) N ABBR (= *Queen's Counsel*) título dado a certos advogados
QED ABBR (= *quod erat demonstrandum*) QED
QM N ABBR = **quartermaster**
q.t. (*inf*) N ABBR = **quiet**; **on the ~** de fininho
qty ABBR (= *quantity*) quant
quack [kwæk] N (*of duck*) grasnido; (*pej: doctor*) curandeiro(-a), charlatão(-tã) m/f ▶ VI grasnar
quad [kwɔd] ABBR = **quadrangle**; **quadruplet**
quadrangle [ˈkwɔdræŋgl] N (*courtyard*) pátio quadrangular
quadruped [ˈkwɔdrupɛd] N quadrúpede m
quadruple [kwɔˈdrupl] ADJ quádruplo ▶ N quádruplo ▶ VT, VI quadruplicar
quadruplet [kwɔːˈdruːplɪt] N quadrigêmeo m, quádruplo m
quagmire [ˈkwægmaɪəʳ] N lamaçal m, atoleiro
quail [kweɪl] N (*bird*) codorniz f, codorna (BR) ▶ VI acovardar-se
quaint [kweɪnt] ADJ (*ideas*) curioso, esquisito; (*village etc*) pitoresco
quake [kweɪk] VI (*with fear*) tremer ▶ N ABBR = **earthquake**
Quaker [ˈkweɪkəʳ] N quacre m/f
qualification [kwɔlɪfɪˈkeɪʃən] N (*skill, quality*) qualificação f; (*reservation*) restrição f, ressalva; (*modification*) modificação f; (*often pl: degree, training*) título, qualificação; **what are your ~s?** quais são as suas qualificações?
qualified [ˈkwɔlɪfaɪd] ADJ (*trained*) habilitado, qualificado; (*professionally*) diplomado; (*fit*): **~ to** apto para, capaz de; (*limited*) limitado; **~ for/to do** credenciado or qualificado para/para fazer
qualify [ˈkwɔlɪfaɪ] VT qualificar; (*modify*) modificar; (*limit*) restringir, limitar ▶ VI (*Sport*) classificar-se; **to ~ (as)** classificar (como); (*pass examination(s)*) formar-se or diplomar-se (em); **to ~ (for)** reunir os requisitos (para)
qualifying [ˈkwɔlɪfaɪɪŋ] ADJ: **~ exam** exame m de habilitação; **~ round** eliminatórias fpl
qualitative [ˈkwɔlɪteɪtɪv] ADJ qualitativo

quality [ˈkwɔlɪtɪ] N qualidade f ▶ CPD de qualidade; **of good/poor ~** de boa/má qualidade
quality control N controle m de qualidade
quality (news)papers (BRIT) NPL *ver nota*

> Os **quality (news)papers** (ou **quality press**) englobam os jornais britânicos com notícias sérias e artigos de fundo, diários ou semanais, em oposição à imprensa popular e sensacionalista (*tabloid press*). Esses jornais visam a um público que procura informações detalhadas sobre uma grande variedade de assuntos e que está disposto a dedicar um bom tempo à leitura.

qualm [kwɑːm] N (*doubt*) dúvida; (*scruple*) escrúpulo; **to have ~s about sth** ter dúvidas sobre a retidão de algo
quandary [ˈkwɔndrɪ] N: **to be in a ~** estar num dilema
quango [ˈkwæŋgəu] (BRIT) N ABBR (= *quasi-autonomous non-governmental organization*) comissão nomeada pelo governo
quantify [ˈkwɔntɪfaɪ] VT quantificar
quantitative [ˈkwɔntɪtətɪv] ADJ quantitativo
quantity [ˈkwɔntɪtɪ] N quantidade f; **in ~** em quantidade
quantity surveyor N calculista m/f de obra
quantum leap [ˈkwɔntəm-] N (*fig*) salto quântico
quarantine [ˈkwɔrntiːn] N quarentena
quarrel [ˈkwɔrl] N (*argument*) discussão f; (*fight*) briga ▶ VI: **to ~ (with)** brigar (com); **to have a ~ with sb** ter uma briga or brigar com alguém; **I have no ~ with him** não tenho nada contra ele; **I can't ~ with that** não posso discordar disso
quarrelsome [ˈkwɔrlsəm] ADJ brigão(-gona)
quarry [ˈkwɔrɪ] N (*for stone*) pedreira; (*animal*) presa, caça ▶ VT (*marble etc*) extrair
quart [kwɔːt] N quarto de galão (1.136 l)
quarter [ˈkwɔːtəʳ] N quarto, quarta parte f; (*of year*) trimestre m; (*district*) bairro; (US: *25 cents*) (moeda de) 25 centavos mpl de dólar ▶ VT dividir em quatro; (*Mil: lodge*) aquartelar; **quarters** NPL (*Mil*) quartel m; (*living quarters*) alojamento; **a ~ of an hour** um quarto de hora; **it's a ~ to** (BRIT) or **of** (US) **3** são quinze para as três (BR), são três menos

um quarto (PT); **it's a ~ past** (BRIT) *or* **after** (US) **3** são três e quinze (BR), são três e um quarto (PT); **from all ~s** de toda parte; **at close ~s** de perto

quarter-deck N (*Naut*) tombadilho superior

quarterfinal N quarta de final

quarterly ['kwɔ:təlɪ] ADJ trimestral ▶ ADV trimestralmente ▶ N (*Press*) revista trimestral

quartermaster ['kwɔ:təmɑ:stə^r] N (*Mil*) quartel-mestre *m*; (*Naut*) contramestre *m*

quartet, quartette [kwɔ:'tɛt] N quarteto

quarto ['kwɔ:təu] ADJ, N in-quarto *inv*

quartz [kwɔ:ts] N quartzo ▶ CPD de quartzo

quash [kwɔʃ] VT (*verdict*) anular

quasi- ['kweɪzaɪ] PREFIX quase-

quaver ['kweɪvə^r] N (BRIT *Mus*) colcheia ▶ VI tremer

quay [ki:] N (*also*: **quayside**) cais *m*

queasy ['kwi:zɪ] ADJ (*sickly*) enjoado

Quebec [kwɪ'bɛk] N Quebec

queen [kwi:n] N rainha; (*also*: **queen bee**) abelha-mestra, rainha; (*Cards etc*) dama

queen mother N rainha-mãe *f*

queer [kwɪə^r] ADJ (*odd*) esquisito, estranho; (*suspect*) suspeito, duvidoso; (BRIT: *sick*): **I feel ~** não estou bem ▶ N (!: *homosexual*) bicha *m* (BR), maricas *m inv* (PT)

quell [kwɛl] VT (*opposition*) sufocar; (*fears*) abrandar, sufocar

quench [kwɛntʃ] VT apagar; **to ~ one's thirst** matar a sede

querulous ['kwɛruləs] ADJ lamuriante

query ['kwɪərɪ] N (*question*) pergunta; (*doubt*) dúvida; (*question mark*) ponto de interrogação ▶ VT questionar

quest [kwɛst] N busca; (*journey*) expedição *f*

question ['kwɛstʃən] N pergunta; (*doubt*) dúvida; (*issue, in test*) questão *f* ▶ VT (*doubt*) duvidar; (*interrogate*) interrogar, inquirir; **to ask sb a ~, to put a ~ to sb** fazer uma pergunta a alguém; **to bring** *or* **call sth into ~** colocar algo em questão, pôr algo em dúvida; **the ~ is ...** a questão é ...; **it is a ~ of** é questão de; **beyond ~** sem dúvida; **out of the ~** fora de cogitação, impossível

questionable ['kwɛstʃənəbl] ADJ discutível; (*doubtful*) duvidoso

questioner ['kwɛstʃənə^r] N pessoa que faz uma pergunta (*or* que fez a pergunta *etc*)

questioning ['kwɛstʃənɪŋ] ADJ interrogador(a) ▶ N interrogatório

question mark N ponto de interrogação

questionnaire [kwɛstʃə'nɛə^r] N questionário

queue [kju:] N (BRIT) fila (BR), bicha (PT) ▶ VI (*also*: **queue up**) fazer fila (BR) *or* bicha (PT); **to jump the ~** furar a fila (BR), pôr-se à frente (PT)

quibble ['kwɪbl] VI: **to ~ about** *or* **over/with** tergiversar sobre/com

quiche [ki:ʃ] N quiche *m*

quick [kwɪk] ADJ rápido; (*temper*) vivo; (*agile*) ágil; (*mind*) sagaz, despachado ▶ ADV rápido ▶ N: **to cut sb to the ~** ferir alguém; **be ~!**

ande depressa!, vai rápido!; **to be ~ to act** agir com rapidez; **she was ~ to see that ...** ela não tardou a ver que ...

quicken ['kwɪkən] VT apressar ▶ VI apressar-se

quicklime ['kwɪklaɪm] N cal *f* viva

quickly ['kwɪklɪ] ADV rapidamente, depressa

quickness ['kwɪknɪs] N rapidez *f*; (*agility*) agilidade *f*; (*liveliness*) vivacidade *f*

quicksand ['kwɪksænd] N areia movediça

quickstep ['kwɪkstɛp] N dança de ritmo rápido

quick-tempered [-'tɛmpəd] ADJ irritadiço, de pavio curto

quick-witted [-'wɪtɪd] ADJ perspicaz, vivo

quid [kwɪd] (BRIT *inf*) N INV libra

quid pro quo [-kwəu] N contrapartida

quiet ['kwaɪət] ADJ (*voice, music*) baixo; (*peaceful: place*) tranquilo; (*calm: person*) calmo; (*not noisy: place*) silencioso; (*not talkative: person*) calado; (*silent*) silencioso; (*not busy: day, business*) calmo; (*ceremony*) discreto ▶ N (*peacefulness*) sossego; (*silence*) quietude *f* ▶ VT, VI (US) = **quieten**; **keep ~!** cale-se!, fique quieto!; **on the ~** de fininho

quieten ['kwaɪətən], **quieten down** VI (*grow calm*) acalmar-se; (*grow silent*) calar-se ▶ VT tranquilizar; fazer calar

quietly ['kwaɪətlɪ] ADV tranquilamente; (*silently*) silenciosamente; (*talk*) baixo

quietness ['kwaɪətnɪs] N (*silence*) quietude *f*; (*calm*) tranquilidade *f*

quill [kwɪl] N pena (de escrever)

quilt [kwɪlt] N acolchoado, colcha; (BRIT: *also*: **continental quilt**) edredom *m* (BR), edredão *m* (PT)

quin [kwɪn] N ABBR = **quintuplet**

quince [kwɪns] N (*fruit*) marmelo; (*tree*) marmeleiro

quinine [kwɪ'ni:n] N quinina

quintet, quintette [kwɪn'tɛt] N quinteto

quintuplet [kwɪn'tju:plɪt] N quíntuplo *m*

quip [kwɪp] N escárnio, dito espirituoso ▶ VT: **... he ~ped ...** soltou

quire ['kwaɪə^r] N mão *f* (*de papel*)

quirk [kwə:k] N peculiaridade *f*; **by some ~ of fate** por uma singularidade do destino, por uma dessas coisas que acontecem

quit [kwɪt] (*pt, pp* **quit** *or* **quitted**) VT (*smoking etc*) parar; (*job*) deixar; (*premises*) desocupar ▶ VI parar; (*give up*) desistir; (*resign*) pedir demissão; **to ~ doing** parar *or* deixar de fazer; **~ stalling!** (US *inf*) chega de evasivas!; **notice to ~** (BRIT) aviso para desocupar (um imóvel)

quite [kwaɪt] ADV (*rather*) bastante; (*entirely*) completamente, totalmente; (*following a negative: almost*): **that's not ~ big enough** não é suficientemente grande; **~ new** novinho; **she's ~ pretty** ela é bem bonita; **I ~ understand** eu entendo completamente; **~ a few of them** um bom número deles; **that's not ~ right** não é bem assim; **not ~ as many as last time** um pouco menos do que da vez passada; **~ (so)!** exatamente!, isso mesmo!

Quito ['ki:təu] N Quito

quits [kwɪts] ADJ: ~ **(with)** quite (com); **let's call it ~** ficamos quites

quiver ['kwɪvə'] VI estremecer ▶ N (*for arrows*) carcás *m*, aljava

quiz [kwɪz] N (*game*) concurso (de cultura geral); (*in magazine etc*) questionário, teste *m* ▶ VT interrogar

quizzical ['kwɪzɪkəl] ADJ zombeteiro

quoits [kwɔɪts] NPL jogo de malha

quorum ['kwɔːrəm] N quorum *m*

quota ['kwəutə] N cota, quota

quotation [kwəu'teɪʃən] N citação *f*; (*estimate*) orçamento; (*of shares*) cotação *f*

quotation marks NPL aspas *fpl*

quote [kwəut] N citação *f*; (*estimate*) orçamento ▶ VT (*sentence*) citar; (*price*) propor; (*figure, example*) citar, dar; (*shares*) cotar ▶ VI: **to ~ from** citar; **quotes** NPL (*quotation marks*) aspas *fpl*; **to ~ for a job** propor um preço para um trabalho; **in ~s** entre aspas; **~ ... un~** (*in dictation*) abre aspas ... fecha aspas

quotient ['kwəuʃənt] N quociente *m*

qv ABBR (= *quod vide*) vide

qwerty keyboard ['kwəːtɪ-] N teclado qwerty

Rr

R¹, r [ɑːʳ] N (*letter*) R, r m; **R for Robert** (BRIT) *or* **Roger** (US) R de Roberto
R² ABBR (= *right*) dir.; (= *river*) R.; (= *Réaumur* (*scale*)) R; (US *Cinema*: = *restricted*) proibido para menores de 17 anos; (US *Pol*) = **republican**; (BRIT) = **Rex; Regina**
RA ABBR = **rear admiral** ▶ N ABBR (BRIT) = **Royal Academician; Royal Academy**
RAAF N ABBR = **Royal Australian Air Force**
Rabat [rə'bɑːt] N Rabat
rabbi ['ræbaɪ] N rabino(-a)
rabbit ['ræbɪt] N coelho ▶ VI: **to ~ (on)** (BRIT) tagarelar
rabbit hole N toca, lura
rabbit hutch N coelheira
rabble ['ræbl] (*pej*) N povinho, ralé f
rabid ['ræbɪd] ADJ raivoso
rabies ['reɪbiːz] N raiva
RAC (BRIT) N ABBR (= *Royal Automobile Club*) ≈ TCB m (BR), ≈ ACP m (PT)
raccoon [rə'kuːn] N mão-pelada m, guaxinim m
race [reɪs] N (*competition, rush*) corrida; (*species*) raça ▶ VT (*person*) apostar corrida com; (*horse*) fazer correr; (*engine*) acelerar ▶ VI (*compete*) competir; (*run*) correr; (*pulse*) bater rapidamente; **the human ~** a raça humana; **to ~ in/out** *etc* entrar/sair correndo *etc*
race car (US) N = **racing car**
race car driver (US) N = **racing driver**
racecourse ['reɪskɔːs] N hipódromo
racehorse ['reɪshɔːs] N cavalo de corridas
race relations NPL relações fpl entre as raças
racetrack ['reɪstræk] N pista de corridas; (*for cars*) autódromo
racial ['reɪʃl] ADJ racial
racialism ['reɪʃəlɪzəm] N racismo
racialist ['reɪʃəlɪst] ADJ, N racista m/f
racing ['reɪsɪŋ] N corrida
racing car (BRIT) N carro de corrida
racing driver (BRIT) N piloto(-a) de corrida
racism ['reɪsɪzəm] N racismo
racist ['reɪsɪst] (*pej*) ADJ, N racista m/f
rack [ræk] N (*also*: **luggage rack**) bagageiro; (*shelf*) estante f; (*also*: **roof rack**) xalmas fpl, porta-bagagem m; (*also*: **dish rack**) secador m de prato; (*also*: **clothes rack**) cabide m ▶ VT (*cause pain to*) atormentar; **~ed by** (*pain, anxiety*) tomado por; **to ~ one's brains** quebrar a cabeça; **to go to ~ and ruin** (*building*) cair aos pedaços; (*business*) falir ▶ **rack up** VT acumular
racket ['rækɪt] N (*for tennis*) raquete f (BR), raqueta (PT); (*noise*) barulheira, zoeira; (*swindle*) negócio ilegal, fraude f
racketeer [rækɪ'tɪəʳ] (*esp* US) N chantagista m/f
racoon [rə'kuːn] N = **raccoon**
racquet ['rækɪt] N raquete f (BR), raqueta (PT)
racy ['reɪsɪ] ADJ ousado, picante
RADA ['rɑːdə] (BRIT) N ABBR = **Royal Academy of Dramatic Art**
radar ['reɪdɑːʳ] N radar m ▶ CPD de radar
radar trap N radar m rodoviário
radial ['reɪdɪəl] ADJ (*also*: **radial-ply**) radial
radiance ['reɪdɪəns] N brilho, esplendor m
radiant ['reɪdɪənt] ADJ radiante, brilhante; (*Phys*) radiante
radiate ['reɪdɪeɪt] VT (*heat, emotion*) irradiar; (*emit*) emitir ▶ VI (*lines*) difundir-se, estender-se
radiation [reɪdɪ'eɪʃən] N radiação f
radiation sickness N radiointoxicação f, intoxicação f radioativa
radiator ['reɪdɪeɪtəʳ] N radiador m
radiator cap N tampa do radiador
radiator grill N (*Aut*) grade f do radiador
radical ['rædɪkl] ADJ radical
radii ['reɪdɪaɪ] NPL *of* **radius**
radio ['reɪdɪəu] N rádio ▶ VI: **to ~ to sb** comunicar com alguém por rádio ▶ VT: **to ~ sb** comunicar-se por rádio com alguém; (*information*) transmitir por rádio; (*position*) comunicar por rádio; **on the ~** no rádio
radio... [reɪdɪəu] PREFIX radio...
radioactive ['reɪdɪəu'æktɪv] ADJ radioativo
radioactivity [reɪdɪəuæk'tɪvɪtɪ] N radioatividade f
radio announcer N locutor(a) m/f de rádio
radio-controlled [-kən'trəuld] ADJ controlado por rádio
radiographer [reɪdɪ'ɔgrəfəʳ] N radiógrafo(-a)
radiography [reɪdɪ'ɔgrəfɪ] N radiografia
radiologist [reɪdɪ'ɔlədʒɪst] N radiologista m/f
radiology [reɪdɪ'ɔlədʒɪ] N radiologia
radio station N emissora, estação f de rádio
radio taxi N rádio-táxi m
radiotelephone [reɪdɪəu'tɛlɪfəun] N radiotelefone m

radiotherapist [reɪdɪəʊ'θɛrəpɪst] N radioterapeuta m/f
radiotherapy [reɪdɪəʊ'θɛrəpɪ] N radioterapia
radish ['rædɪʃ] N rabanete m
radium ['reɪdɪəm] N rádio
radius ['reɪdɪəs] (pl **radii**) N raio; (Anat) rádio; **within a 50-mile ~** dentro de um raio de 50 milhas
RAF (BRIT) N ABBR = **Royal Air Force**
raffia ['ræfɪə] N ráfia
raffish ['ræfɪʃ] ADJ reles inv, ordinário
raffle ['ræfl] N rifa ▶ VT rifar
raft [rɑːft] N (craft: also **life raft**) balsa; (logs) flutuante m de árvores
rafter ['rɑːftə^r] N viga, caibro
rag [ræɡ] N (piece of cloth) trapo; (torn cloth) farrapo; (pej: newspaper) jornaleco; (University: for charity) atividades estudantis beneficentes ▶ VT (BRIT) encarnar em, zombar de; **rags** NPL (torn clothes) trapos mpl, farrapos mpl; **in ~s** em farrapos
rag-and-bone man (BRIT) (irreg: like **man**) N = **ragman**
ragbag ['ræɡbæɡ] N (fig) salada
rag doll N boneca de trapo
rage [reɪdʒ] N (fury) raiva, furor m ▶ VI (person) estar furioso; (storm) assolar; (debate) continuar calorosamente; **to fly into a ~** enfurecer-se; **it's all the ~** é a última moda
ragged ['ræɡɪd] ADJ (edge) irregular, desigual; (clothes) puído, gasto; (appearance) esfarrapado, andrajoso; (coastline) acidentado
raging ['reɪdʒɪŋ] ADJ furioso; (fever, pain) violento; **~ toothache** dor de dente alucinante; **in a ~ temper** enfurecido
ragman ['ræɡmæn] (irreg: like **man**) N negociante m de trastes
rag trade (inf) N: **the ~** a confecção e venda de roupa
raid [reɪd] N (Mil) incursão f; (criminal) assalto; (attack) ataque m; (by police) batida ▶ VT invadir, atacar; assaltar, atacar; fazer uma batida em
raider ['reɪdə^r] N atacante m/f; (criminal) assaltante m/f
rail [reɪl] N (on stair) corrimão m; (on bridge, balcony) parapeito, antepara; (of ship) amurada; **rails** NPL (for train) trilhos mpl; **by ~** de trem (BR), por caminho de ferro (PT)
railing ['reɪlɪŋ] N, **railings** ['reɪlɪŋz] NPL grade f
railroad ['reɪlrəʊd] (US) N = **railway**
railway ['reɪlweɪ] N estrada (BR) or caminho (PT) de ferro
railway engine N locomotiva
railway line (BRIT) N linha de trem (BR) or de comboio (PT)
railwayman ['reɪlweɪmən] (BRIT) (irreg: like **man**) N ferroviário
railway station (BRIT) N estação f ferroviária (BR) or de caminho de ferro (PT)

rain [reɪn] N chuva ▶ VI chover; **in the ~** na chuva; **it's ~ing** está chovendo (BR), está a chover (PT); **it's ~ing cats and dogs** chove a cântaros
rainbow ['reɪnbəʊ] N arco-íris m inv
raincoat ['reɪnkəʊt] N impermeável m, capa de chuva
raindrop ['reɪndrɔp] N gota de chuva
rainfall ['reɪnfɔːl] N chuva; (measurement) pluviosidade f
rainforest ['reɪnfɔrɪst] N floresta tropical
rainproof ['reɪnpruːf] ADJ impermeável
rainstorm ['reɪnstɔːm] N chuvada torrencial
rainwater ['reɪnwɔːtə^r] N água pluvial
rainy ['reɪnɪ] ADJ chuvoso; **a ~ day** um dia de chuva
raise [reɪz] N aumento ▶ VT (lift) levantar; (end: siege, embargo) levantar, terminar; (build) erguer, edificar; (salary, production) aumentar; (morale, standards) melhorar; (doubts) suscitar, despertar; (a question) fazer, expor; (cattle, family) criar; (crop) cultivar, plantar; (army) recrutar, alistar; (funds) angariar; (loan) levantar, obter; **to ~ one's voice** levantar a voz; **to ~ one's glass to sb/sth** brindar à saúde de alguém/brindar algo; **to ~ sb's hopes** dar esperanças a alguém; **to ~ a laugh/smile** provocar risada/sorrisos
raisin ['reɪzn] N passa, uva seca
Raj [rɑːdʒ] N: **the ~** o império (na Índia)
rajah ['rɑːdʒə] N rajá m
rake [reɪk] N (tool) ancinho; (person) libertino ▶ VT (garden) revolver or limpar com o ancinho; (fire) remover as cinzas de; (with machine gun) varrer ▶ VI: **to ~ through** (fig: search) vasculhar
rake-off (inf) N comissão f
rakish ['reɪkɪʃ] ADJ (dissolute) devasso, dissoluto; **at a ~ angle** de banda, inclinado
rally ['rælɪ] N (Pol etc) comício; (Aut) rally m, rali m; (Tennis) rebatida ▶ VT reunir ▶ VI reorganizar-se; (sick person, stock exchange) recuperar-se
▶ **rally round** VI dar apoio ▶ VT FUS dar apoio a
rallying point ['rælɪɪŋ-] N (Pol, Mil) ponto de encontro
RAM [ræm] N ABBR (Comput: = random access memory) RAM f
ram [ræm] N carneiro; (Tech) êmbolo, aríete m ▶ VT (push) cravar; (crash into) colidir com; (tread down) pisar, calcar
ramble ['ræmbl] N caminhada, excursão f a pé ▶ VI caminhar; (talk: also: **ramble on**) divagar
rambler ['ræmblə^r] N caminhante m/f; (Bot) roseira trepadeira
rambling ['ræmblɪŋ] ADJ (speech) desconexo, incoerente; (house) cheio de recantos; (plant) rastejante ▶ N excursionismo
RAMC (BRIT) N ABBR = **Royal Army Medical Corps**
ramification [ræmɪfɪ'keɪʃən] N ramificação f

ramp [ræmp] N (incline) rampa; (in road) lombada; **on/off ~** (US Aut) entrada (para a rodovia)/saída da rodovia

rampage [ræm'peɪdʒ] N: **to be on the ~** alvoroçar-se ▶ VI: **they went rampaging through the town** correram feito loucos pela cidade

rampant ['ræmpənt] ADJ (disease etc) violento, implacável

rampart ['ræmpɑːt] N baluarte m; (wall) muralha

ramshackle ['ræmʃækl] ADJ caindo aos pedaços

RAN N ABBR = **Royal Australian Navy**

ran [ræn] PT of **run**

ranch [rɑːntʃ] N rancho, fazenda, estância

rancher ['rɑːntʃə'] N rancheiro(-a), fazendeiro(-a)

rancid ['rænsɪd] ADJ rançoso, rânico

rancour, (US) **rancor** ['ræŋkə'] N rancor m

R&B N ABBR = **rhythm and blues**

R&D N ABBR = **research and development**

random ['rændəm] ADJ ao acaso, casual, fortuito; (Comput, Math) aleatório ▶ N: **at ~** a esmo, aleatoriamente

random access N (Comput) acesso randômico or aleatório

random access memory N (Comput) memória de acesso randômico or aleatório

R&R (US) N ABBR (Mil) = **rest and recreation**

randy ['rændɪ] (BRIT inf) ADJ de fogo

rang [ræŋ] PT of **ring**

range [reɪndʒ] N (of mountains) cadeia, cordilheira; (of missile) alcance m; (of voice) extensão f; (series) série f; (of products) gama, sortimento; (Mil: also: **shooting range**) estande m; (also: **kitchen range**) fogão m ▶ VT (place) colocar; (arrange) arrumar, ordenar ▶ VI: **to ~ over** (wander) percorrer; (extend) estender-se por; **to ~ from ... to ...** variar de ... a ..., oscilar entre ... e ...; **do you have anything else in this price ~?** você tem outras coisas dentro desta faixa de preço?; **within (firing) ~** ao alcance de tiro; **~d left/right** (text) alinhado à esquerda/direita

ranger ['reɪndʒə'] N guarda-florestal m/f

Rangoon [ræŋ'guːn] N Rangum

rank [ræŋk] N (row) fila, fileira; (Mil) posto; (status) categoria, posição f; (BRIT: also: **taxi rank**) ponto de táxi ▶ VI: **to ~ among** figurar entre ▶ VT: **I ~ him sixth** eu o coloco em sexto lugar ▶ ADJ (stinking) fétido, malcheiroso; (hypocrisy, injustice) total; **the ranks** NPL (Mil) a tropa; **the ~ and file** (fig) a gente comum; **to close ~s** (Mil, fig) cerrar fileiras

rankle ['ræŋkl] VI (insult) doer, magoar

ransack ['rænsæk] VT (search) revistar; (plunder) saquear, pilhar

ransom ['rænsəm] N resgate m; **to hold sb to ~** (fig) encostar alguém contra a parede

ransomware ['rænsəmwɛə'] N (Comput) ransomware m, vírus que sequestra sistemas

rant [rænt] VI arengar

ranting ['ræntɪŋ] N palavreado oco

rap [ræp] N batida breve e seca, tapa; (also: **rap music**) rap m ▶ VT bater de leve

rape [reɪp] N estupro; (Bot) colza ▶ VT violentar, estuprar

rape oil, rapeseed oil ['reɪpsiːd-] N óleo de colza

rapid ['ræpɪd] ADJ rápido

rapidity [rə'pɪdɪtɪ] N rapidez f

rapidly ['ræpɪdlɪ] ADV rapidamente

rapids ['ræpɪdz] NPL (Geo) cachoeira

rapist ['reɪpɪst] N estuprador m

rapport [ræ'pɔː'] N harmonia, afinidade f

rapt [ræpt] ADJ absorvido; **to be ~ in contemplation** estar contemplando embevecido

rapture ['ræptʃə'] N êxtase m, arrebatamento; **to go into ~s over** extasiar-se com

rapturous ['ræptʃərəs] ADJ extático; (applause) entusiasta

rare [rɛə'] ADJ raro; (Culin: steak) mal passado

rarebit ['rɛəbɪt] N see **Welsh rarebit**

rarefied ['rɛərɪfaɪd] ADJ (air, atmosphere) rarefeito

rarely ['rɛəlɪ] ADV raramente

raring ['rɛərɪŋ] ADJ: **to be ~ to go** (inf) estar louco para começar

rarity ['rɛərɪtɪ] N raridade f

rascal ['rɑːskl] N maroto, malandro

rash [ræʃ] ADJ impetuoso, precipitado ▶ N (Med) exantema m, erupção f cutânea; (of events) série f, torrente f; **he came out in a ~** apareceu-lhe uma irritação na pele

rasher ['ræʃə'] N fatia fina

rashness ['ræʃnɪs] N impetuosidade f

rasp [rɑːsp] N (tool) lima, raspadeira ▶ VT (speak: also: **rasp out**) falar em voz áspera

raspberry ['rɑːzbərɪ] N framboesa

raspberry bush N framboeseira

rasping ['rɑːspɪŋ] ADJ: **a ~ noise** um ruído áspero or irritante

rat [ræt] N rato (BR), ratazana (PT)

ratable ['reɪtəbl] ADJ = **rateable**

ratchet ['rætʃɪt] N (Tech) roquete m, catraca

rate [reɪt] N (ratio) razão f; (percentage) percentagem f, proporção f; (price) preço, taxa; (: of hotel) diária; (of interest, change) taxa; (speed) velocidade f ▶ VT (value) taxar; (estimate) avaliar; **rates** NPL (BRIT) imposto predial e territorial; (fees) pagamento; **to ~ as** ser considerado como; **to ~ sb/sth as** considerar alguém/algo como; **to ~ sth among** considerar algo como um(a) dos/das; **to ~ sb/sth highly** valorizar alguém/algo; **at a ~ of 60 km/h** à velocidade de 60 km/h; **at any ~** de qualquer modo; **~ of exchange** taxa de câmbio; **~ of growth** taxa de crescimento; **~ of return** taxa de retorno

rateable value ['reɪtəbl-] (BRIT) N valor m tributável (de um imóvel)

ratepayer ['reɪtpeɪə'] (BRIT) N contribuinte m/f de imposto predial

rather ['rɑːðəʳ] ADV (*somewhat*) um tanto, meio; (*to some extent*) até certo ponto; (*more accurately*): **or ~** ou melhor; **it's ~ expensive** (*quite*) é meio caro; (*too*) é caro demais; **there's ~ a lot** há bastante *or* muito; **~ than** em vez de; **I would ~ or I'd ~ go** preferiria *or* preferia ir; **I'd ~ not leave** eu preferiria *or* preferia não sair; **or ~** (*more accurately*) ou melhor; **I ~ think he won't come** eu estou achando que ele não vem
ratification [rætɪfɪ'keɪʃən] N ratificação *f*
ratify ['rætɪfaɪ] VT ratificar
rating ['reɪtɪŋ] N (*assessment*) avaliação *f*; (*score*) classificação *f*; (*value*) valor *m*; (*standing*) posição *f*; (*Naut: category*) posto; (: BRIT: *sailor*) marinheiro; **ratings** NPL (*Radio, TV*) índice(s) *m(pl)* de audiência
ratio ['reɪʃɪəu] N razão *f*, proporção *f*; **in the ~ of 100 to 1** na proporção *or* razão de 100 para 1
ration ['ræʃən] N ração *f* ▶ VT racionar; **rations** NPL (*Mil*) mantimentos *mpl*, víveres *mpl*
rational ['ræʃənl] ADJ racional; (*solution, reasoning*) lógico; (*person*) sensato, razoável
rationale [ræʃə'nɑːl] N razão *f* fundamental
rationalization [ræʃnəlaɪ'zeɪʃən] N racionalização *f*
rationalize ['ræʃənəlaɪz] VT racionalizar
rationally ['ræʃənəlɪ] ADV racionalmente; (*logically*) logicamente
rationing ['ræʃnɪŋ] N racionamento
rat poison N raticida *m*
rat race N: **the ~** a competição acirrada na vida moderna
rattan [ræ'tæn] N rotim *m*
rattle ['rætl] N (*of door*) batida; (*of train etc*) chocalhada; (*of coins*) chocalhar *m*; (*of hail*) saraivada; (*object: for baby*) chocalho; (: *of sports fan*) matraca; (*of snake*) guizo ▶ VI chocalhar; (*small objects*) tamborilar; (*vehicle*): **to ~ along** mover-se ruidosamente ▶ VT sacudir, fazer bater; (*unnerve*) perturbar; (*disconcert*) desconcertar; (*annoy*) encher
rattlesnake ['rætlsneɪk] N cascavel *f*
ratty ['rætɪ] (*inf*) ADJ rabugento
raucous ['rɔːkəs] ADJ espalhafatoso, banelhento
raucously ['rɔːkəslɪ] ADV em voz rouca
raunchy ['rɔːntʃɪ] ADJ (*inf: voice, image, act*) sensual; (: *scenes, film*) picante
ravage ['rævɪdʒ] VT devastar, estragar
ravages ['rævɪdʒɪz] NPL estragos *mpl*
rave [reɪv] VI (*in anger*) encolerizar-se; (*Med*) delirar; (*with enthusiasm*): **to ~ about** vibrar com ▶ CPD: **~ review** (*inf*) crítica estrondosa
raven ['reɪvən] N corvo
ravenous ['rævənəs] ADJ morto de fome, esfomeado
ravine [rə'viːn] N ravina, barranco
raving ['reɪvɪŋ] ADJ: **~ lunatic** (!) doido(-a) varrido(-a)

ravings ['reɪvɪŋz] NPL delírios *mpl*
ravioli [rævɪ'əulɪ] N ravióli *m*
ravish ['rævɪʃ] VT arrebatar; (*delight*) encantar
ravishing ['rævɪʃɪŋ] ADJ encantador(a)
raw [rɔː] ADJ (*uncooked*) cru(a); (*not processed*) bruto; (*sore*) vivo; (*inexperienced*) inexperiente, novato; (*weather*) muito frio
raw deal (*inf*) N: **to get a ~** levar a pior
raw material N matéria-prima
ray [reɪ] N raio; **~ of hope** fio de esperança
rayon ['reɪɔn] N raiom *m*
raze [reɪz] VT (*also*: **raze to the ground**) arrasar, aniquilar
razor ['reɪzəʳ] N (*open*) navalha; (*safety razor*) aparelho de barbear; (*electric*) aparelho de barbear elétrico
razor blade N gilete *m* (BR), lâmina de barbear (PT)
razzle ['ræzl], (BRIT) **razzle-dazzle** (*inf*) N: **to go on the ~(-dazzle)** cair na farra
razzmatazz ['ræzmə'tæz] (*inf*) N alvoroço
RC ABBR = **Roman Catholic**
RCAF N ABBR = **Royal Canadian Air Force**
RCMP N ABBR = **Royal Canadian Mounted Police**
RCN N ABBR = **Royal Canadian Navy**
RD (US) ABBR (*Post*) = **rural delivery**
Rd ABBR = **road**
RE (BRIT) N ABBR = **religious education**; (*Mil*) = **Royal Engineers**
re [riː] PREP referente a
reach [riːtʃ] N alcance *m*; (*Boxing*) campo de ação; (*of river etc*) extensão *f* ▶ VT (*be able to touch*) alcançar; (*arrive at: place*) chegar em; (: *agreement, conclusion*) chegar a; (*achieve*) conseguir; (*stretch out*) estender, esticar; (*by telephone*) conseguir falar com ▶ VI alcançar; (*stretch out*) esticar-se; **within ~** (*object*) ao alcance (da mão); **out of** *or* **beyond ~** fora de alcance; **within easy ~ of the shops/station** perto das lojas/da estação; **"keep out of the ~ of children"** "manter fora do alcance de crianças"; **to ~ out for sth** estender *or* esticar a mão para pegar (em) algo; **to ~ sb by phone** comunicar-se com alguém por telefone; **can I ~ you at your hotel?** posso entrar em contato com você no seu hotel?
▶ **reach out** VT (*hand*) esticar ▶ VI: **to ~ out for sth** estender *or* esticar ã mão para pegar (em) algo
react [riː'ækt] VI reagir
reaction [riː'ækʃən] N reação *f*; **reactions** NPL (*reflexes*) reflexos *mpl*
reactionary [riː'ækʃənrɪ] ADJ, N reacionário(-a)
reactor [riː'æktəʳ] N (*also*: **nuclear reactor**) reator *m* nuclear
read [riːd] (*pt, pp* **read** [rɛd]) VI ler ▶ VT ler; (*understand*) compreender; (*study*) estudar; **to take sth as ~** (*fig*) considerar algo como garantido; **do you ~ me?** (*Tel*) está me

ouvindo?; **to ~ between the lines** ler nas entrelinhas
▶ **read out** VT ler em voz alta
▶ **read over** VT reler
▶ **read through** VT (*quickly*) dar uma lida em; (*thoroughly*) ler até o fim
▶ **read up, read up on** VT FUS estudar
readable ['ri:dəbl] ADJ (*writing*) legível; (*book*) que merece ser lido
reader ['ri:də^r] N leitor(a) *m/f*; (*book*) livro de leituras; (BRIT: *at university*) professor(a) *m/f* adjunto(-a)
readership ['ri:dəʃɪp] N (*of paper: readers*) leitores *mpl*; (: *number of readers*) número de leitores
readily ['rɛdɪlɪ] ADV (*willingly*) de boa vontade; (*easily*) facilmente; (*quickly*) sem demora, prontamente
readiness ['rɛdɪnɪs] N (*willingness*) boa vontade *f*; (*preparedness*) prontidão *f*; **in ~** (*prepared*) preparado, pronto
reading ['ri:dɪŋ] N leitura; (*understanding*) compreensão *f*; (*on instrument*) indicação *f*, registro (BR), registo (PT)
reading lamp N lâmpada de leitura
reading room N sala de leitura
readjust [ri:ə'dʒʌst] VT reajustar ▶ VI (*adapt*): **to ~ to** reorientar-se para
ready ['rɛdɪ] ADJ pronto, preparado; (*willing*) disposto; (*available*) disponível ▶ ADV: **~-cooked** pronto para comer ▶ N: **at the ~** (*Mil*) pronto para atirar; (*fig*) pronto; **~ for use** pronto para o uso; **to be ~ to do sth** estar pronto *or* preparado para fazer algo; **to get ~** VI preparar-se; VT preparar
ready cash N dinheiro vivo
ready-made ADJ (já) feito; (*clothes*) pronto
ready-mix N (*for cakes etc*) massa pronta
ready money N dinheiro vivo *or* disponível
ready reckoner [-'rɛkənə^r] (BRIT) N tabela de cálculos feitos
ready-to-wear ADJ pronto, prêt à porter *inv*
reaffirm [ri:ə'fə:m] VT reafirmar
reagent [ri:'eɪdʒənt] N reagente *m*, reativo
real [rɪəl] ADJ real; (*genuine*) verdadeiro, autêntico; (*proper*) de verdade; (*for emphasis*): **a ~ idiot/miracle** um verdadeiro idiota/ milagre ▶ ADV (US *inf: very*) bem; **in ~ life** na vida real; **in ~ terms** em termos reais
real estate N bens *mpl* imobiliários *or* de raiz
realism ['rɪəlɪzəm] N realismo
realist ['rɪəlɪst] N realista *m/f*
realistic [rɪə'lɪstɪk] ADJ realista
reality [ri:'ælɪtɪ] N realidade *f*; **in ~** na verdade, na realidade
reality TV N reality TV *f*
realization [rɪəlaɪ'zeɪʃən] N (*fulfilment*) realização *f*; (*understanding*) compreensão *f*; (*Comm*) conversão *f* em dinheiro, realização
realize ['rɪəlaɪz] VT (*understand*) perceber; (*fulfil, Comm*) realizar; **I ~ that ...** eu concordo que ...

really ['rɪəlɪ] ADV (*for emphasis*) realmente; (*actually*): **what ~ happened?** o que aconteceu na verdade?; **~?** (*interest*) é mesmo?; (*surprise*) verdade!; **~!** (*annoyance*) realmente!
realm [rɛlm] N reino; (*fig*) esfera, domínio
real-time ADJ (*Comput*) em tempo real
realtor ['rɪəltə^r] (US) N corretor(a) *m/f* de imóveis (BR), agente *m/f* imobiliário(-a) (PT)
ream [ri:m] N resma; **reams** NPL (*fig: inf*) páginas *fpl* e páginas
reap [ri:p] VT segar, ceifar; (*fig*) colher
reaper ['ri:pə^r] N segador(a) *m/f*, ceifeiro(-a); (*machine*) segadora
reappear [ri:ə'pɪə^r] VI reaparecer
reappearance [ri:ə'pɪərəns] N reaparição *f*
reapply [ri:ə'plaɪ] VI: **to ~ for** requerer de novo; (*job*) candidatar-se de novo a
reappraisal [ri:ə'preɪzl] N reavaliação *f*
rear [rɪə^r] ADJ traseiro, de trás ▶ N traseira; (*inf: bottom*) traseiro ▶ VT (*cattle, family*) criar ▶ VI (*also:* **rear up**) empinar-se
rear-engined [-'ɛndʒɪnd] ADJ (*Aut*) com motor traseiro
rearguard ['rɪəgɑ:d] N retaguarda
rearm [ri:'ɑ:m] VT, VI rearmar
rearmament [ri:'ɑ:məmənt] N rearmamento *m*
rearrange [ri:ə'reɪndʒ] VT arrumar de novo, reorganizar
rear-view mirror N (*Aut*) espelho retrovisor
reason ['ri:zn] N (*cause*) razão *f*; (*ability to think*) raciocínio; (*sense*) bom-senso ▶ VI: **to ~ with sb** argumentar com alguém, persuadir alguém; **the ~ for/why** a razão de/pela qual; **to have ~ to think** ter motivo para pensar; **it stands to ~ that** é razoável *or* lógico que; **she claims with good ~ that ...** ela afirma com toda a razão que ...; **all the more ~ why you should not sell it** mais uma razão para você não vendê-lo
reasonable ['ri:zənəbl] ADJ (*fair*) razoável; (*sensible*) sensato
reasonably ['ri:zənəblɪ] ADV (*fairly*) razoavelmente; (*sensibly*) sensatamente; **one can ~ assume that ...** tudo indica que ...
reasoned ['ri:zənd] ADJ (*argument*) fundamentado
reasoning ['ri:zənɪŋ] N raciocínio
reassemble [ri:ə'sɛmbl] VT (*people*) reunir; (*machine*) montar de novo ▶ VI reunir-se de novo
reassert [ri:ə'sə:t] VT reafirmar
reassurance [ri:ə'ʃuərəns] N garantia; (*comfort*) reconforto
reassure [ri:ə'ʃuə^r] VT tranquilizar; **to ~ sb of** reafirmar a confiança de alguém acerca de
reassuring [ri:ə'ʃuərɪŋ] ADJ animador(a), tranquilizador(a)
reawakening [ri:ə'weɪknɪŋ] N despertar *m*
rebate ['ri:beɪt] N (*on product*) abatimento; (*on tax etc*) devolução *f*; (*refund*) reembolso

rebel – recollection | 300

rebel [n 'rɛbl, vi rɪ'bɛl] N rebelde m/f ▶ VI rebelar-se
rebellion [rɪ'bɛljən] N rebelião f, revolta
rebellious [rɪ'bɛljəs] ADJ insurreto; (behaviour) rebelde
rebirth [riː'bəːθ] N renascimento
rebound [vi rɪ'baʊnd, n 'riːbaʊnd] VI (ball) ressaltar ▶ N: **on the ~** ressalto; (person): **she married him on the ~** ela casou com ele logo após o rompimento do casamento (or relacionamento) anterior
rebuff [rɪ'bʌf] N repulsa, recusa ▶ VT repelir
rebuild [riː'bɪld] (irreg: like **build**) VT reconstruir; (economy, confidence) recuperar
rebuke [rɪ'bjuːk] N reprimenda, censura ▶ VT repreender
rebut [rɪ'bʌt] VT refutar
rebuttal [rɪ'bʌtl] N refutação f
recalcitrant [rɪ'kælsɪtrənt] ADJ recalcitrante, teimoso
recall [rɪ'kɔːl] VT (remember) recordar, lembrar; (parliament) reunir de volta; (ambassador etc) chamar de volta ▶ N (memory) recordação f, lembrança; (of ambassador etc) chamada (de volta); **it is beyond ~** caiu no esquecimento
recant [rɪ'kænt] VI retratar-se
recap ['riːkæp] VT sintetizar ▶ VI recapitular ▶ N recapitulação f
recapitulate [riːkə'pɪtjuleɪt] VT, VI = **recap**
recapture [riː'kæptʃəʳ] VT (town) retomar, recobrar; (atmosphere) recriar
recd. ABBR = **received**
recede [rɪ'siːd] VI (tide) baixar; (lights) diminuir; (memory) enfraquecer; (hair) escassear
receding [rɪ'siːdɪŋ] ADJ (forehead, chin) metido or puxado para dentro; (hair) que está escasseando nas têmporas; **~ hairline** entradas fpl (no cabelo)
receipt [rɪ'siːt] N (document) recibo; (act of receiving) recebimento (BR), receção f (PT); **receipts** NPL (Comm) receitas fpl; **on ~ of** ao receber; **to acknowledge ~ of** acusar o recebimento (BR) or a recepção (PT) de; **we are in ~ of ...** recebimos ...
receivable [rɪ'siːvəbl] ADJ (Comm) a receber
receive [rɪ'siːv] VT receber; (guest) acolher; (wound, criticism) sofrer; **"~d with thanks"** (Comm) "recebido"
receiver [rɪ'siːvəʳ] N (Tel) fone m (BR), auscultador m (PT); (Radio, TV) receptor m; (of stolen goods) receptador(a) m/f; (Comm) curador(a) m/f síndico(-a) de massa falida
recent ['riːsnt] ADJ recente; **in ~ years** nos últimos anos
recently ['riːsntlɪ] ADV (a short while ago) recentemente; (in recent times) ultimamente; **as ~ as yesterday** ainda ontem; **until ~** até recentemente
receptacle [rɪ'sɛptɪkl] N receptáculo, recipiente m
reception [rɪ'sɛpʃən] N recepção f; (welcome) acolhida

reception centre (BRIT) N centro de recepção
reception desk N (mesa de) recepção f
receptionist [rɪ'sɛpʃənɪst] N recepcionista m/f
receptive [rɪ'sɛptɪv] ADJ receptivo
recess [rɪ'sɛs] N (in room) recesso, vão m; (for bed) nicho; (secret place) esconderijo; (Pol: etc holiday) férias fpl; (US Law: short break) recesso; (Sch: esp US) recreio
recession [rɪ'sɛʃən] N recessão f
recharge [riː'tʃɑːdʒ] VT (battery) recarregar
rechargeable [riː'tʃɑːdʒəbl] ADJ recarregável
recipe ['rɛsɪpɪ] N receita
recipient [rɪ'sɪpɪənt] N recipiente m/f, recebedor(a) m/f; (of letter) destinatário(-a)
reciprocal [rɪ'sɪprəkl] ADJ recíproco
reciprocate [rɪ'sɪprəkeɪt] VT retribuir ▶ VI (in hospitality etc) retribuir; (in aggression etc) revidar
recital [rɪ'saɪtl] N recital m
recite [rɪ'saɪt] VT (poem) recitar; (complaints etc) enumerar
reckless ['rɛkləs] ADJ (driver) imprudente; (speed) imprudente, excessivo; (spending) irresponsável
recklessly ['rɛkləslɪ] ADV temerariamente, sem prudência; (spend) irresponsavelmente
reckon ['rɛkən] VT (calculate) calcular, contar; (consider) considerar; (think): **I ~ that ...** acho que ... ▶ VI: **he is somebody to be ~ed with** ele é alguém que não pode ser esquecido; **to ~ without sb/sth** não levar alguém/algo em conta, não contar com alguém/algo
▶ **reckon on** VT FUS contar com
reckoning ['rɛkənɪŋ] N (calculation) cálculo; **the day of ~** o dia do Juízo Final
reclaim [rɪ'kleɪm] VT (get back) recuperar; (demand back) reivindicar; (land) desbravar; (: from sea) aterrar; (waste materials) reaproveitar
reclamation [rɛklə'meɪʃən] N recuperação f; (of land from sea) aterro
recline [rɪ'klaɪn] VI reclinar-se; (lean) apoiar-se, recostar-se
reclining [rɪ'klaɪnɪŋ] ADJ (seat) reclinável
recluse [rɪ'kluːs] N recluso(-a)
recognition [rɛkəg'nɪʃən] N reconhecimento; **transformed beyond ~** tão transformado que está irreconhecível; **in ~ of** em reconhecimento de; **to gain ~** ser reconhecido
recognizable ['rɛkəgnaɪzəbl] ADJ: **~ (by)** reconhecível (por)
recognize ['rɛkəgnaɪz] VT reconhecer; (accept) aceitar; **to ~ by/as** reconhecer por/como
recoil [vi rɪ'kɔɪl, n 'riːkɔɪl] VI recuar; (person): **to ~ from doing sth** recusar-se a fazer algo ▶ N (of gun) coice m
recollect [rɛkə'lɛkt] VT lembrar, recordar
recollection [rɛkə'lɛkʃən] N (memory) recordação f; (remembering) lembrança; **to the best of my ~** se não me falha a memória

recommend [rɛkə'mɛnd] VT recomendar; **she has a lot to ~ her** ela tem muito a seu favor
recommendation [rɛkəmɛn'deɪʃən] N recomendação f
recommended retail price [rɛkə'mɛndɪd-] (BRIT) N preço máximo consumidor
recompense ['rɛkəmpɛns] VT recompensar ▶ N recompensa
reconcilable [rɛkən'saɪləbl] ADJ (ideas) conciliável
reconcile ['rɛkənsaɪl] VT (two people) reconciliar; (two facts) conciliar, harmonizar; **to ~ o.s. to sth** resignar-se a or conformar-se com algo
reconciliation [rɛkənsɪlɪ'eɪʃən] N reconciliação f
recondite [rɪ'kɔndaɪt] ADJ obscuro
recondition [riːkən'dɪʃən] VT recondicionar
reconnaissance [rɪ'kɔnɪsns] N (Mil) reconhecimento
reconnoitre, (US) **reconnoiter** [rɛkə'nɔɪtər] VT (Mil) reconhecer ▶ VI fazer um reconhecimento
reconsider [riːkən'sɪdər] VT reconsiderar
reconstitute [riː'kɔnstɪtjuːt] VT reconstituir
reconstruct [riːkən'strʌkt] VT reconstruir; (event) reconstituir
reconstruction [riːkən'strʌkʃən] N reconstrução f
record [n, adj 'rɛkɔːd, vt rɪ'kɔːd] N (Mus) disco; (of meeting etc) ata, minuta; (Comput, of attendance) registro (BR), registo (PT); (file) arquivo; (written) história; (also: **criminal record**) antecedentes mpl; (Sport) recorde m ▶ VT (write down) anotar; (temperature, speed) registrar (BR), registar (PT); (relate) relatar, referir; (Mus: song etc) gravar ▶ ADJ: **in ~ time** num tempo recorde; **public ~s** arquivo público; **to keep a ~ of** anotar; **to put the ~ straight** (fig) corrigir um equívoco; **he is on ~ as saying that ...** ele declarou publicamente que ...; **Italy's excellent ~** o excelente desempenho da Itália; **off the ~** adj confidencial; adv confidencialmente
record card N (in file) ficha
recorded delivery letter [rɪ'kɔːdɪd-] (BRIT) N (Post) ≈ carta registrada (BR) or registada (PT)
recorder [rɪ'kɔːdər] N (Mus) flauta; (Tech) indicador m mecânico; (official) escrivão(-vã) m/f
record holder N (Sport) detentor(a) m/f do recorde
recording [rɪ'kɔːdɪŋ] N (Mus) gravação f
recording studio N estúdio de gravação
record library N discoteca
record player N toca-discos m inv (BR), gira-discos m inv (PT)
recount [rɪ'kaunt] VT relatar
re-count [n 'riːkaunt, vt riː'kaunt] N (Pol: of votes) nova contagem f, recontagem f ▶ VT recontar

recoup [rɪ'kuːp] VT: **to ~ one's losses** recuperar-se dos prejuízos
recourse [rɪ'kɔːs] N recurso; **to have ~ to** recorrer a
recover [rɪ'kʌvər] VT recuperar; (rescue) resgatar ▶ VI (from illness) recuperar-se; (from shock) refazer-se
re-cover VT (chair etc) revestir
recovery [rɪ'kʌvərɪ] N recuperação f; (Med) recuperação, melhora
recreate [riː'krɪeɪt] VT recriar
recreation [rɛkrɪ'eɪʃən] N recreação f; (play) recreio
recreational [rɛkrɪ'eɪʃənl] ADJ recreativo
recreational drug N droga recreacional
recreational vehicle (US) N kombi m
recrimination [rɪkrɪmɪ'neɪʃən] N recriminação f
recruit [rɪ'kruːt] N recruta m/f; (in company) novato(-a) ▶ VT recrutar
recruiting office [rɪ'kruːtɪŋ-] N centro de recrutamento
recruitment [rɪ'kruːtmənt] N recrutamento
rectangle ['rɛktæŋgl] N retângulo
rectangular [rɛk'tæŋgjulər] ADJ retangular
rectify ['rɛktɪfaɪ] VT retificar
rector ['rɛktər] N (Rel) pároco; (Sch) reitor(a) m/f
rectory ['rɛktərɪ] N residência paroquial
rectum ['rɛktəm] N (Anat) reto
recuperate [rɪ'kuːpəreɪt] VI recuperar-se
recur [rɪ'kəːr] VI repetir-se, ocorrer outra vez; (opportunity) surgir de novo; (symptoms) reaparecer
recurrence [rɪ'kʌrəns] N repetição f; (of symptoms) reaparição f
recurrent [rɪ'kʌrənt] ADJ repetido, periódico
recurring [rɪ'kəːrɪŋ] ADJ (Math) periódico
recyclable [riː'saɪkləbl] ADJ reciclável
recycle [riː'saɪkl] VT reciclar
recycling [riː'saɪklɪŋ] N reciclagem f
red [rɛd] N vermelho; (Pol: pej) vermelho(-a) ▶ ADJ vermelho; (hair) ruivo; (wine) tinto; **to be in the ~** (person) estar no vermelho; (account) não ter fundos
red carpet treatment N: **she was given the ~** ela foi recebida com todas as honras
Red Cross N Cruz f Vermelha
redcurrant ['rɛdkʌrənt] N groselha
redden ['rɛdən] VT avermelhar ▶ VI corar, ruborizar-se
reddish ['rɛdɪʃ] ADJ avermelhado; (hair) arruivado
redecorate [riː'dɛkəreɪt] VT decorar de novo, redecorar
redecoration [riːdɛkə'reɪʃən] N remodelação f
redeem [rɪ'diːm] VT (Rel) redimir; (sth in pawn) tirar do prego; (loan, fig: situation) salvar
redeemable [rɪ'diːməbl] ADJ resgatável
redeeming [rɪ'diːmɪŋ] ADJ: **~ feature** lado bom or que salva
redeploy [riːdɪ'plɔɪ] VT (resources, troops) redistribuir

redeployment [riːdɪˈplɔɪmənt] N redistribuição f
redeploy [riːdɪˈvɛləp] VT renovar
redevelopment [riːdɪˈvɛləpmənt] N renovação f
red-haired ADJ ruivo
red-handed [-ˈhændɪd] ADJ: **to be caught ~** ser apanhado em flagrante, ser flagrado
redhead [ˈrɛdhɛd] N ruivo(-a)
red herring N (fig) pista falsa
red-hot ADJ incandescente
redid [riːˈdɪd] PT of **redo**
redirect [riːdaɪˈrɛkt] VT (mail) endereçar de novo
redistribute [riːdɪˈstrɪbjuːt] VT redistribuir
red-letter day N dia m memorável
red light N: **to go through a ~** (Aut) avançar o sinal
red-light district N zona (de meretrício)
redness [ˈrɛdnɪs] N vermelhidão f
redo [riːˈduː] (irreg: like **do**) VT refazer
redolent [ˈrɛdələnt] ADJ: **~ of** que cheira a; (fig) que evoca
redone [riːˈdʌn] PP of **redo**
redouble [riːˈdʌbl] VT: **to ~ one's efforts** redobrar os esforços
redraft [riːˈdrɑːft] VT redigir de novo
redress [rɪˈdrɛs] N compensação f ▶ VT retificar; **to ~ the balance** restituir o equilíbrio
Red Sea N: **the ~** o mar Vermelho
redskin [ˈrɛdskɪn] (!) N pele-vermelha m/f
red tape N (fig) papelada, burocracia
reduce [rɪˈdjuːs] VT reduzir; (lower) rebaixar; **"~ speed now"** (Aut) "diminua a velocidade"; **to ~ sth by/to** diminuir algo em/reduzir algo a; **to ~ sb to** (silence, begging) levar alguém a; (tears) reduzir alguém a; **"greatly ~d prices"** "preços altamente reduzidos"; **at a ~d price** a preço reduzido
reduction [rɪˈdʌkʃən] N redução f; (of price) abatimento; (discount) desconto
redundancy [rɪˈdʌndənsɪ] N redundância; (BRIT: dismissal) demissão f; (unemployment) desemprego; **compulsory ~** demissão; **voluntary ~** demissão voluntária
redundancy payment (BRIT) N indenização paga aos empregados dispensados sem justa causa
redundant [rɪˈdʌndnt] ADJ (BRIT: worker) desempregado; (detail, object) redundante, supérfluo; **to be made ~** ficar desempregado or sem trabalho
reed [riːd] N (Bot) junco; (Mus: of clarinet etc) palheta
reedy [ˈriːdɪ] ADJ (voice, instrument) agudo
reef [riːf] N (at sea) recife m
reek [riːk] VI: **to ~ (of)** cheirar (a), feder (a)
reel [riːl] N carretel m, bobina; (of film) rolo, filme m; (on fishing rod) carretilha; (dance) dança típica da Escócia ▶ VT (Tech) bobinar; (also: **reel up**) enrolar ▶ VI (sway) cambalear, oscilar; **my head is ~ing** estou completamente confuso

▶ **reel in** VT puxar enrolando a linha
▶ **reel off** VT (say) enumerar, recitar
re-election N reeleição f
re-enter VT reentrar em
re-entry N reentrada
re-export [vt riːˈɪksˈpɔːt, n riːˈɛkspɔːt] VT reexportar ▶ N reexportação f
ref [rɛf] (inf) N ABBR = **referee**
ref. ABBR (Comm: = reference) ref.
refectory [rɪˈfɛktərɪ] N refeitório
refer [rɪˈfəː^r] VT (matter, problem): **to ~ sth to** submeter algo à apreciação de; (person, patient): **to ~ sb to** encaminhar alguém a; (reader: to text): **to ~ sb to** remeter alguém a ▶ VI: **to ~ to** (allude to) referir-se or aludir a; (apply to) aplicar-se a; (consult) recorrer a; **~ring to your letter** (Comm) com referência à sua carta
referee [rɛfəˈriː] N árbitro(-a); (BRIT: for job application) referência ▶ VT arbitrar; (football match) apitar
reference [ˈrɛfrəns] N referência; (mention) menção f; **with ~ to** com relação a; (Comm: in letter) com referência a; **"please quote this ~"** (Comm) "queira citar esta referência"
reference book N livro de consulta
reference number N número de referência
referenda [rɛfəˈrɛndə] NPL of **referendum**
referendum [rɛfəˈrɛndəm] (pl **referenda**) N referendum m, plebiscito
refill [vt riːˈfɪl, n ˈriːfɪl] VT reencher; (lighter etc) reabastecer ▶ N (for pen) carga nova; (Comm) refill m
refine [rɪˈfaɪn] VT refinar
refined [rɪˈfaɪnd] ADJ (person, taste) refinado, culto
refinement [rɪˈfaɪnmənt] N (of person) cultura, refinamento, requinte m; (of system) refinamento
refinery [rɪˈfaɪnərɪ] N refinaria
refit [n ˈriːfɪt, vt riːˈfɪt] N (Naut) reequipamento ▶ VT reequipar
reflate [riːˈfleɪt] VT (economy) reflacionar
reflation [riːˈfleɪʃən] N reflação f
reflationary [riːˈfleɪʃənrɪ] ADJ reflacionário
reflect [rɪˈflɛkt] VT refletir ▶ VI (think) refletir, meditar; **it ~s badly/well on him** isso repercute mal/bem para ele
reflection [rɪˈflɛkʃən] N reflexo; (thought, act) reflexão f; (criticism): **~ on** crítica de; **on ~** pensando bem
reflector [rɪˈflɛktə^r] N (Aut, on bicycle, for light) refletor m
reflex [ˈriːflɛks] ADJ, N reflexo
reflexive [rɪˈflɛksɪv] ADJ (Ling) reflexivo
reform [rɪˈfɔːm] N reforma ▶ VT reformar
reformat [riːˈfɔːmæt] VT (Comput) reformatar
Reformation [rɛfəˈmeɪʃən] N: **the ~** a Reforma
reformatory [rɪˈfɔːmətərɪ] (US) N reformatório
reformed [rɪˈfɔːmd] ADJ emendado, reformado

reformer [rɪ'fɔ:məʳ] N reformador(a) m/f
reformist [rɪ'fɔ:mɪst] N reformista m/f
refrain [rɪ'freɪn] VI: **to ~ from doing** abster-se de fazer ▶ N estribilho, refrão m
refresh [rɪ'frɛʃ] VT refrescar
refresher course [rɪ'frɛʃəʳ-] (BRIT) N curso de reciclagem
refreshing [rɪ'frɛʃɪŋ] ADJ refrescante; (sleep) repousante; (change) agradável; (idea, thought) original
refreshment [rɪ'frɛʃmənt] N (eating): **for some ~** para comer alguma coisa; (resting etc): **in need of ~** precisando se refazer, precisando refazer as suas forças; **refreshments** NPL (food and drink) comes e bebes mpl
refrigeration [rɪfrɪdʒə'reɪʃən] N refrigeração f
refrigerator [rɪ'frɪdʒəreɪtəʳ] N refrigerador m, geladeira (BR), frigorífico (PT)
refuel [ri:'fjuəl] VT, VI reabastecer
refuge ['rɛfju:dʒ] N refúgio; **to take ~ in** refugiar-se em
refugee [rɛfju'dʒi:] N refugiado(-a)
refugee camp N campo de refugiados
refund [n 'ri:fʌnd, vt rɪ'fʌnd] N reembolso ▶ VT devolver, reembolsar
refurbish [ri:'fə:bɪʃ] VT renovar
refurnish [ri:'fə:nɪʃ] VT colocar móveis novos em
refusal [rɪ'fju:zəl] N recusa, negativa; **first ~** primeira opção
refuse¹ [rɪ'fju:z] VT recusar; (order) recusar-se a ▶ VI recusar-se, negar-se; (horse) recusar-se a pular a cerca; **to ~ to do sth** recusar-se a fazer algo
refuse² ['rɛfju:s] N refugo, lixo
refuse bin N lata de lixo
refuse collection N remoção f de lixo
refuse collector N lixeiro(-a), gari m/f (BR)
refuse disposal N destruição f de lixo
refuse tip N depósito de lixo
refute [rɪ'fju:t] VT refutar
regain [rɪ'geɪn] VT recuperar, recobrar
regal ['ri:gl] ADJ real, régio
regale [rɪ'geɪl] VT: **to ~ sb with sth** regalar alguém com algo
regalia [rɪ'geɪlɪə] N, NPL insígnias fpl reais
regard [rɪ'gɑ:d] N (gaze) olhar m firme; (aspect) respeito; (attention) atenção f; (esteem) estima, consideração f ▶ VT (consider) considerar; **to give one's ~s to** dar lembranças a; **"with kindest ~s"** "cordialmente"; **as ~s, with ~ to** com relação a, com respeito a, quanto a
regarding [rɪ'gɑ:dɪŋ] PREP com relação a
regardless [rɪ'gɑ:dlɪs] ADV apesar de tudo; **~ of** apesar de
regatta [rɪ'gætə] N regata
regency ['ri:dʒənsɪ] N regência
regenerate [rɪ'dʒɛnəreɪt] VT regenerar ▶ VI regenerar-se
regent ['ri:dʒənt] N regente m/f
régime [reɪ'ʒi:m] N regime m

303 | **reformer – regularity**

regiment [n 'rɛdʒɪmənt, vt 'rɛdʒɪmɛnt] N regimento ▶ VT regulamentar; (children etc) subordinar a disciplina rígida
regimental [rɛdʒɪ'mɛntl] ADJ regimental
regimentation [rɛdʒɪmɛn'teɪʃən] N organização f
region ['ri:dʒən] N região f; **in the ~ of** (fig) por volta de, ao redor de
regional ['ri:dʒənl] ADJ regional
regional development N desenvolvimento regional
register ['rɛdʒɪstəʳ] N registro (BR), registo (PT); (Sch) chamada; (list) lista ▶ VT registrar (BR), registar (PT); (subj: instrument) marcar, indicar ▶ VI (at hotel) registrar-se (BR), registar-se (PT); (for work) candidatar-se; (as student) inscrever-se; (make impression) causar impressão; **to ~ for a course** matricular-se num curso; **to ~ a protest** registrar (BR) or registar (PT) uma queixa
registered ['rɛdʒɪstəd] ADJ (letter, parcel) registrado (BR), registado (PT); (student) matriculado; (voter) inscrito
registered company N sociedade f registrada (BR) or registada (PT)
registered nurse (US) N enfermeiro(-a) formado(-a)
registered office N sede f social
registered trademark N marca registrada (BR) or registada (PT)
registrar ['rɛdʒɪstrɑ:ʳ] N oficial m/f de registro (BR) or registo (PT), escrivão(-vã) m/f; (in college) funcionário(-a) administrativo(-a) sênior; (in hospital) médico(-a) sênior
registration [rɛdʒɪs'treɪʃən] N (act) registro (BR), registo (PT); (Aut: also: **registration number**) número da placa
registry ['rɛdʒɪstrɪ] N registro (BR), registo (PT), cartório
registry office (BRIT) N registro (BR) or registo (PT) civil, cartório; **to get married in a ~** casar-se no civil
regret [rɪ'grɛt] N desgosto, pesar m; (remorse) remorso ▶ VT (deplore) lamentar; (repent of) arrepender-se de; **to ~ that ...** lamentar que ... (+sub); **we ~ to inform you that ...** lamentamos informá-lo de que ...
regretfully [rɪ'grɛtfulɪ] ADV com pesar, pesarosamente
regrettable [rɪ'grɛtəbl] ADJ deplorável; (loss) lamentável
regrettably [rɪ'grɛtəblɪ] ADV lamentavelmente; **~, he was unable ...** infelizmente, ele não pôde ...
regroup [ri:'gru:p] VT reagrupar ▶ VI reagrupar-se
regt ABBR = **regiment**
regular ['rɛgjulə'] ADJ (verb, service, shape) regular; (frequent) frequente; (usual) habitual; (soldier) de linha; (listener, reader) assíduo; (Comm: size) médio ▶ N (client etc) habitual m/f
regularity [rɛgju'lærɪtɪ] N regularidade f

regularly ['rɛgjuləlɪ] ADV regularmente; *(shaped)* simetricamente; *(often)* frequentemente

regulate ['rɛgjuleɪt] VT *(speed)* regular; *(spending)* controlar; *(Tech)* regular, ajustar

regulation [rɛgju'leɪʃən] N *(rule)* regra, regulamento; *(adjustment)* ajuste *m* ▶ CPD regulamentar

rehabilitation [ri:həbɪlɪ'teɪʃən] N reabilitação *f*

rehash [ri:'hæʃ] *(inf)* VT retocar

rehearsal [rɪ'hə:səl] N ensaio; *see also* **dress**

rehearse [rɪ'hə:s] VT, VI ensaiar

rehouse [ri:'hauz] VT realojar

reign [reɪn] N reinado; *(fig)* domínio ▶ VI reinar; imperar

reigning ['reɪnɪŋ] ADJ *(monarch)* reinante; *(champion)* atual

reimburse [ri:ɪm'bə:s] VT reembolsar

reimbursement [ri:ɪm'bə:smənt] N reembolso

rein [reɪn] N *(for horse)* rédea; **to give ~ to** dar rédeas a, dar rédea larga a; **to give sb free ~** *(fig)* dar carta branca a alguém

reincarnation [ri:ɪnkɑ:'neɪʃən] N reencarnação *f*

reindeer ['reɪndɪə'] N INV rena

reinforce [ri:ɪn'fɔ:s] VT reforçar

reinforced [ri:ɪn'fɔ:st] ADJ *(concrete)* armado

reinforcement [ri:ɪn'fɔ:smənt] N reforço; **reinforcements** NPL *(Mil)* reforços *mpl*

reinstate [ri:ɪn'steɪt] VT *(worker)* readmitir; *(official)* reempossar; *(tax, law)* reintroduzir

reinstatement [ri:ɪn'steɪtmənt] N readmissão *f*

reissue [ri:'ɪʃu:] VT *(book)* reeditar; *(film)* relançar

reiterate [ri:'ɪtəreɪt] VT reiterar, repetir

reject [*n* 'ri:dʒɛkt, *vt* rɪ'dʒɛkt] N *(Comm)* artigo defeituoso ▶ VT rejeitar; *(offer of help)* recusar; *(goods)* refugar

rejection [rɪ'dʒɛkʃən] N rejeição *f*; *(of offer of help)* recusa

rejoice [rɪ'dʒɔɪs] VI: **to ~ at** *or* **over** regozijar-se *or* alegrar-se com

rejoinder [rɪ'dʒɔɪndə'] N *(retort)* réplica

rejuvenate [rɪ'dʒu:vəneɪt] VT rejuvenescer

rekindle [ri:'kɪndl] VT reacender; *(fig)* despertar, reanimar

relapse [rɪ'læps] N *(Med)* recaída; *(into crime)* reincidência

relate [rɪ'leɪt] VT *(tell)* contar, relatar; *(connect)*: **to ~ sth to** relacionar algo com ▶ VI: **to ~ to** relacionar-se com; **~d to** ligado a, relacionado a

relating [rɪ'leɪtɪŋ]: **~ to** PREP relativo a, acerca de

relation [rɪ'leɪʃən] N *(person)* parente *m/f*; *(link)* relação *f*; **relations** NPL *(dealings)* relações *fpl*; *(relatives)* parentes *mpl*; **diplomatic/international ~s** relações diplomáticas/internacionais; **in ~ to** em relação a; **to bear no ~ to** não ter relação com

relationship [rɪ'leɪʃənʃɪp] N relacionamento; *(between two things)* relação *f*; *(also:* **family relationship**) parentesco; *(affair)* caso

relative ['rɛlətɪv] N parente *m/f* ▶ ADJ relativo; *(respective)* respectivo

relatively ['rɛlətɪvlɪ] ADV relativamente

relax [rɪ'læks] VI *(rest)* descansar; *(unwind)* descontrair-se; *(muscle)* relaxar-se; *(calm down)* acalmar-se ▶ VT *(grip)* afrouxar; *(control)* relaxar; *(mind, person)* descansar; **~!** *(calm down)* calma!; **to ~ one's grip** *or* **hold** afrouxar um pouco

relaxation [ri:læk'seɪʃən] N *(rest)* descanso; *(of muscle, control)* relaxamento; *(of grip)* afrouxamento; *(recreation)* lazer *m*

relaxed [rɪ'lækst] ADJ relaxado; *(tranquil)* descontraído

relaxing [rɪ'læksɪŋ] ADJ relaxante

relay ['ri:leɪ] N *(race)* (corrida de) revezamento ▶ VT *(message)* retransmitir

release [rɪ'li:s] N *(from prison)* libertação *f*; *(from obligation)* liberação *f*; *(of shot)* disparo; *(of gas)* escape *m*; *(of water)* despejo; *(of film, book etc)* lançamento; *(device)* desengate *m* ▶ VT *(prisoner)* pôr em liberdade; *(book, film)* lançar; *(report, news)* publicar; *(gas etc)* soltar; *(free: from wreckage etc)* soltar; *(Tech: catch, spring etc)* desengatar, desapertar; *(let go)* soltar; **to ~ one's grip** *or* **hold** afrouxar; **to ~ the clutch** *(Aut)* desembrear

relegate ['rɛləgeɪt] VT relegar; *(Sport)*: **to be ~d** ser rebaixado

relent [rɪ'lɛnt] VI abrandar-se; *(yield)* ceder

relentless [rɪ'lɛntlɪs] ADJ *(unceasing)* contínuo; *(determined)* implacável

relevance ['rɛləvəns] N pertinência; *(of question etc)* importância; **~ of sth to sth** relação de algo com algo

relevant ['rɛləvənt] ADJ *(fact, information)* pertinente; *(apt)* apropriado; *(important)* relevante; **~ to** relacionado com

reliability [rɪlaɪə'bɪlɪtɪ] N *(of person, firm)* confiabilidade *f*, seriedade *f*; *(of method, machine)* segurança; *(of news)* fidedignidade *f*

reliable [rɪ'laɪəbl] ADJ *(person, firm)* de confiança, confiável, sério; *(method, machine)* seguro; *(news)* fidedigno

reliably [rɪ'laɪəblɪ] ADV: **to be ~ informed that …** saber através de fonte segura que …

reliance [rɪ'laɪəns] N: **~ (on)** *(trust)* confiança (em), esperança (em); *(dependence)* dependência (de)

reliant [rɪ'laɪənt] ADJ: **to be ~ on sth/sb** depender de algo/alguém

relic ['rɛlɪk] N *(Rel)* relíquia; *(of the past)* vestígio

relief [rɪ'li:f] N *(from pain, anxiety)* alívio; *(help, supplies)* ajuda, socorro; *(of guard)* rendição *f*; *(Art, Geo)* relevo; **by way of light ~** como forma de diversão

relief map N mapa *m* em relevo

relief road (BRIT) N estrada alternativa

relieve [rɪ'liːv] VT (*pain, fear*) aliviar; (*bring help to*) ajudar, socorrer; (*burden*) abrandar, mitigar; (*take over from: gen*) substituir, revezar; (: *guard*) render; **to ~ sb of sth** (*load*) tirar algo de alguém; (*duties*) destituir alguém de algo; **to ~ sb of his command** exonerar alguém, destituir alguém de sua função; **to ~ o.s.** fazer as necessidades

religion [rɪ'lɪdʒən] N religião *f*

religious [rɪ'lɪdʒəs] ADJ religioso

reline [riː'laɪn] VT (*brakes*) trocar o forro de

relinquish [rɪ'lɪŋkwɪʃ] VT abandonar; (*plan, habit*) renunciar a

relish ['rɛlɪʃ] N (*Culin*) condimento, tempero; (*enjoyment*) entusiasmo ▸ VT (*food etc*) saborear; (*thought*) ver com satisfação; **to ~ doing** gostar de fazer

relive [riː'lɪv] VT reviver

reload [riː'ləud] VT recarregar

relocate [riː'ləu'keɪt] VT deslocar ▸ VI deslocar-se; **to ~ in** instalar-se em

reluctance [rɪ'lʌktəns] N relutância

reluctant [rɪ'lʌktənt] ADJ relutante; **to be ~ to do sth** relutar em fazer algo

reluctantly [rɪ'lʌktəntlɪ] ADV relutantemente, de má vontade

rely on [rɪ'laɪ-] VT FUS confiar em, contar com; (*be dependent on*) depender de

remain [rɪ'meɪn] VI (*survive*) sobreviver; (*stay*) ficar, permanecer; (*be left*) sobrar; (*continue*) continuar; **to ~ silent** ficar calado; **I ~, yours faithfully** (BRIT: *in letters*) subscrevo-me atenciosamente

remainder [rɪ'meɪndər] N resto, restante *m*

remaining [rɪ'meɪnɪŋ] ADJ restante

remains [rɪ'meɪnz] NPL (*of body*) restos *mpl*; (*of meal*) sobras *fpl*; (*of building*) ruínas *fpl*

remake ['riːmeɪk] N (*Cinema*) refilmagem *f*

remand [rɪ'mɑːnd] N: **on ~** sob prisão preventiva ▸ VT: **to be ~ed in custody** continuar sob prisão preventiva, manter sob custódia

remand home (BRIT) N instituição *f* do juizado de menores, reformatório

remark [rɪ'mɑːk] N observação *f*, comentário ▸ VT comentar ▸ VI: **to ~ on sth** comentar algo, fazer um comentário sobre algo

remarkable [rɪ'mɑːkəbl] ADJ notável; (*outstanding*) extraordinário

remarry [riː'mærɪ] VI casar-se de novo

remedial [rɪ'miːdɪəl] ADJ (*tuition, classes*) de reforço; (*exercise*) terapêutico

remedy ['rɛmədɪ] N: **~ (for)** remédio (contra or a) ▸ VT remediar

remember [rɪ'mɛmbər] VT lembrar-se de, lembrar; (*memorize*) guardar; (*bear in mind*) ter em mente; (*send greetings*): **~ me to her** dê lembranças a ela; **I ~ seeing it, I ~ having seen it** eu me lembro de ter visto aquilo; **she ~ed to do it** ela se lembrou de fazer aquilo

remembrance [rɪ'mɛmbrəns] N (*memory*) memória; (*souvenir*) lembrança, recordação *f*

Remembrance Sunday N *ver nota*

> **Remembrance Sunday** ou **Remembrance Day** é o domingo mais próximo do dia 11 de novembro, dia em que a Primeira Guerra Mundial terminou oficialmente e no qual se homenageia as vítimas das duas guerras mundiais. Nessa ocasião são observados dois minutos de silêncio às 11 horas, horário da assinatura do armistício com a Alemanha em 1918. Nos dias anteriores, papoulas de papel são vendidas por associações de caridade e a renda é revertida aos ex-combatentes e suas famílias.

remind [rɪ'maɪnd] VT: **to ~ sb to do sth** lembrar a alguém que tem de fazer algo; **to ~ sb of sth** lembrar algo a alguém, lembrar alguém de algo; **she ~s me of her mother** ela me lembra a mãe dela; **that ~s me, ...** falando nisso, ...

reminder [rɪ'maɪndər] N lembrete *m*; (*souvenir*) lembrança; (*letter*) carta de advertência

reminisce [rɛmɪ'nɪs] VI relembrar velhas histórias; **to ~ about sth** relembrar algo

reminiscences [rɛmɪ'nɪsnsɪz] NPL recordações *fpl*, lembranças *fpl*

reminiscent [rɛmɪ'nɪsənt] ADJ: **to be ~ of sth** lembrar algo

remiss [rɪ'mɪs] ADJ negligente, desleixado; **it was ~ of him** foi um descuido dele

remission [rɪ'mɪʃən] N remissão *f*; (*of sentence*) diminuição *f*

remit [rɪ'mɪt] VT (*send: money*) remeter, enviar, mandar

remittance [rɪ'mɪtəns] N remessa

remnant ['rɛmnənt] N resto; (*of cloth*) retalho; **remnants** NPL (*Comm*) retalhos *mpl*

remonstrate ['rɛmənstreɪt] VI: **to ~ (with sb about sth)** reclamar (a alguém de algo)

remorse [rɪ'mɔːs] N remorso

remorseful [rɪ'mɔːsful] ADJ arrependido

remorseless [rɪ'mɔːslɪs] ADJ (*fig*) implacável

remortgage [riː'mɔːgɪdʒ] VT renegociar o empréstimo de; **to ~ one's house/home** renegociar o empréstimo da casa

remote [rɪ'məut] ADJ (*distant*) remoto, distante; (*person*) reservado, afastado; (*slight*): **there is a ~ possibility that ...** existe uma possibilidade remota de que ...

remote control N controle *m* remoto

remote-controlled [-kən'trəuld] ADJ (*plane*) telecomandado; (*missile*) teleguiado

remotely [rɪ'məutlɪ] ADV remotamente; (*slightly*) levemente

remoteness [rɪ'məutnɪs] N afastamento, isolamento

remould ['riːməuld] (BRIT) N (*tyre*) pneu *m* recauchutado

removable [rɪ'muːvəbl] ADJ (*detachable*) removível

removal [rɪ'muːvəl] N (*taking away*) remoção *f*; (BRIT: *from house*) mudança; (*from office: sacking*) afastamento, demissão *f*; (*Med*) extração *f*

removal man (*irreg: like* **man**) N homem *m* da companhia de mudanças
removal van (BRIT) N caminhão *m* (BR) *or* camião *m* (PT) de mudanças
remove [rɪ'muːv] VT tirar, retirar; (*clothing*) tirar; (*stain*) remover; (*employee*) afastar, demitir; (*name from list, obstacle*) eliminar, remover; (*doubt, abuse*) afastar; (*Tech*) retirar, separar; (*Med*) extrair, extirpar; **first cousin once ~d** primo(-a) em segundo grau
remover [rɪ'muːvəʳ] N (*substance*) removedor *m*; **removers** NPL (BRIT: *company*) companhia de mudanças
remunerate [rɪ'mjuːnəreɪt] VT remunerar
remuneration [rɪmjuːnə'reɪʃən] N remuneração *f*
Renaissance [rɪ'neɪsɔns] N: **the ~** a Renascença
rename [riː'neɪm] VT dar novo nome a
rend [rɛnd] (*pt, pp* **rent**) VT rasgar, despedaçar
render ['rɛndəʳ] VT (*thanks*) trazer; (*service*) prestar; (*account*) entregar; (*make*) fazer, tornar; (*translate*) traduzir; (*fat: also:* **render down**) clarificar; (*wall*) rebocar
rendering ['rɛndərɪŋ] N (*Mus etc*) interpretação *f*
rendezvous ['rɔndɪvuː] N encontro; (*place*) ponto de encontro ▶ VI encontrar-se; **to ~ with sb** encontrar-se com alguém
renegade ['rɛnɪgeɪd] N renegado(-a)
renew [rɪ'njuː] VT renovar; (*resume*) retomar, recomeçar; (*loan etc*) prorrogar; (*negotiations, acquaintance*) reatar
renewable [rɪ'njuːəbl] ADJ renovável
renewal [rɪ'njuːəl] N (*of contract*) renovação *f*; (*resumption*) retomada; (*of loan*) prorrogação *f*
renounce [rɪ'nauns] VT renunciar a; (*disown*) repudiar, rejeitar
renovate ['rɛnəveɪt] VT renovar; (*house, room*) reformar
renovation [rɛnə'veɪʃən] N renovação *f*; (*of house etc*) reforma
renown [rɪ'naun] N renome *m*
renowned [rɪ'naund] ADJ renomado, famoso
rent [rɛnt] PT, PP *of* **rend** ▶ N aluguel *m* (BR), aluguer *m* (PT) ▶ VT (*also:* **rent out**) alugar
rental ['rɛntəl] N (*for television, car*) aluguel *m* (BR), aluguer *m* (PT)
rent boy N (BRIT *inf*) michê *m*
renunciation [rɪnʌnsɪ'eɪʃən] N renúncia
reopen [riː'əupən] VT reabrir
reopening [riː'əupənɪŋ] N reabertura
reorder [riː'ɔːdəʳ] VT encomendar novamente; (*rearrange*) reorganizar
reorganize [riː'ɔːgənaɪz] VT reorganizar
rep [rɛp] N ABBR (*Comm*) = **representative**; (*Theatre*) = **repertory**
Rep. (US) ABBR (*Pol*) = **representative**; **republican**
repaid [riː'peɪd] PT, PP *of* **repay**
repair [rɪ'pɛəʳ] N reparação *f*, conserto; (*patch*) remendo ▶ VT consertar; **beyond ~** irreparável; **in good/bad ~** em bom/mau estado; **under ~** no conserto
repair kit N caixa de ferramentas

repair man (*irreg: like* **man**) N consertador *m*
repair shop N oficina de reparos
repartee [rɛpɑː'tiː] N resposta arguta e engenhosa; (*skill*) presteza em replicar
repast [rɪ'pɑːst] N (*formal*) repasto
repatriate [riː'pætrɪeɪt] VT repatriar
repay [riː'peɪ] (*irreg: like* **pay**) VT (*money*) reembolsar, restituir; (*person*) pagar de volta; (*debt*) saldar, liquidar; (*sb's efforts*) corresponder, retribuir; (*favour*) retribuir
repayment [riː'peɪmənt] N reembolso; (*of debt*) pagamento; (*of mortgage etc*) prestação *f*
repeal [rɪ'piːl] N (*of law*) revogação *f*; (*of sentence*) anulação *f* ▶ VT revogar; anular
repeat [rɪ'piːt] N (*Radio, TV*) repetição *f* ▶ VT repetir; (*Comm: order*) renovar ▶ VI repetir-se
repeatedly [rɪ'piːtɪdlɪ] ADV repetidamente
repel [rɪ'pɛl] VT repelir; (*disgust*) repugnar
repellent [rɪ'pɛlənt] ADJ repugnante ▶ N: **insect ~** repelente *m* de insetos
repent [rɪ'pɛnt] VI: **to ~ (of)** arrepender-se (de)
repentance [rɪ'pɛntəns] N arrependimento
repercussions [riːpə'kʌʃənz] NPL repercussões *fpl*; **to have ~** repercutir
repertoire ['rɛpətwɑːʳ] N repertório
repertory ['rɛpətərɪ] N (*also:* **repertory theatre**) teatro de repertório
repertory company N companhia teatral
repetition [rɛpɪ'tɪʃən] N repetição *f*
repetitious [rɛpɪ'tɪʃəs] ADJ (*speech*) repetitivo
repetitive [rɪ'pɛtɪtɪv] ADJ repetitivo
replace [rɪ'pleɪs] VT (*put back*) repor, devolver; (*take the place of*) substituir; (*Tel*): **"~ the receiver"** "desligue"
replacement [rɪ'pleɪsmənt] N (*substitution*) substituição *f*; (*putting back*) reposição *f*; (*substitute*) substituto(-a)
replacement part N peça sobressalente
replay ['riːpleɪ] N (*of match*) partida decisiva; (*TV: also:* **action replay**) replay *m*
replenish [rɪ'plɛnɪʃ] VT (*glass*) reencher; (*stock etc*) completar, prover; (*with fuel*) reabastecer
replete [rɪ'pliːt] ADJ repleto; (*well-fed*) cheio, empanturrado
replica ['rɛplɪkə] N réplica, cópia, reprodução *f*
reply [rɪ'plaɪ] N resposta ▶ VI responder; **in ~ (to)** em resposta (a); **there's no ~** (*Tel*) ninguém atende
reply coupon N cartão-resposta *m*
report [rɪ'pɔːt] N relatório; (*Press etc*) reportagem *f*; (BRIT: *also:* **school report**) boletim *m* escolar; (*of gun*) estampido, detonação *f* ▶ VT informar sobre; (*Press etc*) fazer uma reportagem sobre; (*bring to notice: occurrence*) comunicar, anunciar; (*: person*) denunciar ▶ VI (*make a report*): **to ~ (on)** apresentar um relatório (sobre); (*for newspaper*) fazer uma reportagem (sobre); (*present o.s.*): **to ~ (to sb)** apresentar-se (a alguém); (*be responsible to*): **to ~ to sb** obedecer as ordens de alguém; **it is ~ed that** dizem que; **it is ~ed from Berlin that** há notícias de Berlim de que

report card (US, SCOTLAND) N boletim m escolar
reportedly [rɪˈpɔːtɪdlɪ] ADV: **she is ~ living in Spain** dizem que ela mora na Espanha
reported speech [rɪˈpɔːtɪd-] N (Ling) discurso indireto
reporter [rɪˈpɔːtəʳ] N (Press) jornalista m/f, repórter m/f; (Radio, TV) repórter
repose [rɪˈpəuz] N: **in ~** em repouso
repossess [riːpəˈzɛs] VT retomar
reprehensible [rɛprɪˈhɛnsɪbl] ADJ repreensível, censurável, condenável
represent [rɛprɪˈzɛnt] VT representar; (constitute) constituir; (Comm) ser representante de; (describe): **to ~ sth as** representar algo como; (explain): **to ~ to sb that** explicar a alguém que
representation [rɛprɪzɛnˈteɪʃən] N representação f; (picture, statue) representação, retrato; (petition) petição f; **representations** NPL (protest) reclamação f, protesto
representative [rɛprɪˈzɛntətɪv] N representante m/f; (US Pol) deputado(-a) ▶ ADJ: **~ (of)** representativo (de)
repress [rɪˈprɛs] VT reprimir
repression [rɪˈprɛʃən] N repressão f
repressive [rɪˈprɛsɪv] ADJ repressivo
reprieve [rɪˈpriːv] N (Law) suspensão f temporária; (fig) adiamento ▶ VT suspender temporariamente, aliviar
reprimand [ˈrɛprɪmɑːnd] N reprimenda ▶ VT repreender, censurar
reprint [n ˈriːprɪnt, vt riːˈprɪnt] N reimpressão f ▶ VT reimprimir
reprisal [rɪˈpraɪzl] N represália; **reprisals** NPL (acts of revenge) represálias fpl; **to take ~s** fazer or exercer represálias
reproach [rɪˈprəutʃ] N repreensão f, censura ▶ VT: **to ~ sb with sth** repreender alguém por algo; **beyond ~** irrepreensível, impecável
reproachful [rɪˈprəutʃful] ADJ repreensivo, acusatório
reproduce [riːprəˈdjuːs] VT reproduzir ▶ VI reproduzir-se
reproduction [riːprəˈdʌkʃən] N reprodução f
reproductive [riːprəˈdʌktɪv] ADJ reprodutivo
reproof [rɪˈpruːf] N reprovação f, reprensão f
reprove [rɪˈpruːv] VT (action) reprovar; **to ~ sb for sth** repreender alguém por algo
reproving [rɪˈpruːvɪŋ] ADJ (look) de reprovação; (tone) de censura
reptile [ˈrɛptaɪl] N réptil m
Repub. (US) ABBR (Pol) = **republican**
republic [rɪˈpʌblɪk] N república
republican [rɪˈpʌblɪkən] ADJ, N republicano(-a); (US Pol): **R~** membro(-a) do Partido Republicano
repudiate [rɪˈpjuːdɪeɪt] VT (accusation) rejeitar, negar; (violence) repudiar; (obligation) desconhecer
repugnant [rɪˈpʌgnənt] ADJ repugnante, repulsivo

repulse [rɪˈpʌls] VT repelir
repulsion [rɪˈpʌlʃən] N repulsa; (Phys) repulsão f
repulsive [rɪˈpʌlsɪv] ADJ repulsivo
reputable [ˈrɛpjutəbl] ADJ (make etc) bem conceituado, de confiança; (person) honrado, respeitável
reputation [rɛpjuˈteɪʃən] N reputação f; **to have a ~ for** ter fama por; **he has a ~ for being cruel** ele tem fama de ser cruel
repute [rɪˈpjuːt] N reputação f, renome m
reputed [rɪˈpjuːtɪd] ADJ suposto, pretenso; **he is ~ to be rich** dizem que ele é rico
reputedly [rɪˈpjuːtɪdlɪ] ADV segundo se diz, supostamente
request [rɪˈkwɛst] N pedido; (formal) petição f ▶ VT: **to ~ sth of** or **from sb** pedir algo a alguém; (formally) solicitar algo a alguém; **on ~** a pedido; **at the ~ of** a pedido de; **"you are ~ed not to smoke"** "pede-se or favor não fumar"
request stop (BRIT) N (for bus) parada não obrigatória
requiem [ˈrɛkwɪəm] N réquiem m
require [rɪˈkwaɪəʳ] VT (need: subj: person) precisar de, necessitar; (: thing, situation) requerer, exigir; (want) pedir; (order): **to ~ sb to do sth/sth of sb** exigir que alguém faça algo/algo de alguém; **if ~d** se for necessário; **what qualifications are ~d?** quais são as qualificações necessárias?; **~d by law** exigido por lei
required [rɪˈkwaɪəd] ADJ (necessary) necessário; (desired) desejado
requirement [rɪˈkwaɪəmənt] N requisito; (need) necessidade f; (want) pedido
requisite [ˈrɛkwɪzɪt] N requisito ▶ ADJ necessário, indispensável; **toilet ~s** artigos de toalete pessoal
requisition [rɛkwɪˈzɪʃən] N: **~ (for)** requerimento (para) ▶ VT (Mil) requisitar, confiscar
reroute [riːˈruːt] VT (train etc) desviar
resale [ˈriːseɪl] N revenda
resale price maintenance N manutenção f de preços de revenda
rescind [rɪˈsɪnd] VT (contract) rescindir; (law) revogar; (verdict) anular
rescue [ˈrɛskjuː] N salvamento, resgate m ▶ VT: **to ~ (from)** (survivors, wounded etc) resgatar (de); (save, fig) salvar (de); **to come to sb's ~** ir ao socorro de alguém
rescue party N grupo or expedição f de resgate
rescuer [ˈrɛskjuəʳ] N (in disaster etc) resgatador(a) m/f; (fig) salvador(a) m/f
research [rɪˈsəːtʃ] N pesquisa ▶ VT pesquisar ▶ VI: **to ~ (into sth)** pesquisar (algo), fazer pesquisas (sobre algo); **a piece of ~** uma pesquisa; **~ and development** pesquisa e desenvolvimento
researcher [rɪˈsəːtʃəʳ] N pesquisador(a) m/f
research work N trabalho de pesquisa
resell [riːˈsɛl] (irreg: like **sell**) VT revender

resemblance [rɪ'zɛmbləns] N semelhança; **to bear a strong ~ to** ser muito parecido com

resemble [rɪ'zɛmbl] VT parecer-se com

resent [rɪ'zɛnt] VT (*attitude*) ressentir-se de; (*person*) estar ressentido com

resentful [rɪ'zɛntful] ADJ ressentido

resentment [rɪ'zɛntmənt] N ressentimento

reservation [rɛzə'veɪʃən] N (*booking, doubt, protected area*) reserva; (BRIT Aut: *also*: **central reservation**) canteiro divisor; **to make a ~** fazer reserva; **with ~s** (*doubts*) com reservas

reservation desk (US) N (*in hotel*) recepção f

reserve [rɪ'zəːv] N reserva; (*Sport*) suplente m/f, reserva m/f (BR) ▶ VT reservar; **reserves** NPL (*Mil*) (tropas fpl da) reserva; (*Comm*) reserva; **in ~** de reserva

reserve currency N moeda de reserva

reserved [rɪ'zəːvd] ADJ reservado

reserve price (BRIT) N preço mínimo de venda

reserve team (BRIT) N time m reserva

reservist [rɪ'zəːvɪst] N reservista m

reservoir ['rɛzəvwɑːʳ] N (*large*) represa; (*small*) depósito

reset [riː'sɛt] (*irreg: like* **set**) VT reajustar; (*Comput*) dar reset em

reshape [riː'ʃeɪp] VT (*policy*) reformar, remodelar

reshuffle [riː'ʃʌfl] N: **Cabinet ~** reforma ministerial

reside [rɪ'zaɪd] VI residir

residence ['rɛzɪdəns] N residência; (*formal: home*) domicílio; **to take up ~** instalar-se; **in ~** (*monarch*) em residência; (*doctor*) residente

residence permit (BRIT) N autorização f de residência

resident ['rɛzɪdənt] N (*of country, town*) habitante m/f; (*of house, area*) morador(a) m/f; (*in hotel*) hóspede m/f ▶ ADJ (*population*) permanente; (*doctor*) interno, residente

residential [rɛzɪ'dɛnʃəl] ADJ residencial

residue ['rɛzɪdjuː] N resto; (*Comm*) montante m líquido; (*Chem, Phys*) resíduo

resign [rɪ'zaɪn] VT (*one's post*) renunciar a, demitir-se de ▶ VI: **to ~ (from)** demitir-se (de); **to ~ o.s. to** (*endure*) resignar-se a

resignation [rɛzɪg'neɪʃən] N demissão f; (*state of mind*) resignação f; **to tender one's ~** pedir demissão

resigned [rɪ'zaɪnd] ADJ resignado

resilience [rɪ'zɪlɪəns] N (*of material*) elasticidade f; (*of person*) resistência

resilient [rɪ'zɪlɪənt] ADJ (*person*) forte; (*material*) resistente

resin ['rɛzɪn] N resina

resist [rɪ'zɪst] VT resistir a

resistance [rɪ'zɪstəns] N resistência

resistant [rɪ'zɪstənt] ADJ: **~ (to)** resistente (a)

resold [riː'səuld] PT, PP *of* **resell**

resolute ['rɛzəluːt] ADJ resoluto, firme; (*refusal*) firme

resolution [rɛzə'luːʃən] N resolução f; (*of problem*) solução f; **to make a ~** tomar uma resolução

resolve [rɪ'zɔlv] N resolução f; (*purpose*) intenção f ▶ VT resolver ▶ VI: **to ~ to do** resolver-se a fazer

resolved [rɪ'zɔlvd] ADJ decidido

resonance ['rɛzənəns] N ressonância

resonant ['rɛzənənt] ADJ ressonante

resort [rɪ'zɔːt] N (*town*) local m turístico, estação f de veraneio; (*recourse*) recurso ▶ VI: **to ~ to** recorrer a; **seaside/winter sports ~** balneário/estação de inverno; **in the last ~** em último caso, em última instância

resound [rɪ'zaund] VI ressoar; **the room ~ed with shouts** os gritos ressoaram no quarto

resounding [rɪ'zaundɪŋ] ADJ retumbante

resource [rɪ'sɔːs] N (*raw material*) recurso natural; **resources** NPL (*coal, money, energy*) recursos mpl; **natural ~s** recursos naturais

resourceful [rɪ'sɔːsful] ADJ engenhoso, habilidoso

resourcefulness [rɪ'sɔːsfəlnɪs] N desembaraço, engenho

respect [rɪ'spɛkt] N respeito ▶ VT respeitar; **respects** NPL (*greetings*) cumprimentos mpl; **to pay one's ~s to sb** fazer visita de cortesia a alguém; **to pay one's last ~s to sb** prestar a última homenagem a alguém; **to have** *or* **show ~ for sb/sth** ter *or* mostrar respeito por alguém/algo; **out of ~ for** por respeito a; **with ~ to** com respeito a; **in ~ of** a respeito de; **in this ~** neste respeito; **in some ~s** em alguns pontos; **with all due ~, I ...** com todo respeito, eu ...

respectability [rɪspɛktə'bɪlɪtɪ] N respeitabilidade f

respectable [rɪ'spɛktəbl] ADJ respeitável; (*large*) considerável; (*quite good: result, player*) razoável

respectful [rɪ'spɛktful] ADJ respeitoso

respective [rɪ'spɛktɪv] ADJ respectivo

respectively [rɪ'spɛktɪvlɪ] ADV respectivamente

respiration [rɛspɪ'reɪʃən] N respiração f

respiratory [rɛ'spɪrətərɪ] ADJ respiratório

respite ['rɛspaɪt] N pausa, folga; (*Law*) adiamento, suspensão f

resplendent [rɪ'splɛndənt] ADJ resplandecente

respond [rɪ'spɔnd] VI (*answer*) responder; (*react*) reagir

respondent [rɪ'spɔndənt] N (*in survey*) respondedor(a) m/f; (*Law*) réu/ré m/f

response [rɪ'spɔns] N (*answer*) resposta; (*reaction*) reação f; **in ~ to** em resposta a

responsibility [rɪspɔnsɪ'bɪlɪtɪ] N responsabilidade f; (*duty*) dever m; **to take ~ for sth/sb** assumir a responsabilidade por algo/alguém

responsible [rɪ'spɔnsɪbl] ADJ (*character*) sério, responsável; (*job*) de responsabilidade; (*liable*): **~ (for)** responsável (por); **to be ~ to**

sb (for sth) ser responsável diante de alguém (por algo); **to hold sb ~ (for sth)** responsabilizar alguém (por algo)
responsibly [rɪˈspɒnsɪblɪ] ADV com responsabilidade
responsive [rɪˈspɒnsɪv] ADJ receptivo
rest [rɛst] N descanso, repouso; (*pause*) pausa, intervalo; (*support*) apoio; (*remainder*) resto; (*Mus*) pausa ▶ VI descansar; (*stop*) parar; (*be supported*): **to ~ on** apoiar-se em ▶ VT descansar; (*lean*): **to ~ sth on/against** apoiar algo em *or* sobre/contra; **the ~ of them** os outros; **to set sb's mind at ~** tranquilizar alguém; **it ~s with him to do it** cabe a ele fazê-lo; **~ assured that ...** tenha certeza de que ...
restart [riːˈstɑːt] VT (*engine*) arrancar de novo; (*work*) reiniciar, recomeçar
restaurant [ˈrɛstərɒŋ] N restaurante *m*
restaurant car (BRIT) N vagão-restaurante *m*
rest cure N repouso forçado (*para tratamento de saúde*)
restful [ˈrɛstful] ADJ tranquilo, repousante
rest home N asilo, casa de repouso
restitution [rɛstɪˈtjuːʃən] N: **to make ~ to sb for sth** indenizar alguém por algo
restive [ˈrɛstɪv] ADJ inquieto, impaciente; (*horse*) rebelão(-ona), teimoso
restless [ˈrɛstlɪs] ADJ desassossegado, irrequieto; **to get ~** impacientar-se
restlessly [ˈrɛstlɪslɪ] ADV inquietamente
restock [riːˈstɔk] VT reabastecer
restoration [rɛstəˈreɪʃən] N restauração *f*
restorative [rɪˈstɔrətɪv] ADJ reconstituinte ▶ N reconstituinte *m*
restore [rɪˈstɔːʳ] VT (*building, order*) restaurar; (*sth stolen*) restituir; (*peace, health*) restabelecer
restorer [rɪˈstɔːrəʳ] N (*Art etc*) restaurador(a) *m/f*
restrain [rɪˈstreɪn] VT (*feeling*) reprimir; (*growth, inflation*) refrear; (*person*): **to ~ (from doing)** impedir (de fazer)
restrained [rɪˈstreɪnd] ADJ (*style*) moderado, comedido; (*person*) comedido
restraint [rɪˈstreɪnt] N (*restriction*) restrição *f*; (*moderation*) moderação *f*, comedimento; (*of style*) sobriedade *f*; **wage ~** restrição salarial
restrict [rɪˈstrɪkt] VT restringir, limitar; (*people, animals*) confinar; (*activities*) limitar
restricted area [rɪˈstrɪktɪd-] N (*Aut*) zona com limite de velocidade
restriction [rɪˈstrɪkʃən] N restrição *f*, limitação *f*; **~ (on)** restrição (em)
restrictive [rɪˈstrɪktɪv] ADJ restritivo
restrictive practices NPL (*Industry*) práticas *fpl* restritivas
rest room (US) N banheiro (BR), lavabo (PT)
restructure [riːˈstrʌktʃəʳ] VT reestruturar
result [rɪˈzʌlt] N resultado ▶ VI: **to ~ (from)** resultar (de); **to ~ in** resultar em; **as a ~ of** como resultado *or* consequência de
resultant [rɪˈzʌltənt] ADJ resultante

resume [rɪˈzjuːm] VT (*work, journey*) retomar, recomeçar; (*sum up*) resumir ▶ VI recomeçar
résumé [ˈreɪzjuːmeɪ] N (*summary*) resumo; (US: *curriculum vitae*) curriculum vitae *m*, currículo
resumption [rɪˈzʌmpʃən] N retomada
resurgence [rɪˈsəːdʒəns] N ressurgimento
resurrection [rɛzəˈrɛkʃən] N ressurreição *f*
resuscitate [rɪˈsʌsɪteɪt] VT (*Med*) ressuscitar, reanimar
resuscitation [rɪsʌsɪˈteɪʃən] N ressuscitação *f*
retail [ˈriːteɪl] N varejo (BR), venda a retalho (PT) ▶ ADJ a varejo (BR), a retalho (PT) ▶ ADV a varejo (BR), a retalho (PT) ▶ VT vender no varejo (BR) *or* a retalho (PT) ▶ VI: **to ~ at $10** ser vendido no varejo (BR) *or* a retalho (PT) por $10
retailer [ˈriːteɪləʳ] N varejista *m/f* (BR), retalhista *m/f* (PT)
retail outlet N ponto de venda
retail price N preço no varejo (BR) *or* de venda a retalho (PT)
retail price index N ≈ índice *m* de preços ao consumidor
retain [rɪˈteɪn] VT (*keep*) reter, conservar; (*employ*) contratar
retainer [rɪˈteɪnəʳ] N (*servant*) empregado; (*fee*) adiantamento
retaliate [rɪˈtælɪeɪt] VI: **to ~ (against)** revidar (contra)
retaliation [rɪtælɪˈeɪʃən] N represálias *fpl*, vingança; **in ~ for** em retaliação por
retaliatory [rɪˈtælɪətərɪ] ADJ retaliativo, retaliatório
retarded [rɪˈtɑːdɪd] (!) ADJ retardado
retch [rɛtʃ] VI fazer esforço para vomitar
retentive [rɪˈtɛntɪv] ADJ (*memory*) tenaz, de anjo
rethink [ˈriːˈθɪŋk] (*irreg: like* **think**) VT reconsiderar, repensar
reticence [ˈrɛtɪsns] N reserva
reticent [ˈrɛtɪsnt] ADJ reservado
retina [ˈrɛtɪnə] N retina
retinue [ˈrɛtɪnjuː] N séquito, comitiva
retire [rɪˈtaɪəʳ] VI (*give up work*) aposentar-se; (*withdraw*) retirar-se; (*go to bed*) deitar-se
retired [rɪˈtaɪəd] ADJ (*person*) aposentado (BR), reformado (PT)
retirement [rɪˈtaɪəmənt] N (*state, act*) aposentadoria (BR), reforma (PT)
retirement age N idade *f* de aposentadoria (BR) *or* de reforma (PT)
retiring [rɪˈtaɪərɪŋ] ADJ (*leaving*) de saída; (*shy*) acanhado, retraído
retort [rɪˈtɔːt] N (*reply*) réplica; (*container*) retorta ▶ VI replicar, retrucar
retrace [riːˈtreɪs] VT: **to ~ one's steps** voltar sobre (os) seus passos, refazer o mesmo caminho
retract [rɪˈtrækt] VT (*statement, offer*) retirar, retratar; (*claws*) encolher; (*undercarriage, aerial*) recolher ▶ VI retratar-se
retractable [rɪˈtræktəbl] ADJ retrátil
retrain [riːˈtreɪn] VT reciclar ▶ VI ser reciclado

retraining [riːˈtreɪnɪŋ] N readaptação f profissional, reciclagem f

retread [n ˈriːtrɛd, vt riːˈtrɛd] N (tyre) pneu m recauchutado ▶ VT recauchutar

retreat [rɪˈtriːt] N (place) retiro; (act) retirada ▶ VI retirar-se; (flood) retroceder; **to beat a hasty ~** bater em retirada

retrial [riːˈtraɪəl] N revisão f do processo

retribution [rɛtrɪˈbjuːʃən] N desforra, revide m, vingança

retrieval [rɪˈtriːvəl] N recuperação f

retrieve [rɪˈtriːv] VT (sth lost) reaver, recuperar; (situation, honour) salvar; (error, loss) reparar; (Comput) recuperar

retriever [rɪˈtriːvəʳ] N cão m de busca, perdigueiro

retroactive [rɛtrəʊˈæktɪv] ADJ retroativo

retrograde [ˈrɛtrəgreɪd] ADJ retrógrado

retrospect [ˈrɛtrəspɛkt] N: **in ~** retrospectivamente, em retrospecto

retrospective [rɛtrəˈspɛktɪv] ADJ retrospectivo; (law) retroativo ▶ N (Art) retrospectiva

return [rɪˈtəːn] N (going or coming back) regresso, volta; (of sth stolen etc) devolução f; (recompense) recompensa; (Finance: from land, shares) rendimento; (report) relatório ▶ CPD (journey) de volta; (BRIT: ticket) de ida e volta; (match) de revanche ▶ VI (person etc: come or go back) voltar, regressar; (symptoms etc) voltar; (regain): **to ~ to** (consciousness) recobrar; (power) retornar a ▶ VT devolver; (favour, love etc) retribuir; (verdict) proferir, anunciar; (Pol: candidate) eleger; **returns** NPL (Comm) receita; (: returned goods) mercadorias fpl devolvidas; **in ~ (for)** em troca (de); **many happy ~s (of the day)!** parabéns!; **by ~ (of post)** por volta do correio

returnable [rɪˈtəːnəbl] ADJ (bottle etc) restituível

return key N (Comput) tecla de retorno

retweet [riːˈtwiːt] N (on Twitter) retweet m

reunion [riːˈjuːnɪən] N (family) reunião f; (two people, class) reencontro

reunite [riːjuːˈnaɪt] VT reunir; (reconcile) reconciliar

rev [rɛv] N ABBR (Aut: = revolution) revolução f ▶ VT (also: **rev up**) aumentar a velocidade de ▶ VI acelerar

Rev. ABBR = **reverend**

revaluation [riːvæljuˈeɪʃən] N reavaliação f

revamp [ˈriːvæmp] VT dar um jeito em

rev counter (BRIT) N tacômetro

Revd. ABBR = **reverend**

reveal [rɪˈviːl] VT revelar; (make visible) mostrar

revealing [rɪˈviːlɪŋ] ADJ revelador(a)

reveille [rɪˈvælɪ] N (Mil) toque m de alvorada

revel [ˈrɛvl] VI: **to ~ in sth/in doing sth** deleitar-se com algo/em fazer algo

revelation [rɛvəˈleɪʃən] N revelação f

reveller [ˈrɛvləʳ] N farrista m/f, folião(-liã) m/f

revelry [ˈrɛvəlrɪ] N festança, folia

revenge [rɪˈvɛndʒ] N vingança, desforra; (in sport) revanche f ▶ VT vingar; **to take ~ on** vingar-se de

revengeful [rɪˈvɛndʒful] ADJ vingativo

revenue [ˈrɛvənjuː] N receita, renda; (on investment) rendimento

reverberate [rɪˈvəːbəreɪt] VI (sound) ressoar, repercutir, ecoar; (light) reverberar; (fig) repercutir

reverberation [rɪvəːbəˈreɪʃən] N repercussão f

revere [rɪˈvɪəʳ] VT reverenciar, venerar

reverence [ˈrɛvərəns] N reverência

reverend [ˈrɛvrənd] ADJ reverendo; (in titles): **the R~ John Smith** o reverendo John Smith

reverent [ˈrɛvərənt] ADJ reverente

reverie [ˈrɛvərɪ] N devaneio, sonho

reversal [rɪˈvəːsl] N (of order) reversão f; (of direction) mudança em sentido contrário; (of decision) revogação f; (of opinion) reviravolta; (of roles) inversão f

reverse [rɪˈvəːs] N (opposite) contrário; (back: of cloth) avesso; (: of coin) reverso; (: of paper) dorso; (Aut: also: **reverse gear**) marcha à ré (BR), marcha atrás (PT); (setback) revés m, derrota ▶ ADJ (order) inverso, oposto; (direction) contrário; (process) inverso ▶ VT (turn over) virar do lado do avesso; (direction, roles) inverter; (position) mudar; (process, decision) revogar; (car) dar ré com ▶ VI (BRIT Aut) dar (marcha à) ré (BR), fazer marcha atrás (PT); **to go into ~** dar ré (BR), fazer marcha atrás (PT); **in ~ order** na ordem inversa

reverse-charge call (BRIT) N (Tel) ligação f a cobrar

reverse video N vídeo reverso

reversible [rɪˈvəːsəbl] ADJ reversível

reversing lights [rɪˈvəːsɪŋ-] (BRIT) NPL luzes fpl de ré (BR), luzes fpl de marcha atrás (PT)

reversion [rɪˈvəːʃən] N volta

revert [rɪˈvəːt] VI: **to ~ to** voltar a; (Law) reverter a

review [rɪˈvjuː] N (magazine, Mil) revista; (of book, film) crítica, resenha; (examination) recapitulação f, exame m ▶ VT (situation) rever, examinar; (Mil) passar em revista; (book, film) fazer a crítica or resenha de; **to come under ~** ser estudado

reviewer [rɪˈvjuːəʳ] N crítico(-a)

revile [rɪˈvaɪl] VT insultar

revise [rɪˈvaɪz] VT (manuscript) corrigir; (opinion, procedure) alterar; (price) revisar; (study: subject) recapitular; (look over) revisar, rever; **~d edition** edição f revista

revision [rɪˈvɪʒən] N correção f; (for exam) revisão f; (revised version) revisão f

revitalize [riːˈvaɪtəlaɪz] VT revitalizar, revivificar

revival [rɪˈvaɪvəl] N (recovery) restabelecimento; (of interest) renascença, renascimento; (Theatre) reestreia; (of faith) despertar m

revive [rɪ'vaɪv] VT (*person*) reanimar, ressuscitar; (*economy*) recuperar; (*custom*) restabelecer, restaurar; (*hope, courage*) despertar; (*play*) reapresentar ▶ VI (*person: from faint*) voltar a si, recuperar os sentidos; (: *from ill-health*) recuperar-se; (*activity, economy*) reativar-se; (*hope, interest*) renascer

revoke [rɪ'vəuk] VT revogar; (*decision, promise*) voltar atrás com

revolt [rɪ'vəult] N revolta, rebelião f, insurreição f ▶ VI revoltar-se ▶ VT causar aversão a, repugnar

revolting [rɪ'vəultɪŋ] ADJ revoltante, repulsivo

revolution [rɛvə'lu:ʃən] N revolução f; (*of wheel, earth*) rotação f

revolutionary [rɛvə'lu:ʃənərɪ] ADJ, N revolucionário(-a)

revolutionize [rɛvə'lu:ʃənaɪz] VT revolucionar

revolve [rɪ'vɔlv] VI girar; (*life*): **to ~ (a)round** girar em torno de

revolver [rɪ'vɔlvəʳ] N revólver m

revolving [rɪ'vɔlvɪŋ] ADJ (*chair etc*) giratório

revolving credit N crédito rotativo

revolving door N porta giratória

revue [rɪ'vju:] N (*Theatre*) revista

revulsion [rɪ'vʌlʃən] N aversão f, repugnância

reward [rɪ'wɔ:d] N recompensa ▶ VT: **to ~ (for)** recompensar or premiar (por)

rewarding [rɪ'wɔ:dɪŋ] ADJ (*fig*) graficante, compensador(a)

rewind [ri:'waɪnd] (*irreg: like* **wind**) VT (*watch*) dar corda em; (*tape*) voltar para trás

rewire [ri:'waɪəʳ] VT (*house*) renovar a instalação elétrica de

reword [ri:'wə:d] VT reformular, exprimir em outras palavras

rewound [ri:'waund] PT, PP *of* **rewind**

rewritable [ri:'raɪtəbl] ADJ regravável

rewrite [ri:'raɪt] (*irreg: like* **write**) VT reescrever, escrever de novo

Reykjavik ['reɪkjəvi:k] N Reikjavik

Rh ABBR (= *rhesus*) Rh

rhapsody ['ræpsədɪ] N (*Mus*) rapsódia; (*fig*) elocução f exagerada or empolada

rhesus factor ['ri:səs-] N (*Med*) fator m Rh

rhetoric ['rɛtərɪk] N retórica

rhetorical [rɪ'tɔrɪkl] ADJ retórico

rheumatic [ru:'mætɪk] ADJ reumático

rheumatism ['ru:mətɪzəm] N reumatismo

rheumatoid arthritis ['ru:mətɔɪd-] N artrite f reumatoide

Rhine [raɪn] N: **the ~** o (rio) Reno

rhinestone ['raɪnstəun] N diamante m postiço

rhino ['raɪnəu] N rinoceronte m

rhinoceros [raɪ'nɔsərəs] N rinoceronte m

Rhodes [rəudz] N (ilha de) Rodes

Rhodesia [rəu'di:ʒə] N (*Hist*) Rodésia

Rhodesian [rəu'di:ʒən] ADJ, N (*Hist*) rodésio(-a)

rhododendron [rəudə'dɛndrən] N rododendro

Rhone [rəun] N: **the ~** o (rio) Ródano

rhubarb ['ru:bɑ:b] N ruibarbo

rhyme [raɪm] N rima; (*verse*) verso(s) m(pl) rimado(s), poesia ▶ VI: **to ~ (with)** rimar (com); **without ~ or reason** sem pé nem cabeça

rhythm ['rɪðm] N ritmo

rhythmic ['rɪðmɪk], **rhythmical** ['rɪðmɪkl] ADJ rítmico, com passado

rhythmically ['rɪðmɪklɪ] ADV ritmicamente

RI N ABBR (*BRIT*) = **religious instruction** ▶ ABBR (*US Post*) = **Rhode Island**

rib [rɪb] N (*Anat*) costela ▶ VT (*mock*) zombar de, encarnar em

ribald ['rɪbəld] ADJ vulgarmente engraçado, irreverente

ribbed [rɪbd] ADJ (*knitting*) em ponto de meia

ribbon ['rɪbən] N fita; (*strip*) faixa, tira; **in ~s** (*torn*) em tirinhas, esfarrapado

rice [raɪs] N arroz m

rice field N arrozal m

rice pudding N arroz m doce

rich [rɪtʃ] ADJ rico; (*clothes*) valioso; (*banquet*) suntuoso, opulento; (*soil*) fértil; (*food*) suculento, forte; (: *sweet*) rico; (*colour*) intenso; (*voice*) suave, cheio ▶ NPL: **the ~** os ricos; **riches** NPL (*wealth*) riquezas fpl; **to be ~ in sth** ser rico em algo

richly ['rɪtʃlɪ] ADV (*decorated*) ricamente; (*rewarded*) generosamente; (*deserved*) bem

richness ['rɪtʃnɪs] N riqueza, opulência; (*of soil etc*) fertilidade f

rickets ['rɪkɪts] N raquitismo

rickety ['rɪkɪtɪ] ADJ fraco, sem firmeza

rickshaw ['rɪkʃɔ:] N jinriquixá m

ricochet ['rɪkəʃeɪ] N ricochete m ▶ VI ricochetear

rid [rɪd] (*pt, pp* **rid**) VT: **to ~ sb of sth** livrar alguém de algo; **to get ~ of** livrar-se de; (*sth no longer required*) desfazer-se de

riddance ['rɪdns] N: **good ~!** bons ventos o levem!

ridden ['rɪdn] PP *of* **ride**

riddle ['rɪdl] N (*conundrum*) adivinhação f; (*mystery*) enigma m, charada ▶ VT: **to be ~d with** estar cheio de

ride [raɪd] (*pt* **rode**, *pp* **ridden**) N (*gen*) passeio; (*on horse*) passeio a cavalo; (*distance covered*) percurso, trajeto ▶ VI (*as sport*) montar; (*go somewhere: on horse, bicycle*) ir (a cavalo, de bicicleta); (*journey: on bicycle, motorcycle, bus*) viajar ▶ VT (*a horse*) montar a; (*bicycle, motorcycle*) andar de; (*distance*) percorrer; **to ~ a bicycle** andar de bicicleta; **can you ~ a bike?** você sabe andar de bicicleta?; **to ~ at anchor** (*Naut*) estar ancorado; **horse/car ~** passeio a cavalo/de carro; **to go for a ~** dar um passeio or uma volta (de carro or de bicicleta *etc*); **to take sb for a ~** (*fig*) enganar alguém

▶ **ride out** VT: **to ~ out the storm** (*fig*) superar as dificuldades

rider ['raɪdəʳ] N (*on horse: male*) cavaleiro; (: *female*) amazona; (*on bicycle*) ciclista m/f; (*on*

motorcycle) motociclista *m/f*; (*in document*) cláusula adicional
ridge [rɪdʒ] N (*of hill*) cume *m*, topo; (*of roof*) cumeeira; (*wrinkle*) ruga
ridicule ['rɪdɪkju:l] N escárnio, zombaria, mofa ▶ VT ridicularizar, zombar de; **to hold sb/sth up to ~** ridicularizar alguém/algo
ridiculous [rɪ'dɪkjuləs] ADJ ridículo
riding ['raɪdɪŋ] N equitação *f*
riding school N escola de equitação
rife [raɪf] ADJ: **to be ~** ser comum; **to be ~ with** estar repleto de, abundar em
riffraff ['rɪfræf] N plebe *f*, ralé *f*, povinho
rifle ['raɪfl] N rifle *m*, fuzil *m* ▶ VT saquear
  ▶ **rifle through** VT FUS vasculhar
rifle range N campo de tiro; (*at fair*) tiro ao alvo
rift [rɪft] N (*in ground*) fenda, fratura; (*in clouds*) brecha; (*fig: disagreement: between friends*) desentendimento; (: *in party*) rompimento, divergência
rig [rɪg] N (*also:* **oil rig**) torre *f* de perfuração ▶ VT (*election etc*) adulterar *or* falsificar os resultados de
  ▶ **rig out** (*BRIT*) VT: **to ~ out as/in** ataviar *or* vestir como/com
  ▶ **rig up** VT instalar, montar, improvisar
rigging ['rɪgɪŋ] N (*Naut*) cordame *m*
right [raɪt] ADJ (*true, correct*) certo, correto; (*suitable*) adequado, conveniente; (: *decision*) certo; (*just*) justo; (*morally good*) bom; (*not left*) direito ▶ N direito; (*not left*) direita ▶ ADV (*correctly*) bem, corretamente; (*fairly*) adequadamente, justamente; (*not on the left*) à direita; (*to the right*) para a direita; (*exactly*): **~ now** agora mesmo ▶ VT colocar em pé; (*correct*) corrigir, indireitar ▶ EXCL bom!; **all ~!** tudo bem!, está bem!; (*enough*) chega!, basta!; **the ~ time** (*precise*) a hora exata; (*not wrong*) a hora certa; **to be ~** (*person*) ter razão (: *in guess etc*) acertar; (*answer, clock*) estar certo; **to get sth ~** acertar em algo; **let's get it ~ this time!** vamos acertar desta vez!; **you did the ~ thing** você fez a coisa certa; **to put a mistake ~** (*BRIT*) consertar um erro; **~ before/after** logo antes/depois; **~ against the wall** rente à parede; **to go ~ to the end of sth** ir até o finalzinho de algo; **by ~s** por direito; **on the ~** à direita; **to be in the ~** ter razão; **~ away** imediatamente, logo, já; **~ in the middle** bem no meio; **film ~s** direitos de adaptação para o cinema
right angle N ângulo reto
righteous ['raɪtʃəs] ADJ justo, honrado; (*anger*) justificado
righteousness ['raɪtʃəsnɪs] N justiça
rightful ['raɪtful] ADJ (*heir*) legítimo; (*place*) justo, legítimo
rightfully ['raɪtfəlɪ] ADV legitimamente
right-hand ADJ à direita
right-handed [-'hændɪd] ADJ (*person*) destro
right-hand man N braço direito
right-hand side N lado direito

rightly ['raɪtlɪ] ADV corretamente, devidamente; (*with reason*) com razão; **if I remember ~** (*BRIT*) se me lembro bem, se não me engano
right-minded ADJ sensato, ajuizado
right of way N prioridade *f* de passagem; (*Aut*) preferência
rights issue N (*Stock Exchange*) emissão *f* de bônus de subscrição
right wing N (*Pol*) direita; (*Sport*) ponta direita; (*Mil*) ala direita ▶ ADJ: **right-wing** de direita
right-wing ADJ de direita
right-winger N (*Pol*) direitista *m/f*; (*Sport*) ponta-direita *m*
rigid ['rɪdʒɪd] ADJ rígido; (*principle*) inflexível
rigidity [rɪ'dʒɪdɪtɪ] N rigidez *f*, inflexibilidade *f*
rigidly ['rɪdʒɪdlɪ] ADV rigidamente; (*behave*) inflexivelmente
rigmarole ['rɪgmərəul] N (*process*) processo; (*story*) ladainha
rigor ['rɪgəʳ] (*US*) N = **rigour**
rigor mortis [-'mɔ:tɪs] N rigidez *f* cadavérica
rigorous ['rɪgərəs] ADJ rigoroso
rigorously ['rɪgərəslɪ] ADV rigorosamente
rigour, (*US*) **rigor** ['rɪgəʳ] N rigor *m*
rig-out (*BRIT inf*) N roupa, traje *m*
rile [raɪl] VT irritar, aborrecer
rim [rɪm] N borda, beira; (*of spectacles, wheel*) aro
rimless ['rɪmlɪs] ADJ (*spectacles*) sem aro
rind [raɪnd] N (*of bacon*) pele *f*; (*of lemon etc*) casca; (*of cheese*) crosta, casca
ring [rɪŋ] (*pt* **rang**, *pp* **rung**) N (*of metal*) aro; (*on finger*) anel *m*; (*also:* **wedding ring**) aliança; (*of people, objects*) círculo, grupo; (*of spies etc*) grupo; (*for boxing*) ringue *m*; (*of circus*) pista, picadeiro; (*bullring*) picadeiro, arena; (*of light, smoke*) círculo; (*sound: of small bell*) toque *m*; (: *of large bell*) badalada, repique *m*; (*telephone call*) chamada (telefônica), ligada ▶ VI (*on telephone*) telefonar; (*bell*) tocar; (*also:* **ring out**: *voice, words*) soar; (*ears*) zumbir ▶ VT (*BRIT Tel*) telefonar a, ligar para; (*bell etc*) badalar; (*doorbell*) tocar; **to give sb a ~** (*BRIT Tel*) dar uma ligada *or* ligar para alguém; **that has the ~ of truth about it** isso tem jeito de ser verdade; **the name doesn't ~ a bell (with me)** o nome não me diz nada
  ▶ **ring back** (*BRIT*) VI (*Tel*) telefonar *or* ligar de volta ▶ VT telefonar *or* ligar de volta para
  ▶ **ring off** (*BRIT*) VI (*Tel*) desligar
  ▶ **ring up** (*BRIT*) VT (*Tel*) telefonar a, ligar para
ring binder N fichário (*pasta*)
ring-fence VT (*money, tax*) restringir (o uso de alguma verba)
ring finger N dedo anelar
ringing ['rɪŋɪŋ] N (*of telephone*) toque *m*; (*of large bell*) repicar *m*; (*of doorbell*) tocar *m*; (*in ears*) zumbido
ringing tone (*BRIT*) N (*Tel*) sinal *m* de chamada
ringleader ['rɪŋli:dəʳ] N (*of gang*) cabeça *m/f*, cérebro

ringlets ['rɪŋlɪts] NPL caracóis mpl, anéis mpl
ring road ['rɪŋtəun] (BRIT) N estrada periférica or perimetral
ringtone ['rɪŋtəun] (BRIT) N (on cellphone) toque m
rink [rɪŋk] N (also: **ice rink**) pista de patinação, rinque m; (for roller skating) rinque
rinse [rɪns] N enxaguada ▶ VT enxaguar; (also: **rinse out**: mouth) bochechar
Rio ['riːəu], **Rio de Janeiro** ['riːəudədʒə'nɪərəu] N o Rio (de Janeiro)
riot ['raɪət] N distúrbio, motim m, desordem f; (of colour) festival m, profusão f ▶ VI provocar distúrbios, amotinar-se; **to run ~** desenfrear-se
rioter ['raɪətəʳ] N desordeiro(-a), amotinador(a) m/f
riotous ['raɪətəs] ADJ (crowd) desordeiro; (behaviour) turbulento; (party) tumultuado, barulhento; (uncontrolled) desenfreado
riotously ['raɪətəslɪ] ADV: **~ funny** hilariante
riot police N polícia anti-motim
RIP ABBR (= rest in peace) RIP
rip [rɪp] N rasgão m; (opening) abertura ▶ VT rasgar ▶ VI rasgar-se
▶ **rip up** VT rasgar
ripcord ['rɪpkɔːd] N corda de abertura (de para-quedas)
ripe [raɪp] ADJ maduro; (ready) pronto
ripen ['raɪpən] VT, VI amadurecer
ripeness ['raɪpnɪs] N maturidade f, amadurecimento
rip-off (inf) N: **this is a ~** isso é roubo
riposte [rɪ'pɔst] N riposta
ripple ['rɪpl] N ondulação f, encrespação f; (of laughter etc) onda; (sound) murmúrio ▶ VI encrespar-se ▶ VT ondular
rise [raɪz] VI (pt **rose**, pp **risen**) (gen) levantar-se, erguer-se; (prices, waters) subir; (river) encher; (sun) nascer; (wind, person: from bed etc) levantar(-se); (sound, voice) aumentar, erguer-se; (also: **rise up**: building) erguer-se; (: rebel) sublevar-se; (in rank) ascender, subir ▶ N (slope) elevação f, ladeira; (hill) colina, rampa; (increase: BRIT: in wages) aumento; (: in prices, temperature) subida; (fig: to power etc) ascensão f; **to ~ to the occasion** mostrar-se à altura da situação; **to give ~ to** ocasionar, dar origem a
risen ['rɪzn] PP of **rise**
rising ['raɪzɪŋ] ADJ (increasing: prices) em alta; (: number) crescente, cada vez maior; (: unemployment) crescente; (tide) montante; (sun, moon) nascente ▶ N (uprising) insurreição f
rising damp N umidade f que sobe
risk [rɪsk] N risco, perigo; (Insurance) risco ▶ VT (endanger) pôr em risco; (chance) arriscar, aventurar; (dare) atrever-se a; **to take** or **run the ~ of doing** correr o risco de fazer; **at ~** em perigo; **at one's own ~** por sua própria conta e risco; **a fire/health/security ~** um risco de incêndio/à saúde/à segurança; **I'll ~ it** eu vou me arriscar

risk capital N capital m de risco
risky ['rɪskɪ] ADJ perigoso
risqué ['riːskeɪ] ADJ (joke) picante
rissole ['rɪsəul] N rissole m
rite [raɪt] N rito; **funeral ~s** exéquias, cerimônia fúnebre; **last ~s** últimos sacramentos
ritual ['rɪtjuəl] ADJ ritual ▶ N ritual m; (of initiation) rito
rival ['raɪvl] ADJ, N rival m/f; (in business) concorrente m/f ▶ VT competir com; **to ~ sb/sth in** rivalizar com alguém/algo em
rivalry ['raɪvəlrɪ] N rivalidade f; (between companies) concorrência
river ['rɪvəʳ] N rio ▶ CPD (port, traffic) fluvial; **up/down ~** rio acima/abaixo
riverbank ['rɪvəbæŋk] N margem f (do rio)
riverbed ['rɪvəbɛd] N leito (do rio)
riverside ['rɪvəsaɪd] N beira, orla (do rio)
rivet ['rɪvɪt] N rebite m, cravo ▶ VT rebitar; (fig) fixar
riveting ['rɪvɪtɪŋ] ADJ (fig) fascinante
Riviera [rɪvɪ'ɛərə] N: **the (French) ~** a Costa Azul (francesa), a Riviera francesa; **the Italian ~** a Riviera italiana
Riyadh [rɪ'jɑːd] N Riad
RN N ABBR (BRIT) = **Royal Navy**; (US) = **registered nurse**
RNA N ABBR (= ribonucleic acid) ARN m
RNLI (BRIT) N ABBR (= Royal National Lifeboat Institution) ≈ Salvamar
RNZAF N ABBR = **Royal New Zealand Air Force**
RNZN N ABBR = **Royal New Zealand Navy**
road [rəud] N via; (motorway etc) estrada (de rodagem); (in town) rua; (fig) caminho ▶ CPD rodoviário; **main ~** estrada principal; **major/minor ~** via preferencial/secundária; **it takes four hours by ~** leva quatro horas de carro; **"~ up"** (BRIT) "obras"
road accident N acidente m de trânsito
roadblock ['rəudblɔk] N barricada
road haulage N transportes mpl rodoviários
road hog N dono da estrada
road map N mapa m rodoviário
road rage N conduta agressiva dos motoristas no trânsito
road safety N segurança do trânsito
roadside ['rəudsaɪd] N beira da estrada ▶ CPD à beira da estrada; **by the ~** à beira da estrada
road sign N placa de sinalização
road sweeper (BRIT) N (person) gari m/f (BR), varredor(a) m/f (PT)
road transport N transportes mpl rodoviários
road user N usuário(-a) da via pública
roadway ['rəudweɪ] N pista, estrada
road works ['rəudwəːks] NPL obras fpl (na estrada)
roadworthy ['rəudwəːðɪ] ADJ (car) em bom estado de conservação e segurança
roam [rəum] VI vagar, perambular, errar ▶ VT vagar or vadiar por

roar [rɔːʳ] N (of animal) rugido, urro; (of crowd) bramido; (of vehicle, storm) estrondo; (of laughter) barulho ▶ VI (animal, engine) rugir; (person, crowd) bradar; **to ~ with laughter** dar gargalhadas

roaring ['rɔːrɪŋ] ADJ: **a ~ fire** labaredas; **a ~ success** um sucesso estrondoso; **to do a ~ trade** fazer um bom negócio

roast [rəust] N carne f assada, assado ▶ VT assar; (coffee) torrar

roast beef N rosbife m

rob [rɔb] VT roubar; (bank) assaltar; **to ~ sb of sth** roubar algo de alguém; (fig: deprive) despojar alguém de algo

robber ['rɔbəʳ] N ladrão/ladra m/f

robbery ['rɔbərɪ] N roubo

robe [rəub] N (for ceremony etc) toga, beca; (also: **bath robe**) roupão m (de banho) ▶ VT revestir

robin ['rɔbɪn] N pisco-de-peito-ruivo (BR), pintarroxo (PT)

robot ['rəubɔt] N robô m

robotics [rə'bɔtɪks] N robótica

robust [rəu'bʌst] ADJ robusto, forte; (appetite) sadio; (economy) forte

rock [rɔk] N rocha; (boulder) penhasco, rochedo; (US: small stone) cascalho; (BRIT: sweet) pirulito ▶ VT (swing gently: cradle) balançar, oscilar; (: child) embalar, acalentar; (shake) sacudir ▶ VI (object) balançar-se; (person) embalar-se; (shake) sacudir-se; **on the ~s** (drink) com gelo; (marriage etc) arruinado, em dificuldades; **to ~ the boat** (fig) criar confusão

rock and roll N rock-and-roll m

rock-bottom ADJ (fig) mínimo, ínfimo ▶ N: **to hit** or **reach ~** (prices) chegar ao nível mais baixo; (person) chegar ao fundo do poço

rock climber N alpinista m/f

rock climbing N alpinismo

rockery ['rɔkərɪ] N jardim de plantas rasteiras entre pedras

rocket ['rɔkɪt] N foguete m ▶ VI (prices) disparar

rocket launcher [-'lɔːntʃəʳ] N dispositivo lança-foguetes

rock face N rochedo a pique

rock fall N queda de pedras

rocking chair ['rɔkɪŋ-] N cadeira de balanço

rocking horse ['rɔkɪŋ-] N cavalo de balanço

rocky ['rɔkɪ] ADJ rochoso; (unsteady: table) bambo, instável; (marriage etc) instável

Rocky Mountains NPL: **the ~** as Montanhas Rochosas

rod [rɔd] N vara, varinha; (Tech) haste f; (also: **fishing rod**) vara de pescar

rode [rəud] PT of **ride**

rodent ['rəudnt] N roedor m

rodeo ['rəudɪəu] (US) N rodeio

roe [rəu] N (also: **roe deer**) corça, cerva; (of fish): **hard/soft ~** ova/esperma m de peixe

rogue [rəug] N velhaco, maroto

roguish ['rəugɪʃ] ADJ travesso, brincalhão(-lhona)

role [rəul] N papel m

role model ['rəulmɔdl] N modelo

roll [rəul] N rolo; (of banknotes) maço; (also: **bread roll**) pãozinho; (register) rol m, lista; (sound: of drums etc) rufar m; (movement: of ship) jogo ▶ VT rolar; (also: **roll up**: string) enrolar; (: sleeves) arregaçar; (cigarette) enrolar; (eyes) virar; (also: **roll out**: pastry) esticar; (lawn, road etc) aplanar ▶ VI rolar; (drum) rufar; (in walking) gingar; (vehicle: also: **roll along**) rodar; (ship) balançar, jogar; **cheese ~** sanduíche de queijo (num pãozinho)

▶ **roll about** VI ficar rolando
▶ **roll around** VI = **roll about**
▶ **roll by** VI (time) passar
▶ **roll in** VI (mail, cash) chegar em grande quantidade
▶ **roll over** VI dar uma volta
▶ **roll up** VI (inf: arrive) pintar, chegar, aparecer
▶ VT (carpet etc) enrolar; (sleeves) arregaçar; **to ~ o.s. up into a ball** enrolar-se

roll call N chamada, toque m de chamada

rolled gold [rəuld-] N plaquê m

roller ['rəuləʳ] N (in machine) rolo, cilindro; (wheel) roda, roldana; (for lawn, road) rolo compressor; (for hair) rolo

Rollerblades® ['rəuləbleɪdz] N patins mpl em linha

roller blind (BRIT) N estore m

roller coaster N montanha-russa

roller skates NPL patins mpl de roda

rollicking ['rɔlɪkɪŋ] ADJ alegre, brincalhão(-lhona), divertido

rolling ['rəulɪŋ] ADJ (landscape) ondulado

rolling mill N laminador m

rolling pin N rolo de pastel

rolling stock N (Rail) material m rodante

roll-on-roll-off (BRIT) ADJ (ferry) para veículos

roly-poly ['rəulɪ'pəulɪ] (BRIT) N (Culin) bolo de rolo

ROM [rɔm] N ABBR (Comput: = read-only memory) ROM f

Roman ['rəumən] ADJ, N romano(-a)

Roman Catholic ADJ, N católico(-a) (romano(-a))

romance [rə'mæns] N (love affair) aventura amorosa, romance m; (book etc) história de amor; (charm) romantismo

Romania [ruː'meɪnɪə] N Romênia

Romanian [ruː'meɪnɪən] ADJ romeno ▶ N romeno(-a); (Ling) romeno

Roman numeral N número romano

romantic [rə'mæntɪk] ADJ romântico

romanticism [rə'mæntɪsɪzəm] N romantismo

Romany ['rəumənɪ] ADJ cigano ▶ N cigano(-a); (Ling) romani m

Rome [rəum] N Roma

romp [rɔmp] N brincadeira, travessura ▶ VI (also: **romp about**) brincar ruidosamente; **to ~ home** (horse) ganhar fácil

rompers ['rɔmpəz] NPL macacão m de bebê

rondo ['rɔndəu] N (Mus) rondó

roof [ru:f] N (*of house*) telhado; (*of car*) capota, teto; (*of tunnel, cave*) teto ▶ VT telhar, cobrir com telhas; **the ~ of the mouth** o céu da boca

roof garden N jardim *m* em terraço

roofing ['ru:fɪŋ] N cobertura

roof rack N (*Aut*) bagageiro

rook [ruk] N (*bird*) gralha; (*Chess*) torre *f*

room [ru:m] N (*in house*) quarto, aposento; (*also*: **bedroom**) quarto, dormitório; (*in school etc*) sala; (*space*) espaço, lugar *m*; (*scope: for improvement etc*) espaço; **rooms** NPL (*lodging*) alojamento; **"~s to let"** (BRIT), **"~s for rent"** (US) "alugam-se quartos *or* apartamentos"; **single ~** quarto individual; **double ~** quarto duplo *or* de casal *or* para duas pessoas; **is there ~ for this?** tem lugar para isto aqui?; **to make ~ for sb** dar lugar a alguém; **there is ~ for improvement** isso podia estar melhor

rooming house ['ru:mɪŋ-] (US) N casa de cômodos

roommate ['ru:mmeɪt] N companheiro(-a) de quarto

room service N serviço de quarto

room temperature N temperatura ambiente

roomy ['ru:mɪ] ADJ espaçoso; (*garment*) folgado

roost [ru:st] N poleiro ▶ VI empoleirar-se, pernoitar

rooster ['ru:stə^r] N galo

root [ru:t] N raiz *f*; (*fig: of problem, belief*) origem *f* ▶ VI (*plant, belief*) enraizar, arraigar; **roots** NPL (*family origins*) raízes *fpl*; **to take ~** (*plant*) enraizar; (*idea*) criar raízes
▶ **root about** VI (*fig*): **to ~ about in** (*drawer*) vascular; (*house*) esquadrinhar
▶ **root for** VT FUS torcer por
▶ **root out** VT extirpar

rope [rəup] N corda; (*Naut*) cabo ▶ VT (*tie*) amarrar; (*horse, cow*) laçar; (*climbers: also:* **rope together**) amarrar *or* atar com uma corda; (*area: also:* **rope off**) isolar; **to know the ~s** (*fig*) estar por dentro (do assunto)
▶ **rope in** VT (*fig*): **to ~ sb in** persuadir alguém a tomar parte

rope ladder N escada de corda

rose [rəuz] PT *of* **rise** ▶ N rosa; (*on watering can*) crivo ▶ ADJ rosado, cor de rosa *inv*

rosé ['rəuzeɪ] N rosado, rosé *m*

rose bed N roseiral *m*

rosebud ['rəuzbʌd] N botão *m* de rosa

rosebush ['rəuzbuʃ] N roseira

rosemary ['rəuzmərɪ] N alecrim *m*

rosette [rəu'zɛt] N roseta

ROSPA ['rɔspə] (BRIT) N ABBR = **Royal Society for the Prevention of Accidents**

roster ['rɔstə^r] N: **duty ~** lista de tarefas, escala de serviço

rostrum ['rɔstrəm] N tribuna

rosy ['rəuzɪ] ADJ rosado, rosáceo; (*cheeks*) rosado; (*situation*) cor-de-rosa *inv*; **a ~ future** um futuro promissor

rot [rɔt] N (*decay*) putrefação *f*, podridão *f*; (*fig: pej*) besteira ▶ VT, VI apodrecer; **to stop the ~** (BRIT *fig*) acabar com a onda de fracassos; **dry ~** apodrecimento seco (*de madeira*); **wet ~** putrefação fungosa

rota ['rəutə] N lista de tarefas, escala de serviço; **on a ~ basis** em rodízio

rotary ['rəutərɪ] ADJ rotativo

rotate [rəu'teɪt] VT (*revolve*) fazer girar, dar voltas em; (*change round: crops*) alternar; (*: jobs*) alternar, revezar ▶ VI (*revolve*) girar, dar voltas

rotating [rəu'teɪtɪŋ] ADJ (*movement*) rotativo

rotation [rəu'teɪʃən] N rotação *f*; **in ~** por turnos

rote [rəut] N: **by ~** de cor

rotor ['rəutə^r] N (*also*: **rotor blade**) rotor *m*

rotten ['rɔtn] ADJ (*decayed*) podre; (*wood*) carcomido; (*fig*) corrupto; (*inf: bad*) péssimo; **to feel ~** (*ill*) sentir-se podre

rotting ['rɔtɪŋ] ADJ podre

rotund [rəu'tʌnd] ADJ rotundo; (*person*) rechonchudo

rouble, (US) **ruble** ['ru:bl] N rublo

rouge [ru:ʒ] N rouge *m*, blush *m*, carmim *m*

rough [rʌf] ADJ (*skin, surface*) áspero; (*terrain*) acidentado; (*road*) desigual; (*voice*) áspero, rouco; (*person, manner: coarse*) grosseiro, grosso; (*: violent*) violento; (*: brusque*) ríspido; (*weather*) tempestuoso; (*treatment*) brutal, mau/má; (*sea*) agitado; (*district*) violento; (*plan*) preliminar; (*work, cloth*) grosseiro; (*guess*) aproximado ▶ N (*person*) grosseirão *m*; (*Golf*): **in the ~** na grama crescida; **to have a ~ time (of it)** passar maus bocados; **~ estimate** estimativa aproximada; **to ~ it** passar aperto; **to play ~** jogar bruto; **to sleep ~** (BRIT) dormir na rua; **to feel ~** (BRIT) passar mal
▶ **rough out** VT (*draft*) rascunhar

roughage ['rʌfɪdʒ] N fibras *fpl*

rough-and-ready ADJ improvisado, feito às pressas

rough-and-tumble N luta, confusão *f*

roughcast ['rʌfkɑ:st] N reboco

rough copy N rascunho

rough draft N rascunho

roughen ['rʌfən] VT (*surface*) tornar áspero

rough justice N justiça sumária

roughly ['rʌflɪ] ADV (*handle*) bruscamente; (*make*) toscamente; (*speak*) bruscamente; (*approximately*) aproximadamente

roughness ['rʌfnɪs] N aspereza; (*rudeness*) grosseria

roughshod ['rʌfʃɔd] ADV: **to ride ~ over** (*person*) tratar a pontapés; (*objection*) passar por cima de

rough work N (*at school etc*) rascunho

roulette [ru:'lɛt] N roleta

Roumania [ru:'meɪnɪə] N = **Romania**

round [raund] ADJ redondo ▶ N círculo; (BRIT: *of toast*) rodela; (*of drinks*) rodada; (*of*

policeman) ronda; (*of milkman*) trajeto; (*of doctor*) visitas *fpl*; (*game: of cards, golf, in competition*) partida; (*stage of competition*) rodada, turno; (*of ammunition*) cartucho; (*Boxing*) rounde *m*, assalto; (*of talks*) ciclo ▶ VT (*corner*) virar, dobrar; (*bend*) fazer; (*cape*) dobrar ▶ PREP (*surrounding*): ~ **his neck/the table** em volta de seu pescoço/ao redor da mesa; (*in a circular movement*): **to go ~ the world** dar a volta ao mundo; (*in various directions*): **to move ~ a house** mover-se por uma casa; (*approximately*): ~ **about** aproximadamente ▶ ADV: **all ~, right ~** por todos os lados; **the long way ~** o caminho mais comprido; **all the year ~** durante todo o ano; **in ~ figures** em números redondos; **it's just ~ the corner** está logo depois de virar a esquina; (*fig*) está pertinho; **~ the clock** ininterrupto; **to ask sb ~** convidar alguém (para sua casa); **I'll be ~ at 6 o'clock** passo aí às 6 horas; **to go ~** dar a volta; **to go ~ to sb's (house)** dar um pulinho na casa de alguém; **to go ~ an obstacle** contornar um obstáculo; **to go ~ the back** passar por detrás; **to go ~ a house** visitar uma casa; **enough to go ~** suficiente para todos; **she arrived ~ (about) noon** (BRIT) ela chegou por volta do meio-dia; **to go the ~s** (*story*) divulgar-se; **the daily ~** (*fig*) o cotidiano; **a ~ of applause** uma salva de palmas; **a ~ of drinks** uma rodada de bebidas; **~ of sandwiches** sanduíche *m* (BR), sandes *f inv* (PT)
▶ **round off** VT (*speech etc*) terminar, completar
▶ **round up** VT (*cattle*) encurralar; (*people*) reunir; (*price, figure*) arredondar
roundabout ['raundəbaut] N (BRIT: *Aut*) rotatória; (: *at fair*) carrossel *m* ▶ ADJ (*route, means*) indireto
rounded ['raundɪd] ADJ arredondado; (*style*) expressivo
rounders ['raundəz] NPL (*game*) jogo semelhante ao beisebol
roundly ['raundlɪ] ADV (*fig*) energicamente, totalmente
round-shouldered [-'ʃəuldəd] ADJ encurvado
roundsman ['raundzmən] (BRIT) (*irreg: like* **man**) N entregador *m* a domicílio
round trip N viagem *f* de ida e volta
roundup ['raundʌp] N (*of news*) resumo; (*of animals*) rodeio; (*of criminals*) batida
rouse [rauz] VT (*wake up*) despertar, acordar; (*stir up*) suscitar
rousing ['rauzɪŋ] ADJ emocionante, vibrante
rout [raut] N (*Mil*) derrota; (*flight*) fuga, debandada ▶ VT derrotar
route [ru:t] N caminho, rota; (*of bus*) trajeto; (*of shipping*) rumo, rota; (*of procession*) rota; **"all ~s"** (*Aut*) "todas as direções"; **the best ~ to London** o melhor caminho para Londres; **en ~ for** a caminho de; **en ~ from ... to** a caminho de ... para

route map (BRIT) N (*for journey*) mapa *m* rodoviário; (*for trains etc*) mapa da rede
router ['ru:tə] N (*Comput*) roteador *m* (BR), router *m* (PT)
routine [ru:'ti:n] ADJ (*work*) rotineiro; (*procedure*) de rotina ▶ N rotina; (*Theatre*) número; **daily ~** cotidiano
rove [rəuv] VT vagar por, perambular por
roving ['rəuvɪŋ] ADJ (*wandering*) errante
roving reporter N correspondente *m/f*
row[1] [rəu] N (*line*) fila, fileira; (*in theatre, boat*) fileira; (*Knitting*) carreira, fileira ▶ VI, VT remar; **in a ~** (*fig*) a fio, seguido
row[2] [rau] N (*racket*) barulho, balbúrdia; (*dispute*) discussão *f*, briga; (*fuss*) confusão *f*, bagunça; (*scolding*) repreensão *f* ▶ VI brigar; **to have a ~** ter uma briga
rowboat ['rəubəut] (US) N barco a remo
rowdiness ['raudɪnɪs] N barulheira; (*fighting*) brigas *fpl*
rowdy ['raudɪ] ADJ (*person: noisy*) barulhento; (: *quarrelsome*) brigão(-ona); (*occasion*) tumultuado ▶ N encrenqueiro, criador *m* de caso
rowdyism ['raudɪɪzəm] N violência
rowing ['rəuɪŋ] N remo
rowing boat (BRIT) N barco a remo
rowlock ['rɔlək] (BRIT) N toleteira, forqueta
royal ['rɔɪəl] ADJ real
Royal Academy (BRIT) N *ver nota*

> A **Royal Academy**, ou **Royal Academy of Arts**, fundada em 1768 por George III para desenvolver a pintura, a escultura e a arquitetura, situa-se em Burlington House, Piccadilly. A cada verão há uma exposição de obras de artistas contemporâneos. A **Royal Academy** também oferece cursos de pintura, escultura e arquitetura.

Royal Air Force (BRIT) N *força aérea britânica*
royal blue ADJ azul vivo *inv*
royalist ['rɔɪəlɪst] ADJ, N monarquista *m/f* (BR), monárquico(-a) (PT)
Royal Navy (BRIT) N *marinha de guerra britânica*
royalty ['rɔɪəltɪ] N (*persons*) família real, realeza; (*payment: to author*) direitos *mpl* autorais; (: *to inventor*) direitos *mpl* de exploração de patente
RP (BRIT) N ABBR (= *received pronunciation*) *norma de pronúncia*
rpm ABBR (= *revolutions per minute*) rpm
RR (US) ABBR = **railroad**
RSA (BRIT) N ABBR = **Royal Society of Arts**; **Royal Scottish Academy**
RSI N ABBR (*Med*: = *repetitive strain injury*) lesão *f* por esforço repetitivo, LER *f*
RSPB (BRIT) N ABBR = **Royal Society for the Protection of Birds**
RSPCA (BRIT) N ABBR = **Royal Society for the Prevention of Cruelty to Animals**
RSVP ABBR (= *répondez s'il vous plaît*) ER
Rt Hon. (BRIT) ABBR (= *Right Honourable*) *título honorífico de conselheiro do estado ou juiz*
Rt Rev. ABBR (= *Right Reverend*) reverendíssimo

rub [rʌb] VT *(part of body)* esfregar; *(object: with cloth, substance)* friccionar ▶ N esfregadela; *(hard)* fricção f; *(touch)* roçar m; **to give sth a ~** dar uma esfregada em algo; **to ~ sb up** (BRIT) *or* **~ sb** (US) **the wrong way** irritar alguém
▶ **rub down** VT *(person)* esfregar; *(horse)* almofaçar
▶ **rub in** VT *(ointment)* esfregar
▶ **rub off** VI sair esfregando
▶ **rub off on** VT FUS transmitir-se para, influir sobre
▶ **rub out** VT apagar ▶ VI apagar-se

rubber ['rʌbə^r] N borracha; *(BRIT: eraser)* borracha
rubber band N elástico, tira elástica
rubber plant N *(tree)* seringueira; *(plant)* figueira
rubber ring N *(for swimming)* boia
rubber stamp N carimbo ▶ VT: **to rubber-stamp** *(fig)* aprovar sem questionar
rubbery ['rʌbərɪ] ADJ elástico; *(food)* sem gosto
rubbish ['rʌbɪʃ] N *(waste)* refugo; *(from household, in street)* lixo; *(junk)* coisas fpl sem valor; *(fig: pej: nonsense)* disparates mpl, asneiras fpl ▶ VT *(BRIT inf)* desprezar; **what you've just said is ~** você acabou de dizer uma besteira; **~!** que nada!, nado disso!
rubbish bin *(BRIT)* N lata de lixo
rubbish dump N *(in town)* depósito (de lixo)
rubbishy ['rʌbɪʃɪ] *(BRIT inf)* ADJ micha, chinfrim
rubble ['rʌbl] N *(debris)* entulho; *(Constr)* escombros mpl
ruble ['ru:bl] *(US)* N = **rouble**
ruby ['ru:bɪ] N rubi m
RUC *(BRIT)* N ABBR = **Royal Ulster Constabulary**
rucksack ['rʌksæk] N mochila
ructions ['rʌkʃənz] NPL confusão f, tumulto
rudder ['rʌdə^r] N leme m; *(of plane)* leme de direção
ruddy ['rʌdɪ] ADJ *(face)* corado, avermelhado; *(inf: damned)* maldito, desgraçado
rude [ru:d] ADJ *(impolite: person)* grosso, mal-educado; *(: word, manners)* grosseiro; *(sudden)* brusco; *(shocking)* obsceno, chocante; **to be ~ to sb** ser grosso com alguém
rudely ['ru:dlɪ] ADV grosseiramente
rudeness ['ru:dnɪs] N falta de educação
rudiment ['ru:dɪmənt] N rudimento; **rudiments** NPL *(basics)* primeiras noções fpl
rudimentary [ru:dɪ'mɛntərɪ] ADJ rudimentar
rue [ru:] VT arrepender-se de
rueful ['ru:ful] ADJ arrependido
ruff [rʌf] N rufo
ruffian ['rʌfɪən] N brigão m, desordeiro
ruffle ['rʌfl] VT *(hair)* despentear, desmanchar; *(clothes)* enrugar, amarrotar; *(fig: person)* perturbar, irritar
rug [rʌg] N tapete m; *(BRIT: for knees)* manta (de viagem)
rugby ['rʌgbɪ] N *(also: **rugby football**)* rúgbi m (BR), râguebi m (PT)

rugged ['rʌgɪd] ADJ *(landscape)* acidentado, irregular; *(features)* marcado; *(character)* severo, austero; *(determination)* teimoso
rugger ['rʌgə^r] *(BRIT inf)* N rúgbi m (BR), râguebi m (PT)
ruin ['ru:ɪn] N *(of building)* ruína; *(destruction: of plans)* destruição f; *(downfall)* queda; *(bankruptcy)* bancarrota ▶ VT destruir; *(future, person)* arruinar; *(spoil)* estragar; **ruins** NPL *(of building)* ruínas fpl; **in ~s** em ruínas
ruination [ru:ɪ'neɪʃən] N ruína
ruinous ['ru:ɪnəs] ADJ desastroso
rule [ru:l] N *(norm)* regra; *(regulation)* regulamento; *(government)* governo, domínio; *(ruler)* régua ▶ VT *(country, person)* governar; *(decide)* decidir; *(draw: lines)* traçar ▶ VI *(leader)* governar; *(monarch)* reger; *(Law)*: **to ~ in favour of/against** decidir oficialmente a favor de/contra; **to ~ that** *(umpire, judge)* decidir que; **under British ~** sob domínio britânico; **it's against the ~s** não é permitido; **by ~ of thumb** empiricamente; **as a ~** por via de regra, geralmente
▶ **rule out** VT excluir
ruled [ru:ld] ADJ *(paper)* pautado
ruler ['ru:lə^r] N *(sovereign)* soberano(-a); *(for measuring)* régua
ruling ['ru:lɪŋ] ADJ *(party)* dominante; *(class)* dirigente ▶ N *(Law)* parecer m, decisão f
rum [rʌm] N rum m ▶ ADJ *(BRIT inf)* esquisito
Rumania [ru:'meɪnɪə] N = **Romania**
rumble ['rʌmbl] N ruído surdo, barulho; *(of thunder)* estrondo, ribombo ▶ VI ribombar, ressoar; *(stomach)* roncar; *(pipe)* fazer barulho; *(thunder)* ribombar
rumbustious [rʌm'bʌstʃəs] *(BRIT)* ADJ *(person)* enérgico
rummage ['rʌmɪdʒ] VI vasculhar; **to ~ in** *(drawer)* vasculhar
rumour, *(US)* **rumor** ['ru:mə^r] N rumor m, boato ▶ VT: **it is ~ed that ...** corre o boato de que ...
rump [rʌmp] N *(of animal)* anca, garupa
rumple ['rʌmpl] VT *(hair)* despentear; *(clothes)* amarrotar
rump steak N alcatra
rumpus ['rʌmpəs] N barulho, confusão f, zorra; *(quarrel)* bate-boca m; **to kick up a ~** fazer um escândalo
run [rʌn] *(pt* **ran**, *pp* **run***)* N corrida; *(in car)* passeio (de carro); *(distance travelled)* trajeto, percurso; *(journey)* viagem f; *(series)* série f; *(Theatre)* temporada; *(Ski)* pista; *(in stockings)* fio puxado ▶ VT *(race)* correr; *(operate: business)* dirigir; *(: competition, course)* organizar; *(: hotel, house)* administrar; *(water)* deixar correr; *(bath)* encher; *(Press: feature)* publicar; *(Comput: program)* rodar; *(pass: hand, finger)* passar ▶ VI correr; *(pass: road etc)* passar; *(work: machine)* funcionar; *(bus, train: operate)* circular; *(: travel)* ir; *(continue: play)* continuar em cartaz; *(: contract)* ser válido; *(slide: drawer)*

deslizar; (*flow: river, bath*) fluir, correr; (*colours, washing*) desbotar; (*in election*) candidatar-se; (*nose*) escorrer; **to go for a ~** fazer cooper; (*in car*) dar uma volta (de carro); **to break into a ~** pôr-se a correr; **a ~ of luck** um período de sorte; **to have the ~ of sb's house** ter a casa de alguém à sua disposição; **there was a ~ on** (*meat, tickets*) houve muita procura de; **in the long ~** no final das contas, mais cedo ou mais tarde; **on the ~** em fuga, foragido; **to ~ for the bus** correr até o ônibus; **we'll have to ~ for it** vamos ter que correr atrás; **I'll ~ you to the station** vou te levar à estação; **to ~ a risk** correr um risco; **to ~ errands** fazer recados; **to make a ~ for it** fugir, dar no pé; **the train ~s between Gatwick and Victoria** o trem faz o percurso entre Gatwick e Victoria; **the bus ~s every 20 minutes** o ônibus passa a cada 20 minutos; **it's very cheap to ~** (*car, machine*) é muito econômico; **to ~ on petrol** (BRIT) or **gas** (US)/**on diesel/off batteries** funcionar a gasolina/a óleo diesel/a pilhas; **to ~ for president** candidatar-se à presidência, ser presidenciável; **their losses ran into millions** suas perdas se elevaram a milhões; **to be ~ off one's feet** (BRIT) não ter descanso, não parar um minuto; **my salary won't ~ to a car** meu salário não é suficiente para comprar um carro
▶ **run about** VI (*children*) correr por todos os lados
▶ **run across** VT FUS (*find*) encontrar por acaso, topar com, dar com
▶ **run around** VI = **run about**
▶ **run away** VI fugir
▶ **run down** VI (*clock*) parar ▶ VT (*Aut*) atropelar; (*production*) reduzir; (*factory*) reduzir a produção de; (*criticize*) criticar; **to be ~ down** (*tired*) estar enfraquecido or exausto
▶ **run in** (BRIT) VT (*car*) rodar
▶ **run into** VT FUS (*meet: person*) dar com, topar com; (: *trouble*) esbarrar em; (*collide with*) bater em; **to ~ into debt** endividar-se
▶ **run off** VT (*water*) deixar correr; (*copies*) fotocopiar ▶ VI fugir
▶ **run out** VI (*person*) sair correndo; (*liquid*) escorrer, esgotar-se; (*lease, passport*) caducar, vencer; (*money*) acabar
▶ **run out of** VT FUS ficar sem; **I've ~ out of petrol** (BRIT) or **gas** (US) estou sem gasolina
▶ **run over** VT (*Aut*) atropelar ▶ VT FUS (*revise*) recapitular
▶ **run through** VT FUS (*instructions*) examinar, recapitular; (*rehearse*) recapitular
▶ **run up** VT (*debt*) acumular ▶ VI: **to ~ up against** (*difficulties*) esbarrar em
runaway ['rʌnəweɪ] ADJ (*horse*) desembestado; (*truck*) desgovernado; (*person*) fugitivo; (*inflation*) galopante
rundown ['rʌndaʊn] (BRIT) N (*of industry etc*) redução *f* progressiva

rung [rʌŋ] PP of **ring** ▶ N (*of ladder*) degrau *m*
run-in (*inf*) N briga, bate-boca *m*
runner ['rʌnə^r] N (*in race: person*) corredor(a) *m/f*; (: *horse*) corredor *m*; (*on sledge*) patim *m*, lâmina; (*on curtain*) anel *m*; (*wheel*) roldana, roda; (*for drawer*) corrediça; (*carpet: in hall etc*) passadeira
runner bean (BRIT) N (*Bot*) vagem *f* (BR), feijão *m* verde (PT)
runner-up N segundo(-a) colocado(-a)
running ['rʌnɪŋ] N (*sport, race*) corrida; (*of business*) direção *f*; (*of event*) organização *f*; (*of machine etc*) funcionamento ▶ ADJ (*water*) corrente; (*commentary*) contínuo, seguido; **6 days ~** 6 dias seguidos or consecutivos; **to be in/out of the ~ for sth** disputar algo/estar fora da disputa por algo
running costs NPL (*of business*) despesas *fpl* operacionais; (*of car*) custos *mpl* de manutenção
running head N (*Typ*) título corrido
running mate (US) N (*Pol*) companheiro(-a) de chapa
runny ['rʌnɪ] ADJ (*sauce, paint*) aguado; (*egg*) mole; **to have a ~ nose** estar com coriza, estar com o nariz escorrendo
run-off N (*in contest, election*) segundo turno; (*extra race etc*) corrida decisiva
run-of-the-mill ADJ medíocre, ordinário
runt [rʌnt] N (*animal*) nanico; (*pej: person*) anão(-anã) *m/f*
run-through N ensaio
run-up N: **~ to sth** (*election etc*) período que antecede algo; **during** or **in the ~ to** nas vésperas de
runway ['rʌnweɪ] N (*Aviat*) pista (de decolagem or de pouso)
rupee [ruːˈpiː] N rupia
rupture ['rʌptʃə^r] N (*Med*) hérnia ▶ VT: **to ~ o.s.** provocar-se uma hérnia
rural ['ruərl] ADJ rural
ruse [ruːz] N ardil *m*, manha
rush [rʌʃ] N (*hurry*) pressa; (*Comm*) grande procura or demanda; (*Bot*) junco; (*current*) torrente *f*; (*of emotion*) ímpeto ▶ VT apressar; (*work*) fazer depressa; (*attack: town etc*) assaltar; (BRIT *inf: charge*) cobrar ▶ VI apressar-se, precipitar-se; (*air*) suprar impetuosamente; (*water*) afluir impetuosamente; **don't ~ me!** não me apresse!; **is there any ~ for this?** isso é urgente?; **to ~ sth off** (*do quickly*) fazer algo às pressas; (*send*) enviar depressa; **we've had a ~ of orders** recebimos uma enxurrada de pedidos; **to be in a ~** estar com pressa; **to do sth in a ~** fazer algo às pressas; **to be in a ~ to do sth** ter urgência em fazer algo
▶ **rush through** VT FUS (*work*) fazer às pressas ▶ VT (*Comm: order*) executar com toda a urgência
rush hour N rush *m* (BR), hora de ponta (PT)
rush job N trabalho urgente

rush matting [-'mætɪŋ] N tapete *m* de palha
rusk [rʌsk] N rosca
Russia ['rʌʃə] N Rússia
Russian ['rʌʃən] ADJ russo ▶ N russo(-a); (*Ling*) russo
rust [rʌst] N ferrugem *f* ▶ VI enferrujar
rustic ['rʌstɪk] ADJ rústico ▶ N (*pej*) caipira *m/f*
rustle ['rʌsl] VI sussurrar ▶ VT (*paper*) farfalhar; (*US: cattle*) roubar, afanar
rustproof ['rʌstpruːf] ADJ inoxidável, à prova de ferrugem
rustproofing ['rʌstpruːfɪŋ] N tratamento contra ferrugem

rusty ['rʌstɪ] ADJ enferrujado
rut [rʌt] N sulco; (*Zool*) cio; **to be in a ~** ser escravo da rotina
rutabaga [ruːtə'beɪɡə] (*US*) N rutabaga
ruthless ['ruːθlɪs] ADJ implacável, sem piedade
ruthlessness ['ruːθlɪsnɪs] N crueldade *f*, desumanidade *f*, insensibilidade *f*
RV ABBR (= *revised version*) *tradução inglesa da Bíblia de 1885* ▶ N ABBR (*US*) = **recreational vehicle**
rye [raɪ] N centeio
rye bread N pão *m* de centeio

Ss

S¹, s [ɛs] N (letter) S, s m; (US Sch: = satisfactory) satisfatório; **S for Sugar** S de Sandra
S² ABBR (= south) S; (= saint) S, Sto, Sta
SA N ABBR = **South Africa; South America**
Sabbath ['sæbəθ] N (Christian) domingo; (Jewish) sábado
sabbatical [sə'bætɪkl] N (also: **sabbatical year**) ano sabático or de licença
sabotage ['sæbətɑ:ʒ] N sabotagem f ▶ VT sabotar
saccharin, saccharine ['sækərɪn] N sacarina
sachet ['sæʃeɪ] N sachê m
sack [sæk] N (bag) saco, saca ▶ VT (dismiss) despedir; (plunder) saquear; **to get the ~** ser demitido; **to give sb the ~** pôr alguém no olho da rua, despedir alguém
sackful ['sækful] N: **a ~ of** um saco de
sacking ['sækɪŋ] N (dismissal) demissão f; (material) aniagem f
sacrament ['sækrəmənt] N sacramento
sacred ['seɪkrɪd] ADJ sagrado
sacrifice ['sækrɪfaɪs] N sacrifício ▶ VT sacrificar; **to make ~s (for sb)** fazer um sacrifício (por alguém)
sacrilege ['sækrɪlɪdʒ] N sacrilégio
sacrosanct ['sækrəusæŋkt] ADJ sacrossanto
sad [sæd] ADJ triste; (deplorable) deplorável, triste
sadden ['sædn] VT entristecer
saddle ['sædl] N sela; (of cycle) selim m ▶ VT (horse) selar; **to ~ sb with sth** (inf: task, bill) pôr algo nas costas de alguém; (: responsibility) sobrecarregar alguém com algo
saddlebag ['sædlbæg] N alforje m
sadism ['seɪdɪzm] N sadismo
sadist ['seɪdɪst] N sádico(-a)
sadistic [sə'dɪstɪk] ADJ sádico
sadly ['sædlɪ] ADV tristemente; (regrettably) infelizmente; (mistaken, neglected) gravemente; **~ lacking (in)** muito carente (de)
sadness ['sædnɪs] N tristeza
sae ABBR (= stamped addressed envelope) envelope selado e sobrescritado
safari [sə'fɑ:rɪ] N safári m
safari park N parque com animais selvagens
safe [seɪf] ADJ seguro; (out of danger) fora de perigo; (unharmed) ileso, incólume; (trustworthy) digno de confiança ▶ N cofre m, caixa-forte f; **~ from** protegido de; **~ and sound** são e salvo; **(just) to be on the ~ side** por via das dúvidas; **to play ~** não correr riscos; **it is ~ to say that ...** posso afirmar que ...; **~ journey!** boa viagem!
safe-breaker (BRIT) N arrombador m de cofres
safe-conduct N salvo-conduto
safe-cracker N arrombador m de cofres
safe-deposit N (vault) cofre m de segurança; (box) caixa-forte f
safeguard ['seɪfgɑ:d] N salvaguarda, proteção f ▶ VT proteger, defender
safekeeping [seɪf'ki:pɪŋ] N custódia, proteção f
safely ['seɪflɪ] ADV com segurança, a salvo; (without mishap) sem perigo; **I can ~ say ...** posso seguramente dizer ...
safety ['seɪftɪ] N segurança
safety belt N cinto de segurança
safety curtain N cortina de ferro
safety net N rede f de segurança
safety pin N alfinete m de segurança
safety valve N válvula de segurança
saffron ['sæfrən] N açafrão m
sag [sæg] VI (breasts) cair; (roof) afundar; (hem) desmanchar
saga ['sɑ:gə] N saga; (fig) novela
sage [seɪdʒ] N (herb) salva; (man) sábio
Sagittarius [sædʒɪ'tɛərɪəs] N Sagitário
sago ['seɪgəu] N sagu m
Sahara [sə'hɑ:rə] N: **the ~ (Desert)** o Saara
said [sɛd] PT, PP of **say**
sail [seɪl] N (on boat) vela; (trip): **to go for a ~** dar um passeio de barco a vela ▶ VT (boat) governar ▶ VI (travel: ship) navegar, velejar; (: passenger) ir de barco; (Sport) velejar; (set off) zarpar; **to set ~** zarpar; **they ~ed into Rio de Janeiro** entraram no porto do Rio de Janeiro
▶ **sail through** VT FUS (fig) fazer com facilidade ▶ VI fazer de letra, fazer com um pé nas costas
sailboat ['seɪlbəut] (US) N barco a vela
sailing ['seɪlɪŋ] N (Sport) navegação f a vela, vela; **to go ~** ir velejar
sailing boat N barco a vela
sailing ship N veleiro
sailor ['seɪləʳ] N marinheiro, marujo
saint [seɪnt] N santo(-a); **S~ John** São João

saintly ['seɪntlɪ] ADJ santo; *(life, expression)* de santo

sake [seɪk] N: **for the ~ of** por (causa de), em consideração a; **for sb's/sth's ~** pelo bem de alguém/algo; **for my ~** por mim; **arguing for arguing's ~** brigar por brigar; **for the ~ of argument** por exemplo; **for heaven's ~!** pelo amor de Deus!

salad ['sæləd] N salada
salad bowl N saladeira
salad cream (BRIT) N maionese *f*
salad dressing N tempero *or* molho da salada
salad oil N azeite *m* de mesa
salami [sə'lɑːmɪ] N salame *m*
salaried ['sælərɪd] ADJ *(staff)* assalariado
salary ['sælərɪ] N salário
salary scale N escala salarial
sale [seɪl] N venda; *(at reduced prices)* liquidação *f*, saldo; *(auction)* leilão *m*; **sales** NPL *(total amount sold)* vendas *fpl*; **"for ~"** "vende-se"; **on ~** à venda; **on ~ or return** em consignação; **~ and lease back** *venda com cláusula de aluguel ao vendedor do item vendido*
saleroom ['seɪlrʊm] N sala de vendas
sales assistant, (US) **sales clerk** N vendedor(a) *m/f*
sales conference N conferência de vendas
sales drive N campanha de vendas
sales force N equipe *m* de vendas
salesman ['seɪlzmən] *(irreg: like* **man***)* N vendedor *m*; *(representative)* vendedor *m* viajante
sales manager N gerente *m/f* de vendas
salesmanship ['seɪlzmənʃɪp] N arte *f* de vender
salesmen ['seɪlzmɛn] NPL *of* **salesman**
sales tax (US) N ≈ ICM *m* (BR), ≈ IVA *m* (PT)
saleswoman ['seɪlzwʊmən] *(irreg: like* **woman***)* N vendedora; *(representative)* vendedora viajante
salient ['seɪlɪənt] ADJ saliente
saline ['seɪlaɪn] ADJ salino
saliva [sə'laɪvə] N saliva
sallow ['sæləʊ] ADJ amarelado
sally forth ['sælɪ-] VI partir, pôr-se em marcha
sally out ['sælɪ-] VI partir, pôr-se em marcha
salmon ['sæmən] N INV salmão *m*
salon ['sælɔn] N *(hairdressing salon)* salão *m* (de cabeleireiro); *(beauty salon)* salão (de beleza)
saloon [sə'luːn] N (US) bar *m*, botequim *m*; (BRIT Aut) sedã *m*; *(ship's lounge)* salão *m*
salt [sɔːlt] N sal *m* ▶ VT salgar ▶ CPD de sal; *(Culin)* salgado; **an old ~** um lobo-do-mar
▶ **salt away** VT pôr de lado
salt cellar N saleiro
salt-free ADJ sem sal
saltwater ['sɔːltwɔːtə^r] ADJ de água salgada
salty ['sɔːltɪ] ADJ salgado
salubrious [sə'luːbrɪəs] ADJ salubre, sadio
salutary ['sæljʊtərɪ] ADJ salutar
salute [sə'luːt] N *(greeting)* saudação *f*; *(of guns)* salva; *(Mil)* continência ▶ VT saudar; *(guns)* receber com salvas; *(Mil)* fazer continência a

salvage ['sælvɪdʒ] N *(saving)* salvamento, recuperação *f*; *(things saved)* salvados *mpl* ▶ VT salvar
salvage vessel N navio de salvamento
salvation [sæl'veɪʃən] N salvação *f*
Salvation Army N Exército da Salvação
salve [sælv] N *(cream etc)* unguento, pomada
salver ['sælvə^r] N bandeja, salva
salvo ['sælvəʊ] *(pl* **salvoes***)* N salva
Samaritan [sə'mærɪtən] N: **the ~s** *(organization)* os Samaritanos
same [seɪm] ADJ mesmo ▶ PRON: **the ~** o mesmo/a mesma; **the ~ book as** o mesmo livro que; **at the ~ time** ao mesmo tempo; **on the ~ day** no mesmo dia; **all** *or* **just the ~** apesar de tudo, mesmo assim; **it's all the ~** dá no mesmo, tanto faz; **they're one and the ~** *(people)* são os mesmos; *(things)* são idênticos; **to do the ~ (as sb)** fazer o mesmo (que alguém); **the ~ to you!** igualmente!; **~ here!** eu também!; **the ~ again!** *(in bar etc)* mais um ... por favor!
same-sex marriage ['seɪmsɛks-] N casamento do mesmo sexo
sample ['sɑːmpl] N amostra ▶ VT *(food, wine)* provar, experimentar; **to take a ~** tirar uma amostra; **free ~** amostra grátis
sanatoria [sænə'tɔːrɪə] NPL *of* **sanatorium**
sanatorium [sænə'tɔːrɪəm] *(pl* **sanatoria***)* N sanatório
sanctify ['sæŋktɪfaɪ] VT santificar
sanctimonious [sæŋktɪ'məʊnɪəs] ADJ carola, beato
sanction ['sæŋkʃən] N sanção *f* ▶ VT sancionar; **sanctions** NPL *(severe measures)* sanções *fpl*; **to impose economic ~s on** *or* **against** impor sanções econômicas a
sanctity ['sæŋktɪtɪ] N santidade *f*, divindade *f*; *(inviolability)* inviolabilidade *f*
sanctuary ['sæŋktjʊərɪ] N *(holy place)* santuário; *(refuge)* refúgio, asilo; *(for animals)* reserva
sand [sænd] N areia; *(beach: also:* **sands***)* praia ▶ VT arear, jogar areia em; *(also:* **sand down***: wood etc)* lixar
sandal ['sændl] N sandália; *(wood)* sândalo
sandbag ['sændbæg] N saco de areia
sandbank ['sændbæŋk] N banco de areia
sandblast ['sændblɑːst] VT limpar com jato de areia
sandbox ['sændbɔks] (US) N *(for children)* caixa de areia
sand castle N castelo de areia
sand dune N duna de areia
sandpaper ['sændpeɪpə^r] N lixa
sandpit ['sændpɪt] (BRIT) N *(for children)* caixa de areia
sandstone ['sændstəʊn] N arenito, grés *m*
sandstorm ['sændstɔːm] N tempestade *f* de areia
sandwich ['sændwɪtʃ] N sanduíche *m* (BR), sandes *f inv* (PT) ▶ VT *(also:* **sandwich in***)* intercalar; **~ed between** encaixado entre;

cheese/ham ~ sanduíche (BR) or sandes (PT) de queijo/presunto
sandwich board N cartaz m ambulante
sandwich course (BRIT) N curso profissionalizante de teoria e prática alternadas
sandy ['sændɪ] ADJ arenoso; (colour) vermelho amarelado
sane [seɪn] ADJ são/sã do juízo; (sensible) ajuizado, sensato
sang [sæŋ] PT of **sing**
sanguine ['sæŋgwɪn] ADJ otimista
sanitaria [sænɪ'tɛərɪə] (US) NPL of **sanitarium**
sanitarium [sænɪ'tɛərɪəm] (US pl **sanitaria**) N = **sanatorium**
sanitary ['sænɪtərɪ] ADJ (system, arrangements) sanitário; (clean) higiênico
sanitary towel, (US) **sanitary napkin** N toalha higiênica or absorvente
sanitation [sænɪ'teɪʃən] N (in house) instalações fpl sanitárias; (in town) saneamento
sanitation department (US) N comissão f de limpeza urbana
sanity ['sænɪtɪ] N sanidade f, equilíbrio mental; (common sense) juízo, sensatez f
sank [sæŋk] PT of **sink**
San Marino ['sænmə'riːnəu] N San Marino (no article)
Santa Claus [sæntə'klɔːz] N Papai Noel m
Santiago [sæntɪ'ɑːgəu] N (also: **Santiago de Chile**) Santiago (do Chile)
sap [sæp] N (of plants) seiva ▶ VT (strength) esgotar, minar
sapling ['sæplɪŋ] N árvore f nova
sapphire ['sæfaɪə^r] N safira
sarcasm ['sɑːkæzm] N sarcasmo
sarcastic [sɑː'kæstɪk] ADJ sarcástico
sarcophagi [sɑː'kɔfəgaɪ] NPL of **sarcophagus**
sarcophagus [sɑː'kɔfəgəs] (pl **sarcophagi**) N sarcófago
sardine [sɑː'diːn] N sardinha
Sardinia [sɑː'dɪnɪə] N Sardenha
Sardinian [sɑː'dɪnɪən] ADJ sardo ▶ N sardo(-a); (Ling) sardo
sardonic [sɑː'dɔnɪk] ADJ sardônico
sari ['sɑːrɪ] N sári m
sartorial [sɑː'tɔːrɪəl] ADJ indumentário
SAS (BRIT) N ABBR (Mil) = **Special Air Service**
SASE (US) N ABBR (= self-addressed stamped envelope) envelope selado e sobrescritado
sash [sæʃ] N faixa, banda; (belt) cinto
sash window N janela de guilhotina
SAT (US) N ABBR = **Scholastic Aptitude Test**
sat [sæt] PT, PP of **sit**
Sat. ABBR (= Saturday) sáb.
Satan ['seɪtn] N Satanás m, Satã m
satanic [sə'tænɪk] ADJ satânico, diabólico
satchel ['sætʃl] N sacola
sated ['seɪtɪd] ADJ saciado, farto
satellite ['sætəlaɪt] N satélite m
satellite dish N antena parabólica
satellite television N televisão f via satélite
satiate ['seɪʃɪeɪt] VT saciar

satin ['sætɪn] N cetim m ▶ ADJ acetinado; **with a ~ finish** acetinado
satire ['sætaɪə^r] N sátira
satirical [sə'tɪrɪkl] ADJ satírico
satirist ['sætɪrɪst] N (writer) satirista m/f; (cartoonist) chargista m/f
satirize ['sætɪraɪz] VT satirizar
satisfaction [sætɪs'fækʃən] N satisfação f; (refund, apology etc) compensação f; **has it been done to your ~?** você está satisfeito?
satisfactory [sætɪs'fæktərɪ] ADJ satisfatório
satisfy ['sætɪsfaɪ] VT satisfazer; (convince) convencer, persuadir; **to ~ the requirements** satisfazer as exigências; **to ~ sb (that)** convencer alguém (de que); **to ~ o.s. of sth** convencer-se de algo
satisfying ['sætɪsfaɪɪŋ] ADJ satisfatório
satsuma [sæt'suːmə] N mexerica, tangerina
saturate ['sætʃəreɪt] VT: **to ~ (with)** saturar or embeber (de)
saturation [sætʃə'reɪʃən] N saturação f
Saturday ['sætədɪ] N sábado; see also **Tuesday**
sauce [sɔːs] N molho; (sweet) calda; (fig: cheek) atrevimento
saucepan ['sɔːspən] N panela (BR), caçarola (PT)
saucer ['sɔːsə^r] N pires m inv
saucy ['sɔːsɪ] ADJ atrevido, descarado; (flirtatious) flertivo, provocante
Saudi ['saudɪ] ADJ, N (also: **Saudi Arabia**) Arábia Saudita; (also: **Saudi Arabian**) saudita m/f
Saudi Arabian ADJ, N saudita m/f
sauna ['sɔːnə] N sauna
saunter ['sɔːntə^r] VI: **to ~ over/along/into** andar devagar para/por/entrar devagar em
sausage ['sɔsɪdʒ] N salsicha, linguiça; (cold meat) frios mpl
sausage roll N folheado de salsicha
sauté ['səuteɪ] ADJ (Culin: potatoes) sauté; (: onions) frito rapidamente ▶ VT fritar levemente
savage ['sævɪdʒ] ADJ (cruel, fierce) cruel, feroz; (primitive) selvagem ▶ N selvagem m/f ▶ VT (attack) atacar ferozmente
savagery ['sævɪdʒrɪ] N selvageria, ferocidade f
save [seɪv] VT (rescue, Comput) salvar; (money) poupar, economizar; (time) ganhar; (put by: food) guardar; (Sport) impedir; (avoid: trouble) evitar; (keep: seat) guardar ▶ VI (also: **save up**) poupar ▶ N (Sport) salvamento ▶ PREP salvo, exceto; **it will ~ me an hour** vou ganhar uma hora; **to ~ face** salvar as aparências; **God ~ the Queen!** Deus salve a Rainha!
saving ['seɪvɪŋ] N (on price etc) economia ▶ ADJ: **the ~ grace of** o único mérito de; **savings** NPL (money) economias fpl; **to make ~s** economizar
savings account N (caderneta de) poupança
savings bank N caixa econômica, caderneta de poupança
saviour, (US) **savior** ['seɪvjə^r] N salvador(a) m/f
savour, (US) **savor** ['seɪvə^r] N sabor m ▶ VT saborear; (experience) apreciar

savoury, (US) **savory** ['seɪvərɪ] ADJ saboroso; (dish: not sweet) salgado
savvy ['sævɪ] (inf) N juízo
saw [sɔ:] PT of **see** ▶ VT (pt **sawed**, pp **sawed** or **sawn**) serrar ▶ N (tool) serra; **to ~ sth up** serrar algo em pedaços
sawdust ['sɔ:dʌst] N serragem f, pó m de serra
sawed-off shotgun [sɔ:d-] (US) N = **sawn-off shotgun**
sawmill ['sɔ:mɪl] N serraria
sawn [sɔ:n] PP of **saw**
sawn-off shotgun (BRIT) N espingarda de cano serrado
sax [sæks] (inf) N saxofone m
saxophone ['sæksəfəʊn] N saxofone m
say [seɪ] VT (pt, pp **said**) dizer, falar ▶ N: **to have one's ~** exprimir sua opinião, vender seu peixe (inf); **to have a** or **some ~ in sth** opinar sobre algo, ter que ver com algo; **~ after me ...** repita comigo ...; **to ~ yes/no** dizer (que) sim/não; **could you ~ that again?** poderia repetir?; **she said (that) I was to give you this** ela disse que eu deveria te dar isso; **my watch ~s 3 o'clock** meu relógio marca 3 horas; **shall we ~ Tuesday?** marcamos para terça?; **I should ~ it's worth about £100** acho que vale mais ou menos £100; **that doesn't ~ much for him** aquilo não o favorece; **when all is said and done** afinal das contas; **there is something** or **a lot to be said for it** isto tem muitas vantagens; **that is to ~** ou seja; **to ~ nothing of ...** por não falar em ...; **~ that ...** vamos supor que ...; **that goes without ~ing** é óbvio, nem é preciso dizer
saying ['seɪɪŋ] N ditado, provérbio
SBA (US) N ABBR (= Small Business Administration) órgão de auxílio às pequenas empresas
SC (US) N ABBR = **Supreme Court** ▶ ABBR (Post) = **South Carolina**
s/c ABBR = **self-contained**
scab [skæb] N casca, crosta (de ferida); (pej) fura-greve m/f inv
scabby ['skæbɪ] ADJ cheio de casca or cicatrizes
scaffold ['skæfəʊld] N (for execution) cadafalso, patíbulo
scaffolding ['skæfəʊldɪŋ] N andaime m
scald [skɔ:ld] N escaldadura ▶ VT escaldar, queimar
scalding ['skɔ:ldɪŋ] ADJ (also: **scalding hot**) escaldante
scale [skeɪl] N (gen, Mus) escala; (of fish) escama; (of salaries, fees etc) tabela; (of map, also size, extent) escala ▶ VT (mountain) escalar; (fish) escamar; **scales** NPL (for weighing) balança; **pay ~** tabela de salários; **on a large ~** em grande escala; **~ of charges** tarifa, lista de preços; **to draw sth to ~** desenhar algo em escala; **small-~ model** modelo reduzido
▶ **scale down** VT reduzir
scale drawing N desenho em escala
scale model N maquete f em escala

scallion ['skæljən] N cebola
scallop ['skɔləp] N (Zool) vieira, venera; (Sewing) barra, arremate m
scalp [skælp] N couro cabeludo ▶ VT escalpar
scalpel ['skælpl] N bisturi m
scalper ['skælpə'] (US inf) N (of tickets) cambista m/f
scam [skæm] (inf) N maracutaia, falcatrua
scamp [skæmp] N moleque m
scamper ['skæmpə'] VI: **to ~ away** or **off** sair correndo
scampi ['skæmpɪ] NPL camarões mpl fritos
scan [skæn] VT (examine) esquadrinhar, perscrutar; (glance at quickly) passar uma vista de olhos por; (TV, Radar) explorar ▶ N (Med) exame m
scandal ['skændl] N escândalo; (gossip) fofocas fpl; (fig: disgrace) vergonha
scandalize ['skændəlaɪz] VT escandalizar
scandalous ['skændələs] ADJ escandaloso; (disgraceful) vergonhoso; (libellous) difamatório, calunioso
Scandinavia [skændɪ'neɪvɪə] N Escandinávia
Scandinavian [skændɪ'neɪvɪən] ADJ, N escandinavo(-a)
scanner ['skænə'] N (Radar) antena; (Med, Comput) scanner m
scant [skænt] ADJ escasso, insuficiente
scantily ['skæntɪlɪ] ADV: **~ clad** or **dressed** precariamente vestido
scanty ['skæntɪ] ADJ (meal) insuficiente, pobre; (underwear) sumário
scapegoat ['skeɪpgəʊt] N bode m expiatório
scar [skɑ:] N cicatriz f ▶ VT marcar (com uma cicatriz)
scarce [skɛəs] ADJ escasso, raro; **to make o.s. ~** (inf) dar o fora, cair fora
scarcely ['skɛəslɪ] ADV mal, quase não; (with numbers: barely) apenas; **~ anybody** quase ninguém; **I can ~ believe it** mal posso acreditar
scarcity ['skɛəsɪtɪ] N escassez f
scarcity value N valor m de escassez
scare [skɛə'] N susto; (panic) pânico ▶ VT assustar; **to ~ sb stiff** deixar alguém morrendo de medo; **bomb ~** alarme de bomba
▶ **scare away** VT espantar
▶ **scare off** VT = **scare away**
scarecrow ['skɛəkrəʊ] N espantalho
scared [skɛəd] ADJ: **to be ~** estar assustado or com medo
scaremonger ['skɛəmʌŋgə'] N alarmista m/f
scarf [skɑ:f] (pl **scarfs** or **scarves**) N (long) cachecol m; (square) lenço (de cabeça)
scarlet ['skɑ:lɪt] ADJ escarlate
scarlet fever N escarlatina
scarves [skɑ:vz] NPL of **scarf**
scary ['skɛərɪ] (inf) ADJ assustador(a)
scathing ['skeɪðɪŋ] ADJ mordaz; **to be ~ about sth** fazer uma crítica mordaz sobre algo
scatter ['skætə'] VT (spread) espalhar; (put to flight) dispersar ▶ VI espalhar-se

scatterbrained ['skætəbreɪnd] (inf) ADJ desmiolado, avoado; (forgetful) esquecido
scattered ['skætəd] ADJ espalhado
scatty ['skætɪ] (BRIT inf) ADJ maluquinho
scavenge ['skævəndʒ] VI (person): **to ~ (for)** filar; **to ~ for food** (hyenas etc) procurar comida
scavenger ['skævəndʒə'] N (person) pessoa que procura comida no lixo; (Zool) animal m (or ave f) que se alimenta de carniça
scenario [sɪ'nɑ:rɪəu] N (Theatre, Cinema) sinopse f; (fig) quadro
scene [si:n] N (Theatre, fig) cena; (of crime, accident) cenário; (sight) vista, panorama m; (fuss) escândalo; **behind the ~s** nos bastidores; **to make a ~** (inf: fuss) fazer um escândalo; **to appear on the ~** entrar em cena; **the political ~** o panorama político
scenery ['si:nərɪ] N (Theatre) cenário; (landscape) paisagem f
scenic ['si:nɪk] ADJ pitoresco
scent [sɛnt] N perfume m; (smell) aroma; (track, fig) pista, rastro; (sense of smell) olfato ▶ VT perfumar; **to put** or **throw sb off the ~** despistar alguém
scepter ['sɛptə'] (US) N = **sceptre**
sceptic, (US) **skeptic** ['skɛptɪk] N cético(-a)
sceptical, (US) **skeptical** ['skɛptɪkl] ADJ cético
scepticism, (US) **skepticism** ['skɛptɪsɪzm] N ceticismo
sceptre, (US) **scepter** ['sɛptə'] N cetro
schedule [(BRIT) 'ʃɛdju:l, (US) 'skɛdju:l] N (of trains) horário; (of events) programa m; (plan) plano; (list) lista ▶ VT (timetable) planejar; (visit) marcar (a hora de); **as ~d** como previsto; **the meeting is ~d for 7.00** a reunião está programada para as 7.00h; **on ~** na hora, sem atraso; **to be ahead of/behind ~** estar adiantado/atrasado; **we are working to a very tight ~** nosso horário está muito apertado; **everything went according to ~** tudo correu como planejado
scheduled ['ʃɛdju:ld, (US) 'skɛdju:ld] ADJ (date, time) marcado; (visit, event) programado; (train, bus, flight) de linha
schematic [skɪ'mætɪk] ADJ esquemático
scheme [ski:m] N (plan, plot) maquinação f; (method) método; (pension scheme etc) projeto; (trick) ardil m; (arrangement) arranjo ▶ VI conspirar
scheming ['ski:mɪŋ] ADJ intrigante ▶ N intrigas fpl
schism ['skɪzəm] N cisma m
schizophrenia [skɪtsəu'fri:nɪə] N esquizofrenia
schizophrenic [skɪtsə'frɛnɪk] ADJ esquizofrênico
scholar ['skɔlə'] N (pupil) aluno(-a), estudante m/f; (learned person) sábio(-a), erudito(-a)
scholarly ['skɔləlɪ] ADJ erudito
scholarship ['skɔləʃɪp] N erudição f; (grant) bolsa de estudos

school [sku:l] N escola; (in university) faculdade f; (secondary school) colégio; (US: university) universidade f; (of fish) cardume m ▶ CPD escolar ▶ VT (animal) adestrar, treinar
school age N idade f escolar
schoolbook ['sku:lbuk] N livro escolar
schoolboy ['sku:lbɔɪ] N aluno
schoolchildren ['sku:ltʃɪldrən] NPL alunos mpl
schooldays ['sku:ldeɪz] NPL anos mpl escolares
schoolgirl ['sku:lgə:l] N aluna
schooling ['sku:lɪŋ] N educação f, ensino
school-leaving age [-'li:vɪŋ-] N idade f em que se termina a escola
schoolmaster ['sku:lmɑ:stə'] N professor m
schoolmistress ['sku:lmɪstrɪs] N professora
school report (BRIT) N boletim m escolar
schoolroom ['sku:lrum] N sala de aula
school run (BRIT) N: **to do the ~** levar as crianças à escola (de carro)
schoolteacher ['sku:lti:tʃə'] N professor(a) m/f
schooner ['sku:nə'] N (ship) escuna; (glass) caneca, canecão m
sciatica [saɪ'ætɪkə] N ciática
science ['saɪəns] N ciência
science fiction N ficção f científica
scientific [saɪən'tɪfɪk] ADJ científico
scientist ['saɪəntɪst] N cientista m/f
sci-fi ['saɪfaɪ] (inf) N ABBR = **science fiction**
Scillies ['sɪlɪz] NPL: **the ~** as ilhas Scilly
Scilly Isles ['sɪlɪ'aɪlz] NPL: **the ~** as ilhas Scilly
scintillating ['sɪntɪleɪtɪŋ] ADJ (wit etc) brilhante
scissors ['sɪzəz] NPL tesoura; **a pair of ~** uma tesoura
sclerosis [sklɪ'rəusɪs] N esclerose f
scoff [skɔf] VT (BRIT inf: eat) engolir ▶ VI: **to ~ (at)** (mock) zombar (de)
scold [skəuld] VT ralhar
scolding ['skəuldɪŋ] N repreensão f
scone [skɔn] N bolinho de trigo
scoop [sku:p] N colherona; (for flour etc) pá f; (Press) furo (jornalístico)
▶ **scoop out** VT escavar
▶ **scoop up** VT recolher
scooter ['sku:tə'] N (also: **motor scooter**) lambreta; (toy) patinete m
scope [skəup] N liberdade f de ação; (of plan, undertaking) âmbito; (reach) alcance m; (of person) competência; (opportunity) oportunidade f; **within the ~ of** dentro dos limites de; **there is plenty of ~ for improvement** (BRIT) poderia ser muito melhor
scorch [skɔ:tʃ] VT (clothes) chamuscar; (earth, grass) secar, queimar
scorched earth policy [skɔ:tʃt-] N tática da terra arrasada
scorcher ['skɔ:tʃə'] (inf) N (hot day) dia m muito quente
scorching ['skɔ:tʃɪŋ] ADJ ardente
score [skɔ:'] N (points etc) escore m, contagem f; (Mus) partitura; (reckoning) conta; (twenty)

vintena ▶vt (*goal, point*) fazer; (*mark*) marcar, entalhar; (*success*) alcançar ▶vi (*in game*) marcar; (*Football*) marcar or fazer um gol; (*keep score*) marcar o escore; **on that ~** a esse respeito, por esse motivo; **to have an old ~ to settle with sb** (*fig*) ter umas contas a ajustar com alguém; **~s of** (*fig*) um monte de; **to keep (the) ~** marcar os pontos; **to ~ 6 out of 10** tirar nota 6 num total de 10
▶ **score out** vt riscar

scoreboard ['skɔːbɔːd] N marcador m, placar m
scorecard ['skɔːkɑːd] N (*Sport*) cartão m de marcação
scorer ['skɔːrəʳ] N marcador(a) m/f
scorn [skɔːn] N desprezo ▶vt desprezar, rejeitar
scornful ['skɔːnful] ADJ desdenhoso, zombador(a)
Scorpio ['skɔːpɪəu] N Escorpião m
scorpion ['skɔːpɪən] N escorpião m
Scot [skɔt] N escocês(-esa) m/f
Scotch [skɔtʃ] N uísque m (BR) or whisky m (PT) escocês
scotch [skɔtʃ] vt (*rumour*) desmentir; (*plan*) estragar
Scotch tape® N fita adesiva, durex® m (BR)
scot-free ADJ: **to get off ~** (*unpunished*) sair impune; (*unhurt*) sair ileso
Scotland ['skɔtlənd] N Escócia
Scots [skɔts] ADJ escocês(-esa)
Scotsman ['skɔtsmən] (*irreg: like* **man**) N escocês m
Scotswoman ['skɔtswumən] (*irreg: like* **woman**) N escocesa
Scottish ['skɔtɪʃ] ADJ escocês(-esa)
scoundrel ['skaundrəl] N canalha m/f, patife m
scour ['skauəʳ] vt (*clean*) limpar, esfregar; (*search*) esquadrinhar, procurar em
scourer ['skauəʳ] N esponja de aço, bombril® m (BR)
scourge [skəːdʒ] N flagelo, tormento
scout [skaut] N (*Mil*) explorador m, batedor m; (*also*: **boy scout**) escoteiro; **girl ~** (US) escoteira
▶ **scout around** vi explorar
scowl [skaul] vi franzir a testa; **to ~ at sb** olhar de cara feia para alguém
scrabble ['skræbl] vi (*claw*): **to ~ at** arranhar ▶ N: **S~**® mexe-mexe m; **to ~ (around) for sth** (*search*) tatear procurando algo
scraggy ['skrægɪ] ADJ magricela, descarnado
scram [skræm] (*inf*) vi dar o fora, safar-se
scramble ['skræmbl] N (*climb*) escalada (difícil); (*struggle*) luta ▶vi: **to ~ out/ through** conseguir sair com dificuldade; **to ~ for** lutar por
scrambled eggs ['skræmbld-] NPL ovos mpl mexidos
scrap [skræp] N (*of paper*) pedacinho; (*of material*) fragmento; (*fig: of truth*) mínimo; (*fight*) rixa, luta; (*also*: **scrap iron**) ferro velho, sucata ▶vt sucatar, jogar no ferro velho; (*fig*) descartar, abolir ▶vi brigar; **scraps** NPL (*leftovers*) sobras fpl, restos mpl; **to sell sth for ~** vender algo como sucata

scrapbook ['skræpbuk] N álbum m de recortes
scrap dealer N ferro-velho m, sucateiro(-a)
scrape [skreɪp] N (*fig*): **to get into a ~** meter-se numa enrascada ▶vt raspar; (*also*: **scrape against**: *hand, car*) arranhar, roçar
▶ vi: **to ~ through** (*in exam*) passar raspando
▶ **scrape together** vt (*money*) juntar com dificuldade
scraper ['skreɪpəʳ] N raspador m
scrap heap N (*fig*): **on the ~** rejeitado, jogado fora
scrap merchant (BRIT) N sucateiro(-a)
scrap metal N sucata, ferro-velho
scrap paper N papel m de rascunho
scrappy ['skræpɪ] ADJ (*piece of work*) desconexo; (*speech*) incoerente, desconexo; (*bitty*) fragmentário
scrap yard N ferro-velho
scratch [skrætʃ] N arranhão m; (*from claw*) arranhadura ▶ CPD: **~ team** time m improvisado, escrete m ▶vt (*rub: one's nose etc*) coçar; (*with claw, nail*) arranhar, unhar; (*damage: paint, car*) arranhar ▶ vi coçar(-se); **to start from ~** partir do zero; **to be up to ~** estar à altura (das circunstâncias)
scratch pad (US) N bloco de rascunho
scrawl [skrɔːl] N garrancho, garatujas fpl ▶ vi garatujar, rabiscar
scrawny ['skrɔːnɪ] ADJ magricela
scream [skriːm] N grito ▶ vi gritar; **it was a ~** (*inf*) foi engraçadíssimo; **to ~ at sb** gritar com alguém
scree [skriː] N seixos mpl
screech [skriːtʃ] vi guinchar ▶ N guincho
screen [skriːn] N (*Cinema, TV, Comput*) tela (BR), ecrã m (PT); (*movable*) biombo; (*wall*) tapume m; (*also*: **windscreen**) para-brisa m; (*fig*) cortina ▶vt (*conceal*) esconder, tapar; (*from the wind etc*) proteger; (*film*) projetar; (*candidates etc, Med*) examinar
screen editing [-'ɛdɪtɪŋ] N (*Comput*) edição f na tela
screening ['skriːnɪŋ] N (*Med*) exame m médico; (*of film*) exibição f; (*for security*) controle m
screen memory N (*Comput*) memória da tela
screenplay ['skriːnpleɪ] N roteiro
screensaver ['skriːnseɪvəʳ] N protetor m de tela
screenshot ['skriːnʃɔt] N (*Comput*) captura de tela
screen test N teste m de cinema
screw [skruː] N parafuso; (*propeller*) hélice f
▶vt aparafusar; (*also*: **screw in**) apertar, atarraxar; (*!: have sex with*) comer (!), trepar com (!); **to ~ sth to the wall** pregar algo na parede; **to have one's head ~ed on** (*fig*) ter juízo
▶ **screw up** vt (*paper etc*) amassar; (*inf: ruin*) estragar; **to ~ up one's eyes** franzir os olhos; **to ~ up one's face** contrair as feições

screwdriver ['skru:draɪvəʳ] N chave f de fenda or de parafuso

screwy ['skru:ɪ] (inf) ADJ maluco, estranho

scribble ['skrɪbl] N garrancho ▶ VT escrevinhar ▶ VI rabiscar; **to ~ sth down** anotar algo apressadamente

scribe [skraɪb] N escriba m/f

script [skrɪpt] N (Cinema etc) roteiro, script m; (writing) escrita, caligrafia

scripted ['skrɪptɪd] ADJ (Radio, TV) com script

Scripture ['skrɪptʃəʳ] N, **Scriptures** ['skrɪptʃəz] NPL Sagrada Escritura

scriptwriter ['skrɪptraɪtəʳ] N roteirista m/f

scroll [skrəul] N rolo de pergaminho ▶ VT (Comput) rolar

▶ **scroll up/down** VI rolar o texto para cima/para baixo

scrotum ['skrəutəm] N escroto

scrounge [skraundʒ] (inf) VT: **to ~ sth off** or **from sb** filar algo de alguém ▶ VI: **to ~ on sb** viver às custas de alguém ▶ N: **on the ~** viver às custas de alguém (or dos outros etc)

scrounger ['skraundʒəʳ] (inf) N filão(-lona) m/f

scrub [skrʌb] N (clean) esfregação f, limpeza; (land) mato, cerrado ▶ VT esfregar; (inf: reject) cancelar, eliminar

scrubbing brush ['skrʌbɪŋ-] N escova de esfrega

scruff [skrʌf] N: **by the ~ of the neck** pelo cangote

scruffy ['skrʌfɪ] ADJ desmazelado

scrum ['skrʌm], **scrummage** ['skrʌmɪdʒ] N rolo

scruple ['skru:pl] N escrúpulo; **to have no ~s about doing sth** não ter escrúpulos em fazer algo

scrupulous ['skru:pjuləs] ADJ escrupuloso

scrupulously ['skru:pjələslɪ] ADV escrupulosamente

scrutinize ['skru:tɪnaɪz] VT examinar minuciosamente; (votes) escrutinar

scrutiny ['skru:tɪnɪ] N escrutínio, exame m cuidadoso; **under the ~ of** vigiado por

scuba ['sku:bə] N equipamento de mergulho

scuba diving N mergulho

scuff [skʌf] VT desgastar

scuffle ['skʌfl] N tumulto

scull [skʌl] N ginga

scullery ['skʌlərɪ] N copa

sculptor ['skʌlptəʳ] N escultor(a) m/f

sculpture ['skʌlptʃəʳ] N escultura

scum [skʌm] N (on liquid) espuma; (pej: people) ralé f, gentinha; (fig) escória

scupper ['skʌpəʳ] (BRIT) VT (ship) afundar; (inf: plans) estragar

scurrilous ['skʌrɪləs] ADJ calunioso

scurry ['skʌrɪ] VI sair correndo

▶ **scurry off** VI sair correndo, dar no pé

scurvy ['skə:vɪ] N escorbuto

scuttle ['skʌtl] N (also: **coal scuttle**) balde m para carvão ▶ VT (ship) afundar voluntariamente, fazer ir a pique ▶ VI (scamper): **to ~ away** or **off** sair em disparada

scythe [saɪð] N segadeira, foice f grande

SD (US) ABBR (Post) = **South Dakota**

SDLP (BRIT) N ABBR (Pol) = **Social Democratic and Labour Party**

SDP (BRIT) N ABBR = **Social Democratic Party**

sea [si:] N mar m ▶ CPD do mar, marino; **on the ~** (boat) no mar; (town) junto ao mar; **by** or **beside the ~** (holiday) na praia; (village) à beira-mar; **to go by ~** viajar por mar; **out to** or **at ~** em alto mar; **heavy** or **rough ~(s)** mar agitado; **a ~ of faces** (fig) uma grande quantidade de pessoas; **to be all at ~** (fig) estar confuso or desorientado

sea anemone N anêmona-do-mar f

sea bed N fundo do mar

sea bird N ave f marinha

seaboard ['si:bɔ:d] N costa, litoral m

sea breeze N brisa marítima, viração f

seafarer ['si:fεərəʳ] N marinheiro, homem m do mar

seafaring ['si:fεərɪŋ] ADJ (life) de marinheiro; **~ people** povo navegante

seafood ['si:fu:d] N mariscos mpl

sea front N orla marítima

seagoing ['si:gəuɪŋ] ADJ (ship) de longo curso

seagull ['si:gʌl] N gaivota

seal [si:l] N (animal) foca; (stamp) selo ▶ VT (close) fechar; (: with seal) selar; (decide: sb's fate) decidir; (: bargain) fechar; **~ of approval** aprovação f

▶ **seal off** VT (close) fechar; (cordon off) isolar

sea level N nível m do mar

sealing wax ['si:lɪŋ-] N lacre m

sea lion N leão-marinho m

sealskin ['si:lskɪn] N pele f de foca

seam [si:m] N costura; (where edges meet) junta; (of coal) veio, filão m; **the hall was bursting at the ~s** a sala estava apinhada de gente

seaman ['si:mən] (irreg: like **man**) N marinheiro

seamanship ['si:mənʃɪp] N náutica

seamen ['si:mεn] NPL of **seaman**

seamless ['si:mlɪs] ADJ sem costura

seamstress ['sεmstrɪs] N costureira

seamy ['si:mɪ] ADJ sórdido

seance ['seɪɔns] N sessão f espírita

seaplane ['si:pleɪn] N hidroavião m

seaport ['si:pɔ:t] N porto de mar

search [sə:tʃ] N (for person, thing) busca, procura; (Comput) busca; (of drawer, pockets) revista; (inspection) exame m, investigação f ▶ VT (look in) procurar em; (examine) examinar; (person, place) revistar ▶ VI: **to ~ for** procurar; **in ~ of** à procura de; **"~ and replace"** (Comput) "procurar e substituir"

▶ **search through** VT FUS dar busca em

search engine N (on Internet) site m de busca

searching ['sə:tʃɪŋ] ADJ penetrante, perscrutador(a); (study) minucioso

searchlight ['sə:tʃlaɪt] N holofote m

search party N equipe f de salvamento

search warrant N mandado de busca
searing ['sɪərɪŋ] ADJ (*heat*) ardente; (*pain*) agudo
seashore ['siːʃɔːʳ] N praia, beira-mar f, litoral m; **on the ~** na praia
seasick ['siːsɪk] ADJ enjoado, mareado; **to be** or **get ~** enjoar
seaside ['siːsaɪd] N praia
seaside resort N balneário
season ['siːzn] N (*of year*) estação f; (*sporting etc*) temporada; (*of films etc*) série f ▶ VT (*food*) temperar; **to be in/out of ~** (*fruit*) estar na época/fora de época; **the busy ~** (*shops*) a época de muito movimento; (*hotels*) a temporada de férias; **the open ~** (*Hunting*) a temporada de caça
seasonal ['siːzənəl] ADJ sazonal
seasoned ['siːznd] ADJ (*wood*) tratado; (*fig: traveller*) experiente; (: *worker, troops*) calejado; **a ~ campaigner** um combatente experiente
seasoning ['siːzənɪŋ] N tempero
season ticket N bilhete m de temporada
seat [siːt] N (*in bus, train: place*) assento; (*chair*) cadeira; (*Pol*) lugar m, cadeira; (*of bicycle*) selim m; (*buttocks*) traseiro, nádegas fpl; (*of government*) sede f; (*of trousers*) fundilhos mpl ▶ VT sentar; (*have room for*) ter capacidade para; **to be ~ed** estar sentado; **are there any ~s left?** há algum lugar vago?; **to take one's ~** sentar-se; **please be ~ed** sentem-se
seat belt N cinto de segurança
seating ['siːtɪŋ] N lugares mpl sentados ▶ CPD: **~ arrangements** distribuição f dos lugares sentados
seating capacity N lotação f
SEATO ['siːtəu] N ABBR (= *Southeast Asia Treaty Organization*) OTSA f
sea urchin N ouriço-do-mar m
sea water N água do mar
seaweed ['siːwiːd] N alga marinha
seaworthy ['siːwəːðɪ] ADJ em condições de navegar, resistente
SEC (US) N ABBR (= *Securities and Exchange Commission*) órgão que supervisiona o funcionamento da Bolsa de Valores
sec. ABBR (= *second*) seg.
secateurs [sɛkə'təːz] NPL tesoura para podar plantas
secede [sɪ'siːd] VI separar-se
secluded [sɪ'kluːdɪd] ADJ (*place*) afastado; (*life*) solitário
seclusion [sɪ'kluːʒən] N reclusão f, isolamento
second¹ [sɪ'kɔnd] (BRIT) VT (*employee*) transferir temporariamente
second² ['sɛkənd] ADJ segundo ▶ ADV (*in race etc*) em segundo lugar ▶ N segundo; (*Aut: also:* **second gear**) segunda; (*Comm*) artigo defeituoso; (BRIT *Sch: degree*) uma qualificação boa mas sem distinção ▶ VT (*motion*) apoiar, secundar; **Charles the S~** Carlos II; **just a ~!** um minuto or minutinho!; **~ floor** (BRIT) segundo andar; (US) primeiro andar; **to ask for a ~ opinion** (*Med*) querer uma segunda opinião
secondary ['sɛkəndərɪ] ADJ secundário
secondary school N escola secundária, colégio

> No Reino Unido, uma **secondary school** é um estabelecimento de ensino para alunos de 11 a 18 anos.

second-best N segunda opção f
second-class ADJ de segunda classe ▶ ADV em segunda classe; **to send sth ~** remeter algo em segunda classe; **to travel ~** viajar em segunda classe; **~ citizen** cidadão(-dã) da segunda classe
second cousin N primo(-a) em segundo grau
seconder ['sɛkəndəʳ] N pessoa que secunda uma moção
secondhand [sɛkənd'hænd] ADJ de (BR) or em (PT) segunda mão, usado ▶ ADV (*buy*) de (BR) or em (PT) segunda mão; **to hear sth ~** ouvir algo de fonte indireta
second hand N (*on clock*) ponteiro de segundos
second-in-command N suplente m/f
secondly ['sɛkəndlɪ] ADV em segundo lugar
secondment [sɪ'kɔndmənt] (BRIT) N substituição f temporária
second-rate ADJ de segunda categoria
second thoughts NPL, (US) **second thought** N: **to have ~** (**about doing sth**) pensar duas vezes (antes de fazer algo); **on ~** pensando bem
secrecy ['siːkrəsɪ] N sigilo; **in ~** sob sigilo, sigilosamente
secret ['siːkrɪt] ADJ secreto ▶ N segredo; **in ~** em segredo; **to keep sth ~ from sb** esconder algo de alguém; **keep it ~** não diz nada a ninguém; **to make no ~ of sth** não esconder algo de ninguém
secret agent N agente m/f secreto(-a)
secretarial [sɛkrɪ'tɛərɪəl] ADJ de secretário(-a), secretarial
secretariat [sɛkrɪ'tɛərɪət] N secretaria, secretariado
secretary ['sɛkrətərɪ] N secretário(-a); (BRIT *Pol*): **S~ of State** Ministro(-a) de Estado; **Foreign S~** (US *Pol*) Ministro(-a) das Relações Exteriores
secrete [sɪ'kriːt] VT (*Anat, Bio, Med*) secretar; (*hide*) esconder
secretion [sɪ'kriːʃən] N secreção f
secretive ['siːkrətɪv] ADJ sigiloso, reservado
secretly ['siːkrətlɪ] ADV secretamente
sect [sɛkt] N seita
sectarian [sɛk'tɛərɪən] ADJ sectário
section ['sɛkʃən] N seção f; (*part*) parte f, porção f; (*of document*) parágrafo, artigo; (*of opinion*) setor m ▶ VT secionar; **the business** etc **~** (*Press*) a seção de negócios etc; **cross-~** corte m transversal
sector ['sɛktəʳ] N setor m
secular ['sɛkjuləʳ] ADJ (*priest*) secular; (*music, society*) leigo

secure [sɪˈkjuə^r] ADJ (*safe*) seguro; (*firmly fixed*) firme, rígido; (*in safe place*) a salvo, em segurança ▶ VT (*fix*) prender; (*get*) conseguir, obter; (*Comm: loan*) garantir; **to make sth** firmar algo, segurar algo; **to ~ sth for sb** arranjar algo para alguém

secured creditor [sɪˈkjuəd-] N credor *m* com garantia

security [sɪˈkjurɪtɪ] N segurança; (*for loan*) fiança, garantia; (: *object*) penhor *m*; **securities** NPL (*Stock Exchange*) títulos *mpl*, valores *mpl*; **to increase** *or* **tighten ~** aumentar a segurança

Security Council N: **the ~** o Conselho de Segurança

security forces NPL forças *fpl* de segurança

security guard N segurança *m/f*

security risk N risco à segurança

sedan [sɪˈdæn] N (*Aut*) sedã *m*

sedate [sɪˈdeɪt] ADJ calmo; (*calm*) sossegado, tranquilo; (*formal*) sério, ponderado ▶ VT sedar, tratar com calmantes

sedation [sɪˈdeɪʃən] N (*Med*) sedação *f*; **to be under ~** estar sob o efeito de sedativos

sedative [ˈsɛdɪtɪv] N calmante *m*, sedativo

sedentary [ˈsɛdntrɪ] ADJ sedentário

sediment [ˈsɛdɪmənt] N sedimento

sedition [sɪˈdɪʃən] N sedição *f*

seduce [sɪˈdjuːs] VT seduzir

seduction [sɪˈdʌkʃən] N sedução *f*

seductive [sɪˈdʌktɪv] ADJ sedutor(a)

see [siː] (*pt* **saw**, *pp* **seen**) VT ver; (*make out*) enxergar; (*understand*) entender; (*accompany*): **to ~ sb to the door** acompanhar *or* levar alguém até a porta ▶ VI ver; (*find out*) achar ▶ N sé *f*, sede *f*; **to ~ that** (*ensure*) assegurar que; **there was nobody to be ~n** não havia ninguém; **let me ~** deixa eu ver; **to go and ~ sb** ir visitar alguém; **~ for yourself** veja você mesmo, confira; **I don't know what she ~s in him** não sei o que ela vê nele; **as far as I can ~** pelo que eu saiba; **~ you!** até logo! (BR), adeus! (PT); **~ you soon/later/tomorrow!** até logo/mais tarde/amanhã!
▶ **see about** VT FUS tratar de
▶ **see off** VT despedir-se de
▶ **see through** VT FUS enxergar através de
▶ VT levar a cabo
▶ **see to** VT FUS providenciar

seed [siːd] N semente *f*; (*sperm*) esperma *m*; (*fig: gen pl*) germe *m*; (*Tennis*) préselecionado(-a); **to go to ~** produzir sementes; (*fig*) deteriorar-se

seedless [ˈsiːdlɪs] ADJ sem caroços

seedling [ˈsiːdlɪŋ] N planta brotada da semente, muda

seedy [ˈsiːdɪ] ADJ (*shabby: place*) mal-cuidado; (: *person*) maltrapilho

seeing [ˈsiːɪŋ] CONJ: **~ (that)** visto (que), considerando (que)

seek [siːk] (*pt*, *pp* **sought**) VT procurar; (*post*) solicitar; **to ~ advice/help from sb** pedir um conselho a alguém/procurar ajuda de alguém
▶ **seek out** VT (*person*) procurar

seem [siːm] VI parecer; **there ~s to be ...** parece que há ...; **what ~s to be the trouble?** qual é o problema?; **I did what ~ed best** fiz o que me pareceu melhor

seemingly [ˈsiːmɪŋlɪ] ADV aparentemente, pelo que aparenta

seen [siːn] PP *of* **see**

seep [siːp] VI filtrar-se, penetrar

seer [sɪə^r] N vidente *m/f*, profeta *m/f*

seersucker [ˈsɪəsʌkə^r] N tecido listrado de algodão

seesaw [ˈsiːsɔː] N gangorra, balanço

seethe [siːð] VI ferver; **to ~ with anger** estar danado (da vida)

see-through ADJ transparente

segment [ˈsɛgmənt] N segmento; (*of orange*) gomo

segregate [ˈsɛgrɪgeɪt] VT segregar

segregation [sɛgrɪˈgeɪʃən] N segregação *f*

Seine [seɪn] N: **the ~** o Sena

seismic [ˈsaɪzmɪk] ADJ sísmico

seize [siːz] VT (*grasp*) agarrar, pegar; (*take possession of: power, hostage*) apoderar-se de, confiscar; (: *territory*) tomar posse de; (*opportunity*) aproveitar
▶ **seize on** VT FUS valer-se de
▶ **seize up** VI (*Tech*) gripar
▶ **seize upon** VT FUS = **seize on**

seizure [ˈsiːʒə^r] N (*Med*) ataque *m*, acesso; (*Law, of power*) confisco, embargo

seldom [ˈsɛldəm] ADV raramente

select [sɪˈlɛkt] ADJ seleto, fino ▶ VT escolher, selecionar; (*Sport*) selecionar, escalar; **a ~ few** uns poucos escolhidos

selection [sɪˈlɛkʃən] N seleção *f*, escolha; (*Comm*) sortimento

selection committee N comissão *f* de seleção

selective [sɪˈlɛktɪv] ADJ seletivo

selector [sɪˈlɛktə^r] N (*person*) selecionador(a) *m/f*, seletor(a) *m/f*; (*Tech*) selecionador *m*

self [sɛlf] PRON *see* **herself, himself, itself, myself, oneself, ourselves, themselves, yourself** ▶ N (*pl* **selves**) **the ~** o eu

self... [sɛlf] PREFIX auto...

self-addressed [-əˈdrɛst] ADJ: **~ envelope** envelope *m* endereçado ao remetente

self-adhesive ADJ autoadesivo

self-appointed [-əˈpɔɪntɪd] ADJ autonomeado

self-assertive ADJ autoritário

self-assurance N autoconfiança

self-assured [-əˈʃuəd] ADJ seguro de si

self-catering (BRIT) ADJ (*flat*) com cozinha; (*holiday*) em casa alugada

self-centred, (US) **self-centered** [-ˈsɛntəd] ADJ egocêntrico

self-cleaning ADJ de limpeza automática

self-coloured, (US) **self-colored** ADJ de cor natural; (*of one colour*) de uma só cor

self-confessed [-kənˈfɛst] ADJ assumido

self-confidence N autoconfiança, confiança em si

self-conscious ADJ inibido, constrangido

self-contained [-kən'teɪnd] (BRIT) ADJ (gen) independente; (flat) completo, autônomo
self-control N autocontrole m, autodomínio
self-defeating [-dɪ'fiːtɪŋ] ADJ contraproducente
self-defence, (US) **self-defense** N legítima defesa, autodefesa; **in ~** em legítima defesa
self-discipline N autodisciplina
self-employed [-ɪm'plɔɪd] ADJ autônomo
self-esteem N amor m próprio
self-evident ADJ patente
self-explanatory ADJ que se explica por si mesmo
self-governing [-'gʌvənɪŋ] ADJ autônomo
self-harm N autoimolação f ▶ VI autoimolar(-se)
self-help N iniciativa própria, esforço pessoal
selfie ['sɛlfɪ] N selfie f
selfie stick N pau m de selfie (BR), selfie stick m (PT)
self-importance N presunção f
self-important ADJ presunçoso, que se dá muita importância
self-indulgent ADJ que se permite excessos
self-inflicted [-ɪn'flɪktɪd] ADJ infligido a si mesmo
self-interest N egoísmo
selfish ['sɛlfɪʃ] ADJ egoísta
selfishness ['sɛlfɪʃnɪs] N egoísmo
selfless ['sɛlflɪs] ADJ desinteressado
selflessly ['sɛlflɪslɪ] ADV desinteressadamente
self-made N: **~ man** homem m que se fez por conta própria
self-pity N pena de si mesmo
self-portrait N autorretrato
self-possessed [-pə'zɛst] ADJ calmo, senhor(a) de si
self-preservation N autopreservação f
self-raising [-'reɪzɪŋ] (BRIT) ADJ: **~ flour** farinha de trigo com fermento acrescentado
self-reliant ADJ seguro de si, independente
self-respect N amor m próprio
self-respecting [-rɪs'pɛktɪŋ] ADJ que se preza
self-righteous ADJ farisaico, santarrão(-rona)
self-rising (US) ADJ: **~ flour** farinha de trigo com fermento acrescentado
self-sacrifice N abnegação f, altruísmo
self-same ADJ mesmo
self-satisfied [-'sætɪsfaɪd] ADJ satisfeito consigo mesmo
self-sealing ADJ (envelope) autoadesivo
self-service ADJ de autosserviço ▶ N autosserviço
self-styled [-staɪld] ADJ pretenso
self-sufficient ADJ autossuficiente
self-supporting [-sə'pɔːtɪŋ] ADJ financeiramente independente
self-tanning ADJ autobronzeador
self-taught ADJ autodidata
self-test N (Comput) auto-teste m
sell [sɛl] (pt, pp **sold**) VT vender; (fig): **to ~ sb an idea** convencer alguém de uma ideia ▶ VI vender-se; **to ~ at** or **for £10** vender a or por £10
▶ **sell off** VT liquidar
▶ **sell out** VI vender todo o estoque ▶ VT: **the tickets are all sold out** todos os ingressos já foram vendidos; **to ~ out (to)** (Comm) vender o negócio (a); (fig) vender-se (a)
▶ **sell up** VI vender o negócio
sell-by date N vencimento
seller ['sɛləʳ] N vendedor(a) m/f; **~'s market** mercado de vendedor
selling price ['sɛlɪŋ-] N preço de venda
sellotape® ['sɛləʊteɪp] (BRIT) N fita adesiva, durex® m (BR)
sellout ['sɛlaʊt] N traição f; (of tickets): **it was a ~** foi um sucesso de bilheteria
selves [sɛlvz] PL of **self**
semantic [sə'mæntɪk] ADJ semântico
semantics [sə'mæntɪks] N semântica
semaphore ['sɛməfɔːʳ] N semáforo
semblance ['sɛmbləns] N aparência
semen ['siːmən] N sêmen m
semester [sə'mɛstəʳ] (esp US) N semestre m
semi ['sɛmɪ] (BRIT inf) N (casa) geminada
semi... [sɛmɪ] PREFIX semi..., meio...
semibreve ['sɛmɪbriːv] (BRIT) N semibreve f
semicircle ['sɛmɪsəːkl] N semicírculo
semicircular [sɛmɪ'səːkjuləʳ] ADJ semicircular
semicolon [sɛmɪ'kəʊlɔn] N ponto e vírgula
semiconductor [sɛmɪkən'dʌktəʳ] N semicondutor m
semi-conscious ADJ semiconsciente
semidetached [sɛmɪdɪtætʃt], **semidetached house** (BRIT) N (casa) geminada
semifinal [sɛmɪfaɪnl] N semifinal f
seminar ['sɛmɪnɑːʳ] N seminário
seminary ['sɛmɪnərɪ] N (for priests) seminário
semiprecious [sɛmɪ'prɛʃəs] ADJ semiprecioso
semiquaver ['sɛmɪkweɪvəʳ] (BRIT) N semicolcheia
semiskilled [sɛmɪ'skɪld] ADJ (work, worker) semiespecializado
semi-skimmed milk [sɛmɪ'skɪmd-] N leite m semidesnatado
semitone ['sɛmɪtəʊn] N (Mus) semitom m
semolina [sɛmə'liːnə] N sêmola, semolina
SEN (BRIT) N ABBR = **State Enrolled Nurse**
Sen., sen. ABBR = **senator; senior**
senate ['sɛnɪt] N senado
senator ['sɛnətəʳ] N senador(a) m/f
send [sɛnd] (pt, pp **sent**) VT mandar, enviar; (dispatch) expedir, remeter; (transmit) transmitir; (telegram) passar; **to ~ by post** (BRIT) or **mail** (US) mandar pelo correio; **to ~ sb for sth** mandar alguém buscar algo; **to ~ word that ...** mandar dizer que ...; **she ~s (you) her love** ela lhe envia lembranças; **to ~ sb to Coventry** (BRIT) colocar alguém em ostracismo; **to ~ sb to sleep** dar sono a alguém; **to ~ sb into fits of laughter** dar um ataque de riso a alguém; **to ~ sth flying** derrubar algo
▶ **send away** VT (letter, goods) expedir, mandar; (unwelcome visitor) mandar embora
▶ **send away for** VT FUS encomendar, pedir pelo correio
▶ **send back** VT devolver, mandar de volta

▶ **send for** VT FUS mandar buscar; (by post) pedir pelo correio, encomendar
▶ **send in** VT (report, application) entregar
▶ **send off** VT (goods) despachar, expedir; (BRIT Sport: player) expulsar
▶ **send on** VT (BRIT: letter) remeter; (luggage etc: in advance) mandar com antecedência
▶ **send out** VT (invitation) distribuir; (signal) emitir
▶ **send round** VT (letter, document) circular
▶ **send up** VT (person, price) fazer subir; (BRIT: parody) parodiar
sender ['sɛndə'] N remetente m/f
send-off N: **a good ~** uma boa despedida
Senegal [sɛnɪ'gɔ:l] N Senegal m
Senegalese [sɛnɪgə'li:z] ADJ, N INV senegalês(-esa) m/f
senile ['si:naɪl] ADJ senil
senility [sɪ'nɪlɪtɪ] N senilidade f
senior ['si:nɪə'] ADJ (older) mais velho or idoso; (on staff) mais antigo; (of higher rank) superior ▶ N o mais velho/a mais velha; (on staff) o mais antigo/a mais antiga; **P. Jones ~** P. Jones Sênior
senior citizen N idoso(-a)
senior high school (US) N ≈ colégio
seniority [si:nɪ'ɔrɪtɪ] N antiguidade f; (in service) status m
sensation [sɛn'seɪʃən] N sensação f; **to cause a ~** causar sensação
sensational [sɛn'seɪʃənəl] ADJ sensacional; (headlines, result) sensacionalista
sensationalism [sɛn'seɪʃənəlɪzəm] N sensacionalismo
sense [sɛns] N sentido; (feeling) sensação f; (good sense) bom senso ▶ VT sentir, perceber; **senses** NPL juízo; **it makes ~** faz sentido; **there is no ~ in (doing) that** não há sentido em (fazer) isso; **to come to one's ~s** (regain consciousness) recobrar os sentidos; (become reasonable) recobrar o juízo; **to take leave of one's ~s** enlouquecer
senseless ['sɛnslɪs] ADJ insensato, estúpido; (unconscious) sem sentidos, inconsciente
sense of humour N senso de humor
sensibility [sɛnsɪ'bɪlɪtɪ] N sensibilidade f; **sensibilities** NPL suscetibilidade f
sensible ['sɛnsɪbl] ADJ sensato, de bom senso; (reasonable: price) razoável; (: advice, decision) sensato; (shoes etc) prático
sensitive ['sɛnsɪtɪv] ADJ sensível; (fig: touchy) suscetível
sensitivity [sɛnsɪ'tɪvɪtɪ] N sensibilidade f; (touchiness) suscetibilidade f
sensual ['sɛnsjuəl] ADJ sensual
sensuous ['sɛnsjuəs] ADJ sensual
sent [sɛnt] PT, PP of **send**
sentence ['sɛntəns] N (Ling) frase f, oração f; (Law: verdict) sentença; (: punishment) pena ▶ VT: **to ~ sb to death/to 5 years** condenar alguém à morte/a 5 anos de prisão; **to pass ~ on sb** sentenciar alguém

sentiment ['sɛntɪmənt] N sentimento; (opinion: also pl) opinião f
sentimental [sɛntɪ'mɛntl] ADJ sentimental
sentimentality [sɛntɪmɛn'tælɪtɪ] N sentimentalismo
sentry ['sɛntrɪ] N sentinela f
sentry duty N: **to be on ~** estar de guarda
Seoul [səul] N Seul
separable ['sɛprəbl] ADJ separável
separate [adj 'sɛprɪt, vt, vi 'sɛpəreɪt] ADJ separado; (distinct) diferente ▶ VT separar; (part) dividir ▶ VI separar-se; **~ from** separado de; **under ~ cover** (Comm) em separado; **to ~ into** dividir em
separated ['sɛpəreɪtɪd] ADJ (from spouse) separado
separately ['sɛprɪtlɪ] ADV separadamente
separates ['sɛprɪts] NPL (clothes) roupas fpl que fazem jogo
separation [sɛpə'reɪʃən] N separação f
Sept. ABBR (= September) set
September [sɛp'tɛmbə'] N setembro; see also **July**
septic ['sɛptɪk] ADJ sético; (wound) infeccionado
septicaemia, (US) **septicemia** [sɛptɪ'si:mɪə] N septicemia
septic tank N fossa sética
sequel ['si:kwl] N consequência, resultado; (of film, story) continuação f
sequence ['si:kwəns] N série f, sequência; (Cinema) série; **in ~** em sequência
sequin ['si:kwɪn] N lantejoula, paetê m
Serbo-Croat ['sə:bəu'krəuæt] N (Ling) serbo-croata m
serenade [sɛrə'neɪd] N serenata ▶ VT fazer serenata para
serene [sɪ'ri:n] ADJ sereno, tranquilo
serenity [sə'rɛnɪtɪ] N serenidade f, tranquilidade f
sergeant ['sɑ:dʒənt] N sargento
sergeant major N sargento-ajudante m
serial ['sɪərɪəl] N (TV, Radio, magazine) seriado; (in newspaper) história em folhetim ▶ ADJ (Comput: interface, printer) serial; (: access) sequencial
serialize ['sɪərɪəlaɪz] VT (book) publicar em folhetim; (TV) seriar
serial killer N assassino(-a) em série, serial killer m/f
serial number N número de série
series ['sɪəri:z] N INV série f
serious ['sɪərɪəs] ADJ sério; (matter) importante; (illness) grave; **are you ~ (about it)?** você está falando sério?
seriously ['sɪərɪəslɪ] ADV a sério, com seriedade; (hurt) gravemente; **to take sth/sb ~** levar algo/alguém a sério
seriousness ['sɪərɪəsnɪs] N (of manner) seriedade f; (importance) importância; (gravity) gravidade f
sermon ['sə:mən] N sermão m
serrated [sɪ'reɪtɪd] ADJ serrado, dentado

serum ['sɪərəm] N soro
servant ['sɜ:vənt] N empregado(-a); (fig) servidor(a) m/f
serve [sɜ:v] VT servir; (customer) atender; (subj: train) passar por; (treat) tratar; (apprenticeship) fazer; (prison term) cumprir ▶ VI (at table) servir-se; (Tennis) sacar; (be useful): **to ~ as/for/to do** servir como/para/para fazer ▶ N (Tennis) saque m; **are you being ~d?** você já foi atendido?; **to ~ on a committee/jury** fazer parte de um comitê/júri; **it ~s him right** é bem feito para ele; **it ~s my purpose** isso me serve
  ▶ **serve out** VT (food) servir
  ▶ **serve up** VT = **serve out**
server ['sɜ:vəʳ] N (Comput) servidor m
service ['sɜ:vɪs] N serviço; (Rel) culto; (Aut) revisão f; (Tennis) saque m; (also: **dinner service**) aparelho de jantar ▶ VT (car, washing machine) fazer a revisão de, revisar; (: repair) consertar; **the Services** NPL (army, navy etc) as Forças Armadas; **to be of ~ to sb, to do sb a ~** ser útil a alguém
serviceable ['sɜ:vɪsəbl] ADJ aproveitável, prático, durável
service area N (on motorway) posto de gasolina com bar, restaurante etc
service charge (BRIT) N serviço
service industries NPL setor m de serviços
serviceman ['sɜ:vɪsmæn] (irreg: like **man**) N militar m
service station N posto de gasolina (BR), estação f de serviço (PT)
serviette [sə:vɪ'ɛt] (BRIT) N guardanapo
servile ['sɜ:vaɪl] ADJ servil
session ['sɛʃən] N (period of activity) sessão f; (Sch) ano letivo; **to be in ~** estar reunido em sessão
set [sɛt] (pt, pp **set**) N (collection of things) jogo; (radio set, TV set) aparelho; (of utensils) bateria de cozinha; (of cutlery) talher m; (of books) coleção f; (group of people) grupo; (Tennis) set m; (Theatre, Cinema) cenário; (Hairdressing) penteado; (Math) conjunto ▶ ADJ (fixed) fixo; (ready) pronto; (resolved) decidido, estabelecido ▶ VT (place) pôr, colocar; (table) pôr; (price) fixar; (rules etc) estabelecer, decidir; (record) estabelecer; (time) marcar; (adjust) ajustar; (task, exam) passar; (Typ) compor ▶ VI (sun) pôr-se; (jam, jelly, concrete) endurecer, solidificar-se; **to be ~ on doing sth** estar decidido a fazer algo; **to be all ~ to do** estar todo pronto para fazer; **to be (dead) ~ against** estar (completamente) contra; **he's ~ in his ways** ele tem opiniões fixas; **to ~ to music** musicar, pôr música em; **to ~ on fire** botar fogo em, incendiar; **to ~ free** libertar; **to ~ sth going** pôr algo em movimento; **to ~ sail** zarpar, alçar velas; **~ phrase** frase f feita; **a ~ of false teeth** uma dentadura; **a ~ of dining-room furniture** um conjunto de salade jantar; **a film ~ in Rome** um filme ambientado em Roma
  ▶ **set about** VT FUS (task) começar com; **to ~ about doing sth** começar a fazer algo
  ▶ **set aside** VT deixar de lado
  ▶ **set back** VT (cost): **it ~ me back £50** custou £50; (in time): **to ~ sb back (by)** atrasar alguém (em); (place): **a house ~ back from the road** uma casa afastada da estrada
  ▶ **set in** VI (infection) manifestar-se; (complications) surgir; **the rain has ~ in for the day** vai chover o dia inteiro
  ▶ **set off** VI partir, ir indo ▶ VT (bomb) fazer explodir; (alarm) disparar; (chain of events) iniciar; (show up well) ressaltar
  ▶ **set out** VI partir ▶ VT (arrange) colocar, dispor; (state) expor, explicar; **to ~ out to do sth** pretender fazer algo; **to ~ out (from)** sair (de)
  ▶ **set up** VT (organization) fundar, estabelecer; **to ~ up shop** (fig) estabelecer-se
setback ['sɛtbæk] N (hitch) revés m, contratempo; (in health) piora
set menu N refeição f a preço fixo
set square N esquadro
settee [sɛ'ti:] N sofá m
setting ['sɛtɪŋ] N (background) cenário; (position) posição f; (frame) moldura; (placing) colocação f; (of sun) pôr (do sol) m; (of jewel) engaste m
setting lotion N loção f fixadora
settle ['sɛtl] VT (argument, matter) resolver, esclarecer; (accounts) ajustar, liquidar; (land) colonizar; (Med: calm) acalmar, tranquilizar ▶ VI (dust etc) assentar; (calm down: children) acalmar-se; (weather) firmar, melhorar; (also: **settle down**) instalar-se, estabilizar-se; **to ~ to sth** concentrar-se em algo; **to ~ for sth** concordar em aceitar algo; **to ~ on sth** optar por algo; **that's ~d then** está resolvido então; **to ~ one's stomach** acomodar o estômago
  ▶ **settle in** VI instalar-se
  ▶ **settle up** VI: **to ~ up with sb** ajustar as contas com alguém
settlement ['sɛtlmənt] N (payment) liquidação f; (agreement) acordo, convênio; (village etc) povoado, povoação f; **in ~ of our account** (Comm) em liquidação da nossa conta
settler ['sɛtləʳ] N colono(-a), colonizador(a) m/f
setup ['sɛtʌp] N (organization) organização f; (situation) situação f
seven ['sɛvn] NUM sete; see also **five**
seventeen ['sɛvn'ti:n] NUM dezessete; see also **five**
seventeenth [sɛvn'ti:nθ] NUM décimo sétimo
seventh ['sɛvnθ] NUM sétimo; see also **fifth**
seventieth ['sɛvntɪɪθ] NUM septuagésimo
seventy ['sɛvntɪ] NUM setenta; see also **fifty**
sever ['sɛvəʳ] VT cortar; (relations) romper
several ['sɛvərl] ADJ, PRON vários(-as); **~ of us** vários de nós; **~ times** várias vezes
severance ['sɛvərəns] N (of relations) rompimento

severance pay N indenização f pela demissão
severe [sɪ'vɪər] ADJ severo; (*serious*) grave; (*hard*) duro; (*pain*) intenso; (*dress*) austero
severely [sɪ'vɪəlɪ] ADV severamente; (*wounded, ill*) gravemente
severity [sɪ'vɛrɪtɪ] N severidade f; (*of pain*) intensidade f; (*of dress*) austeridade f
sew [səʊ] (*pt* **sewed**, *pp* **sewn**) VT, VI coser, costurar
▶ **sew up** VT coser, costurar; **it's all ~n up** (*fig*) está no papo
sewage ['suːɪdʒ] N detritos mpl
sewer ['suːər] N (cano do) esgoto, bueiro
sewing ['səʊɪŋ] N costura
sewing machine N máquina de costura
sewn [səʊn] PP *of* **sew**
sex [sɛks] N sexo; **to have ~ with sb** fazer sexo com alguém
sex act N ato sexual
sexism ['sɛksɪzm] N sexismo
sexist ['sɛksɪst] ADJ sexista
sextet [sɛks'tɛt] N sexteto
sexting ['sɛkstɪŋ] N (*inf*) sexting m, envio de sms de cunho sexual
sexual ['sɛksjuəl] ADJ sexual; **~ assault** atentado ao pudor; **~ intercourse** relações fpl sexuais
sexuality [sɛksju'ælɪtɪ] N sexualidade f
sexy ['sɛksɪ] ADJ sexy
Seychelles [seɪ'ʃɛl(z)] NPL: **the ~** Seychelles (*no article*)
SF N ABBR = **science fiction**
SG (US) N ABBR = **Surgeon General**
Sgt ABBR (= *sergeant*) sarg
shabbiness ['ʃæbɪnɪs] N (*of clothes*) pobreza; (*of building*) mau estado de conservação
shabby ['ʃæbɪ] ADJ (*person*) esfarrapado, maltrapilho; (*clothes*) usado, surrado; (*behaviour*) indigno
shack [ʃæk] N choupana, barraca
shackles ['ʃæklz] NPL algemas fpl, grilhões mpl
shade [ʃeɪd] N sombra; (*for lamp*) quebra-luz m; (*for eyes*) viseira; (*of colour*) tom m, tonalidade f; (US: *window shade*) estore m; (*small quantity*): **a ~ (more/too big)** um pouquinho (mais/grande) ▶ VT dar sombra a; (*eyes*) sombrear; **shades** NPL (US: *sunglasses*) óculos mpl escuros; **in the ~** à sombra
shadow ['ʃædəʊ] N sombra ▶ VT (*follow*) seguir de perto (sem ser visto); **without** or **beyond a ~ of doubt** sem sombra de dúvida
shadow cabinet (BRIT) N (*Pol*) gabinete paralelo formado pelo partido da oposição
shadowy ['ʃædəʊɪ] ADJ escuro; (*dim*) vago, indistinto
shady ['ʃeɪdɪ] ADJ à sombra; (*fig*: *dishonest: person*) suspeito, duvidoso; (: *deal*) desonesto
shaft [ʃɑːft] N (*of arrow, spear*) haste f; (*column*) fuste m; (*Aut, Tech*) eixo, manivela; (*of mine, of lift*) poço; (*of light*) raio
shaggy ['ʃægɪ] ADJ desgrenhado
shake [ʃeɪk] (*pt* **shook**, *pp* **shaken**) VT sacudir; (*building, confidence*) abalar; (*surprise*) surpreender ▶ VI tremer ▶ N (*movement*) sacudidela; (*violent*) safanão m; **to ~ hands with sb** apertar a mão de alguém; **to ~ one's head** (*in refusal etc*) dizer não com a cabeça; (*in dismay*) sacudir a cabeça
▶ **shake off** VT sacudir; (*fig*) livrar-se de
▶ **shake up** VT sacudir; (*fig*) reorganizar
shake-up N reorganização f
shakily ['ʃeɪkɪlɪ] ADV (*reply*) de voz trêmula; (*walk*) vacilante; (*write*) de mão trêmula
shaky ['ʃeɪkɪ] ADJ (*hand, voice*) trêmulo; (*table*) instável; (*building*) abalado; (*person: in shock*) abalado; (: *old*) frágil; (*knowledge*) duvidoso
shale [ʃeɪl] N argila xistosa
shall [ʃæl] AUX VB: **I ~ go** irei; **~ I open the door?** posso abrir a porta?; **I'll get some, ~ I?** eu vou pegar algum, está bem?
shallot [ʃə'lɔt] (BRIT) N cebolinha
shallow ['ʃæləʊ] ADJ raso; (*breathing*) fraco; (*fig*) superficial
sham [ʃæm] N fraude f, fingimento ▶ ADJ falso, simulado ▶ VT fingir, simular
shambles ['ʃæmblz] N confusão f; **the economy is (in) a complete ~** a economia está completamente desorganizada
shambolic [ʃæm'bɔlɪk] ADJ (*inf*) bagunçado, esculhambado
shame [ʃeɪm] N vergonha; (*pity*) pena ▶ VT envergonhar; **it is a ~ (that/to do)** é (uma) pena (que/fazer); **what a ~!** que pena!; **to put sb/sth to ~** deixar alguém/algo envergonhado
shamefaced ['ʃeɪmfeɪst] ADJ envergonhado
shameful ['ʃeɪmful] ADJ vergonhoso
shameless ['ʃeɪmlɪs] ADJ sem vergonha, descarado; (*immodest*) cínico, impudico
shampoo [ʃæm'puː] N xampu m (BR), champô m (PT) ▶ VT lavar o cabelo (com xampu or champô)
shampoo and set N lavagem f e penteado
shamrock ['ʃæmrɔk] N trevo
shandy ['ʃændɪ] N mistura de cerveja com refresco gaseificado
shan't [ʃɑːnt] = **shall not**
shanty town ['ʃæntɪ-] N favela
SHAPE [ʃeɪp] N ABBR (= *Supreme Headquarters Allied Powers, Europe*) QG das forças aliadas na Europa
shape [ʃeɪp] N forma ▶ VT (*form*) moldar; (*clay, stone*) dar forma a; (*sb's ideas*) formar; (*sb's life*) definir, determinar; **to take ~** tomar forma; **in the ~ of a heart** em forma de coração; **I can't bear gardening in any ~ or form** não suporto jardinagem de forma alguma; **to get o.s. into ~** ficar em forma
▶ **shape up** VI (*events*) desenrolar-se; (*person*) tomar jeito
-shaped [ʃeɪpt] SUFFIX: **heart~** em forma de coração
shapeless ['ʃeɪplɪs] ADJ informe, sem forma definida
shapely ['ʃeɪplɪ] ADJ escultural
share [ʃɛər] N (*part*) parte f; (*contribution*) cota; (*Comm*) ação f ▶ VT dividir; (*have in common*) compartilhar; **to ~ in** participar de; **to have**

a ~ **in the profits** ter uma participação nos lucros
▶ **share out** vi distribuir; **to ~ out (among** or **between)** distribuir (entre)
share capital N capital m em ações
share certificate N cautela de ação
shareholder ['ʃɛəhəuldə'] N acionista m/f
share index N índice m da Bolsa de Valores
share issue N emissão f de ações
shark [ʃɑːk] N tubarão m
sharp [ʃɑːp] ADJ (razor, knife) afiado; (point, features) pontiagudo; (outline) definido, bem marcado; (pain, voice) agudo; (taste) acre; (curve, bend) fechado; (Mus) desafinado; (contrast) marcado; (person: quick-witted) perspicaz; (dishonest) desonesto ▶ N (Mus) sustenido ▶ ADV: **at 2 o'clock ~** às 2 (horas) em ponto; **turn ~ left** vira logo à esquerda; **to be ~ with sb** ser brusco com alguém; **look ~!** rápido!
sharpen ['ʃɑːpən] vT afiar; (pencil) apontar, fazer a ponta de; (fig) aguçar
sharpener ['ʃɑːpnə'] N (also: **pencil sharpener**) apontador m (BR), apara-lápis m inv (PT)
sharp-eyed [-aɪd] ADJ de vista aguda
sharply ['ʃɑːplɪ] ADV (abruptly) bruscamente; (clearly) claramente; (harshly) severamente
sharp-tempered ADJ irascível
sharp-witted [-'wɪtɪd] ADJ perspicaz, observador(a)
shatter ['ʃætə'] vT despedaçar, estilhaçar; (fig: ruin) destruir, acabar com; (: upset) arrasar ▶ vi despedaçar-se, estilhaçar-se
shattered ['ʃætəd] ADJ (overwhelmed) arrasado; (exhausted) exausto
shatterproof ['ʃætəpruːf] ADJ inestilhaçável
shave [ʃeɪv] vT barbear, fazer a barba de ▶ vi fazer a barba, barbear-se ▶ N: **to have a ~** fazer a barba
shaven ['ʃeɪvn] ADJ (head) raspado
shaver ['ʃeɪvə'] N barbeador m; **electric ~** barbeador elétrico
shaving ['ʃeɪvɪŋ] N (action) barbeação f; **shavings** NPL (of wood) aparas fpl
shaving brush N pincel m de barba
shaving cream N creme m de barbear
shaving foam N espuma de barbear
shaving soap N sabão m de barba
shawl [ʃɔːl] N xale m
she [ʃiː] PRON ela ▶ PREFIX: **~-elephant** etc elefante etc fêmea; **there ~ is** lá está ela
sheaf [ʃiːf] (pl **sheaves**) N (of corn) gavela; (of arrows) feixe m; (of papers) maço
shear [ʃɪə'] (pt **sheared**, pp **shorn**) vT (sheep) tosquiar, tosar
▶ **shear off** vT cercear ▶ vi cisalhar
shears [ʃɪəz] NPL (for hedge) tesoura de jardim
sheath [ʃiːθ] N bainha; (contraceptive) camisa-de-vênus f, camisinha
sheathe [ʃiːð] vT embainhar
sheath knife (irreg: like **knife**) N faca com bainha
sheaves [ʃiːvz] NPL of **sheaf**

shed [ʃɛd] N alpendre m, galpão m; (Industry, Rail) galpão m ▶ vT (pt, pp **shed**) (skin) mudar; (load, leaves, fur) perder; (tears, blood) derramar; (workers) despedir; **to ~ light on** (problem, mystery) esclarecer
she'd [ʃiːd] = **she had; she would**
sheen [ʃiːn] N brilho
sheep [ʃiːp] N INV ovelha
sheepdog ['ʃiːpdɔg] N cão m pastor
sheep farmer N criador(a) m/f de ovelhas
sheepish ['ʃiːpɪʃ] ADJ tímido, acanhado
sheepskin [ʃiːpskɪn] N pele f de carneiro, pelego
sheepskin jacket N casaco de pele de carneiro
sheer [ʃɪə'] ADJ (utter) puro, completo; (steep) íngreme, empinado; (almost transparent) fino, translúcido ▶ ADV a pique; **by ~ chance** totalmente por acaso
sheet [ʃiːt] N (on bed) lençol m; (of paper) folha; (of glass, metal) lâmina, chapa; (of ice) camada
sheet feed N (on printer) alimentação f de papel (em folhas soltas)
sheet lightning N relâmpago difuso
sheet metal N metal m em chapa
sheet music N música
sheik, sheikh [ʃeɪk] N xeque m
shelf [ʃɛlf] (pl **shelves**) N prateleira; **set of shelves** estante f
shelf life N (Comm) validade f (de produtos perecíveis)
shell [ʃɛl] N (on beach) concha; (of egg, nut etc) casca; (explosive) obus m; (of building) armação f, esqueleto ▶ vT (peas) descascar; (Mil) bombardear
▶ **shell out** (inf) vi: **to ~ out (for)** pagar
she'll [ʃiːl] = **she will; she shall**
shellfish ['ʃɛlfɪʃ] N INV crustáceo; (as food) frutos mpl do mar, mariscos mpl
shelter ['ʃɛltə'] N (building) abrigo; (protection) refúgio ▶ vT (protect) proteger; (give lodging to) abrigar; (hide) esconder ▶ vi abrigar-se, refugiar-se; **to take ~ from** abrigar-se de
sheltered ['ʃɛltəd] ADJ (life) protegido; (spot) abrigado, protegido; **~ housing** acomodação para idosos e defeituosos
shelve [ʃɛlv] vT (fig) pôr de lado, engavetar
shelves [ʃɛlvz] NPL of **shelf**
shelving ['ʃɛlvɪŋ] N (shelves) prateleiras fpl
shepherd ['ʃɛpəd] N pastor m ▶ vT (guide) guiar, conduzir
shepherdess ['ʃɛpədɪs] N pastora
shepherd's pie (BRIT) N empadão m de carne e batata
sherbet ['ʃəːbət] N (BRIT: powder) pó doce e efervescente; (US: water ice) sorvete de frutas à base de água
sheriff ['ʃɛrɪf] (US) N xerife m
sherry ['ʃɛrɪ] N (vinho de) Xerez m
she's [ʃiːz] = **she is; she has**
Shetland ['ʃɛtlənd] N (also: **the Shetlands, the Shetland Isles**) as ilhas Shetland
shield [ʃiːld] N escudo; (Sport) escudo, brasão m; (protection) proteção f; (Tech) blindagem f
▶ vT: **to ~ (from)** proteger (contra)

shift [ʃɪft] N (*change*) mudança; (*of place*) transferência; (*of work*) turno; (*of workers*) turma ▶ VT transferir; (*remove*) tirar ▶ VI mudar; (*change place*) mudar de lugar; **the wind has ~ed to the south** o vento virou para o sul; **a ~ in demand** (*Comm*) um deslocamento de demanda

shift key N (*on typewriter*) tecla para maiúsculas

shiftless ['ʃɪftlɪs] ADJ indolente

shift work N trabalho em turnos; **to do ~** trabalhar em turnos

shifty ['ʃɪftɪ] ADJ esperto, trapaceiro; (*eyes*) velhaco, maroto

Shiite ['ʃiːaɪt] ADJ, N xiita

shilling ['ʃɪlɪŋ] (*BRIT*) N xelim *m* (= 12 *old pence*; 20 *in a pound*)

shilly-shally ['ʃɪlɪʃælɪ] VI vacilar

shimmer ['ʃɪmər] N reflexo trêmulo ▶ VI cintilar, tremeluzir

shin [ʃɪn] N canela (da perna) ▶ VI: **to ~ up/down a tree** subir em/descer de um árvore com mãos e pernas

shindig ['ʃɪndɪg] (*inf*) N arrasta-pé *m*

shine [ʃaɪn] VI (*pt, pp* **shone**) brilhar ▶ VT (*shoes: pt, pp* **shined**) lustrar ▶ N brilho, lustre *m*; **to ~ a torch on sth** apontar uma lanterna para algo

shingle ['ʃɪŋgl] N (*on beach*) pedrinhas *fpl*, seixinhos *mpl*; (*on roof*) telha

shingles ['ʃɪŋglz] N (*Med*) herpes-zoster *m*

shining ['ʃaɪnɪŋ] ADJ brilhante

shiny ['ʃaɪnɪ] ADJ brilhante, lustroso

ship [ʃɪp] N barco; (*large*) navio ▶ VT (*goods*) embarcar; (*send*) transportar *or* mandar (por via marítima); **on board ~** a bordo

shipbuilder ['ʃɪpbɪldər] N construtor *m* naval

shipbuilding ['ʃɪpbɪldɪŋ] N construção *f* naval

ship chandler [-'tʃændlər] N fornecedor *m* de provisões para navios

shipment ['ʃɪpmənt] N (*act*) embarque *m*; (*goods*) carregamento

shipowner ['ʃɪpəʊnər] N armador(a) *m/f*

shipper ['ʃɪpər] N exportador(a) *m/f*, expedidor(a) *m/f*

shipping ['ʃɪpɪŋ] N (*ships*) navios *mpl*; (*cargo*) transporte *m* de mercadorias (por via marítima); (*traffic*) navegação *f*

shipping agent N agente *m/f* marítimo(-a)

shipping company N companhia de navegação

shipping lane N rota de navegação

shipping line N companhia de navegação

shipshape ['ʃɪpʃeɪp] ADJ em ordem

shipwreck ['ʃɪprɛk] N (*event*) malogro; (*ship*) naufrágio ▶ VT: **to be ~ed** naufragar

shipyard ['ʃɪpjɑːd] N estaleiro

shire ['ʃaɪər] (*BRIT*) N condado

shirk [ʃəːk] VT (*work*) esquivar-se de; (*obligations*) não cumprir, faltar a

shirt [ʃəːt] N (*man's*) camisa; (*woman's*) blusa; **in ~ sleeves** em manga de camisa

shirty ['ʃəːtɪ] (*BRIT inf*) ADJ chateado, sem graça

shit [ʃɪt] (*!*) EXCL merda (*!*)

shiver ['ʃɪvər] N tremor *m*, arrepio ▶ VI tremer, estremecer, tiritar

shoal [ʃəʊl] N (*of fish*) cardume *m*; (*fig: also:* **shoals**) bando, multidão *f*

shock [ʃɔk] N (*impact*) choque *m*; (*Elec*) descarga; (*emotional*) comoção *f*, abalo; (*start*) susto, sobressalto; (*Med*) trauma *m* ▶ VT dar um susto em, chocar; (*offend*) escandalizar; **suffering from ~** (*Med*) traumatizado; **it gave us a ~** ficamos chocados; **it came as a ~ to hear that ...** ficamos atônitos ao saber que ...

shock absorber [-əb'zɔːbər] N amortecedor *m*

shocking ['ʃɔkɪŋ] ADJ (*awful*) chocante, lamentável; (*outrageous*) revoltante, chocante; (*improper*) escandaloso; (*very bad*) péssimo

shockproof ['ʃɔkpruːf] ADJ à prova de choque

shock therapy N terapia de choque

shock treatment N terapia de choque

shod [ʃɔd] PT, PP *of* **shoe** ▶ ADJ calçado

shoddy ['ʃɔdɪ] ADJ de má qualidade

shoe [ʃuː] N sapato; (*for horse*) ferradura; (*also:* **brake shoe**) sapata ▶ VT (*pt, pp* **shod**) (*horse*) ferrar

shoe brush N escova de sapato

shoehorn ['ʃuːhɔːn] N calçadeira

shoelace ['ʃuːleɪs] N cadarço, cordão *m* (de sapato)

shoemaker ['ʃuːmeɪkər] N sapateiro(-a)

shoe polish N graxa de sapato

shoe rack N porta-sapatos *m inv*

shoeshop ['ʃuːʃɔp] N sapataria

shoestring ['ʃuːstrɪŋ] N (*fig*): **on a ~** com muito pouco dinheiro

shoetree ['ʃuːtriː] N fôrma de sapato

shone [ʃɔn] PT, PP *of* **shine**

shoo [ʃuː] EXCL xô! ▶ VT (*also:* **shoo away, shoo off**) enxotar

shook [ʃʊk] PT *of* **shake**

shoot [ʃuːt] (*pt, pp* **shot**) N (*on branch, seedling*) broto ▶ VT disparar; (*kill*) matar à bala, balear; (*wound*) ferir à bala, balear; (*execute*) fuzilar; (*film*) filmar, rodar ▶ VI (*with gun, bow*): **to ~ (at)** atirar (em); (*Football*) chutar; **to ~ past sb** passar disparado por alguém
▶ **shoot down** VT (*plane*) derrubar, abater
▶ **shoot in** VI entrar correndo
▶ **shoot out** VI sair correndo
▶ **shoot up** VI (*fig*) subir vertiginosamente

shooting ['ʃuːtɪŋ] N (*shots*) tiros *mpl*, tiroteio; (*Hunting*) caçada (com espingarda); (*attack*) tiroteio; (: *murder*) assassinato; (*Cinema*) filmagens *fpl*

shooting range N estande *m*

shooting star N estrela cadente

shop [ʃɔp] N loja; (*workshop*) oficina ▶ VI (*also:* **go shopping**) ir fazer compras; **to talk ~** (*fig*) falar de negócios
▶ **shop around** VI comparar preços; (*fig*) estudar todas as possibilidades

shop assistant (*BRIT*) N vendedor(a) *m/f*

shop floor (BRIT) N operários mpl
shopkeeper ['ʃɔpkiːpəʳ] N lojista m/f
shoplift ['ʃɔplɪft] VI furtar (em lojas)
shoplifter ['ʃɔplɪftəʳ] N larápio(-a) de loja
shoplifting ['ʃɔplɪftɪŋ] N furto (em lojas)
shopper ['ʃɔpəʳ] N comprador(a) m/f
shopping ['ʃɔpɪŋ] N (goods) compras fpl
shopping bag N bolsa (de compras)
shopping cart (US) N carrinho de compras
shopping centre, (US) **shopping center** N shopping (center) m
shopping mall N shopping m
shopping trolley (BRIT) N carrinho de compras
shop-soiled ADJ danificado (pelo tempo ou manuseio)
shop steward (BRIT) N (Industry) representante m/f sindical
shop window N vitrine f (BR), montra (PT)
shore [ʃɔːʳ] N (of sea) costa, praia; (of lake) margem f ▶ VT: **to ~ (up)** reforçar, escorar; **on ~** em terra
shore leave N (Naut) licença para desembarcar
shorn [ʃɔːn] PP of **shear**
short [ʃɔːt] ADJ (not long) curto; (in time) breve, de curta duração; (person) baixo; (curt) seco, brusco; (insufficient) insuficiente, em falta ▶ N (also: **short film**) curta-metragem m; **to be ~ of sth** estar em falta de algo; **to be in ~ supply** estar em falta; **I'm 3 ~** estão me faltando três; **in ~** em resumo; **~ of doing ...** a não ser fazer ...; **everything ~ of ...** tudo a não ser ...; **a ~ time ago** pouco tempo atrás; **in the ~ term** a curto prazo; **I'm ~ of time** tenho pouco tempo; **it is ~ for** é a abreviatura de; **to cut ~** (speech, visit) encurtar; (person) interromper; **to fall ~** ser deficiente; **to fall ~ of** não ser à altura de; **to run ~ of sth** ficar sem algo; **to stop ~** parar de repente; **to stop ~ of** chegar quase a
shortage ['ʃɔːtɪdʒ] N escassez f, falta
shortbread ['ʃɔːtbrɛd] N biscoito amanteigado
short-change VT: **to ~ sb** roubar alguém no troco
short circuit N curto-circuito ▶ VT provocar um curto-circuito ▶ VI entrar em curto-circuito
shortcoming ['ʃɔːtkʌmɪŋ] N defeito, imperfeição f, falha
shortcrust pastry (BRIT) ['ʃɔːtkrʌst-], **short pastry** N massa amanteigada
shortcut ['ʃɔːtkʌt] N atalho
shorten ['ʃɔːtən] VT encurtar; (visit) abreviar
shortening ['ʃɔːtnɪŋ] N (Culin) gordura
shortfall ['ʃɔːtfɔːl] N déficit m
shorthand ['ʃɔːthænd] (BRIT) N estenografia
shorthand notebook (BRIT) N bloco para estenografia
shorthand typist (BRIT) N estenodatilógrafo(-a)

short list (BRIT) N (for job) lista dos candidatos escolhidos
short-lived [-lɪvd] ADJ de curta duração
shortly ['ʃɔːtlɪ] ADV em breve, dentro em pouco
shortness ['ʃɔːtnɪs] N (of distance) curteza; (of time) brevidade f; (manner) maneira brusca, secura
short pastry N = **shortcrust pastry**
shorts NPL: **(a pair of) ~** um calção (BR), um short (BR), uns calções (PT)
short-sighted (BRIT) ADJ míope; (fig) imprevidente
short-staffed [-staːft] ADJ com falta de pessoal
short story N conto
short-tempered ADJ irritadiço
short-term ADJ (effect) a curto prazo
short time N: **to work ~, to be on ~** trabalhar em regime de semana reduzida
short wave N (Radio) onda curta
shot [ʃɔt] PT, PP of **shoot** ▶ N (of gun) tiro; (pellets) chumbo; (person) atirador(a) m/f; (try, Football) tentativa; (injection) injeção f; (Phot) fotografia; **to be a good/bad ~** (person) ter boa/má pontaria; **to fire a ~ at sb/sth** atirar em alguém/algo; **to have a ~ at (doing) sth** tentar fazer algo; **like a ~** como um relâmpago, de repente; **to get ~ of sb/sth** (inf) livrar-se de alguém/algo; **a big ~** (inf) um mandachuva, um figurão
shotgun ['ʃɔtgʌn] N espingarda
should [ʃud] AUX VB: **I ~ go now** devo ir embora agora; **he ~ be there now** ele já deve ter chegado; **I ~ go if I were you** se eu fosse você eu iria; **I ~ like to** eu gostaria de; **~ he phone ...** caso ele telefone ...
shoulder ['ʃəuldəʳ] N ombro; (BRIT: of road): **hard ~** acostamento (BR), berma (PT) ▶ VT (fig) arcar com; **to look over one's ~** olhar para trás; **to rub ~s with sb** (fig) andar com alguém; **to give sb the cold ~** (fig) desprezar alguém, dar uma fria em alguém (inf)
shoulder bag N sacola a tiracolo
shoulder blade N omoplata m
shoulder strap N alça
shouldn't ['ʃudnt] = **should not**
shout [ʃaut] N grito ▶ VT gritar ▶ VI (also: **shout out**) gritar, berrar; **to give sb a ~** chamar alguém
▶ **shout down** VT fazer calar com gritos
shouting N gritaria, berreiro
shove [ʃʌv] N empurrão m ▶ VT empurrar; (inf: put): **to ~ sth in** botar algo em; **he ~d me out of the way** ele me empurrou para o lado
▶ **shove off** VI (Naut) zarpar, partir; (inf) dar o fora
shovel ['ʃʌvl] N pá f; (mechanical) escavadeira ▶ VT cavar com pá
show [ʃəu] (PT **showed**, PP **shown**) N (of emotion) demonstração f; (semblance) aparência f; (exhibition) exibição f; (Theatre) espetáculo, representação f; (Cinema) sessão f ▶ VT

mostrar; (*courage etc*) demonstrar, dar prova de; (*exhibit*) exibir, expor; (*depict*) ilustrar; (*film*) exibir ▶ vi mostrar-se; (*appear*) aparecer; **it doesn't ~** não parece; **I've nothing to ~ for it** não consegui nada; **to ~ sb to his seat/to the door** levar alguém ao seu lugar/até a porta; **to ~ a profit/loss** (*Comm*) apresentar lucros/prejuízo; **it just goes to ~ (that)** ... isso só mostra (que) ...; **to ask for a ~ of hands** pedir uma votação pelo levantamento das mãos; **it's just for ~** isso é só para mostrar; **to be on ~** estar em exposição; **who's running the ~ here?** (*inf*) quem é que manda aqui?
▶ **show in** vt mandar entrar
▶ **show off** vi (*pej*) mostrar-se, exibir-se ▶ vt (*display*) exibir, mostrar; (*pej*) fazer ostentação de
▶ **show out** vt levar até a porta
▶ **show up** vi (*stand out*) destacar-se; (*inf: turn up*) aparecer, pintar ▶ vt descobrir; (*unmask*) desmascarar
showbiz ['ʃəubɪz] N (*inf*) o mundo do espetáculo
show business N o mundo do espetáculo
showcase ['ʃəukeɪs] N vitrina
showdown ['ʃəudaun] N confrontação f
shower ['ʃauəʳ] N pancada de chuva; (*of stones etc*) chuva, enxurrada; (*also:* **shower bath**) chuveiro ▶ vi tomar banho (de chuveiro) ▶ vt: **to ~ sb with** (*gifts etc*) cumular alguém de; **to have** or **take a ~** tomar banho (de chuveiro)
shower cap N touca de banho
showerproof ['ʃauəpru:f] ADJ impermeável
showery ['ʃauərɪ] ADJ (*weather*) chuvoso
showground ['ʃəugraund] N recinto da feira
showing ['ʃəuɪŋ] N (*of film*) projeção f, exibição f
show jumping [-'dʒʌmpɪŋ] N hipismo
showman ['ʃəumən] N (*irreg: like* **man**) N artista m/f; (*fig*) pessoa expansiva
showmanship ['ʃəumənʃɪp] N senso teatral
showmen ['ʃəumɛn] NPL *of* **showman**
shown [ʃəun] PP *of* **show**
show-off (*inf*) N (*person*) exibicionista m/f, faroleiro(-a)
showpiece ['ʃəupi:s] N (*of exhibition etc*) obra mais importante; **that hospital is a ~** aquele é um hospital modelo
showroom ['ʃəurum] N sala de exposição
showy ['ʃəuɪ] ADJ vistoso, chamativo
shrank [ʃræŋk] PT *of* **shrink**
shrapnel ['ʃræpnl] N estilhaços mpl
shred [ʃrɛd] N (*gen pl*) tira, pedaço ▶ vt rasgar em tiras, retalhar; (*Culin*) desfiar, picar; (*documents*) fragmentar; **not a ~ of evidence** prova alguma
shredder ['ʃrɛdəʳ] N (*for vegetables*) ralador m; (*for documents*) fragmentadora
shrew [ʃru:] N (*Zool*) musaranho; (*pej: woman*) megera
shrewd [ʃru:d] ADJ perspicaz

shrewdness ['ʃru:dnɪs] N astúcia
shriek [ʃri:k] N grito ▶ vt, vi gritar, berrar
shrift [ʃrɪft] N: **to give sb short ~** dar uma resposta a alguém sem maiores explicações
shrill [ʃrɪl] ADJ agudo, estridente
shrimp [ʃrɪmp] N camarão m
shrine [ʃraɪn] N santuário
shrink [ʃrɪŋk] (*pt* **shrank**, *pp* **shrunk**) vi encolher; (*be reduced*) reduzir-se; (*also:* **shrink away**) encolher-se ▶ vt (*cloth*) fazer encolher ▶ N (*inf, pej*) psicanalista m/f; **to ~ from doing sth** não se atrever a fazer algo
shrinkage ['ʃrɪŋkɪdʒ] N encolhimento, redução f
shrink-wrap vt embalar a vácuo
shrivel ['ʃrɪvl] vt (*also:* **shrivel up**: *dry*) secar; (*: crease*) enrugar ▶ vi secar-se; enrugar-se, murchar
shroud [ʃraud] N mortalha ▶ vt: **~ed in mystery** envolto em mistério
Shrove Tuesday [ʃrəuv-] N terça-feira gorda
shrub [ʃrʌb] N arbusto
shrubbery ['ʃrʌbərɪ] N arbustos mpl
shrug [ʃrʌg] N encolhimento dos ombros
▶ vt, vi: **to ~ (one's shoulders)** encolher os ombros, dar de ombros (BR)
▶ **shrug off** vt negar a importância de
shrunk [ʃrʌŋk] PP *of* **shrink**
shrunken ['ʃrʌŋkn] ADJ encolhido
shudder ['ʃʌdəʳ] N estremecimento, tremor m
▶ vi estremecer, tremer de medo
shuffle ['ʃʌfl] vt (*cards*) embaralhar ▶ vi: **to ~ (one's feet)** arrastar os pés
shun [ʃʌn] vt evitar, afastar-se de
shunt [ʃʌnt] vt (*Rail*) manobrar, desviar; (*object*) desviar ▶ vi: **to ~ (to and fro)** ir e vir
shunting ['ʃʌntɪŋ] N (*Rail*) manobras fpl
shunting yard N pátio de manobras
shush [ʃuʃ] EXCL psiu!
shut [ʃʌt] (*pt*, *pp* **shut**) vt fechar ▶ vi fechar(-se)
▶ **shut down** vt fechar; (*machine*) parar ▶ vi fechar
▶ **shut off** vt (*supply etc*) cortar, interromper
▶ **shut out** vt (*person, cold*) impedir que entre; (*noise*) abafar; (*memory*) reprimir
▶ **shut up** vi (*inf: keep quiet*) calar-se, calar a boca ▶ vt (*close*) fechar; (*silence*) calar
shutdown ['ʃʌtdaun] N paralização f
shutter ['ʃʌtəʳ] N veneziana; (*Phot*) obturador m
shuttle ['ʃʌtl] N (*in weaving*) lançadeira; (*plane: also:* **shuttle service**) ponte f aérea; (*space shuttle*) ônibus m espacial ▶ vi (*vehicle, person*) ir e vir ▶ vt (*passengers*) transportar de ida e volta
shuttlecock ['ʃʌtlkɔk] N peteca
shy [ʃaɪ] ADJ tímido; (*reserved*) reservado ▶ vi: **to ~ away from doing sth** (*fig*) não se atrever a fazer algo
shyness ['ʃaɪnɪs] N timidez f
Siam [saɪ'æm] N Sião m
Siamese [saɪə'mi:z] ADJ: **~ cat** gato siamês; **~ twins** irmãos mpl siameses/irmãs fpl siamesas

Siberia [saɪ'bɪərɪə] N Sibéria f
sibling ['sɪblɪŋ] N irmão/irmã m/f
Sicilian [sɪ'sɪlɪən] ADJ, N siciliano(-a)
Sicily ['sɪsɪlɪ] N Sicília
sick [sɪk] ADJ (ill) doente; (nauseated) enjoado; (humour) negro; (vomiting): **to be ~** vomitar; **to feel ~** estar enjoado; **to fall ~** ficar doente; **to be (off) ~** estar ausente por motivo de doença; **to be ~ of** (fig) estar cheio or farto de; **he makes me ~** (fig: inf) ele me enche o saco
sickbay ['sɪkbeɪ] N enfermaria
sicken ['sɪkən] VT dar náuseas a; (disgust) enojar, repugnar ▶ VI: **to be ~ing for sth** (cold, flu etc) estar no começo de algo
sickening ['sɪkənɪŋ] ADJ (fig) repugnante
sickle ['sɪkl] N foice f
sick leave N licença por doença
sickly ['sɪklɪ] ADJ doentio; (causing nausea) nauseante
sickness ['sɪknɪs] N doença, indisposição f; (vomiting) náusea, enjoo
sickness benefit N auxílio-enfermidade m, auxílio-doença m
sick note N (from parents) bilhete m dos pais; (from doctor) atestado médico
sick pay N salário pago em período de doença
sickroom ['sɪkruːm] N enfermaria
side [saɪd] N (gen) lado; (of body) flanco; (of lake) margem f; (aspect) aspecto; (team) time m (BR), equipa f (PT); (of hill) declive m; (page) página; (of meat) costela ▶ CPD (door, entrance) lateral ▶ VI: **to ~ with sb** tomar o partido de alguém; **by the ~ of** ao lado de; **~ by ~** lado a lado, juntos; **on this/that** or **the other ~** do lado de cá/do lado de lá; **they are on our ~** (in game) fazem parte do nosso time; (in discussion) concordam com nós; **from ~ to ~** para lá e para cá; **from all ~s** de todos os lados; **to take ~s with** pôr-se ao lado de
sideboard ['saɪdbɔːd] N aparador m; **sideboards** NPL (BRIT) = **sideburns**
sideburns ['saɪdbəːnz] NPL suíças fpl, costeletas fpl
sidecar ['saɪdkɑːʳ] N sidecar m
side dish N guarnição f
side drum N (Mus) caixa clara
side effect N efeito colateral
sidekick ['saɪdkɪk] (inf) N camarada m/f
sidelight ['saɪdlaɪt] N (Aut) luz f lateral
sideline ['saɪdlaɪn] N (Sport) linha lateral; (fig) linha adicional de produtos; (: job) emprego suplementar
sidelong ['saɪdlɔŋ] ADJ de soslaio
side order N acompanhamento
side plate N pequeno prato
side road N rua lateral
side-saddle ADV de silhão
sideshow ['saɪdʃəu] N (stall) barraca
sidestep ['saɪdstɛp] VT evitar ▶ VI (Boxing etc) dar um passo para o lado
sidetrack ['saɪdtræk] VT (fig) desviar (do seu propósito)

sidewalk ['saɪdwɔːk] (US) N calçada
sideways ['saɪdweɪz] ADV de lado
siding ['saɪdɪŋ] N (Rail) desvio, ramal m
sidle ['saɪdl] VI: **to ~ up (to)** aproximar-se furtivamente (de)
siege [siːdʒ] N sítio, assédio; **to lay ~ to** assediar
siege economy N economia de guerra
Sierra Leone [sɪ'ɛrəlɪ'əun] N Serra Leoa (no article)
siesta [sɪ'ɛstə] N sesta
sieve [sɪv] N peneira ▶ VT peneirar
sift [sɪft] VT peneirar; (fig: information) esquadrinhar, analisar minuciosamente ▶ VI (fig): **to ~ through** examinar minuciosamente
sigh [saɪ] N suspiro ▶ VI suspirar
sight [saɪt] N (faculty) vista, visão f; (spectacle) espetáculo; (on gun) mira ▶ VT avistar; **in ~** à vista; **on ~** (shoot) no local; **out of ~** longe dos olhos; **at ~** (Comm) à vista; **at first ~** à primeira vista; **I know her by ~** conheço-a de vista; **to catch ~ of sb/sth** avistar alguém/algo; **to lose ~ of sb/sth** perder alguém/algo de vista; **to set one's ~s on sth** visar algo
sighted ['saɪtɪd] ADJ que enxerga; **partially ~** com vista parcial
sightseeing ['saɪtsiːɪŋ] N turismo; **to go ~** fazer turismo, passear
sightseer ['saɪtsiːəʳ] N turista m/f
sign [saɪn] N (with hand) sinal m, aceno; (indication) indício; (trace) vestígio; (notice) letreiro, tabuleta; (also: **road sign**) placa; (written, of zodiac) signo ▶ VT assinar; **as a ~ of** como sinal de; **it's a good/bad ~** é um bom/mau sinal; **plus/minus ~** sinal de mais/menos; **there's no ~ of a change of mind** não há sinal or indícios de uma mudança de atitude; **he was showing ~s of improvement** ele estava começando a melhorar; **to ~ one's name** assinar; **to ~ sth over to sb** assinar a transferência de algo para alguém
▶ **sign away** VT (rights etc) abrir mão de
▶ **sign off** VI (Radio, TV) terminar a transmissão
▶ **sign on** VI (Mil) alistar-se; (BRIT: as unemployed) cadastrar-se para receber auxílio-desemprego; (for course) inscrever-se ▶ VT (Mil) alistar; (employee) efetivar
▶ **sign out** VI assinar o registro na partida
▶ **sign up** VI (Mil) alistar-se; (for course) inscrever-se ▶ VT recrutar
signal ['sɪgnl] N sinal m, aviso; (US Tel) ruído discal; (Tel) rede f ▶ VI (also Aut) sinalizar, dar sinal ▶ VT (person) fazer sinais para; (message) transmitir; **to ~ a left/right turn** (Aut) dar sinal para esquerda/direita; **to ~ to sb (to do sth)** fazer sinais para alguém (fazer algo)
signal box N (Rail) cabine f de sinaleiro
signalman ['sɪgnlmən] (irreg: like **man**) N sinaleiro

signatory ['sɪgnətərɪ] N signatário(-a)
signature ['sɪgnətʃəʳ] N assinatura
signature tune N tema *m* (de abertura)
signet ring ['sɪgnət-] N anel *m* com o sinete *or* a chancela
significance [sɪg'nɪfɪkəns] N significado; (*importance*) importância; **that is of no ~** isto não tem importância alguma
significant [sɪg'nɪfɪkənt] ADJ significativo; (*important*) importante
significantly [sɪg'nɪfɪkəntlɪ] ADV (*improve*, *increase*) significativamente; (*smile*) sugestivamente; **and, ~,** ... e, significativamente, ...
signify ['sɪgnɪfaɪ] VT significar
sign language N mímica, linguagem *f* através de sinais
sign post N indicador *m*; (*traffic*) placa de sinalização
silage ['saɪlɪdʒ] N (*fodder*) silagem *f*; (*method*) ensilagem *f*
silence ['saɪləns] N silêncio ▶ VT silenciar, impor silêncio a; (*guns*) silenciar
silencer ['saɪlənsəʳ] N (*on gun*) silenciador *m*; (BRIT *Aut*) silencioso
silent ['saɪlənt] ADJ silencioso; (*not speaking*) calado; (*film*) mudo; **to keep** *or* **remain ~** manter-se em silêncio
silently ['saɪləntlɪ] ADV silenciosamente
silent partner N (*Comm*) sócio(-a) comanditário(-a)
silhouette [sɪlu:'ɛt] N silhueta ▶ VT: **~d against** em silhueta contra
silicon ['sɪlɪkən] N silício
silicon chip ['sɪlɪkən-] N placa *or* chip *m* de silício
silicone ['sɪlɪkəun] N silicone *m*
silk [sɪlk] N seda ▶ ADJ de seda
silky ['sɪlkɪ] ADJ sedoso
sill [sɪl] N (*also*: **window sill**) parapeito, peitoril *m*; (*Aut*) soleira
silly ['sɪlɪ] ADJ (*person*) bobo, idiota, imbecil; (*idea*) absurdo, ridículo; **to do something ~** fazer uma besteira
silo ['saɪləu] N silo
silt [sɪlt] N sedimento, aluvião *m*
silver ['sɪlvəʳ] N prata; (*money*) moedas *fpl*; (*also*: **silverware**) prataria ▶ ADJ de prata
silver foil N papel *m* de prata
silver paper (BRIT) N papel *m* de prata
silver-plated [-'pleɪtɪd] ADJ prateado, banhado a prata
silversmith ['sɪlvəsmɪθ] N prateiro(-a)
silverware ['sɪlvəwɛəʳ] N prataria
silver wedding N (*anniversary*) bodas *fpl* de prata
silvery ['sɪlvərɪ] ADJ prateado
SIM card ['sɪm-] N (*Tel*) cartão *m* SIM, chip *m*
similar ['sɪmɪləʳ] ADJ: **~ to** parecido com, semelhante a
similarity [sɪmɪ'lærɪtɪ] N semelhança
similarly ['sɪmɪləlɪ] ADV da mesma maneira
simile ['sɪmɪlɪ] N símile *f*

simmer ['sɪməʳ] VI cozer em fogo lento, ferver lentamente
▶ **simmer down** (*inf*) VI (*fig*) acalmar-se
simper ['sɪmpəʳ] VI sorrir afetadamente
simpering ['sɪmpərɪŋ] ADJ idiota
simple ['sɪmpl] ADJ simples *inv*; (*foolish*) ingênuo; **the ~ truth** a pura verdade
simple interest N juros *mpl* simples
simple-minded ADJ simplório
simpleton ['sɪmpltən] N simplório(-a), pateta *m/f*
simplicity [sɪm'plɪsɪtɪ] N simplicidade *f*
simplification [sɪmplɪfɪ'keɪʃən] N simplificação *f*
simplify ['sɪmplɪfaɪ] VT simplificar
simply ['sɪmplɪ] ADV de maneira simples; (*merely*) simplesmente
simulate ['sɪmjuleɪt] VT simular
simulated ['sɪmjuleɪtɪd] ADJ simulado
simulation [sɪmju'leɪʃən] N simulação *f*
simultaneous [sɪməl'teɪnɪəs] ADJ simultâneo
simultaneously [sɪməl'teɪnɪəslɪ] ADV simultaneamente
sin [sɪn] N pecado ▶ VI pecar
Sinai ['saɪneɪaɪ] N Sinai *m*
since [sɪns] ADV desde então, depois ▶ PREP desde ▶ CONJ (*time*) desde que; (*because*) porque, visto que, já que; **~ then** desde então; **~ Monday** desde segunda-feira; (**ever**) **~ I arrived** desde que eu cheguei
sincere [sɪn'sɪəʳ] ADJ sincero
sincerely [sɪn'sɪəlɪ] ADV sinceramente; **yours ~** (BRIT), **~ yours** (US) (*at end of letter*) atenciosamente
sincerity [sɪn'sɛrɪtɪ] N sinceridade *f*
sine [saɪn] N (*Math*) seno
sinew ['sɪnju:] N tendão *m*
sinful ['sɪnful] ADJ (*thought*) pecaminoso; (*person*) pecador(a)
sing [sɪŋ] (*pt* **sang**, *pp* **sung**) VT, VI cantar
Singapore [sɪŋgə'pɔ:ʳ] N Cingapura (*no article*)
singe [sɪndʒ] VT chamuscar
singer ['sɪŋəʳ] N cantor(a) *m/f*
Singhalese [sɪŋə'li:z] ADJ = **Sinhalese**
singing ['sɪŋɪŋ] N (*gen*) canto; (*songs*) canções *fpl*; (*in the ears*) zumbido
single ['sɪŋgl] ADJ único, só; (*unmarried*) solteiro; (*not double*) simples *inv* ▶ N (BRIT: *also*: **single ticket**) passagem *f* de ida; (*record*) compacto; **not a ~ one was left** não sobrou nenhum; **every ~ day** todo santo dia
▶ **single out** VT (*choose*) escolher; (*distinguish*) distinguir
single bed N cama de solteiro
single-breasted [-'brɛstɪd] ADJ não trespassado
single file N: **in ~** em fila indiana
single-handed [-'hændɪd] ADV sem ajuda, sozinho
single-minded ADJ determinado
single parent N pai *m* solteiro/mãe *f* solteira
single room N quarto individual
singles ['sɪŋglz] N (*Tennis*) partida simples
▶ NPL (US: *people*) solteiros *mpl*

singlet ['sɪŋglɪt] N camiseta
singly ['sɪŋglɪ] ADV separadamente
singsong ['sɪŋsɔŋ] ADJ (*tone*) cantado ▶ N (*songs*): **to have a ~** cantar
singular ['sɪŋgjulə'] ADJ (*odd*) esquisito; (*outstanding*) extraordinário, excepcional; (*Ling*) singular ▶ N (*Ling*) singular *m*; **in the feminine ~** no feminino singular
singularly ['sɪŋgjuləlɪ] ADV particularmente
Sinhalese [sɪnhə'liːz] ADJ cingalês(-esa)
sinister ['sɪnɪstə'] ADJ sinistro
sink [sɪŋk] (*pt* **sank**, *pp* **sunk**) N pia ▶ VT (*ship*) afundar; (*foundations*) escavar ▶ VI (*ship, ground*) afundar-se; (*heart*) partir; (*spirits*) ficar deprimido; (*also:* **sink back, sink down**) cair *or* mergulhar gradativamente; (*share prices*) cair; **to ~ sth into** (*teeth etc*) enterrar algo em; **he sank into a chair/the mud** ele afundou na cadeira/na lama; **a ~ing feeling** um vazio no estômago
▶ **sink in** VI (*fig*) penetrar; **it took a long time to ~ in** demorou muito para ser entendido
sinking fund ['sɪŋkɪŋ-] N fundo de amortização
sink unit N pia
sinner ['sɪnə'] N pecador(a) *m/f*
sinuous ['sɪnjuəs] ADJ sinuoso
sinus ['saɪnəs] N (*Anat*) seio (paranasal)
sinusitis [saɪnə'saɪtəs] N sinusite *f*
sip [sɪp] N gole *m* ▶ VT sorver, beberican
siphon ['saɪfən] N sifão *m*
▶ **siphon off** VT extrair com sifão; (*funds*) desviar
sir [sə'] N senhor *m*; **S~ John Smith** Sir John Smith; **yes, ~** sim, senhor; **Dear S~** (*in letter*) (Prezado) Senhor
siren ['saɪərn] N sirena
sirloin ['səːlɔɪn] N lombo de vaca
sirloin steak N filé *m* de alcatra
sisal ['saɪsəl] N sisal *m*
sissy ['sɪsɪ] (!) N fresco
sister ['sɪstə'] N irmã *f*; (*BRIT: nurse*) enfermeira-chefe *f*; (*nun*) freira ▶ CPD: **~ organization** organização *f* congênere; **~ ship** navio gêmeo
sister-in-law (*pl* **sisters-in-law**) N cunhada
sit [sɪt] (*pt, pp* **sat**) VI sentar-se; (*be sitting*) estar sentado; (*assembly*) reunir-se; (*for painter*) posar; (*dress*) cair ▶ VT (*exam*) prestar; **to ~ on a committee** ser membro de um comitê; **to ~ tight** não se mexer; (*fig*) esperar
▶ **sit about** VI ficar sentado não fazendo nada
▶ **sit around** VI ficar sentado não fazendo nada
▶ **sit back** VI acomodar-se num assento
▶ **sit down** VI sentar-se; **to be ~ting down** estar sentado
▶ **sit in on** VT FUS assistir a
▶ **sit up** VI (*after lying*) levantar-se; (*straight*) endireitar-se; (*not go to bed*) aguardar acordado, velar

sitcom ['sɪtkɔm] N ABBR (= *situation comedy*) comédia de costumes
sit-down ADJ: **~ strike** greve *f* de braços cruzados; **a ~ meal** uma refeição servida à mesa
site [saɪt] N local *m*, sítio; (*also:* **building site**) lote *m* (de terreno) ▶ VT situar, localizar
sit-in N (*demonstration*) ocupação de um local como forma de protesto, manifestação *f* pacífica
siting ['saɪtɪŋ] N (*location*) localização *f*
sitter ['sɪtə'] N (*for painter*) modelo; (*also:* **babysitter**) baby-sitter *m/f*
sitting ['sɪtɪŋ] N (*of assembly etc*) sessão *f*; (*in canteen*) turno
sitting member N (*Pol*) parlamentar *m/f*
sitting room N sala de estar
sitting tenant (*BRIT*) N inquilino(-a)
situate ['sɪtjueɪt] VT situar
situated ['sɪtjueɪtɪd] ADJ situado
situation [sɪtju'eɪʃən] N situação *f*; (*job*) posição *f*; (*location*) local *m*; **"~s vacant/wanted"** (*BRIT*) "empregos oferecem-se/procurados"
situation comedy N (*Theatre, TV*) comédia de costumes
six [sɪks] NUM seis; *see also* **five**
six-pack ['sɪkspæk] N (*of beer*) seis latas; (*stomach*) tanquinho
sixteen ['sɪks'tiːn] NUM dezesseis; *see also* **five**
sixteenth [sɪks'tiːnθ] NUM décimo sexto
sixth [sɪksθ] NUM sexto; **the upper/lower ~** (*BRIT Sch*) os dois últimos anos do colégio; *see also* **fifth**
sixtieth ['sɪkstɪɪθ] NUM sexagésimo
sixty ['sɪkstɪ] NUM sessenta; *see also* **fifty**
size [saɪz] N (*gen*) tamanho; (*extent*) extensão *f*; (*of clothing*) tamanho, medida; (*of shoes*) número; (*glue*) goma; **I take ~ 14** (*of dress*) = meu tamanho é 44; **the small/large ~** (*of soap powder etc*) o tamanho pequeno/grande; **what ~ do you take in shoes?** que número você calça?; **it's the ~ of ...** é do tamanho de ...
▶ **size up** VT avaliar, formar uma opinião sobre
sizeable ['saɪzəbl] ADJ considerável, importante
sizzle ['sɪzl] VI chiar
SK (*CANADA*) ABBR = **Saskatchewan**
skate [skeɪt] N patim *m*; (*fish: pl inv*) arraia
▶ VI patinar
▶ **skate around** VT FUS (*problem*) evitar
▶ **skate over** VT FUS = **skate around**
skateboard ['skeɪtbɔːd] N skate *m*, patim-tábua *m*
skatepark ['skeɪtpɑːk] N pista de skate
skater ['skeɪtə'] N patinador(a) *m/f*
skating ['skeɪtɪŋ] N patinação *f*
skating rink N rinque *m* de patinação
skeleton ['skɛlɪtn] N esqueleto; (*Tech*) armação *f*; (*outline*) esquema *m*, esboço
skeleton key N chave *f* mestra
skeleton staff N pessoal *m* reduzido (ao mínimo)

skeptic ['skɛptɪk] (US) N = **sceptic**
sketch [skɛtʃ] N (drawing) desenho; (outline) esboço, croqui m; (Theatre) quadro, esquete m ▶ VT desenhar, esboçar; (ideas: also: **sketch out**) esboçar
sketchbook ['skɛtʃbuk] N caderno de rascunho
sketch pad N bloco de desenho
sketchy ['skɛtʃɪ] ADJ incompleto, superficial
skew [skju:] (BRIT) N: **on the ~** fora de esquadria
skewer ['skju:əʳ] N espetinho
ski [ski:] N esqui m ▶ VI esquiar
ski boot N bota de esquiar
skid [skɪd] N derrapagem f ▶ VI deslizar; (Aut) derrapar
skid mark N marca de derrapagem
skier ['ski:əʳ] N esquiador(a) m/f
skiing ['ski:ɪŋ] N esqui m; **to go ~** ir esquiar
ski instructor N instrutor(a) m/f de esqui
ski jump N pista para saltos de esqui; (event) salto de esqui
skilful, (US) **skillful** ['skɪlful] ADJ habilidoso, jeitoso
skilfully, (US) **skillfully** ['skɪlfəlɪ] ADV habilmente
ski lift N ski lift m
skill [skɪl] N habilidade f, perícia; (for work) técnica
skilled [skɪld] ADJ hábil, perito; (worker) especializado, qualificado
skillet ['skɪlɪt] N frigideira
skillful ['skɪlful] (US) ADJ = **skilful**
skim [skɪm] VT (milk) desnatar; (glide over) roçar ▶ VI: **to ~ through** (book) folhear
skimmed milk [skɪmd-] N leite m desnatado
skimp [skɪmp] VT (work: also: **skimp on**) atamancar; (cloth etc) economizar, regatear
skimpy ['skɪmpɪ] ADJ (meagre) escasso, insuficiente; (skirt) sumário
skin [skɪn] N (gen) pele f; (of fruit, vegetable) casca; (on pudding, paint) película ▶ VT (fruit etc) descascar; (animal) tirar a pele de; **wet** or **soaked to the ~** encharcado, molhado como um pinto
skin-deep ADJ superficial
skin diver N mergulhador(a) m/f
skin diving N caça-submarina
skinflint ['skɪnflɪnt] N pão-duro m
skin graft N enxerto de pele
skinny ['skɪnɪ] ADJ magro, descarnado
skin test N cutirreação f
skintight ['skɪntaɪt] ADJ (dress etc) justo, grudado (no corpo)
skip [skɪp] N salto, pulo; (BRIT: container) balde m ▶ VI saltar; (with rope) pular corda ▶ VT (pass over) omitir, saltar; (miss) deixar de; **to ~ school** (esp US) matar aula
ski pants NPL calça (BR) or calças fpl (PT) de esquiar
ski pole N vara de esqui
skipper ['skɪpəʳ] N (Naut, Sport) capitão m ▶ VT capitanear

skipping rope ['skɪpɪŋ-] (BRIT) N corda (de pular)
ski resort N estação f de esqui
skirmish ['skə:mɪʃ] N escaramuça
skirt [skə:t] N saia ▶ VT (surround) rodear; (go round) orlar, circundar
skirting board ['skə:tɪŋ-] (BRIT) N rodapé m
ski run N pista de esqui
ski slope N pista de esqui
ski suit N traje m de esqui
skit [skɪt] N paródia, sátira
ski tow N ski lift m
skittle ['skɪtl] N pau m; **skittles** N (game) (jogo de) boliche m (BR), jogo da bola (PT)
skive [skaɪv] (BRIT inf) VI evitar trabalhar
skulk [skʌlk] VI esconder-se
skull [skʌl] N caveira f; (Anat) crânio
skullcap ['skʌlkæp] N solidéu m; (worn by Pope) barrete m
skunk [skʌŋk] N gambá m; (fig: person) cafajeste m/f, pessoa vil
sky [skaɪ] N céu m; **to praise sb to the skies** pôr alguém nas nuvens
sky-blue ADJ azul-celeste inv
sky-high ADV muito alto ▶ ADJ: **prices are ~** os preços dispararam
skylark ['skaɪlɑ:k] N (bird) cotovia
skylight ['skaɪlaɪt] N clarabóia, escotilha
skyline ['skaɪlaɪn] N (horizon) linha do horizonte; (of city) silhueta
skyscraper ['skaɪskreɪpəʳ] N arranha-céu m
slab [slæb] N (stone) bloco; (flat) laje f; (of cake) fatia grossa
slack [slæk] ADJ (loose) frouxo; (slow) lerdo; (careless) descuidoso, desmazelado; (Comm: market) inativo, frouxo; (: demand) fraco ▶ N (in rope) brando; **slacks** NPL (trousers) calça (BR), calças fpl (PT); **business is ~** os negócios vão mal
slacken ['slækən] VI (also: **slacken off**) afrouxar-se ▶ VT afrouxar; (speed) diminuir
slag [slæg] N escória, escombros mpl
slag heap N monte m de escória or de escombros
slag off (BRIT inf) VT malhar
slain [sleɪn] PP of **slay**
slake [sleɪk] VT (one's thirst) matar
slalom ['slɑ:ləm] N slalom m
slam [slæm] VT (door) bater or fechar (com violência); (throw) atirar violentamente; (criticize) malhar, criticar ▶ VI fechar-se (com violência)
slander ['slɑ:ndəʳ] N calúnia, difamação f ▶ VT caluniar, difamar
slanderous ['slɑ:ndərəs] ADJ calunioso, difamatório
slang [slæŋ] N gíria; (jargon) jargão m
slant [slɑ:nt] N declive m, inclinação f; (fig) ponto de vista
slanted ['slɑ:ntɪd] ADJ (roof) inclinado; (eyes) puxado
slanting ['slɑ:ntɪŋ] ADJ = **slanted**
slap [slæp] N tapa m or f ▶ VT dar um(a) tapa em; (paint etc): **to ~ sth on sth** passar algo

slapdash ['slæpdæʃ] ADJ impetuoso; (*work*) descuidado

slapstick ['slæpstɪk] N (*comedy*) (comédia-) pastelão *m*

slap-up (BRIT) ADJ: **a ~ meal** uma refeição suntuosa

slash [slæʃ] VT cortar, talhar; (*fig: prices*) cortar

slat [slæt] N (*of wood*) ripa; (*of plastic*) tira

slate [sleɪt] N ardósia ▶ VT (*fig: criticize*) criticar duramente, arrasar

slaughter ['slɔːtəʳ] N (*of animals*) matança; (*of people*) carnificina ▶ VT abater; matar, massacrar

slaughterhouse ['slɔːtəhaus] N matadouro

Slav [slɑːv] ADJ, N eslavo(-a)

slave [sleɪv] N escravo(-a) ▶ VI (*also:* **slave away**) trabalhar como escravo; **to ~ (away) at sth/at doing sth** trabalhar feito condenado em algo/fazendo algo

slave labour N trabalho escravo

slaver ['slævəʳ] VI (*dribble*) babar

slavery ['sleɪvərɪ] N escravidão *f*

Slavic ['slɑːvɪk] ADJ eslavo

slavish ['sleɪvɪʃ] ADJ servil; (*copy*) descarado

Slavonic [slə'vɔnɪk] ADJ eslavo

slay [sleɪ] (*pt* **slew**, *pp* **slain**) VT (*literary*) matar

sleazy ['sliːzɪ] ADJ (*place*) sórdido

sled [slɛd] (US) N trenó *m*

sledge [slɛdʒ] (BRIT) N trenó *m*

sledgehammer ['slɛdʒhæməʳ] N marreta, malho

sleek [sliːk] ADJ (*hair, fur*) macio, lustroso; (*car, boat*) aerodinâmico

sleep [sliːp] (*pt, pp* **slept**) N sono ▶ VI dormir ▶ VT: **we can ~ 4** podemos acomodar 4 pessoas; **to go to ~** dormir, adormecer; **to have a good night's ~** ter uma boa noite de sono; **to put to ~** (*patient*) fazer dormir; (*animal: euphemism: kill*) sacrificar; **to ~ lightly** ter sono leve; **to ~ with sb** (*euphemism*) dormir com alguém

  ▶ **sleep around** VI ser promíscuo sexualmente

  ▶ **sleep in** VI (*oversleep*) dormir demais; (*lie in*) dormir até tarde

sleeper ['sliːpəʳ] N (*person*) dorminhoco(-a); (*Rail: on track*) dormente *m*; (: *train*) vagão-leitos *m* (BR), carruagem-camas *f* (PT)

sleepily ['sliːpɪlɪ] ADV sonolentamente

sleeping ['sliːpɪŋ] ADJ adormecido, que dorme

sleeping bag N saco de dormir

sleeping car N vagão-leitos *m* (BR), carruagem-camas *f* (PT)

sleeping partner (BRIT) N (*Comm*) sócio comanditário

sleeping pill N pílula para dormir

sleepless ['sliːplɪs] ADJ: **a ~ night** uma noite em claro

sleeplessness ['sliːplɪsnɪs] N insônia

sleepwalker ['sliːpwɔːkəʳ] N sonâmbulo

sleepy ['sliːpɪ] ADJ sonolento; (*fig*) morto; **to be** *or* **feel ~** estar com sono

sleet [sliːt] N chuva com neve *or* granizo

sleeve [sliːv] N manga; (*of record*) capa

sleeveless ['sliːvlɪs] ADJ (*garment*) sem manga

sleigh [sleɪ] N trenó *m*

sleight [slaɪt] N: **~ of hand** prestidigitação *f*

slender ['slɛndəʳ] ADJ esbelto, delgado; (*means*) escasso, insuficiente

slept [slɛpt] PT, PP *of* **sleep**

sleuth [sluːθ] (*inf*) N detetive *m*

slew [sluː] PT *of* **slay** ▶ VI (BRIT: *also:* **slew round**) virar

slice [slaɪs] N (*of meat, bread*) fatia; (*of lemon*) rodela; (*of fish*) posta; (*utensil*) pá *f or* espátula de bolo ▶ VT cortar em fatias; **~d bread** pão *m* em fatias

slick [slɪk] ADJ (*skilful*) jeitoso, ágil, engenhoso; (*quick*) rápido; (*clever*) esperto, astuto ▶ N (*also:* **oil slick**) mancha de óleo

slid [slɪd] PT, PP *of* **slide**

slide [slaɪd] (*pt, pp* **slid**) VT deslizar ▶ VI (*slip*) escorregar; (*glide*) deslizar ▶ N (*downward movement*) deslizamento, escorregão *m*; (*in playground*) escorregador *m*; (*Phot*) slide *m*; (BRIT: *also:* **hair slide**) passador *m*; (*microscope slide*) lâmina; (*in prices*) queda, baixa; **to let things ~** (*fig*) deixar tudo ir por água abaixo

slide projector N (*Phot*) projetor *m* de slides

slide rule N régua de cálculo

slide show N apresentação *f* de slides

sliding ['slaɪdɪŋ] ADJ (*door*) corrediço; **~ roof** (*Aut*) teto deslizante

sliding scale N escala móvel

slight [slaɪt] ADJ (*slim*) fraco, franzino; (*frail*) delicado; (*error, pain, increase*) pequeno; (*trivial*) insignificante ▶ N desfeita, desconsideração *f* ▶ VT (*offend*) desdenhar, menosprezar; **not in the ~est** em absoluto, de maneira alguma; **the ~est** o(-a) menor; **a ~ improvement** uma pequena melhora

slightly ['slaɪtlɪ] ADV ligeiramente, um pouco; **~ built** magrinho

slim [slɪm] ADJ esbelto, delgado; (*chance*) pequeno ▶ VI emagrecer

slime [slaɪm] N lodo, limo, lama

slimline ['slɪmlaɪn] ADJ (*design*) ultrafino; (*figure*) esbelto

slimming ['slɪmɪŋ] N emagrecimento ▶ ADJ (*diet, pills*) para emagrecer

slimy ['slaɪmɪ] ADJ pegajoso; (*pond*) lodoso; (*fig*) falso

sling [slɪŋ] VT (*pt, pp* **slung**) atirar, arremessar, lançar ▶ N (*Med*) tipoia; (*for baby*) bebêbag *m*; (*weapon*) estilingue *m*, funda; **to have one's arm in a ~** estar com o braço na tipoia

slink [slɪŋk] (*pt, pp* **slunk**) VI: **to ~ away** *or* **off** escapulir

slip [slɪp] N (*slide*) tropeção *m*; (*fall*) escorregão *m*; (*mistake*) erro, lapso; (*underskirt*) combinação *f*; (*of paper*) tira ▶ VT deslizar ▶ VI (*slide*) deslizar; (*lose balance*) escorregar; (*decline*) decair; (*move smoothly*): **to ~ into/out of** entrar furtivamente em/sair

furtivamente de; **to let a chance ~ by** deixar passar uma oportunidade; **to ~ sth on/off** enfiar/tirar algo; **it ~ped from her hand** escorregou da mão dela; **to give sb the ~** esgueirar-se de alguém; **a ~ of the tongue** um lapso da língua; *see also* **Freudian**
▶ **slip away** vi escapulir
▶ **slip in** vt meter ▶ vi *(errors)* surgir
▶ **slip out** vi *(go out)* sair (um momento)
▶ **slip up** vi cometer um erro

slip-on ADJ sem fecho ou botões; **~ shoes** mocassins *mpl*

slipped disc [slɪpt-] N disco deslocado

slipper ['slɪpəʳ] N chinelo

slippery ['slɪpərɪ] ADJ escorregadio

slip road (BRIT) N *(to motorway)* entrada para a rodovia

slipshod ['slɪpʃɔd] ADJ descuidoso, desmazelado

slip-up N *(error)* equívoco, mancada; *(by neglect)* descuido

slipway ['slɪpweɪ] N carreira

slit [slɪt] vt *(pt, pp* **slit**) *(cut)* rachar, cortar; *(open)* abrir ▶ N fenda; *(cut)* corte *m*; **to ~ sb's throat** cortar o pescoço de alguém

slither ['slɪðəʳ] vi escorregar, deslizar

sliver ['slɪvəʳ] N *(of glass, wood)* lasca; *(of cheese etc)* fatia fina

slob [slɔb] *(pej)* N *(in manners)* porco(-a); *(in appearance)* maltrapilho(-a)

slog [slɔg] (BRIT) vi mourejar ▶ N: **it was a ~** deu um trabalho louco

slogan ['sləʊgən] N lema *m*, slogan *m*

slop [slɔp] vi *(also:* **slop over**) transbordar, derramar ▶ vt transbordar, entornar

slope [sləʊp] N ladeira; *(side of mountain)* encosta, vertente *f*; *(ski slope)* pista; *(slant)* inclinação *f*, declive *m* ▶ vi: **to ~ down** estar em declive; **to ~ up** inclinar-se

sloping ['sləʊpɪŋ] ADJ inclinado, em declive; *(handwriting)* torto

sloppy ['slɔpɪ] ADJ *(work)* descuidado; *(appearance)* relaxado; *(film etc)* piegas *inv*

slosh [slɔʃ] *(inf)* vi: **to ~ about** or **around** *(children)* patinhar; *(liquid)* esparrinhar

sloshed [slɔʃt] *(inf)* ADJ *(drunk)* com a cara cheia

slot [slɔt] N *(in machine)* fenda; *(opening)* abertura; *(fig: in timetable, Radio, TV)* horário ▶ vt: **to ~ into** encaixar em ▶ vi encaixar-se em

sloth [sləʊθ] N *(vice, Zool)* preguiça

slot machine N *(for gambling)* caça-níqueis *m inv*; *(BRIT: vending machine)* distribuidora automática

slot meter (BRIT) N contador *m* *(de eletricidade ou gás)* operado por moedas

slouch [slaʊtʃ] vi ter má postura
▶ **slouch about** vi vadiar
▶ **slouch around** vi = **slouch about**

slovenly ['slʌvənlɪ] ADJ *(dirty)* desalinhado, sujo; *(careless)* desmazelado

slow [sləʊ] ADJ lento; *(not clever)* bronco, de raciocínio lento; *(watch)*: **to be ~** atrasar ▶ ADV lentamente, devagar ▶ vt *(also:* **slow down, slow up**: *vehicle)* ir (mais) devagar; *(business)* estar devagar ▶ vi ir (mais) devagar; "**~**" *(road sign)* "devagar"; **at a ~ speed** devagar; **to be ~ to act/decide** ser lento nas ações/decisões, vacilar; **my watch is 20 minutes ~** meu relógio está atrasado vinte minutos; **business is ~** os negócios vão mal; **to go ~** *(driver)* dirigir devagar; *(in industrial dispute)* fazer uma greve tartaruga; **the ~ lane** a faixa da direita; **bake for 2 hours in a ~ oven** asse durante 2 horas em fogo brando

slow-acting ADJ de ação lenta

slowcoach ['sləʊkəʊtʃ] N (BRIT *inf*) lesma

slowdown ['sləʊdaʊn] (US) N greve *f* de trabalho lento, operação *f* tartaruga

slowly ['sləʊlɪ] ADV lentamente, devagar

slow motion N: **in ~** em câmara lenta

slowness ['sləʊnɪs] N lentidão *f*

slowpoke ['sləʊpəʊk] N (US *inf*) = **slowcoach**

sludge [slʌdʒ] N lama, lodo

slue [sluː] (US) vi = **slew**

slug [slʌg] N lesma; *(bullet)* bala

sluggish ['slʌgɪʃ] ADJ vagaroso; *(business)* lento

sluice [sluːs] N *(gate)* comporta, eclusa; *(channel)* canal *m* ▶ vt: **to ~ down** or **out** lavar com jorro d'água

slum [slʌm] N *(area)* favela; *(house)* cortiço, barraco

slumber ['slʌmbəʳ] N sono

slump [slʌmp] N *(economic)* depressão *f*; *(Comm)* baixa, queda ▶ vi *(person)* cair; *(prices)* baixar repentinamente; **he was ~ed over the wheel** estava caído sobre a direção

slung [slʌŋ] PT, PP *of* **sling**

slunk [slʌŋk] PT, PP *of* **slink**

slur [sləːʳ] N calúnia ▶ vt difamar, caluniar; *(word)* pronunciar indistintamente; **to cast a ~ on sb** manchar a reputação de alguém

slurred [sləːd] ADJ *(pronunciation)* indistinto, ininteligível

slush [slʌʃ] N neve *f* meio derretida

slush fund N verba para suborno

slushy ['slʌʃɪ] ADJ *(snow)* meio derretido; *(street)* lamacento; (BRIT *fig*) piegas *inv*

slut [slʌt] (!) N mulher *f* desmazelada; *(whore)* prostituta

sly [slaɪ] ADJ *(person)* astuto; *(smile, remark)* malicioso, velhaco; **on the ~** às escondidas

smack [smæk] N *(slap)* palmada; *(blow)* tabefe *m* ▶ vt bater; *(child)* dar uma palmada em; *(on face)* dar um tabefe em ▶ vi: **to ~ of** cheirar a, saber a ▶ ADV *(inf)*: **it fell ~ in the middle** caiu exatamente no meio

smacker ['smækəʳ] *(inf)* N *(kiss)* beijoca; *(BRIT: pound note)* libra; *(US: dollar bill)* dólar *m*

small [smɔːl] ADJ pequeno; *(short)* baixo; *(letter)* minúsculo ▶ N: **the ~ of the back** os rins; **to get** or **grow ~er** diminuir; **to make ~er** diminuir; **a ~ shopkeeper** um pequeno comerciante

343 | small ads – snake

small ads (BRIT) NPL classificados mpl
small arms NPL armas fpl leves
small change N trocado
small fry NPL gente f sem importância
smallholder ['smɔːlhəuldə^r] (BRIT) N pequeno(-a) proprietário(-a)
smallholding ['smɔːlhəuldɪŋ] (BRIT) N minifúndio
small hours NPL: **in the ~** na madrugada, lá pelas tantas (inf)
smallish ['smɔːlɪʃ] ADJ de pequeno porte
small-minded ADJ mesquinho
smallpox ['smɔːlpɔks] N varíola
small print N tipo miúdo
small-scale ADJ (model, map) reduzido; (business, farming) de pequeno porte
small talk N conversa fiada
small-time ADJ (farmer etc) pequeno; **a ~ thief** um ladrão de galinha
smart [smɑːt] ADJ elegante; (clever) inteligente, astuto; (Tec) inteligente; (quick) vivo, esperto ▶ VI sofrer; **the ~ set** a alta sociedade; **to look ~** estar elegante; **my eyes are ~ing** meus olhos estão ardendo
SMART Board® N quadro interativo
smart card N smart card m, cartão m inteligente
smarten up ['smɑːtən-] VI arrumar-se ▶ VT arrumar
smartphone N smartphone m
smartwatch ['smɑːtwɔtʃ] N smartwatch m, relógio inteligente
smash [smæʃ] N (also: **smash-up**) colisão f, choque m; (smash hit) sucesso de bilheteira; (sound) estrondo ▶ VT (break) escangalhar, despedaçar; (car etc) bater com; (Sport: record) quebrar ▶ VI despedaçar-se; (against wall etc) espatifar-se
▶ **smash up** VT destruir
smash hit N sucesso absoluto
smashing ['smæʃɪŋ] (inf) ADJ excelente
smattering ['smætərɪŋ] N: **a ~ of** um conhecimento superficial de
smear [smɪə^r] N mancha, nódoa; (Med) esfregaço; (insult) difamação f ▶ VT untar; (to make dirty) lambuzar; (fig) caluniar, difamar; **his hands were ~ed with oil/ink** as mãos dele estavam manchadas de óleo/tinta
smear campaign N campanha de desmoralização
smear test (BRIT) N (Med) esfregaço
smell [smɛl] (pt, pp **smelt** or **smelled**) VT cheirar ▶ VI (food etc) cheirar; (pej) cheirar mal ▶ N cheiro; (sense) olfato; **to ~ of** cheirar a; **it ~s good** cheira bem, tem um bom cheiro
smelly ['smɛlɪ] (pej) ADJ fedorento, malcheiroso
smelt [smɛlt] PT, PP of **smell** ▶ VT (ore) fundir
smile [smaɪl] N sorriso ▶ VI sorrir
smiling ['smaɪlɪŋ] ADJ sorridente, risonho
smirk [smə:k] (pej) N sorriso falso or afetado
smith [smɪθ] N ferreiro
smithy ['smɪðɪ] N forja, oficina de ferreiro

smitten ['smɪtn] ADJ: **~ with** (charmed by) encantado por; (grief etc) tomado por
smock [smɔk] N guarda-pó m; (children's) avental m
smog [smɔg] N nevoeiro com fumaça (BR) or fumo (PT)
smoke [sməuk] N fumaça (BR), fumo (PT) ▶ VI fumar; (chimney) fumegar ▶ VT (cigarettes) fumar; **to have a ~** fumar; **do you ~?** você fuma?; **to go up in ~** (house etc) queimar num incêndio; (fig) não dar em nada
smoke alarm N detector m de fumaça
smoked [sməukt] ADJ (bacon) defumado; (glass) fumée
smokeless fuel ['sməuklɪs-] N combustível m não poluente
smokeless zone ['sməuklɪs-] (BRIT) N zona onde não é permitido o uso de combustíveis poluentes
smoker ['sməukə^r] N (person) fumante m/f; (Rail) vagão m para fumantes
smokescreen ['sməukskriːn] N cortina de fumaça
smoke shop (US) N tabacaria, charutaria (BR)
smoking ['sməukɪŋ] N: **"no ~"** (sign) "proibido fumar"; **he's given up ~** ele deixou de fumar
smoking compartment, (US) **smoking car** N vagão m para fumantes
smoky ['sməukɪ] ADJ (room) enfumaçado; (taste) defumado
smolder ['sməuldə^r] (US) VI = **smoulder**
smooth [smuːð] ADJ liso, macio; (sauce) cremoso; (sea) tranquilo, calmo; (flat) plano; (flavour, movement) suave; (person) culto, refinado; (: pej) meloso; (flight, landing) tranquilo; (cigarette) suave ▶ VT (also: **smooth out**) alisar; (: difficulties) aplainar
▶ **smooth over** VT: **to ~ things over** (fig) arranjar as coisas
smoothly ['smuːðlɪ] ADV (easily) facilmente, sem problemas; **everything went ~** tudo correu muito bem
smother ['smʌðə^r] VT (fire) abafar; (person) sufocar; (emotions) reprimir
smoulder, (US) **smolder** ['sməuldə^r] VI arder sem chamas; (fig) estar latente
SMS N ABBR (= short message service) SMS m
smudge [smʌdʒ] N mancha ▶ VT manchar, sujar
smug [smʌg] (pej) ADJ convencido
smuggle ['smʌgl] VT contrabandear; **to ~ in/ out** (goods etc) fazer entrar/sair de contrabando
smuggler ['smʌglə^r] N contrabandista m/f
smuggling ['smʌglɪŋ] N contrabando
smut [smʌt] N (of soot) marca de fuligem; (mark) mancha; (in conversation etc) obscenidades fpl
smutty ['smʌtɪ] ADJ (fig) obsceno, indecente
snack [snæk] N lanche m (BR), merenda (PT); **to have a ~** fazer um lanche
snack bar N lanchonete f (BR), snackbar m (PT)
snag [snæg] N dificuldade f, obstáculo
snail [sneɪl] N caracol m; (water snail) caramujo
snake [sneɪk] N cobra

snap [snæp] N (*sound*) estalo; (*of whip*) estalido; (*click*) clique *m*; (*photograph*) foto *f* ▶ ADJ repentino ▶ VT (*break*) quebrar; (*fingers, whip*) estalar; (*photograph*) tirar uma foto de ▶ VI quebrar; (*fig: person*) retrucar asperamente; (*sound*) estalar; **to ~ shut** fechar com um estalo; **to ~ one's fingers** estalar os dedos; **a cold ~** uma onda de frio
  ▶ **snap at** VT FUS (*subj: person*) retrucar bruscamente a; (: *dog*) tentar morder
  ▶ **snap off** VT (*break*) partir
  ▶ **snap up** VT arrebatar, comprar rapidamente
snap fastener N colchete *m* de mola
snappy ['snæpɪ] (*inf*) ADJ rápido; (*slogan*) vigoroso; **he's a ~ dresser** ele está sempre chique; **make it ~!** faça rápido!
snapshot ['snæpʃɒt] N foto *f* (instantânea)
snare [snɛəʳ] N armadilha, laço ▶ VT apanhar no laço or na armadilha
snarl [snɑːl] N grunhido ▶ VI grunhir ▶ VT: **to get ~ed up** (*wool, plans*) ficar embaralhado; (*traffic*) ficar engarrafado
snatch [snætʃ] N (*fig*) roubo; (*small piece*) trecho ▶ VT agarrar; (*fig: look*) roubar ▶ VI: **don't ~!** não tome as coisas dos outros!; **to ~ a sandwich** fazer um lanche rapidinho; **to ~ some sleep** dormir um pouco
  ▶ **snatch up** VT agarrar
sneak [sniːk] (*pt, pp* **sneaked** or *US* **snuck**) VI: **to ~ in/out** entrar/sair furtivamente ▶ VT: **to ~ a look at sth** olhar disfarçadamente para algo ▶ N (*inf*) dedo-duro; **to ~ up on sb** chegar de mansinho perto de alguém
sneakers ['sniːkəz] NPL tênis *m* (BR), sapatos *mpl* de treino (PT)
sneaking ['sniːkɪŋ] ADJ: **to have a ~ suspicion that ...** ter uma vaga suspeita de que ...
sneaky ['sniːkɪ] ADJ sorrateiro
sneer [snɪəʳ] N sorriso de desprezo ▶ VI rir-se com desdém; (*mock*): **to ~ at** zombar de, desprezar
sneeze [sniːz] N espirro ▶ VI espirrar
snide [snaɪd] ADJ sarcástico
sniff [snɪf] N fungada; (*of dog*) farejada; (*of person*) fungadela ▶ VI fungar ▶ VT fungar, farejar; (*glue, drug*) cheirar
  ▶ **sniff at** VT FUS: **it's not to be ~ed at** isso não deve ser desprezado
snigger ['snɪgəʳ] N riso dissimulado ▶ VI rir-se com dissimulação
snip [snɪp] N tesourada; (*piece*) pedaço, retalho; (BRIT *inf: bargain*) pechincha ▶ VT cortar com tesoura
sniper ['snaɪpəʳ] N franco-atirador(a) *m/f*
snippet ['snɪpɪt] N fragmento, trecho
snivelling ['snɪvlɪŋ] ADJ (*whimpering*) chorão(-rona), lamuriento
snob [snɒb] N esnobe *m/f*
snobbery ['snɒbərɪ] N esnobismo
snobbish ['snɒbɪʃ] ADJ esnobe
snooker ['snuːkəʳ] N sinuca

snoop [snuːp] VI: **to ~ about** bisbilhotar
snooper ['snuːpəʳ] N bisbilhoteiro(-a), xereta *m/f*
snooty ['snuːtɪ] ADJ arrogante
snooze [snuːz] N soneca ▶ VI tirar uma soneca, dormitar
snore [snɔːʳ] VI roncar ▶ N ronco
snoring ['snɔːrɪŋ] N roncadura, roncaria
snorkel ['snɔːkl] N tubo snorkel
snort [snɔːt] N bufo, bufido ▶ VI bufar ▶ VT (*drugs*) cheirar
snotty ['snɒtɪ] ADJ ranhoso; (*fig*) altivo, arrogante
snout [snaut] N focinho
snow [snəu] N neve *f* ▶ VI nevar ▶ VT: **to be ~ed under with work** estar atolado or sobrecarregado de trabalho
snowball ['snəubɔːl] N bola de neve ▶ VI acumular-se; (*fig*) aumentar (como bola de neve)
snowboarding ['snəubɔːdɪŋ] N snowboard *m*
snowbound ['snəubaund] ADJ bloqueado pela neve
snow-capped [-kæpt] ADJ coberto de neve
snowdrift ['snəudrɪft] N monte *m* de neve (formado pelo vento)
snowdrop ['snəudrɒp] N campainha branca
snowfall ['snəufɔːl] N nevada
snowflake ['snəufleɪk] N floco de neve
snowman ['snəumæn] (*irreg: like* **man**) N boneco de neve
snowplough, (US) **snowplow** ['snəuplau] N máquina limpa-neve, removedor *m* de neve
snowshoe ['snəuʃuː] N raquete *f* de neve
snowstorm ['snəustɔːm] N nevasca, tempestade *f* de neve
snowy ['snəuɪ] ADJ nevoso
SNP (BRIT) N ABBR (*Pol*) = **Scottish National Party**
snub [snʌb] VT desdenhar, menosprezar ▶ N repulsa
snub-nosed [-'nəuzd] ADJ de nariz arrebitado
snuck [snʌk] (US) PT, PP *of* **sneak**
snuff [snʌf] N rapé *m* ▶ VT (*also*: **snuff out**: *candle*) apagar
snug [snʌg] ADJ (*sheltered*) abrigado, protegido; (*fitted*) justo, cômodo
snuggle ['snʌgl] VI: **to ~ up to sb** aconchegar-se or aninhar-se a alguém
snugly ['snʌglɪ] ADV (*fit*) perfeitamente
SO ABBR (*Banking*) = **standing order**

(KEYWORD)

so [səu] ADV **1** (*thus, likewise*) assim, deste modo; **so saying he walked away** falou isto e foi embora; **if so** se for assim, se assim é; **I didn't do it — you did so** não fiz isso — você fez!; **so do I, so am I** *etc* eu também; **so it is!** é verdade!; **I hope/think so** espero/acho que sim; **so far** até aqui; **so far I haven't had any problems** até agora não tive nenhum problema
2 (*in comparisons etc: to such a degree*) tão; **so big**

quickly (that) tão grande/rápido (que); **she's not so clever as her brother** ela não é tão inteligente quanto o irmão
3: **so much** *adj, adv* tanto; **I've got so much work** tenho tanto trabalho; **so many** tantos(-as); **there are so many people to see** tem tanta gente para ver
4 (*phrases*): **10 or so** uns 10; **so long!** (*inf: goodbye*) tchau!
▶ CONJ **1** (*expressing purpose*): **so as to do** para fazer; **we hurried so as not to be late** nós nos apressamos para não chegarmos atrasados; **so (that)** para que, a fim de que **2** (*result*) de modo que; **he didn't arrive so I left** como ele não chegou, eu fui embora; **so I was right after all** então eu estava certo no final das contas

soak [səʊk] VT (*drench*) embeber, ensopar; (*put in water*) pôr de molho ▶ VI estar de molho, impregnar-se
▶ **soak in** VI infiltrar
▶ **soak up** VT absorver
soaking ['səʊkɪŋ] ADJ (*also*: **soaking wet**) encharcado
so and so N fulano(-a)
soap [səʊp] N sabão *m*
soap flakes NPL flocos *mpl* de sabão
soap opera N novela
soap powder N sabão *m* em pó
soapsuds ['səʊpsʌdz] N água de sabão
soapy ['səʊpɪ] ADJ ensaboado
soar [sɔːʳ] VI (*on wings*) elevar-se em voo; (*rocket, temperature*) subir; (*building etc*) levantar-se; (*price, production*) disparar; (*morale, spirits*) renascer
soaring ['sɔːrɪŋ] ADJ (*flight*) a grande altura; (*prices, inflation*) disparado
sob [sɔb] N soluço ▶ VI soluçar
s.o.b. (US!) N ABBR (= *son of a bitch*) filho da puta (!)
sober ['səʊbəʳ] ADJ (*serious*) sério; (*sensible*) sensato; (*moderate*) moderado; (*not drunk*) sóbrio; (*colour, style*) discreto
▶ **sober up** VI ficar sóbrio
sobriety [sə'braɪətɪ] N sobriedade *f*
sob story N (*inf, pej*) lamúria
Soc. ABBR = **society**
so-called [-kɔːld] ADJ chamado
soccer ['sɔkəʳ] N futebol *m*
soccer pitch N campo de futebol
soccer player N jogador *m* de futebol
sociable ['səʊʃəbl] ADJ sociável
social ['səʊʃl] ADJ social; (*sociable*) sociável ▶ N reunião *f* social
social climber N arrivista *m/f*
social club N clube *m*
Social Democrat N democrata-social *m/f*
social insurance (US) N seguro social
socialism ['səʊʃəlɪzəm] N socialismo
socialist ['səʊʃəlɪst] ADJ, N socialista *m/f*
socialite ['səʊʃəlaɪt] N socialite *m/f*, colunável *m/f*

345 | **soak – soft toy**

socialize ['səʊʃəlaɪz] VI: **to ~ (with)** socializar (com)
socially ['səʊʃəlɪ] ADV socialmente
social media NPL mídias *fpl* sociais (BR), meios *mpl* de comunicação social (PT)
social networking [-'nɛtwəːkɪŋ] N redes *fpl* sociais
social networking site [-'nɛtwəːkɪŋ-] N rede *f* social
social science N ciências *fpl* sociais
social security (BRIT) N previdência social
social welfare N bem-estar *m* social
social work N assistência social, serviço social
social worker N assistente *m/f* social
society [sə'saɪətɪ] N sociedade *f*; (*club*) associação *f*; (*also*: **high society**) alta sociedade ▶ CPD (*party, column*) da alta sociedade
socio-economic ['səʊsɪəʊ-] ADJ socioeconômico
sociological [səʊsɪə'lɔdʒɪkl] ADJ sociológico
sociologist [səʊsɪ'ɔlədʒɪst] N sociólogo(-a)
sociology [səʊsɪ'ɔlədʒɪ] N sociologia
sock [sɔk] N meia (BR), peúga (PT) ▶ VT (*inf: hit*) socar, dar um soco em; **to pull one's ~s up** (*fig*) tomar jeito
socket ['sɔkɪt] N bocal *m*, encaixe *m*; (BRIT *Elec*) tomada
sod [sɔd] N (*of earth*) gramado, torrão *m*; (BRIT *pej*) imbecil *m/f* ▶ VT: **~ it!** (!) droga!
soda ['səʊdə] N (*Chem*) soda; (*also*: **soda water**) água com gás; (US: *also*: **soda pop**) soda
sodden ['sɔdn] ADJ encharcado
sodium ['səʊdɪəm] N sódio
sodium chloride N cloreto de sódio
sofa ['səʊfə] N sofá *m*
Sofia ['səʊfɪə] N Sófia
soft [sɔft] ADJ (*gen*) macio; (*not hard*) mole; (*voice, music, light*) suave; (*kind*) meigo, bondoso; (*weak*) fraco; (*stupid*) idiota
softball ['sɔftbɔːl] N (*game*) softbol *m*; (*ball*) bola de softbol
soft-boiled egg [-bɔɪld-] N ovo quente
soft currency N moeda fraca
soft drink N refrigerante *m*
soft drugs N drogas *fpl* leves
soften ['sɔfn] VT amolecer, amaciar; (*effect*) abrandar; (*expression*) suavizar ▶ VI amolecer-se; (*voice, expression*) suavizar-se
softener ['sɔfnəʳ] N amaciante *m*
soft fruit (BRIT) N bagas *fpl*
soft furnishings NPL cortinas *fpl* e estofados *mpl*
soft-hearted ADJ bondoso, caridoso
softly ['sɔftlɪ] ADV suavemente; (*gently*) delicadamente
softness ['sɔftnɪs] N maciez *f*; (*gentleness*) suavidade *f*
soft sell N venda de forma não agressiva
soft spot N: **to have a ~ for sb** ter xodó por alguém
soft toy N brinquedo de pelúcia

software ['sɔftwɛəʳ] N software m
software package N soft m, pacote m
soggy ['sɔgɪ] ADJ ensopado, encharcado
soil [sɔɪl] N (earth) terra, solo; (territory) território ▶ VT sujar, manchar
soiled [sɔɪld] ADJ sujo
sojourn ['sɔdʒəːn] N (formal) estada f
solace ['sɔlɪs] N consolo
solar ['səʊləʳ] ADJ solar
solaria [sə'lɛərɪə] NPL of **solarium**
solarium [sə'lɛərɪəm] (pl **solaria**) N solário
solar panel N painel m solar
solar plexus [-'plɛksəs] N plexo solar
solar power N energia solar
sold [səʊld] PT, PP of **sell** ▶ ADJ: **~ out** (Comm) esgotado
solder ['səʊldəʳ] VT soldar ▶ N solda
soldier ['səʊldʒəʳ] N soldado; (army man) militar m; **toy ~** soldado de chumbo ▶ **soldier on** VI aguentar firme (inf), perseverar
sole [səʊl] N (of foot, shoe) sola; (fish: pl inv) solha, linguado ▶ ADJ único; **the ~ reason** a única razão
solely ['səʊllɪ] ADV somente, unicamente; **I will hold you ~ responsible** vou apontar-lhe como o único responsável
solemn ['sɔləm] ADJ solene
sole trader N (Comm) comerciante m/f independente
solicit [sə'lɪsɪt] VT (request) solicitar ▶ VI (prostitute) aliciar fregueses
solicitor [sə'lɪsɪtəʳ] (BRIT) N (for wills etc) tabelião(-lioa) m/f; (in court) ≈ advogado(-a)
solid ['sɔlɪd] ADJ sólido; (gold etc) maciço; (person) sério; (line) contínuo; (vote) unânime ▶ N sólido; **solids** NPL (food) comida sólida; **we waited 2 ~ hours** esperamos durante 2 horas a fio; **to be on ~ ground** estar em terra firme; (fig) ter base
solidarity [sɔlɪ'dærɪtɪ] N solidariedade f
solidify [sə'lɪdɪfaɪ] VI solidificar-se
solidity [sə'lɪdɪtɪ] N solidez f
solid-state ADJ de estado sólido
soliloquy [sə'lɪləkwɪ] N monólogo
solitaire [sɔlɪ'tɛəʳ] N (gem) solitário; (game) solitário, jogo de paciência
solitary ['sɔlɪtərɪ] ADJ solitário, só; (walk) só; (isolated) isolado, retirado; (single) único
solitary confinement N prisão f celular, solitária
solitude ['sɔlɪtjuːd] N solidão f
solo ['səʊləʊ] N, ADV solo
soloist ['səʊləʊɪst] N solista m/f
Solomon Islands ['sɔləmən-] NPL: **the ~** as ilhas Salomão
solstice ['sɔlstɪs] N solstício
soluble ['sɔljubl] ADJ solúvel
solution [sə'luːʃən] N solução f
solve [sɔlv] VT resolver, solucionar
solvency ['sɔlvənsɪ] N (Comm) solvência
solvent ['sɔlvənt] ADJ (Comm) solvente ▶ N (Chem) solvente m

solvent abuse N abuso de solventes alucinógenos
Somali [sə'mɑːlɪ] ADJ, N somaliano(-a)
Somalia [sə'mɑːlɪə] N Somália
sombre, (US) **somber** ['sɔmbəʳ] ADJ sombrio, lúgubre

(KEYWORD)

some [sʌm] ADJ **1** (a certain number or amount): **some tea/water/biscuits** um pouco de chá/água/uns biscoitos; **some children came** algumas crianças vieram; **there's some milk in the fridge** há leite na geladeira; **I've got some money, but not much** tenho algum dinheiro, mas não muito
2 (certain: in contrasts) algum(a); **some people say that ...** algumas pessoas dizem que ...
3 (unspecified) um pouco de; **some woman was asking for you** uma mulher estava perguntando por você; **some day** um dia
▶ PRON **1** (a certain number) alguns/algumas; **I've got some** (books etc) tenho alguns; **some went for a taxi and some walked** alguns foram pegar um táxi e outros foram andando
2 (a certain amount) um pouco; **I've got some** (milk, money etc) tenho um pouco
▶ ADV: **some 10 people** umas 10 pessoas

somebody ['sʌmbədɪ] PRON = **someone**
someday ['sʌmdeɪ] ADV algum dia
somehow ['sʌmhau] ADV de alguma maneira; (for some reason) por uma razão ou outra
someone ['sʌmwʌn] PRON alguém; **there's ~ coming** tem alguém vindo/chegando
someplace ['sʌmpleɪs] (US) ADV = **somewhere**
somersault ['sʌməsɔːlt] N (deliberate) salto mortal; (accidental) cambalhota ▶ VI dar um salto mortal or uma cambalhota
something ['sʌmθɪŋ] PRON alguma coisa, algo (BR); **~ nice** alguma coisa boa; **~ to do** alguma coisa para fazer; **there's ~ wrong** tem alguma coisa errada; **would you like ~ to eat/drink?** você gostaria de comer/beber alguma coisa?
sometime ['sʌmtaɪm] ADV (in future) algum dia, em outra oportunidade; (in past): **~ last month** durante o mês passado; **I'll finish it ~** vou terminar uma hora dessas
sometimes ['sʌmtaɪmz] ADV às vezes, de vez em quando
somewhat ['sʌmwɔt] ADV um tanto
somewhere ['sʌmwɛəʳ] ADV (be) em algum lugar; (go) para algum lugar; **I must have lost it ~** devo ter perdido (isso) em algum lugar; **it's ~ or other in Scotland** é em algum lugar na Escócia; **~ else** (be) em outro lugar; (go) para outro lugar
son [sʌn] N filho
sonar ['səʊnɑːʳ] N sonar m
sonata [sə'nɑːtə] N sonata
song [sɔŋ] N canção f; (of bird) canto
songbook ['sɔŋbuk] N cancioneiro

songwriter ['sɔŋraɪtə^r] N compositor(a) m/f de canções
sonic ['sɔnɪk] ADJ (boom) sônico
son-in-law (pl **sons-in-law**) N genro
sonnet ['sɔnɪt] N soneto
sonny ['sʌnɪ] (inf) N meu filho
soon [su:n] ADV logo, brevemente; (a short time after) logo após; (early) cedo; ~ **afterwards** pouco depois; **very/quite** ~ logo/daqui a pouco; **how** ~ **can you be ready?** quando você estará pronto?; **it's too** ~ **to tell** é muito cedo para dizer; **see you** ~**!** até logo!; see also **as**
sooner ['su:nə^r] ADV (time) antes, mais cedo; (preference): **I would** ~ **do that** preferia fazer isso; ~ **or later** mais cedo ou mais tarde; **no** ~ **said than done** dito e feito; **the** ~ **the better** quanto mais cedo melhor; **no** ~ **had we left than he ...** mal partimos, ele ...
soot [sut] N fuligem f
soothe [su:ð] VT acalmar, sossegar; (pain) aliviar, suavizar
soothing ['su:ðɪŋ] ADJ calmante
SOP N ABBR = **standard operating procedure**
sop [sɔp] N paliativo
sophisticated [sə'fɪstɪkeɪtɪd] ADJ sofisticado
sophistication [səfɪstɪ'keɪʃən] N sofisticação f
sophomore ['sɔfəmɔ:^r] (US) N segundanista m/f
soporific [sɔpə'rɪfɪk] ADJ soporífico
sopping ['sɔpɪŋ] ADJ: ~ **(wet)** encharcado
soppy ['sɔpɪ] (pej) ADJ piegas inv
soprano [sə'prɑ:nəu] N soprano m/f
sorbet ['sɔ:beɪ] N sorvete de frutas à base de água
sorcerer ['sɔ:sərə^r] N feiticeiro
sordid ['sɔ:dɪd] ADJ (dirty) imundo, sórdido; (wretched) miserável
sore [sɔ:^r] ADJ (painful) dolorido; (offended) magoado, ofendido ▶ N chaga, ferida; **it's a** ~ **point** é um ponto delicado; **my eyes are** ~, **I've got** ~ **eyes** meus olhos estão doloridos
sorely ['sɔ:lɪ] ADV: **I am** ~ **tempted (to)** estou muito tentado (a)
sore throat N dor f de garganta
sorrel ['sɔrəl] N azeda
sorrow ['sɔrəu] N tristeza, mágoa, dor f; **sorrows** NPL (causes of grief) tristezas fpl
sorrowful ['sɔrəuful] ADJ (day) triste; (smile) aflito, magoado
sorry ['sɔrɪ] ADJ (regretful) arrependido; (condition, excuse) lamentável; ~**!** desculpe!, perdão!, sinto muito!; **to feel** ~ **for sb** sentir pena de alguém; **I feel** ~ **for him** estou com pena dele; **I'm** ~ **to hear that ...** lamento saber que ...; **to be** ~ **about sth** arrepender-se de algo
sort [sɔ:t] N tipo; (brand: of coffee etc) marca ▶ VT (also: **sort out**: papers) classificar; (: problems) solucionar, resolver; **what** ~ **do you want?** que tipo você quer?; **what** ~ **of car?** que tipo de carro?; **I'll do nothing of the** ~**!** não farei nada do gênero!; **it's** ~ **of awkward** (inf) é meio difícil

sortie ['sɔ:tɪ] N surtida
sorting office ['sɔ:tɪŋ-] N departamento de distribuição
SOS N S.O.S. m
so-so ADV mais ou menos, regular
soufflé ['su:fleɪ] N suflê m
sought [sɔ:t] PT, PP of **seek**
sought-after ADJ desejado
soul [səul] N alma; (person) criatura; **I didn't see a** ~ não vi uma alma; **God rest his** ~ que a sua alma descanse em paz; **the poor** ~ **had nowhere to sleep** o pobre coitado não tinha onde dormir
soul-destroying [-dɪs'trɔɪɪŋ] ADJ desalentador(a)
soulful ['səulful] ADJ emocional, sentimental
soulless ['səullɪs] ADJ desalmado
soul mate N companheiro(-a) ideal
soul-searching N: **after much** ~ depois de muita ponderação
sound [saund] ADJ (healthy) saudável, sadio; (safe, not damaged) sólido, completo; (secure) seguro; (reliable) confiável; (sensible) sensato; (argument, policy) válido; (move) acertado ▶ ADV: ~ **asleep** dormindo profundamente ▶ N (noise) som m, ruído, barulho; (volume: on TV etc) volume m; (Geo) estreito, braço (de mar) ▶ VT (alarm) soar ▶ VI soar, tocar; (fig: seem) parecer; **to be of** ~ **mind** estar em juízo perfeito; **I don't like the** ~ **of it** eu não estou gostando disso; **to** ~ **like** parecer; **it** ~**s as if ...** parece que ...
▶ **sound off** (inf) VI: **to** ~ ~ **off (about)** pontificar (sobre)
▶ **sound out** VI sondar
sound barrier N barreira do som
sound effects NPL efeitos mpl sonoros
sound engineer N engenheiro(-a) de som
sounding ['saundɪŋ] N (Naut etc) sondagem f
sounding board N (Mus) caixa de ressonância; (fig): **to use sb as a** ~ **for one's ideas** testar suas ideias em alguém
soundly ['saundlɪ] ADV (sleep) profundamente; (beat) completamente
soundproof ['saundpru:f] ADJ à prova de som ▶ VT insonorizar
soundtrack ['saundtræk] N (of film) trilha sonora
sound wave N onda sonora
soup [su:p] N (thick) sopa; (thin) caldo; **in the** ~ (fig) numa encrenca
soup kitchen N local onde se distribui comida aos pobres
soup plate N prato fundo (para sopa)
soupspoon ['su:pspu:n] N colher f de sopa
sour ['sauə^r] ADJ azedo, ácido; (milk) talhado; (fig) mal-humorado, rabugento; **it's** ~ **grapes!** (fig) é despeito!; **to go** or **turn** ~ (milk, wine) azedar; (fig: relationship, plan) azedar, dar errado
source [sɔ:s] N fonte f; **I have it from a reliable** ~ **that ...** uma fonte confiável me assegura que ...

south [sauθ] N sul m ▶ ADJ do sul, meridional ▶ ADV ao or para o sul; **(to the) ~ of** ao sul de; **the S~ of France** o Sul da França; **to travel ~** viajar para o sul
South Africa N África do Sul
South African ADJ, N sul-africano(-a)
South America N América do Sul
South American ADJ, N sul-americano(-a)
southbound ['sauθbaund] ADJ em direção ao sul
south-east N sudeste m ▶ ADJ do sudeste
South-East Asia N o Sudeste da Ásia
southerly ['sʌðəlɪ] ADJ para o sul; *(from the south)* do sul
southern ['sʌðən] ADJ *(to the south)* para o sul, em direção do sul; *(from the south)* do sul, sulista; **the ~ hemisphere** o Hemisfério Sul
South Pole N Pólo Sul
South Sea Islands NPL: **the ~** as ilhas dos Mares do Sul
South Seas NPL: **the ~** os Mares do Sul
southward ['sauθwəd], **southwards** ['sauθwədz] ADV para o sul
south-west N sudoeste m
souvenir [suːvə'nɪər] N lembrança
sovereign ['sɔvrɪn] ADJ, N soberano(-a)
sovereignty ['sɔvrɪntɪ] N soberania
soviet ['səuvɪət] ADJ soviético; **the S~ Union** a União Soviética
sow¹ [sau] N porca
sow² [səu] *(pt* **sowed**, *pp* **sown**) VT semear; *(fig: spread)* disseminar, espalhar
sown [səun] PP *of* **sow²**
soya ['sɔɪə], *(US)* **soy** [sɔɪ] N soja
soya bean, *(US)* **soybean** N semente f de soja
soya sauce, soy sauce N molho de soja
spa [spɑː] N *(town)* estância hidro-mineral; *(US: also:* **health spa**) estância balnear
space [speɪs] N *(gen)* espaço; *(room)* lugar m ▶ CPD espacial ▶ VT *(also:* **space out**) espaçar; **in a confined ~** num espaço confinado; **in a short ~ of time** num curto espaço de tempo; **(with)in the ~ of an hour** dentro do espaço de uma hora; **to clear a ~ for sth** abrir espaço para algo
space bar N tecla de espacejamento
spacecraft ['speɪskrɑːft] N nave f espacial
spaceman ['speɪsmæn] *(irreg: like* **man**) N astronauta m, cosmonauta m
spaceship ['speɪsʃɪp] N = **spacecraft**
space shuttle N ônibus m espacial
spacesuit ['speɪssuːt] N traje m espacial
spacewoman ['speɪswumən] *(irreg: like* **woman**) N astronauta, cosmonauta
spacing ['speɪsɪŋ] N espacejamento, espaçamento; **single/double ~** espacejamento simples/duplo
spacious ['speɪʃəs] ADJ espaçoso
spade [speɪd] N pá f; **spades** NPL *(Cards)* espadas fpl
spadework ['speɪdwəːk] N *(fig)* trabalho preliminar
spaghetti [spə'gɛtɪ] N espaguete m

Spain [speɪn] N Espanha
spam [spæm] N *(junk email)* spam m
span [spæn] N *(also:* **wingspan**) envergadura; *(of hand)* palma; *(of arch)* vão m; *(in time)* lapso, espaço ▶ VT estender-se sobre, atravessar; *(fig)* abarcar
Spaniard ['spænjəd] N espanhol(a) m/f
spaniel ['spænjəl] N spaniel m
Spanish ['spænɪʃ] ADJ espanhol(a) ▶ N *(Ling)* espanhol m, castelhano; **the Spanish** NPL os espanhóis
Spanish omelette N omelete m à espanhola
spank [spæŋk] VT bater, dar palmadas em
spanner ['spænər] *(BRIT)* N chave f inglesa
spar [spɑːr] N mastro, verga ▶ VI *(Boxing)* treinar
spare [spɛər] ADJ *(free)* vago, desocupado; *(surplus)* de sobra, a mais; *(available)* disponível, de reserva ▶ N = **spare part** ▶ VT *(do without)* dispensar, passar sem; *(make available)* dispor de; *(afford to give)* dispor de, ter de sobra; *(refrain from hurting)* perdoar, poupar; *(be grudging with)* dar frugalmente; **to ~** *(surplus)* de sobra; **there are 2 going ~** *(BRIT)* há 2 sobrando; **to ~ no expense** não poupar despesas; **can you ~ (me) £10?** pode me ceder £10?; **can you ~ the time?** você tem tempo?; **there is no time to ~** não há tempo a perder; **I've a few minutes to ~** tenho alguns minutos de sobra
spare part N peça sobressalente
spare room N quarto de hóspedes
spare time N tempo livre
spare tyre N estepe m
spare wheel N estepe m
sparing ['spɛərɪŋ] ADJ: **to be ~ with** ser econômico com
sparingly ['spɛərɪŋlɪ] ADV frugalmente, com moderação
spark [spɑːk] N chispa, faísca; *(fig)* centelha
sparking plug ['spɑːkɪŋ-] N vela (de ignição)
sparkle ['spɑːkl] N cintilação f, brilho ▶ VI cintilar; *(shine)* brilhar, faiscar
sparkling ['spɑːklɪŋ] ADJ *(mineral water)* gasoso; *(wine)* espumante; *(conversation)* animado; *(performance)* brilhante
spark plug N vela (de ignição)
sparrow ['spærəu] N pardal m
sparse [spɑːs] ADJ escasso; *(hair)* ralo
spartan ['spɑːtən] ADJ *(fig)* espartano
spasm ['spæzəm] N *(Med)* espasmo; *(fig)* acesso, ataque m
spasmodic [spæz'mɔdɪk] ADJ espasmódico
spastic ['spæstɪk] (!) N espástico(-a)
spat [spæt] PT, PP *of* **spit** ▶ N *(US)* bate-boca m
spate [speɪt] N série f; *(fig):* **a ~ of** uma enxurrada de; **in ~** *(river)* em cheia
spatial ['speɪʃəl] ADJ espacial
spatter ['spætər] N borrifo ▶ VT borrifar, salpicar ▶ VI borrifar
spatula ['spætjulə] N espátula
spawn [spɔːn] VI desovar, procriar ▶ VT gerar; *(pej: create)* gerar, criar ▶ N ovas fpl

SPCA (US) N ABBR = **Society for the Prevention of Cruelty to Animals**
SPCC (US) N ABBR = **Society for the Prevention of Cruelty to Children**
speak [spi:k] (pt **spoke**, pp **spoken**) VT (language) falar; (truth) dizer ▶ VI falar; (make a speech) discursar; **to ~ to sb/of** or **about sth** falar com alguém/de or sobre algo; **~ up!** fale alto!; **~ing!** (on phone) é ele/ela mesmo!; **to ~ one's mind** desabafar; **he has no money to ~ of** ele quase não tem dinheiro
▶ **speak for** VT FUS: **to ~ for sb** falar por alguém; **that picture is already spoken for** aquele quadro já está vendido
speaker ['spi:kə'] N (in public) orador(a) m/f; (also: **loudspeaker**) alto-falante m; (Pol): **the S~** o Presidente da Câmara; **are you a Welsh ~?** você fala galês?
speaking ['spi:kɪŋ] ADJ falante; **Italian-~ people** pessoas de língua italiana
spear [spɪə'] N lança; (for fishing) arpão m ▶ VT lancear, arpoar
spearhead ['spɪəhɛd] N ponta-de-lança ▶ VT (attack) encabeçar
spearmint ['spɪəmɪnt] N hortelã f
spec [spɛk] (inf) N: **on ~** por acaso
special ['spɛʃl] ADJ especial; (edition etc) extra; (delivery) rápido ▶ N (train) trem m especial; **take ~ care** tome muito cuidado; **nothing ~** nada especial; **today's ~** (at restaurant) especialidade do dia, prato do dia
special delivery N: **by ~** por entrega rápida
specialist ['spɛʃəlɪst] N especialista m/f; **heart ~** especialista em doenças do coração
speciality [spɛʃɪ'ælɪtɪ] N especialidade f
specialize ['spɛʃəlaɪz] VI: **to ~ (in)** especializar-se (em)
specially ['spɛʃəlɪ] ADV especialmente
special offer N oferta especial
specialty ['spɛʃəltɪ] (esp US) N = **speciality**
species ['spi:ʃi:z] N INV espécie f
specific [spə'sɪfɪk] ADJ específico
specifically [spə'sɪfɪklɪ] ADV especificamente
specification [spɛsɪfɪ'keɪʃən] N especificação f; (requirement) requinto; **specifications** NPL (Tech) ficha técnica; (of building) especificações fpl
specify ['spɛsɪfaɪ] VT, VI especificar; **unless otherwise specified** salvo indicação em contrário
specimen ['spɛsɪmən] N espécime m, amostra; (for testing, Med) espécime; (fig) exemplar m
specimen copy N exemplar m de amostra
specimen signature N modelo de assinatura
speck [spɛk] N mancha, pinta; (particle) grão m
speckled ['spɛkld] ADJ pintado
specs [spɛks] (inf) NPL óculos mpl
spectacle ['spɛktəkl] N espetáculo; **spectacles** NPL (glasses) óculos mpl
spectacle case N estojo de óculos
spectacular [spɛk'tækjulə'] ADJ espetacular
▶ N (Cinema etc) superprodução f

spectator [spɛk'teɪtə'] N espectador(a) m/f
specter ['spɛktə'] (US) N = **spectre**
spectra ['spɛktrə] NPL of **spectrum**
spectre, (US) **specter** ['spɛktə'] N espectro, aparição f
spectrum ['spɛktrəm] (pl **spectra**) N espectro
speculate ['spɛkjuleɪt] VI especular; (try to guess): **to ~ about** especular sobre
speculation [spɛkju'leɪʃən] N especulação f
speculative ['spɛkjulətɪv] ADJ especulativo
speculator ['spɛkjuleɪtə'] N especulador(a) m/f
sped [spɛd] PT, PP of **speed**
speech [spi:tʃ] N (faculty, Theatre) fala; (formal talk) discurso
speech day (BRIT) N (Sch) dia m de distribuição de prêmios
speech impediment N defeito m de articulação
speechless ['spi:tʃlɪs] ADJ estupefato, emudecido
speech therapy N ortofonia
speed [spi:d] (pt, pp **sped**) N (fast travel) velocidade f; (rate) rapidez f; (haste) pressa; (promptness) prontidão f; (gear) marcha ▶ VI (in car) correr; **the years sped by** os anos voaram; **at full** or **top ~** a toda a velocidade; **at a ~ of 70 km/h** a uma velocidade de 70 km/h; **shorthand/typing ~** velocidade de estenografia/datilografia; **at ~** em alta velocidade; **a five-~ gearbox** uma caixa de mudanças com cinco marchas
▶ **speed up** (pt, pp **speeded up**) VT, VI acelerar
speedboat ['spi:dbəut] N lancha
speed camera N radar m de velocidade
speedily ['spi:dɪlɪ] ADV depressa, rapidamente
speeding ['spi:dɪŋ] N (Aut) excesso de velocidade
speed limit N limite m de velocidade, velocidade f máxima
speedometer [spɪ'dɔmɪtə'] N velocímetro
speed trap N área de fiscalização contra motoristas que dirigem em alta velocidade
speedway ['spi:dweɪ] N (Sport) pista de corrida, rodovia de alta velocidade; (also: **speedway racing**) corrida de motocicleta
speedy ['spi:dɪ] ADJ (fast) veloz, rápido; (prompt) pronto, imediato
speleologist [spi:lɪ'ɔlədʒɪst] N espeleologista m/f
spell [spɛl] (pt, pp **spelled** or **spelt**) VT (also: **spell out**) soletrar; (fig) pressagiar, ser sinal de ▶ N (also: **magic spell**) encanto, feitiço; (period of time) período, temporada; **he can't ~** não sabe escrever bem, comete erros de ortografia; **how do you ~ your name?** como você escreve o seu nome?; **can you ~ it for me?** pode soletrar isso para mim?; **to cast a ~ on sb** enfeitiçar alguém
spellbound ['spɛlbaund] ADJ enfeitiçado, fascinado
spellchecker ['spɛltʃɛkə'] N (Comput) corretor m ortográfico
spelling ['spɛlɪŋ] N ortografia

spelling mistake N erro ortográfico
spelt [spɛlt] PT, PP of **spell**
spend [spɛnd] (*pt, pp* **spent**) VT (*money*) gastar; (*time*) passar; **to ~ time/money on sth** gastar tempo/dinheiro em algo
spending ['spɛndɪŋ] N gastos *mpl*; **government ~** gastos públicos
spending money N dinheiro para pequenas despesas
spending power N poder *m* aquisitivo
spendthrift ['spɛndθrɪft] N esbanjador(a) *m/f*, perdulário(-a)
spent [spɛnt] PT, PP of **spend** ▶ ADJ gasto
sperm [spə:m] N esperma
sperm whale N cachalote *m*
spew [spju:] VT vomitar, lançar
sphere [sfɪə^r] N esfera
spherical ['sfɛrɪkl] ADJ esférico
sphinx [sfɪŋks] N esfinge *f*
spice [spaɪs] N especiaria ▶ VT condimentar
spick-and-span [spɪk-] ADJ tudo arrumado
spicy ['spaɪsɪ] ADJ condimentado; (*fig*) picante
spider ['spaɪdə^r] N aranha; **~'s web** teia de aranha
spiel [spi:l] N lengalenga
spike [spaɪk] N (*point*) ponta, espigão *m*; (*Bot*) espiga; **spikes** NPL (*Sport*) ferrões *mpl*
spike heel (US) N salto alto e fino
spiky ['spaɪkɪ] ADJ espinhoso
spill [spɪl] (*pt, pp* **spilt** *or* **spilled**) VT entornar, derramar; (*blood*) derramar ▶ VI derramar-se; **to ~ the beans** (*inf*) dar com a língua nos dentes
▶ **spill out** VI (*come out*) sair; (*fall out*) cair
▶ **spill over** VI transbordar
spin [spɪn] (*pt, pp* **spun**) N (*revolution of wheel*) volta, rotação *f*; (*Aviat*) parafuso; (*trip in car*) volta *or* passeio de carro; (*ball*): **to put ~ on** fazer rolar ▶ VT (*wool etc*) fiar, tecer; (*wheel*) girar; (*clothes*) torcer ▶ VI girar, rodar; (*make thread*) tecer; **the car spun out of control** o carro se desgovernou
▶ **spin out** VT prolongar; (*money*) fazer render
spinach ['spɪnɪtʃ] N espinafre *m*
spinal ['spaɪnl] ADJ espinhal
spinal column N coluna vertebral
spinal cord N espinha dorsal
spindly ['spɪndlɪ] ADJ longo e espigado
spin doctor (*inf*) N marqueteiro(-a)
spin-dry VT torcer (na máquina)
spin-dryer (BRIT) N secadora
spine [spaɪn] N espinha dorsal; (*thorn*) espinho
spine-chilling [-'tʃɪlɪŋ] ADJ arrepiante
spineless ['spaɪnlɪs] ADJ (*fig*) fraco, covarde
spinner ['spɪnə^r] N (*of thread*) fiandeiro(-a)
spinning ['spɪnɪŋ] N fiação *f*
spinning top N pião *m*
spinning wheel N roca de fiar
spin-off N subproduto
spinster ['spɪnstə^r] N solteira; (*pej*) solteirona
spiral ['spaɪərl] N espiral *f* ▶ ADJ em espiral, helicoidal ▶ VI (*prices*) disparar; **the inflationary ~** a espiral inflacionária

spiral staircase N escada em caracol
spire ['spaɪə^r] N flecha, agulha
spirit ['spɪrɪt] N espírito; (*soul*) alma; (*ghost*) fantasma *m*; (*humour*) humor *m*; (*courage*) coragem *f*, ânimo; (*frame of mind*) estado de espírito; (*sense*) sentido; **spirits** NPL (*drink*) álcool *m*; **in good ~s** alegre, de bom humor; **Holy S~** Espírito Santo; **community/public ~** espírito comunitário/público
spirit duplicator N duplicador *m* a álcool
spirited ['spɪrɪtɪd] ADJ animado, espirituoso
spirit level N nível *m* de bolha
spiritual ['spɪrɪtjuəl] ADJ espiritual ▶ N (*also*: **Negro spiritual**) canto religioso dos negros
spiritualism ['spɪrɪtjuəlɪzəm] N espiritualismo
spit [spɪt] VI (*pt, pp* **spat**) cuspir; (*sound*) escarrar; (*rain*) chuviscar ▶ N (*for roasting*) espeto; (*Geo*) restinga; (*spittle*) cuspe *m*, cusparada; (*saliva*) saliva
spite [spaɪt] N rancor *m*, ressentimento ▶ VT contrariar; **in ~ of** apesar de, a despeito de
spiteful ['spaɪtful] ADJ maldoso, malévolo
spitting ['spɪtɪŋ] N: **"~ prohibited"** "proibido cuspir" ▶ ADJ: **to be the ~ image of sb** ser a imagem escarrada de alguém
spittle ['spɪtl] N cuspe *m*
spiv [spɪv] (BRIT *inf pej*) N negocista *m*
splash [splæʃ] N (*sound*) borrifo, respingo; (*of colour*) mancha ▶ VT: **to ~ (with)** salpicar (de) ▶ VI (*also*: **splash about**) borrifar, respingar ▶ EXCL pluft
splashdown ['splæʃdaun] N amerissagem *f*
spleen [spli:n] N (*Anat*) baço
splendid ['splɛndɪd] ADJ esplêndido; (*impressive*) impressionante
splendour, (US) **splendor** ['splɛndə^r] N esplendor *m*; (*of achievement*) pompa, glória; **splendours** NPL (*features*) esplendores *mpl*
splice [splaɪs] VT juntar
splint [splɪnt] N tala
splinter ['splɪntə^r] N (*of wood, glass*) lasca; (*in finger*) farpa ▶ VI lascar-se, estilhaçar-se, despedaçar-se
splinter group N grupo dissidente
split [splɪt] (*pt, pp* **split**) N fenda, brecha; (*fig: division*) rompimento; (: *difference*) diferença; (*Pol*) divisão *f* ▶ VT partir, fender; (*party, work*) dividir; (*profits*) repartir ▶ VI (*divide*) dividir-se, repartir-se; **the splits** NPL (*Gymnastics*): **to do the ~s** abrir *or* fazer espaguete; **to ~ sth down the middle** partir algo ao meio; (*fig*) dividir algo (pela metade)
▶ **split up** VI (*couple*) separar-se, acabar; (*meeting*) terminar
split-level ADJ em vários níveis
split peas NPL ervilhas secas *fpl*
split personality N dupla personalidade *f*
split second N fração *f* de segundo
splitting ['splɪtɪŋ] ADJ (*headache*) lancinante
splutter ['splʌtə^r] VI crepitar; (*person*) balbuciar, gaguejar

spoil [spɔɪl] (pt, pp **spoilt** or **spoiled**) VT (damage) danificar; (mar) estragar, arruinar; (child) mimar; (ballot paper) violar ▶ VI: **to ~ing for a fight** estar querendo comprar uma briga

spoils [spɔɪlz] NPL desojo, saque m

spoilsport ['spɔɪlspɔːt] (pej) N desmancha-prazeres m/f inv

spoilt [spɔɪlt] PT, PP of **spoil** ▶ ADJ (child) mimado; (ballot paper) violado

spoke [spəuk] PT of **speak** ▶ N (of wheel) raio

spoken ['spəukn] PP of **speak**

spokesman ['spəuksmən] (irreg: like **man**) N porta-voz m

spokeswoman ['spəukswumən] (irreg: like **woman**) N porta-voz f

sponge [spʌndʒ] N esponja; (cake) pão de ló m ▶ VT lavar com esponja ▶ VI: **to ~ on sb** viver às custas de alguém

sponge bag (BRIT) N bolsa de toalete

sponge cake N pão-de-ló m

sponger ['spʌndʒəʳ] (pej) N parasito(-a)

spongy ['spʌndʒɪ] ADJ esponjoso

sponsor ['spɔnsəʳ] N patrocinador(a) m/f; (for membership) padrinho/madrinha; (Comm) fiador(a) m/f, financiador(a) m/f; (bill in parliament etc) responsável m/f ▶ VT patrocinar; apadrinhar; fiar; (applicant, proposal) apoiar, defender; **I ~ed him at 3p a mile** eu o patrocinei à razão de 3p por milha

sponsorship ['spɔnsəʃɪp] N patrocínio

spontaneity [spɔntə'neɪɪtɪ] N espontaneidade f

spontaneous [spɔn'teɪnɪəs] ADJ espontâneo

spoof [spuːf] N (parody) paródia; (trick) trote m

spooky ['spuːkɪ] (inf) ADJ arrepiante

spool [spuːl] N carretel m; (of film) rolo; (for tape) bobina; (of sewing machine) bobina, novelo

spoon [spuːn] N colher f

spoon-feed (irreg: like **feed**) VT dar de comer com colher; (fig) dar tudo mastigado a

spoonful ['spuːnful] N colherada

sporadic [spə'rædɪk] ADJ esporádico

sport [spɔːt] N esporte m (BR), desporto (PT); (person) bom perdedor/boa perdedora m/f ▶ VT (wear) exibir; **indoor/outdoor ~s** esportes de salão/ao ar livre; **to say sth in ~** dizer algo de brincadeira

sporting ['spɔːtɪŋ] ADJ esportivo (BR), desportivo (PT); (generous) nobre; **to give sb a ~ chance** dar uma grande chance a alguém

sport jacket (US) N = **sports jacket**

sports car N carro esporte (BR), carro de sport (PT)

sports drink N isotônico

sports ground N campo de esportes (BR) or de desportos (PT)

sports jacket (BRIT) N casaco esportivo (BR) or desportivo (PT)

sportsman ['spɔːtsmən] (irreg: like **man**) N esportista m (BR), desportista m (PT)

sportsmanship ['spɔːtsmənʃɪp] N espírito esportivo (BR) or desportivo (PT)

sportsmen ['spɔːtsmɛn] NPL of **sportsman**

sports page N página de esportes

sports utility vehicle N veículo com tração nas quatro rodas, veículo 4x4

sportswear ['spɔːtswɛəʳ] N roupa esportiva (BR) or desportiva (PT) or esporte

sportswoman ['spɔːtswumən] (irreg: like **woman**) N esportista (BR), desportista (PT)

sporty ['spɔːtɪ] ADJ esportivo (BR), desportivo (PT)

spot [spɔt] N (mark) marca; (place) lugar m, local m; (dot: on pattern) mancha, ponto; (on skin) espinha; (Radio, TV) hora; (small amount): **a ~ of** um pouquinho de ▶ VT (notice) notar; **on the ~** (at once) na hora; (there) ali mesmo; (in difficulty) em apuros

spot check N fiscalização f de surpresa

spotless ['spɔtlɪs] ADJ sem mancha, imaculado

spotlight ['spɔtlaɪt] N holofote m, refletor m

spot-on (BRIT inf) ADJ acertado em cheio

spot price N preço à vista

spotted ['spɔtɪd] ADJ (pattern) com bolinhas

spotty ['spɔtɪ] ADJ (face) cheio de espinhas

spouse [spauz] N cônjuge m/f

spout [spaut] N (of jug) bico; (of pipe) cano ▶ VI jorrar

sprain [spreɪn] N distensão f, torcedura ▶ VT torcer; **to ~ one's ankle/wrist** torcer o tornozelo/a pulseira

sprang [spræŋ] PT of **spring**

sprawl [sprɔːl] VI esparramar-se ▶ N: **urban ~** crescimento urbano; **to send sb ~ing** jogar alguém no chão

spray [spreɪ] N borrifo; (container) spray m, atomizador m; (garden spray) vaporizador m; (of paint) pistola borrifadora; (of flowers) ramalhete m ▶ VT pulverizar; (crops) borrifar, regar ▶ CPD (deodorant etc) em spray

spread [sprɛd] (pt, pp **spread**) N extensão f; (distribution) expansão f, difusão f; (Press, Typ: two pages) chapada; (Culin) pasta; (inf: food) banquete m ▶ VT espalhar; (butter) untar, passar; (wings, sails) abrir, desdobrar; (workload, wealth) distribuir; (scatter) disseminar; (payments) espaçar ▶ VI (news, stain) espalhar-se; (disease) alastrar-se
▶ **spread out** VI dispersar-se

spread-eagled [-'iːgld] ADJ: **to be** or **lie ~** estar estirado

spreadsheet ['sprɛdʃiːt] N (Comput) planilha

spree [spriː] N: **to go on a ~** cair na farra

sprig [sprɪg] N raminho

sprightly ['spraɪtlɪ] ADJ ativo, ágil

spring [sprɪŋ] (pt **sprang**, pp **sprung**) N (leap) salto, pulo; (coiled metal) mola; (bounciness) elasticidade f; (season) primavera; (of water) fonte f ▶ VI pular, saltar ▶ VT: **to ~ a leak** (pipe etc) furar; **he sprang the news on me** ele me pegou de surpresa com a notícia; **in ~, in the ~** na primavera; **to ~ from** provir de; **to ~ into action** partir para ação; **to walk**

springboard – SRO | 352

with a ~ in one's step andar espevitado
▶ **spring up** vi aparecer de repente
springboard ['sprɪŋbɔːd] N trampolim m
spring-cleaning N limpeza total, faxina (geral)
spring onion (BRIT) N cebolinha
springtime ['sprɪŋtaɪm] N primavera
springy ['sprɪŋɪ] ADJ elástico, flexível
sprinkle ['sprɪŋkl] VT (liquid) salpicar; (salt, sugar) borrifar; **to ~ water on, ~ with water** salpicar de água; **~d with** (fig) salpicado or polvilhado de
sprinkler ['sprɪŋklə^r] N (for lawn etc) regador m; (to put out fire) sprinkler m
sprinkling ['sprɪŋklɪŋ] N (of water) borrifo; (of salt) pitada; (of sugar) bocado
sprint [sprɪnt] N corrida de pequena distância
▶ vi correr a toda velocidade
sprinter ['sprɪntə^r] N corredor(a) m/f
sprite [spraɪt] N duende m, elfo
sprocket ['sprɔkɪt] N (on printer etc) dente m (de roda)
sprout [spraut] vi brotar, germinar
sprouts [sprauts] NPL (also: **Brussels sprouts**) couves-de-Bruxelas fpl
spruce [spruːs] N INV (Bot) abeto ▶ ADJ arrumado, limpo, elegante
▶ **spruce up** VT arrumar; **to ~ o.s. up** arrumar-se
sprung [sprʌŋ] PP of **spring**
spry [spraɪ] ADJ ativo, ágil
SPUC N ABBR = **Society for the Protection of Unborn Children**
spud [spʌd] (inf) N batata
spun [spʌn] PT, PP of **spin**
spur [spəː^r] N espora; (fig) estímulo ▶ VT (also: **spur on**) incitar, estimular; **on the ~ of the moment** de improviso, de repente
spurious ['spjuərɪəs] ADJ espúrio, falso
spurn [spəːn] VT desdenhar, desprezar
spurt [spəːt] N (of energy) acesso; (of blood etc) jorro ▶ vi jorrar; **to put in** or **on a ~** (runner) dar uma arrancada; (fig: in work etc) dar uma virada
sputter ['spʌtə^r] vi crepitar; (person) balbuciar, gaguejar
spy [spaɪ] N espião/espiã m/f ▶ vi: **to ~ on** espiar, espionar ▶ VT (see) enxergar, avistar
▶ CPD (film, story) de espionagem
spying ['spaɪɪŋ] N espionagem f
spyware ['spaɪwɛə^r] N (Comput) spyware m, software m espião
Sq. ABBR (in address) = **square**
sq. ABBR (Math etc) = **square**
squabble ['skwɔbl] N briga, bate-boca m ▶ vi brigar, discutir
squad [skwɔd] N (Mil, Police) pelotão m, esquadra; (Football) seleção f; **flying ~** (Police) polícia de prontidão
squad car (BRIT) N (Police) radiopatrulha
squadron ['skwɔdrən] N (Mil) esquadrão m; (Aviat) esquadrilha; (Naut) esquadra
squalid ['skwɔlɪd] ADJ (conditions) esquálido; (story etc) sórdido

squall [skwɔːl] N (storm) tempestade f; (wind) pé m (de vento), rajada
squalor ['skwɔlə^r] N sordidez f
squander ['skwɔndə^r] VT (money) esbanjar, dissipar; (chances) desperdiçar
square [skwɛə^r] N quadrado; (in town) praça; (Math: instrument) esquadro; (inf: person) quadrado(-a), careta m/f ▶ ADJ quadrado; (inf: ideas, tastes) careta, antiquado ▶ VT (arrange) ajustar, acertar; (Math) elevar ao quadrado; (reconcile) conciliar ▶ vi (agree) ajustar-se; **all ~** igual, quite; **a ~ meal** uma refeição substancial; **2 metres ~** um quadrado de dois metros de lado; **2 ~ metres** 2 metros quadrados; **we're back to ~ one** voltamos à estaca zero
▶ **square up** (BRIT) vi (settle) ajustar; **to ~ up with sb** acertar as contas com alguém
square bracket N (Typ) colchete m
squarely ['skwɛəlɪ] ADV em forma quadrada; (directly) diretamente; (fully) em cheio
square root N raiz f quadrada
squash [skwɔʃ] N (BRIT: drink): **lemon/orange ~** limonada/laranjada concentrada; (Sport) squash m; (US: vegetable) abóbora ▶ VT esmagar; **to ~ together** apinhar
squat [skwɔt] ADJ atarracado ▶ vi (also: **squat down**) agachar-se, acocorar-se; (on property) ocupar ilegalmente
squatter ['skwɔtə^r] N posseiro(-a)
squawk [skwɔːk] vi grasnar
squeak [skwiːk] vi grunhir, chiar; (door) ranger; (mouse) guinchar ▶ N grunhido, chiado; rangido; guincho
squeal [skwiːl] vi guinchar, gritar agudamente; (inf: inform) delatar
squeamish ['skwiːmɪʃ] ADJ melindroso, delicado
squeeze [skwiːz] N (gen, of hand) aperto; (in bus etc) apinhamento; (Econ) arrocho ▶ VT comprimir, socar; (hand, arm) apertar ▶ vi: **to ~ past/under sth** espremer-se para passar algo/para passar por baixo de algo; **a ~ of lemon** umas gotas de limão
▶ **squeeze out** VT espremer; (fig) extorquir
squelch [skwɛltʃ] vi fazer ruído de passos na lama
squib [skwɪb] N busca-pé m
squid [skwɪd] (pl **squids** or **squid**) N lula
squiggle ['skwɪgl] N garatuja
squint [skwɪnt] vi olhar or ser vesgo ▶ N (Med) estrabismo; **to ~ at sth** olhar algo de soslaio or de esguelha
squire ['skwaɪə^r] (BRIT) N proprietário rural
squirm [skwəːm] vi retorcer-se
squirrel ['skwɪrəl] N esquilo
squirt [skwəːt] vi, VT jorrar, esguichar
Sr ABBR = **senior**; (Rel) = **sister**
SRC (BRIT) N ABBR = **Students' Representative Council**
Sri Lanka [srɪ'læŋkə] N Sri Lanka m
SRN (BRIT) N ABBR = **State Registered Nurse**
SRO (US) ABBR = **standing room only**

SS ABBR = **steamship**
SSA (US) ABBR = **Social Security Administration**
SST (US) ABBR = **supersonic transport**
ST (US) ABBR = **Standard Time**
St ABBR (= *saint*) S.; = **street**
stab [stæb] N (*with knife etc*) punhalada; (*of pain*) pontada; (*inf: try*): **to have a ~ at (doing) sth** tentar (fazer) algo ▶ VT apunhalar; **to ~ sb to death** matar alguém a facadas, esfaquear alguém
stabbing ['stæbɪŋ] N: **there's been a ~** houve um esfaqueamento ▶ ADJ (*pain*) cortante
stability [stə'bɪlɪtɪ] N estabilidade f
stabilization [steɪbəlaɪ'zeɪʃən] N estabilização f
stabilize ['steɪbəlaɪz] VT estabilizar ▶ VI estabilizar-se
stabilizer ['steɪbəlaɪzə'] N estabilizador m
stable ['steɪbl] ADJ estável ▶ N estábulo, cavalariça; **riding ~s** clube m de equitação
staccato [stə'kɑːtəu] ADV destacado, staccato ▶ ADJ (*Mus*) destacado, staccato; (*noise*) interrupto; (*voice*) quebrado
stack [stæk] N montão m, pilha ▶ VT amontoar, empilhar; **there's ~s of time** (BRIT inf) tem tempo de sobra
stadium ['steɪdɪəm] (*pl* **stadia** *or* **stadiums**) N estádio
staff [stɑːf] N (*work force*) pessoal m, quadro; (BRIT *Sch*: *also*: **teaching staff**) corpo docente; (*stick*) cajado, bastão m ▶ VT prover de pessoal; **the office is ~ed by women** o escritório está composto de mulheres
staffroom ['stɑːfruːm] N sala dos professores
Staffs (BRIT) ABBR = **Staffordshire**
stag [stæg] N veado, cervo
stage [steɪdʒ] N (*in theatre*) palco, cena; (*point*) etapa, fase f; (*platform*) plataforma, estrado; (*profession*): **the ~** o palco, o teatro ▶ VT (*play*) pôr em cena, representar; (*demonstration*) montar, organizar; (*fig: perform: recovery etc*) realizar; **in ~s** por etapas; **to go through a difficult ~** passar por uma fase difícil; **in the early/final ~s** na fase inicial/final
stagecoach ['steɪdʒkəutʃ] N diligência
stage door N entrada dos artistas
stage fright N medo da plateia
stagehand ['steɪdʒhænd] N ajudante m/f de teatro
stage-manage VT (*fig*) orquestrar
stage manager N diretor(a) m/f de cena
stagger ['stægə'] VI cambalear ▶ VT (*amaze*) surpreender, chocar; (*hours, holidays*) escalonar
staggering ['stægərɪŋ] ADJ (*amazing*) surpreendente, chocante
stagnant ['stægnənt] ADJ estagnado
stagnate [stæg'neɪt] VI estagnar
stagnation [stæg'neɪʃən] N estagnação f
stag party N despedida de solteiro
staid [steɪd] ADJ sério, sóbrio
stain [steɪn] N mancha; (*colouring*) tinta, tintura ▶ VT manchar; (*wood*) tingir
stained glass window [steɪnd-] N janela com vitral
stainless ['steɪnlɪs] ADJ (*steel*) inoxidável
stain remover N tira-manchas m
stair [stɛə'] N (*step*) degrau m; **stairs** NPL (*flight of steps*) escada
staircase ['stɛəkeɪs] N escadaria, escada
stairway ['stɛəweɪ] N = **staircase**
stairwell ['stɛəwɛl] N caixa de escada
stake [steɪk] N estaca, poste m; (*Comm: interest*) interesse m, participação f; (*Betting: gen pl*) aposta ▶ VT apostar; (*claim*) reivindicar; **to be at ~** estar em jogo; **to have a ~ in sth** ter interesse em algo; **to ~ a claim to sth** reivindicar algo
stalactite ['stæləktaɪt] N estalactite f
stalagmite ['stæləgmaɪt] N estalagmite f
stale [steɪl] ADJ (*bread*) dormido; (*food*) estragado; (*air*) viciado; (*smell*) mofado; (*beer*) velho
stalemate ['steɪlmeɪt] N empate m; (*fig*) impasse m, beco sem saída
stalk [stɔːk] N talo, haste f ▶ VT caçar de tocaia; **to ~ in/out** entrar/sair silenciosamente; **to ~ off** andar com arrogância
stall [stɔːl] N (BRIT: *in market*) barraca; (*in stable*) baia ▶ VT (*Aut*) fazer morrer; (*fig: delay*) impedir, atrasar ▶ VI morrer; esquivar-se, ganhar tempo; **stalls** NPL (BRIT: *in cinema, theatre*) plateia; **a newspaper/flower ~** uma banca de jornais/uma barraca de flores
stallholder ['stɔːlhəuldə'] N feirante m/f
stallion ['stælɪən] N garanhão m
stalwart ['stɔːlwət] ADJ (*in build*) robusto; (*in spirit*) leal ▶ N partidário leal
stamen ['steɪmən] N estame m
stamina ['stæmɪnə] N resistência
stammer ['stæmə'] N gagueira ▶ VI gaguejar, balbuciar
stamp [stæmp] N selo; (*rubber stamp*) carimbo, timbre m; (*mark: also fig*) marca, impressão f ▶ VI (*also*: **stamp one's foot**) bater com o pé ▶ VT (*letter*) selar; (*mark*) marcar; (*with rubber stamp*) carimbar; **~ed addressed envelope** envelope m selado e sobrescritado
▶ **stamp out** VT (*fire*) apagar com os pés; (*crime*) eliminar; (*opposition*) esmagar
stamp album N álbum m de selos
stamp collecting [-kə'lɛktɪŋ] N filatelia
stamp duty (BRIT) N imposto de selo
stampede [stæm'piːd] N debandada, estouro (da boiada)
stamp machine N máquina de selos
stance [stæns] N postura, posição f
stand [stænd] (*pt, pp* **stood**) N (*position*) posição f, postura; (*for taxis*) ponto; (*also*: **hall stand**) pedestal m; (*also*: **music stand**) estante f; (*Sport*) tribuna, palanque m; (*stall*) barraca; (*also*: **news stand**) banca de jornais ▶ VI (*be*) estar, encontrar-se; (*be on foot*) estar em pé; (*rise*) levantar-se; (*remain: decision, offer*) estar de pé; (*in election*) candidatar-se ▶ VT

(*place*) pôr, colocar; (*tolerate, withstand*) aguentar, suportar; (*cost*) pagar; **to make a ~** resistir; (*fig*) ater-se a um princípio; **to take a ~ on an issue** tomar posição definida sobre um assunto; **to ~ for parliament** (BRIT) apresentar-se como candidato ao parlamento; **to ~ guard** *or* **watch** (*Mil*) montar guarda; **it ~s to reason** é lógico; **as things ~** como as coisas estão; **to ~ sb a drink/meal** pagar uma bebida/refeição para alguém; **I can't ~ him** não o aguento; **to ~ still** ficar parado
▶ **stand aside** VI pôr-se de lado
▶ **stand by** VI (*be ready*) estar a postos ▶ VT FUS (*opinion*) aferrar-se a; (*person*) ficar ao lado de
▶ **stand down** VI (*withdraw*) retirar-se; (*Mil*) deixar o serviço
▶ **stand for** VT FUS (*defend*) apoiar; (*signify*) significar; (*represent*) representar; (*tolerate*) tolerar, permitir
▶ **stand in for** VT FUS substituir
▶ **stand out** VI (*be prominent*) destacar-se
▶ **stand up** VI (*rise*) levantar-se
▶ **stand up for** VT FUS defender
▶ **stand up to** VT FUS enfrentar

stand-alone ADJ (*Comput*) autônomo, stand-alone

standard ['stændəd] N padrão *m*, critério; (*flag*) estandarte *m*; (*level*) nível *m* ▶ ADJ (*size etc*) padronizado, regular, normal; **standards** NPL (*morals*) valores *mpl* morais; **to be** *or* **come up to ~** alcançar os padrões exigidos; **to apply a double ~** ter dois pesos e duas medidas; **the gold ~** (*Comm*) o padrão ouro

standardization [stændədaɪ'zeɪʃən] N padronização *f*

standardize ['stændədaɪz] VT padronizar

standard lamp (BRIT) N abajur *m* de pé

standard of living N padrão *m* de vida (BR), nível *m* de vida (PT)

standard time N hora legal *or* oficial

stand-by ADJ de reserva ▶ N: **to be on ~** estar de sobreaviso *or* de prontidão

stand-by ticket N bilhete *m* de stand-by

stand-in N suplente *m/f*; (*Cinema*) dublê *m/f*

standing ['stændɪŋ] ADJ (*upright*) ereto vertical; (*on foot*) em pé; (*permanent*) permanente ▶ N posição *f*, reputação *f*; **of 6 months' ~** de 6 meses de duração; **of many years' ~** de muitos anos; **he was given a ~ ovation** ele foi ovacionado; **a man of some ~** um homem de posição

standing joke N piada conhecida

standing order (BRIT) N (*at bank*) instrução *f* permanente; **standing orders** NPL (*Mil*) regulamento geral

standing room N lugar *m* em pé

stand-off N (*esp US: stalemate*) queda de braço

stand-offish [-'ɔfɪʃ] ADJ incomunicativo, reservado

standpat ['stændpæt] (US) ADJ inflexível, conservador(a)

standpipe ['stændpaɪp] N tubo de subida

standpoint ['stændpɔɪnt] N ponto de vista

standstill ['stændstɪl] N: **at a ~** paralisado, parado; **to come to a ~** (*car*) parar; (*factory, traffic*) ficar paralisado

stand-up ['stændʌp] ADJ: **~ comedian** comediante *m/f* de stand-up; **~ comedy show** *m* de stand-up (comedy)

stank [stæŋk] PT *of* **stink**

stanza ['stænzə] N estância, estrofe *f*

staple ['steɪpl] N (*for papers*) grampo; (*chief product*) produto básico ▶ ADJ (*food etc*) básico ▶ VT grampear

stapler ['steɪplər] N grampeador *m*

star [stɑːr] N estrela; (*celebrity*) astro/estrela ▶ VI: **to ~ in** ser a estrela em, estrelar ▶ VT (*Cinema*) ser estrelado por; **the stars** NPL (*horoscope*) o horóscopo; **4-~ hotel** hotel 4 estrelas

star attraction N atração *f* principal

starboard ['stɑːbəd] N estibordo; **to ~ a** estibordo

starch [stɑːtʃ] N (*in food*) amido, fécula; (*for clothes*) goma

starched ['stɑːtʃt] ADJ (*collar*) engomado

starchy ['stɑːtʃɪ] ADJ amiláceo

stardom ['stɑːdəm] N estrelato

stare [stɛər] N olhar *m* fixo ▶ VI: **to ~ at** olhar fixamente, fitar

starfish ['stɑːfɪʃ] N INV estrela-do-mar *f*

stark [stɑːk] ADJ (*bleak*) severo, áspero; (*colour*) sóbrio; (*reality, truth, simplicity*) cru; (*contrast*) gritante ▶ ADV: **~ naked** completamente nu, em pelo

starlet ['stɑːlɪt] N (*Cinema*) vedete *f*

starlight ['stɑːlaɪt] N: **by ~** à luz das estrelas

starling ['stɑːlɪŋ] N estorninho

starlit ['stɑːlɪt] ADJ iluminado pelas estrelas

starry ['stɑːrɪ] ADJ estrelado

starry-eyed [-'aɪd] ADJ (*innocent*) deslumbrado

star sign N signo

star-studded [-'stʌdɪd] ADJ: **a ~ cast** um elenco cheio de estrelas

start [stɑːt] N (*beginning*) princípio, começo; (*departure*) partida; (*sudden movement*) sobressalto, susto; (*advantage*) vantagem *f* ▶ VT começar, iniciar; (*cause*) causar; (*found*) fundar; (*engine*) ligar; (*fire*) provocar ▶ VI começar, iniciar; (*with fright*) sobressaltar-se, assustar-se; (*train etc*) sair; **to ~ doing** *or* **to do sth** começar a fazer algo; **at the ~** no início; **for a ~** para início de conversa; **to make an early ~** sair *or* começar cedo; **to ~ (off) with ...** (*firstly*) para começar ...; (*at the beginning*) no início ...; **to give sb a ~** dar um susto em alguém
▶ **start off** VI começar, principiar; (*leave*) sair, pôr-se a caminho
▶ **start over** (US) VI começar de novo
▶ **start up** VI começar; (*car*) pegar, pôr-se em marcha ▶ VT começar; (*car*) ligar

starter ['stɑːtər] N (*Aut*) arranque *m*; (*Sport: official*) juiz/juíza *m/f* da partida; (: *runner*) corredor(a) *m/f*; (BRIT *Culin*) entrada

starting handle ['stɑːtɪŋ-] (BRIT) N manivela de arranque
starting point ['stɑːtɪŋ-] N ponto de partida
starting price ['stɑːtɪŋ-] N preço inicial
startle ['stɑːtl] VT assustar, aterrar
startling ['stɑːtlɪŋ] ADJ surpreendente
start-up, start-up company, start-up firm ['stɑːtʌp-] N nova empresa
star turn (BRIT) N rei m /rainha f do show
starvation [stɑːˈveɪʃən] N fome f; (Med) inanição f
starve ['stɑːv] VI passar fome; (to death) morrer de fome ▶ VT fazer passar fome; (fig): **to ~ (of)** privar (de); **I'm starving** estou morrendo de fome
starving ['stɑːvɪŋ] ADJ faminto, esfomeado
state [steɪt] N estado; (pomp): **in ~** com grande pompa ▶ VT (say, declare) afirmar, declarar; (a case) expor, apresentar; **the States** NPL (Geo) os Estados Unidos; **to be in a ~** estar agitado; **~ of emergency** estado de emergência; **~ of mind** estado de espírito; **the ~ of the art** a última palavra; **to lie in ~** estar exposto em câmara ardente
State Department (US) N Departamento de Estado, ≈ Ministério das Relações Exteriores
state education (BRIT) N educação f pública
stateless ['steɪtlɪs] ADJ desnacionalizado
stately ['steɪtlɪ] ADJ majestoso, imponente
statement ['steɪtmənt] N declaração f; (Law) depoimento; (Econ) balanço; **official ~** comunicado oficial; **~ of account** extrato de conta, extrato bancário
state-owned [-əund] ADJ estatal
state secret N segredo de estado
statesman ['steɪtsmən] (irreg: like **man**) N estadista m
statesmanship ['steɪtsmənʃɪp] N arte f de governar
statesmen ['steɪtsmɛn] NPL of **statesman**
static ['stætɪk] N (Radio, TV) interferência ▶ ADJ estático
static electricity N (eletricidade f) estática
station ['steɪʃən] N estação f; (place) posto, lugar m; (Police) delegacia; (Radio) emissora; (rank) posição f social ▶ VT colocar; **to be ~ed in** (Mil) estar estacionado em
stationary ['steɪʃnərɪ] ADJ estacionário
stationer ['steɪʃənər] N dono de papelaria
stationer's, stationer's shop N papelaria
stationery ['steɪʃnərɪ] N artigos mpl de papelaria; (writing paper) papel m de carta
station master N (Rail) chefe m da estação
station wagon (US) N perua (BR), canadiana (PT)
statistic [stəˈtɪstɪk] N estatística
statistical [stəˈtɪstɪkl] ADJ estatístico
statistics [stəˈtɪstɪks] N (science) estatística
statue ['stætjuː] N estátua
statuesque [stætjuˈɛsk] ADJ escultural
statuette [stætjuˈɛt] N estatueta
stature ['stætʃər] N estatura, altura; (fig) estatura, envergadura
status ['steɪtəs] N posição f; (official classification) categoria; (importance) status m; (Admin: also: **marital status**) estado civil
status quo [-kwəu] N: **the ~** o status quo
status symbol N símbolo de prestígio
statute ['stætjuːt] N estatuto, lei f; **statutes** NPL (of club etc) estatuto
statute book N ≈ Código
statutory ['stætjutərɪ] ADJ (according to statutes) estatutário; (holiday etc) regulamentar
staunch [stɔːntʃ] ADJ fiel ▶ VT estancar
stave [steɪv] N (Mus) pauta
▶ **stave off** VT (attack) repelir; (threat) evitar, protelar
stay [steɪ] N (period of time) estadia, estada; (Law): **~ of execution** adiamento de execução ▶ VI (remain) ficar; (as guest) hospedar-se; (spend some time) demorar-se; **to ~ put** não se mexer; **to ~ the night** pernoitar
▶ **stay behind** VI ficar atrás
▶ **stay in** VI (at home) ficar em casa
▶ **stay on** VI ficar
▶ **stay out** VI (of house) ficar fora de casa; (strikers) continuar em greve
▶ **stay up** VI (at night) velar, ficar acordado
staying power ['steɪɪŋ-] N resistência, raça
STD N ABBR (BRIT: = subscriber trunk dialling) DDD f; (= sexually transmitted disease) DST f
stead [stɛd] N: **in sb's ~** em lugar de alguém; **to stand sb in good ~** prestar bons serviços a alguém
steadfast ['stɛdfɑːst] ADJ firme, estável, resoluto
steadily ['stɛdɪlɪ] ADV (firmly) firmemente; (unceasingly) sem parar, constantemente; (walk) regularmente; (drive) a uma velocidade constante
steady ['stɛdɪ] ADJ (job, boyfriend) constante; (speed) fixo; (unswerving) firme; (regular) regular; (person, character) sensato, equilibrado; (diligent) diligente; (calm) calmo, sereno ▶ VT (hold) manter firme; (stabilize) estabilizar; (nerves) acalmar; **to ~ o.s. on** or **against sth** firmar-se em algo
steak [steɪk] N filé m; (beef) bife m
steakhouse ['steɪkhaus] N ≈ churrascaria
steal [stiːl] (pt **stole**, pp **stolen**) VT roubar ▶ VI (move secretly) mover-se furtivamente
▶ **steal away** VI sair às escondidas
▶ **steal off** VI = **steal away**
stealth [stɛlθ] N: **by ~** furtivamente, às escondidas
stealthy ['stɛlθɪ] ADJ furtivo
steam [stiːm] N vapor m ▶ VT (Culin) cozinhar no vapor ▶ VI fumegar; (ship): **to ~ along** avançar or mover-se (a vapor); **under one's own ~** (fig) por esforço próprio; **to run out of ~** (fig: person) perder o pique; **to let off ~** (fig: inf) desabafar
▶ **steam up** VI (window) embaçar; **to get ~ed up about sth** irritar-se com algo
steam engine N máquina a vapor
steamer ['stiːmər] N vapor m, navio (a vapor)
steam iron N ferro a vapor

steamroller ['stiːmrəʊləʳ] N rolo compressor (a vapor)
steamy ['stiːmɪ] ADJ vaporoso; (*room*) cheio de vapor, úmido (BR), húmido (PT); (*heat, atmosphere*) vaporoso
steed [stiːd] N (*literary*) corcel m
steel [stiːl] N aço ▶ ADJ de aço
steel band N banda de percussão do Caribe
steel industry N indústria siderúrgica
steel mill N (usina) siderúrgica
steelworks ['stiːlwɜːks] N (usina) siderúrgica
steely ['stiːlɪ] ADJ (*determination*) inflexível; (*gaze, eyes*) duro, frio; **~-grey** cor de aço *inv*
steep [stiːp] ADJ íngreme; (*increase*) acentuado; (*price*) exorbitante ▶ VT (*food*) colocar de molho; (*cloth*) ensopar, encharcar
steeple ['stiːpl] N campanário, torre f
steeplechase ['stiːpltʃeɪs] N corrida de obstáculos
steeplejack ['stiːpldʒæk] N consertador m de torres *or* de chaminés altas
steeply ['stiːplɪ] ADV escarpadamente, a pique
steer [stɪəʳ] N boi m ▶ VT (*person*) guiar; (*vehicle*) dirigir ▶ VI conduzir; **to ~ clear of sb/sth** (*fig*) evitar alguém/algo
steering ['stɪərɪŋ] N (*Aut*) direção f
steering column N (*Aut*) coluna da direção
steering committee N comitê m dirigente
steering wheel N volante m
stellar ['stɛləʳ] ADJ estelar
stem [stɛm] N (*of plant*) caule m, haste f; (*of glass*) pé m; (*of pipe*) tubo ▶ VT deter, reter; (*blood*) estancar
▶ **stem from** VT FUS originar-se de
stem cell N célula-tronco m
stench [stɛntʃ] (*pej*) N fedor m
stencil ['stɛnsl] N (*pattern, design*) estêncil m; (*lettering*) gabarito de letra ▶ VT imprimir com estêncil
stenographer [stɛ'nɔgrəfəʳ] (US) N estenógrafo(-a)
stenography [stɛ'nɔgrəfɪ] (US) N estenografia
step [stɛp] N (*pace*) passo; (*stair*) degrau m; (*action*) medida, providência ▶ VI: **to ~ forward** dar um passo a frente/atrás; **steps** NPL (BRIT) = **stepladder**; **~ by ~** passo a passo; **to be in ~ (with)** (*fig*) manter a paridade (com); **to be out of ~ (with)** (*fig*) estar em disparidade (com); **to take ~s** tomar providências
▶ **step down** VI (*fig*) renunciar
▶ **step in** VI (*fig*) intervir
▶ **step off** VT FUS descer de
▶ **step on** VT FUS pisar
▶ **step over** VT FUS passar por cima de
▶ **step up** VT (*increase*) aumentar; (*intensify*) intensificar
stepbrother ['stɛpbrʌðəʳ] N meio-irmão m
stepchild ['stɛptʃaɪld] (*irreg: like* **child**) N enteado(-a)
stepdaughter ['stɛpdɔːtəʳ] N enteada
stepfather ['stɛpfɑːðəʳ] N padrasto
stepladder ['stɛplædəʳ] (BRIT) N escada portátil *or* de abrir
stepmother ['stɛpmʌðəʳ] N madrasta
stepping stone ['stɛpɪŋ-] N pedra utilizada em passarelas; (*fig*) trampolim m
stepsister ['stɛpsɪstəʳ] N meia-irmã f
stepson ['stɛpsʌn] N enteado
stereo ['stɛrɪəu] N estéreo; (*record player*) (aparelho de) som m ▶ ADJ (*also*: **stereophonic**) estereofônico; **in ~** em estéreo
stereotype ['stɛrɪətaɪp] N estereótipo ▶ VT estereotipar
sterile ['stɛraɪl] ADJ (*free from germs*) esterelizado; (*barren*) estéril
sterility [stɛ'rɪlɪtɪ] N esterilidade f
sterilization [stɛrɪlaɪ'zeɪʃən] N esterilização f
sterilize ['stɛrɪlaɪz] VT esterilizar
sterling ['stɜːlɪŋ] ADJ esterlino; (*silver*) de lei; (*fig*) genuíno, puro ▶ N (*currency*) libra esterlina; **one pound ~** uma libra esterlina
sterling area N zona esterlina
stern [stɜːn] ADJ severo, austero ▶ N (*Naut*) popa, ré f
sternum ['stɜːnəm] N esterno
steroid ['stɪərɔɪd] N esteroide m
stethoscope ['stɛθəskəup] N estetoscópio
stevedore ['stiːvədɔːʳ] N estivador m
stew [stjuː] N guisado, ensopado ▶ VT, VI guisar, ensopar; (*fruit*) cozinhar; **~ed tea** chá muito forte; **~ed fruit** compota de frutas
steward ['stjuːəd] N (*Aviat*) comissário de bordo; (*also*: **shop steward**) delegado(-a) sindical
stewardess ['stjuːədɪs] N aeromoça (BR), hospedeira de bordo (PT)
stewing steak ['stjuːɪŋ-], (US) **stew meat** N carne f para ensopado
St. Ex. ABBR = **stock exchange**
stg ABBR = **sterling**
stick [stɪk] (*pt, pp* **stuck**) N pau m; (*as weapon*) cacete m; (*walking stick*) bengala, cajado ▶ VT (*glue*) colar; (*inf: put*) meter; (: *tolerate*) aguentar, suportar; (: *thrust*): **to ~ sth into** cravar *or* enfiar algo em ▶ VI (*become attached*) colar-se, aderir-se; (*be unmoveable*) emperrar; (*in mind etc*) gravar-se; **to get hold of the wrong end of the ~** (BRIT *fig*) confundir-se; **to ~ to** (*promise, principles*) manter
▶ **stick around** (*inf*) VI ficar
▶ **stick out** VI estar saliente, projetar-se ▶ VT: **to ~ it out** (*inf*) aguentar firme
▶ **stick up** VI estar saliente, projetar-se
▶ **stick up for** VT FUS defender
sticker ['stɪkəʳ] N adesivo
sticking plaster ['stɪkɪŋ-] N esparadrapo
stickleback ['stɪklbæk] N espinhela
stickler ['stɪkləʳ] N: **to be a ~ for** insistir em, exigir
stick-on ADJ adesivo
stick-up (*inf*) N assalto a mão armada
sticky ['stɪkɪ] ADJ pegajoso; (*label*) adesivo; (*fig*) delicado
stiff [stɪf] ADJ (*strong*) forte; (*hard*) duro; (*difficult*) difícil; (*moving with difficulty: person*)

teso; (: *door, zip*) empenado; (*formal*) formal ▶ ADV (*bored, worried*) extremamente; **to be** or **feel ~** (*person*) ter dores musculares; **~ upper lip** (BRIT *fig*) fleuma britânica

stiffen ['stɪfən] VT endurecer; (*limb*) entumecer ▶ VI enrijecer-se; (*grow stronger*) fortalecer-se

stiff neck N torcicolo

stiffness ['stɪfnɪs] N rigidez *f*

stifle ['staɪfl] VT sufocar, abafar; (*opposition*) sufocar

stifling ['staɪflɪŋ] ADJ (*heat*) sufocante, abafado

stigma ['stɪgmə] (*pl* **stigmata**) N (*Bot, Med, Rel*) estigma *m*; (*pl* **stigmas**): *fig* estigma *m*

stigmata [stɪg'mɑːtə] NPL *of* **stigma**

stile [staɪl] N *degraus para passar por uma cerca ou muro*

stiletto [stɪ'lɛtəu] (BRIT) N (*also*: **stiletto heel**) salto alto e fino

still [stɪl] ADJ parado; (*motionless*) imóvel; (*calm*) quieto; (BRIT: *orange drink etc*) sem gás ▶ ADV (*up to this time*) ainda; (*even, yet*) ainda; (*nonetheless*) entretanto, contudo ▶ N (*Cinema*) still *m*; **to stand ~** ficar parado; **keep ~!** não se mexa!; **he ~ hasn't arrived** ele ainda não chegou

stillborn ['stɪlbɔːn] ADJ nascido morto, natimorto

still life N natureza morta

stilt [stɪlt] N perna de pau; (*pile*) estaca, suporte *m*

stilted ['stɪltɪd] ADJ afetado

stimulant ['stɪmjulənt] N estimulante *m*

stimulate ['stɪmjuleɪt] VT estimular

stimulating ['stɪmjuleɪtɪŋ] ADJ estimulante

stimulation [stɪmju'leɪʃən] N estimulação *f*

stimuli ['stɪmjulaɪ] NPL *of* **stimulus**

stimulus ['stɪmjuləs] (*pl* **stimuli**) N estímulo, incentivo

sting [stɪŋ] (*pt, pp* **stung**) VT arguilhar ▶ VI (*insect, animal*) picar; (*eyes, ointment*) queimar ▶ N (*wound*) picada; (*pain*) ardência; (*of insect*) ferrão *m*; (*inf: confidence trick*) conto-do-vigário

stingy ['stɪndʒɪ] (*pej*) ADJ pão-duro, sovina

stink [stɪŋk] VI (*pt* **stank**, *pp* **stunk**) feder, cheirar mal ▶ N fedor *m*, catinga

stinker ['stɪŋkə^r] (*inf*) N (*problem, person*) osso duro de roer

stinking ['stɪŋkɪŋ] ADJ fedorento, fétido; (*inf: fig*) maldito; **~ rich** ricaço

stint [stɪnt] N tarefa, parte *f* ▶ VI: **to ~ on** ser parco com; **to do one's ~** fazer a sua parte

stipend ['staɪpɛnd] N (*of vicar etc*) estipêndio, remuneração *f*

stipendiary [staɪ'pɛndɪərɪ] ADJ: **~ magistrate** juiz *m* estipendiário, juíza *f* estipendiária

stipulate ['stɪpjuleɪt] VT estipular

stipulation [stɪpju'leɪʃən] N estipulação *f*, cláusula

stir [stəː^r] N (*fig: agitation*) comoção *f*, rebuliço ▶ VT (*tea etc*) mexer; (*fig: emotions*) comover ▶ VI mover-se, remexer-se; **to give sth a ~** mexer algo; **to cause a ~** causar sensação or um rebuliço

▶ **stir up** VT excitar; (*trouble*) provocar

stirring ['stəːrɪŋ] ADJ comovedor(a)

stirrup ['stɪrəp] N estribo

stitch [stɪtʃ] N (*Sewing, Knitting, Med*) ponto; (*pain*) pontada ▶ VT costurar; (*Med*) dar pontos em, suturar

stoat [stəut] N arminho

stock [stɔk] N (*supply*) suprimento; (*Comm: reserves*) estoque *m*, provisão *f*; (: *selection*) sortimento; (*Agr*) gado; (*Culin*) caldo; (*lineage*) estirpe *f*, linhagem *f*; (*Finance*) valores *mpl*, títulos *mpl*; (: *shares*) ações *fpl*; (*Rail: also*: **rolling stock**) material *m* circulante ▶ ADJ (*reply etc*) de sempre, costumeiro; (*greeting*) habitual ▶ VT (*have in stock*) ter em estoque, estocar; (*sell*) vender; **well-~ed** bem sortido; **in ~** em estoque; **out of ~** esgotado; **to take ~ of** (*fig*) fazer um balanço de; **~s and shares** valores e títulos mobiliários; **government ~** títulos do governo, fundos públicos

▶ **stock up** VI: **to ~ up (with)** abastecer-se (de)

stockade [stɔ'keɪd] N estacada

stockbroker ['stɔkbrəukə^r] N corretor(a) *m/f* de valores

stock control N (*Comm*) controle *m* de estoque

stock cube (BRIT) N (*Culin*) cubo de caldo

stock exchange N Bolsa de Valores

stockholder ['stɔkhəuldə^r] (US) N acionista *m/f*

Stockholm ['stɔkhəum] N Estocolmo

stocking ['stɔkɪŋ] N meia

stock-in-trade N (*tool*) instrumento de trabalho; (*fig*) arma

stockist ['stɔkɪst] (BRIT) N estoquista *m/f*

stock market (BRIT) N Bolsa, mercado de valores

stock phrase N frase *f* feita

stockpile ['stɔkpaɪl] N reservas *fpl*, estocagem *f* ▶ VT acumular reservas de, estocar

stockroom ['stɔkruːm] N almoxarifado

stocktaking ['stɔkteɪkɪŋ] (BRIT) N (*Comm*) inventário

stocky ['stɔkɪ] ADJ (*strong*) robusto; (*short*) atarracado

stodgy ['stɔdʒɪ] ADJ pesado

stoic ['stəuɪk] N estoico(-a)

stoical ['stəuɪkəl] ADJ estoico

stoke [stəuk] VT atiçar, alimentar

stoker ['stəukə^r] N (*Rail, Naut etc*) foguista *m*

stole [stəul] PT *of* **steal** ▶ N estola

stolen ['stəuln] PP *of* **steal**

stolid ['stɔlɪd] ADJ fleumático

stomach ['stʌmək] N (*Anat*) estômago; (*belly*) barriga, ventre *m* ▶ VT suportar, tolerar

stomach ache N dor *f* de estômago

stomach pump N bomba gástrica

stomach ulcer N úlcera gástrica

stomp [stɔmp] VI: **to ~ in/out** entrar/sair como um furacão

stone [stəʊn] N pedra; (*pebble*) pedrinha; (*in fruit*) caroço; (*Med*) pedra, cálculo; (BRIT: *weight*) = 6.348kg; 14 pounds ▶ ADJ de pedra ▶ VT apedrejar; (*fruit*) tirar o(s) caroço(s) de; **within a ~'s throw of the station** pertinho da estação

Stone Age N: **the ~** a Idade da Pedra

stone-cold ADJ gelado

stoned [stəʊnd] (*inf*) ADJ (*on drugs*) doidão(-dona), baratinado

stone-deaf ADJ surdo como uma porta

stonemason ['stəʊnmeɪsn] N pedreiro(-a)

stonework ['stəʊnwəːk] N cantaria

stony ['stəʊnɪ] ADJ pedregoso; (*fig*) glacial

stood [stʊd] PT, PP *of* **stand**

stool [stuːl] N tamborete *m*, banco

stoop [stuːp] VI (*also*: **have a stoop**) ser corcunda; (*also*: **stoop down**) debruçar-se, curvar-se; (*fig*): **to ~ to sth/doing sth** rebaixar-se para algo/fazer algo

stop [stɔp] N parada, interrupção f; (*for bus etc*) parada (BR), ponto (BR), paragem f (PT); (*also*: **full stop**) ponto ▶ VT parar, deter; (*break off*) interromper; (*pay, cheque*) sustar, suspender; (*also*: **put a stop to**) impedir ▶ VI parar, deter-se; (*watch, noise*) parar; (*end*) acabar; **to ~ doing sth** deixar de fazer algo; **to ~ sb (from) doing sth** impedir alguém de fazer algo; **to ~ dead** parar de repente; **~ it!** para com isso!

▶ **stop by** VI dar uma passada
▶ **stop off** VI dar uma parada
▶ **stop up** VT (*hole*) tapar

stopcock ['stɔpkɔk] N torneira de passagem

stopgap ['stɔpgæp] N (*person*) tapa-buraco *m/f*; (*measure*) paliativo

stoplights ['stɔplaɪts] NPL (*Aut*) luzes fpl do freio (BR), faróis mpl de stop (PT)

stopover ['stɔpəʊvər] N parada rápida; (*Aviat*) escala

stoppage ['stɔpɪdʒ] N (*strike*) greve f; (*temporary stop*) paralisação f; (*of pay*) suspensão f; (*blockage*) obstrução f

stopper ['stɔpər] N tampa, rolha

stop press N notícia de última hora

stopwatch ['stɔpwɔtʃ] N cronômetro

storage ['stɔːrɪdʒ] N armazenagem f

storage heater (BRIT) N *tipo de aquecimento que armazena calor durante a noite emitindo-o durante o dia*

store [stɔːr] N (*stock*) suprimento; (*depot*) armazém *m*; (*reserve*) estoque *m*; (BRIT: *large shop*) loja de departamentos; (US: *shop*) loja ▶ VT armazenar; (*keep*) guardar; **stores** NPL (*provisions*) víveres mpl, provisões fpl; **who knows what is in ~ for us?** quem sabe o que nos espera?; **to set great/little ~ by sth** dar grande/pouca importância a algo
▶ **store up** VT acumular

storehouse ['stɔːhaʊs] N depósito, armazém *m*

storekeeper ['stɔːkiːpər] (US) N lojista *m/f*

storeroom ['stɔːruːm] N depósito, almoxarifado

storey, (US) **story** ['stɔːrɪ] N andar *m*

stork [stɔːk] N cegonha

storm [stɔːm] N tempestade f; (*wind*) borrasca, vendaval *m*; (*fig*) tumulto ▶ VI (*fig*) enfurecer-se ▶ VT tomar de assalto, assaltar

storm cloud N nuvem f de tempestade

storm door N porta adicional

stormy ['stɔːmɪ] ADJ tempestuoso

story ['stɔːrɪ] N história, estória; (*Press*) matéria; (*plot*) enredo; (*lie*) mentira; (US) = **storey**

storybook ['stɔːrɪbʊk] N livro de contos

storyteller ['stɔːrɪtɛlər] N contador(a) *m/f* de estórias

stout [staʊt] ADJ (*strong*) sólido, forte; (*fat*) gordo, corpulento; (*resolute*) decidido, resoluto ▶ N cerveja preta

stove [stəʊv] N (*for cooking*) fogão *m*; (*for heating*) estufa, fogareiro; **gas/electric ~** (*cooker*) fogão a gás/elétrico

stow [stəʊ] VT guardar; (*Naut*) estivar

stowaway ['stəʊəweɪ] N passageiro(-a) clandestino(-a)

straddle ['strædl] VT cavalgar

strafe [strɑːf] VT metralhar

straggle ['strægl] VI (*houses*) espalhar-se desordenadamente; (*people*) vagar, perambular; (*lag behind*) ficar para trás

straggler ['stræglər] N pessoa que fica para trás

straggling ['stræglɪŋ] ADJ (*hair*) rebelde, emaranhado

straggly ['stræglɪ] ADJ (*hair*) rebelde, emaranhado

straight [streɪt] ADJ reto; (*back*) esticado; (*hair*) liso; (*honest*) honesto; (*frank*) franco, direto; (*simple*) simples inv; (*Theatre: part, play*) sério; (*inf: conventional*) quadrado, careta (*inf*); (: *heterosexual*) heterossexual ▶ ADV reto; (*drink*) puro ▶ N: **the ~** (*Sport*) a reta; **to put** *or* **get sth ~** esclarecer algo; **let's get this ~** (*explaining*) então, vamos fazer assim; (*warning*) eu quero que isso fique bem claro; **10 ~ wins** 10 vitórias consecutivas; **to go ~ home** ir direto para casa; **~ away, ~ off** (*at once*) imediatamente; **~ off, ~ out** sem mais nem menos

straighten ['streɪtən] VT (*skirt, bed*) arrumar; **to ~ things out** arrumar as coisas
▶ **straighten out** VT endireitar; (*fig*) esclarecer

straight-faced [-feɪst] ADJ impassível ▶ ADV com cara séria

straightforward [streɪt'fɔːwəd] ADJ (*simple*) simples inv, direto; (*honest*) honesto, franco

strain [streɪn] N tensão f; (*Tech*) esforço; (*Med: back strain*) distensão f; (: *tension*) luxação f; (*breed*) raça, estirpe f; (*of virus*) classe f ▶ VT (*back etc*) forçar, torcer, distender; (*tire*) extenuar; (*stretch*) puxar, estirar; (*Culin*) coar; (*filter*) filtrar ▶ VI esforçar-se; **strains** NPL (*Mus*) acordes mpl; **he's been under a lot of ~** ele tem estado sob muita tensão

strained [streɪnd] ADJ *(muscle)* distendido; *(laugh)* forçado; *(relations)* tenso
strainer ['streɪnəʳ] N *(for tea, coffee)* coador m; *(sieve)* peneira
strait [streɪt] N *(Geo)* estreito; **straits** NPL *(fig)*: **to be in dire ~s** estar em apuros
straitjacket ['streɪtdʒækɪt] N camisa-de-força
strait-laced [-leɪst] ADJ puritano, austero
strand [strænd] N *(of thread, hair)* fio; *(of rope)* tira ▶ VT *(boat)* encalhar
stranded ['strændɪd] ADJ desamparado; *(holidaymakers)* preso
strange [streɪndʒ] ADJ *(not known)* desconhecido; *(odd)* estranho, esquisito
strangely ['streɪndʒlɪ] ADV estranhamente
stranger ['streɪndʒəʳ] N desconhecido(-a); *(from another area)* forasteiro(-a)
strangle ['stræŋgl] VT estrangular; *(fig: economy)* sufocar
stranglehold ['stræŋglhəʊld] N *(fig)* domínio total
strangulation [stræŋgjuˈleɪʃən] N estrangulação f
strap [stræp] N correia; *(of slip, dress)* alça ▶ VT prender com correia
straphanging ['stræphæŋɪŋ] N viajar etc em pé (no metrô m)
strapless ['stræplɪs] ADJ *(bra, dress)* sem alças
strapped [stræpt] ADJ: **to be ~ for cash** *(inf)* estar na pindaíba
strapping ['stræpɪŋ] ADJ corpulento, robusto, forte
Strasbourg ['stræzbəːg] N Estrasburgo
strata ['strɑːtə] NPL *of* **stratum**
stratagem ['strætɪdʒəm] N estratagema m
strategic [strə'tiːdʒɪk] ADJ estratégico
strategist ['strætɪdʒɪst] N estrategista m/f
strategy ['strætɪdʒɪ] N estratégia
stratosphere ['strætəsfɪəʳ] N estratosfera
stratum ['strɑːtəm] *(pl* **strata**) N camada
straw [strɔː] N palha; *(drinking straw)* canudo; **that's the last ~!** essa foi a última gota!
strawberry ['strɔːbərɪ] N morango; *(plant)* morangueiro
stray [streɪ] ADJ *(animal)* extraviado; *(bullet)* perdido; *(scattered)* espalhado ▶ VI perder-se
streak [striːk] N listra, traço; *(in hair)* mecha; *(fig: of madness etc)* sinal m ▶ VT listrar ▶ VI: **to ~ past** passar como um raio; **to have ~s in one's hair** fazer mechas no cabelo; **a winning/losing ~** uma fase de sorte/azar
streaky ['striːkɪ] ADJ listrado
streaky bacon *(BRIT)* N toicinho *or* bacon m em fatias *(entremeado com gordura)*
stream [striːm] N riacho, córrego; *(current)* fluxo, corrente f; *(of people, vehicles)* fluxo; *(of smoke)* rastro; *(of questions etc)* torrente f ▶ VT *(Sch)* classificar; *(Comput)* fazer stream(ing) de ▶ VI correr, fluir; **to ~ in/out** *(people)* entrar/sair em massa; **against the ~** contra a corrente; **on ~** *(power plant etc)* em funcionamento
streamer ['striːməʳ] N serpentina; *(pennant)* flâmula

359 | **strained – stridden**

stream feed N *(on photocopier etc)* alimentação f contínua
streaming ['striːmɪŋ] N *(Comput)* streaming m
streamline ['striːmlaɪn] VT aerodinamizar; *(fig)* agilizar
streamlined ['striːmlaɪnd] ADJ aerodinâmico
street [striːt] N rua; **the back ~s** as ruelas; **to be on the ~s** *(homeless)* estar desabrigado; *(as prostitute)* fazer a vida
streetcar ['striːtkɑːʳ] *(US)* N bonde m *(BR)*, eléctrico *(PT)*
street lamp N poste m de iluminação
street lighting N iluminação f pública
street map N mapa m
street market N feira
street plan N mapa m
streetwise ['striːtwaɪz] *(inf)* ADJ malandro
strength [strɛŋθ] N força; *(of girder, knot etc)* firmeza, resistência; *(of chemical solution)* concentração f; *(of wine)* teor m alcoólico; *(fig)* poder m; **on the ~ of** com base em; **at full ~** completo; **below ~** desfalcado
strengthen ['strɛŋθən] VT fortificar; *(fig)* fortalecer
strenuous ['strɛnjuəs] ADJ *(tough)* árduo, estrênuo; *(energetic)* enérgico; *(determined)* tenaz
stress [strɛs] N *(force, pressure)* pressão f; *(mental strain)* tensão f, stress m; *(accent)* acento; *(emphasis)* ênfase f; *(Tech)* tensão ▶ VT realçar, dar ênfase a; *(syllable)* acentuar; **to lay great ~ on sth** dar muita ênfase a algo; **to be under ~** estar com estresse
stressed [strɛst] ADJ *(tense)* estressado; *(syllable)* tônico
stressful ['strɛsful] ADJ *(job)* desgastante
stretch [strɛtʃ] N *(of sand etc)* trecho, extensão f; *(of time)* período ▶ VI espreguiçar-se; *(extend)*: **to ~ to** *or* **as far as** estender-se até; *(be enough: money, food)*: **to ~ to** dar para ▶ VT estirar, esticar; *(fig: subj: job, task)* exigir o máximo de; **at a ~** sem parar; **to ~ one's legs** esticar as pernas
▶ **stretch out** VI esticar-se ▶ VT *(arm etc)* esticar; *(spread)* estirar
stretcher ['strɛtʃəʳ] N maca, padiola
stretcher-bearer N padioleiro
stretch marks NPL estrias fpl
strewn [struːn] ADJ: **~ with** coberto *or* cheio de
stricken ['strɪkən] ADJ *(wounded)* ferido; *(devastated)* arrasado; *(ill)* acometido; **~ with** tomado por
strict [strɪkt] ADJ *(person)* severo, rigoroso; *(meaning)* exato, estrito; **in ~ confidence** muito confidencialmente
strictly ['strɪktlɪ] ADV *(severely)* severamente; *(exactly)* estritamente; *(definitively)* rigorosamente; **~ confidential** estritamente confidencial; **~ speaking** a rigor; **~ between ourselves ...** cá entre nós ...
strictness ['strɪktnɪs] N rigor m, severidade f
stridden ['strɪdn] PP *of* **stride**

stride [straɪd] vɪ (pt **strode**, pp **stridden**) andar a passos largos ▶ N passo largo; **to take in one's ~** (fig: changes etc) não se perturbar com

strident ['straɪdnt] ADJ estridente; (colour) berrante

strife [straɪf] N conflito

strike [straɪk] (pt, pp **struck**) N greve f; (of oil etc) descoberta; (attack) ataque m ▶ vт bater em; (oil etc) descobrir; (obstacle) esbarrar em; (deal) fechar, acertar; (fig): **the thought or it ~s me that ...** me ocorre que ... ▶ vɪ estar em greve; (attack: soldiers, illness) atacar; (: disaster) assolar; (clock) bater; **on ~** em greve; **to call a ~** convocar uma greve; **to ~ a match** acender um fósforo; **to ~ a balance** (fig) encontrar um equilíbrio; **the clock struck nine** o relógio bateu nove horas
  ▶ **strike back** vɪ (Mil) contra-atacar; (fig) revidar
  ▶ **strike down** vт derrubar
  ▶ **strike off** vт (from list) tirar, cortar; (doctor) suspender
  ▶ **strike out** vт cancelar, rasurar
  ▶ **strike up** vт (Mus) começar a tocar; (conversation, friendship) travar

strikebreaker ['straɪkbreɪkəʳ] N fura-greve m/f inv

striker ['straɪkəʳ] N grevista m/f; (Sport) atacante m/f

striking ['straɪkɪŋ] ADJ impressionante; (colour) chamativo

string [strɪŋ] (pt, pp **strung**) N (cord) barbante m (BR), cordel m (PT); (of beads) cordão m; (of onions) réstia; (Mus) corda; (series) série f; (of people, cars) fila (BR), bicha (PT); (Comput) string m ▶ vт: **to ~ out** esticar; **the strings** NPL (Mus) os instrumentos de corda; **to ~ together** (words) unir; (ideas) concatenar; **to get a job by pulling ~s** (fig) usar pistolão; **with no ~s attached** (fig) sem condições

string bean N vagem f

stringed instrument [strɪŋd-] N (Mus) instrumento de corda

stringent ['strɪndʒənt] ADJ rigoroso

string instrument N (Mus) instrumento de corda

string quartet N quarteto de cordas

strip [strɪp] N tira; (of land) faixa; (of metal) lâmina, tira; (Sport) cores fpl ▶ vɪ despir; (fig): **to ~ sb of sth** despojar alguém de algo; (also: **strip down**: machine) desmontar ▶ vɪ despir-se

strip cartoon N história em quadrinhos (BR), banda desenhada (PT)

stripe [straɪp] N listra; (Mil) galão m

striped [straɪpt] ADJ listrado, com listras

strip light (BRIT) N lâmpada fluorescente

strip lighting (BRIT) N iluminação f fluorescente

stripper ['strɪpəʳ] N artista m/f de striptease

striptease ['strɪptiːz] N striptease m

strive [straɪv] (pt **strove**, pp **striven**) vɪ: **to ~ for sth/to do sth** esforçar-se por or batalhar para algo/para fazer algo

striven ['strɪvn] PP of **strive**

strode [strəud] PT of **stride**

stroke [strəuk] N (blow) golpe m; (Med) derrame m cerebral; (caress) carícia; (of pen) traço; (of paintbrush) pincelada; (Swimming: style) nado; (: movement) braçada; (of piston) curso ▶ vт acariciar, afagar; **at a ~** de repente, de golpe; **on the ~ of five** às cinco em ponto; **a ~ of luck** um golpe de sorte; **a two-~ engine** um motor de dois tempos

stroll [strəul] N volta, passeio ▶ vɪ passear, dar uma volta; **to go for a ~** dar uma volta

stroller ['strəuləʳ] (US) N carrinho (de criança)

strong [strɔŋ] ADJ forte; (imagination) fértil; (personality) forte, dominante; (nerves) de aço; (object, material) sólido; (chemical) concentrado
  ▶ ADV: **to be going ~** (company) estar prosperando; (person) estar com boa saúde; **they are 50 ~** são em 50 pessoas

strong-arm ADJ (tactics, methods) repressivo, violento

strongbox ['strɔŋbɔks] N cofre-forte m

strong drink N bebida alcoólica

stronghold ['strɔŋhəuld] N fortaleza; (fig) baluarte m

strong language N palavrões mpl

strongly ['strɔŋlɪ] ADV (construct) firmemente; (push, defend) vigorosamente; (believe) profundamente; **I feel ~ about it** tenho uma opinião firme sobre isso

strongman ['strɔŋmæn] (irreg: like **man**) N homem m forte

strongroom ['strɔŋruːm] N casa-forte f

stroppy ['strɔpɪ] ADJ (BRIT inf) nervoso, barraqueiro

strove [strəuv] PT of **strive**

struck [strʌk] PT, PP of **strike**

structural ['strʌktʃərəl] ADJ estrutural

structurally ['strʌktʃrəlɪ] ADV estruturalmente

structure ['strʌktʃəʳ] N estrutura; (building) construção f

struggle ['strʌgl] N luta, contenda ▶ vɪ (fight) lutar; (try hard) batalhar; **to have a ~ to do sth** ter que batalhar para fazer algo

strum [strʌm] vт (guitar) dedilhar

strung [strʌŋ] PT, PP of **string**

strut [strʌt] N escora, suporte m ▶ vɪ pavonear-se, empertigar-se

strychnine ['strɪkniːn] N estricnina

stub [stʌb] N (of ticket etc) canhoto; (of cigarette) toco, ponta; **to ~ one's toe** dar uma topada
  ▶ **stub out** vт apagar

stubble ['stʌbl] N restolho; (on chin) barba por fazer

stubborn ['stʌbən] ADJ teimoso, cabeçudo, obstinado

stubby ['stʌbɪ] ADJ atarracado

stucco ['stʌkəu] N estuque

stuck [stʌk] PT, PP of **stick** ▶ ADJ (jammed) emperrado; **to get ~** emperrar

stuck-up ADJ convencido, metido, esnobe

stud [stʌd] N (*shirt stud*) botão m; (*earring*) tarraxa, rosca; (*of boot*) cravo; (*also*: **stud farm**) fazenda de cavalos; (*also*: **stud horse**) garanhão m ▶ VT (*fig*): **~ded with** salpicado de
student ['stju:dənt] N estudante m/f ▶ ADJ estudantil; **law/medical ~** estudante de direito/medicina
student driver (US) N aprendiz m/f
students' union (BRIT) N (*association*) união f dos estudantes; (*building*) centro estudantil
studied ['stʌdɪd] ADJ estudado, calculado
studio ['stju:dɪəu] N estúdio; (*sculptor's*) ateliê m
studio flat, (US) **studio apartment** N (apartamento) conjugado
studious ['stju:dɪəs] ADJ estudioso, aplicado; (*careful*) cuidadoso; (*studied*) calculado
studiously ['stju:dɪəslɪ] ADV (*carefully*) com esmero
study ['stʌdɪ] N estudo; (*room*) sala de leitura *or* estudo ▶ VT estudar; (*examine*) examinar, investigar ▶ VI estudar; **studies** NPL (*subjects*) estudos mpl, matérias fpl; **to make a ~ of sth** estudar algo; **to ~ for an exam** estudar para um exame
stuff [stʌf] N (*substance*) troço; (*things*) troços mpl, coisas fpl ▶ VT encher; (*Culin*) rechear; (*animals*) empalhar; (*inf*: *push*) enfiar; **my nose is ~ed up** meu nariz está entupido; **get ~ed!** (!) vai tomar banho!; **~ed toy** brinquedo de pelúcia
stuffing ['stʌfɪŋ] N recheio
stuffy ['stʌfɪ] ADJ (*room*) abafado, mal ventilado; (*person*) rabugento, melindroso
stumble ['stʌmbl] VI tropeçar; **to ~ across** *or* **on** (*fig*) topar com
stumbling block ['stʌmblɪŋ-] N pedra no caminho
stump [stʌmp] N (*of tree*) toco; (*of limb*) coto ▶ VT: **to be ~ed** ficar perplexo
stun [stʌn] VT (*subj*: *blow*) aturdir; (: *news*) pasmar
stung [stʌŋ] PT, PP *of* **sting**
stunk [stʌŋk] PP *of* **stink**
stunning ['stʌnɪŋ] ADJ (*news*) atordoante; (*appearance*) maravilhoso
stunt [stʌnt] N façanha sensacional; (*Aviat*) voo acrobático; (*publicity stunt*) truque m publicitário ▶ VT tolher
stunted ['stʌntɪd] ADJ atrofiado, retardado
stuntman ['stʌntmæn] (*irreg*: *like* **man**) N dublê m
stupefaction [stju:pɪ'fækʃən] N estupefação f, assombro
stupefy ['stju:pɪfaɪ] VT deixar estupefato
stupendous [stju:'pɛndəs] ADJ monumental
stupid ['stju:pɪd] ADJ estúpido, idiota
stupidity [stju:'pɪdɪtɪ] N estupidez f
stupidly ['stju:pɪdlɪ] ADV estupidamente
stupor ['stju:pə^r] N estupor m
sturdy ['stə:dɪ] ADJ (*person*) robusto, firme; (*thing*) sólido
sturgeon ['stə:dʒən] N INV esturjão m

stutter ['stʌtə^r] N gagueira, gaguez f ▶ VI gaguejar
sty [staɪ] N (*for pigs*) chiqueiro
stye [staɪ] N (*Med*) terçol m
style [staɪl] N estilo; (*elegance*) elegância; (*allure*) charme m; **in the latest ~** na última moda; **hair ~** penteado
styli ['staɪlaɪ] NPL *of* **stylus**
stylish ['staɪlɪʃ] ADJ elegante, chique
stylist ['staɪlɪst] N (*hair stylist*) cabeleireiro(-a); (*literary*) estilista m/f
stylized ['staɪlaɪzd] ADJ estilizado
stylus ['staɪləs] (*pl* **styli** *or* **styluses**) N (*of record player*) agulha
Styrofoam® ['staɪrəfəum] N (US) isopor m ▶ ADJ de isopor
suave [swɑ:v] ADJ suave, melífluo
sub [sʌb] N ABBR = **submarine**; **subscription**
sub... [sʌb] PREFIX sub...
subcommittee ['sʌbkəmɪtɪ] N subcomissão f
subconscious [sʌb'kɔnʃəs] ADJ do subconsciente ▶ N subconsciente m
subcontinent [sʌb'kɔntɪnənt] N: **the (Indian) ~** o subcontinente (da Índia)
subcontract [n sʌb'kɔntrækt, vt sʌbkən'trækt] N subcontrato ▶ VT subcontratar
subcontractor [sʌbkən'træktə^r] N subempreiteiro(-a)
subdivide [sʌbdɪ'vaɪd] VT subdividir
subdivision [sʌbdɪ'vɪʒən] N subdivisão f
subdue [səb'dju:] VT subjugar; (*passions*) dominar
subdued [səb'dju:d] ADJ (*light*) tênue; (*person*) desanimado
subject [n 'sʌbdʒɪkt, vt səb'dʒɛkt] N (*of king*) súdito(-a); (*theme*) assunto; (*Sch*) matéria; (*Ling*) sujeito ▶ VT: **to ~ sb to sth** submeter alguém a algo; **to be ~ to** estar sujeito a; **~ to confirmation in writing** sujeito a confirmação por escrito; **to change the ~** mudar de assunto
subjection [səb'dʒɛkʃən] N submissão f, dependência
subjective [səb'dʒɛktɪv] ADJ subjetivo
subject matter N assunto; (*content*) conteúdo
sub judice [-'dju:dɪsɪ] ADJ (*Law*) sob apreciação judicial, sub judice
subjugate ['sʌbdʒugeɪt] VT subjugar, submeter
subjunctive [səb'dʒʌŋktɪv] ADJ, N subjuntivo
sublet [sʌb'lɛt] VT sublocar
sublime [sə'blaɪm] ADJ sublime
subliminal [sʌb'lɪmɪnl] ADJ subliminar
submachine gun ['sʌbmə'ʃi:n-] N metralhadora de mão
submarine ['sʌbməri:n] N submarino
submerge [səb'mə:dʒ] VT submergir; (*flood*) inundar ▶ VI submergir-se
submersion [səb'mə:ʃən] N submersão f, imersão f
submission [səb'mɪʃən] N submissão f; (*to committee*) petição f; (*of plan*) apresentação f, exposição f

submissive [səb'mɪsɪv] ADJ submisso
submit [səb'mɪt] VT submeter ▶ VI submeter-se
subnormal [sʌb'nɔːməl] ADJ anormal, subnormal; (*temperature*) abaixo do normal; (*backward*) atrasado
subordinate [sə'bɔːdɪnət] ADJ, N subordinado(-a)
subpoena [sə'piːnə] N (*Law*) intimação *f*, citação *f* judicial ▶ VT intimar a comparecer judicialmente, citar
subprime ['sʌbpraɪm] ADJ (*Finance*): ~ **mortgage** título *m* hipotecário de risco
subroutine [sʌbruː'tiːn] N (*Comput*) sub-rotina
subscribe [səb'skraɪb] VI subscrever; **to ~ to** (*opinion*) concordar com; (*fund*) contribuir para; (*newspaper*) assinar
subscriber [səb'skraɪbəʳ] N (*to periodical, telephone*) assinante *m/f*
subscript ['sʌbskrɪpt] N (*Typ*) subscrito
subscription [səb'skrɪpʃən] N subscrição *f*; (*to magazine etc*) assinatura; (*to club*) cota, mensalidade *f*; **to take out a ~ to** fazer uma assinatura de
subsequent ['sʌbsɪkwənt] ADJ subsequente, posterior; **~ to** posterior a
subsequently ['sʌbsɪkwəntlɪ] ADV posteriormente, depois
subside [səb'saɪd] VI (*feeling, wind*) acalmar-se; (*flood*) baixar
subsidence [səb'saɪdns] N baixa; (*in road etc*) afundamento da superfície
subsidiary [səb'sɪdɪərɪ] ADJ secundário; (*BRIT Sch: subject*) suplementar ▶ N (*also*: **subsidiary company**) subsidiária
subsidize ['sʌbsɪdaɪz] VT subsidiar
subsidy ['sʌbsɪdɪ] N subsídio
subsist [səb'sɪst] VI: **to ~ on sth** subsistir de algo
subsistence [səb'sɪstəns] N subsistência; (*allowance*) subsídio, ajuda de custo
subsistence allowance N diária
subsistence level N nível *m* de subsistência
subsistence wage N salário de fome
substance ['sʌbstəns] N substância; (*fig*) essência; **a man of ~** um homem de recursos; **to lack ~** não ter substância
substandard [sʌb'stændəd] ADJ (*goods*) de qualidade inferior; (*housing*) inferior ao padrão
substantial [səb'stænʃl] ADJ (*solid*) sólido; (*reward, meal*) substancial
substantially [səb'stænʃəlɪ] ADV consideravelmente; (*in essence*) substancialmente
substantiate [səb'stænʃɪeɪt] VT comprovar, justificar
substitute ['sʌbstɪtjuːt] N substituto(-a); (*person*) suplente *m/f* ▶ VT: **to ~ A for B** substituir B por A
substitute teacher (*US*) N professor(a) *m/f* suplente
substitution [sʌbstɪ'tjuːʃən] N substituição *f*
subterfuge ['sʌbtəfjuːdʒ] N subterfúgio

subterranean [sʌbtə'reɪnɪən] ADJ subterrâneo
subtitle ['sʌbtaɪtl] N (*Cinema*) legenda
subtitled ['sʌbtaɪtld] ADJ (*film*) legendado
subtle ['sʌtl] ADJ sutil
subtlety ['sʌtltɪ] N sutileza
subtly ['sʌtlɪ] ADV sutilmente
subtotal [sʌb'təutl] N total *m* parcial, subtotal *m*
subtract [səb'trækt] VT subtrair, deduzir
subtraction [səb'trækʃən] N subtração *f*
subtropical [sʌb'trɔpɪkl] ADJ subtropical
suburb ['sʌbəːb] N subúrbio
suburban [sə'bəːbən] ADJ suburbano; (*train etc*) de subúrbio
suburbia [sə'bəːbɪə] N os subúrbios
subvention [səb'vɛnʃən] N subvenção *f*, subsídio
subversion [səb'vəːʃən] N subversão *f*
subversive [səb'vəːsɪv] ADJ subversivo
subway ['sʌbweɪ] N (*BRIT*) passagem *f* subterrânea; (*US*) metrô *m* (*BR*), metro(-politano) (*PT*)
sub-zero ADJ abaixo de zero
succeed [sək'siːd] VI (*person*) ser bem sucedido, ter êxito; (*plan*) sair bem ▶ VT suceder a; **to ~ in doing** conseguir fazer
succeeding [sək'siːdɪŋ] ADJ (*following*) sucessivo, posterior
success [sək'sɛs] N êxito; (*hit, person*) sucesso; (*gain*) triunfo
successful [sək'sɛsful] ADJ (*venture*) bem sucedido; (*writer*) de sucesso, bem sucedido; **to be ~ (in doing)** conseguir (fazer)
successfully [sək'sɛsfulɪ] ADV com sucesso, com êxito
succession [sək'sɛʃən] N (*series*) sucessão *f*, série *f*; (*to throne*) sucessão; (*descendants*) descendência; **in ~** em sucessão; **3 years in ~** três anos consecutivos
successive [sək'sɛsɪv] ADJ sucessivo; **on 3 ~ days** em 3 dias consecutivos
successor [sək'sɛsəʳ] N sucessor(a) *m/f*
succinct [sək'sɪŋkt] ADJ sucinto
succulent ['sʌkjulənt] ADJ suculento ▶ N (*Bot*): **~s** suculentos *mpl*
succumb [sə'kʌm] VI sucumbir
such [sʌtʃ] ADJ tal, semelhante; (*of that kind: singular*) **~ a book** um livro parecido, tal livro; (: *plural*): **~ books** tais livros; (*so much*): **~ courage** tanta coragem ▶ ADV tão; **~ a long trip** uma viagem tão longa; **~ good books** livros tão bons; **~ a lot of** tanto; **making ~ a noise that** fazendo tanto barulho que; **~ a long time ago** há tanto tempo atrás; **~ as** (*like*) tal como; **a noise ~ as to** um ruído tal que; **~ books as I have** os poucos livros que eu tenho; **I said no ~ thing** eu não disse tal coisa; **as ~** como tal; **until ~ time as** até que
such-and-such ADJ tal e qual
suchlike ['sʌtʃlaɪk] (*inf*) PRON: **and ~** e coisas assim

suck [sʌk] VT chupar; (*breast*) mamar; (*subj: pump, machine*) sugar
sucker ['sʌkə'] N (*Bot*) rebento; (*Zool*) ventosa; (*inf*) trouxa *m/f*, otário(-a)
suckle ['sʌkl] VT amamentar
sucrose ['suːkrəuz] N sucrose *f*
suction ['sʌkʃən] N sucção *f*
suction pump N bomba de sucção
Sudan [suˈdɑːn] N Sudão *m*
Sudanese [suːdəˈniːz] ADJ, N INV sudanês(-esa) *m/f*
sudden ['sʌdn] ADJ (*rapid*) repentino, súbito; (*unexpected*) imprevisto; **all of a ~** de repente; (*unexpectedly*) inesperadamente
suddenly ['sʌdnlɪ] ADV de repente; (*unexpectedly*) inesperadamente
sudoku [suˈdəukuː] N sudoku *m*
suds [sʌdz] NPL água de sabão
sue [suː] VT processar ▶ VI: **to ~ (for)** processar (por), promover ação (por); **to ~ for divorce** requerer divórcio; **to ~ sb for damages** intentar uma ação de perdas e danos contra alguém
suede [sweɪd] N camurça ▶ CPD de camurça
suet ['suɪt] N sebo
Suez ['suːɪz] N: **the ~ Canal** o Canal de Suez
suffer ['sʌfə'] VT sofrer; (*bear*) aguentar, suportar ▶ VI sofrer, padecer; **to ~ from** (*illness*) sofrer de, estar com; **to ~ from the effects of alcohol** sofrer os efeitos do álcool
sufferance ['sʌfrəns] N: **he was only there on ~** ele estava lá por tolerância
sufferer ['sʌfərə'] N sofredor(a) *m/f*; **a ~ from** (*Med*) uma pessoa que sofre de
suffering ['sʌfərɪŋ] N sofrimento; (*pain*) dor *f*
suffice [səˈfaɪs] VI bastar, ser suficiente
sufficient [səˈfɪʃənt] ADJ suficiente, bastante
sufficiently [səˈfɪʃəntlɪ] ADV suficientemente
suffix ['sʌfɪks] N sufixo
suffocate ['sʌfəkeɪt] VT sufocar, asfixiar ▶ VI sufocar(-se), asfixiar(-se)
suffocation [sʌfəˈkeɪʃən] N sufocação *f*; (*Med*) asfixia
suffrage ['sʌfrɪdʒ] N sufrágio; (*vote*) direito de voto
suffused [səˈfjuːzd] ADJ: **~ with** (*light etc*) banhado de
sugar ['ʃugə'] N açúcar *m* ▶ VT pôr açúcar em, açucarar
sugar beet N beterraba (sacarina)
sugar bowl N açucareiro
sugar cane N cana-de-açúcar *f*
sugar-coated [-ˈkəutɪd] ADJ cristalizado
sugar lump N torrão *m* de açúcar
sugar refinery N refinaria de açúcar
sugary ['ʃugərɪ] ADJ açucarado
suggest [səˈdʒɛst] VT sugerir; (*indicate*) indicar; (*advise*) aconselhar; **what do you ~ I do?** o que você sugere que eu faça?
suggestion [səˈdʒɛstʃən] N sugestão *f*; (*indication*) indicação *f*
suggestive [səˈdʒɛstɪv] ADJ sugestivo; (*pej*) indecente

suicidal [suɪˈsaɪdl] ADJ suicida
suicide ['suɪsaɪd] N suicídio; (*person*) suicida *m/f*; *see also* **commit**
suicide attack N ataque *m* suicida, atentado suicida
suicide attempt N tentativa de suicídio
suicide bid N tentativa de suicídio
suicide bomber N homem-bomba *m*, mulher-bomba *f*
suicide bombing N ataque *m* suicida
suit [suːt] N (*man's*) terno (BR), fato (PT); (*woman's*) conjunto; (*Law*) processo; (*Cards*) naipe *m* ▶ VT (*gen*) convir a; (*clothes*) ficar bem a; (*adapt*): **to ~ sth to** adaptar *or* acomodar algo a; **to be ~ed to sth** ser apto para algo; **they are well ~ed** fazem um bom par; **to bring a ~ against sb** mover um processo contra alguém; **to follow ~** (*fig*) seguir o exemplo
suitable ['suːtəbl] ADJ conveniente; (*appropriate*) apropriado; **would tomorrow be ~?** amanhã lhe convém?
suitably ['suːtəblɪ] ADV (*dressed*) apropriadamente; (*impressed*) bem
suitcase ['suːtkeɪs] N mala
suite [swiːt] N (*of rooms*) conjunto de salas; (*Mus*) suite *f*; (*furniture*): **bedroom/dining room ~** conjunto de quarto/de sala de jantar; **a three-piece ~** um conjunto estofado (sofá e duas poltronas)
suitor ['suːtə'] N pretendente *m*
sulfate ['sʌlfeɪt] (US) N = **sulphate**
sulfur ['sʌlfə'] (US) = **sulphur**
sulk [sʌlk] VI ficar emburrado, fazer beicinho *or* biquinho (*inf*)
sulky ['sʌlkɪ] ADJ emburrado
sullen ['sʌlən] ADJ rabugento; (*silence*) pesado
sulphate, (US) **sulfate** ['sʌlfeɪt] N sulfato
sulphur, (US) **sulfur** ['sʌlfə'] N enxofre *m*
sulphuric, (US) **sulfuric** [sʌlˈfjuərɪk] ADJ: **~ acid** ácido sulfúrico
sultan ['sʌltən] N sultão *m*
sultana [sʌlˈtɑːnə] N (*Culin*) passa branca
sultry ['sʌltrɪ] ADJ (*weather*) abafado, mormacento; (*seductive*) sedutor(a)
sum [sʌm] N soma; (*calculation*) cálculo ▶ **sum up** VT sumariar, fazer um resumo de; (*describe*) resumir; (*evaluate*) avaliar ▶ VI resumir
Sumatra [suˈmɑːtrə] N Sumatra
summarize ['sʌməraɪz] VT resumir
summary ['sʌmərɪ] N resumo ▶ ADJ (*justice*) sumário
summer ['sʌmə'] N verão *m* ▶ ADJ de verão; **in (the) ~** no verão
summer camp (US) N colônia de férias
summerhouse ['sʌməhaus] N (*in garden*) pavilhão *m*
summertime ['sʌmətaɪm] N (*season*) verão *m*
summer time N (*by clock*) horário de verão
summery ['sʌmərɪ] ADJ estival, de verão
summing-up ['sʌmɪŋ-] N resumo, recapitulação *f*

summit ['sʌmɪt] N topo, cume m; (also: **summit conference**) (conferência de) cúpula

summon ['sʌmən] VT (person) mandar chamar; (meeting) convocar; (Law: witness) convocar
▶ **summon up** VT concentrar

summons ['sʌmənz] N (Law) citação f, intimação f; (fig) chamada ▶ VT citar, intimar; **to serve a ~ on sb** entregar uma citação a alguém

sump [sʌmp] (BRIT) N (Aut) cárter m

sumptuous ['sʌmptjuəs] ADJ suntuoso

sun [sʌn] N sol m; **in the ~** ao sol; **everything under the ~** cada coisa

Sun. ABBR (= Sunday) dom

sunbathe ['sʌnbeɪð] VI tomar sol

sunbeam ['sʌnbiːm] N raio de sol

sunbed ['sʌnbɛd] N espreguiçadeira; (with sunlamp) cama para bronzeamento artificial

sunblock ['sʌnblɔk] N bloqueador m solar

sunburn ['sʌnbəːn] N queimadura do sol

sunburned ['sʌnbəːnd] ADJ = **sunburnt**

sunburnt ['sʌnbəːnt] ADJ bronzeado; (painfully) queimado

sun cream N creme m solar

sundae ['sʌndeɪ] N sorvete m (BR) or gelado (PT) com frutas e nozes

Sunday ['sʌndɪ] N domingo; see also **Tuesday**

Sunday school N escola dominical

sundial ['sʌndaɪəl] N relógio de sol

sundown ['sʌndaun] N pôr m do sol

sundries ['sʌndrɪz] NPL gêneros mpl diversos

sundry ['sʌndrɪ] ADJ vários, diversos; **all and ~** todos

sunflower ['sʌnflauər] N girassol m

sung [sʌŋ] PP of **sing**

sunglasses ['sʌnglɑːsɪz] NPL óculos mpl de sol

sunk [sʌŋk] PP of **sink**

sunken ['sʌŋkn] ADJ (ship) afundado; (eyes, cheeks) cavado; (bath) enterrado

sunlamp ['sʌnlæmp] N lâmpada ultravioleta

sunlight ['sʌnlaɪt] N (luz f do) sol m

sunlit ['sʌnlɪt] ADJ ensolarado, iluminado pelo sol

sunny ['sʌnɪ] ADJ cheio de sol; (day) ensolarado, de sol; (fig) alegre; **it's ~** faz sol

sunrise ['sʌnraɪz] N nascer m do sol

sun roof N (Aut) teto solar

sunscreen ['sʌnskriːn] N protetor m solar

sunset ['sʌnsɛt] N pôr m do sol

sunshade ['sʌnʃeɪd] N (over table) para-sol m; (on beach) barraca

sunshine ['sʌnʃaɪn] N (luz f do) sol m

sunspot ['sʌnspɔt] N mancha solar

sunstroke ['sʌnstrəuk] N insolação f

suntan ['sʌntæn] N bronzeado

suntan lotion N loção f de bronzear

suntanned ['sʌntænd] ADJ bronzeado, moreno

suntan oil N óleo de bronzear, bronzeador m

suntrap ['sʌntræp] N lugar m muito ensolarado

super ['suːpər] (inf) ADJ bacana (BR), muito giro (PT)

superannuation [suːpərænjuˈeɪʃən] N pensão f de aposentadoria

superb [suːˈpəːb] ADJ excelente

supercilious [suːpəˈsɪlɪəs] ADJ (disdainful) arrogante, desdenhoso; (haughty) altivo

superficial [suːpəˈfɪʃəl] ADJ superficial

superficially [suːpəˈfɪʃəlɪ] ADV superficialmente

superfluous [suːˈpəːfluəs] ADJ supérfluo, desnecessário

superfood ['suːpəfuːd] N superalimento

superhuman [suːpəˈhjuːmən] ADJ sobre-humano

superimpose [suːpərɪmˈpəuz] VT: **to ~ (on/with)** sobrepor (a)

superintend [suːpərɪnˈtɛnd] VT superintender, dirigir

superintendent [suːpərɪnˈtɛndənt] N superintendente m/f; (Police) chefe m/f de polícia

superior [suˈpɪərɪər] ADJ superior; (smug) desdenhoso ▶ N superior m; **Mother S~** (Rel) Madre Superiora

superiority [supɪərɪˈɔrɪtɪ] N superioridade f

superlative [suːˈpəːlətɪv] ADJ superlativo ▶ N superlativo

superman ['suːpəmæn] (irreg: like **man**) N super-homem m

supermarket ['suːpəmɑːkɪt] N supermercado

supernatural [suːpəˈnætʃərəl] ADJ sobrenatural ▶ N: **the ~** o sobrenatural

superpower ['suːpəpauər] N (Pol) superpotência

supersede [suːpəˈsiːd] VT suplantar

supersonic [suːpəˈsɔnɪk] ADJ supersônico

superstar ['suːpəstɑːr] N superstar m/f

superstition [suːpəˈstɪʃən] N superstição f

superstitious [suːpəˈstɪʃəs] ADJ supersticioso

superstore ['suːpəstɔːr] (BRIT) N hipermercado

supertanker ['suːpətæŋkər] N superpetroleiro

supertax ['suːpətæks] N sobretaxa

supervise ['suːpəvaɪz] VT supervisar, supervisionar

supervision [suːpəˈvɪʒən] N supervisão f; **under medical ~** a critério médico

supervisor ['suːpəvaɪzər] N supervisor(a) m/f; (academic) orientador(a) m/f

supervisory [suːpəˈvaɪzərɪ] ADJ fiscalizador(a)

supine ['suːpaɪn] ADJ em supinação

supper ['sʌpər] N jantar m; (late evening) ceia; **to have ~** jantar

supplant [səˈplɑːnt] VT suplantar

supple ['sʌpl] ADJ flexível

supplement [n 'sʌplɪmənt, vt sʌplɪˈmɛnt] N suplemento ▶ VT suprir, completar

supplementary [sʌplɪˈmɛntərɪ] ADJ suplementar

supplier [səˈplaɪər] N abastecedor(a) m/f, fornecedor(a) m/f; (stockist) distribuidor(a) m/f

supply [sə'plaɪ] VT (*provide*): **to ~ sth (to sb)** fornecer algo (a alguém); (*need*) suprir a; (*equip*): **to ~ (with)** suprir (de) ▶ N fornecimento, provisão *f*; (*stock*) estoque *m*; (*supplying*) abastecimento ▶ ADJ (*teacher etc*) suplente; **supplies** NPL (*food*) víveres *mpl*; (*Mil*) apetrechos *mpl*; **office supplies** material *m* de escritório; **to be in short ~** estar escasso; **the electricity/water/gas ~** o abastecimento de força/água/gás; **~ and demand** oferta e procura

supply teacher (BRIT) N professor(a) *m/f* suplente

support [sə'pɔːt] N (*moral, financial etc*) apoio; (*Tech*) suporte *m* ▶ VT apoiar; (*financially*) manter; (*Tech: hold up*) sustentar; (*theory etc*) defender; (*Sport: team*) torcer por; **to ~ o.s.** (*financially*) ganhar a vida

supporter [sə'pɔːtə^r] N (*Pol etc*) partidário(-a); (*Sport*) torcedor(a) *m/f*

supporting [sə'pɔːtɪŋ] ADJ (*Theatre etc: role*) secundário; (: *actor*) coadjuvante

supportive [sə'pɔːtɪv] ADJ solidário

suppose [sə'pəuz] VT supor; (*imagine*) imaginar; (*duty*): **to be ~d to do sth** dever fazer algo ▶ VI supor; imaginar; **he's ~d to be an expert** dizem que ele é um perito; **I don't ~ she'll come** eu acho que ela não virá

supposedly [sə'pəuzɪdlɪ] ADV supostamente, pretensamente

supposing [sə'pəuzɪŋ] CONJ caso, supondo-se que; **always ~ he comes** caso ele venha

supposition [sʌpə'zɪʃən] N suposição *f*

suppository [sə'pɔzɪtərɪ] N supositório

suppress [sə'prɛs] VT (*information*) suprimir; (*feelings, revolt*) reprimir; (*yawn*) conter; (*scandal*) abafar, encobrir

suppression [sə'prɛʃən] N (*information*) supressão *f*; (*feelings, revolt*) repressão *f*; (*yawn*) controle *m*; (*scandal*) abafamento

suppressor [sə'prɛsə^r] N (*Elec etc*) supressor *m*

supremacy [su'prɛməsɪ] N supremacia

supreme [su'priːm] ADJ supremo

Supreme Court (US) N Corte *f* Suprema

Supt. ABBR (*Police*) = **superintendent**

surcharge ['səːtʃɑːdʒ] N sobretaxa

sure [ʃuə^r] ADJ (*gen*) seguro; (*definite*) certo; (*aim*) certeiro ▶ ADV (*inf: esp US*): **that ~ is pretty** é bonito mesmo; **to make ~ of sth/that** assegurar-se de algo/que; **~!** (*of course*) claro que sim!; **~ enough** efetivamente; **I'm not ~ how/why/when** não tenho certeza como/por que/quando; **to be ~ of sth** ter certeza de alguma coisa; **to be ~ of o.s.** estar seguro de si

sure-footed [-'futɪd] ADJ de andar seguro

surely ['ʃuəlɪ] ADV (*certainly; US: also:* **sure**) certamente; **~ you don't mean that!** não acredito que você queira dizer isso

surety ['ʃuərətɪ] N garantia, fiança; (*person*) fiador(a) *m/f*; **to go** *or* **stand ~ for sb** afiançar alguém, prestar fiança por alguém

surf [səːf] N (*foam*) espuma; (*waves*) ondas *fpl*, arrebentação *f* ▶ VI fazer surfe, pegar onda (*inf*)

surface ['səːfɪs] N superfície *f* ▶ VT (*road*) revestir ▶ VI vir à superfície *or* à tona; (*fig: news, feeling*) vir à tona; **on the ~** (*fig*) à primeira vista

surface area N área da superfície

surface mail N correio comum

surfboard ['səːfbɔːd] N prancha de surfe

surfeit ['səːfɪt] N: **a ~ of** um excesso de

surfer ['səːfə^r] N surfista *m/f*; (*on the Internet*) internauta *m/f*

surfing ['səːfɪŋ] N surfe *m*; **to go ~** fazer surfe, pegar onda (*inf*)

surge [səːdʒ] N onda; (*Elec*) surto ▶ VI (*sea*) encapelar-se; (*people, vehicles*) precipitar-se; (*feeling*) aumentar repentinamente; **to ~ forward** avançar em tropel

surgeon ['səːdʒən] N cirurgião(-giã) *m/f*

Surgeon General (US) N diretor(a) *m/f* nacional de saúde

surgery ['səːdʒərɪ] N cirurgia; (BRIT: *room*) consultório; (*also:* **surgery hours**) horas *fpl* de consulta; **to undergo ~** operar-se

surgical ['səːdʒɪkl] ADJ cirúrgico

surgical spirit (BRIT) N álcool *m*

surly ['səːlɪ] ADJ malcriado, rude

surmise [səːmaɪz] VT conjeturar

surmount [səːmaunt] VT superar, sobrepujar, vencer

surname ['səːneɪm] N sobrenome *m* (BR), apelido (PT)

surpass [səː'pɑːs] VT superar

surplus ['səːpləs] N excedente *m*; (*Comm*) superávit *m* ▶ ADJ excedente, de sobra; **~ to my requirements** que me sobram; **~ stock** estoque *m* excedente

surprise [sə'praɪz] N surpresa; (*astonishment*) assombro ▶ VT surpreender; **to take by ~** (*person*) pegar de surpresa; (*Mil: town, fort*) atacar de surpresa

surprising [sə'praɪzɪŋ] ADJ surpreendente; (*unexpected*) inesperado

surprisingly [sə'praɪzɪŋlɪ] ADV (*easy, helpful*) surpreendentemente; **(somewhat) ~, he agreed** para surpresa de todos, ele concordou

surrealism [sə'rɪəlɪzm] N surrealismo

surrealist [sə'rɪəlɪst] ADJ, N surrealista *m/f*

surrender [sə'rɛndə^r] N rendição *f*, entrega ▶ VI render-se, entregar-se ▶ VT (*claim, right*) renunciar a

surrender value N valor *m* de resgate

surreptitious [sʌrəp'tɪʃəs] ADJ clandestino, furtivo

surrogate ['sʌrəgɪt] N (BRIT: *substitute*) substituto(-a) ▶ ADJ substituto

surrogate mother N mãe *f* portadora

surround [sə'raund] VT circundar, rodear; (*Mil etc*) cercar

surrounding [sə'raundɪŋ] ADJ circundante, adjacente

surroundings [sə'raundɪŋz] NPL arredores *mpl*, cercanias *fpl*
surtax ['sə:tæks] N sobretaxa
surveillance [sə:'veɪləns] N vigilância
survey [*n* 'sə:veɪ, *vt* sə:'veɪ] N (*inspection*) inspeção *f*, vistoria; (*investigation: of habits etc*) pesquisa, levantamento; (*of house*) inspeção *f*; (*of land*) levantamento ▶ VT inspecionar, vistoriar; (*look at*) observar, contemplar; (*land*) fazer um levantamento de; (*make inquiries about*) pesquisar, fazer um levantamento de
surveying [sə:'veɪɪŋ] N agrimensura
surveyor [sə:'veɪə^r] N (*of land*) agrimensor(a) *m/f*; (*of building*) inspetor(a) *m/f*
survival [sə'vaɪvl] N sobrevivência; (*relic*) remanescente *m* ▶ CPD (*course, kit*) de sobrevivência
survive [sə'vaɪv] VI sobreviver; (*custom etc*) perdurar ▶ VT sobreviver a
survivor [sə'vaɪvə^r] N sobrevivente *m/f*
susceptible [sə'sɛptəbl] ADJ: ~ (**to**) (*heat, injury*) suscetível *or* sensível (a); (*flattery, pressure*) vulnerável (a)
suspect [*adj, n* 'sʌspɛkt, *vt* sə'spɛkt] ADJ, N suspeito(-a) ▶ VT suspeitar, desconfiar
suspend [sə'spɛnd] VT suspender
suspended sentence [sə'spɛndɪd-] N condenação *f* condicional
suspender belt [sə'spɛndə^r-] N cinta-liga
suspenders [səs'pɛndəz] NPL (BRIT) ligas *fpl*; (US) suspensórios *mpl*
suspense [sə'spɛns] N incerteza, ansiedade *f*; (*in film etc*) suspense *m*; **to keep sb in ~** manter alguém em suspense *or* na expectativa
suspension [sə'spɛnʃən] N (*gen, Aut*) suspensão *f*; (*of driving licence*) cassação *f*
suspension bridge N ponte *f* pênsil
suspicion [sə'spɪʃən] N suspeita; (*trace*) traço, vestígio; **to be under ~** estar sob suspeita; **arrested on ~ of murder** preso sob suspeita de homicídio
suspicious [sə'spɪʃəs] ADJ (*suspecting*) suspeitoso; (*causing suspicion*) suspeito; **to be ~ of** *or* **about sb/sth** desconfiar de alguém/algo
suss out [sʌs-] (BRIT *inf*) VT (*discover*) descobrir; (*understand*) sacar
sustain [sə'steɪn] VT sustentar, manter; (*subj: food, drink*) sustenar; (*suffer*) sofrer
sustainable [sə'steɪnəbl] ADJ sustentável
sustained [səs'teɪnd] ADJ (*effort*) contínuo
sustenance ['sʌstɪnəns] N sustento
suture N [su:tʃə^r] N sutura
SUV N ABBR (= *sports utility vehicle*) SUV *m*
SW ABBR (= *short wave*) OC
swab [swɔb] N (*Med*) mecha de algodão ▶ VT (*Naut: also:* **swab down**) lambazar
swagger ['swægə^r] VI andar com ar de superioridade
swallow ['swɔləu] N (*bird*) andorinha; (*of food etc*) bocado; (*of drink*) trago ▶ VT engolir, tragar; (*fig: story*) engolir; (*pride*) pôr de lado; (*one's words*) retirar
▶ **swallow up** VT (*savings etc*) consumir
swam [swæm] PT *of* **swim**
swamp [swɔmp] N pântano, brejo ▶ VT atolar, inundar; (*fig: person*) assoberbar
swampy ['swɔmpɪ] ADJ pantanoso
swan [swɔn] N cisne *m*
swank [swæŋk] (*inf*) VI esnobar
swan song N (*fig*) canto do cisne
swap [swɔp] N troca, permuta ▶ VT: **to ~ (for)** trocar (por); (*replace (with)*) substituir (por)
swarm [swɔ:m] N (*of bees*) enxame *m*; (*of people*) multidão *f* ▶ VI enxamear; aglomerar-se; (*place*): **to be ~ing with** estar apinhado de
swarthy ['swɔ:ðɪ] ADJ moreno
swashbuckling ['swɔʃbʌklɪŋ] ADJ (*film*) de capa e espada
swastika ['swɔstɪkə] N suástica
swat [swɔt] VT esmagar ▶ N (BRIT: *also:* **fly swat**) pá *f* para matar mosca
swathe [sweɪð] VT: **to ~ in** (*bandages, blankets*) enfaixar em, envolver em
swatter ['swɔtə^r] N (*also:* **fly swatter**) pá *f* para matar mosca
sway [sweɪ] VI balançar-se, oscilar ▶ VT (*influence*) influenciar ▶ N (*rule, power*) domínio (sobre); **to hold ~ over sb** dominar alguém
Swaziland ['swɑ:zɪlænd] N Suazilândia
swear [swɛə^r] (*pt* **swore**, *pp* **sworn**) VI (*by oath*) jurar; (*curse*) xingar ▶ VT (*promise*) jurar; **to ~ an oath** prestar juramento; **to ~ to sth** afirmar algo sob juramento
▶ **swear in** VT (*witness*) ajuramentar; (*president*) empossar
swearword ['swɛəwə:d] N palavrão *m*
sweat [swɛt] N suor *m* ▶ VI suar
sweatband ['swɛtbænd] N (*Sport*) tira elástica (para o cabelo)
sweater ['swɛtə^r] N suéter *m or f* (BR), camisola (PT)
sweatshirt ['swɛtʃə:t] N suéter *m* de malha de algodão
sweatshop ['swɛtʃɔp] N (*pej*) oficina onde os trabalhadores são explorados
sweaty ['swɛtɪ] ADJ suado
Swede [swi:d] N sueco(-a)
swede [swi:d] N *tipo de nabo*
Sweden ['swi:dən] N Suécia
Swedish ['swi:dɪʃ] ADJ sueco ▶ N (*Ling*) sueco
sweep [swi:p] (*pt, pp* **swept**) N (*act*) varredura; (*of arm*) movimento circular; (*range*) extensão *f*, alcance *m*; (*also:* **chimney sweep**) limpador *m* de chaminés ▶ VT varrer; (*with arm*) empurrar; (*subj: current*) arrastar; (*: fashion, craze*) espalhar-se por; (*: disease*) arrasar ▶ VI varrer; (*person*) passar majestosamente
▶ **sweep away** VT varrer; (*rub out*) apagar
▶ **sweep past** VI passar rapidamente; (*brush by*) roçar
▶ **sweep up** VT, VI varrer

sweeping ['swi:pɪŋ] ADJ (*gesture*) dramático; (*reform*) radical; (*statement*) generalizado
sweepstake ['swi:psteɪk] N sweepstake *m*
sweet [swi:t] N (*candy*) bala (BR), rebuçado (PT); (BRIT: *pudding*) sobremesa ▶ ADJ doce; (*sugary*) açucarado; (*fig: air*) fresco; (: *water, smell*) doce; (: *sound*) suave; (: *baby, kitten*) bonitinho; (*kind*) meigo ▶ ADV: **to smell ~** ter bom cheiro; **to taste ~** estar doce; **~ and sour** agridoce
sweetbread ['swi:tbrɛd] N moleja
sweetcorn ['swi:tkɔ:n] N milho
sweeten ['swi:tən] VT pôr açúcar em; (*temper*) abrandar
sweetener ['swi:tnəʳ] N (*Culin*) adoçante *m*
sweetheart ['swi:thɑ:t] N namorado(-a); (*as address*) amor *m*
sweetly ['swi:tlɪ] ADV docemente; (*gently*) suavemente
sweetness ['swi:tnɪs] N doçura
sweet pea N ervilha-de-cheiro *f*
sweet potato (*irreg: like* **potato**) N batata doce
sweetshop ['swi:tʃɔp] N confeitaria
swell [swɛl] (*pt* **swelled**, *pp* **swollen** *or* **swelled**) VT engrossar ▶ VI (*increase*) aumentar; (*get stronger*) intensificar-se; (*also:* **swell up**) inchar(-se) ▶ N (*of sea*) vaga, onda ▶ ADJ (US inf: *excellent*) bacana
swelling ['swɛlɪŋ] N (*Med*) inchação *f*
sweltering ['swɛltərɪŋ] ADJ (*heat*) sufocante; (*day*) mormacento
swept [swɛpt] PT, PP *of* **sweep**
swerve [swə:v] VI desviar-se
swift [swɪft] N (*bird*) andorinhão *m* ▶ ADJ rápido
swiftly ['swɪftlɪ] ADV rapidamente, velozmente
swiftness ['swɪftnɪs] N rapidez *f*, ligeireza
swig [swɪg] (*inf*) N (*drink*) trago, gole *m*
swill [swɪl] N lavagem *f* ▶ VT (*also:* **swill out, swill down**) lavar, limpar com água
swim [swɪm] (*pt* **swam**, *pp* **swum**) VI nadar; (*head, room*) rodar; (*fig*): **my head/the room is ~ming** estou com a cabeça zonza/sinto o quarto rodar ▶ VT atravessar a nado; (*distance*) percorrer (a nado) ▶ N: **to go for a ~** ir nadar; **to go ~ming** ir nadar; **to ~ a length** nadar uma volta
swimmer ['swɪməʳ] N nadador(a) *m/f*
swimming ['swɪmɪŋ] N natação *f*
swimming baths (BRIT) NPL piscina
swimming cap N touca de natação
swimming costume (BRIT) N (*woman's*) maiô *m* (BR), fato de banho (PT); (*man's*) calção *m* de banho (BR), calções *mpl* de banho (PT)
swimming pool N piscina
swimming trunks NPL sunga (BR), calções *mpl* de banho (PT)
swimsuit ['swɪmsu:t] N maiô *m* (BR), fato de banho (PT)
swindle ['swɪndl] N fraude *f* ▶ VT defraudar
swindler ['swɪndləʳ] N vigarista *m/f*
swine [swaɪn] N porcos *mpl*; (*pej*) canalha *m*, calhorda *m*

swine flu N gripe *f* suína
swing [swɪŋ] (*pt, pp* **swung**) VT balançar; (*also:* **swing round**) girar, rodar ▶ VI oscilar; (*on swing*) balançar; (*also:* **swing round**) voltar-se bruscamente ▶ N (*in playground*) balanço; (*movement*) balanceio, oscilação *f*; (*change: in opinion*) mudança; (: *of direction*) virada; (*rhythm*) ritmo; **the road ~s south** a estrada vira em direção ao sul; **a ~ to the left** (*Pol*) uma guinada para a esquerda; **to be in full ~** estar a todo vapor; **to get into the ~ of things** familiarizar-se com tudo
swing bridge N ponte *f* giratória
swing door, (US) **swinging door** N porta de vaivém
swingeing ['swɪndʒɪŋ] (BRIT) ADJ esmagador(a); (*cuts*) devastador(a)
swinging ['swɪŋɪŋ] ADJ rítmico; (*person*) badalativo
swipe [swaɪp] N pancada violenta ▶ VT (*hit*) bater com violência; (*inf: steal*) afanar, roubar; (*Comput*) passar
swirl [swə:l] VI redemoinhar ▶ N redemoinho
swish [swɪʃ] ADJ (BRIT inf: *smart*) chique ▶ N (*of whip*) silvo; (*of skirt, grass*) ruge-ruge *m* ▶ VI (*tail*) abanar; (*clothes*) fazer ruge-ruge
Swiss [swɪs] ADJ, N INV suíço(-a)
Swiss roll N bolo de rolo, rocambole *m* doce
switch [swɪtʃ] N (*for light, radio etc*) interruptor *m*; (*change*) mudança ▶ VT (*change*) trocar
▶ **switch off** VT apagar; (*engine*) desligar; (BRIT: *gas, water*) fechar
▶ **switch on** VT acender; ligar; abrir
switchback ['swɪtʃbæk] (BRIT) N montanha-russa
switchblade ['swɪtʃbleɪd] N (*also:* **switchblade knife**) canivete *m* de mola
switchboard ['swɪtʃbɔ:d] N (*Tel*) mesa telefônica
switchboard operator N (*Tel*) telefonista *m/f*
Switzerland ['swɪtsələnd] N Suíça
swivel ['swɪvl] VI (*also:* **swivel round**) girar (sobre um eixo), fazer pião
swollen ['swəulən] PP *of* **swell** ▶ ADJ inchado
swoon [swu:n] VI desmaiar
swoop [swu:p] N (*by police etc*) batida; (*of bird*) voo picado ▶ VI (*also:* **swoop down**) precipitar-se, cair
swop [swɔp] N, VT = **swap**
sword [sɔ:d] N espada
swordfish ['sɔ:dfɪʃ] N INV peixe-espada *m*
swore [swɔ:ʳ] PT *of* **swear**
sworn [swɔ:n] PP *of* **swear** ▶ ADJ (*statement*) sob juramento; (*enemy*) declarado
swot [swɔt] VI queimar as pestanas
swum [swʌm] PP *of* **swim**
swung [swʌŋ] PT, PP *of* **swing**
sycamore ['sɪkəmɔ:ʳ] N sicômoro
sycophant ['sɪkəfænt] N bajulador(a) *m/f*
sycophantic [sɪkə'fæntɪk] ADJ (*person*) bajulador(a); (*behaviour*) bajulatório
Sydney ['sɪdnɪ] N Sydney
syllable ['sɪləbl] N sílaba

syllabus ['sɪləbəs] N programa m de estudos; **on the ~** no roteiro
symbol ['sɪmbl] N símbolo
symbolic [sɪm'bɒlɪk], **symbolical** [sɪm'bɒlɪkl] ADJ simbólico
symbolism ['sɪmbəlɪzəm] N simbolismo
symbolize ['sɪmbəlaɪz] VT simbolizar
symmetrical [sɪ'mɛtrɪkl] ADJ simétrico
symmetry ['sɪmɪtrɪ] N simetria
sympathetic [sɪmpə'θɛtɪk] ADJ (showing pity) compassivo; (understanding) compreensivo; (likeable) agradável; (supportive): **~ to(wards)** solidário com
sympathetically [sɪmpə'θɛtɪklɪ] ADV (with pity) com compaixão; (understandingly) compreensivamente
sympathize ['sɪmpəθaɪz] VI: **to ~ with** (person) compadecer-se de; (sb's feelings) compreender; (cause) simpatizar com
sympathizer ['sɪmpəθaɪzəʳ] N (Pol) simpatizante m/f
sympathy ['sɪmpəθɪ] N (pity) compaixão f; **sympathies** NPL (tendencies) simpatia; **in ~ with** em acordo com; (strike) em solidariedade com; **with our deepest ~** com nossos mais profundos pêsames
symphonic [sɪm'fɒnɪk] ADJ sinfônico
symphony ['sɪmfənɪ] N sinfonia
symphony orchestra N orquestra sinfônica
symposia [sɪm'pəuzɪə] NPL of **symposium**
symposium [sɪm'pəuzɪəm] (pl **symposiums** or **symposia**) N simpósio
symptom ['sɪmptəm] N sintoma m; (sign) indício
symptomatic [sɪmptə'mætɪk] ADJ sintomático

synagogue ['sɪnəgɔg] N sinagoga
synchromesh ['sɪŋkrəumɛʃ] N (Aut) engrenagem f sincronizada
synchronize ['sɪŋkrənaɪz] VT sincronizar ▶ VI: **to ~ with** sincronizar-se com
syncopated ['sɪŋkəpeɪtɪd] ADJ sincopado
syndicate ['sɪndɪkɪt] N sindicato; (of newspapers) cadeia
syndrome ['sɪndrəum] N síndrome f
synonym ['sɪnənɪm] N sinônimo
synonymous [sɪ'nɒnɪməs] ADJ: **~ (with)** sinônimo (de)
synopses [sɪ'nɒpsiːz] NPL of **synopsis**
synopsis [sɪ'nɒpsɪs] (pl **synopses**) N sinopse f, resumo
syntax ['sɪntæks] N sintaxe f
syntheses ['sɪnθəsiːz] NPL of **synthesis**
synthesis ['sɪnθəsɪs] (pl **syntheses**) N síntese f
synthesizer ['sɪnθəsaɪzəʳ] N (Mus) sintetizador m
synthetic [sɪn'θɛtɪk] ADJ sintético ▶ N: **~s** matérias fpl sintéticas
syphilis ['sɪfɪlɪs] N sífilis f
syphon ['saɪfən] = **siphon**
Syria ['sɪrɪə] N Síria
Syrian ['sɪrɪən] ADJ, N sírio(-a)
syringe [sɪ'rɪndʒ] N seringa
syrup ['sɪrəp] N xarope m; (BRIT: also: **golden syrup**) melaço
syrupy ['sɪrəpɪ] ADJ xaroposo
system ['sɪstəm] N sistema m; (method) método; (Anat) organismo
systematic [sɪstə'mætɪk] ADJ sistemático
system disk N (Comput) disco do sistema
systems analyst N analista m/f de sistemas

Tt

T, t [tiː] N (*letter*) T, t m; **T for Tommy** T de Tereza

TA (BRIT) N ABBR = **Territorial Army**

ta [tɑː] (BRIT *inf*) EXCL obrigado(-a)

tab [tæb] N ABBR = **tabulator** ▶ N lingueta, aba; (*label*) etiqueta; **to keep ~s on** (*fig*) vigiar

tabby ['tæbɪ] N (*also*: **tabby cat**) gato malhado or listrado

table ['teɪbl] N mesa; (*of statistics etc*) quadro, tabela ▶ VT (*motion etc*) apresentar; **to lay** or **set the ~** pôr a mesa; **to clear the ~** tirar a mesa; **league ~** (BRIT *Football*) classificação f dos times; **~ of contents** índice m, sumário

tablecloth ['teɪblklɔθ] N toalha de mesa

table d'hôte [tɑːbl'dəʊt] N refeição f comercial

table lamp N abajur m (BR), candeeiro (PT)

tableland ['teɪbllænd] N planalto

table mat N descanso

table salt N sal m fino

tablespoon ['teɪblspuːn] N colher f de sopa; (*also*: **tablespoonful**: *as measurement*) colherada

tablet ['tæblɪt] N (*Med*) comprimido; (: *for sucking*) pastilha; (*for writing*) bloco; (*also*: **tablet computer**) tablet m; (*of stone*) lápide f; **~ of soap** (BRIT) sabonete m

table tennis N pingue-pongue m, tênis m de mesa

table wine N vinho de mesa

tabloid ['tæblɔɪd] N (*newspaper*) tabloide m; **the ~s** os jornais populares

tabloid press N *ver nota*

> No Reino Unido, o termo **tabloid press** refere-se à imprensa popular e sensacionalista, caracterizada por jornais em formato tabloide, fotografias grandes e notícias curtas. O público-alvo desses jornais é composto por leitores que se interessam pelos fatos do dia que contenham um certo toque de escândalo; veja **quality (news)papers**.

taboo [tə'buː] N tabu m ▶ ADJ tabu

tabulate ['tæbjuleɪt] VT (*data, figures*) dispor em forma de tabela

tabulator ['tæbjuleɪtə^r] N tabulador m

tachograph ['tækəgrɑːf] N tacógrafo

tachometer [tæ'kɔmɪtə^r] N tacômetro

tacit ['tæsɪt] ADJ tácito, implícito

taciturn ['tæsɪtəːn] ADJ taciturno

tack [tæk] N (*nail*) tachinha, percevejo; (BRIT: *stitch*) alinhavo; (*Naut*) amura ▶ VT prender com tachinha; (*stitch*) alinhavar ▶ VI virar de bordo; **to change ~** virar de bordo; (*fig*) mudar de tática; **to ~ sth on to (the end of) sth** anexar algo a algo

tackle ['tækl] N (*gear*) equipamento; (*also*: **fishing tackle**) apetrechos mpl; (*for lifting*) guincho; (*Football*) ato de tirar a bola de adversário ▶ VT (*difficulty*) atacar; (*challenge*: *person*) desafiar; (*grapple with*) atracar-se com; (*Football*) tirar a bola de

tacky ['tækɪ] ADJ pegajoso, grudento; (*pej*: *tasteless*) cafona

tact [tækt] N tato, diplomacia

tactful ['tæktful] ADJ diplomático; **to be ~** ser diplomata

tactfully ['tæktfulɪ] ADV discretamente, com tato

tactical ['tæktɪkl] ADJ tático

tactics ['tæktɪks] N, NPL tática

tactless ['tæktlɪs] ADJ sem diplomacia

tactlessly ['tæktlɪslɪ] ADV indiscretamente

tadpole ['tædpəul] N girino

taffy ['tæfɪ] (US) N puxa-puxa m (BR), caramelo (PT)

tag [tæg] N (*label*) etiqueta; **price/name ~** etiqueta de preço/com o nome
▶ **tag along** VI seguir

Tahiti [tɑː'hiːtɪ] N Taiti (*no article*)

tail [teɪl] N rabo; (*of bird, comet, plane*) cauda; (*of shirt, coat*) aba ▶ VT (*follow*) seguir bem de perto; **to turn ~** dar no pé; *see also* **head**
▶ **tail away** VI (*in size, quality etc*) diminuir gradualmente
▶ **tail off** VI (*in size, quality etc*) diminuir gradualmente

tailback ['teɪlbæk] (BRIT) N fila (de carros)

tail coat N fraque m

tail end N (*of train*) cauda; (*of procession*) parte f final

tailgate ['teɪlgeɪt] N (*Aut*) porta traseira

tailor ['teɪlə^r] N alfaiate m ▶ VT: **to ~ sth (to)** adaptar algo (a); **~'s (shop)** alfaiataria

tailoring ['teɪlərɪŋ] N (*cut*) feitio; (*craft*) ofício de alfaiate

tailor-made ADJ feito sob medida; (*fig*) especial

tailwind ['teɪlwɪnd] N vento de popa or de cauda
taint [teɪnt] VT (meat, food) estragar; (fig: reputation) manchar
tainted ['teɪntɪd] ADJ (food) estragado, passado; (water, air) poluído; (fig) manchado
Taiwan ['taɪ'wɑːn] N Taiuan (no article)
take [teɪk] (pt **took**, pp **taken**) VT (gen) tomar; (photo, holiday) tirar; (grab) pegar (em); (gain: prize) ganhar; (require: effort, courage) requerer, exigir; (tolerate) aguentar; (accompany, bring, carry: person) acompanhar, trazer; (: thing) trazer, carregar; (exam) fazer; (hold: passengers etc): **it ~s 50 people** cabem 50 pessoas ▶ VI (dye, fire) pegar ▶ N (Cinema) tomada; **to ~ sth from** (drawer etc) tirar algo de; (person) pegar algo de; **I ~ it that ...** suponho que ...; **I took him for a doctor** eu o tomei por médico; **to ~ sb's hand** pegar a mão de alguém; **to ~ for a walk** levar a passeio; **to be ~n ill** adoecer, ficar doente; **to ~ it upon o.s. to do sth** assumir a responsabilidade de fazer algo; **~ the first (street) on the left** pega a primeira (rua) à esquerda; **it won't ~ long** não vai demorar muito; **I was quite ~n with it/her** gostei muito daquilo/dela
▶ **take after** VT FUS parecer-se com
▶ **take apart** VT desmontar
▶ **take away** VT (extract) tirar; (carry off) levar; (subtract) subtrair ▶ VI: **to ~ away from** diminuir
▶ **take back** VT (return) devolver; (one's words) retirar
▶ **take down** VT (building) demolir; (dismantle) desmontar; (letter etc) tomar por escrito
▶ **take in** VT (deceive) enganar; (understand) compreender; (include) abranger; (lodger) receber; (orphan, stray dog) acolher; (dress etc) apertar
▶ **take off** VI (Aviat) decolar; (go away) ir-se ▶ VT (remove) tirar; (imitate) imitar
▶ **take on** VT (work) empreender; (employee) empregar; (opponent) desafiar
▶ **take out** VT tirar; (extract) extrair; (invite) acompanhar; (licence) tirar; **to ~ sth out of** tirar algo de; **don't ~ it out on me!** não descarregue em cima de mim!
▶ **take over** VT (business) assumir; (country) tomar posse de ▶ VI: **to ~ over from sb** suceder a alguém
▶ **take to** VT FUS (person) simpatizar com; (activity) afeiçoar-se a; **to ~ to doing sth** criar o hábito de fazer algo
▶ **take up** VT (dress) encurtar; (story) continuar; (occupy: time, space) ocupar; (engage in: hobby etc) dedicar-se a; (accept: offer, challenge) aceitar; (absorb: liquids) absorver ▶ VI: **to ~ up with sb** fazer amizade com alguém; **to ~ sb up on a suggestion/offer** aceitar a oferta/sugestão de alguém sobre algo
takeaway ['teɪkəweɪ] (BRIT) ADJ (food) para levar
take-home pay N salário líquido
taken ['teɪkən] PP of **take**
takeoff ['teɪkɔːf] N (Aviat) decolagem f
takeout ['teɪkaʊt] (US) ADJ (food) para levar
takeover ['teɪkəʊvə'] N (Comm) aquisição f de controle
takeover bid N oferta pública de aquisição de controle
takings ['teɪkɪŋz] NPL (Comm) receita, renda
talc [tælk] N (also: **talcum powder**) talco
tale [teɪl] N (story) conto; (account) narrativa; **to tell ~s** (fig: lie) dizer mentiras; (: sneak) dedurar
talent ['tælənt] N talento
talented ['tæləntɪd] ADJ talentoso
talent scout N caçador(a) m/f de talentos
talk [tɔːk] N conversa, fala; (gossip) mexerico, fofocas fpl; (conversation) conversa, conversação f ▶ VI (speak) falar; (chatter) bater papo, conversar; **talks** NPL (Pol etc) negociações fpl; **to give a ~** dar uma palestra; **to ~ about** falar sobre; **~ing of films, have you seen ...?** por falar em filmes, você viu ...?; **to ~ sb into doing sth** convencer alguém a fazer algo; **to ~ sb out of doing sth** dissuadir alguém de fazer algo; **to ~ shop** falar sobre negócios/questões profissionais
▶ **talk over** VT discutir
talkative ['tɔːkətɪv] ADJ loquaz, tagarela
talker ['tɔːkə'] N falador(a) m/f
talking point ['tɔːkɪŋ-] N assunto para discussão
talking-to ['tɔːkɪŋ-] N: **to give sb a good ~** passar um sabão em alguém
talk show N (TV, Radio) programa m de entrevistas
tall [tɔːl] ADJ alto; (tree) grande; **to be 6 feet ~** medir 6 pés, ter 6 pés de altura; **how ~ are you?** qual é a sua altura?
tallboy ['tɔːlbɔɪ] (BRIT) N cômoda alta
tallness ['tɔːlnɪs] N altura
tall story N estória inverossímil
tally ['tælɪ] N conta ▶ VI: **to ~ (with)** conferir (com); **to keep a ~ of sth** fazer um registro de algo
talon ['tælən] N garra
tambourine [tæmbə'riːn] N tamborim m, pandeiro
tame [teɪm] ADJ (animal, bird) domesticado; (mild) manso; (fig: story, style) sem graça, insípido
tamper ['tæmpə'] VI: **to ~ with** mexer em
tampon ['tæmpɔn] N tampão m
tan [tæn] N (also: **suntan**) bronzeado ▶ VT bronzear ▶ VI bronzear-se ▶ ADJ (colour) bronzeado, marrom claro; **to get a ~** bronzear-se
tandem ['tændəm] N tandem m; **in ~** junto
tang [tæŋ] N sabor m forte
tangent ['tændʒənt] N (Math) tangente f; **to go off at a ~** (fig) sair pela tangente
tangerine [tændʒə'riːn] N tangerina, mexerica

tangible ['tændʒəbl] ADJ tangível; ~ **assets** ativos mpl tangíveis

tangle ['tæŋgl] N emaranhado ▶ VT emaranhar; **to get in(to) a ~** meter-se num rolo

tango ['tæŋgəu] N tango

tank [tæŋk] N (water tank) depósito, tanque m; (for fish) aquário; (Mil) tanque m

tankard ['tæŋkəd] N canecão m

tanker ['tæŋkə^r] N (ship) navio-tanque m; (: for oil) petroleiro; (truck) caminhão-tanque m

tanned [tænd] ADJ (skin) moreno, bronzeado

tannin ['tænɪn] N tanino

tanning ['tænɪŋ] N (of leather) curtimento

tannoy® ['tænɔɪ] (BRIT) N alto-falante m; **over the ~** nos alto-falantes

tantalizing ['tæntəlaɪzɪŋ] ADJ tentador(a)

tantamount ['tæntəmaunt] ADJ: **~ to** equivalente a

tantrum ['tæntrəm] N chilique m, acesso (de raiva); **to throw a ~** ter um chilique or acesso

Tanzania [tænzə'nɪə] N Tanzânia f

Tanzanian [tænzə'nɪən] ADJ, N tanzaniano(-a)

tap [tæp] N (on sink etc) torneira; (gentle blow) palmadinha; (gas tap) chave f ▶ VT dar palmadinha em, bater de leve; (resources) utilizar, explorar; (telephone) grampear; **on ~** (beer) de barril; (resources) disponível

tap-dancing N sapateado

tape [teɪp] N fita; (also: **magnetic tape**) fita magnética; (sticky tape) fita adesiva ▶ VT (record) gravar (em fita); (stick with tape) colar; **on ~** (song etc) em fita

tape deck N gravador m, toca-fitas m inv

tape measure N fita métrica, trena

taper ['teɪpə^r] N círio ▶ VI afilar-se, estreitar-se

tape-record VT gravar (em fita)

tape recorder N gravador m

tape recording N gravação f (em fita)

tapered ['teɪpəd] ADJ afilado

tapering ['teɪpərɪŋ] ADJ afilado

tapestry ['tæpɪstrɪ] N (object) tapete m de parede; (art) tapeçaria

tapeworm ['teɪpwəːm] N solitária

tapioca [tæpɪ'əukə] N tapioca

tappet ['tæpɪt] N (Aut) tucho (BR), ponteiro de válvula (PT)

tar [tɑː^r] N alcatrão m; (on road) piche m; **low-/middle-~ cigarettes** cigarros com baixo/médio teor de alcatrão

tarantula [tə'ræntjulə] N tarântula

tardy ['tɑːdɪ] ADJ tardio

target ['tɑːgɪt] N alvo; (fig: objective) objetivo; **to be on ~** (project) progredir segundo as previsões

target practice N exercício de tiro ao alvo

tariff ['tærɪf] N tarifa

tariff barrier N barreira alfandegária

tarmac ['tɑːmæk] N (BRIT: on road) macadame m; (Aviat) pista ▶ VT (BRIT) asfaltar

tarnish ['tɑːnɪʃ] VT empanar o brilho de

tarpaulin [tɑː'pɔːlɪn] N lona alcatroada

tarragon ['tærəgən] N estragão m

tart [tɑːt] N (Culin) torta; (BRIT inf, pej: woman) piranha ▶ ADJ (flavour) ácido, azedo
▶ **tart up** (inf) VT arrumar, dar um jeito em; **to ~ o.s. up** arrumar-se; (pej) empetecar-se

tartan ['tɑːtn] N pano escocês axadrezado, tartan m ▶ ADJ axadrezado

tartar ['tɑːtə^r] N (on teeth) tártaro

tartar sauce, tartare sauce ['tɑːtə^r-] N molho tártaro

task [tɑːsk] N tarefa; **to take to ~** repreender

task force N (Mil, Police) força-tarefa

taskmaster ['tɑːskmɑːstə^r] N: **he's a hard ~** ele é muito exigente

Tasmania [tæz'meɪnɪə] N Tasmânia f

tassel ['tæsl] N borla, pendão m

taste [teɪst] N gosto; (also: **aftertaste**) gosto residual; (sip) golinho; (sample, fig: glimpse, idea) amostra, ideia ▶ VT (get flavour of) provar; (test) experimentar ▶ VI: **to ~ of or like** (fish etc) ter gosto or sabor de; **you can ~ the garlic (in it)** sente-se o gosto de alho; **can I have a ~ of this wine?** posso provar o vinho?; **to have a ~ for** sentir predileção por; **in good/bad ~** de bom/mau gosto

taste bud N papila gustativa

tasteful ['teɪstful] ADJ de bom gosto

tastefully ['teɪstfulɪ] ADV com bom gosto

tasteless ['teɪstlɪs] ADJ (food) insípido, insosso; (remark) de mau gosto

tasty ['teɪstɪ] ADJ saboroso, delicioso

tattered ['tætəd] ADJ esfarrapado

tatters ['tætəz] NPL: **in ~** (clothes) em farrapos; (papers etc) em pedaços

tattoo [tə'tuː] N tatuagem f; (spectacle) espetáculo militar ▶ VT tatuar

tatty ['tætɪ] (BRIT inf) ADJ (clothes) surrado; (shop, area) mal-cuidado

taught [tɔːt] PT, PP of **teach**

taunt [tɔːnt] N zombaria, escárnio ▶ VT zombar de, mofar de

Taurus ['tɔːrəs] N Touro

taut [tɔːt] ADJ esticado

tavern ['tævən] N taverna

tawdry ['tɔːdrɪ] ADJ de mau gosto, espalhafatoso, berrante

tawny ['tɔːnɪ] ADJ moreno, trigueiro

tax [tæks] N imposto ▶ VT tributar; (fig: test) sobrecarregar; (: patience) esgotar; **before/after ~** antes/depois de impostos; **free of ~** isento de impostos

taxable ['tæksəbl] ADJ (income) tributável

tax allowance N abatimento da renda

taxation [tæk'seɪʃən] N (system) tributação f; (money paid) imposto; **system of ~** sistema fiscal

tax avoidance N elisão f fiscal

tax collector N cobrador(a) m/f de impostos

tax disc (BRIT) N (Aut) ≈ plaqueta

tax evasion N sonegação f fiscal

tax exemption N isenção f de impostos

tax exile N pessoa que se expatria para evitar impostos excessivos

tax-free ADJ isento de impostos
tax haven N refúgio fiscal
taxi ['tæksɪ] N táxi *m* ▶ VI (*Aviat*) taxiar
taxidermist ['tæksɪdə:mɪst] N taxidermista *m/f*
taxi driver N motorista *m/f* de táxi
taximeter ['tæksɪmi:tə*r*] N taxímetro
tax inspector (*BRIT*) N fiscal *m/f* de imposto de renda
taxi rank (*BRIT*) N ponto de táxi
taxi stand N ponto de táxi
tax payer N contribuinte *m/f*
tax rebate N devolução *f* de imposto de renda
tax relief N isenção *f* de imposto
tax return N declaração *f* de rendimentos
tax year N ano fiscal, exercício
TB ABBR = **tuberculosis**
TD (*US*) N ABBR = **Treasury Department**; (*Football*) = **touchdown**
tea [ti:] N chá *m*; (*BRIT*: *meal*) refeição *f* à noite; **high ~** (*BRIT*) ajantarado
tea bag N saquinho (*BR*) *or* carteira (*PT*) de chá
tea break (*BRIT*) N pausa (para o chá)
teacake ['ti:keɪk] (*BRIT*) N pãozinho doce
teach [ti:tʃ] (*pt, pp* **taught**) VT: **to ~ sb sth, ~ sth to sb** ensinar algo a alguém; (*in school*) lecionar ▶ VI ensinar; (*be a teacher*) lecionar; **it taught him a lesson** (*fig*) isto lhe serviu de lição
teacher ['ti:tʃə*r*] N professor(a) *m/f*
teacher training college N faculdade *f* de formação de professores
teaching ['ti:tʃɪŋ] N ensino; (*as profession*) magistério
teaching aids NPL recursos *mpl* de ensino
teaching hospital (*BRIT*) N hospital *m* escola
teaching staff (*BRIT*) N corpo docente
tea cosy N coberta do bule, abafador *m*
teacup ['ti:kʌp] N xícara (*BR*) *or* chávena (*PT*) de chá
teak [ti:k] N (madeira de) teca ▶ CPD de teca
tea leaves NPL folhas *fpl* de chá
team [ti:m] N (*Sport*) time *m* (*BR*), equipa (*PT*); (*group*) equipe *f* (*BR*), equipa (*PT*); (*of animals*) parelha
▶ **team up** VI: **to ~ up (with)** agrupar-se (com)
team games NPL jogos *mpl* de equipe
teamwork ['ti:mwə:k] N trabalho de equipe
tea party N chá *m* (reunião)
teapot ['ti:pɔt] N bule *m* de chá
tear¹ [tɪə*r*] N lágrima; **in ~s** chorando, em lágrimas; **to burst into ~s** romper em lágrimas
tear² [tɛə*r*] (*pt* **tore**, *pp* **torn**) N rasgão *m* ▶ VT rasgar ▶ VI rasgar-se; **to ~ to pieces** *or* **to bits** *or* **to shreds** despedaçar, estraçalhar; (*fig*) arrasar com
▶ **tear along** VI (*rush*) precipitar-se
▶ **tear apart** VT rasgar; (*fig*) arrasar
▶ **tear away** VT: **to ~ o.s. away (from sth)** desgrudar-se (de algo)
▶ **tear out** VT (*sheet of paper, cheque*) arrancar
▶ **tear up** VT rasgar

tearaway ['tɛərəweɪ] (*inf*) N bagunceiro(-a)
teardrop ['tɪədrɔp] N lágrima
tearful ['tɪəful] ADJ choroso
tear gas N gás *m* lacrimogêneo
tearoom ['ti:ru:m] N salão *m* de chá
tease [ti:z] N implicante *m/f* ▶ VT implicar com
tea set N aparelho de chá
teashop ['ti:ʃɔp] N salão *m* de chá
teaspoon ['ti:spu:n] N colher *f* de chá; (*also*: **teaspoonful**: *as measurement*) (conteúdo de) colher de chá
tea strainer N coador *m* (de chá)
teat [ti:t] N (*of bottle*) bico (de mamadeira)
teatime ['ti:taɪm] N hora do chá
tea towel (*BRIT*) N pano de prato
tea urn N samovar *m*
tech [tɛk] (*inf*) N ABBR = **technology**; **technical college**
technical ['tɛknɪkl] ADJ técnico
technical college (*BRIT*) N escola técnica
technicality [tɛknɪ'kælɪtɪ] N detalhe *m* técnico
technically ['tɛknɪklɪ] ADV tecnicamente
technician [tɛk'nɪʃn] N técnico(-a)
technique [tɛk'ni:k] N técnica
technocrat ['tɛknəkræt] N tecnocrata *m/f*
technological [tɛknə'lɔdʒɪkl] ADJ tecnológico
technologist [tɛk'nɔlədʒɪst] N tecnólogo(-a)
technology [tɛk'nɔlədʒɪ] N tecnologia
teddy ['tɛdɪ], **teddy bear** N ursinho de pelúcia
tedious ['ti:dɪəs] ADJ maçante, chato
tedium ['ti:dɪəm] N tédio
tee [ti:] N (*Golf*) tee *m*
teem [ti:m] VI abundar, pulular; **to ~ with** abundar em; **it is ~ing (with rain)** está chovendo a cântaros
teenage ['ti:neɪdʒ] ADJ (*fashions etc*) de *or* para adolescentes
teenager ['ti:neɪdʒə*r*] N adolescente *m/f*, jovem *m/f*
teens [ti:nz] NPL: **to be in one's ~** estar entre os 13 e 19 anos, estar na adolescência
tee-shirt N = **T-shirt**
teeter ['ti:tə*r*] VI balançar-se
teeth [ti:θ] NPL *of* **tooth**
teethe [ti:ð] VI começar a ter dentes
teething ring ['ti:ðɪŋ-] N mastigador *m* para a dentição
teething troubles ['ti:ðɪŋ-] NPL (*fig*) dificuldades *fpl* iniciais
teetotal ['ti:'təutl] ADJ (*person*) abstêmio
teetotaller, (*US*) **teetotaler** ['ti:'təutlə*r*] N abstêmio(-a)
TEFL ['tɛfl] N ABBR = **Teaching of English as a Foreign Language**
Teheran [tɛə'rɑ:n] N Teerã (*BR*), Teerão (*PT*)
tel. ABBR (= *telephone*) tel.
Tel Aviv ['tɛlə'vi:v] N Telavive
telecast ['tɛlɪkɑ:st] (*irreg: like* **cast**) VT televisionar, transmitir por televisão
telecommunications [tɛlɪkəmju:nɪ'keɪʃənz] N telecomunicações *fpl*

teleconferencing ['tɛlɪkɔnfərənsɪŋ] N teleconferência f
telegram ['tɛlɪgræm] N telegrama m
telegraph ['tɛlɪgrɑːf] N telégrafo
telegraphic [tɛlɪ'græfɪk] ADJ telegráfico
telegraph pole N poste m telegráfico
telegraph wire N fio telegráfico
telepathic [tɛlɪ'pæθɪk] ADJ telepático
telepathy [tə'lɛpəθɪ] N telepatia
telephone ['tɛlɪfəun] N telefone m ▸ VT (*person*) telefonar para; (*message*) telefonar; **to be on the ~** (BRIT), **to have a ~** (*subscriber*) ter telefone; **to be on the ~** (*be speaking*) estar falando no telefone
telephone booth, (BRIT) **telephone box** N cabine f telefônica
telephone call N telefonema m
telephone directory N lista telefônica, catálogo (BR)
telephone exchange N estação f telefônica
telephone kiosk (BRIT) N cabine f telefônica
telephone number N (número de) telefone m
telephone operator N telefonista m/f
telephone tapping [-'tæpɪŋ] N escuta telefônica
telephonist [tə'lɛfənɪst] (BRIT) N telefonista m/f
telephoto ['tɛlɪfəutəu] ADJ: **~ lens** teleobjetivo
teleprinter ['tɛlɪprɪntəʳ] N teletipo
Teleprompter® ['tɛlɪprɔmptəʳ] (US) N ponto mecânico
telesales ['tɛlɪseɪlz] NPL televendas fpl
telescope ['tɛlɪskəup] N telescópio ▸ VT, VI abrir (*or* fechar) como um telescópio
telescopic [tɛlɪ'skɔpɪk] ADJ telescópico; (*legs, aerial*) desmontável
Teletext® ['tɛlɪtɛks] N (*Tel*) videotexto
televiewer ['tɛlɪvjuːəʳ] N telespectador(a) m/f
televise ['tɛlɪvaɪz] VT televisar, televisionar
television ['tɛlɪvɪʒən] N televisão f; **on ~** na televisão
television licence (BRIT) N licença para utilizar um televisor
television programme N programa m de televisão
television set N (aparelho de) televisão f, televisor m
teleworking ['tɛlɪwəːkɪŋ] N teletrabalho m
telex ['tɛlɛks] N telex m ▸ VT (*message*) enviar por telex, telexar; (*person*) mandar um telex para ▸ VI enviar um telex
tell [tɛl] (*pt, pp* **told**) VT dizer; (*relate: story*) contar; (*distinguish*): **to ~ sth from** distinguir algo de ▸ VI (*have effect*) ter efeito; (*talk*): **to ~ (of)** falar (de *or* em); **to ~ sb to do sth** dizer para alguém fazer algo; (*order*) mandar alguém fazer algo; **to ~ sb about sth** falar a alguém de algo; (*what happened*) contar algo a alguém; **to ~ the time** (*know how to*) dizer as horas; (*clock*) marcar as horas; **can you ~ me the time?** pode me dizer a hora?; **(I) ~ you what ...** escuta ...; **I can't ~ them apart** não consigo diferenciar um do outro; **to ~**

the difference sentir a diferença; **how can you ~?** como você sabe?
▸ **tell off** VT repreender
▸ **tell on** VT FUS (*inform against*) delatar, dedurar
teller ['tɛləʳ] N (*in bank*) caixa m/f
telling ['tɛlɪŋ] ADJ (*remark, detail*) revelador(a)
telltale ['tɛlteɪl] ADJ (*sign*) revelador(a)
telly ['tɛlɪ] (BRIT *inf*) N ABBR = **television**
temerity [tə'mɛrɪtɪ] N temeridade f
temp [tɛmp] (BRIT *inf*) N temporário(-a) ▸ VI trabalhar como temporário(-a)
temper ['tɛmpəʳ] N (*nature*) temperamento; (*mood*) humor m; (*bad temper*) mau gênio; (*fit of anger*) cólera; (*of child*) birra ▸ VT (*moderate*) moderar; **to be in a ~** estar de mau humor; **to lose one's ~** perder a paciência *or* a calma, ficar zangado; **to keep one's ~** controlar-se
temperament ['tɛmprəmənt] N (*nature*) temperamento
temperamental [tɛmprə'mɛntl] ADJ temperamental
temperance ['tɛmpərəns] N moderação f; (*in drinking*) sobriedade f
temperate ['tɛmprət] ADJ moderado; (*climate*) temperado
temperature ['tɛmprətʃəʳ] N temperatura; **to have** *or* **run a ~** ter febre
temperature chart N (*Med*) tabela de temperatura
tempered ['tɛmpəd] ADJ (*steel*) temperado
tempest ['tɛmpɪst] N tempestade f
tempestuous [tɛm'pɛstjuəs] ADJ (*relationship*) tempestuoso
tempi ['tɛmpiː] NPL *of* **tempo**
template ['tɛmplɪt] N molde m
temple ['tɛmpl] N (*building*) templo; (*Anat*) têmpora
templet ['tɛmplɪt] N = **template**
tempo ['tɛmpəu] (BRIT *inf*) (*pl* **tempos** *or* **tempi**) N tempo; (*fig: of life etc*) ritmo
temporal ['tɛmpərəl] ADJ temporal
temporarily ['tɛmpərərɪlɪ] ADV temporariamente; (*closed*) provisoriamente
temporary ['tɛmpərərɪ] ADJ temporário; (*passing*) transitório; **~ secretary** secretária temporária; **~ teacher** professor suplente
temporize ['tɛmpəraɪz] VI temporizar
tempt [tɛmpt] VT tentar; **to ~ sb into doing sth** tentar *or* induzir alguém a fazer algo; **to be ~ed to do sth** ser tentado a fazer algo
temptation [tɛmp'teɪʃən] N tentação f
tempting ['tɛmptɪŋ] ADJ tentador(a)
ten [tɛn] NUM dez ▸ N: **~s of thousands** milhares mpl e milhares; *see also* **five**
tenable ['tɛnəbl] ADJ sustentável
tenacious [tə'neɪʃəs] ADJ tenaz
tenacity [tə'næsɪtɪ] N tenacidade f
tenancy ['tɛnənsɪ] N aluguel m; (*of house*) locação f
tenant ['tɛnənt] N inquilino(-a), locatário(-a)
tend [tɛnd] VT (*sick etc*) cuidar de; (*machine*) vigiar ▸ VI: **to ~ to do sth** tender a fazer algo

tendency ['tɛndənsɪ] N tendência

tender ['tɛndəʳ] ADJ (*person, heart, core*) terno; (*age*) tenro; (*delicate*) delicado; (*sore*) sensível, dolorido; (*meat*) macio ▶ N (*Comm: offer*) oferta, proposta; (*money*): **legal ~** moeda corrente *or* legal ▶ VT oferecer; **to ~ one's resignation** pedir demissão; **to put in a ~ (for)** apresentar uma proposta (para); **to put work out to ~** (BRIT) abrir concorrência para uma obra

tenderize ['tɛndəraɪz] VT (*Culin*) amaciar

tenderly ['tɛndəlɪ] ADV afetuosamente

tenderness ['tɛndənɪs] N ternura; (*of meat*) maciez *f*

tendon ['tɛndən] N tendão *m*

tenement ['tɛnəmənt] N conjunto habitacional

Tenerife [tɛnə'riːf] N Tenerife (*no article*)

tenet ['tɛnət] N princípio

tenner ['tɛnəʳ] (BRIT *inf*) N nota de dez libras

tennis ['tɛnɪs] N tênis *m* ▶ CPD (*match, racket etc*) de tênis

tennis ball N bola de tênis

tennis court N quadra de tênis

tennis elbow N (*Med*) sinovite *f* do cotovelo

tennis player N jogador(a) *m/f* de tênis

tennis racket N raquete *f* de tênis

tennis shoes NPL tênis *m*

tenor ['tɛnəʳ] N (*Mus*) tenor *m*; (*of speech etc*) teor *m*

tenpin bowling ['tɛnpɪn-] (BRIT) N boliche *m* com 10 paus

tense [tɛns] ADJ tenso; (*muscle*) rígido, teso ▶ N (*Ling*) tempo ▶ VT (*tighten: muscles*) retesar

tenseness ['tɛnsnɪs] N tensão *f*

tension ['tɛnʃən] N tensão *f*

tent [tɛnt] N tenda, barraca

tentacle ['tɛntəkl] N tentáculo

tentative ['tɛntətɪv] ADJ (*conclusion*) provisório, tentativo; (*person*) hesitante, indeciso

tenterhooks ['tɛntəhuks] NPL: **on ~** em suspense

tenth [tɛnθ] NUM décimo; *see also* **fifth**

tent peg N estaca

tent pole N pau *m*

tenuous ['tɛnjuəs] ADJ tênue

tenure ['tɛnjuəʳ] N (*of property*) posse *f*; (*of job*) estabilidade *f*

tepid ['tɛpɪd] ADJ tépido, morno

Ter. ABBR = **terrace**

term [təːm] N (*Comm*) prazo; (*word, expression*) termo, expressão *f*; (*period*) período; (*Sch*) trimestre *m*; (*Law*) sessão *f* ▶ VT denominar; **terms** NPL (*conditions*) condições *fpl*; (*Comm*) cláusulas *fpl*, termos *mpl*; **in ~s of ...** em função de ...; **~ of imprisonment** pena de prisão; **his ~ of office** seu mandato; **in the short/long ~** a curto/longo prazo; **to be on good ~s with sb** dar-se bem com alguém; **to come to ~s with** (*person*) chegar a um acordo com; (*problem*) aceitar

terminal ['təːmɪnl] ADJ incurável ▶ N (*Elec*) borne *m*; (BRIT: *also*: **air terminal**) terminal *m*; (*for oil, ore etc, also Comput*) terminal *m*; (BRIT: *also*: **coach terminal**) estação *f* rodoviária

terminate ['təːmɪneɪt] VT terminar ▶ VI: **to ~ in** acabar em; **to ~ a pregnancy** fazer um aborto

termination [təːmɪ'neɪʃən] N término; (*of contract*) rescisão *f*; **~ of pregnancy** (*Med*) interrupção da gravidez

termini ['təːmɪnaɪ] NPL *of* **terminus**

terminology [təːmɪ'nɔlədʒɪ] N terminologia

terminus ['təːmɪnəs] (*pl* **termini**) N terminal *m*

termite ['təːmaɪt] N cupim *m*

Terr. ABBR = **terrace**

terrace ['tɛrəs] N terraço; (BRIT: *row of houses*) lance *m* de casas; **the terraces** NPL (BRIT *Sport*) a arquibancada (BR), a geral (PT)

terraced ['tɛrəst] ADJ (*house*) ladeado por outras casas; (*garden*) em dois níveis

terracotta [tɛrə'kɔtə] N terracota

terrain [tɛ'reɪn] N terreno

terrible ['tɛrɪbl] ADJ terrível, horroroso; (*conditions*) precário; (*inf: awful*) terrível

terribly ['tɛrɪblɪ] ADV terrivelmente; (*very badly*) pessimamente

terrier ['tɛrɪəʳ] N terrier *m*

terrific [tə'rɪfɪk] ADJ terrível, magnífico; (*wonderful*) maravilhoso, sensacional

terrify ['tɛrɪfaɪ] VT apavorar

territorial [tɛrɪ'tɔːrɪəl] ADJ territorial

territorial waters NPL águas *fpl* territoriais

territory ['tɛrɪtərɪ] N território

terror ['tɛrəʳ] N terror *m*

terrorism ['tɛrərɪzəm] N terrorismo

terrorist ['tɛrərɪst] N terrorista *m/f*

terrorize ['tɛrəraɪz] VT aterrorizar

terse [təːs] ADJ (*style*) conciso, sucinto; (*reply*) brusco

tertiary ['təːʃərɪ] ADJ terciário; **~ education** (BRIT) ensino superior

Terylene® ['tɛrɪliːn] (BRIT) N tergal® *m*

TESL ['tɛsl] N ABBR = **Teaching of English as a Second Language**

test [tɛst] N (*trial, check*) prova, ensaio; (: *of goods in factory*) controle *m*; (*of courage etc, Chem*) prova; (*Med*) exame *m*; (*exam*) teste *m*, prova; (*also*: **driving test**) exame de motorista ▶ VT testar, pôr à prova; **to put sth to the ~** pôr algo à prova

testament ['tɛstəmənt] N testamento; **the Old/New T~** o Velho/Novo Testamento

test ban N (*also*: **nuclear test ban**) proibição *f* de testes nucleares

test case N (*Law, fig*) caso exemplar

test flight N teste *m* de voo

testicle ['tɛstɪkl] N testículo

testify ['tɛstɪfaɪ] VI (*Law*) depor, testemunhar; **to ~ to sth** (*Law*) atestar algo; (*gen*) testemunhar algo

testimonial [tɛstɪ'məunɪəl] N (*reference*) carta de recomendação; (*gift*) obséquio, tributo

testimony ['tɛstɪmənɪ] N (*Law*) testemunho, depoimento; **to be (a) ~ to** ser uma prova de

testing ['tɛstɪŋ] ADJ (*situation, period*) difícil

testing ground N campo de provas
test match N (Cricket, Rugby) jogo internacional
testosterone [tɛs'tɔstərəun] N testosterona
test paper N (Sch) prova escrita
test pilot N piloto de prova
test tube N proveta, tubo de ensaio
test-tube baby N bebê *m* de proveta
testy ['tɛstɪ] ADJ rabugento, irritável
tetanus ['tɛtənəs] N tétano
tetchy ['tɛtʃɪ] ADJ irritável
tether ['tɛðəʳ] VT amarrar ▶ N: **at the end of one's ~** a ponto de perder a paciência *or* as estribeiras
text [tɛkst] N texto; (*message*) mensagem *f* de texto, torpedo (*inf*) ▶ VT mandar uma mensagem de texto *or* (*inf*) um torpedo para
textbook ['tɛkstbuk] N livro didático; (*Sch*) livro escolar
textiles ['tɛkstaɪlz] NPL têxteis *mpl*; (*textile industry*) indústria têxtil
text message N mensagem *f* de texto
texture ['tɛkstʃəʳ] N textura
TGIF (*inf*) ABBR = **thank God it's Friday**
Thai [taɪ] ADJ tailandês(-esa) ▶ N tailandês(-esa) *m/f*; (*Ling*) tailandês *m*
Thailand ['taɪlænd] N Tailândia
thalidomide® [θə'lɪdəmaɪd] N talidomida®
Thames [tɛmz] N: **the ~** o Tâmisa (BR), o Tamisa (PT)
than [ðæn, ðən] CONJ (*in comparisons*) do que; **more ~ 10** mais de 10; **I have more/less ~ you** tenho mais/menos do que você; **she has more apples ~ pears** ela tem mais maçãs do que peras; **she is older ~ you think** ela é mais velha do que você pensa; **more ~ once** mais de uma vez
thank [θæŋk] VT agradecer; **~ you (very much)** muito obrigado(-a); **~ God** graças a Deus; **~s to** graças a; **to ~ sb for sth** agradecer a alguém (por) algo; **to say ~ you** agradecer
thankful ['θæŋkful] ADJ: **~ (for)** agradecido (por); **~ that** (*relieved*) aliviado que
thankfully ['θæŋkfəlɪ] ADV (*gratefully*) agradecidamente; (*fortunately*) felizmente
thankless ['θæŋklɪs] ADJ ingrato
thanks [θæŋks] NPL agradecimentos *mpl*; (*to God etc*) graças *fpl* ▶ EXCL obrigado(-a)!; **~ to** graças a
Thanksgiving ['θæŋksgɪvɪŋ], **Thanksgiving Day** N Dia *m* de Ação de Graças

> **Thanksgiving Day**, o feriado de Ação de Graças nos Estados Unidos, quarta quinta-feira do mês de novembro, é o dia em que se comemora a boa colheita feita pelos peregrinos originários da Grã-Bretanha em 1621; tradicionalmente, é um dia em que se agradece a Deus e se organiza um grande banquete. Uma festa semelhante é celebrada no Canadá na segunda segunda-feira de outubro.

375 | **testing ground – theatre**

(KEYWORD)

that [ðæt, ðət] (*pl* **those**) ADJ (*demonstrative*) esse/essa; (*more remote*) aquele/aquela; **that man/woman/book** aquele homem/aquela mulher/aquele livro; **leave these books on the table** deixe aqueles livros na mesa; **that one** esse/essa; **that one over there** aquele lá; **I want this one, not that one** quero este, não esse
▶ PRON **1** (*demonstrative*) esse/essa, aquele/aquela; (*neuter*) isso, aquilo; **who's/what's that?** quem é?/o que é isso?; **is that you?** é você?; **I prefer this to that** eu prefiro isto a aquilo; **that's my house** aquela é a minha casa; **that's what he said** foi isso o que ele disse; **that is (to say)** isto é, quer dizer
2 (*relative: direct: thing, person*) que; (*person*) quem; (*relative: indirect: thing, person*) o/a qual *sg*, os/as quais *pl*; (*person*) quem; **the book (that) I read** o livro que eu li; **the books that are in the library** os livros que estão na biblioteca; **the man (that) I saw** o homem que eu vi; **all (that) I have** tudo o que eu tenho; **the box (that) I put it in** a caixa na qual eu o coloquei; **the man (that) I spoke to** o homem com quem *or* o qual falei
3 (*relative: of time*): **on the day that he came** no dia em que ele veio
▶ CONJ que; **she suggested that I phone you** ela sugeriu que eu telefonasse para você
▶ ADV (*demonstrative*): **I can't work that much** não posso trabalhar tanto; **I didn't realize it was that bad** não pensei que fôsse tão ruim; **that high** dessa altura, até essa altura

thatched [θætʃt] ADJ (*roof*) de sapê; **~ cottage** chalé *m* com telhado de sapê *or* de colmo
thaw [θɔː] N degelo ▶ VI (*ice*) derreter-se; (*food*) descongelar-se ▶ VT (*food*) descongelar; **it's ~ing** (*weather*) degela

(KEYWORD)

the [ðiː, ðə] DEF ART **1** (*gen: singular*) o/a; (: *plural*) os/as; **the history of France** a história da França; **the books/children are in the library** os livros/as crianças estão na biblioteca; **she put it on the table** ela colocou-o na mesa; **he took it from the drawer** ele tirou isto da gaveta; **to play the piano/violin** tocar piano/violino; **I'm going to the cinema** vou ao cinema
2 (*+ adj to form n*): **the rich and the poor** os ricos e os pobres; **to attempt the impossible** tentar o impossível
3 (*in titles*): **Richard the Second** Ricardo II; **Peter the Great** Pedro o Grande
4 (*in comparisons: + adv*): **the more he works, the more he earns** quanto mais ele trabalha, mais ele ganha

theatre, (US) **theater** ['θɪətəʳ] N teatro; (*Med: also*: **operating theatre**) sala de operação

theatre-goer ['θɪətəgəuəʳ] N frequentador(a) m/f de teatro
theatrical [θɪ'ætrɪkl] ADJ teatral; **~ company** companhia de teatro
theft [θɛft] N roubo
their [ðɛəʳ] ADJ seu/sua, deles/delas
theirs [ðɛəz] PRON (o) seu/(a) sua; **a friend of ~** um amigo seu/deles; **it's ~** é deles
them [ðɛm, ðəm] PRON (direct) os/as; (indirect) lhes; (stressed, after prep) a eles/a elas; **I see ~** eu os vejo; **give ~ the book** dê o livro a eles; **give me some of ~** me dê alguns deles
theme [θi:m] N tema m
theme park N parque de diversões em torno de um único tema
theme song N tema m musical
themselves [ðəm'sɛlvz] PRON (subject) eles mesmos/elas mesmas; (complement) se; (after prep) si (mesmos/as)
then [ðɛn] ADV (at that time) então; (next) em seguida; (later) logo, depois; (and also) além disso ▶ CONJ (therefore) então, nesse caso, portanto ▶ ADJ: **the ~ president** o então presidente; **by ~** (past) até então; (future) até lá; **from ~ on** a partir de então; **before ~** antes (disso); **until ~** até lá; **and ~ what?** e então?, e daí?; **what do you want me to do ~?** (afterwards) o que você quer que eu faça depois?; (in that case) então, o que você quer que eu faça?
theologian [θɪə'ləudʒən] N teólogo(-a)
theological [θɪə'lɔdʒɪkl] ADJ teológico
theology [θɪ'ɔlədʒɪ] N teologia
theorem ['θɪərəm] N teorema m
theoretical [θɪə'rɛtɪkl] ADJ teórico
theoretically [θɪə'rɛtɪklɪ] ADV teoricamente
theorize ['θɪəraɪz] VI teorizar, elaborar uma teoria
theory ['θɪərɪ] N teoria; **in ~** em teoria, teoricamente
therapeutic [θɛrə'pju:tɪk], **therapeutical** [θɛrə'pju:tɪkl] ADJ terapêutico
therapist ['θɛrəpɪst] N terapeuta m/f
therapy ['θɛrəpɪ] N terapia

(KEYWORD)

there [ðɛəʳ] ADV **1**: **there is**, **there are** há, tem; **there are 3 of them** (people, things) são três; **there is no-one here/no bread left** não tem ninguém aqui/não tem mais pão; **there has been an accident** houve um acidente

2 (referring to place) aí, ali, lá; **put it in/on/up/down there** põe isto lá dentro/cima/em cima/embaixo; **I want that book there** quero aquele livro lá; **there he is!** lá está ele!

3: **there, there!** (esp to child) calma!

thereabouts ['ðɛərəbauts] ADV por aí; (amount) aproximadamente
thereafter [ðɛər'ɑ:ftəʳ] ADV depois disso
thereby ['ðɛəbaɪ] ADV assim, deste modo
therefore ['ðɛəfɔ:] ADV portanto
there's [ðɛəz] = **there is**; **there has**
thereupon [ðɛərə'pɔn] ADV (at that point) após o que; (formal: on that subject) a respeito
thermal ['θə:ml] ADJ térmico; **~ paper/printer** papel térmico/impressora térmica
thermodynamics [θə:mədaɪ'næmɪks] N termodinâmica
thermometer [θə'mɔmɪtəʳ] N termômetro
thermonuclear [θə:məu'nju:klɪəʳ] ADJ termonuclear
Thermos® ['θə:məs] N (also: **Thermos flask**) garrafa térmica (BR), termo (PT)
thermostat ['θə:məustæt] N termostato
thesaurus [θɪ'sɔ:rəs] N tesouro, dicionário de sinônimos
these [ði:z] PL ADJ, PRON estes/estas
theses ['θi:si:z] NPL of **thesis**
thesis ['θi:sɪs] (pl **theses**) N tese f
they [ðeɪ] PRON PL eles/elas; **~ say that ...** (it is said that) diz-se que ..., dizem que ...
they'd [ðeɪd] = **they had**; **they would**
they'll [ðeɪl] = **they shall**; **they will**
they're [ðeɪəʳ] = **they are**
they've [ðeɪv] = **they have**
thick [θɪk] ADJ (in shape) espesso; (mud, fog, forest) denso; (sauce) grosso; (dense) denso, compacto; (stupid) burro ▶ N: **in the ~ of the battle** em plena batalha; **it's 20 cm ~** tem 20 cm de espessura
thicken ['θɪkən] VI (fog) adensar-se; (plot etc) complicar-se ▶ VT (sauce etc) engrossar
thicket ['θɪkɪt] N matagal m
thickly ['θɪklɪ] ADV (spread) numa camada espessa; (cut) em fatias grossas
thickness ['θɪknɪs] N espessura, grossura
thickset [θɪk'sɛt] ADJ troncudo
thick-skinned [-'skɪnd] ADJ (fig) insensível, indiferente
thief [θi:f] (pl **thieves**) N ladrão/ladra m/f
thieves [θi:vz] NPL of **thief**
thieving ['θi:vɪŋ] N roubo, furto
thigh [θaɪ] N coxa
thighbone ['θaɪbəun] N fêmur m
thimble ['θɪmbl] N dedal m
thin [θɪn] ADJ magro; (slice, line, book) fino; (light) leve; (hair) ralo; (crowd) pequeno; (fog) pouco denso; (soup, sauce) aguado ▶ VT (also: **thin down**: sauce, paint) diluir ▶ VI (fog) rarefazer-se; (also: **thin out**: crowd) dispersar; **his hair is ~** o cabelo dele está caindo
thing [θɪŋ] N coisa; (object) negócio; (matter) assunto, negócio; (mania) mania; **things** NPL (belongings) pertences mpl; **to have a ~ about sb/sth** ser vidrado em alguém/algo; **the best ~ would be to ...** o melhor seria ...; **how are ~s?** como vai?, tudo bem?; **first ~ (in the morning)** de manhã, antes de mais nada; **last ~ (at night), he ...** logo antes de dormir, ele ...; **the ~ is ...** é que ..., o negócio é o seguinte ...; **for one ~** primeiro; **she's got a ~ about ...** ela detesta ...; **poor ~!** coitadinho(-a)!

think [θɪŋk] (*pt, pp* **thought**) vi pensar; (*believe*) achar ▶ vt pensar, achar; (*imagine*) imaginar; **what did you ~ of them?** o que você achou deles?; **to ~ about sth/sb** pensar em algo/alguém; **I'll ~ about it** vou pensar sobre isso; **to ~ of doing sth** pensar em fazer algo; **I ~ so/not** acho que sim/não; **to ~ well of sb** fazer bom juízo de alguém; **~ again!** pensa bem!; **to ~ aloud** pensar em voz alta
▶ **think out** vt (*plan*) arquitetar; (*solution*) descobrir
▶ **think over** vt refletir sobre, meditar sobre; **I'd like to ~ things over** eu gostaria de pensar sobre isso com cuidado
▶ **think through** vt considerar todos os aspectos de
▶ **think up** vt inventar, bolar
thinking ['θɪŋkɪŋ] N: **to my (way of) ~** na minha opinião
think tank N comissão *f* de peritos
thinly ['θɪnlɪ] ADV (*cut*) em fatias finas; (*spread*) numa camada fina
thinness ['θɪnnɪs] N magreza
third [θəːd] ADJ terceiro ▶ N terceiro(-a); (*fraction*) terço; (*Aut*) terceira; (*Sch: degree*) terceira categoria; *see also* **fifth**
third-degree burns NPL queimaduras *fpl* de terceiro grau
thirdly ['θəːdlɪ] ADV em terceiro lugar
third party insurance N seguro contra terceiros
third-rate ADJ medíocre
Third World N: **the ~** o Terceiro Mundo
thirst [θəːst] N sede *f*
thirsty ['θəːstɪ] ADJ (*person*) sedento, com sede; (*work*) que dá sede; **to be ~** estar com sede
thirteen ['θəː'tiːn] NUM treze; *see also* **five**
thirteenth [θəː'tiːnθ] NUM décimo terceiro; *see also* **fifth**
thirtieth ['θəːtɪəθ] NUM trigésimo; *see also* **fifth**
thirty ['θəːtɪ] NUM trinta; *see also* **fifty**

(KEYWORD)

this [ðɪs] (*pl* **these**) ADJ (*demonstrative*) este/esta; **this man/woman/book** este homem/esta mulher/este livro; **these people/children/records** estas pessoas/crianças/estes discos; **this one** este aqui
▶ PRON (*demonstrative*) este/esta; (*neuter*) isto; **who/what is this?** quem é esse?/o que é isso?; **this is where I live** é aqui que eu moro; **this is Mr Brown** (*in photo, introduction*) este é o Sr Brown; (*on phone*) aqui é o Sr Brown
▶ ADV (*demonstrative*): **this high** desta altura; **this long** deste comprimento; **we can't stop now we've gone this far** não podemos parar agora que fomos tão longe

thistle ['θɪsl] N cardo
thong [θɔŋ] N correia, tira de couro
thorn [θɔːn] N espinho
thorny ['θɔːnɪ] ADJ espinhoso

thorough ['θʌrə] ADJ (*search*) minucioso; (*knowledge, research, person: methodical*) metódico, profundo; (*work*) meticuloso; (*cleaning*) completo
thoroughbred ['θʌrəbrɛd] ADJ (*horse*) de puro sangue
thoroughfare ['θʌrəfɛəʳ] N via, passagem *f*; **"no ~"** "passagem proibida"
thoroughly ['θʌrəlɪ] ADV (*examine, study*) minuciosamente; (*search*) profundamente; (*wash*) completamente; (*very*) muito; **he ~ agreed** concordou completamente
thoroughness ['θʌrənɪs] N (*of person*) meticulosidade *f*; (*of search etc*) minuciosidade *f*
those [ðəuz] PRON PL, ADJ esses/essas; (*more remote*) aqueles/aquelas
though [ðəu] CONJ embora, se bem que ▶ ADV no entanto, even ~ mesmo que; **it's not easy, ~** se bem que não é fácil
thought [θɔːt] PT, PP *of* **think** ▶ N pensamento; (*idea*) ideia; (*opinion*) opinião *f*; (*reflection*) reflexão *f*; (*intention*) intenção *f*; **after much ~** depois de muito pensar; **I've just had a ~** acabei de pensar em alguma coisa; **to give sth some ~** pensar sobre algo
thoughtful ['θɔːtful] ADJ pensativo; (*serious*) sério; (*considerate*) atencioso
thoughtfully ['θɔːtfəlɪ] ADV pensativamente; atenciosamente
thoughtless ['θɔːtlɪs] ADJ (*behaviour*) desatencioso; (*words, person*) inconsequente
thoughtlessly ['θɔːtlɪslɪ] ADV desconsideradamente
thought-provoking [-prə'vəukɪŋ] ADJ instigante
thousand ['θauzənd] NUM mil; **two ~** dois mil; **~s (of)** milhares *mpl* (de)
thousandth ['θauzənθ] ADJ milésimo
thrash [θræʃ] vt surrar, malhar; (*defeat*) derrotar
▶ **thrash about** vi debater-se
▶ **thrash out** vt discutir exaustivamente
thrashing ['θræʃɪŋ] N: **to give sb a ~** dar uma surra em alguém
thread [θrɛd] N fio, linha; (*of screw*) rosca ▶ vt (*needle*) enfiar; **to ~ one's way between** passar por
threadbare ['θrɛdbɛəʳ] ADJ surrado, puído
threat [θrɛt] N ameaça; **to be under ~ of** estar sob ameaça de
threaten ['θrɛtən] vi ameaçar ▶ vt: **to ~ sb with sth/to do** ameaçar alguém com algo/de fazer
threatening ['θrɛtnɪŋ] ADJ ameaçador(a)
three [θriː] NUM três; *see also* **five**
three-dimensional ADJ tridimensional, em três dimensões
threefold ['θriːfəuld] ADV: **to increase ~** triplicar
three-piece suit N terno (3 peças) (BR), fato de 3 peças (PT)

three-piece suite N conjunto de sofá e duas poltronas
three-ply ADJ (*wool*) triple, com três fios; (*wood*) com três espessuras
three-quarters NPL três quartos *mpl*; ~ **full** cheio até os três quartos
three-wheeler N (*car*) carro de três rodas
thresh [θrɛʃ] VT (*Agr*) debulhar
threshing machine ['θrɛʃɪŋ-] N debulhadora
threshold ['θrɛʃhəʊld] N limiar *m*; **to be on the ~ of** (*fig*) estar no limiar de
threshold agreement N (*Econ*) acordo sobre a indexação de salários
threw [θruː] PT *of* **throw**
thrift [θrɪft] N economia, poupança
thrifty ['θrɪftɪ] ADJ econômico, frugal
thrill [θrɪl] N (*excitement*) emoção *f*; (*shudder*) estremecimento ▶ VI vibrar ▶ VT emocionar, vibrar; **to be ~ed** (*with gift etc*) estar emocionado
thriller ['θrɪlər] N romance *m* or filme *m* de suspense
thrilling ['θrɪlɪŋ] ADJ (*book, play etc*) excitante; (*news, discovery*) emocionante
thrive [θraɪv] (*pt* **thrived** *or* **throve**, *pp* **thrived** *or* **thriven**) VI (*grow*) vicejar; (*do well*) prosperar, florescer; **to ~ on sth** realizar-se ao fazer algo
thriven ['θrɪvn] PP *of* **thrive**
thriving ['θraɪvɪŋ] ADJ próspero
throat [θrəʊt] N garganta; **to have a sore ~** estar com dor de garganta
throb [θrɔb] N (*of heart*) batida; (*of engine*) vibração *f*; (*of pain*) latejo ▶ VI (*heart*) bater, palpitar; (*pain*) dar pontadas; (*engine*) vibrar; **my head is ~bing** minha cabeça está latejando
throes [θrəʊz] NPL: **in the ~ of** no meio de
thrombosis [θrɔm'bəʊsɪs] N trombose *f*
throne [θrəʊn] N trono
throng [θrɔŋ] N multidão *f* ▶ VT apinhar, apinhar-se em
throttle ['θrɔtl] N (*Aut*) acelerador *m* ▶ VT estrangular
through [θruː] PREP por, através de; (*time*) durante; (*by means of*) por meio de, por intermédio de; (*owing to*) devido a ▶ ADJ (*ticket, train*) direto ▶ ADV através; **(from) Monday ~ Friday** (US) de segunda a sexta; **to let sb ~** deixar alguém passar; **to put sb ~ to sb** (*Tel*) ligar alguém com alguém; **to be ~** (*Tel*) estar na linha; (*have finished*) acabar; **"no ~ traffic"** (US) "trânsito proibido"; **"no ~ road"** "rua sem saída"; **I'm halfway ~ the book** estou na metade do livro
throughout [θruː'aʊt] PREP (*place*) por todo(-a); (*time*) durante todo(-a) ▶ ADV por or em todas as partes
throughput ['θruːpʊt] N (*of goods, materials*) quantidade *f* tratada; (*Comput*) capacidade *f* de processamento
throve [θrəʊv] PT *of* **thrive**
throw [θrəʊ] (*pt* **threw**, *pp* **thrown**) N arremesso, tiro; (*Sport*) lançamento ▶ VT jogar, atirar; (*Sport*) lançar; (*rider*) derrubar; (*fig*) desconcertar; (*pot*) afeiçoar; **to ~ a party** dar uma festa
▶ **throw about** VT (*litter etc*) esparramar
▶ **throw around** VT (*litter etc*) esparramar
▶ **throw away** VT (*dispose of*) jogar fora; (*waste*) desperdiçar
▶ **throw in** VT (*Sport*) pôr em jogo
▶ **throw off** VT desfazer-se de; (*habit, cold*) livrar-se
▶ **throw out** VT (*person*) expulsar; (*rubbish*) jogar fora; (*idea*) rejeitar
▶ **throw together** VT (*clothes, meal etc*) arranjar às pressas
▶ **throw up** VI vomitar, botar para fora
throwaway ['θrəʊəweɪ] ADJ descartável; (*line, remark*) gratuito
throwback ['θrəʊbæk] N: **it's a ~ to** é um retrocesso a
throw-in N (*Sport*) lance *m*
thru [θruː] (US) PREP, ADJ, ADV = **through**
thrush [θrʌʃ] N (*Zool*) tordo; (*Med*) monília
thrust [θrʌst] VT (*pt, pp* **thrust**) empurrar; (*push in*) enfiar, meter ▶ N impulso; (*Tech*) empuxo
thrusting ['θrʌstɪŋ] ADJ dinâmico
thud [θʌd] N baque *m*, som *m* surdo
thug [θʌg] N (*criminal*) criminoso(-a); (*pej*) facínora *m/f*
thumb [θʌm] N (*Anat*) polegar *m*; (*inf*) dedão *m* ▶ VT (*book*) folhear; **to ~ a lift** pegar carona (BR), arranjar uma boleia (PT); **to give sb/sth the ~s up** (*approve*) dar luz verde a alguém/algo
▶ **thumb through** VT FUS folhear
thumb index N índice *m* de dedo
thumbnail ['θʌmneɪl] N unha do polegar
thumbnail sketch N descrição *f* resumida
thumbtack ['θʌmtæk] (US) N percevejo, tachinha
thump [θʌmp] N murro, pancada; (*sound*) baque *m* ▶ VT dar um murro em ▶ VI bater
thunder ['θʌndər] N trovão *m*; (*sudden noise*) trovoada; (*of applause etc*) estrondo ▶ VI trovejar; (*train etc*): **to ~ past** passar como um raio
thunderbolt ['θʌndəbəʊlt] N raio
thunderclap ['θʌndəklæp] N estampido do trovão
thunderous ['θʌndərəs] ADJ estrondoso
thunderstorm ['θʌndəstɔːm] N tempestade *f* com trovoada, temporal *m*
thunderstruck ['θʌndəstrʌk] ADJ estupefato
thundery ['θʌndərɪ] ADJ tempestuoso
Thur., Thurs. ABBR (= *Thursday*) qui, 5ª
Thursday ['θəːzdɪ] N quinta-feira; *see also* **Tuesday**
thus [ðʌs] ADV assim, desta maneira; (*consequently*) consequentemente
thwart [θwɔːt] VT frustrar
thyme [taɪm] N tomilho
thyroid ['θaɪrɔɪd] N tireoide *f*
tiara [tɪ'ɑːrə] N tiara, diadema *m*

Tibet [tɪ'bɛt] N Tibete m
Tibetan [tɪ'bɛtən] ADJ tibetano ▶ N tibetano(-a); (Ling) tibetano
tibia ['tɪbɪə] N tíbia
tic [tɪk] N tique m
tick [tɪk] N (sound: of clock) tique-taque m; (mark) tique m, marca; (Zool) carrapato; (BRIT inf) **in a ~** num instante; (: credit): **to buy sth on ~** comprar algo a crédito ▶ VI fazer tique-taque ▶ VT marcar, ticar; **to put a ~ against sth** marcar or ticar algo
▶ **tick off** VT assinalar, ticar; (person) dar uma bronca em
▶ **tick over** (BRIT) VI (engine) funcionar em marcha lenta; (fig) ir indo
ticker tape ['tɪkə^r-] N fita de teleimpressor; (us: in celebrations) chuva de papel
ticket ['tɪkɪt] N (for bus, plane) passagem f; (for theatre, raffle) bilhete m; (for cinema) entrada; (in shop: on goods) etiqueta; (: receipt) ficha, nota fiscal; (for library) cartão m; (us Pol) chapa; (also: **parking ticket**: fine) multa; **to get a (parking) ~** (Aut) ganhar uma multa (por estacionamento ilegal)
ticket agency N agência de ingressos teatrais
ticket barrier (BRIT) N (Rail) catraca de embarque/desembarque
ticket collector N revisor(a) m/f
ticket holder N portador(a) m/f de um bilhete or ingresso
ticket inspector N revisor(a) m/f
ticket office N bilheteria (BR), bilheteira (PT)
tickle ['tɪkl] N cócegas fpl ▶ VT fazer cócegas em; (captivate) encantar; (make laugh) fazer rir ▶ VI fazer cócegas
ticklish ['tɪklɪʃ] ADJ (person) coceguento; (problem) delicado; (which tickles: blanket etc) que pica, que faz cócegas; (: cough) irritante; **to be ~** (person) ter cócegas
tidal ['taɪdl] ADJ de maré
tidal wave N macaréu m, onda gigantesca
tidbit ['tɪdbɪt] (esp us) N = **titbit**
tiddlywinks ['tɪdlɪwɪŋks] N jogo de fichas
tide [taɪd] N maré f; (fig: of events) curso ▶ VT: **to ~ sb over** dar para alguém aguentar; **high/low ~** maré alta/baixa; **the ~ of public opinion** a corrente da opinião pública
▶ **tide over** VT (help out) ajudar num período difícil
tidily ['taɪdɪlɪ] ADV com capricho
tidiness ['taɪdɪnɪs] N (good order) ordem f; (neatness) asseio, limpeza
tidy ['taɪdɪ] ADJ (room) arrumado; (dress, work) limpo; (person) bem arrumado; (mind) metódico ▶ VT (also: **tidy up**) pôr em ordem, arrumar; **to ~ o.s. up** arrumar-se
tie [taɪ] N (string etc) fita, corda; (BRIT: also: **necktie**) gravata; (fig: link) vínculo, laço; (Sport: draw) empate m; (us Rail) dormente m ▶ VT amarrar ▶ VI (Sport) empatar; **to ~ in a bow** dar um laço em; **to ~ a knot in sth** dar um nó em algo; **family ~s** laços de família; **"black/white ~"** "smoking/traje a rigor"

379 | **Tibet – time**

▶ **tie down** VT amarrar; (fig: person: restrict) limitar, restringir; (: to date, price etc) obrigar
▶ **tie in** VI: **to ~ in (with)** combinar com
▶ **tie on** (BRIT) VT (label etc) prender (com barbante)
▶ **tie up** VT (parcel) embrulhar; (dog) prender; (boat, prisoner etc) amarrar; (arrangements) concluir; **to be ~d up** (busy) estar ocupado
tie-break, tie-breaker N (Tennis) tie-break m; (in quiz etc) decisão f de empate
tie-on (BRIT) ADJ (label) para atar
tie-pin (BRIT) N alfinete m de gravata
tier [tɪə^r] N fileira; (of cake) camada
Tierra del Fuego [tɪ'ɛrədɛl'fweɪgəu] N Terra do Fogo
tie tack (US) N alfinete m de gravata
tie-up (US) N engarrafamento
tiff [tɪf] N briga; (lover's tiff) arrufo
tiger ['taɪgə^r] N tigre m
tight [taɪt] ADJ (rope) esticado, firme; (money) escasso; (clothes, shoes) justo; (bend) fechado; (budget, programme) rigoroso; (control) rigoroso; (inf: drunk) bêbado ▶ ADV (squeeze) bem forte; (shut) hermeticamente; **to be packed ~** (suitcase) estar abarrotado; (people) estar apinhado; **everybody hold ~!** segurem firme!
tighten ['taɪtən] VT (rope) esticar; (screw, grip) apertar; (security) aumentar ▶ VI esticar-se; apertar-se
tight-fisted [-'fɪstɪd] ADJ pão-duro
tightly ['taɪtlɪ] ADV (grasp) firmemente
tight-rope N corda (bamba)
tight-rope walker N funâmbulo(-a)
tights [taɪts] (BRIT) NPL collant m
tigress ['taɪgrɪs] N tigre fêmea
tilde ['tɪldə] N til m
tile [taɪl] N (on roof) telha; (on floor) ladrilho; (on wall) azulejo, ladrilho ▶ VT (floor) ladrilhar; (wall, bathroom) azulejar
tiled [taɪld] ADJ ladrilhado; (roof) de telhas
till [tɪl] N caixa (registradora) ▶ VT (land) cultivar ▶ PREP, CONJ = **until**
tiller ['tɪlə^r] N (Naut) cana do leme
tilt [tɪlt] VT inclinar ▶ VI inclinar-se ▶ N (slope) inclinação f; **(at) full ~** a toda velocidade
timber ['tɪmbə^r] N (material) madeira; (trees) mata, floresta
time [taɪm] N tempo; (epoch: often pl) época; (by clock) hora; (moment) momento; (occasion) vez f; (Mus) compasso ▶ VT calcular or medir o tempo de; (fix moment for: visit etc) escolher o momento para; (remark etc): **to ~ sth well/badly** ser oportuno/não ser oportuno; **a long ~** muito tempo; **4 at a ~** quatro de uma vez; **for the ~ being** por enquanto; **from ~ to ~** de vez em quando; **at ~s** às vezes; **~ after ~, ~ and again** repetidamente; **in ~** (soon enough) a tempo; (after some time) com o tempo; (Mus) no compasso; **in a week's ~** dentro de uma semana; **in no ~** num abrir e fechar de olhos; **any ~** a qualquer hora; **on ~** na hora; **to be 30 minutes behind/ahead**

of ~ estar atrasado/adiantado de 30 minutos; **by the ~ he arrived** até ele chegar; **5 ~s 5 is 25** 5 vezes 5 são 25; **what ~ is it?** que horas são?; **what ~ do you make it?** que horas você tem?; **to have a good ~** divertir-se; **we had a hard ~** foi difícil para nós; **he'll do it in his own (good) ~** (*without being hurried*) ele vai fazer isso quando tiver tempo; **he'll do it in** (BRIT) *or* **on** (US) **his own ~** (*out of working hours*) ele vai fazer isso fora do expediente; **to be behind the ~s** estar antiquado

time-and-motion study N estudo de tempos e movimentos

time bomb N bomba-relógio f

time clock N relógio de ponto

time-consuming [-kən'sju:mɪŋ] ADJ que exige muito tempo

time difference N fuso horário

time-honoured, (US) **time-honored** [-'ɔnəd] ADJ consagrado pelo tempo

timekeeper ['taɪmki:pə^r] N (*Sport*) cronometrista m/f

time lag (BRIT) N defasagem f; (*in travel*) fuso horário

timeless ['taɪmlɪs] ADJ eterno

time limit N limite m de tempo; (*Comm*) prazo

timely ['taɪmlɪ] ADJ oportuno

time off N tempo livre

timer ['taɪmə^r] N (*in kitchen*) cronômetro; (*switch*) timer m

time-saving ADJ que economiza tempo

time scale N prazos mpl

time-sharing [-'ʃɛərɪŋ] N (*Comput*) tempo compartilhado

time sheet N folha de ponto

time signal N tope m, sinal m horário

time switch (BRIT) N interruptor m horário

timetable ['taɪmteɪbl] N horário; (*of project*) cronograma m

time zone N fuso horário

timid ['tɪmɪd] ADJ tímido

timidity [tɪ'mɪdɪtɪ] N timidez f

timing ['taɪmɪŋ] N escolha do momento; (*Sport*) cronometragem f; **the ~ of his resignation** o momento que escolheu para se demitir

timing device N (*on bomb*) dispositivo de retardamento

Timor ['ti:mɔ:^r] N Timor (*no article*)

timpani ['tɪmpənɪ] NPL tímbales mpl

tin [tɪn] N estanho; (*also:* **tin plate**) folha-de-flandres f; (BRIT: *can*) lata; (: *for baking*) fôrma

tin foil N papel m de estanho

tinge [tɪndʒ] N (*of colour*) matiz m; (*of feeling*) toque m ▶ VT: **~d with** tingido de

tingle ['tɪŋgl] N comichão f ▶ VI formigar

tinker ['tɪŋkə^r] N funileiro(-a); (BRIT *pej: gipsy*) cigano(-a)
▶ **tinker with** VT mexer com

tinkle ['tɪŋkl] VI tilintar, tinir ▶ N (*inf*): **to give sb a ~** dar uma ligada para alguém

tin mine N mina de estanho

tinned [tɪnd] (BRIT) ADJ (*food*) em lata, em conserva

tinny ['tɪnɪ] ADJ metálico

tin opener (BRIT) N abridor m de latas (BR), abre-latas m inv (PT)

tinsel ['tɪnsl] N ouropel m

tint [tɪnt] N matiz m; (*for hair*) tintura, tinta ▶ VT (*hair*) pintar

tinted ['tɪntɪd] ADJ (*hair*) pintado; (*spectacles, glass*) fumê inv

tiny ['taɪnɪ] ADJ pequenininho, minúsculo

tip [tɪp] N (*end*) ponta; (*gratuity*) gorjeta; (BRIT: *for rubbish*) depósito; (*advice*) dica ▶ VT (*waiter*) dar uma gorjeta a; (*tilt*) inclinar; (*winner*) apostar em; (*overturn: also:* **tip over**) virar, emborcar; (*empty: also:* **tip out**) esvaziar, entornar; **he ~ped out the contents of the box** esvaziou a caixa
▶ **tip off** VT avisar

tip-off N (*hint*) aviso, dica

tipped [tɪpt] ADJ (BRIT: *cigarette*) com filtro; **steel-~** com ponta de aço

Tipp-Ex® ['tɪpɛks] (BRIT) N líquido corretor

tipple ['tɪpl] (BRIT) VT bebericar ▶ N: **to have a ~** beber um gole

tipsy ['tɪpsɪ] ADJ embriagado, tocado, alto, alegre

tiptoe ['tɪptəu] N: **on ~** na ponta dos pés

tiptop ['tɪp'tɔp] ADJ: **in ~ condition** em perfeitas condições

tire ['taɪə^r] N (US) = **tyre** ▶ VT cansar ▶ VI cansar-se; (*become bored*) chatear-se
▶ **tire out** VT esgotar, exaurir

tired ['taɪəd] ADJ cansado; **to be ~ of sth** estar farto *or* cheio de algo

tiredness ['taɪədnɪs] N cansaço

tireless ['taɪəlɪs] ADJ incansável

tiresome ['taɪəsəm] ADJ enfadonho, chato

tiring ['taɪərɪŋ] ADJ cansativo

tissue ['tɪʃu:] N tecido; (*paper handkerchief*) lenço de papel

tissue paper N papel m de seda

tit [tɪt] N (*bird*) passarinho; (*inf: breast*) teta; **to give ~ for tat** pagar na mesma moeda

titanium [tɪ'teɪnɪəm] N titânio

titbit ['tɪtbɪt] N (*food*) guloseima; (*news*) boato, rumor m

titillate ['tɪtɪleɪt] VT titilar, excitar

titivate ['tɪtɪveɪt] VT arrumar

title ['taɪtl] N título; (*Law: right*): **~ (to)** direito (a)

title deed N (*Law*) título de propriedade

title page N página de rosto

title role N papel m principal

titter ['tɪtə^r] VI rir-se com riso sufocado

tittle-tattle ['tɪtltætl] N fofocas fpl (BR), mexericos mpl (PT)

titular ['tɪtjulə^r] ADJ (*in name only*) nominal, titular

tizzy ['tɪzɪ] N: **to be in a ~** estar muito nervoso

T-junction N bifurcação f em T

TM N ABBR = **trademark**; **transcendental meditation**

TN (US) ABBR (*Post*) = **Tennessee**
TNT N ABBR (= *trinitrotoluene*) Tnt *m*, trotil *m*

KEYWORD

to [tu:, tə] PREP **1** (*direction*) a, para; (*towards*) para; **to go to France/London/school/the station** ir à França/a Londres/ao colégio/à estação; **to go to Lígia's/the doctor's** ir à casa da Lígia/ao médico; **the road to Edinburgh** a estrada para Edinburgo; **to the left/right** à esquerda/direita
2 (*as far as*) até; **to count to 10** contar até 10; **from 40 to 50 people** de 40 a 50 pessoas
3 (*with expressions of time*): **a quarter to 5** quinze para as 5 (BR), 5 menos um quarto (PT)
4 (*for, or*) de, para; **the key to the front door** a chave da porta da frente; **a letter to his wife** uma carta para a sua mulher
5 (*expressing indirect object*): **to give sth to sb** dar algo a alguém; **to talk to sb** falar com alguém; **I sold it to a friend** vendi isto para um amigo; **to cause damage to sth** causar danos em algo; **to be a danger to sb/sth** ser um perigo para alguém/algo; **to carry out repairs to sth** fazer consertos em algo; **you've done something to your hair** você fêz algo no seu cabelo
6 (*in relation to*) para; **A is to B as C is to D** A está para B assim como C está para D; **3 goals to 2** 3 a 2; **8 apples to the kilo** 8 maçãs por quilo
7 (*purpose, result*) para; **to come to sb's aid** prestar ajuda a alguém; **to sentence sb to death** condenar alguém à morte; **to my surprise** para minha surpresa
▶ WITH VB **1** (*simple infin*): **to go/eat** ir/comer
2 (*following another vb*): **to want/try to do** querer/tentar fazer; **to start to do** começar a fazer
3 (*with vb omitted*): **I don't want to** eu não quero; **you ought to** você deve
4 (*purpose, result*) para; **he did it to help you** ele fez isso para ajudar você
5 (*equivalent to relative clause*) para, a; **I have things to do** eu tenho coisas para fazer; **he has a lot to lose** ele tem muito a perder; **the main thing is to try** o principal é tentar
6 (*after adj etc*) para; **ready to go** pronto para ir; **too old/young to ...** muito velho/jovem para ...
▶ ADV: **pull/push the door to** puxar/empurrar a porta

toad [təud] N sapo
toadstool ['təudstu:l] N chapéu-de-cobra *m*, cogumelo venenoso
toady ['təudɪ] VI ser bajulador(a), puxar saco (*inf*)
toast [təust] N (*Culin*) torradas *fpl*; (*drink, speech*) brinde *m* ▶ VT (*Culin*) torrar; (*drink to*) brindar; **a piece** *or* **slice of** ~ uma torrada
toaster ['təustə'] N torradeira

toastmaster ['təustmɑ:stə'] N mestre *m* de cerimônias
toast rack N porta-torradas *m inv*
tobacco [tə'bækəu] N tabaco, fumo (BR)
tobacconist [tə'bækənɪst] N vendedor(a) *m/f* de tabaco; **~'s (shop)** tabacaria, charutaria (BR)
Tobago [tə'beɪgəu] N = **Trinidad and Tobago**
toboggan [tə'bɔgən] N tobogã *m*
today [tə'deɪ] ADV, N (*fig*) hoje *m*; **what day is it ~?** que dia é hoje?; **what date is it ~?** qual é a data de hoje?; **~ is the 4th of March** hoje é dia 4 de março; **a week ago ~** há uma semana atrás; **a fortnight ~** daqui a quinze dias; **~'s paper** o jornal de hoje
toddler ['tɔdlə'] N criança que começa a andar
toddy ['tɔdɪ] N ponche *m* quente
to-do N (*fuss*) rebuliço, alvoroço
toe [təu] N dedo do pé; (*of shoe*) bico ▶ VT: **to ~ the line** (*fig*) conformar-se, cumprir as obrigações; **big ~** dedão *m* do pé; **little ~** dedo mindinho do pé
toehold ['təuhəuld] N apoio
toenail ['təuneɪl] N unha do pé
toffee ['tɔfɪ] N puxa-puxa *m* (BR), caramelo (PT)
toffee apple (BRIT) N maçã *f* do amor
toga ['təugə] N toga
together [tə'gɛðə'] ADV juntos; (*at same time*) ao mesmo tempo; **~ with** junto com
togetherness [tə'gɛðənɪs] N companheirismo, camaradagem *f*
toggle button ['tɔgl-] N (*Comput*) botão *m* de alternância
Togo ['təugəu] N Togo
togs [tɔgz] (*inf*) NPL (*clothes*) roupa
toil [tɔɪl] N faina, labuta ▶ VI labutar, trabalhar arduamente
toilet ['tɔɪlət] N (*apparatus*) privada, vaso sanitário; (*BRIT: lavatory*) banheiro (BR), casa de banho (PT) ▶ CPD (*bag, soap etc*) de toalete; **to go to the ~** ir ao banheiro
toilet bag (BRIT) N bolsa de toucador
toilet bowl N vaso sanitário
toilet paper N papel *m* higiênico
toiletries ['tɔɪlɪtrɪz] NPL artigos *mpl* de toalete; (*make-up etc*) artigos de toucador
toilet roll N rolo de papel higiênico
toilet water N água de colônia
to-ing and fro-ing ['tu:ɪŋən'frəuɪŋ] (BRIT) N vaivém *m*
token ['təukən] N (*sign*) sinal *m*, símbolo, prova; (*souvenir*) lembrança; (*substitute coin*) ficha; (*voucher*) cupom *m*, vale *m* ▶ CPD (*fee, strike*) simbólico; **by the same ~** (*fig*) pela mesma razão; **book/record ~** (BRIT) vale para comprar livros/discos
Tokyo ['təukjəu] N Tóquio
told [təuld] PT, PP *of* **tell**
tolerable ['tɔlərəbl] ADJ (*bearable*) suportável; (*fairly good*) passável
tolerably ['tɔlərəblɪ] ADV: **~ good** razoável
tolerance ['tɔlərns] N (*also Tech*) tolerância
tolerant ['tɔlərnt] ADJ: **~ of** tolerante com

tolerate ['tɔləreɪt] VT suportar; (Med, Tech) tolerar
toleration [tɔlə'reɪʃən] N tolerância
toll [təul] N (of casualties) número de baixas; (tax, charge) pedágio (BR), portagem f (PT) ▶ VI (bell) dobrar, tanger
tollbridge ['təulbrɪdʒ] N ponte f de pedágio (BR) or de portagem (PT)
tomato [tə'mɑːtəu] (pl **tomatoes**) N tomate m
tomb [tuːm] N tumba
tombola [tɔm'bəulə] N tômbola
tomboy ['tɔmbɔɪ] N menina moleque
tombstone ['tuːmstəun] N lápide f
tomcat ['tɔmkæt] N gato
tomorrow [tə'mɔrəu] ADV, N amanhã m; **the day after ~** depois de amanhã; **~ morning** amanhã de manhã
ton [tʌn] N (BRIT) tonelada; (Naut: also: **register ton**) tonelagem f de registro; **~s of** (inf) um monte de
tonal ['təunl] ADJ tonal
tone [təun] N tom m; (BRIT Tel) sinal m ▶ VI harmonizar
▶ **tone down** VT (colour, criticism) suavizar; (sound) baixar; (Mus) entoar
▶ **tone up** VT (muscles) tonificar
tone-deaf ADJ que não tem ouvido
toner ['təunə'] N (for photocopier) tinta
Tonga ['tɔŋgə] N Tonga (no article)
tongs [tɔŋz] NPL (for coal) tenaz f; (for hair) ferros mpl de frisar cabelo
tongue [tʌŋ] N língua; **~ in cheek** ironicamente
tongue-tied [-taɪd] ADJ (fig) calado
tongue-twister [-'twɪstə'] N trava-língua m
tonic ['tɔnɪk] N (Med) tônico; (Mus) tônica; (also: **tonic water**) (água) tônica
tonight [tə'naɪt] ADV, N esta noite, hoje à noite; **(I'll) see you ~!** até a noite!
tonnage ['tʌnɪdʒ] N (Naut) tonelagem f
tonne [tʌn] N (BRIT) (metric ton) tonelada
tonsil ['tɔnsəl] N amígdala; **to have one's ~s out** tirar as amígdalas
tonsillitis [tɔnsɪ'laɪtɪs] N amigdalite f; **to have ~** estar com uma amigdalite
too [tuː] ADV (excessively) demais; (very) muito; (also) também; **~ much** (adv) demais; (adj) demasiado; **~ many** (adj) muitos(-as), demasiados(-as); **~ sweet** doce demais; **I went ~** eu fui também
took [tuk] PT of **take**
tool [tuːl] N ferramenta; (fig: person) joguete m ▶ VT trabalhar
tool box N caixa de ferramentas
tool kit N jogo de ferramentas
toot [tuːt] N (of horn) buzinada; (of whistle) apito ▶ VI (with car horn) buzinar; (whistle) apitar
tooth [tuːθ] (pl **teeth**) N (Anat, Tech) dente m; (molar) molar m; **to have a ~ out** (BRIT) or **pulled** (US) arrancar um dente; **to brush one's teeth** escovar os dentes; **by the skin of one's teeth** (fig) por um triz

toothache ['tuːθeɪk] N dor f de dente; **to have ~** estar com dor de dente
toothbrush ['tuːθbrʌʃ] N escova de dentes
toothpaste ['tuːθpeɪst] N pasta de dentes, creme m dental
toothpick ['tuːθpɪk] N palito
tooth powder N pó m dentifrício
top [tɔp] N (of mountain) cume m, cimo; (of tree) topo; (of head) cocuruto; (of cupboard, table) superfície f, topo; (of box, jar, bottle) tampa; (of ladder, page) topo; (of list etc) cabeça m; (toy) pião m; (Dress: blouse etc) top m, blusa; (: of pyjamas) paletó m ▶ ADJ (highest: shelf, step) mais alto; (: marks) máximo; (in rank) principal, superior; (best) melhor ▶ VT (exceed) exceder; (be first in) estar à cabeça de; **the ~ of the milk** (BRIT) a nata do leite; **at the ~ of the stairs/page/street** no alto da escada/no alto da página/no começo da rua; **on ~ of** (above) sobre, em cima de; (in addition to) além de; **from ~ to toe** da cabeça aos pés; **from ~ to bottom** de cima abaixo; **at the ~ of the list** à cabeça da lista; **at the ~ of one's voice** aos gritos; **at ~ speed** a toda velocidade; **a ~ surgeon** um dos melhores cirurgiões; **over the ~** (inf: behaviour etc) extravagante
▶ **top up**, (US) **top off** VT completar; (mobile phone) recarregar
topaz ['təupæz] N topázio
topcoat ['tɔpkəut] N sobretudo
topflight ['tɔpflaɪt] ADJ de primeira categoria
top floor N último andar m
top hat N cartola
top-heavy ADJ (object) desequilibrado
topic ['tɔpɪk] N tópico, assunto
topical ['tɔpɪkl] ADJ atual
topless ['tɔplɪs] ADJ (bather etc) topless inv, sem a parte superior do biquíni
top-level ADJ (talks) de alto nível
topmost ['tɔpməust] ADJ o mais alto
topography [tə'pɔgrəfɪ] N topografia
topping ['tɔpɪŋ] N (Culin) cobertura
topple ['tɔpl] VT derrubar ▶ VI cair para frente
top-ranking [-'ræŋkɪŋ] ADJ de alto escalão
top-secret ADJ ultrassecreto, supersecreto
top-security (BRIT) ADJ de alta segurança
topsy-turvy ['tɔpsɪ'təːvɪ] ADJ, ADV de pernas para o ar, confuso, às avessas
top-up N (for mobile phone) recarga; **would you like a ~?** você quer mais?
top-up card N cartão de recarga (para celular)
torch [tɔːtʃ] N tocha, archote m; (BRIT: electric torch) lanterna
tore [tɔː'] PT of **tear²**
torment [n 'tɔːmɛnt, vt tɔː'mɛnt] N tormento, suplício ▶ VT atormentar; (fig: annoy) chatear, aborrecer
torn [tɔːn] PP of **tear²** ▶ ADJ: **~ between** (fig) dividido entre
tornado [tɔː'neɪdəu] (pl **tornadoes**) N tornado
torpedo [tɔː'piːdəu] (pl **torpedoes**) N torpedo ▶ VT torpedear
torpedo boat N torpedeiro

torpor ['tɔːpəʳ] N torpor *m*
torque [tɔːk] N momento de torção
torrent ['tɔrənt] N torrente *f*
torrential [tɔ'rɛnʃl] ADJ torrencial
torrid ['tɔrɪd] ADJ tórrido; *(fig)* abrasador(a)
torso ['tɔːsəu] N torso
tortoise ['tɔːtəs] N tartaruga
tortoiseshell ['tɔːtəʃɛl] CPD de tartaruga
tortuous ['tɔːtjuəs] ADJ tortuoso; *(argument, mind)* confuso
torture ['tɔːtʃəʳ] N tortura ▶ VT torturar; *(fig)* atormentar
torturer ['tɔːtʃərəʳ] N torturador(a) *m/f*
Tory ['tɔːrɪ] *(BRIT)* ADJ, N *(Pol)* conservador(a) *m/f*
toss [tɔs] VT atirar, arremessar; *(head)* lançar para trás ▶ N *(of head)* meneio; *(of coin)* lançamento ▶ VI: **to ~ and turn in bed** virar de um lado para o outro na cama; **to ~ a coin** tirar cara ou coroa; **to ~ up for sth** *(BRIT)* jogar cara ou coroa por algo; **to win/lose the ~** ganhar/perder no cara ou coroa; *(Sport)* ganhar/perder o sorteio
tot [tɔt] N *(BRIT: drink)* copinho, golinho; *(child)* criancinha
▶ **tot up** *(BRIT)* VT *(figures)* somar, adicionar
total ['təutl] ADJ total ▶ N total *m*, soma ▶ VT *(add up)* somar; *(amount to)* montar a; **in ~** em total
totalitarian [təutælɪ'tɛərɪən] ADJ totalitário
totality [təu'tælɪtɪ] N totalidade *f*
totally ['təutəlɪ] ADV totalmente
tote bag [təut-] N sacola
totem pole ['təutəm-] N mastro totêmico
totter ['tɔtəʳ] VI cambalear; *(object, government)* vacilar
touch [tʌtʃ] N *(sense, also skill: of pianist etc)* toque *m*; *(contact)* contato; *(Football)*: **in ~** fora do campo ▶ VT tocar (em); *(tamper with)* mexer com; *(make contact with)* fazer contato com; *(emotionally)* comover; **the personal ~** o toque pessoal; **to put the finishing ~es to sth** dar os últimos retoques em algo; **a ~ of** *(fig)* um traço de; **to get in ~ with sb** entrar em contato com alguém; **to lose ~** *(friends)* perder o contato; **to be out of ~ with events** não estar a par dos acontecimentos; **no artist in the country can ~ him** nenhum artista no país se compara a ele
▶ **touch on** VT FUS *(topic)* tocar em, fazer menção de
▶ **touch up** VT *(paint)* retocar
touch-and-go ADJ arriscado; **it was ~ whether we did it** por pouco fizemos aquilo
touchdown ['tʌtʃdaun] N aterrissagem *f (BR)*, aterragem *f (PT)*; *(on sea)* amerissagem *f (BR)*, amaragem *f (PT)*; *(US Football)* touchdown *m (colocação da bola no chão atrás da linha de gol)*
touched [tʌtʃt] ADJ comovido; *(inf)* tocado, muito louco
touching ['tʌtʃɪŋ] ADJ comovedor(a)
touchline ['tʌtʃlaɪn] N *(Sport)* linha de fundo
touch screen N *(Comput)* touch screen *m*, ecrã táctil *(PT)*

touch-type VI datilografar sem olhar para as teclas
touchy ['tʌtʃɪ] ADJ *(person)* suscetível, sensível
tough [tʌf] ADJ duro; *(difficult)* difícil; *(resistant)* resistente; *(person: physically)* forte; *(: mentally)* tenaz; *(exam, experience)* brabo; *(firm)* firme, inflexível ▶ N *(gangster etc)* bandido, capanga *m*; **~ luck!** azar!; **they got ~ with the workers** começaram a falar grosso com os trabalhadores
toughen ['tʌfən] VT *(sb's character)* fortalecer; *(glass etc)* tornar mais resistente
toughness ['tʌfnɪs] N dureza; *(difficulty)* dificuldade *f*; *(resistance)* resistência; *(of person)* tenacidade *f*
toupee ['tuːpeɪ] N peruca
tour ['tuəʳ] N viagem *f*, excursão *f*; *(also: package tour)* excursão organizada; *(of town, museum)* visita; *(by artist)* turnê *f* ▶ VT *(country, city)* excursionar por; *(factory)* visitar; **to go on a ~ of** *(museum, region)* visitar; **to go on ~** fazer turnê
touring ['tuərɪŋ] N viagens *fpl* turísticas, turismo
tourism ['tuərɪzm] N turismo
tourist ['tuərɪst] N turista *m/f* ▶ CPD turístico; **the ~ trade** o turismo
tourist office N *(in country)* escritório de turismo; *(in embassy etc)* departamento de turismo
tournament ['tuənəmənt] N torneio
tourniquet ['tuənɪkeɪ] N *(Med)* torniquete *m*
tour operator *(BRIT)* N empresa de viagens
tousled ['tauzld] ADJ *(hair)* despenteado
tout [taut] VI: **to ~ for** angariar clientes para ▶ VT *(BRIT)*: **to ~ sth (around)** tentar vender algo ▶ N *(BRIT: ticket tout)* cambista *m/f*
tow [təu] N: **to give sb a ~** *(Aut)* rebocar alguém ▶ VT rebocar; **"on ~"** *(BRIT)*, **"in ~"** *(US) (Aut)* "rebocado"; **with her husband in ~** com o marido a tiracolo
toward [tə'wɔːd], **towards** [tə'wɔːdz] PREP em direção a; *(of attitude)* para com; *(of purpose)* para; **~(s) noon/the end of the year** perto do meio-dia/do fim do ano; **to feel friendly ~(s) sb** sentir amizade em relação a alguém
towel ['tauəl] N toalha; *(also: tea towel)* pano; **to throw in the ~** *(fig)* dar-se por vencido
towelling ['tauəlɪŋ] N *(fabric)* tecido para toalhas
towel rail, *(US)* **towel rack** N toalheiro
tower ['tauəʳ] N torre *f* ▶ VI *(building, mountain)* elevar-se; **to ~ above** or **over sb/sth** dominar alguém/algo
tower block *(BRIT)* N prédio alto, espigão *m*, cortiço *(BR)*
towering ['tauərɪŋ] ADJ elevado; *(figure)* eminente
towline ['təulaɪn] N cabo de reboque
town [taun] N cidade *f*; **to go to ~** ir à cidade; *(fig)* fazer com entusiasmo, mandar brasa *(BR)*; **in the ~** na cidade; **to be out of ~** *(person)* estar fora da cidade

town centre N centro (da cidade)
town clerk N administrador(a) m/f municipal
town council N câmara municipal
town hall N prefeitura (BR), concelho (PT)
town plan N mapa m da cidade
town planner N urbanista m/f
town planning N urbanismo
townspeople ['taunzpi:pl] NPL habitantes mpl da cidade
towpath ['təupɑ:θ] N caminho de sirga
towrope ['təurəup] N cabo de reboque
tow truck (US) N reboque m (BR), pronto socorro (PT)
toxic ['tɔksɪk] ADJ tóxico
toxin ['tɔksɪn] N toxina
toy [tɔɪ] N brinquedo ▶ CPD de brinquedo
▶ **toy with** VT FUS (object, food) brincar com; (idea) contemplar
toy shop N loja de brinquedos
trace [treɪs] N (sign) sinal m; (small amount) traço ▶ VT (through paper) decalcar; (draw) traçar, esboçar; (follow) seguir a pista de; (locate) encontrar; **without ~** (disappear) sem deixar vestígios; **there was no ~ of it** não havia nenhum vestígio disso
trace element N elemento traço
trachea [trə'kɪə] N (Anat) traqueia
tracing paper ['treɪsɪŋ-] N papel m de decalque
track [træk] N (mark) pegada, vestígio; (path: gen) caminho, vereda; (: of bullet etc) trajetória; (: of suspect, animal) pista, rasto; (Rail) trilhos (BR), carris mpl (PT); (on CD) faixa; (Sport) pista; (on record) faixa ▶ VT seguir a pista de; **to keep ~ of** não perder de vista; (fig) manter-se informado sobre; **to be on the right ~** (fig) estar no caminho certo
▶ **track down** VT (prey) seguir a pista de; (sth lost) procurar e encontrar
tracked [trækt] ADJ com lagarta
tracker dog ['trækə-] (BRIT) N cão m policial
track events NPL (Sport) corridas fpl
tracking station ['trækɪŋ-] N (Space) estação f de rastreamento
track record N: **to have a good ~** (fig) ter uma boa folha de serviço
track suit N roupa de jogging
tract [trækt] N (Geo) região f; (pamphlet) folheto; **respiratory ~** (Anat) aparelho respiratório
traction ['trækʃən] N tração f; (Med): **in ~** em tração
tractor ['træktə'] N trator m
tractor feed N (on printer) alimentação f a trator
trade [treɪd] N comércio; (skill, job) ofício ▶ VI negociar, comerciar ▶ VT: **to ~ sth (for sth)** trocar algo (por algo); **to ~ with/in** comerciar com/em; **foreign ~** comércio exterior
▶ **trade in** VT dar como parte do pagamento
trade barrier N barreira comercial
trade deficit N déficit m na balança comercial

Trade Descriptions Act (BRIT) N lei contra a publicidade mentirosa
trade discount N desconto de revendedor
trade fair N feira industrial
trade-in N venda
trade-in price N valor de um objeto usado que se desconta do preço do outro novo
trademark ['treɪdmɑ:k] N marca registrada
trade mission N missão f comercial
trade name N (of product) marca or nome comercial de um produto; (of company) razão f social
trader ['treɪdə'] N comerciante m/f
trade secret N segredo do ofício
tradesman ['treɪdzmən] (irreg: like **man**) N (shopkeeper) lojista m
trade union N sindicato
trade unionism [-'ju:njənɪzəm] N sindicalismo
trade unionist [-'ju:njənɪst] N sindicalista m/f
trade wind N vento alísio
trading ['treɪdɪŋ] N comércio
trading estate (BRIT) N parque m industrial
trading stamp N selo de bonificação
tradition [trə'dɪʃən] N tradição f
traditional [trə'dɪʃənl] ADJ tradicional
traffic ['træfɪk] N trânsito; (air traffic etc) tráfego; (illegal) tráfico ▶ VI: **to ~ in** (pej: liquor, drugs) traficar com, fazer tráfico com
traffic circle (US) N rotatória
traffic island N refúgio de segurança (para pedestres)
traffic jam N engarrafamento, congestionamento
trafficker ['træfɪkə'] N traficante m/f
traffic lights NPL sinal m luminoso
traffic offence (BRIT) N infração f de trânsito
traffic sign N placa de sinalização
traffic violation (US) N infração f
traffic warden N guarda m/f de trânsito
tragedy ['trædʒədɪ] N tragédia
tragic ['trædʒɪk] ADJ trágico
trail [treɪl] N (tracks) rasto, pista; (path) caminho, trilha; (wake) esteira; (of smoke, dust) rasto, rastro ▶ VT (drag) arrastar; (follow) seguir a pista de; (follow closely) vigiar ▶ VI arrastar-se; (hang loosely) pender; (in game, contest) ficar para trás; **to be on sb's ~** estar no encalço de alguém
▶ **trail away** VI (sound, voice) ir-se perdendo; (interest) diminuir
▶ **trail behind** VI atrasar-se
▶ **trail off** VI (sound, voice) ir-se perdendo; (interest) diminuir
trailer ['treɪlə'] N (Aut) reboque m; (US: caravan) trailer m (BR), rulote f (PT); (Cinema) trailer
trailer truck (US) N caminhão-reboque m
train [treɪn] N trem m (BR), comboio (PT); (of dress) cauda; (series) sequência, série f; (followers) séquito, comitiva ▶ VT (professionals etc) formar; (teach skills to) instruir; (Sport) treinar; (dog) adestrar, amestrar; (point: gun

etc): **to ~ on** apontar para ▶ VI (*learn a skill*) instruir-se; (*Sport*) treinar; (*be educated*) ser treinado; **to lose one's ~ of thought** perder o fio; **to go by ~** ir de trem; **to ~ sb to do sth** treinar alguém para fazer algo

train attendant (US) N revisor(a) *m/f*

trained [treɪnd] ADJ (*worker*) especializado; (*teacher*) formado; (*animal*) adestrado

trainee [treɪ'niː] N estagiário(-a); (*in trade*) aprendiz *m/f*

trainer ['treɪnə^r] N (*Sport*) treinador(a) *m/f*; (*of animals*) adestrador(a) *m/f*; **trainers** NPL (*shoes*) tênis *m*

training ['treɪnɪŋ] N instrução *f*; (*Sport, for occupation*) treinamento; (*professional*) formação; **in ~** en treinamento

training college N (*for teachers*) Escola Normal

training course N curso de formação profissional

training shoes NPL tênis *m*

traipse [treɪps] VI perambular

trait [treɪt] N traço

traitor ['treɪtə^r] N traidor(a) *m/f*

trajectory [trə'dʒɛktərɪ] N trajetória

tram [træm] N (*also:* **tramcar**) (BRIT) bonde *m* (BR), eléctrico (PT)

tramline ['træmlaɪn] N trilho para bondes

tramp [træmp] N (*pej: person*) vagabundo(-a); (*woman*) piranha ▶ VI caminhar pesadamente ▶ VT (*walk through: town, streets*) percorrer, andar por

trample ['træmpl] VT: **to ~ (underfoot)** calcar aos pés

trampoline ['træmpəliːn] N trampolim *m*

trance [trɑːns] N estupor *m*; (*Med*) transe *m* hipnótico; **to go into a ~** cair em transe

tranquil ['træŋkwɪl] ADJ tranquilo

tranquillity [træŋ'kwɪlɪtɪ] N tranquilidade *f*

tranquillizer ['træŋkwɪlaɪzə^r] N (*Med*) tranquilizante *m*

transact [træn'zækt] VT (*business*) negociar

transaction [træn'zækʃən] N transação *f*, negócio; **transactions** NPL (*minutes*) ata; **cash ~** transação à vista

transatlantic [trænzət'læntɪk] ADJ transatlântico

transcend [træn'sɛnd] VT transcender, exceder; (*excel over*) ultrapassar

transcendental [trænsɛn'dɛntl] ADJ: **~ meditation** meditação *f* transcendental

transcribe [træn'skraɪb] VT transcrever

transcript ['trænskrɪpt] N cópia, traslado

transcription [træn'skrɪpʃən] N transcrição *f*

transept ['trænsɛpt] N transepto

transfer [*n* 'trænsfə^r, *vt* træns'fəː^r] N transferência; (*picture, design*) decalcomania ▶ VT transferir; **to ~ the charges** (BRIT *Tel*) ligar a cobrar; **by bank ~** por transferência bancária

transferable [træns'fəːrəbl] ADJ transferível; **not ~** intransferível

transfix [træns'fɪks] VT trespassar; (*fig*): **~ed with fear** paralisado de medo

transform [træns'fɔːm] VT transformar

transformation [trænsfə'meɪʃən] N transformação *f*

transformer [træns'fɔːmə^r] N (*Elec*) transformador *m*

transfusion [træns'fjuːʒən] N (*also:* **blood transfusion**) transfusão *f* (de sangue)

transgender [trænz'dʒɛndə^r] ADJ, N transexual *m/f*

transgress [træns'grɛs] VT transgredir

transient ['trænzɪənt] ADJ transitório

transistor [træn'zɪstə^r] N (*Elec: also:* **transistor radio**) transistor *m*

transit ['trænzɪt] N: **in ~** em trânsito, de passagem

transit camp N campo de trânsito

transition [træn'zɪʃən] N transição *f*

transitional [træn'zɪʃənl] ADJ de transição, transicional

transitive ['trænzɪtɪv] ADJ (*Ling*) transitivo

transit lounge N salão *m* de trânsito

transitory ['trænzɪtərɪ] ADJ transitório

translate [trænz'leɪt] VT traduzir; **to ~ from/into** traduzir do/para o

translation [trænz'leɪʃən] N tradução *f*

translator [trænz'leɪtə^r] N tradutor(a) *m/f*

translucent [trænz'luːsnt] ADJ translúcido

transmission [trænz'mɪʃən] N transmissão *f*

transmit [trænz'mɪt] VT transmitir

transmitter [trænz'mɪtə^r] N transmissor *m*; (*station*) emissora

transparency [træns'pɛərnsɪ] N (*of glass etc*) transparência; (BRIT *Phot*) diapositivo

transparent [træns'pærnt] ADJ transparente

transpire [træns'paɪə^r] VI (*turn out*) tornar sabido; (*happen*) ocorrer, acontecer; (*become known*): **it finally ~d that ...** no final soube-se que ...

transplant [*vt* træns'plɑːnt, *n* 'trænsplɑːnt] VT transplantar ▶ N (*Med*) transplante *m*; **to have a heart ~** ter um transplante de coração

transport [*n* 'trænspɔːt, *vt* træns'pɔːt] N transporte *m* ▶ VT transportar; (*carry*) acarretar; **public ~** transportes coletivos; **Department of T~** (BRIT) ministério dos Transportes

transportation [trænspɔː'teɪʃən] N transporte *m*; **Department of T~** (US) ministério da Infraestrutura

transport café (BRIT) N lanchonete *f* de estrada

transpose [træns'pəuz] VT transpor

transverse ['trænzvəːs] ADJ transversal

transvestite [trænz'vɛstaɪt] N travesti *m/f*

trap [træp] N (*snare*) armadilha, cilada; (*trick*) cilada; (*carriage*) aranha, charrete *f* ▶ VT (*animal, person*) pegar numa armadilha; (*immobilize*) bloquear; (*jam*) emperrar; **to be ~ped** (*in bad marriage, fire*) estar preso(-a); **to set** or **lay a ~ (for sb)** montar uma armadilha (para alguém); **to shut one's ~** (*inf*) calar a boca; **to ~ one's finger in the door** prender o dedo na porta

trap door N alçapão *m*

trapeze [trə'pi:z] N trapézio
trapper ['træpəʳ] N caçador m de peles
trappings ['træpɪŋz] NPL adornos mpl, enfeites mpl
trash [træʃ] N (pej: goods) refugo, escória; (: nonsense) besteiras fpl; (us: rubbish) lixo
trash can (US) N lata de lixo
trauma ['trɔ:mə] N trauma m
traumatic [trɔ:'mætɪk] ADJ traumático
travel ['trævl] N viagem f ▶ VI viajar; (sound) propagar-se; (news) levar; (wine): **this wine ~s well** este vinho não sofre alteração ao ser transportado; (move) deslocar-se ▶ VT (distance) percorrer; **travels** NPL (journeys) viagens fpl
travel agency N agência de viagens
travel agent N agente m/f de viagens
travel brochure N prospecto turístico
traveller, (US) **traveler** ['trævələʳ] N viajante m/f; (Comm) caixeiro(-a) viajante
traveller's cheque, (US) **traveler's check** N cheque m de viagem
travelling, (US) **traveling** ['trævəlɪŋ] N as viagens, viajar m ▶ ADJ (circus, exhibition) itinerante; (salesman) viajante ▶ CPD (bag, clock, expenses) de viagem
travelling salesman, (US) **traveling salesman** (irreg: like **man**) N caixeiro viajante
travelogue ['trævəlɔg] N (book) livro de viagem; (film) documentário de viagem
travel sickness N enjoo
traverse ['trævəs] VT atravessar
travesty ['trævəstɪ] N paródia
trawler ['trɔ:ləʳ] N traineira
tray [treɪ] N bandeja; (on desk) cesta
treacherous ['trɛtʃərəs] ADJ traiçoeiro; (ground, tide) perigoso; **road conditions are ~** as estradas estão perigosas
treachery ['trɛtʃərɪ] N traição f
treacle ['tri:kl] N melado
tread [trɛd] (pt **trod**, pp **trodden**) VI pisar ▶ N (step) passo, pisada; (sound) passada; (of stair) piso; (of tyre) banda de rodagem
▶ **tread on** VT FUS pisar (em)
treadle ['trɛdl] N pedal m
treas. ABBR = **treasurer**
treason ['tri:zn] N traição f
treasure ['trɛʒəʳ] N tesouro; (person) joia ▶ VT (value) apreciar, estimar; **treasures** NPL (art treasures etc) preciosidades fpl
treasure hunt N caça ao tesouro
treasurer ['trɛʒərəʳ] N tesoureiro(-a)
treasury ['trɛʒərɪ] N tesouraria; (Pol): **the T~** (BRIT) or **T~ Department** (US) ≈ o Tesouro Nacional
treasury bill N letra do Tesouro (Nacional)
treat [tri:t] N (present) regalo, deleite m; (pleasure) prazer m ▶ VT tratar; **to ~ sb to sth** convidar alguém para algo; **to give sb a ~** dar um prazer a alguém; **to ~ sth as a joke** não levar algo a sério
treatise ['tri:tɪz] N tratado

treatment ['tri:tmənt] N tratamento; **to have ~ for sth** (Med) fazer tratamento para algo
treaty ['tri:tɪ] N tratado, acordo
treble ['trɛbl] ADJ tríplice ▶ N (Mus) soprano ▶ VT triplicar ▶ VI triplicar(-se)
treble clef N clave f de sol
tree [tri:] N árvore f
tree-lined ADJ ladeado de árvores
treetop ['tri:tɔp] N copa (de árvore)
tree trunk N tronco de árvore
trek [trɛk] N (long journey) jornada; (walk) caminhada; (as holiday) excursão f (a pé) ▶ VI (as holiday) caminhar
trellis ['trɛlɪs] N grade f de ripas, latada
tremble ['trɛmbl] VI tremer
trembling ['trɛmblɪŋ] N tremor m ▶ ADJ trêmulo, trepidante
tremendous [trɪ'mɛndəs] ADJ tremendo; (enormous) enorme; (excellent) sensacional, fantástico
tremendously [trɪ'mɛndəslɪ] ADV (well, clever etc) extraordinariamente; (very much) muitíssimo; (very well) muito bem
tremor ['trɛməʳ] N tremor m; (also: **earth tremor**) tremor de terra
trench [trɛntʃ] N trincheira
trench coat N capa (de chuva)
trench warfare N guerra de trincheiras
trend [trɛnd] N (tendency) tendência; (of events) curso; (fashion) modismo, tendência; (on social network: also: **trending topic**) trending topic m ▶ VI (on social network) ser compartilhado no Twitter até virar trending topic; **a ~ towards/away from doing** uma tendência a/contra fazer; **to set the ~** dar o tom; **to set a ~** lançar uma moda; **what's ~ing on Twitter?** quais são os trending topics do Twitter?
trendy ['trɛndɪ] ADJ (idea) de acordo com a tendência atual; (clothes) da última moda
trepidation [trɛpɪ'deɪʃən] N trepidação f; (fear) apreensão f
trespass ['trɛspəs] VI: **to ~ on** invadir; "**no ~ing**" "entrada proibida"
trespasser ['trɛspəsəʳ] N intruso(-a); "**~s will be prosecuted**" "aqueles que invadirem esta área serão punidos"
tress [trɛs] N trança
trestle ['trɛsl] N cavalete m
trestle table N mesa de cavaletes
trial ['traɪəl] N (Law) processo; (test: of machine etc) prova, teste m; (hardship) provação f; **trials** NPL (unpleasant experiences) dissabores mpl; (Sport) eliminatórias fpl; **horse ~s** provas fpl de equitação; **by ~ and error** por tentativas; **~ by jury** julgamento por júri; **to be sent for ~** ser levado a julgamento; **to be on ~** ser julgado
trial balance N (Comm) balancete m
trial basis N: **on a ~** em experiência
trial period N período de experiência
trial run N ensaio

triangle ['traɪæŋgl] N (Math, Mus) triângulo
triangular [traɪ'æŋgjuləʳ] ADJ triangular
triathlon [traɪ'æθlən] N triatlo
tribal ['traɪbəl] ADJ tribal
tribe [traɪb] N tribo f
tribesman ['traɪbzmən] (irreg: like **man**) N membro da tribo
tribulation [trɪbju'leɪʃən] N tribulação f, aflição f
tribunal [traɪ'bju:nl] N tribunal m
tributary ['trɪbju:tərɪ] N (river) afluente m
tribute ['trɪbju:t] N homenagem f; (payment) tributo; **to pay ~ to** prestar homenagem a, homenagear
trice [traɪs] N: **in a ~** num instante
trick [trɪk] N truque m; (deceit) fraude f, trapaça; (joke) peça, brincadeira; (skill, knack) habilidade f; (Cards) vaza ▶ VT enganar; **to play a ~ on sb** pregar uma peça em alguém; **to ~ sb into doing sth** induzir alguém a fazer algo pela astúcia; **to ~ sb out of sth** obter algo de alguém pela astúcia; **it's a ~ of the light** é uma ilusão de ótica; **that should do the ~** (inf) isso deveria dar resultado
trickery ['trɪkərɪ] N trapaça, astúcia
trickle ['trɪkl] N (of water etc) fio (de água) ▶ VI gotejar, pingar; **to ~ in/out** (people) ir entrando/saindo aos poucos
trick question N pergunta capciosa
trickster ['trɪkstəʳ] N vigarista m/f
tricky ['trɪkɪ] ADJ difícil, complicado
tricycle ['traɪsɪkl] N triciclo
trifle ['traɪfl] N (small detail) bobagem f, besteira; (Culin) tipo de bolo com fruta e creme ▶ ADV: **a ~ long** um pouquinho longo ▶ VI: **to ~ with** brincar com
trifling ['traɪflɪŋ] ADJ insignificante
trigger ['trɪgəʳ] N (of gun) gatilho
▶ **trigger off** VT desencadear
trigonometry [trɪgə'nɔmətrɪ] N trigonometria
trilby ['trɪlbɪ] (BRIT) N (also: **trilby hat**) chapéu m de feltro
trill [trɪl] N (of bird, Mus) trinado, trilo
trilogy ['trɪlədʒɪ] N trilogia
trim [trɪm] ADJ (figure) elegante; (house) arrumado; (garden) bem cuidado ▶ N (haircut etc) aparada; (on car) estofamento; (embellishment) acabamento, remate m ▶ VT (cut) aparar, cortar; (decorate): **to ~ (with)** enfeitar (com); (Naut: sail) ajustar; **to keep in (good) ~** manter em bom estado
trimmings ['trɪmɪŋz] NPL decoração f; (extras: Culin) acompanhamentos mpl
Trinidad and Tobago ['trɪnɪdæd-] N Trinidad e Tobago (no article)
Trinity ['trɪnɪtɪ] N: **the ~** a Trindade
trinket ['trɪŋkɪt] N bugiganga; (piece of jewellery) berloque m, bijuteria
trio ['tri:əu] N trio
trip [trɪp] N viagem f; (outing) excursão f; (stumble) tropeção m ▶ VI (also: **trip up**) tropeçar; (go lightly) andar com passos ligeiros

▶ VT fazer tropeçar; **on a ~** de viagem
▶ **trip up** VI tropeçar ▶ VT passar uma rasteira em
tripartite [traɪ'pɑ:taɪt] ADJ (in three parts) tripartido; (Pol) tripartidário
tripe [traɪp] N (Culin) bucho, tripa; (pej: rubbish) bobagem f
triple ['trɪpl] ADJ triplo, tríplice ▶ ADV: **~ the distance/the speed** três vezes a distância/a velocidade
triplets ['trɪplɪts] NPL trigêmeos(-as) mpl/fpl
triplicate ['trɪplɪkət] N: **in ~** em triplicata, em três vias
tripod ['traɪpɔd] N tripé m
Tripoli ['trɪpəlɪ] N Trípoli
tripper ['trɪpəʳ] (BRIT) N excursionista m/f
tripwire ['trɪpwaɪəʳ] N fio de disparo
trite [traɪt] (pej) ADJ gasto, banal
triumph ['traɪʌmf] N (satisfaction) satisfação f; (great achievement) triunfo ▶ VI: **to ~ (over)** triunfar (sobre)
triumphal [traɪ'ʌmfl] ADJ triunfal
triumphant [traɪ'ʌmfənt] ADJ triunfante
trivia ['trɪvɪə] NPL trivialidades fpl
trivial ['trɪvɪəl] ADJ insignificante; (commonplace) trivial
triviality [trɪvɪ'ælɪtɪ] N trivialidade f
trivialize ['trɪvɪəlaɪz] VT banalizar, trivializar
trod [trɔd] PT of **tread**
trodden ['trɔdn] PP of **tread**
Trojan ['trəudʒən] N (Comput: also: **Trojan Horse**) cavalo de troia
troll [trɔl, trəul] (inf) N troll m ▶ VI trollar
trolley ['trɔlɪ] N carrinho; (table on wheels) mesa volante
trolley bus N ônibus m elétrico (BR), trólei m (PT)
trollop ['trɔləp] (pej) N rameira
trombone [trɔm'bəun] N trombone m
troop [tru:p] N bando, grupo ▶ VI: **to ~ in/out** entrar/sair em bando; **troops** NPL (Mil) tropas fpl; (: men) homens mpl; **~ing the colour** (BRIT: ceremony) saudação da bandeira
troop carrier N (plane) avião m de transporte de tropas; (Naut: also: **troopship**) navio-transporte m
trooper ['tru:pəʳ] N (Mil) soldado de cavalaria; (US: policeman) ≈ policial m militar, PM m
troopship ['tru:pʃɪp] N navio-transporte m
trophy ['trəufɪ] N troféu m
tropic ['trɔpɪk] N trópico; **in the ~s** nos trópicos; **T~ of Cancer/Capricorn** Trópico de Câncer/Capricórnio
tropical ['trɔpɪkl] ADJ tropical
trot [trɔt] N trote m; (fast pace) passo rápido ▶ VI trotar; (person) andar rapidamente; **on the ~** (fig: inf) a fio
▶ **trot out** VT (excuse, reason) apresentar, dar; (names, facts) recitar
trouble ['trʌbl] N problema(s) m(pl), dificuldade(s) f(pl); (worry) preocupação f; (bother, effort) incômodo, trabalho; (Pol) distúrbios mpl; (Med): **stomach ~** etc problemas mpl gástricos etc ▶ VT perturbar;

(*worry*) preocupar, incomodar ▶ VI: **to ~ to do sth** incomodar-se *or* preocupar-se de fazer algo; **troubles** NPL (*Pol etc*) distúrbios *mpl*; **to be in ~** (*in difficulty*) estar num aperto; (*for doing sth wrong*) estar numa encrenca; (*ship, climber etc*) estar em dificuldade; **to go to the ~ of doing sth** dar-se ao trabalho de fazer algo; **to have ~ doing sth** ter dificuldade em fazer algo; **it's no ~!** não tem problema!; **please don't ~ yourself** por favor, não se dê trabalho!; **the ~ is ...** o problema é ...; **what's the ~?** qual é o problema?

troubled ['trʌbld] ADJ (*person*) preocupado; (*epoch, life*) agitado

trouble-free ADJ sem problemas

troublemaker ['trʌblmeɪkə^r] N criador(a)-de-casos *m/f*; (*child*) encrenqueiro(-a)

troubleshooter ['trʌblʃuːtə^r] N (*in conflict*) conciliador(a) *m/f*; (*solver of problems*) solucionador(a) *m/f* de problemas

troublesome ['trʌblsəm] ADJ importuno; (*child, cough*) incômodo

trouble spot N área de conflito

trough [trɔf] N (*also*: **drinking trough**) bebedouro, cocho; (*also*: **feeding trough**) gamela; (*depression*) depressão *f*; (*channel*) canal *m*; **~ of low pressure** (*Meteorology*) cavado de baixa pressão

trounce [trauns] VT (*defeat*) dar uma surra *or* um banho em

troupe [truːp] N companhia teatral

trouser press N passadeira de calças

trousers ['trauzəz] NPL calça (BR), calças *fpl* (PT)

trouser suit (BRIT) N terninho (BR), conjunto de calças casaco (PT)

trousseau ['truːsəu] (*pl* **trousseaux** *or* **trousseaus**) N enxoval *m*

trousseaux ['truːsəuz] NPL *of* **trousseau**

trout [traut] N INV truta

trowel ['trauəl] N (*garden tool*) colher *f* de jardineiro; (*builder's tool*) colher *f* de pedreiro

truancy ['truənsɪ] N evasão *f* escolar

truant ['truənt] (BRIT) N: **to play ~** matar aula (BR), fazer gazeta (PT)

truce [truːs] N trégua, armistício

truck [trʌk] N caminhão *m* (BR), camião *m* (PT); (*Rail*) vagão *m*

truck driver N caminhoneiro(-a) (BR), camionista *m/f* (PT)

trucker ['trʌkə^r] (*esp* US) N caminhoneiro (BR), camionista *m/f* (PT)

truck farm (US) N horta

trucking ['trʌkɪŋ] (*esp* US) N transporte *m* rodoviário

trucking company (US) N transportadora

truck stop (US) N bar *m* de estrada

truculent ['trʌkjulənt] ADJ agressivo

trudge [trʌdʒ] VI andar com dificuldade, arrastar-se

true [truː] ADJ verdadeiro; (*accurate*) exato; (*genuine*) autêntico; (*faithful*) fiel, leal; (*wall*) aprumado; (*beam*) nivelado; (*wheel*) alinhado; **to come ~** realizar-se, tornar-se realidade; **~ to life** realista, fiel à realidade; **it's ~** é verdade

truffle ['trʌfl] N trufa; (*sweet*) docinho de chocolate *or* rum

truly ['truːlɪ] ADV (*really*) realmente; (*truthfully*) verdadeiramente; (*faithfully*) fielmente; **yours ~** (*in letter*) atenciosamente

trump [trʌmp] N trunfo; **to turn** *or* **come up ~s** (*fig*) salvar a pátria

trump card N (*also fig*) trunfo

trumped-up [trʌmpt-] ADJ inventado, forjado

trumpet ['trʌmpɪt] N trombeta

truncated [trʌŋˈkeɪtɪd] ADJ truncado

truncheon ['trʌntʃən] N cassetete *m*

trundle ['trʌndl] VT (*push slowly: trolley etc*) empurrar lentamente ▶ VI: **to ~ along** rolar *or* rodar fazendo ruído

trunk [trʌŋk] N (*of tree, person*) tronco; (*of elephant*) tromba; (*case*) baú *m*; (US *Aut*) mala (BR), porta-bagagens *m* (PT); **trunks** NPL (*also*: **swimming trunks**) sunga (BR), calções *mpl* de banho (PT)

trunk call (BRIT) N (*Tel*) ligação *f* interurbana

trunk road (BRIT) N ≈ rodovia nacional

truss [trʌs] N (*Med*) funda ▶ VT: **to ~ (up)** atar, amarrar

trust [trʌst] N confiança; (*responsibility*) responsibilidade *f*; (*Comm*) truste *m*; (*Law*) fideicomisso ▶ VT (*rely on*) confiar em; (*entrust*): **to ~ sth to sb** confiar algo a alguém; (*hope*): **to ~ (that)** esperar que; **to take sth on ~** aceitar algo sem verificação prévia; **in ~** (*Law*) em fideicomisso

trust company N companhia fiduciária

trusted ['trʌstɪd] ADJ de confiança

trustee [trʌsˈtiː] N (*Law*) fideicomissário(-a), depositário(-a); (*of school etc*) administrador(a) *m/f*

trustful ['trʌstful] ADJ confiante

trust fund N fundo de fideicomisso

trusting ['trʌstɪŋ] ADJ confiante

trustworthy ['trʌstwəːðɪ] ADJ digno de confiança

trusty ['trʌstɪ] ADJ fidedigno, fiel

truth [truːθ, *pl* truːðz] N verdade *f*

truthful ['truːθful] ADJ (*person*) sincero, honesto; (*account*) verídico

truthfully ['truːθfulɪ] ADV sinceramente

truthfulness ['truːθfulnɪs] N veracidade *f*

try [traɪ] N tentativa; (*Rugby*) ensaio ▶ VT (*Law*) julgar; (*test: sth new*) provar, pôr à prova; (*attempt*) tentar; (*food etc*) experimentar; (*strain*) cansar ▶ VI tentar; **to have a ~** fazer uma tentativa; **to ~ to do sth** tentar fazer algo; **to ~ one's (very) best** *or* **one's (very) hardest** fazer (todo) o possível; **to give sth a ~** tentar algo

▶ **try on** VT (*clothes*) experimentar, provar; **to ~ it on with sb** (*fig: test sb's patience*) testar a paciência de alguém; (: *try to trick*) tentar engambelar alguém

▶ **try out** VT experimentar, provar

trying ['traɪɪŋ] ADJ (person, experience) exasperante
tsar [zɑːʳ] N czar m
T-shirt N camiseta (BR), T-shirt f (PT)
T-square N régua em T
TT ADJ ABBR (BRIT inf) = **teetotal** ▶ ABBR (US Post) = **Trust Territory**
tub [tʌb] N tina; (bath) banheira
tuba ['tjuːbə] N tuba
tubby ['tʌbɪ] ADJ gorducho
tube [tjuːb] N tubo; (pipe) cano; (BRIT: underground) metrô m (BR), metro(-politano) (PT); (for tyre) câmara-de-ar f
tubeless ['tjuːblɪs] ADJ sem câmara
tuber ['tjuːbəʳ] N (Bot) tubérculo
tuberculosis [tjubəːˈkjuːləusɪs] N tuberculose f
tube station (BRIT) N estação f de metrô
tubing ['tjuːbɪŋ] N tubulação f, encanamento; **a piece of** ~ um pedaço de tubo
tubular ['tjuːbjuləʳ] ADJ tubular; (furniture) tubiforme
TUC (BRIT) N ABBR (= Trades Union Congress) ≈ CUT f
tuck [tʌk] N (Sewing) prega, dobra ▶ VT (put) enfiar, meter
▶ **tuck away** VT esconder; **to be ~ed away** estar escondido
▶ **tuck in** VT enfiar para dentro; (child) aconchegar ▶ VI (eat) comer com apetite
▶ **tuck up** VT (child) aconchegar
tuck shop N loja de balas
Tue., Tues. ABBR (= Tuesday) ter, 3ª
Tuesday ['tjuːzdɪ] N terça-feira; **(the date) today is ~ 23rd March** hoje é terça-feira, 23 de março; **on** ~ na terça(-feira); **on ~s** nas terças(-feiras); **every** ~ todas as terças(-feiras); **every other** ~ terça-feira sim, terça-feira não; **last/next** ~ na terça-feira passada/na terça-feira que vem; ~ **next** na terça-feira que vem; **the following** ~ na terça-feira seguinte; **a week on** ~ sem ser essa terça, a outra; **the ~ before last** na terça-feira retrasada; **the ~ after next** sem ser essa terça, a outra; ~ **morning/lunchtime/afternoon/evening** na terça-feira de manhã/ao meio-dia/à tarde/à noite; ~ **night** na terça-feira à noite; ~**'s newspaper** o jornal de terça-feira
tuft [tʌft] N penacho; (of grass etc) tufo
tug [tʌg] N (ship) rebocador m ▶ VT puxar
tug-of-war N cabo-de-guerra m; (fig) disputa
tuition [tjuːˈɪʃən] N ensino; (private tuition) aulas fpl particulares; (US: fees) taxas fpl escolares
tulip ['tjuːlɪp] N tulipa
tumble ['tʌmbl] N (fall) queda ▶ VI cair, tombar ▶ VT derrubar; **to ~ to sth** (inf) sacar algo
tumbledown ['tʌmbldaun] ADJ em ruínas
tumble dryer (BRIT) N máquina de secar roupa
tumbler ['tʌmbləʳ] N copo
tummy ['tʌmɪ] (inf) N (belly) barriga; (stomach) estômago

tumour, (US) **tumor** ['tjuːməʳ] N tumor m
tumult ['tjuːmʌlt] N tumulto
tumultuous [tjuːˈmʌltjuəs] ADJ tumultuado
tuna ['tjuːnə] N INV (also: **tuna fish**) atum m
tune [tjuːn] N melodia ▶ VT (Mus) afinar; (Radio, TV) sintonizar; (Aut) regular; **to be in/out of ~** (instrument) estar afinado/desafinado; (singer) cantar afinado/desafinar; **to be in/out of ~ with** (fig) harmonizar-se com/destoar de; **she was robbed to the ~ of £10,000** ela foi roubada em mais de £10,000
▶ **tune in** VI (Radio, TV): **to ~ in (to)** sintonizar (com)
▶ **tune up** VI (musician) afinar (seu instrumento)
tuneful ['tjuːnful] ADJ melodioso
tuner ['tjuːnəʳ] N (radio set) sintonizador m; **piano ~** afinador(a) m/f de pianos
tuner amplifier N sintonizador m amplificador
tungsten ['tʌŋstən] N tungstênio
tunic ['tjuːnɪk] N túnica
tuning ['tjuːnɪŋ] N (of radio) sintonia; (Mus) afinação f; (of car) regulagem f
tuning fork N diapasão m
Tunis ['tjuːnɪs] N Túnis
Tunisia [tjuːˈnɪzɪə] N Tunísia
Tunisian [tjuːˈnɪzɪən] ADJ, N tunisiano(-a)
tunnel ['tʌnl] N túnel m; (in mine) galeria ▶ VI abrir um túnel (or uma galeria)
tunny ['tʌnɪ] N atum m
turban ['təːbən] N turbante m
turbid ['təːbɪd] ADJ turvo
turbine ['təːbaɪn] N turbina
turbojet [təːbəuˈdʒɛt] N turbojato (BR), turbojacto (PT)
turboprop [təːbəuˈprɔp] N (engine) turboélice m
turbot ['təːbət] N INV rodovalho
turbulence ['təːbjuləns] N (Aviat) turbulência
turbulent ['təːbjulənt] ADJ turbulento
tureen [təˈriːn] N terrina
turf [təːf] N torrão m ▶ VT relvar, gramar; **the T~** o turfe
▶ **turf out** (inf) VT (thing) jogar fora; (person) pôr no olho da rua
turf accountant (BRIT) N corretor m de apostas
turgid ['təːdʒɪd] ADJ (speech) pomposo
Turk [təːk] N turco(-a)
Turkey ['təːkɪ] N Turquia
turkey ['təːkɪ] N peru(a) m/f
Turkish ['təːkɪʃ] ADJ turco(-a) ▶ N (Ling) turco
Turkish bath N banho turco
Turkish delight N lokum m
turmeric ['təːmərɪk] N açafrão-da-terra m
turmoil ['təːmɔɪl] N tumulto, distúrbio, agitação f; **in ~** agitado, tumultuado
turn [təːn] N volta, turno; (in road) curva; (go) vez f, turno; (tendency: of mind, events) propensão f, tendência; (Theatre) número; (Med) choque m ▶ VT dar volta a, fazer girar; (collar) virar; (steak) virar; (milk) azedar;

(*shape: wood*) tornear; (*change*): **to ~ sth into** converter algo em ▶ vi virar; (*person: look back*) voltar-se; (*reverse direction*) mudar de direção; (*milk*) azedar; (*change*) mudar; (*become*) tornar-se, virar; **to ~ nasty** engrossar; **to ~ forty** fazer quarenta anos; **to ~ into** converter-se em; **a good ~** um favor; **it gave me quite a ~** me deu um susto enorme; **"no left ~"** (*Aut*) "proibido virar à esquerda"; **it's your ~** é a sua vez; **in ~** por sua vez; **to take ~s (at)** revezar (em); **at the ~ of the year/century** no final do ano/século; **to take a ~ for the worse** (*situation, patient*) piorar; **to ~ left** (*Aut*) virar à esquerda; **she has no one to ~ to** ela não tem a quem recorrer

▶ **turn about** vi dar meia-volta

▶ **turn away** vi virar a cabeça ▶ vt (*reject: person*) rejeitar; (: *business, applicants*) recusar

▶ **turn back** vi voltar atrás ▶ vt voltar para trás; (*clock*) atrasar

▶ **turn down** vt (*refuse*) recusar; (*reduce*) baixar; (*fold*) dobrar, virar para baixo

▶ **turn in** vi (*inf: go to bed*) ir dormir ▶ vt (*fold*) dobrar para dentro

▶ **turn off** vi (*from road*) virar, sair do caminho ▶ vt (*light, radio etc*) apagar; (*engine*) desligar

▶ **turn on** vt (*light*) acender; (*engine, radio*) ligar; (*tap*) abrir

▶ **turn out** vt (*light, gas*) apagar; (*produce*) produzir ▶ vi (*troops*) ser mobilizado; **to ~ out to be ...** revelar-se (ser) ..., resultar (ser) ..., vir a ser ...

▶ **turn over** vi (*person*) virar-se ▶ vt (*object*) virar

▶ **turn round** vi voltar-se, virar-se ▶ vt girar

▶ **turn up** vi (*person*) aparecer, pintar; (*lost object*) aparecer ▶ vt (*collar*) subir; (*volume, radio etc*) aumentar

turnabout ['tə:nəbaut] N reviravolta
turnaround ['tə:nəraund] N reviravolta
turncoat ['tə:nkəut] N vira-casaca m/f
turned-up [tə:nd-] ADJ (*nose*) arrebitado
turning ['tə:nɪŋ] N (*in road*) via lateral; **the first ~ on the right** a primeira à direita
turning circle (BRIT) N raio de viragem
turning point N (*fig*) momento decisivo, virada
turning radius (US) N raio de viragem
turnip ['tə:nɪp] N nabo
turnout ['tə:naut] N assistência; (*in election*) comparecimento às urnas
turnover ['tə:nəuvə^r] N (*Comm: amount of money*) volume m de negócios; (: *of goods*) movimento; (*of staff*) rotatividade f; (*Culin*) espécie de pastel
turnpike ['tə:npaɪk] (US) N estrada or rodovia com pedágio (BR) or portagem (PT)
turnstile ['tə:nstaɪl] N borboleta (BR), torniquete m (PT)
turntable ['tə:nteɪbl] N (*on record player*) prato
turn-up (BRIT) N (*on trousers*) volta, dobra
turpentine ['tə:pəntaɪn] N (*also*: **turps**) aguarrás f

turquoise ['tə:kwɔɪz] N (*stone*) turquesa ▶ ADJ azul-turquesa *inv*
turret ['tʌrɪt] N torrinha
turtle ['tə:tl] N tartaruga, cágado
turtleneck ['tə:tlnɛk], **turtleneck sweater** N pulôver m (BR) or camisola (PT) de gola alta
tusk [tʌsk] N defesa (de elefante)
tussle ['tʌsl] N (*fight*) luta; (*scuffle*) contenda, rixa
tutor ['tju:tə^r] N professor(a) m/f; (*private tutor*) professor(a) m/f particular
tutorial [tju:'tɔ:rɪəl] N (*Sch*) seminário
tuxedo [tʌk'si:dəu] (US) N smoking m
TV N ABBR (= *television*) TV f
TV dinner N comida pronta
twaddle ['twɔdl] N bobagens fpl, disparates mpl
twang [twæŋ] N (*of instrument*) dedilhado; (*of voice*) timbre m nasal or fanhoso ▶ vi vibrar ▶ vt (*guitar*) dedilhar
tweak [twi:k] vt (*nose, ear*) beliscar; (*hair*) puxar
tweed [twi:d] N tweed m, pano grosso de lã
tweet [twi:t] N (*on Twitter*) tweet m ▶ vt, vi tuitar
tweezers ['twi:zəz] NPL pinça (pequena)
twelfth [twɛlfθ] NUM décimo segundo; *see also* **fifth**
Twelfth Night N noite f de Reis, Epifania
twelve [twɛlv] NUM doze; **at ~ (o'clock)** (*midday*) ao meio-dia; (*midnight*) à meia-noite; *see also* **five**
twentieth ['twɛntɪɪθ] NUM vigésimo; *see also* **fifth**
twenty ['twɛntɪ] NUM vinte; *see also* **five**
twerp [twə:p] (*inf*) N imbecil m/f
twice [twaɪs] ADV duas vezes; **~ as much** duas vezes mais; **~ a week** duas vezes por semana; **she is ~ your age** ela tem duas vezes a sua idade
twiddle ['twɪdl] vt, vi: **to ~ (with) sth** mexer em algo; **to ~ one's thumbs** (*fig*) chupar o dedo
twig [twɪg] N graveto, varinha ▶ vt, vi (*inf*) sacar
twilight ['twaɪlaɪt] N crepúsculo, meia-luz f; **in the ~** na penumbra
twill [twɪl] N sarja
twin [twɪn] ADJ (*sister, brother, towers*) gêmeo(-a); (*beds*) separado ▶ N gêmeo(-a) ▶ vt irmanar
twin-bedded room [-'bɛdɪd] N quarto com duas camas
twin beds NPL camas fpl separadas
twin-carburettor ADJ de dois carburadores
twine [twaɪn] N barbante m (BR), cordel m (PT) ▶ vi (*plant*) enroscar-se, enrolar-se
twin-engined [-'ɛndʒɪnd] ADJ bimotor; **~ aircraft** (*avião m*) bimotor m
twinge [twɪndʒ] N (*of pain*) pontada; (*of conscience*) remorso
twinkle ['twɪŋkl] N cintilação f ▶ vi cintilar; (*eyes*) pestanejar
twin room N quarto com duas camas
twin town N cidade f irmã

twirl [twəːl] N giro, volta ▶ VT fazer girar ▶ VI girar rapidamente
twist [twɪst] N (*action*) torção f; (*in road, coil*) curva; (*in wire, flex*) virada; (*in story*) mudança imprevista ▶ VT torcer, retorcer; (*ankle*) torcer; (*weave*) entrelaçar; (*roll around*) enrolar; (*fig*) deturpar ▶ VI serpentear; **to ~ one's ankle/wrist** torcer o tornozelo/pulso
twisted ['twɪstɪd] ADJ (*wire, rope, ankle*) torcido; (*fig: mind, logic*) deturpado
twit [twɪt] (*inf*) N idiota m/f, bobo(-a)
twitch [twɪtʃ] N puxão m; (*nervous*) tique m nervoso ▶ VI contrair-se
two [tuː] NUM dois; **~ by ~, in ~s** de dois em dois; **to put ~ and ~ together** (*fig*) tirar conclusões; *see also* **five**
two-door ADJ (*Aut*) de duas portas
two-faced [-feɪst] (*pej*) ADJ (*person*) falso
twofold ['tuːfəʊld] ADV: **to increase ~** duplicar ▶ ADJ (*increase*) em cem por cento; (*reply*) duplo
two-piece N (*also*: **two-piece suit**) traje m de duas peças; (*also*: **two-piece swimsuit**) maiô m de duas peças, biquíni m
two-seater [-'siːtər] N (*plane*) avião m de dois lugares; (*car*) carro de dois lugares
twosome ['tuːsəm] N (*people*) casal m
two-stroke N (*also*: **two-stroke engine**) motor m de dois tempos ▶ ADJ de dois tempos
two-tone ADJ em dois tons
two-way ADJ: **~ radio** rádio emissor-receptor; **~ traffic** trânsito em mão dupla
TX (*US*) ABBR (*Post*) = **Texas**
tycoon [taɪ'kuːn] N: (**business**) **~** magnata m

type [taɪp] N (*category*) tipo, espécie f; (*model*) modelo; (*Typ*) tipo, letra ▶ VT (*letter etc*) datilografar, bater (à máquina); **what ~ do you want?** que tipo você quer?; **in bold/italic ~** em negrito/itálico
typecast ['taɪpkɑːst] ADJ que representa sempre o mesmo papel
typeface ['taɪpfeɪs] N tipo, letra
typescript ['taɪpskrɪpt] N texto datilografado
typeset ['taɪpsɛt] (*irreg: like* **set**) VT compor (*para imprimir*)
typesetter ['taɪpsɛtər] N compositor(a) m/f
typewriter ['taɪpraɪtər] N máquina de escrever
typewritten ['taɪprɪtn] ADJ datilografado
typhoid ['taɪfɔɪd] N febre f tifoide
typhoon [taɪ'fuːn] N tufão m
typhus ['taɪfəs] N tifo
typical ['tɪpɪkl] ADJ típico
typify ['tɪpɪfaɪ] VT tipificar, simbolizar
typing ['taɪpɪŋ] N datilografia
typing error N erro de datilografia
typing pool N seção f de datilografia
typist ['taɪpɪst] N datilógrafo(-a) m/f
typo ['taɪpəʊ] (*inf*) N ABBR (= *typographical error*) erro tipográfico
typography [taɪ'pɔgrəfɪ] N tipografia
tyranny ['tɪrənɪ] N tirania
tyrant ['taɪərənt] N tirano(-a)
tyre, (*US*) **tire** ['taɪər] N pneu m
tyre pressure N pressão f dos pneus
Tyrrhenian Sea [tɪ'riːnɪən-] N: **the ~** o mar Tirreno
tzar [zɑːr] N = **tsar**

Uu

U¹, u [ju:] N (*letter*) U, u *m*; **U for Uncle** U de Úrsula
U² (BRIT) N ABBR (*Cinema:* = *universal*) ≈ livre
UAW (US) N ABBR (= *United Automobile Workers*) sindicato dos trabalhadores na indústria automobilística
U-bend N (*in pipe*) curva em U
uber- ['u:bə-] PREFIX super-
ubiquitous [ju:'bɪkwɪtəs] ADJ ubíquo, onipresente
UDA (BRIT) N ABBR = **Ulster Defence Association**
udder ['ʌdəʳ] N ubre *f*
UDR (BRIT) N ABBR = **Ulster Defence Regiment**
UEFA [ju:'eɪfə] N ABBR (= *Union of European Football Associations*) UEFA *f*
UFO ['ju:fəu] N ABBR (= *unidentified flying object*) óvni *m*
Uganda [ju:'gændə] N Uganda (*no article*)
Ugandan [ju:'gændən] ADJ, N ugandense *m/f*
ugh [ə:h] EXCL uh!
ugliness ['ʌglɪnɪs] N feiura
ugly ['ʌglɪ] ADJ feio; (*dangerous*) perigoso
UHF ABBR (= *ultra-high frequency*) UHF, freqüência ultra-alta
UHT ADJ ABBR (= *ultra-heat treated*): ~ **milk** leite *m* longa-vida
UK N ABBR = **United Kingdom**
Ukraine [ju:'kreɪn] N Ucrânia
Ukrainian [ju:'kreɪnɪən] ADJ ucraniano ▶ N ucraniano(-a); (*Ling*) ucraniano
ukulele [ju:kə'leɪlɪ] N ukulele *m*
ulcer ['ʌlsəʳ] N úlcera; **mouth ~** afta
Ulster ['ʌlstəʳ] N Ulster *m*, Irlanda do Norte
ulterior [ʌl'tɪərɪəʳ] ADJ ulterior; **~ motive** segundas intenções *fpl*
ultimata [ʌltɪ'meɪtə] NPL *of* **ultimatum**
ultimate ['ʌltɪmət] ADJ último, final; (*authority*) máximo ▶ N: **the ~ in luxury** o máximo em luxo
ultimately ['ʌltɪmətlɪ] ADV (*in the end*) no final, por último; (*fundamentally*) no fundo
ultimatum [ʌltɪ'meɪtəm] (*pl* **ultimatums** *or* **ultimata**) N ultimato
ultrasonic [ʌltrə'sɔnɪk] ADJ ultrassônico
ultrasound ['ʌltrəsaund] N (*Med*) ultrassom *m*
ultraviolet [ʌltrə'vaɪəlɪt] ADJ ultravioleta

umbilical cord [ʌmbɪ'laɪkl-] N cordão *m* umbilical
umbrage ['ʌmbrɪdʒ] N: **to take ~** ofender-se
umbrella [ʌm'brɛlə] N guarda-chuva *m*; (*for sun*) guarda-sol *m*, barraca (da praia); (*fig*): **under the ~ of** sob a égide de
umpire ['ʌmpaɪəʳ] N árbitro ▶ VT arbitrar
umpteen [ʌmp'ti:n] ADJ inúmeros(-as)
umpteenth [ʌmp'ti:nθ] ADJ: **for the ~ time** pela enésima vez
UMW N ABBR (= *United Mineworkers of America*) sindicato dos mineiros
UN N ABBR (= *United Nations*) ONU *f*
unabashed [ʌnə'bæʃt] ADJ imperturbado
unabated [ʌnə'beɪtɪd] ADJ sem diminuir
unable [ʌn'eɪbl] ADJ: **to be ~ to do sth** não poder fazer algo; (*be incapable*) ser incapaz de fazer algo
unabridged [ʌnə'brɪdʒd] ADJ integral
unacceptable [ʌnək'sɛptəbl] ADJ (*behaviour*) insuportável; (*price, proposal*) inaceitável
unaccompanied [ʌnə'kʌmpənɪd] ADJ desacompanhado; (*singing, song*) sem acompanhamento
unaccountably [ʌnə'kauntəblɪ] ADV inexplicavelmente
unaccounted [ʌnə'kauntɪd] ADJ: **two passengers are ~ for** dois passageiros estão desaparecidos
unaccustomed [ʌnə'kʌstəmd] ADJ desacostumado; **to be ~ to** não estar acostumado a
unacquainted [ʌnə'kweɪntɪd] ADJ: **to be ~ with** (*person*) não conhecer; (*facts etc*) não estar familiarizado com
unadulterated [ʌnə'dʌltəreɪtɪd] ADJ puro, natural
unaffected [ʌnə'fɛktɪd] ADJ (*person, behaviour*) natural, simples *inv*; (*emotionally*): **to be ~ by** não se comover com
unafraid [ʌnə'freɪd] ADJ: **to be ~** não ter medo
unaided [ʌn'eɪdɪd] ADJ sem ajuda, por si só
unanimity [ju:nə'nɪmɪtɪ] N unanimidade *f*
unanimous [ju:'nænɪməs] ADJ unânime
unanimously [ju:'nænɪməslɪ] ADV unanimemente
unanswered [ʌn'ɑ:nsəd] ADJ sem resposta
unappetizing [ʌn'æpɪtaɪzɪŋ] ADJ pouco apetitoso

unappreciative [ʌnə'priːʃɪətɪv] ADJ (*ungrateful*) ingrato
unarmed [ʌn'ɑːmd] ADJ (*without a weapon*) desarmado; (*defenceless*) indefeso
unashamed [ʌnə'ʃeɪmd] ADJ (*open*) desembaraçado; (*pleasure, greed*) descarado; (*impudent*) descarado
unassisted [ʌnə'sɪstɪd] ADJ, ADV sem ajuda
unassuming [ʌnə'sjuːmɪŋ] ADJ modesto, despretensioso
unattached [ʌnə'tætʃt] ADJ (*person*) livre; (*part etc*) solto, separado
unattended [ʌnə'tɛndɪd] ADJ (*car, luggage*) abandonado
unattractive [ʌnə'træktɪv] ADJ sem atrativos; (*building, appearance, idea*) pouco atraente
unauthorized [ʌn'ɔːθəraɪzd] ADJ não autorizado, sem autorização
unavailable [ʌnə'veɪləbl] ADJ (*article, room, book*) indisponível; (*person*) não disponível
unavoidable [ʌnə'vɔɪdəbl] ADJ inevitável
unavoidably [ʌnə'vɔɪdəblɪ] ADV inevitavelmente
unaware [ʌnə'wɛəʳ] ADJ: **to be ~ of** ignorar, não perceber
unawares [ʌnə'wɛəz] ADV improvisadamente, de surpresa
unbalanced [ʌn'bælənst] ADJ desequilibrado
unbearable [ʌn'bɛərəbl] ADJ insuportável
unbeatable [ʌn'biːtəbl] ADJ (*team*) invencível; (*price*) sem igual
unbeaten [ʌn'biːtn] ADJ invicto; (*record*) não batido
unbecoming [ʌnbɪ'kʌmɪŋ] ADJ (*unseemly: language, behaviour*) inconveniente; (*unflattering: garment*) que não fica bem
unbeknown [ʌnbɪ'nəun], **unbeknownst** [ʌnbɪ'nəunst] ADV: **~(st) to me** sem eu saber
unbelief [ʌnbɪ'liːf] N incredulidade *f*
unbelievable [ʌnbɪ'liːvəbl] ADJ inacreditável; (*amazing*) incrível
unbelievingly [ʌnbɪ'liːvɪŋlɪ] ADV incredulamente
unbend [ʌn'bɛnd] (*irreg: like* **bend**) VI relaxar-se ▶ VT (*wire*) desentortar
unbending [ʌn'bɛndɪŋ] ADJ inflexível
unbent [ʌn'bɛnt] PT, PP *of* **unbend**
unbiased [ʌn'baɪəst] ADJ imparcial
unblemished [ʌn'blɛmɪʃt] ADJ imaculado
unblock [ʌn'blɔk] VT (*pipe*) desentupir
unborn [ʌn'bɔːn] ADJ por nascer
unbounded [ʌn'baundɪd] ADJ ilimitado, infinito, imenso
unbreakable [ʌn'breɪkəbl] ADJ inquebrável
unbridled [ʌn'braɪdld] ADJ (*fig*) desenfreado
unbroken [ʌn'brəukən] ADJ (*seal*) intacto; (*line*) contínuo; (*silence, series*) ininterrupto; (*record*) mantido; (*spirit*) indômito
unbuckle [ʌn'bʌkl] VT desafivelar
unburden [ʌn'bəːdn] VT: **to ~ o.s.** desabafar
unbutton [ʌn'bʌtn] VT desabotoar
uncalled-for [ʌn'kɔːld-] ADJ desnecessário, gratuito

393 | **unappreciative – uncontested**

uncanny [ʌn'kænɪ] ADJ (*silence, resemblance*) estranho; (*knack*) excepcional
unceasing [ʌn'siːsɪŋ] ADJ contínuo
unceremonious [ʌnsɛrɪ'məunɪəs] ADJ (*abrupt*) incerimonioso; (*rude*) rude
uncertain [ʌn'səːtn] ADJ incerto; (*character*) indeciso; (*unsure*): **~ about** inseguro sobre; **we were ~ whether ...** não tínhamos certeza se ...; **in no ~ terms** em termos precisos
uncertainty [ʌn'səːtntɪ] N incerteza; (*also pl: doubts*) dúvidas *fpl*
unchallenged [ʌn'tʃæləndʒd] ADJ incontestado; **to go ~** não ser contestado
unchanged [ʌn'tʃeɪndʒd] ADJ inalterado
uncharitable [ʌn'tʃærɪtəbl] ADJ sem caridade
uncharted [ʌn'tʃɑːtɪd] ADJ inexplorado
unchecked [ʌn'tʃɛkt] ADV sem controle, descontrolado
uncivilized [ʌn'sɪvəlaɪzd] ADJ (*country, people*) primitivo; (*fig: behaviour*) incivilizado; (: *hour*) de manhã bem cedo
uncle ['ʌŋkl] N tio
unclear [ʌn'klɪəʳ] ADJ (*not obvious*) pouco evidente; (*confused*) confuso; (*indistinct*) indistinto; **I'm still ~ about what I'm supposed to do** ainda não sei exatamente o que devo fazer
uncoil [ʌn'kɔɪl] VT desenrolar ▶ VI desenrolar-se
uncomfortable [ʌn'kʌmfətəbl] ADJ incômodo; (*uneasy*) pouco à vontade; (*situation*) desagradável
uncomfortably [ʌn'kʌmftəblɪ] ADV desconfortavelmente; (*uneasily*) sem graça; (*unpleasantly*) desagradavelmente
uncommitted [ʌnkə'mɪtɪd] ADJ não comprometido
uncommon [ʌn'kɔmən] ADJ raro, incomum, excepcional
uncommunicative [ʌnkə'mjuːnɪkətɪv] ADJ reservado
uncomplicated [ʌn'kɔmplɪkeɪtɪd] ADJ descomplicado, simples *inv*
uncompromising [ʌn'kɔmprəmaɪzɪŋ] ADJ intransigente, inflexível
unconcerned [ʌnkən'səːnd] ADJ indiferente, despreocupado; **to be ~ (about)** não estar preocupado (com)
unconditional [ʌnkən'dɪʃənl] ADJ incondicional
uncongenial [ʌnkən'dʒiːnɪəl] ADJ desagradável
unconnected [ʌnkə'nɛktɪd] ADJ não relacionado
unconscious [ʌn'kɔnʃəs] ADJ sem sentidos, desacordado; (*unaware*): **~ of** inconsciente de ▶ N: **the ~** o inconsciente; **to knock sb ~** pôr alguém nocaute, nocautear alguém
unconsciously [ʌn'kɔnʃəslɪ] ADV inconscientemente
unconstitutional [ʌnkɔnstɪ'tjuːʃənl] ADJ inconstitucional
uncontested [ʌnkən'tɛstɪd] ADJ incontestado

uncontrollable – undersell | 394

uncontrollable [ʌnkən'trəuləbl] ADJ (*temper*) ingovernável; (*child, animal, laughter*) incontrolável

uncontrolled [ʌnkən'trəuld] ADJ descontrolado

unconventional [ʌnkən'vɛnʃənl] ADJ (*person*) inconvencional; (*approach*) heterodoxo

unconvinced [ʌnkən'vɪnst] ADJ: **to be ~** não estar convencido

unconvincing [ʌnkən'vɪnsɪŋ] ADJ pouco convincente

uncork [ʌn'kɔːk] VT desarrolhar

uncorroborated [ʌnkə'rɔbəreɪtɪd] ADJ não confirmado

uncouth [ʌn'kuːθ] ADJ rude, grosseiro

uncover [ʌn'kʌvəʳ] VT descobrir; (*take lid off*) destapar, destampar

unctuous ['ʌŋktjuəs] ADJ untuoso, pegajoso

undamaged [ʌn'dæmɪdʒd] ADJ (*goods*) intacto; (*fig: reputation*) incólume

undaunted [ʌn'dɔːntɪd] ADJ impávido, inabalável

undecided [ʌndɪ'saɪdɪd] ADJ (*character*) indeciso; (*question*) não respondido, pendente

undelivered [ʌndɪ'lɪvəd] ADJ não entregue

undeniable [ʌndɪ'naɪəbl] ADJ inegável

under ['ʌndəʳ] PREP embaixo de (BR), debaixo de (PT); (*fig*) sob; (*in age, price: less than*) menos de; (*according to*) segundo, de acordo com ▶ ADV embaixo; (*movement*) por baixo; **from ~ sth** de embaixo de algo; **~ there** ali embaixo; **in ~ 2 hours** em menos de 2 horas; **~ anaesthetic** sob anestesia; **~ discussion** em discussão; **~ the circumstances** nas circunstâncias; **~ repair** em conserto

under... [ʌndəʳ] PREFIX sub-

under-age ADJ menor de idade; **~ drinking** consumo de bebidas alcoólicas por menores de idade

underarm ['ʌndərɑːm] ADV com a mão por baixo ▶ ADJ (*throw*) com a mão por baixo; (*deodorant*) para as axilas

undercapitalized [ʌndə'kæpɪtəlaɪzd] ADJ subcapitalizado

undercarriage ['ʌndəkærɪdʒ] (BRIT) N (*Aviat*) trem m de aterrissagem

undercharge [ʌndə'tʃɑːdʒ] VT não cobrar o suficiente

underclass ['ʌndəklɑːs] N classe f marginalizada

underclothes ['ʌndəkləuðz] NPL roupa de baixo, roupa íntima

undercoat ['ʌndəkəut] N (*paint*) primeira mão f

undercover ['ʌndəkʌvəʳ] ADJ secreto, clandestino

undercurrent ['ʌndəkʌrənt] N (*fig*) tendência

undercut [ʌndə'kʌt] (*irreg: like* **cut**) VT (*person*) prejudicar; (*prices*) vender por menos que

underdeveloped [ʌndədɪ'vɛləpt] ADJ subdesenvolvido

underdog ['ʌndədɔg] N o mais fraco

underdone [ʌndə'dʌn] ADJ (*Culin*) mal passado

under-employment N subemprego

underestimate [ʌndər'ɛstɪmeɪt] VT subestimar

underexposed [ʌndərɪk'spəuzd] ADJ (*Phot*) sem exposição suficiente

underfed [ʌndə'fɛd] ADJ subnutrido

underfoot [ʌndə'fut] ADV sob os pés

under-funded ['ʌndə'fʌndɪd] ADJ subfinanciado, sem verbas suficientes

undergo [ʌndə'gəu] (*irreg: like* **go**) VT sofrer; (*test*) passar por; (*operation, treatment*) ser submetido a; **the car is ~ing repairs** o carro está sendo consertado

undergraduate [ʌndə'grædjuət] N universitário(-a) ▶ CPD: **~ courses** profissões fpl universitárias

underground ['ʌndəgraund] N (BRIT) metrô m (BR), metro(-politano) (PT); (*Pol*) organização f clandestina ▶ ADJ subterrâneo; (*fig*) clandestino ▶ ADV (*work*) embaixo da terra; (*fig*) na clandestinidade

undergrowth ['ʌndəgrəuθ] N vegetação f rasteira

underhand [ʌndə'hænd], **underhanded** [ʌndə'hændɪd] ADJ (*fig*) secreto e desonesto

underinsured [ʌndərɪn'ʃuəd] ADJ segurado abaixo do valor corrente

underlie [ʌndə'laɪ] (*irreg: like* **lie**) VT (*fig*) ser a base de

underline [ʌndə'laɪn] VT sublinhar

underling ['ʌndəlɪŋ] (*pej*) N subalterno(-a)

underlying [ʌndə'laɪɪŋ] ADJ: **the ~ cause** a causa subjacente

undermentioned [ʌndə'mɛnʃənd] ADJ abaixo mencionado

undermine [ʌndə'maɪn] VT minar, solapar

underneath [ʌndə'niːθ] ADV embaixo, debaixo, por baixo ▶ PREP embaixo de (BR), debaixo de (PT)

undernourished [ʌndə'nʌrɪʃt] ADJ subnutrido

underpaid [ʌndə'peɪd] ADJ mal pago

underpants ['ʌndəpænts] (BRIT) NPL cueca (BR), cuecas fpl (PT)

underpass ['ʌndəpɑːs] (BRIT) N passagem f inferior

underpin [ʌndə'pɪn] VT (*argument, case*) sustentar

underplay [ʌndə'pleɪ] (BRIT) VT minimizar

underpopulated [ʌndə'pɔpjuleɪtɪd] ADJ de população reduzida

underprice [ʌndə'praɪs] VT vender abaixo do preço

underprivileged [ʌndə'prɪvɪlɪdʒd] ADJ menos favorecido

underrate [ʌndə'reɪt] VT depreciar, subestimar

underscore [ʌndə'skɔːʳ] VT sublinhar

underseal [ʌndə'siːl] (BRIT) VT fazer bronzina em

undersecretary [ʌndə'sɛkrətərɪ] N subsecretário(-a)

undersell [ʌndə'sɛl] (*irreg: like* **sell**) VT (*competitors*) vender por preço mais baixo que

undershirt ['ʌndəʃəːt] (US) N camiseta
undershorts ['ʌndəʃɔːts] (US) NPL cuecas (BR), cuecas fpl (PT)
underside ['ʌndəsaɪd] N parte f inferior
undersigned ['ʌndəsaɪnd] ADJ, N abaixo assinado(-a)
underskirt ['ʌndəskəːt] (BRIT) N anágua
understaffed [ʌndə'stɑːft] ADJ com falta de pessoal
understand [ʌndə'stænd] (irreg: like **stand**) VT entender, compreender ▶ VI (believe): **to ~ that** acreditar que; **I ~ that ...** (I hear) ouço dizer que ...; (I sympathize) eu compreendo que ...; **to make o.s. understood** fazer-se entender
understandable [ʌndə'stændəbl] ADJ compreensível
understanding [ʌndə'stændɪŋ] ADJ compreensivo ▶ N (in relationship) compreensão f; (knowledge) entendimento; (agreement) acordo; **to come to an ~** chegar a um acordo; **on the ~ that ...** sob condição que ..., contanto que ...
understate [ʌndə'steɪt] VT minimizar
understatement [ʌndə'steɪtmənt] N (quality) subestimação f; (euphemism) eufemismo; **it's an ~ to say that ...** é uma subestimação dizer que ...
understood [ʌndə'stud] PT, PP of **understand** ▶ ADJ entendido; (implied) subentendido, implícito
understudy ['ʌndəstʌdɪ] N ator m substituto/atriz f substituta
undertake [ʌndə'teɪk] (irreg: like **take**) VT (job, project) empreender; (task, duty) incumbir-se de, encarregar-se de; **to ~ to do sth** comprometer-se a fazer algo
undertaker ['ʌndəteɪkəʳ] N agente m/f funerário(-a)
undertaking ['ʌndəteɪkɪŋ] N empreendimento; (promise) promessa
undertone ['ʌndətəun] N (of criticism etc) sugestão f; (low voice): **in an ~** em meia voz
undertook [ʌndə'tuk] PT of **undertake**
undervalue [ʌndə'væljuː] VT subestimar
underwater [ʌndə'wɔːtəʳ] ADV sob a água ▶ ADJ subaquático
underwear ['ʌndəwɛəʳ] N roupa de baixo
underweight [ʌndə'weɪt] ADJ de peso inferior ao normal; (person) magro
underwent [ʌndə'wɛnt] PT of **undergo**
underworld ['ʌndəwəːld] N (of crime) submundo
underwrite [ʌndə'raɪt] (irreg: like **write**) VT (Comm) subscrever
underwriter ['ʌndəraɪtəʳ] N (Insurance) subscritor(a) m/f (que faz resseguro)
underwritten [ʌndə'rɪtn] PP of **underwrite**
underwrote [ʌndə'rəut] PT of **underwrite**
undeserving [ʌndɪ'zəːvɪŋ] ADJ: **to be ~ of** não merecer
undesirable [ʌndɪ'zaɪərəbl] ADJ indesejável
undeveloped [ʌndɪ'vɛləpt] ADJ (land, resources) não desenvolvido

undid [ʌn'dɪd] PT of **undo**
undies ['ʌndɪz] (inf) NPL roupa de baixo, roupa íntima
undignified [ʌn'dɪgnɪfaɪd] ADJ sem dignidade, indecoroso
undiluted [ʌndaɪ'luːtɪd] ADJ não diluído, puro; (pleasure) puro
undiplomatic [ʌndɪplə'mætɪk] ADJ pouco diplomático, inábil
undischarged [ʌndɪs'tʃɑːdʒd] ADJ: **~ bankrupt** falido(-a) não reabilitado(-a)
undisciplined [ʌn'dɪsɪplɪnd] ADJ indisciplinado
undisguised [ʌndɪs'gaɪzd] ADJ (dislike etc) patente
undisputed [ʌndɪ'spjuːtɪd] ADJ incontestável
undistinguished [ʌndɪs'tɪŋgwɪʃt] ADJ medíocre, regular
undisturbed [ʌndɪs'təːbd] ADJ (sleep) tranquilo; **to leave sth ~** não mexer em algo
undivided [ʌndɪ'vaɪdɪd] ADJ: **can I have your ~ attention?** quero a sua total atenção
undo [ʌn'duː] (irreg: like **do**) VT (unfasten) desatar; (spoil) desmanchar
undoing [ʌn'duːɪŋ] N ruína, desgraça
undone [ʌn'dʌn] PP of **undo** ▶ ADJ: **to come ~** desfazer-se
undoubted [ʌn'dautɪd] ADJ indubitável
undoubtedly [ʌn'dautɪdlɪ] ADV sem dúvida, indubitavelmente
undress [ʌn'drɛs] VI despir-se, tirar a roupa ▶ VT despir, tirar a roupa de
undrinkable [ʌn'drɪŋkəbl] ADJ (unpalatable) intragável; (poisonous) impotável
undue [ʌn'djuː] ADJ excessivo
undulating ['ʌndjuleɪtɪŋ] ADJ ondulante
unduly [ʌn'djuːlɪ] ADV excessivamente
undying [ʌn'daɪɪŋ] ADJ eterno
unearned [ʌn'əːnd] ADJ (praise, respect) imerecido; **~ income** rendimento não ganho com o trabalho individual
unearth [ʌn'əːθ] VT desenterrar; (fig) revelar
unearthly [ʌn'əːθlɪ] ADJ sobrenatural; **at an ~ hour of the night** na calada da noite
uneasy [ʌn'iːzɪ] ADJ (person) preocupado; (feeling) incômodo; (peace, truce) desconfortável; **to feel ~ about doing sth** estar apreensivo quanto a fazer algo
uneconomic, uneconomical [ʌniːkə'nɔmɪkl] ADJ antieconômico; (unprofitable) não rentável
uneducated [ʌn'ɛdjukeɪtɪd] ADJ inculto, sem instrução, não escolarizado
unemployed [ʌnɪm'plɔɪd] ADJ desempregado ▶ NPL: **the ~** os desempregados
unemployment [ʌnɪm'plɔɪmənt] N desemprego
unemployment benefit, (US) **unemployment compensation** N auxílio-desemprego
unending [ʌn'ɛndɪŋ] ADJ interminável
unenthusiastic [ʌnɪnθuːzɪ'æstɪk] ADJ sem entusiasmo

unenviable [ʌnˈɛnvɪəbl] ADJ nada invejável
unequal [ʌnˈiːkwəl] ADJ desigual
unequalled, (US) **unequaled** [ʌnˈiːkwəld] ADJ inigualável, sem igual
unequivocal [ʌnəˈkwɪvəkl] ADJ (*answer*) inequívoco; (*person*) categórico
unerring [ʌnˈəːrɪŋ] ADJ infalível
UNESCO [juːˈnɛskəu] N ABBR (= *United Nations Educational, Scientific and Cultural Organization*) UNESCO f
unethical [ʌnˈɛθɪkl] ADJ (*methods*) imoral; (*professional behaviour*) contrário à ética
uneven [ʌnˈiːvn] ADJ desigual; (*road etc*) irregular, acidentado
uneventful [ʌnɪˈvɛntful] ADJ tranquilo, rotineiro
unexceptional [ʌnɪkˈsɛpʃənl] ADJ regular, corriqueiro
unexciting [ʌnɪkˈsaɪtɪŋ] ADJ monótono
unexpected [ʌnɪkˈspɛktɪd] ADJ inesperado
unexpectedly [ʌnɪkˈspɛktɪdlɪ] ADV inesperadamente
unexplained [ʌnɪkˈspleɪnd] ADJ inexplicado
unexploded [ʌnɪkˈspləudɪd] ADJ não explodido
unfailing [ʌnˈfeɪlɪŋ] ADJ inexaurível
unfair [ʌnˈfɛəʳ] ADJ: ~ **(to)** injusto (com); **it's ~ that...** não é justo que ...
unfair dismissal N demissão f injusta *or* infundada
unfairly [ʌnˈfɛəlɪ] ADV injustamente
unfaithful [ʌnˈfeɪθful] ADJ infiel
unfamiliar [ʌnfəˈmɪlɪəʳ] ADJ pouco familiar, desconhecido; **to be ~ with sth** não estar familiarizado com algo
unfashionable [ʌnˈfæʃnəbl] ADJ fora da moda
unfasten [ʌnˈfɑːsn] VT desatar; (*open*) abrir
unfathomable [ʌnˈfæðəməbl] ADJ insondável
unfavourable, (US) **unfavorable** [ʌnˈfeɪvərəbl] ADJ desfavorável
unfavourably, (US) **unfavorably** [ʌnˈfeɪvrəblɪ] ADV: **to look ~ upon** não ser favorável a
unfeeling [ʌnˈfiːlɪŋ] ADJ insensível
unfinished [ʌnˈfɪnɪʃt] ADJ incompleto, inacabado
unfit [ʌnˈfɪt] ADJ (*physically*) sem preparo físico; (*incompetent*) incompetente, incapaz; **~ for work** inapto para trabalhar
unflagging [ʌnˈflægɪŋ] ADJ incansável
unflappable [ʌnˈflæpəbl] ADJ imperturbável, sereno
unflattering [ʌnˈflætərɪŋ] ADJ (*dress, hairstyle*) que não fica bem; (*remark*) pouco elogioso
unflinching [ʌnˈflɪntʃɪŋ] ADJ destemido, intrépido
unfold [ʌnˈfəuld] VT desdobrar; (*fig*) revelar ▶ VI (*story, situation*) desdobrar-se
unforeseeable [ʌnfɔːˈsiːəbl] ADJ imprevisível
unforeseen [ʌnfɔːˈsiːn] ADJ imprevisto
unforgettable [ʌnfəˈgɛtəbl] ADJ inesquecível
unforgivable [ʌnfəˈgɪvəbl] ADJ imperdoável
unformatted [ʌnˈfɔːmætɪd] ADJ (*disk, text*) não formatado

unfortunate [ʌnˈfɔːtʃənət] ADJ infeliz; (*event, remark*) inoportuno
unfortunately [ʌnˈfɔːtʃənətlɪ] ADV infelizmente
unfounded [ʌnˈfaundɪd] ADJ infundado
unfriend [ʌnˈfrɛnd] VT (*on social network*) excluir (em rede social)
unfriendly [ʌnˈfrɛndlɪ] ADJ antipático
unfulfilled [ʌnfulˈfɪld] ADJ (*ambition, prophecy*) não realizado; (*desire*) não satisfeito; (*promise, terms of contract*) não cumprido; (*person*) que não se realizou
unfurl [ʌnˈfəːl] VT desfraldar
unfurnished [ʌnˈfəːnɪʃt] ADJ desmobiliado, sem mobília
ungainly [ʌnˈgeɪnlɪ] ADJ desalinhado
ungodly [ʌnˈgɔdlɪ] ADJ ímpio; **at an ~ hour** às altas horas da madrugada
ungrateful [ʌnˈgreɪtful] ADJ mal-agradecido, ingrato
unguarded [ʌnˈgɑːdɪd] ADJ: **~ moment** momento de inatenção
unhappily [ʌnˈhæpəlɪ] ADV tristemente; (*unfortunately*) infelizmente
unhappiness [ʌnˈhæpɪnɪs] N infelicidade f
unhappy [ʌnˈhæpɪ] ADJ (*sad*) triste; (*unfortunate*) desventurado; (*childhood*) infeliz; (*dissatisfied*): **~ with** (*arrangements etc*) descontente com, insatisfeito com
unharmed [ʌnˈhɑːmd] ADJ ileso
unhealthy [ʌnˈhɛlθɪ] ADJ insalubre; (*person*) doentio; (*fig*) anormal
unheard-of [ʌnˈhəːd-] ADJ insólito; (*unknown*) desconhecido
unhelpful [ʌnˈhɛlpful] ADJ (*person*) imprestável; (*advice*) inútil
unhesitating [ʌnˈhɛzɪteɪtɪŋ] ADJ (*loyalty*) firme; (*reply*) imediato
unhook [ʌnˈhuk] VT desenganchar; (*from wall*) despendurar; (*dress*) abrir, soltar
unhurt [ʌnˈhəːt] ADJ ileso
unhygienic [ʌnhaɪˈdʒiːnɪk] ADJ anti-higiênico
UNICEF [ˈjuːnɪsɛf] N ABBR (= *United Nations International Children's Emergency Fund*) Unicef m
unicorn [ˈjuːnɪkɔːn] N licorne *m*, unicórnio
unidentified [ʌnaɪˈdɛntɪfaɪd] ADJ não-identificado; *see also* **UFO**
uniform [ˈjuːnɪfɔːm] N uniforme *m* ▶ ADJ uniforme
uniformity [juːnɪˈfɔːmɪtɪ] N uniformidade f
unify [ˈjuːnɪfaɪ] VT unificar, unir
unilateral [juːnɪˈlætərəl] ADJ unilateral
unimaginable [ʌnɪˈmædʒɪnəbl] ADJ inimaginável, inconcebível
unimaginative [ʌnɪˈmædʒɪnətɪv] ADJ sem imaginação
unimpaired [ʌnɪmˈpɛəd] ADJ inalterado
unimportant [ʌnɪmˈpɔːtənt] ADJ sem importância
unimpressed [ʌnɪmˈprɛst] ADJ indiferente
uninhabited [ʌnɪnˈhæbɪtɪd] ADJ inabitado
uninhibited [ʌnɪnˈhɪbɪtɪd] ADJ sem inibições
uninjured [ʌnˈɪndʒəd] ADJ ileso

uninspired [ʌnɪn'spaɪəd] ADJ insípido
uninstall ['ʌnɪnstɔ:l] VT (*Comput*) desinstalar
unintelligent [ʌnɪn'tɛlɪdʒənt] ADJ ininteligente
unintentional [ʌnɪn'tɛnʃənəl] ADJ involuntário, não intencional
unintentionally [ʌnɪn'tɛnʃənəlɪ] ADV sem querer
uninvited [ʌnɪn'vaɪtɪd] ADJ (*guest*) não convidado
uninviting [ʌnɪn'vaɪtɪŋ] ADJ (*place*) pouco convidativo; (*food*) pouco apetitoso
union ['ju:njən] N união f; (*also:* **trade union**) sindicato (de trabalhadores) ▶ CPD sindical
unionize ['ju:njənaɪz] VT sindicalizar
Union Jack N bandeira britânica
Union of Soviet Socialist Republics N União f das Repúblicas Socialistas Soviéticas
union shop N *empresa onde todos os trabalhadores têm que filiar-se ao sindicato*
unique [ju:'ni:k] ADJ único, sem igual
unisex ['ju:nɪsɛks] ADJ unissex *inv*
unison ['ju:nɪsn] N: **in ~** em harmonia, em uníssono
unit ['ju:nɪt] N unidade f; (*of furniture etc*) seção f; (*team, squad*) equipe f; **kitchen ~** armário de cozinha; **sink ~** pia de cozinha; **production ~** unidade de produção
unit cost N custo unitário
unite [ju:'naɪt] VT unir ▶ VI unir-se
united [ju:'naɪtɪd] ADJ unido; (*effort*) conjunto
United Arab Emirates NPL Emirados *mpl* Árabes Unidos
United Kingdom N Reino Unido
United Nations, United Nations Organization N (Organização f das) Nações fpl Unidas
United States, United States of America N Estados Unidos *mpl* (da América)
unit price N preço unitário
unit trust (*BRIT*) N (*Comm*) fundo de investimento
unity ['ju:nɪtɪ] N unidade f
Univ. ABBR = **university**
universal [ju:nɪ'və:sl] ADJ universal
universe ['ju:nɪvə:s] N universo
university [ju:nɪ'və:sɪtɪ] N universidade f, faculdade f ▶ CPD universitário
unjust [ʌn'dʒʌst] ADJ injusto
unjustifiable [ʌndʒʌstɪ'faɪəbl] ADJ injustificável
unjustified [ʌn'dʒʌstɪfaɪd] ADJ injustificado; (*text*) não alinhado
unkempt [ʌn'kɛmpt] ADJ desleixado, descuidado; (*hair*) despenteado; (*beard*) mal tratado
unkind [ʌn'kaɪnd] ADJ maldoso; (*comment etc*) cruel
unkindly [ʌn'kaɪndlɪ] ADV (*treat, speak*) maldosamente
unknown [ʌn'nəʊn] ADJ desconhecido; **~ to me** sem eu saber; **~ quantity** (*Math, fig*) incógnita

unladen [ʌn'leɪdn] ADJ (*ship, weight*) sem carga
unlawful [ʌn'lɔ:ful] ADJ ilegal
unleaded [ʌn'lɛdɪd] ADJ (*petrol, fuel*) sem chumbo
unleash [ʌn'li:ʃ] VT (*fig*) desencadear
unleavened [ʌn'lɛvənd] ADJ sem fermento
unless [ʌn'lɛs] CONJ a menos que, a não ser que; **~ he comes** a menos que ele venha; **~ otherwise stated** salvo indicação contrária; **~ I am mistaken** se não me engano
unlicensed [ʌn'laɪsnst] (*BRIT*) ADJ sem licença para a venda de bebidas alcoólicas
unlike [ʌn'laɪk] ADJ diferente ▶ PREP diferentemente de, ao contrário de
unlikelihood [ʌn'laɪklɪhud] N improbabilidade f
unlikely [ʌn'laɪklɪ] ADJ (*not likely*) improvável; (*unexpected*) inesperado
unlimited [ʌn'lɪmɪtɪd] ADJ ilimitado
unlisted [ʌn'lɪstɪd] ADJ (*Stock Exchange*) não cotado na Bolsa de Valores; (*US Tel*): **an ~ number** um número que não consta na lista telefônica
unlit [ʌn'lɪt] ADJ (*room*) sem luz
unload [ʌn'ləud] VT descarregar
unlock [ʌn'lɔk] VT destrancar
unlucky [ʌn'lʌkɪ] ADJ infeliz; (*object, number*) de mau agouro; **to be ~** ser azarado, ter azar
unmanageable [ʌn'mænɪdʒəbl] ADJ (*unwieldy: tool*) de difícil manuseio, difícil de manejar; (*situation*) difícil de controlar
unmanned [ʌn'mænd] ADJ não tripulado, sem tripulação
unmarked [ʌn'mɑ:kt] ADJ (*unstained*) sem marca; **~ police car** carro policial sem identificação
unmarried [ʌn'mærɪd] ADJ solteiro
unmask [ʌn'mɑ:sk] VT desmascarar
unmatched [ʌn'mætʃt] ADJ sem igual, inigualável
unmentionable [ʌn'mɛnʃnəbl] ADJ (*topic*) que não se deve mencionar; (*word*) que não se diz
unmerciful [ʌn'mə:sɪful] ADJ impiedoso
unmistakable, unmistakeable [ʌnmɪs'teɪkəbl] ADJ inconfundível
unmitigated [ʌn'mɪtɪgeɪtɪd] ADJ não mitigado, absoluto
unnamed [ʌn'neɪmd] ADJ (*nameless*) sem nome; (*anonymous*) anônimo
unnatural [ʌn'nætʃrəl] ADJ antinatural, artificial; (*manner*) afetado; (*habit*) depravado
unnecessary [ʌn'nɛsəsərɪ] ADJ desnecessário, inútil
unnerve [ʌn'nə:v] VT amedrontar
unnoticed [ʌn'nəʊtɪst] ADJ: **(to go or pass) ~** (passar) despercebido
UNO ['ju:nəʊ] N ABBR (= *United Nations Organization*) ONU f
unobservant [ʌnəb'zə:vənt] N desatento
unobtainable [ʌnəb'teɪnəbl] ADJ inacessível; (*Tel*) ocupado
unobtrusive [ʌnəb'tru:sɪv] ADJ discreto

unoccupied [ʌnˈɔkjupaɪd] ADJ (*seat etc*) desocupado, livre; (*house*) desocupado, vazio

unofficial [ʌnəˈfɪʃl] ADJ não-oficial, informal; (*strike*) desautorizado

unopened [ʌnˈəupənd] ADJ por abrir

unopposed [ʌnəˈpəuzd] ADJ incontestado, sem oposição

unorthodox [ʌnˈɔːθədɔks] ADJ pouco ortodoxo, heterodoxo

unpack [ʌnˈpæk] VI desembrulhar ▶ VT desfazer

unpaid [ʌnˈpeɪd] ADJ (*bill*) a pagar, não pago; (*holiday*) não pago, sem salário; (*work, worker*) não remunerado

unpalatable [ʌnˈpælətəbl] ADJ desagradável

unparalleled [ʌnˈpærəlɛld] ADJ (*unequalled*) sem paralelo; (*unique*) único, incomparável

unpatriotic [ʌnpætrɪˈɔtɪk] ADJ (*person*) antipatriota; (*speech, attitude*) antipatriótico

unplanned [ʌnˈplænd] ADJ (*visit*) imprevisto; (*baby*) não previsto

unpleasant [ʌnˈplɛznt] ADJ (*disagreeable*) desagradável; (*person, manner*) antipático

unplug [ʌnˈplʌg] VT desligar

unpolluted [ʌnpəˈluːtɪd] ADJ impoluído

unpopular [ʌnˈpɔpjulə^r] ADJ impopular

unprecedented [ʌnˈprɛsɪdəntɪd] ADJ sem precedentes

unpredictable [ʌnprɪˈdɪktəbl] ADJ imprevisível

unprejudiced [ʌnˈprɛdʒudɪst] ADJ (*not biased*) imparcial; (*having no prejudices*) sem preconceitos

unprepared [ʌnprɪˈpɛəd] ADJ (*person*) despreparado; (*speech*) improvisado

unprepossessing [ʌnpriːpəˈzɛsɪŋ] ADJ pouco atraente

unpretentious [ʌnprɪˈtɛnʃəs] ADJ despretensioso

unprincipled [ʌnˈprɪnsɪpld] ADJ sem princípios

unproductive [ʌnprəˈdʌktɪv] ADJ improdutivo

unprofessional [ʌnprəˈfɛʃənl] ADJ (*conduct*) pouco profissional

unprofitable [ʌnˈprɔfɪtəbl] ADJ não lucrativo

unprovoked [ʌnprəˈvəukt] ADJ sem provocação

unpunished [ʌnˈpʌnɪʃt] ADJ ímpune

unqualified [ʌnˈkwɔlɪfaɪd] ADJ (*teacher*) não qualificado, inabilitado; (*success*) irrestrito, absoluto

unquestionably [ʌnˈkwɛstʃənəblɪ] ADV indubitavelmente

unquestioning [ʌnˈkwɛstʃənɪŋ] ADJ (*obedience, acceptance*) incondicional, total

unravel [ʌnˈrævl] VT desemaranhar; (*mystery*) desvendar

unreal [ʌnˈrɪəl] ADJ irreal, ilusório; (*extraordinary*) extraordinário

unrealistic [ʌnrɪəˈlɪstɪk] ADJ pouco realista

unreasonable [ʌnˈriːznəbl] ADJ insensato; (*demand*) absurdo

unrecognizable [ʌnrɛkəgˈnaɪzəbl] ADJ irreconhecível

unrecognized [ʌnˈrɛkəgnaɪzd] ADJ (*talent, genius*) não reconhecido

unrecorded [ʌnrəˈkɔːdɪd] ADJ não registrado

unrefined [ʌnrəˈfaɪnd] ADJ (*sugar, petroleum*) não refinado

unrehearsed [ʌnrɪˈhəːst] ADJ improvisado

unrelated [ʌnrɪˈleɪtɪd] ADJ sem relação; (*family*) sem parentesco

unrelenting [ʌnrɪˈlɛntɪŋ] ADJ implacável

unreliable [ʌnrɪˈlaɪəbl] ADJ (*person*) indigno de confiança; (*machine*) incerto, perigoso

unrelieved [ʌnrɪˈliːvd] ADJ (*monotony*) invariável

unremitting [ʌnrɪˈmɪtɪŋ] ADJ constante, incessante

unrepeatable [ʌnrɪˈpiːtəbl] ADJ (*offer*) irrepetível

unrepentant [ʌnrɪˈpɛntənt] ADJ convicto, impenitente

unrepresentative [ʌnrɛprɪˈzɛntətɪv] ADJ pouco representativo *or* característico

unreserved [ʌnrɪˈzəːvd] ADJ (*seat*) não reservado; (*approval, admiration*) total, integral

unreservedly [ʌnrɪˈzəːvɪdlɪ] ADV sem reserva, francamente

unresponsive [ʌnrɪsˈpɔnsɪv] ADJ indiferente, impassível

unrest [ʌnˈrɛst] N inquietação *f*, desassossego; (*Pol*) distúrbios *mpl*

unrestricted [ʌnrɪˈstrɪktɪd] ADJ irrestrito, ilimitado

unrewarded [ʌnrɪˈwɔːdɪd] ADJ sem sucesso

unripe [ʌnˈraɪp] ADJ verde, imaturo

unrivalled, (US) **unrivaled** [ʌnˈraɪvəld] ADJ sem igual, incomparável

unroll [ʌnˈrəul] VT desenrolar

unruffled [ʌnˈrʌfld] ADJ (*person*) sereno, imperturbável; (*hair*) liso

unruly [ʌnˈruːlɪ] ADJ indisciplinado; (*hair*) desalinhado

unsafe [ʌnˈseɪf] ADJ perigoso; ~ **to eat/drink** não comestível/potável

unsaid [ʌnˈsɛd] ADJ: **to leave sth** ~ deixar algo por dizer

unsaleable, (US) **unsalable** [ʌnˈseɪləbl] ADJ invendável, invendível

unsatisfactory [ʌnsætɪsˈfæktərɪ] ADJ insatisfatório

unsatisfied [ʌnˈsætɪsfaɪd] ADJ descontente

unsavoury, (US) **unsavory** [ʌnˈseɪvərɪ] ADJ (*fig*) repugnante, vil

unscathed [ʌnˈskeɪðd] ADJ ileso

unscientific [ʌnsaɪənˈtɪfɪk] ADJ não científico

unscrew [ʌnˈskruː] VT desparafusar

unscrupulous [ʌnˈskruːpjuləs] ADJ inescrupuloso, imoral

unsecured [ʌnsəˈkjuəd] ADJ: ~ **creditor** credor(a) *m/f* quirografário(-a)

unseemly [ʌnˈsiːmlɪ] ADJ inconveniente

unseen [ʌnˈsiːn] ADJ (*person*) despercebido; (*danger*) escondido

unselfish [ʌnˈsɛlfɪʃ] ADJ desinteressado

unsettled [ʌn'sɛtld] ADJ (*uncertain*) incerto, duvidoso; (*weather*) instável; (*person*) inquieto

unsettling [ʌn'sɛtlɪŋ] ADJ inquietador(a), inquietante

unshakable, unshakeable [ʌn'ʃeɪkəbl] ADJ inabalável

unshaven [ʌn'ʃeɪvn] ADJ com a barba por fazer

unsightly [ʌn'saɪtlɪ] ADJ feio, disforme

unskilled [ʌn'skɪld] ADJ não-especializado

unsociable [ʌn'səʊʃəbl] ADJ antissocial

unsocial [ʌn'səʊʃl] ADJ (*hours*) fora do horário normal

unsold [ʌn'səʊld] ADJ não vendido

unsolicited [ʌnsə'lɪsɪtɪd] ADJ não solicitado, espontâneo

unsophisticated [ʌnsə'fɪstɪkeɪtɪd] ADJ simples *inv*, natural

unsound [ʌn'saʊnd] ADJ (*health*) mau; (*floor, foundations*) em mau estado; (*policy, advice*) infundado

unspeakable [ʌn'spi:kəbl] ADJ indescritível; (*awful*) inqualificável

unspoken [ʌn'spəʊkən] ADJ (*agreement, approval*) tácito

unstable [ʌn'steɪbl] ADJ (*piece of furniture*) em falso; (*government, mentally*) instável; (*step, voice*) trêmulo; (*ladder*) em falso

unsteady [ʌn'stɛdɪ] ADJ (*hand, person*) trêmulo; (*ladder*) instável

unstinting [ʌn'stɪntɪŋ] ADJ (*support*) irrestrito, total; (*generosity*) ilimitado

unstuck [ʌn'stʌk] ADJ: **to come ~** despregar-se; (*fig*) fracassar

unsubstantiated [ʌnsəb'stænʃɪeɪtɪd] ADJ (*rumour*) que não foi confirmado; (*accusation*) sem provas

unsuccessful [ʌnsək'sɛsful] ADJ (*attempt*) frustrado, vão/vã; (*writer, proposal*) sem êxito; **to be ~** (*in attempting sth*) ser mal sucedido, não conseguir; (*application*) ser recusado

unsuccessfully [ʌnsək'sɛsfulɪ] ADV em vão, debalde

unsuitable [ʌn'su:təbl] ADJ (*clothes, person*) inadequado; (*time, moment*) inconveniente

unsuited [ʌn'su:tɪd] ADJ: **to be ~ for** *or* **to** ser inadequado *or* impróprio para

unsupported [ʌnsə'pɔ:tɪd] ADJ (*claim*) não verificado; (*theory*) não sustentado

unsure [ʌn'ʃuə^r] ADJ inseguro, incerto; **to be ~ of o.s.** não ser seguro de si

unsuspecting [ʌnsə'spɛktɪŋ] ADJ confiante, insuspeitado

unsweetened [ʌn'swi:tənd] ADJ não adoçado, sem açúcar

unswerving [ʌn'swə:vɪŋ] ADJ inabalável, firme, resoluto

unsympathetic [ʌnsɪmpə'θɛtɪk] ADJ insensível; (*unlikeable*) antipático; **~ to** indiferente a

untangle [ʌn'tæŋgl] VT desemaranhar, desenredar

untapped [ʌn'tæpt] ADJ (*resources*) inexplorado

untaxed [ʌn'tækst] ADJ (*goods*) isento de impostos; (*income*) não tributado

unthinkable [ʌn'θɪŋkəbl] ADJ impensável, inconcebível, incalculável

untidy [ʌn'taɪdɪ] ADJ (*room*) desarrumado, desleixado; (*appearance*) desmazelado, desalinhado

untie [ʌn'taɪ] VT desatar, desfazer; (*dog, prisoner*) soltar

until [ən'tɪl] PREP até ▶ CONJ até que; **~ he comes** até que ele venha; **~ now** até agora; **~ then** até então; **from morning ~ night** de manhã à noite

untimely [ʌn'taɪmlɪ] ADJ inoportuno, intempestivo; (*death*) prematuro

untold [ʌn'təʊld] ADJ (*story*) inédito; (*suffering*) incalculável; (*joy, wealth*) inestimável

untouched [ʌn'tʌtʃt] ADJ (*not used*) intacto; (*safe: person*) ileso; **~ by** indiferente a

untoward [ʌntə'wɔ:d] ADJ desfavorável, inconveniente

untrammelled [ʌn'træmld] ADJ sem entraves

untranslatable [ʌntræns'leɪtəbl] ADJ impossível de traduzir, intraduzível

untrue [ʌn'tru:] ADJ falso

untrustworthy [ʌn'trʌstwə:ðɪ] ADJ indigno de confiança

unusable [ʌn'ju:zəbl] ADJ inutilizável, imprestável

unused[1] [ʌn'ju:zd] ADJ novo, sem uso

unused[2] [ʌn'ju:st] ADJ: **to be ~ to sth/to doing sth** não estar acostumado com algo/a fazer algo

unusual [ʌn'ju:ʒuəl] ADJ (*strange*) estranho; (*rare*) incomum; (*exceptional*) extraordinário

unusually [ʌn'ju:ʒəlɪ] ADV extraordinariamente

unveil [ʌn'veɪl] VT (*statue*) desvelar, descobrir

unwanted [ʌn'wɔntɪd] ADJ não desejado, indesejável

unwarranted [ʌn'wɔrəntɪd] ADJ injustificado

unwary [ʌn'wɛərɪ] ADJ imprudente

unwavering [ʌn'weɪvərɪŋ] ADJ firme

unwelcome [ʌn'wɛlkəm] ADJ (*guest*) inoportuno; (*news*) desagradável; **to feel ~** não se sentir à vontade

unwell [ʌn'wɛl] ADJ: **to be ~** estar doente; **to feel ~** estar indisposto

unwieldy [ʌn'wi:ldɪ] ADJ difícil de manejar, pesado

unwilling [ʌn'wɪlɪŋ] ADJ: **to be ~ to do sth** relutar em fazer algo, não querer fazer algo

unwillingly [ʌn'wɪlɪŋlɪ] ADV de má vontade

unwind [ʌn'waɪnd] (*irreg: like* **wind**) VT desenrolar ▶ VI (*relax*) relaxar-se

unwise [ʌn'waɪz] ADJ imprudente

unwitting [ʌn'wɪtɪŋ] ADJ inconsciente, involuntário

unworkable [ʌn'wə:kəbl] ADJ (*plan etc*) inviável, inexequível

unworthy [ʌn'wə:ðɪ] ADJ indigno

unwound [ʌn'waʊnd] PT, PP *of* **unwind**

unwrap [ʌn'ræp] VT desembrulhar

unwritten [ʌn'rɪtən] ADJ (*agreement*) tácito
unzip [ʌn'zɪp] VT abrir (o fecho ecler de)

(KEYWORD)

up [ʌp] PREP: **to go/be up sth** subir algo/estar em cima de algo; **we climbed/walked up the hill** nós subimos/andamos até em cima da colina; **they live further up the street** eles moram mais adiante nesta rua; **go up that road and turn left** vá por aquela rua e vire à esquerda
▶ ADV **1** (*upwards, higher*) em cima, para cima; **up in the sky/the mountains** lá no céu/nas montanhas; **up there** lá em cima; **up above** em cima; **there's a village and up above, on the hill, a monastery** há uma aldeia e, mais acima na colina, um monastério
2: **to be up** (*out of bed*) estar de pé; (*prices, level*) estar elevado; (*building, tent*) estar erguido
3: **up to** (*as far as*) até; **the water came up to his knees** a água subiu até os seus joelhos; **up to now** até agora
4: **to be up to** (*depending on*): **it is up to you** você é quem sabe, você decide; **it's not up to me to decide** não sou eu quem decide
5: **to be up to** (*equal to*) estar à altura de; **he's not up to it** (*job, task etc*) ele não é capaz de fazê-lo; **his work is not up to the required standard** seu trabalho não atende aos padrões exigidos
6: **to be up to** (*inf: be doing*) estar fazendo (BR) or a fazer (PT); **what is he up to?** (*showing disapproval, suspicion*) o que ele está querendo?, o que ele está tramando?
▶ N: **ups and downs** (*in life, career*) altos mpl e baixos; **we all have our ups and downs** todos nós temos nossos altos e baixos

up-and-coming ADJ prometedor(a)
upbeat ['ʌpbiːt] ADJ (*Mus*) movimentado; (*optimistic*) otimista
upbraid [ʌp'breɪd] VT repreender, censurar
upbringing ['ʌpbrɪŋɪŋ] N educação f, criação f
upcoming ['ʌpkʌmɪŋ] ADJ próximo
update [ʌp'deɪt] VT atualizar, pôr em dia; (*contract etc*) atualizar
upend [ʌp'ɛnd] VT colocar em pé
upfront [ʌp'frʌnt] ADJ (*open*) muito franco
▶ ADV (*pay*) antecipadamente; **to be ~ about sth** não fazer rodeios em relação a algo
upgrade [ʌp'greɪd] VT (*person*) promover; (*job*) melhorar; (*house*) reformar; (*Comput*) fazer um upgrade de
upheaval [ʌp'hiːvl] N transtorno; (*unrest*) convulsão f
upheld [ʌp'hɛld] PT, PP *of* **uphold**
uphill [ʌp'hɪl] ADJ ladeira acima; (*fig: task*) trabalhoso, árduo ▶ ADV: **to go ~** ir morro acima
uphold [ʌp'həuld] (*irreg: like* **hold**) VT defender, preservar
upholstery [ʌp'həulstərɪ] N estofamento

upkeep ['ʌpkiːp] N manutenção f
upload ['ʌpləud] VT (*Comput*) fazer upload de, transferir
up-market ADJ (*product*) requintado
upon [ə'pɔn] PREP sobre
upper ['ʌpə'] ADJ superior, de cima ▶ N (*of shoe*) gáspea, parte f superior
upper class N: **the ~** a classe alta
upper-class ADJ de classe alta
upper hand N: **to have the ~** ter controle or domínio
uppermost ['ʌpəməust] ADJ mais elevado; **what was ~ in my mind** o que me preocupava mais
Upper Volta [-'vɔltə] N Alto Volta m
upright ['ʌpraɪt] ADJ vertical; (*straight*) reto; (*fig*) honesto ▶ N viga vertical
uprising ['ʌpraɪzɪŋ] N revolta, rebelião f, sublevação f
uproar ['ʌprɔː'] N tumulto, algazarra
uproot [ʌp'ruːt] VT (*tree*) arrancar; (*fig*) desarraigar
upset [n 'ʌpsɛt, vt, adj ʌp'sɛt] (*irreg: like* **set**) N (*to plan etc*) revés m, reviravolta; (*stomach upset*) indisposição f ▶ VT (*glass etc*) virar; (*spill*) derramar; (*plan*) perturbar; (*person: annoy*) aborrecer; (*: sadden*) afligir ▶ ADJ aborrecido, contrariado; (*sad*) aflito; (*stomach*) indisposto
upset price (US, SCOTLAND) N preço mínimo
upsetting [ʌp'sɛtɪŋ] ADJ desconcertante
upshot ['ʌpʃɔt] N resultado, conclusão f
upside down ['ʌpsaɪd-] ADV de cabeça para baixo; **to turn a place ~** (*fig*) deixar um lugar de cabeça para baixo
upstairs [ʌp'stɛəz] ADV (*be*) em cima; (*go*) lá em cima ▶ ADJ (*room*) de cima ▶ N andar m de cima
upstart ['ʌpstɑːt] (*pej*) N novo-rico, pessoa sem classe
upstream [ʌp'striːm] ADV rio acima
upsurge ['ʌpsəːdʒ] N (*of enthusiasm etc*) explosão f
uptake ['ʌpteɪk] N: **he is quick on the ~** ele vê longe; **he is slow on the ~** ele tem raciocínio lento
uptight [ʌp'taɪt] (*Inf*) ADJ nervoso
up-to-date ADJ (*person*) moderno, atualizado; (*information*) atualizado; **to be ~ with the facts** estar a par dos fatos
upturn ['ʌptəːn] N (*in luck*) virada; (*in economy*) retomada
upturned ['ʌptəːnd] ADJ (*nose*) arrebitado
upward ['ʌpwəd] ADJ ascendente, para cima
▶ ADV para cima; (*more than*): **~ of** para cima de
upwards ['ʌpwədz] ADV = **upward**
Ural Mountains ['juərəl-] NPL: **the ~** (*also:* **the Urals**) as montanhas Urais, os Urais
uranium [juə'reɪnɪəm] N urânio
Uranus [juə'reɪnəs] N Urano
urban ['əːbən] ADJ urbano, da cidade
urbane [əː'beɪn] ADJ gentil, urbano
urbanization [əːbənaɪ'zeɪʃən] N urbanização f

urchin ['ə:tʃɪn] (pej) N moleque m, criança maltrapilha
urge [ə:dʒ] N (force) impulso; (desire) desejo ▶ VT: **to ~ sb to do sth** incitar alguém a fazer algo
▶ **urge on** VT animar, encorajar
urgency ['ə:dʒənsɪ] N urgência; (of tone) insistência
urgent ['ə:dʒənt] ADJ urgente; (tone, plea) insistente
urgently ['ə:dʒəntlɪ] ADV urgentemente
urinal [juə'raɪnl] (BRIT) N (vessel) urinol m; (building) mictório
urinate ['juərɪneɪt] VI urinar, mijar
urine ['juərɪn] N urina
URL ABBR (= uniform resource locator) URL m
urn [ə:n] N urna; (also: **tea urn**) samovar m
Uruguay ['juərəgwaɪ] N Uruguai m
Uruguayan [juərə'gwaɪən] ADJ, N uruguaio(-a)
US N ABBR (= United States) EUA mpl
us [ʌs] PRON nos; (after prep) nós; see also **me**
USA N ABBR (= United States of America) EUA mpl; (Mil) = **United States Army**
usable ['ju:zəbl] ADJ usável, utilizável
USAF N ABBR = **United States Air Force**
usage ['ju:zɪdʒ] N uso
USB ABBR (Comput: = universal serial bus) USB m
USB stick N (Comput) pen drive m
USCG N ABBR = **United States Coast Guard**
USDA N ABBR = **United States Department of Agriculture**
USDAW ['ʌzdɔ:] (BRIT) N ABBR (= Union of Shop, Distributive and Allied Workers) sindicato dos varejistas e distribuidores
USDI N ABBR = **United States Department of the Interior**
use [n ju:s, vt ju:z] N uso, emprego; (usefulness) utilidade f ▶ VT usar, utilizar; (phrase) empregar; **in ~** em uso; **out of ~** fora de uso; **ready for ~** pronto para ser usado; **to be of ~** ser útil; **it's no ~** (pointless) é inútil; (not useful) não serve; **to have ~ of** ter uso de; **to make ~ of** fazer uso de; **to be ~d to** estar acostumado a; **she ~d to do it** ela costumava fazê-lo
▶ **use up** VT esgotar, consumir; (money) gastar
used [ju:zd] ADJ usado
useful ['ju:sful] ADJ útil; **to come in ~** ser útil

usefulness ['ju:sfəlnɪs] N utilidade f
useless ['ju:slɪs] ADJ inútil; (person) incapaz
user ['ju:zə^r] N usuário(-a) (BR), utente m/f (PT)
user-friendly ADJ de fácil utilização
username N (Comput) nome de usuário m
USES N ABBR = **United States Employment Service**
usher ['ʌʃə^r] N (in cinema) lanterninha m (BR), arrumador m (PT); (at wedding) oficial m de justiça ▶ VT: **to ~ sb in** fazer alguém entrar
usherette [ʌʃə'rɛt] N (in cinema) lanterninha (BR), arrumadora (PT)
USM N ABBR = **United States Mail**; **United States Mint**
USN N ABBR = **United States Navy**
USP N ABBR (= unique selling proposition) proposta única de valor
USPHS N ABBR = **United States Public Health Service**
USPO N ABBR = **United States Post Office**
USS N ABBR = **United States Ship**; **United States Steamer**
USSR N ABBR (= Union of Soviet Socialist Republics) URSS f
usual ['ju:ʒuəl] ADJ usual, habitual; **as ~** como de hábito, como sempre
usually ['ju:ʒuəlɪ] ADV normalmente
usurer ['ju:ʒərə^r] N usurário(-a)
usurp [ju:'zə:p] VT usurpar
UT (US) ABBR (Post) = **Utah**
ute [ju:t] (AUST, NZ inf) N ABBR (= utility truck) camioneta
utensil [ju:'tɛnsl] N utensílio; **kitchen ~s** utensílios de cozinha
uterus ['ju:tərəs] N útero
utilitarian [ju:tɪlɪ'tɛərɪən] ADJ utilitário
utility [ju:'tɪlɪtɪ] N utilidade f; (public utility) utilidade f pública
utility room N área de serviço
utilization [ju:tɪlaɪ'zeɪʃən] N utilização f
utilize ['ju:tɪlaɪz] VT utilizar
utmost ['ʌtməust] ADJ maior ▶ N: **to do one's ~** fazer todo o possível; **of the ~ importance** da maior importância
utter ['ʌtə^r] ADJ total ▶ VT (sounds) emitir; (words) proferir, pronunciar
utterance ['ʌtərəns] N declaração f
utterly ['ʌtəlɪ] ADV completamente, totalmente
U-turn N retorno; (fig) reviravolta

Vv

V, v [vi:] N (*letter*) V, v *m*; **V for Victor** V de Vera

v ABBR = **verse**; (= *vide: see*) vide; (= *versus*) v; (= *volt*) v

VA (US) ABBR (*Post*) = **Virginia**

vac [væk] (BRIT *inf*) N ABBR = **vacation**

vacancy ['veɪkənsɪ] N (BRIT: *job*) vaga; (*room*) quarto livre; **"no vacancies"** "cheio"

vacant ['veɪkənt] ADJ (*house*) vazio; (*post*) vago; (*seat etc*) desocupado, livre; (*expression*) distraído

vacant lot N terreno vago; (*uncultivated*) terreno baldio

vacate [və'keɪt] VT (*house*) desocupar; (*job*) deixar; (*throne*) renunciar a

vacation [və'keɪʃən] (*esp* US) N férias *fpl*; **to take a ~** tirar férias; **on ~** de férias

vacation course N curso de férias

vacationer [və'keɪʃənə^r] (US) N veranista *m/f*

vaccinate ['væksɪneɪt] VT: **to ~ sb (against sth)** vacinar alguém (contra algo)

vaccination [væksɪ'neɪʃən] N vacinação *f*

vaccine ['væksi:n] N vacina

vacuum ['vækjum] N vácuo *m*

vacuum bottle (US) N garrafa térmica (BR), termo (PT)

vacuum cleaner N aspirador *m* de pó

vacuum flask (BRIT) N garrafa térmica (BR), termo (PT)

vacuum-packed ADJ embalado a vácuo

vagabond ['vægəbɔnd] N vagabundo(-a)

vagary ['veɪgərɪ] N extravagância, capricho

vagina [və'dʒaɪnə] N vagina

vagrancy ['veɪgrənsɪ] N vadiagem *f*

vagrant ['veɪgrənt] N vagabundo(-a), vadio(-a)

vague [veɪg] ADJ vago; (*blurred: memory*) fraco; **I haven't the ~st idea** não tenho a mínima ideia

vaguely ['veɪglɪ] ADV vagamente

vain [veɪn] ADJ (*conceited*) vaidoso; (*useless*) vão/vã, inútil; **in ~** em vão

valance ['væləns] N sanefa

vale [veɪl] N vale *m*

valedictory [vælɪ'dɪktərɪ] ADJ de despedida

valentine ['væləntaɪn] N (*also:* **valentine card**) cartão *m* do Dia dos Namorados; (*person*) namorado; **V~'s Day** Dia *m* dos Namorados

valet ['vælɪt] N (*of lord*) criado pessoal; (*in hotel*) camareiro

valet parking N estacionamento por manobrista

valet service N (*for clothes*) lavagem *f* a seco; (*for car*) limpeza completa

valiant ['vælɪənt] ADJ corajoso

valid ['vælɪd] ADJ válido

validate ['vælɪdeɪt] VT (*contract, document*) validar, legitimar; (*argument, claim*) confirmar, corroborar

validity [və'lɪdɪtɪ] N validade *f*

valise [və'li:z] N maleta

valley ['vælɪ] N vale *m*

valour, (US) **valor** ['vælə^r] N valor *m*, valentia

valuable ['væljuəbl] ADJ (*jewel*) de valor; (*time*) valioso; (*help*) precioso

valuables ['væljuəblz] NPL objetos *mpl* de valor

valuation [vælju'eɪʃən] N avaliação *f*; (*of quality*) apreciação *f*

value ['vælju:] N valor *m*; (*importance*) importância ▶ VT (*fix price of*) avaliar; (*appreciate*) valorizar, estimar; (*cherish*) apreciar; **values** NPL (*principles*) valores *mpl*; **you get good ~ (for money) in that shop** o seu dinheiro rende mais naquela loja; **to lose (in) ~** desvalorizar-se; **to gain (in) ~** valorizar-se; **to be of great ~ to sb** (*fig*) ser de grande utilidade para alguém; **to be ~d at $8** ser avaliado em $8

value added tax [-'ædɪd-] (BRIT) N imposto sobre a circulação de mercadorias (BR), imposto sobre valor acrescentado (PT)

valued ['vælju:d] ADJ (*appreciated*) valorizado

valuer ['væljuə^r] N avaliador(a) *m/f*

valve [vælv] N válvula; (*in radio*) lâmpada

vampire ['væmpaɪə^r] N vampiro(-a)

van [væn] N (*Aut*) camionete *f* (BR), camioneta (PT)

V and A (BRIT) N ABBR = **Victoria and Albert Museum**

vandal ['vændl] N vândalo(-a)

vandalism ['vændəlɪzəm] N vandalismo

vandalize ['vændəlaɪz] VT destruir, depredar

vanguard ['vænga:d] N: **in the ~ of** na vanguarda de

vanilla [və'nɪlə] N baunilha ▶ CPD (*ice cream*) de baunilha

403 | vanish – verb

vanish ['vænɪʃ] vi desaparecer, sumir
vanity ['vænɪtɪ] N vaidade f
vanity case N bolsa de maquilagem
vantage point ['vɑːntɪdʒ-] N posição f estratégica
vape [veɪp] vi fumar cigarro eletrônico
vapor ['veɪpə^r] (US) N = **vapour**
vaporize ['veɪpəraɪz] vt vaporizar ▶ vi vaporizar-se
vapour, (US) **vapor** ['veɪpə^r] N vapor m
variable ['vɛərɪəbl] ADJ variável ▶ N variável f
variance ['vɛərɪəns] N: **to be at ~ (with)** estar em desacordo (com)
variant ['vɛərɪənt] N variante f
variation [vɛərɪ'eɪʃən] N variação f; (variant) variante f; (in opinion) mudança
varicose ['værɪkəus] ADJ: **~ veins** varizes fpl
varied ['vɛərɪd] ADJ variado
variety [və'raɪətɪ] N variedade f, diversidade f; (type, quantity) variedade; **for a ~ of reasons** por várias or diversas razões
variety show N espetáculo de variedades
various ['vɛərɪəs] ADJ vários(-as), diversos(-as); (several) vários(-as); **at ~ times** (different) em horas variadas; (several) várias vezes
varnish ['vɑːnɪʃ] N verniz m; (nail varnish) esmalte m ▶ vt envernizar; (nails) pintar (com esmalte)
vary ['vɛərɪ] vt variar; (change) mudar ▶ vi variar; (deviate) desviar-se; (become different): **to ~ with** or **according to** variar de acordo com
varying ['vɛərɪɪŋ] ADJ variado
vase [vɑːz] N vaso
vasectomy [væ'sɛktəmɪ] N vasectomia
Vaseline® ['væsɪliːn] N vaselina®
vast [vɑːst] ADJ enorme
vastly ['vɑːstlɪ] ADV (underestimate etc) enormemente; (different) completamente
vastness ['vɑːstnɪs] N imensidão f
VAT [væt] (BRIT) N ABBR (= value added tax) ≈ ICM m (BR), IVA m (PT)
vat [væt] N tina, cuba
Vatican ['vætɪkən] N: **the ~** o Vaticano
vault [vɔːlt] N (of roof) abóbada; (tomb) sepulcro; (in bank) caixa-forte f; (jump) salto ▶ vt (also: **vault over**) saltar (por cima de)
vaunted ['vɔːntɪd] ADJ: **much-~** tão alardeado
VC N ABBR = **vice-chairman**; (BRIT: = Victoria Cross) distinção militar
VCR N ABBR = **video cassette recorder**
VD N ABBR = **venereal disease**
VDU N ABBR = **visual display unit**
veal [viːl] N carne f de vitela
veer [vɪə^r] vi virar
veg. [vɛdʒ] (BRIT inf) N ABBR = **vegetable**
vegan ['viːgən] N vegetalista m/f
vegetable ['vɛdʒtəbl] N (Bot) vegetal m; (edible plant) legume m, hortaliça ▶ ADJ vegetal; **vegetables** NPL (cooked) verduras fpl
vegetable garden N horta

vegetarian [vɛdʒɪ'tɛərɪən] ADJ, N vegetariano(-a)
vegetate ['vɛdʒɪteɪt] vi vegetar
vegetation [vɛdʒɪ'teɪʃən] N vegetação f
vehemence ['viːɪməns] N veemência, violência
vehement ['viːɪmənt] ADJ veemente; (impassioned) apaixonado; (attack) violento
vehicle ['viːɪkl] N veículo
vehicular [vɪ'hɪkjulə^r] ADJ: **"no ~ traffic"** "proibido trânsito de veículos automotores"
veil [veɪl] N véu m ▶ vt velar; **under a ~ of secrecy** (fig) sob um manto de sigilo
veiled [veɪld] ADJ velado
vein [veɪn] N veia; (of ore etc) filão m; (on leaf) nervura; (fig: mood) tom m
vellum ['vɛləm] N papel m velino
velocity [vɪ'lɔsɪtɪ] N velocidade f
velvet ['vɛlvɪt] N veludo ▶ ADJ aveludado
vendetta [vɛn'dɛtə] N vendeta
vending machine ['vɛndɪŋ-] N vendedor m automático
vendor ['vɛndə^r] N vendedor(a) m/f; **street ~** camelô m
veneer [və'nɪə^r] N capa exterior, folheado; (wood) compensado; (fig) aparência
venerable ['vɛnərəbl] ADJ venerável
venereal [vɪ'nɪərɪəl] ADJ: **~ disease** doença venérea
Venetian blind [vɪ'niːʃən-] N persiana
Venezuela [vɛnɛ'zweɪlə] N Venezuela
Venezuelan [vɛnɛ'zweɪlən] ADJ, N venezuelano(-a)
vengeance ['vɛndʒəns] N vingança; **with a ~** (fig) para valer
vengeful ['vɛndʒful] ADJ vingativo
Venice ['vɛnɪs] N Veneza
venison ['vɛnɪsn] N carne f de veado
venom ['vɛnəm] N veneno; (bitterness) malevolência
venomous ['vɛnəməs] ADJ venenoso; (look, stare) malévolo
vent [vɛnt] N (opening, in jacket) abertura; (also: **air vent**) respiradouro; (in wall) abertura para ventilação ▶ vt (fig: feelings) desabafar, descarregar
ventilate ['vɛntɪleɪt] vt ventilar
ventilation [vɛntɪ'leɪʃən] N ventilação f
ventilation shaft N poço de ventilação
ventilator ['vɛntɪleɪtə^r] N ventilador m
ventriloquist [vɛn'trɪləkwɪst] N ventríloquo
venture ['vɛntʃə^r] N empreendimento ▶ vt aventurar; (opinion) arriscar ▶ vi arriscar-se; **business ~** empreendimento comercial; **to ~ to do sth** aventurar-se or arriscar-se a fazer algo
venture capital N capital m de especulação
venue ['vɛnjuː] N local m; (meeting place) ponto de encontro; (theatre etc) espaço
Venus ['viːnəs] N (planet) Vênus f
veracity [və'ræsɪtɪ] N veracidade f
veranda, verandah [və'rændə] N varanda
verb [vəːb] N verbo

verbal ['vɜːbəl] ADJ verbal
verbally ['vɜːbəlɪ] ADV verbalmente
verbatim [vɜːˈbeɪtɪm] ADJ, ADV palavra por palavra
verbose [vɜːˈbəʊs] ADJ prolixo
verdict ['vɜːdɪkt] N veredicto, decisão f; (fig) opinião f, parecer m; **~ of guilty/not guilty** veredicto de culpado/não culpado
verge [vɜːdʒ] N beira, margem f; (on road) acostamento (BR), berma (PT); **"soft ~s"** (BRIT Aut) "acostamento mole"; **to be on the ~ of doing sth** estar a ponto or à beira de fazer algo
▶ **verge on** VT FUS beirar em
verger ['vɜːdʒə^r] N (Rel) sacristão m
verification [vɛrɪfɪˈkeɪʃən] N verificação f
verify ['vɛrɪfaɪ] VT verificar
veritable ['vɛrɪtəbl] ADJ verdadeiro
vermin ['vɜːmɪn] NPL (animals) bichos mpl; (insects, fig) insetos mpl nocivos
vermouth ['vɜːməθ] N vermute m
vernacular [vəˈnækjʊlə^r] N vernáculo; **in the ~** na língua corrente
versatile ['vɜːsətaɪl] ADJ (person) versátil; (machine, tool etc) polivalente; (mind) ágil, flexível
verse [vɜːs] N verso, poesia; (stanza) estrofe f; (in bible) versículo; **in ~** em verso
versed [vɜːst] ADJ: **(well-)~ in** versado em
version ['vɜːʃən] N versão f
versus ['vɜːsəs] PREP contra, versus
vertebra ['vɜːtɪbrə] (pl **vertebrae**) N vértebra
vertebrae ['vɜːtɪbriː] NPL of **vertebra**
vertebrate ['vɜːtɪbrɪt] N vertebrado
vertical ['vɜːtɪkl] ADJ vertical ▶ N vertical f
vertically ['vɜːtɪklɪ] ADV verticalmente
vertigo ['vɜːtɪɡəʊ] N vertigem f; **to suffer from ~** ter vertigens
verve [vɜːv] N garra, pique m
very ['vɛrɪ] ADV muito ▶ ADJ: **the ~ book which** o mesmo livro que; **the ~ thought (of it) ...** só de pensar (nisso) ...; **at the ~ end** bem no final; **the ~ last** o último (de todos), bem o último; **at the ~ least** no mínimo; **~ much** muitíssimo; **~ little** muito pouco, pouquíssimo
vespers ['vɛspəz] NPL vésperas fpl
vessel ['vɛsl] N (Anat) vaso; (Naut) navio, barco; (container) vaso, vasilha
vest [vɛst] N (BRIT) camiseta (BR), camisola interior (PT); (US: waistcoat) colete m ▶ VT: **to ~ sb with sth, to ~ sth in sb** investir alguém de algo, conferir algo a alguém
vested interest ['vɛstɪd-] N: **to have a ~ in doing** ter um interesse em fazer; **vested interests** NPL (Comm) direitos mpl adquiridos
vestibule ['vɛstɪbjuːl] N vestíbulo
vestige ['vɛstɪdʒ] N vestígio
vestry ['vɛstrɪ] N sacristia
Vesuvius [vɪˈsuːvɪəs] N Vesúvio
vet [vɛt] N ABBR (= veterinary surgeon) veterinário(-a) ▶ VT examinar

veteran ['vɛtərn] N veterano(-a); (also: **war veteran**) veterano de guerra ▶ ADJ: **she's a ~ campaigner for ...** ela é uma veterana nas campanhas de ...
veteran car N carro antigo
veterinarian [vɛtrɪˈnɛərɪən] (US) N veterinário(-a)
veterinary ['vɛtrɪnərɪ] ADJ veterinário
veterinary surgeon (BRIT) N veterinário(-a)
veto ['viːtəʊ] N (pl **vetoes**) veto ▶ VT vetar; **to put a ~ on** opor seu veto a
vex [vɛks] VT (irritate) irritar, apoquentar; (make impatient) impacientar
vexed [vɛkst] ADJ (question) controvertido, discutido
VFD (US) N ABBR = **voluntary fire department**
VG (BRIT) N ABBR (Sch) = **very good**
VHF ABBR (= very high frequency) VHF, frequência muito alta
VI (US) ABBR (Post) = **Virgin Islands**
via ['vaɪə] PREP por, via
viability [vaɪəˈbɪlɪtɪ] N viabilidade f
viable ['vaɪəbl] ADJ viável
viaduct ['vaɪədʌkt] N viaduto
vibrant ['vaɪbrənt] ADJ (lively) entusiasmado; (colour) vibrante; (voice) ressonante
vibrate [vaɪˈbreɪt] VI vibrar
vibration [vaɪˈbreɪʃən] N vibração f
vicar ['vɪkə^r] N vigário
vicarage ['vɪkərɪdʒ] N vicariato
vicarious [vɪˈkɛərɪəs] ADJ (pleasure, existence) indireto
vice [vaɪs] N (evil) vício; (Tech) torno mecânico
vice- [vaɪs] PREFIX vice-
vice-chairman (irreg: like **man**) N vice-presidente m/f
vice-chancellor (BRIT) N reitor(a) m/f
vice-president N vice-presidente m/f
vice squad N delegacia de costumes
vice versa ['vaɪsɪˈvɜːsə] ADV vice-versa
vicinity [vɪˈsɪnɪtɪ] N (area: nearness) proximidade f; **in the ~ of** nas proximidades de
vicious ['vɪʃəs] ADJ (violent) violento; (depraved) depravado, vicioso; (cruel) cruel; (bitter) rancoroso
vicious circle N círculo vicioso
viciousness ['vɪʃəsnɪs] N violência; depravação f; crueldade f; rancor m
vicissitudes [vɪˈsɪsɪtjuːdz] NPL vicissitudes fpl
victim ['vɪktɪm] N vítima f
victimization [vɪktɪmaɪˈzeɪʃən] N perseguição f; (in strike) represálias fpl
victimize ['vɪktɪmaɪz] VT (strikers etc) fazer represália contra
victor ['vɪktə^r] N vencedor(a) m/f
Victorian [vɪkˈtɔːrɪən] ADJ vitoriano
victorious [vɪkˈtɔːrɪəs] ADJ vitorioso
victory ['vɪktərɪ] N vitória; **to win a ~ over sb** conseguir uma vitória sobre alguém
video ['vɪdɪəʊ] N (video film) vídeo; (pop video) videoclipe m; (also: **video cassette**)

videocassete m; (also: **video cassette recorder**) videocassete m ▶ CPD de vídeo
video camera N filmadora
video cassette N videocassete m
video cassette recorder N videocassete m
videophone N videofone m
video recording N gravação f em vídeo
video tape N videoteipe m; (cassette) videocassete m
video wall N painel m de vídeo
vie [vaɪ] VI: **to ~ (with sb) (for sth)** competir (com alguém) (por algo)
Vienna [vɪ'ɛnə] N Viena
Vietnam, Viet Nam ['vjet'næm] N Vietnã m (BR), Vietname m (PT)
Vietnamese [vjɛtnə'miːz] ADJ vietnamita ▶ N INV vietnamita m/f; (Ling) vietnamita m
view [vjuː] N vista; (outlook) perspectiva; (landscape) paisagem f; (opinion) opinião f, parecer m ▶ VT (look at, fig) olhar; (examine) examinar; **on ~** (in museum etc) em exposição; **in full ~ (of)** à plena vista (de); **an overall ~ of the situation** uma visão geral da situação; **in my ~** na minha opinião; **in ~ of the weather/the fact that** em vista do tempo/do fato de que; **with a ~ to doing sth** com a intenção de fazer algo
viewer ['vjuːə'] N (small projector) visor m; (person) telespectador(a) m/f
viewfinder ['vjuːfaɪndə'] N visor m
viewpoint ['vjuːpɔɪnt] N ponto de vista; (place) lugar m
vigil ['vɪdʒɪl] N vigília; **to keep ~** velar
vigilance ['vɪdʒɪləns] N vigilância
vigilant ['vɪdʒɪlənt] ADJ vigilante
vigor ['vɪgə'] (US) N = **vigour**
vigorous ['vɪgərəs] ADJ vigoroso; (plant) vigoso
vigour, (US) vigor ['vɪgə'] N energia, vigor m
vile [vaɪl] ADJ (action) vil, infame; (smell) repugnante, repulsivo; (temper) violento
vilify ['vɪlɪfaɪ] VT vilipendiar
villa ['vɪlə] N (country house) casa de campo; (suburban house) vila, quinta
village ['vɪlɪdʒ] N aldeia, povoado
villager ['vɪlɪdʒə'] N aldeão/aldeã m/f
villain ['vɪlən] N (scoundrel) patife m; (BRIT: in novel etc) vilão m; (criminal) marginal m/f
VIN (US) N ABBR = **vehicle identification number**
vindicate ['vɪndɪkeɪt] VT vingar; (justify) jusfificar
vindication [vɪndɪ'keɪʃən] N: **in ~ of** em defesa de
vindictive [vɪn'dɪktɪv] ADJ vingativo
vine [vaɪn] N vinha, videira; (climbing plant) planta trepadeira
vinegar ['vɪnɪgə'] N vinagre m
vine grower N vinhateiro(-a), viticultor(a) m/f
vine-growing ADJ vitícola ▶ N viticultura
vineyard ['vɪnjɑːd] N vinha, vinhedo
vintage ['vɪntɪdʒ] N vindima; (year) safra, colheita ▶ CPD (comedy) de época; (performance) clássico; **the 1970 ~** a safra de 1970

vintage car N carro antigo
vintage wine N vinho velho
vinyl ['vaɪnl] N vinil m
viola [vɪ'əʊlə] N viola
violate ['vaɪəleɪt] VT violar
violation [vaɪə'leɪʃən] N violação f; **in ~ of** (rule, law) em violação de
violence ['vaɪələns] N violência; (strength) força
violent ['vaɪələnt] ADJ violento; (intense) intenso; **a ~ dislike of sb/sth** uma forte aversão a alguém/algo
violently ['vaɪələntlɪ] ADV violentamente; (ill, angry) extremamente
violet ['vaɪələt] ADJ violeta ▶ N (colour, plant) violeta
violin [vaɪə'lɪn] N violino
violinist [vaɪə'lɪnɪst] N violinista m/f
VIP N ABBR (= very important person) VIP m/f
viper ['vaɪpə'] N víbora
viral ['vaɪərəl] ADJ (Med) viral; **to go ~** (Comput) propagar-se rapidamente
virgin ['vəːdʒɪn] N virgem m/f ▶ ADJ virgem; **the Blessed V~** a Virgem Santíssima
virginity [vəː'dʒɪnɪtɪ] N virgindade f
Virgo ['vəːgəʊ] N Virgem f
virile ['vɪraɪl] ADJ viril
virility [vɪ'rɪlɪtɪ] N virilidade f
virtual ['vəːtjuəl] ADJ (Comput, Phys) virtual; (in effect): **it's a ~ impossibility** é praticamente impossível; **the ~ leader** o líder na prática
virtually ['vəːtjuəlɪ] ADV (almost) praticamente
virtual reality ['vəːtjuəl-] N (Comput) realidade f virtual
virtue ['vəːtjuː] N virtude f; (advantage) vantagem f; **by ~ of** em virtude de
virtuoso [vəːtju'əʊzəʊ] (pl **virtuosos** or **virtuosi**) N virtuoso(-a)
virtuous ['vəːtjuəs] ADJ virtuoso
virulent ['vɪrulənt] ADJ virulento
virus ['vaɪərəs] N vírus m
visa ['viːzə] N visto
vis-à-vis [viːzə'viː] PREP com relação a
viscose ['vɪskəuz] N viscose f
viscount ['vaɪkaunt] N visconde m
viscous ['vɪskəs] ADJ viscoso
vise [vaɪs] (US) N (Tech) = **vice**
visibility [vɪzɪ'bɪlɪtɪ] N visibilidade f
visible ['vɪzəbl] ADJ visível; **~ exports/imports** exportações fpl /importações fpl visíveis
visibly ['vɪzəblɪ] ADV visivelmente
vision ['vɪʒən] N (sight) vista, visão f; (foresight, in dream) visão f
visionary ['vɪʒənərɪ] N visionário(-a)
visit ['vɪzɪt] N visita ▶ VT (person, US: also: **visit with**) visitar, fazer uma visita a; (place) ir a, ir conhecer; **on a private/official ~** em visita particular/oficial
visiting ['vɪzɪtɪŋ] ADJ (speaker, team) visitante
visiting card N cartão m de visita
visiting hours NPL horário de visita

visiting professor N professor(a) m/f de outra faculdade
visitor ['vɪzɪtə'] N visitante m/f; (to a house) visita; (tourist) turista m/f; (tripper) excursionista m/f
visitors' book N livro de visitas
visor ['vaɪzə'] N viseira
vista ['vɪstə] N vista
visual ['vɪzjuəl] ADJ visual
visual aid N recurso visual
visual display unit N terminal m de vídeo
visualize ['vɪzjuəlaɪz] VT visualizar; (foresee) prever
visually ['vɪzjuəlɪ] ADV visualmente; **~ handicapped** (!) deficiente visual
vital ['vaɪtl] ADJ (essential) essencial, indispensável; (important) de importância vital; (crucial) crucial; (person) vivo; (of life) vital; **of ~ importance** de importância vital
vitality [vaɪ'tælɪtɪ] N energia, vitalidade f
vitally ['vaɪtəlɪ] ADV: **~ important** de importância vital
vital statistics NPL (of population) estatística demográfica; (fig) medidas fpl
vitamin ['vɪtəmɪn] N vitamina
vitiate ['vɪʃɪeɪt] VT viciar
vitreous ['vɪtrɪəs] ADJ vítreo
vitriolic [vɪtrɪ'ɔlɪk] ADJ (fig) mordaz
viva ['vaɪvə] N (also: **viva voce**) exame m oral
vivacious [vɪ'veɪʃəs] ADJ vivaz, animado
vivacity [vɪ'væsɪtɪ] N vivacidade f
vivid ['vɪvɪd] ADJ (account) vívido; (light) claro, brilhante; (imagination, colour) vivo
vividly ['vɪvɪdlɪ] ADV (describe) vividamente; (remember) distintamente
vivisection [vɪvɪ'sɛkʃən] N vivissecção f
vixen ['vɪksn] N raposa; (pej: woman) megera
viz ABBR (= videlicet) a saber
VLF ABBR = **very low frequency**
vlog [vlɔg] N blog m de vídeo (BR), blogue m vídeo (PT)
V-neck N (also: **V-neck jumper, V-neck pullover**) suéter f com decote em V
VOA N ABBR (= Voice of America) voz f da América, emissora que transmite para o estrangeiro
vocabulary [vəu'kæbjulərɪ] N vocabulário
vocal ['vəukl] ADJ vocal; (noisy) clamoroso; (articulate) claro, eloquente
vocal cords NPL cordas fpl vocais
vocalist ['vəukəlɪst] N vocalista m/f, cantor(a) m/f
vocals ['vəuklz] NPL vozes fpl
vocation [vəu'keɪʃən] N vocação f
vocational [vəu'keɪʃənl] ADJ vocacional; **~ guidance/training** orientação f vocacional/ensino profissionalizante
vociferous [və'sɪfərəs] ADJ vociferante
vodka ['vɔdkə] N vodca
vogue [vəug] N voga, moda; **to be in ~** estar na moda
voice [vɔɪs] N voz f ▶ VT (opinion) expressar; **in a low/loud ~** em voz baixa/alta; **to give ~ to** dar voz a

voice mail N (system) correio m de voz; (device) caixa f postal
void [vɔɪd] N vazio; (hole) oco ▶ ADJ (null) nulo; (empty): **~ of** destituido de
voile [vɔɪl] N voile m
vol. ABBR (= volume) vol.
volatile ['vɔlətaɪl] ADJ volátil; (situation, person) imprevisível
volcanic [vɔl'kænɪk] ADJ vulcânico
volcano [vɔl'keɪnəu] (pl **volcanoes**) N vulcão m
volition [və'lɪʃən] N: **of one's own ~** de livre vontade
volley ['vɔlɪ] N (of gunfire) descarga, salva; (of stones etc) chuva; (of questions etc) enxurrada, chuva; (Tennis etc) voleio
volleyball ['vɔlɪbɔ:l] N voleibol m, vôlei m (BR)
volt [vəult] N volt m
voltage ['vəultɪdʒ] N voltagem f; **high/low ~** alta/baixa tensão
voluble ['vɔljubl] ADJ (person) tagarela; (speech) loquaz
volume ['vɔlju:m] N volume m; (of tank) capacidade f; **~ one/two** tomo um/dois; **his expression spoke ~s** sua expressão disse tudo
volume control N (Radio, TV) controle m de volume
volume discount N (Comm) desconto de volume
voluminous [və'lu:mɪnəs] ADJ volumoso
voluntarily ['vɔləntrɪlɪ] ADV livremente, voluntariamente
voluntary ['vɔləntərɪ] ADJ voluntário; (unpaid) (a título) gratuito
voluntary liquidation N (Comm) liquidação f requerida pela empresa
voluntary redundancy (BRIT) N demissão f voluntária
volunteer [vɔlən'tɪə'] N voluntário(-a) ▶ VT oferecer voluntariamente ▶ VI (Mil) alistar-se voluntariamente; **to ~ to do** oferecer-se voluntariamente para fazer
voluptuous [və'lʌptjuəs] ADJ voluptuoso
vomit ['vɔmɪt] N vômito ▶ VT, VI vomitar
vote [vəut] N voto; (votes cast) votação f; (right to vote) direito de votar; (franchise) título de eleitor ▶ VT: **to be ~d chairman etc** ser eleito presidente etc; (propose): **to ~ that** propor que; (in election) votar ▶ VI votar; **to put sth to the ~, to take a ~ on sth** votar algo, submeter algo à votação; **to ~ for sb** votar em alguém; **to ~ for/against a proposal** votar a favor de/contra uma proposta; **to ~ to do sth** votar a favor de fazer algo; **~ of censure** voto de censura; **~ of confidence** voto de confiança; **~ of thanks** agradecimento
voter ['vəutə'] N votante m/f, eleitor(a) m/f
voting ['vəutɪŋ] N votação f
voting paper (BRIT) N cédula eleitoral
voting right N direito de voto
voucher ['vautʃə'] N (also: **luncheon voucher**) vale-refeição m; (with petrol etc) vale m; (gift

voucher) vale *m* para presente; (*receipt*) comprovante *m*
vouch for [vautʃ-] VT FUS garantir, responder por
vow [vau] N voto ▶ VT: **to ~ to do/that** prometer solenemente fazer/que ▶ VI fazer votos; **to take** *or* **make a ~ to do sth** fazer voto de fazer algo
vowel ['vauəl] N vogal *f*
voyage ['vɔɪɪdʒ] N (*journey*) viagem *f*; (*crossing*) travessia
VP N ABBR = **vice-president**
vs ABBR (= *versus*) x

V-sign (BRIT) N *gesto grosseiro*; **to give a ~ to sb** ≈ dar uma banana para alguém
VSO (BRIT) N ABBR = **Voluntary Service Overseas**
VT (US) ABBR (*Post*) = **Vermont**
vulgar ['vʌlgəʳ] ADJ (*rude*) grosseiro, ordinário; (*in bad taste*) vulgar, baixo
vulgarity [vʌl'gærɪtɪ] N grosseria; (*bad taste*) vulgaridade *f*
vulnerability [vʌlnərə'bɪlɪtɪ] N vulnerabilidade *f*
vulnerable ['vʌlnərəbl] ADJ vulnerável
vulture ['vʌltʃəʳ] N abutre *m*, urubu *m*

Ww

W¹, w ['dʌblju:] N (letter) W, w m; **W for William** W de William
W² ABBR (= west) O; (Elec: = watt) W
WA (US) ABBR (Post) = **Washington**
wad [wɔd] N (of cotton wool) chumaço; (of paper) bola; (of banknotes etc) maço
wadding ['wɔdɪŋ] N enchimento
waddle ['wɔdl] VI andar gingando or bamboleando
wade [weɪd] VI: **to ~ through** andar em; (fig: a book) ler com dificuldade ▶ VT vadear, atravessar (a vau)
wafer ['weɪfə^r] N (biscuit) bolacha; (Rel) hóstia
wafer-thin ADJ fininho, finíssimo
waffle ['wɔfl] N (Culin) waffle m; (empty talk) lengalenga ▶ VI encher linguiça
waffle iron N fôrma para fazer waffles
waft [wɔft] VT levar ▶ VI flutuar
wag [wæg] VT (tail) sacudir; (finger) menear ▶ VI acenar, abanar; **the dog ~ged its tail** o cachorro abanou o rabo
wage [weɪdʒ] N (also: **wages**) salário, ordenado ▶ VT: **to ~ war** empreender or fazer guerra; **a day's ~s** uma diária
wage claim N reivindicação f salarial
wage differential N desnível m salarial, diferença de salário
wage earner [-ə:nə^r] N assalariado(-a)
wage freeze N congelamento de salários
wage packet (BRIT) N envelope m de pagamento
wager ['weɪdʒə^r] N aposta, parada ▶ VT apostar
waggle ['wægl] VT mover
waggon, wagon ['wægən] N (horse-drawn) carroça; (BRIT Rail) vagão m
wail [weɪl] N lamento, gemido ▶ VI lamentar-se, gemer; (siren) tocar
waist [weɪst] N cintura
waistcoat ['weɪskəut] (BRIT) N colete m
waistline ['weɪstlaɪn] N cintura
wait [weɪt] N espera ▶ VI esperar; **to lie in ~ for** aguardar em emboscada; **I can't ~ to** (fig) estou morrendo de vontade de; **to ~ for sb/sth** esperar por alguém/algo; **to keep sb ~ing** deixar alguém esperando; **~ a minute!** espera aí!; **"repairs while you ~"** "conserta-se na hora"
▶ **wait behind** VI ficar para trás
▶ **wait on** VT FUS servir
▶ **wait up** VI esperar, não ir dormir; **don't ~ up for me** vá dormir, não espere por mim
waiter ['weɪtə^r] N garçom m (BR), empregado (PT)
waiting ['weɪtɪŋ] N: **"no ~"** (BRIT Aut) "proibido estacionar"
waiting list ['weɪtɪŋ-] N lista de espera
waiting room N sala de espera
waitress ['weɪtrɪs] N garçonete f (BR), empregada (PT)
waive [weɪv] VT abrir mão de
waiver ['weɪvə^r] N desistência
wake [weɪk] (pt **woke**, pp **woken**) VT (also: **wake up**) acordar ▶ VI acordar ▶ N (for dead person) velório; (Naut) esteira; **to ~ up to sth** (fig) abrir os olhos or acordar para algo; **in the ~ of** (fig) na esteira de; **to follow in sb's ~** (fig) seguir a esteira or o exemplo de alguém
waken ['weɪkən] VT, VI = **wake**
Wales [weɪlz] N País m de Gales; **the Prince of ~** o Príncipe de Gales
walk [wɔ:k] N passeio; (hike) excursão f a pé, caminhada; (gait) passo, modo de andar; (in park etc) alameda, passeio ▶ VI andar; (for pleasure, exercise) passear ▶ VT (distance) percorrer a pé, andar; (dog) levar para passear; **it's 10 minutes' ~ from here** daqui são 10 minutos a pé; **to go for a ~** (ir) dar uma volta; **I'll ~ you home** vou andar com você até a sua casa; **people from all ~s of life** pessoas de todos os níveis
▶ **walk out** VI (go out) sair; (audience) retirar-se; (strike) entrar em greve
▶ **walk out on** VT FUS (family etc) abandonar
walker ['wɔ:kə^r] N (person) caminhante m/f
walkie-talkie ['wɔ:kɪ'tɔ:kɪ] N transmissor-receptor m portátil, walkie-talkie m
walking ['wɔ:kɪŋ] N o andar; **it's within ~ distance** dá para ir a pé
walking holiday N férias fpl fazendo excursões a pé
walking shoes NPL sapatos mpl de caminhada
walking stick N bengala
Walkman® N Walkman® m
walk-on ADJ (Theatre: part) de figurante
walkout ['wɔ:kaut] N (of workers) greve f branca

walkover ['wɔ:kəuvə^r] (inf) N barbada
walkway ['wɔ:kweɪ] N passeio, passadiço
wall [wɔ:l] N parede f; (exterior) muro; (city wall etc) muralha; **to go to the ~** (fig: firm etc) falir, quebrar
▶ **wall in** VT (garden etc) cercar com muros
wall cupboard N armário de parede
walled [wɔ:ld] ADJ (city) cercado por muralhas; (garden) murado, cercado
wallet ['wɔlɪt] N carteira
wallflower ['wɔ:lflauə^r] N goivo-amarelo; **to be a ~** (fig) tomar chá de cadeira
wall hanging N tapete m
wallop ['wɔləp] (BRIT inf) VT surrar, espancar
wallow ['wɔləu] VI (in mud) chafurdar; (in water) rolar; (person: in guilt) regozijar-se; **to ~ in one's own grief** regozijar-se na própria dor
wallpaper ['wɔ:lpeɪpə^r] N papel m de parede
▶ VT colocar papel de parede em
wall-to-wall ADJ: **~ carpeting** carpete m
walnut ['wɔ:lnʌt] N noz f; (tree, wood) nogueira
walrus ['wɔ:lrəs] (pl **walrus** or **walruses**) N morsa
waltz [wɔ:lts] N valsa ▶ VI valsar
wan [wɔn] ADJ pálido; (smile) amarelo
wand [wɔnd] N (also: **magic wand**) varinha de condão
wander ['wɔndə^r] VI (person) vagar, perambular; (thoughts) divagar; (get lost) extraviar-se ▶ VT perambular
wanderer ['wɔndərə^r] N vagabundo(-a)
wandering ['wɔndərɪŋ] ADJ errante; (thoughts) distraído; (tribe) nômade; (minstrel, actor) itinerante
wane [weɪn] VI diminuir; (moon) minguar
wangle ['wæŋgl] (BRIT inf) VT: **to ~ sth** conseguir algo através de pistolão
wanker ['wæŋkə^r] (!) N babaca m/f
want [wɔnt] VT (wish for) querer; (demand) exigir; (need) precisar de, necessitar; (lack) carecer de ▶ N (poverty) pobreza, miséria; **wants** NPL (needs) necessidades fpl; **for ~ of** por falta de; **to ~ to do** querer fazer; **to ~ sb to do sth** querer que alguém faça algo; "**cook ~ed**" "precisa-se cozinheiro"
want ads (US) NPL classificados mpl
wanted ['wɔntɪd] ADJ (criminal etc) procurado (pela polícia); **you're ~ on the phone** estão querendo falar com você no telefone
wanting ['wɔntɪŋ] ADJ falto, deficiente; **to be found ~** não estar à altura da situação; **to be ~ in** carecer de
wanton ['wɔntən] ADJ (destruction) gratuito, irresponsável; (licentious) libertino, lascivo
war [wɔ:^r] N guerra; **to make ~ (on)** fazer guerra (contra); **to go to ~** entrar na guerra; **~ of attrition** guerra de atrição
warble ['wɔ:bl] N gorjeio ▶ VI gorjear
war cry N grito de guerra
ward [wɔ:d] N (in hospital) ala; (Pol) distrito eleitoral; (Law: child) tutelado(-a), pupilo(-a)
▶ **ward off** VT desviar, aparar; (attack) repelir

warden ['wɔ:dn] N (BRIT: of institution) diretor(a) m/f; (of park, game reserve) administrador(a) m/f; (BRIT: also: **traffic warden**) guarda m/f
warder ['wɔ:də^r] (BRIT) N carcereiro(-a)
wardrobe ['wɔ:drəub] N (cupboard) armário; (clothes) guarda-roupa m
warehouse ['wɛəhaus] N armazém m, depósito
wares [wɛəz] NPL mercadorias fpl
warfare ['wɔ:fɛə^r] N guerra, combate m
war game N jogo de estrategia militar
warhead ['wɔ:hɛd] N ogiva
warily ['wɛərɪlɪ] ADV cautelosamente, com precaução
warlike ['wɔ:laɪk] ADJ guerreiro, bélico
warm [wɔ:m] ADJ quente; (thanks, welcome) caloroso, cordial; (supporter) entusiasmado; **it's ~** está quente; **I'm ~** estou com calor; **to keep sth ~** manter algo aquecido
▶ **warm up** VI (person, room) esquentar; (athlete) fazer aquecimento; (discussion) esquentar-se ▶ VT esquentar
warm-blooded [-'blʌdɪd] ADJ de sangue quente
war memorial N monumento aos mortos
warm-hearted [-'hɑ:tɪd] ADJ afetuoso
warmly ['wɔ:mlɪ] ADV calorosamente, afetuosamente
warmonger ['wɔ:mʌŋgə^r] N belicista m/f
warmongering ['wɔ:mʌŋgərɪŋ] N belicismo
warmth [wɔ:mθ] N calor m; (friendliness) calor humano
warm-up N (Sport) aquecimento
warn [wɔ:n] VT prevenir, avisar; **to ~ sb against sth** prevenir alguém contra algo; **to ~ sb that/of/(not) to do** prevenir alguém de que/de/para (não) fazer
warning ['wɔ:nɪŋ] N advertência; (in writing) aviso; (signal) sinal m; **without (any) ~** (suddenly) de improviso, inopinadamente; (without notice) sem aviso prévio, sem avisar; **gale ~** (Meteorology) aviso de vendaval
warning light N luz f de advertência
warning triangle N (Aut) triângulo de advertência
warp [wɔ:p] N (Textiles) urdidura ▶ VT deformar ▶ VI empenar, deformar-se
warpath ['wɔ:pɑ:θ] N: **to be on the ~** (fig) estar disposto a brigar
warped [wɔ:pt] ADJ (wood) empenado; (fig: sense of humour) pervertido, deformado
warrant ['wɔrnt] N (guarantee) garantia; (voucher) comprovante m; (Law: to arrest) mandado de prisão; (: to search) mandado de busca ▶ VT (justify) justificar
warrant officer N (Mil) subtenente m; (Naut) suboficial m
warranty ['wɔrəntɪ] N garantia; **under ~** (Comm) sob garantia
warren ['wɔrən] N (of rabbits) lura; (house) coelheira; (fig) labirinto
warring ['wɔ:rɪŋ] ADJ (nations) em guerra; (interests etc) antagônico

warrior ['wɔrɪəʳ] N guerreiro(-a)
Warsaw ['wɔ:sɔ:] N Varsóvia
warship ['wɔ:ʃɪp] N navio de guerra
wart [wɔ:t] N verruga
wartime ['wɔ:taɪm] N: **in ~** em tempo de guerra
wary ['wɛərɪ] ADJ cauteloso, precavido; **to be ~ about** or **of doing sth** hesitar em fazer algo
was [wɔz] PT of **be**
wash [wɔʃ] VT lavar; (sweep, carry: sea etc) levar, arrastar; (: ashore) lançar ▶ VI lavar-se; (sea etc): **to ~ over/against sth** bater/chocar-se contra algo ▶ N (clothes etc) lavagem f; (of ship) esteira; **to have a ~** lavar-se; **to give sth a ~** lavar algo; **he was ~ed overboard** foi arrastado do navio pelas águas
▶ **wash away** VT (stain) tirar ao lavar; (subj: river etc) levar, arrastar
▶ **wash down** VT lavar; (food) regar
▶ **wash off** VT tirar lavando ▶ VI sair ao lavar
▶ **wash up** VI (BRIT) lavar a louça; (US) lavar-se
washable ['wɔʃəbl] ADJ lavável
washbasin ['wɔʃbeɪsn] N pia (BR), lavatório (PT)
washbowl ['wɔʃbəul] (US) N = **washbasin**
washcloth ['wɔʃklɔθ] (US) N toalhinha para lavar o rosto
washer ['wɔʃəʳ] N (Tech) arruela, anilha
wash-hand basin (BRIT) N pia (BR), lavatório (PT)
washing ['wɔʃɪŋ] (BRIT) N (dirty) roupa suja; (clean) roupa lavada
washing line (BRIT) N corda de estender roupa, varal m
washing machine N máquina de lavar roupa, lavadora
washing powder (BRIT) N sabão m em pó
Washington ['wɔʃɪŋtən] N (city, state) Washington
washing-up N: **to do the ~** lavar a louça
washing-up liquid (BRIT) N detergente m
wash-out (inf) N fracasso, fiasco
washroom ['wɔʃru:m] (US) N banheiro (BR), casa de banho (PT)
wasn't ['wɔznt] = **was not**
WASP, Wasp [wɔsp] (US inf) N ABBR (= White Anglo-Saxon Protestant) apelido, muitas vezes pejorativo, dado aos membros da classe dominante nos EUA
wasp [wɔsp] N vespa
waspish ['wɔspɪʃ] ADJ irritadiço
wastage ['weɪstɪdʒ] N desgaste m, desperdício; (loss) perda; **natural ~** desgaste natural
waste [weɪst] N desperdício, esbanjamento; (wastage) desperdício; (of time) perda; (food) sobras fpl; (also: **household waste**) detritos mpl domésticos; (rubbish) lixo ▶ ADJ (material) de refugo, (left over) de sobra; (land) baldio ▶ VT (squander) esbanjar, desperdiçar; (time, opportunity) perder; **wastes** NPL ermos mpl; **it's a ~ of money** é jogar dinheiro fora; **to go to ~** ser desperdiçado; **to lay ~ (destroy)** devastar
▶ **waste away** VI definhar
waste bin (BRIT) N lata de lixo
waste disposal, (BRIT) **waste disposal unit** N triturador m de lixo
wasteful ['weɪstful] ADJ esbanjador(a); (process) antieconômico
waste ground (BRIT) N terreno baldio
wasteland ['weɪstlənd] N terra inculta; (in town) terreno baldio
wastepaper basket ['weɪstpeɪpəʳ-] N cesta de papéis
waste pipe N cano de esgoto
waste products N (Industry) resíduos mpl
watch [wɔtʃ] N (clock) relógio; (also: **wristwatch**) relógio de pulso; (act of watching) vigia; (guard: Mil) sentinela; (Naut: spell of duty) quarto ▶ VT (look at) observar, olhar; (programme, match) assistir a; (television) ver; (spy on, guard) vigiar; (be careful of) tomar cuidado com ▶ VI ver, olhar; (keep guard) montar guarda; **to keep a close ~ on sb/sth** vigiar alguém/algo, ficar de olho em alguém/algo; **~ what you're doing** presta atenção no que você está fazendo
▶ **watch out** VI ter cuidado
watchband ['wɔtʃbænd] (US) N pulseira de relógio
watchdog ['wɔtʃdɔg] N cão m de guarda; (fig) vigia m/f
watchful ['wɔtʃful] ADJ vigilante, atento
watchmaker ['wɔtʃmeɪkəʳ] N relojoeiro(-a)
watchman ['wɔtʃmən] (irreg: like **man**) N vigia m; (also: **night watchman**) guarda m noturno; (: in factory) vigia m noturno
watch stem (US) N botão m de corda
watchstrap ['wɔtʃstræp] N pulseira de relógio
watchword ['wɔtʃwə:d] N lema m, divisa
water ['wɔ:təʳ] N água ▶ VT (plant) regar ▶ VI (eyes) lacrimejar; (mouth) salivar; **a drink of ~** um copo d'água; **in British ~s** nas águas territoriais britânicas; **to pass ~** urinar; **to make sb's mouth ~** dar água na boca de alguém
▶ **water down** VT (milk) aguar; (fig) diluir
water cannon N tanque de espirrar água para dispersar multidões
water closet (BRIT) N privada
watercolour, (US) **watercolor** ['wɔ:təkʌləʳ] N aquarela
water-cooled [-ku:ld] ADJ refrigerado a água
watercress ['wɔ:təkrɛs] N agrião m
waterfall ['wɔ:təfɔ:l] N cascata, cachoeira
waterfront ['wɔ:təfrʌnt] N (seafront) orla marítima; (docks) zona portuária
water heater N aquecedor m de água, boiler m
water hole N bebedouro, poço
water ice (BRIT) N sorvete de frutas à base de água
watering can ['wɔ:tərɪŋ-] N regador m
water level N nível m d'água
water lily N nenúfar m
waterline ['wɔ:təlaɪn] N (Naut) linha d'água
waterlogged ['wɔ:təlɔgd] ADJ alagado
water main N adutora

watermark ['wɔːtəmɑːk] N (*on paper*) filigrana
watermelon ['wɔːtəmɛlən] N melancia
water polo N polo aquático
waterproof ['wɔːtəpruːf] ADJ impermeável; (*watch*) à prova d'água
water-repellent ADJ hidrófugo
watershed ['wɔːtəʃɛd] N (*Geo*) linha divisória das águas; (*fig*) momento crítico
water-skiing N esqui *m* aquático
water softener N abrandador *m* de água
water tank N depósito d'água
watertight ['wɔːtətaɪt] ADJ hermético, à prova d'água
water vapour N vapor *m* de água
waterway ['wɔːtəweɪ] N hidrovia
waterworks ['wɔːtəwəːks] NPL usina hidráulica
watery ['wɔːtərɪ] ADJ (*colour*) pálido; (*coffee*) aguado; (*eyes*) húmido
watt [wɔt] N watt *m*
wattage ['wɔtɪdʒ] N wattagem *f*
wattle ['wɔtl] N caniçada
wave [weɪv] N (*on water, Radio, fig*) onda; (*of hand*) aceno, sinal *m*; (*in hair*) onda, ondulação *f* ▶ VI acenar com a mão; (*flag, grass, branches*) tremular ▶ VT (*hand*) acenar; (*handkerchief*) acenar com; (*weapon*) brandir; (*hair*) ondular; **to ~ goodbye to sb** despedir-se de alguém com um aceno; **short/medium/long ~** (*Radio*) ondas curtas/médias/longas; **the new ~** (*Cinema, Mus*) a nova onda
  ▶ **wave aside** VT (*fig: suggestion, objection*) rejeitar; (: *doubts*) pôr de lado; (*person*): **to ~ sb aside** fazer sinal para alguém pôr-se de lado
  ▶ **wave away** VT (*fig: suggestion, objection*) rejeitar; (: *doubts*) pôr de lado; (*person*): **to ~ sb away** fazer sinal para alguém pôr-se de lado
waveband ['weɪvbænd] N faixa de onda
wavelength ['weɪvlɛŋθ] N comprimento de onda; **to be on the same ~ as** ter os mesmos gostos e atitudes que
waver ['weɪvəʳ] VI vacilar; (*voice, eyes, love*) hesitar
wavy ['weɪvɪ] ADJ (*hair*) ondulado; (*line*) ondulante
wax [wæks] N cera ▶ VT encerar; (*car*) polir ▶ VI (*moon*) crescer
waxworks ['wækswəːks] N museu *m* de cera ▶ NPL (*models*) figuras *fpl* de cera
way [weɪ] N caminho; (*distance*) percurso; (*direction*) direção *f*, sentido; (*manner*) maneira, modo; (*habit*) costume *m*; (*condition*) estado; **which ~? — this ~** por onde? — por aqui; **to crawl one's ~ to …** arrastar-se até …; **to lie one's ~ out of it** mentir para livrar-se de apuros; **on the ~ (to)** a caminho (de); **to be on one's ~** estar a caminho; **to be in the ~** atrapalhar; **to keep out of sb's ~** evitar alguém; **it's a long ~ away** é muito longe; **the village is rather out of the ~** o lugarejo é um pouco fora de mão; **to go out of one's ~ to do sth** (*fig*) dar-se ao trabalho

de fazer algo; **to lose one's ~** perder-se; **to be under ~** (*work, project*) estar em andamento; **to make ~ (for sb/sth)** abrir caminho (para alguém/algo); **to get one's own ~** conseguir o que quer; **to put sth the right ~ up** (BRIT) colocar algo na posição certa; **to be the wrong ~ round** estar às avessas; **he's in a bad ~** ele vai muito mal; **in a ~** de certo modo, até certo ponto; **in some ~s** a certos respeitos; **by the ~** a propósito; **"~ in"** (BRIT) "entrada"; **"~ out"** (BRIT) "saída"; **the ~ back** o caminho de volta; **"give ~"** (BRIT Aut) "dê a preferência"; **in the ~ of** em matéria de; **by ~ of** (*through*) por, via; (*as a sort of*) à guisa de; **no ~!** (*inf*) de jeito nenhum!
waybill ['weɪbɪl] N (*Comm*) conhecimento
waylay [weɪ'leɪ] (*irreg: like* **lay**) VT armar uma cilada para; (*fig*): **I got waylaid** alguém me deteve
wayside ['weɪsaɪd] N beira da estrada; **to fall by the ~** (*fig*) desistir; (*morally*) corromper-se
way station (US) N (*Rail*) apeadeiro; (*fig*) etapa
wayward ['weɪwəd] ADJ (*behaviour, child*) caprichoso, voluntarioso
WC ['dʌblju'siː] (BRIT) N ABBR (= *water closet*) privada
WCC N ABBR = **World Council of Churches**
we [wiː] PRON PL nós
weak [wiːk] ADJ fraco, débil; (*morally, currency*) fraco; (*excuse*) pouco convincente; (*tea*) aguado, ralo; **to grow ~(er)** enfraquecer, ficar cada vez mais fraco
weaken ['wiːkən] VI enfraquecer(-se); (*give way*) ceder; (*influence, power*) diminuir ▶ VT enfraquecer; (*lessen*) diminuir
weak-kneed [-niːd] ADJ (*fig*) covarde
weakling ['wiːklɪŋ] N pessoa fraca *or* delicada; (*morally*) pessoa de personalidade fraca
weakly ['wiːklɪ] ADJ fraco ▶ ADV fracamente
weakness ['wiːknɪs] N fraqueza; (*fault*) ponto fraco; **to have a ~ for** ter uma queda por
wealth [wɛlθ] N (*money, resources*) riqueza; (*of details*) abundância
wealth tax N imposto sobre fortunas
wealthy ['wɛlθɪ] ADJ (*person, family*) rico, abastado; (*country*) rico
wean [wiːn] VT desmamar
weapon ['wɛpən] N arma; **~s of mass destruction** armas de destruição em massa
wear [wɛəʳ] (*pt* **wore**, *pp* **worn**) N (*use*) uso; (*deterioration through use*) desgaste *m*; (*clothing*): **baby/sports ~** roupa infantil/de esporte ▶ VT (*clothes*) usar; (*shoes*) usar, calçar; (*put on*) vestir; (*damage: through use*) desgastar; (*beard etc*) ter ▶ VI (*last*) durar; (*rub through etc*) gastar-se; **town/evening ~** traje *m* de passeio/de gala; **to ~ a hole in sth** fazer um buraco em algo pelo uso
  ▶ **wear away** VT gastar ▶ VI desgastar-se
  ▶ **wear down** VT gastar; (*strength*) esgotar
  ▶ **wear off** VI (*pain etc*) passar
  ▶ **wear on** VI alongar-se

▶ **wear out** VT desgastar; (*person, strength*) esgotar
wearable ['wɛərəbl] ADJ que se pode usar; (*Comput*) vestível
wear and tear N desgaste m
wearily ['wɪərɪlɪ] ADV de maneira cansada
weariness ['wɪərɪnɪs] N cansaço, fadiga; (*boredom*) aborrecimento
wearisome ['wɪərɪsəm] ADJ (*tiring*) cansativo; (*boring*) fastidioso
weary ['wɪərɪ] ADJ (*tired*) cansado; (*dispirited*) deprimido ▶ VT aborrecer ▶ VI: **to ~ of** cansar-se de
weasel ['wi:zl] N (*Zool*) doninha
weather ['wɛðə^r] N tempo ▶ VT (*storm, crisis*) resistir a?; **what's the ~ like?** como está o tempo?; **under the ~** (*fig: ill*) doente
weather-beaten ADJ curtido; (*building, stone*) castigado, erodido
weathercock ['wɛðəkɔk] N cata-vento
weather forecast N previsão f do tempo
weatherman ['wɛðəmæn] (*irreg: like* **man**: *inf*) N meteorologista m
weatherproof ['wɛðəpru:f] ADJ (*garment*) impermeável; (*building*) à prova de intempérie
weather report N boletim m meteorológico
weather vane [-veɪn] N = **weathercock**
weave [wi:v] (*pt* **wove**, *pp* **woven**) VT (*cloth*) tecer; (*fig*) compor, criar ▶ VI (*fig: pt, pp* **weaved**: *move in and out*) ziguezaguear
weaver ['wi:və^r] N tecelão(-loa) m/f
weaving ['wi:vɪŋ] N tecelagem f
web [wɛb] N (*of spider*) teia; (*on foot*) membrana; (*network*) rede f; **the (World Wide) W~** a (World Wide) Web
web address N endereço web
webbed [wɛbd] ADJ (*foot*) palmípede
webbing ['wɛbɪŋ] N (*on chair*) tira de tecido forte
webcam ['wɛbkæm] N webcam f
webinar ['wɛbɪnɑ:^r] N seminário online, webinar m
weblog ['wɛblɔg] N weblog m
webmail ['wɛbmeɪl] N (serviço m de) webmail m
web page N página (da) web
website ['wɛbsaɪt] N site m, website m
wed [wɛd] (*pt, pp* **wedded**) VT casar ▶ VI casar-se ▶ N: **the newly-~s** os recém-casados
Wed. ABBR (= *Wednesday*) qua., 4ª
we'd [wi:d] = **we had**; **we would**
wedded ['wɛdɪd] PT, PP *of* **wed**
wedding ['wɛdɪŋ] N casamento, núpcias *fpl*; **silver/golden ~** (*anniversary*) bodas *fpl* de prata/de ouro
wedding anniversary N aniversário de casamento; **silver/golden ~** bodas *fpl* de prata/de ouro
wedding day N dia m de casamento
wedding dress N vestido de noiva
wedding night N noite f de núpcias

wedding present N presente m de casamento
wedding ring N anel m *or* aliança de casamento
wedge [wɛdʒ] N (*of wood etc*) cunha, calço; (*of cake*) fatia ▶ VT (*pack tightly*) apinhar; (*door*) pôr calço em
wedge-heeled shoes [-hi:ld-] NPL sapatos *mpl* tipo Annabella
wedlock ['wɛdlɔk] N matrimônio, casamento
Wednesday ['wɛdnzdɪ] N quarta-feira; *see also* **Tuesday**
wee [wi:] (SCOTLAND) ADJ pequeno, pequenino
weed [wi:d] N erva daninha ▶ VT capinar
weedkiller ['wi:dkɪlə^r] N herbicida m
weedy ['wi:dɪ] ADJ (*man*) fraquinho
week [wi:k] N semana; **once/twice a ~** uma vez/duas vezes por semana; **in two ~s' time** daqui a duas semanas; **a ~ today** daqui a uma semana; **Tuesday ~, a ~ on Tuesday** sem ser essa terça-feira, a outra; **every other ~** uma semana sim, uma semana não
weekday ['wi:kdeɪ] N dia m de semana; (*Comm*) dia útil; **on ~s** durante a semana
weekend ['wi:kɛnd] N fim m de semana
weekend case N maleta
weekly ['wi:klɪ] ADV semanalmente ▶ ADJ semanal ▶ N semanário
weep [wi:p] (*pt, pp* **wept**) VI (*person*) chorar; (*Med: wound*) supurar
weeping willow ['wi:pɪŋ-] N salgueiro chorão
weft [wɛft] N (*Textiles*) trama
weigh [weɪ] VT, VI pesar; **to ~ anchor** levantar ferro; **to ~ the pros and cons** pesar os prós e contras
▶ **weigh down** VT sobrecarregar; (*fig: with worry*) deprimir, acabrunhar
▶ **weigh out** VT (*goods*) pesar
▶ **weigh up** VT ponderar, avaliar
weighbridge ['weɪbrɪdʒ] N báscula automática
weighing machine ['weɪɪŋ-] N balança
weight [weɪt] N peso ▶ VT carregar com peso; (*fig: statistic*) ponderar; **to lose/put on ~** emagrecer/engordar; **sold by ~** vendido por peso; **~s and measures** pesos e medidas
weighting ['weɪtɪŋ] N (*allowance*) indenização f de residência
weightlessness ['weɪtlɪsnɪs] N ausência de peso
weightlifter ['weɪtlɪftə^r] N levantador m de pesos
weight training N musculação f
weighty ['weɪtɪ] ADJ pesado; (*matters*) importante
weir [wɪə^r] N represa, açude m
weird [wɪəd] ADJ esquisito, estranho
weirdo ['wɪədəu] N (*inf*) esquisitão(-tona) m/f
welcome ['wɛlkəm] ADJ bem-vindo ▶ N acolhimento, recepção f ▶ VT dar as boas-vindas a; (*be glad of*) saudar; **you're ~** (*after thanks*) de nada; **to make sb ~** dar bom acolhimento a alguém; **you're ~ to try** pode tentar se quiser

welcoming ['wɛlkəmɪŋ] ADJ acolhedor(a); (speech) de boas-vindas
weld [wɛld] N solda ▶ VT soldar, unir
welder ['wɛldər] N (person) soldador(a) m/f
welding ['wɛldɪŋ] N soldagem f, solda
welfare ['wɛlfɛər] N bem-estar m; (social aid) assistência social
welfare state N país auto-financiador da sua assistência social
welfare work N trabalho social
well [wɛl] N poço; (pool) nascente f ▶ ADV bem ▶ ADJ: **to be ~** estar bem (de saúde) ▶ EXCL bem!, então!; **as ~** também; **as ~ as** assim como; **~ done!** muito bem!; **get ~ soon!** melhoras!; **to do ~** ir or sair-se bem; (business) ir bem; **to think ~ of sb** ter um bom conceito a respeito de alguém; **I don't feel ~** não estou me sentindo bem; **you might as ~ tell me** é melhor você me contar logo; **~, as I was saying ...** bem, como eu estava dizendo ...
▶ **well up** VI brotar
we'll [wi:l] = **we will; we shall**
well-behaved [-bɪ'heɪvd] ADJ bem comportado
well-being N bem-estar m
well-bred ADJ bem educado
well-built ADJ (person) robusto; (house) bem construído
well-chosen ADJ bem escolhido
well-deserved [-dɪ'zə:vd] ADJ bem merecido
well-developed [-dɪ'vɛləpt] ADJ bem desenvolvido
well-disposed ADJ: **~ to(wards)** favorável a
well-dressed [-drɛst] ADJ bem vestido
well-earned ADJ (rest) bem merecido
well-groomed [-gru:md] ADJ bem tratado
well-heeled [-hi:ld] (inf) ADJ (wealthy) rico
well-informed ADJ bem informado, versado
wellingtons ['wɛlɪŋtənz] N (also: **wellington boots**) botas de borracha até os joelhos
well-kept ADJ (house, hands etc) bem tratado; (secret) bem guardado
well-known ADJ conhecido; **it's a ~ fact that ...** é sabido que ...
well-mannered [-'mænəd] ADJ bem educado
well-meaning ADJ bem intencionado
well-nigh [-naɪ] ADV: **~ impossible** praticamente impossível
well-off ADJ próspero, rico
well-read ADJ lido, versado
well-spoken ADJ (person) bem-falante
well-stocked [-stɔkt] ADJ bem abastecido
well-timed [-taɪmd] ADJ oportuno
well-to-do ADJ abastado
well-wisher [-'wɪʃər] N simpatizante m/f; (admirer) admirador(a) m/f
Welsh [wɛlʃ] ADJ galês/galesa ▶ N (Ling) galês m; **the Welsh** NPL (people) os galeses
Welshman ['wɛlʃmən] (irreg: like **man**) N galês m
Welsh rarebit N torradas com queijo derretido
Welshwoman ['wɛlʃwumən] (irreg: like **woman**) N galesa

welter ['wɛltər] N tumulto
went [wɛnt] PT of **go**
wept [wɛpt] PT, PP of **weep**
were [wə:r] PT of **be**
we're [wɪər] = **we are**
weren't [wə:nt] = **were not**
werewolf ['wɪəwulf] (irreg: like **wolf**) N lobisomem m
west [wɛst] N oeste m ▶ ADJ ocidental, do oeste ▶ ADV para o oeste or ao oeste; **the W~** (Pol) o Oeste, o Ocidente
westbound ['wɛstbaund] ADJ em direção ao oeste
West Country (BRIT) N: **the ~** o sudoeste da Inglaterra
westerly ['wɛstəlɪ] ADJ (situation) ocidental; (wind) oeste
western ['wɛstən] ADJ ocidental ▶ N (Cinema) western m, bangue-bangue (BR inf)
westernized ['wɛstənaɪzd] ADJ ocidentalizado
West German ADJ, N alemão(-ã) m/f ocidental
West Germany N Alemanha Ocidental
West Indian ADJ, N antilhano(-a)
West Indies [-'ɪndɪz] NPL Antilhas fpl
Westminster ['wɛstmɪnstər] N (BRIT Parliament) o Parlamento britânico
westward ['wɛstwəd], **westwards** ['wɛstwədz] ADV para o oeste
wet [wɛt] ADJ molhado; (damp) úmido; (wet through) encharcado; (rainy) chuvoso ▶ N (BRIT Pol) político de tendência moderada ▶ VT (pt, pp **wet** or **wetted**) molhar; **to ~ one's pants** or **o.s.** fazer xixi na calça; **to get ~** molhar-se; **"~ paint"** "tinta fresca"
wet blanket (pej) N (fig) desmancha-prazeres m/f inv
wetness ['wɛtnɪs] N umidade f
wetsuit ['wɛtsu:t] N roupa de mergulho
we've [wi:v] = **we have**
whack [wæk] VT bater
whacked [wækt] (inf) ADJ morto, esgotado
whale [weɪl] N (Zool) baleia
whaler ['weɪlər] N baleeiro
whaling ['weɪlɪŋ] N caça a baleias
wharf [wɔ:f] (pl **wharves**) N cais m inv
wharves [wɔ:vz] NPL of **wharf**

(KEYWORD)

what [wɔt] ADJ **1** (in direct/indirect questions) que, qual; **what size is it?** que tamanho é este?; **what colour/shape is it?** qual é a cor/o formato?; **what books do you need?** que livros você precisa?; **he asked me what books I needed** ele me perguntou de quais os livros eu precisava
2 (in exclamations) quê!, como!; **what a mess!** que bagunça!
▶ PRON **1** (interrogative) que, o que; **what are you doing?** o que é que você está fazendo?; **what's happened?** o que aconteceu?; **what's in there?** o que é que tem lá dentro?; **what are you talking about?** sobre o que você está falando?; **what is it called?** como

se chama?; **what about me?** e eu?; **what about doing ...?** que tal fazer ...?
2 (*relative*) o que; **I saw what you did/was on the table** eu vi o que você fez/estava na mesa; **he asked me what she had said** ele me perguntou o que ela tinha dito
▶ EXCL (*disbelieving*): **what, no coffee?** ué, não tem café?; **I've crashed the car — what!** bati com o carro — o quê!

whatever ['wɒt'ɛvəʳ] ADJ: ~ **book you choose** qualquer livro que você escolha ▶ PRON: **do ~ is necessary/you want** faça tudo o que for preciso/o que você quiser; ~ **happens** aconteça o que acontecer; **no reason ~** nenhuma razão seja qual for *or* em absoluto; **nothing ~** nada em absoluto
whatsoever [wɒtsəu'ɛvəʳ] ADJ = **whatever**
wheat [wi:t] N trigo
wheatgerm ['wi:tdʒə:m] N germe *m* de trigo
wheatmeal ['wi:tmi:l] N farinha de trigo
wheedle ['wi:dl] VT: **to ~ sb into doing sth** persuadir alguém a fazer algo; **to ~ sth out of sb** conseguir algo de alguém por meio de agrados
wheel [wi:l] N roda; (*also:* **steering wheel**) volante *m*; (*Naut*) roda do leme ▶ VT (*pram etc*) empurrar ▶ VI (*birds*) dar voltas; (*also:* **wheel round**) girar, dar voltas, virar-se
wheelbarrow ['wi:lbærəu] N carrinho de mão
wheelbase ['wi:lbeɪs] N distância entre os eixos
wheelchair ['wi:ltʃɛəʳ] N cadeira de rodas
wheel clamp N (*Aut*) grampo com que se imobiliza carros estacionados ilegalmente
wheeler-dealer ['wi:lə-] N negocista *m/f*
wheelhouse ['wi:lhaus] N casa do leme
wheeling ['wi:lɪŋ] N: ~ **and dealing** (*pej*) negociatas *fpl*
wheeze [wi:z] N respiração *f* difícil, chiado ▶ VI respirar ruidosamente

(KEYWORD)

when [wɛn] ADV quando; **when are you going to Brazil?** quando você vai para o Brasil?
▶ CONJ **1** (*at, during, after the time that*) quando; **she was reading when I came in** ela estava lendo quando eu entrei; **when you've read it, tell me what you think** depois que você tiver lido isto, diga-me o que acha; **that was when I needed you** foi quando eu precisei de você
2 (*on, at which*) quando, em que; **on the day when I met him** no dia em que o conheci; **one day when it was raining** um dia quando estava chovendo
3 (*whereas*) ao passo que; **you said I was wrong when in fact I was right** você disse que eu estava errado quando, na verdade, eu estava certo; **why did you buy it when you can't afford it?** por que você comprou isto se não tinha condições (de fazê-lo)

whenever [wɛn'ɛvəʳ] CONJ quando, quando quer que; (*every time that*) sempre que ▶ ADV quando você quiser
where [wɛəʳ] ADV onde ▶ CONJ onde, aonde; **this is ~ ...** aqui é onde ...; **~ are you from?** de onde você é?
whereabouts ['wɛərəbauts] ADV (por) onde ▶ N: **nobody knows his ~** ninguém sabe o seu paradeiro
whereas [wɛər'æz] CONJ uma vez que, ao passo que
whereby [wɛə'baɪ] ADV (*formal*) pelo qual (*or* pela qual *etc*)
whereupon [wɛərə'pɒn] ADV depois do que
wherever [wɛər'ɛvəʳ] CONJ onde quer que ▶ ADV (*interrogative*) onde?; **sit ~ you like** sente-se onde quiser
wherewithal ['wɛəwɪðɔ:l] N recursos *mpl*, meios *mpl*
whet [wɛt] VT afiar; (*appetite*) abrir
whether ['wɛðəʳ] CONJ se; **I don't know ~ to accept or not** não sei se aceito ou não; ~ **you go or not** quer você vá quer não; **it's doubtful ~ ...** não é certo que ...
whey [weɪ] N soro (de leite)

(KEYWORD)

which [wɪtʃ] ADJ **1** (*interrogative*) que, qual; **which picture do you want?** que quadro você quer?; **which books are yours?** quais são os seus livros?; **which one?** qual?
2: **in which case** em cujo caso; **the train may be late, in which case don't wait up** o trem talvez esteja atrasado e, neste caso, não espere; **by which time** momento em que; **we got there at 8pm, by which time the cinema was full** quando chegamos lá às 8 da noite, o cinema estava lotado
▶ PRON **1** (*interrogative*) qual; **which (of these) are yours?** quais (destes) são seus?; **I don't mind which** não me importa qual
2 (*relative*) que, o que, o qual *etc*; **the apple which you ate** a maçã que você comeu; **the apple which is on the table** a maçã que está sobre a mesa; **the meeting (which) we attended** a reunião da qual participamos; **the chair on which you are sitting** a cadeira na qual você está sentado; **the book of which you spoke** o livro do qual você falou; **he said he knew, which is true** ele disse que sabia, o que é verdade; **after which** depois do que

whichever [wɪtʃ'ɛvəʳ] ADJ: **take ~ book you prefer** pegue o livro que preferir; ~ **book you take** qualquer livro que você pegue
whiff [wɪf] N cheiro; **to catch a ~ of sth** tomar o cheiro de algo
while [waɪl] N tempo, momento ▶ CONJ enquanto, ao mesmo tempo que; (*as long as*) contanto que; (*although*) embora; **for a ~** durante algum tempo; **in a ~** daqui a pouco; **all the ~** todo o tempo; **we'll make**

415 | whilst – whole note

it worth your ~ faremos com que valha a pena para você
▶ **while away** VT (*time*) encher
whilst [waɪlst] CONJ = **while**
whim [wɪm] N capricho, veneta
whimper ['wɪmpə^r] N (*weeping*) choradeira; (*moan*) lamúria ▶ VI choramingar, soluçar
whimsical ['wɪmzɪkl] ADJ (*person*) caprichoso, de veneta; (*look*) excêntrico
whine [waɪn] N (*of pain*) gemido; (*of engine, siren*) zunido ▶ VI (*person, animal*) gemer; zunir; (*fig*) lamuriar-se; (*dog*) ganir
whip [wɪp] N açoite m; (*for riding*) chicote m; (*Pol*) líder m/f da bancada ▶ VT chicotear; (*snatch*) apanhar de repente; (*cream, eggs*) bater; (*move quickly*): **to ~ sth out/off/away** *etc* arrancar algo
▶ **whip up** VT (*cream*) bater; (*inf: meal*) arrumar; (*stir up: feeling*) atiçar; (: *support*) angariar
whiplash ['wɪplæʃ] N (*Med: also:* **whiplash injury**) golpe m de chicote, chicotinho
whipped cream [wɪpt-] N creme m chantilly
whipping boy ['wɪpɪŋ-] N (*fig*) bode m expiatório
whip-round (BRIT) N coleta, vaquinha
whirl [wə:l] N remoinho ▶ VT fazer girar ▶ VI (*dancers*) rodopiar; (*leaves, water etc*) redemoinhar
whirlpool ['wə:lpu:l] N remoinho
whirlwind ['wə:lwɪnd] N furacão m, remoinho
whirr [wə:^r] VI zumbir
whisk [wɪsk] N (*Culin*) batedeira ▶ VT bater; **to ~ sth away from sb** arrebatar algo de alguém; **to ~ sb away** or **off** levar alguém rapidamente
whiskers ['wɪskəz] NPL (*of animal*) bigodes mpl; (*of man*) suíças fpl
whisky, (US, IRELAND) **whiskey** ['wɪskɪ] N uísque m (BR), whisky m (PT)
whisper ['wɪspə^r] N sussurro, murmúrio; (*rumour*) rumor m ▶ VT, VI sussurrar; **to ~ sth to sb** sussurrar algo para alguém
whispering ['wɪspərɪŋ] N sussurros mpl
whist [wɪst] (BRIT) N uíste m (BR), whist m (PT)
whistle ['wɪsl] N (*sound*) assobio; (*object*) apito ▶ VT, VI assobiar
whistleblower ['wɪslbləuə^r] N denunciante m/f
whistle-stop ADJ: **to make a ~ tour** (*Pol*) fazer uma viagem eleitoral
Whit [wɪt] N Pentecostes m
white [waɪt] ADJ branco; (*pale*) pálido ▶ N branco; (*of egg*) clara; **the whites** NPL (*washing*) a roupa branca; **tennis ~s** traje m de tênis; **to turn** or **go ~** (*person*) ficar branco or pálido; (*hair*) ficar grisalho
whitebait ['waɪtbeɪt] N filhote m de arenque
whiteboard ['waɪtbɔ:d] N quadro branco; **interactive ~** quadro interativo
white coffee (BRIT) N café m com leite
white-collar worker N empregado(-a) de escritório
white elephant N (*fig*) elefante m branco

white goods N eletrodomésticos mpl
white-hot ADJ (*metal*) incandescente
White House N *ver nota*

> A Casa Branca (**White House**) é um grande edifício branco situado em Washington D.C. onde reside o presidente dos Estados Unidos. Por extensão, o termo se refere também ao poder executivo americano.

white lie N mentira inofensiva or social
whiteness ['waɪtnɪs] N brancura
white noise N ruído branco
whiteout ['waɪtaut] N resplendor m branco
White Paper N (*Pol*) relatório oficial sobre determinado assunto
whitewash ['waɪtwɔʃ] N (*paint*) cal f ▶ VT caiar; (*fig*) encobrir
whiting ['waɪtɪŋ] N INV pescada-marlonga
Whit Monday N segunda-feira de Pentecostes
Whitsun ['wɪtsn] N Pentecostes m
whittle ['wɪtl] VT aparar; **to ~ away, ~ down** reduzir gradualmente, corroer
whizz [wɪz] VI zunir; **to ~ past** or **by** passar a toda velocidade
whizz kid (*inf*) N prodígio
WHO N ABBR (= *World Health Organization*) OMS f

(KEYWORD)

who [hu:] PRON **1** (*interrogative*) quem?; **who is it?** quem é?; **who's there?** quem está aí?; **who are you looking for?** quem você está procurando?
2 (*relative*) que, o qual *etc*, quem; **my cousin, who lives in New York** meu primo que mora em Nova Iorque; **the man/woman who spoke to me** o homem/a mulher que falou comigo; **those who can swim** aqueles que sabem nadar

whodunit [hu:'dʌnɪt] (*inf*) N romance m (or filme m) policial
whoever [hu:'ɛvə^r] PRON: **~ finds it** quem quer que or seja quem for que o encontre; **ask ~ you like** pergunte a quem quiser; **~ he marries** não importa com quem se case; **~ told you that?** quem te disse isso pelo amor de Deus?
whole [həul] ADJ (*complete*) todo, inteiro; (*not broken*) intacto ▶ N (*all*): **the ~ of the time** o tempo todo; (*entire unit*) conjunto; (*total*) total m; **the ~ lot (of it)** tudo; **the ~ lot (of them)** todos(-as); **the ~ of the town** toda a cidade, a cidade inteira; **~ villages were destroyed** lugarejos inteiros foram destruídos; **on the ~, as a ~** como um todo, no conjunto
wholefood [həul'fu:d] N, **wholefoods** [həul'fu:dz] NPL comida integral
wholehearted [həul'ha:tɪd] ADJ total
wholemeal ['həulmi:l] (BRIT) ADJ (*flour, bread*) integral
whole note (US) N semibreve f

wholesale ['həulseɪl] N venda por atacado ▶ ADJ por atacado; (*destruction*) em grande escala ▶ ADV por atacado
wholesaler ['həulseɪlə'] N atacadista m/f
wholesome ['həulsəm] ADJ saudável, sadio
wholewheat ['həulwi:t] ADJ = **wholemeal**
wholly ['həulɪ] ADV totalmente, completamente

(KEYWORD)

whom [hu:m] PRON **1** (*interrogative*) quem?; **whom did you see?** quem você viu?; **to whom did you give it?** para quem você deu isto?

2 (*relative*) que, quem; **the man whom I saw/to whom I spoke** o homem que eu vi/com quem eu falei

whooping cough ['hu:pɪŋ-] N coqueluche f
whoosh [wuʃ] N chio
whopper ['wɔpə'] (*inf*) N (*lie*) lorota; (*large thing*): **it was a ~** era enorme
whopping ['wɔpɪŋ] (*inf*) ADJ (*big*) imenso
whore [hɔ:'] (!) N puta

(KEYWORD)

whose [hu:z] ADJ **1** (*possessive: interrogative*): **whose book is this?, whose is this book?** de quem é este livro?; **I don't know whose it is** eu não sei de quem é isto

2 (*possessive: relative*): **the man whose son you rescued** o homem cujo filho você salvou; **the girl whose sister you were speaking to** a menina com cuja irmã você estava falando; **the woman whose car was stolen** a mulher de quem o carro foi roubado

▶ PRON de quem; **whose is this?** de quem é isto?; **I know whose it is** eu sei de quem é; **whose are these?** de quem são estes?

Who's Who N Quem é quem (*registro de notabilidades*)

(KEYWORD)

why [waɪ] ADV por que (BR), porque (PT); (*at end of sentence*) por quê (BR), porquê (PT); **why is he always late?** por que ele está sempre atrasado?; **I'm not coming — why not?** eu não vou — por que não?

▶ CONJ por que; **I wonder why he said that** eu me pergunto por que ele disse isso; **that's not why I'm here** não é por isso que estou aqui; **the reason why** a razão por que

▶ EXCL (*expressing surprise, shock, annoyance*) ora essa!; (*explaining*) bem!; **why, it's you!** ora, é você!

whyever [waɪ'ɛvə'] ADV mas por que
WI N ABBR (BRIT: = *Women's Institute*) associação de mulheres ▶ ABBR (*Geo*) = **West Indies**; (US *Post*) = **Wisconsin**
wick [wɪk] N mecha, pavio

wicked ['wɪkɪd] ADJ (*crime, man, witch*) perverso; (*smile*) malicioso; (*inf: terrible: prices, waste*) terrível
wicker ['wɪkə'] N (*also:* **wickerwork**) (trabalho de) vime m ▶ ADJ de vime
wicket ['wɪkɪt] N (*Cricket*) arco
wicket keeper N (*Cricket*) guarda-meta m (no críquete)
wide [waɪd] ADJ largo; (*broad*) extenso, amplo; (*area, publicity, knowledge*) amplo ▶ ADV: **to open ~** abrir totalmente; **to shoot ~** atirar longe do alvo; **it is 4 metres ~** tem 4 metros de largura
wide-angle lens N lente f grande angular
wide-awake ADJ bem acordado; (*fig*) vivo, esperto
wide-eyed [-aɪd] ADJ de olhos arregalados; (*fig*) ingênuo
widely ['waɪdlɪ] ADV (*different*) extremamente; (*travelled, spaced*) muito; (*believed, known*) ampliamente; **it is ~ believed that ...** há uma convicção generalizada de que ...; **to be ~ read** ser muito lido
widen ['waɪdən] VT (*road, river*) alargar; (*one's experience*) aumentar ▶ VI alargar-se
wideness ['waɪdnɪs] N largura; (*breadth*) extensão f
wide open ADJ (*eyes*) arregalado; (*door*) escancarado
wide-ranging [-'reɪndʒɪŋ] ADJ (*survey, report*) abrangente; (*interests*) diversos
widespread ['waɪdsprɛd] ADJ (*belief etc*) difundido, comum
widget ['wɪdʒɪt] N (*gadget*) pequeno utensílio; (*Comput*) widget m
widow ['wɪdəu] N viúva
widowed ['wɪdəud] ADJ viúvo
widower ['wɪdəuə'] N viúvo
width [wɪdθ] N largura; **it's 7 metres in ~** tem 7 metros de largura
widthways ['wɪdθweɪz] ADV transversalmente
wield [wi:ld] VT (*sword*) brandir, empunhar; (*power*) exercer
wife [waɪf] (*pl* **wives**) N mulher f, esposa
Wi-Fi ['waɪfaɪ] N Wi-Fi m
wig [wɪg] N peruca
wigging ['wɪgɪŋ] (BRIT *inf*) N sabão m, descompostura
wiggle ['wɪgl] VT menear, agitar ▶ VI menear, agitar-se
wiggly ['wɪglɪ] ADJ (*line*) ondulado
wiki ['wi:kɪ] N (*Comput*) wiki f
wild [waɪld] ADJ (*animal*) selvagem; (*plant*) silvestre; (*rough*) violento, furioso; (*idea*) disparatado, extravagante; (*person*) insensato; (*enthusiastic*): **to be ~ about** ser louco por ▶ N: **the ~** a natureza; **wilds** NPL (*remote area*) regiões fpl selvagens, terras fpl virgens
wild card N (*Comput*) caractere m de substituição
wildcat ['waɪldkæt] N gato selvagem; (US: *lynx*) lince m

wildcat strike N greve espontânea e não autorizada pelo sindicato
wilderness ['wɪldənɪs] N ermo; (in Brazil) sertão m
wildfire ['waɪldfaɪəʳ] N: **to spread like ~** espalhar-se rapidamente
wild-goose chase N (fig) busca inútil
wildlife ['waɪldlaɪf] N animais mpl (e plantas fpl) selvagens
wildly ['waɪldlɪ] ADV (behave) freneticamente; (hit, guess) irrefletidamente; (happy) extremamente
wiles [waɪlz] NPL artimanhas fpl, estratagemas mpl
wilful, (US) **willful** ['wɪlful] ADJ (person) teimoso, voluntarioso; (action) deliberado, intencional; (crime) premeditado

(KEYWORD)

will [wɪl] AUX VB **1** (forming future tense): **I will finish it tomorrow** vou acabar isto amanhã; **I will have finished it by tomorrow** até amanhã eu terei terminado isto; **will you do it? — yes I will/no I won't** você vai fazer isto? — sim, vou/não eu não vou
2 (in conjectures, predictions): **he will come** ele virá; **he will** or **he'll be there by now** nesta altura ele está lá; **that will be the postman** deve ser o carteiro; **this medicine will/won't help you** este remédio vai/não vai fazer efeito em você
3 (in commands, requests, offers): **will you be quiet!** fique quieto, por favor!; **will you come?** você vem?; **will you help me?** você pode me ajudar?; **will you have a cup of tea?** você vai querer uma xícara de chá or um chá?; **I won't put up with it** eu não vou tolerar isto
▶ VT (pt, pp **willed**) **to will sb to do sth** desejar que alguém faça algo; **he willed himself to go on** reuniu grande força de vontade para continuar
▶ N (volition) vontade f; (testament) testamento

willful ['wɪlful] (US) ADJ = **wilful**
willing ['wɪlɪŋ] ADJ (with goodwill) disposto, pronto; (enthusiastic) entusiasmado; (submissive) complacente ▶ N: **to show ~** mostrar boa vontade; **he's ~ to do it** ele é disposto a fazê-lo
willingly ['wɪlɪŋlɪ] ADV de bom grado, de boa vontade
willingness ['wɪlɪŋnɪs] N boa vontade f, disposição f
will-o'-the-wisp N fogo-fátuo; (fig) quimera
willow ['wɪləu] N salgueiro
willpower ['wɪlpauəʳ] N força de vontade
willy-nilly ['wɪlɪ'nɪlɪ] ADV quer queira ou não
wilt [wɪlt] VI (flower) murchar; (plant) morrer
Wilts [wɪlts] (BRIT) ABBR = **Wiltshire**
wily ['waɪlɪ] ADJ esperto, astuto
wimp [wɪmp] (inf) N banana m

win [wɪn] (pt, pp **won**) N (in sports etc) vitória
▶ VT ganhar, vencer; (obtain) conseguir, obter; (support) alcançar ▶ VI ganhar
▶ **win over** VT conquistar
▶ **win round** (BRIT) VT = **win over**
wince [wɪns] VI encolher-se, estremecer ▶ N estremecimento
winch [wɪntʃ] N guincho
wind¹ [wɪnd] N vento; (Med) gases mpl, flatulência; (breath) fôlego ▶ VT (take breath away from) deixar sem fôlego; **the ~(s)** (Mus) instrumentos mpl de sopro; **into** or **against the ~** contra o vento; **to get ~ of sth** (fig) ter notícia de algo, tomar conhecimento de algo; **to break ~** soltar gases intestinais
wind² [waɪnd] (pt, pp **wound**) VT enrolar, bobinar; (wrap) envolver; (clock, toy) dar corda a ▶ VI (road, river) serpentear
▶ **wind down** VT (car window) abaixar, abrir; (fig: production, business) diminuir gradativamente
▶ **wind up** VT (clock) dar corda em; (debate) rematar, concluir
windbreak ['wɪndbreɪk] N quebra-ventos m
windbreaker ['wɪndbreɪkəʳ] (US) N anoraque m
windcheater ['wɪndtʃiːtəʳ] (BRIT) N anoraque m
winder ['waɪndəʳ] (BRIT) N (on watch) botão m de corda
windfall ['wɪndfɔːl] N golpe m de sorte
wind farm N parque m eólico
winding ['waɪndɪŋ] ADJ (road) sinuoso, tortuoso; (staircase) de caracol, em espiral
wind instrument N (Mus) instrumento de sopro
windmill ['wɪndmɪl] N moinho de vento
window ['wɪndəu] N janela; (in shop etc) vitrine f (BR), montra (PT)
window box N jardineira (no peitoril da janela)
window cleaner N (person) limpador(a) m/f de janelas
window dressing N decoração f de vitrines
window envelope N envelope m de janela
window frame N caixilho da janela
window ledge N peitoril m da janela
window pane N vidraça, vidro
window-shopping N: **to go ~** ir ver vitrines
windowsill ['wɪndəusɪl] N (inside) peitoril m; (outside) soleira
windpipe ['wɪndpaɪp] N traqueia
windscreen ['wɪndskriːn] (BRIT) N para-brisa m
windscreen washer (BRIT) N lavador m de para-brisa
windscreen wiper [-'waɪpəʳ] (BRIT) N limpador m de para-brisa
windshield ['wɪndʃiːld] (US) N = **windscreen**
windswept ['wɪndswɛpt] ADJ varrido pelo vento
wind tunnel N túnel m aerodinâmico
wind turbine ['wɪndtəːbaɪn] N turbina eólica
windy ['wɪndɪ] ADJ com muito vento, batido pelo vento; **it's ~** está ventando (BR), faz vento (PT)

wine [waɪn] N vinho ▶ VT: **to ~ and dine sb** levar alguém para jantar
wine bar N bar *m* para degustação de vinhos
wine cellar N adega
wine glass N cálice *m* (de vinho)
wine list N lista de vinhos
wine merchant N negociante *m/f* de vinhos
wine tasting [-'teɪstɪŋ] N degustação *f* de vinhos
wine waiter N garção *m* dos vinhos
wing [wɪŋ] N asa; *(of building)* ala; *(Aut)* aleta, para-lamas *m inv*; **wings** NPL *(Theatre)* bastidores *mpl*
winger ['wɪŋə'] N *(Sport)* ponta, extremo
wing mirror *(BRIT)* N espelho lateral
wing nut N porca borboleta
wingspan ['wɪŋspæn] N envergadura
wingspread ['wɪŋsprɛd] N envergadura
wink [wɪŋk] N piscadela ▶ VI piscar o olho; *(light etc)* piscar
winkle ['wɪŋkl] N búzio
winner ['wɪnə'] N vencedor(a) *m/f*
winning ['wɪnɪŋ] ADJ *(team)* vencedor(a); *(goal)* decisivo; *(smile)* sedutor(a)
winning post N meta de chegada
winnings ['wɪnɪŋz] NPL ganhos *mpl*
winsome ['wɪnsəm] ADJ encantador(a), cativante
winter ['wɪntə'] N inverno ▶ VI hibernar
winter sports NPL esportes *mpl* (BR) or desportos *mpl* (PT) de inverno
wintry ['wɪntrɪ] ADJ glacial, invernal
wipe [waɪp] N: **to give sth a ~** limpar algo com um pano ▶ VT limpar; *(rub)* esfregar; *(erase: tape)* apagar; **to ~ one's nose** limpar o nariz
▶ **wipe off** VT remover esfregando
▶ **wipe out** VT *(debt)* liquidar; *(memory)* apagar; *(destroy)* exterminar
▶ **wipe up** VT *(mess)* limpar; *(dishes)* enxugar
wire ['waɪə'] N arame *m*; *(Elec)* fio (elétrico); *(telegram)* telegrama *m* ▶ VT *(house)* instalar a rede elétrica em; *(also: **wire up**)* conectar; *(telegram)* telegrafar para
wire brush N escova de aço
wire cutters [-'kʌtəz] NPL alicate *m* corta-arame
wireless ['waɪəlɪs] ADJ sem fio (BR), sem fios (PT) ▶ N (BRIT) rádio
wire netting N rede *f* de arame
wire-tapping [-'tæpɪŋ] N escuta telefônica
wiring ['waɪərɪŋ] N instalação *f* elétrica
wiry ['waɪərɪ] ADJ nervoso; *(hair)* grosso
wisdom ['wɪzdəm] N *(of person)* prudência; *(of action, remark)* bom-senso, sabedoria
wisdom tooth *(irreg: like **tooth**)* N dente *m* do siso
wise [waɪz] ADJ *(person)* prudente; *(action, remark)* sensato; **I'm none the ~r** eu não entendi nada
▶ **wise up** *(inf)* VI: **to ~ up to** abrir os olhos para
...wise [waɪz] SUFFIX: **time-** *etc* com relação ao tempo *etc*

wisecrack ['waɪzkræk] N piada
wish [wɪʃ] N desejo ▶ VT desejar; *(want)* querer; **best ~es** *(on birthday etc)* parabéns *mpl*, felicidades *fpl*; **with best ~es** *(in letter)* cumprimentos; **give her my best ~es** dá um abraço para ela; **to ~ sb goodbye** despedir-se de alguém; **he ~ed me well** me desejou boa sorte; **to ~ to do/sb to do sth** querer fazer/que alguém faça algo; **to ~ for** desejar; **to ~ sth on sb** desejar algo a alguém
wishful ['wɪʃful] ADJ: **it's ~ thinking** é doce ilusão
wishy-washy ['wɪʃɪ'wɔʃɪ] *(inf)* ADJ *(colour)* indefinido; *(person)* sem caráter; *(ideas)* aguado
wisp [wɪsp] N mecha, tufo; *(of smoke)* fio
wistful ['wɪstful] ADJ melancólico
wit [wɪt] N *(wittiness)* presença de espírito, engenho; *(intelligence: also: **wits**)* entendimento; *(person)* espirituoso(-a); **to be at one's ~s' end** *(fig)* não saber para onde se virar; **to have one's ~s about one** ter uma presença de espírito; **to ~** a saber
witch [wɪtʃ] N bruxa
witchcraft ['wɪtʃkrɑːft] N bruxaria
witch doctor N médico feiticeiro, pajé *m* (BR)
witch-hunt N caça às bruxas

(KEYWORD)

with [wɪð, wɪθ] PREP **1** *(accompanying, in the company of)* com; **I was with him** eu estava com ele; **to stay overnight with friends** dormir na casa de amigos; **we'll take the children with us** vamos levar as crianças conosco; **I'll be with you in a minute** vou vê-lo num minuto; **I'm with you** (*I understand*) compreendo; **to be with it** *(inf)* estar por dentro; (*: aware*) estar a par da situação; (*: up-to-date*) estar atualizado
2 *(descriptive)* com, de; **a room with a view** um quarto com vista; **the man with the grey hat/blue eyes** o homem do chapéu cinza/de olhos azuis
3 *(indicating manner, means, cause)* com, de; **with tears in her eyes** com os olhos cheios de lágrimas; **to walk with a stick** andar com uma bengala; **to tremble with fear** tremer de medo; **to fill sth with water** encher algo de água

withdraw [wɪð'drɔː] *(irreg: like **draw**)* VT tirar, remover; *(offer)* retirar ▶ VI retirar-se; *(go back on promise)* voltar atrás; **to ~ money (from the bank)** retirar dinheiro (do banco); **to ~ into o.s.** introverter-se
withdrawal [wɪð'drɔːəl] N retirada
withdrawal symptoms NPL síndrome *f* de abstinência; **to have ~** ter uma reação
withdrawn [wɪð'drɔːn] PP *of* **withdraw** ▶ ADJ *(person)* reservado, introvertido
wither ['wɪðə'] VI murchar
withered ['wɪðəd] ADJ murcho

withhold [wɪð'həuld] (irreg: like **hold**) VT (money) reter; (decision) adiar; (permission) negar; (information) esconder

within [wɪð'ɪn] PREP dentro de ▶ ADV dentro; ~ **reach** ao alcance da mão; ~ **sight** à vista; ~ **the week** antes do fim da semana; ~ **a mile of** a uma milha de; ~ **an hour from now** daqui a uma hora; **to be ~ the law** estar dentro da lei

without [wɪð'aut] PREP sem; ~ **anybody knowing** sem ninguém saber; **to go** or **do ~ sth** passar sem algo

withstand [wɪð'stænd] (irreg: like **stand**) VT resistir a

witness ['wɪtnɪs] N (person) testemunha; (evidence) testemunho ▶ VT (event) testemunhar, presenciar; (document) legalizar; **to bear ~ to sth** (fig) testemunhar algo; ~ **for the prosecution/defence** testemunha para acusação/defesa; **to ~ to sth/having seen sth** testemunhar algo/ter visto algo

witness box, (US) **witness stand** N banco das testemunhas

witticism ['wɪtɪsɪzm] N observação f espirituosa, chiste m

witty ['wɪtɪ] ADJ espirituoso

wives [waɪvz] NPL of **wife**

wizard ['wɪzəd] N feiticeiro, mago

wizened ['wɪznd] ADJ encarquilhado

wk ABBR = **week**

Wm. ABBR = **William**

WO N ABBR = **warrant officer**

wobble ['wɔbl] VI oscilar; (chair) balançar

wobbly ['wɔblɪ] ADJ (table) balançante, bambo

woe [wəu] N dor f, mágoa

woke [wəuk] PT of **wake**

woken ['wəukən] PP of **wake**

wolf [wulf] (pl **wolves**) N lobo

wolves [wulvz] NPL of **wolf**

woman ['wumən] (pl **women**) N mulher f; ~ **doctor** médica; ~ **teacher** professora; **young ~** mulher jovem; **women's page** (Press) página da mulher

womanize ['wumənaɪz] VI paquerar as mulheres

womanly ['wumənlɪ] ADJ feminino

womb [wu:m] N (Anat) matriz f, útero

women ['wɪmɪn] NPL of **woman**

women's lib [-lɪb] (inf) N = **women's liberation movement**

women's liberation movement N movimento pela libertação da mulher

won [wʌn] PT, PP of **win**

wonder ['wʌndə'] N maravilha, prodígio; (feeling) espanto ▶ VI: **to ~ whether/why** perguntar-se a si mesmo se/por quê; **to ~ at** admirar-se de; **to ~ about** pensar sobre or em; **it's no ~ that** não é de admirar que

wonderful ['wʌndəful] ADJ maravilhoso; (miraculous) impressionante

wonderfully ['wʌndəfulɪ] ADV maravilhosamente

wonky ['wɔŋkɪ] (BRIT) ADJ errado, torto

won't [wəunt] = **will not**

woo [wu:] VT (woman) namorar, cortejar; (audience) atrair

wood [wud] N (timber) madeira; (forest) floresta, bosque m; (firewood) lenha ▶ CPD de madeira

wood carving N (act) escultura em madeira; (object) entalhe m

wooded ['wudɪd] ADJ arborizado

wooden ['wudən] ADJ de madeira; (fig) inexpressivo

woodland ['wudlənd] N floresta, bosque m

woodpecker ['wudpɛkə'] N pica-pau m

wood pigeon N pombo torcaz

woodwind ['wudwɪnd] N (Mus) instrumentos mpl de sopro de madeira

woodwork ['wudwə:k] N carpintaria

woodworm ['wudwə:m] N carcoma, caruncho

woof [wuf] N (of dog) latido ▶ VI latir; **~, ~!** au-au!

wool [wul] N lã f; **to pull the ~ over sb's eyes** (fig) enganar alguém, vender a alguém gato por lebre

woollen ['wulən] ADJ de lã

woollens ['wulənz] NPL artigos mpl de lã

woolly, (US) **wooly** ['wulɪ] ADJ de lã; (fig: ideas) confuso

woozy ['wu:zɪ] ADJ (inf) zonzo

word [wə:d] N palavra; (news) notícia; (message) aviso ▶ VT (express) expressar; (document) redigir; **in other ~s** em outras palavras, ou seja; **to break/keep one's ~** faltar à palavra/cumprir a promessa; **~ for ~** ao pé da letra; **what's the ~ for "pen" in Portuguese?** como se fala "pen" em português?; **to put sth into ~s** expressar algo; **to have a ~ with sb** falar com alguém; **to have ~s with sb** discutir com alguém; **I'll take your ~ for it** acredito em você; **to send ~ that …** mandar dizer que …; **to leave ~ that …** deixar recado dizendo que …

wording ['wə:dɪŋ] N fraseado

word-perfect ADJ: **he was ~ in his speech** etc ele sabia o discurso etc de cor

word processing N processamento de textos

word processor [-'prəusɛsə'] N processador m de textos

wordy ['wə:dɪ] ADJ prolixo, verboso

wore [wɔ:'] PT of **wear**

work [wə:k] N trabalho; (job) emprego, trabalho; (Art, Literature) obra ▶ VI trabalhar; (mechanism) funcionar; (medicine etc) surtir efeito, ser eficaz; (plan) dar certo ▶ VT (clay) moldar; (wood etc) talhar; (mine etc) explorar; (machine) fazer trabalhar, manejar; (effect, miracle) causar; **road ~s** obras fpl (na estrada); **to go to ~** ir trabalhar; **to set to ~**, **to start ~** começar a trabalhar; **to be at ~ (on sth)** estar trabalhando (em algo); **to be out of ~** estar desempregado; **to ~ hard**

trabalhar muito; **to ~ loose** (*part*) soltar-se; (*knot*) afrouxar-se
▶ **work on** VT FUS trabalhar em, dedicar-se a; (*principle*) basear-se em
▶ **work out** VI (*plans etc*) dar certo, surtir efeito ▶ VT (*problem*) resolver; (*plan*) elaborar, formular; **it ~s out at £100** dá £100
workable ['wə:kəbl] ADJ (*solution*) viável
workaholic [wə:kə'hɔlɪk] N burro de carga
workbench ['wə:kbɛntʃ] N banco, bancada
worked up [wə:kt-] ADJ: **to get ~** ficar exaltado
worker ['wə:kə^r] N trabalhador(a) *m/f*, operário(-a); **office ~** empregado(-a) de escritório
work force N força de trabalho
work-in (BRIT) N ocupação *f* de fábrica *etc* (*sem paralisação da produção*)
working ['wə:kɪŋ] ADJ (*day, tools etc, conditions*) de trabalha; (*wife*) que trabalha; (*population, partner*) ativo; **a ~ knowledge of English** um conhecimento prático do inglês
working capital N (*Comm*) capital *m* de giro
working class N proletariado, classe *f* operária ▶ ADJ: **working-class** do proletariado, da classe operária
working man (*irreg: like* **man**) N trabalhador *m*
working model N modelo articulado
workman ['wə:kmən] (*irreg: like* **man**) N operário, trabalhador *m*
working order N: **in ~** em perfeito estado
working party (BRIT) N grupo de trabalho
working week N semana de trabalho
work-in-progress N (*Comm*) produção *f* em curso
workload ['wə:kləud] N carga de trabalho
workmanship ['wə:kmənʃɪp] N (*art*) acabamento; (*skill*) habilidade *f*
workmate ['wə:kmeɪt] N colega *m/f* de trabalho
workout ['wə:kaut] N treinamento, treino
work permit N permissão *f* de trabalho
works (BRIT) N (*factory*) fábrica, usina; (*of clock, machine*) mecanismo
works council N comissão *f* de operários
worksheet ['wə:kʃi:t] N (*with exercises*) folha de exercícios; (*of hours worked*) registro das horas de trabalho
workshop ['wə:kʃɔp] N oficina; (*practical session*) aula prática
work station N estação *f* de trabalho
work study N estudo de trabalho
work-to-rule (BRIT) N paralisação *f* de trabalho extraordinário (*forma de protesto*)
world [wə:ld] N mundo ▶ CPD mundial; **to think the ~ of sb** (*fig*) ter alguém em alto conceito; **all over the ~** no mundo inteiro; **what in the ~ is he doing?** o que é que ele está fazendo, pelo amor de Deus?; **to do sb a ~ of good** fazer muito bem a alguém; **W~ War One/Two** Primeira/Segunda Guerra Mundial; **out of this ~** sensacional

World Cup N: **the ~** (*Football*) a Copa do Mundo
world-famous ADJ de fama mundial
worldly ['wə:ldlɪ] ADJ mundano; (*knowledgeable*) experiente
worldwide ['wə:ldwaɪd] ADJ mundial, universal ▶ ADV no mundo inteiro
worm [wə:m] N verme *m*; (*also:* **earthworm**) minhoca, lombriga
worn [wɔ:n] PP *of* **wear** ▶ ADJ gasto
worn-out ADJ (*object*) gasto; (*person*) esgotado, exausto
worried ['wʌrɪd] ADJ preocupado; **to be ~ about sth** estar preocupado com algo
worrier ['wʌrɪə^r] N: **he's a ~** ele se preocupa com tudo
worry ['wʌrɪ] N preocupação *f* ▶ VT preocupar, inquietar ▶ VI preocupar-se, afligir-se; **to ~ about** *or* **over sth/sb** preocupar-se com algo/alguém
worrying ['wʌrɪɪŋ] ADJ inquietante, preocupante
worse [wə:s] ADJ, ADV pior ▶ N o pior; **a change for the ~** uma mudança para pior, uma piora; **to get ~** piorar; **he's none the ~ for it** não lhe fez mal; **so much the ~ for you!** pior para você!
worsen ['wə:sən] VT, VI piorar
worse off ADJ com menos dinheiro; (*fig*): **you'll be ~ this way** assim você ficará pior que nunca
worship ['wə:ʃɪp] N culto; (*act*) adoração *f* ▶ VT (*god*) adorar, venerar; (*person, thing*) adorar; **Your W~** (BRIT: *to mayor*) vossa Excelência; (: *to judge*) senhor Juiz
worshipper ['wə:ʃɪpə^r] N devoto(-a), venerador(a) *m/f*
worst [wə:st] ADJ (o/a) pior ▶ ADV pior ▶ N o pior; **at ~** na pior das hipóteses; **if the ~ comes to the ~** se o pior acontecer
worsted ['wə:stɪd] N: (**wool**) **~** lã *f* penteada
worth [wə:θ] N valor *m*, mérito ▶ ADJ: **to be ~** valer; **it's ~ it** vale a pena; **to be ~ one's while (to do)** valer a pena (fazer); **how much is it ~?** quanto vale?; **£5 ~ of apples** maçãs no valor de £5
worthless ['wə:θlɪs] ADJ sem valor; (*person*) imprestável; (*thing*) inútil
worthwhile [wə:θ'waɪl] ADJ (*activity*) que vale a pena; (*cause*) de mérito, louvável; **a ~ book** um livro que vale a pena ler
worthy ['wə:ðɪ] ADJ (*person*) merecedor(a), respeitável; (*motive*) justo; **~ of** digno de

(KEYWORD)

would [wud] AUX VB **1** (*conditional tense*): **if you asked him, he would do it** se você pedisse, ele faria isto; **if you had asked him, he would have done it** se você tivesse pedido, ele teria feito isto

2 (*in offers, invitations, requests*): **would you like a biscuit?** você quer um biscoito?; **would you ask him to come in?** pode pedir a ele para entrar?; **would you close the door,**

please? quer fechar a porta por favor?
3 (*in indirect speech*): **I said I would do it** eu disse que eu faria isto; **he asked me if I would go with him** ele me perguntou se eu iria com ele
4 (*emphatic*): **it WOULD have to snow today!** tinha que nevar logo hoje!; **you WOULD say that, wouldn't you?** é lógico que você vai dizer isso
5 (*insistence*): **she wouldn't behave** não houve jeito dela se comportar
6 (*conjecture*): **it would have been midnight** devia ser meia-noite; **it would seem so** parece que sim
7 (*indicating habit*): **he would go on Mondays** costumava ir nas segundas-feiras

would-be ADJ aspirante, que pretende ser
wouldn't ['wudnt] = **would not**
wound¹ [waund] PT, PP *of* **wind²**
wound² [wu:nd] N ferida ▶ VT ferir
wove [wəuv] PT *of* **weave**
woven ['wəuvən] PP *of* **weave**
WP N ABBR = **word processing**; **word processor** ▶ ABBR (BRIT *inf*) = **weather permitting**
wpm ABBR (= *words per minute*) palavras por minuto
wrangle ['ræŋgl] N briga ▶ VI brigar
wrap [ræp] N (*stole*) xale *m*; (*cape*) capa ▶ VT (*cover*) envolver; (*also*: **wrap up**) embrulhar; **under ~s** (*fig*: *plan, scheme*) em sigilo
wrapper ['ræpə^r] N (*on chocolate*) invólucro; (BRIT: *of book*) capa
wrapping paper ['ræpɪŋ-] N papel *m* de embrulho; (*fancy*) papel de presente
wrath [rɔθ] N cólera, ira
wreak [ri:k] VT (*destruction*) causar; **to ~ havoc (on)** causar estragos (em); **to ~ vengeance on** vingar-se em, tirar vingança de
wreath [ri:θ] (*pl* **wreaths** [ri:ðz]) N (*funeral wreath*) coroa; (*of flowers*) grinalda
wreathe [ri:ð] VT trançar, cingir
wreck [rɛk] N (*of vehicle*) destroços *mpl*; (*ship*) restos *mpl* do naufrágio; (*pej: person*) caco ▶ VT destruir, danificar; (*fig*) arruinar, arrasar
wreckage ['rɛkɪdʒ] N (*of car, plane*) destroços *mpl*; (*of ship*) restos *mpl*; (*of building*) escombros *mpl*
wrecker ['rɛkə^r] (US) N (*breakdown van*) reboque *m* (BR), pronto socorro (PT)
wren [rɛn] N (*Zool*) carriça
wrench [rɛntʃ] N (*Tech*) chave *f* inglesa; (*tug*) puxão *m*; (*fig*) separação *f* penosa ▶ VT torcer com força; **to ~ sth from sb** arrancar algo de alguém
wrest [rɛst] VT: **to ~ sth from sb** extorquir algo de *or* a alguém
wrestle ['rɛsl] VI: **to ~ (with sb)** lutar (com *or* contra alguém); **to ~ with** (*fig*) lutar com
wrestler ['rɛslə^r] N lutador *m*
wrestling ['rɛslɪŋ] N luta (livre)
wrestling match N partida de luta romana

wretch [rɛtʃ] N desgraçado(-a); **little ~!** (*often humorous*) seu desgraçado!
wretched ['rɛtʃɪd] ADJ desventurado, infeliz; (*inf*) maldito
wriggle ['rɪgl] N contorção *f* ▶ VI (*also*: **wriggle about**) retorcer-se, contorcer-se
wring [rɪŋ] (*pt, pp* **wrung**) VT (*clothes, neck*) torcer; (*hands*) apertar; (*fig*): **to ~ sth out of sb** arrancar algo de alguém
wringer ['rɪŋə^r] N máquina de espremer roupa
wringing ['rɪŋɪŋ] ADJ (*also*: **wringing wet**) encharcado, ensopado
wrinkle ['rɪŋkl] N (*on skin*) ruga; (*on paper*) prega ▶ VT franzir ▶ VI enrugar-se; (*cloth etc*) franzir-se
wrinkled ['rɪŋkld] ADJ (*fabric, paper*) franzido, pregueado; (*surface, skin*) enrugado
wrinkly ['rɪŋklɪ] ADJ (*fabric, paper*) franzido, pregueado; (*surface, skin*) enrugado
wrist [rɪst] N pulso
wristband ['rɪstbænd] (BRIT) N (*of shirt*) punho; (*of watch*) pulseira
wristwatch ['rɪstwɔtʃ] N relógio *m* de pulso
writ [rɪt] N mandado judicial; **to issue a ~ against sb, serve a ~ on sb** demandar judicialmente alguém
write [raɪt] (*pt* **wrote**, *pp* **written**) VT escrever; (*cheque, prescription*) passar ▶ VI escrever; **to ~ to sb** escrever para alguém
▶ **write away** VI: **to ~ away for** (*information*) escrever pedindo; (*goods*) encomendar pelo correio
▶ **write down** VT escrever; (*note*) anotar; (*put on paper*) pôr no papel
▶ **write off** VT (*debt, plan*) cancelar; (*capital*) reduzir; (*smash up: car*) destroçar
▶ **write out** VT escrever por extenso; (*cheque etc*) passar; (*fair copy*) passar a limpo
▶ **write up** VT redigir
write-off N perda total; **the car is a ~** o carro virou sucata *or* está destroçado
writer ['raɪtə^r] N escritor(a) *m/f*
write-up N crítica
writhe [raɪð] VI contorcer-se
writing ['raɪtɪŋ] N escrita; (*handwriting*) caligrafia, letra; (*of author*) obra; **in ~** por escrito; **to put sth in ~** pôr algo no papel; **in my own ~** do próprio punho
writing case N pasta com material de escrita
writing desk N escrivaninha
writing paper N papel *m* para escrever
written ['rɪtn] PP *of* **write**
wrong [rɔŋ] ADJ (*bad*) errado, mau; (*unfair*) injusto; (*incorrect*) errado, equivocado; (*inappropriate*) impróprio ▶ ADV mal, errado ▶ N mal *m*; (*injustice*) injustiça ▶ VT ser injusto com; (*hurt*) ofender; **to be ~** estar errado; **you are ~ to do it** você se engana ao fazê-lo; **it's ~ to steal, stealing is ~** é errado roubar; **you are ~ about that, you've got it ~** você está enganado sobre isso; **to be in the ~** não ter razão; **what's ~?** o que é que

há?; **there's nothing ~** não há nada de errado, não tem problema; **what's ~ with the car?** qual é o problema com o carro?; **to go ~** (*person*) desencaminhar-se; (*plan*) dar errado; (*machine*) sofrer uma avaria
wrongdoer ['rɔŋduːəʳ] N malfeitor(a) *m/f*
wrongful ['rɔŋful] ADJ injusto; **~ dismissal** demissão *f* injusta
wrongly ['rɔŋlɪ] ADV (*treat*) injustamente; (*incorrectly*) errado
wrong number N (*Tel*): **you have the ~** o número está errado
wrong side N (*of cloth*) avesso

wrote [rəut] PT *of* **write**
wrought [rɔːt] ADJ: **~ iron** ferro forjado
wrung [rʌŋ] PT, PP *of* **wring**
wry [raɪ] ADJ (*humour, expression*) irônico; **to make a ~ face** fazer uma careta
wt. ABBR = **weight**
WV (US) ABBR (*Post*) = **West Virginia**
WWW N ABBR = **World Wide Web**; **the ~** a WWW
WY (US) ABBR (*Post*) = **Wyoming**
WYSIWYG ['wɪzɪwɪg] ABBR (*Comput*: = *what you see is what you get*) o documento sairá na impressora exatamente como aparece na tela

Xx

X, x [ɛks] N (*letter*) X, x m; (BRIT *Cinema: old*) (proibido para menores de) 18 anos; **X for Xmas** X de Xavier; **if you have x dollars a year ...** se você tem x dólares por ano ...

Xerox® ['zɪərɔks] N (*also*: **Xerox machine**) xerox® m; (*photocopy*) xerox® m ▶ VT xerocar, tirar um xerox de

XL ABBR = **extra large**

Xmas ['ɛksməs] N ABBR = **Christmas**

X-rated [-'reɪtɪd] (US) ADJ (*film*) proibido para menores de 18 anos

X-ray [ɛks'reɪ] N radiografia ▶ VT radiografar, tirar uma chapa de; **X-rays** NPL raios *mpl* X; **to have an ~** tirar *or* bater um raio x

xylophone ['zaɪləfəun] N xilofone m

Y y

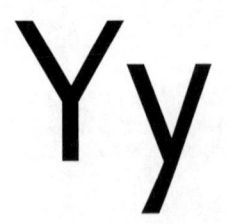

Y, y [waɪ] N (*letter*) Y, y *m*; **Y for Yellow** (BRIT) *or* **Yoke** (US) Y de Yolanda
yacht [jɔt] N iate *m*; (*smaller*) veleiro
yachting ['jɔtɪŋ] N (*sport*) iatismo
yachtsman ['jɔtsmən] (*irreg: like* **man**) N iatista *m*
yam [jæm] N inhame *m*
Yank [jæŋk] (*pej*) N ianque *m/f*
yank [jæŋk] VT arrancar
Yankee ['jæŋkɪ] N = **Yank**
yap [jæp] VI (*dog*) ganir
yard [jɑːd] N pátio, quintal *m*; (US: *garden*) jardim *m*; (*measure*) jarda (*914 mm; 3 feet*); **builder's ~** depósito de material de construção
yardstick ['jɑːdstɪk] N (*fig*) critério, padrão *m*
yarn [jɑːn] N fio; (*tale*) história inverossímil
yawn [jɔːn] N bocejo ▶ VI bocejar
yawning ['jɔːnɪŋ] ADJ (*gap*) enorme
yd ABBR = **yard**
yeah [jɛə] (*inf*) ADV é
year [jɪəʳ] N ano; **to be 8 ~s old** ter 8 anos; **every ~** todos os anos, todo ano; **this ~** este ano; **a** *or* **per ~** por ano; **~ in, ~ out** entra ano, sai ano; **an eight-~-old child** uma criança de oito anos (de idade)
yearbook ['jɪəbuk] N anuário, almanaque *m*
yearly ['jɪəlɪ] ADJ anual ▶ ADV anualmente; **twice ~** duas vezes por ano
yearn [jəːn] VI: **to ~ to do/for sth** ansiar fazer/por algo
yearning ['jəːnɪŋ] N ânsia, desejo ardente
yeast [jiːst] N levedura, fermento
yell [jɛl] N grito, berro ▶ VI gritar, berrar
yellow ['jɛləu] ADJ amarelo ▶ N amarelo
yellow fever N febre *f* amarela
yellowish ['jɛləuɪʃ] ADJ amarelado
Yellow Pages® NPL (*Tel*) Páginas Amarelas *fpl*
Yellow Sea N: **the ~** o mar Amarelo
yelp [jɛlp] N latido ▶ VI latir
Yemen ['jɛmən] N Iêmen *m* (BR), Iémene *m* (PT)
yen [jɛn] N (*currency*) iene *m*; (*craving*): **~ for/to do** desejo de/de fazer
yeoman ['jəumən] (*irreg: like* **man**) N: **Y~ of the Guard** membro da guarda real
yes [jɛs] ADV, N sim *m*; **do you speak English? — ~ I do** você fala inglês? — falo (sim); **does the plane leave at six? — ~** o avião sai às seis? — é; **to say ~ to sth/sb** (*approve*) dar o sim a algo/alguém
yesterday ['jɛstədɪ] ADV, N ontem *m*; **the day before ~** anteontem; **~ morning/evening** ontem de manhã/à noite; **all day ~** ontem o dia inteiro
yet [jɛt] ADV ainda ▶ CONJ porém, no entanto; **it is not finished ~** ainda não está acabado; **must you go just ~?** você já tem que ir?; **the best ~** o melhor até agora; **as ~** até agora, ainda; **a few days ~** mais alguns dias; **~ again** mais uma vez
yew [juː] N teixo
Y-fronts® ['waɪfrʌnts] NPL (BRIT) cueca slip (com abertura lateral)
YHA (BRIT) N ABBR = **Youth Hostels Association**
Yiddish ['jɪdɪʃ] N (*i*)ídiche *m*
yield [jiːld] N produção *f*; (*Agr*) colheita; (*Comm*) rendimento ▶ VT (*gen*) produzir; (*profit*) render; (*surrender*) ceder ▶ VI (*give way*) render-se, ceder; (US *Aut*) ceder; **a ~ of 5%** um rendimento de 5%
YMCA N ABBR (= *Young Men's Christian Association*) ≈ ACM *f*
yob ['jɔb], **yobbo** ['jɔbəu] (BRIT *inf*) N bagunceiro
yodel ['jəudl] VI cantar tirolesa
yoga ['jəugə] N ioga
yoghurt, yogurt ['jəugət] N iogurte *m*
yoke [jəuk] N canga, cangalha; (*of oxen*) junta; (*on shoulders*) balancim *m*; (*fig*) jugo ▶ VT (*also*: **yoke together**) unir, ligar
yolk [jəuk] N gema (do ovo)
yonder ['jɔndəʳ] ADV além, acolá
Yorks [jɔːks] (BRIT) ABBR = **Yorkshire**

(KEYWORD)

you [juː] PRON **1** (*subj: singular*) tu, você; (: *plural*) vós, vocês; **you French enjoy your food** vocês franceses gostam de comer; **you and I will go** nós iremos
2 (*direct object: singular*) te, o/a; (: *plural*) vos, os/as; (*indirect object: singular*) te, lhe; (: *plural*) vos, lhes; **I know you** eu lhe conheço; **I gave it to you** dei isto para você
3 (*stressed*) você; **I told YOU to do it** eu disse para você fazer isto
4 (*after prep, in comparisons: singular*) ti, você;

(: *plural*) vós, vocês; (*polite form: singular*) o senhor/a senhora; (: *plural*) os senhores/as senhoras; **it's for you** é para você; **can I come with you?** posso ir com você?; **with you** contigo, com você; convosco, com vocês; com o senhor *etc*; **she's younger than you** ela é mais jovem do que você

5 (*impers: one*): **you never know** nunca se sabe; **apples do you good** as maçãs fazem bem à saúde; **you can't do that!** não se pode fazer isto!

you'd [juːd] = **you had; you would**
you'll [juːl] = **you will; you shall**
young [jʌŋ] ADJ jovem ▶ NPL (*of animal*) filhotes *mpl*, crias *fpl*; (*people*): **the ~** a juventude, os jovens; **a ~ man** um jovem; **a ~ lady** (*unmarried*) uma jovem, uma moça; (*married*) uma jovem senhora; **my ~er brother** o meu irmão mais novo
younger [ˈjʌŋəʳ] ADJ (*brother etc*) mais novo; **the ~ generation** a geração mais jovem
youngish [ˈjʌŋɪʃ] ADJ bem novo
youngster [ˈjʌŋstəʳ] N jovem *m/f*, moço(-a)
your [jɔːʳ] ADJ teu/tua, seu/sua; (*plural*) vosso, seu/sua; (*formal*) do senhor/da senhora; *see also* **my**
you're [juəʳ] = **you are**
yours [jɔːz] PRON teu/tua, seu/sua; (*plural*) vosso, seu/sua; (*formal*) do senhor/da senhora; **~ is blue** o teu/a tua *etc* é azul; **is it ~?** é teu/tua *etc*?; **~ sincerely** *or* **faithfully** atenciosamente; **a friend of ~** um amigo seu *etc*; *see also* **mine**[1]
yourself [jɔːˈsɛlf] PRON (*emphatic*) tu mesmo, você mesmo; (*object, reflexive*) te, se; (*after prep*) ti mesmo, si mesmo; (*formal*) o senhor mesmo/a senhora mesma; **you ~ told me** você mesmo me falou; **(all) by ~** sozinho(-a); *see also* **oneself**
yourselves [jɔːˈsɛlvz] PRON (*emphatic*) vós mesmos, vocês mesmos; (*object, reflexive*) vos, se; (*after prep*) vós mesmos, vôces mesmos; (*formal*) os senhores mesmos/as senhoras mesmas; *see also* **oneself**
youth [juːθ] (*pl* **youths** [juːðz]) N mocidade *f*, juventude *f*; (*young man*) jovem *m*; **in my ~** na minha juventude
youth club N associação *f* de juventude
youthful [ˈjuːθful] ADJ juvenil
youthfulness [ˈjuːθfəlnəs] N juventude *f*
youth hostel N albergue *m* da juventude
you've [juːv] = **you have**
yowl [jaul] N uivo ▶ VI uivar
Yugoslav [ˈjuːgəuslɑːv] ADJ, N iugoslavo(-a)
Yugoslavia [juːgəuˈslɑːvɪə] N Iugoslávia
Yugoslavian [juːgəuˈslɑːvɪən] ADJ iugoslavo
Yule [juːl] N: **~ log** acha de Natal
Yuletide [ˈjuːltaɪd] N época natalina *or* do Natal
yuppie [ˈjʌpɪ] (*inf*) ADJ, N yuppie *m/f*
YWCA N ABBR (= *Young Women's Christian Association*) ≈ ACM *f*

Zz

Z, z [zɛd, (US) ziː] N (letter) Z, z m; **Z for Zebra** Z de Zebra
Zaire [zɑːˈiːəʳ] N Zaire m
Zambia [ˈzæmbɪə] N Zâmbia
Zambian [ˈzæmbɪən] ADJ, N zambiano(-a)
zany [ˈzeɪnɪ] ADJ tolo, bobo
zeal [ziːl] N entusiasmo; (religious) fervor m
zealot [ˈzɛlət] N fanático(-a)
zealous [ˈzɛləs] ADJ zeloso, entusiasta
zebra [ˈziːbrə] N zebra
zebra crossing (BRIT) N faixa (para pedestres) (BR), passadeira (PT)
zenith [ˈzɛnɪθ] N (Astronomy) zênite m; (fig) apogeu m
zero [ˈzɪərəu] N zero ▶ VI: **to ~ in on** fazer mira em; **5 degrees below ~** 5 graus abaixo de zero
zero hour N hora zero
zero-rated [-ˈreɪtɪd] (BRIT) ADJ isento de IVA
zest [zɛst] N vivacidade f, entusiasmo; (of lemon etc) zesto
zigzag [ˈzɪɡzæɡ] N ziguezague m ▶ VI ziguezaguear
Zika virus [ˈdzika vaiərəs] N (Med) vírus m Zika
Zimbabwe [zɪmˈbɑːbwɪ] N Zimbábue m (BR), Zimbabwe m (PT)
Zimbabwean [zɪmˈbɑːbwɪən] ADJ, N zimbabuano(-a) (BR), zimbabweano(-a) (PT)
Zimmer® [ˈzɪməʳ] N (also: **Zimmer frame**) andador m
zinc [zɪŋk] N zinco
Zionism [ˈzaɪənɪzm] N sionismo
Zionist [ˈzaɪənɪst] ADJ, N sionista m/f
zip [zɪp] N (also: **zip fastener**) fecho ecler (BR) or éclair (PT); (energy) vigor m ▶ VT (also: **zip up**) fechar o fecho ecler de, subir o fecho ecler de
zip code (US) N código postal
zip file N (Comput) arquivo zipado
zipper [ˈzɪpəʳ] (US) N = **zip**
zit [zɪt] (inf) N espinha
zither [ˈzɪðəʳ] N citara
zodiac [ˈzəudɪæk] N zodíaco
zombie [ˈzɔmbɪ] N (fig): **like a ~** como um zumbi
zone [zəun] N zona
zoo [zuː] N (jardim m) zoológico
zoological [zuəˈlɔdʒɪkl] ADJ zoológico
zoologist [zuːˈɔlədʒɪst] N zoólogo(-a)
zoology [zuːˈɔlədʒɪ] N zoologia
zoom [zuːm] VI: **to ~ past** passar zunindo; **to ~ in (on sb/sth)** (Phot, Cinema) fechar a câmera (em alguém/algo)
zoom lens N zoom m, zum m
zucchini [zuːˈkiːnɪ] (US) NPL abobrinha
Zulu [ˈzuːluː] ADJ, N zulu m/f
Zurich [ˈzjuərɪk] N Zurique

Gramática Inglesa

Contents

1. Os substantivos e o sintagma nominal — 4
2. O adjetivo — 21
3. O verbo e o sintagma verbal — 27
4. Expressões adverbiais — 50
5. Preposições — 55
6. Mudanças ortográficas — 59

Índice — 61

1 Os substantivos e o sintagma nominal

1.1 Substantivos contáveis/incontáveis (countable/uncountable)

Algumas coisas são consideradas elementos individuais, ou seja, podem ser contadas uma a uma. Os substantivos que se referem a elas são chamados contáveis e, portanto, dispõem tanto de uma forma singular como de plural, expresso normalmente pela terminação **-s**. Note que poderão ocorrer mudanças ortográficas decorrentes do acréscimo dos sufixos (→6.1):

... *one table*, ... *two cats*, ... *three hundred pounds*

⚠ Alguns substantivos de uso frequente têm plurais irregulares, que não são formados com o sufixo **-s**:

child → children	*foot → feet*
man → men	*mouse → mice*
tooth → teeth	*woman → women*

Por outro lado, considera-se que existam coisas que não podem ser contadas uma a uma; para se referir a estas, são usados os substantivos incontáveis:

The donkey needed food and water.
All prices include travel to and from London.

Estes geralmente fazem referência a:

substâncias: **coal** • **food** • **ice** • **iron** • **rice** • **steel** • **water**
qualidades humanas: **courage** • **cruelty** • **honesty** • **patience**
sentimentos: **anger** • **happiness** • **joy** • **pride** • **relief** • **respect**
atividades: **aid** • **help** • **sleep** • **travel** • **work**
ideias abstratas: **beauty** • **death** • **freedom** • **fun** • **life** • **luck**

Cuidado: note que, às vezes, no inglês usa-se um substantivo incontável para algo que em português é contável; nesse caso, os elementos são considerados um conjunto em vez de um a um. Por exemplo, *furniture* significa "mobiliário, móveis", mas, para dizer "um móvel", é preciso usar a expressão *a piece of furniture*. O uso dos substantivos incontáveis deve levar em conta as seguintes regras:

1.2 Os substantivos incontáveis têm uma única forma, não dispondo, portanto, de plural:

advice • **baggage** • **equipment** • **furniture**
homework • **information** • **knowledge** • **luggage**
machinery • **money** • **news** • **traffic**

I needed help with my homework.
The children had great fun playing with the puppets.
We want to spend more money on roads.

OS SUBSTANTIVOS E O SINTAGMA NOMINAL

1.3 ⚠ Alguns substantivos incontáveis terminam com **-s** e, assim, parecem ser substantivos contáveis no plural.

Geralmente, referem-se a:

> matérias de estudo: **mathematics** • **physics**
> atividades: **athletics** • **gymnastics**
> jogos: **cards** • **darts** • **skittles**
> enfermidades: **measles** • **mumps**

Mathematics is too difficult for me.

1.4 Os substantivos incontáveis são usados sem o artigo *a(n)*:

They resent having to pay money to people like me.
My father started work when he was ten.

São usados com *the* quando se referem a algo específico ou citado anteriormente:

I am interested in the education of young children.
I liked the music in the song, but the lyrics were boring.

1.5 Muitas vezes, os substantivos incontáveis são usados com vocábulos que expressam uma quantidade aproximada, como *some* (→1.42–45), ou uma locução, como *a loaf of*, *packets of* ou *a piece of*. O uso de *a bit of* é comum na linguagem falada:

Please buy some bread when you go to the shop.
Quando for à loja, compre pão.
Let me give you some advice.
Deixe-me dar-lhe um conselho.
He gave me a very good piece of advice.
Ele me deu um bom conselho.

1.6 Alguns substantivos incontáveis relacionados com comidas ou bebidas podem ser contáveis quando se referem a quantidades concretas:

Do you like coffee? (incontável)
We asked for two coffees. (contável)

1.7 Alguns substantivos são incontáveis quando se referem a algo de modo genérico e contáveis quando se referem a um caso concreto:

Victory was now assured.
A vitória estava então assegurada.
The political party won a convincing victory.
O partido político obteve uma vitória convincente.

1.8 Alguns substantivos têm um significado específico quando estão no singular, acompanhadas do determinante *the* (já que se referem a coisas que são únicas), ou no plural, quando não são usadas com esse sentido:

5

Os substantivos e o sintagma nominal

> air • country • countryside • dark • daytime
> end • future • ground • moon • past • sea
> seaside • sky • sun • wind • world

I'm scared of the dark.
My uncle has a farm in the country.

Outros normalmente são usados no singular com *a* porque se referem a atividades concretas:

> bath • chance • drink • fight • go • jog
> move • rest • ride • run • shower • smoke
> snooze • start • try • walk • wash

Why don't we go outside for a smoke?
I went upstairs for a wash.

1.9 Outros substantivos são usados no plural com um significado especial, com ou sem o determinante (como os substantivos contáveis), mas não são usados em singular com esse mesmo significado:

His clothes looked terribly dirty.
Troops are being sent in today.

Alguns desses substantivos são sempre usados com um determinante (→1.26):

> authorities • likes • movies • travels

I went to the movies with Tina.

Outros, por sua vez, geralmente são usados sem determinante:

> airs • expenses • goods • refreshments • riches

They have agreed to pay for travel and expenses.

1.10 Substantivos coletivos

Os substantivos coletivos (pois se referem a um grupo de pessoas ou de coisas) podem ser acompanhados do verbo no plural ou no singular, já que é possível considerar o grupo tanto como uma unidade quanto como vários indivíduos juntos:

> army • audience • committee • company • crew • data
> enemy • family • flock • gang • government • group
> herd • media • navy • press • public • staff • team

Our family isn't poor any more.
My family are perfectly normal.
The BBC is showing the programme on Saturday.
The BBC are planning to use the new satellite.

No entanto, no inglês americano, é raro usar um verbo no plural após um substantivo coletivo – prefere-se usar o verbo no singular.

1.11 Um substantivo pode vir acompanhado de outras palavras que especificam seu significado e que fazem parte do sintagma nominal. Essas palavras podem ser determinantes (→1.26), adjetivos (→2.1–11), outro substantivo, sintagmas nominais com preposição (→1.13–14) e construções com pronomes relativos ("que...") (→2.12–16):

> **He was eating a cake.**
> **He was using blue ink.**
> **I like chocolate cake.**
> **I spoke to a girl in a dark grey dress.**
> **She wrote to the man who employed me.**
> **The front door of the house was wide open.**

1.12 Quando um substantivo tem seu significado especificado por outro, o que especifica vem logo antes do que é especificado. Note que, às vezes, em português é necessário usar uma construção com a preposição "de", ou às vezes um adjetivo:

> **... a mathematics exam.**
> *... uma prova de matemática.*
> **... chocolate cake.**
> *... bolo de chocolate.*
> **... the oil industry.**
> *... a indústria petrolífera.*

1.13 Usa-se um sintagma nominal com a preposição *of*:

- após substantivos que se referem a uma ação ou um evento para indicar o sujeito ou o objeto de tal ação ou evento:

    > **... the arrival of the police.**
    > **... the destruction of their city.**

- para definir o material de que algo é feito:

    > **... a wall of stone**

- para indicar o tema de um texto ou uma imagem:

    > **... a picture of them both in the paper**

1.14 Usa-se um sintagma nominal com outras preposições:

- para descrever algo ou alguém do ponto de vista do lugar com o que se associa, usando a preposição de lugar correspondente:

    > **... the house on the prairie**
    > *... a casa na pradaria*
    > **... the woman in the shop**
    > *... a mulher da tenda*

Os substantivos e o sintagma nominal

- **with** – quando se quer indicar o que uma pessoa tem:

    ... a girl with red hair.
    ... uma garota de cabelo vermelho.
    ... the man with the gun.
    ... o homem com a pistola.

- **in** – quando se quer indicar o que a pessoa está usando (ou traz com ela):

    ... a man in a raincoat.
    ... the man in dark glasses.

- **to** – com os seguintes substantivos:

> alternative • answer • approach • attitude
> devotion • introduction • invitation • reaction
> reference • resistance • return

   This was my first real introduction to Africa.

- **for** – com os seguintes substantivos:

> admiration • desire • dislike • need • reason • respect
> responsibility • search • substitute • taste • thirst

   Their need for money is growing fast.

- **on** – com os seguintes substantivos:

> agreement • attack • comment • effect • tax

   She had a dreadful effect on me.

- **in** – com os seguintes substantivos:

> decrease • difficulty • fall • increase • rise

   They demanded a large increase in wages.

1.15 Para indicar a quem pertence algo, usa-se um substantivo seguido de apóstrofo e "s" (**-'s**):

   Sylvia put her hand on John's arm.
   Sylvia pôs a mão no braço de John.
   Could you give me Charles's address?
   Você poderia me dar o endereço de Charles?
   They have bought Sue and Tim's car.
   Compraram o carro de Sue e Tim.

Se o substantivo é um plural terminando em "s" (→1.1, 6.1), usa-se somente o apóstrofo ('). Se o plural não é indicado pelo sufixo **-s**, são usados apóstrofo e "s":

   It is not his parents' problem.
   Não é problema de seus pais.
   Where are the children's shoes?
   Onde estão os sapatos das crianças?

Os substantivos e o sintagma nominal

Esta forma também é usada com frequência para se referir à casa de alguém ou ao lugar em que um profissional especializado atende.

Em inglês britânico, palavras como *house* ou *shop* são geralmente omitidas, ficando subentendidas:

> **He's at David's.**
> *Está na casa de David.*
> **She has to go to the chemist's.**
> *Ela tem que ir à farmácia.*

O apóstrofo também é usado quando uma expressão de tempo serve para descrever outro substantivo:

> **They have four weeks' holiday per year.**
> *Têm quatro semanas de férias por ano.*

1.16 Pronomes

Os usos de *this*, *that*, *these*, *those* como pronomes são detalhados em 1.33–35; os de *some* e *any*, em 1.43; finalmente, os pronomes relativos são explicados em 2.12–16. Por outro lado, os pronomes indefinidos que se formam a partir de *some*, *any*, *no* e *every* aparecem nas seções 1.46–48 e 1.55.

Usa-se um pronome pessoal:

- para voltar a se referir a algo ou alguém que já tenha sido mencionado
- para se referir diretamente a coisas ou pessoas que estão presentes ou são implicadas em determinada situação

> **John took the book and opened it.**
> **My father is fat – he weighs over a hundred and fifty kilos.**
> **He rang Mary and invited her to dinner.**
> **"Have you been to New York?" — "Yes, it was very crowded."**
> **I do the washing, he does the cooking.**

1.17

Estes pronomes podem ter duas formas distintas, dependendo de sua função em relação ao verbo: como sujeito ou objeto.

As formas de objeto são usadas, além de como objeto de um verbo, logo após uma preposição ou após o verbo principal.

Formas de sujeito:

I • you • he • she • it • we • you • they

Formas de objeto:

me • you • him • her • it • us • you • them

> **We were all sitting in a cafe with him.**
> **Did you give it to them?**

Os substantivos e o sintagma nominal

> *Who is it? — It's me.*
> *There was only John, Baz and me in the room.*

Cuidado: **you** é usado para "tu", "você", "vós" e "vocês". As diferenças de uso dessas palavras, seja em termos de tratamento ou de número, são identificáveis no inglês pelo contexto.

1.18 **You** e **they** podem ser usados para falar de pessoas em geral:

> *You have to drive on the left in Britain.*
> Dirige-se do lado esquerdo da pista na Grã-Bretanha.
> *They say she's very clever.*
> Dizem que ela é muito inteligente.

1.19 **It** pode ser usado como sujeito impessoal em expressões gerais que se referem às horas, às datas ou às condições climáticas, ou ainda para falar de situações em geral:

> *What time is it?*
> *It is January 19th.*
> *It is rainy and cold.*
> *It is too far to walk.*
> *I like it here. Can we stay a bit longer?*

1.20 **They/them** podem fazer referência a:

- **somebody/someone**, **anybody/anyone**, embora estes sempre venham seguidos por um verbo no singular:

    > *If anybody comes, tell them I'm not in.*

- substantivos coletivos (→1.10), mesmo que anteriormente tenha sido usado um verbo no singular:

    > *His family was waiting in the next room, but they had not yet been informed.*

1.21 Pronomes possessivos

Para dizer a quem algo pertence, usam-se os pronomes possessivos:

mine • yours • his • hers • ours • theirs

> *Is that coffee yours or mine?*
> Esse café é seu ou meu?
> *It was his fault, not ours.*
> A culpa foi dele, não nossa.

1.22 Pronomes reflexivos

Quando o pronome objeto se refere à mesma pessoa expressada pelo sujeito, usa-se um pronome reflexivo:

| singular: **myself** • **yourself** • **himself** • **herself** • **itself** |
| plural: **ourselves** • **yourselves** • **themselves** |

Os substantivos e o sintagma nominal

> *He should give himself more time.*
> Ele deveria se dar mais tempo.

Os pronomes reflexivos também são usados para dar ênfase, e neste caso equivalem a "(alguém) mesmo":

> *I made it myself.*
> Eu mesmo fiz.

Também são usados após uma preposição, exceto em expressões adverbiais de lugar e após a preposição *with* significando "em companhia de", contanto que a pessoa mencionada seja a mesma do sujeito:

> *Tell me about yourself.*
> *You should have your notes in front of you.*
> *He would have to bring Judy with him.*

1.23 One

One, *ones* são pronomes usados para falar de coisas do mesmo tipo, porém com características distintas, para não ser necessário voltar a mencionar o tipo de coisa, citando apenas a característica:

> *My car is the blue one.*
> Meu carro é o azul.
> *Don't you have one with buttons instead of a zip?*
> Você não tem um com botões em vez de um zíper?
> *Are the new curtains longer than the old ones?*
> As cortinas novas são mais compridas que as velhas?

1.24 *One*, *ones* são usados juntamente com *this*, *these*, *that*, *those* quando a característica que distingue várias coisas do mesmo tipo é a proximidade:

> *I like this one better.*
> Gosto mais deste.
> *We'll have those ones, thank you.*
> Levaremos aquelas, obrigado.

Também podem se combinar com *which*, significando "qual" ou "quais":

> *Which ones were damaged?*
> Quais foram danificados?

1.25 Em inglês considerado culto, *one* é usado para expressar opiniões de maneira geral, normalmente aquelas que se acredita serem compartilhadas e generalizadas:

> *One has to think of the practical side of things.*
> É preciso pensar no lado prático das coisas.
> *One never knows what to say in such situations.*
> Nunca se sabe o que dizer em situações deste tipo.

Os substantivos e o sintagma nominal

1.26 Determinantes

À frente do substantivo ou de qualquer adjetivo (isto é, no princípio do sintagma nominal), usa-se com frequência um determinante.

Há vários tipos: alguns fazem referência a algo concreto ou já mencionado enquanto outros se referem a algo mais geral ou não mencionado antes.

Muitos deles também podem ser usados como pronomes.

Os determinantes são:

> **the** (→1.27–32)
> **this • these • that • those** (→1.33–35)
> **a/an** (→1.36–41)
> **some • any • no** (→1.42–45)
> os quantificadores **much • many • little • few** (→1.49–52) • **all** (→1.53) • **most • a little • a few • the whole • every** (→1.54–55) • **each • both** (→1.57) • **half • either** (→1.58) • **other** (→1.60) • **another** (→1.61) • **more • less • fewer**
> os adjetivos possessivos **my • your • his • her • its • our • their**
> os determinantes interrogativos **what • which • whose**
> os numerais **one • two • three • four** ...

I met the two Swedish girls in London.
Conheci as duas garotas suecas em Londres.
I don't like this picture.
Não gosto deste quadro.
There was a man in the corridor.
Havia um homem no corredor.
The patients know their rights like any other customer.
Os pacientes conhecem seus direitos como quaisquer outros clientes.
There weren't many people.
Não havia muita gente.
Most people agreed.
A maioria das pessoas concordou.
We need more time.
Precisamos de mais tempo.
We ought to eat less fat.
Deveríamos comer menos gorduras.
Few people like him.
Poucas pessoas gostam dele.
We had a few drinks.
Tomamos algumas bebidas.

1.27 Geralmente usa-se **the** nos mesmos casos que o artigo definido em português:

The girls were not at home.
As meninas não estavam em casa.

I don't like using the phone.
Não gosto de usar o telefone.
My father's favourite flower is the rose.
A flor favorita de meu pai é a rosa.
We spent our holidays in the Canaries.
Passamos nossas férias nas Canárias.

1.28 **Exceções**

Quando se fala de um tipo de coisa, animal ou pessoa de maneira geral, é usado em inglês somente o substantivo no plural:

Many adults don't listen to children.
Muitos adultos não escutam as crianças.
Dogs are mammals, the same as mice and whales.
Os cães são mamíferos, como os camundongos e as baleias.

Note que também é possível falar de um tipo de coisa, animal ou pessoa de maneira geral usando o substantivo no singular. Nesse caso, usa-se *the*:

The dog is a mammal, the same as the mouse and the whale.
O cão é um mamífero, como o camundongo e a baleia.

1.29 Não se usa em expressões adverbiais de tempo, com *at*, *by*, *on*:

on Monday, by night

1.30 Não se usa com o nome de lagos e montanhas (mas sim com o de cordilheiras):

Lake Michigan is in the north of the United States.
Mount Everest is in the Himalayas and Aconcagua in the Andes.

1.31 Não se usa com direções nem com cifras ou letras:

A famous shopping area of London is Oxford Street.
The main post office is at 11, Union Street.
The winning number is three thousand five hundred and forty-five.
Z is the last letter of the alphabet.

1.32 Usa-se com adjetivos como *rich*, *poor*, *young*, *old* e *unemployed*, além de outros adjetivos de nacionalidade, para falar daquele determinado grupo de indivíduos:

They were discussing the problem of the unemployed.
The French are opposed to the idea.

1.33 *This, that, these, those*

This significa "este, esta, isto". *These* é a forma de plural ("estes, estas"). *That* significa "esse, essa, isso" ou "aquele, aquela, aquilo", de acordo com o contexto. *Those* é a forma de plural:

This book is a present from my mother.
When did you buy that hat?

Os substantivos e o sintagma nominal

Esses determinantes também são usados como pronomes:
> *This is a list of rules.*
> *'I brought you these.' Adam held out a bag of grapes.*
> *That looks interesting.*
> *Those are mine.*

1.34 Em determinadas expressões, o uso de *that* com o verbo *be* tem um significado muito próximo daquele do *it* impessoal (→ 3.42); nesse caso, nenhuma das expressões equivalentes em português costuma ser usada:
> *Who's that?*
> *Quem é?*
> *Was that Patrick on the phone?*
> *Era Patrick no telefone?*

1.35 Também são usados para falar de coisas que acabaram de ser mencionadas (ou que estão prestes a ser) sem que acompanhem um substantivo.

É preciso levar em conta que essas expressões nem sempre funcionam como seus equivalentes em português:
> *That was an interesting word you used just now.*
> *Que interessante, essa palavra que você acabou de usar.*
> *These are not easy questions to answer.*
> *Estas perguntas não são fáceis de responder.*
> *This is what I want to say: it wasn't my idea.*
> *É o que quero dizer: não foi ideia minha.*

1.36 *A/an* são usados nos mesmos casos que seus equivalentes em português:
> *I got a postcard from Susan.*
> *Recebi um cartão-postal de Susan.*
> *His brother was a sensitive child.*
> *Seu irmão era uma criança sensível.*
> *I chose a picture that reminded me of my own country.*
> *Escolhi um quadro que me lembrava do meu próprio país.*

Usa-se *an* quando a palavra seguinte começa com um som vocálico:
> *an apple*
> *an honest man* [ˈɔnist]
> *an hour* [ˈauʳ]

⚠ Se o som não é vocálico, mas semivocálico, usa-se *a*:
> *a university* [juniˈvəːsiti]
> *a European* [juərəˈpi(ː)ən]

1.37 São usados após o verbo *be* e os demais verbos de ligação quando se deseja citar a profissão de alguém:
> *He became a school teacher.*
> *Ele se tornou professor.*

She is a model and an artist.
Ela é modelo e artista.

1.38 Note que o numeral *one* é usado quando a intenção é enfatizar a quantidade, ou seja, para dizer que não se trata de dois, três ou quatro, mas sim de um:

I got (only) one postcard from Susan (in the three years she was abroad).
Recebi (apenas) um cartão-postal de Susan (nos três anos em que ela esteve no exterior).

1.39 Usa-se *a* com *hundred* e *thousand*, que também podem ser usados com *one*:

I've just spent a hundred pounds.
Acabei de gastar cem libras.
I've told you a thousand times!
Já lhe disse mil vezes!

1.40 Usam-se *a/an* antes de "e meio(a)" ou "e um quarto" ao falar de quantidades:

One and a half sugars in my coffee, please.
Uma colher e meia de açúcar no meu café, por favor.
A kilo and a quarter is roughly three pounds.
Um quilo e um quarto equivalem a aproximadamente três libras.

1.41 Usam-se com "meio, meia" ao falar da metade de algo. Note que é possível que venha antes ou depois de *half*:

You'll have to walk for half a mile.
Você terá que caminhar meia milha.

1.42 **Some; any; no**

A não tem forma de plural. Para esses casos, usam-se *some* ou *any*:

He has bought some plants for the house.
Ele comprou umas plantas para a casa.

Some e *any* são usados para se referir a uma quantidade aproximada:

There's some chocolate cake over there.
Há bolo de chocolate ali.
I had some good ideas.
Tive algumas boas ideias.

É possível usar *some* em perguntas educadas ou quando se espera uma resposta afirmativa:

Would you like some coffee?
Gostaria de um café?
Could you give me some examples?
Poderia nos dar uns exemplos?

Usa-se *any* em perguntas e negações. Também acompanha substantivos no singular com significado de "qualquer":

Os substantivos e o sintagma nominal

> **Are there any apples left?**
> Sobraram maçãs?
> **I don't have any money.**
> Não tenho dinheiro.
> **Any container will do.**
> Qualquer recipiente serve.

Não é usado quando há a combinação de *any* com a negação:

> **I don't see any problem in that./I see no problem in that.**
> Não vejo problema algum.

1.43 *Some* e *any* podem ser usados para substituir o substantivo, como pronomes.

No caso de *no*, o pronome correspondente é *none*:

> **You need change? I think I've got some on me.**
> Precisa de trocado? Acho que tenho algum comigo.
> **Children? No, I don't have any./No, I have none.**
> Filhos? Não, não tenho nenhum.

1.44 São usados com substantivos contáveis (→1.1–7) com o significado de "um pouco de", "nada de". Em português, em muitas ocasiões somente o substantivo seria usado:

> **I have left some food for you in the fridge.**
> Deixei um pouco de comida para você na geladeira.
> **Don't you speak any Dutch?**
> Você não fala nada de holandês?
> **He's left me with no money.**
> Ele me deixou sem dinheiro.

1.45 São usados com substantivos no plural com o significado de "algum" ou "nenhum":

> **Some trains are running late.**
> Alguns trens estão atrasados.
> **Are there any jobs men can do but women can't?**
> Existe algum trabalho que os homens podem fazer, mas as mulheres não?
> **There weren't any tomatoes left/There were no tomatoes left.**
> Não havia mais nenhum tomate.

1.46 *Some*, *any*, *no* e *every* (→1.42-45, 1.54-55) são combinados com *-body* ou *-one* para dizer "alguém, qualquer um, nenhum, todo o mundo", com *-thing* para dizer "algo, qualquer coisa, nada, tudo" e com *-where* para dizer "em algum/qualquer/nenhum lugar, por toda a parte":

> anybody • anyone • anything • anywhere
> everywhere • everybody • everyone • everything
> nobody • no one • nothing • nowhere
> somewhere • somebody • someone • something

Os substantivos e o sintagma nominal

> *I was there for an hour before anybody came.*
> Fiquei ali por uma hora até chegar alguém.
> *It had to be someone with a car.*
> Tinha que ser alguém com um carro.
> *Jane said nothing for a while.*
> Jane não disse nada por um instante.
> *Everyone knows that.*
> Todo mundo sabe disso.

Em inglês americano informal, ***anyplace***, ***no place*** e ***someplace*** podem substituir ***anywhere***, ***nowhere*** e ***somewhere***.

1.47 Se vêm como sujeitos de um verbo, essas expressões recebem uma forma verbal no singular, embora possam se referir a mais de uma pessoa ou coisa:

> *Everyone knows that.*
> Todo mundo sabe disso.
> *Is anybody there?*
> Há alguém aí?

Depois de uma combinação com ***-body*** ou ***-one***, geralmente é usado o pronome pessoal ***they*** com o verbo no plural:

> *Anybody can say what they think.*
> Qualquer um pode dar sua opinião.

1.48 São usados seguidos de ***else*** com o significado de "mais, outro, diferente":

> *I don't want to see anybody else today.*
> Não quero ver mais ninguém hoje.
> *I don't like it here. Let's go somewhere else.*
> Não gosto daqui. Vamos a outro lugar.

1.49 Usa-se ***much*** para dizer "muito, muita" e ***many*** para "muitos, muitas".

Da mesma forma, as noções de "pouco, pouca" são expressas por ***little*** e "poucos, poucas" por ***few***:

> *I haven't got much time.*
> Não tenho muito tempo.
> *He wrote many novels.*
> Escreveu muitos romances.
> *He had little enthusiasm for the idea.*
> Tinha pouco entusiasmo pela ideia.
> *Visitors to our house? There were few.*
> Visitantes à nossa casa? Houve poucos.

1.50 Usa-se ***much*** em negações apenas em uma combinação com ***very***, ***so*** e ***too*** (→1.51–52):

> *He didn't speak much English.*
> Ele não falava muito inglês.

Os substantivos e o sintagma nominal

No lugar de *much* em uma oração afirmativa, geralmente são usadas outras expressões que também acompanham substantivos contáveis:

He needed a lot of attention.
Ele precisava de muita atenção.
I've got plenty of ou lots of money.
Tenho muito dinheiro ou dinheiro de sobra.
He remembered a large room with lots of windows.
Ele se lembrou de um quarto grande com muitas janelas.

1.51 Usa-se *very* com *much*, *many*, *little* e *few*:

Very many old people live alone.
Muitos idosos vivem sozinhos.
We have very little time.
Temos pouco tempo.
There are very few cars like these nowadays.
Há muito poucos carros como estes hoje em dia.

1.52 *Much/many* são usados somente com o significado de "tanto(s), tanta(s)"; com *little/few*, o sentido é de "tão pouco(s)":

They have so much money and we have so little.
Eles têm tanto dinheiro e nós, tão pouco.

Usa-se *too* com *much/many* com o significado de "muito(s), muita(s)" e com *little/few* significando "muito pouco(s), muito pouca(s)":

Too many people still smoke.
Muitas pessoas ainda fumam.

1.53 Usa-se *all* com substantivos contáveis e incontáveis com o significado de "todos" ou "todo". É possível usar *the* após *all*.

Exatamente como ocorre em português, a ordem em que *all* se coloca pode mudar, dependendo da ênfase que se queira dar:

All children should complete primary school.
Todas as crianças deveriam finalizar a educação primária.
He soon lost all hope of becoming a rock star.
Logo perdeu toda esperança de se tornar uma estrela do rock.
All the items are priced individually.
Todos os artigos recebem seus preços individualmente.
The items are all priced individually.
Os artigos todos recebem seus preços individualmente.

1.54 Também se usa *every* com o significado de "todos", mas com substantivos contáveis no singular e o verbo também. Note que em português é usado um substantivo no plural:

Every child has milk every day.
Todas as crianças bebem leite todos os dias.

Os SUBSTANTIVOS E O SINTAGMA NOMINAL

> *She spoke to every person at that party.*
> Ela falou com todas as pessoas daquela festa.

1.55 ***Every*** combina-se com ***-body*** e ***-one*** para significar "todos, todo o mundo", com ***-thing*** para significar "tudo" e com ***-where*** para significar "por toda parte":

> *Everyone else is downstairs.*
> Todos os demais estão lá embaixo.

1.56 Usa-se ***each*** com ou sem o substantivo com o significado de "cada (um ou uma)". Muitas vezes, esse significado é igual ao de ***every***, "todos".

As diferenças são as mesmas que existem entre as expressões equivalentes em português:

> *Each county is subdivided into districts.*
> Cada condado é subdividido em vários distritos.
> *Each applicant has five choices.*
> Cada candidato tem cinco opções.
> *Oranges are twenty pence each.*
> As laranjas custam vinte centavos cada uma.

1.57 Usa-se ***both*** com o significado de "ambos" ou "os dois/as duas":

> *Dennis held his coffee with both hands.*
> Dennis segurava seu café com ambas as mãos.
> *Both children were happy with their presents.*
> As duas crianças estavam felizes com seus presentes.
> *Both the young men agreed to come.*
> Ambos os jovens concordaram em vir.

A expressão ***Both... and...*** é usada com o significado de "tanto... como..." quando se fala de duas coisas ou pessoas ao mesmo tempo:

> *I am looking for opportunities both in this country and abroad.*
> Estou buscando oportunidades tanto neste país como no exterior.

1.58 Usa-se ***either*** quando se fala de duas coisas ou pessoas com o significado de "qualquer um dos dois" ou também de "ambos".

Neither é a forma negativa. Também são usados em determinado tipo de respostas (→ 3.54):

> *There were tables on either side of the door.*
> Havia mesas em ambos os lados da porta.
> *You can sit at either side of the table.*
> Você pode sentar em qualquer (um) dos lados da mesa.
> *Neither man knew what he was doing.*
> Nenhum dos homens sabia o que estava fazendo.

1.59 ***Either... or...*** são usados com o significado de "ou... ou..." para dizer que somente uma das duas possibilidades é válida. ***Neither... nor...*** é a forma

Os substantivos e o sintagma nominal

negativa, usada com o significado de "nem... nem..." para dizer que nenhuma das possibilidades é válida:

> **You either love him or hate him.**
> *Ou você o ama ou o odeia.*
> **Neither Jane nor her husband mentioned the problem.**
> *Nem Jane nem o marido mencionaram o problema.*

1.60 Usa-se **the other** com o significado de "o outro, a outra" quando se fala de duas coisas ou pessoas. **Other** é usado com substantivos no plural com o significado de "outros, outras":

> **The other man has gone.**
> *O outro homem se foi.*
> **I've got other things to think about.**
> *Tenho outras coisas para pensar.*
> **The other European countries have beaten us.**
> *Os outros países europeus nos derrotaram.*

1.61 Usa-se **another** com substantivos contáveis no singular com o significado de "outro mais, outra mais". É usado com um número e um substantivo contável no plural com o significado de "outros tantos mais, outras tantas mais":

> **Could I have another cup of coffee?**
> *Posso tomar outra xícara de café?*
> **Another four years passed before we met again.**
> *Passaram-se mais quatro anos antes de nos encontrarmos novamente.*

2 O adjetivo

2.1 Em inglês, os adjetivos colocam-se, como regra geral, antes do substantivo, e não depois, como no português:
>   *She bought a loaf of white bread.*
>   Ela comprou um pão branco.
>   *There was no clear evidence.*
>   Não havia provas claras.

2.2 Alguns adjetivos são usados exclusivamente antes do substantivo. Por exemplo, diz-se *an atomic bomb*, mas não *The bomb was atomic*. Entre eles:

atomic • countless • digital • existing • indoor • introductory maximum • neighbouring • occasional • outdoor eastern • northern • southern • western

>   *He sent countless letters to the newspapers.*
>   Ele enviou inúmeras cartas aos jornais.

Outros são usados somente após um verbo de ligação. Por exemplo, pode-se dizer *She was glad*, mas não *a glad woman*:

afraid • alive • alone • asleep • aware • content • due glad • ill • ready • sorry • sure • unable • well

>   *I wanted to be alone.*
>   Queria estar sozinho.
>   *I'm not quite sure.*
>   Não tenho certeza.

2.3 Alguns adjetivos não podem ser usados sozinhos após um verbo de ligação, mas com determinada preposição e um sintagma nominal:

aware of • accustomed to • fond of unaccustomed to • unaware of • used to

>   *She's very fond of you.*
>   *He is unaccustomed to the heat.*

2.4 Alguns adjetivos podem ser usados sozinhos ou seguidos de determinada preposição. São usados sozinhos ou com *of* para especificar a causa do sentimento:

afraid • ashamed • convinced • critical • envious frightened • jealous • proud • scared • suspicious • tired

>   *They may feel jealous (of your success).*
>   *I was terrified (of her).*

- São usados sozinhos ou seguidos de *of* para especificar a pessoa que detém a qualidade:

O ADJETIVO

> brave • careless • clever • generous • good • intelligent
> kind • nice • polite • sensible • silly • stupid
> thoughtful • unkind • unreasonable • wrong

That was clever (of you)!
I turned the job down, which was stupid (of me).

- São usados sozinhos ou seguidos de **to** aqueles que geralmente se referem a:

> semelhança: **close • equal • identical • related • similar**
> matrimônio: **engaged • married**
> lealdade: **devoted • loyal**
> classificação: **junior • senior**

My problems are very similar (to yours).
He was dedicated (to his job).

- São usados sozinhos ou seguidos de **with** para especificar a causa do sentimento:

> **bored • content • displeased • impatient
> pleased • satisfied**

I could never be bored (with football).
He was pleased (with her).

- São usados sozinhos ou com **for** para especificar a coisa ou a pessoa a que se refere a qualidade:

> **common • difficult • easy • essential • important
> necessary • possible • unnecessary • unusual • usual**

It's difficult for young people on their own.
It was unusual for them to go away at the weekend.

2.5 Alguns adjetivos podem ser usados sozinhos ou com preposições diferentes.

- São usados sozinhos, ou com sujeito impessoal + **of** + o sujeito da ação, ou ainda com sujeito pessoal + **to** + o objeto da ação:

> **cruel • friendly • generous • good • kind • mean • nasty
> nice • polite • rude • unfriendly • unkind**

He is very rude.
It was rude of him to leave so suddenly.
She was rude to him for no reason.

- São usados sozinhos ou com **about** para especificar uma coisa ou **with** para especificar uma pessoa:

> **angry • annoyed • delighted • disappointed
> fed up • furious • happy • upset**

They looked very angry.
She was still angry about the result.
I'm very angry with you.

2.6 Alguns adjetivos que caracterizam medidas são colocados depois do substantivo de medida:

> deep • high • long • old • tall • thick • wide

He was about six feet tall.
Ele media seis pés (de altura).
The water was several metres deep.
A água tinha vários metros de profundidade.
The baby is nine months old.
O bebê tem nove meses (de idade).

⚠ Note que não se usa *heavy* para falar de peso, mas *in weight*:

This parcel is two kilos in weight.
Esta encomenda pesa dois kilos.

2.7 Quando são usados mais de um adjetivo diante de um substantivo, é colocado primeiro aquele que dá uma opinião própria e em seguida aquele que descreve algo.

Geralmente usa-se *and* entre adjetivos somente quando vão depois de um verbo de ligação:

You live in a nice big house.
Você mora em uma casa grande e legal.
She was wearing a beautiful pink suit.
Ela vestia um lindo traje rosa.
He's tall and slim.
Ele é alto e magro.

2.8 Quando há dois ou mais adjetivos que dão uma opinião própria, o que tem um significado mais geral é colocado primeiro:

I sat in a lovely comfortable armchair in the corner.
Sentei em uma poltrona confortável no canto.
He had a nice cold beer.
Ele bebeu uma cerveja gelada.

2.9 Quando há dois ou mais adjetivos que descrevam características, são colocados na seguinte ordem:

tamanho + forma + idade + cor + nacionalidade + material

We met some young Chinese girls.
Conhecemos umas jovens chinesas.
There was a large round wooden table in the room.
Havia uma grande mesa redonda de madeira no quarto.

O ADJETIVO

2.10 Quando são usadas as formas comparativas de um adjetivo (→2.17–25), são colocadas antes dos demais adjetivos:

> *Some of the best English actors have gone to live in Hollywood.*
> Alguns dos melhores atores ingleses foram viver em Hollywood.
> *These are the highest monthly figures on record.*
> Estas são as cifras mensais mais altas já registradas.

2.11 Quando se usa um substantivo seguido de outro (→1.12), qualquer dos adjetivos é colocado sempre antes do primeiro substantivo, nunca entre os dois:

> *He works in the French film industry.*
> Ele trabalha na indústria cinematográfica francesa.
> *He receives a large weekly cash payment.*
> Ele recebe um grande salário semanal em espécie.

2.12 As partículas interrogativas podem ser usadas para fazer perguntas (→3.55). Os pronomes **who**, **which**, **when**, **where** e **why** podem ser usados também para formar orações subordinadas que funcionam como adjetivo dentro da oração principal especificando as características do substantivo:

> *The woman who lives next door is very friendly.*
> *The car which I wanted to buy was not for sale.*

2.13 Usa-se **who** ao falar de pessoas e **which** ao falar de coisas. Geralmente, é possível usar **that** no lugar de ambos:

> *He was the man who bought my house.*
> *He was the man that bought my house.*
> *There was ice cream which Aunt Jen had made herself.*
> *There was ice cream that Aunt Jen had made herself.*

2.14 Diferentemente do português, se há uma preposição na frase, ela é colocada no final de toda a oração que modifica o substantivo:

> *The house that we lived in was huge.*

Ao contrário do português, **who**, **which** e **that** podem ser omitidos da oração, mas somente quando não funcionam como sujeito:

> *The woman who lives next door is very friendly.*
> *The car I wanted to buy was not for sale.*
> *The house we lived in was huge.*

2.15 **Whose** é o possessivo de **who** e é usado com o significado de "cujo, cuja, cujos, cujas":

> *We have only told the people whose work is relevant to this project.*

2.16 Após palavras que tratam de tempo, usa-se **when**. Após palavras que tratam de lugares, usa-se **where**. Após razões, usa-se **why**:

> *This is the year when profits should increase.*
> *He showed me the place where they worked.*
> *There are several reasons why we can't do that.*

O ADJETIVO

2.17 Comparações

O comparativo *more* pode acompanhar substantivos incontáveis, contáveis (no plural) e também adjetivos e advérbios de mais de duas sílabas e a maioria dos de duas:

His visit might do more harm than good.
Sua visita pode causar mais dano que benefício.
He does more hours than I do.
Ele faz mais horas que eu.
Be more careful next time.
Tenha mais cuidado da próxima vez.

2.18
Os adjetivos e advérbios de uma sílaba ou de duas sílabas que acabam em consoante + *-y* recebem a terminação *-er*. Note que podem ocorrer mudanças ortográficas quando uma terminação é acrescentada (→6.2):

> angry • busy • dirty • easy • friendly
> funny • heavy • lucky • silly • tiny

They worked harder.
Eles trabalharam muito mais.
It couldn't be easier.
Não poderia ser mais fácil.

Alguns adjetivos de duas sílabas usados com frequência podem seguir qualquer dos dois procedimentos:

> common • cruel • gentle • handsome • likely
> narrow • pleasant • polite • simple • stupid

2.19
Para comparar substantivos contáveis no singular, é necessário usar *a/an* antes do substantivo:

My sister is more of an artist than me.
Minha irmã é mais artista que eu.

2.20
Usa-se *less* com substantivos incontáveis e com adjetivos e advérbios em geral. Com substantivos contáveis, usa-se *fewer*:

This machinery uses less energy.
Este maquinário usa menos energia.
There are fewer trees here.
Há menos árvores aqui.
They were less fortunate than us.
Tiveram menos sorte que nós.
We see him less often than we used to.
Nós o vemos com menos frequência que costumávamos.

2.21
Note que há duas construções comparativas que não são usadas em português:

The smaller a parcel is, the cheaper it is to send.
Quanto menor a encomenda, mais barato seu envio.

O ADJETIVO

It's getting harder and harder to find a job.
Está se tornando cada vez mais difícil encontrar um trabalho.

2.22 *As... (as...)* é usado com o significado de "tão/tanto(s)... (quanto...)" com adjetivos, advérbios e grupos verbais. Com substantivos, é usado seguido de *much/many*:

You're as bad as your sister.
Você é tão má quanto sua irmã.
He doesn't get as many calls as I do.
Ele não recebe tantas chamadas quanto eu.

2.23 *Most* e a terminação *-est* são usados com o significado de "o/a mais, mais..." nos mesmos casos que *more* e a terminação *-er*, respectivamente. Alguns adjetivos e advérbios de uso frequente têm formas irregulares:

good/well → better → best
bad/badly → worse → worst
far → farther/further → farthest/furthest

Tokyo is Japan's largest city.
Tóquio é a maior cidade do Japão.
He was the most interesting person there.
Ele era a pessoa mais interessante dos que estavam lá.
She sat near the furthest window.
Ela sentou perto da janela mais distante.

2.24 Pode-se usar *most* sem estabelecer uma comparação, em cujo caso não se usa *the*:

This book is most interesting.
Este livro é interessantíssimo.
This book is the most interesting.
Este livro é o mais interessante.

2.25 *So... (that...)* pode ser usado para fazer uma comparação, o que nem sempre acontece necessariamente. Pode acompanhar um adjetivo, advérbio ou grupo nominal precedido de *many/much/few/little* (→1.52):

Science is changing so rapidly (that it's difficult to keep up to date).
A ciência está mudando tão rapidamente (que é difícil manter-se em dia).
I want to do so many different things.
Quero fazer tantas coisas diferentes.

2.26 Usa-se *such a...* precedendo um substantivo no singular. Em plural, usa-se sem *a (such...)*. Se o substantivo leva um adjetivo, *such* é colocado antes deste:

There was such a noise we couldn't hear.
Havia ruído tal que não conseguíamos ouvir.
They said such nasty things about you.
Disseram coisas tão desagradáveis sobre você.

3 O verbo e o sintagma verbal

3.1 Em inglês, são usadas bem menos flexões que em português para se referir à pessoa ou ao tempo verbal, indicados respectivamente pelo uso obrigatório dos pronomes e dos verbos auxiliares ou modais:

> *We wanted to know what happened.*
> *Did she phone you?*
> *We will see how simple a language can be.*
> *I might not go.*

Exceto no caso do imperativo, em inglês é necessário incluir sempre uma palavra ou um grupo de palavras que faça o papel de sujeito (→3.28–29).

3.2 Para formar os tempos verbais que não sejam o presente simples ou o passado simples na forma afirmativa (→3.8), a forma afirmativa do imperativo (→3.28-29) ou as formas não pessoais de infinitivo (→3.49), gerúndio (→3.45–48) ou particípio (→3.3), é necessário combinar o verbo principal com uma forma de um verbo auxiliar (→3.6), que indica o tempo ou se a voz é ativa ou passiva:

> *I have seen it before.*
> *Had you heard about it?*
> *It could not be done.*
> *They have been robbed.*

3.3 Os verbos aos quais se pode acrescentar a terminação *-ed*, que são a maioria, chamam-se verbos regulares. Há certos verbos que têm uma ou duas formas diferentes em vez desta terminação; são os chamados verbos irregulares.

Os verbos regulares têm quatro formas:

a) a forma base, que é aquela mencionada, por exemplo, em um dicionário, e que é usada para quase todas as pessoas no presente (→3.8-9), com os verbos modais (→3.12–27) e na construção *to...* (→3.49)
b) a forma com *-s*, que é usada somente no presente quando o sujeito está na terceira pessoa do singular.
c) a forma de gerúndio *-ing*
d) a forma de particípio *-ed*

Note que as eventuais mudanças ortográficas produzidas com o acréscimo de terminação (→6.1–2) não fazem com que os verbos sejam irregulares:

> ask • asks • asking • asked
> try • tries • trying • tried
> reach • reaches • reaching • reached
> dance • dances • dancing • danced
> dip • dips • dipping • dipped

O VERBO E O SINTAGMA VERBAL

3.4 Os verbos irregulares podem ter três, quatro ou cinco formas diferentes, pois podem ter uma forma diferente para o passado e às vezes outra para o particípio. Todas essas formas aparecem na parte inglês-português do dicionário depois da forma base:

> cost • costs • costing • cost • cost
> think • thinks • thinking • thought • thought
> swim • swims • swimming • swam • swum

3.5 O verbo principal pode ser precedido de:

- um ou dois verbos auxiliares

    I had met him in Zermatt.
    Eu o havia conhecido em Zermatt.
    The car was being repaired.
    Estavam consertando o carro.

- um verbo modal

    You can go now.
    Agora você pode ir.
    I would like to ask you a question.
    Queria lhe fazer uma pergunta.

- um verbo modal e um ou dois auxiliares

    I could have spent the whole year on it.
    Podia ter passado o ano todo assim.
    She would have been delighted to see you.
    Ela teria ficado encantada em vê-la.

3.6 Os verbos auxiliares: *be*, *have*, *do*

Em inglês, há três verbos auxiliares: *be*, *have* e *do*.

	be	have	do
presente	*am/is/are*	*have/has*	*do/does*
-ing	*being*	*having*	*doing*
passado	*was/were*	*had*	*did*
particípio	*been*	*had*	*done*

Como verbo auxiliar, *be* pode ser acompanhado de:

- um verbo com a forma *-ing* para formar os tempos contínuos (→ 3.7):

    He is living in Germany.
    Ele está morando na Alemanha.
    They were going to phone you.
    Iam ligar para você.

O VERBO E O SINTAGMA VERBAL

- um particípio para formar a voz passiva (→3.39–41):

    These cars are made in Japan.
    Estes carros são fabricados no Japão.
    The walls of her house were covered with posters.
    As paredes de sua casa eram cobertas de pôsteres.

Have é usado como verbo auxiliar com um particípio para formar os tempos perfeitos (→3.9–10):

   I have changed my mind.
   Mudei de ideia.
   I wish you had met Guy.
   Queria que você tivesse conhecido Guy.

Have e *be* são usados juntos para formar o presente perfeito contínuo (→3.7), o passado perfeito contínuo (→3.7) e os tempos perfeitos na voz passiva (→3.39-41):

   He has been working very hard recently.
   Ele tem trabalhado bastante ultimamente.
   The guest-room window has been repaired.
   A janela do quarto de hóspedes foi consertada.

Do é empregado como auxiliar para:

- a forma negativa ou interrogativa dos verbos no presente simples (→3.9) e no passado simples (→3.10)

    He doesn't think he can come to the party.
    Ele acha que não poderá vir à festa.
    Do you like her new haircut?
    Você gostou do novo corte de cabelo dela?
    She didn't buy the house.
    Ela não comprou a casa.

- enfatizar o verbo (somente em frases afirmativas):

    People do in fact make mistakes.
    Na verdade, as pessoas cometem erros, sim.

3.7 Os tempos contínuos

Os tempos contínuos são os seguintes:

- presente contínuo = presente do verbo *be* + *-ing*

    They're (= They are) having a meeting.

- futuro contínuo = *will* + *be* + *-ing*:

    She'll (= She will) be leaving tomorrow.

- passado contínuo = passado de *be* + *-ing*:

    The train was going very fast.

O VERBO E O SINTAGMA VERBAL

- presente perfeito contínuo = presente de *have* + *been* + *-ing*:

    I've (= I have) been living here since last year.

- passado perfeito contínuo = passado de *have* + *been* + *-ing*:

    I'd (= I had) been walking for hours when I saw the road.

Os tempos contínuos são usados para:

- indicar que uma ação se desenrola sem interrupção antes e depois de um dado momento:

    I'm looking at the photographs my brother sent me.
    Estou vendo as fotografias que meu irmão me mandou.

- indicar que uma ação se desenrola antes e depois de outra ação que interrompe aquela:

    The phone always rings when I'm taking a bath.
    O telefone sempre toca quando estou no banho.
    He was watching television when the doorbell rang.
    Ele estava vendo televisão quando a campainha tocou.

- explicar a duração da ação:

    We had been living in Athens for five years.
    Estávamos morando em Atenas por cinco anos.
    They'll be staying with us for a couple of weeks.
    Ficarão conosco por algumas semanas.

- descrever um estado ou situação temporal:

    I'm living in San Diego at the moment.
    Atualmente estou morando em São Diego.
    He was working at home at the time.
    Ele estava trabalhando em casa naquela hora.
    She's been spending the summer in Europe.
    Ela está passando o verão na Europa.

- indicar que algo está ocorrendo ou que uma ação está se desenrolando:

    The children are growing quickly.
    Os meninos estão crescendo muito rapidamente.
    Her English was improving.
    Seu inglês estava melhorando.

⚠ Os verbos de percepção geralmente são usados mais com o modal *can* do que com a forma contínua:

   I can smell gas.
   Estou sentindo cheiro de gás.

3.8 Os tempos simples

Os tempos simples são assim chamados porque são os únicos usados sem um verbo auxiliar na forma afirmativa. O verbo é colocado logo depois do

O VERBO E O SINTAGMA VERBAL

sujeito, exceto quando determinados advérbios se intercalam entre o sujeito e o verbo (→4.3):

> *I live in San Francisco.*
> *George comes every Monday.*
> *I lived in Los Angeles.*
> *George came every Tuesday.*

Os tempos simples são os seguintes:

- presente simples = a forma base do verbo (+ **-s** para *He/She/It*):

    > *I live just outside London.*
    > *He likes Australia.*

- passado simples (ou pretérito perfeito simples) = a forma base + **-ed** para os verbos regulares:

    > *I liked her a lot.*

- e o passado simples, no caso dos verbos irregulares:

    > *I bought six CDs.*

⚠ Com a negação **not** e em perguntas, é usado o auxiliar **do** (ou **does**).

> *I don't live in Birmingham.*
> *George doesn't come every Friday.*
> *Do you live near here?*
> *Does your husband do most of the cooking?*
> *George didn't come every Thursday.*
> *Did you see him?*

3.9 Os tempos de presente são:

- o presente simples, o presente contínuo, o presente perfeito e o presente perfeito contínuo.

O presente perfeito (ou pretérito perfeito composto) é formado com o presente de **have** + **-ed**:

> *She's (= She has) often climbed that tree.*
> *I've (= I have) lost my passport.*

O presente simples é usado para:

- falar do presente em geral ou de uma ação habitual ou que acontece com regularidade:

    > *George lives in Birmingham.*
    > *Do you eat meat?*

- afirmar uma verdade universal:

    > *Water boils at 100 degrees centigrade.*

O VERBO E O SINTAGMA VERBAL

- referir-se ao futuro quando se fala de algo que está programado ou que se espera que ocorra no futuro:

    The next train leaves at two fifteen in the morning.
    It's Tuesday tomorrow.

O presente contínuo é usado para:

- referir-se a algo que está ocorrendo agora mesmo:

    I'm cooking dinner.
    Estou fazendo o jantar.

- indicar uma situação temporal:

    She's living in a hotel at present.
    Atualmente ela vive em um hotel.

- falar de algo já programado que vai ocorrer. Neste caso, é quase sempre acompanhado de expressões de tempo como **tomorrow**, **next week** ou **later**:

    The Browns are having a party next week.
    Os Browns farão uma festa na semana que vem.

O presente perfeito é usado para:

- assinalar as repercussões que algo que ocorreu no passado tem no presente:

    I'm afraid I've forgotten my book.
    Que pena, mas esqueci o livro.
    Have you heard from Jill recently?
    Você teve notícias de Jill ultimamente?
    Karen has just phoned you.
    Karen acabou de ligar para você.

- falar de um período que começou no passado e que se prolonga até o presente:

    Have you really lived here for ten years?
    Você mora mesmo aqui há dez anos?
    He has worked here since 2007.
    Ele trabalha aqui desde 2007.

- referir-se a um momento futuro na oração subordinada de tempo:

    Tell me when you have finished.
    Avise-me quando terminar.
    I'll write to you as soon as I have heard from Jenny.
    Escreverei para você assim que souber de Jenny.

3.10 Os tempos do passado são:

- o passado simples, o passado contínuo, o passado perfeito e o passado perfeito contínuo.

O VERBO E O SINTAGMA VERBAL

O passado perfeito (ou mais-que-perfeito) é formado com o passado de *have* + particípio passado:

> *He had lived in the same village all his life.*
> *I had forgotten my book.*

O passado simples é usado para:

- referir-se a um evento que ocorreu no passado:

    > *I woke up early and got out of bed.*
    > Acordei cedo e me levantei da cama.

- falar de uma situação que durou certo período no passado:

    > *She lived just outside Los Angeles.*
    > Ela vivia (ou viveu) nos arredores de Los Angeles.

- referir-se a algo que costumava ocorrer no passado:

    > *We usually spent the winter at Aunt Meg's house.*
    > Costumávamos passar (ou passávamos) o inverno na casa de tia Meg.

O passado contínuo é usado para:

- falar de algo que continuou ocorrendo antes e depois de um dado momento no passado:

    > *They were sitting in the kitchen when they heard the explosion.*
    > Eles estavam sentados na cozinha quando ouviram a explosão.

- referir-se a uma situação temporal:

    > *Bill was using my office until I came back from Buenos Aires.*
    > Bill usou meu escritório até eu voltar de Buenos Aires.

O passado perfeito é usado:

- quando nos referimos a um tempo anterior a um determinado momento do passado:

    > *I apologized because I had forgotten my book.*
    > Pedi desculpas porque tinha esquecido o livro.

- se falamos de um período de tempo que começou em um momento anterior do passado e que se prolongou durante um tempo, usamos a forma contínua:

    > *I was about twenty. I had been studying French for a couple of years.*
    > Eu tinha uns vinte anos. Vinha estudando francês havia uns anos.

Nessas duas orações, a segunda é mais formal ou menos direta. Às vezes, um tempo do passado é preferível a um do presente quando se quer ser mais educado:

> *Do you want to see me now?* ou *Did you want to see me now?*
> *I wonder if you can help me.* ou *I was wondering if you could help me.*

O VERBO E O SINTAGMA VERBAL

3.11 O uso dos tempos com *for*, *since*, *ago*

Com ***ago***, o verbo da frase principal fica sempre no passado simples:
> **We moved into this house five years ago.**
> Nós nos mudamos para esta casa há cinco anos.

Com ***for***, o verbo da oração principal pode ficar:

- no passado, se a ação ocorre inteiramente no passado:
   > **We lived in China for two years.**
   > Vivemos na China por dois anos.

- no presente perfeito, e geralmente na forma contínua, para indicar que a ação começou no passado e se prolonga no presente:
   > **We have been living here for five years.**
   > Estamos morando aqui há cinco anos.
   > **I have been a member of the swimming club for many years.**
   > Sou membro do clube de natação há muitos anos.

- no passado perfeito ou no passado perfeito contínuo, quando se fala de duas ações que ocorreram no passado:
   > **We had been working** ou **We had worked there for nine months when the company closed.**
   > Vínhamos trabalhando ali havia nove meses quando a empresa fechou.

- no futuro:
   > **We will be in Japan for two weeks.**
   > Estaremos no Japão por duas semanas.
   > **I'll be staying with you for a month.**
   > Ficarei na sua casa por um mês.

Com ***since***, o verbo da oração principal pode estar:

- no presente perfeito, e geralmente na forma contínua, para indicar que a ação começou no passado e se prolonga no presente:
   > **We have been living here since 2005.**
   > Estamos morando aqui desde 2005.
   > **I've been in politics since I was at university.**
   > Dedico-me à política desde que estava na universidade.

- no passado perfeito ou no passado perfeito contínuo, quando se faz referência a duas ações ou situações que ocorreram no passado:
   > **I had not seen him since Christmas.**
   > Não o tinha visto desde o Natal.
   > **He hadn't cried since he was ten.**
   > Ele não havia chorado desde os dez anos de idade.

3.12 Os verbos modais são:

will, **shall**, **would**, **can**, **could**, **may**, **might**, **must**, **should**, **ought to**

O VERBO E O SINTAGMA VERBAL

Têm uma única forma e, à exceção de *ought*, são usados com o infinitivo sem *to*.

3.13 Nunca se podem usar dois modais juntos nem podem ser precedidos de um verbo auxiliar. Por exemplo, não se pode dizer **He will can come**. Em vez disso, deve-se dizer **He will be able to come**, usando uma expressão com significado idêntico ao do modal.

3.14 *Will* é um verbo modal que na maioria das vezes é usado para falar do futuro:

> **The weather will be warm and sunny tomorrow.**
> *Amanhã o tempo estará quente e ensolarado.*
> **I'm tired. I think I'll go to bed.**
> *Estou cansado. Acho que vou dormir.*
> **Don't be late. I'll be waiting for you.**
> *Não se atrase. Estarei esperando você.*
> **By the time we arrive, he'll already have left.**
> *Na hora em que chegarmos, ele já terá ido embora.*

3.15 Ao falar de intenções próprias, usa-se *will* ou *be going to*:

> **I'll ring you tonight.**
> **I'm going to stay at home today.**

Ao falar do que outra pessoa decidiu fazer, usa-se *be going to*:

> **They're going to have a party.**

⚠ Note que normalmente não se usa *going to* com o verbo *go*. Geralmente prefere-se dizer **I'm going** em vez de **I'm going to go**:

> **'What are you going to do this weekend?' — 'I'm going to the cinema'.**

3.16 Também se usa *will* para solicitar algo ou fazer um convite:

> **Will you do me a favour?**
> *Você quer me fazer um favor?*
> **Will you come to my party on Saturday?**
> *Você vem à minha festa no sábado?*

3.17 Usa-se *shall* somente com *I* e *we*, principalmente na forma interrogativa para fazer uma sugestão a outra pessoa:

> **Shall we go to the theatre?**
> *Vamos ao teatro?*
> **Shall I shut the door?**
> *Fecho a porta?/Quer que eu feche a porta?*

3.18 No inglês falado, usa-se *would* com *you* para fazer um convite a alguém ou pedir de maneira educada que faça algo:

> **Would you tell her Adrian phoned?**
> *Você poderia dizer-lhe que Adrian ligou?*
> **I'd like you to finish this work by Thursday.**
> *Gostaria que você terminasse este trabalho até a quinta-feira.*

O VERBO E O SINTAGMA VERBAL

Would you mind doing the dishes?
Você se importaria de lavar os pratos?
Would you like a drink?
Gostaria de beber um drinque?

3.19 Usa-se *would* com verbos como *like* para solicitar um serviço, falar do que alguém gostaria e para aceitar algo que tenha sido oferecido:

We'd like seats in the non-smoking section, please.
Gostaríamos de sentar na zona de não fumantes, por favor.
I wouldn't like to see anything so disgusting.
Não gostaria de ver algo tão desagradável.
I wouldn't mind a cup of tea.
Eu tomaria um chá.

Quando vem seguido de *rather* ou *sooner* mais a forma base de um verbo (→ 3.3), é usado para falar de preferências:

He'd rather be playing golf.
Ele preferiria estar jogando golfe.
I'd sooner walk than take the bus.
Prefiro ir andando a tomar o ônibus.

3.20 can, could, be able to

Can é usado para dizer que algo pode ser ou acontecer:

Cooking can be a real pleasure.
Cozinhar pode ser um verdadeiro prazer.

Usa-se *could* para dizer que algo poderia ter sido ou acontecido:

You could have gone to Chicago.
Você poderia ter ido a Chicago.
If I'd been there, I could have helped you.
Se eu estivesse lá, poderia ter ajudado.

Can e *could* são usados para falar da capacidade de fazer algo:

Anybody can become a qualified teacher.
Qualquer um pode se tornar um professor qualificado.
He could run faster than anybody else.
Ele podia correr mais rápido que qualquer outro.
She couldn't have taken the car, because Jim was using it.
Ela não poderia ter levado o carro porque Jim o estava usando.

Também são usados para dizer que alguém sabe ou sabia fazer algo, pois aprendeu e pode fazer:

He can't dance.
Ele não sabe dançar.
A lot of them couldn't read or write.
Muitos deles não sabiam ler nem escrever.

O VERBO E O SINTAGMA VERBAL

3.21 Para expressar estes significados com formas verbais que não permitem o uso de *can*, são usadas formas da expressão equivalente *be able to*:

> *Nobody else will be able to read it.*
> Ninguém mais conseguirá lê-lo.
> *... the satisfaction of being able to do the job.*
> ... a satisfação de conseguir fazer o trabalho.
> *Everyone used to be able to have free eye tests.*
> Todo mundo costumava poder fazer exames de visão gratuitos.

Esta expressão também pode ser usada em formas que permitem o emprego de *can* ou *could*, para descrever quando alguém é capaz de fazer algo:

> *She was able to tie her own shoelaces.*
> Ela era capaz de amarrar os próprios cadarços.
> *She could tie her own shoelaces.*
> Ela conseguia amarrar os próprios cadarços.

3.22 *Can* e *could* são usados no inglês falado para pedir algo de uma maneira educada ou para alguém se oferecer para fazer algo:

> *Can I help you with the dishes?*
> Posso ajudar com os pratos?
> *We could go to the cinema on Friday.*
> Poderíamos ir ao cinema na sexta-feira.
> *Could you do me a favour?*
> Você poderia me fazer um favor?

3.23 *Can*, *could*, *may* ou *be allowed to* são usados para pedir permissão.

A construção com *may* é a mais formal:

> *Can I ask a question?*
> Posso fazer uma pergunta?
> *Could I just interrupt a minute?*
> Poderia interromper um minuto?
> *May I have a cigarette?*
> Você poderia me dar um cigarro?

Somente *can* e *may* são usados para dar permissão:

> *You can borrow that pen if you want to.*
> Você pode tomar essa caneta emprestada se quiser.
> *You may leave as soon as you have finished.*
> Você pode sair assim que tiver terminado.

Para expressar permissão, também é possível usar *be allowed to*, mas não quando é a própria pessoa que pede ou dá a permissão:

> *It was only after several months that I was allowed to visit her.*
> Somente depois de vários meses é que eu consegui visitá-la.
> *Teachers will be allowed to decide for themselves.*
> Os professores terão permissão de decidir por si mesmos.

O VERBO E O SINTAGMA VERBAL

3.24 *May* e *might* são usados para dizer que existe a possibilidade de que algo aconteça ou tenha acontecido:

> *He might come.*
> Pode ser que ele venha.
> *You may have noticed this advertisement.*
> Pode ser que você tenha notado este anúncio.

3.25 *Must* e *have to*.

Para dizer que algo deve ser feito, que algo deve acontecer ou que algo deve ser como é, usa-se *must*:

> *The plants must have plenty of sunshine.*
> As plantas devem receber bastante sol.
> *You must come to the meeting.*
> Você tem que vir à reunião.

3.26 Quando uma pessoa está falando de outras, deve usar *must* para emitir sua própria opinião; se essa afirmação não tem a ver com sua opinião pessoal, deve-se usar *have to*:

> *They have to pay the bill by Thursday.* (porque têm uma dívida)
> *They must pay the bill by Thursday.* (porque têm uma dívida comigo)
> *She has to go now.* (porque tem coisas a fazer)
> *She must go now.* (porque é a minha opinião)

3.27 *Should* e *ought to* são sinônimos e têm os mesmos significados que "deveria" em português:

> *We should send her a postcard.*
> Deveríamos enviar-lhe um postal.
> *We ought to have stayed in tonight.*
> Deveríamos ter ficado em casa esta noite.
> *You ought not to see him again.*
> Você não deveria voltar a vê-lo.

Quando *ought* é usado em uma oração negativa em inglês americano, não há necessidade de usar ‹to› em seguida:

> *We ought not forget that others are listening to us.*
> Não devemos esquecer que outros estão nos escutando.

3.28 Imperativos

A forma afirmativa do imperativo é a mesma que a forma base de um verbo, não sendo precedida de um pronome:

> *Come to my place.*
> *Start when you hear the bell.*
> *Sit down and let me get you a drink.*
> *Be careful!*

A forma negativa é formada com o auxiliar *do*:

Do not/Don't/Never + forma BASE
> *Do not write in this book.*
> *Don't go so fast.*
> *Never open the front door to strangers.*

Em inglês, o imperativo é usado com pessoas bem conhecidas ou em situações de perigo ou urgência. Nas várias outras ocasiões, é preferível o uso de verbos modais (→3.18–19) ou as construções com *let*, que convertem a ordem em um pedido educado:

> *Would you mind waiting a moment?*

3.29 **Let** + grupo nominal + forma BASE

A forma de imperativo com *let* é usada para pedir permissão a outra pessoa para fazer algo. Quando a pessoa é a mesma que faz o pedido, é uma maneira de se oferecer para fazer algo por alguém:

> *Let Philip have a look at it.*
> *Let them go to bed late.*
> *Let me take your coat.*

A forma negativa é formada com o auxiliar *do*:

Don't + **let** + grupo nominal + forma BASE
> *Don't let me make you late for your appointment.*

A forma com *let* é usada com *us* quando se aplica a nós, ou seja, quando o falante também se inclui. A forma contraída *let's* é mais frequente – a forma *let us* é usada somente no inglês culto ou escrito. A forma negativa é *let's not* ou *don't let's*:

> *Let's go outside.*
> *Let us consider a very simple example.*
> *Let's not/Don't let's talk about that.*

3.30 **Verbos com dois objetos**

Alguns verbos levam dois objetos. Nesse caso, o objeto que indica a pessoa pode ser colocado imediatamente depois da forma verbal, ou depois do outro objeto, em cujo caso usa-se *for* ou *to*:

> *They booked me a place.* ou *They booked a place for me.*
> *I had given my cousin books on India.* ou *I had given books on India to my cousin.*

Se for um pronome ou qualquer outro tipo de grupo nominal (→1.11) de uma ou duas palavras (como um substantivo com *the*), o objeto que indica a pessoa é colocado antes do outro objeto:

> *Dad gave me a car.*
> *You promised the lad a job.*

O VERBO E O SINTAGMA VERBAL

Se o grupo nominal que funciona como objeto de pessoa for composto de várias palavras, geralmente é colocado depois do outro objeto:

> She taught physics to pupils at the local school.

3.31 Usa-se um pronome reflexivo (→1.22) quando se quer indicar que o objeto é a mesma coisa ou pessoa que o sujeito do verbo na mesma oração:

> **Ann poured herself a drink.**
> **The men formed themselves into a line.**
> **Here's the money, go and buy yourself an ice cream.**

3.32 ⚠ Diferentemente do que acontece em português, verbos como **dress**, **shave** e **wash**, que descrevem ações que as pessoas praticam a si mesmas, normalmente não recebem pronomes reflexivos em inglês. Com esses verbos, os pronomes reflexivos têm apenas um caráter enfático:

> **I usually shave before breakfast.**
> *Geralmente me barbeio antes do café da manhã.*
> **He prefers to shave himself, even with that broken arm.**
> *Ele prefere ele mesmo se barbear, mesmo com o braço quebrado.*

Cuidado: usa-se o possessivo, e não um pronome reflexivo, quando se fala de partes do corpo:

> **I hurt my foot on the bike.**
> *Machuquei o pé com a bicicleta.*
> **He cut his nails before going out.**
> *Ele cortou as unhas antes de sair.*

3.33 Quando se quer enfatizar que duas ou várias pessoas ou grupos de pessoas estão implicados da mesma maneira, podem-se usar os pronomes **each other** ou **one another**, "um ao outro/uma à outra/uns aos outros...", como o objeto do verbo. **Each other** ou **one another** geralmente são usados com verbos que se referem a ações em que há contato físico entre pessoas, como **cuddle**, **embrace**, **fight**, **hug**, **kiss**, **touch** etc:

> **We embraced each other.**
> **They fought one another for it.**
> **It was the first time they had touched one another.**

3.34 Alguns verbos são seguidos de um sintagma nominal com preposição (→3.37–38), de modo que outra preposição é usada antes de **each other** ou **one another**:

> **They parted from each other after only two weeks.**
> **We talk to one another as often as possible.**

3.35 Alguns verbos podem ser usados com objeto para mencionar tanto a pessoa que realiza a ação como a coisa que se vê afetada, ou sem objeto para mencionar somente a coisa afetada. Nesse caso, a coisa afetada tem função de sujeito:

I broke the glass.
The glass broke all over the floor.
I've boiled an egg.
The rice is boiling.

Cuidado: note que, em português, muitos desses verbos são usados de forma reflexiva quando a pessoa não é mencionada. Outras vezes, um verbo em inglês que admite as duas construções tem dois equivalentes distintos em português:

When I opened the door, there was Laverne.
Ao abrir a porta, me deparei com Laverne.
Suddenly the door opened.
A porta se abriu de repente.
I'm cooking spaghetti.
Estou fazendo espaguete.
The spaghetti is cooking.
O espaguete está cozinhando.

3.36 Para descrever algumas ações, às vezes são usados verbos que têm pouco significado sozinhos e que tomam como objeto um substantivo que descreve a ação. A construção com verbo e substantivo normalmente permite acrescentar mais informação sobre o objeto, por exemplo usando adjetivos antes do substantivo:

I had a nice rest.
Helen went upstairs to rest.
She made a remark about the weather.
I remarked that it would be better if I came.

Os verbos que aparecem mais frequentemente com esse tipo de construção são **have**, **give**, **make**, **take**, **go** e **do**:

We usually have lunch at one o'clock.
Mr. Sutton gave a shout of triumph.
He made the shortest speech I've ever heard.
He was taking no chances.
Every morning, he goes jogging with Tommy.
He does all the shopping and I do the washing.

3.37 Nos **phrasal verbs**, combina-se um verbo com um advérbio ou uma preposição. O significado do verbo às vezes pode mudar radicalmente:

Turn right at the next corner.
Vire à direita na próxima esquina.
She turned off the radio.
Ela desligou o rádio.
She broke her arm in the accident.
Ela quebrou o braço no acidente.
They broke out of prison on Thursday night.
Eles escaparam da prisão na noite de quinta-feira.

O VERBO E O SINTAGMA VERBAL

3.38 As diferentes composições verbais desse tipo se distribuem em quatro grupos.

Os do primeiro grupo não têm objeto:

> break out • catch on • check up • come in • get by
> give in • go away • grow up • stand down • start up
> stay up • stop off • watch out • wear off

War broke out in September.
You'll have to stay up late tonight.

Os do segundo grupo tomam o objeto depois da composição verbal. Embora pareça ser um grupo nominal com uma preposição, esta é considerada parte do verbo porque lhe confere um significado distinto:

> fall for • bargain for • deal with • look after
> part with • pick on • set about • take after

She looked after her invalid mother.
Peter takes after his father but John is more like me.

Os do terceiro grupo recebem o objeto logo depois do verbo:

> bring around • keep up • knock out

They tried to bring her around.

Alguns verbos pertencem ao segundo e ao terceiro grupo, ou seja, o objeto pode ir depois da composição verbal ou logo depois do verbo:

> fold up • hand over • knock over • point out
> pull down • put away • put up • rub out • sort out
> take up • tear up • throw away • try out

It took ages to clean up the mess.
It took ages to clean the mess up.

No entanto, se o objeto é um pronome, é colocado sempre logo depois do verbo.

There was such a mess. It took ages to clean it up.

Os verbos do quarto grupo recebem um objeto com preposição após a preposição ou o advérbio da composição verbal:

verbo + advérbio/preposição + preposição + objeto.

> come in for • come up against • get on with
> lead up to • look forward to • put up with
> stick up for • walk out on

I'm looking forward to my holiday.
Children have to learn to stick up for themselves.

Uma minoria de verbos tem a forma do quarto grupo e também toma outro objeto logo depois do verbo:

O VERBO E O SINTAGMA VERBAL

verbo + objeto+ preposição/advérbio + preposição + objeto.

> **do out of • put down to • put up to
> take out on • talk out of**

John tried to talk her out of it.

3.39 Quando se deseja chamar a atenção para a pessoa ou coisa afetada pela ação, mais que na pessoa ou coisa que pratica a ação, usam-se as formas verbais na voz passiva. Somente os verbos que geralmente recebem objeto admitem tais construções:

Mr. Smith locks the gate at six o'clock every night.
The gate is locked at six o'clock every night.
The storm destroyed dozens of trees.
Dozens of trees were destroyed.

3.40 Quando se usa a voz passiva, é normal não mencionar a pessoa ou coisa que executa a ação, porque não se sabe ou não se quer dizer (por ser irrelevante) quem ou o que seja. Caso se queira mencionar, este agente vai depois do verbo, precedido pela preposição **by**:

Her boyfriend was shot in the chest.
He was brought up by an aunt.

A estrutura da voz passiva é a seguinte:

(modal+) forma de **be** + particípio

Jobs are still being lost.
What can be done?
We won't be beaten.
He couldn't have been told by Jimmy.

⚠ **Get** às vezes é usado em inglês coloquial no lugar de **be** para formar a passiva:

Our car gets cleaned every weekend.
He got killed in a plane crash.

3.41 No caso de verbos com dois objetos (→ 3.30), qualquer um deles pode ser o sujeito da oração passiva:

The secretary was given the key. ou *The key was given to the secretary.*
The books will be sent to you. ou *You will be sent the books.*

3.42 **Sujeitos impessoais**

O pronome **it** pode ser usado como sujeito de uma oração sem que se refira a algo já mencionado. Este uso impessoal de **it** introduz uma nova informação e é usado em particular para falar de horas ou datas:

It is nearly one o'clock.
It's the sixth of April today.

O VERBO E O SINTAGMA VERBAL

It + verbos que se referem ao estado do tempo:

> *It's still raining.*
> *It was snowing hard.*

Usam-se as construções *it* + forma de *be* + adjetivo (+ substantivo) e *it* + forma de *get* + adjetivo para descrever o estado ou as mudanças de tempo:

> *It's a lovely day.*
> *It was getting cold.*

Usa-se *it* + forma de *be* + adjetivo/grupo nominal para expressar a opinião sobre um lugar, uma situação ou um acontecimento:

> *It was terribly cold outside.*
> *It's fun working for him.*
> *It was a pleasure to be there.*

Usa-se *it* + verbos que expressam sentimentos, como *interest*, *please*, *surprise* ou *upset* + grupo nominal + *that.../to...* para indicar a reação de alguém diante de um feito, uma situação ou um acontecimento:

> *It surprised me that he should want to talk about his work.*
> *It comforted him to know his mother was at home.*

3.43 *There* também pode ser usado como sujeito impessoal de uma oração, tanto quanto um advérbio de lugar (→ 4.1). Após *there*, usa-se uma forma do verbo *be*, *appear to be* ou *seem to be* e um grupo nominal. A forma verbal pode estar contraída:

> *There is work to be done.*
> *There'll be a party tonight.*
> *There appears to be a mistake in the bill.*

3.44 *There is/there are* são usados com uma forma verbal no singular (*is...*, *has...*, *appears...*, *seems...*) se o grupo nominal que segue o verbo (ou o primeiro substantivo, caso haja mais de um) está no singular ou é incontável:

> *There is one point we must add here.*
> *There was a sofa and two chairs.*

Usa-se uma forma verbal no plural se o grupo nominal está no plural e antes de frases como *a number (of)*, *a lot (of)* e *a few (of)*:

> *There were two men in the room.*
> *There were a lot of shoppers in the streets.*

3.45 A forma verbal de gerúndio com *-ing* pode ser usada para formar um adjetivo a partir de um verbo e é colocada logo antes do substantivo:

> *He lives in a charming house just outside the town.*
> *Ele mora em uma casa encantadora nos arredores da cidade.*
> *His novels are always interesting and surprising.*
> *Seus romances são sempre interessantes e surpreendentes.*

Britain is an aging society.
A Grã-Bretanha tem uma sociedade em processo de envelhecimento.
Rising prices are making food very expensive.
O aumento de preço está encarecendo muito a comida.

A forma verbal de gerúndio com *-ing* é usada depois do substantivo para especificar a ação sendo executada em um momento concreto ou em geral:

Most of the people strolling in the park were teenagers.
A maioria das pessoas que passeavam pelo parque era de adolescentes.
The men working there were not very friendly.
Os homens que trabalhavam ali não eram muito simpáticos.

3.46 A forma verbal de gerúndio com *-ing* é usada depois do verbo principal para falar de uma ação quando o sujeito é o mesmo do verbo principal. Também pode ser usada na forma passiva. Outros verbos são seguidos de uma forma de infinitivo *to...*(→3.49), e alguns como *bother*, *try* ou *prefer* admitem as duas construções:

I don't mind telling you.
Não me importo de lhe dizer.
I've just finished reading that book.
Acabei de terminar esse livro.
She carried on reading.
Ela continuou lendo.
I dislike being interrupted.
Não gosto de ser interrompido.
I didn't bother answering./I didn't bother to answer.
Não me preocupei em responder.

3.47 A forma verbal de gerúndio com *-ing* é usada depois de *come* e *go* para indicar uma atividade física ou esportiva:

They both came running out.
Os dois saíram correndo.
Did you say they might go camping?
Você falou que eles poderiam acampar?

3.48 A forma verbal de gerúndio com *-ing* é usada depois de alguns verbos como *catch*, *find*, *imagine*, *leave*, *prevent*, *stop*, *watch* e seu objeto. O objeto do verbo principal é o sujeito da forma *-ing*:

He left them making their calculations.
Eles os deixou fazendo seus cálculos.
I found her waiting for me outside.
Eu a encontrei esperando por mim do lado de fora.

3.49 A forma verbal de infinitivo *to...* é usada depois de alguns verbos para se referir a uma ação quando o sujeito for igual ao do verbo principal. Geralmente equivale ao infinitivo em português:

> *She had agreed to let us use her car.*
> Ela tinha concordado em nos deixar usar seu carro.
> *I have decided not to go out for the evening.*
> Decidi não sair esta noite.
> *England failed to win a place in the finals.*
> A Inglaterra não conseguiu conquistar uma vaga na final.

A forma verbal de infinitivo **to**... é usada depois de alguns verbos e seu objeto ou seu grupo nominal com preposição. O equivalente em português é uma forma de subjuntivo precedida de "que":

> *I asked her to explain.*
> Pedi a ela que desse uma explicação.
> *I waited for him to speak.*
> Esperei que ele falasse.

Cuidado: o verbo **want** é usado com o infinitivo **to**...

> *I want you to help me.*
> Quero que me ajude.

3.50 A forma verbal do particípio pode ser usada da mesma maneira que um adjetivo:

> *A bored student complained to his teacher.*
> *The bird had a broken wing.*
> *The man injured in the accident was taken to hospital.*
> *She was wearing a dress bought in Paris.*

3.51 Perguntas

Diferentemente do português, em inglês, a ordem das palavras muda ao se fazer uma pergunta diretamente, mas não quando se faz de maneira indireta. Note que, nesse segundo caso, são usadas formas verbais simples, e não a forma com verbo auxiliar *do*:

> *What will you talk about?*
> *I'd like to know what you will talk about.*
> *Did you have a good flight?*
> *I asked him if he had had a good flight.*

3.52 Para as perguntas cuja resposta é simplesmente sim ou não, o verbo auxiliar da forma verbal (→ 3.2–3) é colocado no começo, seguido do sujeito e o restante das palavras segue sua ordem habitual. Para responder a uma dessas perguntas, usa-se, após **yes** ou **no**, o auxiliar, o modal ou a forma correspondente de *be* contraída com *not* (→ 3.58), se a resposta for negativa:

> *Is he coming? — Yes, he is./No, he isn't.*
> *Can John swim? — Yes, he can./No, he can't.*
> *Will you have finished by lunchtime? — No, I won't.*
> *Have you finished yet? — Yes, I have./No, I haven't.*
> *Was it lonely without us? — Yes, it was.*

O VERBO E O SINTAGMA VERBAL

Note que os tempos simples levam *do* como verbo auxiliar em perguntas deste tipo:

> *Do you like wine? — Yes, I do/No, I don't.*
> *Did he go to the theatre? — Yes, he did./No, he didn't.*
> *Do you have any questions? — Yes, we do./No, we don't.*

Quando *have* significa "ter", é possível colocá-lo antes do sujeito sem o uso de um verbo auxiliar, embora esta construção seja menos habitual, especialmente no inglês americano:

> *Has he any idea what it's like?*

3.53 No inglês falado, é muito comum perguntar algo com uma frase seguido de uma *question tag* (pergunta curta) ao final para pedir confirmação do que acaba de ser dito. Essa pequena pergunta repete a forma verbal da oração, mas usando unicamente o verbo auxiliar correspondente seguido do sujeito. A *question tag* leva a negação *not* depois do verbo auxiliar se na frase anterior não há nenhuma negação:

> *They don't live here, do they?*
> *You haven't seen it before, have you?*
> *You will stay in touch, won't you?*
> *It is quite warm, isn't it?*

Se a frase for negativa, no entanto, não se usa *not* na *question tag*:

> *It doesn't work, does it?*
> *He wasn't hungry, was he?*
> *They didn't come, did they?*

Também é possível fazer uma pergunta desse tipo mais para expressar surpresa, chateação ou outros sentimentos do que para necessariamente pedir confirmação. Nesse caso, tanto a frase como a pergunta vão na forma afirmativa:

> *You fell on your back, did you?*
> *You're working late again, are you?*

3.54 Para dizer "nem eu, nem você" etc, são usados *neither/nor* seguido do verbo auxiliar e o sujeito ou o sujeito e a negação do verbo auxiliar seguido de *either*:

> *"I don't know where it is." — "Neither do I"/"Nor do I"/"I don't, either."*

Para dizer "eu também, você também" etc, é usado *so* seguido do verbo auxiliar e o sujeito:

> *"I have been working a lot." — "So have all the others."*

3.55 As partículas interrogativas em inglês são:

what • which • when • where • who • whom • whose
why • how • how much • how many • how long

Note que *whom* é usado somente no inglês culto.

O VERBO E O SINTAGMA VERBAL

As partículas interrogativas são sempre a primeira palavra nas perguntas em que são usadas.

Com essas partículas, a ordem do verbo auxiliar com o sujeito fica invertida, como em qualquer pergunta:

> *How many are there?*
> *Which do you like best?*
> *When would you be coming down?*
> *Why did you do it?*
> *Where did you get that from?*
> *Whose idea was it?*

A única exceção se dá quando se está perguntando pelo sujeito do verbo. Nesse caso, segue-se a ordem habitual da oração. Note que nesse caso são usadas formas verbais simples, e não a forma com verbo auxiliar *do*:

> *Who could have done it?*
> *What happened?*
> *Which is the best restaurant?*

3.56 Se houver uma preposição, esta é colocada no final. No entanto, com *whom*, ela é sempre posta antes do pronome:

> *What's this for?*
> *What's the book about?*
> *With whom were you talking?*

3.57 Não tendo somente o significado de "como", *how* também pode acompanhar adjetivos e advérbios, ou *many* e *much*:

> *How old are your children?*
> Que idade têm seus filhos?
> *How long have you lived here?*
> Você mora aqui há quanto tempo?
> *How many were there?*
> Quantos havia?

3.58 Negações

A negação das formas verbais é composta da palavra *not* (contraída ou não) após o primeiro verbo. É preciso tomar cuidado com as formas verbais simples que necessitam de um auxiliar na forma negativa (→ 3.6):

> *They do not need to talk.*
> *I was not smiling.*
> *I haven't been playing football.*

Note que também se usa *do* como auxiliar quando *do* vem como verbo principal:

> *I didn't do it.*

Estas são algumas das contrações mais frequentes:

isn't	haven't	doesn't	mightn't	won't
aren't	hasn't	didn't	mustn't	wouldn't
wasn't	hadn't	—	oughtn't	—
weren't	—	can't	shan't	daren't
—	don't	couldn't	shouldn't	needn't

3.59 Em inglês, não se repetem duas negações como é costume em português, portanto não se usa *not* com os seguintes termos: *no one* • *nobody* • *nothing* • *nowhere* (→1.46) • *none* (→1.43) • *never* (→4.6) • *neither (... nor...)* (→1.59). Caso a partícula *not* seja usada, ou se houver outra negação, os seguintes correspondentes são empregados:

> **anyone • anybody • anything • anywhere**
> **any • ever • either**

There is nothing you can do./There isn't anything you can do.
Não há nada que você possa fazer.
She's never late./She isn't ever late.
Ela nunca se atrasa.
Nobody wanted anything to eat.
Ninguém queria nada de comer.

4 Expressões adverbiais

4.1 As palavras que expressam quando, como, onde ou em que circunstâncias algo acontece são chamadas de advérbios. Essa função também pode ser cumprida por um grupo nominal (→1.11) com ou sem preposição, ou mesmo dois advérbios juntos, e nesse caso são tratados em geral como expressões adverbiais:

> *Sit there quietly, and listen to this music.*
> *Come and see me next week.*
> *The children were playing in the park.*
> *He did not play well enough to win.*

4.2 As expressões adverbiais que respondem às perguntas "como", "onde" ou "quando" (quando se referem a um momento no tempo) são colocadas depois do verbo principal e seu objeto, caso exista:

> *She sang beautifully.*
> *The book was lying on the table.*
> *The car broke down yesterday.*
> *I did learn to play a few tunes very badly.*

Caso se utilizem várias expressões com esses significados, geralmente são colocadas na seguinte ordem: como + onde + quando:

> *She spoke very well at the village hall last night.*

4.3 As expressões adverbiais que indicam com que frequência, probabilidade e imediatismo algo acontece são colocadas logo antes do verbo principal, tanto com formas verbais simples como compostas:

> *She occasionally comes to my house.*
> *You have very probably heard the news by now.*
> *They had already given me the money.*
> *She really enjoyed the party.*

4.4 É possível colocar uma expressão adverbial em uma posição distinta da oração para enfatizá-la:

> *Slowly, he opened his eyes.*
> *In September I travelled to California.*
> *Next to the coffee machine stood a pile of cups.*

Note que depois de expressões de lugar nesta posição, como no último exemplo, o verbo pode ir antes do sujeito.

A expressão adverbial pode ir logo antes do verbo principal, com caráter enfático, se se trata de um advérbio ou dois juntos:

> *He deliberately chose it because it was cheap.*
> *I very much wanted to go with them.*

EXPRESSÕES ADVERBIAIS

É possível mudar a ordem habitual dos advérbios para enfatizar alguma expressão em outra posição:
> *They were sitting in the car quite happily.*
> *At the meeting last night, she spoke very well.*

4.5 *Ago* é um advérbio usado com uma forma verbal no passado para dizer há quanto tempo algo aconteceu. É sempre colocado ao final da expressão:
> *We saw him about a month ago.*
> *John's wife died five years ago.*

Cuidado: note que *ago* não é usado com o presente perfeito. Não se diz *We have gone to Spain two years ago*, mas *We went to Spain two years ago*.

4.6 Advérbios de frequência

Algumas expressões adverbiais nos dizem com que frequência algo acontece:

> a lot • always • ever • frequently • hardly ever
> never • normally • occasionally • often
> rarely • sometimes • usually

> *We often swam in the sea.*
> *She never comes to my parties.*

Outras podem ser usadas para dizer qual a probabilidade de algo acontecer:

> certainly • definitely • maybe • obviously
> perhaps • possibly • probably • really

> *I definitely saw her yesterday.*
> *The driver probably knows the best route.*

4.7 Essas expressões adverbiais são colocadas antes de uma forma simples do verbo e geralmente são intercaladas quando usadas com formas verbais compostas:
> *He sometimes works downstairs in the kitchen.*
> *You are definitely wasting your time.*
> *I have never had such a horrible meal!*
> *I shall never forget this day.*

Note que esses advérbios normalmente se colocam após o verbo principal quando este é *be*:
> *He is always careful with his money.*
> *You are probably right.*

Perhaps geralmente é colocado no começo da oração, ao passo que *a lot* sempre é colocado após o verbo principal:
> *Perhaps the beaches are cleaner in the north.*
> *I go swimming a lot in the summer.*

EXPRESSÕES ADVERBIAIS

4.8 *Ever* geralmente é usado em perguntas, negações ou orações condicionais. Às vezes, pode ser usado em orações afirmativas, por exemplo após um superlativo:

> *Have you ever been to a football match?*
> *Don't ever do that again!*
> *If you ever need anything, just call me.*
> *She is the best dancer I have ever seen.*

⚠ Note que há duas maneiras de dizer "nunca": usando **never** ou combinando **not** e **ever**:

> *Don't ever do that again!*
> *Never do that again!*

4.9 *Still, yet, already*

Still significa "ainda" em orações afirmativas. Coloca-se antes de uma forma simples do verbo; é intercalado nas formas verbais compostas, seguindo o verbo **be**:

> *My family still lives in India.*
> Minha família ainda mora na Índia.
> *You will still get tickets, if you hurry.*
> Você ainda consegue ingressos, se se apressar.
> *We were still waiting for the election results.*
> Ainda esperávamos os resultados eleitorais.
> *His father is still alive.*
> O pai dele ainda está vivo.

Still pode ser usado depois do sujeito e antes da forma verbal em orações negativas para expressar surpresa ou impaciência:

> *You still haven't given us the keys.*
> Você ainda não nos deu as chaves.

⚠ Note que *still* pode ser usado no começo de uma oração com o significado de "ainda assim":

> *Still, he is my brother, so I'll have to help him.*
> Ainda assim, é meu irmão, então tenho que ajudá-lo.

4.10 *Yet* é usado com o significado de "ainda" ao final de uma oração negativa e de "já" ao final de uma pergunta:

> *We haven't got the tickets yet.*
> Ainda não pegamos os ingressos.
> *Have you joined the swimming club yet?*
> Você já se matriculou no clube de natação?

Note que *yet* também pode ser usado no começo de uma oração com o significado de "no entanto":

> *They know they won't win. Yet they keep on trying.*

EXPRESSÕES ADVERBIAIS

4.11 *Any longer* ou *any more* significam "já" em orações negativas e são colocados ao final da oração:

> **I couldn't wait any longer.**
> *Já não conseguia mais esperar.*
> **He's not going to play any more.**
> *Ele não vai mais jogar.*

Already significa "já" em orações afirmativas. Coloca-se antes de uma forma simples do verbo; é intercalado nas formas verbais compostas:

> **I already know her.**
> **I've already seen them.**
> **I am already aware of that problem.**

Também pode ser colocado ao final para ter seu significado enfatizado:

> **I've done it already.**

4.12 Note que, quando usado no começo de uma oração, *really* serve para expressar surpresa, da mesma forma que funciona como um advérbio de modo (→ 4.16) quando vem ao final:

> **Really, I didn't know that!**
> **He wanted it really, but he was too shy to ask.**

4.13 Algumas expressões adverbiais aumentam ou reduzem a intensidade do que é expresso pelo verbo. Esta função é realizada por somente um tipo de palavra, o advérbio:

> **I totally disagree.**
> *Discordo totalmente.*
> **I can nearly reach the top shelf.**
> *Quase alcanço a prateleira de cima.*

Alguns advérbios de intensidade podem ser colocados antes ou depois do verbo principal, ou depois do objeto, caso exista:

badly · completely · greatly · seriously · strongly · totally

> **I disagree completely** ou **I completely disagree with John Taylor.**
> **That argument doesn't convince me totally** ou **totally convince me.**

Outros são principalmente usados logo antes do verbo principal:

almost · largely · nearly · quite · really

> **He almost crashed into a bus.**
> **I quite like it.**

4.14 *A lot* e *very much* são colocados depois do verbo principal, ou depois do objeto, caso exista. *Very much* pode ser colocado depois do sujeito e antes de verbos como *want*, *prefer* e *enjoy*:

> **She helped a lot.**

Expressões adverbiais

> *We liked him very much.*
> *I very much wanted to take it with me.*

4.15 Alguns advérbios de intensidade que modificam o significado de adjetivos ou outros advérbios são colocados antes destes:

> awfully • extremely • fairly • pretty
> quite • rather • really • very

> *... a fairly large office, with filing space.*

⚠ Note que **rather** pode ser colocado tanto antes como depois de **a** ou **an** quando vem seguido de um adjetivo e um substantivo:

> *Seaford is rather a pleasant town./Seaford is a rather pleasant town.*

4.16 Os advérbios de modo geralmente são formados com o acréscimo da terminação **-ly** a um adjetivo. Em muitas ocasiões, um advérbio com **-ly** equivale a um com "-mente" em português, mas nem sempre:

Adjetivos		Advérbios
bad	→	badly
beautiful	→	beautifully
quick	→	quickly
quiet	→	quietly
soft	→	softly

Cuidado: não é possível formar advérbios a partir de adjetivos que já acabem em **-ly**. Por exemplo, não se pode dizer *He smiled at you friendlily**. Em vez disso, às vezes é possível usar um grupo nominal encabeçado por uma preposição:

> *He smiled at me in a friendly way.*

4.17 Alguns advérbios de modo (como **fast**, **hard** e **late**) têm a mesma forma que os adjetivos correspondentes:

> *I've always been interested in fast cars.*
> *The driver was driving too fast.*
> *It was a hard job.*
> *He works very hard.*
> *The train arrived late as usual.*

4.18 Geralmente não se usam grupos nominais com ou sem preposição como expressões adverbiais de modo. No entanto, às vezes é necessário usá-los, por exemplo, quando não há um advérbio para o significado que se queira expressar. O grupo nominal normalmente inclui um substantivo como **way**, **fashion** ou **manner**, ou ainda um substantivo que faça referência à voz de alguém:

> *She asked me in such a nice way that I couldn't refuse.*
> *They spoke in angry tones.*

5 Preposições

As seguintes preposições (→ 5.1-7) são usadas para introduzir expressões de lugar:

5.1 *At* é usado para se referir a um lugar como um ponto concreto:

She waited at the bus stop for over twenty minutes.
'Where were you last night?' - 'At Mick's house.'

É usado com palavras como *back*, *bottom*, *end*, *front* e *top* para falar de partes diferentes de um lugar:

Mr. Castle was waiting at the bottom of the stairs.
I saw a taxi at the end of the street.

É usado com lugares públicos e instituições (→ 5.4) e também para dizer "em casa" (*at home*) e "no trabalho" (*at work*):

I have to be at the station by ten o'clock.
We landed at a small airport.
She wanted to stay at home.

Do mesmo modo que é usado para dizer na casa de alguém, também é usado para falar de uma locação ou um serviço especializado:

I'll see you at Fred's house.
I buy my bread at the local baker's.

Para falar de direções, *at* é usado para dar o número do local. Utiliza-se *in*, ou também *on*, no inglês americano, quando somente o nome da rua é dado:

They used to live at 5 Weston Road.
She got a job in Oxford Street.
He lived on Fifth Avenue in New York City.

5.2 *On* é usado quando se considera um lugar como uma superfície:

I sat down on the sofa.
She put her keys on the table.

É usado quando um lugar é considerado um ponto em uma linha, por exemplo, uma estrada, uma linha de trem, um rio ou uma praia ou costa:

Scrabster is on the north coast.
Las Cruces is on I-25 between Albuquerque and El Paso.

5.3 *In* é usado com países, regiões, cidades e povoados:

A thousand homes in the east of Scotland suffered power cuts.
I've been teaching at a college in Baltimore.

Com recipientes de qualquer tipo para falar do que está contido:

She kept the cards in a little box.

PREPOSIÇÕES

Com um local, ao citar as pessoas ou coisas que ali estão (→4.8):

They were having dinner in the restaurant.

5.4 at/in

Muitas vezes, um lugar pode ser considerado de duas maneiras: como instituição ou como locação, razão pela qual é possível usar *at* ou *in*, respectivamente:

I had a hard day at the office.
I left my coat behind in the office.
We saw a good film at the cinema.
It was very cold in the cinema.

5.5
Usam-se *on*, *onto* e *off* para se referir à posição ou ao movimento de uma pessoa ou coisa dentro e fora de meios de transporte como ônibus, trens, barcos e aviões. Se a intenção é dar ênfase à posição ou ao movimento para dentro ou fora do veículo como tal mais que como meio de transporte, é possível usar *in*, *into* e *out of* com esses meios de transporte:

Why don't you come on the train with me to New York?
Por que você não vem comigo no trem para Nova York?
Peter Hurd was already on the plane from California.
Peter Hurd já estava no avião vindo da Califórnia.
Mr Bixby stepped off the train and walked quickly to the exit.
O senhor Bixby desceu do trem e se apressou em direção à saída.
The passengers in the plane were beginning to panic.
Os passageiros do avião começaram a entrar em pânico.
We jumped out of the bus and ran into the nearest shop.
Descemos do ônibus e entramos correndo na loja mais próxima.

5.6
Usam-se *in*, *into* e *out of* para se referir à posição ou ao movimento de uma pessoa ou coisa para dentro e fora de carros, vans, caminhões, táxis e ambulâncias (→4.9):

I followed them in my car.
Eu os segui no meu carro.
Mr. Ward happened to be getting into his truck.
Por acaso, Sr. Ward estava entrando em seu caminhão.
She was carried out of the ambulance.
Ela foi tirada da ambulância.

5.7
Para dizer que tipo de veículo ou meio de transporte é usado para ir a algum local, usa-se *by*. Somente para dizer "a pé" é usada a preposição *on*:

by bus • by bicycle • by car • by coach • by plane • by train

She had come by car with her husband and four children.
Ela tinha vindo de carro com seu marido e seus quatro filhos.

PREPOSIÇÕES

I left Escondido in the afternoon and went by bus and train to Santa Monica.
Saí de Escondido à tarde e fui de ônibus e de trem a Santa Mônica.
Marie decided to continue on foot.
Marie decidiu continuar a pé.

5.8 As seguintes preposições são usadas para introduzir expressões de tempo:

At é usado com:

> horas: *at eight o'clock* • *at 3.15*
> festas religiosas: *at Christmas* • *at Easter*
> refeições: *at breakfast* • *at lunchtime*
> períodos específicos: *at night* • *at the weekend* • *at weekends*

In é usado com:

> estações do ano: *in autumn* • *in the spring*
> anos e séculos: *in nineteen eighty-five* • *in the year two thousand* • *in the nineteenth century*
> meses: *in July* • *in December*
> partes do dia: *in the morning* • *in the evenings*

Note que também se usa *in* para falar do futuro:

> *I think we'll find out in the next few days.*
> Acho que descobriremos nos próximos dias.

On é usado com:

> dias da semana: *on Monday* • *on Tuesday morning* • *on Sunday evenings*
> datas especiais: *on Christmas day* • *on my birthday* • *on his wedding anniversary*
> datas: *on the twentieth of July* • *on June the twenty-first*
> períodos específicos: *on the weekend* • *on weekends*

5.9 **For** é usado com verbos em qualquer tempo gramatical para dizer quanto tempo algo dura:

> *He is in Italy for a month.*
> Ele fica na Itália por um mês.
> *I remained silent for a long time.*
> Fiquei em silêncio por muito tempo.
> *I will be in Sao Paulo for three months.*
> Estarei três meses em São Paulo.

Preposições

5.10 *During* e *over* são usados para um período em que algo acontece:

> *I saw him twice during the summer holidays.*
> *Will you stay in Washington over Christmas?*

Cuidado: *during* não é usado para dizer quanto tempo algo dura. Não se pode dizer *I went there during three weeks**. Para esse significado, usa-se *for* (→ 5.9).

5.11 *By* é usado quando se quer dizer "até":

> *By eleven o'clock, Brody was back in his office.*
> Até onze horas, Brody já estava de volta ao seu escritório.
> *Can we get this finished by tomorrow?*
> Podemos terminar isso até amanhã?

6 Mudanças ortográficas

6.1 "-s"

A terminação **-s** serve para formar o plural dos substantivos contáveis (→1.1) e a forma verbal do presente simples para *she*, *he*, *it* (→3.3).

Note que os substantivos contáveis são os únicos a que se acrescenta **-s** para formar o plural. Outras palavras que têm ou podem ter significado no plural não mudam sua forma.

Às palavras, tanto substantivos como verbos, que terminam em **-ss**, **-ch**, **-s**, **-sh** e **-x**, acrescenta-se **-es**, que se pronuncia [iz]:

> *class* → *classes* *gas* → *gases*
> *fox* → *foxes* *watch* → *watches*
> *dish* → *dishes*

Aos substantivos que terminam em **-o**, acrescenta-se **-es**. Alguns substantivos que terminam em **-o** recebem somente **-s**. Em ambos os casos, a pronúncia é [z]:

> *photo* → *photos* *hero* → *heroes*
> *piano* → *pianos* *potato* → *potatoes*

As palavras que terminam em **-y** (precedidas de consoante) trocam o **-y** por **-ies**, que se pronuncia [iz]:

> *country* → *countries* *cry* → *cries*
> *lady* → *ladies* *party* → *parties*
> *victory* → *victories*

A terminação **-y** precedida de vogal não muda:

> *boy* → *boys* *day* → *days*
> *key* → *keys* *pray* → *prays*
> *valley* → *valleys*

6.2 -ing, -ed, -er, -est

As palavras de uma sílaba que terminam em vogal curta ou consoante que não seja **-w**, **-x** ou **-y** duplicam a consoante:

> *dip* → *dipping/dipped* *big* → *bigger/biggest*
> *fat* → *fatter/fattest* *thin* → *thinner/thinnest*
> *hot* → *hotter/hottest* *wet* → *wetter/wettest*
> *sad* → *sadder/saddest*

As palavras que terminam com consoante seguida de **-y** trocam essa terminação por **-i**, exceto aquelas com a terminação **-ing**, que não mudam:

> *happy* → *happier/happiest*

MUDANÇAS ORTOGRÁFICAS

6.3 -ly

Quando se forma um advérbio com **-ly** a partir de um adjetivo, as seguintes mudanças são produzidas:

-le muda para *-ly*	*gentle* →	*gently*
-y muda para *-ily*	*easy* →	*easily*
-ic muda para *-ically*	*automatic* →	*automatically*
-ue muda para *-uly*	*true* →	*truly*
-ful muda para *-fully*	*beautiful* →	*beautifully*

Exceção: **public** → **publicly**

Índice

a/an 1.36-41
   a/an ou **one**? 1.38
   a lot → **lot**
adjetivos 2.1-11
   adjetivo + **and** + adjetivo 2.7
   adjetivo + substantivo 2.1-2
   adjetivo + preposição + grupo nominal 2.3-5
   be + adjetivo 2.2
   graus → comparações
   ordem 2.7-11
   posição 2.1-2
   superlativos → comparações
   the + adjetivo sem substantivo 1.32
advérbios e expressões adverbiais 4.1-18
   advérbio + adjetivo 4.15
   advérbio ou adjetivo? 4.17
   de frequência 4.3, 4.6-8
   de intensidade 4.3, 4.13-15
   de lugar 4.2, 4.4
   de modo 4.2, 4.12-14
   de probabilidade 4.3, 4.6-7
   de tempo 4.2, 4.5, 4.9-11
   ordem e posição 4.2-4, 4.7, 4.13-15
   verbo + advérbio → phrasal verbs
advertências → forma de imperativo; **should, must**
ago 4.5
ainda → **still**
all 1.53
already 4.9
another 1.61
   one another 3.33-34
any 1.42-45
   any longer, any more 4.11
   anybody 1.46-48, 3.59
   anyone 1.46-48, 3.59
   anyplace 1.46
   anything 1.46-48, 3.59
   anywhere 1.46-48, 3.59
artigo → determinantes; **a/an, the**
as
   as much/many 2.22
at 5.1
   + substantivo: possessivo, **-'s** 5.1, 1.15
   + substantivo de lugar 5.1, 5.4
   + ponto no tempo 5.8
be 3.6-7
   + **a/an** + grupo nominal 1.36
   + gerúndio, **-ing** → verbos: formas contínuas 3.7
   + particípio → verbos: formas de passiva 3.39-41

   + pronomes pessoais objeto 1.17
   be able to 3.21
   be allowed to 3.23
   be going to 3.15
   formas 3.6
   it (sujeito impessoal) + forma de **be** 3.42, 1.19
   there + forma de **be** 3.43-44
   como verbo principal em perguntas diretas 3.52
both 1.57
both... and... 1.57
by
   + ponto no tempo 5.11
   + meios de transporte 5.7
   verbo na forma passiva + **by** + grupo nominal 3.40
can, cannot, can't 3.12, 3.20-23
comparações 2.17-26
   adjetivo/advérbio de duas sílabas
   + **-er... (than...)** 2.18, 2.21
   + **-est** 2.23
   as... (as...) 2.22
   less... (than...) 2.20
   more... (than...) 2.17-19
   most 1.26, 2.23-24
   so... (that...) 2.25
   such... (that...) 2.26
complemento
   complemento circunstancial → advérbios e expressões adverbiais
   complementos do substantivo → grupo nominal
   complemento direto/indireto → verbos + objeto/sem objeto
concordância → verbos: forma de singular/plural
condicional
   forma verbal → **would**
   orações condicionais → **if**
contrações
   formas de **be** 3.6
   formas de **have** 3.6
   verbos: formas negativas 3.58
   -'d = would; had
   -'ll = will
   -'m = am 3.6
   -n't = not
   -'re = are 3.6
   -'s = is; has → substantivos: caso possessivo
could, couldn't 3.20-23
datas 3.42, 5.8
dever fazer → **must, have to, should**
decisões, anunciá-las 3.15

ÍNDICE

determinantes 1.26-61
   a/an 1.36-41
   all 1.53
   another 1.61
   any 1.42-45
   both 1.57
   each 1.56
   either 1.58
   every 1.54
   few 1.49, 1.51-52
   fewer 2.20
   less 2.20
   little 1.49
   many 1.49-52
   more 2.17, 2.19
   most 2.23-24
   much 1.49-52
   neither 1.58
   no 1.42, 1.44-45
   other 1.60
   some 1.42-45
   that 1.33-35
   the 1.27-32
   this 1.33, 1.35
   those 1.33
do 3.6
   com **not** e em perguntas 3.8
   como verbo auxiliar 3.28-29
   como verbo principal 3.36
during 5.10
each 1.56
   each other 3.33-34
either 1.58
   sujeito + verbo auxiliar + **either** 3.54
   either... or... 1.59
o mais 2.23-24
else 1.48
ever 4.8
every 1.54
   everybody, everyone, everything, everywhere 1.55
expressões
   expressões adverbiais → advérbios e expressões adverbiais
   expressões condicionais → **if**
favores: oferecê-los e pedi-los 3.22-23
few, fewer 1.26, 1.49, 1.51-52, 2.20
formas verbais → verbos e formas verbais
futuro → verbos e formas verbais
verbos: forma de futuro = **will** + forma base 3.11, 3.14
gerúndio → verbos: forma de gerúndio, **-ing**
get, got
   para falar do estado do tempo 3.42
give, gave, given 3.36
go, went, gone
   + gerúndio, **-ing** 3.47

grupo nominal 1.11
have, has, had 3.6
   com menos significado que seu objeto 3.36
   formas 3.6
   have to + forma base: ter que 3.26
   como verbo principal em perguntas 3.52
hora, informá-la 3.42, 5.8
how
   how long 3.55, 3.57
   how much/many 3.55, 3.57
in
   + substantivo de lugar 5.3-4
   + período de tempo 5.8
   + meios de transporte 5.6
instruções → verbos: imperativo convites
   aceitá-los (ou recusá-los) 3.19
   fazê-los 3.16, 3.18
it como sujeito impersonal 3.42
já → **already, yet** 4.10-11
less 2.20
let, let's 3.29
little 1.49
o mais 2.23-24
longer: any longer, no longer 4.11
lot: a lot (of), lots (of)
   expressão adverbial de frequência 4.6
   expressão adverbial de intensidade 4.14
   determinante 3.44, 1.50
mais... que 2.17-19, 2.21
make, made 3.36
many 1.49-52
may, might 3.23-24
medidas 2.6
meios de transporte: advérbios e expressões adverbiais
   by 5.7
   in, into, out of 5.6
   on/off, onto/off 5.5
menos... (que) 2.20
   might 3.24
   more
   determinante 2.17, 2.19
   pronome 2.19
   any more, no more 4.11, 1.10
most
   determinante 1.26, 2.23-24
   pronome 2.23-24
much
   determinante 1.49-52
   pronome 1.49-52
must, mustn't 3.25-26
   negações: não, nada, ninguém, nunca... 3.58-59
   mudanças ortográficas 6.1-3
   neither, never, no, nobody, none, no one, nor, not, nothing, nowhere

neither 1.58, 3.59
  + verbo auxiliar + sujeito 3.54
  neither... nor... 1.59
never 4.6-8
no
  nobody 1.46, 3.59
  no one 1.46, 3.59
  no place 1.46
  nothing 1.46, 3.59
  nowhere 1.46, 3.59
  = **not + any** 1.42-45
  em respostas a perguntas 3.52
  substantivos
    possessivo, **-'s** 1.15
    coletivos 1.10
    contáveis/incontáveis 1.1-9
    contáveis: forma de plural **-s**, plural irregular 1.1, 6.1
    contáveis: significado diferente no singular e no plural 1.8-9
    substantivo + substantivo 1.12
    substantivo + preposição + substantivo 1.13-14
none 1.43, 3.59
nor 3.59
  + verbo auxiliar + sujeito 3.54
  neither... nor... 1.59
not 3.58
  em **question tags** 3.53-54
  contrações 3.58
objeto → verbo + objeto
objeto direto/indireto → verbo + objeto/sem objeto
of
  substantivo + **of** + grupo nominal 1.13
on
  + meios de transporte 5.4
  + substantivo de lugar 5.2
  + ponto no tempo 5.8
one, ones 1.23-25
  one another 3.33-34
  which one, which ones 1.24
orações: sujeito (= grupo nominal) + grupo verbal
  orações negativas → negações
  orações interrogativas → perguntas
  orações condicionais → **if...**
  orações relativas → partículas interrogativas
other
  each other 3.33-34
ought to, oughtn't to 3.27
  partículas interrogativas interrogativas 3.55-56
  pronomes relativos 2.12-16
particípio → verbo: forma de particípio
passado → verbos e formas verbais

pedir que alguém faça algo 3.22, 3.28
perhaps 4.6-7
permissão, pedi-la e dá-la 3.22-23
phrasal verbs 3.37-38
plural
  substantivos contáveis: forma de plural 1.1, 6.1
  verbo: formas de singular/plural 3.44, 1.10, 1.20, 1.47
posse
  → **have**
  → substantivos: possessivo, **-'s** 1.15
  → possessivos 1.21
  → **whose** 2.15, 3.55
possessivo, **-'s** 1.15
  determinantes 1.26
  pronomes 1.21
  com partes do corpo 3.32
predicado → grupo verbal
perguntas e respostas 3.51-57
  de resposta **yes/no** 3.52
  ordem das palavras 3.51, 3.55-56
  palavras interrogativas → partículas interrogativas
  question tags 3.53
  respostas curtas, **short answers** 3.52
  com respostas também/nem → **either, neither, nor, so** 3.54
preposições 5.1-11
  + grupo nominal 1.13-14, 5.1-11
  + substantivo de lugar 5.1-6
  + períodos de tempo 5.8-10
  + pontos no tempo 5.8, 5.11
  posição não inicial 2.14, 3.56
  adjetivo + preposição + grupo nominal 2.3-5
  verbos + preposição 3.37-38
pronomes 1.16-25
  determinantes com forma e significados iguais 1.43
  pessoais: sujeito/objeto 1.16-20
  possessivos 1.21
  reflexivos 3.31-32, 1.22
  relativos 2.12-16
pode ser que... → **may, might** 3.23-24
question tags 3.53
rather 4.15
  -'d rather = would rather 3.19
really 4.12
recomendações, fazê-las 3.27
respostas → perguntas
shall 3.17
should, shouldn't 3.27
so
  + verbo auxiliar + sujeito 3.54
  so much/many, so little/few: tanto(s), tão pouco(s) 1.49-52

ÍNDICE

some
  determinante 1.42-45
  pronome 1.43
  somebody 1.46-47
  someone 1.46-47
  someplace 1.46
  something 1.46
  somewhere 1.46, 1.48
still 4.9
sugestões, fazê-las → **should; let's**
sujeito 3.1
  → grupo nominal
  sujeitos impessoais 3.42-44
tal... (que) 2.26
tão/tanto... (como) 2.22
tão/tanto... (que) 2.25
tempo:
  meteorológico 3.42
  expressões adverbiais de frequência 4.6-8
  verbal → verbos e formas verbais
ter que: **have to** 3.26
terminações:
  -ed → verbos: regulares; forma 3.3, 6.2
  -er → comparações: adjetivos e advérbios de uma ou duas sílabas 2.18, 2.21, 6.2
  -est → comparações: adjetivos e advérbios de uma ou duas sílabas 2.23, 6.2
  -ing → verbos: forma de gerúndio 3.2-3, 3.45-48, 6.2
  -ly → advérbios de modo 4.2, 4.16-18, 6.3
  -n't → not
  -s → substantivos contáveis: forma de plural 1.1, 6.1
  → verbos: forma com **-s** 3.3, 6.1
  mudanças ortográficas 6.1-3
than 2.17-20
that
  → **who, which** 2.12-14, 3.55
  so... that... 2.25
  such... that... 2.26
  that, those 1.33-35
  that one, those ones 1.24
the 1.27-32
  the + adjetivo, sem substantivo 1.32
  all + **the...** 1.53
there is/there are 3.43-44
they 1.18, 1.20
this, these 1.33-35
  this one, these ones 1.24
those 1.33
to
  verbos: forma **to...** 3.3, 3.46, 3.49
    → **be able to, be going to, ought to, have to, used to**
too 1.52
used to 3.21
verbos e formas verbais 3.1-29

+ objeto(s)/sem objeto 3.30-36
+ preposição + grupo nominal 3.37-38
auxiliares: **be, do, have**, modais 3.6, 3.52
com sujeito impessoal 3.42
forma:
  base = infinitivo sem to, bare infinitive 3.3
  de futuro: **will** +forma base 3.11, 3.14
  de gerúndio, **-ing** 3.2-3, 3.45-48
  de particípio 3.2-3, 3.6, 3.50
  de passiva: **be** + particípio 3.6, 3.39-41
  de singular/plural 3.44, 1.10, 1.20, 1.47
  -ed → verbos regulares, passado e particípio 3.3
  com **-s** 3.3
  negativa 3.58
to... 3.3, 3.46, 3.49
imperativo 3.1, 3.28-29
infinitivo → verbos: forma **to...**; forma base 3.3, 3.46, 3.49
intransitivos → verbos sem objeto
irregulares 3.3-4
modais 3.12-28
pessoa verbal 3.1
phrasal verbs 3.37-38
principal 3.2, 3.5
recíprocos 3.33-34
reflexivos 3.31-32
regulares 3.3
tempo verbal 3.1
tempos:
  futuro contínuo 3.7
  passado simples 3.10-11
  passado contínuo 3.7, 3.10
  passado perfeito 3.10-11
  passado perfeito contínuo 3.7
  presente simples 3.8-9
  presente contínuo 3.7, 3.9
  presente perfeito 3.7, 3.9, 3.11
  presente perfeito contínuo 3.9
  transitivos → verbos + objeto
very 1.51
  very much 4.14
voz passiva → verbos: forma de passiva
wh- → partículas interrogativas
what 3.55-6
when 2.16, 3.55
where 2.16, 3.55
which 2.12-13, 3.55
which one, which ones 1.24
who 2.12-14, 3.55
whom 3.55-6
whose 2.15, 3.55
why 2.16, 3.55
will, -ll, won't 3.12-16
would, -'d, wouldn't 3.12, 3.18-19
yet 4.10
you 1.17, 1.18

Portuguese Grammar Guide

Abbreviations used

sing.	singular
plur.	plural
masc.	masculine
fem.	feminine
Coll	colloquial or casual speech
Wr	written; also used to indicate more formal speech
Eur	European Portuguese usage
Br	Brazilian Portuguese usage

Contents

	Section	Page
VERBS	1. Simple tenses: formation	68
	2. Simple tenses: first conjugation	69
	3. Simple tenses: second conjugation	69
	4. Simple tenses: third conjugation	70
	5. Conjugation spelling and stem changes	71
	6. The imperative and alternatives	72
	7. Compound tenses: formation	74
	8. Reflexive verbs	76
	9. The passive	77
	10. Impersonal verbs	77
	11. The infinitive	78
	12. Present and past participles	79
	13. *Ser* and *estar*	81
	14. Modal auxiliary verbs	82
	15. Use of tenses	83
	16. The subjunctive: when to use it	85
	17. Irregular verb tables	86
NOUNS	18. Gender of nouns	93
	19. Formation of feminines	94
	20. Formation of plurals	95
ARTICLES	21. The definite article	97
	22. The indefinite article	98
ADJECTIVES	23. Formation of feminines and plurals	99
	24. Comparatives and superlatives	101
	25. Demonstrative adjectives	102
	26. Interrogative adjectives	102
	27. Possessive adjectives	103
PRONOUNS	28. Personal pronouns	104
	29. *Tu, você* and *o senhor / a senhora*	107
	30. Indefinite pronouns	108
	31. Relative pronouns	109
	32. Interrogative pronouns	111
	33. Possessive pronouns	111
	34. Demonstrative pronouns	112
ADVERBS	35. Adverbs	113
PREPOSITIONS	36. Prepositions	115
CONJUNCTIONS	37. Conjunctions	117
SENTENCE STRUCTURE	38. Word order	118
	39. Negatives	119
	40. Question forms	120
USE OF NUMBERS	41. Cardinal and ordinal numbers	121
	42. Calendar and time	124
INDEX		126

VERBS

1. Simple tenses: formation

In Portuguese, the following are simple tenses: present; preterite; imperfect; future; conditional; imperative; present subjunctive; imperfect subjunctive; future subjunctive.

These simple tenses are formed by adding endings to a verb stem. The endings show the number and person of the subject of the verb:

Eu cant<u>o</u>.	I sing.
<u>Nós</u> cant<u>amos</u>.	We sing.
<u>Ele</u> comer<u>á</u>.	He will eat.
Eles comer<u>ão</u>.	They will eat.

Second-person verb forms

Third-person endings for *você* and *vocês*: even though *você* and *vocês* mean *you* (singular and plural), for historical reasons they are used with third-person verb endings.

Você cant<u>a</u>.	You sing.
Ele cant<u>a</u>.	He sings.
Vocês com<u>em</u>.	You eat. (plural)
Eles com<u>em</u>.	They eat.

In the verb tables, these endings will be identified as: **2nd, 3rd person**.

Traditional second-person endings: these are for subjects *tu* and *vós*, which also mean *you* (singular and plural).

Tu cant<u>as</u>.	You sing.
Vós cant<u>ais</u>.	You sing. (plural)

Singular endings for *tu* will be shown separately in the verb tables, identified as: **2nd person**. Plural endings for *vós* will also appear, but in brackets, as they are no longer in current use.

For information on the different ways of saying *you* in Portuguese see ***tu*, *você*, and *o senhor / a senhora*** on pages 107–108.

Regular verbs

The stem and endings of regular verbs are predictable. The verb tables in the following sections show the patterns for regular verbs. For irregular verbs see page 86 onwards.

There are three regular verb patterns (known as conjugations), each identifiable by the ending of the infinitive:

First conjugation verbs end in **-ar**, e.g. ***cantar*** *to sing*.
Second conjugation verbs end in **-er**, e.g. ***comer*** *to eat*.
Third conjugation verbs end in **-ir**, e.g. ***partir*** *to leave, depart*.

These three conjugations are explained on the following pages.

VERBS

Infinitives ending in *-ôr* and *-or*

Pôr, meaning *to put, place*, is irregular even in the infinitive. Its endings are shown in the tables for irregular verbs. These endings also apply to its compounds, e.g. **compor** *to compose, organize*; **dispor** *to arrange*; **impor** *to impose*; **opor** *to oppose*. Note the absence of written accent **ô** in the compounds.

2. Simple tenses: first conjugation

For all tenses other than the future, the conditional and the future subjunctive, the stem is formed removing *ar* from the infinitive. To this stem we add the appropriate endings for each person, as shown in the table below. The stem of the future, the conditional and the future subjunctive is the same as the infinitive.

Example

person	(1) present	(2) preterite	(3) imperfect
eu	cant-o	cant-ei	cant-ava
tu	cant-as	cant-aste	cant-avas
você, ele/ela	cant-a	cant-ou	cant-ava
nós	cant-amos	cant-amos(*)	cant-ávamos
vocês, eles/elas	cant-am	cant-aram	cant-avam

(*) alternative spelling: **cantámos**

person	(4) future	(5) conditional	(6) imperative (*)
eu	cantar-ei	cantar-ia	
tu	cantar-ás	cantar-ias	cant-a!
você, ele/ela	cantar-á	cantar-ia	
nós	cantar-emos	cantar-íamos	
vocês, eles/elas	cantar-ão	cantar-iam	

person	(7) present subjunctive	(8) imperfect subjunctive	(9) future subjunctive
eu	cant-e	cant-asse	cantar
tu	cant-es	cant-asses	cantar-es
você, ele/ela	cant-e	cant-asse	cantar
nós	cant-emos	cant-ássemos	cantar-mos
vocês, eles/elas	cant-em	cant-assem	cantar-em

(*) See **The imperative and alternatives**, pages 72–74.

3. Simple tenses: second conjugation

For all tenses other than the future, the conditional and the future subjunctive, the stem is formed removing *er* from the infinitive. To this stem, we add the appropriate endings for each person, as shown in the table below. The stem of the future, the conditional and the future subjunctive is the same as the infinitive.

VERBS

Example

person	(1) present	(2) preterite	(3) imperfect
eu	com-o	com-i	com-ia
tu	com-es	com-este	com-ias
você, ele/ela	com-e	com-eu	com-ia
nós	com-emos	com-emos	com-íamos
vocês, eles/elas	com-em	com-eram	com-iam

person	(4) future	(5) conditional	(6) imperative (*)
eu	comer-ei	comer-ia	
tu	comer-ás	comer-ias	com-e!
você, ele/ela	comer-á	comer-ia	
nós	comer-emos	comer-íamos	
vocês, eles/elas	comer-ão	comer-iam	

person	(7) present subjunctive	(8) imperfect subjunctive	(9) future subjunctive
eu	com-a	com-esse	comer
tu	com-as	com-esses	comer-es
você, ele/ela	com-a	com-esse	comer
nós	com-amos	com-êssemos	comer-mos
vocês, eles/elas	com-am	com-essem	comer-em

(*) See **The imperative and alternatives**, pages 72–74.

4. Simple tenses: third conjugation

For all tenses other than the future, the conditional and the future subjunctive, the stem is formed removing *ir* from the infinitive. To this stem, we add the appropriate endings for each person, as shown in the table below. The stem of the future, the conditional and the future subjunctive is the same as the infinitive.

Example

person	(1) present	(2) preterite	(3) imperfect
eu	part-o	part-i	part-ia
tu	part-es	part-iste	part-ias
você, ele/ela	part-e	part-iu	part-ia
nós	part-imos	part-imos	part-íamos
vocês, eles/elas	part-em	part-iram	part-iam

person	(4) future	(5) conditional	(6) imperative (*)
eu	part-irei	part-iria	
tu	part-irás	part-irias	part-e!
você, ele/ela	part-irá	part-iria	
nós	part-iremos	part-iríamos	
vocês, eles/elas	part-irão	part-iriam	

VERBS

person	(7) present subjunctive	(8) imperfect subjunctive	(9) future subjunctive
eu	part-a	part-isse	part-ir
tu	part-as	part-isses	part-ires
você, ele/ela	part-a	part-isse	part-ir
nós	part-amos	part-íssemos	part-irmos
vocês, eles/elas	part-am	part-issem	part-irem

(*) See **The imperative and alternatives**, pages 72–74.

5. Conjugation spelling and stem changes

Before some endings, certain spelling changes have to be made. Some of these are simply to obey Portuguese spelling conventions, while others reflect a change in the pronunciation of the stem. In the latter case, a phonetic symbol is shown in the tables below.

Changes reflecting Portuguese spelling conventions

Conjugation	1st	1st	1st
Infinitive ending	-car	-çar	-gar
Change	-c → -qu before e	-ç → c before e	-g → -gu before e
Model	ficar (to stay) → Eu fiquei	começar (to begin) → Comecem!	pagar (to pay) → Pague!

Conjugation	2nd	2nd and 3rd	2nd and 3rd
Infinitive ending	-cer	-ger and -gir	-guer and -guir
Change	-c → -ç before a or o	-g → j before a or o	-gu → -g before a or o
Model	descer (to climb down) → Desçam!	eleger (to elect) → ... que eles elejam fugir (to run away) → Fuja!	erguer (to lift) → ... que eles ergam conseguir (to manage) → Eu não consigo.

Spelling and sound changes

In certain 3rd conjugation verbs, there are some root changes at the core of the stem:

Root vowel	-e-	-e-	-o-	-u-
Change	-e- [e] → -i- [i]	-e- [e] → -i- [i]	-o- [o] → -u- [u]	-u- [u] → -o- [o]
Tenses affected	present (1st person sing.), polite imperative, present subjunctive	present (1st, 2nd, 3rd person sing. and 3rd person plur.), imperative (sing.), polite imperative, present subjunctive	present (1st person sing.), polite imperative, present subjunctive	present (2nd and 3rd person sing. and 3rd person plur.), imperative (sing.)
Model	repetir (to repeat) Eu repito Repitam! ... que ele repita	progredir (to progress) Eu progrido Progride! Progridam! ... que ele progrida	dormir (to sleep) Eu durmo Durmam! ... que ele durma	subir (to climb up) Você sobe Eles sobem Sobe!

VERBS

In certain 1st, 2nd and 3rd conjugation verbs, there are some stem and ending changes:

Infinitive ending	-ear	-oer	-air
Change	-e- [e] → -ei- [ej]	-o- [o] → -ói- [oj] stressed	-a- [a] → -ai- [aj] (*)
Tenses affected	present (1st, 2nd, 3rd person sing. and 3rd person plur.), imperative (sing.), polite imperative, present subjunctive (1st, 2nd, 3rd person sing. and 3rd person plur.)	present (2nd and 3rd person sing.), imperative (sing.)	present (1st, 2nd, 3rd person sing. and 1st person plur.), imperative (sing.), polite imperative, present subjunctive
Model	*passear* (to go for a stroll) *Eu passeio* *Passeiem!* ... *que ele passeie*	*roer* (to gnaw, nibble) *(Tu) róis* *Ele rói* *Rói!*	*sair* (to go / come out) *Eu saio* *Você sai* *Saia!* ... *que eles saiam*

Infinitive ending	-uir	-uir	-uzir
Change	-u- [u] → -ui- [uj] (*)	-u- [u] → -ói- [oj] stressed (*) or -o- [o] stressed	-z- [z] → -z- [z] (Br) / [ʒ] (Eur) (**)
Tenses affected	present (2nd and 3rd person sing. and 1st person plur.), imperative (sing.)	present (2nd and 3rd person sing. and 3rd person plur.), imperative (sing.)	present (3rd person sing.), imperative (sing.)
Model	*incluir* (to include) *Nós incluímos* *Inclui!*	*construir* (to build) *Constrói* *Eles constroem*	*traduzir* (to translate) *Ele traduz* *Traduz!*

(*) The verb endings *-e* and *-es* are dropped: e.g., *Você sai*, *(Tu) sais*; *Inclui!*, *(Tu) incluis*; *Constrói!*, *(Tu) constróis*.

(**) The verb ending *-e* is dropped and the *-z-* stands for a different sound: *Eu traduzo* [z] but *Ele traduz* [z] (Br) / [ʒ] (Eur).

6. The imperative and alternatives

Some verb forms are used to ask or tell someone to do something. They can also be used to give directions or instructions on how to operate a machine, for instance.

Commands, requests and advice

Polite imperative

Cante!	Coma!	Parta!	talking to one person
Cantem!	Comam!	Partam!	talking to more than one person
Sing, (please)!	*Eat, (please)!*	*Leave, (please)!*	

VERBS

These forms are borrowed from the **present subjunctive** and, as such, have an inbuilt element of politeness. However, *por favor*, meaning *please*, can always be added on to them, if you want to be even more polite and respectful.

Talking to one person
Coma, por favor! — Please eat!
Venha! — Come along, please!
Peça agora! — Ask for it now, please!
Vá embora! — Go away, please!
Abra a janela, por favor! — Please open the window!

Talking to more than one person
Comecem! — Start, please!
Vão embora! — Go away, please!
Venham, por favor! — Please come!

Alternative

canta	come	parte	talking to one person
cantam	comem	partem	talking to more than one person
(You) sing	(You) eat	(You) leave	

These forms are borrowed from the **present** (i.e. present indicative) and show the requested or suggested action as a description of what to do. This is heard on both sides of the Atlantic but more so in Brazil.

Talking to one person
Você parte amanhã, por favor. — You will please leave tomorrow.
(Você) vira à esquerda na próxima esquina. — (You) turn left at the next corner.

Talking to more than one person
Vocês partem amanhã, por favor. — You will please leave tomorrow.

The third person singular ending of the present (the form you would use for someone addressed as *você, o senhor* or *a senhora*) just happens to coincide with the *tu*-ending of the traditional **imperative**:

| *Canta!* | *Come!* | *Parte!* | talking to one person |
| Sing! | Eat! | Leave! | |

This approach gives a familiar tone.

Talking to one person
Come tudo! — Eat it all!
Sai daí! — Get out of there!
Vai embora! — Go away!

Let's

The equivalent of the English *let's* + infinitive construction is usually *vamos* + infinitive.

Vamos is also used on its own: *Vamos! Let's go!*
Vamos sair agora! — Let's leave now!
Vamos beber alguma coisa! — Let's have a drink!

VERBS

Don't

To ask or tell someone not to do something, use 'polite' forms from the present subjunctive:

Não cantes!	Não comas!	Não partas!	familiar form (singular)
Não cante!	Não coma!	Não parta!	polite form (singular)
Não cantem!	Não comam!	Não partam!	talking to more than one person (anyone)

Don't sing, (please)!   Don't eat, (please)!   Don't leave, (please)!

See also **tu**, **você** and **o senhor / a senhora**, pages 107–108.

7. Compound tenses: formation

In Portuguese, the following are compound tenses: present perfect; pluperfect; future perfect; conditional perfect; present perfect subjunctive; pluperfect subjunctive; future perfect subjunctive.

Compound tenses consist of the past participle of the verb preceded by an auxiliary verb and are formed the same way for both regular and irregular verbs.

The auxiliary verb is normally **ter**.

The past participle may be regular or irregular but remains invariable, i.e. it does not change to agree with the subject in gender or number. For past participle formation see page 80.

Ele tinha cantado.	He had sung.
Elas tinham cantado.	They (fem.) had sung.

Formation of the different compound tenses

Present Perfect
(Present of the auxiliary verb plus past participle)

Eu tenho cantado.	I have been singing.
Tem chovido muito.	It has been raining a lot.

Pluperfect
(Imperfect of the auxiliary verb plus past participle)

Eu tinha cantado.	I had sung.
Tinha chovido muito.	It had been raining a lot.

Future Perfect
(Future of the auxiliary verb plus past participle)

Eu terei cantado.	I shall have sung (by then).
Às 20 horas eles já terão partido.	By 8 p.m. they will already have left.

Conditional Perfect
(Conditional of the auxiliary verb plus past participle)

Eu teria cantado.	I would have sung.
O avião teria chegado mais cedo.	The plane would have arrived earlier.

VERBS

Present Perfect Subjunctive
(Present subjunctive of the auxiliary verb plus past participle)

...que eu tenha cantado.   ...(that) I have sung.
Eu espero que ele tenha entendido tudo.   I hope that he has understood everything.

Pluperfect Subjunctive
(Imperfect subjunctive of the auxiliary verb plus past participle)

...que eu tivesse cantado.   ...(that) I had sung.
Eu esperava que ele tivesse entendido tudo.   I hoped that he had understood everything.

Future Perfect Subjunctive
(Future subjunctive of the auxiliary verb plus past participle)

...quando eu tiver cantado.   ...(when) I have sung.
Quando ele tiver entendido tudo.   When he has understood everything.

Other auxiliary-plus-verb constructions: formation

Colloquial future

Future
(Present of *ir*, used as an auxiliary verb, plus the infinitive of the main verb)

Eu vou cantar.   I am going to sing.
Eu vou comprar uma casa nova daqui a dez anos.   I am going to buy a new house in ten years' time.

Future in the past
(Imperfect of *ir*, used as an auxiliary verb, plus the infinitive of the main verb)

Eu ia cantar.   I was going to sing.
Nós íamos comprar um presente.   We were going to buy a present.

When the main verb is *ir* itself, a simple tense is used:

Eu vou lá.   I am going there.
Eu ia lá.   I was going there.

Continuous tenses

Present Continuous
(Present of *estar* plus preposition *a* plus the infinitive of the main verb (Eur))
(Present of *estar* plus the present participle of the main verb (Br))

Eu estou a ler um livro. (Eur)   I am reading a book.
Eu estou lendo um livro. (Br)

Past Continuous
(Imperfect of *estar* plus preposition *a* plus the infinitive of the main verb (Eur))
(Imperfect of *estar* plus the present participle of the main verb (Br))

Eu estava a ler um livro. (Eur)   I was reading a book.
Eu estava lendo um livro. (Br)

VERBS

8. Reflexive verbs

A reflexive verb is one that is accompanied by a reflexive pronoun to show that the subject both *performs* and *receives* the action (e.g. *I washed myself*).

lavar-se   to wash oneself

reflexive pronouns			
	singular		plural
1st person	*me*	myself	*nos*	ourselves
2nd person	*se (general)* *te (familiar)*	yourself	*se (both general and familiar)*	yourselves
3rd person	*se*	him/her/itself	*se*	themselves

Ele ainda não se lavou.   He hasn't washed (himself) yet. or He hasn't had a wash yet.
Elas ainda não se lavaram.   They (fem.) haven't washed (themselves) yet.

When conjugating a reflexive verb, in Brazilian Portuguese the reflexive pronoun comes before the verb; in European Portuguese it also comes before the verb in negative sentences and in sentences with an interrogative word, but it comes after the verb (linked with a hyphen) in affirmative sentences:

Ele lavou-se. (Eur), **Ele se lavou.** (Br)   He washed (himself).
Ele não se lavou. (Eur) (Br)   He didn't wash (himself).
Quando é que ele se lavou? (Eur) (Br)   When did he wash (himself)?

In the first person plural, when the reflexive pronoun comes after the verb, the final **-s** of the verb is dropped:

Nós lavamo-nos. (lavamos + nos) (Eur)   We wash (ourselves).

Portuguese reflexives also express reciprocity:

Eles beijam-se. (Eur), **Eles se beijam.** (Br)   They kiss (each other).
Nós encontramo-nos às quinze. (Eur),   We'll meet at 3 p.m.
  Nós nos encontramos às quinze. (Br)

In fact, reflexive constructions are used much more extensively in Portuguese than in English, where other constructions tend to be used instead:

Como é que você se chama? (Eur) (Br)   What's your name?
Eu chamo-me.... (Eur), **Eu me chamo....** (Br)   My name is.... (literally: *I call myself...*)

Other common reflexive verbs in Portuguese:

deitar-se, to go to bed • *despedir-se*, to say goodbye • *divertir-se*, to have a nice time *esquecer-se*, to forget • *ir-se (embora)*, to go (away) • *lembrar-se*, to remember *levantar-se*, to get up • *pentear-se*, to comb one's hair • *sentar-se*, to sit down *vestir-se*, to get dressed

VERBS

9. The passive

In the passive, the subject *receives* the action (e.g. *I was called*) as opposed to *performing* it (e.g. *I called*). The Portuguese passive is formed in very much the same way as the English one, i.e. using a form of the verb **ser** meaning *to be*, and a past participle:

Ele foi recompensado.	He was rewarded.
O carro foi vendido.	The car was sold.

In the passive in Portuguese, the past participle agrees in gender and number with the subject:

Elas foram recompensadas.	They (fem.) were rewarded.
Os carros foram vendidos.	The cars were sold.

The Portuguese *se* construction as an alternative to the passive

(It performs similarly to a reflexive verb in the third person)

Fala-se Português.	Portuguese is spoken.
Alugam-se bicicletas	Bicycles for hire (can be hired).

The *se* construction can also have other English translations (*you, one, we*):

Como se escreve o seu nome?	How do you spell your name?
Come-se bem neste restaurante.	You eat well in this restaurant.

10. Impersonal verbs

In English, **it** is often used as an impersonal subject. In Portuguese, however, the subject pronoun is omitted in such cases:

Vale a pena.	<u>It</u> is worthwhile.

Frequently used impersonal verbs

Verbs for the weather and other natural phenomena:

Choveu ontem.	It rained yesterday.
Nevou nestes últimos dias.	It has snowed in the past few days.
Anoiteceu cedo.	It got dark early.

haver
for talking about existence or events:

Há lojas perto daqui?	Are there any shops nearby?
Haverá um desfile de Carnaval.	There will be a Carnival parade.

Note: in colloquial Brazilian speech, **tem** is used instead of **há**, e.g. **Tem lojas perto daqui?**

for elapsed time:

Fui lá há quatro anos.	I went there four years ago.
Há duas semana que eu cheguei aqui.	I arrived here two weeks ago.

fazer
for weather:

Faz muito calor.	It's very hot.

VERBS

for elapsed time:
Faz duas semana que eu cheguei aqui. — I arrived here two weeks ago.

estar
for weather:
Está frio hoje. — It's cold today.

ser
for weather and seasons:
É verão. — It is summer.

for telling the time:
É uma hora. — It's one o'clock.
São vinte e uma horas. — It's 9 p.m.

for distance:
São cinco quilómetros (Eur) / *quilômetros* (Br) *daqui até lá.* — It's five km away.

for days of the week and dates:
Ontem foi quarta-feira. — Yesterday was Wednesday.
Hoje é dia seis de outubro. or — Today is October 6th.
Hoje são seis de outubro.

in impersonal expressions:
É bom. — It's good.
É fácil. — It's easy.
É importante. — It's important.

11. The infinitive

Portuguese has both an infinitive and a personal infinitive. The former is the way a verb usually appears in a dictionary and means *to...*, e.g. ***cantar*** *to sing*. The latter takes personal endings, e.g. ***cantarmos*** *(us) to sing*.

The infinitive

The dependent infinitive

Some verbs introduce a dependent infinitive directly, without a linking preposition:
conseguir • *decidir* • *desejar* • *detestar* • *esperar* • *evitar* • *preferir* • *prometer* • *querer* *recear* • *recusar* • *saber* • *tencionar* • *tentar*

Consegui chegar cedo. — I managed to arrive early.
Destesto nadar. — I hate swimming.
Prefiro ir para a praia. — I prefer going to the beach.
Queria comprar um presente para você. — I wanted to buy a present for you.

VERBS

The perfect infinitive

The perfect infinitive is formed using an appropriate form of the auxiliary verb **ter** and the past participle of the verb in question:

Depois de ter tentado acabar o trabalho hoje, desisti. *After having tried to finish my work today, I gave up.*

The personal infinitive

The **inflected** or **personal infinitive** is formed by the addition of personal endings and is regular for all verbs.

To the appropriate infinitive add the following endings:

sing.	1st person	
	2nd perspn	*-es*
	2nd, 3rd person	
pl.	1st person	*-mos*
	2nd person	*-(des)*
	2nd, 3rd person	*-em*

Ele pediu para eu cantar. *He asked (for) me to sing.*
Ele pediu para (nós) cantarmos. *He asked (for) us to sing.*

12. Present and past participles

Present participle

Formation

First, second and third conjugation
Replace the final *-r* of the infinitive with *-ndo*:

cantar to sing → *cantando* singing
comer to eat → *comendo* eating
partir to leave → *partindo* leaving

See also **Irregular verbs**, pages 86–92.

Use

The Portuguese **present participle** (or **gerund**) is not used as much as the English *-ing* forms but has a similar role in two main situations.

To express the circumstances (time, cause, etc) surrounding an action or event:
Partindo agora, chegarei mais cedo. *By leaving now* or *If I leave now, I'll get there earlier.*

As part of a continuous tense:
Vou indo bem. *I'm keeping well.*

Note that the Portuguese **present participle** (or **gerund**) is invariable.

See also **Modal auxiliary verbs**, page 82 and **Use of tenses**, pages 83–85.

VERBS

Past participle

Formation

First conjugation
Replace the infinitive ending *-ar* with *-ado*:

　　cantar to sing → *cantado* sung

Second and third conjugation
Replace the infinitive endings *-er* and *-ir* with *-ido*:

　　comer to eat → *comido* eaten
　　partir to leave → *partido* left

Some past participles are irregular, even when the verb is otherwise regular:

　　abrir to open → *aberto* open(ed)
　　escrever to write → *escrito* written

Some verbs have two past participles, one regular and one irregular. See below for when to use them.

　　morrer to die → *morrido* or *morto* died, dead
　　acender to light → *acendido* or *aceso* lit; switched on

See also **Irregular verbs**, pages 86–92.

Use

The Portuguese **past participle** is used in the following ways.

As part of a perfect tense:
　　Eles tinham cantado muito bem.　　They had sung very well.
　　Ela tinha acendido a luz.　　She had switched on the light.

In the passive voice:
　　O bolo foi comido.　　The cake has been eaten.
　　A luz foi acendida por ela.　　The light was switched on by her.

As an adjective:
　　A luz está acesa.　　The light is (switched) on.
　　Estas contas estão pagas.　　These bills are paid.

Where there are two past participles, one regular and one irregular, the former is used for the perfect tenses and is invariable:

　　Ela tinha acendido a luz.　　She had switched on the light.
　　Os pobres animais tinham morrido.　　The poor animals had died.

When used as an adjective or in a passive construction, the past participle must agree in gender and number with the noun to which it relates:

　　A loja está aberta.　　The shop is open.
　　Este livro está bem escrito.　　This book is well written.
　　A luz foi acendida por ela.　　The light was switched on by her.

13. Ser and estar

Portuguese has two verbs that both correspond to *to be*: **ser** and **estar**. They are not interchangeable, however. To find out how to conjugate them, please see **Irregular verbs**, pages 86–92. Their different meanings and uses are explained below.

Ser

Ser is used for things that are considered inherent to the subject. This includes origin; nationality; kinship; profession; possession; location of non-movable things; geographical location; numbers; time; and impersonal general statements:

Ela é de São Paulo.	She is from São Paulo.
Ela é brasileira.	She is Brazilian.
Elas são irmãs.	They are sisters.
Ele é professor.	He is a teacher.
O lápis é meu.	The pencil is mine.
A sala de estar é no primeiro andar.	The sitting room is on the first floor.
Portugal é na Europa.	Portugal is in Europe.
Três mais três são seis.	3 + 3 = 6 (Three plus three is six.)
São treze horas.	It is 1 p.m.
É verdade.	It is true.

Estar

Estar is used for things that are considered non-inherent to the subject and, as such, often transitory. This includes personal location; location of movable things; temporary conditions; certain expressions of feeling; location of pain; and time span:

Eles estão em casa.	They are at home.
O livro está em cima da mesa.	The book is on the table.
Hoje estou muito cansada.	Today I am very tired.
Estávamos de férias.	We were on holiday.

Ser versus estar

Sometimes there is a difference in meaning depending on which verb is used:

ser	*Ele é magro.*	He is slim. (slim-built)
estar	*Ele está magro.*	He is looking slim / thin. (lost weight)
ser	*Aquela casa é muito bonita.*	That house is very pretty. (nice building)
estar	*Aquela casa está muito bonita.*	That house is looking very pretty. (after having been repainted, etc)

VERBS

14. Modal auxiliary verbs

In Portuguese, some modal auxiliary verbs are followed by a verb in the infinitive and others by a verb in the gerund (also known as the present participle). How they are used and what they mean is explained below.

Modals followed directly by a verb in the infinitive

dever must; should; be predictable

Devemos telefonar para ele ainda hoje.	We must phone him by the end of today.
Você devia ser professor.	You should be a teacher.

poder to be able to, can; may (permission); may (probability)

Eu posso ir lá amanhã.	I can go there tomorrow.
Vocês podem todos entrar.	You may all come in.

Modals linked to a following infinitive by a connector (often a preposition)

acabar de to have just ...

Acabamos de chegar.   We have just arrived.

acabar por to end up (by) ...

Eles acabaram por ficar em casa.   They ended up staying at home.

chegar a to end up ...

Eles chegaram a chorar.   They ended up crying.

começar por to start by ...

Comecei por ler as instruções.   I started by reading the instructions.

deixar de to stop, give up; to fail to

Ele deixou de estudar.   He gave up studying.

haver de to be determined to, must

Nós havemos de vencer o jogo.   We are determined to or must win the game.

ter que (Coll) / *ter de* (Wr) to have to

Nós temos que / de assinar o contrato   We have to sign the agreement.

Modals followed by a present participle (or gerund)

acabar to end up ... -ing

Eles acabaram rindo.   They ended up laughing.

começar to start ...-ing

Ele já começou fazendo o trabalho.   He has already started doing the work.
Ele já começou a fazer o trabalho. (Eur)

continuar to go on ...-ing

Vocês continuam trabalhando juntos?   Are you still working together?
Vocês continuam a trabalhar juntos? (Eur)

VERBS

15. Use of tenses

The present

For general truths:
A Terra é um planeta.	*Earth is a planet.*

For things that happen on a regular basis:
Eu bebo café todos os dias.	*I drink coffee every day.*

Used to talk about the future, usually with a time expression:
Amanhã vou lá.	*I am going / will go there tomorrow.*

With expressions indicating time that has elapsed (e.g. *há*) for something that started in the past and is still continuing:
Eu aprendo Português há seis meses.	*I've been learning Portuguese for six months.*

The preterite

For things that were completed in the past:
Eu morei em África durante dois anos.	*I lived in Africa for two years.*

The imperfect

When focusing on the unfolding of a past occurrence:
Quando eu morava em África trabalhava numa escola.	*When I lived / was living / used to live in Africa I worked / used to work in a school.*

In relaxed speech, instead of the conditional:
Nós íamos (Coll for *iríamos*) **lá, se pudéssemos.**	*We would go there, if we could.*

The present perfect

When focusing on something that has been happening a lot in the recent past:
Tem chovido muito nos últimos dias.	*It has rained a lot over the last few days.*

The pluperfect

When focusing on something that had happened in the past before a specific point in time:
Tinha chovido muito uns dias antes.	*It had rained a lot a few days before (that day).*

The future

For a future occurrence:
O verão chegará daqui a uns meses.	*Summer will be here in a few months.*

For conjecture and uncertainty:
Quem sabe se ele virá.	*Who knows whether he will come.*

See also **The colloquial future**, below.

VERBS

The future perfect
For a future occurrence before another future point in time:
Amanhã ele já terá partido.   By tomorrow he will (already) have left.

The colloquial future
As an alternative to the future:
O verão vai chegar daqui a uns meses.   Summer is going to be here in a few months.

Continuous tenses
For emphasis on an ongoing occurrence:
Eu estou a trabalhar agora. (Eur)   I am working now.
Eu estou trabalhando agora. (Br)
Eles estavam a trabalhar naquele momento. (Eur)   They were working at the time.
Eles estavam trabalhando naquele momento. (Br)

The conditional
To voice desires or aspirations:
Eu gostaria de ter um carro novo.   I should / would like to have a new car.

For hypothetical future occurrences:
Nós iríamos lá, se pudéssemos.   We would go there, if we could.

To talk about events that were still to come in the past:
Eu sabia que eles viriam domingo passado.   I knew they would come last Sunday.

See also **The imperfect**, above.

The conditional perfect
For things that failed to happen in the past:
Nós teríamos ido lá, se tivéssemos podido.   We would have gone there, if we had been able to.

The imperative
See **The imperative and alternatives**, pages 72–74.

The subjunctive
See **The subjunctive: when to use it**, pages 85–86.

The personal infinitive
For clarity over who does what:
É preciso nós completarmos a tarefa.   We need to finish the task. (literally, It is necessary for us to finish the task.)

as compared with:
É preciso completar a tarefa.   The task needs finishing. (literally, It is necessary to finish the task.)

For tense replacement:

The infinitive is not time-bound (present, past, future) or mood-linked (indicative, subjunctive, etc). As such it is often used as an alternative to tense use and for bypassing more complex constructions:

Ao abrirmos a porta, nós sentimos o frio vindo de fora. On opening the door, we felt the cold air coming from outside.

instead of:

Quando (nós) abrimos a porta, nós sentimos o frio vindo de fora. When we opened the door, we felt the cold air coming from outside.

Eles pediram para eu cantar. They asked (for) me to sing.

instead of:

Eles pediram que eu cantasse. They asked that I sing / whether I would sing.

16. The subjunctive: when to use it

The subjunctive is used for actions or states seen as dependent on actual events or confirmation, as opposed to being considered definite facts or able be taken for granted.

Present subjunctive

After expressions of doubt or fear:

Duvido que elas cantem hoje. I doubt that they'll sing today.
Receio que ele volte tarde demais. I'm afraid he may come back too late.

After expressions of empathy or sorrow:

Lamento que ela não goste do presente. I am sorry she doesn't like the present.
Tenho pena que ele esteja doente. I am sorry that he's ill.

For stressing how essential, important or desirable something is:

É essencial que você estude. It is essential that you study.

In wishes, hopes and requests:

Espero que ela faça boa viagem. I hope she will have a good trip.
Peço que você estude. I'm asking you to study. (Please study)

For wishing someone well:

Durma bem! Sleep well!
Faça boa viagem! Have a good trip!

Present perfect subjunctive

For talking about uncertain occurrences before another past event:

Duvido que elas tenham cantado antes da chegada dele. I doubt that they would have sung before his arrival.
Receio que ele tenha voltado tarde demais. I'm afraid he may have come back too late.

VERBS

Imperfect subjunctive

For talking about essential or desirable things that have little likelihood of happening:

Seria essencial / desejável que você estudasse. — It would be essential / desirable for you to study.

Nós iríamos / íamos (Coll) *lá, se pudéssemos.* — We would go there, if we could.

For expressing wishes, hopes or requests that are unlikely to be fulfilled:

Pedi que você estudasse. — I asked you to study. (but you don't appear to be doing so)

Pluperfect subjunctive

For talking about conditions that were not fulfilled:

Nós teríamos / tínhamos (Coll) *ido lá, se tivéssemos podido.* — We would have gone there, if we had been able to.

Future subjunctive

For talking about conditions that, if fulfilled, will enable something else to happen:

Se você estudar, passará no exame. — If you study, you will pass your exam.

Future perfect subjunctive

For talking about conditions that, if fulfilled by a certain time, will enable a future occurrence:

Se você tiver estudado antes do exame, passará. — If you've done your revision before the exam, you will pass.

17. Irregular verb tables

Please note that the following tables only show tenses with irregular verb forms. For tenses not listed here, please use the regular verb endings shown on pages 69–72.

caber *(to fit)*

person	present	preterite	present subjunctive	imperfect subjunctive	future subjunctive
eu	caibo	coube	caiba	coubesse	couber
tu	cabes	coubeste	caibas	coubesses	couberes
você, ele/ela	cabe	coube	caiba	coubesse	couber
nós	cabemos	coubemos	caibamos	coubéssemos	coubermos
vocês, eles/elas	cabem	couberam	caibam	coubessem	couberem

crer *(to believe)*

person	present	imperative	present subjunctive
eu	creio		creia
tu	crês	crê	creias
você, ele/ela	crê		creia
nós	cremos		creiamos
vocês, eles/elas	creem		creiam

VERBS

dar *(to give)*

person	present	preterite	imperative
eu	dou	dei	
tu	dás	deste	dá
você, ele/ela	dá	deu	
nós	damos	demos	
vocês, eles/elas	dão	deram	

person	present subjunctive	imperfect subjunctive	future subjunctive
eu	dê	desse	der
tu	dês	desses	deres
você, ele/ela	dê	desse	der
nós	demos	déssemos	dermos
vocês, eles/elas	deem	dessem	derem

dizer *(to say)*

person	present	preterite	future	conditional
eu	digo	disse	direi	diria
tu	dizes	disseste	dirás	dirias
você, ele/ela	diz	disse	dirá	diria
nós	dizemos	dissemos	diremos	diríamos
vocês, eles/elas	dizem	disseram	dirão	diriam

person	present subjunctive	imperfect subjunctive	future subjunctive	imperative
eu	diga	dissesse	disser	
tu	digas	dissesses	disseres	diz(e)
você, ele/ela	diga	dissesse	disser	
nós	digamos	disséssemos	dissermos	
vocês, eles/elas	digam	dissessem	disserem	

past participle *dito*

estar *(to be)*

person	present	preterite	imperative
eu	estou	estive	
tu	estás	estiveste	está
você, ele/ela	está	esteve	
nós	estamos	estivemos	
vocês, eles/elas	estão	estiveram	

person	present subjunctive	imperfect subjunctive	future subjunctive
eu	esteja	estivesse	estiver
tu	estejas	estivesses	estiveres
você, ele/ela	esteja	estivesse	estiver
nós	estejamos	estivéssemos	estivermos
vocês, eles/elas	estejam	estivessem	estiverem

VERBS

fazer (to do, make)

person	present	preterite	future	conditional
eu	faço	fiz	farei	faria
tu	fazes	fizeste	farás	farias
você, ele/ela	faz	fez	fará	faria
nós	fazemos	fizemos	faremos	faríamos
vocês, eles/elas	fazem	fizeram	farão	fariam

person	imperative	present subjunctive	imperfect subjunctive	future subjunctive
eu		faça	fizesse	fizer
tu	faz(e)	faças	fizesses	fizeres
você, ele/ela		faça	fizesse	fizer
nós		façamos	fizéssemos	fizermos
vocês, eles/elas		façam	fizessem	fizerem

past participle feito

haver (there is/are, etc, to have)

person	present	preterite
eu	hei	houve
tu	hás	houveste
você, ele/ela	há	houve
nós	havemos	houvemos
vocês, eles/elas	hão	houveram

person	present subjunctive	imperfect subjunctive	future subjunctive
eu	haja	houvesse	houver
tu	hajas	houvesses	houveres
você, ele/ela	haja	houvesse	houver
nós	hajamos	houvéssemos	houvermos
vocês, eles/elas	hajam	houvessem	houverem

ir (to go)

person	present	preterite	imperative
eu	vou	fui	
tu	vais	foste	vai
você, ele/ela	vai	foi	
nós	vamos	fomos	
vocês, eles/elas	vão	foram	

person	present subjunctive	imperfect subjunctive	future subjunctive
eu	vá	fosse	for
tu	vás	fosses	fores
você, ele/ela	vá	fosse	for
nós	vamos	fôssemos	formos
vocês, eles/elas	vão	fossem	forem

VERBS

ler *(to read)*

person	present	imperative	present subjunctive
eu	leio		leia
tu	lês	lê	leias
você, ele/ela	lê		leia
nós	lemos		leiamos
vocês, eles/elas	leem		leiam

ouvir *(to hear)*

person	present	imperative	present subjunctive
eu	ouço		ouça
tu	ouves	ouve	ouças
você, ele/ela	ouve		ouça
nós	ouvimos		ouçamos
vocês, eles/elas	ouvem		ouçam

pedir *(to ask for)*

person	present	imperative	present subjunctive
eu	peço		peça
tu	pedes	pede	peças
você, ele/ela	pede		peça
nós	pedimos		peçamos
vocês, eles/elas	pedem		peçam

perder *(to lose)*

person	present	imperative	present subjunctive
eu	perco		perca
tu	perdes	perde	percas
você, ele/ela	perde		perca
nós	perdemos		percamos
vocês, eles/elas	perdem		percam

poder *(to be able to, can, may)*

person	present	preterite
eu	posso	pude
tu	podes	pudeste
você, ele/ela	pode	pôde
nós	podemos	pudemos
vocês, eles/elas	podem	puderam

person	present subjunctive	imperfect subjunctive	future subjunctive
eu	possa	pudesse	puder
tu	possas	pudesses	puderes
você, ele/ela	possa	pudesse	puder
nós	possamos	pudéssemos	pudermos
vocês, eles/elas	possam	pudessem	puderem

VERBS

pôr (to put)

person	present	preterite	imperfect	imperative
eu	ponho	pus	punha	
tu	pões	puseste	punhas	põe
você, ele/ela	põe	pôs	punha	
nós	pomos	pusemos	púnhamos	
vocês, eles/elas	põem	puseram	punham	

person	present subjunctive	imperfect subjunctive	future subjunctive
eu	ponha	pusesse	puser
tu	ponhas	pusesses	puseres
você, ele/ela	ponha	pusesse	puser
nós	ponhamos	puséssemos	pusermos
vocês, eles/elas	ponham	pusessem	puserem

present participle
pondo

past participle
posto

querer (to want)

person	present	preterite
eu	quero	quis
tu	queres	quiseste
você, ele/ela	quer	quis
nós	queremos	quisemos
vocês, eles/elas	querem	quiseram

person	present subjunctive	imperfect subjunctive	future subjunctive
eu	queira	quisesse	quiser
tu	queiras	quisesses	quiseres
você, ele/ela	queira	quisesse	quiser
nós	queiramos	quiséssemos	quisermos
vocês, eles/elas	queiram	quisessem	quiserem

saber (to know)

person	present	preterite	imperative
eu	sei	soube	
tu	sabes	soubeste	sabe
você, ele/ela	sabe	soube	
nós	sabemos	soubemos	
vocês, eles/elas	sabem	souberam	

person	present subjunctive	imperfect subjunctive	future subjunctive
eu	saiba	soubesse	souber
tu	saibas	soubesses	souberes
você, ele/ela	saiba	soubesse	souber
nós	saibamos	soubéssemos	soubermos
vocês, eles/elas	saibam	soubessem	souberem

VERBS

ser *(to be)*

person	present	preterite	imperfect	imperative
eu	sou	fui	era	
tu	és	foste	eras	sê
você, ele/ela	é	foi	era	
nós	somos	fomos	éramos	
vocês, eles/elas	são	foram	eram	

person	present subjunctive	imperfect subjunctive	future subjunctive
eu	seja	fosse	for
tu	sejas	fosses	fores
você, ele/ela	seja	fosse	for
nós	sejamos	fôssemos	formos
vocês, eles/elas	sejam	fossem	forem

ter *(to have)*

person	present	preterite	imperfect	imperative
eu	tenho	tive	tinha	
tu	tens	tiveste	tinhas	tem
você, ele/ela	tem	teve	tinha	
nós	temos	tivemos	tínhamos	
vocês, eles/elas	têm	tiveram	tinham	

person	present subjunctive	imperfect subjunctive	future subjunctive
eu	tenha	tivesse	tiver
tu	tenhas	tivesses	tiveres
você, ele/ela	tenha	tivesse	tiver
nós	tenhamos	tivéssemos	tivermos
vocês, eles/elas	tenham	tivessem	tiverem

trazer *(to bring)*

person	present	preterite	imperative
eu	trago	trouxe	
tu	trazes	trouxeste	traz(e)
você, ele/ela	traz	trouxe	
nós	trazemos	trouxemos	
vocês, eles/elas	trazem	trouxeram	

person	future	conditional
eu	trarei	traria
tu	trarás	trarias
você, ele/ela	trará	traria
nós	traremos	traríamos
vocês, eles/elas	trarão	trariam

VERBS

person	present subjunctive	imperfect subjunctive	future subjunctive
eu	traga	trouxesse	trouxer
tu	tragas	trouxesses	trouxeres
você, ele/ela	traga	trouxesse	trouxer
nós	tragamos	trouxéssemos	trouxermos
vocês, eles/elas	tragam	trouxessem	trouxerem

ver (to see)

person	present	preterite	imperative
eu	vejo	vi	
tu	vês	viste	vê
você, ele/ela	vê	viu	
nós	vemos	vimos	
vocês, eles/elas	veem	viram	

person	present subjunctive	imperfect subjunctive	future subjunctive
eu	veja	visse	vir
tu	vejas	visses	vires
você, ele/ela	veja	visse	vir
nós	vejamos	víssemos	virmos
vocês, eles/elas	vejam	vissem	virem

past participle   *visto*

vir (to come)

person	present	preterite	imperfect	imperative
eu	venho	vim	vinha	
tu	vens	vieste	vinhas	vem
você, ele/ela	vem	veio	vinha	
nós	vimos	viemos	vínhamos	
vocês, eles/elas	vêm	vieram	vinham	

person	present subjunctive	imperfect subjunctive	future subjunctive
eu	venha	viesse	vier
tu	venhas	viesses	vieres
você, ele/ela	venha	viesse	vier
nós	venhamos	viéssemos	viermos
vocês, eles/elas	venham	viessem	vierem

past participle   *vindo*

For the **imperative** see **The imperative and alternatives**, pages 72–74.

18. Gender of nouns

In Portuguese, all nouns are either masculine or feminine. This grammatical gender applies not only to people and animals but also to inanimate objects and abstract concepts:

homem	man	(masculine)
vaca	cow	(feminine)
carro	car	(masculine)
felicidade	happiness	(feminine)

Gender guidelines

There are some guidelines that can help you work out whether a noun is masculine or feminine.

By meaning

Generally, males and females are masculine and feminine respectively:

homem (masculine) / *mulher* (feminine) — man / woman
cavalo (masculine) / *égua* (feminine) — horse / mare
gato (masculine) / *gata* (feminine) — cat / she-cat

By word ending

Usually masculine: nouns ending in the vowels *-o* and *-u*, the consonants *-l*, *-r*, and *-z*, and the letters *-ume*:

gato • *livro* • *peru* • *hotel* • *mar* • *rapaz* • *legume*

Usually feminine: nouns ending in the vowel *-a* and the letters *-gem*, *-dade*, *-tude* and *-ão* (when the ending corresponds to *-ion* in the English translation):

gata • *escola* • *garagem* • *identidade* • *juventude* • *atenção*

However, since there are exceptions, it is always advisable to learn a noun with its definite article, i.e., the word for *the*, which indicates its gender. Please see **The definite article**, pages 97–98.

Some nouns have only one gender, often feminine, which applies to both male and female. The following nouns are always feminine even when they refer to a male:

pessoa • *criança* • *testemunha* • *vítima*

A masculine plural can cover both genders:

irmão	brother	*irmãos*	brothers or brother(s) and sister(s)
senhor	gentleman	*senhores*	gentlemen or ladies and gentlemen

NOUNS

19. Formation of feminines

As in English, males and females are sometimes differentiated by the use of two different words in Portuguese, e.g.:

homem / mulher	man / woman
pai / mãe	father / mother
boi / vaca	ox / cow

However, the male-female distinction is often shown by a change of ending.

Words ending in *-o* (but not *-ão*) in the masculine change to *-a* in the feminine:

menino / menina	boy / girl
filho / filha	son / daughter
médico / médica	(male) doctor / (female) doctor
brasileiro / brasileira	Brazilian man / Brazilian woman
pato / pata	drake / duck

Some words ending in *-ão* drop the final *-o*:

irmão / irmã	brother / sister
cidadão / cidadã	(male) citizen / (female) citizen

A few words ending in *-ão* change to *-oa*:

patrão / patroa	(male) boss / (female) boss
leão / leoa	lion / lioness

A few words ending in *-ão* change to *-ona*:

folião / foliona	(male) reveller / (female) reveller
brincalhão / brincalhona	(male) playful person / (female) playful person

Words ending in *-or* generally add *a*:

senhor / senhora	gentleman / lady
professor / professora	(male) teacher / (female) teacher

A few words ending in *-or* substitute *-eira*:

arrumador / arrumadeira	cleaning man / cleaning lady
falador / faladeira	(male) chatterbox / (female) chatterbox

A few words ending in *-or* substitute *-riz*:

ator / atriz	actor / actress
imperador / imperatriz	emperor / empress

Words ending in *-ês* normally add *a* and lose their written accent:

português / portuguesa	Portuguese man / Portuguese woman
freguês / freguesa	(male) customer / (female) customer

Words ending in *-ista* do not change:

dentista	(male) dentist / (female) dentist
motorista	(male) driver / (female) driver

NOUNS

Most words ending in *-a* or *-e* do not change:

estudante	*(male) student / (female) student*
habitante	*(male) inhabitant / (female) inhabitant*
colega	*(male) colleague / (female) colleague*

Most words ending in *-eu* change to *-eia*:

europeu / europeia — *European man / European woman*

Words ending in *-ô* change to *-ó*:

avô / avó — *grandfather / grandmother*

Words ending in *-ói* change to *-oína*:

herói / heroína — *hero / heroine*

A number of words take *-esa*, *-essa* or *-isa* endings in the feminine:

príncipe / princesa	*prince / princess*
abade / abadessa	*abbot / abbess*
poeta / poetisa	*poet / poetess*

For some animals the gender distinction is expressed by adding the words **macho** (*male*) and **fêmea** (*female*):

jacaré macho / fêmea	*(male) alligator / (female) alligator*
girafa macho / fêmea	*(male) giraffe / (female) giraffe*

When an adjective is used as a noun, sometimes a change in form will not occur:

jovem / jovem — *(male) young person / (female) young person*

20. Formation of plurals

As a general rule, simply add an *-s* to nouns ending in a single vowel:

menino	*little boy*	**meninos**	*little boys*
chave	*key*	**chaves**	*keys*

Specific endings

Words ending in *-m* change to *-ns*:

homem	*man*	**homens**	*men*
nuvem	*cloud*	**nuvens**	*clouds*

Words ending in the consonants *-r*, *-z* and *-n* add *-es*:

mulher	*woman*	**mulheres**	*women*
cor	*colour*	**cores**	*colours*
rapaz	*boy, young man*	**rapazes**	*boys, young men*
luz	*light*	**luzes**	*lights*
espécimen	*specimen*	**espécimens** or **especímenes**	*specimens*

Words ending in *-ês* add *-es* and lose their accent:

freguês	*customer*	**fregueses**	*customers*
mês	*month*	**meses**	*months*

NOUNS

Words ending in -*al* change to -*ais*:

animal	animal	**animais**	animals
carnaval	carnival	**carnavais**	carnivals

Exception: **mal**, **males** evil, evils

Words ending in stressed -*el* change to -*éis* and those ending in unstressed -*el* change to -*eis*:

hotel	hotel	**hotéis**	hotels
papel	paper	**papéis**	papers
nível	level	**níveis**	levels
automóvel	motor car	**automóveis**	motor cars

Words ending in stressed -*il* change to -*is* and those ending in unstressed -*il* change to -*eis*:

barril	barrel	**barris**	barrels
fuzil	rifle	**fuzis**	rifles
réptil	reptile	**répteis**	reptiles
fóssil	fossil	**fósseis**	fossils

Words ending in stressed -*ol* change to -*óis* and those ending in unstressed -*ol* change to -*ois*:

lençol	bed sheet	**lençóis**	bed sheets
farol	lighthouse	**faróis**	lighthouses
álcool	alcohol	**álcoois**	alcohols

Words ending in stressed -*ul* change to -*uis* and those ending in unstressed -*ul* add -*es*:

paul	swamp	**pauis**	swamps
cônsul	consul	**cônsules**	consuls

Some words ending in -*ão* add -*s* while others change to -*ões* or -*ães*.

mão	hand	**mãos**	hands
irmão	brother	**irmãos**	brothers/siblings
avião	aeroplane	**aviões**	aeroplanes
botão	button	**botões**	buttons
pão	loaf	**pães**	loaves
capitão	captain	**capitães**	captains

Words ending in -*s* have the same form for both singular and plural:

lápis	pencil	**lápis**	pencils
pires	saucer	**pires**	saucers

Some nouns are used only in the plural:

óculos	glasses, spectacles
arredores	suburbs
belas-artes	fine arts

ARTICLES

21. The definite article

The Portuguese definite article agrees in gender (i.e. masc. or fem.) and number (i.e. sing. or plur.) with the noun to which it relates. As such, it has the following forms:

| *o* | masculine singular | *os* | masculine plural |
| *a* | feminine singular | *as* | feminine plural |

| *o homem* | the man | *os homens* | the men |
| *a chave* | the key | *as chaves* | the keys |

(Please note that Portuguese *a* translates English *the*, not *a/an*.)

Where the noun would otherwise be ambiguous as to gender or number, the article provides clarification:

o estudante	the male student	*a estudante*	the female student
o artista	the male artist	*a artista*	the female artist
o lápis	the pencil	*os lápis*	the pencils

See **Formation of feminines**, pages 94–95, and **Formation of plurals**, pages 95–96.

For nouns that mean different things depending on their gender, it is the article that helps identify the sense in question:

| *o capital* | capital (money) | *a capital* | capital (city) |
| *o guia* | guide book | *a guia* | bill of lading; advice slip |

See **Gender of nouns**, page 93.

Basically the role of the definite article is much the same in Portuguese as it is in English, but its use is broader in Portuguese.

with nouns when making generalizations

A natureza é linda.	Nature is beautiful.
O ouro é um metal precioso.	Gold is a precious metal.
Os gatos miam.	Cats miaow.

with the names of seasons, days of the week and special dates

| *Quando começa o verão?* | When does summer start? |
| *A segunda-feira é o dia mais ocupado.* | Monday is the busiest day. |

with the name of continents and several countries – **Portugal** is an exception

O Brasil fica na América e Portugal na Europa. Brazil is in America and Portugal in Europe.

with the names of some states, regions and cities

O Amazonas é o maior estado do Brasil.	Amazonas is the largest state in Brazil.
A Madeira fica no Oceano Atlântico.	Madeira is in the Atlantic Ocean.
O Rio de Janeiro é a antiga capital do Brasil.	Rio de Janeiro is Brazil's former capital city.

often with the names of languages

O Português é falado em vários países. Portuguese is spoken in several countries.

ARTICLES

with parts of the body, belongings, close relations and friends
> **Vou lavar o cabelo.** — I am going to wash my hair.
> **Não esqueça o guarda-chuva!** — Don't forget your umbrella!
> **Ela saiu com os amigos.** — She went out with her friends.

With possessives:
> **Este é o meu livro.** — This is my book.

with a title followed by a name
> **O doutor Oliveira não está.** — Doctor Oliveira is not in.

with names of people – in Portugal more so than in Brazil
> **Comprei um presente para a Lúcia.** — I have bought a present for Lúcia.

Conversely, unlike in English, the definite article is not used in Portuguese with the names of musical instruments meant in a general sense:
> **Ela toca piano.** — She plays the piano.

22. The indefinite article

The Portuguese indefinite article agrees with the noun to which it relates. As such it has a masculine and a feminine form:

um	masculine
uma	feminine
um homem	a man
uma chave	a key

The Portuguese indefinite article also has plural forms. These often correspond to *some* and *a few* in English:

uns homens	some / a few men
umas chaves	some / a few keys

Portuguese **um / uma** sometimes corresponds to the English indefinite article *a / an* and sometimes to the number *one*. See **Cardinal and ordinal numbers**, pages 121–124. Partly as a result of this, usage varies between the two languages.

Unlike in English, the Portuguese indefinite article is not used:

with a classifying noun, denoting someone's job, religion, affiliation, age group, etc
> **Ela é professora.** — She is a teacher.
> **Ela é católica.** — She is a Catholic.
> **Ele já é adulto.** — He is an adult now.

with hundreds and thousands
> **Cem dias é muito tempo.** — A hundred days is a long time.
> **Este parqueamento tem capacidade para mil veículos.** — This car park has space for a thousand vehicles.

ADJECTIVES

23. Formation of feminines and plurals

Most adjectives agree in gender and number with the noun they modify.

Formation of feminines

Words ending in *-o* (but not *-ão*) change to *-a*:
alto / alta • *vermelho / vermelha* • *brasileiro / brasileira*

Some words ending in *-ão* drop the final *-o*:
são / sã • *cristão / cristã* • *alemão / alemã*

A few words ending in *-ão* change to *-ona*:
brincalhão / brincalhona • *comilão / comilona*

Words ending in *-or* generally add *-a* but some change to *-eira*:
trabalhador / trabalhadora • *falador / faladeira*

Words ending in *-ês* normally add *-a* (and lose their accent):
inglês / inglesa • *português / portuguesa*

Exception: **cortês**, *polite*, which stays the same for the feminine.

Words ending in *-eu* change to *-eia*:
europeu / europeia • *hebreu / hebreia*

Words ending in *-u* add *-a*:
cru / crua • *nu / nua*

Exception: **mau / má**, *bad*

Words ending in *-e* or *-a* usually do not change:
grande / grande • *doce / doce* • *belga / belga*

Some words ending in *-l*, *-s*, and *-z* do not change:
fácil / fácil • *simples / simples* • *capaz / capaz*

Some words ending in *-m* do not change:
jovem / jovem • *ruim / ruim*

Exception: **bom / boa**, *good*

99

ADJECTIVES

Formation of plurals

Most words ending in a single vowel add **-s**:

doce, doces	sweet
elegante, elegantes	elegant
grande, grandes	big, large
vermelha, vermelhas	red
brasileiro, brasileiros	Brazilian

Words ending in **-m** change to **-ns**:

jovem, jovens	young
bom, bons	good

Words ending in **-r** or **-z** add **-es**:

melhor, melhores	better
feliz, felizes	happy

Words ending in **-ês** add **-es** (and lose their accent):

português, portugueses	Portuguese
cortês, corteses	polite

Words ending in **-al** change to **-ais**:

usual, usuais	usual
internacional, internacionais	international

Words ending in **-el** generally change to **-eis**:

amável, amáveis	kind
possível, possíveis	possible

Words ending in stressed **-il** change to **-is** and those ending in unstressed **-il** change to **-eis**:

civil, civis	civil
fácil, fáceis	easy

A small number of words ending in **-ol** and **-ul** change to **-óis**, and **-uis** respectively:

espanhol, espanhóis	Spanish
azul, azuis	blue

Some words ending in **-ão** add **-s**, while others change to **-ões** or **-ães**:

cristão, cristãos	Christian
folgazão, folgazões	fun-loving
alemão, alemães	German

A small number of words ending in **-s** do not change:

simples, simples	simple

For information on the position of adjectives, see **Word order**, pages 118–119.

ADJECTIVES

24. Comparatives and superlatives

Comparatives

These are formed using the following constructions:

mais ... (que)	more ... /-er ... (than)
menos ... (que)	less ... (than)
tão ... quanto or tão ... como (*)	as ... as

(*) Both forms are used east and west of the Atlantic but you are likely to hear **quanto** more often in Brazil and **como** more often in Portugal.

O casaco azul é mais bonito que o casaco verde.	The blue coat is prettier than the green coat.
O chapéu branco é menos bonito que o chapéu amarelo.	The white hat is not as pretty as (is less pretty than) the yellow hat.
O chapéu vermelho é tão bonito quanto (or como) o chapéu amarelo.	The red hat is as pretty as the yellow hat.

Superlatives

These are formed using the following constructions:

mais ... (de) ...	most ... /-est... (of)
menos (de) ...	least ... (of)

Este é o casaco mais confortável e mais bonito (de todos).	This one is the most comfortable and prettiest coat (of all).
Este é o casaco menos confortável e menos bonito (de todos).	This is the least comfortable and least pretty coat (of all).

Adjectives with irregular comparatives and superlatives

adjective	comparative	superlative
bom	melhor	o melhor
mau, ruim	pior	o pior
grande	maior	o maior
pequeno	menor (Br)	o menor (Br)
	mais pequeno (Eur)	o mais pequeno (Eur)

ADJECTIVES

25. Demonstrative adjectives

Demonstrative adjectives agree with the noun in both gender (i.e. masc. or fem.) and number (i.e. sing. or plur.):

	masculine	feminine	
singular	este, esse, aquele	esta, essa, aquela	this; that
plural	estes, esses, aqueles	estas, essas, aquelas	these; those

Este casaco é meu. — This coat is mine.
Esse guarda-chuva é teu. — That umbrella is yours.
Aquelas malas são deles. — Those suitcases are theirs.

este (and its feminine and plural) indicate something or someone close to the speaker, i.e. to the 1st person.
esse (and its feminine and plural) indicate something or someone close to the listener, i.e. to the 2nd person.
aquele (and its feminine and plural) indicate something or someone at a distance from both the 1st and 2nd persons.

The form *aquele* translates *that* and *este* *this*, but *esse* can translate both *that* and *this*. Closeness and distance may refer to space, time or sequence in speech or text.

In Brazil, *este* is not used much in colloquial speech, leaving *esse* to cover both meanings:
Speaker A: – *Esse livro é bom?* – Is that book good?
Speaker B: – *Sim, este / esse* (Coll Br) *livro é bom.* – Yes, this book is good.

See also **Demonstrative pronouns**, pages 112–113, and **Prepositions**, pages 115–117.

26. Interrogative adjectives

Que...? can translate both English *What...?* and *Which...?*. It is used when seeking identification or a definition:

Que rua é esta? — What street is this?
Que carro é que você comprou? — Which car did you buy?, What type of car have you bought?

Qual...? translates English *Which...?*. It implies the notion of choice or selection. It agrees in number with its noun and has the form *Quais...?* for the plural:

Qual livro você vai escolher? — Which book will you choose?
Quais calças você vai comprar? — Which trousers are you going to buy?

Quanto...?, Quanta...?, Quantos...?, Quantas...? translates English *How much...?* and *How many...?*. It agrees in gender and number with the noun it relates to:

Quanto tempo vai demorar? — How long is it going to take?
Quanta paciência será preciso!? — How much patience will it take!?
Quantos livros é que você leu? — How many books have you read?

ADJECTIVES

27. Possessive adjectives

Possessor	Possessives		
	Masculine, singular and plural	Feminine, singular and plural	
1st person sing. (I)	*o(s) meus(s)*	*a(s) minha(s)*	my
2nd person sing. (you)	*o(s) seu(s)* (relating to *você / o senhor / a senhora*) *o(s)* [noun] *de ...* *o(s) teu(s)*	*a(s) sua(s)* (relating to *você, o senhor, a senhora*) *a(s)* [noun] *de ...* *a(s) tua(s)*	your
3rd person sing. (he / she / it)	*o(s) seu(s)* *o(s)* [noun] *dele / dela*	*a(s) sua(s)* *a(s)* [noun] *dele / dela*	his / her / its
1st person plur. (we)	*o(s) nosso(s)*	*a(s) nossa(s)*	our
2nd person plur. (you)	*o(s) seu(s)* (relating to *vocês* etc) *o(s) vosso(s)* *o(s)* [noun] *de ...*	*a(s) sua(s)* (relating to *vocês* etc) *a(s) vossa(s)* *a(s)* [noun] *de ...*	your
3rd person plur. (they)	*o(s) seu(s)* *o(s)* [noun] *deles / delas*	*a(s) sua(s)* *a(s)* [noun] *deles / delas*	their

Agreement

Portuguese possessive adjectives agree in gender (i.e. masc. or fem.) and number (i.e. sing. or plur.) with the thing possessed:

o meu chapéu	my hat
o nosso carro	our car
a minha mala	my suitcase
os meus sapatos	my shoes
as nossas luvas	our gloves

Alternative forms for second- and third-person possessors

Since the third-person forms *seu(s) / sua(s)* may mean *his, hers, theirs* or *yours*, alternatives are often used to clarify who the owner is. So, particularly in speech, constructions consisting of the preposition *de* contracted with a third person subject pronoun, *ele(s) / ela(s)*, are frequently used to indicate third-person possessors:

o chapéu dela (= *de* + *ela*)	her hat
o carro dele (= *de* + *ele*)	his car
as malas delas (= *de* + *elas*)	their suitcases

Portuguese usage of possessive adjectives compared with English

Unlike in English, possessive adjectives are not used with parts of the body, articles of clothing or other personal belongings, close relations or friends, etc, when the possessor is also the subject of the sentence and the connection is obvious.

Ela cruzou os braços.	She folded her arms.
O cachorro abanou o rabo.	The little dog wagged his tail.
Eu perdi os óculos.	I have lost my spectacles.
Ela deixou a bolsa no carro.	She left her purse in the car.
A mãe levou os filhos para a praia.	The mother took her children to the beach.
Eles perderam o juízo.	They have lost their minds.

PRONOUNS

28. Personal pronouns

Subject pronouns

	singular		plural	
1st person	*eu*	I	*nós*	we
2nd person	*você* *tu*	you	*vocês* (*vós* – no longer in general use)	you
3rd person (masc.) (fem.)	*ele* *ela*	he; it she; it	*eles* *elas*	they they

você, tu
In today's Portuguese, *você* is a second-person singular subject marker, although it is followed by a verb in the third person. The other subject marker, *tu*, is the traditional second-person singular subject pronoun. Both *você* and *tu* share the same plural, *vocês*. (For the difference in meaning between *você* and *tu* see pages 107–108.)

There is variation in the use of *você* and *tu*. In European Portuguese *tu* is very much alive and well. In Brazil preference is given to *você* at a national level, but some Brazilian speakers use the subject pronoun *tu*, often conjugated with the verb ending for *você*.

Cecília, você gosta de viajar?	Cecília, do you like travelling?
Cecília, tu gostas de viajar? (Eur)	Cecília, do you like travelling?
Cecília, tu gosta de viajar? (Coll Br) (regionally)	Cecília, do you like travelling?

vós
The second-person subject pronoun is the plural counterpart of *tu* in the *tu-vós* duality inherited from Latin, but it is no longer in general use. You may come across it in specific contexts, e.g. in church.

ele / ela; eles / elas
The form of the third-person subject pronoun reflects not only the number but also the gender of the noun(s) it replaces, this being people, animals or things. With inanimate objects the pronoun tends to be omitted.

Ela gosta de viajar.	She likes travelling.
Eles estão deitados no telhado. (os gatos)	They are lying on the roof. (the cats)
(Ela) tem quatro pernas. (a mesa)	It has four legs. (the table)

A masculine plural can refer to both genders:

Eles gostam de viajar. (Cecília e Eduardo)	They like travelling. (Cecília and Eduardo)

Subject marker omission
Where the verb ending indicates the subject clearly, the subject marker can be dropped:

(Eu) telefonei ontem.	I phoned yesterday.
(Nós) vamos à praia amanhã.	We are going to the beach tomorrow.

PRONOUNS

Direct object pronouns

	singular		plural	
1st person	me	me	nos	us
2nd person	o/a você te	you	os/as, vos (Eur) (Wr Br) vocês	you
3rd person (masc.)	o ele (Coll Br)	him; it	os eles (Coll Br)	them
(fem.)	a ela (Coll Br)	her; it	as elas (Coll Br)	them

Eu não te vi. — I didn't see you.
Eles não nos viram. — They didn't see us.

Particularly in speech, subject-marker words are also often used as direct objects:

Eles não viram a gente. — They didn't see us.
Eu vi você ontem. — I saw you yesterday.
Ele levou o senhor de carro? — Did he take you by car?

Object pronouns after a verb

When object pronouns *o(s)/a(s)* follow verb forms ending in a nasal sound, they change to *no(s)/na(s)*:

O trabalho era muito mas eles fizeram-no todo. — There was a lot of work but they did it all.
As lições eram fáceis. Eles aprenderam-nas bem. — The lessons were easy. They learned them well.

When object pronouns *o(s)/a(s)* follow verb forms ending in *-r*, *-s* or *-z*, they change to *lo(s)/la(s)* and the verb ending also changes:

Eu vou comprá-lo. (comprar+o) — I am going to buy it.
Eu não pude ouvi-la. (ouvir+a) — I couldn't hear her.
Ele pô-lo ali. (pôs+o) — He put it there.
Você fê-lo. (fez+o) — You did it.

These constructions are often avoided, particularly in speech, using one of two methods:

by placing the pronoun before the verb

Muito prazer em conhecê-la. or — Delighted to meet you.
Muito prazer em a conhecer.

by using the same words as for subject markers

Muito prazer em conhecê-la. or *Muito prazer em conhecer você.* (general) — Delighted to meet you.
Muito prazer em conhecer a senhora. (courteous)

For position of direct object pronouns, see also **Word order**, pages 118–119.

PRONOUNS

Indirect object pronouns

	singular		plural	
1st person	*me*	*(to) me*	*nos*	*(to) us*
2nd person	*lhe* *te* *(para) você* (Coll Br)	*(to) you*	*lhes* *vos* (Eur) (Wr Br) *(para) vocês* (Coll Br)	*(to) you*
3rd person (masc.) (fem.)	*lhe* *(para) ele* (Coll Br) *lhe* *(para) ela* (Coll Br)	*(to) him; it* *(to) her; it*	*lhes* *(para) eles* (Coll Br) *lhes* *(para) elas* (Coll Br)	*(to) them* *(to) them*

Particularly in speech, indirect objects can also be indicated using subject-marker words preceded by a preposition. This is much more widely heard in Brazil than in Portugal:

Eu não lhe comprei um presente. or   I haven't bought her a present.
Eu não comprei um presente para ela.
Você já lhes deu o dinheiro? or   Have you given them the money (yet)?
Você já deu o dinheiro a eles?
Eu não lhe telefonei ontem. or   I didn't phone you yesterday.
Eu não telefonei para você ontem.

For position of indirect object pronouns, see also **Word order**, pages 118–119.

Combined forms

Indirect-object pronouns can combine and contract with the direct object pronouns *o(s) / a(s)* in forms such as *mo* (*me+o*), *to* (*te+o*), *lho* (*lhe+o*), etc. Such constructions can be avoided by using a stressed pronoun preceded by a preposition. See **Stressed pronouns** below.

Não lho venda. (*lhe+o*) or *Não o venda a ele.*   Don't sell it to him.
Ele trouxe as chaves e deu-mas. (*me+as*)   He brought over the keys and gave them to me.
  or *Ele trouxe as chaves e deu-as a mim.*

Stressed pronouns

	singular		plural	
1st person	*para mim*	*to me*	*para nós*	*to us*
2nd person	*para você, ti* *para si* (Eur) (Wr Br)	*to you*	*para vocês*	*to you*
3rd person (masc.) (fem.)	*para ele* *para ela*	*to him; it* *to her; it*	*para eles* *para elas*	*to them* *to them*

Personal pronouns take a stressed form after a preposition. In some cases, these are the same words as the subject pronouns:

Eles olharam para nós.   They looked at us.
Essa carta foi escrita por mim.   That letter was written by me.
Ela disse a ti que viria?   Did she tell you she would come?
Eu fui com eles.   I went with them.
Aquilo era para você. = *Aquilo era para si.* That was for you.
  (Eur) (Wr Br)

PRONOUNS

The preposition *com* (*with*) combines with personal pronouns in the following ways:

comigo	*with me*
contigo	*with you*
connosco (Eur), *conosco* (Br)	*with us*
consigo (Eur) (Wr Br) = *com você*	*with you*
convosco (Eur) (Wr Br) = *com vocês*	*with you*

Reflexive pronouns

These are dealt with under **Reflexive verbs**, page 76.

29. *Tu*, *você* and *o senhor* / *a senhora*

Saying *you* in Portuguese

In today's English, there is an all-embracing pronoun used for addressing people: *you*. The closest Portuguese translation is ***você***:

Você está de férias?   *Are you on holiday?* (addressing one person)

In Portuguese, a more formal form of address is achieved by replacing *você* with the nouns *o senhor* (literally, *the gentleman*) and *a senhora* (*the lady*), when wishing to show more respect:

O senhor está de férias?   *Are you on holiday?*
A senhora está de férias?   *Are you on holiday?*

In Portuguese, a less formal approach can be achieved by using *tu*, and its related forms *te* and *ti*, but there is variation in practice.

In Portugal, including Madeira and the Azores, as well as Portuguese-speaking regions of Africa and Asia, *tu* is the main choice for this purpose, along with its related object pronouns, *te* and *ti*:

Tu estás de férias?   *Are you on holiday?*
Eu não te vi na praia. (Eur)   *I didn't see you on the beach.*

In Brazil, there is a general preference for *você* in conjunction with the object pronouns *te* and *ti*, though *tu* can also be heard:

Você está de férias?   *Are you on holiday?*
Eu não te vi na praia. (Br)   *I didn't see you on the beach.*

When talking to more than one person, *você* is pluralized to *vocês*.
Vocês estão de férias?   *Are you on holiday?*

The nouns are pluralized to *os senhores* (*the gentlemen*) or *as senhoras* (*the ladies*). A masculine plural can refer to a pair or group that includes both genders:

As senhoras estão de férias?   *Are you on holiday (ladies)?*
Os senhores estão de férias?   *Are you* (addressing men and women) *on holiday?*

Where *tu* is used in the singular, *vocês* is used in the plural:
Vocês estão de férias?   *Are you on holiday?*

PRONOUNS

Verb agreement for *you*

The verb endings used for both the more formal **o senhor / a senhora** and less formal **você** are third-person forms:

O senhor está de férias?	*Are you on holiday?*
Você está de férias?	*Are you on holiday?*

In Portugal, and the other geographical locations listed above, the subject pronoun **tu** has retained its traditional second-person singular verb endings. Because they are distinctive as a second-person marker, **tu** can be omitted without loss of meaning:

Tu estás de férias? (Eur) or *Estás de férias?*   *Are you on holiday?*

In Brazil, when the subject pronoun **tu** is used, it is often conjugated with third-person verb endings, like **você**. This is particularly the case in the north-east and in some areas on the Atlantic coast:

Tu está de férias? (Coll Br) (regionally)   *Are you on holiday?*

When talking to more than one person, third-person plural verb endings are used in modern Portuguese whatever the subject marker, whether it is **vocês** (plural to both **você** and **tu**) or **os senhores / as senhoras**:

Vocês estão de férias?	*Are you on holiday?*
Os senhores estão de férias?	*Are you on holiday?*

When unsure which form of address to use, you can just use a third-person verb ending without a subject pronoun or other marker. This is heard on both sides of the Atlantic but more so in Portugal:

Está de férias?	*Are you on holiday?* (addressing one person)
Estão de férias?	*Are you on holiday?* (addressing more than one person)

30. Indefinite pronouns

Tudo (*all, everything*) is neuter:

É tudo.	*That's all.*
Tudo o que você me disse é verdade.	*Everything you told me is true.*

Nada (*nothing*) is neuter:

Não vi nada.   *I saw nothing.* or *I didn't see anything.*

Alguém (*someone, somebody, anyone, anybody*) is invariable:

Há alguém naquela sala.	*There is somebody in that room.*
Alguém falou com ele sobre o assunto?	*Has anyone discussed the matter with him?*

Ninguém (*nobody, none, no one*) is invariable:

Ninguém veio aqui. or *Não veio ninguém aqui.*   *Nobody came here.*

PRONOUNS

Todo, toda (*each one, every*), **todos, todas** (*all*) are masculine, feminine and plural forms parallel to **tudo**:

Quantas laranjas você quer?   How many oranges would you like?
Todas.   All (of them).

Algum, alguma, alguns, algumas (*some, any*) change in gender and number according to the noun they refer to:

Você tem dinheiro?   Have you got any money on you?
Algum.   Some.

Nenhum, nenhuma, nenhuns, nenhumas (*none*) change in gender and number according to the noun they refer to:

Nenhum deles veio.   None of them has come.

Outro, outra (*another*), *outros, outras* (*others*) change in gender and number according to the noun they refer to:

Você quer esta camisa?   Do you want this shirt?
Não, prefiro outra.   No, I would prefer another one.

Qualquer (*any*) and its plural form *quaisquer* change in number (but not in gender) according to the noun they refer to:

Falarei com qualquer deles.   I'll talk to any of them.
Quaisquer servem.   Any will do. (more than one)

Ambos, ambas (*both*) are used only in the plural but change in gender according to the noun they refer to:

Gosto de ambos.   I like both.

Cada or *cada um, cada uma* (*each, each one*). The use of **um/uma** (which agrees with the noun referred to) is optional:

Os vencedores recebem uma medalha cada (um).   The winners will receive a medal each.

For *nada*, *ninguém* and *nenhum*, etc, see also **Negatives**, pages 119–120.

31. Relative pronouns

Que (*that, which, who, whom*) is the most frequently used relative pronoun in Portuguese. It is invariable and can be used both as subject and direct object:

O rapaz que veio aqui é meu aluno.   The boy (who or that) came here is a pupil of mine.
A minha amiga é a pessoa que você vê ali.   My friend is the person (whom or who or that) you can see over there.
A caneta que está em cima da mesa é minha.   The pen (that or which) is on the table is mine.
Tenho o livro que você pediu.   I have the book (which or that) you asked for.

(Please note that, unlike English, Portuguese never omits the relative pronoun.)

PRONOUNS

Que can be preceded by a preposition, in which case it often translates English *which* and *whom*:

O apartamento em que ela mora é espaçoso.	The apartment in which she lives or that she lives in is spacious.
A companhia para que ele trabalhava fica fora da cidade.	The company for which he worked is out of town.

Quem (*whom*) is often used in preference to *que* when the relative pronoun refers to a person or people and is the object of the verb. It is invariable:

A senhora a quem entreguei o livro é a minha professora.	The lady to who or whom I handed the book is my teacher.
O patrão para quem ele trabalhava já se aposentou.	The boss who he worked for has now retired. or The boss he worked for has now retired.

O qual, *a qual*, *os quais*, *as quais* (*which*, *who*, *whom*) is a relative pronoun that varies in gender and number with the noun it relates to. It is not used much in conversation:

O presidente, o qual também é orador, proferiu um discurso.	The president, who is also a good speaker, gave an address.
São quatro as cidades nas quais ele falou.	There were four cities in which he gave a talk or (that) he gave a talk in.
Um homem, o nome do qual desconheço, dirigiu-se ao presidente.	A man, whose name I do not know, approached the president.

Cujo, *cuja*, *cujos*, *cujas* (*whose*) is a relative pronoun that functions as an adjective and agrees in gender and number with the noun it accompanies. It provides an alternative to *do qual*, etc:

Um homem, cujo nome desconheço, dirigiu-se ao presidente.	A man, whose name I do not know, approached the president.

O que (*that which*) is a combination of the demonstrative pronoun *o* and the relative pronoun *que*. Used as a neuter pronoun, it is often equivalent to *that*, *what* or *which* in English:

Tudo o que você me disse é verdade.	Everything (that) you told me is true.
Só aceitarei o que é justo.	I will only accept what is fair.
Somos o que somos.	We are what we are.
Ela é professora, o que eu não sabia.	She is a teacher, which I didn't know.

O que, *a que*, *os que*, *as que* are also options available. In this case the demonstrative pronoun agrees in gender and number with a specific noun and can translate English *the one(s)*; *this*, *these*, *that*, *those*; *he/she/it/they who*:

Você prefere os meus livros ou os que estão na mesa?	Do you prefer my books or the ones / those on the table?
Na corrida feminina a que chegar primeiro ganhará o troféu.	In the ladies' race the one or the woman who comes in first will win the trophy.

The adverbs *onde* (*where*) for place and *como* (*how*) for manner can also be used as relative pronouns:

O apartamento onde ela mora é espaçoso.	The apartment where she lives is spacious.

PRONOUNS

The *onde* and *como* options also provide alternatives to *qual*:

São quatro as cidades onde ele falou.	There were four cities where he gave a talk.

instead of

São quatro as cidades nas quais ele falou. (Wr)	There were four cities in which he gave a talk.
A maneira como ele nos tratou é um escândalo.	How he treated us was scandalous.

instead of

A maneira pela qual ele nos tratou é um escândalo. (Wr)	The way (in which) he treated us was scandalous.

32. Interrogative pronouns

Quem...? translates English *Who...?* and *Whom...?*, both singular and plural:

Quem veio aqui ontem?	Who came here yesterday?

De quem...? translates English *Whose...?*, but, unlike the English construction, it has to be followed by a verb rather than a noun:

De quem é este passaporte?	Whose passport is this?

Que...? and *Qual...?* are equivalent to *What?* and *Which?* in English.
Que...? is used when the questioner is expecting an answer that identifies or defines.
Qual...? (plural *Quais...?*) is used when the possible answers are more restricted and there is an implicit idea of choice:

Qual você prefere?	Which do you prefer? (choosing one out of two or more options)
Quais você prefere?	Which do you prefer? (choosing more than one out of a limited range of possibilities)

Quanto...?, Quanta...?, Quantos...?, Quantas...? corresponds to *How much?, How many?* in English and agrees in gender and number with the noun:

Quanto custa?	How much does it cost?
Quantas são?	How many are there?

33. Possessive pronouns

Possessor	Possessives		
	Masculine, singular and plural	Feminine, singular and plural	
1st person sing. (I)	o(s) meu(s)	a(s) minha(s)	mine
2nd person sing. (you)	o(s) seu(s) (relating to *você, o senhor, a senhora*) o(s) de ... o(s) teu(s)	a(s) sua(s) (relating to *você, o senhor, a senhora*) a(s) de ... a(s) tua(s)	yours
3rd person sing. (he / she / it)	o(s) seu(s) o(s) dele / dela	a(s) sua(s) a(s) dele / dela	his / hers / its

PRONOUNS

1st person plur. (we)	o(s) nosso(s)	a(s) nossa(s)	ours
2nd person plur. (you)	o(s) seu(s) (relating to vocês etc) o(s) vosso(s) o(s) de ...	a(s) sua(s) (relating to vocês etc) a(s) vossa(s) a(s) de ...	yours
3rd person plur. (they)	o(s) seu(s) o(s) deles / delas	a(s) sua(s) a(s) deles / delas	theirs

Agreement

Portuguese possessive pronouns agree in gender and number with the thing possessed:

o meu (=chapéu)	mine (= hat)
o nosso (= carro)	ours (=car)
a minha (= mala)	mine (= suitcase)
os meus (= sapatos)	mine (= shoes)
as nossas (= luvas)	ours (= gloves)

Alternative forms for second- and third-person possessors

Since the third-person forms *seu(s) / sua(s)* could mean his, hers, theirs or yours, alternatives are often used to clarify who the owner is. So, particularly in speech, constructions consisting of the preposition *de* contracted with a third person subject pronoun, *ele(s) / ela(s)*, are frequently used to indicate third-person possessors:

o dela (= de + ela)	(chapéu, hat)	hers
o dele (= de + ele)	(carro, car)	his
as delas (= de + elas)	(malas, suitcases)	theirs

(For contracted forms see also pages 115–116.)

This same technique can be applied to the second person, with the preposition *de* followed by the subject-marker word(s):

a de você (less heard than a sua)	(mala, suitcase)	yours
a do senhor	(mala, suitcase)	yours
a do João (Coll Eur)	(mala, suitcase)	yours
as das senhoras	(malas, suitcases)	yours

Omission of *o / a*

With one-word possessives (*meu*, *seu*, *teu*, *nosso*, *vosso*, etc), *o(s) / a(s)* is omitted when the possessive stands alone (normally after the verb *ser*) except when being emphatic about who something belongs to:

De quem é aquela mala?	Whose suitcase is that?
É minha. but	It's mine.
Aquela mala é a minha.	That suitcase is mine. (no one else's)

34. Demonstrative pronouns

Demonstrative pronouns have forms that agree in gender (i.e masc. or fem.) and number (i.e. sing. or plur.) with the noun they replace:

	masculine	feminine	
singular	este, esse, aquele	esta, essa, aquela	this; that (one)
plural	estes, esses, aqueles	estas, essas, aquelas	these; those (ones)

There are also invariable neuter forms, for something or someone yet to be identified:

isto, isso, aquilo   this; that (one)

Este é o meu casaco.	This is my coat.
Esse é o teu guarda-chuva.	That is your umbrella.
Aquelas são as malas deles.	Those are their suitcases.
Aquilo parece ser o meu passaporte.	That looks like my passport.

isto, *este* (and their feminine and plural forms) are used to indicate something close to the speaker, i.e. to the 1st person.

isso, *esse* (and their feminine and plural forms) are used to indicate something close to the listener, i.e. to the 2nd person.

aquilo, *aquele* (and their feminine and plural forms) are used to indicate something at a distance away from both the 1st and 2nd persons.

Speaker A:	*O que é aquilo lá em cima no céu?*	What is that up there in the sky?
Speaker B:	*É um helicóptero.*	It's a helicopter.
Speaker A:	*Aquele helicóptero vai muito alto.*	That helicopter is flying rather high.

The forms *isso* and *esse* can translate both *that* and *this*:

Speaker A:	*O que é isso?*	What is that? (you are holding)
Speaker B:	*É uma caneta.*	It's a pen.

but

Speaker A:	*Destes dois livros eu prefiro este.*	Out of these two books I prefer this one. (the one closer to A)
Speaker B:	*Eu também prefiro esse.*	I prefer this / that one too.

In Brazil, *isto* and *este* are not much used in colloquial speech, leaving *isso* and *esse* to cover both.

In the word combination *o que*, *o* is a demonstrative pronoun – see **Relative pronouns**, pages 109–111.

See also **Demonstrative adjectives**, page 102, and **Prepositions**, pages 115–117.

35. Adverbs

Adverbs in -*mente*

In Portuguese, a large number of adverbs are formed by adding -*mente* to an adjective, very much in the same way as -*ly* is added to adjectives in English:

forte	strong	**fortemente**	strongly
feliz	happy	**felizmente**	happily

With adjectives that have alternative masculine and feminine endings, -*mente* is added to the feminine form:

lindo	beautiful	**lindamente**	beautifully
sincero	sincere	**sinceramente**	sincerely

ADVERBS

The adjective part of the adverb loses its stress to the **-mente** ending, meaning that written accents disappear:

| **cortês** | courteous | **cortesmente** | courteously |
| **rápido** | quick, fast | **rapidamente** | quickly |

When two adverbs are used together, normally only the second one takes a **-mente** ending:

Ela falou clara e resolutamente. She spoke clearly and decisively.
Ele trabalha lenta mas eficientemente. He works slowly but efficiently.

Other adverbs

Common adverbs of manner include **bem**, well; **mal**, badly, poorly; **depressa**, fast, quickly; **devagar**, slowly; **assim**, like this:

Tudo correu bem. All went well.
Eles procederam mal. They behaved badly.
Não consigo trabalhar assim. I can't work this way.

Common adverbs of time include **agora**, now; **antes**, before; **depois**, after; **ainda**, still; **sempre**, always; **nunca**, never:

Vou trabalhar agora. I am going to work now.
Farei isso depois. I will do that afterwards.
Eu nunca gostei disso. I never liked that.

Common adverbs of place include **perto**, near; **longe**, far; **atrás**, behind; **debaixo**, under; **diante**, in front, ahead; **em cima**, above; **fora**, out; **dentro**, in; **aqui**, here; **aí**, there; **ali**, there; **lá**, there:

aqui, here	close to the speaker, i.e. the 1st person
aí, there	close to the listener, i.e. the 2nd person
ali, there	away from both the 1st and 2nd person
lá, there	far away or cut off from both the 1st and 2nd person

Comparatives and superlatives

Comparatives and superlatives of adverbs are formed with constructions similar to those for adjectives:

João corre depressa. João runs fast or quickly.
João corre mais depressa que Mário. João runs faster or more quickly than Mário.
João é quem corre mais depressa de todos. João runs the fastest or the quickest.

Some adverbs have irregular comparative and superlative forms:

bem	well	**melhor**	better	**o melhor**	(the) best
mal	badly	**pior**	worse	**o pior**	(the) worst
muito	much, very	**mais**	more	**o mais**	(the) most
pouco	little	**menos**	less	**o menos**	(the) least

Ontem o dia correu o melhor possível. The day couldn't have gone better yesterday.
Hoje trabalhei mais que ontem. Today I worked harder (more) than yesterday.

PREPOSITIONS

36. Prepositions

Contracted words

Portuguese prepositions often combine and contract with a following word, particularly the **definite article**:

a + o = ao	a + a = à	to / at / on the
de + o = do	de + a = da	of / from the
em + o = no	em + a = na	in / on the
por + o = pelo	por + a = pela	by / for the

à uma hora	at one o'clock
às treze horas	at one p.m.
a porta do carro	the car door
A caneta da aluna está aqui.	The student's pen is here.
Ele é dos Estados Unidos.	He is from the United States.
Moro no Recife.	I live in Recife.
O gato fugiu pela janela.	The cat escaped through the window.

Contractions can optionally occur with the **indefinite article** too:

de + um = dum	de + uma = duma	of / from a
em + um = num	em + uma = numa	in / on a

Eu encontrei o livro duma aluna. or	I found the book belonging to one of the students.
Eu encontrei o livro de uma aluna.	
Eu moro num bairro novo. or	I live in a new neighbourhood.
Eu moro em um bairro novo.	

Particularly in speech, contractions can also occur with a number of other words starting with a vowel. This includes personal pronouns, demonstratives and some adverbs.

With **personal pronouns**

de + ele = dele	de + ela = dela	his, her(s), its
em + ele = nele	em + ela = nela	in / on him, her, it

O carro dele é grande.	His car is big.
Tenho confiança nele.	I trust him.

With **demonstratives** (referring to something or someone near you and / or near the person or people you are talking to)

de + esse = desse	de + essa = dessa	of / from that / this (one)
de + isso = disso		of / from that / this (thing)
em + esse = nesse	em + essa = nessa	in / on that / this (one)
em + isso = nisso		in / on that / this (thing)
de + este = deste	de + esta = desta	of / from this (one)
de + isto = disto		of / from this (thing)
em + este = neste	em + esta = nesta	in / on this (one)
em + isto = nisto		in / on this (thing)

Ele comeu quase metade desses bolinhos.	He has eaten nearly half of these cakes.
Não gosto disso.	I don't like that.
Nunca você pensou nisto?	Haven't you ever thought about this?

PREPOSITIONS

(referring to something or someone at a distance from both you and the person or people you are talking to)

a + aquele = àquele	*a + aquela = àquela*	to / at / on that (one)
a + aquilo = àquilo		to / at / on that (thing)
de + aquele = daquele	*de + aquela = daquela*	of / from that (one)
de + aquilo = daquilo		of / from that (thing)
em + aquele = naquele	*em + aquela = naquela*	in / on that (one)
em + aquilo = naquilo		in / on that (thing)

Ela foi àquela festa vestida de fada. — She went to that party dressed as a fairy.
As casas daquelas pessoas são bastante grandes. — Those people's houses are quite big.
Você só pensa naquilo. — That's the only thing you ever think about.

With **adverbs** of place and time:

de + aqui = daqui	from here
de + aí = daí	from there / here
de + ali = dali	from there

Perto dali, estavam dois carros. — There were two cars nearby (near that place).
Daí a um mês ele voltou. — A month later he came back.

See **Personal pronouns**, pages 104–107, **Demonstrative Pronouns**, pages 112–113, and **Adverbs**, pages 113–114.

Specific cases relating to frequently-used prepositions

There are many subtleties of meaning in the ways prepositions link words together in a language and there are often variations in usage among native speakers from different areas. On top of this, there are differences in how speakers of different languages see connections between words. All this makes prepositions especially prone to mismatches across different languages. For this reason, key distinctions are made below for Portuguese prepositions in relation to English ones. Alternatives are also shown for European usage (Eur), both spoken and written, and for Brazilian usage, spoken (Coll Br) and written (Wr Br), the latter also covering formal speech.

Main roles for *de*

de translates English *from*, in the context of origin or point of departure:

Eles são de Portugal. — They are from Portugal.
Acabei de chegar do Brasil. — I have just arrived from Brazil.

de is used for possession and generally translates English *'s* and *s'*:

A mala da senhora é aquela preta ali. — The lady's suitcase (suitcase + of + the lady) is the black one over there.
João é o amigo dos rapazes. — John is the boys' friend. (friend + of + the boys).

de is used in noun compounds and similar constructions where a noun is qualified by a word other than an adjective:

Aquela é a minha bagagem de mão. — That is my hand luggage (luggage + of + hand) over there.
Eu queria um saco de dormir. — I would like a sleeping bag (bag + of + to sleep).

Different uses of **por** and **para** when translating *for*:

Choose **por** when denoting cause and **para** for direction, purpose or goal:
    Ele foi recompensado pelo seu trabalho.   He was rewarded for his work.
    O Algarve é famoso pelas sua praias.   The Algarve is famous for its beaches.
    Eu vou estudar para o exame.   I am going to study for the exam.
    Eu trouxe isso para você.   I have brought this for you.

Different uses of **a** and **em** with days and dates:

For isolated events: **em** or nothing (Eur) (Wr Br) (Coll Br)
For habitual events: **a** (Eur) (Wr Br); **em** (Coll Br)
    Eu vou lá na quarta-feira. Eu vou lá quarta-feira. (Eur) (Wr Br) (Coll Br)   I am going there (on) Wednesday.
    Eu tenho aula de Inglês às quartas-feiras. (Eur) (Wr Br)   I have an English class on Wednesdays.
    Eu tenho aula de Inglês nas quartas-feiras. (Coll Br)   I have an English class on Wednesdays.

37. Conjunctions

Generally, Portuguese and English conjunctions are used in much the same way. However, there are some differences to note.

Coordinating conjunctions

As in English, Portuguese coordinating conjunctions join together clauses or groups of words that have a similar status. To talk about alternatives, however, there are two cases in which Portuguese repeats the same connective words whereas English uses different words:

    Ou... ou...   Either... or...
    Nem... nem...   Neither... nor...

    Ou vocês estudam ou vocês não serão aprovados.   Either you study or you won't pass your exam.
    Nem ele nem ela vai conseguir isso.   Neither he nor she is going to manage that.

Subordinating conjunctions

As in English, Portuguese subordinating conjunctions link main and subordinate clauses together.

Conjunctions introducing subordinate clauses

se, *if* or *whether*
    Sairei se não chover.   I'll go out if it doesn't rain.
    Não sei se choverá ou não.   I don't know whether it will rain or not.

que, *that* (but often omitted in English)
    Eu disse que sim.   I said yes.
    Você disse que não.   You said no.
    Soubemos que ia chover.   We were told (that) it was going to rain.
    Ninguém sabe que o carro foi vendido.   No one knows (that) the car has been sold.

SENTENCE STRUCTURE

The verb in the subordinate clause
After some conjunctions the subjunctive may be needed in the subordinate clause, depending on the time reference and the type of statement involved. This is the case, for instance, with *quando*, when, and *que*, that:

Geralmente faço o café quando eles chegam. Usually I make coffee when they arrive.
Subordinate clause: present indicative (regular action)
Vou fazer o café quando eles chegarem. I'll make coffee when they arrive. (action in
Subordinate clause: future subjunctive the future)

Some conjunctions are always followed by a subjunctive in the subordinate clause. This is the case, for example, with conjunctions of concession, condition and purpose:

Geralmente como isso embora não goste muito. Usually I eat that although I don't like it much. (concession)
Subordinate clause: present subjunctive
Falei com eles para que tudo se fizesse. I talked to them so that everything would get
Subordinate clause: imperfect subjunctive done. (purpose)

See **Use of tenses**, pages 83–85, and **The subjunctive: when to use it**, pages 85–86.

38. Word order

In Portuguese, as in English, the usual order in a declarative sentence is subject + verb + complement (where there is one):

Nós somos amigos. We're friends.
Eu bebi o chá. I've drunk my tea.
Ela riu. She laughed.

Although a subject generally precedes the verb, in Portuguese the subject pronoun (or other subject marker) can be omitted if it is clear from the context or verb form:

Somos amigos. We're friends.
Bebi o chá. I've drunk my tea.

Inversion occurs:

– with verbs that do not take subjects:
Há lojas perto daqui. There are shops nearby.

– when the sentence begins with an adverb:
Aqui estão os livros. Here are the books.

– in sentences with the **se** construction:
Vendem-se carros aqui. Cars are sold here.

Adjectives

Descriptive adjectives generally follow their nouns:
O lápis preto está em cima da mesa. The black pencil is on the table.

Some adjectives have different meanings depending on whether they go before or after the noun:

É um simples exercício. It is a mere exercise.
É um exercício simples. It is an easy exercise.

SENTENCE STRUCTURE

Ele é um homem grande.	He is a big man.
Ele é um grande homem.	He is a great man.

Modifiers such as indefinites, possessives, demonstratives, numerals, etc generally precede their nouns:

Ela preferiu outro vestido.	She liked another dress better.
O seu chapéu é bonito.	Your hat is pretty.
Aquele livro é bom.	That book is good.
A menina tem dois gatos.	The little girl has two cats.

Object pronouns
In a simple declarative sentence, the object pronoun goes before the verb in Brazil, particularly in spoken language, and goes after it in Portugal (linked with a hyphen):

Ele ajudou-nos. (Eur) (Wr Br)	He helped us.
Ele nos ajudou. (Coll Br)	
Eles cumprimentaram-me. (Eur) (Wr Br)	They greeted me.
Eles me cumprimentaram. (Coll Br)	

In other situations, the object pronoun goes before the verb in both Brazil and Portugal. This includes negative and interrogative sentences as well as subordinate clauses:

Ele não nos ajudou.	He didn't help us.
Quando é que você me viu?	When did you see me?
Eu vi o homem que te telefonou ontem.	I have seen the man who phoned you yesterday.

See also **Personal pronouns**, pages 104–107.

Reflexive pronouns
Word order with reflexive pronouns is dealt with under **Reflexive verbs**, page 76.

Negative sentences
For word order in negative sentences, see **Negatives**, pages 119–120.

Interrogative sentences
For word order in interrogative sentences, see **Question forms**, pages 120–121.

39. Negatives

Saying *not* and *no*
Unlike in English, a Portuguese sentence can be made negative just by placing the word *não*, *not*, before the verb. No auxiliary verb is required:

Aquele carro não é novo.	That car is not new.
Eu não trabalho aqui.	I don't work here.
Eles não querem falar.	They don't want to talk / won't talk.

If there is an object pronoun, this will come between *não* and the verb:

Ela não me telefonou.	She hasn't phoned me.
Eles não nos deram a notícia.	They haven't told us the news.

In addition to translating *not*, *não* also translates *no* as opposed to *yes*:

Sim!	Yes!
Não!	No!

For yes/no replies, see **Question forms**, pages 120–121.

SENTENCE STRUCTURE

Other negatives

Other important negatives are:

the coordinating conjunctions **nem... nem....**

Nem ele nem ela trabalha aqui.	Neither he nor she works here.

adverbs **nunca** and **nunca mais**

Eu nunca fui lá.	I have never been there.
Ele nunca mais trabalhou aqui.	He has never worked here again.

indefinite pronouns **nada, ninguém, nenhum (nenhuma, nenhuns, nenhumas)**

Nada a declarar.	Nothing to declare.
Ninguém vem aqui.	No one comes here.
Nenhum deles chegou atrasado.	None of them arrived late.

40. Question forms

Questions for yes/no replies

Unlike English, in Portuguese there is no subject-verb inversion or auxiliary required. Simply turn a statement into a question by using a rising intonation at the end of the sentence. The normal word order is generally followed and the question is indicated only by the intonation of the voice:

O jantar foi bom?	Was dinner good?
Você vai para a praia?	Are you going to the beach?
Eles já chegaram?	Have they arrived yet?
Você fala Português?	Do you speak Portuguese?

For the answer:

You can reply with **Sim**, Yes, or **Não**, No. However, particularly in affirmative replies, native speakers tend to repeat elements from the question while changing the verb ending as required:

O jantar foi bom?	Was dinner good?
Não, não foi.	No, it wasn't.
Você fala Português.	Do you speak Portuguese?
Falo, sim.	Yes, I do.

Questions beginning with an interrogative word

Except for **Como...?**, How...? and **Quanto...?**, How much ...?, Portuguese question words usually have a Wh- word counterpart in English:

Que rua é esta?	What street is this?
Quem veio aqui ontem?	Who came here yesterday?
De quem é aquele passaporte?	Whose passport is that?
Onde estão as chaves?	Where are the keys?
Quanto tempo vai demorar?	How long is it going to take?
Como se diz isso em Português?	How do you say that in Portuguese?

See also **Interrogative adjectives**, page 102, and **Interrogative pronouns**, page 111.

USE OF NUMBERS

When a subject word is present, inversion may or may not occur without there being any change in meaning, regardless of which side of the Atlantic you are on:

Que livro você comprou? or *What book did you buy?*
Que livro comprou você?

However, if the expression *é que* is used, word order follows a subject + verb sequence:

Que livro é que você comprou? *What book did you buy?*

A special question word in Brazil is **Cadê...?** or **Quedê...?**. It derives from the expression *Que é feito de...?* (*What has become of ...?*) and is used meaning *Where is...?*:

Cadê o teu irmão? (Coll Br) *Where's your brother?*
Que é feito do teu irmão? (Eur) (Wr Br) *What has become of your brother?*

Tag questions

To make a tag question, you can leave the sentence as it is and simply repeat the verb at the end:

Ele comprou um computador novo, não comprou? *He's bought a new computer, hasn't he?*

However, a more widely heard alternative is the use of a phrase like **não?**, **não é?**, **não é verdade?** at the end:

Ele comprou um computador novo, não é? *He's bought a new computer, hasn't he?*

41. Cardinal and ordinal numbers

Cardinal (one, two, etc)		Ordinal (first, second, etc)	
zero	0		
um	1	primeiro	1°
dois	2	segundo	2°
três	3	terceiro	3°
quatro	4	quarto	4°
cinco	5	quinto	5°
seis	6	sexto	6°
sete	7	sétimo	7°
oito	8	oitavo	8°
nove	9	nono	9°
dez	10	décimo	10°
onze	11	décimo primeiro	11°
doze	12	décimo segundo	12°
treze	13	décimo terceiro	13°
quatorze	14	décimo quarto	14°
quinze	15	décimo quinto	15°
dezasseis (Eur), dezesseis (Br)	16	décimo sexto	16°
dezassete (Eur), dezessete (Br)	17	décimo sétimo	17°
dezoito	18	décimo oitavo	18°
dezanove (Eur), dezenove (Br)	19	décimo nono	19°
vinte	20	vigésimo	20°
vinte e um	21	vigésimo primeiro	21°

USE OF NUMBERS

trinta	30	trigésimo	30º
quarenta	40	quadragésimo	40º
cinquenta	50	quinquagésimo	50º
sessenta	60	sexagésimo	60º
setenta	70	septuagésimo (Eur), setuagésimo (Br)	70º
oitenta	80	octogésimo	80º
noventa	90	nonagésimo	90º
cem	100	centésimo	100º
cento e um	101	centésimo primeiro	101º
duzentos	200	ducentésimo	200º
trezentos	300	trecentésimo	300º
quatrocentos	400	quadringentésimo	400º
quinhentos	500	quingentésimo	500º
seiscentos	600	seiscentésimo	600º
setecentos	700	septingentésimo	700º
oitocentos	800	octingentésimo	800º
novecentos	900	nongentésimo	900º
mil	1,000	milésimo	1,000º
um milhão	1,000,000	milionésimo	1,000,000º

Differences in relation to English

In Portuguese, no number or indefinite article precedes the words for 100 or 1,000:

cem carros — one/a hundred cars
mil carros — one/a thousand cars

In Portuguese, the word for 100 (*cem*) changes form before lower numbers:

cento e dez carros — one hundred and ten cars

Unlike in English, there is a preposition *de* after the word for million(s):

um milhão de carros — one million cars

Ordinal numbers are often substituted by cardinal numbers, particularly in speech:

O vigésimo carro or *O carro número vinte* — the twentieth car

Note that hundreds, tens and units are linked together using *e* (*and*) but a comma is used for thousands and millions when followed by more than two lower numbers:

vinte e um — twenty-one
cento e vinte e dois — one hundred and twenty-two
mil, cento e vinte e três — one thousand, one hundred and twenty-three
um milhão, cento e vinte e quatro — one million, one hundred and twenty-four

In Portuguese, commas and dots are used in the opposite way to English, since commas are used to show decimal places while the role of dots is to separate out larger numbers (thousands, millions, etc):

USE OF NUMBERS

zero vírgula cinco	0,5	zero point five	0.5
cinco vírgula dois	5,2	five point two	5.2
mil	1.000	one thousand	1,000
um milhão	1.000.000	one million	1,000,000

Gender and number in numerals

There are masculine and feminine forms for cardinals 1 and 2:

um carro e uma bicicleta	one car and one bicycle
dois carros e duas bicicletas	two cars and two bicycles

There are masculine and feminine forms for the multiples of 100 (which are expressed in the plural):

duzentos carros	two hundred cars
duzentas bicicletas	two hundred bicycles

There are masculine and feminine forms for the ordinals:

o primeiro carro	the first car
a segunda bicicleta	the second bicycle
o décimo terceiro carro	the thirteenth car
a vigésima quarta bicicleta	the twenty-fourth bicycle

Fractions

um meio	½	a half		três quartos	¾	three quarters
um terço	⅓	a third		seis e meio	6½	six and a half
um quarto	¼	a quarter				

Other

quatro vírgula cinco (4,5)	4.5 (four point five)
vinte por cento	20% (twenty per cent)
dois mais dois	2 + 2 (two plus two)
seis menos quatro	6 - 4 (six minus four)
três vezes três	3 x 3 (three times three)
oito a dividir por dois	8 ÷ 2 (eight divided by two)

Weight, quantity and measurement

um quilo de laranjas	a kilo of oranges
meio quilo de bananas	half a kilo of bananas
uma dúzia de maçãs	a dozen apples
meia dúzia de ovos	half a dozen eggs
uma dezena de carros	around ten cars
centenas de pessoas	hundreds of people
vinte centímetros	twenty centimetres
meio metro	half a metre
dez quilómetros (Eur), quilômetros (Br)	ten kilometres

USE OF NUMBERS

Phone numbers

When saying phone numbers, digits tend to be grouped in twos for clarity and, in Brazil, the word *meia* (from *meia dúzia*, *half a dozen*) is usually used instead of *seis* for 6: 246 3718 *dois, quatro, seis/meia, trinta e sete, dezoito*.

Miscellaneous

Ele mora no número quinze.	He lives at number 15.
Ela mora no apartamento 7.	She lives in flat 7.
Eles moram no terceiro andar.	They live on the third floor.
Hoje estão trinta graus centígrados.	It's 30° C today.
É na página cento e noventa.	It's on page 190.
É no capítulo três or *capítulo terceiro.*	It's in chapter 3.

For time, days of the week and months see **Calendar and time**, pages 124–125.

42. Calendar and time

Week

Except for Saturday (*sábado*) and Sunday (*domingo*), in Portuguese the days of the week are expressed using ordinal numbers plus the word *feira*, which in speech is often omitted.

segunda-feira or *segunda*	Monday
terça-feira or *terça*	Tuesday
quarta-feira or *quarta*	Wednesday
quinta-feira or *quinta*	Thursday
sexta-feira or *sexta*	Friday

(For *Tuesday*, *terça* is a shortened form of the ordinal number *terceira*.)

Que dia da semana é hoje?	What day of the week is it today?
É quarta.	It's Wednesday.
Que dia da semana foi ontem?	What day of the week was it yesterday?
Foi terça.	It was Tuesday.

Dates

While English uses ordinal numbers for the days of the month, Portuguese uses cardinals. There is one exception, however; the ordinal number **primeiro** can be used for the first day of the month, though this usage is more common in Brazil than in Portugal:

quinze de setembro	15th of September
o primeiro de janeiro	first of January

While the verb used to talk about dates in English is always in the singular, in Portuguese the verb becomes plural to agree with a plural number in the date:

Que data é hoje? or *Que dia é hoje?*	What's the date today?
São quinze de setembro.	It is the fifteenth of September.

Unlike in English, years are not expressed in thousands:

dois mil e doze	twenty twelve (2012)

USE OF NUMBERS

Week and date

Hoje é quinta, dia vinte de setembro de dois mil e doze.　　Today is Thursday, the 20th of September, 2012.

Time

While English always uses the singular form of the verb to talk about time, in Portuguese a plural form is used if the plural noun *horas* is expressed or understood:

Que horas são?	What time is it?
São seis horas.	It is six o'clock.
É uma hora.	It is one o'clock.
É meio dia.	It is midday.
É meia-noite.	It is midnight.

Time past and to the hour is expressed differently from in English. Minutes are used on both sides of the Atlantic, but, in Portugal, *quarto* (quarter) and *meia* (half) are also widely used:

É uma e dez.	It is one ten (ten past one).
São dez para as duas.	It is ten to two.
É uma e quinze. or É uma e um quarto.	It is one fifteen. / It is a quarter past one.
São seis e trinta. or São seis e meia.	It is six thirty. / It is half past six.
São quinze para as oito. or É um quarto para as oito.	It is fifteen minutes to eight. / It is a quarter to eight.

Where English uses *a.m.* and *p.m.*, Portuguese adds a time phrase:

sete da manhã (in the morning)	seven a.m.
uma da tarde (in the afternoon)	one p.m.
dez da noite (in the evening)	ten p.m.
três da madrugada (in the early hours of the morning)	three a.m.

The 24-hour clock is also frequently used:

A loja fecha às treze horas.	The shop closes at 13.00.
A loja fecha à uma da tarde.	The shop closes at 1 p.m.
O concerto começa às vinte e duas horas.	The concert begins at 22.00.
O concerto começa às dez da noite.	The concert begins at 10 p.m.

Calendar and time expressions

no século vinte	in the twentieth century
nos anos noventa	in the nineties
há dois anos or dois anos atrás	two years ago
dentro de dois anos	in two years' time
há duas horas or duas horas atrás	two hours ago
dentro de duas horas	in two hours' time
São cinco horas em ponto.	It is five o'clock on the dot.

See also **Cardinal and ordinal numbers**, pages 121–122, **Formation of plurals**, page 95.

Index

Please note the numbers in the index refer to section numbers, not page numbers.

à 36
a (preposition) 36
a few 22
a gente 28
a senhora 28, 29
a(s) (definite article) 21, 27, 36
a(s) (pronoun) 33
a/an 22
acabar de 14
acabar por 14
address forms 29
Adjective (past participle as) 12
Adjectives: position 38
Adverbs 35, 36, 39
advice 6
affiliation 22
affirmative commands 6
age group 22
ago 10, 42
agreement: for second person 29
agreement: of adjective 23, 25, 27
agreement: of article 21, 22
agreement: of past participle 9
agreement: of pronoun 29, 30, 31, 32, 33, 34
any 30
ao 36
-ar verbs 1, 2
articles 21, 22
as...as 24
auxiliary verbs 7, 11, 14

bad 23
badly 35
be, to 13
belonging to 36
best 35
better 28, 39
body (parts of) 21, 27
both 30

caber: conjugated 17
cadê 40
calendar 42
cardinal numbers 41
cause (circumstance) 12
chegar a 14
circumstance 12

cities 21
close relations 21, 27
Colloquial future 7, 15
começar 14
comigo 28
commands 6
como 24, 31, 40
comparative of adjectives 24
comparative of adverbs 35
compound nouns 20, 36
compound tenses 7
compound verbs 1
concession 37
condition 13, 16
Conditional 1, 2, 3, 4
Conditional (use of) 15
Conditional perfect 7
Conditional perfect (use of) 15
conjugations 1, 2, 3, 4
conjunctions 37, 39
continuar 14
continuous tenses (use of) 15
continuous tenses: 7
contracted words 27, 28, 33, 36
coordinating conjunctions 37, 39
countries 21
crer: conjugated 17

dar: conjugated 17
date 10, 36, 42
date (special) 21
days of the week 10, 21, 36, 42
Definite article 21
deixar de 14
demonstrative adjectives 25
demonstrative pronouns 31, 34, 36
dependent infinitive 11
desse(s) (contracted words) 36
desse(s) (verb *dar*) 17
deste(s) (contracted words) 36
deste(s) (verb *dar*) 17
dever 14
directions 6
distance 10, 25, 34, 36
dizer: conjugated 17
don't 6
doubt 16

é que 40
each 30
either... or... 37
empathy 16
emphasis 15
-er verbs 1, 3
esse 25, 34, 36
estar (auxiliary) 7, 13
estar (use of) 10, 13
estar: conjugated 17
expressions of feeling 13

failure 15
fazer (use of) 10
fazer: conjugated 17
fear 16
feelings 13
feminine – See gender
first conjugation 2, 5
for 15, 36
formation of feminine (adjectives) 23
formation of feminine (nouns) 19
formation of plural (adjectives) 23
formation of plural (nouns) 20
fractions 41
friends 21, 27
from 36
Future (colloquial): 7
Future (use of) 15
Future in the past (colloquial) 7
Future perfect (use of) 15
Future perfect subjunctive 7
Future perfect subjunctive (use of) 16
Future perfect: 7
Future subjunctive (use of) 16
future tense 1, 2, 3, 4

gender 18, 19, 21, 22, 23, 25, 27, 28
generalizations 21
gente (a) 28
Gerund – See Present participle
good 23

há (ago) 10, 42
há (verb *haver*) 10
half a... 41

INDEX

haver *(use of)* 10
haver de 14
haver: conjugated 17
he 28
her *(adjective)* 27
her *(pronoun)* 28
hers 33
herself 8
him 28
himself 8
his *(adjective)* 27
his *(pronoun)* 33
hope 16

I 28
if 37
Imperative 1, 2, 3, 4, 6
Imperative *(use of)* 15
Imperfect 1, 2, 3, 4
Imperfect *(use of)* 15
Imperfect subjunctive *(use of)* 16
impersonal constructions 10
impersonal statements 13, 15
impersonal verbs 10
Indefinite article 22
Indefinite pronouns 30, 39
Indirect object pronouns 28
Infinitive 1, 11, 14, 15
Infinitive (dependent) 11
Infinitive (perfect) 11
Inflected infinitive 11
-ing forms 12
instructions 6
Interrogative adjectives 26
Interrogative pronouns 32
interrogatives - See question forms
intonation 40
inversion – See word order
ir *(auxiliary)* 7
-ir verbs 1, 4
ir: conjugated 17
irregular comparatives 24, 35
irregular superlatives 24, 35
irregular verbs 17
it 28
its 27, 33

kinship 13

languages 21
least, the 24, 35
ler: conjugated 17
less than 24
let's 6
lho(s) 28
-lo(s), -la(s) 28
location 13

masculine – See gender
me 28
measurement 41
mine 33
mo(s) 28
modal auxiliary verbs 14
more than 24
most, the 24, 35
my 27
myself 8

name (what is your name?) 8
nationality 13
natural phenomena 10
negative commands 6
negatives 39
neither... nor... 37
neuter pronoun 31, 34
-no(s), -na(s) 28
no, not 40
nouns (gender) 18, 19
nouns (plural) 20
numbers 13, 22, 41

o que 31
o senhor 29
o(s) (definite article) 21, 27, 36
o(s) (pronoun) 31
object pronouns 28, 38
omission of subject word (pronoun) 28
onde 31
one (number) 22
one (pronoun) 9
oneself 8
-ôr/or verbs 1
orders – See commands
Ordinal numbers 41
our 27
ours 33
ourselves 8
ouvir: conjugated 17

pain 13
para 36
parts of the body 21, 27
Passive 9
Past continuous: 7
Past participle 7, 9, 11
Past participle (as adjective) 12
Past participle (use of) 12
Past participle: agreement 9, 12
Past participle: formation 12
pedir: conjugated 17
perder: conjugated 17
Perfect tense 1, 7, 12, 15
personal belongings 21, 27
Personal infinitive 11
Personal infinitive (use of) 15
Personal pronouns 28, 36
phone numbers 41
Pluperfect (use of) 15
Pluperfect subjunctive (use of) 16
Pluperfect subjunctive: 7
Pluperfect: 7
plural 20, 21, 22, 23, 25, 26, 27, 28
poder 14
poder: conjugated 17
Polite imperative 6
pôr 1
pôr: compounds of 1
pôr: conjugated 17
positive commands 6
possession 13, 36
possessive adjectives 27
possessive pronouns 33
Preposition **a** 36
Preposition **de** 36
Preposition **em** 36
Preposition **por** 36
Prepositions 36
Present continuous 7
Present participle (formation) 12
Present participle (use of) 12, 14
Present perfect 7
Present perfect (use of) 15
Present perfect subjunctive 7
Present perfect subjunctive (use of) 16
Present subjunctive (use of) 16
Present tense 1, 2, 3, 4
Present tense (use of) 15
Preterite 1, 2, 3, 4
Preterite (use of) 15

Please note the numbers in the index refer to section numbers, not page numbers.

INDEX

profession 13, 22
pronoun object (position) 38
purpose 37

quantity 41
que 24
que (conjunction) 16, 37
que (interrogative) 26
que (o que) 31
que (relative) 31
querer: conjugated 17
question forms 40
question tags 40

reciprocity 8
Reflexive pronouns 8
Reflexive verbs 8
regions 21
regular verbs 1, 2, 3, 4
Relative pronouns 31
religion 22

saber: conjugated 17
se (conjunction) 37
seasons 10, 21
second conjugation 3, 5
second person endings 1
se construction 9
senhor, senhora (o, a) 29
sentence structure – See word order
ser (auxiliary) 9, 13
ser (use of) 10, 13
ser: conjugated 17
she 28
simple tenses (formation) 1
some 22, 30
someone 30
sorrow 16
space 25
special dates 21
spelling changes 5
states (political) 21
stem 1, 2, 3, 4, 5
subject omission (pronoun) 28
Subject pronouns 28
Subjunctive (use of) 16, 37
Subjunctive, Future 1, 2, 3, 4
Subjunctive, Imperfect 1, 7
Subjunctive, Present 1, 7
subordinate clauses 37

Subordinating conjunctions 37
superlative of adjectives 24
superlative of adverbs 35

tag questions 40
te, ti 28
telephone numbers 41
tenses (use of) 15
tenses: formation 1, 2, 3, 4
ter (auxiliary) 7
ter (use of) 7
ter: conjugated 17
ter de / que 14
than 24
that (conjunction) 37
that (relative pronoun) 31
that, those (demonstrative adjective) 25
that, those (demonstrative pronoun) 34
the 21
their 27
theirs 33
them, themselves 28
there 35, 36
there is / are 10
they 28
third conjugation 4, 5
third-person endings for second person 1, 27, 29
this, these (adjective) 25
this, these (pronoun) 34
time 10, 25, 35, 36, 42
time (circumstance) 12
time (clock reading) 10, 13, 42
time (elapsed) 15, 25
time expressions 42
time span 13
to (movement) 36
todo, tudo 30
trazer: conjugated 17
tu 28, 29

um, uma 22
uncertainty 16
us 28

vai –See *ir*
ver: conjugated 17
verb endings 2, 3, 4, 5, 17

verbs (conjugation stem changes) 5
verbs (conjugation spelling changes) 5
verbs ending *-air* 5
verbs ending *-car* 5
verbs ending *-çar* 5
verbs ending *-ear* 5
verbs ending *-gar* 5
verbs ending *-oer* 5
verbs ending *-uir* 5
verbs ending *-uzir* 5
verbs with stem *-e-* 5
verbs with stem *-o-* 5
verbs with stem *-u-* 5
vir: conjugated 17
você(s) 1, 28, 29
vós 1, 28

we 28
weather 10
week 10, 21, 42
weight 41
well 35
well-wishing 16
what 26
whether 37
which 26, 31, 32
who 31, 32
whom 31, 32
whose 31, 32
wish 16
word order (negatives) 39
word order (object pronouns) 28, 38
word order (questions) 40
word order (reflexive pronouns) 8
word order (adjectives) 38
word order (general) 38
worse 24, 35
worst 24, 35

yes 39, 40
you 1, 28, 29
you (verb agreement) 29
your 27
yours 33
yourself 8
yourselves 8

Please note the numbers in the index refer to section numbers, not page numbers.

Português – Inglês
Portuguese – English

Aa

A, a [a] (*pl* **as**) M A, a; **A de Antônio** A for Andrew (BRIT) *ou* Able (US)

(PALAVRA-CHAVE)

a [a] ART DEF the; *ver tb* **o**
▶ PRON (*ela*) her; (*você*) you; (*coisa*) it; *ver tb* **o**
▶ PREP (*a* + *o*(*s*) = *ao*(*s*); *a* + *a*(*s*) = **à**(*s*); *a* + *aquele/a*(*s*) = **àquele/a**(*s*)) **1** (*direção*) to; **à direita/esquerda** to *ou* on the right/left
2 (*distância*): **está a 15 km daqui** it's 15 km from here
3 (*posição*): **ao lado de** beside, at the side of
4 (*tempo*) at; **a que horas?** at what time?; **às 5 horas** at 5 o'clock; **à noite** at night; **aos 15 anos** at 15 years of age
5 (*maneira*): **à francesa** in the French way; **a cavalo/pé** on horseback/foot
6 (*meio, instrumento*): **à força** by force; **a mão** by hand; **a lápis** in pencil; **fogão a gás** gas stove
7 (*razão*): **a R$10 o quilo** at R$10 a kilo; **a mais de 100 km/h** at over 100 km/h
8 (*depois de certos verbos*): **começou a nevar** it started snowing *ou* to snow; **passar a fazer** to become
9 (+ *infin*): **ao vê-lo, reconheci-o imediatamente** when I saw him, I recognized him immediately; **ele ficou muito nervoso ao falar com o professor** he became very nervous while he was talking to the teacher
10 (PT: + *infin, gerúndio*): **a correr** running; **estou a trabalhar** I'm working

à [a] = **a** + **a**; *ver* **a**
(a) ABR (= *assinado*) signed
AAB ABR F (= *Aliança Anticomunista Brasileira*) terrorist group
aba ['aba] F (*de chapéu*) brim; (*de casaco*) tail; (*de montanha*) foot
abacate [aba'katʃi] M avocado (pear)
abacaxi [abaka'ʃi] (BR) M pineapple; (*col: problema*) pain
abade, ssa [a'badʒi, aba'desa] M/F abbot/abbess
Abadi [a'badʒi] ABR F = **Associação Brasileira das Administradoras de Imóveis**
abadia [aba'dʒia] F abbey
abafadiço, -a [abafa'dʒisu, a] ADJ stifling; (*ar*) stuffy

abafado, -a [aba'fadu, a] ADJ (*ar*) stuffy; (*tempo*) humid, close; (*ocupado*) (extremely) busy; (*angustiado*) anxious
abafamento [abafa'mẽtu] M fug; (*sufocação*) suffocation
abafar [aba'far] VT to suffocate; (*ocultar*) to suppress; (*som*) to muffle; (*encobrir*) to cover up; (*col*) to pinch ▶ VI (*col: fazer sucesso*) to steal the show
abagunçado, -a [abagũ'sadu, a] ADJ messy
abagunçar [abagũ'sar] VT to make a mess of, mess up
abaixar [abaj'ʃar] VT to lower; (*luz, som*) to turn down; **abaixar-se** VR to stoop
abaixo [a'bajʃu] ADV down ▶ PREP: **~ de** below; **~ o governo!** down with the government!; **morro ~** downhill; **rio ~** downstream; **mais ~** further down; **~ e acima** up and down; **~ assinado** undersigned
abaixo-assinado [-asi'nadu] (*pl* **-s**) M (*documento*) petition
abajur [aba'ʒur] (BR) M (*cúpula*) lampshade; (*luminária*) table lamp
abalado, -a [aba'ladu, a] ADJ unstable, unsteady; (*fig*) shaken
abalar [aba'lar] VT to shake; (*fig: comover*) to affect ▶ VI to shake; **abalar-se** VR to be moved
abalizado, -a [abali'zadu, a] ADJ eminent, distinguished; (*opinião*) reliable
abalo [a'balu] M (*comoção*) shock; (*ação*) shaking; **~ sísmico** earth tremor
abalroar [abawro'ar] VT: **o carro foi abalroado pelo caminhão** the car was hit by the lorry
abanar [aba'nar] VT to shake; (*rabo*) to wag; (*com leque*) to fan
abandalhar [abãda'ʎar] VT to debase
abandonar [abãdo'nar] VT (*deixar*) to leave; (*ideia*) to reject; (*estudos*) to abandon; (*esperança*) to give up; (*descuidar*) to neglect; **abandonar-se** VR: **~-se a** to abandon o.s. to
abandono [abã'donu] M (*ato*) desertion; (*estado*) neglect
abarcar [abar'kar] VT (*abranger*) to comprise; (*conter*) to enclose
abarrotado, -a [abaho'tadu, a] ADJ (*gaveta*) crammed full; (*lugar*) packed

abarrotar [abaho'tar] VT: ~ **de** to cram with
abastado, -a [abas'tadu, a] ADJ wealthy
abastança [abas'tãsa] F abundance, surfeit
abastardar [abastar'dar] VT to corrupt
abastecer [abaste'ser] VT to supply; (*motor*) to fuel; (*Auto*) to fill up; (*Aer*) to refuel; **abastecer-se** VR: ~-**se de** to stock up with
abastecimento [abastesi'mẽtu] M supply; (*comestíveis*) provisions pl; (*ato*) supplying; (*de avião*) refuelling (BRIT), refueling (US); **abastecimentos** MPL (*suprimentos*) supplies
abater [aba'ter] VT (*gado*) to slaughter; (*preço*) to reduce, lower; (*debilitar*) to weaken; (*desalentar*) to upset
abatido, -a [aba'tʃidu, a] ADJ depressed, downcast; (*fisionomia*) haggard
abatimento [abatʃi'mẽtu] M (*fraqueza*) weakness; (*de preço*) reduction; (*prostração*) depression; **fazer um ~ em** to give a discount on
abaulado, -a [abaw'ladu, a] ADJ convex; (*estrada*) cambered
abaular-se [abaw'larsi] VR to bulge
ABBC ABR F = **Associação Brasileira dos Bancos Comerciais**
ABBR ABR F (= *Associação Brasileira Beneficente de Reabilitação*) charity for the disabled
abcesso [ab'sɛsu] M = **abscesso**
abdicação [abdʒika'sãw] (*pl* **-ões**) F abdication
abdicar [abdʒi'kar] VT, VI to abdicate
abdômen [ab'domẽ] M abdomen
á-bê-cê [abe'se] M alphabet; (*fig*) rudiments pl
abecedário [abese'darju] M alphabet, ABC
Abeenras ABR F = **Associação Brasileira das Empresas de Engenharia, Reparos e Atividades Subaquáticas**
abeirar [abej'rar] VT to bring near; **abeirar-se** VR: ~-**se de** to draw near to
abelha [a'beʎa] F bee
abelha-mestra (*pl* **abelhas-mestras**) F queen bee
abelhudo, -a [abe'ʎudu, a] ADJ nosy
abençoar [abẽ'swar] VT to bless
abendiçoar [abẽdʒi'swar] VT to bless
aberração [abeha'sãw] (*pl* **-ões**) F aberration
aberta [a'bɛrta] F opening; (*clareira*) clearing; (*intervalo*) break
aberto, -a [a'bɛrtu, a] PP *de* **abrir** ▶ ADJ open; (*céu*) clear; (*sinal*) green; (*torneira*) on; (*desprotegido*) exposed; (*liberal*) open-minded
abertura [aber'tura] F opening; (*Foto*) aperture; (*ranhura*) gap, crevice; (*Pol*) liberalization
abestalhado, -a [abesta'ʎadu, a] ADJ stupid
ABH ABR F = **Associação Brasileira da Indústria de Hotéis**
ABI ABR F = **Associação Brasileira de Imprensa**
Abifarma ABR F = **Associação Brasileira da Indústria Farmacêutica**
abilolado, -a [abilo'ladu, a] ADJ crazy
abismado, -a [abiz'madu, a] ADJ astonished

abismo [a'biʒmu] M abyss, chasm; (*fig*) depths pl
abjeção [abʒe'sãw] F baseness
abjeto, -a [ab'ʒɛtu, a] ADJ abject, contemptible
abjudicar [abʒudʒi'kar] VT to seize
ABL ABR F = **Academia Brasileira de Letras**
ABMU ABR F = **Associação Brasileira de Mulheres Universitárias**
abnegação [abnega'sãw] F self-denial
abnegado, -a [abne'gadu, a] ADJ self-sacrificing
abnegar [abne'gar] VT to renounce
abóbada [a'bɔbada] F vault; (*telhado*) arched roof
abobalhado, -a [aboba'ʎadu, a] ADJ (*criança*) simple
abóbora [a'bɔbora] F pumpkin
abobrinha [abo'briɲa] F courgette (BRIT), zucchini (US)
abocanhar [aboka'ɲar] VT (*apanhar com a boca*) to seize with the mouth; (*morder*) to bite
abolição [aboli'sãw] F abolition
abolir [abo'lir] VT to abolish
abominação [abomina'sãw] (*pl* **-ões**) F abomination
abominar [abomi'nar] VT to loathe, detest
abominável [abomi'navew] (*pl* **-eis**) ADJ abominable
abonar [abo'nar] VT to guarantee
abono [a'bonu] M guarantee; (*Jur*) bail; (*louvor*) praise; ~ **de família** child benefit
abordagem [abor'daʒẽ] (*pl* **-ns**) F approach
abordar [abor'dar] VT (*Náut*) to board; (*pessoa*) to approach; (*assunto*) to broach, tackle
aborígene [abo'riʒeni] ADJ aboriginal ▶ M/F aborigine
aborrecer [abohe'ser] VT (*chatear*) to annoy; (*maçar*) to bore; **aborrecer-se** VR to get upset; to get bored
aborrecido, -a [abohe'sidu, a] ADJ boring; (*chateado*) annoyed
aborrecimento [abohesi'mẽtu] M boredom; (*chateação*) annoyance
abortar [abor'tar] VI (*Med*) to have a miscarriage; (: *de propósito*) to have an abortion ▶ VT to abort
aborto [a'bortu] M (*Med*) miscarriage; (: *forçado*) abortion; **fazer/ter um ~** to have an abortion/a miscarriage
abotoadura [abotwa'dura] F cufflink
abotoar [abo'twar] VT to button up ▶ VI (*Bot*) to bud
abr. ABR (= *abril*) Apr.
abraçar [abra'sar] VT to hug; (*causa*) to embrace; **abraçar-se** VR to embrace; **ele abraçou-se a mim** he embraced me
abraço [a'brasu] M embrace, hug; **com um ~** (*em carta*) with best wishes
abrandar [abrã'dar] VT to reduce; (*suavizar*) to soften ▶ VI to diminish; (*acalmar*) to calm down
abranger [abrã'ʒer] VT (*assunto*) to cover; (*alcançar*) to reach

abranjo etc [a'brãʒu] VB ver **abranger**
abrasar [abra'zar] VT to burn; (desbastar) to erode ▶ VI to be on fire
abrasileirado, -a [abrazilej'radu, a] ADJ Brazilianized
ABRATES ABR F = **Associação Brasileira de Tradutores**
ABRATT ABR F = **Associação Brasileira dos Transportadores Exclusivos de Turismo**
abre-garrafas ['abri-] (PT) M INV bottle opener
abre-latas ['abri-] (PT) M INV tin (BRIT) ou can opener
abreugrafia [abrewgra'fia] F X-ray
abreviação [abrevja'sãw] (pl **-ões**) F abbreviation; (de texto) abridgement
abreviar [abre'vjar] VT to abbreviate; (encurtar) to shorten; (texto) to abridge
abreviatura [abrevja'tura] F abbreviation
abridor [abri'dor] (BR) M opener; ~ **(de lata)** tin (BRIT) ou can opener; ~ **de garrafa** bottle opener
abrigar [abri'gar] VT to shelter; (proteger) to protect; **abrigar-se** VR to take shelter
abrigo [a'brigu] M shelter, cover; ~ **antiaéreo** air-raid shelter; ~ **antinuclear** fall-out shelter
abril [a'briw] M April; ver tb **julho**
  25 de abril is a public holiday in Portugal. On 25 April 1974, the Armed Forces Movement instigated the bloodless revolution that was to topple the 48-year-old dictatorship presided over until 1968 by António de Oliveira Salazar. The red carnation has come to symbolize the coup, as it is said that the Armed Forces took to the streets with carnations in the barrels of their rifles.
abrilhantar [abriʎã'tar] VT to enhance
abrir [a'brir] VT to open; (fechadura) to unlock; (vestuário) to unfasten; (torneira) to turn on; (buraco, exceção) to make; (processo) to start ▶ VI to open; (sinal) to go green; (tempo) to clear up; **abrir-se** VR: **~-se com alguém** to confide in sb, open up to sb
ab-rogação [abhoga'sãw] (pl **-ões**) F repeal, annulment
ab-rogar [abho'gar] VT to repeal, annul
abrolho [a'broʎu] M thorn
abrupto, -a [a'bruptu, a] ADJ abrupt; (repentino) sudden
abrutalhado, -a [abruta'ʎadu, a] ADJ (pessoa) coarse; (sapatos) heavy
abscesso [ab'sɛsu] M abscess
absenteísta [absēte'ista] M/F absentee
absentismo [absē'tʃizmu] M absenteeism
abside [ab'sidʒi] F apse; (relicário) shrine
absolutamente [absoluta'mētʃi] ADV absolutely; (em resposta) absolutely not, not at all
absolutismo [absolu'tʃizmu] M absolutism
absolutista [absolu'tʃista] ADJ, M/F absolutist
absoluto, -a [abso'lutu, a] ADJ absolute; **em ~** absolutely not, not at all

absolver [absow'ver] VT to absolve; (Jur) to acquit
absolvição [absowvi'sãw] (pl **-ões**) F absolution; (Jur) acquittal
absorção [absor'sãw] F absorption
absorto, -a [ab'sortu, a] PP de **absorver** ▶ ADJ absorbed, engrossed
absorvente [absor'vētʃi] ADJ (papel etc) absorbent; (livro etc) absorbing
absorver [absor'ver] VT to absorb; **absorver-se** VR: **~-se em** to concentrate on
abstêmio, -a [abs'temju, a] ADJ abstemious; (álcool) teetotal ▶ M/F abstainer; teetotaller (BRIT), teetotaler (US)
abstenção [abstē'sãw] (pl **-ões**) F abstention
abstencionista [abstēsjo'nista] ADJ abstaining ▶ M/F abstainer
abstenções [abstē'sõjs] FPL de **abstenção**
abster-se [ab'stersi] (irreg: como **ter**) VR: ~ **de** to abstain ou refrain from
abstinência [abstʃi'nēsja] F abstinence; (jejum) fasting
abstinha etc [abs'tʃiɲa] VB ver **abster-se**
abstive etc [abs'tʃivi] VB ver **abster-se**
abstração [abstra'sãw] F abstraction; (concentração) concentration
abstrair [abstra'ir] VT to abstract; (omitir) to omit; (separar) to separate
abstrato, -a [abs'tratu, a] ADJ abstract
absurdo, -a [abi'surdu, a] ADJ absurd ▶ M nonsense
abulia [abu'lia] F apathy
abundância [abū'dãsja] F abundance
abundante [abū'dãtʃi] ADJ abundant
abundar [abū'dar] VI to abound
aburguesado, -a [aburge'zadu, a] ADJ middle-class, bourgeois
abusar [abu'zar] VI (exceder-se) to go too far; ~ **de** to abuse
abuso [a'buzu] M abuse; (Jur) indecent assault; ~ **de confiança** breach of trust
abutre [a'butri] M vulture
AC ABR = **Acre**
a.C. ABR (= antes de Cristo) B.C.
a/c ABR (= aos cuidados de) Attn:
acabado, -a [aka'badu, a] ADJ finished; (esgotado) worn out; (envelhecido) aged
acabamento [akaba'mētu] M finish
acabar [aka'bar] VT (terminar) to finish, complete; (levar a cabo) to accomplish; (aperfeiçoar) to complete; (consumir) to use up; (rematar) to finish off ▶ VI to finish, end, come to an end; **acabar-se** VR (terminar) to be over; (prazo) to expire; (esgotar-se) to run out; ~ **com** to put an end to; (destruir) to do away with; (namorado) to finish with; ~ **de chegar** to have just arrived; ~ **por fazer** to end up (by) doing; **acabou-se!** it's all over!; (basta!) that's enough!; **ele acabou cedendo** he eventually gave in, he ended up giving in; **... que não acaba mais** no end of ...; **quando acaba** (no final) in the end

acabrunhado, -a [akabru'ɲadu, a] ADJ (*abatido*) depressed; (*envergonhado*) embarrassed

acabrunhar [akabru'ɲar] VT (*entristecer*) to distress; (*envergonhar*) to embarrass

acácia [a'kasja] F acacia

academia [akade'mia] F academy; ~ **(de ginástica)** gym

Academia Brasileira de Letras *see note*

> Founded in 1896 in Rio de Janeiro, on the initiative of the author Machado de Assis, the **Academia Brasileira de Letras**, or ABL, aims to preserve and develop the Portuguese language and Brazilian literature. Machado de Assis was its president until 1908. It is made up of forty life members known as the *imortais*. The Academia's activities include publication of reference books, promotion of literary prizes, and running a library, museum and archive.

acadêmico, -a [aka'demiku, a] ADJ, M/F academic

açafrão [asa'frãw] M saffron

acalcanhar [akawka'ɲar] VT (*sapato*) to put out of shape

acalentar [akalẽ'tar] VT to rock to sleep; (*esperanças*) to cherish

acalmar [akaw'mar] VT to calm ▶ VI (*vento etc*) to abate; **acalmar-se** VR to calm down

acalorado, -a [akalo'radu, a] ADJ heated

acalorar [akalo'rar] VT to heat; (*fig*) to inflame; **acalorar-se** VR (*fig*) to get heated

acamado, -a [aka'madu, a] ADJ bedridden

açambarcar [asãbar'kar] VT to monopolize; (*mercado*) to corner

acampamento [akãpa'mẽtu] M camping; (*Mil*) camp, encampment; **levantar** ~ to raise camp

acampar [akã'par] VI to camp

acanhado, -a [aka'ɲadu, a] ADJ shy

acanhamento [akaɲa'mẽtu] M shyness

acanhar-se [aka'ɲarsi] VR to be shy

ação [a'sãw] (*pl* **-ões**) F action; (*ato*) act, deed; (*Mil*) battle; (*enredo*) plot; (*Jur*) lawsuit; (*Com*) share; ~ **bonificada** (*Com*) bonus share; ~ **de graças** thanksgiving; ~ **integralizada/diferida** (*Com*) fully paid-in/deferred share; ~ **ordinária/preferencial** (*Com*) ordinary/preference share

acarajé [akara'ʒɛ] M (*Culin*) *beans fried in palm oil*

acareação [akarja'sãw] (*pl* **-ões**) F confrontation

acarear [aka'rjar] VT to confront

acariciar [akari'sjar] VT to caress; (*fig*) to cherish

acarinhar [akari'ɲar] VT to caress; (*fig*) to treat with tenderness

acarretar [akahe'tar] VT to result in, bring about

acasalamento [akazala'mẽtu] M mating

acasalar [akaza'lar] VT to mate; **acasalar-se** VR to mate

acaso [a'kazu] M chance; **ao** ~ at random; **por** ~ by chance

acastanhado, -a [akasta'ɲadu, a] ADJ brownish; (*cabelo*) auburn

acatamento [akata'mẽtu] M respect, deference; (*de lei*) observance

acatar [aka'tar] VT (*respeitar*) to respect; (*honrar*) to honour (BRIT), honor (US); (*lei*) to obey

acautelar [akawte'lar] VT to warn; **acautelar-se** VR to be cautious; ~-**se contra** to guard against

ACC ABR M = **adiantamento de contratos de câmbio**

acebolado, -a [asebo'ladu, a] ADJ (*Culin*) flavoured (BRIT) *ou* flavored (US) with onion

aceder [ase'der] VI: ~ **a** to agree to, accede to

aceitação [asejta'sãw] F acceptance; (*aprovação*) approval

aceitar [asej'tar] VT to accept; (*aprovar*) to approve; **você aceita uma bebida?** would you like a drink?

aceitável [asej'tavew] (*pl* **-eis**) ADJ acceptable

aceite [a'sejtə] (PT) PP *de* **aceitar** ▶ ADJ accepted ▶ M acceptance

aceito, -a [a'sejtu, a] PP *de* **aceitar** ▶ ADJ accepted

aceleração [aselera'sãw] F acceleration; (*pressa*) haste

acelerado, -a [asele'radu, a] ADJ (*rápido*) quick; (*apressado*) hasty

acelerador [aselera'dor] M accelerator

acelerar [asele'rar] VT, VI to accelerate; ~ **o passo** to go faster

acenar [ase'nar] VI (*com a mão*) to wave; (*com a cabeça*) to nod; ~ **com** (*oferecer*) to offer, promise

acendedor [asẽde'dor] M lighter

acender [asẽ'der] VT (*cigarro, fogo*) to light; (*luz*) to switch on; (*fig*) to excite, inflame

aceno [a'sɛnu] M sign, gesture; (*com a mão*) wave; (*com a cabeça*) nod

acento [a'sẽtu] M accent; (*de intensidade*) stress; ~ **agudo/circunflexo** acute/circumflex accent

acentuação [asẽtwa'sãw] F accentuation; (*ênfase*) stress

acentuado, -a [asẽ'twadu, a] ADJ (*sílaba*) stressed; (*saliente*) conspicuous

acentuar [asẽ'twar] VT (*marcar com acento*) to accent; (*salientar*) to stress, emphasize; (*realçar*) to enhance

acepção [asep'sãw] (*pl* **-ões**) F (*de uma palavra*) sense

acepipe [ase'pipi] M titbit (BRIT), tidbit (US), delicacy; **acepipes** MPL (PT) hors d'œuvres

acerca [a'serka] ADV: ~ **de** about, concerning

acercar-se [aser'karsi] VR: ~ **de** to approach, draw near to

acérrimo, -a [a'sehimu, a] ADJ SUPERL *de* **acre**; (*acre*) (very) bitter; (*defensor*) staunch

acertado, -a [aser'tadu, a] ADJ (*certo*) right, correct; (*sensato*) sensible

acertar [aser'tar] VT (*ajustar*) to put right; (*relógio*) to set; (*alvo*) to hit; (*acordo*) to reach; (*pergunta*) to get right ▶ VI to get it right, be right; **~ com** to hit upon

acervo [a'sɛrvu] M heap; (*Jur*) estate; (*de museu etc*) collection; **um ~ de** vast quantities of

aceso, -a [a'sezu, a] PP *de* **acender** ▶ ADJ (*luz, gás, TV*) on; (*fogo*) alight; (*excitado*) excited; (*furioso*) furious

acessar [ase'sar] VT (*Comput*) to access

acessível [ase'sivew] (*pl* **-eis**) ADJ accessible; (*pessoa*) approachable; (*preço*) reasonable, affordable

acesso [a'sɛsu] M access; (*Med*) fit, attack; **um ~ de cólera** a fit of anger; **de fácil ~** easy to get to; **~ à Internet** (*Comput*) internet access

acessório, -a [ase'sɔrju, a] ADJ (*máquina, equipamento*) backup ▶ M accessory

ACET (BR) ABR F = **Agência Central dos Teatros**

acetona [ase'tɔna] F nail varnish remover; (*Quím*) acetone

achacar [aʃa'kar] (*col*) VT (*dinheiro*) to extort

achado [a'ʃadu] ADJ: **não se dar por ~** to play dumb ▶ M find, discovery; (*pechincha*) bargain; (*sorte*) godsend

achaque [a'ʃaki] M ailment

achar [a'ʃar] VT (*descobrir*) to find; (*pensar*) to think; **achar-se** VR (*considerar-se*) to think (that) one is; (*encontrar-se*) to be; **~ de fazer** (*resolver*) to decide to do; **o que é que você acha disso?** what do you think of it?; **acho que ...** I think (that) ...; **acho que sim** I think so; **~ algo bom/estranho** *etc* to find sth good/strange *etc*; **~ ruim** to be cross

achatar [aʃa'tar] VT to squash, flatten; (*fig*) to talk round, convince

achegar-se [aʃe'garsi] VR: **~ a** *ou* **de** to approach, get closer to

acidentado, -a [asidẽ'tadu, a] ADJ (*terreno*) rough; (*estrada*) bumpy; (*viagem*) eventful; (*vida*) difficult ▶ M/F injured person

acidental [asidẽ'taw] (*pl* **-ais**) ADJ accidental

acidente [asi'dẽtʃi] M accident; (*acaso*) chance; **por ~** by accident; **~ de trânsito** road accident

acidez [asi'dez] F acidity

ácido, -a ['asidu, a] ADJ acid; (*azedo*) sour ▶ M acid

acima [a'sima] ADV above; (*para cima*) up ▶ PREP: **~ de** above; (*além de*) beyond; **mais ~** higher up; **rio ~** up river; **passar rua ~** to go up the street; **~ de 1000** more than 1000

acinte [a'sĩtʃi] M provocation ▶ ADV deliberately, on purpose

acintosamente [asĩtoza'mẽtʃi] ADV on purpose

acinzentado, -a [asĩzẽ'tadu, a] ADJ greyish (BRIT), grayish (US)

acionado, -a [asjo'nadu, a] M/F (*Jur*) defendant

acionar [asjo'nar] VT to set in motion; (*máquina*) to operate; (*Jur*) to sue

acionista [asjo'nista] M/F shareholder; **~ majoritário/minoritário** majority/minority shareholder

acirrado, -a [asi'hadu, a] ADJ (*luta, competição*) tough

acirrar [asi'har] VT to incite, stir up

aclamação [aklama'sãw] F acclamation; (*ovação*) applause

aclamar [akla'mar] VT to acclaim; (*aplaudir*) to applaud

aclarado, -a [akla'radu, a] ADJ clear

aclarar [akla'rar] VT to explain, clarify ▶ VI to clear up; **aclarar-se** VR to become clear

aclimatação [aklimata'sãw] F acclimatization

aclimatar [aklima'tar] VT to acclimatize (BRIT), acclimate (US); **aclimatar-se** VR to become acclimatized *ou* acclimated

aclive [a'klivi] M slope, incline

ACM ABR F (= *Associação Cristã de Moços*) YMCA

aço ['asu] M (*metal*) steel; **~ inox** stainless steel

acocorar-se [akoko'rarsi] VR to squat, crouch

acode *etc* [a'kɔdʒi] VB *ver* **acudir**

ações [a'sõjs] FPL *de* **ação**

acoitar [akoj'tar] VT to shelter, give refuge to

açoitar [asoj'tar] VT to whip, lash

açoite [a'sojtʃi] M whip, lash

acolá [ako'la] ADV over there

acolchoado, -a [akow'ʃwadu, a] ADJ quilted ▶ M quilt

acolchoar [akow'ʃwar] VT (*costurar*) to quilt; (*forrar*) to pad; (*estofar*) to upholster

acolhedor, a [akoʎe'dor(a)] ADJ welcoming; (*hospitaleiro*) hospitable

acolher [ako'ʎer] VT (*receber*) to welcome; (*abrigar*) to shelter; (*aceitar*) to accept; **acolher-se** VR to shelter

acolhida [ako'ʎida] F (*recepção*) reception, welcome; (*refúgio*) refuge

acolhimento [akoʎi'mẽtu] M = **acolhida**

acometer [akome'ter] VT (*atacar*) to attack; (*suj: doença*) to take hold of

acomodação [akomoda'sãw] (*pl* **-ões**) F accommodation; (*arranjo*) arrangement; (*adaptação*) adaptation

acomodar [akomo'dar] VT (*alojar*) to accommodate; (*arrumar*) to arrange; (*tornar cômodo*) to make comfortable; (*adaptar*) to adapt

acompanhamento [akõpaɲa'mẽtu] M attendance; (*cortejo*) procession; (*Mús*) accompaniment; (*Culin*) side dish

acompanhante [akõpa'ɲãtʃi] M/F companion; (*Mús*) accompanist; (*de idoso, doente*) carer (BRIT), caregiver (US)

acompanhar [akõpa'ɲar] VT to accompany, go along with; (*Mús*) to accompany; (*assistir*) to watch; (*eventos*) to keep up with; **~ alguém até a porta** to show sb to the door

aconchegado, -a [akõʃe'gadu, a] ADJ snug, cosy (BRIT), cozy (US)

aconchegante [akõʃe'gãtʃi] ADJ cosy (BRIT), cozy (US)

aconchegar [akõʃe'gar] VT to bring near; **aconchegar-se** VR (acomodar-se) to make o.s. comfortable; **~-se com** to snuggle up to

aconchego [akõ'ʃegu] M cuddle

acondicionamento [akõdʒisjona'mẽtu] M packaging

acondicionar [akõdʒisjo'nar] VT to condition; (empacotar) to pack, wrap (up)

aconselhar [akõse'ʎar] VT to advise; (recomendar) to recommend; **aconselhar-se** VR: **~-se com** to consult; **~ alguém a fazer** to advise sb to do

aconselhável [akõse'ʎavew] (pl **-eis**) ADJ advisable

acontecer [akõte'ser] VI to happen

acontecimento [akõtesi'mẽtu] M event

acordar [akor'dar] VT (despertar) to wake (up); (concordar) to agree (on) ▶ VI (despertar) to wake up

acorde [a'kɔrdʒi] M chord

acordeão [akor'dʒjãw] (pl **-ões**) M accordion

acordeonista [akordʒjo'nista] M/F accordionist

acordo [a'kordu] M agreement; **"de ~!"** "agreed!"; **de ~ com** (pessoa) in agreement with; (conforme) in accordance with; **estar de ~** to agree; **~ de cavalheiros** gentlemen's agreement

Açores [a'soris] MPL: **os ~** the Azores

açoriano, -a [aso'rjanu, a] ADJ, M/F Azorean

acorrentar [akohẽ'tar] VT to chain (up)

acorrer [ako'her] VI: **~ a alguém** to come to sb's aid

acossar [ako'sar] VT (perseguir) to pursue; (atormentar) to harass

acostamento [akosta'mẽtu] M hard shoulder (BRIT), berm (US)

acostar [akos'tar] VT to lean against; (Náut) to bring alongside; **acostar-se** VR to lean back

acostumado, -a [akostu'madu, a] ADJ (habitual) usual, customary; **estar ~** to be used to it; **estar ~ a algo** to be used to sth

acostumar [akostu'mar] VT to accustom; **acostumar-se** VR: **~-se a** to get used to

acotovelar [akotove'lar] VT to jostle; **acotovelar-se** VR to jostle

açougue [a'sogi] M butcher's (shop)

açougueiro [aso'gejru] M butcher

acovardado, -a [akovar'dadu, a] ADJ intimidated

acovardar-se [akovar'darsi] VR (desanimar) to lose courage; (amedrontar-se) to flinch, cower

acre ['akri] ADJ (gosto) bitter; (cheiro) acrid; (fig) harsh

acreano, -a [a'krjanu, a] ADJ from Acre ▶ M/F native of Acre

acreditado, -a [akredʒi'tadu, a] ADJ accredited

acreditar [akredʒi'tar] VT to believe; (Com) to credit; (afiançar) to guarantee ▶ VI: **~ em** to believe in; (ter confiança em) to have faith in; **"acredite na sinalização"** "follow traffic signs"

acreditável [akredʒi'tavew] (pl **-eis**) ADJ credible

acre-doce ADJ (Culin) sweet and sour

acrescentar [akresẽ'tar] VT to add

acrescer [akre'ser] VT (aumentar) to increase; (juntar) to add ▶ VI to increase; **acresce que ...** add to that the fact that ....

acréscimo [a'kresimu] M addition; (aumento) increase; (elevação) rise

acriançado, -a [akrjã'sadu, a] ADJ childish

acrílico [a'kriliku] M acrylic

acrimônia [akri'monja] F acrimony

acrobacia [akroba'sia] F acrobatics pl; **acrobacias** FPL: **~s aéreas** aerobatics pl

acrobata [akro'bata] M/F acrobat

acuar [a'kwar] VT to corner

açúcar [a'sukar] M sugar

açucarado, -a [asuka'radu, a] ADJ sugary

açucarar [asuka'rar] VT to sugar; (adoçar) to sweeten

açucareiro [asuka'rejru] M sugar bowl

açude [a'sudʒi] M dam

acudir [aku'dʒir] VT (ir em socorro) to help, assist ▶ VI (responder) to reply, respond; **~ a** to come to the aid of

acuidade [akwi'dadʒi] F perceptiveness

açular [asu'lar] VT (incitar) to incite; **~ um cachorro contra alguém** to set a dog on sb

acumulação [akumula'sãw] (pl **-ões**) F accumulation

acumulado, -a [akumu'ladu, a] ADJ (Com: juros, despesas) accrued

acumular [akumu'lar] VT to accumulate; (reunir) to collect; (amontoar) to pile up; (funções) to combine

acúmulo [a'kumulu] M accumulation

acusação [akuza'sãw] (pl **-ões**) F accusation, charge; (ato) accusation; (Jur) prosecution

acusado, -a [aku'zadu, a] M/F accused

acusar [aku'zar] VT to accuse; (revelar) to reveal; (culpar) to blame; **~ o recebimento de** to acknowledge receipt of

acústica [a'kustʃika] F (ciência) acoustics sg; (de uma sala) acoustics pl

acústico, -a [a'kustʃiku, a] ADJ acoustic

adaga [a'daga] F dagger

adágio [a'daʒu] M adage; (Mús) adagio

adaptabilidade [adaptabili'dadʒi] F adaptability

adaptação [adapta'sãw] (pl **-ões**) F adaptation

adaptado, -a [adap'tadu, a] ADJ (criança) well-adjusted

adaptar [adap'tar] VT (modificar) to adapt; (acomodar) to fit; **adaptar-se** VR: **~-se a** to adapt to

ADECIF (BR) ABR F = **Associação de Diretores de Empresas de Créditos, Investimentos e Financiamento**

adega [a'dɛga] F cellar

adelgaçado, -a [adewga'sadu, a] ADJ thin; (agucado) pointed

ademais [adʒi'majs] ADV (além disso) besides, moreover

ADEMI (BR) ABR F = **Associação de Dirigentes de Empresa do Mercado Imobiliário**

adentro [a'dẽtru] ADV inside, in; **mata ~** into the woods

adepto, -a [a'dɛptu, a] M/F follower; (de time) supporter

adequado, -a [ade'kwadu, a] ADJ appropriate

adequar [ade'kwar] VT to adapt, make suitable

adereçar [adere'sar] VT to adorn, decorate; **adereçar-se** VR to dress up

adereço [ade'resu] M adornment; **adereços** MPL (Teatro) stage props

aderência [ade'rẽsja] F adherence

aderente [ade'rẽtʃi] ADJ adhesive, sticky ▶ M/F (partidário) supporter

aderir [ade'rir] VI to adhere; (colar) to stick; (a uma moda etc) to join in

adesão [ade'zãw] F adhesion; (patrocínio) support

adesivo, -a [ade'zivu, a] ADJ adhesive, sticky ▶ M adhesive tape; (Med) sticking plaster

adestrado, -a [ades'tradu, a] ADJ skilful (BRIT), skillful (US), skilled

adestrador, a [adestra'dor(a)] M/F trainer

adestramento [adestra'mẽtu] M training

adestrar [ades'trar] VT to train, instruct; (cavalo) to break in

adeus [a'dews] EXCL goodbye!; **dizer ~** to say goodbye, bid farewell

adiamento [adʒja'mẽtu] M postponement; (de uma sessão) adjournment

adiantado, -a [adʒjã'tadu, a] ADJ advanced; (relógio) fast; **chegar ~** to arrive ahead of time; **pagar ~** to pay in advance

adiantamento [adʒjãta'mẽtu] M progress; (dinheiro) advance (payment)

adiantar [adʒjã'tar] VT (dinheiro, salário) to advance, pay in advance; (relógio) to put forward; (trabalho) to advance; (dizer) to say in advance ▶ VI (relógio) to be fast; (conselho, violência etc) to be of use; **adiantar-se** VR to advance, get ahead; **não adianta reclamar/insistir** there's no point ou it's no use complaining/insisting; **~-se a alguém** to get ahead of sb; **~-se para** to go/come up to

adiante [a'dʒjãtʃi] ADV (na frente) in front; (para a frente) forward; **mais ~** further on; (no futuro) later on

adiar [a'dʒjar] VT to postpone, put off; (sessão) to adjourn

adição [adʒi'sãw] (pl -**ões**) F addition; (Mat) sum

adicionar [adʒisjo'nar] VT to add

adições [adʒi'sõjs] FPL de **adição**

adido, -a [a'dʒidu, a] M/F attaché

adiro etc [a'diru] VB ver **aderir**

Adis-Abeba [adʒiza'beba] N Addis Ababa

adivinhação [adʒiviɲa'sãw] F (destino) fortune-telling; (conjectura) guessing, guesswork

adivinhar [adʒivi'ɲar] VT to guess; (ler a sorte) to foretell ▶ VI to guess; **~ o pensamento de alguém** to read sb's mind

adivinho, -a [adʒi'viɲu, a] M/F fortune-teller

adjacente [adʒa'sẽtʃi] ADJ adjacent

adjetivo [adʒe'tʃivu] M adjective

adjudicação [adʒudʒika'sãw] (pl -**ões**) F grant; (de contratos) award; (Jur) decision

adjudicar [adʒudʒi'kar] VT to award, grant

adjunto, -a [ad'ʒũtu, a] ADJ joined, attached ▶ M/F assistant

administração [adʒiministra'sãw] (pl -**ões**) F administration; (direção) management; (comissão) board; **~ de empresas** business administration, management; **~ fiduciária** trusteeship

administrador, a [adʒiministra'dor(a)] M/F administrator; (diretor) director; (gerente) manager

administrar [adʒiminis'trar] VT to administer, manage; (governar) to govern; (remédio) to administer

admiração [adʒimira'sãw] F (assombro) wonder; (estima) admiration; **ponto de ~** (PT) exclamation mark

admirado, -a [adʒimi'radu, a] ADJ astonished, surprised

admirador, a [adʒimira'dor(a)] ADJ admiring

admirar [adʒimi'rar] VT to admire; **admirar-se** VR: **~-se de** to be astonished ou surprised at; **não me admiro!** I'm not surprised; **não é de se ~** it's not surprising

admirável [adʒimi'ravew] (pl -**eis**) ADJ (assombroso) amazing

admissão [adʒimi'sãw] (pl -**ões**) F admission; (consentimento para entrar) admittance; (de escola) intake

admitir [adʒimi'tʃir] VT (aceitar) to admit; (permitir) to allow; (funcionário) to take on

admoestação [admwesta'sãw] (pl -**ões**) F admonition; (repreensão) reprimand

admoestar [admwes'tar] VT to admonish

adoção [ado'sãw] F adoption

adoçar [ado'sar] VT to sweeten

adocicado, -a [adosi'kadu, a] ADJ slightly sweet

adoecer [adoe'ser] VI to fall ill ▶ VT to make ill; **~ de** ou **com** to fall ill with

adoidado, -a [adoj'dadu, a] ADJ crazy ▶ ADV (col) like mad ou crazy

adolescente [adole'sẽtʃi] ADJ, M/F adolescent

adoração [adora'sãw] F adoration; (veneração) worship

adorar [ado'rar] VT to adore; (venerar) to worship; (col: gostar muito de) to love

adorável [ado'ravew] (pl -**eis**) ADJ adorable

adormecer [adorme'ser] VI to fall asleep; (entorpecer-se) to go numb

adormecido, -a [adorme'sidu, a] ADJ sleeping ▶ M/F sleeper

adornar [ador'nar] VT to adorn, decorate

adorno [a'dornu] M adornment
adotar [ado'tar] VT to adopt
adotivo, -a [ado'tʃivu, a] ADJ (*filho*) adopted
adquirir [adʒiki'rir] VT to acquire; (*obter*) to obtain
adrede [a'dredʒi] ADV on purpose, deliberately
Adriático, -a [a'drjatʃiku, a] ADJ: **o (mar) ~** the Adriatic (Sea)
adro ['adru] M (*church*) forecourt; (*em volta da igreja*) churchyard
aduana [a'dwana] F customs *pl*, customs house
aduaneiro, -a [adwa'nejru, a] ADJ customs *atr* ▶ M customs officer
adubação [aduba'sãw] F fertilizing
adubar [adu'bar] VT to manure; (*fertilizar*) to fertilize
adubo [a'dubu] M (*fertilizante*) fertilizer
adulação [adula'sãw] F flattery
adulador, a [adula'dor(a)] ADJ flattering ▶ M/F flatterer
adular [adu'lar] VT to flatter
adulteração [aduwtera'sãw] F adulteration; (*de contas*) falsification
adulterador, a [aduwtera'dor(a)] M/F adulterator
adulterar [aduwte'rar] VT (*vinho*) to adulterate; (*contas*) to falsify ▶ VI to commit adultery
adultério [aduw'tɛrju] M adultery
adúltero, -a [a'duwteru, a] M/F adulterer/adulteress
adulto, -a [a'duwtu, a] ADJ, M/F adult
adunco, -a [a'dūku, a] ADJ (*nariz*) hook
adveio *etc* [ad'veju] VB *ver* **advir**
adventício, -a [advẽ'tʃisju, a] ADJ (*casual*) accidental; (*estrangeiro*) foreign ▶ M/F foreigner
advento [ad'vẽtu] M advent; **o A~** Advent
advérbio [adʒi'verbju] M adverb
adversário [adʒiver'sarju] M adversary, opponent, enemy
adversidade [adʒiversi'dadʒi] F adversity, misfortune
adverso, -a [adʒi'vɛrsu, a] ADJ adverse, unfavourable (BRIT), unfavorable (US); (*oposto*): **~ a** opposed to
advertência [adʒiver'tẽsja] F warning; (*repreensão*) (*gentle*) reprimand
advertido, -a [adʒiver'tʃidu, a] ADJ prudent; (*informado*) well-advised
advertir [adʒiver'tʃir] VT to warn; (*repreender*) to reprimand; (*chamar a atenção a*) to draw attention to
advier *etc* [ad'vjer] VB *ver* **advir**
advindo, -a [ad'vĩdu, a] ADJ: **~ de** resulting from
advir [ad'vir] (*irreg: como* **vir**) VI: **~ de** to result from
advocacia [adʒivoka'sia] F legal profession, law
advogado, -a [adʒivo'gadu, a] M/F lawyer
advogar [adʒivo'gar] VT (*promover*) to advocate; (*Jur*) to plead ▶ VI to practise (BRIT) *ou* practice (US) law
aéreo, -a [a'erju, a] ADJ air *atr*; (*pessoa*) vague
aerobarco [aero'barku] M jetfoil
aeroclube [aero'klubi] M flying club
aerodinâmica [aerodʒi'namika] F aerodynamics *sg*
aerodinâmico, -a [aerodʒi'namiku, a] ADJ aerodynamic
aeródromo [ae'rɔdromu] M airfield
aeroespacial [aeroispa'sjaw] (*pl* **-ais**) ADJ aerospace *atr*
aerofagia [aerofa'ʒia] F (*Med*) hyperventilation
aerofoto [aero'fɔtu] F aerial photograph
aeromoço, -a [aero'mosu, a] (BR) M/F flight attendant
aeromodelismo [aeromode'lizmu] M aeromodelling
aeronauta [aero'nawta] M/F airman/woman
aeronáutica [aero'nawtʃika] F air force; (*ciência*) aeronautics *sg*; **Departamento de A~ Civil** = Civil Aviation Authority
aeronave [aero'navi] F aircraft
aeroporto [aero'portu] M airport
aerossol [aero'sɔw] (*pl* **-óis**) M aerosol
afã [a'fã] M (*entusiasmo*) enthusiasm; (*diligência*) diligence; (*ânsia*) eagerness; (*esforço*) effort; (*faina*) task, job; **no seu ~ de agradar** in his eagerness to please
afabilidade [afabili'dadʒi] F friendliness, kindness
afaço *etc* [a'fasu] VB *ver* **afazer**
afagar [afa'gar] VT (*acariciar*) to caress; (*cabelo*) to stroke
afamado, -a [afa'madu, a] ADJ renowned
afanar [afa'nar] (*col*) VT to nick, pinch
afanoso, -a [afa'nozu, ɔza] ADJ laborious; (*meticuloso*) painstaking
afasia [afa'zia] F aphasia
afastado, -a [afas'tadu, a] ADJ (*distante*) remote; (*isolado*) secluded; (*pernas*) apart; (*amigo*) distant; **manter-se ~** to keep to o.s.
afastamento [afasta'mẽtu] M removal; (*distância*) distance; (*de emprego solicitado*) rejection; (*de pessoal*) lay-off, sacking
afastar [afas'tar] VT to remove; (*amigo*) to distance; (*separar*) to separate; (*ideia*) to put out of one's mind; (*pessoal*) to lay off; **afastar-se** VR (*ir-se embora*) to move away, go away; (*de amigo*) to distance o.s.; (*de cargo*) to step down; **~ os olhos de** to take one's eyes off; **~-se do assunto** to stray from the subject
afável [a'favew] (*pl* **-eis**) ADJ friendly, genial
afazer [afa'zer] (*irreg: como* **fazer**) VT to accustom; **afazer-se** VR: **~-se a** to get used to
afazeres [afa'zeris] MPL business *sg*; (*dever*) duties, tasks; **~ domésticos** household chores
afegã [afe'] F *de* **afegão**

Afeganistão [afeganis'tãw] M: o ~ Afghanistan

afegão, -gã [afe'gãw, 'gã] (pl **-ões/-s**) ADJ, M/F Afghan

afeição [afej'sãw] F (amor) affection, fondness; (dedicação) devotion

afeiçoado, -a [afej'swadu, a] ADJ: ~ **a** (amoroso) fond of; (devotado) devoted to ▶ M/F friend

afeiçoar-se [afej'swarsi] VR: ~ **a** (tomar gosto por) to take a liking to

afeito, -a [a'fejtu, a] PP de **afazer** ▶ ADJ: ~ **a** accustomed to, used to

afeminado, -a [afemi'nadu, a] ADJ effeminate

aferidor [aferi'dor] M (de pesos e medidas) inspector; (verificador) checker; (instrumento) gauge (BRIT), gage (US)

aferir [afe'rir] VT (verificar) to check, inspect; (comparar) to compare; (conhecimentos, resultados) to assess

aferrado, -a [afe'hadu, a] ADJ obstinate, stubborn

aferrar [afe'har] VT (prender) to secure; (Náut) to anchor; (agarrar) to grasp; **aferrar-se** VR: ~-**se a** to cling to

aferrolhar [afeho'ʎar] VT to bolt; (pessoa) to imprison; (coisas) to hoard

aferventar [afervẽ'tar] VT to bring to the (BRIT) ou a (US) boil

afetação [afeta'sãw] F affectation

afetado, -a [afe'tadu, a] ADJ pretentious, affected

afetar [afe'tar] VT to affect; (fingir) to feign

afetividade [afetʃivi'dadʒi] F affection

afetivo, -a [afe'tʃivu, a] ADJ affectionate; (problema) emotional

afeto [a'fɛtu] M affection

afetuoso, -a [afe'twozu, ɔza] ADJ affectionate

afez etc [a'fez] VB ver **afazer**

AFI ABR M (= Alfabeto Fonético Internacional) IPA

afiado, -a [a'fjadu, a] ADJ sharp; (pessoa) well-trained

afiançar [afjã'sar] VT (Jur) to stand bail for; (garantir) to guarantee

afiar [a'fjar] VT to sharpen

aficionado, -a [afisjo'nadu, a] M/F enthusiast

afigurar-se [afigu'rarsi] VR to seem, appear; **afigura-se-me que** ... it seems to me that ...

afilado, -a [afi'ladu, a] ADJ (nariz) thin

afilhado, -a [afi'ʎadu, a] M/F godson/goddaughter

afiliação [afilja'sãw] (pl **-ões**) F affiliation

afiliada [afi'ljada] F affiliate, affiliated company

afiliado, -a [afi'ljadu, a] ADJ affiliated

afiliar [afi'ljar] VT to affiliate; **afiliar-se** VR: ~-**se a** to join

afim [a'fĩ] (pl **-ns**) ADJ (semelhante) similar; (consanguíneo) related ▶ M/F relative, relation; **estar ~ de (fazer) algo** to feel like (doing) sth, fancy (doing) sth; **estar ~ de alguém** (col) to fancy sb

afinação [afina'sãw] F (Mús) tuning

afinado, -a [afĩ'nadu, a] ADJ in tune

437 | **Afeganistão – afrescalhado**

afinal [afi'naw] ADV at last, finally; ~ **(de contas)** after all

afinar [afi'nar] VT (Mús) to tune ▶ VI (adelgaçar) to taper

afinco [a'fĩku] M tenacity, persistence; **com ~** tenaciously

afinidade [afini'dadʒi] F affinity

afins [a'fĩs] PL de **afim**

afirmação [afirma'sãw] (pl **-ões**) F affirmation; (declaração) statement

afirmar [afir'mar] VT, VI to affirm, assert; (declarar) to declare

afirmativo, -a [afirma'tʃivu, a] ADJ affirmative

afiro etc [a'firu] VB ver **aferir**

afivelar [afive'lar] VT to buckle

afixar [afik'sar] VT (cartazes) to stick, post

afiz etc [a'fiz] VB ver **afazer**

afizer etc [afi'zer] VB ver **afazer**

aflição [afli'sãw] F (sofrimento) affliction; (ansiedade) anxiety; (angústia) anguish

afligir [afli'ʒir] VT to distress; (atormentar) to torment; (inquietar) to worry; **afligir-se** VR: ~-**se com** to worry about

aflijo etc [a'fliʒu] VB ver **afligir**

aflito, -a [a'flitu, a] PP de **afligir** ▶ ADJ distressed, anxious

aflorar [aflo'rar] VI to emerge, appear

afluência [a'flwẽsja] F affluence; (corrente copiosa) flow; (de pessoas) stream

afluente [a'flwẽtʃi] ADJ copious; (rico) affluent ▶ M tributary

afluir [a'flwir] VI to flow; (pessoas) to congregate

afobação [afoba'sãw] F fluster; (ansiedade) panic

afobado, -a [afo'badu, a] ADJ flustered; (ansioso) panicky, nervous

afobamento [afoba'mẽtu] M fluster; (ansiedade) panic

afobar [afo'bar] VT to fluster; (deixar ansioso) to make nervous ou panicky ▶ VI to get flustered; to panic, get nervous; **afobar-se** VR to get flustered

afofar [afo'far] VT to fluff

afogado, -a [afo'gadu, a] ADJ drowned

afogador [afoga'dor] (BR) M (Auto) choke

afogar [afo'gar] VT to drown ▶ VI (Auto) to flood; **afogar-se** VR to drown, be drowned

afoito, -a [a'fojtu, a] ADJ bold, daring

afonia [afo'nia] F voice loss

afônico, -a [a'foniku, a] ADJ: **estou ~** I've lost my voice

afora [a'fɔra] PREP except for, apart from ▶ ADV: **rua ~** down the street; **pelo mundo ~** throughout the world; **porta ~** out into the street

aforismo [afo'rizmu] M aphorism

aforrar [afo'har] VT (roupa) to line; (poupar) to save; (liberar) to free

afortunado, -a [afortu'nadu, a] ADJ fortunate, lucky

afrescalhado, -a [afreska'ʎadu, a] (col) ADJ effeminate, camp

afresco [a'fresku] M fresco
África ['afrika] F: **a ~** Africa; **a ~ do Sul** South Africa
africano, -a [afri'kanu, a] ADJ, M/F African
AFRMM (BR) ABR M (= *Adicional ao Frete para Renovação da Marinha Mercante*) tax on goods imported by sea
afro-brasileiro, -a ['afru-] (*pl* **-s**) ADJ Afro-Brazilian
afrodisíaco [afrodʒi'ziaku] M aphrodisiac
afronta [a'frõta] F insult, affront
afrontado, -a [afrõ'tadu, a] ADJ (*ofendido*) offended; (*com má digestão*) too full
afrontar [afrõ'tar] VT to insult; (*ofender*) to offend
afrouxar [afro'ʃar] VT (*desapertar*) to slacken; (*soltar*) to loosen ▶ VI (*soltar-se*) to come loose
afta ['afta] F (mouth) ulcer
afugentar [afuʒẽ'tar] VT to drive away, put to flight
afundar [afũ'dar] VT (*submergir*) to sink; (*cavidade*) to deepen; **afundar-se** VR to sink; (*col: num exame*) to do badly
agá [a'ga] M aitch, h
agachar-se [aga'ʃarsi] VR (*acaçapar-se*) to crouch, squat; (*curvar-se*) to stoop; (*fig*) to cringe
agarração [agaha'sãw] (*col*) F necking
agarrado, -a [aga'hadu, a] ADJ: **~ a** (*preso*) stuck to; (*a uma pessoa*) very attached to
agarramento [agaha'mẽtu] M (*a uma pessoa*) close attachment; (*col: agarração*) necking
agarrar [aga'har] VT to seize, grasp; **agarrar-se** VR: **~-se a** to cling to, hold on to
agasalhado, -a [agaza'ʎadu, a] ADJ warmly dressed, wrapped up
agasalhar [agaza'ʎar] VT to dress warmly, wrap up; **agasalhar-se** VR to wrap o.s. up
agasalho [aga'zaʎu] M (*casaco*) coat; (*suéter*) sweater
ágeis ['aʒejs] PL *de* **ágil**
agência [a'ʒẽsja] F agency; (*escritório*) office; (*de banco etc*) branch; **~ de correio** (BR) post office; **~ de viagens** travel agency; **~ publicitária** advertising agency
agenciar [aʒẽ'sjar] VT (*negociar*) to negotiate; (*obter*) to procure; (*ser agente de*) to act as an agent for
agenda [a'ʒẽda] F diary; **~ eletrônica** personal organizer
agente [a'ʒẽtʃi] M/F agent; (*de polícia*) policeman/woman; **~ de seguros** (insurance) underwriter
agigantado, -a [aʒigã'tadu, a] ADJ gigantic
ágil ['aʒiw] (*pl* **-eis**) ADJ agile
agilidade [aʒili'dadʒi] F agility
agilizar [aʒili'zar] VT: **~ algo** (*dar andamento a*) to get sth moving; (*acelerar*) to speed sth up
ágio ['aʒju] M premium
agiota [a'ʒjɔta] M/F moneylender
agir [a'ʒir] VI to act; **~ bem/mal** to do right/wrong

agitação [aʒita'sãw] (*pl* **-ões**) F agitation; (*perturbação*) disturbance; (*inquietação*) restlessness
agitado, -a [aʒi'tadu, a] ADJ agitated, disturbed; (*inquieto*) restless
agitar [aʒi'tar] VT to agitate, disturb; (*sacudir*) to shake; (*cauda*) to wag; (*mexer*) to stir; (*os braços*) to swing, wave; **agitar-se** VR to get upset; (*mar*) to get rough
aglomeração [aglomera'sãw] (*pl* **-ões**) F gathering; (*multidão*) crowd
aglomerado [aglome'radu] M: **~ urbano** city
aglomerar [aglome'rar] VT to heap up, pile up; **aglomerar-se** VR (*multidão*) to crowd together
AGO ABR F (= *assembleia geral ordinária*) AGM
ago. ABR (= *agosto*) Aug.
agonia [ago'nia] F agony, anguish; (*ânsia da morte*) death throes *pl*; (*indecisão*) indecision
agoniado, -a [ago'njadu, a] ADJ anguished
agonizante [agoni'zãtʃi] ADJ dying ▶ M/F dying person
agonizar [agoni'zar] VI to be dying; (*afligir-se*) to agonize
agora [a'gɔra] ADV now; (*hoje em dia*) now, nowadays; **e ~?** now what?; **~ mesmo** right now; (*há pouco*) a moment ago; **a partir de ~**, **de ~ em diante** from now on; **até ~** so far, up to now; **por ~** for now; **~ que** now that; **eu lhe disse ontem** I told him yesterday; **~, se ele esquecer ...** but if he forgets ...
agorinha [ago'riɲa] ADV just now
agosto [a'gostu] M August; *ver tb* **julho**
agourar [ago'rar] VT to predict, foretell ▶ VI to augur ill
agouro [a'goru] M omen; (*mau agouro*) bad omen
agraciar [agra'sjar] VT (*condecorar*) to decorate
agradabilíssimo, -a [agradabi'lisimu, a] ADJ SUPERL *de* **agradável**
agradar [agra'dar] VT (*deleitar*) to please; (*fazer agrados a*) to be nice to ▶ VI (*ser agradável*) to be pleasing; (*satisfazer: show, piada etc*) to go down well
agradável [agra'davew] (*pl* **-eis**) ADJ pleasant
agradecer [agrade'ser] VT: **~ algo a alguém**, **~ a alguém por algo** to thank sb for sth
agradecido, -a [agrade'sidu, a] ADJ grateful; **mal ~** ungrateful
agradecimento [agradesi'mẽtu] M gratitude; **agradecimentos** MPL (*gratidão*) thanks
agrado [a'gradu] M: **fazer um ~ a alguém** (*afagar*) to be affectionate with sb; (*ser agradável*) to be nice to sb
agrário, -a [a'grarju, a] ADJ agrarian; **reforma agrária** land reform
agravação [agrava'sãw] (PT) F aggravation; (*piora*) worsening
agravamento [agrava'mẽtu] (BR) M aggravation
agravante [agra'vãtʃi] ADJ aggravating ▶ F aggravating circumstance
agravar [agra'var] VT to aggravate, make worse; **agravar-se** VR (*piorar*) to get worse

agravo [a'gravu] M (Jur) appeal
agredir [agre'dʒir] VT to attack; (*insultar*) to insult
agregado, -a [agre'gadu, a] M/F (*lavrador*) tenant farmer; (BR) lodger ▶ M aggregate, sum total
agregar [agre'gar] VT (*juntar*) to collect; (*acrescentar*) to add
agressão [agre'sãw] (*pl* **-ões**) F aggression; (*ataque*) attack; (*assalto*) assault
agressividade [agresivi'dadʒi] F aggressiveness
agressivo, -a [agre'sivu, a] ADJ aggressive
agressões [agre'sõjs] FPL *de* **agressão**
agressor, a [agre'sor(a)] M/F aggressor
agreste [a'grɛstʃi] ADJ rural, rustic; (*terreno*) wild, uncultivated
agrião [a'grjãw] M watercress
agrícola [a'grikola] ADJ agricultural
agricultável [agrikuw'tavew] (*pl* **-eis**) ADJ arable
agricultor [agrikuw'tor] M farmer
agricultura [agrikuw'tura] F agriculture, farming
agrido *etc* [a'gridu] VB *ver* **agredir**
agridoce [agri'dosi] ADJ bittersweet
agronegócio [agrone'gɔsju] M agribusiness
agronomia [agrono'mia] F agronomy
agrônomo, -a [a'gronomu, a] M/F agronomist
agropecuária [agrope'kwarja] F farming, agriculture
agropecuário, -a [agrope'kwarju, a] ADJ farming *atr*, agricultural
agrotóxico [agro'tɔksiku] M pesticide
agrupamento [agrupa'mẽtu] M grouping
agrupar [agru'par] VT to group; **agrupar-se** VR to group together
agrura [a'grura] F bitterness
água ['agwa] F water; **águas** FPL (*mar*) waters; (*chuvas*) rain *sg*; (*maré*) tides; **~ abaixo/acima** downstream/upstream; **até debaixo da ~** (*fig*) one thousand per cent; **dar ~ na boca** (*comida*) to be mouthwatering; **estar na ~** (*bêbado*) to be drunk; **fazer ~** (*Náut*) to leak; **ir nas ~s de alguém** (*fig*) to follow sb's footsteps; **~ benta** holy water; **~ com açúcar** *adj inv* schmaltzy, mushy; **~ corrente** running water; **~ de coco** coconut water; **~ doce** fresh water; **~ dura/leve** hard/soft water; **~ mineral** mineral water; **~ oxigenada** peroxide; **~ salgada** salt water; **~ sanitária** household bleach; **jogar ~ na fervura** (*fig*) to put a damper on things; **mudar como da ~ para o vinho** to change radically; **desta ~ não beberei!** that won't happen to me!; **~s passadas não movem moinhos** it's all water under the bridge
aguaceiro [agwa'sejru] M (*chuva*) (heavy) shower, downpour; (*com vento*) squall
água-de-colônia (*pl* **águas-de-colônia**) F eau-de-cologne
aguado, -a [a'gwadu, a] ADJ watery

439 | **agravo** – **aipim**

água-furtada [-fur'tada] (*pl* **águas-furtadas**) F garret, attic
água-marinha (*pl* **águas-marinhas**) F aquamarine
aguar [a'gwar] VT to water ▶ VI: **~ por** (*salivar*) to drool over
aguardar [agwar'dar] VT to wait for, await; (*contar com*) to expect ▶ VI to wait
aguardente [agwar'dẽtʃi] M spirit (BRIT), liquor (US)
aguarrás [agwa'hajs] F turpentine
água-viva (*pl* **águas-vivas**) F jellyfish
aguçado, -a [agu'sadu, a] ADJ pointed; (*espírito, sentidos*) acute
aguçar [agu'sar] VT (*afiar*) to sharpen; (*estimular*) to excite; **~ a vista** to keep one's eyes peeled
agudeza [agu'deza] F sharpness; (*perspicácia*) perspicacity; (*de som*) shrillness
agudo, -a [a'gudu, a] ADJ sharp; (*som*) shrill; (*intenso*) acute
aguentar [agwẽ'tar] VT (*muro etc*) to hold up; (*dor, injustiças*) to stand, put up with; (*peso*) to withstand; (*resistir a*) to stand up to ▶ VI to last, hold out; (*resistir a peso*) to hold;
aguentar-se VR (*manter-se*) to remain, hold on; **~ com** to hold, withstand; **~ fazer algo** to manage to do sth; **não ~ de** not to be able to stand; **~ firme** to hold out
aguerrido, -a [age'hidu, a] ADJ warlike, bellicose; (*corajoso*) courageous
águia ['agja] F eagle; (*fig*) genius
agulha [a'guʎa] F (*de coser, tricô*) needle; (*Náut*) compass; (*Ferro*) points *pl* (BRIT), switch (US); **trabalho de ~** needlework
agulheta [agu'ʎeta] F (*bico*) nozzle
ah [a] EXCL oh!
AI ABR F = **Anistia Internacional** ▶ ABR M (BR) = **Ato Institucional; AI-5** *measure passed in 1968 suspending congress and banning opposition politicians*
ai [aj] EXCL (*suspiro*) oh!; (*de dor*) ouch! ▶ M (*suspiro*) sigh; (*gemido*) groan; **ai de mim** poor me!
aí [a'i] ADV there; (*então*) then; **por aí** (*em lugar indeterminado*) somewhere over there, thereabouts; **espera aí!** wait!, hang on a minute!; **está aí!** (*col*) right!; **aí é que 'tá!** (*col*) that's just the point; **e por aí afora** *ou* **vai** and so on; **já não está aí quem falou** (*col*) I stand corrected; **e aí?** and then what?; **e aí (como vai)?** (*col*) how are things with you?
aiatolá [ajato'la] M ayatollah
aidético, -a [aj'dɛtʃiku, a] ADJ suffering from AIDS ▶ M/F person with AIDS
AIDS ['ajdʒs] F AIDS
ainda [a'ĩda] ADV still; (*mesmo*) even; **~ agora** just now; **~ assim** even so, nevertheless; **~ bem** just as well; **~ por cima** on top of all that, in addition; **~ não** not yet; **~ que** even if; **maior ~** even bigger
aipim [aj'pĩ] M cassava

aipo ['ajpu] M celery
airado, -a [aj'radu, a] ADJ (*frívolo*) frivolous; (*leviano*) dissolute
airoso, -a [aj'rozu, ɔza] ADJ graceful, elegant
ajantarado [aʒãta'radu] M *lunch and dinner combined*
ajardinar [aʒardʒi'nar] VT to make into a garden
ajeitar [aʒej'tar] VT (*adaptar*) to fit, adjust; (*arranjar*) to arrange, fix; **ajeitar-se** VR to adapt; **aos poucos as coisas se ajeitam** things will gradually sort themselves out
ajo *etc* ['aʒu] VB *ver* **agir**
ajoelhado, -a [aʒweʎadu, a] ADJ kneeling
ajoelhar [aʒwe'ʎar] VI to kneel (down); **ajoelhar-se** VR to kneel down
ajuda [a'ʒuda] F help, aid; (*subsídio*) grant, subsidy; **sem ~** unaided; **dar ~ a alguém** to lend *ou* give sb a hand; **~ de custo** allowance
ajudante [aʒu'dãtʃi] M/F assistant, helper; (*Mil*) adjutant
ajudar [aʒu'dar] VT to help
ajuizado, -a [aʒwi'zadu, a] ADJ (*sensato*) sensible; (*sábio*) wise; (*prudente*) discreet
ajuizar [aʒwi'zar] VT to judge; (*calcular*) to calculate
ajuntamento [aʒũta'mẽtu] M gathering
ajuntar [aʒũ'tar] VT (*unir*) to join; (*documentos*) to attach; (*reunir*) to gather
ajustagem [aʒus'taʒẽ] (*pl* **-ns**) (BR) F (*Tec*) adjustment
ajustagens [aʒus'taʒẽs] FPL *de* **ajustagem**
ajustamento [aʒusta'mẽtu] M adjustment; (*de contas*) settlement
ajustar [aʒus'tar] VT (*regular*) to adjust; (*conta, disputa*) to settle; (*acomodar*) to fit; (*roupa*) to take in; (*contratar*) to contract; (*estipular*) to stipulate; (*preço*) to agree on; **ajustar-se** VR: **~-se a** to conform to; (*adaptar-se*) to adapt to
ajustável [aʒus'tavew] (*pl* **-eis**) ADJ adjustable; (*aplicável*) applicable
ajuste [a'ʒustʃi] M (*acordo*) agreement; (*de contas*) settlement; (*adaptação*) adjustment; **~ final** (*Com*) settlement of account
AL ABR = **Alagoas** ▶ ABR F (BR: = *Aliança Liberal*) *former political party*
al. ABR = **Alameda**
ala ['ala] F (*fileira*) row; (*passagem*) aisle; (*de edifício, exército, ave*) wing
Alá [a'la] M Allah
ALADI ABR F = **Associação Latino-Americana de Desenvolvimento e Intercâmbio**
alagação [alaga'sãw] F flooding
alagadiço, -a [alaga'dʒisu, a] ADJ swampy, marshy ▶ M swamp, marsh
alagamento [alaga'mẽtu] M flooding; (*arrasamento*) destruction
alagar [ala'gar] VT, VI to flood
alagoano, -a [ala'gwanu, a] ADJ from Alagoas ▶ M/F native *ou* inhabitant of Alagoas
alambique [alã'biki] M still
alameda [ala'meda] F (*avenida*) avenue; (*arvoredo*) grove

álamo ['alamu] M poplar
alanhar [ala'ɲar] VT to slash; (*peixe*) to gut
alar [a'lar] VT to haul, heave
alaranjado, -a [alarã'ʒadu, a] ADJ orangey
alarde [a'lardʒi] M (*ostentação*) ostentation; (*jactância*) boasting; **fazer ~ de** to boast about
alardear [alar'dʒjar] VT to show off; (*gabar-se de*) to boast of ▶ VI to boast; **alardear-se** VR to boast; **~ fazer** to boast of doing; **~(-se) de valente** to boast of being strong
alargamento [alarga'mẽtu] M enlargement
alargar [alar'gar] VT (*ampliar*) to extend; (*fazer mais largo*) to widen, broaden; (*afrouxar*) to loosen, slacken
alarido [ala'ridu] M (*clamor*) outcry; (*tumulto*) uproar
alarma [a'larma] F alarm; (*susto*) panic; (*tumulto*) tumult; (*vozearia*) outcry; **dar o sinal de ~** to raise the alarm; **~ de roubo** burglar alarm
alarmante [alar'mãtʃi] ADJ alarming
alarmar [alar'mar] VT to alarm; **alarmar-se** VR to be alarmed
alarme [a'larmi] M = **alarma**
alarmista [alar'mista] ADJ, M/F alarmist
Alasca [a'laska] M: **o ~** Alaska
alastrado, -a [alas'tradu, a] ADJ: **~ de** strewn with
alastrar [alas'trar] VT (*espalhar*) to scatter; (*disseminar*) to spread; (*lastrar*) to ballast; **alastrar-se** VR (*epidemia, rumor*) to spread
alavanca [ala'vãka] F lever; (*pé de cabra*) crowbar; **~ de mudanças** gear lever
alavancar [alavã'kar] VT to lever; (*fig: negócios, economia*) to kick-start
albanês, -esa [awba'nes, eza] ADJ, M/F Albanian ▶ M (*Ling*) Albanian
Albânia [aw'banja] F: **a ~** Albania
albergar [awber'gar] VT (*hospedar*) to provide lodging for; (*abrigar*) to shelter
albergue [aw'bɛrgi] M (*estalagem*) inn; (*refúgio*) hospice, shelter; **~ noturno** hotel; **~ para jovens** youth hostel
albino, -a [aw'binu, a] ADJ, M/F albino
albufeira [awbu'fejra] F lagoon
álbum ['awbũ] (*pl* **-ns**) M album; **~ de recortes** scrapbook
alça ['awsa] F strap; (*asa*) handle; (*de fusil*) sight
alcácer [aw'kaser] M fortress
alcachofra [awka'ʃofra] F artichoke
alcaçuz [awka'suz] M liquorice
alçada [aw'sada] F (*jurisdição*) jurisdiction; (*competência*) competence; **isso não é da minha ~** that is beyond my control
alcaguete [awka'gwetʃi] M/F informer
álcali ['awkali] M alkali
alcalino, -a [awka'linu, a] ADJ alkaline
alcançar [awkã'sar] VT to reach; (*estender*) to hand, pass; (*obter*) to obtain, get; (*atingir*) to attain; (*compreender*) to understand; (*desfalcar*): **~ uma firma em $1 milhão** to embezzle $1 million from a firm ▶ VI to

reach; **alcançar-se** VR (*fazer um desfalque*) to embezzle funds
alcançável [awkã'savew] (*pl* **-eis**) ADJ (*acessível*) reachable; (*atingível*) attainable
alcance [aw'kãsi] M reach; (*competência*) power, competence; (*compreensão*) understanding; (*de tiro, visão*) range; (*desfalque*) embezzlement; **ao ~ de** within reach *ou* range of; **ao ~ da voz** within earshot; **de grande ~** far-reaching; **fora do ~ da mão** out of reach; **fora do ~ de alguém** beyond sb's grasp
alcantilado, -a [awkãtʃi'ladu, a] ADJ (*íngreme*) steep; (*penhascoso*) craggy
alçapão [awsa'pãw] (*pl* **-ões**) M trapdoor; (*arapuca*) trap
alcaparra [awka'paha] F caper
alçapões [awsa'põjs] MPL *de* **alçapão**
alçaprema [awsa'prɛma] F (*alavanca*) crowbar
alçar [aw'sar] VT to lift (up); (*voz*) to raise; **~ voo** to take off
alcaravia [awkara'via] F: **sementes de ~** caraway seeds
alcateia [awka'tɛja] F (*de lobos*) pack; (*de ladrões*) gang
alcatra [aw'katra] F rump (steak)
alcatrão [awka'trãw] M tar
álcool ['awkɔw] M alcohol
alcoólatra [aw'kɔlatra] M/F alcoholic
alcoólico, -a [aw'kɔliku, a] ADJ, M/F alcoholic
alcoolismo [awko'lizmu] M alcoholism
Alcorão [awko'rãw] M Koran
alcova [aw'kova] F bedroom
alcoviteiro, -a [awkovi'tejru, a] M/F pimp/procuress
alcunha [aw'kuɲa] F nickname
aldeão, -deã [aw'dʒjãw, jã] (*pl* **-ões/-s**) M/F villager
aldeia [aw'deja] F village
aldeões [aw'dʒjõjs] MPL *de* **aldeão**
aldraba [aw'draba] (PT) F (*tranqueta*) latch; (*de bater*) door knocker
aleatório, -a [alea'tɔrju, a] ADJ random
alecrim [ale'krĩ] M rosemary
alegação [alega'sãw] (*pl* **-ões**) F allegation
alegado [ale'gadu] M (*Jur*) plea
alegar [ale'gar] VT to allege; (*Jur*) to plead
alegoria [alego'ria] F allegory
alegórico, -a [ale'gɔriku, a] ADJ allegorical; **carro ~** float
alegrar [ale'grar] VT (*tornar feliz*) to cheer (up), gladden; (*ambiente*) to brighten up; (*animar*) to liven (up); **alegrar-se** VR to cheer up
alegre [a'lɛgri] ADJ (*jovial*) cheerful; (*contente*) happy, glad; (*cores*) bright; (*embriagado*) merry, tight
alegria [ale'gria] F joy, happiness
aleguei *etc* [ale'gej] VB *ver* **alegar**
aleia [a'leja] F (*tree-lined*) avenue; (*passagem*) alley
aleijado, -a [alej'ʒadu, a] ADJ crippled ▶ M/F lame person
aleijão [alej'ʒãw] (*pl* **-ões**) M deformity

aleijar [alej'ʒar] VT (*mutilar*) to maim
aleijões [alej'ʒõjs] MPL *de* **aleijão**
aleitamento [alejta'mẽtu] M breast-feeding
aleitar [alej'tar] VT, VI to breast-feed
além [a'lẽj] ADV (*lá ao longe*) over there; (*mais adiante*) further on ▶ M: **o ~** the hereafter ▶ PREP: **~ de** beyond; (*no outro lado de*) on the other side of; (*para mais de*) over; (*ademais de*) apart from, besides; **~ disso** moreover; **mais ~** further
alemã [ale'mã] F *de* **alemão**
alemães [ale'mãjs] MPL *de* **alemão**
Alemanha [ale'maɲa] F: **a ~** Germany
alemão, -mã [ale'mãw, 'mã] (*pl* **-ães/-s**) ADJ, M/F German ▶ M (*Ling*) German
alentado, -a [alẽ'tadu, a] ADJ (*valente*) valiant; (*grande*) great; (*volumoso*) substantial
alentador, a [alẽta'dor(a)] ADJ encouraging
alentar [alẽ'tar] VT to encourage; **alentar-se** VR to cheer up
alentejano, -a [alẽte'ʒanu, a] ADJ from Alentejo ▶ M/F native *ou* inhabitant of Alentejo
alento [a'lẽtu] M (*fôlego*) breath; (*ânimo*) courage; **dar ~** to encourage; **tomar ~** to draw breath
alergia [aler'ʒia] F: **~ (a)** allergy (to); (*fig*) aversion (to)
alérgico, -a [a'lɛrʒiku, a] ADJ: **~ (a)** allergic (to); **ele é ~ a João/à política** he can't stand João/politics
alerta [a'lɛrta] ADJ alert ▶ ADV on the alert ▶ M alert
alertar [aler'tar] VT to alert; **alertar-se** VR to be alerted
Alf. ABR = **Alferes**
alfabético, -a [awfa'bɛtʃiku, a] ADJ alphabetical
alfabetização [awfabetʃiza'sãw] F literacy
alfabetizado, -a [awfabetʃi'zadu, a] ADJ literate
alfabetizar [awfabetʃi'zar] VT to teach to read and write; **alfabetizar-se** VR to learn to read and write
alfabeto [awfa'bɛtu] M alphabet
alface [aw'fasi] F lettuce
alfaia [aw'faja] F (*móveis*) furniture; (*utensílio*) utensil; (*enfeite*) ornament
alfaiataria [awfajata'ria] F tailor's shop
alfaiate [awfa'jatʃi] M tailor
alfândega [aw'fãdʒiga] F customs *pl*, customs house
alfandegário, -a [awfãde'garju, a] ADJ customs *atr* ▶ M/F customs officer
alfanumérico, -a [awfanu'mɛriku, a] ADJ alphanumeric
alfavaca [awfa'vaka] F basil
alfazema [awfa'zɛma] F lavender
alfena [aw'fɛna] F privet
alfinetada [awfine'tada] F prick; (*dor aguda*) stabbing pain; (*fig*) dig
alfinetar [awfine'tar] VT to prick (with a pin); (*costura*) to pin; (*fig*) to needle

alfinete [awfi'netʃi] M pin; **~ de chapéu** hat pin; **~ de fralda** nappy (BRIT) ou diaper (US) pin; **~ de segurança** safety pin

alfineteira [awfine'tejra] F pin cushion; (caixa) pin box

alga ['awga] F seaweed; (Bot) alga

algarismo [awga'rizmu] M numeral, digit; **~ arábico/romano** Arabic/Roman numeral

Algarve [aw'garvi] M: **o ~** the Algarve

algarvio, -a [awgar'viu, a] ADJ from the Algarve ▶ M/F native ou inhabitant of the Algarve

algazarra [awga'zaha] F uproar, racket

álgebra ['awʒebra] F algebra

algemar [awʒe'mar] VT to handcuff

algemas [aw'ʒemas] FPL handcuffs

algibeira [awʒi'bejra] F pocket

algo ['awgu] ADV somewhat, rather ▶ PRON something; (qualquer coisa) anything

algodão [awgo'dãw] M cotton; **~ (-doce)** candy floss; **~ (hidrófilo)** cotton wool (BRIT), absorbent cotton (US)

algodoeiro, -a [awgo'dwejru, a] ADJ (indústria) cotton atr ▶ M cotton plant

algoritmo [awgo'hitʃimu] M algorithm

algoz [aw'goz] M beast, cruel person

alguém [aw'gẽj] PRON someone, somebody; (em frases interrogativas ou negativas) anyone, anybody; **ser ~ na vida** to be somebody in life

algum, a [aw'gũ, 'guma] ADJ some; (em frases interrogativas ou negativas) any ▶ PRON one; (no plural) some; (negativa): **de modo ~** in no way; **coisa ~a** nothing; **~ dia** one day; **~ tempo** for a while; **~a coisa** something; **~a vez** sometime

algures [aw'guris] ADV somewhere

alheio, -a [a'ʎeju, a] ADJ (de outra pessoa) someone else's; (de outras pessoas) other people's; (estranho) alien; (estrangeiro) foreign; (impróprio) irrelevant; **~ a** foreign to; (desatento) unaware of; **~ de** (afastado) removed from, far from; (ignorante) unaware of

alho ['aʎu] M garlic; **confundir ~s com bugalhos** to get things mixed up

alho-poró [-po'rɔ] (pl **alhos-porós**) M leek

ali [a'li] ADV there; **até ~** up to there; **por ~** around there, somewhere there; (direção) that way; **~ por** (tempo) round about; **de ~ por diante** from then on; **~ dentro** in there

aliado, -a [a'ljadu, a] ADJ allied ▶ M/F ally

aliança [a'ljãsa] F alliance; (anel) wedding ring

aliar [a'ljar] VT to ally; **aliar-se** VR to form an alliance

aliás [a'ljajs] ADV (a propósito) as a matter of fact; (ou seja) rather, that is; (contudo) nevertheless; (diga-se de passagem) incidentally

álibi ['alibi] M alibi

alicate [ali'katʃi] M pliers pl; **~ de unhas** nail clippers pl

alicerçar [aliser'sar] VT (argumento etc) to base; (consolidar) to consolidate

alicerce [ali'sersi] M (de edifício) foundation; (fig: base) basis

aliciar [ali'sjar] VT (seduzir) to entice; (atrair) to attract

alienação [aljena'sãw] F alienation; (de bens) transfer (of property); **~ mental** insanity

alienado, -a [alje'nadu, a] ADJ alienated; (demente) insane; (bens) transferred ▶ M/F lunatic

alienar [alje'nar] VT (bens) to transfer; (afastar) to alienate; **alienar-se** VR to become alienated

alienígena [alje'niʒena] ADJ, M/F alien

alijar [ali'ʒar] VT to jettison; (livrar-se de) to get rid of; **alijar-se** VR: **~-se de** to free o.s. of

alimentação [alimẽta'sãw] F (alimentos) food; (ação) feeding; (nutrição) nourishment; (Elet) supply

alimentar [alimẽ'tar] VT to feed; (fig) to nurture ▶ ADJ (produto) food atr; (hábitos) eating atr; **alimentar-se** VR: **~-se de** to feed on

alimentício, -a [alimẽ'tʃisju, a] ADJ nourishing; **gêneros ~s** foodstuffs

alimento [ali'mẽtu] M food; (nutrição) nourishment

alínea [a'linja] F opening line of a paragraph; (subdivisão de artigo) sub-heading

alinhado, -a [ali'ɲadu, a] ADJ (elegante) elegant; (texto) aligned; **~ à esquerda/ direita** (texto) ranged left/right

alinhamento [aliɲa'mẽtu] M alignment; **~ da margem** justification

alinhar [ali'ɲar] VT to align; **alinhar-se** VR (enfileirar-se) to form a line

alinhavar [aliɲa'var] VT (Costura) to tack

alinhavo [ali'ɲavu] M tacking

alinho [a'liɲu] M (alinhamento) alignment; (elegância) neatness

alíquota [a'likwota] F bracket, percentage

alisar [ali'zar] VT (tornar liso) to smooth; (cabelo) to straighten; (acariciar) to stroke

alistamento [alista'mẽtu] M enlistment

alistar [alis'tar] VT (Mil) to recruit; **alistar-se** VR to enlist

aliteração [alitera'sãw] F alliteration

aliviado, -a [ali'vjadu, a] ADJ (pessoa, dor) relieved; (folgado) free; (carga) lightened

aliviar [ali'vjar] VT to relieve; (carga etc) to lighten ▶ VI (diminuir) to diminish; (acalmar) to give relief; **aliviar-se** VR: **~-se de** (libertar-se) to unburden o.s. of

alívio [a'livju] M relief

Alm. ABR = **Almirante**

alma ['awma] F soul; (entusiasmo) enthusiasm; (caráter) character; **eu daria a ~ para fazer** I would give anything to do; **sua ~, sua palma** don't say I didn't warn you

almanaque [awma'naki] M almanac; **cultura de ~** superficial knowledge

almejar [awme'ʒar] VT to long for, yearn for
almirantado [awmirã'tadu] M admiralty
almirante [awmi'rãtʃi] M admiral
almoçado, -a [awmo'sadu, a] ADJ: **ele está ~** he's had lunch
almoçar [awmo'sar] VI to have lunch ▶ VT: **~ peixe** to have fish for lunch
almoço [aw'mosu] M lunch; **pequeno ~** (PT) breakfast
almofada [awmo'fada] F cushion; (PT: *travesseiro*) pillow
almofadado, -a [awmofa'dadu, a] ADJ cushioned
almofadinha [awmofa'dʒiɲa] F pin cushion
almôndega [aw'mõdega] F meat ball
almotolia [awmoto'lia] F oilcan
almoxarifado [awmoʃari'fadu] M storeroom
almoxarife [awmoʃa'rifi] M storekeeper
ALN (BR) ABR F (= *Ação Libertadora Nacional*) *former group opposed to junta*
alô [a'lo] (BR) EXCL (*Tel*) hello!
alocação [aloka'sãw] (*pl* **-ões**) F allocation
alocar [alo'kar] VT to allocate
aloirado, -a [aloj'radu, a] ADJ = **alourado**
alojamento [aloʒa'mẽtu] M accommodation (BRIT), accommodations *pl* (US); (*habitação*) housing; (*Mil*) billet
alojar [alo'ʒar] VT to lodge; (*Mil*) to billet; **alojar-se** VR to stay
alongamento [alõga'mẽtu] M lengthening; (*prazo*) extension; (*ginástica*) stretching
alongar [alõ'gar] VT (*fazer longo*) to lengthen; (*prazo*) to extend; (*prolongar*) to prolong; (*braço*) to stretch out; **alongar-se** VR (*sobre um assunto*) to dwell
aloprado, -a [alo'pradu, a] (*col*) ADJ nutty
alourado, -a [alo'radu, a] ADJ blondish
alpaca [aw'paka] F alpaca
alpendre [aw'pẽdri] M (*telheiro*) shed; (*pórtico*) porch
alpercata [awper'kata] F sandal
Alpes ['awpis] MPL: **os ~** the Alps
alpinismo [awpi'niʒmu] M mountaineering, climbing
alpinista [awpi'nista] M/F mountaineer, climber
alq. ABR = **alqueire**
alquebrar [awke'brar] VT to bend; (*enfraquecer*) to weaken ▶ VI (*curvar*) to stoop, be bent double
alqueire [aw'kejri] M ≈ 4.84 hectares (*in São Paulo* = 2.42 *hectares*)
alqueive [aw'kejvi] M fallow land
alquimia [awki'mia] F alchemy
alquimista [awki'mista] M/F alchemist
Alsácia [aw'sasja] F: **a ~** Alsace
alta ['awta] F (*de preços*) rise; (*de hospital*) discharge; (*Bolsa*) high; **estar em ~** to be on the up; **pessoa da ~** high-class *ou* high-society person
alta-fidelidade F hi-fi, high fidelity
altaneiro, -a [awta'nejru, a] ADJ (*soberbo*) proud

altar [aw'tar] M altar
altar-mor [-mɔr] (*pl* **altares-mores**) M high altar
alta-roda F high society
alta-tensão F high tension
altear [aw'tʃjar] VT to raise; (*reputação*) to enhance ▶ VI to spread out; **altear-se** VR to be enhanced
alteração [awtera'sãw] (*pl* **-ões**) F alteration; (*desordem*) disturbance; (*falsificação*) falsification
alterado, -a [awte'radu, a] ADJ (*de mau humor*) bad-tempered, irritated
alterar [awte'rar] VT (*mudar*) to alter; (*falsificar*) to falsify; **alterar-se** VR (*mudar-se*) to change; (*enfurecer-se*) to lose one's temper
altercar [awter'kar] VI to have an altercation ▶ VT to argue for, advocate
alter ego [awter-] M alter ego
alternado, -a [awter'nadu, a] ADJ alternate
alternância [awter'nãsja] F (*Agr*) crop rotation
alternar [awter'nar] VT, VI to alternate; **alternar-se** VR to alternate; (*por turnos*) to take turns
alternativa [awterna'tʃiva] F alternative
alternativo, -a [awterna'tʃivu, a] ADJ alternative; (*Elet*) alternating
alteroso, -a [awte'rozu, ɔza] ADJ towering; (*majestoso*) majestic
alteza [aw'teza] F highness
altissonante [awtʃiso'nãtʃi] ADJ high-sounding
altista [aw'tʃista] M/F (*Bolsa*) bull ▶ ADJ (*tendência*) bullish; **mercado ~** bull market
altitude [awtʃi'tudʒi] F altitude
altivez [awtʃi'vez] F (*arrogância*) haughtiness; (*nobreza*) loftiness
altivo, -a [aw'tʃivu, a] ADJ (*arrogante*) haughty; (*elevado*) lofty
alto, -a ['awtu, a] ADJ high; (*pessoa*) tall; (*som*) loud; (*importância*, *luxo*) great; (*Geo*) upper ▶ ADV (*falar*) loudly, loud; (*voar*) high ▶ EXCL halt! ▶ M (*topo*) top, summit; **do ~** from above; **por ~** superficially; **estar ~** (*bêbado*) to be tipsy; **alta fidelidade** high fidelity, hi-fi; **alta noite** dead of night; **~ lá!** just a minute!; **~s e baixos** ups and downs
alto-astral (*pl* **alto-astrais**) ADJ upbeat
alto-falante (*pl* **-s**) M loudspeaker
altruísmo [awtru'iʒmu] M altruism
altruísta [awtru'ista] ADJ altruistic
altruístico, -a [awtru'istʃiku, a] ADJ altruistic
altura [aw'tura] F height; (*momento*) point, juncture; (*altitude*) altitude; (*de um som*) pitch; (*lugar*) whereabouts; **em que ~ da Rio Branco fica a livraria?** whereabouts in Rio Branco is the bookshop?; **na ~ do banco** near the bank; **nesta ~** at this juncture; **estar à ~ de** (*ser capaz de*) to be up to; **pôr alguém nas ~s** (*fig*) to praise sb to the skies; **ter 1.80 metros de ~** to be 1.80 metres (BRIT) *ou* meters (US) tall

alucinação [alusina'sãw] (*pl* **-ões**) F hallucination
alucinado, -a [alusi'nadu, a] ADJ (*maluco*) crazy; **~ por** crazy about
alucinante [alusi'nātʃi] ADJ (*que enlouquece*) mind-boggling; (*que irrita*) infuriating; (*ritmo, paixão*) intoxicating
aludir [alu'dʒir] VI: **~ a** to allude to, hint at
alugar [alu'gar] VT (*tomar de aluguel*) to rent, hire; (*dar de aluguel*) to let, rent out; **alugar-se** VR to let
aluguel [alu'gɛw] (*pl* **-éis**) (BR) M rent; (*ação*) renting; **~ de carro** car hire (BRIT) *ou* rental (US)
aluguer [alu'gɛr] (PT) M = **aluguel**
aluir [a'lwir] VT (*abalar*) to shake; (*derrubar*) to demolish; (*arruinar*) to ruin ▶ VI to collapse; (*ameaçar ruína*) to crumble
alumiar [alu'mjar] VT to light (up) ▶ VI to give light
alumínio [alu'minju] M aluminium (BRIT), aluminum (US)
alunissagem [aluni'saʒē] (*pl* **-ns**) F moon landing
alunissar [aluni'sar] VI to land on the moon
aluno, -a [a'lunu, a] M/F pupil, student; **~ excepcional** pupil with learning difficulties
alusão [alu'zāw] (*pl* **-ões**) F allusion, reference
alusivo, -a [alu'zivu, a] ADJ allusive
alusões [alu'zõjs] FPL *de* **alusão**
alvará [awva'ra] M permit
alvejante [awve'ʒātʃi] M bleach
alvejar [awve'ʒar] VT (*tomar como alvo*) to aim at; (*branquear*) to whiten, bleach ▶ VI to whiten
alvenaria [awvena'ria] F masonry, brickwork; **de ~** brick *atr*, brick-built
alvéolo [aw'vɛolu] M cavity; (*de dentes*) socket
alvitrar [awvi'trar] VT to propose, suggest
alvitre [aw'vitri] M opinion
alvo, -a ['awvu, a] ADJ white ▶ M target; **acertar no** *ou* **atingir o ~** to hit the mark; **ser ~ de críticas** *etc* to be the object of criticism *etc*
alvorada [awvo'rada] F dawn
alvorecer [awvore'ser] VI to dawn
alvoroçar [awvoro'sar] VT (*agitar*) to stir up; (*entusiasmar*) to excite; **alvoroçar-se** VR to get agitated
alvoroço [awvo'rosu] M (*agitação*) commotion; (*entusiasmo*) enthusiasm
alvura [aw'vura] F (*brancura*) whiteness; (*pureza*) purity
AM ABR = **Amazonas**; (*Rádio*: = amplitude modulada) AM
Amã [a'mā] N Amman
amabilidade [amabili'dadʒi] F kindness; (*simpatia*) friendliness
amabilíssimo, -a [amabi'lisimu, a] ADJ SUPERL *de* **amável**
amaciante [ama'sjātʃi] M: **~ (de roupa)** fabric conditioner

amaciar [ama'sjar] VT (*tornar macio*) to soften; (*carro*) to run in
ama de leite ['ama-] (*pl* **amas de leite**) F wet-nurse
amado, -a [a'madu, a] M/F beloved, sweetheart
amador, a [ama'dor(a)] ADJ, M/F amateur
amadorismo [amado'rizmu] M amateur status
amadorístico, -a [amado'ristʃiku, a] ADJ amateurish
amadurecer [amadure'ser] VT, VI (*frutos*) to ripen; (*fig*) to mature
âmago ['amagu] M (*centro*) heart, core; (*medula*) pith; (*essência*) essence
amainar [amaj'nar] VI (*tempestade*) to abate; (*cólera*) to calm down
amaldiçoar [amawdʒi'swar] VT to curse, swear at
amálgama [a'mawgama] F amalgam
amalgamar [amawga'mar] VT to amalgamate; (*combinar*) to fuse (BRIT), fuze (US), blend
amalucado, -a [amalu'kadu, a] ADJ crazy, whacky
amamentação [amamēta'sāw] F breast-feeding
amamentar [amamē'tar] VT, VI to breast-feed
AMAN (BR) ABR F = **Academia Militar das Agulhas Negras**
amanhã [ama'ɲā] ADV, M tomorrow; **~ de manhã** tomorrow morning; **~ de tarde** tomorrow afternoon; **~ à noite** tomorrow night; **depois de ~** the day after tomorrow
amanhecer [amaɲe'ser] VI (*alvorecer*) to dawn; (*encontrar-se pela manhã*): **amanhecemos em Paris** we were in Paris at daybreak ▶ M dawn; **ao ~** at daybreak
amansar [amā'sar] VT (*animais*) to tame; (*cavalos*) to break in; (*aplacar*) to placate ▶ VI to grow tame
amante [a'mātʃi] M/F lover
amanteigado, -a [amātej'gadu, a] ADJ: **biscoito ~** shortbread
amapaense [amapa'ēsi] ADJ from Amapá ▶ M/F native *ou* inhabitant of Amapá
amar [a'mar] VT to love; **eu te amo** I love you
amarelado, -a [amare'ladu, a] ADJ yellowish; (*pele*) sallow
amarelar [amare'lar] VT, VI to yellow
amarelinha [amare'liɲa] F (*jogo*) hopscotch
amarelo, -a [ama'rɛlu, a] ADJ yellow ▶ M yellow
amarfanhar [amarfa'ɲar] VT to screw up
amargar [amar'gar] VT to make bitter; (*fig*) to embitter; (*sofrer*) to suffer; **ser de ~** to be murder
amargo, -a [a'margu, a] ADJ bitter
amargura [amar'gura] F bitterness; (*fig: sofrimento*) sadness, suffering
amargurado, -a [amargu'radu, a] ADJ sad
amargurar [amargu'rar] VT to embitter, sadden; (*sofrer*) to endure

amarração [amaha'sãw] F: **ser uma ~** (col) to be great
amarrado, -a [ama'hadu, a] ADJ (cara) scowling, angry; (col: casado etc) spoken for
amarrar [ama'har] VT to tie (up); (Náut) to moor; **amarrar-se** VR: **~ -se em** to like very much; **~ a cara** to frown, scowl
amarronzado, -a [amahõ'zadu, a] ADJ brownish
amarrotar [amaho'tar] VT to crease
ama-seca ['ama-] (pl **amas-secas**) F nanny
amassado, -a [ama'sadu, a] ADJ (roupa) creased; (papel) screwed up; (carro) smashed in
amassar [ama'sar] VT (pão) to knead; (misturar) to mix; (papel) to screw up; (roupa) to crease; (carro) to dent
amável [a'mavew] (pl **-eis**) ADJ (afável) kind
amazona [ama'zɔna] F horsewoman
Amazonas [ama'zɔnas] M: **o ~** the Amazon
amazonense [amazo'nẽsi] ADJ from Amazonas ▶ M/F native ou inhabitant of Amazonas
Amazônia [ama'zonja] F: **a ~** the Amazon region

> Amazônia is the region formed by the basin of the river Amazon (the river with the largest volume of water in the world) and its tributaries. With a total area of almost 7 million square kilometres, it stretches from the Atlantic to the Andes. Most of **Amazônia** is in Brazilian territory, although it also extends into Peru, Colombia, Venezuela and Bolivia. It contains the richest biodiversity and largest area of tropical rainforest in the world.

amazônico, -a [ama'zoniku, a] ADJ Amazonian
âmbar ['ãbar] M amber
ambição [ambi'sãw] (pl **-ões**) F ambition
ambicionar [ãbisjo'nar] VT (ter ambição de) to aspire to; (desejar) to crave for
ambicioso, -a [ãbi'sjozu, ɔza] ADJ ambitious
ambições [ãbi'sõjs] FPL de **ambição**
ambidestro, -a [ãbi'destru, a] ADJ ambidextrous
ambiental [ãbjẽ'taw] (pl **-ais**) ADJ environmental
ambientalista [ãbjẽta'lista] M/F environmentalist
ambientar [ãbjẽ'tar] VT (filme etc) to set; (adaptar): **~ alguém a algo** to get sb used to sth; **ambientar-se** VR to fit in
ambiente [ã'bjẽtʃi] M atmosphere; (meio, Comput) environment; (de uma casa) ambience ▶ ADJ surrounding; **meio ~** environment; **~ de trabalho** (PT Comput) desktop; **~ temperatura** room temperature
ambiguidade [ãbigwi'dadʒi] F ambiguity
ambíguo, -a [ã'bigwu, a] ADJ ambiguous
âmbito ['ãbitu] M (extensão) extent; (campo de ação) scope, range; **no ~ nacional/internacional** at (the) national/international level
ambivalência [ãbiva'lẽsja] F ambivalence
ambivalente [ãbiva'lẽtʃi] ADJ ambivalent
ambos, ambas ['ãbus, as] ADJ PL both; **~ nós** both of us; **os lados** both sides
ambrosia [ãbro'zia] F egg custard
ambulância [ãbu'lãsja] F ambulance
ambulante [ãbu'lãtʃi] ADJ walking; (errante) wandering; (biblioteca) mobile
ambulatório [ãbula'tɔrju] M outpatient department
ameaça [ame'asa] F threat; **~ de bomba** bomb scare
ameaçador, a [ameasa'dor(a)] ADJ threatening, menacing
ameaçar [amea'sar] VT to threaten
ameba [a'mɛba] F amoeba (BRIT), ameba (US)
amedrontador, a [amedrõta'dor(a)] ADJ intimidating, frightening
amedrontar [amedrõ'tar] VT to scare, intimidate; **amedrontar-se** VR to be frightened
ameia [a'meja] F battlement
ameixa [a'mejʃa] F plum; (passa) prune
amélia [a'mɛlja] (col) F long-suffering wife (ou girlfriend)
amém [a'mẽj] EXCL amen!; **dizer ~ a** (fig) to agree to
amêndoa [a'mẽdwa] F almond
amendoado, -a [amẽ'dwadu, a] ADJ (olhos) almond-shaped
amendoeira [amẽ'dwejra] F almond tree
amendoim [amẽdo'ĩ] (pl **-ns**) M peanut
amenidade [ameni'dadʒi] F wellbeing; **amenidades** FPL (assuntos superficiais) small talk sg
amenizar [ameni'zar] VT (abrandar) to soften; (tornar agradável) to make pleasant; (facilitar) to ease; (briga) to settle
ameno, -a [a'mɛnu, a] ADJ (agradável) pleasant; (clima) mild, gentle
América [a'mɛrika] F: **a ~** America; **a ~ do Norte/do Sul** North/South America; **a ~ Central/Latina** Central/Latin America
americanizado, -a [amerikani'zadu, a] ADJ Americanized
americano, -a [ameri'kanu, a] ADJ, M/F American
amesquinhar [ameski'ɲar] VT to belittle; **amesquinhar-se** VR to belittle o.s.; (tornar-se avarento) to become stingy
amestrar [ames'trar] VT to train
ametista [ame'tʃista] F amethyst
amianto [a'mjãtu] M asbestos
amicíssimo, -a [ami'sisimu, a] ADJ SUPERL de **amigo**
amido [a'midu] M starch
amigar-se [ami'garsi] VR: **~ (com)** to become friends (with)
amigável [ami'gavew] (pl **-eis**) ADJ amicable
amígdala [a'migdala] F tonsil
amigdalite [amigda'litʃi] F tonsillitis

amigo, -a [a'migu, a] ADJ friendly ▶ M/F friend; **ser ~ de** to be friends with; **~ da onça** false friend

amistoso, -a [amis'tozu, ɔza] ADJ friendly, cordial ▶ M (*jogo*) friendly

AMIU (BR) ABR F (= *Assistência Médica Infantil de Urgencia*) emergency paediatric service

amiudar [amju'dar] VT, VI to repeat; **~ as visitas** to make frequent visits

amiúde [a'mjudʒi] ADV often, frequently

amizade [ami'zadʒi] F (*relação*) friendship; (*simpatia*) friendliness; **fazer ~s** to make friends; **~ colorida** casual relationship

amnésia [am'nɛzja] F amnesia

amnistia [amnis'tia] (PT) F = **anistia**

amofinar [amofi'nar] VT to trouble; **amofinar-se (com)** VR to fret (over)

amolação [amola'sãw] (*pl* **-ões**) F bother, annoyance; (*desgosto*) upset

amolador, a [amola'dor(a)] M/F knife sharpener

amolante [amo'lãtʃi] (BR) ADJ bothersome

amolar [amo'lar] VT (*afiar*) to sharpen; (*aborrecer*) to annoy, bother ▶ VI to be annoying; **amolar-se** VR (*aborrecer-se*) to get annoyed

amoldar [amow'dar] VT to mould (BRIT), mold (US); **amoldar-se** VR: **~-se a** (*conformar-se*) to conform to; (*acostumar-se*) to get used to

amolecer [amole'ser] VT to soften ▶ VI to soften; (*abrandar-se*) to relent

amolecimento [amolesi'mẽtu] M softening

amônia [a'monja] F ammonia

amoníaco [amo'niaku] M ammonia

amontoado [amõ'twadu] M mass; (*de coisas*) pile

amontoar [amõ'twar] VT to pile up, accumulate; **~ riquezas** to amass a fortune

amor [a'mor] M love; **por ~ de** for the sake of; **fazer ~** to make love; **ela é um ~ (de pessoa)** she's a lovely person; **~ próprio** self-esteem; (*orgulho*) conceit

amora [a'mɔra] F mulberry; (*amora-preta*) blackberry; **~ silvestre** blackberry

amoral [amo'raw] (*pl* **-ais**) ADJ amoral

amora-preta (*pl* **amoras-pretas**) F blackberry

amordaçar [amorda'sar] VT to gag

amoreco [amo'rɛku] M: **ela é um ~** she's a lovely person

amorenado, -a [amore'nadu, a] ADJ darkish

amorfo, -a [a'mɔrfu, a] ADJ (*objeto*) amorphous; (*pessoa*) dull

amornar [amor'nar] VT to warm

amoroso, -a [amo'rozu, ɔza] ADJ loving, affectionate

amor-perfeito (*pl* **amores-perfeitos**) M pansy

amortecedor [amortese'dor] M shock absorber

amortecer [amorte'ser] VT to deaden ▶ VI to weaken, fade

amortecido, -a [amorte'sidu, a] ADJ deadened; (*enfraquecido*) weak

amortização [amortʃiza'sãw] F payment in instalments (BRIT) *ou* installments (US); (*Com*) amortization

amortizar [amortʃi'zar] VT to pay in instalments (BRIT) *ou* installments (US)

amostra [a'mɔstra] F sample

amostragem [amos'traʒẽ] F sampling

amotinado, -a [amotʃi'nadu, a] ADJ mutinous, rebellious

amotinar [amotʃi'nar] VI to rebel, mutiny; **amotinar-se** VR to rebel, mutiny

amparar [ãpa'rar] VT to support; (*ajudar*) to assist; **amparar-se** VR: **~-se em/contra** (*apoiar-se*) to lean on/against

amparo [ã'paru] M (*apoio*) support; (*auxílio*) help, assistance

ampère [ã'pɛri] (BR) M ampere, amp

ampliação [amplja'sãw] (*pl* **-ões**) F (*aumento*) enlargement; (*extensão*) extension

ampliar [ã'pljar] VT to enlarge; (*conhecimento*) to broaden

amplidão [ãpli'dãw] F vastness

amplificação [amplifika'sãw] (*pl* **-ões**) F (*aumento*) enlargement; (*de som*) amplification

amplificador [ãplifika'dor] M amplifier

amplificar [ãplifi'kar] VT to amplify

amplitude [ãpli'tudʒi] F (*Tec*) amplitude; (*espaço*) spaciousness; (*fig: extensão*) extent

amplo, -a ['ãplu, a] ADJ (*sala*) spacious; (*conhecimento, sentido*) broad; (*possibilidade*) ample

ampola [ã'pola] F ampoule (BRIT), ampule (US)

amputação [ãputa'sãw] (*pl* **-ões**) F amputation

amputar [ãpu'tar] VT to amputate

Amsterdã [amister'dã] (BR) N Amsterdam

Amsterdão [amister'dãw] (PT) N = **Amsterdã**

amuado, -a [a'mwadu, a] ADJ sulky

amuar [a'mwar] VI to sulk

amuleto [amu'letu] M charm

amuo [a'muu] M sulkiness

anã [a'nã] F *de* **anão**

anacrônico, -a [ana'kroniku, a] ADJ anachronistic

anacronismo [anakro'nizmu] M anachronism

anagrama [ana'grama] M anagram

anágua [a'nagwa] F petticoat

ANAI ABR F = **Associação Nacional de Apoio ao Índio**

anais [a'najs] MPL annals

analfabetismo [anawfabe'tʃizmu] M illiteracy

analfabeto, -a [anawfa'bɛtu, a] ADJ, M/F illiterate

analgésico, -a [anaw'ʒɛziku, a] ADJ analgesic ▶ M painkiller

analisar [anali'zar] VT to analyse

análise [a'nalizi] F analysis

analista [ana'lista] M/F analyst; **~ de sistemas** systems analyst

analítico, -a [ana'litʃiku, a] ADJ analytical

analogia [analo'ʒia] F analogy
análogo, -a [a'nalogu, a] ADJ analogous
ananás [ana'nas] (*pl* **ananases**) M (*BR*) variety of pineapple; (*PT*) pineapple
anão, anã [a'nãw, a'nã] (*pl* **-ões/-s**) M/F dwarf (*pej*)
anarquia [anar'kia] F anarchy; (*fig*) chaos
anárquico, -a [a'narkiku, a] ADJ anarchic
anarquista [anar'kista] M/F anarchist
anarquizar [anarki'zar] VT (*povo*) to incite to anarchy; (*desordenar*) to mess up; (*ridicularizar*) to ridicule
anátema [a'natema] M anathema
anatomia [anato'mia] F anatomy
anatômico, -a [ana'tomiku, a] ADJ anatomical
anavalhar [anava'ʎar] VT to slash
Anbid (*BR*) ABR F = **Associação Nacional de Bancos de Investimentos e Desenvolvimento**
anca ['ãka] F (*de pessoa*) hip; (*de animal*) rump
Ancara [ã'kara] N Ankara
ancestrais [ãses'trajs] MPL ancestors
anchova [ã'ʃova] F anchovy
ancião, anciã [ã'sjãw, ã'sjã] (*pl* **-ões/-s**) ADJ old ▶ M/F old man/woman; (*de uma tribo*) elder
ancinho [ã'siɲu] M rake
anciões [a'sjõjs] MPL *de* **ancião**
âncora ['ãkora] F anchor ▶ M/F (*TV, Rádio*) anchor man/woman
ancoradouro [ãkora'doru] M anchorage
ancorar [ãko'rar] VT, VI to anchor
andada [ã'dada] F walk; **dar uma ~** to go for a walk
andador [ãda'dor] M (*para idoso*) Zimmer® frame
andaime [ã'dajmi] M (*Arq*) scaffolding
Andaluzia [ãdalu'zia] F: **a ~** Andalucia
andamento [ãda'mẽtu] M (*progresso*) progress; (*rumo*) course; (*Mús*) tempo; **em ~** in progress; **dar ~ a algo** to set sth in motion
andanças [ã'dãsas] FPL wanderings
andar [ã'dar] VI (*ir a pé*) to walk; (*máquina*) to work; (*progredir*) to go, to progress; (*estar*): **ela anda triste** she's been sad lately ▶ M (*modo de caminhar*) gait; (*pavimento*) floor, storey (*BRIT*), story (*US*); **anda!** hurry up!; **~ com alguém** to have an affair with sb; **~ a cavalo** to ride; **~ de trem/avião/bicicleta** to travel by train/to fly/to ride a bike
andarilho, -a [ãda'riʎu, a] M/F good walker
ANDC (*BR*) ABR F = **Associação Nacional de Defesa do Consumidor**
Andes ['ãdʒis] MPL: **os ~** the Andes
Andima (*BR*) ABR F = **Associação Nacional das Instituições de Mercado Aberto**
andorinha [ãdo'riɲa] F (*pássaro*) swallow
Andorra [ã'dɔha] F Andorra
andrógino, -a [ã'drɔʒinu, a] ADJ androgynous
anedota [ane'dɔta] F anecdote
anedótico, -a [ane'dɔtʃiku, a] ADJ anecdotal
anel [a'nɛw] (*pl* **-éis**) M ring; (*elo*) link; (*de cabelo*) curl; **~ de casamento** wedding ring

anelado, -a [ane'ladu, a] ADJ curly
anemia [ane'mia] F anaemia (*BRIT*), anemia (*US*)
anêmico, -a [a'nemiku, a] ADJ anaemic (*BRIT*), anemic (*US*)
anestesia [aneste'zia] F anaesthesia (*BRIT*), anesthesia (*US*); (*anestésico*) anaesthetic (*BRIT*), anesthetic (*US*)
anestesiar [aneste'zjar] VT to anaesthetize (*BRIT*), anesthetize (*US*)
anestésico [anes'tɛziku] M (*Med*) anaesthetic (*BRIT*), anesthetic (*US*)
anestesista [aneste'zista] M/F anaesthetist (*BRIT*), anesthetist (*US*)
anexação [aneksa'sãw] (*pl* **-ões**) F annexation; (*de documento*) enclosure
anexar [anek'sar] VT to annex; (*juntar*) to attach; (*documento*) to enclose
anexo, -a [a'nɛksu, a] ADJ attached ▶ M annexe; (*de igreja*) hall; (*em carta*) enclosure; (*em e-mail*) attachment; **segue em ~** please find enclosed
Anfavea (*BR*) ABR F = **Associação Nacional dos Fabricantes de Veículos Automotores**
anfetamina [ãfeta'mina] F amphetamine
anfíbio, -a [ã'fibju, a] ADJ amphibious ▶ M amphibian
anfiteatro [ãfi'tʃatru] M amphitheatre (*BRIT*), amphitheater (*US*); (*no teatro*) dress circle
anfitrião, -triã [ãfi'trjãw, 'trjã] (*pl* **-ões/-s**) M/F host/hostess
angariar [ãga'rjar] VT (*fundos, donativos*) to raise; (*adeptos*) to attract; (*reputação, simpatia*) to gain; **~ votos** to canvass (for votes)
angelical [ãʒeli'kaw] (*pl* **-ais**) ADJ angelic
angina [ã'ʒina] F: **~ do peito** angina (pectoris)
anglicano, -a [ãgli'kanu, a] ADJ, M/F Anglican
anglicismo [ãgli'sizmu] M Anglicism
anglo-saxão, anglo-saxôni(c)a [ãglosak'sãw, sak'soni(k)a] (*pl* **-ões/-s**) M/F Anglo-Saxon
anglo-saxônico, -a [ãglosak'soniku, a] ADJ Anglo-Saxon
Angola [ã'gɔla] F Angola
angolano, -a [ãgo'lanu, a] ADJ, M/F Angolan
angolense [ãgo'lẽsi] ADJ, M/F Angolan
angorá [ãgo'ra] ADJ angora
angra ['ãgra] F inlet, cove
angu [ã'gu] M corn-meal purée
angular [ãgu'lar] ADJ angular
ângulo ['ãgulu] M angle; (*canto*) corner; (*fig*) angle, point of view
angústia [ã'gustʃja] F anguish, distress
angustiado, -a [ãgus'tʃjadu, a] ADJ distressed
angustiante [ãgus'tʃjãtʃi] ADJ distressing; (*momentos*) anxious, nerve-racking
angustiar [ãgus'tʃjar] VT to distress
anil [a'niw] M (*cor*) indigo
animação [anima'sãw] F (*vivacidade*) liveliness; (*movimento*) bustle; (*entusiasmo*) enthusiasm
animado, -a [ani'madu, a] ADJ (*vivo*) lively; (*alegre*) cheerful; **~ com** enthusiastic about

animador, a [anima'dor(a)] ADJ encouraging ▶ M/F (BR TV) presenter; (de festa) entertainer; **~(a) de torcida** cheerleader

animal [ani'maw] (pl **-ais**) ADJ, M animal; **~ de estimação** pet (animal)

animalesco, -a [anima'lesku, a] ADJ bestial, brutish

animar [ani'mar] VT (dar vida) to liven up; (encorajar) to encourage; **animar-se** VR (alegrar-se) to cheer up; (festa etc) to liven up; **~-se a** to bring o.s. to

ânimo ['animu] M (coragem) courage; **~!** cheer up!; **perder o ~** to lose heart; **recobrar o ~** to pluck up courage; (alegrar-se) to cheer up

animosidade [animozi'dadʒi] F animosity

aninhar [ani'ɲar] VT to nestle; **aninhar-se** VR to nestle

aniquilação [anikila'sãw] F annihilation

aniquilar [aniki'lar] VT to annihilate; (destruir) to destroy; (prostrar) to shatter; **aniquilar-se** VR to be annihilated; (moralmente) to be shattered

anis [a'nis] M aniseed

anistia [anis'tʃia] F amnesty

aniversariante [aniversa'rjãtʃi] M/F birthday boy/girl

aniversário [aniver'sarju] M anniversary; (de nascimento) birthday; (: festa) birthday party; **~ de casamento** wedding anniversary

anjo ['ãʒu] M angel; **~ da guarda** guardian angel

ANL (BR) ABR F (= Aliança Nacional Libertadora) 1930's left-wing movement

ano ['anu] M year; **Feliz A~ Novo!** Happy New Year!; **o ~ passado** last year; **o ~ que vem** next year; **por ~** per annum; **fazer ~s** to have a birthday; **ele faz ~s hoje** it's his birthday today; **ter dez ~s** to be ten (years old); **dia de ~s** (PT) birthday; **~ civil** calendar year; **~ corrente** current year; **~ financeiro** financial year; **~ letivo** academic year; (da escola) school year

ano-bom M New Year

anões [a'nõjs] MPL de **anão**

anoitecer [anojte'ser] VI to grow dark ▶ M nightfall; **ao ~** at nightfall

anomalia [anoma'lia] F anomaly

anômalo, -a [a'nomalu, a] ADJ anomalous

anonimato [anoni'matu] M anonymity

anônimo, -a [a'nonimu, a] ADJ anonymous; (Com): **sociedade anônima** limited company (BRIT), stock company (US)

anoraque [ano'raki] M anorak

anorexia [ano'rɛksja] F anorexia

anoréxico, -a [ano'rɛksiku, a] ADJ anorexic

anormal [anor'maw] (pl **-ais**) ADJ abnormal; (incomum) unusual; (excepcional) handicapped

anormalidade [anormali'dadʒi] F abnormality

anotação [anota'sãw] (pl **-ões**) F (comentário) annotation; (nota) note

anotar [ano'tar] VT (tomar nota) to note down; (esclarecer) to annotate

anseio etc [ã'seju] VB ver **ansiar**

ânsia ['ãsja] F (ansiedade) anxiety; (desejo): **~ (de)** longing (for); **ter ~s (de vômito)** to feel sick

ansiado, -a [ã'sjadu, a] ADJ longed for

ansiar [ã'sjar] VI: **~ por** (desejar) to yearn for; **~ por fazer** to long to do

ansiedade [ãsje'dadʒi] F anxiety; (desejo) eagerness

ansioso, -a [ã'sjozu, ɔza] ADJ anxious; (desejoso) eager

antagônico, -a [ãta'goniku, a] ADJ antagonistic; (rival) opposing

antagonismo [ãtago'nizmu] M (hostilidade) antagonism; (oposição) opposition

antagonista [ãtago'nista] M/F antagonist; (adversário) opponent

antártico, -a [ã'tartʃiku, a] ADJ antarctic ▶ M: **o A~** the Antarctic

ante ['ãtʃi] PREP (na presença de) before; (em vista de) in view of, faced with

antebraço [ãtʃi'brasu] M forearm

antecedência [ãtese'dẽsja] F: **com ~** in advance; **3 dias de ~** three days' notice

antecedente [ãtese'dẽtʃi] ADJ (anterior) preceding ▶ M antecedent; **antecedentes** MPL (registro) record sg; (passado) background sg; **~s criminais** criminal record sg ou past sg

anteceder [ãtese'der] VT to precede

antecessor, a [ãtese'sor(a)] M/F predecessor

antecipação [ãtesipa'sãw] F anticipation; **com um mês de ~** a month in advance; **~ de pagamento** advance (payment)

antecipadamente [ãtesipada'mẽtʃi] ADV in advance, beforehand; **pagar ~** to pay in advance

antecipado, -a [ãtesi'padu, a] ADJ (pagamento) (in) advance

antecipar [ãtesi'par] VT to anticipate, forestall; (adiantar) to bring forward; **antecipar-se** VR (adiantar-se) to be previous

antegozar [ãtego'zar] VT to anticipate

antemão [ãte'mãw] ADV: **de ~** beforehand

antena [ã'tɛna] F (Bio) antenna, feeler; (Rádio, TV) aerial; **~ direcional** directional aerial; **~ parabólica** satellite dish

anteontem [ãtʃi'õtẽ] ADV the day before yesterday

anteparo [ãte'paru] M (proteção) screen

antepassado [ãtʃipa'sadu] M ancestor

antepor [ãte'por] (irreg: como **pôr**) VT (pôr antes) to put before; **antepor-se** VR to anticipate

anteprojeto [ãtepro'ʒɛtu] M outline, draft; **~ de lei** draft bill

antepunha etc [ãte'puɲa] VB ver **antepor**

antepus etc [ãte'pus] VB ver **antepor**

antepuser etc [ãtepu'zer] VB ver **antepor**

anterior [ãte'rjor] ADJ (prévio) previous; (antigo) former; (de posição) front

antes ['ãtʃis] ADV before; (antigamente) formerly; (ao contrário) rather ▶ PREP: **~ de** before; **o quanto ~** as soon as possible; **~ de partir** before leaving; **~ do tempo**

ahead of time; **~ de tudo** above all; **~ que** before
antessala [āte'sala] F ante-room
antever [āte'ver] (*irreg: como* **ver**) VT to anticipate, foresee
antevisto, -a [āte'vistu, a] PP *de* **antever**
anti- [ātʃi] PREFIXO anti-
antiácido, -a [ā'tʃjasidu, a] ADJ, M antacid
antiaéreo, -a [ātʃja'ɛrju, a] ADJ anti-aircraft
antiamericano, -a [ātʃjameri'kanu, a] ADJ anti-American
antibiótico, -a [ātʃi'bjɔtʃiku, a] ADJ, M antibiotic
anticaspa [ātʃi'kaspa] ADJ INV anti-dandruff
anticiclone [ātʃisi'kloni] M anticyclone
anticlímax [ātʃi'klimaks] M anticlimax
anticoncepcional [ātʃikōsepsjo'naw] (*pl* **-ais**) ADJ, M contraceptive
anticongelante [ātʃikōʒe'lātʃi] M antifreeze
anticonstitucional [ātʃikōstʃitusjo'naw] (*pl* **-ais**) ADJ unconstitutional
anticorpo [ātʃi'korpu] M antibody
antidemocrático, -a [ātʃidemo'kratʃiku, a] ADJ undemocratic
antidepressivo, -a [ātʃidepre'sivu, a] ADJ, M anti-depressant
antiderrapante [ātʃideha'pātʃi] ADJ (*pneu*) non-skid
antídoto [ā'tʃidotu] M antidote
antiestético, -a [ātʃjes'tɛtʃiku, a] ADJ tasteless
antiético, -a [ā'tʃjɛtʃiku, a] ADJ unethical
antigamente [ātʃiga'mētʃi] ADV formerly; (*no passado*) in the past
antiglobalização [ātʃiglobaliza'sāw] F antiglobalization
antigo, -a [ā'tʃigu, a] ADJ old; (*histórico*) ancient; (*de estilo*) antique; (*chefe etc*) former; **ele é muito ~ na firma** he's been with the firm for many years; **os ~s** (*gregos etc*) the ancients
Antígua [ā'tʃigwa] F Antigua
antiguidade [ātʃigwi'dadʒi] F antiquity, ancient times *pl*; (*de emprego*) seniority; **antiguidades** FPL (*monumentos*) ancient monuments; (*artigos*) antiques
anti-higiênico, -a ADJ unhygienic
anti-histamínico, -a [-ista'miniku, a] ADJ antihistamine ▸ M antihistamine
anti-horário, -a ADJ anticlockwise
antilhano, -a [ātʃi'ʎanu, a] ADJ, M/F West Indian
Antilhas [ā'tʃiʎas] FPL: **as ~** the West Indies
antílope [ā'tʃilopi] M antelope
antipatia [ātʃipa'tʃia] F antipathy, dislike
antipático, -a [ātʃi'patʃiku, a] ADJ unpleasant, unfriendly
antipatizar [ātʃipatʃi'zar] VI: **~ com alguém** to dislike sb
antipatriótico, -a [ātʃipa'trjɔtʃiku, a] ADJ unpatriotic
antipoluente [ātʃipo'lwētʃi] ADJ non-pollutant
antiquado, -a [ātʃi'kwadu, a] ADJ antiquated; (*fora de moda*) out of date, old-fashioned

antiquário, -a [ātʃi'kwarju, a] M/F antique dealer ▸ M (*loja*) antique shop
antiquíssimo, -a [ātʃi'kisimu, a] ADJ SUPERL *de* **antigo**
antissemita [ātise'mita] ADJ anti-Semitic
antissemitismo [-semi'tʃizmu] M anti-Semitism
antisséptico, -a [āti'sɛpʃtiku, a] ADJ, M antiseptic
antissocial [ātiso'sjaw] (*pl* **-ais**) ADJ antisocial
antiterrorismo [ātʃiteho'rizmu] M counterterrorism
antítese [ā'tʃitezi] F antithesis
antitruste [ātʃi'trustʃi] ADJ: **legislação ~** (*Com*) antitrust legislation
antivírus [ātʃi'virus] M INV (*Comput*) antivirus
antolhos [ā'tɔʎus] MPL (*pala*) eye-shade *sg*; (*de cavalo*) blinkers
antologia [ātolo'ʒia] F anthology
antônimo [ā'tonimu] M antonym
antro [ā'tru] M cave, cavern; (*de animal*) lair; (*de ladrões*) den
antropofagia [ātropofa'ʒia] F cannibalism
antropófago, -a [ātro'pɔfagu, a] M/F cannibal
antropologia [ātropolo'ʒia] F anthropology
antropólogo, -a [ātro'pɔlogu, a] M/F anthropologist
ANTTUR (BR) ABR F = **Associação Nacional de Transportadores de Turismo e Agências de Viagens**
anual [a'nwaw] (*pl* **-ais**) ADJ annual, yearly
anuário [a'nwarju] M yearbook
anuidade [anwi'dadʒi] F annuity
anuir [a'nwir] VI: **~ a** to agree to; **~ com** to comply with
anulação [anula'sāw] (*pl* **-ões**) F cancellation; (*de contrato, casamento*) annulment
anular [anu'lar] VT to cancel; (*contrato, casamento*) to annul; (*efeito*) to cancel out ▸ M ring finger
anunciante [anū'sjātʃi] M (*Com*) advertiser
anunciar [anū'sjar] VT to announce; (*Com: produto*) to advertise
anúncio [a'nūsju] M announcement; (*Com*) advertisement, advert; (*cartaz*) notice; **~ luminoso** neon sign; **~s classificados** small *ou* classified ads
ânus ['anus] M INV anus
anverso [ā'vɛrsu] M (*de moeda*) obverse
anzol [ā'zɔw] (*pl* **-óis**) M fish-hook
ao [aw] = **a + o**; *ver* **a**
aonde [a'ōdʒi] ADV where; **~ quer que** wherever
aos [aws] = **a + os**; *ver* **a**
AP ABR = **Amapá**
Ap. ABR = **apartamento**
apadrinhar [apadri'ɲar] VT (*ser padrinho*) to act as godfather to; (: *de noivo*) to be best man to; (*proteger*) to protect; (*patrocinar*) to support
apagado, -a [apa'gadu, a] ADJ (*fogo*) out; (*luz elétrica*) off; (*indistinto*) faint; (*pessoa*) dull
apagão [apa'gāw] (*pl* **-ões**) M power cut (BRIT), power outage (US)

apagar [apa'gar] vt (fogo) to put out; (luz elétrica) to switch off; (vela) to blow out; (com borracha) to rub out, erase; (quadro-negro) to clean; **apagar-se** vr to go out; (desmaiar) to pass out; (col: dormir) to nod off

apaguei etc [apa'gej] vb ver **apagar**

apaixonado, -a [apajʃo'nadu, a] adj (pessoa) in love; (discurso) impassioned; (pessoa): **ele está ~ por ela** he is in love with her; **ele é ~ por tênis** he's mad about tennis

apaixonante [apajʃo'nãtʃi] adj captivating

apaixonar-se [apajʃo'narsi] vr: **~ por** to fall in love with

Apalaches [apa'laʃis] mpl: **os ~** the Appalachians

apalermado, -a [apaler'madu, a] adj silly

apalpadela [apawpa'dɛla] f touch

apalpar [apaw'par] vt to touch, feel; (Med) to examine

apanhado [apa'ɲadu] m (de flores) bunch; (resumo) summary; (pregas) gathering

apanhar [apa'ɲar] vt to catch; (algo à mão, do chão) to pick up; (ir buscar, surra, táxi) to get; (flores, frutas) to pick; (agarrar) to grab ▶ vi (ser espancado) to get a beating; (em jogo) to take a beating; **~ sol/chuva** to sunbathe/get soaked

apaniguado, -a [apani'gwadu, a] m/f (protegido) protégé(e)

apapagaiado, -a [apapaga'jadu, a] adj loud, garish

apara [a'para] f (de madeira) shaving; (de papel) clipping

aparador [apara'dor] m sideboard

aparafusar [aparafu'zar] vt to screw

apara-lápis [apara'lapis] (pt) m inv pencil sharpener

aparar [apa'rar] vt (cabelo) to trim; (lápis) to sharpen; (algo arremessado) to catch; (pancada) to parry; (madeira) to plane

aparato [apa'ratu] m pomp; (coleção) array

aparatoso, -a [apara'tozu, ɔza] adj grand

aparecer [apare'ser] vi to appear; (apresentar-se) to turn up; (ser publicado) to be published; **~ em casa de alguém** to call on sb

aparecimento [aparesi'mētu] m appearance; (publicação) publication

aparelhado, -a [apare'ʎadu, a] adj (preparado) ready, prepared; (madeira) planed

aparelhagem [apare'ʎaʒē] f equipment; (carpintaria) finishing; (Náut) rigging

aparelhar [apare'ʎar] vt (preparar) to prepare, get ready; (Náut) to rig; **aparelhar-se** vr to get ready

aparelho [apa'reʎu] m apparatus; (equipamento) equipment; (Pesca) tackle, gear; (máquina) machine; (br: fone) telephone; **~ de barbear** electric shaver; **~ de chá** tea set; **~ de rádio/TV** radio/TV set; **~ digestivo** digestive system; **~ doméstico** domestic appliance; **~ sanitário** bathroom suite

aparência [apa'rēsja] f appearance; (aspecto) aspect; **na ~** apparently; **sob a ~ de** under the guise of; **ter ~ de** to look like, seem;

manter as ~s to keep up appearances; **salvar as ~s** to save face; **as ~s enganam** appearances are deceptive

aparentado, -a [aparē'tadu, a] adj related; **bem ~** well connected

aparentar [aparē'tar] vt (fingir) to feign; (parecer) to give the appearance of

aparente [apa'rētʃi] adj apparent; (concreto, madeira) exposed

aparição [apari'sãw] (pl **-ões**) f (visão) apparition; (fantasma) ghost

aparo [a'paru] (pt) m (de caneta) (pen) nib

apartamento [aparta'mētu] m apartment, flat (brit)

apartar [apar'tar] vt to separate; **apartar-se** vr to separate

aparte [a'partʃi] m (Teatro) aside

apartheid [apar'tajdʒi] m apartheid

aparvalhado, -a [aparva'ʎadu, a] adj idiotic

apatetado, -a [apate'tadu, a] adj sluggish

apatia [apa'tʃia] f apathy

apático, -a [a'patʃiku, a] adj apathetic

apátrida [a'patrida] m/f stateless person

apavorado, -a [apavo'radu, a] adj terrified

apavoramento [apavora'mētu] m terror

apavorante [apavo'rãtʃi] adj terrifying

apavorar [apavo'rar] vt to terrify ▶ vi to be terrifying; **apavorar-se** vr to be terrified

apaziguar [apazi'gwar] vt to appease; **apaziguar-se** vr to calm down

apear-se [a'pjarsi] vr: **~ de** (cavalo) to dismount from

apedrejar [apedre'ʒar] vt to stone

apegado, -a [ape'gadu, a] adj: **ser ~ a** (gostar de) to be attached to

apegar-se [ape'garsi] vr: **~ a** (afeiçoar-se) to become attached to

apego [a'pegu] m (afeição) attachment

apeguei etc [ape'gej] vb ver **apegar-se**

apelação [apela'sãw] (pl **-ões**) f appeal

apelante [ape'lãtʃi] m/f appellant

apelar [ape'lar] vi to appeal; **~ da sentença** (Jur) to appeal against the sentence; **~ para** to appeal to; **~ para a ignorância/violência** to resort to abuse/violence

apelidar [apeli'dar] vt (br) to nickname; (pt) to give a surname to; **apelidar-se** vr: **~-se de** to go by the name of; **Eduardo, apelidado de Dudu** Eduardo, nicknamed Dudu

apelido [ape'lidu] m (pt: nome de família) surname; (br: alcunha) nickname; **feio é ~!** (col) ugly is not the word for it!

apelo [a'pelu] m appeal

apenas [a'pɛnas] adv only

apêndice [a'pēdʒisi] m appendix; (anexo) supplement

apendicite [apēdʒi'sitʃi] f appendicitis

Apeninos [ape'ninus] mpl: **os ~** the Apennines

apenso, -a [a'pēsu, a] adj (documento) attached

apequenar [apeke'nar] vt to belittle

aperceber-se [aperse'bersi] vr: **~ de** to notice, see

aperfeiçoamento [aperfejswa'mẽtu] M (*perfeição*) perfection; (*melhoramento*) improvement

aperfeiçoar [aperfej'swar] VT to perfect; (*melhorar*) to improve; **aperfeiçoar-se** VR to improve o.s.

aperitivo [aperi'tʃivu] M aperitif

aperreação [apehja'sãw] F annoyance

aperreado, -a [ape'hjadu, a] ADJ fed up

aperrear [ape'hjar] VT to annoy

apertado, -a [aper'tadu, a] ADJ tight; (*estreito*) narrow; (*sem dinheiro*) hard-up; (*vida*) hard

apertar [aper'tar] VT (*agarrar*) to hold tight; (*roupa*) to take in; (*cinto*) to tighten; (*esponja*) to squeeze; (*botão*) to press; (*despesas*) to limit; (*vigilância*) to step up; (*coração*) to break; (*fig: pessoa*) to put pressure on ▶ VI (*sapatos*) to pinch; (*chuva, frio*) to get worse; (*estrada*) to narrow; **apertar-se** VR (*com roupa*) to corset o.s.; (*reduzir despesas*) to cut down (on expenses); (*ter problemas financeiros*) to feel the pinch; **~ em** (*insistir*) to insist on, press; **~ a mão de alguém** (*cumprimentar*) to shake hands with sb

aperto [a'pertu] M (*pressão*) pressure; (*situação difícil*) spot of bother, jam; **um ~ de mãos** a handshake

apesar [ape'zar] PREP: **~ de** in spite of, despite; **~ disso** nevertheless; **~ de que** in spite of the fact that, even though

apetecer [apete'ser] VI (*comida*) to be appetizing; **esse prato não me apetece** I don't fancy that dish

apetecível [apete'sivew] (*pl* **-eis**) ADJ tempting

apetite [ape'tʃitʃi] M appetite; (*desejo*) desire; (*fig: ânimo*) go; **abrir o ~** to get up an appetite; **bom ~!** enjoy your meal!

apetitoso, -a [apeti'tozu, ɔza] ADJ appetizing

apetrechar [apetre'ʃar] VT to fit out, equip

apetrechos [ape'treʃus] MPL gear *sg*; (*Pesca*) tackle *sg*

ápice ['apisi] M (*cume*) summit, top; (*vértice*) apex; **num ~** (PT) in a trice

apicultura [apikuw'tura] F beekeeping, apiculture

apiedar-se [apje'darsi] VR: **~ de** (*ter piedade*) to pity; (*compadecer-se*) to take pity on

apimentado, -a [apimẽ'tadu, a] ADJ peppery

apimentar [apimẽ'tar] VT to pepper

apinhado, -a [api'ɲadu, a] ADJ crowded

apinhar [api'ɲar] VT to crowd, pack; **apinhar-se** VR (*aglomerar-se*) to crowd together; **~-se de** (*gente*) to be filled *ou* packed with

apitar [api'tar] VI to whistle; (*col*): **ele não apita em nada em casa** he doesn't have a say in anything at home ▶ VT (*jogo*) to referee

apito [a'pitu] M whistle

aplacar [apla'kar] VT to placate ▶ VI to calm down; **aplacar-se** VR to calm down

aplainar [aplaj'nar] VT (*madeira*) to plane; (*nivelar*) to level out

aplanar [apla'nar] VT (*alisar*) to smooth; (*nivelar*) to level; (*dificuldades*) to smooth over

aplaudir [aplaw'dʒir] VT to applaud

aplauso [a'plawzu] M applause; (*apoio*) support; (*elogio*) praise; (*aprovação*) approval; **~s** applause *sg*

aplicação [aplika'sãw] (*pl* **-ões**) F application; (*esforço*) effort; (*Costura*) appliqué; (*da lei*) enforcement; (*de dinheiro*) investment; (*de aluno*) diligence; (PT *Comput*) application, app (*col*)

aplicado, -a [apli'kadu, a] ADJ hard-working

aplicar [apli'kar] VT to apply; (*lei*) to enforce; (*dinheiro*) to invest; **aplicar-se** VR: **~-se a** to devote o.s. to, apply o.s. to

aplicativo, -a [aplika'tʃivu, a] ADJ: **pacote/software ~** applications package/software ▶ M (BR *Comput*) application, app (*col*)

aplicável [apli'kavew] (*pl* **-eis**) ADJ applicable

aplique [a'pliki] M (*luz*) wall light; (*peruca*) hairpiece

apliquei *etc* [apli'kej] VB *ver* **aplicar**

apocalipse [apoka'lipsi] F apocalypse

apócrifo, -a [a'pɔkrifu, a] ADJ apocryphal

apoderar-se [apode'rarsi] VR: **~ de** to seize, take possession of

apodrecer [apodre'ser] VT to rot; (*dente*) to decay ▶ VI to rot; to decay

apodrecimento [apodresi'mẽtu] M rottenness, decay; (*de dentes*) decay

apogeu [apo'ʒew] M (*Astronomia*) apogee; (*fig*) height, peak

apoiar [apo'jar] VT to support; (*basear*) to base; (*moção*) to second; **apoiar-se** VR: **~-se em** to rest on

apoio [a'poju] M support; (*financeiro*) backing; **~ moral** moral support

apólice [a'pɔlisi] F (*certificado*) policy, certificate; (*ação*) share, bond; **~ de seguro** insurance policy

apologia [apolo'ʒia] F (*elogio*) eulogy; (*defesa*) defence (BRIT), defense (US)

apologista [apolo'ʒista] M/F apologist

apontador [apõta'dor] M pencil sharpener

apontamento [apõta'mẽtu] M (*nota*) note

apontar [apõ'tar] VT (*fusil*) to aim; (*erro*) to point out; (*com o dedo*) to point at *ou* to; (*razão*) to put forward; (*nomes*) to name ▶ VI (*aparecer*) to begin to appear; (*brotar*) to sprout; (*com o dedo*) to point; **~!** take aim!; **~ para** to point to; (*com arma*) to aim at

apoplético, -a [apo'plɛtʃiku, a] ADJ apoplectic

apoquentar [apokẽ'tar] VT to annoy, pester; **apoquentar-se** VR to get annoyed

aporrinhação [apohiɲa'sãw] F annoyance

aporrinhar [apohi'ɲar] VT to pester, annoy

aportar [apor'tar] VI to dock

aportuguesado, -a [aportuge'zadu, a] ADJ made Portuguese

após [a'pɔjs] PREP after

aposentado, -a [apozẽ'tadu, a] ADJ retired ▶ M/F retired person, pensioner; **ser ~** to be retired

aposentadoria [apozẽtado'ria] F retirement; *(dinheiro)* pension
aposentar [apozẽ'tar] VT to retire; **aposentar-se** VR to retire
aposento [apo'zẽtu] M room
após-guerra M post-war period; **a Alemanha do ~** post-war Germany
apossar-se [apo'sarsi] VR: **~ de** to take possession of, seize
aposta [a'pɔsta] F bet
apostar [apos'tar] VT to bet ▶ VI: **~ em** to bet on
a posteriori [aposte'rjɔri] ADV afterwards
apostila [apos'tʃila] F students' notes pl, study aid
apóstolo [a'pɔstolu] M apostle
apóstrofo [a'pɔstrofu] M apostrophe
apoteose [apote'ɔzi] F apotheosis
aprazar [apra'zar] VT to allow
aprazer [apra'zer] VI to be pleasing; **~ a alguém** to please sb; **ele faz o que lhe apraz** he does as he pleases; **aprazia-lhe escrever cartas** he liked to write letters
aprazível [apra'zivew] *(pl* **-eis)** ADJ pleasant
apreçar [apre'sar] VT to value, price
apreciação [apresja'sãw] F appreciation
apreciar [apre'sjar] VT to appreciate; *(gostar de)* to enjoy
apreciativo, -a [apresja'tʃivu, a] ADJ appreciative
apreciável [apre'sjavew] *(pl* **-eis)** ADJ appreciable
apreço [a'presu] M *(estima)* esteem, regard; *(consideração)* consideration; **em ~** in question
apreender [aprjẽ'der] VT to apprehend; *(tomar)* to seize; *(entender)* to grasp
apreensão [aprjẽ'sãw] *(pl* **-ões)** F *(percepção)* perception; *(tomada)* seizure, arrest; *(receio)* apprehension
apreensivo, -a [aprjẽ'sivu, a] ADJ apprehensive
apreensões [aprjẽ'sõjs] FPL *de* **apreensão**
apregoar [apre'gwar] VT to proclaim, announce; *(mercadorias)* to cry
aprender [aprẽ'der] VT, VI to learn; **~ a ler** to learn to read; **~ de cor** to learn by heart
aprendiz [aprẽ'dʒiz] M apprentice; *(condutor)* learner
aprendizado [aprẽdʒi'zadu] M *(num ofício)* apprenticeship; *(numa profissão)* training; *(escolar)* learning
aprendizagem [aprẽdʒi'zaʒẽ] F *(num ofício)* apprenticeship; *(numa profissão)* training; *(escolar)* learning
apresentação [aprezẽta'sãw] *(pl* **-ões)** F presentation; *(de peça, filme)* performance; *(de pessoas)* introduction; *(porte pessoal)* appearance; **~ de contas** *(Com)* rendering of accounts
apresentador, a [aprezẽta'dor(a)] M/F presenter
apresentar [aprezẽ'tar] VT to present; *(pessoas)* to introduce; *(entregar)* to hand; *(trabalho, documento)* to submit; *(queixa)* to lodge; **apresentar-se** VR *(identificar-se)* to introduce o.s.; *(problema)* to present itself; *(à polícia etc)* to report; **quero ~-lhe ...** may I introduce you to ...
apresentável [aprezẽ'tavew] *(pl* **-eis)** ADJ presentable
apressado, -a [apre'sadu, a] ADJ hurried, hasty; **estar ~** to be in a hurry
apressar [apre'sar] VT to hurry, hasten; **apressar-se** VR to hurry (up)
aprestar [apres'tar] VT *(aparelhar)* to equip, fit out; *(aprontar)* to get ready; **aprestar-se** VR to get ready
aprestos [a'prestus] MPL *(preparativos)* preparations
aprimorado, -a [aprimo'radu, a] ADJ *(trabalho)* polished; *(pessoa)* elegant
aprimorar [aprimo'rar] VT to improve; **aprimorar-se** VR *(no vestir)* to make o.s. look nice
a priori [a'prjɔri] ADV beforehand
aprisionamento [aprizjona'mẽtu] M imprisonment
aprisionar [aprizjo'nar] VT *(cativar)* to capture; *(encarcerar)* to imprison
aprofundado, -a [aprofũ'dadu, a] ADJ *(estudo, discussão)* in-depth
aprofundar [aprofũ'dar] VT to deepen, make deeper; **aprofundar-se** VR: **~-se em** to go deeper into
aprontar [aprõ'tar] VT to get ready, prepare; *(briga)* to pick ▶ VI *(col)* to play up; **aprontar-se** VR to get ready; **~ alguma** *(col)* to be up to something
apropriação [aproprja'sãw] *(pl* **-ões)** F appropriation; *(tomada)* seizure; **~ de custos** *(Com)* cost appropriation
apropriado, -a [apro'prjadu, a] ADJ appropriate, suitable
apropriar [apro'prjar] VT to appropriate; **apropriar-se** VR: **~-se de** to seize, take possession of
aprovação [aprova'sãw] F approval; *(louvor)* praise; *(num exame)* pass
aprovado, -a [apro'vadu, a] ADJ approved; **ser ~ num exame** to pass an exam; **o índice de ~s** the pass rate
aprovar [apro'var] VT to approve of; *(exame)* to pass ▶ VI to make the grade, come up to scratch
aproveitador, a [aprovejta'dor(a)] M/F opportunist
aproveitamento [aprovejta'mẽtu] M use, utilization; *(nos estudos)* progress
aproveitar [aprovej'tar] VT *(tirar proveito de)* to take advantage of; *(utilizar)* to use; *(não desperdiçar)* to make the most of; *(oportunidade)* to take; *(fazer bom uso de)* to make good use of ▶ VI to make the most of it; *(PT)* to be of use; **não aproveita** it's no use; **aproveite!** enjoy yourself!, have a good time!
aproveitável [aprovej'tarvew] *(pl* **-eis)** ADJ usable

aprovisionamento [aprovizjona'mẽtu] M supply, provision

aprovisionar [aprovizjo'nar] VT to supply; (*estocar*) to stock

aproximação [aprosima'sãw] (*pl* **-ões**) F (*estimativa*) approximation; (*chegada*) approach; (*proximidade*) nearness, closeness

aproximado, -a [aprosi'madu, a] ADJ (*cálculo*) approximate; (*perto*) nearby

aproximar [aprosi'mar] VT to bring near; (*aliar*) to bring together; **aproximar-se** VR: **~-se de** (*acercar-se*) to approach

aprumado, -a [apru'madu, a] ADJ vertical; (*altivo*) upright; (*elegante*) well-dressed

aprumo [a'prumu] M vertical position; (*elegância*) elegance; (*altivez*) haughtiness

aptidão [aptʃi'dãw] F aptitude, ability; (*jeito*) knack; **~ física** physical fitness

aptitude [aptʃi'tudʒi] F aptitude, ability; (*jeito*) knack

apto, -a ['aptu, a] ADJ apt; (*capaz*) capable

apto. ABR = **apartamento**

APU (PT) ABR F (= *Aliança Povo Unido*) political party

apunhalar [apuɲa'lar] VT to stab

apuração [apura'sãw] F (*de votos*) counting; (*descoberta*) ascertainment; (*averiguação*) investigation; **~ de contas** (*Com*) settlement of accounts; **~ de custos** (*Com*) costing

apurado, -a [apu'radu, a] ADJ refined

apurar [apu'rar] VT (*aperfeiçoar*) to perfect; (*descobrir*) to find out; (*averiguar*) to investigate; (*dinheiro*) to raise, get; (*votos*) to count; **apurar-se** VR (*no trajar*) to dress up

apuro [a'puru] M (*elegância*) refinement, elegance; (*dificuldade*) difficulty; **estar em ~s** to be in trouble

aquarela [akwa'rɛla] F watercolour (BRIT), watercolor (US)

aquário [a'kwarju] M aquarium; **A~** (*Astrologia*) Aquarius

aquartelar [akwarte'lar] VT (*Mil*) to billet, quarter

aquático, -a [a'kwatʃiku, a] ADJ aquatic, water *atr*

aquecedor, a [akese'dor(a)] ADJ warming ▶ M heater

aquecer [ake'ser] VT to heat ▶ VI to heat up; **aquecer-se** VR to heat up

aquecido, -a [ake'sidu, a] ADJ heated

aquecimento [akesi'mẽtu] M heating; (*da economia*) acceleration; **~ central** central heating; **~ global** global warming

aqueduto [ake'dutu] M aqueduct

aquele, ela [a'keli, ɛla] ADJ (*sg*) that; (*pl*) those ▶ PRON (*sg*) that one; (*pl*) those (ones); **sem mais aquela** (*inesperadamente*) all of a sudden; (*sem cerimônia*) without so much as a "by your leave"; **foi aquela confusão** it was a real mess

àquele, ela [a'keli, ɛla] = **a + aquele**; *ver* **a**

aquém [a'kẽj] ADV on this side; **~ de** on this side of

aqui [a'ki] ADV here; **eis ~** here is/are; **~ mesmo** right here; **até ~** up to here; **por ~** hereabouts; (*nesta direção*) this way; **por ~ e por ali** here and there; **estou por ~!** (*col*) I've had it up to here!; *ver tb* **daqui**

aquiescência [akje'sẽsja] F consent

aquiescer [akje'ser] VI: **~ (a)** to consent (to)

aquietar [akje'tar] VT to calm, quieten; **aquietar-se** VR to calm down

aquilatar [akila'tar] VT (*metais*) to value; (*avaliar*) to evaluate

aquilo [a'kilu] PRON that; **~ que** what

àquilo [a'kilu] = **a + aquilo**; *ver* **a**

aquisição [akizi'sãw] (*pl* **-ões**) F acquisition

aquisitivo, -a [akizi'tʃivu, a] ADJ: **poder ~** purchasing power

ar [ar] M air; (*aspecto*) look; (*brisa*) breeze; (PT Auto) choke; **ares** MPL (*atitude*) airs; (*clima*) climate *sg*; **ao ar livre** in the open air; **ir ao/sair do ar** (TV, *Rádio*) to go on/off the air; **no ar** (TV, *Rádio*) on air; (*fig: planos*) up in the air; **dar-se ares** to put on airs; **ir pelos ares** (*explodir*) to blow up; **tomar ar** to get some air

árabe ['arabi] ADJ, M/F Arab ▶ M (*Ling*) Arabic

Arábia [a'rabja] F: **a ~ Saudita** Saudi Arabia

arado [a'radu] M plough (BRIT), plow (US)

aragem [a'raʒẽ] (*pl* **-ns**) F breeze

arame [a'rami] M wire; **~ farpado** barbed wire

aranha [a'raɲa] F spider

aranha-caranguejeira [-karãge'ʒejra] (*pl* **aranhas-caranguejeiras**) F bird-eating spider

arapuca [ara'puka] F trap; (*truque*) trick

araque [a'raki] M: **de ~** (*col*) phony, bogus

arar [a'rar] VT to plough (BRIT), plow (US)

arara [a'rara] F macaw; **estar/ficar uma ~** (*fig*) to be/get angry

arbitragem [arbi'traʒẽ] F arbitration; (*Esporte*) refereeing

arbitrar [arbi'trar] VT to arbitrate; (*Esporte*) to referee; (*adjudicar*) to award

arbitrariedade [arbitrarje'dadʒi] F arbitrariness; (*ato*) arbitrary act

arbitrário, -a [arbi'trarju, a] ADJ arbitrary

arbítrio [ar'bitrju] M decision; **ao ~ de** at the discretion of

árbitro ['arbitru] M (*juiz*) arbiter; (*Jur*) arbitrator; (*Futebol*) referee; (*Tênis*) umpire

arborizado, -a [arbori'zadu, a] ADJ green, wooded; (*rua*) tree-lined

arborizar [arbori'zar] VT to plant with trees

arbusto [ar'bustu] M shrub, bush

arca ['arka] F chest, trunk; **~ de Noé** Noah's Ark

arcabouço [arka'bosu] M outline(s)

arcada [ar'kada] F (*série de arcos*) arcade; (*arco*) arch, span; **~ dentária** dental ridge

arcaico, -a [ar'kajku, a] ADJ archaic; (*antiquado*) antiquated

arcanjo [ar'kãʒu] M archangel

arcar [ar'kar] VT: **~ com** (*responsabilidades*) to shoulder; (*despesas*) to handle; (*consequencias*) to take

arcebispo [arse'bispu] M archbishop
arco ['arku] M (*Arq*) arch; (*Mil, Mús*) bow; (*Elet, Mat*) arc; (*de barril*) hoop
arco-da-velha M: **coisa/história do ~** amazing thing/story
arco-íris (*pl* **arcos-íris**) M rainbow
ar-condicionado (*pl* **ares-condicionados**) M (*aparelho*) air conditioner; (*sistema*) air conditioning
ardente [ar'dẽtʃi] ADJ burning; (*intenso*) fervent; (*apaixonado*) ardent
arder [ar'der] VI to burn; (*pele, olhos*) to sting; **~ de febre** to burn up with fever; **~ de raiva** to seethe (with rage)
ardido, -a [ar'dʒidu, a] ADJ (*picante*) hot
ardil [ar'dʒiw] (*pl* **-is**) M trick, ruse
ardiloso, -a [ardʒi'lozu, ɔza] ADJ cunning
ardis [ar'dʒis] MPL *de* **ardil**
ardor [ar'dor] M (*paixão*) ardour (BRIT), ardor (US), passion
ardoroso, -a [ardo'rozu, ɔza] ADJ ardent
ardósia [ar'dɔzja] F slate
árduo, -a ['ardwu, a] ADJ arduous; (*difícil*) hard, difficult
área ['arja] F area; (*Esporte*) penalty area; (*fig*) field; **~ (de serviço)** utility room; **~ de trabalho** (BR Comput) desktop
arear [a'rjar] VT to polish
areia [a'reja] F sand; **~ movediça** quicksand
arejado, -a [are'ʒadu, a] ADJ aired, ventilated
arejar [are'ʒar] VT to air ▶ VI to get some air; (*descansar*) to have a breather; **arejar-se** VR to get some air; to have a break
ARENA (BR) ABR F (= *Aliança Renovadora Nacional*) former political party
arena [a'rena] F arena; (*de circo*) ring
arenito [are'nitu] M sandstone
arenoso, -a [are'nozu, ɔza] ADJ sandy
arenque [a'rẽki] M herring
aresta [a'rɛsta] F edge
arfar [ar'far] VI (*ofegar*) to pant, gasp for breath; (*Náut*) to pitch
argamassa [arga'masa] F mortar
argamassar [argama'sar] VT to cement
Argel [ar'ʒɛw] N Algiers
Argélia [ar'ʒɛlja] F: **a ~** Algeria
argelino, -a [arʒe'linu, a] ADJ, M/F Algerian
Argentina [arʒẽ'tʃina] F: **a ~** Argentina
argentino, -a [arʒẽ'tʃinu, a] ADJ, M/F Argentinian
argila [ar'ʒila] F clay
argiloso, -a [arʒi'lozu, ɔza] ADJ (*terreno*) clay
argola [ar'gɔla] F ring; **argolas** FPL (*brincos*) hooped earrings; **~ (de porta)** door-knocker
argúcia [ar'gusja] F (*sutileza*) subtlety; (*agudeza*) astuteness
arguição [argwi'sãw] (*pl* **-ões**) F oral test
arguir [ar'gwir] VT (*examinar*) to test, examine
argumentação [argumẽta'sãw] F line of argument
argumentador, a [argumẽta'dor(a)] ADJ argumentative ▶ M/F arguer
argumentar [argumẽ'tar] VT, VI to argue

argumento [argu'mẽtu] M argument; (*de obra*) theme
arguto, -a [ar'gutu, a] ADJ (*sutil*) subtle; (*astuto*) shrewd
ária ['arja] F aria
ariano, -a [a'rjanu, a] ADJ, M/F Aryan; (*Astrologia*) Arian
aridez [ari'dez] F (*secura*) dryness; (*esterilidade*) barrenness; (*falta de interesse*) dullness
árido, -a ['aridu, a] ADJ (*seco*) arid, dry; (*estéril*) barren; (*maçante*) dull, boring
Áries ['aris] F Aries
arisco, -a [a'risku, a] ADJ unsociable
aristocracia [aristokra'sia] F aristocracy
aristocrata [aristo'krata] M/F aristocrat
aristocrático, -a [aristo'kratʃiku, a] ADJ aristocratic
aritmética [aritʃ'mɛtʃika] F arithmetic
aritmético, -a [aritʃ'mɛtʃiku, a] ADJ arithmetical
arma ['arma] F weapon; **armas** FPL (*nucleares etc*) arms; (*brasão*) coat *sg* of arms; **de ~s e bagagem** with all one's belongings; **depor as ~s** to lay down arms; **passar pelas ~s** to shoot, execute; **~ branca** cold steel; **~ convencional/nuclear** conventional/nuclear weapon; **~s de destruir** firearm; **~s de destruição em massa** weapons of mass destruction; **~ de fogo** firearm
armação [arma'sãw] (*pl* **-ões**) F (*armadura*) frame; (*Pesca*) tackle; (*Náut*) rigging; (*de óculos*) frames *pl*
armada [ar'mada] F navy
armadilha [arma'dʒiʎa] F trap
armado, -a [ar'madu, a] ADJ armed; **~ até os dentes** armed to the teeth
armador [arma'dor] M (*Náut*) shipowner
armadura [arma'dura] F armour (BRIT), armor (US); (*Elet*) armature; (*Constr*) framework
armamento [arma'mẽtu] M (*armas*) armaments *pl*, weapons *pl*; (*Náut*) equipment; (*ato*) arming
armar [ar'mar] VT to arm; (*montar*) to assemble; (*barraca*) to pitch; (*um aparelho*) to set up; (*armadilha*) to set; (*maquinar*) to hatch; (*Náut*) to fit out; **armar-se** VR to arm o.s.; **~ uma briga com** to pick a quarrel with; **~ uma confusão** to cause chaos
armarinho [arma'riɲu] M haberdashery (BRIT), notions *pl* (US)
armário [ar'marju] M cupboard; (*de roupa*) wardrobe
armazém [arma'zẽj] (*pl* **-ns**) M (*depósito*) warehouse; (*loja*) grocery store
armazenagem [armaze'naʒẽ] F storage
armazenamento [armazena'mẽtu] M storage
armazenar [armaze'nar] VT to store; (*provisões*) to stock; (*Comput*) to store
armazéns [arma'zẽs] MPL *de* **armazém**
armeiro [ar'mejru] M gunsmith
Armênia [ar'menja] F: **a ~** Armenia

arminho [ar'miɲu] M ermine
armistício [armis'tʃisju] M armistice
aro ['aru] M (*argola*) ring; (*de óculos, roda*) rim; (*de porta*) frame
aroma [a'rɔma] M (*de comida, café*) aroma; (*de perfume*) fragrance
aromático, -a [aro'matʃiku, a] ADJ (*comida*) aromatic; (*perfume*) fragrant
arpão [ar'pãw] (*pl* **-ões**) M harpoon
arpejo [ar'peʒu] M arpeggio
arpoar [ar'pwar] VT to harpoon
arpões [ar'põjs] MPL *de* **arpão**
arqueado, -a [ar'kjadu, a] ADJ arched
arquear [ar'kjar] VT to arch; **arquear-se** VR to bend, arch; (*entortar-se*) to warp
arquei *etc* [ar'kej] VB *ver* **arcar**
arqueiro, -a [ar'kejru, a] M/F archer; (*goleiro*) goalkeeper
arquejar [arke'ʒar] VI to pant, wheeze
arquejo [ar'keʒu] M panting, gasping
arqueologia [arkjolo'ʒia] F archaeology (BRIT), archeology (US)
arqueológico, -a [arkjo'lɔʒiku, a] ADJ archaeological (BRIT), archeological (US)
arqueólogo, -a [ar'kjɔlogu, a] M/F archaeologist (BRIT), archeologist (US)
arquétipo [ar'kɛtʃipu] M archetype
arquibancada [arkibã'kada] F terrace
arquipélago [arki'pɛlagu] M archipelago
arquitetar [arkite'tar] VT to think up
arquiteto, -a [arki'tɛtu, a] M/F architect
arquitetônico, -a [arkite'toniku, a] ADJ architectural
arquitetura [arkite'tura] F architecture
arquivamento [arkiva'mẽtu] M filing; (*de projeto*) shelving
arquivar [arki'var] VT to file; (*projeto*) to shelve
arquivista [arki'vista] M/F archivist
arquivo [ar'kivu] M (*ger, Comput*) file; (*lugar*) archive; (*de empresa*) files *pl*; (*móvel*) filing cabinet; **abrir/fechar um ~** (*Comput*) to open/close a file; **nome do ~** (*Comput*) file name; **~ ativo** (*Comput*) active file; **~ zipado** (*Comput*) zip file
arrabaldes [aha'bawdʒis] MPL suburbs
arraia [a'haja] F (*peixe*) ray
arraial [aha'jaw] (*pl* **-ais**) M (*povoação*) village; (*PT: festa*) fair
arraia-miúda F masses *pl*
arraigado, -a [ahaj'gadu, a] ADJ deep-rooted; (*fig*) ingrained
arraigar [ahaj'gar] VI to root; **arraigar-se** VR (*enraizar-se*) to take root; (*estabelecer-se*) to settle
arrancada [ahã'kada] F (*puxão*) pull, jerk; (*partida*) start; (*investida*) charge; (*de atleta*) burst of speed; **dar uma ~** (*em carro*) to pull away (suddenly)
arrancar [ahã'kar] VT to pull out; (*botão etc*) to pull off; (*arrebatar*) to snatch (away); (*fig: confissão*) to extract; (*: aplausos*) to get ▶ VI to start (off); **arrancar-se** VR (*partir*) to leave; (*fugir*) to run off

arranco [a'hãku] M (*puxão*) pull, jerk; (*partida*) sudden start
arranha-céu [a'haɲa-] (*pl* **-s**) M skyscraper
arranhadura [ahaɲa'dura] F scratch
arranhão [aha'ɲãw] (*pl* **-ões**) M scratch
arranhar [aha'ɲar] VT to scratch; **~ (n)uma língua** to know a smattering of a language
arranhões [aha'ɲõjs] MPL *de* **arranhão**
arranjador, a [ahãʒa'dor(a)] M/F (*Mús*) arranger
arranjar [ahã'ʒar] VT to arrange; (*emprego etc*) to get, find; (*doença*) to get, catch; (*namorado*) to find; (*questão*) to settle; **arranjar-se** VR (*virar-se*) to manage; (*conseguir emprego*) to get a job; **~-se sem** to do without
arranjo [a'hãʒu] M arrangement; (*negociata*) shady deal; (*col: caso*) affair
arranque [a'hãki] M *ver* **motor**
arranquei *etc* [ahã'kej] VB *ver* **arrancar**
arrasado, -a [ahaza'do, a] ADJ (*col*) gutted
arrasador, a [ahaza'dor(a)] ADJ devastating
arrasar [aha'zar] VT to devastate; (*demolir*) to demolish; (*estragar*) to ruin; (*verbalmente*) to lambast; **arrasar-se** VR to be devastated; (*destruir-se*) to destroy o.s.; (*arruinar-se*) to lose everything; (*nos exames*) to do terribly
arrastado, -a [ahas'tadu, a] ADJ (*rasteiro*) crawling; (*demorado*) dragging; (*voz*) drawling
arrastão [ahas'tãw] (*pl* **-ões**) M tug, jerk; (*rede*) dragnet
arrasta-pé [a'hasta-] (*pl* **arrasta-pés**) (*col*) M knees-up, shindig
arrastar [ahas'tar] VT to drag; (*atrair*) to draw ▶ VI to trail; **arrastar-se** VR (*rastejar*) to crawl; (*andar a custo*) to drag o.s.; (*tempo*) to drag; (*processo*) to drag on
arrasto [a'hastu] M (*ação*) dragging; (*rede*) trawl-net; (*Tec*) drag
arrazoado, -a [aha'zwadu, a] ADJ (*argumento*) reasoned ▶ M (*Jur*) defence (BRIT), defense (US)
arrazoar [aha'zwar] VI (*discutir*) to argue
arrear [a'hjar] VT (*cavalo etc*) to bridle
arrebanhar [aheba'ɲar] VT (*gado*) to herd; (*juntar*) to gather
arrebatado, -a [aheba'tadu, a] ADJ (*impetuoso*) rash, impetuous; (*enlevado*) entranced
arrebatador, a [ahebata'dor(a)] ADJ enchanting
arrebatamento [ahebata'mẽtu] M (*impetuosidade*) impetuosity; (*enlevo*) ecstasy
arrebatar [aheba'tar] VT (*arrancar*) to snatch (away); (*levar*) to carry off; (*enlevar*) to entrance; (*enfurecer*) to enrage; **arrebatar-se** VR (*entusiasmar-se*) to be entranced
arrebentação [ahebẽta'sãw] F (*na praia*) surf
arrebentado, -a [ahebẽ'tadu, a] ADJ (*quebrado*) broken; (*vaso etc*) smashed; (*estafado*) worn out
arrebentar [ahebẽ'tar] VT to break; (*porta*) to break down; (*corda*) to snap, break ▶ VI to break; to snap, break; (*guerra*) to break out; (*bomba*) to explode; (*ondas*) to break

arrebitado, -a [ahebi'tadu, a] ADJ turned-up; (*nariz*) snub
arrebitar [ahebi'tar] VT to turn up
arrecadação [ahekada'sãw] F (*de impostos etc*) collection; (*impostos arrecadados*) tax revenue, taxes pl
arrecadar [aheka'dar] VT (*impostos etc*) to collect
arrecife [ahe'sifi] M reef
arredar [ahe'dar] VT to move away, move back; **arredar-se** VR to move away; **não ~ pé** not to budge, to stand one's ground
arredio, -a [ahe'dʒiu, a] ADJ (*pessoa*) withdrawn
arredondado, -a [ahedõ'dadu, a] ADJ round, rounded
arredondar [ahedõ'dar] VT to round (off); (*conta*) to round up
arredores [ahe'dɔris] MPL suburbs; (*cercanias*) outskirts
arrefecer [ahefe'ser] VT to cool; (*febre*) to lower; (*desanimar*) to discourage ▶ VI to cool (off); to get discouraged
arrefecimento [ahefesi'mẽtu] M cooling
ar-refrigerado (*pl* **ares-refrigerados**) M (*aparelho*) air conditioner; (*sistema*) air conditioning
arregaçar [ahega'sar] VT to roll up
arregalado, -a [ahega'ladu, a] ADJ (*olhos*) wide; **com os olhos ~s** pop-eyed
arregalar [ahega'lar] VT: **~ os olhos** to stare in amazement
arreganhar [ahega'ɲar] VT (*dentes*) to bare; (*lábios*) to draw back
arreios [a'hejus] MPL harness sg
arrematar [ahema'tar] VT (*dizer concluindo*) to conclude; (*comprar*) to buy by auction; (*vender*) to sell by auction; (*Costura*) to finish off
arremate [ahe'matʃi] M (*Costura*) finishing off; (*conclusão*) conclusion; (*Futebol*) finishing
arremedar [aheme'dar] VT to mimic
arremedo [ahe'medu] M mimicry
arremessar [aheme'sar] VT to throw, hurl; **arremessar-se** VR to hurl o.s.
arremesso [ahe'mesu] M (*lançamento*) throw; **~ de peso** shot-put
arremeter [aheme'ter] VI to lunge; **~ contra** (*acometer*) to attack, assail
arremetida [aheme'tʃida] F attack, onslaught
arrendador, a [ahẽda'dor(a)] M/F landlord/landlady
arrendamento [ahẽda'mẽtu] M (*ação*) leasing; (*contrato*) lease
arrendar [ahẽ'dar] VT to lease
arrendatário, -a [ahẽda'tarju, a] M/F tenant
arrepender-se [ahepẽ'dersi] VR to repent; (*mudar de opinião*) to change one's mind; **~ de** to regret, be sorry for
arrependido, -a [ahepẽ'dʒidu, a] ADJ (*pessoa*) sorry
arrependimento [ahepẽdʒi'mẽtu] M regret; (*Rel, de crime*) repentance

arrepiado, -a [ahe'pjadu, a] ADJ (*cabelo*) standing on end; (*pele, pessoa*) goose-pimply; (*horrorizado*) horrified
arrepiante [ahe'pjãtʃi] ADJ (*que dá medo*) chilling; (*que emociona*) moving
arrepiar [ahe'pjar] VT (*amedrontar*) to horrify; (*cabelo*) to cause to stand on end; **arrepiar-se** VR (*sentir calafrios*) to shiver; (*cabelo*) to stand on end; **isso me arrepia** it gives me goose flesh; **(ser) de ~ os cabelos** (to be) hair-raising
arrepio [ahe'piu] M shiver; (*de frio*) chill; **isso me dá ~s** it gives me the creeps
arresto [a'hɛstu] M (*Jur*) seizure, confiscation
arrevesado, -a [aheve'zadu, a] ADJ (*obscuro*) obscure; (*intricado*) intricate
arrevesar [aheve'zar] VT (*complicar*) to complicate
arriado, -a [a'hjadu, a] ADJ (*exausto*) exhausted; (*por doença*) very weak
arriar [a'hjar] VT (*baixar*) to lower; (*depor*) to lay down ▶ VI (*cair*) to drop; (*vergar*) to sag; (*desistir*) to give up; (*fig*) to collapse; (*Auto: bateria*) to go flat
arribação [ahiba'sãw] (*pl* **-ões**) (BR) F (*de aves*) migration
arribar [ahi'bar] VI (*recuperar-se*) to recuperate
arrimo [a'himu] M support; **~ de família** breadwinner
arriscado, -a [ahis'kadu, a] ADJ risky; (*audacioso*) daring
arriscar [ahis'kar] VT to risk; (*pôr em perigo*) to endanger, jeopardize; **arriscar-se** VR to take a risk; **~-se a fazer** to risk doing
arrisquei etc [ahis'kej] VB ver **arriscar**
arrivista [ahi'vista] M/F upstart; (*oportunista*) opportunist
arroba [a'hoba] F (*peso*) = 15 kg; (*Comput*) @ ('at' symbol)
arrochado, -a [aho'ʃadu, a] ADJ (*vestido*) skin-tight; (*fig*) tough
arrochar [aho'ʃar] VT (*apertar*) to tighten up ▶ VI (*ser exigente*) to be demanding
arrocho [a'hoʃu] M squeeze; (*fig*) predicament; **~ salarial/ao crédito** wage/credit squeeze
arrogância [aho'gãsja] F arrogance, haughtiness
arrogante [aho'gãtʃi] ADJ arrogant, haughty
arrogar-se [aho'garsi] VR (*direitos, privilégios*) to claim
arroio [a'hoju] M stream
arrojado, -a [aho'ʒadu, a] ADJ (*design*) bold; (*temerário*) rash; (*ousado*) daring
arrojar [aho'ʒar] VT (*lançar*) to hurl
arrojo [a'hoʒu] M (*ousadia*) boldness
arrolamento [ahola'mẽtu] M list
arrolar [aho'lar] VT to list
arrolhar [aho'ʎar] VT to cork
arromba [a'hõba] F: **de ~** great
arrombar [ahõ'bar] VT (*porta*) to break down; (*cofre*) to crack
arrotar [aho'tar] VI to belch ▶ VT (*alardear*) to boast of

arroto [a'hotu] M burp
arroubo [a'hobu] M ecstasy, rapture
arroz [a'hoz] M rice; **~ doce** rice pudding
arrozal [aho'zaw] (*pl* **-ais**) M rice field
arruaça [a'hwasa] F street riot
arruaceiro, -a [ahwa'sejru, a] M/F rioter
arruela [a'hwεla] F (*Tec*) washer
arruinar [ahwi'nar] VT to ruin; (*destruir*) to destroy; **arruinar-se** VR to be ruined; (*perder a saúde*) to ruin one's health
arrulhar [ahu'ʎar] VI (*pombos*) to coo
arrulho [a'huʎu] M cooing
arrumação [ahuma'sãw] F (*arranjo*) arrangement; (*de um quarto etc*) tidying up; (*de malas*) packing
arrumadeira [ahuma'dejra] F cleaning lady; (*num hotel*) chambermaid
arrumar [ahu'mar] VT (*pôr em ordem*) to put in order, arrange; (*quarto etc*) to tidy up; (*malas*) to pack; (*emprego*) to get; (*vestir*) to dress up; (*desculpa*) to make up, find; (*vida*) to sort out; **arrumar-se** VR (*aprontar-se*) to get dressed, get ready; (*na vida*) to sort o.s. out; (*virar-se*) to manage
arsenal [arse'naw] (*pl* **-ais**) M (*Mil*) arsenal; **~ de Marinha** naval dockyard
arsênio [ar'senju] M arsenic
arte ['artʃi] F art; (*habilidade*) skill; (*ofício*) trade, craft; **fazer ~** (*fig*) to get up to mischief; **as ~s cênicas** the performing arts
artefato [artʃi'fatu], (*PT*) **artefacto** M (manufactured) article; **~s de couro** leather goods, leatherware *sg*
arteiro, -a [ar'tejru, a] ADJ (*criança*) mischievous
artéria [ar'tɛrja] F (*Anat*) artery
arterial [arte'rjaw] (*pl* **-ais**) ADJ: **pressão ~** blood pressure
arteriosclerose [arterjoskle'rɔzi] F hardening of the arteries, arteriosclerosis
artesã [arte'zã] F *de* **artesão**
artesanal [arteza'naw] (*pl* **-ais**) ADJ craft *atr*
artesanato [arteza'natu] M craftwork; **artigos de ~** craft items
artesão, -sã [arte'zãw, zã] (*pl* **-s/-s**) M/F artisan, craftsman/woman
ártico, -a ['artʃiku, a] ADJ Arctic ▶ M: **o Á~** the Arctic
articulação [artʃikula'sãw] (*pl* **-ões**) F articulation; (*Med*) joint
articulado, -a [artʃiku'ladu, a] ADJ articulated, jointed
articular [artʃiku'lar] VT (*pronunciar*) to articulate; (*ligar*) to join together
artífice [ar'tʃifisi] M/F craftsman/woman; (*inventor*) inventor
artificial [artʃifi'sjaw] (*pl* **-ais**) ADJ artificial; (*pessoa*) affected
artifício [artʃi'fisju] M stratagem, trick
artificioso, -a [artʃifi'sjozu, ɔza] ADJ (*hábil*) skilful (*BRIT*), skillful (*US*); (*astucioso*) artful
artigo [ar'tʃigu] M article; (*Com*) item; **artigos** MPL (*produtos*) goods; **~ definido/**

indefinido (*Ling*) definite/indefinite article; **~ de fundo** leading article, editorial; **~s de toucador** toiletries
artilharia [artʃiʎa'ria] F artillery
artilheiro [artʃi'ʎejru] M gunner, artilleryman; (*Futebol*) striker
artimanha [artʃi'maɲa] F (*ardil*) stratagem; (*astúcia*) cunning
artista [ar'tʃista] M/F artist
artístico, -a [ar'tʃistʃiku, a] ADJ artistic
artrite [ar'tritʃi] F (*Med*) arthritis
arvorar [arvo'rar] VT (*bandeira*) to hoist; (*elevar*): **~ alguém em** to promote *ou* elevate sb to; **arvorar-se** VR: **~-se em** to set o.s. up as
árvore ['arvori] F tree; (*Tec*) shaft; **~ de Natal** Christmas tree
arvoredo [arvo'redu] M grove
as [as] ART DEF *ver* **a**
ás [ajs] M ace
às [as] **= a + as**; *ver* **a**
asa ['aza] F wing; (*de xícara etc*) handle; **dar ~s à imaginação** to give free rein to one's imagination
asa-delta (*pl* **asas-delta**) F hang-glider
asbesto [az'bεstu] M asbestos
ascendência [asẽ'dẽsja] F (*antepassados*) ancestry; (*domínio*) ascendancy, sway
ascendente [asẽ'dẽtʃi] ADJ rising, upward
ascender [asẽ'der] VI (*subir*) to rise, ascend
ascensão [asẽ'sãw] (*pl* **-ões**) F ascent; (*fig*) rise; (*Rel*): **dia da A~** Ascension Day
ascensor [asẽ'sor] M lift (*BRIT*), elevator (*US*)
ascensorista [asẽso'rista] M/F lift operator
asceta [a'sεta] M/F ascetic
asco ['asku] M loathing, revulsion; **dar ~ a** to revolt, disgust
asfaltar [asfaw'tar] VT to asphalt
asfalto [as'fawtu] M asphalt
asfixia [asfik'sia] F asphyxia, suffocation
asfixiar [asfik'sjar] VT to asphyxiate, suffocate
Ásia ['azja] F: **a ~** Asia
asiático, -a [a'zjatʃiku, a] ADJ, M/F Asian
asilar [azi'lar] VT to give refuge to; **asilar-se** VR to take refuge
asilo [a'zilu] M (*refúgio*) refuge; (*estabelecimento*) home; **~ político** political asylum
asma ['azma] F asthma
asmático, -a [az'matʃiku, a] ADJ, M/F asthmatic
asneira [az'nejra] F (*tolice*) stupidity; (*ato, dito*) stupid thing
asno ['aznu] M donkey; (*fig*) ass
aspargo [as'pargu] M asparagus
aspas ['aspas] FPL inverted commas; **entre ~** in inverted commas
aspecto [as'pεktu] M (*de uma questão*) aspect; (*aparência*) look, appearance; (*característica*) feature; (*ponto de vista*) point of view; **ter bom ~** to look good; **tomar um ~** to take on an aspect
aspereza [aspe'reza] F roughness; (*severidade*) harshness; (*rudeza*) rudeness

aspergir [asper'ʒir] VT to sprinkle
áspero, -a ['asperu, a] ADJ rough; *(severo)* harsh; *(rude)* rude
asperso, -a [as'pɛrsu, a] PP *de* **aspergir** ▶ ADJ scattered
aspiração [aspira'sãw] *(pl* **-ões***)* F aspiration; *(inalação)* inhalation
aspirador [aspira'dor] M: ~ **(de pó)** vacuum cleaner; **passar o ~ (em)** to vacuum
aspirante [aspi'rãtʃi] ADJ aspiring ▶ M/F candidate; *(Mil)* cadet; *(Náut)* midshipman
aspirar [aspi'rar] VT to breathe in; *(bombear)* to suck up; *(Ling)* to aspirate ▶ VI to breathe; *(soprar)* to blow; *(desejar)*: ~ **a algo** to aspire to sth
aspirina [aspi'rina] F aspirin
aspirjo *etc* [as'pirʒu] VB *ver* **aspergir**
asqueroso, -a [aske'rozu, ɔza] ADJ disgusting, revolting
assadeira [asa'dejra] F roasting tin
assado, -a [a'sadu, a] ADJ roasted; *(Culin)* roast ▶ M roast; **carne assada** roast beef
assadura [asa'dura] F rash; *(em bebê)* nappy rash
assalariado, -a [asala'rjadu, a] ADJ salaried ▶ M/F wage-earner
assaltante [asaw'tãtʃi] M/F assailant; *(de banco)* robber; *(de casa)* burglar; *(na rua)* mugger
assaltar [asaw'tar] VT *(atacar)* to attack; *(casa)* to break into; *(banco)* to rob; *(pessoa na rua)* to mug
assalto [a'sawtu] M *(ataque)* attack, raid; *(a um banco etc)* raid, robbery; *(a uma casa)* burglary, break-in; *(a uma pessoa na rua)* mugging; *(Boxe)* round
assanhado, -a [asa'ɲadu, a] ADJ excited; *(criança)* excitable; *(desavergonhado)* brazen; *(namorador)* amorous
assanhar [asa'ɲar] VT to excite; **assanhar-se** VR to get excited
assar [a'sar] VT to roast; *(na grelha)* to grill
assassinar [asasi'nar] VT to murder, kill; *(Pol)* to assassinate
assassinato [asasi'natu] M murder, killing; *(Pol)* assassination
assassínio [asa'sinju] M murder, killing; *(Pol)* assassination
assassino, -a [asa'sinu, a] M/F murderer; *(Pol)* assassin; ~ **em série** serial killer
assaz [a'saz] ADV *(suficientemente)* sufficiently; *(muito)* rather
asseado, -a [a'sjadu, a] ADJ clean
assediar [ase'dʒjar] VT *(sitiar)* to besiege; *(importunar)* to pester
assédio [a'sɛdʒu] M siege; *(insistência)* insistence
assegurar [asegu'rar] VT *(tornar seguro)* to secure; *(garantir)* to ensure; *(afirmar)* to assure; **assegurar-se** VR: ~**-se de** to make sure of
asseio [a'seju] M cleanliness
assembleia [asẽ'bleja] F assembly; *(reunião)* meeting; ~ **geral (ordinária)** annual general meeting; ~ **geral extraordinária** extraordinary general meeting
assemelhar [aseme'ʎar] VT to liken; **assemelhar-se** VR *(ser parecido)* to be alike; ~**-se a** to resemble, look like
assenhorear-se [aseɲo'rjarsi] VR: ~ **de** to take possession of
assentado, -a [asẽ'tadu, a] ADJ *(firme)* fixed, secure; *(combinado)* agreed; *(ajuizado)* sensible
assentamento [asẽta'mẽtu] M registration; *(nota)* entry, record
assentar [asẽ'tar] VT *(fazer sentar)* to seat; *(colocar)* to place; *(tijolos)* to lay; *(estabelecer)* to establish; *(decidir)* to decide upon; *(determinar)* to fix, settle; *(soco)* to land ▶ VI *(pó etc)* to settle; **assentar-se** VR to sit down; ~ **com** to go with; ~ **em** *ou* **a** *(roupa)* to suit
assente [a'sẽtʃi] PP *de* **assentar** ▶ ADJ agreed, decided
assentimento [asẽtʃi'mẽtu] M assent, agreement
assentir [asẽ'tʃir] VI to agree; ~ **(em)** to consent *ou* agree (to); ~ **(a)** to accede (to)
assento [a'sẽtu] M seat; *(base)* base; **tomar ~** *(sentar)* to take a seat; *(pó)* to settle
assertiva [aser'tʃiva] F assertion
assessor, a [ase'sor(a)] M/F adviser; *(Pol)* aide; *(assistente)* assistant
assessoramento [asesora'mẽtu] M assistance
assessorar [aseso'rar] VT to advise
assessoria [aseso'ria] F advisory body
assestar [ases'tar] VT to aim, point
asseveração [asevera'sãw] *(pl* **-ões***)* F assertion
asseverar [aseve'rar] VT to affirm, assert
assexuado, -a [asek'swadu, a] ADJ asexual
assiduidade [asidwi'dadʒi] F *(às aulas etc)* regular attendance; *(diligência)* assiduity
assíduo, -a [a'sidwu, a] ADJ *(aluno)* who attends regularly; *(diligente)* assiduous; *(constante)* constant; **ser ~ num lugar** to be a regular visitor to a place
assim [a'sĩ] ADV *(deste modo)* like this, in this way, thus; *(portanto)* therefore; *(igualmente)* likewise; ~ ~ so-so; ~ **mesmo** in any case; **e ~ por diante** and so on; ~ **como** as well as; **como ~?** how do you mean?; ~ **que** *(logo que)* as soon as; **nem tanto ~** not as much as that
assimétrico, -a [asi'mɛtriku, a] ADJ asymmetrical
assimilação [asimila'sãw] F assimilation
assimilar [asimi'lar] VT to assimilate; *(apreender)* to take in; *(assemelhar)* to compare
assin. ABR = **assinatura**
assinalado, -a [asina'ladu, a] ADJ *(marcado)* marked; *(notável)* notable; *(célebre)* eminent
assinalar [asina'lar] VT *(marcar)* to mark; *(distinguir)* to distinguish; *(especificar)* to point out
assinante [asi'nãtʃi] M/F *(de jornal etc)* subscriber

assinar [asi'nar] VT to sign
assinatura [asina'tura] F *(nome)* signature; *(de jornal etc)* subscription; *(Teatro)* season ticket; **fazer a ~ de** *(revista etc)* to take out a subscription to
assinto *etc* [a'sĩtu] VB *ver* **assentir**
assistência [asis'tẽsja] F *(presença)* presence; *(público)* audience; *(auxílio)* aid, assistance; **~ médica** medical aid; **~ social** social work; *(serviços)* social services *pl*; **~ técnica** technical back-up
assistente [asis'tẽtʃi] ADJ assistant ▶ M/F *(pessoa presente)* spectator, onlooker; *(ajudante)* assistant; **~ social** social worker
assistir [asis'tʃir] VT, VI: **(a)** *(Med)* to attend (to); **~ a** *(auxiliar)* to assist; *(TV, filme, jogo)* to watch; *(reunião)* to attend; *(caber)* to fall to
assoalho [aso'aʎu] M (wooden) floor
assoar [aso'ar] VT: **~ o nariz** to blow one's nose; **assoar-se** VR (PT) to blow one's nose
assoberbado, -a [asober'badu, a] ADJ *(pessoa: de serviço)* snowed under with work
assoberbar [asober'bar] VT *(de serviço)* to overload
assobiar [aso'bjar] VI to whistle
assobio [aso'biu] M whistle; *(instrumento)* whistle; *(de vapor)* hiss
associação [asosja'sãw] *(pl* **-ões)** F association; *(organização)* society; *(parceria)* partnership; **~ de moradores** residents' association
associado, -a [aso'sjadu, a] ADJ associate ▶ M/F associate, member; *(Com)* associate; *(sócio)* partner
associar [aso'sjar] VT to associate; **associar-se** VR *(Com)* to form a partnership; **~-se a** to associate with
assolador, a [asola'dor(a)] ADJ devastating
assolar [aso'lar] VT to devastate
assomar [aso'mar] VI *(aparecer)* to appear; **~ a** *(subir)* to climb to the top of
assombração [asõbra'sãw] *(pl* **-ões)** F *(fantasma)* ghost
assombrado, -a [asõ'bradu, a] ADJ astonished, amazed
assombrar [asõ'brar] VT to astonish, amaze; **assombrar-se** VR to be amazed
assombro [a'sõbru] M amazement, astonishment; *(maravilha)* marvel
assombroso, -a [asõ'brozu, ɔza] ADJ *(espantoso)* astonishing, amazing
assoprar [aso'prar] VI to blow ▶ VT to blow; *(velas)* to blow out
assoviar [aso'vjar] VT = **assobiar**
assovio [aso'viu] M = **assobio**
assumir [asu'mir] VT to assume, take on; *(reconhecer)* to accept, admit ▶ VI to take office
Assunção [asũ'sãw] N *(no Paraguai)* Asunción
assuntar [asũ'tar] VT *(prestar atenção)* to pay attention to; *(verificar)* to find out ▶ VI *(meditar)* to cogitate
assunto [a'sũtu] M *(tema)* subject, matter; *(enredo)* plot

assustadiço, -a [asusta'dʒisu, a] ADJ timorous
assustador, a [asusta'dor(a)] ADJ *(alarmante)* startling; *(amedrontador)* frightening
assustar [asus'tar] VT to frighten, scare, startle; **assustar-se** VR to be frightened
asteca [as'tɛka] ADJ, M/F Aztec
asterisco [aste'risku] M asterisk
astigmatismo [astʃigma'tʃizmu] M astigmatism
astral [as'traw] *(pl* **-ais)** M mood; **bom ~** good vibe; **alto ~** upbeat mood; **baixo ~** gloom; **estar de baixo ~** to be feeling glum
astro ['astru] M star
astrologia [astrolo'ʒia] F astrology
astrólogo, -a [as'trɔlogu, a] M/F astrologer
astronauta [astro'nawta] M/F astronaut
astronave [astro'navi] F spaceship
astronomia [astrono'mia] F astronomy
astronômico, -a [astro'nomiku, a] ADJ *(preço)* astronomical
astrônomo, -a [as'tronomu, a] M/F astronomer
astúcia [as'tusja] F cunning
astuto, -a [as'tutu, a] ADJ astute; *(esperto)* cunning
ata ['ata] F *(de reunião)* minutes *pl*
atacadista [ataka'dʒista] ADJ wholesale ▶ M/F wholesaler
atacado, -a [ata'kadu, a] ADJ *(col: pessoa)* in a bad mood ▶ M: **por ~** wholesale
atacante [ata'kãtʃi] ADJ attacking ▶ M/F attacker, assailant ▶ M *(Futebol)* forward
atacar [ata'kar] VT to attack; *(problema etc)* to tackle
atado, -a [a'tadu, a] ADJ *(desajeitado)* clumsy, awkward; *(perplexo)* puzzled
atadura [ata'dura] F bandage
atalaia [ata'laja] F lookout post
atalhar [ata'ʎar] VT *(impedir)* to prevent; *(abreviar)* to shorten ▶ VI *(tomar um atalho)* to take a short cut
atalho [a'taʎu] M *(caminho)* short cut
atapetar [atape'tar] VT to carpet
ataque [a'taki] M attack; **ter um ~ (de raiva)** to have a fit; **ter um ~ de riso** to burst out laughing; **~ aéreo** air raid; **~ suicida** suicide attack
ataquei *etc* [ata'kej] VB *ver* **atacar**
atar [a'tar] VT to tie (up), fasten; **não ~ nem desatar** *(pessoa)* to waver; *(negócio)* to be in the air
atarantado, -a [atarã'tadu, a] ADJ *(pessoa)* flustered, in a flap
atarantar [atarã'tar] VT to fluster
atarefado, -a [atare'fadu, a] ADJ busy
atarracado, -a [ataha'kadu, a] ADJ stocky
atarraxar [ataha'ʃar] VT to screw
ataúde [ata'udʒi] M coffin
ataviar [ata'vjar] VT to adorn, decorate; **ataviar-se** VR to get dressed up
atavio [ata'viu] M adornment
atazanar [ataza'nar] VT to pester

até [a'tɛ] PREP (PT: +a: lugar) up to, as far as; (tempo etc) until, till ▶ ADV (tb: **até mesmo**) even; **~ agora** up to now; **~ certo ponto** to a certain extent; **~ em cima** to the top; **~ já** see you soon; **~ logo** bye!; **~ onde** as far as; **~ que** until; **~ que enfim!** at last!

atear [ate'ar] VT (fogo) to kindle; (fig) to incite, inflame; **atear-se** VR (fogo) to blaze; (paixões) to flare up; **~ fogo a** to set light to

ateia [a'tɛja] F de **ateu**

ateísmo [ate'iʒmu] M atheism

ateliê [ate'lje] M studio

atemorizador, a [atemoriza'dor(a)] ADJ frightening

atemorizar [atemori'zar] VT to frighten; (intimidar) to intimidate

Atenas [a'tenas] N Athens

atenção [atẽ'sãw] (pl **-ões**) F attention; (cortesia) courtesy; (bondade) kindness; **~!** be careful!; **chamar a ~** to attract attention; **chamar a ~ de alguém** to tell sb off

atencioso, -a [atẽ'sjozu, ɔza] ADJ considerate

atenções [atẽ'sõjs] FPL de **atenção**

atender [atẽ'der] VT: **~ (a)** to attend to; (receber) to receive; (em loja) to serve; (deferir) to grant; (telefone etc) to answer; (paciente) to see ▶ VI (ao telefone, porta) to answer; (dar atenção) to pay attention

atendimento [atẽdʒi'mẽtu] M service; (recepção) reception; **horário de ~** opening hours; (em consultório) surgery (BRIT) ou office (US) hours

atenho etc [a'teɲu] VB ver **ater-se**

atentado [atẽ'tadu] M (ataque) attack; (crime) crime; (contra a vida de alguém) attempt on sb's life; **~ ao pudor** indecent exposure; **~ suicida** suicide attack

atentar [atẽ'tar] VT (empreender) to undertake ▶ VI to make an attempt; **~ a** ou **em** ou **para** to pay attention to; **~ contra a vida de alguém** to make an attempt on sb's life; **~ contra a moral** to offend against morality

atento, -a [a'tẽtu, a] ADJ attentive; (exame) careful; **estar ~ a** to be aware ou mindful of

atenuação [atenwa'sãw] (pl **-ões**) F reduction, lessening

atenuante [ate'nwãtʃi] ADJ extenuating ▶ M extenuating circumstance

atenuar [ate'nwar] VT (diminuir) to reduce, lessen

aterrador, a [ateha'dor(a)] ADJ terrifying

aterragem [ate'haʒẽ] (pl **-ns**) (PT) F (Aer) landing

aterrar [ate'har] VT (cobrir com terra) to cover with earth; (praia) to reclaim ▶ VI (PT Aer) to land

aterrissagem [atehi'saʒẽ] (pl **-ns**) (BR) F (Aer) landing

aterrissar [atehi'sar] (BR) VI (Aer) to land

aterrizar [atehi'zar] VI = **aterrissar**

aterro [a'tehu] M: **~ sanitário** landfill (site)

aterrorizado, -a [atehori'zadu, a] ADJ terrified

aterrorizador, a [atehoriza'dor(a)] ADJ terrifying

aterrorizante [atehori'zãtʃis] ADJ terrifying

aterrorizar [atehori'zar] VT to terrorize

ater-se [a'tersi] (irreg: como **ter**) VR: **~ a** (prender-se) to get caught up in; (limitar-se) to restrict o.s. to

atestado, -a [ates'tadu, a] ADJ certified ▶ M certificate; (prova) proof; (Jur) testimony; **~ médico** medical certificate

atestar [ates'tar] VT (certificar) to certify; (testemunhar) to bear witness to; (provar) to prove

ateu, ateia [a'tew, a'tɛja] ADJ, M/F atheist

ateve etc [a'tevi] VB ver **ater-se**

atiçador [atʃisa'dor] M (utensílio) poker

atiçar [atʃi'sar] VT (fogo) to poke; (incitar) to incite; (provocar) to provoke; (sentimento) to induce

atilado, -a [atʃi'ladu, a] ADJ (esperto) clever

atinado, -a [atʃi'nadu, a] ADJ (sensato) wise, sensible

atinar [atʃi'nar] VT (acertar) to guess correctly ▶ VI: **~ com** (solução) to find; **~ em** to notice; **~ a fazer algo** to succeed in doing sth

atingir [atʃi'ʒir] VT to reach; (acertar) to hit; (afetar) to affect; (objetivo) to achieve; (compreender) to grasp

atingível [atʃi'ʒivew] (pl **-eis**) ADJ attainable

atinha etc [a'tʃiɲa] VB ver **ater-se**

atinjo etc [a'tʃiʒu] VB ver **atingir**

atípico, -a [a'tʃipiku, a] ADJ atypical, untypical

atirador, a [atʃira'dor(a)] M/F marksman/woman; **~ de tocaia** sniper

atirar [atʃi'rar] VT (lançar) to throw, fling, hurl ▶ VI (arma) to shoot; **atirar-se** VR: **~-se a** (lançar-se a) to hurl o.s. at; **~ (em)** to shoot (at)

atitude [atʃi'tudʒi] F attitude; (postura) posture; **tomar uma ~** (reagir) to do something about it

ativa [a'tʃiva] F (Mil) active service

ativar [atʃi'var] VT to activate; (apressar) to hasten

ative etc [a'tʃivi] VB ver **ater-se**

atividade [atʃivi'dadʒi] F activity

ativo, -a [a'tʃivu, a] ADJ active ▶ M (Com) assets pl

atlântico, -a [at'lãtʃiku, a] ADJ Atlantic ▶ M: **o (Oceano) A~** the Atlantic (Ocean)

atlas ['atlas] M INV atlas

atleta [at'lɛta] M/F athlete

atlético, -a [at'lɛtʃiku, a] ADJ athletic

atletismo [atle'tʃiʒmu] M athletics sg

atmosfera [atmos'fɛra] F atmosphere

ato ['atu] M act; (ação) action; (cerimônia) ceremony; (Teatro) act; **em ~ contínuo** straight after; **no ~** on the spot; **no mesmo ~** at the same time; **~ falho** Freudian slip; **~ público** public ceremony

atoalhado, -a [atoa'ʎadu, a] ADJ: **(tecido) ~** towelling

atolado, -a [ato'ladu, a] ADJ (tb fig) bogged down
atolar [ato'lar] VT to bog down; **atolar-se** VR to get bogged down
atoleiro [ato'lejru] M bog, quagmire; (fig) quandary, fix
atômico, -a [a'tomiku, a] ADJ atomic
atomizador [atomiza'dor] M atomizer
átomo ['atomu] M atom
atônito, -a [a'tonitu, a] ADJ astonished, amazed
ator [a'tor] M actor
atordoado, -a [ator'dwadu, a] ADJ dazed
atordoador, a [atordwa'dor(a)] ADJ stunning
atordoamento [atordwa'mẽtu] M daze
atordoar [ator'dwar] VT to daze, stun
atormentar [atormẽ'tar] VT to torment; (importunar) to plague
atracação [atraka'sãw] (pl **-ões**) F (Náut) mooring; (briga) fight; (col: agarração) necking
atração [atra'sãw] (pl **-ões**) F attraction
atracar [atra'kar] VT, VI (Náut) to moor; **atracar-se** VR to grapple; (col: abraçar-se) to neck
atrações [atra'sõjs] FPL de **atração**
atraente [atra'ẽtʃi] ADJ attractive
atraiçoar [atraj'swar] VT to betray
atrair [atra'ir] VT to attract; (fascinar) to fascinate
atrapalhação [atrapaʎa'sãw] F (confusão) confusion
atrapalhar [atrapa'ʎar] VT (confundir) to confuse; (perturbar) to disturb; (dificultar) to hinder ▶ VI to be a nuisance; to be a hindrance; **atrapalhar-se** VR to get confused
atrás [a'trajs] ADV behind; (no fundo) at the back ▶ PREP: **~ de** behind; (no tempo) after; (em busca de) after; **um ~ de outro** one after the other; **dois meses ~** two months ago; **não ficar ~** (fig) not to be far behind
atrasado, -a [atra'zadu, a] ADJ late; (país etc) backward; (relógio etc) slow; (pagamento) overdue; (costumes, pessoa) antiquated; (número de revista) back; **estar ~ nos pagamentos** to be in arrears
atrasados [atra'zadus] MPL (Com) arrears
atrasar [atra'zar] VT to delay; (progresso, desenvolvimento) to hold back; (relógio) to put back; (pagamento) to be late with ▶ VI (relógio etc) to be slow; (avião, pessoa) to be late; **atrasar-se** VR (chegar tarde) to be late; (num trabalho) to fall behind; (num pagamento) to get into arrears
atraso [a'trazu] M delay; (de país etc) backwardness; **atrasos** MPL (Com) arrears; **chegar com ~** to arrive late; **com 20 minutos de ~** 20 minutes late; **com um ~ de 6 meses** (Com: pagamento) six months in arrears; **um ~ de vida** a hindrance
atrativo, -a [atra'tʃivu, a] ADJ attractive ▶ M attraction, appeal; (incentivo) incentive; **atrativos** MPL (encantos) charms

atravancar [atravã'kar] VT to block, obstruct; (encher) to fill up
através [atra'vɛs] ADV across; **~ de** (de lado a lado) across; (pelo centro de) through; (por meio de) through
atravessado, -a [atrave'sadu, a] ADJ (na garganta) stuck; **estar com alguém ~ na garganta** to be peeved with sb
atravessar [atrave'sar] VT (cruzar) to cross; (pôr ao través) to put ou lay across; (traspassar) to pass through; (crise etc) to go through
atrelar [atre'lar] VT (cão) to put on a leash; (cavalo) to harness; (duas viaturas) to couple up
atrever-se [atre'versi] VR: **~ a** to dare to
atrevido, -a [atre'vidu, a] ADJ (petulante) cheeky, impudent; (corajoso) bold
atrevimento [atrevi'mẽtu] M (ousadia) boldness; (insolência) cheek, insolence
atribuição [atribwi'sãw] (pl **-ões**) F attribution; **atribuições** FPL (direitos) rights; (poderes) powers
atribuir [atri'bwir] VT: **~ algo a** to attribute sth to; (prêmios, regalias) to confer sth on
atribulação [atribula'sãw] (pl **-ões**) F tribulation
atribular [atribu'lar] VT to trouble, distress; **atribular-se** VR to be distressed
atributo [atri'butu] M attribute
átrio ['atrju] M hall; (pátio) courtyard
atrito [a'tritu] M (fricção) friction; (desentendimento) disagreement
atriz [a'triz] F actress
atrocidade [atrosi'dadʒi] F atrocity
atrofia [atro'fia] F atrophy
atrofiar [atro'fjar] VT to atrophy; **atrofiar-se** VR to atrophy
atropeladamente [atropelada'mẽtʃi] ADV haphazardly
atropelamento [atropela'mẽtu] M (de pedestre) accident involving a pedestrian
atropelar [atrope'lar] VT to knock down, run over; (empurrar) to jostle
atropelo [atro'pelu] M bustle, scramble; (confusão) confusion
atroz [a'trɔz] ADJ (cruel) merciless; (crime) heinous; (dor, lembrança, feiura) terrible, awful
attaché [ata'ʃe] M attaché
atuação [atwa'sãw] (pl **-ões**) F acting; (de ator etc) performance
atuado, -a [a'twadu, a] ADJ (pessoa) in a bad mood
atual [a'twaw] (pl **-ais**) ADJ current; (pessoa, carro) modern
atualidade [atwali'dadʒi] F present (time); **atualidades** FPL (notícias) news sg
atualização [atwaliza'sãw] (pl **-ões**) F updating
atualizado, -a [atwali'zadu, a] ADJ up-to-date
atualizar [atwali'zar] VT to update; **atualizar-se** VR to bring o.s. up to date
atualmente [atwaw'mẽtʃi] ADV at present, currently; (hoje em dia) nowadays
atuante [a'twãtʃi] ADJ active

atuar [a'twar] vi to act; **~ para** to contribute to; **~ sobre** to influence

atulhar [atu'ʎar] vt (*encher*) to cram full; (*meter*) to stuff, cram

atum [a'tũ] (*pl* **-ns**) m tuna (fish)

aturar [atu'rar] vt (*suportar*) to endure, put up with

aturdido, -a [atur'dʒidu, a] ADJ stunned; (*com barulho*) deafened; (*com confusão, movimento*) bewildered

aturdimento [aturdʒi'mẽtu] m bewilderment

aturdir [atur'dʒir] vt to stun; (*suj: barulho*) to deafen; (: *confusão, movimento*) to bewilder

atxim [a'tʃĩ] EXCL achoo!

audácia [aw'dasja] F boldness; (*insolência*) insolence; **que ~!** what a cheek!

audacioso, -a [awda'sjozu, ɔza] ADJ daring; (*insolente*) insolent

audaz [aw'daz] ADJ daring; (*insolente*) insolent

audição [awdʒi'sãw] (*pl* **-ões**) F audition; (*concerto*) recital

audiência [aw'dʒjẽsja] F audience; (*de tribunal*) session, hearing

audiovisual [awdʒjovi'zwaw] (*pl* **-ais**) ADJ audiovisual

auditar [awdʒi'tar] vt (*Com*) to audit

auditivo, -a [awdʒi'tʃivu, a] ADJ hearing *atr*, auditory

auditor, a [awdʒi'tor(a)] M/F (*Com*) auditor; (*juiz*) judge; (*ouvinte*) listener

auditoria [awdʒito'ria] F auditing; **fazer a ~ de** to audit

auditório [awdʒi'tɔrju] m (*ouvintes*) audience; (*recinto*) auditorium; **programa de ~** program(me) recorded before a live audience

audível [aw'dʒivew] (*pl* **-eis**) ADJ audible

auferir [awfe'rir] vt (*lucro*) to derive

auge ['awʒi] m height, peak

augurar [awgu'rar] vt to augur; (*felicidades*) to wish

augúrio [aw'gurju] m omen

aula ['awla] F (*PT: sala*) classroom; (*lição*) lesson, class; **dar ~** to teach

aumentar [awmẽ'tar] vt to increase; (*salários, preços*) to raise; (*sala, casa*) to expand, extend; (*suj: lente*) to magnify; (*acrescentar*) to add ▶ vi to increase; (*preço, salário*) to rise, go up; **~ de peso** (*pessoa*) to put on weight

aumento [aw'mẽtu] m increase; (*de preços*) rise; (*ampliação*) enlargement; (*crescimento*) growth

áureo, -a ['awrju, a] ADJ golden

auréola [aw'rɛola] F halo

aurora [aw'rɔra] F dawn

auscultar [awskuw'tar] vt (*opinião pública*) to sound out; (*paciente*): **~ alguém** to sound sb's chest

ausência [aw'zẽsja] F absence

ausentar-se [awzẽ'tarsi] vr (*ir-se*) to go away; (*afastar-se*) to stay away

ausente [aw'zẽtʃi] ADJ absent ▶ M/F missing person

auspiciar [awspi'sjar] vt to augur

auspício [aw'spisju] m: **sob os ~s de** under the auspices of

auspicioso, -a [awspi'sjozu, ɔza] ADJ auspicious

austeridade [awsteri'dadʒi] F austerity

austero, -a [aws'tɛru, a] ADJ austere

austral [aws'traw] (*pl* **-ais**) ADJ southern

Austrália [aws'tralja] F: **a ~** Australia

australiano, -a [awstra'ljanu, a] ADJ, M/F Australian

Áustria ['awstrja] F: **a ~** Austria

austríaco, -a [aws'triaku, a] ADJ, M/F Austrian

autarquia [awtar'kia] F autonomous government organization, ≈ quango (*BRIT*)

autárquico, -a [aw'tarkiku, a] ADJ autonomous

autenticar [awtẽtʃi'kar] vt to authenticate; (*Com, Jur*) to certify

autenticidade [awtẽtʃisi'dadʒi] F authenticity

autêntico, -a [aw'tẽtʃiku, a] ADJ authentic; (*pessoa*) genuine; (*verdadeiro*) true, real

autismo [aw'tʃizmu] M autism

autista [aw'tʃista] ADJ autistic ▶ M/F autistic person

auto ['awtu] M (*automóvel*) car; **autos** MPL (*Jur: processo*) legal proceedings; (*documentos*) legal papers

autoadesivo, -a [awtoade'zivu, a] ADJ self-adhesive

autoafirmação [awtoafirma'sãw] F self-assertion

autobiografia [awtobjogra'fia] F autobiography

autobiográfico, -a [awtobjo'grafiku, a] ADJ autobiographical

autobronzeador [awtobrõzja'dor] ADJ self-tanning

autocarro [awto'kahu] (*PT*) m bus

autocontrole [awtokõ'trɔli] m self-control

autocrata [awto'krata] ADJ autocratic

autóctone [aw'tɔktoni] ADJ indigenous ▶ M/F native

autodefesa [awtode'feza] F self-defence (*BRIT*), self-defense (*US*)

autodestruição [awtodestrwi'sãw] F self-destruction

autodeterminação [awtodetermina'sãw] F self-determination

autodidata [awtodʒi'data] ADJ self-taught ▶ M/F autodidact

autodisciplina [awtodʒisi'plina] F self-discipline

autodomínio [awtodo'minju] m self-control

autódromo [aw'tɔdromu] m race track

autoescola [awtois'kɔla] F driving school

autoestrada [awtois'trada] F motorway (*BRIT*), expressway (*US*)

autografar [awtogra'far] vt to autograph

autógrafo [aw'tɔgrafu] m autograph

automação [awtoma'sãw] F automation; **~ de escritórios** office automation

automático, -a [awto'matʃiku, a] ADJ automatic

automatização [awtomatʃiza'sãw] F = **automação**

automatizar [awtomatʃi'zar] VT to automate

autômato [aw'tomatu] M automaton

automedicar-se [awtomedʒi'karsi] VR to treat o.s.

automobilismo [awtomobi'lizmu] M motoring; (*Esporte*) motor car racing

automóvel [awto'mɔvew] (*pl* **-eis**) M motor car (BRIT), automobile (US)

autonomia [awtono'mia] F autonomy

autônomo, -a [aw'tonomu, a] ADJ autonomous; (*trabalhador*) self-employed ▶ M/F self-employed person

autopeça [awto'pɛsa] F car spare

autópsia [aw'tɔpsja] F post-mortem, autopsy

autor, a [aw'tor(a)] M/F (*de um crime*) perpetrator; (*Jur*) plaintiff

autoral [awto'raw] (*pl* **-ais**) ADJ: **direitos autorais** copyright *sg*

autoridade [awtori'dadʒi] F authority

autoritário, -a [awtori'tarju, a] ADJ authoritarian

autoritarismo [awtorita'rizmu] M authoritarianism

autorização [awtoriza'sãw] (*pl* **-ões**) F permission, authorization; **dar ~ a alguém para** to give sb permission to, to authorize sb to

autorizar [awtori'zar] VT to authorize

autorretrato [awtohe'tratu] M self-portrait

autosserviço [awtoser'visu] M self-service

autossuficiente [awtosufi'sjẽtʃi] ADJ self-sufficient

autossugestão [awtosuʒes'tãw] F autosuggestion

autuar [aw'twar] VT to sue

auxiliar [awsi'ljar] ADJ auxiliary ▶ M/F assistant ▶ VT to help, assist

auxílio [aw'silju] M help, assistance, aid

auxílio-doença (*pl* **auxílios-doença**) M sickness benefit, sick pay

Av. ABR (= *avenida*) Ave.

avacalhado, -a [avaka'ʎadu, a] ADJ sloppy

avacalhar [avaka'ʎar] (*col*) VT to screw up

aval [a'vaw] (*pl* **-ais**) M guarantee; (*Com*) surety

avalancha [ava'lãʃa] F avalanche

avalanche [ava'lãʃi] F = **avalancha**

avaliação [avalja'sãw] (*pl* **-ões**) F valuation; (*apreciação*) assessment, evaluation

avaliador, a [avalja'dor(a)] M/F: **~ de danos** loss adjuster

avaliar [ava'ljar] VT to value; to assess, evaluate; (*imaginar*) to imagine; **~ algo em $100** to value sth at $100

avalista [ava'lista] M/F guarantor

avalizar [avali'zar] VT to guarantee

avançada [avã'sada] F advance

avançado, -a [avã'sadu, a] ADJ advanced; (*ideias, pessoa*) progressive

avançar [avã'sar] VT to move forward ▶ VI to advance

avanço [a'vãsu] M advancement; (*progresso*) progress; (*melhora*) improvement, advance

avantajado, -a [avãta'ʒadu, a] ADJ (*corpulento*) stout

avante [a'vãtʃi] ADV forward

avarento, -a [ava'rẽtu, a] ADJ mean ▶ M/F miser

avareza [ava'reza] F meanness

avaria [ava'ria] F damage; (*Tec*) breakdown

avariado, -a [ava'rjadu, a] ADJ damaged; (*máquina*) out of order; (*carro*) broken down

avariar [ava'rjar] VT to damage ▶ VI to suffer damage; (*Tec*) to break down

avaro, -a [a'varu, a] ADJ mean ▶ M/F miser

avatar [ava'tar] M (*Comput*) avatar

ave ['avi] F bird

aveia [a'veja] F oats *pl*

aveio *etc* [a'veju] VB *ver* **avir-se**

avelã [ave'lã] F hazelnut

aveludado, -a [avelu'dadu, a] ADJ velvety; (*voz*) smooth

avenho *etc* [a'veɲu] VB *ver* **avir-se**

avenida [ave'nida] F avenue

avental [avẽ'taw] (*pl* **-ais**) M apron; (*vestido*) pinafore dress (BRIT), jumper (US)

aventar [avẽ'tar] VT (*ideia etc*) to put forward

aventura [avẽ'tura] F adventure; (*proeza*) exploit

aventurar [avẽtu'rar] VT (*ousar*) to risk, venture; **aventurar-se** VR: **~-se a** to dare to

aventureiro, -a [avẽtu'rejru, a] ADJ adventurous ▶ M/F adventurer

averiguação [averigwa'sãw] (*pl* **-ões**) F investigation, inquiry; (*verificação*) verification

averiguar [averi'gwar] VT (*inquirir*) to investigate; (*verificar*) to verify

avermelhado, -a [averme'ʎadu, a] ADJ reddish

aversão [aver'sãw] (*pl* **-ões**) F aversion

averso, -a [a'versu, a] ADJ: **~ a** averse to

aversões [aver'sõjs] FPL *de* **aversão**

avesso, -a [a'vesu, a] ADJ (*lado*) opposite, reverse ▶ M wrong side, reverse; **ao ~** inside out; **às avessas** (*inverso*) upside down; (*oposto*) the wrong way round; **virar pelo ~** to turn inside out

avestruz [aves'truz] M ostrich

aviação [avja'sãw] F aviation, flying

aviado, -a [a'vjadu, a] ADJ (*executado*) ready; (*apressado*) hurried

aviador, a [avja'dor(a)] M/F aviator, airman/woman

aviamento [avja'mẽtu] M (*Costura*) haberdashery (BRIT), notions *pl* (US); (*de receita médica*) filling; (*Com*) goodwill

avião [a'vjãw] (*pl* **-ões**) M aeroplane; **~ a jato** jet

aviar [a'vjar] VT (*receita médica*) to make up

avicultor, a [avikuw'tor(a)] M/F poultry farmer

avicultura [avikuw'tura] F poultry farming

avidez [avi'deʒ] F (*cobiça*) greed; (*desejo*) eagerness

ávido, -a ['avidu, a] ADJ (*cobiçoso*) greedy; (*desejoso*) eager

aviltamento [aviwta'mẽtu] M debasement

aviltar [aviw'tar] VT to debase; **aviltar-se** VR to demean o.s.

avim *etc* [a'vĩ] VB *ver* **avir-se**

avinagrado, -a [avina'gradu, a] ADJ sour, acid

aviões [a'vjõjs] MPL *de* **avião**

avir-se [a'virsi] (*irreg: como* **vir**) VR (*conciliar-se*) to reach an understanding

avisar [avi'zar] VT (*advertir*) to warn; (*informar*) to tell, let know; **ele avisou que chega amanhã** he said he's arriving tomorrow

aviso [a'vizu] M (*comunicação*) notice; (*advertência*) warning; **~ prévio** notice

avistar [avis'tar] VT to catch sight of; **avistar-se** VR: **~-se com** (*ter entrevista*) to have an interview with

avitaminose [avitami'nɔzi] F vitamin deficiency

avivar [avi'var] VT (*intensificar*) to intensify, heighten; (*memória*) to bring back

avizinhar-se [avizi'ɲarsi] VR (*aproximar-se*) to approach, come near

avo ['avu] M: **um doze ~s** one twelfth

avô, avó [a'vo, a'vɔ] M/F grandfather/mother; **avós** MPL grandparents

avoado, -a [avo'adu, a] ADJ (*pessoa*) absent-minded

avolumar [avolu'mar] VT (*aumentar: em volume*) to swell; (: *em número*) to accumulate; (*ocupar espaço*) to fill; **avolumar-se** VR to increase; to swell

avulso, -a [a'vuwsu, a] ADJ separate, detached ▶ M single copy

avultado, -a [avuw'tadu, a] ADJ large, bulky

avultar [avuw'tar] VT to enlarge, expand ▶ VI (*sobressair*) to stand out; (*aumentar*) to increase

axila [ak'sila] F armpit

axioma [a'sjɔma] M axiom

azáfama [a'zafama] F bustle; (*pressa*) hurry

azaleia [aza'lɛja] F azalea

azar [a'zar] M bad luck; **~!** too bad!, bad luck!; **estar com ~, ter ~** to be unlucky

azarado, -a [aza'radu, a] ADJ (*desafortunado*) unlucky

azarento, -a [aza'rẽtu, a] ADJ (*que dá azar*) unlucky

azedar [aze'dar] VT to turn sour; (*pessoa*) to put in a bad mood ▶ VI to turn sour; (*leite*) to go off

azedo, -a [a'zedu, a] ADJ (*sabor*) sour; (*leite*) off; (*fig*) grumpy, bad-tempered

azedume [aze'dumi] M (*sabor*) sourness; (*fig*) grumpiness

azeitar [azej'tar] VT (*untar*) to grease; (*lubrificar*) to oil

azeite [a'zejtʃi] M oil; (*de oliva*) olive oil

azeitona [azej'tona] F olive

Azerbaijão [azerbaj'ʒãw] M: **o ~** Azerbaijan

azeviche [aze'viʃi] M (*cor*) jet black

azevinho [aze'viɲu] M holly

azia [a'zia] F heartburn

aziago, -a [a'zjagu, a] ADJ (*de mau agouro*) ominous

azinhaga [azi'ɲaga] F (country) lane

azinhavre [azi'ɲavri] M verdigris

azo ['azu] M (*oportunidade*) opportunity; (*pretexto*) pretext; **dar ~ a** to give occasion to

azougue [a'zogi] M quicksilver; (*Quím*) mercury; (*fig: pessoa: inquieta*) live wire; (: *esperta*) sharp person

azucrinar [azukri'nar] VT to bother, pester

azul [a'zuw] (*pl* **-uis**) ADJ blue; **tudo ~** (*fig*) everything's rosy

azular [azu'lar] VI to flee

azulejar [azule'ʒar] VT to tile

azulejo [azu'leʒu] M (glazed) tile

azul-marinho ADJ INV navy blue

azul-turquesa ADJ INV turquoise

Bb

B, b [be] (*pl* **bs**) M B, b; **B de Beatriz** B for Benjamin (BRIT) *ou* Baker (US)
baba ['baba] F dribble; **~ de moça** sweet made with sugar, coconut milk and eggs
babá [ba'ba] F nanny
babaca [ba'baka] (!) M wanker (BRIT!), asshole (US!)
babado [ba'badu] M frill; (*col*) piece of gossip
babador [baba'dor] M bib
babaquice [baba'kisi] F stupidity; (*ato, dito*) stupid thing
babar [ba'bar] VT to dribble on ▶ VI to dribble; **babar-se** VR to dribble; **~(-se) por** to drool over
babeiro [ba'bejru] (PT) M bib
babel [ba'bɛw] (*pl* **-éis**) F (*fig*) muddle
baby-sitter ['bejbisiter] (*pl* **-s**) M/F baby-sitter
bacalhau [baka'ʎaw] M (dried) cod
bacalhoada [bakaʎo'ada] F salt cod stew
bacana [ba'kana] (*col*) ADJ great
bacanal [baka'naw] (*pl* **-ais**) M orgy
bacharel [baʃa'rɛw] (*pl* **-éis**) M graduate
bacharelado [baʃare'ladu] M bachelor's degree
bacharelar-se [baʃare'larsi] VR to graduate
bacia [ba'sia] F basin; (*sanitária*) bowl; (*Anat*) pelvis
background [bɛk'grãwdʒi] (*pl* **-s**) M background
backup [ba'kapi] (*pl* **-s**) M (*Comput*) back-up; **fazer um ~ de** to back up
baço, -a ['basu] ADJ dull; (*metal*) tarnished ▶ M (*Anat*) spleen
bacon ['bejkõ] M bacon
bactéria [bak'tɛrja] F germ, bacterium; **bactérias** MPL (*germes*) bacteria *pl*
badalado, -a [bada'ladu, a] (*col*) ADJ talked about, famous
badalar [bada'lar] VT, VI (*sino*) to ring ▶ VI to ring; (*col*) to go out and about
badalativo, -a [badala'tʃivu, a] (*col*) ADJ fun-loving
badalo [ba'dalu] M clapper
badejo [ba'deʒu] M sea bass
baderna [ba'dɛrna] F commotion
badulaque [badu'laki] M trinket; **badulaques** MPL (*coisas sem valor*) junk *sg*
bafafá [bafa'fa] (*col*) M kerfuffle
bafejar [bafe'ʒar] VT (*aquecer com o bafo*) to blow; (*fortuna*) to smile upon

bafejo [ba'feʒu] M (*sopro*) whiff; **~ da sorte** stroke of luck
bafio [ba'fiu] M musty smell
bafo ['bafu] M (*hálito*) (bad) breath; **isso é ~ dele** (*col*) he's just making it up
bafômetro [ba'fometru] M Breathalyser®
baforada [bafo'rada] F (*fumaça*) puff
bagaço [ba'gasu] M (*de frutos*) pulp; (PT: *cachaça*) brandy; **estar/ficar um ~** (*fig: pessoa*) to be/get run down
bagageiro [baga'ʒejru] M (*Auto*) roof rack; (PT) porter
bagagem [ba'gaʒẽ] F luggage; (*fig*) baggage, luggage; **recebimento de ~** (*Aer*) baggage reclaim
bagatela [baga'tɛla] F trinket; (*fig*) trifle
Bagdá [bagi'da] N Baghdad
bago ['bagu] M (*fruto*) berry; (*uva*) grape; (*de chumbo*) pellet; (!) ball (!)
bagulho [ba'guʎu] M (*objeto*) piece of junk; (*pessoa*): **ser um ~** to be as ugly as sin
bagunça [ba'gũsa] F (*confusão*) mess, shambles *sg*
bagunçado, -a [bagũ'sadu, a] ADJ messy
bagunçar [bagũ'sar] VT to mess up
bagunceiro, -a [bagũ'sejru, a] ADJ messy
Bahamas [ba'amas] FPL: **as ~** the Bahamas
baia ['baja] F bail
baía [ba'ia] F bay
baiano, -a [ba'janu, a] ADJ, M/F Bahian
baila ['bajla] F: **trazer/vir à ~** to bring/come up
bailado [baj'ladu] M dance; (*balé*) ballet
bailar [baj'lar] VT, VI to dance
bailarino, -a [bajla'rinu, a] M/F ballet dancer
baile ['bajli] M dance; (*formal*) ball; **dar um ~ em alguém** to pull sb's leg; **~ à fantasia** fancy-dress ball
bainha [ba'iɲa] F (*de arma*) sheath; (*de costura*) hem
baioneta [bajo'neta] F bayonet; **~ calada** fixed bayonet
bairrista [baj'hista] ADJ loyal to one's neighbo(u)rhood ▶ M/F proud local
bairro ['bajhu] M district
baita ['bajta] ADJ huge; (*gripe*) bad
baixa ['bajʃa] F (*abaixamento*) decrease; (*de preço*) reduction, fall; (*diminuição*) drop; (*Bolsa*) low; (*em combate*) casualty; (*do serviço*) discharge; **dar ou ter ~** to be discharged

baixada [baj'ʃada] F lowland
baixa-mar (*pl* **baixa-mares**) F low tide
baixar [baj'ʃar] VT to lower; (*bandeira*) to take down; (*ordem*) to issue; (*lei*) to pass; (*Comput*) to download ▶ VI to go (*ou* come) down; (*temperatura, preço*) to drop, fall; (*col: aparecer*) to show up; **~ ao hospital** to go into hospital
baixaria [bajʃa'ria] F vulgarity; (*ação*) cheap trick
baixela [baj'ʃɛla] F serving set
baixeza [baj'ʃeza] F meanness, baseness
baixinho [baj'ʃiɲu] ADV (*falar*) softly, quietly; (*em segredo*) secretly
baixio [baj'ʃiu] M sandbank, sandbar
baixista [baj'ʃista] M/F (*Bolsa*) bear ▶ ADJ bear *atr*
baixo, -a ['bajʃu, a] ADJ low; (*pessoa*) short, small; (*rio*) shallow; (*linguagem*) common; (*olhos*) lowered; (*atitude*) mean, base; (*metal*) base ▶ ADV low; (*em posição baixa*) low down; (*falar*) softly ▶ M (*Mús*) bass; **em ~** below; (*em casa*) downstairs; **em voz baixa** in a quiet voice; **para ~** down, downwards; (*em casa*) downstairs; **por ~ de** under, underneath; **altos e ~s** ups and downs; **estar por ~** to be down on one's luck
baixo-astral (*pl* **baixo-astrais**) ADJ gloomy
baixote, -a [baj'ʃɔtʃi, ta] ADJ shortish
bajulador, a [baʒula'dor(a)] ADJ obsequious
bajular [baʒu'lar] VT to fawn over
bala ['bala] F bullet; (BR: *doce*) sweet; **estar em ponto de ~** (*fig*) to be in tip-top condition; **estar/ficar uma ~** (*fig*) to be/get furious
balada [ba'lada] F ballad
balaio [ba'laju] M straw basket
balança [ba'lãsa] F scales *pl*; **B~** (*Astrologia*) Libra; **~ comercial** balance of trade; **~ de pagamentos** balance of payments
balançar [balã'sar] VT (*fazer oscilar*) to swing; (*pesar*) to weigh (up) ▶ VI to swing; (*carro, avião*) to shake; (*navio*) to roll; (*em cadeira*) to rock; **balançar-se** VR to swing
balancear [balã'sjar] VT to balance
balancete [balã'setʃi] M (*Com*) trial balance
balanço [ba'lãsu] M (*movimento*) swinging; (*brinquedo*) swing; (*de navio*) rolling; (*de carro, avião*) shaking; (*Com: registro*) balance (sheet); (:*verificação*) audit; **fazer um ~ de** (*fig*) to take stock of
balangandã [balãgã'dã] M bauble
balão [ba'lãw] (*pl* **-ões**) M balloon; (*em história em quadrinhos*) speech bubble; (*Auto*) turning area; **soltar um ~ de ensaio** (*fig*) to put out feelers; **~ de oxigênio** oxygen tank
balar [ba'lar] VI to bleat
balaustrada [balaws'trada] F balustrade
balaústre [bala'ustri] M ban(n)ister
balbuciar [bawbu'sjar] VT, VI to babble
balbucio [bawbu'siu] M babbling
balbúrdia [baw'burdʒja] F uproar, bedlam
balcão [baw'kãw] (*pl* **-ões**) M balcony; (*de loja*) counter; (*Teatro*) circle; **~ de informações** information desk

balconista [bawko'nista] M/F shop assistant
baldado, -a [baw'dadu, a] ADJ unsuccessful, fruitless
baldar [baw'dar] VT to frustrate, foil
balde ['bawdʒi] M bucket, pail
baldeação [bawdʒja'sãw] (*pl* **-ões**) F transfer; **fazer ~** to change
baldio, -a [baw'dʒiu, a] ADJ fallow, uncultivated; **(terreno) ~** (piece of) waste ground
balé [ba'lɛ] M ballet
baleeira [bale'ejra] F whaler
baleia [ba'leja] F whale
baleiro, -a [ba'lejru, a] M/F confectioner
balido [ba'lidu] M bleating; (*um só*) bleat
balística [ba'listʃika] F ballistics *sg*
balístico, -a [ba'listʃiku, a] ADJ ballistic
baliza [ba'liza] F (*estaca*) post; (*boia*) buoy; (*luminosa*) beacon; (*Esporte*) goal
balizar [bali'zar] VT to mark out
balneário [baw'njarju] M bathing resort
balões [ba'lõjs] MPL *de* **balão**
balofo, -a [ba'lofu, a] ADJ (*fofo*) fluffy; (*gordo*) plump, tubby
baloiço [ba'lojsu] (PT) M (*de criança*) swing; (*ação*) swinging
balouçar [balo'sar] (PT) VT, VI to swing
balouço [ba'losu] (PT) M = **baloiço**
balsa ['bawsa] F raft; (*barca*) ferry
bálsamo ['bawsamu] M balm
báltico, -a ['bawtʃiku, a] ADJ Baltic ▶ M: **o B~** the Baltic
baluarte [ba'lwartʃi] M rampart, bulwark; (*fig*) supporter
balzaquiana [bawza'kjana] F woman in her thirties
bamba ['bãba] ADJ, M/F expert
bambear [bã'bjar] VT to loosen ▶ VI to work loose; (*pessoa*) to grow weak
bambo, -a ['bãbu, a] ADJ slack, loose; (*pernas*) limp, wobbly
bambolê [bãbo'le] M hula hoop
bamboleante [bãbo'ljãtʃi] ADJ swaying; (*sem firmeza*) wobbly
bambolear [bãbo'ljar] VT to sway ▶ VI (*pessoa*) to sway; (*coisa*) to wobble
bambu [bã'bu] M bamboo
banal [ba'naw] (*pl* **-ais**) ADJ banal
banalidade [banali'dadʒi] F banality
banana [ba'nana] F banana ▶ M/F (*col*) wimp; **dar uma ~** ≈ to stick two fingers up
bananada [bana'nada] F banana paste
bananeira [bana'nejra] F banana tree
bananosa [bana'nɔza] (*col*) F: **estar numa ~** to be in a fix
banca ['bãka] F (*de trabalho*) bench; (*escritório*) office; (*em jogo*) bank; **~ (de jornais)** newsstand; **botar ~** (*col*) to show off; **botar ~ em** *ou* **para cima de** (*col*) to lay down the law to; **~ examinadora** examining body, examination board
bancada [bã'kada] F (*banco, Pol*) bench; (*de cozinha*) worktop

bancar [bã'kar] VT (*financiar*) to finance ▶ VI (*fingir*): **~ que** to pretend that; **~ o idiota** *etc* to play the fool *etc*; **~ que** to pretend that
bancário, -a [bã'karju, a] ADJ bank *atr* ▶ M/F bank employee
bancarrota [bãka'hota] F bankruptcy; **ir à ~** to go bankrupt
banco ['bãku] M (*assento*) bench; (*Com*) bank; (*de cozinha*) stool; **~ de areia** sandbank; **~ de dados** (*Comput*) database
banda ['bãda] F band; (*lado*) side; (*cinto*) sash; **de ~** sideways; **pôr de ~** to put aside; **nestas ~s** in these parts; **~ de percussão** steel band; **~ desenhada** (PT) cartoon; **~ gástrica** (*Med*) gastric band; **~ larga** (*Tel*) broadband
bandear-se [bãde'arsi] VR: **~ para** *ou* **a** to go over to
bandeira [bã'dejra] F flag; (*estandarte, fig*) banner; (*de porta*) fanlight; **~ a meio pau** flag at half mast; **dar uma ~ em alguém** (*col*) to give sb the brush-off; **levar uma ~** to get the brush-off; **dar ~** (*col*) to give o.s. away
bandeirante [bãdej'rãtʃi] M pioneer ▶ F girl guide
bandeirinha [bãdej'riɲa] M (*Esporte*) linesman
bandeja [bã'deʒa] F tray; **dar algo de ~ a alguém** (*col*) to give sb sth on a plate
bandido, -a [bã'dʒidu, a] M bandit ▶ M/F (*fig*) rascal
bando ['bãdu] M band; (*grupo*) group; (*de malfeitores*) gang; (*de ovelhas*) flock; (*de gado*) herd; (*de livros etc*) pile
bandô [bã'do] M pelmet
bandoleiro [bãdo'lejru] M bandit
bandolim [bãdo'lĩ] (*pl* **-ns**) M mandolin
bangalô [bãga'lo] M bungalow
Bangcoc [bãŋ'kɔki] N Bangkok
Bangladesh [bãgla'dɛʃ] M Bangladesh
bangue-bangue [bãgi'bãgi] M: (**filme de**) **~** western
banguela [bã'gɛla] ADJ toothless
banha ['baɲa] F fat; (*de porco*) lard
banhar [ba'ɲar] VT (*molhar*) to wet; (*mergulhar*) to dip; (*lavar*) to wash, bathe; **banhar-se** VR (*no mar*) to bathe
banheira [ba'ɲejra] F bath
banheiro [ba'ɲejru] M bathroom; (PT) lifeguard
banhista [ba'ɲista] M/F bather; (*salva-vidas*) lifeguard
banho ['baɲu] M (*Tec, na banheira*) bath; (*mergulho*) dip; **dar um ~ de cerveja** *etc* **em alguém** to spill beer *etc* all over sb; **tomar ~** to have a bath; (*de chuveiro*) to have a shower; **tomar um ~ de** (*fig*) to have a heavy dose of; **vai tomar ~!** (*col*) get lost!; **~ de chuveiro** shower; **~ de espuma** bubble bath; **tomar ~ de mar** to have a swim (in the sea); **~ de sol** sunbathing
banho-maria (*pl* **banhos-maria(s)**) M (*Culin*) bain-marie

banimento [bani'mẽtu] M banishment
banir [ba'nir] VT to banish
banjo ['bãʒu] M banjo
banquei *etc* [bã'kej] VB *ver* **bancar**
banqueiro, -a [bã'kejru, a] M/F banker
banqueta [bã'keta] F stool
banquete [bã'ketʃi] M banquet; (*fig*) feast
banquetear [bãke'tʃjar] VT to feast; **banquetear-se** VR: **~-se com** to feast on
banqueteiro, -a [bãke'tejru, a] M/F caterer
banzé [bã'zɛ] (*col*) M kerfuffle
baque ['baki] M thud, thump; (*contratempo*) setback; (*queda*) fall; **levar um ~** to be hard hit; **~ duplo** (*col*) double whammy
baquear [ba'kjar] VI to topple over
bar [bar] M bar
barafunda [bara'fũda] F confusion; (*de coisas*) hotch-potch
barafustar [barafus'tar] VI: **~ por** to burst through
baralhada [bara'ʎada] F muddle
baralhar [bara'ʎar] VT (*fig*) to mix up, confuse
baralho [ba'raʎu] M pack of cards
barão [ba'rãw] (*pl* **-ões**) M baron
barata [ba'rata] F cockroach; **entregue às ~s** (*pessoa*) gone to the dogs; (*plano*) gone out the window
baratear [bara'tʃjar] VT to cut the price of; (*menosprezar*) to belittle
barateiro, -a [bara'tejru, a] ADJ cheap
baratinado, -a [baratʃi'nadu, a] (*col*) ADJ in a flap; (*transtornado*) shaken up
baratinar [baratʃi'nar] (*col*) VT to drive crazy; (*transtornar*) to shake up
barato, -a [ba'ratu, a] ADJ cheap ▶ ADV cheaply ▶ M (*col*): **a festa foi um ~** the party was great
barba ['barba] F beard; **barbas** FPL whiskers; **nas ~s de** (*fig*) under the nose of; **fazer a ~** to shave; **pôr as ~s de molho** to take precautions
barbada [bar'bada] (*col*) F cinch, piece of cake; (*Turfe*) favourite
barbado, -a [bar'badu, a] ADJ bearded
Barbados [bar'badus] M Barbados
barbante [bar'bãtʃi] (BR) M string
barbaramente [barbara'mẽtʃi] ADV (*muito*) a lot
barbaridade [barbari'dadʒi] F barbarity, cruelty; (*disparate*) nonsense; **que ~!** good heavens!
barbárie [bar'barie] F barbarism
barbarismo [barba'rizmu] M barbarism
bárbaro, -a ['barbaru, a] ADJ barbaric; (*dor, calor*) terrible; (*maravilhoso*) great
barbatana [barba'tana] F fin
barbeador [barbja'dor] M razor; (*tb*: **barbeador elétrico**) shaver
barbear [bar'bjar] VT to shave; **barbear-se** VR to shave
barbearia [barbja'ria] F barber's (shop)
barbeiragem [barbej'raʒẽ] F bad driving; **fazer uma ~** to drive badly; (*fig*) to bungle it

barbeiro [bar'bejru] M barber; (*loja*) barber's; (*motorista*) bad driver, Sunday driver
barbitúrico [barbi'turiku] M barbiturate
barbudo, -a [bar'budu, a] ADJ bearded
barca ['barka] F barge; (*de travessia*) ferry
barcaça [bar'kasa] F barge
barco ['barku] M boat; **estar no mesmo ~** (*fig*) to be in the same boat; **deixar o ~ correr** (*fig*) to let things take their course; **tocar o ~ para a frente** (*fig*) to struggle on; **~ a motor** motorboat; **~ a remo** rowing boat; **~ a vela** sailing boat
Barein [ba'rēj] M: **o ~** Bahrain
barganha [bar'gaɲa] F bargain
barganhar [barga'ɲar] VT, VI to negotiate
barítono [ba'ritonu] M baritone
barlavento [barla'vẽtu] M (*Náut*) windward; **a ~** to windward
barman [bar'mã] (*pl* **-men**) M barman
barnabé [barna'bɛ] (*col*) M petty civil servant
barões [ba'rõjs] MPL *de* **barão**
barômetro [ba'rometru] M barometer
baronesa [baro'neza] F baroness
barqueiro [bar'kejru] M boatman
barra ['baha] F bar; (*faixa*) strip; (*traço*) stroke; (*alavanca*) lever; (*col: situação*) scene; (*em endereço web*) forward slash; **aguentar** *ou* **segurar a ~** to hold out; **forçar a ~** (*col*) to force the issue; **ser uma ~** (*pessoa, entrevista*) to be tough; **~ de direção** steering column; **~ fixa** high bar; **~s paralelas** parallel bars
barraca [ba'haka] F (*tenda*) tent; (*de feira*) stall; (*de madeira*) hut; (*de praia*) sunshade
barracão [baha'kãw] (*pl* **-ões**) M (*de madeira*) shed
barraco [ba'haku] M shack, shanty; (*col: confusão*) scene; **armar um** *ou* **fazer ~** to make a scene
barracões [baha'kõjs] MPL *de* **barracão**
barragem [ba'haʒẽ] (*pl* **-ns**) F (*represa*) dam; (*impedimento*) barrier
barranco [ba'hãku] M ravine, gully; (*de rio*) bank
barra-pesada (*pl* **barras-pesadas**) M/F shady character ▶ ADJ INV (*lugar*) rough; (*pessoa*) shady; (*difícil*) difficult
barraqueiro, -a [baha'kejru, a] (*col*) ADJ stroppy (*col*)
barrar [ba'har] VT to bar
barreira [ba'hejra] F barrier; (*cerca*) fence; (*Esporte*) hurdle; **pôr ~s a** to put obstacles in the way of; **~ do som** sound barrier
barrento, -a [ba'hẽtu, a] ADJ muddy
barrete [ba'hetʃi] (PT) M cap
barricada [bahi'kada] F barricade
barriga [ba'higa] F belly; **estar de ~** to be pregnant; **falar** *ou* **chorar de ~ cheia** to complain for no reason; **fazer ~** to bulge; **~ da perna** calf
barrigudo, -a [bahi'gudu, a] ADJ paunchy, pot-bellied
barril [ba'hiw] (*pl* **-is**) M barrel, cask
barro ['bahu] M clay; (*lama*) mud

barroco, -a [ba'hoku, a] ADJ baroque; (*ornamentado*) extravagant
barrote [ba'hɔtʃi] M beam
barulhada [baru'ʎada] F racket, din
barulhento, -a [baru'ʎẽtu, a] ADJ noisy
barulho [ba'ruʎu] M (*ruído*) noise; (*tumulto*) din
base ['bazi] F base; (*fig*) basis; **sem ~** groundless; **com ~ em** based on; **na ~ de** (*por meio de*) by means of
baseado, -a [ba'zjadu, a] ADJ well-founded ▶ M (*col*) joint
basear [ba'zjar] VT to base; **basear-se** VR: **~-se em** to be based on
básico, -a ['baziku, a] ADJ basic
basquete [bas'kɛtʃi] M = **basquetebol**
basquetebol [baskete'bɔw] M basketball
basta ['basta] M: **dar um ~ em** to call a halt to
bastante [bas'tãtʃi] ADJ (*suficiente*) enough; (*muito*) quite a lot (of) ▶ ADV enough; a lot
bastão [bas'tãw] (*pl* **-ões**) M stick
bastar [bas'tar] VI to be enough, be sufficient; **bastar-se** VR to be self-sufficient; **basta!** (that's) enough!; **~ para** to be enough to
bastardo, -a [bas'tardu, a] ADJ, M/F bastard
bastidor [bastʃi'dor] M frame; **bastidores** MPL (*Teatro*) wings; **nos ~es** (*fig*) behind the scenes
basto, -a ['bastu, a] ADJ (*espesso*) thick; (*denso*) dense
bastões [bas'tõjs] MPL *de* **bastão**
bata ['bata] F (*de mulher*) smock; (*de médico*) overall
batalha [ba'taʎa] F battle
batalhador, a [bataʎa'dor(a)] ADJ struggling ▶ M/F fighter
batalhão [bata'ʎãw] (*pl* **-ões**) M battalion
batalhar [bata'ʎar] VI to battle, fight; (*esforçar-se*) to make an effort, try hard ▶ VT (*emprego*) to go after
batalhões [bata'ʎõjs] MPL *de* **batalhão**
batata [ba'tata] F potato; **~ doce** sweet potato; **~ frita** chips *pl* (BRIT), French fries *pl*; (*de pacote*) crisps *pl* (BRIT), (potato) chips *pl* (US)
bate-boca ['batʃi-] (*pl* **-s**) M row, quarrel
bate-bola ['batʃi-] (*pl* **-s**) M kick-around
batedeira [bate'dejra] F beater; (*de manteiga*) churn; **~ elétrica** mixer
batedor [bate'dor] M beater; (*polícia*) escort; (*Críquete*) batsman; **~ de carteiras** pickpocket
bátega ['batega] F downpour
batelada [bate'lada] F: **uma ~ de** a whole bunch of
batente [ba'tẽtʃi] M doorpost; (*col*) job; **no ~** at work
bate-papo ['batʃi-] (*pl* **-s**) (BR) M chat
bater [ba'ter] VT to beat; (*golpear*) to strike; (*horas*) to strike; (*pé*) to stamp; (*foto*) to take; (*datilografar*) to type; (*porta*) to slam; (*asas*) to flap; (*recorde*) to break; (*roupa: usar muito*) to wear all the time ▶ VI (*porta*) to slam; (*sino*) to ring; (*janela*) to bang; (*coração*) to beat; (*sol*)

to beat down; **bater-se** VR: ~**-se para fazer/ por** to fight to do/for; ~ **(à porta)** to knock (at the door); ~ **à maquina** to type; ~ **em** to hit; (*lugar*) to arrive in; (*assunto*) to harp on; ~ **com o carro** to crash one's car; ~ **com a cabeça** to bang one's head; ~ **com o pé (em)** to kick; **ele não bate bem** (*col*) he is a bit crazy; ~ **a carteira de alguém** (*col*) to nick sb's wallet

bateria [bate'ria] F battery; (*Mús*) drums *pl*; ~ **de cozinha** kitchen utensils *pl*

baterista [bate'rista] M/F drummer

batida [ba'tʃida] F beat; (*da porta*) slam; (*à porta*) knock; (*da polícia*) raid; (*Auto*) crash; (*bebida*) cocktail of cachaça, fruit and sugar; **dar uma ~ em** (*polícia*) to raid; (*colidir com*) to bump into; **dar uma ~ com o carro** to crash one's car; **dar uma ~ no carro de alguém** to crash into sb's car

batido, -a [ba'tʃidu, a] ADJ beaten; (*roupa*) worn; (*assunto*) hackneyed ▶ M: ~ **de leite** (PT) milk shake

batina [ba'tʃina] F (*Rel*) cassock

batismal [batʃiz'maw] (*pl* **-ais**) ADJ *ver* **pia**

batismo [ba'tʃizmu] M baptism, christening

batizado [batʃi'zadu] M christening

batizar [batʃi'zar] VT to baptize, christen; (*vinho*) to dilute

batom [ba'tõ] (*pl* **-ns**) M lipstick

batucada [batu'kada] F dance percussion group

batucar [batu'kar] VT, VI to drum

batuque [ba'tuki] M drumming

batuta [ba'tuta] F baton ▶ ADJ (*col*) clever

baú [ba'u] M trunk

baunilha [baw'niʎa] F vanilla

bazar [ba'zar] M bazaar; (*loja*) shop

bazófia [ba'zɔfja] F boasting, bragging

BB ABR M = **Banco do Brasil**

BBF ABR F = **Bolsa Brasileira de Futuros**

BC ABR M = **Banco Central do Brasil**

BCG ABR M (= *Bacilo Calmette-Guérin*) BCG

bê-á-bá [bea'ba] M ABC

beatitude [beatʃi'tudʒi] F bliss

beato, -a [be'atu, a] ADJ blessed; (*devoto*) overpious

bêbado, -a ['bebadu, a] ADJ, M/F drunk

bebê [be'be] M baby

bebedeira [bebe'dejra] F drunkenness; **tomar uma ~** to get drunk

bêbedo, -a ['bebedu, a] ADJ, M/F = **bêbado**

bebedor, a [bebe'dor(a)] M/F drinker; (*ébrio*) drunkard

bebedouro [bebe'douru] M drinking fountain

beber [be'ber] VT to drink; (*absorver*) to drink up, to soak up ▶ VI to drink

bebericar [beberi'kar] VT, VI to sip

bebida [be'bida] F drink

bebum [be'bũ] (*pl* **-ns**) (*col*) ADJ pissed (*col*)

beca ['bɛka] F gown

beça ['bɛsa] (*col*) F: **à ~** (*com vb*) a lot; (*com n*) a lot of; (*com adj*) really

beco ['beku] M alley, lane; ~ **sem saída** cul-de-sac; (*fig*) dead end

bedelho [be'deʎu] M kid; **meter o ~ em** to poke one's nose into

bege ['bɛʒi] ADJ INV beige

beicinho [bej'siɲu] M: **fazer ~** to sulk

beiço ['bejsu] M lip; **fazer ~** to pout

beiçudo, -a [bej'sudu, a] ADJ thick-lipped

beija-flor [bejʒa'flɔr] (*pl* **-es**) M hummingbird

beijar [bej'ʒar] VT to kiss; **beijar-se** VR to kiss (one another)

beijo ['bejʒu] M kiss; **dar ~s em alguém** to kiss sb; ~ **de língua** French kiss

beijoca [bej'ʒɔka] F kiss

beijocar [bejʒo'kar] VT to kiss

beira ['bejra] F (*borda*) edge; (*de rio*) bank; (*orla*) border; **à ~ de** on the edge of; (*ao lado de*) beside; (*fig*) on the verge of; ~ **do telhado** eaves *pl*

beirada [bej'rada] F edge

beira-mar F seaside

beirar [bej'rar] VT (*ficar à beira de*) to be at the edge of; (*caminhar à beira de*) to skirt; (*desespero*) to be on the verge of; (*idade*) to approach, near ▶ VI: ~ **com** to border on; ~ **por** (*idade*) to approach

Beirute [bej'rutʃi] N Beirut

beisebol [bejsi'bow] M baseball

belas-artes FPL fine arts

beldade [bew'dadʒi] F beauty

beleléu [bele'lɛw] (*col*) M: **ir para o ~** to go wrong

belenense [bele'nẽsi] ADJ from Belém ▶ M/F native *ou* inhabitant of Belém

beleza [be'leza] F beauty; **que ~!** how lovely!; **ser uma ~** to be lovely; **concurso de ~** beauty contest

belga ['bɛwga] ADJ, M/F Belgian

Bélgica ['bɛwʒika] F: **a ~** Belgium

Belgrado [bew'gradu] N Belgrade

beliche [be'liʃi] M bunk

bélico, -a ['bɛliku, a] ADJ war *atr*

belicoso, -a [beli'kozu, ɔza] ADJ warlike

beligerante [beliʒe'rãtʃi] ADJ belligerent

beliscão [belis'kãw] (*pl* **-ões**) M pinch

beliscar [belis'kar] VT to pinch, nip; (*comida*) to nibble

beliscões [belis'kõjs] MPL *de* **beliscão**

Belize [be'lizi] M Belize

belo, -a ['bɛlu, a] ADJ beautiful

belo-horizontino, -a [-orizõ'tʃinu, a] ADJ from Belo Horizonte ▶ M/F person from Belo Horizonte

bel-prazer [bɛw-] M: **a seu ~** at one's own convenience

beltrano [bew'tranu] M so-and-so

belvedere [bewve'deri] M lookout point

PALAVRA-CHAVE

bem [bẽj] ADV **1** (*de maneira satisfatória, correta etc*) well; **trabalha/come bem** she works/ eats well; **respondeu bem** he answered correctly; **me sinto/não me sinto bem**

I feel fine/I don't feel very well; **tudo bem?** — **tudo bem** how's it going? — fine
2 (*valor intensivo*) very; **um quarto bem quente** a nice warm room; **bem se vê que...** it's clear that...
3 (*bastante*) quite, fairly; **a casa é bem grande** the house is quite big
4 (*exatamente*): **bem ali** right there; **não é bem assim** it's not quite like that
5 (*estar bem*): **estou muito bem aqui** I feel very happy here; **está bem! vou fazê-lo** oh all right, I'll do it!
6 (*de bom grado*): **eu bem que iria mas ...** I'd gladly go but ...
7 (*cheirar*) good, nice
▶ M **1** (*bem-estar*) good; **estou dizendo isso para o seu bem** I'm telling you for your own good; **o bem e o mal** good and evil
2 (*posses*): **bens** goods, property *sg*; **bens de consumo** consumer goods; **bens de família** family possessions; **bens móveis/imóveis** moveable property *sg*/real estate *sg*
▶ EXCL **1** (*aprovação*): **bem!** OK!; **muito bem!** well done!
2 (*desaprovação*): **bem feito!** it serves you right!
▶ ADJ INV (*tom depreciativo*): **gente bem** posh people
▶ CONJ **1**: **nem bem** as soon as, no sooner than; **nem bem ela chegou começou a dar ordens** as soon as she arrived she started to give orders, no sooner had she arrived than she started to give orders
2: **se bem que** though; **gostaria de ir se bem que não tenho dinheiro** I'd like to go even though I've got no money
3: **bem como** as well as; **o livro bem como a peça foram escritos por ele** the book as well as the play was written by him

bem-agradecido, -a ADJ grateful
bem-apessoado, -a [-ape'swadu, a] ADJ smart, well-groomed
bem-arrumado, -a [-ahu'madu, a] ADJ well-dressed
bem-comportado, -a [-kõpor'tadu, a] ADJ well-behaved
bem-conceituado, -a [-kõsej'twadu, a] ADJ highly regarded
bem-disposto, -a [-dʒis'postu, 'pɔsta] ADJ well, in good form
bem-educado, -a ADJ well-mannered
bem-estar M well-being
bem-humorado, -a [-umo'radu, a] ADJ good-tempered
bem-intencionado, -a ADJ well-intentioned
bem-me-quer (*pl* -es) M daisy
bem-sucedido, -a ADJ successful
bem-vindo, -a [-vĩdu] ADJ welcome
bem-visto, -a ADJ well thought of
bênção ['bẽsãw] (*pl* -s) F blessing
bendigo *etc* [bẽ'dʒigu] VB *ver* **bendizer**
bendisse *etc* [bẽ'dʒisi] VB *ver* **bendizer**

bendito, -a [bẽ'dʒitu, a] PP *de* **bendizer** ▶ ADJ blessed
bendizer [bẽdʒi'zer] (*irreg: como* **dizer**) VT (*louvar*) to praise; (*abençoar*) to bless
beneficência [benefi'sẽsja] F (*bondade*) kindness; (*caridade*) charity; **obra de ~** charity
beneficente [benefi'sẽtʃi] ADJ (*organização*) charitable; (*feira*) charity *atr*
beneficiado, -a [benefi'sjadu, a] M/F beneficiary
beneficiar [benefi'sjar] VT (*favorecer*) to benefit; (*melhorar*) to improve; **beneficiar-se** VR to benefit
benefício [bene'fisju] M (*proveito*) benefit, profit; (*favor*) favour (BRIT), favor (US); **em ~ de** in aid of; **em ~ próprio** for one's own benefit
benéfico, -a [be'nɛfiku, a] ADJ (*benigno*) beneficial; (*generoso*) generous
Benelux [bene'luks] M Benelux
benemérito, -a [bene'mɛritu, a] ADJ (*digno*) worthy
beneplácito [bene'plasitu] M consent, approval
benevolência [benevo'lẽsja] F benevolence, kindness
benévolo, -a [be'nɛvolu, a] ADJ benevolent, kind
Benfam [bẽ'fami] ABR F = **Sociedade Brasileira de Bem-Estar da Família**
benfazejo, -a [bẽfa'zeʒu, a] ADJ benevolent
benfeitor, a [bẽfej'tor(a)] M/F benefactor/benefactress
benfeitoria [bẽfejto'ria] F improvement
bengala [bẽ'gala] F walking stick
benigno, -a [be'nignu, a] ADJ (*bondoso*) kind; (*agradável*) pleasant; (*Med*) benign
Benin [be'nĩ] M: **o ~** Benin
benquisto, -a [bẽ'kistu, a] ADJ well-loved, well-liked
bens [bẽjs] MPL *de* **bem**
bento, -a ['bẽtu, a] PP *de* **benzer** ▶ ADJ blessed; (*água*) holy
benzedeiro, -a [bẽze'dejru, a] M/F sorcerer/sorceress
benzer [bẽ'zer] VT to bless; **benzer-se** VR to cross o.s.
berçário [ber'sarju] M nursery
berço ['bersu] M (*com balanço*) cradle; (*cama*) cot; (*origem*) birthplace; **nascer em ~ de ouro** (*fig*) to be born with a silver spoon in one's mouth; **ter ~** to be from a good family
berimbau [berĩ'baw] M *percussion instrument*
berinjela [berĩ'ʒɛla] F aubergine (BRIT), eggplant (US)
Berlim [ber'lĩ] N Berlin
berlinda [ber'lĩda] F: **estar na ~** to be in the firing-line
berma ['bɛrma] (PT) F hard shoulder (BRIT), berm (US)
bermuda [ber'muda] F Bermuda shorts *pl*
Bermudas [ber'mudas] FPL: **as ~** Bermuda *sg*

Berna ['bɛrna] N Bern
berrante [be'hãtʃi] ADJ flashy, gaudy
berrar [be'har] VI to bellow; (*criança*) to bawl; (*col*) to holler
berreiro [be'hejru] M: **abrir o ~** to burst out crying
berro ['behu] M yell
besouro [be'zoru] M beetle
besta ['bɛsta] ADJ (*tolo*) stupid; (*convencido*) full of oneself; (*pretensioso*) pretentious ▶ F (*animal*) beast; (*pessoa*) fool; **~ de carga** beast of burden; **ficar ~** (*col: surpreso*) to be amazed; **fazer alguém de ~** (*col*) to make a fool of sb
bestar [bes'tar] VI to laze around
besteira [bes'tejra] F (*tolice*) foolishness; (*insignificância*) small thing; **dizer ~s** to talk nonsense; **fazer uma ~** to do something silly
bestial [bes'tʃjaw] (*pl* **-ais**) ADJ bestial; (*repugnante*) repulsive
bestialidade [bestʃjali'dadʒi] F bestiality
bestificar [bestʃifi'kar] VT to astonish, dumbfound
best-seller [bɛst'sɛler] (*pl* **-s**) M best seller
besuntar [bezu'tar] VT to smear, daub
betão [be'tãw] (*PT*) M concrete
beterraba [bete'haba] F beetroot
betoneira [beto'nejra] F cement mixer
betume [be'tumi] M asphalt
bexiga [be'ʃiga] F (*órgão*) bladder
bezerro, -a [be'zehu, a] M/F calf
BI (*PT*) ABR M (= *bilhete de identidade*) identity card; *ver tb* **cartão**
bianual [bja'nwaw] (*pl* **-ais**) ADJ biannual, twice yearly
bibelô [bibe'lo] M ornament
Bíblia ['biblja] F Bible
bíblico, -a ['bibliku, a] ADJ biblical
bibliografia [bibljogra'fia] F bibliography
biblioteca [bibljo'tɛka] F library; (*estante*) bookcase
bibliotecário, -a [bibljote'karju, a] M/F librarian
biblioteconomia [bibljotekono'mia] F librarianship
bica ['bika] F tap; (*PT*) black coffee, expresso; **suar em ~s** to drip with sweat
bicada [bi'kada] F peck
bicama [bi'kama] F pull-out bed
bicar [bi'kar] VT to peck
bicarbonato [bikarbo'natu] M bicarbonate
bíceps ['biseps] M INV biceps
bicha ['biʃa] F (*lombriga*) worm; (*PT: fila*) queue; (*BR !: homossexual*) queer (!)
bichado, -a [bi'ʃadu, a] ADJ eaten away
bicheiro [bi'ʃejru] M (illegal) bookie
bicho ['biʃu] M animal; (*inseto*) insect, bug; (*col: pessoa: intratável*) pain (in the neck); (*: feio*): **ela é um ~ (feio)** she's as ugly as sin; **virar ~** (*col*) to get mad; **ver que ~ dá** (*col*) to see what happens; **que ~ te mordeu?** what's got into you?; **um ~ de sete cabeças** a big deal; **~ do mato** shy person

bicho-da-seda (*pl* **bichos-da-seda**) M silkworm
bicho-papão [-pa'pãw] (*pl* **bichos-papões**) M bogeyman
bicicleta [bisi'klɛta] F bicycle; (*col*) bike; **andar de ~** to cycle; **~ ergométrica** exercise bike
bico ['biku] M (*de ave*) beak; (*ponta*) point; (*de chaleira*) spout; (*boca*) mouth; (*de pena*) nib; (*do peito*) nipple; (*de gás*) jet; (*col: emprego*) casual job; (*chupeta*) dummy; **calar o ~** to shut up; **não abrir o ~** not to say a word; **fazer ~** to sulk
bicudo, -a [bi'kudu, a] ADJ pointed; (*difícil*) tricky
BID ABR M = **Banco Interamericano de Desenvolvimento**
bidê [bi'de] M bidet
bidimensional [bidʒimẽsjo'naw] (*pl* **-ais**) ADJ two-dimensional
bidirecional [bidʒiresjo'naw] (*pl* **-ais**) ADJ bidirectional
biela ['bjɛla] F con(necting) rod
bienal [bje'naw] (*pl* **-ais**) ADJ biennial ▶ F (biennial) art exhibition
bife ['bifi] M (beef) steak; **~ a cavalo** steak with fried eggs; **~ à milanesa** beef escalope; **~ de panela** beef stew
bifocal [bifo'kaw] (*pl* **-ais**) ADJ bifocal; **óculos bifocais** bifocals
bifurcação [bifurka'sãw] (*pl* **-ões**) F fork
bifurcar-se [bifur'karsi] VR to fork, divide
bigamia [biga'mia] F bigamy
bígamo, -a ['bigamu, a] ADJ bigamous ▶ M/F bigamist
bigode [bi'gɔdʒi] M moustache
bigodudo, -a [bigo'dudu, a] ADJ with a big moustache
bigorna [bi'gɔrna] F anvil
bijuteria [biʒute'ria] F (costume) jewellery (BRIT) *ou* jewelry (US)
bilateral [bilate'raw] (*pl* **-ais**) ADJ bilateral
bilhão [bi'ʎãw] (*pl* **-ões**) M billion
bilhar [bi'ʎar] M (*jogo*) billiards *sg*
bilhete [bi'ʎetʃi] M (*entrada, loteria*) ticket; (*cartinha*) note; **o ~ azul** (*fig*) the sack; **~ eletrônico** e-ticket; **~ de ida** single (BRIT) *ou* one-way ticket; **~ de ida e volta** return (BRIT) *ou* round-trip (US) ticket; **~ de identidade** (*PT*) identity card; *ver tb* **cartão**
bilheteira [biʎe'tejra] (*PT*) F ticket office; (*Teatro*) box office
bilheteiro, -a [biʎe'tejru, a] M/F ticket seller
bilheteria [biʎete'ria] F ticket office; box office; **sucesso de ~** box-office success
bilhões [bi'ʎõjs] MPL *de* **bilhão**
bilíngue [bi'lĩgwi] ADJ bilingual
bilionário, -a [biljo'narju, a] ADJ, M/F billionaire
bilioso, -a [bi'ljozu, ɔza] ADJ bilious; (*fig*) bad-tempered
bílis ['bilis] M bile
bimensal [bimẽ'saw] (*pl* **-ais**) ADJ twice-monthly

bimestral [bimes'traw] (*pl* -ais) ADJ two-monthly
bimotor [bimo'tor] ADJ twin-engined
binário, -a [bi'narju, a] ADJ binary
bingo ['bĩgu] M bingo
binóculo [bi'nɔkulu] M binoculars *pl*; (*para teatro*) opera glasses *pl*
biocombustível [bjokõbus'tʃivew] (*pl* -eis) M biofuel
biodegradável [bjodegra'davew] (*pl* -eis) ADJ biodegradable
biodiesel [bjo'dʒizew] M biodiesel
biodiversidade [bjodʒiversi'dadʒi] F biodiversity
biografia [bjogra'fia] F biography
biográfico, -a [bjo'grafiku, a] ADJ biographical
biógrafo, -a ['bjɔgrafu, a] M/F biographer
biologia [bjolo'ʒia] F biology
biológico, -a [bjo'lɔʒiku, a] ADJ biological
biólogo, -a ['bjɔlogu, a] M/F biologist
biombo ['bjõbu] M (*tapume*) screen
biônico, -a ['bjoniku, a] ADJ bionic; (*Pol: senador*) non-elected
biópsia ['bjɔpsja] F biopsy
bioquímica [bjo'kimika] F biochemistry
bioterrorismo [bjoteho'rizmu] M bioterrorism
bip [bip] M pager, paging device
bipartidário, -a [bipartʃi'darju, a] ADJ two-party *atr*, bipartite
bipartidarismo [bipartʃida'rizmu] M two-party system
bipolar [bipo'lar] ADJ bipolar
biquíni [bi'kini] M bikini
BIRD ABR M = **Banco Internacional de Reconstrução e Desenvolvimento**
birita [bi'rita] (*col*) F drink
birmanês, -esa [birma'nes, eza] ADJ, M/F Burmese ▶ M (*Ling*) Burmese
Birmânia [bir'manja] F: **a ~** Burma
birosca [bi'roska] F (small) shop
birra ['biha] F (*teima*) wilfulness (BRIT), willfulness (US), obstinacy; (*aversão*) aversion; **fazer ~** to have a tantrum; **ter ~ com** to dislike
birrento, -a [bi'hẽtu, a] ADJ stubborn, obstinate
biruta [bi'ruta] ADJ crazy ▶ F windsock
bis [bis] EXCL encore!
bisar [bi'zar] VT (*suj: público*) to ask for an encore of; (: *artista*) to do an encore of
bisavô, -vó [biza'vo, vɔ] M/F great-grandfather/great-grandmother; **bisavós** MPL great-grandparents
bisbilhotar [bizbiʎo'tar] VT to pry into ▶ VI to snoop
bisbilhoteiro, -a [bizbiʎo'tejru, a] ADJ prying ▶ M/F snoop
bisbilhotice [bizbiʎo'tʃisi] F prying
Biscaia [bis'kaja] F: **o golfo de ~** the Bay of Biscay
biscate [bis'katʃi] M odd job
biscateiro, -a [biska'tejru, a] M/F odd-job person

biscoito [bis'kojtu] M biscuit (BRIT), cookie (US)
bisnaga [biz'naga] F (*tubo*) tube; (*pão*) French stick
bisneto, -a [biz'nɛtu, a] M/F great-grandson/great-granddaughter; **bisnetos** MPL (*filhos de neto*) great-grandchildren
bisonho, -a [bi'zoɲu, a] ADJ inexperienced ▶ M/F newcomer
bispado [bis'padu] M bishopric
bispo ['bispu] M bishop
bissemanal [bisema'naw] (*pl* -ais) ADJ twice-weekly
bissexto, -a [bi'sestu, a] ADJ: **ano ~** leap year
bissexual [bisek'swaw] (*pl* -ais) ADJ, M/F bisexual
bisturi [bistu'ri] M scalpel
bit ['bitʃi] M (*Comput*) bit
bitola [bi'tɔla] F gauge (BRIT), gage (US); (*padrão*) pattern; (*estalão*) standard
bitolado, -a [bito'ladu, a] ADJ narrow-minded
bizarro, -a [bi'zahu, a] ADJ bizarre
blablablá [blabla'bla] (*col*) M chitchat
black-tie ['blɛktaj] M evening dress
blasé [bla'zɛ] ADJ blasé
blasfemar [blasfe'mar] VT to curse ▶ VI to blaspheme
blasfêmia [blas'femja] F blasphemy
blasfemo, -a [blas'femu, a] ADJ blasphemous ▶ M/F blasphemer
blazer ['blejzer] (*pl* -s) M blazer
blecaute [ble'kawtʃi] M power cut
blefar [ble'far] VI to bluff
blefe ['blɛfi] M bluff
blindado, -a [blĩ'dadu, a] ADJ armoured (BRIT), armored (US)
blindagem [blĩ'daʒẽ] F armour(-plating) (BRIT), armor(-plating) (US)
blitz [blits] F police road block
bloco ['blɔku] M block; (*Pol*) bloc; (*de escrever*) writing pad; **voto em ~** block vote; **~ de carnaval** carnival troupe; **~ de cilindros** cylinder block
blog ['blɔgi] M blog
blogar [blo'gar] VI to blog
blogosfera [blɔgos'fera] F blogosphere
blogue ['blɔgi] M blog
blogueiro, -a [blo'gejru, a] M/F blogger
bloqueador [blokja'dor] M: **~ solar** sunblock
bloquear [blo'kjar] VT to blockade; (*obstruir*) to block
bloqueio [blo'keju] M (*Mil*) blockade; (*obstrução*) blockage; (*Psico*) mental block
blusa ['bluza] F (*de mulher*) blouse; (*de homem*) shirt; **~ de lã** jumper
blusão [blu'zãw] (*pl* -ões) M jacket
BMeF (BR) ABR F = **Bolsa Mercantil e de Futuros**
BMSP ABR F = **Bolsa de Mercadorias de São Paulo**
BNDES ABR M (= *Banco Nacional de Desenvolvimento Econômico e Social*) Brazilian development bank
BNH (BR) ABR M (= *Banco Nacional da Habitação*) home-funding bank

boa ['boa] ADJ F *de* **bom** ▶ F boa constrictor
boa-gente ADJ INV nice
boa-pinta (*pl* **boas-pintas**) ADJ handsome
boa-praça (*pl* **boas-praças**) ADJ nice
boate ['bwatʃi] F nightclub
boateiro, -a [bwa'tejru, a] ADJ gossipy ▶ M/F gossip
boato ['bwatu] M rumour (BRIT), rumor (US)
boa-vida (*pl* **boas-vidas**) M/F loafer
bobagem [bo'baʒē] (*pl* **-ns**) F silliness, nonsense; (*dito, ato*) silly thing; **deixe de bobagens!** stop being silly!
bobeada [bo'bjada] F slip-up
bobear [bo'bjar] VI to miss out
bobice [bo'bisi] F silliness, nonsense; (*dito, ato*) silly thing
bobina [bo'bina] F reel, bobbin; (*Elet*) coil; (*Foto*) spool; (*de papel*) roll
bobo, -a ['bobu, a] ADJ silly, daft ▶ M/F fool ▶ M (*de corte*) jester; **fazer-se de ~** to act the fool
bobó [bo'bɔ] M beans, palm oil and manioc
boboca [bo'bɔka] ADJ silly ▶ M/F fool
boca ['bɔka] F mouth; (*entrada*) entrance; (*de fogão*) ring; **de ~** orally; **de ~ aberta** open-mouthed, amazed; **bater ~** to argue; **botar a ~ no mundo** (*berrar*) to scream; (*revelar*) to spill the beans; **falar da ~ para fora** to say one thing and mean another; **ser boa ~** to eat anything; **vira essa ~ para lá!** don't tempt providence!; **~ da noite** nightfall; **~ (de fumo)** drug den
boca-de-sino ADJ INV bell-bottomed
bocadinho [boka'dʒiɲu] M: **um ~** (*pouco tempo*) a little while; (*pouquinho*) a little bit
bocado [bo'kadu] M (*quantidade na boca*) mouthful, bite; (*pedaço*) piece, bit; **um ~ de tempo** quite some time
bocal [bo'kaw] (*pl* **-ais**) M (*de vaso*) mouth; (*Mús, de aparelho*) mouthpiece; (*de cano*) nozzle
boçal [bo'saw] (*pl* **-ais**) ADJ ignorant; (*grosseiro*) uncouth
boçalidade [bosali'dadʒi] F coarseness; (*ignorância*) ignorance
boca-livre (*pl* **bocas-livres**) F free meal
bocejar [bose'ʒar] VI to yawn
bocejo [bo'seʒu] M yawn
bochecha [bo'ʃeʃa] F cheek
bochechar [boʃe'ʃar] VI to rinse one's mouth
bochecho [bo'ʃeʃu] M mouthwash
bochechudo, -a [boʃe'ʃudu, a] ADJ puffy-cheeked
boda ['boda] F wedding; **bodas** FPL (*aniversário de casamento*) wedding anniversary *sg*; **~s de prata/ouro** silver/golden wedding *sg*
bode ['bɔdʒi] M goat; **~ expiatório** scapegoat; **vai dar ~** (*col*) there'll be trouble
bodega [bo'dɛga] F piece of rubbish
bodum [bo'dū] M stink
boêmio, -a [bo'emju, a] ADJ, M/F Bohemian
bofetada [bofe'tada] F slap
bofetão [bofe'tāw] (*pl* **-ões**) M punch
Bogotá [bogo'ta] N Bogota

boi [boj] M ox; **pegar o ~ pelos chifres** (*fig*) to take the bull by the horns
bói [boj] M office boy
boia ['bɔja] F buoy; (*col*) grub; (*de braço*) armband, water wing
boiada [bo'jada] F herd of cattle
boia-fria (*pl* **boias-frias**) M/F (itinerant) farm labourer (BRIT) *ou* laborer (US)
boiar [bo'jar] VT to float ▶ VI to float; (*col*) to be lost; **~ em** (*inglês etc*) to be hopeless at
boi-bumbá [-bū'ba] N *see note*

> The **boi-bumbá**, or *bumba-meu-boi*, is a traditional folk dance from northeastern Brazil, which brings together human, animal and mythological characters in a theatrical performance. The ox, which the dance is named after, is played by a dancer wearing an iron frame covered in pieces of colourful fabric. Eventually the beast is "killed" and its meat is symbolically shared out before it comes back to life in the finale.

boicotar [bojko'tar] VT to boycott
boicote [boj'kɔtʃi] M boycott
boiler ['bɔjlar] (*pl* **-s**) M boiler
boina ['bojna] F beret
bojo ['boʒu] M (*saliência*) bulge
bojudo, -a [bo'ʒudu, a] ADJ bulging; (*arredondado*) rounded
bola ['bɔla] F ball; (*confusão*) confusion; **dar ~ (para)** (*col*) to care (about); (*dar atenção*) to pay attention (to); **dar ~ para** (*flertar*) to flirt with; **não dar ~ para alguém** to ignore sb; **ela não dá a menor ~ (para isso)** she couldn't care less (about it); **pisar na ~** (*fig*) to make a mistake; **ser bom de ~** to be good at football; **não ser certo da ~** (*col*) not to be right in the head; **ser uma ~** (*pessoa: gordo*) to be fat; (*: engraçado*) to be a real character; **~ de futebol** football; **~ de gude** marble; **~ de neve** snowball
bolacha [bo'laʃa] F biscuit (BRIT), cookie (US); (*col: bofetada*) wallop; (*para chope*) beer mat
bolada [bo'lada] F (*dinheiro*) lump sum
bolar [bo'lar] VT to think up; **bem bolado** clever
bole *etc* ['bɔli] VB *ver* **bulir**
boleia [bo'leja] F (*de caminhão*) cab; (*PT: carona*) lift; **dar uma ~ a alguém** (PT) to give sb a lift
boletim [bole'tʃī] (*pl* **-ns**) M report; (*publicação*) newsletter; (*Educ*) report; **~ meteorológico** weather forecast
bolha ['boʎa] F (*na pele*) blister; (*de ar, sabão*) bubble ▶ M/F (*col*) fool
boliche [bo'liʃi] M (*jogo*) bowling, skittles *sg*
bolinar [boli'nar] VT: **~ alguém** (*col*) to feel sb up
bolinho [bo'liɲu] M: **~ de carne** meat ball; **~ de arroz/bacalhau** rice/dry cod cake
Bolívia [bo'livja] F: **a ~** Bolivia
boliviano, -a [boli'vjanu, a] ADJ, M/F Bolivian
bolo ['bolu] M cake; (*monte: de gente*) bunch; (*: de papéis*) bundle; **dar o ~ em alguém** to

stand sb up; **vai dar ~** (col) there's going to be trouble

bolor [bo'lor] M mould (BRIT), mold (US); (nas plantas) mildew; (bafio) mustiness

bolorento, -a [bolo'rẽtu, a] ADJ mouldy (BRIT), moldy (US)

bolota [bo'lɔta] F acorn

bolsa ['bowsa] F bag; (Com: tb: **bolsa de valores**) stock exchange; **~ (de estudos)** scholarship; **~ de mercadorias** commodities market; **~ de valores** stock exchange

bolsista [bow'sista] M/F scholarship holder

bolso ['bowsu] M pocket; **de ~** pocket atr; **dicionário de ~** pocket dictionary

(PALAVRA-CHAVE)

bom, boa [bõ, 'boa] ADJ (pl **bons/boas**) **1** (ótimo) good; **é um livro bom** ou **um bom livro** it's a good book; **a comida está boa** the food is delicious; **o tempo está bom** the weather's fine; **ele foi muito bom comigo** he was very nice ou kind to me

2 (apropriado): **ser bom para** to be good for; **acho bom você não ir** I think it's better if you don't go

3 (irônico): **um bom quarto de hora** a good quarter of an hour; **que bom motorista você é!** a fine ou some driver you are!; **seria bom que ...!** a fine thing it would be if ...!; **essa é boa!** what a cheek!

4 (saudação): **bom dia!** good morning!; **boa tarde!** good afternoon!; **boa noite!** good evening!; (ao deitar-se) good night!; **tudo bom?** how's it going?

5 (outras frases): **está bom?** OK?

▶ EXCL: **bom!** all right!; **bom, ... right, ...**

bomba ['bõba] F (Mil) bomb; (Tec) pump; (Culin) éclair; (fig) bombshell; **~ atômica/relógio/de fumaça** atomic/time/smoke bomb; **~ de gasolina** petrol (BRIT) ou gas (US) pump; **~ de incêndio** fire extinguisher; **levar ~** (em exame) to fail

bombada [bõ'bada] F (prejuízo) loss

Bombaim [bõba'ĩ] N Mumbai

bombar [bõ'bar] (BR col) VI to be a big hit

bombardear [bõbar'dʒjar] VT to bomb, bombard; (fig) to bombard

bombardeio [bõbar'deju] M bombing, bombardment; **~ suicida** suicide bombing

bomba-relógio (pl **bombas-relógio**) F time bomb

bombástico, -a [bõ'bastʃiku, a] ADJ (pessoa) pompous

bombear [bõ'bjar] VT to pump

bombeiro [bõ'bejru] M fireman; (BR: encanador) plumber; **o corpo de ~s** fire brigade

bombom [bõ'bõ] (pl **-ns**) M chocolate

bombordo [bõ'bɔrdu] M (Náut) port

bonachão, -chona [bona'ʃãw, 'ʃɔna] (pl **-ões/-s**) ADJ simple and kind-hearted

bonança [bo'nãsa] F (no mar) fair weather; (fig) calm

bondade [bõ'dadʒi] F goodness, kindness; **tenha a ~ de vir** would you please come

bonde ['bõdʒi] (BR) M tram

bondoso, -a [bõ'dozu, ɔza] ADJ kind, good

boné [bo'nɛ] M cap

boneca [bo'nɛka] F doll

boneco [bo'nɛku] M dummy

bonificação [bonifika'sãw] (pl **-ões**) F bonus

bonina [bo'nina] (PT) F daisy

boníssimo, -a [bo'nisimu, a] ADJ SUPERL **de bom**

bonitão, -tona [boni'tãw, 'tɔna] (pl **-ões/-s**) ADJ very attractive; (col) dishy

bonito, -a [bo'nitu, a] ADJ (belo) pretty; (gesto, dia) nice ▶ M (peixe) tuna (fish), tunny; **fazer um ~** to do a good deed

bonitões [boni'tõjs] MPL **de bonitão**

bonitona [boni'tɔna] F **de bonitão**

bônus ['bonus] M INV bonus

boquiaberto, -a [bokja'bɛrtu, a] ADJ dumbfounded, astonished

borboleta [borbo'leta] F butterfly; (BR: roleta) turnstile

borboletear [borbole'tʃjar] VI to flutter, flit

borbotão [borbo'tãw] (pl **-ões**) M gush, spurt; **sair aos borbotões** to gush out

borbulhante [borbu'ʎãtʃi] ADJ bubbling

borbulhar [borbu'ʎar] VI to bubble; (jorrar) to gush out

borco ['borku] M: **de ~** (coisa) upside down; (pessoa) face down

borda ['bɔrda] F edge; (do rio) bank; **à ~ de** on the edge of

bordado [bor'dadu] M embroidery

bordão [bor'dãw] (pl **-ões**) M staff; (Mús) bass string; (arrimo) support; (frase) catch phrase

bordar [bor'dar] VT to embroider

bordéis [bor'dɛjs] MPL **de bordel**

bordejar [borde'ʒar] VI (Náut) to tack

bordel [bor'dɛw] (pl **-éis**) M brothel

bordo ['bordu] M (ao bordejar) tack; (de navio) side; **a ~** on board

bordoada [bor'dwada] F blow

bordões [bor'dõjs] MPL **de bordão**

borla ['bɔrla] F tassel

borocoxô [boroko'ʃo] ADJ dispirited

borra ['boha] F dregs pl

borracha [bo'haʃa] F rubber

borracheiro [boha'ʃejru] M tyre (BRIT) ou tire (US) specialist

borracho, -a [bo'haʃu, a] ADJ drunk ▶ M/F drunk(ard)

borrador [boha'dor] M (Com) day book

borrão [bo'hãw] (pl **-ões**) M (rascunho) rough draft; (mancha) blot

borrar [bo'har] VT to blot; (riscar) to cross out; (pintar) to daub; (sujar) to dirty

borrasca [bo'haska] F storm; (no mar) squall

borrifar [bohi'far] VT to sprinkle

borrifo [bo'hifu] M spray

borrões [bo'hõjs] MPL **de borrão**

bosque ['bɔski] M wood, forest

bossa ['bɔsa] F (charme) charm; (inchaço)

swelling; (no crânio) bump; (corcova) hump; **ter ~ para** to have an aptitude for
Bossa nova (Mús) see note

> Bossa nova is a type of music invented by young, middle-class inhabitants of Rio de Janeiro at the end of the 1950s. It has an obvious jazz influence, an unusual, rhythmic beat and lyrics praising beauty and love. **Bossa nova** became known around the world through the work of the conductor and composer Antônio Carlos Jobim, whose compositions, working with the poet Vinícius de Morais, include the famous song "The Girl from Ipanema".

bosta ['bɔsta] F dung; (de humanos) excrement
bota ['bɔta] F boot; **~s de borracha** wellingtons; **bater as ~s** (col) to kick the bucket
bota-fora (pl **bota-fora**) F (despedida) send-off
botânica [bo'tanika] F botany; ver tb **botânico**
botânico, -a [bo'taniku, a] ADJ botanical ▶ M/F botanist
botão [bo'tãw] (pl **-ões**) M button; (flor) bud; **dizer com os seus botões** (fig) to say to o.s.
botar [bo'tar] VT to put; (PT: lançar) to throw; (roupa, sapatos) to put on; (mesa) to set; (defeito) to find; (ovos) to lay; **~ para quebrar** (col) to go for broke, go all out; **~ em dia** to get up to date
bote ['bɔtʃi] M (barco) boat; (com arma) thrust; (salto) spring; (de cobra) strike
boteco [bo'tɛku] (col) M bar
botequim [botʃi'kĩ] (pl **-ns**) M bar
boticário, -a [botʃi'karju, a] M/F pharmacist, chemist (BRIT)
botija [bo'tʃiʒa] F (earthenware) jug
botina [bo'tʃina] F ankle boot
botoeira [bo'twejra] F buttonhole
botões [bo'tõjs] MPL de **botão**
Botsuana [bot'swana] F: **a ~** Botswana
Bovespa [bo'vɛspa] ABR F = **Bolsa de Valores do Estado de São Paulo**
bovino, -a [bo'vinu, a] ADJ bovine
boxe ['bɔksi] M boxing
boxeador [boksja'dor] M boxer
boy [bɔj] M = **bói**
brabo, -a ['brabu, a] ADJ (feroz) fierce; (zangado) angry; (ruim) bad; (calor) unbearable; (gripe) bad
braça ['brasa] F (Náut) fathom
braçada [bra'sada] F armful; (Natação) stroke
braçadeira [brasa'dejra] F armband; (de cortina) tie-back; (metálica) bracket; (Esporte) sweatband
braçal [bra'saw] (pl **-ais**) ADJ manual
bracejar [brase'ʒar] VI to wave one's arms about
bracelete [brase'letʃi] M bracelet
braço ['brasu] M arm; (trabalhador) hand; **~ direito** (fig) right-hand man; **a ~s com** struggling with; **de ~s cruzados** with arms folded; (fig) without lifting a finger; **de ~ dado** arm-in-arm; **cruzar os ~s** (fig) to down tools; **não dar o ~ a torcer** (fig) not to give in; **meter o ~ em** (col) to clobber; **receber de ~s abertos** (fig) to welcome with open arms
bradar [bra'dar] VT, VI to shout, yell
brado ['bradu] M shout, yell
braguilha [bra'giʎa] F flies pl
braile ['brajli] M braille
bramido [bra'midu] M roar
bramir [bra'mir] VI to roar
branco, -a ['brãku, a] ADJ white ▶ M/F white man/woman ▶ M (espaço) blank; **em ~** blank; **noite em ~** sleepless night; **deu um ~ nele** he drew a blank
brancura [brã'kura] F whiteness
brandir [brã'dʒir] VT to brandish
brando, -a ['brãdu, a] ADJ gentle; (mole) soft
brandura [brã'dura] F gentleness; (moleza) softness
branquear [brã'kjar] VT to whiten; (alvejar) to bleach ▶ VI to turn white
brasa ['braza] F hot coal; **em ~** red-hot; **pisar em ~** to be on tenterhooks; **mandar ~** (col) to go for it; **puxar a ~ para a sua sardinha** (col) to look out for o.s.
brasão [bra'zãw] (pl **-ões**) M coat of arms
braseiro [bra'zejru] M brazier
Brasil [bra'ziw] M: **o ~** Brazil
brasileirismo [brazilej'rizmu] M Brazilianism
brasileiro, -a [brazi'lejru, a] ADJ, M/F Brazilian
Brasília [bra'zilja] N Brasília
brasilianista [brazilja'nista] M/F Brazilianist
brasiliense [brazi'ljẽsi] ADJ from Brasília ▶ M/F person from Brasília
brasões [bra'zõjs] MPL de **brasão**
bravata [bra'vata] F bravado, boasting
bravatear [brava'tʃjar] VI to boast, brag
bravio, -a [bra'viu, a] ADJ (selvagem) wild, untamed; (feroz) ferocious
bravo, -a ['bravu, a] ADJ (corajoso) brave; (furioso) angry; (mar) rough, stormy ▶ M brave man; **~!** bravo!
bravura [bra'vura] F courage, bravery
breca ['brɛka] F: **ser levado da ~** to be very naughty
brecar [bre'kar] VT (carro) to stop; (reprimir) to curb ▶ VI to brake
brecha ['brɛʃa] F breach; (abertura) opening; (dano) damage; (meio de escapar) loophole; (col) chance
brega ['brɛga] (col) ADJ tacky, naff (BRIT)
brejeiro, -a [bre'ʒejru, a] ADJ impish
brejo ['brɛʒu] M marsh, swamp; **ir para o ~** (fig) to go down the drain
brenha ['brɛɲa] F (mata) dense wood
breque ['brɛki] M (freio) brake
breu [brew] M tar, pitch; **escuro como ~** pitch black
breve ['brɛvi] ADJ short; (conciso, rápido) brief ▶ ADV soon; **em ~** soon, shortly; **até ~** see you soon

brevê ['bre've] M pilot's licence (BRIT) ou license (US)
brevidade [brevi'dadʒi] F brevity, shortness
bridge ['bridʒi] M bridge
briga ['briga] F (luta) fight; (verbal) quarrel
brigada [bri'gada] F brigade
brigadeiro [briga'dejru] M brigadier; (doce) chocolate truffle
brigão, -gona [bri'gãw, ɔna] (pl **-ões/-s**) ADJ quarrelsome ▶ M/F troublemaker
brigar [bri'gar] VI (lutar) to fight; (altercar) to quarrel
brigões [bri'gõjs] MPL de **brigão**
brigona [bri'gɔna] F de **brigão**
briguei etc [bri'gej] VB ver **brigar**
brilhante [bri'ʎãtʃi] ADJ brilliant ▶ M diamond
brilhar [bri'ʎar] VI to shine
brilho ['briʎu] M (luz viva) brilliance; (esplendor) splendour (BRIT), splendor (US); (nos sapatos) shine; (de metais, olhos) gleam
brincadeira [brĩka'dejra] F (divertimento) fun; (gracejo) joke; (de criança) game; **deixe de ~s!** stop fooling!; **de ~** for fun; **fora de ~** joking apart; **não é ~** it's no joke
brincalhão, -lhona [brĩka'ʎãw, ɔna] (pl **-ões/-s**) ADJ playful ▶ M/F joker, teaser
brincar [brĩ'kar] VI to play; (gracejar) to joke; **estou brincando** I'm only kidding; **~ de soldados** to play (at) soldiers; **~ com alguém** (mexer com) to tease sb
brinco ['brĩku] M (joia) earring; **estar um ~** to be spotless
brindar [brĩ'dar] VT (beber) to drink to; (presentear) to give a present to
brinde ['brĩdʒi] M (saudação) toast; (presente) free gift
brinquedo [brĩ'kedu] M toy
brinquei etc [brĩ'kej] VB ver **brincar**
brio ['briu] M self-respect, dignity
brioso, -a ['brjozu, ɔza] ADJ self-respecting
brisa ['briza] F breeze
britânico, -a [bri'taniku, a] ADJ British ▶ M/F Briton
broca ['brɔka] F drill
broche ['brɔʃi] M brooch
brochura [brɔ'ʃura] F (livro) paperback; (folheto) brochure, pamphlet
brócolis ['brɔkolis] MPL broccoli sg
brócolos ['brɔkolus] (PT) MPL = **brócolis**
bronca ['brõka] (col) F telling off; **dar uma ~ em** to tell off; **levar uma ~** to get told off
bronco, -a ['brõku, a] ADJ (rude) coarse; (burro) thick
bronquear [brõ'kjar] (col) VI to get angry; **~ com** to tell off
bronquite [brõ'kitʃi] F bronchitis
bronze ['brõzi] M bronze
bronzeado, -a [brõ'zjadu, a] ADJ (da cor do bronze) bronze atr; (pelo sol) suntanned ▶ M suntan
bronzear [brõ'zjar] VT to tan; **bronzear-se** VR to get a tan

brotar [bro'tar] VT to produce ▶ VI (manar) to flow; (Bot) to sprout; (nascer) to spring up
brotinho, -a [bro'tʃiɲu, a] M/F teenager
broto ['brotu] M bud; (fig) youngster
broxa ['brɔʃa] F (large) paint brush
bruços ['brusus] MPL: **de ~** face down
bruma ['bruma] F mist, haze
brumoso, -a [bru'mozu, ɔza] ADJ misty, hazy
brunido, -a [bru'nidu, a] ADJ polished
brunir [bru'nir] VT to polish
brusco, -a ['brusku, a] ADJ brusque; (súbito) sudden
brutal [bru'taw] (pl **-ais**) ADJ brutal
brutalidade [brutali'dadʒi] F brutality
brutamontes [bruta'mõtʃis] M INV (corpulento) hulk; (bruto) brute
bruto, -a ['brutu, a] ADJ brutish; (grosseiro) coarse; (móvel) heavy; (diamante) uncut; (petróleo) crude; (peso, Com) gross; (aggressivo) aggressive ▶ M brute; **em ~** raw, unworked; **um ~ resfriado** an awful cold
bruxa ['bruʃa] F witch; (velha feia) hag
bruxaria [bruʃa'ria] F witchcraft
Bruxelas [bru'ʃelas] N Brussels
bruxo ['bruʃu] M wizard
bruxulear [bruʃu'ljar] VI to flicker
BTN (BR) ABR M (= Bônus do Tesouro Nacional) government bond used to quote prices
Bucareste [buka'rɛstʃi] N Bucharest
bucha ['buʃa] F (para parafuso) Rawlplug®; (para buracos) bung; **acertar na ~** (fig) to hit the nail on the head
bucho ['buʃu] (col) M gut; **ela é um ~ (feio)** she's as ugly as sin
buço ['busu] M down
Budapest [buda'pɛstʃi] N Budapest
budismo [bu'dʒizmu] M Buddhism
budista [bu'dʒista] ADJ, M/F Buddhist
bueiro [bu'ejru] M storm drain
Buenos Aires ['bwenuz'ajris] N Buenos Aires
búfalo [bufalu] M buffalo
bufante [bu'fãtʃi] ADJ (manga etc) puffed, full
bufar [bu'far] VI to puff, pant; (com raiva) to snort; (reclamar) to moan, grumble
bufê [bu'fe] M (móvel) sideboard; (comida) buffet; (serviço) catering service
buffer ['bafer] (pl **-s**) M (Comput) buffer
bugiganga [buʒi'gãga] F trinket; **bugigangas** FPL (coisas sem valor) knick-knacks
bujão [bu'ʒãw] (pl **-ões**) M (Tec) cap; **~ de gás** gas cylinder
bula ['bula] F (Rel) papal bull; (Med) directions pl for use
bulbo ['buwbu] M bulb
buldôzer [buw'dozer] (pl **buldôzeres**) M bulldozer
bule ['buli] M (de chá) teapot; (de café) coffeepot
Bulgária [buw'garja] F: **a ~** Bulgaria
búlgaro, -a ['buwgaru, a] ADJ, M/F Bulgarian ▶ M (Ling) Bulgarian
bulha ['buʎa] F row
bulhufas [bu'ʎufas] (col) PRON nothing

bulício [bu'lisju] M (*agitação*) bustle; (*sussurro*) rustling
buliçoso, -a [buli'sozu, ɔza] ADJ (*vivo*) lively; (*agitado*) restless
bulimia [buli'mia] F bulimia
bulir [bu'lir] VT to move ▶ VI to move, stir; **~ com** to tease; **~ em** to touch, meddle with
bumbum [bū'bū] (*pl* **-ns**) (*col*) M bottom
bunda ['būda] (*col*) F bottom, backside
buquê [bu'ke] M bouquet
buraco [bu'raku] M hole; (*de agulha*) eye; (*jogo*) rummy; **ser um ~** (*difícil*) to be tough; **~ da fechadura** keyhole
burburinho [burbu'riɲu] M hubbub; (*murmúrio*) murmur
burguês, -guesa [bur'ges, 'geza] ADJ middle-class, bourgeois
burguesia [burge'zia] F middle class, bourgeoisie
buril [bu'riw] (*pl* **-is**) M chisel
burilar [buri'lar] VT to chisel
buris [bu'ris] MPL *de* **buril**
Burkina [bur'kina] M: **o ~** Burkina Faso
burla ['burla] F trick, fraud; (*zombaria*) mockery
burlar [bur'lar] VT (*enganar*) to cheat; (*defraudar*) to swindle; (*a lei, impostos*) to evade
burlesco, -a [bur'lesku, a] ADJ burlesque
burocracia [burokra'sia] F bureaucracy; (*excessiva*) red tape
burocrata [buro'krata] M/F bureaucrat
burocrático, -a [buro'kratʃiku, a] ADJ bureaucratic
burrice [bu'hisi] F stupidity
burro, -a ['buhu, a] ADJ stupid; (*pouco inteligente*) dim, thick ▶ M/F (*Zool*) donkey; (*pessoa*) fool, idiot; **pra ~** (*col*) a lot; (*com adj*) really; **dar com os ~s n'água** (*fig*) to come a cropper; **~ de carga** (*fig*) hard worker
Burundi [burū'dʒi] M: **o ~** Burundi
busca ['buska] F search; **em ~ de** in search of; **dar ~ a** to search for
buscador [buska'dor] M search engine
busca-pé [buska'pɛ] (*pl* **busca-pés**) M banger
buscar [bus'kar] VT to fetch; (*procurar*) to look *ou* search for; **ir ~** to fetch, go for; **mandar ~** to send for
busquei *etc* [bus'kej] VB *ver* **buscar**
bússola ['busola] F compass
bustiê [bustʃi'e] M boob tube
busto ['bustu] M bust
butique [bu'tʃiki] M boutique
buzina [bu'zina] F horn
buzinada [buzi'nada] F toot, hoot
buzinar [buzi'nar] VI to sound one's horn, toot the horn ▶ VT to hoot; **~ nos ouvidos de alguém** (*fig*) to hassle sb; **~ algo nos ouvidos de alguém** (*fig*) to drum sth into sb
búzio ['buzju] M (*concha*) conch
BVRJ ABR F = **Bolsa de Valores do Rio de Janeiro**

Cc

C, c [se] (*pl* **cs**) M C, c; **C de Carlos** C for Charlie

c/ ABR = **com**

cá [ka] ADV here; **de cá** on this side; **para cá** here, over here; **para lá e para cá** back and forth; **de lá para cá** since then; **de um ano para cá** in the last year; **cá entre nós** just between us

caatinga [ka'tʃĩga] (BR) F scrub(-land)

cabal [ka'baw] (*pl* **-ais**) ADJ (*completo*) complete; (*exato*) exact

cabala [ka'bala] F (*maquinação*) conspiracy, intrigue

cabalar [kaba'lar] VT (*votos etc*) to canvass (for) ▶ VI to canvass

cabana [ka'bana] F hut

cabaré [kaba'rɛ] M (*boate*) night club

cabeça [ka'besa] F head; (*inteligência*) brain; (*de uma lista*) top ▶ M/F (*de uma revolta*) leader; (*de uma organização*) brains *sg*; **cinquenta ~s de gado** fifty head of cattle; **de ~** off the top of one's head; (*calcular*) in one's head; **de ~ para baixo** upside down; **por ~** per person, per head; **deu-lhe na ~ de** he took it into his head to; **esquentar a ~** (*col*) to lose one's cool; **não estar com a ~ para fazer** not to feel like doing; **fazer a ~ de alguém** (*col*) to talk sb into it; **levar na ~** (*col*) to come a cropper; **meter na ~** to get into one's head; **tirar algo da ~** to put sth out of one's mind; **perder a ~** to lose one's head; **quebrar a ~** to rack one's brains; **subir à ~** (*sucesso etc*) to go to sb's head; **com a ~ no ar** absent-minded; **~ de porco** (*col*) tenement building; **~ de vento** *m, f* scatterbrain; **~ fria** cool-headedness

cabeçada [kabe'sada] F (*pancada com cabeça*) butt; (*Futebol*) header; (*asneira*) blunder; **dar uma ~ (em)** to bang one's head (on); **dar uma ~** (*fazer asneira*) to make a blunder; **dar uma ~ na bola** (*Futebol*) to head the ball

cabeçalho [kabe'saʎu] M (*de livro*) title page; (*de página, capítulo*) heading

cabecear [kabe'sjar] VT (*Futebol*) to head ▶ VI to nod; to head the ball

cabeceira [kabe'sejra] F (*de cama*) head; (*de mesa*) end; **leitura de ~** bedtime reading

cabeçudo, -a [kabe'sudu, a] ADJ with a big head; (*teimoso*) headstrong

cabedal [kabe'daw] (*pl* **-ais**) M wealth

cabeleira [kabe'lejra] F head of hair; (*postiça*) wig

cabeleireiro, -a [kabelej'rejru, a] M/F hairdresser

cabelo [ka'belu] M hair; **cortar/fazer o ~** to have one's hair cut/done; **ter ~ na venta** to be short-tempered

cabeludo, -a [kabe'ludu, a] ADJ hairy; (*difícil*) complicated; (*obsceno*) obscene

caber [ka'ber] VI: **~ (em)** (*poder entrar*) to fit, go; (*roupa*) to fit; (*ser compatível*) to be appropriate (in); **~ a** (*em partilha*) to fall to; **cabe a alguém fazer** it is up to sb to do; **~ por** to fit through; **não cabe aqui fazer comentários** this is not the time or place to comment; **acho que cabe exigir um explicação** I think it is reasonable to demand an explanation; **são fatos que cabe apurar** they are facts which should be investigated; **tua dúvida cabe perfeitamente** your doubt is perfectly in order; **não ~ em si de** to be beside o.s. with

cabide [ka'bidʒi] M (coat) hanger; (*móvel*) hat stand; (*fixo à parede*) coat rack; **~ de empregos** person who has several jobs

cabideiro [kabi'dejru] M hat stand; (*na parede*) coat rack; (*para sapatos*) rack

cabimento [kabi'mẽtu] M suitability; **ter ~** to be fitting *ou* appropriate; **não ter ~** to be inconceivable

cabine [ka'bini] F cabin; (*em loja*) fitting room; **~ do piloto** (*Aer*) cockpit; **~ telefônica** telephone box (BRIT) *ou* booth

cabisbaixo, -a [kabiz'bajʃu, a] ADJ (*deprimido*) dispirited, crestfallen; (*com a cabeça para baixo*) head down

cabível [ka'bivew] (*pl* **-eis**) ADJ conceivable

cabo ['kabu] M (*extremidade*) end; (*de faca, vassoura etc*) handle; (*corda*) rope; (*elétrico etc*) cable; (*Geo*) cape; (*Mil*) corporal; **ao ~ de** at the end of; **de ~ a rabo** from beginning to end; **levar a ~** to carry out; **dar ~ de** to do away with; **~ eleitoral** canvasser

caboclo, -a [ka'boklu, a] (BR) ADJ copper-coloured (BRIT), copper-colored (US) ▶ M/F person of mixed race

cabotino, -a [kabo'tʃinu, a] ADJ ostentatious ▶ M/F show-off

Cabo Verde M Cape Verde
cabo-verdiano, -a [-ver'dʒjanu, a] ADJ, M/F Cape Verdean
cabra ['kabra] F goat ▶ M (BR: *sujeito*) guy; (: *capanga*) hired gun
cabra-cega F blind man's buff
cabra-macho (*pl* **cabras-machos**) M tough guy
cabreiro, -a [ka'brejru, a] (*col*) ADJ suspicious
cabresto [kab'restu] M (*de cavalos*) halter
cabrito [ka'britu] M kid
cabrocha [ka'brɔʃa] F mulatto girl
caça ['kasa] F hunting; (*busca*) hunt; (*animal*) quarry, game ▶ M (*Aer*) fighter (plane); **~ a baleias** whaling; **à ~ de** in pursuit of
caçada [ka'sada] F (*jornada de caçadores*) hunting trip
caçador, a [kasa'dor(a)] M/F hunter
caçamba [ka'sãba] F (*balde*) bucket
caça-minas M INV minesweeper
caça-níqueis M INV slot machine
cação [ka'sãw] (*pl* **-ões**) M shark
caçapa [ka'sapa] F pocket
caçar [ka'sar] VT to hunt; (*com espingarda*) to shoot; (*procurar*) to seek ▶ VI to hunt, go hunting
cacareco [kaka'rɛku] M piece of junk; **cacarecos** MPL (*coisas sem valor*) junk *sg*
cacarejar [kakare'ʒar] VT (*galinhas etc*) to cluck
cacarejo [kaka'reʒu] M clucking
caçarola [kasa'rɔla] F (sauce)pan
cacau [ka'kaw] M cocoa; (*Bot*) cacao
cacaueiro [kaka'wejru] M cocoa tree
cacetada [kase'tada] F blow (with a stick)
cacete [ka'setʃi] ADJ tiresome, boring ▶ M/F bore ▶ M club, stick ▶ EXCL damn! (*col*); **está quente pra ~** (!) it's bloody hot (!)
caceteação [kasetʃja'sãw] F annoyance
cacetear [kase'tʃjar] VT to annoy
Cacex [ka'sɛks] ABR F (= *Carteira do Comércio Exterior*) *part of Banco do Brasil which helps to finance foreign trade*
cachaça [ka'ʃasa] F (white) rum
cachaceiro, -a [kaʃa'sejru, a] ADJ drunk ▶ M/F drunkard
cachaço [ka'ʃasu] M neck
cachê [ka'ʃe] M fee
cachecol [kaʃe'kɔw] (*pl* **-óis**) M scarf
cachepô [kaʃe'po] M plant pot
cachimbo [ka'ʃĩbu] M pipe
cacho ['kaʃu] M bunch; (*de cabelo*) curl, lock; (*longo*) ringlet; (*col: caso*) affair
cachoeira [kaʃ'wejra] F waterfall
cachorra [ka'ʃoha] F bitch, (female) puppy; **estar com a ~** (*col*) to be in a foul mood
cachorrada [kaʃo'hada] F pack of dogs; (*sujeira*) dirty trick
cachorrinho, -a [kaʃo'hiɲu, a] M/F puppy ▶ M (*nado*) doggy paddle
cachorro [ka'ʃohu] M dog, puppy; (*filhote de animal*) cub; (*patife*) rascal; **soltar os ~s em cima de alguém** (*fig*) to lash out at sb; **estar matando ~ a grito** (*col*) to be scraping the barrel

cachorro-quente (*pl* **cachorros-quentes**) M hot dog
cacilda [ka'siwda] EXCL wow!, crikey!
cacique [ka'siki] M (Indian) chief; (*mandachuva*) local boss
caco ['kaku] M bit, fragment; (*pessoa velha*) old relic; **chegamos ~s humanos** we arrived dead on our feet
caçoada [ka'swada] F jibe
caçoar [ka'swar] VT to mock, make fun of ▶ VI to mock
cações [ka'sõjs] MPL *de* **cação**
cacoete [ka'kwetʃi] M twitch, tic
cacto ['kaktu] M cactus
caçula [ka'sula] M/F youngest child
cada ['kada] ADJ INV each; (*todo*) every; **$10 ~** $10 each; **~ um** each one; **~ semana** each week; **a ~ 3 horas** every 3 hours; **em ~ 3 crianças, uma já teve sarampo** out of every 3 children, one has already had measles; **~ vez mais** more and more; **~ vez mais barato** cheaper and cheaper; **tem ~ museu em Londres!** there are so many different museums in London; **tem ~ um!** it takes all sorts!
cadafalso [kada'fawsu] M (*forca*) gallows *sg*
cadarço [ka'darsu] M shoelace
cadastrar [kadas'trar] VT to register; **cadastrar-se** VR to register
cadastro [ka'dastru] M (*registro*) register; (*ato*) registration; (*de criminosos*) criminal record; (*de banco etc*) client records *pl*; (*de imóveis*) land registry; **~ bancário** (*de pessoa*) credit rating
cadáver [ka'daver] M corpse, (dead) body; **só passando por cima do meu ~** over my dead body; **ao chegar ao hospital, o motorista já era ~** the driver was dead on arrival at hospital
cadavérico, -a [kada'vɛriku, a] ADJ (*exame*) post-mortem; (*pessoa*) emaciated
CADE (BR) ABR M = **Conselho Administrativo de Defesa Econômica**
cadê [ka'de] (*col*) ADV: **~ ...?** where's/where are ...?, what's happened to ...?
cadeado [ka'dʒjadu] M padlock
cadeia [ka'deja] F chain; (*prisão*) prison; (*rede*) network
cadeira [ka'dejra] F (*móvel*) chair; (*disciplina*) subject; (*Teatro*) stall; (*função*) post; **cadeiras** FPL (*Anat*) hips; **~ cativa** private seat; **~ de balanço** rocking chair; **~ de rodas** wheelchair; **falar de ~** (*fig*) to speak with authority
cadeirante [ka'dejrãtʃi] M/F (BR) wheelchair user
cadeirudo, -a [kadej'rudu, a] ADJ big-hipped
cadela [ka'dɛla] F (*cão*) bitch
cadência [ka'dẽsja] F cadence; (*ritmo*) rhythm
cadenciado, -a [kadẽ'sjadu, a] ADJ rhythmic; (*pausado*) slow
cadente [ka'dẽtʃi] ADJ (*estrela*) falling
caderneta [kader'neta] F notebook; **~ de poupança** savings account
caderno [ka'dɛrnu] M exercise book; (*de notas*) notebook; (*de jornal*) section

cadete [ka'dɛtʃi] M cadet
cadinho [ka'dʒiɲu] M crucible; *(fig)* melting pot
caducar [kadu'kar] VI *(documentos)* to lapse, expire; *(pessoa)* to become senile
caduco, -a [ka'duku, a] ADJ *(nulo)* invalid, expired; *(senil)* senile; *(Bot)* deciduous
caduquice [kadu'kisi] F senility
cães [kãjs] MPL *de* **cão**
cafajeste [kafa'ʒɛstʃi] *(col)* ADJ roguish; *(vulgar)* vulgar, coarse ▶ M/F rogue; rough customer
café [ka'fɛ] M coffee; *(estabelecimento)* café ▶ ADJ INV coffee-coloured (BRIT), coffee-colored (US); **~ com leite** white coffee (BRIT), coffee with cream (US); **~ preto** black coffee; **~ da manhã** (BR) breakfast; **~ pequeno** *(fig)* small potatoes
cafeeiro, -a [kafe'ejru, a] ADJ coffee *atr* ▶ M coffee plant
cafeicultor [kafejkuw'tor] M coffee-grower
cafeicultura [kafejkuw'tura] F coffee-growing
cafeína [kafe'ina] F caffein(e)
cafetã [kafe'tã] M caftan
cafetão [kafe'tãw] *(pl* **-ões**) M pimp
cafeteira [kafe'tejra] F *(vaso)* coffeepot; *(máquina)* percolator
cafetina [kafe'tʃina] F madam
cafetões [kafe'tõjs] MPL *de* **cafetão**
cafezal [kafe'zaw] *(pl* **-ais**) M coffee plantation
cafezinho [kafe'ziɲu] M *small black coffee*
cafona [ka'fɔna] ADJ tacky ▶ M/F tacky person
cafonice [kafo'nisi] F tackiness; *(coisa)* tacky thing
cafundó [kafũ'dɔ] M: **no ~ de judas** out in the sticks
cafuné [kafu'nɛ] M: **fazer ~ em alguém** to stroke sb's hair
cagaço [ka'gasu] (!) M shits *pl* (!)
cagada [ka'gada] (!) F shit (!); *(coisa malfeita)* cock-up (!)
cágado ['kagadu] M turtle; **a passos de ~** *(fig)* at a snail's pace
caganeira [kaga'nejra] *(col)* F runs *pl*
cagão, -gona [ka'gãw, 'gɔna] *(pl* **-ões/-s**) *(col)* M/F: **ser ~** to be a chicken
cagar [ka'gar] (!) VI to (have a) shit (!) ▶ VT: **~ regras** to tell others what to do; **cagar-se** VR: **~-se de medo** to be shit scared (!); **~ (para)** not to give a shit (about) (!)
cagões [ka'gõjs] MPL *de* **cagão**
cagona [ka'gɔna] F *de* **cagão**
caguetar [kagwe'tar] VT to inform on
caguete [ka'gwetʃi] M informer
caiaque [ka'jaki] M kayak
caiar [kaj'ar] VT to whitewash
caiba *etc* ['kajba] VB *ver* **caber**
câibra ['kãjbra] F *(Med)* cramp
caibro ['kajbru] M joist
caída [ka'ida] F = **queda**
caído, -a [ka'idu, a] ADJ *(deprimido)* dejected; *(derrubado)* fallen; *(pendente)* droopy; **~ por** *(apaixonado)* in love with

câimbra ['kãjbra] F = **câibra**
caimento [kaj'mẽtu] M hang, fall
caipira [kaj'pira] ADJ countrified; *(sem traquejo social)* provincial ▶ M/F yokel
caipirinha [kajpi'riɲa] F cocktail of *cachaça*, *lemon and sugar*
cair [ka'ir] VI to fall; *(ser vítima de logro)* to be taken in; **~ bem/mal** *(roupa)* to fit well/badly; *(col: pessoa)* to look good/bad; **~ em si** to come to one's senses; **~ de quatro** to land on all fours; **estou caindo de sono** I'm really sleepy; **~ para trás** *(fig)* to be taken aback; **ao ~ da noite** at nightfall; **o Natal caiu num domingo** Christmas fell on a Sunday; **essa comida me caiu mal** that food did not agree with me
Cairo ['kajru] M: **o ~** Cairo
cais [kajs] M *(Náut)* quay; *(PT Ferro)* platform
caixa ['kajʃa] F box; *(cofre)* safe; *(de uma loja)* cash desk ▶ M/F *(pessoa)* cashier; **~ automática** *ou* **eletrônico** cash machine; **de alta/baixa ~** *(col)* well-off/poor; **fazer a ~** *(Com)* to cash up; **pequena ~** petty cash; **~ acústica** loudspeaker; **~ de correio** letter box; **~ de entrada** *(Comput)* inbox; **~ de mudanças** (BR) *ou* **de velocidades** gear box; **~ de saída** *(Comput)* outbox; **~ econômica** savings bank; **~ postal** P.O. box; **~ registradora** cash register
caixa-alta *(pl* **caixas-altas**) *(col)* ADJ rich ▶ M/F fat cat
caixa-d'água *(pl* **caixas-d'água**) F water tank
caixa-forte *(pl* **caixas-fortes**) F vault
caixão [kaj'ʃãw] *(pl* **-ões**) M *(ataúde)* coffin; *(caixa grande)* large box
caixa-preta *(pl* **caixas-pretas**) F *(Aer)* black box
caixeiro, -a [kaj'ʃejru, a] M/F shop assistant; *(entregador)* delivery man/woman
caixeiro-viajante, caixeira-viajante *(pl* **caixeiros-viajantes/caixeiras-viajantes**) M/F commercial traveller (BRIT) *ou* traveler (US)
caixilho [kaj'ʃiʎu] M *(moldura)* frame
caixões [kaj'ʃõjs] MPL *de* **caixão**
caixote [kaj'ʃɔtʃi] M packing case; **~ do lixo** (PT) dustbin (BRIT), garbage can (US)
caju [ka'ʒu] M cashew fruit
cajueiro [ka'ʒwejru] M cashew tree
cal [kaw] F lime; *(na água)* chalk; *(para caiar)* whitewash
calabouço [kala'bosu] M dungeon
calada [ka'lada] F: **na ~ da noite** at dead of night
calado, -a [ka'ladu, a] ADJ quiet
calafetar [kalafe'tar] VT to stop up
calafrio [kala'friu] M shiver; **ter ~s** to shiver
calamar [kala'mar] M squid
calamidade [kalami'dadʒi] F calamity, disaster
calamitoso, -a [kalami'tozu, ɔza] ADJ disastrous
calão [ka'lãw] M: **(baixo) ~** (BR) bad language; (PT) slang

calar [ka'lar] VT (*não dizer*) to keep quiet about; (*impor silêncio a*) to silence ▶ VI to go quiet; (*manter-se calado*) to keep quiet; **calar-se** VR to go quiet; to keep quiet; ~ **em** (*penetrar*) to mark; **cala a boca!** shut up!

calça ['kawsa] F (*tb:* **calças**) trousers *pl* (BRIT), pants *pl* (US)

calçada [kaw'sada] F (PT: *rua*) roadway; (BR: *passeio*) pavement (BRIT), sidewalk (US)

calçadão [kawsa'dãw] (*pl* **-ões**) M pedestrian precinct (BRIT), pedestrian zone (US)

calçadeira [kawsa'dejra] F shoe-horn

calçado, -a [kaw'sadu, a] ADJ (*rua*) paved ▶ M shoe; **calçados** MPL (*para os pés*) footwear *sg*

calçadões [kawsa'dõjs] MPL *de* **calçadão**

calçamento [kawsa'mētu] M paving

calcanhar [kawka'ɲar] M (*Anat*) heel; ~ **de aquiles** Achilles' heel

calção [kaw'sãw] (*pl* **-ões**) M shorts *pl*; ~ **de banho** swimming trunks *pl*

calcar [kaw'kar] VT (*pisar em*) to tread on; (*espezinhar*) to trample (on); (*comprimir*) to press; (*reprimir*) to repress

calçar [kaw'sar] VT (*sapatos, luvas*) to put on; (*pavimentar*) to pave; (*pôr calço*) to wedge; **calçar-se** VR to put on one's shoes; **o sapato calça bem?** does the shoe fit?; **ela calça (número) 28** she takes size 28 (in shoes)

calcário, -a [kaw'karju, a] ADJ (*água*) hard ▶ M limestone

calceiro, -a [kaw'sejru, a] M/F shoe-maker

calcinha [kaw'siɲa] F panties *pl*

cálcio ['kawsju] M calcium

calço ['kawsu] M (*cunha*) wedge

calções [kaw'sõjs] MPL *de* **calção**

calculador [kawkula'dor] M = **calculadora**

calculadora [kawkula'dora] F calculator

calcular [kawku'lar] VT to calculate; (*imaginar*) to imagine ▶ VI to make calculations; ~ **que** to reckon that

calculável [kawku'lavew] (*pl* **-eis**) ADJ calculable

calculista [kawku'lista] ADJ calculating ▶ M/F opportunist

cálculo ['kawkulu] M calculation; (*Mat*) calculus; (*Med*) stone

calda ['kawda] F (*de doce*) syrup; **caldas** FPL (*águas termais*) hot springs

caldeira [kaw'dejra] F (*Tec*) boiler

caldeirada [kawdej'rada] (PT) F (*guisado*) fish stew

caldeirão [kawdej'rãw] (*pl* **-ões**) M cauldron

caldo ['kawdu] M (*sopa*) broth; (*de fruta*) juice; ~ **de carne/galinha** beef/chicken stock; ~ **verde** potato and cabbage broth

calefação [kalefa'sãw] F heating

caleidoscópio [kalejdo'skɔpju] M kaleidoscope

calejado, -a [kale'ʒadu, a] ADJ calloused; (*fig: experiente*) experienced; (*: endurecido*) callous

calejar [kale'ʒar] VT (*mãos*) to callous; (*pessoa*) to harden; **calejar-se** VR (*mãos*) to get calluses; (*insensibilizar-se*) to become callous; (*tornar-se experiente*) to get experience

calendário [kalẽ'darju] M calendar

calha ['kaʎa] F (*sulco*) channel; (*para água*) gutter

calhamaço [kaʎa'masu] M tome

calhambeque [kaʎã'bɛki] (*col*) M old banger

calhar [ka'ʎar] VI: **calhou viajarmos no mesmo avião** we happened to travel on the same plane; **calhou que** it so happened that; **ele calhou de chegar** he happened to arrive; ~ **a** (*cair bem*) to suit; **vir a** ~ to come at the right time; **se** ~ (PT) perhaps, maybe

calhau [ka'ʎaw] M stone, pebble

calibrado, -a [kali'bradu, a] ADJ (*meio bêbado*) tipsy

calibrar [kali'brar] VT to gauge (BRIT), gage (US), calibrate

calibre [ka'libri] M (*de cano*) bore, calibre (BRIT), caliber (US); (*fig*) calibre

cálice ['kalisi] M (*copinho*) wine glass; (*Rel*) chalice

calidez [kali'dez] F warmth

cálido, -a ['kalidu, a] ADJ warm

caligrafia [kaligra'fia] F (*arte*) calligraphy; (*letra*) handwriting

calista [ka'lista] M/F chiropodist (BRIT), podiatrist (US)

calma ['kawma] F calm; **conservar/perder a** ~ to keep/lose one's temper; ~**!** take it easy!

calmante [kaw'mãtʃi] ADJ soothing ▶ M (*Med*) tranquillizer

calmo, -a ['kawmu, a] ADJ calm, tranquil

calo ['kalu] M callus; (*no pé*) corn; **pisar nos ~s de alguém** (*fig*) to hit a (raw) nerve

calombo [ka'lõbu] M lump; (*na estrada*) bump

calor [ka'lor] M heat; (*agradável*) warmth; (*fig*) warmth; **está** *ou* **faz** ~ it is hot; **estar com** ~ to be hot

calorento, -a [kalo'rẽtu, a] ADJ (*pessoa*) sensitive to heat; (*lugar*) hot

caloria [kalo'ria] F calorie

caloroso, -a [kalo'rozu, ɔza] ADJ warm; (*entusiástico*) enthusiastic; (*protesto*) fervent

calota [ka'lɔta] F (*Auto*) hubcap

calote [ka'lɔtʃi] (*col*) M (*dívida*) bad debt; **dar o** ~ to welsh (on one's debts)

caloteiro, -a [kalo'tejru, a] (*col*) ADJ unreliable ▶ M/F bad payer

calouro, -a [ka'loru, a] M/F (*Educ*) fresher (BRIT), freshman (US); (*noviço*) novice

calúnia [ka'lunja] F slander

caluniador, a [kalunja'dor(a)] ADJ slanderous ▶ M/F slanderer

caluniar [kalu'njar] VT to slander

calunioso, -a [kalu'njozu, ɔza] ADJ slanderous

calvície [kaw'visi] F baldness

calvo, -a ['kawvu, a] ADJ bald

cama ['kama] F bed; ~ **de casal** double bed; ~ **de solteiro** single bed; **de** ~ (*doente*) ill (in bed); **ficar de** ~ to take to one's bed

cama-beliche (*pl* **camas-beliche(s)**) F bunk bed

camada [ka'mada] F layer; (*de tinta*) coat
camafeu [kama'few] M cameo
câmara ['kamara] F chamber; (*PT Foto*) camera; **~ de ar** inner tube; **~ municipal** (*BR*) town council; (*PT*) town hall
câmara-ardente F: **estar exposto em ~** to lie in state
camarada [kama'rada] ADJ friendly, nice; (*preço*) good ▶ M/F comrade; (*sujeito*) guy/woman
camaradagem [kamara'daʒẽ] F comradeship, camaraderie; **por ~** out of friendliness
camarão [kama'rãw] (*pl* **-ões**) M shrimp; (*graúdo*) prawn
camareiro, -a [kama'rejru, a] M/F cleaner/chambermaid
camarilha [kama'riʎa] F clique
camarim [kama'rĩ] (*pl* **-ns**) M (*Teatro*) dressing room
Camarões [kama'rõjs] M: **o ~** Cameroon
camarões [kama'rõjs] MPL *de* **camarão**
camarote [kama'rɔtʃi] M (*Náut*) cabin; (*Teatro*) box
cambada [kã'bada] F bunch, gang
cambaio, -a [kã'baju, a] ADJ (*mesa*) wobbly, rickety
cambalacho [kãba'laʃu] M scam
cambaleante [kãba'ljãtʃi] ADJ unsteady (on one's feet)
cambalear [kãba'ljar] VI to stagger, reel
cambalhota [kãba'ʎɔta] F somersault
cambar [kã'bar] VI: **~ para** to lean on
cambial [kã'bjaw] (*pl* **-ais**) ADJ exchange *atr*
cambiante [kã'bjãtʃi] ADJ changing, variable ▶ M (*cor*) shade
cambiar [kã'bjar] VT to change; (*trocar*) to exchange
câmbio ['kãbju] M (*dinheiro etc*) exchange; (*preço de câmbio*) rate of exchange; **~ livre** free trade; **~ negro** black market; **~ oficial/paralelo** official/black market
cambista [kã'bista] M (*de dinheiro*) money changer; (*BR: de ingressos*) ticket(-)tout
Camboja [kã'bɔja] M: **o ~** Cambodia
cambojano, -a [kãbo'ʒanu, a] ADJ, M/F Cambodian
camburão [kãbu'rãw] (*pl* **-ões**) M police van
camélia [ka'mɛlja] F camellia
camelo [ka'melu] M camel; (*fig*) dunce
camelô [kame'lo] M street pedlar
câmera ['kamera] (*BR*) F camera ▶ M/F camera operator; **em ~ lenta** in slow motion; **~ de segurança** security camera, CCTV camera; **~ digital** digital camera
camião [ka'mjãw] (*pl* **-ões**) (*PT*) M lorry (*BRIT*), truck (*US*)
caminhada [kami'ɲada] F walk
caminhante [kami'ɲãtʃi] M/F walker
caminhão [kami'ɲãw] (*pl* **-ões**) (*BR*) M lorry (*BRIT*), truck (*US*); **~ do lixo** dustcart (*BRIT*), garbage truck (*US*)
caminhar [kami'ɲar] VI (*ir a pé*) to walk; (*processo*) to get under way; (*negócios*) to go, to progress
caminho [ka'miɲu] M way; (*vereda*) road, path; **~ de ferro** (*PT*) railway (*BRIT*), railroad (*US*); **a meio ~** halfway (there); **ser meio ~ andado** (*fig*) to be halfway there; **a ~** on the way, en route; **cortar ~** to take a short cut; **ir pelo mesmo ~** to go the same way; **pôr-se a ~** to set off
caminhões [kami'ɲõjs] MPL *de* **caminhão**
caminhoneiro, -a [kamiɲo'nejru, a] M/F lorry driver (*BRIT*), truck driver (*US*)
caminhonete [kamiɲo'netʃi] M (*Auto*) van
camiões [ka'mjõjs] MPL *de* **camião**
camioneta [kamjo'neta] (*PT*) F (*para passageiros*) coach; (*comercial*) van
camionista [kamjo'nista] (*PT*) M/F lorry driver (*BRIT*), truck driver (*US*)
camisa [ka'miza] F shirt; **~ de dormir** nightshirt; **~ de força** straitjacket; **~ esporte/polo/social** sports/polo/dress shirt; **mudar de ~** (*Esporte*) to change sides
camiseta [kami'zɛta] (*BR*) F T-shirt; (*interior*) vest
camisinha [kami'ziɲa] (*col*) F condom
camisola [kami'zɔla] F (*BR*) nightdress; (*PT: pulôver*) sweater; **~ interior** (*PT*) vest
camomila [kamo'mila] F camomile
campa ['kãpa] F (*de sepultura*) gravestone
campainha [kãpa'iɲa] F bell
campal [kã'paw] (*pl* **-ais**) ADJ: **batalha ~** pitched battle; **missa ~** open-air mass
campanário [kãpa'narju] M (*torre*) church tower, steeple
campanha [kã'paɲa] F (*Mil etc*) campaign; (*planície*) plain
campeão, -peã [kã'pjãw, 'pjã] (*pl* **-ões/-s**) M/F champion
campeonato [kãpjo'natu] M championship
campestre [kã'pɛstri] ADJ rural, rustic
campina [kã'pina] F prairie, grassland
camping ['kãpĩŋ] (*pl* **-s**) (*BR*) M camping; (*lugar*) campsite
campismo [kã'pizmu] M camping; **parque de ~** campsite
campista [kã'pista] M/F camper
campo [ˈkãpu] M field; (*fora da cidade*) countryside; (*Esporte*) ground; (*acampamento*) camp; (*âmbito*) field; (*Tênis*) court
camponês, -esa [kãpo'nes, eza] M/F countryman/woman; (*agricultor*) farmer
campus ['kãpus] M INV campus
camuflagem [kamu'flaʒẽ] F camouflage
camuflar [kamu'flar] VT to camouflage
camundongo [kamũ'dõgu] (*BR*) M mouse
camurça [ka'mursa] F suede
CAN (*BR*) ABR M = **Correio Aéreo Nacional**
cana ['kana] F cane; (*col: cadeia*) nick; (*de açúcar*) sugar cane; **ir em ~** to be put behind bars
Canadá [kana'da] M: **o ~** Canada
canadense [kana'dẽsi] ADJ, M/F Canadian

canal [ka'naw] (*pl* **-ais**) M channel; (*de navegação*) canal; (*Anat*) duct
canalha [ka'naʎa] F rabble, mob ▶ M/F wretch, scoundrel
canalização [kanaliza'sãw] F (*de água*) plumbing; (*de gás*) piping
canalizador, a [kanaliza'dor(a)] (PT) M/F plumber
canalizar [kanali'zar] VT (*água, esforços*) to channel; (*colocar canos*) to lay pipes in
canapé [kana'pɛ] M sofa
canapê [kana'pe] M (*Culin*) canapé
canário [ka'narju] M canary
canastra [ka'nastra] F (big) basket; (*jogo*) canasta
canastrão, -trona [kanas'trãw, 'trɔna] (*pl* **-ões/-s**) M/F ham actor/actress
canavial [kana'vjaw] (*pl* **-ais**) M cane field
canavieiro, -a [kana'vjejru, a] ADJ sugar cane *atr*
canção [kã'sãw] (*pl* **-ões**) F song; **~ de ninar** lullaby
cancela [kã'sɛla] F gate
cancelamento [kãsela'mẽtu] M cancellation
cancelar [kãse'lar] VT to cancel; (*invalidar*) to annul; (*riscar*) to cross out
câncer ['kãser] M cancer; **C~** (*Astrologia*) Cancer
canceriano, -a [kãse'rjanu, a] ADJ, M/F Cancerian
cancerígeno, -a [kãse'riʒenu, a] ADJ carcinogenic
cancerologista [kãserolo'ʒista] M/F cancer specialist, oncologist
canceroso, -a [kãse'rozu, ɔza] ADJ (*célula*) cancerous ▶ M/F cancer sufferer
canções [kã'sõjs] FPL *de* **canção**
cancro ['kãkru] (PT) M cancer
candango, -a [kã'dãgu, a] M/F person from Brasília
candeeiro [kãdʒi'ejru] M (BR: *a óleo*) oil-lamp; (*a gás*) gas-lamp; (PT) lamp
candelabro [kãde'labru] M (*castiçal*) candlestick; (*lustre*) chandelier
candente [kã'dẽtʃi] ADJ white hot; (*fig*) inflamed
candidatar-se [kãdʒida'tarsi] VR: **~ a** (*vaga*) to apply for; (*presidência*) to stand for
candidato, -a [kãdʒi'datu, a] M/F candidate; (*a cargo*) applicant
candidatura [kãdʒida'tura] F candidature; (*a cargo*) application
cândido, -a ['kãdʒidu, a] ADJ (*ingênuo*) naive; (*inocente*) innocent
candomblé [kãdõ'blɛ] M *see note*

> **Candomblé** is Brazil's most influential Afro-Brazilian religion. Practised mainly in Bahia, it mixes catholicism with Yoruba traditions. According to **candomblé**, believers become possessed by spirits and thus become an instrument of communication between divine and mortal forces. **Candomblé** ceremonies are great spectacles of African rhythm and dance held in *terreiros*.

candura [kã'dura] F (*simplicidade*) simplicity; (*inocência*) innocence
caneca [ka'nɛka] F mug
caneco [ka'nɛku] M tankard; **pintar os ~s** (*col*) to play up
canela [ka'nɛla] F (*especiaria*) cinnamon; (*Anat*) shin
canelada [kane'lada] F kick in the shins; **dei uma ~ na mesa** I hit my shins on the table
caneta [ka'neta] F pen; **~ esferográfica** ballpoint pen; **~ pilot** felt-tip pen
caneta-tinteiro (*pl* **canetas-tinteiro**) F fountain pen
canga ['kãga] F beach wrap
cangaceiro [kãga'sejru] (BR) M bandit
cangote [kã'gotʃi] M (back of the) neck
canguru [kãgu'ru] M kangaroo
cânhamo ['kaɲamu] M hemp
canhão [ka'ɲãw] (*pl* **-ões**) M (*Mil*) cannon; (*Geo*) canyon
canhestro, -a [ka'ɲestru, a] ADJ awkward
canhões [ka'ɲõjs] MPL *de* **canhão**
canhoto, -a [ka'ɲotu, a] ADJ left-handed ▶ M/F left-handed person ▶ M (*de cheque*) stub
canibal [kani'baw] (*pl* **-ais**) M/F cannibal
canibalismo [kaniba'lizmu] M cannibalism
caniço, -a [ka'nisu, a] ADJ (*col*) skinny ▶ M reed
canícula [ka'nikula] F searing heat
canil [ka'niw] (*pl* **-is**) M kennel
caninha [ka'niɲa] (*col*) F rum
canino, -a [ka'ninu, a] ADJ canine; (*fome*) terrible ▶ M canine
canis [ka'nis] MPL *de* **canil**
canivete [kani'vɛtʃi] M penknife; **nem que chovam ~s** whatever happens, come what may
canja ['kãʒa] F (*sopa*) chicken broth; (*col*) cinch, pushover
canjica [kã'ʒika] F maize porridge
cano ['kanu] M pipe; (*tubo*) tube; (*de arma de fogo*) barrel; (*de bota*) top; **~ de esgoto** sewer; **entrar pelo ~** (*col*) to come off badly
canoa [ka'noa] F canoe
canoagem [ka'nwaʒẽ] F canoeing
canoeiro, -a [ka'nwejru, a] M/F canoeist
canoísta [kano'ista] M/F canoeist
canonizar [kanoni'zar] VT to canonize
cansaço [kã'sasu] M tiredness
cansado, -a [kã'sadu, a] ADJ tired
cansar [kã'sar] VT (*fatigar*) to tire; (*entediar*) to bore ▶ VI (*ficar cansado*) to get tired; **cansar-se** VR to get tired
cansativo, -a [kãsa'tʃivu, a] ADJ tiring; (*tedioso*) tedious
canseira [kã'sejra] F (*cansaço*) weariness; (*trabalho árduo*) toil; **dar ~ em alguém** to wear sb out
cantada [kã'tada] (*col*) F chat-up line; **dar uma ~ em** to chat up
cantado, -a [kã'tadu, a] ADJ (*missa*) sung; (*sotaque*) sing-song

cantar [kã'tar] VT to sing; (*respostas etc*) to sing out; (*col: seduzir*) to chat up ▶ VI to sing ▶ M song

cantarolar [kãtaro'lar] VT to hum

canteiro [kã'tejru] M stonemason; (*de flores*) flower bed; (*de obra*) site office

cantiga [kã'tʃiga] F ballad; **~ de ninar** lullaby

cantil [kã'tʃiw] (*pl* -**is**) M canteen, flask

cantina [kã'tʃina] F canteen

cantis [kã'tʃis] MPL *de* **cantil**

canto ['kãtu] M corner; (*lugar*) place; (*canção*) song

cantor, a [kã'tor(a)] M/F singer

cantoria [kãto'ria] F singing

canudo [ka'nudu] M tube; (*para beber*) straw

cão [kãw] (*pl* **cães**) M dog; (*pessoa*) rascal; **ser ou estar um ~ de ruim** (*col*) to be awful

caolho, -a [ka'oʎu, a] ADJ cross-eyed

caos ['kaos] M chaos

caótico, -a [ka'ɔtʃiku, a] ADJ chaotic

capa ['kapa] F (*roupa*) cape; (*cobertura*) cover; **livro de ~ dura/mole** hardback/paperback (book)

capacete [kapa'setʃi] M helmet

capacho [ka'paʃu] M door mat; (*fig*) toady

capacidade [kapasi'dadʒi] F capacity; (*aptidão*) ability, competence; **ser uma ~** (*pessoa*) to be brilliant; **~ ociosa** (*Com*) idle capacity

capacíssimo, -a [kapa'sisimu, a] ADJ SUPERL *de* **capaz**

capacitar [kapasi'tar] VT: **~ alguém a fazer/para algo** to prepare sb to do/for sth; **capacitar-se** VR: **~-se de/de que** to convince o.s. of/that

capar [ka'par] VT to castrate, geld

capataz [kapa'taz] M foreman

capaz [ka'paz] ADJ able, capable; **ser ~ de** to be able to (*ou* capable of); **sou ~ de ...** (*talvez*) I might ...; **é ~ de chover hoje** it might rain today

capcioso, -a [kap'sjozu, ɔza] ADJ (*pergunta*) trick; (*pessoa*) tricky

capela [ka'pɛla] F chapel

capelão [kape'lãw] (*pl* -**ães**) M (*Rel*) chaplain

Capemi [kape'mi] (BR) ABR F (= *Caixa de Pecúlios, Pensões e Montepios dos Militares*) military pension fund

capenga [ka'pẽga] ADJ lame

capengar [kapẽ'gar] VI to limp

Capes (BR) ABR F (*Educ*: = *Coordenação de Aperfeiçoamento de Pessoal de Nível Superior*) grant-awarding body

capeta [ka'peta] M devil; **ele é um ~** he's a little devil

capilar [kapi'lar] ADJ hair *atr*

capim [ka'pĩ] M grass

capinar [kapi'nar] VT to weed ▶ VI to weed; (*col*) to clear off

capitães [kapi'tãjs] MPL *de* **capitão**

capital [kapi'taw] (*pl* -**ais**) ADJ, M capital ▶ F (*cidade*) capital; **~ circulante** (*Com*) circulating capital; **~ de giro** (*Com*) working capital; **~ investido** (*Com*) investment capital; **~ (em) ações** (*Com*) share capital; **~ imobilizado** *ou* **fixo** (*Com*) fixed capital; **~ integralizado** (*Com*) paid-up capital; **~ próprio** *ou* **social** (*Com*) equity capital; **~ de risco** (*Com*) venture capital

capitalismo [kapita'lizmu] M capitalism

capitalista [kapita'lista] M/F capitalist

capitalizar [kapitali'zar] VT (*tirar proveito de*) to capitalize on; (*Com*) to capitalize

capitanear [kapita'njar] VT to command, head

capitania [kapita'nia] F: **~ do porto** port authority

capitão [kapi'tãw] (*pl* -**ães**) M captain

capitulação [kapitula'sãw] F capitulation, surrender

capitular [kapitu'lar] VT (*falhas, causas*) to list; (*descrever*) to characterize; (*rendição*) to fix the terms of ▶ VI to capitulate; **~ alguém de algo** to brand sb (as) sth

capítulo [ka'pitulu] M chapter; (*de novela*) episode

capô [ka'po] M (*Auto*) bonnet (BRIT), hood (US)

capoeira [ka'pwejra] F (PT) hencoop; (*mata*) brushwood

> Capoeira is a fusion of martial arts and dance which originated among African slaves in colonial Brazil. It is performed in a circle to the sound of the *berimbau*, a percussion instrument of African origin. Opposed by the Brazilian authorities until the beginning of the twentieth century, today **capoeira** is regarded as a national sport.

capota [ka'pɔta] F (*Auto*) hood, top

capotar [kapo'tar] VI to overturn

capote [ka'pɔtʃi] M overcoat

caprichar [kapri'ʃar] VI: **~ em** to take trouble over

capricho [ka'priʃu] M whim, caprice; (*teimosia*) obstinacy; (*apuro*) care

caprichoso, -a [kapri'ʃozu, ɔza] ADJ capricious; (*com apuro*) meticulous

capricorniano, -a [kaprikor'njanu, a] ADJ, M/F Capricorn

Capricórnio [kapri'kɔrnju] M Capricorn

cápsula ['kapsula] F capsule

captar [kap'tar] VT (*atrair*) to win; (*Rádio*) to pick up; (*águas*) to collect, dam up; (*compreender*) to catch

captura [kap'tura] F capture; **~ de tela** (*Comput*) screenshot

capturar [kaptu'rar] VT to capture, seize

capuz [ka'puz] M hood

caquético, -a [ka'kɛtʃiku, a] ADJ doddery

caqui [ka'ki] M persimmon

cáqui ['kaki] ADJ khaki

cara ['kara] F (*de pessoa*) face; (*aspecto*) appearance ▶ M (*col*) guy; (*coragem*) courage, heart; **~ ou coroa?** heads or tails?; **de ~** straightaway; **está na ~** it's obvious; **dar de ~ com** to bump into; **estar com boa ~** to

look well; (*comida*) to look good; **não vou com a ~ dele** (*col*) I'm not very keen on him; **meter a ~** (*col*) to put one's back into it; **ser a ~ de** (*col*) to be the spitting image of; **ter ~ de** to look (like)
carabina [kara'bina] F rifle
Caracas [ka'rakas] N Caracas
caracol [kara'kɔw] (*pl* **-óis**) M snail; (*de cabelo*) curl; **escada em ~** spiral staircase
caracteres [karak'tɛris] MPL *de* **caráter**
característica [karakte'ristʃika] F characteristic, feature
característico, -a [karakte'ristʃiku, a] ADJ characteristic
caracterização [karakteriza'sãw] F characterization; (*de ator*) make-up
caracterizar [karakteri'zar] VT to characterize, typify; (*ator*) to make up; **caracterizar-se** VR to be characterized; (*ator*) to get into character
cara de pau F cheek ▶ ADJ INV brazen
caraíba [kara'iba] ADJ Carib; (PT) Caribbean
caramanchão [karamã'ʃãw] (*pl* **-ões**) M gazebo
caramba [ka'rãba] EXCL blimey (BRIT), gee (US); **quente pra ~** (*col*) really hot
carambola [karã'bɔla] F carambola (*fruit*)
caramelo [kara'mɛlu] M caramel; (*bala*) toffee
cara-metade (*pl* **caras-metades**) F better half
caranguejo [karã'geʒu] M crab
carão [ka'rãw] (*pl* **-ões**) M telling-off; **passar/ levar um ~** to give/get a telling-off
carapuça [kara'pusa] F cap; **enfiar a ~** to take the hint personally
caratê [kara'te] M karate
caráter [ka'rater] (*pl* **caracteres**) M character; **de ~ social** of a social nature; **a ~** in character; **uma pessoa de ~** a person of hono(u)r
caravana [kara'vana] F caravan
carboidrato [karboi'dratu] M carbohydrate
carbônico, -a [kar'boniku, a] ADJ carbon *atr*
carbonizar [karboni'zar] VT to carbonize; (*queimar*) to char
carbono [kar'bɔnu] M carbon
carburador [karbura'dor] M carburettor (BRIT), carburetor (US)
carcaça [kar'kasa] F (*esqueleto*) carcass; (*armação*) frame; (*de navio*) hull
carcamano, -a [karka'manu, a] M/F Italian-Brazilian
cárcere ['karseri] M prison
carcereiro, -a [karse'rejru, a] M/F jailer, warder
carcomido, -a [karko'midu, a] ADJ worm-eaten; (*rosto*) pock-marked, pitted
cardápio [kar'dapju] (BR) M menu
cardeal [kar'dʒjaw] (*pl* **-ais**) ADJ, M cardinal
cardíaco, -a [kar'dʒiaku, a] ADJ cardiac ▶ M/F person with a heart condition; **ataque ~** heart attack; **parada cardíaca** cardiac arrest

cardigã [kardʒi'gã] M cardigan
cardinal [kardʒi'naw] (*pl* **-ais**) ADJ cardinal
cardiológico, -a [kardʒjo'lɔʒiku, a] ADJ heart *atr*
cardiologista [kardʒjolo'ʒista] M/F heart specialist, cardiologist
cardume [kar'dumi] M (*peixes*) shoal
careca [ka'rɛka] ADJ bald ▶ F baldness; **estar ~ de fazer/saber** (*col*) to be used to doing/ know full well
carecer [kare'ser] VI: **~ de** (*ter falta*) to lack; (*precisar*) to need
careiro, -a [ka'rejru, a] ADJ expensive
carência [ka'rẽsja] F (*falta*) lack, shortage; (*necessidade*) need; (*privação*) deprivation
carente [ka'rẽtʃi] ADJ wanting; (*pessoa*) needy, deprived; (*de carinho*) in need of affection
carestia [kares'tʃia] F high cost; (*preços altos*) high prices *pl*; (*escassez*) scarcity
careta [ka'reta] ADJ (*col*) straight, square ▶ F grimace; **fazer uma ~** to pull a face
carga ['karga] F load; (*de navio, avião*) cargo; (*ato de carregar*) loading; (*Elet*) charge; (*fig: peso*) burden; (*Mil*) attack, charge; **voltar à ~** to insist; **~ d'água** heavy downpour; **~ horária** workload; **~ aérea** air cargo
cargo ['kargu] M (*responsabilidade*) responsibility; (*função*) post; **a ~ de** in charge of; **ter a ~** to be in charge of; **tomar a ~** to take charge of; **~ honorífico** honorary post; **~ de confiança** position of trust; **~ público** public office
cargueiro [kar'gejru] M cargo ship
cariar [ka'rjar] VT, VI to decay
Caribe [ka'ribi] M: **o ~** the Caribbean (Sea)
caricatura [karika'tura] F caricature
caricatural [karikatu'raw] (*pl* **-ais**) ADJ (*fig*) grotesque
caricaturar [karikatu'rar] VT to caricature
caricaturista [karikatu'rista] M/F caricaturist
carícia [ka'risja] F caress
caridade [kari'dadʒi] F charity; **obra de ~** charity
caridoso, -a [kari'dozu, ɔza] ADJ charitable
cárie ['kari] F tooth decay; (*Med*) caries *sg*
carimbar [karĩ'bar] VT to stamp; (*no correio*) to postmark
carimbo [ka'rĩbu] M stamp; (*postal*) postmark
carinho [ka'riɲu] M affection, fondness; (*carícia*) caress; **fazer ~** to caress; **com ~** affectionately; (*com cuidado*) with care
carinhoso, -a [kari'ɲozu, ɔza] ADJ affectionate
carioca [ka'rjɔka] ADJ of Rio de Janeiro ▶ M/F native of Rio de Janeiro ▶ M (*café*) *type of weak coffee*
carisma [ka'rizma] M charisma
carismático, -a [kariz'matʃiku, a] ADJ charismatic
caritativo, -a [karita'tʃivu, a] ADJ charitable
carnal [kar'naw] (*pl* **-ais**) ADJ carnal; **primo ~** first cousin

carnaval [karna'vaw] (*pl* **-ais**) M carnival
In Brazil, **Carnaval** is the popular festival held each year in the four days before Lent. It is celebrated in very different ways in different parts of the country. In Rio de Janeiro, for example, the big attraction is the parades of the *escolas de samba*, in Salvador the *trios elétricos*, in Recife the *frevo* and, in Olinda, the giant figures, such as the *Homen da meia-noite* and *Mulher do meio-dia*. In Portugal, **Carnaval** is celebrated on Shrove Tuesday, with street parties and processions taking place throughout the country.

carnavalesco, -a [karnava'lesku, a] ADJ (*festa*) carnival *atr*; (*pessoa*) keen on carnival; (*fig*) grotesque ▶ M/F carnival organizer

carne ['karni] F flesh; (*Culin*) meat; **em ~ e osso** in the flesh; **ser de ~ e osso** to be human; **~ assada** roast beef

carnê [kar'ne] M (*para compras*) payment book

carneiro [kar'nejru] M sheep; (*macho*) ram; **perna/costeleta de ~** leg of lamb/lamb chop

carniça [kar'nisa] F carrion; **pular ~** to play leapfrog

carnificina [karnifi'sina] F slaughter

carnívoro, -a [kar'nivoru, a] ADJ carnivorous ▶ M carnivore

carnudo, -a [kar'nudu, a] ADJ plump, fleshy; (*col*) beefy; (*lábios*) thick; (*fruta*) fleshy

caro, -a ['karu, a] ADJ dear, expensive; (*estimado*) dear; **sair ~** to work out expensive; **cobrar/pagar ~** to charge a lot/pay dearly

carochinha [karo'ʃiɲa] F: **conto da ~** fairy tale

caroço [ka'rosu] M (*de frutos*) stone; (*endurecimento*) lump

carões [ka'rōjs] MPL *de* **carão**

carola [ka'rɔla] (*col*) M/F pious person

carona [ka'rɔna] F lift; **viajar de ~** to hitchhike; **pegar uma ~** to get a lift

carpete [kar'pɛtʃi] M (fitted) carpet

carpintaria [karpĩta'ria] F carpentry

carpinteiro [karpĩ'tejru] M carpenter; (*Teatro*) stagehand

carranca [ka'hãka] F frown, scowl

carrancudo, -a [kahã'kudu, a] ADJ (*soturno*) sullen; (*semblante*) scowling

carrapato [kaha'patu] M (*inseto*) tick; (*pessoa*) hanger-on

carrapicho [kaha'piʃu] M (*do cabelo*) bun

carrasco [ka'hasku] M executioner; (*fig*) tyrant

carrear [ka'hjar] VT (*transportar*) to transport; (*arrastar*) to carry; (*acarretar*) to bring on

carreata [kahe'ata] F motorcade

carregado, -a [kahe'gadu, a] ADJ loaded, laden; (*semblante*) sullen; (*céu*) dark; (*ambiente*) tense

carregador [kahega'dor] M porter

carregamento [kahega'mẽtu] M (*ação*) loading; (*carga*) load, cargo

carregar [kahe'gar] VT to load; (*levar*) to carry; (*bateria*) to charge; (PT: *apertar*) to press; (*levar para longe*) to take away ▶ VI: **~ em** (*pôr em demasia*) to overdo, put too much; (*pôr enfase*) to bring out

carreira [ka'hejra] F (*ação de correr*) run, running; (*profissão*) career; (*Turfe*) race; (*Náut*) slipway; (*fileira*) row; **às ~s** in a hurry; **dar uma ~** to go quickly; **fazer ~** to make a career; **arrepiar ~** to abandon one's career

carreirista [kahej'rista] ADJ, M/F careerist

carreta [ka'heta] F cart

carreteiro [kahe'tejru] M cart driver

carretel [kahe'tɛw] (*pl* **-éis**) M spool, reel

carreto [ka'hetu] M freight

carril [ka'hiw] (*pl* **-is**) (PT) M (*Ferro*) rail

carrilhão [kahi'ʎãw] (*pl* **-ões**) M chime

carrinho [ka'hiɲu] M (*para bagagem, compras*) trolley; (*brinquedo*) toy car; **~ (de criança)** pram; **~ de mão** wheelbarrow; **~ de chá** tea trolley; **~ de compras** shopping trolley (BRIT), shopping cart (US)

carris [ka'his] MPL *de* **carril**

carro ['kaho] M (*automóvel*) car; (*de bois*) cart; (*de mão*) handcart, barrow; (*de máquina de escrever*) carriage; **pôr o ~ adiante dos bois** (*fig*) to put the cart before the horse; **~ de corrida** racing car; **~ de passeio** saloon car; **~ de praça** cab; **~ de bombeiro** fire engine; **~ esporte** sports car

carro-bomba (*pl* **carros-bomba**) M car bomb

carroça [ka'hɔsa] F cart, wagon

carroçeria [kahose'ria] F (*Auto*) bodywork

carro-chefe (*pl* **carros-chefe(s)**) M (*de desfile*) main float; (*fig*) flagship, centrepiece (BRIT), centerpiece (US)

carrocinha [kaho'siɲa] F wagon

carro-forte (*pl* **carros-fortes**) M security van

carrossel [kaho'sɛw] (*pl* **-éis**) M merry-go-round

carruagem [ka'hwaʒẽ] (*pl* **-ns**) F carriage, coach

carta ['karta] F letter; (*de jogar*) card; (*mapa*) chart; **~ aberta** open letter; **~ aérea** airmail letter; **~ registrada** registered letter; **~ de apresentação** letter of introduction; **~ de crédito/intenção** letter of credit/intent; **~ de condução** (PT) driving licence (BRIT), driver's license (US); **dar as ~s** to deal; **dar/ter ~ branca** to give/have carte blanche; **pôr as ~s na mesa** (*fig*) to put one's cards on the table; **~ magna** charter; **~ patente** patent

carta-bomba (*pl* **cartas-bomba(s)**) F letter bomb

cartada [kar'tada] F (*fig*) move

cartão [kar'tãw] (*pl* **-ões**) M card; (PT: *material*) cardboard; **~ comercial** business card; **~ de crédito** credit card; **~ de cidadão** (PT) identity card; **~ de débito** debit card; **~ de memória** memory card; **~ de recarga** (*para celular*) top-up card; **~ de visita** (calling) card; **~ telefônico** phone card

> All Portuguese citizens are required to carry an identity card. The new smart-card version, known as the **cartão de cidadão**, was issued for the first time in the second half of the 2000s, and has replaced the BI or *bilhete de identidade*. As well as providing a photograph and giving standard details such as the owner's name, date of birth, height and names of parents, it includes on the same card electoral, medical and tax-payer identification details. Like the BI, this card can be used instead of a passport for travel within the European Union.

cartão-postal (*pl* **cartões-postais**) M postcard; (*lugar turístico*) sight

cartaz [kar'taz] M poster, bill (US); **ter ~** (*ser famoso*) to be well-known; (*ter popularidade*) to be popular; (**estar) em ~** (*Teatro, Cinema*) (to be) showing

cartear [kar'tʃjar] VI to play cards ▶ VT to play

carteira [kar'tejra] F (*móvel*) desk; (*para dinheiro*) wallet; (*de ações*) portfolio; **~ de identidade** (BR) identity card; **~ de motorista** driving licence (BRIT), driver's license (US)

> The identity card carried by Brazilian citizens is known as the **carteira de identidade** or RG (*registro geral*). It gives the holder's name, photograph, date of birth, signature and right thumb print, as well as their RG identification number and, optionally, their **CPF** (tax-payer's identification number). The parents' names are also included. The card can be used instead of a passport for travel to some Latin American countries.

carteiro [kar'tejru] M postman (BRIT), mailman (US)

cartel [kar'tɛw] (*pl* **-éis**) M cartel

cartilagem [kartʃi'laʒē] (*pl* **-ns**) F (*Anat*) cartilage

cartões [kar'tõjs] MPL *de* **cartão**

cartografia [kartogra'fia] F cartography

cartola [kar'tɔla] F top hat

cartolina [karto'lina] F card

cartomante [karto'mãtʃi] M/F fortune-teller

cartório [kar'tɔrju] M registry office

cartucho [kar'tuʃu] M cartridge; (*saco de papel*) packet

cartum [kar'tũ] (*pl* **-ns**) M cartoon

cartunista [kartu'nista] M/F cartoonist

cartuns [kar'tũs] MPL *de* **cartum**

caruncho [ka'rũʃu] M (*inseto*) woodworm

carvalho [kar'vaʎu] M oak

carvão [kar'vãw] (*pl* **-ões**) M coal; (*de madeira*) charcoal

carvoeiro [karvo'ejru] M *coal merchant*

carvões [kar'võjs] MPL *de* **carvão**

casa ['kaza] F house; (*lar*) home; (*Com*) firm; (*Mat: decimal*) place; **em/para ~** (at) home/home; **~ de botão** buttonhole; **~ de saúde** hospital; **~ da moeda** mint; **~ de banho** (PT) bathroom; **~ e comida** board and lodging; **ser de ~** to be like one of the family; **ter dez anos de ~** (*numa firma*) to have ten years' service behind one; **~ de câmbio** bureau de change; **~ de campo** country house; **~ de cômodos** tenement; **~ de máquinas** engine room; **~ de repouso** old people's home (BRIT), retirement home (US); **~ popular** = council house

casaca [ka'zaka] F tails *pl*; **virar a ~** to become a turncoat

casacão [kaza'kãw] (*pl* **-ões**) M overcoat

casaco [ka'zaku] M coat; (*paletó*) jacket; **~ de peles** fur coat

casacões [kaza'kõjs] MPL *de* **casacão**

casado, -a [ka'zadu, a] ADJ married; **bem ~** happily married

casa-forte (*pl* **casas-fortes**) F vault

casa-grande (*pl* **casas-grandes**) F great house

casal [ka'zaw] (*pl* **-ais**) M couple

casamenteiro, -a [kazamē'tejru, a] ADJ wedding *atr*

casamento [kaza'mẽtu] M marriage; (*boda*) wedding; (*fig*) combination

casar [ka'zar] VT to marry; (*combinar*) to match (up); **casar-se** VR to get married; (*harmonizar-se*) to combine well

casarão [kaza'rãw] (*pl* **-ões**) M mansion

casca ['kaska] F (*de árvore*) bark; (*de banana*) skin; (*de ferida*) scab; (*de laranja*) peel; (*de nozes, ovos*) shell; (*de milho etc*) husk; (*de pão*) crust

casca-grossa (*pl* **cascas-grossas**) ADJ coarse, uneducated

cascalho [kas'kaʎu] M gravel; (*na praia*) shingle

cascão [kas'kãw] M crust; (*sujeira*) grime

cascata [kas'kata] F waterfall; (*col: mentira*) tall story

cascateiro, -a [kaska'tejru, a] (*col*) ADJ big-mouthed ▶ M/F storyteller

cascavel [kaska'vɛw] (*pl* **-éis**) M (*serpente*) rattlesnake

casco ['kasku] M (*crânio*) skull; (*de animal*) hoof; (*de navio*) hull; (*para bebidas*) empty bottle; (*de tartaruga*) shell

cascudo [kas'kudu] M rap on the head

casebre [ka'zɛbri] M hovel, shack

caseiro, -a [ka'zejru, a] ADJ (*produtos*) home-made; (*pessoa, vida*) domestic ▶ M/F housekeeper

caserna [ka'zɛrna] F barracks *pl*

casmurro, -a [kaz'muhu, a] ADJ introverted

caso ['kazu] M case; (*tb:* **caso amoroso**) affair; (*estória*) story ▶ CONJ in case, if; **de ~ pensado** deliberately; **no ~ de** in case (of); **em todo ~** in any case; **neste ~** in that case; **~ necessário** if necessary; **criar ~** to cause trouble; **fazer pouco ~ de** to belittle; **não fazer ~ de** to ignore; **vir ao ~** to be relevant; **~ de emergência** emergency

casório [ka'zɔrju] (*col*) M wedding

caspa ['kaspa] F dandruff

casquinha [kas'kiɲa] F (*de sorvete*) cone; (*pele*) skin

cassação [kasa'sãw] F withholding; (*de políticos*) banning
cassar [ka'sar] VT (*direitos, licença*) to cancel, withhold; (*políticos*) to ban
cassete [ka'sɛtʃi] M cassette
cassetete [kase'tɛtʃi] M truncheon (BRIT), nightstick (US)
cassino [ka'sinu] M casino
casta ['kasta] F caste; (*estirpe*) lineage
castanha [kas'taɲa] F chestnut; ~ **de caju** cashew nut
castanha-do-pará [-pa'ra] (*pl* **castanhas-do-pará**) F Brazil nut
castanheiro [kasta'ɲejru] M chestnut tree
castanho, -a [kas'taɲu, a] ADJ brown
castanholas [kasta'ɲɔlas] FPL castanets
castelo [kas'tɛlu] M castle; **fazer ~s no ar** (*fig*) to build castles in the air
castiçal [kastʃi'daw] (*pl* **-ais**) M candlestick
castiço, -a [kas'tʃisu, a] ADJ pure; (*de boa casta*) of good stock, pedigree *atr*
castidade [kastʃi'dadʒi] F chastity
castigar [kastʃi'gar] VT to punish; (*aperfeiçoar*) to perfect; (*col: tocar*) to play
castigo [kas'tʃigu] M punishment; (*fig: mortificação*) pain; **estar/ficar de ~** (*criança*) to be getting punished/be punished
casto, -a ['kastu, a] ADJ chaste
castor [kas'tor] M beaver
castrar [kas'trar] VT to castrate
casual [ka'zwaw] (*pl* **-ais**) ADJ chance *atr*, accidental; (*fortuito*) fortuitous
casualidade [kazwali'dadʒi] F chance; (*acidente*) accident; **por casual** by chance, accidentally
casulo [ka'zulu] M (*de sementes*) pod; (*de insetos*) cocoon
cata ['kata] F: **à ~ de** in search of
cataclismo [kata'klizmu] M cataclysm
catacumbas [kata'kũbas] FPL catacombs
catalizador, a [kataliza'dor(a)] ADJ catalytic
▶ M catalyst
catalogar [katalo'gar] VT to catalogue (BRIT), catalog (US)
catálogo [ka'talogu] M catalogue (BRIT), catalog (US); **~ (telefônico)** telephone directory
Catalunha [kata'luɲa] F: **a ~** Catalonia
catapora [kata'pɔra] (BR) F chickenpox
Catar [ka'tar] M: **o ~** Qatar
catar [ka'tar] VT to pick (up); (*procurar*) to look for, search for; (*arroz*) to clean; (*recolher*) to collect, gather
catarata [kata'rata] F waterfall; (*Med*) cataract
catarro [ka'tahu] M catarrh
catártico, -a [ka'tartʃiku, a] ADJ cathartic
catástrofe [ka'tastrofi] F catastrophe
catastrófico, -a [katas'trɔfiku, a] ADJ catastrophic
catatau [kata'taw] M: **um ~ de** a lot of
cata-vento M weathercock
catecismo [kate'sizmu] M catechism
cátedra ['katedra] F chair
catedral [kate'draw] (*pl* **-ais**) F cathedral
catedrático, -a [kate'dratʃiku, a] M/F professor
categoria [katego'ria] F category; (*social*) rank; (*qualidade*) quality; **de alta ~** first-rate
categórico, -a [kate'gɔriku, a] ADJ categorical
categorizar [kategori'zar] VT to categorize
catequizar [kateki'zar] VT to talk round; (*Rel*) to catechize
catinga [ka'tʃĩga] F stench, stink
catinguento, -a [katʃĩ'gẽtu, a] ADJ smelly
catiripapo [katʃiri'papu] M punch
cativante [katʃi'vãtʃi] ADJ captivating; (*atraente*) charming
cativar [katʃi'var] VT (*escravizar*) to enslave; (*fascinar*) to captivate; (*atrair*) to charm
cativeiro [katʃi'vejru] M captivity; (*escravidão*) slavery; (*cadeia*) prison
cativo, -a [ka'tʃivu, a] M/F (*escravo*) slave; (*prisioneiro*) prisoner
catolicismo [katoli'sizmu] M catholicism
católico, -a [ka'toliku, a] ADJ, M/F Catholic
catorze [ka'torzi] NUM fourteen; *ver tb* **cinco**
catraca [ka'traka] F turnstile; **~ de embarque/desembarque** (*em estação*) ticket barrier
catucar [katu'kar] VT = **cutucar**
caturrice [katu'hisi] F obstinacy
caução [kaw'sãw] (*pl* **-ões**) F security, guarantee; (*Jur*) bail; **prestar ~** to give bail; **sob ~** on bail
caucionante [kawsjo'nãtʃi] M/F guarantor
caucionar [kawsjo'nar] VT to guarantee, stand surety for; (*Jur*) to stand bail for
cauções [kaw'sõjs] FPL *de* **caução**
cauda ['kawda] F tail; (*de vestido*) train
caudal [kaw'daw] (*pl* **-ais**) M torrent
caudaloso, -a [kawda'lozu, ɔza] ADJ torrential
caudilho [kaw'dʒiʎu] M leader, chief
caule ['kauli] M stalk, stem
causa ['kawza] F cause; (*motivo*) motive, reason; (*Jur*) lawsuit, case; **por ~ de** because of; **em ~** in question
causador, a [kawza'dor(a)] ADJ which caused
▶ M cause
causar [kaw'zar] VT to cause, bring about
cáustico, -a ['kawstʃiku, a] ADJ caustic
cautela [kaw'tɛla] F caution; (*senha*) ticket; (*título*) share certificate; **~ (de penhor)** pawn ticket
cautelar [kawte'lar] ADJ precautionary
cauteloso, -a [kawte'lozu, ɔza] ADJ cautious, wary
cauterizar [kawteri'zar] VT to cauterize
cava ['kava] F (*de manga*) armhole
cavação [kava'sãw] (*col*) F wheeling and dealing
cavaco [ka'vaku] M: **~s do ofício** occupational hazards
cavado, -a [ka'vadu, a] ADJ (*olhos*) sunken; (*roupa*) low-cut

cavador, a [kava'dor(a)] ADJ go-getting ▶ M/F go-getter
cavala [ka'vala] F mackerel
cavalar [kava'lar] ADJ (*descomunal*) enormous, huge
cavalaria [kavala'ria] F (*Mil*) cavalry; (*instituição medieval*) chivalry
cavalariça [kavala'risa] F stable
cavaleiro [kava'lejru] M rider, horseman; (*medieval*) knight
cavalete [kava'letʃi] M stand; (*Foto*) tripod; (*de pintor*) easel; (*de mesa*) trestle; (*do violino*) bridge
cavalgar [kavaw'gar] VT to ride ▶ VI: **~ em** to ride on; **~ (sobre)** to jump over
cavalheiresco, -a [kavaʎej'resku, a] ADJ courteous, gallant, gentlemanly
cavalheiro, -a [kava'ʎejru, a] ADJ courteous, gallant ▶ M gentleman; (*Dança*) partner
cavalinho [kava'liɲu] M: **~ de pau** rocking horse
cavalo [ka'valu] M horse; (*Xadrez*) knight; (*pessoa*): **ser um ~** to be rude; **a ~** on horseback; **50 ~s(-vapor), 50 ~s de força** 50 horsepower; **quantos ~s tem esse carro?** how many horsepower is that car?; **fazer de algo um ~ de batalha** to make a mountain out of a molehill about sth; **tirar o ~ da chuva** (*fig*) to forget the idea; **~ de corrida** racehorse; **~ de troia** (*Comput*) Trojan (Horse)
cavalo-marinho (*pl* **cavalos-marinhos**) M seahorse
cavanhaque [kava'ɲaki] M goatee (beard)
cavaquinho [kava'kiɲu] M small guitar
cavar [ka'var] VT to dig; (*decote*) to lower; (*esforçar-se para obter*) to try to get ▶ VI to dig; (*fig*) to delve; (*animal*) to burrow; (*esforçar-se*) to try hard; **~ a vida** to earn one's living
cave ['kavi] (*PT*) F wine cellar
caveira [ka'vejra] F skull; **fazer a ~ de alguém** (*col*) to blacken sb's name
caverna [ka'vɛrna] F cavern
cavernoso, -a [kaver'nozu, ɔza] ADJ (*voz*) booming; (*pessoa*) horrible
caviar [ka'vjar] M caviar
cavidade [kavi'dadʒi] F cavity
cavilha [ka'viʎa] F (*de madeira*) peg, dowel; (*de metal*) bolt
cavo, -a ['kavu, a] ADJ (*côncavo*) concave
caxias [ka'ʃias] ADJ INV overdisciplined ▶ M/F INV stickler for discipline
caxumba [ka'ʃũba] F mumps *sg*
CBA ABR F = **Confederação Brasileira de Automobilismo**
CBAt ABR F = **Confederação Brasileira de Atletismo**
CBD ABR F = **Confederação Brasileira de Desportos**
CBF ABR F = **Confederação Brasileira de Futebol**
CBT ABR M = **Código Brasileiro de Telecomunicações**

CBTU ABR F = **Companhia Brasileira de Trens Urbanos**
c/c ABR (= *conta corrente*) c/a
CCT (*BR*) ABR M = **Conselho Científico e Tecnológico**
CD ABR M CD
CDB ABR M = **Certificado de Depósito Bancário**
CDC (*BR*) ABR M = **Conselho de Desenvolvimento Comercial**
CDDPH (*BR*) ABR M = **Conselho de Defesa dos Direitos da Pessoa Humana**
CDI (*BR*) ABR M = **Certificado de Depósito Interbancário**; **Conselho de Desenvolvimento Industrial**
cê [se] (*col*) PRON = **você**
cear [sjar] VT to have for supper ▶ VI to dine
cearense [sea'rẽsi] ADJ from Ceará ▶ M/F person from Ceará
cebola [se'bola] F onion
cebolinha [sebo'liɲa] F spring onion
Cebrae (*BR*) ABR F = **Centro de Apoio à Pequena e Média Empresa**
Cebrap ABR M = **Centro Brasileiro de Análise e Planejamento**
cecear [se'sjar] VI to lisp
cê-cedilha (*pl* **cês-cedilhas**) M c cedilla
ceceio [se'seju] M lisp
cê-dê-efe [-'ɛfi] (*pl* **cê-dê-efes**) (*col*) M/F swot
ceder [se'der] VT to give up; (*dar*) to hand over; (*emprestar*) to lend ▶ VI to give in, yield; (*porta etc*) to give (way); **~ a** to give in to
cedilha [se'dʒiʎa] F cedilla
cedo ['sedu] ADV early; (*em breve*) soon; **mais ~ ou mais tarde** sooner or later; **o mais ~ possível** as soon as possible
cedro ['sedru] M cedar
cédula ['sɛdula] F (*moeda-papel*) banknote; (*eleitoral*) ballot paper
CEF (*BR*) ABR F (= *Caixa Econômica Federal*) federal bank
cegar [se'gar] VT to blind; (*ofuscar*) to dazzle; (*tesoura*) to blunt ▶ VI (*ofuscar*) to be dazzling
cego, -a ['sɛgu, a] ADJ blind; (*total*) complete, total; (*tesoura*) blunt ▶ M/F blind man/woman; **às cegas** blindly; **ser ~ por alguém** to be mad about sb
cegonha [se'goɲa] F stork
cegueira [se'gejra] F blindness
CEI (*BR*) ABR F (= *Comissão Especial de Inquérito*) commission of inquiry
ceia ['seja] F supper
ceifa ['sejfa] F harvest; (*fig*) destruction
ceifar [sej'far] VT to reap, harvest; (*vidas*) to destroy
cela ['sɛla] F cell
celebração [selebra'sãw] F (*pl* **-ões**) celebration
celebrar [sele'brar] VT to celebrate; (*exaltar*) to praise; (*acordo*) to seal
célebre ['sɛlebri] ADJ famous, well-known
celebridade [selebri'dadʒi] F celebrity
celebrizar [selebri'zar] VT to make famous; **celebrizar-se** VR to become famous

celeiro [se'lejru] M granary; (*depósito*) barn
célere ['sɛleri] ADJ swift, quick
celeste [se'lɛstʃi] ADJ celestial, heavenly
celeuma [se'lewma] F pandemonium, uproar
celibatário, -a [seliba'tarju, a] ADJ unmarried, single ▶ M/F bachelor/spinster
celibato [seli'batu] M celibacy
celofane [selo'fani] M cellophane; **papel ~** cling film
celta ['sɛwta] ADJ Celtic ▶ M/F Celt
célula ['sɛlula] F (*Bio*, *Elet*) cell
celular [selu'lar] ADJ cellular ▶ N: (*telefone*) ~ mobile (phone) (BRIT), cellphone (US); **~ com câmera** camera phone
célula-tronco [-'trõku] (*pl* **células-tronco(s)**) F stem cell
celulite [selu'litʃi] F cellulite
celulose [selu'lɔzi] F cellulose
cem [sẽ] NUM hundred; **ser ~ por cento** (*fig*) to be great; *ver tb* **cinquenta**
cemitério [semi'tɛrju] M cemetery, graveyard
cena ['sɛna] F scene; (*palco*) stage; **em ~** on the stage; **levar à ~** to stage; **fazer uma ~** to make a scene
cenário [se'narju] M (*Teatro*) scenery; (*Cinema*) scenario; (*de um acontecimento*) scene, setting; (*panorama*) view
cenho ['sɛɲu] M face
cênico, -a ['seniku, a] ADJ (*Teatro*) stage atr; (*Cinema*) set atr
cenografia [senogra'fia] F set design
cenógrafo, -a [se'nɔgrafu, a] M/F (*Teatro*) set designer
cenoura [se'nora] F carrot
censo ['sẽsu] M census
censor, a [sẽ'sor(a)] M/F censor
censura [sẽ'sura] F (*Pol etc*) censorship; (*reprovação*) censure, criticism; (*repreensão*) reprimand
censurar [sẽsu'rar] VT (*reprovar*) to censure; (*filme*, *livro etc*) to censor
censurável [sẽsu'ravew] (*pl* **-eis**) ADJ reprehensible
centavo [sẽ'tavu] M cent; **estar sem um ~** to be penniless
centeio [sẽ'teju] M rye
centelha [sẽ'teʎa] F spark; (*fig*) flash
centena [sẽ'tena] F hundred; **às ~s** in hundreds
centenário, -a [sẽte'narju, a] ADJ centenary ▶ M/F centenarian ▶ M centenary, centennial
centésimo, -a [sẽ'tɛzimu, a] ADJ hundredth ▶ M hundredth (part)
centígrado [sẽ'tʃigradu] M centigrade
centilitro [sẽtʃi'litru] M centilitre (BRIT), centiliter (US)
centímetro [sẽ'tʃimetru] M centimetre (BRIT), centimeter (US)
cento ['sẽtu] M: **~ e um** one hundred and one; **por ~** per cent
centopeia [sẽto'peja] F centipede

central [sẽ'traw] (*pl* **-ais**) ADJ central ▶ F (*de polícia etc*) head office; **~ elétrica** (electric) power station; **~ telefônica** telephone exchange
centralização [sẽtraliza'sãw] F centralization
centralizar [sẽtrali'zar] VT to centralize; **centralizar-se** VR to be centralized
centrar [sẽ'trar] VT to centre (BRIT), center (US)
centro ['sẽtru] M centre (BRIT), center (US); (*de uma cidade*) town centre; **~ das atenções** centre of attention; **~ de custo/lucro** (*Com*) cost/profit centre; **~ de mesa** centrepiece (BRIT), centerpiece (US)
centroavante [sẽtroa'vãtʃi] M (*Futebol*) centre forward
CEP ['sɛpi] (BR) ABR M (= *Código de Endereçamento Postal*) postcode (BRIT), zip code (US)
cepo ['sepu] M (*toco*) stump; (*toro*) log
cera ['sera] F wax; **fazer ~** (*fig*) to dawdle, waste time
cerâmica [se'ramika] F pottery; (*arte*) ceramics sg
cerâmico, -a [se'ramiku, a] ADJ ceramic
ceramista [sera'mista] M/F potter
cerca ['serka] F (*de madeira*, *arame*) fence ▶ PREP: **~ de** (*aproximadamente*) around, about; **~ viva** hedge
cercado, -a [ser'kadu, a] ADJ surrounded; (*com cerca*) fenced in ▶ M enclosure; (*para animais*) pen; (*para crianças*) playpen
cercanias [serka'nias] FPL (*arredores*) outskirts; (*vizinhança*) neighbourhood sg (BRIT), neighborhood sg (US)
cercar [ser'kar] VT to enclose; (*pôr cerca em*) to fence in; (*rodear*) to surround; (*assediar*) to besiege
cercear [ser'sjar] VT (*liberdade*) to curtail, restrict
cerco ['serku] M encirclement; (*Mil*) siege; **pôr ~ a** to besiege
cereal [se'rjaw] (*pl* **-ais**) M cereal
cerebral [sere'braw] (*pl* **-ais**) ADJ cerebral, brain atr
cérebro ['sɛrebru] M brain; (*fig*) intelligence, brains pl
cereja [se'reʒa] F cherry
cerejeira [sere'ʒejra] F cherry tree
cerimônia [seri'mɔnja] F ceremony; **de ~** formal; **sem ~** informal; **fazer ~** to stand on ceremony; **~ de posse** swearing-in ceremony, investiture
cerimonial [serimo'njaw] (*pl* **-ais**) ADJ, M ceremonial
cerimonioso, -a [serimo'njozu, ɔza] ADJ ceremoneous
cerne ['sɛrni] M kernel
ceroulas [se'rolas] FPL long johns
cerração [seha'sãw] F (*nevoeiro*) fog
cerrado, -a [se'hadu, a] ADJ shut, closed; (*punho*) clenched; (*denso*) dense, thick ▶ M (*vegetação*) scrub(land)

cerrar [se'har] VT to close, shut; **cerrar-se** VR to close, shut
certame [ser'tami] M (*concurso*) contest, competition
certeiro, -a [ser'tejru, a] ADJ (*tiro*) accurate, well-aimed; (*acertado*) correct
certeza [ser'teza] F certainty; **com ~** certainly, surely; (*provavelmente*) probably; **ter ~ de** to be certain *ou* sure of; **ter ~ de que** to be sure that; **tem ~?** are you sure?
certidão [sertʃi'dãw] (*pl* **-ões**) F certificate
certificado [sertʃifi'kadu] M (*garantia*) certificate
certificar [sertʃifi'kar] VT to certify; (*assegurar*) to assure; **certificar-se** VR: **~-se de** to make sure of
certo, -a ['sɛrtu, a] ADJ certain, sure; (*exato, direito*) right; (*um, algum*) a certain ▶ ADV correctly; **na certa** certainly; **ao ~** for certain; **dar ~** to work; **está ~** okay, all right
cerveja [ser'veʒa] F beer
cervejaria [serveʒa'ria] F (*fábrica*) brewery; (*bar*) bar, public house
cervical [servi'kaw] (*pl* **-ais**) ADJ cervical
cérvice ['sɛrvisi] F cervix
cervo ['sɛrvu] M deer
cerzir [ser'zir] VT to darn
cesariana [seza'rjana] F Caesarian (BRIT), Cesarian (US)
cessação [sesa'sãw] F halting, ceasing
cessão [se'sãw] (*pl* **-ões**) F (*cedência*) surrender; (*transferência*) transfer
cessar [se'sar] VI to cease, stop; **sem ~** continually
cessar-fogo M INV cease-fire
cessões [se'sõjs] FPL *de* **cessão**
cesta ['sesta] F basket; **~ básica** food parcel
cesto ['sestu] M basket; (*com tampa*) hamper
ceticismo [setʃi'sizmu] M scepticism (BRIT), skepticism (US)
cético, -a ['sɛtʃiku, a] ADJ sceptical (BRIT), skeptical (US) ▶ M/F sceptic (BRIT), skeptic (US)
cetim [se'tʃĩ] M satin
cetro ['sɛtru] M sceptre (BRIT), scepter (US)
céu [sɛw] M sky; (*Rel*) heaven; (*da boca*) roof; **cair do ~** (*fig*) to come at the right time; **mover ~s e terra** (*fig*) to move heaven and earth
cevada [se'vada] F barley
cevar [se'var] VT (*engordar*) to fatten; (*alimentar*) to feed; (*engodar*) to bait
CFTV ABR M (= *circuito fechado de TV*) CCTV
CGC (BR) ABR M (= *Cadastro Geral de Contribuintes*) roll of tax payers
CGT (BR) ABR F (= *Central Geral dos Trabalhadores*) trade union
chá [ʃa] M tea; (*reunião*) tea party; **dar um ~ de sumiço** (*col*) to disappear; **tomar ~ de cadeira** (*fig*) to be a wallflower; **~ de bebê** baby shower; **~ de panela** bridal shower
chã [ʃã] F: **~ (de dentro)** topside
chacal [ʃa'kaw] (*pl* **-ais**) M jackal
chácara ['ʃakara] F (*granja*) farm; (*casa de campo*) country house

chacina [ʃa'sina] F slaughter
chacinar [ʃasi'nar] VT (*matar*) to slaughter
chacoalhar [ʃakwa'ʎar] VT to shake; (*col: amolar*) to bug ▶ VI to shake about; to be annoying
chacota [ʃa'kɔta] F (*zombaria*) mockery
chacrinha [ʃa'kriɲa] (*col*) F get-together
Chade ['ʃadʒi] M: **o ~** Chad
chafariz [ʃafa'riz] M fountain
chafurdar [ʃafur'dar] VI: **~ em** to wallow in; **chafurdar-se** VR: **~-se em** to wallow in
chaga ['ʃaga] F (*Med*) wound; (*fig*) disease
chalé [ʃa'lɛ] M chalet
chaleira [ʃa'lejra] F kettle; (*bajulador*) crawler, toady
chaleirar [ʃalej'rar] VT to crawl to
chama ['ʃama] F flame; **em ~s** on fire
chamada [ʃa'mada] F call; (*Mil*) roll call; (*Educ*) register; (*no jornal*) headline; **dar uma ~ em alguém** (*repreender*) to tell sb off
chamar [ʃa'mar] VT to call; (*convidar*) to invite; (*atenção*) to attract ▶ VI to call; (*telefone*) to ring; **chamar-se** VR to be called; **chamo-me João** my name is John; **~ alguém de idiota/Dudu** to call sb an idiot/Dudu; **mandar ~** to summon, send for
chamariz [ʃama'riz] M decoy; (*fig*) lure
chamativo, -a [ʃama'tʃivu, a] ADJ showy, flashy
chamego [ʃa'megu] M cuddle
chaminé [ʃami'nɛ] F chimney; (*de navio*) funnel
champanha [ʃã'paɲa] M *ou* F champagne
champanhe [ʃã'paɲi] M *ou* F = **champanha**
champu [ʃã'pu] (PT) M shampoo
chamuscar [ʃamus'kar] VT to scorch, singe; **chamuscar-se** VR to scorch o.s.
chance ['ʃãsi] F chance
chancela [ʃã'sɛla] F seal, official stamp
chancelaria [ʃãsela'ria] F chancellery
chanceler [ʃãse'ler] M chancellor
chanchada [ʃã'ʃada] F second-rate film (*ou* play)
chantagear [ʃãta'ʒjar] VT to blackmail
chantagem [ʃã'taʒẽ] F blackmail
chantagista [ʃãta'ʒista] M/F blackmailer
chão [ʃãw] (*pl* **chãos**) M ground; (*terra*) soil; (*piso*) floor
chapa ['ʃapa] F (*placa*) plate; (*eleitoral*) list ▶ M/F (*col*) mate, friend; **~ de matrícula** (PT Auto) number (BRIT) *ou* license (US) plate; **bife na ~** grilled steak; **oi, meu ~!** hi, mate!
chapa-branca (*pl* **chapas-brancas**) M civil service car
chapelaria [ʃapela'ria] F (*loja*) hat shop
chapeleira [ʃape'lejra] F hat box; *ver tb* **chapeleiro**
chapeleiro, -a [ʃape'lejru, a] M/F milliner
chapéu [ʃa'pɛw] M hat
chapéu-coco (*pl* **chapéus-coco(s)**) M bowler (hat) (BRIT), derby (US)
chapinha [ʃa'piɲa] F (*de cabelo: alisamento*) hair straightening; (: *utensílio*) hair straighteners pl; (*tb*: **chapinha de garrafa**) (bottle) top

chapinhar [ʃapiˈɲar] vi to splash
charada [ʃaˈrada] F (*quebra-cabeça*) puzzle
charco [ˈʃarku] M marsh, bog
charge [ˈʃarʒi] F (political) cartoon
chargista [ʃarˈʒista] M/F (political) cartoonist
charlatão [ʃarlaˈtãw] (*pl* **-ães**) M charlatan; (*curandeiro*) quack
charme [ˈʃarmi] M charm; **fazer ~** to be nice, use one's charm
charmoso, -a [ʃarˈmozu, ɔza] ADJ charming
charneca [ʃarˈnɛka] F moor, heath
charrete [ʃaˈhɛtʃi] F cart
charter [ˈtʃarter] ADJ INV charter ▶ M (*pl* **-s**) charter flight
charuto [ʃaˈrutu] M cigar
chassi [ʃaˈsi] M (*Auto, Elet*) chassis
chata [ˈʃata] F (*embarcação*) barge; *ver tb* **chato**
chateação [ʃatʃiaˈsãw] (*pl* **-ões**) F bother, hassle; (*maçada*) bore
chatear [ʃaˈtʃjar] VT (*aborrecer*) to bother, upset; (*importunar*) to pester; (*entediar*) to bore; (*irritar*) to annoy ▶ vi to be upsetting; to be boring; to be annoying; **chatear-se** VR to get upset; to get bored; to get annoyed
chatice [ʃaˈtʃisi] F nuisance
chato, -a [ˈʃatu, a] ADJ (*plano*) flat, level; (*pé*) flat; (*tedioso*) boring; (*irritante*) annoying; (*que fica mal*) bad, rude ▶ M/F bore; (*quem irrita*) pain
chatura [ʃaˈtura] (*col*) F pain (in the neck)
chauvinismo [ʃawviˈnizmu] M chauvinism
chauvinista [ʃawviˈnista] ADJ chauvinistic ▶ M/F chauvinist
chavão [ʃaˈvãw] (*pl* **-ões**) M cliché
chave [ˈʃavi] F key; (*Elet*) switch; (*Tip*) curly bracket; **~ de porcas** spanner; **~ inglesa** (monkey) wrench; **~ de fenda** screwdriver
-chave SUFIXO key *atr*
chaveiro [ʃaˈvejru] M (*utensílio*) key ring; (*pessoa*) locksmith
chávena [ˈʃavena] (PT) F cup
checar [ʃeˈkar] VT to check
check-up [tʃeˈkapi] (*pl* **-s**) M check-up
chefatura [ʃefaˈtura] F: **~ de polícia** police headquarters *sg*
chefe [ˈʃɛfi] M/F head, chief; (*patrão*) boss; **~ de turma** foreman; **~ de estação** stationmaster
chefia [ʃeˈfia] F (*liderança*) leadership; (*direção*) management; (*repartição*) headquarters *sg*; **estar com a ~ de** to be in charge of
chefiar [ʃeˈfjar] VT to lead
chega [ˈʃega] (*col*) M: **dar um ~ em alguém** to tell sb off ▶ PREP even
chegada [ʃeˈgada] F arrival; **dar uma ~** to drop by
chegado, -a [ʃeˈgadu, a] ADJ (*próximo*) near; (*íntimo*) close; **ser ~ a** (*bebidas, comidas*) to be keen on
chegar [ʃeˈgar] VT (*aproximar*) to bring near ▶ vi to arrive; (*ser suficiente*) to be enough; **chegar-se** VR: **~-se a** to approach; **chega!** that's enough!; **~ a** (*atingir*) to reach; (*conseguir*) to manage to; **~ algo para cá/para lá** to bring sth closer/move sth over; **chega (mais) para cá/para lá!** come closer!/move over!; **vou chegando** I'm on my way

cheia [ˈʃeja] F flood
cheio, -a [ˈʃeju, a] ADJ full; (*repleto*) full up; (*col: farto*) fed up; **~ de si** self-important; **~ de dedos** all fingers and thumbs; (*inibido*) awkward; **~ de frescura** (*col*) fussy; **~ da nota** (*col*) rich, loaded; **acertar em ~** to be exactly right, hit the nail on the head; **estar ~ de algo** (*col*) to be fed up with sth
cheirar [ʃejˈrar] VT, vi to smell; **~ a** to smell of; **isto não me cheira bem** there's something fishy about this
cheiro [ˈʃejru] M smell; **ter ~ de** to smell of
cheiroso, -a [ʃejˈrozu, ɔza] ADJ: **ser** *ou* **estar ~** to smell nice
cheiro-verde M bunch of parsley and spring onion
cheque [ˈʃɛki] M cheque (BRIT), check (US); (*Xadrez*) check; **~ cruzado** crossed cheque; **~ de viagem** traveller's cheque (BRIT), traveler's check (US); **~ em branco** blank cheque; **~ sem fundos** uncovered cheque, rubber cheque (*col*); **~ voador** rubber cheque (*col*)
chequei *etc* [ʃeˈkej] VB *ver* **checar**
cherne [ˈʃɛrni] M grouper
chiado [ˈʃjadu] M squeak(ing); (*de vapor*) hiss(ing)
chiar [ʃjar] vi to squeak; (*porta*) to creak; (*vapor*) to hiss; (*fritura*) to sizzle; (*col: reclamar*) to grumble
chibar [ʃiˈbar] (PT *col*) VT to squeal on (*col*), grass on (BRIT *col*)
chibata [ʃiˈbata] F (*vara*) cane
chibo, -a [ˈʃibo, a] (PT *col*) M/F squealer, grass (BRIT *col*)
chiclete [ʃiˈklɛtʃi] M chewing gum; **~ de bola** bubble gum
chicória [ʃiˈkɔrja] F chicory
chicote [ʃiˈkɔtʃi] M whip
chicotear [ʃikoˈtʃjar] VT to whip, lash
chifrada [ʃiˈfrada] F (*golpe*) butt
chifrar [ʃiˈfrar] VT to two-time
chifre [ˈʃifri] M (*corno*) horn; **pôr ~ em alguém** (*col*) to be unfaithful to sb, cheat on sb
chifrudo, -a [ʃiˈfrudu, a] (*col*) ADJ cuckolded
Chile [ˈʃili] M: **o ~** Chile
chileno, -a [ʃiˈlenu, a] ADJ, M/F Chilean
chilique [ʃiˈliki] (*col*) M fit
chilrear [ʃiwˈhjar] vi to chirp, twitter
chilreio [ʃiwˈheju] M chirping
chimarrão [ʃimaˈhãw] (*pl* **-ões**) M mate tea without sugar taken from a pipe-like cup
chimpanzé [ʃĩpãˈzɛ] M chimpanzee
China [ˈʃina] F: **a ~** China
chinelo [ʃiˈnɛlu] M slipper; **~ (de dedo)** flip-flop; **botar no ~** (*fig*) to put to shame
chinês, -esa [ʃiˈnes, eza] ADJ, M/F Chinese ▶ M (*Ling*) Chinese
chinfrim [ʃiˈfrĩ] (*pl* **-ns**) ADJ cheap and cheerful
chino, -a [ˈʃinu, a] M/F Chinese
chio [ˈʃiu] M squeak; (*de rodas*) screech
chip [ˈʃipi] M (*Comput*) chip

Chipre ['ʃipri] F Cyprus
chique ['ʃiki] ADJ stylish, chic
chiqueiro [ʃi'kejru] M pigsty
chispa ['ʃispa] F spark
chispada [ʃis'pada] (BR) F dash
chispar [ʃis'par] VI (correr) to dash
chita ['ʃita] F printed cotton, calico
choça ['ʃɔsa] F shack, hut
chocalhar [ʃoka'ʎar] VT, VI to rattle
chocalho [ʃo'kaʎu] M (Mús, brinquedo) rattle; (para animais) bell
chocante [ʃo'kãtʃi] ADJ shocking; (col) amazing
chocar [ʃo'kar] VT (incubar) to hatch, incubate; (ofender) to shock, offend ▶ VI to shock; **chocar-se** VR to crash, collide; to be shocked
chocho, -a ['ʃoʃu, a] ADJ hollow, empty; (fraco) weak; (sem graça) dull
chocolate [ʃoko'latʃi] M chocolate
chofer [ʃo'fer] M driver
chofre ['ʃofri] M: **de ~** all of a sudden
chongas ['ʃõgas] (col) PRON zilch, bugger all (!)
chopada [ʃo'pada] F drinking session
chope ['ʃɔpi] M draught beer
choque¹ ['ʃɔki] M (abalo) shock; (colisão) collision; (Med, Elet) shock; (impacto) impact; (conflito) clash, conflict; **~ cultural** culture shock
choque² ['ʃɔki] VB ver **chocar**
choradeira [ʃora'dejra] F fit of crying
chorado, -a [ʃo'radu, a] ADJ (canto) sad; (gol) hard-won
choramingar [ʃoramĩ'gar] VI to whine, whimper
choramingas [ʃora'mĩgas] M/F INV crybaby
choramingo [ʃora'mĩgu] M whine, whimper
chorão, -rona [ʃo'rãw, rɔna] (pl **-ões/-s**) ADJ tearful ▶ M/F crybaby ▶ M (Bot) weeping willow
chorar [ʃo'rar] VT, VI to weep, cry
chorinho [ʃo'riɲu] M type of Brazilian music
choro ['ʃoru] M crying; (Mús) type of Brazilian music
chorões [ʃo'rõjs] MPL de **chorão**
chorona [ʃo'rɔna] F de **chorão**
choroso, -a [ʃo'rozu, ɔza] ADJ tearful
choupana [ʃo'pana] F shack, hut
chouriço [ʃo'risu] M (BR) black pudding; (PT) spicy sausage
chove não molha [ʃovinãw'mɔʎa] (col) M shilly-shallying
chover [ʃo'ver] VI to rain; **~ a cântaros** to rain cats and dogs; **~am cartas** letters poured in
chuchu [ʃu'ʃu] M chayote (vegetable); **ele fala/está quente pra ~** (col) he talks a lot/it's really hot
chucrute [ʃu'krutʃi] M sauerkraut
chué [ʃu'ɛ] (col) ADJ lousy
chulé [ʃu'lɛ] M foot odour (BRIT) ou odor (US)
chulear [ʃu'ljar] VT to hem
chulo, -a ['ʃulu, a] ADJ vulgar
chumaço [ʃu'masu] M (de papel, notas) wad; (material) wadding

chumbado, -a [ʃũ'badu, a] (col) ADJ (cansado) dog-tired; (doente) laid out
chumbar [ʃũ'bar] VT to fill with lead; (soldar) to solder; (atirar em) to fire at ▶ VI (PT: reprovar) to fail
chumbo ['ʃũbu] M lead; (de caça) gunshot; (PT: de dente) filling; **sem ~** (gasolina) unleaded; **esta mala está um ~** this case weighs a ton
chupado, -a [ʃu'padu, a] (col) ADJ (cara, pessoa) drawn
chupar [ʃu'par] VT to suck; (absorver) to absorb
chupeta [ʃu'peta] F (para criança) dummy (BRIT), pacifier (US)
churrascaria [ʃuhaska'ria] F barbecue restaurant
churrasco [ʃu'hasku] M barbecue
churrasqueira [ʃuhas'kejra] F barbecue
churrasquinho [ʃuhas'kiɲu] M kebab
chutar [ʃu'tar] VT to kick; (col: adivinhar) to guess at; (: dar o fora em) to dump ▶ VI to kick; to guess; (col: mentir) to lie
chute ['ʃutʃi] M kick; (para o gol) shot; (col: mentira) lie; **dar o ~ em alguém** (col) to give sb the boot
chuteira [ʃu'tejra] F football boot; **pendurar as ~s** (col) to retire
chuva ['ʃuva] F rain; **tomar ~** to get caught in the rain; **estar na ~** (fig) to be drunk; **~ de pedra** hailstorm
chuvarada [ʃuva'rada] F torrential rain
chuveirada [ʃuvej'rada] F shower
chuveiro [ʃu'vejru] M shower
chuviscar [ʃuvis'kar] VI to drizzle
chuvisco [ʃu'visku] M drizzle
chuvoso, -a [ʃu'vozu, ɔza] ADJ rainy
CI (BR) ABR F (= carteira de identidade) identity card; ver tb **carteira**
CIA ABR F (= Central Intelligence Agency) CIA
Cia. ABR (= companhia) Co
ciberataque [sibera'taki] M cyber attack
ciberbullying [siber'buliin] M cyberbullying
cibercafé [siberka'fɛ] M cybercafé
ciberespaço [siberis'pasu] M cyberspace
cibernética [siber'netʃika] F cybernetics sg
cibersegurança [sibersegu'rãsa] F cybersecurity
CIC (BR) ABR M = **Cartão de Identificação do Contribuinte**
cica ['sika] F sharpness
cicatriz [sika'triz] F scar
cicatrização [sikatriza'sãw] F scarring
cicatrizar [sikatri'zar] VT (rosto) to scar; (ferida) to heal; (fig) to cure, heal ▶ VI to heal; (rosto) to scar
cicerone [sise'rɔni] M tourist guide
ciciar [si'sjar] VI to whisper; (rumorejar) to murmur
cíclico, -a ['sikliku, a] ADJ cyclical
ciclismo [si'klizmu] M cycling
ciclista [si'klista] M/F cyclist
ciclo ['siklu] M cycle; **~ básico** foundation year
ciclone [si'klɔni] M cyclone

ciclovia [siklo'via] F cycle path
cidadã [sida'dã] F *de* **cidadão**
cidadania [sidada'nia] F citizenship
cidadão, cidadã [sida'dãw] (*pl* **-s/-s**) M/F citizen
cidade [si'dadʒi] F town; (*grande*) city
cidadela [sida'dɛla] F citadel
cidra ['sidra] F citron
CIE (BR) ABR M = **Centro de Informações do Exército**
ciência ['sjēsja] F science; (*erudição*) knowledge; **~s humanas/socias** business studies/social sciences
ciente ['sjētʃi] ADJ aware
científico, -a [sjē'tʃifiku, a] ADJ scientific
cientista [sjē'tʃista] M/F scientist
CIEP (BR) ABR M (= *Centro Integrado de Educação Popular*) combined school and community centre
cifra ['sifra] F (*escrita secreta*) cipher; (*algarismo*) number, figure; (*total*) sum
cifrão [si'frãw] (*pl* **-ões**) M money sign
cifrar [si'frar] VT to write in code
cifrões [si'frõjs] MPL *de* **cifrão**
cigano, -a [si'ganu, a] ADJ, M/F gypsy
cigarra [si'gaha] F cicada; (*Elet*) buzzer
cigarreira [siga'hejra] F (*estojo*) cigarette case
cigarrilha [siga'hiʎa] F cheroot
cigarro [si'gahu] M cigarette; **~ eletrônico** e-cigarette
cilada [si'lada] F (*emboscada*) ambush; (*armadilha*) trap; (*embuste*) trick
cilíndrico, -a [si'lĩdriku, a] ADJ cylindrical
cilindro [si'lĩdru] M cylinder; (*rolo*) roller
cílio ['silju] M eyelash
cima ['sima] F: **de ~ para baixo** from top to bottom; **para ~** up; **em ~ de** on, on top of; **por ~ de** over; **de ~** from above; **lá em ~** up there; (*em casa*) upstairs; **ainda por ~** on top of that; **estar por ~** to be better off; **dar em ~ de alguém** (*col*) to be after sb; **tudo em ~?** (*col*) how's it going?
cimeira [si'mejra] (PT) F summit
cimentar [simē'tar] VT to cement
cimento [si'mētu] M cement; (*chão*) concrete floor; (*fig*) foundation; **~ armado** reinforced concrete
cimo ['simu] M top, summit
cinco ['sĩku] NUM five; **somos ~** there are five of us; **ela tem ~ anos** she is five (years old); **aos ~ anos (de idade)** at the age of five; **são ~ horas** it's five o'clock; **às ~ (horas)** at five (o'clock); **hoje é dia ~ de julho** today is the fifth of July; **no dia ~ de julho** on the fifth of July, on July the fifth; **eles moram no número ~/na Barata Ribeiro número ~** they live at number five/number five Barata Ribeiro Street; **~ e um quarto/meio** five and a quarter/a half
Cindacta [sĩ'dakta] (BR) ABR M = **Centro Integrado de Defesa Aérea e Controle de Tráfego Aéreo**
cindir [sĩ'dʒir] VT to split; (*cortar*) to cut
cineasta [sine'asta] M/F film maker
cinegrafista [sinegra'fista] M/F cameraman/woman
cinema [si'nɛma] F cinema
cinematográfico, -a [sinemato'grafiku, a] ADJ cinematographic
Cingapura [sĩga'pura] F Singapore
cingir [sĩ'ʒir] VT (*pôr à cintura*) to fasten round one's waist; (*prender em volta*) to tie round; (*cercar*) to encircle, ring; (*coroa, espada*) to put on; **cingir-se** VR: **~-se a** (*restringir-se*) to restrict o.s. to
cínico, -a ['siniku, a] ADJ cynical ▶ M/F cynic
cinismo [si'nizmu] M cynicism
cinjo *etc* ['sĩʒu] VB *ver* **cingir**
cinquenta [sĩ'kwēta] NUM fifty; **umas ~ pessoas** about fifty people; **ele tem uns ~ anos** he's about fifty; **ele está na casa dos ~ anos** he's in his fifties; **nos anos ~** in the fifties; **ir a ~** (*Auto*) to do fifty (km/h)
cinquentão, -tona [sĩkwē'tãw, 'tona] (*pl* **-tões/-s**) M/F person in his/her fifties ▶ ADJ in his/her fifties
cinta ['sĩta] F (*faixa*) sash; (*de mulher*) girdle
cintado, -a [sĩ'tadu, a] ADJ gathered at the waist
cintilante [sĩtʃi'lãtʃi] ADJ sparkling
cintilar [sĩtʃi'lar] VI to sparkle, glitter
cinto ['sĩtu] M belt; **~ de segurança** safety belt; (*Auto*) seat belt
cintura [sĩ'tura] F waist; (*linha*) waistline
cinturão [sĩtu'rãw] (*pl* **-ões**) M belt; **~ verde** green belt
cinza ['sĩza] ADJ INV grey (BRIT), gray (US) ▶ F ash, ashes *pl*
cinzeiro [sĩ'zejru] M ashtray
cinzel [sĩ'zɛw] (*pl* **-éis**) M chisel
cinzelar [sĩze'lar] VT to chisel; (*gravar*) to carve, engrave
cinzento, -a [sĩ'zētu, a] ADJ grey (BRIT), gray (US)
cio [siu] M mating season; **no ~** on heat, in season
cioso, -a ['sjozu, ɔza] ADJ conscientious
CIP (BR) ABR M = **Conselho Interministerial de Preços**
cipreste [si'prɛstʃi] M cypress (tree)
cipriota [si'prjɔta] ADJ, M/F Cypriot
circense [sir'sēsi] ADJ circus *atr*
circo ['sirku] M circus
circuito [sir'kwitu] M circuit
circulação [sirkula'sãw] F circulation
circular [sirku'lar] ADJ circular, round ▶ F (*carta*) circular ▶ VI to circulate; (*girar, andar*) to go round ▶ VT to circulate; (*estar em volta de*) to surround; (*percorrer em roda*) to go round
círculo ['sirkulu] M circle
circunavegar [sirkunave'gar] VT to circumnavigate, sail round
circuncidar [sirkũsi'dar] VT to circumcise
circuncisão [sirkũsi'zãw] F circumcision
circundante [sirkũ'dãtʃi] ADJ surrounding
circundar [sirkũ'dar] VT to surround
circunferência [sirkũfe'rēsja] F circumference

circunflexo, -a [sirkũ'flɛksu, a] ADJ circumflex ▶ M circumflex (accent)

circunlóquio [sirkũ'lɔkju] M circumlocution

circunscrever [sirkũskre'ver] VT to circumscribe, limit; *(epidemia)* to contain; *(abranger)* to cover; **circunscrever-se** VR to be limited

circunscrição [sirkũskri'sãw] *(pl* **-ões)** F district; **~ eleitoral** constituency

circunscrito, -a [sirkũs'kritu, a] PP *de* **circunscrever**

circunspecção [sirkũspe'sãw] F seriousness

circunspeto, -a [sirkũ'spetu, a] ADJ serious

circunstância [sirkũ'stãsja] F circumstance; **~s atenuantes** mitigating circumstances

circunstanciado, -a [sirkũstã'sjadu, a] ADJ detailed

circunstancial [sirkũstã'sjaw] *(pl* **-ais)** ADJ circumstantial

circunstante [sirkũ'stãtʃi] M/F onlooker, bystander; **circunstantes** MPL *(audiência)* audience *sg*

cirrose [si'hɔzi] F cirrhosis

cirurgia [sirur'ʒia] F surgery; **~ plástica/estética** plastic/cosmetic surgery

cirurgião, -giã [sirur'ʒjãw, 'ʒjã] *(pl* **-ões/-s)** M/F surgeon

cirúrgico, -a [si'rurʒiku, a] ADJ surgical

cirurgiões [sirur'ʒjõjs] MPL *de* **cirurgião**

cirzo *etc* ['sihzu] VB *ver* **cerzir**

cisão [si'zãw] *(pl* **-ões)** F *(divisão)* split, division; *(desacordo)* disagreement

cisco ['sisku] M speck

cisma ['sizma] M schism ▶ F *(mania)* silly idea; *(suspeita)* suspicion; *(antipatia)* dislike; *(devaneio)* dream

cismado, -a [siz'madu, a] ADJ with fixed ideas

cismar [siz'mar] VI *(pensar)*: **~ em** to brood over; *(antipatizar)*: **~ com** to take a dislike to ▶ VT: **~ que** to be convinced that; **~ de** *ou* **em fazer** *(meter na cabeça)* to get into one's head to do; *(insistir)* to insist on doing

cisne ['sizni] M swan

cisões [si'zõjs] FPL *de* **cisão**

cisterna [sis'tɛrna] F cistern, tank

cistite [sis'tʃitʃi] F cystitis

citação [sita'sãw] *(pl* **-ões)** F quotation; *(Jur)* summons *sg*

citadino, -a [sita'dʒinu, a] ADJ town *atr*

citar [si'tar] VT to quote; *(Jur)* to summon

cítrico, -a ['sitriku, a] ADJ *(fruta)* citrus; *(ácido)* citric

ciumada [sju'mada] F fit of jealousy

ciúme ['sjumi] M jealousy; **ter ~s de** to be jealous of

ciumeira [sju'mejra] *(col)* F = **ciumada**

ciumento, -a [sju'mẽtu, a] ADJ jealous

cívico, -a ['siviku, a] ADJ civic

civil [si'viw] *(pl* **-is)** ADJ civil ▶ M/F civilian

civilidade [sivili'dadʒi] F politeness

civilização [siviliza'sãw] *(pl* **-ões)** F civilization

civilizador, a [siviliza'dor(a)] ADJ civilizing

civilizar [sivili'zar] VT to civilize

civis [si'vis] PL *de* **civil**

civismo [si'vizmu] M public spirit

clamar [kla'mar] VT to clamour (BRIT) *ou* clamor (US) for ▶ VI to cry out, clamo(u)r

clamor [kla'mor] M outcry, uproar

clamoroso, -a [klamo'rozu, ɔza] ADJ noisy

clandestino, -a [klãdes'tʃinu, a] ADJ clandestine; *(ilegal)* underground

clara ['klara] F egg white

claraboia [klara'bɔja] F skylight

clarão [kla'rãw] *(pl* **-ões)** M *(cintilação)* flash; *(claridade)* gleam

clarear [kla'rjar] VI *(dia)* to dawn; *(tempo)* to clear up, brighten up ▶ VT to clarify

clareira [kla'rejra] F *(na mata)* clearing

clareza [kla'reza] F clarity

claridade [klari'dadʒi] F *(luz)* brightness

clarim [kla'rĩ] *(pl* **-ns)** M bugle

clarinete [klari'netʃi] M clarinet

clarinetista [klarine'tʃista] M/F clarinet player

clarins [kla'rĩs] MPL *de* **clarim**

clarividente [klarivi'dẽtʃi] ADJ *(prudente)* far-sighted, prudent

claro, -a ['klaru, a] ADJ clear; *(luminoso)* bright; *(cor)* light; *(evidente)* clear, evident ▶ M *(na escrita)* space; *(clareira)* clearing ▶ ADV clearly; **~!** of course!; **~ que sim!/não!** of course!/of course not!; **às claras** openly; *(publicamente)* publicly; **dia ~** daylight; **passar a noite em ~** not to sleep a wink all night; **~ como água** crystal clear

clarões [kla'rõjs] MPL *de* **clarão**

classe ['klasi] F class; **~ média/operária** middle/working class; **~ econômica/executiva** economy/business class

clássico, -a ['klasiku, a] ADJ classical; *(fig)* classic; *(habitual)* usual ▶ M classic

classificação [klasifika'sãw] *(pl* **-ões)** F classification; *(Esporte)* place, placing

classificado, -a [klasifi'kadu, a] ADJ *(em exame)* successful; *(anúncio)* classified; *(Esporte)* placed, qualified ▶ M *(anúncio)* classified ad

classificar [klasifi'kar] VT to classify; **classificar-se** VR: **~-se de algo** to call o.s. sth, describe o.s. as sth

classificatório, -a [klasifika'tɔrju, a] ADJ qualifying

classudo, -a [kla'sudu, a] *(col)* ADJ classy

claudicar [klawdʒi'kar] VI *(mancar)* to limp; *(errar)* to err

claustro ['klawstru] M cloister

claustrofobia [klawstrofo'bia] F claustrophobia

claustrofóbico, -a [klawstro'fɔbiku, a] ADJ claustrophobic

cláusula ['klawzula] F clause

clausura [klaw'zura] F *(recinto)* enclosure; *(vida)* cloistered existence

clave ['klavi] F *(Mús)* clef

clavícula [kla'vikula] F collar bone

clemência [kle'mẽsja] F mercy

clemente [kle'mẽtʃi] ADJ merciful
cleptomaníaco, -a [kleptoma'niaku, a] M/F kleptomaniac
clérigo ['klɛrigu] M clergyman
clero ['klɛru] M clergy
clicar [kli'kar] VI (*Comput*) to click; **~ duas vezes em** to double-click on
clichê [kli'ʃe] M (*Foto*) plate; (*chavão*) cliché
cliente ['kljẽtʃi] M client; (*de loja*) customer; (*de médico*) patient
clientela [kljẽ'tɛla] F clientele; (*de loja*) customers *pl*; (*de médico*) patients *pl*
clima ['klima] M climate
climático, -a [kli'matʃiku, a] ADJ climatic
clímax ['klimaks] M INV climax
clínica ['klinika] F clinic; **~ geral** general practice; *ver tb* **clínico**
clinicar [klini'kar] VI to have a practice
clínico, -a ['kliniku, a] ADJ clinical ▶ M/F doctor; **~ geral** general practitioner, GP
clipe ['klipi] M clip; (*para papéis*) paper clip
clique ['kliki] M (*Comput*) click
clitóris [kli'tɔris] M INV clitoris
clone ['klɔni] M clone
clorar [klo'rar] VT to chlorinate
cloro ['klɔru] M chlorine
clorofórmio [kloro'fɔrmju] M chloroform
close ['klozi] M close-up
clube ['klubi] M club
CMB ABR F (= *Casa da Moeda do Brasil*) Brazilian National Mint
CMN (*BR*) ABR M = **Conselho Monetário Nacional**
CNA ABR M (= *Congresso Nacional Africano*) ANC; (*BR*) = **Conselho Nacional do Álcool**
CNB (*BR*) ABR M = **Conselho Nacional da Borracha**
CNBB (*BR*) ABR F = **Confederação Nacional dos Bispos do Brasil**
CNBV (*BR*) ABR F = **Comissão Nacional da Bolsa de Valores**
CND (*BR*) ABR M = **Conselho Nacional de Desportos**
CNDC (*BR*) ABR M = **Conselho Nacional de Defesa ao Consumidor**
CNDM (*BR*) ABR M = **Conselho Nacional dos Direitos da Mulher**
CNDU (*BR*) ABR M = **Conselho Nacional de Desenvolvimento Urbano**
CNEN (*BR*) ABR F (= *Comissão Nacional de Energia Nuclear*) ≈ AEA (*BRIT*), ≈ AEC (*US*)
CNPq (*BR*) ABR M = *Conselho Nacional de Desenvolvimento Científico e Tecnológico*) *organization supporting higher education*
CNS (*BR*) ABR M = **Conselho Nacional de Saúde**
CNT (*BR*) ABR M = **Conselho Nacional de Transportes**
CNV (*BR*) ABR M = **Cadastro Nacional de Veículos**
coabitar [koabi'tar] VI to live together, cohabit
coação [koa'sãw] F coercion

coadjuvante [koadʒu'vãtʃi] ADJ supporting ▶ M/F (*num crime*) accomplice; (*Teatro, Cinema*) co-star
coadjuvar [koadʒu'var] VT to aid; (*Teatro, Cinema*) to support
coador [koa'dor] M strainer; (*de café*) filter bag; (*para legumes*) colander
coadunar [koadu'nar] VT to combine; **coadunar-se** VR to combine
coagir [koa'ʒir] VT to coerce, compel
coagular [koagu'lar] VT, VI to coagulate; (*sangue*) to clot; **coagular-se** VR to congeal
coágulo [ko'agulu] M clot
coajo *etc* [ko'aʒu] VB *ver* **coagir**
coalhada [koa'ʎada] F curd
coalhado, -a [koa'ʎadu, a] ADJ curdled; **~ de gente** packed
coalhar [koa'ʎar] VT, VI (*leite*) to curdle; **coalhar-se** VR to curdle
coalizão [koali'zãw] (*pl* **-ões**) F coalition
coar [ko'ar] VT (*líquido*) to strain
coautor, a [koaw'tor(a)] M/F (*de livro*) co-author; (*de crime*) accomplice
coaxar [koa'ʃar] VI to croak ▶ M croaking
COB ABR M = **Comité Olímpico Brasileiro**
cobaia [ko'baja] F guinea pig
cobalto [ko'bawtu] M cobalt
coberta [ko'bɛrta] F cover, covering; (*Náut*) deck
coberto, -a [ko'bɛrtu, a] PP *de* **cobrir** ▶ ADJ covered
cobertor [kober'tor] M blanket
cobertura [kober'tura] F covering; (*telhado*) roof; (*apartamento*) penthouse; (*TV, Rádio, Jornalismo*) coverage; (*Seguros*) cover; (*Tel*) network coverage; **aqui não tem ~** there's no network coverage here
cobiça [ko'bisa] F greed
cobiçar [kobi'sar] VT to covet
cobiçoso, -a [kobi'sozu, ɔza] ADJ covetous
cobra ['kɔbra] F snake ▶ M/F (*col*) expert ▶ ADJ (*col*) expert; **dizer ~s e lagartos de alguém** to say bad things about sb
cobrador, a [kobra'dor(a)] M/F collector; (*em transporte*) conductor; **~ de ônibus** bus conductor; **~ de impostos** tax collector
cobrança [ko'brãsa] F collection; (*ato de cobrar*) charging; **~ de pênalti/falta** penalty/free kick
cobrar [ko'brar] VT to collect; (*preço*) to charge; (*pênalti*) to take; **~ o prometido** to remind sb of what they promised; **~ uma falta** (*Futebol*) to take a free kick
cobre ['kɔbri] M copper; **cobres** MPL (*dinheiro*) money *sg*
cobrir [ko'brir] VT to cover; **cobrir-se** VR to cover o.s.
coca ['kɔka] F (*arbusto*) coca bush
coça ['kɔsa] (*col*) F wallop
cocada [ko'kada] F coconut sweet
cocaína [koka'ina] F cocaine
coçar [ko'sar] VT to scratch ▶ VI (*comichar*) to itch; **coçar-se** VR to scratch o.s.; **não ter**

cócegas ['kɔsegas] FPL: **fazer ~ em** to tickle; **tenho ~ nos pés** I have tickly feet; **sentir ~** to be ticklish; **estar em ~ para fazer** to be itching to do

coceira [ko'sejra] F itch; (qualidade) itchiness

cocheira [ko'ʃejra] F stable

cochichar [koʃi'ʃar] VI to whisper

cochicho [ko'ʃiʃu] M whispering

cochilada [koʃi'lada] F snooze; **dar uma ~** to have a snooze

cochilar [koʃi'lar] VI to snooze, doze

cochilo [ko'ʃilu] M nap

coco ['koku] M coconut

cocô [ko'ko] (col) M pooh

cócoras ['kɔkoras] FPL: **de ~** squatting; **ficar de ~** to squat (down)

cocoricar [kokori'kar] VI to crow

cocuruto [koku'rutu] M top

côdea ['kodʒja] F crust

codeína [kode'ina] F codeine

Codici [kodʒi'si] (BR) ABR F = **Comissão de Defesa dos Direitos do Cidadão**

codificar [kodʒifi'kar] VT (leis) to codify; (mensagem) to encode, code

código ['kɔdʒigu] M (tb Comput) code; **~ de barras** bar code; **~ de ética profissional** code of practice

codinome [kodʒi'nɔmi] M code name

codorna [ko'dɔrna] F quail

coeditar [koedʒi'tar] VT to co-publish

coeficiente [koefi'sjẽtʃi] M (Mat) coefficient; (fig) factor

coelho [ko'eʎu] M rabbit; **matar dois ~s de uma cajadada só** (fig) to kill two birds with one stone

coentro [ko'ẽtru] M coriander

coerção [koer'sãw] F coercion

coerência [koe'rẽsja] F coherence; (consequência) consistency

coerente [koe'rẽtʃi] ADJ coherent; (consequente) consistent

coesão [koe'zãw] F cohesion

coeso, -a ['kwɛzu, a] ADJ cohesive

coexistência [koezis'tẽsja] F coexistence

coexistir [koezis'tʃir] VI to coexist

Cofie (BR) ABR F = **Comissão de Fusão e Incorporação de Empresas**

cofre ['kɔfri] M safe; (caixa) strongbox; **os ~s públicos** public funds

cogitação [koʒita'sãw] F contemplation; **estar fora de ~** to be out of the question

cogitar [koʒi'tar] VT, VI to contemplate

cognitivo, -a [kogni'tʃivu, a] ADJ cognitive

cognominar [kognomi'nar] VT to nickname

cogumelo [kogu'mɛlu] M mushroom; **~ venenoso** toadstool

COHAB (BR) ABR F = **Companhia de Habitação Popular**

coibição [koibi'sãw] (pl **-ões**) F restraint, restriction

coibir [koi'bir] VT to restrain; **coibir-se** VR: **~-se de** to abstain from; **~ de** to restrain from

coice ['kojsi] M kick; (de arma) recoil; **dar ~s em** to kick; (fig) to be aggressive with

coincidência [koĩsi'dẽsja] F coincidence

coincidir [koĩsi'dʒir] VI to coincide; (concordar) to agree

coisa ['kojza] F thing; (assunto) matter; **coisas** FPL (objetos) things; (col: órgãos genitais) privates; **~ de** about; **ser uma ~** (col) to be really something; (ruim) to be terrible; **que ~!** gosh!; **não dizer ~ com ~** not to make any sense; **deu uma ~ nele** something strange got into him

coisíssima [koj'zisima] F: **~ nenhuma** (nada) nothing; (de modo algum) not at all

coitado, -a [koj'tadu, a] ADJ poor, wretched; **~!** poor thing!; **~ do João** poor John

coito ['kojtu] M intercourse, coitus

cola ['kɔla] F glue; (BR: cópia) crib

colaboração [kolabora'sãw] (pl **-ões**) F collaboration; (num jornal etc) contribution

colaborador, a [kolabora'dor(a)] M/F collaborator; (em jornal) contributor

colaborar [kolabo'rar] VI to collaborate; (ajudar) to help; (escrever artigos etc) to contribute

colagem [ko'laʒẽ] F collage

colante [ko'lãtʃi] ADJ (roupa) skin-tight

colapso [ko'lapsu] M collapse; **~ cardíaco** heart failure

colar [ko'lar] VT to stick, glue; (BR: copiar) to crib ▶ VI to stick; to cheat; (col: ser acreditado) to stand up, stick ▶ M necklace; **~ grau** to graduate

colarinho [kola'riɲu] M collar; (col: na cerveja) head

colarinho-branco (pl **colarinhos-brancos**) M white-collar worker

colateral [kolate'raw] (pl **-ais**) ADJ: **efeito ~** side effect

colcha ['kowʃa] F bedspread

colchão [kow'ʃãw] (pl **-ões**) M mattress

colcheia [kow'ʃeja] F (Mús) quaver

colchete [kow'ʃetʃi] M clasp, fastening; (parêntese) square bracket; **~ de gancho** hook and eye; **~ de pressão** press stud, popper

colchões [kow'ʃõjs] MPL de **colchão**

colchonete [kowʃo'nɛtʃi] M (portable) mattress

coleção [kole'sãw] (pl **-ões**) F collection

colecionador, a [kolesjona'dor(a)] M/F collector

colecionar [kolesjo'nar] VT to collect

coleções [kole'sõjs] FPL de **coleção**

colega [ko'lɛga] M/F (de trabalho) colleague; (de escola) classmate; (amigo) friend

colegial [kole'ʒjaw] (pl **-ais**) ADJ school atr ▶ M/F schoolboy/girl

colégio [ko'lɛʒu] M school; **~ eleitoral** electoral college

coleguismo [kole'gizmu] M loyalty to one's colleagues

coleira [ko'lejra] F collar
cólera ['kɔlera] F (ira) anger; (fúria) rage ▶ M ou F (Med) cholera
colérico, -a [ko'lɛriku, a] ADJ (irado) angry; (furioso) furious ▶ M/F (Med) cholera patient
colesterol [koleste'rɔw] M cholesterol
coleta [ko'leta] F collection; (imposto) levy
coletânea [kole'tanja] F collection
coletar [kole'tar] VT to tax; (arrecadar) to collect
colete [ko'letʃi] M waistcoat (BRIT), vest (US); **~ salva-vidas** life jacket (BRIT), life preserver (US)
coletividade [koletʃivi'dadʒi] F community
coletivo, -a [kole'tʃivu, a] ADJ collective; (transportes) public ▶ M bus
coletor, a [kole'tor(a)] M/F collector
coletoria [koleto'ria] F tax office
colheita [ko'ʎejta] F harvest; (produto) crop
colher [ko'ʎer] VT (recolher) to gather, pick; (dados) to gather ▶ F spoon; **~ de chá/sopa** teaspoon/tablespoon; **dar uma ~ de chá a alguém** (fig) to do sb a favo(u)r; **de ~** (col) on a silver platter
colherada [koʎe'rada] F spoonful
colibri [koli'bri] M hummingbird
cólica ['kɔlika] F colic
colidir [koli'dʒir] VI: **~ com** to collide with, crash into
coligação [koliga'sãw] (pl **-ões**) F coalition
coligar [koli'gar] VT to bring together, unite; **coligar-se** VR to join forces
coligir [koli'ʒir] VT to collect
colina [ko'lina] F hill
colírio [ko'lirju] M eyewash
colisão [koli'zãw] (pl **-ões**) F collision
colis postaux [ko'li pos'to] MPL small packets
colite [ko'litʃi] F colitis
collant [ko'lã] (pl **-s**) M tights pl (BRIT), pantihose (US); (blusa) leotard
colmeia [kow'meja] F beehive
colo ['kɔlu] M neck; (regaço) lap; **no ~** on one's lap, in one's arms
colocação [koloka'sãw] (pl **-ões**) F placing; (emprego) job, position; (de pneus, tapete etc) fitting; (de uma questão, ideia) positing; (opinião) position
colocar [kolo'kar] VT to put, place; (empregar) to find a job for, place; (Com) to market; (pneus, tapetes) to fit; (questão, ideia) to put forward, state; **colocar-se** VR to place o.s.; **coloque-se no meu lugar** put yourself in my position
Colômbia [ko'lõbja] F: **a ~** Colombia
colombiano, -a [kolõ'bjanu, a] ADJ, M/F Colombian
cólon ['kɔlõ] M colon
colônia [ko'lonja] F colony; (perfume) cologne
colonial [kolo'njaw] (pl **-ais**) ADJ colonial
colonialismo [kolonja'lizmu] M colonialism
colonização [koloniza'sãw] F colonization
colonizador, a [koloniza'dor(a)] ADJ colonizing ▶ M/F colonist, settler
colonizar [koloni'zar] VT to colonize
colono, -a [ko'lɔnu, a] M/F settler; (cultivador) tenant farmer
coloquei etc [kolo'kej] VB ver **colocar**
coloquial [kolo'kjaw] (pl **-ais**) ADJ colloquial
colóquio [ko'lɔkju] M conversation; (congresso) conference
coloração [kolora'sãw] F colouration (BRIT), coloration (US)
colorido, -a [kolo'ridu, a] ADJ colourful (BRIT), colorful (US) ▶ M colouring (BRIT), coloring (US)
colorir [kolo'rir] VT to colour (BRIT), color (US)
colossal [kolo'saw] (pl **-ais**) ADJ colossal
colosso [ko'losu] M (pessoa) giant; (coisa) extraordinary thing
coluna [ko'luna] F column; (pilar) pillar; **~ dorsal** ou **vertebral** spine
colunável [kolu'navew] (pl **-eis**) ADJ famous ▶ M/F celebrity
colunista [kolu'nista] M/F columnist
com [kõ] PREP with; **estar ~ fome** to be hungry; **~ cuidado** carefully; **estar ~ dinheiro/câncer** to have some money on one/have cancer; **"não ultrapasse ~ faixa contínua"** "do not overtake when centre line is unbroken"
coma ['kɔma] F coma
comadre [ko'madri] F (urinol) bedpan; **minha ~** the godmother of my child (ou the mother of my godchild)
comandante [komã'dãtʃi] M commander; (Mil) commandant; (Náut) captain
comandar [komã'dar] VT to command
comando [ko'mãdu] M command
combate [kõ'batʃi] M combat, fight; (fig) battle
combatente [kõba'tẽtʃi] M/F combatant
combater [kõba'ter] VT to fight, combat; (opor-se a) to oppose ▶ VI to fight; **combater-se** VR to fight
combinação [kõbina'sãw] (pl **-ões**) F combination; (Quím) compound; (acordo) arrangement; (plano) scheme; (roupa) slip
combinar [kõbi'nar] VT to combine; (jantar etc) to arrange; (fuga etc) to plan ▶ VI (roupas etc) to go together; **combinar-se** VR to combine; (pessoas) to get on well together; (temperamentos) to go well together; **~ com** (harmonizar-se) to go with; **~ de fazer** to arrange to do; **combinado!** agreed!
comboio [kõ'boju] M (PT) train; (de navios, carros) convoy
combustão [kõbus'tãw] (pl **-ões**) F combustion
combustível [kõbus'tʃivew] M fuel
combustões [kõbus'tõjs] FPL de **combustão**
começar [kome'sar] VT, VI to begin, start; **~ a fazer** to begin ou start to do
começo¹ [ko'mesu] M beginning, start
começo² VB ver **comedir-se**
comédia [ko'mɛdʒja] F comedy
comediante [kome'dʒjãtʃi] M/F (comic) actor/actress
comedido, -a [kome'dʒidu, a] ADJ moderate; (prudente) prudent

comedir-se [kome'dʒirsi] VR to control o.s.
comedorias [komedo'rias] FPL food sg
comemoração [komemora'sãw] (pl **-ões**) F commemoration
comemorar [komemo'rar] VT to commemorate; (celebrar: sucesso etc) to celebrate
comemorativo, -a [komemora'tʃivu, a] ADJ commemorative
comensal [komẽ'saw] (pl **-ais**) M/F diner
comentar [komẽ'tar] VT to comment on; (maliciosamente) to make comments about
comentário [komẽ'tarju] M comment, remark; (análise) commentary; **sem ~** no comment
comentarista [komẽta'rista] M/F commentator
comer [ko'mer] VT to eat; (Damas, Xadrez) to take, capture; (dinheiro) to eat up; (corroer) to eat away ▶ VI to eat; **comer-se** VR: **~-se (de)** to be consumed (with); **dar de ~ a** to feed; **~ por quatro** (fig) to eat like a horse; **~ fogo** (col) to go through hell
comercial [komer'sjaw] (pl **-ais**) ADJ commercial; (relativo ao negócio) business atr ▶ M commercial
comercialização [komersjaliza'sãw] F marketing
comercializar [komersjali'zar] VT to market
comercializável [komersjali'zavew] (pl **-eis**) ADJ marketable
comerciante [komer'sjãtʃi] M/F trader
comerciar [komer'sjar] VI to trade, do business
comerciário, -a [komer'sjarju, a] M/F employee in business
comércio [ko'mεrsju] M commerce; (tráfico) trade; (negócio) business; (lojas) shops pl; **de fechar o ~** (col) really stunning; **~ eletrônico** e-commerce; **~ justo** fair trade
comes ['kɔmis] MPL: **~ e bebes** food and drink
comestíveis [komes'tʃiveis] MPL foodstuffs, food sg
comestível [komes'tʃivew] (pl **-eis**) ADJ edible
cometa [ko'meta] M comet
cometer [kome'ter] VT to commit
cometimento [kometʃi'mẽtu] M undertaking, commitment
comichão [komi'ʃãw] F itch, itching
comichar [komi'ʃar] VT, VI to itch
comicidade [komisi'dadʒi] F comic quality
comício [ko'misju] M (Pol) rally, meeting; (assembleia) assembly
cômico, -a ['komiku, a] ADJ comic(al) ▶ M comedian; (de teatro) actor
comida [ko'mida] F (alimento) food; (refeição) meal; **~ caseira** home cooking; **~ pronta** ready meal (BRIT), TV dinner (US)
comigo [ko'migu] PRON with me; (reflexivo) with myself
comilança [komi'lãsa] F overeating
comilão, -lona [komi'lãw, 'lɔna] (pl **-ões/-s**) ADJ greedy ▶ M/F glutton
cominho [ko'miɲu] M cumin
comiserar [komize'rar] VT to move to pity; **comiserar-se** VR: **~-se (de)** to sympathize (with)
comissão [komi'sãw] (pl **-ões**) F commission; (comitê) committee
comissário [komi'sarju] M commissioner; (Com) agent; **~ de bordo** (Aer) steward; (Náut) purser
comissionar [komisjo'nar] VT to commission
comissões [komi'sõjs] FPL de **comissão**
comitê [komi'te] M committee
comitiva [komi'tʃiva] F entourage

(PALAVRA-CHAVE)

como ['komu] ADV **1** (modo) as; **ela fez como eu pedi** she did as I asked; **como se** as if; **como quiser** as you wish; **seja como for** be that as it may
2 (assim como) like; **ela tem olhos azuis como o pai** she has eyes like her father's; **ela trabalha numa loja, como a mãe** she works in a shop, as does her mother
3 (de que maneira) how; **como?** pardon?; **como!** what!; **como assim?** what do you mean?; **como não!** of course!
▶ CONJ (porque) as, since; **como estava tarde ele dormiu aqui** since it was late he slept here

comoção [komo'sãw] (pl **-ões**) F (abalo) distress; (revolta) commotion
cômoda ['komoda] F chest of drawers (BRIT), bureau (US)
comodidade [komodʒi'dadʒi] F (conforto) comfort; (conveniência) convenience
comodismo [komo'dʒizmu] M complacency
comodista [komo'dʒista] ADJ complacent
cômodo, -a ['komodu, a] ADJ (confortável) comfortable; (conveniente) convenient ▶ M (aposento) room
comovedor, a [komove'dor(a)] ADJ moving, touching
comovente [komo'vẽtʃi] ADJ moving, touching
comover [komo'ver] VT to move ▶ VI to be moving; **comover-se** VR to be moved
comovido, -a [komo'vidu, a] ADJ moved
compacto, -a [kõ'paktu, a] ADJ (pequeno) compact; (espesso) thick; (sólido) solid ▶ M (disco) single
compadecer-se [kõpade'sersi] VR: **~ de** to pity
compadecido, -a [kõpade'sidu, a] ADJ sympathetic
compadecimento [kõpadesi'mẽtu] M sympathy; (piedade) pity
compadre [kõ'padri] M (col: companheiro) buddy, pal, crony; **meu ~** the godfather of my child (ou the father of my godchild)

compaixão [kõpaj'ʃãw] M (*piedade*) compassion, pity; (*misericórdia*) mercy

companheirão, -rona [kõpaɲej'rãw, 'rɔna] (*pl* **-ões/-s**) M/F good friend

companheirismo [kõpaɲej'rizmu] M companionship

companheiro, -a [kõpa'ɲejru, a] M/F companion; (*colega*) friend; (*col*) buddy, mate; **~ de viagem** fellow traveller (BRIT) *ou* traveler (US), travelling (BRIT) *ou* traveling (US) companion

companheirões [kõpaɲej'rõjs] MPL *de* **companheirão**

companheirona [kõpaɲej'rɔna] F *de* **companheirão**

companhia [kõpa'ɲia] F (*Com*) company, firm; (*convivência*) company; **fazer ~ a alguém** to keep sb company; **em ~ de** accompanied by; **dama de ~** companion; **~ aérea** airline; **~ aérea de baixo custo** budget airline

comparação [kõpara'sãw] (*pl* **-ões**) F comparison

comparar [kõpa'rar] VT to compare; **comparar-se** VR: **~-se com** to bear comparison with; **~ com** to compare with; **~ a** to liken to

comparativo, -a [kõpara'tʃivu, a] ADJ comparative

comparável [kõpa'ravew] (*pl* **-eis**) ADJ comparable

comparecer [kõpare'ser] VI to appear, make an appearance; **~ a uma reunião** to attend a meeting

comparecimento [kõparesi'mẽtu] M (*presença*) attendance

comparsa [kõ'parsa] M/F (*Teatro*) extra; (*cúmplice*) accomplice

compartilhar [kõpartʃi'ʎar] VT (*partilhar*) to share ▶ VI: **~ de** (*participar de*) to share in, participate in; **~ com alguém** to share with sb

compartimentar [kõpartʃimẽ'tar] VT to compartmentalize

compartimento [kõpartʃi'mẽtu] M compartment; (*aposento*) room

compartir [kõpar'tʃir] VT (*dividir*) to share out ▶ VI: **~ de** to share in

compassado, -a [kõpa'sadu, a] ADJ (*medido*) measured; (*moderado*) moderate; (*cadenciado*) regular; (*pausado*) slow

compassivo, -a [kõpa'sivu, a] ADJ compassionate

compasso [kõ'pasu] M (*instrumento*) pair of compasses; (*Mús*) time; (*ritmo*) beat; **dentro do ~** in time with the music; **fora do ~** out of time

compatibilidade [kõpatʃibili'dadʒi] F compatibility

compatível [kõpa'tʃivew] (*pl* **-eis**) ADJ compatible

compatriota [kõpa'trjɔta] M/F fellow countryman/woman, compatriot

compelir [kõpe'lir] VT to force, compel

compêndio [kõ'pẽdʒju] M (*sumário*) compendium; (*livro de texto*) textbook

compenetração [kõpenetra'sãw] (*pl* **-ões**) F conviction

compenetrar [kõpene'trar] VT to convince; **compenetrar-se** VR to be convinced

compensação [kõpẽsa'sãw] (*pl* **-ões**) F compensation; (*de cheques*) clearance; **em ~** on the other hand

compensado [kõpẽ'sadu] M hardboard

compensador, a [kõpẽsa'dor(a)] ADJ compensatory

compensar [kõpẽ'sar] VT (*reparar o dano*) to make up for, compensate for; (*equilibrar*) to offset, counterbalance; (*cheque*) to clear

competência [kõpe'tẽsja] F competence, ability; (*responsabilidade*) responsibility; **isto é de minha ~** this is my responsibility

competente [kõpe'tẽtʃi] ADJ (*capaz*) competent, able; (*apropriado*) appropriate; (*responsável*) responsible

competição [kõpetʃi'sãw] (*pl* **-ões**) F competition

competidor, a [kõpetʃi'dor(a)] M/F competitor

competir [kõpe'tʃir] VI to compete; **~ a alguém** (*ser da competência de*) to be sb's responsibility; (*caber*) to be up to sb; **~ com** to compete with

competitividade [kõpetʃitʃivi'dadʒi] F competitiveness

competitivo, -a [kõpetʃi'tʃivu, a] ADJ competitive

compilação [kõpila'sãw] (*pl* **-ões**) F compilation

compilar [kõpi'lar] VT to compile

compilo *etc* [kõ'pilu] VB *ver* **compelir**

compito *etc* [kõ'pitu] VB *ver* **competir**

complacência [kõpla'sẽsja] F complaisance

complacente [kõpla'sẽtʃi] ADJ obliging

compleição [kõplej'sãw] (*pl* **-ões**) F build

complementar [kõplemẽ'tar] ADJ complementary ▶ VT to supplement

complemento [kõple'mẽtu] M complement

completamente [kõpleta'mẽtʃi] ADV completely, quite

completar [kõple'tar] VT to complete; (*água, gasolina*) to fill up, top up; **~ dez anos** to be ten

completo, -a [kõ'plɛtu, a] ADJ complete; (*cheio*) full (up); **por ~** completely

complexado, -a [kõplɛk'sadu, a] ADJ hung-up; **estar/ficar ~** to have/get a complex

complexidade [kõpleksi'dadʒi] F complexity

complexo, -a [kõ'plɛksu, a] ADJ complex ▶ M complex; **~ de Édipo** Oedipus complex

complicação [kõplika'sãw] (*pl* **-ões**) F complication

complicado, -a [kõpli'kadu, a] ADJ complicated

complicar [kõpli'kar] VT to complicate; **complicar-se** VR to become complicated; (*enredo*) to thicken

complô [kõ'plo] M plot, conspiracy

compõe *etc* [kõ'põj] VB *ver* **compor**
compomos *etc* [kõ'pomos] VB *ver* **compor**
componente [kõpo'netʃi] ADJ, M component
componho *etc* [kõ'poɲu] VB *ver* **compor**
compor [kõ'por] (*irreg: como* **pôr**) VT to compose; (*discurso, livro*) to write; (*arranjar*) to arrange; (*Tip*) to set ▶ VI to compose; **compor-se** VR (*controlar-se*) to compose o.s.; **~-se de** to consist of
comporta [kõ'pɔrta] F floodgate; (*de canal*) lock
comportamento [kõpɔrta'metu] M behaviour (BRIT), behavior (US); (*conduta*) conduct; **mau ~** misbehavio(u)r
comportar [kõpor'tar] VT (*suportar*) to put up with, bear; (*conter*) to hold; **comportar-se** VR (*portar-se*) to behave; **~-se mal** to misbehave, behave badly
compôs [kõ'pos] VB *ver* **compor**
composição [kõpozi'sãw] (*pl* **-ões**) F composition; (*Tip*) typesetting; (*conciliação*) compromise
compositor, a [kõpozi'tor(a)] M/F composer; (*Tip*) typesetter
composto, -a [kõ'postu, 'pɔsta] PP *de* **compor** ▶ ADJ (*sério*) serious; (*de muitos elementos*) composite, compound ▶ M compound; **~ de** made up of, composed of
compostura [kõpos'tura] F composure
compota [kõ'pɔta] F fruit in syrup; **~ de laranja** oranges in syrup
compra ['kõpra] F purchase; **fazer ~s** to go shopping
comprador, a [kõpra'dor(a)] M/F buyer, purchaser
comprar [kõ'prar] VT to buy; (*subornar*) to bribe; **~ briga** to look for trouble; **~ a briga de alguém** to fight sb's battle for him
comprazer-se [kõpra'zersi] VR: **~ com/em fazer** to take pleasure in/in doing
compreender [kõprj'der] VT (*entender*) to understand; (*constar de*) to comprise, consist of, be composed of; (*abranger*) to cover
compreensão [kõprjẽ'sãw] F understanding, comprehension
compreensível [kõprjẽ'sivew] (*pl* **-eis**) ADJ understandable, comprehensible
compreensivo, -a [kõprjẽ'sivu, a] ADJ understanding
compressa [kõ'prɛsa] F compress
compressão [kõpre'sãw] (*pl* **-ões**) F compression
compressor, a [kõpre'sor(a)] ADJ *ver* **rolo**
comprido, -a [kõ'pridu, a] ADJ long; (*alto*) tall; **ao ~** lengthways
comprimento [kõpri'metu] M length
comprimido, -a [kõpri'midu, a] ADJ compressed ▶ M (*pílula*) pill; (*pastilha*) tablet
comprimir [kõpri'mir] VT to compress; (*apertar*) to squeeze
comprometedor, a [kõpromete'dor(a)] ADJ compromising

comprometer [kõprome'ter] VT to compromise; (*envolver*) to involve; (*arriscar*) to jeopardize; (*empenhar*) to pledge; **comprometer-se** VR to commit o.s.; **~-se a** to undertake to, promise to; **~-se com alguém** to make a commitment to sb
comprometido, -a [kõprome'tʃidu, a] ADJ (*ocupado*) busy; (*noivo etc*) spoken for
compromisso [kõpro'misu] M (*promessa*) promise; (*obrigação*) commitment; (*hora marcada*) appointment, engagement; (*acordo*) agreement; **sem ~** without obligation
comprovação [kõprova'sãw] (*pl* **-ões**) F proof, evidence; (*Admin*) receipts *pl*
comprovante [kõpro'vãtʃi] ADJ of proof ▶ M receipt; **~ de residência** proof of address
comprovar [kõpro'var] VT to prove; (*confirmar*) to confirm
compulsão [kõpuw'sãw] (*pl* **-ões**) F compulsion
compulsivo, -a [kõpuw'sivu, a] ADJ compulsive
compulsões [kõpuw'sõjs] FPL *de* **compulsão**
compulsório, -a [kõpuw'sɔrju, a] ADJ compulsory
compunção [kõpũ'sãw] F compunction
compungir [kõpũ'ʒir] VT to pain ▶ VI to be painful
compunha *etc* [kõ'puɲa] VB *ver* **compor**
compus *etc* [kõ'pus] VB *ver* **compor**
compuser *etc* [kõpu'zer] VB *ver* **compor**
computação [kõputa'sãw] F computation; (*ciência, curso*) computer science, computing; **~ em nuvem** cloud computing
computador [kõputa'dor] M computer
computadorizar [kõputadori'zar] VT to computerize
computar [kõpu'tar] VT to compute; (*calcular*) to calculate; (*contar*) to count
cômputo ['kõputu] M computation
comum [ko'mũ] (*pl* **-ns**) ADJ (*pessoa*) ordinary, common; (*habitual*) usual ▶ M the usual thing; **em ~** in common; **o ~ é partirmos às 8** we usually set off at 8; **fora do ~** unusual
comuna [ko'muna] (*col*) M/F communist
comungar [komũ'gar] VI to take communion
comunhão [komu'ɲãw] (*pl* **-ões**) F communion; (*Rel*) Holy Communion; **~ de bens** joint ownership
comunicação [komunika'sãw] (*pl* **-ões**) F communication; (*mensagem*) message; (*curso*) media studies *sg*; (*acesso*) access
comunicado [komuni'kadu] M notice; (*oficial*) communiqué
comunicar [komuni'kar] VT to communicate; (*unir*) to join ▶ VI to communicate; **comunicar-se** VR to communicate; **~ algo a alguém** to inform sb of sth; **~-se com** (*entrar em contato*) to get in touch with
comunicativo, -a [komunika'tʃivu, a] ADJ communicative; (*riso*) infectious

comunidade [komuni'dadʒi] F community; **C~ (Econômica) Europeia** European (Economic) Community
comunismo [komu'nizmu] M communism
comunista [komu'nista] ADJ, M/F communist
comunitário, -a [komuni'tarju, a] ADJ community atr
comuns [ko'mũs] PL de **comum**
comutador [komuta'dor] M switch
comutar [komu'tar] VT (Jur) to commute; (trocar) to exchange
concatenar [kõkate'nar] VT (ideias) to string together
côncavo, -a ['kõkavu, a] ADJ concave; (cavado) hollow ▶ M hollow
conceber [kõse'ber] VT to conceive; (imaginar) to conceive of, imagine; (entender) to understand ▶ VI to conceive, become pregnant
concebível [kõse'bivew] (pl -eis) ADJ conceivable
conceder [kõse'der] VT (permitir) to allow; (outorgar) to grant, accord; (admitir) to concede; (dar) to give ▶ VI: **~ em** to agree to
conceito [kõ'sejtu] M (ideia) concept, idea; (fama) reputation; (opinião) opinion
conceituado, -a [kõsej'twadu, a] ADJ well thought of, highly regarded
conceituar [kõsej'twar] VT to conceptualize
concentração [kõsẽtra'sãw] (pl -ões) F concentration; (Esporte) training camp
concentrado, -a [kõsẽ'tradu, a] ADJ concentrated ▶ M concentrate
concentrar [kõsẽ'trar] VT to concentrate; (atenção) to focus; (reunir) to bring together; (molho) to thicken; **concentrar-se** VR to concentrate; **~-se em** to concentrate on
concepção [kõsep'sãw] (pl -ões) F (geração) conception; (noção) idea, concept; (opinião) opinion
concernente [kõser'nẽtʃi] ADJ: **~ a** concerning
concernir [kõser'nir] VI: **~ a** to concern
concertar [kõser'tar] VT (endireitar) to adjust; (conciliar) to reconcile
concerto [kõ'sertu] M concert
concessão [kõse'sãw] (pl -ões) F concession; (permissão) permission
concessionária [kõsesjo'narja] F dealer, dealership
concessionário [kõsesjo'narju] M concessionaire
concessões [kõse'sõjs] FPL de **concessão**
concha ['kõʃa] F (moluscos) shell; (para líquidos) ladle
conchavo [kõ'ʃavu] M conspiracy
conciliação [kõsilja'sãw] (pl -ões) F reconciliation
conciliador, a [kõsilja'dor(a)] ADJ conciliatory ▶ M/F conciliator
conciliar [kõsi'ljar] VT to reconcile; **~ o sono** to get to sleep

conciliatório, -a [kõsilja'tɔrju, a] ADJ conciliatory
conciliável [kõsi'ljavew] (pl -eis) ADJ reconcilable
concílio [kõ'silju] M (Rel) council
concisão [kõsi'zãw] F concision, conciseness
conciso, -a [kõ'sizu, a] ADJ brief, concise
concitar [kõsi'tar] VT (estimular) to stir up, arouse; (incitar) to incite
conclamar [kõkla'mar] VT to shout; (aclamar) to acclaim; (convocar) to call together
Conclat [kõ'klatʃi] (BR) ABR F (= Conferência Nacional da Classe Trabalhadora) trade union
conclave [kõ'klavi] M conclave
concludente [kõklu'dẽtʃi] ADJ conclusive
concluir [kõ'klwir] VT (terminar) to end, conclude ▶ VI (deduzir) to conclude
conclusão [kõklu'zãw] (pl -ões) F (término) end; (dedução) conclusion; **chegar a uma ~** to come to a conclusion; **~, ele não veio** (col) the upshot is, he didn't come
conclusivo, -a [kõklu'zivu, a] ADJ conclusive
conclusões [kõklu'zõjs] FPL de **conclusão**
concomitante [kõkomi'tãtʃi] ADJ concomitant
concordância [kõkor'dãsja] F agreement
concordante [kõkor'dãtʃi] ADJ (fatos) concordant
concordar [kõkor'dar] VI, VT to agree; **não concordo!** I disagree!; **~ com** to agree with; **~ em** to agree to
concordata [kõkor'data] F liquidation agreement
concórdia [kõ'kɔrdʒja] F (acordo) agreement; (paz) peace
concorrência [kõko'hẽsja] F competition; (a um cargo) application
concorrente [kõko'hẽtʃi] M/F (competidor) contestant; (candidato) candidate
concorrer [kõko'her] VI (competir) to compete; **~ a** (candidatar-se) to apply for; **~ para** (contribuir) to contribute to
concorrido, -a [kõko'hidu, a] ADJ popular
concretização [kõkretʃiza'sãw] F realization
concretizar [kõkretʃi'zar] VT to make real; **concretizar-se** VR (sonho) to come true; (ambições) to be realized
concreto, -a [kõ'kretu, a] ADJ concrete; (verdadeiro) real; (sólido) solid ▶ M concrete; **~ armado** reinforced concrete
concupiscência [kõkupi'sẽsja] F greed; (lascívia) lust
concurso [kõ'kursu] M contest; (exame) competition; **~ público** open competition
concussão [kõku'sãw] F concussion; (desfalque) embezzlement
condado [kõ'dadu] M county
condão [kõ'dãw] M ver **varinha**
conde ['kõdʒi] M count
condecoração [kõdekora'sãw] (pl -ões) F decoration
condecorar [kõdeko'rar] VT to decorate

condenação [kõdena'sãw] (pl **-ões**) F condemnation; (Jur) conviction
condenar [kõde'nar] VT to condemn; (Jur: sentenciar) to sentence; (: declarar culpado) to convict
condenável [kõde'navew] (pl **-eis**) ADJ reprehensible
condensação [kõdẽsa'sãw] F condensation
condensar [kõdẽ'sar] VT to condense; **condensar-se** VR to condense
condescendência [kõdesẽ'dẽsja] F acquiescence
condescendente [kõdesẽ'dẽtʃi] ADJ condescending
condescender [kõdesẽ'der] VI to acquiesce; **~ a** ou **em** to condescend to, deign to
condessa [kõ'desa] F countess
condição [kõdʒi'sãw] (pl **-ões**) F condition; (social) status; (qualidade) capacity; **com a ~ de que** on condition that, provided that; **ter ~** ou **condições para fazer** to be able to do; **em condições de fazer** (pessoa) able to do; (carro etc) in condition to do; **em sua ~ de líder** in his capacity as leader
condicionado, -a [kõdʒisjo'nadu, a] ADJ conditioned
condicional [kõdʒisjo'naw] (pl **-ais**) ADJ conditional
condicionamento [kõdʒisjona'mẽtu] M conditioning
condições [kõdʒi'sõjs] FPL de **condição**
condigno, -a [kõ'dʒignu, a] ADJ (apropriado) fitting; (merecido) deserved
condigo etc [kõ'dʒigu] VB ver **condizer**
condimentar [kõdʒimẽ'tar] VT to season
condimento [kõdʒi'mẽtu] M seasoning
condisse etc [kõ'dʒisi] VB ver **condizer**
condito [kõ'dʒitu] PP de **condizer**
condizente [kõdʒi'zẽtʃi] ADJ: **~ com** in keeping with
condizer [kõdʒi'zer] (irreg: como **dizer**) VI: **~ com** to match
condoer-se [kõdo'ersi] VR: **~ de** to pity
condolência [kõdo'lẽsja] F condolence
condomínio [kõdo'minju] M condominium; (contribuição) service charge; **~ fechado** gated community
condução [kõdu'sãw] F (ato de conduzir) driving; (transporte) transport; (ônibus) bus; (Fís) conduction
conducente [kõdu'sẽtʃi] ADJ: **~ a** conducive to
conduta [kõ'duta] F conduct, behaviour (BRIT), behavior (US); **má ~** misconduct
conduto [kõ'dutu] M (tubo) tube; (cano) pipe; (canal) channel
condutor, a [kõdu'tor(a)] M/F (de veículo) driver ▶ M (Elet) conductor
conduzir [kõdu'zir] VT (PT: veículo) to drive; (levar) to lead; (negócio) to manage; (Fís) to conduct ▶ VI (PT) to drive; **conduzir-se** VR to behave; **~ a** to lead to
cone ['kɔni] M cone
conectar [konek'tar] VT to connect

cônego ['konegu] M (Rel) canon
conexão [konek'sãw] (pl **-ões**) F (tb Comput) connection; (voo) connecting flight
conexo, -a [ko'nɛksu, a] ADJ connected
conexões [konek'sõjs] FPL de **conexão**
confabular [kõfabu'lar] VI to talk; **~ com** to talk to
confecção [kõfek'sãw] (pl **-ões**) F (feitura) making; (de um boletim) production; (roupa) ready-to-wear clothes pl; (negócio) business selling ready-to-wear clothes
confeccionar [kõfeksjo'nar] VT (fazer) to make; (fabricar) to manufacture
confeccionista [kõfeksjo'nista] M/F maker of ready-to-wear clothes
confecções [kõfek'sõjs] FPL de **confecção**
confederação [kõfedera'sãw] (pl **-ões**) F confederation; (liga) league
confederar [kõfede'rar] VT to unite; **confederar-se** VR to form an alliance
confeitar [kõfej'tar] VT (bolo) to ice
confeitaria [kõfejta'ria] F patisserie
confeiteiro, -a [kõfej'tejru, a] M/F confectioner
conferência [kõfe'rẽsja] F conference; (discurso) lecture; **fazer uma ~** to give a lecture
conferencista [kõferẽ'sista] M/F (que fala) speaker
conferente [kõfe'rẽtʃi] M/F (verificador) checker
conferir [kõfe'rir] VT (verificar) to check; (comparar) to compare; (outorgar) to grant; (título) to confer ▶ VI (estar certo) to tally; **confira!** see for yourself, check it out (col)
confessar [kõfe'sar] VT, VI to confess; **confessar-se** VR to confess; **~ alguém** (Rel) to hear sb's confession; **~-se culpado** (Jur) to plead guilty
confessionário [kõfesjo'narju] M confessional
confessor [kõfe'sor] M confessor
confete [kõ'fɛtʃi] M confetti; **jogar ~** (col) to be flattering
confiabilidade [kõfjabili'dadʒi] F reliability
confiado, -a [kõ'fjadu, a] (col) ADJ cheeky
confiança [kõ'fjãsa] F confidence; (fé) trust; (familiaridade) familiarity; **de ~** reliable; **digno de ~** trustworthy; **ter ~ em alguém** to trust sb; **dar ~ a alguém** (no tratamento) to be on informal terms with sb
confiante [kõ'fjãtʃi] ADJ confident; **~ em** confident of
confiar [kõ'fjar] VT to entrust; (segredo) to confide ▶ VI: **~ em** to trust; (ter fé) to have faith in
confiável [kõ'fjavew] (pl **-eis**) ADJ reliable
confidência [kõfi'dẽsja] F secret; **em ~** in confidence
confidencial [kõfidẽ'sjaw] (pl **-ais**) ADJ confidential
confidenciar [kõfidẽ'sjar] VT to tell in confidence

confidente [kõfi'dẽtʃi] M/F confidant(e)
configuração [kõfigura'sãw] (*pl* **-ões**) F configuration; (*forma*) shape, form
configurar [kõfigu'rar] VT to shape, form; (*representar*) to represent; (*Comput*) to configure
confinamento [kõfina'mẽtu] M confinement
confinar [kõfi'nar] VT (*limitar*) to limit; (*enclausurar*) to confine ▶ VI: **~ com** to border on; **confinar-se** VR: **~-se a** to confine o.s. to
confins [kõ'fĩs] MPL limits, boundaries; **nos ~ de judas** (*col*) out in the sticks
confirmação [kõfirma'sãw] (*pl* **-ões**) F confirmation
confirmar [kõfir'mar] VT to confirm; **confirmar-se** VR (*Rel*) to be confirmed; (*realizar-se*) to come true
confiro *etc* [kõ'firu] VB *ver* **conferir**
confiscar [kõfis'kar] VT to confiscate, seize
confisco [kõ'fisku] M confiscation
confissão [kõfi'sãw] (*pl* **-ões**) F confession
conflagração [kõflagra'sãw] (*pl* **-ões**) F conflagration
conflagrar [kõfla'grar] VT to inflame, set alight; (*fig*) to plunge into turmoil
conflitante [kõfli'tãtʃi] ADJ conflicting
conflito [kõ'flitu] M conflict; **entrar em ~ (com)** to clash (with)
confluente [kõ'flwẽtʃi] M tributary
conformação [kõforma'sãw] (*pl* **-ões**) F (*resignação*) resignation; (*forma*) form
conformado, -a [kõfor'madu, a] ADJ resigned
conformar [kõfor'mar] VT (*formar*) to form ▶ VI: **~ com** to conform to; **conformar-se** VR: **~-se com** to resign o.s. to; (*acomodar-se*) to conform to
conforme [kõ'fɔrmi] PREP according to; (*dependendo de*) depending on ▶ CONJ (*logo que*) as soon as; (*como*) as, according to what; (*à medida que*) as; (*dependendo de*) depending on; **você vai?** — **~** are you going? — it depends
conformidade [kõformi'dadʒi] F agreement; **em ~ com** in accordance with
conformismo [kõfor'mizmu] M conformity
conformista [kõfor'mista] M/F conformist
confortante [kõfor'tãtʃi] ADJ comforting
confortar [kõfor'tar] VT (*consolar*) to comfort, console
confortável [kõfor'tavew] (*pl* **-eis**) ADJ comfortable
conforto [kõ'fortu] M comfort
confraria [kõfra'ria] F fraternity
confraternizar [kõfraterni'zar] VI to fraternize
confrontação [kõfrõta'sãw] (*pl* **-ões**) F (*acareação*) confrontation; (*comparação*) comparison
confrontar [kõfrõ'tar] VT (*acarear*) to confront; (*comparar*) to compare; **confrontar-se** VR to face each other
confronto [kõ'frõtu] M confrontation; (*comparação*) comparison

confundir [kõfũ'dʒir] VT to confuse; **confundir-se** VR to get mixed up, get confused
confusão [kõfu'zãw] (*pl* **-ões**) F confusion; (*tumulto*) uproar; (*problemas*) trouble; (*barafunda*) chaos; **isso vai dar tanta ~** this will cause so much trouble; **fazer ~** (*confundir-se*) to get mixed up *ou* confused
confuso, -a [kõ'fuzu, a] ADJ confused; (*problema*) confusing; **está tudo muito ~ aqui hoje** it's all very chaotic in here today
confusões [kõfu'zõjs] FPL *de* **confusão**
congelado, -a [kõʒe'ladu, a] ADJ frozen
congelador [kõʒela'dor] M freezer, deep freeze
congelamento [kõʒela'mẽtu] M freezing; (*Econ*) freeze
congelar [kõʒe'lar] VT to freeze; **congelar-se** VR to freeze
congênere [kõ'ʒeneri] ADJ similar
congênito, -a [kõ'ʒenitu, a] ADJ congenital
congestão [kõʒes'tãw] F congestion
congestionado, -a [kõʒestʃjo'nadu, a] ADJ (*trânsito*) congested; (*olhos*) bloodshot; (*rosto*) flushed
congestionamento [kõʒestʃjona'mẽtu] M congestion; **um ~ (de tráfego)** a traffic jam
congestionar [kõʒestʃjo'nar] VT to congest; **congestionar-se** VR (*rosto*) to go red
conglomeração [kõglomera'sãw] (*pl* **-ões**) F conglomeration
conglomerado [kõglome'radu] M conglomerate
conglomerar [kõglome'rar] VT to heap together; **conglomerar-se** VR (*unir-se*) to join together, group together
Congo ['kõgu] M: **o ~** the Congo
congratular [kõgratu'lar] VT: **~ alguém por** to congratulate sb on
congregação [kõgrega'sãw] (*pl* **-ões**) F (*Rel*) congregation; (*reunião*) gathering
congregar [kõgre'gar] VT to bring together; **congregar-se** VR to congregate
congressista [kõgre'sista] M/F congressman/ woman
congresso [kõ'grɛsu] M congress, conference
conhaque [ko'ɲaki] M cognac, brandy
conhecedor, a [koɲese'dor(a)] ADJ knowing ▶ M/F connoisseur, expert
conhecer [koɲe'ser] VT to know; (*travar conhecimento com*) to meet; (*descobrir*) to discover; **conhecer-se** VR (*travar conhecimento*) to meet; (*ter conhecimento*) to know each other; **~ alguém de nome/vista** to know sb by name/sight; **quero ~ sua casa** I'd like to see your house; **você conhece Paris?** have you ever been to Paris?
conhecido, -a [koɲe'sidu, a] ADJ known; (*célebre*) well-known ▶ M/F acquaintance
conhecimento [koɲesi'mẽtu] M knowledge; (*ideia*) idea; (*conhecido*) acquaintance; (*Com*) bill of lading; **conhecimentos** MPL (*informações*) knowledge *sg*; **levar ao ~ de alguém** to bring to sb's notice; **ter ~ de**

to know; **tomar ~ de** to learn about; **não tomar ~ de** (*não dar atenção a*) to take no notice of; **é de ~ geral** it is common knowledge; **~ aéreo** air waybill

cônico, -a ['koniku, a] ADJ conical

conivência [koni'vẽsja] F connivance

conivente [koni'vẽtʃi] ADJ conniving; **ser ~ em** to connive in

conjetura [kõʒe'tura] F conjecture, supposition; **fazer ~ (sobre)** to guess (at)

conjeturar [kõʒetu'rar] VT to guess at ▶ VI to conjecture

conjugação [kõʒuga'sãw] (*pl* **-ões**) F conjugation

conjugado [kõʒu'gadu] M studio

conjugal [kõʒu'gaw] (*pl* **-ais**) ADJ conjugal; **vida ~** married life

conjugar [kõʒu'gar] VT (*verbo*) to conjugate; (*unir*) to join; **conjugar-se** VR to join together

cônjuge ['kõʒuʒi] M spouse

conjunção [kõʒũ'sãw] (*pl* **-ões**) F (*união*) union; (*Ling*) conjunction

conjuntivite [kõʒũtʃi'vitʃi] F conjunctivitis

conjuntivo [kõʒũ'tʃivu] (PT) M (*Ling*) subjunctive

conjunto, -a [kõ'ʒũtu, a] ADJ joint ▶ M (*totalidade*) whole; (*coleção*) collection; (*músicos*) group; (*roupa*) outfit; **em ~** together

conjuntura [kõʒũ'tura] F situation

conluio [kõ'luju] M collusion

conosco [ko'nosku] PRON with us

conotação [konota'sãw] (*pl* **-ões**) F connotation

conotar [kono'tar] VT to connote

conquanto [kõ'kwantu] CONJ although, though

conquista [kõ'kista] F conquest; (*da ciência*) achievement

conquistador, a [kõkista'dor(a)] ADJ conquering ▶ M conqueror; (*namorador*) ladies' man

conquistar [kõkis'tar] VT (*subjugar*) to conquer; (*alcançar*) to achieve; (*ganhar*) to win, gain; (*pessoa*) to win over

consagração [kõsagra'sãw] (*pl* **-ões**) F (*Rel*) consecration; (*aclamação*) acclaim; (*exaltação*) praise; (*dedicação*) dedication; (*de uma expressão*) establishment

consagrado, -a [kõsa'gradu, a] ADJ (*estabelecido*) established

consagrar [kõsa'grar] VT (*Rel*) to consecrate; (*aclamar*) to acclaim; (*dedicar*) to dedicate; (*tempo*) to devote; (*expressão*) to establish; (*exaltar*) to glorify; **consagrar-se** VR: **~-se a** to devote o.s. to

consanguíneo, -a [kõsã'gwinju, a] ADJ related by blood ▶ M/F blood relation

consciência [kõ'sjẽsja] F (*moral*) conscience; (*percepção*) awareness; (*senso de responsabilidade*) conscientiousness; **estar com a ~ limpa/pesada** to have a clear/guilty conscience; **ter ~ de** to be conscious of

consciencioso, -a [kõsjẽ'sjozu, ɔza] ADJ conscientious

consciente [kõ'sjẽtʃi] ADJ conscious

conscientizar [kõsjẽtʃi'zar] VT: **~ alguém** (*politicamente*) to raise sb's awareness; **conscientizar-se** VR to become more aware; **~-se de** to be aware of; **~ alguém de algo** to make sb aware of sth

cônscio, -a ['kõsju, a] ADJ aware

conscrição [kõskri'sãw] F conscription

consecução [kõseku'sãw] F attainment

consecutivo, -a [kõseku'tʃivu, a] ADJ consecutive

conseguinte [kõse'gĩtʃi] ADJ: **por ~** consequently

conseguir [kõse'gir] VT (*obter*) to get, obtain; **~ fazer** to manage to do, succeed in doing; **não consigo abrir a porta** I can't open the door

conselheiro, -a [kõse'ʎejru, a] M/F (*que aconselha*) counsellor (BRIT), counselor (US), adviser; (*Pol*) councillor

conselho [kõ'seʎu] M piece of advice; (*corporação*) council; **conselhos** MPL (*advertência*) advice *sg*; **~ de guerra** court martial; **C~ de ministros** (*Pol*) Cabinet; **C~ de Diretoria** board of directors; **o C~ de Segurança da ONU** the UN Security Council

consenso [kõ'sẽsu] M consensus, agreement

consensual [kõsẽ'swaw] (*pl* **-ais**) ADJ agreed

consentimento [kõsẽtʃi'mẽtu] M consent, permission

consentir [kõsẽ'tʃir] VT (*admitir*) to allow, permit; (*aprovar*) to agree to ▶ VI: **~ em** to agree to

consequência [kõse'kwẽsja] F consequence; **por ~** consequently; **em ~ de** as a consequence of

consequente [kõse'kwẽtʃi] ADJ consequent; (*coerente*) consistent

consertar [kõser'tar] VT to mend, repair; (*remediar*) to put right

conserto [kõ'sertu] M repair

conserva [kõ'serva] F pickle; **em ~** pickled; **fábrica de ~s** cannery

conservação [kõserva'sãw] F conservation; (*de vida, alimentos*) preservation

conservacionista [kõservasjo'nista] ADJ, M/F conservationist

conservado, -a [kõser'vadu, a] ADJ (*pessoa*) well-preserved

conservador, a [kõserva'dor(a)] ADJ conservative ▶ M/F (*Pol*) conservative

conservadorismo [kõservado'rizmu] M conservatism

conservante [kõser'vãtʃi] M preservative

conservar [kõser'var] VT (*preservar*) to preserve, maintain; (*reter, manter*) to keep, retain; **conservar-se** VR to keep; **"conserve-se à direita"** "keep right"

conservatório [kõserva'tɔrju] M conservatory

consideração [kõsidera'sãw] (*pl* **-ões**) F consideration; (*estima*) respect, esteem;

considerado – **consultoria** | 506

(*reflexão*) thought; **levar em ~** to take into account
considerado, -a [kõside'radu, a] ADJ respected, well thought of
considerar [kõside'rar] VT to consider; (*prezar*) to respect ▶ VI to consider; **considerar-se** VR to consider o.s.
considerável [kõside'ravew] (*pl* -**eis**) ADJ considerable
consignação [kõsigna'sãw] (*pl* -**ões**) F consignment; (*registro*) recording; (*de verbas*) assignment
consignar [kõsig'nar] VT (*mercadorias*) to send, dispatch; (*registrar*) to record; (*verba etc*) to assign
consigo¹ [kõ'sigu] PRON (*m*) with him; (*f*) with her; (*pl*) with them; (*com você*) with you
consigo² VB *ver* **conseguir**
consinto [kõ'sĩtu] VB *ver* **consentir**
consistência [kõsis'tẽsja] F consistency
consistente [kõsis'tẽtʃi] ADJ (*sólido*) solid; (*espesso*) thick
consistir [kõsis'tʃir] VI: **~ em** to be made up of, consist of
consoante [kõso'ãtʃi] F consonant ▶ PREP according to ▶ CONJ as; **~ prometera** as he had promised
consola [kõ'sɔla] F (*Comput*) console
consolação [kõsola'sãw] (*pl* -**ões**) F consolation
consolador, a [kõsola'dor(a)] ADJ consoling
consolar [kõso'lar] VT to console; **consolar-se** VR to console o.s.
console [kõ'sɔli] F (*Comput*) console
consolidar [kõsoli'dar] VT to consolidate; (*fratura*) to knit ▶ VI to become solid; to knit together
consolo [kõ'solu] M consolation
consome *etc* [kõ'somi] VB *ver* **consumir**
consomê [kõso'me] M consommé
consonância [kõso'nãsja] F (*harmonia*) harmony; (*concordância*) agreement
consorciar [kõsor'sjar] VT to join; (*combinar*) to combine ▶ VI: **~ a** to unite with
consórcio [kõ'sɔrsju] M (*união*) partnership; (*Com*) consortium
consorte [kõ'sɔrtʃi] M/F consort
conspícuo, -a [kõ'spikwu, a] ADJ conspicuous
conspiração [kõspira'sãw] (*pl* -**ões**) F plot, conspiracy
conspirador, a [kõspira'dor(a)] M/F plotter, conspirator
conspirar [kõspi'rar] VT to plot ▶ VI to plot, conspire
constância [kõs'tãsja] F constancy; (*estabilidade*) steadiness
constante [kõs'tãtʃi] ADJ constant; (*estável*) steady ▶ F constant
constar [kõs'tar] VI to be in; **consta que** it says that; **~ de** to consist of; **não me constava que ...** I was not aware that ...; **ao que me consta** as far as I know

constatação [kõstata'sãw] (*pl* -**ões**) F observation
constatar [kõsta'tar] VT (*estabelecer*) to establish; (*notar*) to notice; (*evidenciar*) to show up; (*óbito*) to certify; **pudemos ~ que** we could see that
constelação [kõstela'sãw] (*pl* -**ões**) F constellation; (*grupo*) cluster
constelado, -a [kõste'ladu, a] ADJ (*estrelado*) starry
consternação [kõsterna'sãw] F (*desalento*) depression; (*desolação*) distress
consternado, -a [kõster'nadu, a] ADJ (*desalentado*) depressed; (*desolado*) distressed
consternar [kõster'nar] VT (*desolar*) to distress; (*desalentar*) to depress; **consternar-se** VR to be distressed; to be depressed
constipação [kõstʃipa'sãw] (*pl* -**ões**) (PT) F cold
constipado, -a [kõstʃi'padu, a] (PT) ADJ: **estar ~** to have a cold
constipar-se [kõstʃi'parsi] (PT) VR to catch a cold
constitucional [kõstʃitusjo'naw] (*pl* -**ais**) ADJ constitutional
constituição [kõstʃitwi'sãw] (*pl* -**ões**) F constitution
constituinte [kõstʃi'twĩtʃi] ADJ constituent ▶ M/F (*deputado*) member ▶ F: **a C~** the Constituent Assembly
constituir [kõstʃi'twir] VT (*representar*) to constitute; (*formar*) to form; (*estabelecer*) to establish, set up; (*nomear*) to appoint; **constituir-se** VR: **~-se em** to set o.s. up as; (*representar*) to constitute
constrangedor, a [kõstrãʒe'dor(a)] ADJ restricting; (*que acanha*) embarrassing
constranger [kõstrã'ʒer] VT to constrain; (*acanhar*) to embarrass; **constranger-se** VR (*acanhar-se*) to feel embarrassed
constrangimento [kõstrãʒi'mẽtu] M constraint; (*acanhamento*) embarrassment
constranjo *etc* [kõs'trãʒu] VB *ver* **constranger**
construção [kõstru'sãw] (*pl* -**ões**) F building, construction
construir [kõs'trwir] VT to build, construct
construtivo, -a [kõstru'tʃivu, a] ADJ constructive
construtor, a [kõstru'tor(a)] ADJ building *atr*, construction *atr* ▶ M/F builder ▶ F building contractor
cônsul ['kõsuw] (*pl* **cônsules**) M consul
consulado [kõsu'ladu] M consulate
consulesa [kõsu'leza] F (*woman*) consul; (*esposa*) consul's wife
consulta [kõ'suwta] F consultation; **livro de ~** reference book; **horário de ~** surgery hours *pl* (BRIT), office hours *pl* (US)
consultar [kõsuw'tar] VT to consult; **~ alguém sobre** to ask sb's opinion about
consultivo, -a [kõsuw'tʃivu, a] ADJ advisory
consultor, a [kõsuw'tor(a)] M/F adviser, consultant
consultoria [kõsuwto'ria] F consultancy

consultório [kõsuw'tɔrju] M surgery
consumação [kõsuma'sãw] (pl **-ões**) F consummation; (em restaurante etc) minimum order
consumado, -a [kõsu'madu, a] ADJ consummate; ver tb **fato**
consumar [kõsu'mar] VT to consummate; **consumar-se** VR to be consummated
consumidor, a [kõsumi'dor(a)] ADJ consumer atr ▶ M/F consumer
consumir [kõsu'mir] VT to consume; (devorar) to eat away; (gastar) to use up; **consumir-se** VR to waste away
consumismo [kõsu'mizmu] M consumerism
consumista [kõsu'mista] ADJ, M/F consumerist
consumo [kõ'sumu] M consumption; **artigos de ~** consumer goods
conta ['kõta] F (cálculo) count; (em restaurante) bill; (fatura) invoice; (bancária) account; (de colar) bead; (responsabilidade) responsibility; **contas** FPL (Com) accounts; **à ~ de** to the account of; **ajustar ~s com** (fig) to settle an account with; **fazer de ~ que** to pretend that; **levar** ou **ter em ~** to take into account; **por ~ própria** of one's own accord; **trabalhar por ~ própria** to work for oneself; **prestar ~s de** to account for; **não é da sua ~** it's none of your business; **tomar ~ de** (criança etc) to look after; (encarregar-se de) to take care of; (dominar) to take hold of; **afinal de ~s** after all; **dar-se ~ de** to realize; (notar) to notice; **isso fica por sua ~** this is for you to deal with; **dar ~ de** (notar) to notice; (prestar contas de) to account for; (de tarefa) to handle, cope with; **ficar por ~** (furioso) to get mad; **ser a ~** to be just enough; **dar ~ do recado** (col) to deliver the goods; **~ bancária** bank account; **~ conjunta** joint account; **~ corrente** current account; **~ de e-mail** ou **de correio eletrônico** email account
contábil [kõ'tabiw] (pl **-eis**) ADJ accounting atr
contabilidade [kõtabili'dadʒi] F book-keeping, accountancy; (departamento) accounts department; **~ de custos** cost accounting
contabilista [kõtabi'lista] (PT) M/F accountant
contabilizar [kõtabili'zar] VT to write up, book; **valor contabilizado** (Com) book value
contacto [kõ'tatu] (PT) M = **contato**
contado, -a [kõ'tadu, a] ADJ: **dinheiro de ~** (PT) cash payment; **estamos com dinheiro ~ para só três meses** we've got just enough money for three months
contador, a [kõta'dor(a)] M/F (Com) accountant ▶ M (Tec: medidor) meter; **~ de estórias** story-teller
contadoria [kõtado'ria] F audit department
contagem [kõ'taʒẽ] (pl **-ns**) F (de números) counting; (escore) score; **abrir a ~** (Futebol) to open the scoring
contagiante [kõta'ʒjãtʃi] ADJ (alegria) contagious

contagiar [kõta'ʒjar] VT to infect; **contagiar-se** VR to become infected
contágio [kõ'taʒju] M infection
contagioso, -a [kõta'ʒjozu, ɔza] ADJ (doença) contagious
conta-gotas M INV dropper
contaminação [kõtamina'sãw] F contamination
contaminar [kõtami'nar] VT to contaminate
contanto que [kõ'tãtu ki] CONJ provided that
conta-quilómetros (PT) M INV speedometer
contar [kõ'tar] VT to count; (narrar) to tell; (pretender) to intend; (imaginar) to think ▶ VI to count; **~ com** to count on; (esperar) to expect; **ela contava que a fossem ajudar** she expected them to help her; **~ em fazer** to count on doing, expect to do
contatar [kõta'tar] VT to contact
contato [kõ'tatu] M contact; **entrar em ~ com** to get in touch with, contact
contêiner [kõ'tejner] M container
contemplação [kõtẽpla'sãw] F contemplation
contemplar [kõtẽ'plar] VT to contemplate; (olhar) to gaze at ▶ VI to meditate; **contemplar-se** VR to look at o.s.
contemplativo, -a [kõtẽpla'tʃivu, a] ADJ (pessoa) thoughtful; (vida, literatura) contemplative
contemporâneo, -a [kõtẽpo'ranju, a] ADJ, M/F contemporary
contemporizar [kõtẽpori'zar] VT (situação) to ease ▶ VI to ease the situation
contenção [kõtẽ'sãw] (pl **-ões**) F restriction, containment; **~ de despesas** cutbacks pl
contencioso, -a [kõtẽ'sjozu, ɔza] ADJ contentious
contenções [kõtẽ'sõjs] FPL de **contenção**
contenda [kõ'tẽda] F quarrel, dispute
contenho etc [kõ'teɲu] VB ver **conter**
contentamento [kõtẽta'mẽtu] M (felicidade) happiness; (satisfação) contentment
contentar [kõtẽ'tar] VT (dar prazer) to please; (dar satisfação) to satisfy; **contentar-se** VR to be satisfied
contente [kõ'tẽtʃi] ADJ (alegre) happy; (satisfeito) pleased, satisfied
contento [kõ'tẽtu] M: **a ~** satisfactorily
conter [kõ'ter] (irreg: como **ter**) VT (encerrar) to contain, hold; (refrear) to restrain, hold back; (gastos) to curb; **conter-se** VR to restrain o.s.
conterrâneo, -a [kõte'ʁanju, a] ADJ fellow ▶ M/F compatriot, fellow countryman/woman
contestação [kõtesta'sãw] (pl **-ões**) F challenge; (negação) denial
contestar [kõtes'tar] VT (contrariar) to dispute, contest, question; (impugnar) to challenge
contestável [kõtes'tavew] (pl **-eis**) ADJ questionable
conteúdo [kõte'udu] M contents pl; (de um texto) content
conteve etc [kõ'tevi] VB ver **conter**

contexto [kõ'testu] M context
contido, -a [kõ'tʃidu, a] PP de **conter** ▶ ADJ contained; (*raiva*) repressed
contigo [kõ'tʃigu] PRON with you
contiguidade [kõtʃigwi'dadʒi] F proximity
contíguo, -a [kõ'tʃigwu, a] ADJ: ~ **a** next to
continência [kõtʃi'nẽsja] F (*militar*) salute; **fazer ~ a** to salute
continental [kõtʃinẽ'taw] (*pl* **-ais**) ADJ continental
continente [kõtʃi'nẽtʃi] M continent
contingência [kõtʃĩ'ʒẽsja] F contingency
contingente [kõtʃĩ'ʒẽtʃi] ADJ uncertain ▶ M (*Mil*) contingent; (*Com*) contingency, reserve
continuação [kõtʃinwa'sãw] F continuation
continuar [kõtʃi'nwar] VT to continue ▶ VI to continue, go on; ~ **falando** *ou* **a falar** to go on talking, continue talking *ou* to talk; **continue!** carry on!; **ela continua doente** she is still sick
continuidade [kõtʃinwi'dadʒi] F continuity
contínuo, -a [kõ'tʃinwu, a] ADJ (*persistente*) continual; (*sem interrupção*) continuous ▶ M office boy
contista [kõ'tʃista] M/F story writer
contive *etc* [kõ'tʃivi] VB ver **conter**
contiver *etc* [kõtʃi'ver] VB ver **conter**
conto ['kõtu] M story, tale; **~ de fadas** fairy tale; **~ do vigário** confidence trick
contorção [kõtor'sãw] (*pl* **-ões**) F contortion; (*dos músculos*) twitch
contorcer [kõtor'ser] VT to twist; **contorcer-se** VR to writhe
contorções [kõtor'sõjs] FPL de **contorção**
contornar [kõtor'nar] VT (*rodear*) to go round; (*ladear*) to skirt; (*fig: problema*) to get round
contornável [kõtor'navew] (*pl* **-eis**) ADJ avoidable
contorno [kõ'tornu] M outline; (*da terra*) contour; (*do rosto*) profile
contra ['kõtra] PREP against ▶ M: **os prós e os ~s** the pros and cons; **dar o ~ (a)** to be opposed (to); **ser do ~** to be against it
contra-almirante M rear-admiral
contra-argumento M counter-argument
contra-atacar VT to counterattack
contra-ataque M counterattack
contrabaixo [kõtra'bajʃu] M double bass
contrabalançar [kõtrabalã'sar] VT to counterbalance; (*compensar*) to compensate
contrabandear [kõtrabã'dʒjar] VT, VI to smuggle
contrabandista [kõtrabã'dʒista] M/F smuggler
contrabando [kõtra'bãdu] M smuggling; (*artigos*) contraband
contrabarra [kõtra'baha] F (*Comput*) backslash
contração [kõtra'sãw] (*pl* **-ões**) F contraction
contracapa [kõtra'kapa] F inside cover
contracenar [kõtrase'nar] VI: ~ **com** to act alongside, star with

contraceptivo, -a [kõtrasep'tʃivu, a] ADJ contraceptive ▶ M contraceptive
contracheque [kõtra'ʃɛki] M pay slip (BRIT), check stub (US)
contrações [kõtra'sõjs] FPL de **contração**
contradição [kõtradʒi'sãw] (*pl* **-ões**) F contradiction
contradigo *etc* [kõtra'dʒigu] VB ver **contradizer**
contradisse *etc* [kõtra'dʒisi] VB ver **contradizer**
contradito [kõtra'dʒitu] PP de **contradizer**
contraditório, -a [kõtradʒi'tɔrju, a] ADJ contradictory
contradizer [kõtradʒi'zer] (*irreg: como* **dizer**) VT to contradict; **contradizer-se** VR (*pessoa*) to contradict o.s.; (*atitudes*) to be contradictory
contrafazer [kõtrafa'zer] (*irreg: como* **fazer**) VT to forge, counterfeit; (*pessoa*) to imitate, take off
contrafeito, -a [kõtra'fejtu, a] PP de **contrafazer** ▶ ADJ constrained
contrafez *etc* [kõtra'fez] VB ver **contrafazer**
contrafilé [kõtrafi'lɛ] M rump steak
contrafiz *etc* [kõtra'fiz] VB ver **contrafazer**
contrafizer *etc* [kõtrafi'zer] VB ver **contrafazer**
contragosto [kõtra'gostu] M: **a ~** against one's will, unwillingly
contraído, -a [kõtra'idu, a] ADJ (*tímido*) timid, shy
contraindicação [kõtraindʒika'sãw] (*pl* **-ões**) F contra-indication
contraindicado, -a [kõtraindʒi'kadu, a] ADJ contra-indicated
contrair [kõtra'ir] VT to contract; (*doença*) to contract, catch; (*hábito*) to form; **contrair-se** VR to contract; ~ **matrimônio** to get married
contralto [kõ'trawtu] M contralto
contramão [kõtra'mãw] ADJ one-way ▶ F: **na ~** the wrong way down a one-way street
contramestre, -tra [kõtra'mɛstri, tra] M/F (*em fábrica*) supervisor ▶ M (*Náut*) boatswain
Contran [kõ'trã] (BR) ABR M = **Conselho Nacional de Trânsito**
contraofensiva [kõtraofẽ'siva] F counteroffensive
contraoferta [kõtrao'fɛrta] F counteroffer
contraparente, -a [kõtrapa'rẽtʃi, ta] M/F distant relative; (*afim*) in-law
contrapartida [kõtrapar'tʃida] F (*Com*) counterentry; (*fig*) compensation; **em ~ a** in the face of
contrapesar [kõtrape'zar] VT to counterbalance; (*fig*) to offset
contrapeso [kõtra'pezu] M counterbalance; (*Tec*) counterweight; (*Com*) makeweight
contrapor [kõtra'por] (*irreg: como* **pôr**) VT (*comparar*) to compare; **contrapor-se** VR: **~-se a** to be in opposition to; (*atitude*) to go against; ~ **algo a algo** to set sth against sth
contraproducente [kõtraprodu'sẽtʃi] ADJ counterproductive, self-defeating

contrapunha etc [kõtra'puɲa] VB ver **contrapor**

contrapus etc [kõtra'pus] VB ver **contrapor**

contrapuser etc [kõtrapu'zer] VB ver **contrapor**

contrariar [kõtra'rjar] VT (*contradizer*) to contradict; (*aborrecer*) to annoy

contrariedade [kõtrarje'dadʒi] F (*aborrecimento*) annoyance, vexation

contrário, -a [kõ'trarju, a] ADJ (*oposto*) opposite; (*pessoa*) opposed; (*desfavorável*) unfavourable (BRIT), unfavorable (US), adverse ▶ M opposite; **do ~** otherwise; **pelo ou ao ~** on the contrary; **ao ~** (*do outro lado*) the other way round; **muito pelo ~** on the contrary, quite the opposite

contrarregra [kõtra'hɛgra] M/F stage manager

contrarrevolução [kõtrahevolu'sãw] (*pl* **-ões**) F counter-revolution

contrassenso [kõtra'sẽsu] M nonsense

contrastante [kõtras'tãtʃi] ADJ contrasting

contrastar [kõtras'tar] VT to contrast

contraste [kõ'trastʃi] M contrast

contratação [kõtrata'sãw] F (*de pessoal*) employment

contratante [kõtra'tãtʃi] ADJ contracting ▶ M/F contractor

contratar [kõtra'tar] VT (*serviços*) to contract; (*pessoal*) to employ, take on

contratempo [kõtra'tẽpu] M (*imprevisto*) setback; (*aborrecimento*) upset; (*dificuldade*) difficulty

contrato [kõ'tratu] M contract; (*acordo*) agreement

contratual [kõtra'twaw] (*pl* **-ais**) ADJ contractual

contravapor [kõtrava'por] (*col*) M rebuff

contravenção [kõtravẽ'sãw] (*pl* **-ões**) F contravention, violation

contraventor, a [kõtravẽ'tor(a)] M/F offender

contribuição [kõtribwi'sãw] (*pl* **-ões**) F contribution; (*imposto*) tax

contribuinte [kõtri'bwĩtʃi] M/F contributor; (*que paga impostos*) taxpayer

contribuir [kõtri'bwir] VT to contribute ▶ VI to contribute; (*pagar impostos*) to pay taxes

contrição [kõtri'sãw] F contrition

contrito, -a [kõ'tritu, a] ADJ contrite

controlar [kõtro'lar] VT to control; **controlar-se** VR to control o.s.

controlável [kõtro'lavew] (*pl* **-eis**) ADJ controllable

controle [kõ'trɔli] M control; **~ remoto** remote control; **~ de crédito** (*Com*) credit control; **~ de qualidade** (*Com*) quality control

controvérsia [kõtro'vɛrsja] F controversy; (*discussão*) debate

controverso, -a [kõtro'vɛrsu, a] ADJ controversial

contudo [kõ'tudu] CONJ nevertheless, however

contumácia [kõtu'masja] F obstinacy; (*Jur*) contempt of court

contumaz [kõtu'majz] ADJ obstinate, stubborn ▶ M/F (*Jur*) defaulter

contundente [kõtũ'dẽtʃi] ADJ bruising; (*argumento*) cutting; **instrumento ~** blunt instrument

contundir [kõtũ'dʒir] VT to bruise; **contundir-se** VR to bruise o.s.

conturbação [kõturba'sãw] (*pl* **-ões**) F disturbance, unrest; (*motim*) riot

conturbado, -a [kõtur'badu, a] ADJ disturbed

conturbar [kõtur'bar] VT to disturb; (*amotinar*) to stir up

contusão [kõtu'zãw] (*pl* **-ões**) F bruise

contuso, -a [kõ'tuzu, a] ADJ bruised

contusões [kõtu'zõjs] FPL *de* **contusão**

convalescença [kõvale'sẽsa] F convalescence

convalescer [kõvale'ser] VI to convalesce

conveio etc [kõ'veju] VB ver **convir**

convenção [kõvẽ'sãw] (*pl* **-ões**) F convention; (*acordo*) agreement

convencer [kõvẽ'ser] VT to convince; (*persuadir*) to persuade; **convencer-se** VR: **~-se de** to be convinced about

convencido, -a [kõvẽ'sidu, a] ADJ (*convicto*) convinced; (*col: imodesto*) conceited, smug

convencimento [kõvẽsi'mẽtu] M (*convicção*) conviction; (*col: imodéstia*) conceit, smugness

convencional [kõvẽsjo'naw] (*pl* **-ais**) ADJ conventional

convencionar [kõvẽsjo'nar] VT to agree on; **convencionar-se** VR: **~-se em** to agree to

convenções [kõvẽ'sõjs] FPL *de* **convenção**

convenha etc [kõ'veɲa] VB ver **convir**

conveniência [kõve'njẽsja] F convenience

conveniente [kõve'njẽtʃi] ADJ convenient, suitable; (*vantajoso*) advantageous

convênio [kõ'venju] M (*reunião*) convention; (*acordo*) agreement

convento [kõ'vẽtu] M convent

convergir [kõver'ʒir] VI to converge

conversa [kõ'vɛrsa] F conversation; **~ fiada** idle talk; (*promessa falsa*) hot air; **ir na ~ de alguém** (*col*) to be taken in by sb; **~ vai, ~ vem** in the course of conversation; **ele não tem muita ~** he hasn't got a lot to say for himself

conversação [kõversa'sãw] (*pl* **-ões**) F (*ato*) conversation

conversadeira [kõversa'dejra] F *de* **conversador**

conversado, -a [kõver'sadu, a] ADJ (*assunto*) talked about; (*pessoa*) talkative, chatty; **estamos ~s** we've said all we had to say

conversador, -deira [kõversa'dor, 'dejra] ADJ talkative, chatty

conversa-fiada (*pl* **conversas-fiadas**) M/F: **ser um ~** to be all talk

conversão [kõver'sãw] (*pl* **-ões**) F conversion

conversar [kõver'sar] VI to talk; (*bater papo*) to chat

conversibilidade [kõversibili'dadʒi] F convertibility

conversível [kõver'sivew] (pl **-eis**) ADJ convertible ▶ M (*Auto*) convertible

conversões [kõver'sõjs] FPL *de* **conversão**

converter [kõver'ter] VT to convert; **converter-se** VR to be converted

convertido, -a [kõver'tʃidu, a] ADJ converted ▶ M/F convert

convés [kõ'vɛs] (pl **-eses**) M (*Náut*) deck

convexo, -a [kõ'vɛksu, a] ADJ convex

convicção [kõvik'sãw] (pl **-ões**) F conviction; (*certeza*) certainty

convicto, -a [kõ'viktu, a] ADJ (*convencido*) convinced; (*réu*) convicted; (*patriota etc*) staunch

convidado, -a [kõvi'dadu, a] ADJ invited ▶ M/F guest

convidar [kõvi'dar] VT to invite; **convidar-se** VR to invite o.s.

convidativo, -a [kõvida'tʃivu, a] ADJ inviting

convier *etc* [kõ'vjer] VB *ver* **convir**

convincente [kõvĩ'sẽtʃi] ADJ convincing

convir [kõ'vir] (*irreg: como* **vir**) VI (*ser conveniente*) to suit, be convenient; (*ficar bem*) to be appropriate; (*concordar*) to agree; **convém fazer isso o mais rápido possível** we must do this as soon as possible; **você há de ~ que ...** you must agree that ....

convirjo *etc* [kõ'virʒu] VB *ver* **convergir**

convite [kõ'vitʃi] M invitation

conviva [kõ'viva] M/F guest

convivência [kõvi'vẽsja] F living together; (*familiaridade*) familiarity, intimacy

conviver [kõvi'ver] VI: **~ com** (*viver em comum*) to live with; (*ter familiaridade*) to get on with

convívio [kõ'vivju] M (*viver em comum*) living together; (*familiaridade*) familiarity

convocar [kõvo'kar] VT to summon, call upon; (*reunião, eleições*) to call; (*para o serviço militar*) to call up

convosco [kõ'vosku] ADV with you

convulsão [kõvuw'sãw] (pl **-ões**) F convulsion; (*fig*) upheaval

convulsionar [kõvuwsjo'nar] VT (*abalar*) to shake; (*excitar*) to stir up

convulsivo, -a [kõvuw'sivu, a] ADJ convulsive

convulsões [kõvuw'sõjs] FPL *de* **convulsão**

cookie ['kuki] M (*Comput*) cookie

cooper ['kuper] M jogging, running; **fazer ~** to go jogging *ou* running

cooperação [koopera'sãw] F cooperation

cooperante [koope'rãtʃi] ADJ cooperative, helpful

cooperar [koope'rar] VI to cooperate

cooperativa [koopera'tʃiva] F (*Com*) cooperative

cooperativo, -a [koopera'tʃivu, a] ADJ cooperative

coordenação [koordena'sãw] F coordination

coordenada [koorde'nada] F coordinate

coordenar [koorde'nar] VT to coordinate

copa ['kɔpa] F (*de árvore*) top; (*dum chapéu*) crown; (*compartimento*) pantry; (*torneio*) cup; **copas** FPL (*Cartas*) hearts

copeira [ko'pejra] F kitchen maid

Copenhague [kope'nagi] N Copenhagen

cópia ['kɔpja] F copy; **tirar ~ de** to copy

copiadora [kopja'dora] F (*máquina*) duplicating machine

copiar [ko'pjar] VT to copy

copidesque [kopi'dɛski] M copy editing ▶ M/F copy editor

copiloto [kopi'lotu] M co-pilot

copioso, -a [ko'pjozu, ɔza] ADJ abundant, numerous; (*refeição*) large; (*provas*) ample

copirraite [kopi'hajtʃi] M copyright

copo ['kɔpu] M glass; **ser um bom ~** (*col*) to be a good drinker

copyright [kopi'hajtʃi] M = **copirraite**

coque ['kɔki] M (*penteado*) bun

coqueiro [ko'kejru] M (*Bot*) coconut palm

coqueluche [koke'luʃi] F (*Med*) whooping cough; (*mania*) rage

coquete [ko'kɛtʃi] ADJ coquettish

coquetel [koke'tɛw] (pl **-éis**) M cocktail; (*festa*) cocktail party

cor¹ [kɔr] M: **de ~** by heart

cor² [kor] F colour (BRIT), color (US); **de ~** colo(u)red

coração [kora'sãw] (pl **-ões**) M heart; **de bom ~** kind-hearted; **de todo o ~** wholeheartedly

corado, -a [ko'radu, a] ADJ ruddy

coragem [ko'raʒẽ] F courage; (*atrevimento*) nerve

corais [ko'rajs] MPL *de* **coral**

corajoso, -a [kora'ʒozu, ɔza] ADJ courageous

coral [ko'raw] (pl **-ais**) ADJ choral ▶ M (*Mús*) choir; (*Zool*) coral

corante [ko'rãtʃi] ADJ, M colouring (BRIT), coloring (US)

corar [ko'rar] VT (*pintar*) to paint; (*roupa*) to bleach (in the sun) ▶ VI (*ruborizar-se*) to blush; (*tornar-se branco*) to bleach

corbelha [kor'bɛʎa] F basket

corcova [kor'kɔva] F hump

corcunda [kor'kũda] ADJ hunchbacked ▶ F hump ▶ M/F (*pessoa*) hunchback

corda ['kɔrda] F (*cabo*) rope, line; (*Mús*) string; (*varal*) clothes line; (*de relógio*) spring; **dar ~ em** to wind up; **roer a ~** to go back on one's word; **~s vocais** vocal cords; **estar com toda a ~** (*pessoa*) to be really wound up; **dar ~ a alguém** (*deixar falar*) to set sb off; (*flertar*) to flirt with sb

cordão [kor'dãw] (pl **-ões**) M string, twine; (*joia*) chain; (*no carnaval*) group; (*Elet*) lead; (*fileira*) row; **~ de sapato** shoestring

cordeiro [kor'dejru] M lamb; (*fig*) sheep

cordel [kor'dɛw] (pl **-éis**) M string; **literatura de ~** pamphlet literature

cor-de-rosa ADJ INV pink

cordial [kor'dʒjaw] (pl **-ais**) ADJ cordial ▶ M (*bebida*) cordial

cordialidade [kordʒjali'dadʒi] F warmth, cordiality

cordilheira [kordʒi'ʎejra] F mountain range

cordões [kor'dõjs] MPL *de* **cordão**
coreano, -a [ko'rjanu, a] ADJ Korean ▶ M/F Korean ▶ M (*Ling*) Korean
Coreia [ko'rɛja] F: **a ~** Korea
coreografia [korjogra'fia] F choreography
coreógrafo, -a [ko'rjɔgrafu, a] M/F choreographer
coreto [ko'retu] M bandstand; **bagunçar o ~ (de alguém)** (*col*) to spoil things (for sb)
corisco [ko'risku] M (*faísca*) flash
corista [ko'rista] M/F chorister ▶ F (*Teatro*) chorus girl
coriza [ko'riza] F runny nose
corja ['kɔrʒa] F (*PT: canalha*) rabble; (*bando*) gang
córnea ['kɔrnja] F cornea
córner ['kɔrner] M (*Futebol*) corner
corneta [kor'neta] F cornet; (*Mil*) bugle
corneteiro [korne'tejru] M bugler
cornetim [korne'tʃĩ] (*pl* **-ns**) M (*Mús*) French horn
coro ['koru] M chorus; (*conjunto de cantores*) choir; **em ~** in chorus
coroa [ko'roa] F crown; (*de flores*) garland ▶ M/F (*BR col*) old timer
coroação [korwa'sãw] (*pl* **-ões**) F coronation
coroar [koro'ar] VT to crown; (*premiar*) to reward
coronel [koro'nɛw] (*pl* **-éis**) M colonel; (*político*) local political boss
coronha [ko'rɔɲa] F (*de um fuzil*) butt; (*de um revólver*) handle
corpete [kor'petʃi] M bodice
corpo ['korpu] M body; (*aparência física*) figure; (*: de homem*) build; (*de vestido*) bodice; (*Mil*) corps *sg*; **de ~ e alma** (*fig*) wholeheartedly; **lutar ~ a ~** to fight hand to hand; **fazer ~ mole** to get out of it; **tirar o ~ fora** (*col*) to duck out; **~ diplomático** diplomatic corps *sg*; **~ docente** teaching staff (*BRIT*), faculty (*US*); **~ estranho** (*Med*) foreign body
corporal [korpo'raw] (*pl* **-ais**) ADJ physical
corpulência [korpu'lẽsja] F stoutness
corpulento, -a [korpu'lẽtu, a] ADJ stout
correção [kohe'sãw] (*pl* **-ões**) F correction; (*exatidão*) correctness; **casa de ~** reformatory; **~ salarial/monetária** wage/monetary correction
corre-corre [kɔhi'kɔhi] (*pl* **-s**) M (*pressa*) scramble; (*de muitas pessoas*) stampede
corrediço, -a [kohe'dʒisu, a] ADJ sliding
corredor, a [kohe'dor(a)] M/F runner ▶ M (*passagem*) corridor, passageway; (*em avião etc*) aisle; (*cavalo*) racehorse; **o ~ da morte** death row
córrego ['kɔhegu] M stream, brook
correia [ko'heja] F strap; (*de máquina*) belt; (*para cachorro*) leash
correio [ko'heju] M mail, post; (*local*) post office; (*carteiro*) postman (*BRIT*), mailman (*US*); **~ aéreo** air mail; **pôr no ~** to post; **pelo ~** by post; **~ eletrônico** email; **~ de voz** voice mail

correlação [kohela'sãw] (*pl* **-ões**) F correlation
correlacionar [kohelasjo'nar] VT to correlate
correlações [kohela'sõjs] FPL *de* **correlação**
correligionário, -a [koheliʒjo'narju, a] M/F (*Pol*) fellow party member
corrente [ko'hẽtʃi] ADJ (*atual*) current; (*águas*) running; (*fluente*) flowing; (*comum*) usual, common ▶ F current; (*cadeia, joia*) chain; **~ de ar** draught (*BRIT*), draft (*US*)
correnteza [kohẽ'teza] F (*de ar*) draught (*BRIT*), draft (*US*); (*de rio*) current
correr [ko'her] VI to run; (*viajar por*) to travel across; (*cortina*) to draw; (*expulsar*) to drive out ▶ VI to run; (*em carro*) to drive fast, speed; (*líquido*) to flow, run; (*o tempo*) to elapse; (*boato*) to go round; (*atuar com rapidez*) to rush; **está tudo correndo bem** everything is going well; **as despesas ~ão por minha conta** I will handle the expenses
correria [kohe'ria] F rush
correspondência [kohespõ'dẽsja] F correspondence
correspondente [kohespõ'dẽtʃi] ADJ corresponding ▶ M correspondent
corresponder [kohespõ'der] VI: **~ a** to correspond to; (*ser igual*) to match (up to); (*retribuir*) to reciprocate; **corresponder-se** VR: **~-se com** to correspond with
corretagem [kohe'taʒẽ] F brokerage
corretivo, -a [kohe'tʃivu, a] ADJ corrective ▶ M punishment
correto, -a [ko'hɛtu, a] ADJ correct; (*conduta*) right; (*pessoa*) straight, honest
corretor, a [kohe'tor(a)] M/F broker ▶ M (*para datilografia*) correction strip; **~ de fundos** *ou* **de bolsa** stockbroker; **~ de imóveis** estate agent (*BRIT*), realtor (*US*); **~ ortográfico** spellchecker
corrida [ko'hida] F (*ato de correr*) running; (*certame*) race; (*de taxi*) fare; **~ de cavalos** horse race; **~ armamentista** arms race
corrido, -a [ko'hidu, a] ADJ (*rápido*) quick; (*expulso*) driven out ▶ ADV quickly
corrigir [kohi'ʒir] VT to correct; (*defeito, injustiça*) to put right
corrimão [kohi'mãw] (*pl* **corrimãos**) M handrail
corriqueiro, -a [kohi'kejru, a] ADJ common; (*problema*) trivial
corroa *etc* [ko'hoa] VB *ver* **corroer**
corroboração [kohobora'sãw] (*pl* **-ões**) F confirmation
corroborar [kohobo'rar] VT to corroborate, confirm
corroer [koho'er] VT (*metais*) to corrode; (*fig*) to eat away; **corroer-se** VR to corrode; to be eaten away
corromper [kohõ'per] VT to corrupt; (*subornar*) to bribe; **corromper-se** VR to be corrupted
corrosão [koho'zãw] F (*de metais*) corrosion; (*fig*) erosion
corrosivo, -a [koho'zivu, a] ADJ corrosive
corrupção [kohup'sãw] F corruption

corrupto, -a [ko'huptu, a] ADJ corrupt
Córsega ['kɔrsega] F: **a ~** Corsica
cortada [kor'tada] F (*Esporte*) smash; **dar uma ~ em alguém** (*fig*) to cut sb short
cortado [kor'tadu] M (*aperto*) tight spot; **trazer alguém num ~** to keep sb under one's thumb
cortadura [korta'dura] F (*corte*) cut; (*entre montes*) gap
cortante [kor'tãtʃi] ADJ cutting
cortar [kor'tar] VT to cut; (*eliminar*) to cut out; (*água, telefone etc*) to cut off; (*efeito*) to stop; (*Auto*) to cut up ▶ VI to cut; (*encurtar caminho*) to take a short cut; **cortar-se** VR to cut o.s.; **~ o cabelo** (*no cabeleireiro*) to have one's hair cut; **~ a palavra de alguém** to interrupt sb
corte¹ ['kɔrtʃi] M cut; (*gume*) cutting edge; (*de luz*) power cut; **sem ~** (*tesoura etc*) blunt; **~ de cabelo** haircut
corte² ['kɔrtʃi] F (*de um monarca*) court; (*de uma pessoa*) retinue; **cortes** FPL (PT) parliament *sg*
cortejar [korte'ʒar] VT to court
cortejo [kor'teʒu] M (*procissão*) procession
cortês [kor'tes] (*pl* **-eses**) ADJ polite
cortesão, -tesã [korte'zãw, te'zã] (*pl* **-s/-s**) ADJ courtly ▶ M/F courtier ▶ F courtesan
cortesia [korte'zia] F politeness; (*de empresa*) free offer
cortiça [kor'tʃisa] F (*matéria*) cork
cortiço [kor'tʃisu] M (*habitação*) slum tenement
cortina [kor'tʃina] F curtain; **~ de rolo** roller blind; **~ de voile** net curtain
cortisona [kortʃi'zɔna] F cortisone
coruja [ko'ruʒa] ADJ: **pai/mãe ~** proud father/ mother ▶ F owl; **sessão ~** late show
coruscar [korus'kar] VI to sparkle, glitter
corvo ['korvu] M crow
cós [kɔs] M INV waistband; (*cintura*) waist
cosca ['kɔska] F: **fazer ~** to tickle
coser [ko'zer] VT, VI to sew, stitch
cosmético, -a [koz'mɛtʃiku, a] ADJ cosmetic ▶ M cosmetic
cósmico, -a ['kɔzmiku, a] ADJ cosmic
cosmo ['kɔzmu] M cosmos
cosmonauta [kozmo'nawta] M/F cosmonaut
cosmopolita [kozmopo'lita] ADJ cosmopolitan
cospe *etc* ['kɔspi] VB *ver* **cuspir**
costa ['kɔsta] F coast; **costas** FPL (*dorso*) back *sg*; **dar as ~s a** to turn one's back on; **ter ~s largas** (*fig*) to be thick-skinned; **ter ~s quentes** (*fig*) to have powerful backing, have friends in high places
costado [kos'tadu] M back; **de quatro ~s** through and through
Costa do Marfim F: **a ~** the Ivory Coast
Costa Rica F: **a ~** Costa Rica
costarriquenho, -a [kostahi'keɲu, a] ADJ, M/F Costa Rican
costear [kos'tʃjar] VT (*rodear*) to go round; (*gado*) to round up; (*Náut*) to follow ▶ VI to follow the coast
costela [kos'tɛla] F rib
costeleta [koste'leta] F chop, cutlet; **costeletas** FPL (*suíças*) side-whiskers
costumar [kostu'mar] VT (*habituar*) to accustom ▶ VI: **ele costuma chegar às 6.00** he usually arrives at 6.00; **costumava dizer ...** he used to say ...
costume [kos'tumi] M custom, habit; (*traje*) costume; **costumes** MPL (*comportamento*) behaviour *sg* (BRIT), behavior *sg* (US); (*conduta*) conduct *sg*; (*de um povo*) customs; **de ~** usual; **como de ~** as usual; **ter o ~ de fazer** to have a habit of doing
costumeiro, -a [kostu'mejru, a] ADJ usual, habitual
costura [kos'tura] F sewing, needlework; (*sutura*) seam; **sem ~** seamless
costurar [kostu'rar] VT, VI to sew
costureira [kostu'rejra] F dressmaker; (*móvel*) sewing box
cota ['kɔta] F (*quinhão*) quota, share; (*Geo*) height
cotação [kota'sãw] (*pl* **-ões**) F (*de preços*) list, quotation; (*Bolsa*) price; (*consideração*) esteem; **~ bancária** bank rate
cotado, -a [ko'tadu, a] ADJ (*Com: ação*) quoted; (*bem-conceituado*) well thought of; (*num concurso*) fancied
cotar [ko'tar] VT (*ações*) to quote; **~ algo em** to value sth at
cotejar [kote'ʒar] VT to compare
cotejo [ko'teʒu] M comparison
cotidiano, -a [kotʃi'dʒjanu, a] ADJ daily, everyday ▶ M: **o ~** daily life
cotoco [ko'toku] M (*do corpo*) stump; (*de uma vela etc*) stub
cotonete® [koto'nɛtʃi] M cotton bud (BRIT)
cotovelada [kotove'lada] F (*pancada*) shove; (*cutucada*) nudge
cotovelo [koto'velu] M (*Anat*) elbow; (*curva*) bend; **falar pelos ~s** to talk non-stop
coube *etc* ['kobi] VB *ver* **caber**
couraça [ko'rasa] F (*para o peito*) breastplate; (*de navio etc*) armour-plate (BRIT), armor-plate (US); (*de animal*) shell
couraçado [kora'sadu] (PT) M battleship
couro ['koru] M leather; (*de um animal*) hide; **~ cabeludo** scalp
couve ['kovi] F spring greens *pl*
couve-de-bruxelas (*pl* **couves-de-bruxelas**) F Brussels sprout
couve-flor (*pl* **couves-flor(es)**) F cauliflower
couvert [ku'vɛr] M cover charge
cova ['kɔva] F (*escavação*) pit; (*caverna*) cavern; (*sepultura*) grave
covarde [ko'vardʒi] ADJ cowardly ▶ M/F coward
covardia [kovar'dʒia] F cowardice
coveiro [ko'vejru] M gravedigger
covil [ko'viw] (*pl* **-is**) M den, lair
covinha [ko'viɲa] F dimple
covis [ko'vis] MPL *de* **covil**
coxa ['koʃa] F thigh

coxear [ko'ʃjar] VI to limp, hobble
coxia [ko'ʃia] F (*passagem*) aisle, gangway
coxo, -a ['koʃu, a] ADJ lame
cozer [ko'zer] VT, VI to cook
cozido [ko'zidu] M stew
cozinha [ko'ziɲa] F (*compartimento*) kitchen; (*arte*) cookery; (*modo de cozinhar*) cuisine; **~ americana** open-plan kitchen; **~ planejada** fitted kitchen
cozinhar [kozi'ɲar] VT to cook; (*remanchar*) to put off ▶ VI to cook
cozinheiro, -a [kozi'ɲejru, a] M/F cook
CP ABR = **Caminhos de Ferro Portugueses**
CPF (BR) ABR M (= *Cadastro de Pessoa Física*) tax-payer's identification number
CPI (BR) ABR F = **Comissão Parlamentar de Inquérito**
CPJ (BR) ABR M (= *Cadastro de Pessoa Jurídica*) register of companies
CPLP ABR F *see note*

> The **CPLP** or the *Comunidade de Países de Língua Portuguesa* was set up in 1996 to establish economic and diplomatic links between all countries where the official language is Portuguese. The members are Brazil, Portugal, Angola, Mozambique, Guinea-Bissau, Cape Verde and São Tomé e Príncipe. Portuguese is spoken by around 170 million people around the world today.

crachá [kra'ʃa] M badge
crânio ['kranju] M skull; **ser um ~** (*col*) to be a whizz kid
craque ['kraki] M/F ace, expert ▶ M (*jogador de futebol*) soccer star
crasso, -a ['krasu, a] ADJ crass
cratera [kra'tɛra] F crater
cravar [kra'var] VT (*prego etc*) to drive (in); (*pedras*) to set; (*com os olhos*) to stare at; **cravar-se** VR to penetrate
cravejar [krave'ʒar] VT (*com cravos*) to nail; (*pedras*) to set; **~ alguém de balas** to spray sb with bullets
cravo ['kravu] M (*flor*) carnation; (*Mús*) harpsichord; (*especiaria*) clove; (*na pele*) blackhead; (*prego*) nail
creche ['krɛʃi] F crèche, day-care centre
Creci [krɛ'si] (BR) ABR M (= *Conselho Regional dos Corretores de Imóveis*) regulatory body of estate agents
credenciais [kredẽ'sjajs] FPL credentials
credenciar [kredẽ'sjar] VT to accredit; (*habilitar*) to qualify
crediário [kre'dʒjarju] M credit plan
credibilidade [kredʒibili'dadʒi] F credibility
creditar [kredʒi'tar] VT to guarantee; (*Com*) to credit; **~ algo a alguém** (*quantia*) to credit sb with sth; (*garantir*) to assure sb of sth; **~ alguém em** to credit sb with; **~ uma quantia numa conta** to deposit an amount into an account
crédito ['krɛdʒitu] M credit; **a ~** on credit; **digno de ~** reliable

credo ['krɛdu] M creed; **~!** heavens!
credor, a [kre'dor(a)] ADJ worthy, deserving; (*Com: saldo*) credit *atr* ▶ M/F creditor
credulidade [kreduli'dadʒi] F credulity
crédulo, -a ['krɛdulu, a] ADJ credulous
creio *etc* ['kreju] VB *ver* **crer**
cremação [krema'sãw] (*pl* **-ões**) F cremation
cremalheira [krema'ʎejra] F ratchet
cremar [kre'mar] VT to cremate
crematório [krema'tɔrju] M crematorium
creme ['krɛmi] ADJ INV cream ▶ M cream; (*Culin: doce*) custard; **~ dental** toothpaste; **~ de leite** single cream
cremoso, -a [kre'mozu, ɔza] ADJ creamy
crença ['krẽsa] F belief
crendice [krẽ'dʒisi] F superstition
crente ['krẽtʃi] ADJ believing ▶ M/F believer; (*protestante*) Protestant; (*evangélico*) born-again Christian; **estar ~ que** to think (that)
creosoto [kreo'zotu] M creosote
crepitação [krepita'sãw] F crackling
crepitante [krepi'tãtʃi] ADJ crackling
crepitar [krepi'tar] VI to crackle
crepom [kre'põ] ADJ: **papel ~** crêpe paper
crepuscular [krepusku'lar] ADJ twilight *atr*
crepúsculo [kre'puskulu] M dusk, twilight
crer [krer] VT, VI to believe; **crer-se** VR to believe o.s. to be; **~ em** to believe in; **~ que** to think (that); **creio que sim** I think so
crescendo [kre'sẽdu] M crescendo
crescente [kre'sẽtʃi] ADJ growing; (*forma*) crescent ▶ M crescent
crescer [kre'ser] VI to grow; (*Culin: massa*) to rise
crescido, -a [kre'sidu, a] ADJ (*pessoa*) grown up
crescimento [kresi'mẽtu] M growth
crespo, -a ['krespu, a] ADJ (*cabelo*) curly
cretinice [kretʃi'nisi] F stupidity; (*ato, dito*) stupid thing
cretino [kre'tʃinu] M cretin, imbecile
cria ['kria] F (*animal: sg*) baby animal; (*: pl*) young *pl*
criação [krja'sãw] (*pl* **-ões**) F creation; (*de animais*) raising, breeding; (*educação*) upbringing; (*animais domésticos*) livestock *pl*; **filho de ~** adopted child
criado, -a ['krjadu, a] M/F servant
criado-mudo (*pl* **criados-mudos**) M bedside table
criador, a [krja'dor(a)] M/F creator; **~ de gado** cattle breeder
criança ['krjãsa] ADJ childish ▶ F child; **ela é muito ~ para entender certas coisas** she's too young to understand certain things
criançada [krjã'sada] F: **a ~** the kids
criancice [krjã'sisi] F (*ato, dito*) childish thing; (*qualidade*) childishness
criar [krjar] VT to create; (*crianças*) to bring up; (*animais*) to raise, breed; (*amamentar*) to suckle, nurse; (*planta*) to grow; **criar-se** VR: **~-se (com)** to grow up (with); **~ fama/coragem** to achieve notoriety/pluck up courage; **~ caso** to make trouble

criatividade [kriatʃivi'dadʒi] F creativity
criativo, -a [kria'tʃivu, a] ADJ creative
criatura [kria'tura] F creature; (*indivíduo*) individual
crime ['krimi] M crime; **~ organizado** organized crime
criminal [krimi'naw] (*pl* **-ais**) ADJ criminal
criminalidade [kriminali'dadʒi] F crime
criminoso, -a [krimi'nozu, ɔza] ADJ, M/F criminal
crina ['krina] F mane
crioulo, -a ['krjolu, a] ADJ creole ▶ M/F creole; (BR: *negro*) black person
criptografar [kriptogra'far] VT (*Comput, Tel*) to encrypt
críquete ['kriketʃi] M cricket
crisálida [kri'zalida] F chrysalis
crisântemo [kri'zãtemu] M chrysanthemum
crise ['krizi] F crisis; (*escassez*) shortage; (*Med*) attack, fit; **~ de choro** fit of hysterical crying
crisma ['krizma] F (*Rel*) confirmation
crismar [kriz'mar] VT (*Rel*) to confirm; **crismar-se** VR to be confirmed
crista ['krista] F (*de serra, onda*) crest; (*de galo*) cock's comb; **estar na ~ da onda** (*fig*) to enjoy a prominent position
cristal [kris'taw] (*pl* **-ais**) M crystal; (*vidro*) glass; **cristais** MPL (*copos*) glassware *sg*
cristalino, -a [krista'linu, a] ADJ crystal-clear
cristalizar [kristali'zar] VI to crystallize
cristandade [kristã'dadʒi] F Christianity
cristão, -tã [kris'tãw, 'tã] (*pl* **-s/-s**) ADJ, M/F Christian
cristianismo [kristʃja'nizmu] M Christianity
Cristo ['kristu] M Christ
critério [kri'tɛrju] M (*norma*) criterion; (*juízo*) discretion, judgement; **deixo isso a seu ~** I'll leave that to your discretion
criterioso, -a [krite'rjozu, ɔza] ADJ thoughtful, careful
crítica ['kritʃika] F criticism; (*artigo*) critique; (*conjunto de críticos*) critics *pl*; *ver tb* **crítico**
criticar [kritʃi'kar] VT to criticize; (*um livro*) to review
crítico, -a ['kritʃiku, a] ADJ critical ▶ M/F critic
critiquei *etc* [kritʃi'kej] VB *ver* **criticar**
crivar [kri'var] VT (*com balas etc*) to riddle; (*de perguntas, de insultos*) to bombard
crível ['krivew] (*pl* **-eis**) ADJ credible
crivo ['krivu] M sieve; (*fig*) scrutiny
crocante [kro'kãtʃi] ADJ (*pão, alface*) crispy; (*nozes, chocolate*) crunchy
crochê [kro'ʃe] M crochet
crocodilo [kroko'dʒilu] M crocodile
cromo ['krɔmu] M chrome
cromossomo [kromo'sɔmu] M chromosome
crônica ['krɔnika] F chronicle; (*coluna de jornal*) newspaper column; (*texto jornalístico*) feature; (*conto*) short story
crônico, -a ['kroniku, a] ADJ chronic
cronista [kro'nista] M/F (*de jornal*) columnist; (*historiógrafo*) chronicler; (*contista*) short story writer

cronologia [kronolo'ʒia] F chronology
cronológico, -a [krono'lɔʒiku, a] ADJ chronological
cronometrar [kronome'trar] VT to time
cronômetro [kro'nometru] M stopwatch
croquete [kro'kɛtʃi] M croquette
croqui [kro'ki] M sketch
crosta ['krɔsta] F crust; (*Med*) scab
cru, a [kru, 'krua] ADJ raw; (*não refinado*) crude; (*ignorante*) not very good; (*realidade*) harsh, stark
crucial [kru'sjaw] (*pl* **-ais**) ADJ crucial
crucificação [krusifika'sãw] (*pl* **-ões**) F crucifixion
crucificar [krusifi'kar] VT to crucify
crucifixo [krusi'fiksu] M crucifix
crudelíssimo, -a [krude'lisimu, a] ADJ SUPERL *de* **cruel**
cruel [kru'ɛw] (*pl* **-éis**) ADJ cruel
crueldade [kruew'dadʒi] F cruelty
cruento, -a [kru'ẽtu, a] ADJ bloody
crupe ['krupi] M (*Med*) croup
crustáceos [krus'tasjus] MPL crustaceans
cruz [kruʒ] F cross; (*infortúnio*) undoing; **~ gamada** swastika; **C~ Vermelha** Red Cross; **estar entre a ~ e a caldeirinha** (*fig*) to be between the devil and the deep blue sea (BRIT), be between a rock and a hard place (US)
cruzada [kru'zada] F crusade
cruzado, -a [kru'zadu, a] ADJ crossed ▶ M crusader; (*moeda*) cruzado
cruzador [kruza'dor] M (*navio*) cruiser
cruzamento [kruza'mẽtu] M (*de estradas*) crossroads; (*mestiçagem*) cross
cruzar [kru'zar] VT to cross ▶ VI (*Náut*) to cruise; (*pessoas*) to pass each other by; **~ com** to meet
cruzeiro [kru'zejru] M (*cruz*) (*monumental*) cross; (*moeda*) cruzeiro; (*viagem de navio*) cruise
CSN (BR) ABR M = **Conselho de Segurança Nacional**
CTB ABR F = **Companhia Telefônica Brasileira**
cu [ku] (!) M arse (!); **vai tomar no cu** fuck off (!); **cu de ferro** (*m, f: col*) swot
Cuba ['kuba] F Cuba
cubano, -a [ku'banu, a] ADJ, M/F Cuban
cúbico, -a ['kubiku, a] ADJ cubic
cubículo [ku'bikulu] M cubicle
cubismo [ku'bizmu] M cubism
cubo ['kubu] M cube; (*de roda*) hub
cubro *etc* ['kubru] VB *ver* **cobrir**
cuca ['kuka] (*col*) F head; **fundir a ~** (*quebrar a cabeça*) to rack one's brain; (*baratinar*) to boggle the mind; (*perturbar*) to drive crazy
cuca-fresca (*pl* **cucas-frescas**) (*col*) M/F cool customer
cuco ['kuku] M cuckoo
cucuia [ku'kuja] F: **ir para a ~** (*col*) to go down the drain
cueca ['kwɛka] F (BR) underpants *pl*; **cuecas** FPL (PT: *para homens*) underpants *pl*; (*para*

mulheres) panties *pl*; **~ samba-canção** boxer shorts *pl*; **~ slip** briefs *pl*
cueiro [ku'ejru] M wrap
cuíca ['kwika] F *kind of musical instrument*
cuidado [kwi'dadu] M care; **aos ~s de** in the care of; **ter ~** to be careful; **~!** watch out!, be careful!; **tomar ~ (de)** to be careful (of); **~ para não se cortar** be careful you don't cut yourself
cuidador, -a [kwida'dor(a)] M/F carer (BRIT), caregiver (US)
cuidadoso, -a [kwida'dozu, ɔza] ADJ careful
cuidar [kwi'dar] VI: **~ de** to take care of, look after; **cuidar-se** VR to look after o.s.
cujo, -a ['kuʒu, a] PRON (*de quem*) whose; (*de que*) of which
culatra [ku'latra] F (*de arma*) breech
culinária [kuli'narja] F cookery
culinário, -a [kuli'narju, a] ADJ culinary
culminância [kuwmi'nãsja] F culmination
culminante [kuwmi'nãtʃi] ADJ: **ponto ~** highest point; (*fig*) peak
culminar [kuwmi'nar] VI: **~ (com)** to culminate (in)
culote [ku'lɔtʃi] M (*calça*) jodhpurs *pl*; (*gordura*) flab on the thighs
culpa ['kuwpa] F fault; (*Jur*) guilt; **ter ~ de** to be to blame for; **por ~ de** because of; **pôr a ~ em** to put the blame on; **sentimento de ~** guilty conscience
culpabilidade [kuwpabili'dadʒi] F guilt
culpado, -a [kuw'padu, a] ADJ guilty ▶ M/F culprit
culpar [kuw'par] VT to blame; (*acusar*) to accuse; **culpar-se** VR to take the blame
culpável [kuw'pavew] (*pl* -eis) ADJ guilty
cultivar [kuwtʃi'var] VT to cultivate; (*plantas*) to grow
cultivável [kuwtʃi'vavew] (*pl* -eis) ADJ cultivable
cultivo [kuw'tʃivu] M cultivation
culto, -a ['kuwtu, a] ADJ cultured ▶ M (*homenagem*) worship; (*religião*) cult
cultura [kuw'tura] F culture; (*da terra*) cultivation
cultural [kuwtu'raw] (*pl* -ais) ADJ cultural
cumbuca [kũ'buka] F pot
cume ['kumi] M top, summit; (*fig*) climax
cúmplice ['kũplisi] M/F accomplice
cumplicidade [kũplisi'dadʒi] F complicity
cumpridor, a [kũpri'dor(a)] ADJ punctilious, responsible
cumprimentar [kũprimẽ'tar] VT (*saudar*) to greet; (*dar parabéns*) to congratulate; **cumprimentar-se** VR to greet one another
cumprimento [kũpri'mẽtu] M (*realização*) fulfilment; (*saudação*) greeting; (*elogio*) compliment; **cumprimentos** MPL (*saudações*) best wishes; **~ de uma lei/ordem** compliance with a law/an order
cumprir [kũ'prir] VT (*desempenhar*) to carry out; (*promessa*) to keep; (*lei*) to obey; (*pena*) to serve ▶ VI (*convir*) to be necessary; **cumprir-se** VR to

be fulfilled; **~ a palavra** to keep one's word; **fazer ~** to enforce
cumulativo, -a [kumula'tʃivu, a] ADJ cumulative
cúmulo ['kumulu] M height; **é o ~!** that's the limit!
cunha ['kuɲa] F wedge
cunhado, -a [ku'ɲadu, a] M/F brother-in-law/sister-in-law
cunhar [ku'ɲar] VT (*moedas*) to mint; (*palavras*) to coin
cunho ['kuɲu] M (*marca*) hallmark; (*caráter*) nature
cupê [ku'pe] M coupé
cupim [ku'pĩ] (*pl* -ns) M termite
cupincha [ku'pĩʃa] M/F mate, pal
cupins [ku'pĩs] MPL *de* **cupim**
cupom [ku'põ] (*pl* -ns) M coupon
cúpula ['kupula] F (*Arq*) dome; (*de abajur*) shade; (*de partido etc*) leadership; **(reunião de) ~** summit (meeting)
cura ['kura] F (*ato de curar*) cure; (*tratamento*) treatment; (*de carnes etc*) curing, preservation ▶ M priest
curador, a [kura'dor(a)] M/F (*de menores, órfãos*) guardian; (*de instituição*) trustee
curandeiro [kurã'dejru] M (*feiticeiro*) healer, medicine man; (*charlatão*) quack
curar [ku'rar] VT (*doença*) to cure; (*ferida*) to treat; (*carne etc*) to cure, preserve; **curar-se** VR to get well
curativo [kura'tʃivu] M dressing
curável [ku'ravew] (*pl* -eis) ADJ curable
curetagem [kure'taʒẽ] F curettage
curinga [ku'rĩga] M wild card
curingão [kurĩ'gãw] (*pl* -ões) M joker
curiosidade [kurjozi'dadʒi] F curiosity; (*objeto raro*) curio
curioso, -a [ku'rjozu, ɔza] ADJ curious ▶ M/F snooper, inquisitive person; **curiosos** MPL (*espectadores*) onlookers; **o ~ é ...** the strange thing is ....
curitibano, -a [kuritʃi'banu, a] ADJ from Curitiba ▶ M/F person from Curitiba
curral [ku'haw] (*pl* -ais) M pen, enclosure
currar [ku'har] (*col*) VT to rape
currículo [ku'hikulu] M (*profissional*) curriculum vitae, CV, résumé (US); (*programa*) curriculum
curriculum vitae [ku'hikulũ 'vite] M curriculum vitae
cursar [kur'sar] VT (*aulas, escola*) to attend; (*cursos*) to follow; **ele está cursando História** he's studying *ou* doing history
cursivo [kur'sivu] M (*Tip*) script
curso ['kursu] M course; (*direção*) direction; **em ~** (*ano etc*) current; (*processo*) in progress; (*dinheiro*) in circulation; **~ primário/secundário/superior** primary school/secondary school/degree course; **~ normal** teacher-training course
cursor [kur'sor] M (*Comput*) cursor
curta ['kurta] M (*Cinema*) short

curta-metragem (*pl* **curtas-metragens**) M short film

curtição [kurtʃi'sãw] F (*col*) fun; (*de couro*) tanning

curtido, -a [kur'tʃidu, a] ADJ (*fig*) hardened

curtir [kur'tʃir] VT (*couro*) to tan; (*tornar rijo*) to toughen up; (*padecer*) to suffer, endure; (*col*) to enjoy

curto, -a ['kurtu, a] ADJ short; (*inteligência*) limited ▶ M (*Elet*) short (circuit)

curto-circuito (*pl* **curtos-circuitos**) M short circuit

curva ['kurva] F curve; (*de estrada, rio*) bend; **~ fechada** hairpin bend

curvar [kur'var] VT to bend, curve; (*submeter*) to put down; **curvar-se** VR (*abaixar-se*) to stoop; **~-se a** (*submeter-se*) to submit to

curvatura [kurva'tura] F curvature

curvo, -a ['kurvu, a] ADJ curved; (*estrada*) winding

cuscuz [kus'kuz] M couscous

cusparada [kuspa'rada] F spit; **dar uma ~** to spit

cuspe ['kuspi] M spit, spittle

cuspido, -a [kus'pidu, a] ADJ covered in spittle; **ele é o pai ~ e escarrado** (*col*) he's the spitting image of his father

cuspir [kus'pir] VT, VI to spit; **~ no prato em que se come** to bite the hand that feeds one

custa ['kusta] F: **à ~ de** at the expense of; **custas** FPL (*Jur*) costs

custar [kus'tar] VI to cost; (*ser difícil*) to be difficult; (*demorar*) to take a long time; **~ caro** to be expensive; **~ a fazer** (*ter dificuldade*) to have trouble doing; (*demorar*) to take a long time to do; **não custa nada perguntar** there's no harm in asking

custear [kus'tʃjar] VT to bear the cost of

custeio [kus'teju] M funding; (*relação de custos*) costing

custo ['kustu] M cost; **a ~** with difficulty; **a todo ~** at all costs

custódia [kus'tɔdʒja] F custody

CUT (BR) ABR F (= *Central Única de Trabalhadores*) *trade union*

cutelaria [kutela'ria] F knife-making

cutelo [ku'tɛlu] M cleaver

cutícula [ku'tʃikula] F cuticle

cútis ['kutʃis] F INV (*pele*) skin; (*tez*) complexion

cutucada [kutu'kada] F nudge; (*com o dedo*) prod

cutucar [kutu'kar] VT (*com o dedo*) to prod, poke; (*com o cotovelo*) to nudge

CVV (BR) ABR M (= *Centro de Valorização da Vida*) *Samaritan organization*

Cz$ ABR = **cruzado**

czar [kzar] M czar

Dd

D, d [de] M (pl **ds**) D, d ▶ ABR = **dona**; (= *direito*) R.; (= *deve*) d; **D de dado** D for David (BRIT) *ou* dog (US)

d/ ABR = **dia**

da [da] = **de + a**; *ver* **de**

dá [da] VB *ver* **dar**

DAC (BR) ABR M = **Departamento de Aviação Civil**

dactilografar *etc* [datilogra'far] (PT) = **datilografar** *etc*

dadaísmo [dada'izmu] M Dadaism

dádiva ['dadʒiva] F (*donativo*) donation; (*oferta*) gift

dadivoso, -a [dadʒi'vozu, ɔza] ADJ generous

dado, -a ['dadu, a] ADJ given; (*sociável*) sociable ▶ M (*em jogo*) die; (*fato*) fact; (*Comput*) piece of data; **dados** MPL (*em jogo*) dice; (*fatos, Comput*) data *sg*; **ser ~ a algo** to be prone *ou* given to sth; **em ~ momento** at a given moment; **~ que** (*suposto que*) supposing that; (*uma vez que*) given that

daí [da'ji] ADV (= *de + aí*) (*desse lugar*) from there; (*desse momento*) from then; (*col: num relato*) then; **~ a um mês** a month later; **~ por** *ou* **em diante** from then on; **e ~?** (*col*) so what?

dali [da'li] ADV = **de + ali**; *ver* **de**

dália ['dalja] F dahlia

daltônico, -a [daw'toniku, a] ADJ colour-blind (BRIT), color-blind (US)

daltonismo [dawto'nizmu] M colour (BRIT) *ou* color (US) blindness

dama ['dama] F lady; (*Xadrez, Cartas*) queen; **damas** FPL (*jogo*) draughts (BRIT), checkers (US); **~ de honra** bridesmaid

Damasco [da'masku] N Damascus

damasco [da'masku] M (*fruta*) apricot; (*tecido*) damask

danação [dana'sãw] F damnation; (*travessura*) mischief, naughtiness

danado, -a [da'nadu, a] ADJ (*condenado*) damned; (*zangado*) furious, angry; (*menino*) mischievous, naughty; **ela está com uma fome/dor danada** she's really hungry/got a terrible pain; **uma gripe danada/um susto ~** a really bad case of flu/a hell of a fright; **ele é ~ de bom** (*col*) he's really good; **ser ~ em algo** to be really good at sth

danar-se [da'narsi] VR (*enfurecer-se*) to get furious; **dane-se!** (*col*) damn it!; **danou-se!** (*col*) oh, gosh!

dança ['dãsa] F dance; **entrar na ~** to get involved

dançar [dã'sar] VI to dance; (*col: pessoa: sair-se mal*) to lose out; (: *em exame*) to fail; (: *coisa*) to go by the board

dançarino, -a [dãsa'rinu, a] M/F dancer

danceteria [dãsete'ria] F disco(theque)

dancing ['dãsĩŋ] M dance hall

danificar [danifi'kar] VT (*objeto*) to damage

daninho, -a [da'niɲu, a] ADJ harmful; (*gênio*) nasty

dano ['danu] M (*tb:* **danos**) damage; (*moral*) harm; (*a uma pessoa*) injury

danoso, -a [da'nozu, ɔza] ADJ (*a uma pessoa*) harmful; (*a uma coisa*) damaging

dantes ['dãtʃis] ADV before, formerly

Danúbio [da'nubju] M: **o ~** the Danube

daquele, -a [da'kele, 'kɛla] = **de + aquele**; *ver* **de**

daqui [da'ki] ADV (= *de + aqui*) (*deste lugar*) from here; **~ a pouco** soon, in a little while; **~ a uma semana** a week from now, in a week's time; **~ em diante** from now on

daquilo [da'kilu] = **de + aquilo**; *ver* **de**

─────────────────────────
PALAVRA-CHAVE
─────────────────────────

dar [dar] VT **1** (*ger*) to give; (*festa*) to hold; (*problemas*) to cause; **dar algo a alguém** to give sb sth, give sth to sb; **dar de beber a alguém** to give sb a drink; **dar aula de francês** to teach French

2 (*produzir: fruta etc*) to produce

3 (*notícias no jornal*) to publish

4 (*cartas*) to deal

5 (+ *n: perífrase de vb*): **me dá medo/pena** it frightens/upsets me

▶ VI **1**: **dar com** (*coisa*) to find; (*pessoa*) to meet

2: **dar em** (*bater*) to hit; (*resultar*) to lead to; (*lugar*) to come to

3: **dá no mesmo** it's all the same

4: **dar de si** (*sapatos etc*) to stretch, give

5: **dar para** (*impess: ser possível*) to be able to; **dá para trocar dinheiro aqui?** can I change money here?; **vai dar para eu ir amanhã** I'll be able to go tomorrow; **dá para você vir amanhã? — não, amanhã**

não vai dar can you come tomorrow? — no, I can't
6 (*ser suficiente*): **dar para/para fazer** to be enough for/to do; **dá para todo mundo?** is there enough for everyone?
dar-se VR **1** (*sair-se*): **dar-se bem/mal** to do well/badly
2: **dar-se (com alguém)** to be acquainted (with sb); **dar-se bem (com alguém)** to get on well (with sb)
3: **dar-se por vencido** to give up

Dardanelos [darda'nɛlus] MPL: **os** ~ the Dardanelles
dardo ['dardu] M dart; (*grande*) spear
das [das] = **de + as**; *ver* **de**
data ['data] F date; (*época*) time; **de longa** ~ of long standing
datação [data'sãw] F dating
datar [da'tar] VT to date ▶ VI: ~ **de** to date from
datilografar [datʃilograˈfar] VT to type
datilografia [datʃilograˈfia] F typing
datilógrafo, -a [datʃiˈlɔgrafu, a] M/F typist (BRIT), stenographer (US)
dativo, -a [daˈtʃivu, a] ADJ dative ▶ M dative
d.C. ABR (= *depois de Cristo*) A.D.
DDD ABR F (= *discagem direta a distância*) direct long-distance dialling ▶ ABR M (*código*) dialling code (BRIT), area code (US)
DDI ABR F (= *discagem direta internacional*) IDD ▶ ABR M (*código de país*) country code

(PALAVRA-CHAVE)

de [dʒi] (*de + o(s)/a(s) = do(s)/da(s)*; + *ali = dali*; + *ele(s)/a(s) = dele(s)/a(s)*; + *esse(s)/a(s) = desse(s)/a(s)*; + *isso = disso*; + *este(s)/a(s) = deste(s)/a(s)*; + *isto = disto*; + *aquele(s)/a(s) = daquele(s)/a(s)*; + *aquilo = daquilo*) PREP **1** (*posse*) of; **a casa de João/da irmã** João's/my sister's house; **é dele** it's his; **um romance de** a novel by
2 (*origem, distância, com números*) from; **sou de São Paulo** I'm from São Paulo; **de 8 a 20** from 8 to 20; **sair do cinema** to leave the cinema; **de dois em dois** two by two, two at a time
3 (*valor descritivo*): **um copo de vinho** a glass of wine; **um homem de cabelo comprido** a man with long hair; **o infeliz do homem** (*col*) the poor man; **um bilhete de avião** an air ticket; **uma criança de três anos** a three-year-old (child); **uma máquina de costurar** a sewing machine; **aulas de inglês** English lessons; **feito de madeira** made of wood; **vestido de branco** dressed in white
4 (*modo*): **de trem/avião** by train/plane; **de lado** sideways
5 (*hora, tempo*): **às 8 da manhã** at 8 o'clock in the morning; **de dia/noite** by day/night; **de hoje a oito dias** a week from now; **de dois em dois dias** every other day
6 (*comparações*): **mais/menos de cem pessoas** more/less than a hundred people; **é o mais caro da loja** it's the most expensive in the shop; **ela é mais bonita do que sua irmã** she's prettier than her sister; **gastei mais do que pretendia** I spent more than I intended
7 (*causa*): **estou morto de calor** I'm boiling hot; **ela morreu de câncer** she died of cancer
8 (*adj + de + infin*): **fácil de entender** easy to understand

dê *etc* [de] VB *ver* **dar**
deão [dʒi'ãw] (*pl* **deãos**) M dean
debaixo [de'bajʃu] ADV below, underneath ▶ PREP: ~ **de** under, beneath
debalde [de'bawdʒi] ADV in vain
debandada [debã'dada] F stampede; **em** ~ in confusion
debandar [debã'dar] VT to put to flight ▶ VI to disperse
debate [de'batʃi] M (*discussão*) discussion, debate; (*disputa*) argument
debater [deba'ter] VT to debate; (*discutir*) to discuss; **debater-se** VR to struggle
débeis ['debejs] PL *de* **débil**
debelar [debe'lar] VT to put down, suppress; (*crise*) to overcome; (*doença*) to cure
debênture [de'bẽturi] F (*Com*) debenture
debicar [debi'kar] VT (*caçoar*) to make fun of
débil ['debiw] (*pl* **-eis**) ADJ (*pessoa*) weak, feeble
debilidade [debili'dadʒi] F weakness; ~ **mental** learning difficulties
debilitação [debilita'sãw] F weakening
debilitante [debili'tãtʃi] ADJ debilitating
debilitar [debili'tar] VT to weaken; **debilitar-se** VR to become weak, weaken
debiloide [debi'lɔjdʒi] (*col*) ADJ idiotic ▶ M/F idiot
debique [de'biki] M mockery, ridicule
debitar [debi'tar] VT to debit; ~ **a conta de alguém em $40** to debit sb's account by $40; ~ **$40 à** *ou* **na conta de alguém** to debit $40 to sb's account
débito ['dɛbitu] M debit
debochado, -a [debo'ʃadu, a] ADJ (*pessoa*) sardonic; (*jeito, tom*) mocking ▶ M/F sardonic person
debochar [debo'ʃar] VT to mock ▶ VI: ~ **de** to mock
deboche [de'bɔʃi] M gibe
debruar [de'brwar] VT (*roupa*) to edge; (*desenho*) to adorn
debruçar [debru'sar] VT to bend over; **debruçar-se** VR to bend over; (*inclinar-se*) to lean over; ~**-se na janela** to lean out of the window
debrum [de'brũ] M edging
debulha [de'buʎa] F (*de trigo*) threshing
debulhar [debu'ʎar] VT (*grão*) to thresh;

(*descascar*) to shell; **debulhar-se** VR: **~-se em lágrimas** to burst into tears
debutante [debu'tãtʃi] F débutante
debutar [debu'tar] VI to appear for the first time, make one's début
década ['dɛkada] F decade
decadência [deka'dẽsja] F decadence
decadente [deka'dẽtʃi] ADJ decadent
decair [deka'ir] VI to decline; (*restaurante etc*) to go downhill; (*pressão, velocidade*) to drop; (*planta*) to wilt
decalcar [dekaw'kar] VT to trace; (*fig*) to copy
decalque [de'kawki] M tracing
decano [de'kanu] M oldest member
decantar [dekã'tar] VT (*líquido*) to decant; (*purificar*) to purify
decapitar [dekapi'tar] VT to behead, decapitate
decatlo [de'katlu] M decathlon
decência [de'sẽsja] F decency
decênio [de'senju] M decade
decente [de'sẽtʃi] ADJ decent; (*apropriado*) proper; (*honrado*) honourable (BRIT), honorable (US); (*trabalho*) neat, presentable
decentemente [desẽtʃi'mẽtʃi] ADV (*com decoro*) decently; (*apropriadamente*) properly; (*honradamente*) honourably (BRIT), honorably (US)
decepar [dese'par] VT to cut off, chop off
decepção [desep'sãw] (*pl* **-ões**) F disappointment; (*desilusão*) disillusionment
decepcionar [desepsjo'nar] VT to disappoint, let down; (*desiludir*) to disillusion; **decepcionar-se** VR to be disappointed; to be disillusioned; **o filme decepcionou** the film was disappointing
decepções [desep'sõjs] FPL *de* **decepção**
decerto [dʒi'sɛrtu] ADV certainly
decidido, -a [desi'dʒidu, a] ADJ (*pessoa*) determined; (*questão*) resolved
decidir [desi'dʒir] VT (*determinar*) to decide; (*solucionar*) to resolve; **decidir-se** VR: **~-se a** to make up one's mind to; **~-se por** to decide on, go for
decíduo, -a [de'sidwu, a] ADJ (*Bot*) deciduous
decifrar [desi'frar] VT to decipher; (*futuro*) to foretell; (*compreender*) to understand
decifrável [desi'fravew] (*pl* **-eis**) ADJ decipherable
decimal [desi'maw] (*pl* **-ais**) ADJ decimal ▶ M (*número*) decimal
décimo, -a ['dɛsimu, a] ADJ tenth ▶ M tenth; **~ nono** nineteenth; **~ oitavo** eighteenth; **~ primeiro** eleventh; **~ quarto** fourteenth; **~ quinto** fifteenth; **~ segundo** twelfth; **~ sétimo** seventeenth; **~ sexto** sixteenth; **~ terceiro** thirteenth; *ver tb* **quinto**
decisão [desi'zãw] (*pl* **-ões**) F decision; (*capacidade de decidir*) decisiveness, resolution; **~ por pênaltis** (*Futebol*) penalty shoot-out
decisivo, -a [desi'zivu, a] ADJ (*fator*) decisive; (*jogo*) deciding
decisões [desi'zõjs] FPL *de* **decisão**

519 | **debutante – decrépito**

declamação [deklama'sãw] F (*de poema*) recitation; (*pej*) ranting
declamar [dekla'mar] VT (*poemas*) to recite ▶ VI (*pej*) to rant
declaração [deklara'sãw] (*pl* **-ões**) F declaration; (*depoimento*) statement; (*revelação*) revelation; **~ de amor** proposal; **~ de imposto de renda** income tax return; **~ juramentada** affidavit
declarado, -a [dekla'radu, a] ADJ (*intenção*) declared; (*opinião*) professed; (*inimigo*) sworn; (*alcoólatra*) self-confessed; (*cristão etc*) avowed
declarante [dekla'rãtʃi] M/F (*Jur*) witness
declarar [dekla'rar] VT to declare; (*confessar*) to confess
Dec-lei [dek-] ABR M = **decreto-lei**
declinação [deklina'sãw] (*pl* **-ões**) F (*Ling*) declension
declinar [dekli'nar] VT (*recusar*) to decline, refuse; (*nomes*) to give; (*Ling*) to decline ▶ VI (*sol*) to go down; (*terreno*) to slope down
declínio [de'klinju] M decline
declive [de'klivi] M slope, incline
decô [de'ko] ADJ INV Art-Deco
decodificador [dekodʒifika'dor] M (*Comput*) decoder
decodificar [dekodʒifi'kar] VT to decode
decolagem [deko'laʒẽ] (*pl* **-ns**) F (*Aer*) take-off
decolar [deko'lar] VI (*Aer*) to take off
decompor [dekõ'por] (*irreg: como* **pôr**) VT (*analisar*) to analyse; (*apodrecer*) to rot; (*rosto*) to contort; **decompor-se** VR to rot, decompose
decomposição [dekõpozi'sãw] (*pl* **-ões**) F (*apodrecimento*) decomposition; (*análise*) dissection; (*do rosto*) contortion
decomposto, -a [dekõ'postu, a] PP *de* **decompor**
decompunha *etc* [dekõ'puɲa] VB *ver* **decompor**
decompus *etc* [dekõ'pus] VB *ver* **decompor**
decompuser *etc* [dekõpu'zer] VB *ver* **decompor**
decoração [dekora'sãw] F decoration; (*Teatro*) scenery
decorar [deko'rar] VT to decorate; (*aprender*) to learn by heart
decorativo, -a [dekora'tʃivu, a] ADJ decorative
decoro [de'koru] M (*decência*) decency; (*dignidade*) decorum
decoroso, -a [deko'rozu, ɔza] ADJ decent, respectable
decorrência [deko'hẽsja] F consequence, result; **em ~ de** as a result of
decorrente [deko'hẽtʃi] ADJ: **~ de** resulting from
decorrer [deko'her] VI (*tempo*) to pass; (*acontecer*) to take place, happen ▶ M: **no ~ de** in the course of; **~ de** to result from
decotado, -a [deko'tadu, a] ADJ (*roupa*) low-cut
decote [de'kɔtʃi] M (*de vestido*) low neckline
decrépito, -a [de'krɛpitu, a] ADJ decrepit

decrescente [dekre'sẽtʃi] ADJ decreasing, diminishing

decrescer [dekre'ser] VI to decrease, diminish

decréscimo [de'krɛsimu] M decrease, decline

decretação [dekreta'sãw] (*pl* **-ões**) F announcement; (*de estado de sítio*) declaration

decretar [dekre'tar] VT to decree, order; (*estado de sítio*) to declare; (*anunciar*) to announce; (*determinar*) to determine

decreto [de'krɛtu] M decree, order; **nem por ~** not for love nor money

decreto-lei (*pl* **decretos-leis**) M act, law

decúbito [de'kubitu] M: **em ~** recumbent

decurso [de'kursu] M (*tempo*) course; **no ~ de** in the course of, during

dedal [de'daw] (*pl* **-ais**) M thimble

dedão [de'dãw] (*pl* **-ões**) M thumb; (*do pé*) big toe

dedar [de'dar] (BR *col*) VT to squeal on (*col*), grass on (BRIT *col*)

dedetização [dedetʃiza'sãw] F spraying with insecticide

dedetizar [dedetʃi'zar] VT to spray with insecticide

dedicação [dedʒika'sãw] F dedication; (*devotamento*) devotion

dedicado, -a [dedʒi'kadu, a] ADJ (*tb Comput*) dedicated

dedicar [dedʒi'kar] VT (*poema*) to dedicate; (*tempo, atenção*) to devote; **dedicar-se** VR: **~-se a** to devote o.s. to

dedicatória [dedʒika'tɔrja] F (*de obra*) dedication

dedilhar [dedʒi'ʎar] VT (*Mús: no braço*) to finger; (: *nas cordas*) to pluck

dedo ['dedu] M finger; (*do pé*) toe; **dois ~s (de)** a little bit (of); **escolher a ~** to handpick; **~ anular** ring finger; **~ indicador** index finger; **~ mínimo** *ou* **mindinho** little finger; **~ polegar** thumb

dedo-duro (*pl* **dedos-duros**) (*col*) M (*criminoso*) grass; (*criança*) sneak, tell-tale

dedões [de'dõjs] MPL *de* **dedão**

dedução [dedu'sãw] (*pl* **-ões**) F deduction

dedurar [dedu'rar] (*col*) VT: **~ alguém** (*criminoso*) to grass on sb; (*colega etc*) to drop sb in it

dedutivo, -a [dedu'tʃivu, a] ADJ deductive

deduzir [dedu'zir] VT (*concluir*): **~ (de)** to deduce (from), infer (from); (*quantia*) to deduct (from)

defasado, -a [defa'zadu, a] ADJ: **~ (de)** out of step (with)

defasagem [defa'zaʒẽ] (*pl* **-ns**) F discrepancy

defecar [defe'kar] VI to defecate

defecção [defek'sãw] (*pl* **-ões**) F defection; (*deserção*) desertion

defectivo, -a [defek'tʃivu, a] ADJ faulty, defective; (*Ling*) defective

defeito [de'fejtu] M defect, flaw; **pôr ~s em** to find fault with; **com ~** broken, out of order; **para ninguém botar ~** (*col*) perfect

defeituoso, -a [defej'twozu, ɔza] ADJ defective, faulty

defender [defẽ'der] VT (*ger, Jur*) to defend; (*proteger*) to protect; **defender-se** VR to stand up for o.s.; (*numa língua*) to get by; **~-se de** (*de ataque*) to defend o.s. against; (*do frio etc*) to protect o.s. against

defensável [defẽ'savew] (*pl* **-eis**) ADJ defensible

defensiva [defẽ'siva] F defensive; **estar** *ou* **ficar na ~** to be on the defensive

defensor, a [defẽ'sor(a)] M/F defender; (*Jur*) defending counsel

deferência [defe'rẽsja] F (*condescendência*) deference; (*respeito*) respect

deferente [defe'rẽtʃi] ADJ deferential

deferimento [deferi'mẽtu] M (*de dinheiro, pedido, petição*) granting; (*de prêmio, condecoração*) awarding; (*aceitação*) acceptance

deferir [defe'rir] VT (*pedido, petição*) to grant; (*prêmio, condecoração*) to award ▶ VI: **~ a** (*pedido, petição*) to concede to; (*sugestão*) to accept

defesa [de'feza] F defence (BRIT), defense (US); (*Jur*) counsel for the defence ▶ M (*Futebol*) back

deficiência [defi'sjẽsja] F deficiency

deficiente [defi'sjẽtʃi] ADJ (*imperfeito*) defective; (*carente*): **~ (em)** deficient (in)

déficit ['dɛfisitʃi] (*pl* **-s**) M deficit

deficitário, -a [defisi'tarju, a] ADJ in deficit

definhar [defi'ɲar] VT to debilitate ▶ VI (*consumir-se*) to waste away; (*Bot*) to wither

definição [defini'sãw] (*pl* **-ões**) F definition

definir [defi'nir] VT to define; **definir-se** VR (*decidir-se*) to make a decision; (*explicar-se*) to make one's position clear; **~-se a favor de/ contra algo** to come out in favo(u)r of/ against sth; **~-se como** to describe o.s. as

definitivamente [definitʃiva'mẽtʃi] ADV (*finalmente*) definitively; (*permanentemente*) for good; (*sem dúvida*) definitely

definitivo, -a [defini'tʃivu, a] ADJ (*final*) final, definitive; (*permanente*) permanent; (*resposta, data*) definite

definível [defi'nivew] (*pl* **-eis**) ADJ definable

defiro *etc* [de'firu] VB *ver* **deferir**

deflação [defla'sãw] F deflation

deflacionar [deflasjo'nar] VT to deflate

deflacionário, -a [deflasjo'narju, a] ADJ deflationary

deflagração [deflagra'sãw] (*pl* **-ões**) F explosion; (*fig*) outbreak

deflagrar [defla'grar] VI to explode; (*fig*) to break out ▶ VT to set off; (*fig*) to trigger

deflorar [deflo'rar] VT to deflower

deformação [deforma'sãw] (*pl* **-ões**) F loss of shape; (*de corpo*) deformation; (*de imagem, pensamento*) distortion

deformar [defor'mar] VT to put out of shape; (*corpo*) to deform; (*imagem, pensamento*) to distort; **deformar-se** VR to lose shape; to be deformed; to become distorted

deformidade [deformi'dadʒi] F deformity

defraudação [defrawda'sãw] (*pl* **-ões**) F fraud; (*de dinheiro*) embezzlement

521 | defraudar – delirar

defraudar [defraw'dar] VT (*dinheiro*) to embezzle; (*uma pessoa*) to defraud; **~ alguém de algo** to cheat sb of sth

defrontar [defrõ'tar] VT to face ▶ VI: **~ com** to face; (*dar com*) to come face to face with; **defrontar-se** VR to face each other

defronte [de'frõtʃi] ADV opposite ▶ PREP: **~ de** opposite

defumado, -a [defu'madu, a] ADJ smoked

defumar [defu'mar] VT (*presunto*) to smoke; (*perfumar*) to perfume

defunto, -a [de'fũtu, a] ADJ dead ▶ M/F dead person

degelar [deʒe'lar] VT to thaw; (*geladeira*) to defrost ▶ VI to thaw out; to defrost

degelo [de'ʒelu] M thaw

degeneração [deʒenera'sãw] F (*processo*) degeneration; (*estado*) degeneracy

degenerar [deʒene'rar] VI: **~ (em)** to degenerate (into); **degenerar-se** VR to become degenerate

deglutir [deglu'tʃir] VT, VI to swallow

degolação [degola'sãw] (*pl* **-ões**) F beheading, decapitation

degolar [dego'lar] VT to decapitate

degradação [degrada'sãw] F degradation

degradante [degra'dãtʃi] ADJ degrading

degradar [degra'dar] VT to degrade, debase; **degradar-se** VR to demean o.s.

dégradé [degra'de] ADJ INV (*cor*) shaded off

degrau [de'graw] M step; (*de escada de mão*) rung

degredar [degre'dar] VT to exile

degredo [de'gredu] M exile

degringolar [degrĩgo'lar] VI (*cair*) to tumble down; (*fig*) to collapse; (: *deteriorar-se*) to deteriorate; (*desorganizar-se*) to get messed up

degustação [degusta'sãw] (*pl* **-ões**) F tasting, sampling; (*saborear*) savouring (BRIT), savoring (US)

degustar [degus'tar] VT (*provar*) to taste; (*saborear*) to savour (BRIT), savor (US)

dei *etc* [dej] VB *ver* **dar**

deificar [dejfi'kar] VT to deify

deitada [dej'tada] (*col*) F: **dar uma ~** to have a lie-down

deitado, -a [dej'tadu, a] ADJ (*estendido*) lying down; (*na cama*) in bed

deitar [dej'tar] VT to lay down; (*na cama*) to put to bed; (*colocar*) to put, place; (*lançar*) to cast; (PT: *líquido*) to pour; **deitar-se** VR to lie down; to go to bed; **~ sangue** (PT) to bleed; **~ abaixo** to knock down, flatten; **~ a fazer algo** to start doing sth; **~ uma carta** (PT) to post a letter; **~ fora** (PT) to throw away *ou* out; **~ e rolar** (*col*) to do as one likes

deixa ['dejʃa] F clue, hint; (*Teatro*) cue; (*chance*) chance

deixar [dej'ʃar] VT to leave; (*abandonar*) to abandon; (*permitir*) to let, allow ▶ VI: **~ de** (*parar*) to stop; (*não fazer*) to fail to; **não posso ~ de ir** I must go; **não posso ~ de rir** I can't help laughing; **~ cair** to drop; **~ alguém louco** to drive sb crazy *ou* mad; **~ alguém cansado/nervoso** *etc* to make sb tired/nervous *etc*; **~ a desejar** to leave something to be desired; **deixa disso!** (*col*) come off it!; **deixa para lá!** (*col*) forget it!

dela ['dɛla] = **de + ela**; *ver* **de**

delação [dela'sãw] (*pl* **-ões**) F (*de pessoa: denúncia*) accusation; (: *traição*) betrayal; (*de abusos*) disclosure

delatar [dela'tar] VT (*pessoa*) to inform on; (*abusos*) to reveal; (*à polícia*) to report

delator, a [dela'tor(a)] M/F informer

délavé [dela've] ADJ INV (*jeans*) faded

dele ['deli] = **de + ele**; *ver* **de**

delegação [delega'sãw] (*pl* **-ões**) F delegation

delegacia [delega'sia] F office; **~ de polícia** police station

delegações [delega'sõjs] FPL *de* **delegação**

delegado, -a [dele'gadu, a] M/F delegate, representative; **~ de polícia** police chief

delegar [dele'gar] VT to delegate

deleitar [delej'tar] VT to delight; **deleitar-se** VR: **~-se com** to delight in

deleite [de'lejtʃi] M delight

deleitoso, -a [delej'tozu, ɔza] ADJ delightful

deletar [dele'tar] VT (*Comput*) to delete

deletério, -a [dele'tɛrju, a] ADJ harmful

delével [de'lɛvew] (*pl* **-eis**) ADJ erasable

delgado, -a [dew'gadu, a] ADJ thin; (*esbelto*) slim, slender; (*fino*) fine

Délhi ['dɛli] N: **(Nova) ~** (New) Delhi

deliberação [delibera'sãw] (*pl* **-ões**) F deliberation; (*decisão*) decision

deliberar [delibe'rar] VT to decide, resolve ▶ VI to deliberate

deliberativo, -a [delibera'tʃivu, a] ADJ (*conselho*) deliberative

delicadeza [delika'deza] F delicacy; (*cortesia*) kindness

delicado, -a [deli'kadu, a] ADJ delicate; (*frágil*) fragile; (*cortês*) polite; (*sensível*) sensitive

delícia [de'lisja] F delight; (*prazer*) pleasure; **esse bolo é uma ~** this cake is delicious; **que ~!** how lovely!

deliciar [deli'sjar] VT to delight; **deliciar-se** VR: **~-se com algo** to take delight in sth

delicioso, -a [deli'sjozu, ɔza] ADJ lovely; (*comida, bebida*) delicious

delimitação [delimita'sãw] F delimitation

delimitar [delimi'tar] VT to delimit

delineador [delinja'dor] M (*de olhos*) eyeliner

delinear [deli'njar] VT to outline

delinquência [delĩ'kwẽsja] F delinquency

delinquente [delĩ'kwẽtʃi] ADJ, M/F delinquent, criminal

delinquir [delĩ'kwir] VI to commit an offence (BRIT) *ou* offense (US)

delir [de'lir] VT to erase

delirante [deli'rãtʃi] ADJ delirious; (*show, atuação*) thrilling

delirar [deli'rar] VI (*com febre*) to be delirious; (*de ódio, prazer*) to go mad, go wild

delírio ['deˈlirju] M (*Med*) delirium; (*êxtase*) ecstasy; (*excitação*) excitement
delirium tremens [deˈliriũ ˈtrɛmẽs] M delirium tremens
delito [deˈlitu] M (*crime*) crime; (*falta*) offence (BRIT), offense (US)
delonga [deˈlõga] F delay; **sem mais ~s** without more ado
delongar [delõˈgar] VT to delay; **delongar-se** VR (*conversa*) to wear on; **~-se em** to dwell on
delta [ˈdɛwta] F delta
demagogia [demagoˈʒia] F demagogy
demagógico, -a [demaˈgɔʒiku, a] ADJ demagogic
demagogo [demaˈgogu] M demagogue
demais [dʒiˈmajs] ADV (*em demasia*) too much; (*muitíssimo*) a lot, very much ▶ PRON: **os/as ~** the rest (of them); **já é ~!** this is too much!; **é bom ~** it's really good; **foi ~** (*col: bacana*) it was great
demanda [deˈmãda] F (*Jur*) lawsuit; (*disputa*) claim; (*requisição*) request; (*Econ*) demand; **em ~ de** in search of
demandar [demãˈdar] VT (*Jur*) to sue; (*exigir, reclamar*) to demand; (*porto*) to head for
demão [deˈmãw] (*pl* **demãos**) F (*de tinta*) coat, layer
demarcação [demarkaˈsãw] F demarcation
demarcar [demarˈkar] VT (*delimitar*) to demarcate; (*fixar*) to mark out
demarcatório, -a [demarkaˈtɔrju, a] ADJ: **linha demarcatória** demarcation line
demasia [demaˈzia] F excess, surplus; (*imoderação*) lack of moderation; **em ~** (*dinheiro, comida etc*) too much; (*cartas, problemas etc*) too many
demasiadamente [demazjadaˈmẽtʃi] ADV too much; (*com adj*) too
demasiado, -a [demaˈzjadu, a] ADJ too much; (*pl*) too many ▶ ADV too much; (*com adj*) too
demência [deˈmẽsja] F dementia
demente [deˈmẽtʃi] ADJ insane, demented
demérito, -a [deˈmɛritu, a] ADJ unworthy ▶ M demerit
demissão [demiˈsãw] (*pl* **-ões**) F dismissal; **pedido de ~** resignation; **pedir ~** to resign
demissionário, -a [demisjoˈnarju, a] ADJ resigning, outgoing
demissões [demiˈsõjs] FPL *de* **demissão**
demitir [demiˈtʃir] VT to dismiss; (*col*) to sack, fire; **demitir-se** VR to resign
democracia [demokraˈsia] F democracy
democrata [demoˈkrata] M/F democrat
democrático, -a [demoˈkratʃiku, a] ADJ democratic
democratização [demokratʃizaˈsãw] F democratization
democratizar [demokratʃiˈzar] VT to democratize
démodé [demoˈde] ADJ INV old-fashioned
demografia [demograˈfia] F demography
demográfico, -a [demoˈgrafiku, a] ADJ demographic

demolição [demoliˈsãw] (*pl* **-ões**) F demolition
demolir [demoˈlir] VT to demolish, knock down; (*fig*) to destroy
demoníaco, -a [demoˈniaku, a] ADJ devilish
demônio [deˈmonju] M devil, demon; (*col: criança*) brat
demonstração [demõstraˈsãw] (*pl* **-ões**) F (*lição prática*) demonstration; (*de amizade*) show, display; (*prova*) proof; **~ de contas** (*Com*) statement of account; **~ de lucros e perdas** (*Com*) profit and loss statement
demonstrar [demõsˈtrar] VT (*mostrar*) to demonstrate; (*provar*) to prove; (*amizade etc*) to show
demonstrativo, -a [demõstraˈtʃivu, a] ADJ demonstrative
demonstrável [demõˈstravew] (*pl* **-eis**) ADJ demonstrable
demora [deˈmɔra] F delay; (*parada*) stop; **sem ~** at once, without delay; **qual é a ~ disso?** how long will this take?
demorado, -a [demoˈradu, a] ADJ slow
demorar [demoˈrar] VT to delay, slow down ▶ VI (*permanecer*) to stay; (*tardar a vir*) to be late; (*conserto*) to take (a long) time; **demorar-se** VR to stay for a long time, linger; **~ a chegar** to be a long time coming; **vai ~ muito?** will it take long?; **não vou ~** I won't be long
demover [demoˈver] VT: **~ alguém de algo** to talk sb out of sth; **demover-se** VR: **~-se de algo** to be talked out of sth
Denatran [denaˈtrã] (BR) ABR M (= *Departamento Nacional de Trânsito*) ≈ Ministry of Transport
dendê [dẽˈde] M (*Culin: óleo*) palm oil; (*Bot*) oil palm
denegrir [deneˈgrir] VT to blacken; (*difamar*) to denigrate
dengo [ˈdẽgu] M coyness; (*choro*) whimpering
dengoso, -a [dẽˈgozu, ɔza] ADJ coy; (*criança: choramingento*): **ser ~** to be a crybaby
dengue [ˈdẽgi] F (*Med*) dengue
denigro *etc* [deˈnigru] VB *ver* **denegrir**
denodado, -a [denoˈdadu, a] ADJ brave, daring
denominação [denominaˈsãw] (*pl* **-ões**) F (*Rel*) denomination; (*título*) name; (*ato*) naming
denominador [denominaˈdor] M: **~ comum** (*Mat, fig*) common denominator
denominar [denomiˈnar] VT: **~ algo/alguém ...** to call sth/sb ...; **denominar-se** VR to be called; (*a si mesmo*) to call o.s.
denotar [denoˈtar] VT (*indicar*) to show, indicate; (*significar*) to signify
densidade [dẽsiˈdadʒi] F density
denso, -a [ˈdẽsu, a] ADJ (*cerrado*) dense; (*espesso*) thick; (*compacto*) compact
dentada [dẽˈtada] F bite
dentado, -a [dẽˈtadu, a] ADJ serrated
dentadura [dẽtaˈdura] F teeth *pl*, set of teeth; (*artificial*) dentures *pl*
dental [dẽˈtaw] (*pl* **-ais**) ADJ dental
dentário, -a [dẽˈtarju, a] ADJ dental

dente ['dẽtʃi] M tooth; (*de animal*) fang; (*de elefante*) tusk; (*de alho*) clove; **falar entre os ~s** to mutter, mumble; **~ de leite/do siso** milk/wisdom tooth; **~s postiços** false teeth
dente-de-leão (*pl* **dentes-de-leão**) M dandelion
Dentel [dẽ'tɛw] (BR) ABR M = **Departamento Nacional de Telecomunicações**
dentição [dẽtʃi'sãw] F (*formação dos dentes*) teething; (*dentes*) teeth *pl*; **primeira ~** milk teeth; **segunda ~** second teeth
dentifrício [dẽtʃi'frisju] M toothpaste
dentina [dẽ'tʃina] F dentine
dentista [dẽ'tʃista] M/F dentist
dentre ['dẽtri] PREP (from) among
dentro ['dẽtru] ADV inside ▶ PREP: **~ de** inside; (*tempo*) (with)in; **de ~ para fora** inside out; **dar uma ~** (*col*) to get it right; **aí ~** in there; **por ~** on the inside; **estar por ~** (*col: fig*) to be in the know; **estar por ~ de algo** (*col: fig*) to know the ins and outs of sth
dentuça [dẽ'tusa] F buck teeth *pl*; *ver tb* **dentuço**
dentuço, -a [dẽ'tusu, a] ADJ buck-toothed ▶ M/F buck-toothed person; **ser ~** to have buck teeth
denúncia [de'nũsja] F denunciation; (*acusação*) accusation; (*de roubo*) report
denunciar [denũ'sjar] VT (*acusar*) to denounce; (*delatar*) to inform on; (*revelar*) to reveal
deparar [depa'rar] VT (*revelar*) to reveal; (*fazer aparecer*) to present ▶ VI: **~ com** to come across, meet; **deparar-se** VR: **~-se com** to come across, meet
departamental [departamẽ'taw] (*pl* **-ais**) ADJ departmental
departamento [departa'mẽtu] M department; **D~ de Marcas e Patentes** Patent Office
depauperar [depawpe'rar] VT: **~ algo/alguém** to bleed sth/sb dry
depenar [depe'nar] VT to pluck; (*col: roubar*) to clean out
dependência [depẽ'dẽsja] F dependence; (*edificação*) annexe (BRIT), annex (US); (*colonial*) dependency; (*cômodo*) room
dependente [depẽ'dẽtʃi] M/F dependant
depender [depẽ'der] VT: **~ de** to depend on
dependurar [depẽdu'rar] VI to hang
depilação [depila'sãw] (*pl* **-ões**) F depilation
depilador, a [depila'dor(a)] M/F beauty therapist
depilar [depi'lar] VT to wax; **~ as pernas** (*mandar fazer*) to have one's legs done; (*fazer sozinho*) to do one's legs
depilatório [depila'tɔrju] M hair-remover
deplorar [deplo'rar] VT (*lamentar*) to regret; (*morte, perda*) to lament
deplorável [deplo'ravew] (*pl* **-eis**) ADJ deplorable; (*lamentável*) regrettable
depoente [de'pwẽtʃi] M/F witness
depoimento [depoj'mẽtu] M testimony, evidence; (*na polícia*) statement

depois [de'pojs] ADV afterwards ▶ PREP: **~ de** after; **~ de comer** after eating; **~ que** after
depor [de'por] (*irreg: como* **pôr**) VT (*pôr*) to place; (*indicar*) to indicate; (*rei*) to depose; (*governo*) to overthrow ▶ VI (*Jur*) to testify, give evidence; (*na polícia*) to give a statement; **esses fatos depõem contra/a favor dele** these facts speak against him/in his favo(u)r
deportação [deporta'sãw] (*pl* **-ões**) F deportation
deportar [depor'tar] VT to deport
deposição [depozi'sãw] (*pl* **-ões**) F deposition; (*governo*) overthrow
depositante [depozi'tãtʃi] M/F depositor ▶ ADJ depositing
depositar [depozi'tar] VT to deposit; (*voto*) to cast; (*colocar*) to place; **depositar-se** VR (*líquido*) to form a deposit; **~ confiança em** to place one's confidence in
depositário, -a [depozi'tarju, a] M/F trustee; (*fig*) confidant(e)
depósito [de'pɔzitu] M deposit; (*armazém*) warehouse, depot; (*de lixo*) dump; (*reservatório*) tank; **~ a prazo fixo** fixed-term deposit; **~ de bagagens** left-luggage office (BRIT), checkroom (US)
depravação [deprava'sãw] F depravity, corruption
depravado, -a [depra'vadu, a] ADJ depraved ▶ M/F degenerate
depravar [depra'var] VT to deprave, corrupt; (*estragar*) to ruin; **depravar-se** VR to become depraved
deprecar [depre'kar] VT to beg for, pray for ▶ VI to plead
depreciação [depresja'sãw] F depreciation
depreciador, a [depresja'dor(a)] ADJ deprecatory
depreciar [depre'sjar] VT (*desvalorizar*) to devalue; (*Com*) to write down; (*menosprezar*) to belittle; **depreciar-se** VR to depreciate, lose value; (*menosprezar-se*) to belittle o.s.
depredação [depreda'sãw] F depredation
depredador, a [depreda'dor(a)] ADJ destructive ▶ M/F vandal
depredar [depre'dar] VT to wreck
depreender [deprjẽ'der] VT: **~ algo/que ... (de algo)** to gather sth/that ... (from sth)
depressa [dʒi'presa] ADV fast, quickly; **vamos ~** let's get a move on!
depressão [depre'sãw] (*pl* **-ões**) F depression
depressivo, -a [depre'sivu, a] ADJ depressive
depressões [depre'sõjs] FPL *de* **depressão**
deprimente [depri'mẽtʃi] ADJ depressing
deprimido, -a [depri'midu, a] ADJ depressed
deprimir [depri'mir] VT to depress; **deprimir-se** VR to get depressed
depuração [depura'sãw] F purification
depurar [depu'rar] VT to purify; (*Comput: programa*) to debug
deputado, -a [depu'tadu, a] M/F deputy; (*agente*) agent; (*Pol*) = Member of Parliament (BRIT), ≈ Representative (US)

deputar [depu'tar] VT to delegate
deque ['dɛki] M deck
DER (BR) ABR M (= *Departamento de Estradas de Rodagem*) state highways department
der *etc* [der] VB *ver* **dar**
deriva [de'riva] F drift; **ir à ~** to drift; **ficar à ~** to be adrift
derivação [deriva'sãw] (*pl* **-ões**) F derivation
derivar [deri'var] VT (*desviar*) to divert; (*Ling*) to derive ▶ VI (*ir à deriva*) to drift; **derivar-se** VR (*palavra*) to be derived; (*ir à deriva*) to drift; (*provir*): **~(-se) (de)** to derive *ou* be derived (from)
dermatologia [dermatolo'ʒia] F dermatology
dermatologista [dermatolo'ʒista] M/F dermatologist
dernier cri [der'nje 'kri] M last word
derradeiro, -a [deha'dejru, a] ADJ last, final
derramamento [dehama'mētu] M spilling; (*de sangue, lágrimas*) shedding
derramar [deha'mar] VT (*sem querer*) to spill; (*entornar*) to pour; (*sangue, lágrimas*) to shed; **derramar-se** VR to pour out
derrame [de'hami] M haemorrhage (BRIT), hemorrhage (US)
derrapagem [deha'paʒē] (*pl* **-ns**) F skid; (*ação*) skidding
derrapar [deha'par] VI to skid
derredor [dehe'dor] ADV, PREP: **em ~ (de)** around
derreter [dehe'ter] VT to melt; **derreter-se** VR to melt; (*coisa congelada*) to thaw; (*enternecer-se*) to be touched; **~ alguém** to win sb's heart; **~-se por alguém** to fall for sb
derretido, -a [dehe'tʃidu, a] ADJ melted; (*enternecido*) touched; (*apaixonado*) smitten; **estar ~ por alguém** to be crazy about sb
derrocada [deho'kada] F downfall; (*ruína*) collapse
derrogação [dehoga'sãw] (*pl* **-ões**) F amendment
derrota [de'hɔta] F defeat, rout; (*Náut*) route
derrotar [deho'tar] VT (*vencer*) to defeat; (*em jogo*) to beat
derrubar [dehu'bar] VT to knock down; (*governo*) to bring down; (*suj: doença*) to lay low; (*col: prejudicar*) to put down
desabafar [dʒizaba'far] VT (*sentimentos*) to give vent to ▶ VI: **~ (com)** to unburden o.s. (to); **desabafar-se** VR: **~-se (com)** to unburden o.s. (to)
desabafo [dʒiza'bafu] M confession
desabalado, -a [dʒizaba'ladu, a] ADJ: **correr/sair ~** to run headlong/rush out
desabamento [dʒizaba'mētu] M collapse
desabar [dʒiza'bar] VI (*edifício, ponte*) to collapse; (*chuva*) to pour down; (*tempestade*) to break
desabilitar [dʒizabili'tar] VT: **~ alguém a *ou* para (fazer) algo** to bar sb from (doing) sth
desabitado, -a [dʒizabi'tadu, a] ADJ uninhabited

desabituar [dʒizabi'twar] VT: **~ alguém de (fazer) algo** to get sb out of the habit of (doing) sth; **desabituar-se** VR: **~-se de (fazer) algo** to get out of the habit of (doing) sth
desabonar [dʒizabo'nar] VT to discredit; **desabonar-se** VR to be discredited
desabotoar [dʒizabo'twar] VT to unbutton
desabrido, -a [dʒiza'bridu, a] ADJ rude, brusque
desabrigado, -a [dʒizabri'gadu, a] ADJ (*sem casa*) homeless; (*exposto*) exposed
desabrigar [dʒizabri'gar] VT to make homeless
desabrochar [dʒizabro'ʃar] VI (*flores, fig*) to blossom ▶ M blossoming
desabusado, -a [dʒizabu'zadu, a] ADJ (*sem preconceitos*) unprejudiced; (*atrevido*) impudent
desacatar [dʒizaka'tar] VT (*desrespeitar*) to have *ou* show no respect for; (*afrontar*) to defy; (*desprezar*) to scorn ▶ VI (*col*) to be amazing
desacato [dʒiza'katu] M (*falta de respeito*) disrespect; (*desprezo*) disregard; (*col*): **ele é um ~** he's amazing
desaceleração [dʒizaselera'sãw] F (*tb Econ*) slowing down
desacelerar [dʒizasele'rar] VT to slow down
desacerto [dʒiza'sertu] M mistake, blunder
desacomodar [dʒizakomo'dar] VT to move out
desacompanhado, -a [dʒizakõpa'ɲadu, a] ADJ on one's own, alone
desaconselhar [dʒizakõse'ʎar] VT: **~ algo (a alguém)** to advise (sb) against sth
desaconselhável [dʒizakõse'ʎavew] (*pl* **-eis**) ADJ inadvisable
desacordado, -a [dʒizakor'dadu, a] ADJ unconscious
desacordo [dʒiza'kordu] M (*falta de acordo*) disagreement; (*desarmonia*) discord
desacostumado, -a [dʒizakostu'madu, a] ADJ: **~ (a)** unaccustomed (to)
desacostumar [dʒizakostu'mar] VT: **~ alguém de algo** to get sb out of the habit of sth; **desacostumar-se** VR: **~-se de algo** to give sth up
desacreditado, -a [dʒizakredʒi'tadu, a] ADJ discredited
desacreditar [dʒizakredʒi'tar] VT to discredit; **desacreditar-se** VR to lose one's reputation
desafeto [dʒiza'fɛtu] M coldness
desafiador, a [dʒizafja'dor(a)] ADJ challenging; (*pessoa*) defiant ▶ M/F challenger
desafiar [dʒiza'fjar] VT (*propor combate a*) to challenge; (*afrontar*) to defy
desafinação [dʒizafina'sãw] F dissonance
desafinado, -a [dʒizafi'nadu, a] ADJ out of tune
desafinar [dʒizafi'nar] VT to put out of tune ▶ VI to play out of tune; (*cantor*) to sing out of tune

desafio [dʒiza'fiu] M challenge; (PT Esporte) match, game
desafivelar [dʒizafive'lar] VT to unbuckle
desafogado, -a [dʒizafo'gadu, a] ADJ (desimpedido) clear; (desembaraçado) free
desafogar [dʒizafo'gar] VT (libertar) to free; (desapertar) to relieve; (desabafar) to give vent to; **desafogar-se** VR to free o.s.; (desabafar-se) to unburden o.s.
desafogo [dʒiza'fogu] M (alívio) relief; (folga) leisure
desaforado, -a [dʒizafo'radu, a] ADJ rude, insolent
desaforo [dʒiza'foru] M insolence, abuse
desafortunado, -a [dʒizafortu'nadu, a] ADJ unfortunate, unlucky
desafronta [dʒiza'frõta] F (satisfação) redress; (vingança) revenge
desagasalhado, -a [dʒizagaza'ʎadu, a] ADJ scantily clad
desagradar [dʒizagra'dar] VT to displease ▶ VI: ~ **a alguém** to displease sb
desagradável [dʒizagra'davew] (pl **-eis**) ADJ unpleasant
desagrado [dʒiza'gradu] M displeasure
desagravar [dʒizagra'var] VT (insulta) to make amends for; (pessoa) to make amends to; **desagravar-se** VR to avenge o.s.
desagravo [dʒiza'gravu] M amends pl
desagregação [dʒizagrega'sãw] F (separação) separation; (dissolução) disintegration
desagregar [dʒizagre'gar] VT (desunir) to break up, split; (separar) to separate; **desagregar-se** VR to break up, split; to separate
desaguar [dʒiza'gwar] VT to drain ▶ VI: ~ **(em)** to flow ou empty (into)
desairoso, -a [dʒizaj'rozu, ɔza] ADJ inelegant
desajeitado, -a [dʒiza3ej'tadu, a] ADJ clumsy, awkward
desajuizado, -a [dʒiza3wi'zadu, a] ADJ foolish, unwise
desajustado, -a [dʒiza3us'tadu, a] ADJ (Psico) maladjusted; (peças) in need of adjustment ▶ M/F maladjusted person
desajustamento [dʒiza3usta'mẽtu] M (Psico) maladjustment
desajustar [dʒiza3us'tar] VT (peças) to mess up
desajuste [dʒiza'3ustʃi] M (Psico) maladjustment; (mecânico) problem
desalentado, -a [dʒizalẽ'tadu, a] ADJ disheartened
desalentar [dʒizalẽ'tar] VT to discourage; (deprimir) to depress
desalento [dʒiza'lẽtu] M discouragement
desalinhado, -a [dʒizali'ɲadu, a] ADJ untidy
desalinho [dʒiza'liɲu] M untidiness
desalmado, -a [dʒizaw'madu, a] ADJ cruel, inhuman
desalojar [dʒizalo'ʒar] VT (expulsar) to oust; **desalojar-se** VR to move out
desamarrar [dʒizama'har] VT to untie ▶ VI (Náut) to cast off

desamarrotar [dʒizamaho'tar] VT to smooth out
desamassar [dʒizama'sar] VT (papel) to smooth out; (chapéu etc) to straighten out; (carro) to beat out
desambientado, -a [dʒizãbjẽ'tadu, a] ADJ unsettled
desamor [dʒiza'mor] M dislike
desamparado, -a [dʒizãpa'radu, a] ADJ (abandonado) abandoned; (sem apoio) helpless
desamparar [dʒizãpa'rar] VT to abandon
desamparo [dʒizã'paru] M helplessness
desandar [dʒizã'dar] VI (maionese, clara) to separate; ~ **a fazer** to begin to do; ~ **a correr** to break into a run; ~ **a chorar** to burst into tears
desanimação [dʒizanima'sãw] F dejection
desanimado, -a [dʒizani'madu, a] ADJ (pessoa) fed up, dispirited; (festa) dull; **ser ~** (pessoa) to be apathetic
desanimar [dʒizani'mar] VT (abater) to dishearten; (desencorajar): ~ **(de fazer)** to discourage (from doing) ▶ VI to lose heart; (ser desanimado) to be discouraging; ~ **de fazer algo** to lose the will to do sth; (desistir) to give up doing sth
desânimo [dʒi'zanimu] M dejection
desanuviado, -a [dʒizanu'vjadu, a] ADJ cloudless, clear
desanuviar [dʒizanu'vjar] VT (céu) to clear; **desanuviar-se** VR to clear; (fig) to stop; ~ **alguém** to put sb's mind at rest
desapaixonado, -a [dʒizapajʃo'nadu, a] ADJ dispassionate
desaparafusar [dʒizaparafu'zar] VT to unscrew
desaparecer [dʒizapare'ser] VI to disappear, vanish
desaparecido, -a [dʒizapare'sidu, a] ADJ lost, missing ▶ M/F missing person
desaparecimento [dʒizaparesi'mẽtu] M disappearance; (falecimento) death
desapegado, -a [dʒizape'gadu, a] ADJ indifferent, detached
desapegar [dʒizape'gar] VT to detach; **desapegar-se** VR: **~-se de** to go off
desapego [dʒiza'pegu] M indifference, detachment
desapercebido, -a [dʒizaperse'bidu, a] ADJ unnoticed
desapertar [dʒizaper'tar] VT (afrouxar) to loosen; (livrar) to free
desapiedado, -a [dʒizapje'dadu, a] ADJ pitiless, ruthless
desapontador, a [dʒizapõta'dor(a)] ADJ disappointing
desapontamento [dʒizapõta'mẽtu] M disappointment
desapontar [dʒizapõ'tar] VT to disappoint
desapossar [dʒizapo'sar] VT: ~ **alguém de algo** to take sth away from sb; **desapossar-se** VR: **~-se de algo** to give sth up

desaprender [dʒizaprẽ'der] VT to forget ▶ VI: **~ a fazer** to forget how to do
desapropriação [dʒizaproprja'sãw] F (*de bens*) expropriation; (*de pessoa*) dispossession
desapropriar [dʒizapro'prjar] VT (*bens*) to expropriate; (*pessoa*) to dispossess
desaprovação [dʒizaprova'sãw] F disapproval
desaprovar [dʒizapro'var] VT (*reprovar*) to disapprove of; (*censurar*) to object to
desaproveitado, -a [dʒizaprovej'tadu, a] ADJ wasted; (*terras*) undeveloped
desaquecimento [dʒizakesi'mẽtu] M (*Econ*) cooling
desarmamento [dʒizarma'mẽtu] M disarmament
desarmar [dʒizar'mar] VT to disarm; (*desmontar*) to dismantle; (*bomba*) to defuse
desarmonia [dʒizarmo'nia] F discord
desarraigar [dʒizahaj'gar] VT to uproot
desarranjado, -a [dʒizahã'ʒadu, a] ADJ (*intestino*) upset; (*Tec*) out of order; **estar ~** (*pessoa*) to have diarrhoea (BRIT) *ou* diarrhea (US)
desarranjar [dʒizahã'ʒar] VT (*transtornar*) to upset, disturb; (*desordenar*) to mess up
desarranjo [dʒiza'hãʒu] M (*desordem*) disorder; (*enguiço*) breakdown; (*diarreia*) diarrhoea (BRIT), diarrhea (US)
desarregaçar [dʒizahega'sar] VT (*mangas*) to roll down
desarrumado, -a [dʒizahu'madu, a] ADJ untidy, messy
desarrumar [dʒizahu'mar] VT to mess up; (*mala*) to unpack
desarticulado, -a [dʒizartʃiku'ladu, a] ADJ dislocated
desarticular [dʒizartʃiku'lar] VT (*osso*) to dislocate
desarvorado, -a [dʒizarvo'radu, a] ADJ (*desorientado*) disoriented
desassociar [dʒizaso'sjar] VT to disassociate; **desassociar-se** VR: **~-se de algo** to disassociate o.s. from sth
desassossego [dʒizaso'segu] M (*inquietação*) disquiet; (*perturbação*) restlessness
desastrado, -a [dʒizas'tradu, a] ADJ clumsy
desastre [dʒi'zastri] M disaster; (*acidente*) accident; (*de avião*) crash
desastroso, -a [dʒizas'trozu, ɔza] ADJ disastrous
desatar [dʒiza'tar] VT (*nó*) to undo, untie ▶ VI: **~ a fazer** to begin to do; **~ a chorar** to burst into tears; **~ a rir** to burst out laughing
desatarraxar [dʒizataha'ʃar] VT to unscrew
desatencioso, -a [dʒizatẽ'sjozu, ɔza] ADJ inattentive; (*descortês*) impolite
desatender [dʒizatẽ'der] VT (*não fazer caso de*) to pay no attention to, ignore ▶ VI: **~ a** to ignore
desatento, -a [dʒiza'tẽtu, a] ADJ inattentive
desatinado, -a [dʒizatʃi'nadu, a] ADJ crazy, wild ▶ M/F lunatic
desatinar [dʒizatʃi'nar] VI to behave foolishly

desatino [dʒiza'tʃinu] M (*loucura*) madness; (*ato*) folly
desativar [dʒizatʃi'var] VT (*firma, usina*) to shut down; (*veículos*) to withdraw from service; (*bomba*) to deactivate, defuse
desatracar [dʒizatra'kar] VT (*navio*) to unmoor; (*brigões*) to separate ▶ VI (*navio*) to cast off
desatravancar [dʒizatravã'kar] VT to clear
desatrelar [dʒizatre'lar] VT to unhitch
desatualizado, -a [dʒizatwali'zadu, a] ADJ out of date; (*pessoa*) out of touch
desautorizar [dʒizawtori'zar] VT (*prática*) to disallow; (*desacreditar*) to discredit; **~ alguém** (*tirar a autoridade de*) to undermine sb's authority
desavença [dʒiza'vẽsa] F (*briga*) quarrel; (*discórdia*) disagreement; **em ~** at loggerheads
desavergonhado, -a [dʒizavergo'ɲadu, a] ADJ insolent, impudent, shameless
desavir-se [dʒiza'virsi] (*irreg: como* **vir**) VR: **~ (com alguém em algo)** to quarrel *ou* disagree (with sb about sth)
desavisado, -a [dʒizavi'zadu, a] ADJ careless
desbancar [dʒizbã'kar] VT: **~ alguém (em algo)** to outdo sb (in sth)
desbaratar [dʒizbara'tar] VT to ruin; (*desperdiçar*) to waste, squander; (*vencer*) to crush; (*pôr em desordem*) to mess up
desbarrigado, -a [dʒizbahi'gadu, a] ADJ flat-bellied
desbastar [dʒizbas'tar] VT (*cabelo, plantas*) to thin (out); (*vegetação*) to trim
desbocado, -a [dʒizbo'kadu, a] ADJ (*pessoa*) foul-mouthed, crude
desbotar [dʒizbo'tar] VT to discolour (BRIT), discolor (US) ▶ VI to fade
desbragadamente [dʒizbragada'mẽtʃi] ADV (*beber*) to excess; (*mentir*) blatantly
desbravador, a [dʒizbrava'dor(a)] M/F explorer
desbravar [dʒizbra'var] VT (*terras desconhecidas*) to explore
desbundante [dʒizbũ'dãtʃi] (*col*) ADJ fantastic
desbundar [dʒizbũ'dar] (*col*) VT to knock out ▶ VI to flip, freak out
desbunde [dʒiz'bũdʒi] (*col*) M knockout
desburocratizar [dʒizburokratʃi'zar] VT: **~ algo** to remove the bureaucracy from sth
descabelar [dʒiskabe'lar] VT: **~ alguém** to mess up sb's hair; **descabelar-se** VR to get one's hair messed up
descabido, -a [dʒiska'bidu, a] ADJ (*impróprio*) improper; (*inoportuno*) inappropriate
descadeirado, -a [dʒiskadej'radu, a] ADJ (*cansado*) weary; **ficar ~** (*com dor*) to get backache
descafeinado, -a [dʒiskafej'nadu, a] ADJ decaffeinated ▶ N decaf
descalabro [dʒiska'labru] M disaster
descalçar [dʒiskaw'sar] VT (*sapatos*) to take off; **descalçar-se** VR to take off one's shoes

descalço, -a [dʒisˈkawsu, a] ADJ barefoot
descambar [dʒiskãˈbar] VI: ~ **(de algo) para algo** to sink ou deteriorate (from sth) to sth; ~ **para** ou **em** to degenerate into
descampado [dʒiskãˈpadu] M open country
descansado, -a [dʒiskãˈsadu, a] ADJ (*tranquilo*) calm, quiet; (*vagaroso*) slow; **fique** ~ don't worry; **pode ficar** ~ **que** ... you can rest assured that ...
descansar [dʒiskãˈsar] VT to rest; (*apoiar*) to lean ▶ VI to rest; to lean
descanso [dʒisˈkãsu] M (*repouso*) rest; (*folga*) break; (*para prato*) mat; **sem** ~ without a break
descapitalização [dʒiskapitalizaˈsãw] F (*Com*) decapitalization
descarado, -a [dʒiskaˈradu, a] ADJ cheeky, impudent
descaramento [dʒiskaraˈmẽtu] M cheek, impudence
descarga [dʒisˈkarga] F unloading; (*Mil*) volley; (*Elet*) discharge; (*de vaso sanitário*): **dar a** ~ to flush the toilet
descarnado, -a [dʒiskarˈnadu, a] ADJ scrawny, skinny
descaroçar [dʒiskaroˈsar] VT (*semente*) to seed; (*fruto*) to stone, core; (*algodão*) to gin
descarregadouro [dʒiskahegaˈdoru] M wharf
descarregamento [dʒiskahegaˈmẽtu] M (*de carga*) unloading; (*Elet*) discharge
descarregar [dʒiskaheˈgar] VT (*carga*) to unload; (*Elet*) to discharge; (*aliviar*) to relieve; (*raiva*) to vent, give vent to; (*arma*) to fire ▶ VI to unload; (*bateria*) to run out; ~ **a raiva em alguém** to take it out on sb
descarrilhamento [dʒiskahiʎaˈmẽtu] M derailment
descarrilhar [dʒiskahiˈʎar] VT to derail ▶ VI to run off the rails; (*fig*) to go off the rails
descartar [dʒiskarˈtar] VT to discard; **descartar-se** VR: ~-**se de** to get rid of
descartável [dʒiskarˈtavew] (*pl* -**eis**) ADJ disposable
descascador [dʒiskaskaˈdor] M peeler
descascar [dʒiskasˈkar] VT (*fruta*) to peel; (*ervilhas*) to shell ▶ VI (*depois do sol*) to peel; (*cobra*) to shed its skin; **o feijão descascou** the skin came off the beans
descaso [dʒisˈkazu] M disregard
descendência [desẽˈdẽsja] F descendants *pl*, offspring *pl*
descendente [desẽˈdẽtʃi] ADJ descending, going down ▶ M/F descendant
descender [desẽˈder] VI: ~ **de** to descend from
descentralização [dʒisẽtralizaˈsãw] F decentralization
descentralizar [dʒisẽtraliˈzar] VT to decentralize
descer [deˈser] VT (*escada*) to go (ou come) down; (*bagagem*) to take down ▶ VI (*saltar*) to get off; (*baixar*) to go (ou come) down; ~ **a pormenores** to get down to details

descida [deˈsida] F descent; (*declive*) slope; (*abaixamento*) fall, drop
desclassificação [dʒisklasifikaˈsãw] F disqualification
desclassificar [dʒisklasifiˈkar] VT (*eliminar*) to disqualify; (*desacreditar*) to discredit
descoberta [dʒiskoˈbɛrta] F discovery; (*invenção*) invention
descoberto, -a [dʒiskoˈbɛrtu, a] PP *de* **descobrir** ▶ ADJ (*nu*) bare, naked; (*exposto*) exposed ▶ M overdraft; **a** ~ openly; **conta a** ~ overdrawn account; **pôr** ou **sacar a** ~ (*conta*) to overdraw
descobridor, a [dʒiskobriˈdor(a)] M/F discoverer; (*explorador*) explorer
descobrimento [dʒiskobriˈmẽtu] M discovery
Descobrimentos MPL *see note*

> Mainly due to the seafaring expertise of Henry the Navigator, Portugal enjoyed a period of unrivalled overseas expansion during the 15th century. He organized and financed several voyages to Africa, which eventually led to the rounding of the Cape of Good Hope in 1488 by Bartolomeu Dias. In 1497, Vasco da Gama became the first European to travel by sea to India, where he established a lucrative spice trade, and a few years later, in 1500, Pedro Álvares Cabral reached Brazil, which he claimed for Portugal. Brazil remained under Portuguese rule until 1822.

descobrir [dʒiskoˈbrir] VT to discover; (*tirar a cobertura de*) to uncover; (*panela*) to take the lid off; (*averiguar*) to find out; (*enigma*) to solve
descolado, -a [dʒiskoˈladu, a] (*col*) ADJ unstuck; (BR: *da moda*) cool
descolar [dʒiskoˈlar] VT to unstick; (*col: arranjar*) to get hold of; (: *dar*) to give ▶ VI: **a criança não descola da mãe** the child won't leave its mother's side
descoloração [dʒiskoloraˈsãw] F discolouration (BRIT), discoloration (US)
descolorante [dʒiskoloˈrãtʃi] ADJ bleaching ▶ M bleach
descolorar [dʒiskoloˈrar] VT, VI = **descorar**
descolorir [dʒiskoloˈrir] VT to discolour (BRIT), discolor (US); (*cabelo*) to bleach ▶ VI to fade
descomedimento [dʒiskomedʒiˈmẽtu] M lack of moderation
descompassado, -a [dʒiskõpaˈsadu, a] ADJ (*exagerado*) out of all proportion; (*ritmo*) out of step
descompor [dʒeskõˈpor] (*irreg: como* **pôr**) VT to disarrange; (*insultar*) to abuse; (*repreender*) to scold, tell off; (*fisionomia*) to distort, twist; **descompor-se** VR (*desordinar-se*) to fall into disarray; (*fisionomia*) to be twisted; (*desarrumar-se*) to expose o.s.
descomposto, -a [dʒiskõˈpostu, ˈpɔsta] PP *de* **descompor** ▶ ADJ (*desalinhado*) dishevelled; (*fisionomia*) twisted
descompostura [dʒiskõposˈtura] F (*repreensão*) dressing-down; (*insulto*) abuse; **passar uma**

~ em alguém to give sb a dressing-down; to hurl abuse at sb

descompressão [dʒiskõpre'sãw] F decompression

descomprometido, -a [dʒiskõprome'tʃidu, a] ADJ *(sem namorado)* unattached

descomunal [dʒiskomu'naw] *(pl* **-ais**) ADJ *(fora do comum)* extraordinary; *(colossal)* huge, enormous

desconcentrar [dʒiskõsē'trar] VT to distract; **desconcentrar-se** VR to lose one's concentration

desconcertado, -a [dʒiskõser'tadu, a] ADJ disconcerted

desconcertante [dʒiskõser'tãtʃi] ADJ disconcerting

desconcertar [dʒiskõser'tar] VT *(atrapalhar)* to confuse, baffle; **desconcertar-se** VR to get upset

desconexo, -a [dʒisko'nɛksu, a] ADJ *(desunido)* disconnected, unrelated; *(incoerente)* incoherent

desconfiado, -a [dʒiskõ'fjadu, a] ADJ suspicious, distrustful ▶ M/F suspicious person

desconfiança [dʒiskõ'fjãsa] F suspicion, distrust

desconfiar [dʒiskõ'fjar] VI to be suspicious; **~ de alguém** *(não ter confiança em)* to distrust sb; *(suspeitar)* to suspect sb; **~ que ...** to have the feeling that ...

desconforme [dʒiskõ'fɔrmi] ADJ disagreeing, at variance

desconfortável [dʒiskõfor'tavew] *(pl* **-eis**) ADJ uncomfortable

desconforto [dʒiskõ'fortu] M discomfort

descongelar [dʒiskõʒe'lar] VT *(degelar)* to thaw out; **descongelar-se** VR *(derreter-se)* to melt

descongestionante [dʒiskõʒestʃjo'nãtʃi] ADJ, M decongestant

descongestionar [dʒiskõʒestʃjo'nar] VT *(cabeça, trânsito)* to clear; *(rua, cidade)* to relieve congestion in

desconhecer [dʒiskoɲe'ser] VT *(ignorar)* not to know; *(não reconhecer)* not to recognize; *(um benefício)* not to acknowledge; *(não admitir)* not to accept

desconhecido, -a [dʒiskoɲe'sidu, a] ADJ unknown ▶ M/F stranger

desconhecimento [dʒiskoɲesi'mētu] M ignorance

desconjuntado, -a [dʒiskõʒũ'tadu, a] ADJ disjointed; *(ossos)* dislocated

desconjuntar [dʒiskõʒũ'tar] VT *(ossos)* to dislocate; **desconjuntar-se** VR to come apart

desconsideração [dʒiskõsidera'sãw] F: **~ (de algo)** disregard (for sth)

desconsiderar [dʒiskõside'rar] VT: **~ alguém** to show a lack of consideration for sb; **~ algo** to fail to take sth into consideration

desconsolado, -a [dʒiskõso'ladu, a] ADJ miserable, disconsolate

desconsolador, a [dʒiskõsola'dor(a)] ADJ distressing

desconsolar [dʒiskõso'lar] VT to sadden, depress; **desconsolar-se** VR to despair

descontar [dʒiskõ'tar] VT *(abater)* to deduct; *(não levar em conta)* to discount; *(não fazer caso de)* to make light of

descontentamento [dʒiskõtēta'mētu] M discontent; *(desprazer)* displeasure

descontentar [dʒiskõtē'tar] VT to displease

descontente [dʒiskõ'tētʃi] ADJ discontented, dissatisfied

descontínuo, -a [dʒiskõ'tʃinwu, a] ADJ broken

desconto [dʒis'kõtu] M discount; **com ~** at a discount; **dar um ~ (para)** *(fig)* to make allowances (for)

descontração [dʒiskõtra'sãw] F casualness

descontraído, -a [dʒiskõtra'idu, a] ADJ casual, relaxed

descontrair [dʒiskõtra'ir] VT to relax; **descontrair-se** VR to relax

descontrolar-se [dʒiskõtro'larsi] VR *(situação)* to get out of control; *(pessoa)* to lose one's self-control

descontrole [dʒiskõ'troli] M lack of control

desconversar [dʒiskõver'sar] VI to change the subject

descorar [dʒisko'rar] VT to discolour *(BRIT)*, discolor *(US)* ▶ VI to pale, fade

descortês, -esa [dʒiskor'tes, teza] ADJ rude, impolite

descortesia [dʒiskorte'zia] F rudeness, impoliteness

descortinar [dʒiskortʃi'nar] VT *(retrato)* to unveil; *(avistar)* to catch sight of; *(notar)* to notice

descoser [dʒisko'zer] VT *(descosturar)* to unstitch; *(rasgar)* to rip apart; **descoser-se** VR to come apart at the seams

descosturar [dʒiskostu'rar] *(BR)* VT = **descoser**

descrédito [dʒis'krɛdʒitu] M discredit

descrença [dʒis'krēsa] F disbelief, incredulity

descrente [dʒis'krētʃi] ADJ sceptical *(BRIT)*, skeptical *(US)* ▶ M/F sceptic *(BRIT)*, skeptic *(US)*

descrer [dʒis'krer] *(irreg: como* **crer**) VT to disbelieve ▶ VI: **~ de** not to believe in

descrever [dʒiskre'ver] VT to describe

descrição [dʒiskri'sãw] *(pl* **-ões**) F description

descriptografar [dʒizkriptogra'far] VT *(Comput, Tel)* to decrypt

descritivo, -a [dʒiskri'tʃivu, a] ADJ descriptive

descrito, -a [dʒis'kritu, a] PP *de* **descrever**

descubro *etc* [dʒis'kubru] VB *ver* **descobrir**

descuidado, -a [dʒiskwi'dadu, a] ADJ careless

descuidar [dʒiskwi'dar] VT to neglect ▶ VI: **~ de** to neglect, disregard

descuido [dʒis'kwidu] M *(falta de cuidado)* carelessness; *(negligência)* neglect; *(erro)* oversight, slip; **por ~** inadvertently

desculpa [dʒis'kuwpa] F *(pretexto, escusa)* excuse; *(perdão)* pardon; **pedir ~s a alguém por** *ou* **de algo** to apologize to sb for sth

desculpar [dʒiskuw'par] VT (*justificar*) to excuse; (*perdoar*) to pardon, forgive; **desculpar-se** VR to apologize; **~ algo a alguém** to forgive sb for sth; **desculpe!** (I'm) sorry, I beg your pardon

desculpável [dʒiskuw'pavew] (*pl* **-eis**) ADJ forgivable

PALAVRA-CHAVE

desde ['dezdʒi] PREP **1** (*lugar*): **desde ... até ...** from ... to ...; **andamos desde a praia até o restaurante** we walked from the beach to the restaurant

2 (*tempo:* + *adv, n*): **desde então** from then on, ever since; **desde já** (*de agora*) from now on; (*imediatamente*) at once, right now; **desde o casamento** since the wedding

3 (*tempo:* + *vb*) since; for; **conhecemo-nos desde 1978/há 20 anos** we've known each other since 1978/for 20 years; **não o vejo desde 1983** I haven't seen him since 1983

4 (*variedade*): **desde os mais baratos até os mais luxuosos** from the cheapest to the most luxurious

▶ CONJ: **desde que** since; **desde que comecei a trabalhar não o vi mais** I haven't seen him since I started work; **não saiu de casa desde que chegou** he hasn't been out since he arrived

desdém [dez'dẽ] M scorn, disdain
desdenhar [dezde'ɲar] VT to scorn, disdain
desdenhoso, -a [dezde'ɲozu, ɔza] ADJ disdainful, scornful
desdentado, -a [dʒizdē'tadu, a] ADJ toothless
desdigo *etc* [dʒiz'dʒigu] VB *ver* **desdizer**
desdisse *etc* [dʒiz'dʒisi] VB *ver* **desdizer**
desdita [dʒiz'dʒita] F (*desventura*) misfortune; (*infelicidade*) unhappiness
desdizer [dʒizdʒi'zer] (*irreg: como* **dizer**) VT to contradict; **desdizer-se** VR to go back on one's word
desdobramento [dʒizdobra'mētu] M (*de aventura, crise*) ramification; (*de obra etc*) spin-off; (Com: *de conta*) breakdown
desdobrar [dʒizdo'brar] VT (*abrir*) to unfold; (*esforços*) to increase, redouble; (*tropas*) to deploy; (Com: *conta*) to break down; (*bandeira*) to unfurl; (*dividir em grupos*) to split up; **desdobrar-se** VR to unfold; (*empenhar-se*) to work hard, make a big effort
deseducar [dʒizedu'kar] VT: **~ alguém** to neglect sb's education
desejar [dese'ʒar] VT to want, desire; **~ ardentemente** to long for; **que deseja?** what would you like?; **~ algo a alguém** to wish sb sth
desejável [dese'ʒavew] (*pl* **-eis**) ADJ desirable
desejo [de'zeʒu] M wish, desire
desejoso, -a [deze'ʒozu, ɔza] ADJ: **~ de algo** wishing for sth; **~ de fazer** keen to do
deselegância [dʒizele'gãsja] F lack of elegance

deselegante [dʒizele'gãtʃi] ADJ inelegant
desemaranhar [dʒizimara'ɲar] VT to disentangle
desembainhar [dʒizēbaj'ɲar] VT (*espada*) to draw
desembalar [dʒizēba'lar] VT to unwrap
desembaraçado, -a [dʒizēbara'sadu, a] ADJ (*livre*) free, clear; (*desinibido*) uninhibited, free and easy; (*expedito*) efficient; (*cabelo*) untangled
desembaraçar [dʒizēbara'sar] VT (*livrar*) to free; (Com: *navio, remessa*) to clear; (*cabelo*) to untangle; **desembaraçar-se** VR (*desinibir-se*) to lose one's inhibitions; (*tornar-se expedito*) to show initiative; **~-se de** to get rid of
desembaraço [dʒizēba'rasu] M liveliness; (*facilidade*) ease; (*confiança*) self-assurance; **~ alfandegário** customs clearance
desembarcar [dʒizēbar'kar] VT (*carga*) to unload; (*passageiros*) to let off ▶ VI to disembark
desembargador, a [dʒizēbarga'dor(a)] M/F High Court judge
desembarque [dʒizē'barki] M landing, disembarkation; **"~"** (*no aeroporto*) "arrivals"
desembestado, -a [dʒizēbes'tadu, a] ADJ: **sair ~** to rush off *ou* out
desembocadura [dʒizēboka'dura] F mouth
desembocar [dʒizēbo'kar] VI: **~ em** (*rio*) to flow into; (*rua*) to lead into
desembolsar [dʒizēbow'sar] VT to spend
desembolso [dʒizē'bowsu] M expenditure
desembrulhar [dʒizēbru'ʎar] VT to unwrap
desembuchar [dʒizēbu'ʃar] (*col*) VT to get off one's chest ▶ VI to get things off one's chest
desempacotar [dʒizēpako'tar] VT to unpack
desempatar [dʒizēpa'tar] VT to decide ▶ VI to decide the match (*ou* race *etc*)
desempate [dʒizē'patʃi] M: **partida de ~** (*jogo*) play-off, decider
desempenar [dʒizēpe'nar] VT (*endireitar*) to straighten; **desempenar-se** VR to stand up straight
desempenhar [dʒizēpe'ɲar] VT (*cumprir*) to carry out, fulfil (BRIT), fulfill (US); (*papel*) to play
desempenho [dʒizē'peɲu] M performance; (*de obrigações etc*) fulfilment (BRIT), fulfillment (US)
desemperrar [dʒizēpe'har] VT, VI to loosen
desempregado, -a [dʒizēpre'gadu, a] ADJ unemployed ▶ M/F unemployed person
desempregar-se [dʒizēpre'garsi] VR to lose one's job
desemprego [dʒizē'pregu] M unemployment
desencadear [dʒizēka'dʒjar] VT to unleash; (*despertar*) to provoke, trigger off ▶ VI (*chuva*) to pour; **desencadear-se** VR to break loose; (*tempestade*) to break
desencaixado, -a [dʒizēkaj'ʃadu, a] ADJ misplaced
desencaixar [dʒizēkaj'ʃar] VT to put out of joint; (*deslocar*) to dislodge; **desencaixar-se** VR to become dislodged

desencaixotar [dʒizẽkajʃo'tar] VT to unpack

desencalhar [dʒizẽka'ʎar] VT (navio) to refloat ▶ VI to be refloated; (col: moça) to find a husband

desencaminhar [dʒizẽkami'ɲar] VT to lead astray; (dinheiro) to embezzle; **desencaminhar-se** VR to go astray

desencanar [dʒizẽka'nar] (BR col) VI to unwind; ~ **de algo/alguém** to forget about sth/sb

desencantar [dʒizẽkã'tar] VT to disenchant; (desiludir) to disillusion

desencardir [dʒizẽkar'dʒir] VT to clean

desencargo [dʒizẽ'kargu] M fulfilment (BRIT), fulfillment (US); **para ~ de consciência** to clear one's conscience

desencarregar-se [dʒizẽkahe'garsi] VR (de obrigação) to discharge o.s.

desencavar [dʒizẽka'var] VT to unearth

desencontrar [dʒizẽkõ'trar] VT to keep apart; **desencontrar-se** VR (não se encontrar) to miss each other; (perder-se um do outro) to lose each other; ~-**se de** to miss; to get separated from

desencontro [dʒizẽ'kõtru] M failure to meet

desencorajar [dʒizẽkora'ʒar] VT to discourage

desencostar [dʒizẽkos'tar] VT to move away; **desencostar-se** VR: ~-**se de** to move away from

desencriptar [dʒizẽkrip'tar] VT (Comput, Tel) to decrypt

desenfastiar [dʒizẽfas'tʃjar] VT to amuse; **desenfastiar-se** VR to amuse o.s.

desenferrujar [dʒizẽfehu'ʒar] VT (metal) to clean the rust off; (pernas) to stretch; (língua) to brush up

desenfreado, -a [dʒizẽ'frjadu, a] ADJ wild

desenganado, -a [dʒizẽga'nadu, a] ADJ (sem cura) incurable; (desiludido) disillusioned

desenganar [dʒizẽga'nar] VT: ~ **alguém** to disillusion sb; (de falsas crenças) to open sb's eyes; (doente) to give up hope of curing; **desenganar-se** VR to become disillusioned; (sair de erro) to realize the truth

desengano [dʒizẽ'ganu] M disillusionment; (desapontamento) disappointment

desengarrafar [dʒizẽgaha'far] VT (trânsito) to unblock; (vinho) to pour out

desengatar [dʒizẽga'tar] VT to unhitch; (Ferro) to uncouple

desengonçado, -a [dʒizẽgõ'sadu, a] ADJ (malseguro) rickety; (pessoa) ungainly

desengrenado, -a [dʒizẽgre'nadu, a] ADJ (Auto) out of gear, in neutral

desengrenar [dʒizẽgre'nar] VT to disengage; (carro) to put in neutral

desengrossar [dʒizẽgro'sar] VT to thin

desenhar [deze'ɲar] VT to draw; (Tec) to design; **desenhar-se** VR (destacar-se) to stand out; (figurar-se) to take shape

desenhista [deze'ɲista] M/F (Tec) designer

desenho [de'zeɲu] M drawing; (modelo) design; (esboço) sketch; (plano) plan; ~ **animado** cartoon; ~ **industrial** industrial design

desenlace [dʒizẽ'lasi] M outcome

desenredar [dʒizẽhe'dar] VT to disentangle; (mistério) to unravel; (questão) to sort out, resolve; (dúvida) to clear up; (explicação) to clarify; **desenredar-se** VR: ~-**se de algo** to extricate o.s. from sth; ~ **alguém de algo** to extricate sb from sth

desenrolar [dʒizẽho'lar] VT to unroll; (narrativa) to develop; **desenrolar-se** VR to unfold

desentender [dʒizẽtẽ'der] VT (não entender) to misunderstand; **desentender-se** VR: ~-**se com** to have a disagreement with

desentendido, -a [dʒizẽtẽ'dʒidu, a] ADJ: **fazer-se de ~** to pretend not to understand

desentendimento [dʒizẽtẽdʒi'mẽtu] M misunderstanding

desenterrar [dʒizẽte'har] VT (cadáver) to exhume; (tesouro) to dig up; (descobrir) to bring to light

desentoado, -a [dʒizẽ'twadu, a] ADJ (desafinado) out of tune

desentranhar [dʒizẽtra'ɲar] VT to disembowel; (raiz) to draw out; (lembranças) to dredge up; (mistério) to fathom

desentrosado, -a [dʒizẽtro'zadu, a] ADJ unintegrated

desentupir [dʒizẽtu'pir] VT to unblock

desenvolto, -a [dʒizẽ'vowtu, a] ADJ (desembaraçado) self-assured, confident; (desinibido) uninhibited

desenvoltura [dʒizẽvow'tura] F (desembaraço) self-confidence

desenvolver [dʒizẽvow'ver] VT to develop; **desenvolver-se** VR to develop

desenvolvido, -a [dʒizẽvow'vidu, a] ADJ developed

desenvolvimento [dʒizẽvowvi'mẽtu] M development; (crescimento) growth; **país em ~** developing country

desenxabido, -a [dʒizẽʃa'bidu, a] ADJ dull

desequilibrado, -a [dʒizekili'bradu, a] ADJ unbalanced

desequilibrar [dʒizekili'brar] VT (pessoa) to throw off balance; (objeto) to tip over; (fig) to unbalance; **desequilibrar-se** VR to lose one's balance; to tip over

desequilíbrio [dʒizeki'librju] M imbalance

deserção [dezer'sãw] F desertion

desertar [deser'tar] VT to desert, abandon ▶ VI to desert

deserto, -a [de'zɛrtu, a] ADJ deserted ▶ M desert

desertor, a [dezer'tor(a)] M/F deserter

desesperado, -a [dʒizespe'radu, a] ADJ desperate; (furioso) furious

desesperador, a [dʒizespera'dor(a)] ADJ desperate; (enfurecedor) maddening

desesperança [dʒizespe'rãsa] F despair

desesperançar [dʒizesperã'sar] VT: ~ **alguém** to make sb despair

desesperar [dʒizespe'rar] VT to drive to despair; (enfurecer) to infuriate; **desesperar-se** VR to despair; (enfurecer-se) to become infuriated

desespero [dʒizes'peru] M despair, desperation; (*raiva*) fury; **levar ao ~** to drive to despair

desestabilizar [dʒizestabili'zar] VT to destabilize

desestimulador, a [dʒizestʃimula'dor(a)] ADJ discouraging

desestimular [dʒizestʃimu'lar] VT to discourage

desfaçatez [dʒisfasa'tez] F impudence, cheek

desfalcar [dʒisfaw'kar] VT (*dinheiro*) to embezzle; (*reduzir*): **~ (de)** to reduce (by); **~ uma firma em $4000** to embezzle $4000 from a firm; **o jogo está desfalcado** the game is incomplete

desfalecer [dʒisfale'ser] VT (*enfraquecer*) to weaken ▶ VI (*enfraquecer*) to weaken; (*desmaiar*) to faint

desfalecimento [dʒisfalesi'mẽtu] M (*enfraquecimento*) weakening; (*desmaio*) faint

desfalque [dʒis'fawki] M (*de dinheiro*) embezzlement; (*diminuição*) reduction

desfavor [dʒisfa'vor] M disfavour (BRIT), disfavor (US)

desfavorável [dʒisfavo'ravew] (*pl* **-eis**) ADJ unfavourable (BRIT), unfavorable (US)

desfavorecer [dʒisfavore'ser] VT to discriminate against

desfazer [dʒisfa'zer] (*irreg: como* **fazer**) VT (*costura*) to undo; (*dúvidas*) to dispel; (*agravo*) to redress; (*grupo*) to break up; (*contrato*) to dissolve; (*noivado*) to break off ▶ VI: **~ de alguém** to belittle sb; **desfazer-se** VR (*desaparecer*) to vanish; (*tecido*) to come to pieces; (*grupo*) to break up; (*vaso*) to break; **~-se de** (*livrar-se*) to get rid of; **~-se em lágrimas/gentilezas** to burst into tears/go out of one's way to please

desfechar [dʒisfe'ʃar] VT (*disparar*) to fire; (*setas*) to shoot; (*golpe*) to deal; (*insultos*) to hurl

desfecho [dʒis'feʃu] M ending, outcome

desfeita [dʒis'fejta] F affront, insult

desfeito, -a [dʒis'fejtu, a] PP *de* **desfazer** ▶ ADJ (*desmanchado*) undone; (*cama*) unmade; (*contrato*) broken

desferir [dʒisfe'rir] VT (*golpe*) to strike; (*sons*) to emit; (*lançar*) to throw

desfiar [dʒis'fjar] VT (*tecido*) to unravel; (*Culin: galinha*) to tear into thin shreds; **desfiar-se** VR to become frayed; **~ o rosário** to say one's rosary

desfiguração [dʒisfigura'sãw] F distortion

desfigurar [dʒisfigu'rar] VT (*pessoa, cidade*) to disfigure; (*texto*) to mutilate; **desfigurar-se** VR to be disfigured

desfiladeiro [dʒisfila'dejru] M (*de montanha*) pass

desfilar [dʒisfi'lar] VI to parade

desfile [dʒis'fili] M parade, procession

desflorestamento [dʒisfloresta'mẽtu] M deforestation

desflorestar [dʒisflores'tar] VT to clear of forest

desforra [dʒis'fɔha] F (*vingança*) revenge; (*reparação*) redress; **tirar ~** to get even

desfraldar [dʒisfraw'dar] VT to unfurl

desfranzir [dʒisfrã'zir] VT to smooth out

desfrutar [dʒisfru'tar] VT to enjoy ▶ VI: **~ de** to enjoy; **~ de bom conceito** to have a good reputation, be well thought of

desfrute [dʒis'frutʃi] M (*deleite*) enjoyment; (*desplante*): **ter o ~ de fazer algo** to have the nerve to do sth

desgarrado, -a [dʒizga'hadu, a] ADJ stray; (*navio*) off course

desgarrar-se [dʒizga'harsi] VR: **~ de** to stray from

desgastante [dʒizgas'tãtʃi] ADJ (*fig*) stressful

desgastar [dʒizgas'tar] VT to wear away, erode; (*pessoa*) to wear out, get down; **desgastar-se** VR to be worn away; (*pessoa*) to get worn out

desgaste [dʒiz'gastʃi] M wear and tear; (*mental*) stress

desgostar [dʒizgos'tar] VT to upset ▶ VI: **~ de** to dislike; **desgostar-se** VR: **~-se de** to go off; **~-se com** to take offence at

desgosto [dʒiz'gostu] M (*desprazer*) displeasure; (*pesar*) sorrow, unhappiness

desgostoso, -a [dʒizgos'tozu, ɔza] ADJ sad, sorrowful

desgraça [dʒiz'grasa] F (*desventura*) misfortune; (*miséria*) misery; (*desfavor*) disgrace

desgraçado, -a [dʒizgra'sadu, a] ADJ poor; (*col: admirável*) amazing ▶ M/F wretch; **estou com uma gripe desgraçada** (*col*) I've got a hell of a cold

desgraçar [dʒizgra'sar] VT to disgrace

desgraceira [dʒizgra'sejra] F series of misfortunes

desgravar [dʒizgra'var] VT (*música*) to wipe, rub off

desgrenhado, -a [dʒizgre'nadu, a] ADJ dishevelled, tousled

desgrenhar [dʒizgre'nar] VT to tousle; **desgrenhar-se** VR to get tousled

desgrudar [dʒizgru'dar] VT to unstick ▶ VI: **~ de** to tear o.s. away from; **~ algo de algo** to take sth off sth

desguarnecer [dʒizgwarne'ser] VT to strip

desidratação [dʒizidrata'sãw] F dehydration

desidratante [dʒizidra'tãtʃi] ADJ dehydrating

desidratar [dʒizidra'tar] VT to dehydrate

design [dʒi'zãjn] M design

designação [dezigna'sãw] (*pl* **-ões**) F designation; (*nomeação*) appointment

designar [dezig'nar] VT to designate; (*nomear*) to name, appoint; (*dia, data*) to fix

designer [dʒi'zajner] (*pl* **-s**) M/F designer

desígnio [de'zignju] M (*propósito*) purpose; (*intenção*) intention

desigual [dezi'gwaw] (*pl* **-ais**) ADJ unequal; (*terreno*) uneven

desigualdade [dʒizigwaw'dadʒi] F inequality

desiludir [dʒizilu'dʒir] vt (*desenganar*) to disillusion; (*causar decepção a*) to disappoint; **desiludir-se** vr to lose one's illusions

desilusão [dʒizilu'zãw] f disillusionment, disenchantment

desimpedido, -a [dʒizĩpe'dʒidu, a] adj free

desimpedir [dʒizĩpe'dʒir] vt (*desobstruir*) to unblock; (*trânsito*) to ease

desinchar [dʒizĩ'ʃar] vt (*Med*) to get rid of the swelling on ▶ vi: **meu pé desinchou** the swelling in my foot went down

desincumbir-se [dʒizĩkũ'birsi] vr: **~ de algo** to carry sth out

desinfeccionar [dʒizĩfeksjo'nar] vt to disinfect

desinfetante [dʒizĩfe'tãtʃi] adj, m disinfectant

desinfetar [dʒizĩfe'tar] vt to disinfect

desinflamar [dʒizĩfla'mar] vt to remove *ou* get rid of the inflammation on; **desinflamar-se** vr to become less inflamed

desinibido, -a [dʒizini'bidu, a] adj uninhibited

desinibir [dʒizini'bir] vt to make less inhibited; **desinibir-se** vr to lose one's inhibitions

desinstalar [dʒizĩsta'lar] vt (*Comput*) to uninstall

desintegração [dʒizĩtegra'sãw] f disintegration, break-up

desintegrar [dʒizĩte'grar] vt to separate; **desintegrar-se** vr to disintegrate, fall to pieces

desinteressado, -a [dʒizĩtere'sadu, a] adj disinterested

desinteressar [dʒizĩtere'sar] vt: **~ alguém de algo** to make sb lose interest in sth; **desinteressar-se** vr to lose interest

desinteresse [dʒizĩte'resi] m (*falta de interesse*) lack of interest

desintoxicar [dʒizĩtoksi'kar] vt to detoxify

desistência [dezis'tẽsja] f giving up; (*cancelamento*) cancellation

desistir [dezis'tʃir] vi to give up; **~ de fumar** to stop smoking; **ele ia, mas no final desistiu** he was going, but in the end he gave up the idea *ou* he decided not to

desjejum [dʒizʒe'ʒũ] m breakfast

deslanchar [dʒizlã'ʃar] vi (*carro*) to move off; (*projeto*) to get off the ground, take off

deslavado, -a [dʒizla'vadu, a] adj (*pessoa, atitude*) shameless; (*mentira*) blatant

desleal [dʒizle'aw] (pl **-ais**) adj disloyal

deslealdade [dʒizleaw'dadʒi] f disloyalty

desleixado, -a [dʒizlej'ʃadu, a] adj sloppy

desleixo [dʒiz'lejʃu] m sloppiness

desligado, -a [dʒizli'gadu, a] adj (*eletricidade*) off; (*pessoa*) absent-minded; **estar ~** to be miles away

desligar [dʒizli'gar] vt (*Tec*) to disconnect; (*luz, TV, motor*) to switch off; (*telefone*) to hang up; **desligar-se** vr: **~-se de algo** (*afastar-se*) to leave sth; (*problemas etc*) to turn one's back on sth; **não desligue** (*Tel*) hold the line

deslizante [dʒizli'zãtʃi] adj slippery

deslizar [dʒizli'zar] vi to slide; (*por acidente*) to slip; (*passar de leve*) to glide

deslize [dʒiz'lizi] m (*lapso*) lapse; (*escorregadela*) slip

deslocado, -a [dʒizlo'kadu, a] adj (*membro*) dislocated; (*desambientado*) out of place

deslocamento [dʒizloka'mẽtu] m moving; (*de membro*) dislocation; (*de funcionário*) transfer

deslocar [dʒizlo'kar] vt (*mover*) to move; (*articulação*) to dislocate; (*funcionário*) to transfer; **deslocar-se** vr to move; to be dislocated; **eu me desloquei até lá à toa** I went all the way there for nothing

deslumbrado, -a [dʒizlũ'bradu, a] adj (*ofuscado*) dazzled; (*maravilhado*) amazed ▶ m/f impressionable person

deslumbramento [dʒizlũbra'mẽtu] m dazzle; (*fascinação*) fascination

deslumbrante [dʒizlũ'brãtʃi] adj (*ofuscante*) dazzling; (*casa, festa*) amazing

deslumbrar [dʒizlũ'brar] vt (*ofuscar*) to dazzle; (*maravilhar*) to amaze; (*fascinar*) to fascinate ▶ vi to be dazzling; to be amazing; **deslumbrar-se** vr: **~-se com** to be fascinated by

deslustrar [dʒizlus'trar] vt to tarnish

desmaiado, -a [dʒizma'jadu, a] adj (*sem sentidos*) unconscious; (*cor*) pale

desmaiar [dʒizma'jar] vi to faint

desmaio [dʒiz'maju] m faint

desmamar [dʒizma'mar] vt to wean

desmancha-prazeres [dʒiz'mãnʃa-] m/f inv kill-joy, spoilsport

desmanchar [dʒizmã'ʃar] vt (*costura*) to undo; (*contrato*) to break; (*noivado*) to break off; (*penteado*) to mess up; **desmanchar-se** vr (*costura*) to come undone

desmantelar [dʒizmãte'lar] vt (*demolir*) to demolish; (*desmontar*) to dismantle, take apart

desmarcar [dʒizmar'kar] vt (*compromisso*) to cancel

desmascarar [dʒizmaska'rar] vt to unmask

desmatamento [dʒizmata'mẽtu] m deforestation

desmatar [dʒizma'tar] vt to clear the forest from

desmazelado, -a [dʒizmaze'ladu, a] adj slovenly, untidy

desmazelar-se [dʒizmaze'larsi] vr to get untidy

desmedido, -a [dʒizme'dʒidu, a] adj excessive

desmembramento [dʒizmẽbra'mẽtu] m dismemberment

desmembrar [dʒizmẽ'brar] vt to dismember

desmemoriado, -a [dʒizmemo'rjadu, a] adj forgetful

desmentido [dʒizmẽ'tʃidu] m (*negação*) denial; (*contradição*) contradiction

desmentir [dʒizmẽ'tʃir] vt (*contradizer*) to contradict; (*negar*) to deny

desmerecer [dʒizmere'ser] VT (*não merecer*) not to deserve; (*desfazer de*) to belittle

desmesurado, -a [dʒizmezu'radu, a] ADJ immense, enormous

desmilinguido, -a [dʒizmilĩ'gwidu, a] (*col*) ADJ spent

desmiolado, -a [dʒizmjo'ladu, a] ADJ brainless; (*esquecido*) forgetful

desmistificar [dʒizmistʃifi'kar] VT to demystify; ~ **alguém** to remove the mystery surrounding sb

desmitificar [dʒizmitʃifi'kar] VT: ~ **algo/alguém** to dispel the myth(s) surrounding sth/sb

desmontar [dʒizmõ'tar] VT (*máquina*) to take to pieces ▶ VI (*do cavalo*) to dismount, get off

desmoralização [dʒizmoraliza'sãw] F demoralization

desmoralizante [dʒizmorali'zātʃi] ADJ demoralizing

desmoralizar [dʒizmorali'zar] VT to demoralize

desmoronamento [dʒizmorona'mẽtu] M collapse

desmoronar [dʒizmoro'nar] VT to knock down ▶ VI to collapse

desmotivado, -a [dʒizmotʃi'vadu, a] ADJ despondent

desmunhecar [dʒizmuɲe'kar] (*col*) VI (*declarar-se homossexual*) to come out; (*fazer gestos efeminados*) to be camp

desnatado, -a [dʒizna'tadu, a] ADJ (*leite*) skimmed

desnaturado, -a [dʒiznatu'radu, a] ADJ inhumane ▶ M/F monster

desnecessário, -a [dʒiznese'sarju, a] ADJ unnecessary

desnível [dʒiz'nivew] M unevenness; (*fig*) difference

desnorteado, -a [dʒiznor'tʃjadu, a] ADJ (*perturbado*) bewildered, confused; (*desorientado*) off course

desnortear [dʒiznor'tʃjar] VT (*desorientar*) to throw off course; (*perturbar*) to bewilder; **desnortear-se** VR to lose one's way; (*perturbar-se*) to become confused

desnudar [dʒiznu'dar] VT to strip; (*revelar*) to expose; **desnudar-se** VR to undress

desnutrição [dʒiznutri'sãw] F malnutrition

desnutrido, -a [dʒiznu'tridu, a] ADJ malnourished

desobedecer [dʒizobede'ser] VT to disobey

desobediência [dʒizobe'dʒjẽsja] F disobedience

desobediente [dʒizobe'dʒjẽtʃi] ADJ disobedient

desobrigar [dʒizobri'gar] VT: ~ **(de)** to free (from); ~ **de fazer algo** to free from doing sth

desobstruir [dʒizobis'trwir] VT to unblock

desocupação [dʒizokupa'sãw] F (*de casa*) vacating; (*falta de ocupação*) leisure; (*desemprego*) unemployment

desocupado, -a [dʒizoku'padu, a] ADJ (*casa*) empty, vacant; (*disponível*) free; (*sem trabalho*) unemployed

desocupar [dʒizoku'par] VT (*casa*) to vacate; (*liberar*) to free

desodorante [dʒizodo'rãtʃi], (PT) **desodorizante** [dʒizodori'zãtʃi] M deodorant

desodorizar [dʒizodori'zar] VT to deodorize

desolação [dezola'sãw] F (*consternação*) grief; (*de um lugar*) desolation

desolado, -a [dezo'ladu, a] ADJ (*consternado*) distressed; (*lugar*) desolate

desolar [dezo'lar] VT (*consternar*) to distress; (*lugar*) to devastate

desonestidade [dezonestʃi'dadʒi] F dishonesty

desonesto, -a [dezo'nɛstu, a] ADJ dishonest

desonra [dʒi'zõha] F dishonour (BRIT), dishonor (US); (*descrédito*) disgrace

desonrar [dʒizõ'har] VT (*infamar*) to disgrace; (*mulher*) to seduce; **desonrar-se** VR to disgrace o.s.

desonroso, -a [dʒizõ'hozu, ɔza] ADJ dishonourable (BRIT), dishonorable (US)

desopilar [dʒizopi'lar] VT (*Med*) to flush out; (*mente*) to clear

desoprimir [dʒizopri'mir] VT to relieve; **desoprimir-se** VR to be relieved

desordeiro, -a [dʒizor'dejru, a] ADJ troublemaking ▶ M/F troublemaker, hooligan

desordem [dʒi'zordẽ] F disorder, confusion; **em ~** (*casa*) untidy

desordenar [dʒizorde'nar] VT (*tirar da ordem*) to put out of order; (*desarrumar*) to mess up

desorganização [dʒizorganiza'sãw] F disorganization

desorganizar [dʒizorgani'zar] VT to disorganize; (*dissolver*) to break up; **desorganizar-se** VR to become disorganized; to break up

desorientação [dʒizorjẽta'sãw] F bewilderment, confusion

desorientar [dʒizorjẽ'tar] VT (*desnortear*) to throw off course; (*perturbar*) to confuse; (*desvairar*) to unhinge; **desorientar-se** VR (*perder-se*) to lose one's way; to get confused; to go mad

desossar [dʒizo'sar] VT (*galinha*) to bone

desovar [dʒizo'var] VT to lay; (*peixe*) to spawn

despachado, -a [dʒispa'ʃadu, a] ADJ (*pessoa*) efficient

despachante [dʒispa'ʃãtʃi] M/F (*de mercadorias*) forwarding agent; (*de documentos*) agent (*who handles official bureaucracy*)

despachar [dʒispa'ʃar] VT (*expedir*) to dispatch, send off; (*atender, resolver*) to deal with; (*despedir*) to sack ▶ VI (*funcionário*) to work; **despachar-se** VR to hurry (up)

despacho [dʒis'paʃu] M dispatch; (*de negócios*) handling; (*nota em requerimento*) ruling; (*reunião*) consultation; (*macumba*) witchcraft

desparafusar [dʒisparafu'sar] VT to unscrew
despeço etc [dʒis'pɛsu] VB ver **despedir**
despedaçar [dʒispeda'sar] VT (quebrar) to smash; (rasgar) to tear apart; **despedaçar-se** VR to smash; to tear
despedida [dʒispe'dʒida] F (adeus) farewell; (de trabalhador) dismissal
despedir [dʒispe'dʒir] VT (de emprego) to dismiss, sack; **despedir-se** VR: ~-se (de) to say goodbye (to)
despeitado, -a [dʒispej'tadu, a] ADJ spiteful; (ressentido) resentful
despeito [dʒis'pejtu] M spite; **a ~ de** in spite of, despite
despejar [dʒispe'ʒar] VT (água) to pour; (esvaziar) to empty; (inquilino) to evict
despejo [dʒis'peʒu] M (de casa) eviction; **quarto de ~** junk room
despencar [dʒispẽ'kar] VI to fall down, tumble down
despender [dʒispẽ'der] VT (dinheiro) to spend; (energia) to expend
despenhadeiro [dʒispeɲa'dejro] M cliff, precipice
despensa [dʒis'pẽsa] F larder
despentear [dʒispẽ'tʃjar] VT (cabelo: sem querer) to mess up; (: de propósito) to let down; **despentear-se** VR to mess one's hair up; to let one's hair down
despercebido, -a [dʒisperse'bidu, a] ADJ unnoticed
desperdiçar [dʒisperdʒi'sar] VT to waste; (dinheiro) to squander
desperdício [dʒisper'dʒisju] M waste
despersonalizar [dʒispersonali'zar] VT to depersonalize
despersuadir [dʒisperswa'dʒir] VT: ~ **alguém de fazer algo** to dissuade sb from doing sth
despertador [dʒisperta'dor] M (tb: **relógio despertador**) alarm clock
despertar [dʒisper'tar] VT (pessoa) to wake; (suspeitas, interesse) to arouse; (reminiscências) to revive; (apetite) to whet ▶ VI to wake up, awake ▶ M awakening
desperto, -a [dʒis'pɛrtu, a] ADJ awake
despesa [dʒis'peza] F expense; **despesas** FPL (de uma empresa) expenses, costs; **~s antecipadas** prepayments; **~s gerais** (Com) overheads; **~s mercantis** sales and marketing expenses; **~s não operacionais** non-operating expenses ou costs; **~s operacionais** operating expenses ou costs; **~s tributárias** (de uma empresa) corporation tax sg
despido, -a [dʒis'pidu, a] ADJ (nu) naked, bare; (livre) free
despir [dʒis'pir] VT (roupa) to take off; (pessoa) to undress; (despojar) to strip; **despir-se** VR to undress
despistar [dʒispis'tar] VT to throw off the scent
desplante [dʒis'plãtʃi] M (fig) nerve

despojado, -a [dʒispo'ʒadu, a] ADJ (pessoa) unambitious; (lugar) spartan, basic
despojar [dʒispo'ʒar] VT (casas) to loot, sack; (pessoas) to rob; ~ **alguém de algo** to strip sb of sth
despojo [dʒis'poʒu] M loot, booty; **despojos** MPL: ~ **s mortais** (restos) mortal remains
despoluir [dʒispo'lwir] VT to clean up
despontar [dʒispõ'tar] VI to emerge; (sol) to come out; (: ao amanhecer) to come up; **ao ~ do dia** at daybreak
desporto [dʒis'portu] M sport
déspota ['dɛspota] M/F despot
despotismo [despo'tʃizmu] M despotism
despovoado, -a [dʒispo'vwadu, a] ADJ uninhabited ▶ M wilderness
despovoar [dʒispo'vwar] VT to depopulate
desprazer [dʒispra'zer] M displeasure
desprecavido, -a [dʒispreka'vidu, a] ADJ unprepared, careless
despregar [dʒispre'gar] VT to take off, detach; **despregar-se** VR to come off; ~ **os olhos de algo** to take one's eyes off sth
desprender [dʒisprẽ'der] VT (soltar) to loosen; (desatar) to unfasten; (emitir) to emit; **desprender-se** VR (botão) to come off; (cheiro) to be given off; ~-**se dos braços de alguém** to extricate o.s. from sb's arms
desprendido, -a [dʒisprẽ'dʒidu, a] ADJ (abnegado) disinterested
despreocupado, -a [dʒispreoku'pado, a] ADJ carefree, unconcerned; **com a notícia ele ficou mais ~** after hearing the news he was less concerned ou worried
despreocupar [dʒispreoku'par] VT: ~ **alguém (de algo)** to set sb's mind at rest (about sth); **despreocupar-se** VR: ~-se (de algo) to stop worrying (about sth)
despreparado, -a [dʒisprepa'radu, a] ADJ unprepared
desprestigiar [dʒisprestʃi'ʒar] VT to discredit; **desprestigiar-se** VR to lose prestige
despretensioso, -a [dʒispretẽ'sjozu, ɔza] ADJ unpretentious, modest
desprevenido, -a [dʒispreve'nidu, a] ADJ unprepared, unready; **apanhar ~** to catch unawares
desprezar [dʒispre'zar] VT (desdenhar) to despise, disdain; (não dar importância a) to disregard, ignore
desprezível [dʒispre'zivew] (pl **-eis**) ADJ despicable
desprezo [dʒis'prezu] M scorn, contempt; **dar ao ~** to ignore
desproporção [dʒispropor'sãw] F disproportion
desproporcionado, -a [dʒisproporsjo'nadu, a] ADJ disproportionate; (desigual) unequal
desproporcional [dʒisproporsjo'naw] ADJ disproportionate
despropositado, -a [dʒispropozi'tadu, a] ADJ (absurdo) preposterous

despropósito [dʒispro'pɔzitu] M nonsense
desproteger [dʒisprote'ʒer] VT to leave unprotected
desprover [dʒispro'ver] VT: **~ alguém (de algo)** to deprive sb (of sth)
desprovido, -a [dʒispro'vidu, a] ADJ deprived; **~ de** without
despudorado, -a [dʒispudo'radu, a] ADJ shameless
desqualificar [dʒiskwalifi'kar] VT (*Esporte etc*) to disqualify; (*tornar indigno*) to disgrace, lower
desquitar-se [dʒiski'tarsi] VR to get a legal separation
desquite [dʒis'kitʃi] M legal separation
desregrado, -a [dʒizhe'gradu, a] ADJ (*desordenado*) disorderly, unruly; (*devasso*) immoderate
desregrar-se [dʒizhe'grarsi] VR to run riot
desregular [dʒizhegu'lar] VT (*mercado*) to deregulate
desrespeitar [dʒizhespej'tar] VT to have no respect for
desrespeito [dʒizhe'spejtu] M disrespect
desrespeitoso, -a [dʒizhespej'tozu, ɔza] ADJ disrespectful
desse¹, -a [ˈdesi, a] = **de + esse, a**; *ver* **de**
desse² VB *ver* **dar**
destacado, -a [dʒista'kadu, a] ADJ outstanding; (*separado*) detached
destacamento [dʒistaka'mẽtu] M (*Mil*) detachment
destacar [dʒista'kar] VT (*Mil*) to detail; (*separar*) to detach; (*fazer sobressair*) to highlight; (*enfatizar*) to emphasize ▶ VI to stand out; **destacar-se** VR to stand out; (*pessoa*) to be outstanding
destampar [dʒistã'par] VT to take the lid off
destapar [dʒista'par] VT to uncover
destaque [dʒis'taki] M distinction; (*pessoa, coisa*) highlight; (*do noticiário*) main point; **pessoa de ~** distinguished person
deste, a [ˈdestʃi, a] = **de + este, a**; *ver* **de**
destemido, -a [deste'midu, a] ADJ fearless, intrepid
destemperar [dʒistẽpe'rar] VT (*diluir*) to dilute, weaken ▶ VI (*perder a cabeça*) to go mad
desterrar [dʒiste'har] VT (*exilar*) to exile; (*fig*) to banish
desterro [dʒis'tehu] M exile
destilação [destʃila'sãw] F distillation
destilar [destʃi'lar] VT to distil (BRIT), distill (US)
destilaria [destʃila'ria] F distillery
destinação [destʃina'sãw] (*pl* **-ões**) F destination
destinar [destʃi'nar] VT to destine; (*dinheiro*): **~ (para)** to set aside (for); **destinar-se** VR: **~-se a** to be intended for; (*carta*) to be addressed to
destinatário, -a [destʃina'tarju, a] M/F addressee
destino [des'tʃinu] M destiny, fate; (*lugar*) destination; **com ~ a** bound for; **sem ~** *adj* aimless; *adv* aimlessly

destituição [destʃitwi'sãw] (*pl* **-ões**) F (*demissão*) dismissal
destituir [destʃi'twir] VT (*demitir*) to dismiss; **~ de** (*privar de*) to deprive of; (*demitir de*) to dismiss from
destoante [dʒisto'ãtʃi] ADJ (*som*) discordant; (*opiniões*) diverging
destoar [dʒisto'ar] VI (*som*) to jar; **~ (de)** (*não condizer*) to be out of keeping (with); (*traje, cor*) to clash (with); (*pessoa: discordar*) to disagree (with)
destorcer [dʒistor'ser] VT to straighten out
destrambelhado, -a [dʒistrãbe'ʎadu, a] ADJ scatterbrained
destrancar [dʒistrã'kar] VT to unlock
destratar [dʒistra'tar] VT to abuse, insult
destravar [dʒistra'var] VT (*veículo*) to take the brake off; (*fechadura*) to unlatch
destreza [des'treza] F (*habilidade*) skill; (*agilidade*) dexterity
destrinchar [dʒistrĩ'ʃar] VT (*desenredar*) to unravel; (*esmiuçar*) to treat in detail; (*problema*) to solve, resolve
destro, -a [ˈdestru, a] ADJ (*hábil*) skilful (BRIT), skillful (US); (*ágil*) agile; (*não canhoto*) right-handed
destrocar [dʒistro'kar] VT to give back, return
destroçar [dʒistro'sar] VT (*destruir*) to destroy; (*quebrar*) to smash, break; (*devastar*) to ruin, wreck
destroços [dʒis'trɔsus] MPL wreckage *sg*
destróier [dʒis'trɔjer] M destroyer
destronar [dʒistro'nar] VT to depose
destroncar [dʒistrõ'kar] VT to dislocate
destruição [dʒistrwi'sãw] F destruction
destruidor, a [dʒistrwi'dor(a)] ADJ destructive
destruir [dʒis'trwir] VT to destroy
desumano, -a [dʒizu'manu, a] ADJ inhuman; (*bárbaro*) cruel
desunião [dʒizu'njãw] F disunity; (*separação*) separation
desunir [dʒizu'nir] VT (*separar*) to separate; (*Tec*) to disconnect; (*fig: desavir*) to cause a rift between
desusado, -a [dʒizu'zadu, a] ADJ (*não usado*) disused; (*incomum*) unusual
desuso [dʒi'zuzu] M disuse; **em ~** outdated
desvairado, -a [dʒizvaj'radu, a] ADJ (*louco*) crazy, demented; (*desorientado*) bewildered
desvairar [dʒizvaj'rar] VT to drive mad
desvalido, -a [dʒizva'lidu, a] ADJ (*desamparado*) helpless; (*miserável*) destitute
desvalorização [dʒizvaloriza'sãw] (*pl* **-ões**) F devaluation
desvalorizar [dʒizvalori'zar] VT to devalue; **desvalorizar-se** VR (*pessoa*) to undervalue o.s.; (*carro*) to depreciate; (*moeda*) to lose value
desvanecer [dʒizvane'ser] VT (*envaidecer*) to make proud; (*sentimentos*) to dispel; **desvanecer-se** VR (*envaidecer-se*) to feel proud; (*sentimentos*) to vanish
desvanecido, -a [dʒizvane'sidu, a] ADJ proud

desvantagem [dʒizvã'taʒē] (*pl* **-ns**) F disadvantage

desvantajoso, -a [dʒizvãta'ʒozu, ɔza] ADJ disadvantageous

desvão [dʒiz'vãw] (*pl* **-s**) M loft

desvario [dʒizva'riu] M madness, folly

desvelar [dʒizve'lar] VT (*noiva, estátua*) to unveil; (*corpo, trama*) to uncover; (*segredo*) to reveal; (*problema*) to clarify; **desvelar-se** VR: **~-se em fazer algo** to go to a lot of trouble to do sth

desvelo [dʒiz'velu] M (*cuidado*) care; (*dedicação*) devotion

desvencilhar [dʒizvẽsi'ʎar] VT to free, extricate; **desvencilhar-se** VR to free o.s., extricate o.s.

desvendar [dʒizvẽ'dar] VT (*tirar a venda*) to remove the blindfold from; (*revelar*) to disclose; (*mistério*) to solve

desventura [dʒizvẽ'tura] F (*infortúnio*) misfortune; (*infelicidade*) unhappiness

desventurado, -a [dʒizvẽtu'radu, a] ADJ (*desafortunado*) unfortunate; (*infeliz*) unhappy ▶ M/F wretch

desviar [dʒiz'vjar] VT to divert; (*golpe*) to deflect; (*dinheiro*) to embezzle; **desviar-se** VR (*afastar-se*) to turn away; **~-se de** (*evitar*) to avoid; **~-se do assunto** to digress; **~ os olhos** to look away; **desviei o carro para a direita** I pulled the car over to the right; **tentei desviá-lo do assunto** I tried to get *ou* steer him off the subject

desvincular [dʒizvĩku'lar] VT: **~ algo de algo** to divest sth of sth; **desvincular-se** VR: **~-se de algo** to disassociate o.s. from sth

desvio [dʒiz'viu] M diversion, detour; (*curva*) bend; (*fig*) deviation; (*de dinheiro*) embezzlement; (*de mercadorias*) misappropriation; (*Ferro*) siding; (*da coluna vertebral*) dislocation

desvirar [dʒizvi'rar] VT to turn back

desvirginar [dʒizvirʒi'nar] VT to deflower

desvirtuar [dʒizvir'twar] VT (*fatos*) to misrepresent

detalhadamente [detaʎada'mētʃi] ADV in detail

detalhado, -a [deta'ʎadu, a] ADJ detailed

detalhar [deta'ʎar] VT to (give in) detail

detalhe [de'taʎi] M detail; **entrar em ~** to go into detail

detalhista [deta'ʎista] ADJ painstaking, meticulous

detectar [detek'tar] VT to detect

detector [detek'tor] M detector

detenção [detẽ'sãw] (*pl* **-ões**) F detention

détente [de'tãtʃi] F détente

detento, -a [de'tẽtu, a] M/F detainee

detentor, a [detẽ'tor(a)] M/F (*de título, recorde*) holder

deter [de'ter] (*irreg: como* **ter**) VT (*fazer parar*) to stop; (*prender*) to arrest, detain; (*reter*) to keep; (*conter: riso*) to contain; **deter-se** VR (*parar*) to stop; (*ficar*) to stay; (*conter-se*) to restrain o.s.; **~-se em minúcias** *etc* to get bogged down in details *etc*

detergente [deter'ʒẽtʃi] M detergent

deterioração [deterjora'sãw] F deterioration

deteriorar [deterjo'rar] VT to spoil, damage; **deteriorar-se** VR to deteriorate; (*relações*) to worsen

determinação [determina'sãw] F (*firmeza*) determination; (*decisão*) decision; (*ordem*) order; **por ~ de** by order of

determinado, -a [determi'nadu, a] ADJ (*resoluto*) determined; (*certo*) certain, given

determinar [determi'nar] VT (*fixar, precisar*) to determine; (*decretar*) to order; (*resolver*) to decide (on); (*causar*) to cause; (*fronteiras*) to mark out

detestar [detes'tar] VT to hate, detest

detestável [detes'tavew] (*pl* **-eis**) ADJ horrible, hateful

detetive [dete'tʃivi] M/F detective

detidamente [detʃida'mētʃi] ADV carefully, thoroughly

detido, -a [de'tʃidu, a] ADJ (*preso*) under arrest; (*minucioso*) thorough ▶ M/F person under arrest, prisoner

detonação [detona'sãw] (*pl* **-ões**) F explosion

detonar [deto'nar] VI to detonate, go off ▶ VT to detonate

Detran [de'trã] (BR) ABR F (= *Departamento de Trânsito*) *state traffic department*

detrás [de'trajs] ADV behind ▶ PREP: **~ de** behind; **por ~** (from) behind

detrimento [detri'mẽtu] M: **em ~ de** to the detriment of

detrito [de'tritu] M debris *sg*; (*de comida*) remains *pl*; (*resíduo*) dregs *pl*

deturpação [deturpa'sãw] F corruption; (*de palavras*) distortion

deturpar [detur'par] VT to corrupt; (*desfigurar*) to disfigure; (*palavras*) to twist; **você deturpou minhas palavras** you twisted my words

deu [dew] VB *ver* **dar**

deus, a [dews, 'dewza] M/F god/goddess; **D~ me livre!** God forbid!; **graças a D~** thank goodness; **se D~ quiser** God willing; **meu D~!** good Lord!; **D~ e o mundo** everybody; **~ nos acuda** commotion

deus-dará [-da'ra] M: **viver ao ~** to live from hand to mouth; **estar ao ~** (*casa*) to be unattended

devagar [dʒiva'gar] ADV slowly ▶ ADJ INV (*col*): **ele é um cara tão ~** he's such an old fogey

devagarinho [dʒivaga'riɲu] ADV nice and slowly

devanear [deva'njar] VT to imagine, dream of ▶ VI to daydream; (*divagar*) to wander, digress

devaneio [deva'neju] M daydream

devassa [de'vasa] F investigation, inquiry

devassado, -a [deva'sadu, a] ADJ (*casa*) exposed

devassidão [devasi'dãw] F debauchery

devasso, -a [de'vasu, a] ADJ dissolute

devastar [devas'tar] VT (*destruir*) to devastate; (*arruinar*) to ruin
deve ['dɛvi] M (*débito*) debit; (*coluna*) debit column
devedor, a [deve'dor(a)] ADJ (*pessoa*) in debt ▶ M/F debtor; **saldo ~** debit balance
dever [de'ver] M duty ▶ VT to owe ▶ VI (*suposição*): **deve (de) estar doente** he must be ill; (*obrigação*): **devo partir às oito** I must go at eight; **você devia ir ao médico** you should go to the doctor; **ele devia ter vindo** he should have come; **que devo fazer?** what shall I do?
deveras [dʒi'vɛras] ADV really, truly
devidamente [devida'mẽtʃi] ADV properly; (*preencher formulário etc*) duly
devido, -a [de'vidu, a] ADJ (*maneira*) proper; (*respeito*) due; **~ a** due to, owing to; **no ~ tempo** in due course
devoção [devo'sãw] F devotion
devolução [devolu'sãw] F devolution; (*restituição*) return; (*reembolso*) refund; **~ de impostos** tax rebate
devolver [devow'ver] VT to give back, return; (*Com*) to refund
devorar [devo'rar] VT to devour; (*destruir*) to destroy
devotar [devo'tar] VT to devote; **devotar-se** VR: **~-se a** to devote o.s. to
devoto, -a [de'vɔtu, a] ADJ devout ▶ M/F devotee
dez [dɛz] NUM ten; *ver tb* **cinco**
dez. ABR (= *dezembro*) Dec.
dezanove [deza'nɔvə] (PT) NUM = **dezenove**
dezasseis [deza'sejs] (PT) NUM = **dezesseis**
dezassete [deza'sɛtə] (PT) NUM = **dezessete**
dezembro [de'zẽbru] M December; *ver tb* **julho**
dezena [de'zena] F: **uma ~** ten
dezenove [deze'nɔvi] NUM nineteen; *ver tb* **cinco**
dezesseis [deze'sejs] NUM sixteen; *ver tb* **cinco**
dezessete [dezi'sɛtʃi] NUM seventeen; *ver tb* **cinco**
dezoito [dʒi'zojtu] NUM eighteen; *ver tb* **cinco**
DF (BR) ABR = **Distrito Federal**
dia ['dʒia] M day; (*claridade*) daylight; **~ a** day by day; **~ de folga** day off; **~ santo** holy day; **~ útil** weekday; **estar** *ou* **andar em ~ (com)** to be up to date (with); **de ~** in the daytime, by day; **mais ~ menos ~** sooner or later; **todo ~, todos os ~s** every day; **o ~ inteiro** all day (long); **~ sim, ~ não** every other day; **de dois em dois ~s** every two days; **no ~ seguinte** the next day; **~ após ~** day after day; **do ~ para a noite** (*fig*) overnight; **bom ~** good morning; **um ~ desses** one of these days; **~s a fio** days on end; **~ cheio/morto** busy/quiet *ou* slow day; **todo santo ~** (*col*) every single day; **recebo por ~** I'm paid by the day; **um bebê de ~s** a newborn baby; **ele está com os ~s contados** his days are numbered
dia a dia M daily life, everyday life

diabete, diabetes [dʒja'bɛtʃi(s)] F diabetes *sg*
diabético, -a [dʒja'bɛtʃiku, a] ADJ, M/F diabetic
diabo ['dʒjabu] M devil; **que ~!** (*col*) damn it!; **por que ~ ...?** why on earth ...?; **o ~ é que ...** (*col*) the darnedest thing is that ...; **o ~ do eletricista não apareceu** (*col*) the damned electricity man didn't turn up; **está um calor do ~** (*col*) it's damned *ou* bloody (!) hot; **deu um trabalho dos ~s** (*col*) it was a hell of a job; **quente pra ~** (*col*) damned hot; **dizer o ~ de alguém** (*col*) to slag sb off
diabólico, -a [dʒja'bɔliku, a] ADJ diabolical
diabrete [dʒja'bretʃi] M imp
diabrura [dʒja'brura] F prank; **diabruras** FPL (*travessura*) mischief *sg*
diacho ['dʒjaʃu] (*col*) EXCL hell!
diadema [dʒja'dema] M diadem; (*joia*) tiara
diáfano, -a ['dʒjafanu, a] ADJ (*tecido*) diaphanous; (*águas*) clear
diafragma [dʒja'fragma] M diaphragm; (*anticoncepcional*) diaphragm, cap
diagnosticar [dʒjagnostʃi'kar] VT to diagnose
diagnóstico [dʒjag'nɔstʃiku] M diagnosis
diagonal [dʒjago'naw] (*pl* **-ais**) ADJ, F diagonal
diagrama [dʒja'grama] M diagram
diagramador, a [dʒjagrama'dor(a)] M/F designer
diagramar [dʒjagra'mar] VT to design
dialética [dʒja'lɛtʃika] F dialectics *sg*
dialeto [dʒja'lɛtu] M dialect
dialogar [dʒjalo'gar] VI: **~ (com alguém)** to talk (to sb); (*Pol*) to have *ou* hold talks (with sb)
diálogo ['dʒjalogu] M dialogue; (*conversa*) talk, conversation
diamante [dʒja'mãtʃi] M diamond
diâmetro ['dʒjametru] M diameter
diante ['dʒjãtʃi] PREP: **~ de** before; (*na frente de*) in front of; (*problemas etc*) in the face of; **e assim por ~** and so on; **para ~** forward
dianteira [dʒjã'tejra] F front, vanguard; **tomar a ~** to get ahead
dianteiro, -a [dʒjã'tejru, a] ADJ front
diapasão [dʒjapa'zãw] (*pl* **-ões**) M (*afinador*) tuning fork; (*tom*) pitch; (*extensão de voz ou instrumento*) range
diapositivo [dʒjapozi'tʃivu] M (*Foto*) slide
diária ['dʒjarja] F (*de hotel*) daily rate
diário, -a ['dʒjarju, a] ADJ daily ▶ M diary; (*jornal*) daily newspaper; (*Com*) daybook; **~ de bordo** (*Aer*) logbook
diarista [dʒja'rista] M/F casual worker, worker paid by the day; (*em casa*) cleaner
diarreia [dʒja'heja] F diarrhoea (BRIT), diarrhea (US)
dica ['dʒika] (*col*) F hint
dicção [dʒik'sãw] F diction
dicionário [dʒisjo'narju] M dictionary
dicionarista [dʒisjona'rista] M/F lexicographer
dicotomia [dʒikoto'mia] F dichotomy
didata [dʒi'data] M/F teacher

didática [dʒi'datʃika] F education, teaching
didático, -a [dʒi'datʃiku, a] ADJ (livro) educational; (método) teaching atr; (modo) didactic
diesel ['dʒizew] M: **motor a ~** diesel engine
dieta ['dʒjɛta] F diet; **fazer ~** to go on a diet
dietético, -a [dʒje'tɛtʃiku, a] ADJ dietetic
dietista [dʒje'tʃista] M/F dietician
difamação [dʒifama'sãw] F (falada) slander; (escrita) libel
difamador, a [dʒifama'dor(a)] ADJ defamatory ▶ M/F slanderer
difamar [dʒifa'mar] VT to slander; (por escrito) to libel
difamatório, -a [dʒifama'tɔrju, a] ADJ defamatory
diferença [dʒife'rẽsa] F difference; **~ de gols** (Futebol) goal difference; **ela tem uma ~ comigo** she's got something against me
diferenciação [dʒiferẽsja'sãw] F (tb Mat) differentiation
diferenciar [dʒiferẽ'sjar] VT to differentiate
diferente [dʒife'rẽtʃi] ADJ different; **estar ~ com alguém** to be at odds with sb
diferimento [dʒiferi'mẽtu] M deferment
diferir [dʒife'rir] VI: **~ (de)** to differ (from) ▶ VT (adiar) to defer
difícil [dʒi'fisiw] (pl **-eis**) ADJ (trabalho, vida) difficult, hard; (problema, situação) difficult; (pessoa: intratável) difficult; (: exigente) hard to please; (improvável) unlikely; **o ~ é ...** the difficult thing is ...; **acho ~ ela aceitar nossa proposta** I think it's unlikely she will accept our proposal; **falar ~** to use big words; **bancar o ~** to play hard to get
dificílimo, -a [dʒifi'silimu, a] ADJ SUPERL de difícil
dificilmente [dʒifisiw'mẽtʃi] ADV with difficulty; (mal) hardly; (raramente) hardly ever; **~ ele poderá ...** it won't be easy for him to ....
dificuldade [dʒifikuw'dadʒi] F difficulty; (aperto) trouble; **em ~s** in trouble
dificultar [dʒifikuw'tar] VT to make difficult; (complicar) to complicate
difteria [dʒifte'ria] F diphtheria
difundir [dʒifũ'dʒir] VT (luz) to diffuse; (boato, rumor) to spread; (notícia) to spread, circulate; (ideias) to disseminate
difusão [dʒifu'zãw] F (de luz) diffusion; (espalhamento) spreading; (de notícias) circulation; (de ideias) dissemination
difuso, -a [dʒi'fuzu, a] ADJ diffuse
digerir [dʒiʒe'rir] VT, VI to digest
digestão [dʒiʒes'tãw] F digestion
digital [dʒiʒi'taw] (pl **-ais**) ADJ digital; **impressão ~** fingerprint
digitar [dʒiʒi'tar] VT (Comput: dados) to key (in)
dígito ['dʒiʒitu] M digit
digladiar [dʒigla'dʒjar] VI to fight, fence; **digladiar-se** VR: **~ (com alguém)** to do battle (with sb)
dignar-se [dʒig'narsi] VR: **~ de** to deign to, condescend to
dignidade [dʒigni'dadʒi] F dignity
dignificar [dʒignifi'kar] VT to dignify
digno, -a ['dʒignu, a] ADJ (merecedor) worthy; (nobre) dignified
digo etc ['dʒigu] VB ver **dizer**
digressão [dʒigre'sãw] (pl **-ões**) F digression
dilaceração [dʒilasera'sãw] (pl **-ões**) F laceration
dilacerante [dʒilase'rãtʃi] ADJ (dor) excruciating; (cruel) cruel
dilacerar [dʒilase'rar] VT to tear to pieces, lacerate; **dilacerar-se** VR to tear one another to pieces
dilapidação [dʒilapida'sãw] F (de casas etc) demolition; (de dinheiro) squandering
dilapidar [dʒilapi'dar] VT (fortuna) to squander; (casa) to demolish
dilatação [dʒilata'sãw] F dilation
dilatar [dʒila'tar] VT to dilate, expand; (prolongar) to prolong; (retardar) to delay
dilatório, -a [dʒila'tɔrju, a] ADJ dilatory
dilema [dʒi'lɛma] M dilemma
diletante [dʒile'tãtʃi] ADJ, M/F amateur; (pej) dilettante
diletantismo [dʒiletã'tʃizmu] M amateurism; (pej) dilettantism
diligência [dʒili'ʒẽsja] F diligence; (pesquisa) inquiry; (veículo) stagecoach
diligenciar [dʒiliʒẽ'sjar] VT to strive for; **~ (por) fazer** to strive to do
diligente [dʒili'ʒẽtʃi] ADJ hardworking, industrious
diluição [dʒilwi'sãw] F dilution
diluir [dʒi'lwir] VT to dilute
dilúvio [dʒi'luvju] M flood
dimensão [dʒimẽ'sãw] (pl **-ões**) F dimension; **dimensões** FPL (medidas) measurements
dimensionar [dʒimẽsjo'nar] VT: **~ algo** to calculate the size of sth; (fig) to assess the extent of sth
diminuição [dʒiminwi'sãw] F reduction
diminuir [dʒimi'nwir] VT to reduce; (som) to turn down; (interesse) to lessen ▶ VI to lessen, diminish; (preço) to go down; (dor) to wear off; (barulho) to die down
diminutivo, -a [dʒiminu'tʃivu, a] ADJ diminutive ▶ M (Ling) diminutive
diminuto, -a [dʒimi'nutu, a] ADJ minute, tiny
Dinamarca [dʒina'marka] F Denmark
dinamarquês, -quesa [dʒinamar'kes, 'keza] ADJ Danish ▶ M/F Dane ▶ M (Ling) Danish
dinâmico, -a [dʒi'namiku, a] ADJ dynamic
dinamismo [dʒina'mizmu] M (fig) energy, drive
dinamitar [dʒinami'tar] VT to blow up
dinamite [dʒina'mitʃi] F dynamite
dínamo ['dʒinamu] M dynamo
dinastia [dʒinas'tʃia] F dynasty
dinda ['dʒĩda] (col) F godmother
dindim [dʒĩ'dʒĩ] (col) M (dinheiro) cash
dinheirão [dʒiɲej'rãw] M: **um ~** loads pl of money

dinheiro [dʒiˈɲejru] M money; **~ à vista** cash for paying in cash; **sem ~** penniless; **em ~** in cash; **~ em caixa** money in the till; **~ em espécie** cash; **~ vivo** hard cash
dinossauro [dʒinoˈsawru] M dinosaur
diocese [dʒjoˈsɛzi] F diocese
dióxido [ˈdʒjɔksidu] M dioxide; **~ de carbono** carbon dioxide
DIP (BR) ABR M = **Departamento de Imprensa e Propaganda**
diploma [dʒipˈlɔma] M diploma
diplomacia [dʒiplomaˈsia] F diplomacy; *(fig)* tact
diplomando, -a [dʒiploˈmãdu, a] M/F diploma candidate
diplomar [dʒiploˈmar] VT to give a diploma *(ou* degree) to; **diplomar-se** VR: **~-se (em algo)** to get one's diploma (in sth)
diplomata [dʒiploˈmata] M/F diplomat
diplomático, -a [dʒiploˈmatʃiku, a] ADJ diplomatic; *(discreto)* tactful
dique [ˈdʒiki] M dam; *(Geo)* dyke
direção [dʒireˈsãw] *(pl* **-ões**) F direction; *(endereço)* address; *(Auto)* steering; *(administração)* management; *(comando)* leadership; *(diretoria)* board of directors; **em ~ a** towards
direi *etc* [dʒiˈrej] VB *ver* **dizer**
direita [dʒiˈrejta] F *(mão)* right hand; *(lado)* right-hand side; *(Pol)* right wing; **à ~** on the right; **"mantenha-se à ~"** "keep right"
direitinho [dʒirejˈtʃiɲu] ADV properly, just right; *(diretamente)* directly
direitista [dʒirejˈtʃista] ADJ right-wing ▶ M/F right-winger
direito, -a [dʒiˈrejtu, a] ADJ *(lado)* right-hand; *(mão)* right; *(honesto)* honest; *(devido)* proper; *(justo)* right, just ▶ M *(prerrogativa)* right; *(Jur)* law; *(de tecido)* right side ▶ ADV *(em linha reta)* straight; *(bem)* right; *(de maneira certa)* properly; **direitos** MPL *(humanos)* rights; *(alfandegários)* duty *sg*; **~ civil** civil law; **~s civis** civil rights; **~s de importação** import duty; **~s humanos** human rights; **livre de ~s** duty-free; **ter ~ a** to have a right to, be entitled to; **minha roupa está direita?/meu cabelo está ~?** are my clothes/is my hair all right?
diretas [dʒiˈrɛtas] FPL *(Pol)* direct elections
direto, -a [dʒiˈrɛtu, a] ADJ direct ▶ ADV straight; **transmissão direta** *(TV)* live broadcast; **ir ~ ao assunto** to get straight to the point
diretor, a [dʒireˈtor(a)] ADJ directing, guiding ▶ M/F *(Com, de cinema)* director; *(de jornal)* editor; *(de escola)* head teacher
diretor-gerente, diretora-gerente *(pl* **diretores-gerentes/diretoras-gerentes)** M/F managing director
diretoria [dʒiretoˈria] F *(cargo)* directorship; *(: em escola)* headship; *(direção: Com)* management; *(sala)* boardroom
diretório [dʒireˈtɔrju] M directorate; *(Comput)*

directory; **~ acadêmico** students' union
diretriz [dʒireˈtriz] F directive
dirigente [dʒiriˈʒẽtʃi] ADJ *(classe)* ruling ▶ M/F *(de país, partido)* leader; *(diretor)* director; *(gerente)* manager
dirigir [dʒiriˈʒir] VT to direct; *(Com)* to manage, run; *(veículo)* to drive; *(atenção)* to turn ▶ VI to drive; **dirigir-se** VR: **~-se a** *(falar com)* to speak to, address; *(ir, recorrer)* to go to; *(esforços)* to be directed towards
dirimir [dʒiriˈmir] VT *(dúvida, contenda)* to settle, clear up
discagem [dʒisˈkaʒẽ] F *(Tel)* dialling; **~ direta** direct dialling
discar [dʒisˈkar] VT to dial
discente [dʒiˈsẽtʃi] ADJ: **corpo ~** student body
discernimento [dʒiserniˈmẽtu] M discernment
discernir [dʒiserˈnir] VT *(perceber)* to discern, perceive; *(diferenciar)* to discriminate, distinguish
discernível [dʒiserˈnivew] *(pl* **-eis**) ADJ discernible
disciplina [dʒisiˈplina] F discipline
disciplinador, a [dʒisiplinaˈdor(a)] ADJ disciplinary
disciplinar [dʒisipliˈnar] VT to discipline; **disciplinar-se** VR to discipline o.s.
discípulo, -a [dʒiˈsipulu, a] M/F disciple; *(aluno)* pupil
disco [ˈdʒisku] M disc; *(Comput)* disk; *(Mús)* record; *(de telefone)* dial; **~ rígido** *(Comput)* hard drive, hard disk; **~ do sistema** system disk; **~ voador** flying saucer
discordância [dʒiskorˈdãsja] F disagreement; *(de opiniões)* difference
discordante [dʒiskorˈdãtʃi] ADJ divergent, conflicting
discordar [dʒiskorˈdar] VI: **~ de alguém em algo** to disagree with sb on sth
discórdia [dʒisˈkɔrdʒia] F discord, strife
discorrer [dʒiskoˈher] VI: **~ (sobre)** *(falar)* to talk (about)
discoteca [dʒiskoˈtɛka] F *(boate)* discotheque, disco *(col)*; *(coleção de discos)* record library
discotecário, -a [dʒiskoteˈkarju, a] M/F disc jockey, DJ
discrepância [dʒiskreˈpãsja] F discrepancy; *(desacordo)* disagreement
discrepante [dʒiskreˈpãtʃi] ADJ conflicting
discrepar [dʒiskreˈpar] VI: **~ de** to differ from
discreto, -a [dʒisˈkrɛtu, a] ADJ discreet; *(modesto)* modest; *(prudente)* shrewd; *(roupa)* plain, sober
discrição [dʒiskriˈsãw] F discretion, good sense
discricionário, -a [dʒiskrisjoˈnarju, a] ADJ discretionary
discriminação [dʒiskriminaˈsãw] F discrimination; *(especificação)* differentiation; **~ racial** racial discrimination

discriminar [dʒiskrimi'nar] VT to distinguish ▶ VI: ~ **entre** to discriminate between

discriminatório, -a [dʒiskrimina'tɔrju, a] ADJ discriminatory

discursar [dʒiskur'sar] VI (*em público*) to make a speech; (*falar*) to speak

discurso [dʒis'kursu] M speech; (*Ling*) discourse

discussão [dʒisku'sãw] (*pl* **-ões**) F (*debate*) discussion, debate; (*contenda*) argument

discutir [dʒisku'tʃir] VT to discuss ▶ VI: ~ **(sobre algo)** (*debater*) to talk (about sth); (*contender*) to argue (about sth)

discutível [dʒisku'tʃivew] (*pl* **-eis**) ADJ debatable

disenteria [dʒizẽte'ria] F dysentery

disfarçar [dʒisfar'sar] VT to disguise ▶ VI to pretend; **disfarçar-se** VR: ~-**se em** *ou* **de algo** to disguise o.s. as sth

disfarce [dʒis'farsi] M disguise; (*máscara*) mask

disfasia [dʒisfa'zia] F (*Med*) speech defect

disforme [dʒis'fɔrmi] ADJ deformed; (*monstruoso*) hideous

disfunção [dʒisfũ'sãw] (*pl* **-ões**) F (*Med*) dysfunction

dislético, -a [dʒiz'lɛtʃiku, a] ADJ, M/F dyslexic

dislexia [dʒizlek'sia] F dyslexia

disléxico, -a [dʒiz'leksiku, a] ADJ, M/F dyslexic

díspar ['dʒispar] ADJ dissimilar

disparada [dʒispa'rada] F: **dar uma** ~ to surge ahead; **em** ~ at full tilt

disparado, -a [dʒispa'radu, a] ADJ very fast ▶ ADV by a long way

disparar [dʒispa'rar] VT to shoot, fire ▶ VI to fire; (*arma*) to go off; (*correr*) to shoot off, bolt

disparatado, -a [dʒispara'tadu, a] ADJ silly, absurd

disparate [dʒispa'ratʃi] M nonsense, rubbish; (*ação*) blunder

disparidade [dʒispari'dadʒi] F disparity

dispêndio [dʒis'pẽdʒu] M expenditure

dispendioso, -a [dʒispẽ'dʒozu, ɔza] ADJ costly, expensive

dispensa [dʒis'pẽsa] F exemption; (*Rel*) dispensation

dispensar [dʒispẽ'sar] VT (*desobrigar*) to excuse; (*prescindir de*) to do without; (*conferir*) to grant

dispensário [dʒispẽ'sarju] M dispensary

dispensável [dʒispẽ'savew] (*pl* **-eis**) ADJ expendable

dispepsia [dʒispep'sia] F dyspepsia

dispersão [dʒisper'sãw] F dispersal

dispersar [dʒisper'sar] VT, VI to disperse

dispersivo, -a [dʒisper'sivu, a] ADJ (*pessoa*) scatterbrained

disperso, -a [dʒis'pɛrsu, a] ADJ scattered

displicência [dʒispli'sẽsja] (BR) F (*descuido*) negligence, carelessness

displicente [dʒispli'sẽtʃi] ADJ careless

dispo etc ['dʒispu] VB ver **despir**

disponibilidade [dʒisponibili'dadʒi] F availability; (*finanças*) liquid *ou* available assets *pl*; ~ **de caixa** cash in hand

disponível [dʒispo'nivew] (*pl* **-eis**) ADJ available

dispor [dʒis'por] (*irreg: como* **pôr**) VT (*arranjar*) to arrange; (*colocar em ordem*) to put in order ▶ VI: ~ **de** (*usar*) to have the use of; (*ter*) to have, own; (*pessoas*) to have at one's disposal; **dispor-se** VR: ~-**se a** (*estar pronto a*) to be prepared to, be willing to; (*decidir*) to decide to; ~ **sobre** to talk about; **não disponho de tempo para …** I can't afford the time to …; **disponha!** feel free!

disposição [dʒispozi'sãw] (*pl* **-ões**) F arrangement; (*humor*) disposition; (*inclinação*) inclination; **à sua** ~ at your disposal

dispositivo [dʒispozi'tʃivu] M (*mecanismo*) gadget, device; (*determinação de lei*) provision; (*conjunto de meios*): ~ **de segurança** security operation; ~ **intrauterino** intra-uterine device

disposto, -a [dʒis'poftu, 'pɔsta] PP *de* **dispor** ▶ ADJ (*arranjado*) arranged; **estar** ~ **a** to be willing to; **estar bem** ~ to look well; **sentir-se** ~ **a fazer algo** to feel like doing sth

disputa [dʒis'puta] F (*contenda*) dispute, argument; (*competição*) contest

disputar [dʒispu'tar] VT to dispute; (*concorrer a*) to compete for; (*lutar por*) to fight over ▶ VI (*discutir*) to quarrel, argue; to compete; ~ **uma corrida** to run a race

disquete [dʒis'ketʃi] M (*Comput*) diskette

dissabor [dʒisa'bor] M (*desgosto*) sorrow; (*aborrecimento*) annoyance

disse etc ['dʒisi] VB ver **dizer**

dissecar [dʒise'kar] VT to dissect

disseminação [dʒisemina'sãw] F (*de pólen etc*) spread(ing); (*de ideias*) dissemination

disseminar [dʒisemi'nar] VT to disseminate; (*espalhar*) to spread

dissensão [dʒisẽ'sãw] F dissension, discord

dissentir [dʒisẽ'tʃir] VI: ~ **de alguém (em algo)** to be in disagreement with sb (over sth); ~ **de algo** (*não combinar*) to be at variance with sth

disse que disse [dʒisiki'dʒisi] M gossip, tittle-tattle

dissertação [dʒiserta'sãw] (*pl* **-ões**) F dissertation; (*discurso*) lecture

dissertar [dʒiser'tar] VI to speak

dissidência [dʒisi'dẽsja] F (*divergência*) dissension; (*dissidentes*) dissidents *pl*; (*cisão*) difference of opinion

dissidente [dʒisi'dẽtʃi] ADJ, M/F dissident

dissídio [dʒi'sidʒu] M (*Jur*): ~ **coletivo/individual** collective/individual dispute

dissimilar [dʒisimi'lar] ADJ dissimilar

dissimulação [dʒisimula'sãw] F (*fingimento*) pretence (BRIT), pretense (US); (*disfarce*) disguise

dissimular [dʒisimu'lar] VT (*ocultar*) to hide; (*fingir*) to feign ▶ VI to dissemble

dissinto etc [dʒi'sĩtu] VB ver **dissentir**

541 | dissipação – divertido

dissipação [dʒisipa'sãw] F waste, squandering
dissipar [dʒisi'par] VT (*dispersar*) to disperse, dispel; (*malgastar*) to squander, waste; **dissipar-se** VR to vanish
disso ['dʒisu] = **de** + **isso**; *ver* **de**
dissociar [dʒiso'sjar] VT: ~ **algo (de/em algo)** to separate sth (from sth)/break sth up (into sth); **dissociar-se** VR: ~-**se de algo** to dissociate o.s. from sth
dissolução [dʒisolu'sãw] F (*dissolvência*) dissolving; (*libertinagem*) debauchery; (*de casamento*) dissolution
dissoluto, -a [dʒiso'lutu, a] ADJ dissolute, debauched
dissolver [dʒisow'ver] VT to dissolve; (*dispersar*) to disperse; (*motim*) to break up
dissonância [dʒiso'nãsja] F dissonance; (*discordância*) discord
dissonante [dʒiso'nãtʃi] ADJ (*som*) dissonant, discordant; (*fig*) discordant
dissuadir [dʒiswa'dʒir] VT to dissuade; ~ **alguém de fazer algo** to talk sb out of doing sth, dissuade sb from doing sth
dissuasão [dʒiswa'zãw] F dissuasion
dissuasivo, -a [dʒiswa'zivu, a] ADJ dissuasive
distância [dʒis'tãsja] F distance; **a grande ~** far away; **a 3 quilômetros de ~** 3 kilometres (BRIT) *ou* kilometers (US) away
distanciamento [dʒistãsja'mẽtu] M distancing
distanciar [dʒistã'sjar] VT (*afastar*) to distance, set apart; (*colocar por intervalos*) to space out; **distanciar-se** VR to move away; (*fig*) to distance o.s.
distante [dʒis'tãtʃi] ADJ distant, far-off; (*fig*) aloof
distar [dʒis'tar] VI to be far away; **o aeroporto dista 10 quilômetros da cidade** the airport is 10 km away from the city
distender [dʒistẽ'der] VT (*estender*) to expand; (*estirar*) to stretch; (*dilatar*) to distend; (*músculo*) to pull; **distender-se** VR to expand; to distend
distinção [dʒistʃĩ'sãw] (*pl* -**ões**) F distinction; **fazer ~** to make a distinction
distinguir [dʒistʃĩ'gir] VT (*diferenciar*) to distinguish, differentiate; (*avistar, ouvir*) to make out; (*enobrecer*) to distinguish; **distinguir-se** VR to stand out; ~ **algo de algo/entre** to distinguish sth from sth/between
distintivo, -a [dʒistʃĩ'tʃivu, a] ADJ distinctive ▶ M (*insígnia*) badge; (*emblema*) emblem
distinto, -a [dʒis'tʃitu, a] ADJ (*diferente*) different; (*eminente*) distinguished; (*claro*) distinct; (*refinado*) refined
disto ['dʒistu] = **de** + **isto**; *ver* **de**
distorção [dʒistor'sãw] (*pl* -**ões**) F distortion
distorcer [dʒistor'ser] VT to distort
distorções [dʒistor'sõjs] FPL *de* **distorção**
distração [dʒistra'sãw] (*pl* -**ões**) F (*alheamento*) absent-mindedness; (*divertimento*) pastime; (*descuido*) oversight

distraído, -a [dʒistra'idu, a] ADJ absent-minded; (*não atento*) inattentive
distrair [dʒistra'ir] VT (*tornar desatento*) to distract; (*divertir*) to amuse; **distrair-se** VR to amuse o.s.
distribuição [dʒistribwi'sãw] F distribution; (*de cartas*) delivery
distribuidor, a [dʒistribwi'dor(a)] M/F distributor ▶ M (*Auto*) distributor ▶ F (*Com*) distribution company, distributor
distribuir [dʒistri'bwir] VT to distribute; (*repartir*) to share out; (*cartas*) to deliver
distrito [dʒis'tritu] M district; (*delegacia*) police station; ~ **eleitoral** constituency; ~ **federal** federal area
distúrbio [dʒis'turbju] M disturbance; **distúrbios** MPL (*Pol*) riots
ditado [dʒi'tadu] M dictation; (*provérbio*) saying
ditador [dʒita'dor] M dictator
ditadura [dʒita'dura] F dictatorship
ditame [dʒi'tami] M (*da consciência*) dictate; (*regra*) rule
ditar [dʒi'tar] VT to dictate; (*impor*) to impose
ditatorial [dʒitato'rjaw] (*pl* -**ais**) ADJ dictatorial
dito, -a ['dʒitu, a] PP *de* **dizer** ▶ M: ~ **espirituoso** witticism; ~ **e feito** no sooner said than done
dito-cujo (*pl* **ditos-cujos**) (*col*) M said person
ditongo [dʒi'tõgu] M diphthong
ditoso, -a [dʒi'tozu, ɔza] ADJ (*feliz*) happy; (*venturoso*) lucky
DIU ['dʒiu] ABR M (= *dispositivo intrauterino*) IUD
diurético, -a [dʒju'retʃiku, a] ADJ diuretic ▶ M diuretic
diurno, -a ['dʒjurnu, a] ADJ daytime *atr*
divã [dʒi'vã] M couch, divan
divagação [dʒivaga'sãw] (*pl* -**ões**) F (*andança*) wandering; (*digressão*) digression; (*devaneio*) rambling
divagar [dʒiva'gar] VI (*vaguear*) to wander; (*falar sem nexo*) to ramble (on); ~ **do assunto** to wander off the subject, digress
divergência [dʒiver'ʒẽsja] F divergence; (*desacordo*) disagreement
divergente [dʒiver'ʒẽtʃi] ADJ divergent
divergir [dʒiver'ʒir] VI to diverge; (*discordar*): ~ **(de alguém)** to disagree (with sb)
diversão [dʒiver'sãw] (*pl* -**ões**) F (*divertimento*) amusement; (*passatempo*) pastime
diversidade [dʒiversi'dadʒi] F diversity
diversificação [dʒiversifika'sãw] F diversification
diversificar [dʒiversifi'kar] VT to diversify ▶ VI to vary
diverso, -a [dʒi'versu, a] ADJ (*diferente*) different; (*pl*) various
diversões [dʒiver'sõjs] FPL *de* **diversão**
diversos, -sas [dʒi'versus, sas] ADJ several ▶ MPL (*na contabilidade*) sundries
divertido, -a [dʒiver'tʃidu, a] ADJ amusing, funny

divertimento [dʒivertʃi'mẽtu] M amusement, entertainment

divertir [dʒiver'tʃir] VT to amuse, entertain; **divertir-se** VR to enjoy o.s., have a good time

dívida ['dʒivida] F debt; *(obrigação)* indebtedness; **contrair ~s** to run into debt; **~ externa** foreign debt

dividendo [dʒivi'dẽdu] M dividend

dividido, -a [dʒivi'dʒidu, a] ADJ divided; **sentir-se ~ entre duas coisas** to feel torn between two things

dividir [dʒivi'dʒir] VT to divide; *(despesas, lucro, comida etc)* to share; *(separar)* to separate ▶ VI *(Mat)* to divide; **dividir-se** VR to divide, split up; **as opiniões se dividem** opinions are divided; **ele tem que se ~ entre a família e o trabalho** he has to divide his time between the family and work; **~ 21 por 7** to divide 21 by 7; **~ algo em 3 partes** to divide sth into 3 parts; **~ algo pela metade** to divide sth in half ou in two

divindade [dʒivĩ'dadʒi] F divinity

divino, -a [dʒi'vinu, a] ADJ divine; *(col)* gorgeous ▶ M Holy Ghost

divirjo etc [dʒi'virʒu] VB *ver* **divergir**

divisa [dʒi'viza] F *(emblema)* emblem; *(frase)* slogan; *(fronteira)* border; *(Mil)* stripe; **divisas** FPL *(câmbio)* foreign exchange sg, foreign currency sg

divisão [dʒivi'zãw] *(pl* **-ões***)* F division; *(discórdia)* split; *(partilha)* sharing

divisar [dʒivi'zar] VT *(avistar)* to see, make out

divisível [dʒivi'zivew] *(pl* **-eis***)* ADJ divisible

divisões [dʒivi'zõjs] FPL *de* **divisão**

divisória [dʒivi'zɔrja] F partition

divisório, -a [dʒivi'zɔrju, a] ADJ *(linha)* dividing

divorciado, -a [dʒivor'sjadu, a] ADJ divorced ▶ M/F divorcé(e)

divorciar [dʒivor'sjar] VT to divorce; **divorciar-se** VR to get divorced

divórcio [dʒi'vɔrsju] M divorce

divulgação [dʒivuwga'sãw] F *(de notícias)* spread; *(de segredo)* divulging; *(de produto)* marketing

divulgar [dʒivuw'gar] VT *(notícias)* to spread; *(segredo)* to divulge; *(produto)* to market; *(livro)* to publish; **divulgar-se** VR to leak out

dizer [dʒi'zer] VT to say ▶ M saying; **dizer-se** VR to claim to be; **diz-se** *ou* **dizem que …** it is said that …; **diga-se de passagem** by the way; **~ algo a alguém** *(informar, avisar)* to tell sb sth; *(falar)* to say sth to sb; **~ a alguém que …** to tell sb that …; **o que você diz da minha sugestão?** what do you think of my suggestion?; **~ para alguém fazer** to tell sb to do; **o filme não me disse nada** *(não interessou)* the film left me cold; **o nome não me diz nada** *(não significa)* the name means nothing to me; **~ bem com** to go well with; **querer ~** to mean; **quer ~** that is to say; **nem é preciso ~** that goes without saying; **não ~ coisa com coisa** to make no sense; **digo** *(ou seja)* I mean; **diga!** what is it?; **não diga!** you don't say!; **digamos** let's say; **bem que eu te disse, eu não disse?** I told you so; **ele tem dificuldade em acordar às sete, que dirá às cinco** he finds it difficult to wake at seven, let alone *ou* never mind five; **por assim ~** so to speak; **até ~ chega** as much as possible

dizimar [dʒizi'mar] VT to decimate; *(herança)* to fritter away

Djibuti [dʒibu'tʃi] M: **o ~** Djibouti

DNER (BR) ABR M (= *Departamento Nacional de Estradas de Rodagem*) national highways department

DNOCS (BR) ABR M = **Departamento Nacional de Obras contra as Secas**

DNPM (BR) ABR M = **Departamento Nacional de Produção Mineral**

do [du] = **de + o**; *ver* **de**

dó [dɔ] M *(lástima)* pity; *(Mús)* do; **ter dó de** to feel sorry for

doação [doa'sãw] *(pl* **-ões***)* F donation, gift

doador, a [doa'dor(a)] M/F donor

doar [do'ar] VT to donate, give

dobra ['dɔbra] F fold; *(prega)* pleat; *(de calças)* turn-up

dobradiça [dobra'dʒisa] F hinge

dobradiço, -a [dobra'dʒisu, a] ADJ flexible

dobradinha [dobra'dʒiɲa] F *(Culin)* tripe stew; *(col: dupla)* pair, partnership

dobrar [do'brar] VT *(duplicar)* to double; *(papel)* to fold; *(joelho)* to bend; *(esquina)* to turn, go round; *(fazer ceder)*: **~ alguém** to talk sb round ▶ VI to double; *(sino)* to toll; *(vergar)* to bend; **dobrar-se** VR to double (up)

dobro ['dobru] M double

DOC (BR) ABR F = **Diretoria de Obras de Cooperação**

doca ['dɔka] F *(Náut)* dock

doce ['dosi] ADJ sweet; *(terno)* gentle ▶ M sweet; **ele é um ~** he's a sweetie; **fazer ~** *(col)* to play hard to get

doce-de-coco *(pl* **doces-de-coco***)* M *(pessoa)* sweetie

doceiro, -a [do'sejru, a] M/F sweet-seller

dóceis ['dɔsejs] ADJ PL *de* **dócil**

docemente [dose'mẽtʃi] ADV gently

docência [do'sẽsja] F teaching *atr*

docente [do'sẽtʃi] ADJ teaching *atr*; **o corpo ~** teaching staff

dócil ['dɔsiw] *(pl* **-eis***)* ADJ docile

documentação [dokumẽta'sãw] F documentation; *(documentos)* papers *pl*

documentar [dokumẽ'tar] VT to document

documentário, -a [dokumẽ'tarju, a] ADJ, M documentary

documento [doku'mẽtu] M document; **não é ~** *(col)* it doesn't mean a thing

doçura [do'sura] F sweetness; *(brandura)* gentleness

Dodecaneso [dodeka'nezu] M: **o ~** the Dodecanese

dodói [do'dɔj] *(col)* M: **você tem ~?** does it hurt? ▶ ADJ INV ill, under the weather

doença [do'ēsa] F illness
doente [do'ētʃi] ADJ ill, sick ▶ M/F sick person; (*cliente*) patient
doentio, -a [doē'tʃiu, a] ADJ (*pessoa*) sickly; (*clima*) unhealthy; (*curiosidade*) morbid
doer [do'er] VI to hurt, ache; (*pesar*) to grieve sb; **dói ver tanta pobreza** it's sad to see so much poverty
dogma ['dɔgma] M dogma
dogmático, -a [dog'matʃiku, a] ADJ dogmatic
DOI (BR) ABR M (= *Destacamento de Operações Internas*) military secret police
Doi-Codi ['dɔi-'kɔdʒi] (BR) ABR M (= *Departamento de Operações e Informações – Centro de Operação e Defesa Interna*) secret police HQ during the military dictatorship
doidão, -dona [doj'dãw, 'dɔna] (*pl* **-ões/-s**) ADJ: (**ser**) ~ (*to be*) completely crazy; (**estar**) ~ (to be) high
doideira [doj'dejra] F madness, foolishness
doidice [doj'dʒisi] F madness, foolishness
doidivanas [dojdʒi'vanas] M/F INV hothead
doido, -a ['dojdu, a] ADJ mad, crazy ▶ M/F madman/woman; ~ **por** mad *ou* crazy about; ~ **varrido** *ou* **de pedras** (*col*) raving loony
doído, -a [do'idu, a] ADJ sore, painful; (*moralmente*) hurt; (*que causa dor*) painful
doidões [doj'dõjs] MPL *de* **doidão**
doidona [doj'dɔna] F *de* **doidão**
doirar [doj'rar] VT = **dourar**
dois, duas [dojs, 'duas] NUM two; **conversa a** ~ tête-à-tête; *ver tb* **cinco**
dólar ['dɔlar] M dollar; ~ **oficial** dollar at the official rate; ~ **turismo** dollar at the special tourist rate
doleiro, -a [do'lejru, a] M/F (black market) dollar dealer
dolo ['dɔlu] M fraud
dolorido, -a [dolo'ridu, a] ADJ painful, sore; (*fig*) sorrowful
dolorosa [dolo'rɔza] F bill
doloroso, -a [dolo'rozu, ɔza] ADJ painful
dom [dõ] M gift; (*aptidão*) knack; **o ~ da palavra** the gift of the gab
dom. ABR (= *domingo*) Sun.
domador, a [doma'dor(a)] M/F tamer
domar [do'mar] VT to tame
doméstica [do'mɛstʃika] F maid
domesticado, -a [domestʃi'kadu, a] ADJ domesticated; (*manso*) tame
domesticar [domestʃi'kar] VT to domesticate; (*povo*) to tame
doméstico, -a [do'mɛstʃiku, a] ADJ domestic; (*vida*) home *atr*
domiciliar [domisi'ljar] ADJ home *atr*
domicílio [domi'silju] M home, residence; **vendas/entrega a ~** home sales/delivery; **"entregamos a ~"** "we deliver"
dominação [domina'sãw] F domination
dominador, a [domina'dor(a)] ADJ (*pessoa*) domineering; (*olhar*) imposing ▶ M/F ruler
dominante [domi'nātʃi] ADJ dominant; (*predominante*) predominant
dominar [domi'nar] VT to dominate; (*reprimir*) to overcome ▶ VI to dominate, prevail; **dominar-se** VR to control o.s.
domingo [do'mĩgu] M Sunday; *ver tb* **terça-feira**
domingueiro, -a [domĩ'gejru, a] ADJ Sunday *atr*; **traje ~** Sunday best
Dominica [domi'nika] F Dominica
dominicano, -a [domini'kanu, a] ADJ, M/F Dominican; **República Dominicana** Dominican Republic
domínio [do'minju] M (*poder*) power; (*dominação*) control; (*território*) domain; (*esfera*) sphere; ~ **próprio** self-control
dom-juan [-'jwã] M ladies' man, Don Juan
domo ['dɔmu] M dome
dona ['dɔna] F (*proprietária*) owner; (*col: mulher*) lady; ~ **de casa** housewife; **D~ Lígia** Lígia; **D~ Luísa Souza** Mrs Luísa Souza
donatário, -a [dona'tarju, a] M/F recipient
donde ['dõdʒɛ] (PT) ADV from where; (*daí*) thus; ~ **vem?** where do you come from?
dondoca [dõ'dɔka] (*col*) F society lady, lady of leisure
dono ['dɔnu] M (*proprietário*) owner
donzela [dõ'zɛla] F (*mulher*) maiden
dopar [do'par] VT (*cavalo*) to dope; **dopar-se** VR (*atleta*) to take drugs
DOPS (BR) ABR M (= *Departamento de Ordem Política e Social*) internal security agency
dor [dor] F ache; (*aguda*) pain; (*fig*) grief, sorrow; ~ **de cabeça** headache; ~ **de cotovelo** (*col: ciúmes*) jealousy; (*por decepçao amorosa*) a bruised heart; ~ **de dentes** toothache; ~ **de estômago** stomachache
doravante [dora'vātʃi] ADV henceforth
dormência [dor'mēsja] F numbness
dormente [dor'mētʃi] ADJ numb ▶ M (*Ferro*) sleeper
dormida [dor'mida] F sleep; (*lugar*) place to sleep; **dar uma ~** to have a sleep
dormideira [dormi'dejra] F drowsiness
dorminhoco, -a [dormi'ɲoku, a] ADJ dozy ▶ M/F sleepyhead
dormir [dor'mir] VI to sleep; ~ **como uma pedra** *ou* **a sono solto** to sleep like a log *ou* soundly; **hora de ~** bedtime; ~ **no ponto** (*fig*) to miss the boat; ~ **fora** to spend the night away
dormitar [dormi'tar] VI to doze
dormitório [dormi'tɔrju] M bedroom; (*coletivo*) dormitory
dorsal [dor'saw] (*pl* **-ais**) ADJ: **coluna ~** spine
dorso ['dorsu] M back
dos [dus] = **de + os**; *ver* **de**
dosagem [do'zaʒē] M dosage
dosar [do'zar] VT (*medicamento*) to judge the correct dosage of; (*graduar*) to give in small doses; **você tem que ~ bem o que diz para ele** you have to be careful what you say to him

dose ['dɔzi] F dose; **~ cavalar** huge dose; **~ excessiva** overdose; **é ~ para leão** ou **cavalo** (col) it's too much
dossiê [do'sje] M dossier, file
dotação [dota'sãw] (pl **-ões**) F endowment, allocation
dotado, -a [do'tadu, a] ADJ gifted; **~ de** endowed with
dotar [do'tar] VT to endow; (filha) to give a dowry to; **~ alguém de algo** to endow sb with sth
dote ['dɔtʃi] M dowry; (fig) gift
DOU ABR M (= Diário Oficial da União) official journal of Brazilian government
dou [do] VB ver **dar**
dourado, -a [do'radu, a] ADJ golden; (com camada de ouro) gilt, gilded ▶ M gilt; (cor) golden colour (BRIT) ou color (US)
dourar [do'rar] VT to gild
douto, -a ['dotu, a] ADJ learned
doutor, a [do'tor(a)] M/F doctor; **D~** (forma de tratamento) Sir; **D~ Eduardo Souza** Mr Eduardo Souza
doutorado [doto'radu] M doctorate
doutrina [do'trina] F doctrine
doze ['dozi] NUM twelve; ver tb **cinco**
DP (BR) ABR F = **delegacia de polícia**
DPF (BR) ABR M = **Departamento de Polícia Federal**
DPNRE (BR) ABR M = **Departamento de Parques Nacionais e Reservas Equivalentes**
Dr. ABR (= Doutor) Dr
Dra. ABR (= Doutora) Dr
draga ['draga] F dredger
dragagem [dra'gaʒẽ] F dredging
dragão [dra'gãw] (pl **-ões**) M dragon; (Mil) dragoon
dragar [dra'gar] VT to dredge
drágea ['draʒja] F tablet
dragões [dra'gõjs] MPL de **dragão**
drama ['drama] M (teatro) drama; (peça) play; **fazer ~** (col) to make a scene; **ser um ~** (col) to be an ordeal
dramalhão [drama'ʎãw] (pl **-ões**) M melodrama
dramático, -a [dra'matʃiku, a] ADJ dramatic
dramatização [dramatʃiza'sãw] (pl **-ões**) F dramatization
dramatizar [dramatʃi'zar] VT, VI to dramatize
dramaturgo, -a [drama'turgu, a] M/F playwright, dramatist
drapeado, -a [dra'pjadu, a] ADJ draped ▶ M hang
drástico, -a ['drastʃiku, a] ADJ drastic
drenagem [dre'naʒẽ] F drainage
drenar [dre'nar] VT to drain
dreno ['drenu] M drain
driblar [dri'blar] VT (Futebol) to dribble; (fig) to get round ▶ VI to dribble
drinque ['drĩki] M drink
drive ['drajvi] M (Comput) drive
droga ['drɔga] F drug; (fig) rubbish ▶ EXCL: **~!** damn!, blast!; **ser uma ~** (col: filme, caneta etc) to be a dead loss; (: obrigação, atividade) to be a drag; **~ recreacional** recreational drug
drogado, -a [dro'gadu, a] M/F drug addict
drogar [dro'gar] VT to drug; **drogar-se** VR to take drugs
drogaria [droga'ria] F chemist's shop (BRIT), drugstore (US)
dromedário [drome'darju] M dromedary
drone ['drɔni] M drone
duas ['duas] F de **dois**
duas-peças M INV two-piece
dúbio, -a ['dubju, a] ADJ dubious; (vago) uncertain
dublagem [du'blaʒẽ] F (de filme) dubbing
dublar [du'blar] VT to dub
dublê [du'ble] M/F double
ducentésimo, -a [dusẽ'tɛzimu, a] NUM two-hundredth
ducha ['duʃa] F shower; (Med) douche
ducto ['duktu] M duct
duelo ['dwelu] M duel
duende ['dwẽdʒi] M elf
dueto ['dwetu] M duet
dulcíssimo, -a [duw'sisimu, a] ADJ SUPERL de **doce**
dumping ['dãpĩŋ] M (Econ) dumping
duna ['duna] F dune
duodécimo, -a [dwo'dɛsimu, a] NUM twelfth
duodeno [dwo'dɛnu] M duodenum
dupla ['dupla] F pair; (Esporte): **~ masculina/feminina/mista** men's/women's/mixed doubles
dúplex ['dupleks] ADJ INV two-storey (BRIT), two-story (US) ▶ M INV luxury maisonette, duplex
duplicação [duplika'sãw] F (repetição) duplication; (aumento) doubling
duplicar [dupli'kar] VT (repetir) to duplicate ▶ VI (dobrar) to double
duplicata [dupli'kata] F (cópia) duplicate; (título) trade note, bill
duplicidade [duplisi'dadʒi] F (fig) duplicity
duplo, -a ['duplu, a] ADJ, M double
duque ['duki] M duke
duquesa [du'keza] F duchess
durabilidade [durabili'dadʒi] F durability
duração [dura'sãw] F duration; **de pouca ~** short-lived
duradouro, -a [dura'doru, a] ADJ lasting
durante [du'rãtʃi] PREP during; **~ uma hora** for an hour
durão, -rona [du'rãw, 'rɔna] (pl **-ões/-s**) (col) ADJ strict, tough
durar [du'rar] VI to last
durável [du'ravew] (pl **-eis**) ADJ lasting
durex® [du'reks] ADJ: **~ fita** adhesive tape, Sellotape® (BRIT), Scotch tape® (US)
dureza [du'reza] F hardness; (severidade) harshness; (col: falta de dinheiro) lack of funds
durmo etc ['durmu] VB ver **dormir**
duro, -a ['duru, a] ADJ hard; (severo) harsh; (resistente, fig) tough; (sentença, palavras) harsh, tough; (inverno) hard, harsh; (fig: difícil) hard,

tough; **ser ~ com alguém** to be hard on sb; **estar ~** (*col*) to be broke; **dar um ~** (*col: trabalhar*) to work hard; **dar um ~ em alguém** (*col*) to come down hard on sb; **~ de roer** (*fig*) hard to take; **no ~** (*col*) really; **a praia estava dura de gente** the beach was packed

durões [du'rõjs] MPL *de* **durão**

durona [du'rɔna] F *de* **durão**

DUT (BR) ABR M (= *documento único de trânsito*) *vehicle licensing document*

dúvida ['duvida] F doubt; **sem ~** undoubtedly, without a doubt

duvidar [duvi'dar] VT to doubt ▶ VI to have one's doubts; **~ de alguém/algo** to doubt sb/sth; **~ que ...** to doubt that ...; **duvido!** I doubt it!; **duvido que você consiga correr a maratona** I bet you don't manage to run the marathon

duvidoso, -a [duvi'dozu, ɔza] ADJ (*incerto*) doubtful; (*suspeito*) dubious

duzentos, -as [du'zẽtus, as] NUM two hundred

dúzia ['duzja] F dozen; **meia ~** half a dozen

DVD ABR M (= *disco digital versátil*) DVD

dz. ABR = **dúzia**

Ee

E, e [ɛ] M (pl **es**) E, e ▶ ABR (= *esquerda*) L.; (= *este*) E; (= *editor*) Ed.; **E de Eliane** E for Edward (BRIT) ou easy (US)
e [i] CONJ and; **e a bagagem?** what about the luggage?
é [ɛ] VB ver **ser**
EAPAC (BR) ABR F (= *Escola de Aperfeiçoamento e Preparação Civil*) civil service training school
ébano ['ɛbanu] M ebony
EBN ABR F = **Empresa Brasileira de Notícias**
Ebola vírus [ebola virus] M (BR) Ebola virus
ébrio, -a ['ɛbrju, a] ADJ drunk ▶ M/F drunkard
EBTU ABR F = **Empresa Brasileira de Transportes Urbanos**
ebulição [ebuli'sãw] F boiling; (*fig*) ferment
ebuliente [ebu'ljẽtʃi] ADJ boiling
ECEME (BR) ABR F (= *Escola de Comando e Estado-Maior do Exército*) officer training school
eclesiástico, -a [ekle'zjastʃiku, a] ADJ ecclesiastical, church atr ▶ M clergyman
eclético, -a [e'klɛtʃiku, a] ADJ eclectic
eclipsar [eklip'sar] VT (*tb fig*) to eclipse
eclipse [e'klipsi] M eclipse
eclodir [eklo'dʒir] VI (*aparecer*) to emerge; (*revolução*) to break out; (*flor*) to open
eclusa [e'kluza] F (*de canal*) lock; (*comporta*) floodgate
eco ['ɛku] M echo; **ter ~** to catch on
ecoar [e'kwar] VT to echo ▶ VI (*ressoar*) to echo; (*fig: repercutir*) to have repercussions
ecologia [ekolo'ʒia] F ecology
ecológico, -a [eko'lɔʒiku, a] ADJ ecological, eco-friendly
ecologista [ekolo'ʒista] M/F ecologist
economia [ekono'mia] F economy; (*ciência*) economics sg; **economias** FPL (*poupanças*) savings; **fazer ~ (de)** to economize (with)
econômico, -a [eko'nomiku, a] ADJ (*barato*) cheap; (*que consome pouco*) economical; (*pessoa*) thrifty; (*Com*) economic
economista [ekono'mista] M/F economist
economizar [ekonomi'zar] VT (*gastar com economia*) to economize on; (*poupar*) to save (up) ▶ VI to economize; to save up
ecossistema [ekosis'tɛma] M ecosystem
ecoturismo [eko'turizmu] M ecotourism
ecrã, (PT) écran ['ɛkrã] M screen; **~ tactil** touch screen

ECT ABR F = **Empresa Brasileira de Correios e Telégrafos**
ecumênico, -a [eku'meniku, a] ADJ ecumenical
eczema [eg'zema] M eczema
Ed. ABR = **edifício**
ed. ABR = **edição**
éden ['ɛdẽ] M paradise
edição [edʒi'sãw] (pl **-ões**) F (*publicação*) publication; (*conjunto de exemplares*) edition; (TV, Cinema) editing; **~ atualizada/revista** updated/revised edition; **~ extra** special edition; **~ de imagem** video editing
edicto [e'ditu] (PT) M = **edito**
edificação [edʒifika'sãw] F construction, building; (*fig: moral*) edification
edificante [edʒifi'kãtʃi] ADJ edifying
edificar [edʒifi'kar] VT (*construir*) to build; (*fig*) to edify ▶ VI to be edifying
edifício [edʒi'fisju] M building; **~ garagem** multistorey car park (BRIT), multistory parking lot (US)
Edimburgo [edʒĩ'burgu] N Edinburgh
Édipo ['ɛdʒipu] M ver **complexo**
edital [edʒi'taw] (pl **-ais**) M announcement
editar [edʒi'tar] VT to publish; (*Comput etc*) to edit
edito [e'dʒitu] M edict, decree
editor, a [edʒi'tor(a)] ADJ publishing atr ▶ M/F publisher; (*redator*) editor ▶ F publishing company; **casa ~a** publishing house; **~ de imagem** video editor; **~ de texto** (Comput) text editor
editoração [edʒitora'sãw] F: **~ eletrônica** desktop publishing
editoria [edʒito'ria] F section; **~ de esportes** (em jornal) sports desk
editorial [edʒitor'jaw] (pl **-ais**) ADJ publishing atr ▶ M editorial
edredão [edrə'dãw] (pl **-ões**) (PT) M = **edredom**
edredom [edre'dõ] (pl **-ns**) M eiderdown
educação [eduka'sãw] F (*ensino*) education; (*criação*) upbringing; (*de animais*) training; (*maneiras*) good manners pl; **é falta de ~ falar com a boca cheia** it's rude to talk with your mouth full
educacional [edukasjo'naw] (pl **-ais**) ADJ education atr
educado, -a [edu'kadu, a] ADJ (*bem-educado*) polite
educador, a [eduka'dor(a)] M/F educator

educandário [edukã'darju] M educational establishment

educar [edu'kar] VT (*instruir*) to educate; (*criar*) to bring up; (*animal*) to train

educativo, -a [eduka'tʃivu, a] ADJ educational

efeito [e'fejtu] M effect; **fazer ~** to work; **levar a ~** to put into effect; **com ~** indeed; **para todos os ~s** to all intents and purposes; **~ estufa** greenhouse effect

efêmero, -a [e'femeru, a] ADJ ephemeral, short-lived

efeminado, -a [efemi'nadu, a] ADJ effeminate ▶ M effeminate man

efervescência [eferve'sẽsja] F effervescence; (*fig*) ferment

efervescente [eferve'sẽtʃi] ADJ fizzy

efervescer [eferve'ser] VI to fizz; (*fig*) to hum

efetivamente [efetʃiva'mẽtʃi] ADV effectively; (*realmente*) really, in fact

efetivar [efetʃi'var] VT (*mudanças, cortes*) to carry out; (*professor, estagiário*) to take on permanently

efetividade [efetʃivi'dadʒi] F effectiveness; (*realidade*) reality

efetivo, -a [efe'tʃivu, a] ADJ effective; (*real*) actual, real; (*cargo, funcionário*) permanent ▶ M (*Com*) liquid assets *pl*

efetuar [efe'twar] VT to carry out; (*soma*) to do, perform

eficácia [efi'kasja] F (*de pessoa*) efficiency; (*de tratamento*) effectiveness

eficacíssimo, -a [efika'sisimu, a] ADJ SUPERL *de* **eficaz**

eficaz [efi'kaz] ADJ (*pessoa*) efficient; (*tratamento*) effective

eficiência [efi'sjẽsja] F efficiency

eficiente [efi'sjẽtʃi] ADJ efficient, competent

efígie [e'fiʒi] F effigy

efusão [efu'zãw] (*pl* **-ões**) F effusion

efusivo, -a [efu'zivu, a] ADJ effusive; (*sentimentos*) warmest

efusões [efu'zõjs] FPL *de* **efusão**

Egeu [e'ʒew] M: **o (mar) ~** the Aegean (Sea)

EGF (BR) ABR M = **empréstimo do governo federal**

égide ['ɛʒidʒi] F: **sob a ~ de** under the aegis (BRIT) *ou* egis (US) of

egípcio, -a [e'ʒipsju, a] ADJ, M/F Egyptian

Egito [e'ʒitu] M: **o ~** Egypt

ego ['ɛgu] M ego

egocêntrico, -a [ego'sẽtriku, a] ADJ self-centred (BRIT), self-centered (US), egocentric

egoísmo [ego'izmu] M selfishness, egoism

egoísta [ego'ista] ADJ selfish, egoistic ▶ M/F egoist ▶ M earplug

egolatria [egola'tria] F self-admiration

egotismo [ego'tʃizmu] M egotism

egotista [ego'tʃista] M/F egotist ▶ ADJ egotistical

egrégio, -a [e'grɛʒju, a] ADJ distinguished

egresso [e'grɛsu] M (*preso*) ex-prisoner; (*frade*) former monk; (*universidade*) graduate

égua ['ɛgwa] F mare

ei [ej] EXCL hey!

ei-lo = **eis + o**

eira ['ejra] (PT) F threshing floor; **sem ~ nem beira** down and out

eis [ejs] ADV (*sg*) here is; (*pl*) here are; **~ aí** there is; there are

eivado, -a [ej'vadu, a] ADJ (*fig*) full

eixo ['ejʃu] M (*de rodas*) axle; (*Mat*) axis; (*de máquina*) shaft; **~ de transmissão** drive shaft; **entrar nos ~s** (*pessoa*) to get back on the straight and narrow; (*situação*) to get back to normal; **pôr algo/alguém nos ~s** to set sth/sb straight; **sair dos ~s** to step out of line; **o ~ Rio-São Paulo** the Rio-São Paulo area

ejacular [eʒaku'lar] VT (*sêmen*) to ejaculate; (*líquido*) to spurt ▶ VI to ejaculate

ejetar [eʒe'tar] VT to eject

ela ['ɛla] PRON (*pessoa*) she; (*coisa*) it; (*com prep*) her; it; **elas** FPL they; (*com prep*) them; **~s por ~s** (*col*) tit for tat; **aí é que são ~s** (*col*) that's just the point

elã [e'lã] M enthusiasm, drive

elaboração [elabora'sãw] (*pl* **-ões**) F (*de uma teoria*) working out; (*preparo*) preparation

elaborador, a [elabora'dor(a)] M/F maker

elaborar [elabo'rar] VT (*preparar*) to prepare; (*fazer*) to make

elasticidade [elastʃisi'dadʒi] F elasticity; (*flexibilidade*) suppleness

elástico, -a [e'lastʃiku, a] ADJ elastic; (*flexível*) flexible; (*colchão*) springy ▶ M elastic band

ele ['eli] PRON he; (*coisa*) it; (*com prep*) him; it; **eles** MPL they; (*com prep*) them

elefante, -ta [ele'fãtʃi, ta] M/F elephant; (*col: pessoa gorda*) fatso, fatty; **~ branco** (*fig*) white elephant

elefantino, -a [elefã'tʃinu, a] ADJ elephantine

elegância [ele'gãsja] F elegance

elegante [ele'gãtʃi] ADJ elegant; (*da moda*) fashionable

eleger [ele'ʒer] VT (*por votação*) to elect; (*escolher*) to choose

elegia [ele'ʒia] F elegy

elegibilidade [eleʒibili'dadʒi] F eligibility

elegível [ele'ʒivɛw] (*pl* **-eis**) ADJ eligible

eleição [elej'sãw] (*pl* **-ões**) F (*por votação*) election; (*escolha*) choice

eleito, -a [e'lejtu, a] PP *de* **eleger** ▶ ADJ (*por votação*) elected; (*escolhido*) chosen

eleitor, a [elej'tor(a)] M/F voter

eleitorado [elejto'radu] M electorate; **conhecer o seu ~** (*fig: col*) to know what one is up against

eleitoral [elejto'raw] (*pl* **-ais**) ADJ electoral

elejo *etc* [e'leʒu] VB *ver* **eleger**

elementar [elemẽ'tar] ADJ (*simples*) elementary; (*fundamental*) basic, fundamental

elemento [ele'mẽtu] M element; (*parte*) component; (*recurso*) means; (*informação*)

grounds *pl*; **elementos** MPL (*rudimentos*) rudiments; **ele é mau** ~ he's a bad lot
elenco [e'lẽku] M list; (*de atores*) cast
elepê [eli'pe] M LP, album
eletivo, -a [ele'tʃivu, a] ADJ elective
eletricidade [eletrisi'dadʒi] F electricity
eletricista [eletri'sista] M/F electrician
elétrico, -a [e'lɛtriku, a] ADJ electric; (*fig: agitado*) worked up ▸ M tram (BRIT), streetcar (US)
eletrificar [eletrifi'kar] VT to electrify
eletrizar [eletri'zar] VT to electrify; (*fig*) to thrill
eletro [e'lɛtru] M (*Med*) ECG
eletro... [eletru] PREFIXO electro...
Eletrobrás [eletro'bras] ABR F *Brazilian state electricity company*
eletrocutar [eletroku'tar] VT to electrocute
eletrodo [ele'trodu], (PT) **elétrodo** [e'letrodu] M electrode
eletrodomésticos [eletrodo'mestʃikus] (BR) MPL (*electrical*) household appliances
eletrônica [ele'tronika] F electronics *sg*
eletrônico, -a [ele'troniku, a] ADJ electronic
elevação [eleva'sãw] (*pl* **-ões**) F (*Arq*) elevation; (*aumento*) rise; (*ato*) raising; (*altura*) height; (*promoção*) elevation, promotion; (*ponto elevado*) bump
elevado, -a [ele'vadu, a] ADJ high; (*pensamento, estilo*) elevated ▸ M (*via*) elevated road
elevador [eleva'dor] M lift (BRIT), elevator (US); ~ **de serviço** service lift
elevar [ele'var] VT (*levantar*) to lift up; (*voz, preço*) to raise; (*exaltar*) to exalt; (*promover*) to elevate, to promote; **elevar-se** VR to rise
eliminação [elimina'sãw] F elimination
eliminar [elimi'nar] VT to remove, eliminate; (*suprimir*) to delete; (*possibilidade*) to rule out; (*Med, banir*) to expel; (*Esporte*) to eliminate
eliminatória [elimina'tɔrja] F (*Esporte*) heat, preliminary round; (*exame*) test
eliminatório, -a [elimina'tɔrju, a] ADJ eliminatory
elipse [e'lipsi] F ellipse; (*Ling*) ellipsis
elite [e'litʃi] F elite
elitismo [eli'tʃizmu] M elitism
elitista [eli'tʃista] ADJ, M/F elitist
elitizar [elitʃi'zar] VT (*arte, ensino*) to make elitist
elixir [elik'sir] M elixir
elo ['ɛlu] M link
elocução [eloku'sãw] F elocution
elogiar [elo'ʒjar] VT to praise; ~ **alguém por algo** to compliment sb on sth
elogio [elo'ʒiu] M praise; (*cumprimento*) compliment
elogioso, -a [elo'ʒozu, ɔza] ADJ complimentary
eloquência [elo'kwẽsja] F eloquence
eloquente [elo'kwẽtʃi] ADJ eloquent; (*persuasivo*) persuasive
El Salvador [ew-] N El Salvador
elucidação [elusida'sãw] F elucidation
elucidar [elusi'dar] VT to elucidate, clarify
elucidativo, -a [elusida'tʃivu, a] ADJ elucidatory
elucubração [elukubra'sãw] (*pl* **-ões**) F cogitation, musing

PALAVRA-CHAVE

em [ẽ] (*em* + *o(s)/a(s)* = *no(s)/na(s)*; + *ele(s)/a(s)* = *nele(s)/a(s)*; + *esse(s)/a(s)* = *nesse(s)/a(s)*; + *isso* = *nisso*; + *este(s)/a(s)* = *neste(s)/a(s)*; + *isto* = *nisto*; + *aquele(s)/a(s)* = *naquele(s)/a(s)*; + *aquilo* = *naquilo*; + *um* = *num*; + *uma(s)* = *numa(s)*) PREP **1** (*posição*) in; (: *sobre*) on; **está na gaveta/no bolso** it's in the drawer/pocket; **está na mesa/no chão** it's on the table/floor
2 (*lugar*) in; (: *casa, escritório etc*) at; (: *andar, meio de transporte*) on; **no Brasil/em São Paulo** in Brazil/São Paulo; **em casa/no dentista** at home/the dentist; **no avião** on the plane; **no quinto andar** on the fifth floor
3 (*ação*) into; **ela entrou na sala de aula** she went into the classroom; **colocar algo na bolsa** to put sth into one's bag
4 (*tempo*) in; on; **em 1962/em três semanas** in 1962/in three weeks; **no inverno** in the winter; **em janeiro, no mês de janeiro** in January; **nessa ocasião/altura** on that occasion/at that time; **em breve** soon
5 (*diferença*): **reduzir/aumentar em 20%** to reduce/increase by 20%
6 (*modo*): **escrito em inglês** written in English
7 (*após vb que indica gastar etc*) on; **a metade do seu salário vai em comida** he spends half his salary on food
8 (*tema, ocupação*): **especialista no assunto** expert on the subject; **ele trabalha na construção civil** he works in the building industry

emaecer [imae'ser] VI to fade
Emaer [ema'er] (BR) ABR M = **Estado-Maior da Aeronáutica**
emagrecer [imagre'ser] VT to make thin ▸ VI to grow thin; (*mediante regime*) to slim
emagrecimento [imagresi'mẽtu] M (*mediante regime*) slimming
e-mail [i'mew] M email; **mandar um ~ para alguém** to email sb; **mandar algo por ~** to email sth
emanar [ema'nar] VI: ~ **de** to come from, emanate from
emancipação [imãsipa'sãw] (*pl* **-ões**) F emancipation; (*atingir a maioridade*) coming of age
emancipar [imãsi'par] VT to emancipate; **emancipar-se** VR (*atingir a maioridade*) to come of age
emaranhado, -a [imara'ɲadu, a] ADJ tangled ▸ M tangle
emaranhar [imara'ɲar] VT to tangle; (*complicar*) to complicate; **emaranhar-se** VR to get entangled; (*fig*) to get mixed up

emassar [ema'sar] VT (*parede*) to plaster; (*janela*) to putty

Emater [ema'ter] (BR) ABR F (= *Empresa de Assistência Técnica e Extensão Rural*) company giving aid to farmers

embaçado, -a [ēba'sadu, a] ADJ (*vidro*) steamed up

embaçar [ēba'sar] VT to steam up

embaciado, -a [ēba'sjadu, a] ADJ dull; (*vidro*) misted; (*janela*) steamed up; (*olhos*) misty

embaciar [ēba'sjar] VT (*vidro*) to steam up; (*olhos*) to cloud ▶ VI to steam up; (*olhos*) to grow misty

embainhar [ēbaj'ɲar] VT (*espada*) to put away, sheathe; (*calça etc*) to hem

embaixada [ēbaj'ʃada] F embassy

embaixador, a [ēbajʃa'dor(a)] M/F ambassador

embaixatriz [ēbajʃa'triz] F ambassador; (*mulher de embaixador*) ambassador's wife

embaixo [ē'bajʃu] ADV below, underneath ▶ PREP: **~ de** under, underneath; **(lá) ~** (*em andar inferior*) downstairs

embalado, -a [ēba'ladu, a] ADJ (*acelerado*) fast; (*drogado*) high; **ir ~** to race (along)

embalagem [ēba'laʒē] F packing; (*de produto: caixa etc*) packaging

embalar [ēba'lar] VT to pack; (*balançar*) to rock

embalo [ē'balu] M (*balanço*) rocking; (*impulso*) rush; (*col: com drogas*) high; **aproveitar o ~** to take the opportunity

embalsamar [ēbawsa'mar] VT (*perfumar*) to perfume; (*cadáver*) to embalm

embananado, -a [ēbana'nadu, a] (*col*) ADJ (*confuso*) muddled; (*em dificuldades*) in trouble

embananamento [ēbanana'mētu] (*col*) M muddle; (*bananosa*) jam

embananar [ēbana'nar] (*col*) VT (*tornar confuso*) to muddle up; (*complicar*) to complicate; (*meter em dificuldades*) to get into trouble; **embananar-se** VR to get tied up in knots

embaraçar [ēbara'sar] VT (*impedir*) to hinder; (*complicar*) to complicate; (*encabular*) to embarrass; (*confundir*) to confuse; (*obstruir*) to block; **embaraçar-se** VR to become embarrassed

embaraço [ēba'rasu] M (*estorvo*) hindrance; (*cábula*) embarrassment

embaraçoso, -a [ēbara'sozu, ɔza] ADJ embarrassing

embarafustar [ēbarafus'tar] VI: **~ por** to burst *ou* barge into

embaralhar [ēbara'ʎar] VT (*confundir*) to muddle up; (*cartas*) to shuffle; **embaralhar-se** VR to get mixed up

embarcação [ēbarka'sāw] (*pl* **-ões**) F vessel

embarcadiço [ēbarka'dʒisu] M seafarer

embarcadouro [ēbarka'doru] M wharf

embarcar [ēbar'kar] VT to embark, put on board; (*mercadorias*) to ship, stow ▶ VI to go on board, embark; **~ em algo** (*fig: col*) to fall for sth

embargar [ēbar'gar] VT (*Jur*) to seize; (*pôr obstáculos a*) to hinder; (*reprimir: voz*) to keep down; (*impedir*) to forbid

embargo [ē'bargu] M (*de navio*) embargo; (*Jur*) seizure; (*impedimento*) impediment; **sem ~** nevertheless

embarque [ē'barki] M (*de pessoas*) boarding, embarkation; (*de mercadorias*) shipment

embasamento [ēbaza'mētu] M (*Arq*) foundation; (*de coluna*) base; (*fig*) basis

embasbacado, -a [ēbazba'kadu, a] ADJ gaping, open-mouthed

embasbacar [ēbazba'kar] VT to leave open-mouthed; **embasbacar-se** VR to be taken aback, be dumbfounded

embate [ē'batʃi] M clash; (*choque*) shock

embatucar [ēbatu'kar] VT to dumbfound ▶ VI to be speechless

embebedar [ēbebe'dar] VT to make drunk ▶ VI: **o vinho embebeda** wine makes you drunk; **embebedar-se** VR to get drunk

embeber [ēbe'ber] VT to soak up, absorb; **embeber-se** VR: **~-se em** to become absorbed in

embelezador, a [ēbeleza'dor(a)] ADJ cosmetic

embelezar [ēbele'zar] VT to make beautiful; (*casa*) to brighten up; **embelezar-se** VR to make o.s. beautiful

embevecer [ēbeve'ser] VT to captivate; **embevecer-se** VR to be captivated

embicar [ēbi'kar] VI (*Náut*) to enter port, dock; (*fig*): **~ para** to head for; **~ com alguém** to quarrel with sb

embirrar [ēbi'har] VI to sulk; **~ em** to insist on; **~ com** to dislike

emblema [ē'blɛma] M emblem; (*na roupa*) badge

embocadura [ēboka'dura] F (*de rio*) mouth; (*Mús*) mouthpiece; (*de freio*) bit

emboço [ē'bosu] M roughcast, render

embolar [ēbo'lar] VT (*confundir*) to confuse ▶ VI: **~ com** to grapple with; **embolar-se** VR: **~-se (com)** to grapple (with)

êmbolo [ē'bolu] M piston

embolorar [ēbolo'rar] VI to go musty

embolsar [ēbow'sar] VT to pocket; (*herança etc*) to come into

embonecar [ēbone'kar] VT to doll up; **embonecar-se** VR to doll o.s. up, get dolled up

embora [ē'bɔra] CONJ though, although ▶ EXCL even so, what of it?; **ir(-se) ~** to go away

emborcar [ēbor'kar] VT to turn upside down

emboscada [ēbos'kada] F ambush

embotar [ēbo'tar] VT (*lâmina*) to blunt; (*fig*) to deaden, dull

embrabecer [ēbrabe'ser] VI = **embravecer**

Embraer [ēbraer] ABR F (= *Empresa Brasileira de Aeronáutica SA*) aerospace company

embranquecer [ēbrāke'ser] VT, VI to turn white

Embratur [ēbra'tur] ABR F (= *Empresa Brasileira de Turismo*) state tourist board
embravecer [ēbrave'ser] VT to get furious; **embravecer-se** VR to get furious
embreagem [ēb'rjaʒē] (*pl* -**ns**) F (*Auto*) clutch
embrear [ē'brjar] VT (*Auto*) to disengage ▶ VI to let in the clutch
embrenhar [ēbre'ɲar] VT to penetrate; **embrenhar-se** VR: ~-**se (em/por)** to make one's way (into/through)
embriagante [ēbrja'gātʃi] ADJ intoxicating
embriagar [ēbrja'gar] VT to make drunk, intoxicate; **embriagar-se** VR to get drunk
embriaguez [ēbrja'gez] F drunkenness; (*fig*) rapture; **no volante** drunk(en) driving
embrião [e'brjãw] (*pl* -**ões**) M embryo
embrionário, -a [ēbrjo'narju, a] ADJ (*tb fig*) embryonic
embromação [ēbroma'sãw] (*pl* -**ões**) F stalling; (*trapaça*) con
embromador, a [ēbroma'dor(a)] ADJ (*remanchador*) slow; (*trapaçeiro*) dishonest, bent ▶ M/F (*remanchador*) staller; (*trapaçeiro*) con merchant
embromar [ēbro'mar] VT (*adiar*) to put off; (*enganar*) to con, to cheat ▶ VI (*prometer e não cumprir*) to make empty promises, be all talk (and no action); (*protelar*) to stall; (*falar em rodeios*) to beat about the bush
embrulhada [ēbru'ʎada] F muddle, mess
embrulhar [ēbru'ʎar] VT (*pacote*) to wrap; (*enrolar*) to roll up; (*confundir*) to muddle up; (*enganar*) to cheat; (*estômago*) to upset; **embrulhar-se** VR to get into a muddle; **ao contar a estória, ele embrulhou tudo** when he told the story he got everything mixed up
embrulho [ē'bruʎu] M (*pacote*) package, parcel; (*confusão*) mix-up
embrutecer [ēbrute'ser] VT, VI to brutalize; **embrutecer-se** VR to be brutalized
emburrar [ēbu'har] VI to sulk
embuste [ē'bustʃi] M (*engano*) deception; (*ardil*) trick
embusteiro, -a [ēbus'tejru, a] ADJ deceitful ▶ M/F cheat; (*mentiroso*) liar; (*impostor*) impostor
embutido, -a [ēbu'tʃidu, a] ADJ (*armário*) built-in, fitted
embutir [ēbu'tʃir] VT to build in; (*marfim etc*) to inlay
emenda [e'mēda] F correction; (*Jur*) amendment; (*de uma pessoa*) improvement; (*ligação*) join; (*sambladura*) joint; (*Costura*) seam
emendar [emē'dar] VT (*corrigir*) to correct; (*reparar*) to mend; (*injustiças*) to make amends for; (*Jur*) to amend; (*ajuntar*) to put together; **emendar-se** VR to mend one's ways
ementa [e'mēta] (*PT*) F menu
emergência [imer'ʒēsja] F (*nascimento*) emergence; (*crise*) emergency
emergente [imer'ʒētʃi] ADJ emerging
emergir [imer'ʒir] VI to emerge, appear; (*submarino*) to surface
EMFA (*BR*) ABR M = **Estado-maior das Forças Armadas**
emigração [emigra'sãw] (*pl* -**ões**) F emigration; (*de aves*) migration
emigrado, -a [emi'gradu, a] ADJ emigrant
emigrante [emi'grãtʃi] M/F emigrant
emigrar [emi'grar] VI to emigrate; (*aves*) to migrate
eminência [emi'nēsja] F eminence; (*altura*) height
eminente [emi'nētʃi] ADJ eminent, distinguished; (*Geo*) high
Emirados Árabes Unidos [emi'radus-] MPL: **os** ~ the United Arab Emirates
emirjo *etc* [e'mirʒu] VB *ver* **emergir**
emissão [emi'sãw] (*pl* -**ões**) F emission; (*Rádio*) broadcast; (*de moeda, ações*) issue; **emissões de carbono** carbon emissions
emissário, -a [emi'sarju, a] M/F emissary ▶ M outlet
emissões [emi'sõjs] FPL *de* **emissão**
emissor, a [emi'sor(a)] ADJ (*de moeda-papel*) issuing ▶ M (*Rádio*) transmitter ▶ F (*estação*) broadcasting station; (*empresa*) broadcasting company
emitente [emi'tētʃi] ADJ (*Com*) issuing ▶ M/F issuer
emitir [emi'tʃir] VT (*som*) to give out; (*cheiro*) to give off; (*moeda, ações*) to issue; (*Rádio*) to broadcast; (*opinião*) to express ▶ VI (*emitir moeda*) to print money
emoção [emo'sãw] (*pl* -**ões**) F emotion; (*excitação*) excitement
emocional [imosjo'naw] (*pl* -**ais**) ADJ emotional
emocionante [imosjo'nãtʃi] ADJ (*comovente*) moving; (*excitante*) exciting
emocionar [imosjo'nar] VT (*comover*) to move; (*perturbar*) to upset; (*excitar*) to excite, thrill ▶ VI to be exciting; (*comover*) to be moving; **emocionar-se** VR to get emotional
emoções [emo'sõjs] FPL *de* **emoção**
emoji [e'modʒi] M emoji
emoldurar [emowdu'rar] VT to frame
emotividade [emotʃivi'dadʒi] F emotions *pl*
emotivo, -a [emo'tʃivu, a] ADJ emotional
empacar [ēpa'kar] VI (*cavalo*) to baulk; (*fig: negócios etc*) to grind to a halt; (*orador*) to dry up; ~ **numa palavra** to get stuck on a word
empachado, -a [ēpa'ʃadu, a] ADJ full up
empacotar [ēpako'tar] VT to pack, wrap up ▶ VI (*col: morrer*) to pop one's clogs
empada [ē'pada] F pie
empadão [ēpa'dãw] (*pl* -**ões**) M pie
empalhar [ēpa'ʎar] VT (*animal*) to stuff; (*louça, fruta*) to pack with straw
empalidecer [ēpalide'ser] VT, VI to turn pale
empanar [ēpa'nar] VT (*fig*) to tarnish; (*Culin*) to batter
empanturrar [ēpātu'har] VT: ~ **alguém de algo** to stuff sb full of sth; **empanturrar-se** VR to gorge o.s., stuff o.s. (*col*)

empanzinado, -a [ẽpãzi'nadu, a] ADJ full
empapar [ẽpa'par] VT to soak; **empapar-se** VR to get soaked
empapuçado, -a [ẽpapu'sadu, a] ADJ (*olhos*) puffy; (*blusa*) full
emparedar [ẽpare'dar] VT to wall in; (*pessoa*) to shut up
emparelhar [ẽpare'ʎar] VT to pair; (*equiparar*) to match ▶ VI: **~ com** to be equal to
empastado, -a [ẽpas'tadu, a] ADJ (*cabelo*) plastered down
empastar [ẽpas'tar] VT: **~ algo de algo** to plaster sth with sth
empatar [ẽpa'tar] VT (*embaraçar*) to hinder; (*dinheiro*) to tie up; (*corredores*) to tie; (*tempo*) to take up ▶ VI (*no jogo*): **~ (com)** to draw (with)
empate [ẽ'patʃi] M (*no jogo*) draw; (*numa corrida etc*) tie; (*Xadrez*) stalemate; (*em negociações*) deadlock
empatia [ẽpa'tʃia] F empathy
empavonar-se [ẽpavo'narsi] VR to strut
empecilho [ẽpe'siʎu] M obstacle; (*col*) snag
empedernido, -a [ẽpeder'nidu, a] ADJ hard-hearted
empedrar [ẽpe'drar] VT to pave
empenar [ẽpe'nar] VT, VI (*curvar*) to warp
empenhar [ẽpe'ɲar] VT (*objeto*) to pawn; (*palavra*) to pledge; (*empregar*) to exert; (*compelir*) to oblige; **empenhar-se** VR: **~-se em fazer** to strive to do, do one's utmost to do
empenho [ẽ'peɲu] M (*de um objeto*) pawning; (*palavra*) pledge; (*insistência*): **~ (em)** commitment (to); **ele pôs todo seu ~ neste projeto** he committed himself wholeheartedly to this project
emperiquitar-se [ẽperiki'tarsi] VR to get done up to the nines
emperrar [ẽpe'har] VT (*máquina*) to jam; (*porta, junta*) to make stiff; (*fazer calar*) to cut short ▶ VI to jam; (*gaveta, porta*) to stick; (*junta*) to go stiff; (*calar*) to go quiet
empertigado, -a [ẽpertʃi'gadu, a] ADJ upright
empertigar-se [ẽpertʃi'garsi] VR to stand up straight
empestar [ẽpes'tar] VT (*infetar*) to infect; (*tornar desagradável*) to pollute, stink out (*col*)
empetecar [ẽpete'kar] VT to doll up; **empetecar-se** VR to doll o.s. up
empilhar [ẽpi'ʎar] VT to pile up
empinado, -a [ẽpi'nadu, a] ADJ (*direito*) upright; (*cavalo*) rearing; (*colina*) steep
empinar [ẽpi'nar] VT to raise, uplift; (*ressaltar*) to thrust out; (*papagaio*) to fly; (*copo*) to empty
empipocar [ẽpipo'kar] VI to come out in spots
empírico, -a [ẽ'piriku, a] ADJ empirical
empistolado, -a [ẽpisto'ladu, a] ADJ well-connected
emplacar [ẽpla'kar] VT (*col: anos, sucessos*) to notch up; (*carro*) to put number (BRIT) ou license (US) plates on; **~ o ano 2050** to make it to the year 2050
emplastrar [ẽplas'trar] VT to put in plaster
emplastro [ẽ'plaʃtru] M (*Med*) plaster
empobrecer [ẽpobre'ser] VT to impoverish ▶ VI to become poor
empobrecimento [ẽpobresi'mẽtu] M impoverishment
empoeirar [ẽpoej'rar] VT to cover in dust
empola [ẽ'pola] F (*na pele*) blister; (*de água*) bubble
empolado, -a [ẽpo'ladu, a] ADJ covered with blisters; (*estilo*) pompous, bombastic
empolgação [ẽpowga'sãw] F excitement; (*entusiasmo*) enthusiasm
empolgante [ẽpow'gãtʃi] ADJ exciting
empolgar [ẽpow'gar] VT to stimulate, fill with enthusiasm; (*prender a atenção de*): **~ alguém** to keep sb riveted
emporcalhar [ẽporka'ʎar] VT to dirty; **emporcalhar-se** VR to get dirty
empório [ẽ'pɔrju] M (*mercado*) market; (*armazém*) department store
empossar [ẽpo'sar] VT to appoint
empreendedor, a [ẽprjẽde'dor(a)] ADJ enterprising ▶ M/F entrepreneur
empreender [ẽprjẽ'der] VT to undertake
empreendimento [ẽprjẽdʒi'mẽtu] M undertaking
empregada [ẽpre'gada] F (BR: *doméstica*) maid; (PT: *de restaurante*) waitress; *ver tb* **empregado**
empregado, -a [ẽpre'gadu, a] M/F employee; (*em escritório*) clerk ▶ M (PT: *de restaurante*) waiter
empregador, a [ẽprega'dor(a)] M/F employer
empregar [ẽpre'gar] VT (*pessoa*) to employ; (*coisa*) to use; **empregar-se** VR to get a job
empregatício, -a [ẽprega'tʃisju, a] ADJ *ver* **vínculo**
emprego [ẽ'pregu] M (*ocupação*) job; (*uso*) use
empreguismo [ẽpre'gizmu] M patronage, nepotism
empreitada [ẽprej'tada] F (*Com*) contract job; (*tarefa*) enterprise, venture
empreiteira [ẽprej'tejra] F (*firma*) contractor
empreiteiro [ẽprej'tejru] M contractor
empresa [ẽ'preza] F undertaking; (*Com*) enterprise, firm; **~ pontocom** dotcom
empresariado [ẽpreza'rjadu] M business community
empresarial [ẽpreza'rjaw] (*pl* **-ais**) ADJ business *atr*
empresário, -a [ẽpre'zarju, a] M/F businessman/woman; (*de cantor, boxeador etc*) manager; **~ teatral** impresario
emprestado, -a [ẽpres'tadu, a] ADJ on loan; **pedir ~** to borrow; **tomar algo ~** to borrow sth
emprestar [ẽpres'tar] VT to lend
empréstimo [ẽ'prɛʃtʃimu] M loan
emproado, -a [ẽpro'adu, a] ADJ arrogant
empulhação [ẽpuʎa'sãw] (*pl* **-ões**) F (*ato*) trickery; (*embuste*) con

empulhar [ẽpu'ʎar] VT to trick, con
empunhar [ẽpu'ɲar] VT to grasp, seize
empurrão [ẽpu'hãw] (*pl* **-ões**) M push, shove; **aos empurrões** jostling
empurrar [ẽpu'har] VT to push
empurrões [ẽpu'hõjs] MPL *de* **empurrão**
emudecer [emude'ser] VT to silence ▶ VI to fall silent, go quiet
emular [emu'lar] VT to emulate
enaltecer [enawte'ser] VT (*fig*) to elevate
enamorado, -a [enamo'radu, a] ADJ (*encantado*) enchanted; (*apaixonado*) in love
ENAP (BR) ABR F (= *Escola Nacional de Administração Pública*) civil service training school
encabeçar [ẽkabe'sar] VT to head
encabulação [ẽkabula'sãw] F (*vergonha*) embarrassment; (*acanhamento*) shyness
encabulado, -a [ẽkabu'ladu, a] ADJ shy
encabular [ẽkabu'lar] VT to embarrass ▶ VI (*fato, situação*) to be embarrassing; (*pessoa*) to get embarrassed; **não se encabule!** don't be shy!
encaçapar [ẽkasa'par] VT (*bola*) to sink; (*col: surrar*) to bash
encadeamento [ẽkadʒja'mẽtu] M (*série*) chain; (*conexão*) link
encadear [ẽka'dʒjar] VT to chain together, link together
encadernação [ẽkaderna'sãw] (*pl* **-ões**) F (*de livro*) binding
encadernado, -a [ẽkader'nadu, a] ADJ bound; (*de capa dura*) hardback
encadernador, a [ẽkaderna'dor(a)] M/F bookbinder
encadernar [ẽkader'nar] VT to bind
encafuar [ẽka'fwar] VT to hide; **encafuar-se** VR to hide
encaixar [ẽkaj'ʃar] VT (*colocar*) to fit in; (*inserir*) to insert ▶ VI to fit
encaixe [ẽ'kajʃi] M (*ato*) fitting; (*ranhura*) groove; (*buraco*) socket
encaixotar [ẽkajʃo'tar] VT to pack into boxes
encalacrar [ẽkala'krar] VT: ~ **alguém** to get sb into trouble; **encalacrar-se** VR to get into debt
encalço [ẽ'kawsu] M pursuit; **ir no ~ de** to pursue
encalhado, -a [ẽka'ʎadu, a] ADJ stranded; (*mercadoria*) unsaleable; (*col: solteiro*) unmarried
encalhar [ẽka'ʎar] VI (*embarcação*) to run aground; (*fig: processo*) to grind to a halt; (: *mercadoria*) to be returned, not to sell; (*col: ficar solteiro*) to be left on the shelf
encalorado, -a [ẽkalo'radu, a] ADJ hot
encaminhar [ẽkami'ɲar] VT (*dirigir*) to direct; (*no bom caminho*) to put on the right path; (*processo*) to set in motion; **encaminhar-se** VR: **~-se para/a** to set out for/to; **eu encaminhei-os para a seção devida** I referred them to the appropriate department; **~ uma petição a alguém** to refer an application to sb; **foi minha mãe quem me encaminhou para as letras** it was my mother who steered me towards literature; **as coisas se encaminham bem no momento** things are going well at the moment
encampar [ẽkã'par] VT (*empresa*) to expropriate; (*opinião, medida*) to adopt
encanador [ẽkana'dor] (BR) M plumber
encanamento [ẽkana'mẽtu] (BR) M plumbing
encanar [ẽka'nar] VT to channel; (BR *col: prender*) to throw in jail
encanecido, -a [ẽkane'sidu, a] ADJ grey (BRIT), gray (US); (*cabelo*) white
encantado, -a [ẽkã'tadu, a] ADJ (*contente*) delighted; (*castelo etc*) enchanted; (*fascinado*): **~ (por alguém/algo)** smitten (with sb/sth)
encantador, a [ẽkãta'dor(a)] ADJ delightful, charming ▶ M/F enchanter/enchantress
encantamento [ẽkãta'mẽtu] M (*magia*) spell; (*fascinação*) charm
encantar [ẽkã'tar] VT (*enfeitiçar*) to bewitch; (*cativar*) to charm; (*deliciar*) to delight
encanto [ẽ'kãtu] M (*delícia*) delight; (*fascinação*) charm
encapar [ẽka'par] VT (*livro, sofá*) to cover; (*envolver*) to wrap
encapelar [ẽkape'lar] VT (*mar*) to swell ▶ VI (*mar*) to turn rough
encapetado, -a [ẽkape'tadu, a] ADJ (*criança*) mischievous
encapotar [ẽkapo'tar] VT to wrap up; **encapotar-se** VR to wrap o.s. up
encaracolar [ẽkarako'lar] VT, VI to curl; **encaracolar-se** VR to curl up
encarangar [ẽkarã'gar] VT to cripple ▶ VI (*pessoa*) to be crippled; (*reumatismo*) to be crippling
encarapinhado, -a [ẽkarapi'ɲadu, a] ADJ (*cabelo*) frizzy
encarapitar [ẽkarapi'tar] VT to perch; **encarapitar-se** VR: **~-se em algo** to climb on top of sth; (*num cargo etc*) to get o.s. fixed up in sth
encarar [ẽka'rar] VT to face; (*olhar*) to look at; (*considerar*) to consider
encarcerar [ẽkarse'rar] VT to imprison
encardido, -a [ẽkar'dʒidu, a] ADJ (*roupa, casa*) grimy; (*pele*) sallow
encardir [ẽkar'dʒir] VT to make grimy ▶ VI to get grimy
encarecer [ẽkare'ser] VT (*subir o preço*) to raise the price of; (*louvar*) to praise; (*exagerar*) to exaggerate ▶ VI to go up in price, get dearer
encarecidamente [ẽkaresida'mẽtʃi] ADV insistently
encarecimento [ẽkaresi'mẽtu] M (*preço*) increase
encargo [ẽ'kargu] M (*responsabilidade*) responsibility; (*ocupação*) job, assignment; (*oneroso*) burden; **dar a alguém o ~ de fazer algo** to give sb the job of doing sth
encarnação [ẽkarna'sãw] (*pl* **-ões**) F incarnation

encarnado, -a [ẽkar'nadu, a] ADJ red, scarlet
encarnar [ẽkar'nar] VT to embody, personify; (*Teatro*) to play ▶ VI to be embodied; **encarnar-se** VR to be embodied; **~ em alguém** (*col*) to pick on sb
encarneirado, -a [ẽkarnej'radu, a] ADJ (*mar*) choppy
encaroçar [ẽkaro'sar] VI (*molho*) to go lumpy; (*pele*) to come up in bumps
encarquilhado, -a [ẽkarki'ʎadu, a] ADJ (*fruta*) wizened; (*rosto*) wrinkled
encarregado, -a [ẽkahe'gadu, a] ADJ: **~ de** in charge of ▶ M/F person in charge ▶ M (*de operários*) foreman; **~ de negócios** chargé d'affaires
encarregar [ẽkahe'gar] VT: **~ alguém de algo** to put sb in charge of sth; **encarregar-se** VR: **~-se de fazer** to undertake to do
encarreirar [ẽkahej'rar] VT to guide; (*negócios*) to run; (*moralmente*): **~ alguém** to put sb on the right track
encarrilhar [ẽkahi'ʎar] VT to put back on the rails; (*fig*) to put on the right track
encartar [ẽkar'tar] VT to insert
encarte [ẽ'kartʃi] M insert
encasacar-se [ẽkaza'karsi] VR to put on one's coat
encasquetar [ẽkaske'tar] VT: **~ uma ideia** to get an idea into one's head
encatarrado, -a [ẽkata'hadu, a] ADJ congested
encenação [ẽsena'sãw] (*pl* **-ões**) F (*de peça*) staging, putting on; (*produção*) production; (*fingimento*) play-acting; (*atitude fingida*) put-on, put-up job (*col*); **fazer ~** (*col*) to put it on
encenador, a [ẽsena'dor(a)] M/F (*Teatro*) director
encenar [ẽse'nar] VT (*Teatro: pôr em cena*) to stage, put on; (: *produzir*) to produce; (*fingir*) to put on
enceradeira [ẽsera'dejra] F floor-polisher
encerar [ẽse'rar] VT to wax
encerramento [ẽseha'mẽtu] M (*término*) close, end
encerrar [ẽse'har] VT (*confinar*) to shut in, lock up; (*conter*) to contain; (*concluir*) to close
encestar [ẽses'tar] VT (*Basquete*) to put in the basket ▶ VI to score a basket
encetar [ẽse'tar] VT to start, begin
encharcar [ẽʃar'kar] VT (*alagar*) to flood; (*ensopar*) to soak, drench; **encharcar-se** VR to get soaked ou drenched; **~-se de algo** (*beber muito*) to drink gallons of sth
encheção [ẽʃe'sãw] (*col*) F annoyance
enchente [ẽ'ʃẽtʃi] F flood
encher [ẽ'ʃer] VT to fill (up); (*balão*) to blow up; (*tempo*) to fill, take up ▶ VI (*col*) to be annoying; **encher-se** VR to fill up; **~-se (de)** (*col*) to get fed up (with); **~ de** ou **com** to fill up with; **~ o saco de alguém** (*col*) to bug sb, piss sb off (!); **ela enche o filho de presentes** she showers her son with presents

enchimento [ẽʃi'mẽtu] M filling
enchova [ẽ'ʃova] F anchovy
enciclopédia [ẽsiklo'pɛdʒja] F encyclopedia, encyclopaedia (BRIT)
enciumar [ẽsju'mar] VT to make jealous; **enciumar-se** VR to get jealous
enclausurar [ẽklawzu'rar] VT to shut away; **enclausurar-se** VR to shut o.s. away
encoberto, -a [ẽko'bɛrtu, a] PP *de* **encobrir** ▶ ADJ (*escondido*) concealed; (*tempo*) overcast
encobrir [ẽko'brir] VT to conceal, hide
encolerizar [ẽkoleri'zar] VT to irritate, annoy; **encolerizar-se** VR to get angry
encolher [ẽko'ʎer] VT (*pernas*) to draw up; (*os ombros*) to shrug; (*roupa*) to shrink ▶ VI to shrink; **encolher-se** VR (*de frio*) to huddle; (*para dar lugar*) to hunch up
encomenda [ẽko'mẽda] F order; **feito de ~** made to order, custom-made; **vir de ~** (*fig*) to come just at the right time
encomendar [ẽkomẽ'dar] VT: **~ algo a alguém** to order sth from sb
encompridar [ẽkõpri'dar] VT to lengthen
encontrão [ẽkõ'trãw] (*pl* **-ões**) M (*esbarrão*) collision, impact; (*empurrão*) shove; **dar um ~ em** to bump into; **ir aos encontrões pela multidão** to jostle one's way through the crowd
encontrar [ẽkõ'trar] VT (*achar*) to find; (*inesperadamente*) to come across, meet; (*dar com*) to bump into ▶ VI: **~ com** to bump into; **encontrar-se** VR (*achar-se*) to be; (*ter encontro*): **~-se (com alguém)** to meet (sb)
encontro [ẽ'kõtru] M (*de pessoas*) meeting; (*Mil*) encounter; **~ marcado** appointment; **ir/vir ao ~ de** to go/come and meet; (*aspirações*) to meet, fulfil(l); **ir de ~ a** to go against, run contrary to; **meu carro foi de ~ ao muro** my car ran into the wall
encontrões [ẽkõ'trõjs] MPL *de* **encontrão**
encorajamento [ẽkoraʒa'mẽtu] M encouragement
encorajar [ẽkora'ʒar] VT to encourage
encorpado, -a [ẽkor'padu, a] ADJ stout; (*vinho*) full-bodied; (*tecido*) closely-woven; (*papel*) thick
encorpar [ẽkor'par] VT (*ampliar*) to expand ▶ VI (*criança*) to fill out
encosta [ẽ'kɔsta] F slope
encostar [ẽkos'tar] VT (*cabeça*) to put down; (*carro*) to park; (*pôr de lado*) to put to one side; (*pôr junto*) to put side by side; (*porta*) to leave ajar ▶ VI to pull in; **encostar-se** VR: **~-se em** to lean against; (*deitar-se*) to lie down on; **~ em** to lean against; **~ a mão em** (*bater*) to hit; **ele está sempre se encostando nos outros** he's always depending on others
encosto [ẽ'kostu] M (*arrimo*) support; (*de cadeira*) back
encouraçado, -a [ẽkora'sadu, a] ADJ armoured (BRIT), armored (US) ▶ M (*Náut*) battleship

encravado, -a [ẽkra'vadu, a] ADJ *(unha)* ingrowing

encravar [ẽkra'var] VT: **~ algo em algo** to stick sth into sth; *(diamante num anel)* to mount sth in sth

encrenca [ẽ'krẽka] *(col)* F *(problema)* fix, jam; *(briga)* fight; **meter-se numa ~** to get into trouble

encrencar [ẽkrẽ'kar] *(col)* VT *(situação)* to complicate; *(pessoa)* to get into trouble ▶ VI *(complicar-se)* to get complicated; *(carro)* to break down; **encrencar-se** VR to get complicated; to get into trouble; **~ (com alguém)** to fall out (with sb)

encrenqueiro, -a [ẽkrẽ'kejru, a] *(col)* M/F troublemaker ▶ ADJ troublemaking

encrespado, -a [ẽkres'padu, a] ADJ *(cabelo)* curly; *(mar)* choppy; *(água)* rippling

encrespar [ẽkres'par] VT *(o cabelo)* to curl; **encrespar-se** VR *(o cabelo)* to curl; *(água)* to ripple; *(o mar)* to get choppy

encriptar [ẽkrip'tar] VT *(Comput, Tel)* to encrypt

encruar [ẽkru'ar] VI *(negócio)* to grind to a halt

encruzilhada [ẽkruzi'ʎada] F crossroads *sg*

encucação [ẽkuka'sãw] *(pl* **-ões)** F fixation

encucado, -a [ẽku'kadu, a] *(col)* ADJ: **~ (com)** hung up (about)

encucar [ẽku'kar] *(col)* VT: **~ alguém** to give sb a hang-up ▶ VI: **~ com** *ou* **em algo/alguém** to be hung up about sth/sb

encurralar [ẽkura'lar] VT *(gado, pessoas)* to herd; *(cercar)* to corner

encurtar [ẽkur'tar] VT to shorten

endêmico, -a [ẽ'demiku, a] ADJ endemic

endemoninhado, -a [ẽdemoni'ɲadu, a] ADJ *(pessoa)* possessed; *(espírito)* demoniac; *(fig: criança)* naughty

endentar [ẽdẽ'tar] VT to engage

endereçar [ẽdere'sar] VT *(carta)* to address; *(encaminhar)* to direct

endereço [ẽde'resu] M address; **~ de e-mail** email address; **~ web** web address

endeusar [ẽdew'zar] VT to deify; *(amado)* to worship

endiabrado, -a [ẽdʒja'bradu, a] ADJ devilish; *(travesso)* mischievous

endinheirado, -a [ẽdʒiɲej'radu, a] ADJ rich, wealthy, well-off

endireitar [ẽdʒirej'tar] VT *(objeto)* to straighten; *(retificar)* to put right; *(fig)* to straighten out; **endireitar-se** VR to straighten up

endividado, -a [ẽdʒivi'dadu, a] ADJ in debt

endividamento [ẽdʒivida'mẽtu] M debt

endividar [ẽdʒivi'dar] VT to put into debt; **endividar-se** VR to run into debt

endócrino, -a [ẽ'dɔkrinu, a] ADJ: **glândula endócrina** endocrine gland

endoidecer [ẽdojde'ser] VT to madden ▶ VI to go mad

endoscopia [ẽdosko'pia] F *(Med)* endoscopy

endossante [ẽdo'sãtʃi] M/F endorser

endossar [ẽdo'sar] VT to endorse

endossável [ẽdo'savew] *(pl* **-eis)** ADJ endorsable

endosso [ẽ'dosu] M endorsement

endurecer [ẽdure'ser] VT, VI to harden

endurecido, -a [ẽdure'sidu, a] ADJ hardened

endurecimento [ẽduresi'mẽtu] M hardening

ENE ABR (= *és-nordeste*) ENE

enegrecer [enegre'ser] VT to darken; *(fig: nome)* to blacken ▶ VI to darken

enema [e'nema] M enema

energético, -a [enerˈʒɛtʃiku, a] ADJ energy *atr* ▶ M energy source; *(tb:* **bebida energética**) energy drink

energia [enerˈʒia] F *(vigor)* energy, drive; *(Tec)* power, energy; **~ solar** solar power

enérgico, -a [e'nɛrʒiku, a] ADJ energetic, vigorous; **ele é ~ com os filhos** he is hard on his children

enervação [enerva'sãw] F annoyance, irritation

enervante [ener'vãtʃi] ADJ annoying

enervar [ener'var] VT to annoy, irritate ▶ VI to be irritating; **enervar-se** VR to get annoyed

enevoado, -a [ene'vwadu, a] ADJ misty, hazy

enfadar [ẽfa'dar] VT *(entediar)* to bore; *(incomodar)* to annoy; **enfadar-se** VR: **~-se de** to get tired of; **~-se com** *(aborrecer-se)* to get fed up with

enfado [ẽ'fadu] M annoyance

enfadonho, -a [ẽfa'doɲu, a] ADJ *(cansativo)* tiresome; *(aborrecido)* boring

enfaixar [ẽfaj'ʃar] VT *(perna)* to bandage, bind; *(bebê)* to wrap up

enfarte [ẽ'fartʃi] M *(Med)* coronary

ênfase ['ẽfazi] F emphasis, stress

enfastiado, -a [ẽfas'tʃjadu, a] ADJ bored

enfastiar [ẽfas'tʃjar] VT *(cansar)* to weary; *(aborrecer)* to bore; **enfastiar-se** VR: **~-se de** *ou* **com** to get tired of; to get bored with

enfático, -a [ẽ'fatʃiku, a] ADJ emphatic

enfatizar [ẽfatʃi'zar] VT to emphasize

enfear [ẽfe'ar] VT *(pessoa etc)* to make ugly; *(deturpar)* to distort ▶ VI to become ugly

enfeitar [ẽfej'tar] VT to decorate; **enfeitar-se** VR to dress up

enfeite [ẽ'fejtʃi] M decoration

enfeitiçante [ẽfejtʃi'sãtʃi] ADJ enchanting, charming

enfeitiçar [ẽfejtʃi'sar] VT to bewitch, cast a spell on

enfermagem [ẽfer'maʒẽ] F nursing

enfermaria [ẽferma'ria] F ward

enfermeiro, -a [ẽfer'mejru, a] M/F nurse

enfermidade [ẽfermi'dadʒi] F illness

enfermo, -a [ẽ'fermu, a] ADJ ill, sick ▶ M/F sick person, patient

enferrujar [ẽfehu'ʒar] VT to rust, corrode ▶ VI to go rusty

enfezado, -a [ẽfe'zadu, a] ADJ *(irritadiço)* irritable; *(irritado)* angry, mad

enfezar [ẽfe'zar] VT *(irritar)* to make angry; **enfezar-se** VR to become angry

enfiada [ẽ'fjada] F (*de pérolas*) string; (*fila*) row
enfiar [ẽ'fjar] VT (*meter*) to put; (*agulha*) to thread; (*pérolas*) to string together; (*vestir*) to slip on; **enfiar-se** VR: **~-se em** to slip into
enfileirar [ẽfilej'rar] VT to line up
enfim [ẽ'fĩ] ADV finally, at last; (*em suma*) in short; **até que ~!** at last!
enfocar [ẽfo'kar] VT (*assunto*) to tackle
enfoque [ẽ'fɔki] M approach
enforcamento [ẽforka'mẽtu] M hanging
enforcar [ẽfor'kar] VT to hang; (*trabalho, aulas*) to skip; **enforcar-se** VR to hang o.s.; **~ a sexta-feira** to take the Friday off
enfraquecer [ẽfrake'ser] VT to weaken ▶ VI to grow weak
enfraquecimento [ẽfrakesi'mẽtu] M weakening
enfrentar [ẽfrẽ'tar] VT (*encarar*) to face; (*confrontar*) to confront; (*problemas*) to face up to
enfronhado, -a [ẽfro'ɲadu, a] ADJ: **estar bem ~ num assunto** to be well versed in a subject
enfronhar [ẽfro'ɲar] VI: **~ alguém em algo** to instruct sb in sth; **enfronhar-se** VR: **~-se em algo** to learn about sth, become well versed in sth
enfumaçado, -a [ẽfuma'sadu, a] ADJ full of smoke, smoky
enfumaçar [ẽfuma'sar] VT to fill with smoke
enfurecer [ẽfure'ser] VT to infuriate; **enfurecer-se** VR to get furious
enfurnar [ẽfur'nar] VT to hide away; (*meter*) to stow away; **enfurnar-se** VR to hide (o.s.) away
eng^a ABR (= *engenheira*) Eng.
engaiolar [ẽgajo'lar] (*col*) VT to jail
engajamento [ẽgaʒa'mẽtu] M (*empenho, Pol*) commitment; (*de trabalhadores*) hiring; (*Mil*) enlistment
engajar [ẽga'ʒar] VT (*trabalhadores*) to take on, hire; **engajar-se** VR to take up employment; (*Mil*) to enlist; **~-se em algo** to get involved in sth; (*Pol*) to be committed to sth
engalfinhar-se [ẽgawfi'ɲarsi] VR (*atacar-se*) to fight; (*discutir*) to argue
engambelar [ẽgãbe'lar] VT to con, trick
enganado, -a [ẽga'nadu, a] ADJ (*errado*) mistaken; (*traído*) deceived
enganador, a [ẽgana'dor(a)] ADJ (*mentiroso*) deceitful; (*artificioso*) fake; (*conselho*) misleading; (*aspecto*) deceptive
enganar [ẽga'nar] VT to deceive; (*desonrar*) to seduce; (*cônjuge*) to be unfaithful to; (*fome*) to stave off; **enganar-se** VR (*cair em erro*) to be wrong, be mistaken; (*iludir-se*) to deceive o.s.; **as aparências enganam** appearances are deceptive
enganchar [ẽgã'ʃar] VT: **~ algo (em algo)** to hook sth up (to sth)
engano [ẽ'gãnu] M (*error*) mistake; (*ilusão*) deception; (*logro*) trick; **é ~** (*Tel*) I've (*ou* you've) got the wrong number

engarrafado, -a [ẽgaha'fadu, a] ADJ bottled; (*trânsito*) blocked
engarrafamento [ẽgahafa'mẽtu] M bottling; (*de trânsito*) traffic jam
engarrafar [ẽgaha'far] VT to bottle; (*trânsito*) to block
engasgar [ẽgaz'gar] VT to choke ▶ VI to choke; (*máquina*) to splutter; **engasgar-se** VR to choke
engasgo [ẽ'gazgu] M choking
engastar [ẽgas'tar] VT (*joias*) to set, mount
engaste [ẽ'gaʃtʃi] M meeting, mounting
engatar [ẽga'tar] VT (*vagões*) to couple, hitch up; (*Auto*) to put into gear
engatilhar [ẽgatʃi'ʎar] VT (*revólver*) to cock; (*fig: resposta etc*) to prepare
engatinhar [ẽgatʃi'ɲar] VI to crawl; (*fig*) to be feeling one's way
engavetamento [ẽgaveta'mẽtu] M (*de carros*) pile-up
engavetar [ẽgave'tar] VT (*fig: projeto*) to shelve; **engavetar-se** VR to crash into one another; **~-se em algo** to crash into (the back of) sth
engelhar [ẽʒe'ʎar] VT, VI (*pele*) to wrinkle
engendrar [ẽʒẽ'drar] VT to dream up
engenharia [ẽʒeɲa'ria] F engineering
engenheiro, -a [ẽʒe'ɲejru, a] M/F engineer
engenho [ẽ'ʒeɲu] M (*talento*) talent; (*destreza*) skill; (*máquina*) machine; (*moenda*) mill; (*fazenda*) sugar plantation
engenhoso, -a [ẽʒe'ɲozu, ɔza] ADJ clever, ingenious
engessar [ẽʒe'sar] VT (*perna*) to put in plaster; (*parede*) to plaster
englobar [ẽglo'bar] VT to include
eng^o ABR (= *engenheiro*) Eng.
engodar [ẽgo'dar] VT to lure, entice
engodo [ẽ'godu] M (*para peixe*) bait; (*para pessoas*) lure, enticement
engolir [ẽgo'lir] VT to swallow; **até hoje não engoli o que ele me fez** I still haven't forgiven him for what he did to me
engomar [ẽgo'mar] VT to starch; (*passar*) to iron
engonço [ẽ'gõsu] M hinge
engordar [ẽgor'dar] VT to fatten ▶ VI to put on weight; **o açúcar engorda** sugar is fattening
engordurado, -a [ẽgordu'radu, a] ADJ (*comida*) fatty; (*mãos*) greasy
engordurar [ẽgordu'rar] VT to cover with grease
engraçado, -a [ẽgra'sadu, a] ADJ funny, amusing
engraçar-se [ẽgra'sarsi] (*col*) VR: **~ com alguém** to take advantage of sb
engradado [ẽgra'dadu] M crate
engrandecer [ẽgrãde'ser] VT to elevate ▶ VI to grow; **engrandecer-se** VR to become great
engravatar-se [ẽgrava'tarsi] VR to put on a tie; (*vestir-se bem*) to dress smartly

engravidar [ẽgravi'dar] VT: ~ **alguém** to get sb pregnant; (*Med*) to impregnate sb ▶ VI to get pregnant
engraxador [ẽgraʃa'dor] (PT) M shoe shiner
engraxar [ẽgra'ʃar] VT to polish
engraxate [ẽgra'ʃatʃi] M shoe shiner
engrenagem [ẽgre'naʒẽ] (*pl* **-ns**) F (*Auto*) gear
engrenar [ẽgre'nar] VT (*Auto*) to put into gear; (*fig: conversa*) to strike up ▶ VI: ~ **com alguém** to get on with sb
engrolado, -a [ẽgro'ladu, a] ADJ (*voz*) slurred
engrossar [ẽgro'sar] VT (*sopa*) to thicken; (*aumentar*) to swell; (*voz*) to raise ▶ VI to thicken; to swell; to rise; (*col: pessoa, conversa*) to turn nasty
engrupir [ẽgru'pir] (*col*) VT to con, trick
enguia [ẽ'gia] F eel
enguiçar [ẽgi'sar] VI (*máquina*) to break down ▶ VT to cause to break down
enguiço [ẽ'gisu] M (*empecilho*) snag; (*desarranjo*) breakdown
engulho [ẽ'guʎu] M nausea
enigma [e'nigima] M enigma; (*mistério*) mystery
enigmático, -a [enigi'matʃiku, a] ADJ enigmatic
enjaular [ẽʒaw'lar] VT (*fera*) to cage, cage up; (*prender: pessoa*) to imprison
enjeitado, -a [ẽʒej'tadu, a] M/F foundling, waif
enjeitar [ẽʒej'tar] VT (*rejeitar*) to reject; (*abandonar*) to abandon; (*condenar*) to condemn
enjoado, -a [ẽ'ʒwadu, a] ADJ sick; (*enfastiado*) bored; (*enfadonho*) boring; (*mal-humorado*) in a bad mood
enjoar [ẽ'ʒwar] VT to make sick; (*enfastiar*) to bore ▶ VI (*pessoa*) to be sick; (*remédio, comida*) to cause nausea; **enjoar-se** VR: ~**-se de** to get sick of; **eu enjoo com o cheiro de fritura** the smell of frying makes me sick; **eu enjoei de ir ao cinema** I'm sick of going to the cinema
enjoativo, -a [ẽʒwa'tʃivu, a] ADJ (*comida*) revolting; (*tedioso*) boring
enjoo [ẽ'ʒou] M sickness; (*em carro*) travel sickness; (*em navio*) seasickness; (*aborrecimento*) boredom; **que ~!** what a bore!
enlaçar [ẽla'sar] VT (*atar*) to tie, bind; (*abraçar*) to hug; (*unir*) to link, join; (*bois*) to hitch; (*cingir*) to wind around; **enlaçar-se** VR to be linked
enlace [ẽ'lasi] M link, connection; (*casamento*) marriage, union
enlamear [ẽla'mjar] VT to cover in mud; (*reputação*) to besmirch
enlatado, -a [ẽla'tadu, a] ADJ tinned (BRIT), canned ▶ M (*pej: filme*) foreign import; **enlatados** MPL (*comida*) tinned (BRIT) *ou* canned foods
enlatar [ẽla'tar] VT (*comida*) to can
enlevar [ẽle'var] VT (*extasiar*) to enrapture; (*absorver*) to absorb

enlevo [ẽ'levu] M (*êxtase*) rapture; (*deleite*) delight
enlouquecer [ẽloke'ser] VT to drive mad ▶ VI to go mad
enluarado, -a [ẽlua'radu, a] ADJ moonlit
enlutado, -a [ẽlu'tadu, a] ADJ in mourning
enlutar-se [ẽlu'tarsi] VR to go into mourning
enobrecer [enobre'ser] VT to ennoble ▶ VI to be ennobling
enojar [eno'jar] VT to disgust, sicken
enorme [e'nɔrmi] ADJ enormous, huge
enormidade [enormi'dadʒi] F enormity; **uma ~ (de)** (*col*) a hell of a lot (of)
enovelar [enove'lar] VT to wind into a ball; (*enrolar*) to roll up
enquadrar [ẽkwa'drar] VT to fit; (*gravura*) to frame ▶ VI: ~ **com** (*condizer*) to fit *ou* tie in with
enquanto [ẽ'kwãtu] CONJ while; (*considerado como*) as; ~ **isso** meanwhile; **por ~** for the time being; ~ **ele não vem** until he comes; ~ **que** whereas
enquete [ẽ'ketʃi] F survey
enrabichar-se [ẽhabi'ʃarsi] VR: ~ **por alguém** to fall for sb
enraivecer [ẽhajve'ser] VT to enrage
enraizar [ẽhaj'zar] VI to take root; **enraizar-se** VR (*pessoa*) to settle down
enrascada [ẽhas'kada] F tight spot, predicament; **meter-se numa ~** to get into a spot of bother
enrascar [ẽhas'kar] VT to embroil; **enrascar-se** VR to get embroiled
enredar [ẽhe'dar] VT (*emaranhar*) to entangle; (*complicar*) to complicate; **enredar-se** VR to get entangled
enredo [ẽ'hedu] M (*de uma obra*) plot; (*intriga*) intrigue; **ele faz tanto ~** (*fig*) he makes such a fuss
enregelado, -a [ẽheʒe'ladu, a] ADJ (*pessoa, mão*) frozen; (*muito frio*) freezing
enrijecer [ẽhiʒe'ser] VT to stiffen; **enrijecer-se** VR to stiffen; (*fortalecer*) to get stronger
enriquecer [ẽhike'ser] VT to make rich; (*fig*) to enrich ▶ VI to get rich; **enriquecer-se** VR to get rich
enriquecimento [ẽhikesi'mẽtu] M enrichment
enrolado, -a [ẽho'ladu, a] (*col*) ADJ complicated
enrolar [ẽho'lar] VT to roll up; (*agasalhar*) to wrap up; (*col: enganar*) to con ▶ VI (*col*) to waffle; **enrolar-se** VR to roll up; to wrap up; (*col: confundir-se*) to get mixed *ou* muddled up
enroscar [ẽhos'kar] VT (*torcer*) to twist, wind (round); **enroscar-se** VR to coil up
enrouquecer [ẽhoke'ser] VT to make hoarse ▶ VI to go hoarse
enrubescer [ẽhube'ser] VT to redden, colour (BRIT), color (US) ▶ VI (*por vergonha*) to blush, go red

enrugar [ēhu'gar] VT (*pele*) to wrinkle; (*testa*) to furrow; (*tecido*) to crease ▶ VI (*pele, mãos*) to go wrinkly; (*pessoa*) to get wrinkles

enrustido, -a [ēhus'tʃidu, a] (*col*) ADJ withdrawn

ensaboar [ēsa'bwar] VT to wash with soap; **ensaboar-se** VR to soap o.s.

ensaiar [ēsa'jar] VT (*provar*) to test, try out; (*treinar*) to practise (BRIT), practice (US); (*Teatro*) to rehearse

ensaio [ē'saju] M (*prova*) test; (*tentativa*) attempt; (*treino*) practice; (*Teatro*) rehearsal; (*literário*) essay

ensaísta [ēsaj'ista] M/F essayist

ensanguentado, -a [ēsāgwē'tadu, a] ADJ bloody

ensanguentar [ēsāgwē'tar] VT to stain with blood

enseada [ē'sjada] F inlet, cove; (*baía*) bay

ensebado, -a [ēse'badu, a] ADJ greasy; (*sujo*) soiled

ensejar [ēse'ʒar] VT: ~ **algo (a alguém)** to provide (sb with) an opportunity for sth

ensejo [ē'seʒu] M chance, opportunity

ensimesmado, -a [ēsimez'madu, a] ADJ lost in thought

ensimesmar-se [ēsimez'marsi] VR to be lost in thought; ~ **em** to be lost in

ensinamento [ēsina'mētu] M teaching; (*exemplo*) lesson

ensinar [ēsi'nar] VT, VI to teach; ~ **alguém a patinar** to teach sb to skate; ~ **algo a alguém** to teach sb sth; ~ **o caminho a alguém** to show sb the way; **você quer ~ o padre a rezar missa?** are you trying to teach your grandmother to suck eggs?

ensino [ē'sinu] M teaching, tuition; (*educação*) education; ~ **fundamental** primary education; ~ **médio** secondary education

ensolarado, -a [ēsola'radu, a] ADJ sunny

ensombrecido, -a [ēsōbre'sidu, a] ADJ darkened

ensopado, -a [ēso'padu, a] ADJ soaked ▶ M stew

ensopar [ēso'par] VT to soak, drench

ensurdecedor, a [ēsurdese'dor(a)] ADJ deafening

ensurdecer [ēsurde'ser] VT to deafen ▶ VI to go deaf

entabular [ētabu'lar] VT (*negociação*) to start, open; (*empreender*) to undertake; (*assunto*) to broach; (*conversa*) to strike up

entalado, -a [ēta'ladu, a] ADJ (*apertado*) wedged, jammed; (*enrascado*) embroiled, involved; (*engasgado*) choking

entalar [ēta'lar] VT (*encravar*) to wedge, jam; (*fig*) to put in a fix; (*encher*): **ela me entalou de comida** she stuffed me full of food

entalhador, a [ētaʎa'dor(a)] M/F woodcarver

entalhar [ēta'ʎar] VT to carve

entalhe [ē'taʎi] M groove, notch

entalho [ē'taʎu] M woodcarving

entanto [ē'tātu] ADV: **no ~** yet, however

então [ē'tāw] ADV then; **até ~** up to that time; **desde ~** ever since; **e ~?** well then?; **pois ~** so that; **para ~** in that case; **~, você vai ou não?** so, are you going or not?

entardecer [ētarde'ser] VI to get late ▶ M sunset

ente ['ētʃi] M being; **~s queridos** loved ones

enteado, -a [ē'tʃjadu, a] M/F stepson/stepdaughter

entediante [ēte'dʒjātʃi] ADJ boring, tedious

entediar [ēte'dʒjar] VT to bore; **entediar-se** VR to get bored

entendedor, a [ētēde'dor(a)] ADJ knowledgeable ▶ M: **a bom ~ meia palavra basta** a word to the wise is enough

entender [ētē'der] VT (*compreender*) to understand; (*pensar*) to think; (*ouvir*) to hear; **entender-se** VR (*compreender-se*) to understand one another; **dar a ~** to imply; **no meu ~** in my opinion; **~ de música** to know about music; **~ de fazer** to decide to do; **~-se por** to be meant by; **~-se com alguém** to get along with sb; (*dialogar*) to sort things out with sb

entendido, -a [ētē'dʒidu, a] ADJ: ~ **(em)** knowledgeable (about) ▶ M/F: **~/a (em)** authority (on); **bem ~** that is

entendimento [ētēdʒi'mētu] M understanding

enternecedor, a [ēternese'dor(a)] ADJ touching

enternecer [ēterne'ser] VT to move, touch; **enternecer-se** VR to be moved

enterrar [ēte'har] VT to bury; (*faca*) to plunge; (*levar à ruína*) to ruin; (*assunto*) to close; ~ **o chapéu na cabeça** to put one's hat on

enterro [ē'tehu] M burial; (*funeral*) funeral

entidade [ētʃi'dadʒi] F (*ser*) being; (*corporação*) body; (*coisa que existe*) entity

entoação [ētoa'sāw] F singing

entoar [ē'twar] VT (*cantar*) to chant

entonação [ētona'sāw] (*pl* **-ões**) F intonation

entontecer [ētōte'ser] VT to make dizzy; (*enlouquecer*) to drive mad ▶ VI to become *ou* get dizzy; to go mad; **o vinho entontece** wine makes you dizzy

entornar [ētor'nar] VT to spill; (*fig: copo*) to drink ▶ VI to drink a lot

entorpecente [ētorpe'sētʃi] M narcotic

entorpecer [ētorpe'ser] VT (*paralisar*) to numb, stupefy; (*retardar*) to slow down

entorpecimento [ētorpesi'mētu] M numbness; (*torpor*) lethargy

entorse [ē'tɔrsi] F sprain

entortar [ētor'tar] VT (*curvar*) to bend; (*empenar*) to warp; ~ **os olhos** to squint

entourage [ātu'raʒi] M entourage

entrada [ē'trada] F (*ato*) entry; (*lugar*) entrance; (*Tec*) inlet; (*de casa*) doorway; (*começo*) beginning; (*bilhete*) ticket; (*Culin*) starter, entrée; (*Comput*) input; (*pagamento inicial*) down payment; (*corredor de casa*) hall; **entradas** FPL (*no cabelo*) receding hairline;

~ gratuita admission free; **"~ proibida"** "no entry", "no admittance"; **meia ~** half-price ticket; **dar ~ em** (*requerimento*) to submit; (*processo*) to institute; **~ de serviço** service entrance

entrado, -a [ē'tradu, a] ADJ: **~ em anos** (PT) elderly

entra e sai ['ētrai'saj] M comings and goings *pl*

entranhado, -a [ētra'ɲadu, a] ADJ deep-rooted

entranhar-se [ētra'ɲarsi] VR to penetrate

entranhas [ē'traɲas] FPL bowels, entrails; (*sentimentos*) feelings; (*centro*) heart *sg*

entrar [ē'trar] VI to go (*ou* come) in, enter; (*conseguir entrar*) to get in; **deixar ~** to let in; **~ com** (*Comput: dados etc*) to enter; **eu entrei com £100** I put in £100; **~ de férias/licença** to start one's holiday (BRIT) *ou* vacation (US)/ leave; **~ em** (*casa etc*) to go (*ou* come) into, enter; (*assunto*) to get onto; (*comida, bebida*) to start in on; (*universidade*) to enter; **~ em detalhes** to go into details; **~ em vigor** to come into force; **ele entra às 9 no trabalho** he starts work at 9.00; **o que entra nesta receita?** what goes into this recipe?; **~ para um clube** to join a club; **quando a primavera entra** when spring comes; **~ bem** (col) to get into trouble

entravar [ētra'var] VT to obstruct, impede

entrave [ē'travi] M (*fig*) impediment

entre ['ētri] PREP (*dois*) between; (*mais de dois*) among(st); **~ si** amongst themselves

entreaberto, -a [ētrja'bɛrtu, a] PP *de* **entreabrir** ▶ ADJ half-open; (*porta*) ajar

entreabrir [ētrja'brir] VT to half open; **entreabrir-se** VR (*flores*) to open up

entrechocar-se [ētriʃo'karsi] VR to collide, crash; (*fig*) to clash

entrecortado, -a [ētrikor'tadu, a] ADJ intermittent; **região entrecortada de estradas** region intersected by roads

entrecosto [ētri'kostu] M (*Culin*) entrecôte

entrega [ē'trɛga] F (*de mercadorias*) delivery; (*a alguém*) handing over; (*rendição*) surrender; **caminhão/serviço de ~** delivery van/ service; **pronta ~** speedy delivery; **~ rápida** special delivery; **~ a domicílio** home delivery

entregar [ētre'gar] VT (*dar*) to hand over; (*mercadorias*) to deliver; (*denunciar*) to hand over; (*confiar*) to entrust; (*devolver*) to return; **entregar-se** VR (*render-se*) to give o.s. up; (*dedicar-se*) to devote o.s.; **~ os pontos** to give up, throw in the towel; **~-se à dor/bebida** to be overcome by grief/take to drink; **~-se a um homem** to sleep with a man

entregue [ē'trɛgi] PP *de* **entregar**

entrelaçar [ētrila'sar] VT to entwine

entrelinha [ētre'liɲa] F line space; **ler nas ~s** to read between the lines

entremear [ētri'mjar] VT to intermingle

entremostrar [ētrimos'trar] VT to give a glimpse of

entreolhar-se [ētrio'ʎarsi] VR to exchange glances

entrepernas [ētri'pɛrnas] ADV between one's legs

entrepor [ētripor] (*irreg: como* **pôr**) VT to insert; **entrepor-se** VR: **~-se entre** to come between

entressafra [ētri'safra] F time between harvests; (*fig*) **as ~s de algo** the periods without sth

entretanto [ētri'tātu] CONJ however

entretela [ētri'tɛla] F (*Costura*) interlining, buckram

entretenimento [ētriteni'mētu] M entertainment; (*distração*) pastime

entreter [ētri'ter] (*irreg: como* **ter**) VT (*divertir*) to entertain, amuse; (*ocupar*) to occupy; (*manter*) to keep up; (*esperanças*) to cherish; **entreter-se** VR to amuse o.s.; to occupy o.s.

entrevar [ētre'var] VT to paralyse, cripple

entrever [ētri'ver] (*irreg: como* **ver**) VT to glimpse, catch a glimpse of

entrevista [ētre'vista] F interview; **~ coletiva (à imprensa)** press conference

entrevistador, a [ētrevista'dor(a)] M/F interviewer

entrevistar [ētrevis'tar] VT to interview; **entrevistar-se** VR to have an interview

entrevisto, -a [ētre'vistu, a] PP *de* **entrever**

entristecedor, a [ētristese'dor(a)] ADJ saddening, sad

entristecer [ētriste'ser] VT to sadden, grieve ▶ VI to feel sad; **entristecer-se** VR to feel sad

entroncamento [ētrōka'mētu] M junction

entrosado, -a [ētro'zadu, a] ADJ (*fig*) integrated

entrosamento [ētroza'mētu] M (*fig*) integration

entrosar [ētro'zar] VT (*rodas*) to mesh; (*peças*) to fit; (*fig*) to integrate ▶ VI to mesh; to fit; **~ com** (*fig*) to fit in with; **~ em** (*adaptar-se*) to settle into

entrudo [ē'trudu] (PT) M carnival; (*Rel*) Shrovetide

entulhar [ētu'ʎar] VT to cram full; (*suj: multidão*) to pack

entulho [ē'tuʎu] M rubble, debris *sg*

entupido, -a [ētu'pidu, a] ADJ blocked; **estar ~** (col: *congestionado*) to have a blocked-up nose; (*de comida*) to be fit to burst, be full up

entupimento [ētupi'mētu] M blockage

entupir [ētu'pir] VT to block, clog; **entupir-se** VR to become blocked; (*de comida*) to stuff o.s.

entupitivo, -a [ētupi'tʃivu, a] ADJ filling

enturmar-se [ētur'marsi] VR: **~ (com)** to make friends (with)

entusiasmar [ētuzjaz'mar] VT to fill with enthusiasm; (*animar*) to excite; **entusiasmar-se** VR to get excited

entusiasmo [ētu'zjazmu] M enthusiasm; (*júbilo*) excitement

entusiasta [ētu'zjasta] ADJ enthusiastic ▶ M/F enthusiast

entusiástico, -a [ẽtu'zjastʃiku, a] ADJ enthusiastic

enumeração [enumera'sãw] (*pl* **-ões**) F enumeration; (*numeração*) numbering

enumerar [enume'rar] VT to enumerate; (*com números*) to number

enunciar [enũ'sjar] VT to express, state

envaidecer [ẽvajde'ser] VT to make conceited; **envaidecer-se** VR to become conceited

envelhecer [ẽveʎe'ser] VT to age ▶ VI to grow old, age

envelhecimento [ẽveʎesi'mẽtu] M aging

envelope [ẽve'lɔpi] M envelope

envenenado, -a [ẽvene'nadu, a] ADJ poisoned; (*col: festa, roupa*) wild, great; (: *carro*) souped-up

envenenamento [ẽvenena'mẽtu] M poisoning; **~ do sangue** blood poisoning

envenenar [ẽvene'nar] VT to poison; (*fig*) to corrupt; (: *declaração, palavras*) to distort, twist; (*tornar amargo*) to sour; (*col: carro*) to soup up ▶ VI to be poisonous; **envenenar-se** VR to poison o.s.

enverdecer [ẽverde'ser] VT to turn green

enveredar [ẽvere'dar] VI: **~ por um caminho** to follow a road; **~ para** to head for

envergadura [ẽverga'dura] F (*asas, velas*) spread; (*de avião*) wingspan; (*fig*) scope; **de grande ~** large-scale

envergar [ẽver'gar] VT (*arquear*) to bend; (*vestir*) to wear

envergonhado, -a [ẽvergo'ɲadu, a] ADJ ashamed; (*tímido*) shy

envergonhar [ẽvergo'ɲar] VT to shame; (*degradar*) to disgrace; **envergonhar-se** VR to be ashamed

envernizar [ẽverni'zar] VT to varnish

enviado, -a [ẽ'vjadu, a] M/F envoy, messenger

enviar [ẽ'vjar] VT to send

envidar [ẽvi'dar] VT: **~ esforços (para fazer algo)** to endeavour (BRIT) *ou* endeavor (US) (to do sth)

envidraçado, -a [ẽvidra'sadu, a] ADJ: **varanda envidraçada** conservatory

envidraçar [ẽvidra'sar] VT to glaze

enviesado, -a [ẽvje'zadu, a] ADJ slanting

envilecer [ẽvile'ser] VT to debase, degrade

envio [ẽ'viu] M sending; (*expedição*) dispatch; (*remessa*) remittance; (*de mercadorias*) consignment

enviuvar [ẽvju'var] VI to be widowed

envolto, -a [ẽ'vowtu, a] PP *de* **envolver**

envoltório [ẽvow'tɔrju] M cover

envolvente [ẽvow'vẽtʃi] ADJ compelling

envolver [ẽvow'ver] VT (*embrulhar*) to wrap (up); (*cobrir*) to cover; (*comprometer, acarretar*) to involve; (*nos braços*) to embrace; **envolver-se** VR (*intrometer-se*) to become involved; (*cobrir-se*) to wrap o.s. up

envolvimento [ẽvowvi'mẽtu] M involvement

enxada [ẽ'ʃada] F hoe

enxadrista [ẽʃa'drista] M/F chess player

enxaguada [ẽʃa'gwada] F rinse

enxaguar [ẽʃa'gwar] VT to rinse

enxame [ẽ'ʃami] M swarm

enxaqueca [ẽʃa'keka] F migraine

enxergão [ẽʃer'gãw] (*pl* **-ões**) M (straw) mattress

enxergar [ẽʃer'gar] VT (*avistar*) to catch sight of; (*divisar*) to make out; (*notar*) to observe, see; **enxergar-se** VR: **ele não se enxerga** he doesn't know his place

enxergões [ẽʃer'gõjs] MPL *de* **enxergão**

enxerido, -a [ẽʃe'ridu, a] ADJ nosy, interfering

enxertar [ẽʃer'tar] VT to graft; (*fig*) to incorporate

enxerto [ẽ'ʃertu] M graft

enxó [ẽ'ʃɔ] M adze

enxofre [ẽ'ʃofri] M sulphur (BRIT), sulfur (US)

enxota-moscas [ẽ'ʃota-] (PT) M fly swatter

enxotar [ẽʃo'tar] VT (*expulsar*) to drive out

enxoval [ẽʃo'vaw] (*pl* **-ais**) M (*de noiva*) trousseau; (*de recém-nascido*) layette

enxovalhar [ẽʃova'ʎar] VT (*sujar*) to soil; (*amarrotar*) to crumple; (*reputação*) to blacken; (*insultar*) to insult; **enxovalhar-se** VR to disgrace o.s.

enxugador [ẽʃuga'dor] M clothes drier

enxugar [ẽʃu'gar] VT to dry; (*fig: texto*) to tidy up; (: *organização, quadro de pessoal*) to downsize; **~ as lágrimas** to dry one's eyes

enxurrada [ẽʃu'hada] F (*de água*) torrent; (*fig*) spate

enxuto, -a [ẽ'ʃutu, a] ADJ dry; (*corpo*) shapely; (*bonito*) good-looking

enzima [ẽ'zima] F enzyme

epicentro [epi'sẽtru] M epicentre (BRIT), epicenter (US)

épico, -a ['ɛpiku, a] ADJ epic ▶ M epic poet

epidemia [epide'mia] F epidemic

epidêmico, -a [epi'demiku, a] ADJ epidemic

Epifania [epifa'nia] F Epiphany

epilepsia [epile'psia] F epilepsy

epiléptico, -a [epi'lɛptʃiku, a] ADJ, M/F epileptic

epílogo [e'pilogu] M epilogue

episcopado [episko'padu] M bishopric

episódio [epi'zɔdʒu] M episode

epístola [e'pistola] F epistle; (*carta*) letter

epitáfio [epi'tafju] M epitaph

epítome [e'pitomi] M summary; (*fig*) epitome

época ['ɛpoka] F time, period; (*da história*) age, epoch; **~ da colheita** harvest time; **naquela ~** at that time; **fazer ~** to be epoch-making; **fazer segunda ~** to resit one's exams

epopeia [epo'pɛja] F epic

equação [ekwa'sãw] (*pl* **-ões**) F equation

equacionar [ekwasjo'nar] VT to set out

equações [ekwa'sõjs] FPL *de* **equação**

Equador [ekwa'dor] M: **o ~** Ecuador

equador [ekwa'dor] M equator

equânime [e'kwanimi] ADJ fair; (*caráter*) unbiassed, neutral

equatorial [ekwato'rjaw] (*pl* **-ais**) ADJ equatorial

equatoriano, -a [ekwato'rjanu, a] ADJ, M/F Ecuadorian
equestre [e'kwɛstri] ADJ equestrian
equidade [ekwi'dadʒi] F equity
equidistante [ekwidʒis'tãtʃi] ADJ equidistant
equilátero, -a [ekwi'lateru, a] ADJ equilateral
equilibrado, -a [ekili'bradu, a] ADJ balanced; (*pessoa*) level-headed
equilibrar [ekili'brar] VT to balance; **equilibrar-se** VR to balance
equilíbrio [eki'librju] M balance; **perder o ~** to lose one's balance
equino, -a [e'kwinu, a] ADJ equine
equipa [e'kipa] (*PT*) F team
equipamento [ekipa'mẽtu] M equipment, kit
equipar [eki'par] VT (*navio*) to fit out; (*prover*) to equip
equiparação [ekipara'sãw] (*pl* -**ões**) F comparison
equiparar [ekipa'rar] VT (*comparar*) to equate; **equiparar-se** VR: **~-se a** to equal
equiparável [ekipa'ravew] (*pl* -**eis**) ADJ comparable, equitable
equipe [e'kipi] (*BR*) F team
equitação [ekita'sãw] F (*ato*) riding; (*arte*) horsemanship
equitativo, -a [ekwita'tʃivu, a] ADJ fair, equitable
equivalência [ekiva'lẽsja] F equivalence
equivalente [ekiva'lẽtʃi] ADJ, M equivalent
equivaler [ekiva'ler] VI: **~ a** to be the same as, equal
equivocado, -a [ekivo'kadu, a] ADJ mistaken, wrong
equivocar-se [ekivo'karsi] VR to make a mistake, be wrong
equívoco, -a [e'kivoku, a] ADJ ambiguous ▶ M (*engano*) mistake
ER ABR (= *espera resposta*) RSVP
era¹ ['ɛra] F era, age
era² VB *ver* **ser**
erário [e'rarju] M exchequer
ereção [ere'sãw] (*pl* -**ões**) F (*tb Fisiol*) erection
eremita [ere'mita] M/F hermit
eremitério [eremi'tɛrju] M hermitage
ereto, -a [e'rɛtu, a] ADJ upright, erect
erguer [er'ger] VT (*levantar*) to raise, lift; (*edificar*) to build, erect; **erguer-se** VR to rise; (*pessoa*) to stand up
eriçado, -a [eri'sadu, a] ADJ bristling; (*cabelos*) (standing) on end
eriçar [eri'sar] VT: **~ o cabelo de alguém** to make sb's hair stand on end; **eriçar-se** VR to bristle; (*cabelos*) to stand on end
erigir [eri'ʒir] VT to erect
ermo, -a ['ermu, a] ADJ (*solitário*) lonely; (*desabitado*) uninhabited ▶ M wilderness
erógeno, -a [e'rɔʒenu, a] ADJ erogenous
erosão [ero'zãw] F erosion
erótico, -a [e'rɔtʃiku, a] ADJ erotic
erotismo [ero'tʃizmu] M eroticism

erradicar [ehadʒi'kar] VT to eradicate
errado, -a [e'hadu, a] ADJ wrong; **dar ~** to go wrong
errante [e'hãtʃi] ADJ wandering
errar [e'har] VT (*alvo*) to miss; (*conta*) to get wrong ▶ VI (*vaguear*) to wander, roam; (*enganar-se*) to be wrong, make a mistake; **~ o caminho** to lose one's way
errata [e'hata] F errata
erro ['ehu] M mistake; **salvo ~** unless I am mistaken; **~ de imprensa** misprint; **~ de pronúncia** mispronunciation
errôneo, -a [e'honju, a] ADJ wrong, mistaken; (*falso*) false, untrue
erudição [erudʒi'sãw] F erudition, learning
erudito, -a [eru'dʒitu, a] ADJ learned, scholarly ▶ M scholar
erupção [erup'sãw] (*pl* -**ões**) F eruption; (*na pele*) rash; (*fig*) outbreak
erva ['ɛrva] F herb; **~ daninha** weed; (*col: dinheiro*) dosh; (: *maconha*) dope
erva-cidreira [-si'drejra] (*pl* **ervas-cidreiras**) F lemon verbena
erva-doce (*pl* **ervas-doces**) F fennel
erva-mate (*pl* **ervas-mate(s)**) F maté
ervilha [er'viʎa] F pea
ES (*BR*) ABR = **Espírito Santo**
ESAO [e'saw] (*BR*) ABR F (= *Escola Superior de Aperfeiçoamento de Oficiais*) officer training school
esbaforido, -a [izbafo'ridu, a] ADJ breathless, panting
esbaldar-se [izbaw'darsi] VR to have a great time, really enjoy o.s.
esbandalhado, -a [izbãda'ʎadu, a] ADJ (*pessoa*) scruffy; (*casa, jardim*) untidy
esbanjador, a [izbãʒa'dor(a)] ADJ extravagant, spendthrift ▶ M/F spendthrift
esbanjamento [izbãʒa'mẽtu] M (*ato*) squandering; (*qualidade*) extravagance
esbanjar [izbã'ʒar] VT to squander, waste; **estar esbanjando saúde** to be bursting with health
esbarrão [izba'hãw] (*pl* -**ões**) M collision
esbarrar [izba'har] VI: **~ em** to bump into; (*obstáculo, problema*) to come up against
esbarrões [izba'hõjs] MPL *de* **esbarrão**
esbeltez [izbew'tez] F slenderness
esbelto, -a [iz'bɛwtu, a] ADJ slim, slender
esboçar [izbo'sar] VT to sketch; (*delinear*) to outline; (*plano*) to draw up; **~ um sorriso** to give a little smile
esboço [iz'bosu] M sketch; (*primeira versão*) draft; (*fig: resumo*) outline
esbodegado, -a [izbode'gadu, a] ADJ tatty; (*cansado*) worn out
esbodegar [izbode'gar] (*col*) VT to ruin
esbofar [izbo'far] VT to tire out; **esbofar-se** VR to be worn out
esbofetear [izbofe'tʃjar] VT to slap, hit
esbórnia [iz'bɔrnja] F orgy
esborrachar [izboha'ʃar] VT to squash; (*esbofetear*) to hit; **esborrachar-se** VR to go sprawling

esbranquiçado, -a [izbrāki'sadu, a] ADJ whitish; (*lábios*) pale

esbravejar [izbrave'ʒar] VT, VI to shout

esbregue [iz'brɛgi] (*col*) M (*descompostura*) telling-off, dressing-down (BRIT); (*rolo*) punch-up, brawl

esbugalhado, -a [izbuga'ʎadu, a] ADJ: **olhos ~s** goggle eyes

esbugalhar-se [izbuga'ʎarsi] VR to goggle, boggle

esburacado, -a [izbura'kadu, a] ADJ full of holes, holey; (*rua*) full of potholes

esburacar [izbura'kar] VT to make holes (*ou a hole*) in

escabeche [iska'bɛʃi] M (*Culin*) marinade, *sauce of spiced vinegar and onion*

escabroso, -a [iska'brozu, ɔza] ADJ (*difícil*) tough; (*indecoroso*) indecent

escada [is'kada] F (*dentro da casa*) staircase, stairs *pl*; (*fora da casa*) steps *pl*; (*de mão*) ladder; **~ de incêndio** fire escape; **~ rolante** escalator

escadaria [iskada'ria] F staircase

escafandrista [iskafã'drista] M/F deep-sea diver

escafandro [iska'fādru] M diving suit

escafeder-se [iskafe'dersi] (*col*) VI to sneak off

escala [is'kala] F scale; (*Náut*) port of call; (*parada*) stop; **fazer ~ em** to call at; **sem ~** non-stop; **~ móvel** sliding scale

escalação [iskala'sãw] F climbing; (*designação*) selection

escalada [iska'lada] F (*de guerra*) escalation

escalafobético, -a [iskalafo'bɛtʃiku, a] (*col*) ADJ weird, strange

escalão [eska'lãw] (*pl* **-ões**) M step; (*Mil*) echelon; **o primeiro ~ do governo** the highest level of government

escalar [iska'lar] VT (*montanha*) to climb; (*muro*) to scale; (*designar*) to select

escalavrar [iskala'vrar] VT (*pele*) to graze; (*parede*) to damage

escaldado, -a [iskaw'dadu, a] ADJ (*fig*) cautious, wary

escaldar [iskaw'dar] VT to scald; (*Culin*) to blanch; **escaldar-se** VR to scald o.s.

escaler [iska'lɛr] M launch

escalfar [iskaw'far] (PT) VT (*ovos*) to poach

escalões [ɛska'lõjs] MPL *de* **escalão**

escalonamento [iskalona'mētu] M (*Com: de dívida*) scheduling

escalonar [iskalo'nar] VT (*argumentos, opiniões*) to set out; (*dívida*) to spread, schedule

escalope [iska'lɔpi] M escalope (BRIT), cutlet (US)

escama [is'kama] F (*de peixe*) scale; (*de pele*) flake

escamar [iska'mar] VT to scale

escamotear [iskamo'tʃjar] VT (*furtar*) to pilfer, pinch (BRIT); (*empalmar*) to make disappear (by sleight of hand)

escancarado, -a [iskāka'radu, a] ADJ wide open

escancarar [iskāka'rar] VT to open wide

escandalizar [iskãdali'zar] VT to shock; **escandalizar-se** VR to be shocked; (*ofender-se*) to be offended

escândalo [is'kãdalu] M scandal; (*indignação*) outrage; **fazer** *ou* **dar um ~** to make a scene

escandaloso, -a [iskãda'lozu, ɔza] ADJ shocking, scandalous

Escandinávia [iskãdʒi'navja] F: **a ~** Scandinavia

escandinavo, -a [iskãdʒi'navu, a] ADJ, M/F Scandinavian

escangalhar [iskãga'ʎar] VT to break, smash (up); **escangalhar-se** VR: **~-se de rir** to split one's sides laughing

escaninho [iska'niɲu] M (*na secretária*) pigeonhole

escanteio [iskã'teju] M (*Futebol*) corner

escapada [iska'pada] F escape; (*ato leviano*) escapade

escapar [iska'par] VI: **~ a** *ou* **de** to escape from; (*fugir*) to run away from; **escapar-se** VR to run away, flee; **deixar ~** (*uma oportunidade*) to miss; (*palavras*) to blurt out; **~ da morte/de uma incumbência** to escape death/get out of a task; **ele escapou de ser atropelado** he escaped being run over; **o vaso escapou-lhe das mãos** the vase slipped out of his hands; **nada lhe escapa** (*passar desapercebido*) nothing escapes him, he doesn't miss a thing; **o nome me escapa no momento** the name escapes me for the moment; **não está bom, mas escapa** it's not good, but it'll do; **~ de boa** (*col*) to have a close shave

escapatória [iskapa'tɔrja] F (*saída*) way out; (*desculpa*) excuse

escape [is'kapi] M (*de gás*) leak; (*Auto*) exhaust

escapismo [iska'pizmu] M escapism

escapulida [iskapu'lida] F escape

escapulir [iskapu'lir] VI: **~ (de)** to get away (from); (*suj: coisa*) to slip (from)

escarafunchar [iskarafũ'ʃar] VT: **~ algo** (*remexer em*) to rummage in sth; (*com as unhas*) to scratch at sth; (*investigar*) to pore over sth

escaramuça [iskara'musa] F skirmish

escaravelho [iskara'veʎu] M beetle

escarcéu [iskar'sɛw] M (*fig*): **fazer um ~** to make a scene

escarlate [iskar'latʃi] ADJ scarlet

escarlatina [iskarla'tʃina] F scarlet fever

escarnecer [iskarne'ser] VT to mock, make fun of ▶ VI: **~ de** to mock, make fun of

escárnio [is'karnju] M mockery; (*desprezo*) derision

escarpa [is'karpa] F steep slope

escarpado, -a [iskar'padu, a] ADJ steep

escarrado, -a [iska'hadu, a] ADJ (*fig*): **ela é o pai ~** she's the spitting image of her father

escarrapachar-se [iskahapa'ʃarsi] VR to sprawl

escarrar [iska'har] VT to spit, cough up ▶ VI to spit

escarro [is'kahu] M phlegm, spit

escasseamento [iskasja'mẽtu] M (Com) shortage
escassear [iska'sjar] VT to skimp on ▶ VI to become scarce
escassez [iska'sez] F (*falta*) shortage
escasso, -a [is'kasu, a] ADJ scarce
escavação [iskava'sãw] (*pl* -**ões**) F digging, excavation
escavadeira [iskava'dejra] F digger, JCB®
escavar [iska'var] VT to excavate
esclarecedor, a [isklarese'dor(a)] ADJ explanatory; (*que alarga o conhecimento*) informative
esclarecer [isklare'ser] VT (*situação*) to explain; (*mistério*) to clear up, explain; **esclarecer-se** VR: ~-**se (sobre algo)** to find out (about sth); ~ **alguém sobre algo** to explain to sb about sth
esclarecido, -a [isklare'sidu, a] ADJ (*pessoa*) enlightened
esclarecimento [isklaresi'mẽtu] M explanation; (*informação*) information
esclerosado, -a [isklero'zadu, a] (*col*) ADJ (*pessoa*) batty, nutty
esclerótica [iskle'rɔtʃika] F white of the eye
escoadouro [iskoa'doru] M drain; (*cano*) drainpipe
escoar [isko'ar] VT to drain off ▶ VI to drain away; **escoar-se** VR to seep out
escocês, -esa [isko'ses, seza] ADJ Scottish, Scots ▶ M/F Scot, Scotsman/woman
Escócia [is'kɔsja] F Scotland
escoicear [iskoj'sjar] VT to kick; (*fig*) to ill-treat ▶ VI to kick
escol [is'kɔw] M best; **de** ~ of excellence
escola [is'kɔla] F school; ~ **de línguas** language school; ~ **de samba** samba school; *see note*; ~ **naval** naval college; ~ **primária/secundária** primary (BRIT) *ou* elementary (US) /secondary (BRIT) *ou* high (US) school; ~ **particular/pública** private/state (BRIT) *ou* public (US) school; ~ **superior** college; **fazer** ~ to win converts

> **Escolas de samba** are musical and recreational associations made up, among others, of samba dancers, percussionists and carnival dancers. Although they exist throughout Brazil, the most famous schools are in Rio de Janeiro. The schools in Rio rehearse all year long for the **carnaval**, when they parade along the *Sambódromo*, a purpose-built avenue flanked by stands for spectators, and compete for the samba school championship. Characterized by their extravagance, the biggest schools have up to 4,000 members and are one of Brazil's major tourist attractions.

escolado, -a [isko'ladu, a] ADJ (*esperto*) shrewd; (*experiente*) experienced
escolar [isko'lar] ADJ school *atr* ▶ M/F schoolboy/girl; **escolares** MPL (*alunos*) schoolchildren
escolaridade [iskolari'dadʒi] F schooling
escolarização [iskolariza'sãw] F education, schooling
escolarizar [iskolari'zar] VT to educate (in school)
escolha [is'koʎa] F choice
escolher [isko'ʎer] VT to choose, select
escolho [is'koʎu] M (*recife*) reef; (*rocha*) rock
escolta [is'kɔwta] F escort
escoltar [iskow'tar] VT to escort
escombros [is'kõbrus] MPL ruins, debris *sg*
esconde-esconde [iskõdʒis'kõdʒi] M hide-and-seek
esconder [iskõ'der] VT to hide, conceal; **esconder-se** VR to hide; **brincar de** ~ to play hide-and-seek
esconderijo [iskõde'riʒu] M hiding place; (*de bandidos*) hideout
escondidas [iskõ'dʒididas] FPL: **às** ~ secretly
escondidinho [iskõ'dʒidiɲu] (BR) M mashed potato pie, ≈ shepherd's pie (BRIT)
esconjurar [iskõʒu'rar] VT (*o Demônio*) to exorcize; (*afastar*) to keep off; (*amaldiçoar*) to curse; **esconjurar-se** VR (*lamentar-se*) to complain
escopo [is'kopu] M aim, purpose
escora [is'kɔra] F prop, support; (*cilada*) ambush
escorar [isko'rar] VT to prop (up); (*amparar*) to support; (*esperar de espreita*) to lie in wait for ▶ VI to lie in wait; **escorar-se** VR: ~-**se em** (*fundamentar-se*) to go by; (*amparar-se*) to live off
escorbuto [iskor'butu] M scurvy
escore [is'kɔri] M score
escória [is'kɔrja] F (*de metal*) dross; **a** ~ **da humanidade** the scum of the earth
escoriação [iskorja'sãw] (*pl* -**ões**) F abrasion, scratch
escorpiano, -a [iskor'pjanu, a] ADJ, M/F (*Astrologia*) Scorpio
escorpião [iskorpi'ãw] (*pl* -**ões**) M scorpion; **E**~ (*Astrologia*) Scorpio
escorraçar [iskoha'sar] VT (*tratar mal*) to ill-treat; (*expulsar*) to throw out; ~ **alguém de casa** *ou* **para fora de casa** to throw sb out of the house
escorrega [isko'hɛga] F slide
escorregadela [iskohega'dɛla] F slip
escorregadio, -a [iskohega'dʒiu, a] ADJ slippery
escorregador [iskohega'dor] M slide
escorregão [iskohe'gãw] (*pl* -**ões**) M slip; (*fig*) slip(-up)
escorregar [iskohe'gar] VI to slip; (*errar*) to slip up
escorregões [iskohe'gõjs] MPL *de* **escorregão**
escorrer [isko'her] VT (*fazer correr*) to drain (off); (*verter*) to pour out ▶ VI (*pingar*) to drip; (*correr em fio*) to trickle
escoteiro [isko'tejru] M scout
escotilha [isko'tʃiʎa] F hatch, hatchway
escova [is'kova] F brush; (*penteado*) blow-dry; ~ **de dentes** toothbrush; **fazer** ~ **no cabelo** to blow-dry one's hair; (*por outra pessoa*) to

escovar – **esférico**

have a blow-dry; **~ progressiva** keratin straightening
escovar [isko'var] VT to brush
escovinha [isko'viɲa] F: **cabelo à ~** crew cut
escrachado, -a [iskra'ʃadu, a] (col) ADJ (desleixado) scruffy; **estar** ou **ser ~** (ter ficha na polícia) to have a criminal record
escravatura [iskrava'tura] F (tráfico) slave trade; (escravidão) slavery
escravidão [iskravi'dãw] F slavery
escravização [iskraviza'sãw] F enslavement
escravizar [iskravi'zar] VT to enslave; (cativar) to captivate
escravo, -a [is'kravu, a] ADJ captive ▶ M/F slave; **ele é um ~ do amigo/trabalho** he's a slave to his friend/work
escrete [is'krɛtʃi] M team
escrevente [iskre'vẽtʃi] M/F clerk
escrever [iskre'ver] VT, VI to write; **escrever-se** VR to write to each other; **~ à máquina** to type
escrevinhador, a [iskreviɲa'dor(a)] (col) M/F hack (writer)
escrevinhar [iskrevi'ɲar] VT to scribble
escrita [es'krita] F writing; (pessoal) handwriting; **pôr a ~ em dia** to bring one's correspondence up to date
escrito, -a [es'kritu, a] PP de **escrever** ▶ ADJ written ▶ M piece of writing; **~ à mão** handwritten; **dar por ~** to put in writing; **ela é o pai ~** she's the spitting image of her father
escritor, a [iskri'tor(a)] M/F writer; (autor) author
escritório [iskri'tɔrju] M office; (em casa) study
escritura [iskri'tura] F (Jur) deed; (na compra de imóveis) = exchange of contracts; **as Sagradas E~s** the Scriptures
escrituração [iskritura'sãw] F book-keeping; (de transações, quantias) entering, recording; **~ por partidas simples/dobradas** (Com) single-entry/double-entry book-keeping
escriturar [iskritu'rar] VT (contas) to register, enter up; (documento) to draw up
escriturário, -a [iskritu'rarju, a] M/F clerk
escrivã [iskri'vã] F de **escrivão**
escrivaninha [iskriva'niɲa] F writing desk
escrivão, -vã [iskri'vãw, vã] (pl **-ões/-s**) M/F registrar, recorder
escroque [is'krɔki] M swindler, con man
escroto, -a [is'krotu, a] M scrotum ▶ ADJ (!: pessoa) vile, gross; (: filme etc) crappy (!), shitty (!)
escrúpulo [is'krupulu] M scruple; (cuidado) care; **sem ~** unscrupulous
escrupuloso, -a [iskrupu'lozu, ɔza] ADJ scrupulous; (cuidadoso) careful
escrutinar [iskrutʃi'nar] VI to act as a scrutineer
escrutínio [iskru'tʃinju] M (votação) poll; (apuração de votos) counting; (exame atento) scrutiny; **~ secreto** secret ballot

escudar [isku'dar] VT to shield; **escudar-se** VR to shield o.s.; (apoiar-se): **~-se em algo** to rely on sth
escudeiro [isku'dejru] M squire
escudo [is'kudu] M shield; (moeda) escudo
esculachado, -a [iskula'ʃadu, a] (col) ADJ sloppy
esculachar [iskula'ʃar] (col) VT (bagunçar) to mess up; (espancar) to beat up; (criticar) to get at; (repreender) to tick off
esculacho [isku'laʃu] (col) M mess; (repreensão) telling-off
esculhambação [iskuʎãba'sãw] (pl **-ões**) (!) F mess; (repreensão) telling-off, bollocking (!)
esculhambado, -a [iskuʎã'badu, a] (!) ADJ (descuidado) shabby, slovenly; (estragado) messed up, knackered; (bagunçado) shambolic
esculhambar [iskuʎã'bar] (!) VT to mess up, fuck up (!); **~ alguém** (criticar) to give sb stick; (descompor) to give sb a bollocking (!)
esculpir [iskuw'pir] VT to carve, sculpt; (gravar) to engrave
escultor, a [iskuw'tor(a)] M/F sculptor
escultura [iskuw'tura] F sculpture
escultural [iskuwtu'raw] (pl **-ais**) ADJ sculptural; (corpo) statuesque
escuma [is'kuma] (PT) F foam; (em cerveja) froth
escumadeira [iskuma'dejra] F skimmer
escuna [is'kuna] F (Náut) schooner
escuras [is'kuras] FPL: **às ~** in the dark
escurecer [iskure'ser] VT to darken ▶ VI to get dark; **ao ~** at dusk
escurecimento [iskuresi'mẽtu] M darkening
escuridão [iskuri'dãw] F (trevas) darkness
escuro, -a [is'kuru, a] ADJ (sombrio) dark; (dia) overcast; (pessoa) swarthy ▶ M dark
escuso, -a [is'kuzu, a] ADJ shady
escuta [is'kuta] F listening; **à ~** listening out; **ficar na ~** to stand by; **~ eletrônica/telefônica** bugging/phone tapping
escutar [isku'tar] VT to listen to; (sem prestar atenção) to hear ▶ VI to listen; to hear; **escuta!** listen!; **ele não escuta bem** he is hard of hearing; **o médico escutou o paciente** the doctor listened to the patient's chest
esdrúxulo, -a [iz'druʃulu, a] ADJ weird, odd
esfacelar [isfase'lar] VT (destruir) to destroy
esfaimado, -a [isfaj'madu, a] ADJ famished, ravenous
esfalfar [isfaw'far] VT to tire out, exhaust; **esfalfar-se** VR to tire o.s. out
esfaquear [isfaki'ar] VT to stab
esfarelar [isfare'lar] VT to crumble; **esfarelar-se** VR to crumble
esfarrapado, -a [isfaha'padu, a] ADJ (roupa) ragged, tattered; (desculpa) lame
esfarrapar [isfaha'par] VT to tear to pieces
esfera [is'fɛra] F sphere; (globo) globe
esférico, -a [is'fɛriku, a] ADJ spherical

esferográfico, -a [isfero'grafiku, a] ADJ: **caneta esferográfica** ballpoint pen
esfiapar [isfja'par] VT to fray; **esfiapar-se** VR to fray
esfinge [is'fĩʒi] F sphinx
esfogueado, -a [isfo'gjadu, a] ADJ impatient
esfolar [isfo'lar] VT to skin; (*arranhar*) to graze; (*cobrar demais a*) to overcharge, fleece
esfomeado, -a [isfo'mjadu, a] ADJ famished, starving
esforçado, -a [isfor'sadu, a] ADJ committed, dedicated
esforçar-se [isfor'sarsi] VR: **~ para** to try hard to, strive to
esforço [is'forsu] M effort; **fazer ~** to try hard, make an effort
esfregação [isfrega'sãw] F rubbing; (*col*) necking, petting
esfregaço [isfre'gasu] M smear
esfregar [isfre'gar] VT to rub; (*com água*) to scrub
esfriamento [isfrja'mẽtu] M cooling
esfriar [is'frjar] VT to cool, chill ▶ VI to get cold; (*fig*) to cool off
esfumaçar [isfuma'sar] VT to fill with smoke
esfumar [isfu'mar] VT to disperse; **esfumar-se** VR to fade away
esfuziante [isfu'zjãtʃi] ADJ (*pessoa*) bubbly; (*alegria*) irrepressible
ESG (BR) ABR F (= *Escola Superior de Guerra*) military training school
esganado, -a [izga'nadu, a] ADJ (*sufocado*) choked; (*voraz*) greedy; (*avaro*) grasping
esganar [izga'nar] VT to strangle, choke
esganiçado, -a [izgani'sadu, a] ADJ (*voz*) shrill
esgaravatar [iʃgarava'tar] VT (*fig*) to delve into
esgarçar [iʃgar'sar] VT, VI to tear; (*com o uso*) to wear into a hole
esgazeado, -a [iʃga'zjadu, a] ADJ (*olhos, olhar*) crazed
esgoelar [izgoe'lar] VT to yell; (*estrangular*) to choke; **esgoelar-se** VR to yell, scream
esgotado, -a [izgo'tadu, a] ADJ (*exausto*) exhausted; (*consumido*) used up; (*livros*) out of print; **os ingressos estão ~s** the tickets are sold out
esgotamento [izgota'mẽtu] M exhaustion
esgotar [izgo'tar] VT (*vazar*) to drain, empty; (*recursos*) to use up; (*pessoa, assunto*) to exhaust; **esgotar-se** VR (*cansar-se*) to become exhausted; (*mercadorias, edição*) to be sold out; (*recursos*) to run out
esgoto [iz'gotu] M drain; (*público*) sewer
esgrima [iz'grima] F (*Esporte*) fencing
esgrimir [izgri'mir] VI to fence
esgrouvinhado, -a [izgrovi'ɲadu, a] ADJ dishevelled
esgueirar-se [izgej'rarsi] VR to slip away, sneak off
esguelha [iz'geʎa] F slant; **olhar alguém de ~** to look at sb out of the corner of one's eye

esguichar [izgi'ʃar] VT to squirt ▶ VI to squirt out
esguicho [iʃ'giʃu] M (*jacto*) jet; (*de mangueira etc*) spout
esguio, -a [ez'giu, a] ADJ slender
eslavo, -a [iʃ'lavu, a] ADJ Slavic ▶ M/F Slav
esmaecer [izmaje'ser] VI to fade
esmagador, a [izmaga'dor(a)] ADJ crushing; (*provas*) irrefutable; (*maioria*) overwhelming
esmagar [izma'gar] VT to crush
esmaltado, -a [izmaw'tadu, a] ADJ enamelled (BRIT), enameled (US)
esmalte [iz'mawtʃi] M enamel; (*de unhas*) nail polish
esmerado, -a [izme'radu, a] ADJ careful, neat; (*bem acabado*) polished
esmeralda [izme'rawda] F emerald
esmerar-se [izme'rarsi] VR: **~ em** to take great care to
esmero [iz'mɛru] M (great) care
esmigalhar [izmiga'ʎar] VT to crumble; (*despedaçar*) to shatter; (*esmagar*) to crush; **esmigalhar-se** VR (*pão etc*) to crumble; (*vaso*) to smash, shatter
esmirrado, -a [izmi'hadu, a] ADJ (*roupa*) skimpy, tight
esmiuçar [izmju'sar] VT (*pão*) to crumble; (*examinar*) to examine in detail
esmo ['ezmu] M: **a ~** at random; **andar a ~** to walk aimlessly; **falar a ~** to prattle
esmola [iz'mɔla] F alms *pl*; (*col: surra*) thrashing; **pedir ~s** to beg
esmolar [izmo'lar] VT, VI: **~ (algo a alguém)** to beg (sth from sb)
esmorecer [izmore'ser] VT to discourage ▶ VI (*desanimar-se*) to lose heart
esmorecimento [izmoresi'mẽtu] M dismay, discouragement; (*enfraquecimento*) weakening
esmurrar [izmu'har] VT to punch
Esni [ez'ni] (BR) ABR F (= *Escola Nacional de Informações*) training school for intelligence services
esnobação [iznoba'sãw] F snobbishness
esnobar [izno'bar] VI to be snobbish ▶ VT: **~ alguém** to give sb the cold shoulder
esnobe [iz'nɔbi] ADJ snobbish; (*col*) stuck-up ▶ M/F snob
esnobismo [izno'bizmu] M snobbery
esôfago [e'zofagu] M oesophagus (BRIT), esophagus (US)
esotérico, -a [ezo'tɛriku, a] ADJ esoteric
esoterismo [ezote'rizmu] M New Age
espaçado, -a [ispa'sadu, a] ADJ spaced out
espaçar [ispa'sar] VT to space out; **~ visitas/saídas** *etc* to visit/go out *etc* less often
espacejamento [ispaseʃa'mẽtu] M (*Tip*) spacing; **~ proporcional** proportional spacing
espacial [ispa'sjaw] (*pl* **-ais**) ADJ spatial, space *atr*; **nave ~** spaceship
espaço [is'pasu] M space; (*tempo*) period; (*cultural etc*) venue; **~ para 3 pessoas** room for 3 people; **a ~s** from time to time; **sujeito a ~** (*em avião*) stand-by

espaçoso, -a [ispa'sozu, ɔza] ADJ spacious, roomy
espada [is'pada] F sword; **espadas** FPL (*Cartas*) spades; **estar entre a ~ e a parede** to be between the devil and the deep blue sea
espadachim [ispada'ʃĩ] (*pl* **-ns**) M swordsman
espadarte [ispa'dartʃi] M swordfish
espádua [is'padwa] F shoulder blade
espairecer [ispajre'ser] VT to amuse, entertain ▶ VI to relax; **espairecer-se** VR to relax
espairecimento [ispajresi'mẽtu] M recreation
espaldar [ispaw'dar] M (chair) back
espalha-brasas [ispaʎa'-] M/F INV troublemaker
espalhafato [ispaʎa'fatu] M din, commotion
espalhafatoso, -a [ispaʎafa'tozu, ɔza] ADJ (*pessoa*) loud, rowdy; (*roupa*) loud, garish
espalhar [ispa'ʎar] VT to scatter; (*boato, medo*) to spread; (*luz*) to shed; **espalhar-se** VR (*fogo, boato*) to spread; (*refestelar-se*) to lounge
espanador [ispana'dor] M duster
espanar [ispa'nar] VT to dust
espancamento [ispãka'mẽtu] M beating
espancar [ispã'kar] VT to beat up
espandongado, -a [ispãdõ'gadu, a] ADJ (*no vestir*) scruffy; (*estragado*) tatty
Espanha [is'paɲa] F: **a ~** Spain
espanhol, a [ispa'ɲɔw, ɔla] (*pl* **-óis/-s**) ADJ Spanish ▶ M/F Spaniard ▶ M (*Ling*) Spanish; **os espanhóis** MPL the Spanish
espantado, -a [ispã'tadu, a] ADJ astonished; (*cor*) loud, garish
espantalho [ispã'taʎu] M scarecrow
espantar [ispã'tar] VT (*causar medo a*) to frighten; (*admirar*) to amaze, astonish; (*afugentar*) to frighten away ▶ VI to be amazing; **espantar-se** VR to be amazed; (*assustar-se*) to be frightened
espanto [is'pãtu] M (*medo*) fright, fear; (*admiração*) amazement
espantoso, -a [ispã'tozu, ɔza] ADJ amazing
esparadrapo [ispara'drapu] M (sticking) plaster (BRIT), Band-Aid® (US)
espargir [ispar'ʒir] VT (*líquido*) to sprinkle; (*flores*) to scatter; (*luz*) to shed
esparramar [ispaha'mar] VT (*líquido*) to splash; (*espalhar*) to scatter
esparso, -a [is'parsu, a] ADJ scattered; (*solto*) loose
espartano, -a [ispar'tanu, a] ADJ (*fig*) spartan
espartilho [ispar'tʃiʎu] M corset
espasmo [is'paʒmu] M spasm, convulsion
espasmódico, -a [ispaʒ'mɔdʒiku, a] ADJ spasmodic
espatifar [ispatʃi'far] VT to smash; **espatifar-se** VR to smash; (*avião*) to crash
espavorir [ispavo'rir] VT to terrify
EsPCEx (BR) ABR F = **Escola Preparatória de Cadetes do Exército**
especial [ispe'sjaw] (*pl* **-ais**) ADJ special; **em ~** especially

especialidade [ispesjali'dadʒi] F speciality (BRIT), specialty (US); (*ramo de atividades*) specialization
especialista [ispesja'lista] M/F specialist; (*perito*) expert
especialização [ispesjaliza'sãw] (*pl* **-ões**) F specialization
especializado, -a [ispesjali'zadu, a] ADJ specialized; (*operário, mão de obra*) skilled
especializar-se [ispesjali'zarsi] VR: **~ (em)** to specialize (in)
especiaria [ispesja'ria] F spice
espécie [is'pɛsi] F (*Bio*) species; (*tipo*) sort, kind; **causar ~** to be surprising; **pagar em ~** to pay in cash
especificação [ispesifika'sãw] (*pl* **-ões**) F specification
especificar [ispesifi'kar] VT to specify
específico, -a [ispe'sifiku, a] ADJ specific
espécime [is'pɛsimi] M specimen
espécimen [is'pɛsimẽ] (*pl* **-s**) M = **espécime**
espectador, a [ispekta'dor(a)] M/F (*testemunha*) onlooker; (*TV*) viewer; (*Esporte*) spectator; (*Teatro*) member of the audience; **espectadores** MPL audience *sg*
espectro [is'pɛktru] M spectre (BRIT), specter (US); (*Fís*) spectrum; (*pessoa*) gaunt figure
especulação [ispekula'sãw] (*pl* **-ões**) F speculation
especulador, a [ispekula'dor(a)] ADJ speculating ▶ M/F (*na Bolsa etc*) speculator; (*explorador*) opportunist
especular [ispeku'lar] VI: **~ (sobre)** to speculate (on)
especulativo, -a [ispekula'tʃivu, a] ADJ speculative
espelhar [ispe'ʎar] VT to mirror; **espelhar-se** VR to be mirrored; **seus olhos espelham malícia, espelha-se malícia nos seus olhos** there is malice in his eyes
espelho [is'peʎu] M mirror; (*fig*) model; **~ retrovisor** (*Auto*) rear-view mirror
espelunca [ispe'lũka] (*col*) F (*bar*) dive; (*casa*) dump, hole
espera [is'pera] F (*demora*) wait; (*expectativa*) expectation; **à ~ de** waiting for; **à minha ~** waiting for me
espera-marido (*pl* **espera-maridos**) M (*Culin*) *sweet made with burnt sugar and eggs*
esperança [ispe'rãsa] F (*confiança*) hope; (*expectativa*) expectation; **dar ~s a alguém** to get sb's hopes up; **que ~!** (*col*) no chance!
esperançar [isperã'sar] VT: **~ alguém** to give sb hope
esperançoso, -a [isperã'sozu, ɔza] ADJ hopeful
esperar [ispe'rar] VT (*aguardar*) to wait for; (*desejar*) to hope for; (*contar com, bebê*) to expect ▶ VI to wait; to hope; to expect; **espero que sim/não** I hope so/not; **fazer alguém ~** to keep sb waiting; **espera aí!** hold on!; (*col: não vem*) come off it!

esperável [ispe'ravew] (*pl* **-eis**) ADJ expected, probable
esperma [is'pɛrma] M sperm
espernear [isper'njar] VI to kick out; (*protestar*) to protest
espertalhão, -lhona [isperta'ʎãw, ʎɔna] (*pl* **-ões/-s**) ADJ crafty, shrewd ▶ M/F shrewd operator
esperteza [isper'teza] F cleverness; (*astúcia*) cunning
esperto, -a [is'pɛrtu, a] ADJ clever; (*espertalhão*) crafty; (*col: bacana*) great
espesso, -a [is'pesu, a] ADJ thick
espessura [ispe'sura] F thickness
espetacular [ispetaku'lar] ADJ spectacular
espetáculo [ispe'takulu] M (*Teatro*) show; (*vista*) sight; (*cena ridícula*) spectacle; **dar ~** to make a spectacle of o.s.; **ela/a casa é um ~** (*col*) she/the house is fabulous
espetada [ispe'tada] F prick
espetar [ispe'tar] VT (*carne*) to put on a spit; (*cravar*) to stick; **espetar-se** VR to prick o.s.; **~ algo em algo** to pin sth to sth
espetinho [ispe'tʃiɲu] M skewer
espeto [is'petu] M spit; (*pau*) pointed stick; (*fig: pessoa magra*) beanpole; **ser um ~** (*ser difícil*) to be awkward
espevitado, -a [ispevi'tadu, a] ADJ (*fig: vivo*) lively
espezinhar [ispezi'ɲar] VT to trample (on); (*humilhar*) to treat like dirt
espia [is'pia] M/F spy
espiã [is'pjã] F *de* **espião**
espiada [is'pjada] F: **dar uma ~** to have a look
espião, -piã [is'pjãw, 'pjã] (*pl* **-ões/-s**) M/F spy
espiar [is'pjar] VT (*espionar*) to spy on; (*uma ocasião*) to watch out for; (*olhar*) to watch ▶ VI to spy; (*olhar*) to peer
espicaçar [ispika'sar] VT to trouble, torment
espichar [ispi'ʃar] VT (*couro*) to stretch out; (*pescoço, pernas*) to stretch ▶ VI (*col: crescer*) to shoot up; **espichar-se** VR to stretch out
espiga [is'piga] F (*de milho*) ear
espigado, -a [ispi'gadu, a] ADJ (*milho*) fully-grown; (*ereto*) upright
espigueiro [ispi'gejru] M granary
espinafração [ispinafra'sãw] (*pl* **-ões**) (*col*) F telling-off
espinafrar [ispina'frar] (*col*) VT: **~ alguém** (*repreender*) to give sb a telling-off; (*criticar*) to get at sb; (*ridicularizar*) to jeer at sb
espinafre [ispi'nafri] M spinach
espingarda [ispĩ'garda] F shotgun, rifle; **~ de ar comprimido** air rifle
espinha [is'piɲa] F (*de peixe*) bone; (*na pele*) spot, zit (*col*); (*coluna vertebral*) spine
espinhar [ispi'ɲar] VT (*picar*) to prick; (*irritar*) to irritate, annoy
espinheiro [ispi'ɲejru] M bramble bush
espinhento, -a [ispi'ɲẽtu, a] ADJ spotty, pimply
espinho [is'piɲu] M thorn; (*de animal*) spine; (*fig: dificuldade*) snag

espinhoso, -a [ispi'ɲozu, ɔza] ADJ (*planta*) prickly, thorny; (*fig: difícil*) difficult; (: *problema*) thorny
espinotear [ispino'tʃjar] VI (*cavalo*) to buck; (*pessoa*) to leap about
espiões [is'pjõjs] MPL *de* **espião**
espionagem [ispio'naʒẽ] F spying, espionage
espionar [ispjo'nar] VT to spy on ▶ VI to spy, snoop
espiral [ispi'raw] (*pl* **-ais**) ADJ, F spiral
espírita [is'pirita] ADJ, M/F spiritualist
espiritismo [ispiri'tʃizmu] M spiritualism
espírito [is'piritu] M spirit; (*pensamento*) mind; **~ de porco** wet blanket; **~ esportivo** sense of humo(u)r; **~ forte/fraco** (*fig: pessoa*) freethinker/sheep; **E~ Santo** Holy Spirit
espiritual [ispiri'twaw] (*pl* **-ais**) ADJ spiritual
espirituoso, -a [ispiri'twozu, ɔza] ADJ witty
espirrar [ispi'har] VI to sneeze; (*jorrar*) to spurt out ▶ VT (*água*) to spurt
espirro [is'pihu] M sneeze
esplanada [ispla'nada] F esplanade
esplêndido, -a [is'plẽdʒidu, a] ADJ splendid
esplendor [isplẽ'dor] M splendour (BRIT), splendor (US)
espocar [ispo'kar] VI to explode
espoleta [ispo'leta] F (*de arma*) fuse
espoliar [ispo'ljar] VT to plunder
espólio [is'pɔlju] M (*herança*) estate, property; (*roubado*) booty, spoils *pl*
esponja [is'põʒa] F sponge; (*de pó de arroz*) powder puff; (*parasita*) sponger; (*col: ébrio*) boozer
esponjoso, -a [ispõ'ʒozu, ɔza] ADJ spongy
espontaneidade [ispõtanei'dadʒi] F spontaneity
espontâneo, -a [ispõ'tanju, a] ADJ spontaneous; (*pessoa: natural*) straightforward
espora [is'pora] F spur
esporádico, -a [ispo'radʒiku, a] ADJ sporadic
esporão [ispo'rãw] (*pl* **-ões**) M (*de galo*) spur
esporear [ispo'rjar] VT (*picar*) to spur on; (*fig*) to incite
esporões [ispo'rõjs] MPL *de* **esporão**
esporte [is'pɔrtʃi] (BR) M sport
esportista [ispor'tʃista] ADJ sporting ▶ M/F sportsman/woman
esportiva [ispor'tʃiva] F sense of humour (BRIT) *ou* humor (US); **perder a ~** to lose one's sense of humo(u)r
esportivo, -a [ispor'tʃivu, a] ADJ sporting
esposa [is'poza] F wife
esposar [ispo'zar] VT to marry; (*causa*) to defend
esposo [is'pozu] M husband
espoucar [ispo'kar] VT = **espocar**
espraiar [ispra'jar] VT, VI to spread; (*dilatar*) to expand; **espraiar-se** VR (*mar*) to wash across the beach; (*rio*) to spread out; (*fig: epidemia*) to spread
espreguiçadeira [ispregisa'dejra] F deck chair; (*com lugar para as pernas*) lounger

espreguiçar-se [ispregi'sarsi] VR to stretch
espreita [is'prejta] F: **ficar à ~** to keep watch
espreitar [isprej'tar] VT (*espiar*) to spy on; (*observar*) to observe, watch
espremedor [ispreme'dor] M squeezer
espremer [ispre'mer] VT (*fruta*) to squeeze; (*roupa molhada*) to wring out; (*pessoas*) to squash; **espremer-se** VR (*multidão*) to be squashed together; (*uma pessoa*) to squash up
espuma [is'puma] F foam; (*de cerveja*) froth, head; (*de sabão*) lather; (*de ondas*) surf; **colchão de ~** foam mattress; **~ de borracha** foam rubber
espumante [ispu'mātʃi] ADJ frothy, foamy; (*vinho*) sparkling
espumar [ispu'mar] VI to foam; (*fera, cachorro*) to foam at the mouth
espúrio, -a [is'purju, a] ADJ spurious, bogus
esputinique [isputʃi'niki] M satellite, sputnik
esq. ABR (= *esquerdo*) l.; = **esquina**
esq° ABR = **esquerdo**
esquadra [is'kwadra] F (*Náut*) fleet; (PT: *da polícia*) police station
esquadrão [iskwa'drāw] (*pl* **-ões**) M squadron
esquadrilha [iskwa'driʎa] F squadron
esquadrinhar [iskwadri'ɲar] VT (*casa, área*) to search, scour; (*fatos*) to scrutinize
esquadro [is'kwadru] M set square
esquadrões [iskwa'drõjs] MPL *de* **esquadrão**
esqualidez [iskwali'des] F squalor
esquálido, -a [is'kwalidu, a] ADJ squalid, filthy
esquartejar [iskwarte'ʒar] VT to quarter
esquecer [iske'ser] VT, VI to forget; **esquecer-se** VR: **~-se de** to forget; **~-se de fazer algo** to forget to do sth; **~-se (de) que ...** to forget that ...
esquecido, -a [iske'sidu, a] ADJ forgotten; (*pessoa*) forgetful
esquecimento [iskesi'mētu] M (*falta de memória*) forgetfulness; (*olvido*) oblivion; **cair no ~** to fall into oblivion
esquelético, -a [iske'lɛtʃiku, a] ADJ (*Anat*) skeletal; (*pessoa*) scrawny
esqueleto [iske'letu] M skeleton; (*arcabouço*) framework; **ser um ~** (*fig: pessoa*) to be just skin and bone
esquema [is'kɛma] M (*resumo*) outline; (*plano*) scheme; (*diagrama*) diagram, plan; **~ de segurança** security operation
esquemático, -a [iske'matʃiku, a] ADJ schematic
esquematizar [iskematʃi'zar] VT to represent schematically; (*planejar*) to plan
esquentado, -a [iskē'tadu, a] ADJ (*fig: irritado*) annoyed; (: *irritadiço*) irritable
esquentar [iskē'tar] VT to heat (up), warm (up); (*fig: irritar*) to annoy ▶ VI to warm up; (*casaco*) to be warm; **esquentar-se** VR to get annoyed; **~ a cabeça** (*col*) to get worked up; **não esquenta!** don't worry!
esquerda [is'kerda] F (*tb Pol*) left; **à ~** on the left; **dobrar à ~** to turn left; **políticos de ~**

left-wing politicians; **a ~ festiva** the trendy left
esquerdista [isker'dʃista] ADJ left-wing ▶ M/F left-winger
esquerdo, -a [is'kerdu, a] ADJ left
esquete [is'kɛtʃi] M (*Teatro, TV*) sketch
esqui [is'ki] M (*patim*) ski; (*esporte*) skiing; **~ aquático** water skiing; **fazer ~** to go skiing
esquiador, a [iskja'dor(a)] M/F skier
esquiar [is'kjar] VI to ski
esquilo [is'kilu] M squirrel
esquina [is'kina] F corner; **fazer ~ com** to join
esquisitão, -ona [iskizi'tāw, ɔna] (*pl* **-ões/-s**) ADJ odd, peculiar
esquisitice [iskizi'tʃisi] F oddity, peculiarity; (*ato, dito*) strange thing
esquisito, -a [iski'zitu, a] ADJ strange, odd
esquisitões [iskizi'tõjs] MPL *de* **esquisitão**
esquisitona [iskizi'tɔna] F *de* **esquisitão**
esquiva [is'kiva] F dodge
esquivar-se [iski'varsi] VR: **~ de** to escape from, get away from; (*deveres*) to get out of
esquivo, -a [is'kivu, a] ADJ aloof, standoffish
esquizofrenia [iskizofre'nia] F schizophrenia
esquizofrênico, -a [iskizo'freniku, a] ADJ, M/F schizophrenic
essa ['ɛsa] PRON: **~ é/foi boa** that is/was a good one; **~ não, sem ~** come off it!; **vamos n~** let's go!; **ainda mais ~!** that's all I need!; **corta ~!** cut it out!; **gostei d~** I like that; **estou n~** count me in, I'm game; **por ~s e outras** for these and other reasons; **~ de fazer ...** this business of doing ...
esse ['esi] ADJ (*sg*) that; (*pl*) those; (BR: *este: sg*) this; (: *pl*) these ▶ PRON (*sg*) that one; (*pl*) those (ones); (BR: *este: sg*) this one; (: *pl*) these (ones)
essência [e'sēsja] F essence
essencial [esē'sjaw] (*pl* **-ais**) ADJ essential; (*principal*) main ▶ M: **o ~** the main thing
Est. ABR (= *Estação*) Stn.; (= *Estrada*) Rd
esta ['ɛsta] F *de* **este²**
estabanado, -a [istaba'nadu, a] ADJ clumsy
estabelecer [istabele'ser] VT to establish; (*fundar*) to set up; **estabelecer-se** VR to establish o.s., set o.s. up; **estabeleceu-se que ...** it was established that ...; **o governo estabeleceu que ...** the government decided that ...
estabelecimento [istabelesi'mētu] M establishment; (*casa comercial*) business
estabilidade [istabili'dadʒi] F stability
estabilização [istabiliza'sāw] F stabilization
estabilizar [istabili'zar] VT to stabilize; **estabilizar-se** VR to stabilize
estábulo [is'tabulu] M cow-shed
estaca [is'taka] F post, stake; (*de barraca*) peg; **voltar à ~ zero** to go back to square one
estacada [ista'kada] F (*defensiva*) stockade; (*fileira de estacas*) fencing

estação [ista'sãw] (*pl* -**ões**) F station; (*do ano*) season; ~ **de águas** spa; ~ **balneária** seaside resort; ~ **emissora** broadcasting station

estacar [ista'kar] VT to prop up ▶ VI to stop short, halt

estacionamento [istasjona'mẽtu] M (*ato*) parking; (*lugar*) car park (BRIT), parking lot (US)

estacionar [istasjo'nar] VT to park ▶ VI to park; (*não mover*) to remain stationary

estacionário, -a [istasjo'narju, a] ADJ (*veículo*) stationary; (*Com*) slack

estações [ista'sõjʃ] FPL *de* **estação**

estada [is'tada] F stay

estadia [ista'dʒia] F = **estada**

estádio [is'tadʒu] M stadium

estadista [ista'dʒista] M/F statesman/woman

estado [i'stadu] M state; **E~s Unidos (da América)** United States (of America), USA; ~ **civil** marital status; ~ **de espírito** state of mind; ~ **de saúde** condition; ~ **maior** staff; **em bom** ~ in good condition; **estar em** ~ **interessante** to be expecting; **estar em** ~ **de fazer** to be in a position to do

estadual [ista'dwaw] (*pl* -**ais**) ADJ state *atr*

estadunidense [istaduni'dẽsi] ADJ (North) American, US *atr*

estafa [is'tafa] F fatigue; (*esgotamento*) nervous exhaustion

estafante [ista'fãtʃi] ADJ exhausting

estafar [ista'far] VT to tire out, fatigue; **estafar-se** VR to tire o.s. out

estafermo [ista'fermu] (PT) M scarecrow; (*col*) nincompoop

estagiar [ista'ʒjar] VI (*empregado*) to work as a trainee, do a traineeship; (*estudante*) to work as an intern, do an internship

estagiário, -a [ista'ʒjarju, a] M/F (*empregado*) trainee; (*estudante*) intern; (*professor*) student teacher; (*médico*) junior doctor

estágio [is'taʒu] M (*aprendizado: de empregado*) traineeship; (: *de estudante*) internship; (*fase*) stage

estagnação [istagna'sãw] F stagnation

estagnado, -a [istag'nadu, a] ADJ stagnant

estagnar [istag'nar] VT to make stagnant; (*país*) to bring to a standstill ▶ VI to stagnate; **estagnar-se** VR to stagnate

estalagem [ista'laʒẽ] (*pl* -**ns**) F inn

estalar [ista'lar] VT (*quebrar*) to break; (*os dedos*) to snap ▶ VI (*fender-se*) to split, crack; (*crepitar*) to crackle; **estou estalando de dor de cabeça** I've got a splitting headache

estaleiro [ista'lejru] M shipyard

estalido [ista'lidu] M pop

estalo [is'talu] M (*do chicote*) crack; (*dos dedos*) snap; (*dos lábios*) smack; (*de foguete*) bang; ~ **de trovão** thunderclap; **de** ~ suddenly; **me deu um** ~ it clicked, the penny dropped

estampa [is'tãpa] F (*figura impressa*) print; (*ilustração*) picture; **ter uma bela** ~ (*fig*) to be beautiful

estampado, -a [istã'padu, a] ADJ printed ▶ M (*tecido*) print; (*num tecido*) pattern; **sua angústia estava estampada no rosto** his anxiety was written on his face

estampar [istã'par] VT (*imprimir*) to print; (*marcar*) to stamp

estamparia [istãpa'ria] F (*oficina*) print shop; (*tecido, figura*) print

estampido [istã'pidu] M bang

estancar [istã'kar] VT (*sangue, água*) to staunch; (*fazer cessar*) to stop; **estancar-se** VR (*parar*) to stop

estância [is'tãsja] F (*fazenda*) ranch, farm; (*versos*) stanza; ~ **hidromineral** spa resort

estandardizar [istãdardʒi'zar] VT to standardize

estandarte [istã'dartʃi] M standard, banner

estande [is'tãdʒi] M stand

estanho [is'taɲu] M (*metal*) tin

estanque [is'tãki] ADJ watertight

estante [is'tãtʃi] F (*armário*) bookcase; (*suporte*) stand

estapafúrdio, -a [istapa'furdʒu, a] ADJ outlandish, odd

(PALAVRA-CHAVE)

estar [is'tar] VI **1** (*lugar*) to be; (*em casa*) to be in; (*no telefone*): **a Lúcia está? — não, ela não está** is Lúcia there? — no, she's not in

2 (*estado*) to be; **estar doente** to be ill; **estar bem** (*de saúde*) to be well; (*financeiramente*) to be well off; **estar calor/frio** to be hot/cold; **estar com fome/sede/medo** to be hungry/thirsty/afraid

3 (*ação contínua*): **estar fazendo** (BR) *ou* **a fazer** (PT) to be doing

4 (+ *pp: como adj*): **estar sentado/cansado** to be sitting down/tired

5 (+ *pp: uso passivo*): **está condenado à morte** he's been condemned to death; **o livro está emprestado** the book's been borrowed

6: **estar de férias/licença** to be on holiday (BRIT) *ou* vacation (US)/leave; **ela estava de chapéu** she had a hat on, she was wearing a hat

7: **estar para fazer** to be about to do; **ele está para chegar a qualquer momento** he'll be here any minute; **não estar para conversas** not to be in the mood for talking

8: **estar por fazer** to be still to be done

9: **estar sem dinheiro** to have no money; **estar sem dormir** not to have slept; **estou sem dormir há três dias** I haven't slept for three days; **está sem terminar** it isn't finished yet

10 (*frases*): **tá (bem)** (*col*) OK; **estar bem com** to be on good terms with

estardalhaço [istarda'ʎasu] M fuss; (*ostentação*) ostentation

estarrecer [istahe'ser] VT to petrify ▶ VI to be petrified

estas ['estas] FPL *de* **este²**

estatal [ista'taw] (*pl* **-ais**) ADJ nationalized, state-owned ▶ F state-owned company

estatelado, -a [istate'ladu, a] ADJ (*cair*) sprawling

estatelar [istate'lar] VT to send sprawling; (*estarrecer*) to stun; **estatelar-se** VR (*cair*) to go sprawling

estática [is'tatʃika] F (*Tec*) static

estático, -a [is'tatʃiku, a] ADJ static

estatística [ista'tʃistʃika] F statistic; (*ciência*) statistics *sg*

estatístico, -a [ista'tʃistʃiku, a] ADJ statistical

estatização [istatʃiza'sãw] (*pl* **-ões**) F nationalization

estatizar [istatʃi'zar] VT to nationalize

estátua [is'tatwa] F statue

estatueta [ista'tweta] F statuette

estatura [ista'tura] F stature

estatuto [ista'tutu] M (*Jur*) statute; (*de cidade*) bye-law; (*de associação*) rule; **~s sociais** *ou* **da empresa** (*Com*) articles of association

estável [is'tavew] (*pl* **-eis**) ADJ stable

este¹ ['ɛstʃi] M east ▶ ADJ INV (*região*) eastern; (*vento, direção*) easterly

este², esta ['estʃi, 'ɛsta] ADJ (*sg*) this; (*pl*) these ▶ PRON this one; (*pl*) these; (*a quem/que se referiu por último*) the latter; **esta noite** (*noite passada*) last night; (*noite de hoje*) tonight

esteio [is'teju] M prop, support; (*Náut*) stay

esteira [is'tejra] F mat; (*de navio*) wake; (*rumo*) path

esteja *etc* [is'teʒa] VB *ver* **estar**

estelionato [isteljo'natu] M fraud

estêncil [is'tẽsiw] (*pl* **-eis**) M stencil

estender [istẽ'der] VT to extend; (*mapa*) to spread out; (*pernas*) to stretch; (*massa*) to roll out; (*conversa*) to draw out; (*corda*) to pull tight; (*roupa molhada*) to hang out; **estender-se** VR (*no chão*) to lie down; (*fila, terreno*) to stretch, extend; **~-se sobre algo** to dwell on sth, expand on sth; **esta lei estende-se a todos** this law applies to all; **o conferencista estendeu-se demais** the speaker went on too long; **~ a mão** to hold out one's hand; **~ uma cadeira para alguém** to offer sb a chair; **~ uma crítica a todos** to extend a criticism to everyone

estenodatilógrafo, -a [istenodatʃi'lɔgrafu, a] M/F shorthand typist (BRIT), stenographer (US)

estenografar [istenogra'far] VT to write in shorthand

estenografia [istenogra'fia] F shorthand

estepe [is'tɛpi] M spare wheel

esterco [is'terku] M manure, dung

estéreis [is'tɛrejs] ADJ PL *de* **estéril**

estereo... [isterju] PREFIXO stereo...

estereofônico, -a [isterjo'foniku, a] ADJ stereo(phonic)

estereotipado, -a [isterjotʃi'padu, a] ADJ stereotypical

estereotipar [isterjotʃi'par] VT to stereotype

estereótipo [iste'rjɔtʃipu] M stereotype

estéril [is'tɛriw] (*pl* **-eis**) ADJ sterile; (*terra*) infertile; (*fig*) futile

esterilidade [isterili'dadʒi] F sterility; (*de terra*) infertility; (*escassez*) dearth

esterilização [isteriliza'sãw] F sterilization

esterilizar [isterili'zar] VT to sterilize

esterlino, -a [ister'linu, a] ADJ sterling ▶ M sterling; **libra esterlina** pound sterling

esteroide [iste'rɔjdʒi] M steroid

esteta [is'tɛta] M/F aesthete (BRIT), esthete (US)

estética [is'tɛtʃika] F aesthetics *sg* (BRIT), esthetics *sg* (US)

esteticista [istetʃi'sista] M/F beautician

estético, -a [is'tɛtʃiku, a] ADJ aesthetic (BRIT), esthetic (US)

estetoscópio [isteto'skɔpju] M stethoscope

esteve [is'tevi] VB *ver* **estar**

estiagem [is'tʃjaʒẽ] (*pl* **-ns**) F (*depois da chuva*) calm after the storm; (*falta de chuva*) dry spell

estiar [is'tʃjar] VI (*não chover*) to stop raining; (*o tempo*) to clear up

estibordo [istʃi'bɔrdu] M starboard

esticada [istʃi'kada] F: **dar uma ~** (*esticar-se*) to stretch, have a stretch; **dar uma ~ numa boate** (*col*) to go on to a nightclub

esticar [istʃi'kar] VT (*uma corda*) to stretch, tighten; (*a perna*) to stretch; **esticar-se** VR to stretch out; **~ as canelas** (*col*) to pop one's clogs, kick the bucket; **depois da festa esticamos numa boate** (*col*) after the party we went on to a nightclub

estigma [is'tʃigima] M (*marca*) mark, scar; (*fig*) stigma

estigmatizar [istʃigimatʃi'zar] VT to brand; **~ alguém de algo** to brand sb (as) sth

estilhaçar [istʃiʎa'sar] VT to splinter; (*despedaçar*) to shatter; **estilhaçar-se** VR to shatter

estilhaço [istʃi'ʎasu] M fragment; (*de pedra*) chip; (*de madeira, metal*) splinter

estilista [istʃi'lista] M/F stylist; (*de moda*) designer

estilística [istʃi'listʃika] F stylistics *sg*

estilístico, -a [istʃi'listʃiku, a] ADJ stylistic

estilizar [istʃili'zar] VT to stylize

estilo [is'tʃilu] M style; (*Tec*) stylus; **~ de vida** way of life; **móveis de ~** stylish furniture; **o vestido não é do meu ~** *ou* **não faz o meu ~** the dress isn't my style

estima [is'tʃima] F esteem; (*afeto*) affection; **ter ~ a** to have a high regard for

estimação [istʃima'sãw] F: **... de ~** favourite (BRIT)..., favorite (US)...

estimado, -a [istʃi'madu, a] ADJ respected; (*em cartas*): **E~ Senhor** Dear Sir

estimar [istʃi'mar] VT (*apreciar*) to appreciate; (*avaliar*) to value; (*ter estima a*) to have a high regard for; (*calcular aproximadamente*) to estimate; **estimar-se** VR: **eles se estimam muito** they have a high regard for one another; **estima-se o número de ouvintes em 3 milhões** the number of listeners is estimated to be 3 million; **~ em** (*avaliar*) to

estimativa – estranhar | 570

value at; *(população)* to estimate to be; **estimo que você tenha exito** I wish you success

estimativa [istʃima'tʃiva] F estimate; **fazer uma ~ de algo** to estimate sth; **~ de custo** estimate, costing

estimável [istʃi'mavew] *(pl -eis)* ADJ *(digno de estima)* decent; **prejuízo ~ em 3 milhões** loss estimated at 3 million

estimulação [istʃimula'sãw] F stimulation

estimulante [istʃimu'lãtʃi] ADJ stimulating ▶ M stimulant

estimular [istʃimu'lar] VT to stimulate; *(incentivar)* to encourage; **~ alguém a fazer algo** to encourage sb to do sth

estímulo [is'tʃimulu] M stimulus; *(ânimo)* encouragement; **falta de ~** lack of incentive; **ele não tem ~ para nada no momento** he has got no incentive to do anything at the moment

estio [is'tʃiu] M summer

estipêndio [istʃi'pēdʒu] M pay

estipulação [istʃipula'sãw] *(pl -ões)* F stipulation, condition

estipular [istʃipu'lar] VT to stipulate

estirar [istʃi'rar] VT to stretch (out); **estirar-se** VR to stretch

estirpe [is'tʃirpi] F stock, lineage

estivador, a [istʃiva'dor(a)] M/F docker

estive *etc* [is'tʃivi] VB *ver* **estar**

estocada [isto'kada] F stab, thrust

estocado, -a [isto'kadu, a] ADJ *(Com)* in stock

estocagem [isto'kaʒē] F *(estocar)* stockpiling; *(estoque)* stock

estocar [isto'kar] VT to stock

Estocolmo [isto'kɔwmu] N Stockholm

estofador, a [istofa'dor(a)] M/F upholsterer

estofar [isto'far] VT to upholster; *(acolchoar)* to pad, stuff

estofo [is'tofu] M *(tecido)* material; *(para acolchoar)* padding, stuffing

estoico, -a [is'tɔjku, a] ADJ stoic(al) ▶ M/F stoic

estojo [is'toʒu] M case; **~ de ferramentas** tool kit; **~ de óculos** glasses case; **~ de tintas** paintbox; **~ de unhas** manicure set

estola [is'tɔla] F stole

estólido, -a [is'tɔlidu, a] ADJ stupid

estômago [is'tomagu] M stomach; **ter ~ para (fazer) algo** to be up to (doing) sth; **estar com o ~ embrulhado** to have an upset stomach; **forrar o ~** to have a little bite to eat

Estônia [is'tonja] F: **a ~** Estonia

estoniano, -a [isto'njanu, a] ADJ, M/F Estonian

estonteante [istõ'tʃjãtʃi] ADJ stunning

estontear [istõ'tʃjar] VT to stun, daze

estoque [is'tɔki] M *(Com)* stock; **em ~** in stock

estore [is'tɔri] M blind

estória [is'tɔrja] F story

estorninho [istor'niɲu] M starling

estorricar [istohi'kar] VT, VI = **esturricar**

estorvar [istor'var] VT to hinder, obstruct; *(fig: importunar)* to bother, disturb; **~ alguém de fazer** to prevent sb from doing

estorvo [is'torvu] M hindrance, obstacle; *(amolação)* bother, nuisance

estourado, -a [isto'radu, a] ADJ *(temperamental)* explosive; *(col: cansado)* knackered, worn out

estoura-peito [istora'-] *(pl* **estoura-peitos***)* *(col)* M strong cigarette

estourar [isto'rar] VI to explode; *(pneu)* to burst; *(escândalo)* to blow up; *(guerra)* to break out; *(BR: chegar)* to turn up, arrive; **~ (com alguém)** *(zangar-se)* to blow up (at sb); **estou estourando de dor de cabeça** I've got a splitting headache; **eu devo chegar às 9.00, estourando, 9 e meia** I should get there at 9 o'clock, or 9.30 at the latest

estouro [is'toru] M explosion; **ser um ~** *(col)* to be great; **dar o ~** *(fig: zangar-se)* to blow up, blow one's top

estouvado, -a [isto'vadu, a] ADJ rash, foolhardy

estrábico, -a [is'trabiku, a] ADJ cross-eyed

estrabismo [istra'bizmu] M squint

estraçalhar [istrasa'ʎar] VT *(livro, objeto)* to pull to pieces; *(pessoa)* to tear to pieces; **estraçalhar-se** VR to mutilate one another

estrada [is'trada] F road; **~ de contorno** ring road (BRIT), beltway (US); **~ de ferro** (BR) railway (BRIT), railroad (US); **~ de terra** dirt road; **~ principal** main road (BRIT), state highway (US); **~ secundária** minor road

estrado [is'tradu] M *(tablado)* platform; *(de cama)* base

estragado, -a [istra'gadu, a] ADJ ruined, wrecked; *(saúde)* ruined; *(fruta)* rotten; *(muito mimado)* spoiled, spoilt (BRIT)

estragão [istra'gãw] M tarragon

estraga-prazeres [istraga-] M/F INV spoilsport

estragar [istra'gar] VT to spoil; *(arruinar)* to ruin, wreck; *(desperdiçar)* to waste; *(saúde)* to damage; *(mimar)* to spoil

estrago [is'tragu] M *(destruição)* destruction; *(desperdício)* waste; *(dano)* damage; **os ~s da guerra** the ravages of war

estrangeiro, -a [istrã'ʒejru, a] ADJ foreign ▶ M/F foreigner; **no ~** abroad

estrangulação [istrãgula'sãw] F strangulation

estrangulador [istrãgula'dor] M strangler

estrangular [istrãgu'lar] VT to strangle; **esta suéter está me estrangulando** this sweater is too tight for me

estranhar [istra'ɲar] VT *(surpreender-se de)* to be surprised at; *(achar estranho)*: **~ algo** to find sth strange; **estranhei o clima** the climate did not agree with me; **minha filha estranhou a visita/a cama nova** my daughter was shy with the visitor/found it hard to get used to the new bed; **não é de se ~** it's not surprising; **você não quer um**

chocolate? — **estou te estranhando** you don't want a chocolate? — that's not like you

estranho, -a [iʃ'traɲu, a] ADJ strange, odd; *(influências)* outside ▶ M/F *(desconhecido)* stranger; *(de fora)* outsider; **o nome não me é ~** the name rings a bell

Estrasburgo [iʃtraz'burgu] N Strasbourg

estratagema [iʃtrata'ʒema] M *(Mil)* stratagem; *(ardil)* trick

estratégia [iʃtra'tɛʒa] F strategy

estratégico, -a [iʃtra'tɛʒiku, a] ADJ strategic

estratificar-se [iʃtratʃifiʃi'karsi] VR *(fig: ideias, opiniões)* to become entrenched

estrato [iʃ'tratu] M layer, stratum

estratosfera [iʃtratoʃ'fɛra] F stratosphere

estreante [iʃ'trjãtʃi] ADJ new ▶ M/F newcomer

estrear [iʃ'trjar] VT *(vestido)* to wear for the first time; *(peça de teatro)* to perform for the first time; *(veículo)* to use for the first time; *(filme)* to show for the first time, première; *(iniciar)*: **~ uma carreira** to embark on ou begin a career ▶ VI *(ator, jogador)* to make one's first appearance; *(filme, peça)* to open

estrebaria [iʃtreba'ria] F stable

estrebuchar [iʃtrebu'ʃar] VI to struggle; *(ao morrer)* to shake (in death throes)

estreia [iʃ'treja] F *(de artista)* debut; *(de uma peça)* first night; *(de um filme)* première, opening; **é a ~ do meu carro** it's the first time I've used my car

estreitamento [iʃtrejta'mẽtu] M *(diminuição)* narrowing; *(aperto)* tightening; *(de relações)* strengthening

estreitar [iʃtrej'tar] VT *(reduzir)* to narrow; *(roupa)* to take in; *(abraçar)* to hug; *(laços de amizade)* to strengthen ▶ VI *(estrada)* to narrow; **estreitar-se** VR *(laços de amizade)* to deepen

estreiteza [iʃtrej'teza] F narrowness; *(de regulamento)* strictness; **~ de pontos de vista** narrow-mindedness

estreito, -a [iʃ'trejtu, a] ADJ narrow; *(saia)* straight; *(vínculo, relação)* close; *(medida)* strict ▶ M strait; **ter convivência estreita com alguém** to live at close quarters with sb

estrela [iʃ'trela] F star; **~ cadente** falling star; **~ de cinema** film (BRIT) ou movie (US) star; **ter boa ~** to be lucky

estrelado, -a [iʃtre'ladu, a] ADJ *(céu)* starry; *(ovo)* fried; **um filme ~ por Marilyn Monroe** a film starring Marilyn Monroe

estrela-do-mar *(pl* **estrelas-do-mar)** F starfish

estrelar [iʃtre'lar] VT *(PT: ovos)* to fry; *(filme, peça)* to star in; **estrelar-se** VR *(céu)* to fill with stars

estrelato [iʃtre'latu] M: **o ~** stardom

estrelinha [iʃtre'liɲa] F *(fogo de artifício)* sparkler

estrelismo [iʃtre'lizmu] M star quality

estremadura [iʃtrema'dura] F frontier

571 | **estranho – estrutura**

estremecer [iʃtreme'ser] VT *(sacudir)* to shake; *(amizade)* to strain; *(fazer tremer)*: **~ alguém** to make sb shudder ▶ VI *(vibrar)* to shake; *(tremer)* to tremble; *(horrorizar-se)* to shudder; *(amizade)* to be strained; **ela estremeceu de susto, o susto estremeceu-a** the fright made her jump

estremecido, -a [iʃtreme'sidu, a] ADJ *(sacudido)* shaken; *(sobressaltado)* startled; *(amizade)* strained

estremecimento [iʃtremesi'mẽtu] M *(sacudida)* shaking, trembling; *(tremor)* tremor; *(numa amizade)* tension

estremunhado, -a [iʃtremu'ɲadu, a] ADJ half-asleep

estrepar-se [iʃtre'parsi] VR *(fig)* to come unstuck

estrepe [iʃ'trɛpi] *(col)* M *(mulher)* dog

estrépito [iʃ'trɛpitu] M din, racket; **com ~** with a lot of noise, noisily; **fazer ~** to make a din

estrepitoso, -a [iʃtrepi'tozu, ɔza] ADJ noisy, rowdy; *(fig)* sensational

estressante [iʃtre'sãtʃi] ADJ stressful

estressar [iʃtre'sar] VT to stress

estresse [iʃ'trɛsi] M stress

estria [iʃ'tria] F groove; *(na pele)* stretch mark

estribar [iʃtri'bar] VT to base; **estribar-se** VR: **~-se em** to be based on

estribeira [iʃtri'bejra] F: **perder as ~s** *(col)* to fly off the handle, lose one's temper

estribilho [iʃtri'biʎu] M *(Mús)* chorus

estribo [iʃ'tribu] M *(de cavalo)* stirrup; *(degrau)* step; *(fig: apoio)* support

estricnina [iʃtrik'nina] F strychnine

estridente [iʃtri'dẽtʃi] ADJ shrill, piercing

estrilar [iʃtri'lar] *(col)* VI *(zangar-se)* to get mad; *(reclamar)* to moan

estrilo [iʃ'trilu] M: **dar um ~** to blow one's top

estripulia [iʃtripu'lia] F prank

estrito, -a [iʃ'tritu, a] ADJ *(rigoroso)* strict; *(restrito)* restricted; **no sentido ~ da palavra** in the strict sense of the word

estrofe [iʃ'trɔfi] F stanza

estrogonofe [iʃtrogo'nɔfi] M *(Culin)* stroganoff

estrompado, -a [iʃtrõ'padu, a] ADJ worn out; *(pessoa)* exhausted

estrondar [iʃtrõ'dar] VI to boom; *(fig)* to resound

estrondo [iʃ'trõdu] M *(de trovão)* rumble; *(de armas)* din; **~ sônico** sonic boom

estrondoso, -a [iʃtrõ'dozu, ɔza] ADJ *(ovação)* tumultuous, thunderous; *(sucesso)* resounding; *(notícia)* sensational

estropiar [iʃtro'pjar] VT *(aleijar)* to maim, cripple; *(fatigar)* to wear out, exhaust; *(texto)* to mutilate; *(pronunciar mal)* to mispronounce

estrumar [iʃtru'mar] VT to spread manure on

estrume [iʃ'trumi] M manure

estrutura [iʃtru'tura] F structure; *(armação)* framework; *(de edifício)* fabric

estrutural [istrutu'raw] (*pl* **-ais**) ADJ structural

estruturalismo [istrutura'lizmu] M structuralism

estruturar [istrutu'rar] VT to structure

estuário [istu'arju] M estuary

estudado, -a [istu'dadu, a] ADJ (*fig*) studied, affected

estudantada [istudã'tada] F students *pl*

estudante [istu'dātʃi] M/F student

estudantil [istudā'tʃiw] (*pl* **-is**) ADJ student *atr*

estudar [istu'dar] VT, VI to study

estúdio [is'tudʒu] M studio

estudioso, -a [istudʒozu, ɔza] ADJ studious ▶ M/F student

estudo [is'tudu] M study; **~ de caso** case study; **~ de viabilidade** feasibility study

estufa [is'tufa] F (*fogão*) stove; (*de plantas*) greenhouse; (*de fogão*) plate warmer; **efeito ~** greenhouse effect; **este quarto é uma ~** this room is like an oven

estufado [istu'fadu] (*PT*) M stew

estufar [istu'far] VT (*peito*) to puff up; (*almofada*) to stuff

estulto, -a [is'tuwtu, a] ADJ foolish, silly

estupefação [istupefa'sãw] F amazement, astonishment

estupefato, -a [istupe'fatu, a], (*PT*) **estupefacto** ADJ dumbfounded; **ele me olhou ~** he looked at me in astonishment

estupendo, -a [istu'pēdu, a] ADJ wonderful; (*col*) fantastic, terrific

estupidamente [istupida'mētʃi] ADV stupidly; **uma cerveja ~ gelada** (*col*) an ice-cold beer

estupidez [istupi'dez] F stupidity; (*ato, dito*) stupid thing; (*grosseria*) rudeness; **que ~!** what a stupid thing to do! (*ou* to say!)

estúpido, -a [is'tupidu, a] ADJ stupid; (*grosseiro*) rude, churlish ▶ M/F idiot; (*grosseiro*) oaf; **calor ~** incredible heat

estupor [istu'por] M stupor; (*fig: pessoa de mau caráter*) bad lot; (: *pessoa feia*) fright

estuporado, -a [istupo'radu, a] ADJ (*estragado*) ruined; (*cansado*) tired out; (*ferido*) seriously injured

estuporar-se [istupo'rarsi] (*col*) VR (*num acidente*) to be seriously injured

estuprador [istupra'dor] M rapist

estuprar [istu'prar] VT to rape

estupro [is'tupru] M rape

estuque [is'tuki] M stucco; (*massa*) plaster

esturricado, -a [istuhi'kadu, a] ADJ (*seco*) shrivelled, dried out; (*roupa*) skimpy, tight

esturricar [istuhi'kar] VT, VI to shrivel, dry out

esvaecer-se [izvaje'sersi] VR to fade away, vanish

esvair-se [izva'jirsi] VR to vanish, disappear; **~ em sangue** to lose a lot of blood

esvaziamento [izvazja'mētu] M emptying

esvaziar [izva'zjar] VT to empty; **esvaziar-se** VR to empty

esverdeado, -a [izver'dʒjado, a] ADJ greenish

esvoaçante [izvwa'sātʃi] ADJ billowing

esvoaçar [izvoa'sar] VI to flutter

ETA ['ɛta] ABR M (= *Euskadi Ta Askatasuna*) ETA

eta ['ɛta] (*col*) EXCL: **~ filme chato!** what a boring film!; **~ ferro!** gosh!

etapa [e'tapa] F (*fase*) stage; **por ~s** in stages

etário, -a [e'tarju, a] ADJ age *atr*

etc. ABR (= *et cetera*) etc

éter ['ɛter] M ether

eternidade [eterni'dadʒi] F eternity

eternizar [eterni'zar] VT (*fazer eterno*) to make eternal; (*nome, pessoa*) to immortalize; (*discussão, processo*) to drag out; **eternizar-se** VR to be immortalized; to drag on

eterno, -a [e'ternu, a] ADJ eternal

ética ['ɛtʃika] F ethics *pl*

ético, -a ['ɛtʃiku, a] ADJ ethical

etimologia [etʃimolo'ʒia] F etymology

etíope [e'tʃiopi] ADJ, M/F Ethiopian

Etiópia [e'tʃjɔpja] F: **a ~** Ethiopia

etiqueta [etʃi'keta] F (*maneiras*) etiquette; (*rótulo, em roupa*) label; (*que se amarra*) tag; **~ adesiva** adhesive *ou* stick-on label

etiquetar [etʃike'tar] VT to label

étnico, -a ['ɛtʃniku, a] ADJ ethnic

etnocêntrico, -a [etʃno'sētriku, a] ADJ ethnocentric

etnografia [etʃnogra'fia] F ethnography

etnologia [etʃnolo'ʒia] F ethnology

etos ['ɛtus] M INV ethos

eu [ew] PRON I ▶ M self; **sou eu** it's me; **eu mesmo** I myself; **eu, hein?** I don't know ... (how strange!)

EUA ABR MPL (= *Estados Unidos da América*) USA; **nos ~** in the USA

eucalipto [ewka'liptu] M eucalyptus

eucaristia [ewkaris'tʃia] F Holy Communion

eufemismo [ewfe'mizmu] M euphemism

eufonia [ewfo'nia] F euphony

euforia [ewfo'ria] F euphoria

eunuco [ew'nuku] M eunuch

euro ['ewru] M (*moeda*) euro

Europa [ew'rɔpa] F: **a ~** Europe

europeia [euro'pɐja] F *de* **europeu**

europeizar [ewropeji'zar] VT to Europeanize; **europeizar-se** VR to become Europeanized

europeu, -peia [ewro'peu, 'pɐja] ADJ, M/F European

eutanásia [ewta'nazja] F euthanasia

evacuação [evakwa'sãw] (*pl* **-ões**) F evacuation

evacuar [eva'kwar] VT to evacuate; (*sair de*) to leave; (*Med*) to discharge ▶ VI to defecate

evadir [eva'dʒir] VT to evade; (*col*) to dodge; **evadir-se** VR to escape

evanescente [evane'sētʃi] ADJ fading, vanishing

evangelho [evã'ʒeʎu] M gospel

evangélico, -a [evã'ʒeliku, a] ADJ evangelical ▶ M/F born-again Christian

evaporação [evapora'sãw] F evaporation

evaporar [evapo'rar] VT, VI to evaporate;
evaporar-se VR to evaporate; (*desaparecer*) to vanish
evasão [eva'zãw] (*pl* **-ões**) F escape, flight; (*fig*) evasion; **~ de impostos** tax evasion
evasê [eva'ze] ADJ (*saia*) flared
evasiva [eva'ziva] F excuse
evasivo, -a [eva'zivu, a] ADJ evasive
evasões [eva'zõjs] FPL *de* **evasão**
evento [e'vẽtu] M (*acontecimento*) event; (*eventualidade*) eventuality
eventual [evẽ'tuaw] (*pl* **-ais**) ADJ fortuitous, accidental
eventualidade [evẽtwali'dadʒi] F eventuality
evicção [evik'sãw] (*pl* **-ões**) F (*Jur*) eviction
evidência [evi'dẽsja] F evidence, proof
evidenciar [evidẽ'sjar] VT (*comprovar*) to prove; (*mostrar*) to show; **evidenciar-se** VR to be evident, be obvious
evidente [evi'dẽtʃi] ADJ obvious, evident
evitar [evi'tar] VT to avoid; **~ de fazer algo** to avoid doing sth
evitável [evi'tavew] (*pl* **-eis**) ADJ avoidable
evocação [evoka'sãw] (*pl* **-ões**) F evocation; (*de espíritos*) invocation
evocar [evo'kar] VT to evoke; (*espíritos*) to invoke
evolução [evolu'sãw] (*pl* **-ões**) F (*desenvolvimento*) development; (*Mil*) manoeuvre (BRIT), maneuver (US); (*movimento*) movement; (*Bio*) evolution
evoluído, -a [evo'lwidu, a] ADJ advanced; (*pessoa*) broad-minded
evoluir [evo'lwir] VI to evolve; **~ para** to evolve into; **ela não evoluiu com os tempos** she hasn't moved with the times
ex- [es-, ez-] PREFIXO ex-, former
Ex.a ABR = **excelência**
exacerbação [ezaserba'sãw] F worsening; (*exasperação*) irritation
exacerbante [ezaser'bãtʃi] ADJ exacerbating
exacerbar [ezaser'bar] VT (*irritar*) to irritate, annoy; (*agravar*) to aggravate, worsen; (*revolta, indignação*) to deepen
exagerado, -a [ezaʒe'radu, a] ADJ (*relato*) exaggerated; (*maquilagem etc*) overdone; (*pessoa*): **ele é ~** (*na maneira de falar*) he exaggerates; (*nos gestos*) he overdoes it *ou* things
exagerar [ezaʒe'rar] VT to exaggerate ▶ VI to exaggerate; (*agir com exagero*) to overdo it
exagero [eza'ʒeru] M exaggeration
exalações [ezala'zõjs] FPL fumes
exalar [eza'lar] VT (*odor*) to give off
exaltação [ezawta'sãw] F (*de virtudes etc*) exaltation; (*excitamento*) excitement; (*irritação*) annoyance
exaltado, -a [ezaw'tadu, a] ADJ (*fanático*) fanatical; (*apaixonado*) overexcited
exaltar [ezaw'tar] VT (*elevar: pessoa, virtude*) to exalt; (*louvar*) to praise; (*excitar*) to excite; (*irritar*) to annoy; **exaltar-se** VR (*irritar-se*) to get worked up; (*arrebatar-se*) to get carried away

exame [e'zami] M (*Educ*) examination, exam; (*Med etc*) examination; **fazer um ~** (*Educ*) to take an exam; (*Med*) to have an examination; **~ de direção** driving test; **~ de sangue** blood test; **~ médico** medical (examination); **~ vestibular** university entrance exam
examinador, a [ezamina'dor(a)] M/F examiner ▶ ADJ examining
examinando, -a [ezami'nãdu, a] M/F (exam) candidate
examinar [ezami'nar] VT to examine
exangue [e'zãgi] ADJ (*sem sangue*) bloodless
exasperação [ezaspera'sãw] F exasperation
exasperador, a [ezaspera'dor(a)] ADJ exasperating
exasperante [ezaspe'rãtʃi] ADJ exasperating
exasperar [ezaspe'rar] VT to exasperate; **exasperar-se** VR to get exasperated
exatidão [ezatʃi'dãw] F (*precisão*) accuracy; (*perfeição*) correctness
exato, -a [e'zatu, a] ADJ (*certo*) right, correct; (*preciso*) exact; **~!** exactly!
exaurir [ezaw'rir] VT to exhaust, drain; **exaurir-se** VR to become exhausted
exaustão [ezaw'stãw] F exhaustion
exaustar [ezaw'star] VT to exhaust, drain; **exaustar-se** VR to become exhausted
exaustivo, -a [ezaw'stʃivu, a] ADJ (*tratado*) exhaustive; (*trabalho*) exhausting
exausto, -a [e'zawstu, a] PP *de* **exaurir** ▶ ADJ exhausted
exaustor [ezaw'stor] M extractor fan
exceção [ese'sãw] (*pl* **-ões**) F exception; **com ~ de** with the exception of; **abrir ~** to make an exception
excecional (PT) ADJ = **excepcional**
exceções [ese'sõjs] FPL *de* **exceção**
excedente [ese'dẽtʃi] ADJ excess; (*Com*) surplus ▶ M (*Com*) surplus; **(aluno) ~** pupil who cannot be given a place because the school is full
exceder [ese'der] VT to exceed; (*superar*) to surpass; **exceder-se** VR (*cometer excessos*) to go too far; (*cansar-se*) to overdo things; **~ em peso/brilho** to outweigh/outshine
excelência [ese'lẽsja] F excellence; **por ~** par excellence; **Vossa E~** Your Excellency
excelente [ese'lẽtʃi] ADJ excellent
excelentíssimo, -a [eselẽ'tʃisimu, a] ADJ SUPERL *de* **excelente**; (*tratamento*) honourable (BRIT), honorable (US)
excelso, -a [e'sewsu, a] ADJ (*sublime*) sublime; (*excelente*) excellent
excentricidade [esẽtrisi'dadʒi] F eccentricity
excêntrico, -a [e'sẽtriku, a] ADJ, M/F eccentric
excepcional [esepsjo'naw] (*pl* **-ais**) ADJ (*extraordinário*) exceptional; (*especial*) special; (*Med*) disabled
excepcionalidade [esepsjonali'dadʒi] F exceptional nature
excerto [e'sɛrtu] M fragment, excerpt
excessivo, -a [ese'sivu, a] ADJ excessive

excesso [e'sɛsu] M excess; (Com) surplus; **em ~** in excess; **~ de peso** excess weight; **~ de velocidade** excessive speed

exceto [e'sɛtu] PREP except (for), apart from

excetuar [ese'twar] VT to except, make an exception of; **todos, excetuando você** everyone except you

excitação [esita'sãw] F excitement

excitado, -a [esi'tadu, a] ADJ excited; *(estimulado)* aroused

excitante [esi'tãtʃi] ADJ exciting

excitar [esi'tar] VT to excite; *(estimular)* to arouse; **excitar-se** VR to get excited

excitável [esi'tavew] *(pl* **-eis)** ADJ excitable

exclamação [isklama'sãw] *(pl* **-ões)** F exclamation

exclamar [iskla'mar] VI to exclaim

exclamativo, -a [isklama'tʃivu, a] ADJ exclamatory; *ver tb* **ponto**

excluir [is'klwir] VT to exclude, leave out; *(eliminar)* to rule out; *(ser incompatível com)* to preclude

exclusão [isklu'zãw] F exclusion

exclusividade [iskluzivi'dadʒi] F exclusiveness; (Com) exclusive rights *pl*; **com ~ no "Globo"** only in the "Globo"

exclusivo, -a [isklu'zivu, a] ADJ exclusive; **para uso ~ de** for the sole use of

excluso, -a [is'kluzu, a] ADJ excluded

excomungar [iskomũ'gar] VT to excommunicate

excremento [iskre'mẽtu] M excrement

excruciante [iskru'sjãtʃi] ADJ excruciating

excursão [iskur'sãw] *(pl* **-ões)** F trip, outing; *(em grupo)* excursion; **~ a pé** hike

excursionar [iskursjo'nar] VI to go on a trip; **~ pela Europa** *etc* to tour Europe *etc*

excursionista [iskursjo'nista] M/F tourist; *(para o dia)* day-tripper; *(a pé)* hiker

excursões [iskur'sõjs] FPL *de* **excursão**

execrável [eze'kravew] *(pl* **-eis)** ADJ execrable, deplorable

execução [ezeku'sãw] *(pl* **-ões)** F execution; *(de música)* performance; **~ de hipoteca** (Com) foreclosure

executante [ezeku'tãtʃi] M/F player, performer

executar [ezeku'tar] VT to execute; *(Mús)* to perform; *(plano)* to carry out; *(papel teatral)* to play; **~ uma hipoteca** (Com) to foreclose on a mortgage

executivo, -a [ezeku'tʃivu, a] ADJ, M/F executive

executor, a [ezeku'tor(a)] M/F executioner

exemplar [ezẽ'plar] ADJ exemplary ▶ M model, example; *(Bio)* specimen; *(livro)* copy; *(peça)* piece

exemplificar [ezẽplifi'kar] VT to exemplify

exemplo [e'zẽplu] M example; **por ~** for example; **dar o ~** to set an example; **servir de ~ a alguém** to be an example to sb; **a ~ de** just like; **a ~ do que** just as; **ela é um ~ de bondade** she's a model of kindness

exéquias [e'zɛkjas] FPL funeral rites

exequível [eze'kwivew] *(pl* **-eis)** ADJ feasible

exercer [ezer'ser] VT to exercise; *(influência, pressão)* to exert; *(função)* to perform; *(profissão)* to practise (BRIT), practice (US); *(obrigações)* to carry out

exercício [ezer'sisju] M *(ginástica, Educ)* exercise; *(de medicina)* practice; *(de direitos)* exercising; *(Mil)* drill; (Com) financial year; **em ~** *(funcionário)* in office; *(professor etc)* in service; **em pleno ~ de suas faculdades mentais** in full command of one's mental faculties; **~ anterior/corrente** (Com) previous/current (financial) year

exercitar [ezersi'tar] VT *(profissão)* to practise (BRIT), practice (US); *(direitos, músculos)* to exercise; *(adestrar)* to train

exército [e'zɛrsitu] M army

exibição [ezibi'sãw] *(pl* **-ões)** F show, display; *(de filme)* showing

exibicionismo [ezibisjo'nizmu] M flamboyance; *(Psico)* exhibitionism

exibicionista [ezibisjo'nista] ADJ flamboyant; *(Psico)* exhibitionist ▶ M/F flamboyant character; exhibitionist

exibições [ezibi'sõjs] FPL *de* **exibição**

exibido, -a [ezi'bidu, a] ADJ *(exibicionista)* flamboyant ▶ M/F show-off

exibidor, a [ezibi'dor(a)] M/F exhibitor; *(Cinema)* cinema owner

exibir [ezi'bir] VT to show, display; *(alardear)* to show off; *(filme)* to show, screen; **exibir-se** VR to show off; *(indecentemente)* to expose o.s.

exigência [ezi'ʒẽsja] F demand; *(o necessário)* requirement

exigente [ezi'ʒẽtʃi] ADJ demanding; **ser ~ com alguém** to be hard on sb

exigibilidades [eziʒibili'dadʒis] FPL (Com) liabilities

exigir [ezi'ʒir] VT to demand; **~ que alguém faça algo** to demand that sb do sth; **o médico exigiu-lhe repouso absoluto** the doctor ordered him to have complete rest

exigível [ezi'ʒivew] *(pl* **-eis)** ADJ (Com: *passivo*): **~ a curto/longo prazo** current/long-term liabilities *pl*

exíguo, -a [e'zigwu, a] ADJ *(diminuto)* small; *(escasso)* scanty

exilado, -a [ezi'ladu, a] ADJ exiled ▶ M/F exile

exilar [ezi'lar] VT to exile; *(pessoa indesejável)* to deport; **exilar-se** VR to go into exile

exílio [e'zilju] M exile; *(forçado)* deportation

exímio, -a [e'zimju, a] ADJ *(eminente)* famous, distinguished; *(excelente)* excellent

eximir [ezi'mir] VT: **~ de** to exempt from; *(obrigação)* to free from; *(culpa)* to clear of; **eximir-se** VR: **~-se de** to avoid, shun

existência [ezis'tẽsja] F existence; *(vida)* life

existencial [ezistẽ'sjaw] *(pl* **-ais)** ADJ existential

existencialismo [ezistẽsja'lizmu] M existentialism

existencialista [ezistẽsja'lista] ADJ, M/F existentialist

existente [ezis'tẽtʃi] ADJ extant; (*vivente*) living

existir [ezis'tʃir] VI to exist; **existe/existem ...** (*há*) there is/are ...; **ela não existe** (*col*) she's incredible

êxito ['ezitu] M (*resultado*) result; (*sucesso*) success; (*música, filme etc*) hit; **ter ~ (em)** to succeed (in), be successful (in); **não ter ~ (em)** to fail (in), be unsuccessful (in)

Exmo, -a (*pl* **-s/-s**) ABR (= *Excelentíssimo*) Dear

êxodo ['ezodu] M exodus

exoneração [ezonera'sãw] (*pl* **-ões**) F dismissal

exonerar [ezone'rar] VT (*demitir*) to dismiss; **~ de uma obrigação** to free from an obligation

exorbitante [ezorbi'tãtʃi] ADJ (*preço*) exorbitant; (*pretensões*) extravagant; (*exigências*) excessive

exorcismo [ezor'sizmu] M exorcism

exorcista [ezor'sista] M/F exorcist

exorcizar [ezorsi'zar] VT to exorcise

exortação [ɛzorta'sãw] (*pl* **-ões**) F exhortation

exortar [ezor'tar] VT: **~ alguém a fazer algo** to urge sb to do sth

exortativo, -a [ezorta'tʃivu, a] ADJ (*tom*) encouraging

exótico, -a [e'zɔtʃiku, a] ADJ exotic

exotismo [ezo'tʃizmu] M exoticism, exotic nature

expandir [ipã'dʒir] VT to expand; (*espalhar*) to spread; **expandir-se** VR (*dilatar-se*) to expand; **~-se com alguém** to be frank with sb

expansão [ipã'sãw] F expansion, spread; (*de alegria*) effusiveness

expansividade [ipãsivi'dadʒi] F outgoing nature

expansivo, -a [ipã'sivu, a] ADJ (*pessoa*) outgoing

expatriação [ipatrja'sãw] F expatriation

expatriado, -a [ipa'trjadu, a] ADJ, M/F expatriate

expatriar [ipa'trjar] VT to expatriate

expeça *etc* [is'pɛsa] VB *ver* **expedir**

expectativa [ispekta'tʃiva] F (*esperança*) expectation; **na ~ de** in expectation of; **estar na ~** to be expectant; (*em suspense*) to be in suspense; **~ de vida** life expectancy

expectorante [ispekto'rãtʃi] ADJ, M expectorant

expectorar [ispekto'rar] VT to cough up ▶ VI to expectorate

expedição [ispedʒi'sãw] (*pl* **-ões**) F (*viagem*) expedition; (*de mercadorias*) despatch; (*por navio*) shipment; (*de passaporte etc*) issue

expediência [ispe'dʒjẽsja] F (*desembaraço*) efficiency

expediente [ispe'dʒjẽtʃi] M means; (*serviço*) working day; (*correspondência*) correspondence ▶ ADJ expedient; **~ bancário** banking hours *pl*; **~ do escritório** office

575 | **existencialista – explosões**

hours *pl*; **meio ~** part-time working; **só trabalho meio ~** I only work part-time; **viver de ~s** to live on one's wits; **ser** *ou* **ter ~** (*pessoa*) to be resourceful, have initiative

expedir [ispe'dʒir] VT (*enviar*) to send, despatch; (*bilhete, passaporte, decreto*) to issue

expedito, -a [ispe'dʒitu, a] ADJ prompt, speedy; (*pessoa*) efficient

expelir [ispe'lir] VT (*expulsar*) to expel; (*sangue*) to spit

experiência [ispe'rjẽsja] F (*prática*) experience; (*prova*) experiment, test; **em ~** on trial

experienciar [isperjẽ'sjar] VT to experience

experiente [ispe'rjẽtʃi] ADJ experienced

experimentação [isperimẽta'sãw] F experimentation

experimentado, -a [isperimẽ'tadu, a] ADJ (*experiente*) experienced; (*testado*) tried; (*provado*) tested

experimental [isperimẽ'taw] (*pl* **-ais**) ADJ experimental

experimentar [isperimẽ'tar] VT (*comida*) to taste; (*vestido*) to try on; (*pôr à prova*) to try out, test; (*conhecer pela experiência*) to experience; (*sofrer*) to suffer, undergo; **~ fazer algo** to try doing sth, have a go at doing sth

experimento [isperi'mẽtu] M (*científico*) experiment

expiar [is'pjar] VT to atone for

expiatório, -a [ispja'tɔrju, a] ADJ *ver* **bode**

expilo *etc* [is'pilu] VB *ver* **expelir**

expiraçao [ispira'sãw] (*pl* **-ões**) F (*de ar*) exhalation; (*termo*) expiry

expirar [ispi'rar] VT (*ar*) to exhale, breathe out ▶ VI (*morrer*) to die; (*terminar*) to end

explanação [isplana'sãw] (*pl* **-ões**) F explanation

explanar [ispla'nar] VT to explain

explicação [isplika'sãw] (*pl* **-ões**) F explanation; (PT: *lição*) private lesson

explicar [ispli'kar] VT, VI to explain; **explicar-se** VR to explain o.s.; **isto não se explica** this does not make sense

explicável [ispli'kavew] (*pl* **-eis**) ADJ explicable, explainable

explícito, -a [is'plisitu, a] ADJ explicit, clear

explodir [isplo'dʒir] VT (*bomba*) to explode ▶ VI to explode, blow up

exploração [isplora'sãw] F (*de um país*) exploration; (*abuso*) exploitation; (*de uma mina*) running

explorador, a [isplora'dor(a)] ADJ exploitative ▶ M/F (*descobridor*) explorer; (*de outros*) exploiter

explorar [isplo'rar] VT (*região*) to explore; (*mina*) to work, run; (*ferida*) to probe; (*trabalhadores etc*) to exploit

explosão [isplo'zãw] (*pl* **-ões**) F explosion, blast; (*fig*) outburst

explosivo, -a [isplo'zivu, a] ADJ explosive; (*pessoa*) hot-headed ▶ M explosive

explosões [isplo'sõjs] FPL *de* **explosão**

Expoagro [espu'agru] ABR F = **Exposição Agropecuária Internacional do Rio de Janeiro**
expor [is'por] (*irreg: como* **pôr**) VT to expose; (*a vida*) to risk; (*teoria*) to explain; (*revelar*) to reveal; (*mercadorias*) to display; (*quadros*) to exhibit; **expor-se** VR to expose o.s.; ~(-**se**) **a algo** to expose (o.s.) to sth; **seu rosto expõe sinais de cansaço** his face shows signs of tiredness
exportação [isporta'sãw] F (*ato*) export(ing); (*mercadorias*) exports *pl*
exportador, a [isporta'dor(a)] ADJ exporting ▶ M/F exporter
exportar [ispor'tar] VT to export
expôs *etc* [is'pos] VB *ver* **expor**
exposição [ispozi'sãw] (*pl* -**ões**) F (*exibição*) exhibition; (*explicação*) explanation; (*declaração*) statement; (*narração*) account; (*Foto*) exposure
expositor, a [ispozi'tor(a)] M/F exhibitor
exposto, -a [is'postu, 'pɔsta] PP *de* **expor** ▶ ADJ (*lugar*) exposed; (*quadro, mercadoria*) on show *ou* display ▶ M: **o acima** ~ the above; **estar** ~ **a algo** to be open *ou* exposed to sth
expressão [ispre'sãw] (*pl* -**ões**) F expression
expressar [ispre'sar] VT to express; **expressar-se** VR to express o.s.
expressividade [ispresivi'dadʒi] F expressiveness
expressivo, -a [ispre'sivu, a] ADJ expressive; (*pessoa*) demonstrative
expresso, -a [is'presu, a] PP *de* **exprimir** ▶ ADJ (*manifesto*) definite, clear; (*trem, ordem, carta*) express ▶ M express
expressões [ispre'sõjs] FPL *de* **expressão**
exprimir [ispri'mir] VT to express; **exprimir-se** VR to express o.s.
expropriar [ispro'prjar] VT to expropriate
expugnar [ispugi'nar] VT to take by storm
expulsado, -a [ispuw'sadu, a] PP *de* **expulsar**
expulsão [ispuw'sãw] (*pl* -**ões**) F expulsion; (*Esporte*) sending off
expulsar [ispuw'sar] VT to expel; (*de uma festa, clube etc*) to throw out; (*inimigo*) to drive out; (*estrangeiro*) to expel, deport; (*jogador*) to send off
expulso, -a [is'puwsu, a] PP *de* **expulsar**
expulsões [ispuw'sõjs] FPL *de* **expulsão**
expunha *etc* [is'puɲa] VB *ver* **expor**
expurgar [ispur'gar] VT to expurgate
expus *etc* [is'pus] VB *ver* **expor**
expuser *etc* [ispu'zer] VB *ver* **expor**
êxtase ['estazi] M ecstasy; (*transe*) trance; **estar em** ~ to be in a trance
extasiado, -a [ista'zjadu, a] ADJ entranced
extensão [istẽ'sãw] (*pl* -**ões**) F (*ger, Tel*) extension; (*de uma empresa*) expansion; (*terreno*) expanse; (*tempo*) length, duration; (*de conhecimentos*) extent
extensivo, -a [istẽ'sivu, a] ADJ extensive; **ser** ~ **a** to extend to
extenso, -a [is'tẽsu, a] ADJ (*amplo*) extensive, wide; (*comprido*) long; (*conhecimentos*) extensive; (*artigo*) full, comprehensive; **por** ~ in full
extensões [istẽ'sõjs] FPL *de* **extensão**
extenuado, -a [iste'nwadu, a] ADJ (*esgotado*) worn out
extenuante [iste'nwãtʃi] ADJ exhausting; (*debilitante*) debilitating
extenuar [iste'nwar] VT to exhaust; (*debilitar*) to weaken
exterior [iste'rjor] ADJ (*de fora*) outside, exterior; (*aparência*) outward; (*comércio*) foreign ▶ M (*da casa*) outside; (*aspecto*) outward appearance; **do** ~ (*do estrangeiro*) from abroad; **no** ~ abroad
exteriorizar [isterjori'zar] VT to show, manifest
exteriormente [isterjor'mẽtʃi] ADV on the outside
exterminação [istermina'sãw] F extermination
exterminar [istermi'nar] VT (*inimigo*) to wipe out, exterminate; (*acabar com*) to do away with
extermínio [ister'minju] M extermination, wiping out
externalizar [isternali'zar] (PT) VT to outsource
externato [ister'natu] M day school
externo, -a [is'ternu, a] ADJ external; (*aparente*) outward; **aluno** ~ day pupil; **"para uso** ~**"** "external use only"
extinção [istʃĩ'sãw] F extinction
extinguir [istʃĩ'gir] VT (*fogo*) to put out, extinguish; (*um povo*) to wipe out; **extinguir-se** VR (*fogo, luz*) to go out; (*Bio*) to become extinct
extinto, -a [is'tʃĩtu, a] ADJ (*fogo*) extinguished; (*língua*) dead; (*animal, vulcão*) extinct; (*associação etc*) defunct; (*pessoa*) dead
extintor [istʃĩ'tor] M (fire) extinguisher
extirpar [istir'par] VT (*desarraigar*) to uproot; (*corrupção*) to eradicate; (*tumor*) to remove
extorquir [istor'kir] VT to extort
extorsão [istor'sãw] F extortion
extorsivo, -a [istor'sivu, a] ADJ extortionate
extra ['estra] ADJ extra ▶ M/F extra person; (*Teatro*) extra; *ver tb* **hora**
extração [istra'sãw] (*pl* -**ões**) F extraction; (*de loteria*) draw
extraconjugal [estrakõʒu'gaw] (*pl* -**ais**) ADJ extramarital
extracurricular [estrakuhiku'lar] ADJ extracurricular
extradição [estradʒi'sãw] F extradition
extraditar [estradʒi'tar] VT to extradite
extrafino, -a [estra'finu, a] ADJ extra high-quality
extrair [istra'jir] VT to extract, take out
extrajudicial [estraʒudʒi'sjaw] (*pl* -**ais**) ADJ out-of-court
extraoficial [estraofi'sjaw] (*pl* -**ciais**) ADJ unofficial

extraordinário, -a [istraordʒi'narju, a] ADJ extraordinary; (*despesa*) extra; (*reunião*) special; **nada de ~** nothing out of the ordinary

extrapolar [istrapo'lar] VT to extrapolate

extraterrestre [estrate'hɛstri] ADJ extraterrestrial

extrato [is'tratu] M extract; (*resumo*) summary; **~ (bancário)** (bank) statement

extravagância [istrava'gãsja] F extravagance

extravagante [istrava'gãtʃi] ADJ extravagant; (*roupa*) outlandish; (*conduta*) wild

extravasar [istrava'zar] VI to overflow

extraviado, -a [istra'vjadu, a] ADJ lost, missing

extraviar [istra'vjar] VT (*perder*) to mislay; (*pessoa*) to lead astray; (*dinheiro*) to embezzle; **extraviar-se** VR to get lost

extravio [istra'viu] M (*perda*) loss; (*roubo*) embezzlement; (*fig*) deviation

extremado, -a [istre'madu, a] ADJ extreme

extremar-se [istre'marsi] VR to do one's utmost, make every effort; (*distinguir-se*) to distinguish o.s.; **~ em gentilezas** to show extreme kindness

extrema-unção (*pl* **extrema-unções**) F (*Rel*) extreme unction

extremidade [istremi'dadʒi] F extremity; (*do dedo*) tip; (*ponta*) end; (*beira*) edge

extremo, -a [is'trɛmu, a] ADJ extreme ▶ M extreme; **extremos** MPL (*carinho*) doting *sg*; (*descomedimento*) extremes; **ao ~** extremely; **de um ~ a outro** from one extreme to another

extremoso, -a [istre'mozu, ɔza] ADJ doting

extroversão [estrover'sãw] F extroversion

extroverso, -a [estro'vɛrsu, a] ADJ extrovert

extroverter-se [estrover'tersi] VR to be outgoing

extrovertido, -a [estrover'tʃidu, a] ADJ extrovert, outgoing ▶ M/F extrovert

exu [e'ʃu] M devil (*in voodoo rituals*)

exuberância [ezube'rãsja] F exuberance

exuberante [ezube'rãtʃi] ADJ exuberant

exultação [ezuwta'sãw] F joy, exultation

exultante [ezuw'tãtʃi] ADJ jubilant, exultant

exultar [ezuw'tar] VI to rejoice

exumar [ezu'mar] VT (*corpo*) to exhume; (*fig*) to dig up

ex-voto M votive offering

Ff

F, f [ˈɛfi] (*pl* **fs**) M F, f; **F de Francisco** F for Frederick (BRIT) *ou* fox (US)
f ABR = **folha**
F-1 ABR = **Fórmula Um**
fá [fa] M (*Mús*) F
fã [fã] (*col*) M/F fan
FAB [ˈfabi] ABR F = **Força Aérea Brasileira**
fábrica [ˈfabrika] F factory; **~ de cerveja** brewery; **~ de conservas** cannery; **~ de papel** paper mill; **a preço de ~** wholesale
fabricação [fabrikaˈsãw] F manufacture; **de ~ caseira/própria** home-made/own-brand; **~ em série** mass production
fabricante [fabriˈkãtʃi] M/F manufacturer
fabricar [fabriˈkar] VT to manufacture, make; (*inventar*) to fabricate
fabrico [faˈbriku] M production
fabril [faˈbriw] (*pl* **-is**) ADJ: **indústria ~** manufacturing industry
fábula [ˈfabula] F fable; (*conto*) tale; (BR: *grande quantia*) fortune
fabuloso, -a [fabuˈlozu, ɔza] ADJ fabulous
faca [ˈfaka] F knife; **é uma ~ de dois gumes** (*fig*) it's a two-edged sword; **entrar na ~** (*col*) to be operated on, to go under the knife; **ter a ~ e o queijo na mão** (*fig*) to have things in hand
facada [faˈkada] F stab, cut; **dar uma ~ em alguém** to stab sb; (*fig: col*) to touch sb for money
façanha [faˈsaɲa] F exploit, deed
facão [faˈkãw] (*pl* **-ões**) M carving knife; (*para cortar o mato*) machete
facção [fakˈsãw] (*pl* **-ões**) F faction
faccioso, -a [fakˈajozu, ɔza] ADJ factious
facções [fakˈsõjs] FPL *de* **facção**
face¹ [ˈfasi] F (*rosto, de moeda*) face; (*bochecha*) cheek; **em ~ de** in view of; **fazer ~ a** to face up to; **~ a ~** face to face
face², Face [ˈfejse] (BR *col*) M Facebook®
faceiro, -a [faˈsejru, a] ADJ (*elegante*) smart; (*alegre*) cheerful
fáceis [ˈfasejs] ADJ PL *de* **fácil**
faceta [faˈseta] F facet
fachada [faˈʃada] F façade, front; (*col: rosto*) face, mug (*col*)
facho [ˈfaʃu] M beam
facial [faˈsjaw] (*pl* **-ais**) ADJ facial
fácil [ˈfasiw] ADJ (*pl* **-eis**) easy; (*temperamento, pessoa*) easy-going; (*mulher*) easy ▶ ADV easily

facilidade [fasiliˈdadʒi] F ease; (*jeito*) facility; **facilidades** FPL (*recursos*) facilities; **ter ~ para algo** to have a talent *ou* a facility for sth; **com ~** easily
facílimo, -a [faˈsilimu, a] ADJ SUPERL *de* **fácil**
facilitação [fasilitaˈsãw] F facilitation; (*fornecimento*) provision
facilitar [fasiliˈtar] VT to facilitate, make easy; (*fornecer*): **~ algo a alguém** to provide sb with sth ▶ VI (*agir sem cautela*) to be careless
facínora [faˈsinora] M criminal
fã-clube [fãˈklubi] (*pl* **-s**) M fan club
faço *etc* [ˈfasu] VB *ver* **fazer**
facões [faˈkõjs] FPL *de* **facão**
fac-símile [fak-] (*pl* **fac-símiles**) M (*cópia*) facsimile
factício, -a [fakˈtʃisju, a] ADJ unnatural
facto [ˈfaktu] (PT) M = **fato**
factótum [fakˈtɔtũ] M factotum
factual [fakˈtwaw] (*pl* **-ais**) ADJ factual
faculdade [fakuwˈdadʒi] F faculty; (*poder*) power; (BR: *escola*) university, college; (*corpo docente*) teaching staff (BRIT), faculty (US); **fazer ~** to go to university *ou* college
facultar [fakuwˈtar] VT (*permitir*) to allow; (*conceder*) to grant
facultativo, -a [fakuwtaˈtʃivu, a] ADJ optional ▶ M/F doctor
fada [ˈfada] F fairy; **conto de ~s** fairy tale
fadado, -a [faˈdadu, a] ADJ destined
fada-madrinha (*pl* **fadas-madrinhas**) F fairy godmother
fadiga [faˈdʒiga] F fatigue
fadista [faˈdʒista] M/F "fado" singer ▶ M (PT) ruffian
fado [ˈfadu] M fate; (*canção*) traditional song of Portugal

> The best-known musical form in Portugal is the melancholic **fado**, which is traditionally sung by a soloist (known as a *fadista*) accompanied by the Portuguese *guitarra*. There are two main types of **fado**: Coimbra **fado** is traditionally sung by men, and is considered to be more cerebral than the **fado** from Lisbon, which is sung by both men and women. The theme is nearly always one of deep nostalgia known as *saudade*, and the harsh reality of life.

Faferj [fa'fɛrʒi] ABR F = **Federação das Associações das Favelas do Estado do Rio de Janeiro**
fagueiro, -a [fa'gejru, a] ADJ (*contente*) happy; (*agradável*) pleasant
fagulha [fa'guʎa] F spark
fahrenheit [farē'ajtʃi] ADJ INV Fahrenheit
faia ['faja] F beech (tree)
faina ['fajna] F toil, work; (*tarefa*) task, job
fair-play ['ferplej] M fair play
faisão [faj'zãw] (*pl* **-ões**) M pheasant
faísca [fa'iska] F spark; (*brilho*) flash
faiscante [faj'skãtʃi] ADJ flashing; (*fogo*) flickering
faiscar [fajs'kar] VI to sparkle; (*brilhar*) to flash
faisões [faj'zõjs] MPL *de* **faisão**
faixa ['fajʃa] F (*cinto, Judô*) belt; (*tira*) strip; (*área*) zone; (*Auto: pista*) lane; (BR: *para pedestres*) zebra crossing (BRIT), crosswalk (US); (*Med*) bandage; (*num disco*) track; **~ etária** age group
faixa-título (*pl* **faixas-títulos**) F (*Mús*) title track
fajuto, -a [fa'ʒutu, a] (*col*) ADJ (*pão*) rough; (*falso: nota*) fake
fala ['fala] F speech; **chamar às ~s** to call to account; **sem ~** speechless; **perder a ~** to be struck dumb
falação [fala'sãw] (*pl* **-ões**) F (*ato*) talk; (*discurso*) speech
falácia [fa'lasja] F fallacy
falações [fala'sõjs] FPL *de* **falação**
faladeira [fala'dejra] F *de* **falador**
falado, -a [fa'ladu, a] ADJ (*caso etc*) talked about, much discussed; (*famoso*) well-known; (*de má fama*) notorious; (*Cinema*) talking
falador, -deira [fala'dor, 'dejra] ADJ talkative ▶ M/F chatterbox
falante [fa'lãtʃi] ADJ talkative
falar [fa'lar] VT (*língua*) to speak; (*besteira etc*) to talk; (*dizer*) to say; (*verdade, mentira*) to tell ▶ VI to speak, talk; (*discursar*) to speak; **falar-se** VR to talk to one another; **~ algo a alguém** to tell sb sth; **~ que** to say that; **~ de** *ou* **em algo** to talk about sth; **~ com alguém** to talk to sb; **por ~ em** speaking of; **por ~ nisso** by the way; **sem ~ em** not to mention; **~ alto** to talk loudly; **~ alto com alguém** (*fig*) to give sb a good talking-to; **sua consciência falou mais alto** his conscience got the better of him; **falou!, 'tá falado!** (*col*) OK!; **falando sério ...** but seriously ...; **~ sozinho** to talk to o.s.; **ele está falando da boca para fora** (*col*) he's just saying that, he doesn't mean it; **ele falou por ~** he was just saying that; **dar que ~** to cause a stir; **~ para dentro** to talk into one's beard; **~ pelos cotovelos** to talk one's head off; **eles não se falam** (*estão de mal*) they are not speaking to one another; **nem se fala!** definitely not!

falatório [fala'tɔrju] M (*ruído de vozes*) voices *pl*, talking; (*falar demorado*) diatribe; (*maledicência*) rumour (BRIT), rumor (US)
falaz [fa'laz] ADJ deceptive, misleading; (*falso*) false
falcão [faw'kãw] (*pl* **-ões**) M falcon
falcatrua [fawka'trua] F (*col*) scam
falcões [faw'kõjs] MPL *de* **falcão**
falecer [fale'ser] VI to die
falecido, -a [fale'sidu, a] ADJ dead, late ▶ M/F deceased
falecimento [falesi'mẽtu] M death
falência [fa'lēsja] F bankruptcy; **abrir ~** to declare o.s. bankrupt; **ir à ~** to go bankrupt; **levar à ~** to bankrupt
falésia [fa'lezja] F cliff
falha ['faʎa] F (*defeito, Geo etc*) fault; (*lacuna*) omission; (*de caráter*) flaw
falhar [fa'ʎar] VI to fail; (*não acertar*) to miss; (*errar*) to be wrong; (*ao telefone*) break up; **o motor está falhando** the engine is missing; **sua voz está falhando** you're breaking up
falho, -a ['faʎu, a] ADJ faulty; (*deficiente*) wanting
fálico, -a ['faliku, a] ADJ phallic
falido, -a [fa'lidu, a] ADJ, M/F bankrupt
falir [fa'lir] VI to fail; (*com*) to go bankrupt
falível [fa'livew] (*pl* **-eis**) ADJ fallible
falo ['falu] M phallus
falsário, -a [faw'sarju, a] M/F forger
falsear [faw'sjar] VT (*forjar*) to forge; (*falsificar*) to falsify; (*verdade*) to twist; **~ o pé** to blunder
falseta [faw'seta] (*col*) F dirty trick
falsete [faw'setʃi] M falsetto
falsidade [fawsi'dadʒi] F falsehood; (*fingimento*) pretence (BRIT), pretense (US); (*mentira*) lie
falsificação [fawsifika'sãw] (*pl* **-ões**) F (*ato*) falsification; (*efeito*) forgery; (*falsa interpretação*) misrepresentation
falsificações [fawsifika'sõjs] FPL *de* **falsificação**
falsificador, a [fawsifika'dor(a)] M/F forger
falsificar [fawsifi'kar] VT (*forjar*) to forge; (*falsear*) to falsify; (*adulterar*) to adulterate; (*desvirtuar*) to misrepresent
falso, -a ['fawsu, a] ADJ false; (*fraudulento*) dishonest; (*errôneo*) wrong; (*joia, moeda, quadro*) fake; (*pessoa: insincero*) two-faced; **pisar em ~** to blunder
falta ['fawta] F (*carência*) lack; (*ausência*) absence; (*defeito, culpa*) fault; (*Futebol*) foul; **por** *ou* **na ~ de** for lack of; **sem ~** without fail; **cometer/cobrar uma ~** (*Futebol*) to commit a foul/take a free kick; **estar em ~ com alguém** to feel guilty about sb; **fazer ~** to be lacking, be needed; **ela faz ~** she is missed; **este livro não vai te fazer ~?** won't you need this book?; **sentir ~ de alguém/algo** to miss sb/sth; **ter ~ de** to lack, be in need of; **~ de água** water

shortage; **~ de ânimo** lack of enthusiasm; **~ de educação** *ou* **modos** rudeness; **~ de tato** tactlessness

faltar [faw'tar] VI (*escassear*) to be lacking, be wanting; (*pessoa*) to be absent; (*falhar*) to fail; **~ ao trabalho** to be absent from work; **~ à palavra** to break one's word; **falta pouco para ...** it won't be long until ...; **falta uma semana para nossas férias** it's only a week until our holidays; **faltam 10 minutos para as 3** it's ten minutes to three; **faltam 3 páginas (para eu acabar)** there are 3 pages to go (before I finish); **faltam chegar duas pessoas** two people are still to come; **falta fazermos mais algumas coisas** there are still a few things for us to do; **só faltava essa!** that's all I (*ou* we *etc*) needed!; **nada me falta** I have all I need

falto, -a ['fawtu, a] ADJ: **~ de** lacking in, deficient in

faltoso, -a [faw'tozu, ɔza] ADJ (*culpado*) at fault; (*que costuma faltar*) frequently absent

fama ['fama] F (*renome*) fame; (*reputação*) reputation; **ter ~ de (ser) generoso** to be said to be generous; **de ~** famous; **de má ~** notorious, of ill repute

Famerj [fa'mɛrʒi] ABR F = **Federação das Associações de Moradores do Estado do Rio de Janeiro**

famigerado, -a [famiʒe'radu, a] ADJ (*malfeitor*) notorious; (*autor etc*) famous

família [fa'milja] F family ▶ ADJ INV (*col: pessoa*) decent; (: *festa*) well-behaved; **de boa ~** from a good family; **estar em ~** to be one of the family, be among friends; **isso é de ~** this runs in the family, this is a family trait

familiar [fami'ljar] ADJ (*da família*) family *atr*; (*conhecido*) familiar ▶ M/F relation, relative

familiaridade [familjari'dadʒi] F familiarity; (*sem-cerimônia*) informality

familiarização [familjariza'sãw] F familiarization

familiarizar [familjari'zar] VT to familiarize; **familiarizar-se** VR: **~-se com algo** to familiarize o.s. with sth

faminto, -a [fa'mĩtu, a] ADJ hungry; (*fig*): **~ de** eager for

famoso, -a [fa'mozu, ɔza] ADJ famous

fanático, -a [fa'natʃiku, a] ADJ fanatical ▶ M/F fanatic

fanatismo [fana'tʃizmu] M fanaticism

fanhoso, -a [fa'ɲozu, ɔza] ADJ (*pessoa*) with a nasal voice; (*voz*) nasal; **falar** *ou* **ser ~** to talk through one's nose

faniquito [fani'kitu] (*col*) M attack of nerves

fantasia [fãta'zia] F fantasy; (*imaginação*) imagination; (*capricho*) fancy; (*traje*) fancy dress; **joia (de) ~** (piece of) costume jewellery (BRIT) *ou* jewelry (US)

fantasiar [fãta'zjar] VT to imagine ▶ VI to daydream; **fantasiar-se** VR to dress up (in fancy dress)

fantasioso, -a [fãta'zjozu, ɔza] ADJ imaginative

fantasista [fãta'zista] ADJ imaginative

fantasma [fã'tazma] M ghost; (*alucinação*) illusion

fantasmagórico, -a [fãtazma'gɔriku, a] ADJ ghostly

fantástico, -a [fã'tastʃiku, a] ADJ fantastic; (*ilusório*) imaginary; (*incrível*) unbelievable

fantoche [fã'tɔʃi] M puppet

fanzoca [fã'zɔka] (*col*) M/F great fan

faqueiro [fa'kejru] M (*jogo de talheres*) set of cutlery; (*pessoa*) cutler

faquir [fa'kir] M fakir

faraó [fara'ɔ] M pharaoh

faraônico, -a [fara'oniku, a] ADJ (*fig: obra*) large-scale

farda ['farda] F uniform

fardar [far'dar] VT to dress in uniform

fardo ['fardu] M bundle; (*carga*) load; (*fig*) burden

farei *etc* [fa'rej] VB *ver* **fazer**

farejar [fare'ʒar] VT to sniff around ▶ VI to sniff

farelo [fa'rɛlu] M (*de pão*) crumb; (*de madeira*) sawdust; **~ de trigo** bran

farfalhante [farfa'ʎãtʃi] ADJ rustling

farfalhar [farfa'ʎar] VI to rustle

farfalhudo, -a [farfa'ʎudu, a] ADJ ostentatious

farináceo, -a [fari'nasju, a] ADJ (*alimento*) starchy; (*molho etc*) floury

farináceos [fari'nasjus] MPL (*alimentos*) starchy foods

faringe [fa'rĩʒi] F pharynx

faringite [farĩ'ʒitʃi] F pharyngitis

farinha [fa'riɲa] F: **~ (de mesa)** (manioc) flour; **~ de arroz** rice flour; **~ de osso** bone meal; **~ de rosca** breadcrumbs *pl*; **~ de trigo** plain flour

farmacêutico, -a [farma'sewtʃiku, a] ADJ pharmaceutical ▶ M/F pharmacist, chemist (BRIT)

farmácia [far'masja] F pharmacy, chemist's (shop) (BRIT); (*ciência*) pharmacy

farnel [far'nɛw] (*pl* **-éis**) M (*provisões*) provisions *pl*; (*saco*) food parcel

faro ['faru] M sense of smell; (*fig*) flair

faroeste [fa'rwɛstʃi] M (*filme*) western; (*região*) wild west

farofa [fa'rɔfa] F (*Culin*) side dish based on manioc flour

farofeiro, -a [faro'fejru, a] M/F picnicker (*who comes to the beach from far away*)

farol [fa'row] (*pl* **-óis**) M lighthouse; (*Auto*) headlight; (*col*) bragging; **~ alto** (*Auto*) full (BRIT) *ou* high (US) beam; **~ baixo** dipped headlights *pl* (BRIT), dimmed beam (US); **contar ~** (*col*) to brag

faroleiro [faro'lejru] M lighthouse keeper; (*col*) braggart

farolete [faro'letʃi] M (*Auto: dianteiro*) sidelight; (*tb:* **farolete traseiro**) tail-light

farpa ['farpa] F barb; (*estilha*) splinter
farpado, -a [far'padu, a] ADJ: **arame ~** barbed wire
farra ['faha] F binge, spree; **cair na ~** to go on the razzle; **só de** *ou* **por ~** just for the fun of it
farrapo [fa'hapu] M rag; **ela parecia um ~** she looked like a tramp; **esta blusa está um ~** this blouse is a sight
farrear [fa'hjar] VI to go on a spree
farripas [fa'hipas] FPL wisps of hair
farrista [fa'hista] ADJ fun-loving ▶ M/F party animal (*col*)
farsa ['farsa] F farce
farsante [far'sātʃi] M/F joker; (*pessoa sem palavra*) smooth operator
farta ['farta] F: **comer à ~** to eat one's fill
fartar [far'tar] VT (*saciar*) to satiate; (*encher*) to fill up; **fartar-se** VR to gorge o.s.; **~-se de** (*cansar-se*) to get fed up with; **me fartei (de comer)** I'm full up
farto, -a ['fartu, a] ADJ full, satiated; (*abundante*) plentiful; (*aborrecido*) fed up; **cabeleira farta** full head of hair, shock of hair
fartum [far'tū] (*pl* **-ns**) M stench
fartura [far'tura] F abundance, plenty
fascículo [fa'sikulu] M (*de publicação*) instalment (BRIT), installment (US)
fascinação [fasina'sāw] F fascination; **ter ~ por alguém** to be infatuated with sb
fascinante [fasi'nātʃi] ADJ fascinating
fascinar [fasi'nar] VT to fascinate; (*encantar*) to charm
fascínio [fa'sinju] M fascination
fascismo [fa'sizmu] M fascism
fascista [fa'sista] ADJ, M/F fascist
fase ['fazi] F phase; (*etapa*) stage
fashion ['fɛʃjō] (*col*) ADJ trendy
fastidioso, -a [fastʃi'dʒjozu, ɔza] ADJ tedious; (*enfadonho*) annoying
fastígio [fas'tʃiʒju] M (*fig*) height
fastio [fas'tʃiu] M lack of appetite; (*tédio*) boredom
fatal [fa'taw] (*pl* **-ais**) ADJ (*mortal*) fatal; (*inevitável*) fateful
fatalidade [fatali'dadʒi] F (*destino*) fate; (*desgraça*) disaster
fatalista [fata'lista] ADJ fatalistic ▶ M/F fatalist
fatalmente [fataw'mētʃi] ADV (*de modo fatal*) fatally; (*certamente*) inevitably
fatia [fa'tʃia] F slice
fatídico, -a [fa'tʃidʒiku, a] ADJ fateful
fatigante [fatʃi'gātʃi] ADJ tiring; (*aborrecido*) tiresome
fatigar [fatʃi'gar] VT to tire; (*aborrecer*) to bore; **fatigar-se** VR to get tired
Fátima ['fatima] F *see note*

> **Fátima**, situated in central Portugal, is known worldwide as a site of pilgrimage for Catholics. It is said that, in 1917, the Virgin Mary appeared six times to three shepherd children (*os três pastorinhos*). Millions of pilgrims visit Fátima every year.

fato ['fatu] M fact; (*acontecimento*) event; (PT: *traje*) suit; **~ de banho** (PT) swimming costume (BRIT), bathing suit (US); **~ consumado** fait accompli; **de ~** in fact, really; **o ~ é que ...** the fact remains that ...; **chegar às vias de ~** to come to blows
fator [fa'tor] M factor; **~ Rh** (Med) Rh *ou* rhesus (BRIT) factor
fátuo, -a ['fatwu, a] ADJ (*vão*) fatuous
fatura [fa'tura] F bill, invoice
faturamento [fatura'mētu] M (Com: *volume de negócios*) turnover; (*faturar*) invoicing
faturar [fatu'rar] VT to invoice; (*dinheiro*) to make; (*col: gol*) to score, notch up ▶ VI (*col: ganhar dinheiro*): **~ (alto)** to rake it in; **~ algo a alguém** to invoice sb for sth
fauna ['fawna] F fauna
fausto, -a ['fawstu, a] ADJ lucky ▶ M luxury
fava ['fava] F broad bean; **mandar alguém às ~s** to send sb packing
favela [fa'vela] F slum, shanty town
favelado, -a [fave'ladu, a] M/F slum-dweller
favo ['favu] M honeycomb
favor [fa'vor] M favour (BRIT), favor (US); **a ~ de** in favo(u)r of; **em ~ de** on behalf of; **por ~** please; **se faz ~** (PT) please; **fazer um ~ para alguém** to do sb a favo(u)r; **faça** *ou* **faz o ~ de ...** would you be so good as to ..., kindly ...; **faça-me o ~!** (*col*) do me a favo(u)r!; **ter a seu ~** to have to one's credit
favorável [favo'ravew] (*pl* **-eis**) ADJ: **~ (a)** favourable (BRIT) *ou* favorable (US) (to)
favorecer [favore'ser] VT to favour (BRIT), favor (US); (*beneficiar*) to benefit; (*suj: vestido*) to suit; (: *retrato*) to flatter
favoritismo [favori'tʃizmu] M favouritism (BRIT), favoritism (US)
favorito, -a [favo'ritu, a] ADJ, M/F (*tb Comput*) favourite (BRIT), favorite (US)
fax [faks] M (*carta*) fax; (*máquina*) fax (machine); **enviar por ~** to fax
faxina [fa'ʃina] F: **fazer ~** to clean up
faxineiro, -a [faʃi'nejru, a] M/F (*pessoa*) cleaner
faz de conta [fazdʒi'kōta] M: **o ~** make-believe
fazedor, a [faze'dor(a)] M/F maker
fazenda [fa'zēda] F farm; (*de café*) plantation; (*de gado*) ranch; (*pano*) cloth, fabric; (Econ) treasury, exchequer (BRIT)
fazendeiro [fazē'dejru] M farmer; (*de café*) plantation-owner; (*de gado*) rancher, ranch-owner

(PALAVRA-CHAVE)

fazer [fa'zer] VT **1** (*fabricar, produzir*) to make; (*construir*) to build; (*pergunta*) to ask; (*poema, música*) to write; **fazer um filme/ruído** to make a film/noise; **eu fiz o vestido** I made the dress

2 (*executar: trabalho etc*) to do; **o que você está**

fazendo? what are you doing?; **fazer a comida** to do the cooking; **fazer o papel de** (*Teatro*) to play **3** (*estudos, alguns esportes*) to do; **fazer medicina/direito** to do *ou* study medicine/law; **fazer ioga/ginástica** to do yoga/keep-fit **4** (*transformar, tornar*): **sair o fará sentir melhor** going out will make him feel better; **sua partida fará o trabalho mais difícil** his departure will make work more difficult **5** (*como sustituto de vb*): **ele bebeu e eu fiz o mesmo** he drank and I did likewise **6**: **ele faz anos hoje** it's his birthday today; **fiz 30 anos ontem** I was 30 yesterday ▶ VI **1** (*portar-se*) to act, behave; **fazer bem/mal** to do the right/wrong thing; **não fiz por mal** I didn't mean it; **faz como quem não sabe** act as if you don't know anything **2**: **fazer com que alguém faça algo** to make sb do sth ▶ VB IMPESS **1**: **faz calor/frio** it's hot/cold **2** (*tempo*): **faz um ano** a year ago; **faz dois anos que ele se formou** it's two years since he graduated; **faz três meses que ele está aqui** he's been here for three months **3**: **não faz mal** never mind; **tanto faz** it's all the same
fazer-se VR **1**: **fazer-se de desentendido** to pretend not to understand **2**: **faz-se com ovos e leite** it's made with eggs and milk; **isso não se faz** that's not done

faz-tudo [faj3-] M/F INV odd job person
FBI ABR M (= *Federal Bureau of Investigation*) FBI
FC ABR M (= *Futebol Clube*) FC
FDLP ABR F (= *Frente Democrática para a Libertação da Palestina*) PFLP
fé [fɛ] F faith; (*crença*) belief; (*confiança*) trust; **de boa/má fé** in good/bad faith; **dar fé de** to bear witness to; **fazer fé em** to have faith in; **fé em Deus e pé na tábua** go for it
fealdade [feaw'dadʒi] F ugliness
FEB ['fɛbi] ABR F (= *Força Expedicionária Brasileira*) *force sent out in World War II*
FEBEM [fe'bẽ] (BR) ABR F (= *Fundação Estadual do Bem-Estar do Menor*) reform school
febrão [fe'brãw] (*pl* **-ões**) M raging fever
febre ['fɛbri] F fever; (*fig*) excitement; **~ amarela** yellow fever; **~ de poder** *etc* hunger for power *etc*; **~ do feno** hay fever
febril [fe'briw] (*pl* **-is**) ADJ feverish
febrões [fe'brõjs] MPL *de* **febrão**
fecal [fe'kaw] (*pl* **-ais**) ADJ *ver* **matéria**
fechada [fe'ʃada] F: **dar uma ~ em alguém** (*Auto*) to cut sb up; **levar uma ~** to be cut up
fechado, -a [fe'ʃadu, a] ADJ shut, closed; (*pessoa*) reserved; (*sinal*) red; (*luz, torneira*) off; (*tempo*) overcast; (*cara*) stern; **noite fechada** well into the night
fechadura [feʃa'dura] F (*de porta*) lock

fechamento [feʃa'mẽtu] M closure
fechar [fe'ʃar] VT to close, shut; (*concluir*) to finish, conclude; (*luz, torneira*) to turn off; (*rua*) to close off; (*ferida*) to close up; (*bar, loja*) to close down; (*negócio*) to make; (*Auto*) to cut up ▶ VI to close (up), shut; (*ferida*) to heal; (*sinal*) to turn red; to close down; (*tempo*) to cloud over; **fechar-se** VR to close, shut; (*pessoa*) to withdraw; **~-se no quarto** *etc* to shut o.s. away in one's room *etc*; **~ à chave** to lock; **~ a cara** to look annoyed; **ser de ~ o comércio** (*col*) to be a real show-stopper
fecho ['feʃu] M fastening; (*trinco*) latch; (*término*) close, closing; **~ ecler** zip fastener (BRIT), zipper (US)
fécula ['fɛkula] F starch
fecundação [fekũda'sãw] F fertilization
fecundar [fekũ'dar] VT to fertilize, make fertile
fecundidade [fekũdʒi'dadʒi] F fertility
fecundo, -a [fe'kũdu, a] ADJ fertile; (*produtivo*) fruitful; (*fig*) prolific
fedelho, -a [fe'deʎu, a] M/F kid
feder [fe'der] VI to stink; **não ~ nem cheirar** (*fig*) to be wishy-washy
federação [federa'sãw] (*pl* **-ões**) F federation
federal [fede'raw] (*pl* **-ais**) ADJ federal; (*col: grande*) huge
federativo, -a [federa'tʃivu, a] ADJ federal
fedor [fe'dor] M stench
fedorento, -a [fedo'rẽtu, a] ADJ stinking
FEEM (BR) ABR F (= *Fundação Estadual de Educação do Menor*) children's home
Feema [fe'ɛma] (BR) ABR F (= *Fundação Estadual de Engenharia do Meio Ambiente*) environmental protection agency
feérico, -a [fe'ɛriku, a] ADJ magical
feição [fej'sãw] (*pl* **-ões**) F form, shape; (*caráter*) nature; (*modo*) manner; **feições** FPL (*face*) features; **à ~ de** in the manner of
feijão [fej'ʒãw] (*pl* **-ões**) M bean(s) (*pl*); (*preto*) black bean(s) (*pl*)
feijão-fradinho [-fra'dʒiɲu] (*pl* **feijões-fradinhos**) M black-eyed bean(s) (*pl*)
feijão-mulatinho [-mula'tʃiɲu] (*pl* **feijões-mulatinhos**) M red kidney bean(s) (*pl*)
feijão-preto (*pl* **feijões-pretos**) M black bean(s) (*pl*)
feijão-soja (*pl* **feijões-sojas**) M soya bean(s) (*pl*) (BRIT), soybean(s) (*pl*) (US)
feijão-tropeiro [-tro'pejru] (*pl* **feijões-tropeiros**) M (*Culin*) bean stew
feijoada [fej'ʒwada] F (*Culin*) meat, rice and black beans
feijoeiro [fej'ʒwejru] M bean plant
feijões [fej'ʒõjs] MPL *de* **feijão**
feio, -a ['feju, a] ADJ ugly; (*situação*) grim; (*atitude*) bad; (*tempo*) horrible ▶ ADV (*perder*) badly; **olhar ~** to give a filthy look; **fazer ~** to make a bad impression; **ficar ~** (*dar má impressão*) to look bad; (*situação*) to turn nasty; **quem ama o ~, bonito lhe parece** love is blind

feioso, -a [fe'jozu, ɔza] ADJ plain

feira ['fejra] F fair; *(mercado)* market; **fazer a ~** to go to market; **~ livre** market

feirante [fej'rātʃi] M/F market trader, stallholder

feita ['fejta] F: **certa ~** once, on one occasion; **de uma ~** once and for all

feitiçaria [fejtʃisa'ria] F witchcraft, magic

feiticeira [fejtʃi'sejra] F witch

feiticeiro, -a [fejtʃi'sejru, a] ADJ bewitching, enchanting ▶ M wizard

feitiço [fej'tʃisu] M charm, spell; **virou o ~ contra o feiticeiro** *(fig)* the tables were turned

feitio [fej'tʃiu] M shape, pattern; *(caráter)* nature, manner; *(Tec)* workmanship

feito, -a ['fejtu, a] PP *de* **fazer** ▶ ADJ *(terminado)* finished, ready ▶ M act, deed; *(façanha)* feat ▶ CONJ like; **~ a mão** hand-made; **homem ~** grown man; **que é ~ dela?** what has become of her?; **bem ~ (por você)!** (it) serves you right!; **dito e ~** no sooner said than done; **estar ~** *(pessoa: ter dinheiro etc)* to have it made

feitor, a [fej'tor(a)] M/F administrator; *(capataz)* supervisor

feitura [fej'tura] F work

feiura [fe'jura] F ugliness

feixe ['fejʃi] M bundle, bunch; *(Tec)* beam

fel [fɛw] M bile, gall; *(fig)* bitterness; **esse remédio é um ~** that medicine is really bitter

felicidade [felisi'dadʒi] F happiness; *(sorte)* good luck; *(êxito)* success; **felicidades** FPL *(congratulações)* congratulations

felicíssimo, -a [feli'sisimu, a] ADJ SUPERL *de* **feliz**

felicitações [felisita'sōjs] FPL congratulations, best wishes

felicitar [felisi'tar] VT: **~ alguém (por)** to congratulate sb (on)

felino, -a [fe'linu, a] ADJ feline; *(fig: traiçoeiro)* treacherous ▶ M feline

feliz [fe'liz] ADJ happy; *(afortunado)* lucky; *(ideia, sugestão)* timely; *(próspero)* successful; *(expressão)* fortunate; **~ aniversário/Natal!** happy birthday/Christmas!; **dar-se por ~** to think o.s. lucky

felizardo, -a [feli'zardu, a] M/F lucky devil

felizmente [feliz'mētʃi] ADV fortunately

felonia [felo'nia] F *(traição)* treachery

felpa ['fewpa] F *(de animais)* down; *(de tecido)* nap

felpudo, -a [few'pudu, a] ADJ *(penujento)* fuzzy; *(peludo)* downy

feltro ['fewtru] M felt

fêmea ['femja] F *(Bio, Bot)* female

feminil [femi'niw] *(pl **-is**)* ADJ feminine

feminilidade [feminili'dadʒi] F femininity

feminino, -a [femi'ninu, a] ADJ feminine; *(sexo)* female; *(equipe, roupa)* women's ▶ M *(Ling)* feminine

feminis [femi'nis] ADJ PL *de* **feminil**

feminismo [femi'nizmu] M feminism

feminista [femi'nista] ADJ, M/F feminist

fêmur ['femur] M *(Anat)* femur

fenda ['fēda] F slit, crack; *(Geo)* fissure

fender [fē'der] VT, VI to split, crack

fenecer [fene'ser] VI to die; *(terminar)* to come to an end

feno ['fenu] M hay

fenomenal [fenome'naw] *(pl **-ais**)* ADJ phenomenal; *(espantoso)* amazing; *(pessoa)* brilliant

fenômeno [fe'nomenu] M phenomenon

fera ['fɛra] F wild animal; *(fig: pessoa cruel)* beast; *(: pessoa severa)* hothead; **ser ~ em algo** to be brilliant at sth; **ficar uma ~ (com alguém)** *(fig)* to get mad (with sb)

féretro ['fɛretru] M coffin

feriado [fe'rjadu] M (public) holiday (BRIT), vacation (US)

férias ['fɛrjas] FPL holiday(s) (BRIT), vacation *sg* (US); **de ~** on holiday (BRIT), on vacation (US); **tirar ~** to have *ou* take a holiday (BRIT) *ou* vacation (US)

ferida [fe'rida] F wound, injury; **tocar na ~** *(fig)* to hit home; *ver tb* **ferido**

ferido, -a [fe'ridu, a] ADJ injured; *(em batalha)* wounded; *(magoado)* hurt ▶ M/F casualty

ferimento [feri'mētu] M injury; *(em batalha)* wound

ferino, -a [fe'rinu, a] ADJ *(cruel)* cruel; *(crítica, ironia)* biting

ferir [fe'rir] VT to injure; *(tb fig)* to hurt; *(em batalha)* to wound; *(ofender)* to offend

fermentar [fermē'tar] VT to ferment; *(fig)* to excite ▶ VI to ferment

fermento [fer'mētu] M yeast; **~ em pó** baking powder

ferocidade [ferosi'dadʒi] F fierceness, ferocity

ferocíssimo, -a [fero'sisimu, a] ADJ SUPERL *de* **feroz**

feroz [fe'roz] ADJ fierce, ferocious; *(cruel)* cruel

ferrado, -a [fe'hadu, a] ADJ *(cavalo)* shod; *(col: sem saída)* done for; **~ no sono** sound asleep

ferradura [feha'dura] F horseshoe

ferragem [fe'haʒē] *(pl **-ns**)* F *(peças)* hardware; *(guarnição)* metalwork; **loja de ferragens** ironmonger's (BRIT), hardware store (US)

ferramenta [feha'mēta] F tool; *(caixa de ferramentas)* tool kit

ferrão [fe'hāw] *(pl **-ões**)* M goad; *(de inseto)* sting

ferrar [fe'har] VT to spike; *(cavalo)* to shoe; *(gado)* to brand; **ferrar-se** VR *(col)* to fail

ferreiro [fe'hejru] M blacksmith

ferrenho, -a [fe'heɲu, a] ADJ *(vontade)* iron; *(marxista etc)* staunch

férreo, -a ['fɛhju, a] ADJ iron atr; *(Quím)* ferrous; *(vontade)* iron; *(disciplina)* strict; **via férrea** railway (BRIT), railroad (US)

ferrete [fe'hetʃi] M branding iron; *(fig)* stigma

ferro ['fɛhu] M iron; **ferros** MPL *(algemas)* shackles, chains; **~ batido** wrought iron; **~ de passar** iron; **~ fundido** cast iron;

~ ondulado corrugated iron; **a ~ e fogo** at all costs; **ninguém é/não sou de ~** (fig) we're all/I'm only human

ferrões [fe'hõjs] MPL *de* **ferrão**

ferrolho [fe'hoʎu] M (*trinco*) bolt

ferro-velho (*pl* **ferros-velhos**) M (*pessoa*) scrap metal dealer; (*lugar*) scrap metal yard

ferrovia [feho'via] F railway (BRIT), railroad (US)

ferroviário, -a [feho'vjarju, a] ADJ railway *atr* (BRIT), railroad *atr* (US) ▶ M/F railway *ou* railroad worker

ferrugem [fe'huʒẽ] F rust; (*Bot*) blight

fértil ['fɛrtʃiw] (*pl* **-eis**) ADJ fertile

fertilidade [fertʃili'dadʒi] F fertility; (*abundância*) fruitfulness

fertilizante [fertʃili'zãtʃi] ADJ fertilizing ▶ M fertilizer

fertilizar [fertʃili'zar] VT to fertilize

fervente [fer'vẽtʃi] ADJ boiling

ferver [fer'ver] VT, VI to boil; **~ de raiva/indignação** to seethe with rage/indignation; **~ em fogo baixo** (*Culin*) to simmer

fervilhar [fervi'ʎar] VI (*ferver*) to simmer; (*com atividade*) to hum; (*pulular*): **~ de** to swarm with

fervor [fer'vor] M fervour (BRIT), fervor (US)

fervoroso, -a [fervo'rozu, ɔza] ADJ fervent

fervura [fer'vura] F boiling

festa ['fɛsta] F (*reunião*) party; (*conjunto de cerimônias*) festival; **festas** FPL (*carícia*) embrace; **boas ~s** Merry Christmas and a Happy New Year; **dia de ~** public holiday; **fazer ~ a alguém** to make a fuss of sb; **fazer ~(s) em alguém** to caress sb; **fazer a ~** (*fig*) to have a ball, have a whale of a time; **~ caipira** hoedown; **~ de arromba** (*col*) big party; **~ de embalo** (*col*) wild party

festança [fes'tãsa] F big party

festeiro, -a [fes'tejru, a] ADJ party-loving

festejar [feste'ʒar] VT (*celebrar*) to celebrate; (*acolher*) to welcome, greet

festejo [fes'teʒu] M (*festividade*) festivity; (*ato*) celebration

festim [fes'tʃĩ] (*pl* **-ns**) M feast

festival [festʃi'vaw] (*pl* **-ais**) M festival

festividade [festʃivi'dadʒi] F festivity

festivo, -a [fes'tʃivu, a] ADJ festive

fetiche [fe'tʃiʃi] M fetish

fetichismo [fetʃi'ʃizmu] M fetishism

fetichista [fetʃi'ʃista] ADJ fetishistic ▶ M/F fetishist

fétido, -a ['fɛtʃidu, a] ADJ foul

feto ['fetu] M (*Med*) foetus (BRIT), fetus (US); (*Bot*) fern

feudal [few'daw] (*pl* **-ais**) ADJ feudal

feudalismo [fewda'lizmu] M feudalism

fev. ABR = **fevereiro**

fevereiro [feve'rejru] M February; *ver tb* **julho**

fez [fez] VB *ver* **fazer**

fezes ['fɛzis] FPL faeces (BRIT), feces (US)

FGTS (BR) ABR M (= *Fundo de Garantia por Tempo de Serviço*) pension fund

FGV (BR) ABR F (= *Fundação Getúlio Vargas*) economic research agency

fiação [fja'sãw] (*pl* **-ões**) F spinning; (*fábrica*) textile mill; (*Elet*) wiring; **fazer a ~ da casa** to rewire the house

fiada ['fjada] F (*fileira*) row, line

fiado, -a ['fjadu, a] ADJ (*a crédito*) on credit ▶ ADV: **comprar/vender ~** to buy/sell on credit

fiador, a [fja'dor(a)] M/F (*Jur*) guarantor; (*Com*) backer

fiambre ['fjãbri] M cold meat; (*presunto*) ham

fiança ['fjãsa] F guarantee; (*Jur*) bail; **prestar ~ por** to stand bail for; **sob ~** on bail

fiapo ['fjapu] M thread

fiar ['fjar] VT (*algodão etc*) to spin; (*confiar*) to entrust; (*vender a crédito*) to sell on credit; **fiar-se** VR: **~-se em** to trust

fiasco ['fjasku] M fiasco

FIBGE ABR F = **Fundação do Instituto Brasileiro de Geografia e Estatística**

fibra ['fibra] F fibre (BRIT), fiber (US); (*fig*): **pessoa de ~** person of character; **~ ótica** optical fibre *ou* fiber

(PALAVRA-CHAVE)

ficar [fi'kar] VI **1** (*permanecer*) to stay; (*sobrar*) to be left; **ficar perguntando/olhando** *etc* to keep asking/looking *etc*; **ficar por fazer** to have still to be done; **ficar para trás** to be left behind

2 (*tornar-se*) to become; **ficar cego/surdo/louco** to go blind/deaf/mad; **fiquei contente ao saber da notícia** I was happy when I heard the news; **ficar com raiva/medo** to get angry/frightened; **ficar de bem/mal com alguém** (*col*) to make up/fall out with sb

3 (*posição*) to be; **a casa fica ao lado da igreja** the house is next to the church; **ficar sentado/deitado** to be sitting down/lying down

4 (*tempo: durar*) **ele ficou duas horas para resolver** he took two hours to decide; (:*ser adiado*): **a reunião ficou para amanhã** the meeting has been postponed until tomorrow

5 (*comportamento*): **sua atitude não ficou bem** his (*ou* her *etc*) behaviour was inappropriate; (*cor*): **você fica bem em azul** blue suits you, you look good in blue; (*roupa*): **ficar bem para** to suit

6: **ficar bom** (*de saúde*) to be cured; (*trabalho, foto etc*) to turn out well

7: **ficar de fazer algo** (*combinar*) to arrange to do sth; (*prometer*) to promise to do sth

8: **ficar de pé** to stand up

ficção [fik'sãw] F fiction

ficcionista [fiksjo'nista] M/F author, fiction writer

ficha ['fiʃa] F (*tb*: **ficha de telefone**) token; (*tb*: **ficha de jogo**) chip; (*de fichário*) (index) card; (*Polícia*) record; (PT *Elet*) plug; (*em loja, lanchonete*) ticket; **caiu a ~** (*fig: col*) the penny dropped; **dar a ~ de alguém** (*fig: col*) to give the low-down on sb; **ter ~ na polícia** to have a criminal record; **ter ~ limpa** (*col*) to have a clean record; **~ de identidade** means *sg* of identification, ID

fichar [fi'ʃar] VT to file, index

fichário [fi'ʃarju] M (*móvel*) filing cabinet; (*caixa*) card index; (*caderno*) file

ficheiro [fi'ʃejru] (PT) M = **fichário**

fictício, -a [fik'tʃisju, a] ADJ fictitious

FIDA (BR) ABR M = **Fundo Internacional para o Desenvolvimento Agrícola**

fidalgo [fi'dawgu] M nobleman

fidedigno, -a [fide'dʒignu, a] ADJ trustworthy

fidelidade [fideli'dadʒi] F (*lealdade*) fidelity, loyalty; (*exatidão*) accuracy

fidelíssimo, -a [fide'lisimu, a] ADJ SUPERL *de* **fiel**

fiduciário, -a [fidu'sjarju, a] ADJ (*companhia*) trust *atr* ▶ M/F trustee

fiéis [fjɛjs] ADJ PL *de* **fiel** ▶ MPL: **os ~** the faithful

fiel [fjɛw] (*pl* **-éis**) ADJ (*leal*) faithful, loyal; (*acurado*) accurate; (*que não falha*) reliable

Fiesp [fi'ɛspi] ABR F = **Federação das Indústrias do Estado de São Paulo**

FIFA ['fifa] ABR F (= *Fédération Internationale de Football Association*) FIFA

figa ['figa] F talisman; **fazer uma ~** to make a *figa*, ≈ cross one's fingers; **de uma ~** (*col*) damned

figada [fi'gada] F fig jelly

fígado ['figadu] M liver; **de maus ~s** (*genioso*) bad-tempered; (*vingativo*) vindictive

figo ['figu] M fig

figueira [fi'gejra] F fig tree

figura [fi'gura] F figure; (*forma*) form, shape; (*Ling*) figure of speech; (*aspecto*) appearance; (*Cartas*) face card; (*ilustração*) picture; (*col: pessoa*) character; **fazer ~** to cut a figure; **fazer má ~** to make a bad impression; **mudar de ~** to take on a new aspect; **ser uma ~ difícil** (*col*) to be difficult to get hold of; **ele é uma ~** (*col*) he's a real character

figura-chave (*pl* **figuras-chave**) F key figure

figurado, -a [figu'radu, a] ADJ figurative

figurante [figu'rātʃi] M/F (*Cinema*) extra

figurão [figu'rāw] (*pl* **-ões**) M big shot

figurar [figu'rar] VI (*ator*) to appear; (*fazer parte*): **~ (entre/em)** to figure *ou* appear (among/in) ▶ VT (*imaginar*) to imagine; **ela figura ter menos de 30 anos** she looks younger than 30

figurinha [figu'riɲa] F sticker; **~ difícil** (*col*) person who is difficult to get hold of

figurinista [figuri'nista] M/F fashion designer

figurino [figu'rinu] M model; (*revista*) fashion magazine; (*Cinema, Teatro*) costume design; (*exemplo*) example; **como manda o ~** as it should be

figurões [figu'rōjs] MPL *de* **figurão**

Fiji [fi'ʒi] M Fiji

fila ['fila] F row, line; (BR: *fileira de pessoas*) queue (BRIT), line (US); (*num teatro, cinema*) row ▶ M (*cão*) Brazilian mastiff; **em ~** in a row; **fazer ~** to form a line, queue; **~ indiana** single file

Filadélfia [fila'dɛwfja] F Philadelphia

filamento [fila'mētu] M filament

filante [fi'lātʃi] M/F sponger ▶ ADJ sponging

filantropia [filātro'pia] F philanthropy

filantrópico, -a [filā'trɔpiku, a] ADJ philanthropic

filantropo [filā'tropu] M philanthropist

filão [fi'lāw] (*pl* **-ões**) M (*Jornalismo*) lead

filar [fi'lar] VT (*agarrar*) to seize; (*col: pedir/obter gratuitamente*) to scrounge

filarmônica [filar'monika] F philharmonic

filarmônico, -a [filar'moniku, a] ADJ philharmonic

filatelia [filate'lia] F stamp collecting

filé [fi'lɛ] M (*bife*) steak; (*peixe*) fillet; **~ mignon** filet mignon

fileira [fi'lejru] F row, line; **fileiras** FPL (*serviço militar*) military service *sg*

filete [fi'letʃi] M fillet; (*de parafuso*) thread

filharada [fiʎa'rada] F gang of children

filhinho, -a [fi'ʎiɲu, a] M/F little son/daughter; **~ de mamãe** mummy's boy; **~ de papai** rich kid

filho, -a ['fiʎu, a] M/F son/daughter; **filhos** MPL children; (*de animais*) young; **minha filha/meu ~** (*col*) dear, darling; **ter um ~** to have a child; (*fig: col*) to have kittens, have a fit; **ele também é ~ de Deus** he is just as good as anyone else; **~ adotivo** adoptive child; **~ da mãe, ~ da puta** (!) wanker (!), bastard (!); **~ de criação** foster child; **~ ilegítimo/natural** illegitimate/natural child; **~ único** only child; **~ único de mãe viúva** (*fig*) one in a million

filhote [fi'ʎɔtʃi] M (*de leão, urso etc*) cub; (*cachorro*) pup(py)

filiação [filja'sāw] (*pl* **-ões**) F affiliation

filial [fi'ljaw] (*pl* **-ais**) F (*sucursal*) branch ▶ ADJ filial; **gerente de ~** branch manager

filigrana [fili'grana] F filigree

filipeta [fili'peta] F flyer

Filipinas [fili'pinas] FPL: **as ~** the Philippines

filipino, -a [fili'pinu, a] ADJ, M/F Filipino ▶ M (*Ling*) Filipino

filmadora [fiwma'dora] F video camera

filmagem [fiw'maʒē] F filming

filmar [fiw'mar] VT, VI to film

filme ['fiwmi] M film (BRIT), movie (US); **~ (de) bangue-bangue** *ou* **faroeste** western; **~ (de) curta/longa metragem** short/feature film; **~ de época** period film; **~ de capa e espada** swashbuckling film

filmoteca [fiwmo'tɛka] F (*lugar*) film library; (*coleção*) film collection

filó [fi'lɔ] M tulle

filões [fi'lōjs] MPL *de* **filão**

filologia [filolo'ʒia] F philology

filólogo, -a [fi'lɔlogu, a] M/F philologist
filosofar [filozo'far] VI to philosophize
filosofia [filozo'fia] F philosophy
filosófico, -a [filo'zɔfiku, a] ADJ philosophical
filósofo, -a [fi'lɔzofu, a] M/F philosopher
filtrar [fiw'trar] VT to filter; **filtrar-se** VR (*líquidos*) to filter; (*infiltrar-se*) to infiltrate
filtro ['fiwtru] M (*Tec*) filter
fim [fĩ] (*pl* **-ns**) M end; (*motivo*) aim, purpose; (*de história, filme*) ending; **a ~ de** in order to; **estar a ~ de (fazer) algo** to feel like (doing) sth, fancy (doing) sth; **estar a ~ de alguém** (*col*) to fancy sb; **no ~ das contas** after all; **por ~** finally; **sem ~** endless; **ter por ~** to aim at; **levar ao ~** to carry through; **pôr** *ou* **dar ~ a** to put an end to; **ter ~** to come to an end; **~ de mundo** (*fig*) hole; **ele mora no ~ do mundo** he lives miles from anywhere; **é o ~ (do mundo** *ou* **da picada)** (*fig*) it's the pits; **~ de semana** weekend
finado, -a [fi'nadu, a] ADJ, M/F deceased
> The day of **Finados** is celebrated throughout Brazil on 2 November and is dedicated to remembering the dead. On this day, people usually gather in cemeteries to remember their loved ones, and also to worship at the graves of popular figures from Brazilian culture and society, such as singers, actors and other personalities.

final [fi'naw] (*pl* **-ais**) ADJ final, last ▶ M end; (*Mús*) finale ▶ F (*Esporte*) final
finalista [fina'lista] M/F finalist
finalização [finaliza'sãw] (*pl* **-ões**) F conclusion
finalizar [finali'zar] VT to finish, conclude ▶ VI (*Futebol*) to finish; **finalizar-se** VR to end
Finam [fi'nã] ABR M (= *Fundo de Investimento da Amazônia*) *regional development fund*
Finame [fi'nami] (BR) ABR M = **Agência Especial de Financiamento Industrial**
finanças [fi'nãsas] FPL finance *sg*
financeiro, -a [finã'sejru, a] ADJ financial ▶ M/F financier
financiamento [finãsja'mẽtu] M financing
financiar [finã'sjar] VT to finance
financista [finã'sista] M/F financier
finar-se [fi'narsi] VR (*consumir-se*) to waste away; (*morrer*) to die
fincar [fĩ'kar] VT (*cravar*) to drive in; (*fixar*) to fix; (*apoiar*) to lean
findar [fĩ'dar] VT, VI to end, finish
findo, -a ['fĩdu, a] ADJ (*ano*) past; (*assunto*) closed
fineza [fi'neza] F fineness; (*gentileza*) kindness
fingido, -a [fĩ'ʒidu, a] ADJ pretend; (*pessoa*) two-faced, insincere ▶ M/F hypocrite
fingimento [fĩʒi'mẽtu] M pretence (BRIT), pretense (US)
fingir [fĩ'ʒir] VT (*simular*) to feign ▶ VI to pretend; **fingir-se** VR: **~-se de** to pretend to be; **~ fazer/que** to pretend to do/that
finito, -a [fi'nitu, a] ADJ finite
finlandês, -esa [fĩlã'des, eza] ADJ Finnish ▶ M/F Finn ▶ M (*Ling*) Finnish
Finlândia [fĩ'lãdʒia] F: **a ~** Finland
fino, -a ['finu, a] ADJ fine; (*delgado*) slender; (*educado*) polite; (*som, voz*) shrill; (*elegante*) refined ▶ ADV: **falar ~** to talk in a high voice; **ser o ~** (*col*) to be the business; **tirar um ~ em alguém** to almost drive into sb
Finor [fi'nor] (BR) ABR M (= *Fundo de Investimento do Nordeste*) *regional development fund*
finório, -a [fi'nɔrju, a] ADJ crafty, sly
fins [fĩs] MPL *de* **fim**
Finsocial [fĩso'sjaw] (BR) ABR M = **Fundo de Investimento Social**
finura [fi'nura] F fineness; (*elegância*) finesse
fio ['fiu] M thread; (*Bot*) fibre (BRIT), fiber (US); (*Elet*) wire; (*Tel*) line; (*de líquido*) trickle; (*gume*) edge; (*encadeamento*) series; **horas/dias a ~** hours/days on end; **de ~ a pavio** from beginning to end; **por um ~** (*fig: escapar*) by the skin of one's teeth; **bater um ~** (*col*) to make a call; **estar por um ~** to be on one's last legs; **perder o ~ (da meada)** (*fig*) to lose one's thread; **retomar o ~ perdido** (*fig*) to take up the thread again; **~ condutor** (*fig*) connecting thread; **sem ~** (*Comput*) wireless
fiorde ['fjordʒi] M fjord
firewall [faja'aw] M firewall
Firjan [fir'ʒã] ABR F = **Federação das Indústrias do Rio de Janeiro**
firma ['firma] F (*assinatura*) signature; (*Com*) firm, company
firmamento [firma'mẽtu] M firmament
firmar [fir'mar] VT (*tornar firme*) to secure, make firm; (*assinar*) to sign; (*estabelecer*) to establish; (*basear*) to base ▶ VI (*tempo*) to settle; **firmar-se** VR: **~-se em** (*basear-se*) to rest on, be based on
firme ['firmi] ADJ firm; (*estável*) stable; (*sólido*) solid; (*tempo*) settled ▶ ADV firmly; **aguentar ~** to hang on; **pisar ~** to stride out
firmeza [fir'meza] F firmness; (*estabilidade*) stability; (*solidez*) solidity
FISA ['fiza] ABR F (= *Federação Internacional de Automobilismo Esportivo*) FISA
fiscal [fis'kaw] (*pl* **-ais**) M/F supervisor; (*aduaneiro*) customs officer; (*de impostos*) tax inspector
fiscalização [fiskaliza'sãw] (*pl* **-ões**) F inspection
fiscalizar [fiskali'zar] VT (*supervisionar*) to supervise; (*examinar*) to inspect, check
fisco ['fisku] M: **o ~** = the Inland Revenue (BRIT), = the Internal Revenue Service (US)
Fiset [fi'sɛtʃi] (BR) ABR M = **Fundo de Investimentos Setoriais**
fisgada [fiz'gada] F stabbing pain
fisgar [fiz'gar] VT to catch

física ['fizika] F physics *sg*; ~ **nuclear** nuclear physics; *ver tb* **físico**
físico, -a ['fiziku, a] ADJ physical ▶ M/F *(cientista)* physicist ▶ M *(corpo)* physique
fisiologia [fizjolo'ʒia] F physiology
fisionomia [fizjono'mia] F *(rosto)* face; *(ar)* expression, look; *(aspecto de algo)* appearance; *(conjunto de caracteres)* make-up
fisionomista [fizjono'mista] M/F person with a good memory for faces
fisioterapeuta [fizjotera'pewta] M/F physiotherapist
fisioterapia [fizjotera'pia] F physiotherapy
fissura [fi'sura] F crack; *(col: ansia)* craving
fissurado, -a [fisu'radu, a] ADJ cracked; **estar ~ em** *(col)* to be wild about
fissurar [fisu'rar] VT to crack
fita ['fita] F *(tira)* strip, band; *(de seda, algodão)* ribbon, tape; *(filme)* film; *(para máquina de escrever)* ribbon; *(magnética, adesiva)* tape; **~ durex®** adhesive tape, Sellotape® (BRIT), Scotch tape® (US); **~ isolante** insulating tape; **~ métrica** tape measure; **fazer ~** *(col)* to put on an act; **isso é ~ dela** *(col)* it's just an act
fitar [fi'tar] VT *(com os olhos)* to stare at, gaze at; **fitar-se** VR to stare at each other
fiteiro, -a [fi'tejru, a] ADJ melodramatic
fito, -a ['fitu, a] ADJ fixed ▶ M aim, intention
fivela [fi'vɛla] F buckle
fixação [fiksa'sãw] *(pl* **-ões***)* F fixation
fixador [fiksa'dor] M hair gel; *(líquido)* setting lotion
fixar [fik'sar] VT to fix; *(colar, prender)* to stick; *(data, prazo, regras)* to set; *(atenção)* to concentrate; **fixar-se** VR: **~-se em** *(assunto)* to concentrate on; *(detalhe)* to fix on; *(apegar-se a)* to be attached to; **~ os olhos em** to stare at; **~ residência** to set up house, settle down; **~ algo na memória** to fix sth in one's mind
fixo, -a ['fiksu, a] ADJ fixed; *(firme)* firm; *(permanente)* permanent; *(cor)* fast ▶ M *(tb:* **telefone fixo***)* landline
fiz *etc* [fiz] VB *ver* **fazer**
flacidez [flasi'dez] F softness, flabbiness
flácido, -a ['flasidu, a] ADJ flabby
Fla-Flu [fla-] M local derby *(football match between rivals Flamengo and Fluminense)*
flagelado, -a [flaʒe'ladu, a] M/F: **os ~s** the afflicted, the victims
flagrante [fla'grãtʃi] ADJ flagrant; **apanhar em ~ (delito)** to catch red-handed *ou* in the act
flagrar [fla'grar] VT to catch
flambar [flã'bar] VT *(Culin)* to flambé
flamejante [flame'ʒãtʃi] ADJ flaming
flamejar [flame'ʒar] VI to blaze
flamengo, -a [fla'mẽgu, a] ADJ Flemish ▶ M *(Ling)* Flemish
flamingo [fla'mĩgu] M flamingo
flâmula ['flamula] F pennant
flanco ['flãku] M flank
Flandres ['flãdris] F Flanders
flanela [fla'nɛla] F flannel

flanquear [flã'kjar] VT to flank; *(Mil)* to outflank
flash [flaʃ] M *(Foto)* flash
flashback [flaʃ'baki] *(pl* **-s***)* M flashback
flatulência [flatu'lẽsja] F flatulence
flauta ['flawta] F flute; **ele leva tudo na ~** *(col)* he doesn't take anything seriously; **~ doce** *(Mús)* recorder
flautista [flaw'tʃista] M/F flautist
flecha ['flɛʃa] F arrow
flechada [fle'ʃada] F *(golpe)* shot; *(ferimento)* arrow wound
flertar [fler'tar] VI: **~ (com alguém)** to flirt (with sb)
flerte ['flertʃi] M flirtation
fleuma ['flewma] F phlegm
flex ['flɛks] ADJ *(Auto)* hybrid *(running on petrol and sugar-cane alcohol)*
flexão [flek'sãw] *(pl* **-ões***)* F flexing; *(exercício)* press-up; *(Ling)* inflection
flexibilidade [fleksibili'dadʒi] F flexibility
flexionar [fleksjo'nar] VT, VI *(Ling)* to inflect
flexível [flek'sivew] *(pl* **-eis***)* ADJ flexible
flexões [flek'sõjs] FPL *de* **flexão**
fliperama [flipe'rama] M pinball machine
floco ['flɔku] M flake; **~ de milho** cornflake; **~ de neve** snowflake; **sorvete de ~s** chocolate chip ice-cream
flor [flor] F flower; *(o melhor)* cream, pick; **em ~** in bloom; **a fina ~** the elite; **à ~ da pele** on edge; **ele não é ~ que se cheire** *(col)* he's a bad lot
flora ['flɔra] F flora
floreado, -a [flo'rjadu, a] ADJ *(jardim)* full of flowers; *(relevo)* ornate; *(estilo)* florid
floreio [flo'reju] M clever turn of phrase
florescente [flore'sẽtʃi] ADJ *(Bot)* in flower; *(próspero)* flourishing
florescer [flore'ser] VI *(Bot)* to flower; *(prosperar)* to flourish
floresta [flo'rɛsta] F forest
florestal [flores'taw] *(pl* **-ais***)* ADJ forest *atr*
florianopolitano, -a [florjanopoli'tanu, a] ADJ from Florianópolis ▶ M/F native of Florianópolis
Flórida ['flɔrida] F: **a ~** Florida
florido, -a [flo'ridu, a] ADJ *(jardim)* in flower; *(mesa)* decorated with flowers
florir [flo'rir] VI to flower
flotilha [flo'tʃiʎa] F flotilla
flozô [flo'zo] *(col)* M: **ficar de ~** to lounge around; **viver de ~** to lead a life of leisure
Flu [flu] ABR M = **Fluminense Futebol Clube**
fluência [flu'ẽsja] F fluency
fluente [flu'ẽtʃi] ADJ fluent
fluidez [flui'dez] F fluidity
fluido, -a ['flwidu, a] ADJ fluid ▶ M fluid
fluir [flwir] VI to flow
fluminense [flumi'nẽsi] ADJ from the state of Rio de Janeiro ▶ M/F native *ou* inhabitant of the state of Rio de Janeiro
fluorescente [flwore'sẽtʃi] ADJ fluorescent
flutuação [flutwa'sãw] *(pl* **-ões***)* F fluctuation

flutuante [flu'twãtʃi] ADJ floating; *(bandeira)* fluttering; *(fig: vacilante)* hesitant, wavering; *(Com: câmbio)* floating

flutuar [flu'twar] VI to float; *(bandeira)* to flutter; *(fig: vacilar)* to waver

fluvial [flu'vjaw] *(pl* **-ais)** ADJ river *atr*

fluxo ['fluksu] M *(corrente)* flow; *(Elet)* flux; **~ de caixa** *(Com)* cash flow

fluxograma [flukso'grama] M flow chart

FM ABR *(Rádio: frequencia modulada)* FM ▶ F FM (radio) station

FMI ABR M (= *Fundo Monetário Internacional*) IMF

FMS ABR F = **Federação Mundial dos Sindicatos**

FN *(BR)* ABR M = **Fuzileiro Naval**

FND *(BR)* ABR M = **Fundo Nacional de Desenvolvimento**

fobia [fo'bia] F phobia

foca ['fɔka] F *(animal)* seal ▶ M/F *(col: jornalista)* cub reporter

focalização [fokaliza'sãw] F focusing

focalizar [fokali'zar] VT to focus (on)

focinho [fo'siɲu] M snout; *(col: cara)* face, mug *(col)*

foco ['fɔku] M focus; *(Med, fig)* seat, centre *(BRIT)*, center *(US)*; **fora de ~** out of focus

fofo, -a ['fofu, a] ADJ soft; *(col: pessoa)* cute

fofoca [fo'fɔka] F piece of gossip; **fofocas** FPL *(mexericos)* gossip *sg*; **fazer ~** to gossip

fofocar [fofo'kar] VI to gossip

fofoqueiro, -a [fofo'kejru, a] ADJ gossipy ▶ M/F gossip

fofura [fo'fura] *(col)* F cutie

fogão [fo'gãw] *(pl* **-ões)** M stove, cooker

fogareiro [foga'rejru] M stove

foge etc ['fɔʒi] VB *ver* **fugir**

fogo ['fogu] M fire; *(fig)* ardour *(BRIT)*, ardor *(US)*; **você tem ~?** have you got a light?; **~s de artifício** fireworks; **a ~ lento** on a low flame; **à prova de ~** fireproof; **abrir ~** to open fire; **brincar com ~** *(fig)* to play with fire; **cessar ~** *(Mil)* to cease fire; **estar com ~** *(col: pessoa)* to be randy; **estar de ~** *(col: bêbado)* to be drunk; **pegar ~** to catch fire; *(estar com febre)* to burn up; **pôr ~ a** to set fire to; **ser bom para o ~** *(fig)* to be useless; **ser ~ (na roupa)** *(col: pessoa)* to be a pain; (: *trabalho etc*) to be murder; (: *ser incrível*) to be amazing

fogões [fo'gõjs] MPL *de* **fogão**

fogo-fátuo *(pl* **fogos-fátuos)** M will-o'-the-wisp

fogoso, -a [fo'gozu, ɔza] ADJ fiery; *(libidinoso)* lustful

fogueira [fo'gejra] F bonfire

foguete [fo'getʃi] M rocket; *(pessoa)* live wire; **soltar os ~s antes da festa** *(fig)* to jump the gun

foi [foj] VB *ver* **ir, ser**

foice ['fɔjsi] F scythe

folclore [fowk'lɔri] M folklore

folclórico, -a [fowk'lɔriku, a] ADJ *(música etc)* folk *atr*; *(comida, roupa)* ethnic

fole ['fɔli] M bellows *sg*

fôlego ['folegu] M breath; *(folga)* breathing space; **perder o ~** to get out of breath; **tomar ~** to pause for breath

folga ['fɔwga] F *(descanso)* rest, break; *(espaço livre)* clearance; *(ócio)* inactivity; *(col: atrevimento)* cheek; **dia de ~** day off; **que ~!** what a cheek!

folgado, -a [fow'gadu, a] ADJ *(roupa)* loose; *(vida)* leisurely; *(col: atrevido)* cheeky; (: *boa vida*) easy-living ▶ M/F *(col: atrevido)* cheeky devil; (: *boa vida*) loafer

folgar [fow'gar] VT to loosen, slacken ▶ VI *(descansar)* to rest, relax; *(divertir-se)* to have fun, amuse o.s.; **~ em saber que ...** to be pleased to hear that ...

folgazão, -zona [fowga'zãw, 'zɔna] *(pl* **-ões/-s)** ADJ *(pessoa)* fun-loving; *(gênio)* lively

folha ['foʎa] F leaf; *(de papel, de metal)* sheet; *(página)* page; *(de faca)* blade; *(jornal)* paper; **novo em ~** brand new; **~ de estanho** *(BRIT)*, aluminum foil *(US)*; **~ de exercícios** worksheet; **~ de pagamento** payroll; **~ de rosto** imprint page

folhagem [fo'ʎaʒẽ] F foliage

folha-seca *(pl* **folhas-secas)** F *(Futebol)* swerving shot

folheado, -a [fo'ʎjadu, a] ADJ veneered; **~ a ouro** gold-plated

folhear [fo'ʎjar] VT to leaf through

folheto [fo'ʎetu] M booklet, pamphlet

folhinha [fo'ʎiɲa] F tear-off calendar

folhudo, -a [fo'ʎudu, a] ADJ leafy

folia [fo'lia] F revelry, merriment

folião, -liona [fo'ʎjãw, ɔna] *(pl* **-ões/-s)** M/F reveller *(in carnival)*

folículo [fo'likulu] M follicle

foliões [fo'ʎõjs] MPL *de* **folião**

foliona [fo'ʎjona] F *de* **folião**

fome ['fɔmi] F hunger; *(escassez)* famine; *(fig: avidez)* longing; **passar ~** to go hungry; **estar com** *ou* **ter ~** to be hungry; **varado de ~** starving, ravenous

fomentar [fomẽ'tar] VT to instigate, incite; *(discórdia)* to sow, cause

fomento [fo'mẽtu] M *(Med)* fomentation; *(estímulo)* incitement; *(de discórdia, ódio etc)* stirring up

fominha [fo'miɲa] *(col)* ADJ stingy ▶ M/F skinflint

fonador, a [fona'dor(a)] ADJ: **aparelho ~** vocal track

fone ['fɔni] M telephone, phone; *(peça do telefone)* receiver

fonema [fo'nema] M *(Ling)* phoneme

fonética [fo'nɛtʃika] F phonetics *sg*

fonético, -a [fo'nɛtʃiku, a] ADJ phonetic

fonfom [fõ'fõ] *(pl* **-ns)** M toot

fonologia [fonolo'ʒia] F phonology

fonte ['fõtʃi] F *(nascente)* spring; *(chafariz)* fountain; *(origem)* source; *(Anat)* temple; **de ~ limpa** from a reliable source; **retido/tributado na ~** *(Com)* deducted/taxed at source

footing ['futʃiŋ] M jogging

for [fɔr] VB ver **ir**, **ser**

fora¹ ['fɔra] ADV out, outside ▶ PREP (além de) apart from ▶ M: **dar o ~** (bateria, radio) to give out; (pessoa) to leave, be off; **dar um ~** to slip up; **dar um ~ em alguém** (namorado) to chuck sb, dump sb; (esnobar) to snub sb; **levar um ~** (de namorado) to be given the boot; (ser esnobado) to get the brush-off; **~ de** outside; **~ de si** beside o.s.; **estar ~** (viajando) to be away; **estar ~ (de casa)** to be out; **lá ~** outside; (no exterior) abroad; **jantar ~** to eat out; **com os braços de ~** with bare arms; **ser de ~** to be from out of town; **ficar de ~** not to join in; **lá para ~** outside; **ir para ~** (viajar) to go out of town; **com a cabeça para ~ da janela** with one's head sticking out of the window; **costurar/cozinhar para ~** to do sewing/cooking for other people; **por ~** on the outside; **cobrar por ~** to charge extra; **~ de dúvida** beyond doubt; **~ de propósito** irrelevant

fora² VB ver **ir**, **ser**

fora da lei [fɔrada'lej] M/F INV outlaw

foragido, -a [fora'ʒidu, a] ADJ, M/F fugitive; **estar ~** to be on the run

foragir-se [fora'ʒirsi] VR to go on the run

forasteiro, -a [foras'tejru, a] ADJ (estranho) alien ▶ M/F outsider, stranger; (de outro país) foreigner

forca ['fɔrka] F gallows sg

força ['forsa] F (energia física) strength; (Tec, Elet) power; (esforço) effort; (coerção) force; **à ~** by force; **à ~ de** by dint of; **com ~** hard; **por ~** of necessity; **dar (uma) ~ a** to back up, encourage; **fazer ~** to try (hard); **como vai essa ~?** (col) how's it going?; **F~ Aérea** Air Force; **~ de trabalho** workforce; **~ maior** (Com) act of God

forcado [for'kadu] M pitchfork

forçado, -a [for'sadu, a] ADJ forced; (afetado) false

forçar [for'sar] VT to force; (olhos, voz) to strain; **forçar-se** VR: **~-se a** to force o.s. to

força-tarefa (pl **forças-tarefa**) F task force

forcejar [forse'ʒar] VI (esforçar-se) to strive; (lutar) to struggle

fórceps ['fɔrsips] M INV forceps pl

forçoso, -a [for'sozu, ɔza] ADJ (necessário) necessary; (obrigatório) obligatory

forja ['fɔrʒa] F forge

forjar [for'ʒar] VT to forge; (pretexto) to invent

forma ['fɔrma] F form; (de um objeto) shape; (físico) figure; (maneira) way; (Med) fitness; **desta ~** in this way; **de (tal) ~ que** in such a way that; **de qualquer ~** anyway; **da mesma ~** likewise; **de outra ~** otherwise; **de ~ alguma** in no way whatsoever; **em ~ de pera/comprimido** pear-shaped/in tablet form; **estar fora de/em ~** (pessoa) to be unfit/fit; **manter a ~** to keep fit; **~ de pagamento** means of payment

fôrma ['forma] F (Culin) cake tin; (molde) mould (BRIT), mold (US); (para sapatos) last

formação [forma'sãw] (pl **-ões**) F formation; (antecedentes) background; (caráter) make-up; (profissional) training

formado, -a [for'madu, a] ADJ (modelado): **ser ~ de** to consist of ▶ M/F graduate; **ser ~ em** to be a graduate in

formal [for'maw] (pl **-ais**) ADJ formal

formalidade [formali'dadʒi] F formality

formalizar [formali'zar] VT to formalize

formando, -a [for'mãdu, a] M/F graduating student, graduand

formão [for'mãw] (pl **-ões**) M chisel

formar [for'mar] VT to form; (constituir) to constitute, make up; (educar) to train, educate; (soldados) to form up ▶ VI to form up; **formar-se** VR (tomar forma) to form; (Educ) to graduate

formatar [forma'tar] VT (Comput) to format

formato [for'matu] M format; (de papel) size

formatura [forma'tura] F (Mil) formation; (Educ) graduation

fórmica® ['fɔrmika] F Formica®

formidável [formi'davew] (pl **-eis**) ADJ tremendous, great

formiga [for'miga] F ant

formigar [formi'gar] VI (ser abundante) to abound; (sentir comichão) to itch; **~ de algo** to swarm with sth

formigueiro [formi'gejru] M ants' nest; (multidão) throng, swarm

formões [for'mõjs] MPL de **formão**

Formosa [for'mɔza] F Taiwan

formoso, -a [for'mozu, ɔza] ADJ (belo) beautiful; (esplêndido) superb

formosura [formo'zura] F beauty

fórmula ['fɔrmula] F formula

formulação [formula'sãw] (pl **-ões**) F formulation

formular [formu'lar] VT to formulate; (queixas) to voice; **~ votos** to express one's hopes/wishes

formulário [formu'larju] M form; **formulários** MPL: **~s contínuos** (Comput) continuous stationery sg

fornalha [for'naʎa] F furnace; (fig: lugar quente) oven

fornecedor, a [fornese'dor(a)] M/F supplier ▶ F (empresa) supplier ▶ ADJ supply atr

fornecer [forne'ser] VT to supply, provide; **~ algo a alguém** to supply sb with sth

fornecimento [fornesi'mẽtu] M supply

fornicar [forni'kar] VI to fornicate

forno ['fornu] M (Culin) oven; (Tec) furnace; (para cerâmica) kiln; **alto ~** blast furnace; **cozinheiro/a de ~ e fogão** expert cook

foro ['foru] M forum; (Jur) Court of Justice; **foros** MPL (privilégios) privileges; **de ~ íntimo** personal, private

forra ['fɔha] F: **ir à ~** (col) to get one's own back

forragem [fo'haʒẽ] F fodder

forrar [fo'ha(] VT (cobrir) to cover; (: interior) to line; (de papel) to paper

forro ['fohu] M (cobertura) covering; (interior) lining; **com ~ de pele** fur-lined

forró [fo'hɔ] M see note

> **Forró** is a style of popular music and dance that originated in the north-east of Brazil, but which is now popular all over the country. The instruments which feature in **forró** are the accordion, the bass drum and the triangle, and it is danced with a partner. There are a number of different styles of **forró**, such as the forró universitário, which combines various musical genres and has attracted a considerable following among the younger generation in Brazil's cities.

fortalecer [fortale'se(] VT to strengthen

fortalecimento [fortalesi'mẽtu] M strengthening

fortaleza [forta'leza] F (forte) fortress; (força) strength; (moral) fortitude; **ser uma ~** to be as strong as an ox

fortalezense [fortale'zẽsi] ADJ from Fortaleza ▶ M/F native ou inhabitant of Fortaleza

forte ['fɔrtʃi] ADJ strong; (pancada) hard; (chuva) heavy; (som) loud; (dor) sharp, strong; (filme) powerful; (pessoa: musculoso) muscular ▶ ADV strongly; (som) loud(ly) ▶ M (fortaleza) fort; (talento) strength; **ser ~ em algo** (versado) to be good at sth ou strong in sth

fortificação [fortʃifika'sãw] (pl **-ões**) F fortification; (fortaleza) fortress

fortificante [fortʃifi'kãtʃi] ADJ fortifying ▶ M fortifier

fortificar [fortʃifi'ka(] VT to fortify; **fortificar-se** VR to build o.s. up

fortuitamente [fortwita'mẽtʃi] ADV (imprevisivelmente) by chance, unexpectedly; (ocasionalmente) casually

fortuito, -a [for'twitu, a] ADJ accidental

fortuna [for'tuna] F fortune, (good) luck; (riqueza) fortune, wealth; **custar uma ~** to cost a fortune

fórum ['fɔrũ] (pl **-ns**) M (Comput) forum; **~ de discussão** discussion forum, message board

fosco, -a ['fosku, a] ADJ (sem brilho) dull; (opaco) opaque

fosfato [fos'fatu] M phosphate

fosforescente [fosfore'sẽtʃi] ADJ phosphorescent

fósforo ['fɔsforu] M match; (Quím) phosphorus

fossa ['fɔsa] F pit; (col) blues pl; **estar/ficar na ~** (col) to be/get depressed ou down in the dumps; **tirar alguém da ~** (col) to cheer sb up; **~ séptica** septic tank

fosse ['fosi] VB ver **ir, ser**

fóssil ['fɔsiw] (pl **-eis**) M fossil

fosso ['fosu] M trench, ditch; (de uma fortaleza) moat

foto ['fɔtu] F photo

fotocópia [foto'kɔpja] F photocopy

fotocopiadora [fotokopja'dora] F photocopier

fotocopiar [fotoko'pja(] VT to photocopy

fotogênico, -a [foto'ʒeniku, a] ADJ photogenic

fotografar [fotogra'fa(] VT to photograph

fotografia [fotogra'fia] F photography; (uma foto) photograph

fotográfico, -a [foto'grafiku, a] ADJ photographic; ver tb **máquina**

fotógrafo, -a [fo'tɔgrafu, a] M/F photographer

fotonovela [fotono'vɛla] F photo story

fotossíntese [foto'sĩtezi] F (Bio) photosynthesis

foxtrote [foks'trɔtʃi] M foxtrot

foyer [fua'je] M foyer

foz [fɔz] F mouth (of river)

FP-25 ABR F PL (= Forças Populares do 25 de Abril) Portuguese terrorist group

fração [fra'sãw] (pl **-ões**) F fraction

fracassar [fraka'sa(] VI to fail

fracasso [fra'kasu] M failure

fracionar [frasjo'na(] VT to break up; **fracionar-se** VR to break up, fragment

fraco, -a ['fraku, a] ADJ weak; (sol, som) faint ▶ M weakness; **estar ~ em algo** to be poor at sth; **ter um ~ por algo** to have a weakness for sth

frações [fra'sõjs] FPL de **fração**

frade ['fradʒi] M (Rel) friar; (: monge) monk

fraga ['fraga] F crag, rock

fragata [fra'gata] F (Náut) frigate

frágil ['fraʒiw] (pl **-eis**) ADJ (débil) fragile; (Com) breakable; (pessoa) frail; (saúde) delicate, poor

fragilidade [fraʒili'dadʒi] F fragility; (de uma pessoa) frailty

fragílimo, -a [fra'ʒilimu, a] ADJ SUPERL de **frágil**

fragmentar [fragmẽ'ta(] VT to break up; **fragmentar-se** VR to break up

fragmento [frag'mẽtu] M fragment

fragrância [fra'grãsja] F fragrance, perfume

fragrante [fra'grãtʃi] ADJ fragrant

frajola [fra'ʒɔla] (col) ADJ smart

fralda ['frawda] F (da camisa) shirt tail; (para bebê) nappy (BRIT), diaper (US); (de montanha) foot; **mal saído das ~s** (fig) still wet behind the ears

framboesa [frãbo'eza] F raspberry

França ['frãsa] F France

francamente [frãka'mẽtʃi] ADV (abertamente) frankly; (realmente) really

francês, -esa [frã'ses, eza] ADJ French ▶ M/F Frenchman/woman ▶ M (Ling) French

francesinha [frãse'siɲa] ADJ (manicure) French ▶ F (manicure) French manicure; (sanduíche) typical Porto meat sandwich

franco, -a ['fraku, a] ADJ (sincero) frank; (isento de pagamento) free; (óbvio) clear ▶ M franc; **entrada franca** free admission

frangalho [frã'gaʎu] M (trapo) rag, tatter; (pessoa) wreck; **em ~s** in tatters

frango ['frãgu] M chicken; (Futebol) easy goal

franja ['frãʒa] F fringe (BRIT), bangs pl (US)
franquear [frã'kjar] VT (caminho) to clear; (isentar de imposto) to exempt from duties; (carta) to frank; ~ **algo a alguém** (facultar) to make sth available to sb
franqueza [frã'keza] F frankness
franquia [frã'kia] F (Com) franchise; (isenção) exemption; ~ **de bagagem** baggage allowance; ~ **diplomática** diplomatic immunity; ~ **postal** Freepost®
franzido [frã'zidu] M pleat
franzino, -a [frã'zinu, a] ADJ skinny
franzir [frã'zir] VT (preguear) to pleat; (enrugar) to wrinkle, crease; (lábios) to curl; ~ **as sobrancelhas** to frown
fraque ['fraki] M morning suit
fraquejar [frake'ʒar] VI to grow weak; (vontade) to weaken
fraqueza [fra'keza] F weakness
frasco ['frasku] M (de remédio, perfume) bottle
frase ['frazi] F sentence; ~ **feita** set phrase
fraseado [fra'zjadu] M wording
frasqueira [fras'kejra] F vanity case
fraternal [frater'naw] (pl **-ais**) ADJ fraternal, brotherly
fraternidade [fraterni'dadʒi] F fraternity
fraternizar [fraterni'zar] VT to bring together ▶ VI to fraternize
fraterno, -a [fra'tɛrnu, a] ADJ fraternal, brotherly
fratura [fra'tura] F fracture, break
fraturação [fratura'sãw] F fracking
fraturar [fratu'rar] VT to fracture
fraudar [fraw'dar] VT to defraud; (expectativa, esperanças) to dash
fraude ['frawdʒi] F fraud
fraudulento, -a [frawdu'lẽtu, a] ADJ fraudulent
freada [fre'ada] (BR) F: **dar uma** ~ to slam on the brakes
frear [fre'ar] (BR) VT (conter) to curb, restrain; (veículo) to stop ▶ VI (veículo) to brake
freelance [fri'lãs] M/F freelancer
freezer ['frizer] M freezer
frege ['frɛʒi] M mess
freguês, -guesa [fre'ges, 'geza] M/F (cliente) customer; (PT) parishioner
freguesia [frege'zia] F customers pl; (PT) parish
frei [frej] M friar, monk; (título) Brother
freio ['freju] M (BR: veículo) brake; (de cavalo) bridle; (bocado do freio) bit; (fig) check; ~ **de mão** handbrake
freira ['frejra] F nun
freixo ['frejʃu] M (Bot) ash
Frelimo [fre'limo] ABR F (= Frente de Libertação de Moçambique) Frelimo
fremente [fre'mẽtʃi] ADJ (fig) rousing
fremir [fre'mir] VI (bramar) to roar; (tremer) to tremble
frêmito ['fremitu] M (fig: de alegria etc) wave
frenesi [frene'zi] M frenzy
frenético, -a [fre'nɛtʃiku, a] ADJ frantic, frenzied

frente ['frẽtʃi] F (de objeto, Pol, Mil) front; (rosto) face; (fachada) façade; ~ **a** ~ face to face; **à** ~ **de** at the front of; **de** ~ **para** facing; **em** ~ **de** in front of; (de fronte a) opposite; **para a** ~ ahead, forward; **de trás para** ~ from back to front; **porta da** ~ front door; **apartamento de** ~ apartment at the front; **seguir em** ~ to go straight on; **a casa em** ~ the house opposite; **na minha** (ou **sua** etc) ~ in front of me (ou you etc); **sair da** ~ to get out of the way; **sai da minha** ~! get out of my sight!; **pela** ~ ahead; **pra** ~ (col) fashionable, trendy; **fazer** ~ **a algo** to face sth; **ir para a** ~ (progredir) to progress; **levar à** ~ to carry through; ~ **de combate** (Mil) front; ~ **de trabalho** area of employment; ~ **fria/quente** (Meteorologia) cold/warm front
frequência [fre'kwẽsja] F frequency; **com** ~ often, frequently
frequentador, a [frekwẽta'dor(a)] M/F regular visitor; (de restaurante etc) regular customer
frequentar [frekwẽ'tar] VT to frequent; ~ **a casa de alguém** to go to sb's house a lot; ~ **um curso** to attend a course
frequente [fre'kwẽtʃi] ADJ frequent
fresca ['freska] F cool breeze
frescão [fres'kãw] (pl **-ões**) M air-conditioned coach
fresco, -a ['fresku, a] ADJ fresh; (vento, tempo) cool; (col: efeminado) camp; (: afetado) pretentious; (: cheio de luxo) fussy ▶ M (ar) fresh air; (Arte) fresco
frescobol [fresko'bow] M (kind of) racketball (played mainly on the beach)
frescões [fres'kõjs] MPL de **frescão**
frescor [fres'kor] F freshness
frescura [fres'kura] F freshness; (frialdade) coolness; (col: luxo) fussiness; (: afetação) pretentiousness; **que** ~! how fussy!; how pretentious!
fresta ['frɛsta] F gap, slit
fretar [fre'tar] VT (avião, navio) to charter; (caminhão) to hire
frete ['frɛtʃi] M (carregamento) freight, cargo; (tarifa) freightage; **a** ~ for hire
freudiano, -a [frɔj'dʒjanu, a] ADJ Freudian
frevo ['frevu] M improvised Carnival dance
fria ['fria] F: **dar uma** ~ **em alguém** to give sb the cold shoulder; **estar/entrar numa** ~ (col) to be in/get into a mess; **levar uma** ~ **de alguém** to get the cold shoulder from sb
friagem ['frjaʒẽ] F cold weather
frialdade [frjaw'dadʒi] F coldness; (indiferença) indifference, coolness
fricção [frik'sãw] F friction; (ato) rubbing; (Med) massage
friccionar [friksjo'nar] VT to rub
fricote [fri'kɔtʃi] (col) M finickiness
fricoteiro, -a [fiko'tejru, a] (col) ADJ finicky ▶ M/F fusspot
frieira ['frjejra] F chilblain

frieza ['frjeza] F coldness; *(indiferença)* coolness
frigideira [friʒi'dejra] F frying pan
frigidez [friʒi'dez] F frigidity
frígido, -a ['friʒidu, a] ADJ frigid
frigir [fri'ʒir] VT to fry
frigorífico [frigo'rifiku] M refrigerator; *(congelador)* freezer
frincha ['frĩʃa] F chink, slit
frio, -a ['friu, a] ADJ cold; *(col)* forged ▶ M coldness; **frios** MPL *(Culin)* cold meats; **estou com ~** I'm cold; **faz** *ou* **está ~** it's cold
friorento, -a [frjo'rẽtu, a] ADJ *(pessoa)* sensitive to the cold; *(lugar)* chilly
frisar [fri'zar] VT *(encrespar)* to curl; *(salientar)* to emphasize
Frísia ['frizja] F: **a ~** Frisia
friso ['frizu] M border; *(na parede)* frieze; *(Arq)* moulding (BRIT), molding (US)
fritada [fri'tada] F fry-up; **dar uma ~ em algo** to fry sth
fritar [fri'tar] VT to fry
fritas ['fritas] FPL French fries, chips (BRIT)
frito, -a ['fritu, a] ADJ fried; *(col)*: **estar ~** to be done for
fritura [fri'tura] F fried food
frivolidade [frivoli'dadʒi] F frivolity
frívolo, -a ['frivolu, a] ADJ frivolous
fronha ['froɲa] F pillowcase
front [frõ] *(pl -s)* M *(Mil, fig)* front
fronte ['frõtʃi] F *(Anat)* forehead, brow
fronteira [frõ'tejra] F frontier, border
fronteiriço, -a [frõtej'risu, a] ADJ frontier *atr*
fronteiro, -a [frõ'tejru, a] ADJ front
frontispício [frõtʃis'pisju] M *(de edifício)* main façade; *(de livro)* frontispiece; *(rosto)* face
frota ['frɔta] F fleet
frouxo, -a ['froʃu, a] ADJ loose; *(corda)* slack; *(fraco)* weak; *(indolente)* slack; *(col: condescendente)* soft
frufru [fru'fru] M *(enfeite)* ruff
frugal [fru'gaw] *(pl -ais)* ADJ frugal
fruição [frwi'sãw] F enjoyment
fruir ['frwir] VT to enjoy ▶ VI: **~ de algo** to enjoy sth
frustração [frustra'sãw] F frustration
frustrado, -a [frus'tradu, a] ADJ frustrated; *(planos)* thwarted
frustrante [frus'trãtʃi] ADJ frustrating
frustrar [frus'trar] VT to frustrate
fruta ['fruta] F fruit
fruta-do-conde *(pl frutas-do-conde)* F sweetsop
fruta-pão *(pl frutas-pães ou frutas-pão)* F breadfruit
fruteira [fru'tejra] F fruit bowl
frutífero, -a [fru'tʃiferu, a] ADJ *(proveitoso)* fruitful; *(árvore)* fruit-bearing
fruto ['frutu] M *(Bot)* fruit; *(resultado)* result, product; **dar ~** *(fig)* to bear fruit
fubá [fu'ba] M corn meal
fubeca [fu'bɛka] *(col)* F thrashing
fubica [fu'bika] *(col)* F heap, jalopy

fuçar [fu'sar] VI: **~ em algo** *(remexer)* to rummage in sth; *(meter-se)* to meddle in sth
fuças ['fusas] *(col)* FPL face *sg*, chops
fuga ['fuga] F flight, escape; *(de gás etc)* leak; *(da prisão)* escape; *(de namorados)* elopement; *(Mús)* fugue
fugacíssimo, -a [fuga'sisimu, a] ADJ SUPERL *de* **fugaz**
fugaz [fu'gaz] ADJ fleeting
fugida [fu'ʒida] F sortie; **dar uma ~** *ou* **fugidinha** to pop out for a moment
fugir [fu'ʒir] VI to flee, escape; *(prisioneiro)* to escape; *(criança: de casa)* to run away; *(namorados)* to elope; **~ a algo** to avoid sth
fugitivo, -a [fuʒi'tʃivu, a] ADJ, M/F fugitive
fui [fuj] VB *ver* **ir, ser**
fulano, -a [fu'lanu, a] M/F so-and-so; **~ de tal** what's-his-name/what's-her-name; **~, beltrano e sicrano** Tom, Dick and Harry
fulcro ['fuwkru] M fulcrum
fuleiro, -a [fu'lejru, a] ADJ tacky; *(col)* crappy
fúlgido, -a ['fuwʒidu, a] ADJ brilliant
fulgir [fuw'ʒir] VI to shine
fulgor [fuw'gor] M brilliance
fuligem [fu'liʒẽ] F soot
fulminante [fuwmi'nãtʃi] ADJ *(devastador)* devastating; *(palavras)* scathing
fulminar [fuwmi'nar] VT *(ferir, matar)* to strike down; *(petrificar)* to stop dead; *(aniquilar)* to annihilate ▶ VI to flash with lightning; **fulminado por um raio** struck by lightning
fulo, -a ['fulu, a] ADJ: **estar** *ou* **ficar ~ de raiva** to be furious
fumaça [fu'masa] (BR) F *(de fogo)* smoke; *(de gás)* fumes *pl*; **500 e lá vai ~** *(col)* 500 and then some
fumador, a [fuma'dor(a)] (PT) M/F smoker
fumante [fu'mãtʃi] M/F smoker
fumar [fu'mar] VT, VI to smoke; **~ cigarro eletrônico** to vape
fumê [fu'me] ADJ INV *(vidro)* smoked
fumo ['fumu] M (PT: *de fogo)* smoke; (: *de gás)* fumes *pl*; (BR: *tabaco)* tobacco; *(fumar)* smoking; (BR *col: maconha)* dope; **~ louro** Virginia tobacco; **puxar ~** *(col)* to smoke dope
FUNABEM [funa'bẽ] (BR) ABR F (= *Fundação Nacional do Bem-Estar do Menor*) children's home
Funai [fu'naj] (BR) ABR F = **Fundação Nacional do Índio**
Funarte [fu'nartʃi] (BR) ABR F = **Fundaçao Nacional de Arte**
função [fũ'sãw] *(pl -ões)* F function; *(ofício)* duty; *(papel)* role; *(espetáculo)* performance
Funcep [fũ'sepi] (BR) ABR F (= *Fundação Centro de Formação do Servidor Público*) civil service training centre
funcho ['fũʃu] M *(Bot)* fennel
funcional [fũsjo'naw] *(pl -ais)* ADJ functional
funcionalismo [fũsjona'lizmu] M: **~ público** civil service
funcionamento [fũsjona'mẽtu] M functioning, working; **pôr em ~** to set going, start

funcionar [fũsjo'nar] VI to function; (*máquina*) to work, run; (*dar bom resultado*) to work

funcionário, -a [fũsjo'narju, a] M/F official; **~ (público)** civil servant

funções [fũ'sõjs] FPL *de* **função**

fundação [fũda'sãw] (*pl* **-ões**) F foundation

fundador, a [fũda'dor(a)] M/F founder ▶ ADJ founding

fundamental [fũdamẽ'taw] (*pl* **-ais**) ADJ fundamental, basic

fundamentar [fũdamẽ'tar] VT (*argumento*) to substantiate; (*basear*): **~ (em)** to base (on)

fundamento [fũda'mẽtu] M (*fig*) foundation, basis; (*motivo*) motive; **sem ~** groundless

fundar [fũ'dar] VT to establish, found; (*basear*) to base; **fundar-se** VR: **~-se em** to be based on

fundear [fũ'dʒjar] VI to anchor

fundição [fũdʒi'sãw] (*pl* **-ões**) F fusing; (*fábrica*) foundry

fundilho [fũ'dʒiʎu] M (*da calça*) seat

fundir [fũ'dʒir] VT to fuse; (*metal*) to smelt, melt down; (*Com: empresas*) to merge; (*em molde*) to cast; **fundir-se** VR (*derreter-se*) to melt; (*juntar-se*) to merge, fuse; (*Com*) to merge; **~ a cuca** to crack up

fundo, -a ['fũdu, a] ADJ deep; (*fig*) profound; (*col: ignorante*) ignorant; (: *desperarado*) hopeless ▶ M (*do mar, jardim*) bottom; (*profundidade*) depth; (*base*) basis; (*da loja, casa, do papel*) back; (*de quadro*) background; (*de dinheiro*) fund ▶ ADV deeply; **fundos** MPL (*Com*) funds; (*da casa etc*) back *sg*; **a ~** thoroughly; **ao ~** in the background; **ir ao ~** (*navio*) to sink, go down; **no ~** (*de caixa etc*) at the bottom; (*da casa etc*) at the back; (*de quadro*) in the background; (*fig*) basically, at bottom; **sem ~** (*poço*) bottomless; **dar ~s para** (*casa etc*) to back on to; **~ de contingência** contingency fund; **~ de investimento** investment fund; **F~ Monetário Internacional** International Monetary Fund

fundura [fũ'dura] F depth; (*col*) ignorance

fúnebre ['funebri] ADJ funeral *atr*, funereal; (*fig: triste*) gloomy, lugubrious

funeral [fune'raw] (*pl* **-ais**) M funeral

funerário, -a [fune'rarju, a] ADJ funeral *atr*; **casa funerária** undertakers *pl*

funesto, -a [fu'nɛstu, a] ADJ (*fatal*) fatal; (*infausto*) disastrous; (*notícia*) fateful

fungar [fũ'gar] VT, VI to sniff

fungo ['fũgu] M (*Bot*) fungus

funil [fu'niw] (*pl* **-is**) M funnel

Funrural [fũhu'raw] (BR) ABR M = **Fundo de Assistência e Previdência ao Trabalhador Rural**

Funtevê [fũte've] ABR F = **Fundação Centro-Brasileira de TV Educativa**

fura-bolo ['fura-] (*pl* **fura-bolos**) (*col*) M index finger

furacão [fura'kãw] (*pl* **-ões**) M hurricane; **entrar/sair como um ~** to stomp in/out

furado, -a [fu'radu, a] ADJ perforated; (*pneu*) flat; (*orelha*) pierced; (*col: programa*) crummy

furão, -rona [fu'rãw, 'rɔna] (*pl* **-ões/-s**) M ferret ▶ M/F (*col*) go-getter ▶ ADJ (*col*) hard-working, dynamic

furar [fu'rar] VT (*perfurar*) to bore, to perforate; (*penetrar*) to penetrate; (*greve*) to break; (*frustrar*) to foil; (*fila*) to jump ▶ VI (*col: programa*) to fall through

furdúncio [fur'dũsju] (*col*) M commotion

furgão [fur'gãw] (*pl* **-ões**) M van

furgoneta [furgo'neta] (PT) F van

fúria ['furja] F fury, rage; **estar uma ~** to be furious

furibundo, -a [furi'bũdu, a] ADJ furious

furioso, -a [fu'rjozu, ɔza] ADJ furious

furo ['furu] M hole; (*num pneu*) puncture; **~ jornalístico** scoop; **dar um ~** (*col*) to make a blunder; **estar muitos ~s acima de algo** (*fig*) to be a cut above sth, be a lot better than sth

furões [fu'rõjs] MPL *de* **furão**

furona [fu'rɔna] F *de* **furão**

furor [fu'ror] M fury, rage; **causar ~** to cause a furore; **fazer ~** to be all the rage

furta-cor [furta-] (*pl* **furta-cores**) ADJ iridescent ▶ M iridescence

furtar [fur'tar] VT, VI to steal; **furtar-se** VR: **~-se a** to avoid, evade

furtivo, -a [fur'tʃivu, a] ADJ furtive, stealthy

furto ['furtu] M theft

furúnculo [fu'rũkulu] M (*Med*) boil

fusão [fu'zãw] (*pl* **-ões**) F fusion; (*Com*) merger; (*derretimento*) melting; (*união*) union

fusca ['fuska] (*col*) M (VW) beetle

fusco, -a ['fusku, a] ADJ dark, dusky

fuselagem [fuze'laʒẽ] (*pl* **-ns**) F fuselage

fusível [fu'zivew] (*pl* **-eis**) M (*Elet*) fuse

fuso ['fuzu] M (*Tec*) spindle; **~ horário** time zone

fusões [fu'zõjs] FPL *de* **fusão**

fustão [fus'tãw] M corduroy

fustigar [fustʃi'gar] VT (*açoitar*) to flog, whip; (*suj: vento*) to lash; (*maltratar*) to lash out at

futebol [futʃi'bɔw] M football; **~ de salão** indoor football; **~ totó** table football; **fazer um ~ de algo** (*col*) to get sth all mixed up

futevôlei [futʃi'volej] M *see note*

> **Futevôlei** is a type of volleyball in which the ball is allowed to touch only the feet, legs, trunk and head of the players. It is very popular on the beaches of Rio de Janeiro, where tournaments take place during the summer in which many famous footballers take part.

fútil ['futʃiw] (*pl* **-eis**) ADJ (*pessoa*) superficial, shallow; (*insignificante*) trivial

futilidade [futʃili'dadʒi] F (*de pessoa*) shallowness; (*insignificância*) triviality; (*coisa fútil*) trivial thing

futurismo [futu'rizmu] M futurism

futuro, -a [fu'turu, a] ADJ future ▶ M future; **no ~** in the future; **num ~ próximo** in the near future

fuxicar [fuʃi'kar] VI to gossip

fuxico [fu'ʃiku] M piece of gossip

fuxiqueiro, -a [fuʃi'kejru, a] M/F gossip ▶ ADJ gossipy

fuzil [fu'ziw] (*pl* **-is**) M rifle

fuzilamento [fuzila'mẽtu] M shooting

fuzilante [fuzi'lãtʃi] ADJ (*olhos*) blazing

fuzilar [fuzi'lar] VT to shoot ▶ VI (*olhos*) to blaze; (*pessoa*) to fume

fuzileiro, -a [fuzi'lejru, a] M/F: **~ naval** (*Mil*) marine

fuzis [fu'zis] MPL *de* **fuzil**

fuzuê [fu'zwe] M commotion

Gg

G, g [ʒe] (pl **gs**) M G, g; **G de Gomes** G for George
g. ABR (= *grama*) gr.; (= *grau*) deg.
Gabão [ga'bãw] M: **o ~** Gabon
gabar [ga'bar] VT to praise; **gabar-se** VR: **~-se de** to boast about
gabardine [gabar'dʒini] F gabardine
gabaritado, -a [gabari'tadu, a] ADJ (*pessoa*) well-qualified
gabarito [gaba'ritu] M (*fig*): **ter ~ para** to have the ability to; **de ~** (of) high calibre *atr* (BRIT) *ou* caliber *atr* (US)
gabinete [gabi'netʃi] M (*Com*) office; (*escritório*) study; (*Pol*) cabinet
gado ['gadu] M livestock; (*bovino*) cattle *pl*; **~ leiteiro** dairy cattle *pl*; **~ suíno** pigs *pl*
gaélico, -a [ga'ɛliku, a] ADJ Gaelic ▶ M (*Ling*) Gaelic
gafanhoto [gafa'ɲotu] M grasshopper
gafe ['gafi] F gaffe, faux pas; **dar** *ou* **cometer uma ~** to make a faux pas
gafieira [ga'fjejra] (*col*) F (*lugar*) dive; (*baile*) knees-up
gagá [ga'ga] ADJ senile
gago, -a ['gagu, a] ADJ stuttering ▶ M/F stutterer
gagueira [ga'gejra] F stutter
gaguejar [gage'ʒar] VI to stammer, stutter ▶ VT (*resposta*) to stammer
gaiato, -a [ga'jatu, a] ADJ funny
gaiola [ga'jɔla] F (*para pássaro*) cage; (*cadeia*) jail ▶ M (*barco*) riverboat
gaita ['gajta] F harmonica; (*col: dinheiro*) cash, dough; **cheio/a da ~** (*col*) loaded; **solta a ~!** (*col*) hand over your cash!; **~ de foles** bagpipes *pl*
gaivota [gaj'vɔta] F seagull
gajo ['gaʒu] (PT *col*) M guy, fellow
gala ['gala] F: **traje de ~** evening dress; **festa de ~** gala
galã [ga'lã] M (*ator*) leading man; (*fig*) ladies' man
galalau [gala'law] M giant
galante [ga'lãtʃi] ADJ (*gracioso*) graceful; (*gentil*) gallant
galanteador [galãtʃja'dor] M suitor, admirer
galantear [galã'tʃjar] VT to court, woo
galanteio [galã'teju] M wooing

galantina [galã'tʃina] F (*Culin*): **~ de galinha** chicken galantine
galão [ga'lãw] (*pl* **-ões**) M (*Mil*) stripe; (*medida*) gallon; (PT: *café*) white coffee; (*passamanaria*) braid
Galápagos [ga'lapagus] N: (**as**) **Ilhas ~** (the) Galapagos Islands
galardão [galar'dãw] (*pl* **-ões**) M reward
galardoar [galar'dwar] VT: **~ alguém (com algo)** to reward sb (with sth)
galardões [galar'dõjs] MPL *de* **galardão**
galáxia [ga'laksja] M galaxy
galé [ga'lɛ] F (*Náut*) galley ▶ M galley slave
galego, -a [ga'legu, a] ADJ Galician ▶ M/F Galician; (*col, pej*) Portuguese ▶ M (*Ling*) Galician
galera [ga'lɛra] F (*Náut*) galley; (*col: pessoas, público*) crowd
galeria [gale'ria] F gallery; (*Teatro*) circle; (*para águas pluviais*) storm drain
Gales ['galis] M: **País de ~** Wales
galês, -esa [ga'les, eza] ADJ Welsh ▶ M/F Welshman/woman ▶ M (*Ling*) Welsh; **os galeses** MPL the Welsh
galeto [ga'letu] M spring chicken
galgar [gaw'gar] VT (*saltar*) to leap over; (*subir*) to climb up
galgo ['gawgu] M greyhound
galhardia [gaʎar'dʒia] F (*elegância*) elegance; (*bravura, gentileza*) gallantry; **com ~** gallantly
galhardo, -a [ga'ʎardu, a] ADJ (*elegante*) elegant; (*bravo, gentil*) gallant
galheteiro [gaʎe'tejru] M cruet
galho ['gaʎu] M (*de árvore*) branch; (*col: bico*) part-time job; (: *problema*): **dar o ~** to cause trouble; **quebrar um o ~** to sort it out
galicismo [gali'sizmu] M Gallicism
galináceos [gali'nasjus] MPL poultry *sg*
galinha [ga'liɲa] F hen; (*Culin, fig: covarde*) chicken; (*fig: puta*) slut; **a ~ do vizinho é sempre mais gorda** (*fig*) the grass is always greener (on the other side of the fence); **matar a ~ dos ovos de ouro** (*fig*) to kill the goose that lays the golden egg
galinha-d'angola (*pl* **galinhas-d'angolas**) F guinea fowl
galinha-morta (*pl* **galinhas-mortas**) (*col*) F (*pechincha*) bargain; (*coisa fácil*) piece of cake ▶ M/F (*pessoa*) weakling

galinheiro [gali'ɲejru] M (*lugar*) hen-house
galo ['galu] M cock, rooster; (*inchação*) bump; **missa do ~** midnight mass; **ouvir cantar o ~ e não saber onde** (*fig*) to jump to conclusions; **~ de briga** fighting cock; (*fig: pessoa*) troublemaker
galocha [ga'lɔʃa] F (*bota*) Wellington (boot)
galões [ga'lõjs] MPL *de* **galão**
galopante [galo'pãtʃi] ADJ (*fig: inflação*) galloping; (*: doença*) rampant
galopar [galo'par] VI to gallop
galope [ga'lɔpi] M gallop
galpão [gaw'pãw] (*pl* **-ões**) M shed
galvanizar [gawvani'zar] VT to galvanize
gama ['gama] F (*Mús*) scale; (*fig*) range; (*Zool*) doe
gamado, -a [ga'madu, a] (*col*) ADJ: **ser** *ou* **estar ~ por** to be crazy about
gamão [ga'mãw] M backgammon
gamar [ga'mar] (*col*) VI: **~ (por)** to fall in love (with)
gambá [gã'ba] M (*Zool*) opossum; **bêbado como um ~** (*col*) pissed as a newt
Gâmbia ['gãbja] M: **o ~** (the) Gambia
gambito [gã'bitu] M (*Xadrez etc*) gambit; (*col: perna*) pin
game ['geimi] M computer game
gamo ['gamu] M (fallow) deer
Gana ['gana] M Ghana
gana ['gana] F (*desejo*) craving, desire; (*ódio*) hate; **ter ~s de (fazer) algo** to feel like (doing) sth; **ter ~ de alguém** to hate sb
ganância [ga'nãsja] F greed
ganancioso, -a [ganã'sjozu, ɔza] ADJ greedy
gancho ['gãʃu] M hook; (*de calça*) crotch
gandaia [gã'daja] F (*vadiagem*) idling; (*farra*) living it up; **viver na ~** to lead the life of Riley; **cair na ~** to live it up
Ganges ['gãʒis] M: **o ~** the Ganges
gânglio ['gãglju] M (*Med*) ganglion
gangorra [gã'goha] F seesaw
gangrena [gã'grena] F gangrene
gangrenar [gãgre'nar] VI to go gangrenous
gângster ['gãŋster] M gangster
gangue ['gãgi] (*col*) F gang
ganhador, a [gaɲa'dor(a)] ADJ winning ▶ M/F winner
ganha-pão ['gaɲa-] (*pl* **-pães**) M living, livelihood
ganhar [ga'ɲar] VT to win; (*salário*) to earn; (*adquirir*) to get; (*lugar*) to reach; (*lucrar*) to gain ▶ VI to win; **~ de alguém** (*num jogo*) to beat sb; **~ a alguém em algo** to outdo sb in sth; **~ tempo** to gain time; **~ a vida** to earn a living; **sair ganhando** to come out better off, come off better; **ganhei o dia** (*fig*) it made my day
ganho ['gaɲu] PP *de* **ganhar** ▶ M (*lucro*) profit, gain; **ganhos** MPL (*ao jogo*) winnings; **~ de capital** (*Com*) capital gain
ganido [ga'nidu] M (*de cão*) yelp; (*de pessoa*) squeal
ganir [ga'nir] VI (*cão*) to yelp; (*pessoa*) to squeal
▶ VT (*gemido, gritos*) to let out
ganso, -a ['gãsu, a] M/F goose
garagem [ga'raʒẽ] (*pl* **-ns**) F garage
garagista [gara'ʒista] M/F garage owner
garanhão [gara'ɲãw] (*pl* **-ões**) M stallion; (*col: homem*) stud
garantia [garã'tʃia] F guarantee; (*de dívida*) surety; **estar na ~** (*compra*) to be under guarantee; **empréstimo sem ~** (*Com*) unsecured loan
garantir [garã'tʃir] VT to guarantee; **garantir-se** VR: **~-se contra algo** to defend o.s. against sth; **~ algo (a alguém)** (*prometer*) to promise (sb) sth; **~ que ...** to maintain that ...; **~ a alguém que ...** to assure sb that ...; **~ alguém contra algo** to defend sb against sth
garatujar [garatu'ʒar] VT to scribble, scrawl
garbo ['garbu] M (*elegância*) elegance; (*distinção*) distinction
garboso, -a [gar'bozu, ɔza] ADJ (*elegante*) elegant; (*distinto*) distinguished
garça ['garsa] F heron
garçom [gar'sõ] (*pl* **-ns**) (BR) M waiter
garçonete [garso'netʃi] (BR) F waitress
garçonnière [garso'njɛr] F love nest
garçons [gar'sõs] MPL *de* **garçom**
garfada [gar'fada] F forkful
garfo ['garfu] M fork; **ser um bom ~** (*fig*) to enjoy one's food
gargalhada [garga'ʎada] F burst of laughter; **rir às ~s** to roar with laughter; **dar** *ou* **soltar uma ~** to burst out laughing; **~ homérica** guffaw
gargalo [gar'galu] M (*tb fig*) bottleneck
garganta [gar'gãta] F (*Anat*) throat; (*Geo*) gorge, ravine ▶ M/F (*col*) braggart, loudmouth ▶ ADJ (*col*) loudmouth(ed); **limpar a ~** to clear one's throat; **molhar a ~** (*col*) to wet one's whistle; **aquilo não me passou pela ~** (*fig*) that stuck in my craw
gargantilha [gargã'tʃiʎa] F choker
gargarejar [gargare'ʒar] VI to gargle
gargarejo [garga'reʒu] M (*ato*) gargling; (*líquido*) gargle
gari [ga'ri] M/F (*na rua*) road sweeper (BRIT), street sweeper (US); (*lixeiro*) dustman (BRIT), garbage man (US)
garimpar [garĩ'par] VI to prospect
garimpeiro [garĩ'pejru] M prospector
garoa [ga'roa] F drizzle
garoar [ga'rwar] VI to drizzle
garotada [garo'tada] F: **a ~** the kids *pl*
garoto, -a [ga'rotu, a] M/F boy/girl ▶ M (BR: *chope*) small beer; (PT: *café*) coffee with milk; **garota de programa** (*col*) prostitute
garoto-propaganda, garota-propaganda (*pl* **garotos-propaganda/garotas-propaganda**) M/F poster boy/girl
garoupa [ga'ropa] F (*peixe*) grouper
garra ['gaha] F claw; (*de ave*) talon; (*fig: entusiasmo*) enthusiasm, drive; **garras** FPL (*fig*) clutches

garrafa [ga'hafa] F bottle
garrafada [gaha'fada] F: **dar uma ~ em alguém** to hit sb with a bottle
garrafão [gaha'fãw] (pl **-ões**) M flagon
garrancho [ga'hãʃu] M scrawl
garrido, -a [ga'hidu, a] ADJ (elegante) smart; (alegre) lively; (vistoso) showy; (gracioso) pretty
garrote [ga'hɔtʃi] M (Med) tourniquet; (tortura) garrote
garupa [ga'rupa] F (de cavalo) hindquarters pl; (de moto) back seat; **andar na ~** (de moto) to ride pillion
gás [gajs] M gas; **gases** MPL (do intestino) wind sg; **~ natural** natural gas; **~ de efeito estufa** greenhouse gas; **~ de xisto** shale gas
gaseificar [gazejfi'kar] VT to vaporize; **gaseificar-se** VR to vaporize
gasoduto [gazo'dutu] M gas pipeline
gasóleo [ga'zɔlju] M diesel oil
gasolina [gazo'lina] F petrol (BRIT), gas(oline) (US)
gasômetro [ga'zometru] M gasometer
gasosa [ga'zɔza] F fizzy drink, soda pop (US)
gasoso, -a [ga'zozu, ɔza] ADJ (Quím) gaseous; (água) sparkling; (bebida) fizzy
gáspea ['gaspja] F (de sapato) upper
gastador, -deira [gasta'dor, 'dejra] ADJ, M/F spendthrift
gastar [gas'tar] VT (dinheiro, tempo) to spend; (gasolina, electricidade) to use; (roupa, sapato) to wear out; (salto, piso etc) to wear down; (saúde) to damage; (desperdiçar) to waste ▶ VI to spend; to wear out; to wear down; **gastar-se** VR to wear out; to wear down
gasto, -a ['gastu, a] PP de **gastar** ▶ ADJ (dinheiro, tempo, energias) spent; (frase) trite; (sapato etc, fig: pessoa) worn out; (salto, piso) worn down ▶ M (despesa) expense; **gastos** MPL (Com) expenses, expenditure sg; **~s públicos** public spending sg; **dar para o ~** (col) to do, be OK
gastrenterite [gastrēte'ritʃi] F (Med) gastroenteritis
gástrico, -a ['gastriku, a] ADJ gastric
gastrite [gas'tritʃi] F (Med) gastritis
gastronomia [gastrono'mia] F gastronomy
gastronômico, -a [gastro'nomiku, a] ADJ gastronomic
gata ['gata] F (she-)cat; (col: mulher) sexy lady; **andar de ~s** (PT) to go on all fours; **~ borralheira** Cinderella; (mulher) stay-at-home
gatão [ga'tãw] (pl **-ões**) (col) M (homem) hunk
gatilho [ga'tʃiʎu] M trigger
gatinha [ga'tʃiɲa] (col) F (mulher) sexy lady
gatinhas [ga'tʃiɲas] FPL: **andar de ~** (BR) to go on all fours
gato ['gatu] M cat; (col: homem) dish, hunk; **ter um ~** (col) to have kittens; **~ escaldado tem medo de água fria** once bitten, twice shy; **~ montês** wild cat

gatões [ga'tõjs] MPL de **gatão**
gato-sapato M: **fazer alguém de ~** to walk all over sb, treat sb like a doormat
gatos-pingados MPL stalwarts
gatuno, -a [ga'tunu, a] ADJ thieving ▶ M/F thief
gaúcho, -a [ga'uʃu, a] ADJ from Rio Grande do Sul ▶ M/F native of Rio Grande do Sul
gaveta [ga'veta] F drawer
gavetão [gave'tãw] (pl **-ões**) M big drawer
gavião [ga'vjãw] (pl **-ões**) M hawk
Gaza ['gaza] F: **a faixa de ~** the Gaza Strip
gaza ['gaza] F = **gaze**
gaze ['gazi] F gauze
gazela [ga'zɛla] F gazelle
gazeta [ga'zeta] F (jornal) newspaper, gazette; **fazer ~** to play truant
gazua [ga'zua] F skeleton key
GB ABR (= Guanabara) former state, now Rio de Janeiro
geada ['ʒada] F frost
gel [ʒew] M gel
geladeira [ʒela'dejra] (BR) F refrigerator, icebox (US)
gelado, -a [ʒe'ladu, a] ADJ frozen; (vento) chilling ▶ M (PT: sorvete) ice cream
gelar [ʒe'lar] VT to freeze; (vinho etc) to chill ▶ VI to freeze
gelatina [ʒela'tʃina] F gelatine; (sobremesa) jelly (BRIT), Jell-O® (US)
gelatinoso, -a [ʒelatʃi'nozu, ɔza] ADJ gooey
geleia [ʒe'lɛja] F jam
geleira [ʒe'lejra] F (Geo) glacier
gélido, -a ['ʒɛlidu, a] ADJ chill, icy
gelo ['ʒelu] ADJ INV light grey (BRIT) ou gray (US) ▶ M ice; (cor) light grey (BRIT) ou gray (US); **quebrar o ~** (fig) to break the ice; **hoje está um ~** it's freezing today; **dar o ~ em alguém** (col) to give sb the cold shoulder
gelo-seco M dry ice
gema ['ʒɛma] F (de ovo) yolk; (pedra preciosa) gem; **ser da ~** to be genuine; **ela é paulista da ~** she's a real Paulista
gemada [ʒe'mada] F eggnog
gêmeo, -a ['ʒemju, a] ADJ, M/F twin; **Gêmeos** MPL (Astrologia) Gemini sg
gemer [ʒe'mer] VT (canção) to croon ▶ VI (de dor) to groan, moan; (lamentar-se) to wail, howl; (animal) to whine; (vento) to howl
gemido [ʒe'midu] M groan, moan; (lamento) wail; (de animal) whine
gen. ABR (= general) Gen
gene ['ʒɛni] M gene
genealogia [ʒenjalo'ʒia] F genealogy
genealógico, -a [ʒenja'lɔʒiku, a] ADJ genealogical; **árvore genealógica** family tree
Genebra [ʒe'nɛbra] N Geneva
genebra [ʒe'nɛbra] (PT) F gin
general [ʒene'raw] (pl **-ais**) M (Mil) general
generalidade [ʒenerali'dadʒi] F generality; (maioria) majority; **generalidades** FPL (princípios) basics, principles

generalização [ʒenerali'zaw] (*pl* **-ões**) F generalization

generalizar [ʒenerali'zar] VT (*propagar*) to propagate ▶ VI to generalize; **generalizar-se** VR to become general, spread

genérico, -a [ʒe'nɛriku, a] ADJ generic

gênero ['ʒeneru] M (*espécie*) type, kind; (*Literatura*) genre; (*Bio*) genus; (*Ling*) gender; **gêneros** MPL (*produtos*) goods; **~s alimentícios** foodstuffs; **~ de primeira necessidade** essentials; **~ de vida** way of life; **~ humano** humankind, human race; **essa roupa/ele não faz o meu ~** this outfit is not my style/he is not my type

generosidade [ʒenerozi'dadʒi] F generosity

generoso, -a [ʒene'rozu, ɔza] ADJ generous

gênese ['ʒenezi] F origin, beginning; **G~** (*Rel*) Genesis

genética [ʒe'nɛtʃika] F genetics *sg*

genético, -a [ʒe'nɛtʃiku, a] ADJ genetic

gengibre [ʒẽ'ʒibri] M ginger

gengiva [ʒẽ'ʒiva] F (*Anat*) gum

genial [ʒe'njaw] (*pl* **-ais**) ADJ inspired; (*ideia*) brilliant; (*col*) terrific, fantastic

gênio ['ʒenju] M (*temperamento*) nature; (*irascibilidade*) temper; (*talento, pessoa*) genius; **de bom ~** good-natured; **de mau ~** bad-tempered; **um cientista de ~** a scientific genius, a genius at science

genioso, -a [ʒe'njozu, ɔza] ADJ short-tempered

genital [ʒeni'taw] (*pl* **-ais**) ADJ: **órgãos genitais** genitals *pl*

genitivo [ʒeni'tʃivu] M (*Ling*) genitive

genitora [ʒeni'tora] F mother

genocídio [ʒeno'sidʒju] M genocide

genoma [ʒe'noma] M genome

genro ['ʒẽhu] M son-in-law

gentalha [ʒẽ'taʎa] F rabble

gente ['ʒẽtʃi] F (*pessoas*) people *pl*; (*col*) folks *pl*; (*família*) folks *pl*, family; (*col: alguém*): **tem ~ batendo à porta** there's somebody knocking at the door; **a ~** (*nós: suj*) we; (*: obj*) us; **~!** (*exprime admiração, surpresa*) gosh!; **vai com a ~** come with us; **a casa da ~** our house; **toda a ~** everybody; **ficar ~** to grow up; **ser ~** (*ser alguém*) to be somebody; **também ser ~** (*col*) to be as good as anyone else; **ser ~ boa** *ou* **fina** (*col*) to be a nice person; **a ~ bem** the upper crust; **~ grande** grown-ups *pl*; **oi/tchau, ~!** hi/bye, folks!

gentil [ʒẽ'tʃiw] (*pl* **-is**) ADJ kind

gentileza [ʒẽtʃi'leza] F kindness; **por ~** if you please; **tenha a ~ de fazer ...** would you be so kind as to do ...?

gentinha [ʒẽ'tʃiɲa] F rabble

gentio, -a [ʒẽ'tʃiu, a] ADJ, M/F heathen

gentis [ʒe'tʃis] ADJ PL *de* **gentil**

genuflexão [ʒenuflek'sãw] (*pl* **-ões**) F (*Rel*) genuflection

genuíno, -a [ʒe'nwinu, a] ADJ genuine

geofísica [ʒeo'fizika] F geophysics *sg*

geografia [ʒeogra'fia] F geography

geográfico, -a [ʒeo'grafiku, a] ADJ geographical

geógrafo, -a [ʒe'ɔgrafu, a] M/F geographer

geologia [ʒeolo'ʒia] F geology

geólogo, -a [ʒe'ɔlogu, a] M/F geologist

geometria [ʒeome'tria] F geometry

geométrico, -a [ʒeo'mɛtriku, a] ADJ geometrical

geopolítico, -a [ʒeopo'litʃiku, a] ADJ geopolitical

Geórgia ['ʒɔrʒa] F: **a ~** Georgia

georgiano, -a [ʒor'ʒanu, a] ADJ, M/F Georgian

geração [ʒera'sãw] (*pl* **-ões**) F (*tb Tec*) generation; **computadores de quarta ~** fourth-generation computers

gerador, a [ʒera'dor(a)] ADJ: **~ de algo** causing sth ▶ M/F (*produtor*) creator ▶ M (*Tec*) generator

geral [ʒe'raw] (*pl* **-ais**) ADJ general ▶ F (*Teatro*) gallery; (*revisão*) general overhaul; **dar uma ~ em algo** (*col*) to have a blitz on sth; **em ~** in general, generally; **de um modo ~** on the whole

geralmente [ʒeraw'mẽtʃi] ADV generally, usually

gerânio [ʒe'ranju] M geranium

gerar [ʒe'rar] VT (*produzir*) to produce; (*filhos*) to beget; (*causar: ódios etc*) to engender, cause; (*eletricidade*) to generate

gerativo, -a [ʒera'tʃivu, a] ADJ generative

gerência [ʒe'rẽsja] F management

gerenciador [ʒerẽsja'dor] M: **~ de banco de dados** (*Comput*) database manager

gerencial [ʒerẽ'sjaw] (*pl* **-ais**) ADJ management *atr*

gerenciar [ʒerẽ'sjar] VT, VI to manage

gerente [ʒe'rẽtʃi] ADJ managing ▶ M/F manager

gergelim [ʒerʒe'lĩ] M (*Bot*) sesame

geriatria [ʒerja'tria] F geriatrics *sg*

geriátrico, -a [ʒe'rjatriku, a] ADJ geriatric

geringonça [ʒerĩ'gõsa] F contraption

gerir [ʒe'rir] VT to manage, run

germânico, -a [ʒer'maniku, a] ADJ Germanic

germe ['ʒɛrmi] M (*embrião*) embryo; (*micróbio*) germ; (*fig*) origin; **o ~ de uma ideia** the germ of an idea

germicida [ʒermi'sida] ADJ germicidal ▶ M germicide

germinação [ʒermina'sãw] F germination

germinar [ʒermi'nar] VI (*semente*) to germinate; (*fig*) to develop

gerontologia [ʒerõtolo'ʒia] F gerontology

gerúndio [ʒe'rũdʒju] M (*Ling*) gerund

gesso ['ʒesu] M plaster (of Paris)

gestação [ʒesta'sãw] F gestation

gestante [ʒes'tãtʃi] F pregnant woman

gestão [ʒes'tãw] F management

gesticular [ʒestʃiku'lar] VI to make gestures, gesture ▶ VT: **~ um adeus** to wave goodbye

gesto ['ʒɛstu] M gesture; **fazer ~s** to gesture

gibi [ʒi'bi] (*col*) M comic; **não estar no ~** (*fig*) to be incredible *ou* amazing

Gibraltar [ʒibraw'tar] F Gibraltar
gigabyte [ʒiga'bajtʃi] M gigabyte
gigante, -a [ʒi'gãtʃi, a] ADJ gigantic, huge ▶ M giant
gigantesco, -a [ʒigã'tesku, a] ADJ gigantic
gigolô [ʒigo'lo] M gigolo
gilete [ʒi'letʃi] (BR) F (*lâmina*) razor blade; (*col*) bisexual, bi
gim [ʒĩ] (*pl* **-ns**) M gin
ginásio [ʒi'nazju] M (*para ginástica*) gymnasium; (*escola*) secondary (BRIT) *ou* high (US) school
ginasta [ʒi'nasta] M/F gymnast
ginástica [ʒi'nastʃika] F (*competitiva*) gymnastics *sg*; (*para fortalecer o corpo*) keep-fit
ginecologia [ʒinekolo'ʒia] F gynaecology (BRIT), gynecology (US)
ginecologista [ʒinekolo'ʒista] M/F gynaecologist (BRIT), gynecologist (US)
ginete [ʒi'netʃi] M thoroughbred
gingar [ʒĩ'gar] VI to sway
ginja ['ʒĩʒa] (PT) F morello cherry
ginjinha [ʒĩ'ʒiɲa] (PT) F cherry brandy
gins [ʒĩs] MPL *de* **gim**
gira ['ʒira] ADJ crazy
gira-discos (PT) M INV record-player
girafa [ʒi'rafa] F giraffe; (*col: pessoa*) giant
girar [ʒi'rar] VT to turn, rotate; (*como pião*) to spin ▶ VI to go round; to spin; (*vaguear*) to wander; **ele não gira bem** (*col*) he's not all there
girassol [ʒira'sɔw] (*pl* **-óis**) M sunflower
giratório, -a [ʒira'tɔrju, a] ADJ revolving; (*cadeira*) swivel *atr*
gíria ['ʒirja] F (*calão*) slang; (*jargão*) jargon
giro¹ ['ʒiru] M turn; **dar um ~** to go for a wander; (*em veículo*) to go for a spin; **que ~!** (PT) great!
giro² VB *ver* **gerir**
giz [ʒiz] M chalk
glacê [gla'se] M icing
glacial [gla'sjaw] (*pl* **-ais**) ADJ icy
gladiador [gladʒja'dor] M gladiator
glamouroso, -a [glamu'rozu, ɔza] ADJ glamorous
glândula ['glãdula] F gland
glandular [glãdu'lar] ADJ glandular
gleba ['glɛba] F field
glicerina [glise'rina] F glycerine
glicose [gli'kɔzi] F glucose
global [glo'baw] (*pl* **-ais**) ADJ (*da terra*) global; (*total*) overall; **quantia ~** lump sum
globalização [globaliza'sãw] F globalization
globo ['globu] M globe; **~ ocular** eyeball
globular [globu'lar] ADJ (*forma*) rounded
glóbulo ['glɔbulu] M (*tb:* **glóbulo sanguíneo**) corpuscle
glória ['glɔrja] F glory
gloriar-se [glo'rjarsi] VR: **~ de** to boast of
glorificar [glorifi'kar] VT to glorify
glorioso, -a [glo'rjozu, ɔza] ADJ glorious
glosa ['glɔza] F comment

glosar [glo'zar] VT to comment on; (*conta*) to cancel
glossário [glo'sarju] M glossary
glote ['glɔtʃi] F (*Anat*) glottis
gluglu [glu'glu] M (*de peru*) gobble-gobble; (*de água*) glug-glug
glutão, -tona [glu'tãw, tɔna] (*pl* **-ões/-s**) ADJ greedy ▶ M/F glutton
glúten ['glutẽ] (*pl* **-s**) M gluten
glutões [glu'tõjs] MPL *de* **glutão**
glutona [glu'tɔna] F *de* **glutão**
gnomo ['gnomu] M gnome
GO ABR = **Goiás**
Goa ['goa] N Goa
godê [go'de] ADJ (*saia*) flared
goela ['gwɛla] F throat
gogó [go'gɔ] (*col*) M Adam's apple
goiaba [go'jaba] F guava
goiabada [goja'bada] F guava jelly
goiabeira [goja'bejra] F guava tree
goianense [goja'n(j)ẽsi] ADJ from Goiânia ▶ M/F native of Goiânia
goiano, -a [go'janu, a] ADJ from Goiás ▶ M/F native of Goiás
gol [gow] (*pl* **-s**) M goal; **marcar um ~** to score a goal
gola ['gɔla] F collar
golaço [go'lasu] M (*Futebol*) great goal
Golan [go'lã] M: **as colinas de ~** the Golan heights
gole ['gɔli] M gulp, swallow; (*pequeno*) sip; **de um só ~** at one gulp; **dar um ~** to have a sip
goleada [go'ljada] F (*Futebol*) convincing win
golear [go'ljar] VT to thrash ▶ VI to win convincingly
goleiro [go'lejru] (BR) M goalkeeper; (*col*) goalie
golfada [gow'fada] F (*jacto*) spurt
golfar [gow'far] VT (*vomitar*) to spit up; (*lançar*) to throw out ▶ VI (*sair*) to spurt out; (*bebê*) to bring up some milk
golfe ['gowfi] M golf; **campo de ~** golf course
golfinho [gow'fiɲu] M (*Zool*) dolphin
golfista [gow'fista] M/F golfer
golfo ['gowfu] M gulf
golinho [go'liɲu] M sip; **beber algo aos ~s** to sip sth
golo ['golu] (PT) M = **gol**
golpe ['gɔwpi] M (*tb fig*) blow; (*de mão*) smack; (*de punho*) punch; (*manobra*) ploy; (*de vento*) gust; **de um só ~** at a stroke; **dar um ~ em alguém** (*golpear*) to hit sb; (*fig: trapacear*) to trick sb; **o ~ é fazer ...** the clever thing is to do ...; **dar o ~ do baú** (*fig*) to marry for money; **~ baixo** (*fig, col*) dirty trick; **~ (de estado)** coup (d'état); **~ de mestre** masterstroke; **~ de vista** (*olhar*) glance; (*de motorista*) eye for distances; **~ mortal** death blow
golpear [gow'pjar] VT to hit; (*com navalha*) to stab; (*com o punho*) to punch
golpista [gow'pista] ADJ tricky
golquíper [gow'kiper] M goalkeeper

goma ['gɔma] F *(cola)* gum, glue; *(de roupa)* starch; **~ de mascar** chewing gum
gomo ['gomu] M *(de laranja)* slice
gôndola ['gõdola] F *(Náut)* gondola; *(em supermercado)* basket
gondoleiro [gõdo'lejru] M gondolier
gongo ['gõgu] M gong; *(sineta)* bell
gonorreia [gono'hεja] F *(Med)* gonorrhea
gonzo ['gõzu] M hinge
gorar [go'rar] VT to frustrate, thwart ▶ VI *(plano)* to fail, go wrong
gordo, -a ['gordu, a] ADJ *(pessoa)* fat; *(gordurento)* greasy; *(carne)* fatty; *(fig: quantia)* considerable, ample ▶ M/F fat man/woman; **nunca vi mais ~** *(col)* I've never seen him *(ou her, them etc)* before in my life
gorducho, -a [gor'duʃu, a] ADJ plump, tubby ▶ M/F plump person
gordura [gor'dura] F fat; *(derretida)* grease; *(obesidade)* fatness
gordurento, -a [gordu'rẽtu, a] ADJ *(ensebado)* greasy; *(gordo)* fatty
gorduroso, -a [gordu'rozu, ɔza] ADJ *(pele)* greasy; *(comida)* fatty
gorgolejar [gorgole'ʒar] VI to gurgle
gorila [go'rila] M gorilla
gorjear [gor'ʒjar] VI to chirp, twitter
gorjeio [gor'ʒeju] M twittering, chirping
gorjeta [gor'ʒeta] F tip, gratuity
gororoba [goro'rɔba] *(col)* F *(comida)* grub; *(comida ruim)* muck
gorro ['gohu] M cap; *(de lã)* hat
gosma ['gɔzma] F spittle; *(fig)* slime
gosmento, -a [goz'mẽtu, a] ADJ slimy
gostar [gos'tar] VI: **~ de** to like; *(férias, viagem etc)* to enjoy; **gostar-se** VR to like each other; **~ de fazer algo** to like ou enjoy doing sth; **eu ~ia de ir** I would like to go; **gosto de sua companhia** I enjoy your company; **gosto de nadar** I like ou enjoy swimming; **gostei muito de falar com você** it was very nice talking to you; **~ mais de ...** to prefer ..., to like ... better
gosto ['gostu] M taste; *(prazer)* pleasure; **falta de ~** lack of taste; **a seu ~** to your liking; **com ~** willingly; *(vestir-se)* tastefully; *(comer)* heartily; **de bom/mau ~** in good/bad taste; **para o meu ~** for my liking; **ter ~ de** to taste of; **tenho muito ~ em ...** it gives me a lot of pleasure to ...; **tomar ~ por** to take a liking to
gostosão, -sona [gosto'zaw, 'zɔna] *(pl* **-ões/-s***) (col)* M/F stunner
gostoso, -a [gos'tozu, ɔza] ADJ *(comida)* tasty; *(agradável)* pleasant; *(cheiro)* lovely; *(risada)* good; *(col: pessoa)* gorgeous ▶ M/F *(col)* cracker; **é ~ viajar** it's really nice to travel
gostosões [gosto'zõjs] MPL *de* **gostosão**
gostosona [gosto'zɔna] F *de* **gostoso**
gostosura [gosto'zura] F: **ser uma ~** *(comida)* to be delicious; *(bebê, jogo etc)* to be lovely
gota ['gota] F drop; *(de suor)* bead; *(Med)* gout; **~ a ~** drop by drop; **ser a ~ d'água** ou **a última ~** *(fig)* to be the last straw; **ser uma ~ d'água no oceano** *(fig)* to be a drop in the ocean
goteira [go'tejra] F *(cano)* gutter; *(buraco)* leak
gotejante [gote'ʒãtʃi] ADJ dripping
gotejar [gote'ʒar] VT to drip ▶ VI to drip; *(telhado)* to leak
gótico, -a ['gɔtʃiku, a] ADJ Gothic
gotícula [go'tʃikula] F droplet
gourmet [gur'me] *(pl* **-s***)* M/F gourmet
governador, a [governador(a)] M/F governor
governamental [governamẽ'taw] *(pl* **-ais***)* ADJ government *atr*
governanta [gover'nãta] F *(de casa)* housekeeper; *(de criança)* governess
governante [gover'nãtʃi] ADJ ruling ▶ M/F ruler ▶ F governess
governar [gover'nar] VT *(Pol)* to govern, rule; *(barco)* to steer
governista [gover'nista] ADJ pro-government ▶ M/F government supporter
governo [go'vernu] M government; *(controle)* control; *(Náut)* steering; **para o seu ~** *(col)* for the record, for your information
gozação [goza'sãw] *(pl* **-ões***)* F *(desfrute)* enjoyment; *(zombaria)* teasing; *(uma gozação)* joke
gozada [go'zada] F: **dar uma ~ em alguém** to pull sb's leg
gozado, -a [go'zadu, a] ADJ funny; *(estranho)* strange, odd
gozador, a [goza'dor(a)] ADJ *(caçoador)* comical; *(boa-vida)* happy-go-lucky ▶ M/F joker; loafer
gozar [go'zar] VT to enjoy; *(col: rir de)* to make fun of ▶ VI to enjoy o.s.; *(ao fazer sexo)* to have an orgasm; **~ de** to enjoy; to make fun of
gozo ['gozu] M *(prazer)* pleasure; *(uso)* enjoyment, use; *(orgasmo)* orgasm; **estar em pleno ~ de suas faculdades mentais** to be in full possession of one's faculties; **ser um ~** *(ser engraçado)* to be a laugh
G/P ABR *(Com)* = **ganhos e perdas**
GPS ABR M (= *global positioning system*) GPS
gr. ABR = **grátis**; (= *grau*) deg.; (= *gross*) gr.
Grã-Bretanha [grã-bre'taɲa] F Great Britain
graça ['grasa] F *(Rel)* grace; *(charme)* charm; *(gracejo)* joke; *(Jur)* pardon; **de ~** *(grátis)* for nothing; *(sem motivo)* for no reason; **sem ~** dull, boring; **fazer** ou **ter ~** to be funny; **ficar sem ~** to be embarrassed; **~s a** thanks to; **não tem ~ fazer** *(é chato)* it's no fun to do; *(não é certo)* it's not right to do; **deixa de ~** don't be cheeky; **não sei que ~ você vê nele/nisso** I don't know what you see in him/it; **ser uma ~** to be lovely
gracejar [grase'ʒar] VI to joke
gracejo [gra'seʒu] M joke
gracinha [gra'siɲa] F: **ser uma ~** to be sweet ou cute; **que ~!** how sweet!
gracioso, -a [gra'sjozu, ɔza] ADJ *(pessoa)* charming; *(gestos)* gracious
gradação [grada'sãw] *(pl* **-ões***)* F gradation
gradativo, -a [grada'tʃivu, a] ADJ gradual

grade ['gradʒi] F (*no chão*) grating; (*grelha*) grill; (*na janela*) bars pl; (*col: cadeia*) prison
gradear [gra'dʒjar] VT (*janela*) to put bars up at; (*jardim*) to fence off
grado, -a ['gradu, a] ADJ (*importante*) important ▶ M: **de bom/mau ~** willingly/unwillingly
graduação [gradwa'sãw] (*pl* **-ões**) F gradation; (*classificação*) grading; (*Educ*) graduation; (*Mil*) rank; **curso de ~** degree course
graduado, -a [gra'dwadu, a] ADJ (*dividido em graus*) graduated; (*diplomado*) graduate; (*eminente*) highly thought of
gradual [gra'dwaw] (*pl* **-ais**) ADJ gradual
graduando, -a [gra'dwandu, a] M/F graduating student, graduand
graduar [gra'dwar] VT (*termômetro*) to graduate; (*classificar*) to grade; (*luz, fogo*) to regulate; **graduar-se** VR to graduate; **~ alguém em algo** (*Educ*) to confer a degree in sth on sb; **~ alguém em coronel** etc (*Mil*) to make sb a colonel etc
graduável [gra'dwavew] (*pl* **-eis**) ADJ adjustable
grafia [gra'fia] F (*escrita*) writing; (*ortografia*) spelling
gráfica ['grafika] F (*arte*) graphics sg; (*estabelecimento*) printer's; (*seção: de jornal etc*) production department; *ver tb* **gráfico**
gráfico, -a ['grafiku, a] ADJ graphic ▶ M/F printer ▶ M (*Mat*) graph; (*diagrama*) diagram, chart; **gráficos** MPL (*Comput*) graphics; **~ de barras** bar chart
grã-finagem [grãfi'naʒẽ] F: **a ~** the upper crust
grã-finismo [grãfi'nizmu] M (*qualidade*) poshness; (*ato*) thing which posh people do; **o ~** (*pessoas*) the upper crust
grã-fino, -a [grã'finu, a] (*col*) ADJ posh ▶ M/F nob, toff
grafite [gra'fitʃi] F (*lápis*) lead; (*pichação*) (piece of) graffiti
grafologia [grafolo'ʒia] F graphology
grama ['grama] M (*peso*) gramme ▶ F (BR: *capim*) grass
gramado [gra'madu] (BR) M lawn; (*Futebol*) pitch
gramar [gra'mar] VT to plant ou sow with grass; (PT col) to be fond of ▶ VI (PT col) to cry out
gramática [gra'matʃika] F grammar; *ver tb* **gramático**
gramatical [gramatʃi'kaw] (*pl* **-ais**) ADJ grammatical
gramático, -a [gra'matʃiku, a] ADJ grammatical ▶ M/F grammarian
gramofone [gramo'fɔni] M gramophone
grampeador [grãpja'dor] M stapler
grampear [grã'pjar] VT to staple; (BR Tel) to tap; (*col: prender*) to nick
grampo ['grãpu] M staple; (*no cabelo*) hairgrip; (*de carpinteiro*) clamp; (*de chapéu*) hatpin
grana ['grana] (*col*) F cash

Granada [gra'nada] F Grenada
granada [gra'nada] F (*Mil*) shell; (*pedra*) garnet; **~ de mão** hand grenade
grandalhão, -lhona [grãda'ʎãw, 'ʎɔna] (*pl* **-ões/-s**) ADJ enormous
grandão, -dona [grã'dãw, 'dɔna] (*pl* **-ões/-s**) ADJ huge
grande ['grãdʒi] ADJ big, large; (*alto*) tall; (*notável, intenso*) great; (*longo*) long; (*adulto*) grown-up; **mulher ~** big woman; **~ mulher** great woman; **a G~ Londres** Greater London
grandessíssimo, -a [grãdʒi'sisimu, a] ADJ SUPERL *de* **grande**
grandeza [grã'deza] F (*tamanho*) size; (*fig*) greatness; (*ostentação*) grandeur; **ter mania de ~** to have delusions of grandeur
grandiloquente [grãdʒilo'kwẽtʃi] ADJ grandiloquent
grandiosidade [grãdʒjozi'dadʒi] F grandeur, magnificence
grandioso, -a [grã'dʒjozu, ɔza] ADJ magnificent, grand
grandíssimo, -a [grã'dʒisimu, a] ADJ SUPERL *de* **grande**
grandões [grã'dõjs] MPL *de* **grandão**
grandona [grã'dɔna] F *de* **grandão**
granel [gra'nɛw] M: **a ~** (*Com*) in bulk; **compra a ~** bulk buying
granfa ['grãfa] (*col*) ADJ posh ▶ M/F nob, toff
granito [gra'nitu] M (*Geo*) granite
granizo [gra'nizu] M hailstone; **chover ~** to hail; **chuva de ~** hailstorm
granja ['grãʒa] F farm; (*de galinhas*) chicken farm
granjear [grã'ʒjar] VT (*simpatia, amigos*) to win, gain; (*bens, fortuna*) to procure; **~ algo a** *ou* **para alguém** to win sb sth
granulado, -a [granu'ladu, a] ADJ grainy; (*açúcar*) granulated
grânulo ['granulu] M granule
grão ['grãw] (*pl* **grãos**) M grain; (*semente*) seed; (*de café*) bean
grão-de-bico (*pl* **grãos-de-bico**) M chickpea
grapefruit [greip'frutʃi] (*pl* **-s**) M grapefruit
grasnar [graz'nar] VI (*corvo*) to caw; (*pato*) to quack; (*rã*) to croak
gratidão [gratʃi'dãw] F gratitude
gratificação [gratʃifika'sãw] (*pl* **-ões**) F (*gorjeta*) gratuity, tip; (*bônus*) bonus; (*recompensa*) reward
gratificado, -a [gratʃifi'kadu, a] ADJ (*grato*) grateful
gratificante [gratʃifi'kãtʃi] ADJ gratifying
gratificar [gratʃifi'kar] VT (*dar gorjeta a*) to tip; (*dar bônus a*) to give a bonus to; (*recompensar*) to reward
gratinado, -a [gratʃi'nadu, a] ADJ (*Culin*) au gratin ▶ M (*prato*) gratin; (*crosta*) crust
grátis ['gratʃis] ADJ free
grato, -a ['gratu, a] ADJ (*agradecido*) grateful; (*agradável*) pleasant; **ficar ~ a alguém por** to be grateful to sb for

gratuidade [gratwi'dadʒi] F gratuity
gratuito, -a [gra'twitu, a] ADJ (*grátis*) free; (*infundado*) gratuitous
grau [graw] M degree; (*nível*) level; (*Educ*) class; **a temperatura é de 38 ~s** the temperature is 38 degrees; **primo/a em segundo ~** second cousin; **em alto ~** to a high degree; **primeiro/segundo ~** (*Educ*) primary/secondary level; **ensino de primeiro/segundo ~** primary (*BRIT*) ou elementary (*US*) /secondary education; **estar no 1°/2° ~** (*Educ*) to be at primary/secondary (*BRIT*) ou elementary/high (*US*) school
graúdo, -a [gra'udu, a] ADJ (*grande*) big; (*pessoa: influente*) important ▶ M/F bigwig
gravação [grava'sãw] F (*em madeira*) carving; (*em disco, fita*) recording
gravador, a [grava'dor(a)] M tape recorder ▶ M/F engraver ▶ F (*empresa*) record company; **~ de CD/DVD** CD/DVD burner, CD/DVD writer
gravame [gra'vami] M (*imposto*) duty; (*Jur*) lien
gravar [gra'var] VT (*madeira*) to carve; (*metal, pedra*) to engrave; (*na memória*) to fix; (*disco, fita*) to record; **~ algo/alguém com impostos** to mark sth up/burden sb with taxes; **aquele dia ficou gravado na minha mente/memória** that day remained fixed in my mind/memory
gravata [gra'vata] F tie; **dar** *ou* **aplicar uma ~ em alguém** to get sb in a stranglehold; **~ borboleta** bow tie
grave ['gravi] ADJ (*situação, falta*) serious, grave; (*doença*) serious; (*tom*) deep; (*Ling*) grave
gravemente [grave'mẽtʃi] ADV (*doente, ferido*) seriously
graveto [gra'vetu] M piece of kindling
grávida ['gravida] ADJ pregnant
gravidade [gravi'dadʒi] F (*Fís*) gravity; (*de doença, situação*) seriousness
gravidez [gravi'dez] F pregnancy
gravitação [gravita'sãw] F gravitation
gravura [gra'vura] F (*em madeira*) engraving; (*estampa*) print
graxa ['graʃa] F (*para sapatos*) polish; (*lubrificante*) grease
Grécia ['grɛsja] F: **a ~** Greece
grega ['grega] F (*galão*) braid; *ver tb* **grego**
gregário, -a [gre'garju, a] ADJ gregarious
grego, -a ['gregu, a] ADJ, M/F Greek ▶ M (*Ling*) Greek
grei [grej] F flock
grelar [gre'lar] VT to stare at
grelha ['grɛʎa] F grill; (*de fornalha*) grate; **bife na ~** grilled steak
grelhado, -a [gre'ʎadu, a] ADJ grilled ▶ M (*prato*) grill
grelhar [gre'ʎar] VT to grill
grêmio ['gremju] M (*associação*) guild; (*clube*) club
grená [gre'na] ADJ, M dark red

greta ['greta] F crack
gretado, -a [gre'tadu, a] ADJ cracked
greve ['grɛvi] F strike; **fazer ~** to go on strike; **~ de fome** hunger strike; **~ branca** go-slow
grevista [gre'vista] M/F striker
grifado, -a [gri'fadu, a] ADJ in italics
grifar [gri'far] VT to italicize; (*sublinhar*) to underline; (*fig*) to emphasize
griffe [grifi] F designer label
grifo ['grifu] M italics *pl*
grilado, -a [gri'ladu, a] (*col*) ADJ full of hang-ups; **estar ~ com algo** to be hung up about sth
grilar [gri'lar] (*col*) VT: **~ alguém** to get sb worked up; **grilar-se** VR to get worked up
grilhão [gri'ʎãw] (*pl* **-ões**) M chain; **grilhões** MPL (*fig*) fetters
grilo ['grilu] M cricket; (*Auto*) squeak; (*col: de pessoa*) hang-up; **qual é o ~?** what's the matter?; **dar ~** (*col*) to cause problems; **se der ~** (*impess*) if there's a problem; **não tem ~!** (*col*) (there's) no problem!
grimpar [grĩ'par] VI to climb
grinalda [gri'nawda] F garland
gringada [grĩ'gada] F (*grupo*) bunch of foreigners; (*gringos*) foreigners *pl*
gringo, -a ['grĩgu, a] (*col: pej*) M/F foreigner
gripado, -a [gri'padu, a] ADJ: **estar/ficar ~** to have/get a cold
gripar-se [gri'parsi] VR to catch flu
gripe ['gripi] F flu, influenza; **~ aviária** bird flu; **~ suína** swine flu
grisalho, -a [gri'zaʎu, a] ADJ (*cabelo*) grey (*BRIT*), gray (*US*)
grita ['grita] F uproar
gritante [gri'tãtʃi] ADJ (*hipocrisia*) glaring; (*desigualdade*) gross; (*mentira*) blatant; (*cor*) loud, garish
gritar [gri'tar] VT to shout, yell ▶ VI to shout; (*de dor, medo*) to scream; (*protestar*) to speak out; **~ com alguém** to shout at sb
gritaria [grita'ria] F shouting, din
grito ['gritu] M shout; (*de medo*) scream; (*de dor*) cry; (*de animal*) call; **dar um ~** to cry out; **falar/protestar aos ~s** to shout/shout protests; **no ~** (*col*) by force
Groenlândia [grwẽ'lãdʒja] F: **a ~** Greenland
grogue ['grɔgi] ADJ groggy
groom [grũ] (*pl* **-s**) M groom
grosa ['grɔza] F gross
groselha [gro'zɛʎa] F (red)currant
grosseiro, -a [gro'sejru, a] ADJ (*pessoa, comentário*) rude; (*piada*) crude; (*modos*) coarse; (*tecido*) coarse, rough; (*móvel*) roughly-made
grosseria [grose'ria] F rudeness; (*ato*): **fazer uma ~** to be rude; (*dito*): **dizer uma ~** to be rude, say something rude
grosso, -a ['grosu, 'grɔsa] ADJ (*tamanho, consistência*) thick; (*áspero*) rough; (*voz*) deep; (*col: pessoa, piada*) rude ▶ M: **o ~ de** the bulk of ▶ ADV: **falar ~** to talk in a deep voice; **falar ~ com alguém** (*fig*) to get tough with sb; **a ~ modo** roughly

grossura [gro'sura] F thickness
grotão [gro'tãw] (pl **-ões**) M gorge
grotesco, -a [gro'tesku, a] ADJ grotesque
grotões [gro'tõjs] MPL de **grotão**
grua ['grua] F (Constr) crane
grudado, -a [gru'dadu, a] ADJ (fig): **ser ~ com ou em alguém** to be very attached to sb
grudar [gru'dar] VT to glue, stick ▶ VI to stick
grude ['grudʒi] F glue; (col: comida) grub; (ligação entre pessoas): **ficar numa ~** to cling to sb
grudento, -a [gru'dẽtu, a] ADJ sticky
gruja ['gruʒa] (col) F tip
grunhido [gru'ɲidu] M grunt
grunhir [gru'ɲir] VI (porco) to grunt; (tigre) to growl; (resmungar) to grumble
grupo ['grupu] M group; (Tec) unit, set
gruta ['gruta] F grotto
guache ['gwaʃi] M gouache
guapo, -a ['gwapu, a] ADJ beautiful
guaraná [gwara'na] M guarana; (bebida) soft drink flavoured with guarana
guarani [gwara'ni] ADJ, M/F Guarani ▶ M (Ling) Guarani; (moeda) guarani
guarda ['gwarda] M/F policeman/woman ▶ F (vigilância) guarding; (de objeto) safekeeping ▶ M (Mil) guard; **estar de ~** to be on guard; **pôr-se em ~** to be on one's guard; **a velha ~** the old guard; **a G~ Civil** the Civil Guard
guarda-chuva (pl **-s**) M umbrella
guarda-civil (pl **guardas-civis**) M/F civil guard
guarda-costas M INV (Náut) coastguard boat; (capanga) bodyguard
guardador, a [gwarda'dor(a)] M/F car attendant
guardados [gwar'dadus] MPL keepsakes, valuables
guarda-florestal (pl **guardas-florestais**) M/F forest ranger
guarda-fogo (pl **-s**) M fireguard
guarda-louça [gwarda'losa] (pl **-s**) M sideboard
guarda-marinha (pl **guardas-marinha(s)**) M naval ensign
guarda-mor [-mɔr] (pl **guardas-mores**) M inspector of customs
guardamoria [gwardamo'ria] F customs authorities pl
guarda-móveis M INV furniture storage warehouse
guardanapo [gwarda'napu] M napkin
guarda-noturno (pl **guardas-noturnos**) M night watchman
guardar [gwar'dar] VT (pôr em algum lugar) to put away; (zelar por) to guard; (lembrança, segredo) to keep; (vigiar) to watch over; (gravar na memória) to remember; **guardar-se** VR (defender-se) to protect o.s.; **~ silêncio** to keep quiet; **~ o lugar para alguém** to keep sb's seat; **vou ~ este resto de bolo para ele** I'll keep this last piece of cake for him; **~-se de** (acautelar-se) to guard against

guarda-redes (PT) M INV goalkeeper
guarda-roupa (pl **-s**) M wardrobe
guarda-sol (pl **-sóis**) M sunshade, parasol
guardião, -diã [gwar'dʒjãw, 'dʒjã] (pl **-ães/-s**) M/F guardian
guarida [gwa'rida] F refuge
guarita [gwa'rita] F (casinha) sentry box; (torre) watch tower
guarnecer [gwarne'ser] VT (Mil: fronteira) to garrison; (comida) to garnish; (Náut: tripular) to crew; **~ alguém (de algo)** to equip sb (with sth); **~ a despensa** etc **(de algo)** to stock the pantry etc (with sth)
guarnição [gwarni'sãw] (pl **-ões**) F (Mil) garrison; (Náut) crew; (Culin) garnish
Guatemala [gwate'mala] F: **a ~** Guatemala
guatemalteco, -a [gwatemaw'tɛku, a] ADJ, M/F Guatemalan
gude ['gudʒi] M: **bola de ~** marble; (jogo) marbles pl
gueixa ['gejʃa] F geisha
guelra ['gɛwha] F (de peixe) gill
guerra ['gɛha] F war; **em ~** at war; **declarar ~ (a alguém)** to declare war (on sb); **estar em pé de ~ (com)** (países, facções) to be at war (with); (vizinhos, casal) to be at loggerheads (with); **fazer ~** to wage war; **~ atômica** ou **nuclear** nuclear war; **~ civil** civil war; **~ de nervos** war of nerves; **~ fria** cold war; **~ mundial** world war; **~ santa** holy war
guerrear [ge'hjar] VI to wage war
guerreiro, -a [ge'hejru, a] ADJ (espírito) fighting; (belicoso) warlike ▶ M warrior
guerrilha [ge'hiʎa] F (luta) guerrilla warfare; (tropa) guerrilla band
guerrilhar [gehi'ʎar] VI to engage in guerrilla warfare
guerrilheiro, -a [gehi'ʎejru, a] ADJ guerrilla atr ▶ M/F guerrilla
gueto ['getu] M ghetto
guia ['gia] F (orientação) guidance; (Com) permit, bill of lading; (formulário) advice slip ▶ M (livro) guide(book) ▶ M/F (pessoa) guide; **para que lhe sirva de ~** as a guide
Guiana ['gjana] F: **a ~** Guyana; **a ~ Francesa** French Guyana
guiar [gjar] VT (orientar) to guide; (Auto) to drive; (cavalos) to steer ▶ VI (Auto) to drive; **guiar-se** VR: **~-se por** to go by
guichê [gi'ʃe] M ticket window; (em banco, repartição) window, counter
guidão [gi'dãw] (pl **-ões**) M = **guidom**
guidom [gi'dõ] (pl **-ns**) M handlebar
guilder [gi'der] M guilder
guilhotina [giʎo'tʃina] F guillotine
guimba ['gĩba] (col) F (cigarette) butt
guinada [gi'nada] F (Náut) lurch; (virada) swerve; **dar uma ~** (com o carro) to swerve; (fig: governo etc) to do a U-turn
guinchar [gĩ'ʃar] VT (carro) to tow
guincho ['gĩʃu] M (de animal, rodas) squeal; (de pessoa) shriek

guindar [gĩ'dar] VT to hoist, lift; *(fig)*:
  ~ alguém a to promote sb to
guindaste [gĩ'dastʃi] M hoist, crane
Guiné [gi'nɛ] F: **a ~** Guinea
Guiné-Bissau [-bi'saw] F: **a ~** Guinea-Bissau
guisa ['giza] F: **à ~ de** like, by way of
guisado [gi'zadu] M stew
guisar [gi'zar] VT to stew
guitarra [gi'taha] F (electric) guitar
guitarrista [gita'hista] M/F guitarist; *(col)* forger *(of money)*
guizo ['gizu] M bell

gula ['gula] F gluttony, greed
gulodice [gulo'dʒisi] F greed
guloseima [gulo'zejma] F delicacy, titbit
guloso, -a [gu'lozu, ɔza] ADJ greedy
gume ['gumi] M cutting edge; *(fig)* sharpness
guri, a [gu'ri(a)] M/F kid ▶ F *(namorada)* girlfriend
gurizote [guri'zɔtʃi] M lad
guru [gu'ru] M/F guru
gustação [gusta'sãw] F tasting
gutural [gutu'raw] *(pl* **-ais**) ADJ guttural

Hh

H, h [a'ga] (pl **hs**) M H, h; **H de Henrique** H for Harry (BRIT) ou How (US)
h. (pl **hs.**) ABR (= hora) o'clock
há [a] VB ver **haver**
hã [ã] EXCL aha!
habeascorpus ['abjas 'kɔrpus] M habeas corpus
hábil ['abiw] (pl -**eis**) ADJ (competente) competent, capable; (com as mãos) clever; (astucioso, esperto) clever, shrewdness; (sutil) diplomatic; (Jur) qualified; **em tempo ~** in reasonable time
habilidade [abili'dadʒi] F (aptidão, competência) skill, ability; (astúcia, esperteza) shrewdness; (tato) discretion; (Jur) qualification; **ele não teve a menor ~ com ela** (tato) he wasn't at all tactful with her; **ela não tem a menor ~ com crianças** (jeito) she's hopeless with children; **ter ~ manual** to be good with one's hands
habilidoso, -a [abili'dozu, ɔza] ADJ skilful (BRIT), skillful (US), clever
habilitação [abilita'sãw] (pl -**ões**) F (aptidão) competence; (ato) qualification; (Jur) attestation; **habilitações** FPL (conhecimentos) qualifications
habilitado, -a [abili'tadu, a] ADJ qualified; (manualmente) skilled
habilitar [abili'tar] VT (tornar apto) to enable; (dar direito a) to qualify, entitle; (preparar) to prepare; (Jur) to qualify
habitação [abita'sãw] (pl -**ões**) F dwelling, residence; (Pol: alojamento) housing
habitacional [abitasjo'naw] (pl -**ais**) ADJ housing atr
habitações [abita'sõjs] FPL de **habitação**
habitante [abi'tãtʃi] M/F inhabitant
habitar [abi'tar] VT (viver em) to live in; (povoar) to inhabit ▶ VI to live
hábitat ['abitatʃi] M habitat
habitável [abi'tavew] (pl -**eis**) ADJ (in)habitable
hábito ['abitu] M habit; (social) custom; (Rel: traje) habit; **adquirir/perder o ~ de (fazer) algo** to get into/out of the habit of (doing) sth; **ter o ~ de (fazer) algo** to be in the habit of (doing) sth; **por força do ~** by force of habit
habituação [abitwa'sãw] F acclimatization

(BRIT), acclimation (US), adjustment
habituado, -a [abi'twadu, a] ADJ: **~ a (fazer) algo** used to (doing) sth
habitual [abi'twaw] (pl -**ais**) ADJ usual
habituar [abi'twar] VT: **~ alguém a** to get sb used to, accustom sb to; **habituar-se** VR: **~-se a** to get used to
habitué [abi'twe] M habitué
hacker ['haker] (pl -**s**) M (Comput) hacker
hadoque [a'dɔki] M haddock
Haia ['aja] N the Hague
Haiti [aj'tʃi] M: **o ~** Haiti
haitiano, -a [aj'tʃjanu, a] ADJ, M/F Haitian
haja etc ['aʒa] VB ver **haver**
hálito ['alitu] M breath; **mau ~** bad breath
halitose [ali'tɔzi] F halitosis
hall [hɔw] (pl **halls**) M hall; (de teatro, hotel) foyer; **~ de entrada** entrance hall
halo ['alu] M halo
haltere [aw'tɛri] M dumbbell
halterofilismo [awterofi'lizmu] M weightlifting
halterofilista [awterofi'lista] M/F weightlifter
hambúrguer [ã'burger] (pl -**s**) M hamburger
handicap [ãdʒi'kapi] M handicap
hangar [ã'gar] M hangar
hão [ãw] VB ver **haver**
haras ['aras] M INV stud
hardware ['hadwer] M (Comput) hardware
harém [a'rẽ] (pl -**ns**) M harem
harmonia [armo'nia] F harmony
harmônica [ar'monika] F concertina
harmonioso, -a [armo'njozu, ɔza] ADJ harmonious
harmonizar [armoni'zar] VT (Mús) to harmonize; (conciliar): **~ algo (com algo)** to reconcile sth (with sth); **harmonizar-se** VR: **~(-se) (com algo)** (ideias etc) to coincide (with sth); (pessoas) to be in agreement (with sth); (música) to fit in (with sth); (tapete) to match (sth)
harpa ['arpa] F harp
harpista [ar'pista] M/F harpist
hashtag [haʃ'tagi] F hashtag
hasta ['asta] F: **~ pública** auction
haste ['astʃi] F (de bandeira) flagpole; (Tec) shaft, rod; (Bot) stem
hastear [as'tʃjar] VT to raise, hoist

Havaí [avaj'i] M: **o ~** Hawaii
havaiano, -a [avaj'anu, a] ADJ, M/F Hawaiian ▶ M (*Ling*) Hawaiian
Havana [a'vana] N Havana
havana [a'vana] ADJ INV light brown ▶ M (*charuto*) Havana cigar

(PALAVRA-CHAVE)

haver [a'ver] VB AUX **1** (*ter*) to have; **ele havia saído/comido** he had left/eaten **2**: **quem haveria de dizer que ...** who would have thought that ...
▶ VB IMPESS **1** (*existência*): **há** (*sg*) there is; (*pl*) there are; **o que é que há?** what's the matter?; **o que é que houve?** what happened?, what was that?; **não há de quê** don't mention it, you're welcome; **haja o que houver** come what may **2** (*tempo*): **há séculos/cinco dias que não o vejo** I haven't seen him for ages/five days; **há um ano que ela chegou** it's a year since she arrived; **há cinco dias (atrás)** five days ago
haver-se VR: **haver-se com alguém** to sort things out with sb
▶ M (*Com*) credit
haveres MPL (*pertences*) property *sg*, possessions; (*riqueza*) wealth *sg*

haxixe [a'ʃiʃi] M hashish
hebraico, -a [e'brajku, a] ADJ, M/F Hebrew ▶ M (*Ling*) Hebrew
hebreu, -breia [e'brew, 'breja] M/F Hebrew
Hébridas ['ɛbridas] FPL: **as (ilhas) ~** the Hebrides
hecatombe [eka'tõbi] F (*fig*) massacre
hectare [ek'tari] M hectare
hectograma [ekto'grama] M hectogram
hectolitro [ekto'litru] M hectolitre (BRIT), hectoliter (US)
hediondo, -a [e'dʒjõdu, a] ADJ (*repulsivo*) vile, revolting; (*crime*) heinous; (*horrendo*) hideous
hedonista [edo'nista] ADJ hedonistic ▶ M/F hedonist
hegemonia [eʒemo'nia] F hegemony
hei [ej] VB *ver* **haver**
hein [ẽj] EXCL eh?; (*exprimindo indignação*) hmm
hélice ['ɛlisi] F propeller
helicóptero [eli'kɔpteru] M helicopter
hélio ['ɛlju] M helium
heliporto [eli'portu] M heliport
Helsinque [ew'sĩki] N Helsinki
hem [ẽj] EXCL = **hein**
hematologia [ematolo'ʒia] F haematology (BRIT), hematology (US)
hematoma [ema'tɔma] M bruise
hemisférico, -a [emis'fɛriku, a] ADJ hemispherical
hemisfério [emis'fɛrju] M hemisphere
hemofilia [emofi'lia] F haemophilia (BRIT), hemophilia (US)
hemofílico, -a [emo'filiku, a] ADJ, M/F haemophiliac (BRIT), hemophiliac (US)

hemoglobina [emoglo'bina] F haemoglobin (BRIT), hemoglobin (US)
hemograma [emo'grama] M blood count
hemorragia [emoha'ʒia] F haemorrhage (BRIT), hemorrhage (US); **~ nasal** nosebleed
hemorróidas [emo'hɔjdas] FPL haemorrhoids (BRIT), hemorrhoids (US), piles
hena ['ɛna] F henna
henê [e'ne] M = **hena**
hepatite [epa'tʃitʃi] F hepatitis
heptágono [ep'tagonu] M heptagon
hera ['ɛra] F ivy
heráldica [e'rawdʒika] F heraldry
herança [e'rãsa] F inheritance; (*fig*) heritage
herbáceo, -a [er'basju, a] ADJ herbaceous
herbicida [erbi'sida] M weedkiller, herbicide
herbívoro, -a [er'bivoru, a] ADJ herbivorous ▶ M/F herbivore
herdade [er'dadʒi] (PT) F large farm
herdar [er'dar] VT: **~ algo (de)** to inherit sth (from); **~ a** to bequeath to
herdeiro, -a [er'dejru, a] M/F heir(ess)
hereditário, -a [eredʒi'tarju, a] ADJ hereditary
herege [e'reʒi] M/F heretic
heresia [ere'zia] F heresy
herético, -a [e'rɛtʃiku, a] ADJ heretical
hermafrodita [ermafro'dʒita] M/F hermaphrodite
hermético, -a [er'mɛtʃiku, a] ADJ airtight; (*fig*) obscure, impenetrable
hérnia ['ɛrnja] F hernia; **~ de hiato** hiatus hernia
herói [e'rɔj] M hero
heroico, -a [e'rɔjku, a] ADJ heroic
heroína [ero'ina] F heroine; (*droga*) heroin
heroísmo [ero'izmu] M heroism
herpes ['ɛrpis] M INV herpes *sg*
herpes-zóster [-'zɔster] M (*Med*) shingles *sg*
hertz ['ɛrtzi] M INV hertz
hesitação [ezita'sãw] (*pl* **-ões**) F hesitation
hesitante [ezi'tãtʃi] ADJ hesitant
hesitar [ezi'tar] VI to hesitate; **~ em (fazer) algo** to hesitate in (doing) sth
heterodoxo, -a [etero'dɔksa, a] ADJ unorthodox
heterogêneo, -a [etero'ʒenju, a] ADJ heterogeneous
heterônimo [ete'ronimu] M pen name, nom de plume
heterossexual [eterosek'swaw] (*pl* **-ais**) ADJ, M/F heterosexual
heterossexualidade [eterosekswali'dadʒi] F heterosexuality
hexagonal [eksago'naw] (*pl* **-ais**) ADJ hexagonal
hexágono [ek'sagonu] M hexagon
hiato ['jatu] M hiatus
hibernação [iberna'sãw] F hibernation
hibernar [iber'nar] VI to hibernate
hibisco [i'bisku] M (*Bot*) hibiscus
híbrido, -a ['ibridu, a] ADJ hybrid
hidramático, -a [idra'matʃiku, a] ADJ

hidratante [idra'tãtʃi] ADJ moisturizing ▶ M moisturizer

hidratar [idra'tar] VT to hydrate; *(pele)* to moisturize

hidrato [i'dratu] M: **~ de carbono** carbohydrate

hidráulica [i'drawlika] F hydraulics *sg*

hidráulico, -a [i'drawliku, a] ADJ hydraulic; **força hidráulica** hydraulic power

hidrelétrica [idre'lɛtrika] F *(usina)* hydroelectric power station; *(empresa)* hydroelectric power company

hidreletricidade [idreletrisi'dadʒi] F hydroelectric power

hidrelétrico, -a [idre'lɛtriku, a] ADJ hydroelectric

hidro... [idru] PREFIXO hydro..., water... *atr*

hidroavião [idrua'vjãw] *(pl -ões)* M seaplane

hidrocarboneto [idrokarbo'netu] M hydrocarbon

hidrófilo, -a [i'drɔfilu, a] ADJ absorbent; **algodão ~** cotton wool (BRIT), absorbent cotton (US)

hidrofobia [idrofo'bia] F rabies *sg*

hidrogênio [idro'ʒenju] M hydrogen

hidroginástica [idroʒi'nastʃika] F aquaerobics

hidroterapia [idrotera'pia] F hydrotherapy

hidrovia [idro'via] F waterway

hiena ['jena] F hyena

hierarquia [jerar'kia] F hierarchy

hierárquico, -a [je'rarkiku, a] ADJ hierarchical

hierarquizar [jerarki'zar] VT to place in a hierarchy

hieroglífico, -a [jero'glifiku, a] ADJ hieroglyphic

hieróglifo [je'rɔglifu] M hieroglyph(ic)

hífen ['ifẽ] *(pl -s)* M hyphen

higiene [i'ʒjeni] F hygiene; **~ mental** (mental) rest

higiênico, -a [i'ʒjeniku, a] ADJ hygienic; *(pessoa)* clean; **papel ~** toilet paper

hilariante [ila'rjãtʃi] ADJ hilarious

Himalaia [ima'laja] M: **o ~** the Himalayas *pl*

hímen ['imẽ] *(pl -s)* M *(Anat)* hymen

hindi [ĩ'dʒi] M *(Ling)* Hindi

hindu [ĩ'du] ADJ, M/F Hindu; *(indiano)* Indian

hinduísmo [ĩ'dwizmu] M Hinduism

hino ['inu] M hymn; **~ nacional** national anthem

hinterlândia [ĩter'lãdʒja] F hinterland

hiper... [iper] PREFIXO hyper...; *(col)* really

hipérbole [i'pɛrboli] F hyperbole

hipermercado [ipermer'kadu] M hypermarket

hipersensível [ipersẽ'sivew] *(pl -eis)* ADJ hypersensitive

hipertensão [ipertẽ'sãw] F high blood pressure

hípico, -a ['ipiku, a] ADJ riding *atr*; **clube ~** riding club

hipismo [i'pizmu] M *(turfe)* horse racing; *(equitação)* (horse) riding

hipnose [ip'nɔzi] F hypnosis

hipnótico, -a [ip'nɔtʃiku, a] ADJ hypnotic; *(substância)* sleep-inducing ▶ M sleeping drug

hipnotismo [ipno'tʃizmu] M hypnotism

hipnotizador, a [ipnotʃizador(a)] M/F hypnotist

hipnotizar [ipnotʃi'zar] VT to hypnotize

hipocondríaco, -a [ipokõ'driaku, a] ADJ, M/F hypochondriac

hipocrisia [ipokri'zia] F hypocrisy

hipócrita [i'pɔkrita] ADJ hypocritical ▶ M/F hypocrite

hipodérmico, -a [ipo'dɛrmiku, a] ADJ hypodermic

hipódromo [i'pɔdromu] M racecourse

hipopótamo [ipo'pɔtamu] M hippopotamus

hipoteca [ipo'tɛka] F mortgage

hipotecar [ipote'kar] VT to mortgage

hipotecário, -a [ipote'karju, a] ADJ mortgage *atr*; **credor/devedor ~** mortgagee/ mortgager

hipotermia [ipoter'mia] F hypothermia

hipótese [i'pɔtezi] F hypothesis; **na ~ de** in the event of; **em ~ alguma** under no circumstances; **na melhor/pior das ~s** at best/worst

hipotético, -a [ipo'tɛtʃiku, a] ADJ hypothetical

hirsuto, -a [ir'sutu, a] ADJ *(cabeludo)* hairy, hirsute; *(barba)* spiky; *(fig: ríspido)* harsh

hirto, -a ['irtu, a] ADJ stiff, rigid; **ficar ~** *(pessoa)* to stand stock still

hispânico, -a [is'paniku, a] ADJ Hispanic

hispanista [ispa'nista] M/F Hispanist

hispano-americano, -a [is'pano-] ADJ Spanish American

histamina [ista'mina] F histamine

histerectomia [isterekto'mia] F hysterectomy

histeria [iste'ria] F hysteria; **~ coletiva** mass hysteria

histérico, -a [is'tɛriku, a] ADJ hysterical

histerismo [iste'rizmu] M hysteria

história [is'tɔrja] F *(estudo, ciência)* history; *(conto)* story; **histórias** FPL *(chateação)* bother *sg*, fuss *sg*; **a mesma ~ de sempre** the same old story; **isso é outra ~** that's a different matter; **é tudo ~ dela** she's making it all up; **deixe de ~!** come off it!; **que ~ é essa?** what's going on?; **essa ~ de ...** *(col: troço)* this business of ...; **~ antiga/natural** ancient/natural history; **~ da carochinha** fairy story

historiador, a [istorja'dor(a)] M/F historian

historiar [isto'rjar] VT to recount

histórico, -a [is'tɔriku, a] ADJ *(personagem, pesquisa etc)* historical; *(fig: notável)* historic ▶ M history

historieta [isto'rjeta] F anecdote, very short story

histrionismo [istrjo'nizmu] M histrionics pl
hobby ['hɔbi] (pl **-bies**) M hobby
hodierno, -a [o'dʒjɛrnu, a] ADJ today's, present
hoje ['oʒi] ADV today; (*atualmente*) now(adays); **~ à noite** tonight; **de ~ a uma semana** in a week's time; **de ~ em diante** from now on; **~ em dia** nowadays; **~ faz uma semana** a week ago today; **ainda ~** (before the end of) today; **de ~ para amanhã** in one day; **por ~ é só** that's all for today
Holanda [o'lãda] F: **a ~** Holland
holandês, -esa [olã'des, eza] ADJ Dutch ▶ M/F Dutchman/woman ▶ M (*Ling*) Dutch
holding ['howdiŋ] (pl **-s**) M holding company
holocausto [olo'kawstu] M holocaust
holofote [olo'fɔtʃi] M searchlight; (*em campo de futebol etc*) floodlight
holograma [olo'grama] M hologram
homem ['omẽ] (pl **-ns**) M man; (*a humanidade*) mankind; **uma conversa de ~** a man-to-man talk; **ser o ~ da casa** (*fig*) to wear the trousers; **ser outro ~** (*fig*) to be a changed man; **~ de ação** man of action; **~ de bem** honest man; **~ de empresa** ou **negócios** businessman; **~ de estado** statesman; **~ da lei** lawyer; **~ de letras** man of letters; **~ de palavra** man of his word; **~ de peso** influential man; **~ da rua** man in the street; **~ de recursos** man of means; **~ público** public servant
homem-bomba (pl **homens-bomba**) M suicide bomber
homem-feito (pl **homens-feitos**) M grown man
homem-rã (pl **homens-rã(s)**) M frogman, diver
homem-sanduíche (pl **homens-sanduíche(s)**) M sandwich board man
homenageado, -a [omena'ʒjadu, a] ADJ honoured (BRIT), honored (US) ▶ M/F person hono(u)red
homenageante [omena'ʒjãtʃi] ADJ respectful
homenagear [omena'ʒjar] VT (*pessoa*) to pay tribute to, honour (BRIT), honor (US)
homenagem [ome'naʒẽ] F tribute; (*Rel*) homage; **prestar ~ a alguém** to pay tribute to sb; **em ~ a** in honour (BRIT) ou honor (US) of
homens ['omẽs] MPL *de* **homem**
homenzarrão [omẽza'hãw] (pl **-ões**) M hulk (of a man)
homenzinho [omẽ'ziɲu] M little man; (*jovem*) young man
homeopata [omjo'pata] M/F homoeopath(ic) doctor (BRIT), homeopath(ic doctor) (US)
homeopatia [omjopa'tʃia] F homoeopathy (BRIT), homeopathy
homeopático, -a [omjo'patʃiku, a] ADJ homoeopathic (BRIT), homeopathic (US); (*fig*): **em doses homeopáticas** in tiny quantities

homérico, -a [o'mɛriku, a] ADJ (*fig*) phenomenal
homicida [omi'sida] ADJ (*pessoa*) homicidal ▶ M/F murderer
homicídio [omi'sidʒju] M murder; **~ involuntário** manslaughter
homiziado, -a [omi'zjadu, a] ADJ in hiding ▶ M/F fugitive
homiziar [omi'zjar] VT (*esconder*) to hide; **homiziar-se** VR to hide
homogeneidade [omoʒenej'dadʒi] F homogeneity
homogeneizado, -a [omoʒenej'zadu, a] ADJ: **leite ~** homogenized milk
homogêneo, -a [omo'ʒenju, a] ADJ homogeneous; (*Culin*) blended
homologar [omolo'gar] VT to ratify
homólogo, -a [o'mɔlogu, a] ADJ homologous; (*fig*) equivalent ▶ M/F opposite number
homônimo [o'monimu] M (*de pessoa*) namesake; (*Ling*) homonym
homossexual [omosek'swaw] (pl **-ais**) ADJ, M/F homosexual
homossexualismo [omosekswa'lizmu] M homosexuality
Honduras [õ'duras] F Honduras
hondurenho, -a [õdu'reɲu, a] ADJ, M/F Honduran
honestidade [onestʃi'dadʒi] F honesty; (*decência*) decency; (*justeza*) fairness
honesto, -a [o'nɛstu, a] ADJ honest; (*decente*) decent; (*justo*) fair, just
Hong Kong [oŋ'kon] F Hong Kong
honorário, -a [ono'rarju, a] ADJ honorary
honorários [ono'rarjus] MPL fees
honorífico, -a [ono'rifiku, a] ADJ honorific
honra ['õha] F honour (BRIT), honor (US); **honras** FPL: **~s fúnebres** funeral rites; **convidado de ~** guest of hono(u)r; **em ~ de** in hono(u)r of; **por ~ da firma** (*por obrigação*) out of a sense of duty; (*para salvar as aparências*) to save face; **fazer as ~s da casa** to do the hono(u)rs, attend to the guests
honradez [õha'des] F honesty; (*de pessoa*) integrity
honrado, -a [õ'hadu, a] ADJ honest; (*respeitado*) honourable (BRIT), honorable (US)
honrar [õ'har] VT to honour (BRIT), honor (US); **honrar-se** VR: **~-se em fazer** to be hono(u)red to do
honraria [õha'ria] F honour (BRIT), honor (US)
honroso, -a [õ'hozu, ɔza] ADJ honourable (BRIT), honorable (US)
hóquei ['hɔkej] M hockey; **~ sobre gelo** ice hockey
hora ['ɔra] F (*60 minutos*) hour; (*momento*) time; **a que ~s?** (at) what time?; **que ~s são?** what time is it?; **são duas ~s** it's two o'clock; **você tem as ~s?** have you got the time?; **isso são ~s?** what time do you call this?; **dar as ~s** (*relógio*) to strike the hour; **fazer ~** to kill time; **fazer ~ com alguém** (*col*) to tease sb; **marcar ~** to make an

appointment; **perder a ~** to be late; **não vejo a ~ de ...** I can't wait to ...; **às altas ~s da noite** *ou* **da madrugada** in the small hours; **de ~ em ~** every hour; **em boa/má ~** at the right/wrong time; **chegar em cima da ~** to arrive just in time; **fora de ~** at the wrong moment; **na ~** *(no ato, em seguida)* on the spot; *(em boa hora)* at the right moment; *(na hora H)* at the moment of truth; **na ~ H** *(no momento certo)* in the nick of time; *(na hora crítica)* at the moment of truth, when it comes *(ou* came*)* to it; **está na ~ de ...** it's time to ...; **bem na ~** just in time; **chegar na ~** to be on time; **de última ~** *adj* last-minute; **de última ~** *adv* at the last minute; **~ de dormir** bedtime; **~ do almoço** lunch hour; **meia ~** half an hour; **~ local** local time; **~s extras** overtime *sg*; **trabalhei 2 ~s extras** I worked 2 hours overtime; **você recebe por ~ extra?** do you get paid overtime?; **~s vagas** spare time *sg*
horário, -a [o'rarju, a] ADJ: **100 km ~s** 100 km an hour ▶ M *(tabela)* timetable; *(hora)* time; **~ de expediente** working hours *pl*; *(de um escritório)* office hours *pl*; **~ de verão** summer time; **~ integral** full time; **~ nobre** (TV) prime time
horda ['ɔrda] F horde
horista [o'rista] ADJ paid by the hour ▶ M/F hourly-paid worker
horizontal [orizõ'taw] *(pl* -ais*)* ADJ horizontal ▶ F: **estar na ~** *(col)* to be lying down
horizonte [ori'zõtʃi] M horizon
hormonal [ormo'naw] *(pl* -ais*)* ADJ hormonal
hormônio [or'monju] M hormone
horóscopo [o'rɔskopu] M horoscope
horrendo, -a [o'hẽdu, a] ADJ horrendous, frightful
horripilante [ohipi'lãtʃi] ADJ horrifying, hair-raising; *(sorriso)* chilling
horripilar [ohipi'lar] VT to horrify; **horripilar-se** VR to be horrified
horrível [o'hivew] *(pl* -eis*)* ADJ awful, horrible
horror [o'hor] M horror; **que ~!** how awful!; **ser um ~** to be awful; **ter ~ a algo** to hate sth; **um ~ de** *(porção)* a lot of; **dizer/fazer ~es** to say/do terrible things; **~es de** *(muitos)* loads of; **ele está faturando ~es** he's raking it in, he's making a fortune
horrorizar [ohori'zar] VT to horrify, frighten ▶ VI: **cenas de ~** horrifying scenes; **horrorizar-se** VR to be horrified
horroroso, -a [oho'rozu, ɔza] ADJ horrible, ghastly
horta ['ɔrta] F vegetable garden
hortaliças [orta'lisas] FPL vegetables
hortelã [orte'lã] F mint; **~ pimenta** peppermint
hortelão, -loa [orte'lãw, 'loa] *(pl* -s *ou* -ões/-s*)* (PT) M/F (market) gardener
hortênsia [or'tẽsja] F hydrangea
horticultor, a [ortʃikuw'tor(a)] M/F market gardener (BRIT), truck farmer (US)
horticultura [ortʃikuw'tura] F horticulture
hortifrutigranjeiros [ortʃifrutʃigrã'ʒejrus] MPL fruit and vegetables
hortigranjeiros [ortʃigrã'ʒejrus] MPL garden vegetables
horto ['ortu] M market garden (BRIT), truck farm (US)
hospedagem [ospe'daʒẽ] F guest house
hospedar [ospe'dar] VT to put up; **hospedar-se** VR to stay, lodge
hospedaria [ospeda'ria] F guest house
hóspede ['ɔspedʒi] M *(amigo)* guest; *(estranho)* lodger
hospedeira [ospe'dejra] F landlady; (PT: *de bordo*) stewardess, air hostess (BRIT)
hospedeiro, -a [ospe'dejru, a] ADJ hospitable ▶ M *(dono)* landlord
hospício [os'pisju] M mental hospital
hospital [ospi'taw] *(pl* -ais*)* M hospital
hospitalar [ospita'lar] ADJ hospital *atr*
hospitaleiro, -a [ospita'lejru, a] ADJ hospitable
hospitalidade [ospitali'dadʒi] F hospitality
hospitalização [ospitaliza'sãw] *(pl* -ões*)* F hospitalization
hospitalizar [ospitali'zar] VT to hospitalize, admit to hospital
hostess ['ɔstes] *(pl* **hostesses**) F hostess
hóstia ['ɔstʃia] F Host, wafer
hostil [os'tʃiw] *(pl* -is*)* ADJ hostile
hostilidade [ostʃili'dadʒi] F hostility
hostilizar [ostʃili'zar] VT to antagonize; *(Mil)* to wage war on
hostis [os'tʃis] PL *de* **hostil**
hotel [o'tɛw] *(pl* -éis*)* M hotel; **~ de alta rotatividade** *motel for sexual encounters*
hotelaria [otela'ria] F *(curso)* hotel management; *(conjunto de hotéis)* hotels *pl*
hoteleiro, -a [ote'lejru, a] ADJ hotel *atr* ▶ M/F hotelier; **rede hoteleira** hotel chain
houve etc ['ovi] VB *ver* **haver**
hui [wi] EXCL *(de dor)* ow!; *(de susto, surpresa)* ah!; *(de repugnância)* ugh!
humanidade [umani'dadʒi] F *(os homens)* man(kind); *(compaixão)* humanity; **humanidades** FPL (Educ) humanities
humanismo [uma'nizmu] M humanism
humanista [uma'nista] ADJ, M/F humanist
humanitário, -a [umani'tarju, a] ADJ humanitarian; *(benfeitor)* humane ▶ M/F humanitarian
humanizar [umani'zar] VT to humanize; **humanizar-se** VR to become more human
humano, -a [u'manu, a] ADJ human; *(bondoso)* humane
humanos [u'manus] MPL humans
humildade [umiw'dadʒi] F humility; *(pobreza)* poverty
humilde [u'miwdʒi] ADJ humble; *(pobre)* poor
humildes [u'miwdʒis] MPL/FPL: **os** *(ou* **as)* ~** the poor
humilhação [umiʎa'sãw] F humiliation
humilhante [umi'ʎãtʃi] ADJ humiliating

humilhar [umi'ʎar] VT to humiliate ▸ VI to be humiliating; **humilhar-se** VR to humble o.s.
humor [u'mor] M (*disposição*) mood, temper; (*graça*) humour (BRIT), humor (US); **de bom/mau ~** in a good/bad mood
humorismo [umo'rizmu] M humour (BRIT), humor (US)
humorista [umo'rista] M/F (*escritor*) humorist; (*na TV, no palco*) comedian
humorístico, -a [umo'ristʃiku, a] ADJ humorous
húmus ['umus] M INV humus
húngaro, -a ['ũgaru, a] ADJ, M/F Hungarian
Hungria [ũ'gria] F: **a ~** Hungary
hurra ['uha] M cheer ▸ EXCL hurrah!
Hz ABR (= *hertz*) Hz

I i

I, i [i] (*pl* **is**) M I, i; **I de Irene** I for Isaac (BRIT) *ou* item (US)
ia *etc* ['ia] VB *ver* **ir**
IAB ABR M = **Instituto dos Advogados do Brasil; Instituto dos Arquitetos do Brasil**
ialorixá [jalori'ʃa] F macumba priestess
IAPAS (BR) ABR M = **Instituto de Administração da Previdência e Assistência Social**
iate ['jatʃi] M yacht; **~ clube** yacht club
iatismo [ja'tʃizmu] M yachting
iatista [ja'tʃista] M/F yachtsman/woman
IBAM ABR M = **Instituto Brasileiro de Administração Municipal**
IBDF ABR M = **Instituto Brasileiro de Desenvolvimento Florestal**
ibérico, -a [i'bɛriku, a] ADJ, M/F Iberian
ibero, -a [i'bɛru, a] ADJ, M/F Iberian
ibero-americano, -a [iberu-] ADJ, M/F Ibero-American
IBGE ABR M = **Instituto Brasileiro de Geografia e Estatística**
IBMC ABR M = **Instituto Brasileiro do Mercado de Capitais**
Ibope [i'bɔpi] ABR M = **Instituto Brasileiro de Opinião Pública e Estatística; dar ibope** (TV) to get high ratings; (*fig*) to be popular
IBV ABR M = **Índice da Bolsa de Valores (do Rio de Janeiro)**
içar [i'sar] VT to hoist, raise
iceberg [ajs'bɛrgi] (*pl* **-s**) M iceberg
ICMS (BR) ABR M (= *Imposto sobre Circulação de Mercadorias e Prestação de Serviços*) ≈ VAT
icone ['ikoni] M (*ger*, Comput) icon
iconoclasta [ikono'klasta] ADJ iconoclastic ▶ M/F iconoclast
icterícia [ikte'risja] F jaundice
ida ['ida] F going, departure; **~ e volta** round trip, return; **a (viagem de) ~** the outward journey; **na ~** on the way there; **~s e vindas** comings and goings; **comprei só a ~** I only bought a single *ou* one-way (US) (ticket)
idade [i'dadʒi] F age; **ter cinco anos de ~** to be five (years old); **de meia ~** middle-aged; **qual é a ~ dele?** how old is he?; **na minha ~** at my age; **ser menor/maior de ~** to be under/of age; **pessoa de ~** elderly person; **estar na ~ de trabalhar** to be (of) working age; **já não estou mais em ~ de fazer** I'm past doing; **~ atômica** atomic age; **~ da pedra** Stone Age; **I~ Média** Middle Ages *pl*
ideação [idea'sãw] (*pl* **-ões**) F conception
ideal [ide'jaw] (*pl* **-ais**) ADJ, M ideal
idealismo [idea'lizmu] M idealism
idealista [idea'lista] ADJ idealistic ▶ M/F idealist
idealização [idealiza'sãw] (*pl* **-ões**) F idealization; (*planejamento*) creation
idealizar [ideali'zar] VT to idealize; (*planejar*) to devise, create
idear [ide'ar] VT (*imaginar*) to imagine, think up; (*idealizar*) to create
ideário [i'dʒjarju] M ideas *pl*, thinking
ideia [i'dɛja] F idea; (*mente*) mind; **mudar de ~** to change one's mind; **não ter a mínima ~** to have no idea; **não faço ~** I can't imagine; **estar com ~ de fazer** to plan to do; **fazer uma ~ errada de algo** to get the wrong idea about sth; **~ fixa** obsession; **~ genial** brilliant idea
idem ['idẽ] PRON ditto
idêntico, -a [i'dẽtʃiku, a] ADJ identical
identidade [idẽtʃi'dadʒi] F identity; **carteira de ~** identity (BRIT) *ou* identification (US) card
identificação [idẽtʃifika'sãw] F identification
identificar [idẽtʃifi'kar] VT to identify; **identificar-se** VR: **~-se com** to identify with
ideologia [ideolo'ʒia] F ideology
ideológico, -a [ideo'lɔʒiku, a] ADJ ideological
ideólogo, -a [ide'ɔlogu, a] M/F ideologue
ídiche ['idiʃi] M = **iídiche**
idílico, -a [i'dʒiliku, a] ADJ idyllic
idílio [i'dʒilju] M idyll
idioma [i'dʒoma] M language
idiomático, -a [idʒo'matʃiku, a] ADJ idiomatic
idiossincrasia [idʒosĩkra'zia] F character
idiota [i'dʒota] ADJ idiotic ▶ M/F idiot
idiotice [idʒo'tʃisi] F idiocy
ido, -a ['idu, a] ADJ past
idólatra [i'dɔlatra] ADJ idolatrous ▶ M/F idolater/tress
idolatrar [idola'trar] VT to idolize
idolatria [idola'tria] F idolatry
ídolo ['idolu] M idol
idoneidade [idonej'dadʒi] F suitability; (*competência*) competence; **~ moral** moral probity

idôneo, -a [i'donju, a] ADJ (*adequado*) suitable, fit; (*pessoa*) able, capable
idos ['idus] MPL bygone days
idoso, -a [i'dozu, ɔza] ADJ elderly, old
Iemanjá [jemã'ʒa] F Iemanjá (*Afro-Brazilian sea goddess*)
Iêmen ['jemẽ] M: **o ~** Yemen
iemenita [jeme'nita] ADJ, M/F Yemeni
iene ['jɛni] M yen
IGC (BR) ABR M = **imposto sobre ganhos de capital**
iglu [i'glu] M igloo
ignaro, -a [igi'naru, a] ADJ ignorant
ignição [igni'sãw] (*pl* **-ões**) F ignition
ignóbil [ig'nɔbiw] (*pl* **-eis**) ADJ ignoble
ignomínia [igno'minja] F disgrace, ignominy
ignominioso, -a [ignomi'njozu, ɔza] ADJ ignominious
ignorado, -a [igno'radu, a] ADJ unknown
ignorância [igno'rãsja] F ignorance; **apelar para a ~** (*col*) to lose one's rag
ignorante [igno'rãtʃi] ADJ ignorant, uneducated ▶ M/F ignoramus
ignorar [igno'rar] VT not to know; (*não dar atenção a*) to ignore
ignoto, -a [ig'nɔtu, a] ADJ (*formal*) unknown
IGP (BR) ABR M = **Índice Geral de Preços**
igreja [i'greʒa] F church
igual [i'gwaw] (*pl* **-ais**) ADJ equal; (*superfície*) even ▶ M/F equal; **em partes iguais** in equal parts; **ser ~** to be the same; **ser ~ a** to be the same as, be like; **~ se ...** as if ...; **por ~** equally; **sem ~** unequalled, without equal; **de ~ para ~** on equal terms; **tratar alguém de ~ para ~** to treat sb as an equal; **nunca vi coisa ~** I've never seen anything like it
igualar [igwa'lar] VT (*ser igual a*) to equal; (*fazer igual*) to make equal; (*nivelar*) to level ▶ VI: **~ a ou com** to be equal to, be the same as; (*ficar no mesmo nível*) to be level with; **igualar-se** VR: **~-se a alguém** to be sb's equal; **~ algo com ou a algo** to equal sth to sth; **~ algo com algo** (*terreno etc*) to level sth with sth
igualdade [igwaw'dadʒi] F (*paridade*) equality; (*uniformidade*) uniformity
igualitário, -a [igwali'tarju, a] ADJ egalitarian
igualmente [igwaw'mẽtʃi] ADV equally; (*também*) likewise, also; **~!** (*saudação*) the same to you!
iguana [i'gwana] M iguana
iguaria [igwa'ria] F (*Culin*) delicacy
ih [i:] EXCL (*de admiração, surpresa*) cor (BRIT), gee (US); (*de perigo próximo*) eek!
iídiche ['jidiʃi] M (*Ling*) Yiddish
ilação [ila'sãw] (*pl* **-ões**) F inference, deduction
I.L. Ano (BR) ABR (*Com*) = **Índice de Lucratividade no Ano**
ilegal [ile'gaw] (*pl* **-ais**) ADJ illegal
ilegalidade [ilegali'dadʒi] F illegality
ilegítimo, -a [ile'ʒitʃimu, a] ADJ illegitimate; (*ilegal*) unlawful
ilegível [ile'ʒivew] (*pl* **-eis**) ADJ illegible
ileso, -a [i'lɛzu, a] ADJ unhurt; **sair ~** to escape unhurt
iletrado, -a [ile'tradu, a] ADJ, M/F illiterate
ilha ['iʎa] F island
ilhar [i'ʎar] VT to cut off, isolate
ilharga [i'ʎarga] F (*Anat*) side
ilhéu, ilhoa [i'ʎɛw, i'ʎoa] M/F islander
ilhós [i'ʎɔs] (*pl* **ilhoses**) M eyelet
ilhota [i'ʎɔta] F small island
ilícito, -a [i'lisitu, a] ADJ illicit
ilimitado, -a [ilimi'tadu, a] ADJ unlimited
ilógico, -a [i'lɔʒiku, a] ADJ illogical; (*absurdo*) absurd
iludir [ilu'dʒir] VT to delude; (*enganar*) to deceive; (*a lei*) to evade; **iludir-se** VR to delude o.s.
iluminação [ilumina'sãw] (*pl* **-ões**) F lighting; (*fig*) enlightenment
iluminado, -a [ilumi'nadu, a] ADJ illuminated, lit; (*estádio*) floodlit; (*fig*) enlightened
iluminante [ilumi'nãtʃi] ADJ bright
iluminar [ilumi'nar] VT to light up; (*estádio etc*) to floodlight; (*fig*) to enlighten
ilusão [ilu'zãw] (*pl* **-ões**) F illusion; (*quimera*) delusion; **~ de ótica** optical illusion; **viver de ilusões** to live in a dream-world
ilusionista [iluzjo'nista] M/F conjurer; (*que escapa*) escapologist
ilusões [ilu'zõjs] FPL *de* **ilusão**
ilusório, -a [ilu'zɔrju, a] ADJ (*enganoso*) deceptive
ilustração [ilustra'sãw] (*pl* **-ões**) F (*figura, exemplo*) illustration; (*saber*) learning
ilustrado, -a [ilus'tradu, a] ADJ (*com gravuras*) illustrated; (*instruído*) learned
ilustrador, a [ilustra'dor(a)] M/F illustrator
ilustrar [ilus'trar] VT (*com gravuras*) to illustrate; (*instruir*) to instruct; (*exemplificar*) to illustrate; **ilustrar-se** VR (*distinguir-se*) to excel; (*instruir-se*) to inform o.s.
ilustrativo, -a [ilustra'tʃivu, a] ADJ illustrative
ilustre [i'lustri] ADJ famous, illustrious; **um ~ desconhecido** a complete stranger
ilustríssimo, -a [ilus'trisimu, a] ADJ SUPERL *de* **ilustre**; (*tratamento*): **~ senhor** dear Sir
imã [i'mã] M imam
ímã ['imã] M magnet
imaculado, -a [imaku'ladu, a] ADJ immaculate
imagem [i'maʒẽ] (*pl* **-ns**) F image; (*semelhança*) likeness; (*TV*) picture; **imagens** FPL (*Literatura*) imagery *sg*; **ela é a ~ do pai** she's the image of her father
imaginação [imaʒina'sãw] (*pl* **-ões**) F imagination
imaginar [imaʒi'nar] VT to imagine; (*supor*) to suppose; **imaginar-se** VR to imagine o.s.; **imagine só!** just imagine!; **obrigado — imagina!** thank you — don't worry about it!
imaginário, -a [imaʒi'narju, a] ADJ imaginary
imaginativo, -a [imaʒina'tʃivu, a] ADJ imaginative
imaginável [imaʒi'navew] (*pl* **-eis**) ADJ imaginable

imaginoso, -a [imaʒi'nozu, ɔza] ADJ (*pessoa*) imaginative
íman ['imã] (PT) M = **ímã**
imanente [ima'nẽtʃi] ADJ: **~ (a)** inherent (in)
imantar [imã'tar] VT to magnetize
imaturidade [imaturi'dadʒi] F immaturity
imaturo, -a [ima'turu, a] ADJ immature
imbatível [ĩba'tʃivew] (*pl* **-eis**) ADJ invincible
imbecil [ĩbe'siw] (*pl* **-is**) ADJ stupid ▶ M/F imbecile, half-wit
imbecilidade [ĩbesili'dadʒi] F stupidity
imbecis [ĩbe'sis] PL *de* **imbecil**
imberbe [ĩ'bɛrbi] ADJ (*sem barba*) beardless; (*jovem*) youthful
imbricar [ĩbri'kar] VT to overlap; **imbricar-se** VR to overlap
imbuir [ĩ'bwir] VT: **~ alguém de** (*sentimentos*) to imbue sb with
IMC ABR M (= *índice de massa corporal*) BMI
IME (BR) ABR M = **Instituto Militar de Engenharia**
imediações [imedʒa'sõjs] FPL vicinity *sg*, neighbourhood *sg* (BRIT), neighborhood *sg* (US)
imediatamente [imedʒata'mẽtʃi] ADV immediately, right away
imediato, -a [ime'dʒatu, a] ADJ immediate; (*seguinte*) next ▶ M second-in-command; **~ a** next to; **de ~** straight away
imemorial [imemo'rjaw] (*pl* **-ais**) ADJ immemorial
imensidade [imẽsi'dadʒi] F immensity
imensidão [imẽsi'dãw] F hugeness, enormity
imenso, -a [i'mẽsu, a] ADJ immense, huge; (*ódio, amor*) great
imensurável [imẽsu'ravew] (*pl* **-eis**) ADJ immeasurable
imerecido, -a [imere'sidu, a] ADJ undeserved
imergir [imer'ʒir] VT to immerse; (*fig*) to plunge ▶ VI to be immersed; to plunge
imersão [imer'sãw] (*pl* **-ões**) F immersion
imerso, -a [i'mɛrsu, a] ADJ (*tb fig*) immersed
imersões [imer'sõjs] FPL *de* **imersão**
imigração [imigra'sãw] (*pl* **-ões**) F immigration
imigrante [imi'grãtʃi] ADJ, M/F immigrant
imigrar [imi'grar] VI to immigrate
iminência [imi'nẽsja] F imminence
iminente [imi'nẽtʃi] ADJ imminent
imiscuir-se [imis'kwirsi] VR: **~ em** to meddle (in), interfere (in)
imitação [imita'sãw] (*pl* **-ões**) F imitation, copy; **joia de ~** imitation jewel
imitador, a [imita'dor(a)] ADJ imitative ▶ M/F imitator
imitar [imi'tar] VT to imitate; (*assinatura*) to copy
imobiliária [imobi'ljarja] F estate agent's (BRIT), real estate broker's (US)
imobiliário, -a [imobi'ljarju, a] ADJ property *atr*, real estate *atr*
imobilidade [imobili'dadʒi] F immobility
imobilizar [imobili'zar] VT to immobilize; (*fig: economia, progresso*) to bring to a standstill; (*Com: capital*) to tie up

imoderação [imodera'sãw] F lack of moderation
imoderado, -a [imode'radu, a] ADJ immoderate
imodéstia [imo'dɛstʃja] F immodesty
imodesto, -a [imo'dɛstu, a] ADJ immodest
imódico, -a [i'mɔdʒiku, a] ADJ exorbitant
imolar {imo'lar] VT (*sacrificar*) to sacrifice; (*prejudicar*) to harm
imoral [imo'raw] (*pl* **-ais**) ADJ immoral
imoralidade [imorali'dadʒi] F immorality
imortal [imor'taw] (*pl* **-ais**) ADJ immortal ▶ M/F (*membro da ABL*) member of the Brazilian Academy of Letters
imortalidade [imortali'dadʒi] F immortality
imortalizar [imortali'zar] VT to immortalize
imóvel [i'mɔvew] (*pl* **-eis**) ADJ (*parado*) motionless, still; (*não movediço*) immovable ▶ M property; (*edifício*) building; **imóveis** MPL (*propriedade*) real estate *sg*, property *sg*
impaciência [ĩpa'sjẽsja] F impatience
impacientar-se [ĩpasjẽ'tarsi] VR to lose one's patience
impaciente [ĩpa'sjẽtʃi] ADJ impatient; (*inquieto*) anxious
impacto [ĩ'paktu], (PT) **impacte** M impact
impagável [ĩpa'gavew] (*pl* **-eis**) ADJ (*fig*) priceless
impaludismo [ĩpalu'dʒizmu] M malaria
ímpar ['ĩpar] ADJ (*número*) odd; (*sem igual*) unique, unequalled
imparcial [ĩpar'sjaw] (*pl* **-ais**) ADJ fair, impartial
imparcialidade [ĩparsjali'dadʒi] F impartiality
impasse [ĩ'pasi] M impasse, deadlock
impassível [ĩpa'sivew] (*pl* **-eis**) ADJ impassive
impávido, -a [ĩ'pavidu, a] ADJ (*formal*) fearless, intrepid
impecável [ĩpe'kavew] (*pl* **-eis**) ADJ perfect, impeccable
impeço *etc* [ĩ'pɛsu] VB *ver* **impedir**
impedido, -a [ĩpe'dʒidu, a] ADJ (*estrada*) blocked; (*Futebol*) offside; (*PT Tel*) engaged (BRIT), busy (US)
impedimento [ĩpedʒi'mẽtu] M impediment; (*Futebol*) offside; (*Pol*) impeachment
impedir [ĩpe'dʒir] VT to obstruct; (*estrada, passagem, tráfego*) to block; (*movimento, execução, progresso*) to impede; **~ alguém de fazer algo** to prevent sb from doing sth; (*proibir*) to forbid sb to do sth; **~ (que aconteça) algo** to prevent sth (happening)
impelir [ĩpe'lir] VT (*tb fig*) to drive (on); (*obrigar*) to force
impenetrável [ĩpene'travew] (*pl* **-eis**) ADJ impenetrable
impenitente [ĩpeni'tẽtʃi] ADJ unrepentant
impensado, -a [ĩpẽ'sadu, a] ADJ (*imprevidente*) thoughtless; (*não calculado*) unpremeditated; (*imprevisto*) unforeseen
impensável [ĩpẽ'savew] (*pl* **-eis**) ADJ unthinkable

imperador [ĩpera'dor] M emperor
imperar [ĩpe'rar] VI to reign; (fig: prevalecer) to prevail
imperativo, -a [ĩpera'tʃivu, a] ADJ (tb Ling) imperative ▶ M absolute necessity; imperative
imperatriz [ĩpera'triz] F empress
imperceptível [ĩpersep'tʃivew] (pl -eis) ADJ imperceptible
imperdível [ĩper'dʒivew] (pl -eis) ADJ (eleição) that cannot be lost; (filme) unmissable; (questão): **o ordem pública é uma questão ~ para o partido** the party's onto a winner with law and order
imperdoável [ĩper'dwavew] (pl -eis) ADJ unforgivable, inexcusable
imperecível [ĩpere'sivew] (pl -eis) ADJ imperishable
imperfeição [ĩmperfej'sãw] (pl -ões) F imperfection; (falha) flaw
imperfeito, -a [ĩper'fejtu, a] ADJ imperfect ▶ M (Ling) imperfect (tense)
imperial [ĩpe'rjaw] (pl -ais) ADJ imperial
imperialismo [ĩperja'lizmu] M imperialism
imperialista [ĩperja'lista] ADJ, M/F imperialist
imperícia [ĩpe'risja] F (inabilidade) inability; (inexperiência) inexperience
império [ĩ'pɛrju] M empire
imperioso, -a [ĩpe'rjozu, ɔza] ADJ (dominador) domineering; (necessidade) pressing, urgent; (tom, olhar) imperious
impermeabilidade [ĩpermjabili'dadʒi] F imperviousness
impermeabilizar [ĩpermjabili'zar] VT to waterproof
impermeável [ĩper'mjavew] (pl -eis) ADJ: **~ a** (tb fig) impervious to; (à água) waterproof ▶ M raincoat
impertinência [ĩpertʃi'nẽsja] F impertinence; (irrelevância) irrelevance
impertinente [ĩpertʃi'nẽtʃi] ADJ (alheio) irrelevant; (insolente) impertinent
imperturbável [ĩpertur'bavew] (pl -eis) ADJ imperturbable; (impassível) impassive
impessoal [ĩpe'swaw] (pl -ais) ADJ impersonal
impetigo [ĩpe'tʃigo] M impetigo
ímpeto ['ĩpetu] M (Tec: força) impetus; (movimento súbito) start; (de cólera) fit; (de emoção) surge; (de chamas) fury; **agir com ~** to act on impulse; **levantar-se num ~** to get up with a start; **senti um ~ de sair correndo** I felt an urge to run away
impetrante [ĩpe'trãtʃi] M/F (Jur) petitioner
impetrar [ĩpe'trar] VT (Jur): **~ algo** to petition for sth
impetuosidade [ĩpetwozi'dadʒi] F impetuosity
impetuoso, -a [ĩpe'twozu, ɔza] ADJ (pessoa) headstrong, impetuous; (ato) rash, hasty; (rio) fast-moving
impiedade [ĩpje'dadʒi] F irreverence; (crueldade) cruelty

impiedoso, -a [ĩpje'dozu, ɔza] ADJ merciless, cruel
impilo etc [ĩ'pilu] VB ver **impelir**
impingir [ĩpĩ'ʒir] VT: **~ algo a alguém** (mentiras, mercadorias) to palm sth off on sb; **~ algo em alguém** (bofetada, pontapé etc) to land sth on sb
implacável [ĩpla'kavew] (pl -eis) ADJ (pessoa) unforgiving; (destino, doença, perseguição) relentless
implantação [ĩplãta'sãw] (pl -ões) F introduction; (Med) implant
implantar [ĩplã'tar] VT to introduce; (Med) to implant
implante [ĩ'plãtʃi] M (Med) implant
implausível [ĩplaw'zivew] (pl -eis) ADJ implausible
implementação [ĩplemẽta'sãw] (pl -ões) F implementation
implementar [ĩplemẽ'tar] VT to implement
implemento [ĩple'mẽtu] M implement
implicação [ĩplika'sãw] (pl -ões) F implication; (envolvimento) involvement
implicância [ĩpli'kãsja] F (ato de chatear) teasing; (antipatia) nastiness; **estar de ~ com alguém** to pick on sb, have it in for sb
implicante [ĩpli'kãtʃi] ADJ bullying ▶ M/F stirrer
implicar [ĩpli'kar] VT (envolver) to implicate; (pressupor) to imply ▶ VI: **~ com alguém** (antipatizar) to be horrible to sb; (chatear) to tease sb, pick on sb; **implicar-se** VR (envolver-se) to get involved; **~ (em) algo** to involve sth
implícito, -a [ĩ'plisitu, a] ADJ implicit
impliquei etc [ĩpli'kej] VB ver **implicar**
implodir [ĩplo'dʒir] VI to implode
imploração [ĩplora'sãw] F begging
implorar [ĩplo'rar] VT: **~ (algo a alguém)** to beg ou implore (sb for sth)
impõe etc [ĩ'põj] VB ver **impor**
impoluto, -a [ĩpo'lutu, a] ADJ immaculate; (pessoa) beyond reproach
impomos [ĩ'pomos] VB ver **impor**
imponderado, -a [ĩpõde'radu, a] ADJ rash
imponderável [ĩpõde'ravew] (pl -eis) ADJ imponderable
imponência [ĩpo'nẽsja] F impressiveness
imponente [ĩpo'nẽtʃi] ADJ impressive, imposing
imponho etc [ĩ'poɲu] VB ver **impor**
impontual [ĩpõ'twaw] (pl -ais) ADJ unpunctual
impopular [ĩpopu'lar] ADJ unpopular
impopularidade [ĩpopulari'dadʒi] F unpopularity
impor [ĩ'por] (irreg: como **pôr**) VT to impose; (respeito) to command; **impor-se** VR to assert o.s.; **~ algo a alguém** to impose sth on sb
importação [importa'sãw] (pl -ões) F (ato) importing; (mercadoria) import
importador, a [ĩporta'dor(a)] ADJ import atr ▶ M/F importer ▶ F (empresa) import company; (loja) shop selling imported goods

importância [ĩporˈtãsja] F importance; (*de dinheiro*) sum, amount; **dar ~ a algo/alguém** to attach importance to sth/show consideration for sb; **não dê ~ ao que ele disse** take no notice of what he said; **não tem ~** it doesn't matter, never mind; **ter ~** to be important; **de certa ~** of some importance; **sem ~** unimportant

importante [ĩporˈtãtʃi] ADJ important; (*arrogante*) self-important ▶ M: **o (mais) ~** the (most) important thing

importar [ĩporˈtar] VT (*Com*) to import; (*trazer*) to bring in; (*causar: prejuízos etc*) to cause; (*implicar*) to imply, involve ▶ VI to matter, be important; **importar-se** VR: **~-se com algo** to mind sth; **não** *ou* **pouco importa!** it doesn't matter!; **~ em** (*preço*) to add up to, amount to; (*resultar*) to lead to; **não me importo** I don't care; **eu pouco me importo que ela venha ou não** I don't care whether she comes or not

importe [ĩˈpɔrtʃi] M (*soma*) amount; (*custo*) cost

importunação [ĩportunaˈsãw] (*pl* **-ões**) F annoyance

importunar [ĩportuˈnar] VT to bother, annoy

importuno, -a [ĩporˈtunu, a] ADJ (*maçante*) annoying; (*inoportuno*) inopportune ▶ M/F nuisance

impôs [ĩˈpos] VB *ver* **impor**

imposição [ĩpoziˈsãw] (*pl* **-ões**) F imposition

impossibilidade [ĩposibiliˈdadʒi] F impossibility

impossibilitado, -a [ĩposibiliˈtadu, a] ADJ: **~ de fazer** unable to do

impossibilitar [ĩposibiliˈtar] VT: **~ algo** to make sth impossible; **~ alguém de fazer, ~ a alguém fazer** to prevent sb doing; **~ algo a alguém, ~ alguém para algo** to make sth impossible for sb

impossível [ĩpoˈsivew] (*pl* **-eis**) ADJ impossible; (*insuportável: pessoa*) insufferable; (*incrível*) incredible

impostação [ĩpostaˈsãw] F (*da voz*) diction, delivery

impostar [ĩposˈtar] VT (*voz*) to throw

imposto [ĩˈpostu] PP *de* **impor** ▶ M tax; **antes/depois de ~s** before/after tax; **~ ambiental** green tax, environmental tax; **~ de renda** (BR) income tax; **~ predial** rates *pl*; **~ sobre ganhos de capital** capital transfer tax (BRIT), inheritance tax (US); **~ sobre os lucros** profits tax; **~ sobre transferência de capital** capital transfer tax; **I~ sobre Circulação de Mercadorias (e Serviços)** (BR), **~ sobre valor agregado** value added tax (BRIT), sales tax (US)

impostor, a [ĩposˈtor(a)] M/F impostor

impostura [ĩposˈtura] F deception

impotência [ĩpoˈtẽsja] F impotence

impotente [ĩpoˈtẽtʃi] ADJ powerless; (*Med*) impotent

impraticabilidade [ĩpratʃikabiliˈdadʒi] F impracticability

impraticável [ĩpratʃiˈkavew] (*pl* **-eis**) ADJ impracticable; (*rua, rio etc*) impassable

imprecisão [ĩpresiˈzãw] (*pl* **-ões**) F inaccuracy

impreciso, -a [ĩpreˈsizu, a] ADJ vague; (*falto de rigor*) inaccurate

imprecisões [ĩpresiˈzõjs] FPL *de* **imprecisão**

impregnar [ĩpregˈnar] VT to impregnate; **~ algo de** to impregnate sth with; (*fig: mente etc*) to fill sth with

imprensa [ĩˈprẽsa] F (*a arte*) printing; (*máquina, jornais*) press; **~ marrom** tabloid press, gutter press

imprensar [ĩprẽˈsar] VT (*no prelo*) to stamp; (*apertar*) to squash; (*fig*): **~ alguém (contra a parede)** to press sb

imprescindível [ĩpresĩˈdʒivew] (*pl* **-eis**) ADJ essential, indispensable

impressão [ĩpreˈsãw] (*pl* **-ões**) F impression; (*de livros*) printing; (*marca*) imprint; **causar boa ~** to make a good impression; **ficar com/ter a ~ (de) que** to get/have the impression that; **ter má ~ de algo** to have a bad impression of sth; **~ digital** fingerprint

impressionante [ĩpresjoˈnãtʃi] ADJ impressive; (*abalador*) amazing

impressionar [ĩpresjoˈnar] VT to impress; (*abalar*) to affect ▶ VI to be impressive; (*pessoa*) to make an impression; **impressionar-se** VR: **~-se (com algo)** (*comover-se*) to be moved (by sth)

impressionável [ĩpresjoˈnavew] (*pl* **-eis**) ADJ impressionable

impressionismo [ĩpresjoˈnizmu] M impressionism

impressionista [ĩpresjoˈnista] ADJ, M/F impressionist

impresso, -a [ĩˈprɛsu, a] PP *de* **imprimir** ▶ ADJ printed ▶ M (*para preencher*) form; (*folheto*) leaflet; **impressos** MPL (*formulário*) printed matter *sg*

impressões [ĩpreˈsõjs] FPL *de* **impressão**

impressor [ĩpreˈsor] M printer

impressora [ĩpreˈsora] F (*Comput*) printer; **~ jato de tinta** ink-jet printer; **~ laser** laser printer

imprestável [ĩpresˈtavew] (*pl* **-eis**) ADJ (*inútil*) useless; (*pessoa*) unhelpful

impreterível [ĩpreteˈrivew] (*pl* **-eis**) ADJ (*compromisso*) essential; (*prazo*) final

imprevidente [ĩpreviˈdẽtʃi] ADJ short-sighted

imprevisão [ĩpreviˈzãw] F lack of foresight, short-sightedness

imprevisível [ĩpreviˈzivew] (*pl* **-eis**) ADJ unforeseeable

imprevisto, -a [ĩpreˈvistu, a] ADJ unexpected, unforeseen ▶ M: **um ~** something unexpected

imprimir [ĩpriˈmir] VT to print; (*marca*) to stamp; (*infundir*) to instil (BRIT), instill (US); **imprimir-se** VR to be stamped, be impressed; **~-se na memória** to impress o.s. on the memory; **~ algo a algo** to stamp sth on sth

improbabilidade [ĩprobabili'dadʒi] F improbability
improcedente [ĩprose'dẽtʃi] ADJ groundless, unjustified
improdutivo, -a [ĩprodu'tʃivu, a] ADJ unproductive
improfícuo, -a [impro'fikwu, a] ADJ useless, futile
impropério [ĩpro'pɛrju] M insult; **dizer ~s** to swear
impropriedade [ĩproprje'dadʒi] F inappropriateness; (*moral*) impropriety
impróprio, -a [ĩ'prɔprju, a] ADJ (*inadequado*) inappropriate; (*indecente*) improper; **filme ~ para menores de 18 anos** X-certificate *ou* X-rated film
improrrogável [ĩproho'gavew] (*pl* -**eis**) ADJ non-extendible
improvável [ĩpro'vavew] (*pl* -**eis**) ADJ unlikely
providência [ĩprovi'dẽsja] F lack of foresight
improvidente [ĩprovi'dẽtʃi] ADJ short-sighted
improvisação [ĩproviza'sãw] (*pl* -**ões**) F improvisation
improvisado, -a [ĩprovi'zadu, a] ADJ improvised, impromptu
improvisar [ĩprovi'zar] VT, VI to improvise; (*Teatro*) to ad-lib
improviso [ĩpro'vizu] M impromptu talk; **de ~** (*de repente*) suddenly; (*sem preparação*) without preparation; **falar de ~** to talk off the cuff
imprudência [ĩpru'dẽsja] F rashness; (*descuido*) carelessness
imprudente [ĩpru'dẽtʃi] ADJ (*irrefletido*) rash; (*motorista*) careless
impudico, -a [ĩpu'dʒiku, a] ADJ shameless
impugnar [ĩpug'nar] VT (*refutar*) to refute; (*opor-se a*) to oppose
impulsionar [ĩpuwsjo'nar] VT (*impelir*) to drive, impel; (*fig: estimular*) to urge
impulsividade [ĩpuwsivi'dadʒi] F impulsiveness
impulsivo, -a [ĩpuw'sivu, a] ADJ impulsive
impulso [ĩ'puwsu] M impulse; (*fig: estímulo*) urge, impulse; **tomar ~** (*fig: empresa, negócio*) to take off; **compra por ~** (*ato*) impulse buying
impune [ĩ'puni] ADJ unpunished
impunemente [ĩpune'mẽtʃi] ADV with impunity
impunha *etc* [ĩ'puɲa] VB *ver* **impor**
impunidade [ĩpuni'dadʒi] F impunity
impureza [ĩpu'reza] F impurity
impuro, -a [ĩ'puru, a] ADJ impure
impus *etc* [ĩ'pus] VB *ver* **impor**
impuser *etc* [ĩpu'zer] VB *ver* **impor**
imputação [imputa'sãw] (*pl* -**ões**) F accusation
imputar [ĩpu'tar] VT: **~ algo a** (*atribuir*) to attribute sth to; **~ algo a alguém** to blame sb for sth
imputável [ĩpu'tavew] (*pl* -**eis**) ADJ attributable

imundice [imũ'dʒisi] F = **imundície**
imundície [imũ'dʒisji] F filth
imundo, -a [i'mũdu, a] ADJ filthy; (*obsceno*) dirty
imune [i'muni] ADJ: **~ a** immune to
imunidade [imuni'dadʒi] F immunity
imunizar [imuni'zar] VT: **~ alguém (contra algo)** (*Med*) to immunize sb (against sth); (*fig*) to protect sb (from sth)
imutável [imu'tavew] (*pl* -**eis**) ADJ (*ideia*) fixed; (*decisão: firme*) firm; (: *irreversível*) irreversible; (*pessoa*): **ele tem um comportamento ~** he's very set in his ways
inabalável [inaba'lavew] (*pl* -**eis**) ADJ unshakeable
inábil [i'nabiw] (*pl* -**eis**) ADJ (*incapaz*) incapable; (*desajeitado*) clumsy
inabilidade [inabili'dadʒi] F (*incompetência*) incompetence; (*falta de destreza*) clumsiness
inabilidoso, -a [inabili'dozu, ɔza] ADJ clumsy, awkward
inabilitação [inabilita'sãw] (*pl* -**ões**) F disqualification
inabilitar [inabili'tar] VT (*incapacitar*) to incapacitate; (*em exame*) to disqualify
inabitado, -a [inabi'tadu, a] ADJ uninhabited
inabitável [inabi'tavew] (*pl* -**eis**) ADJ uninhabitable
inacabado, -a [inaka'badu, a] ADJ unfinished
inacabável [inaka'bavew] (*pl* -**eis**) ADJ interminable, unending
inação [ina'sãw] F (*inércia*) inactivity; (*irresolução*) indecision
inaceitável [inasej'tavew] (*pl* -**eis**) ADJ unacceptable
Inacen [ina'sẽ] (BR) ABR M = **Instituto Nacional de Artes Cênicas**
inacessível [inase'sivew] (*pl* -**eis**) ADJ inaccessible
inacreditável [inakredʒi'tavew] (*pl* -**eis**) ADJ unbelievable, incredible
inadaptado, -a [inadap'tadu, a] ADJ maladjusted
inadequação [inadekwa'sãw] (*pl* -**ões**) F inadequacy; (*impropriedade*) unsuitability
inadequado, -a [inade'kwadu, a] ADJ inadequate; (*impróprio*) unsuitable
inadiável [ina'dʒjavew] (*pl* -**eis**) ADJ pressing
inadimplência [inadʒĩ'plẽsja] F (*Jur*) breach of contract, default
inadimplente [inadʒĩ'plẽtʃi] ADJ (*Jur*) in breach of contract, at fault
inadimplir [inadʒĩ'plir] VT, VI: **~ (algo)** to default (on sth)
inadmissível [inadʒimi'sivew] (*pl* -**eis**) ADJ inadmissible
inadquirível [inadʒiki'rivew] (*pl* -**eis**) ADJ unobtainable
inadvertência [inadʒiver'tẽsja] F oversight; **por ~** by mistake
inadvertido, -a [inadʒiver'tʃidu, a] ADJ inadvertent
inalação [inala'sãw] (*pl* -**ões**) F inhalation

inalador [inala'dor] M inhaler
inalar [ina'lar] VT to inhale, breathe in
inalcançável [inawkã'savew] (*pl* -**eis**) ADJ out of reach; (*sucesso, ambição*) unattainable
inalterado, -a [inawte'radu, a] ADJ unchanged; (*sereno*) unperturbed
inalterável [inawte'ravew] (*pl* -**eis**) ADJ unchangeable; (*impassível*) imperturbable
Inamps [i'nãps] (BR) ABR M = **Instituto Nacional de Assistência Médica e Previdência Social**
inanição [inani'sãw] (*pl* -**ões**) F starvation
inanimado, -a [inani'madu, a] ADJ inanimate
inapetência [inape'tẽsja] F loss of appetite
inapetente [inape'tẽtʃi] ADJ off one's food
inaplicado, -a [inapli'kadu, a] ADJ (*aluno*) idle, lazy
inaplicável [inapli'kavew] (*pl* -**eis**) ADJ inapplicable
inapreciável [inapre'sjavew] (*pl* -**eis**) ADJ invaluable
inaproveitável [inaprovej'tavew] (*pl* -**eis**) ADJ useless
inaptidão [inaptʃi'dãw] (*pl* -**ões**) F inability
inapto, -a [i'naptu, a] ADJ (*incapaz*) unfit, incapable; (*inadequado*) unsuited
inarticulado, -a [inartʃiku'ladu, a] ADJ inarticulate
inatacável [inata'kavew] (*pl* -**eis**) ADJ unassailable
inatenção [inatẽ'sãw] F inattention
inatingido, -a [inatʃi'ʒidu, a] ADJ unconquered
inatingível [inatʃi'ʒivew] (*pl* -**eis**) ADJ unattainable
inatividade [inatʃivi'dadʒi] F inactivity; (*aposentadoria*) redundancy (BRIT), dismissal (US); (*Mil: reforma*) retirement (on health grounds)
inativo, -a [ina'tʃivu, a] ADJ inactive; (*aposentado, reformado*) retired
inato, -a [i'natu, a] ADJ innate, inborn
inaudito, -a [inaw'dʒitu, a] ADJ unheard-of
inaudível [inaw'dʒivew] (*pl* -**eis**) ADJ inaudible
inauguração [inawgura'sãw] (*pl* -**ões**) F inauguration; (*de exposição*) opening; (*de estátua*) unveiling
inaugural [inawgu'raw] (*pl* -**ais**) ADJ inaugural
inaugurar [inawgu'rar] VT to inaugurate; (*exposição*) to open; (*estátua*) to unveil
inca ['ĩka] ADJ, M/F Inca
incabível [ĩka'bivew] (*pl* -**eis**) ADJ unacceptable
incalculável [ĩkawku'lavew] (*pl* -**eis**) ADJ incalculable
incandescente [ĩkãde'sẽtʃi] ADJ incandescent
incansável [ĩkã'savew] (*pl* -**eis**) ADJ tireless, untiring
incapacidade [ĩkapasi'dadʒi] F incapacity; (*incompetência*) incompetence; ~ **de fazer** inability to do

incapacitado, -a [ĩkapasi'tadu, a] ADJ (*inválido*) disabled ▶ M/F person with a disability; **estar ~ de fazer** to be unable to do
incapacitar [ĩkapasi'tar] VT: ~ **alguém (para)** to make sb unable (to)
incapaz [ĩka'pajz] ADJ, M/F incompetent; ~ **de fazer** incapable of doing; ~ **para** unfit for
incauto, -a [ĩ'kawtu, a] ADJ (*imprudente*) rash
incendiar [ĩsẽ'dʒjar] VT to set fire to; (*fig*) to inflame; **incendiar-se** VR to catch fire
incendiário, -a [ĩsẽ'dʒjarju, a] ADJ incendiary; (*fig*) inflammatory ▶ M/F arsonist; (*agitador*) agitator
incêndio [ĩ'sẽdʒju] M fire; ~ **criminoso** *ou* **premeditado** arson
incenso [ĩ'sẽsu] M incense
incentivador, a [ĩsẽtʃiva'dor(a)] ADJ stimulating, encouraging
incentivar [ĩsẽtʃi'var] VT to stimulate, encourage
incentivo [ĩsẽ'tʃivu] M incentive; ~ **fiscal** tax incentive
incerteza [ĩser'teza] F uncertainty
incerto, -a [ĩ'sertu, a] ADJ uncertain
incessante [ĩse'sãtʃi] ADJ incessant
incesto [ĩ'sestu] M incest
incestuoso, -a [ĩses'twozu, ɔza] ADJ incestuous
inchação [ĩʃa'sãw] (*pl* -**ões**) F swelling
inchado, -a [ĩ'ʃadu, a] ADJ swollen; (*fig*) conceited
inchar [ĩ'ʃar] VT, VI to swell; **inchar-se** VR to swell (up); (*fig*) to become conceited
incidência [ĩsi'dẽsja] F incidence, occurrence
incidente [ĩsi'dẽtʃi] M incident
incidir [ĩsi'dʒir] VI: ~ **em erro** to go wrong; ~ **em** *ou* **sobre algo** (*luz*) to fall on sth; (*influir*) to affect sth; (*imposto*) to be payable on sth
incinerar [ĩsine'rar] VT to burn
incipiente [ĩsi'pjẽtʃi] ADJ incipient
incisão [ĩsi'zãw] (*pl* -**ões**) F cut; (*Med*) incision
incisivo, -a [ĩsi'zivu, a] ADJ cutting, sharp; (*fig*) incisive ▶ M incisor
incisões [ĩsi'zõjs] FPL *de* **incisão**
incitação [ĩsita'sãw] (*pl* -**ões**) F incitement
incitamento [ĩsita'mẽtu] M incitement
incitar [ĩsi'tar] VT to incite; (*pessoa, animal*) to drive on; (*instigar*) to rouse; ~ **alguém a (fazer) algo** to urge sb on to (do) sth, incite sb to (do) sth
incivil [ĩsi'viw] (*pl* -**is**) ADJ rude, ill-mannered
incivilidade [ĩsivili'dadʒi] F rudeness
incivilizado, -a [ĩsivili'zadu, a] ADJ uncivilized
incivis [ĩsi'vis] ADJ PL *de* **incivil**
inclemência [ĩkle'mẽsja] F harshness, rigour (BRIT), rigor (US); (*tempo*) inclemency
inclemente [ĩkle'mẽtʃi] ADJ severe, harsh; (*tempo*) inclement
inclinação [ĩklina'sãw] (*pl* -**ões**) F inclination; (*da terra*) slope; (*simpatia*) liking; ~ **da cabeça** nod

inclinado, -a [īkli'nadu, a] ADJ *(terreno, estrada)* sloping; *(corpo, torre)* leaning; **estar ~/pouco ~ a** to be inclined/loath to

inclinar [īkli'nar] VT *(objeto)* to tilt; *(cabeça)* to nod ▶ VI *(terra)* to slope; *(objeto)* to tilt; **inclinar-se** VR *(objeto)* to tilt; *(dobrar o corpo)* to bow, stoop; **~ para** *(propensão)* to lean towards; **~-se sobre algo** *(debruçar-se)* to lean over sth; **~(-se) para trás** to lean back

ínclito, -a ['īklitu, a] ADJ illustrious, renowned

incluir [ī'klwir] VT to include; *(em carta)* to enclose; **incluir-se** VR to be included; **tudo incluído** *(Com)* all in

inclusão [īklu'zãw] F inclusion

inclusive [īklu'zivi] PREP including ▶ ADV inclusive; *(até mesmo)* even; **de segunda à sexta ~** from Monday to Friday inclusive; **e ~ falou que ...** and furthermore he said that ....

incluso, -a [ī'kluzu, a] ADJ included; *(em carta)* enclosed

incobrável [īko'bravew] *(pl* **-eis***)* ADJ *(Com)*: **dívida ~** bad debt

incoercível [īkoer'sivew] *(pl* **-eis***)* ADJ uncontrollable

incoerência [īkoe'rēsja] F incoherence; *(contradição)* inconsistency

incoerente [īkoe'rētʃi] ADJ incoherent; *(contraditório)* inconsistent

incógnita [ī'kɔgnita] F *(Mat)* unknown; *(fato incógnito)* mystery

incógnito, -a [ī'kɔgnitu, a] ADJ unknown ▶ ADV incognito

incolor [īko'lor] ADJ colourless *(BRIT)*, colorless *(US)*

incólume [ī'kɔlumi] ADJ safe and sound; *(ileso)* unharmed

incomensurável [īkomēsu'ravew] *(pl* **-eis***)* ADJ immense

incomodada [īkomo'dada] ADJ *(menstruada)* having one's period

incomodar [īkomo'dar] VT *(importunar)* to bother, trouble; *(aborrecer)* to annoy ▶ VI to be bothersome; **incomodar-se** VR to bother, put o.s. out; **~-se com algo** to be bothered by sth, mind sth; **não se incomode!** don't worry!; **você se incomoda se eu abrir a janela?** do you mind if I open the window?

incômodo, -a [ī'komodu, a] ADJ *(desconfortável)* uncomfortable; *(incomodativo)* troublesome; *(inoportuno)* inconvenient ▶ M *(menstruação)* period; *(maçada)* nuisance, trouble; *(amolação)* inconvenience

incomparável [īkōpa'ravew] *(pl* **-eis***)* ADJ incomparable

incompatibilidade [īkōpatʃibili'dadʒi] F incompatibility

incompatibilizar [īkōpatʃibili'zar] VT: **~ alguém (com alguém)** to alienate sb (from sb); **incompatibilizar-se** VR: **~-se (com alguém)** to alienate o.s. (from sb)

incompatível [īkōpa'tʃivew] *(pl* **-eis***)* ADJ incompatible

incompetência [īkōpe'tēsja] F incompetence

incompetente [īkōpe'tētʃi] ADJ, M/F incompetent

incompleto, -a [īkō'plɛtu, a] ADJ incomplete, unfinished

incompreendido, -a [īkōprjē'dʒidu, a] ADJ misunderstood

incompreensão [īkōprjē'sãw] F incomprehension

incompreensível [īkōprjē'sivew] *(pl* **-eis***)* ADJ incomprehensible

incompreensivo, -a [īkōprjē'sivu, a] ADJ uncomprehending

incomum [īko'mũ] ADJ uncommon

incomunicável [īkomuni'kavew] *(pl* **-eis***)* ADJ cut off; *(privado de comunicação, fig)* incommunicado; *(preso)* in solitary confinement

inconcebível [īkōse'bivew] *(pl* **-eis***)* ADJ inconceivable; *(incrível)* incredible

inconciliável [īkōsi'ljavew] *(pl* **-eis***)* ADJ irreconcilable

inconcludente [īkōklu'dētʃi] ADJ inconclusive

inconcluso, -a [īkō'kluzu, a] ADJ unfinished

incondicional [īkōdʒisjo'naw] *(pl* **-ais***)* ADJ unconditional; *(apoio)* wholehearted; *(partidário)* staunch; *(amizade, fã)* loyal

inconfesso, -a [īkō'fɛsu, a] ADJ closet *atr*

inconfidência [īkōfi'dēsja] F disloyalty; *(Jur)* treason

inconfidente [īkōfi'dētʃi] ADJ disloyal ▶ M conspirator

inconformado, -a [īkōfor'madu, a] ADJ bitter; **~ com** unreconciled to

inconfundível [īkōfũ'dʒivew] *(pl* **-eis***)* ADJ unmistakeable

incongruência [īkō'grwēsja] F: **ser uma ~** to be incongruous

incongruente [īkō'grwētʃi] ADJ incongruous

incôngruo, -a [ī'kōgrwu, a] ADJ incongruous

inconsciência [īkō'sjēsja] F *(Med)* unconsciousness; *(irreflexão)* thoughtlessness

inconsciente [īkō'sjētʃi] ADJ *(Med, Psico)* unconscious; *(involuntário)* unwitting; *(irresponsável)* irresponsible ▶ M *(Psico)* unconscious ▶ M/F *(irresponsável)* irresponsible person

inconsequência [īkōse'kwēsja] F *(irresponsabilidade)* irresponsibility; *(incoerência)* inconsistency

inconsequente [īkōse'kwētʃi] ADJ *(incoerente)* inconsistent; *(contraditório)* illogical; *(irresponsável)* irresponsible

inconsistência [īkōsis'tēsja] F inconsistency; *(falta de solidez)* runny consistency

inconsistente [īkōsis'tētʃi] ADJ inconsistent; *(sem solidez)* runny

inconsolável [īkōso'lavew] *(pl* **-eis***)* ADJ inconsolable

inconstância [īkõs'tãsja] F fickleness; (*do tempo*) changeability
inconstante [īkõs'tãtʃi] ADJ fickle; (*tempo*) changeable
inconstitucional [īkõstʃitusjo'naw] (*pl* **-ais**) ADJ unconstitutional
incontável [īkõ'tavew] (*pl* **-eis**) ADJ countless
incontestável [īkõtes'tavew] (*pl* **-eis**) ADJ undeniable
incontinência [īkõtʃi'nēsja] F (*Med*) incontinence; (*sensual*) licentiousness
incontinente [īkõtʃi'nētʃi] ADJ (*Med*) incontinent; (*sensual*) licentious
incontinenti [īkõtʃi'nētʃi] ADV immediately
incontrolável [īkõtro'lavew] (*pl* **-eis**) ADJ uncontrollable
incontroverso, -a [īkõtro'vɛrsu, a] ADJ incontrovertible
inconveniência [īkõve'njēsja] F (*inadequação*) inconvenience; (*impropriedade*) inappropriateness; (*descortesia*) impoliteness; (*ato, dito*) indiscretion
inconveniente [īkõve'njētʃi] ADJ (*incômodo*) inconvenient; (*inoportuno*) awkward; (*grosseiro*) rude; (*importuno*) annoying ▶ M (*desvantagem*) disadvantage; (*obstáculo*) difficulty, problem
Incor [ī'kor] ABR M (= *Instituto do Coração*) hospital in São Paulo
incorporação [īkorpora'sãw] (*pl* **-ões**) F (*tb Com*) incorporation; (*no espiritismo*) embodiment, incorporation
incorporado, -a [īkorpo'radu, a] ADJ (*Tec*) built-in
incorporar [īkorpo'rar] VT to incorporate; (*juntar*) to add; (*Com*) to merge; **incorporar-se** VR (*espírito*) to be embodied; **~-se a** *ou* **em** to join
incorreção [īkohe'sãw] (*pl* **-ões**) F (*erro*) inaccuracy
incorrer [īko'her] VI: **~ em** to incur
incorreto, -a [īko'hɛtu, a] ADJ incorrect; (*desonesto*) dishonest
incorrigível [īkohi'ʒivew] (*pl* **-eis**) ADJ incorrigible
incorruptível [īkohup'tʃivew] (*pl* **-eis**) ADJ incorruptible
incorrupto, -a [īko'huptu, a] ADJ incorrupt
INCRA [ˈĩkra] (*BR*) ABR M = **Instituto Nacional de Colonização e Reforma Agrária**
incredulidade [īkreduli'dadʒi] F incredulity; (*ceticismo*) scepticism (*BRIT*), skepticism (*US*)
incrédulo, -a [ī'krɛdulu, a] ADJ incredulous; (*cético*) sceptical (*BRIT*), skeptical (*US*) ▶ M/F sceptic (*BRIT*), skeptic (*US*)
incrementado, -a [īkremē'tadu, a] ADJ (*indústria*) well-developed; (*col: festa*) lively; (*: roupa*) trendy; (*: carro*) expensive
incrementar [īkremē'tar] VT (*agricultura, economia, turismo*) to develop; (*aumentar*) to increase; (*col: festa, roupa*) to liven up
incremento [īkre'mētu] M (*desenvolvimento*) growth; (*aumento*) increase

incriminação [īkrimina'sãw] F criminalization
incriminar [īkrimi'nar] VT to criminalize; **~ alguém de algo** to accuse sb of sth
incrível [ī'krivew] (*pl* **-eis**) ADJ incredible
incrustar [īkrus'tar] VT to encrust; (*móveis etc*) to inlay
incubadora [īkuba'dora] F incubator
incubar [īku'bar] VT (*ovos, doença*) to incubate; (*plano*) to hatch ▶ VI (*ovos*) to incubate
inculpar [īkuw'par] VT: **~ alguém de algo** (*culpar*) to blame sb for sth; (*acusar*) to accuse sb of sth; **inculpar-se** VR: **~-se de algo** to blame o.s. for sth
inculto, -a [ī'kuwtu, a] ADJ (*pessoa*) uncultured, uneducated; (*terreno*) uncultivated
incumbência [īkū'bēsja] F task, duty; **não é da minha ~** it is not part of my duty
incumbir [īkū'bir] VT: **~ alguém de algo** *ou* **algo a alguém** to put sb in charge of sth ▶ VI: **~ a alguém** to be sb's duty; **incumbir-se** VR: **~-se de** to undertake, take charge of
incurável [īku'ravew] (*pl* **-eis**) ADJ incurable
incúria [ī'kurja] F carelessness
incursão [īkur'sãw] (*pl* **-ões**) F (*invasão*) raid, attack; (*penetração*) foray
incursionar [īkursjo'nar] VI: **~ por algo** to make forays into sth
incursões [īkur'sõjs] FPL *de* **incursão**
incutir [īku'tʃir] VT: **~ algo (em** *ou* **a alguém)** to instil (*BRIT*) *ou* instill (*US*) *ou* inspire sth (in sb)
inda [ˈĩda] ADV = **ainda**
indagação [īdaga'sãw] (*pl* **-ões**) F (*investigação*) investigation; (*pergunta*) inquiry, question
indagar [īda'gar] VT (*investigar*) to investigate, inquire into ▶ VI to inquire; **indagar-se** VR: **~-se a si mesmo** to ask o.s.; **~ algo de alguém** to ask sb about sth; **~ (de alguém) sobre** *ou* **de algo** to inquire (of sb) about sth
indébito, -a [ī'dɛbitu, a] ADJ undue; (*queixa*) unfounded
indecência [īde'sēsja] F indecency; (*ato, dito*) vulgar thing
indecente [īde'sētʃi] ADJ indecent, improper; (*obsceno*) rude, vulgar
indecifrável [īdesi'fravew] (*pl* **-eis**) ADJ indecipherable; (*pessoa*) inscrutable
indecisão [īdesi'zãw] F indecision
indeciso, -a [īde'sizu, a] ADJ undecided; (*hesitante*) indecisive; (*indistinto*) vague; (*hesitante*) hesitant, indecisive
indeclinável [īdekli'navew] (*pl* **-eis**) ADJ indeclinable
indecoroso, -a [īdeko'rozu, ɔza] ADJ indecent, improper
indefensável [īdefē'savew] (*pl* **-eis**) ADJ indefensible
indeferido, -a [īdefe'ridu, a] ADJ refused, rejected
indeferir [īdefe'rir] VT (*desatender*) to reject; (*requerimento*) to turn down

indefeso, -a [ĩdeˈfezu, a] ADJ undefended; *(população)* defenceless (BRIT), defenseless (US)
indefinição [ĩdefiniˈsãw] *(pl* **-ões)** F *(de pessoa)* vague stance
indefinido, -a [ĩdefiˈnidu, a] ADJ indefinite; *(vago)* vague, undefined; **por tempo ~** indefinitely
indefinível [ĩdefiˈnivew] *(pl* **-eis)** ADJ indefinable
indefiro *etc* [ĩdeˈfiru] VB *ver* **indeferir**
indelével [ĩdeˈlεvew] *(pl* **-eis)** ADJ indelible
indelicadeza [ĩdelikaˈdeza] F impoliteness; *(ação, dito)* rude thing
indelicado, -a [ĩdeliˈkadu, a] ADJ impolite, rude
indene [ĩˈdεni], (PT) **indemne** ADJ *(pessoa)* unharmed; *(objeto)* undamaged
indenização [indenizaˈsãw], (PT) **indemnização** *(pl* **-ões)** F compensation; *(Com)* indemnity; *(de demissão)* redundancy (BRIT) *ou* severance (US) payment
indenizar [ĩdeniˈzar], (PT) **indemnizar** VT: **~ alguém por** *ou* **de algo** *(compensar)* to compensate sb for sth; *(por gastos)* to reimburse sb for sth
independência [ĩdepẽˈdẽsja] F independence
independente [ĩdepẽˈdẽtʃi] ADJ independent; *(autossuficiente)* self-sufficient; **quarto ~** room with private entrance
independer [ĩdepẽˈder] VI: **~ de algo** not to depend on sth
indescritível [ĩdeskriˈtʃivew] *(pl* **-eis)** ADJ indescribable
indesculpável [ĩdʒiskuwˈpavew] *(pl* **-eis)** ADJ inexcusable
indesejável [ĩdezeˈʒavew] *(pl* **-eis)** ADJ undesirable
indestrutível [ĩdʒistruˈtʃivew] *(pl* **-eis)** ADJ indestructible
indeterminado, -a [ĩdetermiˈnadu, a] ADJ indeterminate
indevassável [ĩdevaˈsavew] *(pl* **-eis)** ADJ impenetrable
indevido, -a [ĩdeˈvidu, a] ADJ *(imerecido)* unjust; *(impróprio)* inappropriate
índex [ˈĩdeks] *(pl* **índices)** M = **índice**
indexar [ĩdekˈsar] VT to index
Índia [ˈĩdʒa] F: **a ~** India; **as ~s Ocidentais** the West Indies
indiano, -a [ĩˈdʒjanu, a] ADJ, M/F Indian
indicação [ĩdʒikaˈsãw] *(pl* **-ões)** F indication; *(de termômetro)* reading; *(para um cargo, prêmio)* nomination; *(recomendação)* recommendation; *(de um caminho)* directions *pl*
indicado, -a [ĩdʒiˈkadu, a] ADJ *(apropriado)* appropriate
indicador, a [ĩdʒikaˈdor(a)] ADJ: **~ de** indicative of ▶ M indicator; *(Tec)* gauge; *(dedo)* index finger; *(ponteiro)* pointer; **~ econômico** economic indicator
indicar [ĩdʒiˈkar] VT *(mostrar)* to indicate; *(apontar)* to point to; *(temperatura)* to register; *(recomendar)* to recommend; *(para um cargo)* to nominate; *(determinar)* to determine; **~ o caminho a alguém** to give sb directions; **ao que tudo indica ...** by the looks of things ....
indicativo, -a [ĩdʒikaˈtʃivu, a] ADJ *(tb Ling)* indicative ▶ M indicative
índice [ˈĩdʒisi] M *(de livro)* index; *(dedo)* index finger; *(taxa)* rate; **~ de audiência** (TV) rating; **~ de massa corporal** body mass index; **~ do custo de vida** cost of living index
índices [ˈĩdʒisis] MPL *de* **índice**
indiciado, -a [ĩdʒiˈsjadu, a] M/F defendant
indiciar [ĩdʒiˈsjar] VT *(Jur: acusar)* to charge; *(submeter a inquérito)* to investigate
indício [ĩˈdʒisju] M *(sinal)* sign; *(vestígio)* trace; *(Jur)* clue
indiferença [ĩdʒifeˈrẽsa] F indifference
indiferente [ĩdʒifeˈrẽtʃi] ADJ: **~ (a)** indifferent (to); **isso me é ~** it's all the same to me
indígena [ĩˈdʒiʒena] ADJ, M/F native; *(índio: da América)* Indian
indigência [ĩdʒiˈʒẽsja] F poverty; *(fig)* lack, need
indigente [ĩdʒiˈʒẽtʃi] ADJ destitute, indigent
indigestão [ĩdʒiʒesˈtãw] F indigestion
indigesto, -a [ĩdʒiˈʒεstu, a] ADJ indigestible; *(fig: aborrecido)* dull, boring; *(: obscuro)* turgid
indignação [ĩdʒignaˈsãw] F indignation
indignado, -a [ĩdʒigˈnadu, a] ADJ indignant
indignar [ĩdʒigˈnar] VT to anger, incense; **indignar-se** VR to get angry; **~-se com** to get indignant about
indignidade [ĩdʒigniˈdadʒi] F indignity; *(ultraje)* outrage
indigno, -a [ĩˈdʒignu, a] ADJ *(não merecedor)* unworthy; *(desprezível)* disgraceful, despicable
índio, -a [ˈĩdʒju, a] ADJ, M/F *(da América)* Indian; **o Oceano Í-** the Indian Ocean
indiquei *etc* [ĩdʒiˈkej] VB *ver* **indicar**
indireta [ĩdʒiˈrεta] F insinuation; **dar uma ~** to drop a hint
indireto, -a [ĩdʒiˈrεtu, a] ADJ indirect; *(olhar)* sidelong; *(procedimento)* roundabout
indisciplina [ĩdʒisiˈplina] F indiscipline
indisciplinado, -a [ĩdʒisipliˈnadu, a] ADJ undisciplined
indiscreto, -a [ĩdʒisˈkrεtu, a] ADJ indiscreet
indiscrição [ĩdʒiskriˈsãw] *(pl* **-ões)** F indiscretion
indiscriminado, -a [ĩdʒiskrimiˈnadu, a] ADJ indiscriminate
indiscutível [ĩdʒiskuˈtʃivew] *(pl* **-eis)** ADJ indisputable
indispensável [ĩdʒipẽˈsavew] *(pl* **-eis)** ADJ essential, vital ▶ M: **o ~** the essentials *pl*
indispõe *etc* [ĩdʒisˈpõj] VB *ver* **indispor**
indispomos *etc* [ĩdʒisˈpomos] VB *ver* **indispor**
indisponho *etc* [ĩdʒisˈpoɲu] VB *ver* **indispor**
indisponível [ĩdʒispoˈnivew] *(pl* **-eis)** ADJ unavailable
indispor [ĩdʒisˈpor] *(irreg: como* **pôr)** VT *(de saúde)* to make ill; *(aborrecer)* to upset; **indispor-se** VR: **~-se com alguém** to fall out

with sb; **~ alguém com** *ou* **contra alguém** to turn sb against sb; **~-se com** *ou* **contra alguém** (*governo etc*) to turn against sb
indisposição [ĩdʒispozi'sãw] (*pl* **-ões**) F illness
indisposto, -a [ĩdʒis'postu, 'pɔsta] PP *de* **indispor** ▶ ADJ (*doente*) unwell, poorly
indispunha *etc* [ĩdʒis'puɲa] VB *ver* **indispor**
indispus *etc* [ĩdʒis'pus] VB *ver* **indispor**
indispuser *etc* [ĩdʒispu'zer] VB *ver* **indispor**
indisputável [ĩdʒispu'tavew] (*pl* **-eis**) ADJ indisputable
indissolúvel [ĩdʒiso'luvew] (*pl* **-eis**) ADJ (*material*) insoluble; (*contrato*) indissoluble
indistinguível [ĩdʒistʃĩ'givew] (*pl* **-eis**) ADJ indistinguishable
indistinto, -a [ĩdʒis'tʃĩtu, a] ADJ indistinct
individual [ĩdʒivi'dwaw] (*pl* **-ais**) ADJ individual
individualidade [ĩdʒividwali'dadʒi] F individuality
individualismo [ĩdʒividwa'lizmu] M individualism
individualista [ĩdʒividwa'lista] ADJ individualist(ic) ▶ M/F individualist
individualizar [ĩdʒividwali'zar] VT to individualize
indivíduo [ĩdʒi'vidwu] M individual; (*col: sujeito*) person
indivisível [ĩdʒivi'zivew] (*pl* **-eis**) ADJ indivisible
indiviso, -a [ĩdʒi'vizu, a] ADJ undivided; (*propriedade*) joint
indizível [ĩdʒi'zivew] (*pl* **-eis**) ADJ unspeakable; (*indescritível*) indescribable
Ind. Lucr. (*BR*) ABR (*Com*) = **Índice de Lucratividade**
indóceis [ĩ'dɔsejs] ADJ PL *de* **indócil**
Indochina [ĩdo'ʃina] F: **a ~** Indochina
indócil [ĩ'dɔsiw] (*pl* **-eis**) ADJ (*rebelde*) unruly, wayward; (*impaciente*) restless
indo-europeu, -peia [ĩdu-] ADJ Indo-European
índole ['ĩdoli] F (*temperamento*) nature; (*tipo*) sort, type
indolência [ĩdo'lẽsja] F laziness, indolence; (*apatia*) apathy
indolente [ĩdo'lẽtʃi] ADJ indolent; (*apático*) apathetic
indolor [ĩdo'lor] ADJ painless
indomável [ĩdo'mavew] (*pl* **-eis**) ADJ (*animal*) untameable; (*coragem*) indomitable; (*criança*) unmanageable; (*paixão*) consuming
indômito, -a [ĩ'domitu, a] ADJ untamed, wild
Indonésia [ĩdo'nɛzja] F: **a ~** Indonesia
indonésio, -a [ĩdo'nɛzju, a] ADJ, M/F Indonesian
indoor [ĩ'dor] ADJ INV (*Esporte*) indoor
indubitável [ĩdubi'tavew] (*pl* **-eis**) ADJ indubitable
indução [ĩdu'sãw] (*pl* **-ões**) F induction; (*persuasão*) inducement
indulgência [ĩduw'ʒẽsja] F indulgence; (*tolerância*) leniency; (*Jur*) clemency

indulgente [ĩduw'ʒẽtʃi] ADJ (*juiz, atitude*) lenient; (*atitude*) indulgent
indultar [ĩduw'tar] VT (*Jur*) to reprieve
indulto [ĩ'duwtu] M (*Jur*) reprieve
indumentária [ĩdumẽ'tarja] F costume
indústria [ĩ'dustrja] F industry; **"~ brasileira"** "made in Brazil"; **~ automobilística** car industry; **~ de consumo** *ou* **de ponta** *ou* **leve** light industry; **~ de base** key industry; **~ pesada** heavy industry; **~ de transformação** process industry
industrial [ĩdus'trjaw] (*pl* **-ais**) ADJ industrial ▶ M/F industrialist
industrialização [ĩdustrjaliza'sãw] F industrialization
industrializado, -a [ĩdustrjali'zadu, a] ADJ (*país*) industrialized; (*produto*) manufactured; (*gêneros*) processed; (*pão*) sliced
industrializar [ĩdustrjali'zar] VT (*país*) to industrialize; (*aproveitar*) to process; **industrializar-se** VR to become industrialized
industriar [ĩdus'trjar] VT (*orientar*) to instruct; (*amestrar*) to train
industrioso, -a [ĩdus'trjozu, ɔza] ADJ (*trabalhador*) hard-working, industrious; (*hábil*) clever, skilful (*BRIT*), skillful (*US*)
indutivo, -a [ĩdu'tʃivu, a] ADJ inductive
induzir [ĩdu'zir] VT to induce; (*persuadir*): **~ alguém a fazer** to persuade sb to do; **~ alguém em erro** to mislead sb; **~ (algo de algo)** to infer (sth from sth)
inebriante [ine'brjãtʃi] ADJ intoxicating
inebriar [ine'brjar] VT (*fig*) to intoxicate; **inebriar-se** VR to be intoxicated
inédito, -a [i'nɛdʒitu, a] ADJ (*livro*) unpublished; (*incomum*) unheard-of, rare
inefável [ine'favew] (*pl* **-eis**) ADJ indescribable
ineficácia [inefi'kasja] F (*de remédio, medida*) ineffectiveness; (*de empregado, máquina*) inefficiency
ineficaz [inefi'kajz] ADJ (*remédio, medida*) ineffective; (*empregado, máquina*) inefficient
ineficiência [inefi'sjẽsja] F inefficiency
ineficiente [inefi'sjẽtʃi] ADJ inefficient
inegável [ine'gavew] (*pl* **-eis**) ADJ undeniable
inelutável [inelu'tavew] (*pl* **-eis**) ADJ inescapable
inépcia [i'nɛpsja] F ineptitude
inepto, -a [i'nɛptu, a] ADJ inept, incompetent
inequívoco, -a [ine'kivoku, a] ADJ (*evidente*) clear; (*inconfundível*) unmistakeable
inércia [i'nɛrsja] F (*torpor*) lassitude, lethargy; (*Fís*) inertia
inerente [ine'rẽtʃi] ADJ: **~ a** inherent in *ou* to
inerme [i'nɛrmi] ADJ (*formal: não armado*) unarmed; (*indefeso*) defenceless (*BRIT*), defenseless (*US*)
inerte [i'nɛrtʃi] ADJ lethargic; (*Fís*) inert
INES (*BR*) ABR M = **Instituto Nacional de Educação dos Surdos**
inescrupuloso, -a [ineskrupu'lozu, ɔza] ADJ unscrupulous

inescrutável [ineskru'tavew] (*pl* -**eis**) ADJ inscrutable

inescusável [inesku'zavew] (*pl* -**eis**) ADJ (*indesculpável*) inexcusable; (*indispensável*) essential

inesgotável [inezgo'tavew] (*pl* -**eis**) ADJ inexhaustible; (*superabundante*) boundless

inesperado, -a [inespe'radu, a] ADJ unexpected, unforeseen ▶ M: **o ~** the unexpected

inesquecível [ineske'sivew] (*pl* -**eis**) ADJ unforgettable

inestimável [inestʃi'mavew] (*pl* -**eis**) ADJ invaluable

inevitável [inevi'tavew] (*pl* -**eis**) ADJ inevitable

inexatidão [inezatʃi'dãw] (*pl* -**ões**) F inaccuracy

inexato, -a [ine'zatu, a] ADJ inaccurate

inexaurível [inezaw'rivew] (*pl* -**eis**) ADJ inexhaustible

inexcedível [inese'dʒivew] (*pl* -**eis**) ADJ unsurpassed

inexequível [ineze'kwivew] (*pl* -**eis**) ADJ impracticable, unworkable

inexistência [inezis'tẽsja] F lack

inexistente [inezis'tẽtʃi] ADJ non-existent

inexistir [inezis'tʃir] VI not to exist

inexorável [inezo'ravew] (*pl* -**eis**) ADJ implacable

inexperiência [inespe'rjẽsja] F inexperience, lack of experience

inexperiente [inespe'rjẽtʃi] ADJ inexperienced; (*ingênuo*) naive

inexplicável [inespli'kavew] (*pl* -**eis**) ADJ inexplicable

inexplorado, -a [inesplo'radu, a] ADJ unexplored

inexpressivo, -a [inespre'sivu, a] ADJ expressionless

inexpugnável [inespug'navew] (*pl* -**eis**) ADJ (*fortaleza*) impregnable; (*invencível*) invincible

inextinto, -a [ines'tʃĩtu, a] ADJ unextinguished

inextricável [inestri'kavew] (*pl* -**eis**) ADJ inextricable

infalível [ĩfa'livew] (*pl* -**eis**) ADJ infallible; (*sucesso*) guaranteed

infame [ĩ'fami] ADJ (*pessoa, procedimento*) mean, nasty; (*comida, trabalho*) awful

infâmia [ĩ'famja] F (*desonra*) disgrace; (*vileza*) vicious behaviour; (*dito*) nasty thing

infância [ĩ'fãsja] F childhood; **primeira ~** infancy, early childhood

infantaria [ĩfãta'ria] F infantry

infante, -a [ĩ'fãtʃi, a] M/F (*filho dos reis*) prince/princess ▶ M (*soldado*) foot soldier

infanticídio [ĩfãtʃi'sidʒu] M infanticide

infantil [ĩfã'tʃiw] (*pl* -**is**) ADJ (*ingênuo*) childlike; (*pueril*) childish; (*para crianças*) children's

infantilidade [ĩfãtʃili'dadʒi] F childishness; (*dito, ação*) childish thing

infantis [ĩfã'tʃis] ADJ PL *de* **infantil**

infantojuvenil [ĩfãtodʒuve'niw] (*pl* -**is**) ADJ children's

infarto [ĩ'fartu] M heart attack

infatigável [ĩfatʃi'gavew] (*pl* -**eis**) ADJ untiring

infausto, -a [ĩ'fawstu, a] ADJ unlucky

infecção [ĩfek'sãw] (*pl* -**ões**) F infection; (*contaminação*) contamination

infeccionar [ĩfeksjo'nar] VT (*ferida*) to infect; (*contaminar*) to contaminate

infeccioso, -a [ĩfek'sjozu, ɔza] ADJ infectious

infecções [ĩfek'sõjs] FPL *de* **infecção**

infelicidade [ĩfelisi'dadʒi] F unhappiness; (*desgraça*) misfortune

infelicíssimo, -a [ĩfeli'sisimu, a] ADJ SUPERL *de* **infeliz**

infeliz [ĩfe'liz] ADJ (*triste*) unhappy; (*infausto*) unlucky; (*ação, medida*) unfortunate; (*sugestão, ideia*) inappropriate ▶ M/F unhappy person; **como um ~** (*col*) like there's no tomorrow

infelizmente [ĩfeliz'mẽtʃi] ADV unfortunately

infenso, -a [ĩ'fẽsu, a] ADJ adverse

inferior [ĩfe'rjor] ADJ: **~ (a)** (*em valor, qualidade*) inferior (to); (*mais baixo*) lower (than) ▶ M/F inferior, subordinate

inferioridade [ĩferjori'dadʒi] F inferiority

inferiorizar [ĩferjori'zar] VT to put down; **inferiorizar-se** VR to become inferior

inferir [ĩfe'rir] VT to infer, deduce

infernal [ĩfer'naw] (*pl* -**ais**) ADJ infernal; (*col: excepcional*) amazing

inferninho [ĩfer'niɲu] M club

infernizar [ĩferni'zar] VT: **~ a vida de alguém** to make sb's life hell

inferno [ĩ'fernu] M hell; **é um ~** (*fig*) it's hell; **vá pro ~!** (*col*) go to hell! (*!*)

infértil [ĩ'fɛrtʃiw] (*pl* -**eis**) ADJ infertile

infertilidade [ĩfertʃili'dadʒi] F infertility

infestar [ĩfes'tar] VT to infest

infetar [ĩfe'tar] VT to infect; (*contaminar*) to contaminate

infidelidade [ĩfideli'dadʒi] F infidelity, unfaithfulness; (*Rel*) disbelief; **~ conjugal** marital infidelity

infidelíssimo, -a [ĩfide'lisimu, a] ADJ SUPERL *de* **infiel**

infiel [ĩ'fjɛw] (*pl* -**éis**) ADJ (*desleal*) disloyal; (*marido*) unfaithful; (*texto*) inaccurate ▶ M/F (*Rel*) non-believer

infiltração [ĩfiwtra'sãw] (*pl* -**ões**) F infiltration

infiltrar [ĩfiw'trar] VT to permeate; **infiltrar-se** VR (*água, luz, odor*) to permeate; **~-se em algo** (*pessoas*) to infiltrate sth

ínfimo, -a [ĩ'fimu, a] ADJ lowest; (*qualidade*) poorest

infindável [ĩfĩ'davew] (*pl* -**eis**) ADJ unending, constant

infinidade [ĩfini'dadʒi] F infinity; **uma ~ de** countless

infinitesimal [ĩfinitezi'maw] (*pl* -**ais**) ADJ infinitesimal

infinitivo, -a [ĩfini'tʃivu, a] ADJ, M (*Ling*) infinitive
infinito, -a [ĩfi'nitu, a] ADJ infinite ▶ M infinity
infiro *etc* [ĩ'firu] VB *ver* **inferir**
inflação [ĩfla'sāw] F inflation
inflacionar [ĩflasjo'nar] VT (*Econ*) to inflate
inflacionário, -a [ĩflasjo'narju, a] ADJ inflationary
inflacionista [ĩflasjo'nista] ADJ, M/F inflationist
inflamação [ĩflama'sāw] (*pl* **-ões**) F (*Med*) inflammation; (*de madeira etc*) combustion
inflamado, -a [ĩfla'madu, a] ADJ (*Med*) inflamed; (*discurso*) heated
inflamar [ĩfla'mar] VT (*madeira, pólvora*) to set fire to; (*Med, fig*) to inflame; **inflamar-se** VR to catch fire; (*fig*) to get worked up; **~-se de algo** to be consumed with sth
inflamatório, -a [ĩflama'tɔrju, a] ADJ inflammatory
inflamável [ĩfla'mavew] (*pl* **-eis**) ADJ inflammable
inflar [ĩ'flar] VT to inflate, blow up; **inflar-se** VR to swell (up); **~ algo de algo** to inflate sth (*ou* fill sth up) with sth
inflexibilidade [ĩfleksibili'dadʒi] F inflexibility
inflexível [ĩflek'sivew] (*pl* **-eis**) ADJ stiff, rigid; (*fig*) unyielding
infligir [ĩfli'ʒir] VT: **~ algo (a alguém)** to inflict sth (upon sb)
influência [ĩ'flwēsja] F influence; **sob a ~ de** under the influence of
influenciar [ĩflwē'sjar] VT to influence ▶ VI: **~ em algo** to influence sth, have an influence on sth; **influenciar-se** VR: **~-se por** to be influenced by
influenciável [ĩflwē'sjavew] (*pl* **-eis**) ADJ easily influenced
influente [ĩ'flwētʃi] ADJ influential
influir [ĩ'flwir] VI (*importar*) to matter, be important; **~ em** *ou* **sobre** to influence, have an influence on
influxo [ĩ'fluksu] M influx; (*maré-cheia*) high tide
informação [ĩforma'sāw] (*pl* **-ões**) F (piece of) information; (*notícia*) news; (*Mil*) intelligence; (*Jur*) inquiry; (*instrução*) instruction; **informações** FPL (*detalhes*) information *sg*; **Informações** FPL (*Tel*) directory enquiries (BRIT), information (US); **pedir informações** to ask about, inquire about; **serviço de ~** intelligence service
informado, -a [ĩfor'madu, a] ADJ informed
informal [ĩfor'maw] (*pl* **-ais**) ADJ informal
informalidade [ĩformali'dadʒi] F informality
informante [ĩfor'mātʃi] M informant; (*Jur*) informer
informar [ĩfor'mar] VT: **~ alguém (de/sobre algo)** to inform sb (of/about sth) ▶ VI to inform, be informative; **informar-se** VR: **~-se de** to find out about, inquire about; **~ de** to report on; **~ algo a alguém** to tell sb sth
informática [ĩfor'matʃika] F IT, information technology
informativo, -a [ĩforma'tʃivu, a] ADJ informative
informatização [ĩformatʃiza'sāw] F computerization
informatizar [ĩformatʃi'zar] VT to computerize
informe [ĩ'fɔrmi] M (piece of) information; (*Mil*) briefing; **informes** MPL (*informações*) information *sg*
infortúnio [ĩfor'tunju] M misfortune
infração [ĩfra'sāw] (*pl* **-ões**) F breach, infringement; (*Esporte*) foul; **~ de trânsito** traffic offence (BRIT) *ou* violation (US)
infraestrutura [ĩfraistru'tura] F infrastructure
infrator, a [ĩfra'tor(a)] M/F offender
infravermelho, -a [ĩfraver'meʎu, a] ADJ infra-red
infrequente [ĩfre'kwētʃi] ADJ infrequent
infringir [ĩfrĩ'ʒir] VT to infringe, contravene
infrutífero, -a [ĩfru'tʃiferu, a] ADJ fruitless
infundado, -a [ĩfū'dadu, a] ADJ groundless, unfounded
infundir [ĩfū'dʒir] VT to infuse; (*terror*) to strike; (*incutir*) to instil (BRIT), instill (US)
infusão [ĩfu'zāw] (*pl* **-ões**) F infusion
ingenuidade [ĩʒenwi'dadʒi] F ingenuousness
ingênuo, -a [ĩ'ʒenwu, a] ADJ ingenuous, naïve; (*comentário*) harmless ▶ M/F naïve person
ingerência [ĩʒe'rēsja] F interference
ingerir [ĩʒe'rir] VT to ingest; (*engolir*) to swallow; **ingerir-se** VR: **~-se em algo** to interfere in sth
Inglaterra [ĩgla'tɛha] F: **a ~** England
inglês, -esa [ĩ'gles, eza] ADJ English ▶ M/F Englishman/woman ▶ M (*Ling*) English; **os ingleses** MPL the English; **(só) para ~ ver** (*col*) (just) for show
inglesar [ĩgle'zar] VT to Anglicize; **inglesar-se** VR to become Anglicized
inglório, -a [ĩ'glɔrju, a] ADJ inglorious
ingovernável [ĩgover'navew] (*pl* **-eis**) ADJ ungovernable
ingratidão [ĩgratʒi'dāw] F ingratitude
ingrato, -a [ĩ'gratu, a] ADJ ungrateful
ingrediente [ĩgre'dʒjētʃi] M ingredient
íngreme ['ĩgremi] ADJ steep
ingressar [ĩgre'sar] VI: **~ em** to enter, go into; (*um clube*) to join
ingresso [ĩ'grɛsu] M (*entrada*) entry; (*admissão*) admission; (*bilhete*) ticket
inhaca [i'ɲaka] (*col*) F (*fedor*) stink
inhame [i'ɲami] M yam
inibição [inibi'sāw] (*pl* **-ões**) F inhibition
inibido, -a [ini'bidu, a] ADJ inhibited
inibidor, a [inibi'dor(a)] ADJ inhibiting

inibir [ini'bir] VT to inhibit; **inibir-se** VR: ~-**se (de fazer)** to be inhibited (from doing); ~ **alguém de fazer** to inhibit sb from doing

iniciação [inisja'sãw] (pl -**ões**) F initiation

iniciado, -a [ini'sjadu, a] M/F initiate

iniciador, a [inisja'dor(a)] ADJ initiating ▶ M/F initiator

inicial [ini'sjaw] (pl -**ais**) ADJ initial, first ▶ F initial

inicializar [inisjali'zar] VT (Comput) to initialize

iniciar [ini'sjar] VT, VI (começar) to begin, start; ~ **alguém em algo** (arte, seita) to initiate sb into sth

iniciativa [inisja'tʃiva] F initiative; **tomar a** ~ to take the initiative; **por** ~ **própria** on one's own initiative, off one's own bat (BRIT); **a** ~ **privada** (Econ) private enterprise; **não ter** ~ to lack initiative

início [i'nisju] M beginning, start; **no** ~ at the start

inigualável [inigwa'lavew] (pl -**eis**) ADJ unequalled

inimaginável [inimaʒi'navew] (pl -**eis**) ADJ unimaginable

inimigo, -a [ini'migu, a] ADJ, M/F enemy

inimizade [inimi'zadʒi] F enmity, hatred

inimizar [inimi'zar] VT: ~ **alguém com alguém** to set sb against sb; **inimizar-se** VR: ~-**se com** to fall out with

ininteligível [inīteli'ʒivew] (pl -**eis**) ADJ unintelligible

ininterrupto, -a [inīte'huptu, a] ADJ continuous; (esforço) unstinting; (voo) non-stop; (serviço) 24-hour

iniquidade [inikwi'dadʒi] F iniquity

iníquo, -a [i'nikwu, a] ADJ iniquitous

injeção [inʒe'sãw] (pl -**ões**) F injection

injetado, -a [īʒe'tadu, a] ADJ (olhos) bloodshot

injetar [īʒe'tar] VT to inject

injunção [īʒũ'sãw] (pl -**ões**) F (ordem) order; (pressão) pressure

injúria [ī'ʒurja] F (insulto) insult

injuriar [īʒu'rjar] VT to insult

injurioso, -a [īʒu'rjozu, ɔza] ADJ insulting; (ofensivo) offensive

injustiça [īʒus'tʃisa] F injustice

injustiçado, -a [īʒustʃi'sadu, a] ADJ wronged ▶ M/F victim of injustice

injustificável [īʒustʃifi'kavew] (pl -**eis**) ADJ unjustifiable

injusto, -a [ī'ʒustu, a] ADJ unfair, unjust

INM (BR) ABR M = **Instituto Nacional de Meteorologia**

inobservado, -a [inobizer'vadu, a] ADJ unobserved; (nunca visto) never witnessed

inobservância [inobizer'vãsja] F non-observance

inobservante [inobizer'vãtʃi] ADJ inobservant

inocência [ino'sēsja] F innocence

inocentar [inosē'tar] VT: ~ **alguém (de algo)** to clear sb (of sth)

inocente [ino'sētʃi] ADJ innocent ▶ M/F innocent man/woman; **os** ~**s** the innocent

inoculação [inokula'sãw] (pl -**ões**) F inoculation

inocular [inoku'lar] VT to inoculate

inócuo, -a [i'nɔkwu, a] ADJ harmless

inodoro, -a [ino'dɔru, a] ADJ odourless (BRIT), odorless (US)

inofensivo, -a [inofē'sivu, a] ADJ harmless, inoffensive

inolvidável [inowvi'davew] (pl -**eis**) ADJ unforgettable

inoperante [inope'rãtʃi] ADJ inoperative

inopinado, -a [inopi'nadu, a] ADJ unexpected

inoportuno, -a [inopor'tunu, a] ADJ inconvenient, inopportune

inorgânico, -a [inor'ganiku, a] ADJ inorganic

inóspito, -a [i'nɔspitu, a] ADJ inhospitable

inovação [inova'sãw] (pl -**ões**) F innovation

inovar [ino'var] VT to innovate

inoxidável [inoksi'davew] (pl -**eis**) ADJ: **aço** ~ stainless steel

INPC (BR) ABR M (= Índice Nacional de Preços ao Consumidor) RPI

inqualificável [īkwalifi'kavew] (pl -**eis**) ADJ incalculable; (vil) unacceptable

inquebrantável [īkebrã'tavew] (pl -**eis**) ADJ unbreakable; (fig) unshakeable

inquérito [ī'kɛritu] M inquiry; (Jur) inquest

inquestionável [īkestʃjo'navew] (pl -**eis**) ADJ unquestionable

inquietação [īkjeta'sãw] F (preocupação) anxiety, uneasiness; (agitação) restlessness

inquietador, a [īkjeta'dor(a)] ADJ worrying, disturbing

inquietante [īkje'tãtʃi] ADJ worrying, disturbing

inquietar [īkje'tar] VT to worry, disturb; **inquietar-se** VR to worry, bother

inquieto, -a [ī'kjɛtu, a] ADJ (ansioso) anxious, worried; (agitado) restless

inquietude [īkje'tudʒi] F (preocupação) anxiety, uneasiness; (agitação) restlessness

inquilino, -a [īki'linu, a] M/F tenant

inquirição [īkiri'sãw] (pl -**ões**) F investigation; (Jur) cross-examination

inquirir [īki'rir] VT (investigar) to investigate; (perguntar) to question; (Jur) to cross-examine ▶ VI to enquire

inquisição [īkizi'sãw] (pl -**ões**) F: **a I**~ the Inquisition

inquisitivo, -a [īkizi'tʃivu, a] ADJ inquisitive

insaciável [īsa'sjavew] (pl -**eis**) ADJ insatiable

insalubre [īsa'lubri] ADJ unhealthy

insanidade [īsani'dadʒi] F madness, insanity

insano, -a [ī'sanu, a] ADJ insane; (fig: trabalho) exhaustive

insatisfação [īsatʃisfa'sãw] F dissatisfaction

insatisfatório, -a [īsatʃisfa'tɔrju, a] ADJ unsatisfactory

insatisfeito, -a [īsatʃis'fejtu, a] ADJ dissatisfied, unhappy

inscrever [ĩskre'ver] VT (*gravar*) to inscribe; (*aluno*) to enrol (BRIT), enroll (US); (*em registro*) to register; **inscrever-se** VR to enrol(l); to register

inscrição [ĩskri'sãw] (*pl* **-ões**) F (*legenda*) inscription; (*Educ*) enrolment (BRIT), enrollment (US); (*em lista etc*) registration

inscrito, -a [ĩ'skritu, a] PP *de* **inscrever**

insegurança [ĩsegu'rãsa] F insecurity

inseguro, -a [ĩse'guru, a] ADJ insecure

inseminação [ĩsemina'sãw] F: ~ **artificial** artificial insemination

inseminar [ĩsemi'nar] VT to inseminate

insensatez [ĩsẽsa'tez] F folly, madness

insensato, -a [ĩsẽ'satu, a] ADJ unreasonable, foolish

insensibilidade [ĩsẽsibili'dadʒi] F insensitivity; (*dormência*) numbness

insensível [ĩsẽ'sivew] (*pl* **-eis**) ADJ insensitive; (*dormente*) numb

inseparável [ĩsepa'ravew] (*pl* **-eis**) ADJ inseparable

inserção [ĩser'sãw] (*pl* **-ões**) F insertion; (*Comput*) entry

inserir [ĩse'rir] VT to insert, put in; (*Comput: dados*) to enter; **inserir-se** VR: ~-**se em** to become part of

inseticida [ĩsetʃi'sida] M insecticide

inseto [ĩ'sɛtu] M insect

insidioso, -a [ĩsi'dʒjozu, ɔza] ADJ insidious

insigne [ĩ'signi] ADJ distinguished, eminent

insígnia [ĩ'signja] F (*sinal distintivo*) badge; (*emblema*) emblem

insignificância [ĩsignifi'kãsja] F insignificance

insignificante [ĩsignifi'kãtʃi] ADJ insignificant

insinceridade [ĩsĩseri'dadʒi] F insincerity

insincero, -a [ĩsĩ'sɛru, a] ADJ insincere

insinuação [ĩsinwa'sãw] (*pl* **-ões**) F insinuation; (*sugestão*) hint

insinuante [ĩsi'nwãtʃi] ADJ ingratiating

insinuar [ĩsi'nwar] VT to insinuate, imply ▶ VI to make insinuations; **insinuar-se** VR: ~-**se por** *ou* **entre** to slip through; ~-**se na confiança de alguém** to worm one's way into sb's confidence

insípido, -a [ĩ'sipidu, a] ADJ insipid; (*fig*) dull

insiro *etc* [ĩ'siru] VB *ver* **inserir**

insistência [ĩsis'tẽsja] F: ~ (**em**) insistence (on); (*obstinação*) persistence (in)

insistente [ĩsis'tẽtʃi] ADJ (*pessoa*) insistent; (*apelo*) urgent

insistir [ĩsis'tʃir] VI: ~ (**em**) (*exigir*) to insist (on); (*perseverar*) to persist (in); ~ **por algo** to stand up for sth; ~ **sobre algo** to dwell on sth; ~ (**para**) **que alguém faça** to insist that sb do *ou* on sb doing; ~ (**em**) **que** to insist that

insociável [ĩso'sjavew] (*pl* **-eis**) ADJ unsociable, antisocial

insofismável [ĩsofiz'mavew] (*pl* **-eis**) ADJ simple

insofrido, -a [ĩso'fridu, a] ADJ impatient, restless

insolação [ĩsola'sãw] F sunstroke; **pegar uma** ~ to get sunstroke

insolência [ĩso'lẽsja] F insolence

insolente [ĩso'lẽtʃi] ADJ insolent

insólito, -a [ĩ'sɔlitu, a] ADJ unusual

insolúvel [ĩso'luvew] (*pl* **-eis**) ADJ insoluble

insolvência [ĩsow'vẽsja] F insolvency

insolvente [ĩsow'vẽtʃi] ADJ insolvent

insondável [ĩsõ'davew] (*pl* **-eis**) ADJ unfathomable

insone [ĩ'sɔni] ADJ (*pessoa*) insomniac; (*noite*) sleepless

insônia [ĩ'sonja] F insomnia

insosso, -a [ĩ'sosu, a] ADJ unsalted; (*sem sabor*) tasteless; (*pessoa*) uninteresting, dull

inspeção [ĩspe'sãw] (*pl* **-ões**) F inspection, check; (*departamento*) inspectorate

inspecionar [ĩspesjo'nar] VT to inspect

inspeções [ĩspe'sõjs] FPL *de* **inspeção**

inspetor, a [ĩspe'tor(a)] M/F inspector

inspetoria [ĩspeto'ria] F inspectorate

inspiração [ĩspira'sãw] (*pl* **-ões**) F inspiration; (*nos pulmões*) inhalation

inspirador, a [ĩspira'dor(a)] ADJ inspiring

inspirar [ĩspi'rar] VT to inspire; (*Med*) to inhale; **inspirar-se** VR to be inspired; **ele não me inspira confiança** he does not inspire me with confidence

INSS (BR) ABR M (= *Instituto Nacional do Seguro Social*) ≈ DSS (BRIT), ≈ Welfare Dept (US)

instabilidade [ĩstabili'dadʒi] F instability

instalação [ĩstala'sãw] (*pl* **-ões**) F installation; ~ **elétrica** (*de casa*) wiring; ~ **hidráulica** waterworks *sg*

instalar [ĩsta'lar] VT (*equipamento*) to install; (*estabelecer*) to set up; (*alojar*) to accommodate, put up; (*num cargo*) to place; **instalar-se** VR (*numa cadeira*) to settle down; (*alojar-se*) to settle in; (*num cargo*) to take up office

instância [ĩs'tãsja] F (*insistência*) persistence; (*súplica*) entreaty; (*legislativa*) authority; (*Jur*): **tribunal de primeira** ~ ≈ magistrates' court (BRIT), ≈ district court (US); **em última** ~ as a last resort

instantâneo, -a [ĩstã'tanju, a] ADJ instant, instantaneous; (*café*) instant ▶ M (*Foto*) snap

instante [ĩs'tãtʃi] ADJ urgent ▶ M moment; **nesse** ~ just a moment ago; **num** ~ in an instant, quickly; **a cada** ~ (at) any moment; **só um ~!** just a moment!

instar [ĩs'tar] VT to urge ▶ VI to insist; ~ **com alguém para que faça algo** to urge sb to do sth

instauração [ĩstawra'sãw] F setting-up; (*de processo, inquérito*) institution

instaurar [ĩstaw'rar] VT to establish, set up; (*processo, inquérito*) to institute

instável [ĩs'tavew] (*pl* **-eis**) ADJ unstable; (*tempo*) unsettled

instigação [ĩstʃiga'sãw] F instigation; **por ~ de alguém** at sb's instigation
instigante [ĩstʃi'gãtʃi] ADJ thought-provoking
instigar [ĩstʃi'gar] VT (*incitar*) to urge; (*provocar*) to provoke; **~ alguém contra alguém** to set sb against sb
instilar [ĩstʃi'lar] VT: **~ algo em algo** (*veneno*) to inject sth into sth; **~ algo em alguém** (*fig: ódio etc*) to instil (BRIT) *ou* instill (US) sth in sb
instintivo, -a [ĩstʃi'tʃivu, a] ADJ instinctive
instinto [ĩs'tʃītu] M instinct; **por ~** instinctively; **~ de conservação** survival instinct
institucional [ĩstʃitusjo'naw] (*pl* -**ais**) ADJ institutional
instituição [ĩstʃitwi'sãw] (*pl* -**ões**) F institution
instituir [ĩstʃi'twir] VT to institute; (*fundar*) to establish, found; (*prazo*) to set
instituto [ĩstʃi'tutu] M (*escola*) institute; (*instituição*) institution; **~ de beleza** beauty salon; **I~ de Pesos e Medidas** ≈ British Standards Institution
instrução [ĩstru'sãw] (*pl* -**ões**) F education; (*erudição*) learning; (*diretriz*) instruction; (*Mil*) training; **instruções** FPL (*para o uso*) instructions (for use); **manual de instruções** instruction manual
instruído, -a [ĩs'trwidu, a] ADJ educated
instruir [ĩs'trwir] VT to instruct; (*Mil*) to train; (*Jur: processo*) to prepare; **instruir-se** VR: **~-se em algo** to learn sth; **~ alguém de** *ou* **sobre algo** to inform sb about sth
instrumentação [ĩstrumẽta'sãw] F (*Mús*) instrumentation
instrumental [ĩstrumẽ'taw] (*pl* -**ais**) ADJ instrumental ▶ M instruments *pl*
instrumentar [ĩstrumẽ'tar] VT (*Mús*) to score
instrumentista [ĩstrumẽ'tʃista] M/F instrumentalist
instrumento [ĩstru'mẽtu] M instrument; (*ferramenta*) implement; (*Jur*) deed, document; **~ de cordas/percussão/sopro** stringed/percussion/wind instrument; **~ de trabalho** tool
instrutivo, -a [ĩstru'tʃivu, a] ADJ instructive
instrutor, a [ĩstru'tor(a)] M/F instructor; (*Esporte*) coach
insubordinação [ĩsubordʒina'sãw] F rebellion; (*Mil*) insubordination
insubordinado, -a [ĩsubordʒi'nadu, a] ADJ unruly; (*Mil*) insubordinate
insubordinar-se [ĩsubordʒi'narsi] VR to rebel; (*Náut*) to mutiny
insubstituível [ĩsubistʃi'twivew] (*pl* -**eis**) ADJ irreplaceable
insucesso [ĩsu'sesu] M failure
insuficiência [ĩsufi'sjẽsja] F inadequacy; (*carência*) shortage; (*Med*) deficiency; **~ cardíaca** heart failure
insuficiente [ĩsufi'sjẽtʃi] ADJ (*não bastante*) insufficient; (*Educ: nota*) ≈ fail; (*pessoa*) incompetent

insuflar [ĩsu'flar] VT to blow up, inflate; (*ar*) to blow; (*fig*): **~ algo (em** *ou* **a alguém)** to instil (BRIT) *ou* instill (US) sth (in sb)
insular [ĩsu'lar] ADJ insular ▶ VT (*Tec*) to insulate
insulina [ĩsu'lina] F insulin
insultar [ĩsuw'tar] VT to insult
insulto [ĩ'suwtu] M insult
insultuoso, -a [ĩsuw'twozu, ɔza] ADJ insulting
insumo [ĩ'sumu] M raw materials *pl*; (*Econ*) input
insuperável [ĩsupe'ravew] (*pl* -**eis**) ADJ (*dificuldade*) insuperable; (*qualidade*) unsurpassable
insuportável [ĩsupor'tavew] (*pl* -**eis**) ADJ unbearable
insurgente [ĩsur'ʒẽtʃi] ADJ rebellious ▶ M/F rebel
insurgir-se [ĩsur'ʒirsi] VR to rebel, revolt
insurreição [ĩsuhej'sãw] (*pl* -**ões**) F rebellion, insurrection
insurreto, -a [ĩsu'hɛtu, a] ADJ rebellious ▶ M/F insurgent
insuspeito, -a [ĩsus'pejtu, a] ADJ unsuspected; (*imparcial*) impartial
insustentável [ĩsustẽ'tavew] (*pl* -**eis**) ADJ untenable
intacto, -a [ĩ'tatu, a] (PT) ADJ = **intato**
intangível [ĩtã'ʒivew] (*pl* -**eis**) ADJ intangible
intato, -a [ĩ'tatu, a] ADJ intact; (*ileso*) unharmed; (*fig*) pure
íntegra [ĩtegra] F: **na ~** in full
integração [ĩtegra'sãw] F integration
integral [ĩte'graw] (*pl* -**ais**) ADJ whole ▶ F (*Mat*) integral; **arroz ~** brown rice; **pão ~** wholemeal (BRIT) *ou* wholewheat (US) bread
integralismo [ĩtegra'lizmu] M Brazilian fascism
integralmente [ĩtegraw'mẽtʃi] ADV in full, fully
integrante [ĩte'grãtʃi] ADJ integral ▶ M/F member
integrar [ĩte'grar] VT to unite, combine; (*completar*) to form, make up; (*Mat, raças*) to integrate; **integrar-se** VR to become complete; **~-se em** *ou* **a algo** (*juntar-se*) to join sth; (*adaptar-se*) to integrate into sth
integridade [ĩtegri'dadʒi] F (*totalidade*) entirety; (*fig: de pessoa*) integrity
íntegro, -a [ĩtegru, a] ADJ entire; (*honesto*) upright, honest
inteiramente [ĩtejra'mẽtʃi] ADV completely
inteirar [ĩtej'rar] VT (*completar*) to complete; **inteirar-se** VR: **~-se de** to find out about; **~ alguém de** to inform sb of
inteireza [ĩtej'reza] F entirety; (*moral*) integrity
inteiriçado, -a [ĩtejri'sadu, a] ADJ stiff
inteiriço, -a [ĩtej'risu, a] ADJ (*pedaço de pano*) single; (*vestido*) one-piece
inteiro, -a [ĩ'tejru, a] ADJ (*todo*) whole, entire; (*ileso*) unharmed; (*não quebrado*) undamaged;

(*completo, ilimitado*) complete; (*vestido*) one-piece; (*fig: caráter*) upright
intelecto [īte'lɛktu] M intellect
intelectual [ītelek'twaw] (*pl* **-ais**) ADJ, M/F intellectual
intelectualidade [ītelektwali'dadʒi] F (*qualidade*) intellect; (*pessoas*) intellectuals *pl*
inteligência [īteli'ʒēsja] F intelligence; (*interpretação*) interpretation; (*pessoa*) intellect, thinker; **~ artificial** artificial intelligence
inteligente [īteli'ʒētʃi] ADJ (*pessoa*) intelligent, clever; (*Tec*) smart; (*decisão, romance, filme etc*) clever
inteligível [īteli'ʒivew] (*pl* **-eis**) ADJ intelligible
intempérie [ītē'pɛri] F bad weather
intempestivo, -a [ītēpes'tʃivu, a] ADJ ill-timed
intenção [ītē'sāw] (*pl* **-ões**) F intention; **segundas intenções** ulterior motives; **ter a ~ de** to intend to; **com boa ~** with good intent; **com má ~** maliciously; (*Jur*) with malice aforethought
intencionado, -a [ītēsjo'nadu, a] ADJ: **bem ~** well-meaning; **mal ~** spiteful
intencional [ītēsjo'naw] (*pl* **-ais**) ADJ intentional, deliberate
intencionar [ītēsjo'nar] VT to intend; **~ fazer** to intend to do
intenções [ītē'sōjs] FPL *de* **intenção**
intendência [ītē'dēsja] (PT) F management, administration
intendente [ītē'dētʃi] M/F manager; (*Mil*) quartermaster
intensidade [ītēsi'dadʒi] F intensity
intensificação [ītēsifika'sāw] F intensification
intensificar [ītēsifi'kar] VT to intensify; **intensificar-se** VR to intensify
intensivo, -a [ītē'sivu, a] ADJ intensive
intenso, -a [ī'tēsu, a] ADJ intense; (*emoção*) deep; (*impressão*) vivid; (*vida social*) full
intentar [ītē'tar] VT (*obra*) to plan; (*assalto*) to commit; (*tentar*) to attempt; **~ fazer** to intend to do; **~ uma ação contra** (*Jur*) to sue
intento [ī'tētu] M aim, purpose
intentona [ītē'tɔna] F (*Pol*) plot, conspiracy
interação [ītera'sāw] F interaction
interagir [ītera'ʒir] VI: **~ (com)** to interact (with)
interamericano, -a [īterameri'kanu, a] ADJ inter-American
interativo, -a [ītera'tʃivu, a] ADJ (*Comput*) interactive
intercalar [īterka'lar] VT to insert; (*Comput: arquivos*) to merge
intercâmbio [īter'kābju] M exchange
interceder [īterse'der] VI: **~ por** to intercede on behalf of
interceptar [ītersep'tar] VT to intercept; (*fazer parar*) to stop; (*ligação telefônica*) to cut off; (*ser obstáculo a*) to hinder
intercessão [īterse'sāw] (*pl* **-ões**) F intercession

interconexão [īterkonek'sāw] (*pl* **-ões**) F interconnection
intercontinental [īterkōtʃinē'taw] (*pl* **-ais**) ADJ intercontinental
intercostal [īterkos'taw] (*pl* **-ais**) ADJ (*Med*) intercostal
interdependência [īterdepē'dēsja] F interdependence
interdição [īterdʒi'sāw] (*pl* **-ões**) F (*de estrada, porta*) closure; (*Jur*) injunction; **~ de direitos civis** removal of civil rights
interdisciplinar [īterdʒisipli'nar] ADJ interdisciplinary
interditado, -a [īterdʒi'tadu, a] ADJ closed, sealed off
interditar [īterdʒi'tar] VT (*importação etc*) to ban; (*estrada, praia*) to close off; (*cinema etc*) to close down; (*Jur*) to interdict
interdito, -a [īter'dʒitu, a] ADJ (*Jur*) interdicted ▶ M (*Jur: interdição*) injunction
interessado, -a [ītere'sadu, a] ADJ interested; (*amizade*) self-seeking ▶ M/F interested party
interessante [ītere'sātʃi] ADJ interesting; **estar em estado ~** to be expecting *ou* pregnant
interessar [ītere'sar] VT to interest, be of interest to ▶ VI to be interesting; **interessar-se** VR: **~-se em** *ou* **por** to take an interest in, be interested in; **a quem possa ~** to whom it may concern
interesse [īte'resi] M interest; (*próprio*) self-interest; (*proveito*) advantage; **no ~ de** for the sake of; **por ~ (próprio)** for one's own ends
interesseiro, -a [ītere'sejru, a] ADJ self-seeking
interestadual [īteresta'dwaw] (*pl* **-ais**) ADJ interstate
interface [īter'fasi] F (*Comput*) interface
interferência [īterfe'rēsja] F interference
interferir [īterfe'rir] VI: **~ em** to interfere in; (*rádio*) to jam
interfone [īter'fɔni] M intercom
ínterim ['īterī] M interim; **nesse ~** in the meantime
interino, -a [īte'rinu, a] ADJ temporary, interim
interior [īte'rjor] ADJ inner, inside; (*vida*) inner; (*Com*) domestic, internal ▶ M inside, interior; (*coração*) heart; (*do país*): **no ~** inland; **Ministério do I~** ≈ Home Office (BRIT), ≈ Department of the Interior (US); **Ministro do I~** ≈ Home Secretary (BRIT), ≈ Secretary of the Interior (US); **na parte ~** inside
interiorizar [īterjori'zar] VT to internalize
interjeição [īterʒej'sāw] (*pl* **-ões**) F interjection
interligar [īterli'gar] VT to interconnect; **interligar-se** VR to be interconnected
interlocutor, a [īterloku'tor(a)] M/F speaker; **meu ~** the person I was speaking to
interlúdio [īter'ludʒu] M interlude

intermediário, -a [ĩterme'dʒjarju, a] ADJ intermediary ▶ M/F (Com) middleman; (mediador) intermediary, mediator
intermédio [ĩter'mɛdʒu] M: **por ~ de** through
interminável [ĩtermi'navew] (pl -eis) ADJ endless
interministerial [ĩterministe'rjaw] (pl -ais) ADJ interministerial
intermissão [ĩtermi'sãw] (pl -ões) F interval
intermitente [ĩtermi'tẽtʃi] ADJ intermittent
internação [ĩterna'sãw] (pl -ões) F (de doente) admission; (de aluno) sending to boarding school
internacional [ĩternasjo'naw] (pl -ais) ADJ international
internacionalismo [ĩternasjona'lizmu] M internationalism
internacionalizar [ĩternasjonali'zar] VT to internationalize; **internacionalizar-se** VR to become international
internações [ĩterna'sõjs] FPL de **internação** sg
internar [ĩter'nar] VT (aluno) to put into boarding school; (doente) to take into hospital; (Mil, Pol) to intern
internato [ĩter'natu] M boarding school
internauta [ĩter'nawta] M/F internet user, web ou net surfer (col)
Internet [ĩter'nɛtʃi] F internet
interno, -a [ĩ'tɛrnu, a] ADJ internal, interior; (Pol) domestic ▶ M/F (tb: **aluno interno**) boarder; (Med: estudante) houseman (BRIT), intern (US); **de uso ~** (Med) for internal use
interpelação [ĩterpela'sãw] (pl -ões) F questioning; (Jur) summons
interpelar [ĩterpe'lar] VT: **~ alguém sobre algo** to question sb about sth; (pedir explicações) to challenge sb about sth
interplanetário, -a [ĩterplane'tarju, a] ADJ interplanetary
interpõe etc [ĩter'põj] VB ver **interpor**
interpolar [ĩterpo'lar] VT to interpolate
interpor [ĩter'por] (irreg: como **pôr**) VT to put in, interpose; **interpor-se** VR to intervene; **~-se a algo** (contrapor-se) to militate against sth; **~ A (a B)** (argumentos etc) to counter (B) with A
interposto, -a [ĩter'postu, 'pɔsta] PP de **interpor**
interpretação [ĩterpreta'sãw] (pl -ões) F interpretation; (Teatro) performance; **má ~** misinterpretation
interpretar [ĩterpre'tar] VT to interpret; (um papel) to play; **~ mal** to misinterpret
intérprete [ĩ'tɛrpretʃi] M/F (Ling) interpreter; (Teatro) performer, artist
interpunha etc [ĩter'puɲa] VB ver **interpor**
interpus etc [ĩter'pus] VB ver **interpor**
interpuser etc [ĩterpu'zer] VB ver **interpor**
inter-racial [ĩter-] (pl -ais) ADJ interracial
interrogação [ĩtehoga'sãw] (pl -ões) F questioning, interrogation; **ponto de ~** question mark
interrogador, a [ĩtehoga'dor(a)] M/F interrogator

interrogar [ĩteho'gar] VT to question, interrogate; (Jur) to cross-examine
interrogativo, -a [ĩtehoga'tʃivu, a] ADJ interrogative
interrogatório [ĩtehoga'tɔrju] M cross-examination
interromper [ĩtehõ'per] VT to interrupt; (parar) to stop; (Elet) to cut off
interrupção [ĩtehup'sãw] (pl -ões) F interruption; (intervalo) break
interruptor [ĩtehup'tor] M (Elet) switch
interseção [ĩterse'sãw] (pl -ões) F intersection
interstício [ĩters'tʃisju] M gap
interurbano, -a [ĩterur'banu, a] ADJ (Tel) long-distance ▶ M long-distance ou trunk call
intervalado, -a [ĩterva'ladu, a] ADJ spaced out
intervalo [ĩter'valu] M interval; (descanso) break; **a ~s** every now and then
interveio etc [ĩter'veju] VB ver **intervir**
intervenção [ĩtervẽ'sãw] (pl -ões) F intervention; **~ cirúrgica** (Med) operation
interventor, a [ĩtervẽ'tor(a)] M/F inspector ▶ M ou F (Pol) caretaker governor
intervir [ĩter'vir] (irreg: como **vir**) VI to intervene; (sobrevir) to come up
intestinal [ĩtestʃi'naw] (pl -ais) ADJ intestinal
intestino [ĩtes'tʃinu] M intestine; **~ delgado/grosso** small/large intestine; **~ solto** diarrhoea (BRIT), diarrhea (US)
inti [ĩ'tʃi] M inti (Peruvian currency)
intimação [ĩtʃima'sãw] (pl -ões) F (ordem) order; (Jur) summons
intimar [ĩtʃi'mar] VT (Jur) to summon; **~ alguém a fazer** ou **a alguém que faça** to order sb to do
intimidação [ĩtʃimida'sãw] F intimidation
intimidade [ĩtʃimi'dadʒi] F intimacy; (vida privada) private life; (familiaridade) familiarity; **ter ~ com alguém** to be close to sb; **ela é pessoa de minha ~** she's a close friend of mine
intimidar [ĩtʃimi'dar] VT to intimidate; **intimidar-se** VR to be intimidated
íntimo, -a [ĩ'tʃimu, a] ADJ intimate; (sentimentos) innermost; (amigo) close; (vida) private ▶ M/F close friend; **no ~** at heart; **festa íntima** small gathering
intitular [ĩtʃitu'lar] VT (livro) to title; **intitular-se** VR to be called; (livro) to be entitled; (a si mesmo) to call oneself; **~ algo de algo** to call sth sth
intocável [ĩto'kavew] (pl -eis) ADJ untouchable
intolerância [ĩtole'rãsja] F intolerance
intolerante [ĩtole'rãtʃi] ADJ intolerant
intolerável [ĩtole'ravew] (pl -eis) ADJ intolerable, unbearable
intoxicação [ĩtoksika'sãw] F poisoning; **~ alimentar** food poisoning
intoxicar [ĩtoksi'kar] VT to poison

intraduzível [ĩtradu'zivew] (pl **-eis**) ADJ untranslatable

intragável [ĩtra'gavew] (pl **-eis**) ADJ unpalatable; (*pessoa*) unbearable

intranet [ĩtra'nɛtʃi] F intranet

intranquilidade [ĩtrãkwili'dadʒi] F disquiet

intranquilo, -a [ĩtrã'kwilu, a] ADJ (*aflito*) worried; (*desassossegado*) restless

intransferível [ĩtrãsfe'rivew] (pl **-eis**) ADJ non-transferable

intransigência [ĩtrãsi'ʒẽsja] F intransigence

intransigente [ĩtrãsi'ʒẽtʃi] ADJ uncompromising; (*fig: rígido*) strict

intransitável [ĩtrãsi'tavew] (pl **-eis**) ADJ impassable

intransitivo, -a [ĩtrãsi'tʃivu, a] ADJ intransitive

intransponível [ĩtrãspo'nivew] (pl **-eis**) ADJ (*rio*) impossible to cross; (*problema*) insurmountable

intratável [ĩtra'tavew] (pl **-eis**) ADJ (*pessoa*) contrary, awkward; (*doença*) untreatable; (*problema*) insurmountable

intrauterino, -a [ĩtraute'rinu, a] ADJ: **dispositivo ~** intra-uterine device

intravenoso, -a [ĩtrave'nozu, ɔza] ADJ intravenous

intrepidez [ĩtrepi'dez] F courage, bravery

intrépido, -a [ĩ'trɛpidu, a] ADJ daring, intrepid

intriga [ĩ'triga] F intrigue; (*enredo*) plot; (*fofoca*) piece of gossip; **intrigas** FPL (*fofocas*) gossip *sg*; **~ amorosa** (PT) love affair

intrigante [ĩtri'gãtʃi] M/F troublemaker ▶ ADJ intriguing

intrigar [ĩtri'gar] VT to intrigue ▶ VI to be intriguing

intrincado, -a [ĩtrĩ'kadu, a] ADJ intricate

intrínseco, -a [ĩ'trĩseku, a] ADJ intrinsic

introdução [ĩtrodu'sãw] (pl **-ões**) F introduction

introdutório, -a [ĩtrodu'tɔrju, a] ADJ introductory

introduzir [ĩtrodu'zir] VT to introduce; (*prego*) to insert

intróito [ĩ'trɔjtu] M beginning; (*Rel*) introit

intrometer-se [ĩtrome'tersi] VR to interfere, meddle

intrometido, -a [ĩtrome'tʃidu, a] ADJ interfering; (*col*) nosey ▶ M/F busybody

intromissão [ĩtromi'sãw] (pl **-ões**) F interference, meddling

introspecção [ĩtrospek'sãw] F introspection

introspectivo, -a [ĩtrospek'tʃivu, a] ADJ introspective

introversão [ĩtrover'sãw] F introversion

introvertido, -a [ĩtrover'tʃidu, a] ADJ introverted ▶ M/F introvert

intrujão, -jona [ĩtru'ʒãw, 'ʒɔna] (pl **-ões/intrujãos**) M/F swindler

intrujar [ĩtru'ʒar] VT to trick, swindle

intrujões [ĩtru'ʒõjs] MPL *de* **intrujão**

intrujona [ĩtru'ʒɔna] F *de* **intrujão**

intruso, -a [ĩ'truzu, a] M/F intruder

intuição [ĩtwi'sãw] (pl **-ões**) F intuition; (*pressentimento*) feeling; **por ~** by intuition, intuitively

intuir [ĩ'twir] VT, VI to intuit

intuitivo, -a [ĩtwi'tʃivu, a] ADJ intuitive

intuito [ĩ'tuito] M (*intento*) intention, aim

intumescência [ĩtume'sẽsja] F swelling

intumescer-se [ĩtume'sersi] VR to swell (up)

intumescido, -a [ĩtume'sidu, a] ADJ swollen

inumano, -a [inu'manu, a] ADJ inhuman

inumerável [inume'ravew] (pl **-eis**) ADJ countless, innumerable

inúmero, -a [i'numeru, a] ADJ countless, innumerable

inundação [inũda'sãw] (pl **-ões**) F (*enchente*) flood; (*ato*) flooding

inundar [inũ'dar] VT to flood; (*fig*) to inundate ▶ VI (*rio*) to flood

inusitado, -a [inuzi'tadu, a] ADJ unusual

inútil [i'nutʃiw] (pl **-eis**) ADJ useless; (*esforço*) futile; (*desnecessário*) pointless ▶ M/F good-for-nothing; **ser ~** to be of no use, be no good

inutilidade [inutʃili'dadʒi] F uselessness

inutilizar [inutʃili'zar] VT to make useless, render useless; (*incapacitar*) to put out of action; (*danificar*) to ruin; (*esforços*) to thwart; **inutilizar-se** VR (*pessoa*) to become incapacitated

inutilizável [inutʃili'zavew] (pl **-eis**) ADJ unusable

inutilmente [inutʃiw'mẽtʃi] ADV in vain

invadir [ĩva'dʒir] VT to invade; (*suj: água*) to overrun; (*: sentimento*) to overcome

invalidação [ĩvalida'sãw] F invalidation

invalidar [ĩvali'dar] VT to invalidate; (*pessoa*) to make an invalid

invalidez [ĩvali'dez] F disability

inválido, -a [ĩ'validu, a] ADJ, M/F invalid; **~ de guerra** wounded war veteran

invariável [ĩva'rjavew] (pl **-eis**) ADJ invariable

invasão [ĩva'zãw] (pl **-ões**) F invasion

invasor, a [ĩva'zor(a)] ADJ invading ▶ M/F invader

inveja [ĩ've'ʒa] F envy

invejar [ĩve'ʒar] VT to envy; (*cobiçar: bens*) to covet ▶ VI to be envious

invejável [ĩve'ʒavew] (pl **-eis**) ADJ enviable

invejoso, -a [ĩve'ʒozu, ɔza] ADJ envious ▶ M/F envious person

invenção [ĩvẽ'sãw] (pl **-ões**) F invention

invencível [ĩvẽ'sivew] (pl **-eis**) ADJ invincible

invenções [ĩvẽ'sõjs] FPL *de* **invenção**

inventado, -a [ĩvẽ'tadu, a] ADJ (*história, personagem*) made-up

inventar [ĩvẽ'tar] VT to invent; (*história, desculpa*) to make up; (*nome*) to think up ▶ VI to make things up; **~ de fazer** to take it into one's head to do

inventariação [ĩvẽtarja'sãw] (pl **-ões**) F (*Com*) stocktaking

inventariar [ĩvẽta'rjar] VT: **~ algo** to make an inventory of sth
inventário [ĩvẽ'tarju] M inventory
inventiva [ĩvẽ'tʃiva] F inventiveness
inventivo, -a [ĩvẽ'tʃivu, a] ADJ inventive
inventor, a [ĩvẽ'tor(a)] M/F inventor
inverdade [ĩver'dadʒi] F untruth
inverificável [ĩverifi'kavew] (*pl* -**eis**) ADJ impossible to verify
invernada [ĩver'nada] F winter pasture
invernar [ĩver'nar] VI to spend the winter
inverno [ĩ'vɛrnu] M winter
inverossímil [ĩvero'simiw], (PT) **inverosímil** (*pl* -**eis**) ADJ (*improvável*) unlikely, improbable; (*inacreditável*) implausible
inversão [ĩver'sãw] (*pl* -**ões**) F reversal, inversion
inverso, -a [ĩ'vɛrsu, a] ADJ inverse; (*oposto*) opposite; (*ordem*) reverse ▶ M opposite, reverse; **ao ~ de** contrary to
inversões [ĩver'sõjs] FPL *de* **inversão**
invertebrado, -a [ĩverte'bradu, a] ADJ invertebrate ▶ M invertebrate
inverter [ĩver'ter] VT (*mudar*) to alter; (*ordem*) to invert, reverse; (*colocar às avessas*) to turn upside down, invert
invés [ĩ'vɛs] M: **ao ~ de** instead of
investida [ĩves'tʃida] F attack; (*tentativa*) attempt
investidura [ĩvestʃi'dura] F investiture
investigação [ĩvestʃiga'sãw] (*pl* -**ões**) F investigation; (*pesquisa*) research
investigar [ĩvestʃi'gar] VT to investigate; (*examinar*) to examine; (*pesquisar*) to research into
investimento [ĩvestʃi'mẽtu] M investment
investir [ĩves'tʃir] VT (*dinheiro*) to invest ▶ VI to invest; **~ contra** *ou* **para alguém** (*atacar*) to attack sb; **~ alguém no cargo de presidente** to install sb in the presidency; **~ para algo** (*atirar-se*) to rush towards sth
inveterado, -a [ĩvete'radu, a] ADJ (*mentiroso*) inveterate; (*criminoso*) hardened; (*hábito*) deep-rooted
inviabilidade [ĩvjabili'dadʒi] F impracticality
inviabilizar [ĩvjabili'zar] VT: **~ algo** to make sth impracticable
inviável [ĩ'vjavew] (*pl* -**eis**) ADJ impracticable
invicto, -a [ĩ'viktu, a] ADJ unconquered; (*invencível*) unbeatable
inviolabilidade [ĩvjolabili'dadʒi] F inviolability; (*Jur*) immunity
inviolável [ĩvjo'lavew] (*pl* -**eis**) ADJ inviolable; (*Jur*) immune
invisível [ĩvi'zivew] (*pl* -**eis**) ADJ invisible
invisto *etc* [ĩ'vistu] VB *ver* **investir**
invocado, -a [ĩvo'kadu, a] ADJ: **estar/ficar ~ com alguém** to dislike/take a dislike to sb
invocar [ĩvo'kar] VT to invoke; (*col: irritar*) to provoke; (: *impressionar*) to have a profound effect on ▶ VI: **~ com alguém** (*col: antipatizar*) to take a dislike to sb
invólucro [ĩ'vɔlukru] M (*cobertura*) covering; (*envoltório*) wrapping; (*caixa*) box
involuntário, -a [ĩvolũ'tarju, a] ADJ (*movimento*) involuntary; (*ofensa*) unintentional
invulnerável [ĩvuwne'ravew] (*pl* -**eis**) ADJ invulnerable
iodo ['jodu] M iodine
IOF (BR) ABR M = **Imposto sobre Operações Financeiras**
ioga ['jɔga] F yoga
iogurte [jo'gurtʃi] M yogurt
ioiô [jo'jo] M yoyo
íon ['ĩõ] (*pl* -**s**) M ion
iônico, -a ['joniku, a] ADJ ionic
IPC (BR) ABR M (= *Índice de Preços ao Consumidor*) RPI
IPEA (BR) ABR M = **Instituto de Planejamento Econômico Social**
ipecacuanha [ipeka'kwaɲa] F ipecac
IPI (BR) ABR M = **Imposto sobre Produtos Industrializados**
IPM (BR) ABR M = **Inquérito Policial-Militar**
IPT (BR) ABR M = **Instituto de Pesquisas Tecnológicas**
IPTU (BR) ABR M (= *Imposto Predial e Territorial Urbano*) ≈ rates *pl* (BRIT), ≈ property tax (US)
IPVA (BR) ABR M (= *Imposto Sobre Veículos Automóveis*) road (BRIT) *ou* motor-vehicle (US) tax
IR (BR) ABR M = **imposto de renda**

(PALAVRA-CHAVE)

ir [ir] VI **1** to go; (*a pé*) to walk; (*a cavalo*) to ride; (*viajar*) to travel; **ir caminhando** to walk; **fui de trem** I went *ou* travelled by train; **vamos (embora)!**, **vamos nessa!** (*col*) let's go!; **já vou!** I'm coming!; **ir atrás de alguém** (*seguir*) to follow sb; (*confiar*) to take sb's word for it

2 (*progredir: pessoa, coisa*) to go; **o trabalho vai muito bem** work is going very well; **como vão as coisas?** how are things going?; **vou muito bem** I'm very well; (*na escola etc*) I'm getting on very well

▶ VB AUX **1** (+ *infin*): **vou fazer** I will do, I am going to do
2 (+ *gerúndio*): **ir fazendo** to keep on doing
ir-se VR to go away, leave

IRA ABR M (= *Irish Republican Army*) IRA
ira ['ira] F anger, rage
Irã [i'rã] M: **o ~** Iran
irado, -a [i'radu, a] ADJ angry, irate
iraniano, -a [ira'njanu, a] ADJ, M/F Iranian
Irão [i'rãw] (PT) M = **Irã**
Iraque [i'raki] M: **o ~** Iraq
iraquiano, -a [ira'kjanu, a] ADJ, M/F Iraqi
irascibilidade [irasibili'dadʒi] F irritability
irascível [ira'sivew] (*pl* -**eis**) ADJ irritable, short-tempered
ir e vir M INV comings and goings *pl*
íris ['iris] F INV iris

Irlanda [ir'lãda] F: **a ~** Ireland; **a ~ do Norte** Northern Ireland

irlandês, -esa [irlã'des, eza] ADJ Irish ▶ M/F Irishman/woman ▶ M (*Ling*) Irish

irmã [ir'mã] F sister ▶ ADJ sister; **almas ~s** kindred souls; **~ Paula** (*fig*) good Samaritan; **~ gêmea** twin sister; **~ de criação** adoptive sister

irmanar [irma'nar] VT to join together, unite

irmandade [irmã'dadʒi] F (*associação*) brotherhood; (*confraternidade*) fraternity

irmão [ir'mãw] (*pl* **irmãos**) M brother; (*fig: similar*) twin; (*col: companheiro*) mate; **~ de criação** adoptive brother; **~ gêmeo** twin brother; **~s siameses** Siamese twins

ironia [iro'nia] F irony; (*sarcasmo*) sarcasm; **com ~** ironically; (*com sarcasmo*) sarcastically; **por ~ do destino** by a quirk of fate

irônico, -a [i'roniku, a] ADJ ironic(al); (*sarcástico*) sarcastic

ironizar [ironi'zar] VT to be ironic about ▶ VI to be ironic

IRPF (BR) ABR M (= *Imposto de Renda Pessoa Física*) personal income tax

IRPJ (BR) ABR M (= *Imposto de Renda Pessoa Jurídica*) corporation tax

irra! ['iha] (PT) EXCL damn!

irracional [ihasjo'naw] (*pl* -**ais**) ADJ irrational

irracionalidade [ihasjonali'dadʒi] F irrationality

irradiação [ihadʒja'sãw] (*pl* -**ões**) F (*de luz*) radiation; (*espalhamento*) spread; (*Rádio*) broadcasting; (*Med*) radiation treatment

irradiar [iha'dʒjar] VT (*luz*) to radiate; (*espalhar*) to spread; (*Rádio*) to broadcast, transmit; (*simpatia*) to radiate, exude ▶ VI to radiate; (*Rádio*) to be on the air; **irradiar-se** VR to spread; to be transmitted

irreais [ihe'ajs] ADJ PL *de* **irreal**

irreajustável [iheaʒus'tavew] (*pl* -**eis**) ADJ fixed

irreal [ihe'aw] (*pl* -**ais**) ADJ unreal

irrealizado, -a [iheali'zadu, a] ADJ (*pessoa*) unfulfilled; (*sonhos*) unrealized

irrealizável [iheali'zavew] (*pl* -**eis**) ADJ unrealizable

irreconciliável [ihekõsi'ljavew] (*pl* -**eis**) ADJ irreconcilable

irreconhecível [ihekoɲe'sivew] (*pl* -**eis**) ADJ unrecognizable

irrecorrível [iheko'hivew] (*pl* -**eis**) ADJ (*Jur*) unappealable

irrecuperável [ihekupe'ravew] (*pl* -**eis**) ADJ irretrievable

irrecusável [iheku'zavew] (*pl* -**eis**) ADJ (*incontestável*) irrefutable; (*convite*) which cannot be turned down

irrefletido, -a [ihefle'tʃidu, a] ADJ rash; **de maneira irrefletida** rashly

irrefreável [ihe'frjavew] (*pl* -**eis**) ADJ uncontrollable

irrefutável [ihefu'tavew] (*pl* -**eis**) ADJ irrefutable

irregular [ihegu'lar] ADJ irregular; (*vida*) unconventional; (*feições*) unusual; (*aluno, gênio*) erratic

irregularidade [ihegulari'dadʒi] F irregularity

irrelevância [ihele'vãsja] F irrelevance

irrelevante [ihele'vãtʃi] ADJ irrelevant

irremediável [iheme'dʒjavew] (*pl* -**eis**) ADJ irremediable; (*sem remédio*) incurable

irreparável [ihepa'ravew] (*pl* -**eis**) ADJ irreparable

irrepreensível [iheprjẽ'sivew] (*pl* -**eis**) ADJ irreproachable, impeccable

irreprimível [ihepri'mivew] (*pl* -**eis**) ADJ irrepressible

irrequietação [ihekjeta'sãw] F restlessness

irrequieto, -a [ihe'kjɛtu, a] ADJ restless

irresgatável [ihezga'tavew] (*pl* -**eis**) ADJ (*Com*) irredeemable

irresistível [ihezis'tʃivew] (*pl* -**eis**) ADJ irresistible; (*desejo*) overwhelming

irresoluto, -a [ihezo'lutu, a] ADJ (*pessoa*) irresolute, indecisive; (*problema*) unresolved

irresponsabilidade [ihespõsabili'dadʒi] F irresponsibility

irresponsável [ihespõ'savew] (*pl* -**eis**) ADJ irresponsible

irrestrito, -a [ihes'tritu, a] ADJ unrestricted

irreverente [iheve'rẽtʃi] ADJ irreverent

irreversível [ihever'sivew] (*pl* -**eis**) ADJ irreversible

irrevogável [ihevo'gavew] (*pl* -**eis**) ADJ irrevocable

irrigação [ihiga'sãw] F irrigation

irrigar [ihi'gar] VT to irrigate

irrisório, -a [ihi'zɔrju, a] ADJ derisory, ludicrous; (*quantia*) derisory, paltry

irritabilidade [ihitabili'dadʒi] F irritability

irritação [ihita'sãw] (*pl* -**ões**) F irritation

irritadiço, -a [ihita'dʒisu, a] ADJ irritable

irritante [ihi'tãtʃi] ADJ irritating, annoying

irritar [ihi'tar] VT to irritate, annoy; (*Med*) to irritate; **irritar-se** VR to get angry, get annoyed

irritável [ihi'tavew] (*pl* -**eis**) ADJ irritable

irromper [ihõ'per] VI (*epidemia*) to break out; (*surgir*) to emerge; (*lágrimas*) to well; (*voz*) to be heard; (*entrar subitamente*): **~ (em)** to burst in(to)

irrupção [ihup'sãw] (*pl* -**ões**) F invasion; (*de ideias*) emergence; (*de doença*) outbreak

isca ['iska] F (*Pesca*) bait; (*fig*) lure, bait

iscambau [iskã'baw] (*col*) M: **e o ~** and what not

isenção [izẽ'sãw] (*pl* -**ões**) F exemption; **~ de impostos** tax exemption

isentar [izẽ'tar] VT (*dispensar*) to exempt; (*livrar*) to free

isento, -a [i'zẽtu, a] ADJ (*dispensado*) exempt; (*livre*) free; **~ de taxas** duty-free; **~ de impostos** tax-free

Islã [iz'lã] M Islam

islâmico, -a [iz'lamiku, a] ADJ Islamic

islamismo [izla'mizmu] M Islam
islamita [izla'mita] ADJ, M/F Muslim
islandês, -esa [izlã'des, eza] ADJ Icelandic
▶ M/F Icelander ▶ M (*Ling*) Icelandic
Islândia [iz'lãdʒa] F: **a ~** Iceland
isolado, -a [izo'ladu, a] ADJ (*separado*) isolated; (*solitário*) lonely; (*Elet*) insulated
isolamento [izola'mẽtu] M isolation; (*Med*) isolation ward; (*Elet*) insulation; **~ acústico** soundproofing
isolante [izo'lãtʃi] ADJ (*Elet*) insulating
isolar [izo'lar] VT to isolate; (*Elet*) to insulate ▶ VI (*afastar mau agouro*) to touch wood (*BRIT*), knock on wood (*US*); **isolar-se** VR to isolate o.s., cut o.s. off
isonomia [izono'mia] F equality
isopor® [izo'por] M polystyrene, Styrofoam® (*US*)
isotônico, -a [izo'toniku, a] ADJ isotonic ▶ M isotonic drink
isqueiro [is'kejru] M (cigarette) lighter
Israel [izha'ɛw] M Israel
israelense [izhae'lẽsi] ADJ, M/F Israeli
israelita [izhae'lita] ADJ, M/F Israelite
ISS (*BR*) ABR M = **Imposto Sobre Serviços**
isso ['isu] PRON that; (*col: isto*) this; **~ mesmo** exactly; **por ~** therefore, so; **por ~ mesmo** for that very reason; **só ~?** is that all?; **~!** that's it!; **é ~, é ~ aí** (*col: você tem razão*) that's right; (*é tudo*) that's it, that's all; **é ~ mesmo** exactly, that's right; **não seja por ~** that's no big deal; **eu não tenho nada com ~** it's got nothing to do with me; **que é ~?** (*exprime indignação*) what's going on?, what's all this?; **~ de fazer ...** this business of doing ....
Istambul [istã'buw] N Istanbul
istmo ['istʃimu] M isthmus
isto ['istu] PRON this; **~ é** that is, namely
ITA (*BR*) ABR M = **Instituto Tecnológico da Aeronáutica**
Itália [i'talja] F: **a ~** Italy
italiano, -a [ita'ljanu, a] ADJ, M/F Italian ▶ M (*Ling*) Italian
itálico [i'taliku] M italics *pl*
Itamarati [itamara'tʃi] M: **o ~** the Brazilian Foreign Ministry

> The Palace of **Itamarati** was built in 1855 in Rio de Janeiro. It became the seat of government when Brazil became a republic in 1889, and was later the Foreign Ministry. It ceased to be this when the Brazilian capital was transferred to Brasília, but **Itamarati** is still used to refer to the Foreign Ministry.

item ['itẽ] (*pl* **-ns**) M item
iterar [ite'rar] VT to repeat
itinerante [itʃine'rãtʃi] ADJ, M/F itinerant
itinerário [itʃine'rarju] M (*plano*) itinerary; (*caminho*) route
Iugoslávia [jugoz'lavja] F: **a ~** Yugoslavia
iugoslavo, -a [jugoz'lavu, a] ADJ, M/F Yugoslav(ian)

J j

J, j ['ʒɔta] (pl **js**) M J, j; **J de José** J for Jack (BRIT) ou jig (US)
já [ʒa] ADV already; (em perguntas) yet; (agora) now; (imediatamente) right away; (agora mesmo) right now ▶ CONJ on the other hand; **até já** bye; **desde já** from now on; **desde já lhe agradeço** thanking you in anticipation; **é para já** it won't be a minute; **já esteve na Inglaterra?** have you ever been to England?; **já não** no longer; **ele já não vem mais aqui** he doesn't come here any more; **já que** as, since; **já se vê** of course; **já vou** I'm coming; **já até** even; **já, já** right away; **já era** (col) it's been and gone; **você já viu o filme? — já** have you seen the film? — yes
jabaculê [ʒabaku'le] (col) M backhander
jabota [ʒa'bɔta] F giant tortoise
jabuti [ʒabu'tʃi] M giant tortoise
jabuticaba [ʒabutʃi'kaba] F jaboticaba (type of berry)
jaca ['ʒaka] F jack fruit
jacarandá [ʒakarã'da] M jacaranda
jacaré [ʒaka'rɛ] (BR) M alligator; **fazer** ou **pegar ~** to body-surf
Jacarta [ʒa'karta] N Jakarta
jacente [ʒa'sẽtʃi] ADJ lying; (herança) unclaimed
jacinto [ʒa'sĩtu] M hyacinth
jactância [ʒak'tãsja] F boasting
jactar-se [ʒak'tarsi] VR: **~ de** to boast about
jade ['ʒadʒi] M jade
jaez [ʒa'ez] M harness; (fig: categoria) sort
jaguar [ʒa'gwar] M jaguar
jaguatirica [ʒagwatʃi'rika] F leopard cat
jagunço [ʒa'gũsu] M hired gun(man)
jaleco [ʒa'lɛku] M jacket
Jamaica [ʒa'majka] F: **a ~** Jamaica
jamaicano, -a [ʒamaj'kanu, a] ADJ, M/F Jamaican
jamais [ʒa'majs] ADV never; (com palavra negativa) ever; **ninguém ~ o tratou assim** nobody ever treated him like that
jamanta [ʒa'mãta] F juggernaut (BRIT), truck-trailer (US)
jamegão [ʒame'gãw] (pl **-ões**) (col) M signature
jan. ABR = **janeiro**
janeiro [ʒa'nejru] M January; ver tb **julho**
janela [ʒa'nɛla] F window; **(~) basculante** louvre (BRIT) ou louver (US) window
janelão [ʒane'lãw] (pl **-ões**) M picture window
jangada [ʒã'gada] F raft
jangadeiro [ʒãga'dejru] M jangada fisherman
janota [ʒa'nɔta] ADJ foppish ▶ M dandy
janta ['ʒãta] (col) F dinner
jantar [ʒã'tar] M dinner ▶ VT to have for dinner ▶ VI to have dinner; **~ americano** buffet dinner; **~ dançante** dinner dance
jantarado [ʒãta'radu] M tea
Japão [ʒa'pãw] M: **o ~** Japan
japona [ʒa'pɔna] F (casaco) three-quarter length coat ▶ M/F (col) Japanese
japonês, -esa [ʒapo'nes, eza] ADJ, M/F Japanese ▶ M (Ling) Japanese
jaqueira [ʒa'kejra] F jack tree
jaqueta [ʒa'keta] F jacket
jaquetão [ʒake'tãw] (pl **-ões**) M double-breasted coat
jararaca [ʒara'raka] F (cobra) jararaca (snake); (fig: mulher) shrew
jarda ['ʒarda] F yard
jardim [ʒar'dʒĩ] (pl **-ns**) M garden; **~ de infância** kindergarten; **~ de inverno** conservatory; **~ zoológico** zoo
jardinagem [ʒardʒi'naʒẽ] F gardening
jardinar [ʒardʒi'nar] VT to cultivate ▶ VI to garden
jardineira [ʒardʒi'nejra] F (móvel) plant-stand; (caixa) trough; (ônibus) open bus; (calça) dungarees pl; (vestido) pinafore dress (BRIT), jumper (US); ver tb **jardineiro**
jardineiro, -a [ʒardʒi'nejru, a] M/F gardener
jardins [ʒar'dʒĩs] MPL de **jardim**
jargão [ʒar'gãw] M jargon
jarra ['ʒaha] F pot
jarro ['ʒahu] M jug
jasmim [ʒaʒ'mĩ] M jasmine
jato ['ʒatu] M jet; (de luz) flash; (de ar) blast; **a ~** at top speed
jaula ['ʒawla] F cage
Java ['ʒava] F Java
javali [ʒava'li] M wild boar
jazer [ʒa'zer] VI to lie
jazida [ʒa'zida] F deposit
jazigo [ʒa'zigu] M grave; (monumento) tomb; **~ de família** family tomb
jazz [dʒɛz] M jazz
jazzista [dʒa'zista] M/F (músico) jazz artist; (fã) jazz fan

jazzístico, -a [dʒaˈzistʃiku, a] ADJ jazzy
JB ABR M = **Jornal do Brasil**
JEC (BR) ABR F = **Juventude Estudantil Católica**
jeca [ˈʒɛka] ADJ rustic; (cafona) tacky ▶ M/F Brazilian hillbilly
jeca-tatu (pl **jecas-tatus**) M/F Brazilian hillbilly
jeitão [ʒejˈtãw] (pl **-ões**) (col) M (aspecto) look; (modo de ser) style, way
jeitinho [ʒejˈtʃiɲu] M knack
jeito [ˈʒejtu] M (maneira) way; (aspecto) appearance; (aptidão, habilidade) skill, knack; (modos pessoais) manner; **falta de ~** clumsiness; **ter ~ de** to look like; **ter** ou **levar ~ para** to have a gift for, be good at; **não ter ~** (pessoa) to be awkward; (situação) to be hopeless; **dar um ~ em algo** (pé) to twist sth; (quarto, casa, papéis) to tidy sth up; (consertar) to fix sth; **dar um ~ em alguém** to sort sb out; **dar um ~** to find a way; **tomar ~** to pull one's socks up; **o ~ é ...** the thing to do is ...; **é o ~** it's the best way; **ao ~ de** in the style of; **com ~** tactfully; **daquele ~** (in) that way; (col: em desordem, mal) anyhow; **de qualquer ~** anyway; **de ~ nenhum!** no way!; **ficar sem ~** to feel awkward
jeitões [ʒejˈtõjs] MPL de **jeitão**
jeitoso, -a [ʒejˈtozu, ɔza] ADJ (hábil) skilful (BRIT), skillful (US); (elegante) handsome; (apropriado) suitable
jejuar [ʒeˈʒwar] VI to fast
jejum [ʒeˈʒũ] (pl **-ns**) M fast; **em ~** fasting
Jeová [ʒeoˈva] M: **testemunha de ~** Jehovah's witness
jequice [ʒeˈkisi] F country ways pl; (cafonice) tackiness
jerico [ʒeˈriku] M donkey; **ideia de ~** stupid idea
jérsei [ˈʒɛrsej] M jersey
Jerusalém [ʒeruzaˈlẽ] N Jerusalem
jesuíta [ʒeˈzwita] M Jesuit
Jesus [ʒeˈzus] M Jesus ▶ EXCL heavens!
jetom [ʒeˈtõ] (pl **-ns**) M (ficha) token; (remuneração) fee
jiboia [ʒiˈbɔja] F boa (constrictor)
jiboiar [ʒiboˈjar] VI to let one's dinner go down
jihad [dʒiˈhad] F jihad
jiló [ʒiˈlɔ] M kind of vegetable
jingle [ˈdʒĩgew] M jingle
jipe [ˈʒipi] M jeep
jirau [ʒiˈraw] M (na cozinha) rack; (palanque) platform
jiu-jítsu [ʒuˈʒitsu] M jiu-jitsu
joalheiro, -a [ʒoaˈʎejru, a] M/F jeweller (BRIT), jeweler (US)
joalheria [ʒoaʎeˈria] F jeweller's (shop) (BRIT), jewelry store (US)
joanete [ʒwaˈnetʃi] M bunion
joaninha [ʒwaˈniɲa] F ladybird (BRIT), ladybug (US)
joão-ninguém (pl **joões-ninguém**) M nobody
JOC (BR) ABR F = **Juventude Operária Católica**
joça [ˈʒɔsa] (col) F thing, contraption

jocoso, -a [ʒoˈkozu, ɔza] ADJ jocular, humorous
joelhada [ʒoeˈʎada] F: **dar uma ~ em alguém** to knee sb
joelheira [ʒoeˈʎejra] F (Esporte) kneepad
joelho [ʒoˈeʎu] M knee; **de ~s** kneeling; **ficar de ~s** to kneel down
jogada [ʒoˈgada] F (num jogo) move; (lanço) throw; (negócio) scheme; (col: modo de agir) move; **a ~ é a seguinte** (col) this is the situation; **morar na ~** (col) to catch on
jogado, -a [ʒoˈgadu, a] ADJ (prostrado) flat out; (abandonado) abandoned
jogador, a [ʒogaˈdor(a)] M/F player; (de jogo de azar) gambler; **~ de futebol** footballer
jogão [ʒoˈgãw] (pl **-ões**) M great game
jogar [ʒoˈgar] VT to play; (em jogo de azar) to gamble; (atirar) to throw; (indiretas) to drop ▶ VI to play; to gamble; (barco) to pitch; **jogar-se** VR to throw o.s.; **~ fora** to throw away; **~ na Bolsa** to play the markets; **~ no bicho** to play the numbers game; **~ com** (combinar) to match
jogatina [ʒogaˈtʃina] F gambling
jogging [ˈʒɔgĩŋ] M jogging; (roupa) track suit; **fazer ~** to go jogging, jog
jogo [ˈʒogu] M game; (jogar) play; (de azar) gambling; (conjunto) set; (artimanha) trick; **abrir o ~** (fig) to lay one's cards on the table, come clean; **esconder o ~** to play one's cards close to one's chest; **estar em ~** (fig) to be at stake; **fazer o ~ de alguém** to play sb's game, go along with sb; **ter ~ de cintura** (fig) to be flexible; **~ da velha** noughts and crosses sg; **~ de armar** construction set; **~ de cartas** card game; **~ de computador** computer game; **~ de damas** draughts sg (BRIT), checkers sg (US); **~ de luz** lighting effects pl; **~ de salão** indoor game; **~ do bicho** (illegal) numbers game; **J~s Olímpicos** Olympic® Games; **~ limpo/sujo** fair play/dirty tricks pl; **o ~ político** political manoeuvring (BRIT) ou maneuvering (US)
jogões [ʒoˈgõjs] MPL de **jogão**
joguei etc [ʒoˈgej] VB ver **jogar**
joguete [ʒoˈgetʃi] M plaything; **fazer alguém de ~** to toy with sb
joia [ˈʒɔja] F jewel; (taxa) entry fee ▶ ADJ (col) great; **tudo ~?** (col) how's things?
jóquei [ˈʒɔkej] M (clube) jockey club; (cavaleiro) jockey
jóquei-clube (pl **jóqueis-clubes**) M jockey club
Jordânia [ʒorˈdanja] F: **a ~** Jordan
jordaniano, -a [ʒordaˈnjanu, a] ADJ, M/F Jordanian
Jordão [ʒorˈdãw] M: **o (rio) ~** the Jordan (River)
jornada [ʒorˈnada] F (viagem) journey; (percurso diário) day's journey; **~ de trabalho** working day
jornal [ʒorˈnaw] (pl **-ais**) M newspaper; (TV, Rádio) news sg

jornaleiro, -a [ʒorna'lejru, a] M/F newsagent (BRIT), newsdealer (US)
jornalismo [ʒorna'lizmu] M journalism
jornalista [ʒorna'lista] M/F journalist
jornalístico, -a [ʒorna'listʃiku, a] ADJ journalistic
jorrante [ʒo'hãtʃi] ADJ gushing
jorrar [ʒo'har] VI to gush, spurt out
jorro ['ʒohu] M jet; (de sangue) spurt; (fig) stream, flood
jovem ['ʒovẽ] (pl **-ns**) ADJ young; (aspecto) youthful; (música) youth atr ▶ M/F young person
jovial [ʒo'vjaw] (pl **-ais**) ADJ jovial, cheerful
jovialidade [ʒovjali'dadʒi] F joviality
JPCCC (BR) ABR F = **Justiça de Pequenas Causas Civis e Criminais**
Jr ABR = **Júnior**
JT (BR) ABR M = **Jornal da Tarde**
juba ['ʒuba] F (de leão) mane; (col: cabelo) mop
jubilação [ʒubila'sãw] F (aposentadoria) retirement; (de estudante) sending down
jubilar [ʒubi'lar] VT (aposentar) to retire, pension off; (aluno) to send down
jubileu [ʒubi'lew] M jubilee; ~ **de prata** silver jubilee
júbilo ['ʒubilu] M rejoicing; **com** ~ jubilantly
jubiloso, -a [ʒubi'lozu, ɔza] ADJ jubilant
JUC (BR) ABR F = **Juventude Universitária Católica**
judaico, -a [ʒu'dajku, a] ADJ Jewish
judaísmo [ʒuda'izmu] M Judaism
judas ['ʒudas] M (fig) Judas; (boneco) effigy; **onde J~ perdeu as botas** (col) at the back of beyond
judeu, judia [ʒu'dew, ʒu'dʒia] ADJ Jewish ▶ M/F Jew
judiação [ʒudʒja'sãw] F ill-treatment
judiar [ʒu'dʒjar] VI: ~ **de alguém/algo** to ill-treat sb/sth
judiaria [ʒudʒja'ria] F ill-treatment; **que ~!** how cruel!
judicatura [ʒudʒika'tura] F (cargo) office of judge; (magistratura) judicature
judicial [ʒudʒi'sjaw] (pl **-ais**) ADJ judicial
judiciário, -a [ʒudʒi'sjarju, a] ADJ judicial; **o (poder)** ~ the judiciary
judicioso, -a [ʒudʒi'sjozu, ɔza] ADJ judicious, wise
judô [ʒu'do] M judo
jugo ['ʒugu] M yoke
juiz, juíza [ʒwiz, -'iza] M/F judge; (em jogos) referee; ~ **de menores** juvenile judge; ~ **de paz** justice of the peace
juizado [ʒwi'zado] M court; **J~ de Menores** Juvenile Court; **J~ de Pequenas Causas** small claims court
juízo ['ʒwizu] M judgement; (parecer) opinion; (siso) common sense; (foro) court; **J~ Final** Day of Judgement, doomsday; **perder o** ~ to lose one's mind; **não ter** ~ to be foolish; **tomar** ou **criar** ~ to come to one's senses; **chamar/levar a** ~ to summon/take to court; **~!** behave yourself!
jujuba [ʒu'ʒuba] F (Bot) jujube; (bala) jujube sweet
jul. ABR = **julho**
julgador, a [ʒuwga'dor(a)] ADJ judging ▶ M/F judge
julgamento [ʒuwga'mẽtu] M judgement; (audiência) trial; (sentença) sentence
julgar [ʒuw'gar] VT to judge; (achar) to think; (Jur: sentenciar) to sentence; **julgar-se** VR: **~-se algo** to consider o.s. sth, think of o.s. as sth
julho ['ʒuʎu] M July; **dia primeiro de** ~ the first of July (BRIT), July first (US); **dia dois/onze de** ~ the second/eleventh of July (BRIT), July second/eleventh (US); **ele chegou no dia cinco de** ~ he arrived on 5th July ou July 5th; **em** ~ in July; **no começo/fim de** ~ at the beginning/end of July; **em meados de** ~ in mid July; **todo ano em** ~ every July; **em ~ do ano que vem/do ano passado** next/last July
jumento, -a [ʒu'mẽtu, a] M/F donkey
jun. ABR = **junho**
junção [ʒũ'sãw] (pl **-ões**) F (ato) joining; (junta) join
junco ['ʒũku] M reed, rush
junções [ʒũ'sõjs] FPL de **junção**
junho ['ʒuɲu] M June; ver tb **julho**
junino, -a [ʒu'ninu, a] ADJ June; **festa junina** St John's day party
júnior ['ʒunjor] (pl **juniores**) ADJ younger, junior ▶ M/F (Esporte) junior; **Eduardo Autran J~** Eduardo Autran Junior
junta ['ʒũta] F (comissão) board, committee; (Pol) junta; (articulação, juntura) joint; **~ comercial** board of trade; **~ médica** medical team
juntar [ʒũ'tar] VT (por junto) to join; (reunir) to bring together; (aglomerar) to gather together; (recolher) to collect up; (acrescentar) to add; (dinheiro) to save up ▶ VI to gather; **juntar-se** VR to gather; (associar-se) to join up; **~-se a alguém** to join sb; **~-se com alguém** to (go and) live with sb
junto, -a ['ʒũtu, a] ADJ joined; (chegado) near; **ir ~s** to go together; **~ a/de** near/next to; **segue ~** (Com) please find enclosed
juntura [ʒũ'tura] F join; (articulação) joint
Júpiter ['ʒupiter] M Jupiter
jura ['ʒura] F vow
jurado, -a [ʒu'radu, a] ADJ sworn ▶ M/F juror
juramentado, -a [ʒuramẽ'tadu, a] ADJ accredited, legally certified
juramento [ʒura'mẽtu] M oath
jurar [ʒu'rar] VT, VI to swear; **jura?** really?
júri ['ʒuri] M jury
jurídico, -a [ʒu'ridʒiku, a] ADJ legal
jurisconsulto, -a [ʒuriskõ'suwtu, a] M/F legal advisor
jurisdição [ʒuriʃdʒi'sãw] F jurisdiction
jurisprudência [ʒurispru'dẽsja] F jurisprudence
jurista [ʒu'rista] M/F jurist

juros ['ʒurus] MPL (*Econ*) interest *sg*; **a/sem ~** at interest/interest-free; **render ~** to yield *ou* bear interest; **~ fixos/variáveis** fixed/variable interest; **~ simples/compostos** simple/compound interest

jururu [ʒuru'ru] ADJ melancholy, wistful

jus [ʒus] M: **fazer ~ a algo** to live up to sth

jusante [ʒu'zātʃi] F: **a ~ (de)** downstream (from)

justamente [ʒusta'mētʃi] ADV (*com justiça*) fairly, justly; (*precisamente*) exactly

justapor [ʒusta'por] (*irreg: como* **pôr**) VT to juxtapose; **justapor-se** VR to be juxtaposed; **~ algo a algo** to juxtapose sth with sth

justaposição [ʒustapozi'sãw] (*pl* **-ões**) F juxtaposition

justaposto [ʒusta'postu] PP *de* **justapor**

justapunha *etc* [ʒusta'puɲa] VB *ver* **justapor**

justapus *etc* [ʒusta'pus] VB *ver* **justapor**

justapuser *etc* [ʒustapu'zer] VB *ver* **justapor**

justeza [ʒus'teza] F fairness; (*precisão*) precision

justiça [ʒus'tʃisa] F justice; (*poder judiciário*) judiciary; (*equidade*) fairness; (*tribunal*) court; **com ~** justly, fairly; **ir à ~** to go to court; **fazer ~ a** to do justice to; **J~ Eleitoral** Electoral Court; **J~ do Trabalho** ≈ industrial tribunal (*BRIT*), ≈ labor relations board (*US*)

justiceiro, -a [ʒustʃi'sejru, a] ADJ righteous; (*inflexível*) inflexible

justificação [ʒustʃifika'sãw] (*pl* **-ões**) F justification

justificar [ʒustʃifi'kar] VT to justify; **justificar-se** VR to justify o.s.

justificativa [ʒustʃifika'tʃiva] F (*Jur*) justification

justificável [ʒustʃifi'kavew] (*pl* **-eis**) ADJ justifiable

justo, -a ['ʒustu, a] ADJ just, fair; (*legítimo: queixa*) legitimate, justified; (*exato*) exact; (*apertado*) tight ▶ ADV just

juta ['ʒuta] F jute

juvenil [ʒuve'niw] (*pl* **-is**) ADJ (*ar*) youthful; (*roupa*) young; (*livro*) for young people; (*Esporte: equipe, campeonato*) youth *atr*, junior ▶ M (*Esporte*) junior championship

juventude [ʒuvē'tudʒi] F youth; (*jovialidade*) youthfulness; (*jovens*) young people *pl*, youth

Kk

K, k [ka] (*pl* **ks**) M K, k; **K de Kátia** K for king
kanga ['kãga] F beach wrap
karaokê [kaɾao'ke] M karaoke; (*lugar*) karaoke bar
kart ['kartʃi] (*pl* **-s**) M go-kart
ketchup [ke'tʃupi] M ketchup
kg ABR (= *quilograma*) kg
KGB ABR F KGB
kHz ABR (= *quilohertz*) kHz
kibutz [ki'butz] M INV kibbutz
kilt ['kiwtʃi] (*pl* **-s**) M kilt
kirsch [kirs] M kirsch
kit ['kitʃi] (*pl* **-s**) M kit; **~ de sobrevivência** survival kit
kitchenette [kitʃe'nɛtʃi] F studio flat
kitsch [kits] ADJ INV, M kitsch
kl ABR (= *quilolitro*) kl
km ABR (= *quilômetro*) km
km/h ABR (= *quilômetros por hora*) km/h
know-how ['now'haw] M know-how
Kremlin [krẽ'lĩ] M: **o ~** the Kremlin
Kuweit [ku'wejtʃi] M: **o ~** Kuwait
kW ABR (= *quilowatt*) kW
kwh ABR (= *quilowatt-hora*) kwh

Ll

L¹, l ['eli] (pl **ls**) M L, l; **L de Lúcia** L for Lucy (BRIT) ou love (US)
L² ABR (= *Largo*) Sq.
lá [la] ADV there ▶ M (*Mús*) A; **lá fora** outside; **lá em baixo** down there; **por lá** (*direção*) that way; (*situação*) over there; **até lá** (*no espaço*) there; (*no tempo*) until then; **lá pelas tantas** in the small hours; **para lá de** (*mais do que*) more than; **diga lá ...** come on and say ...; **sei lá!** don't ask me!; **ela sabe lá** she's got no idea; **ele pode lá pagar um aluguel tão caro** there's no way he can pay such a high rent; **o apartamento não é lá essas coisas** the apartment is nothing special; **estar mais para lá do que para cá** (*de cansaço*) to be dead on one's feet; (*prestes a morrer*) to be at death's door
lã [lã] F wool; **de lã** woollen (BRIT), woolen (US); **de pura lã** pure wool; **lã de camelo** camel hair
-la [la] PRON her; (*você*) you; (*coisa*) it
labareda [laba'reda] F flame; (*fig*) ardour (BRIT), ardor (US)
labia ['labja] F (*astúcia*) cunning; **ter ~** to have the gift of the gab
labial [la'bjaw] (*pl* **-ais**) ADJ lip *atr*; (*Ling*) labial ▶ F (*Ling*) labial
lábio ['labju] M lip
labirinto [labi'rītu] M labyrinth, maze
labor [la'bor] M work, labour (BRIT), labor (US)
laborar [labo'rar] VI: **~ em erro** to labour (BRIT) ou labor (US) under a misconception
laboratório [labora'tɔrju] M laboratory
laborioso, -a [labo'rjozu, ɔza] ADJ (*diligente*) hard-working; (*árduo*) laborious
LABRE ABR F = **Liga de Amadores Brasileiros de Radio Emissão**
labuta [la'buta] F toil, drudgery
labutar [labu'tar] VI to toil; (*esforçar-se*) to struggle, strive
laca ['laka] F lacquer
laçada [la'sada] F (*nó*) slipknot; (*no tricô*) loop
laçar [la'sar] VT to bind, tie; (*boi*) to rope
laçarote [lasa'rɔtʃi] M big bow
laço ['lasu] M bow; (*de gravata*) knot; (*armadilha*) snare; (*fig*) bond, tie; **dar um ~** to tie a bow; **~s de família** family ties
lacônico, -a [la'koniku, a] ADJ laconic
lacraia [la'kraja] F centipede
lacrar [la'krar] VT to seal (with wax)
lacre ['lakri] M sealing wax
lacrimal [lakri'maw] (*pl* **-ais**) ADJ (*canal*) tear *atr*
lacrimejante [lakrime'ʒātʃi] ADJ weeping
lacrimejar [lakrime'ʒar] VI (*olhos*) to water; (*chorar*) to weep
lacrimogêneo, -a [lakrimo'ʒenju, a] ADJ tear-jerking; **gás ~** tear gas
lacrimoso, -a [lakri'mozu, ɔza] ADJ tearful
lactação [lakta'sãw] F lactation; (*amamentação*) breastfeeding
lácteo, -a ['laktju, a] ADJ milk *atr*; **Via Láctea** Milky Way
lacticínio [laktʃi'sinju] M dairy product
lactose [lak'tɔzi] F lactose
lacuna [la'kuna] F gap; (*omissão*) omission; (*espaço em branco*) blank
ladainha [lada'iɲa] F litany; (*fig*) rigmarole
ladear [la'dʒar] VT to flank; (*problema*) to get round; **o rio ladeia a estrada** the river runs by the side of the road
ladeira [la'dejra] F slope
ladino, -a [la'dʒinu, a] ADJ cunning, crafty
lado ['ladu] M side; (*Mil*) flank; (*rumo*) direction; **ao ~** (*perto*) close by; **a casa ao ~** the house next door; **ao ~ de** beside; **de ~** sideways; **deixar de ~** to set aside; (*fig*) to leave out; **de um ~ para outro** back and forth; **do ~ de dentro/fora** on the inside/outside; **do ~ de cá/lá** on this/that side; **no outro ~ da rua** across the road; **ela foi para aqueles ~s** she went that way; **por um ~ ... por outro ~** on the one hand ... on the other hand; **por todos os ~s** all around; **~ a ~** side by side; **o meu ~** (*col: interesses*) my interests
ladra ['ladra] F thief, robber; (*picareta*) crook
ladrão, -ona [la'drãw, ɔna] (*pl* **-ões/-s**) ADJ thieving ▶ M/F thief, robber; (*picareta*) crook ▶ M (*tubo*) overflow pipe; **pega ~!** stop thief!
ladrar [la'drar] VI to bark
ladrilhar [ladri'ʎar] VT, VI to tile
ladrilheiro, -a [ladri'ʎejru, a] M/F tiler
ladrilho [la'driʎu] M tile; (*chão*) tiled floor, tiles *pl*
ladro ['ladru] M (*latido*) bark; (*ladrão*) thief
ladroagem [la'drwaʒē] (*pl* **-ns**) F robbery
ladroeira [la'drwejra] F robbery
ladrões [la'drõjs] MPL *de* **ladrão**
ladrona [la'drɔna] F *de* **ladrão**

lagarta [la'garta] F caterpillar
lagartixa [lagar'tʃiʃa] F gecko
lagarto [la'gartu] M lizard; (*carne*) silverside
lago ['lagu] M lake; (*de jardim*) pond; (*de sangue*) pool
lagoa [la'goa] F pool, pond; (*lago*) lake
lagosta [la'gosta] F lobster
lagostim [lagos'tʃĩ] (*pl* **-ns**) M crayfish
lágrima ['lagrima] F tear; **~s de crocodilo** crocodile tears; **chorar ~s de sangue** to cry bitterly
laguna [la'guna] F lagoon
laia ['laja] F kind, sort, type
laico, -a ['lajku, a] ADJ (*pessoa*) lay; (*ensino etc*) secular
laivos ['lajvus] MPL hints, traces
laje ['laʒi] F paving stone, flagstone
lajear [la'ʒjar] VT to pave
lajedo [la'ʒedu] M rock
lajota [la'ʒɔta] F paving stone
lama ['lama] F mud; **tirar alguém da ~** (*fig*) to rescue sb from poverty
lamaçal [lama'saw] (*pl* **-ais**) M quagmire; (*pântano*) bog, marsh
lamaceiro [lama'sejru] M = **lamaçal**
lamacento, -a [lama'sẽtu, a] ADJ muddy
lambança [lã'bãsa] F mess
lambão, -bona [lã'bãw, 'bona] (*pl* **-ões/-s**) ADJ (*guloso*) greedy; (*no trabalho*) sloppy; (*lambuzado*) messy; (*tolo*) idiotic
lamber [lã'ber] VT to lick; **de ~ os beiços** (*comida*) delicious
lambida [lã'bida] F lick; **dar uma ~ em algo** to lick sth
lambido, -a [lã'bidu, a] ADJ (*cara*) without make-up; (*cabelo*) plastered down
lambiscar [lãbis'kar] VT, VI to nibble
lambisgoia [lãbiz'gɔja] F haggard person
lambões [lã'bõjs] MPL *de* **lambão**
lambona [lã'bona] F *de* **lambão**
lambreta [lã'breta] F scooter
lambri [lã'bri] M, **lambris** [lã'bris] MPL panelling *sg* (BRIT), paneling *sg* (US)
lambuja [lã'buʒa] F start, advantage
lambujem [lã'buʒẽ] (*pl* **-ns**) F start, advantage
lambuzar [lãbu'zar] VT to smear
lambuzeira [lãbu'zejra] F sticky mess
lamentação [lamẽta'sãw] (*pl* **-ões**) F lamentation
lamentar [lamẽ'tar] VT to lament; (*sentir*) to regret; **lamentar-se** VR: **~-se (de algo)** to lament (sth); **~ (que)** to be sorry (that)
lamentável [lamẽ'tavew] (*pl* **-eis**) ADJ regrettable; (*deplorável*) deplorable
lamentavelmente [lamẽtavew'mẽtʃi] ADV regrettably
lamento [la'mẽtu] M lament; (*gemido*) moan
lamentoso, -a [lamẽ'tozu, ɔza] ADJ (*voz, som*) sorrowful; (*lamentável*) lamentable
lâmina ['lamina] F (*chapa*) sheet; (*placa*) plate; (*de faca*) blade; (*de persiana*) slat
laminado, -a [lami'nadu, a] ADJ laminated
▶ M laminate

laminar [lami'nar] VT to laminate
lâmpada ['lãpada] F lamp; (*tb*: **lâmpada elétrica**) light bulb; **~ de mesa** table lamp; **~ fluorescente** fluorescent light
lamparina [lãpa'rina] F lamp
lampejante [lãpe'ʒãtʃi] ADJ flashing, glittering
lampejar [lãpe'ʒar] VI to glisten, flash ▶ VT to give off
lampejo [lã'peʒu] M flash
lampião [lã'pjãw] (*pl* **-ões**) M lantern; (*de rua*) street lamp
lamúria [la'murja] F whining, lamentation; (*col, pej*) sob story
lamuriante [lamu'rjãtʃi] ADJ whining
lamuriar-se [lamu'rjarsi] VR: **~ de algo** to moan about sth
lança ['lãsa] F lance, spear
lançadeira [lãsa'dejra] F shuttle
lançador, a [lãsa'dor(a)] M/F (*Esporte*) thrower; (*em leilão*) bidder; (*Com*) company or person launching a product
lançamento [lãsa'mẽtu] M throwing; (*Com: em livro*) entry; (*Náut, Com: de produto, campanha*) launch; (*Com: de disco, filme*) release; **novo ~** (*livro*) new title; (*filme, disco*) new release; (*produto*) new product; **~ do dardo** (*Esporte*) javelin; **~ do disco** (*Esporte*) discus; **~ do martelo** (*Esporte*) hammer
lança-perfume (*pl* **lança-perfumes**) M ether spray (*used as a drug in carnival*)
lançar [lã'sar] VT to throw; (*navio, produto, campanha*) to launch; (*disco, filme*) to release; (*Com: em livro*) to enter; (*em leilão*) to bid; (*imposto*) to assess; **lançar-se** VR to throw o.s.; **~ ações no mercado** to float shares on the market; **~ mão de algo** to make use of sth
lance ['lãsi] M (*arremesso*) throw; (*incidente*) incident; (*história*) story; (*situação*) position; (*fato*) fact; (*Esporte: jogada*) shot; (*em leilão*) bid; (*de escada*) flight; (*de casas*) row; (*episódio*) moment; (*de muro, estrada*) stretch
lancha ['lãʃa] F launch; (*col: sapato, pé*) clodhopper; **~ torpedeira** torpedo boat
lanchar [lã'ʃar] VI to have a snack ▶ VT to have as a snack
lanche ['lãʃi] M snack
lanchonete [lãʃo'netʃi] (BR) F snack bar
lancinante [lãsi'nãtʃi] ADJ (*dor*) stabbing; (*grito*) piercing
langanho [lã'gaɲu] M rake
languidez [lãgi'dez] F languor, listlessness
lânguido, -a ['lãgidu, a] ADJ languid, listless
lanhar [la'ɲar] VT to slash, gash; (*peixe*) to gut; **lanhar-se** VR to cut o.s.
lanho ['laɲu] M slash, gash
LAN house [lã'hawzi] F internet café
lanígero, -a [la'niʒeru, a] ADJ (*gado*) wool-producing; (*planta*) downy
lanolina [lano'lina] F lanolin
lantejoula [lãte'ʒola] F sequin
lanterna [lã'tɛrna] F lantern; (*portátil*) torch (BRIT), flashlight (US)

lanternagem [lãter'naʒẽ] (*pl* **-ns**) F (*Auto*) panel-beating; (*oficina*) body shop
lanterneiro, -a [lãter'nejru, a] M/F panel-beater
lanterninha [lãter'niɲa] (BR) M/F usher(ette)
lanugem [la'nuʒẽ] F down, fluff
Laos ['laws] M: **o ~** Laos
lapão, -pona [la'pãw, 'pɔna] (*pl* **-ões/-s**) ADJ, M/F Lapp
lapela [la'pɛla] F lapel
lapidador, a [lapida'do(a)] M/F cutter
lapidar [lapi'dar] VT (*joias*) to cut; (*fig*) to polish, refine ▶ ADJ (*fig*) masterful
lápide ['lapidʒi] F (*tumular*) tombstone; (*comemorativa*) memorial stone
lápis ['lapis] M INV pencil; **escrever a ~** to write in pencil; **~ de cor** coloured (BRIT) *ou* colored (US) pencil, crayon; **~ de olho** eyebrow pencil
lapiseira [lapi'zejra] F propelling (BRIT) *ou* mechanical (US) pencil; (*caixa*) pencil case
lápis-lazúli [-la'zuli] M lapis-lazuli
lapões [la'põjs] MPL *de* **lapão**
lapona [la'pɔna] F *de* **lapão**
Lapônia [la'ponja] F: **a ~** Lappland
lapso ['lapsu] M lapse; (*de tempo*) interval; (*erro*) slip
laquê [la'ke] M lacquer
laquear [la'kjar] VT to lacquer
lar [lar] M home
laranja [la'rãʒa] ADJ INV orange ▶ F orange ▶ M (*cor*) orange
laranjada [larã'ʒada] F orangeade
laranjal [larã'ʒaw] (*pl* **-ais**) M orange grove
laranjeira [larã'ʒejra] F orange tree
larápio [la'rapju] M thief
lardo ['lardu] M bacon
lareira [la'rejra] F hearth, fireside
larga ['larga] F: **à ~** lavishly; **dar ~s a** to give free rein to; **viver à ~** to lead a lavish life
largada [lar'gada] F start; **dar a ~** to start; (*fig*) to make a start
largado, -a [lar'gadu, a] ADJ spurned; (*no vestir*) scruffy
largar [lar'gar] VT (*soltar*) to let go of, release; (*deixar*) to leave; (*deixar cair*) to drop; (*risada*) to let out; (*velas*) to unfurl; (*piada*) to tell; (*pôr em liberdade*) to let go ▶ VI (*Náut*) to set sail; **largar-se** VR (*desprender-se*) to free o.s.; (*ir-se*) to go off; (*pôr-se*) to proceed; **ele não a larga** *ou* **não larga dela um instante** he won't leave her alone for a moment; **me larga!** leave me alone!; **~ a mão em alguém** to wallop sb; **~ de fazer** to stop doing; **largue de besteira** stop being stupid
largo, -a ['largu, a] ADJ wide, broad; (*amplo*) extensive; (*roupa*) loose, baggy; (*conversa*) long ▶ M (*praça*) square; (*alto-mar*) open sea; **ao ~** at a distance, far off; **fazer-se ao ~** to put out to sea; **passar de ~ sobre um assunto** to gloss over a subject; **passar ao ~ de algo** (*fig*) to sidestep sth
larguei *etc* [lar'gej] VB *ver* **largar**
largueza [lar'geza] F largesse
largura [lar'gura] F width, breadth
larica [la'rika] (*col*) F munchies (*col*)
laringe [la'rĩʒi] F larynx
laringite [larĩ'ʒitʃi] F laryngitis
larva ['larva] F larva, grub
lasanha [la'zaɲa] F lasagna
lasca ['laska] F (*de madeira, metal*) splinter; (*de pedra*) chip; (*fatia*) slice
lascado, -a [las'kadu, a] (*col*) ADJ in a hurry *ou* rush
lascar [las'kar] VT to chip; (*pergunta*) to throw in; (*tapa*) to let go ▶ VI to chip; **ser** *ou* **estar de ~** to be horrible
lascívia [la'sivja] F lewdness
lascivo, -a [la'sivu, a] ADJ lewd; (*movimentos*) sensual
laser ['lejzer] M laser; **raio ~** laser beam
lassidão [lasi'dãw] F lassitude, weariness
lassitude [lasi'tudʒi] F lassitude, weariness
lasso, -a ['lasu, a] ADJ lax; (*cansado*) weary
lástima ['lastʃima] F pity, compassion; (*infortúnio*) misfortune; **é uma ~ (que)** it's a shame (that)
lastimar [lastʃi'mar] VT to lament; **lastimar-se** VR to complain, feel sorry for o.s.
lastimável [lastʃi'mavew] (*pl* **-eis**) ADJ lamentable
lastimoso, -a [lastʃi'mozu, ɔza] ADJ (*lamentável*) pitiful; (*plangente*) mournful
lastro ['lastru] M ballast
lata ['lata] F can, tin (BRIT); (*material*) tin-plate; **~ de lixo** rubbish bin (BRIT), garbage can (US); **~ velha** (*col: carro*) old banger (BRIT) *ou* clunker (US)
latada [la'tada] F trellis
latão [la'tãw] M brass
lataria [lata'ria] F (*Auto*) bodywork; (*enlatados*) canned food
látego ['lategu] M whip
latejante [late'ʒãtʃi] ADJ throbbing
latejar [late'ʒar] VI to throb
latejo [la'teʒu] M throbbing, beat
latente [la'tẽtʃi] ADJ latent, hidden
lateral [late'raw] (*pl* **-ais**) ADJ side, lateral ▶ F (*Futebol*) sideline ▶ M (*Futebol*) throw-in
látex ['lateks] M INV latex
laticínio [latʃi'sinju] M = **lacticínio**
latido [la'tʃidu] M bark(ing), yelp(ing)
latifundiário, -a [latʃifu'dʒjarju, a] ADJ land-owning ▶ M/F landowner
latifúndio [latʃi'fũdʒju] M large estate
latim [la'tʃĩ] M (*Ling*) Latin; **gastar o seu ~** to waste one's breath
latino, -a [la'tʃinu, a] ADJ Latin
latino-americano, -a ADJ, M/F Latin-American
latir [la'tʃir] VI to bark, yelp
latitude [latʃi'tudʒi] F latitude; (*largura*) breadth; (*fig*) scope
lato, -a ['latu, a] ADJ broad
latrina [la'trina] F latrine
latrocínio [latro'sinju] M armed robbery
lauda ['lawda] F page

laudatório, -a [lawda'tɔrju, a] ADJ laudatory
laudo ['lawdu] M (Jur) decision; (resultados) findings pl; (peça escrita) report
laureado, -a [law'rjadu, a] ADJ honoured (BRIT), honored (US) ▶ M laureate
laurear [law'rjar] VT to honour (BRIT), honor (US)
laurel [law'rɛw] (pl **-éis**) M laurel wreath; (fig) prize, reward
lauto, -a ['lawtu, a] ADJ sumptuous; (abundante) lavish, abundant
lava ['lava] F lava
lavabo [la'vabu] M toilet
lavadeira [lava'dejra] F washerwoman
lavadora [lava'dora] F washing machine
lavadouro [lava'doru] M washing place
lavagem [la'vaʒē] F washing; **~ a seco** dry cleaning; **~ cerebral** brainwashing; **dar uma ~ em alguém** (col: Esporte) to thrash sb
lavanda [la'vãda] F (Bot) lavender; (colônia) lavender water; (para lavar os dedos) finger bowl
lavanderia [lavãde'ria] F laundry; (aposento) laundry room
lavar [la'var] VT to wash; (culpa) to wash away; **~ a seco** to dry clean; **~ a égua** (col: Esporte) to win hands down; **~ as mãos de algo** (fig) to wash one's hands of sth
lavatório [lava'tɔrju] M washbasin; (aposento) toilet
lavoura [la'vora] F tilling; (agricultura) farming; (terreno) plantation
lavra ['lavra] F ploughing (BRIT), plowing (US); (de minerais) mining; (mina) mine; **ser da ~ de** to be the work of
lavradio, -a [lavra'dʒiu, a] ADJ workable, arable ▶ M farming
lavrador, a [lavra'dor(a)] M/F farmhand, farm labourer (BRIT) ou laborer (US)
lavrar [la'vrar] VT to work; (esculpir) to carve; (redigir) to draw up
laxante [la'ʃãtʃi] ADJ, M laxative
laxativo, -a [laʃa'tʃivu, a] ADJ, M laxative
lazer [la'zer] M leisure
LBA ABR F (= Legião Brasileira de Assistência) charity
LBC (BR) ABR F = **Letra do Banco Central**
leal [le'aw] (pl **-ais**) ADJ loyal
lealdade [leaw'dadʒi] F loyalty
leão [le'ãw] (pl **-ões**) M lion; **L~** (Astrologia) Leo; **o L~** (BR: fisco) ≈ the Inland Revenue (BRIT), the IRS (US); **~ de chácara** bouncer
lebre ['lɛbri] F hare
lecionar [lesjo'nar] VT, VI to teach
lecitina [lesi'tʃina] F lecithin
legação [lega'sãw] (pl **-ões**) F legation
legado [le'gadu] M envoy, legate; (herança) legacy, bequest
legal [le'gaw] ADJ (pl **-ais**) legal, lawful; (col) fine; (: pessoa) nice ▶ ADV (col) well; **(tá) ~!** OK!
legalidade [legali'dadʒi] F legality, lawfulness
legalização [legaliza'sãw] F legalization; (de documento) authentication

legalizar [legali'zar] VT to legalize; (documento) to authenticate
legar [le'gar] VT to bequeath, leave
legatário, -a [lega'tarju, a] M/F legatee
legenda [le'ʒēda] F inscription; (texto explicativo) caption; (Cinema) subtitle; (Pol) party
legendado, -a [leʒē'dadu, a] ADJ (filme) subtitled
legendário, -a [leʒē'darju, a] ADJ legendary
legião [le'ʒjãw] (pl **-ões**) F legion; **a L~ Estrangeira** the Foreign Legion
legionário, -a [leʒjo'narju, a] ADJ legionary ▶ M legionary
legislação [leʒizla'sãw] F legislation
legislador, a [leʒizla'dor(a)] M/F legislator
legislar [leʒiz'lar] VI to legislate ▶ VT to pass
legislativo, -a [leʒizla'tʃivu, a] ADJ legislative ▶ M legislature
legislatura [leʒizla'tura] F legislature; (período) term of office
legista [le'ʒista] ADJ: **médico ~** expert in medical law ▶ M/F legal expert; (médico) expert in medical law
legitimar [leʒitʃi'mar] VT to legitimize; (justificar) to legitimate; (filho) to legally adopt
legitimidade [leʒitʃimi'dadʒi] F legitimacy
legítimo, -a [le'ʒitʃimu, a] ADJ legitimate; (justo) rightful; (autêntico) genuine; **legítima defesa** self-defence (BRIT), self-defense (US)
legível [le'ʒivew] (pl **-eis**) ADJ legible, readable; **~ por máquina** machine readable
légua ['lɛgwa] F league
legume [le'gumi] M vegetable
lei [lej] F law; (regra) rule; (metal) standard; **prata de ~** sterling silver; **ditar a ~** to lay down the law
leiaute [lej'awtʃi] M layout
leigo, -a ['lejgu, a] ADJ (Rel) lay, secular ▶ M layman; **ser ~ em algo** (fig) to be no expert at sth, be unversed in sth
leilão [lej'lãw] (pl **-ões**) M auction; **vender em ~** to sell by auction, auction off
leiloamento [lejlwa'mētu] M auctioning
leiloar [lej'lwar] VT to auction
leiloeiro, -a [lej'lwejru, a] M/F auctioneer
leilões [lej'lõjs] MPL de **leilão**
leio etc ['leju] VB ver **ler**
leitão, -toa [lej'tãw, 'toa] (pl **-ões/-s**) M/F sucking (BRIT) ou suckling (US) pig
leite ['lejtʃi] M milk; **~ em pó** powdered milk; **~ desnatado** ou **magro** skimmed milk; **~ de magnésia** milk of magnesia; **~ condensado/evaporado** condensed/evaporated milk; **~ de onça** milk with cachaça; **~ de vaca** cow's milk; **~ semidesnatado** semi-skimmed milk
leiteira [lej'tejra] F (para ferver) milk pan; (para servir) milk jug; ver tb **leiteiro**
leiteiro, -a [lej'tejru, a] ADJ (vaca, gado) dairy; (trem) milk atr ▶ M/F milkman/woman
leiteria [lejte'ria] F dairy

leito ['lejtu] M bed
leitoa [lej'toa] F de **leitão**
leitões [lej'tōjs] MPL de **leitão**
leitor, a [lej'tor(a)] M/F (*pessoa*) reader; (*professor*) lector ▶ M (*objeto*) reader; **~ de livros digitais** e-reader
leitoso, -a [lej'tozu, ɔza] ADJ milky
leitura [lej'tura] F reading; (*livro etc*) reading matter; **pessoa de muita ~** well-read person; **~ dinâmica** speed reading
lelé [le'lɛ] (*col*) ADJ nuts, crazy; **~ da cuca** out of one's mind
lema ['lɛma] M motto; (*Pol*) slogan
lembrança [lē'brãsa] F recollection, memory; (*presente*) souvenir; **lembranças** FPL (*recomendações*): **~s a sua mãe!** regards to your mother!
lembrar [lē'brar] VT, VI to remember; **lembrar-se** VR: **~(-se) de** to remember; **~(-se) (de) que** to remember that; **~ algo a alguém**, **~ alguém de algo** to remind sb of sth; **~ alguém de que**, **~ a alguém que** to remind sb that; **esta rua lembra a rua onde eu ...** this street reminds me of the street where I ...; **ele lembra meu irmão** he reminds me of my brother, he is like my brother
lembrete [lē'bretʃi] M reminder
leme ['lɛmi] M rudder; (*Náut*) helm; (*fig*) control
lenço ['lēsu] M handkerchief; (*de pescoço*) scarf; (*de cabeça*) headscarf; **~ de papel** tissue; **~ islâmico** hijab; **~ umedecido** baby wipe
lençol [lē'sɔw] (*pl* **-óis**) M sheet; **estar em maus lençóis** to be in a fix; **~ de água** water table
lenda ['lēda] F legend; (*fig: mentira*) lie
lendário, -a [lē'darju, a] ADJ legendary
lengalenga [lēga'lēga] F rigmarole
lenha ['lɛɲa] F firewood; **fazer ~** (*de carro*) to have a race; **meter a ~ em alguém** (*col: surrar*) to give sb a beating; (*: criticar*) to run sb down; **ser uma ~** (*col*) to be tough; **botar ~ na fogueira** (*fig*) to fan the flames, make things worse
lenhador [lɛɲa'dor] M woodcutter
lenho ['lɛɲu] M (*tora*) log; (*material*) timber
leninista [leni'nista] ADJ, M/F Leninist
lenitivo, -a [leni'tʃivu, a] ADJ soothing ▶ M palliative; (*fig: alívio*) relief
lenocínio [leno'sinju] M living off immoral earnings
lente ['lētʃi] F lens *sg*; **~ de aumento** magnifying glass; **~s de contato** contact lenses
lentidão [lētʃi'dãw] F slowness
lentilha [lē'tʃiʎa] F lentil
lento, -a ['lētu, a] ADJ slow
leoa [le'oa] F lioness
leões [le'õjs] MPL de **leão**
leopardo [ljo'pardu] M leopard
lépido, -a ['lɛpidu, a] ADJ (*alegre*) sprightly, bright; (*ágil*) nimble, agile

leporino, -a [lepo'rinu, a] ADJ: **lábio ~** hare lip
lepra ['lɛpra] F leprosy
leprosário [lepro'zarju] M leprosy hospital
leproso, -a [le'prozu, ɔza] ADJ leprous ▶ M/F leper
leque ['lɛki] M fan; (*fig*) array
LER ABR F (= *lesão por esforço repetitivo*) RSI
ler [ler] VT, VI to read; **~ a sorte de alguém** to tell sb's fortune; **~ nas entrelinhas** (*fig*) to read between the lines
lerdeza [ler'deza] F sluggishness
lerdo, -a ['lɛrdu, a] ADJ slow, sluggish
lero-lero [lɛru'lɛru] (*col*) M chit-chat, idle talk
lés [lɛs] (PT) M: **de ~ a ~** from one end to the other
lesão [le'zãw] (*pl* **-ões**) F harm, injury; (*Jur*) violation; (*Med*) lesion; **~ corporal** (*Jur*) bodily harm; **~ por esforço repetitivo** repetitive strain injury
lesar [le'zar] VT to harm, damage; (*direitos*) to violate; **~ alguém** (*financeiramente*) to leave sb short; **~ o fisco** to withhold one's taxes
lesbianismo [lezbja'nizmu] M lesbianism
lésbica ['lɛzbika] F lesbian
lesco-lesco [lɛsku'lɛsku] (*col*) M daily grind; **estar no ~** to be on the go *ou* hard at it
leseira [le'zejra] F lethargy
lesionar [lezjo'nar] VT to injure
lesivo, -a [le'zivu, a] ADJ harmful
lesma ['lezma] F slug; (*fig: pessoa*) slowcoach
lesões [le'zõjs] FPL de **lesão**
Lesoto [le'zotu] M: **o ~** Lesotho
lesse *etc* ['lesi] VB *ver* **ler**
leste ['lɛstʃi] M east
letal [le'taw] (*pl* **-ais**) ADJ lethal
letargia [letar'ʒia] F lethargy
letárgico, -a [le'tarʒiku, a] ADJ lethargic
letivo, -a [le'tʃivu, a] ADJ school *atr*; **ano ~** academic year
Letônia [le'tonja] F: **a ~** Latvia
letra ['letra] F letter; (*caligrafia*) handwriting; (*de canção*) lyrics *pl*; **Letras** FPL (*curso*) language and literature; **à ~** literally; **seguir à ~** to follow to the letter; **ao pé da ~** literally, word for word; **fazer** *ou* **tirar algo de ~** (*col*) to take sth in one's stride; **~ de câmbio** (*Com*) bill of exchange; **~ de forma** block letter; **~ de imprensa** print; **~ de médico** (*fig*) scrawl; **~ maiúscula/minúscula** capital/small letter
letrado, -a [le'tradu, a] ADJ learned, erudite ▶ M/F scholar; **ser ~ em algo** to be well-versed in sth
letreiro [le'trejru] M sign, notice; (*inscrição*) inscription; (*Cinema*) subtitle; **~ luminoso** neon sign
leu *etc* [lew] VB *ver* **ler**
léu [lɛw] M: **ao ~** (*à toa*) aimlessly; (*à mostra*) uncovered
leucemia [lewse'mia] F leukaemia (BRIT), leukemia (US)

leva ['lɛva] F (*de pessoas*) group
levadiço, -a [leva'dʒisu, a] ADJ: **ponte levadiça** drawbridge
levado, -a [le'vadu, a] ADJ mischievous; (*criança*) naughty; **~ da breca** naughty
leva e traz [lɛvai'trajz] M/F INV gossip, stirrer
levantador, a [levãta'dor(a)] ADJ lifting ▶ M/F: **~ de pesos** weightlifter
levantamento [levãta'mẽtu] M lifting, raising; (*revolta*) uprising, rebellion; (*arrolamento*) survey; **~ de pesos** weightlifting
levantar [levã'tar] VT to lift, raise; (*voz, capital*) to raise; (*apanhar*) to pick up; (*suscitar*) to arouse; (*ambiente*) to brighten up ▶ VI to stand up; (*da cama*) to get up; (*dar vida*) to brighten; **levantar-se** VR to stand up; (*da cama*) to get up; (*rebelar-se*) to rebel; **~ voo** to take off; **~ a mão** to raise *ou* put up one's hand
levante [le'vãtʃi] M east; (*revolta*) revolt
levar [le'var] VT to take; (*portar*) to carry; (*tempo*) to pass, spend; (*roupa*) to wear; (*lidar com*) to handle; (*induzir*) to lead; (*filme*) to show; (*peça teatral*) to do, put on; (*vida*) to lead ▶ VI to get a beating; **~ a** to lead to; **~ a mal** to take amiss; **~ a cabo** to carry out; **~ adiante** to go ahead with; **~ uma vida feliz** to lead a happy life; **~ a melhor/pior** to get a good/raw deal; **~ pancadas/um susto/uma bronca** to get hit/a fright/told off; **~ a educação a todos** to bring education to all; **deixar-se ~ por** to be carried along by
leve ['lɛvi] ADJ light; (*insignificante*) slight; **de ~** lightly, softly
levedo [le'vedu] M yeast
levedura [leve'dura] F = **levedo**
leveza [le'veza] F lightness
levezinho [leve'ziɲu] ADJ: **de ~** very lightly
leviandade [levjã'dadʒi] F frivolity
leviano, -a [le'vjanu, a] ADJ frivolous
levitação [levita'sãw] F levitation
levitar [levi'tar] VI to levitate
lexical [leksi'kaw] (*pl* **-ais**) ADJ lexical
léxico, -a ['lɛksiku, a] ADJ lexical ▶ M lexicon
lexicografia [leksikogra'fia] F lexicography
lexicógrafo, -a [leksi'kɔgrafu, a] M/F lexicographer
lezíria [le'zirja] (PT) F marshland
LFT (BR) ABR F = **Letra Financeira do Tesouro**
lha [ʎa] = **lhe + a**
lhama ['ʎama] M llama
lhaneza [ʎa'neza] F amiability
lhano, -a ['ʎanu, a] ADJ amiable
lhas [ʎas] = **lhe + as**
lhe [ʎi] PRON (*a ele*) to him; (*a ela*) to her; (*a você*) to you
lhes [ʎis] PRON PL (*a eles/elas*) to them; (*a vocês*) to you
lho [ʎu] = **lhe + o**
lhos [ʎus] = **lhe + os**
lhufas ['ʎufas] (*col*) PRON nothing, bugger all (!)

li *etc* [li] VB *ver* **ler**
lia ['lia] F dregs *pl*, sediment
liame ['ljami] M tie, bond
libanês, -esa [liba'nes, eza] ADJ Lebanese
Líbano ['libanu] M: **o ~** Lebanon
libelo [li'bɛlu] M satire, lampoon; (*Jur*) formal indictment
libélula [li'bɛlula] F dragonfly
liberação [libera'sãw] F liberation
liberal [libe'raw] (*pl* **-ais**) ADJ, M/F liberal
liberalidade [liberali'dadʒi] F liberality
liberalismo [libera'lizmu] M liberalism
liberalização [liberaliza'sãw] F liberalization
liberalizante [liberali'zãtʃi] ADJ liberalizing
liberalizar [liberali'zar] VT to liberalize
liberar [libe'rar] VT to release; (*permitir*) to allow
liberdade [liber'dadʒi] F freedom; **liberdades** FPL (*direitos*) liberties; **estar em ~** to be free; **pôr alguém em ~** to set sb free; **tomar a ~ de fazer** to take the liberty of doing; **tomar ~s com alguém** to take liberties with sb; **~ condicional** probation; **~ de cultos** freedom of worship; **~ de expressão** freedom of expression; **~ de imprensa** press freedom; **~ de palavra** freedom of speech; **~ de pensamento** freedom of thought; **~ sob palavra** parole
Libéria [li'bɛrja] F: **a ~** Liberia
líbero ['liberu] M (*Futebol*) sweeper
libérrimo, -a [li'bɛhimu, a] ADJ SUPERL *de* **livre**
libertação [liberta'sãw] F release
libertador, a [liberta'dor(a)] M/F liberator
libertar [liber'tar] VT to free, release
libertinagem [libertʃi'naʒẽ] F licentiousness, loose living
libertino, -a [liber'tʃinu, a] ADJ loose-living ▶ M/F libertine
liberto, -a [li'bɛrtu, a] PP *de* **libertar**
Líbia ['libja] F: **a ~** Libya
libidinoso, -a [libidʒi'nozu, ɔza] ADJ lecherous, lustful
libido [li'bidu] F libido
líbio, -a ['libju, a] ADJ, M/F Libyan
libra ['libra] F pound; **L~** (*Astrologia*) Libra; **~ esterlina** pound sterling
librar [li'brar] VT to support
libreto [li'bretu] M libretto
libriano, -a [li'brjanu, a] ADJ, M/F Libran
lição [li'sãw] (*pl* **-ões**) F lesson; **que isto lhe sirva de ~** let this be a lesson to you
licença [li'sẽsa] F licence (BRIT), license (US); (*permissão*) permission; (*do trabalho: Mil*) leave; **com ~** excuse me; **estar de ~** to be on leave; **sob ~** under licence; **dá ~?** may I?; **tirar ~** to take leave; **~ poética** poetic licence
licença-prêmio (*pl* **licenças-prêmio**) F long paid leave
licenciado, -a [lisẽ'sjadu, a] M/F graduate
licenciar [lisẽ'sjar] VT to license; **licenciar-se** VR (*Educ*) to graduate; (*ficar de licença*) to take leave; **~ alguém** to give sb leave

licenciatura [lisẽsja'tura] F (*título*) degree; (*curso*) degree course
licencioso, -a [lisẽ'sjozu, ɔza] ADJ licentious
liceu [li'sew] (PT) M secondary (BRIT) *ou* high (US) school
licitação [lisita'sãw] (*pl* **-ões**) F auction; (*concorrência*) tender; **abrir ~** to put out to tender
licitante [lisi'tãtʃi] M/F bidder
licitar [lisi'tar] VT (*pôr em leilão*) to put up for auction ▶ VI to bid
lícito, -a ['lisitu, a] ADJ (*Jur*) lawful; (*justo*) fair, just; (*permissível*) permissible
lições [li'sõjs] FPL *de* **lição**
licor [li'kor] M liqueur
licoroso, -a [liko'rozu, ɔza] ADJ (*vinho*) fortified
lida ['lida] F toil; (*col: leitura*): **dar uma ~ em** to have a read of
lidar [li'dar] VI: **~ com** (*ocupar-se*) to deal with; (*combater*) to struggle against; **~ em algo** to work in sth
lide ['lidʒi] F (*trabalho*) work, chores *pl*; (*luta*) fight; (*Jur*) case
líder ['lider] M/F leader
liderança [lide'rãsa] F leadership; (*Esporte*) lead
liderar [lide'rar] VT to lead
lido, -a ['lidu, a] PP *de* **ler** ▶ ADJ (*pessoa*) well-read
lifting ['liftĩŋ] (*pl* **-s**) M face lift
liga ['liga] F league; (*de meias*) suspender (BRIT), garter (US); (*metal*) alloy
ligação [liga'sãw] (*pl* **-ões**) F connection; (*fig: de amizade*) bond; (*Tel*) call; (*relação amorosa*) liaison; **fazer uma ~ para alguém** to call sb; **não consigo completar a ~** (*Tel*) I can't get through; **caiu a ~** (*Tel*) I (*ou* he *etc*) was cut off
ligada [li'gada] F (*Tel*) ring, call; **dar uma ~ para alguém** (*col*) to give sb a ring
ligado, -a [li'gadu, a] ADJ (*Tec*) connected; (*luz, rádio etc*) on; (*metal*) alloy; **estar ~** (*col: absorto*) to be wrapped up (in); (: *em droga*) to be hooked (on); (*afetivamente*) to be attached (to)
ligadura [liga'dura] F bandage; (*Mús*) ligature
ligamento [liga'mẽtu] M ligament
ligar [li'gar] VT to tie, bind; (*unir*) to join, connect; (*luz, TV*) to switch on; (*afetivamente*) to bind together; (*carro*) to start (up) ▶ VI (*telefonar*) to ring; **ligar-se** VR to join; **~-se com alguém** to join with sb; **~-se a algo** to be connected with sth; **~ para alguém** to ring sb up; **~ para fora** to ring out; **~ para** *ou* **a algo** (*dar atenção*) to take notice of sth; (*dar importância*) to care about sth; **eu nem ligo** it doesn't bother me; **não ligo a mínima (para)** I couldn't care less (about)
ligeireza [liʒej'reza] F lightness; (*rapidez*) swiftness; (*agilidade*) nimbleness
ligeiro, -a [li'ʒejru, a] ADJ light; (*ferimento*) slight; (*referência*) passing; (*conhecimentos*) scant; (*rápido*) quick, swift; (*ágil*) nimble ▶ ADV swiftly, nimbly
liguei *etc* [li'gej] VB *ver* **ligar**
lilás [li'las] ADJ, M lilac
lima ['lima] F (*laranja*) type of orange; (*ferramenta*) file; **~ de unhas** nailfile
limão [li'mãw] (*pl* **-ões**) M lime; (*tb*: **limão-galego**) lemon
limar [li'mar] VT to file
limbo ['lĩbu] M: **estar no ~** to be in limbo
limeira [li'mejra] F lime tree
liminar [limi'nar] F (*Jur*) preliminary verdict
limitação [limita'sãw] (*pl* **-ões**) F limitation, restriction
limitado, -a [limi'tadu, a] ADJ limited; **ele é meio** *ou* **bem ~** he's not very bright
limitar [limi'tar] VT to limit, restrict; **limitar-se** VR: **~-se a** to limit o.s. to; **~(-se) com** to border on; **ele limitava-se a dizer ...** he did nothing more than say ....
limite [li'mitʃi] M (*de terreno etc*) limit, boundary; (*fig*) limit; **passar dos ~s** to go too far; **~ de crédito** credit limit; **~ de idade** age limit
limo ['limu] M (*Bot*) water weed; (*lodo*) slime
limoeiro [li'mwejru] M lemon tree
limões [li'mõjs] MPL *de* **limão**
limonada [limo'nada] F lemonade (BRIT), lemon soda (US)
limpa ['lĩpa] (*col*) F clean; (*roubo*): **fazer uma ~ em** to clean out
limpação [lĩpa'sãw] F cleaning
limpador [lĩpa'dor] M: **~ de para-brisa** windscreen wiper (BRIT), windshield wiper (US)
limpa-pés M INV shoe scraper
limpar [lĩ'par] VT to clean; (*lágrimas, suor*) to wipe away; (*polir*) to shine, polish; (*fig*) to clean up; (*arroz, peixe*) to clean; (*roubar*) to rob
limpa-trilhos M INV cowcatcher
limpeza [lĩ'peza] F cleanliness; (*esmero*) neatness; (*ato*) cleaning; (*fig*) clean-up; (*roubo*): **fazer uma ~ em** to clean out; **~ de pele** facial; **~ pública** rubbish (BRIT) *ou* garbage (US) collection, sanitation
límpido, -a ['lĩpidu, a] ADJ limpid
limpo, -a ['lĩpu, a] PP *de* **limpar** ▶ ADJ clean; (*céu, consciência*) clear; (*Com*) net, clear; (*fig*) pure; (*col: pronto*) ready; **passar a ~** to make a fair copy; **tirar a ~** to find out the truth about, clear up; **estar ~ com alguém** (*col*) to be in with sb
limusine [limu'zini] F limousine
lince ['lĩsi] M lynx; **ter olhos de ~** to have eyes like a hawk
linchar [lĩ'ʃar] VT to lynch
lindeza [lĩ'deza] F beauty
lindo, -a ['lĩdu, a] ADJ lovely; **~ de morrer** (*col*) stunning
linear [li'njar] ADJ linear
linfático, -a [lĩ'fatʃiku, a] ADJ lymphatic
lingerie [lĩʒe'ri] M lingerie

lingote [lĩ'gɔtʃi] M ingot
língua ['lĩgwa] F tongue; (*linguagem*) language; **botar a ~ para fora** to stick out one's tongue; **dar com a ~ nos dentes** to let the cat out of the bag; **dobrar a ~** to bite one's tongue; **estar na ponta da ~** to be on the tip of one's tongue; **ficar de ~ de fora** (*exausto*) to be pooped; **pagar pela ~** to live to regret one's words; **saber algo na ponta da ~** to know sth inside out; **ter uma ~ comprida** (*fig*) to have a big mouth; **em ~ da gente** (*col*) ≈ in plain English; **~ franca** lingua franca; **~ materna** mother tongue
linguado [lĩ'gwadu] M (*peixe*) sole
linguagem [lĩ'gwaʒẽ] (*pl* **-ns**) F (*tb Comput*) language; **~ de alto nível** (*Comput*) high-level language; **~ de máquina** (*Comput*) machine language; **~ de montagem** (*Comput*) assembly language; **~ de programação** (*Comput*) programming language; **~ corporal** body language
linguajar [lĩgwa'ʒar] M speech, language
linguarudo, -a [lĩgwa'rudu, a] ADJ gossiping ▶ M/F gossip
lingueta [lĩ'gweta] F (*fechadura*) bolt; (*balança*) pointer
linguiça [lĩ'gwisa] F sausage; **encher ~** (*col*) to waffle on
linguista [lĩ'gwista] M/F linguist
linguística [lĩ'gwistʃika] F linguistics *sg*
linguístico, -a [lĩ'gwistʃiku, a] ADJ linguistic
linha ['liɲa] F line; (*para costura*) thread; (*barbante*) string, cord; (*fila*) row; **linhas** FPL (*carta*) letter *sg*; **as ~s gerais de um projeto** the outlines of a project; **em ~** in line, in a row; (*Comput*) on line; **fora de ~** out of production; **andar na ~** (*fig*) to toe the line; **sair da ~** (*fig*) to step out of line; **comportar-se com muita ~** to behave very correctly; **manter/perder a ~** to keep/lose one's cool; **o telefone não deu ~** the line was dead; **~ aérea** airline; **~ de apoio** (*PT*) helpline; **~ de ataque** (*Futebol*) forward line, forwards *pl*; **~ de conduta** course of action; **~ de crédito** (*Com*) credit line; **~ de fogo** firing line; **~ de mira** sights *pl*; **~ de montagem** assembly line; **~ de partido** party line; **~ de saque** (*Tênis*) baseline; **~ férrea** railway (*BRIT*), railroad (*US*)
linhaça [li'ɲasa] F linseed
linha-dura (*pl* **linhas-duras**) M/F hardliner
linhagem [li'ɲaʒẽ] F lineage
linho ['liɲu] M linen; (*planta*) flax
linóleo [li'nɔlju] M linoleum
lipoaspiração [lipuaspira'sãw] F liposuction
liquefazer [likefa'zer] (*irreg: como* **fazer**) VT to liquefy
líquen ['likẽ] M lichen
liquidação [likida'sãw] (*pl* **-ões**) F liquidation; (*em loja*) (clearance) sale; (*de conta*) settlement; **em ~** on sale; **entrar em ~** to go into liquidation
liquidante [liki'dãtʃi] M/F liquidator

liquidar [liki'dar] VT to liquidate; (*conta*) to settle; (*mercadoria*) to sell off; (*assunto*) to lay to rest ▶ VI (*loja*) to have a sale; **liquidar-se** VR (*destruir-se*) to be destroyed; **~ (com) alguém** (*fig: arrasar*) to destroy sb; (: *matar*) to do away with sb
liquidez [liki'deʒ] F (*Com*) liquidity
liquidificador [likwidʒifika'dor] M liquidizer
liquidificar [likwidʒifi'kar] VT to liquidize
líquido, -a ['likidu, a] ADJ liquid, fluid; (*Com*) net ▶ M liquid
lira ['lira] F lyre; (*moeda*) lira
lírica ['lirika] F (*Mús*) lyrics *pl*; (*poesia*) lyric poetry
lírico, -a ['liriku, a] ADJ lyric(al)
lírio ['lirju] M lily
lírio-do-vale (*pl* **lírios-do-vale**) M lily of the valley
lirismo [li'riʒmu] M lyricism
Lisboa [liʒ'boa] N Lisbon
lisboeta [liʒ'bweta] ADJ Lisbon *atr* ▶ M/F inhabitant *ou* native of Lisbon
liso, -a ['lizu, a] ADJ smooth; (*tecido*) plain; (*cabelo*) straight; (*col: sem dinheiro*) broke; **estar ~, leso e louco** (*col*) to be flat broke
lisonja [li'zõʒa] F flattery
lisonjeador, a [lizõʒja'dor(a)] ADJ flattering ▶ M/F flatterer
lisonjear [lizõ'ʒjar] VT to flatter
lisonjeiro, -a [lizõ'ʒejru, a] ADJ flattering
lista ['lista] F list; (*listra*) stripe; (*PT: menu*) menu; **~ civil** civil list; **~ negra** blacklist; **~ telefônica** telephone directory
listado, -a [li'stadu, a] ADJ = **listrado**
listagem [lis'taʒẽ] (*pl* **-ns**) F (*Comput*) listing
listar [lis'tar] VT to list
listra ['listra] F stripe
listrado, -a [lis'tradu, a] ADJ striped
literal [lite'raw] (*pl* **-ais**) ADJ literal
literário, -a [lite'rarju, a] ADJ literary
literato [lite'ratu] M man of letters
literatura [litera'tura] F literature
Literatura de cordel *see note*

> **Literatura de cordel** is a type of literature typical of the north-east of Brazil, and published in the form of cheaply printed booklets. Their authors hang these booklets from wires attached to walls in the street so that people can look at them. While they do this, the authors sing their stories aloud. **Literatura de cordel** deals both with local events and people, and with everyday public life, almost always in an irreverent manner.

litigante [litʃi'gãtʃi] M/F (*Jur*) litigant
litigar [litʃi'gar] VT to contend ▶ VI to go to law
litígio [li'tʃiʒju] M (*Jur*) lawsuit; (*contenda*) dispute
litigioso, -a [litʃi'ʒozu, ɔza] ADJ (*Jur*) disputed
litografia [litogra'fia] F (*processo*) lithography; (*gravura*) lithograph
litogravura [litogra'vura] F lithograph

litoral [lito'raw] (*pl* **-ais**) ADJ coastal ▶ M coast, seaboard
litorâneo, -a [lito'ranju, a] ADJ coastal
litro ['litru] M litre (BRIT), liter (US)
Lituânia [li'twanja] F: **a ~** Lithuania
liturgia [litur'ʒia] F liturgy
litúrgico, -a [li'turʒiku, a] ADJ liturgical
lívido, -a ['lividu, a] ADJ livid
living ['livĩŋ] (*pl* **-s**) M living room
livramento [livra'mẽtu] M release; **~ condicional** parole
livrar [li'vrar] VT to release, liberate; (*salvar*) to save; **livrar-se** VR to escape; **~-se de** to get rid of; (*compromisso*) to get out of; **Deus me livre!** Heaven forbid!
livraria [livra'ria] F bookshop (BRIT), bookstore (US)
livre ['livri] ADJ free; (*lugar*) unoccupied; (*desimpedido*) clear, open; **~ de impostos** tax-free; **estar ~ de algo** to be free of sth; **de ~ e espontânea vontade** of one's own free will
livre-arbítrio M free will
livreiro, -a [li'vrejru, a] M/F bookseller
livresco, -a [li'vresku, a] ADJ book *atr*; (*pessoa*) bookish
livrete [li'vretʃi] M booklet
livro ['livru] M book; **~ brochado** paperback; **~ caixa** (*Com*) cash book; **~ de bolso** pocket-sized book; **~ de cabeceira** favo(u)rite book; **~ de cheques** cheque book (BRIT), check book (US); **~ de consulta** reference book; **~ de cozinha** cookery book (BRIT), cookbook (US); **~ de mercadorias** stock book; **~ de registro** catalogue (BRIT), catalog (US); **~ de texto** *ou* **didático** text book; **~ eletrônico** e-book; **~ encadernado** *ou* **de capa dura** hardback
lixa ['liʃa] F sandpaper; (*de unhas*) nailfile; (*peixe*) dogfish
lixadeira [liʃa'dejra] F sander
lixar [li'ʃar] VT to sand; **lixar-se** VR (*col*): **estou me lixando com isso** I couldn't care less about it
lixeira [li'ʃejra] F dustbin (BRIT), garbage can (US)
lixeiro [li'ʃejru] M dustman (BRIT), garbage man (US)
lixo ['liʃu] M rubbish, garbage (US); **ser um ~** (*col*) to be rubbish; **~ atômico** nuclear waste
Lj. ABR = **loja**
lj. ABR = **loja**
-lo [lu] PRON him; (*você*) you; (*coisa*) it
lobby ['lɔbi] (*pl* **-ies**) M (*Pol*) lobby
lóbi ['lɔbi] M = **lobby**
lobinho [lo'biɲu] M (*Zool*) wolf cub; (*escoteiro*) cub
lobisomem [lobi'somẽ] (*pl* **-ns**) M werewolf
lobista [lo'bista] M/F lobbyist
lobo ['lobu] M wolf; **~ do mar** old sea dog
lobo-marinho (*pl* **lobos-marinhos**) M sea lion
lobrigar [lobri'gar] VT to glimpse
lóbulo ['lɔbulu] M lobe

locação [loka'sãw] (*pl* **-ões**) F lease; (*de vídeo etc*) rental
locador, a [loka'dor(a)] M/F (*de casa*) landlord; (*de carro, filme*) rental agent ▶ F rental company; **~a de vídeo** video rental shop
local [lo'kaw] (*pl* **-ais**) ADJ local ▶ M site, place ▶ F (*notícia*) story
localidade [lokali'dadʒi] F (*lugar*) locality; (*povoação*) town
localização [lokaliza'sãw] (*pl* **-ões**) F location
localizar [lokali'zar] VT to locate; (*situar*) to place; **localizar-se** VR (*estabelecer-se*) to be located; (*orientar-se*) to get one's bearings
loção [lo'sãw] (*pl* **-ões**) F lotion; **~ após-barba** aftershave (lotion)
locatário, -a [loka'tarju, a] M/F (*de casa*) tenant; (*de carro, filme*) hirer
locaute [lo'kawtʃi] M lockout
loções [lo'sõjs] FPL *de* **loção**
locomoção [lokomo'sãw] (*pl* **-ões**) F locomotion
locomotiva [lokomo'tʃiva] F railway (BRIT) *ou* railroad (US) engine, locomotive
locomover-se [lokomo'versi] VR to move around
locução [loku'sãw] (*pl* **-ões**) F (*Ling*) phrase; (*dicção*) diction
locutor, a [loku'tor(a)] M/F (*TV, Rádio*) announcer
lodacento, -a [loda'sẽtu, a] ADJ muddy
lodo ['lodu] M (*lama*) mud; (*limo*) slime
lodoso, -a [lo'dozu, ɔza] ADJ (*lamacento*) muddy; (*limoso*) slimy
logaritmo [loga'ritʃimo] M logarithm
lógica ['lɔʒika] F logic
lógico, -a ['lɔʒiku, a] ADJ logical; **(é) ~!** of course!
logística [lo'ʒistʃika] F logistics *sg*
logo ['lɔgu] ADV (*imediatamente*) right away, at once; (*em breve*) soon; (*justamente*) just, right; (*mais tarde*) later; **~, ~** in no time; **~ mais** later; **~ no começo** right at the start; **~ que, tão ~** as soon as; **até ~!** bye!; **~ antes/depois** just before/shortly afterwards; **~ de saída** *ou* **de cara** straightaway, right away
logopedia [logope'dʒia] F speech therapy
logopedista [logope'dʒista] M/F speech therapist
logotipo [logo'tʃipu] M logo
logradouro [logra'doru] M public area
lograr [lo'grar] VT (*alcançar*) to achieve; (*obter*) to get, obtain; (*enganar*) to cheat; **~ fazer** to manage to do
logro ['logru] M fraud
loiro, -a ['lojru, a] ADJ = **louro**
loja ['lɔʒa] F shop; (*maçônica*) lodge; **~ de antiguidades** antique shop; **~ de brinquedos** toy shop; **~ de departamentos** department store; **~ de presentes** gift shop (BRIT), gift store (US); **~ de produtos naturais** health food shop
lojista [lo'ʒista] M/F shopkeeper
lomba ['lõba] F ridge; (*ladeira*) slope

lombada ['lõbada] F *(de animal)* back; *(de livro)* spine; *(na estrada)* ramp

lombar [lõ'bar] ADJ lumbar

lombeira [lõ'bejra] F listlessness

lombinho [lõ'biɲu] M *(carne)* tenderloin

lombo ['lõbu] M back; *(carne)* loin

lombriga [lõ'briga] F ringworm

lona ['lɔna] F canvas; **estar na última ~** *(col)* to be broke

Londres ['lõdris] N London

londrino, -a [lõ'drinu, a] ADJ London *atr* ▶ M/F Londoner

longa-metragem *(pl* **longas-metragens)** M: **(filme de) ~** feature (film)

longe ['lõʒi] ADV far, far away ▶ ADJ distant; **ao ~** in the distance; **de ~** from far away; *(sem dúvida)* by a long way; **~ dos olhos, ~ do coração** out of sight, out of mind; **~ de** a long way from; **~ disso** far from it; **ir ~ demais** *(fig)* to go too far; **essa sua mania vem de ~** he's had this habit for a long time; **ver ~** *(fig)* to have vision

longevidade [lõʒevi'dadʒi] F longevity

longínquo, -a [lõ'ʒĩkwu, a] ADJ distant, remote

longíquo, -a [lõ'ʒikwu, a] ADJ = **longínquo**

longitude [lõʒi'tudʒi] F *(Geo)* longitude

longitudinal [lõʒitudʒi'naw] *(pl* **-ais)** ADJ longitudinal

longo, -a ['lõgu, a] ADJ long ▶ M *(vestido)* long dress, evening dress; **ao ~ de** along, alongside

lontra ['lõtra] F otter

loquacidade [lokwasi'dadʒi] F loquacity

loquaz [lo'kwaz] ADJ talkative

lorde ['lɔrdʒi] M lord

lorota [lo'rɔta] *(col)* F fib

losango [lo'zãgu] M lozenge, diamond

lotação [lota'sãw] F capacity; *(vinho)* blending; *(de funcionários)* complement; (BR: *ônibus)* bus; **~ completa** *ou* **esgotada** *(Teatro)* sold out

lotado, -a [lo'tadu, a] ADJ *(Teatro)* full; *(ônibus)* full up; *(bar, praia)* packed, crowded

lotar [lo'tar] VT to fill, pack; *(funcionário)* to place ▶ VI to fill up

lote ['lɔtʃi] M *(porção)* portion, share; *(em leilão)* lot; *(terreno)* plot; *(de ações)* parcel, batch

loteamento [lotʃja'mẽtu] M division into lots

lotear [lo'tʃjar] VT to divide into lots

loteca [lo'tɛka] *(col)* F pools *pl* (BRIT), lottery (US)

loteria [lote'ria] F lottery; **ganhar na ~** to win the lottery; **~ esportiva** football pools *pl* (BRIT), lottery (US)

loto¹ ['lɔtu] M lotus

loto² ['lotu] M bingo

lótus ['lɔtus] M INV lotus

louça ['losa] F china; *(conjunto)* crockery; *(tb:* **louça sanitária**) bathroom suite; **de ~** china *atr*; **~ de barro** earthenware; **~ de jantar** dinner service; **lavar a ~** to do the washing up (BRIT) *ou* the dishes

louçaria [losa'ria] F china; *(loja)* china shop

louco, -a ['loku, a] ADJ crazy, mad; *(sucesso)* runaway; *(frio)* freezing ▶ M/F lunatic; **~ varrido** raving mad; **~ de fome/raiva** ravenous/hopping mad; **~ por** crazy about; **deixar alguém ~** to drive sb crazy; **ser uma coisa de ~** *(col)* to be really something; **estar/ficar ~ da vida (com)** to be/get mad (at); **~ de pedra** *(col)* stark staring mad; **deu uma louca nele e ...** something strange came over him and ...; **cada ~ com sua mania** whatever turns you on

loucura [lo'kura] F madness; *(ato)* crazy thing; **ser ~ (fazer)** to be crazy (to do); **ser uma ~** to be crazy; *(col: ser muito bom)* to be fantastic; **ter ~ por** to be crazy about

louquice [lo'kisi] F madness; *(ato, dito)* crazy thing

louro, -a ['loru, a] ADJ blond, fair ▶ M laurel; *(Culin)* bay leaf; *(cor)* blondness; *(papagaio)* parrot; **louros** MPL *(fig)* laurels

lousa ['loza] F flagstone; *(tumular)* gravestone; *(quadro-negro)* blackboard

louva-a-deus ['lova-] M INV praying mantis

louvação [lova'sãw] *(pl* **-ões)** F praise

louvar [lo'var] VT, VI: **~ (a)** to praise

louvável [lo'vavew] *(pl* **-eis)** ADJ praiseworthy

louvor [lo'vor] M praise

LP ABR M LP (record)

lpm ABR (= *linhas por minuto*) lpm

Ltda. ABR (= *Limitada*) Ltd

lua ['lua] F moon; **estar** *ou* **viver no mundo da ~** to have one's head in the clouds; **estar de ~** *(col)* to be in a mood; **ser de ~** *(col)* to be moody; **~ cheia/nova** full/new moon; **~ de mel** honeymoon

Luanda ['lwãda] N Luanda

luar ['lwar] M moonlight; **banhado de ~** moonlit

luarento, -a [lwa'rẽtu, a] ADJ moonlit

lubrificação [lubrifika'sãw] *(pl* **-ões)** F lubrication

lubrificante [lubrifi'kãtʃi] M lubricant ▶ ADJ lubricating

lubrificar [lubrifi'kar] VT to lubricate

lucidez [lusi'dez] F lucidity, clarity

lúcido, -a ['lusidu, a] ADJ lucid

lúcio ['lusju] M *(peixe)* pike

lucrar [lu'krar] VT *(tirar proveito)* to profit from *ou* by; *(dinheiro)* to make; *(gozar)* to enjoy ▶ VI to make a profit; **~ com** *ou* **em** to profit by

lucratividade [lukratʃivi'dadʒi] F profitability

lucrativo, -a [lukra'tʃivu, a] ADJ lucrative, profitable

lucro ['lukru] M gain; *(Com)* profit; **~ bruto/líquido** *(Com)* gross/net profit; **participação nos ~s** *(Com)* profit-sharing; **~s e perdas** *(Com)* profit and loss

lucubração [lukubra'sãw] *(pl* **-ões)** F meditation, pondering

ludibriar [ludʒi'brjar] VT *(enganar)* to dupe, deceive; *(escarnecer)* to mock, deride

lúdico, -a ['ludʒiku, a] ADJ playful
lufada [lu'fada] F gust (of wind)
lugar [lu'gar] M place; *(espaço)* space, room; *(para sentar)* seat; *(emprego)* job; *(ocasião)* opportunity; **em ~ de** instead of; **dar ~ a** *(causar)* to give rise to; **~ comum** commonplace; **em primeiro ~** in the first place; **em algum/nenhum/todo ~** somewhere/nowhere/everywhere; **em outro ~** somewhere else, elsewhere; **ter ~** *(acontecer)* to take place; **ponha-se em meu ~** put yourself in my place; **ponha-se no seu ~** don't get ideas above your station; **ele foi no meu ~** he went instead of me *ou* in my place; **tirar o primeiro ~** to come first; **conhecer o seu ~** to know one's place; **~ de nascimento** place of birth
lugarejo [luga'reʒu] M village
lúgubre ['lugubri] ADJ mournful; *(escuro)* gloomy
lula ['lula] F squid
lumbago [lũ'bagu] M lumbago
lume ['lumi] M fire; *(luz)* light
luminária [lumi'narja] F lamp; **luminárias** FPL *(iluminações)* illuminations
luminosidade [luminozi'dadʒi] F brightness
luminoso, -a [lumi'nozu, ɔza] ADJ luminous; *(fig: raciocínio)* clear; (: *ideia, talento)* brilliant; *(letreiro)* illuminated
lunar [lu'nar] ADJ lunar ▶ M *(na pele)* mole
lunático, -a [lu'natʃiku, a] ADJ mad
luneta [lu'neta] F eye-glass; *(telescópio)* telescope
lupa ['lupa] F magnifying glass
lúpulo ['lupulu] M *(Bot)* hop
lusco-fusco ['lusku-] M twilight
lusitano, -a [luzi'tanu, a] ADJ Portuguese, Lusitanian
luso, -a ['luzu, a] ADJ Portuguese
luso-brasileiro, -a *(pl* **luso-brasileiros)** ADJ Luso-Brazilian
lustra-móveis ['lustra-] M INV furniture polish
lustrar [lus'trar] VT to polish, clean
lustre ['lustri] M gloss, sheen; *(fig)* lustre *(BRIT)*, luster *(US)*; *(luminária)* chandelier
lustroso, -a [lus'trozu, ɔza] ADJ shiny
luta ['luta] F fight, struggle; **~ armada** armed combat; **~ de boxe** boxing; **~ de classes** class struggle; **~ livre** wrestling; **foi uma ~ convencê-lo** it was a struggle to convince him
lutador, a [luta'dor(a)] M/F fighter; *(atleta)* wrestler
lutar [lu'tar] VI to fight, struggle; *(luta livre)* to wrestle ▶ VT *(caratê, judô)* to do; **~ contra/por algo** to fight against/for sth; **~ para fazer algo** to struggle to do sth; **~ com** *(dificuldades)* to struggle against; *(competir)* to fight with
luto ['lutu] M mourning; *(tristeza)* grief; **de ~** in mourning; **pôr ~** to go into mourning
luva ['luva] F glove; **luvas** FPL *(pagamento)* payment *sg*; *(ao locador)* fee *sg*; **caber como uma ~** to fit like a glove
luxação [luʃa'sãw] *(pl* **-ões)** F dislocation
luxar [lu'ʃar] VI to show off
Luxemburgo [luʃẽ'burgu] M: **o ~** Luxembourg
luxento, -a [lu'ʃẽtu, a] ADJ fussy, finicky
luxo ['luʃu] M luxury; **de ~** luxury *atr*; **dar-se ao ~ de** to allow o.s. to; **poder dar-se ao ~ de** to be able to afford to; **cheio de ~** *(col)* prissy, finicky; **deixe de ~** *(col)* don't come it; **fazer ~** *(col)* to play hard to get; **com ~** luxurious(ly); *(vestir-se)* fancily
luxuosidade [luʃwozi'dadʒi] F luxuriousness
luxuoso, -a [lu'ʃwozu, ɔza] ADJ luxurious
luxúria [lu'ʃurja] F lust
luxuriante [luʃu'rjãtʃi] ADJ lush
luz [luz] F light; *(eletricidade)* electricity; **à ~ de** by the light of; *(fig)* in the light of; **a meia ~** with subdued lighting; **dar à ~ (um filho)** to give birth (to a son); **deu-me uma ~** I had an idea; **~ artificial/natural** artificial/natural light; **~ de vela** candlelight; **pessoa de muita ~** enlightened person
luzidio, -a [luzi'dʒiu, a] ADJ shining, glossy
luzir [lu'zir] VI to shine, gleam; *(fig)* to be successful
Lx.a ABR = **Lisboa**
Lycra® ['lajkra] F Lycra®

M m

M, m ['emi] (*pl* **ms**) M M, m; **M de Maria** M for Mike
MA ABR = **Maranhão**
ma [ma] PRON = **me + a**
má [ma] ADJ F *de* **mau**
maca ['maka] F stretcher
maçã [ma'sã] F apple; **~ do rosto** cheekbone
macabro, -a [ma'kabru, a] ADJ macabre
macaca [ma'kaka] F: **estar com a ~** (*col*) to be in a foul mood; *ver tb* **macaco**
macacada [maka'kada] F (*turma*): **a ~** (*família, amigos*) the gang
macacão [maka'kãw] (*pl* **-ões**) M (*de trabalhador*) overalls *pl* (BRIT), coveralls *pl* (US); (*da moda*) jump-suit
macaco, -a [ma'kaku, a] M/F monkey ▶ M (*Mecânica*) jack; **(fato) ~** (PT) overalls *pl* (BRIT), coveralls *pl* (US); (*pessoa feia*) ugly mug; (*tb*: **macaco de imitação**) copycat; **~ velho** (*fig*) old hand; **~s me mordam** (*col*) blow me down
macacões [maka'kõjs] MPL *de* **macacão**
maçada [ma'sada] F bore
macadame [maka'dami] M asphalt, tarmac (BRIT)
maçador, a [masa'dor(a)] (PT) ADJ boring
macambúzio, -a [makã'buzju, a] ADJ sullen
maçaneta [masa'neta] F knob
maçante [ma'sãtʃi] (BR) ADJ boring
macaquear [maka'kjar] VT to ape
macaquice [maka'kisi] F: **fazer ~s** to clown around
maçar [ma'sar] VT to bore
maçarico [masa'riku] M (*tubo*) blowpipe; (*ave*) curlew
maçaroca [masa'rɔka] F wad
macarrão [maka'hãw] M pasta; (*em forma de canudo*) spaghetti
macarronada [makaho'nada] F pasta with cheese and tomato sauce
macarrônico, -a [maka'honiku, a] ADJ (*francês etc*) broken, halting
Macau [ma'kaw] N Macao
maceioense [masej'wẽsi] ADJ from Maceió ▶ M/F person from Maceió
macerado, -a [mase'radu, a] ADJ (*rosto*) haggard
macerar [mase'rar] VT (*amolecer*) to soften; (*fig*: *mortificar*) to mortify; (:*rosto*) to make haggard
macérrimo, -a [ma'sɛhimu, a] ADJ SUPERL *de* **magro**
macete [ma'setʃi] M mallet; (*col*) trick; **dar o ~ a alguém** (*col*) to show sb the way
maceteado, -a [mase'tʃjadu, a] (*col*) ADJ (*plano*) clever; (*casa*) well-designed
machadada [maʃa'dada] F blow with an axe (BRIT) *ou* ax (US)
machado [ma'ʃadu] M axe (BRIT), ax (US)
machão, -ona [ma'ʃãw, ɔ] (*pl* **-ões/-s**) ADJ tough; (*mulher*) butch ▶ M macho man; (*valentão*) tough guy
machê [ma'ʃe] ADJ: **papel ~** papier-mâché
machete [ma'ʃetʃi] M machete
machismo [ma'ʃizmu] M male chauvinism, machismo; (*col*) toughness
machista [ma'ʃista] ADJ chauvinistic, macho ▶ M male chauvinist
macho ['maʃu] ADJ male; (*fig*) virile, manly; (*valentão*) tough ▶ M male; (*Tec*) tap
machões [ma'ʃõjs] MPL *de* **machão**
machona [ma'ʃona] ADJ F *de* **machão** ▶ F butch woman; (!: *lésbica*) dyke (!)
machucado, -a [maʃu'kadu, a] ADJ hurt; (*pé, braço*) bad ▶ M injury; (*área machucada*) sore patch
machucar [maʃu'kar] VT to hurt; (*produzir contusão*) to bruise ▶ VI to hurt; **machucar-se** VR to hurt o.s.; (*col*: *estrepar-se*) to come a cropper
maciço, -a [ma'sisu, a] ADJ solid; (*espesso*) thick; (*quantidade*) massive ▶ M (*Geo*) massif; **ouro ~** solid gold; **uma dose maciça** a massive dose
macieira [ma'sjejra] F apple tree
maciez [ma'sjez] F softness
macilento, -a [masi'lẽtu, a] ADJ gaunt, haggard
macio, -a [ma'siu, a] ADJ soft; (*liso*) smooth
maciota [ma'sjɔta] F: **na ~** without problems
maço ['masu] M (*de folhas, notas*) bundle; (*de cigarros*) packet
maçom [ma'sõ] (*pl* **-ns**) M (free)mason
maçonaria [masona'ria] F (free)masonry
maconha [ma'kɔɲa] F dope; **cigarro de ~** joint

maconhado, -a [mako'ɲadu, a] ADJ stoned
maconheiro, -a [mako'ɲejru, a] (col) M/F (viciado) dope fiend; (vendedor) dope peddler
maçônico, -a [ma'soniku, a] ADJ masonic; **loja maçônica** masonic lodge
maçons [ma'sõs] MPL de **maçom**
má-criação (pl **-ões**) F rudeness; (ato, dito) rude thing
macrobiótica [makro'bjɔtʃika] F (dieta) macrobiotic diet
macrobiótico, -a [makro'bjɔtʃiku, a] ADJ macrobiotic
macroeconomia [makroekono'mia] F macroeconomics sg
mácula ['makula] F stain, blemish
macumba [ma'kũba] F ≈ voodoo; (despacho) macumba offering
macumbeiro, -a [makũ'bejru, a] ADJ ≈ voodoo atr ▶ M/F follower of macumba
madama [ma'dama] F = **madame**
madame [ma'dami] F (senhora) lady; (col: dona de casa) lady of the house; (: esposa) missus; (: de bordel) madame
Madeira [ma'dejra] F: **a ~** Madeira
madeira [ma'dejra] F wood ▶ M Madeira (wine); **de ~** wooden; **bater na ~** (fig) to touch (BRIT) ou knock on (US) wood; **~ compensada** plywood; **~ de lei** hardwood
madeira-branca (pl **madeiras-brancas**) F softwood
madeiramento [madejra'mẽtu] M woodwork
madeirense [madej'rẽsi] ADJ, M/F Madeiran
madeiro [ma'dejru] M (lenho) log; (viga) beam
madeixa [ma'dejʃa] F (de cabelo) lock
madona [ma'dɔna] F madonna
madrasta [ma'draʃta] F stepmother; (fig) heartless mother
madre ['madri] F (freira) nun; (superiora) mother superior
madrepérola [madre'pɛrola] F mother of pearl
madressilva [madre'siwva] F honeysuckle
Madri [ma'dri] N Madrid
Madrid [ma'drid] (PT) N Madrid
madrinha [ma'driɲa] F godmother; (fig: patrocinadora) patron
madrugada [madru'gada] F (early) morning; (alvorada) dawn, daybreak; **duas horas da ~** two in the morning
madrugador, a [madruga'dor(a)] M/F early riser; (fig) early bird ▶ ADJ early-rising
madrugar [madru'gar] VI to get up early; (aparecer cedo) to be early
madurar [madur'ar] VT, VI (fruta) to ripen; (fig) to mature
madureza [madu'reza] F (de pessoa) maturity
maduro, -a [ma'duro, a] ADJ (fruta) ripe; (fig) mature; (: prudente) prudent
mãe [mãj] F mother; **~ adotiva** ou **de criação** adoptive mother; **~ de família** wife and mother; **~ de santo** voodoo priestess
mãe-benta (pl **mães-bentas**) F (Culin) coconut cookie

MAer (BR) ABR M = **Ministério da Aeronáutica**
maestria [majs'tria] F mastery; **com ~** in a masterly way
maestro, -trina [ma'ɛstru, 'trina] M/F conductor
má-fé F malicious intent
máfia ['mafja] F mafia
mafioso, -a [ma'fjozu, ɔza] ADJ gangsterish ▶ M mobster
mafuá [ma'fwa] M fair; (bagunça) mess
magarefe [maga'rɛfi] (PT) M butcher
magazine [maga'zini] M magazine; (loja) department store
magia [ma'ʒia] F magic; **~ negra** black magic
mágica ['maʒika] F magic; (truque) magic trick; ver tb **mágico**
mágico, -a ['maʒiku, a] ADJ magic ▶ M/F magician
magistério [maʒis'tɛrju] M (ensino) teaching; (profissão) teaching profession; (professorado) teachers pl
magistrado [maʒis'tradu] M magistrate
magistral [maʒis'traw] (pl **-ais**) ADJ magisterial; (fig) masterly
magistratura [maʒistra'tura] F magistracy
magnanimidade [magnanimi'dadʒi] F magnanimity
magnânimo, -a [mag'nanimu, a] ADJ magnanimous
magnata [mag'nata] M magnate, tycoon
magnésia [mag'nɛzja] F magnesia
magnésio [mag'nɛzju] M magnesium
magnético, -a [mag'nɛtʃiku, a] ADJ magnetic
magnetismo [magne'tʃizmu] M magnetism
magnetizar [magnetʃi'zar] VT to magnetize; (fascinar) to mesmerize
magnificência [magnifi'sẽsja] F magnificence, splendour (BRIT), splendor (US)
magnífico, -a [mag'nifiku, a] ADJ splendid, magnificent
magnitude [magni'tudʒi] F magnitude
magno, -a ['magnu, a] ADJ (grande) great; (importante) important
magnólia [mag'nɔlja] F magnolia
mago ['magu] M magician; **os reis ~s** the Three Wise Men, the Three Kings
mágoa ['magwa] F (tristeza) sorrow, grief; (fig: desagrado) hurt
magoado, -a [ma'gwadu, a] ADJ hurt
magoar [ma'gwar] VT, VI to hurt; **magoar-se** VR: **~-se com algo** to be hurt by sth
MAgr (BR) ABR M = **Ministério da Agricultura**
magreza [ma'greza] F slimness; (de carne) leanness; (fig) meagreness (BRIT), meagerness (US)
magricela [magri'sɛla] ADJ skinny
magrinho, -a [ma'griɲu, a] ADJ thin
magro, -a ['magru, a] ADJ (pessoa) slim; (carne) lean; (fig: parco) meagre (BRIT), meager (US); (leite) skimmed; **ser ~ como um palito** to be like a beanpole
mai. ABR = **maio**

mainframe [mẽj'frejm] M mainframe
maio ['maju] M May; *ver tb* **julho**
maiô [ma'jo] (BR) M swimsuit
maionese [majo'nɛzi] F mayonnaise
maior [ma'jɔr] ADJ (*compar: de tamanho*) bigger; (*: de importância*) greater; (*superl: de tamanho*) biggest; (*: de importância*) greatest ▶ M/F adult; **tive a ~ discussão com ela** I had a real argument with her; **foi o ~ barato** (*col*) it was really great; **você não sabe da ~** you'll never guess what; **~ de idade** of age, adult; **~ de 21 anos** over 21; **ser de ~** (*col*) to be of age *ou* grown up; **ser ~ e vacinado** (*col*) to be one's own master
maioral [majo'raw] (*pl* **-ais**) M boss; **o ~** the greatest
Maiorca [maj'ɔrka] F Majorca
maioria [majo'ria] F majority; **a ~ de** most of; **~ absoluta** absolute majority
maioridade [majori'dadʒi] F adulthood; **atingir a ~** to come of age

(PALAVRA-CHAVE)

mais [majs] ADV **1** (*compar*): **mais magro/inteligente (do que)** thinner/more intelligent (than); **ele trabalha mais (do que eu)** he works more (than me)
2 (*superl*): **o mais ...** the most ...; **o mais magro/inteligente** the thinnest/most intelligent
3 (*negativo*): **ele não trabalha mais aqui** he doesn't work here any more; **nunca mais** never again
4 (+ *adj: valor intensivo*): **que livro mais chato!** what a boring book!
5: **por mais que** however much; **por mais que se esforce ...** no matter how hard you try ...; **por mais que eu quisesse ...** much as I should like to ...
6: **a mais: temos um a mais** we've got one extra
7 (*tempo*): **mais cedo ou mais tarde** sooner or later; **a mais tempo** sooner; **logo mais** later on; **no mais tardar** at the latest
8 (*frases*): **mais ou menos** more or less; **mais uma vez** once more; **cada vez mais** more and more; **sem mais nem menos** out of the blue
▶ ADJ **1** (*compar*): **mais (do que)** more (than); **ele tem mais dinheiro (do que o irmão)** he's got more money (than his brother)
2 (*superl*): **ele é quem tem mais dinheiro** he's got most money
3 (+ *números*): **ela tem mais de dez bolsas** she's got more than ten bags
4 (*negativo*): **não tenho mais dinheiro** I haven't got any more money
5 (*adicional*) else; **mais alguma coisa?** anything else?; **nada/ninguém mais** nothing/no-one else
▶ PREP: **2 mais 2 são 4** 2 and 2 *ou* plus 2 is 4
▶ M: **o mais** the rest

maisena [maj'zena] F cornflour (BRIT), corn starch (US)
mais-valia (*pl* **mais-valias**) F added value
maître ['mɛtri] M head waiter
maiúscula [ma'juskula] F capital letter
majestade [maʒes'tadʒi] F majesty; **Sua/Vossa M~** His (*ou* Her)/Your Majesty
majestoso, -a [maʒes'tozu, ɔza] ADJ majestic
major [ma'ʒɔr] M (*Mil*) major
majoritário, -a [maʒori'tarju, a] ADJ majority *atr*
mal [maw] M (*pl* **males**) harm; (*Med*) illness ▶ ADV badly; (*quase não*) hardly ▶ CONJ hardly; **~ desliguei o fone, a campainha tocou** I had hardly put the phone down when the doorbell rang; **o bem e o ~** good and bad; **o ~ é que ...** the problem is that ...; **falar ~ de alguém** to speak ill of sb, run sb down; **desejar ~ a alguém** to wish sb ill; **fazer ~ a alguém** to harm sb; (*deflorar*) to deflower sb; **fazer ~ à saúde de alguém** to damage sb's health; **fazer ~ em fazer** to be wrong to do; **não faz ~** never mind; **não fiz por ~** I meant no harm, I didn't mean it; **levar algo a ~** to take offence (BRIT) *ou* offense (US) at sth; **querer ~ a alguém** to wish sb ill; **estar ~** (*doente*) to be ill; **passar ~** to be sick; **estar ~ da vida** to be in a bad way; **viver ~ com alguém** not to get on with sb; **~ e porcamente** in a slapdash way; **estar de ~ com alguém** not to be speaking to sb; **dos ~es o menor** the lesser of two evils; **~ de Alzheimer** Alzheimer's (disease); **~ de Parkinson** Parkinson's (disease)
mal- [maw] PREFIXO badly, mis-
mala ['mala] F suitcase; (BR *Auto*) boot, trunk (US); **malas** FPL (*bagagem*) luggage *sg*; **fazer as ~s** to pack; **~ aérea** air courier; **~s de mão** hand luggage *sg*; **~ direta** (*Com*) direct mail; **~ postal** mail bag
malabarismo [malaba'riʒmu] M juggling; (*fig*) shrewd manoeuvre (BRIT) *ou* maneuver (US)
malabarista [malaba'rista] M/F juggler; (*fig*) smooth operator
mal-acabado, -a ADJ badly finished; (*pessoa*) deformed
mal-acostumado, -a ADJ maladjusted
mal-afamado, -a ADJ notorious; (*malvisto*) of ill repute
malagradecido, -a [malagrade'sidu, a] ADJ ungrateful
malagueta [mala'geta] F chilli (BRIT) *ou* chili (US) pepper
malaio, -a [ma'laju, a] ADJ, M/F Malay ▶ M (*Ling*) Malay
Malaísia [mala'izja] F: **a ~** Malaysia
malaísio, -a [mala'izju, a] ADJ, M/F Malaysian
mal-ajambrado, -a [-aʒã'bradu, a] ADJ scruffy
mal-amada ADJ unloved ▶ F spinster
malandragem [malã'draʒẽ] F (*patifaria*) double-dealing; (*preguiça*) idleness; (*esperteza*) cunning

malandrear [malã'drjar] vi to loaf about *ou* around

malandrice [malã'drisi] F = **malandragem**

malandro, -a [ma'lãdru, a] ADJ *(patife)* double-dealing; *(preguiçoso)* idle; *(esperto)* wily, cunning ▶ M/F crook; layabout; streetwise person

mal-apanhado, -a ADJ unpleasant-looking

mal-apessoado, -a [-ape'swadu, a] ADJ unpleasant-looking

malária [ma'larja] F malaria

mal-arrumado, -a [-ahu'madu, a] ADJ untidy

mal-assombrado, -a ADJ haunted

Malavi [mala'vi] M: **o ~** Malawi

mal-avisado, -a [-avi'zadu, a] ADJ rash

malbaratar [mawbara'tar] vT *(dinheiro)* to squander, waste

malcasado, -a [mawka'zadu, a] ADJ unhappily married; *(com pessoa inferior)* married to sb below one's class

malcheiroso, -a [mawʃej'rozu, ɔza] ADJ evil-smelling

malcomportado, -a [mawkõpor'tadu, a] ADJ badly behaved

malconceituado, -a [mawkõsej'twadu, a] ADJ badly thought of

malcriado, -a [maw'krjadu, a] ADJ rude ▶ M/F slob

maldade [maw'dadʒi] F cruelty; *(malícia)* malice; **é uma ~** it is cruel

maldição [mawdʒi'sãw] *(pl* **-ões)** F curse

maldigo *etc* [maw'dʒigu] VB *ver* **maldizer**

maldisposto, -a [mawdʒis'postu, 'pɔsta] ADJ indisposed

maldisse *etc* [maw'dʒisi] VB *ver* **maldizer**

maldito, -a [maw'dʒitu, a] PP *de* **maldizer** ▶ ADJ damned

Maldivas [maw'dʒivas] FPL: **as (ilhas) ~** the Maldives

maldiz *etc* [maw'dʒiz] VB *ver* **maldizer**

maldizente [mawdʒi'zẽtʃi] M/F slanderer

maldizer [mawdʒi'zer] *(irreg: como* **dizer)** vT to curse

maldoso, -a [maw'dozu, ɔza] ADJ wicked; *(malicioso)* malicious

maldotado, -a [mawdo'tadu, a] ADJ untalented

maleável [ma'ljavew] *(pl* **-eis)** ADJ malleable

maledicência [maledʒi'sẽsja] F slander

maledicente [maledʒi'sẽtʃi] M/F slanderer

mal-educado, -a ADJ rude ▶ M/F slob

malefício [male'fisju] M harm

maléfico, -a [ma'lɛfiku, a] ADJ *(pessoa)* malicious; *(prejudicial)* harmful

mal-empregado, -a ADJ wasted

mal-encarado, -a [-ẽka'radu, a] ADJ shady, shifty

mal-entendido, -a ADJ misunderstood ▶ M misunderstanding

mal-estar M *(indisposição)* indisposition, discomfort; *(embaraço)* awkward situation

maleta [ma'leta] F small suitcase, grip

malevolência [malevo'lẽsja] F malice, spite

malevolente [malevo'lẽtʃi] ADJ malicious, spiteful

malévolo, -a [ma'lɛvolu, a] ADJ malicious, spiteful

malfadado, -a [mawfa'dadu, a] ADJ unlucky; *(viagem)* ill-fated

malfeito, -a [maw'fejtu, a] ADJ *(roupa)* poorly made; *(corpo)* misshapen; *(fig: injusto)* wrong, unjust

malfeitor, -a [mawfej'tor(a)] M/F wrongdoer

malgastar [mawgas'tar] vT to waste

malgasto, -a [maw'gastu, a] ADJ wasted

malgrado [maw'gradu] PREP despite

malha ['maʎa] F *(de rede)* mesh; *(tecido)* jersey; *(suéter)* sweater; *(de ginástica)* leotard; **fazer ~** *(PT)* to knit; **artigos de ~** knitwear; **~ perdida** ladder *(BRIT),* run *(US);* **vestido de ~** jersey dress

malhado, -a [ma'ʎadu, a] ADJ mottled; *(roque)* heavy

malhar [ma'ʎar] vT *(bater)* to beat; *(cereais)* to thresh; *(col: criticar)* to knock, run down ▶ vi *(col: fazer ginástica)* to work out

malharia [maʎa'ria] F *(fábrica)* mill; *(artigos de malha)* knitted goods pl

malho ['maʎu] M *(maço)* mallet; *(grande)* sledgehammer

mal-humorado, -a [-umo'radu, a] ADJ grumpy, sullen

Mali [ma'li] M: **o ~** Mali

malícia [ma'lisja] F malice; *(astúcia)* slyness; *(esperteza)* cleverness; **pôr ~ em algo** to give sth a double meaning

maliciar [mali'sjar] vT *(ação)* to see malice in; *(palavras)* to misconstrue

malicioso, -a [mali'sjozu, ɔza] ADJ malicious; *(astuto)* sly; *(esperto)* clever; *(mente suja)* dirty-minded

malignidade [maligni'dadʒi] F malice, spite; *(Med)* malignancy

maligno, -a [ma'lignu, a] ADJ *(maléfico)* evil, malicious; *(danoso)* harmful; *(Med)* malignant

má-língua *(pl* **más-línguas)** F backbiting ▶ M/F backbiter

mal-intencionado, -a ADJ malicious

malmequer [mawme'ker] M marigold

maloca [ma'lɔka] F *(casa)* communal hut; *(aldeia)* (Indian) village; *(esconderijo)* bolt hole

malocar [malo'kar] *(col)* vT to hide

malogrado, -a [malo'gradu, a] ADJ *(plano)* abortive, frustrated; *(sem êxito)* unsuccessful

malograr [malo'grar] vT *(planos)* to upset; *(frustrar)* to thwart, frustrate ▶ vi *(planos)* to fall through; *(fracassar)* to fail; **malograr-se** vR to fall through; to fail

malogro [ma'logru] M failure

malote [ma'lɔtʃi] M pouch; *(serviço)* express courier

malpassado, -a [mawpa'sadu, a] ADJ underdone; *(bife)* rare

malproporcionado, -a [mawproporsjo'nadu, a] ADJ ill-proportioned

malquerença [mawke'rēsa] F ill will, enmity
malquisto, -a [maw'kistu, a] ADJ disliked
malsão, -sã [maw'sãw, 'sã] (pl **malsãos**) ADJ (*insalubre*) unhealthy; (*nocivo*) harmful
malsucedido, -a [mawsuse'dʒidu, a] ADJ unsuccessful
Malta ['mawta] F Malta
malta ['mawta] (PT) F gang, mob
malte ['mawtʃi] M malt
maltês, -esa [maw'tes, eza] ADJ, M/F Maltese
maltrapilho, -a [mawtra'piʎu, a] ADJ in rags, ragged ▶ M/F ragamuffin
maltratar [mawtra'tar] VT to ill-treat; (*com palavras*) to abuse; (*estragar*) to ruin, damage
maluco, -a [ma'luku, a] ADJ crazy, daft ▶ M/F madman/woman
maluquice [malu'kisi] F madness; (*ato, dito*) crazy thing
malvadez [mawva'dez] F = **malvadeza**
malvadeza [mawva'deza] F wickedness; (*ato*) wicked thing
malvado, -a [maw'vadu, a] ADJ wicked
malversação [mawversa'sãw] F (*de dinheiro*) embezzlement; (*má administração*) mismanagement
malversar [mawver'sar] VT (*administrar mal*) to mismanage; (*dinheiro*) to embezzle
Malvinas [maw'vinas] FPL: **as (ilhas)** ~ the Falklands, the Falkland Islands
MAM (BR) ABR M (*in Rio*) = **Museu de Arte Moderna**
mama ['mama] F breast
mamada [ma'mada] F breastfeeding
mamadeira [mama'dejra] (BR) F feeding bottle
mamãe [ma'mãj] F mum, mummy
mamão [ma'mãw] (pl **-ões**) M papaya
mamar [ma'mar] VT to suck; (*dinheiro*) to extort, get; (*empresa*) to milk (dry) ▶ VI (*bebê*) to be breastfed; ~ **numa empresa** to get a rake-off from a company; **dar de ~ a um bebê** to (breast)feed a baby
mamata [ma'mata] F (*negociata*) racket; (*boa vida*) cushy number
mambembe [mã'bẽbi] M/F amateur thespian ▶ ADJ shoddy, second-rate
mameluco, -a [mame'luku, a] M/F person of mixed race (*of Indian and white parentage*)
mamífero [ma'miferu] M mammal
mamilo [ma'milu] M nipple
mamoeiro [ma'mwejru] M papaya tree
mamões [ma'mõjs] MPL *de* **mamão**
mana ['mana] F sister
manada [ma'nada] F herd, drove
Manágua [ma'nagwa] N Managua
manancial [manã'sjaw] (pl **-ais**) M spring; (*fig: fonte*) source; (: *abundância*) wealth
manar [ma'nar] VT, VI to pour
manauense [manaw'ẽsi] ADJ from Manaus ▶ M/F person from Manaus
mancada [mã'kada] F (*erro*) mistake; (*gafe*) blunder; **dar uma** ~ to blunder

mancar [mã'kar] VT to cripple ▶ VI to limp; **mancar-se** VR (*col*) to get the message, take the hint
manceba [mã'seba] F young woman; (*concubina*) concubine
mancebo [mã'sebu] M young man, youth
Mancha ['mãʃa] F: **o canal da** ~ the English Channel
mancha ['mãʃa] F (*nódoa*) stain; (*na pele*) mark, spot; (*em pintura*) blotch; **sem ~s** (*reputação*) spotless
manchado, -a [mã'ʃadu, a] ADJ (*sujo*) soiled; (*malhado*) mottled, spotted
manchar [mã'ʃar] VT to stain, mark; (*reputação*) to soil
manchete [mã'ʃetʃi] F headline; **virar** ~ to make *ou* hit (*col*) the headlines
manco, -a ['mãku, a] ADJ crippled, lame
mancomunar [mãkomu'nar] VT to contrive; **mancomunar-se** VR: ~-**se (com)** to conspire (with)
mandachuva [mãda'ʃuva] M (*figurão*) big shot; (*chefe*) boss
mandado [mã'dadu] M (*ordem*) order; (*Jur*) writ; (: *tb*: **mandado de segurança**) injunction; ~ **de arresto** repossession order; ~ **de prisão/busca** arrest/search warrant; ~ **de segurança** injunction
mandamento [mãda'mẽtu] M order, command; (*Rel*) commandment
mandante [mã'dãtʃi] M/F instigator; (*dirigente*) person in charge; (*Com*) principal
mandão, -dona [mã'dãw, 'dɔna] (pl **-ões/-s**) ADJ bossy, domineering ▶ M/F bossy person
mandar [mã'dar] VT (*ordenar*) to order; (*enviar*) to send ▶ VI to be in charge; **mandar-se** VR (*col: partir*) to make tracks, get going; (*fugir*) to take off; ~ **buscar** *ou* **chamar** to send for; ~ **dizer** to send word; ~ **embora** to send away; ~ **fazer um vestido** to have a dress made; ~ **que alguém faça**, ~ **alguém fazer** to tell sb to do; ~ **alguém passear** (*fig*) to send sb packing; ~ **alguém para o inferno** to tell sb to go to hell; **o que é que você manda?** (*col*) what can I do for you?; ~ **em alguém** to boss sb around; **manda!** (*col*) fire away!; ~ **ver** (*col*) to go to town; ~ **a mão**, ~ **um soco (em alguém)** to hit (sb); **aqui quem manda sou eu** I give the orders around here
mandarim [mãda'rĩ] (pl **-ns**) M (*Ling*) Mandarin; (*fig*) mandarin
mandatário, -a [mãda'tarju, a] M/F (*delegado*) delegate; (*representante*) representative, agent
mandato [mã'datu] M (*autorização*) mandate; (*ordem*) order; (*Pol*) term of office
mandíbula [mã'dʒibula] F jaw
mandinga [mã'dʒĩga] F witchcraft
mandioca [mã'dʒjɔka] F cassava, manioc
mando ['mãdu] M (*comando*) command; (*poder*) power; **a ~ de** by order of

mandões [mã'dõjs] MPL de **mandão**
mandona [mã'dɔna] F de **mandão**
mandrião, -driona [mã'drjãw, 'drjɛna] (pl **-ões/-s**) (PT) ADJ lazy ▶ M/F idler, lazybones sg
mandriar [mã'drjar] VI to idle, loaf about
mandriões [mã'drjõjs] MPL de **mandrião**
mandriona [mã'drjɔna] F de **mandrião**
maneira [ma'nejra] F (modo) way; (estilo) style, manner; **maneiras** FPL (modos) manners; **à ~ de** like; **de ~ que** so that; **de ~ alguma** ou **nenhuma** not at all; **desta ~** in this way; **de qualquer ~** anyway; **não houve ~ de convencê-lo** it was impossible to convince him
maneirar [manej'rar] (col) VT to sort out, fix ▶ VI to sort things out; **maneira!** take it easy!
maneiro, -a [ma'nejru, a] ADJ (ferramenta) easy to use; (roupa) attractive; (trabalho) easy; (pessoa) capable; (col: bacana) great, brilliant
manejar [mane'ʒar] VT (instrumento) to handle; (máquina) to work
manejável [mane'ʒavew] (pl **-eis**) ADJ manageable
manejo [ma'neʒu] M handling
manequim [mane'kĩ] (pl **-ns**) M (boneco) dummy ▶ M/F model
maneta [ma'neta] ADJ one-handed ▶ M/F one-handed person
manga ['mãga] F sleeve; (fruta) mango; (filtro) filter; **em ~s de camisa** in (one's) shirt sleeves
manganês [mãga'nes] M manganese
mangue ['mãgi] M mangrove swamp; (planta) mangrove; (col: zona) red-light district
mangueira [mã'gejra] F hose(pipe); (árvore) mango tree
manguinha [mã'giɲa] F: **botar as ~s de fora** (col) to let one's hair down
manha ['maɲa] F (malícia) guile, craftiness; (destreza) skill; (ardil) trick; (birra) tantrum; **fazer ~** to have a tantrum
manhã [ma'ɲã] F morning; **de** ou **pela ~** in the morning; **amanhã/hoje de ~** tomorrow/this morning; **de ~ cedo** early in the morning; **4 hs da ~** 4 o'clock in the morning
manhãzinha [maɲã'ziɲa] F: **de ~** early in the morning
manhoso, -a [ma'ɲozu, ɔza] ADJ (ardiloso) crafty, sly; (criança) whining
mania [ma'nia] F (Med) mania; (obsessão) craze; **ela é cheia de ~s** she's very compulsive; **estar com ~ de ...** to have a thing about ...; **~ de grandeza** delusions pl of grandeur; **~ de perseguição** persecution complex
maníaco, -a [ma'niaku, a] ADJ manic ▶ M/F maniac
maníaco-depressivo (pl **maníaco-depressivos**) ADJ, M/F manic depressive
manicômio [mani'komju] M asylum, mental hospital
manicura [mani'kura] F (tratamento) manicure; (pessoa) manicurist
manicure [mani'kuri] F = **manicura**
manifestação [manifesta'sãw] (pl **-ões**) F show, display; (expressão) expression, declaration; (política) demonstration
manifestante [manifes'tãtʃi] M/F demonstrator
manifestar [manifes'tar] VT (revelar) to show, display; (declarar) to express, declare; **manifestar-se** VR to manifest o.s.; (pronunciar-se) to express an opinion
manifesto, -a [mani'fɛstu, a] ADJ obvious, clear ▶ M manifesto
manilha [ma'niʎa] F (ceramic) drainpipe
manipulação [manipula'sãw] F handling; (fig) manipulation
manipular [manipu'lar] VT to manipulate; (manejar) to handle
manivela [mani'vɛla] F (ferramenta) crank
manjado, -a [mã'ʒadu, a] (col) ADJ well-known
manjar [mã'ʒar] M (iguaria) delicacy, titbit (BRIT), tidbit (US) ▶ VT (col: conhecer) to know; (: entender) to grasp; (: observar) to check out ▶ VI (col) to catch on; **~ de algo** to know about sth; **manjou?** (col) get it?, see?
manjar-branco M blancmange
manjedoura [mãʒe'dora] F manger, crib
manjericão [mãʒeri'kãw] M basil
mano ['manu] M brother ▶ EXCL mate (BRIT), bro (US); **~ a ~** (col) one-on-one fight, hand-to-hand combat
manobra [ma'nɔbra] F (de carro, barco) manoeuvre (BRIT), maneuver (US); (de mecanismo) operation; (de trens) shunting; (fig) move; (: artimanha) manoeuvre ou maneuver, trick; **manobras** FPL (Mil) manoeuvres ou maneuvers
manobrar [mano'brar] VT to manoeuvre (BRIT), maneuver (US); (mecanismo) to operate, work; (governar) to take charge of; (manipular) to manipulate ▶ VI to manoeuvre ou maneuver; (tomar medidas) to make moves
manobreiro, -a [mano'brejru, a] M/F operator
manobrista [mano'brista] M/F parking attendant
manquejar [mãke'ʒar] VI to limp
mansão [mã'sãw] (pl **-ões**) F mansion
mansidão [mãsi'dãw] F gentleness, meekness; (do mar) calmness; (de animal) tameness
mansinho [mã'siɲu] ADV: **de ~** (devagar) slowly; (de leve) gently; (sorrateiramente): **sair/entrar de ~** to creep out/in
manso, -a ['mãsu, a] ADJ (brando) gentle; (mar) calm; (animal) tame
mansões [ma'sõjs] FPL de **mansão**
manta ['mãta] F (cobertor) blanket; (xale) shawl; (agasalho) cloak; (de viajar) travelling rug
manteiga [mã'tejga] F butter; **~ derretida** (fig, col) cry-baby; **~ de cacau** cocoa butter
manteigueira [mãtej'gejra] F butter dish

mantém etc [mã'tẽ] VB ver **manter**
mantenedor, a [mãtene'dor(a)] M/F (da família) breadwinner; (de opinião, princípio) holder; (de ordem, Esporte) retainer
manter [mã'ter] (irreg: como **ter**) VT to maintain; (num lugar) to keep; (uma família) to support; (a palavra) to keep; (princípios) to abide by; **manter-se** VR (sustentar-se) to support o.s.; (permanecer) to remain; **~-se firme** to stand firm
mantilha [mã'tʃiʎa] F mantilla; (véu) veil
mantimento [mãtʃi'mẽtu] M maintenance; **mantimentos** MPL (alimentos) provisions
mantinha etc [mã'tʃiɲa] VB ver **manter**
mantive etc [mã'tʃivi] VB ver **manter**
mantiver etc [mãtʃi'ver] VB ver **manter**
manto ['mãtu] M cloak; (de cerimônia) robe
mantô [mã'to] M coat
manual [ma'nwaw] (pl **-ais**) ADJ manual ▶ M handbook, manual; **ter habilidade ~** to be good with one's hands
manufatura [manufa'tura] F manufacture
manufaturados [manufatu'radus] MPL manufactured products
manufaturar [manufatu'rar] VT to manufacture
manuscrever [manuskre'ver] VT to write by hand
manuscrito, -a [manus'kritu, a] ADJ handwritten ▶ M manuscript
manusear [manu'zjar] VT (manejar) to handle; (livro) to leaf through
manuseio [manu'zeju] M handling
manutenção [manutẽ'sãw] F maintenance; (da casa) upkeep
mão [mãw] (pl **mãos**) F hand; (de animal) paw; (de pintura) coat; (de direção) flow of traffic; **à ~** by hand; (perto) at hand; **feito à ~** handmade; **de ~s dadas** hand in hand; **de ou em primeira ~** first-hand; **de segunda ~** second-hand; **em ~** by hand; **fora de ~** out of the way; **abrir ~ de algo** (fig) to give sth up; **aguentar a ~** (col: suportar) to hold out; (: esperar) to hang on; **dar a ~ à palmatória** to admit one's mistake; **dar a ~ a alguém** (cumprimentar) to shake hands with sb; **dar uma ~ a alguém** to give sb a hand, help sb out; **ficar na ~** (col) to be stood up; **forçar a ~** to go overboard; **lançar ~ de algo** to have recourse to sth; **largar algo de ~** to give sth up; **uma ~ lava a outra** (fig) one good turn deserves another; **meter a ~ em alguém** to hit sb; **meter ou passar a ~ em algo** (col) to nick sth; **passar a ~ pela cabeça de alguém** (fig) to let sb off; **pôr a ~ no fogo por alguém** (fig) to vouch for sb; **pôr ~s à obra** to set to work; **ser uma ~ na roda** (fig) to be a great help; **ter ~ leve** (bater facilmente) to be violent; (ser ladrão) to be light-fingered; **ter a ~ pesada** to be heavy-handed; **ter uma boa ~ para** to be good at; **vir com as ~s abanando** (fig) to come back empty-handed; **~ única/dupla** one-way/two-way traffic; **esta rua dá para o centro** this street goes to the centre (BRIT) ou center (US); **rua de duas ~s** two-way street; **~s ao alto!** hands up!; **de ~ beijada** (fig) for nothing; **~ de obra** labour (BRIT), labor (US); **~ de obra especializada** skilled labo(u)r
mão-aberta (pl **mãos-abertas**) ADJ generous ▶ M/F generous person
mão-cheia F: **de ~** first-rate
maoísta [maw'ista] ADJ, M/F Maoist
mão-leve (pl **mãos-leves**) M/F pilferer
mãozinha [mãw'ziɲa] F: **dar uma ~ a alguém** to give sb a hand, help sb out
mapa ['mapa] M map; (gráfico) chart; **não estar no ~** (fig, col) to be extraordinary; **sair do ~** (col) to disappear
mapa-múndi [-'mũdʒi] (pl **mapas-múndi**) M world map
Maputo [ma'putu] N Maputo
maquete [ma'kɛtʃi] F model
maquiador, a [makja'dor(a)] M/F make-up artist
maquiagem [ma'kjaʒẽ] F = **maquilagem**
maquiar [ma'kjar] VT to make up; (fig) to touch up; **maquiar-se** VR to make o.s. up, put on one's make-up
maquiavélico, -a [makja'vɛliku, a] ADJ Machiavellian
maquilagem [maki'laʒẽ] F, (PT) **maquilhagem** F make-up; (ato) making up
maquilar [makilar], (PT) **maquilhar** VT to make up; **maquilar-se** VR to make o.s. up, put on one's make-up
máquina ['makina] F machine; (de trem) engine; (de relógio) movement; (fig) machinery; **~ a vapor** steam engine; **~s agrícolas** agricultural machinery; **~ de calcular** adding machine; **~ de costura** sewing machine; **~ fotográfica** camera; **~ de escrever** typewriter; **~ de lavar (roupa)** washing machine; **~ de lavar louça** dishwasher; **~ de tricotar** knitting machine; **costurar/escrever à ~** to machine-sew/type; **escrito à ~** typewritten; **preencher um formulário à ~** to fill in a form on the typewriter
maquinação [makina'sãw] (pl **-ões**) F machination, plot
maquinal [maki'naw] (pl **-ais**) ADJ mechanical, automatic
maquinar [maki'nar] VT to plot ▶ VI to conspire
maquinaria [makina'ria] F machinery
maquinismo [maki'nizmu] M mechanism; (máquinas) machinery; (Teatro) stage machinery
maquinista [maki'nista] M (Ferro) engine driver; (Náut) engineer
mar [mar] M sea; **por ~** by sea; **cair no ~** to fall overboard; **fazer-se ao ~** to set sail; **~ aberto** open sea; **pleno ~, ~ alto** high sea; **um ~ de** (fig) a sea of; **~ de rosas** calm sea;

(*fig*) bed of roses; **nem tanto ao ~ nem tanto à terra** (*fig*) somewhere in between; **o ~ Cáspio** the Caspian Sea; **o ~ Morto** the Dead Sea; **o ~ Negro** the Black Sea; **o ~ Vermelho** the Red Sea

maraca [ma'raka] F maraca

maracujá [maraku'ʒa] M passion fruit; **pé de ~** passion flower

maracujazeiro [marakuʒa'zejru] M passion-fruit plant

maracutaia [maraku'taja] F dirty trick; (*col*) scam

marafa [ma'rafa] (*col*) F loose living

marafona [mara'fɔna] (*col*) F whore

marajá [mara'ʒa] M maharaja; (*BR Pol*) civil service fat-cat

maranhense [mara'ɲẽsi] ADJ from Maranhão ▶ M/F person from Maranhão

marasmo [ma'raʒmu] M (*inatividade*) stagnation; (*apatia*) apathy

maratona [mara'tona] F marathon

maratonista [marato'nista] M/F marathon runner

maravilha [mara'viʎa] F marvel, wonder; **às mil ~s** wonderfully

maravilhar [maravi'ʎar] VT to amaze, astonish ▶ VI to be amazing; **maravilhar-se** VR: **~-se** to be astonished *ou* amazed at

maravilhoso, -a [maravi'ʎozu, ɔza] ADJ wonderful, marvellous (*BRIT*), marvelous (*US*)

marca ['marka] F mark; (*Com*) make, brand; (*carimbo*) stamp; (*da prata*) hallmark; (*fig: categoria*) calibre (*BRIT*), caliber (*US*); **de ~ maior** (*fig*) of the first order; **~ de fábrica** trademark; **~ registrada** registered trademark

marcação [marka'sãw] (*pl* **-ões**) F marking; (*em jogo*) scoring; (*de instrumento*) reading; (*Teatro*) action; (*PT Tel*) dialling; **estar de ~ com alguém** (*col*) to pick on sb constantly

marcador [marka'dor] M marker; (*de livro*) bookmark; (*Esporte: quadro*) scoreboard; (: *jogador*) scorer

marcante [mar'kãtʃi] ADJ outstanding

marca-passo [marka'pasu] (*pl* **-s**) M (*Med*) pacemaker

marcar [mar'kar] VT to mark; (*hora, data*) to fix, set; (*PT Tel*) to dial; (*animal*) to brand; (*delimitar*) to demarcate; (*observar*) to keep an eye on; (*gol, ponto*) to score; (*Futebol: jogador*) to mark; (*produzir impressão em*) to leave one's mark on ▶ VI (*impressionar*) to make one's mark; **~ uma consulta, ~ hora** to make an appointment; **~ um encontro com alguém** to arrange to meet sb; **~ uma reunião/um jantar para sexta-feira** to arrange a meeting/a dinner for Friday; **~ época** to make history; **~ o ponto** to punch the clock; **ter hora marcada com alguém** to have an appointment with sb; **~ o tempo de algo** to time sth

marcenaria [marsena'ria] F joinery; (*oficina*) joiner's

marceneiro [marse'nejru] M cabinet-maker, joiner

marcha ['marʃa] F march; (*ato*) marching; (*de acontecimentos*) course; (*passo*) pace; (*Auto*) gear; (*progresso*) progress; **~ à ré** (*BR*), **~ atrás** (*PT*) reverse (gear); **primeira (~)** first (gear); **pôr-se em ~** to set off

marchar [mar'ʃar] VI (*ir*) to go; (*andar a pé*) to walk; (*Mil*) to march

marcha-rancho (*pl* **marchas-rancho**) F carnival march

marchetar [marʃe'tar] VT to inlay

marcial [mar'sjaw] (*pl* **-ais**) ADJ martial; **corte ~** court martial; **lei ~** martial law

marciano, -a [mar'sjanu, a] ADJ, M Martian

marco ['marku] M landmark; (*de janela*) frame; (*fig*) frontier; (*moeda*) mark

março ['marsu] M March; *ver tb* **julho**

maré [ma'rɛ] F tide; (*fig: oportunidade*) chance; **~ alta/baixa** high/low tide; **estar de boa ~** *ou* **de ~ alta** to be in a good mood; **remar contra a ~** (*fig*) to swim against the tide

marear [ma'rjar] VT to make seasick; (*oxidar*) to dull, stain ▶ VI to be seasick

marechal [mare'ʃaw] (*pl* **-ais**) M marshal

marejar [mare'ʒar] VT to wet ▶ VI to get wet

maremoto [mare'mɔtu] M tidal wave

maresia [mare'zia] F smell of the sea, sea air

marfim [mar'fĩ] M ivory

margarida [marga'rida] F daisy

margarina [marga'rina] F margarine

margear [mar'ʒjar] VT to border

margem ['marʒẽ] (*pl* **-ns**) F (*borda*) edge; (*de rio*) bank; (*litoral*) shore; (*de impresso*) margin; (*fig: tempo*) time; (: *lugar*) space; (: *oportunidade*) chance; **à ~ de** alongside; **dar ~ a alguém** to give sb a chance; **~ de erro** margin of error; **~ de lucro** profit margin

marginal [marʒi'naw] (*pl* **-ais**) ADJ marginal ▶ M/F delinquent

marginalidade [marʒinali'dadʒi] F delinquency

marginalizar [marʒinali'zar] VT to marginalize

maria-fumaça [ma'ria-] (*pl* **marias-fumaças**) F steam train

maria-sem-vergonha [ma'ria-] (*pl* **marias-sem-vergonha**) F (*Bot*) busy lizzie

maria vai com as outras M/F INV sheep, follower

maricas [ma'rikas] (!) M INV queer (!), poof (!)

marido [ma'ridu] M husband

marimbondo [marĩ'bõdu] M hornet

marina [ma'rina] F marina

marinha [ma'riɲa] F (*tb:* **marinha de guerra**) navy; (*pintura*) seascape; **~ mercante** merchant navy

marinheiro [mari'ɲejru] M seaman, sailor; **~ de primeira viagem** (*fig*) beginner

marinho, -a [ma'riɲu, a] ADJ sea *atr*, marine

marionete [marjo'netʃi] F puppet

mariposa [mari'poza] F moth

marisco [ma'risku] M shellfish
marital [mari'taw] (*pl* **-ais**) ADJ marital
maritalmente [maritaw'mẽtʃi] ADV: **viver ~ (com alguém)** to live (with sb) as man and wife
marítimo, -a [ma'ritʃimu, a] ADJ sea *atr*, maritime; **pesca marítima** sea fishing
marketing ['marketʃĩŋ] M marketing
marmanjo [mar'mãʒu] M grown man
marmelada [marme'lada] F quince jam; (*col*) double-dealing
marmelo [mar'mɛlu] M quince
marmita [mar'mita] F (*vasilha*) pot
mármore ['marmori] M marble
marmóreo, -a [mar'mɔrju, a] ADJ marble *atr*; (*fig*) cold
marola [ma'rɔla] F wave, roller
maroto, -a [ma'rotu, a] M/F rogue, rascal; (*criança*) naughty boy/girl ▶ ADJ roguish; naughty
marquei *etc* [mar'kej] VB *ver* **marcar**
marquês, -quesa [mar'kes, 'keza] M/F marquis/marchioness
marqueteiro, -a [marke'tejru, a] M/F (*col*) spin doctor
marquise [mar'kizi] F awning, canopy
marra ['maha] F: **na ~** (*à força*) forcibly; (*a qualquer preço*) whatever the cost
marreco [ma'hɛku] M duck
Marrocos [ma'hɔkus] M: **o ~** Morocco
marrom [ma'hõ] (*pl* **-ns**) ADJ, M brown
marroquino, -a [maho'kinu, a] ADJ, M/F Moroccan
Marte ['martʃi] M Mars
martelada [marte'lada] F (*pancada*) blow (with a hammer); (*ruído*) hammering sound
martelar [marte'lar] VT to hammer; (*amolar*) to bother ▶ VI to hammer; (*insistir*): **~ (em algo)** to keep *ou* harp on (about sth)
martelo [mar'tɛlu] M hammer
martíni® [mar'tʃini] M martini®
Martinica [martʃi'nika] F: **a ~** Martinique
mártir ['martʃir] M/F martyr
martírio [mar'tʃirju] M martyrdom; (*fig*) torment
martirizante [martʃiri'zãtʃi] ADJ agonizing
martirizar [martʃiri'zar] VT to martyr; (*atormentar*) to afflict; **martirizar-se** VR to agonize
marujo [ma'ruʒu] M sailor
marulhar [maru'ʎar] VI (*mar*) to surge; (*ondas*) to lap; (*produzir ruído*) to roar
marulho [ma'ruʎu] M (*do mar*) surge; (*das ondas*) lapping
marxismo [mar'ksizmu] M Marxism
marxista [mar'ksista] ADJ, M/F Marxist
marzipã [mahzi'pã] M marzipan
mas [ma(j)s] CONJ but ▶ PRON = **me + as**
mascar [mas'kar] VT to chew
máscara ['maskara] F mask; (*para limpeza de pele*) face pack; **sob a ~ de** under the guise of; **tirar a ~ de alguém** (*fig*) to unmask sb; **baile de ~s** masked ball; **~ de oxigênio** oxygen mask
mascarado, -a [maska'radu, a] ADJ masked; (*convencido*) conceited
mascarar [maska'rar] VT to mask; (*disfarçar*) to disguise; (*encobrir*) to cover up
mascate [mas'katʃi] M peddler, hawker (BRIT)
mascavo, -a [mas'kavu, a] ADJ: **açúcar ~** brown sugar
mascote [mas'kɔtʃi] F mascot
masculinidade [maskulini'dadʒi] F masculinity
masculino, -a [masku'linu, a] ADJ masculine; (*Bio*) male ▶ M (*Ling*) masculine; **roupa masculina** men's clothes *pl*
másculo, -a ['maskulu, a] ADJ masculine; (*viril*) manly
masmorra [maz'mɔha] F dungeon; (*fig*) black hole
masoquismo [mazo'kizmu] M masochism
masoquista [mazo'kista] ADJ masochistic ▶ M/F masochist
MASP ABR M = **Museu de Arte de São Paulo**
massa ['masa] F (*Fís: fig*) mass; (*de tomate*) paste; (*Culin: de pão*) dough; (: *macarrão etc*) pasta; **as ~s** the masses; **em ~** en masse; **~ de vidraceiro** putty; **estar com as mãos na ~** (*fig*) to be about *ou* at it
massacrado, -a [masa'kradu, a] ADJ (*povo, sociedade*) hard-pressed
massacrante [masa'krãtʃi] ADJ annoying
massacrar [masa'krar] VT to massacre; (*fig: chatear*) to annoy; (: *torturar*) to tear apart
massacre [ma'sakri] F massacre; (*fig*) annoyance
massagear [masa'ʒjar] VT to massage ▶ VI to do massage
massagem [ma'saʒẽ] (*pl* **-ns**) F massage
massagista [masa'ʒista] M/F masseur/masseuse
massificar [masifi'kar] VT to influence (through mass communication)
massudo, -a [ma'sudu, a] ADJ bulky; (*espesso*) thick; (*com aspecto de massa*) doughy
mastectomia [mastekto'mia] F mastectomy
mastigado, -a [mastʃi'gadu, a] ADJ (*fig*) well-planned
mastigar [mastʃi'gar] VT to chew; (*pronunciar mal*) to mumble, mutter; (*fig: refletir*) to mull over
mastim [mas'tʃĩ] (*pl* **-ns**) M watchdog
mastodonte [masto'dõtʃi] M (*fig: pessoa gorda*) hulk, lump
mastro ['mastru] M (*Náut*) mast; (*para bandeira*) flagpole
masturbação [masturba'sãw] F masturbation
masturbar-se [mastur'barsi] VR to masturbate
mata ['mata] F forest, wood; **~ virgem** virgin forest
mata-bicho M tot of brandy, snifter
mata-borrão M blotting paper

matacão [mata'kãw] (*pl* **-ões**) M lump; (*pedra*) boulder

matado, -a [ma'tadu, a] ADJ (*trabalho*) badly done

matador, a [mata'dor(a)] M/F killer ▶ M (*em tourada*) matador

matadouro [mata'doru] M slaughterhouse

matagal [mata'gaw] (*pl* **-ais**) M bush; (*brenha*) thicket, undergrowth

mata-moscas M INV fly-killer

mata-mosquito (*pl* **mata-mosquitos**) M mosquito exterminator

matança [ma'tãsa] F massacre; (*de reses*) slaughter(ing)

mata-piolho (*pl* **mata-piolhos**) (*col*) M thumb

matar [ma'tar] VT to kill; (*sede*) to quench; (*fome*) to satisfy; (*aula*) to skip; (*trabalho: não aparecer*) to skive off; (: *fazer rápido*) to dash off; (*tempo*) to kill; (*adivinhar*) to guess, get ▶ VI to kill; **matar-se** VR to kill o.s.; (*esfalfar-se*) to wear o.s. out; **um calor/uma dor de ~** stifling heat/excruciating pain; **~ saudades** to catch up

mata-rato (*pl* **mata-ratos**) M (*veneno*) rat poison; (*cigarro*) throat-scraper

mate ['matʃi] ADJ matt ▶ M (*chá*) maté tea; (*xeque-mate*) checkmate

matelassê [matela'se] ADJ quilted ▶ M quilting

matemática [mate'matʃika] F mathematics *sg*, maths *sg* (BRIT), math (US); *ver tb* **matemático**

matemático, -a [mate'matʃiku, a] ADJ mathematical ▶ M/F mathematician

matéria [ma'tɛrja] F matter; (*Tec*) material; (*Educ: assunto*) subject; (*tema*) topic; (*jornalística*) story, article; **em ~ de** on the subject of; **~ fecal** faeces *pl* (BRIT), feces *pl* (US); **~ plástica** plastic

material [mate'rjaw] (*pl* **-ais**) ADJ material; (*físico*) physical ▶ M material; (*Tec*) equipment; (*col: corpo*) body; **~ humano** manpower; **~ bélico** armaments *pl*; **~ de construção** building supplies *pl*; **~ de limpeza** cleaning supplies *pl*; **~ escolar** school supplies *pl*

materialismo [materja'lizmu] M materialism

materialista [materja'lista] ADJ materialistic ▶ M/F materialist

materializar [materjali'zar] VT to materialize; **materializar-se** VR to materialize

matéria-prima (*pl* **matérias-primas**) F raw material

maternal [mater'naw] (*pl* **-ais**) ADJ motherly, maternal; **escola ~** nursery (school)

maternidade [materni'dadʒi] F motherhood, maternity; (*hospital*) maternity hospital

materno, -a [ma'tɛrnu, a] ADJ motherly, maternal; (*língua*) native; (*avô*) maternal

matilha [ma'tʃiʎa] F (*cães*) pack; (*fig: corja*) rabble

matina [ma'tʃina] F morning

matinal [matʃi'naw] (*pl* **-ais**) ADJ morning *atr*

matinê [matʃi'ne] F matinée

matiz [ma'tʃiz] M (*de cor*) shade; (*fig: de ironia*) tinge; (*cor política*) colouring (BRIT), coloring (US)

matizar [matʃi'zar] VT (*colorir*) to tinge, colour (BRIT), color (US); (*combinar cores*) to blend; **~ algo de algo** (*fig*) to tinge sth with sth

mato ['matu] M scrubland, bush; (*plantas agrestes*) scrub; (*o campo*) country; **ser ~** (*col*) to be there for the taking; **estar num ~ sem cachorro** (*col*) to be up the creek without a paddle

mato-grossano, -a [-gro'sanu, a] ADJ, M/F = **mato-grossense**

mato-grossense [-gro'sẽsi] ADJ from Mato Grosso ▶ M/F person from Mato Grosso

matraca [ma'traka] F rattle; (*pessoa*) chatterbox; **falar como uma ~** to talk nineteen to the dozen (BRIT) *ou* a blue streak (US)

matraquear [matra'kjar] VI to rattle, clatter; (*tagarelar*) to chatter, rabbit on

matreiro, -a [ma'trejru, a] ADJ cunning, crafty

matriarca [ma'trjarka] F matriarch

matriarcal [matrjar'kaw] (*pl* **-ais**) ADJ matriarchal

matrícula [ma'trikula] F (*lista*) register; (*inscrição*) registration; (*pagamento*) enrolment (BRIT) *ou* enrollment (US) fee; (*PT Auto*) registration number (BRIT), license number (US); **fazer a ~** to enrol (BRIT), enroll (US)

matricular [matriku'lar] VT to enrol (BRIT), enroll (US), register; **matricular-se** VR to enrol(l), register

matrimonial [matrimo'njaw] (*pl* **-ais**) ADJ marriage *atr*, matrimonial

matrimônio [matri'monju] M marriage; **contrair ~ (com alguém)** to be joined in marriage (with sb)

matriz [ma'triz] F (*Med*) womb; (*fonte*) source; (*molde*) mould (BRIT), mold (US); (*Com*) head office; (*col*) wife; **igreja ~** mother church

matrona [ma'trona] F matron

maturação [matura'sãw] F maturing; (*de fruto*) ripening

maturidade [maturi'dadʒi] F maturity

matusquela [matus'kɛla] (*col*) M/F lunatic

matutar [matu'tar] VT (*planejar*) to plan ▶ VI: **~ em** *ou* **sobre algo** to turn sth over in one's mind

matutino, -a [matu'tʃinu, a] ADJ morning *atr* ▶ M morning paper

matuto, -a [ma'tutu, a] ADJ, M/F (*caipira*) rustic; (*provinciano*) provincial

mau, má [maw, ma] ADJ bad; (*malvado*) evil, wicked ▶ M bad; (*Rel*) evil; **os ~s** bad people; (*num filme*) the baddies

mau-caráter (*pl* **maus-caracteres**) ADJ shady ▶ M bad lot

mau-olhado [-o'ʎadu] M evil eye

Maurício [maw'risju] M Mauritius
Mauritânia [mawri'tanja] F: **a ~** Mauritania
mausoléu [mawzo'lɛw] M mausoleum
maus-tratos MPL ill-treatment *sg*
mavioso, -a [ma'vjozu, ɔza] ADJ tender, soft; *(som)* sweet
máx. ABR (= *máximo*) max
máxi ['maksi] ADJ INV *(saia)* maxi
maxidesvalorização [maksidʒizvaloriza'sãw] *(pl* **-ões)** F large-scale devaluation
maxila [mak'sila] F jawbone
maxilar [maksi'lar] ADJ jaw *atr* ▶ M jawbone
máxima ['masima] F maxim, saying
máxime ['maksimɛ] ADV especially
maximizar [masimi'zar] VT to maximize; *(superestimar)* to play up
máximo, -a ['masimu, a] ADJ *(maior que todos)* greatest; *(o maior possível)* maximum ▶ M maximum; *(o cúmulo)* peak; *(temperature)* high; **o ~ cuidado** the greatest of care; **no ~** at most; **ao ~** to the utmost; **chegar ao ~** *(fig)* to reach a peak; **ele se acha o ~** *(col)* he thinks he's the greatest
maxixe [ma'ʃiʃi] M gherkin; (BR: *dança*) *19th-century dance*
mazela [ma'zɛla] F *(ferida)* sore spot; *(doença)* illness; *(fig)* blemish
MCom (BR) ABR M = **Ministério das Comunicações**
MCT (BR) ABR M = **Ministério de Ciência e Tecnologia**
MD (BR) ABR M = **Ministério da Desburocratização**
MDB ABR M (*antes*) = **Movimento Democrático Brasileiro**
me [mi] PRON *(direto)* me; *(indireto)* (to) me; *(reflexivo)* (to) myself
meada ['mjada] F skein, hank
meado ['mjadu] M middle; **em** *ou* **nos ~s de julho** in mid-July
meandro ['mjãdru] M meander; **os ~s** *(fig)* the ins and outs
MEC (BR) ABR M = **Ministério de Educação e Cultura**
Meca ['mɛka] N Mecca
mecânica [me'kanika] F *(ciência)* mechanics *sg*; *(mecanismo)* mechanism; *ver tb* **mecânico**
mecânico, -a [me'kaniku, a] ADJ mechanical ▶ M/F mechanic; **broca mecânica** power drill
mecanismo [meka'nizmu] M mechanism
mecanização [mekaniza'sãw] F mechanization
mecanizar [mekani'zar] VT to mechanize
mecenas [me'sɛnas] M INV patron
mecha ['mɛʃa] F *(de vela)* wick; *(cabelo)* tuft; *(no cabelo)* highlight; *(Med)* swab; **fazer ~ no cabelo** to put highlights in one's hair, to highlight one's hair
mechado, -a [me'ʃadu, a] ADJ highlighted
meço *etc* ['mɛsu] VB *ver* **medir**
méd. ABR (= *médio*) av
medalha [me'daʎa] F medal

medalhão [meda'ʎãw] *(pl* **-ões)** M medallion; *(fig: figurão)* big name; *(joia)* locket
média ['mɛdʒja] F average; *(café)* coffee with milk; **em ~** on average; **fazer ~** to ingratiate o.s.
mediação [medʒja'sãw] F mediation; **por ~ de** through
mediador, a [medʒja'dor(a)] M/F mediator
mediano, -a [me'dʒjanu, a] ADJ medium; *(médio)* average; *(mediócre)* mediocre
mediante [me'dʒjãtʃi] PREP by (means of), through; *(a troco de)* in return for
mediar [me'dʒjar] VT to mediate (for) ▶ VI *(ser mediador)* to mediate; **a distância que medeia entre** the distance between
medicação [medʒika'sãw] *(pl* **-ões)** F treatment; *(medicamentos)* medication
medicamento [medʒika'mẽtu] M medicine
medição [medʒi'sãw] *(pl* **-ões)** F measurement
medicar [medʒi'kar] VT to treat ▶ VI to practise (BRIT) *ou* practice (US) medicine; **medicar-se** VR to take medicine, doctor o.s. up
medicina [medʒi'sina] F medicine; **~ legal** forensic medicine
medicinal [medʒisi'naw] *(pl* **-ais)** ADJ medicinal
médico, -a ['mɛdʒiku, a] ADJ medical ▶ M/F doctor; **receita médica** prescription
médico-cirurgião, médica-cirurgiã *(pl* **médicos-cirurgiões/médicas-cirurgiãs)** M/F surgeon
medições [medʒi'sõjs] FPL *de* **medição**
médico-hospitalar *(pl* **-es)** ADJ hospital and medical
médico-legal *(pl* **-ais)** ADJ forensic
médico-legista, médica-legista *(pl* **médicos-legistas/médicas-legistas)** M/F forensic expert (BRIT), medical examiner (US)
medida [me'dʒida] F measure; *(providência)* step; *(medição)* measurement; *(moderação)* prudence; **à ~ que** while, as; **na ~ em que** in so far as; **feito sob ~** made to measure; **software sob ~** bespoke software; **encher as ~s** *(satisfazer)* to fit the bill; **encher as ~s de alguém** *(chatear)* to get on sb's wick; **ir além da ~** to go too far; **tirar as ~s de alguém** to take sb's measurements; **tomar ~s** to take steps; **tomar as ~s de** to measure; **~ de emergência/urgência** emergency/urgent measure
medidor [medʒi'dor] M: **~ de pressão** pressure gauge; **~ de gás** gas meter
medieval [medʒje'vaw] *(pl* **-ais)** ADJ medieval
médio, -a ['mɛdʒju, a] ADJ *(dedo, classe)* middle; *(tamanho, estatura)* medium; *(mediano)* average; **a ~ prazo** in the medium term; **ensino ~** secondary education; **o brasileiro ~** the average Brazilian
medíocre [me'dʒjokri] ADJ mediocre
mediocridade [medʒjokri'dadʒi] F mediocrity

mediocrizar [medʒjokri'zar] vt to make mediocre

medir [me'dʒir] vt to measure; *(atos, palavras)* to weigh; *(avaliar: consequências, distâncias)* to weigh up ▶ vi to measure; **medir-se** vr to measure o.s.; ~-**se (com alguém)** *(comparar-se)* to be on a par (with sb); **quanto você mede? — meço 1.60 m** how tall are you? — I'm 1.60 m (tall); **a saia mede 80 cm de comprimento** the skirt is 80 cm long; **meça suas palavras!** watch your language!; ~ **alguém dos pés à cabeça** *(fig)* to eye sb up; **não ter mãos a ~** *(fig)* to have one's hands full

meditação [medʒita'sãw] *(pl* -**ões)** F meditation

meditar [medʒi'tar] vi to meditate; ~ **sobre algo** to ponder (on) sth

meditativo, -a [medʒita'tʃivu, a] ADJ thoughtful, reflective

mediterrâneo, -a [medʒite'hanju, a] ADJ Mediterranean ▶ M: **o M~** the Mediterranean

médium ['mɛdʒjũ] *(pl* -**ns)** M *(pessoa)* medium

mediunidade [medʒjuni'dadʒi] F second sight

médiuns ['mɛdʒjũs] MPL *de* **médium**

medo ['medu] M fear; **com ~** afraid; **com ~ que** for fear that; **ficar com ~** to get frightened; **meter ~** to be frightening; **meter ~ em alguém** to frighten sb; **ter ~ de** to be afraid of; **ter um ~ que se pela** *(fig)* to be frightened out of one's wits

medonho, -a [me'doɲu, a] ADJ terrible, awful

medrar [me'drar] vi to thrive, flourish; *(col: ter medo)* to get frightened

medroso, -a [me'drozu, ɔza] ADJ *(com medo)* frightened; *(tímido)* timid

medula [me'dula] F marrow

megabyte [mega'bajtʃi] M megabyte

megalomania [megaloma'nia] F megalomania

megalomaníaco, -a [megaloma'niaku, a] ADJ, M/F megalomaniac

megaton [mega'tõ] M megaton

megera [me'ʒɛra] F shrew; *(mãe)* cruel mother

meia ['meja] F stocking; *(curta)* sock; *(meia-entrada)* half-price ticket ▶ NUM six; **(ponto de)** ~ stocking stitch

meia-calça *(pl* **meias-calças)** F tights *pl* (BRIT), panty hose (US)

meia-direita *(pl* **meias-direitas)** F *(Futebol)* inside right ▶ M *(jogador)* inside right

meia-entrada *(pl* **meias-entradas)** F half-price ticket

meia-esquerda *(pl* **meias-esquerdas)** F *(Futebol)* inside left ▶ M *(jogador)* inside left

meia-estação F: **roupa de ~** spring *ou* autumn clothing

meia-idade F middle age; **pessoa de ~** middle-aged person

meia-lua F half moon; *(formato)* semicircle

meia-luz F half light

meia-noite F midnight

meia-tigela F: **de ~** two-bit

meia-volta *(pl* **meias-voltas)** F *(tb Mil)* about-turn (BRIT), about-face (US)

meigo, -a ['mejgu, a] ADJ sweet

meiguice [mej'gisi] F sweetness

meio, -a ['meju, a] ADJ half ▶ ADV a bit, rather ▶ M *(centro)* middle; *(recurso)* means; *(social, profissional)* environment; *(tb:* **meio ambiente)** environment; **meios** MPL *(recursos)* means *pl*; ~ **quilo** half a kilo; **um mês e ~** one and a half months; **cortar ao ~** to cut in half; **deixar algo pelo ~** to leave sth half-finished; **dividir algo ~ a ~** to divide sth in half *ou* fifty-fifty; **o quarto do ~** the middle room, the room in the middle; **em ~ a** amid; **no ~ (de)** in the middle (of); **nos ~s financeiros** in financial circles; **~s de comunicação (de massa)** (mass) media *pl*; **~s de comunicação social** social media *pl*; **~s de produção** means *pl* of production; **~ de transporte** means *sg* of transport; **por ~ de** through; **por todos os ~s** by all available means; **não há ~ de chover/de ela chegar cedo** there is no way it's going to rain/she will arrive early; **embolar o ~ de campo** *(fig)* to foul things up

meio-campo *(pl* **meios-campos)** M *(Futebol: jogador)* midfielder; *(: posição)* midfield

meio-dia M midday, noon

meio-feriado *(pl* **meios-feriados)** M half-day holiday

meio-fio *(pl* **meios-fios)** M kerb (BRIT), curb (US)

meio-termo *(pl* **meios-termos)** M *(fig)* compromise

meio-tom *(pl* **meios-tons)** M *(Mús)* semitone; *(nuança)* half-tone

mel [mɛw] M honey

melaço [me'lasu] M treacle (BRIT), molasses *sg* (US)

melado, -a [me'ladu, a] ADJ *(pegajoso)* sticky ▶ M *(melaço)* treacle (BRIT), molasses *sg* (US)

melancia [melã'sia] F watermelon

melancieira [melã'sjejra] F watermelon plant

melancolia [melãko'lia] F melancholy, sadness

melancólico, -a [melã'kɔliku, a] ADJ melancholy, sad

Melanésia [mela'nɛzja] F: **a ~** Melanesia

melão [me'lãw] *(pl* -**ões)** M melon

melar [me'lar] vt to dirty ▶ vi *(gorar)* to flop; **melar-se** vr to get messy

meleca [me'lɛka] *(col)* F snot; *(uma meleca)* bogey; **tirar ~** to pick one's nose; **que ~!** *(col)* what crap! (!)

meleira [me'lejra] F sticky mess

melena [me'lena] F long hair

melhor [me'ʎɔr] ADJ, ADV *(compar)* better; *(superl)* best; **~ que nunca** better than ever; **quanto mais ~** the more the better; **seria ~**

começarmos we had better begin; **tanto ~** so much the better; **~ ainda** even better; **bem ~** much better; **o ~ é ...** the best thing is ...; **levar a ~** to come off best; **ou ~ ...** (ou antes) or rather ...; **fiz o ~ que pude** I did the best I could; **no ~ da festa** (fig: no melhor momento) when things are (ou were) in full swing; (: inesperadamente) all of a sudden

melhora [me'ʎɔra] F improvement; **~s!** get well soon!

melhorada [meʎo'rada] (col) F: **dar uma ~** to get better

melhoramento [meʎora'mẽtu] M improvement

melhorar [meʎo'rar] VT to improve, make better; (doente) to cure ▶ VI to improve, get better; **~ de vida** to improve one's circumstances; **~ no emprego** to get better at one's job

meliante [me'ljãtʃi] M scoundrel; (vagabundo) tramp

melindrar [melĩ'drar] VT to offend, hurt; **melindrar-se** VR to take offence (BRIT) ou offense (US), be hurt

melindre [me'lĩdri] M sensitivity

melindroso, -a [melĩ'drozu, ɔza] ADJ (sensível) sensitive, touchy; (problema, situação) tricky; (operação) delicate

melodia [melo'dʒia] F melody; (composição) tune

melódico, -a [me'lɔdʒiku, a] ADJ melodic

melodrama [melo'drama] M melodrama

melodramático, -a [melodra'matʃiku, a] ADJ melodramatic

meloeiro [me'lwejru] M melon plant

melões [me'lõjs] MPL de **melão**

meloso, -a [me'lozu, ɔza] ADJ sweet; (voz) mellifluous; (fig: pessoa) sweet-talking

melro ['mɛwhu] M blackbird

membrana [mẽ'brana] F membrane

membro ['mẽbru] M member; (Anat: braço, perna) limb

membrudo, -a [mẽ'brudu, a] ADJ big; (fig) robust

meme ['meme] M (Comput) meme

memento [me'mẽtu] M reminder; (caderneta) jotter

memorando [memo'rãdu] M (aviso) note; (Com: comunicação) memorandum

memorável [memo'ravew] (pl **-eis**) ADJ memorable

memória [me'mɔrja] F memory; **memórias** FPL (de autor) memoirs; **de ~** by heart; **em ~ de** in memory of; **~ fraca** bad memory; **falta de ~** loss of memory; **digno de ~** memorable; **vir à ~** to come to mind; **varrer da ~** (fig) to wipe sth from one's memory; **~ RAM** RAM memory; **~ não volátil** non-volatile memory

memorial [memo'rjaw] (pl **-ais**) M memorial; (Jur) brief

memorizar [memori'zar] VT to memorize

menção [mẽ'sãw] (pl **-ões**) F mention, reference; **~ honrosa** honours (BRIT), honors (US), distinction; **fazer ~ de algo** to mention sth; **fazer ~ de sair** to make as if to leave, begin to leave

mencionar [mẽsjo'nar] VT to mention; **para não ~ ...** not to mention ...; **sem ~ ...** let alone ....

menções [mẽ'sõjs] FPL de **menção**

mendicância [mẽdʒi'kãsja] F begging

mendicante [mẽdʒi'kãtʃi] ADJ mendicant ▶ M/F beggar

mendigar [mẽdʒi'gar] VT to beg for ▶ VI to beg

mendigo, -a [mẽ'dʒigu, a] M/F beggar

menear [me'njar] VT (corpo, cabeça) to shake; (quadris) to swing; **~ a cabeça de modo afirmativo** to nod (one's head)

meneio [me'neju] M (balanço) swaying

menina [me'nina] F: **~ do olho** pupil; **ser a ~ dos olhos de alguém** (fig) to be the apple of sb's eye; ver tb **menino**

meninada [meni'nada] F kids pl

meningite [menĩ'ʒitʃi] F meningitis

meninice [meni'nisi] F (infância) childhood; (modos de criança) childishness; (ato, dito) childish thing

menino, -a [me'ninu, a] M/F boy/girl; **seu sorriso de ~** his boyish smile

meninote, -a [meni'nɔtʃi, ta] M/F boy/girl

menopausa [meno'pawza] F menopause

menor [me'nɔr] ADJ (mais pequeno: compar) smaller; (: superl) smallest; (mais jovem: compar) younger; (: superl) youngest; (o mínimo) least, slightest; (tb: **menor de idade**) under age ▶ M/F juvenile, young person; (Jur) minor; **~ abandonado** abandoned child; **proibido para ~es** over 18s only; (filme) X-certificate (BRIT), X-rated (US); **um ~ de 10 anos** a child of ten; **não tenho a ~ ideia** I haven't the slightest idea

menoridade [menori'dadʒi] F under-age status

(PALAVRA-CHAVE)

menos ['menus] ADJ **1** (compar): **menos (do que)** (quantidade) less (than); (número) fewer (than); **com menos entusiasmo** with less enthusiasm; **menos gente** fewer people
2 (superl) least; **é o que tem menos culpa** he is the least to blame
▶ ADV **1** (compar): **menos (do que)** less (than); **gostei menos do que do outro** I liked it less than the other one
2 (superl): **é o menos inteligente da classe** he is the least bright in his class; **de todas elas é a que menos me agrada** out of all of them she's the one I like least; **pelo menos** at (the very) least
3 (frases): **temos sete a menos** we are seven short; **não é para menos** it's no wonder; **isso é o de menos** that's nothing
▶ PREP (exceção) except; (números) minus; **todos menos eu** everyone except (for) me; **5 menos 2** 5 minus 2

▶ CONJ: **a menos que** unless; **a menos que ele venha amanhã** unless he comes tomorrow
▶ M: **o menos** the least

menosprezar [menuspre'zar] VT (*subestimar*) to underrate; (*desprezar*) to despise, scorn

menosprezível [menuspre'zivew] (*pl* **-eis**) ADJ despicable

menosprezo [menus'prezu] M contempt, disdain

mensageiro, -a [mēsa'ʒejru, a] ADJ messenger *atr* ▶ M/F messenger

mensagem [mē'saʒē] (*pl* **-ns**) F message; **~ de erro** (*Comput*) error message; **~ de texto** text (message); **mandar uma ~ de texto para alguém** to text sb; **~ instantânea** instant message

mensal [mē'saw] (*pl* **-ais**) ADJ monthly; **ele ganha £2000 mensais** he earns £2000 a month

mensalidade [mēsali'dadʒi] F monthly payment

mensalmente [mēsaw'mētʃi] ADV monthly

menstruação [mēstrwa'sãw] F period; (*Med*) menstruation

menstruada [mēs'trwada] ADJ having one's period; (*Med*) menstruating

menstrual [mēs'trwaw] (*pl* **-ais**) ADJ menstrual

menstruar [mēs'trwar] VI to menstruate, have a period

mênstruo ['mēstru] M period, menstruation

menta ['mēta] F mint

mental [mē'taw] (*pl* **-ais**) ADJ mental

mentalidade [mētali'dadʒi] F mentality

mentalizar [mētali'zar] VT (*plano*) to conceive; **~ alguém de algo** to make sb realize sth

mente ['mētʃi] F mind; **de boa ~** willingly; **ter em ~** to bear in mind

mentecapto, -a [mētʃi'kaptu, a] ADJ mad, crazy ▶ M/F fool, idiot

mentir [mē'tʃir] VI to lie; **minto!** (I) tell a lie!

mentira [mē'tʃira] F lie; (*ato*) lying; **parece que** it seems incredible that; **de ~** not for real; **~!** (*acusação*) that's a lie!, you're lying; (*de surpresa*) you don't say!, no!

mentiroso, -a [mētʃi'rozu, ɔza] ADJ lying; (*enganoso*) deceitful; (*falso*) deceptive ▶ M/F liar

mentol [mē'tɔw] (*pl* **-óis**) M menthol

mentolado, -a [mēto'ladu, a] ADJ mentholated

mentor [mē'tor] M mentor

menu [me'nu] M (*tb Comput*) menu

mercadinho [merka'dʒiɲu] M local market

mercado [mer'kadu] M market; **~ à vista** spot market; **M~ Comum** Common Market; **~ de capitais** capital market; **~ das pulgas** flea market; **~ de trabalho** labo(u)r market; **~ externo/interno** foreign/domestic *ou* home market; **~ negro** *ou* **paralelo** black market

mercadologia [merkadolo'ʒia] F marketing

mercador [merka'dor] M merchant, trader

mercadoria [merkado'ria] F commodity; **mercadorias** FPL (*produtos*) goods

mercante [mer'kātʃi] ADJ merchant *atr*

mercantil [merkã'tʃiw] (*pl* **-is**) ADJ mercantile, commercial

mercê [mer'se] F (*favor*) favour (BRIT), favor (US); (*perdão*) mercy; **à ~ de** at the mercy of

mercearia [mersja'ria] F grocer's (shop) (BRIT), grocery store

merceeiro [mer'sjejru] M grocer

mercenário, -a [merse'narju, a] ADJ mercenary ▶ M mercenary

mercúrio [mer'kurju] M mercury; **M~** Mercury

merda ['mɛrda] (!) F shit (!) ▶ M/F (*pessoa*) jerk; **a ~ do carro** the bloody (BRIT) *ou* goddamn (US) car (!); **mandar alguém à ~** to tell sb to piss off (!); **estar numa ~** to be fucked up (!); **~ nenhuma** fuck all (!); **ser uma ~** (*viagem, filme*) to be crap (!)

merecedor, a [merese'dor(a)] ADJ deserving

merecer [mere'ser] VT to deserve; (*consideração*) to merit; (*valer*) to be worth ▶ VI to be worthy

merecido, -a [mere'sidu, a] ADJ deserved; (*castigo, prêmio*) just

merecimento [meresi'mētu] M desert; (*valor, talento*) merit

merenda [me'rēda] F packed lunch; **~ escolar** free school meal

merendar [merē'dar] VI to have school dinner

merendeira [merē'dejra] F (*maleta*) lunch-box; (*funcionária*) dinner-lady

merengue [me'rēgi] M meringue

meretrício [mere'trisju] M prostitution

meretriz [mere'triz] F prostitute

mergulhador, a [merguʎa'dor(a)] ADJ diving ▶ M/F diver

mergulhar [mergu'ʎar] VI (*para nadar*) to dive; (*penetrar*) to plunge ▶ VT: **~ algo em algo** (*num líquido*) to dip sth into sth; (*na terra etc*) to plunge sth into sth; **~ no trabalho/na floresta** to immerse o.s. in one's work/go deep into the forest

mergulho [mer'guʎu] M dip(ping), immersion; (*em natação*) dive; (*voo*) nose-dive; **dar um ~** (*na praia*) to go for a dip

meridiano [meri'dʒjanu] M meridian

meridional [meridʒjo'naw] (*pl* **-ais**) ADJ southern

mérito ['mɛritu] M merit

meritório, -a [meri'tɔrju, a] ADJ meritorious

merluza [mer'luza] F hake

mero, -a ['mɛru, a] ADJ mere

mertiolate® [mertʃjo'latʃi] M antiseptic

mês [mes] M month; **pago por ~** paid by the month; **duas vezes por ~** twice a month; **~ corrente** this month

mesa ['meza] F table; (*de trabalho*) desk; (*comitê*) board; (*numa reunião*) panel; **pôr/tirar a ~** to lay/clear the table; **à ~** at the table; **por baixo da ~** (tb fig) under the table; **~ de bilhar** billiard table; **~ de cabeceira** bedside table; **~ de centro** coffee table; **~ de cozinha/jantar** kitchen/dining table; **~ de jogo** card table; **~ de toalete** dressing table; **~ telefônica** switchboard

mesada [me'zada] F monthly allowance; (de criança) pocket money

mesa-redonda (pl **mesas-redondas**) F round table (discussion)

mescla ['mɛskla] F mixture, blend

mesclar [mes'klar] VT to mix (up); (cores) to blend

meseta [me'zeta] F plateau, tableland

mesmice [mez'misi] F sameness

mesmo, -a ['mezmu, a] ADJ same; (enfático) very ▶ ADV (exatamente) right; (até) even; (realmente) really ▶ M/F: **o ~/a mesma** the same (one); **o ~** (a mesma coisa) the same (thing); **eu ~** I myself; **este ~ homem** this very man; **ele ~ o fez** he did it himself; **o Rei ~** the King himself; **continuar na mesma** to be just the same; **dá no ~** ou **na mesma** it's all the same; **aqui/agora/hoje ~** right here/right now/this very day; **~ que** even if; **é ~** it's true; **é ~?** really?; **(é) isso ~!** exactly!, that's right!; **por isso ~** that's why; **~ assim** even so; **nem ~** not even; **~ quando** even when; **só ~** only; **por si ~** by oneself; **..., e estive com o ~ ontem** (referindo-se a pessoa já mencionada) ..., and I was with him yesterday; **ficar na mesma** (não entender) to be none the wiser; **isto para mim é o ~** it's all the same to me; **o ~, por favor!** (num bar etc) the same again, please

mesquinharia [meskiɲa'ria] F meanness; (ato, dito) mean thing

mesquinho, -a [mes'kiɲu, a] ADJ mean

mesquita [mes'kita] F mosque

messias [me'sias] M Messiah

mestiçar-se [mestʃi'sarsi] VR: **~ (com)** to interbreed (with)

mestiço, -a [mes'tʃisu, a] ADJ of mixed race; (animal) crossbred ▶ M/F person of mixed race

mestrado [mes'trado] M master's degree; **fazer/tirar o ~** to do/get one's master's (degree)

mestre, -a ['mɛstri, a] ADJ (chave, viga) master; (linha, estrada) main; (qualidade) masterly ▶ M/F master/mistress; (professor) teacher; **de ~** masterly; **obra mestra** masterpiece; **ele é ~ em mentir** he's an expert liar; **~ de cerimônias** MC, master of ceremonies; **~ de obras** foreman

mestre-cuca (pl **mestres-cucas**) (col) M chef

mestria [mes'tria] F mastery; (habilidade) expertise; **com ~** to perfection

mesura [me'zura] F (cumprimento) bow; (cortesia) courtesy; **cheio de ~s** cap in hand

meta ['mɛta] F (em corrida) finishing post; (regata) finishing line; (gol) goal; (objetivo) aim, goal

metabolismo [metabo'lizmu] M metabolism

metade [me'tadʒi] F half; (meio) middle; **~ de uma laranja** half an orange; **pela ~** halfway through

metafísica [meta'fizika] F metaphysics sg

metafísico, -a [meta'fiziku, a] ADJ metaphysical

metáfora [me'tafora] F metaphor

metafórico, -a [meta'fɔriku, a] ADJ metaphorical

metal [me'taw] (pl **-ais**) M metal; **metais** MPL (Mús) brass sg

metálico, -a [me'taliku, a] ADJ metallic; (de metal) metal atr

metalinguagem [metalĩ'gwaʒē] (pl **-ns**) F metalanguage

metalizado, -a [metali'zadu, a] ADJ (papel etc) metallic

metalurgia [metalur'ʒia] F metallurgy

metalúrgica [meta'lurʒika] F metal works sg; ver tb **metalúrgico**

metalúrgico, -a [meta'lurʒiku, a] ADJ metallurgical ▶ M/F metalworker

metamorfose [metamor'fɔzi] F metamorphosis

metamorfosear [metamorfo'zjar] VT: **~ alguém em algo** to transform sb into sth

metano [me'tanu] M methane

meteórico, -a [mete'ɔriku, a] ADJ meteoric

meteorito [meteo'ritu] M meteorite

meteoro [me'tjɔru] M meteor

meteorologia [meteorolo'ʒia] F meteorology

meteorológico, -a [meteoro'lɔʒiku, a] ADJ meteorological

meteorologista [meteorolo'ʒista] M/F meteorologist; (TV, Rádio) weather forecaster

meter [me'ter] VT (colocar) to put; (envolver) to involve; (introduzir) to introduce; **meter-se** VR (esconder-se) to hide; (retirar-se) to closet o.s.; **~-se a fazer algo** to decide to have a go at sth; **~-se a médico** to fancy oneself as a doctor; **~-se com** (provocar) to pick a quarrel with; (associar-se) to get involved with; **meta-se com a sua vida** mind your own business; **~-se em** to get involved in; (intrometer-se) to interfere in; **~ na cabeça** to take it into one's head; **~-se na cama** to get into bed; **~-se onde não é chamado** to poke one's nose in(to other people's business)

meticulosidade [metʃikulozi'dadʒi] F meticulousness

meticuloso, -a [metʃiku'lozu, ɔza] ADJ meticulous

metido, -a [me'tʃidu, a] ADJ (envolvido) involved; (intrometido) meddling; **~ (a besta)** snobbish

metódico, -a [me'tɔdʒiku, a] ADJ methodical

metodismo [meto'dʒizmu] M (Rel) Methodism

metodista [meto'dʒista] ADJ, M/F Methodist

método ['mɛtodu] M method

metodologia [metodolo'ʒia] F methodology

metragem [me'traʒẽ] F length (in metres (BRIT) ou meters (US)); (Cinema) footage, length; **filme de longa/curta ~** feature ou full-length/short film

metralhadora [metraʎa'dora] F machine gun

metralhar [metra'ʎar] VT (ferir, matar) to shoot; (fazer fogo contra) to spray with machine-gun fire

métrica ['mɛtrika] F (em poesia) metre (BRIT), meter (US)

métrico, -a ['mɛtriku, a] ADJ metric

metro ['mɛtru] M metre (BRIT), meter (US); (PT: metropolitano) underground (BRIT), subway (US); **~ quadrado/cúbico** square/cubic metre

metrô [me'tro] (BR) M underground (BRIT), subway (US)

metrópole [me'trɔpoli] F metropolis; (capital) capital

metropolitano, -a [metropoli'tanu, a] ADJ metropolitan ▶ M (PT) underground (BRIT), subway (US)

metroviário, -a [metro'vjarju, a] ADJ underground atr (BRIT), subway atr (US) ▶ M/F underground (BRIT) ou subway (US) worker

meu, minha [mew, 'miɲa] ADJ my ▶ PRON mine; **os meus** MPL (minha família) my family ou folks (col); **um amigo ~** a friend of mine; **este livro é ~** this book is mine; **estou na minha** I'm minding my own business

MEx (BR) ABR M = **Ministério do Exército**

mexer [me'ʃer] VT (mover) to move; (cabeça: dizendo sim) to nod; (: dizendo não) to shake; (misturar) to stir; (ovos) to scramble ▶ VI (mover) to move; **mexer-se** VR to move; (apressar-se) to get a move on; **~ com algo** (trabalhar) to work with sth; (comerciar) to deal in sth; **~ com alguém** (provocar) to tease sb; (comover) to have a profound effect on sb, get to sb (col); **~ em algo** to touch sth; **mexa-se!** get going!, move yourself!

mexerica [meʃe'rika] F tangerine, satsuma

mexericar [meʃeri'kar] VI to gossip

mexerico [meʃe'riku] M piece of gossip; **mexericos** MPL (fofocas) gossip sg

mexeriqueiro, -a [meʃeri'kejru, a] ADJ gossiping ▶ M/F gossip, busybody

mexicano, -a [meʃi'kanu, a] ADJ, M/F Mexican

México ['mɛʃiku] M: **o ~** Mexico; **a Cidade do ~** Mexico City

mexida [me'ʃida] F mess, disorder

mexido, -a [me'ʃidu, a] ADJ (papéis) mixed up; (ovos) scrambled

mexilhão [meʃi'ʎãw] (pl **-ões**) M mussel

mezanino [meza'ninu] M mezzanine (floor)

MF (BR) ABR M = **Ministério da Fazenda**

MG (BR) ABR = **Minas Gerais**

mg ABR (= miligrama) mg

mi [mi] M (Mús) E

miado ['mjadu] M miaow

miar [mjar] VI to miaow; (vento) to whistle

miasma ['mjazma] M (fig) decay

miau [mjaw] M miaow

MIC (BR) ABR M = **Ministério de Indústria e Comércio**

miçanga [mi'sãga] F beads pl

micção [mik'sãw] F urination

michê [mi'ʃe] M (col) rent boy

mico ['miku] M capuchin monkey

micose [mi'kɔzi] F mycosis

micro... [mikru] PREFIXO micro...

micróbio [mi'krɔbju] M germ, microbe

microblog, microblogue [mikro'blɔgi] M microblog

microcefalia [mikrose'falia] F (Med) microcephaly

microcirurgia [mikrosirur'ʒia] F microsurgery

microcosmo [mikro'kɔzmu] M microcosm

microempresa [mikroẽ'preza] F small business

microfilme [mikro'fiwmi] M microfilm

microfone [mikro'fɔni] M microphone

Micronésia [mikro'nɛzja] F: **a ~** Micronesia

micro-onda [mikro'õda] F microwave

micro-ondas [mikro'õdas] M INV microwave

micro-ônibus [mikro'onibus] M INV minibus

microprocessador [mikroprosesa'dor] M microprocessor

microrganismo [mikrorga'nizmu] M microorganism

microscópico, -a [mikro'skɔpiku, a] ADJ microscopic

microscópio [mikro'skɔpju] M microscope

mídi ['midʒi] ADJ INV midi

mídia ['midʒja] F media pl; **~s sociais** social media pl

migalha [mi'gaʎa] F crumb; **migalhas** FPL (restos, sobras) scraps

migração [migra'sãw] (pl **-ões**) F migration

migrar [mi'grar] VI to migrate

migratório, -a [migra'tɔrju, a] ADJ migratory; **aves migratórias** birds of passage

miguel [mi'gɛw] (pl **-eis**) (col) M (banheiro) loo (BRIT), john (US)

mijada [mi'ʒada] (col) F pee; **dar uma ~** to have a pee

mijar [mi'ʒar] (col) VI to pee; **mijar-se** VR to wet o.s.

mijo ['miʒu] (col) M pee

mil [miw] NUM thousand; **dois ~** two thousand; **estar a ~** (col) to be buzzing

milagre [mi'lagri] M miracle; **por ~** miraculously

milagroso, -a [mila'grozu, ɔza] ADJ miraculous

milenar [mile'nar] ADJ thousand-year-old; (fig) ancient

milênio [mi'lenju] M millennium

milésimo, -a [mi'lɛzimu, a] NUM thousandth

mil-folhas F INV (massa) millefeuille pastry; (doce) cream slice

milha ['miʎa] F mile; (col: mil cruzeiros): **dez ~s** ten grand; **~ marítima** nautical mile

milhão [mi'ʎãw] (pl **-ões**) M million; **um ~ de vezes** hundreds of times; **adorei milhões!** (col) I loved it!

milhar [mi'ʎar] M thousand; **turistas aos ~es** tourists in their thousands
milharal [miʎa'raw] (pl **-ais**) M maize (BRIT) ou corn (US) field
milho ['miʎu] M maize (BRIT), corn (US)
milhões [mi'ʎõjs] MPL de **milhão**
miliardário, -a [miljar'darju, a] ADJ, M/F billionaire
milícia [mi'lisja] F (Mil) militia; (: vida) military life; (: força) military force
milico [mi'liku] (col) M military type
miligrama [mili'grama] M milligram(me)
mililitro [mili'litru] M millilitre (BRIT), milliliter (US)
milímetro [mi'limetru] M millimetre (BRIT), millimeter (US)
milionário, -a [miljo'narju, a] ADJ, M/F millionaire
milionésimo, -a [miljo'nɛzimu, a] NUM millionth
militância [mili'tãsja] F militancy
militante [mili'tãtʃi] ADJ, M/F militant
militar [mili'tar] ADJ military ▶ M soldier ▶ VI to fight; **~ em** (Mil: regimento) to serve in; (Pol: partido) to belong to, be active in; (profissão) to work in
militarismo [milita'rizmu] M militarism
militarista [milita'rista] ADJ, M/F militarist
militarizar [militari'zar] VT to militarize
mil-réis M INV former unit of currency in Brazil and Portugal
mim [mĩ] PRON me; (reflexivo) myself; **de ~ para ~** to myself
mimado, -a [mi'madu, a] ADJ spoiled, spoilt (BRIT)
mimar [mi'mar] VT to pamper, spoil
mimeógrafo [mime'ɔgrafu] M duplicating machine
mimetismo [mime'tʃizmu] M (Bio) mimicry
mímica ['mimika] F mime; (jogo) charades; ver tb **mímico**
mímico, -a ['mimiku, a] M/F mime artist
mimo ['mimu] M (presente) gift; (pessoa, coisa encantadora) delight; (carinho) tenderness; (gentileza) kindness; **cheio de ~s** (criança) spoiled, spoilt (BRIT)
mimoso, -a [mi'mozu, ɔza] ADJ (delicado) delicate; (carinhoso) tender, loving; (encantador) delightful
MIN (BR) ABR M = **Ministério do Interior**
min. ABR (= mínimo) min.
mina ['mina] F mine; (fig: de riquezas) gold mine; (: de informações) mine of information; (col: garota) girl; **~ de carvão** coal mine; **~ de ouro** (tb fig) gold mine
minar [mi'nar] VT to mine; (fig) to undermine
minarete [mina'retʃi] M minaret
Minc (BR) ABR M = **Ministério da Cultura**
mindinho [mĩ'dʒiɲu] M (tb: **dedo mindinho**) little finger
mineiro, -a [mi'nejru, a] ADJ mining atr; (de Minas Gerais) from Minas Gerais ▶ M/F miner; person from Minas Gerais

mineração [minera'sãw] F mining
mineral [mine'raw] (pl **-ais**) ADJ, M mineral
mineralogia [mineralo'ʒia] F mineralogy
minerar [mine'rar] VT, VI to mine
minério [mi'nɛrju] M ore; **~ de ferro** iron ore
mingau [mĩ'gaw] M (tb: **mingau de aveia**) porridge; (fig) slop
míngua ['mĩgwa] F lack; **à ~ de** for want of; **viver à ~** to live in poverty
minguado, -a [mĩ'gwadu, a] ADJ scant; (criança) stunted; **~ de algo** short of sth
minguante [mĩ'gwãtʃi] ADJ waning; **(quarto) ~** (Astronomia) last quarter
minguar [mĩ'gwar] VI (diminuir) to decrease, dwindle; (faltar) to run short
minha ['miɲa] F de **meu**
minhoca [mi'ɲɔka] F (earth)worm; (col: bobagem) daft idea; **~ da terra** (fig: caipira) country person
míni ['mini] ADJ INV mini ▶ M minicomputer
mini... [mini] PREFIXO mini...
miniatura [minja'tura] ADJ, F miniature
minicomputador [minikõputa'dor] M minicomputer
mínima ['minima] F (temperatura) low; (Mús) minim
minimalista [minima'lista] ADJ (fig) stark
minimizar [minimi'zar] VT to minimize; (subestimar) to play down
mínimo, -a ['minimu, a] ADJ minimum ▶ M minimum; (tb: **dedo mínimo**) little finger; **não dou ou ligo a mínima para isso** I couldn't care less about it; **a mínima importância/ideia** the slightest importance/idea; **o ~ que podem fazer** the least they can do; **no ~** at least; **no ~ às 11 horas** at 11.00 at the earliest
minissaia [mini'saja] F miniskirt
ministerial [ministe'rjaw] (pl **-ais**) ADJ ministerial
ministeriável [ministe'rjavew] (pl **-eis**) ADJ eligible to be a minister
ministério [mini'sterju] M ministry; **M~ da Fazenda** ≈ Treasury (BRIT), ≈ Treasury Department (US); **M~ do Interior** ≈ Home Office (BRIT), ≈ Department of the Interior (US); **M~ da Marinha/Educação/Saúde** ≈ Admiralty/Ministry of Education/Health; **M~ das Relações Exteriores** ≈ Foreign Office (BRIT), ≈ State Department (US); **M~ do Trabalho** ≈ Department of Employment (BRIT) ou Labor (US); **~ público** public prosecution service
ministrar [minis'trar] VT (dar) to supply; (remédio) to administer; (aulas) to give ▶ VI to serve as a minister
ministro, -a [mi'nistru, a] M/F minister; **~ da Fazenda** ≈ Chancellor of the Exchequer (BRIT), ≈ Head of the Treasury Department (US); **~ do Interior** ≈ Home Secretary (BRIT); **~ das Relações Exteriores** ≈ Foreign Secretary (BRIT), ≈ Head of the State Department (US); **~ sem pasta** minister without portfolio

minorar [mino'rar] VT to lessen, reduce
Minorca [mi'nɔrka] F Menorca
minoria [mino'ria] F minority
minoritário, -a [minori'tarju, a] ADJ minority *atr*
minto *etc* ['mītu] VB *ver* **mentir**
minúcia [mi'nusja] F detail
minucioso, -a [minu'sjozu, ɔza] ADJ (*indivíduo, busca*) thorough; (*explicação*) detailed
minúsculo, -a [mi'nuskulu, a] ADJ minute, tiny; **letra minúscula** lower case letter
minuta [mi'nuta] F (*rascunho*) draft; (*Culin*) dish cooked to order; **~ de contrato** draft contract
minutar [minu'tar] VT to draft
minuto [mi'nutu] M minute
miolo ['mjolu] M inside; (*polpa*) pulp; (*de maçã*) core; **miolos** MPL (*cérebro, inteligência*) brains
míope ['miopi] ADJ short-sighted ▶ M/F myopic
miopia [mjo'pia] F short-sightedness, myopia
miosótis [mjo'zɔtʃis] M INV (*Bot*) forget-me-not
mira ['mira] F (*de fuzil*) sight; (*pontaria*) aim; (*fig*) aim, purpose; **à ~ de** on the lookout for; **ter em ~** to have one's eye on
mirabolante [mirabo'lãtʃi] ADJ (*roupa*) showy, loud; (*plano*) ambitious; (*surpreendente*) amazing
mirada [mi'rada] F look
miradouro [mira'doru] M viewpoint, belvedere
miragem [mi'raʒẽ] (*pl* **-ns**) F mirage
miramar [mira'mar] M sea view
mirante [mi'rãtʃi] M viewpoint, belvedere
mirar [mi'rar] VT to look at; (*observar*) to watch; (*apontar para*) to aim at ▶ VI: **~ em** to aim at; **mirar-se** VR to look at o.s.; **~ para** to look onto
miríade [mi'riadʒi] F myriad
mirim [mi'rĩ] (*pl* **-ns**) ADJ little
mirrado, -a [mi'hadu, a] ADJ (*planta*) withered; (*pessoa*) haggard
mirrar-se [mi'harsi] VR (*planta*) to wither, dry up; (*pessoa*) to waste away
misantropo, -a [mizã'tropu, a] ADJ misanthropic ▶ M/F misanthrope
miscelânea [mise'lanja] F miscellany; (*confusão*) muddle
miscigenação [misiʒena'sãw] F interbreeding
mise-en-plis [mizã'pli] M shampoo and set
miserável [mize'ravew] (*pl* **-eis**) ADJ (*digno de compaixão*) wretched; (*pobre*) impoverished; (*avaro*) stingy, mean; (*insignificante*) paltry; (*lugar*) squalid; (*infame*) despicable ▶ M (*indigente*) wretch; (*coitado*) poor thing; (*pessoa infame*) rotter
miserê [mize're] (*col*) M poverty, pennilessness
miséria [mi'zɛrja] F (*estado lastimável*) misery; (*pobreza*) poverty; (*avareza*) stinginess; **chorar ~** to complain that one is hard up; **fazer ~s** (*col*) to do wonders; **ganhar/custar uma ~** to earn/cost a pittance; **ser uma ~** (*col*) to be awful
misericórdia [mizeri'kɔrdʒja] F (*compaixão*) pity, compassion; (*graça*) mercy
misógino, -a [mi'zɔʒinu, a] ADJ misogynistic ▶ M misogynist
missa ['misa] F (*Rel*) mass; **não saber da ~ a metade** (*col*) not to know the half of it
missal [mi'saw] (*pl* **-ais**) M missal
missão [mi'sãw] (*pl* **-ões**) F mission; (*dever*) duty; (*incumbência*) job
misse ['misi] F beauty queen
míssil ['misiw] (*pl* **-eis**) M missile; **~ balístico/guiado** ballistic/guided missile; **~ de curto/médio/longo alcance** short-/medium-/long-range missile
missionário, -a [misjo'narju, a] M/F missionary
missiva [mi'siva] F missive
missões [mi'sõjs] FPL *de* **missão**
mister [mis'ter] M (*ocupação*) occupation; (*trabalho*) job; **ser ~** to be necessary; **ter-se ~ de algo** to need sth; **não há ~ de** there's no need for
mistério [mis'tɛrju] M mystery; **fazer ~ de algo** to make a mystery of sth; **não ter ~** to be straightforward
misterioso, -a [miste'rjozu, ɔza] ADJ mysterious
misticismo [mistʃi'sizmu] M mysticism
místico, -a ['mistʃiku, a] ADJ, M/F mystic
mistificar [mistʃifi'kar] VT, VI to fool
misto, -a ['mistu, a] ADJ mixed; (*confuso*) mixed up; (*escola*) mixed ▶ M mixture
misto-quente (*pl* **mistos-quentes**) M toasted cheese and ham sandwich
mistura [mis'tura] F mixture; (*ato*) mixing
misturada [mistu'rada] F jumble
misturar [mistu'rar] VT to mix; (*confundir*) to mix up; **misturar-se** VR: **~-se com** to mingle with
mítico, -a ['mitʃiku, a] ADJ mythical
mitificar [mitʃifi'kar] VT to mythicize; (*mulher, estrela*) to idolize
mitigar [mitʃi'gar] VT (*raiva*) to temper; (*dor*) to relieve; (*sede*) to lessen
mito ['mitu] M myth
mitologia [mitolo'ʒia] F mythology
mitológico, -a [mito'lɔʒiku, a] ADJ mythological
miudezas [mju'dezas] FPL minutiae; (*bugigangas*) odds and ends; (*objetos pequenos*) trinkets
miúdo, -a ['mjudu, a] ADJ (*pequeno*) tiny, minute ▶ M/F (PT: *criança*) youngster, kid; **miúdos** MPL (*dinheiro*) change *sg*; (*de aves*) giblets; **dinheiro ~** small change; **trocar em ~s** (*fig*) to spell it out
mixa ['miʃa] (*col*) ADJ (*insignificante*) measly; (*de má qualidade*) crummy; (*festa*) dull
mixagem [mik'saʒẽ] F mixing

mixar¹ [mi'ʃar] vt to mess up ▶ vi (*gorar*) to go down the drain; (*acabar*) to finish
mixar² [mik'sar] vt (*sons*) to mix
mixaria [miʃa'ria] (*col*) f (*coisa sem valor*) trifle; (*insignificância*) trivial matter
mixórdia [mi'ʃɔrdʒja] f mess, jumble
MJ abr m = **Ministério da Justiça**
MM abr m = **Ministério da Marinha**
mm abr (= *milímetro*) mm
MME (br) abr m = **Ministério de Minas e Energia**
mnemônico, -a [mne'moniku, a] adj mnemonic
mo [mu] pron = **me + o**
mó [mɔ] f (*de moinho*) millstone; (*para afiar*) grindstone
moa etc ['moa] vb ver **moer**
moagem ['mwaʒē] f grinding
móbil ['mɔbiw] (*pl* -**eis**) adj = **móvel**
mobilar [mobi'lar] (pt) vt to furnish
móbile ['mɔbili] m mobile
mobília [mo'bilja] f furniture
mobiliar [mobi'ljar] (br) vt to furnish
mobiliária [mobi'ljarja] f furniture shop
mobiliário [mobi'ljarju] m furnishings *pl*
mobilidade [mobili'dadʒi] f mobility; (*fig: de espírito*) changeability
mobilização [mobiliza'sãw] f mobilization
mobilizar [mobili'zar] vt to mobilize; (*movimentar*) to move
Mobral [mo'braw] abr m = **Movimento Brasileiro de Alfabetização**
moça ['mosa] f girl, young woman
moçada [mo'sada] f (*moços*) boys *pl*; (*moças*) girls *pl*
moçambicano, -a [mosãbi'kanu, a] adj, m/f Mozambican
Moçambique [mosã'biki] m Mozambique
moção [mo'sãw] (*pl* -**ões**) f motion
mocassim [moka'sĩ] (*pl* -**ns**) m moccasin; (*sapato esporte*) slip-on
mochila [mo'ʃila] f backpack, rucksack
mochilão [moʃi'lãw] m backpacking trip; **fazer um** ~ to go backpacking
mochileiro, -a [moʃi'ljru, a] m/f backpacker
mocidade [mosi'dadʒi] f youth; (*os moços*) young people *pl*
mocinho, -a [mo'siɲu, a] m/f little boy/girl ▶ m (*herói*) hero, good guy
moço, -a ['mosu, a] adj young ▶ m young man, lad; ~ **de bordo** ordinary seaman; ~ **de cavalariça** groom
moções [mo'sõjs] fpl *de* **moção**
mocorongo, -a [moko'rõgu, a] (*col*) m/f country bumpkin
moda ['mɔda] f fashion; **estar na** ~ to be in fashion, be all the rage; **fora da** ~ old-fashioned; **sair da** *ou* **cair de** ~ to go out of fashion; **a última** ~ the latest fashion; **à** ~ **brasileira** in the Brazilian way; **ele faz tudo à sua** ~ he does everything his own way; **fazer** ~ to make up stories
modalidade [modali'dadʒi] f kind; (*Esporte*) event

modelagem [mode'laʒē] f modelling; ~ **do corpo** bodybuilding
modelar [mode'lar] vt to model; (*assinalar os contornos de*) to shape, highlight; **modelar-se** vr: ~(-**se**) **a algo** to model (o.s.) on sth
modelista [mode'lista] m/f designer
modelo [mo'delu] m model; (*criação de estilista*) design; (*pessoa admirada*) role-model ▶ m/f (*manequim*) model
modem ['modē] (*pl* -**ns**) m modem
moderação [modera'sãw] (*pl* -**ões**) f moderation
moderado, -a [mode'radu, a] adj moderate; (*clima*) mild
moderar [mode'rar] vt to moderate; (*violência*) to control, restrain; (*velocidade*) to reduce; (*voz*) to lower; (*gastos*) to cut down; **moderar-se** vr to control o.s.
modernidade [moderni'dadʒi] f modernity
modernismo [moder'nizmu] m modernism
modernização [moderniza'sãw] (*pl* -**ões**) f modernization
modernizar [moderni'zar] vt to modernize; **modernizar-se** vr to modernize
moderno, -a [mo'dɛrnu, a] adj modern; (*atual*) present-day
modernoso, -a [moder'nozu, ɔza] adj newfangled
módess® ['mɔdes] (*col*) m inv sanitary towel (brit) *ou* napkin (us)
modéstia [mo'dɛstʃja] f modesty
modesto, -a [mo'dɛstu, a] adj modest; (*simples*) simple, plain; (*vida*) frugal
módico, -a ['mɔdʒiku, a] adj moderate; (*preço*) reasonable; (*bens*) scant
modificação [modʒifika'sãw] (*pl* -**ões**) f modification
modificar [modʒifi'kar] vt to modify, alter
modinha [mo'dʒiɲa] f popular song, tune
modismo [mo'dʒizmu] m idiom
modista [mo'dʒista] f dressmaker
modo ['mɔdu] m (*maneira*) way, manner; (*método*) way; (*Ling*) mood; (*Mús*) mode; **modos** mpl (*comportamento*) manners; ~ **de pensar** way of thinking; **de (tal)** ~ **que** so (that); **de** ~ **nenhum** in no way; **de qualquer** ~ anyway, anyhow; **tenha** ~**s!** behave yourself!; **de** ~ **geral** in general; ~ **de andar** way of walking, walk; ~ **de escrever** style of writing; ~ **de emprego** instructions *pl* for use; ~ **de ser** way (of being), manner; ~ **de vida** way of life
modorra [mo'doha] f (*sonolência*) drowsiness; (*letargia*) lethargy
modulação [modula'sãw] (*pl* -**ões**) f modulation; ~ **de frequência** frequency modulation
modular [modu'lar] vt to modulate ▶ adj modular
módulo ['mɔdulu] m module; ~ **lunar** lunar module
moeda ['mwɛda] f (*uma moeda*) coin; (*dinheiro*) currency; **uma** ~ **de 50p** a 50p piece;

~ corrente currency; **pagar na mesma ~** to give tit for tat; **Casa da M~** ≈ the (Royal) Mint (BRIT), ≈ the (US) Mint (US); **~ falsa** forged money; **~ forte** hard currency

moedor [moe'dor] M (*de café*) grinder; (*de carne*) mincer

moenda ['mwēda] F grinding equipment

moer [mwer] VT (*café*) to grind; (*cana*) to crush; (*bater*) to beat; (*cansar*) to tire out

mofado, -a [mo'fadu, a] ADJ mouldy (BRIT), moldy (US)

mofar [mo'far] VI to go mouldy (BRIT) ou moldy (US); (*na prisão*) to rot; (*ficar esperando*) to hang around; (*zombar*) to mock, scoff ▶ VT to cover in mo(u)ld

mofo ['mofu] M (*Bot*) mould (BRIT), mold (US); **cheiro de ~** musty smell

mogno ['mɔgnu] M mahogany

mói *etc* [mɔj] VB *ver* **moer**

moía *etc* [mo'ia] VB *ver* **moer**

moído, -a [mo'idu, a] PP *de* **moer** ▶ ADJ (*café*) ground; (*carne*) minced (BRIT), ground (US); (*cansado*) tired out; (*corpo*) aching

moinho ['mwiɲu] M mill; (*de café*) grinder; **~ de vento** windmill

moisés [moj'zɛs] M INV carry-cot

moita ['mɔjta] F thicket; **~!** mum's the word!; **na ~** (*fig*) on the quiet; **ficar na ~** (*fazer segredo*) to keep quiet, not say a word; (*ficar na expectativa*) to stand by

mola ['mɔla] F (*Tec*) spring; (*fig*) motive, motivation

molambo [mo'lãbu] M rag

molar [mo'lar] M molar (tooth)

moldar [mow'dar] VT to mould (BRIT), mold (US); (*metal*) to cast; (*fig*) to mo(u)ld, shape

Moldávia [mow'davja] F: **a ~** Moldavia

molde ['mɔwdʒi] M mould (BRIT), mold (US); (*de papel*) pattern; (*fig*) model; **~ de vestido** dress pattern

moldura [mow'dura] F (*de pintura*) frame; (*ornato*) moulding (BRIT), molding (US)

moldurar [mowdu'rar] VT to frame

mole ['mɔli] ADJ (*macio, fofo*) soft; (*sem energia*) listless; (*carnes*) flabby; (*col: fácil*) easy; (*pessoa: sentimental*) soft; (*lento*) slow; (*preguiçoso*) sluggish ▶ ADV (*facilmente*) easily; (*lentamente*) slowly

moleca [mo'lɛka] F urchin; (*menina*) youngster

molecada [mole'kada] F urchins *pl*

molecagem [mole'kaʒē] (*pl* **-ns**) F (*de criança*) prank; (*sujeira*) dirty trick; (*brincadeira*) joke

molécula [mo'lɛkula] F molecule

molecular [moleku'lar] ADJ molecular

molejo [mo'leʒu] M (*de carro*) suspension; (*col: de pessoa*) wiggle

moleque [mo'lɛki] M (*de rua*) urchin; (*menino*) youngster; (*pessoa sem palavra*) unreliable person; (*canalha*) scoundrel ▶ ADJ (*levado*) mischievous; (*brincalhão*) funny

molestar [moles'tar] VT (*ofender*) to upset; (*enfadar*) to annoy; (*importunar*) to bother

moléstia [mo'lɛstʃja] F illness

molesto, -a [mo'lɛstu, a] ADJ tiresome; (*prejudicial*) unhealthy

moletom [mole'tõ] (*pl* **-ns**) M (*de lã*) fleece; (*de algodão*) sweatshirt material; **blusa de ~** sweatshirt

moleza [mo'leza] F softness; (*falta de energia*) listlessness; (*falta de força*) weakness; **ser (uma) ~** (*col*) to be easy; **na ~** without exerting oneself

molhada [mo'ʎada] F soaking

molhado, -a [mo'ʎadu, a] ADJ wet, damp

molhar [mo'ʎar] VT to wet; (*de leve*) to moisten, dampen; (*mergulhar*) to dip; **molhar-se** VR to get wet; (*col: urinar*) to wet o.s.

molhe ['mɔʎi] (PT) M jetty; (*cais*) wharf, quay

molheira [mo'ʎejra] F sauce boat; (*para carne*) gravy boat

molho¹ ['mɔʎu] M (*de chaves*) bunch; (*de trigo*) sheaf

molho² ['mɔʎu] M (*Culin*) sauce; (: *de salada*) dressing; (: *de carne*) gravy; **pôr de ~** to soak; **estar/deixar de ~** (*roupa etc*) to be soaking/ leave to soak; **estar/ficar de ~** (*fig*) to be/stay in bed; **~ branco** white sauce; **~ inglês** Worcester sauce

molinete [moli'netʃi] M reel; (*caniço*) fishing rod

moloide [mo'lɔjdʒi] (*col*) ADJ slow ▶ M/F lazy-bones

molusco [mo'lusku] M mollusc (BRIT), mollusk (US)

momentâneo, -a [momē'tanju, a] ADJ momentary

momento [mo'mētu] M moment; (*Tec*) momentum; **a todo ~** constantly; **de um ~ para outro** suddenly; **no ~ em que** just as; **no/neste ~** at the/this moment; **a qualquer ~** at any moment

Mônaco ['monaku] M Monaco

monarca [mo'narka] M/F monarch, ruler

monarquia [monar'kia] F monarchy

monarquista [monar'kista] ADJ, M/F monarchist

monastério [monas'tɛrju] M monastery

monástico, -a [mo'nastʃiku, a] ADJ monastic

monção [mõ'sãw] (*pl* **-ões**) F monsoon

mondar [mõ'dar] (PT) VT (*ervas daninhas*) to pull up; (*árvores*) to prune; (*fig*) to weed out

monetário, -a [mone'tarju, a] ADJ monetary; **correção monetária** currency adjustment

monetarismo [moneta'rizmu] M monetarism

monetarista [moneta'rista] ADJ, M/F monetarist

monetizar [monetʃi'zar] VT to monetize

monge ['mõʒi] M monk

mongol [mõ'gɔw] (*pl* **-óis**) ADJ, M/F Mongol, Mongolian

Mongólia [mõ'gɔlja] F: **a ~** Mongolia

mongolismo [mõgo'lizmu] M (*Med*) mongolism

mongoloide [mõgo'lɔjdʒi] (!) ADJ, M/F mongol (!)

monitor [moni'tor] M monitor
monitorar [monito'rar] VT to monitor
monitorizar [monitori'zar] VT = **monitorar**
monja ['mõʒa] F nun
monocromo, -a [mono'krɔmu, a] ADJ monochrome
monóculo [mo'nɔkulu] M monocle
monocultura [monokuw'tura] F monoculture
monogamia [monoga'mia] F monogamy
monogâmico, -a [mono'gamiku, a] ADJ monogamous
monógamo, -a [mo'nɔgamu, a] ADJ monogamous
monograma [mono'grama] M monogram
monologar [monolo'gar] VI to talk to o.s.; (*Teatro*) to speak a monologue ▶ VT to say to o.s.
monólogo [mo'nɔlogu] M monologue
monoplano [mono'planu] M monoplane
monopólio [mono'pɔlju] M monopoly
monopolizar [monopoli'zar] VT to monopolize
monossilábico, -a [monosi'labiku, a] ADJ monosyllabic
monossílabo [mono'silabu] M monosyllable; **responder por ~s** to reply in monosyllables
monotonia [monoto'nia] F monotony
monótono, -a [mo'nɔtonu, a] ADJ monotonous
monotrilho [mono'triʎu] M monorail
monóxido [mo'nɔksidu] M: **~ de carbono** carbon monoxide
monsenhor [mõse'ɲor] M monsignor
monstro, -a ['mõstru, a] ADJ INV giant ▶ M (*tb fig*) monster; **~ sagrado** superstar
monstruosidade [mõstrwozi'dadʒi] F monstrosity
monstruoso, -a [mõ'strwozu, ɔza] ADJ monstrous; (*enorme*) gigantic, huge
monta ['mõta] F: **de pouca ~** trivial, of little account
montador, a [mõta'dor(a)] M/F (*Cinema*) editor
montagem [mõ'taʒẽ] (*pl* **-ns**) F assembly; (*Arq*) erection; (*Cinema*) editing; (*Teatro*) production
montanha [mõ'taɲa] F mountain
montanha-russa F roller coaster
montanhês, -esa [mõta'ɲes, eza] ADJ mountain *atr* ▶ M/F highlander
montanhismo [mõta'ɲizmu] M mountaineering
montanhista [mõta'ɲista] M/F mountaineer ▶ ADJ mountaineering
montanhoso, -a [mõta'ɲozu, ɔza] ADJ mountainous
montante [mõ'tãtʃi] M amount, sum ▶ ADJ (*maré*) rising; **a ~** (*nadar*) upstream
montão [mõ'tãw] (*pl* **-ões**) M heap, pile
montar [mõ'tar] VT (*cavalo*) to mount, get on; (*colocar em*) to put on; (*cavalgar*) to ride; (*peças*) to assemble, put together; (*loja, máquina*) to set up; (*casa*) to put up; (*peça teatral*) to put on ▶ VI to ride; **~ a** *ou* **em** (*animal*) to get on; (*cavalgar*) to ride; (*despesa*) to come to
montaria [mõta'ria] F (*cavalgadura*) mount
monte ['mõtʃi] M hill; (*pilha*) heap, pile; **um ~ de** (*muitos*) a lot of, lots of; **gente aos ~s** loads of people
montepio [mõtʃi'piu] M (*pensão*) pension; (*fundo*) trust fund
montês [mõ'tes] ADJ: **cabra ~** mountain goat
Montevidéu [mõtʃivi'dɛw] N Montevideo
montoeira [mõ'twejra] F stack
montões [mõ'tõjs] MPL *de* **montão**
montra ['mõtra] (PT) F shop window
monumental [monumẽ'taw] (*pl* **-ais**) ADJ monumental; (*fig*) magnificent, splendid
monumento [monu'mẽtu] M monument
moqueca [mo'kɛka] F *fish or seafood simmered in coconut cream and palm oil*; **~ de camarão** prawn *moqueca*
morada [mo'rada] F home, residence; (PT: *endereço*) address
moradia [mora'dʒia] F home, dwelling
morador, a [mora'dor(a)] M/F (*de casa, bairro*) resident; (*de casa alugada*) tenant
moral [mo'raw] (*pl* **-ais**) ADJ moral ▶ F (*ética*) ethics *pl*; (*conclusão*) moral ▶ M (*de pessoa*) sense of morality; (*ânimo*) morale; **levantar o ~** to raise morale; **estar de ~ baixa** to be demoralized; **~ da história** moral of the story
moralidade [morali'dadʒi] F morality
moralista [mora'lista] ADJ moralistic ▶ M/F moralist
moralizar [morali'zar] VI to moralize ▶ VT to preach at
morango [mo'rãgu] M strawberry
morangueiro [morã'gejru] M strawberry plant
morar [mo'rar] VI to live, reside; (*col: entender*) to catch on; **~ em algo** (*col*) to grasp sth; **morou?** got it?, see?
moratória [mora'tɔrja] F moratorium
morbidez [morbi'dez] F morbidness
mórbido, -a ['mɔrbidu, a] ADJ morbid
morcego [mor'segu] M (*Bio*) bat
morcela [mor'sɛla] (PT) F black pudding (BRIT), blood sausage (US)
mordaça [mor'dasa] F (*de animal*) muzzle; (*fig*) gag
mordaz [mor'daz] ADJ scathing
morder [mor'der] VT to bite; (*corroer*) to corrode; **morder-se** VR to bite o.s.; **~ a língua** to bite one's tongue; **~-se de inveja** to be green with envy
mordida [mor'dʒida] F bite
mordomia [mordo'mia] F (*de executivos*) perk; (*col: regalia*) luxury, comfort
mordomo [mor'dɔmu] M butler
morenaço, -a [more'nasu, a] M/F dark beauty
moreno, -a [mo'renu, a] ADJ dark(-skinned); (*de cabelos*) dark(-haired); (*de tomar sol*) brown

morfar – motoniveladora | 670

M/F dark person; **ela é loura ou morena?** is she a blonde or a brunette?
morfar [morˈfar] (PT col) VI to scoff
morfina [morˈfina] F morphine
morfologia [morfoloˈʒia] F morphology
morgada [morˈgada] (PT) F heiress
morgado [morˈgadu] (PT) M (herdeiro) heir; (filho mais velho) eldest son; (propriedade) entailed estate
moribundo, -a [moriˈbũdu, a] ADJ dying
morigerado, -a [moriʒeˈradu, a] ADJ upright
moringa [moˈrĩga] F water-cooler
mormacento, -a [mormaˈsẽtu, a] ADJ sultry
mormaço [morˈmasu] M sultry weather
mormente [morˈmẽtʃi] ADV chiefly, especially
mórmon [ˈmɔrmõ] M/F Mormon
morno, -a [ˈmornu, ˈmɔrna] ADJ lukewarm, tepid
morosidade [moroziˈdadʒi] F slowness
moroso, -a [moˈrozu, ɔza] ADJ slow, sluggish
morrer [moˈher] VI to die; (luz, cor) to fade; (fogo) to die down; (Auto) to stall; **~ de rir** to kill o.s. laughing; **estou morrendo de fome/inveja/medo/saudades** I'm starving/green with envy/scared stiff/really missing you (ou him, home etc); **~ de amores por alguém** to be mad about sb; **estou morrendo de vontade de fazer** I'm dying to do; **~ atropelado/afogado** to be knocked down and killed/drown; **lindo de ~** (col) stunning; **~ em** (col: pagar) to fork out
morrinha [moˈhiɲa] F (fedor) stench ▶ M/F (col: chato) pain (in the neck) ▶ ADJ (col) boring
morro [ˈmohu] M hill; (favela) shanty town, slum
mortadela [mortaˈdɛla] F mortadella
mortal [morˈtaw] (pl -ais) ADJ mortal; (letal, insuportável) deadly ▶ M mortal; **restos mortais** mortal remains
mortalha [morˈtaʎa] F shroud
mortalidade [mortaliˈdadʒi] F mortality; **~ infantil** infant mortality
mortandade [mortãˈdadʒi] F slaughter
morte [ˈmɔrtʃi] F death; **pena de ~** death penalty; **ser de ~** (fig) to be impossible; **estar às portas da ~** to be at death's door; **pensar na ~ da bezerra** (fig) to be miles away
morteiro [morˈtejru] M mortar
mortiço, -a [morˈtʃisu, a] ADJ (olhar) dull; (desanimado) lifeless; (luz) dimming
mortífero, -a [morˈtʃiferu, a] ADJ deadly, lethal
mortificar [mortʃifiˈkar] VT (torturar) to torture; (afligir) to annoy, torment
morto, -a [ˈmortu, ˈmɔrta] PP de **matar, morrer** ▶ ADJ dead; (cor) dull; (exausto) exhausted; (inexpressivo) lifeless ▶ M/F dead man/woman; **cem/os ~s** a hundred/the dead; **estar ~** to be dead; **ser ~** to be killed; **estar ~ de inveja** to be green with envy; **estar ~ de vontade de** to be dying to;
~ de medo/cansaço scared stiff/dead tired; **nem ~!** not on your life!, no way!; **~ da silva** (col) dead as a doornail
mos [mus] PRON = **me + os**
mosaico [moˈzajku] M mosaic
mosca [ˈmoska] F fly; **estar às ~s** (bar etc) to be deserted
mosca-morta (pl **moscas-mortas**) (col) M/F (pessoa) stiff
Moscou [mosˈkow] (BR) N Moscow
Moscovo [mosˈkovu] (PT) N Moscow
mosquitada [moskiˈtada] F load of mosquitos
mosquiteiro [moskiˈtejru] M mosquito net
mosquito [mosˈkitu] M mosquito
mossa [ˈmɔsa] F dent; (fig) impression
mostarda [mosˈtarda] F mustard
mosteiro [mosˈtejru] M monastery; (de monjas) convent
mosto [ˈmostu] M (do vinho) must
mostra [ˈmɔstra] F (exibição) display; (sinal) sign, indication; **dar ~s de** to show signs of
mostrador [mostraˈdor] M (de relógio) face, dial
mostrar [mosˈtrar] VT to show; (mercadorias) to display; (provar) to demonstrate, prove; **mostrar-se** VR to show o.s. to be; (exibir-se) to show off
mostruário [mosˈtrwarju] M display case
mote [ˈmɔtʃi] M motto
motéis [moˈtejs] MPL de **motel**
motejar [moteˈʒar] VI: **~ de** (zombar) to jeer at, make fun of
motejo [moˈteʒu] M mockery, derision
motel [moˈtɛw] (pl -**éis**) M motel
motilidade [motʃiliˈdadʒi] F mobility
motim [moˈtʃĩ] (pl -**ns**) M riot, revolt; (militar) mutiny
motivação [motʃivaˈsãw] (pl -**ões**) F motivation
motivado, -a [motʃiˈvadu, a] ADJ (causado) caused; (pessoa) motivated
motivar [motʃiˈvar] VT (causar) to cause, bring about; (estimular) to motivate
motivo [moˈtʃivu] M (causa): **~ (de ou para)** cause (of), reason (for); (fim) motive; (Arte, Mús) motif; **ser ~ de riso** etc to be a cause of laughter etc; **dar ~ de algo a alguém** to give sb cause for sth; **por ~ de** because of, owing to; **sem ~** for no reason
moto [ˈmɔtu] F motorbike ▶ M (lema) motto; **de ~ próprio** of one's own accord
motoboy [motoˈbɔj] M motorcycle courier
motoca [moˈtɔka] (col) F motorbike, bike
motocicleta [motosiˈklɛta] F motorcycle, motorbike
motociclismo [motosiˈklizmu] M motorcycling
motociclista [motosiˈklista] M/F motorcyclist
motociclo [motoˈsiklu] (PT) M = **motocicleta**
motoneta [motoˈneta] F (motor-)scooter
motoniveladora [motonivelaˈdora] F bulldozer

motoqueiro, -a [moto'kejru, a] (col) M/F biker, motorcyclist

motor, motriz [mo'tor, mo'triz] ADJ (Tec) driving; (Anat) motor ▶ M motor; (de carro, avião) engine; **força motriz** driving force; **~ de arranque** starter (motor); **~ de explosão** internal combustion engine; **~ de popa** outboard motor; **~ diesel** diesel engine; **com ~** motorized; **~ de pesquisa** (PT Comput) search engine

motorista [moto'rista] M/F driver

motorizado, -a [motori'zadu, a] ADJ motorized; (col: com carro) motorized, driving

motorizar [motori'zar] VT to motorize; **motorizar-se** VR to get a car

motorneiro, -a [motor'nejru, a] M/F tram (BRIT) ou streetcar (US) driver

motoserra [moto'seha] F chain-saw

motriz [mo'triz] F de **motor**

mouco, -a ['moku, a] ADJ deaf, hard of hearing; **fazer ouvido ~** to pretend not to hear

movediço, -a [move'dʒisu, a] ADJ easily moved; (instável) unsteady; ver tb **areia**

móvel ['mɔvew] (pl -eis) ADJ movable ▶ M (peça de mobília) piece of furniture; **móveis** MPL (mobília) furniture sg; **bens móveis** personal property; **móveis e utensílios** (Com) fixtures and fittings

mover [mo'ver] VT to move; (cabeça) to shake; (mecanismo: acionar) to drive; (campanha) to start (up); **mover-se** VR to move; **~ uma ação** to start a lawsuit; **~ alguém a fazer** to move sb to do

movido, -a [mo'vidu, a] ADJ moved; (impelido) powered; (causado) caused; **~ a álcool** alcohol-powered

movimentação [movimēta'sãw] (pl -ões) F movement; (na rua) bustle

movimentado, -a [movimē'tadu, a] ADJ (rua, lugar) busy; (pessoa) active; (show, música) up-tempo

movimentar [movimē'tar] VT to move; (animar) to liven up

movimento [movi'mētu] M movement; (Tec) motion; (na rua) activity, bustle; **de muito ~** (loja, rua etc) busy; **pôr algo em ~** to set sth in motion

movível [mo'vivew] (pl -eis) ADJ movable

MPAS (BR) ABR M = **Ministério da Previdência e Assistência Social**

MPB ABR F = **Música Popular Brasileira**

MPlan (BR) ABR M = **Ministério do Planejamento**

MRE (BR) ABR M = **Ministério das Relações Exteriores**

MS (BR) ABR = **Mato Grosso do Sul** ▶ ABR M = **Ministério da Saúde**

MST (BR) ABR M (= Movimento dos Trabalhadores Rurais Sem Terra) pressure group for land reform

MT (BR) ABR = **Mato Grosso** ▶ ABR M = **Ministério dos Transportes**

MTb (BR) ABR M = **Ministério do Trabalho**

muamba ['mwāba] (col) F (contrabando) contraband; (objetos roubados) loot

muambeiro, -a [mwā'bejru, a] M/F smuggler; (de objetos roubados) fence

muar [mwar] M/F mule

muco ['muku] M mucus

mucosa [mu'kɔza] F (Anat) mucous membrane

muçulmano, -a [musuw'manu, a] ADJ, M/F Moslem

muda ['muda] F (planta) seedling; (vestuário) outfit; **~ de roupa** change of clothes

mudança [mu'dãsa] F change; (de casa) move; (Auto) gear; **~s climáticas** climate change

mudar [mu'dar] VT to change; (deslocar) to move ▶ VI to change; (ave) to moult (BRIT), molt (US); **mudar-se** VR (de casa) to move (away); **~ de roupa/de assunto** to change clothes/the subject; **~ de casa** to move (house); **~ de ideia** to change one's mind

mudez [mu'dez] F muteness; (silêncio) silence

mudo, -a ['mudu, a] ADJ with a speech impairment; (calado, filme) silent; (telefone) dead ▶ M/F person with a speech impairment

mugido [mu'ʒidu] M moo

mugir [mu'ʒir] VI (vaca) to moo, low

mugunzá [mugũ'za] M = **munguzá**

⎯⎯⎯⎯⎯⎯⎯⎯⎯⎯⎯⎯⎯⎯
(**PALAVRA-CHAVE**)

muito, -a ['mwītu, a] ADJ (quantidade) a lot of; (em frase negativa ou interrogativa) much; (número) lots of, a lot of, many; **muito esforço** a lot of effort; **faz muito calor** it's very hot; **muito tempo** a long time; **muitas amigas** lots ou a lot of friends; **muitas vezes** often

▶ PRON a lot; (em frase negativa ou interrogativa: sg) much; (: pl) many; **tenho muito que fazer** I've got a lot to do; **muitos dizem que ...** a lot of people say that ...

▶ ADV **1** a lot; (+adj) very; (+compar): **muito melhor** much ou far ou a lot better; **gosto muito disto** I like it a lot; **sinto muito** I'm very sorry; **muito interessante** very interesting

2 (resposta) very; **está cansado? — muito** are you tired? — very

3 (tempo): **muito depois** long after; **há muito** a long time ago; **não demorou muito** it didn't take long

⎯⎯⎯⎯⎯⎯⎯⎯⎯⎯⎯⎯⎯⎯

mula ['mula] F mule

muleta [mu'leta] F crutch; (fig) support

mulher [mu'ʎer] F woman; (esposa) wife; **~ da vida** prostitute

mulheraço [muʎe'rasu] M fantastic woman

mulherão [muʎe'rãw] (pl -ões) M = **mulheraço**

mulher-bomba (pl **mulheres-bomba**) F suicide bomber

mulherengo [muʎe'rēgu] M womanizer ▶ ADJ womanizing

mulherio [muʎe'riu] M women pl

multa ['muwta] F fine; **levar uma ~** to be fined

multar [muw'tar] VT to fine; **~ alguém em $1000** to fine sb $1000

multi... [muwtʃi] PREFIXO multi...

multicolor [muwtʃiko'lor] ADJ multicoloured (BRIT), multicolored (US)

multidão [muwtʃi'dãw] (pl **-ões**) F crowd; **uma ~ de** (muitos) lots of

multiforme [muwtʃi'fɔrmi] ADJ manifold, multifarious

multilateral [muwtʃilate'raw] (pl **-ais**) ADJ multilateral

multimídia [muwtʃi'midʒja] ADJ multimedia

multimilionário, -a [muwtʃimiljo'narju, a] ADJ, M/F multimillionaire

multinacional [muwtʃinasjo'naw] (pl **-ais**) ADJ, F multinational

multiplicação [muwtʃiplika'sãw] F multiplication

multiplicar [muwtʃipli'kar] VT (Mat) to multiply; (aumentar) to increase

multiplicidade [muwtʃiplisi'dadʒi] F multiplicity

múltiplo, -a ['muwtʃiplu, a] ADJ, M multiple; **múltipla escolha** multiple choice

multirracial [muwtʃiha'sjaw] (pl **-ais**) ADJ multiracial

multiusuário, -a [muwtʃju'zwarju, a] ADJ (Comput) multiuser

múmia ['mumja] F mummy; (fig) plodder

mundano, -a [mũ'danu, a] ADJ worldly

mundial [mũ'dʒjaw] (pl **-ais**) ADJ worldwide; (guerra, recorde) world atr ▶ M (campeonato) world championship; **o ~ de futebol** the World Cup

mundo ['mũdu] M world; **todo o ~** everybody; **um ~ de** lots of, a great many; **correr ~** to see the world; **vir ao ~** to come into the world; **como este ~ é pequeno!** (what a) small world!; **desde que o ~ é ~** since time immemorial; **~s e fundos** (quantia altíssima) the earth; **prometer ~s e fundos** to promise the earth; **tinha meio ~ no comício** there were loads of people at the rally; **com esta notícia meu ~ veio abaixo** the news shattered my world; **abarcar o ~ com as pernas** (fig) to take on too much; **Novo/Velho/Terceiro M~** New/Old/Third World

munguzá [mũgu'za] M corn meal

munheca [mu'ɲeka] F wrist

munição [muni'sãw] (pl **-ões**) F (de armas) ammunition; (chumbo) shot; (Mil) munitions pl, supplies pl

municipal [munisi'paw] (pl **-ais**) ADJ municipal

municipalidade [munisipali'dadʒi] F local authority

município [muni'sipju] M local authority; (cidade) town; (condado) county

munições [muni'sõjs] FPL de **munição**

munir [mu'nir] VT: **~ de** to provide with, supply with; **munir-se** VR: **~-se de** (provisões) to equip o.s. with; (paciência) to arm o.s. with

mural [mu'raw] (pl **-ais**) ADJ, M mural

muralha [mu'raʎa] F (de fortaleza) rampart; (muro) wall

murchar [mur'ʃar] VT (Bot) to wither; (sentimentos) to dull; (pessoa) to sadden ▶ VI (Bot) to wither, wilt; (fig) to fade; (: pessoa) to grow sad

murcho, -a ['murʃu, a] ADJ (planta) wilting; (esvaziado) shrunken; (fig) languid, resigned

murmuração [murmura'sãw] F muttering; (maledicência) gossiping

murmurante [murmu'rātʃi] ADJ murmuring

murmurar [murmu'rar] VI (segredar) to murmur, whisper; (queixar-se) to mutter, grumble; (água) to ripple; (folhagem) to rustle ▶ VT to murmur

murmurinho [murmu'riɲu] M (de vozes) murmuring; (som confuso) noise; (de folhas) rustling; (de água) trickling

murmúrio [mur'murju] M murmuring, whispering; (queixa) grumbling; (de água) rippling; (de folhagem) rustling

muro ['muru] M wall

murro ['muhu] M punch, sock; **dar um ~ em alguém** to punch sb; **levar um ~ de alguém** to be punched by sb; **dar ~ em ponta de faca** (fig) to bang one's head against a brick wall

musa ['muza] F muse

musculação [muskula'sãw] F weight training

muscular [musku'lar] ADJ muscular

musculatura [muskula'tura] F musculature

músculo ['muskulu] M muscle

musculoso, -a [musku'lozu, ɔza] ADJ muscular

museu [mu'zew] M museum; (de pintura) gallery

musgo ['muzgu] M moss

musgoso, -a [muz'gozu, ɔza] ADJ mossy

música ['muzika] F music; (canção) song; **dançar conforme a ~** (fig) to play the game; **~ de câmara** chamber music; **~ de fundo** background music; **~ erudita** classical music; ver tb **músico**

musicado, -a [muzi'kadu, a] ADJ set to music

musical [muzi'kaw] (pl **-ais**) ADJ, M musical; **fundo ~** background music

musicalidade [muzikali'dadʒi] F musicality

músico, -a ['muziku, a] ADJ musical ▶ M/F musician

musse ['musi] F mousse

musselina [muse'lina] F muslin

mutação [muta'sãw] (pl **-ões**) F change, alteration; (Bio) mutation

mutável [mu'tavew] (pl **-eis**) ADJ changeable

mutilação [mutʃila'sãw] F mutilation; (de texto) cutting

mutilado, -a [mutʃi'ladu, a] ADJ mutilated; (*pessoa*) maimed
mutilar [mutʃi'lar] VT to mutilate; (*pessoa*) to maim; (*texto*) to cut; (*árvore*) to strip
mutirão [mutʃi'rãw] (*pl* **-ões**) M collective effort
mútua ['mutwa] F loan company
mutuante [mu'twãtʃi] M/F lender
mutuário, -a [mu'twarju, a] M/F borrower
mútuo, -a ['mutwu, a] ADJ mutual
muxiba [mu'ʃiba] F (*pelancas*) wrinkled flesh; (*carne para cães*) dog meat; (*seios*) drooping breasts *pl*
muxoxo [mu'ʃoʃu] M tutting; **fazer ~** to tut
MVR (BR) ABR M = **Maior Valor de Referência**

Nn

N¹, n ['eni] (*pl* **ns**) M N, n; **N de Nair** N for Nelly (BRIT) *ou* Nan (US)
N² ABR (= *norte*) N
ñ ABR = **não**
n. ABR (= *nascido*) b; (= *nome*) name
na [na] = **em** + **a**; *ver* **em**
-na [na] PRON her; (*coisa*) it
nabo ['nabu] M turnip
nac. ABR (= *nacional*) nat
nação [na'sãw] (*pl* **-ões**) F nation; **as Nações Unidas** the United Nations
nácar ['nakar] M mother-of-pearl; (*cor*) pink
nacional [nasjo'naw] (*pl* **-ais**) ADJ national; (*carro, vinho etc*) domestic, home-produced
nacionalidade [nasjonali'dadʒi] F nationality
nacionalismo [nasjona'lizmu] M nationalism
nacionalista [nasjona'lista] ADJ, M/F nationalist
nacionalização [nasjonaliza'sãw] (*pl* **-ões**) F nationalization
nacionalizar [nasjonali'zar] VT to nationalize
naco ['naku] M piece, chunk
nações [na'sõjs] FPL *de* **nação**
nada ['nada] PRON nothing ▶ M nothingness; (*pessoa*) nonentity ▶ ADV at all; **não dizer ~** to say nothing, not to say anything; **antes de mais ~** first of all; **não é ~ difícil** it's not at all hard, it's not hard at all; **~ mais** nothing else; **quase ~** hardly anything; **~ de novo** nothing new; **~ feito** nothing doing; **~ mau** not bad (at all); **obrigado -- de ~** thank you -- not at all *ou* don't mention it; **(que) ~!**, **~ disso!** nonsense!, not at all!; **não foi ~** it was nothing; **por ~ nesse mundo** (not) for love nor money; **ele fez o que você pediu? -- fez ~!** did he do as you asked? -- no, he did not!; **não ser de ~** (*col*) to be a dead loss; **é uma coisinha de ~** it's nothing; **discutimos por um ~** we argued over nothing
nadada [na'dada] F swim; **dar uma ~** to go for a swim
nadadeira [nada'dejra] F (*de peixe*) fin; (*de golfinho, foca, mergulhador*) flipper
nadador, a [nada'dor(a)] ADJ swimming ▶ M/F swimmer
nadar [na'dar] VI to swim; **~ em** to be dripping with; **estar** *ou* **ficar nadando** (*fig*) to be out of it, be out of one's depth; **ele está nadando em dinheiro** he's rolling in money
nádegas ['nadegas] FPL buttocks
nadinha [na'dʒiɲa] PRON absolutely nothing
nado ['nadu] M: **a ~** swimming; **atravessar a ~** to swim across; **~ borboleta** butterfly (stroke); **~ de cachorrinho** doggy paddle; **~ de costas** backstroke; **~ de peito** breaststroke; **~ livre** freestyle
naftalina [nafta'lina] F naphthaline
náilon ['najilõ] M nylon
naipe ['najpi] M (*cartas*) suit; (*fig: categoria*) order
Nairobi [naj'rɔbi] N Nairobi
namoradeira [namora'dejra] ADJ flirtatious ▶ F flirt
namorado, -a [namo'radu, a] M/F boyfriend/girlfriend
namorador, a [namora'dor(a)] ADJ flirtatious ▶ M ladies' man
namorar [namo'rar] VT (*ser namorado de*) to be going out with; (*cobiçar*) to covet; (*fitar*) to stare longingly at ▶ VI (*casal*) to go out together; (*homem, mulher*) to have a boyfriend (*ou* girlfriend)
namoricar [namori'kar] VT to flirt with ▶ VI to flirt
namoro [na'moru] M relationship
nanar [na'nar] (*col*) VI to sleep, kip
nanico, -a [na'niku, a] ADJ tiny
nanquim [nã'kĩ] M Indian ink
não [nãw] ADV not; (*resposta*) no ▶ M no; **~ sei** I don't know; **~ muito** not much; **~ só ... mas também** not only ... but also; **agora ~** not now; **~ tem de quê** don't mention it; **~ é?** isn't it?, won't you?; **eles são brasileiros, ~ é?** they're Brazilian, aren't they?
não... [nãw] PREFIXO non-
não agressão F: **pacto de ~** non-aggression treaty
não alinhado, -a ADJ non-aligned
não conformista ADJ, M/F non-conformist
não intervenção F non-intervention
napa ['napa] F napa leather
naquele(s), naquela(s) [na'keli(s), na'kɛla(s)] = **em** + **aquele(s), aquela(s)**; *ver* **em**

naquilo [na'kilu] = **em** + **aquilo**; *ver* **em**
narcisismo [narsi'zizmu] M narcissism
narcisista [narsi'zista] ADJ narcissistic
narciso [nar'sizu] M (*Bot*) narcissus; ~ **dos prados** daffodil
narcótico, -a [nar'kɔtʃiku, a] ADJ narcotic ▶ M narcotic
narcotizar [narkotʃi'zar] VT to drug; (*fig*) to bore
narigudo, -a [nari'gudu, a] ADJ with a big nose; **ser ~** to have a big nose
narina [na'rina] F nostril
nariz [na'riz] M nose; **~ adunco/arrebitado** hook/snub nose; **meter o ~ em** to poke one's nose into; **torcer o ~ para** to turn one's nose up at; **ser dono/a do seu ~** to know one's own mind; **dar com o ~ na porta** (*fig*) to find (the) doors closed to one
narração [naha'sãw] (*pl* **-ões**) F narration; (*relato*) account
narrador, a [naha'dor(a)] M/F narrator
narrar [na'har] VT to narrate, recount
narrativa [naha'tʃiva] F narrative; (*história*) story
narrativo, -a [naha'tʃivu, a] ADJ narrative
nas [nas] = **em** + **as**; *ver* **em**
-nas [nas] PRON them
NASA ['naza] ABR F NASA
nasal [na'zaw] (*pl* **-ais**) ADJ nasal
nasalado, -a [naza'ladu, a] ADJ nasalized, nasal
nasalização [nazaliza'sãw] F nasalization
nascença [na'sẽsa] F birth; **de ~** by birth; **ele é surdo de ~** he was born deaf
nascente [na'sẽtʃi] ADJ nascent ▶ M East, Orient ▶ F (*fonte*) spring
nascer [na'ser] VI to be born; (*plantas*) to sprout; (*o sol*) to rise; (*ave*) to hatch; (*dente*) to come through; (*fig: ter origem*) to come into being ▶ M: **~ do sol** sunrise; **~ de** (*descender*) to be born of; (*fig: originar-se*) to be born out of; **~ de novo** (*fig*) to have a narrow escape, escape with one's life; **não nasci ontem** I wasn't born yesterday; **~ em berço de ouro** to be born with a silver spoon in one's mouth; **ele nasceu para médico** *etc* he was born to be a doctor *etc*; **não nasci para fazer isto** I wasn't cut out to do this
nascido, -a [na'sidu, a] ADJ born; **bem ~** from a good family
nascimento [nasi'mẽtu] M birth; (*fig*) origin; (*estirpe*) descent
Nassau [na'saw] N Nassau
nata ['nata] F (*Culin*) cream; (*elite*) élite
natação [nata'sãw] F swimming
natais [na'tajs] ADJ PL *de* **natal**
Natal [na'taw] M Christmas; **Feliz ~!** Merry Christmas!
natal [na'taw] (*pl* **-ais**) ADJ (*relativo ao nascimento*) natal; (*país*) native; **cidade ~** home town
natalício, -a [nata'lisju, a] ADJ: **aniversário ~** birthday ▶ M birthday

675 | **naquilo - navegar**

natalidade [natali'dadʒi] F: (**índice de**) **~** birth rate
natalino, -a [nata'linu, a] ADJ Christmas *atr*
natividade [natʃivi'dadʒi] F nativity
nativo, -a [na'tʃivu, a] ADJ, M/F native
NATO ['natu] ABR F NATO
nato, -a ['natu, a] ADJ born
natural [natu'raw] (*pl* **-ais**) ADJ natural; (*nativo*) native ▶ M/F (*nativo*) native; **de tamanho ~** life-size; **ao ~** (*Culin*) fresh, uncooked
naturalidade [naturali'dadʒi] F naturalness; **falar com ~** to talk openly; **agir com a maior ~** to act as if nothing had happened; **de ~ paulista** *etc* born in São Paulo *etc*
naturalismo [natura'lizmu] M naturalism
naturalista [natura'lista] ADJ, M/F naturalist
naturalização [naturaliza'sãw] F naturalization
naturalizado, -a [naturali'zadu, a] ADJ naturalized ▶ M/F naturalized citizen
naturalizar [naturali'zar] VT to naturalize; **naturalizar-se** VR to become naturalized
naturalmente [naturaw'mẽtʃi] ADV naturally; **~!** of course!
natureza [natu'reza] F nature; (*espécie*) kind, type; **~ morta** still life; **por ~** by nature
naturismo [natu'rizmu] M naturism
naturista [natu'rista] ADJ, M/F naturist
nau [naw] F (*literário*) ship
naufragar [nawfra'gar] VI (*navio*) to be wrecked; (*marinheiro*) to be shipwrecked; (*fig: malograr-se*) to fail
naufrágio [naw'fraʒu] M shipwreck; (*fig*) failure
náufrago, -a ['nawfragu, a] M/F castaway
náusea ['nawzea] F nausea; **dar ~s a alguém** to make sb feel sick; **sentir ~s** to feel sick
nauseabundo, -a [nawzja'bũdu, a] ADJ nauseating, sickening
nauseante [naw'zjãtʃi] ADJ nauseating, sickening
nausear [naw'zjar] VT to nauseate, sicken ▶ VI to feel sick
náutica ['nawtʃika] F seamanship
náutico, -a ['nawtʃiku, a] ADJ nautical
naval [na'vaw] (*pl* **-ais**) ADJ naval; **construção ~** shipbuilding
navalha [na'vaʎa] F (*de barba*) razor; (*faca*) knife
navalhada [nava'ʎada] F cut (*with a razor*)
navalhar [nava'ʎar] VT to cut *ou* slash with a razor
nave ['navi] F (*de igreja*) nave; **~ espacial** spaceship
navegação [navega'sãw] F navigation, sailing; **~ aérea** air traffic; **~ costeira** coastal shipping; **~ fluvial** river traffic; **companhia de ~** shipping line
navegador, a [navega'dor(a)] M/F navigator
navegante [nave'gãtʃi] M seafarer
navegar [nave'gar] VT to navigate; (*mares*) to sail ▶ VI to sail; (*dirigir o rumo*) to navigate

navegável [nave'gavew] (*pl* **-eis**) ADJ navigable

navio [na'viu] M ship; **~ cargueiro** cargo ship, freighter; **~ de carreira** liner; **~ de guerra** warship; **~ escola** training ship; **~ fábrica** factory ship; **~ mercante** merchant ship; **~ petroleiro** oil tanker; **~ tanque** tanker; **ficar a ver ~s** to be left high and dry

Nazaré [naza'rɛ] N Nazareth

nazi [na'zi] (PT) ADJ, M/F = **nazista**

nazismo [na'zizmu] M Nazism

nazista [na'zista] (BR) ADJ, M/F Nazi

NB ABR (= *note bem*) NB

n/c ABR (= *nossa carta*) our letter; (= *nossa conta*) our account; (= *nossa casa*) our firm

N da R ABR = **nota da redação**

N do A ABR = **nota do autor**

N do E ABR = **nota do editor**

N do T ABR = **nota do tradutor**

NE ABR (= *nordeste*) NE

neblina [ne'blina] F fog, mist

nebulosa [nebu'lɔza] F (*Astronomia*) nebula

nebulosidade [nebulozi'dadʒi] F cloud

nebuloso, -a [nebu'lozu, ɔza] ADJ foggy, misty; (*céu*) cloudy; (*fig*) vague

neca ['nɛka] (*col*) PRON nothing ▶ EXCL nope

necessaire [nese'ser] M toilet bag

necessário, -a [nese'sarju, a] ADJ necessary ▶ M: **o ~** the necessities *pl*; **se for ~** if necessary

necessidade [nesesi'dadʒi] F need, necessity; (*o que se necessita*) need; (*pobreza*) poverty, need; **ter ~ de** to need; **não há ~ de algo/de fazer algo** there is no need for sth/to do sth; **em caso de ~** if need be

necessitado, -a [nesesi'tadu, a] ADJ needy, poor ▶ M/F person in need; **os necessitados** MPL the needy *pl*; **~ de** in need of

necessitar [nesesi'tar] VT to need, require ▶ VI to be in need; **~ de** to need

necrológio [nekro'lɔʒu] M obituary

necrópole [ne'krɔpoli] F cemetery

necrose [ne'krɔzi] F necrosis

necrotério [nekro'tɛrju] M mortuary, morgue (US)

néctar ['nɛktar] M nectar

nectarina [nekta'rina] F nectarine

nédio, -a ['nɛdʒu, a] ADJ (*luzidio*) glossy, sleek; (*rechonchudo*) plump

neerlandês, -esa [neerlã'des, eza] ADJ Dutch ▶ M/F Dutchman/woman

Neerlândia [neer'lãdʒa] F the Netherlands *pl*

nefando, -a [ne'fãdu, a] ADJ atrocious, heinous

nefasto, -a [ne'fastu, a] ADJ (*de mau agouro*) ominous; (*trágico*) tragic

negaça [ne'gasa] F lure, bait; (*engano*) deception; (*recusa*) refusal; (*desmentido*) denial

negação [nega'sãw] (*pl* **-ões**) F negation; (*recusa*) refusal; (*desmentido*) denial; **ele é uma ~ em matéria de cozinha** he's hopeless at cooking

negacear [nega'sjar] VT (*atrair*) to entice; (*enganar*) to deceive; (*recusar*) to refuse ▶ VI (*cavalo*) to balk; (*Hipismo*) to refuse

negações [nega'sõjs] FPL *de* **negação**

negar [ne'gar] VT (*desmentir, não permitir*) to deny; (*recusar*) to refuse; **negar-se** VR: **~-se a** to refuse to

negativa [nega'tʃiva] F (*Ling*) negative; (*recusa*) denial

negativo, -a [nega'tʃivu, a] ADJ negative ▶ M (*Tec, Foto*) negative ▶ EXCL (*col*) nope!

negável [ne'gavew] (*pl* **-eis**) ADJ deniable

negligé [negli'ʒe] M negligee

negligência [negli'ʒẽsja] F negligence, carelessness

negligenciar [negliʒẽ'sjar] VT to neglect

negligente [negli'ʒẽtʃi] ADJ negligent, careless

nego, -a ['negu, a] (*col*) M/F (*negro*) black person; (*camarada*): **tudo bem, (meu) ~?** how are you, mate?; (*querido*): **tchau, (meu) ~** bye, dear *ou* darling

negociação [negosja'sãw] (*pl* **-ões**) F negotiation; (*transação*) transaction

negociador, a [negosja'dor(a)] ADJ negotiating ▶ M/F negotiator

negociante [nego'sjãtʃi] M/F businessman/woman; (*comerciante*) merchant

negociar [nego'sjar] VT (*Pol etc*) to negotiate; (*Com*) to trade ▶ VI: **~ (com)** to trade *ou* deal (in); to negotiate (with)

negociata [nego'sjata] F crooked deal; **negociatas** MPL (*negócios escusos*) wheeling and dealing *sg*

negociável [nego'sjavew] (*pl* **-eis**) ADJ negotiable

negócio [ne'gɔsju] M (*Com*) business; (*transação*) deal; (*questão*) matter; (*col: troço*) thing; (*assunto*) affair, business; **homem de ~s** businessman; **a ~s** on business; **fazer um bom ~** (*pessoa*) to get a good deal; (*loja etc*) to do good business; **fechar um ~** to make a deal; **~ fechado!** it's a deal!; **isso não é ~** it's not worth it; **a casa dela é um ~** (*col*) her house is really something; **tenho um ~ para te contar** I've got something to tell you; **aconteceu um ~ estranho comigo** something strange happened to me; **mas que ~ é esse?** (*col*) what's the big idea?; **meu ~ é outro** (*col*) this isn't my thing; **o ~ é o seguinte ...** (*col*) the thing is ...

negocista [nego'sista] ADJ crooked ▶ M/F wheeler-dealer

negridão [negri'dãw] F blackness

negrito [ne'gritu] M (*Tip*) bold (face)

negritude [negri'tudʒi] F (*Pol etc*) Black awareness

negro, -a ['negru, a] ADJ black; (*fig: lúgubre*) black, gloomy ▶ M/F black man/woman; **a situação está negra** the situation is bad; **humor ~** black humo(u)r; **magia negra** black magic

negrume [ne'grumi] M black, darkness

negrura [ne'grura] F blackness
neguei etc [ne'gej] VB ver **negar**
nele(s), nela(s) ['neli(s), 'nɛla(s)] = **em** + **ele(s), ela(s)**; ver **em**
nem [nēj] CONJ nor, neither; **~ (sequer)** not even; **~ que** even if; **~ bem** hardly; **~ um só** not a single one; **~ estuda ~ trabalha** he neither studies nor works; **~ eu** nor me; **sem ~** without even; **~ todos** not all; **~ tanto** not so much; **~ sempre** not always; **~ por isso** nonetheless; **ele fala português que ~ brasileiro** he speaks Portuguese like a Brazilian; **~ vem (que não tem)** (col) don't give me that
nenê [ne'ne] M/F baby
neném [ne'nēj] (pl **-ns**) M/F = **nenê**
nenhum, a [ne'ɲũ, 'ɲuma] ADJ no, not any ▶ PRON (nem um só) none, not one; (de dois) neither; **~ professor** no teacher; **não vi professor ~** I didn't see any teachers; **~ dos professores** none of the teachers; **~ dos dois** neither of them; **~ lugar** nowhere; **ele não fez ~ comentário** he didn't make any comments, he made no comments; **não vou a ~ lugar** I'm not going anywhere; **estar a ~** (col) to be flat broke
neofascismo [neofa'sizmu] M neofascism
neolatino, -a [neola'tʃinu, a] ADJ: **línguas neolatinas** Romance languages
neolítico, -a [neo'litʃiku, a] ADJ neolithic
neologismo [neolo'ʒizmu] M neologism
néon ['nɛō] M neon
neônio [ne'onju] M = **néon**
neorrealismo [neohea'lizmu] M new realism
neozelandês, -esa [neozelā'des, deza] ADJ New Zealand atr ▶ M/F New Zealander
Nepal [ne'paw] M: **o ~** Nepal
nepotismo [nepo'tʃizmu] M nepotism
nervo ['nɛrvu] M (Anat) nerve; (fig) energy, strength; (em carne) sinew; **ser** ou **estar uma pilha de ~s** to be a bundle of nerves
nervosismo [nɛrvo'zizmu] M (nervosidade) nervousness; (irritabilidade) irritability
nervoso, -a [nɛr'vozu, ɔza] ADJ nervous; (irritável) touchy, on edge; (exaltado) worked up; **isso/ele me deixa ~** he gets on my nerves; **sistema ~** nervous system
nervudo, -a [nɛr'vudu, a] (PT) ADJ (robusto) robust
nervura [nɛr'vura] F rib; (Bot) vein
néscio, -a ['nɛsju, a] ADJ (idiota) stupid; (insensato) foolish
nesga ['nezga] F (Costura) gore; (porção: de comida) portion; (: de mesa, terra) corner, patch
nesse(s), nessa(s) ['nesi(s), 'nɛsa(s)] = **em** + **esse(s), essa(s)**; ver **em**
neste(s), nesta(s) ['nestʃi(s), 'nɛsta(s)] = **em** + **este(s), esta(s)**; ver **em**
netbanking [nɛt'bākin] M online banking
neto, -a ['nɛtu, a] M/F grandson/daughter; **netos** MPL grandchildren
neuralgia [newraw'ʒia] F neuralgia
neurastênico, -a [newras'teniku, a] ADJ (Psico) neurasthenic; (col: irritadiço) irritable

neurite [new'ritʃi] F (Med) neuritis
neurocirurgião, -giã [newrosirur'ʒjāw, ʒjā] (pl **-ões/-s**) M/F neurosurgeon
neurologia [newrolo'ʒia] F neurology
neurológico, -a [newro'lɔʒiku, a] ADJ neurological
neurologista [newrolo'ʒista] M/F neurologist
neurose [new'rɔzi] F neurosis
neurótico, -a [new'rɔtʃiku, a] ADJ, M/F neurotic
neutralidade [newtrali'dadʒi] F neutrality
neutralização [newtraliza'sāw] F neutralization
neutralizar [newtrali'zar] VT to neutralize; (anular) to counteract
neutrão [new'trāw] (pl **-ões**) (PT) M = **nêutron**
neutro, -a ['newtru, a] ADJ (Ling) neuter; (imparcial) neutral
neutrões [new'trōjs] MPL de **neutrão**
nêutron ['newtrō] (pl **-s**) M neutron; **bomba de ~s** neutron bomb
nevada [ne'vada] F snowfall
nevado, -a [ne'vadu, a] ADJ snow-covered; (branco) snow-white
nevar [ne'var] VI to snow
nevasca [ne'vaska] F snowstorm
neve ['nɛvi] F snow; **clara em ~** (Culin) beaten egg-white
névoa ['nɛvoa] F fog
nevoeiro [nevo'ejru] M thick fog
nevralgia [nevraw'ʒia] F neuralgia
nexo ['nɛksu] M connection, link; **sem ~** disconnected, incoherent
nhenhenhém [ɲeɲe'nēj] M (conversa fiada) idle talk; (reclamação) whingeing
nhoque ['ɲɔki] M (Culin) gnocchi
Nicarágua [nika'ragwa] F: **a ~** Nicaragua
nicaraguense [nikara'gwēsi] ADJ, M/F Nicaraguan
nicho ['niʃu] M niche
Nicósia [ni'kɔzja] N Nicosia
nicotina [niko'tʃina] F nicotine
Níger ['niʒɛr] M: **o ~** Niger
Nigéria [ni'ʒɛrja] F: **a ~** Nigeria
nigeriano, -a [niʒe'rjanu, a] ADJ, M/F Nigerian
niilista [nii'lista] ADJ nihilistic ▶ M/F nihilist
Nilo ['nilu] M: **o ~** the Nile
nimbo ['nĩbu] M (nuvem) rain cloud; (Geo) halo
ninar [ni'nar] VT to sing to sleep; **ninar-se** VR: **~-se para algo** to ignore sth
ninfeta [nĩ'feta] F nymphette
ninfomaníaca [nĩfoma'niaka] F nymphomaniac
ninguém [nĩ'gēj] PRON nobody, no-one; **~ o conhece** no-one knows him; **não vi ~** I saw no-one, I didn't see anybody; **~ mais** nobody else
ninhada [ni'nada] F brood
ninharia [niɲa'ria] F trifle
ninho ['niɲu] M (de aves) nest; (toca) lair; (lar) home; **~ de rato** (col) mess, tip
níquel ['nikew] M nickel; **estar sem um ~** to be penniless

niquelar [nike'lar] VT (Tec) to nickel-plate
nirvana [nir'vana] F nirvana
nisei [ni'zej] ADJ, M/F second-generation Japanese Brazilian
nisso ['nisu] = **em** + **isso**
nisto ['nistu] = **em** + **isto**
nitidez [nitʃi'dez] F (clareza) clarity; (brilho) brightness; (imagem) sharpness
nítido, -a ['nitʃidu, a] ADJ clear, distinct; (brilhante) bright; (imagem) sharp, clear
nitrato [ni'tratu] M nitrate
nítrico, -a ['nitriku, a] ADJ: **ácido ~** nitric acid
nitrogênio [nitro'ʒenju] M nitrogen
nitroglicerina [nitroglise'rina] F nitroglycerine
nível ['nivew] (pl **-eis**) M level; (fig: padrão) level, standard; (: ponto) point, pitch; **~ de vida** standard of living; **~ do mar** sea level; **a ~ de** in terms of; **ao ~ de** level with
nivelamento [nivela'mẽtu] M levelling (BRIT), leveling (US)
nivelar [nive'lar] VT (terreno etc) to level ▶ VI: **~ com** to be level with; **nivelar-se** VR: **~-se com** to be equal to; **a morte nivela os homens** death is the great leveller (BRIT) ou leveler (US)
NO ABR (= nordoeste) NW
no PRON = **em** + **no**; ver **em**
n° ABR (= número) no.
nó [nɔ] M knot; (de uma questão) crux; **nó corredio** slipknot; **nó na garganta** lump in the throat; **nós dos dedos** knuckles; **dar um nó** to tie a knot
n/o ABR = **nossa ordem**
-no [nu] PRON him; (coisa) it
nobilíssimo, -a [nobi'lisimu, a] ADJ SUPERL de **nobre**
nobilitar [nobili'tar] VT to ennoble
nobre ['nɔbri] ADJ noble; (bairro etc) exclusive ▶ M/F noble; **horário ~** prime time
nobreza [no'breza] F nobility
noção [no'sãw] (pl **-ões**) F notion; **noções** FPL (rudimentos) rudiments, basics; **~ vaga** inkling; **não ter a menor ~ de algo** not to have the slightest idea about sth
nocaute [no'kawtʃi] M knockout; (soco) knockout blow ▶ ADV: **pôr alguém ~** to knock sb out
nocautear [nokaw'tʃjar] VT to knock out
nocivo, -a [no'sivu, a] ADJ harmful
noções [no'sõjs] FPL de **noção**
nódoa ['nɔdwa] F spot; (mancha) stain
nódulo ['nɔdulu] M nodule
nogueira [no'gejra] F (árvore) walnut tree; (madeira) walnut
noitada [noj'tada] F (noite inteira) whole night; (noite de divertimento) night out
noite ['nojtʃi] F night; (início da noite) evening; **à** ou **de ~** at night, in the evening; **ontem/hoje/amanhã à ~** last night/tonight/tomorrow night; **boa ~** good evening; (despedida) good night; **da ~ para o dia** overnight; **tarde da ~** late at night; **passar a ~ em claro** to have a sleepless night; **a ~ carioca** Rio nightlife; **~ de estreia** opening night
noitinha [noj'tʃina] F: **à ~s** at nightfall
noivado [noj'vadu] M engagement
noivar [noj'var] VI: **~ (com)** (ficar noivo) to get engaged (to); (ser noivo) to be engaged (to)
noivo, -a ['nojvu, a] M/F (prometido) fiancé/fiancée; (no casamento) bridegroom/bride; **os noivos** MPL (prometidos) the engaged couple; (no casamento) the bride and groom; (recém-casados) the newly-weds
nojeira [no'ʒejra] F disgusting thing; (trabalho) filthy job
nojento, -a [no'ʒẽtu, a] ADJ disgusting
nojo ['noʒu] M (náusea) nausea; (repulsão) disgust, loathing; **ela é um ~** she's horrible; **este trabalho está um ~** this work is messy
no-la(s) = **nos** + **a(s)**
no-lo(s) = **nos** + **o(s)**
nômade ['nomadʒi] ADJ nomadic ▶ M/F nomad
nome ['nomi] M name; (fama) fame; **de ~** by name; **escritor de ~** famous writer; **um restaurante de ~** a restaurant with a good reputation; **em ~ de** in the name of; **dar ~ aos bois** to call a spade a spade; **esse ~ não me é estranho** the name rings a bell; **~ comercial** trade name; **~ completo** full name; **~ de batismo** Christian name; **~ de família** family name; **~ de guerra** nickname; **~ de usuário** (BR) ou **utilizador** (PT) (Comput) username; **~ feio** swearword; **~ próprio** (Ling) proper name
nomeação [nomja'sãw] (pl **-ões**) F nomination; (para um cargo) appointment
nomeada [no'mjada] F fame
nomeadamente [nomjada'mẽtʃi] ADV namely
nomear [no'mjar] VT to nominate; (conferir um cargo a) to appoint; (dar nome a) to name
nomenclatura [nomẽkla'tura] F nomenclature
nominal [nomi'naw] (pl **-ais**) ADJ nominal
nonagésimo, -a [nona'ʒɛzimu, a] NUM ninetieth
nono, -a ['nonu, a] NUM ninth; ver tb **quinto**
nora ['nɔra] F daughter-in-law
nordeste [nor'dɛstʃi] M, ADJ northeast; **o N~** the Northeast
nordestino, -a [nordes'tʃinu, a] ADJ north-eastern ▶ M/F North-easterner
nórdico, -a ['nɔrdʒiku, a] ADJ, M/F Nordic
norma ['nɔrma] F standard, norm; (regra) rule; **como ~** as a rule
normal [nor'maw] (pl **-ais**) ADJ normal; (habitual) usual; **escola ~** = teacher training college; **curso ~** primary (BRIT) ou elementary (US) school teacher training; **está um calor que não é ~** it's incredibly hot
normalidade [normali'dadʒi] F normality
normalista [norma'lista] M/F trainee primary (BRIT) ou elementary (US) school teacher

normalização [normaliza'sāw] F normalization

normalizar [normali'zar] VT to bring back to normal; (*Pol: relações etc*) to normalize; **normalizar-se** VR to return to normal

normativo, -a [norma'tʃivu, a] ADJ prescriptive

noroeste [nor'wɛstʃi] ADJ northwest, northwestern ▶ M northwest

norte ['nɔrtʃi] ADJ northern, north; (*vento, direção*) northerly ▶ M north; **ao ~ de** to the north of

norte-africano, -a ADJ, M/F North African

norte-americano, -a ADJ, M/F (North) American

nortear [nor'tʃjar] VT to orientate; **nortear-se** VR to orientate o.s.

norte-coreano, -a ADJ, M/F North Korean

norte-vietnamita ADJ, M/F North Vietnamese

nortista [nor'tʃista] ADJ northern ▶ M/F Northerner

Noruega [nor'wɛga] F Norway

norueguês, -esa [norwe'ges, geza] ADJ, M/F Norwegian ▶ M (*Ling*) Norwegian

nos¹ [nus] = **em + os**; **ver em**

nos² [nus] PRON (*direto*) us; (*indireto*) us, to us, for us; (*reflexivo*) (to) ourselves; (*recíproco*) (to) each other

nós [nɔs] PRON we; (*depois de prep*) us; **~ mesmos** we ourselves; **para ~** for us; **~ dois** we two, both of us; **cá entre ~** between the two (*ou* three *etc*) of us

-nos [nus] PRON them

nossa ['nɔsa] EXCL: **~!** my goodness!

nosso, -a ['nɔsu, a] ADJ our ▶ PRON ours; **um amigo ~** a friend of ours; **Nossa Senhora** (*Rel*) Our Lady; **os ~s** (*família*) our family *sg*

nostalgia [nostaw'ʒia] F nostalgia

nostálgico, -a [nos'tawʒiku, a] ADJ nostalgic

nota ['nɔta] F note; (*Educ*) mark; (*conta*) bill; (*cédula*) banknote; **digno de ~** noteworthy; **cheio da ~** (*col*) flush; **custar uma ~ (preta)** (*col*) to cost a bomb; **tomar ~** to make a note; **~ de venda** sales receipt; **~ fiscal** receipt; **(~) promissória** promissory note

notabilidade [notabili'dadʒi] F notability; (*pessoa*) notable

notabilizar [notabili'zar] VT to make known; **notabilizar-se** VR to become known

notação [nota'sāw] (*pl* **-ões**) F notation; **~ de crédito** (*Com*) credit rating

notadamente [notada'mētʃi] ADV especially

notar [no'tar] VT (*reparar em*) to notice, note; **notar-se** VR to be obvious; **é de ~ que** it is to be noted that; **fazer ~** to call attention to

notável [no'tavew] (*pl* **-eis**) ADJ notable, remarkable

notícia [no'tʃisja] F (*uma notícia*) piece of news; (*TV etc*) news item; **notícias** FPL (*informações*) news *sg*; **pedir ~s de** to inquire about; **ter ~s de** to hear from

noticiar [notʃi'sjar] VT to announce, report

noticiário [notʃi'sjarju] M (*de jornal*) news section; (*Cinema*) newsreel; (*TV, Rádio*) news bulletin

noticiarista [notʃisja'rista] M/F news writer, reporter; (*TV, Rádio*) newsreader, newscaster

noticioso, -a [notʃi'sjozu, ɔza] ADJ news *atr*

notificação [notʃifika'sāw] (*pl* **-ões**) F notification

notificar [notʃifi'kar] VT to notify, inform

notívago, -a [no'tʃivagu, a] ADJ nocturnal ▶ M/F sleepwalker; (*pessoa que gosta da noite*) night bird

notoriedade [notorje'dadʒi] F renown, fame

notório, -a [no'tɔrju, a] ADJ well-known

noturno, -a [no'turnu, a] ADJ nocturnal, nightly; (*trabalho*) night *atr* ▶ M (*trem*) night train

nov. ABR (= *novembro*) Nov.

nova ['nɔva] F piece of news; **novas** FPL (*novidades*) news *sg*

novamente [nova'mētʃi] ADV again

novato, -a [no'vatu, a] ADJ inexperienced, raw ▶ M/F (*principiante*) beginner, novice; (*Educ*) fresher

nove ['nɔvi] NUM nine; *ver tb* **cinco**

novecentos, -tas [nove'sētus, tas] NUM nine hundred

novela [no'vɛla] F short novel, novella; (*Rádio, TV*) soap opera

novelista [nove'lista] M/F novella writer

novelo [no'velu] M ball of thread

novembro [no'vēbru] M November; *ver tb* **julho**

novena [no'vena] F (*Rel*) novena

noventa [no'vēta] NUM ninety; *ver tb* **cinquenta**

noviciado [novi'sjadu] M (*Rel*) novitiate

noviço, -a [no'visu, a] M/F (*Rel, fig*) novice

novidade [novi'dadʒi] F novelty; (*notícia*) piece of news; **novidades** FPL (*notícias*) news *sg*; **sem ~** without incident

novidadeiro, -a [novida'dejru, a] ADJ chatty ▶ M/F gossip

novilho, -a [no'viʎu, a] M/F young bull/heifer

novo, -a ['novu, 'nɔva] ADJ new; (*jovem*) young; (*adicional*) further; **de ~** again; **~ em folha** brand new; **o que há de ~?** what's new?; **~ rico** nouveau riche

noz [nɔz] F (*de várias árvores*) nut; (*da nogueira*) walnut; **~ moscada** nutmeg

nu, a [nu, 'nua] ADJ (*corpo, pessoa*) naked; (*braço, árvore, sala, parede*) bare ▶ M nude; **a olho nu** with the naked eye; **a verdade nua e crua** the stark truth *ou* reality; **pôr a nu** (*fig*) to expose

nuança [nu'āsa] F nuance

nubente [nu'bētʃi] ADJ, M/F betrothed

nublado, -a [nu'bladu, a] ADJ cloudy, overcast

nublar [nu'blar] VT to darken; **nublar-se** VR to cloud over

nuca ['nuka] F nape (of the neck)

nuclear [nu'kljar] ADJ nuclear; **energia/usina ~** nuclear energy/power station

núcleo ['nuklju] M nucleus *sg*; *(centro)* centre *(BRIT)*, center *(US)*
nudez [nu'dez] F nakedness, nudity; *(de paredes etc)* bareness
nudismo [nu'dʒizmu] M nudism
nudista [nu'dʒista] ADJ, M/F nudist
nulidade [nuli'dadʒi] F nullity, invalidity; *(pessoa)* nonentity
nulo, -a ['nulu, a] ADJ *(Jur)* null, void; *(nenhum)* non-existent; *(sem valor)* worthless; *(esforço)* vain, useless; **ele é ~ em matemática** he's useless at maths *(BRIT)* ou math *(US)*
num¹ [nũ] = **em + um**; *ver* **em**
num² [nũ] ADV *(col: não)* not
numa(s) ['numa(s)] = **em + uma(s)**; *ver* **em**
numeração [numera'sãw] F *(ato)* numbering; *(números)* numbers *pl*; *(de sapatos etc)* sizes *pl*
numerado, -a [nume'radu, a] ADJ numbered; *(em ordem numérica)* in numerical order
numeral [nume'raw] *(pl* **-ais**) M numeral
▶ ADJ numerical
numerar [nume'rar] VT to number
numerário [nume'rarju] M cash, money
numérico, -a [nu'mɛriku, a] ADJ numerical
número ['numeru] M number; *(de jornal)* issue; *(Teatro etc)* act; *(de sapatos, roupa)* size; **sem ~** countless; **um sem ~ de vezes** hundreds ou thousands of times; **amigo/escritor ~ um** number one friend/writer; **fazer ~** to make up the numbers; **ele é um ~** *(col)* he's a riot; **~ cardinal/ordinal** cardinal/ordinal number; **~ de matrícula** registration *(BRIT)* ou license plate *(US)* number; **~ primo** prime number
numeroso, -a [nume'rozu, ɔza] ADJ numerous
nunca ['nũka] ADV never; **~ mais** never again; **como ~** as never before; **quase ~** hardly ever; **mais que ~** more than ever
nuns [nũs] = **em + uns**
nupcial [nup'sjaw] *(pl* **-ais**) ADJ wedding *atr*
núpcias ['nupsjas] FPL nuptials, wedding *sg*
nutrição [nutri'sãw] F nutrition
nutricionista [nutrisjo'nista] M/F nutritionist
nutrido, -a [nu'tridu, a] ADJ *(bem alimentado)* well-nourished; *(robusto)* robust
nutrimento [nutri'mẽtu] M nourishment
nutrir [nu'trir] VT *(sentimento)* to harbour *(BRIT)*, harbor *(US)*; *(alimentar-se)*: **~ (de)** to nourish (with), feed (on); *(fig)* to feed (on)
▶ VI to be nourishing
nutritivo, -a [nutri'tʃivu, a] ADJ nourishing; **valor ~** nutritional value
nuvem ['nuvẽj] *(pl* **-ns**) F cloud; *(de insetos)* swarm; **cair das nuvens** *(fig)* to be astounded; **estar nas nuvens** to be daydreaming, be miles away; **pôr nas nuvens** to praise to the skies; **o aniversário passou em brancas nuvens** the birthday went by without any celebration

Oo

O, o [ɔ] (*pl* **os**) M O, o; **O de Osvaldo** O for Oliver (BRIT) *ou* oboe (US)

(PALAVRA-CHAVE)

o, a [u, a] ART DEF **1** the; **o livro/a mesa/os estudantes** the book/table/students
2 (*com n abstrato: não se traduz*): **o amor/a juventude** love/youth
3 (*posse: traduz-se muitas vezes por adj possessivo*): **quebrar o braço** to break one's arm; **ele levantou a mão** he put his hand up; **ela colocou o chapéu** she put her hat on
4 (*valor descritivo*): **ter a boca grande/os olhos azuis** to have a big mouth/blue eyes
▶ PRON DEMOSTRATIVO: **meu livro e o seu** my book and yours; **as de Pedro são melhores** Pedro's are better; **não a(s) branca(s) mas a(s) verde(s)** not the white one(s) but the green one(s)
▶ PRON RELATIVO: **o que** (*etc*) **1** (*indef*): **os que quiserem podem sair** anyone who wants to can leave; **leve o que mais gostar** take the one you like best
2 (*def*): **o que comprei ontem** the one I bought yesterday; **os que saíram** those who left
3: **o que** what; **o que eu acho/mais gosto** what I think/like most
▶ PRON PESSOAL **1** (*pessoa: m*) him; (: *f*) her; (: *pl*) them; **não consigo vê-lo(s)** I can't see him/them; **vemo-la todas as semanas** we see her every week
2 (*animal, coisa: sg*) it; (: *pl*) them; **não consigo vê-lo(s)** I can't see it/them; **acharam-nos na praia** they found them on the beach

ó [ɔ] EXCL oh!; (*olha*) look!; **ó Pedro** hey Pedro
ô [o] EXCL oh!; **ô Pedro** hey Pedro; **ô de casa!** anyone at home?; **ô criança difícil!** oh, what an awkward child!
OAB ABR F = **Ordem dos Advogados do Brasil**
oásis [o'asis] M INV oasis
oba ['ɔba] EXCL wow!, great!; (*saudação*) hi!
obcecado, -a [obise'kadu, a] ADJ obsessed
obcecar [obise'kar] VT to obsess
obedecer [obede'ser] VI: **~ a** to obey; **obedeça!** (*a criança*) do as you're told!
obediência [obe'dʒēsja] F obedience
obediente [obe'dʒētʃi] ADJ obedient

obelisco [obe'lisku] M obelisk
obesidade [obezi'dadʒi] F obesity
obeso, -a [o'bεzu, a] ADJ obese
óbice ['ɔbisi] M obstacle
óbito ['ɔbitu] M death; **atestado de ~** death certificate
obituário [obi'twarju] M obituary
objeção [obʒe'sãw] (*pl* **-ões**) F objection; (*obstáculo*) obstacle; **fazer** *ou* **pôr objeções a** to object to
objetar [obʒe'tar] VT to object ▶ VI: **~ (a algo)** to object (to sth)
objetiva [obʒe'tʃiva] F lens; **sem ~** aimlessly
objetivar [obʒetʃi'var] VT (*visar*) to aim at; **~ fazer** to aim to do, set out to do
objetividade [obʒetʃivi'dadʒi] F objectivity
objetivo, -a [obʒe'tʃivu, a] ADJ objective ▶ M objective, aim
objeto [ob'ʒεtu] M object; **~ de uso pessoal** personal effect
oblíqua [o'blikwa] F oblique
oblíquo, -a [o'blikwu, a] ADJ oblique, slanting; (*olhar*) sidelong; (*Ling*) oblique
obliterar [oblite'rar] VT to obliterate; (*Med*) to close off
oblongo, -a [ob'lõgu, a] ADJ oblong
oboé [o'bwe] M oboe
oboísta [o'bwista] M/F oboe player
obra ['ɔbra] F work; (*Arq*) building, construction; (*Teatro*) play; **~s** (*na estrada*) roadworks; **em ~s** under repair; **ser ~ de alguém** to be the work of sb; **ser ~ de algo** to be the result of sth; **~ de arte** work of art; **~ de caridade** charity; **~s completas** complete works; **~s públicas** public works
obra-mestra (*pl* **obras-mestras**) F masterpiece
obra-prima (*pl* **obras-primas**) F masterpiece
obreiro, -a [o'brejru, a] ADJ working ▶ M/F worker
obrigação [obriga'sãw] (*pl* **-ões**) F obligation, duty; (*Com*) bond; **cumprir (com) suas obrigações** to fulfil(l) one's obligations; **dever obrigações a alguém** to owe sb favo(u)rs; **~ ao portador** bearer bond
obrigado, -a [obri'gadu, a] ADJ (*compelido*) obliged, compelled ▶ EXCL thank you; (*recusa*) no, thank you

obrigar [obri'gar] VT to oblige, compel; **obrigar-se** VR: **~-se a fazer algo** to undertake to do sth

obrigatoriedade [obrigatorje'dadʒi] F compulsory nature

obrigatório, -a [obriga'tɔrju, a] ADJ compulsory, obligatory

obscenidade [obiseni'dadʒi] F obscenity

obsceno, -a [obi'sɛnu, a] ADJ obscene

obscurecer [obiskure'ser] VT to darken; *(entendimento, verdade etc)* to obscure; *(prestígio)* to dim ▶ VI to get dark

obscuridade [obiskuri'dadʒi] F *(falta de luz)* darkness; *(fig)* obscurity

obscuro, -a [obi'skuru, a] ADJ dark; *(fig)* obscure

obsequiar [obse'kjar] VT *(presentear)* to give presents to; *(tratar com agrados)* to treat kindly

obséquio [ob'sɛkju] M favour (BRIT), favor (US), kindness; **faça o ~ de ...** would you be kind enough to ....

obsequioso, -a [obse'kjozu, ɔza] ADJ obliging, courteous

observação [obiserva'sãw] *(pl* **-ões)** F observation; *(comentário)* remark, comment; *(de leis, regras)* observance

observador, a [obiserva'dor(a)] ADJ observant ▶ M/F observer

observância [obiser'vãsja] F observance

observar [obiser'var] VT to observe; *(notar)* to notice; *(replicar)* to remark; **~ algo a alguém** to point sth out to sb

observatório [obiserva'tɔrju] M observatory

obsessão [obise'sãw] *(pl* **-ões)** F obsession

obsessivo, -a [obise'sivu, a] ADJ obsessive

obsessões [obise'sõjs] FPL *de* **obsessão**

obsoleto, -a [obiso'lɛtu, a] ADJ obsolete

obstáculo [obi'stakulu] M obstacle; *(dificuldade)* hindrance, drawback

obstante [obi'stãtʃi] ADV: **não ~** *(conj)* nevertheless, however; *(prep)* in spite of, notwithstanding

obstar [obi'star] VI: **~ a** to hinder; *(opor-se)* to oppose

obstetra [obi'stɛtra] M/F obstetrician

obstetrícia [obiste'trisja] F obstetrics *sg*

obstétrico, -a [obi'stɛtriku, a] ADJ obstetric

obstinação [obistʃina'sãw] F obstinacy

obstinado, -a [obistʃi'nadu, a] ADJ obstinate, stubborn

obstinar-se [obistʃi'narsi] VR to be obstinate; **~ em** *(insistir em)* to persist in

obstrução [obistru'sãw] *(pl* **-ões)** F obstruction

obstruir [obi'strwir] VT to obstruct; *(impedir)* to impede

obtêm *etc* [obi'tẽ] VB *ver* **obter**

obtemperar [obitẽpe'rar] VT to reply respectfully ▶ VI: **~ (a algo)** to demur (at sth)

obtenção [obitẽ'sãw] *(pl* **-ões)** F acquisition; *(consecução)* attainment

obtenho *etc* [ob'teɲu] VB *ver* **obter**

obtenível [obite'nivew] *(pl* **-eis)** ADJ obtainable

obter [obi'ter] *(irreg: como* **ter)** VT to obtain, get; *(alcançar)* to gain

obturação [obitura'sãw] *(pl* **-ões)** F *(de dente)* filling

obturador [obitura'dor] M *(Foto)* shutter

obturar [obitu'rar] VT to stop up, plug; *(dente)* to fill

obtuso, -a [obi'tuzu, a] ADJ *(ger)* obtuse; *(fig: pessoa)* thick, slow

obviedade [obvje'dadʒi] F obviousness; *(coisa óbvia)* obvious fact

óbvio, -a ['ɔbvju, a] ADJ obvious; **(é) ~!** of course!; **é o ~ ululante** it's glaringly *ou* screamingly *(col)* obvious

OC ABR (= *onda curta*) SW

ocasião [oka'zjãw] *(pl* **-ões)** F *(oportunidade)* opportunity, chance; *(momento, tempo)* occasion, time

ocasional [okazjo'naw] *(pl* **-ais)** ADJ chance *atr*

ocasionar [okazjo'nar] VT to cause, bring about

ocaso [o'kazu] M *(do sol)* sunset; *(ocidente)* west; *(decadência)* decline

Oceania [osja'nia] F: **a ~** Oceania

oceânico, -a [o'sjaniku, a] ADJ ocean *atr*

oceano [o'sjanu] M ocean; **O~ Atlântico/Pacífico/Índico** Atlantic/Pacific/Indian Ocean

oceanografia [osjanogra'fia] F oceanography

ocidental [osidẽ'taw] *(pl* **-ais)** ADJ western ▶ M/F westerner

ocidente [osi'dẽtʃi] M west; **o O~** *(Pol)* the West

ócio ['ɔsju] M *(lazer)* leisure; *(inação)* idleness

ociosidade [osjozi'dadʒi] F idleness

ocioso, -a [o'sjozu, ɔza] ADJ idle; *(vaga)* unfilled

oco, -a ['oku, a] ADJ hollow, empty

ocorrência [oko'hẽsja] F incident, event; *(circunstância)* circumstance

ocorrer [oko'her] VI to happen, occur; *(vir ao pensamento)* to come to mind; **~ a alguém** to happen to sb; *(vir ao pensamento)* to occur to sb

ocre ['ɔkri] ADJ, M ochre (BRIT), ocher (US)

octogenário, -a [oktoʒe'narju, a] ADJ eighty-year-old ▶ M/F octogenarian

octogésimo, -a [okto'ʒɛzimu, a] NUM eightieth

octogonal [oktogo'naw] *(pl* **-ais)** ADJ octagonal

octógono [ok'tɔgonu] M octagon

ocular [oku'lar] ADJ ocular; **testemunha ~** eye witness

oculista [oku'lista] M/F optician

óculo ['ɔkulu] M spyglass; **óculos** MPL glasses, spectacles; **~s de proteção** goggles

ocultar [okuw'tar] VT to hide, conceal

ocultas [o'kuwtas] FPL: **às ~** in secret

oculto, -a [o'kuwtu, a] ADJ hidden; *(desconhecido)* unknown; *(secreto)* secret; *(sobrenatural)* occult

ocupação [okupa'sãw] (pl **-ões**) F occupation
ocupacional [okupasjo'naw] (pl **-ais**) ADJ occupational
ocupações [okupa'sõjs] FPL de **ocupação**
ocupado, -a [oku'padu, a] ADJ (pessoa) busy; (lugar) taken, occupied; (BR Tel) engaged (BRIT), busy (US); **sinal de ~** (BR Tel) engaged tone (BRIT), busy signal (US)
ocupar [oku'par] VT to occupy; (tempo) to take up; (pessoa) to keep busy; **ocupar-se** VR to keep o.s. occupied; **~-se com** ou **de** ou **em algo** (dedicar-se a) to deal with sth; (cuidar de) to look after sth; (passar seu tempo com) to occupy o.s. with sth; **posso ~ esta mesa/cadeira?** can I take this table/chair?
ode ['ɔdʒi] F ode
odiar [o'dʒjar] VT to hate
odiento, -a [o'dʒjẽtu, a] ADJ hateful
ódio ['ɔdʒju] M hate, hatred; **que ~!** (col) I'm (ou was) furious!
odioso, -a [o'dʒjozu, ɔza] ADJ hateful
odontologia [odõtolo'ʒia] F dentistry
odor [o'dor] M smell
OEA ABR F (= Organização dos Estados Americanos) OAS
oeste ['wɛstʃi] M west ▶ ADJ INV (região) western; (direção, vento) westerly; **ao ~ de** to the west of; **em direção ao ~** westwards
ofegante [ofe'gãtʃi] ADJ breathless, panting
ofegar [ofe'gar] VI to pant, puff
ofender [ofẽ'der] VT to offend; **ofender-se** VR to take offence (BRIT) ou offense (US)
ofensa [o'fẽsa] F insult; (à lei, moral) offence (BRIT), offense (US)
ofensiva [ofẽ'siva] F (Mil) offensive; **tomar a ~** to go on to the offensive
ofensivo, -a [ofẽ'sivu, a] ADJ offensive; (agressivo) aggressive; **~ à moral** morally offensive
oferecer [ofere'ser] VT to offer; (dar) to give; (jantar) to give; (propor) to propose; (dedicar) to dedicate; **oferecer-se** VR (pessoa) to offer o.s., volunteer; (oportunidade) to present itself, arise; **~-se para fazer** to offer to do
oferecido, -a [ofere'sidu, a] ADJ (intrometido) pushy
oferecimento [oferesi'mẽtu] M offer
oferenda [ofe'rẽda] F (Rel) offering
oferta [o'fɛrta] F (oferecimento) offer; (dádiva) gift; (Com) bid; (em loja) special offer; **a ~ e a demanda** (Econ) supply and demand; **em ~** (numa loja) on special offer
ofertar [ofer'tar] VT to offer
office boy [ɔfis'bɔj] (pl **office boys**) M messenger
oficial [ofi'sjaw] (pl **-ais**) ADJ official ▶ M/F official; (Mil) officer; **~ de justiça** bailiff
oficializar [ofisjali'zar] VT to make official
oficiar [ofi'sjar] VI (Rel) to officiate ▶ VT: **~ (algo) a alguém** to report (sth) to sb
oficina [ofi'sina] F workshop; **~ mecânica** garage
ofício [o'fisju] M (profissão) trade; (Rel) service; (carta) official letter; (função) function; (encargo) job, task; **bons ~s** good offices; **~ de notas** notary public
oficioso, -a [ofi'sjozu, ɔza] ADJ (não oficial) unofficial
ofsete [of'sɛtʃi] M offset printing
oftálmico, -a [of'tawmiku, a] ADJ ophthalmic
oftalmologia [oftawmolo'ʒia] F ophthalmology
ofuscante [ofus'kãtʃi] ADJ dazzling
ofuscar [ofus'kar] VT (obscurecer) to blot out; (deslumbrar) to dazzle; (entendimento) to colour (BRIT), color (US); (suplantar em brilho) to outshine ▶ VI to be dazzling
OGM ABR M (= organismo geneticamente modificado) GMO
ogro ['ɔgru] M ogre
ogum [o'gũ] M Afro-Brazilian god of war
oh [ɔ] EXCL oh
oi [ɔj] EXCL oh; (saudação) hi; (resposta) yes?
oitava [oj'tava] F: **~s de final** round before the quarter finals
oitavo, -a [oj'tavu, a] NUM eighth; ver tb **quinto**
oitenta [oj'tẽta] NUM eighty; ver tb **cinquenta**
oito ['ojtu] NUM eight; **ou ~ ou oitenta** all or nothing; ver tb **cinco**
oitocentos, -tas [ojtu'sẽtus, tas] NUM eight hundred; **os O~** the nineteenth century
ojeriza [oʒe'riza] F dislike; **ter ~ a alguém** to dislike sb
o.k. [o'ke] EXCL, ADV OK, okay
olá [o'la] EXCL hello!
olaria [ola'ria] F (fábrica: de louças de barro) pottery; (: de tijolos) brickworks sg
oleado [o'ljadu] M oilcloth
oleiro, -a [o'lejru, a] M/F potter; (de tijolos) brick maker
óleo ['ɔlju] M (lubricante) oil; **pintura a ~** oil painting; **tinta a ~** oil paint; **~ combustível** fuel oil; **~ de bronzear** suntan oil; **~ diesel** diesel oil
oleoduto [oljo'dutu] M (oil) pipeline
oleoso, -a [o'ljozu, ɔza] ADJ oily; (gorduroso) greasy
olfato [ow'fatu] M sense of smell
olhada [o'ʎada] F glance, look; **dar uma ~** to have a look
olhadela [oʎa'dɛla] F peep
olhar [o'ʎar] VT to look at; (observar) to watch; (ponderar) to consider; (cuidar de) to look after ▶ VI to look ▶ M look; **olhar-se** VR to look at o.s.; (duas pessoas) to look at each other; **olha!** look!; **~ fixamente** to stare at; **~ para** to look at; **~ por** to look after; **~ alguém de frente** to look sb straight in the eye; **e olha lá** (col) and that's pushing it; **olha lá o que você vai me arranjar!** careful you don't make things worse for me!; **~ fixo** stare
olheiras [o'ʎejras] FPL dark rings under the eyes
olho ['oʎu] M (Anat, de agulha) eye; (vista) eyesight; (de queijo) hole; **~ nele!** watch

him!; **~ vivo!** keep your eyes open!; **a ~** (*medir, calcular etc*) by eye; **a ~ nu** with the naked eye; **a ~s vistos** visibly; **abrir os ~s de alguém** (*fig*) to open sb's eyes; **andar** *ou* **estar de ~ em algo** to have one's eyes on sth; **custar/pagar os ~s da cara** to cost/pay the earth; **ficar de ~** to keep an eye out; **ficar de ~ em algo** to keep an eye on sth; **ficar de ~ comprido em algo** to look longingly at sth; **passar os ~s por algo** to scan over sth; **pôr alguém nos ~s da rua** to put sb on the street; (*de emprego*) to fire sb; **não pregar o ~** not to sleep a wink; **ter bom ~ para** to have a good eye for; **ver com bons ~s** to approve of; **~ clínico** sharp *ou* keen eye; **~ de lince** sharp eye; **ter ~ de peixe morto** to be glassy-eyed; **~ grande** (*fig*) envy; **estar de ~ grande em algo** to covet sth; **ter ~ grande** to be envious; **~ mágico** (*na porta*) peephole, magic eye; **~ roxo** black eye; **~ por** ~ an eye for an eye; **num abrir e fechar de ~s** in a flash; **longe dos ~s, longe do coração** out of sight, out of mind; **ele tem o ~ maior que a barriga** his eyes are bigger than his belly
oligarquia [oligar'kia] F oligarchy
olimpíada [olī'piada] F: **as O~s** the Olympics®
olimpicamente [olīpika'mētʃi] ADV blissfully
olímpico, -a [o'lĩpiku, a] ADJ (*jogos, chama*) Olympic®
olival [oli'vaw] (*pl* **-ais**) M olive grove
olivedo [oli'vedu] M = **olival**
oliveira [oli'vejra] F olive tree
olmeiro [ow'mejru] M = **olmo**
olmo ['ɔwmu] M elm
OLP ABR F (= *Organização para a Libertação da Palestina*) PLO
OM ABR (= *onda média*) MW
Omã [o'mã] M: **(o)** ~ Oman
ombreira [õ'brejra] F (*de porta*) doorpost; (*de roupa*) shoulder pad
ombro ['õbru] M shoulder; **encolher os ~s, dar de ~s** to shrug one's shoulders; **chorar no ~ de alguém** to cry on sb's shoulder
omelete [ome'letʃi] F omelette (*BRIT*), omelet (*US*)
omissão [omi'sãw] (*pl* **-ões**) F omission; (*negligência*) negligence; (*ato de não se manifestar*) failure to appear
omisso, -a [o'misu, a] ADJ omitted; (*negligente*) negligent; (*que não se manifesta*) absent
omissões [omi'sõjs] FPL *de* **omissão**
omitir [omi'tʃir] VT to omit; **omitir-se** VR to fail to appear
OMM ABR F (= *Organização Meteorológica Mundial*) WMO
omnipotente *etc* [omnipo'tētə] (*PT*) = **onipotente** *etc*
omnipresente [omnipre'zētə] (*PT*) ADJ = **onipresente**
omnisciente [omni'sjētə] (*PT*) ADJ = **onisciente**

omnívoro, -a [om'nivoru, a] (*PT*) ADJ = **onívoro**
omoplata [omo'plata] F shoulder blade
OMS ABR F (= *Organização Mundial da Saúde*) WHO
ON ABR (*Com: de ações*) = **ordinária nominativa**
onça ['õsa] F (*peso*) ounce; (*animal*) jaguar; **ser do tempo da ~** to be as old as the hills; **ficar uma** *ou* **virar ~** (*col*) to get furious; **estou numa ~ danada** (*col*) I'm flat broke
onça-parda (*pl* **onças-pardas**) F puma
onda ['õda] F wave; (*moda*) fashion; (*confusão*) commotion; **~ sonora/luminosa** sound/light wave; **~ curta/média/longa** short/medium/long wave; **~ de calor** heat wave; **pegar ~** to go surfing; **ir na ~** (*col*) to follow the crowd; **ir na ~ de alguém** (*col*) to be taken in by sb; **estar na ~** to be in fashion; **fazer ~** (*col*) to make a fuss; **deixa de ~!** (*col*) cut the crap! (*!*); **isso é ~ dela** (*col*) that's just something she's made up; **tirar uma ~ de algo** to act like sth
onde ['õdʒi] ADV where ▶ CONJ where, in which; **de ~ você é?** where are you from?; **por ~** through which; **por ~?** which way?; **~ quer que** wherever; **não ter ~ cair morto** (*fig*) to have nothing to call one's own; **fazer por ~** to deserve it
ondeado, -a [õ'dʒjadu, a] ADJ wavy ▶ M (*de cabelo*) wave
ondeante [õ'dʒjātʃi] ADJ waving, undulating
ondear [õ'dʒjar] VT to wave ▶ VI to wave; (*água*) to ripple; (*serpear*) to meander, wind
ondulação [õdula'sãw] (*pl* **-ões**) F undulation
ondulado, -a [õdu'ladu, a] ADJ wavy
ondulante [õdu'lātʃi] ADJ wavy
onerar [one'rar] VT to burden; (*Com*) to charge
oneroso, -a [one'rozu, ɔza] ADJ onerous; (*dispendioso*) costly
ONG [õŋ] ABR F (= *Organização Não-Governamental*) NGO
ônibus ['onibus] (*BR*) M INV bus; **ponto de ~** bus stop
onipotência [onipo'tēsja] F omnipotence
onipotente [onipo'tētʃi] ADJ omnipotent
onipresente [onipre'zētʃi] ADJ omnipresent, ever-present
onírico, -a [o'niriku, a] ADJ dreamlike
onisciente [oni'sjētʃi] ADJ omniscient
onívoro, -a [o'nivoru, a] ADJ omnivorous
ônix ['oniks] M onyx
onomástico, -a [ono'mastʃiku, a] ADJ: **índice ~** index of proper names; **dia ~** name day
onomatopeia [onomato'pɐja] F onomatopoeia
ontem ['õtē] ADV yesterday; **~ à noite** last night; **~ à tarde/de manhã** yesterday afternoon/morning
ONU ['onu] ABR F (= *Organização das Nações Unidas*) UNO
ônus ['onus] M INV onus; (*obrigação*) obligation; (*Com*) charge; (*encargo desagradável*) burden; (*imposto*) tax burden

onze ['õzi] NUM eleven; *ver tb* **cinco**
OP ABR (*Com:* ações) = **ordinária ao portador**
opa ['opa] EXCL (*de admiração*) wow!; (*de espanto*) oops!; (*saudação*) hi!
opacidade [opasi'dadʒi] F opaqueness; (*escuridão*) blackness
opaco, -a [o'paku, a] ADJ opaque; (*obscuro*) dark
opala [o'pala] F opal; (*tecido*) fine muslin
opalino, -a [opa'linu, a] ADJ bluish white
opção [op'sãw] (*pl* **-ões**) F option, choice; (*preferência*) first claim, right
open market ['opẽ'markitʃ] M open market
OPEP [o'pɛpi] ABR F (= *Organização dos Países Exportadores de Petróleo*) OPEC
ópera ['ɔpera] F opera; **~ bufa** comic opera
operação [opera'sãw] (*pl* **-ões**) F operation; (*Com*) transaction; **~ lava jato** (*BR Pol*) corruption scandal investigation
operacional [operasjo'naw] (*pl* **-ais**) ADJ operational; (*sistema, custos*) operating
operações [opera'sõjs] FPL *de* **operação**
operado, -a [ope'radu, a] ADJ (*Med*) who has (*ou* have) had an operation ▶ M/F person who has had an operation
operador, a [opera'dor(a)] M/F operator; (*cirurgião*) surgeon; (*num cinema*) projectionist
operante [ope'rãtʃi] ADJ effective
operar [ope'rar] VT to operate; (*produzir*) to effect, bring about; (*Med*) to operate on ▶ VI to operate; (*agir*) to act, function; **operar-se** VR (*suceder*) to take place; (*Med*) to have an operation
operariado [opera'rjadu] M: **o ~** the working class
operário, -a [ope'rarju, a] ADJ working ▶ M/F worker; **classe operária** working class
opereta [ope'reta] F operetta
opinar [opi'nar] VT (*julgar*) to think ▶ VI (*dar o seu parecer*) to give one's opinion
opinião [opi'njãw] (*pl* **-ões**) F opinion; **na minha ~** in my opinion; **ser de** *ou* **da ~ (de) que** to be of the opinion that; **ser da ~ de alguém** to think the same as sb, share sb's view; **mudar de ~** to change one's mind; **~ pública** public opinion
ópio ['ɔpju] M opium
opíparo, -a [o'piparu, a] ADJ (*formal*) splendid, lavish
opõe *etc* [o'põj] VB *ver* **opor**
opomos [o'pomos] VB *ver* **opor**
oponente [opo'nẽtʃi] ADJ opposing ▶ M/F opponent
opor [o'por] (*irreg: como* **pôr**) VT to oppose; (*resistência*) to put up, offer; (*objeção, dificuldade*) to raise; **opor-se** VR: **~-se a algo** (*fazer objeção*) to object to; (*resistir*) to oppose; **~ algo a algo** (*colocar em contraste*) to contrast sth with sth
oportunamente [oportuna'mẽtʃi] ADV at an opportune moment
oportunidade [oportuni'dadʒi] F opportunity; **na primeira ~** at the first opportunity
oportunismo [oportu'nizmu] M opportunism
oportunista [oportu'nista] ADJ, M/F opportunist
oportuno, -a [opor'tunu, a] ADJ (*momento*) opportune, right; (*oferta de ajuda*) well-timed; (*conveniente*) convenient, suitable
opôs [o'pos] VB *ver* **opor**
oposição [opozi'sãw] F opposition; **em ~ a** against; **fazer ~ a** to oppose
oposicionista [opozisjo'nista] ADJ opposition *atr* ▶ M/F member of the opposition
oposto, -a [o'postu, 'posta] PP *de* **opor** ▶ ADJ (*contrário*) opposite; (*em frente*) facing, opposite; (*opiniões*) opposing, opposite ▶ M opposite
opressão [opre'sãw] (*pl* **-ões**) F oppression; (*sufocação*) feeling of suffocation, tightness in the chest
opressivo, -a [opre'sivu, a] ADJ oppressive
opressões [opre'sõjs] FPL *de* **opressão**
opressor, a [opre'sor(a)] M/F oppressor
oprimido, -a [opri'midu, a] ADJ oppressed ▶ M: **os ~s** the oppressed
oprimir [opri'mir] VT to oppress; (*comprimir*) to press ▶ VI to be oppressive
opróbrio [o'prɔbrju] M (*infâmia*) ignominy; (*formal: desonra*) shame
optar [op'tar] VI to choose; **~ por** to opt for; **~ por fazer** to opt to do; **~ entre** to choose between
optativo, -a [opta'tʃivu, a] ADJ optional; (*Ling*) optative
opulência [opu'lẽsja] F opulence
opulento, -a [opu'lẽtu, a] ADJ opulent
opunha *etc* [o'puɲa] VB *ver* **opor**
opus *etc* [o'pus] VB *ver* **opor**
opúsculo [o'puskulu] M (*livreto*) booklet; (*pequena obra*) pamphlet
opuser *etc* [opu'zer] VB *ver* **opor**
ora ['ɔra] ADV now ▶ CONJ well; **por ~** for the time being; **~ ..., ~ ...** one moment ..., the next ...; **~ sim, ~ não** first yes, then no; **~ essa!** the very idea!, come off it!; **~ bem** now then; **~ viva!** hello there!; **~, que besteira!** well, how stupid!; **~ bolas!** (*col*) for heaven's sake!
oração [ora'sãw] (*pl* **-ões**) F (*reza*) prayer; (*discurso*) speech; (*Ling*) clause
oráculo [o'rakulu] M oracle
orador, a [ora'dor(a)] M/F (*aquele que fala*) speaker
oral [o'raw] (*pl* **-ais**) ADJ oral ▶ F oral (exam)
orangotango [orãgu'tãgu] M orang-utan
orar [o'rar] VI (*Rel*) to pray
oratória [ora'tɔrja] F public speaking, oratory
oratório, -a [ora'tɔrju, a] ADJ oratorical ▶ M (*Mús*) oratorio; (*Rel*) oratory
orbe ['ɔrbi] M globe
órbita ['ɔrbita] F orbit; (*do olho*) socket; **entrar/colocar em ~** to go/put into orbit; **estar em ~** to be in orbit
orbital [orbi'taw] (*pl* **-ais**) ADJ orbital

Órcades ['ɔrkadʒis] FPL: **as ~** the Orkneys
orçamentário, -a [orsamẽ'tarju, a] ADJ budget atr
orçamento [orsa'mẽtu] M (do estado etc) budget; (avaliação) estimate; **~ sem compromisso** estimate with no obligation
orçar [or'sar] VT to value, estimate ▶ VI: **~ em** (gastos etc) to be valued at, be put at; **~ a** to reach, go up to; **ele orça por 20 anos** he is around 20; **um projeto orçado em $10 bilhões** a project valued at $10 billion
ordeiro, -a [or'dejru, a] ADJ orderly
ordem ['ordẽ] (pl **-ns**) F order; **às suas ordens** at your service; **um lucro da ~ de $60 milhões** a profit in the order of $60 million; **até nova ~** until further notice; **de primeira ~** first-rate; **estar em ~** to be tidy; **pôr em ~** to arrange, tidy; **tudo em ~?** (col) everything OK?; **por ~** in order, in turn; **dar/receber ordens** to give/take orders; **dar uma ~ na casa** to tidy the house; **~ alfabética/cronológica** alphabetical/chronological order; **~ bancária** banker's order; **~ de grandeza** order of magnitude; **~ de pagamento** (Com) banker's draft; **~ de prisão** (Jur) prison order; **~ do dia** agenda; **O~ dos Advogados** Bar Association; **~ pública** public order, law and order; **~ social** social order
ordenação [ordena'sãw] (pl **-ões**) F (Rel) ordination; (ordem) order; (arrumação) tidiness, orderliness
ordenado, -a [orde'nadu, a] ADJ (posto em ordem) in order; (metódico) orderly; (Rel) ordained ▶ M salary, wages pl
ordenança [orde'nãsa] M (Mil) orderly ▶ F (regulamento) ordinance
ordenar [orde'nar] VT to arrange, put in order; (determinar) to order; (Rel) to ordain; **ordenar-se** VR (Rel) to be ordained; **~ que alguém faça** to order sb to do; **~ algo a alguém** to order sth from sb
ordenhar [orde'ɲar] VT to milk
ordens ['ordẽs] FPL de **ordem**
ordinariamente [ordʒinarja'mẽte] ADV ordinarily, usually
ordinário, -a [ordʒi'narju, a] ADJ ordinary; (comum) usual; (medíocre) mediocre; (grosseiro) coarse, vulgar; (de má qualidade) inferior; (sem caráter) rough; **de ~** usually
orégano [o'regɐnu] M oregano
orelha [o'reʎa] F (Anat) ear; (aba) flap; **de ~s em pé** (col) on one's guard; **endividado até as ~s** up to one's ears in debt; **~s de abano** flappy ears
orelhada [ore'ʎada] (col) F: **de ~** through the grapevine
orelhão [ore'ʎãw] (pl **-ões**) M payphone
órfã ['ɔrfã] F de **órfão**
orfanato [orfa'natu] M orphanage
órfão, -fã ['ɔrfãw, fã] (pl **-s/-s**) ADJ, M/F orphan; **~ de pai** with no father; **~ de** (fig) starved of

orfeão [or'fjãw] (pl **-ões**) M choral society
orgânico, -a [or'gɐniku, a] ADJ organic
organismo [orga'nizmu] M organism; (entidade) organization
organista [orga'nista] M/F organist
organização [organiza'sãw] (pl **-ões**) F organization; **~ de caridade** charity; **~ de fachada** front; **~ sem fins lucrativos** non-profit-making organization
organizador, a [organiza'dor(a)] M/F organizer ▶ ADJ (comitê) organizing
organizar [organi'zar] VT to organize
organograma [organo'grama] M flow chart
órgão ['ɔrgãw] (pl **-s**) M organ; (governamental etc) institution, body; **~ de imprensa** news publication
orgasmo [or'gazmu] M orgasm
orgia [or'ʒia] F orgy
orgulhar [orgu'ʎar] VT to make proud; **orgulhar-se** VR: **~-se de** to be proud of
orgulho [or'guʎu] M pride
orgulhoso, -a [orgu'ʎozu, ɔza] ADJ proud
orientação [orjẽta'sãw] F (direção) guidance; (de tese) supervision; (posição) position; (tendência) tendency; **~ educacional** training, guidance; **~ vocacional** careers guidance
orientador, a [orjẽta'dor(a)] M/F advisor; (de tese) supervisor ▶ ADJ guiding; **~ profissional** careers advisor
oriental [orjẽ'taw] (pl **-ais**) ADJ eastern; (do Extremo Oriente) oriental ▶ M/F oriental
orientar [orjẽ'tar] VT (situar) to orientate; (indicar o rumo) to direct; (aconselhar) to guide; **orientar-se** VR to get one's bearings; **~-se por algo** to follow sth
oriente [o'rjẽtʃi] M: **o O~** the East; **Extremo O~** Far East; **O~ Médio** Middle East
orifício [ori'fisju] M orifice
origem [o'riʒẽ] (pl **-ns**) F origin; (ascendência) lineage, descent; **lugar de ~** birthplace; **pessoa de ~ brasileira/humilde** person of Brazilian origin/of humble origins; **dar ~ a** to give rise to; **país de ~** country of origin; **ter ~** to originate
original [oriʒi'naw] (pl **-ais**) ADJ original; (estranho) strange, odd ▶ M original; (na datilografia) top copy
originalidade [oriʒinali'dadʒi] F originality; (excentricidade) eccentricity
originar [oriʒi'nar] VT to give rise to, start; **originar-se** VR to arise; **~-se de** to originate from
originário, -a [oriʒi'narju, a] ADJ (natural) native; **~ de** (proveniente) originating from; **um pássaro ~ do Brasil** a bird native to Brazil
oriundo, -a [o'rjũdu, a] ADJ: **~ de** (procedente) arising from; (natural) native of
orixá [ori'ʃa] M Afro-Brazilian deity
orla ['ɔrla] F (borda) edge, border; (de roupa) hem; (faixa) strip; **~ marítima** seafront
orlar [or'lar] VT: **~ algo de algo** to edge sth with sth

ornamentação [ornaměta'sãw] F ornamentation
ornamental [ornamě'taw] (*pl* **-ais**) ADJ ornamental
ornamentar [ornamě'tar] VT to decorate, adorn
ornamento [orna'mětu] M adornment, decoration
ornar [or'nar] VT to adorn, decorate
ornato [or'natu] M adornment, decoration
ornitologia [ornitolo'ʒia] F ornithology
ornitologista [ornitolo'ʒista] M/F ornithologist
orquestra [or'kɛstra], (PT) **orquesta** F orchestra; **~ sinfônica/de câmara** symphony/chamber orchestra
orquestração [orkestra'sãw], (PT) **orquestação** F (*Mús*) orchestration; (*fig*) harmonization
orquestrar [orkes'trar], (PT) **orquestar** VT (*Mús*) to orchestrate; (*fig*) to harmonize
orquídea [or'kidʒja] F orchid
ortodoxia [ortodok'sia] F orthodoxy
ortodoxo, -a [orto'dɔksu, a] ADJ orthodox
ortografia [ortogra'fia] F spelling
ortopedia [ortope'dʒia] F orthopaedics *sg* (BRIT), orthopedics *sg* (US)
ortopédico, -a [orto'pɛdʒiku, a] ADJ orthopaedic (BRIT), orthopedic (US)
ortopedista [ortope'dʒista] M/F orthopaedic (BRIT) *ou* orthopedic (US) specialist
orvalhar [orva'ʎar] VT to sprinkle with dew
orvalho [or'vaʎu] M dew
os [us] ART DEF *ver* **o**
Osc. ABR (= *oscilação*) *change in price from previous day*
oscilação [osila'sãw] (*pl* **-ões**) F (*movimento*) oscillation; (*flutuação*) fluctuation; (*hesitação*) hesitation
oscilante [osi'lātʃi] ADJ oscillating; (*fig: hesitante*) hesitant
oscilar [osi'lar] VI to oscillate; (*balançar-se*) to sway, swing; (*variar*) to fluctuate; (*hesitar*) to hesitate
ossatura [osa'tura] F skeleton, frame
ósseo, -a [ˈɔsju, a] ADJ bony; (*Anat: medula etc*) bone *atr*
osso ['osu] M bone; (*dificuldade*) predicament; **um ~ duro de roer** a hard nut to crack; **~s do ofício** occupational hazards
ossudo, -a [o'sudu, a] ADJ bony
ostensivo, -a [ostě'sivu, a] ADJ ostensible, apparent; (*com alarde*) ostentatious
ostentação [ostěta'sãw] (*pl* **-ões**) F ostentation; (*exibição*) display, show
ostentar [ostě'tar] VT to show; (*alardear*) to show off, flaunt
ostentoso, -a [ostě'tozu, ɔza] ADJ ostentatious, showy
osteopata [ostʃjo'pata] M/F osteopath
ostra ['ostra] F oyster
ostracismo [ostra'sizmu] M ostracism
OTAN [o'tã] ABR F (= *Organização do Tratado do Atlântico Norte*) NATO

otário [o'tarju] (*col*) M fool, idiot
OTE (BR) ABR F = **Obrigação do Tesouro Estadual**
ótica ['ɔtʃika] F optics *sg*; (*loja*) optician's; (*fig: ponto de vista*) viewpoint; *ver tb* **ótico**
ótico, -a ['ɔtʃiku, a] ADJ optical ▶ M/F optician
otimismo [otʃi'mizmu] M optimism
otimista [otʃi'mista] ADJ optimistic ▶ M/F optimist
otimizar [otʃimi'zar] VT to optimize
ótimo, -a ['ɔtʃimu, a] ADJ excellent, splendid ▶ EXCL great!, super!
OTN (BR) ABR F = **Obrigação do Tesouro Nacional**
otorrino [oto'hinu] M/F ear, nose and throat specialist
ou [o] CONJ or; **ou este ou aquele** either this one or that one; **ou seja** in other words
OUA ABR F (= *Organização da Unidade Africana*) OAU
ouço *etc* ['osu] VB *ver* **ouvir**
ourela [o'rela] F edge, border
ouriçado, -a [ori'sadu, a] (*col*) ADJ excited
ouriçar [ori'sar] VT (*col: animar*) to liven up; (: *excitar*) to excite; **ouriçar-se** VR to bristle; (*col*) to get excited
ouriço [o'risu] M (*europeu*) hedgehog; (*casca*) shell; (*col: animação*) riot
ouriço-do-mar (*pl* **ouriços-do-mar**) M sea urchin
ourives [o'rivis] M/F INV (*fabricante*) goldsmith; (*vendedor*) jeweller (BRIT), jeweler (US)
ourivesaria [oriveza'ria] F (*arte*) goldsmith's art; (*loja*) jeweller's (shop) (BRIT), jewelry store (US)
ouro ['oru] M gold; **ouros** MPL (*Cartas*) diamonds; **de ~** golden; **nadar em ~** to be rolling in money; **valer ~s** to be worth one's weight in gold
ousadia [oza'dʒia] F daring; (*lance ousado*) daring move; **ter a ~ de fazer** to have the cheek to do
ousado, -a [o'zadu, a] ADJ daring, bold
ousar [o'zar] VT, VI to dare
out. ABR (= *Outubro*) Oct.
outdoor [awt'dɔr] (*pl* **-s**) M billboard
outeiro [o'tejru] M hill
outonal [oto'naw] (*pl* **-ais**) ADJ autumnal
outono [o'tonu] M autumn
outorga [o'tɔrga] F granting, concession
outorgante [otor'gātʃi] M/F grantor
outorgar [otor'gar] VT to grant
outrem [o'trẽ] PRON (*sg*) somebody else; (*pl*) other people

(PALAVRA-CHAVE)

outro, -a ['otru, a] ADJ **1** (*distinto: sg*) another; (: *pl*) other; **outra coisa** something else; **de outro modo, de outra maneira** otherwise; **no outro dia** the next day; **ela está outra** (*mudada*) she's changed
2 (*adicional*): **quer outro café?** would you

like another coffee?; **outra vez** again ▶ PRON **1: o outro** the other one; **(os) outros** (the) others; **de outro** somebody else's **2** (*recíproco*): **odeiam-se uns aos outros** they hate one another *ou* each other **3: outro tanto** the same again; **comer outro tanto** to eat the same *ou* as much again; **ele recebeu uma dezena de telegramas e outras tantas chamadas** he got about ten telegrams and as many calls

outrora [o'trɔra] ADV formerly

outrossim [otro'sĩ] ADV likewise, moreover

outubro [o'tubru] M October; *ver tb* **julho**

ouvido [o'vidu] M (*Anat*) ear; (*sentido*) hearing; **de ~** by ear; **dar ~s a** to listen to; **entrar por um ~ e sair pelo outro** to go in one ear and out the other; **fazer ~s moucos** *ou* **de mercador** to turn a deaf ear, pretend not to hear; **ser todo ~s** to be all ears; **ter bom ~ para música** to have a good ear for music; **se isso chegar aos ~s dele,** ... if he gets to hear about it, ...

ouvinte [o'vĩtʃi] M/F listener; (*estudante*) auditor

ouvir [o'vir] VT to hear; (*com atenção*) to listen to; (*missa*) to attend ▶ VI to hear; to listen; (*levar descompostura*) to catch it; **~ dizer que** ... to hear that ...; **~ falar de** to hear of

ova ['ɔva] F roe; **uma ~!** (*col*) my eye!, no way!

ovação [ova'sãw] (*pl* **-ões**) F ovation, acclaim

ovacionar [ovasjo'nar] VT to acclaim; (*pessoa no palco*) to give a standing ovation to

ovações [ova'sõjs] FPL *de* **ovação**

oval [o'vaw] (*pl* **-ais**) ADJ, F oval

ovalado, -a [ova'ladu, a] ADJ oval

ovário [o'varju] M ovary

ovelha [o'veʎa] F sheep; **~ negra** (*fig*) black sheep

over ['over] ADJ overnight ▶ M overnight market

overnight [over'najtʃi] = **over**

óvni ['ɔvni] M (= *objeto voador não identificado*) UFO

ovo ['ovu] M egg; **~ cozido duro** hard-boiled egg; **~ pochê** (BR) *ou* **escalfado** (PT) poached egg; **~ estrelado** *ou* **frito** fried egg; **~s mexidos** scrambled eggs; **~ cozido** *ou* **quente** boiled egg; **~s de granja** free-range eggs; **~ de Páscoa** Easter egg; **estar/ acordar de ~ virado** (*col*) to be/wake up in a bad mood; **pisar em ~s** (*fig*) to tread carefully; **ser um ~** (*apartamento etc*) to be a shoebox

ovulação [ovula'sãw] F ovulation

óvulo ['ɔvulu] M egg, ovum

oxalá [oʃa'la] EXCL let's hope ...; **~ a situação melhore em breve** let's hope the situation improves soon

oxidação [oksida'sãw] F (*Quím*) oxidation; (*ferrugem*) rusting

oxidado, -a [oksi'dadu, a] ADJ rusty; (*Quím*) oxidized

oxidar [oksi'dar] VT to rust; (*Quím*) to oxidize; **oxidar-se** VR to rust, go rusty; to oxidize

óxido ['ɔksidu] M oxide

oxigenado, -a [oksiʒe'nadu, a] ADJ (*cabelo*) bleached; (*Quím*) oxygenated; **água oxigenada** peroxide; **uma loura oxigenada** a peroxide blonde

oxigenar [oksiʒe'nar] VT to oxygenate; (*cabelo*) to bleach

oxigênio [oksi'ʒenju] M oxygen

oxum [o'ʃũ] M *Afro-Brazilian river god*

ozônio [o'zonju] M ozone; **camada de ~** ozone layer

Pp

P, p [pe] (pl **ps**) M P, p; **P de Pedro** P for Peter
P. ABR (= *Praça*) Sq.; (= *Padre*) Fr.
p. ABR (= *página*) p.; (= *parte*) pt; = **por**; **próximo**
p/ ABR = **para**
PA ABR = **Pará** ▶ ABR (*Com: de ações*) = **preferencial, classe A**
pá [pa] F shovel; (*de remo, hélice*) blade; (*de moinho*) sail ▶ M (PT) pal, mate; **pá de lixo** dustpan; **pá mecânica** bulldozer; **uma pá de** lots of; **da pá virada** (*col*) wild
p.a. ABR (= *por ano*) p.a.
paca ['paka] F (*Zool*) paca ▶ ADV (*col*): **'tá quente ~** it's bloody hot (!)
pacatez [paka'teʒ] F (*de pessoa*) quietness; (*de lugar, vida*) peacefulness
pacato, -a [pa'katu, a] ADJ (*pessoa*) quiet; (*lugar*) peaceful
pachorra [pa'ʃoha] F phlegm, impassiveness; **ter a ~ de fazer** to have the gall to do
pachorrento, -a [paʃo'hẽtu, a] ADJ slow, sluggish
paciência [pa'sjẽsja] F patience; (*Cartas*) patience; **ter ~** to be patient; **~!** we'll (*ou* you'll *etc*) just have to put up with it!; **perder a ~** to lose one's patience
paciente [pa'sjẽtʃi] ADJ, M/F patient
pacificação [pasifika'sãw] F pacification
pacificador, a [pasifika'dor(a)] ADJ calming ▶ M/F peacemaker
pacificar [pasifi'kar] VT to pacify, calm (down); **pacificar-se** VR to calm down
pacífico, -a [pa'sifiku, a] ADJ (*pessoa*) peace-loving; (*aceito sem discussão*) undisputed; (*sossegado*) peaceful; **o (Oceano) P~** the Pacific (Ocean); **ponto ~** undisputed point
pacifismo [pasi'fiʒmu] M pacifism
pacifista [pasi'fista] M/F pacifist
paço ['pasu] M palace; (*fig*) court
paçoca [pa'sɔka] F (*doce*) peanut fudge; (*fig: mistura*) jumble, hotchpotch; (*: coisa amassada*) crumpled mess
pacote [pa'kɔtʃi] M packet; (*embrulho*) parcel; (*Econ, Comput, Turismo*) package
pacto ['paktu] M pact; (*ajuste*) agreement; **~ de não agressão** non-aggression treaty; **~ de sangue** blood pact; **P~ de Varsóvia** Warsaw Pact
pactuar [pak'twar] VT to agree on ▶ VI: **~ (com)** to make a pact *ou* an agreement with
padaria [pada'ria] F bakery, baker's (shop)
padecer [pade'ser] VT to suffer; (*suportar*) to put up with, endure ▶ VI: **~ de** to suffer from
padecimento [padesi'mẽtu] M suffering; (*dor*) pain
padeiro [pa'dejru] M baker
padiola [pa'dʒjɔla] F stretcher
padrão [pa'drãw] (*pl* **-ões**) M standard; (*medida*) gauge; (*desenho*) pattern; (*fig: modelo*) model; **~ de vida** standard of living
padrasto [pa'drastu] M stepfather
padre ['padri] M priest; **O Santo P~** the Holy Father
padrinho [pa'driɲu] M (*Rel*) godfather; (*de noivo*) best man; (*patrono*) sponsor; (*paraninfo*) guest of honour
padroeiro, -a [pa'drwejru, a] M/F patron; (*santo*) patron saint
padrões [pa'drõjs] MPL *de* **padrão**
padronização [padroniza'sãw] F standardization
padronizado, -a [padroni'zadu, a] ADJ standardized, standard
padronizar [padroni'zar] VT to standardize
pães [pãjs] MPL *de* **pão**
paetê [pae'te] M sequin
pág. ABR (= *página*) p
paga ['paga] F payment; (*salário*) pay; **em ~ de** in return for
pagã [pa'gã] F *de* **pagão**
pagador, a [paga'dor(a)] ADJ paying ▶ M/F (*quem paga*) payer; (*de salário*) pay clerk; (*de banco*) teller
pagadoria [pagado'ria] F payment office
pagamento [paga'mẽtu] M payment; **~ a prazo** *ou* **em prestações** payment in instal(l)ments; **~ à vista** cash payment; **~ contra entrega** (*Com*) COD, cash on delivery
pagão, -gã [pa'gãw, 'gã] (*pl* **-s/-s**) ADJ, M/F pagan
pagar [pa'gar] VT to pay; (*compras, pecados*) to pay for; (*o que devia*) to pay back; (*retribuir*) to repay ▶ VI to pay; **~ por algo** (*tb fig*) to pay for sth; **~ a prestações** to pay in instal(l)ments; **~ à vista** (BR), **~ a pronto** to pay on the spot, pay at the time of purchase; **~ de contado** (PT)

to pay cash; **a ~** unpaid; **~ caro** (fig) to pay a high price; **~ a pena** to pay the penalty; **~ na mesma moeda** (fig) to give tit for tat; **~ para ver** (fig) to call sb's bluff, demand proof; **você me paga!** you'll pay for this!

página ['paʒina] F page; **~ de rosto** frontispiece, title page; **~ em branco** blank page; **~ (da) web** web page; **~ inicial** home page; **P~s Amarelas** Yellow Pages®

paginação [paʒina'sãw] F pagination

paginar [paʒi'nar] VT to paginate

pago, -a ['pagu, a] PP de **pagar** ▶ ADJ paid; (fig) even ▶ M pay

pagode [pa'gɔdʒi] M pagoda; (fig) fun, high jinks pl; (festa) knees-up

pagto. ABR = **pagamento**

paguei etc [pa'gej] VB ver **pagar**

pai [paj] M father; **pais** MPL parents; **~ adotivo** adoptive father; **~ de família** family man; **~ de santo** voodoo priest; **~ de todos** (col) middle finger; **~ dos burros** (col) dictionary; **um idiota de ~ e mãe** (col) a complete idiot

painel [paj'nɛw] (pl **-éis**) M (numa parede) panel; (quadro) picture; (Auto) dashboard; (de avião) instrument panel; (reunião de especialistas) panel (of experts); **~ de vídeo** video wall; **~ solar** solar panel

paio ['paju] M pork sausage

paiol [pa'jɔw] (pl **-óis**) M storeroom; (celeiro) barn; (de pólvora) powder magazine; **~ de carvão** coal bunker

pairar [paj'rar] VI to hover ▶ VT (embarcação) to lie to

país [pa'jis] M country; (região) land; **~ encantado** fairyland; **~ natal** native land

paisagem [paj'zaʒẽ] (pl **-ns**) F scenery, landscape; (pintura) landscape

paisano, -a [paj'zanu, a] ADJ civilian ▶ M/F (não militar) civilian; (compatriota) fellow countryman; **à paisana** (soldado) in civvies; (policial) in plain clothes

Países Baixos MPL: **os ~** the Netherlands

paixão [paj'ʃãw] (pl **-ões**) F passion

paixonite [pajʃo'nitʃi] (col) F: **~ (aguda)** crush, infatuation

pajé [pa'ʒɛ] M medicine man

pajear [pa'ʒjar] VT (cuidar) to look after; (paparicar) to mollycoddle

pajem ['paʒẽ] (pl **-ns**) M (moço) page

pala ['pala] F (de boné) peak; (em automóvel) sun visor; (de vestido) yoke; (de sapato) strap; (col: dica) tip

palacete [pala'setʃi] M small palace

palácio [pa'lasju] M palace; **~ da justiça** courthouse; **~ real** royal palace

Palácio do Planalto see note

> **Palácio de Planalto** is the seat of the Brazilian government, in Brasília. The name comes from the fact that the Brazilian capital is situated on a plateau. It has come to be a byword for central government.

paladar [pala'dar] M taste; (Anat) palate

paladino [pala'dʒinu] M (medieval, fig) champion

palafita [pala'fita] F (estacaria) stilts pl; (habitação) stilt house

palanque [pa'lãki] M (estrado) stand

palatável [pala'tavew] (pl **-eis**) ADJ palatable

palato [pa'latu] M palate

palavra [pa'lavra] F word; (fala) speech; (promessa) promise; (direito de falar) right to speak; **~!** honestly!; **pessoa de/sem ~** reliable/unreliable person; **em outras ~s** in other words; **em poucas ~s** briefly; **cumprir a/faltar com a ~** to keep/break one's word; **dar a ~ a alguém** to give sb the chance to speak; **não dar uma ~** not to say a word; **dirigir a ~ a** to address; **estar com a ~ na boca** to have the word on the tip of one's tongue; **pedir a ~** to ask permission to speak; **ter ~** (pessoa) to be reliable; **tirar a ~ da boca de alguém** to take the words right out of sb's mouth; **tomar a ~** to take the floor; **a última ~** (tb fig) the last word; **~ de honra** word of honour; **~ de ordem** slogan; **~s cruzadas** crossword (puzzle) sg

palavra-chave (pl **palavras-chave(s)**) F key word

palavrão [pala'vrãw] (pl **-ões**) M (obsceno) swearword

palavreado [pala'vrjadu] M babble, gibberish; (loquacidade) smooth talk

palavrões [pala'vrõjs] MPL de **palavrão**

palco ['pawku] M (Teatro) stage; (fig: local) scene

paleontologia [paljõtolo'ʒia] F palaeontology (BRIT), paleontology (US)

palerma [pa'lɛrma] ADJ silly, stupid ▶ M/F fool

Palestina [pales'tʃina] F: **a ~** Palestine

palestino, -a [pales'tʃinu, a] ADJ, M/F Palestinian

palestra [pa'lɛstra] F (conversa) chat, talk; (conferência) lecture, talk

palestrar [pales'trar] VI to chat, talk

paleta [pa'leta] F palette

paletó [pale'tɔ] M jacket; **abotoar o ~** (col) to kick the bucket

palha ['paʎa] F straw; **chapéu de ~** straw hat; **não mexer** ou **levantar uma ~** (col) not to lift a finger

palhaçada [paʎa'sada] F (ato, dito) joke; (cena) farce

palhaço [pa'ʎasu] M clown

palheiro [pa'ʎejru] M hayloft; (monte de feno) haystack

palheta [pa'ʎeta] F (de veneziana) slat; (de turbina) blade; (de pintor) palette

palhoça [pa'ʎɔsa] F thatched hut

paliar [pa'ljar] VT (disfarçar) to disguise, gloss over; (atenuar) to mitigate, extenuate

paliativo, -a [palja'tʃivu, a] ADJ palliative

paliçada [pali'sada] F fence; (militar) stockade; (para torneio) enclosure

palidez [pali'dez] F paleness
pálido, -a ['palidu, a] ADJ pale
pálio ['palju] M canopy
palitar [pali'tar] VT to pick ▶ VI to pick one's teeth
paliteiro [pali'tejru] M toothpick holder
palito [pa'litu] M stick; (*para os dentes*) toothpick; (*col: pessoa*) beanpole; (: *perna*) pin
palma ['pawma] F (*folha*) palm leaf; (*da mão*) palm; **bater ~s** to clap; **conhecer algo como a ~ da mão** to know sth like the back of one's hand; **trazer alguém nas ~s da mão** (*fig*) to pamper sb
palmada [paw'mada] F slap
palmatória [pawma'tɔrja] F: **~ do mundo** self-righteous person; *ver tb* **mão**
palmeira [paw'mejra] F palm tree
palmilha [paw'miʎa] F inner sole
palmilhar [pawmi'ʎar] VT, VI to walk
palmito [paw'mitu] M palm heart
palmo ['pawmu] M span; **~ a ~** inch by inch; **não enxerga um ~ adiante do nariz** he can't see further than the nose on his face
palpável [paw'pavew] (*pl* -**eis**) ADJ tangible; (*fig*) obvious
pálpebra ['pawpebra] F eyelid
palpitação [pawpita'sãw] (*pl* -**ões**) F beating, throbbing; **palpitações** FPL (*batimentos cardíacos*) palpitations
palpitante [pawpi'tãtʃi] ADJ beating, throbbing; (*fig: emocionante*) thrilling; (: *de interesse atual*) sensational
palpitar [pawpi'tar] VI (*coração*) to beat; (*comover-se*) to shiver; (*dar palpite*) to stick one's oar in
palpite [paw'pitʃi] M (*intuição*) hunch; (*Jogo, Turfe*) tip; (*opinião*) opinion; **dar ~** to give one's two cents' worth, stick one's oar in
palpiteiro, -a [pawpi'tejru, a] ADJ meddling ▶ M/F meddler
palude [pa'ludʒi] M marsh, swamp
paludismo [palu'dʒizmu] M malaria
palustre [pa'lustri] ADJ (*terra*) marshy; (*aves*) marsh-dwelling
pamonha [pa'mɔɲa] ADJ idiotic ▶ M/F nitwit
pampa ['pãpa] F pampas; **às ~s** (+ *n: col*) loads of; (+ *adj, adv*) really
panaca [pa'naka] ADJ stupid ▶ M/F fool
panaceia [pana'seja] F panacea
Panamá [pana'ma] M: **o ~** Panama; **o canal do ~** the Panama Canal
panamenho, -a [pana'meɲu, a] ADJ, M/F Panamanian
pan-americano, -a [pan-] ADJ Pan-American
pança ['pãsa] F belly, paunch
pancada [pã'kada] F (*no corpo*) blow, hit; (*choque*) knock; (*de relógio*) stroke ▶ M/F (*col*) loony ▶ ADJ crazy; **~ d'água** downpour; **dar uma ~ com a cabeça** to bang one's head; **dar ~ em alguém** to hit sb; **levar uma ~** to get hit
pancadaria [pãkada'ria] F (*surra*) beating; (*tumulto*) fight

pâncreas ['pãkrjas] M INV pancreas
pançudo, -a [pã'sudu, a] ADJ fat, potbellied
panda ['pãda] F panda
pandarecos [pãda'rɛkus] MPL: **em ~** in pieces; (*fig: exausto*) worn out; (: *moralmente*) devastated
pândega ['pãdega] F merrymaking, good time
pândego, -a ['pãdegu, a] ADJ (*farrista*) merrymaking; (*engraçado*) jolly ▶ M/F merrymaker; joker
pandeiro [pã'dejru] M tambourine
pandemia [pãde'mia] F pandemic
pandemônio [pãde'monju] M pandemonium
pane ['pani] F breakdown
panegírico [pane'ʒiriku] M panegyric
panejar [pane'ʒar] VI to flap
panela [pa'nɛla] F (*de barro*) pot; (*de metal*) pan; (*de cozinhar*) saucepan; (*no dente*) large cavity, hole; **~ de pressão** pressure cooker
panelinha [pane'liɲa] F clique
panfletar [pãfle'tar] VI to distribute pamphlets
panfleto [pã'fletu] M pamphlet
pangaré [pãga'rɛ] M (*cavalo*) nag
pânico ['paniku] M panic; **em ~** panic-stricken; **entrar em ~** to panic
panificação [panifika'sãw] (*pl* -**ões**) F (*fabricação*) bread-making; (*padaria*) bakery
panificadora [panifika'dora] F baker's
pano ['panu] M cloth; (*Teatro*) curtain; (*largura de tecido*) width; (*vela*) sheet, sail; **~ de chão** floor cloth; **~ de pratos** tea towel; **~ de pó** duster; **~ de fundo** (*tb fig*) backdrop; **a todo o ~** at full speed; **por baixo do ~** (*fig*) under the counter; **dar ~ para mangas** (*fig*) to give food for thought; **pôr ~s quentes em algo** (*fig*) to dampen sth down
panorama [pano'rama] M (*vista*) view; (*fig: observação*) survey
panorâmica [pano'ramika] F (*exposição*) survey
panorâmico, -a [pano'ramiku, a] ADJ panoramic
panqueca [pã'kɛka] F pancake
pantalonas [pãta'lɔnas] FPL baggy trousers
pantanal [pãta'naw] (*pl* -**ais**) M swampland
pântano ['pãtanu] M marsh, swamp
pantanoso, -a [pãta'nozu, ɔza] ADJ marshy, swampy
panteão [pã'tjãw] (*pl* -**ões**) M pantheon
pantera [pã'tera] F panther
pantomima [pãto'mima] F pantomime
pantufa [pã'tufa] F slipper
pão [pãw] (*pl* **pães**) M bread; **o P~ de Açúcar** (*no Rio*) Sugarloaf Mountain; **~ árabe** pitta (BRIT) *ou* pita (US) bread; **~ de carne** meat loaf; **~ de centeio** rye bread; **~ de fôrma** sliced loaf; **~ caseiro** home-made bread; **~ de ló** sponge cake; **~ francês** French bread; **~ integral** wholemeal (BRIT) *ou* wholewheat (US) bread; **~ preto** black bread; **~ torrado** toast; **ganhar o ~** to earn

a living; **~ dormido** day-old bread; **dizer ~, ~, queijo, queijo** (col) to call a spade a spade, pull no punches; **comer o ~ que o diabo amassou** (fig) to have it tough; **tirar o ~ da boca de alguém** (fig) to take the food out of sb's mouth

pão-durismo [-du'rizmu] (col) M meanness, stinginess

pão-duro (pl **pães-duros**) (col) ADJ mean, stingy ▶ M/F miser

pãozinho [pãw'ziɲu] M roll

papa ['papa] M Pope; (fig) spiritual leader ▶ F mush, pap; (mingau) porridge; **não ter ~s na língua** to be outspoken, not to mince one's words

papada [pa'pada] F double chin

papagaiada [papagaj'ada] (col) F showing off

papagaio [papa'gaju] M parrot; (pipa) kite; (Com) accommodation bill; (Auto) provisional licence (BRIT), student driver's license (US) ▶ EXCL (col) heavens!

papai [pa'paj] M dad, daddy; **P~ Noel** Santa Claus, Father Christmas; **o ~ aqui** (col) yours truly

papal [pa'paw] (pl **-ais**) ADJ papal

papa-moscas F INV (Bio) flycatcher

papar [pa'par] (col) VT (comer) to eat; (extorquir): **~ algo a alguém** to get sth out of sb ▶ VI to eat

paparicar [papari'kar] VT to pamper

paparicos [papa'rikus] MPL (mimos) pampering sg

papear [pa'pjar] VI to chat

papel [pa'pɛw] (pl **-éis**) M paper; (Teatro) part; (função) role; **fazer o ~ de** to play the part of; **fazer ~ de idiota** etc to play the fool etc; **~ aéreo** airmail paper; **~ de embrulho** wrapping paper; **~ de escrever/de alumínio** writing paper/tinfoil; **~ de parede** wallpaper; **~ de seda/transparente** tissue paper/tracing paper; **~ filme** Clingfilm® (BRIT), Saran Wrap® (US); **~ higiênico** toilet paper; **~ laminado** ou **lustroso** coated paper; **~ ofício** foolscap; **~ pardo** brown paper; **~ timbrado** headed paper; **~ usado** waste paper; **~ yes**® tissue, kleenex®; **ficar no ~** (fig) to stay on the drawing board; **pôr no ~** to put down on paper ou in writing; **de ~ passado** officially

papelada [pape'lada] F pile of papers; (burocracia) paperwork, red tape

papelão [pape'lãw] M cardboard; (fig) fiasco; **fazer um ~** to make a fool of o.s.

papelaria [papela'ria] F stationer's (shop)

papel-carbono M carbon paper

papeleta [pape'leta] F (cartaz) notice; (papel avulso) piece of paper; (Med) chart

papel-moeda (pl **papéis-moeda(s)**) M paper money, banknotes pl

papel-pergaminho M parchment

papelzinho [papew'ziɲu] M scrap of paper

papinha [pa'piɲa] F: **~ de bebê** baby food

papiro [pa'piru] M papyrus

papo ['papu] M (de ave) crop; (col: de pessoa) double chin; (: conversa) chat; (: papo furado) hot air; **ele é um bom ~** (col) he's a good talker; **bater** ou **levar um ~** (col) to have a chat; **bater ~** (col) to chat (also Internet); **ficar de ~ para o ar** (fig) to laze around; **~ firme** (col: verdade) gospel (truth); (: pessoa) straight talker; **~ de anjo** sweet made of egg yolks

papo-firme (pl **papos-firmes**) (col) ADJ reliable ▶ M/F reliable sort

papo-furado (pl **papos-furados**) (col) ADJ unreliable ▶ M/F: **ele é um ~** he never comes up with the goods

papoula [pa'pola] F poppy

páprica ['paprika] F paprika

Papua Nova Guiné [pa'pua-] F Papua New Guinea

papudo, -a [pa'pudu, a] ADJ fat in the face, double-chinned

paqueração [pakera'sãw] (pl **-ões**) (col) F pick-up

paquerador, a [pakera'dor(a)] (col) ADJ flirtatious ▶ M/F flirt

paquerar [pake'rar] (col) VI to flirt ▶ VT to chat up

paquete [pa'ketʃi] M steamship

paquistanês, -esa [pakista'nes, eza] ADJ, M/F Pakistani

Paquistão [pakis'tãw] M: **o ~** Pakistan

par [par] ADJ (igual) equal; (número) even ▶ M pair; (casal) couple; (pessoa na dança) partner; **~ a** side by side, level; **ao ~** (Com) at par; **sem ~** incomparable; **abaixo de ~** (Com, Golfe) below par; **estar/ficar a ~ de algo** to be/get up to date with sth

para ['para] PREP for; (direção) to, towards; **bom ~ comer** good to eat; **~ não ser ouvido** so as not to be heard; **~ que** so that, in order that; **~ quê?** what for?, why?; **ir ~ São Paulo** to go to São Paulo; **ir ~ casa** to go home; **~ com** (atitude) towards; **de lá ~ cá** since then; **~ a semana** next week; **estar ~** to be about to; **é ~ nós ficarmos aqui?** should we stay here?

parabenizar [parabeni'zar] VT: **~ alguém por algo** to congratulate sb on sth

parabéns [para'bẽjs] MPL congratulations; (no aniversário) happy birthday; **dar ~ a** to congratulate; **você está de ~** you are to be congratulated

parábola [pa'rabola] F parable; (Mat) parabola

para-brisa ['para-] (pl **-s**) M windscreen (BRIT), windshield (US)

para-choque ['para-] (pl **-s**) M (Auto) bumper

parada [pa'rada] F stop; (Com) stoppage; (militar, colegial) parade; (col: coisa difícil) ordeal; **ser uma ~** (col: pessoa: difícil) to be awkward; (: ser bonito) to be gorgeous; **aguentar a ~** (col) to stick it out; **topar a ~** (col) to accept the challenge; **topar qualquer ~** (col) to be game for anything; **~ cardíaca** heart failure

paradeiro [para'dejru] M whereabouts

paradigma [para'dʒigma] M paradigm
paradisíaco, -a [paradʒi'ʒiaku, a] ADJ *(fig)* idyllic
parado, -a [pa'radu, a] ADJ *(pessoa: imóvel)* standing still; *(: sem vida)* lifeless; *(carro)* stationary; *(máquina)* out of action; *(olhar)* fixed; *(trabalhador, fábrica)* idle; **fiquei ~ uma hora no ponto de ônibus** I stood for an hour at the bus stop; **não fique aí ~!** don't just stand there!
paradoxal [paradok'saw] *(pl* -**ais**) ADJ paradoxical
paradoxo [para'dɔksu] M paradox
paraense [para'ẽsi] ADJ from Pará ▶ M/F person from Pará
parafernália [parafer'nalja] F *(de uso pessoal)* personal items *pl*; *(equipamento)* equipment; *(tralha)* paraphernalia
parafina [para'fina] F paraffin
paráfrase [pa'rafrazi] F paraphrase
parafrasear [parafra'zjar] VT to paraphrase
parafusar [parafu'zar] VT to screw in ▶ VI *(meditar)* to ponder
parafuso [para'fuzu] M screw; **entrar em ~** *(col)* to get into a state; **ter um ~ de menos** *(col)* to have a screw loose
paragem [pa'raʒẽ] *(pl* -**ns**) F (PT) stop; **paragens** FPL *(lugares)* parts; **~ de elétrico** (PT) tram (BRIT) *ou* streetcar (US) stop
parágrafo [pa'ragrafu] M paragraph
Paraguai [para'gwaj] M: **o ~** Paraguay
paraguaio, -a [para'gwaju, a] ADJ, M/F Paraguayan
paraíba [paraj'iba] *(col)* M *(operário)* labourer (BRIT), laborer (US) ▶ F *(mulher macho)* butch woman
paraibano, -a [paraj'banu, a] ADJ from Paraíba ▶ M/F person from Paraíba
paraíso [para'izu] M paradise
para-lama ['para-] *(pl* -**s**) M wing (BRIT), fender (US); *(de bicicleta)* mudguard
paralela [para'lɛla] F parallel line; **paralelas** FPL *(Esporte)* parallel bars
paralelamente [paralela'mẽtʃi] ADV in parallel; *(ao mesmo tempo)* at the same time
paralelepípedo [paralele'pipedu] M cobblestone
paralelo, -a [para'lɛlu, a] ADJ *(tb Comput)* parallel ▶ M *(Geo, comparação)* parallel
paralímpico, -a [para'lipiku, a] ADJ Paralympic
paralisação [paraliza'sãw] *(pl* -**ões**) F *(suspensão)* stoppage
paralisar [parali'zar] VT to paralyse; *(trabalho)* to bring to a standstill; **paralisar-se** VR to become paralysed; *(fig)* to come to a standstill
paralisia [parali'zia] F paralysis
paralítico, -a [para'litʃiku, a] ADJ, M/F paralytic
paramédico, -a [para'mɛdʒiku, a] ADJ paramedical
paramentado, -a [paramẽ'tadu, a] ADJ smart
paramento [para'mẽtu] M *(adorno)* ornament; **paramentos** MPL *(vestes)* vestments; *(de igreja)* hangings

parâmetro [pa'rametru] M parameter
paramilitar [paramili'tar] ADJ paramilitary
paranaense [parana'ẽsi] ADJ from Paraná ▶ M/F person from Paraná
paraninfo [para'nĩfu] M patron; *(pessoa homenageada)* guest of honour (BRIT) *ou* honor (US)
paranoia [para'nɔja] F paranoia
paranoico, -a [para'nɔjku, a] ADJ, M/F paranoid
paranormal [paranor'maw] *(pl* -**ais**) ADJ paranormal
parapeito [para'pejtu] M *(muro)* wall, parapet; *(da janela)* windowsill
parapente [para'pẽtʃi] M *(Esporte)* paragliding; *(equipamento)* paraglider
paraplégico, -a [para'plɛʒiku, a] ADJ, M/F paraplegic
paraquedas [para'kɛdas] M INV parachute; **saltar de ~** to parachute
paraquedismo [parake'dʒizmu] M parachuting, sky-diving
paraquedista [parake'dʒista] M/F parachutist ▶ M *(Mil)* paratrooper
parar [pa'rar] VI to stop; *(ficar)* to stay ▶ VT to stop; **fazer ~** *(deter)* to stop; **~ na cadeia** to end up in jail; **~ de fazer** to stop doing
para-raios ['para-] M INV lightning conductor
parasita [para'zita] ADJ parasitic ▶ M parasite
parasitar [parazi'tar] VI to sponge ▶ VT: **~ alguém** to sponge off sb
parasito [para'zitu] M parasite
parceiro, -a [par'sejru, a] ADJ matching ▶ M/F partner
parcela [par'sɛla] F piece, bit; *(de pagamento)* instalment (BRIT), installment (US); *(de terra)* plot; *(do eleitorado etc)* section; *(Mat)* item
parcelado, -a [parse'ladu, a] ADJ *(pagamento)* in instalments (BRIT) *ou* installments (US)
parcelar [parse'lar] VT *(pagamento, dívida)* to schedule in instalments (BRIT) *ou* installments (US)
parceria [parse'ria] F partnership
parcial [par'sjaw] ADJ *(incompleto)* partial; *(feito por partes)* in parts; *(pessoa)* biased; *(Pol)* partisan
parcialidade [parsjali'dadʒi] F bias, partiality; *(Pol)* partisans *pl*
parcimonioso, -a [parsimo'njozu, ɔza] ADJ parsimonious
parco, -a ['parku, a] ADJ *(escasso)* scanty; *(econômico)* thrifty; *(refeição)* frugal
pardal [par'daw] *(pl* -**ais**) M sparrow
pardieiro [par'dʒjejru] M ruin, heap
pardo, -a ['pardu, a] ADJ *(cinzento)* grey (BRIT), gray (US); *(castanho)* brown
parecença [pare'sẽsa] F resemblance
parecer [pare'ser] M *(opinião)* opinion ▶ VI *(ter a aparência de)* to look, seem; **parecer-se** VR to look alike, resemble each other; **~ de auditoria** *(Com)* auditors' report; **~-se com alguém** to look like sb; **~ alguém/algo** to look like sb/sth; **ao que parece** apparently;

parece-me que I think that, it seems to me that; **que lhe parece?** what do you think?; **parece que** (*pelo visto*) it looks as if; (*segundo dizem*) apparently

parecido, -a [pare'sidu, a] ADJ alike, similar; **~ com** like

paredão [pare'dãw] (*pl* **-ões**) M (*de serra*) face

parede [pa'redʒi] F wall; **imprensar** *ou* **pôr alguém contra a ~** to put sb on the spot, buttonhole sb; **~ divisória** partition wall

paredões [pare'dõjs] MPL *de* **paredão**

parelha [pa'reʎa] F (*de cavalos*) team; (*par*) pair

parente [pa'rẽtʃi] M/F relative, relation; **ser ~ de alguém** to be related to sb

parentela [parẽ'tɛla] F relations *pl*

parentesco [parẽ'tesku] M relationship; (*fig*) connection

parêntese [pa'rẽtezi] M parenthesis; (*na escrita*) bracket; (*fig: digressão*) digression

páreo ['parju] M race; (*fig*) competition; **ser um ~ duro** to be a hard nut to crack

pareô [pa'rjo] M beach wrap

pária ['parja] M pariah

paridade [pari'dadʒi] F (*igualdade*) equality; (*de câmbio, remuneração*) parity; **abaixo/acima da ~** below/above par

parir [pa'rir] VT to give birth to ▶ VI to give birth; (*mulher*) to have a baby

Paris [pa'ris] N Paris

parisiense [pari'zjẽsi] ADJ, M/F Parisian

parlamentar [parlamẽ'tar] ADJ parliamentary ▶ M/F member of parliament, MP ▶ VI to parley

parlamentarismo [parlamẽta'rizmu] M parliamentary democracy

parlamentarista [parlamẽta'rista] ADJ in favo(u)r of parliamentary democracy ▶ M/F supporter of the parliamentary system

parlamento [parla'mẽtu] M parliament

parmesão [parme'zãw] ADJ: **(queijo) ~** Parmesan (cheese)

pároco ['paroku] M parish priest

paródia [pa'rɔdʒja] F parody

parodiar [paro'dʒjar] VT (*fazer paródia de*) to parody; (*imitar*) to mimic, copy

paróquia [pa'rɔkja] F (*Rel*) parish; (*col: localidade*) neighbourhood (BRIT), neighborhood (US)

paroquial [paro'kjaw] (*pl* **-ais**) ADJ parochial

paroquiano, -a [paro'kjanu, a] M/F parishioner

paroxismo [parok'sizmu] M fit, attack; **paroxismos** MPL (*de moribundo*) death throes

parque ['parki] M park; **~ industrial** industrial estate; **~ infantil** children's playground; **~ nacional** national park; **~ de diversões** amusement park

parqueamento [parkja'mẽtu] M parking

parquear [par'kjar] VT to park

parreira [pa'hejra] F trellised vine

parrudo, -a [pa'hudu, a] ADJ muscular, well-built

part. ABR (= *particular*) priv.

parte ['partʃi] F part; (*quinhão*) share; (*lado*) side; (*ponto*) point; (*Jur*) party; (*papel*) role; **~ interna** inside; **a maior ~ de** most of; **a maior ~ das vezes** most of the time; **à ~** aside; (*separado*) separate; (*separadamente*) separately; (*além de*) apart from; **da ~ de alguém** on sb's part; **de ~ a ~** each other; **em ~** in part, partly; **em grande ~** to a great extent; **em alguma/qualquer ~** somewhere/anywhere; **em ~ alguma** nowhere; **por toda (a) ~** everywhere; **por ~s** in parts; **por ~ da mãe** on one's mother's side; **pôr de ~** to set aside; **tomar ~ em** to take part in; **dar ~ de alguém à polícia** to report sb to the police; **fazer ~ de algo** to be part of sth; **mandar alguém àquela ~ (!)** to tell sb to go to hell

parteira [par'tejra] F midwife

partição [partʃi'sãw] F division; (*Pol*) partition

participação [partʃisipa'sãw] F participation; (*Com*) stake, share; (*comunicação*) announcement, notification

participante [partʃisi'pãtʃi] M/F participant ▶ ADJ participating

participar [partʃisi'par] VT to announce, notify of ▶ VI: **~ de** *ou* **em** (*tomar parte*) to participate in, take part in; (*compartilhar*) to share in

particípio [partʃi'sipju] M participle

partícula [par'tʃikula] F particle

particular [partʃiku'lar] ADJ (*especial*) particular, special; (*privativo, pessoal*) private ▶ M particular; (*indivíduo*) individual; **particulares** MPL (*pormenores*) details; **em ~** in private

particularidade [partʃikulari'dadʒi] F peculiarity

particularizar [partʃikulari'zar] VT (*especificar*) to specify; (*detalhar*) to give details of; **particularizar-se** VR to distinguish o.s.

particularmente [partʃikular'mẽtʃi] ADV privately; (*especialmente*) particularly

partida [par'tʃida] F (*saída*) departure; (*Esporte*) game, match; (*Com: quantidade*) lot; (*: remessa*) shipment; (*em corrida*) start; **dar ~ em** to start; **perder a ~** to lose

partidário, -a [partʃi'darju, a] ADJ supporting ▶ M/F supporter, follower

partido, -a [par'tʃidu, a] ADJ (*dividido*) divided; (*quebrado*) broken ▶ M (*Pol*) party; (*em jogo*) handicap; **tirar ~ de** to profit from; **tomar o ~ de** to side with

partilha [par'tʃiʎa] F share; **~ de ficheiros** file sharing

partilhar [partʃi'ʎar] VT to share; (*distribuir*) to share out

partir [par'tʃir] VT (*quebrar*) to break; (*dividir*) to split ▶ VI (*pôr-se a caminho*) to set off, set out; (*ir-se embora*) to leave, depart; **partir-se** VR (*quebrar-se*) to break; **~ de** (*começar, tomar por base*) to start from; (*originar*) to arise from; **a ~ de** (starting) from; **a ~ de agora** from

now on, starting from now; **~ ao meio** to split down the middle; **eu parto do princípio que ...** I am working on the principle that ...; **~ para** (col: *recorrer a*) to resort to; **~ para outra** (col) to move on
partitura [partʃi'tura] F score
parto ['partu] M (child)birth; **estar em trabalho de ~** to be in labour (BRIT) *ou* labor (US); **~ induzido** induced labo(u)r; **~ prematuro** premature birth
parturiente [partu'rjētʃi] F woman about to give birth
parvo, -a ['parvu, a] ADJ stupid, silly ▶ M/F fool, idiot
parvoíce [par'vwisi] F silliness, stupidity
Pasart [pa'zartʃi] (BR) ABR M = **Partido Socialista Agrário e Renovador Trabalhista**
Páscoa ['paskwa] F Easter; (*dos judeus*) Passover; **a ilha da ~** Easter Island
Pasep [pa'zɛpi] (BR) ABR M = **Programa de Formação do Patrimônio do Servidor Público**
pasmaceira [pazma'sejra] F (*apatia*) indolence
pasmado, -a [paz'madu, a] ADJ amazed, astonished
pasmar [paz'mar] VT to amaze, astonish; **pasmar-se** VR: **~-se com** to be amazed at
pasmo, -a ['pazmu, a] ADJ astonished ▶ M amazement
paspalhão, -lhona [paspa'ʎãw, 'ʎɔna] (pl **-ões/-s**) ADJ stupid ▶ M/F fool
paspalho [pas'paʎu] M simpleton
paspalhões [paspa'ʎõjs] MPL *de* **paspalhão**
paspalhona [paspa'ʎɔna] F *de* **paspalhão**
pasquim [pas'kĩ] (pl **-ns**) M (*jornal*) satirical newspaper
passa ['pasa] F raisin
passada [pa'sada] F (*passo*) step; **dar uma ~ em** to call in at
passadeira [pasa'dejra] F (*tapete*) stair carpet; (*mulher*) ironing lady; (PT: *para peões*) zebra crossing (BRIT), crosswalk (US)
passadiço, -a [pasa'dʒisu, a] ADJ passing ▶ M walkway; (*Náut*) bridge
passado, -a [pa'sadu, a] ADJ (*decorrido*) past; (*antiquado*) old-fashioned; (*fruta*) bad; (*peixe*) off ▶ M past; **o ano ~** last year; **bem ~** (*carne*) well done; **ficar ~** (*encabulado*) to be very embarrassed
passageiro, -a [pasa'ʒejru, a] ADJ (*transitório*) passing ▶ M/F passenger
passagem [pa'saʒē] (pl **-ns**) F passage; (*preço de condução*) fare; (*bilhete*) ticket; **~ de ida e volta** return ticket, round trip ticket (US); **~ de nível** level (BRIT) *ou* grade (US) crossing; **~ de pedestres** pedestrian crossing (BRIT), crosswalk (US); **~ subterrânea** underpass, subway (BRIT); **de ~** in passing; **estar de ~** to be passing through
passamanaria [pasamana'ria] F trimming
passamento [pasa'mētu] M (*morte*) passing
passaporte [pasa'pɔrtʃi] M passport

passar [pa'sar] VT to pass; (*ponte, rio*) to cross; (*exceder*) to go beyond, exceed; (*coar: farinha*) to sieve; (: *líquido*) to strain; (: *café*) to percolate; (*a ferro*) to iron; (*tarefa*) to set; (*telegrama*) to send; (*o tempo*) to spend; (*Comput*) to swipe; (*bife*) to cook; (*a outra pessoa*) to pass on; (*pomada*) to put on; (*contrabandear*) to smuggle ▶ VI to pass; (*na rua*) to go past; (*tempo*) to go by; (*dor*) to wear off; (*terminar*) to be over; (*ser razoável*) to pass, be passable; (*mudar*) to change; **passar-se** VR (*acontecer*) to go on, happen; (*desertar*) to go over; (*tempo*) to go by; **~ bem** (*de saúde*) to be well; **como está passando?** how are you?; **~ a** (*questão*) to move on to; (*suj: propriedade*) to pass to; **~ a fazer** to start to do; **~ a ser** to become; **passava das dez horas** it was past ten o' clock; **ele passa dos 50 anos** he's over 50; **não ~ de** to be nothing more than; **~ na frente** to go ahead; **~ alguém para trás** to con sb; (*cônjuge*) to cheat on sb; **~ pela casa de** to call in on; **~ pela cabeça de** to occur to; **~ por algo** (*sofrer*) to go through sth; (*transitar: estrada*) to go along sth; (*ser considerado como*) to be thought of as sth; **~ por cima de algo** to overlook sth; **~ algo por algo** to put *ou* pass sth through sth; **~ sem** to do without
passarela [pasa'rɛla] F footbridge; (*para modelos*) catwalk
pássaro ['pasaru] M bird
passatempo [pasa'tēpu] M pastime; **como ~** for fun
passável [pa'savew] (pl **-eis**) ADJ passable
passe ['pasi] M (*licença*) pass; (*Futebol: ato*) pass; (: *contrato*) contract; **~ de mágica** sleight of hand
passear [pa'sjar] VT to take for a walk ▶ VI (*a pé*) to go for a walk; (*sair*) to go out; **~ a cavalo/de carro** to go for a ride/a drive; **não moro aqui, estou passeando** I don't live here, I'm on holiday (BRIT) *ou* vacation (US); **mandar alguém ~** (col) to send sb packing
passeata [pa'sjata] F (*marcha coletiva*) protest march; (*passeio*) stroll
passeio [pa'seju] M walk; (*de carro*) drive, ride; (*excursão*) outing; (*calçada*) pavement (BRIT), sidewalk (US); **dar um ~** to go for a walk; (*de carro*) to go for a drive *ou* ride; **~ público** promenade
passional [pasjo'naw] (pl **-ais**) ADJ passionate; **crime ~** crime of passion
passista [pa'sista] M/F dancer (*in carnival parade*)
passível [pa'sivew] (pl **-eis**) ADJ: **~ de** (*dor etc*) susceptible to; (*pena, multa*) subject to
passividade [pasivi'dadʒi] F passivity
passivo, -a [pa'sivu, a] ADJ passive ▶ M (*Com*) liabilities *pl*
passo ['pasu] M step; (*medida*) pace; (*modo de andar*) walk; (*ruído dos passos*) footstep; (*sinal de pé*) footprint; **~ a ~** one step at a time; **a cada ~** constantly; **a um ~ de** (*fig*) on the verge of; **a dois ~s de** (*perto de*) a stone's

throw away from; **ao ~ que** while; **apertar o ~** to hurry up; **ceder o ~ a** to give way to; **dar um ~** to take a step; **dar um mau ~** to slip up; **marcar ~** (fig) to mark time; **seguir os ~s de alguém** (fig) to follow in sb's footsteps; **~ de cágado** snail's pace
pasta ['pasta] F paste; (de couro) briefcase; (de cartolina) folder; (de ministro) portfolio; **~ dentifrícia** ou **de dentes** toothpaste; **~ de galinha** chicken pâté
pastagem [pas'taʒē] (pl **-ns**) F pasture
pastar [pas'tar] VT to graze on ▶ VI to graze
pastel [pas'tɛw] (pl **-éis**) ADJ INV (cor) pastel ▶ M samosa; (desenho) pastel drawing
pastelão [paste'lāw] M (comédia) slapstick
pastelaria [pastela'ria] F (loja) cake shop; (comida) pastry
pasteurizado, -a [pastewri'zadu, a] ADJ pasteurized
pastiche [pas'tʃiʃi] M pastiche
pastilha [pas'tʃiʎa] F (Med) tablet; (doce) pastille
pastio [pas'tʃiu] M pasture; (ato) grazing
pasto ['pastu] M (erva) grass; (terreno) pasture; **casa de ~** (PT) cheap restaurant, diner
pastor, a [pas'tor(a)] M/F shepherd(ess) ▶ M (Rel) clergyman, pastor
pastoral [pasto'raw] (pl **-ais**) ADJ pastoral
pastorear [pasto'rjar] VT (gado) to watch over
pastoril [pasto'riw] (pl **-is**) ADJ pastoral
pastoso, -a [pas'tozu, ɔza] ADJ pasty
pata ['pata] F (pé de animal) foot, paw; (ave) duck; (col: pé) foot; **meter a ~** to put one's foot in it
pata-choca (pl **patas-chocas**) F lump
patada [pa'tada] F kick; **dar uma ~** to kick; (fig: col) to behave rudely; **levar uma ~** (fig) to be treated rudely
Patagônia [pata'gonja] F: **a ~** Patagonia
patamar [pata'mar] M (de escada) landing; (fig) level
patavina [pata'vina] PRON nothing, (not) anything
patê [pa'te] M pâté
patente [pa'tētʃi] ADJ obvious, evident ▶ F (Com) patent; (Mil: título) commission; **altas ~s** high-ranking officers
patentear [patē'tʃjar] VT to show, reveal; (Com) to patent; **patentear-se** VR to be shown, be evident
paternal [pater'naw] (pl **-ais**) ADJ paternal, fatherly
paternalista [paterna'lista] ADJ paternalistic
paternidade [paterni'dadʒi] F paternity
paterno, -a [pa'tɛrnu, a] ADJ paternal, fatherly; **casa paterna** family home
pateta [pa'tɛta] ADJ stupid, daft ▶ M/F idiot
patetice [pate'tʃisi] F stupidity; (ato, dito) daft thing
patético, -a [pa'tɛtʃiku, a] ADJ pathetic, moving
patíbulo [pa'tʃibulu] M gallows sg

patifaria [patʃifa'ria] F roguishness; (ato) nasty thing
patife [pa'tʃifi] M scoundrel, rogue
patim [pa'tʃī] (pl **-ns**) M skate; **~ de rodas** roller skate; **patins em linha** Rollerblades®
patinação [patʃina'sāw] (pl **-ões**) F skating; (lugar) skating rink
patinador, a [patʃinador(a)] M/F skater
patinar [patʃi'nar] VI to skate; (Auto: derrapar) to skid
patinete [patʃi'nɛtʃi] F skateboard
patinhar [patʃi'nar] VI (como um pato) to dabble; (em lama) to splash about, slosh
patinho [pa'tʃinu] M duckling; (carne) leg of beef; (urinol) bedpan; **cair como um ~** to be taken in
patins [pa'tʃīs] MPL de **patim**
pátio ['patʃju] M (de uma casa) patio, backyard; (espaço cercado de edifícios) courtyard; (tb: **pátio de recreio**) playground; (Mil) parade ground
pato ['patu] M duck; (macho) drake; (col: otário) sucker; **pagar o ~** (col) to carry the can
patologia [patolo'ʒia] F pathology
patológico, -a [pato'lɔʒiku, a] ADJ pathological
patologista [patolo'ʒista] M/F pathologist
patota [pa'tɔta] (col) F gang
patrão [pa'trāw] (pl **-ões**) M (Com) boss; (dono de casa) master; (proprietário) landlord; (Náut) skipper; (col: tratamento) sir
pátria ['patrja] F homeland; **lutar pela ~** to fight for one's country; **salvar a ~** (fig) to save the day
patriarca [pa'trjarka] M patriarch
patriarcal [patrjar'kaw] (pl **-ais**) ADJ patriarchal
patrício, -a [pa'trisju, a] ADJ, M/F patrician
patrimonial [patrimo'njaw] (pl **-ais**) ADJ (bens) family atr; (imposto) wealth atr
patrimônio [patri'monju] M (herança) inheritance; (fig) heritage; (bens) property; **~ líquido** equity
patriota [pa'trjɔta] M/F patriot
patriótico, -a [pa'trjɔtʃiku, a] ADJ patriotic
patriotismo [patrjo'tʃizmu] M patriotism
patroa [pa'troa] F (mulher do patrão) boss's wife; (dona de casa) lady of the house; (proprietária) landlady; (col: esposa) missus, wife; (: tratamento) madam
patrocinador, a [patrosina'dor(a)] ADJ sponsoring ▶ M/F sponsor, backer
patrocinar [patrosi'nar] VT to sponsor; (proteger) to support
patrocínio [patro'sinju] M sponsorship, backing; (proteção) support
patrões [pa'trōjs] MPL de **patrão**
patrono [pa'tronu] M patron; (advogado) counsel
patrulha [pa'truʎa] F patrol
patrulhar [patru'ʎar] VT, VI to patrol
pau [paw] M (madeira) wood; (vara) stick; (col: briga) punch-up; (: real) real; (!: pênis)

697 | pau-d'água – pé

cock (!); **paus** MPL (Cartas) clubs; **~ a ~** neck and neck; **a meio ~** (bandeira) at half-mast; **o ~ comeu** (col) all hell broke loose; **estar/ficar ~ da vida** (col) to be/get mad; **ir ao** ou **levar ~** (BR: em exame) to fail; **meter o ~ em alguém** (col: espancar) to beat sb up; (: criticar) to run sb down; **mostrar a alguém com quantos ~s se faz uma canoa** (fig) to teach sb a lesson; **ser ~** (col: maçante) to be a drag; **ser ~ para toda obra** to be a jack of all trades; **comida a dar com um ~** tons of food; **~ a pique** wattle and daub; **~ de arara** (BR: caminhão) open truck; **~ de bandeira** flagpole; **~ de cabeleira** chaperon; **~ de selfie** (BR) selfie stick

pau-d'água (pl **paus-d'água**) M drunkard
paulada [paw'lada] F blow (with a stick)
paulatinamente [pawlatʃina'metʃi] ADV gradually
paulatino, -a [pawla'tʃinu, a] ADJ slow, gradual
Pauliceia [pawli'sɛja] F: **a ~** São Paulo
paulificante [pawlifi'kãtʃi] ADJ annoying
paulificar [pawlifi'kar] VT to annoy, bother
paulista [paw'lista] ADJ (the state of) São Paulo ▶ M/F person from São Paulo
paulistano, -a [pawliʃi'tanu, a] ADJ from (the city of) São Paulo ▶ M/F person from São Paulo
pau-mandado (pl **paus-mandados**) M yes man
paupérrimo, -a [paw'pɛhimu, a] ADJ poverty-stricken
pausa ['pawza] F pause; (intervalo) break; (descanso) rest
pausado, -a [paw'zadu, a] ADJ (lento) slow; (sem pressa) leisurely; (cadenciado) measured ▶ ADV (falar) in measured tones
pauta ['pawta] F (linha) (guide)line; (Mús) stave; (lista) list; (folha) ruled paper; (de programa de TV) line-up; (ordem do dia) agenda; (indicações) guidelines pl; **sem ~** (papel) plain; **em ~** on the agenda
pautado, -a [paw'tadu, a] ADJ (papel) ruled
pautar [paw'tar] VT (papel) to rule; (assuntos) to put in order, list; (conduta) to regulate
pauzinho [paw'ziɲu] M: **mexer os ~s** to pull strings
pavão, -voa [pa'vãw, 'voa] (pl **-ões/-s**) M/F peacock/peahen
pavê [pa've] M (Culin) cream cake
pavilhão [pavi'ʎãw] (pl **-ões**) M (tenda) tent; (de madeira) hut; (no jardim) summerhouse; (em exposição) pavilion; (bandeira) flag; **~ de isolamento** isolation ward
pavimentação [pavimēta'sãw] F (da rua) paving; (piso) flooring
pavimentar [pavimē'tar] VT to pave
pavimento [pavi'mētu] M (chão, andar) floor; (da rua) road surface
pavio [pa'viu] M wick
pavoa [pa'voa] F de **pavão**
pavões [pa'võjs] MPL de **pavão**

pavonear [pavo'njar] VT (ostentar) to show off ▶ VI (caminhar) to strut; **pavonear-se** VR to show off
pavor [pa'vor] M dread, terror; **ter ~ de** to be terrified of
pavoroso, -a [pavo'rozu, ɔza] ADJ dreadful, terrible
paywall ['pejwɔ] M (Comput) paywall
paz [pajz] F peace; **fazer as ~es** to make up, be friends again; **estar em ~** to be at peace; **deixar alguém em ~** to leave sb alone; **ser de boa ~** to be easy-going
PB ABR F = **Paraíba** ▶ ABR (Com: de ações) = **preferencial, classe B**
PC ABR M (= Partido Comunista) PC
Pça. ABR (= Praça) Sq.
PCB ABR M = **Partido Comunista Brasileiro**
PCBR ABR M = **Partido Comunista Brasileiro Revolucionário**
PCC ABR M = **Partido Comunista Chinês**
PC do B ABR M = **Partido Comunista do Brasil**
PCN (BR) ABR M = **Partido Comunitário Nacional**
PCUS ABR M = **Partido Comunista da União Soviética**
PDC (BR) ABR M = **Partido Démocrata-Cristão**
PDI (BR) ABR M = **Partido Democrático Independente**
PDS (BR) ABR M = **Partido Democrático Social**
PDT (BR) ABR M = **Partido Democrático Trabalhista**
PE ABR M = **Pernambuco**
pé [pɛ] M foot; (da mesa) leg; (fig: base) footing; (de alface) head; (de milho, café) plant; **ir a pé** to walk, go on foot; **ao pé de** near, by; **ao pé da letra** literally; **ao pé do ouvido** in secret; **pé ante pé** on tip-toe; **com um pé nas costas** (com facilidade) standing on one's head; **estar de pé** (festa etc) to be on; **estar de pé no chão** to be barefoot; **em pé de pé** standing (up); **em pé de guerra/igualdade** on a war/an equal footing; **dar no pé** (BR: col) to run away, take off; **pôr-se em pé, ficar de pé** to stand up; **arredar pé** to move; **bater o pé** (fig) to dig one's heels in; **não chegar aos pés de** (fig) to be nowhere near as good as; **a água dá pé** (Natação) you can touch the bottom; **ficar com o pé atrás** to be wary; **ficar no pé de alguém** to keep on at sb; **larga meu pé!** leave me alone!; **levantar-se** ou **acordar com o pé direito/esquerdo** to wake up in a good mood/get out of bed on the wrong side; **meter os pés pelas mãos** to mess up; **perder o pé** (no mar) to get out of one's depth; **pôr os pés em** to set foot in; **não ter pé nem cabeça** (fig) to make no sense; **ter os pés na terra** (fig) to be down-to-earth, have one's feet firmly on the ground; **pé de atleta** athlete's foot; **pés de galinha** (rugas) crow's feet; **pé de moleque** peanut brittle; **pé de pato** (para nadar) flipper; **pé de vento** gust of wind; **pé sujo** (BR col: boteco) cheap bar

peão [pjãw] (*pl* **-ões**) M (PT) pedestrian; (*Mil*) foot soldier; (*Xadrez*) pawn; (*trabalhador*) farm labourer (BRIT) *ou* laborer (US)

peça ['pɛsa] F (*pedaço*) piece; (*Auto*) part; (*aposento*) room; (*Teatro*) play; **(serviço) pago por ~** piecework; **~ de reposição** spare part; **~ de roupa** garment; **pregar uma ~ em alguém** to play a trick on sb

pecado [pe'kadu] M sin; **~ mortal** deadly sin

pecador, a [peka'dor(a)] M/F sinner, wrongdoer

pecaminoso, -a [pekami'nozu, ɔza] ADJ sinful

pecar [pe'kar] VI to sin; (*cometer falta*) to do wrong; **~ por excesso de zelo** to be over-zealous

pechincha [pe'ʃĩʃa] F (*vantagem*) godsend; (*coisa barata*) bargain

pechinchar [peʃĩ'ʃar] VI to bargain, haggle

pechincheiro, -a [peʃĩ'ʃejru, a] M/F bargain hunter

peço *etc* ['pɛsu] VB *ver* **pedir**

peçonha [pe'sɔɲa] F poison

pectina [pek'tʃina] F pectin

pecuária [pe'kwarja] F cattle-raising

pecuário, -a [pe'kwarju, a] ADJ cattle *atr*

pecuarista [pekwa'rista] M/F cattle farmer

peculiar [peku'ljar] ADJ (*especial*) special, peculiar; (*particular*) particular

peculiaridade [pekuljari'dadʒi] F peculiarity

pecúlio [pe'kulju] M (*acumulado*) savings *pl*; (*bens*) wealth

pecuniário, -a [peku'njarju, a] ADJ money *atr*, financial

pedaço [pe'dasu] M piece; (*fig: trecho*) bit; **aos ~s** in pieces; **caindo aos ~s** (*objeto, carro*) tatty, broken-down; (*casa*) tumbledown; (*pessoa*) worn out

pedágio [pe'daʒju] (BR) M (*pagamento*) toll; (*posto*) tollbooth

pedagogia [pedago'ʒia] F pedagogy; (*curso*) education

pedagógico, -a [peda'gɔʒiku, a] ADJ educational, teaching *atr*

pedagogo, -a [peda'gogu, a] M/F educationalist

pé-d'água (*pl* **pés-d'água**) M shower, downpour

pedal [pe'daw] (*pl* **-ais**) M pedal

pedalada [peda'lada] F turn of the pedals; **dar uma ~** to pedal

pedalar [peda'lar] VT, VI to pedal

pedalinho [peda'liɲu] M pedalo (boat)

pedante [pe'dãtʃi] ADJ pretentious ▶ M/F pseud

pedantismo [pedã'tʃizmu] M pretentiousness

pé-de-meia (*pl* **pés-de-meia**) M nest egg, savings *pl*

pederneira [peder'nejra] F flint

pedestal [pedes'taw] (*pl* **-ais**) M pedestal

pedestre [pe'dɛstri] (BR) M pedestrian

pediatra [pe'dʒjatra] M/F paediatrician (BRIT), pediatrician (US)

pediatria [pedʒja'tria] F paediatrics *sg* (BRIT), pediatrics *sg* (US)

pedicuro, -a [pedʒi'kuru, a] M/F chiropodist (BRIT), podiatrist (US)

pedida [pe'dʒida] F: **boa ~** (*col*) good idea

pedido [pe'dʒidu] M (*solicitação*) request; (*Com*) order; **a ~ de alguém** at sb's request; **~ de casamento** proposal (of marriage); **~ de demissão** resignation; **~ de desculpa** apology; **~ de informação** inquiry

pedigree [pedʒi'gri] M pedigree

pedinte [pe'dʒĩtʃi] ADJ begging ▶ M/F beggar

pedir [pe'dʒir] VT to ask for; (*Com, comida*) to order; (*exigir*) to demand ▶ VI to ask; (*num restaurante*) to order; **~ algo a alguém** to ask sb for sth; **~ a alguém que faça, ~ para alguém fazer** to ask sb to do; **~ $100 por algo** to ask $100 for sth; **~ alguém em casamento** *ou* **a mão de alguém** to ask for sb's hand in marriage, propose to sb

pedófilo, -a [pe'dɔfilu, a] M/F paedophile (BRIT), pedophile (US)

pedra ['pɛdra] F stone; (*rochedo*) rock; (*de granizo*) hailstone; (*de açúcar*) lump; (*quadro-negro*) slate; **~ de amolar** grindstone; **~ de gelo** ice cube; **~ preciosa** precious stone; **~ falsa** (*Med*) stone; **~ de toque** (*fig*) touchstone, benchmark; **doido de ~s** raving mad; **dormir como uma ~** to sleep like a log; **pôr uma ~ em cima de algo** (*fig*) to consider sth dead and buried; **ser de ~** (*fig*) to be hard-hearted; **ser uma ~ no sapato de alguém** (*fig*) to be a thorn in sb's side; **vir** *ou* **responder com quatro ~s na mão** (*fig*) to be aggressive; **uma ~ no caminho** (*fig*) a stumbling block, a hindrance

pedrada [pe'drada] F blow with a stone; **dar ~s em** to throw stones at

pedra-mármore F polished marble

pedra-pomes [-pomis] F pumice stone

pedregal [pedre'gaw] (*pl* **-ais**) M stony ground

pedregoso, -a [pedre'gozu, ɔza] ADJ stony, rocky

pedregulho [pedre'guʎu] M gravel

pedreira [pe'drejra] F quarry

pedreiro [pe'drejru] M stonemason

pedúnculo [pe'dũkulu] M stalk

pê-eme [pe'ɛmi] (*pl* **pê-emes**) M military policeman

pé-frio (*pl* **pés-frios**) (*col*) M jinx

pega¹ ['pɛga] M (*briga*) quarrel

pega² ['pɛga] F magpie; (PT col: *moça*) bird; (: *meretriz*) tart

pegada [pe'gada] F (*de pé*) footprint; (*Futebol*) save; **ir nas ~s de alguém** (*fig*) to follow in sb's footsteps; **~ de carbono** carbon footprint

pegado, -a [pe'gadu, a] ADJ (*colado*) stuck; (*unido*) together; **a casa pegada** the house next door

pega-gelo (*pl* **pega-gelos**) M ice tongs *pl*

pegajoso, -a [pega'ʒozu, ɔza] ADJ sticky

pega pra capar [pɛgapraka'par] (*col*) M INV scuffle

pegar [pe'gar] VT to catch; (selos) to stick (on); (segurar) to take hold of; (hábito, mania) to get into; (compreender) to take in; (trabalho) to take on; (estação de rádio) to pick up, get ▶ VI (aderir) to stick; (planta) to take; (moda) to catch on; (doença) to be catching; (motor) to start; (vacina) to take; (mentira) to stand up, stick; (fogueira) to catch; **pegar-se** VR (brigar) to have a fight, quarrel; ~ **com** (casa) to be next door to; ~ **em** (começar) to start on; (segurar) to grab, pick up; **ir** ~ (buscar) to go and get; ~ **um emprego** to get a job; ~ **uma rua** to take a street; ~ **fogo a algo** to set fire to sth; ~ **3 anos de cadeia** to get 3 years in prison; ~ **alguém fazendo** to catch sb doing; **pega, ladrão!** stop thief!; ~ **no sono** to get to sleep; **ele pegou e disse ...** he upped and said ...; **pegue e pague** cash and carry; ~ **bem/mal** (col) to go down well/badly

pega-rapaz (pl **pega-rapazes**) M kiss curl
pego, -a ['pɛgu, a] PP de **pegar**
peguei etc [pe'gej] VB ver **pegar**
peidar [pej'dar] (!) VI to fart (!)
peido ['pejdu] (!) M fart (!)
peitilho [pej'tʃiʎu] M shirt front
peito ['pejtu] M (Anat) chest; (de ave, mulher) breast; (fig) courage; **dar o ~ a um bebê** to breastfeed a baby; **largar o ~** to be weaned; **meter os ~s** (col) to put one's heart into it; **no ~ (e na raça)** (col) whatever it takes; ~ **do pé** instep; **amigo do ~** bosom pal, close friend
peitoril [pejto'riw] (pl **-is**) M windowsill
peitudo, -a [pej'tudu, a] ADJ big-chested; (valente) feisty
peixada [pej'ʃada] F fish cooked in a seafood sauce
peixaria [pejʃa'ria] F fish shop, fishmonger's (BRIT)
peixe ['pejʃi] M fish; **Peixes** MPL (Astrologia) Pisces sg; **como ~ fora d'água** like a fish out of water; **filho de ~, peixinho é** like father, like son; **não ter nada com o ~** (fig) to have nothing to do with the matter; **vender seu ~** (ver seus interesses) to feather one's nest; (falar) to say one's piece, have one's say
peixeira [pej'ʃejra] F fishwife; (faca) fish knife
peixeiro [pej'ʃejru] M fishmonger
pejar-se [pe'ʒarsi] VR to be ashamed
pejo ['peʒu] M shame; **ter ~** to be ashamed
pejorativo, -a [peʒora'tʃivu, a] ADJ pejorative
pela ['pɛla] = **por + a**; ver **por**
pelada [pe'lada] F football game

> **Pelada** is an improvised and generally short game of football. It is still played today wherever there are pieces of open land and even on the streets.

pelado, -a [pe'ladu, a] ADJ (sem pele) skinned; (sem pelo, cabelo) shorn; (nu) naked, in the nude; (sem dinheiro) broke

pelanca [pe'lãka] F fold of skin; (de carne) lump
pelancudo, -a [pelã'kudu, a] ADJ (pessoa) flabby
pelar [pe'lar] VT (tirar a pele) to skin; (tirar o pelo) to shear; (col) to fleece; **pelar-se** VR: ~-**se por** to be crazy about, adore; ~-**se de medo** to be scared stiff
pelas ['pɛlas] = **por + as**; ver **por**
pele ['pɛli] F (de pessoa, fruto) skin; (couro) leather; (como agasalho) fur; (de animal) hide; **cair na ~ de alguém** (col) to pester sb; **arriscar/salvar a ~** (col) to risk one's neck/save one's skin; **sentir algo na ~** (fig) to feel sth at first hand; **estar na ~ de alguém** (fig) to be in sb's shoes; **ser** ou **estar ~ e osso** to be nothing but skin and bone
peleja [pe'leʒa] F (luta) fight; (briga) quarrel
pelejar [pele'ʒar] VI (lutar) to fight; (discutir) to quarrel; ~ **pela paz** to fight for peace; ~ **para fazer/para que alguém faça** to fight to do/to fight to get sb to do
pelerine [pele'rini] F cape
peleteiro, -a [pele'tejru, a] M/F furrier
peleteria [pelete'ria] F furrier's
pelica [pe'lika] F kid (leather)
pelicano [peli'kanu] M pelican
película [pe'likula] F film; (de pele) film of skin
pelintra [pe'lĩtra] (PT) ADJ shabby; (pobre) penniless
pelo¹ ['pɛlu] = **por + o**; ver **por**
pelo² ['pelu] M hair; (de animal) fur, coat; **nu em ~** stark naked; **montar em ~** to ride bareback
Peloponeso [pelopo'nɛzu] M: **o ~** the Peloponnese
pelos ['pɛlus] = **por + os**; ver **por**
pelota [pe'lɔta] F ball; (num molho) lump; (na pele) bump; **dar ~ para** (col) to pay attention to
pelotão [pelo'tãw] (pl **-ões**) M platoon
pelúcia [pe'lusja] F plush
peludo, -a [pe'ludu, a] ADJ hairy; (animal) furry
pélvico, -a ['pɛwviku, a] ADJ pelvic
pélvis ['pɛwvis] F INV pelvis
pena ['pena] F (pluma) feather; (de caneta) nib; (escrita) writing; (Jur) penalty, punishment; (sofrimento) suffering; (piedade) pity; **que ~!** what a shame!; **a duras ~s** with great difficulty; **sob ~ de** under penalty of; **cumprir ~** to serve a term in jail; **dar ~** to be upsetting; **é uma ~ que ...** it is a pity that ...; **ter ~ de** to feel sorry for; **valer a ~** to be worthwhile; **não vale a ~** it's not worth it; ~ **de morte** death penalty
penacho [pe'naʃu] M plume; (crista) crest
penal [pe'naw] (pl **-ais**) ADJ penal
penalidade [penali'dadʒi] F (Jur) penalty; (castigo) punishment; **impor uma ~ a** to penalize

penalizar [penali'zar] VT (*causar pena a*) to trouble; (*castigar*) to penalize
pênalti ['penawtʃi] M (*Futebol*) penalty (kick); **cobrar um ~** to take a penalty
penar [pe'nar] VT to grieve ▶ VI to suffer
penca ['pẽka] F bunch; **gente em ~** lots of people
pence ['pẽsi] F dart
pendão [pẽ'dãw] (*pl* **-ões**) M pennant; (*fig*) banner; (*do milho*) blossom
pendência [pẽ'dẽsja] F dispute, quarrel
pendente [pẽ'dẽtʃi] ADJ (*pendurado*) hanging; (*por decidir*) pending; (*inclinado*) sloping; (*dependente*): **~ de** dependent on ▶ M pendant
pender [pẽ'der] VT to hang ▶ VI to hang; (*estar para cair*) to sag, droop; **~ de** (*depender de*) to depend on, hang on; (*estar pendurado*) to hang from; **~ para** (*inclinar*) to lean towards; (*ter tendência para*) to tend towards; **~ a** (*estar disposto a*) to be inclined to
pendões [pẽ'dõjs] MPL *de* **pendão**
pendor [pẽ'dor] M inclination, tendency
pêndulo ['pẽdulu] M pendulum
pendura [pẽ'dura] F: **estar na ~** (*col*) to be broke
pendurado, -a [pẽdu'radu, a] ADJ hanging; (*col: compra*) on tick
pendurar [pẽdu'rar] VT to hang; (*col: conta*) to put on tick ▶ VI: **~ de** to hang from; **não estou com dinheiro hoje, posso ~?** (*col*) I haven't got any money today, can I pay you later?
penduricalho [pẽduri'kaʎu] M pendant
pendurucalho [pẽduru'kaʎu] M = **penduricalho**
penedo [pe'nedu] M rock, boulder
peneira [pe'nejra] F (*de cozinha*) sieve
peneirar [penej'rar] VT to sift, sieve ▶ VI (*chover*) to drizzle
penetra [pe'nɛtra] (*col*) M/F gatecrasher; **entrar de ~** to gatecrash
penetração [penetra'sãw] F penetration; (*perspicácia*) insight, sharpness
penetrante [pene'trãtʃi] ADJ (*olhar*) searching; (*ferida*) deep; (*frio*) biting; (*som, análise*) penetrating, piercing; (*dor, arma*) sharp; (*inteligência, ideias*) incisive
penetrar [pene'trar] VT to get into, penetrate; (*em segredo*) to steal into; (*compreender*) to understand ▶ VI: **~ em** *ou* **por** *ou* **entre** to penetrate
penha ['peɲa] F (*rocha*) rock; (*penhasco*) cliff
penhasco [pe'ɲasku] M cliff, crag
penhoar [pe'ɲwar] M dressing gown
penhor [pe'ɲor] M pledge; **casa de ~es** pawnshop; **dar em ~** to pawn
penhora [pe'ɲɔra] F (*Jur*) seizure
penhoradamente [peɲorada'mẽtʃi] ADV gratefully
penhorado, -a [peɲo'radu, a] ADJ pawned
penhorar [peɲo'rar] VT (*dar em penhor*) to pledge, pawn; (*apreender*) to confiscate; (*fig*) to put under an obligation; **a ajuda do amigo penhorou-a bastante** she was very grateful for her friend's help
pêni ['peni] M penny
penicilina [penisi'lina] F penicillin
penico [pe'niku] M (*col*) potty; **pedir ~** (*col*) to chicken out
Peninos [pe'ninus] MPL: **os ~** the Pennines
península [pe'nĩsula] F peninsula
peninsular [penĩsu'lar] ADJ peninsular
pênis ['penis] M INV penis
penitência [peni'tẽsja] F (*contrição*) penitence; (*expiação*) penance
penitenciar [penitẽ'sjar] VT to impose penance on; (*crime etc*) to pay for; **penitenciar-se** VR to castigate o.s.
penitenciária [penitẽ'sjarja] F prison; *ver tb* **penitenciário**
penitenciário, -a [penitẽ'sjarju, a] ADJ prison atr ▶ M/F prisoner, inmate
penitente [peni'tẽtʃi] ADJ repentant ▶ M/F penitent
penosa [pe'nɔza] (*col*) F chicken
penoso, -a [pe'nozu, ɔza] ADJ (*assunto, tratamento*) painful; (*trabalho*) hard
pensado, -a [pẽ'sadu, a] ADJ deliberate, intentional
pensador, a [pẽsa'dor(a)] M/F thinker
pensamento [pẽsa'mẽtu] M thought; (*ato*) thinking; (*mente*) mind; (*opinião*) way of thinking; (*ideia*) idea
pensante [pẽ'sãtʃi] ADJ thinking
pensão [pẽ'sãw] (*pl* **-ões**) F (*pequeno hotel: tb:* **casa de pensão**) boarding house; (*comida*) board; **~ completa** full board; **~ de aposentadoria** (*retirement*) pension; **~ alimentícia** alimony, maintenance; **~ de invalidez** disability allowance
pensar [pẽ'sar] VI to think; (*imaginar*) to imagine ▶ VT to think about; (*ferimento*) to dress; **~ em** to think of *ou* about; **~ fazer** (*ter intenção*) to intend to do, be thinking of doing; **~ sobre** (*meditar*) to ponder over; **pensando bem** on second thoughts; **~ alto** to think out loud; **~ melhor** to think better of it
pensativo, -a [pẽsa'tʃivu, a] ADJ thoughtful, pensive
Pensilvânia [pẽsiw'vanja] F: **a ~** Pennsylvania
pensionato [pẽsjo'natu] M boarding school
pensionista [pẽsjo'nista] M/F pensioner; (*que mora em pensão*) boarder
penso, -a ['pẽsu, a] ADJ leaning ▶ M (*curativo*) dressing
pensões [pẽ'sõjs] FPL *de* **pensão**
pentágono [pẽ'tagonu] M pentagon; **o P~** the Pentagon
pentatlo [pẽ'tatlu] M pentathlon
pente ['pẽtʃi] M comb
penteadeira [pẽtʃja'dejra] F dressing table
penteado, -a [pẽ'tʃjadu, a] ADJ (*cabelo*) in place; (*pessoa*) smart ▶ M hairdo, hairstyle
pentear [pẽ'tʃjar] VT to comb; (*arranjar o cabelo*)

to do, style; **pentear-se** VR to comb one's hair; to do one's hair
Pentecostes [pẽtʃi'kɔstʃis] M Whitsun
pente-fino [pẽtʃi'finu] (*pl* **pentes-finos**) M fine-tooth comb
penugem [pe'nuʒẽ] F (*de ave*) down; (*pelo*) fluff
penúltimo, -a [pe'nuwtʃimu, a] ADJ last but one, penultimate
penumbra [pe'nũbra] F (*ao cair da tarde*) twilight, dusk; (*sombra*) shadow; (*meia-luz*) half-light
penúria [pe'nurja] F poverty
peões [pjõjs] MPL *de* **peão**
pepino [pe'pinu] M cucumber
pepita [pe'pita] F (*de ouro*) nugget
pequena [pe'kena] F girl; (*namorada*) girlfriend
pequenez [peke'nez] F smallness; (*fig: mesquinhez*) meanness; **~ de sentimentos** pettiness
pequenininho, -a [pekeni'niɲu, a] ADJ tiny
pequenino, -a [peke'ninu, a] ADJ little
pequeninos [peke'ninus] MPL: **os ~** the little children
pequeno, -a [pe'kenu, a] ADJ small; (*mesquinho*) petty ▶ M boy; **em ~ eu fazia ...** when I was small I used to do ....
pequeno-burguês, -esa (*pl* **-eses/-esas**) ADJ petty bourgeois
pequerrucho, -a [peke'huʃu, a] ADJ tiny ▶ M thimble
Pequim [pe'kĩ] N Beijing
pequinês [peki'nes] M (*cão*) Pekinese
pera ['pera] F pear
peralta [pe'rawta] ADJ naughty ▶ M/F (*menino*) naughty child
perambular [perãbu'lar] VI to wander
perante [pe'rãtʃi] PREP before, in the presence of
pé-rapado [-ha'padu] (*pl* **pés-rapados**) M nobody
percalço [per'kawsu] M (*de uma tarefa*) difficulty; (*de profissão, matrimônio etc*) pitfall
per capita [pɛr'kapita] ADV, ADJ per capita
perceber [perse'ber] VT (*notar*) to realize; (*por meio dos sentidos*) to perceive; (*compreender*) to understand; (*ver*) to see; (*ouvir*) to hear; (*ver ao longe*) to make out; (*dinheiro: receber*) to receive
percentagem [persẽ'taʒẽ] F percentage
percentual [persẽ'twaw] (*pl* **-ais**) ADJ percentage *atr* ▶ M percentage
percepção [persep'sãw] F perception; (*compreensão*) understanding
perceptível [persep'tʃivew] (*pl* **-eis**) ADJ perceptible, noticeable; (*som*) audible
perceptividade [perseptʃivi'dadʒi] F perceptiveness, perception
perceptivo, -a [persep'tʃivu, a] ADJ perceptive
percevejo [perse'veʒu] M (*inseto*) bug; (*prego*) drawing pin (BRIT), thumbtack (US)
perco *etc* ['perku] VB *ver* **perder**

percorrer [perko'her] VT (*viajar por*) to travel (across *ou* over); (*passar por*) to go through, traverse; (*investigar*) to search through
percurso [per'kursu] M (*espaço percorrido*) distance (covered); (*trajeto*) route; (*viagem*) journey; **fazer o ~ entre** to travel between
percussão [perku'sãw] F (*Mús*) percussion
percussionista [perkusjo'nista] M/F percussionist, percussion player
percutir [perku'tʃir] VT to strike ▶ VI to reverberate
perda ['perda] F loss; (*desperdício*) waste; **~ de tempo** waste of time; **~s e danos** damages, losses
perdão [per'dãw] M pardon, forgiveness; **~!** sorry!, I beg your pardon!; **pedir ~ a alguém** to ask sb for forgiveness; **~ da dívida** cancellation of the debt; **~ da pena** (*Jur*) pardon
perder [per'der] VT to lose; (*tempo*) to waste; (*trem, show, oportunidade*) to miss ▶ VI to lose; **perder-se** VR (*extraviar-se*) to get lost; (*arruinar-se*) to be ruined; (*desaparecer*) to disappear; (*em reflexões*) to be lost; (*num discurso*) to lose one's thread; **~-se de alguém** to lose sb; **~ algo de vista** to lose sight of sth; **a ~ de vista** (*fig*) as far as the eye can see; **pôr tudo a ~** to risk losing everything; **saber ~** to be a good loser
perdição [perdʒi'sãw] F perdition, ruin; (*desonra*) depravity; **ser uma ~** (*col*) to be irresistible
perdido, -a [per'dʒidu, a] ADJ lost; (*pervertido*) depraved; **~ por** (*apaixonado*) desperately in love with; **~s e achados** lost and found, lost property
perdigão [perdʒi'gãw] (*pl* **-ões**) M (*macho*) partridge
perdigueiro [perdʒi'gejru] M (*cachorro*) gundog
perdiz [per'dʒiz] F partridge
perdoar [per'dwar] VT (*desculpar*) to forgive; (*pena*) to lift; (*dívida*) to cancel; **~ (algo) a alguém** to forgive sb (for sth)
perdoável [per'dwavew] (*pl* **-eis**) ADJ forgivable
perdulário, -a [perdu'larju, a] ADJ wasteful ▶ M/F spendthrift
perdurar [perdu'rar] VI (*durar muito*) to last a long time; (*continuar a existir*) to still exist
pereba [pe'rɛba] F (*ferida pequena*) scratch
perecer [pere'ser] VI to perish; (*morrer*) to die; (*acabar*) to come to nothing
perecível [pere'sivew] (*pl* **-eis**) ADJ perishable
peregrinação [peregrina'sãw] (*pl* **-ões**) F (*viagem*) travels *pl*; (*Rel*) pilgrimage
peregrinar [peregri'nar] VI (*viajar*) to travel; (*Rel*) to go on a pilgrimage
peregrino, -a [pere'grinu, a] ADJ (*beleza*) rare ▶ M/F pilgrim
pereira [pe'rejra] F pear tree
peremptório, -a [perẽp'tɔrju, a] ADJ (*final*) final; (*decisivo*) decisive

perene [pe'rɛni] ADJ (*perpétuo*) everlasting; (*Bot*) perennial

perereca [pere'rɛka] F tree frog

perfazer [perfa'zer] (*irreg: como* **fazer**) VT (*completar o número de*) to make up; (*concluir*) to complete

perfeccionismo [perfeksjo'nizmu] M perfectionism

perfeccionista [perfeksjo'nista] ADJ, M/F perfectionist

perfeição [perfej'sãw] F perfection; **à ~** to perfection

perfeitamente [perfejta'mētʃi] ADV perfectly ▶ EXCL exactly!

perfeito, -a [per'fejtu, a] ADJ perfect; (*carro etc*) in perfect condition ▶ M (*Ling*) perfect

perfez [per'fez] VB *ver* **perfazer**

perfídia [per'fidʒja] F treachery

pérfido, -a ['pɛrfidu, a] ADJ treacherous

perfil [per'fiw] (*pl* **-is**) M (*do rosto, fig*) profile; (*silhueta*) silhouette, outline; (*Arq*) (cross) section; **de ~** in profile

perfilar [perfi'lar] VT (*soldados*) to line up; (*aprumar*) to straighten up; **perfilar-se** VR to stand to attention

perfilhar [perfi'ʎar] VT (*Jur*) to legally adopt; (*princípio, teoria*) to adopt

perfis [per'fis] MPL *de* **perfil**

perfiz [per'fiz] VB *ver* **perfazer**

perfizer *etc* [perfi'zer] VB *ver* **perfazer**

performance [per'fɔrmãs] F performance

perfumado, -a [perfu'madu, a] ADJ sweet-smelling; (*pessoa*) wearing perfume

perfumar [perfu'mar] VT to perfume; **perfumar-se** VR to put perfume on

perfumaria [perfuma'ria] F perfumery; (*col*) idle talk

perfume [per'fumi] M perfume; (*cheiro*) scent

perfunctório, -a [perfũk'tɔrju, a] ADJ perfunctory

perfurado, -a [perfu'radu, a] ADJ (*cartão*) punched

perfurador [perfura'dor] M punch

perfurar [perfu'rar] VT (*o chão*) to drill a hole in; (*papel*) to punch (a hole in)

perfuratriz [perfura'triz] F drill

pergaminho [perga'miɲu] M parchment; (*diploma*) diploma

pérgula ['pɛrgula] F arbour (*BRIT*), arbor (*US*)

pergunta [per'gũta] F question; **fazer uma ~ a alguém** to ask sb a question

perguntador, a [pergũta'dor(a)] ADJ inquiring, inquisitive ▶ M/F questioner

perguntar [pergũ'tar] VT to ask; (*interrogar*) to question ▶ VI: **~ por alguém** to ask after sb; **perguntar-se** VR to wonder; **~ algo a alguém** to ask sb sth

perícia [pe'risja] F (*conhecimento*) expertise; (*destreza*) skill; (*exame*) investigation; **~ (criminal)** criminal investigation; (*os peritos criminais*) criminal investigators *pl*

pericial [peri'sjaw] (*pl* **-ais**) ADJ expert

periclitante [perikli'tātʃi] ADJ (*situação*) perilous; (*saúde*) shaky

periclitar [perikli'tar] VI to be in danger; (*negócio etc*) to be at risk

periculosidade [perikulozi'dadʒi] F dangerousness; (*Jur*) risk factor

peridural [peridu'raw] (*pl* **-ais**) F (*Med*) epidural

periferia [perife'ria] F periphery; (*da cidade*) outskirts *pl*

periférico, -a [peri'fɛriku, a] ADJ peripheral ▶ M (*Comput*) peripheral; **estrada periférica** ring road

perífrase [pe'rifrazi] F circumlocution

perigar [peri'gar] VI to be at risk; **~ ser ...** to risk being ..., be in danger of being ....

perigo [pe'rigu] M danger; **correr ~** to be in danger; **fora de ~** safe, out of danger; **pôr em ~** to endanger; **o carro dele é um ~** his car is a deathtrap; **ser um ~** (*col: pessoa*) to be a tease; **estar a ~** (*col: sem dinheiro*) to be broke; (: *em situação difícil*) to be in a bad way

perigoso, -a [peri'gozu, ɔza] ADJ dangerous; (*arriscado*) risky

perímetro [pe'rimetru] M perimeter; **~ urbano** city limits *pl*

periódico, -a [pe'rjɔdʒiku, a] ADJ periodic; (*chuvas*) occasional; (*doença*) recurrent ▶ M (*revista*) magazine, periodical; (*jornal*) (news)paper

período [pe'riodu] M period; (*estação*) season; **~ letivo** term

peripécia [peri'pɛsja] F (*aventura*) adventure; (*incidente*) turn of events

periquito [peri'kitu] M parakeet

periscópio [peris'kɔpju] M periscope

perito, -a [pe'ritu, a] ADJ expert ▶ M/F expert; (*quem faz perícia*) investigator; **~ em** (*atividade*) expert at, clever at; (*matéria*) highly knowledgeable in; **~ em matéria de** expert in

peritonite [perito'nitʃi] F peritonitis

perjurar [perʒu'rar] VI to commit perjury

perjúrio [per'ʒurju] M perjury

perjuro, -a [per'ʒuru, a] M/F perjurer

permanecer [permane'ser] VI to remain; (*num lugar*) to stay; (*continuar a ser*) to remain, keep; **~ parado** to keep still

permanência [perma'nẽsja] F permanence; (*estada*) stay

permanente [perma'nẽtʃi] ADJ (*dor*) constant; (*cor*) fast; (*residência, pregas*) permanent ▶ M (*cartão*) pass ▶ F perm; **fazer uma ~** to have perm

permeável [per'mjavew] (*pl* **-eis**) ADJ permeable

permeio [per'meju] ADV: **de ~** in between

permissão [permi'sãw] F permission, consent

permissível [permi'sivew] (*pl* **-eis**) ADJ permissible

permissivo, -a [permi'sivu, a] ADJ permissive

permitir [permi'tʃir] VT to allow, permit; (*conceder*) to grant; **~ a alguém fazer** to let sb do, allow sb to do

permuta [per'muta] F exchange; (*Com*) barter

permutação [permuta'sãw] (*pl* **-ões**) F (*Mat*) permutation; (*troca*) exchange

permutar [permu'tar] VT to exchange; (*Com*) to barter

perna ['pɛrna] F leg; **de ~(s) para o ar** upside down, topsy turvy; **em cima da ~** (*col*) sloppily, in a slapdash way; **bater ~s** (*col*) to wander; **passar a ~ em alguém** (*col*) to put one over on sb; **trocar as ~s** (*col*) to stagger; **~ de pau** wooden leg; **~ mecânica** artificial leg; **~s tortas** bow legs

perna de pau M/F (*Futebol*) bad player

pernambucano, -a [pernãbu'kanu, a] ADJ from Pernambuco ▶ M/F person from Pernambuco

perneira [per'nejra] F (*de dançarina etc*) legwarmer

perneta [per'neta] M/F one-legged person

pernicioso, -a [perni'sjozu, ɔza] ADJ pernicious; (*Med*) malignant

pernil [per'niw] (*pl* **-is**) M (*de animal*) haunch; (*Culin*) leg

pernilongo [perni'lõgu] M mosquito

pernis [per'nis] MPL *de* **pernil**

pernoitar [pernoj'tar] VI to spend the night

pernóstico, -a [per'nɔstʃiku, a] ADJ pedantic ▶ M/F pedant

pérola ['pɛrola] F pearl

perpassar [perpa'sar] VI (*tempo*) to go by; **~ (por)** to pass (by); **~ a mão em/por** to run one's hand through/over

perpendicular [perpẽdʒiku'lar] ADJ, F perpendicular; **ser ~ a** to be at right angles to

perpetração [perpetra'sãw] F perpetration

perpetrar [perpe'trar] VT to perpetrate, commit

perpetuar [perpe'twar] VT to perpetuate

perpetuidade [perpetwi'dadʒi] F eternity

perpétuo, -a [per'pɛtwu, a] ADJ perpetual; (*eterno*) eternal; **prisão perpétua** life imprisonment

perplexidade [perpleksi'dadʒi] F confusion, bewilderment

perplexo, -a [per'plɛksu, a] ADJ (*confuso*) bewildered, puzzled; (*indeciso*) uncertain; **ficar ~** (*atônito*) to be taken aback

perquirir [perki'rir] VT to probe, investigate

perrengue [pe'hẽgi] (*BR col*) M fix, tight spot

persa ['pɛrsa] ADJ, M/F Persian

perscrutar [perskru'tar] VT to scrutinize, examine

perseguição [persegi'sãw] F pursuit; (*Rel, Pol*) persecution

perseguidor, a [persegi'dor(a)] M/F pursuer; (*Rel, Pol*) persecutor

perseguir [perse'gir] VT (*seguir*) to pursue; (*correr atrás*) to chase (after); (*Rel, Pol*) to persecute; (*importunar*) to harass, pester

perseverança [perseve'rãsa] F (*insistência*) persistence; (*constância*) perseverance

perseverante [perseve'rãtʃi] ADJ persistent

perseverar [perseve'rar] VI to persevere; **~ em** (*conservar-se firme*) to persevere in, persist in; **~ corajoso** to keep one's courage up; **~ em erro** to persist in doing wrong

Pérsia ['pɛrsja] F: **a ~** Persia

persiana [per'sjana] F blind

Pérsico, -a ['pɛrsiku, a] ADJ: **o golfo ~** the Persian Gulf

persignar-se [persig'narsi] VR to cross o.s.

persigo *etc* [per'sigu] VB *ver* **perseguir**

persistência [persis'tẽsja] F persistence

persistente [persis'tẽtʃi] ADJ persistent

persistir [persis'tʃir] VI to persist; **~ em** to persist in; **~ calado** to keep quiet

personagem [perso'naʒẽ] (*pl* **-ns**) M/F famous person, celebrity; (*num livro, filme*) character

personalidade [personali'dadʒi] F personality; **~ dupla** dual personality

personalizado, -a [personali'zadu, a] ADJ personalized; (*móveis etc*) custom-made

personalizar [personali'zar] VT to personalize; (*personificar*) to personify; (*nomear*) to name

personificação [personifika'sãw] F personification

personificar [personifi'kar] VT to personify

perspectiva [perspek'tʃiva] F (*na pintura*) perspective; (*panorama*) view; (*probabilidade*) prospect; (*ponto de vista*) point of view; **em ~** in prospect

perspicácia [perspi'kasja] F insight, perceptiveness

perspicaz [perspi'kajz] ADJ (*que observa*) perceptive; (*sagaz*) shrewd

persuadir [perswa'dʒir] VT to persuade; **persuadir-se** VR to convince o.s.; **~ alguém de que/alguém a fazer** to persuade sb that/sb to do

persuasão [perswa'zãw] F persuasion; (*convicção*) conviction

persuasivo, -a [perswa'zivu, a] ADJ persuasive

pertencente [pertẽ'sẽtʃi] ADJ belonging; **~ a** (*pertinente*) pertaining to

pertencer [pertẽ'ser] VI: **~ a** to belong to; (*referir-se*) to concern

pertences [per'tẽsis] MPL (*de uma pessoa*) belongings

pertinácia [pertʃi'nasja] F (*persistência*) persistence; (*obstinação*) obstinacy

pertinaz [pertʃi'najz] ADJ (*persistente*) persistent; (*obstinado*) obstinate

pertinência [pertʃi'nẽsja] F relevance

pertinente [pertʃi'nẽtʃi] ADJ relevant; (*apropriado*) appropriate

perto, -a ['pɛrtu, a] ADJ nearby ▶ ADV near; **~ de** near to; (*em comparação com*) next to; **~ da casa** near *ou* close to the house; **~ de 100 dólares** around 100 dollars; **estar ~ de fazer** (*a ponto de*) to be close to doing; **de ~** closely; (*ver*) close up; (*conhecer*) very well

perturbação [perturba'sãw] (*pl* **-ões**) F disturbance; (*desorientação*) perturbation; (*Med*) trouble; (*Pol*) disturbance; **~ da ordem** breach of the peace

perturbado, -a [pertur'badu, a] ADJ perturbed; (*desvairado*) unbalanced

perturbador, a [perturba'dor(a)] ADJ (*pessoa*) disruptive; (*notícia*) perturbing, disturbing

perturbar [pertur'bar] VT to disturb; (*abalar*) to upset, trouble; (*atrapalhar*) to put off; (*andamento, trânsito*) to disrupt; (*envergonhar*) to embarrass; (*alterar*) to affect; **não perturba!** do not disturb!; **~ a ordem** to cause a breach of the peace

Peru [pe'ru] M: **o ~** Peru

peru, a [pe'ru(a)] M/F turkey ▶ M (!: *pênis*) cock (!)

perua [pe'rua] F (*carro*) estate (car) (BRIT), station wagon (US)

peruada [pe'rwada] (*col*) F (*palpite*) tip

peruano, -a [pe'rwanu, a] ADJ, M/F Peruvian

peruar [pe'rwar] VT (*jogo*) to watch ▶ VI to hang around

peruca [pe'ruka] F wig

perversão [perver'sãw] (*pl* **-ões**) F perversion

perversidade [perversi'dadʒi] F perversity

perverso, -a [per'vɛrsu, a] ADJ perverse; (*malvado*) wicked

perversões [perver'sõjs] FPL *de* **perversão**

perverter [perver'ter] VT (*corromper*) to corrupt, pervert; **perverter-se** VR to become corrupt

pervertido, -a [perver'tʃidu, a] ADJ perverted ▶ M/F pervert

pesada [pe'zada] F weighing

pesadelo [peza'delu] M nightmare

pesado, -a [pe'zadu, a] ADJ heavy; (*ambiente*) tense; (*trabalho*) hard; (*estilo*) dull, boring; (*andar*) slow; (*piada*) coarse; (*comida*) stodgy; (*tempo*) sultry ▶ ADV heavily; **pegar no ~** (*col*) to work hard; **da pesada** (*col*:*legal*) great; (:*barra-pesada*) rough, violent

pesagem [pe'zaʒẽ] F weighing

pêsames ['pezamis] MPL condolences, sympathy *sg*

pesar [pe'zar] VT to weigh; (*fig*) to weigh up ▶ VI to weigh; (*ser pesado*) to be heavy; (*influir*) to carry weight; (*causar mágoa*): **~ a** to hurt, grieve ▶ M grief; **~ sobre** (*recair*) to fall upon; **em que pese a** despite; **apesar dos ~es** despite everything

pesaroso, -a [peza'rozu, ɔza] ADJ (*triste*) sorrowful, sad; (*arrependido*) regretful, sorry

pesca ['pɛska] F (*ato*) fishing; (*os peixes*) catch; **ir à ~** to go fishing; **~ submarina** skin diving

pescada [pes'kada] F whiting

pescado [pes'kadu] M fish

pescador, a [peska'dor(a)] M/F fisherman/woman; **~ à linha** angler

pescar [pes'kar] VT (*peixe*) to catch; (*tentar apanhar*) to fish for; (*retirar da água*) to fish out; (*um marido*) to catch, get ▶ VI to fish; (BR *col*) to understand; **~ de algo** (*col*) to know about sth; **pescou?** got it?, see?

pescoção [pesko'sãw] (*pl* **-ões**) M slap

pescoço [pes'kosu] M neck; **até o ~** (*endividado*) up to one's neck

pescoções [pesko'sõjs] MPL *de* **pescoção**

pescoçudo, -a [pesko'sudu, a] ADJ bull-necked

peso ['pezu] M weight; (*fig*: *ônus*) burden; (*importância*) importance; **pessoa/argumento de ~** important person/weighty argument; **de pouco ~** lightweight; **em ~** in full force; **~ atômico** atomic weight; **~ bruto/líquido** gross/net weight; **~ morto** dead weight; **ter dois ~s e duas medidas** (*fig*) to have double standards

pespontar [pespõ'tar] VT to backstitch

pesponto [pes'põtu] M backstitch

pesquei *etc* [pes'kej] VB *ver* **pescar**

pesqueiro, -a [pes'kejru, a] ADJ fishing *atr*

pesquisa [pes'kiza] F research; **uma ~** a study; **~ de campo** field work; **~ de mercado** market research; **~ e desenvolvimento** research and development

pesquisador, a [peskiza'dor(a)] M/F researcher

pesquisar [peski'zar] VT, VI to research

pêssego ['pesegu] M peach

pessegueiro [pese'gejru] M peach tree

pessimismo [pesi'mizmu] M pessimism

pessimista [pesi'mista] ADJ pessimistic ▶ M/F pessimist

péssimo, -a ['pɛsimu, a] ADJ very bad, awful; **estar ~** (*pessoa*) to be in a bad way

pessoa [pe'soa] F person; **pessoas** FPL people; **em ~** personally; **~ de bem** honest person; **~ física/jurídica** (*Jur*) private individual/legal entity

pessoal [pe'swaw] (*pl* **-ais**) ADJ personal ▶ M personnel *pl*, staff *pl*; (*col*) people *pl*, folks *pl*; **oi, ~!** (*col*) hi, everyone!, hi, folks!

pestana [pes'tana] F eyelash; **tirar uma ~** (*col*) to have a nap

pestanejar [pestane'ʒar] VI to blink; **sem ~** (*fig*) without batting an eyelid

peste ['pɛstʃi] F (*epidemia*) epidemic; (*bubônica*) plague; (*fig*) pest, nuisance

pesticida [pestʃi'sida] M pesticide

pestífero, -a [pes'tʃiferu, a] ADJ (*fig*) pernicious

pestilência [pestʃi'lẽsja] F plague; (*epidemia*) epidemic; (*fedor*) stench

pestilento, -a [pestʃi'lẽtu, a] ADJ pestilential, plague *atr*; (*malcheiroso*) putrid

pétala ['pɛtala] F petal

peteca [pe'tɛka] F (kind of) shuttlecock; **fazer alguém de ~** to make a fool of sb; **não deixar a ~ cair** (*col*) to keep the ball rolling

peteleco [pete'lɛku] M flick; **dar um ~ em algo** to flick sth

petição [petʃi'sãw] (*pl* **-ões**) F (*rogo*) request; (*documento*) petition; **em ~ de miséria** in a terrible state

peticionário, -a [petʃisjo'narju, a] M/F petitioner; (Jur) plaintiff
petições [petʃi'sõjs] FPL de **petição**
petiscar [petʃis'kar] VT to nibble at, peck at ▶ VI to have a nibble
petisco [pe'tʃisku] M savoury (BRIT), savory (US), titbit (BRIT), tidbit (US)
petit-pois [petʃi'pwa] M INV pea
petiz [pe'tʃiz] (PT) M boy
petrechos [pe'trɛfus] MPL equipment sg; (Mil) stores, equipment sg; (de cozinha) utensils
petrificar [petrifi'kar] VT to petrify; (empedernir) to harden; (assombrar) to stun; **petrificar-se** VR to be petrified; to be stunned; to become hard
Petrobrás [petro'brajs] ABR F Brazilian state oil company
petrodólar [petro'dɔlar] M petrodollar
petroleiro, -a [petro'lejru, a] ADJ atr, petroleum atr ▶ M (navio) oil tanker
petróleo [pe'trɔlju] M oil, petroleum; ~ **bruto** crude oil
petrolífero, -a [petro'liferu, a] ADJ oil-producing
petroquímica [petro'kimika] F petrochemicals pl; (ciência) petrochemistry
petroquímico, -a [petro'kimiku, a] ADJ petrochemical
petulância [petu'lãsja] F impudence
petulante [petu'lãtʃi] ADJ impudent
petúnia [pe'tunja] F petunia
peúga ['pjuga] (PT) F sock
pevide [pe'vidʒi] (PT) F (de melão) seed; (de maçã) pip
p. ex. ABR (= por exemplo) e.g.
pexote [pe'ʃɔtʃi] M/F (criança) little kid; (novato) beginner, novice
PF (BR) ABR F = **Polícia Federal**
PFL (BR) ABR M = **Partido da Frente Liberal**
PH (BR) ABR M = **Partido Humanitário**
PI ABR = **Piauí**
pia ['pia] F wash basin; (da cozinha) sink; ~ **batismal** font
piada ['pjada] F joke
piadista [pja'dʒista] M/F joker
pianista [pja'nista] M/F pianist
piano ['pjanu] M piano; ~ **de cauda** grand piano
pião ['pjãw] (pl **-ões**) M (brinquedo) top
piar [pjar] VI (pinto) to cheep; (coruja) to hoot; **não** ~ not to say a word
piauiense [pjaw'jẽsi] ADJ from Piauí ▶ M/F person from Piauí
PIB ABR M (= Produto Interno Bruto) GNP
picada [pi'kada] F (de agulha etc) prick; (de abelha) sting; (de mosquito, cobra) bite; (de avião) dive; (de navalha) stab; (atalho) path, trail; (de droga) shot
picadeiro [pika'dejru] M (circo) ring
picadinho [pika'dʒiɲu] M stew
picado, -a [pi'kadu, a] ADJ (por agulha) pricked; (por abelha) stung; (por cobra, mosquito) bitten; (papel) shredded; (carne) minced; (legumes) chopped
picante [pi'kãtʃi] ADJ (tempero) hot; (piada) risqué, blue; (comentário) saucy; (cena, filme) raunchy
pica-pau ['pika-] (pl **pica-paus**) M woodpecker
picape [pi'kapi] (BR) F pickup (truck)
picar [pi'kar] VT (com agulha) to prick; (suj: abelha) to sting; (: mosquito) to bite; (: pássaro) to peck; (um animal) to goad; (carne) to mince; (papel) to shred; (fruta) to chop up; (comichar) to prickle ▶ VI (a isca) to take the bait; (comichar) to prickle; (avião) to dive; **picar-se** VR to prick o.s.
picardia [pikar'dʒia] F (implicância) spitefulness; (esperteza) craftiness
picaresco, -a [pika'resku, a] ADJ comic, ridiculous
picareta [pika'reta] F pickaxe (BRIT), pickax (US) ▶ M/F crook
picaretagem [pikare'taʒẽ] (pl **-ns**) F con
pícaro, -a ['pikaru, a] ADJ crafty, cunning
pichação [piʃa'sãw] (pl **-ões**) F (ato) spraying; (grafite) piece of graffiti
pichar [pi'ʃar] VT (dizeres, muro) to spray; (aplicar piche em) to cover with pitch; (col: espinafrar) to run down ▶ VI (col) to criticize
piche ['piʃi] M pitch
picles ['piklis] MPL pickles
pico ['piku] M (cume) peak; (ponta aguda) sharp point; (PT: um pouco) a bit; **mil e** ~ just over a thousand; **meio-dia e** ~ just after midday
picolé [piko'lɛ] M lolly
picotar [piko'tar] VT to perforate; (bilhete) to punch
picote [pi'kɔtʃi] M perforation
pictórico, -a [pik'tɔriku, a] ADJ pictorial
picuinha [pi'kwiɲa] F: **estar de** ~ **com alguém** to have it in for sb
piedade [pje'dadʒi] F (devoção) piety; (compaixão) pity; **ter** ~ **de** to have pity on
piedoso, -a [pje'dozu, ɔza] ADJ (Rel) pious; (compassivo) merciful
piegas ['pjɛgas] ADJ INV sentimental; (col) soppy ▶ M/F INV softy
pieguice [pje'gisi] F sentimentality
pier ['pier] M pier
piercing ['pirsĩ] (pl **-s**) M piercing
pifa ['pifa] (col) M booze-up; **tomar um** ~ to get smashed
pifado, -a [pi'fadu, a] (col) ADJ (carro) broken down; (TV etc) broken
pifar [pi'far] (col) VI (carro) to break down; (rádio etc) to go wrong; (plano, programa) to fall through
pigarrear [piga'hjar] VI to clear one's throat
pigarro [pi'gahu] (col) M frog in the throat
pigmeia [pig'mεja] F de **pigmeu**
pigmentação [pigmẽta'sãw] F pigmentation, colouring (BRIT), coloring (US)
pigmento [pig'mẽtu] M pigment
pigmeu, -meia [pig'mew, 'mεja] ADJ, M/F pigmy

pijama [pi'ʒama] M pyjamas *pl* (BRIT), pajamas *pl* (US)
pilantra [pi'lãtra] (*col*) M/F crook
pilantragem [pilã'traʒē] (*pl* **-ns**) (*col*) F rip-off (!)
pilão [pi'lãw] (*pl* **-ões**) M mortar
pilar [pi'lar] VT to pound, crush ▶ M pillar
pilastra [pi'lastra] F pilaster
pileque [pi'lɛki] (*col*) M booze-up (!); **tomar um ~** to get smashed (!) *ou* plastered (!); **estar de ~** to be smashed (!) *ou* plastered (!)
pilha ['piʎa] F (*Elet*) battery; (*monte*) pile, heap; **às ~s** in vast quantities; **estar uma ~ (de nervos)** to be a bundle of nerves
pilhagem [pi'ʎaʒē] F (*ato*) pillage; (*objetos*) plunder, booty
pilhar [pi'ʎa] VT (*saquear*) to plunder, pillage; (*roubar*) to rob; (*surpreender*) to catch
pilhéria [pi'ʎɛrja] F joke
pilheriar [piʎe'rjar] VI to joke, jest
pilões [pi'lõjs] MPL *de* **pilão**
pilotagem [pilo'taʒē] F flying; **escola de ~** flying school
pilotar [pilo'tar] VT (*avião*) to fly; (*carro de corrida*) to drive ▶ VI to fly
pilotis [pilo'tʃis] MPL stilts
piloto [pi'lotu] M (*de avião*) pilot; (*de navio*) first mate; (*motorista*) (racing) driver; (*bico de gás*) pilot light ▶ ADJ INV (*usina, plano*) pilot; (*peça*) sample *atr*; **~ automático** automatic pilot; **~ de prova** test pilot
pílula ['pilula] F pill; **a ~ (anticoncepcional)** the pill
pimba ['pĩba] EXCL wham!
pimenta [pi'mēta] F (*Culin*) pepper; **~ de Caiena** cayenne pepper
pimenta-do-reino F black pepper
pimenta-malagueta (*pl* **pimentas-malaguetas**) F chilli (BRIT) *ou* chili (US) pepper
pimentão [pimē'tãw] (*pl* **-ões**) M (*Bot*) pepper; **~ verde** green pepper
pimenteira [pimē'tejra] F (*Bot*) pepper plant; (*à mesa*) pepper pot; (: *moedor*) pepper mill
pimpão, -pona [pĩ'pãw, 'pɔna] (PT) (*pl* **-ões/-s**) ADJ smart, flashy ▶ M/F show-off
pimpolho [pĩ'poʎu] M (*criança*) youngster
pimpona [pĩ'pɔna] F *de* **pimpão**
PIN (BR) ABR M = **Plano de Integração Nacional**
pinacoteca [pinako'tɛka] F art gallery; (*coleção de quadros*) art collection
pináculo [pi'nakulu] M (*tb fig*) pinnacle
pinça ['pĩsa] F (*de sobrancelhas*) tweezers *pl*; (*de casa*) tongs *pl*; (*Med*) callipers *pl* (BRIT), calipers *pl* (US)
pinçar [pĩ'sar] VT to pick up; (*sobrancelhas*) to pluck; (*fig: exemplos, defeitos*) to pick out
pincaro ['pĩkaru] M summit, peak
pincel [pĩ'sɛw] (*pl* **-éis**) M brush; (*para pintar*) paintbrush; **~ de barba** shaving brush
pincelada [pĩse'lada] F (brush) stroke
pincelar [pĩse'lar] VT to paint
pincenê [pĩse'ne] M pince-nez

pindaíba [pĩda'iba] F: **estar na ~** (*col*) to be broke
pinel [pi'nɛw] (*pl* **-éis**) (*col*) M/F: **ser/ficar ~** to be/go crazy
pinga ['pĩga] F (*cachaça*) rum; (PT: *trago*) drink
pingado, -a [pĩ'gadu, a] ADJ: **~ de** covered in drops of
pingar [pĩ'gar] VI to drip; (*começar a chover*) to start to rain
pingente [pĩ'ʒētʃi] M pendant
pingo ['pĩgu] M (*gota*) drop; (*pingo do i*) dot; **~ de gente** (*col*) slip of a child; **um ~ de** (*comida etc*) a spot of; (*educação etc*) a scrap of
pingue-pongue [pĩgi-'põgi] M ping-pong
pinguim [pĩ'gwĩ] (*pl* **-ns**) M penguin
pinguinho [pĩ'giɲu] M little drop; (*pouquinho*): **um ~** a tiny bit
pinguins [pĩ'gwĩs] MPL *de* **pinguim**
pinha ['piɲa] F pine cone
pinheiral [piɲej'raw] (*pl* **-ais**) M pine wood
pinheiro [pi'ɲejru] M pine (tree)
pinho ['piɲu] M pine
pinicada [pini'kada] F (*beliscão*) pinch; (*cutucada*) poke; (*de pássaro*) peck
pinicar [pini'kar] VT (*pele*) to prickle; (*com o bico*) to peck; (*beliscar*) to pinch; (*cutucar*) to poke
pinimba [pi'nĩba] (*col*) F: **estar de ~ com alguém** to have it in for sb
pino ['pinu] M (*peça*) pin; (*Auto: na porta*) lock; **a ~** upright; **sol a ~** noon-day sun; **bater ~** (*Auto*) to knock; (*col*) to be in a bad way
pinoia [pi'nɔja] (*col*) F piece of trash; **que ~!** what a drag!
pinote [pi'nɔtʃi] M buck
pinotear [pino'tʃjar] VI to buck
pinta ['pĩta] F (*mancha*) spot; (*col: aparência*) appearance, looks *pl*; (: *sujeito*) guy; **dar na ~** (*col*) to give o.s. away; **ela tem ~ de (ser) inglesa** she looks English; **está com ~ de chover** it looks like rain
pinta-braba [pĩta'braba] (*pl* **pintas-brabas**) M/F hoodlum, shady character
pintado, -a [pĩ'tadu, a] ADJ painted; (*cabelo*) dyed; (*olhos, lábios*) made up; **é o avô ~** he's the image of his grandfather; **não querer ver alguém nem ~** (*col*) to hate the sight of sb
pintar [pĩ'tar] VT to paint; (*cabelo*) to dye; (*rosto*) to make up; (*descrever*) to describe; (*imaginar*) to picture ▶ VI to paint; (*col: aparecer*) to appear, turn up; (: *problemas, oportunidade*) to crop up; **pintar-se** VR to make o.s. up; **~ (o sete)** to paint the town red
pintarroxo [pĩta'hoʃu] M (BR) linnet; (PT) robin
pinto ['pĩtu] M chick; (!) prick (!); **como um ~ (molhado)** like a drowned rat; **ser ~** to be a piece of cake
pintor, a [pĩ'tor(a)] M/F painter
pintura [pĩ'tura] F painting; (*maquiagem*) make-up; **~ a óleo** oil painting

pio, -a ['piu, a] ADJ (*devoto*) pious; (*caridoso*) charitable ▶ M cheep, chirp; **não dar um ~** not to make a sound
piões [pjõjs] MPL *de* **pião**
piolho ['pjoʎu] M louse
pioneiro, -a [pjo'nejru, a] ADJ pioneering ▶ M/F pioneer
piopio [pju'pju] (*col*) M birdie, dicky bird
pior ['pjɔr] ADJ, ADV (*compar*) worse; (*superl*) worst ▶ M: **o ~** worst of all ▶ F: **estar na ~** (*col*) to be in a jam
piora ['pjɔra] F worsening
piorar [pjo'rar] VT to make worse, worsen ▶ VI to get worse
pipa ['pipa] F barrel, cask; (*de papel*) kite
piparote [pipa'rɔtʃi] M (*com o dedo*) flick
pipi [pi'pi] (*col*) M (*urina*) pee; **fazer ~** to have a pee, pee
pipilar [pipi'lar] VI to chirp
pipoca [pi'pɔka] F popcorn; (*col: na pele*) blister; **~s!** blast!
pipocar [pipo'kar] VI to pop up; (*aparecer*) to spring up
pipoqueiro, -a [pipo'kejru, a] M/F popcorn seller
pique ['piki] M (*corte*) nick; (*auge*) peak; (*grande disposição*) keenness, enthusiasm; **a ~** vertically, steeply; **a ~ de** on the verge of; **ir/pôr a ~** to sink; **perder o ~** to lose one's momentum; **estou no maior ~ no momento** I'm really in the mood *ou* keen at the moment
piquei *etc* [pi'kej] VB *ver* **picar**
piquenique [piki'niki] M picnic; **fazer ~** to have a picnic
piquete [pi'ketʃi] M (*Mil*) squad; (*em greve*) picket
pira ['pira] (*col*) F: **dar o ~** to take off
pirado, -a [pi'radu, a] (*col*) ADJ crazy
pirâmide [pi'ramidʒi] F pyramid
piranha [pi'raɲa] F piranha (fish); (*col: mulher*) tart
pirão [pi'rãw] M manioc meal
pirar [pi'rar] (*col*) VI to go mad; (*com drogas*) to get high; (*ir embora*) to take off
pirata [pi'rata] M pirate; (*namorador*) lady-killer; (*vigarista*) crook ▶ ADJ pirate
pirataria [pirata'ria] F piracy; (*patifaria*) crime
pires ['piris] M INV saucer
pirilampo [piri'lãpu] M glow worm
Pirineus [piri'news] MPL: **os ~** the Pyrenees
piriri [piri'ri] (*col*) M (*diarreia*) the runs *pl*
pirotecnia [pirotek'nia] F pyrotechnics *sg*, art of making fireworks
pirraça [pi'hasa] F spiteful thing; **fazer ~** to be spiteful
pirracento, -a [piha'sẽtu, a] ADJ (*vingativo*) spiteful; (*perverso*) bloody-minded
pirralho, -a [pi'haʎu, a] M/F child
pirueta [pi'rweta] F pirouette
pirulito [piru'litu] (BR) M lollipop
PISA (BR) ABR F = **Papel de Imprensa SA**
pisada [pi'zada] F (*passo*) footstep; (*rastro*) footprint

pisar [pi'zar] VT (*andar por cima de*) to tread on; (*uvas*) to tread, press; (*esmagar, subjugar*) to crush; (*café*) to grind; (*assunto*) to harp on ▶ VI (*andar*) to step, tread; (*acelerar*) to put one's foot down; **~ em** (*grama, pé*) to step *ou* tread on; (*casa de alguém, pátria*) to set foot in; **"não pise na grama"** "do not walk on the grass"; **~ forte** to stomp; **pisa mais leve!** don't stamp your feet!
piscadela [piska'dɛla] F (*involuntária*) blink; (*sinal*) wink
pisca-pisca [piska-'piska] (*pl* **-s**) M (*Auto*) indicator
piscar [pis'kar] VT to blink; (*dar sinal*) to wink; (*estrelas*) to twinkle ▶ M: **num ~ de olhos** in a flash
piscicultor, a [pisikuw'tor(a)] M/F fish farmer
piscicultura [pisikuw'tura] F fish farming
piscina [pi'sina] F swimming pool; (*para peixes*) fish pond
piscoso, -a [pis'kozu, ɔza] ADJ rich in fish
piso ['pizu] M floor; **~ salarial** wage floor, lowest wage
pisotear [pizo'tʃjar] VT to trample (on); (*fig*) to ride roughshod over
pisquei *etc* [pis'kej] VB *ver* **piscar**
píssico, -a ['pisiku, a] ADJ crazy, mad
pista ['pista] F (*vestígio*) trace; (*indicação*) clue; (*de corridas*) track; (*Aer*) runway; (*de equitação*) ring; (*de estrada*) lane; (*de dança*) (dance) floor
pistache [pis'taʃi] M pistachio (nut)
pistacho [pis'taʃu] M = **pistache**
pistão [pis'tãw] (*pl* **-ões**) M = **pistom**
pistola [pis'tɔla] F (*arma*) pistol; (*para tinta*) spray gun
pistolão [pisto'lãw] (*pl* **-ões**) M contact
pistoleiro [pisto'lejru] M gunman
pistolões [pisto'lõjs] MPL *de* **pistolão**
pistom [pis'tõ] (*pl* **-ns**) M piston
pitada [pi'tada] F (*porção*) pinch
pitanga [pi'tãga] F Surinam cherry
pitar [pi'tar] VT, VI to smoke
piteira [pi'tejra] F cigarette-holder
pito ['pitu] M (*cachimbo*) pipe; (*col: repreensão*) telling-off; **sossegar o ~** to calm down
pitonisa [pito'niza] F fortune-teller
pitoresco, -a [pito'resku, a] ADJ picturesque
pituitário, -a [pitwi'tarju, a] ADJ (*glândula*) pituitary
pivete [pi'vetʃi] M child thief
pivô [pi'vo] M (*Tec*) pivot; (*fig*) central figure, prime mover
pixaim [piʃa'ĩ] ADJ (*cabelo*) frizzy ▶ M frizzy hair
pixote [pi'ʃɔtʃi] M/F = **pexote**
pizza ['pitsa] F pizza
pizzaria [pitsa'ria] F pizzeria
PJ (BR) ABR M = **Partido da Juventude**
PL (BR) ABR M = **Partido Liberal**
plá [pla] (*col*) M (*dica*) tip; (*papo*) chat
placa ['plaka] F plate; (*Auto*) number plate (BRIT), license plate (US); (*comemorativa*)

plaque; (*Comput*) board; (*na pele*) blotch; **~ de memória** (*Comput*) memory card; **~ de sinalização** road sign; **~ fria** false number *ou* license plate

placar [pla'kar] M scoreboard; **abrir o ~** to open the scoring

placebo [pla'sɛbu] M placebo

placenta [pla'sēta] F placenta

placidez [plasi'deʒ] F peacefulness, serenity

plácido, -a ['plasidu, a] ADJ (*sereno*) calm; (*manso*) placid

plagiador, a [plaʒja'dor(a)] M/F = **plagiário**

plagiar [pla'ʒjar] VT to plagiarize

plagiário, -a [pla'ʒjarju, a] M/F plagiarist

plágio ['plaʒu] M plagiarism

plaina ['plajna] F (*instrumento*) plane

plana ['plana] F: **de primeira ~** first-class

planador [plana'dor] M glider

planalto [pla'nawtu] M tableland, plateau

planar [pla'nar] VI to glide

planear [pla'njar] (*PT*) VT = **planejar**

planejador, a [planeʒa'dor(a)] M/F planner

planejamento [planeʒa'mētu] M planning; (*Arq*) design; **~ familiar** family planning

planejar [plane'ʒar] (*BR*) VT to plan; (*edifício*) to design

planeta [pla'neta] M planet

planetário, -a [plane'tarju, a] ADJ planetary ▶ M planetarium

plangente [plã'ʒētʃi] ADJ plaintive, mournful

planície [pla'nisi] F plain

planificar [planifi'kar] VT (*programar*) to plan out; (*uma região*) to make a plan of

planilha [pla'niʎa] F spreadsheet

plano, -a ['planu, a] ADJ (*terreno*) flat, level; (*liso*) smooth ▶ M plan; (*Mat*) plane; **~ de saúde** health insurance; **~ diretor** master plan; **em primeiro/em último ~** in the foreground/background

planta ['plãta] F (*Bio*) plant; (*de pé*) sole; (*Arq*) plan

plantação [plãta'sãw] F (*ato*) planting; (*terreno*) planted land; (*safra*) crops *pl*

plantado, -a [plã'tadu, a] ADJ: **deixar alguém/ficar ~ em algum lugar** (*col*) to leave sb/be left standing somewhere

plantão [plã'tãw] (*pl* **-ões**) M duty; (*noturno*) night duty; (*plantonista*) person on duty; (*Mil: serviço*) sentry duty; (: *pessoa*) sentry; **estar de ~** to be on duty; **médico/farmácia de ~** duty doctor/chemist's (*BRIT*)

plantar [plã'tar] VT to plant; (*semear*) to sow; (*estaca*) to drive in; (*estabelecer*) to set up; **plantar-se** VR to plant o.s.

plantio [plã'tʃiu] M planting; (*terreno*) planted land

plantões [plã'tõjs] MPL *de* **plantão**

plantonista [plãto'nista] M/F person on duty

planura [pla'nura] F plain

plaquê [pla'ke] (*PT*) M gold plate

plaqueta [pla'keta] F plaque; (*Auto*) licensing badge (*attached to number plate*)

plasma ['plazma] M plasma

plasmar [plaz'mar] VT to mould (*BRIT*), mold (*US*), shape

plástica ['plastʃika] F (*cirurgia*) piece of plastic surgery; (*do corpo*) build; **fazer uma ~** to have plastic surgery

plástico, -a ['plastʃiku, a] ADJ, M plastic

plastificado, -a [plastʃifi'kadu, a] ADJ plastic-coated

plataforma [plata'fɔrma] F platform; **~ de exploração de petróleo** oil rig; **~ de lançamento** launch pad

plátano ['platanu] M plane tree

plateia [pla'teja] F (*Teatro etc*) stalls *pl* (*BRIT*), orchestra (*US*); (*espectadores*) audience

platina [pla'tʃina] F platinum

platinado, -a [platʃi'nadu, a] ADJ platinum *atr*; **loura platinada** platinum blonde

platinados [platʃi'nadus] MPL (*Auto*) points

platinar [platʃi'nar] VT (*cabelo*) to dye platinum blonde

platô [pla'to] M plateau

platônico, -a [pla'toniku, a] ADJ platonic

plausibilidade [plawzibili'dadʒi] F plausibility

plausível [plaw'zivew] (*pl* **-eis**) ADJ credible, plausible

playboy [plej'bɔi] (*pl* **-s**) M playboy

playground [plej'grãwdʒi] (*pl* **-s**) M play area

PLB ABR M = **Partido Liberal Brasileiro**

plebe ['plɛbi] F common people *pl*, populace

plebeu, -beia [ple'bew, 'beja] ADJ plebeian ▶ M/F pleb

plebiscito [plebi'situ] M referendum, plebiscite

plectro ['plɛktru] M (*Mús*) plectrum

pleitear [plej'tʃjar] VT (*Jur: causa*) to plead; (*contestar*) to contest; (*tentar conseguir*) to go after; (*concorrer a*) to compete for

pleito ['plejtu] M lawsuit, case; (*fig*) dispute; **~ (eleitoral)** election

plenamente [plena'mētʃi] ADV fully, completely

plenário, -a [ple'narju, a] ADJ plenary ▶ M plenary session; (*local*) chamber

plenipotência [plenipo'tēsja] F full powers *pl*

plenipotenciário, -a [plenipotē'sjarju, a] ADJ, M/F plenipotentiary

plenitude [pleni'tudʒi] F plenitude, fullness

pleno, -a ['plenu, a] ADJ full; (*completo*) complete; **em ~ dia** in broad daylight; **em plena rua/Londres** in the middle of the street/London; **em ~ inverno** in the middle *ou* depths of winter; **em ~ mar** out at sea; **ter plena certeza** to be completely sure; **~s poderes** full powers

pleonasmo [pljo'nazmu] M pleonasm

pletora [ple'tɔra] F plethora

pleurisia [plewri'zia] F pleurisy

plinto ['plītu] M plinth

plissado, -a [pli'sadu, a] ADJ pleated

pluma ['pluma] F feather

plumagem [plu'maʒē] F plumage

plural [plu'raw] (*pl* **-ais**) ADJ, M plural

pluralismo [plura'lizmu] M pluralism
pluralista [plura'lista] ADJ, M/F pluralist
Plutão [plu'tãw] M Pluto
plutocrata [pluto'krata] M/F plutocrat
plutônio [plu'tonju] M plutonium
pluvial [plu'vjaw] (*pl* **-ais**) ADJ pluvial, rain *atr*
PM (*BR*) ABR F, M = **polícia militar**
PMB ABR M = **Partido Municipalista Brasileiro**
PMC (*BR*) ABR M = **Partido Municipalista Comunitário**
PMDB ABR M = **Partido do Movimento Democrático Brasileiro**
PMN (*BR*) ABR M = **Partido da Mobilização Nacional**
PN ABR M (*BR*) = **Partido Nacionalista** ▶ ABR F (*Com: de ações*) = **preferencial nominativa**
PNA (*BR*) ABR M = **Plano Nacional de Álcool**
PNB ABR M (= *Produto Nacional Bruto*) GNP
PNC (*BR*) ABR M = **Partido Nacionalista Comunitário**
PND (*BR*) ABR M = **Plano Nacional de Desenvolvimento**; **Partido Nacionalista Democrático**
pneu ['pnew] M tyre (BRIT), tire (US)
pneumático, -a [pnew'matʃiku, a] ADJ pneumatic ▶ M tyre (BRIT), tire (US)
pneumonia [pnewmo'nia] F pneumonia
PNR (*BR*) ABR M = **Partido da Nova República**
pó [pɔ] M (*partículas*) powder; (*sujeira*) dust; (*col: cocaína*) coke; **pó de arroz** face powder; **sabão em pó** soap powder; **ouro em pó** gold dust; **tirar o pó (de algo)** to dust (sth)
pô [po] (*col*) EXCL (*dando ênfase*) blimey; (*mostrando desagrado*) damn it!
pobre ['pɔbri] ADJ poor ▶ M/F poor person; **os ~s** the poor; **~ de espírito** simple, dull; **um Sinatra dos ~s** a poor man's Sinatra
pobre-diabo (*pl* **pobres-diabos**) M poor devil
pobretão, -tona [pobre'tãw, 'tɔna] (*pl* **-ões/-s**) M/F pauper
pobreza [po'breza] F poverty; **~ de espírito** simplicity
poça ['pɔsa] F puddle, pool; **~ de sangue** pool of blood
poção [po'sãw] (*pl* **-ões**) F potion
pocilga [po'siwga] F pigsty
poço ['posu] M well; (*de mina, elevador*) shaft; **ser um ~ de ciência/bondade** (*fig*) to be a fount of knowledge/kindness; **~ de petróleo** oil well
poções [po'sõjs] FPL *de* **poção**
poda ['pɔda] F pruning
podadeira [poda'dejra] F pruning knife
podar [po'dar] VT to prune
pôde *etc* ['podʒi] VB *ver* **poder**

(PALAVRA-CHAVE)

poder [po'der] VI **1** (*capacidade*) can, be able to; **não posso fazê-lo** I can't do it, I'm unable to do it
2 (*ter o direito de*) can, may, be allowed to; **posso fumar aqui?** can I smoke here?; **pode entrar?** (*posso?*) can I come in?
3 (*possibilidade*) may, might, could; **pode ser** maybe; **pode ser que** it may be that; **ele poderá vir amanhã** he might come tomorrow
4: **não poder com**: **não posso com ele** I cannot cope with him
5 (*col: indignação*): **pudera!** no wonder!; **como é que pode?** you're joking!
▶ M power; (*autoridade*) authority; **poder aquisitivo** purchasing power; **estar no poder** to be in power; **em poder de alguém** in sb's hands

poderio [pode'riu] M might, power
poderoso, -a [pode'rozu, ɔza] ADJ powerful
pódio ['pɔdʒju] M podium
podre ['pɔdri] ADJ rotten, putrid; (*fig*) rotten, corrupt; (*col: exausto*) knackered; **sentir-se ~** (*col: mal*) to feel grotty; **~ de rico/cansaço** filthy rich/dog tired
podres ['pɔdris] MPL faults
podridão [podri'dãw] F decay, rottenness; (*fig*) corruption
põe *etc* [põj] VB *ver* **pôr**
poeira ['pwejra] F dust; **~ radioativa** fall-out
poeirada [pwej'rada] F pile of dust
poeirento, -a [pwej'rẽtu, a] ADJ dusty
poema ['pwema] M poem
poente ['pwẽtʃi] M west; (*do sol*) setting
poesia [poe'zia] F poetry; (*poema*) poem
poeta ['pweta] M poet
poética ['pwetʃika] F poetics *sg*
poético, -a ['pwetʃiku, a] ADJ poetic
poetisa [pwe'tʃiza] F (woman) poet
poetizar [pwetʃi'zar] VT to set to poetry ▶ VI to write poetry
pogrom [po'grõ] (*pl* **-s**) M pogrom
pois [pojs] ADV (*portanto*) so; (*PT: assentimento*) yes ▶ CONJ as, since, because; (*mas*) but; **~ bem** well then; **~ é** that's right; **~ não!** (BR) of course!; **~ não?** (BR: *numa loja*) what can I do for you?; (PT: *em interrogativas*) is it?, are you?, did they? etc; **~ sim!** certainly not!; **~ (então)** then
polaco, -a [po'laku, a] ADJ Polish ▶ M/F Pole ▶ M (*Ling*) Polish
polainas [po'lajnas] FPL gaiters
polar [po'lar] ADJ polar
polaridade [polari'dadʒi] F polarity
polarizar [polari'zar] VT to polarize
polca ['powka] F polka
poldro, -a ['powdru, a] M/F colt/filly
polegada [pole'gada] F inch
polegar [pole'gar] M (*tb*: **dedo polegar**) thumb
poleiro [po'lejru] M perch
polêmica [po'lemika] F controversy
polêmico, -a [po'lemiku, a] ADJ controversial
polemista [pole'mista] ADJ argumentative ▶ M/F debater
polemizar [polemi'zar] VI to debate, argue
pólen ['pɔlẽ] M pollen
polia [po'lia] F pulley

poliamida [polja'mida] F polyamide
polichinelo [poliʃi'nɛlu] M Mr Punch
polícia [po'lisja] F police, police force ▶ M/F policeman/woman; **agente de** ~ police officer; ~ **aduaneira** border police; ~ **militar** military police; ~ **rodoviária** traffic police
policial [poli'sjaw] (pl **-ais**) ADJ police atr ▶ M/F (BR) policeman/woman; **novela** ou **romance** ~ detective novel
policial-militar (pl **policiais-militares**) ADJ military police atr
policiamento [polisja'mẽtu] M policing
policiar [poli'sjar] VT to police; (instintos, modos) to control, keep in check; **policiar-se** VR to watch o.s.
policlínica [poli'klinika] F general hospital
policultura [polikuw'tura] F mixed farming
polidez [poli'deʒ] F good manners pl, politeness
polido, -a [po'lidu, a] ADJ (lustrado) polished, shiny; (cortês) well-mannered, polite
poliéster [po'ljɛster] M polyester
poliestireno [poljestʃi'rɛnu] M polystyrene
polietileno [poljetʃi'lɛnu] M polythene (BRIT), polyethylene (US)
poligamia [poliga'mia] F polygamy
polígamo, -a [po'ligamu, a] ADJ polygamous
poliglota [poli'glɔta] ADJ, M/F polyglot
polígono [po'ligonu] M polygon
polimento [poli'mẽtu] M (lustração) polishing; (finura) refinement
Polinésia [poli'nɛzja] F: **a** ~ Polynesia
polinésio, -a [poli'nɛzju, a] ADJ, M/F Polynesian
polinização [poliniza'sãw] F pollination
polinizar [polini'zar] VT, VI to pollinate
pólio ['pɔlju] F polio
poliomielite [poljomje'litʃi] F poliomyelitis
pólipo ['pɔlipu] M polyp
polir [po'lir] VT to polish
polissílabo, -a [poli'silabu, a] ADJ polysyllabic ▶ M polysyllable
politécnica [poli'tɛknika] F (Educ) polytechnic
política [po'litʃika] F politics sg; (programa) policy; (diplomacia) tact; (astúcia) cunning; ver tb **político**
politicagem [politʃi'kaʒẽ] F politicking
politicar [politʃi'kar] VI to be involved in politics; (discorrer) to talk politics
político, -a [po'litʃiku, a] ADJ political; (astuto) crafty ▶ M/F politician
politiqueiro, -a [politʃi'kejru, a] M/F political wheeler-dealer ▶ ADJ politicking
politizar [politʃi'zar] VT to politicize; (trabalhadores) to mobilize politically; **politizar-se** VR to become politically aware
polo ['pɔlu] M pole; (Esporte) polo; ~ **aquático** water polo; ~ **petroquímico** petrochemical complex; **P~ Norte/Sul** North/South Pole
polonês, -esa [polo'nes, eza] ADJ Polish ▶ M/F Pole ▶ M (Ling) Polish

Polônia [po'lonja] F: **a** ~ Poland
polpa ['powpa] F pulp
polpudo, -a [pow'pudu, a] ADJ (fruta) fleshy; (negócio) profitable, lucrative; (quantia) sizeable, considerable
poltrão, -trona [pow'trãw, 'trɔna] (pl **-ões/-s**) ADJ cowardly ▶ M/F coward
poltrona [pow'trɔna] F armchair; (em teatro, cinema) upholstered seat; ver tb **poltrão**
poluente [po'lwẽtʃi] ADJ, M pollutant
poluição [polwi'sãw] F pollution
poluidor, a [polwi'dor(a)] ADJ pollutant
poluir [po'lwir] VT to pollute
polvilhar [powvi'ʎar] VT to sprinkle, powder
polvilho [pow'viʎu] M powder; (farinha) manioc flour
polvo ['powvu] M octopus
pólvora ['pɔwvora] F gunpowder
polvorosa [powvo'rɔza] (col) F uproar; **em** ~ (apressado) in a flap; (desarrumado) in a mess
pomada [po'mada] F ointment
pomar [po'mar] M orchard
pomba ['põba] F dove; ~**(s)!** for heaven's sake!
pombal [põ'baw] (pl **-ais**) M dovecote
pombo ['põbu] M pigeon
pombo-correio (pl **pombos-correios**) M carrier pigeon
pomo ['pomu] M: ~ **de Adão** (BR) Adam's apple; ~ **de discórdia** bone of contention
pomos ['pomos] VB ver **pôr**
pompa ['põpa] F pomp
Pompeia [põ'peja] N Pompeii
pompom [põ'põ] (pl **-ns**) M pompom
pomposo, -a [põ'pozu, ɔza] ADJ ostentatious, pompous
ponche ['põʃi] M punch
poncheira [põ'ʃejra] F punchbowl
poncho ['põʃu] M poncho
ponderação [põdera'sãw] F consideration, meditation; (prudência) prudence
ponderado, -a [põde'radu, a] ADJ prudent
ponderar [põde'rar] VT to consider, weigh up ▶ VI to meditate, muse; ~ **que** (alegar) to point out that
pônei ['ponej] M pony
ponho etc ['poɲu] VB ver **pôr**
ponta ['põta] F tip; (de faca) point; (de sapato) toe; (extremidade) end; (Teatro, Cinema) walk-on part; (Futebol: posição) wing; (: jogador) winger; **uma ~ de** (um pouco) a touch of; ~ **de cigarro** cigarette end; ~ **do dedo** fingertip; **na** ~ **da língua** on the tip of one's tongue; **na(s) ~(s) dos pés** on tiptoe; **de ~ a ~** from one end to the other; (do princípio ao fim) from beginning to end; ~ **de lança** (fig) spearhead; ~ **de terra** point; **de** ~ (tecnologia) cutting-edge; **estar de** ~ **com alguém** to be at odds with sb; **aguentar as ~s** (col) to hold on
ponta-cabeça F: **de** ~ upside down; (cair) head first
pontada [põ'tada] F (dor) twinge

ponta-direita (*pl* **pontas-direitas**) M (*Futebol*) right winger

ponta-esquerda (*pl* **pontas-esquerdas**) M (*Futebol*) left winger

pontal [põ'taw] (*pl* **-ais**) M (*de terra*) point, promontory

pontão [põ'tãw] M pontoon

pontapé [põta'pɛ] M kick; **dar ~s em alguém** to kick sb

pontaria [põta'ria] F aim; **fazer ~** to take aim

ponte ['põtʃi] F bridge; **~ aérea** air shuttle, airlift; **~ de safena** (heart) bypass operation; **~ móvel** swing bridge; **~ suspensa** *ou* **pênsil** suspension bridge

ponteado, -a [põ'tʃjadu, a] ADJ stippled, dotted ▶ M stipple

pontear [põ'tʃjar] VT (*pontilhar*) to dot, stipple; (*dar pontos*) to sew, stitch

ponteira [põ'tejra] F ferrule, tip

ponteiro [põ'tejru] M (*indicador*) pointer; (*de relógio*) hand; (*Mús: plectro*) plectrum

pontiagudo, -a [põtʃja'gudu, a] ADJ sharp, pointed

pontificado [põtʃifi'kadu] M pontificate

pontificar [põtʃifi'kar] VI to pontificate

pontífice [põ'tʃifisi] M pontiff, Pope

pontilhado, -a [põtʃi'ʎadu, a] ADJ dotted ▶ M dotted area

pontilhar [põtʃi'ʎar] VT to dot, stipple

pontinha [põ'tʃiɲa] F: **uma ~ de** a bit *ou* touch of

ponto ['põtu] M point; (*Med, Costura, Tricô*) stitch; (*pequeno sinal, do i*) dot; (*na pontuação*) full stop (BRIT), period (US); (*na pele*) spot; (*Teatro*) prompter; (*de ônibus*) stop; (*de táxi*) rank (BRIT), stand (US); (*tb*: **ponto cantado**) macumba chant; (*matéria escolar*) subject; (*boca de fumo*) drug den; **estar a ~ de fazer** to be on the point of doing; **ao ~** (*bife*) medium; **até certo ~** to a certain extent; **às cinco em ~** at five o'clock on the dot; **em ~ de bala** (*col*) all set; **assinar o ~** to sign in; (*fig*) to put in an appearance; **dar ~s** (*Med*) to put in stitches; **não dar ~ sem nó** (*fig*) to look out for one's own interests; **entregar os ~s** (*fig*) to give up; **fazer ~ em** to hang out at; **pôr um ~ em algo** (*fig*) to put a stop to sth; **dois ~s** colon *sg*; **~ cardeal** cardinal point; **~ de admiração** (PT) exclamation mark; **~ de equilíbrio** (*Com*) break-even point; **~ de exclamação/interrogação** exclamation/question mark; **~ de meia/de tricô** stocking/plain stitch; **~ de mira** bead; **~ de partida** starting point; **~ de referência** point of reference; **~ de venda** point of sale; **~ de vista** point of view, viewpoint; **~ e vírgula** semicolon; **~ facultativo** optional day off; **~ final** (*fig*) end; (*de ônibus*) terminus; **~ fraco** weak point

pontuação [põtwa'sãw] F punctuation

pontual [põ'twaw] (*pl* **-ais**) ADJ punctual

pontualidade [põtwali'dadʒi] F punctuality

pontuar [põ'twar] VT to punctuate

pontudo, -a [põ'tudu, a] ADJ pointed

poodle ['pudw] M poodle

pool [puw] M pool

popa ['popa] F stern, poop; **à ~** astern, aft

popelina [pope'lina] F poplin

população [popula'sãw] (*pl* **-ões**) F population

populacional [populasjo'naw] (*pl* **-ais**) ADJ population *atr*

populações [popula'sõjs] FPL *de* **população**

popular [popu'lar] ADJ popular

popularidade [populari'dadʒi] F popularity

popularizar [populari'zar] VT to popularize, make popular; **popularizar-se** VR to become popular

populista [popu'lista] ADJ populist

populoso, -a [popu'lozu, ɔza] ADJ populous

pôquer ['poker] M poker

(PALAVRA-CHAVE)

por [por] (*por* + *o(s)/a(s)* = *pelo(s)/a(s)*) PREP **1** (*objetivo*) for; **lutar pela pátria** to fight for one's country

2 (+ *infin*): **está por acontecer** it is about to happen, it is yet to happen; **está por fazer** it is still to be done

3 (*causa*) out of, because of; **por falta de fundos** through lack of funds; **por hábito/natureza** out of habit/by nature; **faço isso por ela** I do it for her; **por isso** therefore; **a razão pela qual ...** the reason why ...; **pelo amor de Deus!** for Heaven's sake!

4 (*tempo*): **pela manhã** in the morning; **por volta das duas horas** at about two o'clock; **ele vai ficar por uma semana** he's staying for a week

5 (*lugar*): **por aqui** this way; **viemos pelo parque** we came through the park; **passar por São Paulo** to pass through São Paulo; **por fora/dentro** outside/inside

6 (*troca, preço*) for; **trocar o velho pelo novo** to change old for new; **comprei o livro por dez libras** I bought the book for ten pounds

7 (*valor proporcional*): **por cento** per cent; **por hora/dia/semana/mês/ano** hourly/daily/weekly/monthly/yearly; **por cabeça** a *ou* per head; **por mais difícil** *etc* **que seja** however difficult *etc* it is

8 (*modo, meio*) by; **por correio/avião** by post/air; **por sí** by o.s.; **por escrito** in writing; **entrar pela entrada principal** to go in through the main entrance

9: **por que** why; **por quê?** why?

10: **por mim tudo bem** as far as I'm concerned that's OK

(PALAVRA-CHAVE)

pôr [por] VT **1** (*colocar*) to put; (*roupas*) to put on; (*objeções, dúvidas*) to raise; (*ovos, mesa*) to lay; (*defeito*) to find; **põe mais forte** turn it up; **você põe açúcar?** do you take sugar?; **pôr de lado** to set aside

2 (+ *adj*) to make; **você está me pondo**

nervoso you're making me nervous; **pôr-se** VR **1** (*sol*) to set; **2** (*colocar-se*): **pôr-se de pé** to stand up; **ponha-se no meu lugar** put yourself in my position; **3**: **pôr-se a** to start to; **ela pôs-se a chorar** she started crying ▶ M: **o pôr do sol** sunset

porão [po'rãw] (*pl* **-ões**) M (*Náut*) hold; (*de casa*) basement; (: *armazém*) cellar

porca ['pɔrka] F (*animal*) sow; (*Tec*) nut

porcalhão, -lhona [porka'ʎãw, 'ʎɔna] (*pl* **-ões/-s**) ADJ filthy ▶ M/F pig

porção [por'sãw] (*pl* **-ões**) F portion, piece; **uma ~ de** a lot of

porcaria [porka'ria] F filth; (*dito sujo*) obscenity; (*coisa ruim*) piece of junk ▶ EXCL damn!; **o filme era uma ~** the film was a load of rubbish

porcelana [porse'lana] F porcelain, china

porcentagem [porsẽ'taʒẽ] (*pl* **-ns**) F percentage

porco, -a ['porku, 'pɔrka] ADJ filthy ▶ M (*animal*) pig, hog (*US*); (*carne*) pork; **~ chauvinista** male chauvinist pig

porções [por'sõjs] FPL *de* **porção**

porco-espinho (*pl* **porcos-espinhos**) M porcupine

porco-montês [-mõ'tes] (*pl* **porcos-monteses**) M wild boar

porejar [pore'ʒar] VT to exude ▶ VI to be exuded

porém [po'rẽ] CONJ however

porfia [por'fia] F (*altercação*) dispute, wrangle; (*rivalidade*) rivalry

pormenor [porme'nor] M detail

pormenorizar [pormenori'zar] VT to detail

pornô [por'no] (*col*) ADJ INV porn ▶ M (*filme*) porn film

pornochanchada [pornoʃã'ʃada] F (*filme*) soft porn movie

pornografia [pornogra'fia] F pornography

pornográfico, -a [porno'grafiku, a] ADJ pornographic

poro ['pɔru] M pore

porões [po'rõjs] MPL *de* **porão**

pororoca [poro'rɔka] F bore

poroso, -a [po'rozu, ɔza] ADJ porous

porquanto [por'kwãtu] CONJ since, seeing that

porque [por'ke] CONJ because; (*interrogativo*: *PT*) why

porquê [por'ke] ADV (*PT*) why ▶ M reason, motive; **~?** (*PT*) why?

porquinho-da-índia [por'kiɲu-] (*pl* **porquinhos-da-índia**) M guinea pig

porra ['poha] (*!*) F come (*!*), spunk (*!*) ▶ EXCL fuck (*!*), fucking hell (*!*); **para quê ~?** what the fuck for? (*!*)

porrada [po'hada] F (*col*: *pancada*) beating; (: *confusão*) aggro; **uma ~ de** (*!*) fucking loads of (*!*)

porra-louca (*pl* **porras-loucas**) (*!*) M/F headcase (*col*) ▶ ADJ crazy

porre ['pɔhi] (*col*) M booze-up (*!*); **tomar um ~** to get plastered (*!*); **estar de ~** to be plastered (*!*); **ser um ~** (*ser chato*) to be boring, be a drag

porretada [pohe'tada] F clubbing

porrete [po'hetʃi] M club

porta ['pɔrta] F door; (*vão da porta*) doorway; (*de um jardim*) gate; (*Comput*) port; **a ~s fechadas** behind closed doors; **de ~ em ~** from door to door; **~ corrediça** sliding door; **~ da rua/da frente/dos fundos** street/front/back door; **~ de entrada** entrance door; **~ de vaivém** swing door; **~ giratória** revolving door; **~ sanfonada** folding door

porta-aviões M INV aircraft carrier

porta-bandeira (*pl* **porta-bandeiras**) M/F standard-bearer

porta-chaves M INV keyring

portador, a [porta'dor(a)] M/F bearer; **ao ~** (*Com*) payable to the bearer

porta-espada (*pl* **porta-espadas**) M sheath

porta-estandarte (*pl* **porta-estandartes**) M/F standard-bearer

porta-fólio [-'fɔlju] (*pl* **porta-fólios**) M portfolio

portagem [por'taʒẽ] (*pl* **-ns**) (*PT*) F toll

porta-joias M INV jewellery (*BRIT*) *ou* jewelry (*US*) box

portal [por'taw] (*pl* **-ais**) M doorway

porta-lápis M INV pencil box

portaló [porta'lɔ] M (*Náut*) gangway

porta-luvas M INV (*Auto*) glove compartment

porta-malas M INV (*Auto*) boot (*BRIT*), trunk (*US*)

porta-moedas (*PT*) M purse

porta-níqueis M INV purse

portanto [por'tãtu] CONJ so, therefore

portão [por'tãw] (*pl* **-ões**) M gate

porta-partitura (*pl* **porta-partituras**) M music stand

portar [por'tar] VT to carry; **portar-se** VR to behave

porta-retrato (*pl* **porta-retratos**) M photo frame

porta-revistas M INV magazine rack

portaria [porta'ria] F (*de um edifício*) entrance hall; (*recepção*) reception desk; (*do governo*) edict, decree; **baixar uma ~** to issue a decree

porta-seios M INV bra, brassiere

portátil [por'tatʃiw] (*pl* **-eis**) ADJ portable

porta-toalhas M INV towel rail

porta-voz (*pl* **-es**) M/F (*pessoa*) spokesman, spokesperson

porte ['pɔrtʃi] M (*transporte*) transport; (*custo*) freight charge, carriage; (*Náut*) tonnage, capacity; (*atitude*) bearing; **~ pago** post paid; **de grande ~** far-reaching, important; **empresa de ~ médio** medium-sized enterprise; **um autor do ~ de ...** an author of the calibre (*BRIT*) *ou* caliber (*US*) of ....

porteiro, -a [por'tejru, a] M/F caretaker; **~ eletrônico** entry phone

portenho, -a [por'tɛɲu, a] ADJ from Buenos Aires ▶ M/F person from Buenos Aires
portento [por'tẽtu] M wonder, marvel
portentoso, -a [portẽ'tozu, ɔza] ADJ amazing, marvellous (BRIT), marvelous (US)
pórtico ['pɔrtʃiku] M porch, portico
portinhola [portʃi'ɲɔla] F small door; (de carruagem) door
porto ['portu] M (do mar) port, harbour (BRIT), harbor (US); (vinho) port; **o P~** Oporto; **~ de escala** port of call; **~ franco** freeport
porto-alegrense [-ale'grẽsi] ADJ from Porto Alegre ▶ M/F person from Porto Alegre
portões [por'tõjs] MPL de **portão**
Porto Rico M Puerto Rico
porto-riquenho, -a [portuhi'kɛɲu, a] ADJ, M/F Puerto Rican
portuense [por'twẽsi] ADJ from Oporto ▶ M/F person from Oporto
portuga [por'tuga] (pej) M/F Portuguese
Portugal [portu'gaw] M Portugal
português, -guesa [portu'ges, 'geza] ADJ Portuguese ▶ M/F Portuguese inv ▶ M (Ling) Portuguese; **~ de Portugal/do Brasil** European/Brazilian Portuguese
portunhol [portu'ɲɔw] M mixture of Spanish and Portuguese
porventura [porvẽ'tura] ADJ by chance; **se ~ você...** if you happen to...
porvir [por'vir] M future
pôs [pos] VB ver **pôr**
pós- [pɔjʃ-] PREFIXO post-
posar [po'zar] VI (Foto) to pose
pós-datado, -a [-da'tadu, a] ADJ post-dated
pós-datar VT to postdate
pose ['pɔzi] F pose
pós-escrito M postscript
pós-graduação F postgraduation; **curso de ~** postgraduate course
pós-graduado, -a ADJ, M/F postgraduate
pós-guerra M post-war period; **o Brasil do ~** post-war Brazil
posição [pozi'sãw] (pl **-ões**) F position; (social) standing, status; (de esportista no mundo) ranking; **tomar uma ~** to take a stand
posicionar [pozisjo'nar] VT to position; **posicionar-se** VR to position o.s.; (tomar atitude) to take a position
positivo, -a [pozi'tʃivu, a] ADJ positive ▶ M positive ▶ EXCL (col) yeah!, sure!
posologia [pozolo'ʒia] F dosage
pós-operatório, -a [-opera'tɔrju, a] ADJ post-operative
pospor [pos'por] (irreg: como **pôr**) VT to put after; (adiar) to postpone
possante [po'sãtʃi] ADJ powerful, strong; (carro) flashy
posse ['pɔsi] F possession, ownership; (investidura) swearing in; **posses** FPL (pertences) possessions, belongings; **tomar ~** to take office; **tomar ~ de** to take possession of; **cerimônia de ~** swearing in ceremony; **pessoa de ~s** person of means; **viver de acordo com suas ~s** to live according to one's means
posseiro, -a [po'sejru, a] ADJ leaseholding ▶ M/F leaseholder
possessão [pose'sãw] F possession
possessivo, -a [pose'sivu, a] ADJ possessive
possesso, -a [po'sɛsu, a] ADJ possessed; (furioso) furious
possibilidade [posibili'dadʒi] F possibility; (oportunidade) chance; **possibilidades** FPL (recursos) means
possibilitar [posibili'tar] VT to make possible, permit
possível [po'sivew] (pl **-eis**) ADJ possible; **fazer todo o ~** to do one's best; **não é ~!** (col) you're joking!
posso etc ['posu] VB ver **poder**
possuidor, a [poswi'dor(a)] M/F (de casa, livro etc) owner; (de dinheiro, talento etc) possessor; **ser ~ de** to be the owner/possessor of
possuir [po'swir] VT (casa, livro etc) to own; (dinheiro, talento) to possess; (dominar) to possess, grip; (sexualmente) to take, have
post [post] (pl **-s**) M (Comput) post; **~ de blog** blogpost
posta ['pɔsta] F (pedaço) piece, slice
postal [pos'taw] (pl **-ais**) ADJ postal ▶ M postcard
postar [pos'tar] VT to place, post; (Comput) to post; **postar-se** VR to position o.s.
posta-restante (pl **postas-restantes**) F poste-restante (BRIT), general delivery (US)
poste ['pɔstʃi] M pole, post
pôster ['poster] M poster
postergar [poster'gar] VT (adiar) to postpone; (amigos) to pass over; (interesse pessoal) to set ou put aside; (lei, norma) to disregard
posteridade [posteri'dadʒi] F posterity
posterior [poste'rjor] ADJ (mais tarde) subsequent, later; (traseiro) rear, back ▶ M (col) posterior, bottom
posteriormente [posterjor'mẽtʃi] ADV later, subsequently
postiço, -a [pos'tʃisu, a] ADJ false, artificial
postigo [pos'tʃigu] M (em porta) peephole
posto, -a ['postu, 'pɔsta] PP de **pôr** ▶ M post, position; (emprego) job; (de diplomata: local) posting; **~ de comando** command post; **~ de gasolina** service ou petrol station; **~ que** although; **a ~s** at action stations; **~ do corpo de bombeiros** fire station; **~ de saúde** health centre ou centre
posto-chave (pl **postos-chave(s)**) M key post
postulado [postu'ladu] M postulate, assumption
postulante [postu'lãtʃi] M/F petitioner; (candidato) candidate
postular [postu'lar] VT (pedir) to request; (teoria) to postulate
póstumo, -a [pɔstumu, a] ADJ posthumous
postura [pos'tura] F (posição) posture, position; (aspecto físico) appearance; (fig) posture
posudo, -a [po'zudu, a] ADJ poseurish

potassa [po'tasa] F potash
potássio [po'tasju] M potassium
potável [po'tavew] (pl **-eis**) ADJ drinkable; **água ~** drinking water
pote ['pɔtʃi] M jug, pitcher; (de geleia) jar; (de creme) pot; **chover a ~s** (PT) to rain cats and dogs; **dinheiro aos ~s** (fig) pots of money
potência [po'tẽsja] F power; (força) strength; (nação) power; (virilidade) potency
potencial [potẽ'sjaw] (pl **-ais**) ADJ potential, latent ▶ M potential; **riquezas** etc **em ~** potential wealth etc
potentado [potẽ'tadu] M potentate
potente [po'tẽtʃi] ADJ powerful, potent
pot-pourri [popu'hi] M (Mús) medley; (fig) pot-pourri
potro, -a ['potru, a] M/F (cavalo) colt/filly, foal
pouca-vergonha (pl **poucas-vergonhas**) F (ato) shameful act, disgrace; (falta de vergonha) shamelessness

(PALAVRA-CHAVE)

pouco, -a ['poku, a] ADJ **1** (sg) little, not much; **pouco tempo** little ou not much time; **de pouco interesse** of little interest, not very interesting; **pouca coisa** not much
2 (pl) few, not many; **uns poucos** a few, some; **poucas vezes** rarely; **poucas crianças comem o que devem** few children eat what they should
▶ ADV **1** little, not much; **custa pouco** it doesn't cost much; **dentro em pouco, daqui a pouco** shortly; **pouco antes** shortly before
2 (+ adj: negativo): **ela é pouco inteligente/simpática** she's not very bright/friendly
3: **por pouco eu não morri** I almost died
4: **pouco a pouco** little by little
5: **aos poucos** gradually
▶ M: **um pouco** a little, a bit; **nem um pouco** not at all

pouco-caso M scorn
poupador, a [popa'dor(a)] ADJ thrifty
poupança [po'pãsa] F thrift; (economias) savings pl; (tb: **caderneta de poupança**) savings bank
poupar [po'par] VT to save; (vida) to spare; **~ alguém** (de sofrimentos) to spare sb; **~ algo a alguém, ~ alguém de algo** (trabalho etc) to save sb sth; (aborrecimentos) to spare sb sth
pouquinho [po'kiɲu] M: **um ~ (de)** a little
pouquíssimo, -a [po'kisimu, a] ADJ, ADV SUPERL de **pouco**
pousada [po'zada] F (hospedagem) lodging; (hospedaria) inn
pousar [po'zar] VT to place; (mão) to rest, place ▶ VI (avião, pássaro) to land; (pernoitar) to spend the night
pouso ['pozu] M landing; (lugar) resting place
povão [po'vãw] M ordinary people pl
povaréu [pova'rɛw] M crowd of people
povo ['povu] M people; (raça) people pl, race; (plebe) common people pl; (multidão) crowd
povoação [povwa'sãw] (pl **-ões**) F (aldeia) village, settlement; (habitantes) population; (ato de povoar) settlement, colonization
povoado [po'vwadu] M village
povoamento [povwa'mẽtu] M settlement
povoar [po'vwar] VT (de habitantes) to people, populate; (de animais etc) to stock
poxa ['poʃa] EXCL gosh!
PP ABR (Com: de ações) = **preferencial ao portador**
PPB ABR M = **Partido do Povo Brasileiro**
PR (BR) ABR = **Paraná** ▶ ABR F = **polícia rodoviária**
pra [pra] (col) PREP = **para a**; ver **para**
praça ['prasa] F (largo) square; (mercado) marketplace; (soldado) soldier; (cidade) town ▶ M (Mil) private; (polícia) constable; **sentar ~** to enlist; **~ de touros** bullring; **~ forte** stronghold
praça-d'armas (pl **praças-d'armas**) M officers' mess
pracinha [pra'siɲa] M GI
prado ['pradu] M meadow, grassland; (BR: hipódromo) racecourse
pra-frente (col) ADJ INV trendy
prafrentex [prafrẽ'tɛks] (col) ADJ INV trendy
Praga ['praga] N Prague
praga ['praga] F (coisa, pessoa importuna) nuisance; (maldição) curse; (desgraça) misfortune; (erva daninha) weed; **rogar ~ a alguém** to curse sb
pragmático, -a [prag'matʃiku, a] ADJ (prático) pragmatic
pragmatismo [pragma'tʃizmu] M pragmatism
pragmatista [pragma'tʃista] ADJ, M/F pragmatist
praguejar [prage'ʒar] VT, VI to curse
praia ['praja] F beach, seashore
pralina [pra'lina] F praline
prancha ['prãʃa] F plank; (Náut) gangplank; (de surfe) board
prancheta [prã'ʃeta] F (mesa) drawing board
prantear [prã'tʃjar] VT to mourn ▶ VI to weep
pranto ['prãtu] M weeping; **debulhar-se em ~** to weep bitterly
Prata ['prata] F: **o rio da ~** the River Plate
prata ['prata] F silver; (col: cruzeiro) = quid (BRIT), = buck (US); **de ~** silver atr; **~ de lei** sterling silver
prataria [prata'ria] F silverware; (pratos) crockery
pratarrão [prata'hãw] (pl **-ões**) M large plate
prateado, -a [pra'tʃjadu, a] ADJ silver-plated; (brilhante) silvery; (cor) silver ▶ M (cor) silver; (de um objeto) silver-plating; **papel ~** silver paper
pratear [pra'tʃjar] VT to silver-plate; (fig) to turn silver
prateleira [prate'lejra] F shelf
prática ['pratʃika] F (ato de praticar) practice; (experiência) experience, know-how; (costume) habit, custom; **na ~** in practice; **pôr em ~**

to put into practice; **aprender com a ~** to learn with practice; **ver tb prático**
praticagem [pratʃi'kaʒē] F (Náut) pilotage
praticante [pratʃi'kātʃi] ADJ practising (BRIT), practicing (US) ▶ M/F apprentice; (de esporte) practitioner
praticar [pratʃi'kar] VT to practise (BRIT), practice (US); (profissão, medicina) to practise ou practice; (roubo, operação) to carry out
praticável [pratʃi'kavew] (pl **-eis**) ADJ practical, feasible
prático, -a ['pratʃiku, a] ADJ practical ▶ M/F expert ▶ M (Náut) pilot
prato [pratu] M (louça) plate; (comida) dish; (de uma refeição) course; (de toca-discos) turntable; **pratos** MPL (Mús) cymbals; **~ raso/fundo/de sobremesa** dinner/soup/dessert plate; **~ do dia** dish of the day; **cuspir no ~ em que comeu** (fig) to bite the hand that feeds one; **pôr algo em ~s limpos** to get to the bottom of sth; **~ de resistência** pièce de résistance
praxe ['praʃi] F custom, usage; **de ~** usually; **ser de ~** to be the norm

> Student life in Portugal follows the traditions set out in a written set of rules known as the 'código da **praxe**'. It begins in freshman's week, where first-year students are jeered at by their seniors, and are subjected to a number of humiliating practical jokes, such as having their hair cut against their will and being made to walk around town in fancy dress. The equivalent of **praxe** in Brazil is known as *trote*.

prazenteiro, -a [prazẽ'tejru, a] ADJ cheerful, pleasant
prazer [pra'zer] M pleasure ▶ VI: **~ a alguém** to please sb; **muito ~ em conhecê-lo** pleased to meet you
prazeroso, -a [praze'rozu, ɔza] ADJ (pessoa) pleased; (viagem) pleasurable
prazo ['prazu] M term, period; (vencimento) expiry date, time limit; **a curto/médio/longo ~** in the short/medium/long term; **comprar a ~** to buy on hire purchase (BRIT) ou on the installment plan (US); **último ~** ou **~ final** deadline
pré- [prɛ-] PREFIXO pre-
preamar [prea'mar] (BR) F high tide water
preâmbulo [pre'ābulu] M preamble, introduction; **sem mais ~s** without further ado
preaquecer [prjake'ser] VT to preheat
pré-aviso M (prior) notice
precário, -a [pre'karju, a] ADJ precarious, insecure; (escasso) failing; (estado de saúde) delicate
precatado, -a [preka'tadu, a] ADJ cautious
precatar-se [preka'tarsi] VR to take precautions; **~ contra** to be wary of; **precate-se para o pior** prepare yourself for the worst
precatória [preka'tɔrja] F (Jur) writ, prerogative order

precaução [prekaw'sãw] (pl **-ões**) F precaution
precaver-se [preka'versi] VR: **~ (contra** ou **de)** to be on one's guard (against); **~ para algo/fazer algo** to prepare o.s. for sth/be prepared to do sth
precavido, -a [preka'vidu, a] ADJ cautious
prece ['prɛsi] F prayer; (súplica) entreaty
precedência [prese'dēsja] F precedence; **ter ~ sobre** to take precedence over
precedente [prese'dētʃi] ADJ preceding ▶ M precedent; **sem ~(s)** unprecedented
preceder [prese'der] VT, VI to precede; **~ a algo** to precede sth; (ter primazia) to take precedence over sth
preceito [pre'sejtu] M precept, ruling
preceituar [presej'twar] VT to set down, prescribe
preceptor [presep'tor] M mentor
preciosidade [presjozi'dadʒi] F (qualidade) preciousness; (coisa) treasure
preciosismo [presjo'zizmu] M preciosity
precioso, -a [pre'sjozu, ɔza] ADJ precious; (de grande importância) invaluable
precipício [presi'pisju] M precipice; (fig) abyss
precipitação [presipita'sãw] F haste; (imprudência) rashness
precipitado, -a [presipi'tadu, a] ADJ hasty; (imprudente) rash
precipitar [presipi'tar] VT (atirar) to hurl; (acontecimentos) to precipitate ▶ VI (Quím) to precipitate; **precipitar-se** VR (atirar-se) to hurl o.s.; (contra, para) to rush; (agir com precipitação) to be rash, act rashly; **~ alguém/-se em** (situação) to plunge sb/be plunged into; (aventuras, perigos) to sweep sb/be swept into
precisado, -a [presi'zadu, a] ADJ needy, in need
precisamente [preziza'mētʃi] ADV precisely
precisão [presi'zãw] F (exatidão) precision, accuracy; **ter ~ de** to need
precisar [presi'zar] VT to need; (especificar) to specify ▶ VI to be in need; **precisar-se** VR: **"precisa-se"** "needed"; **~ de** to need; **não precisa você se preocupar** you needn't worry; **precisa de um passaporte** a passport is necessary ou needed; **preciso ir** I have to go; **~ que alguém faça** to need sb to do
preciso, -a [pre'sizu, a] ADJ (exato) precise, accurate; (necessário) necessary; (claro) concise; **é ~ você ir** you must go
preclaro, -a [pre'klaru, a] ADJ famous, illustrious
preço ['presu] M price; (custo) cost; (valor) value; **por qualquer ~** at any price; **a ~ de banana** (BR) ou **de chuva** (PT) dirt cheap; **não ter ~** (fig) to be priceless; **~ por atacado/a varejo** wholesale/retail price; **~ de custo** cost price; **~ de venda** sale price; **~ de fábrica/de revendedor** factory/trade

price; ~ **à vista** cash price; (*de commodities*) spot price; ~ **pedido** asking price

precoce [pre'kɔsi] ADJ precocious; (*antecipado*) early; (*calvície*) premature

precocidade [prekosi'dadʒi] F precociousness

preconcebido, -a [prekõse'bidu, a] ADJ preconceived

preconceito [prekõ'sejtu] M prejudice

preconizar [prekoni'zar] VT to extol; (*aconselhar*) to advocate

precursor, a [prekur'sor(a)] M/F (*predecessor*) precursor, forerunner; (*mensageiro*) herald

predador [preda'dor] M predator

pré-datado, -a [-da'tadu, a] ADJ predated

pré-datar VT to predate

predatório, -a [preda'tɔrju, a] ADJ predatory

predecessor [predese'sor] M predecessor

predestinado, -a [predestʃi'nadu, a] ADJ predestined

predestinar [predestʃi'nar] VT to predestine

predeterminado, -a [predetermi'nadu, a] ADJ predetermined

predeterminar [predetermi'nar] VT to predetermine

predial [pre'dʒjaw] (*pl* **-ais**) ADJ property *atr*, real-estate *atr*; **imposto** ~ domestic rates

prédica ['prɛdʒika] F sermon

predicado [predʒi'kadu] M predicate

predição [predʒi'sãw] (*pl* **-ões**) F prediction, forecast

predigo *etc* [pre'dʒigu] VB *ver* **predizer**

predileção [predʒile'sãw] (*pl* **-ões**) F preference, predilection

predileto, -a [predʒi'lɛtu, a] ADJ favourite (BRIT), favorite (US)

prédio ['prɛdʒju] M building; ~ **de apartamentos** block of flats (BRIT), apartment house (US)

predispor [predʒis'por] (*irreg: como* **pôr**) VT: ~ **alguém contra** to prejudice sb against; **predispor-se** VR: ~-**se a/para** to get o.s. in the mood to/for; **a natação me predispõe para o trabalho** swimming puts me in the mood for work; **a notícia os predispôs para futuros problemas** the news prepared them for future problems

predisposição [predʒispozi'sãw] F predisposition

predisposto, -a [predʒis'postu, 'pɔsta] PP *de* **predispor** ▸ ADJ predisposed

predispunha *etc* [predʒis'puɲa] VB *ver* **predispor**

predispus *etc* [predʒis'pus] VB *ver* **predispor**

predispuser *etc* [predʒispu'zer] VB *ver* **predispor**

predizer [predʒi'zer] (*irreg: como* **dizer**) VT to predict, forecast

predominância [predomi'nãsja] F predominance, prevalence

predominante [predomi'nãtʃi] ADJ predominant

predominar [predomi'nar] VI to predominate, prevail

predomínio [predo'minju] M predominance, supremacy

pré-eleitoral (*pl* **-ais**) ADJ pre-election

preeminência [preemi'nẽsja] F pre-eminence, superiority

preeminente [preemi'nẽtʃi] ADJ pre-eminent, superior

preencher [preẽ'ʃer] VT (*formulário*) to fill in (BRIT) *ou* out, complete; (*requisitos*) to fulfil (BRIT), fulfill (US), meet; (*espaço, vaga, tempo, cargo*) to fill; ~ **à máquina** (*formulário*) to complete on a typewriter

preenchimento [preẽʃi'mẽtu] M completion; (*de requisitos*) meeting; (*de vaga*) filling

pré-escolar ADJ pre-school

preestabelecer [preestabele'ser] VT to prearrange

pré-estreia F preview

preexistir [preezis'tʃir] VI to preexist; ~ **a algo** to exist before sth

pré-fabricado, -a [-fabri'kadu, a] ADJ prefabricated

prefaciar [prefa'sjar] VT to preface

prefácio [pre'fasju] M preface

prefeito, -a [pre'fejtu, a] M/F mayor

prefeitura [prefej'tura] F town hall

preferência [prefe'rẽsja] F preference; (*Auto*) priority; **de** ~ preferably; **ter** ~ **por** to have a preference for

preferencial [preferẽ'sjaw] (*pl* **-ais**) ADJ (*rua*) main; (*ação*) preference *atr* ▸ F main road (*with priority*)

preferido, -a [prefe'ridu, a] ADJ favourite (BRIT), favorite (US)

preferir [prefe'rir] VT to prefer; ~ **algo a algo** to prefer sth to sth

preferível [prefe'rivew] (*pl* **-eis**) ADJ: ~ **(a)** preferable (to)

prefigurar [prefigu'rar] VT to prefigure

prefiro *etc* [pre'firu] VB *ver* **preferir**

prefixo [pre'fiksu] M (*Ling*) prefix; (*Tel*) code

prega ['prɛga] F pleat, fold

pregado, -a [prɛ'gadu, a] ADJ exhausted

pregador [prɛga'dor] M preacher; (*de roupa*) peg

pregão [prɛ'gãw] (*pl* **-ões**) M proclamation, cry; **o** ~ (*na Bolsa*) trading; (*em leilão*) bidding

pregar¹ [prɛ'gar] VT (*sermão*) to preach; (*anunciar*) to proclaim; (*ideias, virtude*) to advocate ▸ VI to preach

pregar² [prɛ'gar] VT (*com prego*) to nail; (*fixar*) to pin, fasten; (*cosendo*) to sew on ▸ VI to give out; ~ **uma peça** to play a trick; ~ **os olhos em** to fix one's eyes on; **não** ~ **olho** not to sleep a wink; ~ **mentiras em alguém** to fob sb off with lies; ~ **um susto em alguém** to give sb a fright

prego ['prɛgu] M nail; (*col: casa de penhor*) pawn shop; **dar o** ~ (*pessoa, carro*) to give out; **pôr algo no** ~ to pawn sth; **não meter** ~ **sem estopa** (*fig*) to be out for one's own advantage

pregões [prɛ'gõjs] MPL *de* **pregão**

pré-gravado, -a [-gra'vadu, a] ADJ prerecorded
pregresso, -a [pre'grɛsu, a] ADJ past, previous
preguear [pre'gjar] VT to pleat, fold
preguiça [pre'gisa] F laziness; *(animal)* sloth; **estar com ~** to feel lazy; **estou com ~ de cozinhar** I can't be bothered to cook
preguiçar [pregi'sar] VI to laze around
preguiçoso, -a [pregi'sozu, ɔza] ADJ lazy ▶ M/F lazybones
pré-história F prehistory
pré-histórico, -a ADJ prehistoric
preia ['prεja] F prey
preia-mar (PT) F high tide
preito ['prejtu] M homage, tribute; **render ~ a** to pay homage to
prejudicar [preʒudʒi'kar] VT to damage; *(atrapalhar)* to hinder; **prejudicar-se** VR *(pessoa)* to do o.s. no favours (BRIT) ou favors (US)
prejudicial [preʒudʒi'sjaw] *(pl -ais)* ADJ damaging; *(à saúde)* harmful
prejuízo [pre'ʒwizu] M *(dano)* damage, harm; *(em dinheiro)* loss; **com ~** *(Com)* at a loss; **em ~ de** to the detriment of
prejulgar [preʒuw'gar] VT to prejudge
prelado [pre'ladu] M prelate
preleção [prele'sãw] *(pl -ões)* F lecture
preliminar [prelimi'nar] ADJ preliminary ▶ F *(partida)* preliminary ▶ M *(condição)* preliminary; **preliminares** FPL foreplay
prelo ['prɛlu] M *(printing)* press; **no ~** in the press
prelúdio [pre'ludʒju] M prelude
prematuro, -a [prema'turu, a] ADJ premature
premeditação [premedʒita'sãw] F premeditation
premeditado, -a [premedʒi'tadu, a] ADJ premeditated
premeditar [premedʒi'tar] VT to premeditate
premência [pre'mẽsja] F urgency, pressing nature
pré-menstrual *(pl -ais)* ADJ premenstrual
premente [pre'mẽtʃi] ADJ pressing
premer [pre'mer] VT to press
premiado, -a [pre'mjadu, a] ADJ prize-winning; *(bilhete)* winning ▶ M/F prize-winner
premiar [pre'mjar] VT to award a prize to; *(recompensar)* to reward
premiê [pre'mje] M *(Pol)* premier
premier [pre'mje] M = **premiê**
prêmio ['premju] M prize; *(recompensa)* reward; *(Seguros)* premium; **Grande P~** Grand Prix; **~ de consolação** consolation prize
premir [pre'mir] VT = **premer**
premissa [pre'misa] F premise
pré-moldado, -a [-mow'dadu, a] ADJ precast ▶ M breeze block
premonição [premoni'sãw] *(pl -ões)* F premonition

premonitório, -a [premoni'tɔrju, a] ADJ premonitory
pré-natal [prε-] *(pl -ais)* ADJ antenatal (BRIT), prenatal (US)
prenda ['prẽda] F gift, present; *(em jogo)* forfeit; **prendas** FPL *(aptidões)* talents; **~s domésticas** housework *sg*
prendado, -a [prẽ'dadu, a] ADJ gifted, talented; *(homem: em afazeres domésticos)* domesticated
prendedor [prẽde'dor] M fastener; *(de cabelo, gravata)* clip; **~ de roupa** clothes peg; **~ de papéis** paper clip
prender [prẽ'der] VT *(pregar)* to fasten, fix; *(roupa)* to pin; *(cabelo)* to tie back; *(capturar)* to arrest; *(atar, ligar)* to tie; *(atenção)* to catch; *(afetivamente)* to tie, bind; *(reter: doença, compromisso)* to keep; *(movimentos)* to restrict; **prender-se** VR to get caught, stick; **~-se a alguém** *(por amizade)* to be attached to sb; *(casar-se)* to tie o.s. down to sb; **~-se a algo** *(detalhes, maus hábitos)* to get caught up in sth; **~-se com algo** to be connected with sth
prenhe ['prɛɲi] ADJ pregnant
prenhez [pre'ɲez] F pregnancy
prenome [pre'nɔmi] M first name, Christian name
prensa ['prẽsa] F *(ger)* press
prensar [prẽ'sar] VT to press, compress; *(fruta)* to squeeze; *(uvas)* to press; **~ alguém contra a parede** to push sb up against the wall
prenunciar [prenũ'sjar] VT to predict, foretell; **as nuvens prenunciam chuva** the clouds suggest rain
prenúncio [pre'nũsju] M forewarning, sign
preocupação [preokupa'sãw] *(pl -ões)* F *(ideia fixa)* preoccupation; *(inquietação)* worry, concern
preocupante [preoku'pãtʃi] ADJ worrying
preocupar [preoku'par] VT *(absorver)* to preoccupy; *(inquietar)* to worry; **preocupar-se** VR: **~-se com** to worry about, be worried about
preparação [prepara'sãw] *(pl -ões)* F preparation
preparado [prepa'radu] M preparation
preparar [prepa'rar] VT to prepare; **preparar-se** VR to get ready; **~-se para algo/para fazer** to prepare for sth/to do
preparativos [prepara'tʃivus] MPL preparations, arrangements
preparo [pre'paru] M preparation; *(instrução)* ability; **~ físico** physical fitness
preponderância [prepõde'rãsja] F preponderance, predominance
preponderante [prepõde'rãtʃi] ADJ predominant
preponderar [prepõde'rar] VI: **~ (sobre)** to prevail (over)
preposição [prepozi'sãw] *(pl -ões)* F preposition
preposto, -a [pre'postu, 'pɔsta] M/F person in charge; *(representante)* representative

prepotência [prepo'tēsja] F superiority; *(despotismo)* absolutism

prepotente [prepo'tētʃi] ADJ *(poderoso)* predominant; *(despótico)* despotic; *(atitude)* overbearing

prerrogativa [prehoga'tʃiva] F prerogative, privilege

presa ['prɛza] F *(na guerra)* spoils *pl*; *(vítima)* prey; *(dente de animal)* fang

pré-sal [presal] M *(Tec)* pre-salt layer

presbiteriano, -a [prezbite'rjanu, a] ADJ, M/F Presbyterian

presbitério [prezbi'terju] M presbytery

presciência [pre'sjēsja] F foreknowledge, foresight

presciente [pre'sjētʃi] ADJ far-sighted, prescient

prescindir [presĩ'dʒir] VI: ~ **de algo** to do without sth

prescindível [presĩ'dʒivew] *(pl* **-eis)** ADJ dispensable

prescrever [preskre'ver] VT to prescribe; *(prazo)* to set ▶ VI *(Jur: crime, direito)* to lapse; *(cair em desuso)* to fall into disuse

prescrição [preskri'sãw] *(pl* **-ões)** F order, rule; *(Med)* instruction; *(: de um remédio)* prescription; *(Jur)* lapse

prescrito, -a [pres'kritu, a] PP *de* **prescrever**

presença [pre'zēsa] F presence; *(frequência)* attendance; ~ **de espírito** presence of mind; **ter boa ~** to be presentable; **na ~ de** in the presence of

presenciar [prezē'sjar] VT to be present at; *(testemunhar)* to witness

presente [pre'zētʃi] ADJ present; *(fig: interessado)* attentive; *(: evidente)* clear, obvious ▶ M present ▶ F *(Com: carta)*: **a ~** this letter; **os presentes** MPL *(pessoas)* those present; **ter algo ~** to bear sth in mind; **dar/ganhar de ~** to give/get as a present; **~ de grego** undesirable gift, mixed blessing; **anexamos à ~** we enclose herewith; **pela ~** hereby

presentear [prezē'tʃjar] VT: **~ alguém (com algo)** to give sb (sth as) a present

presentemente [prezētʃe'mētʃi] ADV at present

presepada [preze'pada] F *(fanfarrice)* boasting; *(atitude, espetáculo ridículo)* joke

presépio [pre'zɛpju] M Nativity scene, crib

preservação [prezerva'sãw] F preservation

preservar [prezer'var] VT to preserve, protect

preservativo [prezerva'tʃivu] M preservative; *(anticoncepcional)* condom

presidência [prezi'dēsja] F *(de um país)* presidency; *(de uma assembleia)* chair, presidency; **assumir a ~** *(Pol)* to become president

presidencial [prezidē'sjaw] *(pl* **-ais)** ADJ presidential

presidencialismo [prezidēsja'lizmu] M presidential system

presidenciável [prezidē'sjavew] *(pl* **-eis)** ADJ eligible for the presidency ▶ M/F presidential candidate

presidente, -a [prezi'dētʃi, ta] M/F *(de um país)* president; *(de uma assembleia, Com)* chair, president; **o P~ da República** the President (of Brazil)

presidiário, -a [prezi'dʒjarju, a] M/F convict

presídio [pre'zidʒju] M prison

presidir [prezi'dʒir] VT, VI: **~ (a)** to preside over; *(reunião)* to chair; *(suj: leis, critérios)* to govern

presilha [pre'ziʎa] F fastener; *(para o cabelo)* slide

preso, -a ['prezu, a] ADJ *(em prisão)* imprisoned; *(capturado)* under arrest, captured; *(atado)* bound, tied; *(moralmente)* bound ▶ M/F prisoner; **ficar ~ a detalhes** to get bogged down in detail(s); **ficar ~ em casa** *(com filhos pequenos etc)* to be stuck at home; **estar ~ a alguém** to be attached to sb; **você está ~!** you're under arrest!; **com a greve dos ônibus, fiquei ~ na cidade** with the bus strike I got stuck in town

pressa ['prɛsa] F haste, hurry; *(rapidez)* speed; *(urgência)* urgency; **às ~s** hurriedly; **estar com ~** to be in a hurry; **sem ~** unhurriedly; **não tem ~** there's no hurry; **ter ~ de** *ou* **em fazer** to be in a hurry to do

pressagiar [presa'ʒjar] VT to foretell, presage

presságio [pre'saʒu] M omen, sign; *(pressentimento)* premonition

pressago, -a [pre'sagu, a] ADJ *(comentário)* portentous

pressão [pre'sãw] *(pl* **-ões)** F pressure; **(colchete de) ~** press stud, popper; **fazer ~ (sobre alguém/algo)** to put pressure on (sb/sth); **~ arterial** *ou* **sanguínea** blood pressure

pressentimento [presētʃi'mētu] M premonition, presentiment

pressentir [presē'tʃir] VT *(pressagiar)* to foresee; *(suspeitar)* to sense; *(inimigo)* to preempt

pressionar [presjo'nar] VT *(botão)* to press; *(coagir)* to pressure ▶ VI to press, put on pressure

pressões [pre'sõjs] FPL *de* **pressão**

pressupor [presu'por] *(irreg: como* **pôr)** VT to presuppose

pressuposto, -a [presu'postu, 'pɔsta] PP *de* **pressupor** ▶ M *(conjetura)* presupposition

pressupunha *etc* [presu'puɲa] VB *ver* **pressupor**

pressupus *etc* [presu'pus] VB *ver* **pressupor**

pressupuser *etc* [presu'puzer] VB *ver* **pressupor**

pressurização [presuriza'sãw] F pressurization

pressurizado, -a [presuri'zadu, a] ADJ pressurized

pressuroso, -a [presu'rozu, ɔza] ADJ *(apressado)* hurried, in a hurry; *(zeloso)* keen, eager

prestação [presta'sãw] *(pl* **-ões)** F instalment (BRIT), installment (US); *(por uma casa)* repayment; **à ~**, **a prestações** in instal(l)ments; **~ de contas/serviços** accounts/services rendered

prestamente [presta'mẽtʃi] ADV promptly
prestamista [presta'mista] M/F moneylender; *(comprador)* person paying hire purchase (BRIT) *ou* on the installment plan (US)
prestar [pres'tar] VT *(cuidados)* to give; *(favores, serviços)* to do; *(contas)* to render; *(informações)* to supply; *(uma qualidade a algo)* to lend ▶ VI: ~ **a alguém para algo** to be of use to sb for sth; **prestar-se** VR: ~-**se a** *(servir)* to be suitable for; *(admitir)* to lend o.s. to; *(dispor-se)* to be willing to; ~ **atenção** to pay attention; ~ **juramento** to take an oath; **isto não presta para nada** it's absolutely useless; **ele não presta** he's good for nothing; ~ **homenagem/culto a** to pay tribute to/worship
prestativo, -a [presta'tʃivu, a] ADJ helpful, obliging
prestável [pres'tavew] *(pl* -**eis**) ADJ serviceable
prestes ['prɛstʃis] ADJ INV *(pronto)* ready; *(a ponto de)*: ~ **a partir** about to leave
presteza [pres'teza] F *(prontidão)* promptness; *(rapidez)* speed; **com** ~ promptly
prestidigitação [prestʃidʒiʒita'sãw] F sleight of hand, conjuring, magic tricks *pl*
prestidigitador [prestʃidʒiʒita'dor] M conjurer, magician
prestigiar [prestʃi'ʒjar] VT to give prestige to
prestígio [pres'tʃiʒu] M prestige
prestigioso, -a [prestʃi'ʒozu, ɔza] ADJ prestigious, eminent
préstimo ['prɛstʃimu] M use, usefulness; **préstimos** MPL *(obséquios)* favours (BRIT), favors (US), services; **sem** ~ useless, worthless
presto, -a ['prɛstu, a] ADJ swift
presumido, -a [prezu'midu, a] ADJ vain, self-important
presumir [prezu'mir] VT to presume
presunção [prezũ'sãw] *(pl* -**ões**) F *(suposição)* presumption; *(vaidade)* conceit, self-importance
presunçoso, -a [prezũ'sozu, ɔza] ADJ vain, self-important
presunto [pre'zũtu] M ham; *(col: cadáver)* stiff
pret-à-porter [prɛtapor'te] ADJ INV ready to wear
pretendente [pretẽ'dẽtʃi] M/F claimant; *(candidato)* candidate, applicant ▶ M *(de uma mulher)* suitor
pretender [pretẽ'der] VT to claim; *(cargo, emprego)* to go for; *(propósito)* to intend to do
pretensamente [pretẽsa'mẽtʃi] ADV supposedly
pretensão [pretẽ'sãw] *(pl* -**ões**) F *(reivindicação)* claim; *(vaidade)* pretension; *(propósito)* aim; *(aspiração)* aspiration; **pretensões** FPL *(presunção)* pretentiousness
pretensioso, -a [pretẽ'sjozu, ɔza] ADJ pretentious
pretenso, -a [pre'tẽsu, a] ADJ alleged, supposed

pretensões [pretẽ'sõjs] FPL *de* **pretensão**
preterir [prete'rir] VT *(desprezar)* to ignore; *(deixar de promover)* to pass over; *(ocupar cargo de)* to displace; *(ser usado em lugar de)* to usurp; *(omitir)* to disregard
pretérito [pre'tɛritu] M *(Ling)* preterite
pretextar [pretes'tar] VT to give as an excuse
pretexto [pre'testu] M pretext, excuse; **a** ~ **de** on the pretext of
preto, -a ['pretu, a] ADJ black; **pôr o** ~ **no branco** to put it down in writing
preto e branco ADJ INV *(filme, TV)* black and white
pretume [pre'tumi] M blackness
prevalecente [prevale'sẽtʃi] ADJ prevalent
prevalecer [prevale'ser] VI to prevail; **prevalecer-se** VR: ~-**se de** *(aproveitar-se)* to take advantage of; ~ **sobre** to outweigh
prevaricar [prevari'kar] VI *(faltar ao dever)* to fail in one's duty; *(proceder mal)* to behave badly; *(cometer adultério)* to commit adultery
prevê *etc* [pre've] VB *ver* **prever**
prevejo *etc* [pre'veʒu] VB *ver* **prever**
prevenção [prevẽ'sãw] *(pl* -**ões**) F *(ato de evitar)* prevention; *(preconceito)* prejudice; *(cautela)* caution; **estar de** ~ **com** *ou* **contra alguém** to be bias(s)ed against sb
prevenido, -a [preve'nidu, a] ADJ *(cauteloso)* cautious, wary; *(avisado)* forewarned; **estar** ~ *(com dinheiro)* to have cash on one
prevenir [preve'nir] VT *(evitar)* to prevent; *(avisar)* to warn; *(preparar)* to prepare; **prevenir-se** VR: ~-**se contra** *(acautelar-se)* to be wary of; ~-**se de** *(equipar-se)* to equip o.s. with; ~-**se para** to prepare (o.s.) for
preventivo, -a [prevẽ'tʃivu, a] ADJ preventive
prever [pre'ver] *(irreg: como* **ver**) VT to predict, foresee; *(pressupor)* to presuppose
pré-vestibular [-vestʃibu'lar] ADJ *(curso)* preparing for university entry ▶ M preparation for university entry
prevía *etc* [pre'via] VB *ver* **prever**
prévia ['prɛvja] F opinion poll
previamente [prevja'mẽtʃi] ADV previously
previdência [previ'dẽsja] F *(previsão)* foresight; *(precaução)* precaution; ~ **social** social welfare; *(instituição)* ≈ DSS (BRIT), ≈ Welfare Department (US)
previdente [previ'dẽtʃi] ADJ: **ser** ~ to show foresight
previno *etc* [pre'vinu] VB *ver* **prevenir**
prévio, -a ['prɛvju, a] ADJ prior; *(preliminar)* preliminary
previr *etc* [pre'vir] VB *ver* **prever**
previsão [previ'zãw] *(pl* -**ões**) F *(antevisão)* foresight; *(prognóstico)* prediction, forecast; ~ **do tempo** weather forecast
previsível [previ'zivew] *(pl* -**eis**) ADJ predictable
previsões [previ'zõjs] FPL *de* **previsão**
previsto, -a [pre'vistu, a] PP *de* **prever** ▶ ADJ predicted; *(na lei etc)* prescribed

prezado,-a [pre'zadu, a] ADJ esteemed; *(numa carta)* dear
prezar [pre'zar] VT *(amigos)* to value highly; *(autoridade)* to respect; *(gostar de)* to appreciate; **prezar-se** VR *(ter dignidade)* to have self-respect; **~-se de** *(orgulhar-se)* to pride o.s. on
primado [pri'madu] M *(primazia)* primacy
prima-dona *(pl* **prima-donas)** F leading lady
primar [pri'mar] VI to excel, stand out
primário,-a [pri'marju, a] ADJ primary; *(elementar)* basic, rudimentary; *(primitivo)* primitive ▶ M *(curso)* elementary education
primata [pri'mata] M *(Zool)* primate
primavera [prima'vɛra] F spring; *(planta)* primrose
primaveril [primave'riw] *(pl* **-is)** ADJ spring *atr;* *(pessoa)* youthful, young
primaz [pri'majz] M primate
primazia [prima'zia] F primacy; *(prioridade)* priority; *(superioridade)* superiority
primeira [pri'mejra] F *(Auto)* first (gear)
primeira-dama *(pl* **primeiras-damas)** F *(Pol)* first lady
primeiranista [primejra'nista] M/F first-year (student)
primeiro,-a [pri'mejru, a] ADJ first; *(fundamental)* prime ▶ ADV first; **de primeira** *(pessoa, restaurante)* first-class; *(carne)* prime; **viajar de primeira** to travel first class; **à primeira vista** at first sight; **em ~ lugar** first of all; **de ~** first; **primeira página** *(de jornal)* front page; **ele foi o ~ que disse isso** he was the first to say this
primeiro-time *(col)* ADJ INV top-notch, first-rate
primitivo,-a [primi'tʃivu, a] ADJ primitive; *(original)* original
primo,-a ['primu, a] M/F cousin; **~ irmão** first cousin; **~ em segundo grau** second cousin; **(número)** **~** prime number
primogênito,-a [primo'ʒenitu, a] ADJ, M/F first-born
primor [pri'mor] M excellence, perfection; *(beleza)* beauty; **com ~** to perfection; **é um ~** it's perfect
primordial [primor'dʒjaw] *(pl* **-ais)** ADJ *(primitivo)* primordial, primeval; *(principal)* principal, fundamental
primórdio [pri'mɔrdʒju] M origin
primoroso,-a [primo'rozu, ɔza] ADJ *(excelente)* excellent; *(belo)* exquisite
princesa [prĩ'seza] F princess
principado [prĩsi'padu] M principality
principal [prĩsi'paw] *(pl* **-ais)** ADJ principal; *(entrada, razão, rua)* main ▶ M *(chefe)* head, principal; *(essencial, de dívida)* principal ▶ F *(Ling)* main clause
príncipe ['prĩsipi] M prince
principiante [prĩsi'pjãtʃi] M/F beginner
principiar [prĩsi'pjar] VT, VI to begin; **~ a fazer** to begin to do

princípio [prĩ'sipju] M *(começo)* beginning, start; *(origem)* origin; *(legal, moral)* principle; **princípios** MPL *(de matéria)* rudiments; **em ~** in principle; **no ~** in the beginning; **por ~** on principle; **do ~ ao fim** from beginning to end; **uma pessoa de ~s** a person of principle
prior [prjor] M *(sacerdote)* parish priest; *(de convento)* prior
prioridade [prjori'dadʒi] F priority; **ter ~ sobre** to have priority over
prioritário,-a [prjori'tarju, a] ADJ priority *atr*
prisão [pri'zãw] *(pl* **-ões)** F *(encarceramento)* imprisonment; *(cadeia)* prison, jail; *(detenção)* arrest; **ordem de ~** arrest warrant; **~ perpétua** life imprisonment; **~ preventiva** protective custody; **~ de ventre** constipation
prisioneiro,-a [prizjo'nejru, a] M/F prisoner
prisma ['prizma] M prism; **sob esse ~** *(fig)* in this light, from this angle
prisões [pri'zõjs] FPL *de* **prisão**
privação [priva'sãw] *(pl* **-ões)** F deprivation; **privações** FPL *(penúria)* hardship *sg*
privacidade [privasi'dadʒi] F privacy
privações [priva'sõjs] FPL *de* **privação**
privada [pri'vada] F toilet
privado,-a [pri'vadu, a] ADJ *(particular)* private; *(carente)* deprived
privar [pri'var] VT to deprive; **privar-se** VR: **~-se de algo** to deprive o.s. of sth, go without sth; **~ alguém de algo** to deprive sb of sth
privativo,-a [priva'tʃivu, a] ADJ *(particular)* private; **~ de** peculiar to
privatização [privatʃiza'sãw] *(pl* **-ões)** F privatization
privatizar [privatʃi'zar] VT to privatize
privilegiado,-a [privile'ʒjadu, a] ADJ privileged; *(excepcional)* unique, exceptional
privilegiar [privile'ʒjar] VT to privilege; *(favorecer)* to favour (BRIT), favor (US)
privilégio [privi'lɛʒu] M privilege
pro [pru] *(col)* = **para + o**
pró [prɔ] ADV for, in favour (BRIT) *ou* favor (US) ▶ M advantage; **os ~s e os contras** the pros and cons; **em ~ de** in favo(u)r of
pró- [prɔ] PREFIXO pro-; **~americano** pro-American
proa ['proa] F prow, bow
proativo,-a [proa'tʃivu, a] ADJ pro-active
probabilidade [probabili'dadʒi] F probability, likelihood; **probabilidades** FPL *(chances)* odds; **segundo todas as ~s** in all probability
probabilíssimo,-a [probabi'lisimu, a] ADJ SUPERL *de* **provável**
problema [prob'lɛma] M problem
problemática [proble'matʃika] F problematics *sg;* *(problemas)* problems *pl*
problemático,-a [proble'matʃiku, a] ADJ problematic
procedência [prose'dẽsja] F *(origem)* origin, source; *(lugar de saída)* point of departure

procedente [prose'dɛtʃi] ADJ (*oriundo*) derived, rising; (*lógico*) logical

proceder [prose'der] VI (*ir adiante*) to proceed; (*comportar-se*) to behave; (*agir*) to act; (*Jur*) to take legal action ▶ M conduct; ~ **a** to carry out; ~ **de** (*originar-se*) to originate from; (*descender*) to be descended from

procedimento [prosedʒi'mẽtu] M (*comportamento*) conduct, behaviour (BRIT), behavior (US); (*processo*) procedure; (*Jur*) proceedings *pl*

procela [pro'sɛla] F storm, tempest

proceloso, -a [prose'lozu, ɔza] ADJ stormy

prócer ['prɔser] M chief, leader

processador [prosesa'dor] M processor; ~ **de texto** word processor

processamento [prosesa'mẽtu] M (*de requerimentos, dados*) processing; (*Jur*) prosecution; (*verificação*) verification; (*de depoimentos*) taking down; ~ **de dados** data processing; ~ **por lotes** batch processing; ~ **de texto** word processing

processar [prose'sar] VT (*Jur*) to take proceedings against, prosecute; (*verificar*) to check, verify; (*depoimentos*) to take down; (*requerimentos, dados*) to process

processo [pro'sɛsu] M process; (*procedimento*) procedure; (*Jur*) lawsuit, legal proceedings *pl*; (: *autos*) record; (*conjunto de documentos*) documents *pl*; (*de uma doença*) course, progress; **abrir um ~ (contra alguém)** to start legal proceedings (against sb); ~ **inflamatório** (*Med*) inflammation

procissão [prosi'sãw] (*pl* -**ões**) F procession

proclamação [proklama'sãw] (*pl* -**ões**) F proclamation

> Commemorated on 15 November, which is a Brazilian holiday, the **Proclamação da República** (proclamation of the republic) in 1889 was a military coup led by Marshal Deodoro da Fonseca. It brought down the empire which had been established after independence and installed a federal republic in Brazil.

proclamar [prokla'mar] VT to proclaim

proclamas [pro'klamas] MPL banns

procrastinar [prokrastʃi'nar] VT to put off ▶ VI to procrastinate

procriação [prokrja'sãw] F procreation

procriar [pro'krjar] VT, VI to procreate

procura [pro'kura] F search; (*Com*) demand; **em ~ de** in search of

procuração [prokura'sãw] (*pl* -**ões**) F power of attorney; (*documento*) letter of attorney; **por ~** by proxy

procurado, -a [proku'radu, a] ADJ sought after, in demand

procurador, a [prokura'dor(a)] M/F (*advogado*) attorney; (*mandatário*) proxy; **P~ Geral da República** Attorney General

procurar [proku'rar] VT to look for, seek; (*emprego*) to apply for; (*ir visitar*) to call on, go and see; (*contatar*) to get in touch with; ~ **fazer** to try to do

prodigalizar [prodʒigali'zar] VT (*gastar excessivamente*) to squander; (*dar com profusão*) to lavish

prodígio [pro'dʒiʒu] M prodigy

prodigioso, -a [prodʒi'ʒozu, ɔza] ADJ prodigious, marvellous (BRIT), marvelous (US)

pródigo, -a ['prɔdʒigu, a] ADJ (*perdulário*) wasteful; (*generoso*) lavish; **filho ~** prodigal son

produção [produ'sãw] (*pl* -**ões**) F production; (*volume de produção*) output; (*produto*) product; ~ **em massa** *ou* **série** mass production

produtividade [produtʃivi'dadʒi] F productivity

produtivo, -a [produ'tʃivu, a] ADJ productive; (*rendoso*) profitable

produto [pro'dutu] M product; (*renda*) proceeds *pl*, profit; ~**s alimentícios** foodstuffs; ~**s agrícolas** agricultural produce *sg*; **ser ~ de** to be a product of; ~ **nacional bruto** gross national product; ~**s acabados/semiacabados** finished/semi-finished products

produtor, a [produ'tor(a)] ADJ producing ▶ M/F producer

produzido, -a [produ'zidu, a] ADJ trendy

produzir [produ'zir] VT to produce; (*ocasionar*) to cause, bring about; (*render*) to bring in ▶ VI to be productive; (*Econ*) to produce

proeminência [proemi'nẽsja] F prominence; (*protuberância*) protuberance; (*elevação de terreno*) elevation

proeminente [proemi'nẽtʃi] ADJ prominent

proeza [pro'eza] F achievement, feat

profanação [profana'sãw] F sacrilege, profanation

profanar [profa'nar] VT to desecrate, profane

profano, -a [pro'fanu, a] ADJ profane; (*secular*) secular ▶ M/F layman/woman

profecia [profe'sia] F prophecy

proferir [profe'rir] VT to utter; (*sentença*) to pronounce; ~ **um discurso** to make a speech

professar [profe'sar] VT to profess; (*profissão*) to practise (BRIT), practice (US) ▶ VI (*Rel*) to take religious vows

professo, -a [pro'fɛsu, a] ADJ (*católico etc*) confirmed; (*político etc*) seasoned

professor, a [profe'sor(a)] M/F teacher; (*universitário*) lecturer; ~ **titular** *ou* **catedrático** (university) professor; ~ **associado** reader

professorado [profeso'radu] M (*professores*) teachers *pl*; (*magistério*) teaching profession

profeta, -tisa [pro'fɛta, profe'tʃiza] M/F prophet

profético, -a [pro'fɛtʃiku, a] ADJ prophetic

profetisa [profe'tʃiza] F *de* **profeta**

profetizar [profetʃi'zar] VT, VI to prophesy, predict

proficiência [profi'sjẽsja] F proficiency, competence

proficiente [profi'sjẽtʃi] ADJ proficient, competent

profícuo, -a [pro'fikwu, a] ADJ useful, advantageous

profiro etc [pro'firu] VB ver **proferir**

profissão [profi'sãw] (pl **-ões**) F (ofício) profession; (de fé) declaration; ~ **liberal** liberal profession

profissional [profisjo'naw] (pl **-ais**) ADJ, M/F professional

profissionalizante [profisjonali'zãtʃi] ADJ (ensino) vocational

profissionalizar [profisjonali'zar] VT to professionalize; **profissionalizar-se** VR to turn professional; (atividade) to become professional

profissões [profi'sõjs] FPL de **profissão**

profundas [pro'fũdas] FPL depths

profundidade [profũdʒi'dadʒi] F depth; (fig) profoundness, depth; **tem 4 metros de ~** it is 4 metres ou meters deep

profundo, -a [pro'fũdu, a] ADJ deep; (fig) profound

profusão [profu'zãw] F profusion, abundance

profuso, -a [pro'fuzu, a] ADJ (abundante) profuse, abundant

progênie [pro'ʒeni] F (ascendência) lineage; (prole) offspring, progeny

progenitor, a [proʒeni'tor(a)] M/F ancestor; (pai/mãe) father/mother

prognosticar [prognostʃi'kar] VT to predict, forecast ▶ VI (Med) to make a prognosis

prognóstico [prog'nɔstʃiku] M prediction, forecast; (Med) prognosis

programa [pro'grama] M programme (BRIT), program (US); (Comput) program; (plano) plan; (diversão) thing to do; (de um curso) syllabus; **fazer um ~** to go out; **~ de índio** (col) boring thing to do

programação [programa'sãw] F planning; (TV, Rádio, Comput) programming; **~ visual** graphic design

programador, a [programa'dor(a)] M/F programmer; **~ visual** graphic designer

programar [progra'mar] VT to plan; (Comput) to program

programável [progra'mavew] (pl **-eis**) ADJ programmable

progredir [progre'dʒir] VI to progress, make progress; (avançar) to move forward; (infecção) to progress

progressão [progre'sãw] F progression

progressista [progre'sista] ADJ, M/F progressive

progressivo, -a [progre'sivu, a] ADJ progressive; (gradual) gradual

progresso [pro'grɛsu] M progress

progrido etc [pro'gridu] VB ver **progredir**

proibição [proibi'sãw] (pl **-ões**) F prohibition, ban

proibir [proi'bir] VT to prohibit, forbid; (livro, espetáculo) to ban; **"é proibido fumar"** "no smoking"; **~ alguém de fazer**, **~ que alguém faça** to forbid sb to do

proibitivo, -a [proibi'tʃivu, a] ADJ prohibitive

projeção [proʒe'sãw] (pl **-ões**) F projection; (arremesso) throwing; (proeminência) prominence; **tempo de ~** (de filme) running time

projetar [proʒe'tar] VT to project; (arremessar) to throw; (planejar) to plan; (Arq, Tec) to design; **projetar-se** VR (lançar-se) to hurl o.s.; (sombra etc) to fall; (delinear-se) to jut out; **~ fazer** to plan to do

projétil [pro'ʒɛtʃiw] (pl **-eis**) M projectile, missile; (Mil) missile

projetista [proʒe'tʃista] ADJ design atr ▶ M/F designer

projeto [pro'ʒɛtu] M (empreendimento) project; (plano) plan; (Tec) design; (de tese etc) draft; **~ de lei** bill; **~ assistido por computador** computer-aided design

projetor [proʒe'tor] M (Cinema) projector; (holofote) searchlight

prol [prɔw] M advantage; **em ~ de** on behalf of, for the benefit of

pró-labore [-la'bɔri] M remuneration, wage

prolapso [pro'lapsu] M (Med) prolapse

prole ['prɔli] F offspring, progeny

proletariado [proleta'rjadu] M proletariat

proletário, -a [prole'tarju, a] ADJ, M/F proletarian

proliferação [prolifera'sãw] F proliferation

proliferar [prolife'rar] VI to proliferate

prolífico, -a [pro'lifiku, a] ADJ prolific

prolixo, -a [pro'liksu, a] ADJ long-winded, tedious

prólogo ['prɔlogu] M prologue

prolongação [prolõga'sãw] F extension

prolongado, -a [prolõ'gadu, a] ADJ (demorado) prolonged; (alongado) extended

prolongamento [prolõga'mẽtu] M extension

prolongar [prolõ'gar] VT (tornar mais longo) to extend, lengthen; (decisão etc) to postpone; (vida) to prolong; **prolongar-se** VR to extend; (durar) to last

promessa [pro'mɛsa] F promise; (compromisso) pledge

prometedor, a [promete'dor(a)] ADJ promising

prometer [prome'ter] VT to promise ▶ VI to promise; (ter potencial) to show promise; **~ fazer/que** to promise to do/that

prometido, -a [prome'tʃidu, a] ADJ promised ▶ M: **o ~** what one promised; **cumprir o ~** to keep one's promise

promiscuidade [promiskwi'dadʒi] F (sexual) promiscuity; (desordem) untidiness

promiscuir-se [promis'kwirsi] VR: **~ (com)** to mix (with)

promíscuo, -a [pro'miskwu, a] ADJ (misturado) disorderly, mixed up; (comportamento sexual) promiscuous

promissor, a [promi'sor(a)] ADJ promising
promissório, -a [promi'sɔrju, a] ADJ, F: **(nota) promissória** promissory note
promoção [promo'sãw] (pl **-ões**) F promotion; **fazer ~ de alguém/algo** to promote sb/sth
promontório [promõ'tɔrju] M headland, promontory
promotor, a [promo'tor(a)] ADJ promoting ▶ M/F promoter; (Jur) prosecutor; **~ público** public prosecutor
promover [promo'ver] VT (dar impulso a) to promote; (causar) to bring about; (elevar a cargo superior) to promote; (reunião, encontro) to arrange
promulgação [promuwga'sãw] F promulgation
promulgar [promuw'gar] VT (lei etc) to promulgate; (tornar público) to declare publicly
pronome [pro'nɔmi] M pronoun
pronta-entrega (pl **pronta-entregas**) F immediate delivery department
prontidão [prõtʃi'dãw] F (estar preparado) readiness; (rapidez) promptness, speed; **estar de ~** to be at the ready
prontificar [prõtʃifi'kar] VT to have ready; **prontificar-se** VR: **~-se a fazer/para algo** to volunteer to do/for sth
pronto, -a [prõtu, a] ADJ ready; (rápido, speedy); (imediato) prompt; (col: sem dinheiro) broke ▶ ADV promptly; **de ~** promptly; **estar ~ a ...** to be prepared ou willing to ...; **(e) ~!** (and) that's that!
pronto-socorro (pl **prontos-socorros**) M (BR) casualty (BRIT), emergency room (US); (PT: reboque) tow truck
prontuário [prõ'twarju] M (manual) handbook; (policial) record
pronúncia [pro'nũsja] F pronunciation; (Jur) indictment
pronunciação [pronũsja'sãw] (pl **-ões**) F pronouncement; (Ling) pronunciation
pronunciamento [pronũsja'mẽtu] M proclamation, pronouncement
pronunciar [pronũ'sjar] VT to pronounce; (discurso) to make, deliver; (Jur: réu) to indict; (: sentença) to pass; **pronunciar-se** VR (expressar opinião) to express one's opinion; **~ mal** to mispronounce
propagação [propaga'sãw] F propagation; (fig: difusão) dissemination
propaganda [propa'gãda] F (Pol) propaganda; (Com) advertising; (: uma propaganda) advert, advertisement; **fazer ~ de** to advertise
propagar [propa'gar] VT to propagate; (fig: difundir) to disseminate
propender [propẽ'der] VI to lean; **~ para algo** (fig) to incline ou tend towards sth
propensão [propẽ'sãw] (pl **-ões**) F inclination, tendency
propenso, -a [pro'pẽsu, a] ADJ: **~ a** inclined to; **ser ~ a** to be inclined to, have a tendency to

propensões [propẽ'sõjs] FPL de **propensão**
propiciar [propi'sjar] VT (tornar favorável) to favour (BRIT), favor (US); (permitir) to allow; (proporcionar) to provide
propício, -a [pro'pisju, a] ADJ (favorável) favourable (BRIT), favorable (US), propitious; (apropriado) appropriate
propina [pro'pina] F (gorjeta) tip; (PT: cota) fee
propor [pro'por] (irreg: como **pôr**) VT to propose; (oferecer) to offer; (um problema) to pose; (Jur: ação) to start, move; **propor-se** VR: **~-se (a) fazer** (pretender) to intend to do; (visar) to aim to do; (dispor-se) to decide to do; (oferecer-se) to offer to do; **~-se a** ou **para governador** etc to stand for governor etc
proporção [propor'sãw] (pl **-ões**) F proportion; **proporções** FPL (dimensões) dimensions; **à ~ que** as
proporcionado, -a [proporsjo'nadu, a] ADJ proportionate
proporcional [proporsjo'naw] (pl **-ais**) ADJ proportional
proporcionar [proporsjo'nar] VT (dar) to provide, give; (adaptar) to adjust, adapt
proporções [propor'sõjs] FPL de **proporção**
propôs [pro'pos] VB ver **propor**
proposição [propozi'sãw] (pl **-ões**) F proposition, proposal
propositado, -a [propozi'tadu, a] ADJ intentional
proposital [propozi'taw] (pl **-ais**) ADJ intentional
propósito [pro'pɔzitu] M (intenção) purpose; (objetivo) aim; **a ~** by the way; (oportunamente) at an opportune moment; **a ~ de** with regard to; **com o ~ de** with the purpose of; **de ~** on purpose; **fora de ~** irrelevant
proposta [pro'pɔsta] F proposal; (oferecimento) offer
proposto, -a [pro'postu, 'pɔsta] PP de **propor**
propriamente [proprja'mẽtʃi] ADV properly, exactly; **~ falando** ou **dito** strictly speaking; **a Igreja ~ dita** the Church proper
propriedade [proprje'dadʒi] F property; (direito de proprietário) ownership; (o que é apropriado) appropriateness, propriety; **~ imobiliária** real estate
proprietário, -a [proprje'tarju, a] M/F owner, proprietor; (de casa alugada) landlord/lady; (de jornal) publisher
próprio, -a ['prɔprju, a] ADJ (possessivo) own, of one's own; (mesmo) very, selfsame; (hora, momento) opportune, right; (nome) proper; (característico) characteristic; (sentido) proper, true; (depois de pronome) -self; **~ (para)** suitable (for); **eu ~** I myself; **ele ~** he himself; **mora em casa própria** he lives in a house of his own; **por si ~** of one's own accord; **o ~ homem** the very man; **ele é o ~ inglês** he's a typical Englishman; **é o ~** it's him himself
propulsão [propuw'sãw] F propulsion; **~ a jato** jet propulsion

propulsor, a [propuw'sor(a)] ADJ propelling ▶ M propellor
propus etc [pro'pus] VB ver **propor**
propuser etc [propu'zer] VB ver **propor**
prorrogação [prohoga'sãw] (pl -ões) F extension; (Com) deferment; (Jur) stay; (Futebol) extra time
prorrogar [proho'gar] VT to extend, prolong
prorrogável [proho'gavel] (pl -eis) ADJ extendible
prorromper [prohõ'per] VI (águas, lágrimas) to burst forth, break out; ~ **em choro/gargalhadas** to burst into tears/burst out laughing
prosa ['prɔza] F prose; (conversa) chatter; (fanfarrice) boasting, bragging ▶ ADJ full of oneself; **ter boa ~** to have the gift of the gab
prosador, a [proza'dor(a)] M/F prose writer
prosaico, -a [pro'zajku, a] ADJ prosaic
proscênio [pro'senju] M proscenium
proscrever [proskre'ver] VT to prohibit, ban; (expulsar) to ban, exile; (vícios, usos) to do away with
proscrição [proskri'sãw] (pl -ões) F proscription; (proibição) prohibition, ban; (desterro) exile; (abolição) abolition
proscrito, -a [pros'kritu, a] PP de **proscrever** ▶ M/F (desterrado) exile
prosear [pro'zjar] VI to chat
prosélito [pro'zɛlitu] M convert
prosódia [pro'zɔdʒja] F prosody
prosopopeia [prozopo'pɛja] F (fig) diatribe; (col: pose) pose
prospecto [pros'pɛktu] M (desdobrável) leaflet; (em forma de livro) brochure
prospector [prospek'tor] M prospector
prosperar [prospe'rar] VI to prosper, thrive
prosperidade [prosperi'dadʒi] F prosperity; (bom êxito) success
próspero, -a ['prɔsperu, a] ADJ prosperous; (bem sucedido) successful; (favorável) favourable (BRIT), favorable (US)
prosseguimento [prosegi'mẽtu] M continuation
prosseguir [prose'gir] VT to continue ▶ VI to continue, go on; ~ **em** to continue (with)
próstata ['prɔstata] F prostate
prostíbulo [pros'tʃibulu] M brothel
prostituição [prostʃitwi'sãw] F prostitution
prostituir [prostʃi'twir] VT to prostitute; (fig: desonrar) to debase; **prostituir-se** VR (tornar-se prostituta) to become a prostitute; (ser prostituta) to be a prostitute; (no trabalho) to prostitute o.s.; (corromper-se) to be corrupted; (desonrar-se) to debase o.s.
prostituta [prostʃi'tuta] F prostitute
prostração [prostra'sãw] F (cansaço) exhaustion; (moral) desolation
prostrado, -a [pros'tradu, a] ADJ prostrate
prostrar [pros'trar] VT (derrubar) to knock down, throw down; (extenuar) to tire out; (abater) to lay low; **prostrar-se** VR to prostrate o.s.

protagonista [protago'nista] M/F protagonist
protagonizar [protagoni'zar] VT to play the lead role in; (fig) to be at the centre (BRIT) ou center (US) of
proteção [prote'sãw] F protection; (amparo) support, backing
protecionismo [protesjo'nizmu] M protectionism
proteger [prote'ʒer] VT to protect
protegido, -a [prote'ʒidu, a] ADJ protected ▶ M/F protégé(e)
proteína [prote'ina] F protein
protejo etc [pro'teʒu] VB ver **proteger**
protelar [prote'lar] VT to postpone, put off
PROTERRA (BR) ABR M = **Programa de Redistribuição da Terra e de Estímulo Agroindustrial do Norte e Nordeste**
protestante [protes'tãtʃi] ADJ, M/F Protestant
protestantismo [protestã'tʃizmu] M Protestantism
protestar [protes'tar] VT to protest; (declarar) to declare, affirm ▶ VI to protest
protesto [pro'tɛstu] M protest; (declaração) affirmation
protetor, a [prote'tor(a)] ADJ protective ▶ M/F protector; ~ **solar** sunscreen; ~ **de tela** (Comput) screensaver
protocolar [protoko'lar] ADJ protocol atr ▶ VT to record
protocolo [proto'kɔlu] M protocol; (recibo) record slip
protótipo [pro'tɔtʃipu] M prototype
protuberância [protube'rãsja] F bump
protuberante [protube'rãtʃi] ADJ sticking out
prova ['prɔva] F proof; (Tec: teste) test, trial; (Educ: exame) examination; (sinal) sign; (de comida, bebida) taste; (de roupa) fitting; (Esporte) competition; (Tip) proof; **prova(s)** F(PL) (Jur) evidence sg; **à ~** on trial; **à ~ de bala/fogo/água** bulletproof/fireproof/waterproof; **pôr à ~** to put to the test; ~ **circunstancial/documental** (piece of) circumstantial/documentary evidence
provação [prova'sãw] F (sofrimento) trial
provado, -a [pro'vadu, a] ADJ proven
provar [pro'var] VT to prove; (comida) to taste, try; (roupa) to try on ▶ VI to try
provável [pro'vavew] (pl -eis) ADJ probable, likely; **é ~ que não venha** he probably won't come
provê etc [pro've] VB ver **prover**
provedor, a [prove'dor(a)] M/F provider; ~ **de acesso à Internet** internet service provider
proveio etc [pro'veju] VB = **provir**
proveito [pro'vejtu] M (vantagem) advantage; (ganho) profit; **em ~ de** for the benefit of; **fazer ~ de** to make use of; **tirar ~ de** to benefit from
proveitoso, -a [provej'tozu, ɔza] ADJ profitable, advantageous; (útil) useful
provejo etc [pro'veʒu] VB ver **prover**
proveniência [prove'njẽsja] F source, origin

proveniente [prove'njẽtʃi] ADJ: ~ **de** originating from; (*que resulta de*) arising from
proventos [pro'vẽtus] MPL proceeds *pl*
prover [pro'ver] (*irreg: como* **ver**) VT (*fornecer*) to provide, supply; (*vaga*) to fill ▶ VI: ~ **a** to take care of, see to; **prover-se** VR: ~**-se de algo** to provide o.s. with sth; ~ **alguém de algo** to provide sb with sth; (*dotar*) to endow sb with sth
provérbio [pro'vɛrbju] M proverb
proveta [pro'veta] F test tube; **bebê de** ~ test-tube baby
provi *etc* [pro'vi] VB *ver* **prover**
provia *etc* [pro'via] VB *ver* **prover**
providência [provi'dẽsja] F providence; **providências** FPL (*medidas*) measures, steps; **tomar** ~**s** to take steps
providencial [providẽ'sjaw] (*pl* -**ais**) ADJ opportune
providenciar [providẽ'sjar] VT (*prover*) to provide; (*tomar providências*) to arrange ▶ VI (*tomar providências*) to make arrangements, take steps; (*prover*): ~ **a** to make provision for; ~ **para que** to see to it that
providente [provi'dẽtʃi] ADJ provident; (*prudente*) prudent, careful
provido, -a [pro'vidu, a] ADJ (*fornecido*) supplied, provided; (*cheio*) full up, fully stocked
provier *etc* [pro'vjer] VB = **provir**
provim *etc* [pro'vĩ] VB = **provir**
provimento [provi'mẽtu] M provision; **dar** ~ (*Jur*) to grant a petition
província [pro'vĩsja] F province
provinciano, -a [provĩ'sjanu, a] ADJ provincial
provindo, -a [pro'vĩdu, a] PP = **provir** ▶ ADJ: ~ **de** coming from, originating from
provir¹ [pro'vir] (*irreg: como* **vir**) VI: ~ **de** to come from, derive from
provir² *etc* VB *ver* **prover**
provisão [provi'zãw] (*pl* -**ões**) F provision, supply; **provisões** FPL (*suprimentos*) provisions
provisoriamente [provizɔrja'mẽtʃi] ADV provisionally
provisório, -a [provi'zɔrju, a] ADJ provisional, temporary
provisto, -a [pro'vistu, a] PP *de* **prover**
provocação [provoka'sãw] (*pl* -**ões**) F provocation
provocador, a [provoka'dor(a)] ADJ provocative ▶ M/F provoker
provocante [provo'kãtʃi] ADJ provocative
provocar [provo'kar] VT to provoke; (*ocasionar*) to cause; (*atrair*) to tempt, attract; (*estimular*) to rouse, stimulate ▶ VI to provoke, be provocative
proximidade [prosimi'dadʒi] F proximity, nearness; (*iminência*) imminence; **proximidades** FPL (*vizinhança*) neighbourhood *sg* (BRIT), neighborhood *sg* (US), vicinity *sg*

próximo, -a ['prɔsimu, a] ADJ (*no espaço*) near, close; (*no tempo*) close; (*seguinte*) next; (*amigo, parente*) close; (*vizinho*) neighbouring (BRIT), neighboring (US) ▶ ADV near ▶ M fellow man; ~ **a** *ou* **de** near (to), close to; **futuro** ~ near future; **até a próxima!** see you again soon!
PRP (BR) ABR M = **Partido Renovador Progressista**
PRT (BR) ABR M = **Partido Reformador Trabalhista**
prudência [pru'dẽsja] F (*comedimento*) care, prudence; (*cautela*) care, caution
prudente [pru'dẽtʃi] ADJ sensible, prudent; (*cauteloso*) cautious
prumo ['prumu] M plumb line; (*Náut*) lead; **a** ~ perpendicularly, vertically
prurido [pru'ridu] M itch
Prússia ['prusja] F: **a** ~ Prussia
PS (BR) ABR M = **Partido Socialista**
PSB (BR) ABR M = **Partido Socialista Brasileiro**
PSC (BR) ABR M = **Partido Social Cristão**
PSD (BR) ABR M = **Partido Social Democrático**
PSDB (BR) ABR M = **Partido Social-Democrata Brasileiro**
pseudônimo [psew'donimu] M pseudonym
psicanálise [psika'nalizi] F psychoanalysis
psicanalista [psikana'lista] M/F psychoanalyst
psicanalítico, -a [psikana'litʃiku, a] ADJ psychoanalytic(al)
psicodélico, -a [psiko'dɛliku, a] ADJ psychedelic
psicologia [psikolo'ʒia] F psychology
psicológico, -a [psiko'lɔʒiku, a] ADJ psychological
psicólogo, -a [psi'kɔlogu, a] M/F psychologist
psicopata [psiko'pata] M/F psychopath
psicose [psi'kɔzi] F psychosis; **estar com** ~ **de** to be obsessed with *ou* by
psicossomático, -a [psikoso'matʃiku, a] ADJ psychosomatic
psicoterapeuta [psikotera'pewta] M/F psychotherapist
psicoterapia [psikotera'pia] F psychotherapy
psicótico, -a [psi'kɔtʃiku, a] ADJ psychotic
psique ['psiki] F psyche
psiquiatra [psi'kjatra] M/F psychiatrist
psiquiatria [psikja'tria] F psychiatry
psiquiátrico, -a [psi'kjatriku, a] ADJ psychiatric
psíquico, -a ['psikiku, a] ADJ psychological
psiu [psiw] EXCL hey!
PST (BR) ABR M = **Partido Social Trabalhista**
PT (BR) ABR M = **Partido dos Trabalhadores**
PTN (BR) ABR M = **Partido Tancredista Nacional**
PTR (BR) ABR M = **Partido Trabalhista Renovador**
PUA (BR) ABR M (= *Pacto de Unidade e Ação*) workers' movement
pua ['pua] F (*de broca*) bit; **sentar a** ~ **em alguém** (*col*) to give sb a beating

puberdade [puber'dadʒi] F puberty
púbere ['puberi] ADJ pubescent
púbis ['pubis] M INV pubis
publicação [publika'sãw] F publication
publicar [publi'kar] VT (*editar*) to publish; (*divulgar*) to divulge; (*proclamar*) to announce
publicidade [publisi'dadʒi] F publicity; (*Com*) advertising
publicitário, -a [publisi'tarju, a] ADJ publicity *atr*; (*Com*) advertising *atr* ▶ M/F (*Com*) advertising executive
público, -a ['publiku, a] ADJ public ▶ M public; (*Cinema, Teatro etc*) audience; **em ~** in public; **o grande ~** the general public
PUC (BR) ABR F = **Pontifícia Universidade Católica**
púcaro ['pukaru] (PT) M jug, mug
pude *etc* ['pudʒi] VB *ver* **poder**
pudera *etc* [pu'dɛra] VB *ver* **poder**
pudicícia [pudi'sisja] F modesty
pudico, -a [pu'dʒiku, a] ADJ bashful; (*pej*) prudish
pudim [pu'dʒĩ] (*pl* **-ns**) M pudding; **~ de leite** crème caramel
pudim-flã [pudĩ'flã] (PT) M crème caramel
pudins [pu'dʒĩs] MPL *de* **pudim**
pudor [pu'dor] M bashfulness, modesty; (*moral*) decency; **atentado ao ~** indecent assault
puerícia [pwe'risja] F childhood
puericultura [pwerikuw'tura] F child care
pueril [pwe'riw] (*pl* **-is**) ADJ puerile
puerilidade [pwerili'dadʒi] F childishness, foolishness
pueris [pwe'ris] ADJ PL *de* **pueril**
pufe ['pufi] M pouf(fe)
pugilismo [puʒi'lizmu] M boxing
pugilista [puʒi'lista] M boxer
pugna ['pugna] F fight, struggle
pugnar [pug'nar] VI to fight
pugnaz [pug'najz] ADJ pugnacious
puído, -a ['pwidu, a] ADJ worn
puir [pwir] VT to wear thin
pujança [pu'ʒãsa] F vigour (BRIT), vigor (US), strength; (*de vegetação*) lushness; **na ~ da vida** in the prime of life
pujante [pu'ʒãtʃi] ADJ powerful; (*saúde*) robust
pular [pu'lar] VI to jump; (*no Carnaval*) to celebrate ▶ VT (*muro*) to jump (over); (*páginas, trechos*) to skip; **~ de alegria** to jump for joy; **~ Carnaval** to celebrate Carnival; **~ corda** to skip
pulga ['puwga] F flea; **estar/ficar com a ~ atrás da orelha** to smell a rat
pulgão [puw'gãw] (*pl* **-ões**) M greenfly
pulha ['puʎa] (*col*) M rat, creep
pulmão [puw'mãw] (*pl* **-ões**) M lung
pulmonar [puwmo'nar] ADJ pulmonary, lung *atr*
pulo¹ ['pulu] M jump; **dar ~s (de contente)** to be delighted; **dar um ~ em** to stop off at; **aos ~s** by leaps and bounds; **a um ~ de** a stone's throw away from; **num ~** in a flash

pulo² *etc* VB *ver* **polir**
pulôver [pu'lover] (BR) M pullover
púlpito ['puwpitu] M pulpit
pulsação [puwsa'sãw] F pulsation, beating; (*Med*) pulse
pulsar [puw'sar] VI (*palpitar*) to pulsate, throb
pulseira [puw'sejra] F bracelet; (*de sapato*) strap
pulso ['puwsu] M (*Anat*) wrist; (*Med*) pulse; (*fig*) vigour (BRIT), vigor (US), energy; **obra de ~** work of great importance; **homem de ~** energetic man; **tomar o ~ de alguém** to take sb's pulse; **tomar o ~ de algo** (*fig*) to look into sth, sound sth out; **a ~** by force
pulular [pulu'lar] VI to abound; (*surgir*) to spring up; **~ de** to teem with; (*de turistas, mendigos*) to be crawling with
pulverizador [puwveriza'dor] M (*para líquidos etc*) spray, spray gun
pulverizar [puwveri'zar] VT to pulverize; (*líquido*) to spray; (*polvilhar*) to dust
pum [pũ] EXCL bang! ▶ M (*col*) fart (!)
pumba ['pũba] EXCL zoom!
punção [pũ'sãw] (*pl* **-ões**) M (*instrumento*) punch ▶ F (*Med*) puncture
Pundjab [pũ'dʒabi] M: **o ~** the Punjab
pundonor [pũdo'nor] M dignity, self-respect
pungente [pũ'ʒẽtʃi] ADJ painful
pungir [pũ'ʒir] VT to afflict ▶ VI to be painful
punguear [pũ'gjar] (*col*) VT (*bolso*) to pick; (*bolsa*) to snatch
punguista [pũ'gista] M pickpocket
punha *etc* ['puɲa] VB *ver* **pôr**
punhado [pu'ɲadu] M handful
punhal [pu'ɲaw] (*pl* **-ais**) M dagger
punhalada [puɲa'lada] F stab
punho ['puɲu] M (*Anat*) fist; (*de manga*) cuff; (*de espada*) hilt; **de (seu) próprio ~** in one's own hand(writing)
punição [puni'sãw] (*pl* **-ões**) F punishment
punir [pu'nir] VT to punish
punitivo, -a [puni'tʃivu, a] ADJ punitive
punja *etc* ['pũʒa] VB *ver* **pungir**
pupila [pu'pila] F (*Anat*) pupil; *ver tb* **pupilo**
pupilo, -a [pu'pilu, a] M/F (*tutelado*) ward; (*aluno*) pupil
purê [pu're] M purée; **~ de batatas** mashed potatoes
pureza [pu'reza] F purity
purgação [purga'sãw] (*pl* **-ões**) F purge; (*purificação*) purification
purgante [pur'gãtʃi] M purgative; (*col: pessoa*) bore
purgar [pur'gar] VT to purge; (*purificar*) to purify
purgativo, -a [purga'tʃivu, a] ADJ purgative ▶ M purgative
purgatório [purga'tɔrju] M purgatory
purificação [purifika'sãw] F purification
purificar [purifi'kar] VT to purify
purista [pu'rista] M/F purist
puritanismo [purita'nizmu] M puritanism
puritano, -a [puri'tanu, a] ADJ (*atitude*) puritanical; (*seita*) puritan ▶ M/F puritan

puro, -a ['puru, a] ADJ pure; (*uísque etc*) neat; (*verdade*) plain; (*intenções*) honourable (BRIT), honorable (US); (*estilo*) clear; **isto é pura imaginação sua** it's pure imagination on your part, you're just imagining it; **~ e simples** pure and simple

puro-sangue (*pl* **puros-sangues**) ADJ, M thoroughbred

púrpura ['purpura] F purple

purpúreo, -a [pur'purju, a] ADJ (*cor*) crimson

purpurina [purpu'rina] F metallic paint

purulento, -a [puru'lẽtu, a] ADJ festering, suppurating

pus¹ [pus] M pus

pus² *etc* [pujs] VB *ver* **pôr**

puser *etc* [pu'zer] VB *ver* **pôr**

pusilânime [puzi'lanimi] ADJ fainthearted; (*covarde*) cowardly

pústula ['pustula] F pustule; (*fig*) rotter

puta ['puta] (!) F whore; **~ que pariu!** fucking hell! (!); **mandar alguém para a ~ que (o) pariu** to tell sb to fuck off (!); *ver tb* **puto**

putativo, -a [puta'tʃivu, a] ADJ supposed

puto, -a ['putu, a] (!) M/F (*sem-vergonha*) bastard ▶ ADJ (*zangado*) furious; (*incrível*): **um ~ ...** a hell of a ...; **o ~ de ...** the bloody ...

putrefação [putrefa'sãw] F rotting, putrefaction

putrefato, -a [putre'fatu, a] ADJ rotten

putrefazer [putrefa'zer] (*irreg: como* **fazer**) VT to rot ▶ VI to putrefy, rot; **putrefazer-se** VR to putrefy, rot

pútrido, -a ['putridu, a] ADJ putrid, rotten

puxa ['puʃa] EXCL gosh; **~ vida!** gosh!

puxada [pu'ʃada] F pull; (*puxão*) tug; **dar uma ~** (*nos estudos*) to make an effort

puxado, -a [pu'ʃadu, a] ADJ (*col: aluguel*) steep, high; (: *curso*) tough; (: *trabalho*) hard

puxador [puʃa'dor] M handle, knob

puxão [pu'ʃãw] (*pl* **-ões**) M tug, jerk

puxa-puxa (*pl* **puxa-puxas**) M toffee

puxar [pu'ʃar] VT to pull; (*sacar*) to pull out; (*assunto*) to bring up; (*conversa*) to strike up; (*briga*) to pick ▶ VI: **~ de uma perna** to limp; **~ a** to take after; **~ por** (*alunos etc*) to push; **uma coisa puxa a outra** one thing leads to another; **os paulistas puxam pelo esse** the s is very pronounced in São Paulo

puxa-saco (*pl* **puxa-sacos**) M creep, crawler

puxo ['puʃu] M (*em parto*) push

puxões [pu'ʃõjs] MPL *de* **puxão**

Qq

Q, q [ke] (*pl* **qs**) M Q , q; **Q de Quintela** Q for Queen
q. ABR (= *quartel*) barracks
QG ABR M (= *Quartel-General*) HQ
QI ABR M (= *Quociente de Inteligência*) IQ
ql. ABR (= *quilate*) ct
qtd. ABR (= *quantidade*) qty
qua. ABR (= *quarta-feira*) Weds
quadra ['kwadra] F (*quarteirão*) block; (*de tênis etc*) court; (*período*) time, period; (*jogos*) four; (*estrofe*) quatrain
quadrado, -a [kwa'dradu, a] ADJ square; (*col: antiquado*) square ▶ M square ▶ M/F (*col*) square
quadragésimo, -a [kwadra'ʒezimu, a] NUM fortieth; *ver tb* **quinto**
quadrangular [kwadrãgu'lar] ADJ quadrangular
quadrângulo [kwa'drãgulu] M quadrangle
quadrar [kwa'drar] VT to square, make square ▶ VI: **~ a** (*ser conveniente*) to suit; **~ com** (*condizer*) to square with
quadriculado, -a [kwadriku'ladu, a] ADJ checked; **papel ~** squared paper
quadril [kwa'driw] (*pl* **-is**) M hip
quadrilátero, -a [kwadri'lateru, a] ADJ quadrilateral
quadrilha [kwa'driʎa] F gang; (*dança*) square dance
quadrimotor [kwadrimo'tor] ADJ four-engined ▶ M four-engined plane
quadrinho [kwa'driɲu] M (*de tira*) frame; **história em ~s** (BR) cartoon, comic strip
quadris [kwa'dris] MPL *de* **quadril**
quadro ['kwadru] M (*pintura*) painting; (*gravura, foto*) picture; (*lista*) list; (*tabela*) chart, table; (*Tec: painel*) panel; (*pessoal*) staff; (*time*) team; (*Teatro, fig*) scene; (*fig: Med*) patient's condition; **~ de avisos** bulletin board; **~ de reserva** (*Mil*) reserve list; **~ branco** whiteboard; **~ clínico** clinical picture; **~ interativo** interactive whiteboard; **o ~ político** (*fig*) the political scene; **~ social** (*de um clube*) members *pl*; (*de uma empresa*) partners *pl*
quadro-negro (*pl* **quadros-negros**) M blackboard
quadrúpede [kwa'drupedʒi] ADJ, M quadruped ▶ M/F (*fig*) blockhead

quadruplicar [kwadrupli'kar] VT, VI to quadruple
quádruplo, -a ['kwadruplu, a] ADJ quadruple ▶ M quadruple ▶ M/F (*quadrigêmeo*) quad
qual [kwaw] PRON (*pl* **-ais**) which ▶ CONJ as, like ▶ EXCL what!; **~ deles** which of them; **~ é o problema/o seu nome?** what's the problem/your name?; **o ~** which; (*pessoa: suj*) who; (: *objeto*) whom; **seja ~ for** whatever *ou* whichever it may be; **cada ~** each one; **~ é? ou ~ é a tua?** (*col*) what are you up to?; **~ seja** such as; **tal ~** just like; **~ nada!, ~ o quê!** no such thing!
qual. ABR (= *qualidade*) qual
qualidade [kwali'dadʒi] F quality; **na ~ de** in the capacity of; **produto de ~** quality product
qualificação [kwalifika'sãw] (*pl* **-ões**) F qualification
qualificado, -a [kwalifi'kadu, a] ADJ qualified; **não ~** unqualified
qualificar [kwalifi'kar] VT to qualify; (*avaliar*) to evaluate; **qualificar-se** VR to qualify; **~ de** *ou* **como** to classify as
qualificativo, -a [kwalifika'tʃivu, a] ADJ qualifying ▶ M qualifier
qualitativo, -a [kwalita'tʃivu, a] ADJ qualitative
qualquer [kwaw'ker] (*pl* **quaisquer**) ADJ, PRON any; **~ pessoa** anyone, anybody; **~ um dos dois** either; **~ outro** any other; **~ dia** any day; **~ que seja** whichever it may be; **um disco ~** any record at all, any record you like; **a ~ momento** at any moment; **a ~ preço** at any price; **de ~ jeito** *ou* **maneira** anyway; (*a qualquer preço*) no matter what; (*sem cuidado*) anyhow; **um(a) ~** (*pej*) any old person
quando ['kwãdu] ADV when ▶ CONJ when; (*interrogativo*) when?; (*ao passo que*) whilst; **~ muito** at most; **~ quer que** whenever; **de ~ em ~, de vez em ~** now and then; **desde ~?** since when?; **~ mais não seja** if for no other reason; **~ de** on the occasion of; **~ menos se esperava** when we (*ou* they, I *etc*) least expected (it)
quant. ABR (= *quantidade*) quant
quantia [kwã'tʃia] F sum, amount

quantidade [kwãtʃi'dadʒi] F quantity, amount; **uma ~ de** a large amount of; **em ~** in large amounts
quantificar [kwãtʃifi'kar] VT to quantify
quantitativo, -a [kwãtʃita'tʃivu, a] ADJ quantitative

(PALAVRA-CHAVE)

quanto, -a ['kwãtu, a] ADJ **1** (*interrogativo: sg*) how much?; (: *pl*) how many?; **quanto tempo?** how long?
2 (*o que for necessário*) all that, as much as; **daremos quantos exemplares ele precisar** we'll give him as many copies as *ou* all the copies he needs
3: **tanto/tantos ... quanto** as much/many ... as
▶ PRON **1** how much?; how many?; **quanto custa?** how much is it?; **a quanto está o jogo?** what's the score?
2: **tudo quanto** everything that, as much as
3: **tanto/tantos quanto ...** as much/as many as ...
4: **um tanto quanto** somewhat, rather
▶ ADV **1**: **quanto a** as regards; **quanto a mim** as for me
2: **quanto antes** as soon as possible
3: **quanto mais** (*principalmente*) especially; (*muito menos*) let alone; **quanto mais cedo melhor** the sooner the better
4: **tanto quanto possível** as much as possible; **tão ... quanto ...** as ... as ...
▶ CONJ: **quanto mais trabalha, mais ele ganha** the more he works, the more he earns; **quanto mais, (tanto) melhor** the more, the better

quão [kwãw] ADV how
quarenta [kwa'rẽta] NUM forty; *ver tb* **cinquenta**
quarentão, -tona [kwarẽ'tãw, 'tɔna] (*pl* **-ões/-s**) ADJ in one's forties ▶ M/F man/woman in his/her forties
quarentena [kwarẽ'tena] F quarantine
quarentões [kwarẽ'tõjs] MPL *de* **quarentão**
quarentona [kwarẽ'tɔna] F *de* **quarentão**
quaresma [kwa'rezma] F Lent
quart. ABR = **quarteirão**
quarta ['kwarta] F (*tb*: **quarta-feira**) Wednesday; (*parte*) quarter; (*Auto*) fourth (gear); (*Mús*) fourth; **~ de final** quarter final
quarta-feira ['kwarta-'fejra] (*pl* **quartas-feiras**) F Wednesday; **~ de cinzas** Ash Wednesday; *ver tb* **terça-feira**
quartanista [kwarta'niʃta] M/F fourth-year
quarteirão [kwartej'rãw] (*pl* **-ões**) M (*de casas*) block
quartel [kwar'tɛw] (*pl* **-éis**) M barracks *sg*
quartel-general (*pl* **quartéis-generais**) M headquarters *pl*
quarteto [kwar'tetu] M (*Mús*) quartet(te); **~ de cordas** string quartet

quarto, -a ['kwartu, a] NUM fourth ▶ M (*quarta parte*) quarter; (*aposento*) bedroom; (*Mil*) watch; (*anca*) haunch; **~ de banho** bathroom; **~ de dormir** bedroom; **~ de casal** double bedroom; **~ de solteiro** single room; **~ crescente/minguante** (*Astronomia*) first/last quarter; **três ~s de hora** three quarters of an hour; **passar um mau ~ de hora** (*fig*) to have a rough time; *ver tb* **quinto**
quarto e sala (*pl* **quarto e salas**) M two-room apartment
quartzo ['kwartsu] M quartz
quase ['kwazi] ADV almost, nearly; **~ nada** hardly anything; **~ nunca** hardly ever; **~ sempre** nearly always
quaternário, -a [kwater'narju, a] ADJ quaternary
quatorze [kwa'tɔrzi] NUM fourteen; *ver tb* **cinco**
quatro ['kwatru] NUM four ▶ M: **~ por ~** four-by-four; **estar/ficar de ~** to be/get down on all fours; *ver tb* **cinco**
quatrocentos, -tas [kwatro'sẽtus, tas] NUM four hundred

(PALAVRA-CHAVE)

que [ki] CONJ **1** (*com oração subordinada: muitas vezes não se traduz*) that; **ele disse que viria** he said (that) he would come; **não há nada que fazer** there's nothing to be done; **espero que sim/não** I hope so/not; **dizer que sim/não** to say yes/no
2 (*consecutivo: muitas vezes não se traduz*) that; **é tão pesado que não consigo levantá-lo** it's so heavy (that) I can't lift it
3 (*comparações*): **(do) que** than; *ver tb* **mais, menos, mesmo**
▶ PRON **1** (*coisa*) which, that; (+*prep*) which; **o chapéu que você comprou** the hat (that *ou* which) you bought
2 (*pessoa: suj*) who, that; (: *complemento*) whom, that; **o amigo que me levou ao museu** the friend who took me to the museum; **a moça que eu convidei** the girl (that *ou* whom) I invited
3 (*interrogativo*) what?; **o que você disse?** what did you say?
4 (*exclamação*) what!; **que pena!** what a pity!; **que lindo!** how lovely!

quê [ke] M (*col*) something ▶ PRON what; **~!** what!; **não tem de ~** don't mention it; **para ~?** what for?; **por ~?** why?; **sem ~ nem por ~** for no good reason, all of a sudden
Quebec [ke'bɛk] N Quebec
quebra ['kɛbra] F break, rupture; (*falência*) bankruptcy; (*de energia elétrica*) cut; (*de disciplina*) breakdown; **de ~** in addition; **~ de página** (*Comput*) page break
quebra-cabeça (*pl* **quebra-cabeças**) M puzzle, problem; (*jogo*) jigsaw puzzle
quebrada [ke'brada] F (*vertente*) slope; (*barranco*) ravine, gully

quebradiço, -a [kebra'dʒisu, a] ADJ fragile, breakable
quebrado, -a [ke'bradu, a] ADJ broken; *(cansado)* exhausted; *(falido)* bankrupt; *(carro, máquina)* broken down; *(telefone)* out of order; *(col: pronto)* broke
quebrados [ke'bradus] MPL loose change sg
quebra-galho (pl **quebra-galhos**) *(col)* M lifesaver
quebra-gelos M INV *(Náut)* icebreaker
quebra-mar (pl **quebra-mares**) M breakwater, sea wall
quebra-molas M INV speed bump, sleeping policeman
quebra-nozes M INV nutcrackers pl (BRIT), nutcracker (US)
quebrantar [kebrã'ta(r] VT to break; *(entusiasmo, ânimo)* to dampen; *(debilitar)* to weaken, wear out; **quebrantar-se** VR *(tornar-se fraco)* to grow weak
quebranto [ke'brãtu] M *(fraqueza)* weakness; *(mau-olhado)* evil eye
quebra-pau (pl **quebra-paus**) *(col)* M row
quebra-quebra (pl **quebra-quebras**) M riot
quebrar [ke'bra(r] VT to break; *(entusiasmo)* to dampen; *(espancar)* to beat; *(dobrar)* to bend ▶ VI to break; *(carro)* to break down; *(Com)* to go bankrupt; *(ficar sem dinheiro)* to go broke
quebra-vento (pl **quebra-ventos**) M *(Auto)* fanlight
quéchua ['kɛʃwa] M *(Ling)* Quechua
queda ['kɛda] F fall; *(fig: ruína)* downfall; **ter ~ para algo** to have a bent for sth; **ter uma ~ por alguém** to have a soft spot for sb; **~ de barreira** landslide; **~ de braço** arm wrestling; *(fig)* stand-off
queda-d'água (pl **quedas-d'água**) F waterfall
queijada [kej'ʒada] F cheesecake
queijadinha [kejʒa'dʒiɲa] F coconut sweet
queijeira [kej'ʒejra] F cheese dish
queijo ['kejʒu] M cheese; **~ de minas** ≈ Cheshire cheese; **~ do reino** ≈ Edam cheese; **~ prato** ≈ cheddar cheese; **~ ralado** grated cheese
queima ['kejma] F burning; *(Com)* clearance sale
queimada [kej'mada] F burning (of forests)
queimado, -a [kej'madu, a] ADJ burnt; *(de sol: machucado)* sunburnt; (: *bronzeado*) brown, tanned; *(plantas, folhas)* dried up; **cheiro/gosto de ~** smell of burning/burnt taste
queimadura [kejma'dura] F burn; *(de sol)* sunburn; **~ de primeiro/terceiro grau** first-/third-degree burn
queimar [kej'ma(r] VT to burn; *(roupa)* to scorch; *(com líquido)* to scald; *(bronzear a pele)* to tan; *(planta, folha)* to wither; *(calorias)* to burn off ▶ VI to burn; *(estar quente)* to be burning hot; *(lâmpada, fusível)* to blow; **queimar-se** VR *(pessoa)* to burn o.s.; *(bronzear-se)* to tan; *(zangar-se)* to get angry
queima-roupa F: **à ~** point-blank, at point-blank range

queira etc ['kejra] VB ver **querer**
queixa ['kejʃa] F complaint; *(lamentação)* lament; **fazer ~ de alguém** to complain about sb; **ter ~ de alguém** to have a problem with sb
queixa-crime (pl **queixas-crime(s)**) F *(Jur)* citation
queixada [kej'ʃada] F *(de animal)* jaw; *(queixo grande)* prominent chin
queixar-se [kej'ʃarsi] VR to complain; **~ de** to complain about; *(dores etc)* to complain of
queixo ['kejʃu] M chin; *(maxilar)* jaw; **ficar de ~ caído** to be open-mouthed; **bater o ~ to** shiver
queixoso, -a [kej'ʃozu, ɔza] ADJ complaining; *(magoado)* doleful ▶ M/F *(Jur)* plaintiff
queixume [kej'ʃumi] M complaint; *(lamentação)* lament
quem [kẽj] PRON who; *(como objeto)* who(m); **~ quer que** whoever; **seja ~ for** whoever it may be; **de ~ é isto?** whose is this?; **~ é?** who is it?; **a pessoa com ~ trabalha** the person he works with; **para ~ você deu o livro?** who did you give the book to?; **convide ~ você quiser** invite whoever you want; **~ disse isso, se enganou** whoever said that was wrong; **~ fez isso fui eu** it was me who did it, the person who did it was me; **~ diria!** who would have thought (it)!; **~ me dera ser rico** if only I were rich; **~ me dera que isso não fosse verdade** I wish it weren't true; **~ sabe** *(talvez)* perhaps; **~ sou eu para negar?** who am I to deny it?
Quênia ['kenja] M: **o ~** Kenya
queniano, -a [ke'njanu, a] ADJ, M/F Kenyan
quentão [kẽ'tãw] M ≈ mulled wine
quente ['kẽtʃi] ADJ hot; *(roupa)* warm; *(notícia)* reliable, solid; **o ~ agora é ...** *(col)* the big thing now is ...
quentinha [kẽ'tʃiɲa] F heatproof carton (*for food*); *(de restaurante)* doggy bag
quentura [kẽ'tura] F heat, warmth
quer[1] [ker] CONJ: **~ ... ~ ...** whether ... or ...; **~ chova ~ não** whether it rains or not; **~ você queira, ~ não** whether you like it or not; **onde/quando/quem ~ que** wherever/whenever/whoever; **o que ~ que seja** whatever it is; **~ chova, ~ faça sol** come rain or shine
quer[2] VB ver **querer**
querela [ke'rela] F dispute; *(Jur)* complaint, accusation
querelado [kere'ladu] M *(Jur)* defendant
querelador, a [kerela'do(r)a)] M/F *(Jur)* plaintiff
querelante [kere'lãtʃi] M/F *(Jur)* plaintiff
querelar [kere'la(r] VT *(Jur)* to prosecute, sue ▶ VI: **~ contra** ou **de** *(queixar-se)* to lodge a complaint against

⸻ PALAVRA-CHAVE ⸻

querer [ke'rer] VT **1** *(desejar)* to want; **quero mais dinheiro** I want more money; **queria**

um chá I'd like a cup of tea; **quero ajudar/que vá** I want to help/you to go; **você vai querer sair amanhã?** do you want to go out tomorrow?; **eu vou querer uma cerveja** (*num bar etc*) I'd like a beer; **por/sem querer** intentionally/unintentionally; **como queira** as you wish
2 (*perguntas para pedir algo*): **você quer fechar a janela?** will you shut the window?; **quer me dar uma mão?** can you give me a hand?
3 (*amar*) to love
4 (*convite*): **quer entrar/sentar** do come in/sit down
5: **querer dizer** (*significar*) to mean; (*pretender dizer*) to mean to say; **quero dizer** I mean; **quer dizer** (*com outras palavras*) in other words
▶ VI: **querer bem a** to be fond of
querer-se VR to love one another
▶ M (*vontade*) wish; (*afeto*) affection

querido, -a [ke'ridu, a] ADJ dear ▶ M/F darling; **~ no grupo/por todos** prized in the group/by all; **o ator ~ das mulheres** the women's favo(u)rite actor; **Q~ João** Dear John
quermesse [ker'mɛsi] F fête
querosene [kero'zɛni] M kerosene
querubim [keru'bĩ] (*pl* **-ns**) M cherubim
quesito [ke'zitu] M (*questão*) query, question; (*requisito*) requirement
questão [kes'tãw] (*pl* **-ões**) F (*pergunta*) question; (*problema*) issue, question; (*Jur*) case; (*contenda*) dispute, quarrel; **fazer ~ (de)** to insist (on); **em ~** in question; **há ~ de um ano** about a year ago; **~ de tempo/de vida ou morte** question of time/matter of life and death; **~ de ordem** point of order; **~ fechada** point of principle
questionar [kestʃjo'nar] VI to question ▶ VT to question, call into question
questionário [kestʃjo'narju] M questionnaire
questionável [kestʃjo'navew] (*pl* **-eis**) ADJ questionable
questões [kes'tõjs] FPL *de* **questão**
qui. ABR (= *quinta-feira*) Thurs
quiabo ['kjabu] M okra
quibe ['kibi] M *deep-fried mince with flour and mint*
quibebe [ki'bebi] M pumpkin purée
quicar [ki'kar] VT (*bola*) to bounce ▶ VI to bounce; (*col: pessoa*) to go mad
quiche ['kiʃi] F quiche
quieto, -a ['kjɛtu, a] ADJ quiet; (*imóvel*) still; **fica ~!** be quiet!
quietude [kje'tudʒi] F calm, tranquillity
quilate [ki'latʃi] M carat; (*fig*) calibre (BRIT), caliber (US)
quilha [ˈkiʎa] F (*Náut*) keel
quilo ['kilu] M kilo (BR col: tb: **restaurante por quilo**) self-service restaurant (*that charges by weight*)
quilobyte [kilo'bajtʃi] M kilobyte

quilograma [kilo'grama] M kilogram
quilohertz [kilo'hɛrts] M kilohertz
quilometragem [kilome'traʒẽ] F number of kilometres *ou* kilometers travelled, ≈ mileage
quilometrar [kilome'trar] VT to measure in kilometres *ou* kilometers
quilométrico, -a [kilo'mɛtriku, a] ADJ (*distância*) in kilometres *ou* kilometers; (*fig: fila etc*) ≈ mile-long
quilômetro [ki'lometru] M kilometre (BRIT), kilometer (US)
quilowatt [kilo'watʃi] M kilowatt
quimbanda [kĩ'bãda] M (*ritual*) macumba ceremony; (*feiticeiro*) medicine man; (*local*) macumba site
quimera [ki'mɛra] F chimera
quimérico, -a [ki'mɛriku, a] ADJ fantastic
química ['kimika] F chemistry; *ver tb* **químico**
químico, -a ['kimiku, a] ADJ chemical ▶ M/F chemist
quimioterapia [kimjotera'pia] F chemotherapy
quimono [ki'mɔnu] M kimono; (*penhoar*) robe
quina ['kina] F (*canto*) corner; (*de mesa etc*) edge; **de ~** edgeways (BRIT), edgewise (US)
quindim [kĩ'dʒĩ] M *sweet made of egg yolks, coconut and sugar*
quinhão [ki'ɲãw] (*pl* **-ões**) M share, portion
quinhentista [kiɲẽ'tʃista] ADJ sixteenth century *atr*
quinhentos, -as [ki'ɲẽtus, as] NUM five hundred; **isso são outros ~** (*col*) that's a different matter, that's a different kettle of fish
quinhões [ki'ɲõjs] MPL *de* **quinhão**
quinina [ki'nina] F quinine
quinquagésimo, -a [kwĩkwa'ʒɛzimu, a] NUM fiftieth
quinquilharias [kĩkiʎa'rias] FPL odds and ends; (*miudezas*) knick-knacks, trinkets
quinta ['kĩta] F (*tb*: **quinta-feira**) Thursday; (*propriedade*) estate; (PT) farm
quinta-essência (*pl* **quinta-essências**) F quintessence
quinta-feira ['kĩta-'fejra] (*pl* **quintas-feiras**) F Thursday; *ver tb* **terça-feira**
quintal [kĩ'taw] (*pl* **-ais**) M back yard
quintanista [kĩta'nista] M/F fifth-year
quinteiro [kĩ'tejru] (PT) M farmer
quinteto [kĩ'tetu] M quintet(te)
quinto, -a ['kĩtu, a] NUM fifth; **ele tirou o ~ lugar** he came fifth; **eu fui o ~ a chegar** I was the fifth to arrive, I arrived fifth; (*numa corrida*) I came fifth
quíntuplo, -a [kĩ'tuplu, a] ADJ, M quintuple ▶ M/F: **~s** (*crianças*) quins, quintuplets
quinze ['kĩzi] NUM fifteen; **duas e ~** a quarter past (BRIT) *ou* after (US) two; **~ para as sete** a quarter to (BRIT) *ou* of (US) seven; *ver tb* **cinco**
quinzena [kĩ'zena] F two weeks, fortnight (BRIT); (*salário*) two weeks' wages
quinzenal [kĩze'naw] (*pl* **-ais**) ADJ fortnightly

quinzenalmente [kĩzenaw'mẽtʃi] ADV fortnightly
quiosque ['kjɔski] M kiosk; (*de jardim*) gazebo
quiproquó [kwipro'kwɔ] M misunderstanding, mix-up
quiromante [kiro'mãtʃi] M/F palmist, fortune teller
quis *etc* [kiz] VB *ver* **querer**
quiser *etc* [ki'zer] VB *ver* **querer**
quisto ['kistu] M cyst
quitação [kita'sãw] (*pl* -**ões**) F (*remissão*) discharge, remission; (*pagamento*) settlement; (*recibo*) receipt
quitanda [ki'tãda] F (*loja*) grocer's (shop) (BRIT), grocery store (US)
quitandeiro, -a [kitã'dejru, a] M/F grocer; (*vendedor de hortaliças*) greengrocer (BRIT), produce dealer (US)
quitar [ki'tar] VT (*dívida: pagar*) to pay off; (: *perdoar*) to cancel; (*devedor*) to release
quite ['kitʃi] ADJ (*livre*) free; (*com um credor*) squared up; (*igualado*) even; **estar ~ (com alguém)** to be quits (with sb)
quitute [ki'tutʃi] M titbit (BRIT), tidbit (US)
quizumba [ki'zũba] (*col*) F punch-up, brawl
quociente [kwo'sjẽtʃi] M quotient; **~ de inteligência** intelligence quotient
quorum ['kwɔrũ] M quorum
quota ['kwɔta] F quota; (*porção*) share, portion
quotidiano, -a [kwotʃi'dʒjanu, a] ADJ everyday
q.v. ABR (= *queira ver*) q.v.

Rr

R¹, r ['ɛhi] (pl **rs**) M R, r; **R de Roberto** R for Robert (BRIT) ou Roger (US)
R² ABR (= *rua*) St
R$ ABR = **real**
rã [hã] F frog
rabada [ha'bada] F (*rabo*) tail; (*fig*) tail end; (*Culin*) oxtail stew
rabanada [haba'nada] F (*Culin*) cinnamon toast; (*golpe*) blow with the tail; **dar uma ~ em alguém** (*col*) to give sb the brush-off
rabanete [haba'netʃi] M radish
rabear [ha'bjar] VI (*cão*) to wag its tail; (*navio*) to wheel around; (*carro*) to skid round
rabecão [habe'kãw] (pl **-ões**) M mortuary wagon
rabicho [ha'biʃu] M ponytail
rabino, -a [ha'binu, a] M/F rabbi
rabiscar [habis'kar] VT (*escrever*) to scribble; (*papel*) to scribble on ▶ VI to scribble; (*desenhar*) to doodle
rabisco [ha'bisku] M scribble
rabo [ha'habu] M (*cauda*) tail; (!) arse (!); **meter o ~ entre as pernas** (*fig*) to be left with one's tail between one's legs; **olhar alguém com o ~ do olho** to look at sb out of the corner of one's eye; **pegar em ~ de foguete** (*col*) to stick one's neck out; **ser ~ de foguete** (*col*) to be a minefield; **~ de cavalo** ponytail; **não poder ver um ~ de saia** to be a womanizer
rabugento, -a [habu'ʒẽtu, a] ADJ grumpy
rabugice [habu'ʒisi] F grumpiness
rabujar [habu'ʒar] VI to be grumpy; (*criança*) to have a tantrum
raça ['hasa] F breed; (*grupo étnico*) race; **cão/cavalo de ~** pedigree dog/thoroughbred horse; **(no peito e) na ~** (*col*) by sheer effort; **ter ~** to have guts; (*ter ascendência africana*) to be of African origin
ração [ha'sãw] (pl **-ões**) F ration; (*para animal*) food; **~ de cachorro** dog food
racha ['haʃa] F (*fenda*) split; (*greta*) crack ▶ M (*col*) scrap
rachadura [haʃa'dura] F crack
rachar [ha'ʃar] VT to crack; (*objeto, despesas*) to split; (*lenha*) to chop ▶ VI to split; (*cristal*) to crack; **rachar-se** VR to split; to crack; **frio de ~** bitter cold; **sol de ~** scorching sun; **ou vai ou racha** it's make or break

racial [ha'sjaw] (pl **-ais**) ADJ racial; **preconceito ~** racial prejudice
raciocinar [hasjosi'nar] VI to reason
raciocínio [hasjo'sinju] M reasoning
racional [hasjo'naw] (pl **-ais**) ADJ rational
racionalização [hasjonaliza'sãw] F rationalization
racionalizar [hasjonali'zar] VT to rationalize
racionamento [hasjona'mẽtu] M rationing
racionar [hasjo'nar] VT (*distribuir*) to ration out; (*limitar a venda de*) to ration
racismo [ha'sizmu] M racism
racista [ha'sista] ADJ, M/F racist
rações [ha'sõjs] FPL *de* **ração**
radar [ha'dar] M radar
radiação [hadʒja'sãw] (pl **-ões**) F radiation; (*raio*) ray
radiador [hadʒja'dor] M radiator
radialista [hadʒja'lista] M/F radio announcer; (*na produção*) radio producer
radiante [ha'dʒjãtʃi] ADJ radiant; (*de alegria*) overjoyed
radical [hadʒi'kaw] (pl **-ais**) ADJ radical ▶ M radical; (*Ling*) root
radicalismo [hadʒika'lizmu] M radicalism
radicalização [hadʒikaliza'sãw] F radicalization
radicalizar [hadʒikali'zar] VT to radicalize; **radicalizar-se** VR to become radical
radicar-se [hadʒi'karsi] VR to take root; (*fixar residência*) to settle
rádio ['hadʒju] M radio; (*Quím*) radium ▶ F radio station
radioamador, a [hadʒjuama'dor(a)] M/F radio ham
radioatividade [hadʒjuatʃivi'dadʒi] F radioactivity
radioativo, -a [hadʒjua'tʃivu, a] ADJ radioactive
radiodifusão [hadʒjodʒifu'zãw] F broadcasting
radiodifusora [hadʒjodʒifu'zora] F radio station
radioemissora [hadʒjuemi'sora] F radio station
radiografar [hadʒjogra'far] VT (*Med*) to X-ray; (*notícia*) to radio
radiografia [hadʒjogra'fia] F X-ray
radiograma [hadʒjo'grama] M cablegram
radiogravador [hadʒjograva'dor] M radio cassette

radiojornal [hadʒjoʒor'naw] (*pl* **-ais**) M radio news *sg*
radiologia [hadʒjolo'ʒia] F radiology
radiologista [hadʒjolo'ʒista] M/F radiologist
radionovela [hadʒjono'vɛla] F radio serial
radiopatrulha [hadʒjopa'truʎa] F (*viatura*) patrol car
radioperador, a [hadʒjopera'dor(a)] M/F radio operator
radiorrepórter [hadʒjohe'pɔrter] M/F radio reporter
radioso, -a [ha'dʒjozu, ɔza] ADJ radiant, brilliant
radiotáxi [hadʒjo'taksi] M radio taxi *ou* cab
radioterapia [hadʒjotera'pia] F radiotherapy
radiouvinte [hadʒjo'vĩtʃi] M/F (*radio*) listener
ragu [ha'gu] M stew, ragoût
raia ['haja] F (*risca*) line; (*fronteira*) boundary; (*limite*) limit; (*de corrida*) lane; (*peixe*) ray; **chegar às ~s** to reach the limit
raiado, -a [ha'jadu, a] ADJ striped
raiar [ha'jar] VI (*brilhar*) to shine; (*madrugada*) to dawn; (*aparecer*) to appear
rainha [ha'iɲa] F queen; **ela é a ~ da preguiça** (*col*) she's the world's worst for laziness
rainha-mãe (*pl* **rainhas-mães**) F queen mother
raio ['haju] M (*de sol*) ray; (*de luz*) beam; (*de roda*) spoke; (*relâmpago*) flash of lightning; (*distância*) range; (*Mat*) radius; **~ de ação** range; **onde está o ~ da chave?** (*col*) where's the blasted key?
raiva ['hajva] F rage, fury; (*Med*) rabies *sg*; **estar/ficar com ~ (de)** to be/get angry (with); **estar morto de ~** to be furious; **ter ~ de** to hate; **tomar ~ de** to begin to hate; **que ~!** I am (*ou* was *etc*) furious!
raivoso, -a [haj'vozu, ɔza] ADJ furious; (*Med*) rabid, mad
raiz [ha'iz] F root; (*origem*) source; **~ quadrada** square root; **criar raízes** to put down roots
rajada [ha'ʒada] F (*vento*) gust; (*de tiros*) burst
ralado, -a [ha'ladu, a] ADJ grated; (*esfolado*) grazed
ralador [hala'dor] M grater
ralar [ha'lar] VT to grate; (*esfolar*) to graze
ralé [ha'lɛ] F common people *pl*, rabble
ralhar [ha'ʎar] VI to scold; **~ com alguém** to tell sb off
rali [ha'li] M rally
ralo, -a ['halu, a] ADJ (*cabelo*) thinning; (*tecido*) thin, flimsy; (*vegetação*) sparse; (*sopa*) thin, watery; (*café*) weak ▶ M (*de regador*) rose, nozzle; (*de pia, banheiro*) drain
rama ['hama] F branches *pl*, foliage; **algodão em ~** raw cotton; **pela ~** superficially
ramagem [ha'maʒẽ] F branches *pl*, foliage; (*num tecido*) floral pattern
ramal [ha'maw] (*pl* **-ais**) M (*Ferro*) branch line; (*Tel*) extension; (*Auto*) side road
ramalhete [hama'ʎetʃi] M bouquet, posy
rameira [ha'mejra] F prostitute

ramerrão [hame'hãw] (*pl* **-ões**) M routine, round
ramificar-se [hamifi'karsi] VR to branch out
ramo ['hamu] M branch; (*profissão, negócios*) line; (*de flores*) bunch; **Domingo de R~s** Palm Sunday; **um perito do ~** an expert in the field
rampa ['hãpa] F ramp; (*ladeira*) slope
rançar [hã'sar] VI to go rancid
rancheiro [hã'ʃejru] M cook
rancho ['hãʃu] M (*grupo*) group, band; (*cabana*) hut; (*refeição*) meal
rancor [hã'kor] M (*ressentimento*) bitterness; (*ódio*) hatred
rancoroso, -a [hãko'rozu, ɔza] ADJ bitter, resentful; (*odiento*) hateful
rançoso, -a [hã'sozu, ɔza] ADJ rancid; (*cheiro*) musty
randevu [hãde'vu] M brothel
ranger [hã'ʒer] VI to creak ▶ VT: **~ os dentes** to grind one's teeth
rangido [hã'ʒidu] M creak
rango ['hãgu] (*col*) M grub
Rangum [hã'gũ] N Rangoon
ranheta [ha'ɲeta] ADJ sullen, surly
ranhetice [haɲe'tʃisi] F sullenness; (*ato*) surly thing
ranho ['haɲu] (*col*) M snot
ranhura [ha'ɲura] F groove; (*para moeda*) slot
ranjo *etc* ['hãʒu] VB *ver* **ranger**
ranzinza [hã'zĩza] ADJ peevish
rapa ['hapa] M (*de comida*) remains *pl*; (*carro*) illegal trading patrol car; (*policial*) policeman concerned with illegal street trading
rapadura [hapa'dura] F (*doce*) raw brown sugar
rapagão [hapa'gãw] (*pl* **-ões**) M hunk
rapapé [hapa'pɛ] M touch of the forelock; **rapapés** MPL (*bajulação*) bowing and scraping; (*lisonja*) flattery *sg*; **fazer ~s a alguém** to bow and scrape to sb
rapar [ha'par] VT to scrape; (*a barba*) to shave; (*o cabelo*) to shave off; **~ algo a alguém** (*roubar*) to steal sth from sb
rapariga [hapa'riga] F girl
rapaz [ha'pajz] M boy; (*col*) lad; **ô, ~, tudo bem?** hi, mate, how's it going?
rapaziada [hapa'zjada] F (*grupo*) lads *pl*
rapazote [hapa'zɔtʃi] M little boy
rapé [ha'pɛ] M snuff
rapidez [hapi'dez] F speed, rapidity; **com ~** quickly, fast
rápido, -a ['hapidu, a] ADJ quick, fast ▶ ADV fast, quickly ▶ M (*trem*) express
rapina [ha'pina] F robbery; **ave de ~** bird of prey
raposo, -a [ha'pozu, ɔza] M/F fox/vixen; (*fig*) crafty person
rapsódia [hap'sɔdʒja] F rhapsody
raptado, -a [hap'tadu, a] M/F kidnap victim
raptar [hap'tar] VT to kidnap
rapto ['haptu] M kidnapping
raptor [hap'tor] M kidnapper

raqueta [ha'keta] (PT) F = **raquete**
raquetada [hake'tada] F stroke with a (*ou* the) racquet
raquete [ha'ketʃi] F (*de tênis*) racquet; (*de pingue-pongue*) bat
raquidiana [haki'dʒjana] F (*anestesia*) epidural
raquítico, -a [ha'kitʃiku, a] ADJ (*Med*) suffering from rickets; (*franzino*) puny; (*vegetação*) poor
raquitismo [haki'tʃizmu] M (*Med*) rickets sg
raramente [hara'mẽtʃi] ADV rarely, seldom
rarear [ha'rjar] VT to make rare; (*diminuir*) to thin out ▶ VI to become rare; (*cabelos*) to thin; (*casas etc*) to thin out
rarefazer [harefa'zer] (*irreg: como* **fazer**) VT, VI to rarefy; (*nuvens*) to disperse, blow away; (*multidão*) to thin out
rarefeito, -a [hare'fejtu, a] PP *de* **rarefazer** ▶ ADJ rarefied; (*multidão, população*) sparse
rarefez [hare'fez] VB *ver* **rarefazer**
rarefizer *etc* [harefi'zer] VB *ver* **rarefazer**
raridade [hari'dadʒi] F rarity
raro, -a ['haru, a] ADJ rare ▶ ADV rarely, seldom; **não ~** often
rasante [ha'zãtʃi] ADJ (*avião*) low-flying; (*voo*) low
rascunhar [hasku'ɲar] VT to draft, make a rough copy of
rascunho [has'kuɲu] M rough copy, draft
rasgado, -a [haz'gadu, a] ADJ (*roupa*) torn, ripped; (*cumprimentos, elogio, gesto*) effusive
rasgão [haz'gãw] (*pl* **-ões**) M tear, rip
rasgar [haz'gar] VT to tear, rip; (*destruir*) to tear up, rip up; **rasgar-se** VR to split
rasgo ['hazgu] M (*rasgão*) tear, rip; (*risco*) stroke; (*ação*) feat; (*ímpeto*) burst; (*da imaginação*) flight
rasgões [haz'gõjs] MPL *de* **rasgão**
rasguei *etc* [haz'gej] VB *ver* **rasgar**
raso, -a ['hazu, a] ADJ (*liso*) flat, level; (*sapato*) flat; (*não fundo*) shallow; (*baixo*) low; (*colher: como medida*) level ▶ M: **o ~** the shallow water; **soldado ~** private
raspa ['haspa] F (*de madeira*) shaving; (*de metal*) filing
raspadeira [haspa'dejra] F scraper
raspão [has'pãw] (*pl* **-ões**) M scratch, graze; **tocar de ~** to graze
raspar [has'par] VT (*limpar, tocar*) to scrape; (*alisar*) to file; (*tocar de raspão*) to graze; (*arranhar*) to scratch; (*pelos, cabeça*) to shave; (*apagar*) to rub out ▶ VI: **~ em** to scrape; **passar raspando (num exame)** to scrape through (an exam)
raspões [has'põjs] MPL *de* **raspão**
rasteira [has'tejra] F (*pernada*) trip; **dar uma ~ em alguém** to trip sb up
rasteiro, -a [has'tejru, a] ADJ (*que se arrasta*) crawling; (*planta*) creeping; (*a pouca altura*) low-lying; (*ordinário*) common
rastejante [haste'ʒãtʃi] ADJ trailing; (*arrastando-se*) creeping; (*voz*) slurred

rastejar [haste'ʒar] VI to crawl; (*furtivamente*) to creep; (*fig: rebaixar-se*) to grovel ▶ VT (*fugitivo etc*) to track
rastilho [has'tʃiʎu] M (*de pólvora*) fuse
rasto ['hastu] M (*pegada*) track; (*de veículo*) trail; (*fig*) sign, trace; **de ~s** crawling; **andar de ~s** to crawl; **levar de ~s** to drag along
rastrear [has'trjar] VT to track; (*investigar*) to scan ▶ VI to track
rastro ['hastru] M = **rasto**
rasura [ha'zura] F deletion
rasurar [hazu'rar] VT to delete items from
rata ['hata] F rat; (*pequena*) mouse; **dar uma ~** to slip up
ratão [ha'tãw] (*pl* **-ões**) M rat
rataplã [hata'plã] M drum roll
ratazana [hata'zana] F rat
ratear [ha'tʃjar] VT (*dividir*) to share ▶ VI (*motor*) to miss
rateio [ha'teju] M (*de custos*) sharing, spreading
ratificação [hatʃifika'sãw] F ratification
ratificar [hatʃifi'kar] VT to ratify
rato ['hatu] M rat; (*rato pequeno*) mouse; **~ de biblioteca** bookworm; **~ de hotel/praia** hotel/beach thief
ratoeira [ha'twejra] F rat trap; (*pequena*) mousetrap
ratões [ha'tõjs] MPL *de* **ratão**
ravina [ha'vina] F ravine
raviólí [ha'vjɔli] M ravioli
razão [ha'zãw] (*pl* **-ões**) F reason; (*bom senso*) common sense; (*argumento*) reasoning, argument; (*conta*) account; (*Mat*) ratio ▶ M (*Com*) ledger; **à ~ de** at the rate of; **com/sem ~** with good reason/for no reason; **em ~ de** on account of; **dar ~ a alguém** to support sb; **ter/não ter ~** to be right/wrong; **ter toda ~ (em fazer)** to be quite right (to do); **estar coberto de ~** to be quite right; **a ~ pela qual ...** the reason why ...; **~ demais para você ficar aqui** all the more reason for you to stay here; **~ de Estado** reason of State
razoável [ha'zwavew] (*pl* **-eis**) ADJ reasonable
razões [ha'zõjs] FPL *de* **razão**
r/c (PT) ABR = **rés do chão**
RDA ABR F (*antes:* = *República Democrática Alemã*) GDR
ré [hɛ] F (*Auto*) reverse (gear); **dar (marcha à) ré** to reverse, back up; *ver tb* **réu**
reabastecer [heabaste'ser] VT (*avião*) to refuel; (*carro*) to fill up; **reabastecer-se** VR: **~-se de** to replenish one's supply of
reabastecimento [heabastesi'mẽtu] M (*de avião*) refuelling; (*de uma cidade*) reprovisioning
reaberto, -a [hea'bɛrtu, a] PP *de* **reabrir**
reabertura [heaber'tura] F reopening
reabilitação [heabilita'sãw] F rehabilitation; **~ motora** physiotherapy
reabilitar [heabili'tar] VT to rehabilitate; (*falido*) to discharge, rehabilitate
reabrir [hea'brir] VT to reopen

reaça [he'asa] (col) M/F reactionary
reação [hea'sãw] (pl **-ões**) F reaction; **~ em cadeia** chain reaction
reacender [heasẽ'der] VT to relight; (fig) to rekindle
reacionário, -a [heasjo'narju, a] ADJ reactionary
reações [hea'sõjs] FPL de **reação**
readaptar [headap'tar] VT to readapt
readmitir [headʒimi'tʃir] VT to readmit; (funcionário) to reinstate
readquirir [headʒiki'rir] VT to reacquire
reafirmar [heafir'mar] VT to reaffirm
reagir [hea'ʒir] VI to react; (doente, time perdedor) to fight back; **~ a** (resistir) to resist; (protestar) to rebel against
reais [he'ajs] ADJ PL de **real**
reaja etc [he'aʒa] VB ver **reagir**
reajustar [heaʒus'tar] VT to readjust; (Mecânica) to regulate; (salário, preço) to adjust (in line with inflation)
reajuste [hea'ʒustʃi] M adjustment; **~ salarial/de preços** wage/price adjustment (in line with inflation)
real [he'aw] (pl **-ais**) ADJ real; (relativo à realeza) royal ▶ M (moeda) real

> The Brazilian currency, the **real**, was introduced in 1994 as part of a comprehensive economic stabilization package known as the **Plano Real**. This brought an end to some thirty years of hyperinflation which saw successive devaluations and name-changes to the Brazilian currency, from cruzeiro to cruzado (1986), to cruzado novo (1989), back to cruzeiro (1990), to cruzeiro real (1993) and finally to real (1994). The real is subdivided into 100 centavos. The currency symbol is R$ and a comma is used to separate reais and centavos, e.g. R$ 2,40 (two reais and forty centavos).

realçar [heaw'sar] VT to highlight
realce [he'awsi] M (destaque) emphasis; (mais brilho) highlight; **dar ~ a** to enhance
realejo [hea'leʒu] M barrel organ
realeza [hea'leza] F royalty
realidade [heali'dadʒi] F reality; **na ~** actually, in fact; **~ virtual** virtual reality
realimentação [healimẽta'sãw] F (Elet) feedback
realismo [hea'lizmu] M realism
realista [hea'lista] ADJ realistic ▶ M/F realist
reality show [healitʃi'ʃow] M reality show
realização [healiza'sãw] F fulfilment (BRIT), fulfillment (US), realization; (de projeto) execution, carrying out; (transformação em dinheiro) conversion into cash
realizado, -a [heali'zadu, a] ADJ (pessoa) fulfilled
realizador, a [healiza'dor(a)] ADJ (pessoa) enterprising
realizar [heali'zar] VT (um objetivo) to achieve; (projeto) to carry out; (ambições, sonho) to fulfil (BRIT), fulfill (US), realize; (negócios) to transact; (perceber, convertir en dinheiro) to realize; **realizar-se** VR (acontecer) to take place; (ambições) to be realized; (sonhos) to come true; (pessoa) to fulfil(l) o.s.; **o congresso será realizado em Lisboa** the conference will be held in Lisbon
realizável [heali'zavew] (pl **-eis**) ADJ realizable
realmente [heaw'mẽtʃi] ADV really; (de fato) actually
reanimar [heani'mar] VT to revive; (encorajar) to encourage; **reanimar-se** VR (pessoa) to cheer up
reaparecer [heapare'ser] VI to reappear
reaprender [heaprẽ'der] VT to relearn
reapresentar [heaprezẽ'tar] VT (espetáculo) to put on again
reaproximação [heaprosima'sãw] (pl **-ões**) F (entre pessoas, países) rapprochement
reaproximar [heaprosi'mar] VT to bring back together; **reaproximar-se** VR to be brought back together
reaquecer [heake'ser] VT to reheat
reassumir [heasu'mir] VT, VI to take over again
reatar [hea'tar] VT (continuar) to resume, take up again; (nó) to retie
reativar [heatʃi'var] VT to reactivate; (organização, lei) to revive
reator [hea'tor] M reactor
reavaliação [heavalja'sãw] F revaluation
reaver [hea'ver] VT to recover, get back
reavivar [heavi'var] VT (cor) to brighten up; (lembrança) to revive; (sofrimento, dor) to bring back
rebaixa [he'bajʃa] F reduction
rebaixar [hebaj'ʃar] VT (tornar mais baixo) to lower; (reduzir) to reduce; (time) to relegate; (funcionário) to demote; (humilhar) to put down ▶ VI to drop; **rebaixar-se** VR to demean o.s.
rebanho [he'baɲu] M (de carneiros, fig) flock; (de gado, elefantes) herd
rebarbar [hebar'bar] VT (opor-se a) to oppose ▶ VI (reclamar) to complain
rebarbativo, -a [hebarba'tʃivu, a] ADJ (pessoa) disagreeable, unpleasant
rebate [he'batʃi] M (sinal) alarm; (Com) discount; **~ falso** false alarm
rebater [heba'ter] VT (golpe) to ward off; (acusações, argumentos) to refute; (bola) to knock back; (à máquina) to retype
rebelar-se [hebe'larsi] VR to rebel
rebelde [he'bɛwdʒi] ADJ rebellious; (indisciplinado) unruly, wild ▶ M/F rebel
rebeldia [hebew'dʒia] F rebelliousness; (fig: obstinação) stubbornness; (: oposição) defiance
rebelião [hebe'ljãw] (pl **-ões**) F rebellion
rebentar [hebẽ'tar] VI (guerra) to break out; (louça) to smash; (corda) to snap; (represa) to burst; (ondas) to break ▶ VT (louça) to smash; (corda) to snap; (porta, ponte) to break down

rebento [he'bẽtu] M (*filho*) offspring
rebite [he'bitʃi] M (*Tec*) rivet
reboar [he'bwar] VI to resound, echo
rebobinar [hebobi'nar] VT (*vídeo*) to rewind
rebocador [heboka'dor] M (*Náut*) tug(boat)
rebocar [hebo'kar] VT (*paredes*) to plaster; (*veículo mal estacionado*) to tow away; (*dar reboque a*) to tow
reboco [he'boku] M plaster
rebolar [hebo'lar] VT to swing ▶ VI to sway; (*fig*) to work hard; **rebolar-se** VR to sway
rebolo [he'bolu] M (*mó*) grindstone; (*cilindro*) cylinder
reboque¹ [he'bɔki] M (*ato*) tow; (*veículo: tb*: **carro reboque**) trailer; (*cabo*) towrope; (BR: *de socorro*) tow truck; **a ~** on ou in (US) tow
reboque² *etc* VB *ver* **rebocar**
rebordo [he'bordu] M rim, edge; **~ da lareira** mantelpiece
rebordosa [hebor'dɔza] F (*situação difícil*) difficult situation; (*doença grave*) serious illness; (*reincidência de moléstia*) recurrence; (*pancadaria*) commotion
rebu [he'bu] (*col*) M commotion, rumpus
rebuçado [hebu'sadu] (PT) M sweet, candy (US)
rebuliço [hebu'lisu] M commotion, hubbub
rebuscado, -a [hebus'kadu, a] ADJ affected
recado [he'kadu] M message; **menino de ~s** errand boy; **dar o ~**, **dar conta do ~** (*fig*) to deliver the goods; **deixar ~** to leave a message; **mandar ~** to send word
recaída [heka'ida] F relapse
recair [heka'ir] VI (*doente*) to relapse; **~ em erro** *ou* **falta** to go wrong again; **a culpa recaiu nela** she got the blame; **o acento recai na última sílaba** the accent falls on the last syllable
recalcado, -a [hekaw'kadu, a] ADJ repressed
recalcar [hekaw'kar] VT to repress
recalcitrante [hekawsi'tratʃi] ADJ recalcitrant
recalque¹ [he'kawki] M repression
recalque² *etc* VB *ver* **recalcar**
recamado, -a [heka'madu, a] ADJ embroidered
recambiar [hekã'bjar] VT to send back
recanto [he'kãtu] M (*lugar aprazível*) corner, nook; (*esconderijo*) hiding place
recapitulação [hekapitula'sãw] F (*resumo*) recapitulation; (*rememorar*) revision
recapitular [hekapitu'lar] VT (*resumir*) to sum up, recapitulate; (*fatos*) to review; (*matéria escolar*) to revise
recarga [he'karga] F (*de celular*) top-up; **preciso fazer a ~ do meu celular** I need to top up my mobile
recarregar [hekahe'gar] VT (*celular*) to top up; (*bateria*) to recharge; (*cartucho*) to refill
recatado, -a [heka'tadu, a] ADJ (*modesto*) modest; (*reservado*) reserved
recatar-se [heka'tarsi] VR to become withdrawn; (*ocultar-se*) to hide
recato [he'katu] M (*modéstia*) modesty

recauchutado, -a [hekawʃu'tadu, a] ADJ (*fig*) revamped; (*col: pessoa*) having had cosmetic surgery; **pneu ~** (*Auto*) retread, remould (BRIT)
recauchutagem [hekawʃu'taʒẽ] (*pl* **-ns**) F (*de pneu*) retreading; (*fig*) face-lift
recauchutar [hekawʃu'tar] VT (*pneu*) to retread; (*fig*) to give a face-lift to
recear [he'sjar] VT to fear ▶ VI: **~ por** to fear for; **~ fazer/que** to be afraid to do/that
recebedor, a [hesebe'dor(a)] M/F recipient; (*de impostos*) collector
receber [hese'ber] VT to receive; (*ganhar*) to earn, get; (*hóspedes*) to take in; (*convidados*) to entertain; (*acolher bem*) to welcome ▶ VI (*receber convidados*) to entertain; (*ser pago*) to be paid; **a ~** (*Com*) receivable
recebimento [hesebi'mẽtu] (BR) M reception; (*de uma carta*) receipt; **acusar o ~ de** to acknowledge receipt of
receio [he'seju] M fear; **não tenha ~** never fear; **ter ~ de que** to fear that
receita [he'sejta] F (*renda*) income; (*do Estado*) revenue; (*Med*) prescription; (*culinária*) recipe; **~ pública** tax revenue; **R~ Federal** ≈ Inland Revenue (BRIT), ≈ IRS (US)
receitar [hesej'tar] VT to prescribe ▶ VI to write prescriptions
recém [he'sẽ] ADV recently, newly
recém-casado, -a ADJ newly-married; **os ~s** the newlyweds
recém-chegado, -a M/F newcomer
recém-nascido, -a M/F newborn child
recém-publicado, -a ADJ newly *ou* recently published
recender [hesẽ'der] VT: **~ um cheiro** to give off a smell ▶ VI to smell; **~ a** to smell of
recenseamento [hesẽsja'mẽtu] M census
recensear [hesẽ'sjar] VT to take a census of
recente [he'sẽtʃi] ADJ recent; (*novo*) new ▶ ADV recently
recentemente [hesẽtʃi'mẽtʃi] ADV recently
receoso, -a [he'sjozu, ɔza] ADJ (*medroso*) frightened, fearful; (*apreensivo*) afraid; **estar ~ de (fazer)** to be afraid of (doing)
recepção [hesep'sãw] (*pl* **-ões**) F reception; (PT: *de uma carta*) receipt; **acusar a ~ de** (PT) to acknowledge receipt of
recepcionar [hesepsjo'nar] VT to receive
recepcionista [hesepsjo'nista] M/F receptionist
recepções [hesep'sõjs] FPL *de* **recepção**
receptáculo [hesep'takulu] M receptacle
receptador, a [hesepta'dor(a)] M/F fence, receiver of stolen goods
receptar [hesep'tar] VT to fence, receive
receptivo, -a [hesep'tʃivu, a] ADJ receptive; (*acolhedor*) welcoming
receptor [hesep'tor] M (*Tec*) receiver
recessão [hese'sãw] (*pl* **-ões**) F recession
recesso [he'sɛsu] M recess
recessões [hese'sõjs] FPL *de* **recessão**
rechaçar [heʃa'sar] VT (*ataque*) to repel; (*ideias, argumentos*) to oppose; (*oferta*) to turn down

réchaud [heˈʃo] (*pl* **-s**) M plate-warmer
recheado, -a [heˈʃjadu, a] ADJ (*ave, carne*) stuffed; (*empada, bolo*) filled; (*cheio*) full, crammed
rechear [heˈʃjar] VT to fill; (*ave, carne*) to stuff
recheio [heˈʃeju] M (*para carne assada*) stuffing; (*de empada, de bolo*) filling; (*o conteúdo*) contents *pl*
rechonchudo, -a [heʃõˈʃudu, a] ADJ chubby, plump
recibo [heˈsibu] M receipt
reciclagem [hesiˈklaʒẽ] F (*de papel etc*) recycling; (*de professores, funcionários*) retraining
reciclar [hesiˈklar] VT (*papel etc*) to recycle; (*professores, funcionários*) to retrain
reciclável [hesiˈklavew] (*pl* **-eis**) ADJ recyclable
recidiva [hesiˈdʒiva] F recurrence
recife [heˈsifi] M reef
recifense [hesiˈfẽsi] ADJ from Recife ▶ M/F person from Recife
recinto [heˈsĩtu] M (*espaço fechado*) enclosure; (*lugar*) area
recipiente [hesiˈpjẽtʃi] M container, receptacle
recíproca [heˈsiproka] F reverse
reciprocar [hesiproˈkar] VT to reciprocate
reciprocidade [hesiprosiˈdadʒi] F reciprocity
recíproco, -a [heˈsiproku, a] ADJ reciprocal
récita [ˈhɛsita] F (*teatral*) performance
recitação [hesitaˈsãw] (*pl* **-ões**) F recitation
recital [hesiˈtaw] (*pl* **-ais**) M recital
recitar [hesiˈtar] VT (*declamar*) to recite
reclamação [heklamaˈsãw] (*pl* **-ões**) F (*queixa*) complaint; (*Jur*) claim
reclamante [heklaˈmãtʃi] M/F claimant
reclamar [heklaˈmar] VT (*exigir*) to demand; (*herança*) to claim ▶ VI: **~ (de)** (*comida etc*) to complain (about); (*dores etc*) to complain (of); **~ contra** to complain about
reclame [heˈklami] M advertisement
reclinado, -a [hekliˈnadu, a] ADJ (*inclinado*) leaning; (*recostado*) lying back
reclinar [hekliˈnar] VT to rest, lean;
 reclinar-se VR to lie back; (*deitar-se*) to lie down
reclinável [hekliˈnavew] (*pl* **-eis**) ADJ (*cadeira*) reclinable
reclusão [hekluˈzãw] F (*isolamento*) seclusion; (*encarceramento*) imprisonment
recluso, -a [heˈkluzu, a] ADJ reclusive ▶ M/F recluse; (*prisioneiro*) prisoner
recobrar [hekoˈbrar] VT to recover, get back;
 recobrar-se VR to recover
recolher [hekoˈʎer] VT to collect; (*gado, roupa do varal*) to bring in; (*juntar*) to collect up; (*abrigar*) to give shelter to; (*notas antigas*) to withdraw; (*encolher*) to draw in; **recolher-se** VR (*ir para casa*) to go home; (*deitar-se*) to go to bed; (*ir para o quarto*) to retire; (*em meditações*) to meditate; **~ alguém a algum lugar** to take sb somewhere

recolhido, -a [hekoˈʎidu, a] ADJ (*lugar*) secluded; (*pessoa*) withdrawn
recolhimento [hekoʎiˈmẽtu] M (*vida retraída*) retirement; (*arrecadação*) collection; (*ato de levar*) taking
recomeçar [hekomeˈsar] VT, VI to restart;
 ~ a fazer to start to do again
recomeço [hekoˈmesu] M restart
recomendação [hekomẽdaˈsãw] (*pl* **-ões**) F recommendation; **recomendações** FPL (*cumprimentos*) regards; **carta de ~** letter of recommendation
recomendar [hekomẽˈdar] VT to recommend; (*confiar*) to entrust; **~ alguém a alguém** (*enviar cumprimentos*) to remember sb to sb, give sb's regards to sb; (*pedir favor*) to put in a word for sb with sb; **~ algo a alguém** (*confiar*) to entrust sth to sb; **~ que alguém faça** to recommend that sb do; (*lembrar, pedir*) to urge that sb do
recomendável [hekomẽˈdavew] (*pl* **-eis**) ADJ advisable
recompensa [hekõˈpẽsa] F (*prêmio*) reward; (*indenização*) recompense
recompensar [hekõpẽˈsar] VT (*premiar*) to reward; **~ alguém de algo** (*indenizar*) to compensate sb for sth
recompor [hekõˈpor] (*irreg: como* **pôr**) VT (*reorganizar*) to reorganize; (*restabelecer*) to restore
recôncavo [heˈkõkavu] M (*enseada*) bay area
reconciliação [hekõsiljaˈsãw] (*pl* **-ões**) F reconciliation
reconciliar [hekõsiˈljar] VT to reconcile;
 reconciliar-se VR to become reconciled
recondicionar [hekõdʒisjoˈnar] VT to recondition
recôndito, -a [heˈkõdʒitu, a] ADJ (*escondido*) hidden; (*lugar*) secluded
reconfortar [hekõforˈtar] VT to invigorate;
 reconfortar-se VR to be invigorated
reconhecer [hekoɲeˈser] VT to recognize; (*admitir*) to admit; (*Mil*) to reconnoitre (BRIT), reconnoiter (US); (*assinatura*) to witness
reconhecido, -a [hekoɲeˈsidu, a] ADJ recognized; (*agradecido*) grateful, thankful
reconhecimento [hekoɲesiˈmẽtu] M recognition; (*admissão*) admission; (*gratidão*) gratitude; (*Mil*) reconnaissance; (*de assinatura*) witnessing
reconhecível [hekoɲeˈsivew] (*pl* **-eis**) ADJ recognizable
reconquista [hekõˈkista] F reconquest
reconsiderar [hekõsideˈrar] VT, VI to reconsider
reconstituinte [hekõstʃiˈtwĩtʃi] M tonic
reconstituir [hekõstʃiˈtwir] VT to reconstitute; (*doente*) to build up; (*crime*) to piece together
reconstrução [hekõstruˈsãw] F reconstruction
reconstruir [hekõsˈtrwir] VT to rebuild, reconstruct

recontar [hekõ'tar] VT (*objetos, pessoas*) to recount; (*história*) to retell

recordação [hekorda'sãw] (*pl* **-ões**) F (*reminscência*) memory; (*objeto*) memento

recordar [hekor'dar] VT to remember; **recordar-se** VR: **~-se de** to remember; **~ algo a alguém** to remind sb of sth

recorde [he'kɔrdʒi] ADJ INV record *atr* ▶ M record; **em tempo ~** in record time; **bater um ~** to break a record

recordista [hekor'dʒista] ADJ record-breaking ▶ M/F record-breaker; (*quem detém o recorde*) record-holder; **~ mundial** world record-holder

recorrer [heko'her] VI: **~ a** (*para socorro*) to turn to; (*valer-se de*) to resort to; **~ da sentença/decisão** to appeal against the sentence/decision

recortar [hekor'tar] VT to cut out

recorte [he'kɔrtʃi] M (*ato*) cutting out; (*de jornal*) cutting, clipping

recostar [hekos'tar] VT to lean, rest; **recostar-se** VR to lean back; (*deitar-se*) to lie down

recosto [he'kostu] M back(rest)

recreação [hekrja'sãw] F recreation

recrear [he'krjar] VT to entertain, amuse; **recrear-se** VR to have fun

recreativo, -a [hekrja'tʃivu, a] ADJ recreational

recreio [he'kreju] M recreation; (*Educ*) playtime; **viagem de ~** trip, outing; **hora do ~** break

recriar [he'krjar] VT to recreate

recriminação [hekrimina'sãw] (*pl* **-ões**) F recrimination

recriminador, a [hekrimina'dor(a)] ADJ reproving

recriminar [hekrimi'nar] VT to reproach, reprove

recrudescência [hekrude'sẽsja] F = **recrudescimento**

recrudescer [hekrude'ser] VI to grow worse, worsen

recrudescimento [hekrudesi'mẽtu] M worsening

recruta [he'kruta] M/F recruit

recrutamento [hekruta'mẽtu] M recruitment

recrutar [hekru'tar] VT to recruit

récua ['hɛkwa] F (*de mulas*) pack, train; (*de cavalos*) drove

recuado, -a [he'kwadu, a] ADJ (*prédio*) set back

recuar [he'kwar] VT to move back ▶ VI to move back; (*exército*) to retreat; (*num intento*) to back out; (*num compromisso*) to backpedal; (*ciência*) to regress; **~ a** *ou* **para** (*no tempo*) to return *ou* regress to; (*numa decisão, opinião*) to back down to; **~ de** (*lugar*) to move back from; (*intenções, planos*) to back out of

recuo [he'kuu] M retreat; (*de ciência*) regression; (*de intento*) climbdown; (*de um prédio*) frontage

recuperação [hekupera'sãw] F recovery

recuperar [hekupe'rar] VT to recover; (*tempo perdido*) to make up for; (*reabilitar*) to rehabilitate; **recuperar-se** VR to recover; **~-se de** to recover *ou* recuperate from

recurso [he'kursu] M (*meio*) resource; (*Jur*) appeal; **recursos** MPL (*financeiros*) resources; **em último ~** as a last resort; **o ~ à violência** resorting to violence; **não há outro ~ contra a fome** there is no other solution to famine; **~s próprios** (*Com*) own resources

recusa [he'kuza] F refusal; (*negação*) denial

recusar [heku'zar] VT to refuse; (*negar*) to deny; **recusar-se** VR: **~-se a** to refuse to; **~ fazer** to refuse to do; **~ algo a alguém** to refuse *ou* deny sb sth

redação [heda'sãw] (*pl* **-ões**) F (*ato*) writing; (*Educ*) composition, essay; (*redatores*) editorial staff; (*lugar*) editorial office

redarguir [hedar'gwir] VI to retort

redator, a [heda'tor(a)] M/F editor

redator-chefe, redatora-chefe (*pl* **redatores-chefes/redatoras-chefes**) M/F (*de jornal, revista*) editor

rede ['hedʒi] F net; (*de salvamento*) safety net; (*de cabelos*) hairnet; (*de dormir*) hammock; (*Ferro, Tec, Comput, TV, fig*) network; (*Tel*) signal; **a ~** (*a Internet*) the web; **~ bancária** banking system; **~ de esgotos** drainage system; **~ de área local** local area network; **~ sem fio** wireless network; **~ social** social network, social networking site; **comunicar-se em ~ (com)** (*Comput*) to network (with); **operação em ~** (*Comput*) networking

rédea ['hɛdʒja] F rein; **dar ~ larga a** to give free rein to; **tomar as ~s** (*fig*) to take control, take over; **falar à ~ solta** to talk nineteen to the dozen

redenção [hedẽ'sãw] F redemption

redentor, a [hedẽ'tor(a)] ADJ redeeming ▶ M/F redeemer

redigir [hedʒi'ʒir] VT, VI to write

redime *etc* [he'dʒimi] VB *ver* **remir**

redimir [hedʒi'mir] VT (*livrar*) to free; (*Rel*) to redeem

redobrar [hedo'brar] VT (*dobrar de novo*) to fold again; (*aumentar*) to increase; (*esforços*) to redouble; (*sinos*) to ring ▶ VI to increase; (*intensificar*) to intensify; to ring out

redoma [he'dɔma] F glass dome

redondamente [hedõda'mẽtʃi] ADV (*completamente*) completely

redondeza [hedõ'deza] F roundness; **redondezas** FPL (*arredores*) surroundings

redondo, -a [he'dõdu, a] ADJ round; (*gordo*) plump

redor [he'dor] M: **ao** *ou* **em ~ (de)** around, round about

redução [hedu'sãw] (*pl* **-ões**) F reduction; (*conversão: de moeda*) conversion

redundância [hedũ'dãsja] F redundancy

redundante [hedũ'dãtʃi] ADJ redundant

redundar [hedũ'dar] VI: ~ **em** (*resultar em*) to result in

reduto [he'dutu] M stronghold; (*refúgio*) haven

reduzido, -a [hedu'zidu, a] ADJ reduced; (*limitado*) limited; (*pequeno*) small; **ficar ~ a** to be reduced to

reduzir [hedu'zir] VT to reduce; (*converter: dinheiro*) to convert; (*abreviar*) to abridge; **reduzir-se** VR: ~**-se a** to be reduced to; (*fig: resumir-se em*) to come down to; "**reduza a velocidade**" "reduce speed now"

reedificar [heedʒifi'kar] VT to rebuild

reeditar [heedʒi'tar] VT (*livro*) to republish; (*repetir*) to repeat

reeducar [heedu'kar] VT to reeducate

reeleger [heele'ʒer] VT to re-elect; **reeleger-se** VR to be re-elected

reeleição [heelej'sãw] F re-election

reelejo *etc* [hee'leʒu] VB *ver* **reeleger**

reembolsar [heẽbow'sar] VT (*reaver*) to recover; (*restituir*) to reimburse; (*depósito*) to refund; ~ **alguem de algo** *ou* **algo a alguém** to reimburse sb for sth

reembolso [heẽ'bowsu] M (*de depósito*) refund; (*de despesa*) reimbursement; ~ **postal** cash on delivery

reencarnação [heẽkarna'sãw] F reincarnation

reencarnar [heẽkar'nar] VI to be reincarnated

reencontrar [heẽkõ'trar] VT to meet again; **reencontrar-se** VR: ~**-se (com)** to meet up (with)

reencontro [heẽ'kõtru] M reunion

reentrância [heẽ'trãsja] F recess

reescalonamento [heeskalona'mẽtu] M rescheduling

reescalonar [heeskalo'nar] VT (*dívida*) to reschedule

reescrever [heeskre'ver] VT to rewrite

reestruturação [heestrutura'sãw] F restructuring

reestruturar [heestrutu'rar] VT to restructure

reexaminar [heezami'nar] VT to re-examine

refaço *etc* [he'fasu] VB *ver* **refazer**

refastelado, -a [hefaste'ladu, a] ADJ stretched out

refastelar-se [hefaste'larsi] VR to stretch out, lounge

refazer [hefa'zer] (*irreg: como* **fazer**) VT (*trabalho*) to redo; (*consertar*) to repair, fix; (*forças*) to restore; (*finanças*) to recover; (*vida*) to rebuild; **refazer-se** VR (*Med etc*) to recover; ~**-se de despesas** to recover one's expenses

refeição [hefej'sãw] (*pl* -**ões**) F meal; **na hora da ~** at mealtimes

refeito, -a [he'fejtu, a] PP *de* **refazer**

refeitório [hefej'tɔrju] M dining hall, refectory

refém [he'fẽ] (*pl* -**ns**) M hostage

referência [hefe'rẽsja] F reference; **referências** FPL (*informaçoes para emprego*) references; **com ~ a** with reference to, about; **fazer ~ a** to make reference to, refer to

referendar [heferẽ'dar] VT to countersign, endorse; (*aprovar: tratado etc*) to ratify

referendum [hefe'rẽdũ] M (*Pol*) referendum

referente [hefe'rẽtʃi] ADJ: ~ **a** concerning, regarding

referido, -a [hefe'ridu, a] ADJ aforesaid, already mentioned

referir [hefe'rir] VT (*contar*) to relate, tell; **referir-se** VR: ~**-se a** to refer to

REFESA [he'fesa] F (= *Rede Ferroviária SA*) Brazilian rail network

refestelar-se [hefeste'larsi] VR = **refastelar-se**

refez [he'fez] VB *ver* **refazer**

refil [he'fiw] (*pl* -**is**) M refill

refilmagem [hefiw'maʒẽ] (*pl* -**ns**) F (*Cinema*) remake

refinado, -a [hefi'nadu, a] ADJ refined

refinamento [hefina'mẽtu] M refinement

refinanciamento [hefinãsja'mẽtu] M refinancing

refinanciar [hefinã'sjar] VT to refinance

refinar [hefi'nar] VT to refine

refinaria [hefina'ria] F refinery

refiro *etc* [he'firu] VB *ver* **referir**

refis [he'fis] MPL *de* **refil**

refiz [he'fiz] VB *ver* **refazer**

refizer *etc* [hefi'zer] VB *ver* **refazer**

refletido, -a [hefle'tʃidu, a] ADJ reflected; (*prudente*) thoughtful; (*ação*) prudent, shrewd

refletir [hefle'tʃir] VT (*espelhar*) to reflect; (*som*) to echo; (*fig: revelar*) to reveal ▶ VI: ~ **em** *ou* **sobre** (*pensar*) to consider, think about; **refletir-se** VR to be reflected; ~**-se em** (*repercutir-se*) to have implications for

refletor, a [hefle'tor(a)] ADJ reflecting ▶ M reflector

reflexão [heflek'sãw] (*pl* -**ões**) F reflection; (*meditação*) thought, reflection

reflexivo, -a [heflek'sivu, a] ADJ reflexive

reflexo, -a [he'flɛksu, a] ADJ (*luz*) reflected; (*ação*) reflex ▶ M reflection; (*Anat*) reflex; (*no cabelo*) streak

reflexões [heflek'sõjs] FPL *de* **reflexão**

reflito *etc* [he'flitu] VB *ver* **refletir**

refluxo [he'fluksu] M ebb

refogado, -a [hefo'gadu, a] ADJ sautéed ▶ M (*molho*) tomatoes, onion, garlic and herbs fried together; (*prato*) stew

refogar [hefo'gar] VT to sauté

reforçado, -a [hefor'sadu, a] ADJ reinforced; (*pessoa*) strong; (*café da manhã, jantar*) hearty

reforçar [hefor'sar] VT to reinforce; (*revigorar*) to invigorate

reforço [he'forsu] M reinforcement

reforma [he'forma] F reform; (*Arq*) renovation; (*Rel*) reformation; (*Mil*) retirement; **fazer ~s em casa** to have building work done in the house; **o banheiro está em ~** the bathroom is being done up; ~ **agrária** land reform; ~ **ministerial** cabinet reshuffle

reformado, -a [hefor'madu, a] ADJ reformed; (*Arq*) renovated; (*Mil*) retired

reformar [hefor'mar] VT to reform; (*Arq*) to renovate; (*Mil*) to retire; (*sentença*) to commute; **reformar-se** VR (*militar*) to retire; (*criminoso*) to reform, mend one's ways

reformatar [heforma'tar] VT to reformat

reformatório [heforma'tɔrju] M reformatory, approved school (BRIT)

refrão [he'frãw] (*pl* **-ões**) M (*cantado*) chorus, refrain; (*provérbio*) saying

refratário, -a [hefra'tarju, a] ADJ (*rebelde*) difficult, unmanageable; (*Tec*) heat-resistant; (*Culin*) ovenproof; **ser ~ a** (*admoestações etc*) to be impervious to

refrear [hefre'ar] VT (*cavalo*) to rein in; (*inimigo*) to contain, check; (*paixões, raiva*) to control; **refrear-se** VR to restrain o.s.; **~ a língua** to mind one's language

refrega [he'frɛga] F fight

refrescante [hefreʃ'kãtʃi] ADJ refreshing

refrescar [hefreʃ'kar] VT (*ar, ambiente*) to cool; (*pessoa*) to refresh ▶ VI to cool down; **refrescar-se** VR to refresh o.s.

refresco [he'fresku] M cool fruit drink, squash; **refrescos** MPL (*refrigerantes*) refreshments

refrigeração [hefriʒera'sãw] F cooling; (*de alimentos*) refrigeration; (*de casa*) air conditioning

refrigerado, -a [hefriʒe'radu, a] ADJ cooled; (*casa*) air-conditioned; (*alimentos*) refrigerated; **~ a ar** air-cooled

refrigerador [hefriʒera'dor] M refrigerator, fridge (BRIT)

refrigerante [hefriʒe'rãtʃi] M soft drink

refrigerar [hefriʒe'rar] VT to keep cool; (*com geladeira*) to refrigerate; (*casa*) to air-condition

refrigério [hefri'ʒɛrju] M solace, consolation

refugar [hefu'gar] VT (*alimentos*) to reject; (*proposta, conselho*) to reject, dismiss ▶ VI (*cavalo*) to balk; (*Hipismo*) to refuse

refugiado, -a [hefu'ʒjadu, a] ADJ, M/F refugee

refugiar-se [hefu'ʒjarsi] VR to take refuge; **~ na leitura** *etc* to seek solace in reading *etc*

refúgio [he'fuʒju] M refuge

refugo [he'fugu] M rubbish, garbage (US); (*mercadoria*) reject

refulgência [hefuw'ʒẽsja] F brilliance

refulgir [hefuw'ʒir] VI to shine

refutação [hefuta'sãw] (*pl* **-ões**) F refutation

refutar [hefu'tar] VT to refute

reg ABR = **regimento**; **regular**

rega ['hɛga] F watering; (PT: *irrigação*) irrigation

regaço [he'gasu] M (*colo*) lap

regador [hega'dor] M watering can

regalado, -a [hega'ladu, a] ADJ (*encantado*) delighted; (*confortável*) comfortable ▶ ADV comfortably

regalar [hega'lar] VT (*causar prazer*) to delight; **regalar-se** VR (*divertir-se*) to enjoy o.s.; (*alegrar-se*) to be delighted; **~ alguém com algo** to give sb sth, present sb with sth

regalia [hega'lia] F privilege

regalo [he'galu] M (*presente*) present; (*prazer*) pleasure, treat

regar [he'gar] VT (*plantas, jardim*) to water; (*umedecer*) to sprinkle; **~ o jantar a vinho** to wash one's dinner down with wine

regata [he'gata] F regatta

regatear [hega'tʃjar] VT (*o preço*) to haggle over, bargain for ▶ VI to haggle

regateio [hega'teju] M haggling

regato [he'gatu] M brook, stream

regência [he'ʒẽsja] F regency; (*Ling*) government; (*Mús*) conducting

regeneração [heʒenera'sãw] F regeneration; (*de criminosos*) reform

regenerar [heʒene'rar] VT to regenerate; (*criminoso*) to reform; **regenerar-se** VR to regenerate; to reform

regente [he'ʒẽtʃi] M (*Pol*) regent; (*de orquestra*) conductor; (*de banda*) leader

reger [he'ʒer] VT to govern, rule; (*regular, Ling*) to govern; (*orquestra*) to conduct; (*empresa*) to run ▶ VI (*governar*) to rule; (*maestro*) to conduct; **~ uma cadeira** (*Educ*) to hold a chair

região [he'ʒjãw] (*pl* **-ões**) F region; (*de uma cidade*) area

regime [he'ʒimi] M (*Pol*) regime; (*dieta*) diet; (*maneira*) way; **meu ~ agora é levantar cedo** my routine now is to get up early; **fazer ~** to diet; **estar de ~** to be on a diet; **o ~ das prisões/dos hospitais** the prison/hospital system; **~ de vida** way of life

regimento [heʒi'mẽtu] M regiment; (*regras*) regulations *pl*, rules *pl*; **~ interno** (*de empresa*) company rules *pl*

régio, -a ['hɛʒju, a] ADJ (*real*) royal; (*digno do rei*) regal; (*suntuoso*) princely

regiões [he'ʒjõjs] FPL *de* **região**

regional [heʒjo'naw] (*pl* **-ais**) ADJ regional

registrador, a [heʒistra'dor(a)], (PT) **registador, a** M/F registrar, recorder ▶ F: **(caixa) ~a** cash register, till

registrar [heʒis'trar], (PT) **registar** VT to register; (*anotar*) to record; (*com máquina registradora*) to ring up

registro [he'ʒistru], (PT) **registo** M (*ato*) registration; (: *anotação*) recording; (*livro, Ling*) register; (*histórico, Comput*) record; (*relógio*) meter; (*Mús*) range; (*torneira*) stopcock; **~ civil** registry office

rego ['hegu] M (*para água*) ditch; (*de arado*) furrow; (!) crack

reg.º ABR = **regulamento**

regozijar [hegozi'ʒar] VT to gladden; **regozijar-se** VR to be delighted, rejoice

regozijo [hego'ziʒu] M joy, delight

regra ['hɛgra] F rule; **regras** FPL (*Med*) periods; **sair da ~** to step out of line; **em ~** as a rule, usually; **por via de ~** as a rule

regrado, -a [he'gradu, a] ADJ (*sensato*) sensible

regravável [hegra'vavew] (*pl* **-eis**) ADJ rewritable

regredir [hegre'dʒir] VI to regress; (*doença*) to retreat

regressão [hegre'sãw] F regression

regressar [hegre'sar] VI to come (*ou* go) back, return

regressivo, -a [hegre'sivu, a] ADJ regressive; **contagem regressiva** countdown

regresso [he'grɛsu] M return

regrido *etc* [he'gridu] VB *ver* **regredir**

régua ['hɛgwa] F ruler; **~ de calcular** slide rule

regulador, a [hegula'dor, a] ADJ regulating ▶ M regulator

regulagem [hegu'laʒẽ] F (*de motor, carro*) tuning

regulamentação [hegulamẽta'sãw] F regulation; (*regras*) regulations *pl*

regulamento [hegula'mẽtu] M rules *pl*, regulations *pl*

regular [hegu'lar] ADJ regular; (*estatura*) average, medium; (*tamanho*) normal; (*razoável*) not bad ▶ VT to regulate; (*reger*) to govern; (*máquina*) to adjust; (*carro, motor*) to tune; (*relógio*) to put right ▶ VI to work, function; **regular-se** VR: **~-se por** to be guided by; **ele não regula (bem)** he's not quite right in the head; **~ por** to be about; **~ com alguém** to be about the same age as sb

regularidade [hegulari'dadʒi] F regularity

regularizar [hegulari'zar] VT to regularize

regurgitar [hegurʒi'tar] VT, VI to regurgitate

rei [hej] M king; **ele é o ~ da bagunça** (*col*) he's the world's worst for untidiness; **ter o ~ na barriga** to be full of oneself; **Dia de R~s** Epiphany; **R~ Momo** carnival king

reimprimir [heĩpri'mir] VT to reprint

reinado [hej'nadu] M reign

reinar [hej'nar] VI to reign; (*fig*) to reign, prevail

reincidência [heĩsi'dẽsja] F backsliding; (*de criminoso*) recidivism

reincidir [heĩsi'dʒir] VI to relapse; (*criminoso*) to re-offend; **~ em erro** to do wrong again

reingressar [heĩgre'sar] VI: **~ (em)** to re-enter

reiniciar [hejni'sjar] VT to restart

reino ['hejnu] M kingdom; (*fig*) realm; **~ animal** animal kingdom; **o R~ Unido** the United Kingdom

reintegrar [heĩte'grar] VT (*em emprego*) to reinstate; (*reconduzir*) to return, restore

reiterar [heite'rar] VT to reiterate, repeat

reitor, a [hej'tor(a)] M/F (*de uma universidade*) vice-chancellor (BRIT), president (US) ▶ M (PT: *pároco*) rector

reitoria [hejto'ria] F (*de universidade: cargo*) vice-chancellorship (BRIT), presidency (US); (*gabinete*) vice-chancellor's (BRIT) *ou* president's (US) office

reivindicação [hejvĩdʒika'sãw] (*pl* **-ões**) F claim, demand

reivindicar [rejvĩdʒi'kar] VT to claim; (*aumento salarial, direitos*) to demand

rejeição [heʒej'sãw] (*pl* **-ões**) F rejection

rejeitar [heʒej'tar] VT to reject; (*recusar*) to refuse

rejo *etc* ['heju] VB *ver* **reger**

rejubilar [heʒubi'lar] VT to fill with joy ▶ VI to rejoice; **rejubilar-se** VR to rejoice

rejuvenescedor, a [heʒuvenese'dor(a)] ADJ rejuvenating

rejuvenescer [heʒuvene'ser] VT to rejuvenate ▶ VI to be rejuvenated; **rejuvenescer-se** VR to be rejuvenated

relação [hela'sãw] (*pl* **-ões**) F relation; (*conexão*) connection, relationship; (*relacionamento*) relationship; (*Mat*) ratio; (*lista*) list; **com** *ou* **em ~ a** regarding, with reference to; **ter relações com alguém** to have intercourse with sb; **relações públicas** public relations

relacionado, -a [helasjo'nadu, a] ADJ (*listado*) listed; (*ligado*) related, connected; **uma pessoa bem** *ou* **muito relacionada** a well-connected person

relacionamento [helasjona'mẽtu] M relationship

relacionar [helasjo'nar] VT (*listar*) to make a list of; (*ligar*): **~ algo com algo** to connect sth with sth, relate sth to sth; **relacionar-se** VR to be connected *ou* related; **~ alguém com alguém** to bring sb into contact with sb; **~-se com** (*ligar-se*) to be connected with, have to do with; (*conhecer*) to become acquainted with

relaçoes [hela'sõjs] FPL *de* **relação**

relações-públicas M/F INV PR person

relâmpago [he'lãpagu] M flash of lightning ▶ ADJ INV (*visita*) lightning *atr*; **relâmpagos** MPL (*clarões*) lightning *sg*; **passar como um ~** to flash past; **como um ~** like lightning, as quick as a flash

relampejar [helãpe'ʒar] VI to flash; **relampejou** the lightning flashed

relance [he'lãsi] M glance; **olhar de ~** to glance at

relapso, -a [he'lapsu, a] ADJ (*reincidente*) recidivous; (*negligente*) negligent

relatar [hela'tar] VT to give an account of

relativo, -a [hela'tʃivu, a] ADJ relative

relato [he'latu] M account

relator, a [hela'tor(a)] M/F storyteller

relatório [hela'tɔrju] M report; **~ anual** (*Com*) annual report

relaxado, -a [hela'ʃadu, a] ADJ relaxed; (*desleixado*) slovenly, sloppy; (*relapso*) negligent

relaxamento [helaʃa'mẽtu] M relaxation; (*de moral, costumes*) debasement; (*desleixo*) slovenliness; (*de relapsos*) negligence

relaxante [hela'ʃãtʃi] ADJ relaxing ▶ M tranquillizer

relaxar [hela'ʃar] VT to relax; (*moral, costumes*) to debase ▶ VI to relax; (*tornar-se negligente*):

~ **(em)** to grow complacent (in); ~ **com** (*transigir*) to acquiesce in
relaxe [heˈlaʃi] M relaxation
relê [heˈle] VB *ver* **reler**
relegar [eleˈgar] VT to relegate
releio *etc* [heˈleju] VB *ver* **reler**
relembrar [elēˈbrar] VT to recall
relento [heˈlẽtu] M: **ao** ~ out of doors
reler [heˈler] (*irreg: como* **ler**) VT to reread
reles [ˈhɛlis] ADJ INV (*gente*) common, vulgar; (*comportamento*) despicable; (*mero*) mere
relevância [eleˈvãsja] F relevance
relevante [eleˈvãtʃi] ADJ relevant
relevar [eleˈvar] VT (*tornar saliente*) to emphasize; (*atenuar*) to relieve; (*desculpar*) to pardon, forgive
relevo [heˈlevu] M relief; (*fig*) prominence, importance; **pôr em** ~ to emphasize
reli [heˈli] VB *ver* **reler**
relicário [heliˈkarju] M reliquary, shrine
relido, -a [heˈlidu, a] PP *de* **reler**
religião [heliˈʒãw] (*pl* **-ões**) F religion
religioso, -a [heliˈʒozu, ɔza] ADJ religious; (*casamento*) church *atr* ▸ M/F religious person; (*frade/freira*) monk/nun ▸ M (*casamento*) church wedding
relinchar [helĩˈʃar] VI to neigh
relincho [heˈlĩʃu] M (*som*) neigh; (*ato*) neighing
relíquia [heˈlikja] F relic; ~ **de família** family heirloom
relógio [heˈlɔʒu] M clock; (*de gás*) meter; ~ **de pé** grandfather clock; ~ **de ponto** time clock; ~ **(de pulso)** (wrist)watch; ~ **de sol** sundial; **corrida contra o** ~ race against the clock
relojoaria [heloʒwaˈria] F watchmaker's, watch shop
relojoeiro, -a [heloˈʒwejru, a] M/F watchmaker, clockmaker
relutância [heluˈtãsja] F reluctance
relutante [heluˈtãtʃi] ADJ reluctant
relutar [heluˈtar] VI: ~ **(em fazer)** to be reluctant (to do); ~ **contra algo** to be reluctant to accept sth
reluzente [heluˈzẽtʃi] ADJ brilliant, shining
reluzir [heluˈzir] VI to gleam, shine
relva [ˈhɛwva] F grass; (*terreno gramado*) lawn
relvado [hewˈvadu] (PT) M lawn
rem ABR (= *remetente*) sender
remador, a [hemaˈdor(a)] M/F rower, oarsman/woman
remanchar [hemãˈʃar] VI to delay, take one's time
remanescente [hemaneˈsẽtʃi] ADJ remaining ▸ M remainder; (*excesso*) surplus
remanescer [hemaneˈser] VI to remain
remanso [heˈmãsu] M (*pausa*) pause, rest; (*sossego*) stillness, quiet; (*água*) backwater
remar [heˈmar] VT to row; (*canoa*) to paddle ▸ VI to row; ~ **contra a maré** (*fig*) to swim against the tide

remarcação [hemarkaˈsãw] F (*de preços*) changing; (*de artigos*) repricing; (*artigos remarcados*) repriced goods *pl*
remarcar [hemarˈkar] VT (*preços*) to adjust; (*artigos*) to reprice
rematado, -a [hemaˈtadu, a] ADJ (*concluído*) completed
rematar [hemaˈtar] VT to finish off
remate [heˈmatʃi] M (*fim*) end; (*acabamento*) finishing touch; (*Arq*) coping; (*fig: cume*) peak; (*de piada*) punch line
remedeio *etc* [hemeˈdeju] VB *ver* **remediar**
remediado, -a [hemeˈdʒjadu, a] ADJ comfortably off
remediar [hemeˈdʒjar] VT (*corrigir*) to put right, remedy
remediável [hemeˈdʒjavew] (*pl* **-eis**) ADJ rectifiable
remédio [heˈmɛdʒju] M (*medicamento*) medicine; (*recurso, solução*) remedy; (*Jur*) recourse; **não tem** ~ there's no way; **que ~?** what else can one do?; ~ **caseiro** home remedy
remela [heˈmɛla] F (*nos olhos*) sleep
remelento, -a [hemeˈlẽtu, a] ADJ bleary-eyed
remelexo [hemeˈleʃu] M (*requebro*) swaying
rememorar [hememoˈrar] VT to remember
rememorável [hememoˈravew] (*pl* **-eis**) ADJ memorable
remendar [hemẽˈdar] VT to mend; (*com pano*) to patch
remendo [heˈmẽdu] M repair; (*de pano*) patch
remessa [heˈmɛsa] F (*Com*) shipment; (*de dinheiro*) remittance
remetente [hemeˈtẽtʃi] M/F (*de carta*) sender; (*Com*) shipper
remeter [hemeˈter] VT (*expedir*) to send, dispatch; (*dinheiro*) to remit; (*entregar*) to hand over; **remeter-se** VR: ~-**se a** (*referir-se*) to refer to
remexer [hemeˈʃer] VT (*papéis*) to shuffle; (*sacudir: braços*) to wave; (*folhas*) to shake; (*revolver: areia, lama*) to stir up ▸ VI: ~ **em** to rummage through; **remexer-se** VR (*mover-se*) to move around; (*rebolar-se*) to sway
remição [hemiˈsãw] F redemption
reminiscência [hemini'sẽsja] F reminiscence
remir [heˈmir] VT (*coisa penhorada, Rel*) to redeem; (*livrar*) to free; (*danos, perdas*) to make good; **remir-se** VR (*pecador*) to redeem o.s.
remissão [hemiˈsãw] (*pl* **-ões**) F (*Com, Rel*) redemption; (*compensação*) payment; (*num livro*) cross-reference
remisso, -a [heˈmisu, a] ADJ remiss; ~ **em fazer** (*lento*) slow to do
remissões [hemiˈsõjs] FPL *de* **remissão**
remível [heˈmivew] (*pl* **-eis**) ADJ redeemable
remo [ˈhemu] M oar; (*de canoa*) paddle; (*Esporte*) rowing
remoa *etc* [heˈmoa] VB *ver* **remoer**
remoção [hemoˈsãw] F removal
remoçar [hemoˈsar] VT to rejuvenate ▸ VI to be rejuvenated

remoer [he'mwer] VT (café) to regrind; (no pensamento) to turn over in one's mind; (amofinar) to eat away; **remoer-se** VR (amofinar-se) to be consumed ou eaten away

remoinho [hemo'iɲu] M = **rodamoinho**

remontar [hemõ'tar] VT (elevar) to raise; (tornar a armar) to re-assemble ▶ VI (em cavalo) to remount; ~ **ao passado** to return to the past; ~ **ao século XV** etc to date back to the 15th century etc; ~ **o voo** to soar

remoque [he'mɔki] M gibe, taunt

remorso [he'mɔrsu] M remorse

remoto, -a [he'mɔtu, a] ADJ remote, far off; (controle, Comput) remote

remover [hemo'ver] VT (mover) to move; (transferir) to transfer; (demitir) to dismiss; (retirar, afastar) to remove; (terra) to churn up

remuneração [hemunera'sãw] (pl **-ões**) F remuneration; (salário) wage

remunerador, a [hemunera'dor(a)] ADJ remunerative; (recompensador) rewarding

remunerar [hemune'rar] VT to remunerate; (premiar) to reward

rena ['hɛna] F reindeer

renal [he'naw] (pl **-ais**) ADJ renal, kidney atr

Renamo [he'namu] ABR F = **Resistência Nacional Moçambicana**

Renascença [hena'sẽsa] F: **a ~** the Renaissance

renascer [hena'ser] VI to be reborn; (fig) to revive

renascimento [henasi'mẽtu] M rebirth; (fig) revival; **o R~** the Renaissance

Renavam (BR) ABR M = **Registro Nacional de Veículos Automotores**

renda ['hẽda] F income; (nacional) revenue; (de aplicação, locação) yield; (tecido) lace; ~ **bruta/líquida** gross/net income; **imposto de ~** (BR) income tax; ~ **per capita** per capita income

rendado, -a [hẽ'dadu, a] ADJ lace-trimmed; (com aspecto de renda) lacy ▶ M lacework

rendeiro, -a [hẽ'dejru, a] M/F lacemaker

render [hẽ'der] VT (lucro, dinheiro) to bring in, yield; (preço) to fetch; (homenagem) to pay; (graças) to give; (serviços) to render; (armas) to surrender; (guarda) to relieve; (causar) to bring ▶ VI (dar lucro) to pay; (trabalho) to be productive; (comida) to go a long way; (conversa, caso) to go on, last; **render-se** VR to surrender

rendez-vous [hãde'vu] M INV = **randevu**

rendição [hẽdʒi'sãw] F surrender

rendido, -a [hẽ'dʒidu, a] ADJ subdued

rendimento [hẽdʒi'mẽtu] M (renda) income; (lucro) profit; (juro) yield, interest; (produtividade) productivity; (de máquina) efficiency; (de um produto) value for money; ~ **por ação** (Com) earnings per share, earnings yield; ~ **de capital** (Com) return on capital

rendoso, -a [hẽ'dozu, ɔza] ADJ profitable

renegado, -a [hene'gadu, a] ADJ, M/F renegade

renegar [hene'gar] VT (crença) to renounce; (detestar) to hate; (trair) to betray; (negar) to deny; (desprezar) to reject

renhido, -a [he'ɲidu, a] ADJ hard-fought; (batalha) bloody

renitência [heni'tẽsja] F obstinacy

renitente [heni'tẽtʃi] ADJ obstinate, stubborn

Reno ['henu] M: **o ~** the Rhine

renomado, -a [heno'madu, a] ADJ renowned

renome [he'nɔmi] M fame, renown; **de ~** renowned

renovação [henova'sãw] (pl **-ões**) F renewal; (Arq) renovation

renovar [heno'var] VT to renew; (Arq) to renovate; (ensino, empresa) to revamp ▶ VI to be renewed

renque ['hẽki] M row

rentabilidade [hẽtabili'dadʒi] F profitability

rentável [hẽ'tavew] (pl **-eis**) ADJ profitable

rente ['hẽtʃi] ADJ (cabelo) close-cropped; (casa) nearby ▶ ADV close; (muito curto) very short; ~ **a** close by

renúncia [he'nũsja] F renunciation; (de cargo) resignation; ~ **a um direito** waiver (of a right)

renunciar [henũ'sjar] VT to give up, renounce ▶ VI to resign; (abandonar): ~ **a algo** to give sth up; (direito) to surrender sth; (fé, crença) to renounce sth

reorganizar [heorgani'zar] VT to reorganize

reouve etc [he'ovi] VB ver **reaver**

reouver etc [heo'ver] VB ver **reaver**

reparação [hepara'sãw] (pl **-ões**) F (conserto) mending, repairing; (de mal, erros) remedying; (de prejuízos, ofensa) making amends; (fig) amends pl, reparation

reparar [hepa'rar] VT (consertar) to repair; (forças) to restore; (mal, erros) to remedy; (prejuízo, danos, ofensa) to make amends for; (notar) to notice ▶ VI: ~ **em** to notice; **não repare em** pay no attention to; **repare em** (olhe) look at

reparo [he'paru] M (conserto) repair; (crítica) criticism; (observação) observation

repartição [hepartʃi'sãw] (pl **-ões**) F (ato) distribution; (seção) department; (escritório) office; ~ **(pública)** government department

repartir [hepar'tʃir] VT (distribuir) to distribute; (dividir entre vários) to share out; (dividir em várias porções) to divide up; (cabelo) to part; **repartir-se** VR (dividir-se) to divide

repassar [hepa'sar] VT (ponte, fronteira) to go over again; (lição) to revise, go over ▶ VI to go by again; **passar e ~** to go back and forth

repasto [he'pastu] M (refeição) meal, repast; (banquete) feast

repatriar [hepa'trjar] VT to repatriate; **repatriar-se** VR to go back home

repelão [hepe'lãw] (pl **-ões**) M push, shove; **de ~** brusquely

repelente [hepe'lẽtʃi] ADJ, M repellent

repelir [hepe'lir] VT to repel; (curiosos) to drive away; (ideias, atitudes) to reject, repudiate;

seu estômago repele certos alimentos his stomach cannot take certain foods
repelões [hepe'lõjs] FPL *de* **repelão**
repensar [hepẽ'sar] VT to reconsider, rethink
repente [he'pẽtʃi] M outburst; **de ~** suddenly; (*col: talvez*) maybe
repentino, -a [hepẽ'tʃinu, a] ADJ sudden
repercussão [heperku'sãw] (*pl* **-ões**) F repercussion
repercutir [heperku'tʃir] VT (*som*) to echo ▶ VI (*som*) to reverberate, echo; (*fig*): **~ (em)** to have repercussions (on)
repertório [heper'tɔrju] M (*lista*) list; (*coleção*) collection; (*Mús*) repertoire
repetição [hepetʃi'sãw] (*pl* **-ões**) F repetition
repetidamente [hepetʃida'mẽtʃi] ADV repeatedly
repetido, -a [hepe'tʃidu, a] ADJ repeated; **repetidas vezes** repeatedly, again and again
repetir [hepe'tʃir] VT to repeat; (*vestido*) to wear again ▶ VI (*ao comer*) to have seconds; **repetir-se** VR (*acontecer de novo*) to happen again; (*pessoa*) to repeat o.s.
repetitivo, -a [hepetʃi'tʃivu, a] ADJ repetitive
repicar [hepi'kar] VT (*sinos*) to ring ▶ VI to ring (out)
repilo *etc* [he'pilu] VB *ver* **repelir**
repimpado, -a [hepĩ'padu, a] ADJ (*refestelado*) lolling; (*satisfeito*) full up
repique¹ [he'piki] M (*de sinos*) peal; **~ falso** false alarm
repique² *etc* VB *ver* **repicar**
repisar [hepi'zar] VT (*repetir*) to repeat; (*uvas*) to tread ▶ VI: **~ em** (*assunto*) to keep on about, harp on
repito *etc* [he'pitu] VB *ver* **repetir**
replay [he'plej] (*pl* **-s**) M (*TV*) (action) replay
repleto, -a [he'plɛtu, a] ADJ replete, full up
réplica ['hɛplika] F (*cópia*) replica; (*contestação*) reply, retort
replicar [hepli'kar] VT to answer, reply to ▶ VI to reply, answer back
repõe *etc* [he'põj] VB *ver* **repor**
repolho [he'poʎu] M cabbage
repomos [he'pomos] VB *ver* **repor**
reponho *etc* [he'poɲu] VB *ver* **repor**
repontar [hepõ'tar] VI (*aparecer*) to appear
repor [he'por] (*irreg: como* **pôr**) VT to put back, replace; (*restituir*) to return; **repor-se** VR (*pessoa*) to recover
reportagem [hepor'taʒẽ] (*pl* **-ns**) F (*ato*) reporting; (*notícia*) report; (*repórteres*) reporters *pl*
reportar [hepor'tar] VT: **~ a** (*o pensamento*) to take back to; (*atribuir*) to attribute to; **reportar-se** VR: **~-se a** to refer to; (*relacionar-se a*) to be connected with
repórter [he'pɔrter] M/F reporter
repôs [he'pos] VB *ver* **repor**
reposição [hepozi'sãw] (*pl* **-ões**) F replacement; (*restituição*) return; **~ salarial** wage adjustment
repositório [hepozi'tɔrju] M repository

reposto, -a [he'postu, 'pɔsta] PP *de* **repor**
repousar [hepo'zar] VI to rest
repouso [he'pozu] M rest
repreender [heprjẽ'der] VT to reprimand
repreensão [heprjẽ'sãw] (*pl* **-ões**) F rebuke, reprimand
repreensível [heprjẽ'sivew] (*pl* **-eis**) ADJ reprehensible
repreensões [heprjẽ'sõjs] FPL *de* **repreensão**
represa [he'preza] F dam
represália [hepre'zalja] F reprisal
representação [heprezẽta'sãw] (*pl* **-ões**) F representation; (*representantes*) representatives *pl*; (*Teatro*) performance; (*atuação do ator*) acting
representante [heprezẽ'tãtʃi] M/F representative
representar [heprezẽ'tar] VT to represent; (*Teatro: papel*) to play ▶ VI (*ator*) to act; (*tb Jur*) to make a complaint
representativo, -a [heprezẽta'tʃivu, a] ADJ representative
repressão [hepre'sãw] (*pl* **-ões**) F repression
repressivo, -a [hepre'sivu, a] ADJ repressive
repressões [hepre'sõjs] FPL *de* **repressão**
reprimido, -a [hepri'midu, a] ADJ repressed
reprimir [hepri'mir] VT to repress; (*lágrimas*) to keep back
reprise [he'prizi] F reshowing
réprobo, -a ['hɛprobu, a] ADJ, M/F reprobate
reprodução [heprodu'sãw] (*pl* **-ões**) F reproduction
reprodutor, a [heprodu'tor(a)] ADJ reproductive
reproduzir [heprodu'zir] VT to reproduce; (*repetir*) to repeat; **reproduzir-se** VR to breed, multiply; to be repeated
reprovação [heprova'sãw] (*pl* **-ões**) F disapproval; (*em exame*) failure
reprovado, -a [hepro'vadu, a] M/F failed candidate, failure; **taxa de ~s** failure rate
reprovador, a [heprova'dor(a)] ADJ (*olhar*) disapproving, reproving
reprovar [hepro'var] VT (*condenar*) to disapprove of; (*aluno*) to fail
réptil ['hɛptʃiw] (*pl* **-eis**) M reptile
repto ['hɛptu] M challenge, provocation
república [he'publika] F republic; **~ de estudantes** students' house; **~ popular** people's republic
republicano, -a [hepubli'kanu, a] ADJ, M/F republican
repudiar [hepu'dʒjar] VT to repudiate, reject; (*abandonar*) to disown
repúdio [he'pudʒju] M rejection, repudiation
repugnância [hepug'nãsja] F repugnance; (*por comida etc*) disgust; (*aversão*) aversion; (*moral*) abhorrence
repugnante [hepug'nãtʃi] ADJ repugnant, repulsive
repugnar [hepug'nar] VT to oppose ▶ VI to be repulsive; **~ a alguém** to disgust sb; (*moralmente*) to be repugnant to sb

repulsa [hɛ'puwsa] F (*ato*) rejection; (*sentimento*) repugnance; (*física*) repulsion

repulsão [hepuw'sãw] (*pl* **-ões**) F repulsion; (*rejeição*) rejection

repulsivo, -a [hepuw'sivu, a] ADJ repulsive

repulsões [hepuw'sõjs] FPL *de* **repulsão**

repunha *etc* [he'puɲa] VB *ver* **repor**

repus *etc* [he'pus] VB *ver* **repor**

repuser *etc* [hepu'zer] VB *ver* **repor**

reputação [reputa'sãw] (*pl* **-ões**) F reputation

reputado, -a [hepu'tadu, a] ADJ renowned

reputar [hepu'tar] VT to consider, regard as

repuxado, -a [hepu'ʃadu, a] ADJ (*pele*) tight, firm; (*olhos*) slanted

repuxar [hepu'ʃar] VT (*puxar*) to tug; (*esticar*) to pull tight

repuxo [he'puʃu] M (*de água*) fountain; **aguentar o ~** (*col*) to bear up

requebrado [reke'bradu] M (*rebolado*) swing, sway

requebrar [heke'brar] VT to wiggle, swing; **requebrar-se** VR to wiggle, swing

requeijão [hekej'ʒãw] M cheese spread

requeira *etc* [he'kejra] VB *ver* **requerer**

requentar [hekẽ'tar] VT to reheat, warm up

requer [he'ker] VB *ver* **requerer**

requerente [heke'rẽtʃi] M/F (*Jur*) petitioner

requerer [heke'rer] VT (*emprego*) to apply for; (*pedir*) to request, ask for; (*exigir*) to require; (*Jur*) to petition for

requerimento [hekeri'mẽtu] M application; (*pedido*) request; (*petição*) petition

réquiem ['hɛkjẽ] (*pl* **-ns**) M requiem

requintado, -a [hekĩ'tadu, a] ADJ refined, elegant

requintar [hekĩ'tar] VT to refine ▶ VI: **~ em** to be refined in

requinte [he'kĩtʃi] M refinement, elegance; (*cúmulo*) height

requisição [hekizi'sãw] (*pl* **-ões**) F request, demand

requisitado, -a [hekizi'tadu, a] ADJ (*requerido*) required; (*muito procurado*) sought after

requisitar [hekizi'tar] VT to make a request for; (*Mil*) to requisition

requisito [heki'zitu] M requirement

rês [hes] F head of cattle; **reses** FPL (*gado*) cattle, livestock *sg*

rescindir [hesĩ'dʒir] VT (*contrato*) to rescind

rescrever [heskre'ver] VT = **reescrever**

rés do chão [hɛzdu'ʃãw] (PT) M INV (*andar térreo*) ground floor (BRIT), first floor (US)

resenha [he'zeɲa] F (*relatório*) report; (*resumo*) summary; (*de livro*) review; **fazer a ~ de** (*livro*) to review

reserva [he'zɛrva] F reserve; (*para hotel, fig: ressalva*) reservation; (*discrição*) discretion ▶ M/F (*Esporte*) reserve; **~ de mercado** (*Com*) protected market; **~ de petróleo** oil reserve; **~ natural** nature reserve; **~ em dinheiro** cash reserve

reservado, -a [hezer'vadu, a] ADJ reserved; (*pej: retraído*) standoffish

reservar [hezer'var] VT to reserve; (*guardar de reserva*) to keep; (*forças*) to conserve; **reservar-se** VR to save o.s.; **~-se o direito de fazer** to reserve the right to do; **ele não sabe o que o futuro lhe reserva** he does not know what the future has in store for him

reservatório [hezerva'tɔrju] M (*lago*) reservoir

reservista [hezer'vista] M/F (*Mil*) member of the reserves

resfolegar [hesfole'gar] VI to pant

resfriado, -a [hes'frjadu, a] (BR) ADJ: **estar ~** to have a cold ▶ M cold, chill; **ficar ~** to catch (a) cold

resfriar [hes'frjar] VT to cool, chill ▶ VI (*pessoa*) to catch (a) cold; **resfriar-se** VR to catch (a) cold

resgatar [hezga'tar] VT (*salvar*) to rescue; (*retomar*) to get back, recover; (*dívida*) to pay off; (*Com: ação, coisa penhorada*) to redeem

resgatável [hezga'tavew] (*pl* **-eis**) ADJ redeemable

resgate [hez'gatʃi] M (*salvamento*) rescue; (*para livrar reféns*) ransom; (*Com: de ações, coisa penhorada*) redemption; (*retomada*) recovery

resguardar [hezgwar'dar] VT to protect; **resguardar-se** VR: **~-se de** to guard against

resguardo [hez'gwardu] M protection; (*cuidado*) care; (*convalescência*): **estar** *ou* **ficar de ~** to take *ou* be taking things easy

residência [hezi'dẽsja] F residence

residencial [hezidẽ'sjaw] (*pl* **-ais**) ADJ (*zona, edifício*) residential; (*computador, telefone etc*) home *atr*

residente [hezi'dẽtʃi] ADJ, M/F resident

residir [hezi'dʒir] VI to live, reside; (*achar-se*) to reside

resíduo [he'zidwu] M residue

resignação [hezigna'sãw] (*pl* **-ões**) F resignation

resignadamente [hezignada'mẽtʃi] ADV with resignation

resignado, -a [hezig'nadu, a] ADJ resigned

resignar-se [hezig'narsi] VR: **~ com** to resign o.s. to

resiliente [hezi'ljẽtʃi] ADJ resilient

resina [he'zina] F resin

resistência [hezis'tẽsja] F resistance; (*de atleta*) stamina; (*de material, objeto*) strength; (*moral*) morale

resistente [hezis'tẽtʃi] ADJ resistant; (*material, objeto*) hard-wearing, strong; **~ a traças** mothproof

resistir [hezis'tʃir] VI (*suporte*) to hold; (*pessoa*) to hold out; **~ a** (*não ceder*) to resist; (*sobreviver*) to survive; **~ ao uso** to wear well; **~ (ao tempo)** to endure, stand the test of time

resma ['hezma] F ream

resmungar [hezmũ'gar] VT, VI to mutter, mumble

resmungo [hez'mũgu] M grumbling

resolução [hezolu'sãw] (*pl* **-ões**) F resolution; (*coragem*) courage; (*de um problema*) solution; **de alta ~ (gráfica)** (*Comput*) high-resolution

resoluto, -a [hezo'lutu, a] ADJ decisive; **~ a fazer** resolved to do

resolver [hezow'ver] VT to sort out; *(problema)* to solve; *(questão)* to resolve; *(decidir)* to decide; **resolver-se** VR: **~-se (a fazer)** to make up one's mind (to do), decide (to do); **chorar não resolve** crying doesn't help, it's no use crying; **~-se por** to decide on

resolvido, -a [hezow'vidu, a] ADJ *(pessoa)* decisive

respaldo [hes'pawdu] M *(de cadeira)* back; *(fig)* support, backing

respectivo, -a [hespek'tʃivu, a] ADJ respective

respeitador, a [hespejta'dor(a)] ADJ respectful

respeitante [hespej'tãtʃi] ADJ: **~ a** concerning, with regard to

respeitar [hespej'tar] VT to respect

respeitável [hespej'tavew] *(pl* **-eis)** ADJ respectable; *(considerável)* considerable

respeito [hes'pejtu] M: **~ (a** *ou* **por)** respect (for); **respeitos** MPL *(cumprimentos)* regards; **a ~ de, com ~ a** as to, as regards; *(sobre)* about; **dizer ~ a** to concern; **faltar ao ~ a** to be rude to; **em ~ a** with respect to; **dar-se ao ~** to command respect; **pessoa de ~** respected person; **ela não me disse nada a seu ~** she didn't tell me anything about you; **não sei nada a ~ (disso)** I know nothing about it

respeitoso, -a [hespej'tozu, ɔza] ADJ respectful

respingar [hespĩ'gar] VT, VI to splash, spatter

respingo [hes'pĩgu] M splash

respiração [hespira'sãw] F breathing; *(Med)* respiration

respirador [hespira'dor] M respirator

respirar [hespi'rar] VT to breathe; *(revelar)* to reveal, show ▶ VI to breathe; *(descansar)* to have a respite

respiratório, -a [hespira'tɔrju, a] ADJ respiratory

respiro [hes'piru] M breath; *(descanso)* respite; *(abertura)* vent

resplandecente [hesplãde'sẽtʃi] ADJ resplendent

resplandecer [hesplãde'ser] VI to gleam, shine (out)

resplendor [hesplẽ'dor] M brilliance; *(fig)* glory

respondão, -dona [hespõ'dãw, 'dɔna] *(pl* **-ões/-s)** ADJ cheeky, insolent

responder [hespõ'der] VT to answer ▶ VI to answer; *(ser respondão)* to answer back; **~ a** *(tratamento, agressão)* to respond to; *(processo, inquérito)* to undergo; **~ por** to be responsible for, answer for; *(Com)* to be liable for

respondões [hespõ'dõjs] MPL *de* **respondão**

respondona [hespõ'dɔna] F *de* **respondão**

responsabilidade [hespõsabili'dadʒi] F responsibility; *(Jur)* liability

responsabilizar [hespõsabili'zar] VT: **~ alguém (por algo)** to hold sb responsible (for sth); **responsabilizar-se** VR: **~-se por** to take responsibility for

responsável [hespõ'savew] *(pl* **-eis)** ADJ: **~ (por)** responsible (for) ▶ M person responsible *ou* in charge; **~ a** answerable to, accountable to

resposta [hes'pɔsta] F answer, reply

resquício [hes'kisju] M *(vestígio)* trace

ressabiado, -a [hesa'bjadu, a] ADJ *(desconfiado)* wary; *(ressentido)* resentful

ressaca [he'saka] F *(refluxo)* undertow; *(mar bravo)* rough sea; *(fig: de quem bebeu)* hangover; **estar de ~** *(mar)* to be rough; *(pessoa)* to have a hangover

ressaibo [he'sajbu] M *(mau sabor)* unpleasant taste; *(fig: indício)* trace; *(: ressentimento)* ill feeling

ressaltar [hesaw'tar] VT to emphasize ▶ VI to stand out

ressalva [he'sawva] F *(proteção)* safeguard; *(Mil)* exemption certificate; *(correção)* correction; *(restrição)* reservation, proviso; *(exceção)* exception

ressarcir [hesar'sir] VT *(pagar)* to compensate; *(compensar)* to compensate for; **~ alguém de** to compensate sb for

ressecado, -a [hese'kadu, a] ADJ *(terra, lábios)* parched; *(pele, planta)* very dry

ressecar [hese'kar] VT, VI to dry up

resseguro [hese'guru] M reinsurance

ressentido, -a [hesẽ'tʃidu, a] ADJ resentful

ressentimento [hesẽtʃi'mẽtu] M resentment

ressentir-se [hesẽ'tʃirsi] VR: **~ de** *(ofender-se)* to resent; *(magoar-se)* to be hurt by; *(sofrer)* to suffer from, feel the effects of

ressequido, -a [hese'kidu, a] ADJ = **ressecado**

ressinto *etc* [he'sĩtu] VB *ver* **ressentir-se**

ressoar [he'swar] VI to resound; *(ecoar)* to echo

ressonância [heso'nãsja] F resonance; *(eco)* echo

ressonante [heso'nãtʃi] ADJ resonant

ressurgimento [hesurʒi'mẽtu] M resurgence, revival

ressurreição [hesuhej'sãw] *(pl* **-ões)** F resurrection

ressuscitar [hesusi'tar] VT to revive, resuscitate; *(costumes etc)* to revive ▶ VI to revive

restabelecer [hestabele'ser] VT to re-establish; *(ordem, forças)* to restore; *(doente)* to restore to health; **restabelecer-se** VR to recover, recuperate

restabelecimento [hestabelesi'mẽtu] M re-establishment; *(da ordem)* restoration; *(Med)* recovery

restante [hes'tãtʃi] ADJ remaining ▶ M rest

restar [hes'tar] VI to remain, be left; *(esperança, dúvida)* to remain; **não lhe resta nada** he has nothing left; **resta-me fechar o negócio** I still have to close the deal; **não resta dúvida de que** there is no longer any doubt that

restauração [hestawra'sãw] *(pl* **-ões)** F restoration; *(de doente)* restoring to health; *(de costumes, usos)* revival

restaurante [hestaw'rãtʃi] M restaurant; **~ por quilo** (BR) self-service restaurant (*that charges by weight*)

restaurar [hestaw'rar] VT to restore; (*recuperar: doente*) to restore to health; (*costumes, usos*) to revive, restore

réstia ['hɛstʃja] F (*de cebolas*) string; (*luz*) ray

restinga [hes'tʃĩga] F spit

restituição [hestʃitwi'sãw] (*pl* **-ões**) F restitution, return; (*de dinheiro*) repayment; (*a cargo*) reinstatement

restituir [hestʃi'twir] VT to return; (*dinheiro*) to repay; (*forças, saúde*) to restore; (*usos*) to revive; (*reempossar*) to reinstate

resto ['hɛstu] M rest; (*Mat*) remainder; **restos** MPL (*sobras*) remains; (*de comida*) scraps; **~s mortais** mortal remains; **de ~** apart from that

restrição [hestri'sãw] (*pl* **-ões**) F restriction

restringir [hestrĩ'ʒir] VT to restrict; **restringir-se** VR: **~-se a** to be restricted to; (*pessoa*) to restrict o.s. to

restrito, -a [hes'tritu, a] ADJ restricted

resultado [hezuw'tadu] M result; **dar ~** to work, be effective; **~ ...** (*col*) the upshot being ...

resultante [hezuw'tãtʃi] ADJ resultant; **~ de** resulting from

resultar [hezuw'tar] VI: **~ (de/em)** to result (from/in) ▶ VI (*vir a ser*) to turn out to be

resumido, -a [hezu'midu, a] ADJ abbreviated, abridged; (*curto*) concise

resumir [hezu'mir] VT to summarize; (*livro*) to abridge; (*reduzir*) to reduce; (*conter em resumo*) to sum up; **resumir-se** VR: **~-se a** *ou* **em** to consist in *ou* of

resumo [he'zumu] M summary, résumé; **em ~** in short, briefly

resvalar [hezva'lar] VT to slide, slip

resvés [heʃ'vɛs] ADJ tight ▶ ADV closely; **~ a** right by; (*na conta*) just

reta ['hɛta] F (*linha*) straight line; (*trecho de estrada*) straight; **~ final** *ou* **de chegada** home straight; **na ~ final** (*tb fig*) on the home straight

retaguarda [heta'gwarda] F rearguard; (*posição*) rear

retalhar [heta'ʎar] VT to cut up; (*separar*) to divide; (*despedaçar*) to shred; (*ferir*) to slash

retalho [he'taʎu] M (*de pano*) scrap, remnant; **vender a ~** (PT) to sell retail; **colcha de ~s** patchwork quilt

retaliação [hetalja'sãw] (*pl* **-ões**) F retaliation

retaliar [heta'ljar] VT to repay ▶ VI to retaliate

retangular [hetãgu'lar] ADJ rectangular

retângulo [he'tãgulu] M rectangle

retardado, -a [hetar'dadu, a] ADJ retarded (!)

retardar [hetar'dar] VT to hold up, delay; (*adiar*) to postpone

retardatário, -a [hetarda'tarju, a] M/F latecomer

retenção [hetẽ'sãw] F retention

reter [he'ter] (*irreg: como* **ter**) VT (*guardar, manter*) to keep; (*deter*) to stop, detain; (*segurar*) to hold; (*ladrão, suspeito*) to detain, hold; (*na memória*) to retain; (*lágrimas, impulsos*) to hold back; (*impedir de sair*) to keep back; **reter-se** VR to restrain o.s.

retesado, -a [hete'zadu, a] ADJ taut

retesar [hete'zar] VT (*músculo*) to flex; (*corda*) to pull taut

reteve [he'tevi] VB *ver* **reter**

reticência [hetʃi'sẽsja] F reticence, reserve; **reticências** FPL (*Ling*) suspension points

reticente [hetʃi'sẽtʃi] ADJ reticent

retidão [hetʃi'dãw] F (*integridade*) rectitude; (*de linha*) straightness

retificar [hetʃifi'kar] VT to rectify

retinha *etc* [he'tʃĩa] VB *ver* **reter**

retinir [hetʃi'nir] VI (*ferros*) to clink; (*campainha*) to ring, jingle; (*ressoar*) to resound

retirada [hetʃi'rada] F (*Mil*) withdrawal, retreat; (*salário, saque*) withdrawal; **bater em ~** to beat a retreat

retirado, -a [hetʃi'radu, a] ADJ (*vida*) solitary; (*lugar*) isolated

retirante [hetʃi'rãtʃi] M/F migrant (*from the NE of Brazil*)

retirar [hetʃi'rar] VT to withdraw; (*tirar*) to take out; (*afastar*) to take away, remove; (*fazer sair*) to get out; (*ganhar*) to make; **retirar-se** VR to withdraw; (*de uma festa etc*) to leave; (*da política etc*) to retire; (*recolher-se*) to retire, withdraw; (*Mil*) to retreat

retiro [he'tʃiru] M retreat

retitude [hetʃi'tudʒi] F rectitude

retive *etc* [he'tʃivi] VB *ver* **reter**

retiver *etc* [hetʃi'ver] VB *ver* **reter**

reto, -a ['hɛtu, a] ADJ straight; (*fig: justo*) fair; (*: honesto*) honest, upright ▶ M (*Anat*) rectum

retocar [heto'kar] VT (*pintura*) to touch up; (*texto*) to tidy up

retomar [heto'mar] VT to take up again; (*reaver*) to get back

retoque¹ [he'tɔki] M finishing touch

retoque² *etc* VB *ver* **retocar**

retorcer [hetor'ser] VT to twist; **retorcer-se** VR to wriggle, writhe; **~-se de dor** to writhe in pain

retórica [he'tɔrika] F rhetoric; (*pej*) affectation

retórico, -a [he'tɔriku, a] ADJ rhetorical; (*pej*) affected

retornar [hetor'nar] VI to return, go back

retorno [he'tornu] M return; (*Com*) barter, exchange; (*em rodovia*) turning area; **dar ~** to do a U-turn; **~ sobre investimento** return on investment

retorquir [hetor'kir] VT to answer, say in reply ▶ VI to retort, reply; **ela não retorquiu nada** she said nothing in reply

retraído, -a [hetra'idu, a] ADJ retracted; (*tímido*) reserved, timid

retraimento [hetraj'mẽtu] M withdrawal; *(contração)* contraction; *(fig: de pessoa)* timidity, shyness

retrair [hetra'ir] VT to withdraw; *(contrair)* to contract; *(pessoa)* to make reserved; **retrair-se** VR to withdraw; *(encolher-se)* to retract

retrasado, -a [hetra'zadu, a] ADJ: **a semana retrasada** the week before last

retratação [hetrata'sãw] (*pl* **-ões**) F retraction

retratar [hetra'tar] VT to portray, depict; *(mostrar)* to show; *(dito)* to retract; **retratar-se** VR: **~-se (de algo)** to retract (sth)

retrátil [he'tratʃiw] (*pl* **-eis**) ADJ retractable; **cinto de segurança ~** inertia-reel seat belt

retratista [hetra'tʃista] M/F portrait painter

retrato [he'tratu] M portrait; *(Foto)* photo; *(fig: efígie)* likeness; (: *representação*) portrayal; **ela é o ~ da mãe** she's the image of her mother; **tirar um ~ (de alguém)** to take a photo (of sb); **~ a meio corpo/de corpo inteiro** half/full-length portrait; **~ falado** Identikit® picture

retribuição [hetribwi'sãw] (*pl* **-ões**) F reward, recompense; *(pagamento)* remuneration; *(de hospitalidade, favor)* return, reciprocation

retribuir [hetri'bwir] VT *(recompensar)* to reward, recompense; *(pagar)* to remunerate; *(hospitalidade, favor, sentimento, visita)* to return

retroagir [hetroa'ʒir] VI *(lei)* to be retroactive; *(modificar o que está feito)* to change what has been done

retroativo, -a [hetroa'tʃivu, a] ADJ retroactive; *(pagamento)*: **~ (a)** backdated (to)

retroceder [hetrose'der] VI to retreat, fall back; *(decair)* to decline; *(num intento)* to back down

retrocesso [hetro'sɛsu] M retreat; *(ao passado)* return; *(decadência)* decline; *(tecla)* backspace (key); *(da economia)* slowdown

retrógrado, -a [he'trɔgradu, a] ADJ retrograde; *(reacionário)* reactionary

retroprojetor [hetroproʒe'tor] M overhead projector

retrospectiva [hetrospek'tʃiva] F retrospective

retrospectivamente [hetrospektʃiva'mẽtʃi] ADV in retrospect

retrospectivo, -a [hetrospek'tʃivu, a] ADJ retrospective

retrospecto [hetro'spɛktu] M retrospective look; **em ~** in retrospect

retrovisor [hetrovi'zor] ADJ, M: **(espelho) ~** rear-view mirror

retrucar [hetru'kar] VT to answer ▶ VI to retort, reply

retuitar [hetwi'tʃar] VT to retweet

retuite [he'twitʃi] M retweet

retumbância [hetũ'bãsja] F resonance

retumbante [hetũ'bãtʃi] ADJ *(tb fig)* resounding

retumbar [hetũ'bar] VI to resound, echo; *(ribombar)* to rumble, boom

returco *etc* [he'turku] VB *ver* **retorquir**

réu, ré [hɛw, hɛ] M/F defendant; *(culpado)* culprit, criminal; **~ de morte** condemned man

reumático, -a [hew'matʃiku, a] ADJ rheumatic

reumatismo [hewma'tʃizmu] M rheumatism

reumatologista [hewmatolo'ʒista] M/F rheumatologist

reunião [heu'njãw] (*pl* **-ões**) F meeting; *(ato, reencontro)* reunion; *(festa)* get-together, party; **~ de cúpula** summit (meeting); **~ de diretoria** board meeting

reunir [heu'nir] VT *(pessoas)* to bring together; *(partes)* to join, unite; *(qualidades)* to combine; **reunir-se** VR to meet; *(amigos)* to meet, get together; **~-se a** to join

reutilizar [heutʃili'zar] VT to re-use

revalorizar [hevalori'zar] VT *(moeda)* to revalue

revanche [he'vãʃi] F revenge; *(Esporte)* return match

revê *etc* [he've] VB *ver* **rever**

reveillon [heve'jõ] M New Year's Eve

revejo *etc* [he'veʒu] VB *ver* **rever**

revelação [hevela'sãw] (*pl* **-ões**) F revelation; *(Foto)* development; *(novo cantor, ator etc)* promising newcomer

revelar [heve'lar] VT to reveal; *(mostrar)* to show; *(Foto)* to develop; **revelar-se** VR to turn out to be; **ela se revelou nessa crise** she showed her true colo(u)rs in this crisis

revelia [heve'lia] F default; **à ~** by default; **à ~ de** without the knowledge *ou* consent of

revendedor, a [hevẽde'dor(a)] M/F dealer

revender [hevẽ'der] VT to resell

rever [he'ver] (*irreg: como* **ver**) VT to see again; *(examinar)* to check; *(revisar)* to revise; *(provas tipográficas)* to proofread

reverberar [heverbe'rar] VT *(luz)* to reflect ▶ VI to be reflected

reverdecer [heverde'ser] VT, VI to turn green again

reverência [heve'rẽsja] F reverence, respect; *(ato)* bow; (: *de mulher*) curtsey; **fazer uma ~** to bow; to curtsey

reverenciar [heverẽ'sjar] VT to revere, venerate; *(obedecer)* to obey

reverendo, -a [heve'rẽdu, a] ADJ reverend ▶ M priest, clergyman

reverente [heve'rẽtʃi] ADJ reverential

reversão [hever'sãw] (*pl* **-ões**) F reversion

reversível [hever'sivew] (*pl* **-eis**) ADJ reversible

reverso [he'versu] M reverse; **o ~ da medalha** *(fig)* the other side of the coin

reversões [hever'sõjs] FPL *de* **reversão**

reverter [hever'ter] VT to revert; *(a questão)* to return; **~ em benefício de** to benefit

revertério [hever'tɛrju] M: **dar o ~** *(col)* to go wrong

revés [he'vɛs] M reverse; *(infortúnio)* setback, mishap; **ao ~** *(roupa)* inside out; **de ~** *(olhar)* askance

revestimento [heveʃtʃi'mẽtu] M (*da parede*) covering; (*de sofá*) cover; (*de caixa*) lining
revestir [heves'tʃir] VT (*traje*) to put on; (*cobrir: paredes etc*) to cover; (*interior de uma caixa etc*) to line; **revestir-se** VR: **~-se de** (*poderes*) to assume, take on; (*paciência*) to arm o.s. with; (*coragem*) to take, pluck up; **~ alguém de poderes** *etc* to invest sb with powers *etc*
revezamento [heveza'mẽtu] M alternation
revezar [heve'zar] VT to take turns with ▶ VI to take turns; **revezar-se** VR to take it in turns
revi [he'vi] VB *ver* **rever**
revia *etc* [he'via] VB *ver* **rever**
revidar [hevi'dar] VT (*soco, insulto*) to return; (*retrucar*) to answer; (*crítica*) to rise to, respond to ▶ VI to hit back; (*retrucar*) to respond
revide [he'vidʒi] M response
revigorar [hevigo'rar] VT to reinvigorate ▶ VI to regain one's strength; **revigorar-se** VR to regain one's strength
revir *etc* [he'vir] VB *ver* **rever**
revirado, -a [hevi'radu, a] ADJ (*casa*) untidy, upside-down
revirar [hevi'rar] VT to turn round; (*gaveta*) to turn out, go through; **revirar-se** VR (*na cama*) to toss and turn; **~ os olhos** to roll one's eyes
reviravolta [hevira'vɔwta] F about-turn, U-turn; (*mudança da situação*) turn
revisão [hevi'zãw] (*pl* **-ões**) F revision; (*de máquina*) overhaul; (*de carro*) service; (*Jur*) appeal; **~ de provas** proofreading
revisar [hevi'zar] VT to revise; (*prova tipográfica*) to proofread
revisões [hevi'zõjs] FPL *de* **revisão**
revisor, a [hevi'zor(a)] M/F (*Ferro etc*) ticket inspector; (*de provas*) proofreader
revista [he'vista] F (*busca*) search; (*Mil, exame*) inspection; (*publicação*) magazine; (: *profissional, erudita*) journal; (*Teatro*) revue; **passar ~ a** to review; (*Mil*) to inspect, review; **~ em quadrinhos** comic; **~ literária** literary review; **~ para mulheres** women's magazine
revistar [hevis'tar] VT to search; (*tropa*) to review; (*examinar*) to examine
revisto¹ *etc* [he'vistu] VB *ver* **revestir**
revisto², -a [he'vistu, a] PP *de* **rever**
revitalizar [hevitali'zar] VT to revitalize
reviu [he'viu] VB *ver* **rever**
reviver [hevi'ver] VT to relive; (*costumes, palavras*) to revive ▶ VI to revive; (*doente*) to pick up
revocar [hevo'kar] VT (*o passado*) to evoke; (*mandar voltar*) to recall; **~ alguém a/de** to bring sb back to/from
revogação [hevoga'sãw] (*pl* **-ões**) F (*de lei*) repeal; (*de ordem*) reversal
revogar [hevo'gar] VT to revoke
revolta [he'vɔwta] F revolt; (*fig: indignação*) disgust

The Revolta da vacina was a popular movement of opposition to the government which took place in Rio de Janeiro in 1904, following the passing of a law which made vaccination against smallpox compulsory. It was the culmination of general dissatisfaction with health reforms undertaken at that time by the scientist Osvaldo Cruz, and the relocation programme of the prefect Pereira Passos, as a result of which part of the population of Rio had been moved from the slums and shanty towns of the central region to suburbs much further out.

revoltado, -a [hevow'tadu, a] ADJ in revolt; (*indignado*) disgusted; (*amargo*) bitter
revoltante [hevow'tãtʃi] ADJ disgusting; (*repugnante*) revolting
revoltar [hevow'tar] VT to disgust; (*insurgir*) to incite to revolt ▶ VI to cause indignation; **revoltar-se** VR to rebel, revolt; (*indignar-se*) to be disgusted
revolto, -a [he'vowtu, a] PP *de* **revolver** ▶ ADJ (*década*) turbulent; (*mundo*) troubled; (*cabelo*) dishevelled; (*mar*) rough; (*desarrumado*) untidy
revoltoso, -a [hevow'tozu, ɔza] ADJ in revolt
revolução [hevolu'sãw] (*pl* **-ões**) F revolution
revolucionar [hevolusjo'nar] VT to revolutionize
revolucionário, -a [hevolusjo'narju, a] ADJ, M/F revolutionary
revoluções [hevolu'sõjs] FPL *de* **revolução**
revolver [hevow'ver] VT (*terra*) to turn over, dig over; (*gaveta*) to rummage through; (*olhos*) to roll; (*suj: vento*) to blow around ▶ VI (*girar*) to revolve, rotate
revólver [he'vɔwver] M revolver, gun
reza ['hɛza] F prayer
rezar [he'zar] VT (*missa, prece*) to say ▶ VI to pray; **~ (que)** (*contar, dizer*) to state (that)
RFA ABR F (*antes:* = *República Federal Alemã*) FRG
RFFSA (BR) ABR F = **Rede Ferroviária Federal SA**
RG (BR) ABR M (= *Registro Geral*) identity document; *ver tb* **carteira**
rh ABR: **factor rh** Rh. *ou* rhesus (BRIT) factor; **rh negativo/positivo** rhesus negative/positive
riacho ['hjaʃu] M stream, brook
ribalta [hi'bawta] F footlights *pl*; (*fig*) boards *pl*
ribanceira [hibã'sejra] F (*margem*) steep river bank; (*rampa*) steep slope; (*precipício*) cliff
ribeira [hi'bejra] F riverside; (*riacho*) river
ribeirão [hibej'rãw] (BR) (*pl* **-ões**) M stream
ribeirinho, -a [hibej'riɲu, a] ADJ riverside *atr*
ribeiro [hi'bejru] M brook, stream
ribeirões [hibej'rõjs] MPL *de* **ribeirão**
ribombar [hibõ'bar] VI (*trovão*) to rumble, boom; (*ressoar*) to resound
ricaço [hi'kasu] M plutocrat, very rich man

rícino ['hisinu] M castor-oil plant; **óleo de ~** castor oil

rico, -a ['hiku, a] ADJ rich; (PT: *lindo*) beautiful; (: *excelente*) splendid ▶ M/F rich man/woman

ricochetear [hikoʃe'tʃjar] VI to ricochet

ricota [hi'kɔta] F cream cheese

ridicularizar [hidʒikulari'zar] VT to ridicule

ridículo, -a [hi'dʒikulu, a] ADJ ridiculous

rifa ['hifa] F raffle

rifão [hi'fãw] (*pl* **-ões** *ou* **-ães**) M proverb, saying

rifar [hi'far] VT to raffle; (*col: abandonar*) to dump

rififi [hifi'fi] (*col*) M fight, brawl

rifle ['hifli] M rifle

rifões [hi'fõjs] MPL *de* **rifão**

rigidez [hiʒi'dez] F rigidity, stiffness; (*austeridade*) severity, strictness; (*inflexibilidade*) inflexibility

rígido, -a ['hiʒidu, a] ADJ rigid, stiff; (*fig*) strict

rigor [hi'gor] M rigidity; (*meticulosidade*) rigour (BRIT), rigor (US); (*severidade*) harshness, severity; (*exatidão*) precision; **a ~** strictly speaking; **vestido a ~** in full evening dress; **ser de ~** to be essential *ou* obligatory; **no ~ do inverno** in the depths of winter

rigoroso, -a [higo'rozu, ɔza] ADJ rigorous, strict; (*severo*) strict; (*exigente*) demanding; (*minucioso*) precise, accurate; (*inverno*) hard, harsh

rijo, -a ['hiʒu, a] ADJ tough, hard; (*severo*) harsh, severe; (*músculos, braços*) firm

rim [hĩ] (*pl* **-ns**) M kidney; **rins** MPL (*parte inferior das costas*) small *sg* of the back

rima ['hima] F rhyme; (*poema*) verse, poem

rimar [hi'mar] VT, VI to rhyme; **~ com** (*condizer*) to agree with, tally with

rímel® ['himew] (*pl* **-eis**) M mascara

rinçagem [hĩ'saʒẽ] (*pl* **-ns**) F rinse

rinçar [hĩ'sar] VT to rinse

rinchar [hĩ'ʃar] VI to neigh, whinny

rincho ['hĩʃu] M neigh(ing)

ringue ['hĩgi] M ring

rinha ['hiɲa] F cock-fight

rinoceronte [hinose'rõtʃi] M rhinoceros

rinque ['hĩki] M rink

rins [hĩs] MPL *de* **rim**

Rio ['hiu] M: **o ~ (de Janeiro)** Rio (de Janeiro)

rio ['hiu] M river

ripa ['hipa] F lath, slat

riqueza [hi'keza] F wealth, riches *pl*; (*qualidade*) richness; (*fartura*) abundance; (*fecundidade*) fertility

rir [hir] VI to laugh; **~ de** to laugh at; **morrer de ~** to laugh one's head off

risada [hi'zada] F (*riso*) laughter; (*gargalhada*) guffaw

risca ['hiska] F stroke; (*listra*) stripe; (*no cabelo*) parting; **à ~** to the letter, exactly

riscar [his'kar] VT (*papel*) to draw lines on; (*marcar*) to mark; (*apagar*) to cross out; (*desenhar*) to outline; (*fósforo*) to strike; (*expulsar: sócios*) to expel, throw out; (*eliminar*) to do away with; (*amigo*) to write off

risco ['hisku] M (*marca*) mark, scratch; (*traço*) stroke; (*desenho*) drawing, sketch; (*perigo*) risk; **sob o ~ de** at the risk of; **correr o ~ de** to run the risk of; **correr ~s** to take risks; **pôr em ~** to put at risk, risk

risível [hi'zivew] (*pl* **-eis**) ADJ laughable, ridiculous

riso ['hizu] M laughter; **não ser motivo de ~** to be no laughing matter

risonho, -a [hi'zoɲu, a] ADJ smiling; (*contente*) cheerful; **estar muito ~** to be all smiles

risoto [hi'zotu] M risotto

rispidez [hispi'dez] F brusqueness; (*aspereza*) harshness

ríspido, -a ['hispidu, a] ADJ brusque; (*áspero*) harsh

risquei *etc* [his'kej] VB *ver* **riscar**

rissole [hi'sɔli] M rissole

riste ['histʃi] M: **em ~** (*dedo*) pointing; (*orelhas*) pointed

rítmico, -a ['hitʃmiku, a] ADJ rhythmic(al)

ritmo ['hitʃmu] M rhythm

rito ['hitu] M rite; (*seita*) cult

ritual [hi'twaw] (*pl* **-ais**) ADJ, M ritual

rival [hi'vaw] (*pl* **-ais**) ADJ, M/F rival

rivalidade [hivali'dadʒi] F rivalry

rivalizar [hivali'zar] VT to rival ▶ VI: **~ com** to compete with, vie with

rixa ['hiʃa] F quarrel, fight

RJ ABR = **Rio de Janeiro**

RN ABR = **Rio Grande do Norte**

RNVA (BR) ABR M = **Registro Nacional de Veículos Automotores**

RO ABR = **Rondônia**

roa *etc* ['hoa] VB *ver* **roer**

robalo [ho'balu] M snook (*type of fish*)

robô [ho'bo] M robot

robustecer [hobuste'ser] VT to strengthen ▶ VI to become stronger; **robustecer-se** VR to become stronger

robustez [hobus'tez] F strength

robusto, -a [ho'bustu, a] ADJ strong, robust

roça ['hɔsa] F plantation; (*no mato*) clearing; (*campo*) country

roçado [ho'sadu] M clearing

rocambole [hokã'bɔli] M roll

roçar [ho'sar] VT (*terreno*) to clear; (*tocar de leve*) to brush against ▶ VI: **~ em** *ou* **por** to brush against

roceiro, -a [ho'sejru, a] M/F (*lavrador*) peasant; (*caipira*) country bumpkin

rocha ['hɔʃa] F rock; (*penedo*) crag

rochedo [ho'ʃedu] M crag, cliff

rock ['hɔki] M = **roque**

rock-and-roll [-ã'how] M rock and roll

roda ['hɔda] F wheel; (*círculo, grupo de pessoas*) circle; (*de saia*) width, fullness; **~ dentada** cog(wheel); **alta ~** high society; **em** *ou* **à ~ de** round, around; **~ de direção** steering wheel; **~ do leme** ship's wheel, helm; **brincar de ~** to play in the round

rodada [hoˈdada] F (*de bebidas, Esporte*) round
roda-d'água (*pl* **rodas-d'água**) F water wheel
rodado, -a [hoˈdadu, a] ADJ (*saia*) full, wide; **o carro tem 5000 km ~s** the car has 5000 km on the clock
rodagem [hoˈdaʒē] (*pl* **-ns**) F: **estrada de ~** (*trunk*) road (BRIT)
roda-gigante (*pl* **rodas-gigantes**) F big wheel
rodamoinho [hodamoˈiɲu] M (*na água*) whirlpool; (*de vento*) whirlwind; (*no cabelo*) swirl
Ródano [ˈhɔdanu] M: **o ~** the Rhône
rodapé [hodaˈpɛ] M skirting board (BRIT), baseboard (US); (*de página*) foot
rodar [hoˈdar] VT (*fazer girar*) to turn, spin; (*viajar por*) to tour, travel round; (*quilômetros*) to do; (*filme*) to make; (*imprimir*) to print; (*Comput: programa*) to run ▶ VI (*girar*) to turn round; (*Auto*) to drive around; (*col: ser reprovado*) to fail; (*: sair*) to make o.s. scarce; (*: ser excluído*) to be ruled out; **~ por** (*a pé*) to wander around; (*de carro*) to drive around
roda-viva (*pl* **rodas-vivas**) F bustle, commotion; **estou numa ~ danada** I'm in a real flap
rodear [hoˈdʒjar] VT to go round; (*circundar*) to encircle, surround; (*pessoa*) to surround
rodeio [hoˈdeju] M (*em discurso*) circumlocution; (*subterfúgio*) subterfuge; (*de gado*) round-up; **fazer ~s** to beat about the bush; **sem ~s** plainly, frankly
rodela [hoˈdɛla] F (*pedaço*) slice
rodízio [hoˈdʒizju] M rota; **à ~** (*em restaurante*) at discretion; **em ~** on a rota basis
rodo [ˈhodu] M rake; (*para puxar água*) water rake; **a ~** in abundance
rododendro [hodoˈdēdru] M rhododendron
rodoferroviário, -a [hodofehoˈvjarju, a] ADJ road and rail *atr*
rodopiar [hodoˈpjar] VI to whirl around, swirl
rodopio [hodoˈpiu] M spin
rodovia [hodoˈvia] F highway, ≈ motorway (BRIT), ≈ interstate (US)
rodoviária [hodoˈvjarja] F (*tb:* **estação rodoviária**) bus station; *ver tb* **rodoviário**
rodoviário, -a [hodoˈvjarju, a] ADJ road *atr*; (*polícia*) traffic *atr* ▶ M/F roadworker
roedor, a [hweˈdor(a)] ADJ gnawing ▶ M rodent
roer [hwer] VT to gnaw, nibble; (*enferrujar*) to corrode; (*afligir*) to eat away; **ser duro de ~** to be a hard nut to crack
rogado [hoˈgadu] ADJ: **fazer-se de ~** to play hard to get
rogar [hoˈgar] VI to ask, request; **~ a alguém que faça** to beg sb to do
rogo [ˈhogu] M request; **a ~ de** at the request of
rói [hɔj] VB *ver* **roer**
roía *etc* [hoˈia] VB *ver* **roer**
róis [hɔjs] MPL *de* **rol**
rojão [hoˈʒãw] (*pl* **-ões**) M (*foguete*) rocket; (*fig: ritmo intenso*) hectic pace; **aguentar o ~** (*fig*) to stick it out

rol [hɔw] (*pl* **róis**) M roll, list
rolagem [hoˈlaʒē] F (*de uma dívida*) snowballing
rolar [hoˈlar] VT to roll; (*dívida*) to run up ▶ VI to roll; (*na cama*) to toss and turn; (*col: vinho etc*) to flow; (*: estender-se*) to roll on
roldana [howˈdana] F pulley
roleta [hoˈleta] F roulette; (*borboleta*) turnstile
roleta-paulista F: **fazer uma ~** (*Auto*) to go through a red light
roleta-russa F Russian roulette
rolha [ˈhoʎa] F cork; (*fig*) gag (on free speech)
roliço, -a [hoˈlisu, a] ADJ (*pessoa*) plump, chubby; (*objeto*) round, cylindrical
rolo [ˈholu] M (*de papel etc*) roll; (*para nivelar o solo, para pintura*) roller; (*almofada*) bolster; (*para cabelo*) curler; (*col: briga*) brawl, fight; **cortina de ~** roller blind; **~ compressor** steamroller; **~ de massa** *ou* **pastel** rolling pin
Roma [ˈhoma] N Rome
romã [hoˈmã] F pomegranate
romance [hoˈmãsi] M (*livro*) novel; (*caso amoroso*) romance; (*fig: história*) complicated story; **~ policial** detective story; **fazer um ~ (de algo)** (*exagerar*) to dramatize (sth)
romanceado, -a [homãˈsjadu, a] ADJ (*biografia*) in the style of a novel; (*exagerado*) exaggerated, fanciful
romancear [homãˈsjar] VT (*biografia*) to write in the style of a novel; (*exagerar*) to exaggerate, embroider ▶ VI (*inventar histórias*) to tell tales
romancista [homãˈsista] M/F novelist
românico, -a [hoˈmaniku, a] ADJ (*Ling*) Romance; (*Arq*) romanesque
romano, -a [hoˈmanu, a] ADJ, M/F Roman
romântico, -a [hoˈmãtʃiku, a] ADJ romantic
romantismo [homãˈtʃizmu] M romanticism; (*romance*) romance
romaria [homaˈria] F (*peregrinação*) pilgrimage; (*festa*) festival
rombo [ˈhōbu] M (*buraco*) hole; (*Mat*) rhombus; (*fig: desfalque*) embezzlement; (*: prejuízo*) loss, shortfall
rombudo, -a [hõˈbudu, a] ADJ very blunt
romeiro, -a [hoˈmejru, a] M/F pilgrim
Romênia [hoˈmenja] F: **a ~** Romania
romeno, -a [hoˈmenu, a] ADJ, M/F Rumanian ▶ M (*Ling*) Rumanian
romeu e julieta [hoˈmewiʒuˈljeta] M (*Culin*) guava jelly with cheese
rompante [hõˈpãtʃi] M outburst
romper [hõˈper] VT to break; (*rasgar*) to tear; (*relações*) to break off ▶ VI: **~ com** to break with; **~ de** (*jorrar*) to well up from; **~ em pranto** *ou* **lágrimas** to burst into tears; **~ em soluços** to sob
rompimento [hõpiˈmētu] M (*ato*) breakage; (*fenda*) break; (*de relações*) breaking off
roncar [hõˈkar] VI to snore
ronco [ˈhõku] M snore; (*de motor*) roar; (*de porco*) grunt

ronda ['hõda] F patrol, beat; **fazer a ~** to go the rounds

rondar [hõ'dar] VT to patrol, go the rounds of; (*espreitar*) to prowl, hang around; (*rodear*) to go round ▶ VI to prowl, lurk; (*fazer a ronda*) to patrol, do the rounds; **a inflação ronda os 10% ao ano** inflation is in the region of 10% a year

rondoniano, -a [hõdo'njanu, a] ADJ from Rondônia ▶ M/F person from Rondônia

ronquei *etc* [hõ'kej] VB *ver* **roncar**

ronqueira [hõ'kejra] F wheeze

ronrom [hõ'hõ] M purr

ronronar [hõho'nar] VI to purr

roque ['hɔki] M (*Xadrez*) rook, castle; (*Mús*) rock

roqueiro, -a [ho'kejru, a] M/F rock musician

roraimense [horaj'mẽsi] ADJ from Roraima ▶ M/F person from Roraima

rosa ['hɔza] ADJ INV pink ▶ F rose; **a vida não é feita de ~s** life is not a bed of roses; **~ dos ventos** compass

rosado, -a [ho'zadu, a] ADJ rosy, pink

rosário [ho'zarju] M rosary

rosa-shocking [-'ʃɔkĩŋ] ADJ INV shocking pink

rosbife [hoz'bifi] M roast beef

rosca ['hoska] F spiral, coil; (*de parafuso*) thread; (*pão*) ring-shaped loaf

roseira [ho'zejra] F rosebush

róseo, -a ['hɔzju, a] ADJ rosy

roseta [ho'zeta] F rosette

rosetar [hoze'tar] VI to loaf around

rosnar [hoz'nar] VI (*cão*) to growl, snarl; (*murmurar*) to mutter, mumble

rossio [ho'siu] (PT) M large square

rosto ['hostu] M (*cara*) face; (*frontispício*) title page

rota ['hɔta] F route, course

rotação [hota'sãw] (*pl* **-ões**) F rotation; **~ de estoques** turnover of stock

rotativa [hota'tʃiva] F rotary printing press

rotatividade [hotatʃivi'dadʒi] F rotation; **hotel de alta ~** hotel renting rooms by the hour, love hotel

rotativo, -a [hota'tʃivu, a] ADJ rotary

roteador [hotea'dor] M (BR Comput) router

roteirista [hotej'rista] M/F scriptwriter

roteiro [ho'tejru] M (*itinerário*) itinerary; (*ordem*) schedule; (*guia*) guidebook; (*de filme*) script; (*de discussão, trabalho escrito*) list of topics; (*fig: norma*) norm

rotina [ho'tʃina] F (*tb Comput*) routine

rotineiro, -a [hotʃi'nejru, a] ADJ routine

roto, -a ['hotu, a] ADJ broken; (*rasgado*) torn; (*maltrapilho*) scruffy; **o ~ rindo do esfarrapado** the pot calling the kettle black

rótula ['hɔtula] F (*Anat*) kneecap

rotular [hotu'lar] VT (*tb fig*) to label; **~ alguém/algo de** to label sb/sth as

rótulo ['hɔtulu] M label, tag; (*fig*) label

rotunda [ho'tũda] F (*Arq*) rotunda

rotundo, -a [ho'tũdu, a] ADJ (*redondo*) round; (*gorducho*) rotund

roubalheira [hoba'ʎejra] F (*do Estado, de empresa*) embezzlement

roubar [ho'bar] VT to steal; (*loja, casa, pessoa*) to rob ▶ VI to steal; (*em jogo, no preço*) to cheat; **~ algo a alguém** to steal sth from sb

roubo ['hobu] M theft, robbery; **$100 é ~** $100 is daylight robbery; **~ de identidade** identity theft

rouco, -a ['roku, a] ADJ hoarse

round ['hãwdʒi] (*pl* **-s**) M (*Boxe*) round

roupa ['hopa] F clothes pl, clothing; **~ de baixo** underwear; **~ de cama** bedclothes pl, bed linen

roupagem [ho'paʒẽ] (*pl* **-ns**) F clothes pl, apparel; (*fig*) appearance

roupão [ho'pãw] (*pl* **-ões**) M dressing gown

rouquidão [hoki'dãw] F hoarseness

rouxinol [hoʃi'nɔw] (*pl* **-óis**) M nightingale

roxo, -a ['hoʃu, a] ADJ purple, violet; **~ por** (*col*) mad about; **~ de saudades** pining away

royalty ['hɔjawtʃi] (*pl* **-ies**) M royalty

RR ABR = **Roraima**

RS ABR = **Rio Grande do Sul**

rua ['hua] F street ▶ EXCL: **~!** get out!, clear off!; **botar alguém na ~** to put sb out on the street; **ir para a ~** to go out; (*ser despedido*) to get the sack; **viver na ~** to be out all the time; **estar na ~ da amargura** to be going through hell; **~ principal** main street; **~ sem saída** no through road, cul-de-sac

Ruanda ['hwãda] F Rwanda

rubéola [hu'bɛola] F (*Med*) German measles

rubi [hu'bi] M ruby

rublo ['hublu] M rouble (BRIT), ruble (US)

rubor [hu'bor] M blush; (*fig*) shyness, bashfulness

ruborizar-se [hubori'zarsi] VR to blush

rubrica [hu'brika] F (signed) initials *pl*

rubricar [hubri'kar] VT to initial

rubro, -a ['hubru, a] ADJ ruby-red; (*faces*) rosy, ruddy

rubro-negro, -a ADJ of Flamengo FC

ruço, -a ['husu, a] ADJ grey (BRIT), gray (US), dun; (*desbotado*) faded; (*col*) tough, tricky

rúcula ['hukula] F rocket (BRIT), arugula (US)

rude ['hudʒi] ADJ (*povo*) simple, primitive; (*ignorante*) simple; (*grosseiro*) rude

rudeza [hu'deza] F simplicity; (*grosseria*) rudeness

rudimentar [hudʒimẽ'tar] ADJ rudimentary

rudimento [hudʒi'mẽtu] M rudiment; **rudimentos** MPL (*noções básicas*) rudiments, first principles

ruela ['hwɛla] F lane, alley

rufar [hu'far] VT (*tambor*) to roll ▶ M roll

rufião [hu'fjãw] (*pl* **-ães** *ou* **-ões**) M pimp

ruflar [huf'lar] VT, VI to rustle

ruga ['huga] F (*na pele*) wrinkle; (*na roupa*) crease

rúgbi ['hugbi] M rugby

ruge ['huʒi] M rouge

rugido [hu'ʒidu] M roar

rugir [hu'ʒir] VI to roar, bellow

ruibarbo [hwi'barbu] M rhubarb
ruído ['hwidu] M noise, din; (*Elet, Tec*) noise
ruidoso, -a [hwi'dozu, ɔza] ADJ noisy
ruim [hu'ĩ] (*pl* **-ns**) ADJ bad; (*defeituoso*) defective; **achar ~** (*col*) to get upset
ruína ['hwina] F ruin; (*decadência*) downfall; **levar alguém à ~** to ruin sb, be sb's downfall
ruindade [hwĩ'dadʒi] F wickedness, evil; (*ação*) bad thing
ruins [hu'ĩs] ADJ PL *de* **ruim**
ruir ['hwir] VI to collapse, go to ruin
ruivo, -a ['hwivu, a] ADJ red-haired ▶ M/F redhead
rujo *etc* ['huju] VB *ver* **rugir**
rulê [hu'le] ADJ: **gola ~** polo neck
rum [hũ] M rum
rumar [hu'mar] VT (*barco*) to steer ▶ VI: **~ para** to head for
rumba ['hũba] F rumba
ruminação [humina'sãw] (*pl* **-ões**) F rumination

ruminante [humi'nãtʃi] ADJ, M ruminant
ruminar [humi'nar] VT to chew; (*fig*) to ponder ▶ VI (*tb fig*) to ruminate
rumo ['humu] M course, bearing; (*fig*) course; **~ a** bound for; **sem ~** adrift
rumor [hu'mor] M (*ruído*) noise; (*notícia*) rumour (BRIT), rumor (US), report
rumorejar [humore'ʒar] VI to murmur; (*folhas*) to rustle; (*água*) to ripple
rupia [hu'pia] F rupee
ruptura [hup'tura] F break, rupture
rural [hu'raw] (*pl* **-ais**) ADJ rural
rusga ['huzga] F (*briga*) quarrel, row
rush ['haʃi] M rush; **(a hora do) ~** rush hour; **o ~ imobiliário** the rush to buy property
Rússia ['husja] F: **a ~** Russia
russo, -a ['husu, a] ADJ, M/F Russian ▶ M (*Ling*) Russian
rústico, -a ['hustʃiku, a] ADJ rustic; (*pessoa*) simple; (*utensílio, objeto*) rough; (*casa*) rustic-style; (*lugar*) countrified

Ss

S, s ['ɛsi] (*pl* **ss**) M S, s; **S de Sandra** S for Sugar
S. ABR (= *Santo/a, São*) St
SA ABR (= *Sociedade Anônima*) plc (BRIT), Inc. (US)
sã [sã] F *de* **são**
Saara [sa'ara] M: **o ~** the Sahara
sáb. ABR (= *sábado*) Sat.
sábado ['sabadu] M Saturday; (*dos judeus*) Sabbath; **~ de aleluia** Easter Saturday; *ver tb* **terça-feira**
sabão [sa'bãw] (*pl* **-ões**) M soap; (*descompostura*): **passar um ~ em alguém/levar um ~** to give sb a telling-off/get a telling-off; **~ de coco** coconut soap; **~ em pó** soap powder
sabatina [saba'tʃina] F revision test
sabedor, a [sabe'dor(a)] ADJ informed
sabedoria [sabedo'ria] F wisdom; (*erudição*) learning
saber [sa'ber] VT, VI to know; (*descobrir*) to find out ▶ M knowledge; **a ~** namely; **~ fazer** to know how to do, be able to do; **ele sabe nadar?** can he swim?; **~ de cor (e salteado)** to know off by heart; **que eu saiba** as far as I know; **sei** (*col*) I see; **sei lá** (*col*) I've got no idea, heaven knows; **sabe de uma coisa?** (*col*) you know what?; **você é quem sabe, você que sabe** (*col*) it's up to you
Sabesp [sa'bɛspi] ABR M = **Saneamento Básico do Estado de São Paulo**
sabiá [sa'bja] M/F thrush
sabichão, -chona [sabi'ʃãw, 'ʃɔna] (*pl* **-ões/-s**) M/F know-it-all, smart aleck
sabido, -a [sa'bidu, a] ADJ (*versado*) knowledgeable; (*esperto*) shrewd, clever
sábio, -a ['sabju, a] ADJ wise; (*erudito*) learned ▶ M/F wise person; (*erudito*) scholar
sabões [sa'bõjs] MPL *de* **sabão**
sabonete [sabo'netʃi] M toilet soap
saboneteira [sabone'tejra] F soap dish
sabor [sa'bor] M taste, flavour (BRIT), flavor (US); **ao ~ de** at the mercy of
saborear [sabo'rjar] VT to taste, savour (BRIT), savor (US); (*fig*) to relish
saboroso, -a [sabo'rozu, ɔza] ADJ tasty, delicious
sabotador, a [sabota'dor(a)] M/F saboteur
sabotagem [sabo'taʒẽ] F sabotage
sabotar [sabo'tar] VT to sabotage
saburrento, -a [sabu'hẽtu, a] ADJ (*língua*) furry

SAC ['saki] ABR M (= *serviço de atendimento ao cliente*) customer service
saca ['saka] F sack
sacada [sa'kada] F balcony; *ver tb* **sacado**
sacado, -a [sa'kadu, a] M/F (*Com*) drawee
sacador, a [saka'dor(a)] M/F (*Com*) drawer
sacal [sa'kaw] (*pl* **-ais**) (*col*) ADJ boring; **ser ~** to be a pain
sacana [sa'kana] (!) ADJ (*canalha*) crooked; (*lascivo*) randy
sacanagem [saka'naʒẽ] (*pl* **-ns**) (*col*) F (*sujeira*) dirty trick; (*libidinagem*) screwing; **fazer uma ~ com alguém** (*sujeira*) to screw sb; **filme de ~** blue movie
sacanear [saka'njar] (!) VT: **~ alguém** (*fazer sujeira*) to screw sb; (*amolar*) to take the piss out of sb (!)
sacar [sa'kar] VT to take out, pull out; (*dinheiro*) to withdraw; (*arma, cheque*) to draw; (*Esporte*) to serve; (*col: entender*) to understand ▶ VI (*col: entender*) to understand; (*: mentir*) to tell fibs; (*: dar palpites*) to talk off the top of one's head; **~ de um revólver** to pull a gun
saçaricar [sasari'kar] VI to have fun, fool around
sacarina [saka'rina] F saccharine (BRIT), saccharin (US)
saca-rolhas M INV corkscrew
sacerdócio [saser'dɔsju] M priesthood
sacerdote [saser'dɔtʃi] M priest
sachê [sa'ʃe] M sachet
saci [sa'si] M (*personagem folclórica*) one-legged Black man who ambushes travellers
saciar [sa'sjar] VT (*fome etc*) to satisfy; (*sede*) to quench
saco ['saku] M bag; (*enseada*) inlet; (*col: testículos*) balls *pl* (!); **~!** (BR *col*) damn!; **que ~!** (BR *col*) how annoying!; **encher o ~ de alguém** (BR *col*) to annoy sb, get on sb's nerves; **estar de ~ cheio (de)** to be fed up (with); **haja ~!** give me strength!; **puxar o ~ de alguém** (*col*) to suck up to sb; **ser um ~** (*col*) to be a drag; **ter ~** (*col*) to have patience; **ter ~ de fazer algo** to be bothered to do sth; **~ de água quente** hot water bottle; **~ de café** coffee filter; **~ de dormir** sleeping bag
sacode *etc* [sa'kɔdʒi] VB *ver* **sacudir**
sacola [sa'kɔla] F bag
sacolejar [sakole'ʒar] VT, VI to shake

sacramentar [sakrãme'tar] VT (*documento etc*) to legalize
sacramento [sakra'mẽtu] M sacrament
sacrificar [sakrifi'kar] VT to sacrifice; (*consagrar*) to dedicate; (*submeter*) to subject; (*animal*) to have put down; **sacrificar-se** VR to sacrifice o.s.
sacrifício [sakri'fisju] M sacrifice
sacrilégio [sakri'lɛʒju] M sacrilege
sacrílego, -a [sa'krilegu, a] ADJ sacrilegious
sacristão [sakri'stãw] (**-ões**) M sacristan, sexton
sacristia [sakris'tʃia] F sacristy
sacristões [sakris'tõjs] MPL *de* **sacristão**
sacro, -a ['sakru, a] ADJ sacred; (*santo*) holy; (*música*) religious
sacrossanto, -a [sakro'sãtu, a] ADJ sacrosanct
sacudida [saku'dʒida] F shake
sacudidela [sakudʒi'dela] F shake, jolt
sacudido, -a [saku'dʒidu, a] ADJ shaken; (*movimento*) rapid, quick; (*robusto*) sturdy
sacudir [saku'dʒir] VT to shake; **sacudir-se** VR to shake
sádico, -a ['sadʒiku, a] ADJ sadistic ▶ M/F sadist
sadio, -a [sa'dʒiu, a] ADJ healthy
sadismo [sa'dʒizmu] M sadism
sadomasoquista [sadomazo'kista] ADJ sadomasochistic ▶ M/F sadomasochist
safadeza [safa'deza] F (*vileza*) meanness; (*imoralidade*) crudity; (*travessura*) mischief
safado, -a [sa'fadu, a] ADJ (*descarado*) shameless, barefaced; (*imoral*) dirty; (*travesso*) mischievous ▶ M rogue; **estar/ficar ~ (da vida) com** to be/get furious with
safanão [safa'nãw] (*pl* **-ões**) M (*puxão*) tug; (*tapa*) slap
safári [sa'fari] M safari
safira [sa'fira] F sapphire
safo, -a ['safu, a] ADJ (*livre*) clear; (*col: esperto*) quick, clever
safra ['safra] F harvest; (*fig: de músicos etc*) crop
saga ['saga] F saga
sagacidade [sagasi'dadʒi] F sagacity, shrewdness
sagaz [sa'gajz] ADJ sagacious, shrewd
sagitariano, -a [saʒita'rjanu, a] ADJ, M/F Sagittarian
Sagitário [saʒi'tarju] M Sagittarius
sagrado, -a [sa'gradu, a] ADJ sacred, holy
saguão [sa'gwãw] (*pl* **-ões**) M (*pátio*) yard, patio; (*entrada*) foyer, lobby; (*de estação*) entrance hall
saia ['saja] F skirt; (*col: mulher*) woman; **viver agarrado às ~s de alguém** (*fig*) to be tied to sb's apron strings; **~ escocesa** kilt
saia-calça (*pl* **saias-calças**) F culottes *pl*
saiba *etc* ['sajba] VB *ver* **saber**
saibro ['sajbru] M gravel
saída [sa'ida] F (*porta*) exit, way out; (*partida*) departure; (*ato: de pessoa*) going out; (*fig: solução*) way out; (*Comput: de programa*) exit; (: *de dados*) output; **de ~** (*primeiro*) first; (*de cara*) straight away; **estar de ~** to be on one's way out; **na ~ do cinema** on the way out of the cinema; **(não) ter boa ~** (*produto*) (not) to sell well; **uma mercadoria de muita ~** a commodity which sells well; **dar uma ~** to go out; **ter boas ~s** (*réplicas*) to be witty; **não tem ~** (*fig*) there is no escaping it; **~ de emergência** emergency exit
saideira [saj'dejra] F last drink
saidinha [saj'dʒiɲa] F: **dar uma ~** to pop out
saiote [sa'jɔtʃi] M short skirt
sair [sa'ir] VI to go (*ou* come) out; (*partir*) to leave; (*realizar-se*) to turn out; (*Comput*) to exit; **sair-se** VR: **~-se bem/mal de** to be successful/unsuccessful in; **~-se com** (*dito*) to come out with; **~ caro/barato** to work out expensive/cheap; **~ ganhando/perdendo** to come out better/worse off; **~ a alguém** (*parecer-se*) to take after sb; **~ de** (*casa etc*) to leave; (*situação difícil*) to get out of; (*doença*) to come out of; **a notícia saiu na TV/no jornal** the news was on TV/in the paper
saite ['sajtʃi] (BR *col*) M site
sal [saw] (*pl* **sais**) M salt; **sem ~** (*comida*) salt-free; (*pessoa*) lackluster (BRIT), lackluster (US); **~ de banho** bath salts *pl*; **~ de cozinha** cooking salt
sala ['sala] F room; (*num edifício público*) hall; (*classe, turma*) class; **fazer ~ a alguém** to entertain sb; **~ de audiências** (*Jur*) courtroom; **~ (de aula)** classroom; **~ de bate-papo** (*Internet*) chatroom; **~ de conferências** conference room; **~ de embarque** departure lounge; **~ de espera** waiting room; **~ de espetáculo** concert hall; **~ (de estar)** living room, lounge; **~ de jantar** dining room; **~ de operação** (*Med*) operating theatre (BRIT) *ou* theater (US); **~ de parto** delivery room
salada [sa'lada] F salad; (*fig*) confusion, jumble; **~ de frutas** fruit salad; **~ russa** (*Culin*) Russian salad; (*fig*) hotchpotch
saladeira [sala'dejra] F salad bowl
sala e quarto (*pl* **salas e quartos** *ou* **salas e quarto**) M two-room flat (BRIT) *ou* apartment (US)
salafra [sa'lafra] (*col*) M/F rat
salafrário [sala'frarju] (*col*) M crook
salame [sa'lami] M (*Culin*) salami
salaminho [sala'miɲu] M pepperoni (sausage)
salão [sa'lãw] (*pl* **-ões**) M large room, hall; (*exposição*) show; (*cabeleireiro*) hairdressing salon; **de ~** (*jogos*) indoor; (*anedota*) proper, acceptable; **~ de baile** dance studio; **~ de beleza** beauty salon
salarial [sala'rjaw] (*pl* **-ais**) ADJ wage *atr*, pay *atr*
salário [sa'larju] M wages *pl*, salary; **~ mínimo** minimum wage
salário-família (*pl* **salários-família**) M family allowance

saldar [saw'dar] VT (*contas*) to settle; (*dívida*) to pay off

saldo ['sawdu] M balance; (*sobra*) surplus; (*fig: resultado*) result; **~ anterior/credor/devedor** opening balance/credit balance/debit balance

saleiro [sa'lejru] M salt cellar; (*moedor*) salt mill

salgadinho [sawga'dʒiɲu] M savoury (BRIT), savory (US), snack

salgado, -a [saw'gadu, a] ADJ salty, salted; (*preço*) exorbitant

salgar [saw'gar] VT to salt

salgueiro [saw'gejru] M willow; **~ chorão** weeping willow

saliência [sa'ljẽsja] F projection; (*assanhamento*) forwardness

salientar [saljẽ'tar] VT to point out; (*acentuar*) to stress, emphasize; **salientar-se** VR (*pessoa*) to distinguish o.s.

saliente [sa'ljẽtʃi] ADJ jutting out, prominent; (*evidente*) clear, conspicuous; (*importante*) outstanding; (*assanhado*) forward

salina [sa'lina] F salt bed; (*empresa*) salt company

salino, -a [sa'linu, a] ADJ saline

salitre [sa'litri] M saltpetre (BRIT), saltpeter (US), nitre (BRIT), niter (US)

saliva [sa'liva] F saliva; **gastar ~** (*col*) to waste one's breath

salivar [sali'var] VI to salivate

salmão [saw'mãw] (*pl* **-ões**) M salmon ▶ ADJ INV salmon-pink

salmo ['sawmu] M psalm

salmões [saw'mõjs] MPL *de* **salmão**

salmonela [sawmo'nɛla] F salmonella

salmoura [saw'mora] F brine

salobro, -a [sa'lobru, a] ADJ salty, brackish

salões [sa'lõjs] MPL *de* **salão**

saloio [sa'lɔju] (PT) M (*camponês*) country bumpkin

Salomão [salo'mãw] N: **(as) ilhas (de) ~** (the) Solomon Islands

salpicão [sawpi'kãw] (*pl* **-ões**) M (*paio*) pork sausage; (*prato*) fricassee

salpicar [sawpi'kar] VT to splash; (*polvilhar, fig*) to sprinkle

salpicões [sawpi'kõjs] MPL *de* **salpicão**

salsa ['sawsa] F parsley

salsicha [saw'siʃa] F sausage

salsichão [sawsi'ʃãw] (*pl* **-ões**) M sausage

saltado, -a [saw'tadu, a] ADJ (*saliente*) protruding

saltar [saw'tar] VT to jump (over), leap (over); (*omitir*) to skip ▶ VI to jump, leap; (*sangue*) to spurt out; (*de ônibus, cavalo*): **~ de** to get off; **~ à vista** *ou* **aos olhos** to be obvious

salteado, -a [saw'tʃjadu, a] ADJ broken up; (*Culin*) sautéed

salteador [sawtʃja'dor] M highwayman

saltear [saw'tʃjar] VT (*trechos de um livro*) to skip; (*Culin*) to sauté

saltimbanco [sawtʃī'bãku] M travelling (BRIT) *ou* traveling (US) player

saltitante [sawtʃi'tãtʃi] ADJ: **~ de alegria** as pleased as punch

saltitar [sawtʃi'tar] VI (*pássaros*) to hop; (*fig: de um assunto a outro*) to skip

salto ['sawtu] M jump, leap; (*de calçado*) heel; **dar um ~** to jump, leap; **dar ~s de alegria** *ou* **de contente** to jump for joy; **~ de vara** pole vault; **~ em altura** high jump; **~ em distância** long jump; **~ quântico** quantum leap

salto-mortal (*pl* **saltos-mortais**) M somersault

salubre [sa'lubri] ADJ healthy, salubrious

salutar [salu'tar] ADJ salutary, beneficial

salva ['sawva] F salvo; (*bandeja*) tray, salver; (*Bot*) sage; **~ de palmas** round of applause; **~ de tiros** round of gunfire

salvação [sawva'sãw] F salvation; **~ da pátria** *ou* **da lavoura** (*col*) lifesaver

salvador [sawva'dor] M saviour (BRIT), savior (US)

salvados [saw'vadus] MPL salvage *sg*; (*Com*) salvaged goods

salvaguarda [sawva'gwarda] F protection, safeguard

salvaguardar [sawvagwar'dar] VT to safeguard

salvamento [sawva'mẽtu] M rescue; (*de naufrágio*) salvage

salvar [saw'var] VT (*tb Comput*) to save; (*resgatar*) to rescue; (*objetos, de ruína*) to salvage; (*honra*) to defend; **salvar-se** VR to escape

salva-vidas M INV (*boia*) lifebuoy ▶ M/F INV (*pessoa*) lifeguard; **barco ~** lifeboat

salve ['sawvi] EXCL hooray (for)!

salvo, -a ['sawvu, a] ADJ safe ▶ PREP except, save; **a ~** in safety; **pôr-se a ~** to run to safety; **todos ~ ele** all except him

salvo-conduto (*pl* **salvo-condutos** *ou* **salvos-condutos**) M safe-conduct

samambaia [samã'baja] F fern

samaritano [samari'tanu] M: **bom ~** good Samaritan; (*pej*) do-gooder

samba ['sãba] M samba

> The greatest form of musical expression of the Brazilian people, the **samba** is a type of music and dance of African origin. It embraces a number of rhythmic styles, such as *samba de breque*, *samba-enredo*, *samba-canção* and *pagode*, among others. Officially, the first samba, entitled *Pelo telefone*, was written in Rio in 1917.

samba-canção (*pl* **sambas-canção**) M slow samba; **cueca ~** boxer shorts *pl*

sambar [sã'bar] VI to dance the samba

sambista [sã'bista] M/F (*dançarino*) samba dancer; (*compositor*) samba composer

sambódromo [sã'bɔdromu] M carnival parade ground

Samoa [sa'moa] M: **~ Ocidental** Western Samoa

samovar [samo'var] M tea urn

SAMU (BR) ABR M (= *Serviço de Atendimento Móvel de Urgência*) emergency ambulance service
sanar [sa'nar] VT to cure; (*remediar*) to remedy
sanatório [sana'tɔrju] M sanatorium (BRIT), sanitarium (US)
sanável [sa'navew] (*pl* **-eis**) ADJ curable; (*remediável*) remediable
sanca ['sãka] F cornice, moulding (BRIT), molding (US)
sanção [sã'sãw] (*pl* **-ões**) F sanction
sancionar [sansjo'nar] VT to sanction; (*autorizar*) to authorize
sanções [sã'sõjs] FPL *de* **sanção**
sandália [sã'dalja] F sandal
sândalo ['sãdalu] M sandalwood
sandes ['sãdəʃ] (PT) F INV sandwich
sanduíche [sand'wiʃi] (BR) M sandwich; **~ americano** ham and egg sandwich; **~ misto** ham and cheese sandwich; **~ natural** wholemeal sandwich
saneamento [sanja'mẽtu] M sanitation; (*de governo etc*) clean-up
sanear [sa'njar] VT to clean up; (*pântanos*) to drain
sanfona [sã'fɔna] F (*Mús*) accordion; (*Tricô*) ribbing
sanfonado, -a [sãfo'nadu, a] ADJ (*porta*) folding; (*suéter*) ribbed
sangrar [sã'grar] VT, VI to bleed; **~ alguém** (*fig*) to bleed sb dry
sangrento, -a [sã'grẽtu, a] ADJ bloody; (*ensanguentado*) bloodstained; (*Culin: carne*) rare
sangria [sã'gria] F bloodshed; (*extorsão*) extortion; (*bebida*) sangria
sangue ['sãgi] M blood; **~ pisado** bruise
sangue-frio M cold-bloodedness
sanguessuga [sãgi'suga] F leech
sanguinário, -a [sãgi'narju, a] ADJ bloodthirsty, cruel
sanguíneo, -a [sã'ginju, a] ADJ blood *atr*; **grupo ~** blood group; **pressão sanguínea** blood pressure; **vaso ~** blood vessel
sanha ['saɲa] F rage, fury
sanidade [sani'dadʒi] F (*saúde*) health; (*mental*) sanity
sanita [sa'nita] (PT) F toilet, lavatory
sanitário, -a [sani'tarju, a] ADJ sanitary; **vaso ~** toilet, lavatory (bowl)
sanitários [sani'tarjus] MPL toilets
sanitarista [sanita'rista] M/F health worker
Santiago [sã'tʃjagu] F: **~ (do Chile)** Santiago (de Chile)
santidade [sãtʃi'dadʒi] F holiness, sanctity; **Sua S~** His Holiness (the Pope)
santificar [sãtʃifi'kar] VT to sanctify, make holy
santinho [sã'tʃiɲu] M (*imagem*) holy picture; (*col: pessoa*) saint
santista [sã'tʃista] ADJ from Santos ▶ M/F person from Santos
santo, -a ['sãtu, a] ADJ holy, sacred; (*pessoa*) saintly; (*remédio*) effective ▶ M/F saint; **todo ~ dia** every single day; **ter ~ forte** (*col*) to have good backing
santuário [sã'twarju] M shrine, sanctuary
São [sãw] M Saint
são, sã [sãw, sã] (*pl* **-s/-s**) ADJ healthy; (*conselho*) sound; (*atitude*) wholesome; (*mentalmente*) sane; **~ e salvo** safe and sound
São Lourenço [-lo'rẽsu] M: **o (rio) ~** the St. Lawrence river
São Marinho M San Marino
São Paulo [-'pawlu] N São Paulo
são-tomense [-to'mẽsi] ADJ from São Tomé e Príncipe ▶ M/F native *ou* inhabitant of São Tomé e Príncipe
sapata [sa'pata] M (*do freio*) shoe
sapatão [sapa'tãw] (*pl* **-ões**) M big shoe; (*col: lésbica*) lesbian
sapataria [sapata'ria] F shoe shop
sapateado [sapa'tʃjadu] M tap dancing
sapateador, a [sapatʃja'dor(a)] M/F tap dancer
sapatear [sapa'tʃjar] VI to tap one's feet; (*dançar*) to tap-dance
sapateiro [sapa'tejru] M shoemaker; (*vendedor*) shoe salesman; (*que conserta*) shoe repairer; (*loja*) shoe repairer's
sapatilha [sapa'tʃiʎa] F (*de balé*) shoe; (*sapato*) pump; (*de atleta*) running shoe
sapato [sa'patu] M shoe
sapatões [sapa'tõjs] MPL *de* **sapatão**
sapé [sa'pɛ] M = **sapê**
sapê [sa'pe] M thatch; **teto de ~** thatched roof
sapeca [sa'pɛka] ADJ flirtatious; (*criança*) cheeky
sapecar [sape'kar] VT (*tapa, pontapé*) to land ▶ VI (*flertar*) to flirt
sapiência [sa'pjẽsja] F wisdom, learning
sapiente [sa'pjẽtʃi] ADJ wise
sapinho [sa'piɲu] M (*Med*) thrush
sapo ['sapu] M toad; **engolir ~s** (*fig*) to sit back and take it
saque¹ ['saki] M (*de dinheiro*) withdrawal; (*Com*) draft, bill; (*Esporte*) serve; (*pilhagem*) plunder, pillage; (*col: mentira*) fib; **~ a descoberto** (*Com*) overdraft
saque² *etc* VB *ver* **sacar**
saquear [sa'kjar] VT to pillage, plunder
saracotear [sarako'tʃjar] VI to wiggle one's hips; (*vaguear*) to wander around ▶ VT to shake
Saragoça [sara'gɔsa] N Zaragoza
saraiva [sa'rajva] F hail
saraivada [sarai'vada] F hailstorm; **uma ~ de** (*fig*) a hail of
saraivar [sarai'var] VI to hail; (*fig*) to spray
sarampo [sa'rãpu] M measles *sg*
sarapintado, -a [sarapĩ'tadu, a] ADJ spotted, speckled
sarar [sa'rar] VT to cure; (*ferida*) to heal ▶ VI to recover, be cured
sarau [sa'raw] M soirée
sarcasmo [sar'kazmu] M sarcasm

sarcástico, -a [sar'kaʃtʃiku, a] ADJ sarcastic
sarda ['sarda] F freckle
Sardenha [sar'deɲa] F: **a ~** Sardinia
sardento, -a [sar'dẽtu, a] ADJ freckled, freckly
sardinha [sar'dʒiɲa] F sardine; **como ~ em lata** (*apertado*) like sardines
sardônico, -a [sar'doniku, a] ADJ sardonic, sarcastic
sargento [sar'ʒẽtu] M sergeant
sári ['sari] M sari
sarjeta [sar'ʒeta] F gutter
sarna ['sarna] F scabies *sg*
sarrafo [sa'hafu] M: **baixar o ~ em alguém** (*col*) to let sb have it
sarro ['sahu] M (*de vinho, nos dentes*) tartar; (*na língua*) fur, coating; (*col*) laugh; **tirar um ~** (*col*) to pet, neck
Satã [sa'tã] M Satan, the Devil
Satanás [sata'nas] M Satan, the Devil
satânico, -a [sa'taniku, a] ADJ satanic; (*fig*) devilish
satélite [sa'tɛlitʃi] ADJ satellite *atr* ▶ M satellite
sátira ['satʃira] F satire
satírico, -a [sa'tʃiriku, a] ADJ satirical
satirizar [satʃiri'zar] VT to satirize
satisfação [satʃisfa'sãw] (*pl* **-ões**) F satisfaction; (*recompensa*) reparation; **dar uma ~ a alguém** to give sb an explanation; **ela não dá satisfações a ninguém** she answers to no-one; **tomar satisfações de alguém** to ask sb for an explanation
satisfaço *etc* [satʃis'fasu] VB *ver* **satisfazer**
satisfações [satʃisfa'sõjs] FPL *de* **satisfação**
satisfatório, -a [satʃisfa'tɔrju, a] ADJ satisfactory
satisfazer [satʃisfa'zer] (*irreg: como* **fazer**) VT to satisfy; (*dívida*) to pay off ▶ VI (*ser satisfatório*) to be satisfactory; **satisfazer-se** VR to be satisfied; (*saciar-se*) to fill o.s. up; **~ a** to satisfy; **~ com** to fulfil (BRIT), fulfill (US)
satisfeito, -a [satʃis'fejtu, a] PP *de* **satisfazer** ▶ ADJ satisfied; (*alegre*) content; (*saciado*) full; **dar-se por ~ com algo** to be content with sth; **dar alguém por ~** to make sb happy
satisfez [satʃis'fez] VB *ver* **satisfazer**
satisfiz *etc* [satʃis'fiz] VB *ver* **satisfazer**
saturado, -a [satu'radu, a] ADJ (*de comida*) full; (*aborrecido*) fed up; (*Com: mercado*) saturated
saturar [satu'rar] VT to saturate; (*de comida, aborrecimento*) to fill
Saturno [sa'turnu] M Saturn
saudação [sawda'sãw] (*pl* **-ões**) F greeting
saudade [saw'dadʒi] F (*desejo ardente*) longing, yearning; (*lembrança nostálgica*) nostalgia; **deixar ~s** to be greatly missed; **matar as ~s de alguém/algo** to catch up with sb/cure one's nostalgia for sth; **ter ~s de** (*desejar*) to long for; (*sentir falta de*) to miss; **~s (de casa** *ou* **da família** *ou* **da pátria)** homesickness *sg*
saudar [saw'dar] VT (*cumprimentar*) to greet; (*dar as boas vindas*) to welcome; (*aclamar*) to acclaim

saudável [saw'davew] (*pl* **-eis**) ADJ healthy; (*moralmente*) wholesome
saúde [sa'udʒi] F health; (*brinde*) toast; **~!** (*brindando*) cheers!; (*quando se espirra*) bless you!; **à sua ~!** your health!; **beber à ~ de** to drink to, toast; **estar bem/mal de ~** to be well/ill; **não ter mais ~ para fazer** not to be up to doing; **vender ~** to be bursting with health; **~ pública** public health; (*órgão*) health service
saudosismo [sawdo'zizmu] M nostalgia
saudoso, -a [saw'dozu, ɔza] ADJ (*nostálgico*) nostalgic; (*da família ou terra natal*) homesick; (*de uma pessoa*) longing; (*que causa saudades*) much-missed
sauna ['sawna] F sauna; **fazer ~** to have *ou* take a sauna
saveiro [sa'vejru] M sailing boat
saxofone [sakso'fɔni] M saxophone
saxofonista [saksofo'nista] M/F saxophonist
sazonado, -a [sazo'nadu, a] ADJ ripe, mature
sazonal [sazo'naw] (*pl* **-ais**) ADJ seasonal
SBPC ABR F = **Sociedade Brasileira para o Progresso da Ciência**
SBT ABR M (= *Sistema Brasileiro de Televisão*) television station
SC ABR = **Santa Catarina**
scanner ['skaner] M scanner
SCDF ABR F = **Sagrada Congregação para a Doutrina da Fé**
SE ABR = **Sergipe**

(PALAVRA-CHAVE)

se [si] PRON **1** (*reflexivo: impess*) oneself; (: *m*) himself; (: *f*) herself; (: *coisa*) itself; (: *você*) yourself; (: *pl*) themselves; (: *vocês*) yourselves; **ela está se vestindo** she's getting dressed **2** (*uso recíproco*) each other, one another; **olharam-se** they looked at each other **3** (*impess*): **come-se bem aqui** you can eat well here; **sabe-se que ...** it is known that ...; **vende(m)-se jornais naquela loja** they sell newspapers in that shop ▶ CONJ if; (*em pergunta indireta*) whether; **se bem que** even though

sé [sɛ] F cathedral; **Santa Sé** Holy See
sê [se] VB *ver* **ser**
Seade [se'adʒi] (BR) ABR M = **Sistema Estadual de Análise de Dados**
seara ['sjara] F (*campo de cereais*) wheat (*ou* corn) field; (*campo cultivado*) tilled field
sebe ['sɛbi] (PT) F fence; **~ viva** hedge
sebento, -a [se'bẽtu, a] ADJ greasy; (*sujo*) dirty, filthy
sebo ['sebu] M tallow; (*livraria*) secondhand bookshop
seborreia [sebo'hɛja] F seborrhoea (BRIT), seborrhea (US)
seboso, -a [se'bozu, ɔza] ADJ greasy; (*sujo*) dirty; (*col*) stuck-up
seca ['sɛka] F (*estiagem*) drought

secador [seka'doʁ] M dryer; **~ de cabelo/roupa** hairdryer/clothes horse
secagem [se'kaʒẽ] F drying
secante [se'kãtʃi] ADJ drying; *(PT col: enfadonho)* boring
seção [se'sãw] *(pl* **-ões**) F section; *(em loja, repartição)* department; **~ rítmica** rhythm section
secar [se'kaʁ] VT to dry; *(planta)* to parch; *(rio)* to dry up ▸ VI to dry; to wither; *(fonte)* to dry up
seccionar [seksjo'naʁ] VT to split up
secessão [sese'sãw] *(pl* **-ões**) F secession
seco, -a ['seku, a] ADJ dry; *(árido)* arid; *(fruta, carne)* dried; *(ríspido)* curt, brusque; *(pancada, ruído)* dull; *(magro)* thin; *(pessoa: frio)* cold; *(: sério)* serious; **em ~** *(barco)* aground; **estar ~ por algo/para fazer algo** *(col)* to be dying for sth/to do sth
seções [se'sõjs] FPL *de* **seção**
secreção [sekre'sãw] *(pl* **-ões**) F secretion
secretaria [sekreta'ria] F *(escritório geral)* general office; *(de secretário)* secretary's office; *(ministério)* ministry
secretária [sekre'tarja] F *(mesa)* writing desk; **~ eletrônica** answering machine; *ver tb* **secretário**
secretariar [sekreta'rjaʁ] VT to work as a secretary to ▸ VI to work as a secretary
secretário, -a [sekre'tarju, a] M/F secretary; **~ particular** private secretary; **S~ de Estado de ...** Secretary of State for ...
secretário-geral, secretária-geral *(pl* **secretários-gerais/secretárias-gerais**) M/F secretary-general
secreto, -a [se'kretu, a] ADJ secret
sectário, -a [sek'tarju, a] ADJ sectarian ▸ M/F follower
sectarismo [sekta'rizmu] M sectarianism
secular [seku'laʁ] ADJ *(leigo)* secular, lay; *(muito antigo)* age-old
secularizar [sekulari'zaʁ] VT to secularize
século ['sɛkulu] M *(cem anos)* century; *(época)* age; **há ~s** *(fig)* for ages *(: atrás)* ages ago
secundar [sekũ'daʁ] VT *(apoiar)* to second, support; *(ajudar)* to help; *(pedido)* to follow up
secundário, -a [sekũ'darju, a] ADJ secondary
secura [se'kura] F dryness; *(fig)* coldness; *(col: desejo)* keenness
seda ['seda] F silk; **ser** *ou* **estar uma ~** to be nice; **bicho da ~** silkworm
sedã [se'dã] M *(Auto)* saloon (car) *(BRIT)*, sedan *(US)*
sedativo, -a [seda'tʃivu, a] ADJ sedative ▸ M sedative
SEDE *(BR)* ABR M = **Sistema Estadual de Empregos**
sede¹ ['sɛdʒi] F *(de empresa, instituição)* headquarters *sg*; *(de governo)* seat; *(Rel)* see, diocese; **~ social** head office
sede² ['sedʒi] F thirst; *(fig)*: **~ (de)** craving (for); **estar com** *ou* **ter ~** to be thirsty; **matar a ~** to quench one's thirst
sedentário, -a [sedẽ'tarju, a] ADJ sedentary
sedento, -a [se'dẽtu, a] ADJ thirsty; *(fig)*: **~ (de)** eager (for)
sediar [se'dʒjaʁ] VT to base
sedição [sedʒi'sãw] F sedition
sedicioso, -a [sedʒi'sjozu, ɔza] ADJ seditious
sedimentar [sedʒimẽ'taʁ] VI to silt up
sedimento [sedʒi'mẽtu] M sediment
sedoso, -a [se'dozu, ɔza] ADJ silky
sedução [sedu'sãw] *(pl* **-ões**) F seduction; *(atração)* allure, charm
sedutor, a [sedu'toʁ(a)] ADJ seductive; *(oferta etc)* tempting ▸ M/F seducer
seduzir [sedu'ziʁ] VT to seduce; *(fascinar)* to fascinate; *(desencaminhar)* to lead astray
Sefiti [sefi'tʃi] *(BR)* ABR M = **Serviço de Fiscalização de Trânsito Interestadual e Internacional**
seg. ABR (= *segunda-feira*) Mon
segmentar [segmẽ'taʁ] VT to segment
segmento [seg'mẽtu] M segment
segredar [segre'daʁ] VT, VI to whisper
segredo [se'gredu] M secret; *(sigilo)* secrecy; *(de fechadura)* combination; **em ~** in secret; **~ de estado** state secret
segregação [segrega'sãw] F segregation
segregar [segre'gaʁ] VT to segregate, separate
seguidamente [segida'mẽtʃi] ADV *(sem parar)* continuously; *(logo depois)* soon afterwards
seguido, -a [se'gidu, a] ADJ following; *(contínuo)* continuous, consecutive; **~ de** *ou* **por** followed by; **três dias ~s** three days running; **horas seguidas** for hours on end; **em seguida** next; *(logo depois)* soon afterwards; *(imediatamente)* immediately, right away
seguidor, a [segi'doʁ(a)] M/F *(tb Internet)* follower
seguimento [segi'mẽtu] M continuation; **dar ~ a** to proceed with; **em ~ de** after
seguinte [se'gĩtʃi] ADJ following, next; **(o negócio) é o ~** *(col)* the thing is; **eu lhe disse o ~** this is what I said to him; **pelo ~** hereby
seguir [se'giʁ] VT *(tb Internet)* to follow; *(continuar)* to continue ▸ VI to follow; *(continuar)* to continue, carry on; *(ir)* to go; **seguir-se** VR: **~-se (a)** to follow; **logo a ~** next; **~-se (de)** to result (from); **ao jantar seguiu-se uma reunião** the dinner was followed by a meeting
segunda [se'gũda] F *(tb:* **segunda-feira**) Monday; *(Mús)* second; *(Auto)* second (gear); **de ~** second-rate
segunda-feira *(pl* **segundas-feiras**) F Monday; *ver tb* **terça-feira**
segundanista [segũda'nista] M/F second year (student)
segundo, -a [se'gũdu, a] ADJ second ▸ PREP according to ▸ CONJ as, from what ▸ ADV secondly ▸ M second; **de segunda mão** second-hand; **de segunda (classe)** second-class; **~ ele disse** according to what he said; **~ dizem** apparently; **~ me consta** as far as I know; **~ se afirma** according to what is said, from what is said; **segundas**

intenções ulterior motives; **~ tempo** (*Futebol*) second half; *ver tb* **quinto**
segundo-time ADJ INV (*pessoa*) second-rate
segurado, -a [segu'radu, a] ADJ, M/F (*Com*) insured
segurador, a [segura'dor(a)] M/F insurer ▶ F insurance company
seguramente [segura'mētʃi] ADV (*com certeza*) certainly; (*muito provavelmente*) surely
segurança [segu'rāsa] F security; (*ausência de perigo*) safety; (*confiança*) confidence; (*convicção*) assurance ▶ M/F security guard; **com ~** assuredly; **~ nacional** national security
segurar [segu'rar] VT to hold; (*amparar*) to hold up; (*Com: bens*) to insure ▶ VI: **~ em** to hold; **segurar-se** VR (*Com: fazer seguro*) to insure o.s.; **~-se em** to hold on to
seguro, -a [se'guru, a] ADJ (*livre de perigo*) safe; (*livre de risco, firme*) secure; (*certo*) certain, assured; (*confiável*) reliable; (*de si mesmo*) secure, confident; (*tempo*) settled ▶ ADV confidently ▶ M (*Com*) insurance; **~ de si** self-assured; **~ morreu de velho** better safe than sorry; **estar ~ de/de que** to be sure of/that; **fazer ~** to take out an insurance policy; **companhia de ~s** insurance company; **~ contra acidentes/incêndio** accident/fire insurance; **~ de vida/automóvel** life/car insurance
seguro-saúde (*pl* **seguros-saúde**) M health insurance
SEI (BR) ABR F = **Secretaria Especial da Informática**
sei [sej] VB *ver* **saber**
seio ['seju] M breast, bosom; (*âmago*) heart; **~ paranasal** sinus; **no ~ de** in the heart of
seis [sejs] NUM six; *ver tb* **cinco**
seiscentos, -tas [sej'sētus, tas] NUM six hundred
seita ['sejta] F sect
seiva ['sejva] F sap; (*fig*) vigour (BRIT), vigor (US), vitality
seixo ['sejʃu] M pebble
seja *etc* ['seʒa] VB *ver* **ser**
SELA ABR M = **Sistema Econômico Latino-Americano**
sela ['sɛla] F saddle
selagem [se'laʒē] F (*de cartas*) franking; **máquina de ~** franking machine
selar [se'lar] VT (*carta*) to stamp; (*documento oficial, pacto*) to seal; (*cavalo*) to saddle; (*fechar*) to shut, seal; (*concluir*) to conclude
seleção [sele'sãw] (*pl* **-ões**) F selection; (*Esporte*) team
selecionado [selesjo'nadu] M (*Esporte*) team
selecionador, a [selesjona'dor(a)] M/F selector
selecionar [selesjo'nar] VT to select
seleções [sele'sõjs] FPL *de* **seleção**
seleta [se'lɛta] F anthology
seletivo, -a [sele'tʃivu, a] ADJ selective
seleto, -a [se'lɛtu, a] ADJ select
selfie [selfi] F (*Tel*) selfie
selim [se'lĩ] (*pl* **-ns**) M saddle

selo ['selu] M stamp; (*carimbo, sinete*) seal; (*fig*) stamp, mark
selva ['sɛwva] F jungle
selvagem [sew'vaʒē] (*pl* **-ns**) ADJ (*silvestre*) wild; (*feroz*) fierce; (*povo*) savage; (*fig: indivíduo, maneiras*) coarse
selvageria [sewvaʒe'ria] F savagery
sem [sē] PREP without ▶ CONJ: **~ que eu peça** without my asking; **a casa está ~ limpar há duas semanas** the house hasn't been cleaned for two weeks; **estar/ficar ~ dinheiro/gasolina** to have no/have run out of money/petrol; **~ quê nem para quê** for no apparent reason
SEMA (BR) ABR F = **Secretaria Especial do Meio Ambiente**
semáforo [se'maforu] M (*Auto*) traffic lights *pl*; (*Ferro*) signal
semana [se'mana] F week
semanada [sema'nada] F (*weekly*) wages *pl*; (*mesada*) weekly allowance
semanal [sema'naw] (*pl* **-ais**) ADJ weekly; **ganha $200 semanais** he earns $200 a week
semanário [sema'narju] M weekly (publication)
semântica [se'mātʃika] F semantics *sg*
semântico, -a [se'mātʃiku, a] ADJ semantic
semblante [sē'blātʃi] M face; (*fig*) appearance, look
semeadura [semja'dura] F sowing
semear [se'mjar] VT to sow; (*fig*) to spread; (*espalhar*) to scatter
semelhança [seme'ʎāsa] F similarity, resemblance; **a ~ de** like; **ter ~ com** to resemble
semelhante [seme'ʎātʃi] ADJ similar; (*tal*) such ▶ M fellow creature
semelhar [seme'ʎar] VI: **~ a** to look like, resemble ▶ VT to look like, resemble; **semelhar-se** VR to be alike
sêmen ['semē] M semen
semente [se'mētʃi] F seed
sementeira [semē'tejra] F sowing, spreading
semestral [semes'traw] (*pl* **-ais**) ADJ half-yearly, bi-annual
semestralmente [semestraw'mētʃi] ADV every six months
semestre [se'mɛstri] M six months; (*Educ*) semester
sem-fim M: **um ~ de perguntas** *etc* endless questions *etc*
semi... [semi] PREFIXO semi..., half...
semiaberto, -a [semia'bɛrtu, a] ADJ half-open
semianalfabeto, -a [semianawfa'bɛtu, a] ADJ semiliterate
semibreve [semi'brɛvi] F (*Mús*) semibreve
semicírculo [semi'sirkulu] M semicircle
semicondutor [semikõdu'tor] M semiconductor
semiconsciente [semikõ'sjētʃi] ADJ semiconscious
semifinal [semi'finaw] (*pl* **-ais**) F semi-final
semifinalista [semifina'lista] M/F semi-finalist

semi-internato M day school
semi-interno, -a M/F (*tb*: **aluno semi-interno**) day pupil
seminal [semi'naw] (*pl* **-ais**) ADJ seminal
seminário [semi'narju] M (*Educ, congresso*) seminar; (*Rel*) seminary
seminarista [semina'rista] M seminarist
seminu, a [semi'nu(a)] ADJ half-naked
semiótica [se'mjɔtʃika] F semiotics *sg*
semiprecioso, -a [semipre'sjozu, ɔza] ADJ semi-precious
semita [se'mita] ADJ Semitic
semítico, -a [se'mitʃiku, a] ADJ Semitic
semitom [semi'tõ] M (*Mús*) semitone
sem-lar M/F INV homeless person
sem-número M: **um ~ de coisas** loads of things
semolina [semo'lina] F semolina
sem-par ADJ INV unequalled, unique
sempre ['sẽpri] ADV always; **você ~ vai?** (*PT*) are you still going?; **~ que** whenever; **como ~** as usual; **a comida/hora** *etc* **de ~** the usual food/time *etc*; **a mesma história de ~** the same old story; **para ~** forever; **para todo o ~** for ever and ever; **quase ~** nearly always
sem-sal ADJ INV insipid
sem-terra ADJ INV landless ▶ M/F INV landless labourer (*BRIT*) *ou* laborer (*US*)
sem-teto ADJ INV homeless ▶ M/F INV homeless person; **os ~** the homeless
sem-vergonha ADJ INV shameless ▶ M/F INV (*pessoa*) rogue
Sena ['sɛna] M: **o ~** the Seine
Senac [se'naki] (*BR*) ABR M = **Serviço Nacional de Aprendizagem Comercial**
senado [se'nadu] M senate
senador, a [sena'dor(a)] M/F senator
Senai [se'naj] (*BR*) ABR M = **Serviço Nacional de Aprendizagem Industrial**
senão [se'nãw] CONJ (*do contrário*) otherwise; (*mas sim*) but, but rather ▶ PREP (*exceto*) except ▶ M (*pl* **-ões**) flaw, defect; **~ quando** suddenly
Senav [se'navi] (*BR*) ABR F = **Superintendência Estadual de Navegação**
senda ['sẽda] F path
Senegal [sene'gaw] M: **o ~** Senegal
senha ['sɛɲa] F (*sinal*) sign; (*palavra de passe, Comput*) password; (*de caixa eletrônico*) PIN number; (*recibo*) receipt; (*bilhete*) ticket, voucher; (*passe*) pass
senhor, a [se'ɲor(a)] M (*homem*) man; (*formal*) gentleman; (*homem idoso*) elderly man; (*Rel*) lord; (*dono*) owner; (*tratamento*) Mr(.); (*tratamento respeitoso*) sir ▶ F (*mulher*) lady; (*esposa*) wife; (*mulher idosa*) elderly lady; (*dona*) owner; (*tratamento*) Mrs(.), Ms(.); (*tratamento respeitoso*) madam ▶ ADJ marvellous (*BRIT*), marvelous (*US*); **uma -a gripe** a bad case of flu; **o ~/a ~a** (*você*) you; **nossa ~a!** (*col*) gosh; **sim, ~(a)!** yes indeed; **estar ~ de si** to be cool *ou* collected; **estar ~ da situação** to be in control of the situation; **ser ~ do seu nariz** to be one's own boss; **~ de engenho** plantation owner
senhoria [seɲo'ria] F (*proprietária*) landlady; **Vossa S~** (*em cartas*) you
senhoril [seɲo'riw] (*pl* **-is**) ADJ (*roupa etc*) gentlemen's/ladies'; (*distinto*) lordly
senhorio [seɲo'riu] M (*proprietário*) landlord; (*posse*) ownership
senhoris [seɲo'ris] ADJ PL *de* **senhoril**
senhorita [seɲo'rita] F young lady; (*tratamento*) Miss, Ms(.); **a ~** (*você*) you
senil [se'niw] (*pl* **-is**) ADJ senile
senilidade [senili'dadʒi] F senility
senilizar [senili'zar] VT to age
senis [se'nis] ADJ PL *de* **senil**
senões [se'nõjs] MPL *de* **senão**
sensação [sẽsa'sãw] (*pl* **-ões**) F sensation; **a ~ de que/uma ~ de** the feeling that/a feeling of; **causar ~** to cause a sensation
sensacional [sẽsasjo'naw] (*pl* **-ais**) ADJ sensational
sensacionalismo [sẽsasjona'lizmu] M sensationalism
sensacionalista [sẽsasjona'lista] ADJ sensationalist
sensações [sẽsa'sõjs] FPL *de* **sensação**
sensatez [sẽsa'tez] F good sense
sensato, -a [sẽ'satu, a] ADJ sensible
sensibilidade [sẽsibili'dadʒi] F sensitivity; (*artística*) sensibility; (*física*) feeling; **estou com muita ~ neste dedo** this finger is very sensitive
sensibilizar [sẽsibili'zar] VT to touch, move; (*opinião pública*) to influence; **sensibilizar-se** VR to be moved
sensitivo, -a [sẽsi'tʃivu, a] ADJ sensory; (*pessoa*) sensitive
sensível [sẽ'sivew] (*pl* **-eis**) ADJ sensitive; (*visível*) noticeable; (*considerável*) considerable; (*dolorido*) tender
sensivelmente [sẽsivew'mẽtʃi] ADV perceptibly, markedly
senso ['sẽsu] M sense; (*juízo*) judgement; **~ comum** *ou* **bom ~** common sense; **~ de humor/responsabilidade** sense of humour (*BRIT*) *ou* humor (*US*)/responsibility
sensorial [sẽso'rjaw] (*pl* **-ais**) ADJ sensory
sensual [sẽ'swaw] (*pl* **-ais**) ADJ sensual, sensuous; (*voz, pessoa, pose*) sexy
sensualidade [sẽswali'dadʒi] F sensuality, sensuousness
sentado, -a [sẽ'tadu, a] ADJ sitting; (*almoço*) sit-down
sentar [sẽ'tar] VT to seat ▶ VI to sit; **sentar-se** VR to sit down
sentença [sẽ'tẽsa] F (*Jur*) sentence; **~ de morte** death sentence
sentenciar [sẽtẽ'sjar] VT (*julgar*) to pass judgement on; (*condenar por sentença*) to sentence ▶ VI to pass judgement; to pass sentence
sentidamente [sẽtʃida'mẽtʃi] ADV (*chorar*)

bitterly; *(desculpar-se)* abjectly

sentido, -a [sẽ'tʃidu, a] ADJ *(magoado)* hurt; *(choro, queixa)* heartfelt ▶ M sense; *(significação)* sense, meaning; *(direção)* direction; *(atenção)* attention; *(aspecto)* respect; **~!** *(Mil)* attention!; **em certo ~** in a sense; **sem ~** meaningless; **fazer ~** to make sense; **perder/recobrar os ~s** to lose/recover consciousness; **(não) ter ~** (not) to be acceptable; **~ figurado** figurative sense; **"~ único"** (PT: *sinal*) "one-way"

sentimental [sẽtʃimẽ'taw] *(pl* **-ais**) ADJ sentimental; **aventura ~** romance; **vida ~** love life

sentimentalismo [sẽtʃimẽta'lizmu] M sentimentality

sentimento [sẽtʃi'mẽtu] M feeling; *(senso)* sense; **sentimentos** MPL *(pêsames)* condolences; **fazer algo com ~** to do sth with feeling; **ter bons ~s** to be good-natured

sentinela [sẽtʃi'nɛla] F sentry, guard; **estar de ~** to be on guard duty; **render ~** to relieve the guard

sentir [sẽ'tʃir] VT to feel; *(perceber, pressentir)* to sense; *(ser afetado por)* to be affected by; *(magoar-se)* to be upset by ▶ VI to feel; *(sofrer)* to suffer; **sentir-se** VR to feel; *(julgar-se)* to consider o.s. (to be); **~ (a) falta de** to miss; **~ cheiro/gosto (de)** to smell/taste; **~ tristeza** to feel sad; **~ vontade de** to feel like; **você sente a diferença?** can you tell the difference?; **sinto muito** I am very sorry

senzala [sẽ'zala] F slave quarters *pl*

separação [separa'sãw] *(pl* **-ões**) F separation

separado, -a [sepa'radu, a] ADJ separate; *(casal)* separated; **em ~** separately, apart

separar [sepa'rar] VT to separate; *(dividir)* to divide; *(pôr de lado)* to put aside; **separar-se** VR to separate; to be divided; **~-se de** to separate from

separata [sepa'rata] F offprint

separatismo [separa'tʃizmu] M separatism

séptico, -a ['sɛptʃiku, a] ADJ septic

septuagésimo, -a [septwa'ʒɛzimu, a] NUM seventieth; *ver tb* **quinto**

sepulcro [se'puwkru] M tomb

sepultamento [sepuwta'mẽtu] M burial

sepultar [sepuw'tar] VT to bury; *(esconder)* to hide, conceal; *(segredo)* to keep quiet

sepultura [sepuw'tura] F grave, tomb

sequei *etc* [se'kej] VB *ver* **secar**

sequela [se'kwɛla] F sequel; *(consequência)* consequence; *(Med)* after-effect

sequência [se'kwẽsja] F sequence

sequencial [sekwẽ'sjaw] *(pl* **-ais**) ADJ *(Comput)* sequential

sequer [se'kɛr] ADV at least; **(nem) ~** not even

sequestrador, a [sekwestra'dor(a)] M/F *(raptor)* kidnapper; *(de avião etc)* hijacker

sequestrar [sekwes'trar] VT *(bens)* to seize, confiscate; *(raptar)* to kidnap; *(avião etc)* to hijack

sequestro [se'kwɛstru] M seizure; *(rapto)* abduction, kidnapping; *(de avião etc)* hijack

sequidão [seki'dãw] F dryness; *(de pessoa)* coldness

sequioso, -a [se'kjozu, ɔza] ADJ *(sedento)* thirsty; *(fig: desejoso)* eager

séquito ['sɛkitu] M retinue

PALAVRA-CHAVE

ser [ser] VI **1** *(descrição)* to be; **ela é médica/muito alta** she's a doctor/very tall; **é Ana** (Tel) Ana speaking *ou* here; **ela é de uma bondade incrível** she's incredibly kind; **ele está é danado** he's really angry; **ser de mentir/briga** to be the sort to lie/fight
2 *(horas, datas, números)*: **é uma hora** it's one o'clock; **são seis e meia** it's half past six; **é dia 1º de junho** it's the first of June; **somos/são seis** there are six of us/them
3 *(origem, material)*: **ser de** to be *ou* come from; *(feito de)* to be made of; *(pertencer)* to belong to; **sua família é da Bahia** his (*ou* her *etc*) family is from Bahia; **a mesa é de mármore** the table is made of marble; **é de Pedro** it's Pedro's, it belongs to Pedro
4 *(em orações passivas)*: **já foi descoberto** it had already been discovered
5 *(locuções com subjun)*: **ou seja** that is to say; **seja quem for** whoever it may be; **se eu fosse você** if I were you; **se não fosse você, ...** if it hadn't been for you ...
6 *(locuções)*: **a não ser** except; **a não ser que** unless; **é** *(resposta afirmativa)* yes; **..., não é?** isn't it?, don't you? *etc*; **ah, é?** really?; **que foi?** *(o que aconteceu?)* what happened?; *(qual é o problema?)* what's the problem?; **será que ...?** I wonder if ...?
▶ M being

seres MPL *(criaturas)* creatures

serão [se'rãw] *(pl* **-ões**) M *(trabalho noturno)* night work; *(horas extraordinárias)* overtime; **fazer ~** to work late; *(dormir tarde)* to go to bed late

sereia [se'reja] F mermaid

serelepe [sere'lɛpi] ADJ frisky

serenar [sere'nar] VT to calm ▶ VI *(pessoa)* to calm down; *(mar)* to grow calm; *(dor)* to subside

serenata [sere'nata] F serenade

serenidade [sereni'dadʒi] F serenity, tranquillity

sereno, -a [se'rɛnu, a] ADJ calm; *(olhar)* serene; *(tempo)* fine, clear ▶ M *(relento)* damp night air; **no ~** in the open

seresta [se'rɛsta] F serenade

SERFA (BR) ABR M = **Serviço de Fiscalização Agrícola**

sergipano, -a [serʒi'panu, a] ADJ from Sergipe ▶ M/F person from Sergipe

seriado, -a [se'rjadu, a] ADJ *(número)* serial; *(publicação, filme)* serialized

serial [se'rjaw] *(pl* **-ais**) ADJ *(Comput)* serial

série ['sɛri] F series; (*sequência*) sequence, succession; (*Educ*) grade; (*categoria*) category; **fora de ~** out of order; (*fig*) extraordinary; **fabricar em ~** to mass-produce

seriedade [serje'dadʒi] F seriousness; (*honestidade*) honesty

seringa [se'rĩga] F syringe

seringal [serĩ'gaw] (*pl* **-ais**) M rubber plantation

seringalista [serĩga'lista] M rubber plantation owner

seringueira [serĩ'gejra] F rubber tree; *ver tb* **seringueiro**

seringueiro, -a [serĩ'gejru, a] M/F rubber tapper

sério, -a ['sɛrju, a] ADJ serious; (*honesto*) honest, decent; (*responsável*) responsible; (*confiável*) reliable; (*roupa*) sober ▶ ADV seriously; **a ~** seriously; **falando ~ ...** seriously ...; **~?** really?

sermão [ser'mãw] (*pl* **-ões**) M sermon; (*fig*) telling-off; **levar um ~ de alguém** to get a telling-off from sb; **passar um ~ em alguém** to give sb a telling-off

serões [se'rõjs] MPL *de* **serão**

serpeante [ser'pjãtʃi] ADJ wriggling; (*fig: caminho, rio*) winding, meandering

serpear [ser'pjar] VI (*como serpente*) to wriggle; (*fig: caminho, rio*) to wind, meander

serpente [ser'pẽtʃi] F snake; (*pessoa*) snake in the grass

serpentear [serpẽ'tʃjar] VI = **serpear**

serpentina [serpẽ'tʃina] F (*conduto*) coil; (*fita de papel*) streamer

serra ['sɛha] F (*montanhas*) mountains pl; (*Tec*) saw; **~ circular** circular saw; **~ de arco** hacksaw; **~ de cadeia** chain saw; **~ tico-tico** fret saw

serrado, -a [se'hadu, a] ADJ serrated

serragem [se'haʒẽ] F (*pó*) sawdust

Serra Leoa F Sierra Leone

serralheiro, -a [seha'ʎejru, a] M/F locksmith

serrania [seha'nia] F mountain range

serrano, -a [se'hanu, a] ADJ highland *atr* ▶ M/F highlander

serrar [se'har] VT to saw

serraria [seha'ria] F sawmill

serrote [se'hɔtʃi] M handsaw

sertanejo, -a [serta'neʒu, a] ADJ rustic, country ▶ M/F inhabitant of the *sertão*

sertão [ser'tãw] (*pl* **-ões**) M backwoods pl, bush (country)

servente [ser'vẽtʃi] M/F (*criado*) servant; (*operário*) labourer (BRIT), laborer (US); **~ de pedreiro** bricklayer's mate

serventuário, -a [servẽ'twarju, a] M/F (*Jur*) legal official

serviçal [servi'saw] (*pl* **-ais**) ADJ obliging, helpful ▶ M/F (*criado*) servant; (*trabalhador*) wage earner

serviço [ser'visu] M service; (*de chá etc*) set; **o ~** (*emprego*) work; **um ~** (*trabalho*) a job; **não brincar em ~** not to waste time; **dar o ~** (*col: confessar*) to blab; **estar de ~** to be on duty; **matar o ~** to cut corners; **prestar ~** to help; **~ doméstico** housework; **~ ativo** (*Mil*) active duty; **~ de informações** (*Mil*) intelligence service; **~ militar** military service; **S~ Nacional de Saúde** National Health Service; **S~ Público** Civil Service; **~s públicos** public utilities

servidão [servi'dãw] F servitude, serfdom; (*Jur: de passagem*) right of way

servidor, a [servi'dor(a)] M/F (*criado*) servant; (*funcionário*) employee ▶ M (*Comput*) server; **~ público** civil servant

servil [ser'viw] (*pl* **-is**) ADJ servile

servir [ser'vir] VT to serve ▶ VI to serve; (*ser útil*) to be useful; (*ajudar*) to help; (*roupa: caber*) to fit; **servir-se** VR: **~-se (de)** (*comida, café*) to help o.s. (to); **~-se de** (*meios*) to use, make use of; **~ de** (*prover*) to supply with, provide with; **você está servido?** (*num bar*) are you all right for a drink?; **~ de algo** to serve as sth; **para que serve isto?** what is this for?; **ele não serve para trabalhar aqui** he's not suitable to work here; **qualquer ônibus serve** any bus will do

servis [ser'vis] ADJ PL *de* **servil**

servível [ser'vivew] (*pl* **-eis**) ADJ serviceable; (*roupa*) wearable

servo, -a ['sɛrvu, a] M/F (*feudal*) serf; (*criado*) servant

servo-croata [sɛrvu'krwata] M (*Ling*) Serbo-Croat

Sesc ['sɛski] (BR) ABR M = **Serviço Social do Comércio**

Sesi [sɛ'zi] (BR) ABR M = **Serviço Social da Indústria**

sessão [se'sãw] (*pl* **-ões**) F (*do parlamento etc*) session; (*reunião*) meeting; (*de cinema*) showing; **primeira/segunda ~** first/second show; **~ coruja** late show; **~ da tarde** matinée

sessenta [se'sẽta] NUM sixty; *ver tb* **cinquenta**

sessões [se'sõjs] FPL *de* **sessão**

sesta ['sɛsta] F siesta, nap

set ['sɛtʃi] M (*Tênis*) set

set. ABR (= *setembro*) Sept.

seta ['sɛta] F arrow

sete ['sɛtʃi] NUM seven; **pintar o ~** (*fig*) to get up to all sorts; *ver tb* **cinco**

setecentos, -as [sete'sɛtus, as] NUM seven hundred

setembro [se'tẽbru] M September; *ver tb* **julho**

> **7 de setembro** (7 September) is a national holiday in Brazil commemorating its independence from Portugal. Independence was declared in 1822 by the Portuguese prince regent, Dom Pedro, who rebelled against several orders from the Portuguese crown, among them the order to swear loyalty to the Portuguese constitution. Celebrations include processions and military parades through the main cities.

setenta [se'tẽta] NUM seventy; *ver tb* **cinquenta**
setentrional [setẽtrjo'naw] (*pl* **-ais**) ADJ northern
sétima ['sɛtʃima] F (*Mús*) seventh
sétimo, -a ['sɛtʃimu, a] NUM seventh; *ver tb* **quinto**
setor [se'tor] M sector
seu, sua [sew, 'sua] ADJ (*dele*) his; (*dela*) her; (*de coisa*) its; (*deles, delas*) their; (*de você, vocês*) your ▸ PRON (*dele*) his; (*dela*) hers; (*deles, delas*) theirs; (*de você, vocês*) yours ▸ M (*senhor*) Mr(.); **um homem de ~s 60 anos** a man of about sixty; **~ idiota!** you idiot!
Seul [se'uw] N Seoul
severidade [severi'dadʒi] F severity, harshness
severo, -a [se'vɛru, a] ADJ severe, harsh
seviciar [sevi'sjar] VT to ill-treat; (*mulher, criança*) to batter
sevícias [se'visjas] FPL (*maus tratos*) ill treatment *sg*; (*desumanidade*) inhumanity *sg*, cruelty *sg*
Sevilha [se'viʎa] N Seville
sex. ABR (= *sexta-feira*) Fri
sexagésimo, -a [seksa'ʒɛzimu, a] NUM sixtieth; *ver tb* **quinto**
sexo ['sɛksu] M sex; **de ~ feminino/masculino** female/male
sexta ['sesta] F (*tb*: **sexta-feira**) Friday; (*Mús*) sixth
sexta-feira (*pl* **sextas-feiras**) F Friday; **S~ Santa** Good Friday; *ver tb* **terça-feira**
sexto, -a ['sestu, a] NUM sixth; *ver tb* **quinto**
sexual [se'kswaw] (*pl* **-ais**) ADJ sexual; (*vida, ato*) sex *atr*
sexualidade [sekswali'dadʒi] F sexuality
sexy ['sɛksi] (*pl* **-s**) ADJ sexy
Seychelles [sej'ʃɛlis] F *ou* FPL: **a(s) ~** the Seychelles
sezão [se'zãw] (*pl* **-ões**) F (*febre*) (intermittent) fever; (*malária*) malaria
s.f.f. (PT) ABR = **se faz favor**
SFH (BR) ABR M = **Sistema Financeiro de Habitação**
shopping center ['ʃɔpĩŋ'sẽter] M shopping centre (BRIT), (shopping) mall (US)
short ['ʃɔrtʃi] M (pair of) shorts *pl*
show [ʃow] (*pl* **-s**) M show; (*de cantor, conjunto*) concert, gig; **dar um ~** (*fig*) to put on a real show; (*dar escândalo*) to make a scene; **ser um ~** (*col*) to be a sensation
showroom [ʃow'rũ] (*pl* **-s**) M showroom
si [si] PRON oneself; (*ele*) himself; (*ela*) herself; (*coisa*) itself; (PT: *vocês*) yourself, you; (: *vocês*) yourselves; (*eles, elas*) themselves; **em si** in itself; **fora de si** beside oneself; **cheio de si** full of oneself; **voltar a si** to come round
siamês, -esa [sja'mes, eza] ADJ/M/F Siamese
Sibéria [si'bɛrja] F: **a ~** Siberia
sibilar [sibi'lar] VI to hiss
sicário [si'karju] M hired assassin
Sicília [si'silja] F: **a ~** Sicily

sicrano [si'kranu] M: **fulano e ~** so-and-so
SIDA ['sida] (PT) ABR F (= *síndrome de deficiência imunológica adquirida*) AIDS
siderúrgica [side'rurʒika] F steel industry
siderúrgico, -a [side'rurʒiku, a] ADJ iron and steel *atr*; **(usina) siderúrgica** steelworks *sg*
sidra ['sidra] F cider
SIF (BR) ABR M = **Serviço de Inspeção Federal**
sifão [si'fãw] (*pl* **-ões**) M syphon
sífilis ['sifilis] F syphilis
sifões [si'fõjs] MPL *de* **sifão**
sigilo [si'ʒilu] M secrecy; **guardar ~ sobre algo** to keep quiet about sth
sigiloso, -a [siʒi'lozu, ɔza] ADJ secret
sigla ['sigla] F acronym; (*abreviação*) abbreviation
signatário, -a [signa'tarju, a] M/F signatory
significação [signifika'sãw] F significance
significado [signifi'kadu] M meaning
significante [signifi'kãtʃi] ADJ significant
significar [signifi'kar] VT to mean, signify
significativo, -a [signifika'tʃivu, a] ADJ significant
signo ['signu] M sign; **~ do zodíaco** sign of the zodiac, star sign
sigo *etc* ['sigu] VB *ver* **seguir**
sílaba ['silaba] F syllable
silenciar [silẽ'sjar] VT (*pessoa*) to silence; (*escândalo*) to hush up ▸ VI to remain silent
silêncio [si'lẽsju] M silence, quiet; **~!** silence!; **ficar em ~** to remain silent
silencioso, -a [silẽ'sjozu, ɔza] ADJ silent, quiet ▸ M (*Auto*) silencer (BRIT), muffler (US)
silhueta [si'ʎweta] F silhouette
silício [si'lisju] M silicon; **plaqueta de ~** silicon chip
silicone [sili'kɔni] M silicone
silo ['silu] M silo
silvar [siw'var] VI to hiss; (*assobiar*) to whistle
silvestre [siw'vɛstri] ADJ wild
silvícola [siw'vikola] ADJ wild
silvicultura [siwvikuw'tura] F forestry
sim [sĩ] ADV yes; **creio que ~** I think so; **isso ~** that's it!; **pelo ~, pelo não** just in case; **dar** *ou* **dizer o ~** to consent, say yes
simbólico, -a [sĩ'bɔliku, a] ADJ symbolic
simbolismo [sĩbo'lizmu] M symbolism
simbolizar [sĩboli'zar] VT to symbolise
símbolo ['sĩbolu] M symbol
simetria [sime'tria] F symmetry
simétrico, -a [si'mɛtriku, a] ADJ symmetrical
similar [simi'lar] ADJ similar
similaridade [similari'dadʒi] F similarity
símile ['simili] M simile
similitude [simili'tudʒi] F similarity
simpatia [sĩpa'tʃia] F (*por alguém, algo*) liking; (*afeto*) affection; (*afinidade, solidariedade*) sympathy; **simpatias** FPL (*inclinações*) sympathies; **com ~** sympathetically; **ser uma ~** to be very nice; **ter** *ou* **sentir ~ por** to like
simpático, -a [sĩ'patʃiku, a] ADJ (*pessoa, decoração etc*) nice; (*lugar*) pleasant, nice;

(*amável*) kind ▶ M (*Anat*) nervous system; **ser ~ a** to be sympathetic to
simpatizante [sĩpatʃi'zãtʃi] ADJ sympathetic ▶ M/F sympathizer
simpatizar [sĩpatʃi'zar] VI: **~ com** (*pessoa*) to like; (*causa*) to sympathize with
simples ['sĩplis] ADJ INV simple; (*único*) single; (*fácil*) easy; (*mero*) mere; (*ingênuo*) naïve ▶ ADV simply
simplicidade [sĩplisi'dadʒi] F simplicity; (*ingenuidade*) naïvety; (*modéstia*) plainness; (*naturalidade*) naturalness
simplicíssimo, -a [sĩpli'sisimu, a] ADJ SUPERL *de* **simples**
simplificação [sĩplifika'sãw] (*pl* **-ões**) F simplification
simplificar [sĩplifi'kar] VT to simplify
simplíssimo, -a [sĩ'plisimu, a] ADJ SUPERL *de* **simples**
simplista [sĩ'plista] ADJ simplistic
simplório, -a [sĩ'plɔrju, a] ADJ simple ▶ M/F simple person
simpósio [sĩ'pɔzju] M symposium
simulação [simula'sãw] (*pl* **-ões**) F simulation; (*fingimento*) pretence (BRIT), pretense (US), sham
simulacro [simu'lakru] M (*imitação*) imitation; (*fingimento*) pretence (BRIT), pretense (US)
simulado, -a [simu'ladu, a] ADJ simulated
simular [simu'lar] VT to simulate
simultaneamente [simuwtanja'mẽtʃi] ADV simultaneously
simultâneo, -a [simuw'tanju, a] ADJ simultaneous
sina ['sina] F fate, destiny
sinagoga [sina'gɔga] F synagogue
Sinai [sina'i] M Sinai
sinal [si'naw] (*pl* **-ais**) M (*ger*) sign; (*gesto, Tel*) signal; (*na pele*) mole; (: *de nascença*) birthmark; (*depósito*) deposit; (*tb*: **sinal de tráfego luminoso**) traffic light; **~ rodoviário** road sign; **dar de ~** to give as a deposit; **em ~ de** (*fig*) as a sign of; **por ~** (*por falar nisso*) by the way; (*aliás*) as a matter of fact; **avançar o ~** (*Auto*) to jump the lights; (*fig*) to jump the gun; **dar ~ de vida** to show up; **fazer ~** to signal; **~ da cruz** sign of the cross; **~ de alarma** alarm; **~ de chamada** (*Tel*) ringing tone; **~ de discar** (BR) *ou* **de marcar** (PT) dialling tone (BRIT), dial tone (US); **~ de ocupado** (BR) *ou* **de impedido** (PT) engaged tone (BRIT), busy signal (US); **~ de mais/menos** (*Mat*) plus/minus sign; **~ de perigo** danger signal; **~ de pontuação** punctuation mark; **~ verde** *ou* **aberto/vermelho** *ou* **fechado** green/red light
sinaleiro [sina'lejru] M (*Ferro*) signalman; (*aparelho*) traffic lights *pl*
sinalização [sinaliza'sãw] F (*ato*) signalling; (*para motoristas*) traffic signs *pl*; (*Ferro*) signals *pl*
sinalizar [sinali'zar] VI to signal

sinceridade [sĩseri'dadʒi] F sincerity
sincero, -a [sĩ'sɛru, a] ADJ sincere; (*opinião, confissão*) honest
sincopado, -a [sĩko'padu, a] ADJ (*Mús*) syncopated
síncope ['sĩkopi] F fainting fit
sincronizar [sĩkroni'zar] VT to synchronize
sindical [sĩdʒi'kaw] (*pl* **-ais**) ADJ (trade) union *atr*
sindicalismo [sĩdʒika'lizmu] M trade unionism
sindicalista [sĩdʒika'lista] M/F trade unionist
sindicalizar [sĩdʒikali'zar] VT to unionize; **sindicalizar-se** VR to become unionized
sindicância [sĩdʒi'kãsja] F inquiry, investigation
sindicato [sĩdʒi'katu] M (*de trabalhadores*) trade union; (*financeiro*) syndicate
síndico, -a ['sĩdʒiku, a] M/F (*de condomínio*) manager; (*de massa falida*) receiver
síndrome ['sĩdromi] F syndrome; **~ de Down** Down's syndrome; **~ de deficiência imunológica adquirida** acquired immune deficiency syndrome
SINE (BR) ABR M = **Sistema Nacional de Empregos**
sinecura [sine'kura] F sinecure
sineta [si'neta] F bell
sinfonia [sĩfo'nia] F symphony
sinfônica [sĩ'fonika] F (*tb*: **orquestra sinfônica**) symphony orchestra
sinfônico, -a [sĩ'foniku, a] ADJ symphonic
singeleza [sĩʒe'leza] F simplicity
singelo, -a [sĩ'ʒelu, a] ADJ simple
singular [sĩgu'lar] ADJ singular; (*extraordinário*) exceptional; (*bizarro*) odd, peculiar
singularidade [sĩgulari'dadʒi] F peculiarity
singularizar [sĩgulari'zar] VT (*distinguir*) to single out; **singularizar-se** VR to stand out, distinguish o.s.
sinistrado, -a [sinis'tradu, a] ADJ damaged
sinistro, -a [si'nistru, a] ADJ sinister ▶ M disaster, accident; (*prejuízo*) damage
sino ['sinu] M bell
sinônimo, -a [si'nonimu, a] ADJ synonymous ▶ M synonym
sinopse [si'nɔpsi] F synopsis
sintático, -a [sĩ'tatʃiku, a] ADJ syntactic
sintaxe [sĩ'tasi] F syntax
síntese ['sĩtezi] F synthesis; **em ~** in short
sintético, -a [sĩ'tɛtʃiku, a] ADJ synthetic; (*resumido*) brief
sintetizar [sĩtetʃi'zar] VT to synthesize; (*resumir*) to summarize
sinto *etc* ['sĩtu] VB *ver* **sentir**
sintoma [sĩ'tɔma] M symptom
sintomático, -a [sĩto'matʃiku, a] ADJ symptomatic
sintonizador [sĩtoniza'dor] M tuner
sintonizar [sĩtoni'zar] VT (*Rádio*) to tune ▶ VI to tune in; **~ (com)** (*pessoa*) to get on (with); (*opinião*) to coincide (with)
sinuca [si'nuka] F snooker; (*mesa*) snooker table; **estar numa ~** (*col*) to be snookered

sinuoso, -a [si'nwozu, ɔza] ADJ (*caminho*) winding; (*linha*) wavy
sinusite [sinu'zitʃi] F sinusitis
sionismo [sjo'nizmu] M Zionism
sionista [sjo'nista] ADJ, M/F Zionist
sirena [si'rɛna] F siren
sirene [si'rɛni] F = **sirena**
siri [si'ri] M crab; **casquinha de ~** (*Culin*) crab au gratin
Síria ['sirja] F: **a ~** Syria
sirigaita [siri'gajta] (*col*) F floozy
sírio, -a ['sirju, a] ADJ, M/F Syrian
sirvo *etc* ['sirvu] VB *ver* **servir**
sísmico, -a ['sizmiku, a] ADJ seismic
sismógrafo [siz'mɔgrafu] M seismograph
siso ['sizu] M good sense; **dente de ~** wisdom tooth
sistema [sis'tɛma] M system; (*método*) method; **~ imunológico** immune system; **~ operacional** (*Comput*) operating system; **~ solar** solar system
sistemático, -a [siste'matʃiku, a] ADJ systematic
sistematizar [sistematʃi'zar] VT to systematize
sisudo, -a [si'zudu, a] ADJ serious, sober
site ['sajtʃi] M (*na Internet*) website; **~ de relacionamentos** social networking site
sitiar [si'tʃjar] VT to besiege
sítio ['sitʃju] M (*Mil*) siege; (*propriedade rural*) small farm; (*PT: lugar*) place; **estado de ~** state of siege
situação [sitwa'sãw] (*pl* **-ões**) F situation; (*posição*) position; (*social*) standing
situado, -a [si'twadu, a] ADJ situated; **estar** *ou* **ficar ~** to be situated
situar [si'twar] VT (*pôr*) to place, put; (*edifício*) to situate, locate; **situar-se** VR (*pôr-se*) to position o.s.; (*estar situado*) to be situated
SL ABR = **sobreloja**
sl ABR = **SL**
slogan [iz'lɔgã] (*pl* **-s**) M slogan
smoking [iz'mokĩs] (*pl* **-s**) M dinner jacket (BRIT), tuxedo (US)
SMTU (BR) ABR F = **Superintendência Municipal de Transportes Urbanos**
SNI (BR) ABR M (*antes:* = *Serviço Nacional de Informações*) state intelligence service
só [sɔ] ADJ alone; (*único*) single; (*solitário*) solitary ▶ ADV only; **um só** only one; **a sós** alone; **por si só** by himself (*ou* herself, itself); **é só!** that's all!; **é só discar** all you have to do is dial; **veja/imagine só** just look/imagine; **não só ... mas também ...** not only ... but also ...; **que** *ou* **como só ele** *etc* like nobody else; **só isso?** is that all?
soalho ['swaʎu] M = **assoalho**
soar [swar] VI to sound; (*cantar*) to sing; (*sinos, clarins*) to ring; (*apito*) to blow; (*boato*) to go round ▶ VT (*horas*) to strike; (*instrumento*) to play; **~ a** to sound like; **~ bem/mal** (*fig*) to go down well/badly
sob [sob] PREP under; **~ emenda** subject to correction; **~ juramento** on oath; **~ medida** (*roupa*) made to measure; (*software*) bespoke; **~ minha palavra** on my word; **~ pena de** on pain of
sobe *etc* ['sɔbi] VB *ver* **subir**
sobejar [sobe'ʒar] VI (*superabundar*) to abound; (*restar*) to be left over
sobejos [so'beʒus] MPL remains, leftovers
soberania [sobera'nia] F sovereignty
soberano, -a [sobe'ranu, a] ADJ sovereign; (*fig: supremo*) supreme; (*: altivo*) haughty ▶ M/F sovereign
soberba [so'bɛrba] F haughtiness, arrogance
soberbo, -a [so'bɛrbu, a] ADJ (*arrogante*) haughty, arrogant; (*magnífico*) magnificent, splendid
sobra ['sɔbra] F surplus, remnant; **sobras** FPL remains; (*de tecido*) remnants; (*de comida*) leftovers; **ter algo de ~** to have sth extra; (*tempo, comida, motivos*) to have plenty of sth; **ficar de ~** to be left over
sobraçar [sobra'sar] VT (*levar debaixo do braço*) to carry under one's arm; (*meter debaixo do braço*) to put under one's arm
sobrado [so'bradu] M (*andar*) floor; (*casa*) house (*of two or more storeys*)
sobranceiro, -a [sobrã'sejru, a] ADJ (*que está acima de*) lofty, towering; (*proeminente*) prominent; (*arrogante*) haughty, arrogant
sobrancelha [sobrã'seʎa] F eyebrow
sobrar [so'brar] VI to be left; (*dúvidas*) to remain; **ficar sobrando** (*pessoa*) to be left out; (*: não ter parceiro*) to be the odd one out; **sobram-me cinco** I have five left; **isto dá e sobra** this is more than enough
sobre ['sobri] PREP on; (*por cima de*) over; (*acima de*) above; (*a respeito de*) about; **ser meio ~ o chato** (*col*) to be a bit boring
sobreaviso [sobrja'vizu] M warning; **estar de ~** to be alert, be on one's guard
sobrecapa [sobri'kapa] F cover
sobrecarga [sobri'karga] F overload
sobrecarregar [sobrikahe'gar] VT to overload
sobre-estimar [sobrjestʃi'mar] VT to overestimate
sobre-humano, -a ADJ superhuman
sobrejacente [sobriʒa'sẽtʃi] ADJ: **~ a** over
sobreloja [sobri'lɔʒa] F mezzanine (*floor*)
sobremaneira [sobrema'nejra] ADV exceedingly
sobremesa [sobri'meza] F dessert
sobremodo [sobri'mɔdu] ADV exceedingly
sobrenatural [sobrinatu'raw] (*pl* **-ais**) ADJ supernatural; (*esforço*) superhuman ▶ M: **o ~** the supernatural
sobrenome [sobri'nɔmi] (BR) M surname, family name
sobrepairar [sobripaj'rar] VI: **~ a** to hover above; (*crise*) to rise above
sobrepor [sobri'por] (*irreg: como* **pôr**) VT: **~ algo a algo** (*pôr em cima*) to put sth on top of sth; (*adicionar*) to add sth to sth; (*dar preferência*) to put sth before sth; **sobrepor-se** VR: **~-se a** (*pôr-se sobre*) to cover, go on top of; (*sobrevir*) to succeed

sobrepujar [sobripu'ʒar] VT (*exceder em altura*) to rise above; (*superar*) to surpass; (*obstáculos, perigos*) to overcome; (*inimigo*) to overwhelm
sobrepunha *etc* [sobri'puɲa] VB *ver* **sobrepor**
sobrepus *etc* [sobri'pujs] VB *ver* **sobrepor**
sobrepuser *etc* [sobripu'zer] VB *ver* **sobrepor**
sobrescritar [sobreskri'tar] VT to address
sobrescrito [sobres'kritu] M address
sobressair [sobrisa'ir] VI to stand out; **sobressair-se** VR to stand out
sobressalente [sobrisa'lẽtʃi] ADJ, M spare
sobressaltado, -a [sobrisaw'tadu, a] ADJ: **viver ~** to live in fear; **acordar ~** to wake up with a start
sobressaltar [sobrisaw'tar] VT to startle, frighten; **sobressaltar-se** VR to be startled
sobressalto [sobri'sawtu] M (*movimento brusco*) start; (*temor*) trepidation; **de ~** suddenly; **o seu ~ com aquele estrondo/aquela notícia** his fright at that noise/his shock at that news; **ter um ~** to get a fright
sobretaxa [sobri'taʃa] F surcharge
sobretudo [sobri'tudu] M overcoat ▶ ADV above all, especially
sobrevir [sobri'vir] (*irreg: como* **vir**) VI to occur, arise; **~ a** (*seguir*) to follow (on from); **sobreveio-lhe uma doença** he was struck down by illness
sobrevivência [sobrivi'vẽsja] F survival
sobrevivente [sobrivi'vẽtʃi] ADJ surviving ▶ M/F survivor
sobreviver [sobrivi'ver] VI: **~ (a)** to survive
sobrevoar [sobrivo'ar] VT, VI to fly over
sobriedade [sobrje'dadʒi] F soberness; (*comedimento*) moderation, restraint
sobrinho, -a [so'briɲu, a] M/F nephew/niece
sóbrio, -a ['sɔbrju, a] ADJ sober; (*moderado*) moderate, restrained
socado, -a [so'kadu, a] ADJ (*alho*) crushed; (*escondido*) hidden; (*pessoa*) stout
socador [soka'dor] M crusher; **~ de alho** garlic press
soçaite [so'sajtʃi] (*col*) M high society
socapa [so'kapa] F: **à ~** furtively, on the sly
socar [so'kar] VT (*esmurrar*) to hit, strike; (*calcar*) to crush, pound; (*massa de pão*) to knead
social [so'sjaw] (*pl* **-ais**) ADJ social; (*entrada, elevador*) private; (*camisa*) dress *atr*
socialismo [sosja'lizmu] M socialism
socialista [sosja'lista] ADJ, M/F socialist
socialite [sosja'lajtʃi] M/F socialite
socializar [sosjali'zar] VT to socialize
sociável [so'sjavew] (*pl* **-eis**) ADJ sociable
sociedade [sosje'dadʒi] F society; (*Com: empresa*) company; (: *de sócios*) partnership; (*associação*) association; **~ anônima** limited company (BRIT), incorporated company (US); **~ anônima aberta/fechada** public/private limited company
sócio, -a ['sɔsju, a] M/F (*Com*) partner, associate; (*de clube*) member; **~ comanditário** (*Com*) silent partner

socioeconômico, -a [sɔsjueko'nomiku, a] ADJ socioeconomic
sociolinguística [sosjolĩ'gwistʃika] F sociolinguistics *sg*
sociologia [sosjolo'ʒia] F sociology
sociológico, -a [sosjo'lɔʒiku, a] ADJ sociological
sociólogo, -a [so'sjɔlogu, a] M/F sociologist
sociopolítico, -a [sɔsjupo'litʃiku, a] ADJ socio-political
soco ['soku] M punch; **dar um ~ em** to punch
soçobrar [soso'brar] VT (*afundar*) to sink ▶ VI to sink; (*esperanças*) to founder; **~ em** (*fig: no vício etc*) to sink into
soco-inglês (*pl* **socos-ingleses**) M knuckleduster
socorrer [soko'her] VT (*ajudar*) to help, assist; (*salvar*) to rescue; **socorrer-se** VR: **~-se de** to resort to, have recourse to
socorro [so'kohu] M help, assistance; (*reboque*) breakdown (BRIT) *ou* tow (US) truck; **~!** help!; **ir em ~ de** to come to the aid of; **primeiros ~s** first aid *sg*; **equipe de ~** rescue team
soda ['sɔda] F soda (water); **pedir ~** (*col*) to back off, back down; **~ cáustica** caustic soda
sódio ['sɔdʒju] M sodium
sodomia [sodo'mia] F sodomy
sofá [so'fa] M sofa, settee
sofá-cama (*pl* **sofás-camas**) M sofa-bed
Sófia ['sɔfja] N Sofia
sofisma [so'fizma] M sophism; (*col*) trick
sofismar [sofiz'mar] VT (*fatos*) to twist; (*enganar*) to swindle, cheat
sofisticação [sofistʃika'sãw] F sophistication
sofisticado, -a [sofistʃi'kadu, a] ADJ sophisticated; (*afetado*) pretentious
sofisticar [sofistʃi'kar] VT to refine
sôfrego, -a ['sofregu, a] ADJ (*ávido*) keen; (*impaciente*) impatient; (*no comer*) greedy
sofreguidão [sofregi'dãw] F keenness; (*impaciência*) impatience; (*no comer*) greed
sofrer [so'frer] VT to suffer; (*acidente*) to have; (*aguentar*) to bear, put up with; (*experimentar*) to undergo, experience ▶ VI to suffer; **~ de reumatismo/do fígado** to suffer from rheumatism/with one's liver
sofrido, -a [so'fridu, a] ADJ long-suffering
sofrimento [sofri'mẽtu] M suffering
sofrível [so'frivew] (*pl* **-eis**) ADJ bearable; (*razoável*) reasonable
soft ['softʃi] (*pl* **softs**) M (*Comput*) piece of software, software package
software [sof'twer] (*pl* **softwares**) M (*Comput*) software; **um ~** a piece of software
sogro, -a ['sogru, 'sɔgra] M/F father-in-law/mother-in-law
sóis [sɔjs] MPL *de* **sol**
soja ['sɔʒa] F soya (BRIT), soy (US); **leite de ~** soya *ou* soy milk
sol [sɔw] (*pl* **sóis**) M sun; (*luz*) sunshine, sunlight; **ao** *ou* **no ~** in the sun; **fazer ~** to be sunny; **pegar ~** to get the sun; **tomar (banho de) ~** to sunbathe

sola ['sɔla] F sole
solado, -a [so'ladu, a] ADJ (*bolo*) flat
solão [so'lãw] M very hot sun
solapar [sola'par] VT (*escavar*) to dig into; (*abalar*) to shake; (*fig: arruinar*) to destroy
solar [so'lar] ADJ solar ▶ M manor house ▶ VT (*sapato*) to sole ▶ VI (*bolo*) not to rise; (*cantor, músico*) to sing (*ou* play) solo; **energia/painel ~** solar energy/panel
solavanco [sola'vãku] M jolt, bump; **andar aos ~s** to jog along
solda ['sɔwda] F solder
soldado [sow'dadu] M soldier; **~ de chumbo** toy soldier; **~ raso** private soldier
soldador, a [sowda'dor(a)] M/F welder
soldadura [sowda'dura] F (*ato*) welding; (*parte soldada*) weld
soldagem [sow'daʒẽ] F welding
soldar [sow'dar] VT to weld; (*fig*) to unite, amalgamate
soldo ['sowdu] M (*Mil*) pay
soleira [so'lejra] F doorstep
solene [so'lɛni] ADJ solemn
solenidade [soleni'dadʒi] F solemnity; (*cerimônia*) ceremony
solenizar [soleni'zar] VT to solemnize
solércia [so'lɛrsja] F ploy
soletração [soletra'sãw] F spelling
soletrar [sole'trar] VT to spell; (*ler devagar*) to read out slowly
solicitação [solisita'sãw] (*pl* **-ões**) F request; **solicitações** FPL (*apelo*) appeal *sg*
solicitar [solisi'tar] VT to ask for; (*requerer: emprego etc*) to apply for; (*amizade, atenção*) to seek; **~ algo a alguém** to ask sb for sth
solícito, -a [so'lisitu, a] ADJ helpful
solicitude [solisi'tudʒi] F (*zelo*) care; (*boa vontade*) concern, thoughtfulness; (*empenho*) commitment
solidão [soli'dãw] F solitude, isolation; (*sensação*) loneliness; (*de lugar*) desolation; **sentir ~** to feel lonely
solidariedade [solidarje'dadʒi] F solidarity
solidário, -a [soli'darju, a] ADJ (*pessoa*) supportive; (*a uma causa etc*) sympathetic; (*Jur: obrigação*) mutually binding; (: *devedores*) jointly liable; **ser ~ a** *ou* **com** (*pessoa*) to stand by; (*causa*) to be sympathetic to, sympathize with
solidarizar [solidari'zar] VT to bring together; **solidarizar-se** VR to join forces
solidez [soli'dez] F solidity, strength
solidificar [solidʒifi'kar] VT to solidify; (*fig*) to consolidate; **solidificar-se** VR to solidify; to be consolidated
sólido, -a ['sɔlidu, a] ADJ solid
solilóquio [soli'lɔkju] M soliloquy
solista [so'lista] M/F soloist
solitária [soli'tarja] F (*verme*) tapeworm; (*cela*) solitary confinement
solitário, -a [soli'tarju, a] ADJ lonely, solitary ▶ M hermit; (*joia*) solitaire
solo ['sɔlu] M ground, earth; (*Mús*) solo

soltar [sow'tar] VT (*tornar livre*) to set free; (*desatar*) to loosen, untie; (*afrouxar*) to slacken, loosen; (*largar*) to let go of; (*emitir*) to emit; (*grito, risada*) to let out; (*foguete, fogos de artifício*) to set *ou* let off; (*cabelo*) to let down; (*freio, animais*) to release; (*piada*) to tell; **soltar-se** VR (*desprender-se*) to come loose; (*desinibir-se*) to let o.s. go; **~ palavrão** to swear
solteirão, -rona [sowtej'rãw, rɔna] (*pl* **-ões/-s**) ADJ unmarried ▶ M/F bachelor/spinster
solteiro, -a [sow'tejru, a] ADJ single ▶ M/F single man/woman
solteirões [sowtej'rõjs] MPL *de* **solteirão**
solto, -a ['sowtu, a] PP *de* **soltar** ▶ ADJ loose; (*livre*) free; (*sozinho*) alone; (*arroz*) fluffy; **à solta** freely
soltura [sow'tura] F looseness; (*liberdade*) release, discharge
solução [solu'sãw] (*pl* **-ões**) F solution
soluçar [solu'sar] VI (*chorar*) to sob; (*Med*) to hiccup
solucionar [solusjo'nar] VT to solve; (*decidir*) to resolve
soluço [so'lusu] M (*pranto*) sob; (*Med*) hiccup
soluções [solu'sõjs] FPL *de* **solução**
solúvel [so'luvew] (*pl* **-eis**) ADJ soluble
solvência [sow'vẽsja] F solvency
solvente [sow'vẽtʃi] ADJ, M solvent
som [sõ] (*pl* **-ns**) M sound; (*Mús*) tone; (BR: *equipamento*) hi-fi, stereo; (: *música*) music; **ao ~ de** (*Mús*) to the accompaniment of; **~ cd** compact disc player
soma ['sɔma] F sum
Somália [so'malja] F: **a ~** Somalia
somar [so'mar] VT (*adicionar*) to add (up); (*chegar a*) to add up to, amount to ▶ VI to add up
somatório [soma'tɔrju] M sum; (*fig*) sum total
sombra ['sõbra] F shadow; (*proteção*) shade; (*indício*) trace, sign; **à ~ de** in the shade of; (*fig*) under the protection of; **sem ~ de dúvida** without a shadow of a doubt; **querer ~ e água fresca** (*fig*) to want the good things in life
sombreado, -a [sõ'brjadu, a] ADJ shady ▶ M shading
sombrear [sõ'brjar] VT to shade
sombreiro [sõ'brejru] M (*chapéu*) sombrero
sombrinha [sõ'brina] F parasol, sunshade; (BR) lady's umbrella
sombrio, -a [sõ'briu, a] ADJ (*escuro*) shady, dark; (*triste*) gloomy; (*rosto*) grim
some *etc* ['sɔmi] VB *ver* **sumir**
somenos [so'menus] ADJ inferior, poor; **de ~ importância** unimportant
somente [sɔ'mẽtʃi] ADV only; **tão ~** only
somos ['somos] VB *ver* **ser**
sonambulismo [sonãbu'lizmu] M sleepwalking
sonâmbulo, -a [so'nãbulu, a] ADJ sleepwalking ▶ M/F sleepwalker
sonante [so'nãtʃi] ADJ: **moeda ~** cash
sonata [so'nata] F sonata

sonda ['sõda] F (*Náut*) plummet, sounding lead; (*Med*) probe; (*de petróleo*) drill; (*de alimentação*) drip; **~ espacial** space probe

sondagem [sõ'daʒẽ] (*pl* **-ns**) F (*Náut*) sounding; (*de terreno, opinião*) survey; (*para petróleo*) drilling; (*para minerais*) boring; (*atmosférica*) testing

sondar [sõ'dar] VT to probe; (*opinião etc*) to sound out

soneca [so'nɛka] F nap, snooze; **tirar uma ~** to have a nap

sonegação [sonega'sãw] F withholding; (*furto*) theft; **~ de impostos** tax evasion

sonegar [sone'gar] VT (*dinheiro, valores*) to conceal, withhold; (*furtar*) to steal, pilfer; (*impostos*) to dodge, evade; (*informações, dados*) to withhold

soneto [so'netu] M sonnet

sonhador, a [soɲa'dor(a)] ADJ dreamy ▶ M/F dreamer

sonhar [so'ɲar] VT, VI to dream; **~ com** to dream about; **~ em fazer** to dream of doing; **~ acordado** to daydream; **nem sonhando** *ou* **~!** (*col*) no way!

sonho ['sɔɲu] M dream; (*Culin*) doughnut

sono ['sonu] M sleep; **estar caindo de ~** to be half-asleep; **estar com** *ou* **ter ~** to be sleepy; **estar sem ~** not to be sleepy; **ferrar no ~** to fall into a deep sleep; **pegar no ~** to fall asleep; **ter o ~ leve/pesado** to be a light/heavy sleeper

sonolência [sono'lẽsja] F drowsiness

sonolento, -a [sono'lẽtu, a] ADJ sleepy, drowsy

sonoridade [sonori'dadʒi] F sound quality

sonoro, -a [so'nɔru, a] ADJ resonant; (*consoante*) voiced

sonoterapia [sonotera'pia] F hypnotherapy

sons [sõs] MPL *de* **som**

sonso, -a ['sõsu, a] ADJ sly, artful

sopa ['sopa] F soup; (*col*) pushover, cinch; **dar ~** (*abundar*) to be plentiful; (*estar disponível*) to go spare; (*descuidar-se*) to be careless; **essa ~ vai acabar** (*col*) all good things come to an end; **~ de legumes** vegetable soup

sopapear [sopa'pjar] VT to slap

sopapo [so'papu] M slap, cuff; **dar um ~ em** to slap

sopé [so'pɛ] M foot, bottom

sopeira [so'pejra] F (*Culin*) soup dish

sopitar [sopi'tar] VT (*conter*) to curb, repress

soporífero, -a [sopo'riferu, a] ADJ soporific ▶ M sleeping drug

soporífico, -a [sopo'rifiku, a] ADJ, M = **soporífero**

soprano [so'pranu] ADJ, M/F soprano

soprar [so'prar] VT to blow; (*balão*) to blow up; (*vela*) to blow out; (*dizer em voz baixa*) to whisper ▶ VI to blow

sopro ['sopru] M blow, puff; (*de vento*) gust; (*no coração*) murmur; **instrumento de ~** wind instrument

soquei *etc* [so'kej] VB *ver* **socar**

soquete [so'kɛtʃi] F ankle sock

sordidez [sordʒi'dez] F sordidness; (*imundície*) squalor

sórdido, -a ['sɔrdʒidu, a] ADJ sordid; (*imundo*) squalid; (*obsceno*) indecent, dirty

soro ['soru] M (*Med*) serum; (*do leite*) whey

sóror ['sɔror] F (*Rel*) sister

sorrateiro, -a [soha'tejru, a] ADJ sly, sneaky

sorridente [sohi'dẽtʃi] ADJ smiling

sorrir [so'hir] VI to smile

sorriso [so'hizu] M smile; **~ amarelo** forced smile

sorte ['sɔrtʃi] F luck; (*casualidade*) chance; (*destino*) fate, destiny; (*condição*) lot; (*espécie*) sort, kind; **de ~** (*pessoa etc*) lucky; **desta ~** so, thus; **de ~ que** so that; **por ~** luckily; **dar ~** (*trazer sorte*) to bring good luck; (*ter sorte*) to be lucky; **estar com** *ou* **ter ~** to be lucky; **tentar a ~** to try one's luck; **ter a ~ de** to be lucky enough to; **tirar a ~** to draw lots; **tirar a ~ grande** (*tb fig*) to hit the jackpot; **~ grande** big prize

sorteado, -a [sor'tʃjadu, a] ADJ (*pessoa, bilhete*) winning; (*Mil*) conscripted

sortear [sor'tʃjar] VT to draw lots for; (*rifar*) to raffle; (*Mil*) to draft

sorteio [sor'teju] M draw; (*rifa*) raffle; (*Mil*) draft

sortido, -a [sor'tʃidu, a] ADJ (*abastecido*) supplied, stocked; (*variado*) assorted; (*loja*) well-stocked

sortilégio [sortʃi'lɛʒu] M (*bruxaria*) sorcery; (*encantamento*) charm, fascination

sortimento [sortʃi'mẽtu] M assortment, stock

sortir [sor'tʃir] VT (*abastecer*) to supply, stock; (*variar*) to vary, mix

sortudo, -a [sor'tudu, a] (*col*) ADJ lucky ▶ M/F lucky beggar

sorumbático, -a [sorũ'batʃiku, a] ADJ gloomy, melancholy

sorvedouro [sorve'doru] M whirlpool; (*abismo*) chasm; **um ~ de dinheiro** (*fig*) a drain on resources

sorver [sor'ver] VT (*beber*) to sip; (*inalar*) to inhale; (*tragar*) to swallow up; (*absorver*) to soak up, absorb

sorvete [sor'vetʃi] (BR) M (*feito com leite*) ice cream; (*feito com água*) sorbet; **~ de chocolate/creme** chocolate/dairy ice cream

sorveteiro [sorve'tejru] M ice-cream man

sorveteria [sorvete'ria] F ice-cream parlour (BRIT) *ou* parlor (US)

sorvo ['sorvu] M sip

SOS ABR SOS

sósia ['sɔzja] M/F double

soslaio [soz'laju] M: **de ~** (*adv*) sideways, obliquely; **olhar algo de ~** to squint at sth

sossegado, -a [sose'gadu, a] ADJ peaceful, calm

sossegar [sose'gar] VT to calm, quieten ▶ VI to quieten down

sossego [so'segu] M peace (and quiet)

sotaina [so'tajna] F cassock, soutane

sótão ['sɔtãw] (*pl* **-s**) M attic, loft

sotaque [so'taki] M accent
sotavento [sota'vẽtu] M (*Náut*) lee; **a ~** to leeward
soterrar [sote'ʀar] VT to bury
soturno, -a [so'turnu, a] ADJ sad, gloomy
sou [so] VB *ver* **ser**
soube *etc* ['sobi] VB *ver* **saber**
soutien [su'tʃjã] M = **sutiã**
sova ['sɔva] F beating, thrashing; **dar uma ~ em alguém** to beat sb up; **levar uma ~ (de alguém)** to be beaten up (by sb)
sovaco [so'vaku] M armpit
sovaqueira [sova'kejra] F body odour (BRIT) *ou* odor (US)
sovar [so'var] VT (*surrar*) to beat, thrash; (*massa*) to knead; (*uva*) to tread; (*roupa*) to wear out; (*couro*) to soften up
soviético, -a [so'vjɛtʃiku, a] ADJ, M/F Soviet
sovina [so'vina] ADJ mean, stingy ▶ M/F miser, skinflint
sovinice [sovi'nisi] F meanness
sozinho, -a [sɔ'ziɲu, a] ADJ (all) alone, by oneself; (*por si mesmo*) by oneself
SP ABR = **São Paulo**
spam [is'pã] (*pl* **-s**) M (*Comput*) spam
SPI (BR) ABR M = **Serviço de Proteção ao Índio**
spot [is'pɔtʃi] (*pl* **-s**) M spotlight
spray [is'prej] (*pl* **-s**) M spray
spread [is'prɛdʒi] M (*Com*) spread
SPU (BR) ABR M = **Serviço de Patrimônio da União**; **Serviço Psiquiátrico de Urgência**
squash [is'kwɛʃ] M squash
Sr. ABR (= *senhor*) Mr
Sra. (BR), (PT) **Sr.a** ABR (= *senhora*) Mrs
Sri Lanka [ʃri'lãka] M: **o ~** Sri Lanka
Srta. (BR), (PT) **Sr.ta** ABR (= *senhorita*) Miss
SSP (BR) ABR F = **Secretaria de Segurança Pública**
staff [is'tafi] M staff
standard [is'tãdardʒi] ADJ INV standard
status [is'tatus] M status
STF (BR) ABR M = **Supremo Tribunal Federal**
STM (BR) ABR M = **Supremo Tribunal Militar**
sua ['sua] F *de* **seu**
suado, -a ['swadu, a] ADJ sweaty; (*fig: dinheiro etc*) hard-earned
suadouro [swa'doru] M sweat; (*lugar*) sauna
suar [swar] VT to sweat ▶ VI to sweat; (*fig*): **~ por algo/para conseguir algo** to sweat blood for sth/to get sth; **~ em bicas** to sweat buckets; **~ frio** to come out in a cold sweat
suástica ['swastʃika] F swastika
suave ['swavi] ADJ gentle; (*música, voz*) soft; (*sabor, vinho*) smooth; (*cheiro*) delicate; (*dor*) mild; (*trabalho*) light; (*prestações*) easy
suavidade [suavi'dadʒi] F gentleness; (*de voz*) softness
suavizar [swavi'zar] VT to soften; (*dor, sofrimento*) to alleviate
subalimentado, -a [subalimẽ'tadu, a] ADJ undernourished
subalterno, -a [subaw'tɛrnu, a] ADJ inferior, subordinate ▶ M/F subordinate

subalugar [subalu'gar] VT to sublet
subarrendar [subaʀẽ'dar] (PT) VT = **subalugar**
subconsciência [subkõ'sjẽsja] F subconscious
subconsciente [subkõ'sjẽtʃi] ADJ, M subconscious
subdesenvolvido, -a [subdʒizẽvow'vidu, a] ADJ underdeveloped ▶ M/F (*pej*) degenerate
subdesenvolvimento [subdʒizẽvowvi'mẽtu] M underdevelopment
súbdito ['subditu] (PT) M = **súdito**
subdividir [subdʒivi'dʒir] VT to subdivide; **subdividir-se** VR to subdivide
subeditor, a [subedʒi'tor(a)] M/F subeditor
subemprego [subẽ'pregu] M low-paid unskilled job
subentender [subẽtẽ'der] VT to understand, assume
subentendido, -a [subẽtẽ'dʒidu, a] ADJ implied ▶ M implication
subestimar [subestʃi'mar] VT to underestimate
subfinanciado, -a [subfinã'sjadu, a] ADJ under-funded
subida [su'bida] F ascent, climb; (*ladeira*) slope; (*de preços*) rise
subido, -a [su'bidu, a] ADJ high
subir [su'bir] VI to go up; (*preço, de posto etc*) to rise ▶ VT (*levantar*) to raise; (*ladeira, escada, rio*) to climb, go up; **~ em** (*morro, árvore*) to climb, go up; (*cadeira, palanque*) to climb onto, get up onto; (*ônibus*) to get on
súbito, -a ['subitu, a] ADJ sudden ▶ ADV (*tb*: **de súbito**) suddenly
subjacente [subʒa'sẽtʃi] ADJ (*tb fig*) underlying
subjetivo, -a [subʒe'tʃivu, a] ADJ subjective
subjugar [subʒu'gar] VT to subjugate, subdue; (*inimigo*) to overpower; (*moralmente*) to dominate
subjuntivo, -a [subʒũ'tʃivu, a] ADJ, M subjunctive
sublevação [subleva'sãw] (*pl* **-ões**) F (up)rising, revolt
sublevar [suble'var] VT to stir up (to revolt), incite (to revolt); **sublevar-se** VR to revolt, rebel
sublimar [subli'mar] VT (*pessoa*) to exalt; (*desejos*) to sublimate
sublime [su'blimi] ADJ sublime; (*nobre*) noble; (*música, espetáculo*) marvellous (BRIT), marvelous (US)
sublinhado [subli'ɲadu] M underlining
sublinhar [subli'ɲar] VT (*pôr linha debaixo de*) to underline; (*destacar*) to emphasize, stress
sublocar [sublo'kar] VT, VI to sublet
sublocatário, -a [subloka'tarju, a] M/F sub-tenant
submarino, -a [subma'rinu, a] ADJ underwater ▶ M submarine
submergir [submer'ʒir] VT to submerge; **submergir-se** VR to submerge
submerso, -a [sub'mɛrsu, a] ADJ submerged; (*absorto*): **~ em** immersed *ou* engrossed in

submeter [subme'ter] vt (*povos, inimigo*) to subdue; (*plano*) to submit; (*sujeitar*): ~ **a** to subject to; **submeter-se** vr: ~-**se a** to submit to; (*operação*) to undergo

submirjo *etc* [sub'mihʒu] vb *ver* **submergir**

submissão [submi'sãw] F submission

submisso, -a [sub'misu, a] ADJ submissive, docile

submundo [sub'mũdu] M underworld

subnutrição [subnutri'sãw] F malnutrition

subnutrido, -a [subnu'tridu, a] ADJ undernourished

subordinar [subordʒi'nar] vt to subordinate

subornar [subor'nar] vt to bribe

suborno [su'bornu] M bribery

subproduto [subpro'dutu] M by-product

sub-reptício, -a [subhep'tʃisju, a] ADJ surreptitious

subscrever [subskre'ver] vt to sign; (*opinião, Com: ações*) to subscribe to; (*contribuir*) to put in ▶ vi: ~ **a** to endorse; **subscrever-se** vr to sign one's name; ~ **para** to contribute to; **subscrevemo-nos** ... (*Com: em cartas*) = we remain ...

subscrição [subskri'sãw] (*pl* -**ões**) F subscription; (*contribuição*) contribution

subscritar [subskri'tar] vt to sign

subscrito, -a [sub'skritu, a] pp *de* **subscrever**

subsecretário, -a [subsekre'tarju, a] M/F under-secretary

subsequente [subse'kwẽtʃi] ADJ subsequent

subserviente [subser'vjẽtʃi] ADJ obsequious, servile

subsidiar [subsi'dʒjar] vt to subsidize

subsidiária [subsi'dʒjarja] F (*Com*) subsidiary (company)

subsidiário, -a [subsi'dʒjarju, a] ADJ subsidiary

subsídio [sub'sidʒu] M subsidy; (*ajuda*) aid; **subsídios** MPL (*informações*) data *sg*, information *sg*

subsistência [subsis'tẽsja] F (*sustento*) subsistence; (*meio de vida*) livelihood

subsistir [subsis'tʃir] vi (*existir*) to exist; (*viver*) to subsist, live; (*estar em vigor*) to be in force; (*perdurar*) to remain, survive

subsolo [sub'sɔlu] M subsoil; (*de prédio*) basement

substabelecer [subistabele'ser] vt to delegate

substância [sub'stãsja] F substance

substancial [substã'sjaw] (*pl* -**ais**) ADJ substantial

substantivo, -a [substã'tʃivu, a] ADJ substantive ▶ M noun

substituição [substʃitwi'sãw] (*pl* -**ões**) F substitution, replacement

substituir [substʃi'twir] vt to substitute, replace

substituto, -a [substi'tutu, a] ADJ, M/F substitute

subterfúgio [subter'fuʒu] M subterfuge

subterrâneo, -a [subite'hanju, a] ADJ subterranean, underground

subtil *etc* [sub'tiw] (PT) = **sutil** *etc*

subtítulo [subi'tʃitulu] M subtitle

subtrair [subtra'ir] vt (*furtar*) to steal; (*deduzir*) to subtract ▶ vi to subtract

subumano, -a [subu'manu, a] ADJ subhuman; (*desumano*) inhuman

suburbano, -a [subur'banu, a] ADJ suburban; (*pej*) uncultivated

subúrbio [su'burbju] M suburb

subvenção [subvẽ'sãw] (*pl* -**ões**) F subsidy, grant

subvencionar [subvẽsjo'nar] vt to subsidize

subvenções [subvẽ'sõjs] FPL *de* **subvenção**

subversivo, -a [subver'sivu, a] ADJ, M/F subversive

subverter [subver'ter] vt to subvert; (*povo*) to incite (to revolt); (*planos*) to upset

Sucam ['sukã] (BR) ABR F = **Superintendência da Campanha de Saúde Pública**

sucata [su'kata] F scrap metal

sucatar [suka'tar] vt to scrap

sucção [suk'sãw] F suction

sucedâneo, -a [suse'danju, a] ADJ substitute ▶ M (*substância*) substitute

suceder [suse'der] vi to happen ▶ vt to succeed; **suceder-se** vr to succeed one another; ~ **a** (*num cargo*) to succeed; (*seguir*) to follow; ~ **com** to happen to; ~-**se a** to follow

sucedido [suse'dʒidu] M event, occurrence

sucessão [suse'sãw] (*pl* -**ões**) F succession

sucessivo, -a [suse'sivu, a] ADJ successive

sucesso [su'sɛsu] M success; (*música, filme*) hit; **com/sem** ~ successfully/unsuccessfully; **de** ~ successful; **fazer** *ou* **ter** ~ to be successful

sucessor, a [suse'sor(a)] M/F successor

súcia ['susja] F gang, band

sucinto, -a [su'sĩtu, a] ADJ succinct

suco ['suku] (BR) M juice; ~ **de laranja** orange juice

suculento, -a [suku'lẽtu, a] ADJ succulent, juicy; (*substancial*) substantial

sucumbir [sukũ'bir] vi (*render*) to succumb, yield; (*morrer*) to die, perish

sucursal [sukur'saw] (*pl* -**ais**) F (*Com*) branch

Sudam ['sudã] ABR F = **Superintendência de Desenvolvimento da Amazônia**

Sudão [su'dãw] M: **o** ~ (the) Sudan

Sudeco [su'dɛku] (BR) ABR F = **Superintendência de Desenvolvimento do Centro-Oeste**

Sudene [su'dɛni] (BR) ABR F = **Superintendência de Desenvolvimento do Nordeste**

Sudepe [su'dɛpi] (BR) ABR F = **Superintendência de Desenvolvimento da Pesca**

sudeste [su'dɛstʃi] ADJ southeast ▶ M south-east

Sudhevea [sude'vɛa] (BR) ABR F = **Superintendência da Borracha**

súdito ['sudʒitu] M (*de rei etc*) subject

sudoeste [sud'wεstʃi] ADJ southwest ▶ M south-west

Suécia ['swεsja] F: **a ~** Sweden

sueco, -a ['swεku, a] ADJ Swedish ▶ M/F Swede ▶ M (*Ling*) Swedish

suéter ['swεter] (BR) M *ou* F sweater

Suez [swεz] M: **o canal de ~** the Suez canal

suficiência [sufi'sjēsja] F sufficiency

suficiente [sufi'sjētʃi] ADJ sufficient, enough; **o ~** enough

sufixo [su'fiksu] M suffix

suflê [su'fle] M soufflé

sufocante [sufo'kātʃi] ADJ suffocating; (*calor*) sweltering, oppressive

sufocar [sufo'kar] VT to suffocate; (*revolta*) to put down ▶ VI to suffocate

sufoco [su'foku] M (*afã*) eagerness; (*ansiedade*) anxiety; (*dificuldade*) hassle

sufrágio [su'fraʒu] M (*direito de voto*) suffrage; (*voto*) vote; **~ universal** universal suffrage

sugar [su'gar] VT to suck; (*fig*) to extort

sugerir [suʒe'rir] VT to suggest

sugestão [suʒes'tāw] (*pl* **-ões**) F suggestion; **dar uma ~** to make a suggestion

sugestionar [suʒestʃjo'nar] VT to influence; **sugestionar-se** VR to be influenced

sugestionável [suʒestʃjo'navew] (*pl* **-eis**) ADJ impressionable

sugestivo, -a [suʒes'tʃivu, a] ADJ suggestive

sugestões [suʒes'tōjs] FPL *de* **sugestão**

sugiro *etc* [su'ʒiru] VB *ver* **sugerir**

suguei *etc* [su'gej] VB *ver* **sugar**

Suíça ['swisa] F: **a ~** Switzerland

suíças ['swisas] FPL sideburns; *ver tb* **suíço**

suicida [swi'sida] ADJ suicidal ▶ M/F suicidal person; (*morto*) suicide

suicidar-se [swisi'darsi] VR to commit suicide

suicídio [swi'sidʒju] M suicide

suíço, -a ['swisu, a] ADJ, M/F Swiss

sui generis [swi'ʒeneris] ADJ INV in a class of one's own, unique

suíno ['swinu] M pig, hog ▶ ADJ *ver* **gado**

Suipa ['swipa] (BR) ABR F = **Sociedade União Internacional Protetora dos Animais**

suíte ['switʃi] F (*Mús, em hotel*) suite; (*em residência*) maid's quarters *pl*

sujar [su'ʒar] VT to dirty; (*fig: honra*) to sully ▶ VI to make a mess; **sujar-se** VR to get dirty; (*fig*) to sully o.s.

sujeição [suʒej'sāw] F subjection

sujeira [su'ʒejra] F dirt; (*estado*) dirtiness; (*col*) dirty trick; **fazer uma ~ com alguém** to do the dirty on sb

sujeitar [suʒej'tar] VT to subject; **sujeitar-se** VR to submit

sujeito, -a [su'ʒejtu, a] ADJ: **~ a** subject to ▶ M (*Ling*) subject ▶ M/F man/woman; **~ a espaço** (*Aer*) stand-by

sujidade [suʒi'dadʒi] (PT) F dirt; (*estado*) dirtiness

sujo, -a ['suʒu, a] ADJ dirty; (*fig: desonesto*) nasty, dishonest ▶ M dirt; **estar/ficar ~ com alguém** to be/get into sb's bad books

sul [suw] ADJ INV south, southern ▶ M: **o ~** the south

sul-africano, -a ADJ, M/F South African

sul-americano, -a ADJ, M/F South American

sulcar [suw'kar] VT to plough (BRIT), plow (US); (*rosto*) to line, furrow

sulco [suw'ku] M furrow

sulfato [suw'fatu] M sulphate (BRIT), sulfate (US)

sulfúrico, -a [suw'furiku, a] ADJ: **ácido ~** sulphuric (BRIT) *ou* sulfuric (US) acid

sulista [su'lista] ADJ Southern ▶ M/F Southerner

sultão, -tana [suw'tāw, 'tana] (*pl* **-ões/-s**) M/F sultan(a)

suma ['suma] F: **em ~** in short

sumamente [suma'mētʃi] ADV extremely

sumário, -a [su'marju, a] ADJ (*breve*) brief, concise; (*Jur*) summary; (*biquíni*) brief, skimpy ▶ M summary

sumiço [su'misu] M disappearance; **dar ~ a** *ou* **em** to do away with; (*comida*) to put away

sumidade [sumi'dadʒi] F (*pessoa*) genius

sumido, -a [su'midu, a] ADJ (*apagado*) faint, indistinct; (*voz*) low; (*desaparecido*) vanished; (*escondido*) hidden; **ela anda sumida** she's not around much

sumir [su'mir] VI to disappear, vanish

sumo, -a ['sumu, a] ADJ (*importância*) extreme; (*qualidade*) supreme ▶ M (PT) juice

sumptuoso, -a (PT) ADJ = **suntuoso**

Sunab [su'nabi] (BR) ABR F = **Superintendência Nacional de Abastecimento**

Sunamam [suna'mami] (BR) ABR F = **Superintendência Nacional da Marinha Mercante**

sundae ['sādej] M sundae

sunga ['sūga] F swimming trunks *pl*

sungar [sū'gar] VT to hitch up

suntuoso, -a [sū'twozu, ɔza] ADJ sumptuous

suor [swɔr] M sweat; (*fig*): **com o meu ~** by the sweat of my brow

super... [super-] PREFIXO super-, over-; (*col*) really

superabundante [superabū'dātʃi] ADJ overabundant

superado, -a [supe'radu, a] ADJ (*ideias*) outmoded

superalimentar [superalimē'tar] VT to overfeed

superalimento [super'alimetu] M superfood

superaquecer [superake'ser] VT to overheat

superar [supe'rar] VT (*rival*) to surpass; (*inimigo, dificuldade*) to overcome; (*expectativa*) to exceed

superávit [supe'ravitʃi] M (*Com*) surplus

superdose [super'dɔzi] F overdose

superdotado, -a [superdo'tadu, a] ADJ exceptionally gifted

superestimar [superestʃi'mar] VT to overestimate

superestrutura [superestru'tura] F superstructure

superficial [superfi'sjaw] (*pl* **-ais**) ADJ superficial; (*pessoa*) shallow

superfície [super'fisi] F (*parte externa*) surface; (*extensão*) area; (*fig: aparência*) appearance

superfino, -a [super'finu, a] ADJ (*de largura*) extra fine; (*de qualidade*) excellent quality

supérfluo, -a [su'pɛrflwu, a] ADJ superfluous, unnecessary

super-homem (*pl* **-ns**) M superman

superintendência [superītē'dēsja] F (*órgão*) bureau

superintendente [superītē'dētʃi] M superintendent; (*de empresa*) chief executive

superintender [superītē'der] VT to superintend

superior [supe'rjor] ADJ superior; (*mais elevado*) higher; (*quantidade*) greater; (*mais acima*) upper ▶ M superior; (*Rel*) superior, abbot; **~ a** superior to; **um número ~ a 10** a number greater *ou* higher than 10; **curso/ensino ~** degree course/higher education; **lábio ~** upper lip

superiora [supe'rjora] ADJ, F: (**madre**) **~** mother superior

superioridade [superjori'dadʒi] F superiority

superlativo, -a [superla'tʃivu, a] ADJ superlative ▶ M superlative

superlotação [superlota'sãw] F overcrowding

superlotado, -a [superlo'tadu, a] ADJ (*cheio*) crowded; (*excessivamente cheio*) overcrowded

supermercado [supermer'kadu] M supermarket

superpor [super'por] (*irreg: como* **pôr**) VT: **~ algo a algo** to put sth before sth

superpotência [superpo'tēsja] F superpower

superpovoado, -a [superpo'vwadu, a] ADJ overpopulated

superprodução [superprodu'sãw] F overproduction

superproteger [superprote'ʒer] VT to overprotect

superpunha *etc* [super'puɲa] VB *ver* **superpor**

superpus *etc* [super'pus] VB *ver* **superpor**

superpuser *etc* [superpu'zer] VB *ver* **superpor**

supersecreto, -a [superse'krɛtu, a] ADJ top secret

supersensível [supersē'sivew] (*pl* **-eis**) ADJ oversensitive

supersimples [super'sīplis] ADJ INV extremely simple

supersônico, -a [super'soniku, a] ADJ supersonic

superstição [superstʃi'sãw] (*pl* **-ões**) F superstition

supersticioso, -a [superstʃi'sjozu, ɔza] ADJ superstitious

superstições [superstʃi'sõjs] FPL *de* **superstição**

supervisão [supervi'zãw] F supervision

supervisionar [supervizjo'nar] VT to supervise

supervisor, a [supervi'zor(a)] M/F supervisor

supetão [supe'tãw] M: **de ~** all of a sudden

suplantar [suplã'tar] VT to supplant, supersede

suplementar [suplemē'tar] ADJ supplementary ▶ VT to supplement

suplemento [suple'mētu] M supplement

suplente [su'plētʃi] M/F substitute

súplica ['suplika] F supplication, plea

suplicante [supli'kãtʃi] M/F supplicant; (*Jur*) plaintiff

suplicar [supli'kar] VT, VI to plead, beg; **~ algo a** *ou* **de alguém** to beg sb for sth; **~ a alguém que faça** to beg sb to do

suplício [su'plisju] M torture; (*experiência penosa*) trial

supor [su'por] (*irreg: como* **pôr**) VT to suppose; (*julgar*) to think; **suponhamos que** let us suppose that; **vamos ~** let us suppose *ou* say; **suponho que sim** I suppose so; **era de ~ que** one could assume that

suportar [supor'tar] VT to hold up, support; (*tolerar*) to bear, tolerate

suportável [supor'tavew] (*pl* **-eis**) ADJ bearable, tolerable

suporte [su'pɔrtʃi] M support, stand; **~ atlético** athletic support, jockstrap

suposição [supozi'sãw] (*pl* **-ões**) F supposition, presumption

supositório [supozi'tɔrju] M suppository

supostamente [suposta'mētʃi] ADV supposedly

suposto, -a [su'postu, 'pɔsta] PP *de* **supor** ▶ ADJ supposed ▶ M assumption, supposition

supracitado, -a [suprasi'tadu, a] ADJ foregoing ▶ M foregoing

suprassumo [supra'sumu] M: **o ~ da beleza** *etc* the pinnacle of beauty *etc*

supremacia [suprema'sia] F supremacy

supremo, -a [su'prɛmu, a] ADJ supreme ▶ M: **o S~** the Supreme Court; **S~ Tribunal Federal** (BR) Federal Supreme Court

supressão [supre'sãw] (*pl* **-ões**) F suppression; (*omissão*) omission; (*abolição*) abolition

suprimento [supri'mētu] M supply

suprimir [supri'mir] VT to suppress; (*frases de um texto*) to delete; (*abolir*) to abolish

suprir [su'prir] VT (*fazer as vezes de*) to take the place of; **~ alguém de** to provide *ou* supply sb with; **~ algo por algo** to substitute sth with sth; **~ uma quantia** to make up an amount; **~ a falta de alguém/algo** to make up for sb's absence/the lack of sth; **~ as necessidades/uma família** to provide for needs/a family

supunha *etc* [su'puɲa] VB *ver* **supor**

supurar [supu'rar] VI to go septic, suppurate

supus *etc* [su'pus] VB *ver* **supor**

supuser *etc* [supu'zer] VB *ver* **supor**

surdez [sur'des] F deafness; **aparelho para a ~** hearing aid

surdina [sur'dʒina] F (*Mús*) mute; **em ~** stealthily, on the quiet

surdo, -a ['surdu, a] ADJ deaf; (*som*) muffled, dull; (*consoante*) voiceless ▶ M/F deaf person; **~ como uma porta** as deaf as a post

surdo-mudo, surda-muda ADJ hearing and speech impaired ▶ M/F person with a hearing and speech impairment

surfe ['surfi] M surfing

surfista [sur'fista] M/F surfer

surgir [sur'ʒir] VI to appear; (*problema, dificuldade*) to arise, crop up; (*oportunidade*) to arise, come up; (*proceder*) to come from; **~ à mente** to come *ou* spring to mind

Suriname [suri'nami] M: **o ~** Surinam

surjo *etc* ['surʒu] VB *ver* **surgir**

surpreendente [surprjē'dētʃi] ADJ surprising

surpreender [surprjē'der] VT to surprise; (*pegar de surpresa*) to take unawares ▶ VI to be surprising; **surpreender-se** VR: **~-se (de)** to be surprised (at)

surpresa [sur'preza] F surprise; **de ~** by surprise

surpreso, -a [sur'prezu, a] PP *de* **surpreender** ▶ ADJ surprised

surra ['suha] F (*ger, Esporte*) thrashing; **dar uma ~ em** to thrash; **levar uma ~ (de)** to get thrashed (by)

surrado, -a [su'hadu, a] ADJ (*espancado*) beaten up; (*roupa*) worn out

surrar [su'har] VT to beat, thrash; (*roupa*) to wear out

surrealismo [suhea'lizmu] M surrealism

surrealista [suhea'lista] ADJ, M/F surrealist

surrupiar [suhu'pjar] VT to steal

sursis [sur'si] M INV (*Jur*) suspended sentence

surtar [sur'tar] VI to freak out

surte *etc* ['surtʃi] VB *ver* **sortir**

surtir [sur'tʃir] VT to produce, bring about ▶ VI: **~ bem** to turn out well; **~ efeito** to have an effect

surto ['surtu] M (*de doença*) outbreak; (*ataque*) outburst; (*de progresso*) surge

SUS [sus] (BR) ABR M (= *Sistema Único de Saúde*) national health service

suscetibilidade [susetʃibili'dadʒi] F susceptibility; (*sensibilidade*) sensitivity

suscetível [suse'tʃivew] (*pl* **-eis**) ADJ susceptible; **~ de** liable to

suscitar [susi'tar] VT to arouse; (*admiração*) to cause; (*dúvidas*) to raise; (*obstáculos*) to throw up

suspeição [suspej'sãw] (*pl* **-ões**) F suspicion

suspeita [sus'pejta] F suspicion

suspeitar [suspej'tar] VT to suspect ▶ VI: **~ de algo** to suspect sth; **~ de alguém** to be suspicious of sb

suspeito, -a [sus'pejtu, a] ADJ suspect, suspicious ▶ M/F suspect

suspeitoso, -a [suspej'tozu, ɔza] ADJ suspicious

suspender [suspē'der] VT (*levantar*) to lift; (*pendurar*) to hang; (*trabalho, pagamento etc*) to suspend, stop; (*funcionário, aluno*) to suspend; (*jornal*) to suspend publication of; (*encomenda*) to cancel; (*sessão*) to adjourn, defer; (*viagem*) to put off

suspensão [suspē'sãw] (*pl* **-ões**) F (*ger, Auto*) suspension; (*de trabalho, pagamento*) stoppage; (*de viagem, sessão*) deferment; (*de encomenda*) cancellation

suspense [sus'pēsi] M suspense; **filme de ~** thriller

suspenso, -a [sus'pēsu, a] PP *de* **suspender**

suspensões [suspē'sõjs] FPL *de* **suspensão**

suspensórios [suspē'sɔrjus] MPL braces (BRIT), suspenders (US)

suspicácia [suspi'kasja] F distrust, suspicion

suspicaz [suspi'kajz] ADJ (*suspeito*) suspect; (*desconfiado*) suspicious

suspirar [suspi'rar] VI to sigh; **~ por algo** to long for sth

suspiro [sus'piru] M sigh; (*doce*) meringue

sussurrar [susu'har] VT, VI to whisper

sussurro [su'suhu] M whisper

sustância [sus'tãsja] F (*força*) strength; (*de comida*) nourishment

sustar [sus'tar] VT, VI to stop

sustenho *etc* [sus'teɲu] VB *ver* **suster**

sustentabilidade [sustētabili'dadʒi] F sustainability

sustentáculo [sustē'takulu] M (*tb fig*) support

sustentar [sustē'tar] VT to sustain; (*prédio*) to hold up; (*padrão*) to maintain; (*financeiramente, acusação*) to support; **sustentar-se** VR (*alimentar-se*) to sustain o.s.; (*financeiramente*) to support o.s.; (*equilibrar-se*) to balance; **~ que** to maintain that

sustentável [sustē'tavew] (*pl* **-eis**) ADJ sustainable

sustento [sus'tētu] M sustenance; (*subsistência*) livelihood; (*amparo*) support

suster [sus'ter] (*irreg: como* **ter**) VT to support, hold up; (*reprimir*) to restrain, hold back

susto ['sustu] M fright, scare; **tomar** *ou* **levar um ~** to get a fright; **que ~!** what a fright!

sutiã [su'tʃjã] M bra(ssiere)

sutil [su'tʃiw] (*pl* **-is**) ADJ subtle; (*fino*) fine, delicate

sutileza [sutʃi'leza] F subtlety; (*finura*) fineness, delicacy

sutilizar [sutʃili'zar] VT to refine

sutis [su'tʃis] ADJ PL *de* **sutil**

sutura [su'tura] F (*Med*) suture

suturar [sutu'rar] VT, VI to suture

Tt

T, t [te] (*pl* **ts**) M T, t; **T de Tereza** T for Tommy
ta [ta] = **te + a**
tá [ta] (*col*) EXCL (= *está*) OK; **tá bom** OK, fine
tabacaria [tabaka'ria] F tobacconist's (shop)
tabaco [ta'baku] M tobacco
tabefe [ta'bɛfi] (*col*) M slap
tabela [ta'bɛla] F table, chart; (*lista*) list; **por ~** indirectly; **estar caindo pelas ~s** (*fig*) to be feeling low; **~ de preços** price table
tabelado, -a [tabe'ladu, a] ADJ (*produto*) price-controlled; (*preço*) controlled
tabelar [tabe'lar] VT (*produto*) to fix the price of; (*preço*) to fix; (*dados*) to tabulate
tabelião [tabe'ljãw] (*pl* **-ães**) M notary public
taberna [ta'bɛrna] F tavern, bar
tabique [ta'biki] M partition
tablado [ta'bladu] M platform; (*para espectadores*) grandstand
tablet ['tablitʃ] (*pl* **-s**) M (*Comput*) tablet
tablete [ta'blɛtʃi] M (*de chocolate*) bar; (*de manteiga*) pat
tabloide [ta'blɔjdʒi] M tabloid
tabu [ta'bu] ADJ, M taboo
tábua ['tabwa] F (*de madeira*) plank, board; (*Mat*) list, table; (*de mesa*) leaf; **~ de passar roupa** ironing board; **~ de salvação** (*fig*) last resort
tabuada [ta'bwada] F times table; (*livro*) tables book
tabulador [tabula'dor] M tab(ulator key)
tabular [tabu'lar] VT to tabulate
tabuleiro [tabu'lejru] M tray; (*Xadrez*) board
tabuleta [tabu'leta] F (*letreiro*) sign, signboard
taça ['tasa] F cup; **~ de champanhe** champagne glass *ou* flute
tacada [ta'kada] F shot; **de uma ~** in one go
tacanho, -a [ta'kaɲu, a] ADJ mean; (*de ideias curtas*) narrow-minded; (*baixo*) small
tacar [ta'kar] VT (*bola*) to hit; (*col: jogar*) to chuck; **~ a mão** *ou* **um soco em alguém** to punch sb
tacha ['taʃa] F (*prego*) tack; (*em calça jeans*) stud
tachar [ta'ʃar] VT: **~ algo de** to brand sth as
tachinha [ta'ʃiɲa] F drawing pin (BRIT), thumb tack (US)
tácito, -a ['tasitu, a] ADJ tacit, implied
taciturno, -a [tasi'turnu, a] ADJ taciturn, reserved

taco ['taku] M (*Bilhar*) cue; (*Golfe*) club; (*Hóquei*) stick; (*bucha*) plug, wad; (*de assoalho*) parquet block
táctil (PT) ADJ = **tátil**
tadinho, -a [ta'dʒiɲu, a] (*col*) EXCL poor thing!; **~ dele!** poor him!
tafetá [tafe'ta] M taffeta
tagarela [taga'rɛla] ADJ talkative ▶ M/F chatterbox
tagarelar [tagare'lar] VI to chatter
tagarelice [tagare'lisi] F chat, chatter, gossip
tailandês, -esa [tajlã'des, eza] ADJ, M/F Thai ▶ M (*Ling*) Thai
Tailândia [taj'lãdʒja] F: **a ~** Thailand
tailleur [taj'ɛr] M suit
tainha [ta'iɲa] F mullet
taipa ['tajpa] F: **parede de ~** mud wall
tais [tajs] ADJ PL *de* **tal**
Taiti [taj'tʃi] M: **o ~** Tahiti
tal [taw] (*pl* **tais**) ADJ such; **~ e coisa** this and that; **um ~ de Sr. X** a certain Mr. X; **que ~?** what do you think?; (PT) how are things?; **que ~ um cafezinho?** what about a coffee?; **que ~ nós irmos ao cinema?** what about (us) going to the cinema?; **~ pai, ~ filho** like father, like son; **~ como** such as; (*da maneira que*) just as; **~ qual** just like; **o ~ professor** that teacher; **a ~ ponto** to such an extent; **de ~ maneira** in such a way; **e ~** and so on; **o/a ~** (*col*) the greatest; **o Pedro de ~** Peter what's-his-name; **na rua ~** in such and such a street; **foi um ~ de gente ligar lá para casa** there were people ringing home non-stop
tala ['tala] F (*Med*) splint
talão [ta'lãw] (*pl* **-ões**) M (*de recibo*) stub; **~ de cheques** cheque book (BRIT), check book (US)
talco ['tawku] M talcum powder; **pó de ~** (PT) talcum powder
talento [ta'lẽtu] M talent; (*aptidão*) ability
talentoso, -a [talẽ'tozu, ɔza] ADJ talented
talha ['taʎa] F (*corte*) carving; (*vaso*) pitcher; (*Náut*) tackle
talhado, -a [ta'ʎadu, a] ADJ (*apropriado*) appropriate, right; (*leite*) curdled
talhar [ta'ʎar] VT to cut; (*esculpir*) to carve ▶ VI (*coalhar*) to curdle
talharim [taʎa'rĩ] M tagliatelle
talhe ['taʎi] M cut, shape; (*de rosto*) line

talher [ta'ʎer] M set of cutlery; **talheres** MPL cutlery sg
talho ['taʎu] M (corte) cutting, slicing; (PT: açougue) butcher's (shop)
talismã [taliz'mã] M talisman
talo ['talu] M stalk, stem; (Arq) shaft
talões [ta'lõjs] MPL de **talão**
talude [ta'ludʒi] M slope, incline
taludo, -a [ta'ludu, a] ADJ stocky
talvez [taw'vez] ADV perhaps, maybe; ~ **tenha razão** maybe you're right
tamanco [ta'mãku] M clog, wooden shoe
tamanduá [tamã'dwa] M anteater
tamanho, -a [ta'maɲu, a] ADJ such (a) great ▶ M size; **em ~ natural** life-size; **de que ~ é?** what size is it?; **uma casa que não tem ~** (col) a huge house; **do ~ de um bonde** (col) enormous
tamanho-família ADJ INV family-size; (fig) giant-size
tamanho-gigante ADJ INV giant-size
tâmara ['tamara] F date
tamarindo [tama'rĩdu] M tamarind
também [tã'bẽj] ADV also, too, as well; (além disso) besides; ~ **não** not ... either, nor; **eu ~** me too; **eu ~ não** nor me, neither do (ou did ou am ou have etc) I
tambor [tã'bor] M drum
tamborilar [tãbori'lar] VI (com os dedos) to drum; (chuva) to pitter-pat
tamborim [tãbo'rĩ] (pl **-ns**) M tambourine
Tâmisa ['tamiza] M: **o ~** the Thames
tampa ['tãpa] F lid; (de garrafa) cap
tampão [tã'pãw] (pl **-ões**) M tampon; (para curativos) compress; (rolha) stopper, plug
tampar [tã'par] VT (lata, garrafa) to put the lid on; (cobrir) to cover
tampinha [tã'piɲa] F lid, top ▶ M/F (col) shorty
tampo ['tãpu] M lid; (Mús) sounding board
tampões [tã'põjs] MPL de **tampão**
tampouco [tã'poku] ADV nor, neither
tanga ['tãga] F loincloth; (biquíni) bikini
tangente [tã'ʒẽtʃi] F tangent; (trecho retilíneo) straight section; **pela ~** (fig) narrowly
tanger [tã'ʒer] VT (Mús) to play; (sinos) to ring; (cordas) to pluck ▶ VI (sinos) to ring; ~ **a** (dizer respeito a) to concern; **no que tange a** as regards, with respect to
tangerina [tãʒe'rina] F tangerine
tangerineira [tãʒeri'nejra] F tangerine tree
tangível [tã'ʒivew] (pl **-eis**) ADJ tangible
tango ['tãgu] M tango
tanjo etc ['tãʒu] VB ver **tanger**
tanque ['tãki] M (reservatório, Mil) tank; (de lavar roupa) sink
tanquinho [tã'kiɲu] (col) M (musculatura) six-pack
tantã [tã'tã] (col) ADJ crazy
tanto, -a ['tãtu, a] ADJ, PRON (sg) so much; (: +interrogativa/negativa) as much; (pl) so many; (: +interrogativa/negativa) as many ▶ ADV so much; ~ **melhor/pior** so much the better/more's the pity; ~ ... **como** ... both ... and ...; ~ **mais** ... **quanto mais** ... the more ... the more ...; ~ ... **quanto** ... as much ... as ...; ~**s** ... **quanto** ... as many ... as ...; ~ **tempo** so long; **quarenta e ~s anos** forty-odd years; **vinte e tantas pessoas** twenty-odd people; ~ **a Lúcia, quanto o Luís** both Lúcia and Luís; ~ **faz** it's all the same to me, I don't mind; **um ~ de vinho** some wine; **um outro ~ de vinho** a little more wine; **um ~ (quanto)** (como adv) rather, somewhat; **as tantas** the small hours; **lá para as tantas** late, in the small hours; **um médico e ~** quite a doctor; **não é para ~** it's not such a big deal; **não** ou **nem ~ assim** not as much as all that; ~ **(assim) que** so much so that
Tanzânia [tã'zanja] F: **a ~** Tanzania
tão [tãw] ADV so; ~ **rico quanto** as rich as; ~ **só** only
tapa ['tapa] M slap; **no ~** (col) by force
tapado, -a [ta'padu, a] ADJ (col: bobo) stupid
tapar [ta'par] VT to cover; (garrafa) to cork; (caixa) to put the lid on; (ouvidos) to block; (orifício) to block up; (encobrir) to block out
tapeação [tapja'sãw] F cheating
tapear [ta'pjar] VT, VI to cheat
tapeçaria [tapesa'ria] F tapestry; (loja) carpet shop
tapetar [tape'tar] VT to carpet
tapete [ta'petʃi] M carpet, rug
tapioca [ta'pjɔka] F tapioca
tapume [ta'pumi] M fencing, boarding
taquicardia [takikar'dʒia] F palpitations pl
taquigrafar [takigra'far] VT, VI to write in shorthand
taquigrafia [takigra'fia] F shorthand
taquígrafo, -a [ta'kigrafu, a] M/F shorthand typist (BRIT), stenographer (US)
tara ['tara] F fetish, mania; (Com) tare
tarado, -a [ta'radu, a] ADJ, M/F sex maniac; **ser ~ por** to be mad about
tarar [ta'rar] VI: ~ **(por)** to be smitten (with)
tardança [tar'dãsa] F delay, slowness
tardar [tar'dar] VI to delay, be slow; (chegar tarde) to be late ▶ VT to delay; **sem mais ~** without delay; ~ **a** ou **em fazer** to take a long time to do; **o mais ~** at the latest
tarde ['tardʒi] F afternoon ▶ ADV late; **ele chegou ~ (demais)** he got there too late; **mais cedo ou mais ~** sooner or later; **antes ~ do que nunca** better late than never; **boa ~!** good afternoon!; **hoje à ~** this afternoon; **à** ou **de ~** in the afternoon; **às três da ~** at three in the afternoon; ~ **da noite** late at night; **ontem/sexta à ~** yesterday/(on) Friday afternoon
tardinha [tar'dʒiɲa] F late afternoon; **de ~** late in the afternoon
tardio, -a [tar'dʒiu, a] ADJ late
tarefa [ta'refa] F task, job; (faina) chore
tarifa [ta'rifa] F tariff; (para transportes) fare; (lista de preços) price list; ~ **alfandegária**

customs duty; **~ de embarque** (*Aer*) airport tax

tarimba [ta'rĩba] F bunk; (*fig*) army life; (: *experiência*) experience; **ter ~** to be an old hand

tarimbado, -a [tarĩ'badu, a] ADJ experienced

tartamudear [tartamu'dʒjar] VI, VT to mumble; (*gaguejar*) to stammer, stutter

tartamudo, -a [tarta'mudu, a] M/F mumbler; (*gago*) stammerer, stutterer

tártaro ['tartaru] M tartar

tartaruga [tarta'ruga] F turtle; **pente de ~** tortoiseshell comb

tasca ['taska] (*PT*) F cheap eating place

tascar [tas'kar] VT (*tapa, beijo*) to plant

tasco ['tasku] (*col*) M bit, mouthful

Tasmânia [taz'manja] F: **a ~** Tasmania

tatear [ta'tʃjar] VT to touch, feel; (*fig*) to sound out ▶ VI to feel one's way

táteis ['tatejs] ADJ PL *de* **tátil**

tática ['tatʃika] F tactics *pl*

tático, -a ['tatʃiku, a] ADJ tactical

tátil ['tatʃiw] (*pl* -**eis**) ADJ tactile

tato ['tatu] M touch; (*fig: diplomacia*) tact

tatu [ta'tu] M armadillo

tatuador, a [tatwa'dor(a)] M/F tattooist

tatuagem [ta'twaʒẽ] (*pl* -**ns**) F tattoo

tatuar [ta'twar] VT to tattoo

tauromaquia [tawroma'kia] F bullfighting

tautologia [tawtolo'ʒia] F tautology

tautológico, -a [tawto'lɔʒiku, a] ADJ tautological

taxa ['taʃa] F (*imposto*) tax; (*preço*) fee; (*índice*) rate; **~ de câmbio** exchange rate; **~ de juros** interest rate; **~ bancária** bank rate; **~ de desconto** discount rate; **~ de matrícula** *ou* **inscrição** enrol(l)ment *ou* registration fee; **~ de exportação** export duty; **~ rodoviária** road tax; **~ fixa** (*Com*) flat rate; **~ de retorno** (*Com*) rate of return; **~ de crescimento** growth rate

taxação [taʃa'sãw] F taxation; (*de preços*) fixing

taxar [ta'ʃar] VT (*fixar o preço de*) to fix the price of; (*lançar impostos sobre*) to tax

taxativo, -a [taʃa'tʃivu, a] ADJ categorical, firm

táxi ['taksi] M taxi, cab; **~ aéreo** air taxi

taxímetro [tak'simetru] M taxi meter

taxista [tak'sista] M/F taxi driver, cab driver; (*col*) cabbie, cabby

tchã [tʃã] (*col*) M (*toque*) special touch; (*charme*) charm

tchau [tʃaw] EXCL bye!

tcheco, -a ['tʃɛku, a] ADJ, M/F Czech; **a República Tcheca** the Czech Republic

TCU (BR) ABR M = **Tribunal de Contas da União**

te [tʃi] PRON you; (*para você*) (to) you

té [tɛ] ABR *de* **até**

tear [tʃjar] M loom

teatral [tʃja'traw] (*pl* -**ais**) ADJ theatrical; (*grupo*) theatre *atr* (BRIT), theater *atr* (US); (*obra, arte*) dramatic

teatralizar [tʃjatrali'zar] VT to dramatize

teatro ['tʃjatru] M theatre (BRIT), theater (US); (*obras*) plays *pl*, dramatic works *pl*; (*gênero, curso*) drama; **peça de ~** play; **fazer ~** (*fig*) to be dramatic; **~ de arena** theatre-in-the-round; **~ de bolso** small theatre; **~ de marionetes** puppet theatre; **~ de variedades** vaudeville theatre; **~ rebolado** burlesque theatre

teatrólogo, -a [tʃja'trɔlogu, a] M/F playwright, dramatist

teatro-revista (*pl* **teatros-revista**) M review theatre (BRIT) *ou* theater (US)

tecelão, -lã [tese'lãw, 'lã] (*pl* -**ões/-s**) M/F weaver

tecer [te'ser] VT to weave; (*fig: intrigas*) to weave; (*disputas*) to cause ▶ VI to weave

tecido [te'sidu] M cloth, material; (*Anat*) tissue

tecla ['tɛkla] F key; **bater na mesma ~** (*fig*) to harp on the same subject; **~ de controle** (*Comput*) control key; **~ de função** (*Comput*) function key; **~ de saída** (*Comput*) escape key

tecladista [tekla'dʒista] M/F (*Mús*) keyboards player

teclado [tek'ladu] M keyboard; **~ complementar** (*Comput*) keypad

teclar [tek'lar] VT (*dados*) to key (in)

técnica ['tɛknika] F technique; *ver tb* **técnico**

tecnicalidade [teknikali'dadʒi] F technicality

técnico, -a ['tɛkniku, a] ADJ technical ▶ M/F technician; (*especialista*) expert

tecnicolor [tekniko'lor] ADJ Technicolor® ▶ M: **em ~** in technicolo(u)r

tecnocrata [tekno'krata] M/F technocrat

tecnologia [teknolo'ʒia] F technology; **~ de ponta** leading edge technology; **~ limpa** clean technology

tecnológico, -a [tekno'lɔʒiku, a] ADJ technological

teco ['tɛku] M hit; (*tiro*) shot; (*peteleco*) flick

teco-teco (*pl* **teco-tecos**) M small plane, light aircraft

tédio ['tɛdʒju] M tedium, boredom

tedioso, -a [te'dʒjozu, ɔza] ADJ tedious, boring

Teerã [tee'rã] N Teheran

teia ['teja] F web; (*fig: enredo*) intrigue, plot; (: *série*) series; **~ de aranha** cobweb; **~ de espionagem** spy ring, web of espionage

teima ['tejma] F insistence

teimar [tej'mar] VI to insist, keep on; **~ em** to insist on

teimosia [tejmo'zia] F stubbornness; **~ em fazer** insistence on doing

teimoso, -a [tej'mozu, ɔza] ADJ obstinate; (*criança*) wilful (BRIT), willful (US)

teixo ['tejʃu] M yew

Tejo ['teʒu] M: **o (rio) ~** the (river) Tagus

tel. ABR (= *telefone*) tel.

tela ['tɛla] F (*tecido*) fabric, material; (*de pintar*) canvas; (*Cinema, TV*) screen

telão [te'lãw] (*pl* -**ões**) M big screen

Telavive [tela'vivi] N Tel Aviv

tele... ['tele] PREFIXO tele...
telecomandar [telekomã'dar] VT to operate by remote control
telecomando [teleko'mãdu] M remote control
telecomunicações [telekomunika'sõjs] FPL telecommunications
teleconferência [telekõfe'rẽsja] F teleconference
teleférico [tele'fɛriku] M cable car
telefonar [telefo'nar] VI to (tele)phone, phone; **~ para alguém** to (tele)phone sb
telefone [tele'fɔni] M phone, telephone; (*número*) (tele)phone number; (*telefonema*) phone call; **estar/falar no ~** to be/talk on the phone; **~ celular** cellphone, mobile phone; **~ de carro** carphone; **~ fixo** landline; **~ público** public phone; **~ sem fio** cordless (tele)phone
telefonema [telefo'nɛma] M phone call; **dar um ~** to make a phone call
telefônico, -a [tele'foniku, a] ADJ telephone atr
telefonista [telefo'nista] M/F telephonist; (*na companhia telefônica*) operator
telegrafar [telegra'far] VT, VI to telegraph, wire
telegrafia [telegra'fia] F telegraphy
telegráfico, -a [tele'grafiku, a] ADJ telegraphic
telegrafista [telegra'fista] M/F telegraph operator
telégrafo [te'lɛgrafu] M telegraph
telegrama [tele'grama] M telegram, cable; **passar um ~** to send a telegram; **~ fonado** telemessage
teleguiado, -a [tele'gjadu, a] ADJ remote-controlled
teleguiar [tele'gjar] VT to operate by remote control
teleimpressor [teleĩpre'sor] M teleprinter
telejornal [teleʒor'naw] (*pl* **-ais**) M television news sg
telêmetro [te'lemetru] M rangefinder
telemóvel [tele'mɔvel] (*pl* **-eis**) (PT) M mobile (phone) (BRIT), cellphone (US); **~ com câmara** camera phone
telenovela [teleno'vɛla] F (TV) soap opera
teleobjetiva [teleobʒe'tʃiva] F telephoto lens
telepatia [telepa'tʃia] F telepathy
telepático, -a [tele'patʃiku, a] ADJ telepathic
teleprocessamento [teleprosesa'mẽtu] M teleprocessing
Telerj [te'lɛrʒi] ABR F *Rio telephone company*
telescópico, -a [tele'skɔpiku, a] ADJ telescopic
telescópio [tele'skɔpju] M telescope
Telesp [te'lɛspi] ABR F *São Paulo telephone company*
telespectador, a [telespekta'dor(a)] M/F viewer ▶ ADJ (*público*) viewing
teletexto [tele'testu] M teletext
teletipista [teletʃi'pista] M/F teletypist
teletipo [tele'tʃipu] M teletype
teletrabalho [teletra'baʎu] M teleworking

televendas [tele'vẽdas] FPL telesales
televisão [televi'zãw] F television; **~ por assinatura** pay television; **~ a cabo** cable television; **~ a cores** colo(u)r television; **~ digital** digital television; **~ via satélite** satellite television; **aparelho de ~** television set
televisar [televi'zar] VT = **televisionar**
televisionar [televizjo'nar] VT to televise
televisivo, -a [televi'zivu, a] ADJ television atr
televisor [televi'zor] M (*aparelho*) television (set), TV (set)
telex [te'lɛks] M telex; **enviar por ~** to telex
telexar [teleks'ar] VT to telex
telha ['teʎa] F tile; (*col: cabeça*) head; **ter uma ~ de menos** to have a screw loose; **não estar bom da ~** not to be right in the head; **deu-lhe na ~ (de) viajar** he got it into his head to go travel(l)ing
telhado [te'ʎadu] M roof
telões [te'lõjs] MPL *de* **telão**
tema ['tɛma] M theme; (*assunto*) subject
temática [te'matʃika] F theme
temático, -a [te'matʃiku, a] ADJ thematic
temer [te'mer] VT to fear, be afraid of ▶ VI to be afraid; **~ por** to fear for; **~ que** to be afraid that; **~ fazer** to be afraid of doing
temerário, -a [teme'rarju, a] ADJ reckless; (*arriscado*) risky; (*juízo*) unfounded
temeridade [temeri'dadʒi] F recklessness
temeroso, -a [teme'rozu, ɔza] ADJ fearful, afraid; (*pavoroso*) dreadful
temido, -a [te'midu, a] ADJ fearsome, frightening
temível [te'mivew] (*pl* **-eis**) ADJ = **temido**
temor [te'mor] M fear
tempão [tẽ'pãw] (*col*) M: **um ~** a long time, ages pl
têmpera ['tẽpera] F (*de metais*) tempering; (*caráter*) temperament; (*pintura*) distemper, tempera
temperado, -a [tẽpe'radu, a] ADJ (*metal*) tempered; (*clima*) temperate; (*comida*) seasoned
temperamental [tẽperamẽ'taw] (*pl* **-ais**) ADJ temperamental
temperamento [tẽpera'mẽtu] M temperament, nature
temperança [tẽpe'rãsa] F temperance
temperar [tẽpe'rar] VT (*metal*) to temper, harden; (*comida*) to season
temperatura [tẽpera'tura] F temperature
tempero [tẽ'peru] M seasoning, flavouring (BRIT), flavoring (US)
tempestade [tẽpes'tadʒi] F storm, tempest; **fazer uma ~ em copo de água** to make a mountain out of a molehill
tempestuoso, -a [tẽpes'twozu, ɔza] ADJ stormy; (*fig*) tempestuous
templo ['tẽplu] M temple; (*igreja*) church
tempo ['tẽpu] M time; (*meteorológico*) weather; (*Ling*) tense; **o ~ todo** the whole time; **a ~** on time; **ao mesmo ~** at the same time; **a um ~**

at once; **a ~ e a hora** at the appropriate time; **antes do ~** before time; **com ~** in good time; **de ~ em ~** from time to time; **nesse ~** at that time; **nesse meio ~** in the meantime; **em ~ de fazer** about to do; **em ~ recorde** in record time; **em seu devido ~** in due course; **quanto ~?** how long?; **muito/pouco ~** a long/short time; **mais ~** longer; **ganhar/perder ~** to gain/waste time; **já era ~** it's about time; **não dá ~** there isn't time; **dar ~ ao ~** to bide one's time, wait and see; **matar o ~** to kill time; **nos bons ~s** in the good old days; **o maior de todos os ~s** the greatest of all time; **há ~s for ages**; (*atrás*) ages ago; **~ livre** spare time; **com o passar do ~** in time; **primeiro/segundo ~** (*Esporte*) first/second half; **~ integral** full time; **~ real** (*Comput*) real time

tempo-quente M fight, set-to
têmpora ['tẽpora] F (*Anat*) temple
temporada [tẽpo'rada] F season; (*tempo*) spell; **~ de ópera** opera season
temporal [tẽpo'raw] (*pl* -**ais**) ADJ worldly ▸ M storm, gale
temporário, -a [tẽpo'rarju, a] ADJ temporary, provisional
tenacidade [tenasi'dadʒi] F tenacity
tenaz [te'najz] ADJ tenacious ▸ F tongs *pl*
tenção [tẽ'sãw] (*pl* -**ões**) F intention; **fazer ~ de fazer** to decide to do
tencionar [tẽsjo'nar] VT to intend, plan
tenções [tẽ'sõjs] FPL *de* **tenção**
tenda ['tẽda] F (*barraca*) tent; **~ de oxigênio** oxygen tent
tendão [tẽ'dãw] (*pl* -**ões**) M tendon; **~ de Aquiles** Achilles tendon
tendência [tẽ'dẽsja] F tendency; (*da moda etc*) trend; **a ~ de** *ou* **em** *ou* **a fazer** the tendency to do
tendencioso, -a [tẽdẽ'sjozu, ɔza] ADJ tendentious, bias(s)ed
tendente [tẽ'dẽtʃi] ADJ: **~ a** tending to
tender [tẽ'der] VI: **~ para** to tend towards; **~ a fazer** to tend *ou* have a tendency to do; (*encaminhar-se*) to head towards doing; (*visar*) to aim to do
tendinha [tẽ'dʒiɲa] F (*botequim*) bar; (*birosca*) (small) shop
tendões [tẽ'dõjs] MPL *de* **tendão**
tenebroso, -a [tene'brozu, ɔza] ADJ dark, gloomy; (*fig*) horrible
tenente [te'nẽtʃi] M lieutenant
tenho *etc* ['teɲu] VB *ver* **ter**
tênis ['tenis] M INV (*jogo*) tennis; (*sapatos*) training shoes *pl*; (*um sapato*) training shoe; **~ de mesa** table tennis
tenista [te'nista] M/F tennis player
tenor [te'nor] ADJ, M (*Mús*) tenor
tenro, -a ['tẽhu, a] ADJ tender; (*macio*) soft; (*delicado*) delicate; (*novo*) young
tensão [tẽ'sãw] F tension; (*pressão*) pressure, strain; (*rigidez*) tightness; (*Tec*) stress; (*Elet: voltagem*) voltage; **~ nervosa** nervous tension; **~ pré-menstrual** premenstrual tension
tenso, -a ['tẽsu, a] ADJ tense; (*sob pressão*) under stress, strained
tentação [tẽta'sãw] F temptation
tentáculo [tẽ'takulu] M tentacle
tentado, -a [tẽ'tadu, a] ADJ (*pessoa*) tempted; (*crime*) attempted
tentador, a [tẽta'dor(a)] ADJ tempting; (*sedutor*) inviting ▸ M/F tempter/temptress
tentar [tẽ'tar] VT to try; (*seduzir*) to tempt, entice ▸ VI to try; **~ fazer** to try to do
tentativa [tẽta'tʃiva] F attempt; **~ de fazer** attempt to do; **~ de homicídio/suicídio/roubo** (*Jur*) attempted murder/suicide/robbery; **por ~s** by trial and error
tentativo, -a [tẽta'tʃivu, a] ADJ tentative
tentear [tẽ'tʃjar] VT (*tentar*) to try
tênue ['tenwi] ADJ tenuous; (*fino*) thin; (*delicado*) delicate; (*luz, voz*) faint; (*pequeníssimo*) minute
tenuidade [tenwi'dadʒi] F tenuousness
teologia [teolo'ʒia] F theology
teológico, -a [teo'lɔʒiko, a] ADJ theological
teólogo, -a [te'ɔlogu, a] M/F theologian
teor [te'or] M (*conteúdo*) tenor; (*sentido*) meaning, drift; (*fig: norma*) system; (*: modo*) way; (*Quím*) grade; **~ alcoólico** alcoholic content; **baixo ~ de nicotina** low tar
teorema [teo'rema] M theorem
teoria [teo'ria] F theory
teoricamente [teorika'mẽtʃi] ADV theoretically, in theory
teórico, -a [te'ɔriku, a] ADJ theoretical ▸ M/F theoretician
teorizar [teori'zar] VI to theorize
tépido, -a ['tɛpidu, a] ADJ tepid, lukewarm

(PALAVRA-CHAVE)

ter [ter] VT **1** (*possuir, ger*) to have; (*na mão*) to hold; **você tem uma caneta?** have you got a pen?; **ela vai ter neném** she is going to have a baby

2 (*idade, medidas, estado*) to be; **ela tem 7 anos** she's 7 (years old); **a mesa tem 1 metro de comprimento** the table is 1 metre long; **ter fome/sorte** to be hungry/lucky; **ter frio/calor** to be cold/hot

3 (*conter*) to hold, contain; **a caixa tem um quilo de chocolates** the box holds one kilo of chocolates

4: **ter que** *ou* **de fazer** to have to do
5: **ter a ver com** to have to do with
6: **ir ter com** to (go and) meet
▸ VB IMPESS **1**: **tem** (*sg*) there is; (*pl*) there are; **tem 3 dias que não saio de casa** I haven't been out for 3 days
2: **não tem de quê** don't mention it

ter. ABR (= *terça-feira*) Tues
terapeuta [tera'pewta] M/F therapist
terapêutica [tera'pewtʃika] F therapeutics *sg*

terapêutico, -a [tera'pewtʃiku, a] ADJ therapeutic

terapia [tera'pia] F therapy; **~ ocupacional** occupational therapy; **~ de reposição hormonal** hormone replacement therapy

terça ['tersa] F (tb: **terça-feira**) Tuesday

terça-feira (pl **terças-feiras**) F Tuesday; **~ gorda** Shrove Tuesday; **~ que vem** next Tuesday; **~ passada/retrasada** last Tuesday/Tuesday before last; **hoje é ~ dia 12 de junho** today is Tuesday the 12th of June; **na ~** on Tuesday; **nas terças-feiras** on Tuesdays; **todas as terças-feiras** every Tuesday; **~ sim, ~ não** every other Tuesday; **na ~ de manhã** on Tuesday morning; **o jornal da ~** Tuesday's newspaper

terceiranista [tersejra'nista] M/F third-year

terceirizar [tersejri'zar] (BR) VT to outsource

terceiro, -a [ter'sejru, a] NUM third ▶ M (Jur) third party; **terceiros** MPL (os outros) outsiders; **o T~ Mundo** the Third World; ver tb **quinto**

terciário, -a [ter'sjarju, a] ADJ tertiary

terço ['tersu] M third (part)

terçol [ter'sɔw] (pl **-óis**) M stye

tergal® [ter'gaw] M Terylene®

tergiversar [terʒiver'sar] VI to prevaricate, evade the issue

termal [ter'maw] (pl **-ais**) ADJ thermal

termas ['termas] FPL bathhouse sg

térmico, -a ['tɛrmiku, a] ADJ thermal; **garrafa térmica** (Thermos®) flask

terminação [termina'sãw] (pl **-ões**) F (Ling) ending

terminal [termi'naw] (pl **-ais**) ADJ terminal ▶ M (de rede, Elet, Comput) terminal ▶ F terminal; **~ (de vídeo)** monitor, visual display unit

terminante [termi'nãtʃi] ADJ final; (categórico) categorical, firm; (decisivo) decisive

terminantemente [terminãtʃi'metʃi] ADV categorically, expressly

terminar [termi'nar] VT to finish ▶ VI (pessoa) to finish; (coisa) to end; **~ de fazer** to finish doing; (ter feito há pouco) to have just done; **~ por algo/fazer algo** to end with sth/end up doing sth

término ['tɛrminu] M (fim) end, termination

terminologia [terminolo'ʒia] F terminology

termo ['termu] M term; (fim) end, termination; (limite) limit, boundary; (prazo) period; (PT: garrafa) (Thermos®) flask; **pôr ~ a** to put an end to; **meio ~** compromise; **em ~s (de)** in terms (of)

termodinâmica [termodʒi'namika] F thermodynamics sg

termômetro [ter'mometru] M thermometer

termonuclear [termonukle'ar] ADJ thermonuclear ▶ F nuclear power station

termostato [termos'tatu] M thermostat

terninho [ter'niɲu] M trouser suit (BRIT), pantsuit (US)

terno, -a ['tɛrnu, a] ADJ gentle, tender ▶ M (BR: roupa) suit

ternura [ter'nura] F gentleness, tenderness

terra ['tɛha] F (mundo) earth, world; (Agr, propriedade) land; (pátria) country; (chão) ground; (Geo) soil, earth; (pó) dirt; (Elet) earth; **~ firme** dry land; **por ~** on the ground; **nunca viajei por essas ~s** I've never been to those parts; **ela não é da ~** she's not from these parts; **caminho de ~ batida** dirt road; **~ de ninguém** no man's land; **~ natal** native land; **~ prometida** promised land; **a T~ Santa** the Holy Land; **~ vegetal** black earth; **soltar em ~** to disembark

terraço [te'hasu] M terrace

terracota [teha'kɔta] F terracotta

Terra do Fogo F Tierra del Fuego

terramoto [teha'mɔtu] (PT) M = **terremoto**

Terra Nova F: **a ~** Newfoundland

terraplenagem [tehaple'naʒẽ] F earth-moving

terreiro [te'hejru] M yard, square; (de macumba) shrine

terremoto [tehe'mɔtu] M earthquake

terreno, -a [te'hɛnu, a] M ground, land; (porção de terra) plot of land; (Geo) terrain ▶ ADJ earthly; **ganhar/perder ~** (fig) to gain/lose ground; **sondar o ~** (fig) to test the ground

térreo, -a ['tɛhju, a] ADJ ground level atr; **andar ~** (BR) ground floor (BRIT), first floor (US)

terrestre [te'hɛstri] ADJ land atr; **globo ~** globe, Earth

terrificante [tehifi'kãtʃi] ADJ terrifying

terrífico, -a [te'hifiku, a] ADJ terrifying

terrina [te'hina] F tureen

territorial [tehito'rjaw] (pl **-ais**) ADJ territorial

território [tehi'tɔrju] M territory; (distrito) district, region

terrível [te'hivew] (pl **-eis**) ADJ terrible, dreadful

terror [te'hor] M terror, dread

terrorismo [teho'riʒmu] M terrorism

terrorista [teho'rista] ADJ, M/F terrorist; **~ suicida** suicide bomber

tertúlia [ter'tulja] F gathering (of friends)

tesão [te'zãw] (pl **-ões**) (!) M randiness; (pessoa, coisa) turn-on; (ereção) hard-on; **sentir ~ por alguém** to fancy sb; **estar de ~** to feel randy; (ter ereção) to have a hard-on

tese ['tɛzi] F proposition, theory; (Educ) thesis; **em ~** in theory

teso, -a ['tezu, a] ADJ (cabo) taut; (rígido) stiff; **estar ~** (col) to be broke ou skint

tesões [te'zõjs] MPL de **tesão**

tesoura [te'zora] F scissors pl; (fig) backbiter; **uma ~** a pair of scissors

tesourar [tezo'rar] VT to cut; (col) to run down

tesouraria [tezora'ria] F treasury

tesoureiro, -a [tezo'rejru, a] M/F treasurer

tesouro [te'zoru] M treasure; (erário) treasury, exchequer; (livro) thesaurus; **um ~ (de informações)** a treasure trove of information

testa ['tɛsta] F brow, forehead; **à ~ de** at the head of; **~ de ferro** figurehead

testamentário, -a [testamẽ'tarju, a] ADJ of a will

testamento [testa'mẽtu] M will, testament; (*Rel*): **Velho/Novo T~** Old/New Testament; **~ em vida** living will

testar [tes'tar] VT to test; (*deixar em testamento*) to bequeath

teste ['tɛstʃi] M test; **~ de aptidão** aptitude test

testemunha [teste'muɲa] F witness; **~ ocular** eyewitness; **~ de acusação** prosecution witness; **~s de Jeová** Jehovah's witnesses

testemunhar [testemu'ɲar] VI to testify ▶ VT to give evidence about; (*presenciar*) to witness; (*confirmar*) to demonstrate

testemunho [teste'muɲu] M evidence, testimony; (*prova*) evidence; **dar ~** to give evidence

testículo [tes'tʃikulu] M testicle

testificar [testʃifi'kar] VT to testify to; (*comprovar*) to attest; (*assegurar*) to maintain

testudo, -a [tes'tudu, a] ADJ big-headed

teta ['tɛta] F teat, nipple

tétano ['tɛtanu] M tetanus

tête-à-tête [tɛtʃia'tɛtʃi] M tête-à-tête

teteia [te'tɛja] F (*pessoa*) gem

teto ['tɛtu] M ceiling; (*telhado*) roof; (*habitação*) home; (*para preço etc*) ceiling; **~ solar** sun roof

tetracampeão [tetrakã'pjãw] (*pl* **-ões**) M four-time champion

tétrico, -a ['tɛtriku, a] ADJ (*lúgubre*) gloomy, dismal; (*horrível*) horrible

teu, tua [tew, 'tua] ADJ your ▶ PRON yours

teve ['tevi] VB *ver* **ter**

tevê [te've] F telly (*BRIT*), TV

têxtil ['testʃiw] (*pl* **-eis**) M textile

texto ['testu] M text

textual [tes'twaw] (*pl* **-ais**) ADJ textual; **estas são suas palavras textuais** these are his exact words

textualmente [testwaw'mẽtʃi] ADV (*exatamente*) exactly, to the letter

textura [tes'tura] F texture

texugo [te'ʃugu] M badger

tez [tez] F complexion; (*pele*) skin

TFR (*BR*) ABR M = **Tribunal Federal de Recursos**

thriller ['triler] (*pl* **-s**) M thriller

ti [tʃi] PRON you

tia ['tʃia] F aunt

tia-avó (*pl* **tias-avós**) F great aunt

tiara ['tʃara] F tiara

Tibete [tʃi'bɛtʃi] M: **o ~** Tibet

tíbia ['tʃibja] F shinbone

TIC [tʃik] ABR F (= *Tecnologia de Informação e Comunicação*) ICT

ticar [tʃi'kar] VT to tick

tico ['tʃiku] M: **um ~ (de)** a little bit (of)

tido, -a ['tʃidu, a] PP *de* **ter** ▶ ADJ: **~ como** *ou* **por** considered to be

tiete ['tʃjɛtʃi] (*col*) M/F fan

tifo ['tʃifu] M typhus

tifoide [tʃi'ɔidʒi] ADJ: **febre ~** typhoid (fever)

tigela [tʃi'ʒɛla] F bowl; **de meia ~** (*fig, col*) second-rate, small-time

tigre ['tʃigri] M tiger

tigresa [tʃi'greza] F tigress

tijolo [tʃi'ʒolu] M brick; **~ furado** air brick

til [tʃiw] (*pl* **tis**) M tilde

tilintar [tʃilĩ'tar] VT, VI to jingle ▶ M jingling

timaço [tʃi'masu] (*col*) M great team

timão [tʃi'mãw] (*pl* **-ões**) M (*Náut*) helm, tiller; (*time*) great team

timbre ['tʃibri] M insignia, emblem; (*selo*) stamp; (*Mús*) tone, timbre; (*de voz*) tone; (*Ling: de vogal*) quality; (*em papel de carta*) heading

time ['tʃimi] (*BR*) M team; **de segundo ~** (*fig*) second-rate; **tirar o ~ de campo** (*col*) to get going

timer ['tajmer] (*pl* **-s**) M timer

timidez [tʃimi'dez] F shyness, timidity

tímido, -a ['tʃimidu, a] ADJ shy, timid

timões [tʃi'mõjs] MPL *de* **timão**

timoneiro [tʃimo'nejru] M helmsman, coxswain

tímpano ['tʃĩpanu] M eardrum; (*Mús*) kettledrum

tina ['tʃina] F vat

tingimento [tʃiʒi'mẽtu] M dyeing

tingir [tʃi'ʒir] VT to dye; (*fig*) to tinge

tinha *etc* ['tʃiɲa] VB *ver* **ter**

tinhoso, -a [tʃi'nozu, ɔza] ADJ single-minded

tinido [tʃi'nidu] M jingle

tinir [tʃi'nir] VI to jingle, tinkle; (*ouvidos*) to ring; (*de frio, febre*) to shiver; (*de raiva, fome*) to tremble; **estar tinindo** (*carro, atleta*) to be in tip-top condition

tinjo *etc* ['tʃĩʒu] VB *ver* **tingir**

tino ['tʃinu] M (*juízo*) discernment, judgement; (*intuição*) intuition; (*prudência*) prudence; **perder o ~** to lose one's senses; **ter ~ para algo** to have a flair for sth

tinta ['tʃita] F (*de pintar*) paint; (*de escrever*) ink; (*para tingir*) dye; (*fig: vestígio*) shade, tinge; **carregar nas ~s** (*fig*) to exaggerate, embroider; **~ de impressão** printing ink

tinteiro [tʃi'tejru] M inkwell

tintim [tʃi'tʃi] EXCL cheers! ▶ M: **~ por ~** blow by blow

tinto, -a ['tʃitu, a] ADJ dyed; (*fig*) stained; **vinho ~** red wine

tintura [tʃi'tura] F dye; (*ato*) dyeing; (*fig*) tinge, hint

tinturaria [tʃitura'ria] F (*lavanderia a seco*) dry-cleaner's

tintureiro, -a [tʃitu'rejru, a] (*col*) M/F dry cleaner ▶ M police van

tio ['tʃiu] M uncle; **meus ~s** my uncle and aunt

tio-avô (*pl* **tios-avôs**) M great uncle

tipa ['tʃipa] (*col pej*) F dolly bird

tipão [tʃi'pãw] (*pl* **-ões**) (*col*) M good looker

típico, -a ['tʃipiku, a] ADJ typical
tipificar [tʃipifi'kar] VT to typify
tipo ['tʃipu] M type; *(de imprensa)* print; *(de impressora)* typeface; *(classe)* kind; *(col: sujeito)* guy, chap; *(pessoa)* person
tipões [tʃi'põjs] MPL *de* **tipão**
tipografia [tʃipogra'fia] F printing, typography; *(estabelecimento)* printer's
tipógrafo, -a [tʃi'pɔgrafu, a] M/F printer
tipoia [tʃi'pɔja] F *(tira de pano)* sling
tique ['tʃiki] M *(Med)* twitch, tic; *(sinal)* tick
tique-taque [-'taki] *(pl* **tique-taques)** M ticking
tíquete ['tʃiketʃi] M ticket
tiquinho [tʃi'kiɲu] M: **um ~ (de)** a little bit (of)
tira ['tʃira] F strip ▶ M (BR col) cop
tiracolo [tʃira'kɔlu] M: **a ~** slung from the shoulder; **com o marido a ~** with her husband in tow
tirada [tʃi'rada] F *(dito)* tirade
tiragem [tʃi'raʒē] F *(de livro)* print run; *(de jornal, revista)* circulation; *(de chaminé)* draught (BRIT), draft (US)
tira-gosto *(pl* **-s)** M snack, savoury (BRIT)
tira-manchas M INV stain remover
tirania [tʃira'nia] F tyranny
tirânico, -a [tʃi'raniku, a] ADJ tyrannical
tiranizar [tʃirani'zar] VT to tyrannize
tirano, -a [tʃi'ranu, a] ADJ tyrannical ▶ M/F tyrant
tirante [tʃi'rātʃi] M *(de arreio)* brace; *(Mecânica)* driving rod; *(viga)* tie beam ▶ PREP except; **uma cor ~ a vermelho** *etc* a reddish *etc* colo(u)r
tirar [tʃi'rar] VT to take away; *(de dentro)* to take out; *(de cima)* to take off; *(roupa, sapatos)* to take off; *(arrancar)* to pull out; *(férias)* to take, have; *(boas notas)* to get; *(salário)* to earn, get; *(curso)* to do, take; *(mancha)* to remove; *(foto, cópia)* to take; *(radiografia)* to have; *(mesa)* to clear; *(música, letra)* to take down; *(libertar)* to get out; **~ algo a alguém** to take sth from sb; **sem ~ nem pôr** exactly, precisely; **~ proveito/conclusões de** to benefit/draw conclusions from; **~ alguém para dançar** to ask sb to dance; **~ a tampa de** to take the lid off
tiririca [tʃiri'rika] *(col)* ADJ hopping mad
tiritante [tʃiri'tātʃi] ADJ shivering
tiritar [tʃiri'tar] VI to shiver
tiro ['tʃiru] M *(disparo)* shot; *(ato de disparar)* shooting, firing; **~ ao alvo** target practice; **trocar ~s** to fire at one another; **o ~ saiu pela culatra** *(fig)* the plan backfired; **dar um ~ no escuro** *(fig)* to take a shot in the dark; **ser ~ e queda** *(fig)* to be a dead cert
tirocínio [tʃiro'sinju] M apprenticeship, training
tiroteio [tʃiro'teju] M shooting, exchange of shots
tis [tʃis] MPL *de* **til**
tísica ['tʃizika] F consumption; *ver tb* **tísico**
tísico, -a ['tʃiziku, a] ADJ, M/F consumptive

tisnar [tʃiz'nar] VT *(enegrecer)* to blacken; *(tostar)* to brown
titânico, -a [tʃi'taniku, a] ADJ titanic
titânio [tʃi'tanju] M titanium
títere ['tʃiteri] M *(tb fig)* puppet
titia [tʃi'tʃia] F aunty; **ficar para ~** to be left on the shelf
titica [tʃi'tʃika] *(col)* F (piece of) junk ▶ M/F good-for-nothing
titio [tʃi'tʃiu] M uncle
tititi [tʃitʃi'tʃi] M *(tumulto)* hubbub; *(falatório)* gossip, talk
titubeante [tʃitu'bjātʃi] ADJ tottering; *(vacilante)* hesitant
titubear [tʃitu'bjar] VI *(cambalear)* to totter, stagger; *(vacilar)* to hesitate
titular [tʃitu'lar] ADJ titular ▶ M/F holder; *(Pol)* minister ▶ VT to title
título ['tʃitulu] M title; *(Com)* bond; *(universitário)* degree; **a ~ de** by way of, as; **a ~ de que você fez isso?** what was your reason for doing that?; **a ~ de curiosidade** out of curiosity; **~ ao portador** *(Com)* bearer bond; **~ de propriedade** title deed; **~ de câmbio** *(Com)* bill of exchange
tive *etc* ['tʃivi] VB *ver* **ter**
TJ (BR) ABR M = **Tribunal do Júri**; **Tribunal de Justiça**
tlim [tʃlĩ] M ring
TO ABR = **Tocantins**
to [tu] = **te + o**
toa ['toa] F towrope; **à ~** *(sem reflexão)* at random; *(sem motivo)* for no reason; *(inutilmente)* for nothing; *(sem ocupação)* with nothing to do; *(sem mais nem menos)* out of the blue; **andar à ~** to wander aimlessly; **não é à ~ que** it is not for nothing *ou* without reason that
toada [to'ada] F tune, melody
toalete [twa'lɛtʃi] M *(banheiro)* toilet ▶ F washing and dressing; **fazer a ~** to have a wash
toalha [to'aʎa] F towel; **~ de mesa** tablecloth; **~ de banho** bath towel; **~ de rosto** hand towel
toar [to'ar] VI to sound, resound
tobogã [tobo'gã] M toboggan
TOC ABR M (= *transtorno obsessivo-compulsivo*) OCD
toca ['tɔka] F burrow, hole; *(fig: refúgio)* bolt-hole; *(: casebre)* hovel
toca-discos (BR) M INV record-player
tocado, -a [to'kadu, a] ADJ *(col: alegre)* tipsy; *(expulso)* thrown out
tocador [toka'dor] M player; **~ MP3** MP3 player
toca-fitas M INV cassette player
tocaia [to'kaja] F ambush
tocante [to'kātʃi] ADJ moving, touching; **no ~ a** regarding, concerning
tocar [to'kar] VT to touch; *(Mús)* to play; *(campainha)* to ring; *(comover)* to touch; *(programa, campanha)* to conduct; *(ônibus, gado)* to drive; *(expulsar)* to drive out; *(chegar a)* to reach ▶ VI to touch; *(Mús)* to play; *(campainha,*

sino, telefone) to ring; (*em carro*) to drive; **tocar-se** VR to touch (each other); (*ir-se*) to head off; (*perceber*) to realize; ~ **a** (*dizer respeito a*) to concern, affect; ~ **em** to touch; (*assunto*) to touch upon; (*Náut*) to call at; ~ **para alguém** (*telefonar*) to ring sb (up), call sb (up); ~ **(o bonde) para frente** (*fig*) to get going, get a move on; **pelo que me toca** as far as I am concerned

tocha ['tɔʃa] F torch

toco ['toku] M (*de cigarro*) stub; (*de árvore*) stump

todavia [toda'via] ADV yet, still, however

(PALAVRA-CHAVE)

todo, -a ['todu, 'tɔda] ADJ **1** (*com artigo sg*) all; **toda a carne** all the meat; **toda a noite** all night, the whole night; **todo o Brasil** the whole of Brazil; **a toda (velocidade)** at full speed; **todo o mundo** (BR), **toda a gente** (PT) everybody, everyone; **em toda (a) parte** everywhere
2 (*com artigo pl*) all; (: *cada*) every; **todos os livros** all the books; **todos os dias/todas as noites** every day/night; **todos os que querem sair** all those who want to leave; **todos nós** all of us
▶ ADV: **ao todo** altogether; (*no total*) in all; **de todo** completely
▶ PRON: **todos** everybody *sg*, everyone *sg*

todo-poderoso, -a ADJ almighty, all-powerful
▶ M: **o T~** the Almighty

tofe ['tɔfi] M toffee

toga ['tɔga] F toga; (*Educ, de magistrado*) gown

toicinho [toj'siɲu] M bacon fat

toldo ['towdu] M awning, sun blind

toleima [to'lejma] F folly, stupidity

tolerância [tole'rãsja] F tolerance

tolerante [tole'rãtʃi] ADJ tolerant

tolerar [tole'rar] VT to tolerate

tolerável [tole'ravew] (*pl* **-eis**) ADJ tolerable, bearable; (*satisfatório*) passable; (*falta*) excusable

tolher [to'ʎer] VT to impede, hinder; (*voz*) to cut off; ~ **alguém de fazer** to stop sb doing

tolice [to'lisi] F stupidity, foolishness; (*ato, dito*) stupid thing

tolo, -a ['tolu, a] ADJ foolish, silly, stupid
▶ M/F fool; **fazer alguém/fazer-se de ~** to make a fool of sb/o.s.

tom [tõ] (*pl* **-ns**) M tone; (*Mús: altura*) pitch; (: *escala*) key; (*cor*) shade; **ser de bom ~** to be good manners; ~ **agudo/grave** high/low note; ~ **maior/menor** (*Mús*) major/minor key

tomada [to'mada] F capture; (*Elet*) socket; (*Cinema*) shot; ~ **de posse** investiture; ~ **de preços** tender

tomar [to'mar] VT to take; (*capturar*) to capture, seize; (*decisão*) to make; (*bebida*) to drink; **tomar-se** VR: **~-se de** to be overcome with; ~ **alguém por algo** to take sb for sth; ~ **algo como** to take sth as; **toma!** here you are!; **quer ~ alguma coisa?** do you want something to drink?; ~ **café** (*de manhã*) to have breakfast; **toma lá, dá cá** give and take

tomara [to'mara] EXCL: **~!** if only!; ~ **que venha hoje** I hope he comes today

tomara que caia ADJ INV: **(vestido) ~** strapless dress

tomate [to'matʃi] M tomato

tombadilho [tõba'dʒiʎu] M deck

tombar [tõ'bar] VI to fall down, tumble down
▶ VT to knock down, knock over; (*conservar: edifício*) to list

tombo ['tõbu] M (*queda*) tumble, fall; (*registro*) archives *pl*, records *pl*

tomilho [to'miʎu] M thyme

tomo ['tomu] M tome, volume

tona ['tɔna] F surface; **vir à ~** to come to the surface; (*fig*) to emerge; **trazer à ~** to bring up; (*recordações*) to bring back

tonalidade [tonali'dadʒi] F (*de cor*) shade; (*Mús*) tonality; (: *tom*) key

tonel [to'nɛw] (*pl* **-éis**) M cask, barrel

tonelada [tone'lada] F ton; **uma ~ de** (*fig*) tons of

tonelagem [tone'laʒẽ] F tonnage

toner ['toner] M toner

tônica ['tonika] F (*água*) tonic (water); (*Mús*) tonic; (*Ling*) stressed syllable; (*fig*) keynote

tônico, -a ['toniku, a] ADJ tonic; (*sílaba*) stressed ▶ M tonic; **acento ~** stress

tonificante [tonifi'kãtʃi] ADJ invigorating

tonificar [tonifi'kar] VT to tone up

tons [tõs] MPL *de* **tom**

tontear [tõ'tʃjar] VT: ~ **alguém** to make sb dizzy; (*suj: barulheira*) to get sb down, give sb a headache; (: *alvoroço, notícia*) to stun sb ▶ VI (*pessoa: com bebida*) to get dizzy; (: *com barulho*) to get a headache; (: *com alvoroço*) to be dazed; (*barulho*) to be wearing; (*alvoroço*) to be upsetting; ~ **de sono** to be half-asleep

tonteira [tõ'tejra] F dizziness

tontice [tõ'tʃisi] F stupidity, nonsense

tonto, -a ['tõtu, a] ADJ (*tolo*) stupid, silly; (*zonzo*) dizzy, lightheaded; (*atarantado*) flustered; **às tontas** impulsively

tontura [tõ'tura] F dizziness, light-headedness

topada [to'pada] F trip; **dar uma ~ em** to stub one's toe on

topar [to'par] VT to agree to ▶ VI: ~ **com** to come across; **topar-se** VR (*duas pessoas*) to run into one another; ~ **em** (*tropeçar*) to stub one's toe on; (*esbarrar*) to run into; (*tocar*) to touch; **você topa ir ao cinema?** do you fancy going to the cinema?; ~ **que alguém faça** to agree that sb should do

topa-tudo ['tɔpa-] M INV person who is up for anything

topázio [to'pazju] M topaz

tope ['tɔpi] M top

topete [to'petʃi] M quiff; **ter o ~ de fazer** (*fig*) to have the cheek to do

tópico, -a ['tɔpiku, a] ADJ topical ▶ M topic
topless [tɔp'lɛs] ADJ INV topless ▶ M INV *(na praia)* topless bikini
topo ['topu] M top; *(extremidade)* end, extremity
topografia [topogra'fia] F topography
topográfico, -a [topo'grafiku, a] ADJ topographical
topônimo [to'ponimu] M place name, toponym
toque[1] ['tɔki] M touch; *(de instrumento musical)* playing; *(de campainha)* ring; *(fig: vestígio)* touch; *(de celular)* ringtone; *(retoque)* finishing touch; **os últimos ~s** the finishing touches; **dar um ~ em alguém** *(col: avisar)* to let sb know; (: *falar com)* to have a word with sb; **a ~ de caixa** in all haste
toque[2] *etc* VB *ver* **tocar**
Tóquio ['tɔkju] N Tokyo
tora ['tɔra] F *(pedaço)* piece; *(de madeira)* log; *(sesta)* nap; **tirar uma ~** to have a nap
toranja [to'rãʒa] F grapefruit
tórax ['tɔraks] M INV thorax
torção [tor'sãw] *(pl* **-ões)** M twist, twisting; *(Med)* sprain
torcedor, a [torse'dor(a)] M/F supporter, fan
torcedura [torse'dura] F twist; *(Med)* sprain
torcer [tor'ser] VT to twist; *(Med)* to sprain; *(desvirtuar)* to distort, misconstrue; *(roupa: espremer)* to wring; (: *na máquina)* to spin; *(vergar)* to bend ▶ VI: **~ por** *(time)* to support; *(amigo etc)* to keep one's fingers crossed for; **torcer-se** VR *(contorcer-se)* to squirm, writhe; **~ para** *ou* **por** to cheer for; **~ para que tudo dê certo** to keep one's fingers crossed that everything works out right
torcicolo [torsi'kɔlu] M stiff neck
torcida [tor'sida] F *(pavio)* wick; *(Esporte: ato de torcer)* cheering; (: *torcedores)* supporters *pl*; **dar uma ~ em algo** to twist sth; *(roupa)* to wring sth out
torções [tor'sõjs] MPL *de* **torção**
tormenta [tor'mẽta] F storm; *(fig)* upset
tormento [tor'mẽtu] M torment, torture; *(angústia)* anguish
tormentoso, -a [tormẽ'tozu, ɔza] ADJ stormy, tempestuous
tornado [tor'nadu] M tornado
tornar [tor'nar] VI *(voltar)* to return, go back ▶ VT: **~ algo em algo** to turn *ou* make sth into sth; **tornar-se** VR to become; **~ a fazer algo** to do sth again
torneado, -a [tor'njadu, a] ADJ: **bem ~** *(pernas, pescoço)* shapely
tornear [tor'njar] VT to turn (on a lathe), shape
torneio [tor'neju] M tournament
torneira [tor'nejra] F tap (BRIT), faucet (US)
torniquete [torni'ketʃi] M *(Med)* tourniquet; *(PT: roleta)* turnstile
torno ['tornu] M lathe; *(Cerâmica)* wheel; **em ~ de** *(ao redor de)* around; *(sobre)* about; **em ~ de 5 milhões** around 5 million

tornozeleira [tornoze'lejra] F ankle support
tornozelo [torno'zelu] M ankle
toró [to'rɔ] M *(chuva)* downpour, shower; **caiu um ~** there was a sudden downpour
torpe ['torpi] ADJ vile
torpedear [torpe'dʒjar] VT to torpedo
torpedo [tor'pedu] M *(bomba)* torpedo; *(col: mensagem)* text (message)
torpeza [tor'peza] F vileness
torpor [tor'por] M torpor; *(Med)* numbness
torrada [to'hada] F toast; **uma ~** a piece of toast
torradeira [toha'dejra] F toaster
torrão [to'hãw] *(pl* **-ões)** M turf, sod; *(terra)* soil, land; *(de açúcar)* lump; **~ natal** native land
torrar [to'har] VT *(pão)* to toast; *(café)* to roast; *(plantação)* to parch; *(dinheiro)* to blow, squander; *(vender)* to sell off cheap; **~ (alguém)** *(col)* to get on sb's nerves; **~ a paciência** *ou* **o saco** *(col)* **de alguém** to try sb's patience
torre ['tohi] F tower; *(Xadrez)* castle, rook; *(Elet)* pylon; **~ de celular** mobile-phone mast (BRIT), cell tower (US); **~ de controle** *(Aer)* control tower; **~ de vigia** watchtower
torreão [to'hjãw] *(pl* **-ões)** M turret
torrefação [tohefa'sãw] *(pl* **-ões)** F coffee-roasting house
torrencial [tohẽ'sjaw] *(pl* **-ais)** ADJ torrential
torrente [to'hẽtʃi] F *(tb fig)* torrent
torreões [to'hjõjs] MPL *de* **torreão**
torresmo [to'hezmu] M crackling
tórrido, -a ['tɔhidu, a] ADJ torrid
torrinha [to'hiɲa] F *(Teatro)* gallery; **as ~s** the gods
torrões [to'hõjs] MPL *de* **torrão**
torrone [to'hɔni] M nougat
torso ['torsu] M torso, trunk
torta ['tɔrta] F pie, tart; **~ de maçã** apple pie
torto, -a ['tortu, 'tɔrta] ADJ twisted, crooked; **a ~ e a direito** indiscriminately; **cometer erros a ~ e a direito** to make mistakes left, right and centre
tortuoso, -a [tor'twozu, ɔza] ADJ winding
tortura [tor'tura] F torture; *(fig)* anguish, agony
torturador, a [tortura'dor(a)] M/F torturer
torturante [tortu'rãtʃi] ADJ *(sonhos)* haunting; *(dor)* excruciating
torturar [tortu'rar] VT to torture; *(fig: afligir)* to torment
torvelinho [torve'liɲu] M *(de vento)* whirlwind; *(de água)* whirlpool; *(fig: de pensamentos)* swirl
tos [tus] = **te + os**
tosão [to'zãw] *(pl* **-ões)** M fleece
tosar [to'zar] VT *(ovelha)* to shear; *(cabelo)* to crop
tosco, -a ['tosku, a] ADJ rough, unpolished; *(grosseiro)* coarse, crude
tosões [to'zõjs] MPL *de* **tosão**
tosquiar [tos'kjar] VT *(ovelha)* to shear, clip

tosse ['tɔsi] F cough; **~ de cachorro** whooping cough; **~ seca** dry ou tickly cough

tossir [to'sir] vi to cough ▶ vt to cough up

tosta ['tɔsta] (PT) F toast; **~ mista** toasted cheese and ham sandwich

tostado, -a [tos'tadu, a] ADJ toasted; (pessoa) tanned; (carne) browned

tostão [tos'tãw] M (dinheiro) cash; **estar sem um ~** to be completely penniless

tostar [tos'tar] vt to toast; (pele, pessoa) to tan; (carne) to brown; **tostar-se** vr to get tanned

total [to'taw] (pl **-ais**) ADJ, M total

totalidade [totali'dadʒi] F totality, entirety; **em sua ~** in its entirety; **a ~ da população/ dos políticos** the entire population/all politicians

totalitário, -a [totali'tarju, a] ADJ totalitarian

totalitarismo [totalita'rizmu] M totalitarianism

totalizar [totali'zar] vt to total up

totalmente [totaw'mẽtʃi] ADV totally, completely

touca ['toka] F bonnet; (de freira) veil; **~ de banho** bathing cap

toucador [toka'dor] M (penteadeira) dressing table

toucinho [to'siɲu] M = **toicinho**

toupeira [to'pejra] F mole; (fig) numbskull, idiot

tourada [to'rada] F bullfight

tourear [to'rjar] vi to fight bulls

toureiro [to'rejru] M bullfighter

touro ['toru] M bull; **T~** (Astrologia) Taurus; **pegar o ~ à unha** to take the bull by the horns

toxemia [tokse'mia] F blood poisoning

tóxico, -a ['tɔksiku, a] ADJ poisonous, toxic ▶ M (veneno) poison; (droga) drug

toxicômano, -a [toksi'komanu, a] M/F drug addict

toxina [tok'sina] F toxin

TPM ABR F (= tensão pré-menstrual) PMT

trabalhadeira [trabaʎa'dejra] F: **ela é ~** she's a hard worker

trabalhador, a [trabaʎa'dor(a)] ADJ (laborioso) hard-working, industrious; (Pol: classe) working ▶ M/F worker; **~ braçal** manual worker

trabalhão [traba'ʎãw] (pl **-ões**) M big job

trabalhar [traba'ʎar] vi to work; (Teatro) to act ▶ vt (terra) to till, work; (madeira, metal) to work; (texto) to work on; **~ com** (comerciar) to deal in; **~ de** ou **como** to work as

trabalheira [traba'ʎejra] F big job

trabalhista [traba'ʎista] ADJ labour atr (BRIT), labor atr (US) ▶ M/F Labour Party member (BRIT); **Partido T~** (Pol) Labour Party (BRIT)

trabalho [tra'baʎu] M work; (emprego, tarefa) job; (Econ) labour (BRIT), labor (US); (Educ: tarefa) assignment; **~ braçal** manual work; **~s forçados** hard labo(u)r, forced labo(u)r; **estar sem ~** to be out of work; **dar ~** to need work; **dar ~ a alguém** to cause sb trouble;

dar-se o ~ de fazer to take the trouble to do; **um ~ ingrato** a thankless task; **~ doméstico** housework; **~ de parto** labo(u)r

trabalhões [traba'ʎõjs] MPL de **trabalhão**

trabalhoso, -a [traba'ʎozu, ɔza] ADJ laborious, arduous

traça ['trasa] F moth

traçado [tra'sadu] M sketch, plan

tração [tra'sãw] F traction

traçar [tra'sar] vt to draw; (determinar) to set out, outline; (limites, fronteiras) to mark out; (planos) to draw up; (escrever) to compose; (col: comer, beber) to guzzle down

traço ['trasu] M (risco) line, dash; (de lápis) stroke; (vestígio) trace, vestige; (aspecto) feature, trait; **traços** MPL (do rosto) features; **~ (de união)** hyphen; (entre frases) dash

tradição [tradʒi'sãw] (pl **-ões**) F tradition

tradicional [tradʒisjo'naw] (pl **-ais**) ADJ traditional

tradições [tradʒi'sõjs] FPL de **tradição**

tradução [tradu'sãw] (pl **-ões**) F translation

tradutor, a [tradu'tor(a)] M/F translator; **~ juramentado** legally recognized translator

traduzir [tradu'zir] vt to translate; **traduzir-se** vr to come across; **~ do inglês para o português** to translate from English into Portuguese

trafegar [trafe'gar] vi to move, go

trafegável [trafe'gavew] (pl **-eis**) ADJ (rua) open to traffic

tráfego ['trafegu] M (trânsito) traffic; **~ aéreo/ marítimo** air/sea traffic

traficante [trafi'kãtʃi] M/F trafficker, dealer; **~ de drogas** drug trafficker, pusher (col)

traficar [trafi'kar] vi: **~ (com)** to deal (in), traffic (in)

tráfico ['trafiku] M traffic; **~ de drogas** drug trafficking

tragada [tra'gada] F (em cigarro) drag, puff

tragar [tra'gar] vt to swallow; (fumaça) to inhale; (suportar) to tolerate ▶ vi to inhale

tragédia [tra'ʒɛdʒja] F tragedy; **fazer ~ de algo** to make a drama out of sth

trágico, -a ['traʒiku, a] ADJ tragic; (dado a fazer tragédia) dramatic

tragicomédia [traʒiko'mɛdʒja] F tragicomedy

tragicômico, -a [traʒi'komiku, a] ADJ tragicomic

trago¹ ['tragu] M mouthful; (em cigarro) drag, puff; **tomar um ~** to have a mouthful; to have a drag; **de um ~** in one gulp

trago² etc VB ver **trazer**

traguei etc [tra'gej] VB ver **tragar**

traição [traj'sãw] (pl **-ões**) F treason, treachery; (deslealdade) disloyalty; (infidelidade) infidelity; **alta ~** high treason

traiçoeiro, -a [traj'swejru, a] ADJ treacherous; (infiel) disloyal

traições [traj'sõjs] FPL de **traição**

traidor, a [traj'dor(a)] M/F traitor
trailer ['trejler] (pl **-s**) M trailer; (tipo casa) caravan (BRIT), trailer (US)
traineira [traj'nejra] F trawler
training ['trejnĩŋ] (pl **-s**) M track suit
trair [tra'ir] VT to betray; (mulher, marido) to be unfaithful to; (esperanças) not to live up to; **trair-se** VR to give o.s. away
trajar [tra'ʒar] VT to wear; **trajar-se** VR: **~-se de preto** to be dressed in black
traje ['traʒi] M dress, clothes pl; **~ de banho** swimsuit; **~ de noite** evening gown; **~ a rigor** evening dress; **~ de passeio** smart dress; **em ~s de Adão** in one's birthday suit; **~s menores** smalls, underwear sg
trajeto [tra'ʒɛtu] M course, path
trajetória [traʒe'tɔrja] F trajectory, path; (fig) course
tralha ['traʎa] F fishing net; (col) junk
trama ['trama] F (tecido) weft (BRIT), woof (US); (enredo, conspiração) plot
tramar [tra'mar] VT (tecer) to weave; (maquinar) to plot ▶ VI: **~ contra** to conspire against
trambicar [trãbi'kar] (col) VT to con
trambique [trã'biki] (col) M con
trambiqueiro, -a [trãbi'kejru, a] M/F con merchant ▶ ADJ slippery
trambolhão [trambo'ʎãw] (pl **-ões**) M tumble; **andar aos trambolhões** to stumble along
trambolho [trã'boʎu] M encumbrance
trambolhões [trambo'ʎõjs] MPL de **trambolhão**
tramitar [trami'tar] VI to go through the procedure
trâmites ['tramitʃis] MPL procedure sg, channels
tramoia [tra'mɔja] F (fraude) swindle, trick; (trama) plot, scheme
trampolim [trãpo'lĩ] (pl **-ns**) M trampoline; (de piscina) diving board; (fig) springboard
trampolinagem [trãpoli'naʒẽ] (pl **-ns**) F trick, swindle
trampolineiro [trãpoli'nejru] M trickster, swindler
trampolinice [trãpoli'nisi] F trick, swindle
trampolins [trãpo'lĩs] MPL de **trampolim**
tranca ['trãka] F (de porta) bolt; (de carro) lock
trança ['trãsa] F (cabelo) plait; (galão) braid
trançado, -a [trã'sadu, a] ADJ (cesto) woven
trancafiar [trãka'fjar] VT to lock up
trancão [trã'kãw] (pl **-ões**) M bump
trancar [trã'kar] VT to lock; (matrícula) to suspend; (Futebol) to shove; **trancar-se** VR (mostrar-se fechado) to clam up; **~-se no quarto** to lock o.s. (away) in one's room
trançar [trã'sar] VT to weave; (cabelo) to plait, braid ▶ VI (col) to wander around
tranco ['trãku] M (solavanco) jolt; (esbarrão) bump; (de cavalo) walk; (col: admoestação) put-down; **aos ~s** jolting; **aos ~s e barrancos** with great difficulty; (aos saltos) jolting

787 | traidor – transformação

trancões [trã'kõjs] MPL de **trancão**
tranquilamente [trãkwila'mẽtʃi] ADV calmly; (facilmente) easily; (seguramente) for sure
tranquilidade [trãkwili'dadʒi] F tranquillity; (paz) peace
tranquilizador, a [trãkwiliza'dor(a)] ADJ reassuring; (música) soothing
tranquilizante [trãkwili'zãtʃi] ADJ = **tranquilizador** ▶ M (Med) tranquillizer
tranquilizar [trãkwili'zar] VT to calm, quieten; (despreocupar): **~ alguém** to reassure sb, put sb's mind at rest; **tranquilizar-se** VR to calm down; (pessoa preocupada) to be reassured
tranquilo, -a [trã'kwilu, a] ADJ peaceful; (mar, pessoa) calm; (criança) quiet; (consciência) clear; (seguro) sure, certain ▶ ADV with no problems
transa ['trãza] (BR col) F (sexo) lovemaking; (transada) sexual encounter
transação [trãza'sãw] (pl **-ões**) F (Com) transaction
transada [trã'zada] (BR col) F sexual encounter; **dar uma ~** (col) to have sex
transado, -a [trã'zadu, a] (BR col) ADJ (casa, bairro, roupa) stylish
Transamazônica [trãzama'zonika] F: **a ~** the trans-Amazonian highway
transamazônico, -a [trãzama'zoniku, a] ADJ trans-Amazonian
transar [trã'zar] (BR col) VI (ter relação sexual) to have sex
transatlântico, -a [trãzat'lãtʃiku, a] ADJ transatlantic ▶ M (transatlantic) liner
transbordar [trãzbor'dar] VI to overflow; **~ de alegria** to burst with happiness
transbordo [trãz'bordu] M (de viajantes) change, transfer
transcendental [trãsẽdẽ'taw] (pl **-ais**) ADJ transcendental
transcender [trãsẽ'der] VT, VI: **~ (a)** to transcend
transcorrer [trãsko'her] VI to elapse, go by; (evento) to pass off
transcrever [trãskre'ver] VT to transcribe
transcrição [trãskri'sãw] (pl **-ões**) F transcription
transcrito, -a [trãs'kritu, a] PP de **transcrever** ▶ M transcript
transe ['trãzi] M ordeal; (lance) plight; (hipnótico) trance; **a todo ~** at all costs
transeunte [trã'zjũtʃi] M/F passer-by
transferência [trãsfe'rẽsja] F transfer; (Jur) conveyancing
transferir [trãsfe'rir] VT to transfer; (adiar) to postpone
transferível [trãsfe'rivew] (pl **-eis**) ADJ transferable
transfigurar [trãsfigu'rar] VT to transfigure, transform; **transfigurar-se** VR to transform
transfiro etc [trãs'firu] VB ver **transferir**
transformação [trãsforma'sãw] (pl **-ões**) F transformation

transformador [trãsforma'dor] M (*Elet*) transformer

transformar [trãsfor'mar] VT to transform, turn; **transformar-se** VR to turn; ~ **algo em algo** to turn ou transform sth into sth

trânsfuga ['trãsfuga] M (*desertor*) deserter; (*político*) turncoat; (*da Rússia etc*) defector

transfusão [trãsfu'zãw] (*pl* **-ões**) F transfusion; ~ **de sangue** blood transfusion

transgênico, -a [trãz'ʒeniku, a] ADJ (*planta, alimento*) genetically modified, GM

transgredir [trãzgre'dʒir] VT to infringe

transgressão [trãzgre'sãw] (*pl* **-ões**) F transgression, infringement

transgrido *etc* [trãz'gridu] VB *ver* **transgredir**

transição [trãzi'sãw] (*pl* **-ões**) F transition; **período** *ou* **fase de** ~ transition period

transicional [trãzisjo'naw] (*pl* **-ais**) ADJ transitional

transições [trãzi'sõjs] FPL *de* **transição**

transido, -a [trã'zidu, a] ADJ numb

transigente [trãzi'ʒẽtʃi] ADJ willing to compromise

transigir [trãzi'ʒir] VI to compromise, make concessions; ~ **com alguém** to compromise with sb, meet sb halfway

transistor [trãzis'tor] M transistor

transitar [trãzi'tar] VI: ~ **por** to move through; (*rua*) to go along

transitável [trãzi'tavew] (*pl* **-eis**) ADJ (*caminho*) passable

transitivo, -a [trãzi'tʃivu, a] ADJ (*Ling*) transitive

trânsito ['trãzitu] M (*ato*) transit, passage; (*na rua: veículos*) traffic; (: *pessoas*) flow; **em** ~ in transit; **sinal de** ~ traffic signal

transitório, -a [trãzi'tɔrju, a] ADJ transitory, passing; (*período*) transitional

transladar [trãzla'dar] VT = **trasladar**

translado [trãz'ladu] M = **traslado**

translúcido, -a [trãz'lusidu, a] ADJ translucent

transmissão [trãzmi'sãw] (*pl* **-ões**) F transmission; (*Rádio,TV*) transmission, broadcast; (*transferência*) transfer; ~ **ao vivo** live broadcast; ~ **de dados** data transmission

transmissível [trãzmi'sivew] (*pl* **-eis**) ADJ transmittable

transmissões [trãzmi'sõjs] FPL *de* **transmissão**

transmissor, a [trãzmi'sor(a)] ADJ transmitting ▶ M transmitter

transmitir [trãzmi'tʃir] VT to transmit; (*Rádio, TV*) to broadcast, transmit; (*transferir*) to transfer; (*recado, notícia*) to pass on; (*aroma, som*) to carry; **transmitir-se** VR (*doença*) to be transmitted; ~ **algo a alguém** (*paz etc*) to bring sb sth

transparecer [trãspare'ser] VI to be visible, appear; (*revelar-se*) to be apparent

transparência [trãspa'rẽsja] F transparency; (*de água*) clarity

transparente [trãspa'rẽtʃi] ADJ transparent; (*roupa*) see-through; (*água*) clear; (*evidente*) clear, obvious

transpassar [trãspa'sar] VT = **traspassar**

transpiração [trãspira'sãw] F perspiration

transpirar [trãspi'rar] VI (*suar*) to perspire; (*divulgar-se*) to become known; (*verdade*) to come out ▶ VT to exude

transplantar [trãsplã'tar] VT to transplant

transplante [trãs'plãtʃi] M transplant

transpor [trãs'por] (*irreg: como* **pôr**) VT to cross; (*inverter*) to transpose

transportação [trãsporta'sãw] F transportation

transportadora [trãsporta'dora] F haulage company

transportar [trãspor'tar] VT to transport; (*levar*) to carry; (*enlevar*) to entrance, enrapture; (*fig: remontar*) to take back; **transportar-se** VR to be entranced; (*remontar*) to be transported back; ~ **a** ~ (*Com: quantia*) carry forward, c/f

transporte [trãs'pɔrtʃi] M transport; (*Com*) haulage; (*em contas*) amount carried forward; (*fig: êxtase*) rapture, delight; **despesas de** ~ transport costs; **Ministério dos T~s** Ministry of Transport (BRIT), Department of Transportation (US); ~ **rodoviário** road transport; **~s coletivos** public transport *sg*

transpôs [trãs'pos] VB *ver* **transpor**

transposição [trãspozi'sãw] F transposition; (*de rio*) crossing

transposto, -a [trãs'postu, 'pɔsta] PP *de* **transpor**

transpunha *etc* [trãs'puɲa] VB *ver* **transpor**

transpus *etc* [trãs'pus] VB *ver* **transpor**

transpuser *etc* [trãspu'zer] VB *ver* **transpor**

transtornar [trãstor'nar] VT to upset; (*rotina, reunião*) to disrupt; **transtornar-se** VR to get upset; to be disrupted

transtorno [trãs'tornu] M upset, disruption; (*contrariedade*) hardship; (*mental*) distraction

transversal [trãzver'saw] (*pl* **-ais**) ADJ transverse, cross; (**rua**) ~ cross street

transverso, -a [trãz'vɛrsu, a] ADJ transverse, cross

transviado, -a [trãz'vjadu, a] ADJ wayward, erring

transviar [trãz'vjar] VT to lead astray; **transviar-se** VR to go astray

trapaça [tra'pasa] F swindle, fraud

trapacear [trapa'sjar] VT, VI to swindle

trapaceiro, -a [trapa'sejru, a] ADJ crooked, cheating ▶ M/F swindler, cheat

trapalhada [trapa'ʎada] F confusion, mix-up

trapalhão, -lhona [trapa'ʎãw, 'ʎɔna] (*pl* **-ões/-s**) M/F bungler, blunderer

trapézio [tra'pɛzju] M trapeze; (*Mat*) trapezium

trapezista [trape'zista] M/F trapeze artist

trapo ['trapu] M rag; **ser** *ou* **estar um** ~ (*pessoa*) to be washed up

traqueia [tra'kɛja] F windpipe
traquejo [tra'keʒu] M experience
traqueotomia [trakjoto'mia] F tracheotomy
traquinas [tra'kinas] ADJ INV mischievous
trarei etc [tra'rej] VB ver **trazer**
trás [trajs] PREP, ADV: **para ~** backwards; **por ~ de** behind; **de ~** from behind; **a luz de ~** the back light; **de ~ para frente** back to front; **ano ~ ano** year after year; **dar para ~** (fig: pessoa) to go wrong
traseira [tra'zejra] F rear; (Anat) bottom
traseiro, -a [tra'zejru, a] ADJ back, rear ▶ M (Anat) bottom, behind
trasladar [trazla'dar] VT to remove, transfer; (copiar) to transcribe
traslado [traz'ladu] M (cópia) transcript; (deslocamento) removal, transference
traspassar [traspa'sar] VT (rio etc) to cross; (penetrar) to pierce, penetrate; (exceder) to exceed, overstep; (transferir) to transmit, transfer; (PT: sublocar) to sublet
traspasse [tras'pasi] M transfer; (sublocação) sublease
traste ['trastʃi] M thing; (coisa sem valor) piece of junk; (patife) rogue, rascal; **estar** ou **ficar um ~** to be devastated
tratado [tra'tadu] M treaty; (Literatura) treatise; **~ de paz** peace treaty
tratador, a [trata'dor(a)] M/F: **~ de cavalos** groom
tratamento [trata'mẽtu] M treatment; (título) title; **forma de ~** form of address; **~ de choque** shock treatment
tratante [tra'tãtʃi] M/F rogue
tratar [tra'tar] VT to treat; (tema) to deal with, cover; (combinar) to agree ▶ VI: **~ com** to deal with; (combinar) to agree with; **tratar-se** VR (Med) to take treatment; (cuidar-se) to take care of o.s.; **~ de** to deal with; **~ por** ou **de** to address as; **de que se trata?** what is it about?; **trata-se de** it is a question of; **~ de fazer** (esforçar-se) to try to do; (resolver) to resolve to do; **trate da sua vida!** mind your own business!; **~-se a pão e água** to live on bread and water
tratável [tra'tavew] (pl **-eis**) ADJ treatable; (afável) approachable, amenable
trato ['tratu] M (tratamento) treatment; (contrato) agreement, contract; **tratos** MPL (relações) dealings; **maus ~s** ill-treatment; **pessoa de fino ~** refined person; **dar ~s à bola** to rack one's brains
trator [tra'tor] M tractor
traulitada [trawli'tada] F beating
trauma ['trawma] M trauma
traumático, -a [traw'matʃiku, a] ADJ traumatic
traumatizante [trawmatʃi'zãtʃi] ADJ traumatic, harrowing
traumatizar [trawmatʃi'zar] VT to traumatize
travada [tra'vada] F: **dar uma ~** to put on the brake
travão [tra'vãw] (pl **-ões**) (PT) M brake

travar [tra'var] VT (roda) to lock; (iniciar) to engage in; (conversa) to strike up; (luta) to wage; (carro) to stop; (passagem) to block; (movimentos) to hinder ▶ VI (PT) to brake; **~ amizade com** to become friendly with, make friends with
trave ['travi] F beam, crossbeam; (Esporte) crossbar; **foi na ~** (col: resposta etc) (it was) close
través [tra'vɛs] M slant, incline; **de ~** across, sideways; **olhar de ~** to look sideways (at)
travessa [tra'vɛsa] F crossbeam, crossbar; (rua) lane, alley; (prato) dish; (para o cabelo) comb, slide
travessão [trave'sãw] (pl **-ões**) M (de balança) bar, beam; (pontuação) dash
travesseiro [trave'sejru] M pillow; **consultar o ~** to sleep on it
travessia [trave'sia] F (viagem) journey, crossing
travesso¹, -a [tra'vɛsa, a] ADJ cross, transverse
travesso², -a [tra'vesu, a] ADJ mischievous, naughty
travessões [trave'sõjs] MPL de **travessão**
travessura [trave'sura] F mischief, prank; **fazer ~s** to get up to mischief
travesti [traves'tʃi] M/F transvestite; (artista) drag artist
travões [tra'võjs] MPL de **travão**
trazer [tra'zer] VT to bring; (roupa) to wear; (nome, marcas) to bear; **~ à memória** to bring to mind; **o jornal traz uma notícia sobre isso** the newspaper has an item about that; **~ de volta** to bring back
TRE (BR) ABR M = **Tribunal Regional Eleitoral**
trecho ['treʃu] M passage; (de rua, caminho) stretch; (espaço) space
treco ['trɛku] (col) M (tralha) thing; (indisposição) bad turn; **trecos** MPL (bugigangas) stuff sg; **ter um ~** (sentir-se mal) to be taken bad; (zangar-se) to have a fit
trégua ['trɛgwa] F truce; (descanso) respite, rest; **não dar ~ a** to give no respite to
treinado, -a [trej'nadu, a] ADJ (atleta) fit; (animal) trained; (acostumado) practised (BRIT), practiced (US)
treinador, a [trejna'dor(a)] M/F trainer
treinamento [trejna'mẽtu] M training
treinar [trej'nar] VT to train; **treinar-se** VR to train; **~ seu inglês** to practise (BRIT) ou practice (US) one's English
treino ['trejnu] M training
trejeito [tre'ʒejtu] M (gesto) gesture; (careta) grimace, face
trela ['trɛla] F (correia) lead, leash; (col: conversa) chat; **dar ~ a** (col: conversar) to chat with; (encorajar) to lead on
treliça [tre'lisa] F trellis
trem [trẽj] (pl **-ns**) M train; (PT: carruagem) carriage, coach; **trens** MPL (col: coisas, objetos) gear sg, belongings; **ir de ~** to go by train; **mudar de ~** to change trains; **pegar um ~** to catch a train; **puxar o ~** (col) to make

tracks; **~ de carga/passageiros** freight/passenger train; **~ correio** mail train; **~ de aterrissagem** (*avião*) landing gear; **~ da alegria** (*Pol*) jobs *pl* for the boys, nepotism
trema ['trɛma] M di(a)eresis
tremedeira [treme'dejra] F trembling
tremelicante [tremeli'kãtʃi] ADJ trembling
tremelicar [tremeli'kar] VI to tremble, shiver
tremelique [treme'liki] M trembling
tremeluzir [tremelu'zir] VI to twinkle, glimmer
tremendo, -a [tre'mẽdu, a] ADJ tremendous; (*terrível*) terrible, awful
tremer [tre'mer] VI to shudder, quake; (*terra*) to shake; (*de frio, medo*) to shiver
tremor [tre'mor] M tremor, trembling; **~ de terra** (earth) tremor
tremular [tremu'lar] VI (*bandeira*) to flutter, wave; (*luz*) to glimmer, flicker
trêmulo, -a ['tremulu, a] ADJ shaky, trembling; (*voz*) faltering
trena ['trɛna] F tape measure
trenó [tre'nɔ] M sledge, sleigh (BRIT), sled (US)
trens [trẽjs] MPL *de* **trem**
trepada [tre'pada] (!) F screw, fuck (!)
trepadeira [trepa'dejra] F (*Bot*) creeper
trepar [tre'par] VT to climb ▶ VI: **~ em** to climb; **~ (com alguém)** (!) to screw (sb)
trepidação [trepida'sãw] F shaking
trepidar [trepi'dar] VI to tremble, shake
trépido, -a ['trɛpidu, a] ADJ fearful
três [tres] NUM three; **a ~ por dois** every five minutes, all the time; *ver tb* **cinco**
tresloucado, -a [trezlo'kadu, a] ADJ crazy, deranged
trespassar [trespa'sar] VT = **traspassar**
trespasse [tres'pasi] M = **traspasse**
três-quartos ADJ INV (*saia, manga*) three-quarter-length ▶ M INV (*apartamento*) three-room flat (BRIT) *ou* apartment
trevas ['trɛvas] FPL darkness *sg*
trevo ['trevu] M clover; (*de vias*) intersection
treze ['trezi] NUM thirteen; *ver tb* **cinco**
trezentos, -tas [tre'zẽtus, tas] NUM three hundred
TRH ABR F (= *terapia de reposição hormonal*) HRT
tríade ['triadʒi] F triad
triagem ['trjaʒẽ] F selection; (*separação*) sorting; **fazer uma ~ de** to make a selection of, sort out
triangular [trjãgu'lar] ADJ triangular
triângulo ['trjãgulu] M triangle
triatlo [tri'atlu] M triathlon
tribal [tri'baw] (*pl* **-ais**) ADJ tribal
tribo ['tribu] F tribe
tribulação [tribula'sãw] (*pl* **-ões**) F tribulation, affliction
tribuna [tri'buna] F platform, rostrum; (*Rel*) pulpit
tribunal [tribu'naw] (*pl* **-ais**) M court; (*comissão*) tribunal; **~ de apelação** *ou* **de recursos** court of appeal; **T~ de Justiça/Contas** Court of Justice/Accounts; **T~ do Trabalho** Industrial Tribunal

tributação [tributa'sãw] F taxation
tributar [tribu'tar] VT (*impor impostos a*) to tax; (*pagar*) to pay
tributário, -a [tribu'tarju, a] ADJ tax *atr* ▶ M (*de rio*) tributary
tributável [tribu'tavew] (*pl* **-eis**) ADJ taxable
tributo [tri'butu] M tribute; (*imposto*) tax
tricampeão, -peã [trikã'pjãw, 'pjã] (*pl* **-ões/-s**) M/F three-time champion
tricô [tri'ko] M knitting; **artigos de ~** knitted goods, knitwear *sg*; **ponto de ~** plain stitch
tricolor [triko'lor] ADJ three-coloured (BRIT), three-colored (US)
tricotar [triko'tar] VT, VI to knit
tridimensional [tridimẽsjo'naw] (*pl* **-ais**) ADJ three-dimensional
triênio ['trjenju] M three-year period
trigal [tri'gaw] (*pl* **-ais**) M wheat field
trigêmeo, -a [tri'ʒemju, a] M/F triplet
trigésimo, -a [tri'ʒɛzimu, a] ADJ thirtieth; *ver tb* **quinto**
trigo ['trigu] M wheat
trigonometria [trigonome'tria] F trigonometry
trigueiro, -a [tri'gejru, a] ADJ dark, swarthy
trilátero, -a [tri'lateru, a] ADJ trilateral
trilha ['triʎa] F (*caminho*) path; (*rasto*) track, trail; (*Comput*) track; **~ sonora** soundtrack
trilhado, -a [tri'ʎadu, a] ADJ (*pisado*) well-worn, well-trodden; (*percorrido*) covered
trilhão [tri'ʎãw] (*pl* **-ões**) M billion (BRIT), trillion (US)
trilhar [tri'ʎar] VT (*vereda*) to tread, wear
trilho ['triʎu] M (BR Ferro) rail; (*vereda*) path, track
trilhões [tri'ʎõjs] MPL *de* **trilhão**
trilíngue [tri'lĩgwi] ADJ trilingual
trilogia [trilo'ʒia] F trilogy
trimestral [trimes'traw] (*pl* **-ais**) ADJ quarterly
trimestralidade [trimestrali'dadʒi] F quarterly payment
trimestralmente [trimestraw'mẽtʃi] ADV quarterly
trimestre [tri'mɛstri] M (*Educ*) term; (*Com*) quarter
trinca ['trĩka] F set of three; (*col: trio*) threesome
trincar [trĩ'kar] VT to crunch; (*morder*) to bite; (*dentes*) to grit ▶ VI to crunch
trinchar [trĩ'ʃar] VT to carve
trincheira [trĩ'ʃejra] F trench
trinco ['trĩku] M latch
trindade [trĩ'dadʒi] F: **a T~** the Trinity; **trindades** FPL (*sino*) angelus *sg*
Trinidad e Tobago [trinidadʒito'bagu] M Trinidad and Tobago
trinta ['trĩta] NUM thirty; *ver tb* **cinquenta**
trio ['triu] M trio; **~ elétrico**; *see note*

> **Trios elétricos** are lorries, carrying floats equipped for sound systems and live music, which parade through the streets during *carnaval*, especially in Bahia.

Bands and popular performers on the floats draw crowds by giving frenzied performances of various types of music.

tripa ['tripa] F gut, intestine; **tripas** FPL (*intestinos*) bowels; (*vísceras*) guts; (*Culin*) tripe *sg*; **fazer das ~s coração** to make a great effort

tripé [tri'pɛ] M tripod

tríplex ['tripleks] ADJ INV three-storey (BRIT), three-story (US) ▶ M INV three-stor(e)y apartment

triplicar [tripli'kar] VT, VI to treble; **triplicar-se** VR to treble

Trípoli ['tripoli] N Tripoli

tripulação [tripula'sãw] (*pl* **-ões**) F crew

tripulante [tripu'lãtʃi] M/F crew member

tripular [tripu'lar] VT to man

trisavô, -vó [triza'vo, 'vɔ] M/F great-great-grandfather/mother

triste ['tristʃi] ADJ sad; (*lugar*) depressing

tristeza [tris'teza] F sadness; (*de lugar*) gloominess; **esse professor é uma ~** (*col*) this teacher is awful

tristonho, -a [tris'toɲu, a] ADJ sad, melancholy

triturar [tritu'rar] VT (*moer*) to grind; (*espancar*) to beat to a pulp; (*afligir*) to beset

triunfal [trjũ'faw] (*pl* **-ais**) ADJ triumphal

triunfante [trjũ'fãtʃi] ADJ triumphant

triunfar [trjũ'far] VI to triumph

triunfo ['trjũfu] M triumph

trivial [tri'vjaw] (*pl* **-ais**) ADJ (*comum*) common(place), ordinary; (*insignificante*) trivial, trifling ▶ M (*pratos*) everyday food

trivialidade [trivjali'dadʒi] F triviality; **trivialidades** FPL (*futilidades*) trivia *sg*

triz [triz] M: **por um ~** by a hair's breadth; **escapar por um ~** to have a narrow escape

troca ['trɔka] F exchange, swap; **em ~ de** in exchange for

troça ['trɔsa] F ridicule, mockery; **fazer ~ de** to make fun of

trocadilho [troka'dʒiʎu] M pun, play on words

trocado [tro'kadu] M: **~(s)** (small) change

trocador, a [troka'dor(a)] M/F (*em ônibus*) conductor

trocar [tro'kar] VT to exchange, swap; (*mudar*) to change; (*inverter*) to change *ou* swap round; (*confundir*) to mix up; **trocar-se** VR to change; **~ dinheiro** to change money; **~ algo por algo** to exchange *ou* swap sth for sth; **~ algo de lugar** to move sth; **~ de roupa/lugar** to change (clothes)/places; **~ de bem/mal** to make up/fall out

troçar [tro'sar] VI: **~ de** to ridicule, make fun of

troca-troca (*pl* **troca-trocas**) M swap

trocista [tro'sista] M/F joker

troco ['troku] M (*dinheiro*) change; (*revide*) retort, rejoinder; **a ~ de** at the cost of; (*por causa de*) because of; **em ~ de** in exchange for; **dar o ~ a alguém** (*fig*) to pay sb back

troço ['trɔsu] (BR *col*) M (*coisa inútil*) piece of junk; (*coisa*) thing; **ser ~** (*pessoa*) to be a big-shot; **ser um ~** to be amazing; **ter um ~** (*sentir-se mal*) to be taken bad; (*zangar-se*) to get mad; **senti** *ou* **me deu um ~** I felt bad; **ele é um ~ de feio** he's incredibly ugly; **meus ~s** my things

troféu [tro'few] M trophy

tromba ['trõba] F (*do elefante*) trunk; (*de outro animal*) snout; (*col*) poker face; **estar de ~** (*col*) to be poker-faced

trombada [trõ'bada] F crash; **dar uma ~** to have a crash

tromba-d'água (*pl* **trombas-d'água**) F waterspout; (*chuva*) downpour

trombadinha [trõba'dʒiɲa] F child thief

trombeta [trõ'beta] F (*Mús*) trumpet

trombone [trõ'bɔni] M (*Mús*) trombone; **botar a boca no ~** (*fig: col*) to tell the world

trombose [trõ'bɔzi] F thrombosis

trombudo, -a [trõ'budu, a] ADJ (*fig*) poker-faced

trompa ['trõpa] F (*Mús*) horn; **~ de Falópio** (*Anat*) Fallopian tube

tronchar [trõ'ʃar] VT to cut off, chop off

troncho, -a ['trõʃu, a] ADJ (*torto*) crooked; **~ de uma perna** one-legged

tronco ['trõku] M (*caule*) trunk; (*ramo*) branch; (*de corpo*) torso, trunk; (*de família*) lineage; (*Tel*) trunk line

troncudo, -a [trõ'kudu, a] ADJ stocky

trono ['trɔnu] M throne

tropa ['trɔpa] F troop, gang; (*Mil*) troop; (*exército*) army; **ir para a ~** (PT) to join the army; **~ de choque** riot police, riot squad

tropeção [trope'sãw] (*pl* **-ões**) M trip-up; (*fig*) faux pas, slip-up; **dar um ~ (em)** to stumble (on)

tropeçar [trope'sar] VI to stumble, trip; (*fig*) to blunder; **~ em dificuldades** to meet with difficulties

tropeço [tro'pesu] M stumbling block

tropeções [trope'sõjs] MPL *de* **tropeção**

trôpego, -a ['tropegu, a] ADJ shaky, unsteady

tropel [tro'pɛw] (*pl* **-éis**) M (*ruído*) uproar, tumult; (*confusão*) confusion; (*estrépito de pés*) stamping of feet; (*turbamulta*) mob

tropical [tropi'kaw] (*pl* **-ais**) ADJ tropical

trópico ['trɔpiku] M tropic; **T~ de Câncer/Capricórnio** Tropic of Cancer/Capricorn

troquei *etc* [tro'kej] VB *ver* **trocar**

trotar [tro'tar] VI to trot

trote ['trɔtʃi] M trot; (*por telefone etc*) hoax call; (: *obsceno*) obscene call; (*em calouro*) trick; **passar um ~** to play a hoax

trottoir [tro'twar] M: **fazer ~** to go on the streets (as a prostitute)

trouxa ['troʃa] ADJ (*col*) gullible ▶ F bundle of clothes ▶ M/F (*col: pessoa*) sucker

trouxe *etc* ['trosi] VB *ver* **trazer**

trova ['trɔva] F ballad, folksong

trovador [trova'dor] M troubadour, minstrel

trovão [tro'vãw] (*pl* **-ões**) M clap of thunder; (*trovoada*) thunder

trovejar [troveˈʒar] VI to thunder
trovoada [troˈvwada] F thunderstorm
trovoar [troˈvwar] VI to thunder
trovões [troˈvõjs] MPL *de* **trovão**
TRT (BR) ABR M = **Tribunal Regional do Trabalho**
TRU (BR) ABR F = **Taxa Rodoviária Única**
trucidar [trusiˈdar] VT to butcher, slaughter
truculência [trukuˈlẽsja] F cruelty, barbarism
truculento [trukuˈlẽtʃi] ADJ cruel, barbaric
trufa [ˈtrufa] F (*Bot*) truffle
truísmo [truˈizmu] M truism
trumbicar-se [trũbiˈkarsi] (*col*) VR to come a cropper
truncar [trũˈkar] VT to chop off, cut off; (*texto*) to garble
trunfo [ˈtrũfu] M trump (card)
truque [ˈtruki] M trick; (*publicitário*) gimmick
truste [ˈtrustʃi] M trust, monopoly
truta [ˈtruta] F trout
TSE (BR) ABR M = **Tribunal Superior Eleitoral**
TST (BR) ABR M = **Tribunal Superior do Trabalho**
tu [tu] PRON you
tua [ˈtua] F *de* **teu**
tuba [ˈtuba] F tuba
tubarão [tubaˈrãw] (*pl* **-ões**) M shark
tubário, -a [tuˈbarju, a] ADJ: **gravidez tubária** ectopic pregnancy
tubarões [tubaˈrõjs] MPL *de* **tubarão**
tuberculose [tuberkuˈlɔzi] F tuberculosis, TB
tuberculoso, -a [tuberkuˈlozu, ɔza] ADJ suffering from tuberculosis ▶ M/F TB sufferer
tubinho [tuˈbiɲu] M tube dress
tubo [ˈtubu] M tube, pipe; **~ de ensaio** test tube; **gastar/custar os ~s** (*col*) to spend/cost a bomb
tubulação [tubulaˈsãw] F piping, plumbing; **entrar pela ~** to come a cropper
tubular [tubuˈlar] ADJ tubular
tucano [tuˈkanu] M toucan
tudo [ˈtudu] PRON everything; **~ quanto** everything that; **antes de ~** first of all; **apesar de ~** despite everything; **acima de ~** above all; **depois de ~** after all; **~ ou nada** all or nothing; **estar com ~** to be sitting pretty
tufão [tuˈfãw] (*pl* **-ões**) M typhoon
tugúrio [tuˈgurju] M (*cabana*) hut, shack; (*refúgio*) shelter
tuitar [twiˈtar] VT, VI to tweet
tuíte [ˈtwitʃi] M tweet
tulipa [tuˈlipa] F tulip; (*copo*) tall glass
tumba [ˈtũba] F (*sepultura*) tomb; (*lápide*) tombstone
tumido, -a [tuˈmidu, a] ADJ (*inchado*) swollen
tumor [tuˈmor] M tumour (BRIT), tumor (US); **~ benigno/maligno** benign/malignant tumo(u)r; **~ cerebral** brain tumo(u)r
tumular [tumuˈlar] ADJ (*pedra*) tomb *atr*; (*silêncio*) like the grave
túmulo [ˈtumulu] M tomb; (*sepultura*) burial; **ser um ~** (*pessoa*) to be very discreet

tumulto [tuˈmuwtu] M (*confusão*) uproar, trouble; (*grande movimento*) bustle; (*balbúrdia*) hubbub; (*motim*) riot
tumultuado, -a [tumuwˈtwadu, a] ADJ riotous, heated
tumultuar [tumuwˈtwar] VT (*fazer tumulto em*) to disrupt; (*amotinar*) to rouse, incite
tumultuoso, -a [tumuwˈtwozu, ɔza] ADJ tumultuous; (*revolto*) stormy
tunda [ˈtũda] F thrashing, beating; (*fig*) dressing-down
túnel [ˈtunew] (*pl* **-eis**) M tunnel
túnica [ˈtunika] F tunic
Tunísia [tuˈnizja] F: **a ~** Tunisia
tupi [tuˈpi] M Tupi (tribe); (*Ling*) Tupi ▶ M/F Tupi Indian
tupi-guarani [-gwaraˈni] M *see note*

| Tupi-guarani is an important branch of indigenous languages from the tropical region of South America. It takes in thirty indigenous peoples and includes Tupi, Guarani, and other languages. Before Brazil was discovered by the Portuguese, it had 1,300 indigenous languages, 87% of which are now extinct due to the extermination of indigenous peoples and the loss of territory.

tupiniquim [tupiniˈkĩ] (*pl* **-ns**) (*pej*) ADJ Brazilian (Indian)
turba [ˈturba] F throng; (*em desordem*) mob
turbamulta [turbaˈmuwta] F mob
turbante [turˈbãtʃi] M turban
turbar [turˈbar] VT (*escurecer*) to darken, cloud; (*perturbar*) to perturb; **turbar-se** VR to be perturbed
turbilhão [turbiˈʎãw] (*pl* **-ões**) M (*de vento*) whirlwind; (*de água*) whirlpool; **um ~ de** a whirl of
turbina [turˈbina] F turbine; **~ eólica** wind turbine
turbulência [turbuˈlẽsja] F turbulence
turbulento, -a [turbuˈlẽtu, a] ADJ turbulent, stormy; (*pessoa*) disorderly
turco, -a [ˈturku, a] ADJ Turkish ▶ M/F Turk ▶ M (*Ling*) Turkish
turfa [ˈturfa] F peat
turfe [ˈturfi] M horse-racing
túrgido, -a [ˈturʒidu, a] ADJ swollen, bloated
turíbulo [tuˈribulu] M incense-burner
turismo [tuˈrizmu] M tourism; (*indústria*) tourist industry; **fazer ~** to go sightseeing; **agência de ~** travel agency
turista [tuˈrista] M/F tourist; (*aluno*) persistent absentee ▶ ADJ (*classe*) tourist *atr*
turístico, -a [tuˈristʃiku, a] ADJ tourist *atr*; (*viagem*) sightseeing *atr*
turma [ˈturma] F group; (*Educ*) class; **a ~ da pesada** (*col*) the in crowd
turnê [turˈne] F tour
turnedô [turneˈdo] M (*Culin*) tournedos
turno [ˈturnu] M shift; (*vez*) turn; (*Esporte, de eleição*) round; **por ~s** alternately, by turns, in turn; **~ da noite** night shift

turquesa [tur'keza] ADJ INV turquoise
Turquia [tur'kia] F: **a ~** Turkey
turra ['tuha] F (*disputa*) argument, dispute; **andar** *ou* **viver às ~s** to be at loggerheads
turvar [tur'var] VT to cloud; (*escurecer*) to darken; **turvar-se** VR to become clouded; to darken
turvo, -a ['turvu, a] ADJ clouded
tusso *etc* ['tusu] VB *ver* **tossir**
tusta ['tusta] (*col*) M: **nem um ~** not a penny
tutano [tu'tanu] M (*Anat*) marrow
tutela [tu'tɛla] F protection; (*Jur*) guardianship; **estar sob a ~ de** (*fig*) to be under the protection of
tutelar [tute'lar] ADJ protective; (*Jur*) guardian ▶ VT to protect; to act as a guardian to
tutor, a [tu'tor(a)] M/F guardian
tutu [tu'tu] M (*Culin*) beans, bacon and manioc flour; (*de balé*) tutu; (*col: dinheiro*) cash
TV [te've] ABR F (= *televisão*) TV
TVE (BR) ABR F (= *Televisão Educativa*) educational television station
TVS (BR) ABR F = **Televisão Stúdio Sílvio Santos**
tweed ['twidʒi] M tweed

U u

U, u [u] (*pl* **us**) M U, u; **U de Úrsula** U for Uncle
uai [waj] EXCL ah
UBE ABR F = **União Brasileira de Empresários**
úbere ['uberi] ADJ fertile ▶ M udder
ubérrimo, -a [u'bɛhimu, a] ADJ SUPERL *de* **úbere**
ubiquidade [ubikwi'dadʒi] F ubiquity
ubíquo, -a [u'bikwu, a] ADJ ubiquitous
Ucrânia [u'kranja] F: **a ~** the Ukraine
UD (BR) ABR F = **Feira de Utilidades Domésticas**
UDN ABR F (= *União Democrática Nacional*) *former Brazilian political party*
UE ABR F (= *União Europeia*) EU
ué [we] EXCL what?, just a minute!
UERJ ['wɛrʒi] ABR F = **Universidade Estadual do Rio de Janeiro**
ufa ['ufa] EXCL phew!
ufanar-se [ufa'narsi] VR: **~ de** to take pride in, pride o.s. on
ufanismo [ufa'nizmu] (BR) M boastful nationalism, chauvinism
Uferj [u'fɛrʒi] ABR F = **Unidade Fiscal do Estado do Rio de Janeiro**
UFF ABR F = **Universidade Federal Fluminense**
UFMG ABR F = **Universidade Federal de Minas Gerais**
UFPE ABR F = **Universidade Federal de Pernambuco**
UFRJ ABR F = **Universidade Federal do Rio de Janeiro**
Uganda [u'gãda] M Uganda
ugandense [ugã'dẽsi] ADJ, M/F Ugandan
uh [uh] EXCL ooh!; (*de repugnância*) ugh!
ui [ui] EXCL (*de dor*) ouch, ow; (*de surpresa*) oh; (*de repugnância*) ugh
uísque ['wiski] M whisky (BRIT), whiskey (US)
uisqueria [wiske'ria] F whisk(e)y bar
uivada [wi'vada] F howl
uivante [wi'vãtʃi] ADJ howling
uivar [wi'var] VI to howl; (*berrar*) to yell
uivo ['wivu] M howl; (*fig*) yell
úlcera ['uwsera] F ulcer
ulceração [uwsera'sãw] F ulceration
ulcerar [uwse'rar] VT, VI to ulcerate; **ulcerar-se** VR to ulcerate
ulceroso, -a [uwse'rozu, ɔza] ADJ ulcerous
ulterior [ulte'rjor] ADJ (*além*) further, farther; (*depois*) later, subsequent

ulteriormente [uwterior'mẽtʃi] ADV later on, subsequently
ultimamente [uwtʃima'mẽtʃi] ADV lately
ultimar [uwtʃi'mar] VT to finish; (*negócio, compra*) to complete
ultimato [uwtʃi'matu] M ultimatum
ultimátum [uwtʃi'matũ] M = **ultimato**
último, -a ['uwtʃimu, a] ADJ last; (*mais recente*) latest; (*qualidade*) lowest; (*fig*) final; **por ~** finally; **fazer algo por ~** to do sth last; **nos ~s anos** in recent years; **em ~ caso** if the worst comes to the worst; **pela última vez** (for) the last time; **a última** (*notícia*) the latest (news); (*absurdo*) the latest folly; **dizer as últimas a alguém** to insult sb; **estar nas últimas** (*na miséria*) to be down and out; (*agoniando*) to be on one's last legs
ultra... [uwtra-] PREFIXO ultra-
ultracheio, -a [uwtra'ʃeju, a] ADJ packed
ultrajante [uwtra'ʒãtʃi] ADJ outrageous; (*que insulta*) insulting
ultrajar [uwtra'ʒar] VT to outrage; (*insultar*) to insult, offend
ultraje [uw'traʒi] M outrage; (*insulto*) insult, offence (BRIT), offense (US)
ultraleve [uwtra'lɛvi] ADJ ultralight ▶ M microlite
ultramar [uwtra'mar] M overseas
ultramarino, -a [uwtrama'rinu, a] ADJ overseas
ultramoderno, -a [uwtramo'dɛrnu, a] ADJ ultramodern
ultrapassado, -a [uwtrapa'sadu, a] ADJ (*ideias etc*) outmoded
ultrapassagem [uwtrapa'saʒẽ] F overtaking (BRIT), passing (US)
ultrapassar [uwtrapa'sar] VT (*atravessar*) to cross, go beyond; (*ir além de*) to exceed; (*transgredir*) to overstep; (*Auto*) to overtake (BRIT), pass (US); (*ser superior a*) to surpass ▶ VI (*Auto*) to overtake (BRIT), pass (US)
ultrassecreto, -a [uwtrase'krɛtu, a] ADJ top secret
ultrassensível [uwtrasẽ'sivew] (*pl* **-eis**) ADJ hypersensitive
ultrassom [uwtra'sõ] M ultrasound
ultrassônico, -a [uwtra'soniku, a] ADJ ultrasonic; (*Med*) ultrasound *atr*
ultrassonografia [uwtrasonogra'fia] F ultrasound scanning

ultravioleta [uwtravjo'leta] ADJ ultraviolet

ululante [ulu'lãtʃi] ADJ howling; *(mentira, óbvio)* blatant

ulular [ulu'lar] VI to howl, wail ▶ M howling, wailing

---PALAVRA-CHAVE---

um, a [ũ, 'uma] *(pl* **uns/umas***)* NUM one; **um e outro** both; **um a um** one by one; **à uma (hora)** at one (o'clock)
▶ ADJ: **uns cinco** about five; **uns poucos** a few
▶ ART INDEF **1** *(sg)* a; *(: antes de vogal ou 'h' mudo)* an; *(pl)* some; **um livro** a book; **uma maçã** an apple
2 *(dando ênfase):* **estou com uma fome!** I'm so hungry!; **ela é de uma beleza incrível** she's incredibly beautiful
3: **um ao outro** one another; *(entre dois)* each other

---

umbanda [ũ'bãda] M umbanda *(Afro-Brazilian cult)*

umbigo [ũ'bigu] M navel

umbilical [ũbili'kaw] *(pl* **-ais***)* ADJ: **cordão ~** umbilical cord

umbral [ũ'braw] *(pl* **-ais***)* M *(limiar)* threshold

umedecer [umede'ser] VT to moisten, wet; **umedecer-se** VR to get wet

umedecido, -a [umede'sidu, a] ADJ damp

umidade [umi'dadʒi] F dampness; *(clima)* humidity

úmido, -a ['umidu, a] ADJ wet, moist; *(roupa)* damp; *(clima)* humid

unânime [u'nanimi] ADJ unanimous

unanimidade [unanimi'dadʒi] F unanimity

unção [ũ'sãw] F anointing; *(Rel)* unction

UNE (BR) ABR F = **União Nacional de Estudantes**

UNESCO [u'nɛsku] ABR F UNESCO

ungir [ũ'ʒir] VT to rub with ointment; *(Rel)* to anoint

unguento [ũ'gwẽtu] M ointment

unha ['uɲa] F nail; *(garra)* claw; **com ~s e dentes** tooth and nail; **ser ~ e carne (com)** to be hand in glove (with); **fazer as ~s** to do one's nails; *(por outra pessoa)* to have one's nails done; **~ encravada** *(no pé)* ingrowing toenail

unhada [u'ɲada] F scratch

unha de fome *(pl* **unhas de fome***)* ADJ mean ▶ M/F miser

unhar [u'ɲar] VT to scratch

união [u'njãw] *(pl* **-ões***)* F union; *(ato)* joining; *(unidade, solidariedade)* unity; *(casamento)* marriage; *(Tec)* joint; **a U~ Soviética** the Soviet Union; **a ~ faz a força** unity is strength; **a U~** *(no Brasil)* the Union, the Federal Government; **a U~ Europeia** the European Union

unicamente [unika'mẽtʃi] ADV only

único, -a ['uniku, a] ADJ only; *(sem igual)* unique; *(um só)* single; **ele é o ~ que ...** he is the only one who ...; **ela é filha única** she's an only child; **um caso ~** a one-off; **preço ~** one price

unicórnio [uni'kɔrnju] M unicorn

unidade [uni'dadʒi] F unity; *(Tec, Com)* unit; **~ central de processamento** *(Comput)* central processing unit; **~ de disco** *(Comput)* disk drive

unido, -a [u'nidu, a] ADJ joined, linked; *(fig)* united; **manter-se ~s** to stick together

Unif [u'nifi] (BR) ABR F = **Unidade Fiscal**

unificação [unifika'sãw] F unification

unificar [unifi'kar] VT to unite; **unificar-se** VR to join together

uniforme [uni'fɔrmi] ADJ uniform; *(semelhante)* alike, similar; *(superfície)* even ▶ M uniform; **de ~** uniformly

uniformidade [uniformi'dadʒi] F uniformity

uniformizado, -a [uniformi'zadu, a] ADJ *(uniforme)* uniform, standardized; *(vestido de uniforme)* in uniform

uniformizar [uniformi'zar] VT to standardize; *(pessoa)* to put into uniform; **uniformizar-se** VR to put on one's uniform

unilateral [unilate'raw] *(pl* **-ais***)* ADJ unilateral

unilíngue [uni'lĩgwi] ADJ monolingual

uniões [u'njõjs] FPL *de* **união**

unir [u'nir] VT *(juntar)* to join together; *(ligar)* to link; *(pessoas, fig)* to unite; *(misturar)* to mix together; *(atar)* to tie together; **unir-se** VR to come together; *(povos etc)* to unite; **~-se a alguém** to join forces with sb

unissex [uni'sɛks] ADJ INV unisex

uníssono [u'nisonu] M: **em ~** in unison

Unita [u'nita] ABR F (= *União Nacional pela Libertação de Angola*) Unita

unitário, -a [uni'tarju, a] ADJ *(preço)* unit *atr*; *(Pol)* unitarian ▶ M/F *(Pol, Rel)* unitarian

universal [univer'saw] *(pl* **-ais***)* ADJ universal; *(geral)* general; *(mundial)* worldwide; *(espírito)* broad

universalidade [universali'dadʒi] F universality

universalizar [universali'zar] VT to universalize

universidade [universi'dadʒi] F university

universitário, -a [universi'tarju, a] ADJ university *atr* ▶ M/F *(professor)* lecturer; *(aluno)* university student

universo [uni'vɛrsu] M universe; *(mundo)* world

unjo *etc* ['ũʒu] VB *ver* **ungir**

uno, -a ['unu, a] ADJ one

uns [ũs] MPL *de* **um**

untar [ũ'tar] VT *(esfregar)* to rub; *(com óleo, manteiga)* to grease

upa ['upa] EXCL *(quando algo cai)* whoops!; *(para animar a se levantar)* up you get!; *(de espanto)* wow!

UPC (BR) ABR F = **Unidade Padrão de Capital**

Urais [u'rajs] MPL: **os ~** the Urals

urânio [u'ranju] M uranium

Urano [u'ranu] M Uranus

urbanidade [urbani'dadʒi] F courtesy, politeness
urbanismo [urba'nizmu] M town planning
urbanista [urba'nista] M/F town planner
urbanístico, -a [urba'nistʃiku, a] ADJ town planning atr
urbanização [urbaniza'sãw] F urbanization
urbanizado, -a [urbani'zadu, a] ADJ (zona) built-up
urbanizar [urbani'zar] VT to urbanize; (pessoa) to refine
urbano, -a [ur'banu, a] ADJ (da cidade) urban; (fig) urbane
urbe ['urbi] F city
urdir [ur'dʒir] VT to weave; (fig: maquinar) to weave, hatch
urdu [ur'du] M (Ling) Urdu
uretra [u'retra] F urethra
urgência [ur'ʒẽsja] F urgency; **com toda ~** as quickly as possible; **de ~** urgent; **pedir algo com ~** to ask for sth insistently
urgente [ur'ʒẽtʃi] ADJ urgent
urgir [ur'ʒir] VI to be urgent; (tempo) to be pressing ▶ VT to require urgently; **são providências que urge sejam tomadas** they are steps which urgently need to be taken; **urge fazermos** we must do
urina [u'rina] F urine
urinado, -a [uri'nadu, a] ADJ (molhado) soaked with urine; (manchado) urine-stained
urinar [uri'nar] VI to urinate ▶ VT (sangue) to pass; (cama) to wet; **urinar-se** VR to wet o.s.
urinário, -a [uri'narju, a] ADJ urinary
urinol [uri'nɔw] (pl **-óis**) M chamber pot
urna ['urna] F urn; **urnas** FPL (eleições): **as ~s** the polls; **~ eleitoral** ballot box
urologia [urolo'ʒia] F urology
urologista [urolo'ʒista] M/F urologist
URP (BR) ABR F = **Unidade de Referência de Preços**
URPE (BR) ABR FPL = **Urgências Pediátricas**
urrar [u'har] VT, VI to roar; (de dor) to yell
urro ['uhu] M roar; (de dor) yell
ursa ['ursa] F bear; **U~ Maior/Menor** Ursa Major/Minor
urso ['ursu] M bear
urso-branco (pl **ursos-brancos**) M polar bear
URSS ABR F (= União das Repúblicas Socialistas Soviéticas): **a ~** the USSR
urticária [urtʃi'karja] F nettle rash
urtiga [ur'tʃiga] F nettle
urubu [uru'bu] M vulture
urubusservar [urubuser'var] (col) VT, VI to watch
urucubaca [uruku'baka] F bad luck; **estar com uma ~** to be unlucky
Uruguai [uru'gwaj] M: **o ~** Uruguay
uruguaio, -a [uru'gwaju, a] ADJ, M/F Uruguayan
urze ['urzi] M heather
usado, -a [u'zadu, a] ADJ used; (comum) common; (roupa) worn; (gasto) worn out; (de segunda mão) second-hand; **~ a** (acostumado) accustomed to
usar [u'zar] VT (servir-se de) to use; (vestir) to wear; (gastar com o uso) to wear out; (barba, cabelo curto) to have, wear ▶ VI: **~ de** to use; **~ fazer** to be in the habit of doing; **modo de ~** directions pl
usina [u'zina] F (fábrica) factory; (de energia) plant; **~ de açúcar** sugar mill; **~ de aço** steelworks; **~ hidrelétrica** hydroelectric power station; **~ termonuclear** nuclear power plant
usineiro, -a [uzi'nejru, a] ADJ plant atr ▶ M/F sugar mill owner
uso ['uzu] M (emprego) use; (utilização) usage; (prática) practice; (moda) fashion; (costume) custom; (vestir) wearing; **~ e desgaste normal** (Com) fair wear and tear
USP ['uspi] ABR F = **Universidade de São Paulo**
usual [u'zwaw] (pl **-ais**) ADJ usual; (comum) common
usuário, -a [u'zwarju, a] M/F user; **~ do telefone** telephone subscriber
usucapião [uzuka'pjãw] M (Jur) prescription
usufruir [uzu'frwir] VT to enjoy ▶ VI: **~ de** to enjoy
usufruto [uzu'frutu] M (Jur) usufruct
usura [u'zura] F (juro) interest; (avareza) avarice
usurário, -a [uzu'rarju, a] M/F (avaro) miser; (col: agiota) loan shark ▶ ADJ avaricious
usurpar [uzur'par] VT to usurp
úteis ['utejs] PL de **útil**
utensílio [utẽ'silju] M utensil
uterino, -a [ute'rinu, a] ADJ uterine
útero ['uteru] M womb, uterus
UTI ['utʃi] ABR F (= Unidade de Terapia Intensiva) intensive care (unit), ICU
útil ['utʃiw] (pl **-eis**) ADJ useful; (vantajoso) profitable, worthwhile; (tempo) working; (prazo) stipulated; **dias úteis** weekdays, working days; **em que lhe posso ser ~?** how can I be of assistance (to you)?
utilidade [utʃili'dadʒi] F usefulness; (vantagem) advantage; (utensílio) utility
utilitário, -a [utʃili'tarju, a] ADJ utilitarian, practical; (pessoa) matter-of-fact, pragmatic; (veículo) general purpose atr; **programa ~** (Comput) utilities program
utilização [utʃiliza'sãw] F use
utilizador, a [utʃiliza'dor(a)] (PT) M/F user
utilizar [utʃili'zar] VT to use; **utilizar-se** VR: **~-se de** to make use of
utilizável [utʃili'zavew] (pl **-eis**) ADJ usable
utopia [uto'pia] F Utopia
utópico, -a [u'tɔpiku, a] ADJ Utopian
uva ['uva] F grape; (col: mulher) peach; (: coisa) lovely thing; **ser uma ~** (pessoa, objeto) to be lovely; **uma ~ de pessoa/broche** a lovely person/brooch
úvula ['uvula] F uvula

Vv

V, v [ve] (*pl* **vs**) M V, v; **V de Vera** V for Victor
v ABR (= *volt*) v
vá *etc* [va] VB *ver* **ir**
vã [vã] F *de* **vão²**
vaca ['vaka] F cow; **carne de ~** beef; **tempo das ~s magras** (*fig*) lean period; **a ~ foi para o brejo** (*fig*) everything went wrong; **voltar à ~ fria** to get back to the subject
vacância [va'kãsja] F vacancy
vacante [va'kãtʃi] ADJ vacant
vaca-preta (*pl* **vacas-pretas**) F coca-cola with ice cream
vacilação [vasila'sãw] F (*hesitação*) hesitation; (*balanço*) swaying
vacilada [vasi'lada] F slip-up; **dar uma ~** (*col*) to slip up
vacilante [vasi'lãtʃi] ADJ (*hesitante*) hesitant; (*pouco firme*) unsteady; (*luz*) flickering
vacilar [vasi'lar] VI (*hesitar*) to hesitate; (*balançar*) to sway; (*cambalear*) to stagger; (*luz*) to flicker; (*col*) to slip up
vacina [va'sina] F vaccine
vacinação [vasina'sãw] (*pl* **-ões**) F vaccination
vacinar [vasi'nar] VT to vaccinate; (*fig*) to immunize; **vacinar-se** VR to take vaccine
vacuidade [vakwi'dadʒi] F emptiness
vacum [va'kũ] ADJ: **gado ~** cattle
vácuo ['vakwu] M vacuum; (*fig*) void; (*espaço*) space; **empacotado a ~** vacuum-packed
vadear [va'dʒjar] VT to wade through
vadiação [vadʒja'sãw] F vagrancy
vadiagem [va'dʒjaʒẽ] F = **vadiação**
vadiar [va'dʒjar] VI to lounge about; (*não trabalhar*) to idle about; (*não estudar*) to skive; (*perambular*) to wander
vadio, -a [va'dʒiu, a] ADJ (*ocioso*) idle, lazy; (*vagabundo*) vagrant ▶ M/F idler; vagabond, vagrant
vaga ['vaga] F (*onda*) wave; (*em hotel, trabalho*) vacancy; (*em estacionamento*) parking place; **ser bom de ~** to be good at parking
vagabundear [vagabũ'dʒjar] VI to wander about, roam about; (*vadiar*) to laze around
vagabundo, -a [vaga'bũdu, a] ADJ vagrant; (*vadio*) lazy, idle; (*de má qualidade*) shoddy; (*canalha*) rotten; (*mulher*) easy ▶ M/F tramp; (*canalha*) bum
vagalhão [vaga'ʎãw] (*pl* **-ões**) M big wave, breaker
vaga-lume [vaga'lumi] (*pl* **vaga-lumes**) M (*Zool*) glow-worm; (*no cinema*) usher
vagão [va'gãw] (*pl* **-ões**) M (*de passageiros*) carriage; (*de cargas*) wagon
vagão-leito (*pl* **vagões-leitos**) (PT) M sleeping car
vagão-restaurante (*pl* **vagões-restaurantes**) M buffet car
vagar [va'gar] VI to wander about; (*barco*) to drift; (*ficar vago*) to be vacant ▶ M slowness; **fazer algo com mais ~** to do sth at a more leisurely pace
vagareza [vaga'reza] F slowness; **com ~** slowly
vagaroso, -a [vaga'rozu, ɔza] ADJ slow
vagem ['vaʒē] (*pl* **-ns**) F green bean
vagido [va'ʒidu] M wail
vagina [va'ʒina] F vagina
vaginal [vaʒi'naw] (*pl* **-ais**) ADJ vaginal
vago, -a ['vagu, a] ADJ (*indefinido*) vague; (*desocupado*) vacant, free; **tempo ~, horas vagas** spare time
vagões [va'gõjs] MPL *de* **vagão**
vaguear [va'gjar] VI to wander, roam; (*passear*) to ramble
vai *etc* [vaj] VB *ver* **ir**
vaia ['vaja] F booing
vaiar [va'jar] VT, VI to boo, hiss
vaidade [vaj'dadʒi] F vanity; (*futilidade*) futility
vai da valsa M: **ir no ~** to take life as it comes, go with the flow
vaidoso, -a [vaj'dozu, ɔza] ADJ vain
vai e vem M INV = **vaivém**
vai não vai M INV shilly-shallying
vaivém [vaj'vẽj] M to-ing and fro-ing
vala ['vala] F ditch; **~ comum** pauper's grave
vale ['vali] M valley; (*poético*) vale; (*escrito*) voucher; (*reconhecimento de dívida*) I O U; **~ postal** postal order
valentão, -tona [valẽ'tãw, 'tɔna] (*pl* **-ões/-s**) ADJ tough ▶ M/F tough nut
valente [va'lētʃi] ADJ brave
valentia [valē'tʃia] F courage, bravery; (*proeza*) feat
valentões [valē'tõjs] MPL *de* **valentão**
valentona [valē'tɔna] F *de* **valentão**
valer [va'ler] VI to be worth; (*ser válido*) to be

valid; *(ter influência)* to carry weight; *(servir)* to serve; *(ser proveitoso)* to be useful; **valer-se** VR: **~-se de** to use, make use of; **~ a pena** to be worthwhile; **não vale a pena** it isn't worth it; **vale a pena fazer** it is worth doing; **~ a** *(ajudar)* to help; **~ por** *(equivaler)* to be worth the same as; **para ~** *(muito)* very much, a lot; *(realmente)* for real, properly; **vale dizer** in other words; **fazer ~ os seus direitos** to stand up for one's rights; **vale examinar os detalhes** we should examine the details; **mais vale ... (do que ...)** it would be better to ... (than ...); **não vale empurrar** *(Esporte etc)* you're not allowed to push; **assim não vale!** that's not fair!; **vale tudo** anything goes; **ser para ~** *(col)* to be for real; **ou coisa que o valha** or something like it; **valeu!** *(col)* you bet!

valet ['valitʃ] (BR) M valet parking

valeta [va'leta] F gutter

valete [va'lɛtʃi] M *(Cartas)* jack

vale-tudo M INV *(Esporte)* all-in wrestling; *(fig)* "anything goes" principle

valha *etc* ['vaʎa] VB *ver* **valer**

valia [va'lia] F value; **de grande ~** valuable

validação [valida'sãw] F validation

validade [vali'dadʒi] F validity; *(de cartão de crédito)* expiry date (BRIT), expiration date (US); *(de alimento)* best-before date

validar [vali'dar] VT to validate, make valid

válido, -a ['validu, a] ADJ valid

valioso, -a [va'ljozu, ɔza] ADJ valuable

valise [va'lizi] F case, grip

valor [va'lor] M value; *(mérito)* merit; *(coragem)* courage; *(preço)* price; *(importância)* importance; **valores** MPL *(morais)* values; *(num exame)* marks; *(Com)* securities; **dar ~ a** to value; **sem ~** worthless; **no ~ de** to the value of; **objetos de ~** valuables; **~ nominal** face value; **~ contábil** *ou* **contabilizado** *(Com)* book value; **~ ao par** *(Com)* par value

valorização [valoriza'sãw] F increase in value

valorizar [valori'zar] VT to value; *(aumentar o valor)* to raise the value of; **valorizar-se** VR to go up in value; *(pessoa)* to value o.s.

valoroso, -a [valo'rozu, ɔza] ADJ brave

valsa ['vawsa] F waltz

válvula ['vawvula] F valve

vampe ['vãpi] F vamp, femme fatale

vampiro, -a [vã'piru, a] M/F vampire

vandalismo [vãda'lizmu] M vandalism

vândalo, -a ['vãdalu, a] M/F vandal

vangloriar-se [vãglo'rjarsi] VR: **~ de** to boast of *ou* about

vanguarda [vã'gwarda] F vanguard, forefront; *(arte)* avant-garde; **artista de ~** avant-garde artist

vantagem [vã'taʒẽ] *(pl* **-ns***)* F advantage; *(ganho)* profit, benefit; **contar ~** *(col)* to brag, boast; **levar ~** to get the upper hand; **tirar ~ de** to take advantage of

vantajoso, -a [vãta'ʒozu, ɔza] ADJ advantageous; *(lucrativo)* profitable; *(proveitoso)* beneficial

vão¹ [vãw] VB *ver* **ir**

vão², vã [vãw, vã] *(pl* **-s/-s***)* ADJ vain; *(fútil)* futile ▶ M *(intervalo)* space; *(de porta etc)* opening; *(Arq)* empty space; **em ~** in vain

vapor [va'por] M steam; *(navio)* steamer; *(de gas)* vapour (BRIT), vapor (US); **cozer no ~** to steam; **ferro a ~** steam iron; **a todo o ~** at full speed

vaporizador [vaporiza'dor] M vaporizer; *(de perfume)* spray

vaporizar [vapori'zar] VT to vaporize; *(perfume)* to spray

vaporoso, -a [vapo'rozu, ɔza] ADJ steamy, misty; *(transparente)* transparent, see-through

vaqueiro [va'kejru] M cowboy, cowhand

vaquinha [va'kiɲa] F: **fazer uma ~** to have a whip-round

vara ['vara] F *(pau)* stick; *(Tec)* rod; *(Jur)* jurisdiction; *(de porcos)* herd; **salto de ~** pole vault; **~ de condão** magic wand

varal [va'raw] *(pl* **-ais***)* M clothes line

varanda [va'rãda] F verandah; *(balcão)* balcony

varão, -roa [va'rãw, 'roa] *(pl* **-ões/-s***)* ADJ male ▶ M man, male; *(de ferro)* rod

varapau [vara'paw] *(col)* M *(pessoa)* beanpole

varar [va'rar] VT *(furar)* to pierce; *(passar)* to cross ▶ VI to beach, run aground

varejar [vare'ʒar] VT *(com vara)* to beat; *(revistar)* to search

varejeira [vare'ʒejra] F bluebottle

varejista [vare'ʒista] (BR) M/F retailer ▶ ADJ *(mercado)* retail

varejo [va'reʒu] (BR) M *(Com)* retail trade; **loja de ~** retail store; **a ~** retail; **preço no ~** retail price

variação [varja'sãw] *(pl* **-ões***)* F variation, change

variado, -a [va'rjadu, a] ADJ varied; *(sortido)* assorted

variante [va'rjãtʃi] ADJ, F variant

variar [va'rjar] VT, VI to vary; **para ~** for a change

variável [va'rjavew] *(pl* **-eis***)* ADJ variable; *(tempo, humor)* changeable ▶ F variable

varicela [vari'sela] F chickenpox

variedade [varje'dadʒi] F variety; **variedades** FPL *(Teatro)* variety *sg*; **espetáculo/teatro de ~s** variety show/theatre (BRIT) *ou* theater (US)

Varig ['varigi] ABR F (= *Viação Aérea Rio-Grandense*) Brazilian national airline

varinha [va'riɲa] F wand; **~ de condão** magic wand

vário, -a ['varju, a] ADJ *(diverso)* varied; *(pl)* various, several; *(Com)* sundry

varíola [va'riola] F smallpox

varizes [va'rizis] FPL varicose veins

varoa [va'roa] F *de* **varão**

varões [va'rõjs] MPL *de* **varão**

varonil [varo'niw] *(pl* **-is***)* ADJ manly, virile

VAR-Palmares ABR F (= *Vanguarda Armada Revolucionária*) former Brazilian terrorist movement

varredor, a [vahe'dor(a)] ADJ sweeping ▶ M/F sweeper; **~ de rua** road sweeper

varrer [va'her] VT to sweep; *(sala)* to sweep out; *(folhas)* to sweep up; *(fig)* to sweep away

varrido, -a [va'hidu, a] ADJ: **um doido ~** a raving lunatic

Varsóvia [var'sɔvja] N Warsaw; **pacto de ~** Warsaw Pact

várzea ['vahzja] F meadow, field

vascular [vasku'lar] ADJ vascular

vasculhar [vasku'ʎar] VT *(pesquisar)* to research; *(remexer)* to rummage through

vasectomia [vazekto'mia] F vasectomy

vaselina® [vaze'lina] F Vaseline®; *(col: pessoa)* smooth talker

vasilha [va'ziʎa] F *(para líquidos)* jug; *(para alimentos)* dish, container; *(barril)* barrel

vaso ['vazu] M pot; *(para flores)* vase; **~ (sanitário)** toilet (bowl); **~ sanguíneo** blood vessel

Vasp ['vaspi] ABR F (= *Viação Aérea de São Paulo*) Brazilian internal airline

vassoura [va'sora] F broom

vastidão [vastʃi'dãw] F vastness, immensity

vasto, -a ['vastu, a] ADJ vast

vatapá [vata'pa] M *fish or chicken with coconut milk, shrimps, peanuts, palm oil and spices*

Vaticano [vatʃi'kanu] M: **o ~** the Vatican; **a Cidade do ~** the Vatican City

vaticinar [vatʃisi'nar] VT to foretell, prophesy

vaticínio [vatʃi'sinju] M prophecy

vau [vaw] M ford, river crossing; *(Náut)* beam

vazamento [vaza'mẽtu] M leak

vazante [va'zãtʃi] F ebb tide

vazão [va'zãw] (*pl* **-ões**) F flow; *(venda)* sale; **dar ~ a** *(expressar)* to give vent to; *(Com)* to clear; *(atender)* to deal with; *(resolver)* to attend to

vazar [va'zar] VT *(tornar vazio)* to empty; *(derramar)* to spill; *(verter)* to pour out ▶ VI to leak; *(maré)* to go out; *(notícia)* to leak; **ser vazado em** *(moldado)* to be modelled on

vazio, -a [va'ziu, a] ADJ empty; *(pessoa)* empty-headed, frivolous; *(cidade)* deserted ▶ M *(tb fig)* emptiness; *(deixado por alguém/algo)* void; **~ de** *(fig: sem)* devoid of

vazões [va'zõjs] FPL *de* **vazão**

VBC (BR) ABR M = **Valor Básico de Custeio**

vê *etc* [ve] VB *ver* **ver**

veado ['vjadu] M deer; (BR!) poof (BRIT!), fag (US!); **carne de ~** venison

vedado, -a [ve'dadu, a] ADJ *(proibido)* forbidden; *(fechado)* enclosed

vedar [ve'dar] VT *(proibir)* to ban, prohibit; *(sangue)* to stop (the flow of); *(buraco)* to stop up; *(garrafa)* to cork; *(entrada, passagem)* to block; *(terreno)* to close off

vedete [ve'dɛtʃi] F star

veemência [vje'mẽsja] F vehemence

veemente [vje'mẽtʃi] ADJ vehement

vegano, -a [ve'gano, a] ADJ, M/F vegan

vegetação [veʒeta'sãw] F vegetation

vegetal [veʒe'taw] (*pl* **-ais**) ADJ vegetable *atr*; *(reino, vida)* plant *atr* ▶ M vegetable; **medicamento ~** herbal remedy

vegetalista [veʒeta'lista] ADJ, M/F vegan

vegetar [veʒe'tar] VI to vegetate

vegetariano, -a [veʒeta'rjanu, a] ADJ, M/F vegetarian

vegetativo, -a [veʒeta'tʃivu, a] ADJ: **vida vegetativa** *(fig)* insular life

veia ['veja] F *(Med, Bot)* vein; *(fig: pendor)* bent

veicular [vejku'lar] VT *(em TV, rádio)* to broadcast; *(em jornal)* to carry

veículo [ve'ikulu] M *(tb fig)* vehicle; **~ de propaganda** advertising medium

veio¹ ['veju] M *(de rocha)* vein; *(na mina)* seam; *(de madeira)* grain; *(eixo)* shaft

veio² VB *ver* **vir**¹

vejo *etc* ['veʒu] VB *ver* **ver**

vela ['vɛla] F candle; *(Auto)* spark plug; *(Náut)* sail; **fazer-se à** *ou* **de ~** to set sail; **segurar a ~** *(col)* to play gooseberry; **barco à ~** sailing boat; **~ mestra** mainsail

velar [ve'lar] VT *(cobrir)* to veil; *(ocultar)* to hide; *(vigiar)* to keep watch over; *(um doente)* to sit up with ▶ VI *(não dormir)* to stay up; *(vigiar)* to keep watch; **~ por** to look after

veleidade [velej'dadʒi] F *(capricho)* whim, fancy; *(inconstância)* fickleness

veleiro [ve'lejru] M *(barco)* sailing boat

velejar [vele'ʒar] VI to sail

velhaco, -a [ve'ʎaku, a] ADJ crooked ▶ M/F crook

velha-guarda F old guard

velharia [veʎa'ria] F *(os velhos)* old people *pl*; *(coisa)* old thing

velhice [ve'ʎisi] F old age

velho, -a ['vɛʎu, a] ADJ old ▶ M/F old man/woman; *(col: pai/mãe)* old man/lady; **meus ~s** *(col: pais)* my folks; **meu ~!** *(col)* old chap

velhote, -ta [ve'ʎɔtʃi, ta] ADJ elderly ▶ M/F elderly man/woman

velocidade [velosi'dadʒi] F speed, velocity; (PT Auto) gear; **a toda ~** at full speed; **trem de alta ~** high-speed train; **"diminua a ~"** "reduce speed now"; **~ máxima** *(em estrada)* speed limit; **~ de processamento** *(Comput)* processing speed

velocímetro [velo'simetru] M speedometer

velocíssimo, -a [velo'sisimu, a] ADJ SUPERL *de* **veloz**

velocista [velo'sista] M/F sprinter

velódromo [ve'lɔdromu] M cycle track

velório [ve'lɔrju] M wake

veloz [ve'lɔz] ADJ fast

velozmente [veloz'mẽtʃi] ADV fast

veludo [ve'ludu] M velvet; **~ cotelê** corduroy

vem [vẽj] VB *ver* **vir**¹

vêm [vẽj] VB *ver* **vir**¹

vencedor, a [vẽse'dor(a)] ADJ winning ▶ M/F winner

vencer [vẽ'ser] VT *(num jogo)* to beat; *(competição)* to win; *(inimigo)* to defeat; *(exceder)* to surpass; *(obstáculos)* to overcome; *(percorrer)* to pass ▶ VI *(num jogo)* to win; **vencer(-se)** VR *(prazo)* to run out; *(promissória)* to become due; *(apólice)* to mature

vencido, -a [vẽ'sidu, a] ADJ: **dar-se por ~** to give in

vencimento [vẽsi'mẽtu] M (*Com*) expiry; (: *de letra, dívida*) maturation; (*data*) expiry date; (: *de promissória*) due date; (*salário*) salary; (*de gêneros alimentícios etc*) sell-by date; **vencimentos** MPL (*ganhos*) earnings

venda ['vẽda] F sale; (*pano*) blindfold; (*mercearia*) general store; **à ~** on sale, for sale; **pôr algo à ~** to put sth up for sale; **preço de ~** selling price; **~ a crédito** credit sale; **~ a prazo** *ou* **prestação** sale in instal(l)ments; **~ à vista** cash sale; **~ por atacado** wholesale; **~ pelo correio** mail-order

vendar [vẽ'dar] VT to blindfold

vendaval [vẽda'vaw] (*pl* **-ais**) M gale

vendável [vẽ'davew] (*pl* **-eis**) ADJ marketable

vendedor, a [vẽde'dor(a)] M/F seller; (*em loja*) sales assistant; (*de imóvel*) vendor; **~ ambulante** street vendor

vender [vẽ'der] VT, VI to sell; **vender-se** VR (*pessoa*) to allow o.s. to be bribed; **~ por atacado/a varejo** to sell wholesale/retail; **~ fiado/a prestações** *ou* **a prazo** to sell on credit/in instal(l)ments; **~ à vista** to sell for cash; **ela está vendendo saúde** she's bursting with health

vendeta [vẽ'deta] F vendetta

vendinha [vẽ'dʒiɲa] F corner shop

veneno [ve'nɛnu] M poison; (*fig, de serpente*) venom; **ser um ~ para** (*fig*) to be very bad for

venenoso, -a [vene'nozu, ɔza] ADJ poisonous; (*fig*) venomous

veneração [venera'sãw] F reverence

venerar [vene'rar] VT to revere; (*Rel*) to worship

venéreo, -a [ve'nɛrju, a] ADJ: **doença venérea** venereal disease

veneta [ve'neta] F: **ser de ~** (*pessoa*) to be moody; **deu-lhe na ~ (que)** he got it into his head (that)

Veneza [ve'neza] N Venice

veneziana [vene'zjana] F (*porta*) louvre (BRIT) *ou* louver (US) door; (*janela*) louvre *ou* louver window

Venezuela [vene'zwɛla] F: **a ~** Venezuela

venezuelano, -a [venezwe'lanu, a] ADJ, M/F Venezuelan

venha *etc* ['veɲa] VB *ver* **vir¹**

vênia ['venja] F (*desculpa*) forgiveness; (*licença*) permission

venial [ve'njaw] (*pl* **-ais**) ADJ venial, forgiveable

venta ['vẽta] F nostril; **ventas** FPL (*nariz*) nose *sg*

ventania [vẽta'nia] F gale

ventar [vẽ'tar] VI: **está ventando** it is windy

ventarola [vẽta'rɔla] F fan

ventilação [vẽtʃila'sãw] F ventilation

ventilador [vẽtʃila'dor] M ventilator; (*elétrico*) fan

ventilar [vẽtʃi'lar] VT to ventilate; (*roupa, sala*) to air; (*fig*) to discuss; (: *hipótese, possibilidade*) to entertain

vento ['vẽtu] M wind; (*brisa*) breeze; **de ~ em popa** (*fig*) swimmingly, very well

ventoinha [vẽ'twiɲa] F (*cata-vento*) weathercock, weather vane; (PT *Auto*) fan

ventoso, -a [vẽ'tozu, ɔza] ADJ windy

ventre ['vẽtri] M belly; (*literário: útero*) womb

ventríloquo, -a [vẽ'trilokwu, a] M/F ventriloquist

ventura [vẽ'tura] F fortune; (*felicidade*) happiness; **se por ~** if by any chance

venturoso, -a [vẽtu'rozu, ɔza] ADJ happy

Vênus ['venus] F Venus

ver [ver] VT to see; (*olhar para, examinar*) to look at; (*resolver*) to see to; (*televisão*) to watch ▶ VI to see ▶ M: **a meu ~** in my opinion; **ver-se** VR (*achar-se*) to be, find o.s.; (*no espelho*) to see o.s.; (*duas pessoas*) to see each other; **vai que ...** maybe ...; **viu?** (*col*) OK?; **deixa eu ~** let me see; **ele tem um carro que só vendo** (*col*) he's got a car like you wouldn't believe; **não tem nada a ~ (com)** it has nothing to do (with); **não tenho nada que ~ com isto** it is nothing to do with me, it is none of my concern; **~-se com** to settle accounts with; **bem se vê que** it's obvious that; **já se vê** of course; **pelo que se vê** apparently

veracidade [verasi'dadʒi] F truthfulness

veranear [vera'njar] VI to spend the summer; (*tirar férias*) to take summer holidays (BRIT) *ou* a summer vacation (US)

veraneio [vera'neju] M summer holidays *pl* (BRIT) *ou* vacation (US)

veranista [vera'nista] M/F holidaymaker (BRIT), (summer) vacationer (US)

verão [ve'rãw] (*pl* **-ões**) M summer

veraz [ve'rajʒ] ADJ truthful

verba ['vɛrba] F allowance; **verba(s)** F(PL) (*recursos*) funds *pl*

verbal [ver'baw] (*pl* **-ais**) ADJ verbal

verbalizar [verbali'zar] VT, VI to verbalize

verbete [ver'betʃi] M (*num dicionário*) entry

verbo ['vɛrbu] M verb; **deitar o ~** (*col*) to say a few words; **soltar o ~** (*col*) to start talking

verborragia [verboha'ʒia] F verbiage, waffle

verboso, -a [ver'bozu, ɔza] ADJ wordy, verbose

verdade [ver'dadʒi] F truth; **na ~** in fact; **é ~** it's true; **é ~?** (*col*) really?; **uma princesa de ~** a real princess; **de ~** (*falar*) truthfully; (*ameaçar etc*) really; **dizer umas ~s a alguém** to tell sb a few home truths; **a ~ nua e crua** the plain truth; **para falar a ~** to tell the truth; **..., não é ~?** (*col*) ..., isn't that so?

verdadeiramente [verdadejra'mẽtʃi] ADV really

verdadeiro, -a [verda'dejru, a] ADJ true; (*genuíno*) real; (*pessoa*) truthful; **foi um ~ desastre** it was a real disaster

verde ['verdʒi] ADJ green; (*fruta*) unripe; (*fig*) inexperienced ▶ M green; (*plantas etc*) greenery; **~ de medo** pale with fear; **~ de fome/raiva** terribly hungry/angry; **jogar ~ (para colher maduro)** to fish, ask leading questions; **Partido V~** Green Party

verde-abacate ADJ INV avocado (green)
verde-garrafa ADJ INV bottle-green
verdejar [verdeˈʒar] VI to turn green
verdor [verˈdor] M greenness; (*Bot*) greenery; (*fig*) inexperience
verdugo [verˈdugu] M executioner; (*fig*) beast
verdura [verˈdura] F (*hortaliça*) greens *pl*; (*Bot*) greenery; (*cor verde*) greenness
verdureiro, -a [verduˈrejru, a] M/F greengrocer (BRIT), produce dealer (US)
vereador, a [verjaˈdor(a)] M/F councillor (BRIT), councilor (US)
vereda [veˈreda] F path
veredicto [vereˈdʒiktu] M verdict
verga [ˈverga] F (*vara*) stick; (*de metal*) rod
vergão [verˈgãw] (*pl* **-ões**) M weal
vergar [verˈgar] VT (*curvar*) to bend ▶ VI to bend; (*com um peso*) to sag
vergões [verˈgõjs] MPL *de* **vergão**
vergonha [verˈgoɲa] F shame; (*timidez*) embarrassment; (*humilhação*) humiliation; (*ato indecoroso*) indecency; (*brio*) self-respect; **é uma ~** it's disgraceful; **ter ~** to be ashamed; (*tímido*) to be shy; **ter ~ de fazer** to be ashamed of doing; (*ser tímido*) to be too shy to do; **não ter ~ na cara** to have a cheek, have no shame
vergonhoso, -a [vergoˈɲozu, ɔza] ADJ (*infame*) shameful; (*indecoroso*) disgraceful
verídico, -a [veˈridʒiku, a] ADJ true, truthful
verificação [verifikaˈsãw] F (*exame*) checking; (*confirmação*) verification
verificar [verifiˈkar] VT to check; (*confirmar, Comput*) to verify; **verificar-se** VR (*acontecer*) to happen; (*realizar-se*) to come true; **~ se ...** to check that ...
verme [ˈvɛrmi] M worm
vermelhidão [vermeʎiˈdãw] F redness; (*da pele*) rosiness
vermelho, -a [verˈmeʎu, a] ADJ red ▶ M red; **estar no ~** to be in the red; **ficar ~** to go red
vermute [verˈmutʃi] M vermouth
vernáculo, -a [verˈnakulu, a] ADJ: **língua vernácula** vernacular ▶ M vernacular
vernissage [verniˈsaz] M opening, vernissage
verniz [verˈniz] M varnish; (*couro*) patent leather; (*fig*) whitewash; (: *polidez*) veneer; **sapatos de ~** patent shoes
verões [veˈrõjs] MPL *de* **verão**
verossímil [veroˈsimiw], (PT) **verosímil** (*pl* **-eis**) ADJ (*provável*) likely, probable; (*crível*) credible
verossimilhança [verosimiˈʎãsa], (PT) **verosimilhança** F probability
verruga [veˈhuga] F wart
versado, -a [verˈsadu, a] ADJ: **~ em** clever at, good at
versão [verˈsãw] (*pl* **-ões**) F version; (*tradução*) translation
versar [verˈsar] VI: **~ sobre** to be about, concern
versátil [verˈsatʃiw] (*pl* **-eis**) ADJ versatile
versatilidade [versatʃiliˈdadʒi] F versatility

801 | **verde-abacate – vetar**

versículo [verˈsikulu] M (*Rel*) verse; (*de artigo*) paragraph
verso [ˈvɛrsu] M verse; (*linha*) line of poetry; (*da página*) other side, reverse; **vide ~** see over; **~ solto** blank verse; **~s brancos** blank verse *sg*
versões [verˈsõjs] FPL *de* **versão**
vértebra [ˈvɛrtebra] F vertebra
vertebrado, -a [verteˈbradu, a] ADJ vertebrate ▶ M vertebrate
vertebral [verteˈbraw] (*pl* **-ais**) ADJ: **coluna ~** spine
vertente [verˈtẽtʃi] F slope
verter [verˈter] VT to pour; (*por acaso*) to spill; (*traduzir*) to translate; (*lágrimas, sangue*) to shed ▶ VI: **~ de** to spring from; **~ em** (*rio*) to flow into
vertical [vertʃiˈkaw] (*pl* **-ais**) ADJ vertical; (*de pé*) upright, standing ▶ F vertical
vértice [ˈvɛrtʃisi] M apex
vertigem [verˈtʃiʒẽ] F (*medo de altura*) vertigo; (*tonteira*) dizziness
vertiginoso, -a [vertʃiʒiˈnozu, ɔza] ADJ dizzy, giddy; (*velocidade*) frenetic
verve [ˈvɛrvi] F verve
vesgo, -a [ˈvezgu, a] ADJ cross-eyed
vesícula [veˈzikula] F: **~ (biliar)** gall bladder
vespa [ˈvespa] F wasp
véspera [ˈvɛspera] F: **a ~ (de)** the day before; **vésperas** FPL (*Rel*) vespers; **a ~ de Natal** Christmas Eve; **nas ~s de** on the eve of; (*de eleição etc*) in the run-up to; **estar nas ~s de** to be about to
vesperal [vespeˈraw] (*pl* **-ais**) ADJ afternoon *atr* ▶ F matinée
vespertino, -a [vesperˈtʃinu, a] ADJ evening *atr*
veste [ˈvɛstʃi] F garment; (*Rel*) vestment, robe
vestiário [vesˈtʃjarju] M (*em casa, teatro*) cloakroom; (*Esporte*) changing room (BRIT), locker-room (US); (*de ator*) dressing room
vestibular [vestʃibuˈlar] M college entrance exam
vestíbulo [vesˈtʃibulu] M hall(way), vestibule; (*Teatro*) foyer
vestido, -a [vesˈtʃidu, a] ADJ: **~ de branco** *etc* dressed in white *etc* ▶ M dress; **~ de baile** ball gown; **~ de noiva** wedding dress
vestidura [vestʃiˈdura] F (*Rel*) robe
vestígio [vesˈtʃiʒju] M (*rastro*) track; (*fig*) sign, trace
vestimenta [vestʃiˈmẽta] F (*roupa*) garment; (*Rel*) vestment
vestir [vesˈtʃir] VT (*uma criança*) to dress; (*pôr sobre si*) to put on; (*trajar*) to wear; (*comprar, dar roupa para*) to clothe; (*fazer roupa para*) to make clothes for; **vestir-se** VR to dress; (*pôr roupa*) to get dressed; **~-se de algo** to dress up as sth; **ela se veste naquela butique** she buys her clothes in that boutique; **~-se de preto** *etc* to dress in black *etc*; **este terno veste bem** this suit is a good fit
vestível [vesˈtʃibew] ADJ (*Comput*) wearable
vestuário [vesˈtwarju] M clothing
vetar [veˈtar] VT to veto; (*proibir*) to forbid

veterano, -a [vete'ranu, a] ADJ, M/F veteran
veterinário, -a [veteri'narju, a] ADJ veterinary ▶ M/F vet(erinary surgeon)
veto ['vɛtu] M veto
véu [vɛw] M veil; **~ do paladar** (*Anat*) soft palate, velum
vexame [ve'ʃami] F (*vergonha*) shame, disgrace; (*tormento*) affliction; (*humilhação*) humiliation; (*afronta*) insult; **passar um ~** to be disgraced; **dar um ~** to make a fool of o.s.
vexaminoso, -a [veʃami'nozu, ɔza] ADJ shameful, disgraceful
vexar [ve'ʃar] VT (*atormentar*) to upset; (*envergonhar*) to put to shame; **vexar-se** VR to be ashamed
vez [vez] F time; (*turno*) turn; **uma ~** once; **duas ~es** twice; **alguma ~** ever; **algumas ~es, às ~es** sometimes; **~ por outra** sometimes; **cada ~ (que)** every time; **cada ~ mais/menos** more and more/less and less; **desta ~** this time; **de ~** once and for all; **de uma ~** (*ao mesmo tempo*) at once; (*de um golpe*) in one go; **de ~ em quando** from time to time; **em ~ de** instead of; **fazer as ~es de** (*pessoa*) to stand in for; (*coisa*) to replace; **mais uma ~, outra ~** again, once more; **raras ~es** seldom; **uma ~ que** since; **3 ~es 6** 3 times 6; **de uma ~ por todas** once and for all; **ter ~** (*pessoa*) to have a chance; (*argumento etc*) to apply; **muitas ~es** many times; (*frequentemente*) often; **mais ~es** more often; **na maioria das ~es** most times; **toda ~ que** every time; **um de cada ~** one at a time; **repetidas ~es** repeatedly; **uma ~ ou outra** once in a while; **uma ~ na vida, outra na morte** once in a blue moon; **era uma ~ ...** once upon a time there was ....
vi [vi] VB *ver* **ver**
via¹ ['via] F road, route; (*meio*) way; (*documento*) copy; (*conduto*) channel ▶ PREP via, by way of; **~ aérea** airmail; **~ de acesso** access road; **V~ Láctea** Milky Way; **primeira ~** (*de documento*) top copy; **chegar às ~s de fato** to come to blows; **em ~s de** in the process of; **por ~ aérea** by airmail; **por ~ das dúvidas** just in case; **por ~ de regra** generally, as a rule; **por ~ terrestre/marítima** by land/sea
via² *etc* VB *ver* **ver**
viabilidade [vjabili'dadʒi] F feasibility, viability
viação [vja'sãw] (*pl* **-ões**) F transport; (*companhia de ônibus*) bus (*ou* coach) company; (*conjunto de estradas*) roads *pl*
viaduto [vja'dutu] M viaduct
viageiro, -a [vja'ʒejru, a] ADJ travelling (*BRIT*), traveling (*US*)
viagem ['vjaʒẽ] (*pl* **-ns**) F journey, trip; (*o viajar*) travel; (*Náut*) voyage; (*com droga*) trip; **viagens** FPL (*jornadas*) travels; **~ de ida e volta** return trip, round trip; **~ de núpcias** honeymoon; **~ de ida** outward trip; **~ de negócios** business trip; **~ inaugural** (*Náut*) maiden voyage; **boa ~!** bon voyage!, have a good trip!
viajado, -a [vja'ʒadu, a] ADJ well-travelled (*BRIT*), well-traveled (*US*)
viajante [vja'ʒãtʃi] ADJ travelling (*BRIT*), traveling (*US*) ▶ M traveller (*BRIT*), traveler (*US*); (*Com*) commercial travel(l)er
viajar [vja'ʒar] VI to travel; **~ por** to travel, tour
viário, -a ['vjarju, a] ADJ road *atr*
viatura [vja'tura] F vehicle
viável ['vjavew] (*pl* **-eis**) ADJ feasible, viable
víbora ['vibora] F viper; (*fig: pessoa*) snake in the grass
vibração [vibra'sãw] (*pl* **-ões**) F vibration; (*fig*) thrill
vibrante [vi'brãtʃi] ADJ vibrant; (*discurso*) stirring
vibrar [vi'brar] VT (*brandir*) to brandish; (*fazer estremecer*) to vibrate; (*cordas*) to strike ▶ VI to vibrate; (*som*) to echo; (*col*) to be thrilled
vice ['visi] M/F deputy
vice- [visi-] PREFIXO vice-
vice-campeão, -peã (*pl* **-ões/-s**) M/F runner-up
vicejar [vise'ʒar] VI to flourish
vice-presidente, -a M/F vice president
vice-rei M viceroy
vice-reitor, a M/F deputy head
vice-versa [-'vɛrsa] ADV vice versa
viciado, -a [vi'sjadu, a] ADJ addicted; (*ar*) foul ▶ M/F addict; **um ~ em entorpecentes** a drug addict; **~ em algo** addicted to sth
viciar [vi'sjar] VT (*criar vício em*) to make addicted; (*falsificar*) to falsify; (*taxímetro etc*) to fiddle; **viciar-se** VR to become addicted; **~-se em algo** to become addicted to sth
vicinal [visi'naw] (*pl* **-ais**) ADJ local
vício ['visju] M vice; (*defeito*) failing; (*costume*) bad habit; (*em entorpecentes*) addiction
vicioso, -a [vi'sjozu, ɔza] ADJ corrupt, defective; **círculo ~** vicious circle
vicissitude [visisi'tudʒi] F vicissitude; **vicissitudes** FPL ups and downs
viço ['visu] M vigour (*BRIT*), vigor (*US*); (*da pele*) freshness
viçoso, -a [vi'sozu, ɔza] ADJ (*plantas*) luxuriant; (*fig*) exuberant
vida ['vida] F life; (*duração*) lifetime; (*fig*) vitality; **com ~** alive; **ganhar a ~** to earn one's living; **modo de ~** way of life; **para toda a ~** forever; **sem ~** dull, lifeless; **na ~ real** in real life; **cair na ~** (*col*) to go on the game; **dar ~ a** (*festa, ambiente*) to liven up; **dar a ~ por algo/por fazer algo** to give one's right arm for sth/to do sth; **estar bem de ~** to be well off; **estar entre a ~ e a morte** to be at death's door; **mete-se com a sua ~** mind your own business; **é a ~!** that's life!; **danado/feliz da ~** really angry/happy; **siga essa rua toda a ~** follow this street as far as you can go; **ele trabalha que não é ~** (*col*) he works really hard; **a ~ mansa** the

easy life; **~ civil/privada/pública/sentimental/sexual/social** civilian/private/public/love/sex/social life; **~ conjugal/doméstica** married/home life; **~ útil** (*Com*) useful life

vidão [vi'dãw] M good life

vide ['vidʒi] VT see; **~ verso** see over

videira [vi'dejra] F grapevine

vidente [vi'dẽtʃi] M/F clairvoyant; (*no mundo antigo*) seer

vídeo ['vidʒju] M video; (*televisão*) TV; (*tela*) screen

videocâmara [vidʒju'kamara] F video camera

videocassete [vidʒjuka'sɛtʃi] M (*fita*) video cassette *ou* tape; (*aparelho*) video (recorder)

videoclipe [vidʒju'klipi] M video

videoclube [vidʒju'klubi] M video club

videodisco [vidʒju'dʒisku] M video disk

vídeo game [-'gejmi] (*pl* **vídeo games**) M video game

videoteipe [vidʒju'tejpi] M (*fita*) video tape; (*processo*) (video-)taping

videotexto [vidʒju'testu] M Teletext®

vidraça [vi'drasa] F window pane

vidraçaria [vidrasa'ria] F glazier's; (*fábrica*) glass factory; (*conjunto de vidraças*) glasswork

vidraceiro [vidra'sejru] M glazier

vidrado, -a [vi'dradu, a] ADJ glazed; (*porta*) glass atr; (*olhos*) glazed, glassy; **estar** *ou* **ser ~ em** *ou* **por** (*col*) to be crazy about

vidrar [vi'drar] VT to glaze ▶ VI: **~ em** *ou* **por** (*col*) to fall in love with

vidreiro [vi'drejru] M glazier, glassmaker

vidro ['vidru] M glass; (*frasco*) bottle; **fibra de ~** fibreglass (BRIT), fiberglass (US); **~ fosco** frosted glass; **~ fumê** tinted glass; **~ de aumento** magnifying glass

viela ['vjɛla] F alley

Viena ['vjɛna] N Vienna

vier *etc* [vjer] VB *ver* **vir**¹

viés [vjɛs] M slant; (*Costura*) bias strip; **ao** *ou* **de ~** diagonally

vieste ['vjɛstʃi] VB *ver* **vir**¹

Vietnã [vjet'nã] (BR) M: **o ~** Vietnam

vietnamita [vjetna'mita] ADJ, M/F Vietnamese

viga ['viga] F beam; (*de ferro*) girder

vigarice [viga'risi] F swindle

vigário [vi'garju] M vicar

vigarista [viga'rista] M swindler, confidence trickster

vigência [vi'ʒẽsja] F validity; **durante a ~ da lei** while the law is in force

vigente [vi'ʒẽtʃi] ADJ in force, valid

viger [vi'ʒer] VI to be in force

vigésimo, -a [vi'ʒɛzimu, a] NUM twentieth; *ver tb* **quinto**

vigia [vi'ʒia] F (*ato*) watching; (*Náut*) porthole ▶ M night watchman; **de ~** on watch

vigiar [vi'ʒjar] VT to watch, keep an eye on; (*ocultamente*) to spy on; (*velar por*) to keep watch over; (*presos, fronteira*) to guard ▶ VI to be on the lookout

vigilância [viʒi'lãsja] F vigilance

vigilante [viʒi'lãtʃi] ADJ vigilant; (*atento*) alert

vigília [vi'ʒilja] F (*falta de sono*) wakefulness; (*vigilância*) vigilance

vigor [vi'gor] M energy; **em ~** in force; **entrar/pôr em ~** to take effect/put into effect

vigorar [vigo'rar] VI to be in force; **a ~ a partir de** effective as of

vigoroso, -a [vigo'rozu, ɔza] ADJ vigorous

vil [viw] (*pl* **vis**) ADJ vile, low

vila ['vila] F town; (*casa*) villa; (*conjunto de casas*) group of houses round a courtyard; **~ militar** military base

vilã [vi'lã] F *de* **vilão**

vilania [vila'nia] F villainy

vilão, -lã [vi'lãw, 'lã] (*pl* **-ões/-s**) M/F villain

vilarejo [vila'reʒu] M village

vileza [vi'leza] F vileness; (*ação*) mean trick

vilipendiar [vilipẽ'dʒjar] VT to revile; (*desprezar*) to despise

vim [vĩ] VB *ver* **vir**¹

vime ['vimi] M wicker

vinagre [vi'nagri] M vinegar

vinagrete [vina'grɛtʃi] M vinaigrette

vincar [vĩ'kar] VT to crease; (*produzir sulco em*) to furrow; (*rosto*) to line

vinco ['vĩku] M crease; (*sulco*) furrow; (*no rosto*) line

vincular [vĩku'lar] VT to link, tie; **vincular-se** VR to be linked *ou* tied

vínculo ['vĩkulu] M bond, tie; (*relação*) link; **~ de parentesco** blood tie; **~ empregatício** contract of employment

vinda ['vĩda] F arrival; (*ato de vir*) coming; (*regresso*) return; **dar as boas ~s a** to welcome

vindicar [vĩdʒi'kar] VT to vindicate

vindima [vĩ'dʒima] F grape harvest

vindique *etc* [vĩ'dʒiki] VB *ver* **vindicar**

vindouro, -a [vĩ'doru, a] ADJ future, coming

vingador, a [vĩga'dor(a)] ADJ avenging ▶ M/F avenger

vingança [vĩ'gãsa] F vengeance, revenge

vingar [vĩ'gar] VT to avenge ▶ VI (*ter êxito*) to be successful; (*planta*) to grow; **vingar-se** VR: **~-se de** to take revenge on

vingativo, -a [vĩga'tʃivu, a] ADJ vindictive

vingue *etc* ['vĩgi] VB *ver* **vingar**

vinha¹ ['viɲa] F vineyard; (*planta*) vine

vinha² *etc* VB *ver* **vir**¹

vinha-d'alho (*pl* **vinhas d'alho**) F marinade

vinhedo [vi'ɲedu] M vineyard

vinho ['viɲu] M wine ▶ ADJ INV maroon; **~ branco/rosado/tinto** white/rosé/red wine; **~ seco/doce** dry/sweet wine; **~ espumante/de mesa** sparkling/table wine; **~ do Porto** port

vinícola [vi'nikola] ADJ INV wine-producing

vinicultor, a [vinikuw'tor(a)] M/F wine grower

vinicultura [vinikuw'tura] F wine growing, viticulture

vinil [vi'niw] M vinyl

vinte ['vĩtʃi] NUM twenty; **o século ~** the twentieth century; **as ~** (col: de cigarro, bebida) the last bit; ver tb **cinquenta**

vintém [vĩ'tēj] M: **sem um ~** penniless

vintena [vĩ'tena] F: **uma ~** twenty, a score

viola ['vjɔla] F viola

violação [vjola'sãw] (pl **-ões**) F violation; **~ da lei** lawbreaking; **~ de domicílio** housebreaking

violão [vjo'lãw] (pl **-ões**) M guitar

violar [vjo'lar] VT to violate; (a lei) to break

violência [vjo'lēsja] F violence

violentar [vjolē'tar] VT to force; (mulher) to rape; (fig: sentido) to distort

violento, -a [vjo'lētu, a] ADJ violent; (furioso) furious

violeta [vjo'leta] F violet ▶ ADJ INV violet

violinista [vjoli'nista] M/F violinist, violin player

violino [vjo'linu] M violin

violões [vjo'lõjs] MPL de **violão**

violoncelista [vjolõse'lista] M/F cellist

violoncelo [vjolõ'sɛlu] M cello

VIP ['vipi] M/F VIP ▶ ADJ (sala) VIP atr

vir¹ [vir] VI to come; **~ a ser** to turn out to be; **a semana que vem** next week; **~ abaixo** to collapse; **mandar ~** to send for; **~ fazendo algo** to have been doing sth; **~ fazer** to come to do; **~ buscar** to come for; **~ com** (alegar) to come up with; **isso não vem ao caso** that's irrelevant; **veio-lhe uma ideia** he had an idea, an idea came to him; **~ a saber** to come to know; **venha o que vier** come what may; **vem cá!** come here!; (col: escuta) listen!; **não vem que não tem!** (col) come off it!

vir² etc VB ver **ver**

viração [vira'sãw] (pl **-ões**) F breeze

vira-casaca ['vira-] (pl **vira-casacas**) M/F turncoat

virada [vi'rada] F turning; (guinada) swerve; (Esporte) turnaround; **dar uma ~** (col) to put on a last burst

virado, -a [vi'radu, a] ADJ (às avessas) upside down ▶ M (Culin): **~ (de feijão)** fried beans with sausage and eggs; **~ para** facing

viral [vi'raw] ADJ (tb Comput) viral

vira-lata ['vira-] (pl **vira-latas**) M (cão) mongrel; (pessoa) bum

viralizar [virali'zar] (BR col) VI (Comput) to go viral

virar [vi'rar] VT to turn; (página, disco, barco) to turn over; (esquina) to turn; (bolsos) to turn inside out; (copo) to empty; (despejar) to tip; (opinião) to turn round; (transformar-se em) to become ▶ VI to turn; (barco) to capsize, turn over; (mudar) to change; **virar-se** VR to turn; (voltar-se) to turn round; (defender-se) to fend for o.s.; **~ de cabeça para baixo** to turn upside down; **~ do avesso** to turn inside out; **~ para** to face; **vira e mexe** every so often; **~(-se) contra** to turn against; **~-se para** (recorrer a) to turn to; **~-se de bruços** to turn onto one's stomach

viravolta [vira'vɔwta] F (fig) turnabout; (volta completa) complete turn; (giro sobre si mesmo) about-turn; (cambalhota) somersault

virgem ['virʒē] (pl **-ns**) ADJ (puro) pure; (mata) virgin; (não usado) unused; (: fita) blank ▶ F virgin; **V~** (Astrologia) Virgo; **~ de** free of

virgindade [virʒĩ'dadʒi] F virginity

vírgula ['virgula] F comma; (decimal) point; **uma ~!** (col) my eye!

virgular [virgu'lar] VT: **~ com** ou **de** (entremear) to punctuate with

viril [vi'riw] (pl **-is**) ADJ virile

virilha [vi'riʎa] F groin

virilidade [virili'dadʒi] F virility

viris [vi'ris] ADJ PL de **viril**

virose [vi'rɔzi] F viral illness

virtual [vir'twaw] (pl **-ais**) ADJ virtual; (potencial) potential

virtualmente [virtwaw'mētʃi] ADV virtually

virtude [vir'tudʒi] F virtue; **em ~ de** owing to, because of

virtuosidade [virtwozi'dadʒi] F virtuosity

virtuosismo [virtwo'zizmu] M = **virtuosidade**

virtuoso, -a [vir'twozu, ɔza] ADJ virtuous ▶ M virtuoso

virulência [viru'lēsja] F virulence

virulento, -a [viru'lētu, a] ADJ virulent

vírus ['virus] M INV (tb Comput) virus; **~ Ébola** (PT) Ebola virus; **~ Zika** Zika virus

vis [vis] ADJ PL de **vil**

visado, -a [vi'zadu, a] ADJ stamped; (pessoa: pela polícia, imprensa) under observation

visão [vi'zãw] (pl **-ões**) F vision; (Anat) eyesight; (vista) sight; (maneira de perceber) view; **~ de conjunto** overall view

visar [vi'zar] VT (alvo) to aim at; (ter em vista) to have in view; (ter como objetivo) to aim for; (passaporte, cheque) to stamp ▶ VI: **~ a** to have in view; to aim for; **~ fazer** to aim to do

Visc. ABR = **visconde**

vísceras ['viseras] FPL innards, bowels; (fig) heart sg

visconde [vis'kõdʒi] M viscount

viscondessa [viskõ'desa] F viscountess

viscoso, -a [vis'kozu, ɔza] ADJ sticky, viscous

viseira [vi'zejra] F visor

visibilidade [vizibili'dadʒi] F visibility

visionário, -a [vizjo'narju, a] ADJ, M/F visionary

visita [vi'zita] F visit, call; (pessoa) visitor; (na Internet) hit; **fazer uma ~ a** to visit; **ter ~s** to have company; **~ guiada** guided tour; **~ de médico** (col) flying visit; **horário de ~s** visiting hours pl

visitante [vizi'tātʃi] ADJ visiting ▶ M/F visitor

visitar [vizi'tar] VT to visit; (inspecionar) to inspect

visível [vi'zivew] (pl **-eis**) ADJ visible

vislumbrar [vizlũ'brar] VT to glimpse, catch a glimpse of

vislumbre [viz'lũbri] M glimpse

visões [vi'zõjs] FPL de **visão**

visom [vi'zõ] (pl **-ns**) M mink; **casaco de ~** mink coat

visor [vi'zor] M (*Foto*) viewfinder
visse *etc* ['visi] VB *ver* **ver**
vista ['vista] F sight; (*panorama*) view; (*braguilha*) fly, flies *pl*; **à** *ou* **em ~ de** in view of; **conhecer de ~** to know by sight; **dar na ~** to attract attention; **dar uma ~ de olhos em** to glance at; **fazer ~ grossa (a)** to turn a blind eye (to); **pôr à ~** to show; **ter em ~** to have in mind; **à primeira ~** at first sight; **à ~** visible, showing; (*Com*) in cash; **até a ~!** see you!; **na ~ de todos** in view of everyone; **perder de ~** to lose sight of; **a perder de ~** as far as the eye can (*ou* could) see; (*pagamento*) over a long period; **saltar à ~** to be obvious; **fazer ~** to look nice; **~ cansada/curta** eye strain/shortsightedness
vista-d'olhos F glance, quick look; **dar uma ~ em** to have a quick look at
visto¹, -a ['vistu, a] PP *de* **ver** ▶ ADJ seen ▶ M (*em passaporte*) visa; (*em documento*) stamp; **pelo ~** by the looks of things
visto² VB *ver* **vestir**
vistoria [visto'ria] F inspection
vistoriar [visto'rjar] VT to inspect
vistoso, -a [vis'tozu, ɔza] ADJ eye-catching
visual [vi'zwaw] (*pl* **-ais**) ADJ visual ▶ M (*col: de pessoa*) look; (*aparência*) appearance; (*vista*) view
visualizar [vizwali'zar] VT to visualize
vital [vi'taw] (*pl* **-ais**) ADJ vital; (*essencial*) essential
vitalício, -a [vita'lisju, a] ADJ for life
vitalidade [vitali'dadʒi] F vitality
vitalizar [vitali'zar] VT to revitalize
vitamina [vita'mina] F vitamin; (*para beber*) fruit crush
vitaminado, -a [vitami'nadu, a] ADJ with added vitamins
vitamínico, -a [vita'miniku, a] ADJ vitamin *atr*
vitela [vi'tɛla] F calf; (*carne*) veal
viticultura [vitʃikuw'tura] F wine growing
vítima ['vitʃima] F victim; **fazer-se de ~** to play the martyr
vitimar [vitʃi'mar] VT to sacrifice; (*matar*) to kill, claim the life of; (*danificar*) to damage
vitória [vi'tɔrja] F victory; (*Esporte*) win
vitória-régia (*pl* **vitórias-régias**) F giant water lily
vitorioso, -a [vito'rjozu, ɔza] ADJ victorious; (*time*) winning
vitral [vi'traw] (*pl* **-ais**) M stained glass window
vítreo, -a ['vitrju, a] ADJ (*feito de vidro*) glass *atr*; (*com o aspecto de vidro*) glassy; (*água*) clear
vitrina [vi'trina] F = **vitrine**
vitrine [vi'trini] F shop window; (*armário*) display case
vitrola [vi'trɔla] F record player
viuvez [vju'vez] F widowhood
viúvo, -a ['vjuvu, a] ADJ widowed ▶ M/F widower/widow

viva ['viva] M cheer; **~!** hurray!; **~ o rei!** long live the king!
vivacidade [vivasi'dadʒi] F vivacity; (*energia*) vigour (BRIT), vigor (US)
vivalma [vi'vawma] F: **não ver ~** not to see a (living) soul
vivamente [viva'mẽtʃi] ADV animatedly; (*descrever, sentir*) vividly; (*protestar*) loudly
vivar [vi'var] VT, VI to cheer
viva-voz [viva'vɔz] M (BR *Tel: em telefone*) speakerphone; (*para celular*) hands-free kit
vivaz [vi'vajz] ADJ (*animado*) lively
viveiro [vi'vejru] M nursery
vivência [vi'vẽsja] F existence; (*experiência*) experience
vivenda [vi'vẽda] F (*casa*) residence
vivente [vi'vẽtʃi] ADJ living ▶ M/F living being; **os ~s** the living
viver [vi'ver] VI to live; (*estar vivo*) to be alive ▶ VT (*vida*) to live; (*experimentar*) to have, experience ▶ M life; **~ de** to live on; **~ à custa de** to live off; **ela vive viajando/cansada** she's always travel(l)ing/tired; **ele vive resfriado/com dor de estômago** he's always got a cold/stomach ache; **vivendo e aprendendo** live and learn
víveres ['viveres] MPL provisions
vivido, -a [vi'vidu, a] ADJ experienced in life
vívido, -a ['vividu, a] ADJ vivid
vivificar [vivifi'kar] VT to bring to life
vivissecção [vivisek'sãw] F vivisection
vivo, -a ['vivu, a] ADJ living; (*esperto*) clever; (*cor*) bright; (*criança, debate*) lively ▶ M: **os ~s** the living; **televisionar ao ~** to televise live; **estar ~** to be alive
vizinhança [vizi'ɲãsa] F neighbourhood (BRIT), neighborhood (US)
vizinho, -a [vi'ziɲu, a] ADJ neighbouring (BRIT), neighboring (US); (*perto*) nearby ▶ M/F neighbour (BRIT), neighbor (US)
vó [vɔ] (*col*) F gran
vô [vo] (*col*) M grandad, grandpa
voador, a [vwa'dor(a)] ADJ flying
voar [vo'ar] VI to fly; (*explodir*) to blow up, explode; **fazer ~ (pelos ares)** (*dinamitar*) to blow up, blast; **~ para cima de alguém** to fly at sb; **estar voando** (*col*) to be in the dark; **~ alto** (*fig*) to aim high; **fazer algo voando** to do sth in a hurry
vocabulário [vokabu'larju] M vocabulary
vocábulo [vo'kabulu] M word
vocação [voka'sãw] (*pl* **-ões**) F vocation
vocacional [vokasjo'naw] (*pl* **-ais**) ADJ vocational; (*orientação*) careers *atr*
vocações [voka'sõjs] FPL *de* **vocação**
vocal [vo'kaw] (*pl* **-ais**) ADJ vocal
você [vo'se] PRON you
vocês [vo'ses] PRON PL you
vociferação [vosifera'sãw] (*pl* **-ões**) F shouting; (*censura*) harangue
vociferar [vosife'rar] VT, VI to shout, yell; **~ contra** to decry
vodca ['vɔdʒka] F vodka

voga ['vɔga] F (*Náut*) rowing; (*moda*) fashion; (*popularidade*) popularity; **em ~** popular, fashionable

vogal [vo'gaw] (*pl* **-ais**) F (*Ling*) vowel ▶ M/F (*votante*) voting member

vogar [vo'gar] VI to sail; (*boiar*) to float; (*importar*) to matter; (*estar na moda*) to be popular; (*lei*) to be in force; (*palavra*) to be in use

voile ['vwali] M voile; **cortina de ~** net curtain

vol. ABR (= *volume*) vol.

volante [vo'lãtʃi] M (*Auto*) steering wheel; (*piloto*) racing driver; (*impresso para apostas*) betting slip; (*roda*) flywheel

volátil [vo'latʃiw] (*pl* **-eis**) ADJ volatile

vôlei ['volej] M volleyball

voleibol [volej'bɔw] M = **vôlei**

volt ['vɔwtʃi] (*pl* **-s**) M volt

volta ['vɔwta] F turn; (*regresso*) return; (*curva*) bend, curve; (*circuito*) lap; (*resposta*) retort; **passagem de ida e ~** return ticket (BRIT), round trip ticket (US); **dar uma ~** (*a pé*) to go for a walk; (*de carro*) to go for a drive; **dar ~s** *ou* **uma ~** (**a**) to go round; **estar de ~** to be back; **na ~ do correio** by return (post); **por ~ de** about, around; **à** *ou* **em ~ de** around; **na ~** (*no caminho de volta*) on the way back; **vou resolver isso na ~** I'll sort this out when I get back; **estar** *ou* **andar às ~s com** to be tied up with; **fazer a ~, dar meia ~** (*Auto*) to do a U-turn; **dar meia ~** (*Mil*) to do an about-turn; **dar a ~ por cima** (*fig*) to get over it, pick o.s. up; **~ e meia** every so often

voltado, -a [vow'tadu, a] ADJ: **estar ~ para** to be concerned with

voltagem [vow'taʒẽ] F voltage

voltar [vow'tar] VT to turn ▶ VI to return, go (*ou* come) back; **voltar-se** VR to turn round; **~ uma arma contra** to turn a weapon on; **~ a fazer** to do again; **~ a si** to come to; **~ atrás** (*fig*) to backtrack; **~-se para** to turn to; **~-se contra** to turn against

voltear [vow'tʃjar] VT to go round; (*manivela*) to turn ▶ VI to spin; (*borboleta*) to flit around

volubilidade [volubili'dadʒi] F fickleness

volume [vo'lumi] M volume; (*tamanho*) bulk; (*pacote*) package

volumoso, -a [volu'mozu, ɔza] ADJ bulky, big; (*som*) loud

voluntário, -a [volũ'tarju, a] ADJ voluntary ▶ M/F volunteer

voluntarioso, -a [volũta'rjozu, ɔza] ADJ headstrong

volúpia [vo'lupja] F pleasure, ecstasy

voluptuoso, -a [volup'twozu, ɔza] ADJ voluptuous

volúvel [vo'luvew] (*pl* **-eis**) ADJ fickle, changeable

volver [vow'ver] VT to turn ▶ VI to go (*ou* come) back

vomitar [vomi'tar] VT, VI to vomit; (*fig*) to pour out

vômito ['vomitu] M (*ato*) vomiting; (*efeito*) vomit

vontade [võ'tadʒi] F will; (*desejo*) wish; **boa/má ~** good/ill will; **de boa/má ~** willingly/grudgingly; **frutas à ~** fruit galore; **coma à ~** eat as much as you like; **fique** *ou* **esteja à ~** make yourself at home; **não estar à ~** to be uncomfortable *ou* ill at ease; **com ~** (*com prazer*) with pleasure; (*com gana*) with gusto; **estar com** *ou* **ter ~ de fazer** to feel like doing; **dar ~ a alguém de fazer** to make sb want to do; **essa música dá ~ de bailar** this music makes you want to dance; **fazer a ~ de alguém** to do what sb wants; **de livre e espontânea ~** of one's own free will; **por ~ própria** off one's own bat; **força de ~** will power; **ser cheio de ~s** to be spoilt

voo ['vou] M flight; **levantar ~** to take off; **~ cego** flying blind, instrument flying; **~ livre** (*Esporte*) hang-gliding; **~ picado** nose dive

voragem [vo'raʒẽ] (*pl* **-ns**) F abyss, gulf; (*de águas*) whirlpool; (*fig: de paixões*) maelstrom

voraz [vo'rajz] ADJ voracious, greedy

vórtice ['vɔrtʃisi] M vortex

vos [vus] PRON you

vós [vɔs] PRON you

vosso, -a ['vɔsu, a] ADJ your ▶ PRON: **(o) ~** yours

votação [vota'sãw] (*pl* **-ões**) F vote, ballot; (*ato*) voting; **submeter algo a ~** to put sth to the vote; **~ secreta** secret ballot

votado, -a [vo'tadu, a] ADJ: **o deputado mais ~** the MP (BRIT) *ou* Member of Congress (US) with the highest number of votes

votante [vo'tãtʃi] M/F voter

votar [vo'tar] VT (*eleger*) to vote for; (*aprovar*) to pass; (*submeter a votação*) to vote on; (*dedicar*) to devote ▶ VI to vote; **votar-se** VR: **~-se a** to devote o.s. to; **~ em** to vote for; **~ por/contra** to vote for/against

voto ['vɔtu] M vote; (*promessa*) vow; **votos** MPL (*desejos*) wishes; **fazer ~s por** to wish for; **fazer ~s que** to hope that; **fazer ~ de castidade** to take a vow of chastity; **~ nulo** *ou* **em branco** blank vote; **~ de confiança** vote of confidence; **~ secreto** secret ballot

vou [vo] VB *ver* **ir**

vovó [vo'vɔ] F grandma

vovô [vo'vo] M grandad

voz [vɔz] F voice; (*clamor*) cry; **a meia ~** in a whisper; **dar ~ de prisão a alguém** to tell sb he is under arrest; **de viva ~** orally; **ter ~ ativa** to have a say; **em ~ baixa** in a low voice; **em ~ alta** aloud; **levantar a ~ para alguém** to raise one's voice to sb; **~ de cana rachada** (*col*) screeching voice; **~ de comando** command, order

vozearia [vozja'ria] F = **vozerio**

vozeirão [vozej'rãw] (*pl* **-ões**) M loud voice

vozerio [voze'riu] M hullabaloo

VPR ABR F (= *Vanguarda Popular Revolucionária*) *former Brazilian revolutionary movement*

vulcânico, -a [vuw'kaniku, a] ADJ volcanic
vulcão [vuw'kãw] (pl **-ões**) M volcano
vulgar [vuw'gar] ADJ (comum) common; (reles) cheap; (pej: pessoa etc) vulgar
vulgaridade [vuwgari'dadʒi] F commonness; (pej) vulgarity
vulgarizar [vuwgari'zar] VT to popularize; (abandalhar) to cheapen
vulgarmente [vuwgar'mētʃi] ADV commonly, popularly
vulgo ['vuwgu] M common people pl ▶ ADV commonly known as

vulnerabilidade [vuwnerabili'dadʒi] F vulnerability
vulnerável [vuwne'ravew] (pl **-eis**) ADJ vulnerable
vulto ['vuwtu] M figure; (volume) mass; (fig) importance; (pessoa importante) important person; **obras de ~** important works; **tomar ~** to take shape
vultoso, -a [vuw'tozu, ɔza] ADJ bulky; (importante) important; (quantia) considerable
vulva ['vuwva] F vulva
vupt ['vuptʃi] EXCL wham!

Ww

W, w ['dablju] (*pl* **ws**) M W, w; **W de William** W for William
w. ABR (= *watt*) w
walkie-talkie [wɔki'tɔki] (*pl* **-s**) M walkie-talkie
watt ['wɔtʃi] (*pl* **-s**) M watt
watt-hora (*pl* **watts-horas**) M watt-hour
web ['wɛbi] F, ADJ (*Comput*) web
webcam [wɛb'kã] F webcam
western ['wɛstern] (*pl* **-s**) M western
windsurfe [wĩ'surfi] M windsurfing
windsurfista [wĩsur'fista] M/F windsurfer
WWW ABR F (= *WorldWideWeb*) WWW

Xx

X, x [ʃis] (*pl* **xs**) M X, x; **o X do problema** the crux of the problem; **X de Xavier** X for Xmas
xá [ʃa] M shah
xadrez [ʃa'drez] M (*jogo*) chess; (*tabuleiro*) chessboard; (*tecido*) checked cloth; (*col: cadeia*) clink ▶ ADJ INV check(ered); **tecido de ~** check material
xale ['ʃali] M shawl
xampu [ʃã'pu] M shampoo
Xangai [ʃã'gaj] N Shanghai
xangô [ʃã'go] M (*orixá*) Afro-Brazilian deity; (*culto*) Afro-Brazilian religion
xará [ʃa'ra] M/F namesake; (*companheiro*) mate
xaropada [ʃaro'pada] (*col*) F bore; (*conversa*) boring talk
xarope [ʃa'rɔpi] M syrup; (*para a tosse*) cough syrup
xavante [ʃa'vãtʃi] ADJ, M/F Shavante Indian
xaveco [ʃa'vɛku] M (*coisa sem valor*) piece of junk
xaxim [ʃa'ʃĩ] M plant fibre (BRIT) *ou* fiber (US) (*used to plant indoor plants*)
xelim [ʃe'lĩ] (*pl* **-ns**) M shilling
xenofobia [ʃenofo'bia] F xenophobia
xenófobo, -a [ʃe'nɔfobu, a] ADJ xenophobic ▶ M/F xenophobe
xepa ['ʃepa] (*col*) F leftovers *pl*
xepeiro, -a [ʃe'pejru, a] M/F rubbish (BRIT) *ou* garbage (US) picker
xeque ['ʃɛki] M (*Xadrez*) check; (*soberano*) sheikh; **pôr em ~** (*fig*) to call into question
xeque-mate (*pl* **xeques-mate**) M checkmate
xereta [ʃe'reta] M/F busybody ▶ ADJ nosy
xeretar [ʃere'tar] VI to poke one's nose in
xerez [ʃe'rez] M sherry
xerife [ʃe'rifi] M sheriff
xerocar [ʃero'kar] VT to photocopy, Xerox®
xerocópia [ʃero'kɔpja] F photocopy
xerocopiar [ʃeroko'pjar] VT = **xerocar**
xerox® [ʃe'rɔks] M (*cópia*) photocopy; (*máquina*) photocopier
xexelento, -a [ʃeʃe'lẽtu, a] (*col*) ADJ scruffy ▶ M/F scruff
xexéu [ʃe'ʃew] M stink
xi [ʃi] EXCL cor! (BRIT), gee! (US)
xícara ['ʃikara] (BR) F cup
xicrinha [ʃi'kriɲa] (BR) F little cup
xiita [ʃi'ita] ADJ, M/F Shiite
xilindró [ʃilĩ'drɔ] (*col*) M clink
xilofone [ʃilo'fɔni] M xylophone
xilografia [ʃilogra'fia] F woodcut
xingação [ʃĩga'sãw] (*pl* **-ões**) F curse
xingamento [ʃĩga'mẽtu] M = **xingação**
xingar [ʃĩ'gar] VT to swear at ▶ VI to swear; **~ alguém de algo** to call sb sth
xingatório [ʃĩga'tɔrju] M stream of invectives
Xingu [ʃĩ'gu] M *see note*

> The **Xingu** National Park was created in 1961 by the federal government and directed by the brothers Orlando and Cláudio Vilasboas, who were known internationally for their efforts to preserve Brazil's indigenous people. Situated in the north of the state of Mato Grosso, it aims to preserve indigenous culture and brings together sixteen communities which have a total of two thousand Indians.

xinxim [ʃĩ'ʃĩ] M (*tb:* **xinxim de galinha**) chicken ragout
xixi [ʃi'ʃi] (*col*) M wee, pee; **fazer ~** to wee, have a wee
xô [ʃo] EXCL shoo
xodó [ʃo'dɔ] M (*pessoa*) sweetheart; (*coisa*) passion; **ter ~ por alguém/algo** to have a soft spot for sb/sth

Zz

Z, z [zɛ] (*pl* **zs**) M Z, z; **Z de Zebra** Z for Zebra
zaga ['zaga] F (*Futebol*) fullback position
zagueiro [za'gejru] M (*Futebol*) fullback
Zaire ['zajri] M: **o ~** Zaire
Zâmbia ['zãbja] F Zambia
zanga ['zãga] F (*raiva*) anger; (*irritação*) annoyance
zangado, -a [zã'gadu, a] ADJ angry; (*irritado*) annoyed; (*irritadiço*) bad-tempered; **ele está ~ comigo** (*de relações cortadas*) he's not speaking to me
zangão [zã'gãw] (*pl* **-ões**) M (*inseto*) drone
zangar [zã'gar] VT to annoy, irritate ▶ VI to get angry; **zangar-se** VR (*aborrecer-se*) to get annoyed; **~-se com** to get cross with
zangões [zã'gõjs] MPL *de* **zangão**
zanzar [zã'zar] VI to wander
zarolho, -a [za'roʎu, a] ADJ blind in one eye
zarpar [zar'par] VI (*navio*) to set sail; (*ir-se*) to set off; (*fugir*) to run away
Zé [zɛ] ABR (= *José*) Joe
zebra ['zebra] F zebra; (*col: pessoa*) silly ass; (*jogo*) upset, turn-up for the books; **deu ~** (*col*) there was an upset
zebrar [ze'brar] VI to be a turn-up for the books
zelador, a [zela'dor(a)] M/F caretaker ▶ ADJ caring
zelar [ze'lar] VT, VI: **~ (por)** to look after
zelo ['zelu] M devotion, zeal; **~ por alguém/algo** devotion to sb/sth
zeloso, -a [ze'lozu, ɔza] ADJ zealous; (*diligente*) hard-working
zen-budismo [zẽ-] M Zen (Buddhism)
zênite ['zenitʃi] M zenith
zé-povinho [-po'viɲu] (*pl* **zé-povinhos**) M the man in the street; (*o povo*) the masses pl; (*ralé*) riff raff
zerar [ze'rar] VT (*conta, inflação*) to reduce to zero; (*déficit*) to pay off, wipe out; (*aluno*) to give no marks to ▶ VI: **~ em** (*aluno*) to get no marks in
zerinho, -a [ze'riɲu, a] (*col*) ADJ brand new
zero ['zɛru] M zero; (*Esporte*) nil; **ser um ~ à esquerda** to be useless; **8 graus abaixo/acima de ~** 8 degrees below/above zero; **reduzir alguém a ~** to clean sb out; **ficar a ~** to lose everything; **começar do ~** (*fig*) to start from nothing

zero-quilômetro ADJ INV brand new ▶ M INV brand new car
ziguezague [zigi'zagi] M zigzag
ziguezagueante [zigiza'gjãtʃi] ADJ zigzag
ziguezaguear [zigiza'gjar] VI to zigzag
Zimbábue [zĩ'babwi] M: **o ~** Zimbabwe
zinco ['zĩku] M zinc; **folha de ~** corrugated iron
-zinho, -a [-'ziɲu, a] SUFIXO little; **florzinha** little flower
zipe ['zipi] M = **zíper**
zíper ['ziper] M zip (BRIT), zipper (US)
ziquizira [ziki'zira] (*col*) F lurgy
zoada ['zwada] F = **zoeira**
zodíaco [zo'dʒiaku] M zodiac
zoeira ['zwejra] F din
zombador, a [zõba'dor(a)] ADJ mocking ▶ M/F mocker
zombar [zõ'bar] VI to mock; **~ de** to make fun of
zombaria [zõba'ria] F mockery, ridicule
zona ['zɔna] F area; (*de cidade*) district; (*Geo*) zone; (*col: local de meretrício*) red-light district; (: *confusão*) mess; (: *tumulto*) free-for-all; **fazer a ~** to be on the game; **fazer uma ~** to raise hell, make a fuss; **~ eleitoral** electoral district, constituency; **~ franca** free-trade area; **Z~ Norte/Sul** (*do Rio, São Paulo etc*) Northern/Southern District; **a Z~ Sul carioca** *the fashionable middle-class suburbs along the beaches in Rio*
zonear [zo'njar] VT to divide into districts; (*col*) to make a mess in ▶ VI (*col*) to raise hell
zonzeira [zõ'zejra] F dizziness; **dar/sentir ~** to make/feel dizzy
zonzo, -a ['zõzu, a] ADJ dizzy; (*fraco*) woozy
zoo ['zou] M zoo
zoologia [zolo'ʒia] F zoology
zoológico, -a [zo'lɔʒiku, a] ADJ zoological; **jardim ~** zoo
zoólogo, -a [zo'ɔlogu, a] M/F zoologist
zoom [zũ] M = **zum**
zorra ['zoha] (*col*) F mess
zuarte ['zwartʃi] M denim
zulu [zu'lu] ADJ, M/F Zulu ▶ M (*Ling*) Zulu
zum [zũ] M zoom lens
zumbido [zũ'bidu] M buzz(ing); (*de tráfego*) hum; **um ~ no ouvido** a ringing in one's ear
zumbir [zũ'bir] VI to buzz; (*ouvido*) to ring ▶ M buzzing; ringing

zunido [zu'nidu] M (*de vento*) whistling; (*de inseto*) buzz
zunir [zu'nir] VI (*vento*) to whistle; (*seta*) to whizz; (*bala*) to zip; (*inseto*) to buzz
zunzum [zũ'zũ] M buzz(ing); (*boato*) rumour (BRIT), rumor (US)
zunzunzum [zũzũ'zũ] M rumour (BRIT), rumor (US)

zura ['zura] M/F INV miser ▶ ADJ INV mean, stingy
zureta [zu'reta] (*col*) M/F loony
Zurique [zu'riki] N Zurich
zurrapa [zu'hapa] F rough wine, plonk (*col*)
zurrar [zu'har] VI to bray
zurro ['zuhu] M bray